注册电气工程师
专业考试历年真题详解
【发输变电专业】

本书编委会 编

（上册）

中国水利水电出版社
www.waterpub.com.cn
·北京·

内 容 提 要

本书对注册电气工程师专业考试历年真题（发输变电专业）进行了详细解答和注释。全书分两个部分，第1部分为历年案例真题分类解析，按考点专业分12章进行真题的解答、考点说明和注释；第2部分为历年真题及答案，收录了2008—2024年专业知识题（上、下午卷）和专业案例题（上、下午卷），供读者模拟。

本书适用于注册电气工程师专业考试（发输变电专业）考生复习备考，同时也可供电气相关专业人员学习参考。

图书在版编目（CIP）数据

注册电气工程师专业考试历年真题详解 : 发输变电专业 : 2025年版 / 《注册电气工程师专业考试历年真题详解（发输变电专业）2025年版》编委会编. -- 北京 : 中国水利水电出版社, 2025. 3. -- ISBN 978-7-5226-3139-4

Ⅰ. TM7-44；TM63-44

中国国家版本馆CIP数据核字第2025483X2L号

书　　名	注册电气工程师专业考试历年真题详解 （发输变电专业）2025年版（上册） ZHUCE DIANQI GONGCHENGSHI ZHUANYE KAOSHI LINIAN ZHENTI XIANGJIE（FA SHU BIANDIAN ZHUANYE）2025 NIAN BAN（SHANGCE）
作　　者	本书编委会　编
出版发行	中国水利水电出版社 （北京市海淀区玉渊潭南路1号D座　100038） 网址：www.waterpub.com.cn E - mail：sales@mwr.gov.cn 电话：（010）68545888（营销中心）
经　　售	北京科水图书销售有限公司 电话：（010）68545874、63202643 全国各地新华书店和相关出版物销售网点
排　　版	中国水利水电出版社微机排版中心
印　　刷	天津嘉恒印务有限公司
规　　格	185mm×260mm　16开本　119.5印张（总）　2983千字（总）
版　　次	2025年3月第1版　2025年3月第1次印刷
总 定 价	**268.00元**

凡购买我社图书，如有缺页、倒页、脱页的，本社营销中心负责调换

版权所有·侵权必究

注册电气工程师专业考试历年真题详解
（发输变电专业）（2025年版）

本书编委会

名誉主编	弋东方				
专家工作组	弋东方	吴凤来	张化良	龚大卫	吴俊鹏
主　　　编	枫　叶	唐华俊	杨志超		
编写工作组	刘　炯	钱皓雍	积　木	何秋鸣	王建辉
	邢超超	葛云威	田本容	张敏行	张明明
	张　睿	吴　强	韩　栋	李传栋	王增乾
	彭发明	杨德继	董贤冲	钱　丽	周　哲
	李明霞	王　峰	张国芬	陈　斌	沈　勇
	刘世安	胡向红	王小维	李学涛	李志冬
	张丽萍	陈　晨	李雨涵	王志媛	李学炎
	李欣瑶	陈光华			

注册电气工程师专业考试历年真题详解
（发输变电专业）（2025年版）

前 言

我国实施《勘察设计行业注册工程师制度总体框架及实施规划》《注册电气工程师执业资格制度暂行规定》《注册电气工程师执业资格考试实施办法》等政策制度已逾十载，对提高电气工程设计人员的素质和执业水平，提高建设工程质量和规范设计市场，起到了巨大的推进作用，同时也大大激发了数以万计的广大设计人员的学习热情。其中，发输变电专业是诸多专业中涉及范围较宽、专业技术要求较高的专业。全国勘察设计行业注册工程师管理委员会2007年公布的《注册电气工程师（发输变电）执业资格专业考试大纲》（注工〔2007〕6号）引导了从事本专业的相关人员，对电力系统发电、输电、变电、送电各个环节给予积极关注和认真实践。

在全国众多的培训班中，枫叶QQ群是民间自发组织的一个优秀群体。我们集中了一批有几十年设计经验的退休老专家和近年高分考过双证的在职工程师，长期通过互联网进行授课和辅导。并在此基础上，集体编撰了这本汇集历年考题精选、答疑解惑的专业书，以助考生复习备考，提高专业水平。

本书的特色在于：

（1）分类研习，年份模拟。第一部分将历年案例真题按所涉及知识点分成12章进行了详细解答和注释，方便考生学习，在做题的同时深入每一个知识点，学练结合提高效率；第二部分将历年真题"还原"成空白卷，方便考生临考前模拟自测。

（2）解答准确，引用依据合理。在每一个精选的题解中，其解答方法和参考答案都经过严格推敲，最大限度地保证解答的准确性和权威性。对于一些争议较大的题目，通过结合工程实际给出了合理解答，并在考点说明中进行了解释。

（3）深入剖析，解释全面。对于考题设置的各个"坑点"都进行了一一挖掘，并阐述其设计思路，提高考生在实战中的"避坑"能力。对于一些"不够严谨"的题目，不仅在原理上进行了阐述，说明了题目忽略的知识点，给出了更为正确的做法，避免考生因题目的不严谨而对知识点产生错误的理解；同时也给出了应对考试的最佳方法，便于考生提高应试技巧。

对于一些知识点，某些考生长期存在错误的理解，我们携手相关规范、手册的编写者，共同确定了最符合规范思想和工程习惯的解答。

结合多年真题研习心得，对于众多考生在做题中容易产生的疑问和不同的观点，都进行了一一阐述，最大限度地让每一位读者，尤其是"零基础"的读者也能看懂解答过程。

（4）专家注释，知识点扩展到位。各位老专家在自己多年专注的领域，针对考题所涉及的知识点进行了深入的讲解，举一反三，拓展延伸，帮助考生消化知识，加深对相关规程规范条文的理解。

（5）采用了"互联网+"创新出版模式。本书大量真题（包括知识题和案例题）视频讲解可在网上下载收看学习，并进行QQ群网络跟踪互动式答疑，将无声知识和有声视频高效地结合，提高教学效果和学习效率。

感谢各位老专家不辞辛劳、夜以继日地为本书所有知识点做了深入详细的注释，他们认真细致、精益求精的精神让笔者肃然起敬。感谢所有编委在工作之余加班加点编撰书稿，保证了本书如期出版。感谢多年来枫叶QQ群众多群友对本群的支持、付出和努力。

同时，我们将枫叶考试秘笈升级版——规范手册的解题方法公式图表汇编（枫叶培训班内部资料）：集注册电气工程师执业资格考试专业考试发输变电专业所有考点总结、解题方法、步骤、图表公式为一体的资料汇编，节选了一小部分在放在本书的最后，让您在解题时一次定位，很大程度地提高解题速度，达到智能解题的程度。可谓一书在手、轻松考证。

由于本书内容涉及范围较广，书中难免存在一些疏漏和不妥之处，广大读者在平时的学习和阅读中如果遇到问题，可加作者枫叶老师微信 garyli352120 或加微信群讨论学习。

枫叶老师微信　　　免费微信学习群

本书配套 app 安装使用方法：在手机市场搜索 app "枫叶注电"，安装后请用手机号登录即可使用；在主页"公开课"里可以查看公开课；"题库"里可以进行部分历年真题的训练；如某些品牌手机 app 市场搜索不到"枫叶注电"app，可用手机浏览器打开地址 http://down.yncfjy.cn/，下载 app 安装包后用浏览器打开该文件，然后安装即可。手动安装方法可扫描下方二维码查看！

其他视频讲解收看地址：

百度网盘收看地址　　公众号讲解　　　抖音直播　　　淘宝店铺链接

编　者

2024 年 12 月

真 题 说 明

注册电气工程师执业资格考试分两天进行，第一天考知识题，只需填写答题卡即可，无需写出解答过程，分上午卷和下午卷；每份试卷含40道单选题和30道多选题，单选题每题1分，多选题每题2分，上、下午卷合并计分，120分合格。第二天考案例题，分上午卷和下午卷，上午卷共25道小题，全部有效；下午卷共40道小题，考生可根据自身情况选做其中25道小题，如果多做，则按题号顺序选前25道已作答的题目计分；上、下午卷共50道小题有效，每题2分，共100分，60分合格。案例题不但需要填写答题卡，同时还需要在试卷上写出解答过程，在机读答题卡合格后再进行人工阅卷，如果选项正确但解答过程不对或存在不完善的地方，如引用依据不正确，则会被扣分。

案例题按工程场景出题，大题干介绍工程背景和一些基本参数，之后紧跟与该场景相关的4~6道小题。在做答时，小题干可能要用到大题干的信息，甚至本大题中前面小题的题干信息或者计算结果。

本书第二部分内容举例说明如下：

【2012年上午题6~9】 某区域电网中现运行一座500kV变电站，根据负荷发展情况需要扩建，该变电站现状、本期及远景规模见下表。

电气设备	现有规模	远景建设规模	本期建设规模
主变压器	1×750MVA	4×1000MVA	2×1000MVA
500kV出线	2回	8回	4回
220kV出线	6回	16回	14回
500kV配电装置	3/2断路器接线	3/2断路器接线	3/2断路器接线
220kV配电装置	双母线接线	双母线双分段接线	双母线双分段接线

▶▶ 第二题 [低抗补偿容量] 6. 500kV线路均采用4×LGJ-400导线，本期4回线路总长度为303km，为限制工频过电压，其中一回线路上装有120Mvar并联电抗器；远景8回线路总长度预计为500km，线路充电功率按1.18Mvar/km计算。请计算远景及本期工程该变电站35kV侧配置的无功补偿低压电抗器容量应为下列哪组数值？ （　　）

（A）590Mvar、240Mvar　　　　（B）295Mvar、179Mvar
（C）175Mvar、59Mvar　　　　　（D）116Mvar、23Mvar

【说明】

（1）"【2012年上午题6~9】"之后的一段文字、表格和图例是2012年上午第6~9小题共用的大题干。

（2）"第二题［低抗补偿容量］"中"第二题"是本书每章的自编题号，"［低抗补偿容量］"是本书根据考题内容做的考点提示。该部分内容真题中并没有。

（3）"6．500kV 线路……"中的"6．"表示该题在真题试卷中是第 6 小题，与大题干标号"【2012 年上午题 6~9】"对应，之后的内容为第 6 小题的小题干。

（4）本书第一部分根据历年真题的考点分类汇总成 12 章，方便读者进行专题学习。

（5）本书第二部分完整地再现了真题试卷，供读者临考前模拟。

手 册 名 称 对 照 表

全 称	简 称
《电力工程电气设计手册　电气一次部分》	老版一次手册
《电力工程电气设计手册　电气二次部分》	老版二次手册
《电力工程高压送电线路设计手册》（第二版）	老版线路手册
《电力系统设计手册》	老版系统手册
《电力工程设计手册　火力发电厂电气一次设计》	新版一次手册
《电力工程设计手册　火力发电厂电气二次设计》	新版二次手册
《电力工程设计手册　架空输电线路设计》	新版线路手册
《电力工程设计手册　电力系统规划设计》	新版系统手册
《电力工程设计手册　变电站设计》	新版变电手册
《水电站机电设计手册　电气一次》	水电站一次手册

注册电气工程师专业考试历年真题详解
（发输变电专业）(2025年版)

目 录

前言
真题说明
手册名称对照表

上 册

第1部分 历年案例真题分类解析

第1章　主接线 ··· 3
第2章　电力系统规划与无功补偿 ·· 10
第3章　短路电流计算 ·· 76
第4章　导体与电器选择 ··· 140
第5章　配电装置 ·· 282
第6章　继电保护 ·· 329
第7章　直流系统 ·· 433
第8章　中性点、过电压与绝缘配合 ·· 491
第9章　电力系统接地 ·· 607
第10章　厂用电系统 ·· 650
第11章　高压输电线路 ··· 686
第12章　新能源 ··· 846

历年案例真题考点速查

第1章　主 接 线

1.1　概　述 ·· 3
1.2　历年真题详解 ·· 4

第2章　电力系统规划与无功补偿

2.1　概　述 ·· 10
2.2　历年真题详解 ·· 13

第3章　短路电流计算

3.1　概　述 ·· 76

3.2　历年真题详解 ··· 77

第 4 章　导体与电器选择

4.1　概　　述 ··· 140

4.2　历年真题详解 ··· 144

第 5 章　配 电 装 置

5.1　概　　述 ··· 282

5.2　历年真题详解 ··· 284

第 6 章　继 电 保 护

6.1　概　　述 ··· 329

6.2　历年真题详解 ··· 332

第 7 章　直 流 系 统

7.1　概　　述 ··· 433

7.2　历年真题详解 ··· 434

第 8 章　中性点、过电压与绝缘配合

8.1　概　　述 ··· 491

8.2　历年真题详解 ··· 493

第 9 章　电 力 系 统 接 地

9.1　概　　述 ··· 607

9.2　历年真题详解 ··· 608

第 10 章　厂 用 电 系 统

10.1　概　　述 ·· 650

10.2　历年真题详解 ··· 651

第 11 章　高 压 输 电 线 路

11.1　概　　述 ·· 686

11.2　历年真题详解 ··· 689

第 12 章　新　能　源

12.1　概　　述 ·· 846

12.2　历年真题详解 ··· 850

第2部分 历年真题及答案

2008年注册电气工程师专业知识试题（上午卷）及答案 ····················· 865
2008年注册电气工程师专业知识试题（下午卷）及答案 ····················· 882
2008年注册电气工程师专业案例试题（上午卷）及答案 ····················· 898
2008年注册电气工程师专业案例试题（下午卷）及答案 ····················· 908
2009年注册电气工程师专业知识试题（上午卷）及答案 ····················· 920
2009年注册电气工程师专业知识试题（下午卷）及答案 ····················· 937
2009年注册电气工程师专业案例试题（上午卷）及答案 ····················· 954
2009年注册电气工程师专业案例试题（下午卷）及答案 ····················· 961

下 册

2010年注册电气工程师专业知识试题（上午卷）及答案 ····················· 975
2010年注册电气工程师专业知识试题（下午卷）及答案 ····················· 991
2010年注册电气工程师专业案例试题（上午卷）及答案 ····················· 1007
2010年注册电气工程师专业案例试题（下午卷）及答案 ····················· 1015
2011年注册电气工程师专业知识试题（上午卷）及答案 ····················· 1030
2011年注册电气工程师专业知识试题（下午卷）及答案 ····················· 1046
2011年注册电气工程师专业案例试题（上午卷）及答案 ····················· 1064
2011年注册电气工程师专业案例试题（下午卷）及答案 ····················· 1073
2012年注册电气工程师专业知识试题（上午卷）及答案 ····················· 1089
2012年注册电气工程师专业知识试题（下午卷）及答案 ····················· 1105
2012年注册电气工程师专业案例试题（上午卷）及答案 ····················· 1122
2012年注册电气工程师专业案例试题（下午卷）及答案 ····················· 1132
2013年注册电气工程师专业知识试题（上午卷）及答案 ····················· 1147
2013年注册电气工程师专业知识试题（下午卷）及答案 ····················· 1164
2013年注册电气工程师专业案例试题（上午卷）及答案 ····················· 1182
2013年注册电气工程师专业案例试题（下午卷）及答案 ····················· 1192
2014年注册电气工程师专业知识试题（上午卷）及答案 ····················· 1209
2014年注册电气工程师专业知识试题（下午卷）及答案 ····················· 1225
2014年注册电气工程师专业案例试题（上午卷）及答案 ····················· 1243
2014年注册电气工程师专业案例试题（下午卷）及答案 ····················· 1253
2016年注册电气工程师专业知识试题（上午卷）及答案 ····················· 1269
2016年注册电气工程师专业知识试题（下午卷）及答案 ····················· 1287
2016年注册电气工程师专业案例试题（上午卷）及答案 ····················· 1305
2016年注册电气工程师专业案例试题（下午卷）及答案 ····················· 1316
2017年注册电气工程师专业知识试题（上午卷）及答案 ····················· 1335

2017年注册电气工程师专业知识试题（下午卷）及答案……………………1354
2017年注册电气工程师专业案例试题（上午卷）及答案……………………1373
2017年注册电气工程师专业案例试题（下午卷）及答案……………………1383
2018年注册电气工程师专业知识试题（上午卷）及答案……………………1401
2018年注册电气工程师专业知识试题（下午卷）及答案……………………1419
2018年注册电气工程师专业案例试题（上午卷）及答案……………………1438
2018年注册电气工程师专业案例试题（下午卷）及答案……………………1447
2019年注册电气工程师专业知识试题（上午卷）及答案……………………1466
2019年注册电气工程师专业知识试题（下午卷）及答案……………………1484
2019年注册电气工程师专业案例试题（上午卷）及答案……………………1503
2019年注册电气工程师专业案例试题（下午卷）及答案……………………1513
2020年注册电气工程师专业知识试题（上午卷）及答案……………………1530
2020年注册电气工程师专业知识试题（下午卷）及答案……………………1545
2020年注册电气工程师专业案例试题（上午卷）及答案……………………1562
2020年注册电气工程师专业案例试题（下午卷）及答案……………………1571
2021年注册电气工程师专业知识试题（上午卷）及答案……………………1587
2021年注册电气工程师专业知识试题（下午卷）及答案……………………1604
2021年注册电气工程师专业案例试题（上午卷）及答案……………………1621
2021年注册电气工程师专业案例试题（下午卷）及答案……………………1632
2022年注册电气工程师专业知识试题（上午卷）及答案……………………1650
2022年注册电气工程师专业知识试题（下午卷）及答案……………………1665
2022年注册电气工程师专业案例试题（上午卷）及答案……………………1681
2022年注册电气工程师专业案例试题（下午卷）及答案……………………1694
2022年注册电气工程师专业补考案例试题（上午卷）及答案………………1714
2022年注册电气工程师专业补考案例试题（下午卷）及答案………………1724
2023年注册电气工程师专业知识试题（上午卷）及答案……………………1739
2023年注册电气工程师专业知识试题（下午卷）及答案……………………1758
2023年注册电气工程师专业案例试题（上午卷）及答案……………………1777
2023年注册电气工程师专业案例试题（下午卷）及答案……………………1793
2024年注册电气工程师专业知识试题（上午卷）及答案……………………1817
2024年注册电气工程师专业知识试题（下午卷）及答案……………………1834
2024年注册电气工程师专业案例试题（上午卷）及答案……………………1851
2024年注册电气工程师专业案例试题（下午卷）及答案……………………1864

第 1 部分
历年案例真题分类解析

REAL PROBLEMS OF
CASES OVER THE YEARS
CLASSIFICATION ANALYSIS

第1章 主 接 线

1.1 概 述

1.1.1 本章主要涉及规范

《电力工程设计手册 火力发电厂电气一次设计》★★★★★（简称新版一次手册）
《高压配电装置设计技术规程》（DL/T 5352—2018）★★★★★
《导体和电器选择设计技术规定》（DL/T 5222—2021）★★★★★
《火力发电厂厂用电设计技术规程》（DL/T 5153—2014）★★★★
《220kV～750kV 变电站设计技术规程》（DL/T 5218—2012）★★
《大中型火力发电厂设计规范》（GB 50660—2011）★★
《光伏发电站设计规范》（GB 50797—2012）（注：该规范已不在 2024 考纲）★★
参考：《电力工程电气设计手册 电气一次部分》（简称老版一次手册）

1.1.2 真题考点分布（总计 7 题）

考点 1 主接线选择（共 7 题）：第 1～7 题

1.1.3 考点内容简要

电气主接线是整个发输变电知识体系中最基础的知识，虽然直接以主接线为考点的考题不多，但后续的很多内容，比如短路电流计算、导体选择、设备选择、配电装置，甚至直流系统等内容，都要直接或间接地运用主接线知识。可以说主接线是注册电气工程师考试的入门考点，不算难，但非常重要。目前主接线的各种基本形式已经"非常经典"，本身变化不大，但由于电气设备的发展较快，主接线形式的选用原则有不同程度的变化。

各位考生在学习备考时可以老版一次手册第二章为主，因为手册叙述很详细，并且配置了丰富的图例，在此基础上研读各规范对主接线选择的要求（比如本章开始列出的规范相应内容）。在主接线的学习过程中一定要结合图例学习，重点理解和记忆各种主接线的设计思路、适用情况、过渡接线的考虑因素、正常运行方式和事故运行方式等。对于多少条回路对应什么形式的接线这种具体细节可不必记忆，只需在考试的时候能够快速定位规范条款即可。

在解答主接线的题目时，应重点把握如下两个原则：

（1）务必先引用对应的规范，规范没有提及时再使用手册作答。如果规范和手册不一致，应以规范为准。对于元件数、进出线回路数的确定，应在深刻理解规范"内涵"的基础上，运用该"内涵"对照题目工程背景选择主接线形式，切不可生搬硬套规范条文，否则很容易掉坑。

（2）认真审题，抓准决定厂（站）性质的关键字（如地下变电站、220～750kV 变电站、大型火电厂、多少容量的机组、重要性质、一般性质、污秽地区、穿越功率、扩建等），根据这些信息快速定位规范和条文来作答。注意，不同电压等级的变电站或不同容量的发电厂对应的规范不同，如果规范引用错误，可能导致不能得分。

1.2 历年真题详解

【2009 年上午题 1~5】110kV 有效接地系统中的某一变电站有 110kV/35kV/10kV，31.5MVA 主变压器两台，110kV 进线 2 回、35kV 出线 5 回、10kV 出线 10 回，主变压器 110kV、35kV、10kV 三侧 YNyn0d11 接线方式。

▶▶ 第 1 题 [主接线选择] 1. 如主变压器需经常切换，110kV 线路较短，有穿越功率 20MVA，各侧采用以下哪组主接线最经济合理，为什么？ （　　）

（A）110kV 内桥接线，35kV 单母线接线，10kV 单母线分段接线

（B）110kV 外桥接线，35kV 单母线分段接线，10kV 单母线分段接线

（C）110kV 单母线接线，35kV 单母线分段接线，10kV 单母线分段接线

（D）110kV 变压器组接线，35kV 双母线接线，10kV 单母线接线

【答案及解答】B

（1）由《电力工程设计手册　火力发电厂电气一次设计》第 36 页左上角内容可知，110kV 侧有穿越功率适宜采用外桥形接线。

（2）又由该手册第 33 页左栏内容可知，10kV 及 35kV 均适宜采用单母分段接线。

所以选 B。

【考点说明】

（1）根据桥形接线内长外短的原则，线路短适合外桥接线，有穿越功率适合外桥接线，可直接选 B。

（2）依据老版一次手册第 51 页（二）外桥形接线。

（3）适用范围：110kV 适宜采用外桥形接线；由老版一次手册第 47 页（二）单母线分段接线（3）适用范围：10kV 及 35kV 均适宜采用单母分段接线。

【注释】

桥形接线是近年来用得较多的接线方式，GB 50660—2011 及 DL/T 5218—2012 多有提及，特别是一些终端变电站，无特殊情况，基本上用的都是内桥接线，包括 2×1000MW 的大型火电厂在特定条件下也选用内桥接线。桥形接线是由两回变压器—线路单元接线经桥断路器相连接形成的，在可靠性指标上稍逊于四角形接线，是 2 进线 2 出线变电站中使用断路器最少的接线，也是长期开环运行的四角形接线，在加了跨条后其灵活性、可靠性又得到了改善。

【2012 年上午题 1~5】某一般性质的 220kV 变电站，电压等级为 220kV/110kV/10kV，两台相同的主变压器，容量为 240MVA/240MVA/120MVA，短路阻抗 $U_{k12}\%=14$、$U_{k13}\%=25$、$U_{k23}\%=8$，两台主变压器同时运行的负载率为 65%，220kV 架空线路进线 2 回，110kV 架空负荷出线 8 回，10kV 电缆负荷出线 12 回，设两段，每段母线出线 6 回，每回电缆平均长度为 6km，电容电流为 2A/km，220kV 母线穿越功率为 200MVA，220kV 母线短路容量为 16000MVA，主变压器 10kV 出口设计 XKK-10-2000-10 限流电抗器 1 台。请回答下列问题。

第1章 主接线

▶▶ **第2题 [主接线选择]** 1. 该变电站采用下列哪组主接线方式是经济合理、运行可靠的？ （　　）

（A）220kV 内桥、110kV 双母线、10kV 单母线分段

（B）220kV 单母线分段、110kV 双母线、10kV 单母线分段

（C）220kV 外桥、110kV 单母线分段、10kV 单母线分段

（D）220kV 双母线、110kV 双母线、10kV 单母线分段

【答案及解答】B

（1）由 DL/T 5218—2012 第 5.1.6 条中的"一般性质"得出，可采用简单的主接线，排除 D 选项。

（2）由 DL/T 5218—2012 第 5.1.7 条可知，110kV 可采用双母线接线，排除 C 选项。

（3）A、B 选项中，单母线分段接线和内桥接线，均属于简单接线，但内桥接线一般用于终端变电站，单母线分段更加灵活可靠且适合有穿越功率的情况。

所以选 B。

【考点说明】

（1）本题的第一关键词是"220kV 变电站"，由此锁定 DL/T 5218—2012。电气主接线的题目一定要引用相应的规范来作答，否则引用无效。

（2）本题的第二关键词是"一般性质"，由此锁定 DL/T 5218—2012 第 5.1.6 条中"可采用简单的主接线"。

（3）本题的最大坑点是"穿越功率"。很多读者一看到穿越功率，马上就会想到外桥接线，于是错选 C。而实际情况是，单母线接线、双母线接线（包括分段）及 3/2 断路器接线都允许穿越功率的存在。在做题时应结合题目实际情况综合考虑，灵活处理。

（4）当一个问题可以有多种选择时，排除法是不错的解题方法。

【2018 年上午题 1~5】某城市电网拟建一座 220kV 无人值班重要变电站（远离发电厂），电压等级为 220kV/110kV/35kV，主变压器为 2×240MVA。220kV 电缆出线 4 回，110kV 电缆出线 10 回，35kV 电缆出线 16 回。请分析计算并解答下列各小题。

▶▶ **第3题 [主接线选择]** 1. 该无人值班变电站各侧的主接线方式，采用下列哪一组接线是符合规程要求的？并论述选择的理由。 （　　）

（A）220kV 侧双母线接线，110kV 侧双母线接线，35kV 侧双母线分段接线

（B）220kV 侧单母线分段接线，110kV 侧双母线接线，35kV 侧单母线分段接线

（C）220kV 侧扩大桥接线，110kV 侧双母线分段接线，35kV 侧单母线接线

（D）220kV 侧双母线接线，110kV 侧双母线接线，35kV 侧单母线分段接线

【答案及解答】D

依据 DL/T 5103—2012 第 4.1.2 条、DL/T 5218—2012 第 5.1.6 条、第 5.1.7 条，重要变电站 220kV 电缆出线 4 回，采用双母线接线；110kV 电缆出线 10 回，采用双母线接线；5kV 电缆出线 16 回，采用 35kV 侧单母线分段接线。所以选 D。

【2021 年上午题 1~3】某发电厂建设 6×390MW 燃煤发电机组，以 3 回 500kV 长距离输电线路接入他省电网。6 台发电机组连续建设，均通过双绕组变压器（简称"主变"）升

压至 500kV，采用发电机-变压器组单元接线，发电机出口设 SF$_6$ 发电机断路器，厂内设 500kV 配电装置，不设起动/备用变压器，全厂设 1 台高压停机变压器（简称"停机变"），停机变电源由当地 220kV 变电站引接。发电机主要技术参数如下：（本题发电机参数略）。

▶▶ **第 4 题** [主接线选择] 1．电厂 500kV 配电装置的电气主接线宜采用下列哪种接线方式？并说明依据。　　　　　　　　　　　　　　　　　　　　　　　　　　　　　(　　)

（A）单母线分段接线　　　　　　　　（B）双母线接线
（C）双母线带旁路接线　　　　　　　（D）4/3 断路器接线

【答案及解答】D

由 GB/T 50660—2010 第 16.2.11-2 款可知，4/3 断路器接线符合要求，所以选 D。

【注释】

一般情况，500kV 等超高压等级接线可靠性要求非常高，对于发电机台数和送出线路数相当的情况，可以使用 3/2 接线，使一台发电机和一条出线组成一个串，多个串闭环形成多环运行提高可靠性；对于发电机台数和送出线路数相对较多的情况，可使用 4/3 接线，使两台发电机与一条出线组成一个串，同时形成多环运行，类似 3/2 接线提高可靠性。针对 4/3 接线的特点，该接线一般在发电机台数较多的水电站经常使用。

【2010 年下午题 1~5】　某发电厂本期安装两台 125MW 机组，每台机组配一台 400t/h 级锅炉，机组采用发电机—三绕组变压器单元接线接入厂内 220kV 和 110kV 升压站，220kV 和 110kV 升压站均采用双母线接线。高压厂用工作变压器低压侧引接，厂用电电压为 6kV 和 380V。请回答下列问题。

▶▶ **第 5 题** [主接线选择] 2．在厂用电接线设计中采用了以下设计原则，请判断下列哪项是不符合规程要求的？并说明依据和理由。　　　　　　　　　　　　　　　(　　)

（A）6kV 和 380V 厂用母线均设二段
（B）备用变压器由 220kV 母线引接
（C）6kV 和 380V 二段母线均分别由一台变压器供电
（D）主厂房照明不设专用照明变压器供电

【答案及解答】B

DL/T 5153—2014 第 3.7.8-2 条规定，当无发电机电压母线时，可由全厂高压母线中电源可靠的最低一级电压母线或由联络变压器的第三（低压）绕组引接。可知 B 选项错误。

所以选 B。

【考点说明】

（1）此类题目应特别注意不同机组容量对应的接线形式不同，不要混用。

（2）A 选项正确。由 DL/T 5153—2014 第 3.5.1-2 条可知，单机容量为 125~300MW 级的机组，每台机组的每一级高压厂用电压母线应为 2 段，并将双套辅机的电动机分接在 2 段母线上。

（3）C 选项正确。由 DL/T 5153—2014 第 3.5.3-2 条以及第 3.6.2-1 条可知，单机容量为 50~125MW 级的机组，每台机组宜采用 1 台双绕组变压器做高压厂用工作变压器。

（4）D 选项正确。由 GB 50660—2011 第 16.8.4 条可知，机组容量为 125MW 级时，主厂

房的正常照明宜由动力、照明共用的低压厂用变压器供电。

（5）火力发电厂的厂用电比较复杂，建议初学者结合火电厂接线图学习。

（6）案例均为单选题，在挑错题中只需针对错误选项找依据说明即可，这样可以节省作答时间。

【注释】

（1）厂用电接线的问题应结合 GB 50660—2011 及 DL/T 5153—2014 的相关内容作答，并注意机组容量、厂用电压等级等基本情况，一般高、低压厂用电均采用单母线接线，主要突出简单可靠的要求，且厂用母线按炉机对应分段的原则设置，母线检修可以结合机炉停运时进行，没必要采用有备用母线的双母线接线，分段数与机组容量及负荷特点（单、双辅机及重要性等）有关。2002 年及以前的厂用电规程中，高、低压厂用母线均按锅炉容量、炉机对应分段的原则设置，如规定锅炉容量为 400t/h 以下时，高压厂用母线设一段，锅炉容量为 400t/h 以上时应不少于 2 段，220t/h 炉低压厂用母线有机炉Ⅰ类负荷时宜按炉或机对应分段。DL/T 5153—2014 中规定，当机炉不对应设置且锅炉容量为 400t/h 以下时（考虑有锅炉母管制的可能），每台炉可设一段高压厂用母线，其他均按机组容量划分，兼顾锅炉容量考虑。而且说明在确定每台机组高压厂用母线段数时，应考虑母线额定电流、短路电流水平、电动机起动电压降水平、电压调整及双套辅机由不同母线段供电等要求。

（2）厂用变压器台数、容量在 DL/T 5153—2014 的第 3.6 节及第 3.7 节中均有具体规定，与机组容量、单元机组是否有发电机出口断路器，厂用工作电源及（启动）备用电源的引接方式等有关，而且需经厂用电压等级、厂用电负荷计算、电压计算等多方面的技术经济比较后确定，实际工程中常有与规范规定的不尽相同的接线方案，如 1000MW 机组按规范可采用 2 台分裂变压器或 1 台分裂变压器加 1 台双绕组变压器，实际工程中也有采用 1 台分裂变压器的实例，规范规定的是常规方案。

（3）低压厂用电系统中，当低压厂用电的中性点为非直接接地系统或机组容量为 200MW 级及以上级别时，主厂房的正常照明宜按动力、照明分开供电，而当低压厂用电的中性点为直接接地系统，且机组容量为 125MW 级时，主厂房的正常照明宜按动力、照明混合供电。对于主厂房以外的各辅助车间，低压厂用电中性点直接接地系统中，则均是动力、照明混合供电方式，这种规定有利于大容量机组的供电安全和可靠，还可改善照明质量。

【2022 年补考上午题 5~8】 某区域火电厂，海拔 200 米，原有 2 台 300MW 纯凝机组，以 220kV 电压接入电力系统。现为了满足供热要求，需扩建 2 台背压机组，机组有停机不停炉运行方式。其发电机额定容量为 57MW，机端额定电压为 10.5kV，额定功率因数为 0.8，超瞬变电抗 $X\%=13$。扩建机组拟接入电厂原有 220kV 配电装置。请分析计算并解答下列问题。

▶▶ **第 6 题** [**主接线选择**] 5．在下列接线方案中，哪种接线技术经济合理、较为适合扩建的供热机组？请分析并说明依据。　　　　　　　　　　　　　　　　　　　　　　（　　）

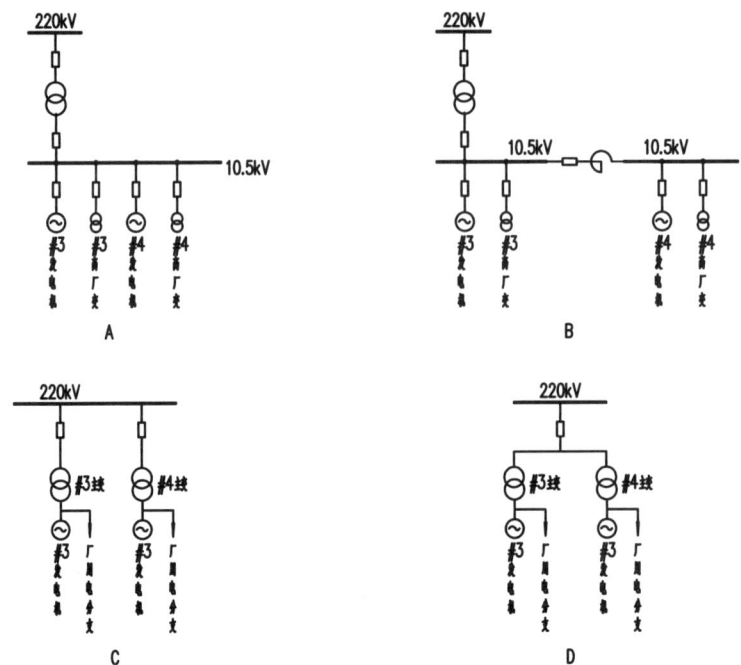

【答案及解答】B

根据题干要求,主接线要满足停机不停炉运行方式,排除 CD 选项。依据 GB 50049—2011 第 17.2.4-1 条,每段母线上的发电机容量大于 24MW 时,需在发电机母线分段上安装限流电抗器来限制短路电流,因此选 B。

【2024 年上午题 1~5】 某工业园区热电厂安装 4 台燃煤发电机组,发电机额定功率 50MW,额定电压 6.3kV。额定功率因数 0.8,最大连续出力 55MW(运行在额定功率因数),电厂通过两回 220kV 线路接入电力系统,220kV 升压站采用双母线接线。电厂设置备用变压器,电源引接自 220kV 升压站母线。请分析并解答下列各小题。

▶▶ **第 7 题 [主接线选择]** 1. 在技术合理的前提下,该热电厂发电机部分电气主接线选择下列哪个方案较为经济?并说明理由。 ( )

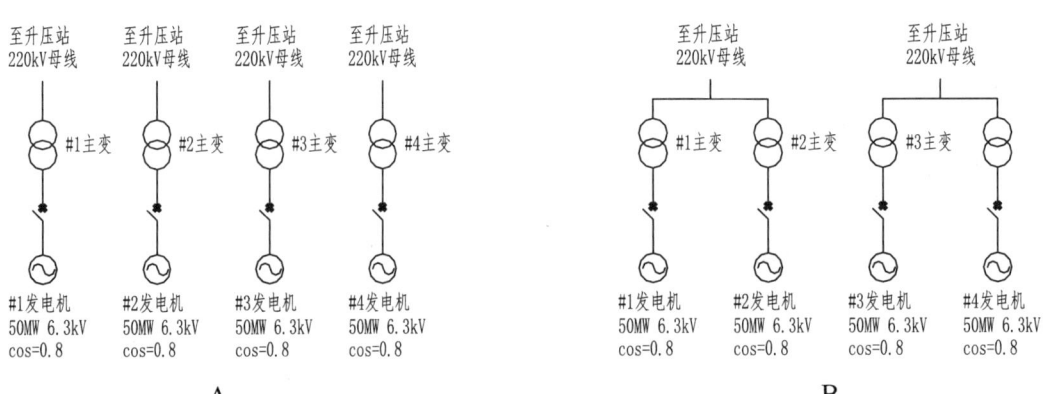

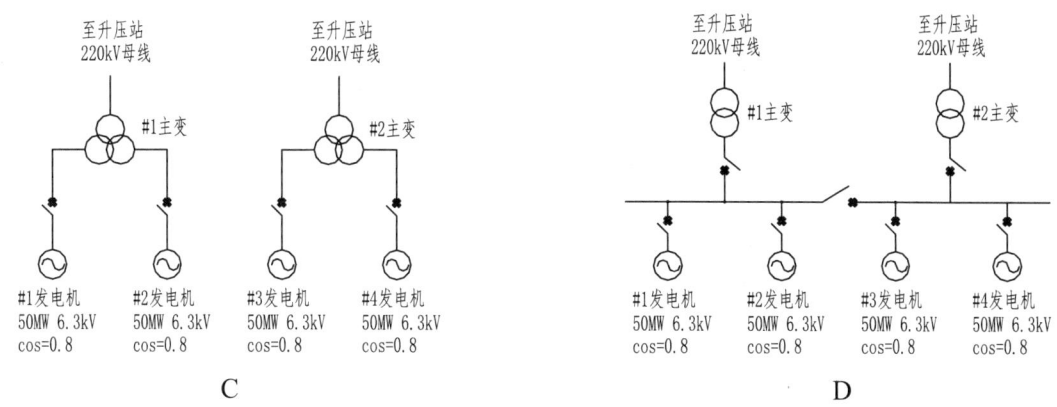

C D

【答案及解答】 C

依据:《小型火力发电厂设计规范》(GB 50049—2011) 第 17.2.2 条,可采用分裂变作扩大单元接线,也可采用联合单元,但联合单元的断路器要装在变压器高压侧,结合本题四个选项,C 的扩大单元接线最合理,所以选 C。

第 2 章　电力系统规划与无功补偿

2.1　概　　述

2.1.1　本章主要涉及规范

《电力工程设计手册　电力系统规划设计》★★★★★（简称新版补充手册）
《电力工程设计手册　火力发电厂电气一次设计》★★★★★（简称新版一次手册）
《电力工程设计手册　变电站设计》★★★★★（简称新版变电手册）
《导体和电气选择设计技术规定》（DL/T 5222—2021）★★★★★
《并联电容器装置设计规范》（GB 50227—2017）★★★★
《35kV～220kV 变电站无功补偿装置设计技术规定》（DL/T 5242—2010）★★★
《330kV～750kV 变电站无功补偿装置设计技术规定》（DL/T 5014—2010）★★★
《电能质量　三相电压不平衡》（GB/T 15543—2008）★
《电力系统设计技术规程》（DL/T 5429—2009）★

参考：《电力工程电气设计手册　电气一次部分》《电力系统设计手册》（简称老版一次手册、老版系统手册）

2.1.2　真题考点分布（总计 88 题）

2.1.2.1　高压、低压并联电抗器选择

考点 1　高压、低压并联电抗器容量选择（共 9 题）：第 1～9 题

考点 2　高抗中性点小电抗选择（共 1 题）：第 10 题

2.1.2.2　电力系统

考点 3　功率参数计算（共 7 题）：第 11～17 题

考点 4　年发电利用小时数（共 1 题）：第 18 题

考点 5　线路输送能力（共 1 题）：第 19 题

考点 6　短路比（共 1 题）：第 20 题

考点 7　负序不平衡度计算（共 1 题）：第 21 题

考点 8　系统允许注入谐波电流计算（共 2 题）：第 22、23 题

考点 9　无功补偿容量计算（共 13 题）：第 24～36 题

考点 10　无功补偿度（共 1 题）：第 37 题

2.1.2.3　低压并联电容器（电抗器）

考点 11　电容器接线（共 4 题）：第 38～41 题

考点 12　电容器额定电压（共 6 题）：第 42～47 题

考点 13　电容器绝缘选择（共 1 题）：第 48 题

考点 14　电容器组（电抗器组）分组原则（共 2 题）：第 49、50 题

考点 15　电容器谐振容量计算（共 9 题）：第 51～59 题

考点 16 电容器（电抗器）投入后母线电压升高（降低）值计算（共 4 题）：第 60~63 题

考点 17 电容器组容量配置（共 11 题）：第 64~74 题

考点 18 电容器合闸涌流计算（共 1 题）：第 75 题

考点 19 电容器布置型式（共 2 题）：第 76、77 题

考点 20 电容器发热量计算（共 1 题）：第 78 题

2.1.2.4 低压并联电容器（电抗器）回路导体、电器选择

考点 21 电容器（电抗器）汇流母线工作电流计算（共 2 题）：第 79、80 题

考点 22 电容器（电抗器）回路电器和导体选择（共 3 题）：第 81~83 题

考点 23 电容器串联电抗器选择（共 5 题）：第 84~88 题

2.1.3 考点内容概要

无功功率补偿分为并联补偿和串联补偿两大类，其中并联补偿包括以提高电压为目的的并联电容器补偿和以降低电压为目的的并联电抗器补偿。无功补偿的历年真题中，每年有一道大题，或分为几道小题分散在各大题之中，其中又分为高、低压并联电抗器和并联电容器两个方向，而串联补偿目前还未直接考查过。

众所周知，电力系统由于存在电感性负载，会导致电压降低，简称"感降"，为了维持电压在正常水平，需要并联电容器提高电压，以电容补电感。同时，电力系统也存在电容性负载，容性负载会导致电压上升，简称"容升"，为了维持电压水平，需要并联电抗器降低电压，以电感补电容。正常运行时，投入电容器抬升电压还是投入电抗器降低电压，需要根据当时的总负载呈现"电感性"还是"电容性"来决定，即由当时的系统电压偏高还是偏低来决定。以上两种补偿方法，遵循统一的原则——"分层分区、就地补偿"，以减少无功功率在网络中间的流动，这样可以降低电能损耗和电压损失。

1. 并联电抗器

并联电抗器又分为高压并联电抗器（安装在线路或厂、站高压母线上）和低压并联电抗器（安装在厂用电母线 6kV 或变电站的低压母线上，比如 35kV 或 10kV 等）。

一般情况下，系统的负载呈感性，而线路的对地电容（对应线路的充电功率）呈容性，两者性质是相反的，最终系统呈现什么特性要看二者哪个大。在空载或轻载时，线路的电容占比大，起主要作用，使系统呈现容性，这样会导致线路末端电压升高，这也是空载线路工频过电压产生的主要原因，并且电压等级越高，线路充电功率越大，该过电压就越明显 [工频过电压幅值参考《交流电气装置的过电压保护和绝缘配合设计规范》（GB/T 50064—2014）第 4.1.3 条]。此时需要投入并联电抗器降低线路末端电压以确保系统不过压。

并联电抗器可装设在高压侧也可装设在低压侧。全部装设在高压侧叫高压侧补偿；全部装设在低压侧叫低压侧补偿；如果高压侧、低压侧都装设，叫混合补偿，混合补偿的电感总补偿容量为高压侧容量与低压侧容量之和。

新版系统手册第 162 页式（7-9）$Q_l = \frac{1}{2}lq_cB$，Q_l 表示总的补偿容量，即高抗+低抗的容量；B 为补偿度，不宜低于 0.9 的原因是计入变电站的主变压器和线路的感抗后，可以取略补偿的低一点。按照无功补偿"分层分区、就地补偿"的原则，由安装在系统中各个变电站的电抗器就地平衡，也就是说本变电站只负责承担线路总充电功率的一半，另一半由对侧变电站

补偿。这是计算公式中乘系数$\frac{1}{2}$的原因。[注：老版系统手册第 234 页式（8-3）]。

很显然，如果仅在高压侧装设高压并联电抗器（简称高抗），进行全部补偿的话，$L=C$，会发生谐振，应尽量避免，故新版变电手册第 191 页式（6-29）明确规定，高抗的补偿度不能超过 85%。由于高抗还具备限制潜供电流的作用，容量也不宜太小，所以高抗的补偿容量范围规定是 60%～85%。（注：老版一次手册第 533 页式（9-50）规定补偿范围 40%～80%）。

DL/T 5242—2010 第 5.0.6 条的条文说明指出"35kV～220kV……并联电抗器补偿总容量一般要求为线路充电功率总和的 100%以上。"该处是指一般值，最低补偿度以老版系统手册的 0.9 为准。同时 DL/T 5242—2010 还指出"目前，国内只有几座大城市中在 220kV 变电站内主变压器低压侧装设并联电抗器，补偿容量一般不大于主变压器容量的 30%"。该处规定低抗的最大补偿容量，不超主变压器额定容量的 30%。该规定的一个原因是一般都是双侧补偿，变电站只承担线路充电功率的一半，另一半由对端变电站分担。另一个原因是 220kV 及以下线路充电功率有限，降压变电站的主变压器主要以转换有功功率为目的，不能被太多的无功容量所占用，同时也考虑到变压器运行的安全性。DL/T 5014—2010 第 5.0.7 条条文说明也做了相同规定。

2. 并联电容器

并联电容器一般都装设在发电厂厂用电母线（如 6kV）或变电站的低压母线上，在供电末端电压损失较大或负载功率因数较低（无功负载较大）的用户处安装较多，这样可以在就地补偿无功功率，避免了其通过线路传输，降低了线路损耗。并联电容器为了防止谐波放大和限制合闸涌流，通常在电容器之前（或后）设置一个串联电抗器，注意和并联电抗器相区别。

3. 考点概要

（1）并联电抗器选择：分为计算补偿总容量、高抗补偿容量和抵抗补偿容量三种，首先应明白三者之间的关系和各自的计算要求，在作答时要注意题目是计算哪一个容量，本考点虽然简单，但如果对题意理解不准确很容易掉坑。

（2）中性点小电抗选择：该考点相对较简单，懂得公式来由，会使用即可。

（3）高抗补偿容量与发电机自励磁配合考查：发电机自励磁属于过电压考点，但自励磁条件需要根据高抗的补偿容量来计算，二者可以已知其一求另一参数，读者在学习时注意结合过电压相关内容学习。

（4）无功损耗（补偿容量）计算。该考点分为容性补偿容量和感性补偿容量计算，尤其近两年考查较多的新能源发电厂（光伏、风力发电厂），对二者的考查较多。其中系统容性无功补偿（电容器）容量的计算主要依据老版一次手册第 476 页及之后描述的四种装置的容量计算，应熟练掌握计算方法。其次可以依据 GB 50227—2017 第 3.0.3 条，DL/T 5242—2010 第 5.0.6 条、DL/T 5014—2010 第 5.0.4 条、第 5.0.7 条及各条的条文说明，根据变压器的容量进行简略计算。至于使用哪种方法主要依据题意和已知条件作答。系统感性无功补偿总容量要根据系统充电功率计算。

（5）并联电容器容量计算：高频考点之一。并联电容器总容量根据系统无功补偿总容量计算结果向上选取一个标准序列容量即可。同时电容器是由一台一台的单台电容器通过并联和串联组成的三相电容器组，一个变电站可配置一组或多组并联电容器组。因此在选择时还存在单台电容器容量和分组容量的选择。单台电容器容量的计算比较简单，只需知道一组总容量和该组由多少台电容器组成便可轻松计算，稍微有点难度的是需要结合接线方式计算一组有多少台电容器组成，对接线不熟悉可能很容易做错，因此应熟练掌握电容器的组数、串联段数、并联台数、单或双星形接线方式。

电容器分组原则主要根据电压波动、负荷变化、电网背景谐波含量，以及设备技术条件等因素来确定。其详细内容可参考老版系统手册第 244 页第 9 节内容。所有的电容器组容量相加即为全站总的容性无功补偿容量。根据母线电压和系统无功缺额决定是否投入运行或投入几台运行。

（6）电容器谐振判断是考查重点，并且计算简单，读者应重点掌握，主要依据 GB 50227—2017 第 3.0.3 条。

（7）电容器额定电压、运行电压升高、母线电压升高等只需找到公式便可轻松作答。

（8）电器和导体的选择中，需要注意各个回路的修正系数，比如电容器总回路的工作电流按额定电流的 1.3 倍选择等。

（9）电容器的接线方式稍难，不过不是高频考点，主要出现在挑错题上，可通过做题来熟悉基本接线原则。

（10）电容器的布置和绝缘选择考查较少，读者可根据本章最后的几道真题及其注释学习和掌握规范内容。

（11）低压并联电抗器的容量计算请参考第 1 章内容。并联电抗器投入后的电压降低和电容器公式可通用，只不过电抗器的容量要带负值即可。其余内容主要依据 DL/T 5014—2010，读者应详细阅读。

（12）高压串联补偿主要是指为了提高线路输送容量和系统稳定度而设置的高压串联电容器，该点还从未考查过，读者可参阅老版一次手册第 542 页第 9-7 节内容。

2.2　历 年 真 题 详 解

2.2.1　高压、低压并联电抗器选择

考点 1　高压、低压并联电抗器容量选择

【2012 年上午题 6～9】某区域电网中现运行一座 500kV 变电站，根据负荷发展情况需要扩建，该变电站现状、本期及远景规模见下表。

电气设备	现有规模	远景建设规模	本期建设规模
主变压器	1×750MVA	4×1000MVA	2×1000MVA
500kV 出线	2 回	8 回	4 回
220kV 出线	6 回	16 回	14 回
500kV 配电装置	3/2 断路器接线	3/2 断路器接线	3/2 断路器接线
220kV 配电装置	双母线接线	双母线双分段接线	双母线双分段接线

▶▶ 第 1 题［低抗补偿容量］6．500kV 线路均采用 4×LGJ-400 导线，本期 4 回线路总长度为 303km，为限制工频过电压，其中一回线路上装有 120Mvar 并联电抗器；远景 8 回线路

总长度预计为 500km，线路充电功率按 1.18Mvar/km 计算。请计算远景及本期工程该变电站 35kV 侧配置的无功补偿低压电抗器容量应为下列哪组数值？　　　　　　　　　　（　　）

(A) 590Mvar、240Mvar　　　　　　(B) 295Mvar、179Mvar

(C) 175Mvar、59Mvar　　　　　　　(D) 116Mvar、23Mvar

【答案及解答】C

依题意，其中一回线路上装有 120Mvar 并联电抗器（直接并线路为高抗），补偿度 B 取 0.9~1，由新版系统手册第 162 页式（7-9）可得变电站需补偿的低压并联电抗器容量应为总补偿容量减去已有高抗容量，即

$$远景 Q_{l1} = \frac{500 \times 1.18}{2} \times 1 - 120 = 175(\text{Mvar})$$

$$本期 Q_{l2} = \frac{303 \times 1.18}{2} \times 1 - 120 = 59(\text{Mvar})$$

【考点说明】

(1) 本题未说本站全部补偿，则默认按就地平衡原则每站各补一半，可直接使用公式计算。

(2) 题设已知"其中一回线路上装有 120Mvar 并联电抗器"，因此式（8-3）计算出的总容量应减掉已经安装的 120Mvar 并联电抗器。

(3) 从题目"请计算远景及本期工程该变电站 35kV 侧配置的无功补偿低压电抗器容量应为下列哪组数值"描述中可知，剩下的容量全部由低抗补偿，所以最终选 C。

(4) 老版系统手册第 234 页式（8-3）。

【2012 年下午题 26~30】　某地区拟建一座 500kV 变电站，站址地位于Ⅲ级污秽区，海拔不超过 1000m，年最高温度为 40℃，年最低温度为-25℃。变电站的 500kV、220kV 侧各自与系统相连。35kV 侧接无功补偿装置。该站运行规模为：主变压器 4×750MVA，500kV 出线 6 回，220kV 出线 14 回，500kV 电抗器两组，35kV 电容器组 2×60Mvar，35kV 电抗器 2×60Mvar。主变压器选用 3×250MVA 单相自耦无励磁电压变压器。电压比：525/$\sqrt{3}$/230/$\sqrt{3}$±2×2.5%/35kV，容量比：250MVA/250MVA/66.7MVA，接线组别：YNa0d11。

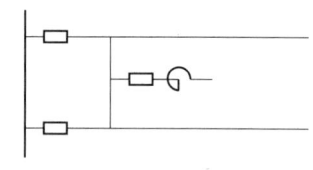

▶▶ 第 2 题 [高抗补偿容量] 26．本期的 2 回 500kV 出线为架空平行双线路，每回长约 120km，均采用 4×LGJ-400 导线（充电功率 1.1Mvar/km），在初步设计中为补偿充电功率曾考虑在本站配置 500kV 电抗器调相调压，运行方式允许两回路共用一组高压并联电抗器。请计算本站所配置的 500kV 并联电抗器最低容量宜为下列哪一种？如采用右边简图的接线方式是否正确，为什么？　　　　　　　　　　　　　　　　　　　　　（　　）

(A) 59.4MVA　　　　　　　　　　(B) 105.6MVA

(C) 118.8MVA　　　　　　　　　 (D) 132MVA

【答案及解答】A

由新版系统手册第 162 页式（7-9）可得，500kV 并联电抗器最低容量为

$$Q_l = \frac{l}{2} q_c B = \frac{120}{2} \times 1.1 \times 0.9 = 59.4 \,(\text{MVA})$$

【考点说明】

（1）本题各选项分析如下：

　　A．选项为只补偿一条线路，补偿度为 0.5×0.9=0.45；

　　B．选项为补偿两条线路，补偿度为 0.4；

　　C．选项为补偿两条线路，补偿度为 0.5×0.9=0.45；

　　D．选项为补偿两条线路，补偿度为 1。

（2）本题一开始就设下了一个经典的"建设周期"陷阱。题设描述的是最终接线，500kV 有 6 回出线，但第一小题只问了"本期"，这个"本期"可以是一开始的初期，也可以是中期的小扩建，所以只需考虑将"本期"两回 500kV 出线的充电功率补偿掉就行，不需要考虑题设中装设的 35kV 低压电抗器。

（3）题目没明确说明的情况下默认是每站各补偿线路充电功率的一半，题目明确这一半充电功率全部由高压电抗器补偿。根据老版系统手册要求，补偿度最小为 0.5×0.9=0.45。这是从抑制末端电压升高来考虑的。而新版一次手册第 533 页式（9-50）中的补偿度 0.4 是从考虑限制潜供电流角度对高压电抗器的要求，两个条件要同时满足，取大者，所以按补偿度 0.45 考虑。

新版变电站手册第 191 页式（6-29）已经将补偿范围修改为 60%～85%，该值为总容量，两变电站一端补偿一半，单站最少补偿 30%。

（4）按新版变电手册，如果此题本期是混合双端补偿，也就是 35kV 也有低压电抗器，那么在总补偿容量大于本站最低补偿量 0.5×0.9=0.45 的前提下，高压电抗器最小补偿度可以为 0.6/2=0.3。

（5）确定补偿度为 0.45 后，剩下的就是补偿一条线路还是补偿两条线路的问题。依题意，两条线路共用一组高压电抗器，哪条线路需要补偿，高压电抗器就投入到那一条，因此只需补偿一条线路即可。如果两条线路需要同时补偿，那必须装两套高压电抗器，一条线路挂一组才合理。

（6）有同学质疑，本侧按补偿度 0.45 考虑，对侧也是 0.45，整条线路补偿度达到 0.9，是高压电抗器一相或两相断开的谐振区。请注意：本题高压电抗器只说明在本侧装设，对侧并没有要求必须装高压电抗器，如果对侧安装低压电抗器，就不存在这个问题。

实际上该题的两条线路属于一运一备类型，为了节省投资，两条线路共用一组高压电抗器。不过这种方案目前已经很少采用了，基本都是每条线路单独各配一套高压电抗器。

（7）老版系统手册第 234 页式（8-3）。

【2013 年下午题 1~5】　某企业电网先期装有 4 台发电机（2×30MW+2×42MW），后期扩建 2 台 300MW 机组，通过 2 回 330kV 线路与主网相联。（主设备参数及配图本题略）

▶▶　第 3 题［低抗补偿容量］3．如果 330kV 并网线路长度为 80km，采用 2×400mm² 导线，同塔双回路架设，充电功率为 0.41Mvar/km。根据无功平衡要求，330kV 三绕组变压器的 35kV 侧需配置电抗器。若考虑充电功率由本站全部补偿，请计算电抗器的容量应为下列哪项值？　　　　　　　　　　　　　　　　　　　　　　　　　　　　　　　　（　　）

　　（A）1×30Mvar　　　　　　　　　（B）2×30Mvar

　　（C）3×30Mvar　　　　　　　　　（D）2×60Mvar

【答案及解答】B

由新版系统手册第 162 页式（7-9），考虑充电功率由本站全部补偿，因此不乘以系数 0.5，可得电抗器容量为

$$Q_{KB} = q_c LB = 0.41 \times 80 \times 2 \times (0.9 \sim 1) = 59.04 \sim 65.6 \text{ (Mvar)}$$

所以选 B。

【考点说明】

（1）本题的坑点在于题设"若考虑充电功率由本站全部补偿…"，因此不能再除 2，否则会误选 A。

（2）本题高压线路是 330kV，从题意看是要求计算 35kV 电抗器容量，属于抵抗补偿容量。而公式 $Q_{KB} = q_c LB$ 计算出的是总补偿容量，即"高抗+低抗"容量，结合题目选项数据，此 35kV 电抗器容量就是总容量，否则没有选项，为此补偿度取 0.9～1；如果单独要求计算高抗补偿容量，则不能用此补偿度，而应该使用新版变电手册式（6-29）要求的补偿度 60%～85%；或老版一次手册第 533 页式（9-50）要求的 40%～80%。

（3）老版系统手册第 234 页式（8-3）。

【2020 年下午题 1～4】 本题大题干略。

▶▶ **第 4 题 [低抗补偿容量]** 4. 该变电站 500kV 线路均采用 4×LGJ-630 导线（充电功率 1.18MVA/km），现有 4 回线路总长度为 390km，500kV 母线装设了 120Mvar 并联电抗器为补偿充电功率，则站内的 35kV 侧需配置电抗器容量应为下列哪项数值？（　）

（A）8×60Mvar　　　　　　　　（B）4×60Mvar

（C）2×60Mvar　　　　　　　　（D）1×60Mvar

【答案及解答】 C

由新版系统手册第 162 页式（7-9）可得：

总无功补偿容量 $Q_1 = \dfrac{1}{2} \times q_c B = \dfrac{1}{2} \times 1.18 \times 390 \times 0.9 = 207.9 \text{(Mvar)}$

35kV 侧需要装设的无功补偿容量 $Q_{35} = 207.9 - 120 = 87.9 \text{(Mvar)}$

结合选项，选最接近且大于 87.9Mvar，所以选 C。

【考点说明】

（1）本题所用式（7-9）所计算的是总无功补偿容量，其中 1/2 代表线路两端的变电站各补偿一半。本题没说明是单站全部补偿还是两站各补偿一半，因此按默认的双端补偿每站各补偿一半计算，如果按单站全部补偿不乘 1/2 会错选 B。

（2）老版系统手册第 234 页式（8-3）。

【2021 年下午题 1～3】 本题大题干略。

▶▶ **第 5 题 [高抗补偿容量]** 2. 该抽水蓄能电站采用 2 回 500kV 架空线路送出，导线采用四分裂导线，线路长度分别为 80km 和 120km，在该电站 500kV 母线安装高压并联电抗器，补偿度为 60%，则高压并联电抗器容量为：（　）

（A）84.96MVA　　　　　　　　（B）123.6MVA

（C）141.6MVA　　　　　　　　（D）236MVA

【答案及解答】 C

由新版系统手册第 158 页表 7-1 可得 500kV 架空线路充电功率为 1.18Mvar/km。又由新版变电手册第 191 页式（6-29）可得

高压并联电抗器容量 $Q_1 = K_1 Q_c = 0.6 \times 1.18 \times (80+120) = 141.6(\text{Mvar})$

【考点说明】

（1）本题要求单独计算高抗容量，并且给了补偿度，落在高抗要求的 60%～85%（新版手册）（老版手册为 40%～80%），因此直接使用高抗容量计算公式即可。需要注意的是，该补偿度是高压线路及母线上所有高抗的容量之和，该题只给了补偿度没说明线路两端是否都装高抗，结合题意理解该高抗应指电站端装设的高抗，所以不必除 2。

（2）本题单独计算高抗容量，因此不要使用新版系统手册第 162 页的式（7-9）[老版系统手册第 234 页式（8-3）]。

（3）老版系统手册第 229 页表 8-6，老版一次手册第 533 页式（9-50）。

【2021 年上午题 1~3】某发电厂建设 6×390MW 的燃煤发电机组，以 3 条 500kV 长距离输电线路接入他省电网，6 台机组连续建设，均通过双绕组变压器（简称"主变"）升压至 500kV，采用发电机—变压器组单元接线，发电机出口设 SF_6 发电机断路器，厂内设 500kV 配电装置，不设起动/备用变压器，全厂设 1 台高压停机变压器（简称"停机变"），停机变电源由当地 220kV 变电站引接。（本题发电机参数略）

▶▶ 第 6 题 [高抗补偿容量] 3. 由于 500kV 线路较长，中间设置开关站，电厂至开关站的 500kV 架空线路距离为 280km，500kV 线路充电功率取 1.18Mvar/km，为了限制工频过电压，每回 500kV 线路的电厂侧与开关站侧均设置 1 组中性点不设电抗器的高压并联电抗器，若按补偿度不低于 70%考虑，电厂选用单相电抗器，则该单相电抗器的额定容量宜为下列那个数值？

（　　）

（A）40Mvar　　　　　　　　（B）50Mvar
（C）80Mvar　　　　　　　　（D）120Mvar

【答案及解答】A

由老版变电手册第 191 页式（6-29），可得

单相高抗容量 $= \dfrac{1}{\text{相数}} \times \dfrac{1}{\text{双端各补一半}} \times \text{补偿度} \times \text{单位充电功率} \times \text{线路总长度}$

$= \dfrac{1}{3} \times \dfrac{1}{2} \times 0.7 \times 1.18 \times 280 = 38.55(\text{Mvar})$

【考点说明】

（1）本题给也是要求单独计算高抗容量，但由题意"电厂侧与开关站侧均设置 1 组……"可知，电厂侧高抗容量应除 2，否则会误选 C。单相电抗器每台容量再除 3，否则误选 D。

（2）老版一次手册第 533 页式（9-50）。

【2022 年补考上午题 9~12】某火力发电厂新建两台 600MW 燃煤发电机组，发电机额定功率 600MW，出口额定电压 20kV，额定功率因数 0.9，两台机组均采用发电机-变压器线路组的方式接入 500kV 系统，主变压器额定容量 670MVA，短路阻抗 14%，送出 500kV

线路长度为 290km，采用四分裂导线，线路的充电功率为 1.18Mvar/km。发电机的直轴同步电抗 215%，直轴瞬变电抗 26.5%，直轴超瞬变电抗 20.5%。主变压器高压侧采用金属封闭气体绝缘开关设备（GIS）。请分析计算并解答下列问题。

▶▶ 第 7 题 [高抗补偿容量] 9. 请判断当机组带空载线路运行时，是否会产生发电机自励磁？如产生自励磁，当应采用高压并联电抗器限制自励磁产生时，其容量应选择为下列哪项数值？ ( )

（A）否
（B）是，50Mvar
（C）是，70Mvar
（D）是，120Mvar

【答案及解答】C

由 GB/T 50064—2014 式（4.1.6）可得

$$X_d^* = X_S^* + X_T^* \frac{p/\cos\theta}{S_T} = 2.15 + 0.14 \times \frac{600/0.9}{670} = 2.29$$

$Q_c X_d^* = 1.18 \times 290 \times 2.29 = 783.64$；$W_N = 600/0.9 = 666.67$

$Q_c X_d^* > W_N$，因此会发生自励磁。为限制自励磁产生的过电压，高压并联电抗器容量至少应为 $Q_{kb} > lq_c - \dfrac{W_N}{X_d^*} = 1.18 \times 290 - \dfrac{600/0.9}{2.29} = 51.08\text{(MVA)}$；综上所述，选 C。

【2023 年下午题 27~30】某地区新建一座 500kV 变电站，主变 500kV、220kV 侧与系统相连，35kV 侧装无功补偿装置、远期规模为 500kV 出线 4 回、220kV 出线 14 回、主变 4 台 750MVA，主要采用单相自耦高阻抗无励磁调压变压器，额定容量 250MVA/250MVA/66.7MVA，电压比（525/230±2×2.5%）/35kV，连接组别 YNa0d11，其中 35kV 采用单元制单母线接线。请分析计算并解答下列各小题。

▶▶ 第 8 题 [低抗补偿容量] 27. 本期 500kV 出线 2 回、220kV 出线 7 回，建设 2 台 750MVA 主变、高中绕阻短路阻抗 $U_{d1\text{-}2}\%=14$，正常运行时每台主变的无功损耗为 53MVA。为了补偿本期 500kV 线路充电功率，本站需配置感性无功补容量为 380Mvar，为了限制工频过电压和潜供电流，远期 500kV 母线拟安装 2 组 150MVA 高压电抗器，本期安装 1 组 150MVA 高压电抗器，兼顾远期需要和控制本期投资，本期 35kV 配置的电抗器数量和容量宜为下列哪组合适？ ( )

（A）2 组 30Mvar
（B）4 组 60Mvar
（C）5 组 30Mvar
（D）6 组 660Mvar

【答案及解答】B

由 DL/T 5014—2010 第 5.0.2 条、第 5.0.3 条及其条文说明可得 $Q_{35} = 380 - 150 = 230\text{(Mvar)}$；因此选 B。

【考点说明】

本题的"正常运行时每台主变的无功损耗为 53MVA"，是变压器带负荷时候的损耗，而计算电抗器补偿，要用最大充电功率工况——空载工况进行计算，因此本题不能减 53MVA，否则会错选 C。

第 2 章 电力系统规划与无功补偿

【2024 年下午题 24～26】 某 500kV 变电站，经 4 回 500kV 架空线路（单回长度 40km）及 2 回 500kV 电缆线路（单回长度 10km）接入系统。

每台主变配置数组 35kV 并联电容器组及数组 35kV 并联电抗器，各回路经断路器直接接入 35kV 母线。

220kV 母线短路容量为 2000MVA，35kV 短路容量为 1800MVA。

并联电容器组均采用单星形接线，串联电抗器电抗率为 5%或 112%。

请分析计算并解答下列各小题。

▶▶ 第 9 题 [高抗补偿容量] 24. 500kV 架空线路的单位充电功率为 1.18Mvar/km，500kV 电缆线路的单位充电功率为 18.2Mvar/km，补偿系数取 0.95。计算本变电站补偿高压侧线路充电功率所需电抗器容量是下列哪项数值？ （ ）

(A) 229.2Mvar (B) 262.6Mvar
(C) 276.4Mvar (D) 552.8Mvar

【答案及解答】B

依据老版系统手册第 234 页式（8-3），即

$$Q_{kb} = \frac{1}{2} \times 0.95 \times (4 \times 40 \times 1.18 + 2 \times 10 \times 18.2) = 262.58 \text{(Mvar)}$$

所以选 B。

考点 2　高抗中性点小电抗选择

【2017 年下午题 1～4】 某电厂装有两台 660MW 火力发电机组，以发电机变压器组方式接入厂内 500kV 升压站，厂内 500kV 配电装置采用一个半断路器接线，发电机出口设发电机断路器，每台机组设一台高压厂用分列变压器，其电源引自发电机断路器与主变压器低压侧之间，不设专用的高压厂用备用变压器，两台机组的高压厂用变压器低压侧母线相联络，互为事故停机电源。请分析计算并解答下列各小题。

▶▶ 第 10 题 [中性点小电抗选择] 4. 该电厂以两回 500kV 线路与系统相连，其中一回线路设置了高压并联电抗器，采用三个单相电抗器，中性点采用小电抗器接地，该并联电抗器的正序电抗值为 2.52kΩ，线路的相间容抗值为 15.5kΩ，为了加速潜供电弧的熄灭，从补偿相间电容的角度出发，请计算中性点小电抗器的电抗值为下列哪项最为合理？ （ ）

(A) 800Ω (B) 900Ω
(C) 1000Ω (D) 1100Ω

【答案及解答】A

由新版变电手册第 192 页式（6-30）可得

$$X_n = \frac{X_{L1}^2}{X_L - 3X_{L1}} = \frac{2.52^2}{15.5 - 3 \times 2.52} = 0.8 \text{ (k}\Omega\text{)}$$

【考点说明】

老版一次手册第 536 页式（9-53）。

【注释】

（1）在超高压、特高压输电线路的端部并联电抗器，其主要作用是限制工频过电压。在其中性点上装设一台小电抗器，还有加速潜供电弧熄灭的功能。

（2）超、特高压线路采用单相重合闸是提高输电线路供电稳定性的措施。但在发生单相接地故障时，由于线路的电容耦合和互感耦合，接地点的电弧难以自熄，降低了单相重合闸的成功率。

（3）在并联电抗器的中性点连接小电抗器后，可以补偿相间电容，并部分补偿互感分量，降低潜供电流的幅值。潜供电流应小于 15～20A。

（4）小电抗器的最佳补偿度与系统参数、并联电抗器的补偿度、安装位置和故障形式有关。工程设计一般由系统专业对各种方案进行计算，选择最佳电抗值。

2.2.2 电力系统

考点3 功率参数计算

【2012年上午题6～9】某区域电网中现运行一座500kV变电站，根据负荷发展情况需要扩建，该变电站现状、本期及远景规模见下表。

设　备	现有规模	远景建设规模	本期建设规模
主变压器	1×750MVA	4×1000MVA	2×1000MVA
500kV 出线	2 回	8 回	4 回
220kV 出线	6 回	16 回	14 回
500kV 配电装置	3/2 断路器接线	3/2 断路器接线	3/2 断路器接线
220kV 配电装置	双母线接线	双母线双分段接线	双母线双分段接线

▶▶ 第 11 题 [功率参数计算] 8. 本期扩建的 2×1000MVA 主变压器阻抗电压百分比采用 $U_{k12}\%=16\%$。请计算本期扩建的 2 台 1000MVA 的主变压器满载时，最大无功损耗应为多少（不考虑变压器空载电流）？（　　）

（A）105Mvar　　　　　　　　（B）160Mvar
（C）265Mvar　　　　　　　　（D）320Mvar

【答案及解答】D

依题意，主变压器满载时负荷电流为额定电流，即 $I_m=I_e$。不考虑空载电流，即 $I_0=0$。由变压器理论可知，两台变压器总的最大无功损耗发生在分列运行时，其总损耗为单台损耗的 2 倍，由新版一次手册第 476 页式（9-2）可得

$$Q_{cb.m} = 2 \times \left[\frac{U_d(\%)I_m^2}{100 I_e^2} + \frac{I_0(\%)}{100} \right] \times S_e = 2 \times \frac{16}{100} \times 1000 = 320 \text{ (Mvar)}$$

所以选 D。

【2018年下午题15～19】一台300MW水氢冷却汽轮发电机经过发电机断路器、主变压器接入330kV系统，发电机额定电压20kV，发电机额定功率因数0.85，发电机中性点经高阻接地。主变压器参数为370MVA，345/20kV，$U_d=14\%$（负误差不考虑），主变压器330kV侧中性点直接接地。请依据题意回答下列问题。

▶▶ 第 12 题 [功率参数计算] 15. 若主变压器参数为 $I_0=0.1\%$，$P_0=213$kW，$P_k=1010$kW，

当发电机以额定功率、额定功率因数（滞相）运行时，包含了厂高变自身损耗的厂用负荷为 23900kVA，功率因数 0.87。计算主变高压侧测量的功率因数应为下列哪项数值？（不考虑电压变化，忽略发电机出线及厂用分支等回路导体损耗） （ ）

(A) 0.850 　　　　　　　　　　　　　　(B) 0.900
(C) 0.903 　　　　　　　　　　　　　　(D) 0.916

【答案及解答】C

由新版系统手册第 218 页式（9-9）可得

发电机功率 $S_F = P_F + jQ_F = P_F + j\left(\dfrac{P_F}{\cos\varphi_F}\sin\varphi_F\right) = 300 + j\left(\dfrac{300}{0.85}\times\sqrt{1-0.85^2}\right) = 300 + j185.92\,(MVA)$

厂用电功率 $S_C = P_C + jQ_C = S_C\cos\varphi_C + jS_C\sin\varphi_C = 23.9\times 0.87 + j23.9\times\sqrt{1-0.87^2} = 20.79 + j11.78\,(MVA)$

电源侧功率：
$S_{电源} = S_F - S_C = 300 + j185.92 - 20.79 - j11.78 = 279.21 + j174.14 = 329.06\angle 31.95°\,(MVA)$

变压器损耗 $S_{\Delta T} = \Delta P_T + j\Delta Q_T = \dfrac{S^2}{nS_e^2}\times\dfrac{U_e^2}{U^2}\Delta P_K + n\Delta P_0\dfrac{U^2}{U_e^2} + j\left[\dfrac{U_K(\%)S^2}{100nS_e}\times\dfrac{U^2}{U_e^2} + nI_0(\%)S_e\dfrac{U^2}{U_e^2}\right]$

$= \dfrac{329.06^2}{1\times 370^2}\times\dfrac{345^2}{345^2}\times 1.010 + 1\times 0.213\times\dfrac{345^2}{345^2} + j\left(\dfrac{14\times 329.06^2}{100\times 1\times 370}\times\dfrac{345^2}{345^2} + 1\times 0.001\times 370\times\dfrac{345^2}{345^2}\right)$

$= 1.012 + j41.34\,(MVA)$

变压器高压侧功率 $S_T = S_{电源} - S_{\Delta T} = 279.21 + j174.14 - (1.012 + j41.34) = 278.20 + j132.80\,(MVA)$

$\cos\varphi = \dfrac{P}{S} = \dfrac{278.20}{\sqrt{278.20^2 + 132.80^2}} = 0.9025$

【考点说明】

（1）本题的电源功率为发电机出口的有功功率和无功功率，扣减厂用负荷的有功功率和无功功率，再扣减主变压器的有功损耗和无功损耗即为主变压器高压侧送出的有功功率和无功功率，继而可算出其可测量的功率因数。

（2）老版系统手册第 320 页式（10-43）、式（10-44）。

【注释】

（1）本题应为功率平衡计算问题，涉及功率损耗的计算，属于电力系统功率潮流的最基础的计算问题；须对电力网络的各种设计方案及各种运行方式进行功率潮流计算，以得到电网各节点的电压，求得网络的功率潮流及网络中各元件的电力损耗，进而求得网络的电能损耗。

（2）电网的潮流计算实际工程均采用计算机软件进行计算，本题是接于 330kV 电力网的一台 300MW 机组的发电机-变压器组单元，仅是电力网的一个节点，主要电器元件即是发电机（有功功率及功率因数）；厂用高压变压器（厂用负荷及功率因数）；主变压器（容量、阻抗、I_0、P_0、P_K），其中主变压器是双绕组变压器，已知其空载电流、空载损耗和绕组铜耗，可根据老版系统手册第 218 页式（9-9）、式（9-10）计算变压器的有功和无功损耗；该公式表明变压器绕组铜耗和漏抗损耗与通过变压器的功率有关，变压器铁芯的有功损耗和励磁功率与通过变压器的功率无关，仅与变压器的容量和所加电压有关。如果是多台变压器并联，并

联台数为 n，则公式中的负载损耗应除 n，空载损耗应乘 n，该点可参考老版系统手册第 320 页式（10-43）、式（10-44）。

【2022年上午题1~4】 某发电厂 2 台 330MW 机组分别经升压变压器与 220kV 系统相连，220kV 配电装置有 2 回进线，2 回出线，采用外桥接线。发电机额定功率 330MW，额定功率因数 0.85，最大连续输出功率 340MW、功率因数 0.85，发电机出口电压 20kV，采用离相封闭母线与主变压器相连，高压厂用变压器由发电机出口引接，每台机组设 1 台分裂高压厂用变压器，两台机组设 1 台同容量的高压厂用启动/备用变压器。请分析计算并解答以下各题。

▶▶ **第 13 题[功率参数计算]** 4. 若主变压器额定容量为 390MVA，阻抗电压为 14%，空载励磁电流为 0.8%，厂用电及电厂变自身在发电机额定工况运行时消耗的总无功为 13Mvar，消耗的总有功为 20MW，请问当发电机在额定工况运行时主变高压侧送出的无功容量为下列哪项值？ （ ）

（A）133Mvar （B）140Mvar
（C）153Mvar （D）266Mvar

【答案及解答】 B

发电机发出无功 $Q_f = 330 \times \tan(\cos^{-1} 0.85) = 204.52(\text{Mvar})$

变压器低压侧最大负荷电流 $I_m = \dfrac{\sqrt{(330-20)^2 + (204.52-13)^2}}{\sqrt{3} \times 20} = 10.5193(\text{kA})$

变压器低压侧额定电流 $I_e = \dfrac{390}{\sqrt{3} \times 20} = 11.2587(\text{kA})$

由老版一次手册第 476 页式（9-2），则变压器消耗无功功率为

$$Q_{CB,m} = \left(\dfrac{U_d\% I_m^2}{100 I_e^2} + \dfrac{I_0\%}{100}\right) S_e = \left(\dfrac{14\% \times 10519.3^2}{100 \times 11258.7^2} + \dfrac{0.8\%}{100}\right) \times 390 = 50.784(\text{Mvar})$$

则高压侧送出的无功容量 $Q = 204.52 - 13 - 50.78 = 140.74(\text{Mvar})$

【2022年补考下午题1~3】 某风电场安装了 100 台风力发电机组，每台发电机组额定功功率 2000kW，发电机可在功率因数容性 0.95~感性 0.95 范围内可靠运行。该风电场升压站地处海拔 3200m 地区，一回 220kV 架空线路将风机所发电能送入 40km 外的电力系统，220kV 侧为单母线接线，配置了两台主变压器，主变压器低压侧各自连接 60 回集电线路(即各自连接着 50 台风机。

请分析计算解答下列问题。

▶▶ **第 14 题[功率参数计算]** 13. 该升压站 220kV 两台主变压器高压侧并列运行,低压则分裂运行，主变压器为双绕组有载调压自冷式，短路阻抗 14%，空载电流为 0.5%，假设主变额定容量是 110MVA、在不考虑电压变化的情况下，取电压 $U \approx U_e$ 试求该风电场满容额定出力时($\cos\phi = 1.0$)，该升压站的主变压器所消耗的无功功率为下列哪项数值？ （ ）

（A）30.8Mvar （B）26.55 Mvar
（C）15.95Mvar （D）8.8Mvar

【答案及解答】 B

由老版系统手册第 320 页式（10-44），高压侧并列运行，低压解列运行，按分裂运行考

虑，$\Delta Q_\mathrm{T} = 2 \times \dfrac{14}{100} \times \dfrac{(50\times 2)^2}{110} + 2\times 0.5\% \times 110 = 26.55(\mathrm{Mvar})$

【2023 年下午题 1~3】 系统 A 通过 2 回 220kV 线路向某园区电网供电，年送电量 12.5 亿 kWh。线路受端正常最大送电电力 250MW、功率因数 0.95。园区最大负荷 450MW，负荷功率因数 0.93，最大负荷利用小时数 6000h，园区内有 2 台 125MW 燃煤机组，额定功率因数 0.85，220kV 变电站 1 座，3 台 180MVA 变压器，电压等级 220kV/110kV/10kV，请分析计算并解答下列各小题。

▶▶ **第 15 题 [功率参数计算]** 2. 已知园区日最小负荷率 β 为 0.7、发电机最小技术出力为额定容量的 0.4，系统 A 按园区负荷曲线送电。假若新能源全天向园区供电电力保持不变，试问在园区最大负荷日两台机组运行时，为保证全天不出现新能源弃电现象，向园区提供的新能源电力最大值为下列哪项数值？

（A）40MW （B）50MW
（C）150MW （D）215MW

【答案及解答】 A

依题意，要算出"新能源全天持续最大供电量"，运行工况为：园区全天最小负荷减去除新能源外其余最小供电量；由老版系统手册第 27 页式（2-9）可得

园区日最小负荷 $P_\mathrm{min} = \beta P_\mathrm{max} = 0.7 \times 450 = 315(\mathrm{MW})$

发电机组最小出力 $P_\mathrm{Gmin} = 2 \times 0.4 \times 125 = 100(\mathrm{MW})$

依题意，线路送电功率曲线与园区负荷曲线一致，则

线路最小输入功率 $P_\mathrm{Lmin} = 0.7 \times 250 = 175(\mathrm{MW})$

新能源全天最大持续供电量 $P_\text{新} = 315 - 100 - 175 = 40(\mathrm{MW})$

因此不弃电的前提下，新能源最大输入功率为 40MW，选 A。

【考点说明】

本题的逻辑本身不难，就是根据输入和输出相等算出新能源最大出力，但难就难在这个具有迷惑性的"新能源最大出力"，根据题目解读，该值应该是"全天持续不变的最大出力"，了解到这一层，结合"日最小负荷率"的定义是日最小负荷和日最大负荷的比值，很容易就知道应该用日最小负荷工况算出"新能源持续最大供电量"为 40MW，错用日最大负荷计算：450-125-175=150（MW），会错选 C。

【2024 年下午题 1~4】 某风电场装机容量 250MW，风机年等效满负荷小时数 2900，功率因数在-0.95~+0.95 动态可调，风机就地升压至 35kV 后经汇集线路汇集至风电场升压站，经 1 回 50km 的 220kV 架空线路接入变电站，线路电抗标幺值为 0.0007751/km，S_j=100MVA，U_j=230kV。

请分析计算并解答下列各小题

▶▶ **第 16 题 [功率参数计算]** 4. 若风电场弃电率为 20%，将 1 台 100MW 抽水蓄能机组接入风电场后，可将风电场弃电量降为 0，已知抽水蓄能机组循环效率为 0.75，其抽水电量全部为风电场弃电量。忽略风电场损耗及风电场与抽水蓄能电站间的线路损耗，请问风电场

并网点年送出电量为下列哪项数值? ( )

(A) 543750MWh (B) 688750MWh
(C) 725000MWh (D) 833750MWh

【答案及解答】B

依大题干题意,风电场装机容量 250MW,风机年等效满负荷小时数 2900;

理论一年满发 250×2900;

小题干弃电率为 20%,由抽水蓄能电站弥补,但要消耗 20%电量的(1-0.75),所以实际总送出电量为

$250 \times 2900 - 250 \times 2900 \times 20\% \times (1-0.75)$
$= 250 \times 2900 \times [1-0.2 \times (1-0.75)]$
$= 688750 \text{(kVA)}$

所以选 B

【2019 年上午题 1~6】某垃圾焚烧电厂汽轮发电机组,发电机额定容量 P_{eg}= 20000kW,额定电压 U_{eg}=6.3kV,额定功率因数 $\cos\varphi_e$=0.8,超瞬变电抗 X_d=18%。电气主接线为发电机变压器组单元接线,发电机装设出口断路器 GCB,发电机中性点经消弧线圈接地。高压厂用电源从主变压器低压侧引接,经限流电抗器接入 6.3kV 厂用母线。主变压器额定容量 S_n= 25000kVA,短路电抗 U_k=12.5%,主变压器高压侧接入 110kV 配电装置。统一用 10km 长的 110kV 线路连接至附近变电站,电气主接线如下图。请分析并计算解答下列各小题。

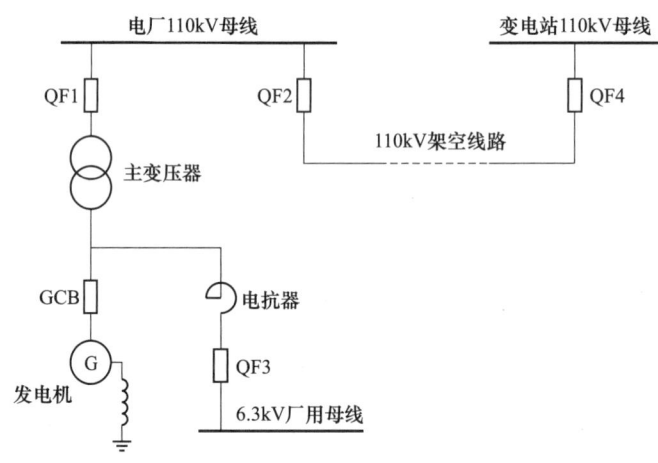

▶▶ 第 17 题 [功率参数计算] 1. 若高压厂用电源由备用电源供电,即 QF3 断开时,发电机在额定工况下运行,请计算此时主变压器的无功消耗占发电机发出的无功功率的百分比为下列哪项值?(请忽略电阻和励磁电抗) ( )

(A) 12.5% (B) 18%
(C) 20.8% (D) 60%

【答案及解答】C

由新版系统手册第 157 页式(7-2)可得

发电机容量 $\quad S=\dfrac{20000}{0.8}=25000\,(\mathrm{kVA})$

发电机所发无功 $\quad Q_\mathrm{G}=25000\times\sin(\arccos 0.8)=25000\times 0.6=15000\,(\mathrm{kVA})$

依题意，主变压器容量 $\quad S_\mathrm{T}=25000\mathrm{kVA}；I_\mathrm{m}=I_\mathrm{e}$

忽略电阻和励磁电抗，可得变压器损耗无功为

$$\Delta Q_\mathrm{T}=\dfrac{I_0\%}{100}S_\mathrm{N}+\dfrac{U_\mathrm{k}\%}{100}S_\mathrm{N}\left(\dfrac{S}{S_\mathrm{N}}\right)^2=0+\dfrac{12.5}{100}\times 25000\times 1^2=3125(\mathrm{kVA})$$

则变压器损耗无功占发电机发出无功百分数为：$\dfrac{\Delta Q_\mathrm{T}}{Q_\mathrm{G}}\times 100\%=\dfrac{3125}{15000}\times 100\%=20.83\%$

【考点说明】

也可以由老版一次手册第 476 页式（9-2）计算。

【注释】

本题的关键计算量"变压器损耗的无功"可使用老版一次手册第 476 页式（9-2），对于多台变压器并联运行时的无功损耗可参考老版系统手册第 320 页相关公式。计算出变压器消耗的无功之后，根据容量（视在功率）、有功、无功的功率三角形知识便可解出此题。需要注意的是，发电机给的额定功率都是有功功率，变压器都是直接给定容量，在做题解答时需要细心查看单位。

考点 4 年发电利用小时数

【2023 年下午题 1～3】 系统 A 通过 2 回 220kV 线路向某园区电网供电，年送电量 12.5 亿 kWh。线路受端正常最大送电电力 250MW、功率因数 0.95。园区最大负荷 450MW，负荷功率因数 0.93，最大负荷利用小时数 6000h，园区内有 2 台 125MW 燃煤机组，额定功率因数 0.85，220kV 变电站 1 座，3 台 180MVA 变压器，电压等级 220kV/110kV/10kV，请分析计算并解答下列各小题。

▶▶ 第 18 题 [年发电利用小时数] 3. 为降低煤炭消费，园区电网拟接入 100MW 风电机组，已知风电机组年利用小时数 2300h，试问在系统 A 送电量不变的情况下，风电接入后燃煤机组的年发电利用小时为下列哪项数值？　　　　　　　　　　　　　　（　　）

（A）3100h　　　　　　　　　　　　（B）3700h
（C）4880h　　　　　　　　　　　　（D）5080h

【答案及解答】 C

由老版系统手册第 31 页式（2-15）可得

$$T=\dfrac{A_\mathrm{F}}{P_\mathrm{n\cdot max}}=\dfrac{450\times 6000-1250000-100\times 2300}{2\times 125}=4880(\mathrm{h})$$

【考点说明】

年负荷利用小时数就是设备在额定功率情况下连续运行多少小时能发出年发电量。

考点 5 线路输送能力

【2023 年下午题 4～6】 某 220kV 变电站现有 2 台 150MVA 变压器，阻抗电压 12%，电

压比 220kV/35kV，接线组别 YNd11；220kV 主接线采用双母接线，并列运行；35kV 主接线采用单母线分段接线，分段运行；35kV 出线均为辐射形负荷线路，35kV 每段母线最大三相短路电流 18kA，最小三相短路电流 10kA。基准容量取 100MVA，请分析计算并解答下列各题。

▶▶ 第 19 题 [线路输送能力] 6. 规划中可按照输电线路的极限传输角作为稳定性判据，近似估算线路的输电能力，现有 2 台 80MW 水电机组拟通过 1 回波阻抗为 380Ω、长度 280km 的 220kV 线路接入该 220kV 变电站。如若线路相位常数取 6°/100km、极限传输角按 25°考虑，下列哪项数值近似为该线路的输电能力？　　　　　　　　　　　　　　（　　）

（A）186MW　　　　　　　　　　　　（B）229MW
（C）234MW　　　　　　　　　　　　（D）513MW

【答案及解答】A

由老版系统手册第 184 页式（7-15）、式（7-16）可得

线路自然输送容量 $P_\lambda = \dfrac{U_e^2}{Z_\lambda} = \dfrac{220^2}{380} = 127.37(\text{MW})$

传输能力 $P = P_\lambda \dfrac{\sin \delta_y}{\sin \lambda} = 127.37 \times \dfrac{\sin 25°}{\sin(6° \times 280/100)} = 186.24(\text{MW})$

考点 6　短路比

【2024 年下午题 1~4】某风电场装机容量 250MW，风机年等效满负荷小时数 2900，功率因数在 $-0.95 \sim +0.95$ 动态可调，风机就地升压至 35kV 后经汇集线路汇集至风电场升压站，经 1 回 50km 的 220kV 架空线路接入变电站，线路电抗标幺值为 0.0007751/km，S_j=100MVA，U_j=230kV。请分析计算并解答下列各小题

▶▶ 第 20 题 [短路比] 1. 若风电场 220kV 并网点三相短路电流为 2.5kA，请问风电场的短路比为下列哪项数值？　　　　　　　　　　　　　　　　　　　　　　（　　）

（A）3.78　　　　　　　　　　　　　（B）3.98
（C）4.19　　　　　　　　　　　　　（D）6.49

【答案及解答】B

由《风电场接入电力系统技术规定　第 1 部分：陆上风电》（GB 19963.1—2021）第 3.20 条可知，短路比为短路容量/设备容量，即

$\dfrac{2.5 \times \sqrt{3} \times 230}{250} = 3.98$，所以选 B。

考点 7　负序不平衡度计算

【2013 年下午题 1~5】本题大题干略。

▶▶ 第 21 题 [负序不平衡度计算] 5. 本企业电网 110kV 母线接有轧钢类钢铁负荷，负序电流为 68A，若 110kV 母线三相短路容量 1282MVA，请计算该母线负序不平衡度为下列哪项数值？　　　　　　　　　　　　　　　　　　　　　　　　　　　　（　　）

（A）0.61%　　　　　　　　　　　　（B）1.06%
（C）2%　　　　　　　　　　　　　　（D）6.10%

【答案及解答】B

由 GB/T 15543—2008 附录 A 第 A.3.1 条式（A.3）可得

$$\varepsilon = \frac{\sqrt{3}I_2 U_L}{S_k} \times 100\% = \frac{\sqrt{3} \times 68 \times 115}{1282 \times 1000} \times 100\% = 1.06\%$$

【考点说明】

本公式计算中电压取系统平均电压，即 1.05 倍标称电压。

【注释】

（1）本题属于电能质量的范畴，从事电力工程发输变电专业的设计人员接触较少。考试大纲对这方面的概念要求也不具体。对没有看过相关规程规范的考生，可能没有头绪。如果知道 GB/T 15543—2008 则很容易找到计算公式而解出该题。

（2）不平衡度是指交流额定频率为 50Hz 的电力系统正常运行方式下，由负序分量引起的公共连接点的电压不平衡。用电压或电流的负序分量与正序分量的方均根值百分比表示。

（3）电力系统正常电压不平衡度允许值为 2%，短时不得超过 4%。本题正解为 1.06%，在允许范围之内。

（4）引起电压不平衡的原因很多，如冶金企业中的轧钢、电弧炉等不平衡负荷；电力系统阻抗的不平衡，如架空线路的换位、单芯电缆敷设的换位不够等；消弧线圈的不正确调谐等。

考点 8　系统允许注入谐波电流计算

【2021 年下午题 1~3】　某地区计划建设一座抽水蓄能电站，拟装设 6 台 300MW 的可逆式水泵水轮机-发电电动机组，主接线采用发电电动机-主变单元接线。全站设 2 套静止变频启动装置（SFC）用于电动工况下启动机组，每套静止变频启动装置（SFC）支接于两台主变低压侧发电电动机参数：发电工况额定功率 300MW，额定功率因数 0.9；电动工况额定功率 325MW，额定功率因数 0.98；额定电压为 18kV。

静止变频启动装置的启动输入变压器额定容量 28MVA，启动输出变压器额定容量 25MVA。

为更好地利用清洁能源该抽水蓄能电站在建设期结合当地公共电网建设一座交流侧容量为 5MVA 的光伏电站作为施工用电。

请分析计算并解答下列各小题。

▶▶ 第 22 题 [系统允许注入谐波电流] 3.5MVA 的光伏电站以 10kV 电压全容量与公共电网变电站链接，变电站有 1 台 50MVA 的主变，变比为 35kV/10kV，10kV 母线短路容量为 120MVA，允许光伏电站注入接入变电站 10kV 母线的五次谐波电流限制为　　　（　　）

（A）2.94A　　　　　　　　　　（B）3.52A
（C）20A　　　　　　　　　　　（D）24A

【答案及解答】B

由 GB/T 14549—1993 第 5.1 条表 2 可知接入变电站允许总注入电流为

$$\frac{120}{100} \times 20 = 24(A)$$

又由该规范附录 C 式（C6）可得光伏电站允许注入谐波电流为

$$\frac{120}{100} \times 20 \times \left(\frac{5}{50}\right)^{\frac{1}{1.2}} = 3.52(A)$$

【考点说明】

本题工程背景描述的厂站主要有三个：抽水蓄能电站、区域公共电网变电站和光伏电站，其中区域公共电网变电站的 10kV 母线有两个谐波电源：抽水蓄能电站的静止变频启动装置（SFC）和光伏变电站。GB/T 14549—1993 第 5.1 条表 2 要求的是区域公共变电站允许注入系统的总谐波电流，而题目问的是该总谐波电流中光伏电站部分的值，所以还需要使用该规范附录 D 式（C6）再单独计算出光伏电站允许值，否则会误选 D。本题看似简单实则暗含大坑，而该坑点隐藏在漫长的大题干和小题干中，又没有配图，单从文字背景中想要准确把握确实有一定难度，所以读者在备考时一要训练读题能力，另外在应答没有配图的题目时最好先根据题意画出示意图再思考解答方法。

【2022 年补考下午题 1~5】 某风电场安装了 100 台风力发电机组，每台发电机组额定功功率 2000kW，发电机可在功率因数容性 0.95~感性 0.95 范围内可靠运行。该风电场升压站地处海拔 3200m 地区，一回 220kV 架空线路将风机所发电能送入 40km 外的电力系统，220kV 侧为单母线接线，配置了两台主变压器，主变压器低压侧各自连接 60 回集电线路(即各自连接着 50 台风机。

请分析计算解答下列问题。

▶▶ 第 23 题 [系统允许注入谐波电流] 5．假设该升压站公共连接点的最小短路容量是 3340MVA，公共连接点的供电设备容量是 2000MVA，该风电场的协议容量是 200MVA，试求该风电场升压站注入公共连接点的 7 次谐波电流允许值为下列哪项数值？　　（　　）

(A) 1.136A   (B) 2.9A
(C) 6.8A   (D) 11.356A

【答案及解答】B

由 GB/T 14549—1993 表 2，结合新版系统手册第 283 页，220kV 可参照 110kV 执行，基准容量取 $S = 2000$（MVA）（注：考纲规范 GB/T 14549—1993 表 2 注对该点的描述不是太清晰），7 次谐波电流允许值为 6.8A，可得全部用户 $I_h = \frac{3340}{2000} \times 6.8 = 11.356(A)$；又由该规范式（B1），查表 C2，$h=7$ 时，$\alpha = 1.4$；由式（C6）可得风电场允许注入的 7 次谐波电流为

$I_h = 11.356 \times (\frac{200}{2000})^{\frac{1}{1.4}} = 2.1925(A)$，选 B。

考点 9　无功补偿容量计算

【2011 年上午题 6~10】 某 110kV 变电站有两台三绕组变压器，额定容量为 120MVA/120MVA/60MVA，额定电压 110kV/35kV/10kV，阻抗为 U_{1-2}=9.5%、U_{1-3}=28%、U_{2-3}=19%。主变压器 110kV、35kV 侧均为架空进线，110kV 架空出线至 2km 之外的变电站(全线有避雷线)，35kV 和 10kV 为负荷线，10kV 母线上装设有并联电容器组，其电气主接线如下图所示（本题配图略）。

图中 10kV 配电装置距主变压器 1km，主变压器 10kV 侧采用 3×185mm² 铜芯电缆接到 10kV 母线，电缆单位长度电阻为 0.103Ω/km，电抗为 0.069Ω/km，功率因数 cosφ=0.85。请回答下列问题（计算题按最接近数值选项）：

▶▶ 第 24 题 ［无功补偿容量计算］9. 假设 10kV 母线上电压损失为 5%，为保证母线电压正常为 10kV，补偿的最大容性无功容量最接近下列哪项数值？ （ ）

（A）38.6Mvar　　　　　　　　　　（B）46.1Mvar
（C）68.8Mvar　　　　　　　　　　（D）72.1Mvar

【答案及解答】C

依题意，10kV 电缆电抗 $X_l=1×0.069=0.069$ （Ω）。

由老版一次手册第 478 页式（9-4）可得

$$Q_{cum} \approx \frac{\Delta U_m U_m}{X_l} = \frac{(10-9.5)×9.5}{0.069×1} = 68.8 \text{ (Mvar)}$$

【考点说明】

（1）式（9-4）中只用感抗 X，计算时注意不要将电缆电阻也算上。

（2）题设中"10kV 配电装置距主变压器 1km"，应为"电气距离"更贴切。

（3）根据 DL/T 5242—2010 第 5.0.6 条，并联电容器组的容量不宜超过主变压器容量的 30%，该题补偿容量稍显过大。

（4）本题考查最大容性无功容量的计算，老版一次手册第 476～481 页 4 种装置的容量选择是重点，应熟练掌握。

【2010 年下午题 26～30】　某 220kV 变电站，最终规模为 2 台 180MVA 的主变压器，额定电压为 220kV/110kV/35kV，拟在 35kV 侧装设并联电容器进行无功补偿。

▶▶ 第 25 题 ［无功补偿容量计算］26. 请问本变电站的每台主变压器的无功补偿容量取哪个为宜？ （ ）

（A）15000kvar　　　　　　　　　　（B）40000kvar
（C）63000kvar　　　　　　　　　　（D）80000kvar

【答案及解答】B

由 GB 50227—2017 第 3.0.2 条的条文说明可知，无功补偿容量占主变压器容量的比例为 10%～30%，补偿范围为 180×(0.1～0.3)=18～54（Mvar），则 40000kvar 符合要求。

所以选 B。

【2020 年下午题 28～30】　某 110kV 变电站，安装 2 台 50MVA、110kV/10kV 主变，U_d=17%，空载电流 I_0=0.4%，110kV 侧单母线分段接线，两回电缆进线；10kV 为单母分段接线，线路 20 回，均为负荷出线。无功补偿装置设在主变低压侧，请回答以下问题。

▶▶ 第 26 题 ［无功补偿容量计算］28. 正常运行方式下，装设补偿装置后的主变低压侧最大负荷电流为 0.8 倍的低压侧额定电流，计算每台主变压器所需补偿的最大容性无功量应为下列哪项数值？ （ ）

（A）5.44Mvar　　　　　　　　　　（B）5.64Mvar
（C）8.70Mvar　　　　　　　　　　（D）8.90Mvar

【答案及解答】B

由新版系统手册第 157 页式（7-2）可得

$$\Delta Q_\mathrm{T} = \frac{I_0\%}{100}S_\mathrm{N} + \frac{U_\mathrm{k}\%}{100}S_\mathrm{N}\left(\frac{S}{S_\mathrm{N}}\right)^2 = \frac{0.4}{100}\times 50 + \frac{17}{100}\times 50\times 0.8^2 = 5.64$$

【考点说明】

根据老版一次手册第 476 页式（9-2），即

$$Q_\mathrm{cb.m} = \left[\frac{U_\mathrm{d}(\%)I_\mathrm{m}^2}{100 I_\mathrm{e}^2} + \frac{I_0(\%)}{100}\right]S_\mathrm{e} = \left[\frac{17}{100}\times 0.8^2 + \frac{0.4}{100}\right]\times 50 = 5.64(\mathrm{Mvar})$$

【2020 年下午题 1~4】某受端区域电网有一座 500kV 变电站，其现有规模及远景规划见下表，主变采用第三绕组自耦变，第三绕组电压 35kV，除主变回路外 220kV 侧无其他电源接入，站内已配置并联电抗器，补偿线路充电功率，投运后，为在事故情况下给该区特高压直流换流站提供动态无功/电压支持，拟加装 2 台调相机，采用调相机变压器单元接至站内 500kV 母线。加装调相机后 500kV 母线起始三相短路电流周期分量有效值为 43kA，调相机短路电流不考虑非周期分量和励磁因素

机　号	现　状	本　期
主变	4×1000MVA 自投	2×1000MVA 自投
500kV 出线	8 回	4 回
220kV 出线	16 回	10 回
500kV 主接线	3/2	3/2
220kV 主接线	双母双分段	双母
调相机		2×300MVA；U_k=9.73%；U_n=20kV
调相变压器		2×360MVA；U_k=14%

▶▶ 第 27 题 [无功补偿容量计算] 1. 若 500kV 变电站的调相机年运行时间为 8300h/台，请按老版系统手册估算全站调相机年空载损耗至少不小于下列哪个？　　（　　）

（A）24900MWh　　　　　　　　　（B）19920MWh
（C）9960MWh　　　　　　　　　　（D）7470MWh

【答案及解答】B

由老版系统手册第 322 页式（10-53）及其参数说明可得

调相机空载损耗为 $0.4\Delta P_\mathrm{e}T_\mathrm{max}$=0.4×1%×2×300×8300=19920(MW·h)

【考点说明】

（1）新版系统手册已删除调相机电能损耗计算。

（2）该手册式（10-53）前半部为空载损耗，后半部为运行损耗。本题明确了，只计算"全站空载损耗"，所以只用计算该手册式（10-53）前半部分即可，如果全部计算，即

$$0.4\Delta P_\mathrm{e}T_\mathrm{max} + 0.1\Delta P_\mathrm{e}\frac{Q^2}{Q_\mathrm{e}^2}T_\mathrm{max} = 0.4\times 1\%\times 2\times 300\times 8300 + 0.1\times 1\%\times 2\times 300\times 1\times 8300 = 24900(\mathrm{MW}\cdot\mathrm{h})$$

会错选 A。

【2013年上午题1~3】某工厂拟建一座110kV终端变电站,电压等级为110kV/10kV,由两路独立的110kV电源供电。预计一级负荷10MW,二级负荷35MW,三级负荷10MW。站内设两台主变压器,接线组别为YNd11。110kV采用SF₆断路器,110kV母线正常运行方式为分列运行。10kV侧采用单母线分段接线,每段母线上电缆出线8回,平均长度4km。未补偿前工厂内负荷功率因数为86%,当地电力部门要求功率因数达到96%。请解答以下问题:

▶▶ 第28题 [无功补偿容量计算] 2. 假如主变压器容量为63MVA,$U_d\%=16$,空载电流为1%。请计算确定全站在10kV侧需要补偿的最大容性无功容量应为下列哪项数值?(　　)

(A) 8966kvar
(B) 16500kvar
(C) 34432kvar
(D) 37800kvar

【答案及解答】C

(1) 负荷损耗无功。

由老版一次手册第476页表9-8可得,功率因数由86%提高到96%每千瓦需要补偿无功0.3kvar,再由式(9-1)可得母线上所需补偿的最大无功容量为

$$Q_{cf,m} = P_{fm}Q_{cfo} = (10+35+10)\times 1000 \times 0.3 = 16500 \text{(kvar)}$$

(2) 变压器损耗无功。

变压器最大负荷电流　　$I_m = \dfrac{(10+35+10)\times 1000}{\sqrt{3}\times 10 \times 0.96} = 3307.73 \text{ (A)}$

变压器额定电流　　$I_e = \dfrac{63\times 1000}{\sqrt{3}\times 10} = 3637.31 \text{ (A)}$

由老版一次手册式(9-2)可得,主变压器所需补偿的最大无功容量为

$$Q_{CB,m} = \left[\dfrac{U_d(\%)I_m^2}{100 I_e^2} + \dfrac{I_0(\%)}{100}\right] S_e = \left(\dfrac{16\times 3307.73^2}{100\times 3637.31^2} + \dfrac{1}{100}\right)\times 63 \times 2 \times 1000 = 17932 \text{ (kvar)}$$

(3) 总无功补偿容量为

$$Q_m = Q_{cf,m} + Q_{cb,m} = 16500 + 17932 = 34432 \text{ (kvar)}$$

【考点说明】

(1) 由老版一次手册第476页内容可知,对于直接供电的末端变(配)电站,安装的最大容性无功量应等于装置所在母线上的负荷按提高的功率因数所需补偿的最大容量无功量与主变压器所需补偿的最大容性无功量之和。

(2) 计算注意点:

1) 负荷电流计算别忘记功率和容量的转换,除以补偿后功率因数0.96,因为这是变压器的运行工况。如果用0.86计算或满负荷63MVA计算都会接近错误答案D。

2) 变压器损耗按单台全部负载损耗乘2。

(3) 在计算负荷无功损耗时,虽然可以用功率因数计算,但显然利用查表值0.3计算更为方便,节约时间,这对考试是非常有利的。

(4) 无功补偿容量的计算几乎每年都有,形式主要有和电容器相关的容量计算以及本题的补偿总容量计算,后者相对较难。老版一次手册第9-2节相关内容以及计算都应熟练掌握。

【注释】

本题是按一台变压器带全部负荷（55MW）乘 2 计算总的变压器损耗，变成 110MW 时的无功损耗了。因为不管怎么分配负荷，总负荷都不可能超过 55MW，所以有一种观点认为变压器损耗不用乘 2，应该用 16500+8966=25466（kvar），显然没答案。

其实这跟无功补偿装置的配置方法有关系，如果是专门为变压器配的，两台变压器各配一套，那这个容量肯定按变压器可能带的最大负荷计算，那就是每台都按 55MW 的损耗配置。GB 50227—2017 第 4.1.1 条解释明确了这种配置思想："变电站中每台变压器均应配置一定数量的电容器以补偿其无功损耗，与主变压器一起投入运行。不考虑两台或多台主变压器装设的并联电容器装置互相切换运行。如果采用切换方式，会造成电气接线和保护装置的复杂化，增加工程投资，而并未带来明显的计算经济效益。"所以本题选 C 是合理的。

【2021 年上午题 17~20】 某 400MW 海上风电场装设 60 台 6.7MW 风力发电机组（简称风电机组），风电机组通过机组单元变压器（简称单元变）升压至 35kV，然后通过 16 回 35kV 海底电缆集电线路接入 220kV 海上升压站，海上升压站设置 2 台低压分裂绕组变压器（简称主变），海上升压站通过 2 回均为 25km 的 220kV 三芯海底电缆接入陆上集控中心，再通过 2 回 20km 的 220kV 架空线路并入电网。风电机组功率因数（单元变输入功率因数）范围满足 0.95（超前）~0.95（滞后）。

请分析件计算并解答下列各小题。

▶▶ **第 29 题 [无功补偿容量计算]** 17. 正常运行时，每台主变压器分别连接 30 台风电机组，根据厂家资料，主变主要技术参数如下：

（1）额定容量：240/120-120MVA。

（2）额定电压比：230±8×1.25%/35~35kV。

（3）短路阻抗：全穿越 14%，半穿越 26%。

（4）空载电流：0.3%。

（5）接线组别：YN d11 d11。

假设不计单元变和 35kV 海底电缆集电线路的无功损耗，请计算海上风电场满负荷时主变的最大感性无功损耗为下列哪个数值？　　　　　　　　　　　　　　　　　　（　　）

（A）52.2Mvar　　　　　　　　　　（B）53.6Mvar

（C）68.4Mvar　　　　　　　　　　（D）98.4Mvar

【答案及解答】 B

由老版一次手册第 476 页式（9-2）可得

补偿侧最大负荷电流 $I_\mathrm{m} = \dfrac{15 \times 6.7 \times 10^3}{\sqrt{3} \times 35 \times 0.95} = 1745.07(\mathrm{A})$

补偿侧绕组额定电流 $I_\mathrm{e} = \dfrac{120 \times 10^3}{\sqrt{3} \times 35} = 1979.49(\mathrm{A})$

$Q_\mathrm{cb.m} = \left(\dfrac{14}{100} \times \dfrac{1745.07^2}{1979.49^2} + \dfrac{0.3}{100} \right) \times 240 \times 2 = 53.66(\mathrm{Mvar})$

【考点说明】
本题从理论计算损耗，应使用全穿越电抗，使用半穿越电抗在两段低压侧满载时高压侧损耗有一定的计算重复度。

▶▶ 第 30 题 [无功补偿容量计算]（大题干接上题）18. 35kV 集电线路采用了 $3\times400\text{mm}^2$、$3\times240\text{mm}^2$、$3\times120\text{mm}^2$ 和 $3\times70\text{mm}^2$ 四种规格的 35kV 海底电缆，35kV 电缆的主要技术参数如下表：

电缆截面	空气中载流量	单相对地电容	长度
$3\times400\text{mm}^2$	488A	0.217μF/km	65km
$3\times240\text{mm}^2$	397A	0.181μF/km	20km
$3\times120\text{mm}^2$	281A	0.146μF/km	24km
$3\times70\text{mm}^2$	211A	0.124μF/km	58km

220kV 海底电缆主要技术参数如下：
（1）型式：3 芯铜导体交联聚氯乙酸绝缘海底光电复合电缆。
（2）额定电压比：127kV/220kV。
（3）导体截面：500mm^2。
（4）单相对地电容：0.124μF/km。
220kV 架空线路充电功率取 0.19Mvar/km。

假定不考虑风电机组功率因数调节的影响，当海上风电场配置感性无功补偿装置时，感性无功补偿装置的容量为下列哪个数值？　　　　　　　　　　　　　　　　　（　　）

（A）94.2Mvar　　　　　　　　　　（B）98.0Mvar
（C）105.1Mvar　　　　　　　　　　（D）108.9Mvar

【答案及解答】D
由 GB/T 19963 风电场接入电力系统技术规定第 7.2.2 条可得
（1）35kV 电缆，取全部线路充电功率，即
$$Q_{35\text{电缆}} = \omega CU^2 = 314\times(0.217\times65+0.181\times20+0.146\times24+0.124\times58)\times35^2\times10^{-6}$$
$$= 10.93(\text{Mvar})$$
（2）220kV 电缆，取全部线路充电功率，即
$$Q_{220\text{电缆}} = \omega CU^2 = 314\times0.124\times25\times2\times220^2\times10^{-6} = 94.23(\text{Mvar})$$
（3）220kV 架空线路，取送出线路充电功率的一半，即
$$Q_{220\text{架空线路}} = q_cL = 0.19\times20 = 3.8(\text{Mvar})$$
总感性无功补偿容量=系统容性无功总损耗（充电功率）=10.93+94.23+3.8=108.96（Mvar）

【考点说明】
GB/T 19963 第 7 章规定要求，对于直接并入公共电网（补偿并网线路一半）和升压至 500kV 并入电网的风电场（并网线路全部补偿），其并网线路充电功率补偿要求是不一样的，解答时一定要仔细确定题目描述情况。

▶▶ 第 31 题 [无功补偿容量计算]（大题干接前题）19. 假定包括接入电网的 220kV 架空

线路所需补偿无功功率，风电场全部充电功率为 125Mvar，满载时全部感性无功损耗为 100Mvar，空载时全部感性无功损耗为5Mvar，集控中心2回220kV线路均设置1套容量35Mvar高压并联电抗器（简称高抗）和2套35kV动态无功补偿装置（SVG）通过1台变压器接至集控中心220kV母线，不计该变压器无功损耗，不考虑风电机组功率因数的调节影响，则每套SVG的容量宜取下列哪个数值？　　　　　　　　　　　　　　　　（　　）

（A）±25Mvar　　　　　　　　（B）±35Mvar
（C）±50Mvar　　　　　　　　（D）±62.5Mvar

【答案及解答】A

依题意，全系统共2套线路高压并联电抗器，2套SVG，同时未明确线路高压并联电抗器是否装设断路器，按惯例线路高抗不装设断路器，按运行中不进行投切考虑。

由 GB/T 19963 风电场接入电力系统技术规定第 7.2.2 条可得

（1）计算容性无功补偿容量=系统最大净感性无功损耗，

满载时系统净感性无功损耗为：100+2×35−125=45Mvar，

每台SVG补偿容性无功 45/2=22.5Mvar。

（2）计算感性无功补偿容量=系统最大净充电功率，

空载时系统净充电功率为：5+2×35−125=−50Mvar，

每台SVG补偿感性无功 50/2=25Mvar。

所以每组SVG容量±25Mvar满足要求。

【考点说明】

（1）本题在计算时需要注意，需要补偿的总容性无功功率是系统"最大净感性无功损耗"，即满载时的最大感性无功损耗减去系统充电功率（充电功率是容性负载）。

（2）如果高抗配断路器，则在系统满载无功损耗最大时可以退出高抗，此时容性无功补偿容量就不需要计及高抗，但线路电抗器一般不配置断路器，本题题意也没明确，故按一般情况高抗无法退出考虑。

【2014年下午题1~4】某地区计划建设一座40MW并网型光伏电站，分成40个1MW发电单元，经过逆变、升压、汇流后，由4条汇集线路接至35kV配电装置，再经1台主变压器升压至110kV，通过一回110kV线路接入电网。接线示意图如下图所示。

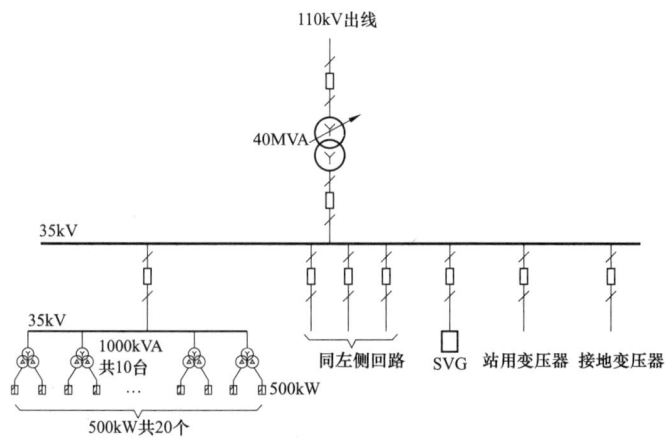

第 2 章 电力系统规划与无功补偿

▶▶ **第 32 题 [无功补偿容量计算]** 3. 若该光伏电站 1000kVA 分裂升压变短路阻抗为 6.5%，40MVA（110/35kV）主变压器短路阻抗为 10.5%，110kV 并网线路长度为 13km，采用 300mm² 架空线，电抗按 0.3Ω/km 考虑。在不考虑汇集线路及逆变器的无功调节能力，不计变压器空载电流的条件下，该站需要安装的动态容性无功补偿容量应为下列哪项数值？（　　）

（A）7.1Mvar　　　　　　　　　　（B）4.5Mvar
（C）5.8Mvar　　　　　　　　　　（D）7.3Mvar

【答案及解答】 A

（1）依题意不计变压器空载电流，$I_0=0\text{A}$，按满载考虑最大负荷，$I_m=I_e$，由新版《电力系统规划设计》手册第 157 页式（7-2）可得主变压器消耗的无功功率 Q_{T1} 为

$$Q_{T1} = \left(\frac{U_d\% I_m^2}{100 I_e^2} + \frac{I_0\%}{100}\right) S_e = \left(\frac{10.5 I_e^2}{100 I_e^2} + 0\right) \times 40 = 4.2 \text{ (Mvar)}$$

4 条汇集线路总共 40 台分裂变压器消耗的总无功功率 Q_{T2} 为

$$Q_{T2} = \left(\frac{U_d\% I_m^2}{100 I_e^2} + \frac{I_0\%}{100}\right) S_e = \left(\frac{6.5 I_e^2}{100 I_e^2} + 0\right) \times 10 \times 4 = 2.6 \text{ (Mvar)}$$

（2）110kV 并网线路总工作电流为

$$I_g = \frac{S_e}{\sqrt{3} U_e} = 1\frac{40}{\sqrt{3} \times 110} = 0.21 \text{ (kA)}$$

又根据该手册第 157 页式（7-3），可得线路消耗的无功功率 Q_L 为

$$Q_L = 3I^2 X = 3 \times 0.21^2 \times 13 \times 0.3 = 0.51597 \text{ (Mvar)}$$

（3）再由 GB 50797—2012 第 9.2.2 条第 5 款可知变电站内需要补偿的总无功功率为

$$Q = Q_{T1} + Q_{T2} + \frac{Q_L}{2} = 4.2 + 2.6 + \frac{0.51597}{2} = 7.058 \text{ (Mvar)}$$

所以选 A。

【考点说明】

（1）老版一次手册第 476 页式（9-2）、老版系统手册第 319 页式（10-39）。
（2）本题应算上分裂变压器消耗的无功功率，否则会错选 C。

【注释】

（1）根据 GB 50797—2012 第 9.2.2-5 条，光伏电站所需补偿的容性无功总量应为电站满发时（汇集线路+主变压器+0.5 倍线路）三者消耗的感性无功功率之和，如下页图所示。

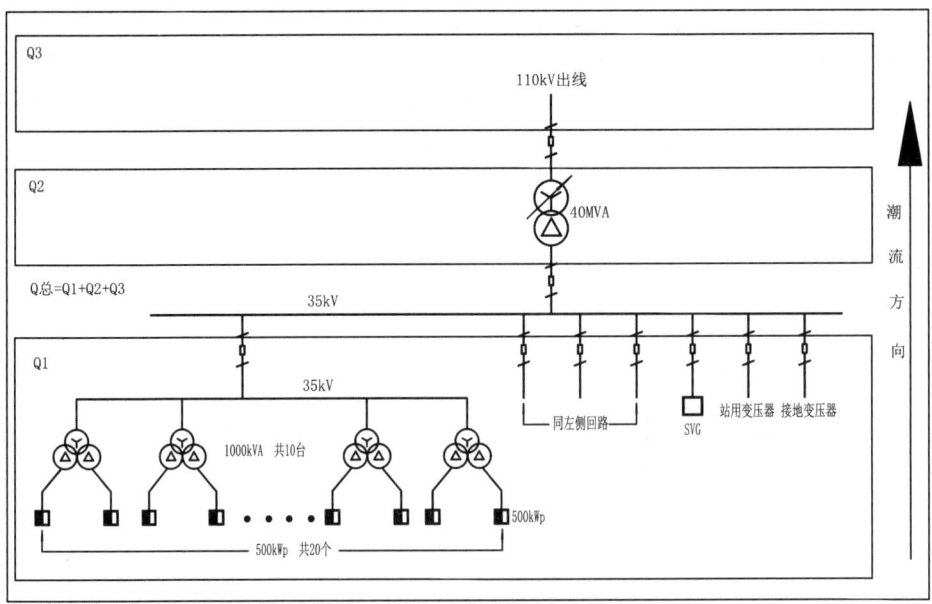

很显然，GB 50797—2012 第 9.2.2-5 条描述的三部分感性无功就是图中的 Q_1、Q_2、Q_3，这和老版一次手册第 476 页第八行（1）的内容"总无功补偿量=母线上负荷需补偿无功+变压器损耗无功"的思想一致，相差只是终端变电站作为负荷，不需要补偿线路损耗无功，而光伏电站作为电源，需要补偿线路损耗的无功而已。

分裂变压器消耗的无功功率在 GB 50797—2012 第 9.2.2-5 条中未提及是该规范有欠缺的地方且本题已经给出了分裂变压器的阻抗参数，在计算总无功补偿时应该算上分裂变压器所消耗的无功功率。这也是实际工程设计的一贯做法。

本题应该是实际工程设计，也是出题者的"本意"与规范条文不一致导致的歧义，在做此类题时应认真体会题意后再作答。

（2）如下图所示。

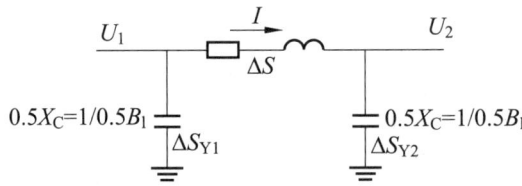

根据经典的电力系统潮流计算理论，简单计算为：

1）图中横向的串联支路，其线路电阻和线路电抗损耗的无功 $\Delta S = \dot{I}^2 Z \approx I^2 X_L = \dfrac{U_2 - U_1}{X_L}$，该部分无功损耗为电感和电阻性质的，会使得末端电压 U_2 降低，为了保证末端电压等于系统标称电压，需要补偿电容来提高电压。

2）图中竖向的并联支路为线路对地的分布电容，各按 50% 均分在线路首、末两端。其消耗的无功 $\Delta S_{Y1} = \dfrac{U_1^2}{0.5 X_C} = \dfrac{B}{2} U_1^2$，$\Delta S_{Y2} = \dfrac{U_2^2}{0.5 X_C} = \dfrac{B}{2} U_2^2$，该部分无功是电容性的，会使线路末端电压 U_2 升高，大于始端电压 U_1，出现工频过电压。为了保证末端电压 U_2 为系统标称电压，就需要在线路上并联电抗器来降低电压，这就是老版系统手册第 234 页式（8-3）的充电功率以及 1/2 的由来。

在实际运行中，线路的感降和容升是互相削弱的，最终只会体现出主导方的特性。对于 220kV 及其以下线路，线路感降占主导地位，所以无功补偿需要计及线路电感压降导致的无功损耗，用电容补电感进行升压。对于 330kV 及以上电压系统，线路的容升起主导作用，所以需要在线路末端并联高抗器，用电感补电容进行降压。其目的都是为了保证末端电压 U_2 为标称电压。

综上所述，在计算无功补偿时，首先应分清要补偿的是电容还是电感，然后再根据具体公式计算。本题补偿的是电容，目的是提高电压，应使用上图中串联支路计算线路电感损耗，也就是新版系统手册第 157 页式（7-3）[老版系统手册第 319 页式（10-39）]。不能用并联支路的充电功率 $\Delta S_{Y1} = \dfrac{U_1^2}{0.5 X_C} = \dfrac{B}{2} U_1^2$ 计算，切莫代错公式。

【2017 年上午题 1～5】某省规划建设新能源基地，包括四座风电场和两座地面太阳能光伏电站，其中风电场总装机容量 1000MW，均装设 2.5MW 风机；光伏电站总装机容量 350MW。风电场和光伏电站均接入 220kV 汇集站，由汇集站通过 2 回 220kV 线路接入就近 500kV 变电站的 220kV 母线，各电源发电同时率为 0.8。具体接线见下图。

▶▶ 第 33 题 [无功补偿容量计算] 5. 光伏电站二主接线如下图所示，升压站主变压器短路电抗为 16%，35kV 集电线路单回长度 11km，电抗为 0.4Ω/km，220kV 线路长度约 8km，电抗 0.3Ω/km。则该光伏电站需要配置的容性无功补偿容量为多少？　　　　（　）

（A）38.59Mvar　　　　　　　　　（B）38.08Mvar
（C）31.85Mvar　　　　　　　　　（D）31.34Mvar

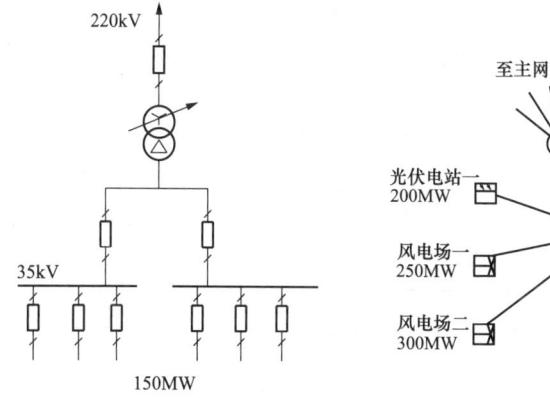

光伏电站二升压站电气主接线图

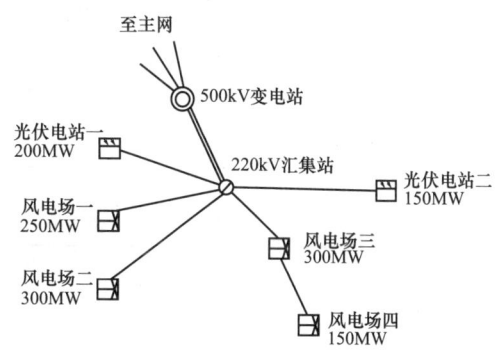

新能源接入电网示意图

【答案及解答】A

依据 GB/T 19964—2012 第 6.2.4 条及由新版系统手册第 157 页式（7-2）、式（7-3），

$Q = 3I^2 X$，$S = \sqrt{3} U_1 I \Rightarrow Q = \left(\dfrac{S}{U_1}\right)^2 X$，$Q_B = \left(\dfrac{U_d \% I_m^2}{100 I_e^2} + \dfrac{I_0 \%}{100}\right) S_e$，忽略变压器空载损耗，满载负载率为 1，变压器容量近似取 150MVA，可得

$$Q = Q_{220} + Q_{35} + Q_B = \frac{150^2}{220^2} \times 0.3 \times 8 + \frac{\left(\frac{150}{6}\right)^2}{35^2} \times 0.4 \times 11 \times 6 + 0.16 \times 150 = 38.585 \text{ (MVA)}$$

所以选 A。

【考点说明】

（1）该题没有给出变压器的空载电流，只能不计该部分的损耗。

（2）本题重点要注意并网的电压等级，如果是通过 220kV（或 330kV）光伏发电汇集系统升压至 500kV（或 750kV 系统）电压等级接入电网，适用的是第 6.2.4 条，如果通过 110kV（66kV）及以上电压等级并网的光伏电站，则适用第 6.2.3 条。GB 50797—2012 第 9.2.2-5 条和第 9.2.2-6 条类似。

（3）若错用电压等级，根据 GB 50797—2012 光伏发电站设计规范第 9.2.2-5 条或 GB/T 19964—2012 光伏发电站接入电力系统技术规定第 6.2.3 条，会错选 B。

$$Q = Q_{集电线路} + Q_{主变压器} + 0.5Q_{送出线路} = 3I_1^2\omega L + \frac{U_d(\%)I_m^2}{100I_e^2}S_e + 0.5 \times 3I_2^2\omega L$$

$$= 3 \times \left(\frac{150/6}{\sqrt{3}\times 35}\right)^2 \times 6 \times 11 \times 0.4 + \frac{16}{100} \times 150 + 0.5 \times 3 \times \left(\frac{150}{\sqrt{3}\times 220}\right)^2 \times 8 \times 0.3 = 38.03 \text{ (Mvar)}$$

（4）光伏电站的容量用的是有功功率，单位 MWp，其中"MW"代表有功功率，"p"代表该装置的最大发电功率，实际的功率会因安装角度或其他因素，可能达不到最大功率。本题给出的有功功率 150MW，作为光伏电站的容量是符合惯例的，但本题作为精确计算选择题，在计算变压器无功损耗时，却没有将 150MW 除功率因数转变成容量 S（否则不能精准对上选项），是有瑕疵的。

（5）老版系统手册第 319 页式（10-41）、第 320 页式（10-44）。

【2022 年补考下午题 26～30】 某电网计划新建一座 500kV 变电站，本期及远景建设规模如下表，请分析计算并解答下列问题。

	远景建设规模	本期建设规模
主变压器	4×1000MVA	2×1000MVA
500kV 出线	8 回	4 回
	线路长度：Σ480km	线路长度：Σ270km
220kV 出线	16 回	10 回
500kV 主接线	3/2 接线	3/2 接线
220kV 主接线	双母线双分段接线	双母线接线

▶▶ **第 34 题 [无功补偿容量计算]** 26. 若新建 500kV 线路均采用 4×LGJ-630 导线（充电功率 1.18Mvar/km），该变电站远景及本期工程的 35kV 电抗器无功补偿容量下列哪个选项更合理。 （ ）

(A) 566Mvar、319Mvar (B) 5×60Mvar、2×60Mvar
(C) 283Mvar、159Mvar (D) 4×60Mvar、2×60Mvar

【答案及解答】 B

远景及本期的无功补偿容量为远景：480×1.18=566.4（Mvar）；本期：270×1.18=318.6（Mvar）。按本站补偿一半，则远景：283Mvar，本期：159Mvar。考虑工程实际 5×60Mvar＞283Mvar；3×60Mvar＞159Mvar，所以选 B。

【2023 年上午题 1~5】 某光伏电站规划安装容量 250MWp 级，通过 1 回 110kV 线路接入系统。升压站 110kV 侧系统提供的三相短路容量 5000MVA，本期建设光伏发电安装容量 125MWp 级，选择 540Wp 单晶硅光伏组件和 500kW 逆变器，容配比为 1.3。单晶硅光伏组件和逆变器相关主要技术参数分别见表 1 和表 2，请分析计算并解答下列各小题。

表 1 单晶硅光伏组件主要技术参数表

技术参数	单位	参数
峰值功率	Wp	540
开路电压（U_{oc}）	V	49.6
短路电流（I_{sc}）	A	13.86
工作电压（U_{pm}）	V	41.64
工作电流（I_{pm}）	A	12.97
工作电压温度系数	%K	−0.35
开路电压温度系数	%K	−0.275
短路电流温度系数	%/K	0.045
工作条件下的极限低温	℃	5
工作条件下的极限高温	℃	65

表 2 逆变器主要技术参数表

技术参数	单位	参数
额定功率	kW	500
最大输出功率	kW	550
最大输入直流电压	V	1000
最低启动电压	V	540
最小输入电压	V	520
MPPT 电压范围	V	520~850
交流额定输出电压	V	400
交流输出频率	Hz	50

▶▶ 第 35 题［无功补偿容量计算］5. 本期光伏电站设置 20 台就地升压变，每台升压变压器连接 10 台逆变器、光伏发电母线电压采用 35kV；接入系统 110kV 架空线路长度 20km，110kV 线路电感 0.4mH/km、电容 0.016μF/km；就地升压变压器额定容量 5000kVA、短路阻抗 7%、空载电流 0.6%，35kV 电缆集电线路总感性无功损耗 0.65Mvar、总容性充电功率 1.240Mvar、主变压器感性无功损耗 15Mvar。光伏电站满负荷输出功率按逆变器额定容量考虑，请计算光伏发电无功补偿装置的容量范围为下列哪项数值？　　　　　　　　（　　）

（A）−13.98~0Mvar　　　　　　　　（B）−16.05~0.608Mvar
（C）−24.29~1.848Mvar　　　　　　（D）−25.33~2.456Mvar

【答案及解答】C

一、电容性补偿容量计算：依据 GB 50797—2012 第 9.2.2 条第 5 款可知：S_c = 站内集电线路电感损耗+就地箱变电感损耗+主变电感损耗+送出线路一般电感损耗；依据老版一次手册第 476 页式（9-2），负载电流 I_g 按满载可得就地升压变电感损耗：

$$Q_t = \left(\frac{U_k I_g^2}{100 I_e^2} + I_0\right) S_e \times 20 = (0.07 + 0.006) \times 5 \times 20 = 7.6 \text{（Mvar）}$$

依据老版系统手册第 319 页式（10-39）可得送出线路感性无功消耗的一半为

$$Q_L = \frac{1}{2} \times 3I^2 X = \frac{1}{2} \times 3I^2 \omega L = \frac{1}{2} \times 3 \times \left(\frac{20 \times 10 \times 0.5}{\sqrt{3} \times 110}\right)^2 \times (20 \times 0.4 \times 2 \times 3.14 \times 50/1000) = 1.038 \text{（Mvar）}$$

依题意，集电线路电感损耗 0.65Mvar，主变电感损耗 15Mvar，则需要的容性补偿容量为 $15 + 0.65 + 7.6 + 1.038 = 24.288 \text{（Mvar）}$。

二、电感性补偿容量计算：依据 GB 50797—2012 第 9.2.2 条第 5 款可知，电感性补偿容量为站内全部充电功率+并网线路一半充电功率；站内全部充电功率为：集电线路 1.24Mvar；并网线路一半充电功率为

$$Q_C = \frac{1}{2} U^2 \omega C = \frac{1}{2} \times 110^2 \times 2 \times 3.14 \times 50 \times 0.016 \times 20 \times 10^{-6} = 0.608 \text{（Mvar）}$$

则需要的感性补偿容量为 $1.24 + 0.608 = 1.848 \text{（Mvar）}$

【说明】一般情况补偿容量电感部分为负值，电容部分为正值，该题正好相反，读者在应答时应注意灵活掌握。

【2024 年上午题 6~8】 某风力发电项目终期规模总装机容量 300MW，本期装机容量为 150MW，安装 30 台单机容量为 5MW 的风电机组，风机与配套箱变按一机一变配置。该风电场所处区域海拔约为 300m，户外设备运行环境温度为 35℃。

请分析计算并解答下列各小题。

▶▶ 第 36 题 [无功补偿容量计算] 7. 若本项目最终拟一回 220kV 架空线接入电力系统。本期风电机组经一台主变压器升压至 220kV。表中为风电场本期工程各元件的无功功率参数。请选择本期配套建设的动态无功补偿装置容量至少为下列哪项数值？（　　）

	充电无功功率（kvar）	变压器空载感性无功功率损耗（kvar）	本期满发感性无功功率损耗（kvar）
220kV 送出线路	2186		1802（不含充电）
场内 35kV 集电线路	7229		1430.9（不含充电）
220kV 升压变（单台）		630	21630
35kV 箱变（单台）		24.75	409.75

（A）±14Mvar　　　　　　　　（B）±17Mvar
（C）±28Mvar　　　　　　　　（D）±38Mvar

【答案及解答】C

依题意，本题属于直接并入系统的风电场，依据《风电场接入电力系统技术规定 第 1 部分：陆上风电》（GB 19963.1—2021）第 7.2.2 条可知，场内全补，并网线路补一半，可得

(1) 计算容性补偿容量，计算工况：满载

$$Q_{C容性} = \frac{1}{2}Q_{C220kV线路} + Q_{C35kV线路} + Q_{C主变} + Q_{C箱变} - \frac{1}{2}Q_{L220kV线路充电} - Q_{L35kV线路充电}$$

$$= \frac{1}{2} \times 1802 + 1430.9 + 21630 + 30 \times 409.75 - \frac{1}{2} \times 2186 - 7229$$

$$= 27932.4(kVA) = 27.9324(MVA)$$

(2) 计算感性补偿容量，计算工况：空载

$$Q_{L感性} = \frac{1}{2}Q_{L220kV线路充电} + Q_{L35kV线路充电} - Q_{C主变损耗} - Q_{C箱变损耗}$$

$$= \frac{1}{2} \times 2186 + 7229 - 630 - 24.75 \times 30$$

$$= 6949.5(kVA) = 6.9495(MVA)$$

以上两者取大，为 27.9324 MVA，所以选 C。

【考点说明】

(1) 本题完整给出了空载感性损耗、容性损耗以及满载感性、容性损耗，目的就是精确算出"最大净容性损耗作为容性补偿量"和"最大净感性损耗作为感性补偿量"。

空载时感性损耗最大，所以用空载工况计算感性补偿容量；满载工况为容性损耗最大，所以用满载工况计算容性补偿容量。本题不减充电功率会错选 D。

(2) 本题是直接并网风电场，并网线"只照顾一半"，另一半由对侧变电站考虑。

考点 10 无功补偿度

【2023 年下午题 1~3】系统 A 通过 2 回 220kV 线路向某园区电网供电，年送电量 12.5 亿 kWh。线路受端正常最大送电电力 250MW、功率因数 0.95。园区最大负荷 450MW，负荷功率因数 0.93，最大负荷利用小时数 6000h，园区内有 2 台 125MW 燃煤机组，额定功率因数 0.85，220kV 变电站 1 座，3 台 180MVA 变压器，电压等级 220kV/110kV/10kV，请分析计算并解答下列各小题。

▶▶ 第 37 题 [无功补偿度] 1. 如若园区线路全部采用架空出线，假定忽略架空出线的充电功率，电网最大自然无功负荷系数按 1.15 考虑，试问园区电网需要的无功设备补偿度 W_B 近似为下列哪项数值？ （　　）

(A) -0.07　　　　　　　　　(B) 0.62
(C) 0.79　　　　　　　　　(D) 0.81

【答案及解答】C

依题意，忽略线路充电功率，由 DL/T 1773—2017 第 6.7 条、第 6.8 条、第 6.9 条可得

$$Q_D = KP_D = 1.15 \times 450 = 517.5(Mvar)$$

$$Q_G = \frac{2 \times 125}{0.85} \times \sqrt{1-0.85^2} = 154.9(Mvar)$$

$$Q_R = \frac{250}{0.95} \times \sqrt{1-0.95^2} = 82.17(Mvar)$$

$$Q_C = 1.15Q_D - Q_G - Q_R - Q_L = 1.15 \times 517.5 - 154.94 - 82.17 = 358.02(Mvar)$$

$$W_B = \frac{Q_C}{P_D} = \frac{358.02}{450} = 0.796$$

【考点说明】

无功补偿度是以"某一个区域"为标的进行计算，本题是算园区无功补偿度，那么系统 A 对于园区来说就是"主网或相邻电网"，本题把大题干描述的电网结构搞清楚是关键。

2.2.3 低压并联电容器（电抗器）

考点 11 电容器接线

【2012 年下午题 26～30】某地区拟建一座 500kV 变电站，站址位于Ⅲ级污秽区，海拔不超过 1000m，年最高温度 40℃，年最低温度−25℃。变电站的 500kV 侧、220kV 侧各自与系统相连，35kV 侧接无功补偿装置。该站运行规模为：主变压器 4×750MVA，500kV 出线 6 回，220kV 出线 14 回，500kV 电抗器两组，35kV 电容器组 2×60Mvar，35kV 电抗器 2×60Mvar。主变压器选用 3×250MVA 单相自耦无励磁电压变压器，电压比 525/$\sqrt{3}$/230/$\sqrt{3}$±2×2.5%/35kV，容量比 250MVA/250MVA/66.7MVA，接线组别 YNa0d11。

▶▶ 第 38 题 [无功补偿接线] 28. 本期主变压器 35kV 侧的接线有以下几种简图可选择，哪种是不正确的？并说明选择下列各简图的理由。（　　）

【答案及解答】D

由 DL/T 5014—2010 第 6.1.7 条，多组主变压器三次侧的无功补偿装置之间不应并联运行，故 D 错误。所以选 D。

【注释】

由 DL/T 5014—2010 第 6.1.7 条条文说明可知，主变压器三次侧安装的无功补偿装置主要是补偿变压器本身的无功损耗或高压侧并联电抗器的缺额，一般不必考虑各相变压器三次侧无功补偿装置之间的相互调剂，且在变压器三次侧并联运行时，三次侧的短路电流显著增大，难以选择适用的设备，故多组变压器三次侧的无功补偿装置之间不应并联运行。

【2013 年下午题 27～30】 某 220kV 变电站有 180MVA、220kV/110kV/35kV 主变压器两台，其中 35kV 配电装置有 8 回出线，单母分段接线，35kV 母线装有若干组电容器，其电抗率为 5%，35kV 母线并列运行时三相短路容量 1672.2MVA，请回答下列问题：

▶▶ 第 39 题 [无功补偿接线] 27. 如该变电站的每台主变压器 35kV 侧装有 3 组电容器，4 回出线，其 35kV 侧接线不可采用下列哪种接线方式，说明理由。（　　）

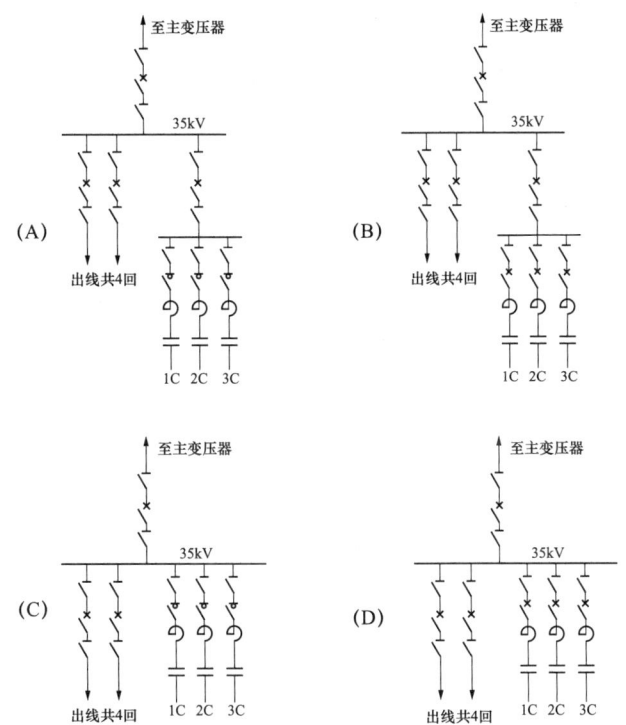

【答案及解答】C

由 GB 50227—2017 第 4.1.1 条及其条文说明可知，A、B、D 选项对。C 选项直接接入母线，分组回路采用负荷开关是错误的，必须使用能开断母线短路电流的断路器。所以选 C。

【注释】

本题主要是电容器组回路的开关电器选择技术要求，根据 GB 50227—2017 第 4.1.1 条及条文说明：为了满足电网运行中不断变化的无功需求，通常需要电容器组频繁投切；若分组回路采用能开断母线短路电流的断路器，因断路器价格较贵会引起工程造价提高。为节约投资，设置电容器组专用母线，专用母线的总回路断路器按能开断母线短路电流选择；分组回路开关不考虑开断母线短路电流，采用价格便宜的负荷开关或真空接触器，满足频繁投切要求。所以 C 选项采用价格便宜的真空接触器直接接入母线，是错误的设备配置方式。

【2011年下午题21~25】 某500kV变电站中有750MVA、500kV/220kV/35kV主变压器两台。35kV母线分列运行，最大三相短路容量为2000MVA，是不接地系统。拟在35kV侧安装几组并联电容器组。请按各小题假定条件回答下列问题：

▶▶ 第40题[无功补偿接线] 24. 如本变电站安装的三相35kV电容器组，每组由48台500kvar电容器串、并联组合而成，每相容量24000kvar，如下的几种接线方式中，哪一种是可采用的，并说明理由（500kvar电容器内有内熔丝）。　　　　　　　（　　）

（A）单星形接线，每相4并4串

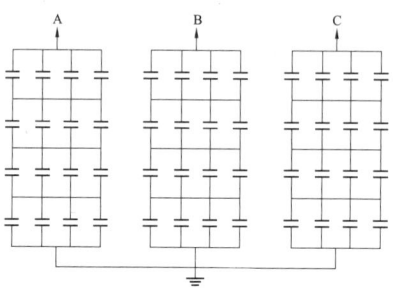

（B）单星形接线，每相8并2串

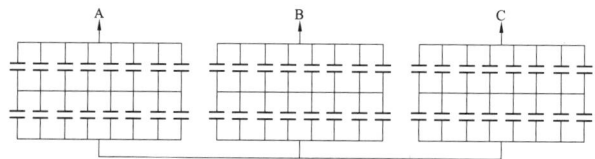

（C）单星形接线，每相4并4串，桥差接线

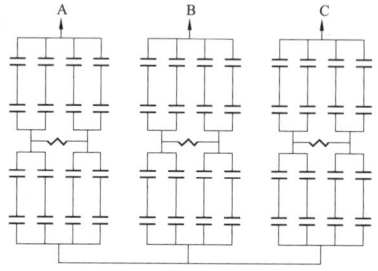

（D）双星形接线，每相4并2串

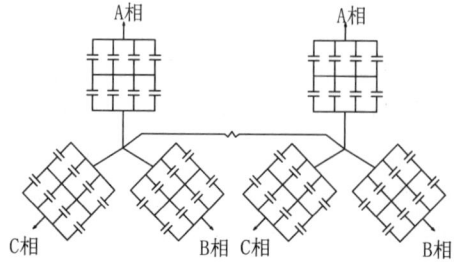

【答案及解答】D

由 GB 50227—2017 第 4.1.2 条内容可知：A 中性点接地错误；B 项每个串联段容量超过 3900Mvar 错误；C 项先并后串错误。所以选 D。

【注释】

本题涉及电容器组的多项技术要求，即中性点接地方式、串联段的最大并联容量和电容器组的内部串并联接线要求。在 GB 50227—2017 第 4.1.2 条中对以上几点技术要求都做出了明确规定：

（1）并联电容器组应采用星形接线。在中性点非直接接地的电网中，星形接线电容器组的中性点不应接地。

（2）并联电容器组的每相或每个桥臂由多台电容器串、并联组合连接时，宜采用先并联后串联的连接方式，原因可参考新版变电手册第 170 页或老版一次手册第 501 页相关内容。

（3）每个串联段的电容器并联总容量不应超过 3900kvar。

【2017 年下午题 22～26】 某 500kV 变电站 2 号主变压器及其 35kV 侧电气主接线如下图所示，其中的虚线部分表示远期工程，请回答下列问题？（本题大题干配图略，图中电容器容量为 60Mvar）

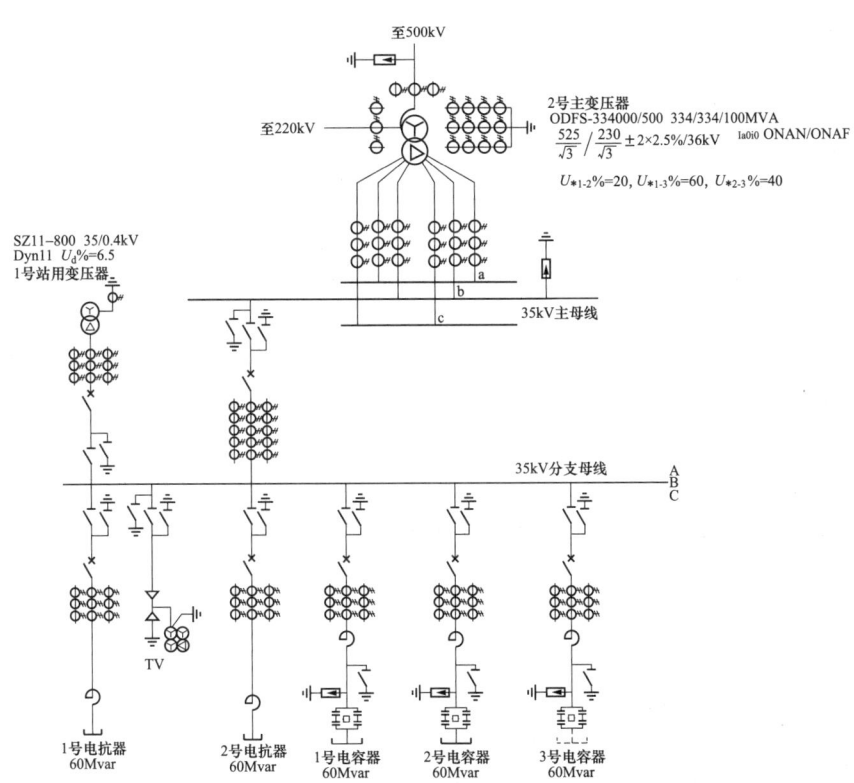

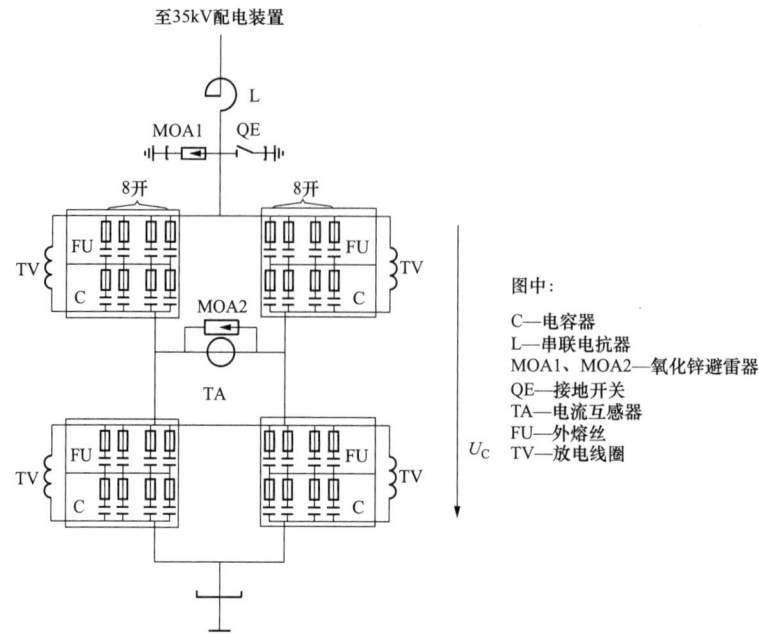

▶▶第41题 ［无功补偿接线］22．变电站的电容器组接线如图所示，图中单只电容器容量为500kvar。请判断图中有几处错误，并说明错误原因。（　　）

（A）1　　　　　　　　　　　　　（B）2
（C）3　　　　　　　　　　　　　（D）4

【答案及解答】C

（1）依据 GB 50227—2017 第 4.2.7 条及条文说明，宜在电源侧和中性点处设置检修接地开关。

（2）第 4.1.2-3 条，一个串联段不应超过 3900kvar；题中一个串联段 500×8=4000（kvar），大于 3900kvar。

（3）下面的两个桥臂之间应该没有连线，有了这根线中性点电流互感器的电流为原来的一半。所以选 C。

【注释】

（1）本题单台容量 500kvar 的电容器采用的是外熔断器，但工程实践中大多采用内熔丝。原因是外熔丝的保护灵敏度不够，当熔断器出现故障时，不能及时熔断保护电容器，发电容器爆炸事故。

（2）桥回路上的避雷器是个很小的避雷器，用以保护电流互感器发生断线时产生的过电压，是电流互感器自带的保护设施。

考点12　电容器额定电压

【2009 年下午题 26～30】某 500kV 变电站，2 台主变压器为三相绕组，容量为 750MVA，各侧电压为 500kV/220kV/35kV，拟在 35kV 侧装高压并联补偿电容器组。

第 2 章 电力系统规划与无功补偿

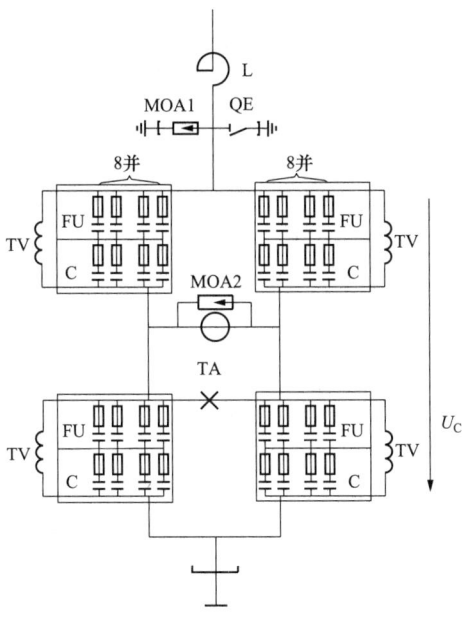

▶▶ 第 42 题［电容器额定电压］29. 本站 35kV 三相 4 组，双星形连接，先并后串，由两个串段组成，每段 10 个单台 334kvar 电容器并联，其中一组串 12%的电抗器，这一组电容器的额定电压接近多少？（　　）

（A）5.64kV　　　　　　　　　（B）10.6kV
（C）10.75kV　　　　　　　　　（D）12.05kV

【答案及解答】D
由 GB 50227—2017 第 5.2.2 条及条文说明式（2）可得电容器额定电压为

$$U_{CN} = \frac{1.05 U_{SN}}{\sqrt{3} S (1-K)} = \frac{1.05 \times 35}{\sqrt{3} \times 2 \times (1-12\%)} = 12.06 \text{ (kV)}$$

所以选 D。

【2019 年下午题 24～27】 某 220kV 变电站，电压等级为 220kV/110kV/10kV，每台主变压器配置数台并联电容器组：各分组采用单星接线，经断路器直接接入 10kV 母线：每相串联段数为 1 段并联台数 8 台，拟毗邻建设一座 500kV 变电站，电压等级为 500kV/220kV/35kV，每台主变压器配置数组 35kV 并联电容器组及 35kV 并联电抗器，各回路经断路器直接接入母线，35kV 母线短路容量为 1964MVA。请回答以下问题。

▶▶ 第 43 题［电容器额定电压］24. 已知 220kV 变电站某电容器组的串联电抗器电抗率为 12%，请计算单台电容器的额定电压计算值最接近以下哪项值？（　　）

（A）6.06kV　　　　　　　　　（B）6.38kV
（C）6.89kV　　　　　　　　　（D）7.23kV

【答案及解答】C
依题意，电抗率 12%，串联段数为 1，由 GB 50227—2017《并联电容器装置设计规范》第 5.2.2 条条文说明可得

$$U_{CN} = \frac{1.05 \times 10}{\sqrt{3} \times 1} \times \frac{1}{(1-0.12)} = 6.89 \text{(kV)}$$

所以选 C。

【2018 年下午题 24~27】 某 500kV 变电站一期建设一台主变压器,主变压器及其 35kV 侧电气主接线如下图所示。其中的虚线部分表示远期工程。请回答下列问题。(本题配图略)

▶▶第 44 题[电容器额定电压] 25. 若该变电站 35kV 母线正常运行时电压波动范围为 −3%~7%,最高为 10%;电容器组采用单星型双桥差接线。每桥臂 5 并 4 串;电容器装置电抗率 12%,并联电容器额定电压的计算值和正常运行时电容器输出容量的变化范围应为下列哪项数值?(以额定容量的百分数表示) ( )

(A)6.03kV,94.1%~110.3%   (B)6.03kV,94.1%~114.5%
(C)6.14kV,94.1%~114.5%   (D)6.31kV,94.1%~121%

【答案及解答】B
由 GB 50227—2017 第 5.2.2 条条文说明及式(2)可得

$$U_{CN} = \frac{U_{SN}}{\sqrt{3}S \times (1-K)} = \frac{1.05 \times 35}{\sqrt{3} \times 4 \times (1-12\%)} = 6.03\text{(kV)}$$

依据题意电容器变动范围为(97%~107%),因此电容器输出容量的变化范围为

$$\frac{Q}{Q_{CN}} = \frac{U^2 \omega C}{U_{CN}^2 \omega C} = (97\% \sim 107\%)^2 = 94.1\% \sim 114.5\%$$

所以选 B。

【注释】
依本题题意和答案选项配置看,题目所述的"桥臂"如下图所示。

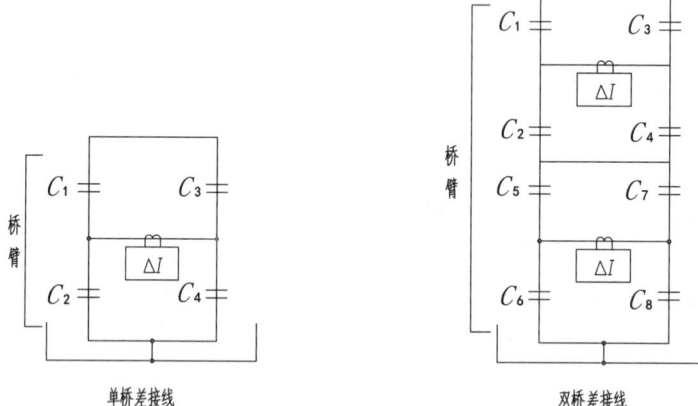

【2023 年下午题 27~30】 某地区新建一座 500kV 变电站,主变 500kV、220kV 侧与系统相连,35kV 侧装无功补偿装置、远期规模为 500kV 出线 4 回、220kV 出线 14 回、主变 4

台 750MVA，主要采用单相自耦高阻抗无励磁调压变压器，额定容量 250MVA/250MVA/66.7MVA，电压比（525/230±2×2.5%）/35kV，连接组别 YNa0d11，其中 35kV 采用单元制单母线接线。请分析计算并解答下列各小题。

▶▶ 第 45 题 [电容器额定电压] 30．若成套电容器组采用串并接方式，先并后串，串联段数为 2、电抗率分别为 12% 和 5% 时，请计算选择单个电容器的额定电压为下列哪项数值？（电容器可供选择的部分额定电压：$6.3/\sqrt{3}$ kV、$6.6/\sqrt{3}$ kV、$7.2/\sqrt{3}$ kV、$10.5/\sqrt{3}$ kV、$11/\sqrt{3}$ kV、$12/\sqrt{3}$ kV、5.5kV、6kV、10.5kV、11kV、12kV、22kV、24kV）。（　　）

(A) 12kV　　11kV
(B) 12.06kV　　11.17kV
(C) 24kV　　22kV
(D) 24.12kV　　22.34kV

【答案及解答】A

由 GB 50227—2017 第 5.2.2 条文说明式（2）可得：

12% 电抗率时，$U_{cN} = \dfrac{1.05 \times 35}{\sqrt{3} \times 2 \times (1-12\%)} = 12.06 \text{(kV)}$

5% 电抗率时，$U_{cN} = \dfrac{1.05 \times 35}{\sqrt{3} \times 2 \times (1-5\%)} = 11.17 \text{(kV)}$

由 5.2.2 条条文说明可知，就近选择，因此选 A。

【考点说明】

本题的坑点是，计算出结果后，要就近选标准电压值，而不能直接用计算值或向上取大，否则会错选 B 或 C。类似的坑点还有变压器、断路器的计算容量和标准容量。

【2022 年补考下午题 26~30】 某电网计划新建一座 500kV 变电站，本期及远景建设规模如下表，请分析计算并解答下列问题。

	远景建设规模	本期建设规模
主变压器	4×1000MVA	2×1000MVA
500kV 出线	8 回	4 回
	线路长度：Σ480km	线路长度：Σ270km
220kV 出线	16 回	10 回
500kV 主接线	3/2 接线	3/2 接线
220kV 主接线	双母线双分段接线	双母线接线

▶▶ 第 46 题 [电容器额定电压] 30．若 35kV 侧仅配置并联电容器组，电容器组采用框架式电容器，中性点不接地的单星形接线，由单台容量 500kvar 电容器串并联组成，每桥臂 2 串，桥式差电流保护。若电容器组串联电抗器的电抗率为 12%，请计算单台电容器的额定电压为下列哪个数值？（　　）

(A) 10.61kV
(B) 12.06kV
(C) 22.23kV
(D) 35kV

【答案及解答】B

由 GB 50227—2017 第 5.2.2 条条文说明式（2），2 串 12%电抗率为

$$U_{CN} = \frac{1.05 U_{SN}}{\sqrt{3}S(1-K)} = \frac{1.05 \times 35}{\sqrt{3} \times 2 \times (1-12\%)} = 12.06(kV)$$

【2024 年下午题 24~26】某 500kV 变电站，经 4 回 500kV 架空线路（单回长度 40km）及 2 回 500kV 电缆线路（单回长度 10km）接入系统。

每台主变配置数组 35kV 并联电容器组及数组 35kV 并联电抗器，各回路经断路器直接接入 35kV 母线。

220kV 母线短路容量为 2000MVA，35kV 短路容量为 1800MVA。

并联电容器组均采用单星形接线，串联电抗器电抗率为 5%或 112%。

请分析计算并解答下列各小题。

▶▶ 第 47 题 [电容器额定电压] 25. 并联电容器组由单台电容器串并联组成，每相 6 并 4 串，串接电抗器的电抗率为 12%，设备选择时，单台电容器的额定电压计算值是下列哪项数值？ （ ）

(A) 4.02kV (B) 6.03kV
(C) 7.2kV   (D) 10.44kV

【答案及解答】B

依据《并联电容器装置设计规范》（GB 50227—2017）第 5.2.2 条条文说明式（2）可得

$$U_{CN} = 1.05 \times \frac{35}{\sqrt{3} \times 4 \times (1-12\%)} = 6.03 kV$$

所以选 B

考点 13　电容器绝缘选择

【2016 年上午题 1~6】某 500kV 户外敞开式变电站，海拔 400m，年最高温度 40℃，年最低温度−25℃。1 号主变压器容量为 1000MVA，采用 3×334MVA 单相自耦变压器，容量比为 334MVA/334MVA/100MVA，额定电压为 $\frac{525}{\sqrt{3}}\Big/\frac{223}{\sqrt{3}}\pm 8\times 1.25\%/36kV$，接线组别 Ia0i0，主变压器 35kV 侧采用三角形接线。

本变电站 35kV 为中性点不接地系统，主变压器 35kV 侧采用单母线单元制接线，无出线，仅安装无功补偿设备，不设总断路器。请根据以上条件计算、分析解答下列各题：

▶▶ 第 48 题 [电容器额定电压] 4. 如该变电站安装的电容器组为框架装配式电容器，中性点不接地的单星形接线，桥式差电流保护，由单台容量 500kvar 电容器串并联组成，每桥臂 2 串（2 并+3 并），如下图所示。电容器的最高运行电压为 $U_c=43/\sqrt{3}$ kV。请选择下面图中的金属台架 1 与金属台架 2 之间的支柱绝缘子电压为下列哪项？并说明理由。 （ ）

(A) 3kV 级 (B) 6kV 级
(C) 10kV 级 (D) 20kV 级

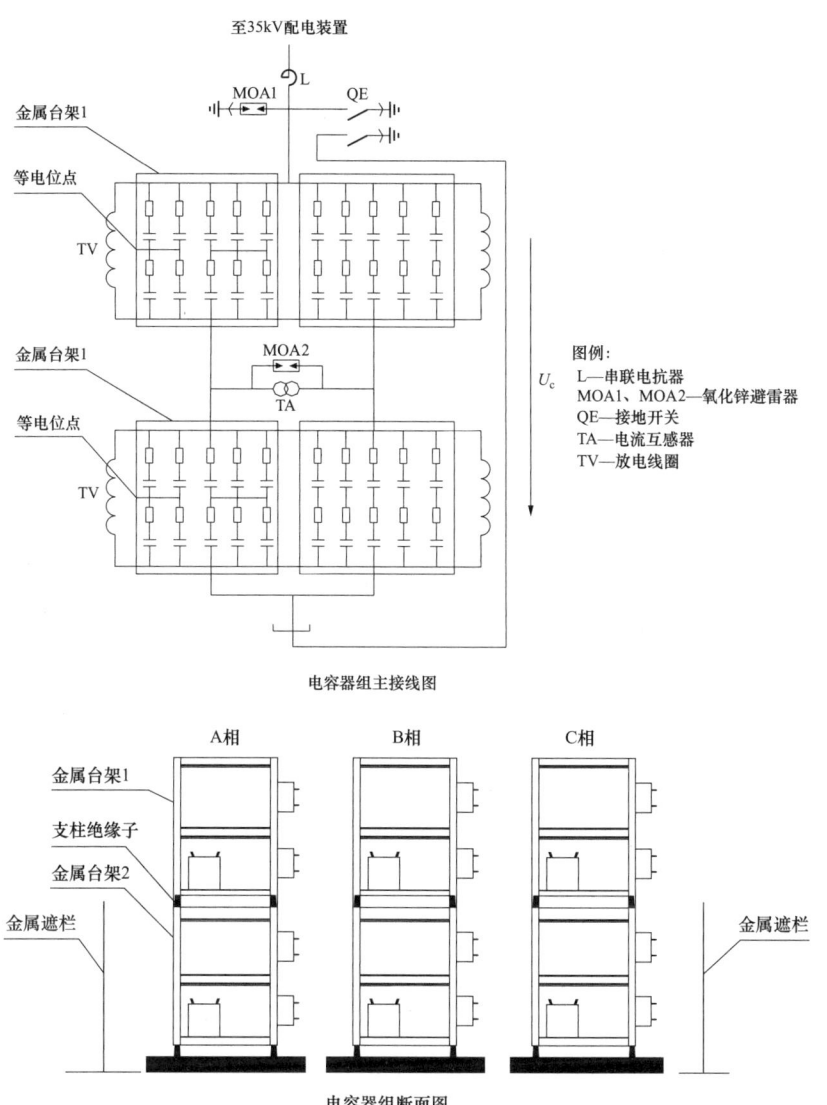

电容器组主接线图

电容器组断面图

【答案及解答】 D

由 GB 50227—2017 第 8.2.5 条及条文说明："并联电容器组的绝缘水平应与电网水平相配合，当电容器绝缘水平低于电网时，应将电容器安装在与电网绝缘水平相一致的绝缘框架上，绝缘台架的绝缘水平不得低于电网的绝缘水平"。

电容器组每桥臂 2 串（2 并+3 并），故两金属架间绝缘子应选用 $43/(\sqrt{3} \times 2)=12.42$（kV），换算成线电压为 21.5kV，即选用 20kV 设备，所以选 D。

考点 14 电容器组（电抗器组）分组原则

【2010 年下午题 26～30】 某 220kV 变电站，最终规模为 2 台 180MVA 的主变压器，额定电压为 220kV/110kV/35kV，拟在 35kV 侧装设并联电容器进行无功补偿。

▶▶ 第 49 题 [分组原则] 27．本变电站每台主变压器装设电容器组容量确定后，将分组

安装，下列确定分组原则哪一条是错误的？　　　　　　　　　　　　　　　（　　）

(A) 电压波动　　　　　　　　　　　　(B) 负荷变化

(C) 谐波含量　　　　　　　　　　　　(D) 无功规划

【答案及解答】D

由 DL/T 5242—2010 第 5.0.7 条及条文说明可知，分组原则主要是根据电压波动、负荷变化、电网背景谐波含量，以及设备技术条件等因素来确定，所以选 D。

【考点说明】

（1）本题也可参考 GB 50227—2017 第 3.0.3 条及其条文说明。

（2）本考点属于限制条件类型知识点，可以放在知识题里，也可单独做一个案例计算题。确定分组容量，此时计算值需要进行以上 3 项条件校验合格才是正确答案。

【2022 年下午题 15~18】　某 500kV 变电站规划建设 4 台主变，一期建设 2 台主变。主变压器容量为 100MVA，采用 3×334MVA 单相自耦变压器：

额定容量：334/334/100MVA

额定电压：$525/\sqrt{3}/220/\sqrt{3}\pm1.25\%/35\text{kV}$

接线组别：YN,a0,d11

35kV 侧不出线，仅带无功设备运行，运行方式：500kV 侧、220kV 侧并列运行，35kV 侧分裂运行。请分析计算并解答下列各题。

▶▶ 第 50 题 [分组原则] 16. 假设本工程每组主变 35kV 侧需配置 180Mvar 并联电抗器，主变 35kV 侧母线系统短路阻抗标幺值 0.05(S_j=100MVA)。采用等容量分组方式。请根据《330kV~750kV 变电站无功补偿装置设计技术规定》(DL/T 5014—2010)，在尽量减少分组数的前提下，计算确定最合理的分组方式（不考虑谐波放大）。假设电抗器投入前的母线电压为额定电压。　　　　　　　　　　　　　　　　　　　　　　　　　　　　　　　　　（　　）

(A) 2×90Mvar　　　　　　　　　　　(B) 3×60Mvar

(C) 4×45Mvar　　　　　　　　　　　(D) 6×30Mvar

【答案及解答】C

由 DL/T 5014—2010 第 5.0.8 条和附录 C 式(C.1)可知，每组投切时电压波动不超过 2.5%，则

$$\Delta U = 0.025 \times 35 \geqslant 35 \times \frac{Q_c}{S_d} = 35 \times \frac{Q_c}{100/0.05}, 得 Q_c \leqslant 50(\text{MVA})$$

题干要求尽可能减少组数且不考虑谐振，则应选 C。

考点 15　电容器谐振容量计算

【2009 年下午题 26~30】　某 500kV 变电站，2 台主变压器为三相绕组，容量为 750MVA，各侧电压为 500kV/220kV/35kV，拟在 35kV 侧装高压并联补偿电容器组。

▶▶ 第 51 题 [谐振计算] 27. 为限制 3 次及以上谐波，电容器组的串联电抗应该选哪一项？　　　　　　　　　　　　　　　　　　　　　　　　　　　　　　　　（　　）

(A) 1%　　　　　　　　　　　　　　(B) 4%

(C) 13%　　　　　　　　　　　　　　(D) 30%

【答案及解答】C

由 GB 50227—2017 第 5.5.2-2 条可知，抑制 3 次及以上谐波时，电抗率宜采用 12.0%。所以选 C。

【考点说明】

（1）考试作答时，应首先使用规范，其次使用手册。但本题根据老版一次手册第 509 页第 9-4 节表 9-23，"为抑制 3 次谐波，A（电抗率）=12%～13%。"能够精确"命中"选项 C 的 13%，新版变电手册已做修改，和规范保持一致。

（2）抑制 3 次及以上谐波，根据 GB 50227—2017 第 5.5.2-2 条，已改为"当谐波为 3 次及以上时，电抗率宜取 12%"。

【注释】

（1）串联电抗器的主要作用是抑制谐波和限制涌流，电抗率是串联电抗器的重要参数，电抗率的大小直接关系到电抗器的作用。电抗率与多种因素有关，其中电网谐波对其取值影响较大，应根据电网参数进行相关谐波计算分析确定：

1）当电网中谐波含量甚少，可不考虑时，装设电抗器的目的仅为限制电容器组追加投入时的涌流，电抗率可选得比较小，一般为 0.1%～1.0%。

2）当电网中的谐波不可忽视时，应考虑利用电抗器来抑制谐波。为了确定电抗率，应根据电网中背景谐波含量，以使电容器组接入处的综合谐波阻抗呈感性为电抗率配置的原则。

（2）根据 GB 50227—2017 第 5.5.2 条规定配置电抗器：

1）当电网背景谐波为 5 次及以上时，电抗率配置可按 4.5%～5.0%计算。根据中国电力科学研究院对谐波的研究报告，当电抗率采用 6.0%时，其对 3 次谐波放大作用比 5.0%大，为了抑制 5 次及以上谐波，同时又要兼顾减少对 3 次谐波的放大，建议电抗率选用 4.5%～5.0%。同时，6.0%与 5.0%的电抗器相比容量大、自身消耗的无功多、价格贵、经济性差。

2）当电网背景谐波为 3 次及以上时，电抗率配置有两种方案：全部电容器组的电抗率都按 12.0%配置；或采用 4.5%～5.0%与 12.0%两种电抗率进行组合。采用两种电抗率的条件是电容器组数较多，其目的是节省投资和减少电抗器本身消耗的容性无功（相对于全部采用 12.0%的电抗器）。

【2010 年下午题 26～30】某 220kV 变电站，最终规模为 2 台 180MVA 的主变压器，额定电压为 220kV/110kV/35kV，拟在 35kV 侧装设并联电容器进行无功补偿。

▶▶ 第 52 题 [谐振计算] 28. 本站 35kV 母线三相短路容量为 700MVA，电容器组的串联电抗器的电抗率为 5%，请计算发生三次谐波谐振的电容器容量是多少？　　（　　）

(A) 42.8Mvar　　　　　　　　　　　(B) 74.3Mvar
(C) 81.7Mvar　　　　　　　　　　　(D) 113.2Mvar

【答案及解答】A

由 GB 50227—2017 第 3.0.3-3 条可知，三次谐波谐振容量为

$$Q_{cx} = S_d \left(\frac{1}{n^2} - K \right) = 700 \times \left(\frac{1}{3^2} - 5\% \right) = 42.8 \text{ (Mvar)}$$

所以选 A。

▶▶ 第 53 题 [谐振计算] 29. 该站并联电容器接入电网的背景谐波为 5 次以上，并联电抗器的电抗率宜选择以下哪一项？ （ ）

(A) 1% (B) 5%
(C) 12% (D) 13%

【答案及解答】B

由 GB 50227—2017 第 5.2.2-2 条可知，该站并联电容器接入电网的背景谐波为 5 次以上，则并联电抗器的电抗率宜取 4.5%~5.0%，所以选 B。

【考点说明】

本题也可根据 DL/T 5242—2010 第 7.4.2 条解答。

【2012 年下午题 26~30】 某地区拟建一座 500kV 变电站，站地位于Ⅲ级污秽区，海拔不超过 1000m，年最高温度 40℃，年最低温度-25℃。变电站的 500kV 侧、220kV 侧各自与系统相连，35kV 侧接无功补偿装置。该站运行规模为：主变压器 4×750MVA，500kV 出线 6 回，220kV 出线 14 回，500kV 电抗器两组，35kV 电容器组 2×60Mvar，35kV 电抗器 2×60Mvar。主变压器选用 3×250MVA 单相自耦无励磁电压变压器，电压比 525/$\sqrt{3}$/230/$\sqrt{3}$±2×2.5%/35kV，容量比 250/250/66.7，接线组别 YNa0d11。

▶▶ 第 54 题 [谐振计算] 29. 如该变电站本期 35kV 母线的短路容量 1800MVA，每 1435kvar 电容器串联电抗器的电抗率为 4.5%，为了在投切电容器组时不发生 3 次谐波谐振，则下列哪组容量不应选用（列式计算）？ （ ）

(A) 119Mvar (B) 65.9Mvar
(C) 31.5Mvar (D) 7.89Mvar

【答案及解答】A

由 GB 50227—2017 第 3.0.3 条第 3 款可得

$$Q_{cx} = S_d \left(\frac{1}{n^2} - K \right) = 1800 \times \left(\frac{1}{3^2} - 4.5\% \right) = 119 \text{ (Mvar)}$$

所以选 A。

【2018 年上午题 19~20】 某电网拟建一座 220kV 变电站，主变压器容量 2×240MVA，电压等级为 220kV/110kV/10kV。10kV 母线三相短路电流为 20kA，在 10kV 母线上安装数组单星形接线的电容器组，电抗率选 5%和 12%两种。请回答以下问题：

▶▶ 第 55 题 [谐振计算] 20. 请计算当电网背景谐波为 3 次谐波时，能发生谐振的电容组容量和电抗率是下列哪组数值？ （ ）

(A) -3.2Mvar，12% (B) 1.2Mvar，5%
(C) 12.8Mvar，5% (D) 22.2Mvar，5%

【答案及解答】D

依据 GB 50227—2017 第 5.5.2 条可知，$K=12\%$时，3 次谐波被抑制，不会谐振。

依据第 3.0.3 条可知当 $K=5\%$，由式（3.0.3）得电容组 3 次谐波谐振容量为

$$Q_{cx} = S_d\left(\frac{1}{n^2} - K\right) = \sqrt{3} \times 20 \times 10.5 \times \left(\frac{1}{3^2} - 0.05\right) = 22.2(\text{Mvar})$$

所以选 D。

【2013 年下午题 27~30】 某 220kV 变电站有 180MVA、220kV/110kV/35kV 主变压器两台，其中 35kV 配电装置有 8 回出线，单母分段接线，35kV 母线装有若干组电容器，其电抗率为 5%，35kV 母线并列运行时三相短路容量 1672.2MVA，请回答下列问题：

▶▶ 第 56 题 [谐振计算] 28. 如该变电站两段 35kV 母线安装的并联电容器组总容量为 60Mvar，请验证 35kV 母线并联时是否会发生 3、5 次谐波谐振，并说明理由。（　　）

（A）会发生 3、5 次谐波谐振

（B）会发生 3 次谐波谐振，不会发生 5 次谐波谐振

（C）会发生 5 次谐波谐振，不会发生 3 次谐波谐振

（D）不会发生 3、5 次谐波谐振

【答案及解答】D

由 GB 50227—2017 第 3.0.3-3 条式（3.0.3）可得：

（1）发生 3 次谐振的电容器容量为

$$Q_{cx} = S_d\left(\frac{1}{n^2} - K\right) = 1672.2 \times \left(\frac{1}{3^2} - 5\%\right) = 102 \,(\text{Mvar})$$

（2）依题意，装设电抗率为 5% 的电抗器，5 次谐波被抑制，不会发生谐振。

本题总容量为 60Mvar，综上所述，3、5 次谐波均不会发生谐振。所以选 D。

【考点说明】

抑制了 3 次谐波同时可以抑制 5 次谐波；抑制 5 次谐波 3 次谐波不一定可以抑制，为此如果装了 12% 电抗器，3 次 5 次谐波同时抑制不必校验谐振容量，如果只装设了 5% 电抗器抑制 5 次谐波，则需要校验 3 次谐波是否会发生谐振，为此，公式 $Q_{cx} = S_d\left(\dfrac{1}{n^2} - K\right)$ 是用来校验是否会发生 3 次谐波谐振的，如果带 5 次谐波进行计算会出现负值，无意义。

【注释】

并联电容器装置投入运行是分组投入的，本题只给出了总容量，请注意全部投入后不能发生谐振，在分组投入时也不能发生谐振。假设本题 60Mvar 总容量分为两组，按照计算公式计算的 3 次谐波谐振容量为 30Mvar，在投入 1 组电容器时就可能发生 3 次谐波谐振，必须避免这种运行方式。

【2022 年下午题 15~18】 某 500kV 变电站规划建设 4 台主变，一期建设 2 台主变。主变压器容量为 100MVA，采用 3×334MVA 单相自耦变压器：

额定容量：334/334/100MVA

额定电压：$525/\sqrt{3}\,/\,220/\sqrt{3}\,\pm1.25\%\,/\,35\text{kV}$

接线组别：YN,a0,d11

35kV 侧不出线，仅带无功设备运行，运行方式：500kV 侧、220kV 侧并列运行，35kV 侧分裂运行。请分析计算并解答下列各题。

▶▶ **第 57 题** ［谐振计算］17．本工程每组主变 35kV 侧配置 3 组 60Mvar 并联电容器（调谐度 A=6%）。主变 35kV 侧母线短路容量为 2400MVA。假设存在 3 次背景谐波且为谐波电压源。请计算校验是否有发生基波及 3 次谐波串联谐振的可能性？　　　　　　（　　）

（A）无发生基波及 3 次谐波串联谐振的可能性

（B）有发生基波串联谐振的可能性，无发生 3 次谐波串联谐振的可能性

（C）无发生基波串联谐振的可能性，有发生 3 次谐波串联谐振的可能性

（D）有发生基波及 3 次谐波串联谐振的可能性

【答案及解答】C

由 GB 50227—2017 可得

对于基波：$2400 \times \left(\frac{1}{1^2} - 6\% \right) = 2256 \, (\text{MVA})$

对于 3 次谐波：$2400 \times \left(\frac{1}{3^2} - 6\% \right) = 122.667 \, (\text{MVA})$

3 组 60Mvar 各种投入容量为 60MVA、120MVA、180MVA，其中 120MVA 接近 122.667MVA。

因此不存在基波串联谐振的可能，存在 3 次谐波串联谐振的可能。选 C。

【2024 年下午题 24～26】 某 500kV 变电站，经 4 回 500kV 架空线路（单回长度 40km）及 2 回 500kV 电缆线路（单回长度 10km）接入系统。

每台主变配置数组 35kV 并联电容器组及数组 35kV 并联电抗器，各回路经断路器直接接入 35kV 母线。

220kV 母线短路容量为 2000MVA，35kV 短路容量为 1800MVA。

并联电容器组均采用单星形接线，串联电抗器电抗率为 5%或 12%。

请分析计算并解答下列各小题。

▶▶ **第 58 题** ［谐振计算］26．经技术变电站需补偿容性无功 180Mvar，电网背景谐波为 3 次及以上谐波。有关变电站无功补偿装置。通过分析或技术下列描述哪项是正确的？（　　）

（A）可补偿 3 组并联电容器，每组容量 60Mvar，1 组串 5%电抗器、3 组串 12%电抗器

（B）可补偿 4 组并联电容器，每组容量 45Mvar，均串 5%电抗器

（C）可补偿 4 组并联电容器，每组容量 45Mvar，3 组串 5%电抗器、1 组串 12%电抗器

（D）可补偿 2 组并联电容器，每组容量 60Mvar

【答案及解答】C

一、按不发生谐振条件计算：

依据《并联电容器装置设计规范》（GB 50227—2017）第 5.5.2-2 款可知，抑制 3 次谐波，应装设 12%电抗器，此时 3 次谐波受到抑制不会发生谐振，由该规范第 3.0.3 条，装设 12%电抗器，验算 5 次谐波发生谐振的容量为：

三次谐波产生谐振的电容器容量 $Q_{\text{CX}} = 1800 \times \left(\frac{1}{3^2} - 0.05 \right) = 110 \, (\text{Mvar})$

单组容量及各种组合投入容量，应尽量避开 110 Mvar。

二、按单组电容器投入电压波动不超标计算：

依据老版系统手册第 244 页式（8-4），该式的参数说明要求，550kV 变电站 S_d 取中压侧短路容量

所以满足单组投切电压波动不大于 2.5% 的容量，即 $Q \leq 2.5\% \times 2000 = 50 (\text{Mvar})$。

综上，单组容量不超过 50Mvar，组合容量避开 110Mvar，必须装 12% 电抗器抑制 3 次谐波所以选 C。

【2023 年下午题 27~30】某地区新建一座 500kV 变电站，主变 500kV、220kV 侧与系统相连，35kV 侧装无功补偿装置、远期规模为 500kV 出线 4 回、220kV 出线 14 回、主变 4 台 750MVA，主要采用单相自耦高阻抗无励磁调压变压器，额定容量 250MVA/250MVA/66.7MVA，电压比（525/230±2×2.5%）/35kV，连接组别 YNa0d11，其中 35kV 采用单元制单母线接线。请分析计算并解答下列各小题。

▶▶ 第 59 题[谐振计算] 29. 35kV 母线为不接地系统，若最大三相短路容量为 2000MVA，每组母线各接有 4 组 60Mvar 电容器组，为避免产生 3 次及以上谐波谐振，4 组电容器组的串联电抗器的电抗率宜为下列哪组数值？ （ ）

（A）3 组 5%　　　　1 组 12%　　　　　　（B）4 组 5%
（C）3 组 12%　　　　1 组 5%　　　　　　（D）2 组 12%　　　2 组 5%

【答案及解答】C

由 GB 50227—2017 第 3.0.3 条式（3.0.3）可得：

安装 5% 电抗率，5 次谐波不会谐振，3 次谐波谐振容量：$Q_{cx} = 2000 \times \left(\dfrac{1}{3^2} - 5\% \right) = 122.2 (\text{Mvar})$

安装 12% 电抗率电抗，3 次谐波、5 次谐波均不会谐振；综上，只有 C 选项没有出现两组 5% 电抗器，所以选 C。

【考点说明】

单纯从容量组合来看，避免出现 5% 电抗率的电容器组容量组合接近 122.2，四个选项中 C 是唯一具备条件的，从这个角度，选 C；但 A 选项，先投入 12% 电抗率电容器一组后，此时投入 2 组 5% 电抗率电容器，容量虽然接近 122.2，因为 12% 电抗率电容器的存在，3 次、5 次谐波均不会出现谐振，所以 A 更经济，A 唯一的缺点是 12% 电容器组不能出问题，没有冗余，但 D 选项具备冗余。从经济性来看，选 A 更合适。

考点 16　电容器（电抗器）投入后母线电压升高（降低）值计算

【2011 年下午题 21~25】某 500kV 变电站中有 750MVA、500kV/220kV/35kV 主变压器两台。35kV 母线分列运行，最大三相短路容量为 2000MVA，是不接地系统。拟在 35kV 侧安装几组并联电容器组。请按各小题假定条件回答下列问题：

▶▶ 第 60 题[母线电压升高] 21. 如本变电站每台主变压器 35kV 母线上各接有 100Mvar 电容器组，请计算电容器组投入运行后母线电压升高为多少？ （ ）

（A）13.13kV　　　　　　　　　　　　　（B）7kV
（C）3.5kV　　　　　　　　　　　　　　（D）1.75kV

【答案及解答】D

由 GB 50227—2017 第 5.2.2 条条文说明可知，并联电容器装置投入电网后引起的电压升高值的计算为

$$\Delta U = U_{s0}\frac{Q}{S_d} = 35 \times \frac{100}{2000} = 1.75 \text{ (kV)}$$

【考点说明】

（1）并联电容器装置投入电网后，将引起接入点母线电压升高，升高值与并联电容器装置投入前的母线电压、母线上所有运行的电容器容量以及母线短路容量有关。很显然，母线电压升高和该母线上投入的电容器容量成正比。$\Delta U = U_{s0}\frac{Q}{S_d}$ 中，如果要求电压升高最大值，Q 的取值应该是母线上"可能出现同时投入的最大电容器容量"。本题题意明确"母线分列运行、最大三相短路容量为 2000MVA"，所以容量按一段算，如果按两段总容量计算就会错选 C。

（2）该公式中 U_{s0} 是电容器投入前的母线电压，一般电压较低时才需要投入电容器，所以在计算时 U_{s0} 取标称电压 35kV（而非平均电压 37kV），或电容器装置投入前的实际电压值。

【2016 年上午题 1~6】 某 500kV 户外敞开式变电站，海拔 400m，年最高温度 40℃，年最低温度 −25℃。1 号主变压器容量为 1000MVA，采用 3×334MVA 单相自耦变压器，容量比为 334/334/100，额定电压为 $\frac{525}{\sqrt{3}} / \frac{223}{\sqrt{3}} \pm 8 \times 1.25\% / 36$kV，接线组别 Ia0i0，主变压器 35kV 侧采用三角形接线。

本变电站 35kV 为中性点不接地系统，主变压器 35kV 侧采用单母线单元制接线，无出线，仅安装无功补偿设备，不设总断路器。请根据以上条件计算、分析解答下列各题：

▶▶ 第 61 题 ［母线电压升高］3．若该主变压器 35kV 侧规划安装无功补偿设备，并联电抗器 2×60Mvar、并联电容器 3×60Mvar。35kV 母线三相短路容量 2500MVA。请计算并联无功补偿设备投入运行后，各种运行工况下 35kV 母线稳态电压的变化范围，以百分数表示应为下列哪项？　　　　　　　　　　　　　　　　　　　　　　　　　　　　（　　）

（A）−4.8%～0　　　　　　　　　　　　（B）−4.8%～2.4%
（C）0～7.2%　　　　　　　　　　　　　（D）−4.8%～7.2%

【答案及解答】D

由《330kV～750kV 变电站无功补偿装置设计技术规定》（DL/T 5014—2010）附录式（C.1）

$$\frac{\Delta U}{U_{ZM}} = \frac{Q_c}{S_d} = \frac{-2 \times 60 \sim 3 \times 60}{2500} = -4.8\% \sim 7.2\%$$

【考点说明】

（1）本题需要注意的是，并联电容器投入使电压升高，并联电抗器投入使电压降低，据此可算出电压升高最大值和电压降低最大值。

（2）因为并联电抗器和并联电容器的使用目的相反，所以一般不会同时投入电抗和电容。

【2022年补考下午题26~30】 某电网计划新建一座500kV变电站,本期及远景建设规模如下表,请分析计算并解答下列问题

	远景建设规模	本期建设规模
主变压器	4×1000MVA	2×1000MVA
500kV 出线	8 回	4 回
	线路长度:Σ480km	线路长度:Σ270km
220kV 出线	16 回	10 回
500kV 主接线	3/2 接线	3/2 接线
220kV 主接线	双母线双分段接线	双母线接线

▶▶ **第62题** [母线电压升高] 27. 该变电站35kV母线三相短路电流为18.5kA,当母线电压为37.5kV时,投入一组60Mvar电抗器,可引起的母线电压降低值为下列哪个值？
( )

(A) 1.748kV　　　　　　　　(B) 1.898kV
(C) 2.28kV　　　　　　　　　(D) 3.29kV

【答案及解答】B
由 DL/T 5014—2010 式（C.1）得
$$\Delta u = 37.5 \times \frac{60}{\sqrt{3} \times 37 \times 18.5} = 1.898 \text{(kV)}$$

【2023年下午题27~30】 某地区新建一座500kV变电站,主变500kV、220kV侧与系统相连,35kV侧装无功补偿装置、远期规模为500kV出线4回、220kV出线14回、主变4台750MVA,主要采用单相自耦高阻抗无励磁调压变压器,额定容量250MVA/250MVA/66.7MVA,电压比(525/230±2×2.5%)/35kV,连接组别YNa0d11,其中35kV采用单元制单母线接线。请分析计算并解答下列各小题。

▶▶ **第63题** [母线电压升高] 28. 35kV母线三相短路容量为1700MVA,为不接地系统,每组母线各接有4组60Mvar电容器组,电容器组投入前母线电压为35kV,请计算1组电容器投入运行后母线升高电压为下列哪项数值？
( )

(A) 1.24kV　　　　　　　　(B) 1.31kV
(C) 4.94kV　　　　　　　　(D) 5.22kV

【答案及解答】A
由 GB 50227—2017 第 5.2.2 条及其条文说明式（1）可得
$$\Delta U = U_{so} \frac{Q}{S_d} = 35 \times \frac{60}{1700} = 1.24 \text{(kV)}；因此选 A。$$

考点17　电容器组容量配置

【2009年下午题26~30】 某500kV变电站,2台主变压器为三相绕组,容量为750MVA,各侧电压为500kV/220kV/35kV,拟在35kV侧装高压并联补偿电容器组。

▶▶ **第64题** [电容器容量配置] 26. 并联电容器组补偿容量不宜选下列哪项数值？( )

（A）150Mvar　　　　　　　　　（B）300Mvar
（C）400Mvar　　　　　　　　　（D）600Mvar

【答案及解答】D

根据 GB 50227—2017 第 3.0.2 条及条文说明，电容器容量取主变压器容量的 10%～30%，则电容器容量为 750×2×(10%～30%)=150～450 (Mvar)，不宜选 600Mvar。所以选 D。

【考点说明】

（1）DL/T 5014—2010 第 5.0.7 条规定：并联电容器组和低压并联电抗器组的补偿容量，宜分别为变压器容量的 30%以下，则 Q_c≤2×750×30%=450 (Mvar)。

（2）DL/T 5014—2010 第 5.0.4 条 10%～20%是推荐范围，第 5.0.7 条 30%是上限。

【注释】

根据并联电容器装置接入系统要求，GB 50227—2017 第 3.0.2 条规定了接入系统的容性补偿容量的原则，在条文说明中给出了数值范围，这是根据调查统计得出的一个数据范围，无功缺额大的地区要多补，无功充足缺额少的地区可以少补。

【2009 年下午题 26～30】 某 500kV 变电站，2 台主变压器为三相绕组，容量为 750MVA，各侧电压为 500kV/220kV/35kV，拟在 35kV 侧装高压并联补偿电容器组。

▶▶第 65 题 ［电容器容量配置］28．单组、三相 35kV、60000kvar 的电容器 4 组，双星形连接，每相先并后串，由两个串段组成，每段 10 个单台电容器，则单台电容器的容量为多少？　　　　　　　　　　　　　　　　　　　　　　　　　　　（　　）

（A）1500kvar　　　　　　　　　（B）1000kvar
（C）500kvar　　　　　　　　　（D）250kvar

【答案及解答】C

由 GB 50227—2017 第 4.1.2 条可知，双星形接线，6 相、2 串、10 台，则补偿总容量为

$$Q = \frac{60000}{6 \times 2 \times 10} = 500 \text{ (kvar)}$$

【考点说明】

此类题目为送分题，难度较小。关键点是要理解电容器的设置原则，先并后串，同时要掌握理解什么叫 1 段，什么叫 1 相，什么叫 1 组。如下图所示为两组单星形、两个串联段、每段 4 台电容器的接法。如果是双星型则总的电容器台数在此基础上乘 2。

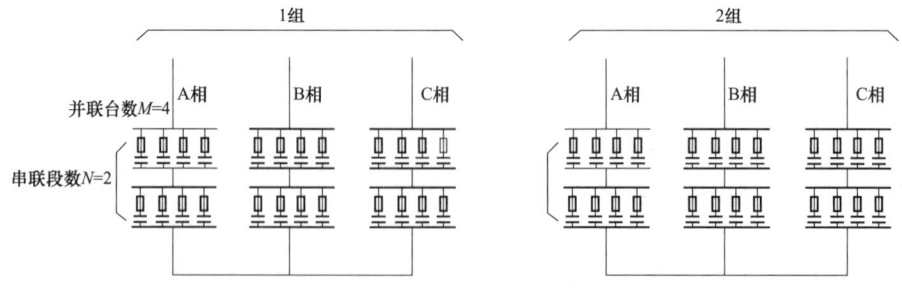

【注释】

为了保证并联电容器装置的运行安全，限值串联段容量，避免注入故障电容器的能量超

过其承受能力而发生外壳爆裂事故，已作为强制性条文规定纳入标准中。GB 50227—2017 第 4.1.2 条规定："每个串联段的电容器并联总容量不应超过 3900kvar"。本题不够严谨。

【2010 年上午题 1~5】 某 220kV 变电站，原有 2 台 120MVA 主变压器，主变压器电压为 220kV/110kV/35kV，220kV 为户外管母中型布置，管母线规格为 $\phi100/\phi90$；220kV、110kV 为双母线接线，35kV 为单母线分段接线。根据负荷增长的要求，计划将现有 2 台主变压器更换为 180MVA（远景按 3×180MVA 考虑）。

▶▶ 第 66 题 [电容器容量配置] 5．该变电站现有 35kV，4 组 7.5Mvar 并联电容器，更换为 2 台 180MVA 主变压器后，请根据规程说明下列电容器配置中，哪项是错的？（ ）

（A）容量不满足要求，增加 2 组 7.5Mvar 电容器
（B）容量可以满足要求
（C）容量不满足要求，更换为 6 组 10Mvar 电容器
（D）容量不满足要求，更换为 6 组 15Mvar 电容器

【答案及解答】B

由 GB 50227—2017 第 3.0.2 条及条文说明可知，电容器容量取主变压器容量的 10%～30%，则电容器容量为 180×2×(10%～30%)=36～108（Mvar），现状容量为 4×7.5=30Mvar，需要补充的容量为 6～78Mvar，B 项是错的，所以选 B。

【2010 年下午题 26~30】 某 220kV 变电站，最终规模为 2 台 180MVA 的主变压器，额定电压为 220kV/110kV/35kV，拟在 35kV 侧装设并联电容器进行无功补偿。

▶▶ 第 67 题 [电容器容量配置] 30．若本站每台主变压器安装单组容量为 3 相 3.5kV、12000kVA 的电容器两组，若电容器采用单星形接线，每相由 10 台电容器并联成两段串联而成，请计算每单台容量为多少？（ ）

（A）500kvar （B）334kvar
（C）200kvar （D）250kvar

【答案及解答】C

由 GB 50227—2017 第 4.1.2 条结合题意单星形接线，3 相、2 串、10 台，则单台容量为

$$Q = \frac{12000}{3 \times 2 \times 10} = 200(\text{kvar})$$

【2011 年下午题 21~25】 某 500kV 变电站中有 750MVA、500kV/220kV/35kV 主变压器两台。35kV 母线分列运行，最大三相短路容量为 2000MVA，是不接地系统。拟在 35kV 侧安装几组并联电容器组。请按各小题假定条件回答下列问题：

▶▶ 第 68 题 [电容器容量配置] 22．如本变电站安装的三相 35kV 电容器组，每组由单台 500kvar 电容器组或 334kvar 电容器串、并联组合而成，采用双星形接线，每相的串联段是 2，请计算下列哪一种组合符合规程规定且单组容量较大？并说明理由。（ ）

（A）每串串联段 500kvar，7 台并联
（B）每串串联段 500kvar，8 台并联
（C）每串串联段 334kvar，10 台并联

(D）每串串联段 334kvar，11 台并联

【答案及解答】D

由 GB 50227—2017 第 4.1.2-3 条可知，每个串联段的电容器并联总容量不应超过 3900kvar。排除 B 选项。

A 项：单组容量为（500×7×2）×3×2=42000 (kvar)

C 项：单组容量为（334×10×2）×3×2=40080 (kvar)

D 项：单组容量为（334×11×2）×3×2=44088 (kvar)

D 项单组容量最大且符合规程规定，所以选 D。

【考点说明】

（1）电容器配置中很重要的一个限制条件"并联总容量不应超过 3900kvar"一直都是考试热点，本题如果忽略此条件，就会误选 B。题目描述"下列哪一种组合符合规程规定"已经提示了，所以审题很重要。

（2）本题是双星形接线，所以每组总容量最后需乘 2。

（3）本题因为各选项串联段都是 2，都是双星形，所以可以直接比较各选项每个串联段的容量，哪个大即为总容量最大的选项，这样可以节省计算时间。

【2013 年下午题 1～5】本题大题干略。

▶▶ 第 69 题 ［电容器容量配置］4. 正常运行方式下，110kV 母线的短路电流为 29.8kA，10kV 母线短路电流为 18kA，若 10kV 母线装设无功补偿电容器组，请计算电容器的分组容量应取下列哪项数值？　　　　　　　　　　　　　　　　　　　（　　）

（A）13.5Mvar　　　　　　　　　（B）10Mvar

（C）8Mvar　　　　　　　　　　（D）4.5Mvar

【答案及解答】C

由新版系统手册第 165 页式（7-19）可得分组容量为

$$Q_{fz} = \frac{2.5}{100} S_d = \frac{2.5 \times \sqrt{3} \times 10.5 \times 18}{100} = 8.18 \text{ (Mvar)}$$

所以选 C。

【考点说明】

（1）本题考查无功补偿中的电容补偿，可参考新版系统手册第 165 页式（7-19）上部文字解释："投切一组无功分组设备引起所接变压器母线电压的波动值不宜超过其额定电压的 2.5%"。

（2）短路容量计算一般使用平均电压 10.5kV，短路电流应使用电容器安装母线短路电流。

（3）老版系统手册第 244 页式（8-4）。

【注释】

（1）根据 GB 50227—2017 第 3.0.3 条条文说明：在设计分组容量时，避开谐振容量。电容器组在各种容量组合投切时，均应能躲开谐振点。加大分组容量、减少组数是躲开谐振点的措施之一。同时，要考虑运行时容量调节的灵活性，以便达到较高的投运率，使电容器发挥最大的效益。

并联电容器分组容量的确定按以下两点：

1）在电容器分组投切时，母线电压波动要满足系统无功功率和电压调控的要求。

2）避开谐振容量，电容器支路的接入所引起的各侧母线的任何一次谐波量不超过《电能质量　公用电网谐波》（GB/T 14549—1993）的规定。该规范中附录 B 的式（B.1）和附录 C 的式（C.6）都考过真题，题目提到谐波要注意规范这处内容。

（2）关于电容器组分组也可以参照老版系统手册第八章第九节的相关内容。

【2013 年下午题 27～30】某 220kV 变电站有 180MVA、220kV/110kV/35kV 主变压器两台，其中 35kV 配电装置有 8 回出线，单母分段接线，35kV 母线装有若干组电容器，其电抗率为 5%，35kV 母线并列运行时三相短路容量 1672.2MVA，请回答下列问题：

▶▶ 第 70 题［电容器容量配置］29．如该变电站安装的电容器组为框架装配式电容器，单星形接线，由单台容量为 417kvar 的电容器并联组成，电容器外壳承受的爆破能量为 14kJ，试求每相串联段的最大并联台数为下列哪项？　　　　　　　　　　　　　　　　（　　）

(A) 7 台　　　　　　　　　　　　　　(B) 8 台
(C) 9 台　　　　　　　　　　　　　　(D) 10 台

【答案及解答】C

由 DL/T 5242—2010 附录 B.3 式（B.4）得

$$M_{zd} \leqslant \frac{259 E_{zx}}{Q_{ed}} + 1 = \frac{259 \times 14}{417} + 1 = 9.7 \text{（台）}$$

最大允许并列台数为 9 台，所以选 C。

【考点说明】

上限类题目应在计算结果的基础上向下取整。

【注释】

为了保证并联电容器装置的运行安全，限制串联段容量，避免注入故障电容器的能量超过其承受能力而发生外壳爆裂事故。这是一条强制性条文规定，按照单台电容器容量 417kvar，很容易计算出并联台数。

值得注意的是，按照电容器外壳爆破能量计算最大并联电容器台数的规定，最早出现在《并联电容器装置设计技术规程》（SDJ 25—1985）中，GB 50227—2017 第 4.1.2 条标准修订时规定："每个串联段的电容器并联总容量不应超过 3900kvar。"与电容器产品的国家标准协调一致，并作为强制性条文规定。GB 50227—1995 的计算公式被老版一次手册第 9 章第 9-4 节引用，这是没有问题的，但是 DL/T 5242—2010 本来应该与时俱进地引用国家标准的规定，却引用了过时规定。

【2014 年下午题 5～9】某地区拟建一座 500kV 变电站，海拔不超过 1000m，环境年最高温度 40℃，年最低温度-25℃，其 500kV 侧、220kV 侧各自与系统相连。该变电站远景规模为：4×750MVA 主变压器，6 回 500kV 出线，14 回 220kV 出线，35kV 侧安装有无功补偿装置。本期建设规模为：2×750MVA 主变压器，4 回 500kV 出线，8 回 220kV 出线，35kV 侧安装若干无功补偿装置，其电气主接线简图及系统短路阻抗图（S_j=100MVA）如下（本题配图省略）。

▶▶ 第 71 题［电容器容量配置］8．如该变电站安装的三相 35kV 电容器组，每组由单台

500kvar 电容器串、并联组合而成，且采用双星形接线，每相的串联段为 2 时，计算每组允许的最大组合容量应为下列哪项数值？（　　）

（A）每串联段由 6 台并联，最大组合容量 36000kvar
（B）每串联段由 7 台并联，最大组合容量 42000kvar
（C）每串联段由 8 台并联，最大组合容量 48000kvar
（D）每串联段由 9 台并联，最大组合容量 54000kvar

【答案及解答】B

由 GB 50227—2017 第 4.1.2-3 条可知，每个串联段的电容器并联总容量不应超过 3900kvar，即 $N \leq 3900/500 = 7.8$，取 7 台。则最大组合容量

$$Q_c = 500 \times 7 \times 2 \times 3 \times 2 = 42000 \text{ (kvar)}$$

所以选 B。

【考点说明】

（1）此题直接套用公式即可，应深刻理解规范。此处不能选 8 台，如选 8 台，则不能满足 3900kvar 的限制条件。

（2）注意双星形每一相上有两臂，最大并联台数是单臂上的要求，所以总容量还要乘 2。该坑点从未考过，应注意。如本题给一个最大组合容量为 21000kvar，应注意规避。

【2018 年上午题 1~5】　某城市电网拟建一座 220kV 无人值班重要变电站（远离发电厂），电压等级为 220kV/110kV/35kV，主变压器为 2×240MVA。220kV 电缆出线 4 回，110kV 电缆出线 10 回，35kV 电缆出线 16 回。请分析计算并解答下列各小题。

▶▶ 第 72 题 [电容器容量配置] 5. 该变电站 35kV 电容器组，采用单台容量为 500kvar 的电容器，双星接线，每相由 1 个串联段组成，每台主变压器装设下列哪组容量的电容器组不满足规程要求？（　　）

（A）2×24000kvar 　　　　　　（B）3×18000kvar
（C）4×12000kvar 　　　　　　（D）4×9000kvar

【答案及解答】A

依据 GB 50227—2017 第 4.1.2 条，电容器并联总容量不应超过 3900kvar。

A 选项　$S = \dfrac{24000}{3 \times 2} = 4000 \text{ (kvar)} > 3900 \text{kvar}$

B 选项　$S = \dfrac{18000}{3 \times 2} = 3000 \text{ (kvar)} < 3900 \text{kvar}$

C 选项　$S = \dfrac{12000}{3 \times 2} = 2000 \text{ (kvar)} < 3900 \text{kvar}$

D 选项　$S = \dfrac{9000}{3 \times 2} = 1500 \text{ (kvar)} < 3900 \text{kvar}$

所以选 A。

【2019 年下午题 24~27】　某 220kV 变电站，电压等级为 220kV/110kV/10kV，每台主变压器配置数台并联电容器组；各分组采用单星接线，经断路器直接接入 10kV 母线；每相串

联段数为 1 段并联台数 8 台，拟毗邻建设一座 500kV 变电站，电压等级为 500kV/220kV/35kV，每台主变压器配置数组 35kV 并联电容器组及 35kV 并联电抗器，各回路经断路器直接接入母线，35kV 母线短路容量为 1964MVA。请回答以下问题。

▶▶ **第 73 题**［电容器容量配置］26. 已知 500kV 变电站安装 35kV 电容器 4 组，每组电容器组采用双星形接线，每臂电容器采用先并后串接线方式，由 2 个串联段串联组成，每个串联段由若干台单台电容器并联（不采用切断均压线的分隔措施）。若单台电容器的容量为 417kvar，请计算每组电容器的最大容量计算值为下列哪项值？（　　）

(A) 22.52Mvar　　　　　　　　　(B) 25.02Mvar
(C) 40.00Mvar　　　　　　　　　(D) 45.04Mvar

【答案及解答】D

由《并联电容器装置设计规范》(GB 50227—2017) 第 4.1.2 条可知，电容器并联总容量不超过 3900kvar，可得每个串联段最大并联电容器台数 $M = \dfrac{3900}{417} = 9.35$，取整，$M=9$。

所以每组电容器的最大容量为

417（单台容量）×9（串联段并联数）×2（串联段）×2（臂）×3（相）=45036（kvar）≈45.04（Mvar），所以选 D。

【**2018 年下午题 24~27**】某 500kV 变电站一期建设一台主变压器，主变压器及其 35kV 侧电气主接线如下图所示。其中的虚线部分表示远期工程。请回答下列问题。（本小题图省略）

▶▶ **第 74 题**［电容器容量配置］24. 请判断本变电站 35kV 并联电容器装置设计下列哪项是正确的，哪项是错误的，并说明理由。（　　）

①站内电容器安装容量，应依据所在电网无功规划和国家现行标准中有关规定经计算后确定。
②并联电容器的分组容量按各种容量组合运行时，必须避开谐振容量。
③站内一期工程电容器安装容量取为 334×20%=66.8 (MVA)。
④并联电容器装置安装在主要负荷侧。

(A) ①正确，②③④错误　　　　　(B) ①②正确，③④错误
(C) ①②③正确，④错误　　　　　(D) ①②③④正确

【答案及解答】C

（1）依据 GB 50277—2017 第 3.0.2 条，所以①正确。

（2）依据 GB 50277—2017 第 3.0.3 条文规定"应避开谐振容量"及"本规范用词说明"，"必须"和"应"是严格程度不同的用词，应区别对待。但案例注重工程实际应用，在工程上，必须、应和一定都是同样对待，所以②正确。

（3）电容器组容量取主变压器容量的 10%~30%，500kV 主变压器可以取 20%，电容器组容量为 3×334×20%=200（Mvar），但是一期只上 1 组电容器（共 3 组），所以一期为 200/3=66.8（Mvar）。虽然无功容量的单位常识应该是 Mvar，但 MVA 也不能说错。所以③正确。

（4）500kV 主变压器的主负荷侧为 220kV，但是电容器组装在 35kV 侧，所以④错误。

所以选 C。

【注释】

（1）1000kV 主变压器，负荷在 500kV 侧，电容器在 110kV 侧。

（2）750kV 主变压器，负荷在 330kV 侧，电容器在 66kV 侧。

（3）500kV 主变压器，负荷在 220kV 侧，电容器在 35kV 侧。

（4）330kV 和 220kV 主变压器，负荷在 110kV 侧，电容器在 35kV 或 10kV 侧。

（5）110kV 主变压器，负荷和电容器都在 10kV 侧。

（6）实际工程电容器安装有按主变容量 30%安装的，但是电容器投不上去，原因是电容器组太多，母线电压抬太高，导致过电压保护动作。

（7）该题考的主要是规范条文，第③点的单位描述在 GB 50227—2017 中应有勘误，改为 Mvar。

考点 18　电容器合闸涌流计算

【2019 年下午题 24～27】某 220kV 变电站，电压等级为 220kV/110kV/10kV，每台主变压器配置数台并联电容器组：各分组采用单星接线，经断路器直接接入 10kV 母线：每相串联段数为 1 段并联台数 8 台，拟毗邻建设一座 500kV 变电站，电压等级为 500kV/220kV/35kV，每台主变压器配置数组 35kV 并联电容器组及 35kV 并联电抗器，各回路经断路器直接接入母线，35kV 母线短路容量为 1964MVA。请回答以下问题。

▶▶ 第 75 题[合闸涌流] 27. 若 500kV 变电站安装 35kV 电容器 4 组，各组容量为 40Mvar，均串 12%电抗器，串联电抗器及每相电感 L=16.5mH，请计算最后一组电容都投入时的合闸涌流最接近下列哪项值？（电源产生的涌流忽略不计，采用 DL/T 5014—2010《330kV～750kV 变电站无功补偿装置设计技术规定》计算公式）。　　　　　　（　　）

(A) 1.70kA　　　　　　　　　　(B) 2.27kA

(C) 2.94kA　　　　　　　　　　(D) 5.38kA

【答案及解答】A

由《330kV～750kV 变电站无功补偿装置设计技术规定》（DL/T 5014—2010）附录 B 式（B.5）可得

$$I_{y.max} = \frac{m-1}{m}\sqrt{\frac{2000Q_{cd}}{3\omega L}} = \frac{4-1}{4} \times \sqrt{\frac{2000 \times 40000}{3 \times 314 \times 16500}} = 1.7\,(kA)$$

所以选 A。

【考点说明】

该题考查电容器涌流计算的是并联电容器容量相同时的情况，这种情况计算比较简单，需要注意的是单位不能带错，题设单位和公式中的单位不一样，如果直接代入虽然能算出 1.7 但会被判错，如果代错 L 或 Q 的单位会误选其他答案。

考点 19　电容器布置型式

【2012 年下午题 26～30】某地区拟建一座 500kV 变电站，站地位于Ⅲ级污秽区，海拔不超过 1000m，年最高温度 40℃，年最低温度−25℃。变电站的 500kV 侧、220kV 侧各自与系统相连，35kV 侧接无功补偿装置。该站运行规模为：主变压器 4×750MVA，500kV 出线 6 回，220kV 出线 14 回，500kV 电抗器两组，35kV 电容器组 2×60Mvar，35kV 电抗器 2×60Mvar。

主变压器选用 3×250MVA 单相自耦无励磁电压变压器，电压比 $525/\sqrt{3}/230/\sqrt{3}\pm2\times2.5\%/35$，容量比 250MVA/250MVA/66.7MVA，接线组别 YNa0d11。

▶▶ **第 76 题 [电容器布置型式]** 30．本期的 35kV 电容器组为油浸式的，35kV 电抗器是干式的户外布置，相对位置如下图。电抗器 1L、2L，电容器 1C、2C 属 1 号主变压器，电抗器 3L、4L，电容器 3C、4C 属 2 号主变压器。拟对这些设备做防火设计，以下防火措施哪项不符合规程？依据是什么？　　　　　　　　　　　　　　　　　　　　　　　　（　　）

1号主变压器				2号主变压器			
1L	2L	1C	2C	3C	4C	3L	4L

（A）每电容器组应设置消防设施
（B）电容器与主变压器之间距离 15m
（C）电容器 2C 与 3C 之间仅设防火隔墙
（D）电容器 2C 与 3C 之间仅设消防通道

【答案及解答】C

根据 GB 50227—2017 第 9.1.2 条，并联电容器装置必须设置消防设施。A 选项正确。

根据 GB 50229—2019 表 11.1.5，电容器与主变压器之间距离不小于 10m。B 选项符合要求。

根据 GB 50227—2017 第 9.1.2 条，不同变压器屋外电容器之间宜设消防通道，所以 C 不符合规范，D 符合规范。

本题要求选不符合规范的选项，所以选 C。

【考点说明】

（1）GB 50227—2017 第 9.1.2 条规定："属于不同主变压器的屋外大容量并联电容器装置之间，宜设置消防通道；属于不同主变压器的屋内并联电容器装置之间，宜设置防火隔墙；并联电容器装置必须设置消防设施"。

（2）可参考《电力设备典型消防规程》（DL 5027—2015）第 10.4.1 条 "并应设有消防通道"。

（3）按《建筑设计防火规范》（GB 50016—2014）第 7.1.8 条可知设置了消防通道后，电容器 2C 和 3C 之间的距离至少是 5+4=9(m)，符合《火力发电厂与变电站设计防火规范》（GB 50229—2019)表 6.7.3 中规定的防火间距 5m 的要求，而且满足 35kV 平行的不同时停电检修的无遮拦导体之间的安全距离 2.4m 的要求，所以 D 选项设消防通道是正确的；而 C 选项仅设防火隔墙并没说明两电容器至防火墙的距离，只是符合了防火间距的要求，却无法满足 "宜设置消防通道" 和安全距离的要求，所以 C 不符合规范要求。

【2016 年上午题 1～6】某 500kV 户外敞开式变电站，海拔 400m，年最高温度 40℃，年最低温度-25℃。1 号主变压器容量为 1000MVA，采用 3×334MVA 单相自耦变压器，容量比为 334/334/100，额定电压为 $\dfrac{525}{\sqrt{3}}\Big/\dfrac{223}{\sqrt{3}}\pm8\times1.25\%/36$ kV，接线组别为 Ia0i0，主变压器 35kV 侧采用三角形接线。

本变电站 35kV 为中性点不接地系统，主变压器 35kV 侧采用单母线单元制接线，无出线，仅安装无功补偿设备，不设总断路器。请根据以上条件计算、分析解答下列各题：

▶▶ **第77题[电容器布置型式]** 6．若变电站户内安装的电容器组为框架装配式电容器，请分析并说明下图中的 L_1、L_2、L_3 三个尺寸哪一组数据是合理的？ （ ）

（A）1.0m、0.4m、1.3m　　　　　（B）0.4m、1.1m、1.3m
（C）0.4m、1.3m、1.1m　　　　　（D）1.3m、0.4m、1.1m

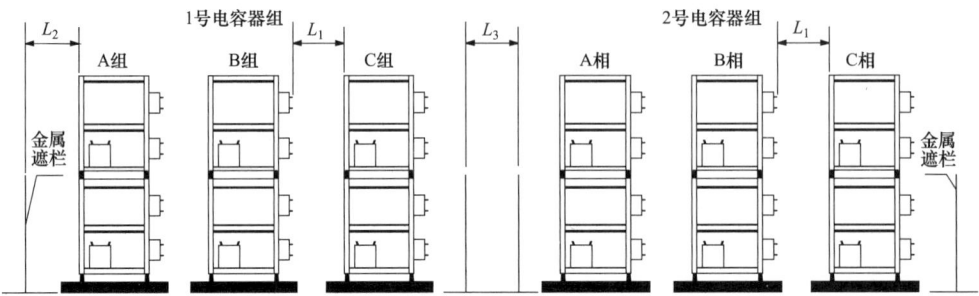

【答案及解答】A

由 GB 50227—2017 第 8.2.4 条：L_1 为相间检修通道，应不小于 1.0m；L_2 为电容器至围栏间距离，应不小于 35kV 屋内 B_2 值，即不小于 0.4m；L_3 为维护通道，不小于 1.2m，A 选项满足要求。所以选 A。

考点20　电容器发热量计算

【2016年上午题1~6】 某 500kV 户外敞开式变电站，海拔 400m，年最高温度 40℃，年最低温度 −25℃。1 号主变压器容量为 1000MVA，采用 3×334MVA 单相自耦变压器，容量比为 334/334/100，额定电压为 $\frac{525}{\sqrt{3}}\Big/\frac{223}{\sqrt{3}}\pm 8\times 1.25\%/36\text{kV}$，接线组别 Ia0i0，主变压器 35kV 侧采用三角形接线。

本变电站 35kV 为中性点不接地系统，主变压器 35kV 侧采用单母线单元制接线，无出线，仅安装无功补偿设备，不设总断路器。请根据以上条件计算、分析解答下列各题：

▶▶ **第78题[电容器发热量计算]** 5．若该变电站中，整组 35kV 电容器户内安装于一间电容器室内，单台电容器容量 500kvar，电容器组每相电容器 10 并 4 串，介质损耗角正切值（tanδ）为 0.05%，串联电抗器额定端电压 1300V，额定电流 850A，损耗为 0.03kW/kvar，与暖通专业进行通风量配合时，计算电容器室一组电容器的发热量应为下列哪项数值？ （ ）

（A）30kW　　　　　　　　　　（B）69.45kW
（C）99.45kW　　　　　　　　　（D）129.45kW

【答案及解答】D

由新版变电手册第 183 页式（6-19）可得，电容器散发热功率为

$$P_c = \sum_{j=1}^{j} Q_{cbj} \tan\delta = 3\times 10\times 4\times 500\times 0.05\% = 30\ (\text{kW})$$

串联电抗器发热功率 $P_L = Q_{Lbe}\tan\delta = 3\times 1300\times 850\times 10^{-3}\times 0.03 = 99.45\ (\text{kW})$

总发热量 $P=P_c+P_L=30+99.45=129.45$ (kW)

所以选 D。

【考点说明】

老版一次手册第 523 页式（9-48）。本考点属于冷僻考点，读者了解知道出处即可。

2.2.4 低压并联电容器（电抗器）回路导体、电器选择

考点 21 电容器（电抗器）汇流母线工作电流计算

【2016 年上午题 1~6】 某 500kV 户外敞开式变电站，海拔 400m，年最高温度 40℃，年最低温度−25℃。1 号主变压器容量为 1000MVA，采用 3×334MVA 单相自耦变压器，容量比 334/334/100，额定电压 $\dfrac{525}{\sqrt{3}} \Big/ \dfrac{223}{\sqrt{3}} \pm 8 \times 1.25\% / 36\mathrm{kV}$，接线组别 Ia0i0，主变压器 35kV 侧采用三角形接线。

本变电站 35kV 为中性点不接地系统，主变压器 35kV 侧采用单母线单元制接线，无出线，仅安装无功补偿设备，不设总断路器。请根据以上条件计算、分析解答下列各题：

▶▶ 第 79 题 [汇流母线工作电流计算] 2. 该主变压器 35kV 侧规划安装 2×60Mvar 并联电抗器和 3×60Mvar 并联电容器，根据电力系统的需要，其中 1 组 60Mvar 并联电抗器也可调整为 60Mvar 并联电容器。请计算 35kV 母线长期工作电流为下列哪项值？ （ ）

(A) 2177.4A (B) 3860A
(C) 5146.7A (D) 7324.1A

【答案及解答】C

由 DL/T 5014—2010 第 7.1.3 条可得：

(1) 按电容器组选择 35kV 母线长期工作电流

$$I_g = 1.3 \times \frac{Q_e}{\sqrt{3}U_e} = 1.3 \times \frac{4 \times 60 \times 1000}{\sqrt{3} \times 35} = 5146.67 \text{ (A)}$$

(2) 按电抗器组选择 35kV 母线长期工作电流

$$I_g = 1.1 \times \frac{Q_e}{\sqrt{3}U_e} = 1.1 \times \frac{2 \times 60 \times 1000}{\sqrt{3} \times 35} = 2177.44 \text{ (A)}$$

以上两者取大，所以选 C。

【考点说明】

(1) 按照远景 4 台电容器计算为 C，按照初期 2 台电抗器计算为 A，按照两者之和计算为 D。本题应该选两者中的较大者选 C，切不可将两者相加，否则会错选 D。

(2) 本题计算电容器电流时应按照远景投运 4 台电容器考虑，如果只按照初期 3 台电容器考虑则会错选 B。

【注释】

(1) 电容器与电抗器相位差 180°，并联电容器是为了提高电压，并联电抗器是为了降低电压，两者的目的是截然相反的，所以不可能同时投运，应取其大者。这是本题的题眼。

(2) 虽然 4 台电容器和 2 台电抗器不是在同一个时期存在，但它们在各自的建设周期内

投运时，母线都应满足才行，所以电抗器用的是初期的 2 台。

（3）本题既有"电抗、电容器不能同时投入"的限制条件，又有"按投运期内最大电流考虑"，是典型的双重限制条件连环套，给这道看似简单的电流计算题增加了坑点。如果此题改成前期"电抗器 3×60Mvar+电容器 2×40Mvar"，后期"电抗器 2×60Mvar+电容器 3×40Mvar"，将会进一步增大难度，考生可作为练习试算。

【2024 年下午题 27~30】某 220kV 变电站建设有 2 台 180MVA 主变压器，三侧电压 220kV/110kV/10kV。220kV 电气主接线采用双母线接线，固定方式运行。10kV 采用单母线分段接线，每段母线分别接有不同的一、二、三段负荷和 3 组并联电容器、10kV 配电装置采用金属封闭开关柜。每相电容器采用单星形接线，框架组合式安装。单台电容器额定容量 334kvar、额定电压 $\frac{5.5}{\sqrt{3}}$ kV，每相 4 并 2 串。110kV 侧无电源，辐射状供电。

请分析计算并解答下列各小题。

▶▶ 第 80 题 [汇流母线工作电流计算] 27. 依据设计规范，请计算选择单台电容器与母线之间连接线、并联电容器或成套装置的汇流母线截面的长期允许电流量接近下列哪组数值？
( )

（A）106A、421A　　　　　　　（B）145A、547A
（C）158A、547A　　　　　　　（D）158A、640A

【答案及解答】C

依据《并联电容器装置设计规范》（GB 50227—2017）第 5.8.1 条可得

单台电容器与母线之间连接线允许电流 $I_{xu.c} \geq 1.5 \times \frac{334}{5.5/\sqrt{3}} = 157.77$（A）

由该规范第 5.8.2 条可得

汇流母线截面的长期允许电流 $I_{xu.l} \geq 1.3 \times \frac{334 \times 4 \times 3 \times 2}{2 \times 5.5 \times \sqrt{3}} = 546.97$（A）

所以选 C。

【考点说明】

考点 22　电容器（电抗器）回路电器和导体选择

【2013 年下午题 27~30】某 220kV 变电站有 180MVA、220kV/110kV/35kV 主变压器两台，其中 35kV 配电装置有 8 回出线，单母分段接线，35kV 母线装有若干组电容器，其电抗率为 5%，35kV 母线并列运行时三相短路容量 1672.2MVA，请回答下列问题：

▶▶ 第 81 题 [电器和导体选择] 30. 如该变电站中，35kV 电容器单组容量为 10000kvar，三组电容器组采用专用母线方式接入 35kV 主母线，请计算其专用母线总断路器的长期允许电流最小不应小于下列哪项数值？
( )

（A）495A　　　　　　　（B）643A
（C）668A　　　　　　　（D）1000A

【答案及解答】B

由 DL/T 5242—2010 第 7.5.2 条可知。用于并联电容器装置的开关电器的长期容性允许电流，应不小于电容器组额定电流的 1.30 倍，即

$$I \geq \frac{1.3 \times 3 \times 10000}{\sqrt{3} \times 35} = 643.33 \text{ (A)}$$

【考点说明】
本题也可在 GB 50227—2017 第 5.1.3 条中找到根据。
【注释】
已知负荷容量，计算回路的工作电流以选择断路器的额定电流，是电气工程设计中最常见的工作，对于并联电容器装置必须了解其稳态过电流特性。GB 50227—2017 第 5.1.3 条、第 5.8.2 条规定：并联电容器装置总回路和分组回路的电器和导体选择时，回路工作电流应按稳态过电流最大值确定，过电流倍数应为回路额定电流的 1.3 倍。

【2014 年下午题 5～9】 某地区拟建一座 500kV 变电站，海拔不超过 1000m，环境年最高温度 40℃，年最低温度-25℃，其 500kV 侧、220kV 侧各自与系统相连。该变电站远景规模为：4×750MVA 主变压器，6 回 500kV 出线，14 回 220kV 出线，35kV 侧安装有无功补偿装置。本期建设规模为：2×750MVA 主变压器，4 回 500kV 出线，8 回 220kV 出线，35kV 侧安装若干无功补偿装置，其电气主接线简图及系统短路阻抗图（S_j=100MVA）如下（本题配图省略）。

▶▶ 第 82 题 [电器和导体选择] 9. 该变电站中，35kV 电容器单组容量为 60000kvar，计算其回路断路器的长期允许电流最小不应小于下列哪项数值？ （ ）

(A) 989.8A (B) 1287A
(C) 2000A (D) 2500A

【答案及解答】B
由 GB 50227—2017 第 5.1.3 条、第 5.8.2 条可得

$$I \geq 1.3 \times \frac{60000}{\sqrt{3} \times 35} = 1287 \text{ (A)}$$

所以选 B。

【2022 年补考下午题 26～30】 某电网计划新建一座 500kV 变电站，本期及远景建设规模如下表，请分析计算并解答下列问题

	远景建设规模	本期建设规模
主变压器	4×1000MVA	2×1000MVA
500kV 出线	8 回	4 回
	线路长度：Σ480km	线路长度：Σ270km
220kV 出线	16 回	10 回
500kV 主接线	3/2 接线	3/2 接线
220kV 主接线	双母线双分段接线	双母线接线

▶▶ 第 83 题 [电器和导体选择] 28. 若该变电站按每台主变配置 3 组电容器、2 组电抗

器（均为 60Mvar），35kV 侧总断路器，请问该断路器额定电流不应小于下列哪个数值？

（ ）

（A）2500A （B）3000A
（C）4000A （D）6300A

【答案及解答】C

由 DL/T 5014—2010 第 7.1.3 条得 $I=1.3\times\dfrac{60}{\sqrt{3}\times 35}\times 1000\times 3=3860(A)$，选 C。

考点 23 电容器串联电抗器选择

【2018 年上午题 19~20】某电网拟建一座 220kV 变电站，主变压器容量 2×240MVA，电压等级为 220kV/110kV/10kV。10kV 母线三相短路电流为 20kA，在 10kV 母线上安装数组单星形接线的电容器组，电抗率选 5%和 12%两种。请回答以下问题：

▶▶ 第 84 题 [串联电抗器选择] 19. 假设该变电站某组 10kV 电容器单组容量为 8Mvar，拟抑制 3 次及以上谐波，请计算串联电抗器的单相额定容量和电抗率应选择下列哪项数值？

（ ）

（A）133kvar，5% （B）400kvar，5%
（C）320kvar，12% （D）960kvar，12%

【答案及解答】C

（1）由 GB 50227—2017 第 5.5.2 条可知 k=12%时 3 次谐波被抑制。
（2）电抗器和电容器串联，电流相等，电压和阻抗成正比，所以容量比等于阻抗比可得

$$\dfrac{Q_{L单相}}{Q_{C单相}}=\dfrac{X_L}{X_C}=K \Rightarrow Q_{L单相}=Q_{C单相}K=\dfrac{8}{3}\times 0.12=0.32(\text{Mvar})=320(\text{kvar})$$

所以选 C。

【2018 年下午题 24~27】某 500kV 变电站一期建设一台主变压器，主变压器及其 35kV 侧电气主接线如下图所示。其中的虚线部分表示远期工程。请回答下列问题。（本小题图省略）

▶▶ 第 85 题 [串联电抗器选择] 26. 若该变电站 35kV 电容器组采用单星型双桥差接线，每桥臂 5 并 4 串。单台电容器容量 500kvar，电容器组额定相电压 22kV，电容器装置电抗率 5%，求串联电抗器的额定电流及其允许过电流应为下列哪项数值？

（ ）

（A）956.9A，1435.4A （B）956.9A，1244.0A
（C）909.1A，1363.7A （D）909.1A，1181.8A

【答案及解答】D

由 GB 50227—2017 第 5.5.5 条得

$$I_e=\dfrac{Q}{\sqrt{3}U_e}=\dfrac{3\times 5\times 4\times 2\times 500}{\sqrt{3}\times 22\times\sqrt{3}}=909.1(\text{A})$$

依据第 5.8.2 条，允许过电流为 1.3×909.1=1181.8（A）。
所以选 D。

【2017年下午题 22~26】 某500kV变电站2号主变压器及其35kV侧电气主接线如左图所示,其中的虚线部分表示远期工程,请回答下列问题?(本题大题干配图略)

▶▶ 第86题[串联电抗器选择] 24. 若该变电站35kV电容器采用单星型桥差接线,每桥臂7并4串,单台电容器容量是334kvar,电容器组额定相电压24kV,电容器装置电抗率12%,求串联电抗器的每相额定感抗和串联电抗器的三相额定容量应为下列哪组数值? ( )

(A) 7.4Ω,4494.1kVA (B) 7.4Ω,13482.2kVA
(C) 3.7Ω,2247.0kVA (D) 3.7Ω,6741.1kVA

【答案及解答】D
由GB 50227—2017 图6.1.2-3、第2.1.10条、第5.5.5条可得

$$X_C = \frac{U^2}{S} = \frac{24^2 \times 1000}{并联数 \times 串联数 \times 桥臂数 \times 单台容量} = \frac{24^2 \times 1000}{7 \times 4 \times 2 \times 334} = 30.796(\Omega)$$

(1) 电抗率 $K = \frac{X_L}{X_C} \Rightarrow X_L = KX_C = 12\% \times 30.796 = 3.7(\Omega)$

电抗器与电容器串联 $\Rightarrow I_L = I_{CN} = \frac{U_C}{X_C} = \frac{24 \times 1000}{30.796} = 779.3(kA)$

(2) $Q_L = 相数 \times I_L^2 X_L = 3 \times 779.3^2 \times 3.7 \times 10^{-3} = 6741.1(kVA)$

所以选D。

【考点说明】
(1) 串联电容器的额定电流应等于所连接并联电容器组的额定电流。本题计算电抗器容量时,也可根据串联回路电流相同,电压比等于阻抗比,直接用单相电容器容量乘电抗率可得电抗器容量。

(2) 本题要注意理解题意对桥臂的定义和传统电路分析对电桥桥臂的定义不一样(可参考下图所示)。如果按照传统定义计算并没有答案,由此可见考场上随机应变的能力非常重要。

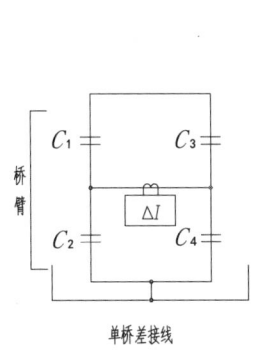
单桥差接线

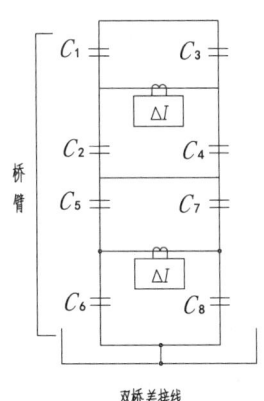
双桥差接线

【注释】
本题的答案选项中单位按GB 50227—2017改成了kVA,而不再使用kvar。

▶▶ 第87题[串联电抗器选择] 25. 若电容器组的额定线电压为38.1kV,采用单星形接线,系统每相等值感抗$\omega L_0=0.05\Omega$,在任一组电容器组投入电网时(投入前母线上无电容器组

接入）。满足合闸涌流限制在允许范围内，计算回路串联电抗器的电抗率最小值应为下列哪项数值？ （　　）

（A）0.1%　　　　　　　　　　　（B）0.4%
（C）1%　　　　　　　　　　　　（D）5%

【答案及解答】B

DL/T 5014—2010 式（B.1）和第 7.5.3 条可知电容器组的合闸涌流应控制在电容器组额定电流的 20 倍以内

$$X_C = \frac{38.1^2}{60} = 24.19(\Omega)$$

$$I_{y.max} = \sqrt{2}I_e\left(1+\sqrt{\frac{X_C}{X'_L}}\right) = \sqrt{2}I_e\left(1+\sqrt{\frac{24.19}{0.05+k\times24.19}}\right) = 20I_e \Rightarrow k = 0.4\%$$

【考点说明】

本题的关键在于首先从规范中找到合闸涌流不超过电容器额定电流的 20 倍，计算电容器组的电抗再加上系统电抗，反推出电抗率，然后选择答案。

【注释】

（1）根据 GB 50227—2017 第 5.5.2 条："串联电抗器电抗率选择，应根据电网条件与电容器参数经相关计算分析确定，电抗率取值范围应符合下列规定：仅用于限制涌流时，电抗率宜取 0.1%～1%。……"，以及 DL/T 5014—2010 第 7.5.2 条的条文说明："……装设电抗器的目的仅为限制电容器组追加投入时的涌流，电抗率可选得比较小，一般为 0.1%～1%，在计及回路连接线的电感（可按 1μH/m 考虑）影响后，可将合闸涌流限制到允许范围，……"但工程实际中 500kV 变电站的 35kV 并联电容器装置中，电抗率通常是 5%和 12%，极少有例外。

（2）出题者思路就如上面的解答，但实际情况是，采用国家标准或者电力行业标准计算涌流，公式不一样。对于此题的已知条件，只能按照 DL/T 5014—2010 的公式进行计算，因为按 GB 50227—2017 公式计算，条件不全，没有告知系统短路容量。

【2024 年下午题 27～30】　某 220kV 变电站建设有 2 台 180MVA 主变压器，三侧电压 220/110/10kV。220kV 电气主接线采用双母线接线，固定方式运行。10kV 采用单母线分段接线，每段母线分别接有不同的一、二、三段负荷和 3 组并联电容器、10kV 配电装置采用金属封闭开关柜。每相电容器采用单星形接线，框架组合式安装。单台电容器额定容量 334kvar、额定电压 $\frac{5.5}{\sqrt{3}}$ kV，每相 4 并 2 串。110kV 侧无电源，辐射状供电。

请分析计算并解答下列各小题。

▶▶ 第 88 题 [串联电抗器选择] 28. 本变电站的 10kV 并联电容器组户内布置，回路中的串联电抗器采用干式铁芯电抗器，电抗率 1%，串联电抗器可接于本回路断路器和电容器之间（简称中接法）。也可接于电容器中性点侧（简称后接法）、10kV 开关柜短时耐受电流 25kA/4s，峰值耐受电流 63kA，请计算中接法、后接法串抗的峰值耐受电流分别为下列哪组数值？ （　　）

（A）25kA、547A　　　　　　　　（B）25kA、4.2kA
（C）63kA、8.4kA　　　　　　　　（D）63kA、6.3kA

【答案及解答】C

依据《并联电容器装置设计规范》(GB 50227—2017) 第 4.2.3 及其条文说明、5.5.3、附录 A 式 (A.0.1-1) ～式 (A.0.1-3)。

中接法电抗器应能承受峰值短路电流，即 63kA。

后接法应能承受合闸涌流，$I_{xu} \geqslant 20 \times \dfrac{334 \times 4 \times 3 \times 2}{\sqrt{3} \times 11} = 8.4 \text{(kA)}$

所以选 C。

第 3 章 短路电流计算

3.1 概　　述

3.1.1 本章主要涉及规范

《电力工程设计手册　火力发电厂电气一次设计》★★★★★（简称新版一次手册）
《电力工程设计手册　变电站设计》★★★★★（简称新版变电手册）
《火力发电厂厂用电设计技术规程》（DL/T 5153—2014）★★★★
《导体和电器选择设计技术规定》（DL/T 5222—2021）★★★★★
《220kV～1000kV 变电站站用电设计技术规程》（DL/T 5155—2016）★★
参考：《电力工程电气设计手册　电气一次部分》（简称老版一次手册）

3.1.2 真题考点分布（总计 61 题）

考点 1　限制短路电流的措施（共 1 题）：第 1 题
考点 2　阻抗计算（共 4 题）：第 2～5 题
考点 3　电容器助增效应（共 2 题）：第 6、7 题
考点 4　无限大系统短路电流计算（共 15 题）：第 8～22 题
考点 5　有限大系统短路电流计算（共 8 题）：第 23～30 题
考点 6　非对称短路（共 6 题）：第 31～36 题
考点 7　高压厂用电系统短路电流计算（共 6 题）：第 37～42 题
考点 8　低压厂用电系统短路电流计算（共 6 题）：第 43～48 题
考点 9　短路电流动稳定电流（冲击电流）计算（共 5 题）：第 49～53 题
考点 10　短路电流热效应计算（共 8 题）：第 54～61 题

3.1.3 考点内容简要

短路电流计算"比较难"，而且"花时间"，这是因为：
（1）涉及暂态。暂态又涉及电磁场理论（交流分量、直流分量）和微积分（瞬时值公式）。
（2）情况复杂。包括对称短路、非对称短路、直流分量及其衰减、电容器助增、电动机反馈、有限大系统、非有限大系统（近端短路）等多种情况。
（3）公式太多。包括短路电流计算公式、各种设备的阻抗计算公式、网络变换公式、冲击电流公式、热效应公式、动热稳定公式等。
（4）方法分标幺值法和有名值法。
（5）计算目标不同。有的要算最大短路电流（设备选择），有的要算最小值（灵敏度校验），有的只算一部分（流过特定设备的短路电流），有的要算非对称短路电流（单相接地）。
（6）需要对各种主接线的运行方式有比较深入的了解。
以上几点都是学习短路电流计算的难点。但是短路电流计算每年必考，绝对不能放弃。其实

短路电流计算也可以简单，简单点看就是欧姆定律，所以各位考生在学习时应由浅入深，循序渐进。

主要学习参考内容：《电力工程电气设计手册 电气一次部分》第四章、DL/T 5222—2021 附录 F、DL/T 5153—2014 附录 L 附录 M 附录 N、DL/T 5155—2016 附录 C。

首先重点学习《电力工程电气设计手册 电气一次部分》第四章内容，熟练掌握三相对称短路电流周期分量起始有效值 I'' 的标幺值计算方法，会用公式 $I''=\dfrac{I_j}{X_{*\Sigma}}$ 计算，难点是对各个阻抗标幺值的归算（第 121 页表 4-2）或网络化简。在此基础上可以深入到冲击电流 i_{ch} 的计算，初学者只需要会使用第 140~141 页式（4-31）、式（4-32）及表 4-15 的使用方法即可。再加上第 147 页热效应计算公式的使用，据此扩展到动、热稳定的计算。非对称短路电流计算，会根据第 144 页表 4-19 的参数利用 I'' 计算各种非对称短路电流值。

有了上述基础，DL/T 5153—2014 附录 L 就很容易上手，需要注意的是变压器阻抗要乘负误差系数还要考虑电动机反馈电流。

有限大系统（近端）短路，主要指发电机出口短路，由于交流分量会有衰减，所以应使用查曲线法计算，该方法的基础还是计算阻抗标幺值，所以老版一次手册第 121 页的表 4-2 必须牢记。

低压系统（400V）短路，电容器助增可适当了解。

最后，初学的一个难点是根据题设要求，确定短路电流计算的目的（最大、最小还是一部分），从而确定使用哪种运行方式计算，而运行方式的确定直接决定了后续计算的对错，这需要对运行方式有比较深入的了解，这也是对学员训练的重点。读者在备考时应重点掌握。

综上所述，短路电流计算虽然难，但难在原理理解和深入计算。对于一般的计算，考试中能够具备一定的运行方式分析能力，在此基础上会代公式，并保证一定的熟练程度，大部分题目均可正确作答。

3.2 历年真题详解

考点 1 限制短路电流的措施

【2013 年下午第 1~5 题】 某企业电网先期装有 4 台发电机（2×30MW+2×42MW），后期扩建 2 台 300MW 机组，通过 2 回 330kV 线路与主网相连，主设备参数如下表所列，该企业电网的电气主接线如下图所示。

设备名称	参 数		备 注
1 号、2 号发电机	42MW $\cos\varphi=0.8$ 机端电压 10.5kV		余热利用机组
3 号、4 号发电机	30MW $\cos\varphi=0.8$ 机端电压 10.5kV		燃气利用机组
5 号、6 号发电机	300MW $X''_d=16.7\%$ $\cos\varphi=0.85$		燃煤机组
1 号、2 号、3 号主变压器	额定容量：80MVA/80MVA/24MVA	额定电压：110kV/35kV/10kV	
4 号、5 号、6 号主变压器	额定容量：240MVA/240MVA/72MVA	额定电压：345kV/121kV/35kV	

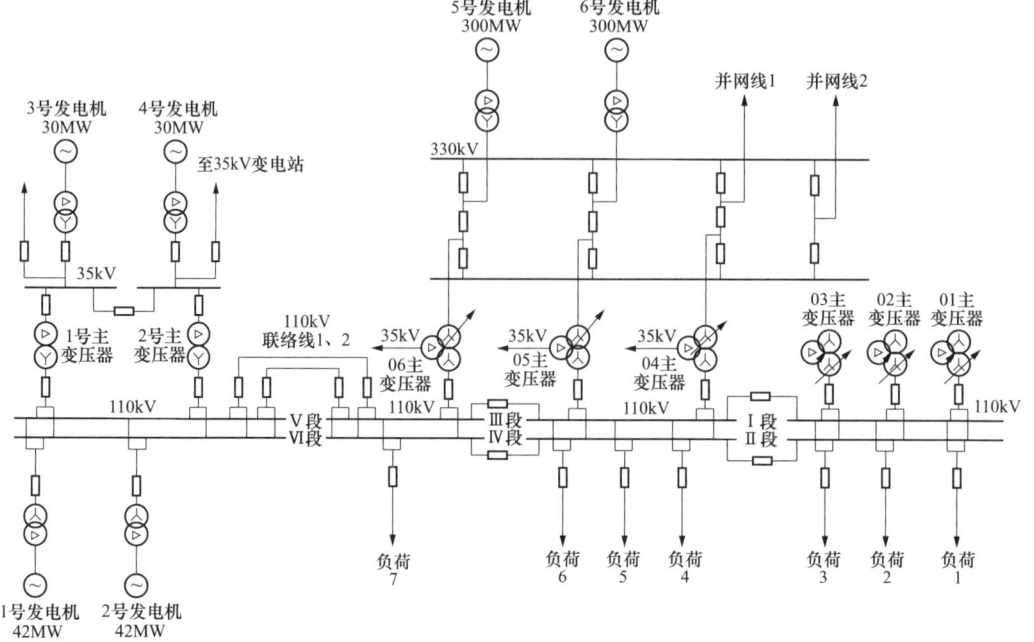

▶▶ **第1题 [限流措施]** 2. 若该企业110kV电网全部并列运行，将导致110kV系统三相短路电流（41kA）超出现有电气设备的额定开断能力，请确定为限制短路电流下列哪种方式最为安全合理经济？并说明理由。（　　）

（A）断开1回与330kV主系统的联网线

（B）断开110kV母线Ⅰ、Ⅱ段与Ⅲ、Ⅳ段分段断路器

（C）断开110kV母线Ⅲ、Ⅳ段与Ⅴ、Ⅳ段分段断路器

（D）更换110kV系统相关电气设备

【答案及解答】C

由新版一次手册第32页左下侧内容可知，母线分段运行可限制短路电流，断开110kV母线Ⅲ、Ⅳ段与Ⅴ、Ⅳ段分段断路器可以达到使两台300MW机组分列运行，可有效限制短路电流。并且只有断开Ⅲ、Ⅳ段与Ⅴ、Ⅳ段才不会造成发电机与系统解列，所以选C。

【考点说明】

（1）从题干可以看到，老厂、新厂和系统的电源都集中接入110kV母线，各主要变压器都并联运行，阻抗很小，而电源很大。这是导致110kV短路电流超出常用断路器额定开断电流的主要原因。只有解开接入主要电源的110kV母线开关使其一部分主变压器分列运行才是根本。

（2）老版一次手册第119页第4-1节内容。

【注释】

限流措施总的原则：增加短路电流的回路阻抗，根据需限制短路电流位置，可选用以下部分措施，例如：将变压器分列运行或在变压器回路中串联电抗器，采用低压侧为分裂绕组的变压器，出线上装电抗器，采用高阻抗变压器等。但这些措施有些会有副作用，例如：回路中增加了阻抗，母线电压会随负荷变化而波动等，在选用时应做技术经济比较。一般限制短路电流的方法见下表。

电力系统可采取的限流措施	(1) 提高电力系统的电压等级。 (2) 直流输电。 (3) 在电力系统的主网加强联系后，将次级电网解环运行。 (4) 在允许的范围内，增大系统的零序阻抗，例如采用不带第三绕组或第三绕组为星形接线的全星型自耦变压器、减少变压器的接地点等	老版一次手册第119页4-1节"三"；
发电厂和变电站中可采取的限流措施	(1) 发电厂中，在发电机电压母线分段回路中安装电抗器。 (2) 变压器分裂运行。 (3) 变电所中，在变压器回路中装设分裂电抗器或电抗器。 (4) 采用低压侧为分裂绕组的变压器。 (5) 出线上装设电抗器	新火电第31页； 新变电第51页
35～110kV变电站设计规范	当需限制变电站6～10kV线路的短路电流时可采用下列措施之一： (1) 变压器分裂运行。 (2) 采用高阻抗变压器。 (3) 在变压回路中串联限流装置	GB 50059—2011 (3.2.6)

考点2 阻抗计算

【2009年上午题 11～15】 220kV变电站，一期建设2×180MVA主变压器，远景建设3×180MVA主变压器。三相有载调压，三相容量分别为180MVA/180MVA/90MVA，YNynd11接线。调压230±8×1.25% kV/117kV/37kV，百分电抗 $X_{高-中}=14$，$X_{高-低}=23$，$X_{中-低}=8$，要求一期建成后，任一主变压器停役，另一台主变压器可保证承担负荷的75%，220kV正序电抗标幺值0.0068（设 S_j=100MVA），110、35kV侧无电源。

▶▶ 第2题［阻抗计算］11. 正序阻抗标幺值 X_1、X_2、X_3 最接近下列哪项数值？（　　）

(A) 0.1612　−0.0056　0.0944　　　　(B) 0.0806　−0.0028　0.0472
(C) 0.0806　−0.0028　0.0944　　　　(D) 0.2611　−0.0091　0.1529

【答案及解答】B

由老版一次手册第4-2节相关公式可得

$$X_1 = \frac{14+23-8}{2\times 100} \times \frac{100}{180} = 0.0806$$

$$X_2 = \frac{14+8-23}{2\times 100} \times \frac{100}{180} = -0.0028$$

$$X_3 = \frac{23+8-14}{2\times 100} \times \frac{100}{180} = 0.0472$$

所以选B。

【注释】

计算短路电流对网络电抗的归算有两种方法：标幺值法和有名值法。有名值的算法比较直接，单位均为有名值，例如 kV、kA、Ω 等，对于只有一种电压的网络，可以按欧姆定律直接算出结果。但当网络比较复杂，有两个及以上的电压等级时，需要按电压变比的平方换算阻抗，很不方便。现行的短路电流实用计算法，采用的是标幺值。设定一个基准容量，如100MVA 或 1000MVA（视计算方便而定，也可设基准容量为变压器额定容量），一个基准电压（一律使用系统平均电压，即标称电压的 1.05 倍），所有阻抗都归算到基准值，不论电压高低、容量大小，阻抗都可以直接代数进行加减，简化到最后再折算到有名值，如果是发电机的，查表求值。所以，简单网络可用有名值，复杂网络用标幺值。

在进行标幺值归算时，实用计算法采用平均电压。这是因为网络中各个点的电压是不同的。电源侧的电压高些，经过线路的电压降落，受端电压就要低些。所以在设定基准电压时，一般取其中间值，即 $1.05U_e$，统一把平均电压设定为基准电压。

三绕组的变压器，制造厂一般给出的是高—中、中—低、高—低三个绕组之间的短路电压。进行归算时，对于变压器各侧阻抗参数（X_1、X_2、X_3）需要参与网络化简的情况，应分别求出 X_1、X_2、X_3，然后进行网络简化，计算阻抗标幺值。换算的结果，常常中压侧的阻抗接近于 0，甚至为负值，这与绕组在变压器中铁芯的排位有关。对于不需要各侧阻抗参与网络化简的情况，确定短路点后直接用高—中、中—低、高—低中的一个进行计算就行，不必算 X_1、X_2、X_3，因为化简计算结果是一样的。比如 $X_1+X_2=X_{高-中}$，考生可自行论证。各种阻抗变换汇总见下表。

发电机	$X_d''=\dfrac{X_d''\%}{100}\dfrac{S_j}{\dfrac{P}{\cos\theta}}$	变压器	$X_{*T}=\dfrac{U_k\%}{100}\dfrac{S_j}{S_{TN}}$	
电抗器	$X_{*K}=\dfrac{X_x\%}{100}\dfrac{U_e}{\sqrt{3}I_e}\dfrac{1}{X_j}$ XKK-10-2000-10：XKK-U_e-I_e-$X_x\%$	线路	$X_{*L}=x_0l\dfrac{S_j}{U_j^2}=\dfrac{x_0l}{X_j}$	
系统阻抗	$X_*=\dfrac{S_j}{S_d}=\dfrac{I_j}{I_d}$	基准值转换 （转移阻抗）	$X_{*2}=X_{*1}\dfrac{S_{j新}}{S_{j旧}}$	老第120页 火第108页 变第52页
三绕组变压器	$X_1=\dfrac{X_{1-2}+X_{1-3}-X_{2-3}}{2}$ $X_2=\dfrac{X_{1-2}+X_{2-3}-X_{1-3}}{2}$ $X_3=\dfrac{X_{1-3}+X_{2-3}-X_{1-2}}{2}$	巧记： 相关之和 减非相关	1 是高压侧、2 是中压侧、3 是低压侧；如果 1 是电源侧，2、3 侧无电源，此时 2 侧短路，则 1 和 2 之间的阻抗直接带已知条件 X_{1-2}，不必用 X_1+X_2 走弯路，3 侧短路类似	
基准电流	$I_j=\dfrac{S_j}{\sqrt{3}U_j}$	基准电抗	$X_j=\dfrac{U_j}{\sqrt{3}I_j}=\dfrac{U_j^2}{S_j}$	并联阻抗	$X_{*\Sigma}=\dfrac{1}{\dfrac{1}{X_{*1}}+\dfrac{1}{X_{*2}}+\dfrac{1}{X_{*3}}\cdots}$

▶▶【2021年上午题8~10】 某 220kV 户外敞开式变电站，220kV 配电装置采用双母线接线，设两台主变压器，连接于站内，220kV/10kV 母线，容量为 240MVA/240MVA/72MVA，变比为 220kV/115kV/10.5kV，阻抗电压（以高压绕组容量为基准）为 $U_{ⅠⅡ}\%=14$，$U_{ⅠⅢ}\%=35$，$U_{ⅡⅢ}\%=20$，连接组别 YNyn0d11，220kV 出线 2 回，母线的最大穿越功率为 900MVA，110kV 母线出线为负荷线。

220kV 系统为无穷大系统，取 S_j=100MVA，U_j=230kV，最大运行方式下的系统正序阻抗标幺值为 X_{1*}=0.0065，负序阻抗标幺值 X_{2*}=0.0065，零序阻抗标幺值 X_{0*}=0.0058，请分析计算并解答下列各小题。

▶▶ 第 3 题[阻抗计算] 8. 请计算主变压器高、中、低压侧绕组等值阻抗标幺值为下列哪组数值？（ ）

（A）0.145，-0.005，0.205　　　　（B）0.145，0.205，-0.005
（C）0.0604，0.0854，-0.00208　　（D）0.0604，-0.00208，0.0854

【答案及解答】D

由《一次手册》第四章相关内容

$$x_1 = \frac{1}{2} \times (x_{1-2} + x_{1-3} - x_{2-3}) \times \frac{S_j}{S_T}$$

$$x_1 = \frac{1}{2} \times (0.14 + 0.35 - 0.2) \times \frac{100}{240} = 0.0604$$

$$x_2 = \frac{1}{2} \times (+0.14 - 0.35 + 0.2) \times \frac{100}{240} = -0.00208$$

$$x_3 = \frac{1}{2} \times (-0.14 + 0.35 + 0.2) \times \frac{100}{240} = 0.085$$

【考点说明】

本题如果不进行基准容量转换，会错选 A，所以简单的题目也需要认真审题，否则送分题也会失之交臂。

【2011 年上午题 6~10】　某 110kV 变电站有两台三绕组变压器，额定容量为 120MVA/120MVA/60MVA，额定电压 110kV/35kV/10kV，阻抗为 $U_{1-2} = 9.5\%$、$U_{1-3} = 28\%$、$U_{2-3} = 19\%$。主变压器 110、35kV 侧均为架空进线，110kV 架空出线至 2km 之外的变电站（全线有避雷线），35kV 和 10kV 为负荷线，10kV 母线上装设有并联电容器组，其电气主接线如下图所示。

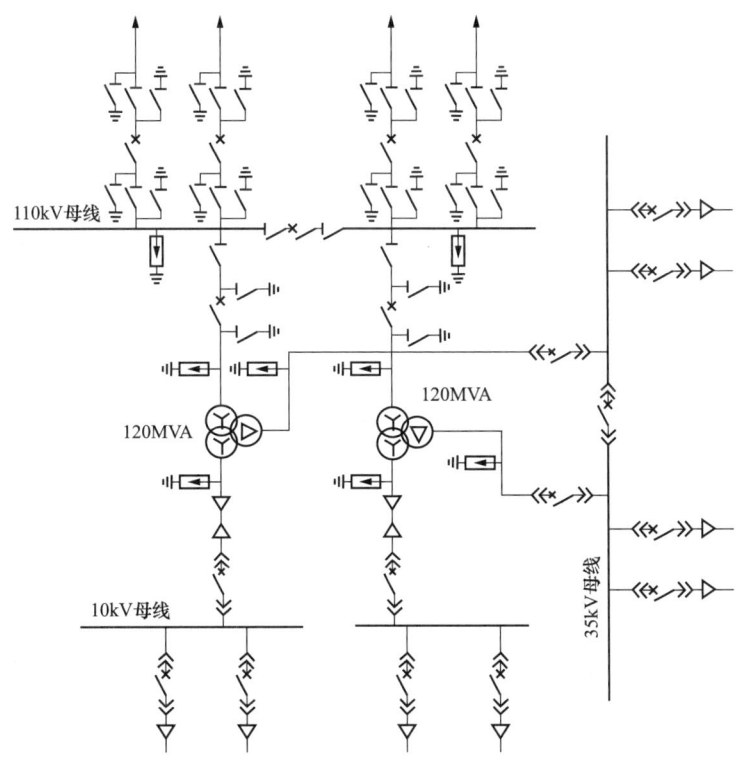

图中 10kV 配电装置距主变压器 1km，主变压器 10kV 侧采用 3×185 铜芯电缆接到 10kV 母线，电缆单位长度电阻为 0.103Ω/km，电抗为 0.069Ω/km，功率因数 cosφ=0.85。请回答下列问题。（计算题按最接近数值选项）

▶▶ **第 4 题 [阻抗计算] 10．**上图中，取基准容量 S_j=1000MVA，其 110kV 系统正序阻抗标幺值为 0.012，当 35kV 母线发生三相短路时，其归算至短路点的阻抗标幺值最接近下列哪项数值？   （   ）

（A）1.964　　　　　　　　　　　（B）0.798
（C）0.408　　　　　　　　　　　（D）0.399

【答案及解答】C

依题意，最大短路电流发生在 110kV 和 35kV 母线均并列运行工况，由新版一次手册第 108 页表 4-2 可得

$$X_* = 0.012 + \frac{0.095}{2} \times \frac{1000}{120} = 0.408$$

【考点说明】

（1）本题重点在于对"运行方式"的判断。本题如果按照 35kV 分列考虑，系统电抗也除 2 进行计算可得 $X_* = \frac{0.012}{2} + 0.095 \times \frac{1000}{120} = 0.798$，即 B 选项，这样做的原因是把系统理解成由两个阻抗标幺值为 0.012 的小系统并联而成的，但显然这种理解是错误的。

（2）此题没有明确母线是并列运行还是分列运行。根据设计经验和普遍运行工况，35kV 及以上电压等级系统为了提高供电可靠性，一般按并列运行或存在持续并列运行的工况。所以 35kV 及以上电压母线一般按短路电流较大的并列方式考虑。如果题目有明确的运行方式，则按题目要求计算。

（3）老版一次手册第 121 页表 4-2。

【注释】

阻抗的归算只是基本的体力活，是基础，在此之上能否将短路电流计算题目作对，是对允许方式的判断和把握，这不仅需要纯理论知识，更需要有相当丰富的工程设计经验，因为考试都是结合具体的工程出题。所以对运行方式的把握和判断、哪些电流需要计算哪些电流不需要计算等，才是短路电流计算的灵魂，而这也是要教给学员的本质核心知识。

【**2024 年下午题 1~4**】　某风电场装机容量 250MW，风机年等效满负荷小时数 2900，功率因数在 −0.95~+0.95 动态可调，风机就地升压至 35kV 后经汇集线路汇集至风电场升压站，经 1 回 50km 的 220kV 架空线路接入变电站，线路电抗标幺值为 0.0007751/km，S_j=100MVA，U_j=230kV。

请分析计算并解答下列各小题

▶▶ **第 5 题 [阻抗计算] 3．**若风电场 230kV 母线系统提供的三相短路电流为 10kA，单相短路电流 6.2kA，请问风电场 220kV 侧系统零序等值电抗标幺值为下列哪项数值？   （   ）

（A）0.010　　　　　　　　　　　（B）0.025

(C) 0.071   (D) 0.075

【答案及解答】C

依据老版一次手册第 143 页，式（4-38）～式（4-42）

正序阻抗及负序阻抗 $X_\Delta^{(3)} = X_{1\Sigma} = X_{2\Sigma} = \dfrac{0.251}{10} = 0.0251$

单相接地合成阻抗

$$X_* = X_{1\Sigma} + X_{2\Sigma} + X_{0\Sigma} = 0.0251 + 0.0251 + X_{0\Sigma} = \dfrac{0.251 \times 3}{6.2} = 0.1215$$

则零序阻抗 $X_{0\Sigma} = 0.1215 - 0.0251 - 0.0251 = 0.0713$

所以选 C。

【考点说明】

考点 3   电容器助增效应

【2009 年下午题 26～30】 500kV 变电站，750MVA，500kV/220kV/35kV 主变压器两台，拟在 35kV 侧装高压并联补偿电容器组。

▶▶第 6 题［电容器助增］30. 4 组三相 35kV 容量为 60000kvar 的电容器，每组串 12% 的电抗，当 35kV 母线短路容量为下面哪项数值时，可不考虑电容器对母线短路容量的助增作用。   （   ）

（A）1200MVA   （B）1800MVA
（C）2200MVA   （D）3000MVA

【答案及解答】D

依题意，串 12%电抗，由新版一次手册第 128 页左上内容可得

$$\dfrac{Q_c}{S_d} = \dfrac{4 \times 60}{S_d} < 10\% \Rightarrow S_d > 2400\text{Mvar}$$

【考点说明】

（1）根据 DL/T 5014—2010 第 6.1.7 条"多台主变压器三次侧的无功补偿装置之间不应并联运行"。这意味着每台主变压器每段 35kV 母线上会接入两组电容器组，也只有两组能为短路点提供助增电流。根据 $Q_c/S_d < 10\%$，或 $S_d \geqslant Q_c/10\% = 2 \times 60/10\% = 1200$（MVA），命题中的 B、C、D 四种情形，都可不考虑电容器对母线短路容量的助增。但单选题只能选一个答案，所以本题按照四组全部一起来计算，选 D，只能说题设条件不严谨。

（2）老版一次手册第 159 页 4-11 节。

【注释】

（1）根据分层分区、就地补偿的原则，并联电容器一般装设于变电站电压较低的母线上。在 330kV、500kV、750kV 超高压枢纽变电站，都会在 35kV 母线上安装多组，在 1000kV 特高压枢纽变电站，其工作电压会达到 66kV 和 110kV。并联补偿电容器组的安装，是为了补偿主变压器和线路的无功损耗的。

（2）工作中的电容器，在端口短路时，会对短路点放电。所以，接在同一母线上的电容器组，都会对母线短路或出线短路点倾泄电荷，起助增的作用。因为电容器电荷存量有限，

回路中的固有衰减时间常数很小，放电过程非常短暂，虽然提高了短路的冲击电流，但几乎不影响断路器对周期分量的开断电流。

【2022年下午题15~18】 某500kV变电站规划建设4台主变，一期建设2台主变。主变压器容量为100MVA，采用3×334MVA单相自耦变压器：

额定容量：334/334/100MVA

额定电压：$525/\sqrt{3}/220/\sqrt{3}\pm1.25\%/35kV$

接线组别：YN,a0,d11

35kV侧不出线，仅带无功设备运行，运行方式：500kV侧、220kV侧并列运行，35kV侧分裂运行。请分析计算并解答下列各题。

▶▶ 第7题[电容器助增] 15. 本工程每组主变拟配置180Mvar带有6%或12%串抗的并联电容器，35kV母线本期短路电流为27.5kA，远景短路电流为34kA。请计算并判断是否需考虑电容器对短路电流的组增作用？ （ ）

（A）电容器配置6%或12%串抗率时，均不需考虑助增

（B）电容器配置6%串抗率时需考虑助增，配置12%串抗率时不需考虑助增

（C）电容器配置6%串抗率时不需考虑助增，配置12%串抗率时需考虑助增

（D）电容器配置6%或12%串抗率时，均需考虑助增

【答案及解答】B

【解答过程】：由老版一次手册第159页关于电容器对短路电流助增影响的说明可知，以远景短路电流为基准，35kV短路容量为

$$S_d = \sqrt{3} \times 37 \times 34 = 2178.92(MVA)$$

使用6%电抗器时，$Q_c/S_d = 180/\sqrt{3} \times 37 \times 34 = 8.26\% \geqslant 5\%$，需要考虑助增。

使用12%电抗器时，$Q_c/S_d = 180/\sqrt{3} \times 37 \times 34 = 8.26\% \leqslant 10\%$，不需要考虑助增。

综上所述选B。

考点4 无限大系统短路电流计算

【2012年上午题1~5】 某一般性质的220kV变电站，电压等级为220kV/110kV/10kV，两台相同的主变压器，容量为240MVA/240MVA/120MVA，短路阻抗$U_{k12}\%=14$，$U_{k13}\%=25$，$U_{k23}\%=8$，两台主变压器同时运行的负载率为65%，220kV架空线路进线2回，110kV架空负荷出线8回，10kV电缆负荷出线12回，设两段，每段母线出线6回，每回电缆平均长度为6km，电容电流为2A/km，220kV母线穿越功率为200MVA，220kV母线短路容量为16000MVA，主变压器10kV出口设计XKK-10-2000-10限流电抗器一台。请回答下列问题。

▶▶ 第8题[无限大短路] 3. 假设该变电站220kV母线正常为合环运行，110kV、10kV母线分列运行，则10kV母线的短路电流应为多少。（计算过程小数点后保留三位，最终结果小数点后保留一位） （ ）

（A）52.8kA　　　　　　　　（B）49.8kA

（C）15.0kA　　　　　　　　（D）14.8kA

【答案及解答】D

（1）依题意，10kV 短路，总阻抗=系统阻抗+变压器阻抗 U_{k1-3}+电抗器阻抗。

（2）由新版手册第 52 页表 3-2，设 S_j=100MVA，U_j=10.5kV，X_j=1.1，I_j=5.5。

（3）阻抗归算，由新版变电手册第 61 页表 3-9 中的公式可得

系统阻抗标幺值 $x_* = \dfrac{S_j}{S_d''} = \dfrac{100}{16000} = 0.00625$

变压器阻抗标幺值 $x_{*T1-3} = \dfrac{U_d\%}{100} \times \dfrac{S_j}{S_e} = \dfrac{25}{100} \times \dfrac{100}{240} = 0.104$

电抗器阻抗标幺值 $x_{*k} = \dfrac{x_k}{x_j} = \dfrac{\dfrac{x_k\%}{100} \times \dfrac{U_e}{\sqrt{3}I_e}}{x_j} = \dfrac{\dfrac{10}{100} \times \dfrac{10}{\sqrt{3} \times 2}}{1.1} = 0.262$

（4）短路电流有效值为

$$I_d = \dfrac{1}{x_*} I_j = \dfrac{5.5}{0.00625 + 0.104 + 0.262} = 14.8 \text{ (kA)}$$

【注释】

（1）XKK-10-2000-10 含义为：XKK-额定电压-额定电流-额定电抗率，其中 XK 代表限流电抗器，第二个 K 代表空心。电抗率 10 的含义为：该电抗的电抗有名值为额定电压额定电流算出的相电抗乘电抗率，即 $x_k = kx_{相} = 10\% \times \dfrac{U_e}{\sqrt{3}I_e}$。

（2）本题变电站有三个电压等级，算低压侧 10kV 短路，此时首先应确定 220kV 和 110kV 是否可能同时提供短路电流，本题题设"110kV 架空负荷出线 8 回"，说明 110kV 侧都是负荷，没有电源，所以 10kV 短路时可以直接把 110kV 侧去掉即可，本题虽然简单，但处理多电压等级系统短路电流计算时的这个思路是必须清晰的。

（3）题设 10kV 有一限流电抗器，如果不算该阻抗会误选 B，此处掉坑的不在少数，所以初学者计算时最好先画阻抗图依图计算，等熟练了再"直接算"一个公式得答案。

（4）本题低压 10kV 侧短路中压 110kV 侧不提供短路电流，可直接用"$U_{k13}\%=25$"计算。

（5）如题解答步骤所示，采用科学的标准化解题方法，是提高速度和避坑的最佳方法，这也是初学者需要训练固化的基本技能。

（6）老版一次手册第 120 页表 4-1、第 121 页表 4-2。

【2014 年上午第 11~15 题】 某风电厂地处海拔 1000m 以下，升压站的 220kV 主接线采用单母线接线。两台主变压器容量均为 80MVA，主变压器短路阻抗 13%。220kV 配电装置采用屋外敞开式布置。其电气主接线简图如下。

▶▶ 第 9 题 [无限大短路] 12. 图中 220kV 架空线路的导线为 LGJ-400/30，电抗值为 0.417Ω/km，线路长度为 40km，线路对侧为一变电站，变电站 220kV 系统短路容量为 5000MVA。计算当风电场 35kV 侧发生三相短路时，系统提供的短路电流（有效值）最接近下列哪项数值？ （　　）

(A) 7.29kA　　　　　　　　　(B) 1.173kA
(C) 5.7kA　　　　　　　　　(D) 8.04kA

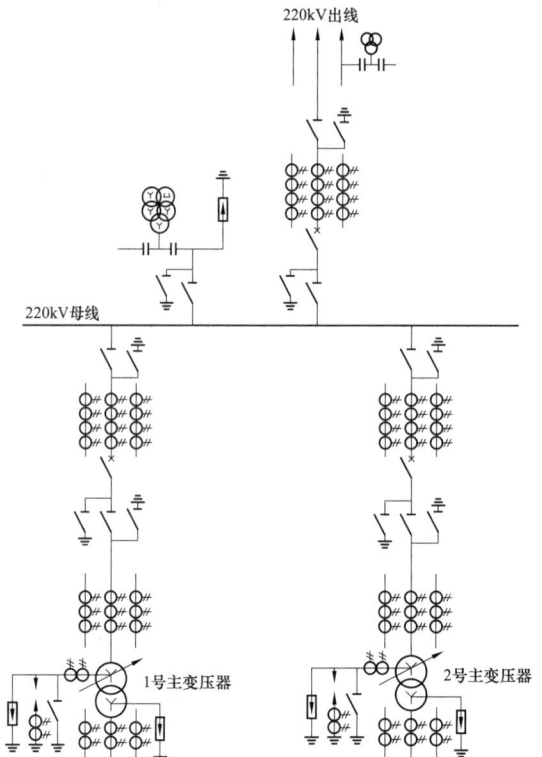

【答案及解答】 A

（1）依题意，35kV 短路，总阻抗=系统阻抗+线路阻抗+变压器阻抗。

（2）新版一次手册第 108 页表 4-1，设 S_j=100MVA、U_j=230kV 或 37kV，X_j=529Ω（230kV），I_j=1.56kA（37kV）。

（3）阻抗归算，由新版一次手册第 108 页表 4-2 公式可得

系统阻抗标幺值 $I_{*s} = \dfrac{S_j}{S_d} = \dfrac{100}{5000} = 0.02$

线路阻抗标幺值 $I_{*L} = \dfrac{X_L}{X_*} = \dfrac{40 \times 0.417}{529} = 0.0315$

变压器阻抗标幺值 $X_{*T} = \dfrac{13}{100} \times \dfrac{100}{80} = 0.1625$

（4）短路电流有效值为

$$I_d = \dfrac{1}{\Sigma X_*} I_j = \dfrac{1.56}{0.02+0.0315+0.1625} = 7.29 \text{ (kA)}$$

【考点说明】

（1）本题需要正确理解"线路对侧为一变电站，变电站 220kV 系统短路容量为 5000MVA"，用该短路容量算出的是该风电厂对侧变电站的系统阻抗，并不包括风电场和对侧变电站之间线路的阻抗。如果误认为是风电场本侧 220kV 母线的短路容量，漏算线路阻抗，很可能误选 D。

(2)老版一次手册第 120 页表 4-1、第 121 页表 4-2。

【2010 年上午题 1~5】 某 220kV 变电站，原有 2 台 120MVA 主变压器，主变压器侧电压为 220kV/110kV/35kV，220kV 为户外管母中型布置，管母线规格为 ϕ100/90；220kV、110kV 为双母线接线，35kV 为单母线分段接线，根据负荷增长的要求，计划将现有 2 台主变压器更换为 180MVA（远景按 3×180MVA 考虑）。

▶▶ 第 10 题［无限大短路］4．该变电站选择 220kV 母线三相短路电流为 38kA，若 180MVA 主变压器阻抗为 $U_{k1\text{-}2}\%=14$，$U_{k2\text{-}3}\%=8$，$U_{k1\text{-}3}\%=23$。110kV、35kV 侧均为开环且无电源，请计算该变电站 110kV 母线最大三相短路电流为下列哪项？（S_j=100MVA，U_j= 230kV/121kV） （ ）

(A) 5.65kA (B) 8.96kA
(C) 10.49kA (D) 14.67kA

【答案及解答】D

（1）依题意，110kV 侧短路，110kV 与 35kV 侧开环无电源，故不考虑 35kV 侧阻抗，最大短路电流发生在三台主变压器并联运行工况。

（2）依题意设 S_j=100MVA，U_j=230kV，121kV，$I_j = \dfrac{S_j}{\sqrt{3}U_j} = \dfrac{100}{\sqrt{3}\times 230} = 0.251$，

$I_j = \dfrac{100}{\sqrt{3}\times 121} = 0.4772$。

（3）阻抗归算，由新版变电手册第 52 页式（3-6）、第 61 页表 3-9 可得

系统阻抗标幺值 $x_{*S} = \dfrac{I_j}{I_d} = \dfrac{0.251}{38} = 0.0066$

变压器阻抗标幺值 $X_{*T1\text{-}2} = \dfrac{14}{100}\times\dfrac{100}{180} = 0.0778$

（4）110kV 短路电流有效值为 $I'' = \dfrac{I_j}{\Sigma X_*} = \dfrac{0.4772}{0.0066+\dfrac{0.0778}{3}} = 14.67\,(\text{kA})$

【考点说明】

（1）短路电流计算中，对主接线及其运行方式的考虑非常重要，这将直接决定解答的正确与否。因为只有这样才能找到"可能发生的最大短路电流"（参考新版一次手册第 107 页，或老版一次手册第 119 页相关内容），比如本题两个坑点 A 选项和 B 选项，其实质就是对运行方式的把握。

（2）什么叫"110kV、35kV 侧均为开环且无电源"，题目说的开环不是说母线分列，而是把变电站作为系统的一个节点，系统的两个电源是否通过该变电站形成闭合回路形成"闭环"，所以题设的这句话所要表达的意思是："110kV、35kV 侧是没有电源的，均按纯负荷考虑"，在这个前提下，可以判断出本题短路状态是：220kV 侧向 110kV 母线提供短路电流，跟 35kV 侧无关（纯负荷不会向 110kV 侧提供短路电流），正是基于此，在计算变压器阻抗时直接运用题设已知条件"主变压器阻抗为 $U_{k1\text{-}2}\%=14$"计算即可，这样简单方便。不必根据新版一次手册第 110 页公式分别算出 X_1、X_2、X_3，再用 X_1+X_2 计算短路电流，因为结果一样（老版一次

手册第 122 页)。

(3) 通过本题可以看出,标幺值计算时,全系统使用统一一个容量基准值;电压、电流阻抗标幺值每个电压等级一个基准值,根据计算需要列出。

(4) 本题要求使用非平均电压作为电压基准值,增加了一定计算量,需要自己计算电流基准值,不能直接查新版一次手册第 108 页表 4-1(老版一次手册第 120 页),计算时应注意区别。

(5) 各选项分析:

A 选项:按主变压器分列运行计算结果为 A,即 5.65kA。本题属于变电站,此题解法的依据为老版变电手册第 51 页右下侧内容(火电厂限流措施可依据老版一次手册第 31 页,老版一次手册可依据第 119 页相关内容)。

B 选项:按本期两台并联计算,则结果为 B,即 8.95kA。

D 选项:按远景主变压器 3×180MVA 并列运行来计算,结果为 D,即 14.67kA。此解法的依据为 DL/T 5222—2021 第 5.0.4 条规定:应按系统最大运行方式下可能流经被校验导体和电器的最大短路电流。系统容量应按具体工程的设计规划容量计算,并考虑电力系统的远景发展规划(该条条文说明:宜按该工程投产后 5~10 年规划)。确定短路电流时,应按可能发生最大短路电流的正常运行方式,不应按仅在切换过程中可能并列运行的接线方式。

上述的三种情况,似乎都有根据,问题的关键是首先要论证 3 台主变压器并列运行有无可能,不能死套规范手册。

1)在具有多台变压器多级电压的变电站中,中、低压各母线的并联或分段断路器,从运行安全经济的角度分析,正常运行方式以合闸状态为宜,即主变压器采用并联运行。只有当短路电流超过了所选断路器额定开断电流时,作为限制短路电流的首选措施,才要求变压器分列运行。

2)上述情况多发生在 10kV 的电压等级中,为了选择性价比合理的断路器,大多数工程都希望把短路电流限制到 31.5kA 以下,以避免选择开断电流为 40kA 及以上的断路器,能够大大降低工程造价。由此推断,选用正常短路电压的变压器,容量不会超过 50MVA,选用高阻抗变压器,容量也多在 63MVA 以下。变电站扩容,也都采用增加变压器台数的方案。所以许多变电站的远期规划,也都按 3 台变压器考虑。

3)本命题要求计算 110kV 侧的最大短路电流。虽然远期要求把现在的变压器容量 2×120MVA,增容为 3×180MVA,其最大短路电流仍然不会超过常用的 110kV 断路器开断电流 31.5kA 的水平。也就是说,针对 110kV 而言,三台主变压器是可以并联运行的。所以,答案只会有一个,即 D 选项。

4)从本题可以看出,提高电压等级对控制短路电流是非常有效的。若是 3 台主变压器接入 10kV 母线,即使只有一台运行,其短路电流也会大大超出断路器 31.5kA 的水平。所以提高电压等级为第一条限流措施。

【2011 年下午题 1~5】某 110kV/10kV 变电站,两台主变压器,两回 110kV 电源进线,110kV 为内桥接线,10kV 为单母线分段接线(分列运行),电气主接线见下图。110kV 桥开关和 10kV 分段开关均装设备用电源自动投入装置。系统 1 和系统 2 均为无穷大系统。架空线路 1 长 70km,架空线路 2 长 30km。该变电站主变压器负载率不超过 60%,系统基准容量为

100MVA。请回答下列问题：

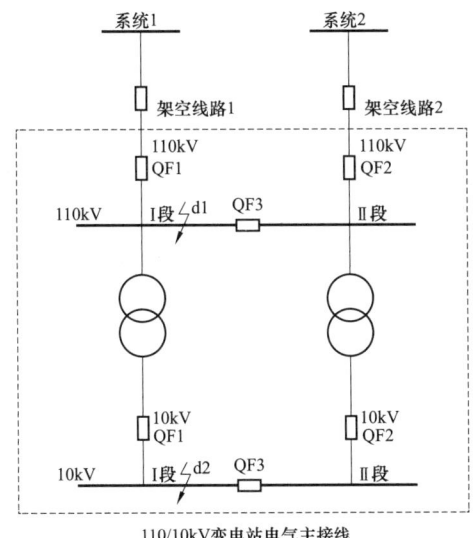

110/10kV变电站电气主接线

▶▶ **第 11 题 [无限大短路] 2.** 假设主变压器容量为 31500kVA，电抗百分比 $U_k(\%) = 10.5$，110kV 架空线路单位长度电抗 $0.4\Omega/km$。请计算 10kV 的 1 号母线最大三相短路电流最接近哪项数值？ （　　）

(A) 10.107kA (B) 12.97kA
(C) 13.86kA (D) 21.33kA

【答案及解答】B

（1）依题意，短路电流最大的运行方式为线路 1 故障，线路 2 带两台主变压器，10kV 分列运行。

（2）由新版变电手册第 52 页表 3-2，设 $S_j = 100\text{MVA}$，$U_j = 115\text{kV}$，$X_j = 132\,(110\text{kV})$，$I_j = 5.5\,(10\text{kV})$。

（3）阻抗归算，由新版变电手册第 61 页表 3-9 中的公式可得

线路 2 阻抗标幺值 $X_{*2} = \dfrac{x}{x_j} = \dfrac{30 \times 0.4}{132} = 0.0909$

变压器抗标幺值 $X_{*T} = \dfrac{10.5}{100} \times \dfrac{100}{31.5} = 0.3333$

（4）短路电流有效值为

$$I_d = \frac{1}{x_*} I_j = \frac{5.5}{0.0909 + 0.3333} = 12.966\,(\text{kA})$$

【考点说明】

（1）本题的坑点在于对"运行方式"的判断。现将各选项分析如下：

A 选项：2 号线断开，1 号线带 10kV Ⅰ 母，10kV 分列运行。
B 选项：1 号线断开，2 号线带 10kV Ⅰ 母，10kV 分列运行。
C 选项：1 号、2 号线在 110kV 并联运行，10kV 分列运行。

D 选项：1 号线断开，2 号线带 10kV Ⅰ 母，10kV 并列运行。

（2）因为 10kV 是分列运行的，所以运行方式也可以为：线路 1 故障，线路 2 带 1 号主变压器运行，短路电流计算结果一样。

（3）通过本题，读者可以认真回味"运行方式从根本上决定了短路电流是否能正确作答"这句话的丰富内涵，从而知悉复习的重点方向。

（4）老版一次手册第 120 页表 4-1、第 121 页表 4-2。

【注释】

（1）10kV 分段母线是否并列运行对短路电流影响很大，并列运行时两台主变压器都向短路点提供短路电流，电流常常是翻倍的。而且两台主变压器阻抗并联，阻抗同时会减半。因此，设计手册把变压器 10kV 侧分列运行作为重要的限流措施。10kV 分裂运行是做对本题的一个重要前提，本题降低了难度题设直接给出了这个条件，如果题目未明确则需要读者自行判断；

（2）对本站的各种正常、检修运行方式分析如下：

1）110kV 变电站作为终端变电站时，一般高压侧均采用内桥接线，不提供穿越电流；低压侧单母线分段接线，分列运行；用来降低短路电流。所以正常运行时内桥接线高低压侧不可能并列运行。

2）本题因题目告知只在 110kV 和 10kV 分段开关上装设备用电源自投装置，所以正常运行方式应为 110kV 和 10kV 分段开关断开（热备用），两备自投投入（俗称桥备），架空一线送 1 号主变压器供 10kV Ⅰ 段母线，架空二线送 2 号主变压器供 10kV Ⅱ 段母线；10kV Ⅰ、Ⅱ 段母线分列运行。

3）当设备故障或检修时，110kV 侧检修运行方式分为以下两种：①架空一线停运，由架空二线供 1 号和 2 号主变压器，110kV 分段开关合上，备自投停用；②架空二线停运，由架空一线送 1 号和 2 号主变压器，110kV 分段开关合上，备自投停用，检修运行方式时因为只有一个电源，不再具有备自投功能，所以供电可靠性降低。

4）当设备故障或检修时，10kV 侧检修运行方式分为以下两种：①1 号主变压器停运，2 号主变压器供 10kV Ⅰ、Ⅱ 段母线并列运行，10kV 分段开关合上，备自投停用；②反之 2 号主变压器停运，1 号主变压器供 10kV Ⅰ、Ⅱ 段母线亦然。

5）一般内桥接线的变电站线路开关上也装有备自投。此时以下两种情况也可以作为正常运行方式：①架空一线开关 QF1 断开热备用，备自投投入（俗称线备），110kV 分段开关合上由架空二线送 1 号和 2 号主变压器；②反之二线热备用，架空一线供 1 号、2 号主变压器亦然，此时由于线路开关均设有备自投，双电源一运一备，故供电可靠性高。

综上所述，本题最大短路电流发生在短路阻抗最小的运行方式，即题解使用的一种和考点说明列出的一种。

（3）注意"检修运行方式"和"仅在切换过程中可能并列的运行方式"两者之间的区别：后者是为了提高供电可靠性，在倒闸操作时为了避免停电可能让多个元件并列，但操作完成后很快恢复成非并列运行方式（一般操作时间为小时级，并列时间不超过半小时，甚至只有几分钟），由于并列持续时间很短，所以短路电流计算不考虑在这短短的几分钟内发生短路的极端情况。但检修运行方式，是属于一种长期运行的方式，只要设备没有检修好，就要一直运行下去，所以短路电流计算和设备选择必须考虑这种工况。

【2013年上午题16~20】 某新建110kV/10kV变电站设有2台主变压器，单侧电源供电。110kV采用单母分段接线，两段母线分列运行。2路电源进线分别为L1和L2，两路负荷出线分别为L3和L4，L1、L3接在1号母线上，110kV电源来自某220kV变电站110kV母线，其110kV母线最大运行方式下三相短路电流20kA，最小运行方式下三相短路电流为18kA。本站10kV母线最大运行方式下三相短路电流为23kA。线路L1阻抗为1.8Ω，线路L3阻抗为0.9Ω。

▶▶ **第12题[无限大短路]** 16. 请计算1号母线最大短路电流是下列哪项数值？（　　）

（A）10.91kA　　　　　　　　　（B）11.95kA
（C）12.87kA　　　　　　　　　（D）20kA

【答案及解答】C

（1）依题意，1号母线短路，总阻抗=系统阻抗+线路L1阻抗。

（2）由新版变电手册第52页表3-2，设 $S_j=100\text{MVA}$，$U_j=115\text{kV}$，$X_j=132\Omega$，$I_j=0.502\text{ kA}$。

（3）阻抗归算，由新版变电手册第61页表3-9中的公式可得

系统阻抗标幺值 $X_{*s} = \dfrac{I_j}{I_d} = \dfrac{0.502}{20} = 0.025$

线路L1阻抗标幺值 $X_{*L1} = \dfrac{X_{L1}}{X_j} = \dfrac{1.8}{132} = 0.014$

（4）短路电流有效值为

$$I'' = \dfrac{I_j}{\Sigma X_*} = \dfrac{0.502}{0.025+0.014} = 12.87\,(\text{kA})$$

所以选C。

▶▶ **第13题[无限大短路]** 17. 请计算在最大运行方式下，线路L3末端三相短路时，流过线路L1的短路电流是下列哪项数值？（　　）

（A）10.24kA　　　　　　　　　（B）10.91kA
（C）12.87kA　　　　　　　　　（D）15.69kA

【答案及解答】B

（1）依题意，线路L3末端短路，总阻抗=系统阻抗+线路L1阻抗+线路L3阻抗；
（2）新版变电手册第52页表3-2，设 $S_j=100\text{MVA}$，$U_j=115\text{kV}$，$X_j=132\Omega$，$I_j=0.502\text{kA}$；
（3）阻抗归算，由新版变电手册第61页表3-9中的公式和第52页相关公式可得：

系统阻抗标幺值 $X_{*s} = \dfrac{I_j}{I_{sd}} = \dfrac{0.502}{20} = 0.025$

线路L1阻抗标幺值 $X_{*L1} = \dfrac{X_{L1}}{X_j} = \dfrac{1.8}{132} = 0.014$

线路 L3 阻抗标幺值 $X_{*L3} = \dfrac{X_{L3}}{X_j} = \dfrac{0.9}{132} = 0.007$

（4）短路电流有效值为

$$I'' = \dfrac{I_j}{\Sigma X_*} = \dfrac{0.502}{0.025+0.014+0.007} = 10.913\,(\text{kA})$$

【考点说明】

（1）以上两题没有给出接线图，在解题前应根据题意画出接线图，然后据图解题能减少错误率。

（2）"线路 L3 末端三相短路时，流过线路 L1 的短路电流"：因为 L1 和 L3 串联，并且是同一电压等级，所以短路点的电流即为流过 L1 的电流。但需要注意的是，如果短路点 L3 和 L1 是不同的电压等级，则两个电流是不同的，此时先算出短路点 L3 的阻抗标幺值，然后乘上 L1 所在电压等级的基准电流 I_j 即为 L3 短路时流过 L1 的电流。

（3）老版一次手册第 120 页表 4-1、第 121 页表 4-2。

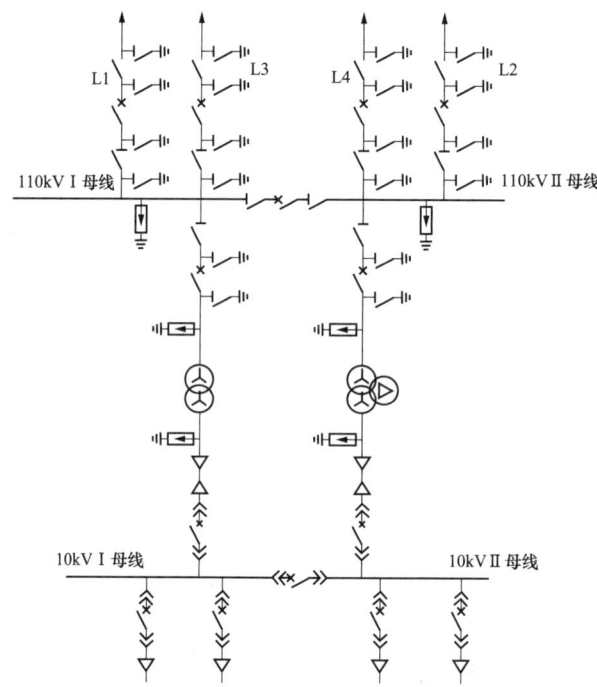

【注释】

（1）在解题前，一定要仔细阅读题干，充分利用好已知条件结合考题要求作答。本题中，"其 110kV 母线最大运行方式下三相短路电流 20kA"，是指上一级 220kV 变电站的 110kV 母线，可以借此条件反算出上级变电站之前的系统阻抗。在题中的答案（D），也给出了 20kA 的数值，是给考生挖了一个坑，考察考生是否读懂了题目中的那个"其"字的含义。

（2）在题意表述不清楚时，可以简单地画个草图，标明短路点的位置。从电源到短路点之间的阻抗便一目了然。画图时，应注意，这里的 L1～L4 均指 110kV 线路，千万不要认为 L3 和 L4 是 10kV 线路，按照电力系统惯用运行方式的说明，题中的"2 路电源进线分别为 L1 和 L2"之后紧跟"两路负荷出线分别为 L3 和 L4"，只有同一电压等级才能放在一起描述，后续如果变换电压等级必须说明，比如注明"10kV 负荷出线"。本大题参考配图如下所示。

【2020 年下午题 1~4】 某受端区域电网有一座 500kV 变电站，其现有规模及远景规划见下表，主变采用三绕组自耦变，第三绕组电压 35kV，除主变回路外 220kV 侧无其他电源接入，站内已配置并联电抗器，补偿线路充电功率，投运后，为在事故情况下给该区特高压直流换流站提供动态无功/电压支持，拟加装 2 台调相机，采用调相机变压器单元接至站内 500kV 母线。加装调相机后 500kV 母线起始三相短路电流周期分量有效值为 43kA，调相机短路电流不考虑非周期分量和励磁因素：

机号	现状	本期
主变	4×1000MVA 自投	2×1000MVA 自投
500kV 出线	8 回	4 回
220kV 出线	16 回	10 回
500kV 主接线	3/2	3/2
220kV 主接线	双母双分段	双母
调相机		2×300MVA；U_k=9.73%；U_n=20kV
调相变压器		2×360MVA；U_k=14%

▶▶ 第 14 题 [无限大短路] 2. 当变电站 500kV 母线发生三相短路时，请计算电网侧提供的起始三相短路电流周期分量有效值应为下列哪个数值？   （ ）

(A) 41.46kA　　　　　　　　　　　(B) 39.92kA
(C) 36.22kA　　　　　　　　　　　(D) 43kA

【答案及解答】 B

(1) 依题意，500kV 母线短路，电网侧提供的短路电流等于总短路电流减去 2 台调相机提供的短路电流；

(2) 设：$S_j = 300\text{MVA}$、$U_j = 525\text{kV}$、$I_j = \dfrac{300}{\sqrt{3} \times 525} = 0.33(\text{kA})$；

(3) 阻抗归算：

调相机阻抗 $X_{*G} = 9.73\% = 0.0973$

变压器阻抗标幺值 $X_{*T} = \dfrac{14}{100} \times \dfrac{300}{360} = 0.117$

(4) 系统侧提供的短路电流为：$I = 43 - 2 \times \dfrac{0.33}{0.0973 + 0.117} = 39.92(\text{kA})$

【考点说明】

(1) 本题短路容量基准值直接取调相机容量，使计算量减小提高解题速度。
(2) 本题有 2 台调相机，应减去两台的短路电流，只减一台会错选 A。
(3) 调相机已经很少使用，新版补充手册也把调相机部分给删除了，考试也是第一次考到，短路电流计算按照发电机模型来计算即可。

【2014 年下午第 5～9 题】 某地区拟建一座 500kV 变电站，海拔不超过 1000m，环境年最高温度 40℃，年最低温度-25℃，其 500kV 侧、220kV 侧各自与系统相连，该变电站远景规模为：4×750MVA 主变压器，6 回 500kV 出线，14 回 220kV 出线，35kV 侧安装有无功补偿装置，本期建设规模为：2×750MVA 主变压器，4 回 500kV 出线，8 回 220kV 出线，35kV 侧安装若干无功补偿装置，其电气主接线简图及系统短路电抗图（S_j=100MVA）如下。

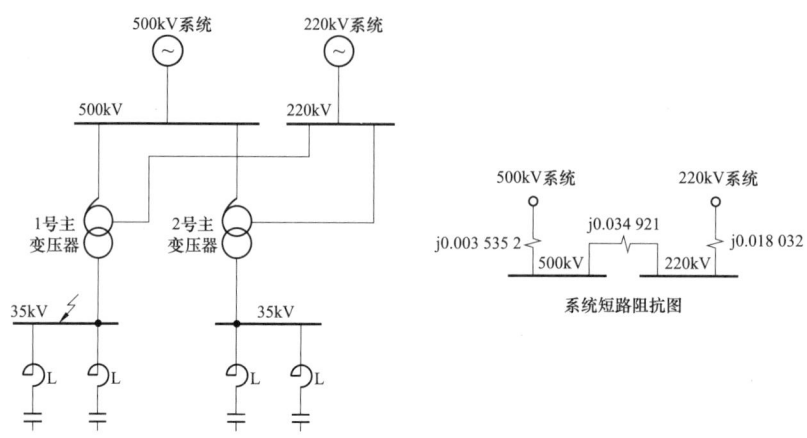

该变电站的主变压器采用单相无励磁调压自耦变压器组，其电气参数如下：电压比：(525/$\sqrt{3}$)/(230/$\sqrt{3}$)±2×2.5%kV/35kV；容量比：250MVA/250MVA/66.7MVA；联结组别：YNyn0d11；阻抗（以 250MVA 为基准）：$U_{dⅠ-Ⅱ}$%=11.8，$U_{dⅠ-Ⅲ}$%=49.47，$U_{dⅡ-Ⅲ}$%=34.52。

▶▶ 第 15 题 [无限大短路] 5. 该站 2 台 750MVA 主变压器的 550kV 和 220kV 侧均并列运行，35kV 侧分列运行，各自安装 2×30Mvar 串联有 5%电抗的电容器组。请计算 35kV 母线的三相短路容量和短路电流应为下列哪组数值？（按《电力工程电气设计手册》计算）　　（　　）

（A）4560.37MVA，28.465kA　　　　（B）1824.14MVA，30.09kA
（C）1824.14MVA，28.465kA　　　　（D）4560.37MVA，30.09kA

【答案及解答】C
（1）依题意，550kV、220kV 系统均并列，35kV 分列运行，短路总阻抗通过化简电路求出。
（2）由新版变电手册第 52 页表 3-2，设 S_j=100MVA，U_j=37kV，I_j=1.56。
（3）阻抗归算，由新版变电手册第 61 页表 3-9、第 53 页表 3-3 中的公式可得：
变压器阻抗标幺值

$$x_{*T1}=\frac{11.8+49.47-34.52}{2\times100}\times\frac{100}{750}=0.0178$$

$$x_{*T2}=\frac{11.8-49.47+34.52}{2\times100}\times\frac{100}{750}=-0.0021$$

$$x_{*T3}=\frac{-11.8+49.47+34.52}{2\times100}\times\frac{100}{750}=0.048127$$

短路总阻抗化简过程如图所示。

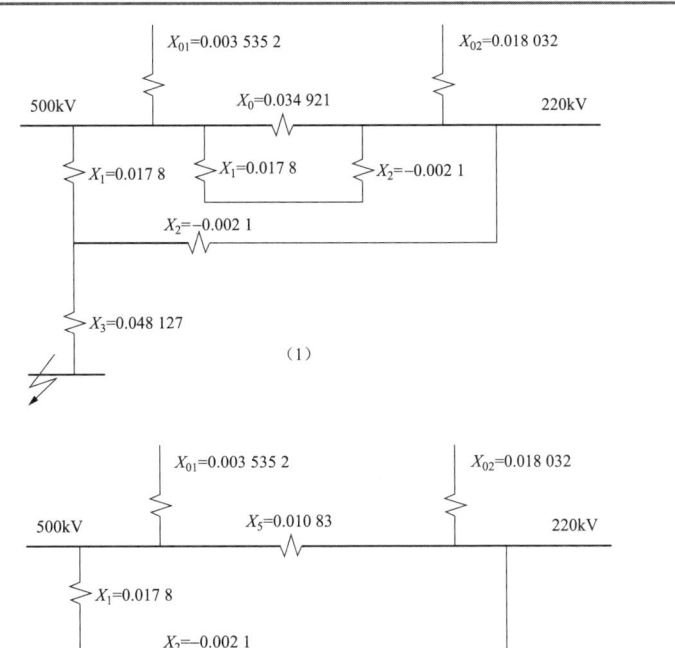

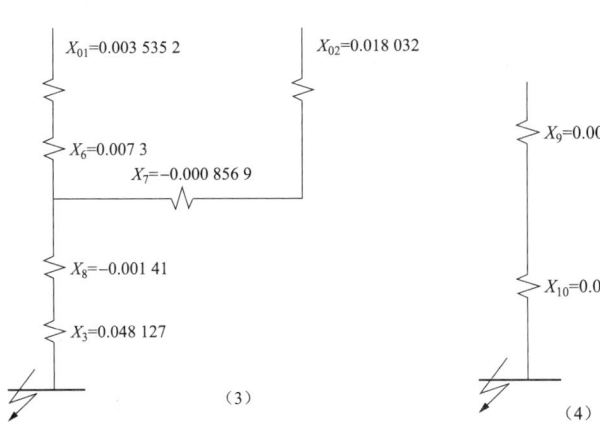

(4) 短路电流有效值

$$I_d = \frac{1}{\Sigma X_*} \times I_j = \frac{1.56}{0.05337} = 29.23 \text{ (kA)}$$

$$S_d = \sqrt{3} U_j I_d = \sqrt{3} \times 37 \times 29.23 = 1873.23 \text{ (kVA)}$$

$$\frac{Q_c}{S_d} = \frac{2 \times 30}{1873.23} < 5\% \Rightarrow \text{不考虑助增}$$

计算结果和 B、C 选项都比较接近,即

$$\sqrt{3} \times 30.09 \times 35 = 1824.11$$

$$\sqrt{3} \times 28.465 \times 37 = 1824.2$$

短路容量应该是短路电流和平均电压乘积的 $\sqrt{3}$ 倍，所以选 C。

【考点说明】

（1）本题一个关键变换是 2 号主变压器的 △→Y 变换，使得貌似繁复的网络顿时清晰许多。所以，在网络变换过程中掌握好关键节点的解开，会使计算顺畅简捷。

（2）单相变压器组合成的大容量变压器组，其各侧等值电路阻抗标幺值，以单相容量为基准和以三相容量为基准的最终结果一样。

（3）老版一次手册第 120～122 页。

【注释】

（1）变压器等值电路中的电抗值是变压器的漏抗，是变压器漏磁通引起的各种附加损耗（在交变磁场作用下的绕组中的涡流损失和漏磁通穿过绕组压板铁芯夹件、油箱等结构件所形成的涡流损耗），一旦变压器结构制造完毕，这个漏抗值就是个固定值，它和绕组外部按星形接还是角形接没有关系。

（2）变压器的有名值转化成以单相容量为基准和以三相容量为基准的标幺值在数值上是一样的。原因是以单相容量为基准时，其对应的电压是相电压，而以三相容量为基准时，其对应的电压是线电压。证明如下：$X_{单*} = X \dfrac{S_j}{U_j^2} = X \dfrac{S_{单}}{U_{相}^2} = X \dfrac{3S_{单}}{(\sqrt{3}U_{相})^2} = X \dfrac{S_{三}}{U_{线}^2} = X_{三*}$。而如果忽略了电压的问题，会误以为以三相容量为基准的阻抗标幺值是单相容量的三倍。

（3）老版变电手册第 53 页左下说明"三绕组变压器的容量有 100/100/100，100/50/100，100/100/50 三种方案"（新火电一次第 109 页右侧中部、老版一次手册第 120 页右下）。通常制造厂家提供的是已经归算到以额定容量为基准的标幺值，但对于自耦变有些却未归算，使用时应加以注意。如未归算，需要根据试验加压侧的电压和容量，归算到变压器额定容量和高压侧电压。

▶▶ **第 16 题 [无限大短路] 6.** 若该站 2 台 750MVA 主变压器的 550kV 和 220kV 侧均并列运行，35kV 侧分列运行，各自安装 2×60Mvar 串联有 12%电抗的电容器组，且 35kV 母线短路时由主变压器提供的三相短路容量为 1700MVA。请计算短路后 0.1s 时，35kV 母线三相短路电流周期分量应为下列哪项数值？（按电力工程电气设计手册计算，假定 T_c=0.1s）   （   ）

（A）26.52kA   （B）28.04kA
（C）28.60kA   （D）29.72kA

【答案及解答】 A

（1）据题意，按无限大系统，不考虑周期分量的衰减，用短路电流周期分量起始有效值 I'' 代替短路后 0.1s 周期分量有效值。

（2）由新版一次手册第 128 页左上内容可得

$$\dfrac{Q_c}{S_d} = \dfrac{2 \times 60}{1700} = 0.07 < 10\% \Rightarrow \text{不考虑助增}$$

$$I_d = \dfrac{S_d}{\sqrt{3}U_j} = \dfrac{1700}{\sqrt{3} \times 37} = 26.53 \text{ (kA)}$$

【注释】

(1) 短路容量：也称短路功率，等于短路电流有效值与短路点正常工作电压（一般用平均电压）的乘积。

(2) 老版一次手册第 159 页第 4-11 节。

【2016 年下午题 5~9】 某沿海区域电网内现有一座燃煤电厂，安装有四台 300MW 机组，另外规划建设 100MW 风电场和 40MW 光伏电站，分别通过一回 110kV 和一回 35kV 线路接入电网，系统接线见下图。燃煤机组 220kV 母线采用双母线接线，母线短路参数：$I''=28.7$kA，$I_\infty=25.2$kA；k1 处发生三相短路时，线路 $L1$ 侧提供的短路电流周期分量初始值，$I_k=5.2$kA。

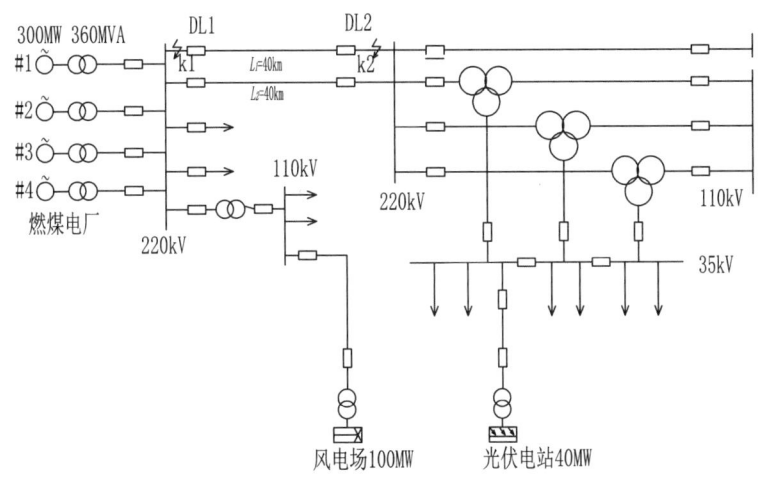

▶▶ 第 17 题 [无限大短路] 5．当 k1 处发生三相短路时，请计算短路冲击电流应为下列哪项数值？　　　　　　　　　　　　　　　　　　　　　　　（　　）

(A) 75.08kA　　　　　　　　　　　(B) 77.1kA

(C) 60.7kA　　　　　　　　　　　 (D) 69.3kA

【答案及解答】 A

依题意，本题短路点为发电厂高压侧母线，由新版一次手册第 121 页式（4-35）及第 122 页表 4-13 可得：

冲击电流 $i_{ch} = \sqrt{2} \times 1.85 \times 28.7 = 75.08$ (kA)

【考点说明】

(1) 本题短路点为发电厂高压侧母线，冲击系数为 1.85，如果误选发电机出口冲击系数 1.9，则会错选 B。

(2) 根据新版一次手册第 121 页式（4-34）[老版一次手册第 140 页式（4-32）]可以看出，应使用短路电流周期分量起始有效值，即本题中的 28.7kA，切莫使用短路稳态值 25.2kA。

(3) 由题目描述可知，28.7kA 已经是全系统的短路总电流，k1 点短路时流过短路点的总电流也是该值。

（4）老版一次手册第 140 页的式（4-32）及第 141 页的表 4-15。

▶▶ **第 18 题 [无限大短路]** 6．若 220kV 线路 L1、L2 均采用 2×LGJQ-400 导线，导线的电抗值为 0.3Ω/km（S_j=100MVA，U_j=230kV），当 k2 发生三相短路时，不计及线路电阻，计算通过断路器 QF2 的短路电流周期分量的起始有效值应为下列哪项数值？（假定忽略风电场机组，燃煤电厂 220kV 母线短路参数不变）　　　　　　　　　　　　　（　　）

（A）4.98kA　　　　　　　　　　（B）5.2kA
（C）7.45kA　　　　　　　　　　（D）9.92kA

【答案及解答】 A

（1）依题意，把 k1 点至电源全部等效成一个系统，则短路阻抗=系统等效阻抗+线路阻抗

（2）由新版一次手册第 108 页表 4-1，设 S_j=100MVA、U_j=230kV、I_j=0.251kA、X_j=529Ω。

（3）阻抗归算：由新版一次手册第 108 页相关公式可得：

k1 点以上等效系统短路电流为 $I_{S1} = \dfrac{28.7 - 5.2 \times 2}{2} = 9.15 \Rightarrow X_{S1} = \dfrac{I_j}{I_{S1}} = \dfrac{0.251}{9.15} = 0.02743$

总阻抗 $X_\Sigma = X_{S1} + X_{L1} = 0.02743 + \dfrac{0.3 \times 40}{529} = 0.0501$

（4）通过断路器 QF2 的短路电流为 $I_d = \dfrac{I_j}{\Sigma X_*} = \dfrac{0.251}{0.0501} = 5 \text{(kA)}$

【考点说明】

（1）本题的重点是把燃煤电厂和风电厂等效成一个系统 X_{S1}，已知短路电流求出系统阻抗，阻抗化简图如下所示：

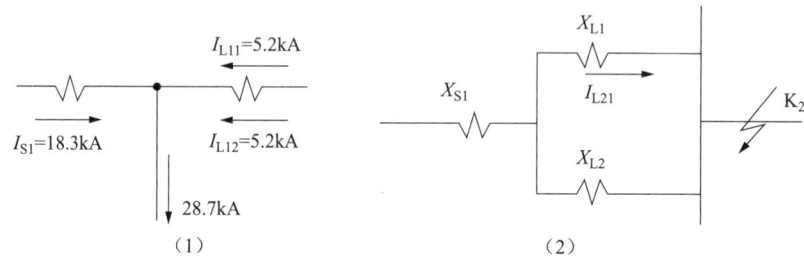

（2）近几年的考题如本题这类"技巧型"的题目越来越多，读者需要加强这方面的训练。

（3）老版一次手册第 120 页、第 121 页相关公式。

【2022 年下午题 1~3】 某 220kV 变电站，与无限大电流系统连接并远离发电厂。计算简图如下，变电站安装两台电压比 220/110/10kV、额定容量 180MVA 的三绕组主变，220kV 侧及 110kV 侧均为双母线接线，母线并列运行；10kV 侧为单母线分段接线，分列运行。110kV 及 10kV 出线均为负荷线路。请分析计算并解答下列各题。（计算结果精确到小数点后 2 位）

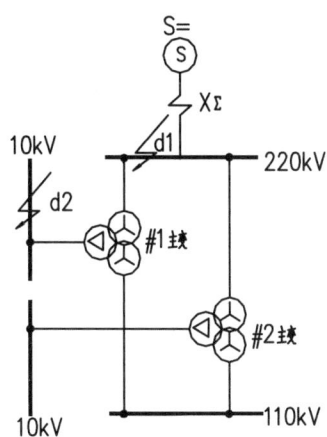

▶▶ 第 19 题 [无限大短路] 2. 若取基准容量 S_j=100MVA，220kV 系统正序等值电抗标么值 $X_{*j} = 0.0051$，主变短路电压百分值高-中为 $U_{K1-2}(\%) = 14$，中-低为 $U_{K2-3}(\%) = 38$，高-低为 $U_{K1-3}(\%) = 54$，计算 d2 点短路三相短路电流周期分量有效值应为以下哪项数值？

( )

(A) 14.36kA (B) 8.02kA
(C) 21.12kA (D) 24.80kA

【答案及解答】C

(1) 运行方式：依题意，分析接线图可知，两台变压器在中压侧是并联，然后流向短路点 d2。

(2) 设基准值：由老版一次手册第 120 页表 4-1，设 S_j=100MVA，U_j=10.5；I_j=5.5。

(3) 阻抗归算：由老版一次手册第 120 页表 4-1，表 4-2，表 4-4，式 (4-6)，变压器三侧短路电压百分比为

$U_{高} = \frac{1}{2} \times (14 + 54 - 38) = 15\%$

$U_{中} = \frac{1}{2} \times (14 + 38 - 54) = -1\%$

$U_{低} = \frac{1}{2} \times (38 + 54 - 14) = 39\%$

以 100MVA 为基准容量的变压器三侧阻抗标幺值为

$X_{高} = \frac{15}{100} \times \frac{100}{180} = 0.0833$

$X_{中} = \frac{-1}{100} \times \frac{100}{180} = -0.0056$

$X_{低} = \frac{39}{100} \times \frac{100}{180} = 0.2167$

化简得总阻抗标幺值为

变压器并联阻抗：$0.0833//[0.0833+(-0.0056)+(-0.0056)]+0.2167=0.25535$

总阻抗：$X_*=0.0051+0.25535=0.26045$

（4）则短路电流 $I''=\dfrac{5.5}{0.26045}=21.12(kA)$。

【2022年上午题8~11】某发电厂位于海拔1000米以下，安装1台35MW汽轮发电机组，该机组接线图如下图所示：

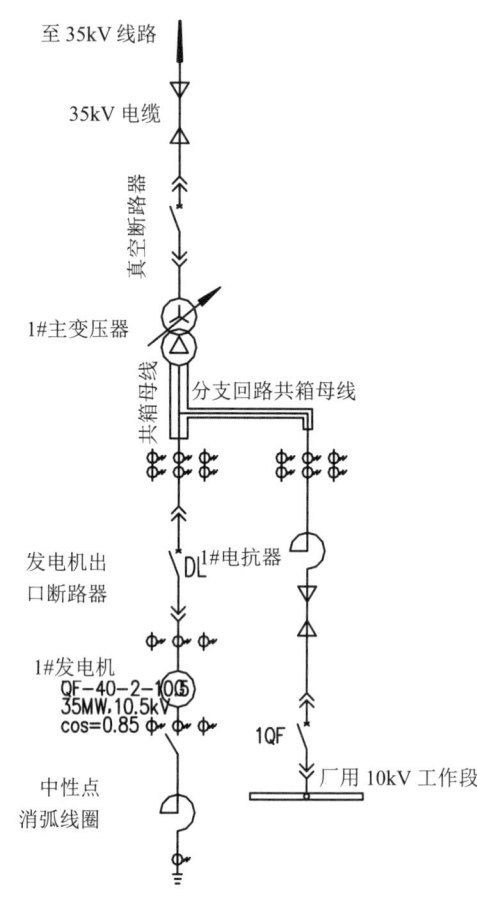

图中发电机出口电压为10.5kV，发电机经主变压器升压至35kV，接入电网。采用线路变压器组接线。发电机额定功率35MW，额定功率因数0.85，机组最大连续输出功率为38.2MW，请分析并回答下列问题。

▶▶ 第20题 [无限大短路] 8. 若35kV主变高压侧短路时系统侧所提供三相短路电流周期分量为20kA，主变容量为44MVA，接线组别Ynd11，主变电抗 U_d=10.5%，计算发电机出口三相短路时系统侧提供的短路电流周期分量为下列哪组数值？ （　　）

（A）4.92kA　　　　　　　　　（B）17.35kA
（C）23.01kA　　　　　　　　　（D）30.05kA

【答案及解答】B

由老版一次手册第 120 页式（4-2）～式（4-8）及表 4-1、表 4-2，得 35kV 侧系统阻抗 $X_x^* = \dfrac{I_{j35}}{I_{35}''} = \dfrac{1.56}{20} = 0.078$

变压器阻抗 $X_T^* = \dfrac{U_d\%}{100} \times \dfrac{S_j}{S_e} = \dfrac{10.5\%}{100} \times \dfrac{100}{44} = 0.239$

则发电机出口短路时，系统侧提供的短路电流 $I_x'' = \dfrac{I_{j10}}{X_\Sigma} = \dfrac{5.5}{0.078 + 0.239} = 17.37(\text{kA})$。

【2023 年下午题 4~6】 某 220kV 变电站现有 2 台 150MVA 变压器，阻抗电压 12%，电压比 220kV/35kV，接线组别 YNd11；220kV 主接线采用双母接线，并列运行；35kV 主接线采用单母线分段接线，分段运行；35kV 出线均为辐射形负荷线路，35kV 每段母线最大三相短路电流 18kA，最小三相短路电流 10kA。基准容量取 100MVA，请分析计算并解答下列各题。

▶▶ 第 21 题 [无限大短路] 5. 某热电厂 2 台机组分别经双绕组变压器以发电机变压器单元接至厂内 35kV 配电装置，35kV 主接线采用单母线分段接线，合环运行。并通过 2 回 35kV 电缆线路接至该 220kV 变电站 35kV 两段母线。已知每组发电机变压器单元提供到电厂 35kV 母线的三相短路电流为 1.33kA，单回并网线路电抗标幺值为 0.05，试问电厂接入后变电站 35kV 母线最大三相短路电流为下列哪项数值？ （ ）

（A）19.28kA （B）20.45kA
（C）20.55kA （D）27.69kA

【答案及解答】D

由老版一次手册第 120～121 页第 4-2 节内容可得

变压器阻抗 $X_{*T} = \dfrac{12\%}{100} \times \dfrac{100}{150} = 0.08$

220kV 系统正负序阻抗 $X_{*S(1)} = X_{*S(2)} = \dfrac{1.56}{18} - 0.08 = 0.0067$

采用叠加定律，分别计算发电厂和系统单独作用时对短路点提供的电流再求和，等值电路图如下：

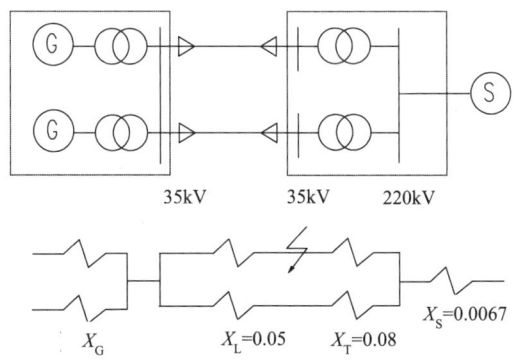

发电厂 35kV 母线向变电站 35kV 母线提供的短路电流有

$$I_{KG} = \frac{1.56}{\frac{1.56}{1.33 \times 2} + 0.05 / (0.05 + 0.08 \times 2)} = 2.489(kA)$$

系统向变电站 35kV 母线提供的短路电流

$$I_{KS} = \frac{1.56}{0.0067 + 0.08 / (0.08 + 0.05 \times 2)} = 25.127(kA)$$

则变电站 35kV 母线总短路电流 $I_K = I_{KS} + I_{KG} = 25.127 + 2.489 = 27.616(kA)$

【考点说明】

本题四个选项结果稍有偏差，精确解法如下：

解解法 1、解法 2：网络化简法、叠加法计算过程如下：

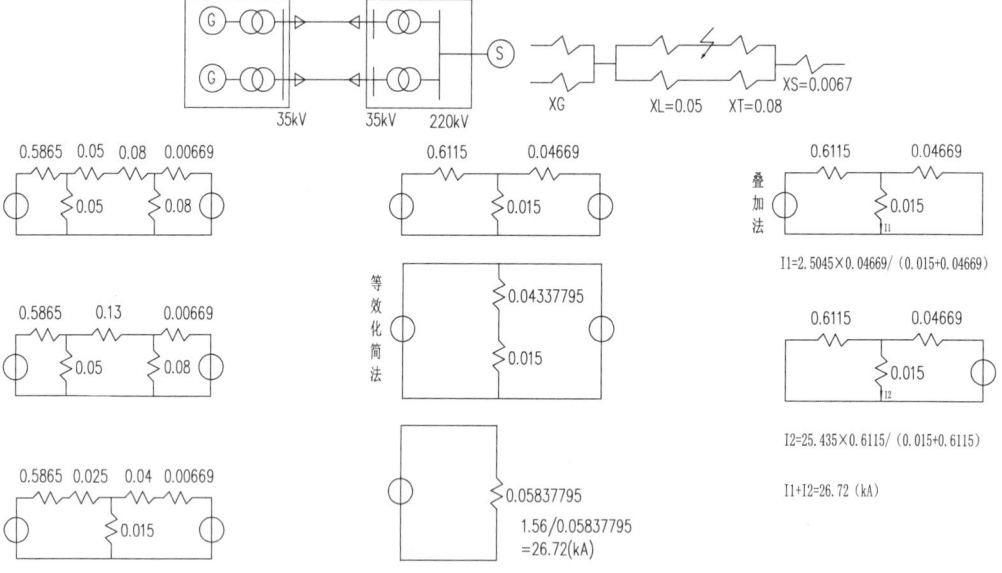

解法 3、网孔电流法计算过程如下：

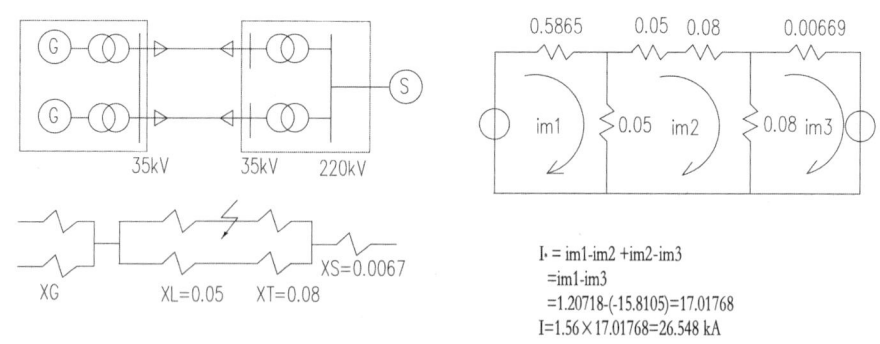

【2024 年下午题 1~4】 某风电场装机容量 250MW，风机年等效满负荷小时数 2900，功率因数在-0.95~+0.95 动态可调，风机就地升压至 35kV 后经汇集线路汇集至风电场升压站，经 1 回 50km 的 220kV 架空线路接入变电站，线路电抗标幺值为 0.0007751/km，S_j=100MVA，

U_j=230kV。

请分析计算并解答下列各小题。

▶▶ 第 22 题［无限大短路］2．若风电场 220kV 并网点短路时，风电场提供的三相短路电流为 2.5kA、220kV 系统等值正序电抗标幺值为 0.0502，请问风电场送出线路中间点发生三相短路时的短路电流为下列哪项数值？

（A）5.7kA　　　　　　　　　　（B）8.1kA

（C）10.2kA　　　　　　　　　 （D）40.8kA

【答案及解答】B

题设"风电场 220kV 并网点短路时，220kV 系统等值正序电抗标幺值为 0.0502"，并网点为风电场高压母线，该母线短路时，系统侧（包含并网线路）的等值电抗为 0.0502；当并网线路中间短路，短路电流计算如下：

依题意，设 S_j=100MVA，U_j=230kV，由老版一次手册第 120 页表 4-1，可知 S_j 和 U_j 均为表格值，则 I_j=0.251，由该手册第 129 页式（4-20）第三组公式可知 $X_* = \dfrac{I_j}{I_d} = \dfrac{0.251}{2.5}$

短路电流计算如下：

风电场侧提供的短路电流：$I''_风 = \dfrac{0.251}{\dfrac{0.251}{2.5} + 0.0007751 \times 25} = 2.096$ (kA)

系统侧提供的短路电流：$I''_系 = \dfrac{0.251}{0.0502 - 0.0007751 \times 25} = 8.143$ (kA)

由老版系统手册第 341 页短路电流的计算目的可知：计算送出线路中间点三相短路电流，是为确定送电线路对附近通信线电磁危险的影响提供计算资料。故只需计算流经线路的最大短路电流，所以选 B。

【考点说明】

（1）如果计算合电流 $I'' = I''_风 + I''_系 = 2.096 + 8.143 = 10.239$ (kA)则会错选 C。

（2）本题由于题目未给配图，不同的理解计算不一样，所以本题的关键在于如何理解系统电抗 0.0502 所指的位置，如果理解为风电场所接入的 220kW 变电站的 220kW 母线处的系统等值电抗为 0.0502，计算如下：

风电场侧提供的短路电流：$I''_风 = \dfrac{0.251}{\dfrac{0.251}{2.5} + 0.0007751 \times 25} = 2.096$ (kA)

系统侧提供的短路电流：$I''_系 = \dfrac{0.251}{0.0502 + 0.0007751 \times 25} = 3.607$ (kA)

总短路电流为 $I'' = I''_风 + I''_系 = 2.096 + 3.607 = 5.703$ (kA)

此种算法会错选 A。

考点 5　有限大系统短路电流计算

【2013 年下午第 1～5 题】　某企业电网先期装有 4 台发电机（2×30MW+2×42MW），后期扩建 2 台 300MW 机组，通过 2 回 330kV 线路与主网相联，主设备参数如下表所列，该企业电网的电气主接线如下图所示。

设备名称	参　　数		备　注
1号、2号发电机	42MW、$\cos\varphi=0.8$、机端电压 10.5kV		余热利用机组
3号、4号发电机	30MW、$\cos\varphi=0.8$、机端电压 10.5kV		燃气利用机组
5号、6号发电机	300MW、$X_d''=16.7\%$、$\cos\varphi=0.85$		燃煤机组
1号、2号、3号主变压器	额定容量：80MVA/80MVA/24MVA	额定电压：110kV/35kV/10kV	
4号、5号、6号主变压器	额定容量：240MVA/240MVA/72MVA	额定电压：345kV/121kV/35kV	

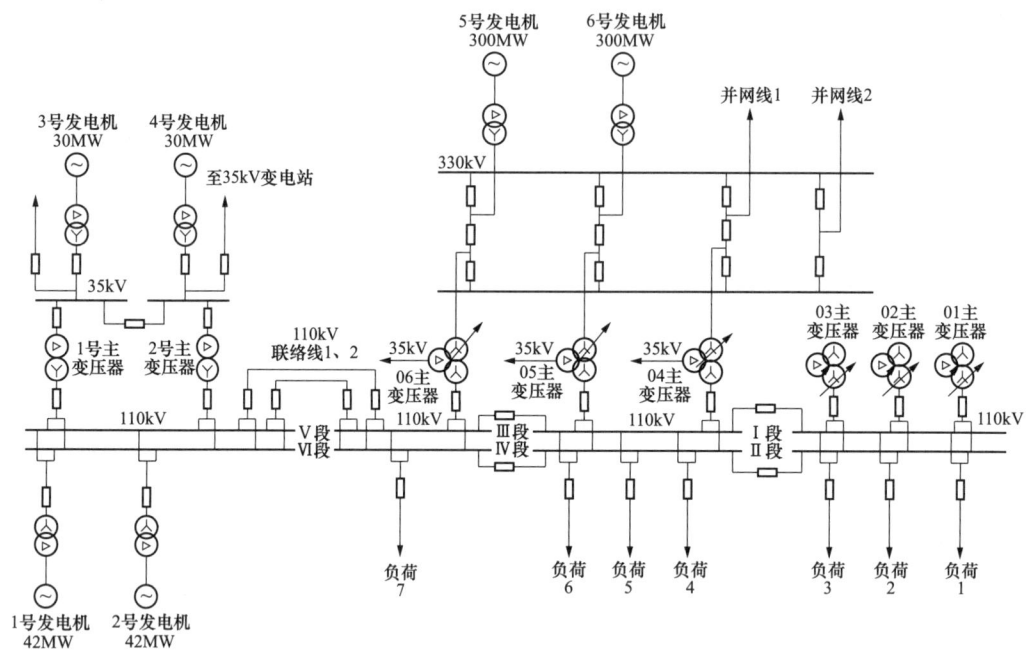

▶▶ **第 23 题**[有限大短路] 1．5号、6号发电机采用发电机变压器组接入330kV配电装置，主变压器参数为360MVA，330kV/20kV，$U_k\%=16\%$，当330kV母线发生三相短路时，计算出一台300MW机组提供的短路电流周期分量起始有效值最接近下列哪项数值？（　　）

　　（A）1.67kA　　　　　　　　　　（B）1.82kA
　　（C）2.00kA　　　　　　　　　　（D）3.54kA

【答案及解答】 C

（1）依题意，发电机提供短路电流，总阻抗=发电机次暂态电抗+主变压器电抗。

（2）设基准容量 S_j=发电机容量=$\dfrac{300}{0.85}$（MVA），U_j=345kV，$I_j=\dfrac{300}{\sqrt{3}\times 345\times 0.85}=0.59$（kA）。

（3）阻抗归算，新版一次手册第108页表4-2中的公式可得：

发电机次暂态电抗标幺值 $X_{*d'}=\dfrac{16.7}{100}=0.167$

变压器的电抗标幺值 $X_{*T}=\dfrac{16}{100}\times\dfrac{\dfrac{300}{0.85}}{360}=0.157$

$$X_\Sigma = 0.167 + 0.157 = 0.324$$

（4）查新版一次手册第 116 页图 4-6，可得 $I_*=3.35$，由一台 300MW 机组提供的短路电流周期分量起始有效值为 $I'' = 3.35 \times 0.59 = 1.977 \,(\text{kA})$。

【考点说明】

（1）本题的坑点在于求发电机提供的短路电流时，视为有限电源短路，应使用查图计算法，而不能使用无限大系统的计算方法——阻抗标幺值的倒数计算。如用阻抗标幺值倒数的方法计算会误选 B。

（2）通过本题可知，基准容量 S_j 设多少完全出于计算方便灵活取值，不一定非要取 100MVA，只不过 S_j 取 100MVA，电压取系统平均电压，则其余各值可直接按新版一次手册第 108 页表 4-1（老版一次手册第 120 页），读者应根据需要灵活运用。

（3）老版一次手册第 121 页表 4-2、第 129 页图 4-6。

【2016 年上午题 11～16】 某地区新建两台 1000MW 级火力发电机组，发电机额定功率为 1070MW，额定电压为 27kV，额定功率因数为 0.9。通过容量为 1230MVA 的主变压器送至 500kV 升压变电站，主变压器阻抗为 18%，主变压器高压侧中性点直接接地。发电机长期允许的负序电流大于 0.06 倍发电机额定电流，故障时承受负序能力 $A=6$，发电机出口电流互感器变比为 30000/5。请分析计算并解答下列各小题。

▶▶ 第 24 题 [有限大短路] 16. 本机组采用发电机—变压器组接线方式，发电机的直轴瞬变电抗为 0.257，直轴超瞬变电抗为 0.177。请计算当主变压器高压侧发生短路时由发电机侧提供的最大短路电流的周期分量起始有效值最接近下列哪项数值？（发电机的正序与负序阻抗相同，采用运算曲线法计算） （ ）

（A）3.09kA   （B）3.61kA
（C）2.92kVA （D）3.86kA

【答案及解答】 D

（1）依题意，发电机主变压器高压侧短路，短路阻抗=发电机直轴超瞬变电抗+主变压器电抗。

（2）设 $S_j =$ 发电机容量 $= \dfrac{1070}{0.9}\text{MVA}$；$U_j = 525\text{kV}$；$I_j = \dfrac{S_j}{\sqrt{3}U_j} = \dfrac{1070/0.9}{\sqrt{3} \times 525} = 1.31\,(\text{kA})$。

（3）归算，新版一次手册第 108 页表 4-2 中的公式可得

$$x_{js} = 0.177 + 0.18 \times \frac{\dfrac{1070}{0.9}}{1230} = 0.351$$

（4）查新版一次手册第 116 页图 4-6 可得 t_0 时刻短路电流起始有效值 $I_* = 2.95$，则有名值为

$$I = I_* I_j = 2.95 \times 1.31 = 3.86\,(\text{kA})$$

【考点说明】

（1）由于解题过程包含查曲线，误差在所难免，只需要近似得到答案即可。

（2）在进行短路电流计算时，非无限大系统，比如发电机出口短路，应按有限电源系统计算。

(3) 老版一次手册第 120 页表 4-1、第 121 页表 4-2、第 129 页图 4-6。

【2018 年下午题 1~3】 某城区电网 220kV 变电站现有 3 台主变压器，220kV 户外母线采用 ϕ100/90 铝锰合金管形母线。依据电网发展和周边负荷增长情况，该站将进行增容改造，具体情况见下表，请分析计算并解答下列各小题。

主要设备	现　状	增容改造后
主变压器	3×120MVA	3×180MVA
220kV 侧	4 回出线，双母线接线	6 回出线，双母线接线
110kV 侧	8 回出线，双母线接线	10 回出线，双母线接线
35kV 侧	9 回出线，单母线分段接线	12 回出线，单母线分段接线

▶▶ **第 25 题[有限大短路]** 3．增容改造后，该站 110kV 母线接有两台 50MW 分布式燃机，均采用发电机变压器线路组接入，线路长度均为 5km，发电机 X_d''=14.5%，$\cos\varphi$=0.8。

主变压器采用 65MVA，110kV/10.5kV 变压器，U_d=14%，并网线路电抗值为 0.4Ω/km，当 110kV 母线发生三相短路时，由燃气电厂提供的零秒三相短路电流周期分量有效值最接近下列哪项数值？ 　　　　　　　　　　　　　　　　　　　　　　　　　　　　(　)

（A）1.08kA　　　　　　　　　　　（B）2.16kA
（C）3.9kA　　　　　　　　　　　（D）23.7kA

【答案及解答】B
（1）依题意，110kV 母线短路阻抗=发电机直轴超瞬变电抗+主变压器电抗+线路电抗；
（2）新版一次手册第 108 页表 4-2 中的公式可得

$$设 S_j = \frac{P}{\cos\varphi} = \frac{50}{0.8} = 62.5 \,(\text{MVA})$$

$$总阻抗为 X_{js} = 14.5\% + 14\% \times \frac{62.5}{65} + 0.4 \times 5 \times \frac{62.5}{115^2} = 0.289 < 3$$

（3）查新版一次手册第 116 页图 4-6 可得

$$I'' = 2 \times 3.68 \times \frac{62.5}{\sqrt{3} \times 115} = 2.3 \,(\text{kA})$$

最接近 B，所以选 B。
【考点说明】
老版一次手册第 121 页表 4-2、第 129 页图 4-6。

【2018 年上午题 6~9】 某电厂装有 2×300MW 发电机组，经主变压器升压至 220kV 接入系统，发电机额定功率为 300MW，额定电压为 20kV，额定功率因数 0.85，次暂态电抗为 18%，暂态电抗为 20%，发电机中性点经高电阻接地，接地保护动作于跳闸时间为 2s，该电厂建于海拔 3000m 处，请分析计算并解答下列各小题。

▶▶ **第 26 题[有限大短路]** 7．该厂主变压器额定容量 370MVA，变比 230kV/20kV，U_d=14%，由系统提供的短路阻抗（标幺值）为 0.00767（基准容量 S_j=100MVA），请计算 220kV 母线处发生三相短路时的冲击电流值最接近下列哪项数值？ 　　　　　　　　　　　　　　　　　　　　　　　　　　　　(　)

（A）85.6kA （B）93.6kA
（C）101.6kA （D）104.3kA

【答案及解答】 C

（1）依题意，220kV 母线短路电流为：两台发电机提供的短路电流+系统提供的短路电流；

（2）由新版一次手册第 108 页表 4-2 中的公式及第 116 页左下角规定可得

$$X_{*1} = 0.18 + \frac{14}{100} \times \frac{300/0.85}{370} = 0.3135, \quad X_* = \frac{0.3135}{2} = 0.1568 < 3$$

应按有限大系统计算。

（3）用 0.03135 查该手册第 116 页图 4-6 可得 $I''_* = 3.45 \times 2 = 6.9$，结合表 4-1 有

$$I'' = 6.9 \times \frac{300/0.85}{\sqrt{3} \times 230} + \frac{0.251}{0.00767} = 38.84 \text{(kA)}$$

（4）DL/T 5222—2021 附录 A.4.1 的式（A.4.1）、表 A.4.1 可知 k_{ch} 取 1.85，有

$$i_{ch} = \sqrt{2} k_{ch} I'' = \sqrt{2} \times 1.85 \times 38.84 = 101.62 \text{(kA)}$$

【考点说明】

（1）精确的算法应该是系统短路电流乘冲击系数 1.8，发电机短路电流乘冲击系数 1.85，但这样算不能完全与选项吻合，所以本题使用统一冲击系数 1.85 解答。

（2）老版一次手册第 121 页表 4-2、第 129 页右上规定内容及图 4-6。

【2019 年上午题 1~6】 某垃圾焚烧电厂汽轮发电机组，发电机额定容量 P_{eg}=20000kW，额定电压 U_{eg}=6.3kV，额定功率因数 $\cos\varphi_e$=0.8，超瞬变电抗 X_d=18%。电气主接线为发电机变压器组单元接线，发电机装设出口断路器 GCB，发电机中性点经消弧线圈接地。高压厂用电源从主变压器低压侧引接，经限流电抗器接入 6.3kV 厂用母线。主变压器额定容量 S_n=25000kVA，短路电抗 U_k=12.5%，主变压器高压侧接入 110kV 配电装置。统一用 10km 长的 110kV 线路连接至附近变电站，电气主接线如下图。请分析并计算解答下列各小题。

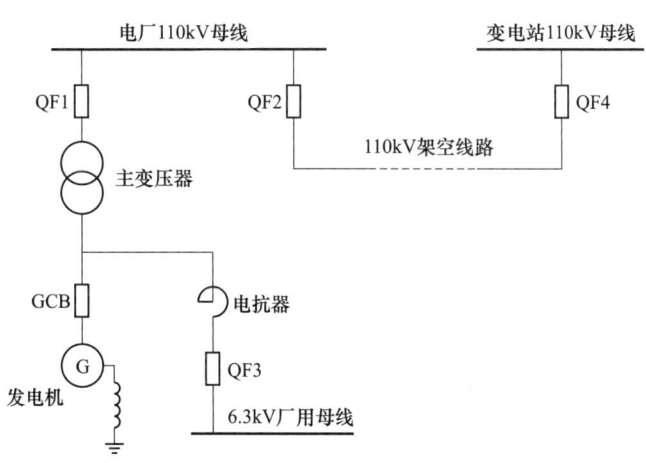

▶▶ **第27题**［有限大短路］2. 已知 110kV 线路电抗为 0.4Ω/km，发电机变压器组在额定工况下运行，求机组通过 110kV 线路提供给变电站 110kV 母线的短路电流周期分量起始有效值最接近下列哪项？　　　　　　　　　　　　　　　　　　　　　　（　　）

（A）0.43kA　　　　　　　　　　（B）0.86kA
（C）1.63kA　　　　　　　　　　（D）3.61kA

【答案及解答】 A

（1）确定系统运行方式。短路点总阻抗=发电机阻抗+主变压器阻抗+线路阻抗。

（2）设定基准值。以发电机容量为基准，设 $S_j=\dfrac{20}{0.8}=25$（MVA）；U_j=6.3kV；$Z_{j(110)}=\dfrac{115^2}{25}=529$；

$I_{j(110)}=\dfrac{25}{\sqrt{3}\times 115}=0.126$（kA）。

（3）阻抗折算，由新版一次手册第 108 页表 4-2 中的公式可得

发电机阻抗　　$x_G=\dfrac{18}{100}=0.18$

变压器阻抗　　$x_t=\dfrac{12.5}{100}\times\dfrac{25}{25}=0.125$

线路阻抗　　$x_l=\dfrac{0.4\times 10}{529}=0.0076$

则　∑x=0.18+0.125+0.0076=0.313

因总阻抗小于 3，由新版一次手册第 116 页左下侧规定可知，应按有限大系统计算短路电流，查该页图 4-6 可得 I_*=3.42，则 I=3.42×0.126=0.43（kA），所以选 A。

【考点说明】

本题的关键点：

（1）计算方法的选取。虽然短路点在变电站 110kV 母线，但总电抗小于 3，应按有限大系统计算，如果按无线大系统计算，则 $I=\dfrac{0.502}{0.4\times 10/132+12.5/25+18/25}=0.402$（kA），并不能精确得到答案。

（2）机组台数确定。虽然很多发电厂都是 2 台配置，但本题题目描述和接线明确了是 1 台发电机，如按 2 台计算则会错选 B。

（3）老版一次手册第 121 页表 4-2、第 129 页右上规定内容及图 4-6。

【2019 年上午题 1~6】 某垃圾焚烧电厂汽轮发电机组，发电机额定容量 P_{eg}=20000kW，额定电压 U_{eg}=6.3kV，额定功率因数 $\cos\varphi_e$=0.8，超瞬变电抗 X_d=18%。电气主接线为发电机变压器组单元接线，发电机装设出口断路器 GCB，发电机中性点经消弧线圈接地。高压厂用电源从主变压器低压侧引接，经限流电抗器接入 6.3kV 厂用母线。主变压器额定容量 S_n=25000kVA，短路电抗 U_k=12.5%，主变压器高压侧接入 110kV 配电装置。统一用 10km 长的 110kV 线路连接至附近变电站，电气主接线如下图。请分析并计算解答下列各小题。

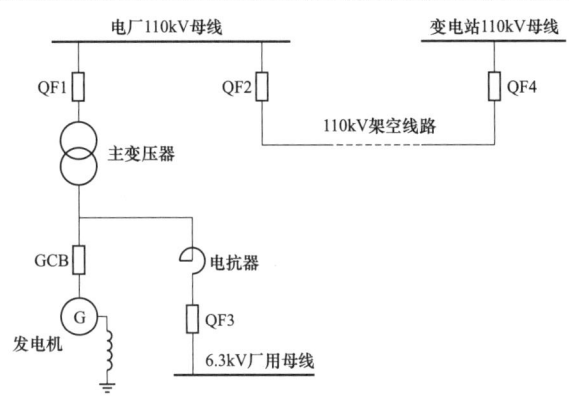

▶▶ **第 28 题〔有限大短路〕3．**已知发电机变压器组未接入时，电厂 110kV 母线短路电流周期分量的有效值为 16kA，且不随时间衰减。当发电机变压器组接入后，求电厂厂用分支（限流电抗器的主变压器侧）三相短路后 $t=100\text{ms}$ 时刻的短路电流周期分量有效值最接近下列哪项？（按短路电流实用计算法计算，忽略厂用电动机反馈电流）　　（　　）

（A）1.62kA　　　　　　　　　　（B）13.3kA

（C）28.02kA　　　　　　　　　　（D）30.5kA

【答案及解答】C

（1）确定系统运行方式。短路点总短路电流=系统短路电流（不衰减）+发电机短路电流（衰减）。

（2）计算各侧短路电流。发电机出口短路时，发电机提供的短路电流使用查图法。依题意，发电机阻抗为 0.18，查新版一次手册第 116 页图 4-6 可得短路电流 100ms 时刻值为

$$4.71 \times \frac{25}{\sqrt{3} \times 6.3} = 10.791 \text{(kA)}。$$

依题意，110kV 侧系统短路电流为 16kA 不衰减，由新版一次手册第 108 页表 4-1、表 4-2，可得发电机出口 6.3kV 侧短路时系统提供的短路电流为

$$\frac{9.16}{0.502/16 + 12.5/25} = 17.238 \text{(kA)}$$

（3）总短路电流为 $10.791 + 17.238 = 28.029 \text{(kA)}$。

【考点说明】

（1）按题意要求，此题的关键是发电机出口的短路电流要查图，求 0.1s 时刻短路电流衰减值，不能查 $t=0$ 时刻的曲线，否则可能错选 D，错误算法为 $6 \times \frac{25}{\sqrt{3} \times 6.3} = 13.746 \text{(kA)}$；$13.746 + 17.238 = 30.984 \text{(kA)}$。

（2）老版一次手册第 121 页表 4-2、第 129 页右上规定内容及图 4-6。

【注释】

由该题计算结果可知，发电机出口的短路电流是非常大的，为此发电机出口段一般都采用封闭母线，以避免短路。厂用分支线高压厂用变压器可采用高阻抗变压器，不设高压厂用变压器时可单独设置限流电抗器，以减小厂用工作母线的短路电流。

【2022年补考上午题5~8】 某区域火电厂，海拔高度为200米，原有2台300MW纯凝机组，以220kV电压接入电力系统。现为了满足供热要求，需扩建2台背压机组，机组有停机不停炉运行方式。其发电机额定容量为57MW，机端额定电压为10.5kV，额定功率因数为0.8，超瞬变电抗 $X\%=13$。扩建机组拟接入电厂原有220kV配电装置。请分析计算并解答下列问题。

▶▶ 第29题 [有限大短路] 7. 若非周期分量衰减时间常数为70，请计算本期扩建发电机机端发生三相金属性短路后60ms时，发电机提供的三相短路电流非周期分量的绝对值为下列哪项数值？ （ ）

（A）24.8kA （B）32.2kA
（C）35.1kA （D）49.4kA

【答案及解答】C

依据老版一次手册第129页图4-6，$X_{js}=0.13$，$t=0$ 时，$I_* \approx 8.25$

由第131页式（4-21），发电机0s提供的短路电流周期分量为

$$I'' = I_* \times \frac{P_G}{\sqrt{3} \times U_e \times \cos\phi} = 8.25 \times \frac{57}{\sqrt{3} \times 10.5 \times 0.8} = 32.32(\text{kA})$$

由第139页式（4-28）可得 $I_{fzt} = -\sqrt{2}I''e^{-\frac{\omega t}{T_a}} = -\sqrt{2} \times 32.32 \times e^{-\frac{314 \times 0.06}{70}} = 34.92(\text{kA})$，选C。

【2022年补考上午题5~8】 某区域火电厂，海拔高度为200米，原有2台300MW纯凝机组，以220kV电压接入电力系统。现为了满足供热要求，需扩建2台背压机组，机组有停机不停炉运行方式。其发电机额定容量为57MW，机端额定电压为10.5kV，额定功率因数为0.8，超瞬变电抗 $X\%=13$。扩建机组拟接入电厂原有220kV配电装置。请分析计算并解答下列问题。

▶▶ 第30题 [有限大短路] 6. 请计算本期扩建发电机机端发生三相金属性短路60ms时，发电机提供的三相短路电流的周期分量有效值为下列哪项数值？ （ ）

（A）21.5kA （B）26.6kA
（C）30.1kA （D）37.4kA

【答案及解答】B

由老版一次手册第129页图4-6，$X_{js}=0.13$，$t=0.06\text{s}$ 时，$I_* \approx 6.7$；由第131页式（4-21），发电机提供的短路电流为

$$I'' = I_* \times \frac{P_G}{\sqrt{3} \times U_e \times \cos\phi} = 6.7 \times \frac{57}{\sqrt{3} \times 10.5 \times 0.8} = 26.25(\text{kA})$$

考点6 非对称短路

【2012年上午第15~20题】 某风电场升压变电站的110kV主接线采用变压器线路组接线，一台主变压器容量为100MVA，主变压器短路阻抗10.5%，110kV配电装置采用屋外敞开式，升压站地处海拔1000m以下，站区属多雷区。

▶▶ 第31题 [非对称短路] 18. 若进行该风电场升压变电站110kV母线侧单相短路电流

计算，取 S_j=100MVA，经过计算网络的化简，各序计算总阻抗如下：$X_{1\Sigma}=0.1623$，$X_{2\Sigma}=0.1623$，$X_{0\Sigma}=0.12$，请按照老版一次手册计算单相短路电流的周期分量起始有效值最接近下列哪项值？ （　　）

(A) 3.387kA　　　　　　　　　　(B) 1.129kA
(C) 1.956kA　　　　　　　　　　(D) 1.694kA

【答案及解答】A

(1) 据题意，单相短路总阻抗为各序阻抗之和。
(2) 由新版一次手册第 108 页表 4-1，设 S_j=100MVA；U_j=115kV，I_j=0.502kA。
(3) 又由该手册第 124 页表 4-17 中的公式可得，单相短路电流标幺值为

$$I_{*d} = 3 \times \frac{1}{0.1623+0.1623+0.12} = 6.7476$$

短路电流有名值 $I_d = 6.7476 \times 0.502 = 3.387 \text{ (kA)}$

【考点说明】

(1) 本题干已给出了所有阻抗，只需套用手册公式便可算出结果，简单明了。
(2) 老版一次手册第 120 页表 4-1、第 144 页表 4-19。

【2019 年下午题 1~3】 某 600MW 汽轮发电机组，发电机额定电压为 20kV，额定功率因数为 0.9，主变压器为 720MVA、550－2×2.5%/20kV、Yd11 接线的三相变压器，高压厂用变压器电源从主变压器低压侧母线支接，发电机回路单相对地电容电流为 5A，发电机中性点经单相变压器二次侧电阻接地，单相变压器的二次侧电压为 220V。

▶▶ 第 32 题 [非对称短路] 2. 若发电机回路发生 b、c 相两相短路，短路点在主变压器低压侧和高压厂用变压器电源交接点之间的主要低压侧封闭母线上，主变压器侧提供的短路电流周期分量为 100kA，则主变压器高压侧 A、B、C 三相绕组中短路电流周期分量分别为多少？ （　　）

(A) 0kA、3.6kA、3.6kA　　　　　(B) 0kA、2.1kA、2.1kA
(C) 2.1kA、2.1kA、4.2kA　　　　(D) 3.64kA、2.1kA、3.64kA

【答案及解答】C

依据老版二次手册第 622 页表 29-6，依题意，主变压器为 Yd11 接线方式，三角形侧短路，属于表中编号 4 的情况，因该表是补偿主变压器高-低压侧的电流差，在忽略变比的情况下，通过系数补偿后使得高低压侧电流相等，可得：

在忽略变比影响情况下 $I_\triangle = I_Y \cdot k \Rightarrow \dfrac{I_\triangle}{k} = I_Y$。

本题变比 $\dfrac{550}{20}$=27.5，三角形侧短路电流 100（kA），折算至星形侧为 $\dfrac{100}{27.5}$=3.64 (kA)。

则考虑变比后可得

$$I_{YA}=I_{YB}=\frac{I_\triangle}{k}=\frac{3.64}{\sqrt{3}}=2.01 \text{ (kA)}；\quad I_{YC}=\frac{I_\triangle}{k}=\frac{3.64}{\frac{\sqrt{3}}{2}}=4.2 \text{ (kA)}$$

【考点说明】

依题意，主变压器为 Yd11 接线，由《电力变压器选用导则》（GB/T 17468—2019）附录 A 可知各侧相角关系为

$$I_b = I_c = 100 \text{ (kA)}$$

$$I_{a0} = I_{b0} = I_{c0} = 0 \text{ (kA)}$$

$$I_{a1} = I_{b1} = I_{c1} = I_{a2} = I_{b2} = I_{c2} = \frac{100}{\sqrt{3}} \text{ (kA)}$$

$$I_{A1} = I_{A2} = I_{B1} = I_{B2} = I_{C1} = I_{C2} = \frac{100}{\sqrt{3} \times n} = \frac{100}{\sqrt{3} \times \frac{550}{20}} = 2.1 \text{ (kA)}$$

由图中相量关系可得

$$I_A = I_B = I_{A1} = 2.1 \text{ (kA)}$$

$$I_C = 2I_{C1} = 2 \times 2.1 = 4.2 \text{ (kA)}$$

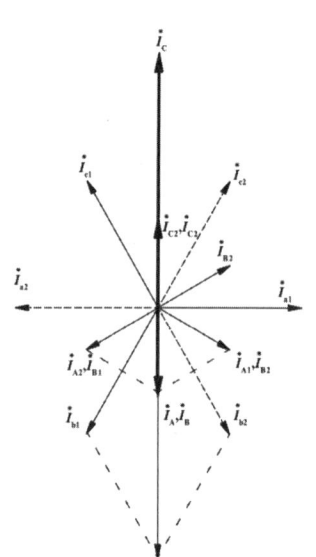

【2016 年下午题 16～21】 某 600MW 级燃煤发电机组，高压厂用电系统电压为 6kV，中性点不接地，其简化的厂用接线如下图所示，高压厂用变压器 B1 无载调压，容量为 31.5MVA，阻抗值为 10.5%。高压备用变压器 B2 有载调压，容量为 31.5MVA，阻抗值为 18%。正常运行工况下，6.3kV 工作段母线由 B1 供电，B0 热备用。D3、D4 为电动机，D3 额定参数为：P_3=5000kW，$\cos\varphi_3$=0.85，η_3=0.93，起动电流倍数 K_3=6 倍；D_4 额定参数为：P_4=8000kW，$\cos\varphi_4$=0.88，η_4=0.96，起动电流倍数 K_4=5 倍。假定母线上的其他负荷不含高压电动机并简化为一条馈线 L1，容量为 S_1；L2 为备用馈线，充电运行。TA 为工作电源进线回路电流互感器，TA0～TA4 为零序电流互感器。请分析计算并解答下列各题。

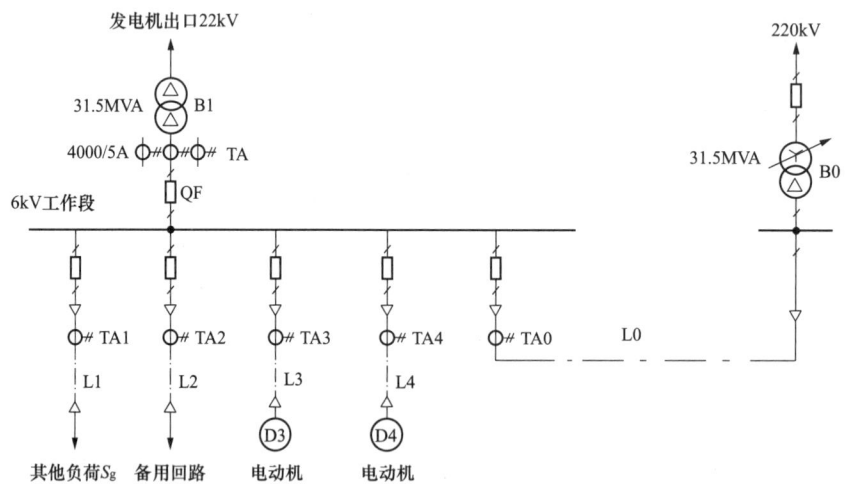

▶▶ 第 33 题 [非对称短路] 17. 已知零序电流互感器 TA0～TA4 的极性已经调整为一致，在正常运行工况下，当电缆 L3 的正中间发生单相接地故障时，请分析并确定下列零序电流互感器的电流方向表述中哪组是正确的？　　　　　　　　　　　　　　　　　　（　　）

（A）TA1、TA3、TA4 方向一致，TA0 方向相反

（B）TA0、TA1、TA3、TA4 方向一致

（C）TA1、TA4 方向一致、TA3 方向相反

（D）TA1、TA4 方向一致，TA0、TA3 方向相反

【答案及解答】 C

由新版一次手册第 122 页，零序网络一节描述"零序电压施加于短路点，各支路均并联于该点"可知，零序电流由接地点流向电源。

依题意，L3 为故障点，该点产生零序电压，零序电流由 L3 点流入系统。

显然 TA3 电流方向流向母线，而 TA1、TA4 流出母线，两者相反。

所以选 C。

【考点说明】

老版一次手册第 142 页。

【注释】

在短路电流计算中，首先是计算三相对称短路，此时三相电流大小相等，相位各差 120°，正是由于三相的电压和电流是完美对称的，所以只需分析一相的情况即可，计算相对比较简单。

但是，在发生非对称短路时，比如两相短路、接地短路等情况，各相流过的电流是不对称的，直接计算较为繁琐，因此，采用数学的方法，将这三相不对称的交流电分解成三组各自相互对称的交流电，即正序分量、负序分量和零序分量。正序和负序各相之间相差 120°，大小相等，但相序相反。零序三相相角差为零，各相大小相等（注意零序也是交流电，只不过方向一致而已）。

不对称的三相交流电以对称的正序分量为基础，用负序分量来补偿原本不对称的相间电流，用零序分量来补偿对地的电流，这样正序+负序+零序就可以合成实际的三相不对称电流。

所以只要不对称短路发生，就会同时产生正序、负序和零序电压，各电流能否流通看各序电路是否闭合。短路时正序电流作为基本短路电流是直接流通的，如果此时有相间不对称电流，就会同时产生负序电流，如果伴有接地电流，就会同时产生零序电流。

不同短路类型对应的电流流通情况见下表。

短路类型	流 通 电 流
三相对称短路	正序电流
两相短路	正序电流+负序电流
单相接地短路	正序电流+负序电流+零序电流
两相接地短路	正序电流+负序电流+零序电流

【2020 年上午题 11~13】 某火力发电厂设有两台 600MW 汽轮发电机组，均采用发电机变压器组接入厂内 220kV 配电装置。厂用电源由发电机出口引接，高压厂用变采用分裂变压器。厂内设高压起动备用变，其电源由厂内 220kV 引接。

发电机的额定出力为 600MW，额定电压为 20kV，额定功率因数 0.9，次暂态电抗 X_d'' 为 20%，负序电抗 X_2 为 21.8%，主变压器容量 670MVA，阻抗电压为 14%。

220kV 系统为无限大电源，若取基准容量为 100MVA，最大运行方式下系统正序阻抗标幺值

$X_{1\Sigma}$=0.0063，最小运行方式下系统正序阻抗标幺值 $X_{1\Sigma}$=0.007，系统负序阻抗标幺值 $X_{2\Sigma}$=0.0063，系统零序阻抗 $X_{0\Sigma}$=0.0056。请分析计算并解答下列各题。（短路电流计算采用实用计算法）

▶▶ **第 34 题 [非对称短路]** 11．请分别计算 220kV 母线在下列各种短路故障时由系统侧提供的短路故障电流，确定下列哪种短路故障时由系统侧提供的短路电流最大？（ ）

（A）三相短路故障　　　　　　　　（B）两相短路故障
（C）单相短路故障　　　　　　　　（D）两相接地短路故障

【答案及解答】 C

依题意，由新版一次手册第 108 页表 4-1、第 124 页表 4-17 中的公式可得：

三相短路：$I_{d_3} = \dfrac{1}{0.0063} \times 0.251 = 39.84\,(kA)$

单相短路：$I_{d_1} = \dfrac{3}{0.0063+0.0063+0.0056} \times 0.251 = 41.37\,(kA)$

两相短路：$I_{d_2} = \dfrac{\sqrt{3}}{0.0063+0.0063} \times 0.251 = 34.5\,(kA)$

两相接地短路：$I_{d_{22}} = \dfrac{\sqrt{3}\sqrt{1-\dfrac{0.0063\times 0.0056}{(0.0063+0.0056)^2}}}{0.0063+\dfrac{0.0063\times 0.0056}{0.0063+0.0056}} \times 0.251 = 40.66\,(kA)$

可知单相短路电流最大，所以选 C。

【考点说明】

（1）本题也可以直接计算标幺值比较，这样省去了乘基准值 0.251，在考场上可以节约时间。

（2）老版一次手册第 120 页表 4-1、第 144 页表 4-19。

【2022 年下午题 1～3】 某 220kV 变电站，与无限大电流系统连接并远离发电厂。计算简图如下，变电站安装两台电压比 220/110/10kV、额定容量 180MVA 的三绕组主变，220kV 侧及 110kV 侧均为双母线接线，母线并列运行；10kV 侧为单母线分段接线，分列运行。110kV 及 10kV 出线均为负荷线路。请分析计算并解答下列各题。（计算结果精确到小数点后 2 位）

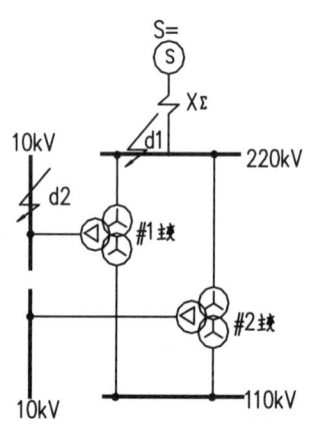

▶▶ **第 35 题 [无限大短路]** 1. 若取基准容量 S_j=100MVA，正序等值电抗标幺值 $X_{*j}=$，0.0051 零序等值电抗电抗标幺值 $X_{*零}=0.0098$，正序等值电抗与负序等值电抗相等，计算 d1 点短路单相接地短路电流周期分量有名值应为以下哪项数值？ （ ）

（A）49.22kA （B）37.65kA
（C）21.74kA （D）12.55kA

【答案及解答】B

由老版一次手册第 120 页表 4-1 式（4-6），第 143 页式（4-38）和式（4-42），设基准电流为 0.251kA

$$I'' = \frac{3 \times 0.251}{0.0051+0.0051+0.0098} = 37.65(kA)，选 B。$$

【2023 年下午题 4~6】某 220kV 变电站现有 2 台 150MVA 变压器，阻抗电压 12%，电压比 220kV/35kV，接线组别 YNd11；220kV 主接线采用双母接线，并列运行；35kV 主接线采用单母线分段接线，分段运行；35kV 出线均为辐射形负荷线路，35kV 每段母线最大三相短路电流 18kA，最小三相短路电流 10kA。基准容量取 100MVA，请分析计算并解答下列各题。

▶▶ **第 36 题 [非对称短路]** 4. 已知变电站 220kV 母线系统零序等值电抗是正序电抗的 2.8 倍，试求变电站 220kV 母线最大方式下两相接地短路电流是下列哪项数值？ （ ）

（A）4.8kA （B）32.4kA
（C）33.6kA （D）37.3kA

【答案及解答】C

由老版一次手册第 120~121 页第 4-2 节，第 141 页第 4-7 节内容可得

变压器阻抗 $X_{*T} = \frac{12\%}{100} \times \frac{100}{150} = 0.08$

220kV 母线处系统正负序阻抗 $X_{*S(1)} = X_{*S(2)} = \frac{1.56}{18} - 0.08 = 0.0067$

220kV 母线处系统零序阻抗 $X_{*S(0)} = 2.8 \times 0.0067 = 0.0188$

由老版一次手册第 142 页表 4-17，变压器零序阻抗 $X_{*T(0)} = X_{*T(1)} = 0.08$

短路点的总零序阻抗为 220kV 母线零序阻抗与 2 台变压器零序阻抗并联

$X_{*(0)} = X_{*S(0)} // X_{*T(0)} // X_{*T(0)} = 0.0188 // 0.08 // 0.08 = 0.0128$

又由该手册第 144 页式（4-40）、式（4-41）、式（4-42）、表 4-19 可得

$$I_{d(1,1)} = \sqrt{3} \times \sqrt{1 - \frac{X_{2\Sigma}X_{0\Sigma}}{(X_{2\Sigma}+X_{0\Sigma})^2}} \times \frac{I_j}{X_{1\Sigma}+\frac{X_{2\Sigma}X_{0\Sigma}}{X_{2\Sigma}+X_{0\Sigma}}}$$

$$= \sqrt{3} \times \sqrt{1-\frac{0.0067 \times 0.0128}{(0.0067+0.0128)^2}} \times \frac{0.251}{0.0067+\frac{0.0067 \times 0.0128}{0.0067+0.0128}} = 34.47(kA)$$

【考点说明】

本题的关键是零序阻抗是系统与两台变压器并联，不能只算系统零序阻抗，繁琐易错，

临考不建议解答此题。

考点7　高压厂用电系统短路电流计算

【2017年下午题9~13】　某2×350MW火力发电厂，高压厂用电采用6kV一级电压，每台机组设一台分列高压厂用变压器，两台机组设一台同容量的高压启动/备用变。每台机组设两段6kV工作母线，不设公用段。低压厂用电电压等级为400V/230V，采用中性点直接接地系统。

▶▶**第37题**[高厂短路]　9. 高厂变额定容量50/30–30MVA，额定电压20/6.3–6.3kV，半穿越阻抗17.5%，变压器阻抗制造误差±5%，两台机组四段6kV母线计及反馈的电动机额定功率之和分别为19430kW、21780kW、18025kW、18980kW，归算到高厂变高压侧的系统阻抗（含厂内所有发电机组）标幺值为0.035，基准容量S_j=100MVA。若高压启动/备用变带厂用电运行时，6kV短路电流水平低于高厂变带厂用电运行时的水平，K_{qD}取5.75，$\eta_D\cos\varphi_D$取0.8，则设计用厂用电源短路电流周期分量的起始有效值和电动机反馈电流周期分量的起始有效值分别为下列哪组数值？　　　　　　　　　　　　　　　　　　　　　　（　　）

（A）25.55kA，14.35kA　　　　　　　（B）24.94kA，15.06kA
（C）23.80kA，15.06kA　　　　　　　（D）23.80kA，14.35kA

【答案及解答】B
依据DL/T 5153—2014附录L，则

$$X_T = \frac{(1-5\%)U_{d\%}}{100}\cdot\frac{S_j}{S_{egB}} = \frac{(1-5\%)\times 17.5}{100}\times\frac{100}{50} = 0.3325$$

$$I_B'' = \frac{I_j}{X_X + X_T} = \frac{\frac{100}{\sqrt{3}\times 6.3}}{0.035 + 0.3325} = 24.94\ (\text{kA})$$

$$I_D'' = K_{qgD}\frac{P_{egD}}{\sqrt{3}U_{egD}\eta_D\cos\varphi_D}\times 10^{-3} = 5.75\times\frac{21780}{\sqrt{3}\times 6\times 0.8}\times 10^{-3} = 15.06\ (\text{kA})$$

应选B。

【考点说明】
考虑变压器短路阻抗的负误差时，应首先使用题目提供的实际负误差。如果题目未指明，才使用7.5%。本题若错用7.5%，电动机额定电压错用6.3kV，则会错选A。

【2010年下午题1~5】　某发电厂本期安装两台125MW机组，每台机组配一台400t/h锅炉，机组采用发电机—三绕组变压器单元接线接入厂内220kV和110kV升压站，220kV和110kV升压站均采用双母线接线。高压厂用工作变压器从主变压器低压侧引接，厂用电电压为6kV和380V。请回答下列问题：

▶▶**第38题**[高厂短路]　3. 假设选择了16000kVA的无励磁调压双绕组高压厂用工作变压器，其阻抗电压为10.5%，计及反馈的电动机额定功率之和为6846kW，请计算6.3kV母线的三相短路电流周期分量起始值是下列哪个值（设变压器高压侧系统阻抗为0，电动机平均反馈电流倍数取6）？　　　　　　　　　　　　　　　　　　　　　　　　　　　　（　　）

（A）20.47kA　　　　　　　　　　　　（B）19.48kA

(C) 18.9kA (D) 15.53kA

【答案及解答】 A

设 $S_j=100\text{MVA}$，$U_j=6.3\text{kV}$，则 $I_j=9.16\text{kA}$，

由 DL/T 5153—2014 附录 L 式（L.0.1-1）～式（L.0.1-6）计算如下：

厂用变压器电抗

$$X_T = (1-0.075)\frac{U_d\%}{100} \times \frac{S_j}{S_{eB}} = 0.925 \times \frac{10.5}{100} \times \frac{100}{16} = 0.607$$

依题意系统阻抗 $X_X = 0$，则

$$I_B = \frac{I_j}{X_X + X_T} = \frac{9.16}{0 + 0.607} = 15.09 \text{ (kA)}$$

又由该规范附录 L 参数说明 $\eta_D \cos\varphi_D$ 可取 0.8，则电动机反馈电流为

$$I_D = K_{qD}\frac{P_{qD}}{\sqrt{3}U_{eD}\eta_D\cos\varphi_D} = 6 \times \frac{6.846}{\sqrt{3}\times 6\times 0.8} = 4.94\text{(kA)}$$

短路电流周期分量起始有效值

$$I'' = I_B + I_D = 15.09 + 4.94 = 20.03 \text{ (kA)}$$

所以选 A。

【考点说明】

（1）本题 $X_T = (1-0.075)\frac{U_d\%}{100}\times\frac{S_j}{S_{eB}}$ 中的 0.075 如果取 0.1 可精确得到选项 A 的 20.47kA。

但不论是按照 DL/T 5153—2002 附录中式（M.4）条文说明，还是按 DL/T 5153—2014 附录 L 式（L.0.1-6）计算都应该使用 1−0.075=0.925，但该题用 0.925 计算显然不能精确得到选项的数值。本题是 2010 年的考题，应该是当时出题只按照 DL/T 5153—2002 附录中式（M.4）的 0.9 计算，并未考虑其条文说明导致的。在今后的应考中，应严格按照 DL/T 5153—2014 取值计算。

（2）标幺值的取值技巧：本题直接使用 DL/T 5153—2014 附录 L 公式说明中提示的参数，则 $I_j=9.16$ 可直接使用。题设不考虑系统阻抗，在此前提下，如果给了变压器额定电流，变压器额定电压一般也为 6.3kV，那么可直接设变压器容量为基准容量，基准电流就是其额定电流，则此时的短路电流有名值直接等于变压器阻抗百分数的倒数乘其额定电流，计算大大简化。

（3）DL/T 5153—2014 版中，X_T 的计算公式为附录 L 中的式（L.0.1-6），其给出的参数是（1−7.5%），公式说明是考虑变压器短路阻抗（大于 10%）时的负误差，小于 10%没说，那变压器短路阻抗小于 10%代多少呢？按照 GB 1094.1—2013《电力变压器 第 1 部分：总则》表 1 所列数据，当变压器短路阻抗大于等于 10%时，允许误差为±7.5%，变压器短路阻抗小于 10%时允许误差为±10%。用允许误差范围内的阻抗最小值可以得到最大的短路电流。所以在变压器阻抗小于等于 10%时乘系数（1−10%）（笔者注：DL/T 5153—2014 是"大于"10%，此时 10%只能归到小于等于 10%一类，其实按 GB 1094.1—2013 的要求，"大于等于 10%"和"小于 10%"的分法更符合要求）。

【2011年下午题26~30】 某新建电厂一期安装两台300MW机组，机组采用发电机—变压器组单元接线接入厂内220kV配电装置，220kV采用双母线接线，有两回负荷线和两回联络线。按照最终规划容量计算的220kV母线三相短路电流（起始周期分量有效值）为30kA，动稳定电流为81kA；高压厂用变压器为一台50/25-25MVA的分列变压器，半穿越电抗 U_d=16.5%，高压厂用母线电压6.3kV。请按各小题假设条件回答下列各题：

▶▶ 第39题 [高厂短路] 28．每台机6.3kV母线分为A、B两段，每段接有6kV电动机总容量为18MW，当母线发生三相短路时，其短路电流周期分量的起始值为下列哪项数值（设系统阻抗为0，K_{qd}取5.5）？ （　　）

(A) 27.76kA (B) 30.84kA
(C) 39.66kA (D) 42.74kA

【答案及解答】D

由 DL/T 5153—2014 附录 L 式（L.0.1-1）~式（L.0.1-6）计算如下：

变压器阻抗 $X_T = \dfrac{(1-0.075)U_d\%}{100} \times \dfrac{S_j}{S_{e.B}} = \dfrac{0.925 \times 16.5}{100} \times \dfrac{100}{50} = 0.305\,25$

依题意 $X_x = 0$，则 $I''_B = \dfrac{I_j}{X_x + X_T} = \dfrac{9.16}{0.305\,25} = 30\,(kA)$

又由该规范附录 L 参数说明 $\eta_D \cos\varphi_D$ 可取 0.8，则电动机反馈电流为

$$I''_D = K_{qD} \dfrac{P_{e.D}}{\sqrt{3}U_{e.D}\eta_D \cos\varphi_D} = 5.5 \times \dfrac{18}{\sqrt{3} \times 6 \times 0.8} = 11.91\,(kA)$$

总短路电流为 $I'' = I''_B + I''_D = 30 + 11.91 = 41.92\,(kA)$

所以选 D。

【考点说明】

若未加上电动机的反馈电流，则会错选 B。若变压器阻抗未考虑 10%的制造误差，则会错选 C。若以上两者均未考虑，则会错选 A。

【2012年下午题1~5】 某新建 2×300MW 燃煤发电厂，高压厂用电系统标称电压为6kV，其中性点为高电阻接地，每台机组设两台高压厂用无励磁调压双绕组变压器，容量为35MVA，阻抗值为10.5%，6.3kV 单母线接线，设 A 段、B 段，6kV 系统电缆选为 ZR-YJV22-6/6kV 三芯电缆，已知：

▶▶ 第40题 [高厂短路] 4．已知：厂用高压变压器高压侧系统容量为无穷大，接在 B 段的电动机负荷为21000kW，电动机平均反馈电流倍数取 6，$\eta\cos\varphi_D$ 取 0.8，求 B 段的短路电流最接近下列哪项值？ （　　）

(A) 15.15kA (B) 33.93kA
(C) 45.68kA (D) 49.09kA

【答案及解答】D

由 DL/T 5153—2014 附录 L 式（L.0.1-1）~式（L.0.1-6）计算如下：

变压器阻抗 $X_T = \dfrac{(1-7.5\%)U_d\%}{100} \times \dfrac{S_j}{S_{e.B}} = \dfrac{0.925 \times 10.5}{100} \times \dfrac{100}{35} = 0.2775$

依题意 $X_x=0$，则 $I''_B = \dfrac{I_j}{X_x+X_T} = \dfrac{9.16}{0.2775} = 33\text{(kA)}$

$$I''_D = K_{qD}\dfrac{P_{e.D}}{\sqrt{3}U_{e.D}\eta_D\cos\varphi_D} = 6\times\dfrac{21}{\sqrt{3}\times 6\times 0.8} = 15.16\text{ (kA)}$$

总短路电流 $I'' = I''_B + I''_D = 33 + 15.16 = 48.16\text{(kA)}$

所以选 D。

【考点说明】

本考题考试年份为 2012 年，用 DL/T 5153—2002 附录 M 作答，高厂变负误差用 0.9 可精确得到答案 D。今后考试严格按照 DL/T 5153—2014 附录 L 计算。

【2018 年下午题 8～10】 某电厂装有 2×1000MW 纯温火力发电机组，以发电机变压器组方式接入厂内 500kV 升压变电站，每台机组设一台高压厂用无励磁调压分列变压器，容量 80/47-47MVA，变比 27/10.5-10.5kV，半穿越阻抗设计值为 18%，其电源引自发电机出口与主变压器低压侧之间，设 10kVA、B 两段厂用母线。请分析计算并解答下列各小题。

▶▶ 第 41 题 [高厂短路] 10. 发电机厂高变分支引线的短路容量为 12705MVA，10kVA 及 B 段母线计及反馈的电动机额定功率分别为 35540kW 和 27940kW，电动机平均的反馈电流倍数为 6，请计算当 10kV 母线发生三相短路时，最大的短路电流周期分量的起始有效值接近下列哪项数值？ （　　）

(A) 36.9kA (B) 37.57kA

(C) 39kA (D) 40.86kA

【答案及解答】D

依据 DL/T 5153—2014 第 L.0.1 条，则

$$I''_B = \dfrac{I_j}{X_x+X_T} = \dfrac{\frac{100}{\sqrt{3}\times 10.5}}{\frac{100}{12705}+\frac{(1-7.5\%)\times 18}{100}\times\frac{100}{80}} = 25.46\text{ (kA)}$$

$$I''_D = K_{qD}\dfrac{P_{eD}}{\sqrt{3}U_{eD}\eta_D\cos\varphi_D}\times 10^{-3} = \dfrac{6\times 35540}{\sqrt{3}\times 10\times 0.8\times 1000} = 15.39\text{ (kA)}$$

$$I'' = I''_B + I''_D = 15.39 + 25.46 = 40.85\text{ (kA)}$$

所以选 D。

【2020 年上午题 11～13】 某火力发电厂设有两台 600MW 汽轮发电机组，均采用发电机变压器组接入厂内 220kV 配电装置。厂用电源由发电机出口引接，高压厂用变采用分裂变压器。厂内设高压起动备用变，其电源由厂内 220kV 引接。

发电机的额定出力为 600MW，额定电压为 20kV，额定功率因数 0.9，次暂态电抗 X''_d 为 20%，负序电抗 X_2 为 21.8%，主变压器容量 670MVA，阻抗电压为 14%。

220kV 系统为无限大电源，若取基准容量为 100MVA，最大运行方式下系统正序阻抗标幺值 $X_{1\Sigma}=0.0063$，最小运行方式下系统正序阻抗标幺值 $X_{1\Sigma}=0.007$，系统负序阻抗标幺值 $X_{2\Sigma}=0.0063$，系统零序阻抗 $X_{0\Sigma}=0.0056$。请分析计算并解答下列各题。（短路电流计算采用

实用计算法）

▶▶ **第 42 题 [高厂短路]** 12. 若高压厂用分裂变压器的容量为 50/28-28MVA，变比 20/6.3-6.3kV，半穿越电抗 16%、全穿越电抗 12%（以高压绕组容量为基准，制造误差±5%）。假定发电机出口短路时系统侧提供的三相交流短路容量为 3681MVA，发电机提供三相交流短路容量为 3621MVA，接于每段 6kV 母线的电负荷额定总功率 30000kW，每段参加反馈的 6kV 电动机的额定功率为 25000kW，电动机平均反馈电流倍数为 6，请计算 6kV 母线三相短路电流周期分量起始有效值应为下列哪项？ （　　）

(A) 37.85kA　　　　　　　　　　　(B) 46.87kA
(C) 48.1kA　　　　　　　　　　　　(D) 50.48kA

【答案及解答】 B

（1）依题意，6kV 厂用电母线侧短路，短路电流为：系统+发电机+6kV 电动机反馈；

（2）由 DL/T 50064—2014 附录 L，设：S_j=100MVA、U_j=6.3kV、I_j=9.16kA；

（3）阻抗归算：由新版一次手册第 108 页表 4-2 及相关公式可得：

系统阻抗标幺值 $x_{*S} = \dfrac{S_j}{S_d} = \dfrac{100}{3681+3621} = 0.0137$

变压器阻抗标幺值 $X_{*T} = \dfrac{16}{100} \times (1-5\%) \times \dfrac{100}{50} = 0.304$

（4）6kV 母线短路电流周期分量起始有效值为 $I_B'' = \dfrac{I_j}{\Sigma X_*} = \dfrac{9.16}{0.0137+0.304} = 28.83\text{(kA)}$

6kV 母线电动机反馈电流为 $I_D'' = 6 \times \dfrac{25}{\sqrt{3} \times 6 \times 0.8} = 18.04\text{(kA)}$

总短路电流为：28.83+18.04=46.87（kA）

所以选 B。

【考点说明】

（1）老版一次手册第 120 页表 4-1 及后续相关公式。

（2）此题属于高压厂用电系统短路电流计算，需要考虑高厂变的负误差，该考点虽然很多读者都知道，但不够熟悉，仍然在考场上频繁"掉坑"，应引起读者重视，不过本题 C 选项的坑点是按 10%负误差设置的，一般不会有人这样计算。

（3）本题发电机提供的短路电流已经以短路容量的形式直接给出，所以不必查表计算。

（4）电动机反馈电流的电源端是电动机，6kV 电动机处于配电末端，工作时电压接近 6kV，所以计算电动机反馈电流时电压应取 6kV，这点和短路电流计算使用的运行电压 6.3kV 不一致，读者应引起重视，否则计算时不能精确得到选项的答案，导致在考场上引起不必要的顾虑。

考点 8　低压厂用电系统短路电流计算

【2021 年下午题 10~12】 有一座燃煤热电厂，装机为 4 台 440t/h 超高压煤粉锅炉和 3 台 40MW 汽轮发电机组，4 台锅炉正常 3 台运行 1 台备用，全厂热力系统采用母管制，3 台 40MW 机组均采用发电机-变压器单元接线的方式接入厂内 110kV 母线。发电机出口电压为 10.5kV，高压厂用工作电源采用限流电抗器从主变低压侧引接。

请析计算并解答下列各小题：

▶▶ 第43题 [低厂短路] 12. 本工程设置互为备用的两台水工变压器，采用干式变压器，容量为1250kVA，短路阻抗 U_d=6%，水工 PC 为附近的生活污水处理站 MCC 供电，供电回路电缆规格 YJLV-1 3×70+1×35mm²，长度56m。MCC 为附近一排水泵电动机供电，供电回路电缆规格 YJV-1 3×10mm²，长度20m。请计算电动机接线端子处三相短路电流最接近下列哪个数值？ （ ）

(A) 1800A (B) 2200A
(C) 3000A (D) 5300A

【答案及解答】C

由 DL/T 5153—2014 附录 N、GB 50217—2018 附录 E.1 可得

$$L_c = L_1 + L_2 \frac{S_1 \rho_2}{S_2 \rho_1} = 56 + 20 \times \frac{70 \times 0.01724 \times 10^{-4}}{10 \times 0.02826 \times 10^{-4}} = 141.4(\text{m})$$

查图 N.1.5-4 可得 $I_d^{(3)} \approx 3000\text{A}$

【考点说明】

查图时注意：干式变、1250kVA、6%、三相短路、铝芯，曲线图很多，不要查错，要辨识电缆型号，无 L 是铜芯，有 L 的是铝芯，题设给的是铜芯电缆，需要统一折算到铝芯。

【2013年下午题9~13】 某 300MW 发电厂低压厂用变压器系统接线图如下：

已知条件如下：1250kVA 厂用变压器：U_d%=6%，额定电压为 6.3/0.4kV，额定电流比为 114.6/1804A，变压器励磁涌流不大于 5 倍额定电流；6.3kV 母线最大运行方式系统阻抗 X_s=0.444（以 100MVA 为基准容量），最小运行方式下系统阻抗 X_s=0.87（以 100MVA 为基准容量），ZK 为智能断路器（带反时限过流保护，电流速断保护）I_n=2500A。

400V PC 段最大电动机为凝结水泵，其额定功率为 90kW，额定电流 I=180A，启动电流倍数 10 倍，1ZK 为智能断路器（带反时限过流保护，电流速断保护）I_n=400A。

400V PC 段需要自启动的电动机最大启动电流之和为8000A，400V PC 段总负荷电流为 980A，可靠系数取 1.2。

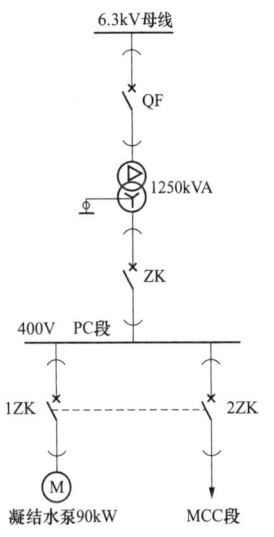

请按上述条件计算下列各题（保留两位小数，计算中采用短路电流实用计算，忽略馈线及元件的电阻对短路电流的影响。）

▶▶ 第44题 [低厂短路] 9. 计算 400V 母线三相短路时流过断路器的最大短路电流值应为下列哪项数值？ （ ）

(A) 1.91kA (B) 1.75kA
(C) 1.53kA (D) 1.42kA

【答案及解答】B

（1）依题意，400V 母线短路，总阻抗=系统阻抗+变压器阻抗。

(2) 由新版一次手册第 108 页表 4-1、表 4-2，设 S_j=100MVA、U_j=6.3kV、I_j=9.16kA。

(3) 阻抗归算：

变压器阻抗标幺值 $X_{*T} = \dfrac{6}{100} \times \dfrac{100}{1.25} = 4.8$

最大运行方式联系阻抗标幺值 X_{*s}=0.444

(4) 短路电流有效值

$$I = \dfrac{I_j}{\Sigma X_*} = \dfrac{9.16}{4.8+0.444} = 1.75 \text{ (kA)}$$

所以选 B。

【考点说明】

(1) 本题虽然是 400V 短路，但题目明确说明忽略电阻影响，所以此时用标幺值法计算更为方便。

(2) 400V 短路，求流过 QF 的短路电流，QF 是 6kV 电压等级，所以求出 400V 短路点的阻抗标幺值后应乘 QF 所在电压等级 6kV 的基准电流 9.16。千万不要乘 400V 的基准电流 144.34，不过幸好这样算没答案。

(3) 依据 DL/T 5153—2014 第 6.3.3-2 款内容"低压厂用变压器高压侧的电压在短路时可以认为不变"，其意思是 400V 短路时可以忽略系统阻抗。如果该题忽略系统阻抗计算为：

$I = \dfrac{I_j}{\Sigma X_*} = \dfrac{9.16}{4.8} = 1.91\text{(kA)}$，对应选项 A，但本题选 A 是错的。同时这是一道"继电保护连环题"，如果本题做错，后面的各相关小题将全部做错。

为什么选 A 是错的？现分析如下：DL/T 5153—2014 第 6.3.3-2 款没有条文说明，但与该款对应的老版本 DL/T 5153—2002 第 7.3.1-2 款条文说明是这样描述的："第 2 款规定低压系统短路时变压器高压侧电压可以认为不变。即高压侧电源为无穷大。这样可使计算简化，而产生的误差是使三相短路电流偏大，但至多不超过 3%。这对用于校验电器的动热稳定性是偏于安全的。"从这段话可以知道两点：①忽略系统阻抗是有误差的，会使结果偏大；②该误差使校验电器的动热稳定更安全。但本道大题是一道继电保护案例，计算短路电流的主要目的是计算定值，而不是校验电器的动热稳定。所以在计算定值用的短路电流时应尽量精确，并且题目已经非常明确地给出了"6.3kV 母线最大运行方式系统阻抗 X_s=0.444（以 100MVA 为基准容量），最小运行方式下系统阻抗 X_s=0.87（以 100MVA 为基准容量）"，这些都是为计算定值服务的（最大方式算定值最小方式校灵敏度），如果此时再忽略系统阻抗，选 A 必错。

【注释】

(1) PC 是发电厂主厂房锅炉汽机房中的动力中心，过去又称之为中央配电盘。它是厂用低压变压器从 6～10kV 高压降到 0.4/0.23kV 低压的主要配电中心。

(2) MCC 是 PC 下一级的电机控制中心，过去称为车间配电盘，配置于厂房内低压电动机比较集中的附近，电源从 PC 引出。

【2020 年下午题 16～19】 某供热电站安装 2 台 50MW 机组，低压公用厂用电系统采用中性点直接接地方式，设 1 台容量为 1250kVA 的低压公用干式变压器为低压公用段 380V 母

线供电，变压器变比为 10.5±2×2.5%/0.4kV，阻抗电压 6%，采用明备用方式。

▶▶ **第 45 题[低厂短路] 17.** 假设低压公用段母线上参与反馈的电动机容量为变压器容量的 60%，变压器高压侧按无穷大系统考虑，不考虑变压器阻抗负误差，且不考虑每相电阻的影响，则该段母线三相短路电流周期分量起始有效值最接近下列哪项数值？（　　）

　　（A）6.67kA　　　　　　　　　　　（B）28.57kA
　　（C）35.24kA　　　　　　　　　　　（D）36.74kA

【答案及解答】D

由 DL/T 5153—2014 附录 M 可得

$$X_\Sigma = \frac{10 \times U_x\% U_e^2}{S_e} \times 10^3 = \frac{10 \times 6 \times 0.4^2}{1250} \times 10^3 = 7.68(\text{m}\Omega)$$

$$I'' = I_B'' + I_D'' = \frac{U}{\sqrt{3} \cdot \sqrt{R_\Sigma^2 + X_\Sigma^2}} + 3.7 \times 10^{-3} I_{eB}$$

$$= \frac{400}{\sqrt{3} \times 7.68} + 3.7 \times 10^{-3} \times \frac{1250}{\sqrt{3} \times 0.4} = 36.75(\text{kA})$$

所以选 D。

【考点说明】

低压公用段母线上参与反馈的电动机容量为变压器容量的 60%，变压器高压侧按无穷大系统考虑，不考虑变压器阻抗负误差，这些条件就是规范上的假设条件。

【2011 年下午题 11～15】　某 125MW 火电机组低压厂用变压器回路从 6kV 厂用工作段母线引接，该母线短路电流周期分量起始值 28kA。低压厂用变压器为油浸自冷式三相变压器，参数为：S_e=1000kVA，U_e=6.3/0.4kV，阻抗电压 U_d=4.5%，接线组别 Dyn11，额定负载的短路损耗 P_d=10kW。QF1 为 6kV 真空断路器，开断时间为 60ms；QF2 为 0.4kV 空气断路器。该变压器高压侧至 6kV 开关柜用电缆连接；低压侧 0.4kV 至开关柜用硬导体连接，该段硬导体每相阻抗为 Z_m=（0.15+j0.4）mΩ；中性点直接接地。低压厂用变压器设主保护和后备保护，主保护动作时间为 20ms，后备保护动作时间为 300ms。低压厂用变压器回路接线及布置见下图，请解答下列各小题（计算题按最接近数值选项）：

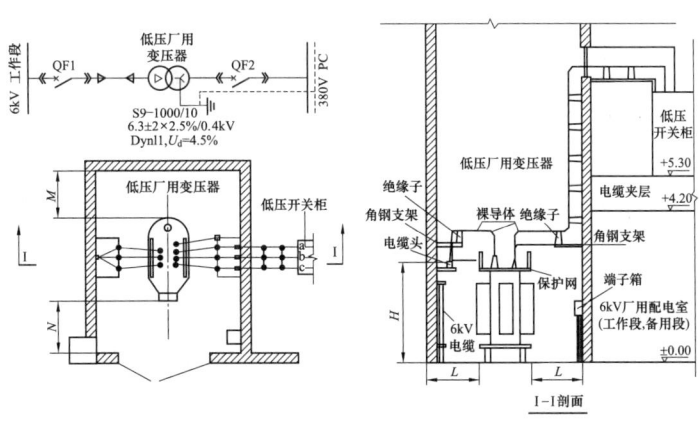

▶▶ **第 46 题 [低厂短路]** 11. 若 0.4kV 开关柜内的电阻忽略，计算空气断路器 QF2 的 PC 母线侧短路时，流过该断路器的三相短路电流周期分量起始有效值最接近下列哪项数值（变压器相关阻抗按照老版一次手册计算）？   （   ）

(A) 32.08kA   (B) 30.30kA
(C) 27.00kA   (D) 29.61kA

【答案及解答】 B

依题意，由老版一次手册第 151 页式（4-60）可得

变压器电阻电压百分值

$$U_b\% = \frac{10 \times 1000}{10 \times 1000} = 1$$

变压器电抗电压百分值

$$U_x\% = \sqrt{4.5^2 - 1^2} = 4.387$$

变压器电阻有名值

$$R_b = \frac{10000 \times 0.4^2}{1000^2} \times 10^3 = 1.6 \ (m\Omega)$$

变压器电抗有名值

$$X_D = \frac{10 \times 4.387 \times 0.4^2}{1000} \times 1000 = 7.02 \ (m\Omega)$$

由题设，电缆电抗 $Z_m=0.15+j0.4$，可得回路总电阻

$$R_\Sigma = 1.6+0.15=1.75(m\Omega)$$

回路总电抗

$$X_\Sigma = 7.02+0.4=7.42(m\Omega)$$

由老版一次手册第 152 页式（4-68）可得，三相短路周期分量起始有效值

$$I_B^{(3)''} = \frac{400}{\sqrt{3} \times \sqrt{1.75^2 + 7.42^2}} = 30.29 \ (kA)$$

所以选 B。

【考点说明】

（1）本题硬导体阻抗直接给出，如果没给，要根据老版一次手册第 151 页式（4-61）计算。

（2）系统阻抗一般忽略不计，题目给出明确要求计入时才考虑计入。可参考 DL/T 5153—2014 第 6.3.3-2 条规定"可认为高压侧电压不变"，注意这里是"可"。本题虽然给出了计算系统阻抗的参数"6kV 母线短路电流 28kA"，但本题如果计及系统阻抗计算短路电流的话，不能完全贴合答案。

【注释】

低压厂用电系统（400V）和高压厂用电系统（6kV）短路电流的计算是不同的：

（1）低压系统短路阻抗中电阻和电抗处于一个数量级，电阻对短路电流影响较大，不能

略去不计。

（2）规定低压系统短路时，变压器高压侧的电压在短路时可认为不变，即高压侧的电源容量为无限大，可简化计算。

（3）在动力中心（PC）的馈线回路短路时，应计及馈线回路的阻抗，但可不计及异步电动机的反馈电流，馈线回路阻抗一般即指电缆的阻抗（经电缆短路可直接查 DL/T 5153—2014 附录 N）。因低压异步电动机容量多在 200kW 以内，经馈线回路阻抗短路时，其反馈电流要明显减小，故可不计。

（4）低压系统元件电阻多以毫欧计，用有名值比较方便，故低压短路电流计算要按有名值计算。

【2019 年下午题 28～30】　某燃煤电厂设有正常照明和应急照明，照明网络电压均为 380/220V，请解答下列问题。

▶▶ 第 47 题［低厂短路］30．每台机组设一台干式照明变压器，照明变压器参数为：S_e=400kVA，6.3±2×2.5%/0.4kV，U_d=4%，Dyn11，变压器额定负载短路损耗 P_d=3.99kW，当在该变压器低压侧出口发生三相短路时，其三相短路电流周期分量的起始值是多少？（　　）

（A）14.00kA　　　　　　　　（B）14.43kA
（C）14.74kA　　　　　　　　（D）15.19kA

【答案及解答】B

由新版一次手册第 132 页式（4-64）可得

$$R_b = \frac{P_d U_e^2}{S_e^2} \times 10^3 = \frac{3990 \times 0.4^2}{400^2} \times 10^3 = 3.99 \,(\text{M}\Omega)$$

$$U_b\% = \frac{P_d}{10 S_e} = \frac{3990}{10 \times 400} = 0.9975$$

$$U_x\% = \sqrt{(U_d\%)^2 - (U_b\%)^2} = \sqrt{4^2 - 0.9975^2} = 3.87$$

$$I''_B = \frac{U_e}{\sqrt{3} \times \sqrt{R_b^2 + X_b^2}} = \frac{400}{\sqrt{3} \times \sqrt{3.99^2 + 15.48^2}} = 14.447 \,(\text{kA})$$

所以选 B。

【考点说明】

老版一次手册第 151 页式（4-60）。

【2022 年补考下午题 16～20】　某 220kV 变电站拟选用两台同容量的站用变压器，已知站用负荷分布见下表，请分析计算并解答下列问题。

序号	名　　称	额定容量（kW）
1	变压器强油风冷装置	30
2	变压器有载调压装置	5
3	配电装置动力电源	80
4	检修电源	50
5	充电装置	50

续表

序号	名　称	额定容量（kW）
6	UPS电源	15
7	通风机、事故通风机	20
8	通信电源	30
9	监控系统	40
10	变压器水喷雾装置	100
11	雨水泵	30
12	配装置加热	40
13	空调	40
14	户外照明	30
15	户内照明	30

▶▶ 第48题［低厂短路］17. 假如该变电站选用的所用变压器型号为SCB10-500/35，35±2×2.5%/0.4kV。已知折算到400V低压侧每相回路的总电阻为8mΩ，每相回路总电抗为24mΩ，请计算380V低压母线上的三相短路冲击电流值。　　　　　　　　　　（　　）

（A）9.13kA　　　　　　　　　　（B）12.4kA

（C）17.5kA　　　　　　　　　　（D）30.4kA

【答案及解答】C

由DL/T 5155—2016 式（C.0.1）及式（C.0.2）可得

$$I''=\frac{400}{\sqrt{3}\times\sqrt{8^2+24^2}}=9.13(\text{kA})，K_{ch}=1+e^{-\frac{0.01\times314}{24/8}}=1.35，i_{ch}=\sqrt{2}\times1.35\times9.13=17.45(\text{kA})$$

注：该题是变电站，根据DL/T 5155—2016 的站用电是不考虑反馈的。注意和火力发电厂的站用电考虑电动机反馈相区别。

考点9　短路电流动稳定电流（冲击电流）计算

【2021年上午题8~10】某220kV户外敞开式变电站，220kV配电装置采用双母线接线，设两台主变压器，连接于站内，220/10kV母线，容量为240/240/72MVA，变比为220kV/115kV/10.5kV，阻抗电压（以高压绕组容量为基准）为 $U_{IⅡ}$%=14，$U_{IⅢ}$%=35，$U_{ⅡⅢ}$%=20，连接组别YNyn0d11，220kV出线2回，母线的最大穿越功率为900MVA，110kV母线出线为负荷线。

220kV系统为无穷大系统，取 S_j=100MVA，U_j=230kV，最大运行方式下的系统正序阻抗标幺值为 X_{1*}=0.0065，负序阻抗标幺值 X_{2*}=0.0065，零序阻抗标幺值 X_{0*}=0.0058，请分析计算并解答下列各小题。

▶▶ 第49题［动稳定电流］10. 该变电站通过一回15km的110kV架空线路为某企业供电，如线路电抗为0.4Ω/km，请问该企业110kV侧断路器的动稳定电流应依据以下哪项数值选择？（仅考虑三相短路）　　　　　　　　　　　　　　　　　　　　（　　）

（A）6.22A　　　　　　　　　　（B）11.64A

（C）15.84A　　　　　　　　　　（D）27.39A

【答案及解答】C

（1）依题意，短路电流最大的运行方式为110kV侧并列运行，
短路阻抗为=系统阻抗+变压器阻抗110kV线路阻抗；

（2）由新版变电手册第52页表3-2，设$S_j=100$MVA，$U_j=115$kV，$X_j=132$，$I_j=0.502$。

（3）阻抗归算，由新版变电手册第61页表3-9中的公式可得：

系统正序阻抗=0.0065

变压器阻抗（按两台并联计算）=$\frac{1}{2} \times 0.14 \times \frac{100}{240} = 0.029$

线路阻抗=$\frac{0.4 \times 15}{132} = 0.045$

（4）短路电流有效值为：$I'' = \frac{1 \times 0.502}{0.0065 + 0.029 + 0.045} = 6.236$(kA)

（5）冲击电流为：$i_{ch} = 6.236 \times 1.8 \times \sqrt{2} = 15.87$(kA)

【考点说明】

老版一次手册第120页表4-1、第121页表4-2。

【2013年下午第19～22题】 某660MW汽轮发电机组，其电气接线如下图所示：图中发电机额定电压为$U_N=20$kV，最高运行电压$1.05U_N$，已知当发电机出口发生短路时，发电机至短路点的最大故障电流为114kA，系统至短路点的最大故障电流为102kA，发电机系统单相对地电容电流为6A，采用发电机中性点经单相变压器二次侧电阻接地的方式，其二次侧电压为220V，根据上述已知条件，回答下列问题：

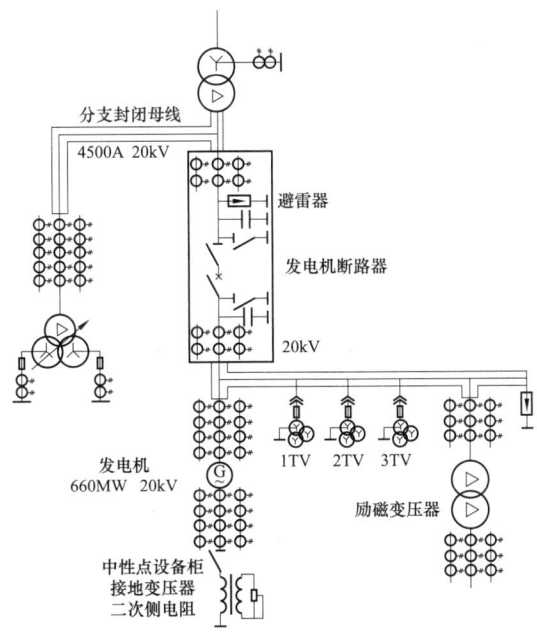

▶▶ 第50题［动稳定］22．计算上图中厂用变压器分支离相封闭母线应能承受的最小动

稳定电流为下列何值？ （　　）

(A) 410.40kA (B) 549.85kA
(C) 565.12kA (D) 580.39kA

【答案及解答】D

由 DL/T 5222—2021 附录 A 的式（A.4.1）及表 A.4.1 可得

$$i_{ch} = \sqrt{2}K_{ch}I'' = \sqrt{2} \times (114+102) \times 1.9 = 580.39 \text{ (kA)}$$

【考点说明】

（1）各选项分析。A 选项没有乘根号 2，错误；B 选项冲击系数取远离发电厂地点的 1.8，错误；C 选项冲击系数取高压厂用电系统的 1.85，错误。

（2）本题的关键点有两个，①短路电流是用两者中较大者还是两者之和；②冲击系数是统一用一个系数还是分别用两个系数，分别分析如下：

1）应按发电机和系统双侧短路电流之和计算。因为厂用变压器分支离相封闭母线如果运行中发生短路事故，发电机和系统将同时向短路点提供短路电流。

2）严格意义讲冲击系数应分别计算 $i_{ch} = \sqrt{2}K_{ch}I'' = \sqrt{2} \times (114 \times 1.9 + 102 \times 1.8) = 565.968 \text{ (kA)}$，只是本题没有配置选项，所以冲击系数按合并后的 1.9 计算。原因如下：

两个电源应该各用各的冲击系数分别计算然后求和。新版一次手册第 121 页式（4-34）（老版一次手册第 140 页式（4-32）冲击系数 $K_{ch} = 1 + e^{\frac{0.01\omega}{T_a}}$ 是考虑直流分量的衰减，同时忽略交流分量衰减。直流分量衰减的快慢由时间常数 $T_a = \frac{X_\Sigma}{R_\Sigma}$ 决定，也就是电源向短路点提供短路电流的过程中，其储能元件（电感）和耗能元件（电阻）的相对大小决定了直流分量衰减的快慢。很明显，储能元件电感越多，衰减得越慢，耗能元件电阻越多，衰减得越快，但这两种元件都必须存在于短路电流流过的回路里，短路电流没有流过的部分，就算有再大的电阻怎么去消耗直流分量呢？就算有再大的电感也不会维持短路电流，因为不在回路里。本题发电机电源和系统电源分别从不同的方向同时向短路点提供短路电流，它们除了在短路点汇合外，其余部分都是各走各的，所以两个短路电流直流分量衰减的快慢程度完全取决于各自回路里 $\frac{X_\Sigma}{R_\Sigma}$ 的值，即有各自的衰减时间常数 T_a，所以两个电源应各自用各自的冲击系数。所以本题发电机提供的短路电流 114 对应的回路冲击系数为发电机出口的 1.9，系统提供的短路电流 102 对应的回路冲击系数为远离发电厂的 1.8（该回路没有经过发电机，所以按远离发电厂系统考虑）计算结果为 $i_{ch} = \sqrt{2}K_{ch}I'' = \sqrt{2} \times (114 \times 1.9 + 102 \times 1.8) = 565.968 \text{ (kA)}$，虽然这是正确的做法，但没答案，所以本题只能合并计算选 D。

【2017 年下午题 9~13】 某 2×350MW 火力发电厂，高压厂用电采用 6kV 一级电压，每台机组设一台分列高压厂用变压器，两台机组设一台同容量的高压启动/备用变。每台机组设两段 6kV 工作母线，不设公用段。低压厂用电电压等级为 400V/230V，采用中性点直接接地系统。

▶▶ 第 51 题 [动稳定] 10. 假设该工程 6kV 母线三相短路时，厂用电源短路电流周期分量的起始有效值为：I''_B=24kA，电动机反馈电流周期分量的起始有效值为 I''_D=15kA，则 6kV 真空断路器额定短路开断电流和动稳定电流选用下列哪组数值最为经济合理？（　　）

(A) 25kA，63kA　　　　　　　(B) 40kA，100kA

(C) 40kA，105kA　　　　　　　(D) 50kA，125kA

【答案及解答】C

依据 DL/T 5153—2014 附录 L.0.1-1，分裂变冲击系数取 1.85，由附录 L 可得

$$I'' = I''_B + I''_D = 24 + 15 = 39 \text{ (kA)}$$

$$i_{ch} = \sqrt{2}(K_{ch \cdot B} I''_B + 1.1 K_{ch \cdot D} I''_D) = \sqrt{2} \times (1.85 \times 24 + 1.1 \times 1.7 \times 15) = 102.46 \text{ (kA)}$$

【考点说明】

若未考虑电动机的反馈电流，则会错选 A。D 虽然满足要求但不经济。

$$I'' = I''_B = 24 \text{kA}$$

$$i_{ch} = \sqrt{2} K_{ch \cdot B} I''_B = \sqrt{2} \times 1.85 \times 24 = 62.78 \text{ (kA)}$$

【2009 年上午题 11～15】　220kV 变电站，一期 2×180MVA 主变压器，远景 3×180MVA 主变压器。三相有载调压，三侧容量分别为 180MVA/180MVA/90MVA，YNynd11 接线。调压 230±8×1.25%kV/117kV/37kV，百分电抗 $X_{1\text{高-中}}$=14，$X_{1\text{高-低}}$=23，$X_{1\text{中-低}}$=8，要求一期建成后，任一台主变压器停役，另一台主变压器可保证承担负荷的 75%，220kV 正序电抗标幺值 0.0068（设 S_B=100MVA），110kV、35kV 侧无电源。

▶▶ 第 52 题［动稳定］13. 计算并选择 110kV 隔离开关动、热稳定电流最小可采用下列哪项数值？（仅考虑三相短路）　　　　　　　　　　　　　　　　　　（　　）

(A) 热稳定 25kA，动稳定 63kA　　　　(B) 热稳定 31.5kA，动稳定 80kA

(C) 热稳定 31.5kA，动稳定 100kA　　　(D) 热稳定 40kA，动稳定 100kA

【答案及解答】A

（1）依题意，流经 110kV 隔离开关最大可能的短路电流为三台主变压器并列运行，35kV 无电源，故可不考虑第三绕组阻抗。

（2）由新版变电手册第 52 页表 3-2，设 S_j=100MVA，U_j=115kV，I_j=0.502A。

（3）阻抗归算，又由该手册第 61 页表 3-9 公式可得：

变压器电抗标幺值 $X_{*12} = \dfrac{14}{100} \times \dfrac{100}{180} = 0.0778$

系统阻抗标幺值 $X_{*s} = 0.0068$

（4）热稳定电流为短路电流有效值

$$I_d = \frac{1}{\Sigma X_*} I_j = \frac{0.502}{0.0068 + \dfrac{0.0778}{3}} = 15.336 \text{ (kA)}$$

（5）据题意，本题为远离发电厂系统，再由该手册第 61 页表 3-7 可得 $\sqrt{2}K_{ch} = 2.55$，再由该手册第 60 页式（3-27）可得：

冲击电流 $i_{ch} = \sqrt{2} K_{ch} I'' = 2.55 \times 15.336 = 39.1 \text{(A)}$。

由以上计算结果可知，A 选项最符合题意。

【考点说明】

（1）本题坑点是应按远景方式计算可能存在的最大短路电流，即 3 台变压器全部并列考虑。

（2）老版一次手册第 120 页表 4-1、第 121 页表 4-2、第 141 页表 4-15、第 140 页式（4-32）。

【2022 年上午题 8～11】 某发电厂位于海拔 1000 米以下，安装 1 台 35MW 汽轮发电机组，该机组接线图如下图所示：

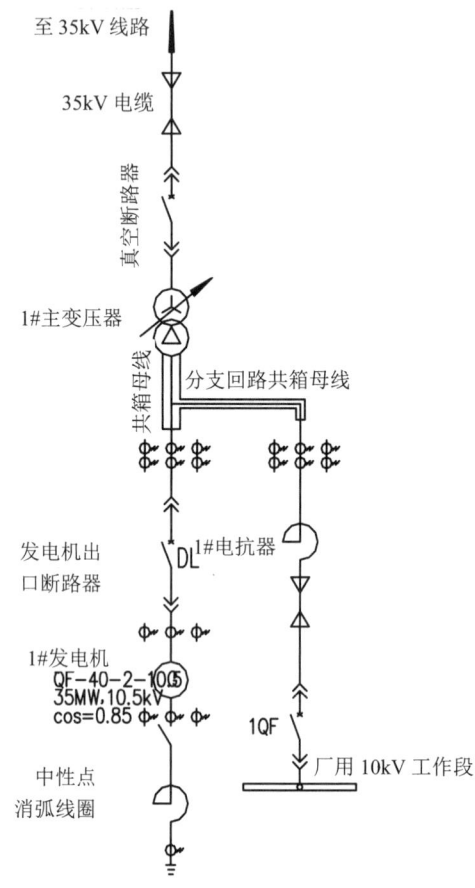

图中发电机出口电压为 10.5kV，发电机经主变压器升压至 35kV，接入电网。采用线路变压器组接线。发电机额定功率 35MW，额定功率因数 0.85，机组最大连续输出功率为 38.2MW，请分析并回答下列问题。

▶▶ **第 53 题［动稳定］11.** 已知发电机出口三相短路时发电机提供的短路电流周期分量起始有效值为 11.84kA，系统提供的短路电流周期分量起始有效值为 12.43kA。发电机 X/R = 70，系统侧 X/R = 25。不计周期分量衰减，根据以上 X/R 值计算发电机出线端短路时，发电机提供的冲击电流 i_{ch} 为下列哪项数值？　　　　　　　　　　（　　）

(A) 30.1kA　　　　　　　　　　(B) 31.81kA

(C) 32.75kA　　　　　　　　　　(D) 33.08kA

【答案及解答】 C

由老版一次手册第 141 页表 4-15 可得

发电机短路电流冲击系数 $K_{ch} = 1 + e^{-\frac{0.01\omega}{T_a}} = 1 + e^{-\frac{0.01 \times 314}{70}} = 1.956$

则发电机提供的冲击电流 $I_{ch} = \sqrt{2} K_{ch} I'' = \sqrt{2} \times 1.956 \times 11.84 = 32.75 (kA)$

选 C。

考点 10　短路电流热效应计算

【2019 年下午题 7~9】　某小型热电厂建设两机三炉，其中一台 35MW 的发电机经 45MVA 主变压器接至 110kV 母线。发电机出口设发电机断路器，此机组设 6kVA 段，B 段向其中两台炉的厂用负荷供电。两 6kV 段经一台电抗器接至主变压器低压侧，6kA 厂用 A 段计算容量为 10512kVA，B 段计算容量为 5570kVA，发电机、变压器，电抗器均装设差动保护，主变压器差动和电抗器差动保护电流互感器装设在电抗器电源侧断路器的电抗器侧，已知发电机主保护动作时间为 30ms，主变压器主保护动作时间 35ms，电抗器主保护动作时间为 35ms，电抗器后备保护动作 1.2s，电抗器主保护若经发电机、变压器保护出口需增加动作时间 10ms，断路器全分断时间 50ms，本机组的电气接线示意图、短路电流计算结果表如下。（按 GB/T 15544.1—2013 计算）

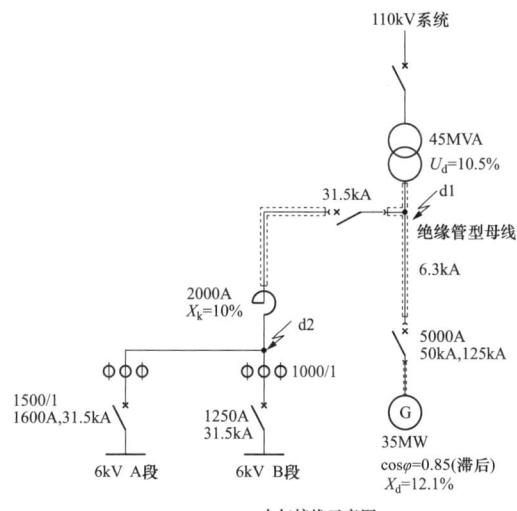

电气接线示意图

短路点编号	基准电压 U_j (kV)	基准电压 I_j (kA)	短路类型	分支线名称	短路电流（kA）		
					I''_k	I_k (0.07)	I_k (0.1)
1	6.3	9.165	三相短路	系统	38.961	38.961	38.961
				电抗器	6.899	5.856	5.200
				汽轮发电机	37.281	26.370	24.465
2	6.3	9.165	三相短路	系统	17.728	17.686	17.683
				电动机反馈电流	9.838	7.157	5.828

注　表中符号 I''_k 为对称短路电流初始值，I_k 为对称开断电流。

▶▶ 第54题 [热稳定] 8. 为校验 6kV 电抗器电源侧断路器与主变压器低压侧厂用电分支回路连接的管型线的动、热稳定，计算此处短路电流峰值和热效应分别为多少？（短路电流峰值计算系数 k 取 1.9，非周期分量的热效应系数 m 取 0.83，交流分量的热效应系数 n 取 0.97，按 GB/T 15544.1—3013 计算） （　　）

（A）204.86kA、889.36kA²s
（B）204.86kA、994.08kA²s
（C）223.40kA、1057.96kA²s
（D）223.40kA、14 932.08kA²s

【答案及解答】A

依题意，短路电流峰值计算系数 k 取 1.9，非周期分量热效应系数 m 取 0.83，交流分量热效应系数 n 取 0.97。

由 GB/T 15544.1—2013《三相交流系统短路电流计算 第 1 部分：电流计算》式（54）、式（102），短路电流取厂用分支回路"系统电流+发电机电流"与"电抗器反馈电流"中较大者，由 DL/T 5222—2021《导体和电器选择设计技术规定》第 3.0.1.5-1 款，对导体时间取主保护，可得

$$i_p = 1.9 \times \sqrt{2} \times (38.961 + 37.281) = 204.86 \text{ (kA)}$$

热效应为 $(38.961 + 37.281)^2 \times (0.83 + 0.97) \times (0.035 + 0.05) = 889.36 \text{ (kA}^2\text{s)}$。

所以选 A。

【考点说明】

本题计算中，短路电流的选取是重点。厂用分支线是一条汇流支路线路，应选用流过该支路的最大短路电流。厂用分支线短路有两个电流从不同方向流过导体，一个是系统和发电机的电流之和，从主变压器低压侧汇流点流向电抗器，其值为 38.961+37.281；另一个电流是电抗器反馈电流，从电抗器流向短路点，这两个电流方向相反，在选择导体时应和断路器一样，选择"流过开关"或"流过导体"的最大电流，而不是两个相反方向电流的叠加，否则会误选 C。

【2021 年下午题 22～24】　某 220kV 变电站，远离发电厂，安装 220kV/110kV/10kV、180kV 主变两台。220kV 侧为双母线接线，线路 L1、L2 为电源进线，另 2 回为负荷出线。110kV、10kV 侧为单母线分段接线，出线若干回，均为负荷出线。正常运行方式下，L1、L2 分别运行于不同母线，220kV 侧并列运行，110kV、10kV 侧分裂运行。

220kV 及 110kV 系统为有效接地系统。

电源 S1 最大运行方式下系统阻抗标幺值为 0.002，最小运行方式下系统阻抗标幺值为 0.006；电源 S2 最大允许方式系统阻抗标幺值为 0.003，最小运行方式下系统阻抗标幺值为 0.008；L1、L2 线路阻抗标幺值为 0.01。（系统基准容量为 S_j=100MVA，不计周期分量的衰减，简图如下：）

请分析计算并解答以下问题：

▶▶ 第55题 [热稳定] 24. 10kV 直馈线经较长电缆带低压变压器运行。此 10kV 电缆首端、电缆第一中间接头处、电缆末端的三相短路电流分别为 16kA、15.8kA、14.6kA。10kV 速断保护动作时间为 0.04s，10kV 过流保护动作时间为 0.5s，断路器开断时间 0.1s。请计算电缆的短路电流热效应 Q 值。（不计非周期分量） （　　）

（A）153.60A²s （B）149.78A²s
（C）127.90A²s （D）34.95A²s

【答案及解答】 D

依据 GB 50217—2018 第 3.6.8 条可知有中间接头时，短路点应取第一个接头处的短路电流，带低压变压器的直馈线短路电流持续时间应取：主保护时间+断路器开断时间；又由该规范附录 E 式（E.1.3-1）可得 $Q = I^2 t = 15.8^2 \times (0.04 + 0.1) = 34.95(kA^2 s)$。

【考点说明】

本题计算本身不复杂，但配置了两个坑点：①取主保护时间还是后备保护时间；②取哪个点的短路电流，而这两点正是电缆热效应计算有别于其他导体热效应计算的地方，读者应重点记忆。

【2014 年上午 1~5 题】 一座远离发电厂与无穷大系统连接的变电站，其电气主接线如下图所示。

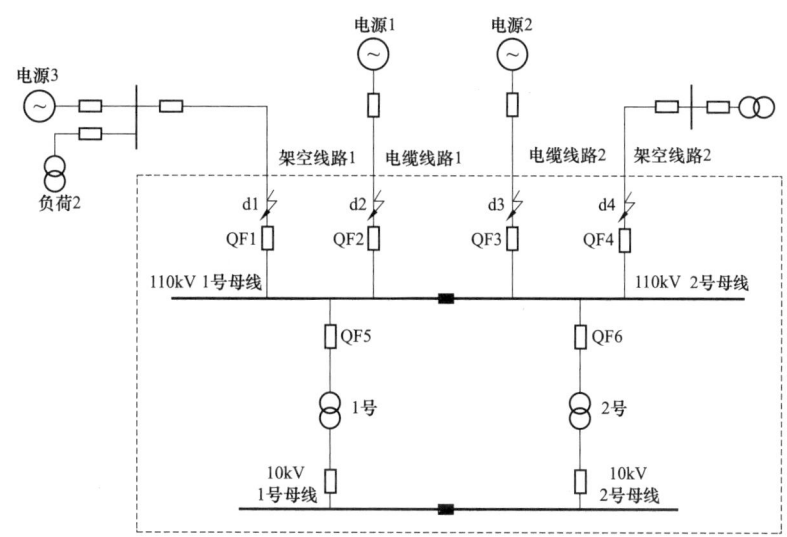

变电站位于海拔 2000m 之处，变电站设有两台 31 500kVA（有 1.3 倍过负荷能力），110kV/10kV 主变压器。正常运行时电源 3 与电源 1 在 110kV Ⅰ号母线并网运行，110kV、10kV 母线分列运行，当一段母线失去电源时，分段断路器投入运行。电源 3 向 d1 点提供的最大三相短路电流为 4kA，电源 1 向 d2 点提供的最大三相短路电流为 3kA，电源 2 向 d3 点提供的最大三相短路电流为 5kA。

110kV 电源线路主保护均为光纤纵差保护，保护动作时间为 0s。架空线路、电缆线路两侧的后备保护均为方向过电流保护，方向指向线路的动作时间为 2s，方向指向 110kV 母线的动作时间为 2.5s。主变压器配置的差动保护动作时间为 0.1s。高压侧过流保护动作时间为 1.5s。110kV 断路器全分闸时间为 50ms。

▶▶ **第 56 题［热稳定］** 1. 计算断路器 QF1 和 QF2 回路的短路电流热效应值应为下列哪组？ （　　）

（A）18、18kA²s （B）22.95、32kA²s
（C）40.8、32.8kA²s （D）40.8、22.95kA²s

【答案及解答】C

由新版一次手册第127页式（4-43）及DL/T 5222—2021第3.0.1.5-1款。

（1）QF1回路

母线侧故障时：$Q_{QF1} = I^2 t = 4^2 \times (2.5 + 0.05) = 40.8 \ (kA^2 s)$

线路侧故障时：$Q_{QF1} = I^2 t = 3^2 \times (2 + 0.05) = 18.45 \ (kA^2 s)$

两者取大值，则QF1短路电流热效应值为40.8kA²s。

（2）QF2回路

母线侧故障时：$Q_{QF2} = I^2 t = 3^2 \times (2.5 + 0.05) = 22.95 \ (kA^2 s)$

线路侧故障时：$Q_{QF2} = I^2 t = 4^2 \times (2 + 0.05) = 32.8 \ (kA^2 s)$

两者取大值，则QF1短路电流热效应值为32.8kA²s。

综上所述，所以选C。

【考点说明】

老版一次手册第147页式（4-45）。

▶▶ 第57题 [热稳定] 2. 如2号主变压器110kV断路器与110kV侧套管间采用独立TA，110kV侧套管与独立TA之间为软导线连接，计算该导线的短路电流热效应计算值应为下列哪项数值？　　　　　　　　　　　　　　　　　　　　　　（　　）

（A）7.35kA²s （B）9.6kA²s
（C）37.5kA²s （D）73.5kA²s

【答案及解答】A

由新版一次手册第127页式（4-43）$Q = I^2 t$可知，该段软导线在主变压器差动保护范围内，根据DL/T 5222—2021第3.0.15-1款可知，应采用主变压器差动保护动作时间。短路电流应采用最大运行方式的短路电流，即当失去电源2，110kV母线分段开关投入时的最大短路电流，也就是由电源1、电源3提供的短路电流。该段导线的短路电流热效应为

$$Q = I^2 t = (4 + 3)^2 \times (0.1 + 0.05) = 7.35 \ (kA^2 s)$$

所以选A。

【考点说明】

老版一次手册第147页式（4-45）。

【2016年下午题28～30】　某220kV变电站，主接线示意图见下图，安装220kV/110kV/10kV，180MVA（100%/100%/50%）主变压器两台，阻抗电压高—中13%，高—低23%，中—低8%；220kV侧为双母线接线，线路6回，其中线路L21、L22分别连接220kV电源S21、S22，另4回为负荷出线（每回带最大负荷180MVA），每台主变压器的负载率为65%。

110kV侧为双母线接线，线路10回，其中2回线路L11、L12分别连接110kV系统电源S11、S12，正常情况下为负荷出线，每回带最大负荷20MVA、其他出线均只作为负荷出线，每回带最大负荷20MVA，当220kV侧失电时，110kV电源S11、S12通过线路L11、L12向

110kV 母线供电，此时，限制 110kV 负荷不大于除了 L11、L12 线路外其他各负荷线路最大总负荷的 40%，且线路 L11、L12 均具备带上述总负荷的 40%的能力。

10kV 为单母线接线，不带负荷出线。

已知系统基准容量 S_j=100MVA，220kV 电源 S21 最大运行方式下系统阻抗标幺值为 0.006，最小运行方式下系统阻抗标幺值为 0.0065；220kV 电源 S22 最大运行方式下系统阻抗标幺值为 0.007，最小运行方式下系统阻抗标幺值为 0.0075；L21 线路阻抗标幺值为 0.01，L22 线路阻抗标幺值 0.011。

已知 110kV 电源 S11 最大运行方式下系统阻抗标幺值为 0.03，最小运行方式下系统阻抗标幺值为 0.035；110kV 电源 S12 最大运行方式下系统阻抗标幺值为 0.02，最小运行方式下系统阻抗标幺值为 0.025；L11 线路阻抗标幺值为 0.011，L12 线路阻抗标幺值 0.017。

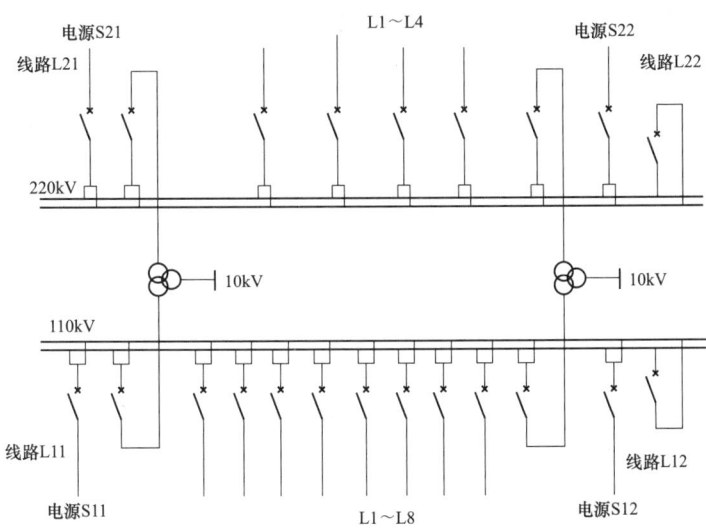

▶▶ **第 58 题 [热稳定] 30.** 已知 110kV 负荷出线后备保护为过流保护，保护动作时间为 1.5s，断路器全分闸时间取 0.08s，请计算并选择 110kV 负荷出线断路器的最大短路电流热效应计算值为多少？　　　　　　　　　　　　　　　　　　　　　　　　　　　　　（　）

（A）999.23kA²s　　　　　　　　（B）58.41kA²s

（C）1622.97kA²s　　　　　　　　（D）1052.53kA²s

【答案及解答】 D

（1）依题意，220kV 系统两个电源和 110kV 系统两个电源不会同时并列运行，110kV 母线短路，220kV 系统最大运行方式电源阻抗+主变压器阻抗将大于 110kV 系统最大运行方式电源阻抗，故运行方式按照 110kV 双电源运行，220kV 双电源退出，此为符合题意的最大短路电流工况。

（2）由新版一次手册第 108 页表 4-1，设 $S_j = 100\text{MVA}$，$U_j = 115\text{kV}$，$I_j = 0.502\text{kA}$。

（3）阻抗归算，依题意可得：

系统 S11 阻抗标幺值 $X_{*s11} = 0.03$

系统 S12 阻抗标幺值 $X_{*s11} = 0.02$

线路L11阻抗标幺值 $X_{*s11} = 0.011$

线路L12阻抗标幺值 $X_{*s12} = 0.017$

总阻抗标幺值 $\Sigma X_* = (0.03+0.011)/(0.02+0.017)$

$$= \frac{(0.03+0.011)\times(0.02+0.017)}{(0.03+0.011)+(0.02+0.017)}$$

$$= 0.01945$$

（4）短路电流有效值为

$$I'' = \frac{I_j}{\Sigma X_*} = \frac{0.502}{0.01945} = 25.81 \,(\text{kA})$$

（5）由 DL/T 5222—2021 第 3.0.15-1 款可得，短路电流热效应计算时间为 1.5+0.08=1.58 (s)，由新版一次手册第 221 页式（7-2），断路器最大短路热效应为

$$Q_d = I^2 t = 25.81^2 \times 1.58 = 1052.53 \,(\text{kA}^2\text{s})$$

所以选 D。

【考点说明】

（1）本题看似复杂，电压等级多、电源多、负荷多，但认真审题，找到正确的计算运行方式后，严格按照以上解题步骤进行，不仅思路清晰，还能提高解题速度。

（2）多电源系统的短路电流计算以往考查得并不多。对于无穷大多电源系统，可直接将电源按并联考虑即可。

（3）老版一次手册第 120 页表 4-1、第 233 页式（6-3）。

【2011 年下午题 26～30】 某新建电厂一期安装两台 300MW 机组，机组采用发电机—变压器组单元接线接入厂内 220kV 配电装置，220kV 采用双母线接线，有两回负荷线和两回联络线。按照最终规划容量计算的 220kV 母线三相短路电流（周期分量起始有效值）为 30kA，动稳定电流为 81kA；高压厂用变压器为一台 50/25-25MVA 的分裂变压器，半穿越电抗 U_d=16.5%，高压厂用母线电压为 6.3kV。请按各小题假设条件回答下列问题。

▶▶ 第 59 题 ［热稳定］26. 本工程选用了 220kV SF$_6$ 断路器，其热稳定电流为 40kA、3s，负荷线的短路持续时间为 2s，试计算此回路断路器承受的最大热效应是下列哪项值？（不考虑周期分量有效值电流衰减） （ ）

（A）1800kA^{2}s （B）1872kA^{2}s
（C）1890kA^{2}s （D）1980kA^{2}s

【答案及解答】C

由 DL/T 5222—2021 附录 A.6 可知，此回路断路器承受的最大热效应为

$$Q = Q_z + Q_f = 30^2 \times 2 + 30^2 \times 0.1 = 1890 \,(\text{kA}^2\text{s})$$

【考点说明】

（1）本题选项数值非常接近，应首先考虑最完整的计算方法，即按周期分量与非周期分量的和精确计算出答案，选 C，如果忽略非周期分量，则会错选 A。

（2）热效应公式 $Q_z = \dfrac{I''^2 + 10 I''^2_{zt/2} + I^2_{zt}}{12} t$ 是根据积分公式 $Q_t = \displaystyle\int_0^t i_{zt}^2 \mathrm{d}t$ 推导而来，其中 I''、

$I_{zt/2}$、I_{zt} 分别代表整个过程起点、中间和结束时刻的电流，严格意义上说，由于周期分量存在一定程度的衰减，所以 I'' 并不等于 I_{zt}，本题由于题目数据不全，只能近似认为这三个量相等进行计算。

（3）由 DL/T 5222—2021 表 A.6.3 可知，非周期分量等效时间取 0.1s，注意按表中相应条件取值。

【注释】

在负荷线断路器出口和在母线上短路的短路电流相同。需要注意的是，220kV 母线三相短路电流实际上有两部分来源，一部分来自系统，另一部分来自发电机，当校验发电机回路断路器的热效应时选两者中较大者。

【2020 年上午题 11～13】 某火力发电厂设有两台 600MW 汽轮发电机组，均采用发电机变压器组接入厂内 220kV 配电装置。厂用电源由发电机出口引接，高压厂用变采用分裂变压器。厂内设高压起动备用变，其电源由厂内 220kV 引接。

发电机的额定出力为 600MW，额定电压为 20kV，额定功率因数 0.9，次暂态电抗 X_d'' 为 20%，负序电抗 X_2 为 21.8%，主变压器容量 670MVA，阻抗电压为 14%。

220kV 系统为无限大电源，若取基准容量为 100MVA，最大运行方式下系统正序阻抗标幺值 $X_{1\Sigma}=0.0063$，最小运行方式下系统正序阻抗标幺值 $X_{1\Sigma}=0.007$，系统负序阻抗标幺值 $X_{2\Sigma}=0.0063$，系统零序阻抗 $X_{0\Sigma}=0.0056$。请分析计算并解答下列各题。（短路电流计算采用实用计算法）

▶▶ 第 60 题 [热稳定] 13. 若 220kV 起备变出线所配保护动作时间为 0.5s，断路器操作机构固有动作时间为 0.04s，全分闸时间为 0.07s。请问 220kV 起备变回路所配断路器的最大三相短路电流热效应计算值最接近以下哪项数值？（不考虑发电机提供短路电流交流分量的衰减） （ ）

（A）904kA²s
（B）1303 kA²s
（C）1446 kA²s
（D）1704 kA²s

【答案及解答】D

（1）依题意，220kV 配电系统短路，短路电流为系统+两台发电机。

（2）各部分短路电流计算：

1）计算发电机提供的短路电流

（a）设：$S_j = 600/0.9(\text{MVA})$、$U_j = 230\text{kV}$、$I_j = \dfrac{600/0.9}{\sqrt{3} \times 230} = 1.673(\text{kA})$；

（b）阻抗归算：依题意，发电机次暂态阻抗标幺值 X_d'' 为 20%。

变压器阻抗标幺值 $X_{*T} = \dfrac{14}{100} \times \dfrac{600/0.9}{670} = 0.139$

220kV 系统短路发电机至短路点阻抗标幺值为：0.2+0.139=0.339

（c）由新版一次手册第 116 页图 4-6 可得 220kV 系统短路发电机提供的短路电流周期分量起始有效值标幺值为 3.21；两台发电机提供的短路电流有效值为 2×3.21×1.673=10.74（kA）。

2）计算系统提供的短路电流

（a）由新版一次手册第 108 页表 4-1 可得：

设 S_j =100MVA、U_j =230kV，则 I_j = 0.25kA；

（b）阻抗归算：依题意系统最大运行方式正序阻抗标幺值为 0.0063。

（c）220kV 系统短路系统提供的短路电流周期分量起始有效值标幺值为

$$0.25/0.0063=39.68（kA）$$

（3）220kV 系统短路总短路电流为：10.74+39.68=50.42（kA）

（4）由 DL/T 5222—2021 第 3.0.15 条，新版一次手册第 127 页相关公式，考虑非周期分量，可得：

短路电流热效应为：$Q = 50.42^2 \times (0.07 + 0.5) + 50.42^2 \times 0.1$

$$= 50.42^2 \times (0.07 + 0.5 + 0.1) = 1703.25（kA^2 s）$$

所以选 D。

【考点说明】

（1）老版一次手册第 120 页表 4-1、第 129 页图 4-6、第 147 页相关公式。

（2）本题坑点之一为，全厂共两台机组同时接入 220kV 配电系统，此时 220kV 系统短路应计入两台同型号发电机提供的短路电流，要乘 2，否则会错选 B；不考虑发电机提供的短路电流会错选 A。

（3）本题"不考虑发电机提供短路电流交流分量的衰减"，并不是说发电机可以按无限大系统计算，而是指"可以用 0 时刻曲线值代替 0.07+0.5=0.57s 时刻的值"，同时需要注意，就算考虑发电机周期分量衰减，严格查曲线也要查 0.07+0.5=0.57s 时刻，而不能直接查 0.07+0.5+0.1=0.67s 时刻。

（4）断路器全分闸时间=断路器固有分闸时间+熄弧时间。只有电弧完全熄灭电流才彻底切断，所以计算热效应时应使用电流完全断开的全分闸时间 0.07s，更不能用 0.07+0.04，因为 0.07s 已经包含了 0.04s。

（5）计算热效应时，精确计算应考虑非周期分量，本题如果不考虑非周期分量会错选 C。

（6）本题直接给出了"所配保护动作时间为 0.5s"和 DL/T 5222—2021 第 3.0.15 条描述的主保护时间或后备保护时间无法准确对上，是题目为了降低难度，描述的比较简单，读者直接使用即可不必纠结。

【2022 年补考上午题 1~4】 已知某发电厂 2 台 300MW 机组经两台升压变压器与 220kV 系统相连，220kV 配电装置为双母线接线，有 2 回主变进线，2 回 220kV 出线，1 回启/备变进线。每台机组设有一台高压厂用工作变压器，两台机组设一台高压厂用启动/备用变压器。主接线如下图所示，请分析计算并解答下列问题。

▶▶ 第 61 题 [热稳定] 2. 图中当 220kV 母线发生三相短路时，短路电流周期分量起始有效值为 35kA，短路持续时间为 2s，220kV 选用 SF_6 断路器，其 3s 热稳定电流为 40kA，此时，在不考虑周期分量衰减的情况下，该断路器需承受的热效应为下列哪项数值？　　　　（　　）

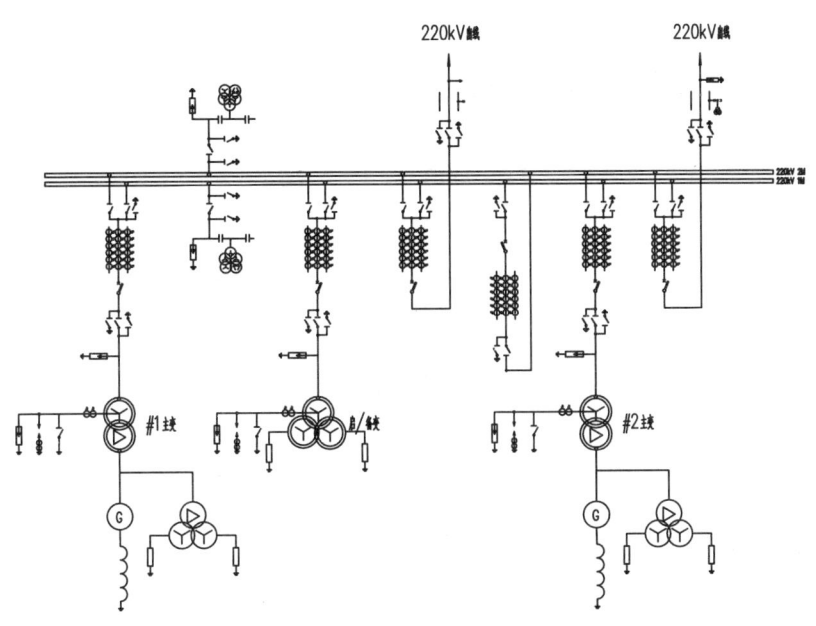

（A）1470kA^2·s 　　　　　　（B）2572.5kA^2·s
（C）3675kA^2·s 　　　　　　（D）3920kA^2·s

【答案及解答】B

依据 DL/T 5222—2021 附录 A 式（A.6.1）、（A.6.2）、（A.6.3）表 A.6.3 可得非周期分量等效时间为 0.1s，则 $Q = I''^2(t+T) = 35^2 \times (2+0.1) = 2572.5$ （kA^2·s），选 B。

第4章 导体与电器选择

4.1 概　　述

4.1.1 主要涉及规范

《电力工程设计手册　火力发电厂电气一次设计》★★★★★（简称新版一次手册）
《电力工程设计手册　变电站设计》★★★★★（简称新版变电手册）
《导体和电器选择设计技术规定》（DL/T 5222—2021）★★★★★
《高压配电装置设计技术规程》（DL/T 5352—2018）★★★★★
《交流电气装置的接地设计规范》（GB/T 50065—2011）★★★★
《并联电容器装置设计规范》（GB 50227—2017）★★★★
《电力工程电缆设计规范》（GB 50217—2018）★★★★
《火力发电厂厂用电设计技术规定》（DL/T 5153—2014）★★★★
《发电厂和变电站照明设计技术规定》（DL/T 5390—2014）★★★
《220kV～750kV 变电站设计技术规程》（DL/T 5218—2012）★★
《35kV～110kV 变电站设计规范》（GB 50059—2011）★★
《大中型火力发电厂设计规范》（GB 50660—2011）★★
《电力变压器选用导则》（GB/T 17468—2019）★
《35kV～220kV 城市地下变电站设计规程》（DL/T 5216—2017）★
《电流互感器和电压互感器选择及计算规程》（DL/T 866—2015）★
参考：《电力工程电气设计手册　电气一次部分》（简称老版一次手册）

4.1.2 真题考点分布（总计 159 题）

4.1.2.1 导体选择

1. 整体原则

考点 1　回路工作电流计算（共 5 题）：第 1～5 题

2. 经济电流密度

考点 2　经济电流密度（共 5 题）：第 6～10 题

3. 裸导体选择

考点 3　裸导体载流量截面选择（共 14 题）：第 11～24 题
考点 4　裸导体热稳定截面选择（共 5 题）：第 25～29 题
考点 5　裸导体临界电晕电压计算（共 1 题）：第 30 题

4. 电缆选择

考点 6　电缆载流量计算（共 2 题）：第 31、32 题
考点 7　电缆截面选择（共 15 题）：第 33～47 题

考点 8　电缆绝缘选择（共 1 题）：第 48 题

考点 9　电缆护层感应电压（共 4 题）：第 49～52 题

考点 10　电缆电压损失（共 1 题）：第 53 题

考点 11　电缆敷设方式（共 1 题）：第 54 题

考点 12　电缆沟净宽（共 1 题）：第 55 题

4.1.2.2　设备选择

1. 整体原则

考点 13　设备容量海拔修正（共 2 题）：第 56、57 题

2. 变压器选择

考点 14　单相变压器额定电流计算（共 1 题）：第 58 题

考点 15　变压器回路负荷计算（共 2 题）：第 59、60 题

考点 16　变电站主变容量计算（共 3 题）：第 61～63 题

考点 17　发电厂主变容量计算（共 7 题）：第 64～70 题

考点 18　变压器分接头选择（共 3 题）：第 71～73 题

考点 19　变压器并联（共 3 题）：第 74～76 题

3. 断路器选择

考点 20　断路器持续工作电流与额定电流计算（共 5 题）：第 77～81 题

考点 21　断路器额定开断电流选择（共 5 题）：第 82～86 题

考点 22　断路器峰值耐受电流选择（共 1 题）：第 87 题

考点 23　断路器直流分断能力（共 7 题）：第 88～94 题

4. 隔离开关选择

考点 24　隔离开关选择（共 3 题）：第 95～97 题

考点 25　负荷开关选择（共 1 题）：第 98 题

5. 熔断器选择

考点 26　熔断器选择（共 2 题）：第 99、100 题

6. 限流电抗器选择

考点 27　限流电抗器电流、阻抗选择（共 8 题）：第 101～108 题

7. TA 选择

考点 28　TA 一次电流选择（共 2 题）：第 109、110 题

考点 29　TA 热稳定电流选择（共 3 题）：第 111～113 题

考点 30　TA 动稳定电流选择（共 4 题）：第 114～117 题

8. TV 选择

考点 31　TV 变比选择（共 1 题）：第 118 题

4.1.2.3　导体与设备力学计算

考点 32　裸导体短路电动力计算（共 4 题）：第 119～122 题

考点 33　支柱绝缘子短路电动力计算（共 2 题）：第 123、124 题

考点 34　支柱绝缘子最大允许跨距计算（共 2 题）：第 125、126 题

考点 35　电缆支架最大允许间距计算（共 1 题）：第 127 题

考点 36　裸导体应力计算（共 5 题）：第 128～132 题
考点 37　导线张力计算（共 1 题）：第 133 题
考点 38　导体与绝缘子荷载计算（共 6 题）：第 134～139 题
考点 39　导线与绝缘子的安全系数（共 2 题）：第 140、141 题
考点 40　母线挠度计算（共 1 题）：第 142 题
考点 41　管型导体微风振动（共 2 题）：第 143、144 题
考点 42　状态方程（共 1 题）：第 145 题

4.1.2.4　照明

考点 43　照明回路负荷及工作电流计算（共 4 题）：第 146～149 题
考点 44　照明电缆截面选择（共 1 题）：第 150 题
考点 45　照明电缆最大允许长度（共 1 题）：第 151 题
考点 46　照明变压器容量选择（共 1 题）：第 152 题
考点 47　光通量（共 1 题）：第 153 题
考点 48　照度（共 1 题）：第 154 题
考点 49　灯具数量计算（共 2 题）：第 155、156 题
考点 50　水电主变选择（共 1 题）：第 157 题
考点 51　水电发电机定子铁芯内径（共 1 题）：第 158 题
考点 52　水电厂用负荷计算（共 1 题）：第 159 题

4.1.3　考点内容简要

导体与设备选择，是注册电气工程师发输变电专业考试的重点，每年都有涉及，两者间很多理论都是相通的，考生可以把这两部分放在一起学习。导体和设备选择都是在主接线、短路电流计算的基础上进行的，具有一定的综合性，同时这几部分是一条完整的知识链，其考查内容加起来可占到全部内容的 1/3 左右。

1. 导体选择

导体选择在历年考题中主要分为导体截面选择、动热稳定校验、力学计算、电缆选择四大类。其实电缆也属于导体的一种，但相对于其他导体具有较大的特殊性，并且单独使用 GB 50217—2018，所以单独列出。

导体截面选择中最基础的是回路电流计算，并且这也是设备选择的基础，所以必须重点掌握。考生在学习该方法时要熟记各种特殊回路的修正，同时应理解其本质，不要死套公式，尤其是在回路容量 S 的计算上，可以非常灵活地出题，学习时应结合主接线部分内容。

在回路电流计算的基础上，选择导体截面的方法有经济电流法、最大载流量法和热稳定校验法。经济电流密度法主要从投资与运行经济性出发，选择角度和后两种方法不同，所以选择的截面也偏大，往往不必进行太多的校验。最大载流量法和热稳定校验法是从导体正常运行和事故状态下的安全性出发，所以选择的截面是最小允许截面，并且需要进行多项修正。具体使用哪种方法应根据题意来确定。

经济电流密度法基本属于送分题，也是导体选择入门考点，必须完全掌握。最大载流量

法选择导体，其计算量不大，但细节多，各种修正稍不注意就会掉坑，并且在"回路最大持续工作电流"的计算上可以出很多花样。这类题目因为计算量不大，出不到太难的题目，其坑点主要在一些思维技巧和工程经验上。所以这类题也是必须认真学习完全掌握的。

动热稳定校验的难度其实主要在冲击电流和热效应的计算上，该考点作为导体和设备选择的一个重要知识点，在历年案例中经常出现，考生可结合短路电流计算一起学习掌握。

导体的力学计算，具有一定的跨专业性质。其出题难度可以非常大，甚至可以超过线路压轴题；但也可以很简单。考生在复习时，应把时间多放在基本的力学计算原则和基本的受力公式上。对于太专业或计算量大的知识点，比如状态方程，适当结合几道题目训练了解方法即可。

电缆的选择与导体选择大体类似，但由于其类型多，细节多，考生在复习时也要多留意其与导体选择的不同点，比如：铜铝转换、敷设方式修正、土壤热阻系数及其基准值、不同敷设方式、不同绝缘类型、电缆的载流量表格及其环境基准值、压降校验、不同长度电缆热稳定短路电流选取点、热效应保护时间取值等。

2. 设备选择

设备选择和导体选择类似，都是具有一定综合性的重点考查内容，但也有不同之处，需要对比学习。设备选择学习以 DL/T 5222—2021 为主，同时结合老版一次手册第 6 章一起学习，相关内容在各个专业规范之中也有零星规定，可参阅对比和补充，其高频考点如下，应重点掌握：

（1）变压器容量选择：和导体不同，变压器具有一定的过负荷能力，可参考老版一次手册第 215 页相关内容。这直接影响到变压器的容量选择、厂用电负荷统计等因素。该考点虽然计算量不大（厂用电负荷统计除外），但却很灵活。并且发电厂变压器和变电站变压器选择策略也不一样，有些地方手册和规范的规定出入较大。在学习时，应重点学习规范内容，适当参考新版一次手册，不一致的地方务必以规范内容为准。可将变电站类规范，如 GB 50059—2011、DL/T 5218—2012、DL/T 5216—2017 结合在一起，将发电厂类规范，如 GB 50660—2011、GB 50049—2011、DL/T 5153—2014 结合在一起按类别学习，掌握变压器容量选择的策略和思路，不能死记数字。因为考题非常灵活，只有把握原则方可以不变应万变。

（2）断路器选择：断路器额定电流选择是建立在回路电流计算的基础上的，本身难度不大。难点和重点是动、热稳定的相关内容，比如额定关合电流、短时耐受电流、直流分断能力等，这些都需要有一定的短路电流计算基础。

（3）限流电抗器选择。限流电抗器参数选择一般结合短路电流计算考查，难度不大，只需要掌握电抗器型号表示的内容后，用参数直接代公式计算即可。

（4）TA 选择：常结合继电保护类题目考查，但也有单独考查 TA 力学计算、动热稳定等内容的情况，属于稍有难度的考题。学习时以新版一次手册第 6 章第 6-5 节，新版一次手册第 20-5 节以及 DL/T 866—2015 为主，其中 DL/T 866—2015 属于较难的专业规范，对其暂态性能计算可根据自身情况做适当取舍。

关于电气设备容量环境修正的考查很少，需要注意和导体环境修正的不同之处。电气设备的环境修正主要依据 DL/T 5222—2005 第 5.0.3 条、DL/T 5153—2014 第 5.2.4 条、DL/T 5155—2016 第 6.3.1 条等，同时参考老版一次手册第 233 页相关内容。

3. 导体与设备力学计算

导体设备的力学计算与高压输电线路的力学计算类似，只是公式依据不同。单独从设备选择来看属于难题，但如果有线路力学计算基础，此类题目还是可以掌握的，读者在学习时注意比较运用，提高效率。

4. 照明

照明一般是供配电专业的重点，之前发输变电专业很少涉及，但近几年发输变电案例照明的考查明显增加，几乎每年都会有相关内容，其主要依据为 DL/T 5390—2014。同时这也是发输变电案例这几年的趋势之—：试卷配置题目所涉及的考点范围越来越广，比如电缆的考查也明显增加，这给复习备考增加了难度，读者在复习备考时应注意全面掌握，不要有明显的弱点。

4.2 历年真题详解

4.2.1 导体选择

4.2.1.1 整体原则

考点 1 回路工作电流计算

【2009 年上午题 1~5】 110kV 有效接地系统中的某一变电站有110kV/35kV/10kV，31.5MVA 主变压器 2 台，110kV 进线 2 回、35kV 出线 5 回、10kV 出线 10 回，主变压器联结组别为 YNyn0d11。

▶▶第 1 题 ［回路工作电流计算］3. 假如变电站 110kV 侧采用外桥接线，有 20MVA 穿越功率，请计算桥回路持续工作电流为   （ ）

（A）165.3A　　　　　　　　　（B）270.3A
（C）330.6A　　　　　　　　　（D）435.6A

【答案及解答】B

由新版变电手册第 76 页表 4-3 可知：桥回路持续工作电流 = 最大负荷元件电流+穿越功率电流。

依题意可得

$$I = \frac{31.5 + 20}{\sqrt{3} \times 110} \times 1000 = 270.3 \text{（A）}$$

【考点说明】

（1）注意此处是桥回路不是变压器回路，所以在计算变压器的负荷电流时不用考虑 1.05 系数。

（2）老版一次手册第 232 页表 6-3。

【注释】

（1）按照新版变电手册第 76 页表 4-3 的规定（新版一次手册第 220 页表 7-3），桥回路持续工作电流=最大元件负荷电流+穿越电流。其中最大元件负荷电流应综合考虑整个系统的运行方式、负荷性质、变压器负荷率、变压器低压侧备自投可能通过该回路的最大电流，外桥合环，两台主变压器运行这种运行方式来进行最大变压器额定电流计算（不按照变压器回路电流再乘 1.05 倍，主要是穿越功率已经考虑了裕量，变压器就没必要再考虑裕量了）。不考虑主变压器过负荷，桥回路持续工作电流=变压器额定电流+穿越电流。

（2）穿越功率。穿越功率包括变电站穿越功率和母线穿越功率。

1）变电站穿越功率。从线路流入变电站后，经过变电站高压配电装置和另一条同电压等级的线路流出，未流经变压器的功率。它是电网中同一电压等级两条线路通过变电站高压配电装置（如母线或桥断路器）进行的功率交换。形象地说，就是路过变电站的功率。如下图所示。

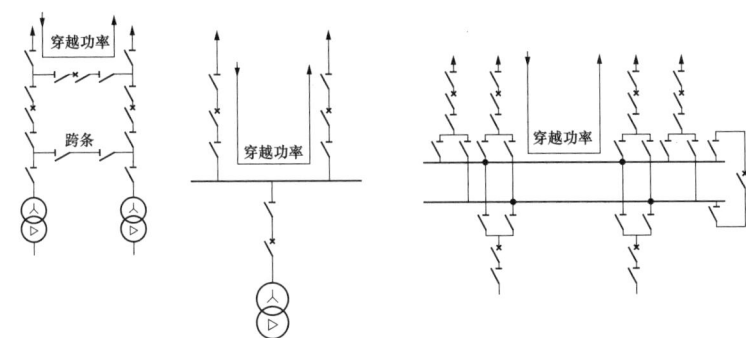

2）母线最大穿越功率。从母线一端流至另一端的功率，即各种工况下从母线上流过的最大功率，直接用该值选择母线即可。

【2012年上午题1~5】 某一般性质的220kV变电站，电压等级为220kV/110kV/10kV，两台相同的主变压器，容量为240MVA/240MVA/120MVA，短路阻抗$U_{k12}\%=14$，$U_{k13}\%=25$，$U_{k23}\%=8$，两台主变压器同时运行的负载率为65%，220kV架空线路进线2回，110kV架空负荷出线8回，10kV电缆负荷出线12回，设两段，每段母线出线6回，每回电缆平均长度为6km，电容电流为2A/km，220kV母线穿越功率为200MVA，220kV母线短路容量为16000MVA，主变压器10kV出口设XKK-10-2000-10限流电抗器1台。请回答下列问题（XK表示限流电抗器，K表示空芯，额定电压10kV，额定电流2000A，电抗率10%）。

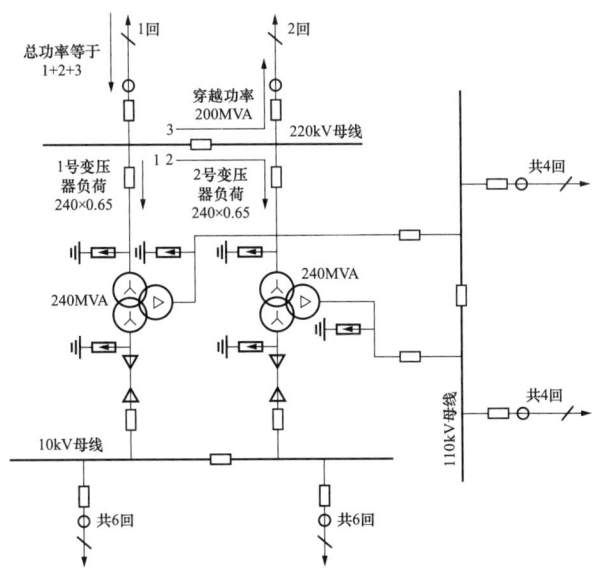

▶▶第2题［回路工作电流计算］2. 请计算该变电站最大运行方式时，220kV 进线的额定电流为下列哪项数值？ （ ）

（A）1785A   （B）1344A
（C）819A   （D）630A

【答案及解答】B

依题意可知，220kV 进线最大运行方式为两台主变压器均带 65%负载且有 200MVA 穿越功率，其额定电流为

$$I_e \geqslant I_g = \frac{S}{\sqrt{3}U_e} = \frac{2 \times 240 \times 0.65 + 200}{\sqrt{3} \times 220} \times 1000 = 1344 \text{ (A)}$$

【考点说明】

（1）各选项分析：A 选项为两台总变压器额定功率+穿越功率；B 选项为两台变压器负荷功率+穿越功率；C 选项为两台变压器负荷功率；D 选项为一台变压器额定功率。

（2）母线穿越功率不经过变压器。

【2016 年下午题 1~4】　某大用户拟建一座 220kV 变电站，电压等级为 220kV/110kV/10kV，220kV 电源进线 2 回，负荷出线 4 回，双母线接线，正常运行方式为并列运行，主接线及间隔排列示意图如下图所示，110kV、10kV 均为单母线分段接线，正常运行方式为分列运行。主变压器容量为 2×150MVA，150MVA/150MVA/75MVA，U_{K12}=14%，U_{K13}=23%，U_{K23}=7%，空载电流 I_0=0.3%，两台主变压器正常运行时的负载率为 65%，220kV 出线所带最大负荷分别是 L_1=150MVA，L_2= 150MVA，L_3=100MVA，L_4=150MVA，220kV 母线的最大三相短路电流为 30kA，最小三相短路电流为 18kA。请回答下列问题。

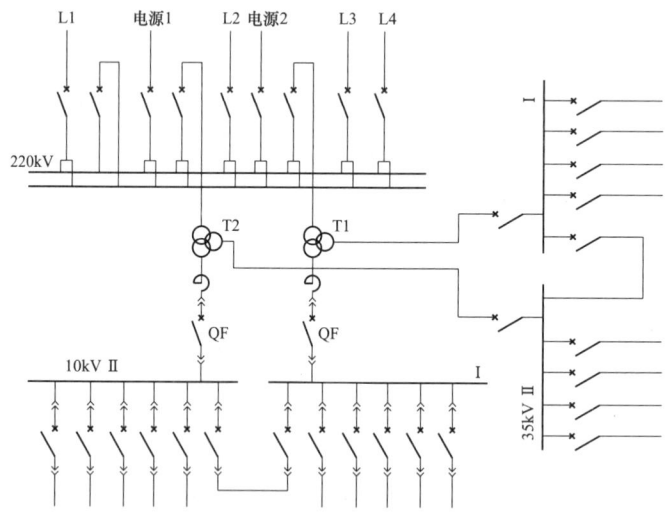

▶▶第3题［回路工作电流计算］1. 在满足电力系统 N–1 故障原则下，该变电站 220kV 母线通流计算值最大应为下列哪些数值？ （ ）

（A）978A   （B）1562A
（C）1955A   （D）2231A

【答案及解答】 C

母线最大载流量运行方式：双母线并列运行，电源 1、电源 2 正常工作；

电源 1、线路 L_1、T2、L_2，挂接 Ⅰ 母；电源 2、T1、L_3、L_4 挂接 Ⅱ 母；

此时电源 1 故障，电源 2 满足 N–1 工况，通过母线带全部负荷，此时通过母线的最大载流量为

$$I = \frac{150 \times 3 + 100 + 150 \times 0.65 \times 2}{\sqrt{3} \times 220} \times 10^3 = 1955.12 \,(\text{A})$$

【考点说明】

本题主要考查间隔排序不同以及 N–1 运行方式对变电站设备（导体）选择的影响，解题的关键是找到流过母线电流最大的正常运行方式，其中有两个难点：①母线的运行方式，双母线有双母解列、双母并列、单母一运一备（或检修）三种运行方式。②在上一步的基础上找到 N–1 方式下的母线最大通流容量的运行方式，需要读者结合双母线不同挂接运行方式比较选取，这是本题的难点。本题如果采用单母线运行方式，母线载流量可能会根据线路所在母线位置出现分流；如果是双母线并列运行方式，运行方式非常灵活，母线最大载流量会出现和电流情况，所以本题用该解答方式。

【注释】

所谓 N–1 原则是判定电力系统安全性的一种准则，又称单一故障安全准则。即电力系统的 N 个元件中，任一独立元件（发电机、线路、变压器等）发生故障被切除后不会造成因其他线路过负荷跳闸或破坏系统的稳定甚至电压崩溃等事故；与可靠性分析相比，N–1 原则不需取得元件故障率或停运率等大量原始数据。

【2022 年上午题 1~4】 某发电厂 2 台 330MW 机组分别经升压变压器与 220kV 系统相连，220kV 配电装置有 2 回进线，2 回出线，采用外桥接线。发电机额定功率 330MW，额定功率因数 0.85，最大连续输出功率 340MW、功率因数 0.85，发电机出口电压 20kV，采用离相封闭母线与主变压器相连，高压厂用变压器由发电机出口引接，每台机组设 1 台分裂高压厂用变压器，两台机组设 1 台同容量的高压厂用启动/备用变压器。请分析计算并解答以下各题。

▶▶**第 4 题** ［回路工作电流计算］ 2. 若升压站 220kV 两回出线分别接至系统两个不同的变电站，系统的穿越功率为 200MVA，高压厂变容量为 40MVA，请计算桥回路持续工作电流为下列哪项数值？（母线运行电压为 220kV） （　　）

（A）945A　　　　　　　　　　（B）1050A

（C）1451A　　　　　　　　　　（D）1575A

【答案及解答】 D

由老版一次手册 P232，表 6-3，桥回路持续工作电流取最大元件负荷电流及系统穿越功率。依题意，高厂变负荷可完全被启动/备用变压器替代，则发电机最大负荷可全部送出到主变高压侧，即

$$I_{js} = \frac{340}{\sqrt{3} \times 220 \times 0.85} + \frac{200}{\sqrt{3} \times 220} = 1.5746 \,(\text{kA})$$

【2022 年补考上午题 1~4】 已知某发电厂 2 台 300MW 机组经两台升压变压器与 220kV 系统相连，220kV 配电装置为双母线接线，有 2 回主变进线，2 回 220kV 出线，1 回启/备变进线。每台机组设有一台高压厂用工作变压器，两台机组设一台高压厂用启动/备用变压器。主接线如下图所示，请分析计算并解答下列问题。

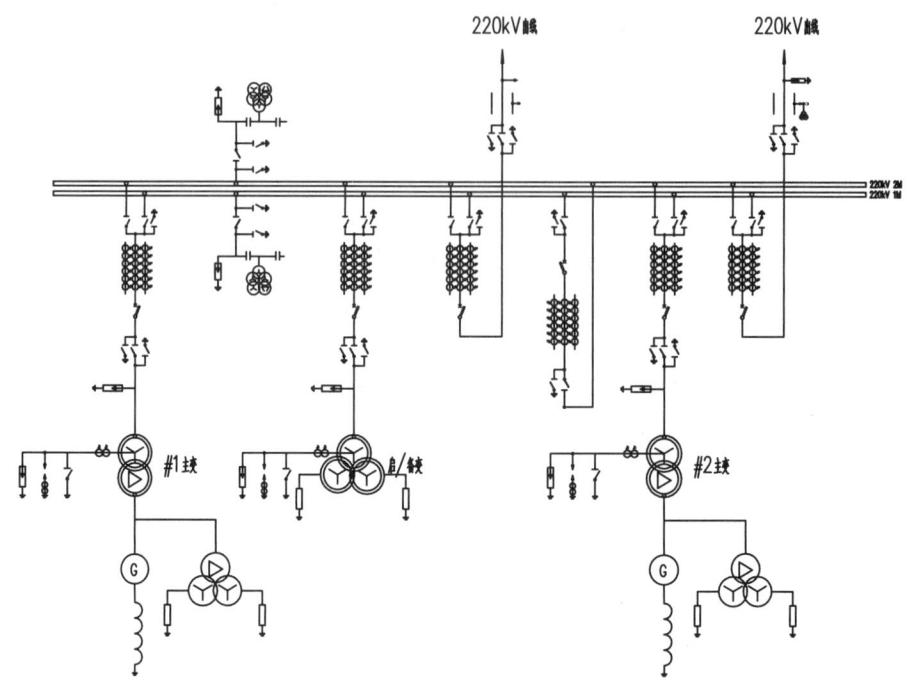

▶▶第 5 题［回路工作电流计算］3. 已知升压站 220kV 两回出线分别接至系统两个不同的变电站，其系统的穿越功率为 250MVA，假设主变压器容量选用 340MVA，额定电压为 242kV，系统最大运行方式时，当 1 回线路故障，另一回线路的计算工作电流为下列哪项数值？（不考虑发电机降出力运行） (   )

(A) 1448.15A   (B) 1703.42A
(C) 2001.64A   (D) 2299.86A

【答案及解答】B

系统 1 回线路故障时，系统的穿越功率不再存在，发电厂 2 台机组的电能全部通过剩余的 1 回出线送至系统，故 $I = \dfrac{2 \times 1.05 \times 340}{\sqrt{3} \times 242} \times 1000 = 1703.42（A）$，选 B。

坑点：如果对运行方式不熟悉，误将干扰条件穿越功率计入，会错选 D。

4.2.1.2 经济电流密度

考点 2 经济电流密度

【2014 年下午题 20~25】 布置在海拔 1500m 地区的某电厂 330kV 升压变电站，采用双母线接线，其主变压器进线断面如下图所示。已知升压变电站内采用标称放电电流 10kA、操作冲击残压峰值为 618kV、雷电冲击残压峰值为 727kV 的避雷器作绝缘配合，其海拔空气

修正系数为 1.13。

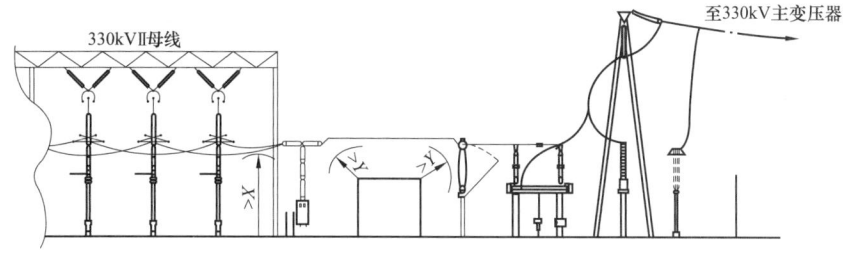

▶▶第 6 题 [经济电流密度] 25. 假设图中主变压器 330kV 侧架空导线采用铝绞线，按经济电流密度选择，进线侧导线应为下列哪种规格？（升压变压器容量为360MVA，最大负荷利用小时数 T=5000h）　　　　　　　　　　　　　　　　　　　　　　（　　）

(A) 2×400mm² 　　　　　　　　　(B) 2×500mm²
(C) 2×630mm² 　　　　　　　　　(D) 2×800mm²

【答案及解答】C

依题意，所求为无励磁变压器回路，由新版变电手册第 76 页表 4-3 可知该回路电流校正系数为 1.05。

由 DL/T 5222—2005 附录 E 图 E.6 可得 J=0.46A/mm²。

又根据该规范式（E.1-1）可得

$$S = \frac{I_{max}}{J} = 1.05 \times \frac{360 \times 1000}{\sqrt{3} \times 330 \times 0.46} = 1437.7 \, (\text{mm}^2)$$

再根据该规范 7.1.6 条规定，应按相邻下挡选择，所以选 C。

【考点说明】

（1）经济电流密度 J 多个规范均有涉及，除题目明确必须使用哪个规范外，在作答时应使用最新规范，这样数据才具有时效性。

（2）查图取数题，其本身具有一定的取值随机性，不同的考生可能得到的数值稍有不同，但只要认真查取，稍有误差并无大碍。

（3）经济电流密度选取导体截面积，应在计算结果的基础上靠标准截面，否则会错选 D。

（4）新版变电手册第 76 页表 4-3 无励磁变压器回路持续工作电流乘 1.05，这主要是考虑变压器实际运行中电压在合格范围内波动±5%导致电流放大 1.05 倍。如果题目给了具体的过负荷倍数，则按题目明确的过负荷倍数计算。

（5）老版一次手册第 232 页表 6-3。

（6）新版规范 DL/T 5222—2021 的经济电流密度查第 141~155 页第 5.1.6 条条文说明，曲线已改变，对于发电厂和大工业用户，一般选用"两部制电价"，但也需要给出具体电价才能查曲线。

【注释】

经济电流密度的计算公式为 $S_j=I_g/j$，其中 I_g 是该回路各种运行方式下的最大持续工作电流，需要根据该回路所处的具体位置分析计算，j 是经济电流密度，一般根据已知条件查曲线，有时题目也会直接给出。经济电流密度涉及经济问题，其图表应根据时间定期修正才有实际指导意义，在可能的情况下，应尽量使用最新数据计算。

按经济电流密度选择的导体，可不计日照的影响（也无海拔、温度修正），但应满足长期发热允许条件。

按经济电流密度选择导体的优点是可以使设备在运行周期内（初期投资+运行费用）最低，并且设备运行投入率越高，效果越明显。按经济电流密度选取导体截面时，应综合导体的采购成本、运行成本、维护维修成本等因素，所以运行电流越大、导体越长、电价越贵、运行小时越长、导体越便宜越应使用经济电流密度选择导体截面。DL/T 5222—2021 第5.1.6条规定，除配电装置的汇流母线以外，较长导体的截面宜按经济电流密度选择。新版变电手册第118页中说明，除配电装置的汇流母线以外，对于全年负荷利用小时数较大，母线较长（长度超过20m），传输容量较大的回路（如发电机至主变压器和发电机至主配电装置的回路），均应按经济电流密度选择导体截面（老版一次手册第336页第341页）。

从DL/T 5222—2021 第5.1.6条说明各图比较可以看出经济电流密度j没有大于2的，由计算公式 $S_j=I_g/j$ 可以看出，$j<2$ 表示导体每平方毫米所通过的电流不大于2A，再从DL/T 5222—2021 第5.1.6条说明各种导体载流量表中可以看出较大部分的导体每平方毫米载流量大于2A。因此，采用经济电流密度选择导体截面普遍偏大，所以DL/T 5222—2021 第5.1.6条规定"当无合适规格导体时，导体面积可按经济电流密度计算截面积的相邻下一挡选取"，这样选取是安全的。

【2017年上午题1~5】某省规划建设新能源基地，包括四座风电场和两座地面太阳能光伏电站，其中风电场总发电容量1000MW，均装设2.5MW风机；光伏电站总发电容量350MW。风电场和光伏电站均接入220kV汇集站，由汇集站通过2回220kV线路接入就近500kV变电站的220kV母线，各电源发电同时率为0.8。具体接线见下图。

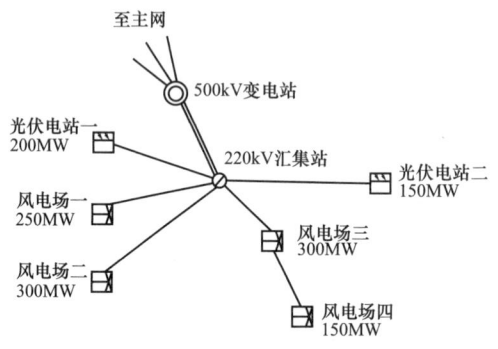

新能源接入电网示意图

▶▶第7题［经济电流密度］1. 风电场二采用一机一变单元制接线，各机组经箱式变压器升压，均匀接至12回35kV集电线路、经2台主变压器升压接至本风电场220kV升压站。风电场等效满负荷小时数为2045h，风机功率因数–0.95～0.95可调。集电线路若采用钢芯铝绞线，计算确定下列哪种规格是经济合理的？（经济电流密度参考《电力系统设计手册》中的数值） （   ）

（A）150mm² (B）185mm²
（C）240mm² (D）300mm²

【答案及解答】C

由新版系统手册第 88 页式（6-3）及表 6-4 可得经济电流密度 J=1.65A/mm²

$$S = \frac{P}{\sqrt{3}JU_e\cos\varphi} = \frac{300\times 10^3}{\sqrt{3}\times 1.65\times 35\times 12\times 0.95} = 263.1\ (\text{mm}^2)$$

由 DL/T 5222—2021 第 5.1.6 条，按经济电流密度计算，截面选取下一挡，所以选 C。

【考点说明】

老版系统手册第 180 页式（7-13）及表 7-7。

【2018 年下午题 4~7】 某电厂的海拔为 1300m，厂内 220kV 配电装置的电气主接线为双母线接线，220kV 配电装置采用屋外敞开式布置，220kV 设备的短路电流水平为 50kA，其主变进线部分断面见下图。厂内 220kV 配电装置的最小安全净距：A_1 值为 1850mm，A_2 值为 2060mm。请分析计算并解答下列各小题。

▶▶第 8 题［经济电流密度］7．电厂主变压器额定容量为 370MVA，主变压器额定电压比 242±2×2.5%/20kV，机组最大年运行小时数为 5000h，220kV 配电装置主母线最大工作电流为 2500A，电厂铝绞线载流量修正系数取 0.9。依据老版一次手册选择，主变压器进线、220kV 配电装置主母线宜选择下列哪组导线？ （　　）

(A) 2×LGJ-240，2×LGJ-800　　　　(B) 2×LGJ-400，2×LGJ-800
(C) 2×LGJ-400，2×LGJ-1200　　　 (D) LGJK-800，2×LGJK-800

【答案及解答】B

由新版一次手册第 220 页表 7-3，主变压器进线持续工作电流

$$I_g \geqslant 1.05\frac{S}{\sqrt{3}U_e} = \frac{1.05\times 370\times 1000}{\sqrt{3}\times 242} = 926.9\ (\text{A})$$

由新版一次手册第 377 页图 8-30 查得 j=1.08A/mm²

$$S_j = \frac{I_g}{j} = \frac{926.9}{1.08} = 858\ (\text{mm}^2)$$

按经济电流密度选取截面 800mm²，主母线工作电流修正值为

$$I'_g \geqslant \frac{2500}{0.9} = 2777.8\ (\text{A})$$

依据新版一次手册第 412 页附表 8-4，2×LGJ-800 满足载流量要求，查附表 8-5 可知 2×LGJK-800 不满足载流量要求，所以选 B。

【考点说明】

此题查老版一次手册和 DL/T 5222—2005 数据不同，应按题目要求使用该手册作答才能选出正确选项，新版一次手册第 378 页公式对应第 341 页图 9-3 经济电流密度已经按 DL/T 5222—2005 修正，所以新版手册也无法作答。同样，软导线载流量新版一次手册第 1006 页表 F-4 也根据新国标做了修改，不适合此题计算。新版规范 DL/T 5222—2021 第 5.1.6 条条文说明的经济电流密度曲线又进行了修正，读者掌握方法即可。今后考试中，如果题目没指定作答依据，一律按最新规范计算。

【2022年上午题 8~11】 某发电厂位于海拔 1000 米以下，安装 1 台 35MW 汽轮发电机组，该机组接线图如下图所示：

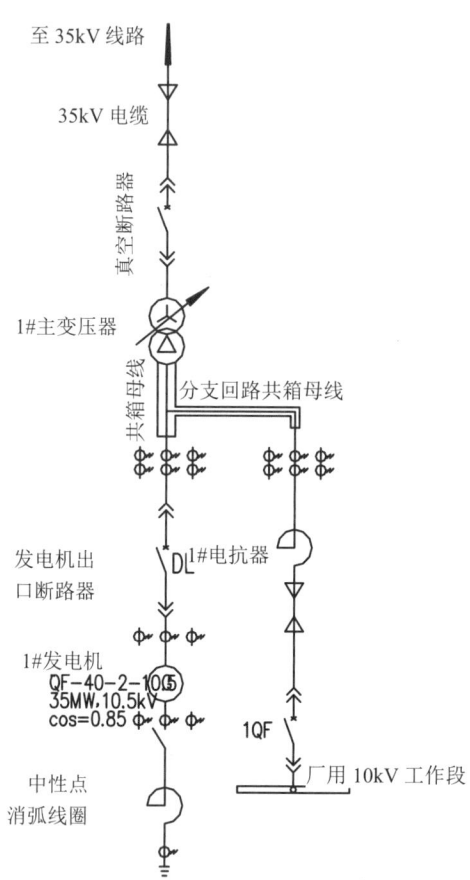

图中发电机出口电压为 10.5kV，发电机经主变压器升压至 35kV，接入电网。采用线路变压器组接线。发电机额定功率 35MW，额定功率因数 0.85，机组最大连续输出功率为 38.2MW，请分析并回答下列问题。

▶▶第 9 题 [经济电流密度] 9. 假设图中发电机通过封闭母线接入主变压器，按《导体和电器选择设计技术规定》DL/T 5222—2005 中经济电流密度选择，不考虑扣除厂用电负荷，封闭母线发电机回路导体最接近下列哪个选项？（最大负荷利用小时数 T=5500h） （　　）

（A）2200mm^2　　　　　　　　　　　（B）2400mm^2
（C）2700mm^2　　　　　　　　　　　（D）3000mm^2

【答案及解答】C

由 DL/T 5222—2005 附录 E，图 E.6 曲线 3，T=5500h 时，经济电流密度 j = 0.9A/mm^2。由该规范式（E.1-1），经济电流密度功率取发电机正常运行最大功率，为发电机额定功率，则

$$S = \frac{I_{max}}{j} = \frac{35 \times 1000}{\sqrt{3} \times 10.5 \times 0.85 \times 0.9} = 2515.69 (mm^2)$$

再由该规范第 7.1.6 条，无合适规格导体时，向下一挡选取，选 B。本题是按照老版规

范 DL/T 5222—2005 所出。新版规范 DL/T 5222—2021 第 5.1.6 条条文说明对应的经济电流密度已经修改。

【2022年补考上午题 1~4】 已知某发电厂 2 台 300MW 机组经两台升压变压器与 220kV 系统相连，220kV 配电装置为双母线接线，有 2 回主变进线，2 回 220kV 出线，1 回启/备变进线。每台机组设有一台高压厂用工作变压器，两台机组设一台高压厂用启动/备用变压器。主接线如下图所示，请分析计算并解答下列问题。

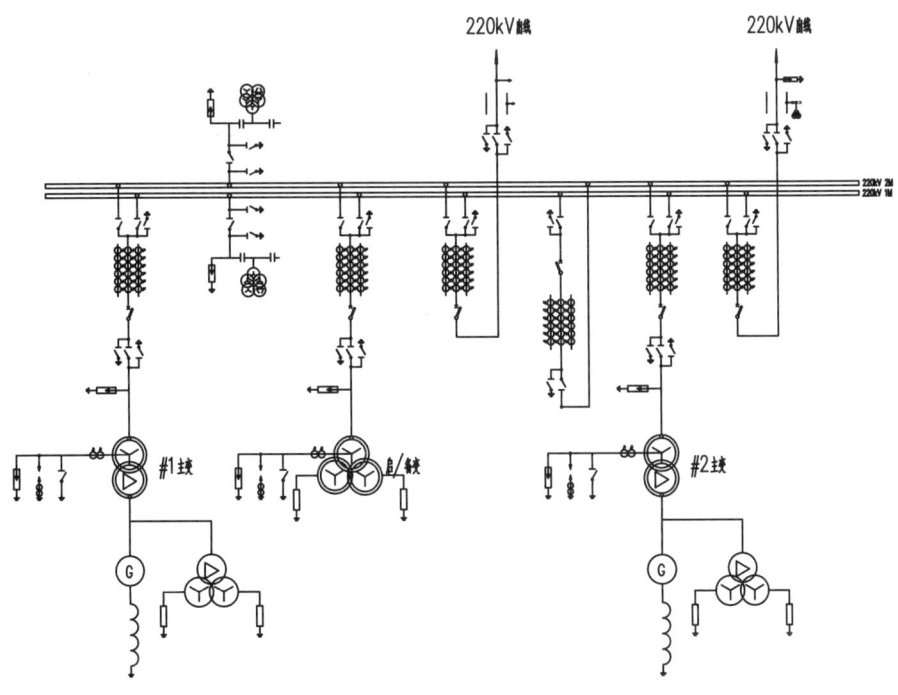

▶▶**第 10 题 [经济电流密度]** 4. 图中 220kV 主变进线跨的架空导线采用钢芯铝绞线，请按经济电流密度选择进线跨导线应为下列哪种规格？（升压主变压器容量为 340MVA，额定电压为 236kV，最大负荷利用小时数 T=5000h）（ ）

（A）2×630mm² 　　　　　　　　（B）2×800mm²
（C）2×900mm² 　　　　　　　　（D）2×1000mm²

【答案及解答】 C

由老版一次手册第 232 页表 6-3，主变的持续工作电流为 $I_g = 1.05 \times \dfrac{340 \times 1000}{\sqrt{3} \times 236} = 873.36(\mathrm{A})$；又由 DL/T 5222—2005 附录 E 的图 E6 中曲线 6，查得经济电流密度 $j \approx 0.45\mathrm{A}/\mathrm{mm}^2$，由该规范式（E.1.1），$S = \dfrac{I_g}{j} = \dfrac{873.39}{0.45} = 1940.87(\mathrm{mm}^2)$，由第 7.1.6 条，无合适规格导体时，按计算截面的相邻下一档选取，故取 2×900mm²，选 C。

注：新版规范 DL/T 5222—2021 第 143 页，第 5.1.6 条条文说明的经济电流密度曲线已经更改。

4.2.1.3 裸导体选择

考点 3　裸导体载流量截面选择

【2012 年上午题 6~9】某区域电网中现运行一座 500kV 变电站，根据负荷发展情况需要扩建，该变电站现状、本期及远景规模见下表。

电气设备	现有规模	远景建设规模	本期建设规模
主变压器	1×750MVA	4×1000MVA	2×1000MVA
500kV 出线	2 回	8 回	4 回
220kV 出线	6 回	16 回	14 回
500kV 配电装置	3/2 断路器接线	3/2 断路器接线	3/2 断路器接线
220kV 配电装置	双母线接线	双母线双分段接线	双母线双分段接线

▶▶第 11 题［裸导体截面选择］9. 该变电站 220kV 为户外配电装置，采用软母线（JLHA2 型铝合金绞线），若远景 220kV 母线最大穿越功率为 1200MVA，在环境温度为 35℃，海拔低于 1000m 条件下，根据计算选择以下哪种导线经济合理？　　　　　　　　（　　）

(A) 2×900mm²　　　　　　　　　　(B) 4×500mm²
(C) 4×400mm²　　　　　　　　　　(D) 4×630mm²

【答案及解答】B

依题意，回路工作电流为

$$I_g = \frac{S}{\sqrt{3}U_N} = \frac{1200 \times 10^3}{\sqrt{3} \times 220} = 3149.18 \text{ (A)}$$

由 DL/T 5222—2021 表 5.1.5 可知，屋外环境温度为 35℃时的修正系数为 K_θ=0.89，载流量为 $I = \frac{I_g}{K_\theta} = \frac{3149.18}{0.89} = 3538.4 \text{ (A)}$。

查 DL/T 5222—2021 第 138 页表 6 可知，B、D 选项满足要求，但 D 选项不经济，选 B。

【考点说明】

选择主母线导体时，如给出了最大穿越功率，就按最大穿越功率计算母线持续工作电流；如给出的是变电站穿越功率，应综合考虑穿越功率、本站负荷、系统接线方式、变压器负荷率等算出主母线在各种可能运行方式下最大的通流容量。

【注释】

导体截面选择计算步骤（设备选择也适用）：导体选择，包括很多设备选择，最关键的是准确计算出所在回路各种运行方式下的最大持续工作电流 I_g，然后进行一系列的修正，得到修正后的 I'_g，最终选出导体或设备的额定电流 I_e，满足条件 $I_e \geq I'_g$ 且最接近 I'_g 的作为答案（经济电流密度属于特殊情况，应向下靠标准规格的导体）。

由于导体截面选择的计算涉及内容广、细节多，稍不注意就会出错，为此，本书为大家总结出导体选择五部曲——取数、回修、算流、环修、查表，供大家参考，具体如下：

（1）取数：利用公式 $I = \frac{S}{\sqrt{3}U}$ 准确算出电流，需要先确定 S 和 U 的取值，其中最关键的环节是容量 S 的取值，如果题目给出，则直接引用；如果没有直接给出，或只给基础数据，则需要根据题意和接线图分析得出该回路在"各种运行方式下的最大持续容量"。具体细节在以下真题解析中具体分析。其次是电压 U 的取法，首选题干所给电压，题干没给则查相关标准选额定电压。

（2）回修（回路修正）：回路修正是考虑到导体或设备安装在不同的回路，其回路电流、电压特点不同，为了提高导体或设备的可靠性和适应能力而制定的系数。典型回路修正系数如下，考生应重点记忆，考试时方可熟练运用。

无励磁变压器回路修正：老版一次手册第 262 页表 6-3，修正系数乘 1.05。

站用变有载调压变压器回路：DL/T 5155—2016 附录 D.0.1 规定："对有载调压站用变压器，应按实际最低分接电压进行计算。"

伸缩接头：DL/T 5222—2021 第 5.3.10 条规定："导体伸缩接头的截面为所连接导体截面的 1.2 倍，也可采用定型伸缩接头产品"，接头配置见 DL/T 5352—2018 第 4.2.4 条条文说明。

共箱母线：老版一次手册第 367 页共箱母线载流量只算 70%。

并联电容器总回路和分组回路：GB 50227—2017 第 5.1.3 条及第 5.8.2 条规定："并联电容器组的总回路、分组回路的电器导体选择时，回路工作电流均按回路额定电流的 1.3 倍选择。"

单台电容器连接软导线：GB 50227—2017 第 5.8.1 条规定："单台电容器接至母线或熔断器的连接线应采用软导线，其长期允许电流不宜小于单台电容器额定电流的 1.5 倍。"

低压并联电抗器：DL/T 5014—2010 第 7.1.3-2 条规定"不小于最终规模电抗器总容量的额定电流的 1.1 倍"。

（3）算流：根据公式 $I = k\dfrac{S}{\sqrt{3}U}$，$k$ 为回路修正系数，计算出电流。

（4）环修（环境修正）：导体修正用 DL/T 5222—2021 表 5.1.5，开关柜内的母线温度超过 40℃时，用第 12.0.5 条，电缆修正用 GB 50217—2018 附录 D，注意电缆的环境、敷设方式修正参数有很多种，应根据题意全部乘在一起计算。

配电箱内设备选择应考虑散热影响留有裕度，由具体设备资料确定 DL/T 5155—2016 第 6.3.1 条。

（5）查表：根据以上步骤计算出的载流量查表求出标准规格导体。导体用 DL/T 5222—2021 第 132 页第 5.1.5 条条文说明，电缆用 GB 50217—2018 附录 C。

该步骤注意两点：

1）经济电流密度法向下靠，允许载流量法向上靠。

2）导体材质的铜铝转换，表格数据只是铝导体参数。铜导体根据老版一次手册第 333 页表 8-2 注，乘 1.27。铜电缆根据 GB 50217—2018 附录 C 表格注，乘 1.29。

【说明】

（1）无励磁变压器回路修正系数 1.05。电力系统运行时，电压允许正常波动范围一般按 ±5%考虑。作为能量传输工具的变压器，应能承受正常±5%的电压波动而保持额定容量不变。从公式 $S=\sqrt{3}UI$ 可看出，当电压在最低允许值 95%额定电压运行时，如果容量不变，则电流增大为额定电流的 1.05 倍，这就是老版一次手册第 232 页表 6-3 中变压器回路需乘 1.05 的由来（只针对无励磁调压变压器）。

（2）高压侧和低压侧都需乘 1.05。变压器额定电流由额定容量和额定电压确定（注意不是标称电压）。对于无励磁调压变压器，不论是升压变压器还是降压变压器，高压侧还是低压侧，其回路工作电流都用额定电流乘 1.05。电力系统标称电压只代表了不同的电压等级序列，而电能在实际传输过程中电压是有损耗的，为了保证受电端能"收到"标称电压，送电端就要提高电压输送，一般长距离送电取 1.1 倍标称电压（电压等级低会略有增加），其中 0.5 作为变压器

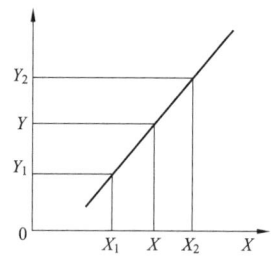

电压损耗，另外 0.5 作为线路损耗，这样送端为 1.1U，受端刚好是 1.0U。对于发电机，由于与变压器连接距离短，可忽略线路损耗，所以发电机机端电压一般为 1.05U。终端变电站的配电系统，输电线路短，也可以忽略线路损耗，用 1.05U 作为变压器的额定电压。所以在同一个电压等级中，不同位置的额定电压是不一样的，有些地方是 1.05U，有些地方是 1.1U，但它们的电压波动是一致的，正常运行电压以这个额定电压为中心可以上下波动 5%。

以 20MVA、10kV 变压器为例，如果是降压变压器，其输出端额定电压 10.5kV，设备运行电压±5%×10.5kV，对应额定电流 $I = \dfrac{20000}{\sqrt{3}\times 10.5} = 1099.71$（A），当电压波动到 0.95×10.5=9.975（kV）时电流为 1154.7A。同理如果为升压变压器，则输入端额定电压为 11kV，运行电压±5%×11kV，额定电流 $I = \dfrac{20000}{\sqrt{3}\times 11} = 1049.73$（A），0.95 倍电压运行电流 1102.2A。对于无励磁调压变压器，运行中是不能调挡的，也就是说变比是一定的，所以一侧电流增大为 1.05 倍，另一侧必然也会跟着变化，所以双侧都乘 1.05。

（3）插值法。当查表时，假如已知数据正好在表格所列数据之间，比如 DL/T 5222—2021 表 5.1.5，如果环境温度是 32℃，表格中并没有这个温度，要怎么计算呢？此时可采用插值法，具体算法如下：

$$Y = Y_1 + \dfrac{Y_2 - Y_1}{X_2 - X_1}\times (X - X_1)$$

DL/T 5222—2021 表 5.1.5，最高允许温度 70℃时，环境温度为 32℃时的校正系数为 $Y = Y_1 + \dfrac{Y_2 - Y_1}{X_2 - X_1}\times (X - X_1) = 0.94 + \dfrac{0.88 - 0.94}{35 - 30}\times (32 - 30) = 0.916$

【2013 年下午题 14~18】某 220kV 变电站位于Ⅲ级污秽区，海拔 600m。220kV 采用 2 回电源进线，2 回负荷出线，每回出线各带负荷 120MVA，采用单母线分段接线，2 台电压等级为 220kV/110kV/10kV，容量为 240MVA 主变压器，负载率为 65%。母线采用管形铝锰合金，户外布置。220kV 电源进线配置了变比为 2000/5 的电流互感器，其主保护动作时间为 0.1s，后备保护动作时间为 2s，断路器全分闸时间为 40ms。最大运行方式时，220kV 母线三相短路电流为 30kA。站用变压器容量为 2 台 400kVA。请解答下列问题。

铝锰合金管型导体长期允许载流量（环境温度 25℃）

导体直径 D_1/D_2（mm）	导体截面积（mm²）	导体最高允许温度为下值时的载流量（A）	
		70℃	80℃
50/45	273	970	850
60/54	539	1240	1072

续表

导体直径 D_1/D_2（mm）	导体截面积（mm²）	导体最高允许温度为下值时的载流量（A）	
		70℃	80℃
70/64	631	1413	1211
80/72	954	1900	1545
100/90	1491	2350	2054
110/100	1649	2569	2217
120/110	1806	2782	2377

▶▶第 12 题 ［裸导体截面选择］ 14. 在环境温度 35℃、导体最高允许温度 80℃条件下，按照持续工作电流选择 220kV 管型母线的最小规格为下列哪项数值？（　　）

（A）60/54mm　　　　　　　　　（B）80/72mm

（C）100/90mm　　　　　　　　　（D）110/100mm

【答案及解答】C

由题意可知，母线最大持续工作电流为

$$I_g = \frac{(120 \times 2 + 240 \times 2 \times 0.65) \times 1000}{\sqrt{3} \times 220} = 1449 \text{(A)}$$

依题意，户外管型导体，环境温度 35℃，由 DL/T 5222—2021 表 5.1.5 可得综合校正系数为 0.87，所以母线载流量为 $\frac{1449}{0.87} = 1666$(A)。

由题干可知，母线规格 100/90mm 满足要求，所以选 C。

【考点说明】

本题的重点是找到使母线可能出现最大负荷的运行方式，与设备选择和短路电流题目类似，只需要根据题意画出接线图分析，很容易得到答案，本题简图如下。

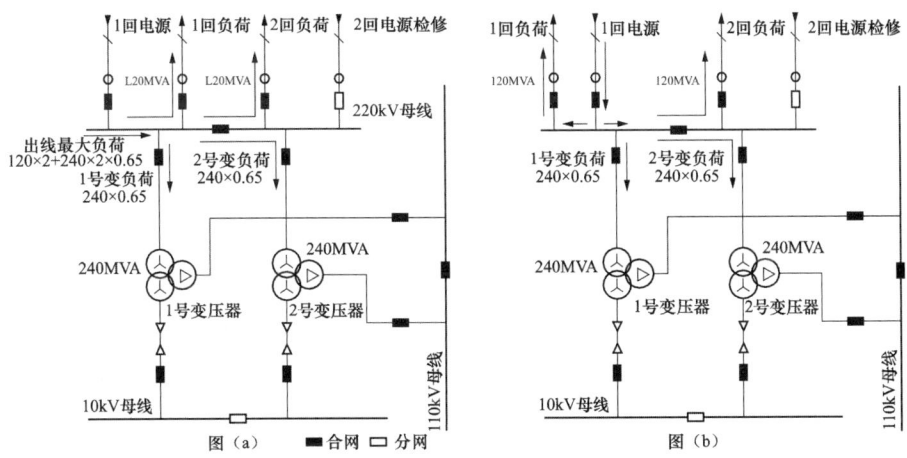

图（a）中，母线上最左边一段会出现最大功率 552MVA（电流 1449A），但如果按图（b）布置，母线上任何一段都不会出现最大功率 552MVA，题目没有明确布置形式，所以应按最严重情况考虑。

【2018年上午题6～9】 某电厂装有 2×300MW 发电机组，经主变压器升压至 220kV 接入系统，发电机额定功率为 300MW，额定电压为 20kV，额定功率因数 0.85，次暂态电抗为 18%，暂态电抗为 20%，发电机中性点经高电阻接地，接地保护动作于跳闸时间为 2s，该电厂建于海拔 3000m 处，请分析计算并解答下列各小题。

▶▶第13题［裸导体截面选择］8．220kV 配电装置采用户外敞开式管型母线布置，远景母线最大功率为 1000MVA，若环境空气温度为 35℃，选择以下哪种规格铝镁系（LDRE）管母满足要求？ （　　）

(A) $\phi110/100$ (B) $\phi120/110$
(C) $\phi130/116$ (D) $\phi150/136$

【答案及解答】D

由新版一次手册表 7-3 和式（9-25）可得

$$I_n \geq \frac{1000 \times 1000}{\sqrt{3} \times 220} = 2624 \,(A)$$

依题意，海拔 3000m，屋外管型导体，查 DL/T 5222—2021 表 5.1.5，得综合校正系数 $k=0.76$，则

$$I'_n \geq \frac{I_n}{k} = \frac{2624}{0.76} = 3453 \,(A)$$

又由该规范第 134 页第 5.1.5 条条文说明续表 2，查得屋外导体 80℃，$\phi150/136$ 相应的载流量为 3720A 符合题意，所以选 D。

【考点说明】

老版一次手册表 6-3 和式（8-1）。

【2011年下午题6～10】 一座远离发电厂的城市地下变电站，设有 110kV/10kV、50MVA 主变压器两台，110kV 线路 2 回，内桥接线；10kV 出线多回，单母线分段接线。110kV 母线最大三相短路电流为 31.5kA，10kV 母线最大三相短路电流为 20kA。110kV 配电装置为户内 GIS，10kV 户内配置为成套开关柜。地下建筑共有三层，地下一层的布置如下简图。请按各小题假设条件回答下列问题。

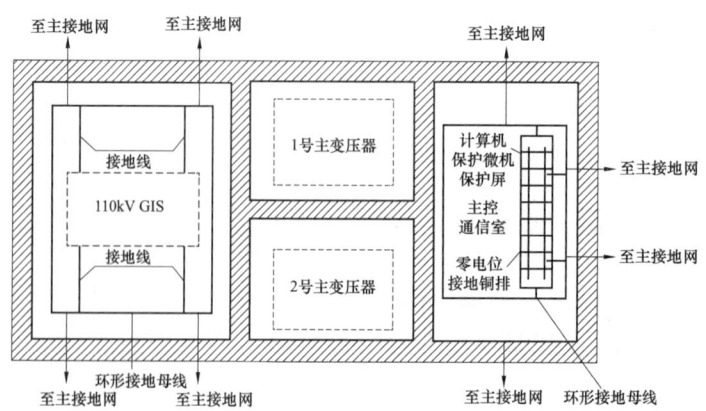

▶▶第 14 题［裸导体截面选择］7. 如本变电站中 10kV 户内配电装置的通风设计温度为 30℃，主变压器 10kV 侧母线选用矩形铝母线，按 1.3 倍过负荷工作电流考虑，矩形铝母线最小规格及安装方式应选择下列哪一种？   （   ）

（A）$3\times(125\times8mm^2)$，竖放　　　　（B）$3\times(125\times10mm^2)$，平放

（C）$3\times(125\times10mm^2)$，竖放　　　　（D）$4\times(125\times10mm^2)$，平放

【答案及解答】C

依题意可得，回路持续最大工作电流为

$$I_g = K_{gfh}\frac{S_N}{\sqrt{3}U_N} = 1.3 \times \frac{50\times10^3}{\sqrt{3}\times10} = 3752.78\,(A)$$

由 DL/T 5222—2021 第 5.1.5 条及表 5.1.5 可知，30℃时温度修正系数 K_θ=0.94，修正后的标准载流量为

$$I'_g = \frac{I_g}{K_\theta} = \frac{3752.78}{0.94} = 3992.32\,(A)$$

再根据 DL/T 5222—2021 第 141 页第 5.1.5 条条文说明续表 8，可得各规格和安装方式的矩形铝母线载流量，C、D 选项均满足，但满足条件的矩形铝母线最小规格的是 C 选项，所以选 C。

【考点说明】

在计算变压器回路工作电流时，负荷容量 S 的取值是最需要注意的地方。按变压器额定容量计算还是按变压器过负荷容量计算呢？选择变压器容量时有两种观点：①当一台变压器检修时，另一台变压器不过负荷运行；②只要不超过相应的允许时间，不影响使用寿命，允许变压器过负荷运行。实际做题时应根据题意判断，一般情况下，题目明确变压器具备过负荷能力时，才按过负荷考虑，否则不考虑。本题明确了按 1.3 倍过负荷考虑，所以按该工况来计算变压器回路的工作电流。注意在过负荷工况下不乘 1.05 系数，否则本题会错选 D。

【2017 年下午题 1~4】某电厂装有两台 660MW 火力发电机组，以发电机变压器组方式接入厂内 500kV 升压站，厂内 500kV 配电装置采用一个半断路器接线，发电机出口设发电机断路器，每台机组设一台高压厂用分列变压器，其电源引自发电机断路器与主变压器低压侧之间，不设专用的高压厂用备用变压器，两台机组的高压厂用变压器低压侧母线相联络，互为事故停机电源。请分析计算并解答下列各小题。

▶▶第 15 题［裸导体截面选择］3. 电厂的环境温度为 40℃，海拔 800m，主变压器至 500kV 升压站进线采用双分裂的扩径导线，请计算进行跨导线按实际计算的载流量且不需进行电晕校验允许的最小规格应为下列哪项数值？（升压主变压器容量为 780MVA，双分裂导线的邻近效应系数取 1.02）   （   ）

（A）2×LGJK–300　　　　（B）2×LGKK–600

（C）2×LGKK–900　　　　（D）2×LGKK–1400

【答案及解答】B

（1）由新版一次手册第 220 页表 7-3、第 379 页式（9-79），DL/T 5222—2021 表 7 和表 5.1.5（查得 K=0.83）。

$$I_g = \sqrt{1.02} \times 1.05 \times \frac{780 \times 1000}{\sqrt{3} \times 500 \times 0.83 \times 2} = 575.4(A)$$

4个选项的允许载流量都满足要求。

（2）依据 DL/T 5222—2021 表 5.1.8，500kV 电压可不进行电晕校验的最小导体型号为 2×LGKK–600 或 3×LGJ–500，按题意取 2×LGKK–600，所以选 B。

【注释】

（1）LGJK 是扩径钢芯铝绞线，LGKK 是铝钢扩径空心导线。扩径是在导线绞制时，把其中若干铝线抽取，布置在导线的外面，以求用同样的材料，获得较大的外径，提高导线的临界电晕电压。空心是在导线绞制前，在导线内部垫支蛇皮管，使整个导线呈空心状态，以求获得最大的外径，大幅度提高临界电晕电压。

（2）在 330kV 及以上的超高压、特高压的载流导体选择时，正常运行不得发生电晕，已是重要的选择条件。从扩径、空心，发展到分裂，1000kV 已经从 6 分裂进步到 8 分裂，这也是解决电晕问题的首选途径。

（3）在多分裂中，总的载流量并不是每根导线载流量的代数和，而是引进一个邻近效应系数，以考虑邻近导体散热对其他导体散热的影响。此系数与分裂导体的根数、排列方式、分裂间距有关，详见新版一次手册第 379 页相关内容。

（4）老版一次手册第 232 页表 6-3、第 379 页式（8-55）。

（5）新规范 DL/T 5222—2021 表 5.1.8 对老版规范表 7.1.7 进行了更改，今后按最新版规范作答即可。

【2016 年上午题 1~6】 某 500kV 户外敞开式变电站，海拔 400m，年最高温度 40℃，年最低温度–25℃。1 号主变压器容量为 1000MVA，采用 3×334MVA 单相自耦变压器，容量 334MVA/334MVA/100MVA，额定电压比 $\frac{525}{\sqrt{3}} \Big/ \frac{223}{\sqrt{3}} \pm 8 \times 1.25\% / 36$，接线组别 Ia0i0，主变压器 35kV 侧采用三角形接线。

本变电站 35kV 为中性点不接地系统，主变压器 35kV 侧采用单母线单元制接线，无出线，仅安装无功补偿设备，不设总断路器。请根据以上条件计算、分析解答下列各题：

▶▶第 16 题 [裸导体截面选择] 1. 若每相主变压器 35kV 连接用导线采用铝镁硅系（6063）管型母线，导线最高允许温度 70℃。按回路持续工作电流计算，该管型母线不宜低于下列哪项数值？ （ ）

（A）ϕ110/100　　　　　　　　　（B）ϕ130/116
（C）ϕ170/154　　　　　　　　　（D）ϕ200/184

【答案及解答】D

（1）依题可判断该 35kV 管形母线应按线电流进行导线选择，有载调压变压器，由新版变电手册第 76 页表 4-3 可得，该变压器回路工作电流为

$$I_g = \sqrt{3} \times I_e = \sqrt{3} \times \frac{100}{36} \times 1000 = 4811.25 \, (A)$$

（2）依题意海拔 400m，年最高温度 40℃，导体最高允许温度 70℃，由《导体和电器选

择设计技术规定》(DL/T 5222—2021) 表 5.1.5，可得综合校正系数为 0.81，则

$$I = \frac{I_\text{g}}{0.81} = \frac{4811.25}{0.81} = 5939.8 \,(\text{A})$$

(3) 依据 DL/T 5222—2021 第 133 页第 5.1.5 条条文说明续表 1，6063 系列 $\phi200/184$ 管母 70℃长期允许载流量为 6674A，满足要求，所以选 D。

【考点说明】

(1) 本题最大的坑点是按照相电流计算还是线电流计算。三台单相变压器组成的三角形，三角形内部流过的是相电流（单台变压器的额定电流），三角形引出的三相母线上流过的是线电流。

本题是选硬母线，硬母线末端流过的是线电流，所以应按照线电流选择。

如果是选变压器引出软导线，则必须按照相电流选择。

为了便于理解，绘制单相自耦变压器三角形接线如下图所示。

(2) 从额定电压 $\frac{525}{\sqrt{3}} / \frac{223}{\sqrt{3}} \pm 8 \times 1.25\% / 36\text{kV}$ 可以看出，该变压器为有载调压变压器，《电力工程设计手册　变电站设计》第 76 页表 4-3 不乘 1.05。

(3) 老版一次第 232 页表 6-3。

【注释】

由于制造工艺限制和运输限制，将一些超大容量的变压器制造为三个单相变压器，可以减小体积、节省铁芯、便于维护，通过现场外部连线连接成三相变运行。

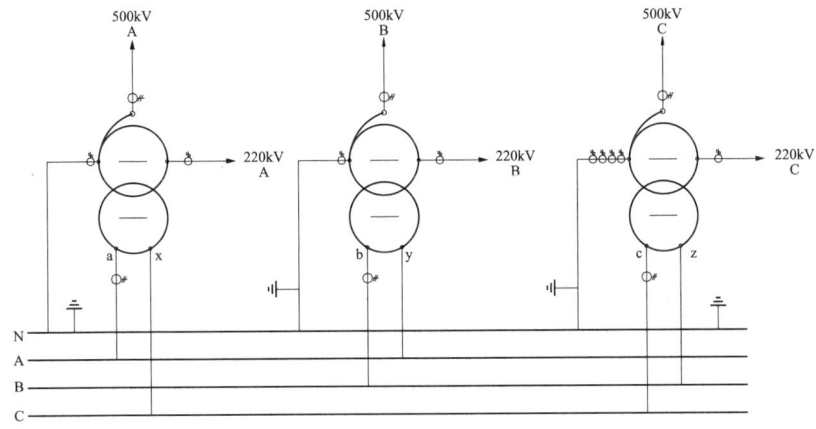

【2012 年下午题 1～5】某新建 2×300MW 燃煤发电厂，高压厂用电系统标称电压为 6kV，其中性点为高电阻接地，每台机组设两台高压厂用无励磁调压双绕组变压器，容量为 35MVA，阻抗值为 10.5%，6.3kV 单母线接线，设 A 段、B 段，6kV 系统电缆选为 ZR-YJV22-6/6kV 三芯电缆，已知：

表 1　ZR-YJV22-6/6kV 三芯电缆每相对地电容值及 A、B 段电缆长度

电缆截面积（mm²）	每相对地电容值（μF/km）	A 段电缆长度（km）	B 段电缆长度（km）
95	0.42	5	5.5
120	0.46	3	2.5

续表

电缆截面积（mm²）	每相对地电容值（μF/km）	A段电缆长度（km）	B段电缆长度（km）
150	0.51	2	2.1
185	0.53	2	1.8

表2 矩形铝导体长期允许载流值（A）

导体尺寸 h×b（mm²）	双条		三条		四条	
	平放	竖放	平放	竖放	平放	竖放
80×6.3	1724	1892	2211	2505	2558	3411
80×8	1946	2131	2491	2809	2863	3817
80×10	2175	2373	2774	3114	3167	4222
100×6.3	2054	2253	2663	2985	3032	4043
100×8	2298	2516	2933	3311	3359	4479
100×10	2558	2796	3181	3578	3622	4829
125×6.3	2446	2680	2079	3490	3525	4700
125×8	2725	2982	3375	3813	3847	5129
125×10	3005	3282	3735	4194	4225	5633

注 1. 表中导体尺寸 h 为宽度，b 为厚度。
   2. 表中当导体为四条时，平放、竖放第2、3片间距均为50mm。
   3. 同截面积铜导体载流量为表中铝导体载流量的1.27倍。

请根据以上条件计算下列各题（保留两位小数）。

▶▶第17题［裸导体截面选择］5. 请在下列选项中选择最经济合理的6.3kV段母线导体组合，并说明理由。　　　　　　　　　　　　　　　　　　　　　　　（　　）

（A）100×10 矩形铜导体两条，平放
（B）100×8 矩形铝导体三条，竖放
（C）100×6.3 矩形铜导体三条，平放
（D）100×10 矩形铝导体三条，竖放

【答案及解答】D

由新版一次手册第220页表7-3，6.3kV母线持续工作电流为

$$I_g = 1.05 \times \frac{35000}{\sqrt{3} \times 6.3} = 3368 \text{ (A)}$$

根据题表数据可知：

（A）100×10 矩形铜导体两条，平放，I_{xv}=1.27×2558=3249 (A)＜3368A；
（B）100×8 矩形铝导体三条，竖放，I_{xv}=3311A＜3368A；
（C）100×6.3 矩形铜导体三条，平放，I_{xv}=1.27×2663=3382 (A)＞3368A；
（D）100×10 矩形铝导体三条，竖放，I_{xv}=1.398×2558=3578A＞3368A。

选项C、D均满足要求，从载流量角度考虑，铝比铜经济性更好，所以选D。

【考点说明】

（1）本题高压厂用电系统标称电压为6kV，为了降低损耗，往往贴上限6.3kV运行，所以选择导体计算持续工作电流时取运行电压6.3kV是合理的。

(2) 矩形导体水平布置分竖放和平放两种。由于竖放在导体之间存在烟囱效应，有利于散热所以载流量大，但机械强度低；平放散热较差，载流量小，但机械强度高。

(3) 本题的目的是选择最经济合理的 6.3kV 段母线导体组合，未给动热稳定校验的相应条件，也未给必须用铜导体的环境条件，故只需考虑载流量和采购成本即可。答案 C（100×6.3 矩形铜导体三条平放）载流量最接近 6.3kV 计算的持续工作电流，总截面积最小；而答案 D（100×10 矩形铝导体三条竖放）虽然载流量大一些，总截面积最大，但是铝导体采购成本低很多，综合以上因素，最经济合理应该是 D 选项。

(4) 老版一次手册第 232 页表 6-3。

【2010 年上午题 1~5】 某 220kV 变电站，原有 2 台 120MVA 主变压器，主变压器侧电压为 220kV/110kV/35kV，220kV 为户外管型母线中型布置，管型母线规格为 ϕ100/90；220kV、110kV 为双母线接线，35kV 为单母线分段接线，根据负荷增长的要求，计划将现有 2 台主变压器更换为 180MVA（远景按 3×180MVA 考虑）。

▶▶第 18 题 [裸导体截面选择] 2. 已知现有 220kV 配电装置为铝镁系（LDRE）管型母线，在计及日照（环境温度 35℃，海拔 1000m 以下）条件下，若远景 220kV 母线最大穿越功率为 800MVA，请通过计算判断下列哪个正确？ (　　)

(A) 现有母线长期允许载流量 2234A，不需要更换
(B) 现有母线长期允许载流量 1944A，需要更换
(C) 现有母线长期允许载流量 1966A，需要更换
(D) 现有母线长期允许载流量 2360A，不需要更换

【答案及解答】B

依题意可得，母线最大持续工作电流为

$$I_g = \frac{S}{\sqrt{3}U} = \frac{800 \times 1000}{\sqrt{3} \times 220} = 2099 \,(\text{A})$$

由 DL/T 5222—2021 表 2 及表 5.1.5 查得，ϕ100/90 铝镁系管型母线长期允许载流量为 2234A，环境温度为 35℃时的载流量综合校正系数为 0.87，修正后电流为

$$I = 0.87 \times 2234 = 1944 \,(\text{A}) \leqslant I_g$$

需要更换该母线，所以选 B。

【考点说明】

不进行环境修正会错选 A；环境修正查表时，不注意题设及日照（环境温度 35℃，海拔 1000m 以下）的条件，不计及日照（屋内）参数 0.88 会错选 C。查载流量查成最高温度 70℃时屋内导体载流量会错选 D。

【2011 年上午题 1~5】 某电网规划建设一座 220kV 变电站，安装 2 台主变压器，三侧电压为 220kV/110kV/10kV。220、110kV 为双母线接线，10kV 为单母线分段接线，220kV 出线 4 回，10kV 电缆出线 16 回，每回长 2km。110kV 出线无电源，电气主接线如下图所示，请回答下列问题。

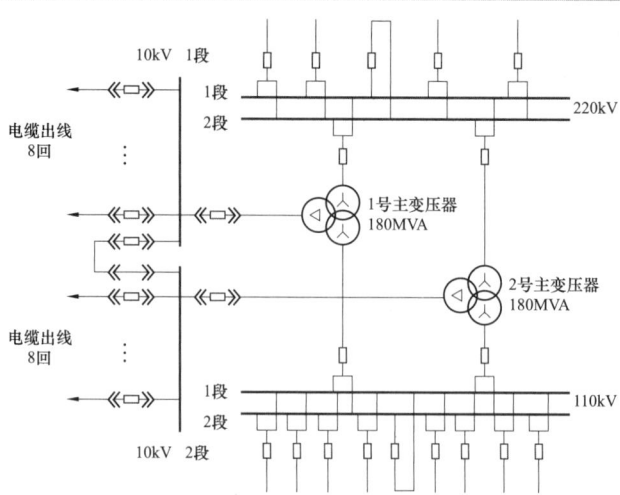

▶▶第 19 题 [裸导体截面选择] 1．如该变电站 220kV 屋外配电装置采用 ϕ120/110（铝镁系 LDRE），远景 220kV 母线最大穿越功率为 900MVA，在计及日照（环境温度为 35℃，海拔 1000m 以下）条件下，请计算 220kV 管母长期允许载流量最接近下列哪项数值，是否满足要求？并说明理由。（　　）

（A）2317A，不满足要求　　　　（B）2503A，满足要求
（C）2663A，满足要求　　　　　（D）2831A，满足要求

【答案及解答】A

由 DL/T 5222—2021 第 133 页表 2 可知，铝镁系（LDRE）ϕ120/110 管型母线最高允许温度 80℃时的载流量为 2663A。

依题设条件，根据 DL/T 5222—2021 第 5.1.5 条及表 5.1.5 可知，综合校正系数为 0.87，校正后的母线载流量为 I=2663×0.87=2317（A）。

依题意，母线远景最大穿越功率为 900MVA，可得该母线回路的持续工作电流为

$$I_g = \frac{S}{\sqrt{3}U_N} = \frac{900 \times 1000}{\sqrt{3} \times 220} = 2361.89 \text{ (A)} > 2317\text{A}$$

母线载流量小于远景最大持续工作电流，因此母线载流量不满足要求，所以选 A。

【考点说明】

本题为常考类型，坑点还是屋内、屋外、环境参数修正等容易出错的地方。如果查表用屋内参数不修正会错选 D，用屋外数据但没有进行环境修正，会错选 C。

【2022 年补考上午题 5～8】某区域火电厂，海拔高度为 200 米，原有 2 台 300MW 纯凝机组，以 220kV 电压接入电力系统。现为了满足供热要求，需扩建 2 台背压机组，机组有停机不停炉运行方式。其发电机额定容量为 57MW，机端额定电压为 10.5kV，额定功率因数为 0.8，超瞬变电抗 $X\%$=13。扩建机组拟接入电厂原有 220kV 配电装置。请分析计算并解答下列问题。

▶▶第 20 题 [裸导体截面选择] 8．若本期扩建发电机引出线回路采用矩形铝母线连接，请按载流量选择导体宜为下列哪组规格？请计算并说明。（导体规格单位 mm，出线小室环境

温度为35℃） （ ）

(A) 100×6.3 四条竖放　　　　　　(B) 80×10 四条竖放
(C) 125×6.3 四条竖放　　　　　　(D) 125×10 三条竖放

【答案及解答】C

依据老版一次手册第 232 页表 6-3，发电机回路的持续工作电流为：$I_g = 1.05 \times \dfrac{57/0.8}{\sqrt{3} \times 10.5} \times 1000 = 4113.62（A）$；又由 DL/T 5222—2021 表 5.1.5 可知，屋内 35℃时，修正系数为 0.88，则 $I_{xu} = I_g / 0.88 = 4674.71（A）$；又由该规范第 411 页续表 8 可知 125×6.3 导体四条竖放载流量 4700A，满足要求，选 C。

【2023 年下午题 10～12】　某电厂规划建设 4×660MW 燃煤汽轮发电机组，先期建设两台，每台机组均通过发电机-变压器组接入厂内 500kV 屋外配电装置。500kV 配电装置采用 3/2 断路器接线方式，2 回出线送出，主变进线采用 2×LGKK-900 导线，分裂间距 400mm，请分析计算并解答下列各小题。

▶▶第 21 题 [裸导体截面选择] 10. 若发电厂海拔高度为 2000m，环境温度为 40℃，则主变进线导线长期允许载流量为下列哪项数值？ （ ）

(A) 2312A　　　　　　　　　　　　(B) 2359A
(C) 2419A　　　　　　　　　　　　(D) 2429A

【答案及解答】A

由 DL/T 5222—2021 表 5.1.5 及其条文说明可知，设备海拔 2000m，40℃，屋外软导线环境修正系数为 0.79，则单根子导线载流量 $I_{g1} = 1493 \times 0.79 = 1179.47（A）$，

依据老版一次手册第 379 页式（8-55）、式（8-56）、式（8-57）可得

$$Z = 4\pi\lambda \dfrac{s}{(\rho+1)} = 4 \times \pi \times 3.7 \times 10^{-4} \times \dfrac{991.23}{0.8+1} = 2.56$$

$$B = \left\{1 - \left[1 + \left(1 + \dfrac{1}{4}Z^2\right)^{-\frac{1}{4}} + \dfrac{10}{20+Z^2}\right] \times \dfrac{Z^2 \times d_0}{(16+Z^2)d}\right\}^{-\frac{1}{2}}$$

$$= \left\{1 - \left[1 + \left(1 + \dfrac{1}{4} \times 2.56^2\right)^{-\frac{1}{4}} + \dfrac{10}{20+2.56^2}\right] \times \dfrac{2.56^2 \times 4.9}{(16+2.56^2) \times 4}\right\}^{-\frac{1}{2}} = 1.04$$

$$I = nI_{xu}\dfrac{1}{\sqrt{B}} = 2 \times 1179.47 \times \dfrac{1}{\sqrt{1.04}} = 2313.13\text{A}$$

【考点说明】

本题忽略邻近效应会错选 B。在计算 B 值，查表取截面 S 时，应采用总截面，而不能只用铝截面，因计算较复杂，一旦取错会浪费很长时间，因此类似题目在考场上无把握时可以先不做此题。

▶▶第 22 题 [裸导体截面选择] 11. 若主变进线挂点高度为 28m，相间距为 8m，忽略其

他间隔导线影响,则 B 相导线的最大表面场强(取平均场强的 1.05 倍)计算值为下列哪项数值?　　　　　　　　　　　　　　　　　　　　　　　　　　　　　　(　　)

(A) 7.70kV/cm   (B) 8.47kV/cm
(C) 14.24kV/cm   (D) 15.67kV/cm

【答案及解答】D

由 DL/T 5222—2021 第 5.1.5 条条文说明表 7 可知 2×LGKK-900 导线,单根直径 49mm,分裂间距 400mm,由老版一次手册第 378 页表 8-28 可得

$$r_d = \sqrt{r_0 d} = \sqrt{\frac{4.9}{2} \times 40} = 9.899$$

又由该手册第 379 页式(8-53)、式(8-54)可得

$$C = 1.07 C_{pj} = 1.07 \times \frac{0.024}{\lg\frac{1.26D}{r_d}} = 1.07 \times \frac{0.024}{\lg\frac{1.26 \times 800}{9.899}} = 0.0128$$

$$E = \frac{18CU_m k}{nr_0\sqrt{3}} = \frac{18 \times 0.0128 \times 550 \times 1.05}{2 \times 4.9/2 \times \sqrt{3}} = 15.68(\text{kV/m})$$

【考点说明】

公式中的 D 值为相间距;本题公式稍微复杂,同时长度的单位是 cm(1cm=10mm),需要注意单位换算,否则极易出错。

【2023 年下午题 13～16】 某新能源汇集站设置 500kV 配电装置、主变压器、220kV 配电装置和无功补偿装置,本期建设 1 台主变压器(以下简称#1 主变)。#1 主变采用 3 台单相自耦变压器组,单相变压器额定容量为 334MVA/334MVA/100MVA;额定电压为 $\frac{525}{\sqrt{3}}\Big/\frac{230}{\sqrt{3}} \pm 8 \times 1.25\% / 35\text{kV}$,接线组别为 Ia0i0。主变 35kV 侧装置设 3 组 60Mvar 并联电容器组,35kV 侧三相短路电流 I''=30.5kA,冲击电流 i_{ch}=78.5kA。汇集站环境条件:海拔 600m、年平均气温 15℃、最热月平均最高气温 30℃、年最高气温 40℃、年最低气温-25℃,最大风速 30m/s,请分析计算并解答下列各小题。

▶▶第 23 题 [裸导体截面选择] 14. 若主变 35kV 侧采用单母线接线,包括 1 个主变 35kV 进线和 3 个电容器组馈线,共 4 个进、出线间隔,35kV 断路器开断时间为 60ms,主保护动作时间取 20ms,汇流主母线采用铝镁硅系(6063)管型母线,导体最高允许温度 80℃。仅考虑电容器组负载,该管形母线不宜小于下列哪个规格?　　　　　　　　　(　　)

(A) ϕ100/90   (B) ϕ130/116
(C) ϕ150/136   (D) ϕ200/184

【答案及解答】C

由 GB 50227—2021 第 5.8.2 条可得

$$I_g = 1.3 \times \frac{60 \times 3 \times 10^3}{\sqrt{3} \times 35} = 3859.999(\text{A})$$

由 DL/T 5222—2021 表 4.0.3、表 5.1.5,可知校验系数 k=0.94,则

$$I_{xu} \geq \frac{I_g}{k} = \frac{3859.999}{0.94} = 4106.38(\text{A})$$

依据 5.1.5 条说明表 1 可知 C 选项 $\phi150/136$ 管母满足要求，热稳定截面校验：再由该规范第 5.1.9 条及表 5.1.9 可得

$$S \geq \frac{\sqrt{Q_c}}{C} = \frac{\sqrt{30.5^2 \times (0.06 + 0.02 + 0.05)}}{85} \times 1000 = 129.4(\text{mm}^2)$$

C 选项符合要求，所以选 C。

【考点说明】

本题的关键是电容器回路的修正系数 1.3，读者备考期间必须对该类修正系数全部熟记于心，考试的时候才能从容应对；题目给了断路器时间，所以必须进行热稳定截面校验。

【2024 年上午题 6~8】 某风力发电项目终期规模总装机容量 300MW，本期装机容量为 150MW，安装 30 台单机容量为 5MW 的风电机组，风机与配套箱变按一机一变配置。该风电场所处区域海拔约为 300m，户外设备运行环境温度为 35℃。

请分析计算并解答下列各小题。

▶▶第 24 题 [裸导体截面选择] 6. 若本项目最终以一回 220kV 架空线接入系统，送出线路平均功率因数为 0.95，风电场站用电率为 4%，请根据《电力工程电气设计手册 电气一次部分》，按回路持续工作电流选择合适的架空导线截面应为下列哪项数值？　　（　　）

(A) LGJ-150　　　　　　　　　(B) LGJ-300
(C) LGJ-500　　　　　　　　　(D) LGJ-630

【答案及解答】C

由《风电场工程电气设计规范》（NBT 31026—2022）第 5.8.3-1 条可知，至少两条场用电源，本题 1 回并网线路，还有另一路独立的电源供给厂用电，所以功率不减厂用电量。

由老版一次手册第 376 页式右侧回路持续工作电流选择公式可得

$$I_e \geq \frac{300}{\sqrt{3} \times 220 \times 0.95} \times 1000 = 828.73\,(\text{A})$$

又由该手册第 336 页表 8-6 可得

环境温度 35℃，海拔 300m，户外软导线修正系数为 0.89，所以 I=828.73/0.89=931.16（A），用该值查该手册第 412 页附表 8-4 可知，500/35 的导线满足要求，所以选 C。

【考点说明】

（1）老板线路手册为：回路工作电流要求公式，新版一次手册第 377 页；环境温度修正表格：新版一次手册第 341 页表 9-11；载流量出处：新版一次手册第 1006 页表 F-4。

（2）本题如果减去 4%的厂用电，计算查表电流为 982（A）也选 C。

考点 4　裸导体热稳定截面选择

【2012 年下午题 9~13】 某风力发电场，一期装设单机容量 1800kW 的风力发电机组 27 台，每台经箱式变压器升压到 35kV，每台箱式变压器容量为 2000kVA，每 9 台箱式变压器采用 1 回 35kV 集电线路送至风电场升压站 35kV 母线，再经升压变压器升至 110kV 接入系统，

其电气主接线如下图所示。

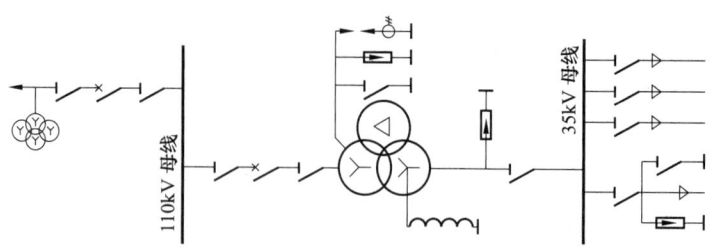

▶▶第 25 题[裸导体热稳定截面]12. 已知风电场 110kV 母线最大短路电流 $I''=I_{zt/2}=I_{zt}=$ 30kA，热稳定时间 $t=2s$，导线热稳定系数为 87，请按照短路热稳定条件校验 110kV 母线截面的规格。（　　）

（A）LGJ-300/30　　　　　　　　（B）LGJ-400/35
（C）LGJ-500/35　　　　　　　　（D）LGJ-600/35

【答案及解答】C

依题意，热稳定时间 2s，较长，工程上可忽略非周期分量；
由新版一次手册第 127 页式（4-44）可得
$$Q_z = I^2 t = 30^2 \times 2 = 1800 \text{ (kA}^2\text{s)}$$
再根据 DL/T 5222—2021 第 5.1.9 条可得母线截面积为
$$S \geq \frac{\sqrt{Q_z}}{C} = \frac{\sqrt{1800}}{87} \times 1000 = 487.66 \text{ (mm}^2\text{)}$$

所以选 C。

【考点说明】

（1）本题考查利用热稳定条件选择导体，题设没给短路各阶段时间参数，所以可以近似按 $Q_z = I^2 t$ 计算，否则必须严格按照新版一次手册第 127 页式（4-44）计算。

（2）题目明确指出按照短路热稳定条件校验，所以不考虑最大载流量情况。

【注释】

（1）短路电流热效应的计算参照 DL/T 5222—2021 附录 A6 及新版一次手册第 127 页相关内容。严格意义上说，短路热效应=周期分量热效应+非周期分量热效应。实际短路时，非周期分量一般在短路后 0.04s 左右就已经大幅度衰减，据此新版一次手册第 127 页表 4-19 是按 0.1s 划分 T 值的。一般工程上当热稳定计算时间超过 1s 时可忽略非周期分量，对计算结果影响不大。本题热稳定计算时间 2s，故忽略非周期分量的热效应。如果要计算非周期分量热效应，算法举例如下。

（2）由于本题是风电场，按照设备的 X/R 值来看，题设校验的短路点既不在"发电机出口及母线"，也不在"发电厂升高电压母线及出线发电机电压电抗器后"，等效时间选 0.05s 更为合理，由于新版一次手册并未列出风电场的参数，考试时为了引用更贴合题目的描述，故选取发电厂高压侧的 0.1s。所以 $Q_f = T I^2 = 0.1 \times 30^2 = 90$（kA^{2}s）。考生可以将非周期分量热效应加上计算后做个比较，会有更直观的感受。

（3）新版变电手册第 67 页，老版一次手册第 147 页。

【2016年上午题7~10】 某 2×300MW 新建发电厂，出线电压等级为 500kV，二回出线，双母线接线，发电机与主变压器经单元接线接入 500kV 配电装置，500kV 母线短路电流周期分量起始有效值 I''=40kA，启动/备用电源引自附近 220kV 变电站，电厂内 220kV 母线短路电流周期分量起始有效值 I''=40kA，启动/备用变压器高压侧中性点经隔离开关接地，同时紧靠变压器中性点并联一台无间隙金属氧化物避雷器（MOA）。

发电机额定功率为 300MW，最大连续输出功率（TMCR）为 330MW，汽轮机阀门全开（VWO）工况下发电机出力为 345MW，额定电压 18kV，功率因数为 0.85。

发电机回路总的电容电流为 1.5A，高压厂用电电压为 6.3kV，高压厂用电计算负荷为 36690kVA；高压厂用变压器容量为 40/25-25MVA，启动/备用变压器容量为 40/25-25MVA。

请根据上述条件计算并分析下列各题（保留 2 位小数）。

▶▶ 第26题 [裸导体热稳定截面] 10. 若发电厂内 220kV 母线采用铝母线，正常工作温度为 60℃、短路时导体最高允许温度 200℃。若假定短路电流不衰减，短路持续时间为 2s，请计算并选择满足热稳定截面要求的最小规格为下列哪项数值？ （　　）

（A）400mm² 　　　　　　　　　（B）600mm²
（C）650mm² 　　　　　　　　　（D）680mm²

【答案及解答】C

依题意，热稳定时间 2s，较长，工程上可忽略非周期分量；
由 DL/T 5222—2021 表 5.1.9，取 C=91；又由该规范式（5.1.9）可得

$$S \geq \frac{\sqrt{Q}}{C} = \frac{\sqrt{40^2 \times 2}}{91} \times 1000 = 621.63 \text{ (mm}^2\text{)}$$

所以选 C。

【考点说明】

（1）DL/T 5222—2021 附录 A 式（A.6.2）是考虑各个时刻短路电流值并不相等的实际情况通过积分公式精确计算得出的，如果忽略短路过程中周期分量的衰减，认为其不变，则可直接使用 $Q=I^2t$ 计算，本题则属于这种情况。

（2）精确计算也可考虑非周期分量，老版一次手册第 127 页表 4-19 时间取 0.1s（老版一次手册第 147 页表 4-21）。

【2018年下午题4~7】 某电厂的海拔为 1300m，厂内 220kV 配电装置的电气主接线为双母线接线，220kV 配电装置采用屋外敞开式布置，220kV 设备的短路电流水平为 50kA，其主变压器进线部分断面见下图。厂内 220kV 配电装置的最小安全净距：A_1 值为 1850mm，A_2 值为 2060mm。请分析计算并解答下列各小题。（本小题图省略）

▶▶ 第27题 [裸导体热稳定截面] 6. 假定 220kV 配电装置最大短路电流周期分量有效值为 50kA，短路电流持续时间为 0.5s，发生短路前导体的工作温度为 80℃，不考虑周期分量的衰减，请以周期分量引起的热效应计算配电装置中铝绞线的热稳定截面应为下列哪项数值？ （　　）

（A）383mm² 　　　　　　　　　（B）406mm²
（C）426mm² 　　　　　　　　　（D）1043mm²

【答案及解答】C

由新版规范 DL/T 5222—2021 第 5.1.9 条及表 5.1.9，C 改为 85，结果为

$$S \geqslant \frac{\sqrt{Q_d}}{C} = \frac{\sqrt{50^2 \times 0.5}}{85} \times 10^3 = 415.9 (\text{mm}^2)$$

【2020 年上午题 14～16】 国内某燃煤电厂安装一台 135MW 汽轮发电机组，机组额定参数为：P=135MW，U=13.8kV，$\cos\varphi$=0.85，发电机中性点采用不接地方式。该机组通过一台 220kV 双卷主变压器，接入厂内 220kV 母线，厂用电源引自发电机至主变低压侧母线支接，当该发电机出口厂用分支回路发生三相短路时（基准电压为 13.8kV），短路电流周期分量起始有效值为 97.24kA，其中本机组提供为 51.28kA。请分析计算并解答下列各小题。

▶▶ **第 28 题[裸导体热稳定截面]** 14. 发电机出口至主变低压侧采用槽型铝母线连接，发电机出口短路主保护动作时间为 60ms，后备保护动作时间 1.2s，断路器开断时间为 50ms。若主保护不存在死区且不考虑三相短路电流周期分量的衰减，当槽型母线工作温度按 80℃ 考虑时，该槽型母线需要的最小热稳定截面为下列哪项数值？（精确到小数点后一位）（　　）

(A) 204.9mm²
(B) 344.0 mm²
(C) 388.6 mm²
(D) 652.3 mm²

【答案及解答】 B

由 DL/T 5222—2021 第 3.0.15 条、第 5.1.9 条、附录 F.6.1～F.6.3 知

$$S \geqslant \frac{\sqrt{Q_d}}{C} = \frac{\sqrt{Q_z + Q_f}}{C} = \frac{\sqrt{51.28^2 \times (0.06 + 0.05 + 0.2)}}{85} = 343.99(\text{m}^2)$$

所以选 B。

【考点说明】

(1) 热效应 Q_d 包含两大部分：一是周期分量热效应 Q_z；另一是非周期分量热效应 Q_f。本题如若忽略非周期分量会错选 A。

(2) 在计算热效应的时候，需要注意短路电流 I 和时间 t 的取值。

对于短路电流 I 的取值，本题是"发电机出口至主变低压侧"，属于典型的"双侧电源"，此时要用两侧各自提供的短路电流中的较大值，很显然本题再一次在此处下坑，总短路电流为 97.24kA，包含发电机提供的短路电流和系统提供的短路电流，其中发电机提供的短路电流较大，为 51.28kA（口算可知大于 97.24 的一半即该值为较大值），本题如果用总电流 97.24kA，考虑非周期分量时，会错选 D；不考虑非周期分量时，会错选 C。

对于时间 t 的取值，本题并不难，按照规范用主保护时间即可，但不少考生在考场上会因为避开了时间 t 的坑点而轻视本题的其他坑点。

【2022 年下午题 4～6】 某电厂现有 2 台 350MW 燃煤机组，以发电机-变压器组接入厂内 220kV 母线，220kV 配电装置采用屋外敞开式布置，为双母线接线，220kV 母线采用单根铝镁硅系 6063-$\varPhi$170/154 管型导体支持式固定。该电厂考虑远景发展规划后，220kV 母线三相短路电流周期分量起始值为 47kA，单相接地短路电流周期分量起始值为 48.5kA。请分析计算并解答下列各题。

▶▶ 第 29 题 [裸导体热稳定截面] 5. 若该电厂 220kV 母线短路主保护动作时间为 40ms，后备保护动作时间为 1.5s，相应断路器全分闸时间为 60ms。若主保护不存在死区且不考虑短路电流周期分量衰减，则 220kV 配电装置母线所需要的最小热稳定截面为：（   ）

(A) 748.32mm² (B) 261.32mm²
(C) 247.91mm² (D) 240.25mm²

【答案及解答】C

由 DL/T 5222—2021，附录 A 第 A.6 节及第 3.0.15 条可知，无死区的导体热效应时间按主保护+全分断时间校验，则周期分量热效应 $Q_z = 48.5^2 \times (0.04 + 0.06) = 235.23 (kA^2 s)$。

又由该规范表 A.6.3，此处属于发电厂升压站高压侧母线，非周期分量等效时间为 0.08s。

$$Q_f = 48.5^2 \times 0.08 = 188.18 (kA^2 s)$$

由式（A.6.1）可得 $Q = Q_z + Q_f = 235.23 + 188.18 = 423.41 (kA^2 s)$

又由该规范第 5.1.4 条可知，屋外敞开式导体工作温度按 80℃设计，由式（5.1.8）可得

$$C = \sqrt{K \ln \frac{\tau + t_2}{\tau + t_1}} \times 10^{-4} = \sqrt{222 \times 10^6 \times \ln \frac{245 + 200}{245 + 80}} \times 10^{-4} \approx 83$$

$$S \geqslant \frac{\sqrt{Q}}{C} = \frac{\sqrt{423.41 kA^2 s}}{83} = 247.91 (mm^2)，选 C。$$

考点 5　裸导体临界电晕电压计算

【2019 年下午题 10~13】某燃煤电厂 2 台 350MW 机组分别经双绕组变压器接入厂内 220kV 屋外配电装置，220kV 配电装置采用双母线接线，普通中型布置。主母线采用支撑式管母水平布置，主母线和进出线相间距均为 4m，出线 2 回。

▶▶ 第 30 题 [裸导体临界电晕电压计算] 10. 若电厂海拔为 1500m，大气压力为 85000Pa，母线采用单根 φ150/136 铝镁硅系（6063）管型母线，则雨天该母线的电晕临界电压为多少？
（   ）

(A) 834.2kV (B) 847.3kV
(C) 943.9kV (D) 996.8kV

【答案及解答】B

由《导体和电器选择设计技术规定》（DL/T 5222—2021）第 5.1.7 条可得

$$\delta = \frac{2.895 \times 85000}{273 + (25 - 0.005 \times 1500)} \times 10^{-3} = 0.847$$

非分裂导线 K_0 取 1，n 取 1，则

$$r_d = r_0 = \frac{150}{2} \times \frac{1}{10} = 7.5$$

$$U_0 = 84 \times 0.9 \times 0.85 \times 0.96 \times 0.847^{\frac{2}{3}} \times \frac{1 \times 7.5}{1} \times \left(1 + \frac{0.301}{\sqrt{7.5 \times 0.847}}\right) \times \lg \frac{1.26 \times 4 \times 100}{7.5}$$
$$= 847.26 (kV)$$

所以选 B。

【考点说明】

该考点比较冷僻，计算量大，但相对比较直接，代入数据即可得到答案。

4.2.1.4 电缆选择

考点 6　电缆载流量计算

【2010 年下午题 6~10】某变电站电压等级为 220kV/110kV/10kV，主变压器为两台 180MVA 变压器，220kV、110kV 系统为有效接地方式，10kV 系统为消弧线圈接地方式。220kV、110kV 设备为户外布置，母线均采用圆形铝管型母线形式，10kV 设备为户内开关柜，10kV 站用电变压器采用两台 400kVA 的油浸式变压器，布置于户外，请回答以下问题。

▶▶第 31 题 [电缆载流量计算] 9. 该变电站从 10kV 开关柜到站用变压器之间采用 1 根三芯铠装交联聚乙烯电缆，敷设方式为与另一根 10kV 馈线电缆（共 2 根）并行直埋，净距为 100mm，电缆导体最高工作温度按 90℃考虑，土壤环境温度为 30℃，土壤热阻系数为 3.0K·m/W，按照 100%持续工作电流计算，请问该电缆导体最小载流量计算值应为下列哪项？　　　　　　　　　　　　　　　　　　　　　　　　　　　　（　　）

(A) 28A　　　　　　　　　　　　(B) 33.6A
(C) 37.3A　　　　　　　　　　　(D) 46.3A

【答案及解答】C

由新版变电手册第 76 页表 4-3 可得变压器持续工作电流为

$$I_g = \frac{1.05 S_e}{\sqrt{3} U_e} = \frac{1.05 \times 400}{\sqrt{3} \times 10} = 24.24 \text{ (A)}$$

由 GB 50217—2018 可知：

依据附录 D.0.1 及表 D.0.1，土壤环境温度为 30℃时的电缆载流量校正系数为 0.96；
依据附录 D.0.3 及表 D.0.3，土壤热阻系数为 3.0K·m/W 时的电缆载流量校正系数为 0.75；
依据附录 D.0.4 及表 D.0.4，土壤中直埋 2 根并行敷设电缆载流量的校正系数为 0.9。
根据 GB 50217—2018 第 3.6.2 条可得，该电缆最小载流量计算值应为

$$I \geq \frac{I_g}{K} = \frac{24.24}{0.96 \times 0.75 \times 0.9} = 37.4 \text{ (A)}$$

所以选 C。

【考点说明】

（1）电缆截面选择涉及环境、敷设方式等多项修正。本题环境温度、热阻系数、并行敷设三个修正一个都不能少。不修正热阻会错选 A，不修正并行敷设会错选 B。

（2）老版一次手册第 232 页表 6-3。

【2021 年上午题 21~25】本题大题干略。

▶▶第 32 题 [电缆载流量计算] 25. 根据厂家提供样本，本项目中某回线路采用电缆载流量为 534A（环境温度为 40℃），该线路独立敷设于一个电缆隧道内，隧道实际环境温度为 30℃，则该环境温度下载流量可估算为以下哪个选项？（提示：忽略绝缘介质及金属护套损耗影响）　　　　　　　　　　　　　　　　　　　　　　　　（　　）

（A）445A　　　　　　　　　　　　（B）487A
（C）585A　　　　　　　　　　　　（D）640A

【答案及解答】C

由 GB 50217—2017 附录 A 可知大题干交联聚氯乙烯电缆最高持续运行温度为 90℃。又由该规范附录 D.0.2 可得

$$K = \sqrt{\frac{\theta_m - \theta_2}{\theta_m - \theta_1}} = \sqrt{\frac{90-30}{90-40}} = 1.095$$

$$I_{xu} = 1.095 \times 534 = 585(A)$$

【考点说明】

本题也可查 GB 50217—2017 附录表 D.0.1，修正系数为 1.09，$I = 1.09 \times 534 = 582.06(A)$

考点7　电缆截面选择

【2013年下午题 14~18】某 220kV 变电站位于Ⅲ级污秽区，海拔 600m。220kV 采用 2 回电源进线，2 回负荷出线，每回出线各带负荷 120MVA，采用单母线分段接线，2 台电压等级为 220kV/110kV/10kV，容量为 240MVA 主变压器，负载率为 65%。母线采用管形铝锰合金，户外布置。220kV 电源进线配置了变比为 2000/5 的电流互感器，其主保护动作时间为 0.1s，后备保护动作时间为 2s，断路器全分闸时间为 40ms。最大运行方式时，220kV 母线三相短路电流为 30kA。站用变压器容量为 2 台 400kVA。请解答下列问题。

▶▶第 33 题 [电缆截面选择] 17. 若该变电站低压侧出线采用 10kV 三芯聚乙烯铠装电缆（铜芯），出线回路额定电流为 260A，电缆敷设在户内梯架上，每层 8 根电缆无间隙两层叠放。电缆导线最高工作温度为 90℃，户内环境温度为 35℃，请计算选择电缆的最小截面积。

（　　）

（A）95mm²　　　　　　　　　　　（B）150mm²
（C）185mm²　　　　　　　　　　（D）300mm²

电缆在空气中为环境温度 40℃、直埋为 25℃时的载流量数值

10kV 三芯电力电缆允许载流量（铝芯）（A）							
绝缘类型		不滴流纸		交联聚乙烯			
钢铠护套				无		有	
电缆导体最高工作温度（℃）		65		90			
敷设方式		空气中	直埋	空气中	直埋	空气中	直埋
电缆导体截面积（mm²）	70	118	138	178	152	173	152
	95	143	169	219	182	214	182
	120	168	196	251	205	246	205
	150	189	220	283	223	278	219
	185	218	246	324	252	320	247
	240	261	290	378	292	373	292
	300	295	325	433	332	428	328

【答案及解答】C

由 GB 50217—2018 附录 D 表 D.0.1、表 D.0.6、表 C.0.3 可知，温度校正系数为 1.05；布置校正系数为 0.65；采用 10kV 三芯聚乙烯铠装电缆（铜芯）时，载流量的校正系数为 1.29。因此，载流量的综合校正系数 $K=1.05 \times 0.65 \times 1.29=0.88$。

依题意可得，标准载流量为 $I_e/K=260/0.88=295.45$，对比题设的载流量表可知，C、D 符合要求，但 D 不经济，所以选 C。

【2020 年下午题 28~30】 某 110kV 变电站，安装 2 台 50MVA、110/10kV 主变，$U_d=17\%$，空载电流 $I_0=0.4\%$，110kV 侧单母线分段接线，两回电缆进线；10kV 为单母分段接线，线路 20 回，均为负荷出线。无功补偿装置设在主变低压侧，请回答以下问题。

▶▶第 34 题 [电缆截面选择] 29. 若主变低压侧设置一组 6012kvar 电容器组单台电容器额定相电压 $11\sqrt{3}$ kV 断路器与电容器组之间采用电缆连接，在空气中敷设，环境温度为 40℃，并行敷设系数为 1，计算该电缆截面选择下列哪种最为经济合理？（　　）

(A) ZR-YJV-3×120mm²   (B) ZR-YJV-3×150 mm²
(C) ZR-YJV-3×185 mm²   (D) ZR-YJV-3×240 mm²

【答案及解答】C

(1) 计算电容器组额定电流：

$$I = \frac{6012}{3 \times 11/\sqrt{3}} = 315.5(A)$$

(2) 由 GB50227—2017 第 5.8.2 条可得：

$$I_g = 1.3 \times 315.5 = 410.15(A)$$

(3) 由 GB50217—2018 表 C.0.3 可得：

铜芯电缆载流量 $324 \times 1.29=417.96$ (A)＞410.15A，所以选 3×185，所以选 C。

【注释】

电力电缆、控制电缆型号含义如下：

(1) ZR—阻燃，NH—耐火，ZA（IA）—苯胺。

(2) 用途。电力电缆缺省表示，K—控制电缆，P—信号电缆，DJ—计算机电缆。

(3) 绝缘层。V—聚氯乙烯，Y—聚乙烯，YJ—交联聚乙烯，X—橡皮，Z—纸。

(4) 导体（缆芯）。铜芯缺省表示，L—铝芯。

(5) 内护层（护套）。V—聚氯乙烯，Y—聚乙烯，Q—铅包，L—铝包，H—橡胶。HF—非燃性橡胶，LW—皱纹铝套，F—氯丁胶，N—丁腈橡皮护套。

(6) 特征。统包型不用表示，F—分相铅包分相护套，D—不滴油，CY—充油，P—屏蔽，C—滤尘器用，Z—直流。

(7) 铠装层。0—无，2—双钢带（24—钢带、粗圆钢丝），3—细圆钢丝，4—粗圆钢丝（44—双粗圆钢丝）。

(8) 外被层。0—无，1—纤维层，2—聚氯乙烯护套，3—聚乙烯护套。

(9) 额定电压。以数字表示，kV。

例如，YJV-1kV-4×35+1×16，YJV 表示铜芯交联聚乙烯绝缘聚氯乙烯护套电力电缆，1kV 表示额定电压 1000V，4×35+1×16 表示 5 芯电缆，由 4 根 35mm² 和 1 根 16mm² 电缆组成。

第 4 章　导体与电器选择

【2021 年上午题 17~20】 某 400MW 海上风电场装设 60 台 6.7MW 风力发电机组（简称风电机组），风电机组通过机组单元变压器（简称单元变）升压至 35kV，然后通过 16 回 35kV 海底电缆集电线路接入 220kV 海上升压站，海上升压站设置 2 台低压分裂绕组变压器（简称主变），海上升压站通过 2 回均为 25km 的 220kV 三芯海底电缆接入陆上集控中心，再通过 2 回 20km 的 220kV 架空线路并入电网。风电机组功率因数（单元变输入功率因数）范围满足 0.95（超前）~0.95（滞后）。

请分析件计算并解答下列各小题。

▶▶**第 35 题 [电缆截面选择]** 20．若风电场陆上集控中心设置了 35kV，20Mvar 的固定电容器及动态无功补偿装置，若 35kV 电缆稳定最小截面为 120mm^2，敷设系数取 1，则固定电容器回路用于连接分相布置电抗器的 35kV 电缆宜选用下列哪个规格？（电缆规格单位：mm^2，载流量单位：A）

35kV 交联聚氯乙烯电缆空气中敷设载流量见下表：

规格	3×95	3×120	3×150	3×185	3×240	3×300
载流量	262	295	328	366	416	460
规格	1×95	1×120	1×150	1×185	1×240	1×300
载流量	288	324	360	402	457	506

(A) YJV-35 3×120　　　　　　(B) 3×（YJV-35 1×150）
(C) YJV-35 3×300　　　　　　(D) 3×（YJV-35 1×240）

【答案及解答】D
(1) 依题意电抗器分相布置，单相供电回路应选单相电缆；
(2) 敷设系数为 1，由 GB 50227—2017 第 5.8.2 条可得

$$I_{xu} \geqslant I_g = 1.3 \times \frac{20 \times 10^3}{\sqrt{3} \times 35} = 428.9(A)$$

结合题意表格，选项 D 满足要求，所以选 D。

【考点说明】
本题为分相电抗器，分相配电，所以选择单相电缆。

【2018 年下午题 11~14】 某燃煤发电厂，机组电气主接线采用单元制接线，发电机出线经主变压器升压接入 110kV 及 220kV 系统，单元机组高压厂用变压器支接于主变压器低压侧与发电机出口断路器之间，发电机中性点经消弧线圈接地，发电机参数为 P_e=125MW，U_e=13.8kV，I_e=6153A，$\cos\varphi_e$=0.85。主变压器为三绕组油浸式有载调压变压器，额定容量为 150MVA，YNynd 接线，高压厂用变压器额定容量为 16MVA，额定电压为 13.8kV/6.3kV，计算负荷为 12MVA，高压厂用启动/备用变压器接于 110kV 母线，其额定容量及低压侧额定电压与高压厂用变压器相同。

▶▶**第 36 题 [电缆截面选择]** 14．高压厂用启动/备用变压器布置于 110kV 配电装置，其 6.3kV 侧采用交联聚乙烯铜芯电缆数根并联引出，通过 A 排外综合管架无间距并排敷设于一独立的无盖板梯架，请计算确定下列电缆的截面和根数组合中，选择哪组合适？（环境温度

40℃) （　）

(A) 8 根 3×120mm²　　　　　　(B) 6 根 3×150mm²
(C) 5 根 3×185mm²　　　　　　(D) 4 根 3×240mm²

【答案及解答】B

依据 GB 50217—2018 表 D.0.1、表 D.0.6 查得，铜铝转换系数 1.29，温度系数 1，梯架一层系数 0.8，由新版一次手册第 220 页表 7-3 可得

$$I_g = \frac{1.05 \times 16 \times 1000}{\sqrt{3} \times 6.3 \times 1 \times 0.8 \times 1.29} = 1491.9 \text{ (A)}$$

计及上述各系数启动/备用变压器低压侧铜芯折算成铝芯修正后的持续工作电流：
查表 C.0.2、表 D.0.7 可得：

(A) 8 根 3×120mm² 无遮阳时的载流量：246×8×0.92=1810.56（A）＞1491.9A
(B) 6 根 3×150mm² 无遮阳时的载流量：277×6×0.91=1512.42（A）＞1491.9A
(C) 5 根 3×185mm² 无遮阳时的载流量：323×5×0.9=1453.5（A）＜1491.9A
(D) 4 根 3×240mm² 无遮阳时的载流量：378×4×0.88=1330.56（A）＜1491.9A
综上所述，按经济原则选 B。

【考点说明】

老版一次手册第 232 页表 6-3。

▶▶【2009 年下午题 6~10】　某 300MVA 火力发电厂，厂用电引自发电机，厂用变主变压器联结组别为 Dyn11yn11，容量 40/25～25MVA，厂用电压 6.3kV，主变压器低压侧与 6kV 开关柜用电缆相连，电缆放在架空桥架上。校正系数 K_1=0.8，环境温度 40℃，6kV 最大三相短路电流为 38kA，电缆芯热稳定整定系数 C 为 150，如下图所示。请回答下列问题。

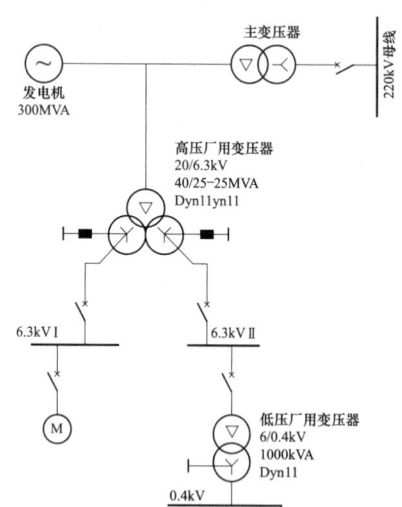

▶▶第 37 题 [电缆截面选择] 7. 变压器到开关柜的电缆放置在架空桥架中，允许工作电流 6kV 电力电缆，最合理经济的为下列哪种？ （　）

(A) YJV-6/6　7 根　3×185mm²　　　(B) YJV-6/6　10 根　3×120mm²
(C) YJV-6/6　18 根　1×185mm²　　　(D) YJV-6/6　24 根　1×150mm²

【答案及解答】B

（1）由 GB 50217—2018 第 3.5.3 条可知，3~35kV 三相供电回路的芯数应选用三芯，故排除 C、D。

（2）由新版一次手册第 220 页表 7-3 可得，变压器回路持续工作电流为

$$I_g = 1.05 \times \frac{S_e}{\sqrt{3}U_e} = 1.05 \times \frac{25 \times 10^3}{\sqrt{3} \times 6.3} = 2405.6 \text{ (A)}$$

（3）由 GB 50217—2018 中表 C.0.2 查得：YJV-6/6-3×185 的载流量为 323×1.29=416.67（A）；YJV-6/6-3×120 的载流量为 246×1.29=317.34（A）。

根据 GB 50217—2018 附录 D 第 D.0.1 条可知，温度修正系数 K_t=1.0；由第 D.0.6 条可知，桥架敷设修正系数 K_1=0.8。因此，总系数 $K=K_tK_1$=0.8。

A 选项总载流量为 7×416.67×0.8=2333.3（A）≤2405.7A。

B 选项总载流量为 10×317.34×0.8=2538.72（A）≥2405.7A。

所以选 B。

【考点说明】

（1）本题坑点：电缆 YJV 代表铜芯电缆。GB 50217—2018 附录 C 各表的数据均是铝芯电缆的载流量，铜芯电缆需乘以 1.29，如不注意就会算错。有关电缆的型号定义可参考新版一次手册第 840 页。

（2）规范、手册中，条文以及表的"注"最容易成为出题点，应予以重视。

（3）应注意 GB 50217—2018 第 3.7.5 条，对电缆敷设环境的温度修正，本题题设是"放置在架空桥架中"，根据表 3.6.5 可不修正，应特别注意如果是敷设在"户内电缆沟"内，应采用"最热月的日最高温度平均值另加 5℃"。

（4）老版一次手册第 232 页表 6-3。

▶▶第 38 题［电缆截面选择］8．图中电动机容量为 1800kW，电缆长 50m，短路持续时间为 0.25s，电动机短路热效应按 $Q=I^2t$ 计算，电动机的功率因数效率 $\eta\cos\varphi$ 乘积为 0.8，则应选取下列哪种电缆？（　　）

（A）YJV-6/6，3×95mm²　　　　　（B）YJV-6/6，3×120mm²
（C）YJV-6/6，3×150mm²　　　　　（D）YJV-6/6，3×180mm²

【答案及解答】C

（1）持续载流量条件。电动机回路持续工作电流为：

$$I_g = \frac{1800}{\sqrt{3} \times 6 \times 0.8} = 216.5 \text{ (A)}$$

选项均为铜芯电缆，按 $I'_g = \frac{216.5}{1.29} = 167.83 \text{ (A)}$ 查铝芯电缆载流量表，由 GB 50217—2018 第 3.6.2 条及表 C.0.2 可知，电缆截面应大于 YJV-6/6-3×70mm²。

（2）热稳定截面条件：由 GB 50217—2018 第 3.6.8-2 款可知，长度小于 200m，短路电流取首端短路，即 6kV 母线电路电流 38kA，C 取 150；又由新版一次手册第 127 页表 4-19，非周期分量时间取 0.1s；再由 GB 50217—2018 中式（E.1.1-1）可得

$$S \geq \frac{\sqrt{Q}}{C} \times 10^3 = \frac{\sqrt{38^2 \times (0.25 + 0.1)}}{150} \times 10^3 = 149.87 \text{ (mm}^2)$$

选用 YJV-6/6 3×150mm² 合适。

取其中较大者可同时满足以上两个条件，所以选 C。

【考点说明】

（1）选择电缆时应满足三个最基本条件：持续载流量；热稳定截面；压降（按老版一次手册第 940 页相关公式校验）。本题未给出足够数据校验压降，同时电缆长 50m，长度很短，压降一般不会超标，所以可不计算。但是如果给出条件，无论长短都必须校验。

（2）注意：电缆热稳定截面积公式计算得到的是电缆一相的截面积。

（3）选项均为铜芯电缆，查载流量时注意铜铝转换。

（4）老版一次手册非周期分量查表为第 147 页表 4-21。

（5）本题大题干给出的校正系数 0.8 是指主变低压侧电缆校正系数，所以本题电动机电缆不考虑该系数。

【注释】

电缆回路 Q 值的计算分以下三种：

（1）火电厂 100MW 及以下机组 3～10kV 厂用电动机馈线回路。

（2）火电厂 100MW 以上机组 3～10kV 厂用电动机馈线回路。

（3）除火电厂 3～10kV 厂用电动机馈线以外的其他情况。

具体计算方法可查阅 GB 50217—2018 附录 E。本题为了简化计算，降低难度，题设可直接使用 $Q=I^2t$ 计算。

【2011 年下午题 11～15】 某 125MW 火电机组低压厂用变压器回路从 6kV 厂用工作段母线引接，该母线短路电流周期分量起始值为 28kA。低压厂用变压器为油浸自冷式三相变压器，参数为：S_e=1000kVA，U_e=6.3/0.4kV，阻抗电压 U_d=4.5%，联结组别 Dyn11，额定负载的短路损耗 P_d=10kW。DL1 为 6kV 真空断路器，开断时间为 60ms；DL2 为 0.4kV 空气断路器。该变压器高压侧至 6kV 开关柜用电缆连接；低压侧 0.4kV 至开关柜用硬导体连接，该段硬导体每相阻抗为 Z_m=(0.15+j0.4)mΩ；中性点直接接地。低压厂用变压器设主保护和后备保护，主保护动作时间为 20ms，后备保护动作时间为 300ms。低压厂用变压器回路接线及布置见下图（本题省略），请解答下列各小题（计算题按最接近数值选项）。

▶▶第 39 题 [电缆截面选择] 12. 已知环境温度 40℃，电缆热稳定系数 C=140，试计算该变压器回路 6kV 交联聚乙烯铜芯电缆的最小截面积为 （　　）

(A) 3×120mm² (B) 3×95mm²
(C) 3×70mm² (D) 3×50mm²

【答案】C

【解答过程】

由 GB 50217—2018 第 3.6.8 条可知，低压变压器取主备保护时间加断路器开断时间，由式（E.1.3-2）及式（E.1.1-1）可得

$$Q = I^2t = 28^2 \times (0.02 + 0.06) = 62.72(\text{kA}^2\text{s})$$

$$S \geq \frac{\sqrt{Q}}{C} \times 10^3 = \frac{\sqrt{62.72}}{140} \times 10^3 = 56.57 \, (\text{mm}^2)$$

选 3×70mm² 可满足要求。

根据 GB 50217—2018 第 3.6.2 条可知，电缆应满足 100%持续工作电流，由新版一次手册第 220 页表 7-3 可得，变压器回路持续工作电流为

$$I_\mathrm{g} = 1.05 \frac{S_\mathrm{e}}{\sqrt{3}U_\mathrm{e}} = 1.05 \times \frac{1000}{\sqrt{3} \times 6.3} = 96.23 \text{ (A)}$$

$$\frac{96.23}{1.29} = 74.6 \text{ (A)}$$

根据 GB 50217—2018 表 D.0.1，环境温度为 40℃载流量校正系数为 1.0，查该规范表 C.0.2 可知 3×35mm² 可满足要求；以上两者取大，所以选 C。

【考点说明】

（1）关于校验时间的取值 DL/T 5222—2021 第 3.0.15 条，GB 50217—2018 第 3.6.8 条以及 GB/T 50065—2011 附录 E.0.3 各有不同，在做题时应遵循规范适用原则，选取最贴切题设的 GB 50217—2018 作答。

（2）热稳定截面积校验公式计算出的是单相截面积，不要误认为是三相总截面积，否则会错选 D。

（3）老版一次手册第 232 页表 6-3。

【注释】

GB 50217—2018 第 3.7.6-4 条规定，短路电流作用时间应取保护动作时间与断路器开断时间之和。对电动机及低压变压器等直馈线，保护动作时间应取主保护时间；其他情况宜取后备保护时间。其中，电动机等直馈线指的是从电源直接配给和电机一样的最终负荷线路，由于故障影响面小，且在厂用段用量又较多，为了节省采购电缆成本，规定是"应"取主保护时间。低压变压器回路在 2018 版规范中也改为按主保护时间加断路器开断时间计算，是考虑到由于后备保护Ⅱ段时间动作时，短路电流很小，减小电缆截面完全能够满足故障时的热稳定要求。

【2012 年上午题 15～20】 某风电场升压站的 110kV 主接线采用变压器—线路组接线，一台主变压器容量为 100MVA，主变压器短路阻抗为 10.5%，110kV 配电装置采用屋外敞开式，升压变电站地处海拔 1000m 以下，站区属多雷区。

▶▶第 40 题［电缆截面选择］19. 该风电场升压站 35kV 侧设置 2 组 9Mvar 并联电容装置，拟各用一回三芯交联聚乙烯绝缘铝芯高压电缆连接，电缆的额定电压 U_0/U=26/35，电缆路径长度约为 80m。同电缆沟内并排敷设。两电缆敷设中心距等于电缆外径。试按持续允许电流，短路热稳定条件计算后，选择出哪一个电缆截面积是正确的？（　　）

附下列计算条件：地区气象温度多年平均值为 25℃，35kV 侧计算用短路热效应 Q 为 76.8kA²s，热稳定系数 C=86。

三芯交联聚乙烯绝缘铝芯高压电缆在空气中 25℃长期允许载流量

电缆导体截面积（mm²）	95	120	150	185
长期允许载流量（A）	165	180	200	230

注 本表引自 DL/T 1253—2013《电力电缆线路运行规程》。缆芯工作温度为 80℃，周围环境温度为 25℃。

（A）95mm² 　　　　　　　　　　　（B）120mm²

（C）150mm² （D）185mm²

【答案及解答】 D

（1）回路工作电流。由 GB 50227—2017 第 5.8.2 条可知，电缆的工作电流为

$$I_g = 1.3 \times \frac{9000}{\sqrt{3} \times 35} = 193 \text{ (A)}$$

（2）载流量修正。依据 GB 50217—2018 附录 D.0.5，两条电缆敷设中心距等于电缆外径时，校正系数 K_1 为 0.9。

35kV 户外电缆沟电缆按 25℃ 环境温度考虑，不需要进行温度修正。因此，所需最小载流量为 $\frac{193}{0.9}$ =214.4 (A)。

由上表可知，185mm² 的电缆满足要求。

（3）短路热稳定条件校验。由 GB 50217—2018 附录 E 中式（E.1.1）可得导体热稳定截面积为

$$S \geqslant \frac{\sqrt{Q}}{C} \times 10^3 = \frac{\sqrt{76.8}}{86} \times 10^3 = 101.9 \text{ (mm}^2)$$

以上两者取大值 185mm²，所以选 D。

【考点说明】

（1）本题坑点之一是电容器回路工作电流按 1.3 修正，否则很可能错选 A 或 B。

（2）本题没给出最热月日最高温度平均值，所以按表格基准温度 25℃ 计算，不进行温度修正。标准情况应依据 GB 50217—2018 第 3.6.5 条进行环境温度修正。

【注释】

需要注意的是，GB 50217—2018 附录 D 表 D.0.1 中的系数，空气中敷设是以基准温度 40℃，土壤中是以基准温度 25℃ 计算的（表中对应该温度的修正系数为 1），而该规范附录 C 中各表的载流量也是这个基准值（空气中 40℃，土壤 25℃）下的允许值，所以其他温度下载流量可以利用附录 C 表中数据直接查表 D.0.1 进行系数修正。

但是本题所给表数据，空气基准温度是 25℃，如果查本表数据，计算 30℃ 环境载流量时的温度修正系数，不能直接查表 D.0.1 的数据（因为基准温度不同），而应该用附录 D 的式（D.0.2）计算才行。

【2012 年下午题 9～13】 某风力发电场，一期装设单机容量 1800kW 的风力发电机组 27 台，每台经箱式变压器升压到 35kV，每台箱式变压器容量为 2000kVA，每 9 台箱式变压器采用 1 回 35kV 集电线路送至风电场升压站 35kV 母线，再经升压变压器升至 110kV 接入系统，其电气主接线见下图。

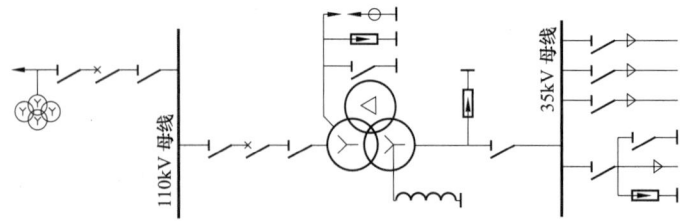

▶▶第 41 题 [电缆截面选择] 13．已知一回 35kV 集电线路上接有 9 台 2000kVA 的箱式变压器，其集电线路短路时的热效应为 106.7kA²s，铜芯电缆的热稳定系数为 115，电缆在土壤中敷设时的综合校正系数为 1，请判断下列的哪种电缆既满足载流量要求又满足热稳定要求？（　　）

（A）3×95　　　　　　　　　　（B）3×120
（C）3×100　　　　　　　　　　（D）3×185

三芯交联聚乙烯绝缘铜芯高压电缆在空气中 25℃长期允许载流量

电缆导体截面积（mm²）	3×95	3×120	3×100	3×185
长期允许载流量（A）	215	234	260	320

注　缆芯工作温度为 80℃，周围环境温度为 25℃。

【答案及解答】D
（1）允许载流量选择截面积
由新版一次手册第 220 页表 7-3 可得电缆长期允许载流量为

$$I = 1.05 \times \frac{9 \times 2000}{\sqrt{3} \times 35} = 311.8 \, (\text{A})$$

由题干表格可知，电缆导线截面积应选择 3×185mm²。
（2）热稳定条件校验
由 GB 50217—2018 附录 E 式（E.1.1-1）可得

$$S \geq \frac{\sqrt{Q}}{C} = \frac{\sqrt{106.7}}{115} \times 1000 = 89.82 \, (\text{mm}^2)$$

以上两者取较大值，所以选 D。
【考点说明】
老版一次手册第 232 页表 6-3。

【2017 年下午题 9～13】　某 2×350MW 火力发电厂，高压厂用电采用 6kV 一级电压，每台机组设一台分列高压厂用变压器，两台机组设一台同容量的高压启动/备用变压器。每台机组设两段 6kV 工作母线，不设公用段。低压厂用电电压等级为 400V/230V，采用中性点直接接地系统。

▶▶第 42 题 [电缆截面选择] 11．假设该工程 6kV 母线三相短路时，厂用电源短路电流周期分量的起始有效值为：I''_B=24kA，电动机反馈电流周期分量的起始有效值为 I''_D=15kA，6kV 断路器采用中速真空断路器，6kV 电缆全部采用交联聚乙烯铜芯电缆，若电缆的额定负荷电流与电缆的实际最大工作电流相同，则 6kV 电动机回路按短路热稳定条件计算所允许的三芯电缆最小截面应为下列哪项数值？（　　）

（A）95mm²　　　　　　　　　　（B）120mm²
（C）150mm²　　　　　　　　　　（D）185mm²

【答案及解答】B
由 DL/T 5153—2014 附录 L 式（L.0.1-3）、表 L.0.1-1 可得，中速断路器 t=0.15s、分列变

压器 T_B=0.06s，则

$$Q_t = 0.210(I_B'')^2 + 0.23 I_B'' I_D'' + 0.09(I_D'')^2$$
$$= 0.21 \times 24^2 + 0.23 \times 24 \times 15 + 0.09 \times 15^2 = 224.01 \text{ (kA}^2\text{s)}$$

依据 GB 50217—2018 附录 A、附录 E 可得

$$I_P = I_H$$

$$\theta_P = \theta_0 + (\theta_H - \theta_0)\left(\frac{I_P}{I_H}\right)^2 = \theta_H = 90$$

$$C = \frac{1}{\eta}\sqrt{\frac{Jq}{\alpha K \rho} \ln \frac{1+\alpha(\theta_m - 20)}{1+\alpha(\theta_P - 20)}}$$

$$C = \frac{1}{0.93}\sqrt{\frac{1 \times 3.4}{0.00393 \times 1.006 \times 0.0184 \times 10^{-4}} \ln \frac{1+0.00393 \times (250-20)}{1+0.00393 \times (90-20)}} = 14702.2$$

$$S \geq \frac{\sqrt{Q}}{C} \times 10^3 = \frac{\sqrt{224.01}}{14702.2} \times 10^3 \times 10^2 = 101.12 \text{ (mm}^2\text{)}$$

所以选 B。

【考点说明】

所求截面积 S 与 C 值有关，C 值与 k 值有关，而 k 值与所求的截面积有关，形成死循环。只能先以 $k=1$ 试算后，截面积取 120mm^2，再查 GB 50217—2018 表 E.1.1 得出 $k=1.006$，再次重新计算 C、S 值。k 两种取值对结果影响不大，但在该处会浪费较多时间，实际考试时此类题目放在最后做比较合适。

【2019 年下午题 10~13】某燃煤电厂 2 台 350MW 机组分别经双绕组变压器接入厂内 220kV 屋外配电装置，220kV 配电装置采用双母线接线，普通中型布置。主母线采用支撑式管母水平布置，主母线和进出线相间距均为 4m，出线 2 回。

▶▶**第 43 题**［电缆截面选择］12. 该电厂 220kV 母线发生三相短路时的短路电流周期分量起始有效值为 40.7kA，其中系统提供的电流为 33kA，每台机组提供的电流为 3.85kA。其中一台机组通过 220kA 铜芯交联电缆接入厂内 220kV 配电装置，若该回路主保护动作时间为 20ms，后备保护动作时间为 2s，断路器开断时间为 50ms，电缆导体的交流电阻与直流电阻之比值为 1.01，不考虑短路电流非周期分量的影响以及周期分量的衰减，则该回路电缆的最小热稳定截面积是多少？ （　　）

(A) 69.08mm^2 (B) 7.30mm^2
(C) 373.85mm^2 (D) 412.91mm^2

【答案及解答】 C

由 GB 50217—2018 第 3.6.8 第 5 款及附录 E 及附录 A 可得

$$C = 1 \times \sqrt{\frac{3.4}{0.00393 \times 1.01 \times 0.01724 \times 10^{-4}} \times \ln \frac{1+0.0393 \times (250-20)}{1+0.0393 \times (90-20)}} \times 10^{-2} = 141.13$$

$$S \geq \frac{\sqrt{(33+3.85)^2 \times (2+0.05)}}{141.13} \times 1\,000 = 373.85 \text{ (mm}^2\text{)}$$

所以选 C。

【考点说明】

（1）本题的 C 值计算量大、参数多，计算时要细心，公式中的最高允许温度和最高工作温度可以由《电力工程电缆设计标准》（GB 50217—2018）附录 A 查得。

（2）本题在计算短路热效应时，短路电流的选取是关键，题设所求是发电机单元回路，该位置电缆短路时，全系统短路总电流并不会同时流过整根电缆，而是要么在靠近发电机侧短路，此时流过电缆的短路电流为除本台发电机之外的短路电流，要么是靠近 220kV 母线侧短路，此时流过该电缆的短路电流是本台发电机提供的短路电流，两者取大为 33+3.85=36.85（kA），否则会误选 D。

【2021 年上午题 21~25】 某变电工程选用 220kV 单芯电缆，单相敷设长度为 3km，采用隧道方式敷设，电缆选用交联聚氯乙烯铜芯电缆，其金属护套采用交叉互联接地方式，正常工作最大电流为 450A，电缆所在区域系统单相短路电流周期分量为 40kA，短路持续时间 1s，短路前电缆导体温度按 70℃ 考虑，电缆采用水平布置，间距 300mm，布置方式见下图（本题配图略）。电缆外径为 115mm，导体交直流电阻比按 1.02，金属护套平均外径为 100mm。

▶▶ 第 44 题 [电缆截面选择] 23. 本工程条件下，按短路条件计算得到电缆导体截面应不小于 $280mm^2$，如因系统条件发生变化，该线路单相短路电流周期分量有效值为 50kA，短路电流持续时间 1.5s，按此条件计算电缆导体截面不应小于以下哪个选项？（忽略短路电流衰减且不计非周期分量。） （ ）

（A） $350mm^2$ （B） $402mm^2$
（C） $429mm^2$ （D） $489mm^2$

【答案及解答】 C

依题意明确了电缆导体的交直流电阻比，本题可认为热稳定系数 C 值不随截面变化而变化。由 GB 50217—2017 附录 E 式（E.1.1-1）、式（E.1.3-2）可得

$$S \geqslant \frac{\sqrt{Q}}{C}, Q = I^2 t \Rightarrow S_2 = \frac{\sqrt{I_2^2 t_2}}{\sqrt{I_1^2 t_1}} \times S_1 = \frac{\sqrt{50^2 \times 1.5}}{\sqrt{40^2 \times 1}} \times 280 = 429 (mm^2)$$

【考点说明】

本题看似缺少 C 值需要进行复杂计算，但题设前后只是更换同类型电缆，C 值不变，找到这一关键点本题迎刃而解。近几年这类"技巧性"题目越来越多，备考时应加强理论功底。

【2022 年上午题 8~11】 某发电厂位于海拔 1000 米以下，安装 1 台 35MW 汽轮发电机组，该机组接线图如下图所示：

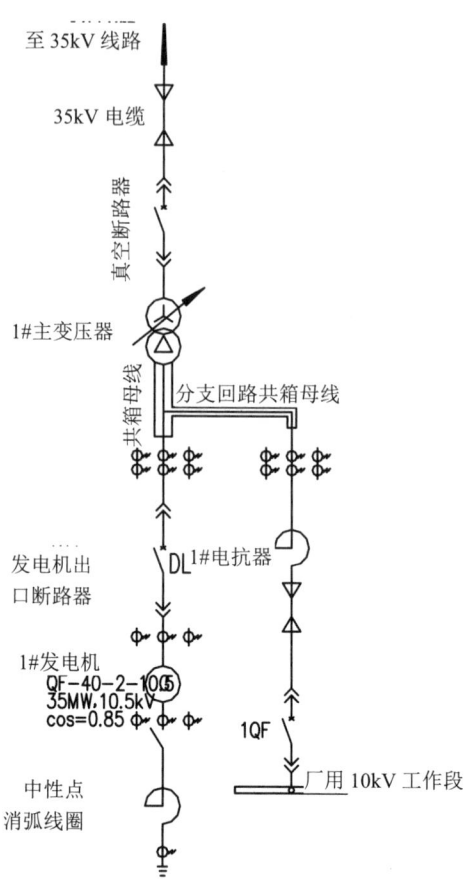

图中发电机出口电压为 10.5kV，发电机经主变压器升压至 35kV，接入电网。采用线路变压器组接线。发电机额定功率 35MW，额定功率因数 0.85，机组最大连续输出功率为 38.2MW，请分析并回答下列问题。

▶▶**第 45 题**[**电缆截面选择**]10. 若发电厂厂用电抗器前短路电流周期分量起始值为 50kA，接入电抗器后高压厂用段母线总短路电流周期分量起始值为 30kA，高压厂用段母线短路的电动机反馈电流为 5kA，电抗器至高压厂用段采用电缆连接，主保护动作时间为 50ms，后备保护动作时间为 2s，断路器开断时间为 100ms，假定不考虑周期分量有效值的衰减且不计非周期分量，电缆热稳定系数取 C=150，计算并选择满足热稳定的电缆截面为下列哪项数值？

( )

(A) 241.52mm² (B) 282.84mm²
(C) 289.82mm² (D) 471.40mm²

【答案及解答】A

依题意，高压厂用段母线总短路电流周期分量起始值为 30kA，其中电动机反馈电流为 5kA，则电抗器至高压厂用段的电缆上可能流过的短路电流为 $I_{k1} = 30 - 5 = 25(\text{kA})$，依题意不考虑周期分量有效值的衰减且不计非周期分量，由 GB 50217—2018 第 3.6.8-5 款，短路电流热效应时间应取后备保护时间+开断时间。由 GB 50217—2018 式（E.1.3-2），短路电流热效应为

$$Q = I^2 t = (30-5)^2 \times (2.0+0.1) = 1312.5(\text{kA}^2\text{s})$$

再由该规范附录 E 式（E.1.1-1），可得 $S \geqslant \dfrac{\sqrt{Q}}{C} = \dfrac{\sqrt{1312.5}}{150} = 241.52(\text{mm}^2)$。

【2022 年补考下午题 6～10】 某 2×300MW 火力发电厂，以 220kV 电压等级接入电力系统，高压厂用电系统采用 6kV 供电，电气接线示意图如下图所示。高压厂用工作变压器从升压变低压侧引接，选用分裂变压器，额定容量 40/25-25MVA，电压比 20±2×2.5%/6.3-6.3kV，半穿越电抗 16.8%，分裂系数 K_f=3.5。全厂设起备变压器 1 台，额定容量同高压厂用工作变压器。请分析计算并解答下列问题。

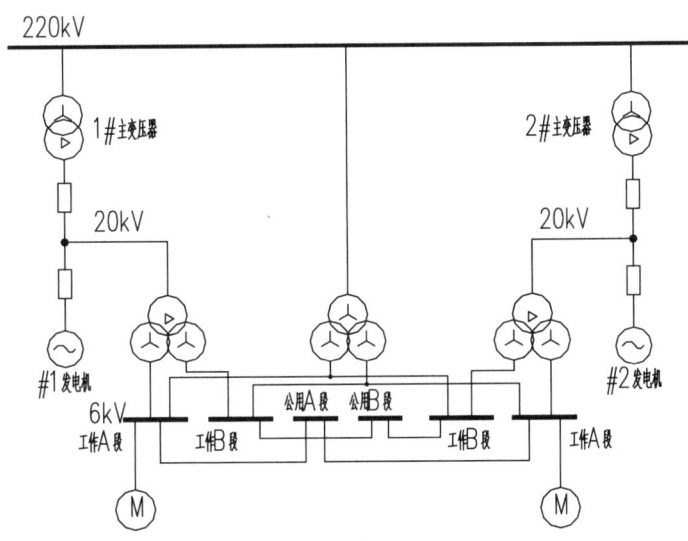

▶▶第 46 题 [电缆截面选择] 9. 假设该工程高压厂用工作变压器高压侧系统按无穷大系统考虑，已知 6kV 厂用工作段母线所带电动机总功率 18000kW，最大一台引风机电动机额定功率 3000kW，设电流速断保护，主保护动作时间为 70ms，断路器全分闸时间 80ms。请按短路热稳定条件计算引风机回路供电电缆最小截面应为下列哪项数值？（电缆热稳定 C 值取 106，电动机平均反馈电流倍数取 6.0）　　　　　　　　　　　　　　　（　　）

(A) 113mm²　　　　　　　　　　　(B) 128.7mm²
(C) 150mm²　　　　　　　　　　　(D) 180mm²

【答案及解答】B

由 DL/T 5153—2014 附录 L.0.1 及表 L.0.1-3 可得

$$X_T = \dfrac{(1-7.5\%) \times 16.8}{100} \times \dfrac{100}{40} = 0.3885;\ X_s = 0$$

$$I''_B = \dfrac{9.16}{0.3885} = 23.5779(\text{kA});\ I''_D = 6 \times \dfrac{18000-3000}{\sqrt{3} \times 6 \times 0.8} \times 10^{-3} = 10.8253(\text{kA})$$

又由 GB 50217—2018 附录 E 表 E.1.3 可得：$t = 70+80 = 150(\text{ms}) = 0.15(\text{s})$

$$Q_t = 0.21 \times 23.5779^2 + 0.23 \times 23.5779 \times 10.8253 + 0.09 \times 10.8253^2 = 185.99(\text{A}^2\text{s})$$

$$S \geqslant \frac{\sqrt{185.99}}{106} \times 1000 = 128.659 \,(\text{mm}^2)$$

【2024 年上午题 17~20】 某 500kV 变电站远离发电厂建设，前期已经装设 2 组主变，单相变压器额定容量为 250MVA/250MVA/80MVA，额定电压比为 $\frac{525}{\sqrt{3}} \big/ \frac{230}{\sqrt{3}} \pm 2 \times 2.5\% / 36$ kV，接线组别为 Iaoio，现拟对前期已经装设的 2 组主变实施增容改造并在#1 主变低压侧扩建 1 套直流融冰装置。

更换主变单相额定容量 334/334/100MVA，额定电压比和阻抗电压百分数均与前期变压器保持一致。

变电站环境条件：海拔高度 700m，年平均气温 20℃，最热月平均最高气温+35℃。年最高气温+40℃、年最低气温-15℃，最大风速 34m/s。

请分析计算并解答下列各小题。

▶▶**第 47 题 [电缆截面选择] 18.** 本工程在#1 主变的 35kV 侧扩建 2 个融冰变间隔，分别通过铜芯电缆与 2 台融冰换流变压器连接，若融冰换流变压器回路主保护动作时间为 20ms，后备保护动作时间 300ms，断路器开断时间为 50ms，铜芯电缆热稳定常数 C=141，35kV 母线短路水平为 40kA，请计算电缆回路的最小热稳定截面为下列哪项数值？（　　）

（A）63.4mm² 　　　　　　　　　　（B）75.1mm²
（C）167.8mm²　　　　　　　　　　（D）172.5mm²

【答案及解答】 B

依题意，融冰间隔属于末端低压变压器，依据《电力工程电缆设计标准》（GB 50217—2018）第 3.6.8-5 款可知，保护时间取主保护时间，又由该规范附录 E 式（E.1.1-1）及式（E.1.3-2）可得

$$S \geqslant \frac{\sqrt{Q}}{C} = \frac{\sqrt{40^2 \times (0.02 + 0.05)}}{141} \times 1000 = 75.01 \,(\text{mm}^2)$$

所以选 B。

【考点说明】

（1）本题如果取后备保护，则会错选 C。

考点 8　电缆绝缘选择

【2017 年上午题 6~10】 某垃圾电厂建设 2 台 50MW 级发电机组，采用发电机–变压器组单元接线接入 110kV 配电装置，为了简化短路电流计算，110kV 配电装置三相短路电流水平为 40kA，高压厂用电系统电压为 6kV，每台机组设 2 段 6kV 母线，2 段 6kV 通过 1 台限流电抗器接至发电机机端，2 台机组设 1 台高压备用变压器。其简化的电气主接线如下图所示。

发电机主要参数：额定功率 P_e=50MW，额定功率因数 $\cos\varphi$=0.8，额定电压 U_e=6.3kV，次暂态电抗 X''_d=17.33%。定子绕组每相对地电容 C_g=0.22μF。

主变压器主要参数：额定容量 S_e=63MVA，电压比 121±2×2.5%/6.3，短路阻抗 U_d=10.5%，

接线组别 YNd11，主变压器低压绕组每相对地电容 C_{T2}=4300pF；高压厂用电系统最大计算负荷 13960kVA。厂用负荷功率因数 $\cos\varphi$=0.8，高压厂用电系统三相总的对地电容 C=3.15μF。请分析计算并解答下列各小题。

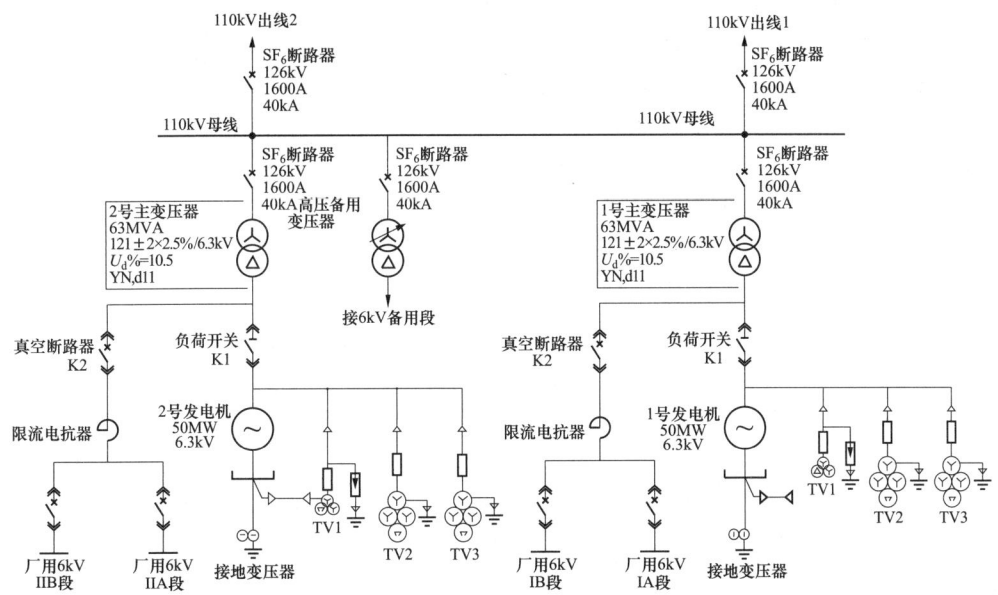

▶▶第 48 题［电缆绝缘电压］10．若发电机采用零序电压式匝间保护，发电机出口设置 1 组该保护专用电压互感器（TV1）一次绕组中性点与发电机中性点采用电缆直接连接，请确定下列电缆规格中哪项能满足此要求？ （ ）

（A）YJV–6　1×35mm² 　　　　　　（B）VV–1　1×35mm²
（C）YJV–3　1×120mm² 　　　　　　（D）VV–1　1×120mm²

【答案及解答】A

依据 DL/T 5222—2021 第 18.3.4 条及条文说明，发电机中性点绝缘水平按线电压 6kV 选择，所以选 A。

【考点说明】

（1）发电机中性点接地变压器的绝缘水平应与连接系统绝缘水平相一致，也就是应与接地变压器的绝缘水平相一致。

（2）发电机中性点经接地变压器接地，属于高阻接地系统。正常运行时，发电机中性点电位接近于零（有不平衡电压），发电机定子绕组及出线发生单相接地时，中性点电压升高为相电压，过渡过程电压能达到 1.6 倍相电压，所以，接地变压器的绝缘水平应按线电压设计。

综上，发电机中性点接地变压器的绝缘水平，按发电机线电压考虑。

【注释】

（1）题中所给出的接线图表明 50MW 的发电机匝间保护采用了零序电压式匝间保护。图中，把发电机中性点与发电机出口端部的专用于匝间保护的电压互感器的中性点，用电缆连接起来。该电压互感器的一次侧中性点不能接地。这样，当定子绕组发生匝间短路时，就有零序电压加到电压互感器的一次侧，于是，在其二次侧开口三角形出口处就有零序电压输出，作用于跳闸回路。

(2）题目是一个继电保护的问题，却要求选择连接电缆，此电缆的电压又和中性点接地方式有关联。这就要求考生有综合的判断能力。单一的专业知识就会出现困惑。这也反映了2017年注考出题的一种倾向，需要备考时注意。

（3）在确定电缆的额定电压时，题目答案给出了6kV、3kV和1kV三种电压供考生选择，就必须注意电缆所连接的位置和发电机中性点的接地方式。发电机中性点采用了不接地方式，意味着发电机整个回路出现单相接地故障时，并不跳闸，中性点会出现相电压的位移。再联想到DL/T 5222—2021 第18.3.4条条文说明："对发电机接地用变压器，其一次额定电压取发电机的额定线电压，这样可在发生单相接地，中性点有1.6倍相电压的过渡电压时，不会使变压器饱和。"所以答案选择6kV是合理的。

（4）至于电缆的截面，考虑到该电缆的作用只是电压的传递，并不流通大的工作电流，只需要选择答案给出的最小截面1×35mm^{2}就足够了。

（5）关于电缆绝缘强度的选择，对 GB 50217—2018 部分条款解读如下：

1）GB 50217—2018 第3.2.2条的规定主要考虑接地系统与不接地系统。有效接地系统发生单相接地故障时，电源跳闸，设备退出运行，电缆相地绝缘只需要承受正常工作电压即可，相地绝缘承受的是相电压。

2）如果是非有效接地系统，当发生单相接地时，系统不跳闸继续运行，此时非接地相相地电压上升为原来的$\sqrt{3}$倍（173.21%），电缆相地绝缘必须满足这种工况。因为电缆绝缘有一定的裕量，结合实际运行情况，短时单相接地也不一定都会将电缆绝缘打爆，为了体现经济性，第3.2.2-2条规定：在8h以内可以用133%倍相电压绝缘，8h以上用173%倍绝缘。这种规定方法只限于电缆。其他绝缘应严格按照 GB/T 50064—2014 第6章的要求选择绝缘。

考点9　电缆护层感应电压

【2013年上午题4~6】某屋外220kV变电站，海拔1000m以下，其高压配电装置的变压器进线间隔断面图如下（配图此处省略）。

▶▶第49题［电缆护层感应电压］6. 假设该变电站有一回35kV电缆负荷回路，采用交流单芯电力电缆，金属层接地方式按一端接地设计。电缆导体额定电流300A，电缆计算长度1km，三根单芯电缆直埋敷设且水平排列，相间距离20cm，电缆金属层半径3.2cm。试计算这段电缆线路中相间（B相）正常感应电压。　　　　　　　　　　　　（　　）

（A）47.58V (B) 42.6V
（C）34.5V (D) 13.05V

【答案及解答】C

由 GB 50217—2018 附录F式（F.0.1）及表F.0.2可得

$$E_s = LE_{s0} = LIX_s = LI\left(0.0628\ln\frac{S}{r}\right) = 0.0628LI\ln\frac{S}{r}$$
$$= 0.0628 \times 1 \times 300 \times \ln\frac{20}{3.2} = 34.5 \text{ (V)}$$

所以选 C。

【考点说明】

GB 50217—2018 第4.1.11条规定：交流单芯电力电缆金属层感应电动势，在未采取措施时不得超过 50V，其余情况不得超过 300V。GB/T 50065—2011 第 5.2.1-2 款规定：不采取措施时不得大于 50V，采取措施时不得大于 100V。虽然 GB/T 50065—2011 较新，但从原理和专业上来说，GB 50217—2018 第 4.1.11 条更符合实际，采用 GB 50217 较为合适。

【2019 年下午题 10~13】 某燃煤电厂 2 台 350MW 机组分别经双绕组变压器接入厂内 220kV 屋外配电装置，220kV 配电装置采用双母线接线，普通中型布置。主母线采用支撑式管母水平布置，主母线和进出线相间距均为 4m，出线 2 回。

▶▶**第 50 题[电缆护层感应电压]** 13. 若一台机组采用 220kV 电缆经电缆沟敷设接入厂内 220kV 母线，电缆型号 YJLW03=1200mm^2，三相电缆水平等间距敷设，相邻电缆之间的净距为 35cm，电缆外径为 115.6mm，电缆金属套的外径为 100mm，电缆长度为 200m，电缆采用一端互联接地，一端经护层接地保护器接地，当电缆中流过电流为 1000A 时，电缆金属套的正常感应电动势是多少？ ( )

(A) A、C 相 28.02V，B 相 22.63V　　(B) A、C 相 29.78V，B 相 24.45V
(C) A、C 相 31.49V，B 相 26.22V　　(D) A、C 相 33.26V，B 相 28.04V

【答案及解答】 D
依题意一回三相水平等间距敷设，由 GB 50217—2018 附录 F 式（F.0.1）及表 F.0.2 可得

$$a = (2 \times 314 \times \ln 2) \times 10^{-4} = 0.04353 \, (\Omega/km)$$

$$X_s = \left(2 \times 314 \times \ln \frac{35+11.56}{10/2}\right) \times 10^{-4} = 0.14 \, (\Omega/km)$$

$$Y = 0.14 + 0.04353 = 0.1835 \, (\Omega/km)$$

$$E_{s0(A相或C相)} = \frac{1000}{2} \times \sqrt{3 \times 0.1835^2 + (0.14 - 0.04353)^2} = 166.08 \, (V/km)$$

$$E_{s0(B相)} = 1000 \times 0.14 = 140 \, (V/km)$$

$$E_{s(A相或C相)} = 166.08 \times 0.2 = 33.26 \, (V)$$

$$E_{s(B相)} = 140 \times 0.2 = 28 \, (V)$$

所以选 D。

【考点说明】
按照《电力工程电缆设计标准》（GB 50217—2018）第 4.1.11 条规定，正常感应电动势最大值未采取有效措施时不得大于 50V，采取有效措施时不得大于 300V。本题考查正常感应电动势的计算，计算过程比较复杂，参数多，并且公式中参数的单位和题设已知数据的单位并不一致，在计算时应进行单位换算。

【2021 年上午题 21~25】 某变电工程选用 220kV 单芯电缆，单相敷设长度为 3km，采用隧道方式敷设，电缆选用交联聚氯乙烯铜芯电缆，其金属护套采用交叉互联接地方式，正常工作最大电流为 450A，电缆所在区域系统单相短路电流周期分量为 40kA，短路持续时间 1s，短路前电缆导体温度按 70℃考虑，电缆采用水平布置，间距 300mm，布置方式见下图。电缆外径为 115mm，导体交直流电阻比按 1.02，金属护套平均外径为 100mm。

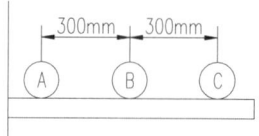

▶▶第 51 题 [电缆护层感应电压] 24. 该工程某段电缆长 650m，该段电缆金属护套一端直接接地，另一端非直接接地，则该电缆 A 相金属护套正常工况下最大感应电势值为以下哪个选项？（提示：工作频率 50Hz，仅考虑单回路情况） （　　）

(A) 28.74V (B) 32.9V
(C) 38.3V (D) 40.8V

【答案及解答】D

由 GB 50217—2017 附录 F 可得

$$X_s = 2\omega \ln \frac{S}{r} \times 10^{-4} = 2 \times 314 \times \ln \frac{0.3}{0.05} \times 10^{-4} = 0.1125 (\Omega/km)$$

$$a = 2\omega \ln 2 \times 10^{-4} = 2 \times 314 \times \ln 2 \times 10^{-4} = 0.0435 (\Omega/km)$$

$$Y = X_x + a = 0.1125 + 0.0435 = 0.156$$

$$E_{so} = \frac{1}{2}\sqrt{3Y^2 + (X_s - a)^2} = \frac{450}{2} \times \sqrt{3 \times 0.156^2 + (0.1125 - 0.0435)^2} = 62.75 (V/km)$$

$$E_s = LE_{so} = 0.65 \times 62.75 = 40.8(V)$$

【2024 年上午题 17～20】 某 500kV 变电站远离发电厂建设，前期已经装设 2 组主变，单相变压器额定容量为 250/250/80MVA，额定电压比为 $\frac{525}{\sqrt{3}} / \frac{230}{\sqrt{3}} \pm 2 \times 2.5\%/36$ (kV)，接线组别为 Iaoio，现拟对前期已经装设的 2 组主变实施增容改造并在#1 主变低压侧扩建 1 套直流融冰装置。

更换主变单相额定容量 334/334/100MVA，额定电压比和阻抗电压百分数均与前期变压器保持一致。

变电站环境条件：海拔高度 700m，年平均气温 20℃，最热月平均最高气温+35℃。年最高气温+40℃、年最低气温-15℃，最大风速 34m/s。

请分析计算并解答下列各小题。

▶▶第 52 题 [电缆护层感应电压] 20. 本工程融冰设置有 2 台 65/65MVA，65±2×2.5%/9.5kV 融冰换流变压器，融冰系统具有 1.2 倍连续过负荷能力，每台融冰换流变压器每相均通过 2 根聚乙烯单芯铜电缆接入 35kV 配电装置，每台融冰换流变压器的两回电缆采用水平等距同相序直线敷设，敷设电缆中心距为电缆外径，电缆外径为 72mm，电缆金属套外径为 60mm，电缆长度 180m。当电缆采用一端接地时，在最大持续工作条件下，B 相电缆金属套的感应电压为下列哪项数值？ （　　）

(A) 7.56V (B) 8.89V
(C) 12.74V (D) 17.78V

【答案及解答】B

由《电力工程电缆设计标准》(GB 50217—2018) 附录 F，双回路，同相序直线敷设，B

相感应电压为

$$X_s = (2\omega\ln\frac{S}{r})\times 10^{-4} = (2\times 314\times\ln\frac{72}{60/2})\times 10^{-4} = 0.055\,(\Omega/m)$$

$$a = (2\omega\ln 2)\times 10^{-4} = (2\times 314\times\ln 2)\times 10^{-4} = 0.0435\,(\Omega/m)$$

$$E_{so} = I(X_s + \frac{a}{2}) = 1.2\times\frac{65}{\sqrt{3}\times 35}\times(0.055 + \frac{0.0435}{2}) = 0.09875\,(V/m)$$

依题意"每相均通过 2 根聚乙烯单芯铜电缆接入",每根电缆通过一半的单相电流;"当电缆采用一端接地时",离接地点最远的位置为电缆全厂,长度 L 取 180m,可得:

$$E_s = LE_{so} = 180\times 0.09875\times\frac{1}{2} = 8.89\,(V)$$

所以选 B。

【考点说明】

本题是双拼电缆,如果电流不除 2 会错选 D。

考点 10　电缆电压损失

【2011 年上午题 6~10】 某 110kV 变电站有两台三绕组变压器,额定容量为 120MVA/120MVA/60MVA,额定电压为 110kV/35kV/10kV,阻抗为 $U_{12}\%=9.5$、$U_{13}\%=28$、$U_{23}\%=19$。主变压器 110kV、35kV 侧均为架空进线,110kV 架空出线至 2km 之外的变电站(全线有避雷线),35kV 和 10kV 为负荷线,10kV 母线上装设有并联电容器组,其电气主接线如下图所示。

图中 10kV 配电装置距主变压器 1km,主变压器 10kV 侧采用 3×185 铜芯电缆接到 10kV 母线,电缆单位长度电阻为 0.103Ω/km,电抗为 0.069Ω/km,功率因数 $\cos\varphi=0.85$。请回答下列问题(计算题按最接近数值选项)。

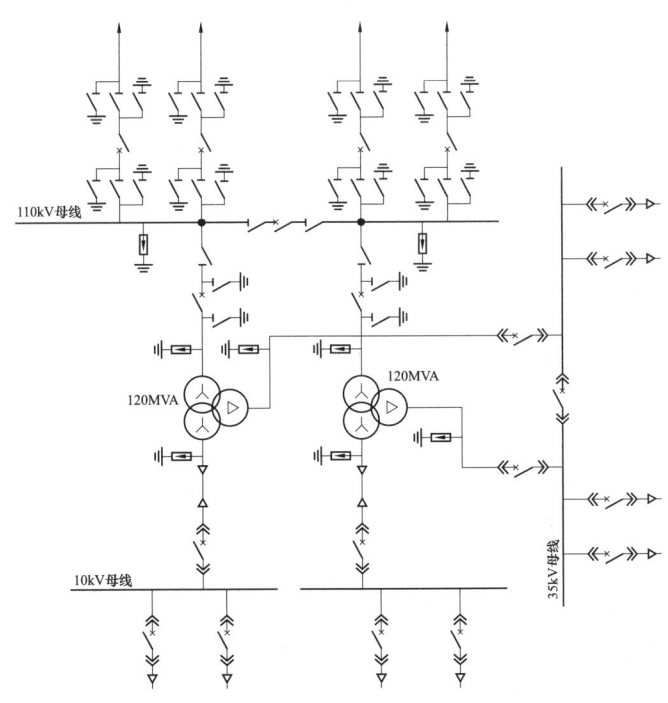

▶▶**第 53 题 [电缆电压损失]** 8. 请校验 10kV 配电装置至主变压器电缆末端的电压损失最接近哪项数值? ( )

(A) 5.25%　　　　　　　　　　(B) 7.8%

(C) 9.09%　　　　　　　　　　(D) 12.77%

【答案及解答】 B

由新版一次手册第 220 页表 7-3 可得，主变压器 10kV 侧持续工作电流为

$$I_\mathrm{g}=1.05\times\frac{S_\mathrm{e}}{\sqrt{3}U_\mathrm{N}}=1.05\times\frac{60\times10^3}{\sqrt{3}\times10}=3637.3\,(\mathrm{A})$$

又由该手册第 853 页式（16-24）可知，电缆末端的电压损失为

$$\Delta U\%=\frac{173}{U}I_\mathrm{g}L(r\cos\varphi+x\sin\varphi)$$

$$=\frac{173}{10\times10^3}\times3637.3\times1\times(0.103\times0.85+0.069\times\sqrt{1-0.85^2})\times100\%=7.8\%$$

所以选 B。

【考点说明】

（1）电缆电压损失校验应用较广，应重点掌握。计算时应注意，单相、三相电缆和直流等情况使用公式不一样。本题如果错代单相电缆电压的校验公式 [式（16-25）]，则会错选 C。

（2）老版一次手册第 232 页表 6-3、第 940 页第 17-1 节式（17-6）。

【注释】

（1）新版一次手册第 853 页规定，对供电距离较远、容量较大的电缆线路或电缆架空线混合线路（如煤、灰、水系统），应校验其电压损失，并对电压敏感的用电设备允许电压降值进行规定。但多长的线路、多大的负荷需要校验电压降设有其他规定，应根据实际的用电设备性质、负荷情况、距离，有代表性地进行校验，以判断实际设计压降是否满足用电设备对压降要求。

（2）新版一次手册第 853 页式（16-24），其中 I_g 规定的是计算工作电流。本题要求校验 10kV 配电装置至主变压器电缆末端的电压损失时，只给出变压器容量，没给出变压器负荷率，也没给出总的计算负荷和实际最大负荷，所以只能按变压器额定电流乘 1.05 计算。

考点 11　电缆敷设方式

【2021 年上午题 21～25】　某变电工程选用 220kV 单芯电缆，单相敷设长度为 3km，采用隧道方式敷设，电缆选用交联聚氯乙烯铜芯电缆，其金属护套采用交叉互联接地方式，正常工作最大电流为 450A，电缆所在区域系统单相短路电流周期分量为 40kA，短路持续时间 1s，短路前电缆导体温度按 70℃ 考虑，电缆采用水平布置，间距 300mm，本题布置图略。

▶▶**第 54 题 [电缆敷设方式]** 21. 该工程电缆选择了蛇形敷设方式，主要考虑了一下哪个选项? ( )

(A) 减小电缆轴向应力　　　　(B) 减小施工难度

(C) 增加电缆载流量　　　　　(D) 降低对周边弱电线路的电磁影响

【答案及解答】A

由 GB 50217—2017 第 2.0.12 条知：选 A。

【考点说明】

（1）电缆蛇形敷设可分为两根电缆水平排列的水平蛇形敷设和垂直排列的垂直蛇形敷设，其主要目的是导体热胀冷缩时可自由伸缩，类似伸缩接头的作用，从而减小轴向应力。由于电缆隧道中空气散热能力稍弱，其环境温受电缆发热影响较大，为此隧道中经常采用此种敷设方式。

（2）从本题也可以看出，规范开头的名词解释也非常重要，学习时应注意研读。

考点 12　电缆沟净宽

【2010 年下午题 6~10】　某变电站电压等级为 220kV/110kV/10kV，主变压器容量为两台 180MVA 变压器，220kV、110kV 系统为有效接地方式，10kV 系统为消弧线圈接地方式。220kV、110kV 设备为户外布置，母线均采用圆形铝管型母线形式，10kV 设备为户内开关柜，10kV 站用电变压器采用两台 400kVA 的油浸式变压器，布置于户外，请回答以下问题。

▶▶第 55 题［电缆沟净宽］10．该变电站 10kV 出线电缆沟深 1200mm，沟内采用电缆支架两侧布置方式，请问该电缆沟内通道的净宽不宜小于下列哪项数值？并说明根据和原因。
（　　）

（A）500mm　　　　　　　　（B）600mm
（C）700mm　　　　　　　　（D）800mm

【答案及解答】C

由 GB 50217—2018 第 5.5.1 条及表 5.5.1 可知，沟深大于 1000mm，电缆支架两侧配置，电缆沟净宽不宜小于 700mm，所以选 C。

4.2.2　设备选择

4.2.2.1　整体原则

考点 13　设备容量海拔修正

【2012 年下午题 1~5】　某新建 2×300MW 燃煤发电厂，高压厂用电系统标称电压为 6kV，其中性点为高电阻接地，每台机组设两台高压厂用无励磁调压双绕组变压器，容量为 35MVA，阻抗值为 10.5%，6.3kV 单母线接线，设 A 段、B 段，6kV 系统电缆选为 ZR-YJV22-6/6kV 三芯电缆。（原大题干后续已知内容本处省略）

▶▶第 56 题［设备容量海拔修正］3．当额定电流为 2000A 的 6.3kV 开关运行在周围空气温度为 50℃，海拔为 2000m 环境中时，其实际的负荷电流应不大于下列哪项值？（　　）

（A）420A　　　　　　　　（B）1580A
（C）1640A　　　　　　　　（D）1940A

【答案及解答】C

依据 DL/T 5222—2021 第 4.0.2 条条文说明，考虑环境温度影响，实际负荷电流为 2000

×[1-(50-40)×1.8%]=1640（A），所以选 C。

【考点说明】

按照老版一次手册第 236 页左上第二段描述，海拔升高空气稀薄散热能力降低，但同时海拔升高温度降低，二者影响相互抵消所以电器额定电流可与一般地区相同，新版一次手册第 224 页右下角内容已按照 DL/T 5222—2021 第 4.0.2 条更改。

【注释】

电器的最高运行温度由其绝缘能够长期耐受的温度决定，超过该温度绝缘寿命将降低，而绝缘寿命在很大程度上决定了电器的使用寿命，最高温度是温度的绝对值，和热量来源无关，如将电机放在火边，时间长了不用通电流，绝缘也会受损。

电器的温升是其自身发热，主要是电流（功率）的热效应导致的发热与散热之间的平衡，最终使电器的温度稳定在环境温度之上的某一个值，这个高出来的值就是温升，是一个相对量，所以电器的功率对应其温升，功率越大发热越多，温升也就越高，极限功率对应额定温升（额定温升是绝缘最高允许运行温度和标准最高环境温度 40℃之间的差值）。

当电器正常运行时，在额定功率下，温升超标，虽然绝对温度没有达到设备绝缘的最高允许温度（因为环境温度可能低于 40℃），也是不正常的，可能是电器设备发热过多，有内部短路或摩擦嫌疑，也有可能是散热能力下降所致。

电器的额定电流设置条件是在环境温度为 40℃，海拔 1000m 以下。当环境温度超过 40℃时，电器的热效应相对更强，电器设备需要降容使用，环境温度超过 40℃时每高 1℃，额定电流要降低 1.8%；同理当环境温度低于 40℃时，电器的热效应相对降低，电器设备可以增加容量使用，环境温度低于 40℃时，每低 1℃，额定电流可增加 0.5%，但不能超过 20%，这是因为设备过负荷太多，其发热可能还来不及散出就已经损伤了设备。

值得一提的是，当海拔升高后，空气稀薄，其散热能力降低，所以电器的极限工作温度要相应的降低，即电器的允许温升要相应地降低，按每上升 100m 温升降低 3%考虑。如果环境温度超过了电器考虑海拔上升后的极限工作温度，则应按每升高 1℃，额定电流要降低 1.8%，此时可按推荐算法为 $\left(允许升温 \times \dfrac{H-1000}{100} \times 0.3\%\right) \times 1.8\%$，如果是电动机可参考 DL/T 5153—2014 式（5.2.4）计算。

【2018 年下午题 8～10】 某电厂装有 2×1000MW 纯凝发电机组，以发电机变压器组方式接入厂内 500kV 升压站，每台机组设一台高压厂用无励磁调压分裂变压器，容量 80MVA/47-47MVA，变比 27/10.5-10.5，半穿越阻抗设计值为 18%，其电源引自发电机出口与主变压器低压侧之间，设 10kVA、B 两段厂用母线。请分析计算并解答下列各小题。

▶▶**第 57 题 [设备容量海拔修正]** 8. 若该电厂建设地点海拔高度 2000m，环境最高温度 30℃，厂内所用电动机的额定温升 90K，则电动机的实际使用容量 P_s 与其额定功率 P_e 的关系为：( )

(A) $P_s=0.8P_e$
(B) $P_s=0.9P_e$
(C) $P_s=P_e$
(D) $P_s=1.1P_e$

【答案及解答】 C

依据 DL/T 5153—2014 第 5.2.4 条，则

$$\frac{h-1000}{100}\Delta Q - (40-\theta) \leqslant 0$$

$$\frac{2000-1000}{100} \times 1\% \times 90 - (40-30) = -1 \leqslant 0$$

电动机的额定功率不变，应选 C。

【注释】

（1）此题系考核电动机高海拔影响环境温度补偿问题，由于海拔高，空气密度低，空气介质的冷却效率降低，使电机绝缘的散热能力下降，而温升增加，从而影响电机的输出功率；当然，高海拔对高压（6kV 以上）电机的外绝缘强度及电晕问题也是需要关注的问题。

（2）本题需利用 DL/T 5153—2014 的第 5.2.4 条的公式计算；该公式最早源于 GB 755—1965 "电机基本技术要求"：当电机使用海拔超过 1000m（但不超过 4000m），使用地点的冷却空气最高温度随海拔升高的递减值 $(h-1000)/100)\Delta Q \leqslant (40-\theta)$ 时，电动机可按铭牌的额定功率运行，如不满足上式时，此电机被认为欠补偿，应按该电机的允许最高温度每超过 1℃，电动机降低额定功率 1%使用，或与制造厂协商处理。

（3）本题计算结果满足不大于 0 的要求，意味着海拔高时，电动机温升增加，输出功率会减小，但随着海拔的提高气温又降低，当其足以补偿海拔对温升的影响时，电动机的额定功率可不变；如计算结果不小于 0，该电机在此海拔须降容使用，即按该电机的允许最高温度每超过 1℃，电动机降低额定功率 1%使用，或与制造厂协商处理。

4.2.2.2 变压器选择

考点 14 单相变压器额定电流计算

【2014 年下午题 5~9】某地区拟建一座 500kV 变电站，海拔不超过 1000m，环境年最高温度 40℃，年最低温度−25℃，其 500kV 侧、220kV 侧各自与系统相连，该变电站远景规模为：4×750MVA 主变压器，6 回 500kV 出线，14 回 220kV 出线，35kV 侧安装有无功补偿装置，本期建设规模为：2×750MVA 主变压器，4 回 500kV 出线，8 回 220kV 出线，35kV 侧安装若干无功补偿装置，其电气主接线简图及系统短路电抗图（S_j=100MVA）如下（此处省略）。

该变电站的主变压器采用单相无励磁调压自耦变压器组，其电气参数如下：

电压：$\frac{525}{\sqrt{3}}$kV$\Big/\frac{230}{\sqrt{3}}$kV/35kV；容量：250MVA/250MVA/66.7MVA；接线组别：YNa0d11；

阻抗（以 250MVA 为基准）：$U_{d\text{I-II}}\%$=11.8，$U_{d\text{I-III}}\%$=49.47，$U_{d\text{II-III}}\%$=34.52。

▶▶**第 58 题**[单相变压器额定电流计算] 7. 请计算该变电站中主变压器高、中、低压侧额定电流应为下列哪组数据？　　　　　　　　　　　　　　　　　　　　　（　　）

(A) 886A，1883A，5717A　　　　　　(B) 275A，628A，1906A

(C) 825A，1883A，3301A　　　　　　(D) 825A，1883A，1100A

【答案及解答】C

由 GB 1094.1—2013 第 3.4.7 条可知，该变压器各侧额定电流为：

高压侧 $I_e = \dfrac{750 \times 1000}{\sqrt{3} \times 525} = 825\,(A)$

中压侧 $I_e = \dfrac{750 \times 1000}{\sqrt{3} \times 230} = 1883\,(A)$

低压侧 $I_e = \dfrac{3 \times 66.7 \times 1000}{\sqrt{3} \times 35} = 3301\,(A)$

所以选 C。

【考点说明】

（1）本题很简单，用欧姆定律 $I_e = \dfrac{S_e}{\sqrt{3} U_e}$ 计算就行。但应特别注意，这里的 S_e 是三相总容量，而 U_e 是线电压。

（2）选项中的 275A、628A、1100A 都是用单相容量计算的结果。

（3）题设的变压器是用三台独立的单相变压器，通过 YNa0d11 接线方法连在一起组成的一台三相变压器组，这时每台单相变压器就是这个三相变压器组中的一个绕组。星形接线时，相电流等于线电流，线电压等于 $\sqrt{3}$ 倍相电压；三角形接线时，线电流等于 $\sqrt{3}$ 倍相电流，而线电压等于相电压。本题也可以"以单相变压器为计算对象"，然后再算单相变压器合成的三相变压器电流，计算过程如下：

单相变压器高压侧额定电流：$S = UI \Rightarrow I = \dfrac{S}{U} = \dfrac{250 \times 1000}{525/\sqrt{3}} = 825\,(A)$

因高压侧为星形接法，线电流等于相电流，所以高压侧电流为 825A，同理中压侧电流为 $I = \dfrac{250 \times 1000}{230/\sqrt{3}} = 1883(A)$ 低压侧额定电流 $I = \dfrac{66.7 \times 1000}{35} = 1905.7(A)$，因为低压侧是三角形接法，线电流等于相电流的 $\sqrt{3}$ 倍，所以低压侧电流为 $I = \sqrt{3} \times \dfrac{66.7 \times 1000}{35} = 3301(A)$。

考点 15　变压器回路负荷计算

【2012 年上午题 1~5】 某一般性质的 220kV 变电站，电压等级为 220kV/110kV/10kV，两台相同的主变压器，容量为 240MVA/240MVA/120MVA，短路阻抗 $U_{k12}\%=14$，$U_{k13}\%=25$，$U_{k23}\%=8$，两台主变压器同时运行的负载率为 65%，220kV 架空线路进线 2 回，110kV 架空负荷出线 8 回，10kV 电缆负荷出线 12 回，设两段，每段母线出线 6 回，每回电缆平均长度为 6km，电容电流为 2A/km，220kV 母线穿越功率为 200MVA，220kV 母线短路容量为 16000MVA，主变压器 10kV 出口设计 XKK-10-2000-10 限流电抗器 1 台。请回答下列问题（XK 表示限流电抗器，K 表示空芯，额定电压 10kV，额定电流 2000A，电抗率 10%）。

▶▶第 59 题 [变压器负荷计算] 4．从系统供电经济合理性考虑，该变电站一台主变压器 10kV 侧最少应带下列哪项负荷值时，该变压器的选型是合理的。　　　　（　）

（A）120MVA　　　　　　　　　　（B）72MVA
（C）36MVA　　　　　　　　　　　（D）18MVA

【答案及解答】 C

由 DL/T 5218—2012 第 5.2.4 条可知，10kV 侧最少应带负荷为 240×15%=36（MVA）。所以选 C。

【考点说明】

（1）由 DL/T 5218—2012 第 5.2.4 条可知，如变压器各侧绕组功率达到该变压器额定容量的 15%以上，宜采用三绕组变压器。

（2）15%应按变压器额定容量计算。如果按 10kV 侧容量计算会错选 D。

（3）注意规范引用应正确，不要错用 GB 50059—2011。

【2011 年下午题 6~10】 一座远离发电厂的城市地下变电站，设有 110kV/10kV、50MVA 主变压器两台，110kV 线路 2 回，内桥接线；10kV 出线多回，单母线分段接线。110kV 母线最大三相短路电流 31.5kA，10kV 母线最大三相短路电流 20kA。110kV 配电装置为户内 GIS，10kV 户内配置为成套开关柜。地下建筑共有三层，地下一层的布置如简图。请按各小题假设条件回答下列问题（本题配图省略）。

▶▶第 60 题 [变压器负荷计算] 6. 本变电站有两台 50MVA 变压器，若变压器过负荷能力为 1.3 倍，请计算最大的设计负荷为下列哪一项数值？　　　　　　　　　　　（　　）

（A）50MVA　　　　　　　　　　　　（B）65MVA
（C）71MVA　　　　　　　　　　　　（D）83MVA

【答案及解答】B

由 DL/T 5216—2017 第 4.3.2 条可知，装有 2 台及以上变压器的地下变电站，当断开一台主变压器时，其余主变压器的容量应满足全部负荷用电要求。

所以最大设计负荷为 50×1.3=65MVA，所以选 B。

【考点说明】

本题明确了变压器具备 1.3 倍过负荷能力，应按过负荷计算，不考虑则会错选 A。

【注释】

城市地下变电站因为不宜扩建，并且比较重要，所以变压器的容量相对选得比较大，这一点和 GB 50059—2011 以及 DL/T 5218—2012 的规定不一样，应注意。

考点 16　变电站主变容量计算

【2011 年下午题 1~5】 某 110kV/10kV 变电站，两台主变压器，两回 110kV 电源进线，110kV 为内桥接线，10kV 为单母线分段接线（分列运行），电气主接线见下图。110kV 桥开关和 10kV 分段开关均装设备用电源自动投入装置（简称备自投）。系统 1 和系统 2 均为无穷大系统。架空线路 1 长 70km，架空线路 2 长 30km。该变电站主变压器负载率不超过 60%，系统基准容量为 100MVA。请回答下列问题。

▶▶第 61 题 [变电站主变容量计算] 1. 如该变电站供电的负荷：一级负荷 9000kVA、二级负荷 8000kVA、三级负荷 10000kVA。请问主变压器容量应为下列哪项数值？　　（　　）

（A）10200kVA　　　　　　　　　　（B）16200kVA
（C）17000kVA　　　　　　　　　　（D）27000kVA

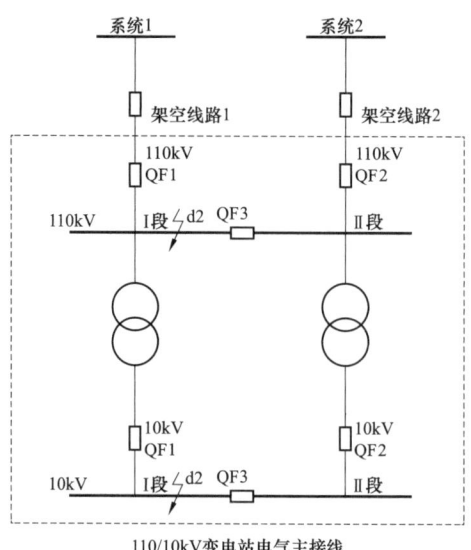

110/10kV变电站电气主接线

【答案及解答】 D

主变压器容量应满足以下两个条件：

（1）由 GB 50059—2011 第 3.1.3 条，单台主变压器总容量 S 应满足全部一、二级负荷用电的要求，即

$$S \geq 9000 + 8000 = 17000 \text{ (kVA)}$$

（2）由题意可知，主变压器负载不超过 60%，假设两台变压器负荷均分，则主变压器容量最小为

$$S_n \times 2 \times 60\% = 9000 + 8000 + 10000 = 27000$$

$$\Rightarrow S_n = \frac{27000}{2 \times 60\%} = 22500 \text{ (kVA)}$$

以上两者取大值，主变压器容量取 27000kVA，所以选 D。

【考点说明】

本题坑点：主变压器负载率不超过 60%，不考虑本条会错选 C。

【注释】

（1）题设负载率为变压器正常运行时的负载率，即运行负荷与额定容量之比。

（2）变压器容量选择应满足以下要求：

1）单台容量大于全部一、二级负荷（或总负荷的 70%，根据不同电压等级的变电站选用不同规范）。

2）全部变压器总容量大于变电站总负荷。

3）对三绕组变压器，任意一侧容量大于该侧最大负荷，正常运行最小负荷不小于容量（一次绕组容量）的 15%。

4）满足负载率的要求（如果题设有要求）。

注：因为三级负荷不定，所以 1）条和 2）条并不能互相替代。题目可根据不同的负荷条件设置陷阱。

【2013年上午题1~3】 某工厂拟建一座110kV终端变电站,电压等级为110kV/10kV,由两路独立的110kV电源供电。预计一级负荷10MW,二级负荷35MW,三级负荷10MW。站内设两台主变压器,联结组别为YNd11。110kV采用SF_6断路器,110kV母线正常运行方式为分列运行。10kV侧采用单母线分段接线,每段母线上电缆出线8回,平均长度4km。未补偿前工厂内负荷功率因数为86%,当地电力部门要求功率因数达到96%。请解答以下问题。

▶▶第62题 [变电站主变容量计算] 1. 说明该变电站主变压器容量的选择原则和依据,并通过计算确定主变压器的计算容量和选取的变压器容量最小值应为下列哪组数值?
( )

(A) 计算值34MVA,选40MVA (B) 计算值45MVA,选50MVA
(C) 计算值47MVA,选50MVA (D) 计算值53MVA,选63MVA

【答案及解答】C

由 GB 50059—2011 第 3.1.3 条可知:$S_{min} = \dfrac{10+35}{0.96} = 47 \text{(MVA)}$

单台变压器运行时负担全部负荷的一半,负荷为:$S_\text{单} = \dfrac{(10+35+10)/2}{0.96} = 28.65 \text{(MVA)}$

以上两者取大值,所以选C。

【考点说明】

该题坑点为功率因数,应将题目已知的有功功率(单位 MW)除以功率因数,转换为容量(视在功率,单位 kVA),计算时应使用"达到要求运行"时的功率因数 0.96。本题如果不除功率因数,直接代有功功率计算会误选 B。错误使用不合格的功率因数 0.86 会误选 D。

【注释】

变压器是电能传输的通道,不管是有功功率还是无功功率都要占用变压器的绕组载流量,所以变压器用视在功率 $S=\sqrt{3}UI$(单位为 kVA)来表示其额定容量。

而发电机、电动机等动力机械,作用是提供动力,使用中最关注的是能提供多少出力,所以标识的是有功出力或者有功功率,$P=\sqrt{3}UI\cos\theta$(单位 kW 或 MW)。无功功率用功率因数来配合表示。

【2018年上午题1~5】 某城市电网拟建一座220kV无人值班重要变电站(远离发电厂),电压等级为220kV/110kV/35kV,主变压器为2×240MVA。220kV电缆出线4回,110kV电缆出线10回,35kV电缆出线16回。请分析计算并解答下列各小题。

▶▶第63题 [变电站主变容量计算] 2. 由该站220kV出线转供的另一变电站,设两台主变压器,有一级负荷100MW,二级负荷110MW,无三级负荷,请计算选择该变电站单台主变压器容量为下列哪项数值时比较经济合理?(主变压器过负荷能力按30%考虑) ( )

(A) 120MVA (B) 150MVA
(C) 180MVA (D) 240MVA

【答案及解答】C

由 DL/T 5218—2012 第 5.2.1 条得:

(1) 一台主变压器停运时,另一台供全部负荷70%:$S_e \geq 0.7\times(100+110)=147\text{(MVA)}$。

（2）计及过负荷能力时，满足全部一二级负荷：$S_e \geq \dfrac{100+110}{1.3} = 161.5 \text{(MVA)}$。

综合以上要求，取最大者 161.5MVA，选 C。

【考点说明】

本题有学员提出依据 SD 325—1998 第 5.7 条可知 35～110kV 负荷功率因数为 0.9～1，取 0.9。经与参与判卷的老师沟通，得出的结论是：如果题干中有不明确的参数在解答时不用考虑，当然如果考试答题时考虑了之后与原标准答案选项相同也视作正确。

考点 17　发电厂主变容量计算

【2011 年下午题 26～30】　某新建电厂一期安装两台 300MW 机组，机组采用发电机—变压器组单元接线接入厂内 220kV 配电装置，220kV 采用双母线接线，有两回负荷线和两回联络线。按照最终规划容量计算的 220kV 母线三相短路电流（周期分量起始有效值）为 30kA，动稳定电流为 81kA；高压厂用变压器为一台 50/25-25MVA 的分裂变压器，半穿越电抗 U_d=16.5%，高压厂用母线电压为 6.3kV。请按各小题假设条件回答下列问题。

▶▶第 64 题 [发电厂主变容量计算] 29. 发电机额定功率因数为 0.85，最大连续输出容量为额定容量的 1.08 倍，高压厂用工作变压器的计算容量按选择高压厂用工作变压器容量的方法计算出的负荷为 46MVA，按估算厂用电率的原则和方法所确定的厂用电计算负荷为 42MVA，试计算并选择主变压器容量最小是下列哪项数值？　　　（　　）

（A）311MVA　　　　　　　　　（B）315MVA
（C）335MVA　　　　　　　　　（D）339MVA

【答案及解答】 D

由 GB 50660—2011 第 16.1.5 条及其条文说明可知，主变压器容量最小值为

$$\dfrac{1.08 \times 300}{0.85} - 42 = 339.18 \text{(MVA)}$$

【考点说明】

GB 50660—2011 规定"主变压器最小容量=发电机最大连续输出容量−不能被高压厂用启备变压器替代的高压厂用变压器计算负荷"，注意此高压厂用变压器计算负荷应为"按估算厂用电率的原则和方法所确定的厂用电计算负荷"，不能错用厂用电计算负荷，否则会错选 C。

【2016 年上午题 7～10】　某 2×300MW 新建发电厂，出线电压等级为 500kV，二回出线，双母线接线，发电机与主变压器经单元接线接入 500kV 配电装置，500kV 母线短路电流周期分量起始有效值 I''=40kA，启动/备用电源引自附近 220kV 变电站，电厂内 220kV 母线短路电流周期分量起始有效值 I''=40kA，启动/备用变压器高压侧中性点经隔离开关接地，同时紧靠变压器中性点并联一台无间隙金属氧化物避雷器（MOA）。

发电机额定功率为 300MW，最大连续输出功率（TMCR）为 330MW，汽轮机阀门全开（VWO）工况下发电机出力为 345MW，额定电压 18kV，功率因数为 0.85。

发电机回路总的电容电流为 1.5A，高压厂用电电压为 6.3kV，高压厂用电计算负荷为 36 690kVA；高压厂用变压器容量为 40/25-25MVA，启动/备用变压器容量为 40/25-25MVA。

请根据上述条件计算并分析下列各题（保留两位小数）：

▶▶第 65 题［发电厂主变容量计算］7. 计算并选择最经济合理的主变压器容量为下列哪项数值？ （　　）

（A）345MVA　　　　　　　　　（B）360MVA
（C）390MVA　　　　　　　　　（D）420MVA

【答案及解答】C

由 GB 50660—2011 大中型火力发电厂设计规范第 16.1.5 条可得

$$S \geq \frac{330}{0.85} = 388.24 \text{ (MVA)}$$

取 390MVA，所以选 C。

【考点说明】

（1）本题的解答依据是 GB 50660—2011 第 16.1.5 条 "125MW 及以上发电机与主变压器为单元连接时，主变压器容量宜按发电机最大连续容量扣除不能被高压厂用启动/备用变压器替代的高压厂用工作变压器计算负荷后进行选择"。

（2）坑点一：厂用电负荷减不减。根据题意，高压厂用变压器与启动/备用变压器的容量相同，均大于高压厂用电计算负荷，高压厂用变压器完全可以被启动/备用变压器替代，发电机发出的电能不需要供厂用电，可全部通过主变压器送至系统，所以计算主变压器容量时，正确做法是发电机容量不需要扣除厂用电计算负荷，题中给出了厂用计算负荷值，是干扰数据，不能减！若扣除了厂用电负荷，结果为 355.07MVA，会错选 B。

（3）坑点二：用哪个工况的发电机出力。在计算时发电机的最大连续容量应与汽轮机的最大连续出力相匹配，即与汽轮机最大连续出力工况 TMCR 相匹配，而不是汽轮机阀门全开（VWO）工况下发电机的出力（VWO 工况是制造厂为补偿设计和制造误差以及汽机运行老化等所留的裕度，不是连续运行的工况）。若使用 VWO 工况出力，则结果为 405.88MVA，会错选 D。

（4）坑点三：有功功率（出力）与视在功率（容量）。否则会错选 A。

【2020 年下午题 5~8】　某热电厂安装有 3 台 50MW 级汽轮发电机组，配有 4 台燃煤锅炉。3 台发电机组均通过双绕组变压器（简称 "主变"）升压至 110kV，采用发电机-变压器组单元接线，发电机设 SF₆ 出口断路器，厂内设 110kV 配电装置，电厂以 2 回 110kV 线路接入电网，其中#1、#2 厂用电源接于#1 机组的主变低压侧和发电机断路器之间，#3、#4 厂用电源分别接于#2、#3 机组的主变低压侧与发电机断路器之间，每台炉的厂用分支回路设 1 台限流电抗器（简称 "厂用电抗器"）。全厂设置 1 台高压备用变压器（简称 "高备变"）高备变的容量为 12.5MVA，由厂内 110kV 配电装置引接。

发电机技术参数：

发电机功率 50MW，U_e=6.3kV，$\cos\varphi$=0.8(滞后)，f=50Hz,直轴超瞬态电抗（饱和度）X_d''=12%，电枢短路时间常数 T_n=0.31s，每相定子绕组对地 0.14μF。（短路电流按实用计算法）

▶▶第 66 题［发电厂主变容量计算］5. 根据技术协议，汽轮发电机组额定出力 46.5MW，最大连续输出力 50.3MW，发电机最大连续功率与汽轮机最大连续输出匹配，假定每台厂用电抗器的计算负荷均为 10.5MVA，按有关标准要求，计算确定主变的计算容量和额定容量应取多少？ （　　）

(A) 41.8MVA，50MVA （B）46.6MVA，50MVA
(C) 58.1MVA，63MVA （D）62.8MVA，63MVA

【答案及解答】 D

依题意，本题高备变容量 12.5MVA 大于厂用电抗器计算负荷 10.5MVA，可完全替代厂用电容量，由 GB 50660—2011 第 16.1.5 条可得

$$S \geqslant \frac{50.3}{0.8} = 62.875 \text{(MVA)}$$，所以选 D

【考点说明】

（1）本题没给出接线图，只用文字描述，需要对火电厂厂用电有一定的了解。题目三台机组四台锅炉，分了四段厂用工作段，很明显这四段是按锅炉分段的，每台锅炉设一段，其中 1、2 段由 1 号机供电、3 段由 3 号机供电、4 段由 4 号机供电，因为发电机出口电压是 6.3kV，和高压厂用电配电电压一致都是 6.3kV，所以不设高压厂用变压器，但为了限制短路电流配置了一台电抗器。

（2）本题小题干给出的"每台厂用电抗器的计算负荷均为 10.5MVA"其实就是每段厂用段的负荷容量，虽然电抗器的负荷计算方法与变压器的计算方法稍有不同（按电抗器算出来的大），但高压备用变压器的容量 12.5MVA 明显大于厂用段负荷，题目又没有特殊说明，所以可以认为高备变可以完全替代厂用电，发电机的最大持续输出容量可以完全通过主变送出，所以主变要按照发电机最大持续输出容量计算。

【2018 年下午题 11~14】 某燃煤发电厂，机组电气主接线采用单元制接线，发电机出线经主变压器升压接入 110kV 及 220kV 系统，单元机组厂高变支接于主变压器低压侧与发电机出口断路器之间，发电机中性点经消弧线圈接地，发电机参数为 P_e=125MW，U_e=13.8kV，I_e=6153A，$\cos\varphi_e$=0.85。主变压器为三绕组油浸式有载调压变压器，额定容量为 150MVA，YNynd 接线，高压厂用变压器额定容量为 16MVA，额定电压为 13.8kV/6.3kV，计算负荷为 12MVA，高压厂用启动/备用变压器接于 110kV 母线，其额定容量及低压侧额定电压与高压厂用变压器相同。

▶▶**第 67 题**[发电厂主变容量计算] 11. 现对热力系统进行了通流改造，汽机额定出力由原来的 125MW 提高到 135MW。若发电机、电气设备及厂用负荷不变，问当汽机达到改造后的额定出力时，主变压器运行的连续输出容量最大能接近下列哪项数值（不考虑机械系统负载能力）？
( )

(A) 135MVA （B）138MVA
(C) 147MVA （D）159MVA

【答案及解答】 D

解答过程：依据 GB 50660—2011 第 16.1.5 条可知厂用负荷能够全部被启备变替代，主变压器最大连续输出容量：

$$S = \frac{P}{\cos\varphi} = \frac{135}{0.85} = 159 \text{(MVA)}$$

第 4 章 导体与电器选择

【注释】

（1）本题涉及汽轮机与发电机的匹配问题；一般来说，汽轮机的出力包括额定效率下的额定出力（也称 THA 工况）及最大连续出力（也称 TMCR 工况）和最大出力（也称 VWO 工况阀门全开工况），发电机的设计要与这 3 种工况相匹配，其中所说的发电机的最大连续出力是与汽机 TMCR 工况相匹配，但发电机的效率此时不是最高的；所谓匹配即汽轮机多大出力对应了发电机多大出力，显然汽轮机的出力考虑机械效率等要大于发电机的出力；工程中曾有过锅炉与汽轮机或汽轮机与发电机设计不匹配的问题。

（2）所谓热力系统的通流改造，一般指汽轮机通流部分即蒸汽流动做功所经过的汽轮机本体部件的总称，包括叶片、汽封结构、缸体等改进，增加汽轮机的出力和效率；本题汽轮机进行通流改造使其额定出力由 125MW 提高到 135MW（增加了约 8%），原则上汽轮发电机作为高温高压蒸汽的热能经汽轮机驱动发电机机械能转换为电能而发电，汽轮机出力增加发电机的出力也相应增加，主变压器的输出容量将相应增加。

（3）本题给定的条件是"发电机、电气设备及厂用负荷不变"，并且不考虑机械系统负载能力，可认为主变压器运行的连续输出容量最大值为该汽机的容量。

【2017 年上午题 11～15】 某电厂位于海拔 2000m 处，计划建设 2 台额定功率为 350MW 的汽轮发电机组，汽轮机配置 30%的启动旁路，发电机采用机端自并励静止励磁系统，发电机经过主变压器升压接入 220kV 配电装置。主变压器额定变比为 242kV/20kV，主变压器中性点设隔离开关，可以采用接地或不接地方式运行。发电机设出口断路器，设一台 40MVA 的高压厂用变压器，机组启动由主变压器通过高压厂用变压器倒送电源，两台机组相互为停机电源。不设启动/备用变压器。出线线路侧设电能计费关口表。主变压器高压侧、发电机出口、高压厂用变压器高压侧设电能考核计量表。

▶▶**第 68 题** [发电厂主变容量计算] 11. 若机组最大连续出力为 350MW，额定功率因数 0.85，若最大连续出力工况的设计厂用电率为 6.6%，则主变压器容量应不小于下列哪项数值？
（　　）

(A) 372MVA　　　　　　　　　(B) 383MVA
(C) 385MVA　　　　　　　　　(D) 389MVA

【答案及解答】 B

根据 GB50660—2011，第 16.1.5 条和 DL/T 5153—2014 附录 A.0.1，得

$$S_e \geq \frac{350}{0.85} - \frac{350}{0.8} \times 6.6\% = 382.9 \text{ (MVA)}$$

【考点说明】

（1）因机组只设停机电源不设启动备用变压器，所以，根据 GB 50660—2011 第 16.1.5 条的要求，应全部扣除厂用电负荷，该厂用电负荷是设计厂用电率，而不是高压备用变压器的容量 40MVA，否则会错选 A，$S_e \geq \frac{350}{0.85} - 40 = 372 \text{ (MVA)}$。

（2）厂用电率是有功功率之比，依据题干告知的 6.6%可以得出最大连续出力工况下的设计厂用电的有功功率是 $350 \times 6.6\% = 23.1 \text{ (MW)}$，而厂用电负荷基本都是电动机，在换算成视在功率时应该用 DL/T 5153—2014 附录 A.0.1 中所指的电动机平均功率因数 0.8，而不是题目

中告知的发电机功率因数 0.85。

严格地说,这个计算负荷是以估算厂用电率的原则和方法所确定的厂用电计算负荷,厂用电率实际计算时是要考虑分摊其他机组的负荷。

【2024 年上午题 1~5】 某工业园区热电厂安装 4 台燃煤发电机组,发电机额定功率 50MW,额定电压 6.3kV。额定功率因数 0.8,最大连续出力 55MW(运行在额定功率因数),电厂通过两回 220kV 线路接入电力系统,220kV 升压站采用双母线接线。电厂设置备用变压器,电源引接自 220kV 升压站母线。

请分析并解答下列各小题。

▶▶第 69 题 [发电厂主变容量计算] 2. 若发电机组采用发电机-变压器单元接线,发电机出口装设断路器,每台机组设一台高压厂用工作电抗器从主变低压侧引接电源,全厂四台机组设置一台高压备用变压器,每台机组的高压厂用计算负荷时 9MVA,请问主变压器容量应不小于下列哪项数值? ( )

(A) 55MVA (B) 57.5MVA
(C) 63MVA (D) 68.75MVA

【答案及解答】D

依据:《小型火力发电厂设计规范》(GB 50049—2011) 第 17.1.2 条,主变容量应大于等于发电机最大连续输出容量减去不可被替代的厂用电负荷;本题小题干明确,配有备用变压器,第 17.3.7 条,备用变压器的容量大于等于最大一台厂用分支电抗器的容量,说明该备用变压器能够完全替代电抗器所带的厂用负荷,所以本题"没有不可替代的厂用电负荷",即

$$S = S_G - 0 = \frac{55}{0.8} = 68.75(\text{MVA})$$

所以选 D。

【考点说明】

(1) 虽然本题参考 GB 50049—2011 第 17.3.2 条,发电机出口装设断路器,可以到供厂用电,但厂用电能不能被替代,关键还是看是否装置备用变压器或启动/备用变压器。

(2) 减厂用电量:$S = S_G - 9 = \frac{55}{0.8} - 9 = 59.75(\text{MVA})$,会错选 C;有功直接减视在功率(容量),可能会错选 B:$\frac{55-9}{0.8} = 57.5(\text{MVA})$。

【2022 年补考上午题 18~20】 某风电场 220kV 升压站位于海拔 1800m 高原,风电场安装了 50 台风力发电机组,每台发电机组最大瞬时功率 2200kW,额定功率 2000kW。功率因数范围:容性 0.95~感性 0.95。升压站配置一台主变压器,主变低压侧电压为 35kV,连接 6 回集电线路。请分析计算并解答下列问题。

▶▶第 70 题 [发电厂主变容量计算] 18. 请计算该风电场机组变电单元变压器的配置容量。
( )

(A) 2.15MVA (B) 2.35MVA

（C）100MVA　　　　　　　　　　（D）105MVA

【答案及解答】A

依据 GB 51096—2015 第 7.2.3-1 条，风电场单元变压器应按风电机组的额定视在功率选取 $S_B=S_G=\dfrac{2000}{0.95}=2105.26(\text{kVA})$，选 A。

考点 18　变压器分接头选择

【2019 年下午题 4～6】　某西部山区有一座水力发电厂，安装有 3 台 320MW 的水轮发电机组，发电机—变压器接线组合为单元接线，主变压器为三相双绕组无载调压变压器，容量为 360MVA。变比为 550−2×2.5%/18kV，短路阻抗 U_K 为 14%，接线组别为 YNd11，总损耗为 820kW（75℃）。因水库调度优化，电厂出力将增加，需要对该电厂进行增容改造，改造后需要的变压器容量为 420MVA，其调压方式、短路阻抗、导线电流密度和铁芯磁密保持不变。请分析计算并解答下列各题。

▶▶第 71 题［变压器分接头］5. 电厂需要引接一回 220kV 出线与地区电网连接，采用的变压器型式为三相自耦变压器，变比为 550kV/230±8×1.25%/1.8kV，采用中性点调压方式。当高压侧为 530kV 时，要求中压侧仍维持 230kV，则调压后中压侧实际电压最接近 230kV 的分接头位置为下列哪项？　　　　　　　　　　　　　　　　　　　　　　　　　　（　　）

（A）230+5×1.25%　　　　　　　（B）230+6×1.25%

（C）230−5×1.25%　　　　　　　（D）230−6×1.25%

【答案及解答】A

由新版一次手册第 207 页例 6-1，可得

$$\frac{W_1+\Delta W}{W_2+\Delta W}=\frac{530}{230}$$

$$\frac{550+\Delta W}{230+\Delta W}=\frac{530}{230}$$

$$\Delta W=15.33$$

$$n=\frac{\Delta W}{W_2\times1.25\%}=\frac{15.33}{230\times1.25\%}=5.33$$

所以选 A。

【考点说明】

（1）本题要求"最接近的分接头位置"，所以 n 为 5，对应 A 选项。

（2）老版一次手册第 219 页例 1。

【2012 年下午题 6～8】　某大型燃煤厂，采用发电机—变压器组单元接线，以 220kV 电压接入系统，高压厂用工作变压器支接于主变压器低压侧，高压启动备用变压器经 220kV 电缆从本厂 220kV 配电装置引接，其两侧额定电压比为 226kV/6.3kV，联结组别为 YNyn0，额定容量为 40MVA，阻抗电压为 14%，高压厂用电系统电压为 6kV，设 6kV 工作段和公用段，6kV 公用段电源从工作段引接，请解答下列各题。

▶▶第 72 题［变压器分接头］6. 已知高压启动备用变压器为三相双绕组变压器，额定铜

耗为 280kW，最大计算负荷为 34500kVA，$\cos\varphi=0.8$，若 220kV 母线电压波动范围为 208～242kV，请通过电压调整计算，确定最合适的高压启动备用变压器调压开关分接头参数为下列哪组？（   ）

（A）±4×2.5% （B）±2×2.5%
（C）±8×1.25% （D）(+5，-7)×1.25%

【答案及解答】C

依题意，由 DL/T 5153—2014 附录 G 相关公式可得

$$R_t = 1.1 \times \frac{280}{40000} = 0.0077$$

$$X_t = 1.1 \times 0.14 \times 1 = 0.154$$

$$Z_\varphi = 0.0077 \times 0.8 + 0.154 \times 0.6 = 0.0986$$

由该规范附录 G.0.2 可知，当变压器阻抗大于 10.5%时，可采用级电压 1.25%的变压器，母线电压校核如下：

（1）最低电压校验。当工况为高压侧电源电压最低 208kV、厂用负荷最大 34500kVA 时，厂用母线电压最低应大于 0.95

$$U_{m-min*} = U_{0-min*} - S_{max*}Z_{\varphi*} \geq 0.95$$

此时变压器低压侧最低空载电压 U_{0-min} 应满足：

$$U_{0-min*} \geq 0.95 + S_{max*}Z_{\varphi*} = 0.95 + \frac{34500}{40000} \times 0.0986 = 1.035$$

对应变压器挡位为

$$n = \frac{U_{gmin*}U'_{2e}}{1+n\frac{\delta_u\%}{100}} \Rightarrow n = \left(\frac{U_{gmin*}U'_{2e}}{U_{0-min}} - 1\right) \bigg/ \frac{\delta_u\%}{100} = \left[\frac{(208/226) \times (6.3/6)}{1.035} - 1\right] \times \frac{100}{1.25}$$

$$= -5.03$$

取-6 挡。

（2）最高电压校验。当工况为高压侧电源电压最高 242kV、厂用负荷为零时，厂用母线电压最高应小于 1.05，即

$$U_{m-max*} = U_{0-max*} - S_{min*}Z_{\varphi*} \leq 1.05$$

此时变压器低压侧最高空载电压 U_{0-max} 应满足：

$$U_{0-max*} = 1.05 + S_{min*}Z_{\varphi*} = 1.05$$

对应变压器挡位为

$$U_{0-max*} = \frac{U_{gmax*}U'_{2e}}{1+n\frac{\delta_u\%}{100}} \Rightarrow n = \left(\frac{U_{gmax*}U'_{2e}}{U_{0-max}} - 1\right) \bigg/ \frac{\delta_u\%}{100} = \left[\frac{(242/226) \times (6.3/6)}{1.05} - 1\right] \times \frac{100}{1.25}$$

$$= 5.664$$

取+6 挡。

由以上计算可知，采用±8×1.25%的变压器可以满足电压调整需求，所以选 C。

第 4 章　导体与电器选择

【考点说明】

本题属于厂用电电压母线校验内容中的一个考点，可用 DL/T 5153—2014 附录 G 作答，也可用新版一次手册第 271～273 页相关内容计算（老版一次手册第 271、277、278 页）。

【2022 年下午题 11～14】　有一个小型热电厂，装机为一台 7.5MW 的发电机，额定电压为 10.5kV，设发电机电压母线，经一台 10MVA，38.5/10.5kV 的变压器与电力系统相连。接线图如下，请分析计算并解答下列各题。

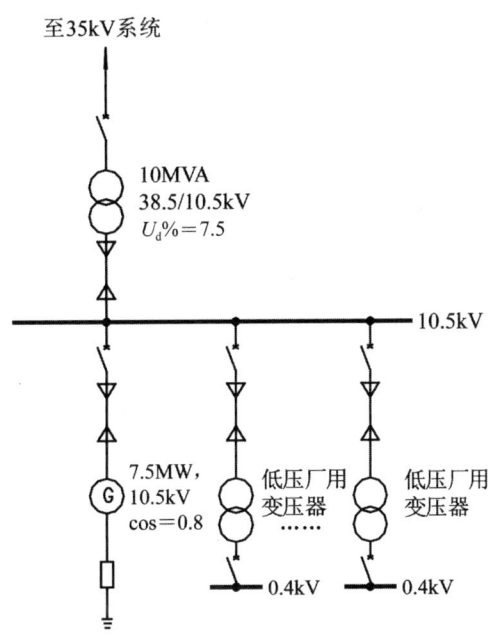

▶▶ 第 73 题 [变压器分接头] 11. 本发电厂在发电机停运时，锅炉还需继续工作，此工况下厂用电最大运行负荷为 5736kVA，功率因数 0.8.主变高压侧的电压波动范围为 34.23～37.69kV，分接开关的级电压为 2.5%，主变压器的 U_d% 为 7.5，铜损为 140kW。在 35kV 系统电压最低的不利情况下保证厂用电正常运行，主变压器分接头的位置应该放在哪一档？　　　　　　　　　　　　　　　　　　　　　　　　　　　　　　（　　）

　　（A）–3　　　　　　　　　　　　（B）–2
　　（C）–1　　　　　　　　　　　　（D）0

【答案及解答】A

由老版一次手册第 271 页式（7-19）～式（7-21），得

$$Z_\phi = R_{B*}\cos\phi + X_{B*}\sin\phi = 1.1 \times \frac{140}{10000} \times 0.8 + 1.1 \times 0.075 \times 0.6 = 0.06182$$

$$n = \left(\frac{U_{g*}U_{2e*}}{U_{m*}+S_*Z_\phi} - 1\right) \times \frac{100}{\delta_g\%} = \left(\frac{\frac{34.23}{38.5} \times \frac{10.5}{10}}{0.95 + \frac{5736}{10000} \times 0.06182} - 1\right) \times \frac{100}{2.5\%} = -2.11$$

因此需要处于 –3 挡位。

考点 19　变压器并联

【2012 年下午题 6~8】　某大型燃煤厂，采用发电机—变压器组单元接线，以 220kV 电压接入系统，高压厂用工作变压器支接于主变压器低压侧，高压启动备用变压器经 220kV 电缆从本厂 220kV 配电装置引接，其两侧额定电压比为 226kV/6.3kV，接线组别为 YNyn0，额定容量为 40MVA，阻抗电压为 14%，高压厂用电系统电压为 6kV，设 6kV 工作段和公用段，6kV 公用段电源从工作段引接，请解答下列各题。

▶▶第 74 题 [变压器并联] 8. 已知电气主接线如下图所示（220kV 出线未表示），当机组正常运行时，QF1、QF2、QF3 都在合闸状态，QF4 在分闸状态，请分析并说明该状态下，下列哪项表述正确？　　　　　　　　　　　　　　　　　　　　　　　　（　　）

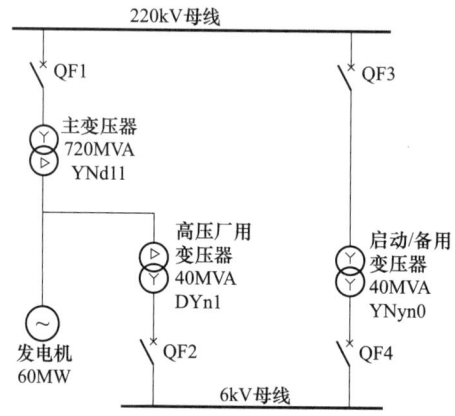

（A）变压器联结组别选择正确，QF4 两端电压相位一致，可采用并联切换
（B）变压器联结组别选择正确，QF4 两端电压相位有偏差，可采用并联切换
（C）变压器联结组别选择错误，QF4 两端电压相位一致，不可采用并联切换
（D）变压器联结组别选择错误，QF4 两端电压相位有偏差，不可采用并联切换

【答案及解答】A

根据 GB/T 17468—2019 第 6.1 条 a）和 b）可知，变压器并列运行条件是联结组别时钟序列要严格相等，电压和电压比要相同，允许偏差也相同，尽量满足电压比在允许偏差范围内。

依题意可知，启动备用变压器是 0 点，主变压器加厂用电是 12 点，两者相同。

所以选 A。

【考点说明】

（1）此题相位差理论上是相等的，但实际中，由于设备、负荷等原因，并不完全相等，而是稍有偏差，但变压器并列时对于这个偏差是有要求的。B 选项没有说明偏差值的大小是否在允许范围内。从出题者的角度来看，"QF4 两端电压相位有偏差"应该是让做题者判断"相位是否一致"导致的偏差，而不是实际相位波动导致的微小偏差，所以选 A 更贴合题意。

（2）变压器并联条件和联结组别的要求，可参考 GB/T 17468—2019 第 6.1 条（注意其中的容量比为 0.5~3）、附录 A、附录 C，特别注意不同联结组别的并联方法。

【注释】

小知识 1：变压器并联条件

当有多台变压器时，可能需要变压器并联运行。变压器并联运行，其负荷的分配是按照各变压器本身的特性（短路电压和变比）自行分配的，而不是按照各台变压器的额定容量成正比分配的，因此容易造成各变压器并联期间负荷分配不合理，使设备容量不能充分利用。因此，变压器并联运行必须具备 4 个条件：①一、二次侧电压应分别相等，允许误差在±5%以内；②短路阻抗百分数有功分量相等；③短路阻抗百分数无功分量相等；④各台变压器的联结组别应相等，否则会出现电压差造成很大的故障电流。

阻抗百分数有功分量相等可以使并联变压器分配的负荷与其容量成正比，无功分量相等可以使并联变压器之间不会出现无功环流。特殊情况联结组别不相等也可以并联，详见 GB/T 17468—2019 附录 C。

可对比发电机并联的 5 个条件：电压、频率、相位、相序、波形。

小知识 2：变压器联结组别

日常使用的交流电是三相输送的，所以变压器也是三相的，或者三台单相变压器组成一个整体的三相变压器，三相绕组之间将末端连接在一起，而将其首端分别引出成星形接线，记作接线，连接在一起的末端叫中性点，如果该点接地，则用 N 表示，记作 YN 接线。

如果把一相的末端和另一相的首端相连，顺序连接成一个整体，就成了角形接法，记作 D 接，角形接法有两种，一种是顺时针，一种是逆时针。

变压器有高压侧和低压侧，两侧接法有多种组合，由于组合的不同，造成线电压经过变压器以后，相位可能变化也可能不变，变压器的联结组别就是用来表示这些信息的一组代号。

变压器的联结组别采用时钟表示法，分 12 个整点，一圈 360°，一个小时正好代表 30°，组别是几点，就代表高压侧和低压侧的同名线电压相位差是多少。注意变压器联结组别只表示高压侧和低压侧，和功率流动的一次侧与二次侧没关系。作为使用者和设计者，只需要能够快速读懂这些信息即可，不必画相量图来推导。因此，对于变压器的联结组别只需要记住"高长低短，左前右滞"即可。

（1）组别中高压侧长针大写在前，低压侧短针小写在后，简称高长低短，"高长"指高压侧代表的是时钟的长针，也代表高压侧是大写的英文字母。

（2）逆时针方向为超前方向，或时针在左手边为超前，时针在右手边为滞后，简称左前右滞，巧记为"左前右滞"，因为代表高压侧的长针永远定在 12 点位置（都是整点），变化的只是短针，代表几点钟，一个小时是 30°，所以"左前右滞"表示低压侧超前或滞后高压侧多少度。

例如，常用的变压器联结组别 YNd11，按照"高长低短，左前右滞"的原则，该组别表示该变压器高压侧是星形接线，并且中性点接地（注意跟是不是一次侧没关系），低压侧是角形接线，短针指在 11 点，11 点在 12 点左侧 1h，1h 为 30°，所以低压侧超前高压侧同名线电压相位 30°（也可以说 11 点在 12 点右手边 11h，低压侧滞后高压侧 330°）。

YNd1 表示高压侧是星形接线中性点接地，低压侧是角形接线，1 点在右手边 1h，低压侧滞后和高压侧同名线电压相位 30°。

Dy5 表示高压侧是角形接线，低压侧是星形接线中性点不接地，5 点在 12 点右侧 5h，低压侧滞后高压侧同名线电压相位 30×5=150°。

总的说来，高低压侧相同接法如 Yy 或 Dd，可组成 2、4、6、8、10、0 六个偶数组别，不同接法如 Yd 或 Dy，可组成 1、3、5、7、9、11 六个奇数组别。

变压器要并联运行联结组别必须相等，否则会有相位差而不能并列。对于特殊的联结组别不同的情况，可以利用调换相序（120°）的方法来补偿联结组别造成的相位差，从而进行并列运行，具体接法可参考 GB/T 17468—2019 附录 C。

【2014 年下午题 26~30】 某大型火力发电厂分期建设，一期为 4×135MW，二期为 2×300MW 机组，高压厂用电电压为 6kV，低压厂用电电压为 380V/220V，一期工程高压厂用电系统采用中性点不接地方式，二期工程高压厂用电系统采用中性点低电阻接地方式，一、二期工程低压厂用电系统采用中性点直接接地方式。电厂 380V/220V 煤灰 A、B 段的计算负荷为：A 段 969.45kVA，B 段 822.45kVA，两段重复负荷 674.46kVA。

▶▶第 75 题 [变压器并联] 30. 该电厂的部分电气接线示意图如下，若化水 380V/220V 段两台低压化水变压器 A、B 分别由一、二期供电，为了保证互为备用正常切换的需要（并联切换）。对于低压化水变压器 B，采用下列哪一种联结组别是合适的？并说明理由。

( )

（A）Dd0　　　　　　　　　　　　　（B）Dyn1
（C）Yyn0　　　　　　　　　　　　　（D）Dyn11

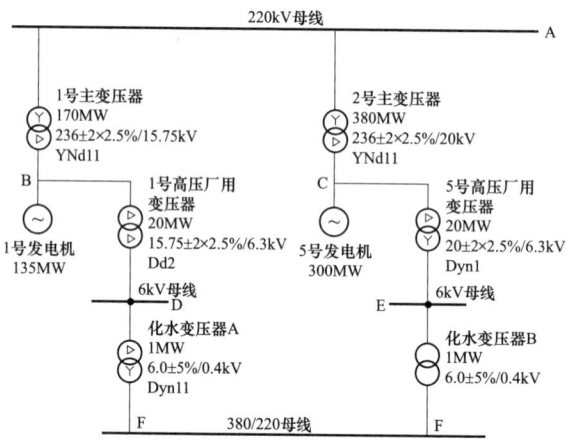

【答案及解答】C

根据 GB/T 17468—2019 第 6.1 条 a) 和 b) 可知，变压器并列运行条件是钟时序列要严格相等，电压和电压比要相同，允许偏差也相同，尽量满足电压比在允许偏差范围内。

依题意可知，1 号厂用变压器较 5 号厂用变压器多转 1 点，则化水变压器 A 需要较化水变压器 B 少转 1 点才行，即化水变压器 B 为 0 点。又 380V 应引出中性点，C 选项 Yyn0 符合要求。

所以选 C。

【考点说明】

本题变压器联结组别时钟序列示意图如右图所示：

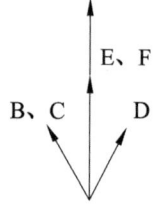

【2012年上午题 6~9】 某区域电网中现运行一座500kV变电站,根据负荷发展情况需要扩建,该变电站现状、本期及远景规模见下表。

电气设备	现有规模	远景建设规模	本期建设规模
主变压器	1×750MVA	4×1000MVA	2×1000MVA
500kV 出线	2回	8回	4回
220kV 出线	6回	16回	14回
500kV 配电装置	3/2断路器接线	3/2断路器接线	3/2断路器接线
220kV 配电装置	双母线接线	双母线双分段接线	双母线双分段接线

▶▶第76题[变压器并联]7. 该变电站现有750MVA主变压器阻抗电压百分比为$U_{k12}\%=14$,本期扩建的2×1000MVA主变压器阻抗电压百分比采用$U_{k12}\%=16$。若三台主变压器并列运行,它们的负荷分布是怎样的,请计算说明。 ( )

(A) 三台主变压器负荷平均分布
(B) 1000MVA主变压器容量不能充分发挥作用,仅相当于642MVA
(C) 负荷按三台主变压器容量大小分布
(D) 1000MVA主变压器容量不能充分发挥作用,仅相当于875MVA

【答案及解答】D
变压器并列运行,容量分配与额定容量成正比,与短路阻抗成反比,即

$$\frac{S_1}{S_2} = \frac{X_{d2}}{X_{d1}}, \quad X_d = \frac{U_d\%}{100} \times \frac{U_e^2}{S_e}, \quad S_1 = S_{e1}$$

$$\Rightarrow S_2 = \frac{U_{d1}\%}{U_{d2}\%} \times S_{e2} = \frac{14}{16} \times 1000 = 875 \, (\text{Mvar})$$

所以选 D。

【考点说明】
变压器并列运行的容量分配并非出自规范,属于基础考试知识,在专业考试中略显冷僻。

【注释】
变压器并列运行时,两台变压器中短路阻抗大的分配的容量小,而短路阻抗小的分配的容量大。造成小容量变压器过负荷、大容量变压器得不到有效利用现象。所以 GB/T 17468—2019 第6.1-e 条规定,并列运行的变压器容量比应为 0.5~3。

4.2.2.3 断路器选择

考点20 断路器持续工作电流与额定电流计算

【2008年上午题 15~17】 某远离发电厂的终端变电站设有一台110kV/38.5kV/10.5kV,20000kVA 主变压器,接线如下图所示。已知电源 S 为无穷大系统,变压器的 $U_{d高中}\%=10.5$,$U_{d高低}\%=17$,$U_{d中低}\%=6.5$。

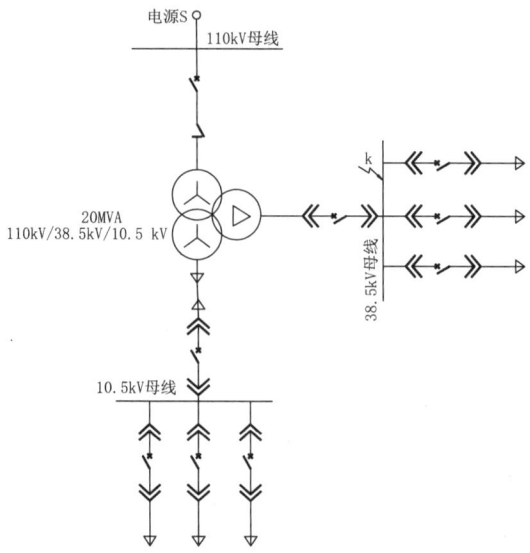

▶▶第 77 题［断路器持续工作电流与额定电流］17. 主变压器 38.5kV 回路中的断路器额定电流，额定短路时耐受电流及持续时间额定值选下列哪组最合理？（　　）

（A）1600A　31.5kA　2s　　　　　（B）1250A　20kA　2s
（C）1000A　20kA　4s　　　　　　（D）630A　16kA　4s

【答案及解答】D

（1）额定电流

由老版一次手册第 6-1 节表 6-3 可知，变压器 35kV 侧回路持续工作电流为

$$I_g = 1.05 \times \frac{20 \times 1000}{\sqrt{3} \times 38.5} = 315 \text{ (A)}$$

根据新版一次手册式（6-2），四个选项均满足要求。

（2）短路时耐受电流和持续时间

由老版一次手册第四章相关公式可得

设 S_j=100MVA

$$X_e = \frac{10.5}{100} \times \frac{100}{20} = 0.525$$

$$I_j = \frac{100}{\sqrt{3} \times 37} = 1.56 \text{ (kA)}, \quad I''_* = \frac{I_j}{X_*} = \frac{1.56}{0.525} = 2.97 \text{ (kA)}$$

根据 DL/T 5222—2021 第 7.2.3 条可得，断路器的额定短时耐受电流等于额定短路开断电流，其持续时间额定值在 72.5kV 及以下为 4s。

综上所述，满足要求的最经济选项为 D，所以选 D。

【注释】

断路器主要参数如下：

（1）额定电压：其应不低于系统最高运行电压。额定电压标准值有 3.6kV、7.2kV、12kV、24kV、40.5kV、72.5kV、126（123）kV、252（245）kV、363kV、550kV、800kV、1200kV。

（2）额定电流：开关在规定使用和性能条件下能持续通过的电流有效值，应大于运行中可能出现的任何负荷电流。额定电流应从 R10 数系中选取。R10 数系：1，1.25，1.6，2，2.5，3.15，4，5，6.3，8 及其与 10^n 的乘积。具体见《标准电流等级》(GB/T 762—2002)。应注意断路器没有持续过电流能力，在选定断路器的额定电流时应计及运行中可能出现的任何负荷电流，把它们作为长期作用对待，如果运行中的负荷电流是波动的有时超过预期额定值的（短时或周期性的），应由用户与制造厂双方协商确定。具体见 DL/T 5222—2021 第 7.2.1 条文说明。

（3）额定短时耐受（热稳定）电流：在规定的使用和性能条件下，在额定短路持续时间内，断路器在关合位置时能承载的短路电流有效值，等于额定短路开断电流。

（4）额定短路开断电流：在标准的使用和性能条件下，断路器能断开的最大短路电流。

（5）额定峰值耐受（动稳定）电流：在规定的使用和性能条件下，断路器在合闸位置时能承载的额定短时耐受电流第一个大半波的电流峰值。额定峰值耐受电流标准值为 2.5 倍额定短时耐受电流。

（6）额定短路关合电流：在规定的使用和性能条件下，合闸状态下能承载的额定短时耐受电流的第一大半波的电流峰值，具体见 DL/T 5222—2021 第 7.2.5 条及条文说明。

（7）额定短路持续时间：断路器在合闸位置时能承载额定短时耐受电流的时间间隔（500～1100kV 为 2s；126～363kV 为 3s；72.5kV 及以下为 4s）。可见 DL/T 5222—2021 第 7.2.3 条及条文说明。

（8）直流分量百分数：系统短路电流的直流分量占断路器额定短路开断电流的百分数。具体内容及相关计算见 DL/T 5222—2021 第 7.2.4 条及条文说明。注意：分母不含直流分量。

（9）首相开断系数：三相断路器在断开短路故障时，由于动作的不同期性，首相开断的断口触头间所承受的工频恢复电压将要增高，增高的部分用首相开断系数来表征。中性点不接地系统是 1.5，中性点接地系统为 1.3，选择断路器开断电流应和相应的首相开断系数对应。具体见 DL/T 5222—2021 第 7.2.2 条及条文说明。

【2009 年上午题 11～15】 220kV 变电站，一期 2×180MVA 主变压器，远景 3×180MVA 主变压器。三相有载调压，三侧容量分别为 180MVA/180MVA/90MVA，接线级别为 YNynd11。调压 230±8×1.25%kV/117kV/37kV，百分比电抗 $X_{1高中}$%=14，$X_{1高低}$%=23，$X_{1中低}$%=8，要求一期建成后，任一主变压器停役，另一台主变压器可保证承担负荷的 75%，220kV 正序电抗标幺值为 0.0068（设 S_B=100MVA），110kV、35kV 侧无电源。

▶▶第 78 题 [断路器持续工作电流与额定电流] 12. 计算主变压器 35kV 侧断路器额定电流最小需要选择下列哪项数值？　　　　　　　　　　　　　　　　　　　　　　（　　）

(A) 1600A　　　　　　　　　　　　(B) 2500A
(C) 3000A　　　　　　　　　　　　(D) 4000A

【答案及解答】A

由新版一次手册第 220 页表 7-3 可知，主变压器 35kV 侧回路持续工作电流为

$$I = \frac{90 \times 1000}{\sqrt{3} \times 37} = 1404 \text{ (A)}$$

由 DL/T 5222—2021 第 7.2.1 条可知，主变压器 35kV 侧断路器额定电流应大于 1404A。所以选 A。

【考点说明】

（1）有载调压变压器回路工作电流不乘 1.05。

（2）强调：变压器的额定电流使用变压器的额定电压和对应的额定容量计算。

（3）坑点：75%，按 90×2×0.75=135（MVA）计算，会错选 B。

（4）老版一次手册第 232 页表 6-3。

【注释】

（1）该类型题目应注意计算结果和铭牌额定值的区别。为了使设备规范化、规格化，断路器额定电流采用 GB/T 321—2005 中的 R10 数系，所以计算值乘与不乘 1.05 不影响选答案，之前人工阅卷时无载调压变压器不乘 1.05 可能会被判错，但现在这个已经不作为考点，不再影响成绩。如果题目要求选计算值，很可能直接就会错选答案。变压器的容量选择同样存在额定值和计算值的问题。

（2）本题要求一期建成后，任一主变压器停役，另一台主变压器可保证承担负荷的 75%，这是变压器容量选择的一个要求，只不过本题要求稍微高点。DL/T 5218—2012 第 5.2.1 条规定，凡装有两台及以上变压器的变电站，当一台事故停运后，其余主变压器容量应保证该站在全部负荷 70%时不过载。对此，变压器容量选择有如下两种观点：

1）第一种是正常运行负荷率较高，接近 100%。如果一台停运，另一台变压器过负荷满足全部负荷的 75%，此时应该在变压器过负荷允许时间内将多余负荷逐步转移或者尽快修复投运故障变压器，该方案的优点是投资小，但缺点是不能持续长时间保证全部负荷的 75%。

2）第二种是正常运行负荷率较低，并不满载。如果一台停运，另一台变压器满载就能保证全部负荷的 75%。这种方案的优点有两个：①运行可靠性高，一台主变压器故障时，另一台能够长时间持续保证全部负荷的 75%；②运行经济性高，变压器在铁耗等于铜耗时运行最经济，对应负载率约 70%。

目前的变电站设计大多采用第二种方案，并且本题没有说明变压器具备长时间持续过负荷能力，也没有说具备转移负荷至其他变电站的条件，利用变压器短时过负荷能力长时间保证全部负荷的 75%显然不能满足要求。所以本题按第二种方案作答，即变压器的额定负荷刚好等于变电站总负荷的 75%，可以算出正常运行时一台变压器所带负荷为 $S_{总} \times 0.75 = 90 \Rightarrow S_{总} = \frac{90}{0.75} = 120$ (MVA)，两台均分各带 60MVA，负载率为 $\frac{60}{90} \times 100\% = 67\%$。

综上所述，本题变压器 35kV 侧负荷不会超过 90MVA，出于断路器和变压器匹配的原则，35kV 侧的断路器按变压器该侧额定电流的 1.05 倍选取。如果本题按 $\frac{1.05 \times 90 \times 2 \times 0.75}{\sqrt{3} \times 37} = 2.212$（kA）或类似方法计算，则会错选 B，其原因是错把 2 台变压器的容量当作变电站全部负荷。

【2017 年下午题 22~26】 某 500kV 变电站 2 号主变压器及其 35kV 侧电气主接线如下图所示，其中的虚线部分表示远期工程，请回答下列问题？

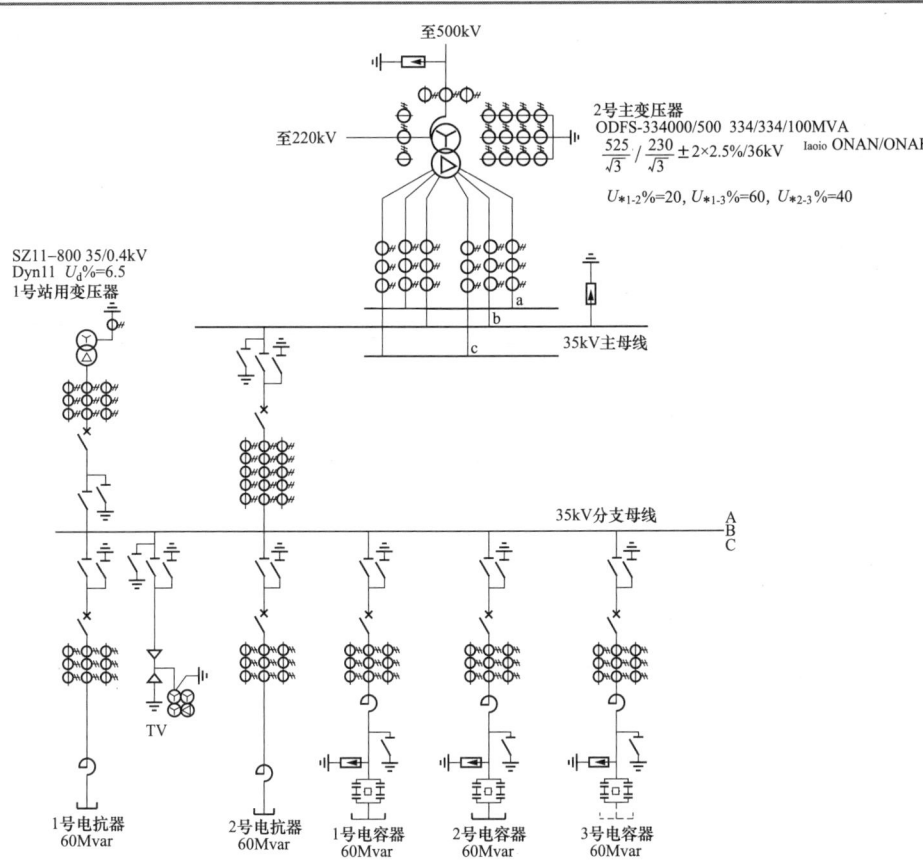

▶▶第 79 题［断路器持续工作电流与额定电流］23. 请计算电气主接线图中 35kV 总断路器回路持续工作电流应为以下哪项数值？　　　　　　　　　　　　　　（　　）

（A）2191.3A　　　　　　　　　　（B）3860A

（C）3873.9A　　　　　　　　　　（D）6051.3A

【答案及解答】B

依题意，投入三组电容器时流过 35kV 总断路器的电流最大，由 GB 50227—2017 第 5.8.2 条可得

$$I_g = \frac{1.3 \times 3 \times 60}{\sqrt{3} \times 35} \times 1000 = 3860 \text{ (A)}$$

所以选 B。

【考点说明】

（1）该题有 3 个坑点：

1）电抗器和电容器作为调压的相反方向，是不可能同时运行的；本题电容器的容量大于电抗器，因此按电容器进行计算。

2）电容器和站用电负荷是否相加：电容电流是容性电流，而图中站用变大部分是阻性负荷，带点感性负荷。两者电流不能直接数量相加，而要相量相加。如果直接数量相加，则会错选 C，错误算法如下

$$I_\text{g} = \frac{1.3 \times 3 \times 60 + 0.8}{\sqrt{3} \times 35} \times 1000 = 3873.2 \text{ (A)}$$

3）因为题目中说明了该图包括虚线部分为远期工程。35kV 总断路器回路持续工作电流宜按最终负荷来选择，而不是按近期容量或变压器低压侧的额定容量来选择。

（2）电容器组回路持续工作电流为额定电流的 1.3 倍是高频考点，应熟练掌握。

【注释】

（1）电容器是当系统内无功不足时，用以补偿无功达到提高系统电压的目的，而电抗器则相反用于吸收多余的无功用以降低系统电压，故两不会同时投入。2016 年也有类似考题，学员可作比较。

（2）站用变压器回路持续工作电流为感性电流和阻性电流的矢量和，经计算其与电容器电容电流矢量和的模值小于 3 组电容器组的电容电流的模值，设计习惯只考虑电容器电流，不计所用变电流。所以本题应以 3 组并联电容器的持续工作电流总和计算。

【2022 年补考下午题 26~30】 某电网计划新建一座 500kV 变电站，本期及远景建设规模如下表，请分析计算并解答下列问题

	远景建设规模	本期建设规模
主变压器	4×1000MVA	2×1000MVA
500kV 出线	8 回	4 回
	线路长度：Σ480km	线路长度：Σ270km
220kV 出线	16 回	10 回
500kV 主接线	3/2 接线	3/2 接线
220kV 主接线	双母线双分段接线	双母线接线

▶▶第 80 题 [断路器持续工作电流与额定电流] 29. 该变电站 220kV 出线均采用 2×LGJ-630 导线，一回线路最大输送功率为 800MVA，220kV 母线最大穿越功率为 1500MVA，则 220kV 母联断路器额定电流应不小于下列哪个值？　　　　　　　　　　　（　　）

（A）2500A　　　　　　　　　　　（B）3000A
（C）4000A　　　　　　　　　　　（D）5000A

【答案及解答】B

母联最大电源元件，由老版一次手册第 232 页表 6.3，为主变进线，则

$$I_\text{g} = 1.05 \times \frac{1000}{\sqrt{3} \times 220} = 2.756 \text{(kA)}$$

【2020 年下午题 1~4】 某受端区域电网有一座 500kV 变电站，其现有规模及远景规划见下表，主变采用第三绕组自耦变，第三绕组电压 35kV，除主变回路外 220kV 侧无其他电源接入，站内已配置并联电抗器，补偿线路充电功率，投运后，为在事故情况下给该区特高压直流换流站提供动态无功/电压支持，拟加装 2 台调相机，采用调相机变压器单元接至站内

500kV 母线。加装调相机后 500kV 母线起始三相短路电流周期分量有效值为 43kA，调相机短路电流不考虑非周期分量和励磁因素

机号	现状	本期
主变	4×1000MVA 自投	2×1000MVA 自投
500kV 出线	8 回	4 回
220kV 出线	16 回	10 回
500kV 主接线	3/2	3/2
220kV 主接线	双母双分段	双母
调相机	2×300MVA；U_k=9.73%；U_n=20kV	
调相变压器	2×360MVA；U_k=14%	

▶▶第 81 题 [断路器持续工作电流与额定电流] 3. 该变电站 220kV 出线均采用 2×LGJ-400 导线，单回线最大输送功率为 600MVA，220kV 母线最大穿越功率 1500MVA，则 220kV 母联断路器额定电流宜取？ （　　）

（A）1500A　　　　　　　　　　（B）2500A
（C）3150A　　　　　　　　　　（D）4000A

【答案及解答】C

由新版一次手册第 220 页表 7-3 可知，母线联络回路按"1 个最大电源元件的计算电流"选择，依题意，1 个最大元件为变压器回路，可得

$$I = \frac{1000}{\sqrt{3} \times 220} = 2624.32(\text{kA})$$

所以选 C。

【考点说明】

（1）该考点是经典的"坑点"，本题看似简单，但容量 S 的取值却非常容易出错，小题干给的两个参数都不是"1 个最大电源元件的计算电流"，而该数据隐藏在大题干中，为变压器容量，同时因为母联开关不属于变压器回路，所以不用乘 1.05。

（2）老版一次手册第 232 页表 6-3。

考点 21　断路器额定开断电流选择

【2019 年下午题 7~9】　某小型热电厂建设两机三炉，其中一台 35MW 的发电机经 45MVA 主变压器接至 110kV 母线。发电机出口设发电机断路器，此机组设 6kVA 段，B 段向其中两台炉的厂用负荷供电。两 6kV 段经一台电抗器接至主变压器低压侧，6kA 厂用 A 段计算容量为 10512kVA，B 段计算容量为 5570kVA，发电机、变压器、电抗器均装设差动保护，主变压器差动和电抗器差动保护电流互感器装在电抗器电源侧断路器的电抗器侧，已知发电机主保护动作时间为 30ms，主变压器主保护动作时间 35ms，电抗器主保护动作时间为 35ms，电抗器后备保护动作 1.2s，电抗器主保护若经发电机、变压器保护出口需增加动作时间 10ms，断路器全分断时间 50ms，本机组的电气接线示意图、短路电流计算结果表如下。（按 GB/T 15544.1—2013 计算）

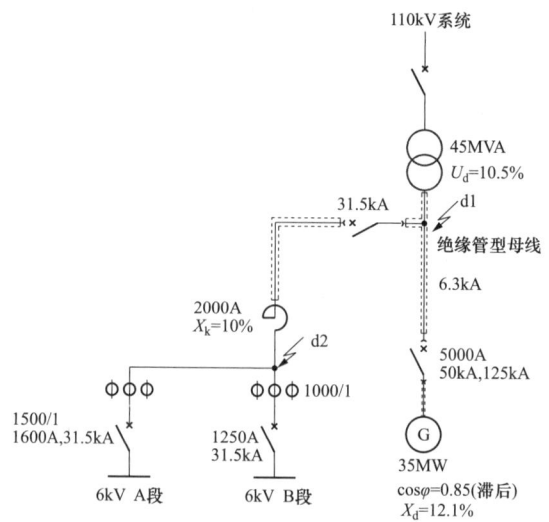

电气接线示意图

短路点编号	基准电压 U_j (kV)	基准电压 I_j (kA)	短路类型	分支线名称	短路电流（kA）		
					I''_k	I_k (0.07)	I_k (0.1)
1	6.3	9.165	三相短路	系统	38.961	38.961	38.961
				电抗器	6.899	5.856	5.200
				汽轮发电机	37.281	26.370	24.465
2	6.3	9.165	三相短路	系统	17.728	17.686	17.683
				电动机反馈电流	9.838	7.157	5.828

注 表中符号 I''_k 为对称短路电流初始值，I_k 为对称开断电流。

▶▶第82题 [断路器额定开断电流] 7. 根据给出的短路电流计算结果表，发电机出口断路器的额定短路开断电流交流分量应依据下列哪个值选取？（短路电流简化计算可用算术和方式）　　　　　　　　　　　　　　　　　　　　　　　　　　　　　　　　　（　　）

（A）30.293kA　　　　　　　　　　（B）27.281kA
（C）44.162kA　　　　　　　　　　（D）44.819kA

【答案及解答】D

由《导体和电器选择设计技术规定》（DL/T 5222—2021）第7.3.6条可知，发电机出口断路器开断电流应选用系统短路电流和发电机短路电流中的较大者，短路时刻应按最严重情况考虑，即最快分闸时间对应的短路电流。依题意，分断时间取 0.05+0.03=0.08（s），结合题设表格，取 0.07s 时刻，短路开断电流 I=38.961+5.856=44.817（kA），所以选 D。

【考点说明】

（1）本题中题设已经列出了短路电流，解答时只需要根据题设要求选取相应时间的短路电流进行算数和即可。

（2）本题的短路时间取 0.08s，表格中没有该时刻数据，要向更严重的 0.07s 靠，选取相应短路电流，因为以前没考过该类型题目，部分考生想通过题设条件算出 0.08s 时刻的值，显然是无法解答的。

第 4 章 导体与电器选择

【2018 年下午题 1~3】 某城区电网 220kV 变电站现有 3 台主变压器,220kV 户外母线采用 ϕ100/90 铝锰合金管形母线。依据电网发展和周边负荷增长情况,该站将进行增容改造,具体情况如下表,请分析计算并解答下列各小题。

主要设备	现 状	增容改造后
主变压器容量	3×120MVA	3×180MVA
220kV 侧	4 回出线,双母线接线	6 回出线,双母线接线
110kV 侧	8 回出线,双母线接线	10 回出线,双母线接线
35kV 侧	9 回出线,单母线分段接线	12 回出线,单母线分段接线

▶▶**第 83 题 [断路器额定开断电流]** 1. 该变电站原有四回 220kV 出线 L1~L4,其中 L1 出线为放射型负荷线路,L2,L3,L4 线为联络线路,其断路器开断能力均为 40kA。增容改造后,该站 220kV 母线三相短路容量为 16530MVA,L2,L3,L4 出线系统侧短路容量分别为 2190MVA,1360MVA,395MVA。核算改造需要更换几台断路器(U_j=230kV)?   (   )

(A) 1 台　　　　　　　　　　(B) 2 台
(C) 3 台　　　　　　　　　　(D) 4 台

【答案及解答】 B

依据 DL/T 5222—2021 第 3.0.6 条可知改造后,流经各断路器的最大短路电流如下:

(1) $I_{k1max} = \dfrac{16530}{\sqrt{3} \times 230} = 41.5(kA) > 40kA$,L1 断路器需更换。

(2) $I_{k2max} = \dfrac{S_{k2max}}{\sqrt{3}U} = \dfrac{16530-2190}{\sqrt{3} \times 230} = 36(kA) < 40kA$,L2 断路器不需更换。

(3) $I_{k3max} = \dfrac{S_{k3max}}{\sqrt{3}U} = \dfrac{16530-1350}{\sqrt{3} \times 230} = 38(kA) < 40kA$,L3 断路器不需更换。

(4) $I_{k4max} = \dfrac{S_{k4max}}{\sqrt{3}U} = \dfrac{16530-395}{\sqrt{3} \times 230} = 40.5(kA) > 40kA$,L4 断路器需更换。

综上所述,需要更换 2 台断路器,所以选 B。

【考点说明】

本题未提及母联断路器和主变断路器,所以答题时不用考虑这些断路器的情况。

【2021 年上午题 8~10】 某 220kV 户外敞开式变电站,220kV 配电装置采用双母线接线,设两台主变压器,连接于站内,220kV/10kV 母线,容量为 240MVA/240MVA/72MVA,变比为 220/115/10.5,阻抗电压(以高压绕组容量为基准)为 $U_{I\,II}$%=14,$U_{I\,III}$%=35,$U_{II\,III}$%=20,连接组别 YNyn0d11,220kV 出线 2 回,母线的最大穿越功率为 900MVA,110kV 母线出线为负荷线。

220kV 系统为无穷大系统,取 S_j=100MVA,U_j=230kV,最大运行方式下的系统正序阻抗标幺值为 X_{1*}=0.0065,负序阻抗标幺值 X_{2*}=0.0065,零序阻抗标幺值 X_{0*}=0.0058,请分析计算并解答下列各小题。

▶▶**第 84 题 [断路器额定开断电流与持续工作电流]** 请问应依据下列哪组数值选择 220kV 母联断路器的额定电流及馈线断路器的短路开断电流?

(A) 661A, 40.1kA (B) 2362A, 40.1kA
(C) 2362A, 38.6kA (D) 661A, 38.6kA

【答案及解答过程】 B

由老版一次手册第 231 页式（6-2）可得

$$额定电流 I_e \geq I_g = \frac{900 \times 10^3}{\sqrt{3} \times 220} = 2362 \, (A)$$

又由老版一次手册第 120 页表 4-1，第 144 页表 4-19 及相关公式可得

$$三相短路电流 I_d^3 = \frac{0.251}{0.0065} = 38.62 \, (kA)$$

$$单相短路电流 I_d^1 = 3 \times \frac{0.251}{0.0065 + 0.0065 + 0.0058} = 40.05 \, (kA)$$

以上短路电流两者取大，所以选 B。

【考点说明】

本题有两个重要坑点：

（1）对于母线联络开关持续工作电流，是取最大电源元件还是母线穿越功率？一般情况，按手册规定，取最大电源元件，但本题显然最大电源元件不是变压器，而是应该是高压母线电源进线，但本题没给进线参数。为此使用"用于计算母线相关设备的母线最大穿越功率"，选择"母线相关设备"——母线联络开关，虽然此种计算稍显牵强，但相比使用变压器额定电流计算更安全，为此本题使用母线最大穿越功率计算。

（2）断路器额定开断电流，应选"各种短路情况下最大短路电流"。对于正序和负序阻抗相同的系统，两相短路电流一定小于三相短路电流，不需要进行对比，但本题零序阻抗小于正序阻抗，暗藏"单相短路电流大于三相短路电流"，应该使用单相短路电流，这需要对短路电流计算非常熟悉以及对数据有很强的敏感程度，否则很容易错选 38.6kA。

（3）老版一次手册第 232 页表 6-3、第 120 页表 4-1，第 144 页表 4-19 及相关公式。

【2023 年上午题 6～9】 压缩空气储能电站的运行模式是储能工况下从电网受电驱动空气压缩机运行，发电工况下空气透平驱动发电机发电送至电网，储能工况和发电工况不同时运行。某压缩空气储能电站配置三台同步电动机驱动的空气压缩机和一台空气透平同步发电机。该储能电站电气主接线简图如下图所示：

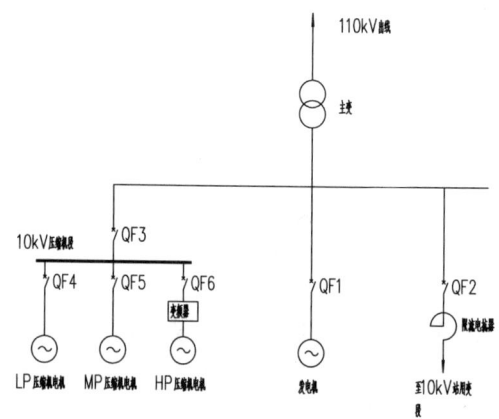

主要设备参数如下表：

设备名称	参　数
发电机	60MW，cosφ=0.8，10.5kV，X_d''=16%
LP 压缩机电机	30MW，cosφ=0.9，10kV，X_d''=25%
MP 压缩机电机	30MW，cosφ=0.9，10kV，X_d''=25%
HP 压缩机电机	10MW，cosφ=0.9，10kV，X_d''=20%
主变	80MVA，115±8×1.25%/10.5kV，U_d=18%

短路电流计算采用实用计算方法，计算时空气透平发电机和同步电动机的短路电流特性均视同为汽轮发电机，不考虑变频器驱动的电动机提供短路电流和10kV 站用段提供电动机反馈电流。请分析计算并解答下列各小题。

▶▶第 85 题 ［断路器额定开断电流］6. 假设主变低压侧短路时系统侧提供三相短路电流周期分量有效值为 24kA，且不随时间衰减，取断路器实际开断时间为 0.1s，则断路器 QF5 的额定短路开断电流的交流分量有效值不应小于下列哪项数值？　　　　　　　　（　　）

（A）25kA　　　　　　　　　　　（B）31.5kA
（C）40kA　　　　　　　　　　　（D）50kA

【答案及解答过程】B

依题意，储能工况和发电工况不同时运行，即 QF5 合闸时 QF1 断开；QF5 合闸时 MP 压缩电机出口短路流过 QF5 的短路电流最大为：系统短路电流+LP 反馈电流； LP 电机阻抗百分数 25%，依据老版一次手册第 129 页图 4-6 可知 0.1s 短路电流标幺值为 3.6，则 LP 电机反馈电流值为 $I_g'' = 3.6 \times \dfrac{30/0.9}{\sqrt{3} \times 10} = 6.93$（kA）。

则流过 QFS 的总短路电流 $I_D'' = I_S'' + I_g'' = 24 + 6.93 = 30.93$（kA）。

【考点说明】

本题关键在工况分析，如果加上发电机的反馈电流，会误选 D。

【2023 年上午题 6～9】 压缩空气储能电站的运行模式是储能工况下从电网受电驱动空气压缩机运行，发电工况下空气透平驱动发电机发电送至电网，储能工况和发电工况不同时运行。某压缩空气储能电站配置三台同步电动机驱动的空气压缩机和一台空气透平同步发电机。该储能电站电气主接线简图如下图所示。

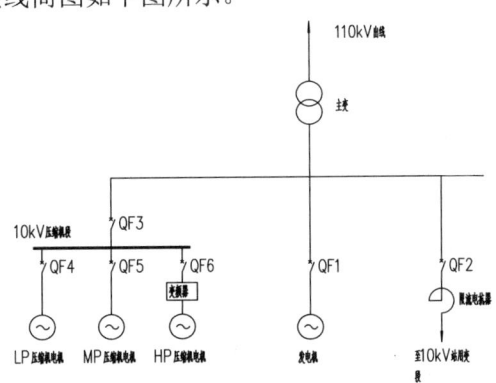

主要设备参数如下表：

设备名称	参数
发电机	60MW，$\cos\Phi=0.8$，10.5kV，$X_d''=16\%$
LP 压缩机电机	30MW，$\cos\Phi=0.9$，10kV，$X_d''=25\%$
MP 压缩机电机	30MW，$\cos\Phi=0.9$，10kV，$X_d''=25\%$
HP 压缩机电机	10MW，$\cos\Phi=0.9$，10kV，$X_d''=20\%$
主变	80MVA，$115\pm 8\times1.25\%/10.5$kV，$U_d=18\%$

短路电流计算采用实用计算方法，计算时空气透平发电机和同步电动机的短路电流特性均视同为汽轮发电机，不考虑变频器驱动的电动机提供短路电流和 10kV 站用段提供电动机反馈电流。请分析计算并解答下列各小题。

▶▶**第 86 题[断路器额定开断电流]** 7. 假设主变低压侧短路时系统提供的短路电流为 25kA，10kV 压缩机段提供的短路电流为 20kA，发电机提供的短路电流为 30kA，电抗器的参数为 $I_{ek}=1000$A，$X_k=4\%$，在选择断路器 QF2 的分断能力时，最小按下列哪项短路电流值进行验算？

( )

(A) 17.7kA　　　　　　　　　(B) 39.3kA
(C) 54.9kA　　　　　　　　　(D) 55kA

【答案及解答过程】 A

依题意发电工况下的电抗器前短路电流大于蓄能工况，结合 DL/T 5222—2021 第 3.0.8-2 条，按发电工况下限流电抗器后的短路电流对 QF2 进行校验。

由老版一次手册第 120 页 4-2 节相关公式、第 121 页表 4-2，有

发电工况下，电抗器前电抗标幺值为 $X_{S*}'' = \dfrac{5.5}{25+30} = 0.1$

电抗器电抗标幺值 $X_{*k} = \dfrac{X_k\%}{100}\times\dfrac{U_e}{\sqrt{3}I_e}\times\dfrac{S_j}{U_j^2} = \dfrac{4\%}{100}\times\dfrac{10.5}{\sqrt{3}\times 1}\times\dfrac{100}{10.5^2} = 0.2199$

则电抗器后短路电流为 $I'' = \dfrac{I_j}{X_*} = \dfrac{5.5}{0.1+0.2199} = 17.19\,(\text{kA})$

【考点说明】

本题的关键点在用电抗器后短路校验，该考点虽然未直接考过，但这是短路电流计算的常规坑点，读者在学习过程中应注重基础要求的广泛学习和记忆，以应对未来出题范围越来越广的趋势，习题讨论课就是通过直播互动和不断训练来提高学员对基础要点的记忆和熟练程度。按电抗器前计算短路电流会错选 C。

考点 22　断路器峰值耐受电流选择

【2024 年下午题 9~11】 某工程建设 2×1000MW 燃煤机组，采用发电机-主变压器组单元接线接入 500kV 配电装置。发电机出口设置发电机断路器（GCB）。高压厂用变压器（以下简称高厂变）由主变压器与 GCB 之间引接，并设置 1 台事故停机变压器，发电机出口额定电压为 27kV，高厂变高压侧三相短路容量为 1223MVA。

请分析计算并解答下列各小题。

▶▶第 87 题 [断路器额定开断电流] 9. 假定该工程高压厂用电系统采用 10kV 一级电压，每台机组设置 1 台低压分裂绕组高厂变，高厂变额定容量为 85/50-50MVA、电压比 27±2×2.5%/10.5-10.5kV、以高压侧容量为基准的半穿越阻抗 19%，10kV 高压厂用母线 A 段、B 段直接供电的电动机额定功率之和分别为 33200kW、30600kW，电动机平均的反馈电流倍数为 6，不计高厂变短路阻抗误差和分裂绕组间的影响，则高压开关柜峰值耐受电流应不小于下列哪项数值？ ( )

(A) 75.2kA (B) 95.3kA
(C) 100kA   (D) 125kA

【答案及解答】C

设 S_j=100MVA，可得

发电机系统侧电抗 $X_x = \dfrac{100}{12230} = 0.008177$

依题意不考虑高厂变阻抗误差，则

分裂绕组变压器阻抗 $X_t = \dfrac{19\%}{100} \times \dfrac{100}{85} = 0.2235$

依据《火力发电厂厂用电设计规程》(DL/T 5153—2014)附录 L，式（L.0.1-1）～式（L.0.1-8），

$I''_B = \dfrac{5.5}{0.008177+0.2235} = 23.74 \text{ (kA)}$

取电动机负荷较大一侧母线的电动机容量，则 $I''_D = 6 \times \dfrac{33200}{\sqrt{3} \times 10 \times 0.8} = 14.38 \text{ (kA)}$

由该规范表 L.0.1，分裂绕组变压器，峰值系数取 1.85，由式（L.0.1-8）下方参数说明，电动机反馈峰值系数取 1.7，可得：

$i_{ch} = \sqrt{2} \times (1.85 \times 23.74 + 1.1 \times 1.7 \times 14.38) = 100.14 \text{ (kA)}$

所以选 C。

【考点说明】

本题如果按照 DL/T 5153—2014 附录 L 式（L.0.1-6），考虑变压器负误差，反而会错选 D。

考点 23　断路器直流分断能力

【2009 年下午题 6～10】　某 300MVA 火力发电厂，厂用电引自发电机，厂用变压器接线为 Dyn11yn11，容量为 40/25-25MVA，厂用电压为 6.3kV，主变压器低压侧与 6kV 开关柜用电缆相连，电缆放在架空桥架上。校正系数 K_1=0.8，环境温度 40℃，6kV 最大三相短路电流为 38kA，电缆芯热稳定系数 C 为 150，如图所示（本题省略）。请回答下列问题。

▶▶第 88 题 [断路器直流分断能力] 10. 6kV 断路器额定开断电流为 40kA，短路电流为 38kA，其中直流分量 60%，求此断路器开断直流分量的能力。 ( )

(A) 22.5kA (B) 24kA
(C) 32kA   (D) 34kA

【答案及解答】C

由 DL/T 5222—2021 第 7.2.4 条及其条文说明可知，该断路器开断直流分量的能力为
$$I_f = 38 \times \sqrt{2} \times 60\% = 32.24 \text{ (kA)}$$

【考点说明】

（1）直流分量开断能力为幅值（峰值），以断路器额定开断电流百分数表示。如额定开断电流为 50kA 断路器，直流分量开断能力为 30%，表示该断路器分断直流分量的能力为 $50 \times 0.3 \times \sqrt{2} = 21.21$ (kA)。

（2）本题给出了回路中实际的短路电流 38kA，其中直流分量占比 60%，容易算出实际短路电流中直流分量值为 $38 \times 0.6 \times \sqrt{2} = 32.24$（kA），断路器应能开断不小于 32.24kA 的直流分量才合格，即断路器需要具有开断 32.24kA 及以上直流分量的能力才符合要求。本题从选项配置来看，可近似向下取整选 C。

（3）D 选项是出题者设置的一个陷阱 $40 \times 0.6 \times \sqrt{2} = 33.94$（kA），这并不是实际的开断值，所以是错误的。

（4）本题还可以有另一种考法：6kV 断路器额定开断电流为 40kA，短路电流为 38kA，其中直流分量 60%，求此断路器直流分量开断能力百分数。直流分量开断能力百分数为 $\dfrac{38 \times 0.6 \times \sqrt{2}}{40 \times \sqrt{2}} = 57\%$，直接答 60%是错误的。

（5）该考点相关内容可详细阅读 DL/T 5222—2021 第 7.2.4 条及其条文说明。

【2019 年上午题 1~6】 某垃圾焚烧电厂汽轮发电机组，发电机额定容量 P_{eg}= 20000kW，额定电压 U_{eg}=6.3kV，额定功率因数 $\cos\varphi_e$=0.8，超瞬变电抗 X_d=18%。电气主接线为发电机变压器组单元接线，发电机装设出口断路器 GCB，发电机中性点经消弧线圈接地。高压厂用电源从主变压器低压侧引接，经限流电抗器接入 6.3kV 厂用母线。主变压器额定容量 S_n=25000kVA，短路电抗 U_k=12.5%，主变压器高压侧接入 110kV 配电装置。统一用 10km 长的 110kV 线路连接至附近变电站，电气主接线如下图。请分析并计算解答下列各小题。

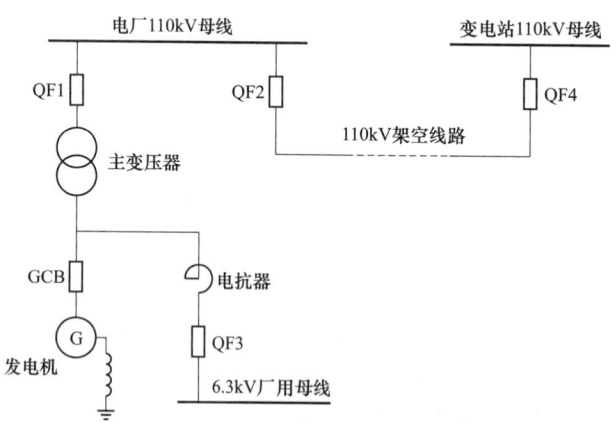

▶▶**第 89 题［断路器直流分断能力］4.** 已知发电机回路衰减时间常数 T_a=100（X/R 值），若需满足主变压器低压侧三相金属性短路后 60ms 时刻，发电机侧短路电流能被 GCB 开断，问 GCB 应具备的短路电流非周期分量开断能力至少为下列哪项值？ （ ）

(A) 11.0kA (B) 16.09kA

（C）18.8kA　　　　　　　　　　（D）25.2kA

【答案及解答】B

依题意，发电机出口短路时发电机提供的短路电流周期分量起始值为

$$6 \times \frac{25}{\sqrt{3} \times 6.3} = 13.746 \, (\text{kA})$$

由新版一次手册第 20 页式（4-31）可得，60ms 时刻非周期分量为

$$i_{\text{fz}(0.06)} = \sqrt{2} \times 13.746 \times e^{-\frac{314 \times 0.06}{100}} = 16.1 \, (\text{kA})$$

所以选 B。

【考点说明】

（1）本大题第 3 小题求短路后 100ms 发电机短路电流周期分量有效值，直接查图对应 0.1s 曲线即可，第 4 小题求短路后 60ms 直流分量值（峰值），该值是在短路周期分量起始有效值（0 时刻值）的基础上衰减的，所以应查图 $t=0$ 时刻的值，对应 13.746kA，然后再用衰减公式计算出 60ms 时刻的直流分量值。如果直接查图 60ms 时刻值，$5.2 \times \frac{25}{\sqrt{3} \times 6.3} = 11.9 \, (\text{kA})$，会误选 A。

（2）按照《导体和电器选择设计技术规定》（DL/T 5222—2021）第 7.3.6 条要求，发电机出口断路器 GCB 应分别校验系统和发电机提供的短路电流非周期分量。本题中，如果短路点在发电机和 GCB 之间，则断路器开断的是系统短路电流 17.238kA 在 60ms 时刻对应的非周期分量，再和本题计算的发电机提供的短路电流非周期分量值比较，两者取大。本题明确要求计算发电机侧提供的非周期分量。

（3）老版一次手册第 139 页式（4-28）。

【2011 年上午第 16～20 题】　某火力发电厂，在海拔 1000m 以下，发电机变压器组单元接线如下图所示。设 i_1、i_2 分别为 d1、d2 点短路时流过 QF 的短路电流，已知远景最大运行方式下，i_1 的交流分量起始有效值为 36kA 不衰减，直流分量衰减时间常数为 45ms；i_2 的交流分量起始有效值为 3.86kA，衰减时间常数为 720ms，直流分量衰减时间常数为 260ms。请解答下列各题（计算题按最接近数值选项）。

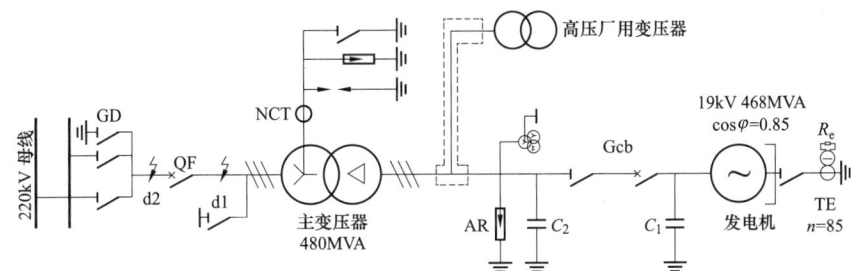

▶▶第 90 题［断路器直流分断能力］16．若 220kV 断路器额定开断电流 50kA，d1 或 d2 点短路时主保护动作时间加断路器开断时间均为 60ms。请计算断路器应具备的直流分断能力及当 d2 点短路时需要开断的短路电流直流分量百分数最接近下列哪组数值？　　（　　）

(A) 37.28%、86.28% (B) 26.36%、79.38%
(C) 18.98%、86.28% (D) 6.13%、26.36%

【答案及解答】 C

依题意，应按 i_1 和 i_2 中较大值 36kA 计算断路器应具备的直流分断能力，且对应交流分量不衰减，由新版一次手册第 20 页式（4-31）可得，60ms（0.06s）时短路电流直流分量为

$$i_{fz0.06} = -\sqrt{2}I''e^{-\frac{\omega t}{T_a}}, \quad T_a = \omega t \Rightarrow i_{fz0.06} = -\sqrt{2} \times 36 \times e^{-\frac{\omega \times 0.06}{\omega \times 0.045}} = -13.42 \text{ (kA)}$$

由 DL/T 5222—2021 第 7.2.4 条条文说明最后一段可知，断路器直流分量百分数为

$$\frac{\text{断路器安装位置最大短路电流直流分量}}{\text{断路器额定短路开断电流峰值}} = \frac{13.42}{50 \times \sqrt{2}} = 18.98\%$$

依题意，i_2 交流衰减时间常数为 0.72s，直流衰减时间常数为 0.26s，可得 d2 点短路，断路器在 0.06s 时刻实际分断的直流分量百分数为

$$\frac{-\sqrt{2} \times 3.86 \times e^{-\left(\frac{0.06}{0.26}\right)}}{-\sqrt{2} \times 3.86 \times e^{-\left(\frac{0.06}{0.72}\right)}} = 86.29\%$$

所以选 C。

【考点说明】

（1）该题第一问要求的是断路器额定直流分量百分数。既然是额定值，所以用断路器的额定开断电流为基准。第二问求的是短路情况下实际分断的直流分量百分数，所以用实际的短路电流周期分量为基准。

（2）老版一次手册第 139 页式（4-28）。

【2018 年下午题 15～19】 一台 300MW 水氢冷却汽轮发电机经过发电机断路器、主变压器接入 330kV 系统，发电机额定电压 20kV，发电机额定功率因数 0.85，发电机中性点经高阻接地。主变参数为 370MVA，345kV/20kV，U_d=14%（负误差不考虑），主变压器 330kV 侧中性点直接接地。请依据题意回答下列问题。

▶▶**第 91 题**［断路器直流分断能力］19. 若 330kV 母线短路电流为 40kA（不含本机组提供的短路电流），系统时间常数按 45ms 考虑，主变压器时间常数为 120ms，故障发生至发电机断路器断开的时间按 60ms 考虑，计算发电机断路器开断的主变侧短路电流其非周期分量应为下列哪项数值？　　　　　　　　　　　　　　　　　　　　　　　　　（　　）

(A) 25.6kA (B) 54.2kA
(C) 58.91kA (D) 65.41kA

【答案及解答】 B

依据 DL/T 5222—2021 附录 A.3.1 可得

系统阻抗标幺值　　$X_{*S} = \dfrac{100}{\sqrt{3} \times 345 \times 40} = 0.00418$

$$R_{*S} = \frac{0.00418}{314 \times 45} = 2.961 \times 10^{-7}$$

主变阻抗标幺值

$$X_{*\mathrm{T}} = \frac{14\% \times 100}{370} = 0.0378$$

$$R_{*\mathrm{T}} = \frac{0.0378}{314 \times 120} = 1.0032 \times 10^{-6}$$

系统加主变等效时间常数 $T_\mathrm{s} = \dfrac{0.0378 + 0.00418}{314 \times (2.961 + 10.032) \times 10^{-7}} = 103(\mathrm{ms})$

发电机断路器开断的主变压器侧短路电流非周期分量

$$i_{\mathrm{fzt}} = \sqrt{2} \times \frac{100/(\sqrt{3} \times 20)}{0.0378 + 0.00418} \times \mathrm{e}^{-\frac{60}{103}} = 54.2\,(\mathrm{kA})$$

所以选 B。

【2020年下午题5~8】 某热电厂安装有 3 台 50MW 级汽轮发电机组，配有 4 台燃煤锅炉。3 台发电机组均通过双绕组变压器（简称"主变"）升压至 110kV，采用发电机-变压器组单元接线，发电机设 SF₆ 出口断路器，厂内设 110kV 配电装置，电厂以 2 回 110kV 线路接入电网，其中#1、#2 厂用电源接于#1 机组的主变低压侧和发电机断路器之间，#3、#4 厂用电源分别接于#2、#3 机组的主变低压侧与发电机断路器之间，每台炉的厂用分支回路设 1 台限流电抗器（简称"厂用电抗器"）。全厂设置 1 台高压备用变压器（简称"高备变"）高备变的容量为 12.5MVA，由厂内 110kV 配电装置引接。

发电机技术参数：

发电机功率 50MW，U_e=6.3kV，$\cos\varphi$=0.8(滞后)，f=50Hz，直轴超瞬态电抗（饱和度）X_d''=12%，电枢短路时间常数 T_n=0.31s，每相定子绕组对地 0.14μF。（短路电流按实用计算法）

▶▶第92题 ［断路器直流分断能力］ 6. 按照短路电流实用计算法，假定主变高压侧为无限大电源，当发电机出口短路时系统及其他机组通过主变提供三相对称短路电流周期分量起始有效值 54.9kA，主变回路 X/R=65，一台电抗器所带厂用电系统电动机初始反馈电流为 3.2kA，若发电机断路器分闸时反馈交流电流衰减为初始值的 0.8 倍，厂用分支回路 X/R=15，发电机断路器最小分闸时间 50ms，主保护时间 10ms，则发电机断路器开断系统源、发电机源对应的最大对称短路开断电流计算值、最大直流分量百分数计算值分别为下列哪组？　　（　　）

(A) 41.2kA，103%　　　　　　　　　　(B) 57.46kA，72.6%

(C) 60.02kA，70.6%　　　　　　　　　　(D) 60.02kA，103%

【答案及解答】D

(1) 计算断路器分断系统侧和发电机侧各侧短路电流取大值：

依题意可得，断路器分闸时刻为 0.05+0.01=0.06s，所以应计算短路后 0.06s 时刻的短路电流；

1) 0.06s 时刻分断系统侧短路电流为：54.9+3.2×2×0.8=60.02(kA)；

2) 0.06s 时刻分断发电机侧短路电流为

设 $S_\mathrm{j} = \dfrac{50}{0.8} = 62.5(\mathrm{MVA})$、$U_\mathrm{j} = 6.3(\mathrm{kV})$、$I_\mathrm{j} = \dfrac{50/0.8}{\sqrt{3} \times 6.3} = 5.728(\mathrm{kA})$

由新版一次手册第 117 页表 4-7 可得

$$I_{*0.06} = 7.186 \Rightarrow I_{0.06} = 7.186 \times 5.728 = 41.16(\mathrm{kA})$$

所以发电机断路器开断系统源、发电机源的最大对称短路开断电流计算值为 60.02(kA)。

（2）计算 0.06s 时刻，断路器分断直流分量百分数：

1）系统侧开断百分数

由新版一次手册第 120 页式（4-31）可得

$$I_{fz0.06} = \sqrt{2} \times (54.9 \times e^{-\frac{314\times0.06}{65}} + 2 \times 3.2 \times e^{-\frac{314\times0.06}{15}}) = \sqrt{2} \times 42.9(\text{kA})$$

开断系统侧直流分量百分数为 $\dfrac{\sqrt{2} \times 42.9}{\sqrt{2} \times 60.2} = 71.3\%$

2）发电机侧开断百分数

由新版一次手册第 117 页表 4-7 可得

$$I_{*0} = 8.963 \Rightarrow I_0 = 8.963 \times 5.728 = 51.34(\text{kA})$$

$$I_{fz0.06} = \sqrt{2} \times 51.34 \times e^{-\frac{0.06}{0.31}} = \sqrt{2} \times 42.31(\text{kA})$$

开断发电机侧直流分量百分数为 $\dfrac{\sqrt{2} \times 42.31}{\sqrt{2} \times 41.16} = 102.8\%$

以上两者取大，为 103%，所以选 D。

【考点说明】

（1）本题题意通过文字描述，1 号发电机带了两条厂用分支线，在计算反馈电流时应乘 2，否则会错选 B。

（2）直流分量百分数的分母是交流分量峰值，分母应乘根号 2。

（3）老版一次手册第 135 页表 4-7、第 139 页式（4-28）。

【2017 年下午题 1~4】 某电厂装有两台 660MW 火力发电机组，以发电机变压器组方式接入厂内 500kV 升压站，厂内 500kV 配电装置采用一个半断路器接线，发电机出口设发电机断路器，每台机组设一台高压厂用分裂变压器，其电源引自发电机断路器与主变低压侧之间，不设专用的高压厂用备用变压器，两台机组的高压厂用变压器低压侧母线相联络，互为事故停机电源。请分析计算并解答下列各小题。

▶▶第 93 题 [断路器直流分断能力] 2. 当发电机出口发生短路时，由系统侧提供的短路电流周期分量的起始有效值为 135kA，系统侧提供的短路电流值大于发电机侧提供的短路电流值，主保护动作时间为 10ms，发电机断路器的固有分闸时间为 50ms，全分断时间为 75ms，系统侧的时间常数 X/R 取 50，发电机出口断路器的额定开断电流为 160kA。请计算发电机出口断路器选择时的直流分断能力应不小于下列哪项数值？　　　　　　　　　　　（　　）

（A）50%　　　　　　　　　　　　（B）58%

（C）69%　　　　　　　　　　　　（D）82%

【答案及解答】B

依据老版一次手册式（4-28），得

$$i_{fzt} = i_{fz0}e^{-\frac{\omega t}{T_a}} = -\sqrt{2}I_e''e^{-\frac{\omega t}{T_a}} = -\sqrt{2} \times 135 \times e^{-\frac{314\times(0.01+0.05)}{50}} = -131(\text{kA})$$

$$d_\mathrm{c}\% = \frac{131}{160\sqrt{2}} = 58\%$$

应选 B。

【考点说明】

此题的坑点有两个：

（1）断路器分闸时间应取固有分闸时间，即断路器开始分断时刻的时间，而不能取全分断时间（此时短路电流已经完全断开熄弧了）。否则会误选 A。

$$i_\mathrm{fzt} = i_\mathrm{fz0}\mathrm{e}^{-\frac{\omega t}{T_\mathrm{a}}} = -\sqrt{2}I_\mathrm{e}''\mathrm{e}^{-\frac{\omega t}{T_\mathrm{a}}} = -\sqrt{2} \times 135 \times \mathrm{e}^{-\frac{314 \times (0.01+0.075)}{50}} = -112 \text{ (kA)}$$

$$d_\mathrm{c}\% = \frac{112}{160\sqrt{2}} = 50\%$$

（2）直流分量是一个瞬时值，计算直流分量百分数时应取全电流峰值之比。否则会误选 D。

【注释】

（1）此题是考查短路电流的非周期分量计算问题，即按老版一次手册第 139 页 4-5 节式（4-28）代入已知的 t 值、短路电流周期分量和衰减时间常数即可得到所谓直流分量，并应与短路电流的全电流相比得到某个短路电流的直流分量的百分数。

（2）计算非周期分量如何取 t 值即短路电流的计算时间？题中给了断路器的固有分闸时间和全分断时间，前者为断路器收到跳闸脉冲到其灭弧触头开始分开的时间，后者则是断路器收到跳闸脉冲到断路器开断灭弧的时间，两者相差了灭弧时间；我们要计算从短路发生到断路器灭弧触头开始分离的最小计算时间，这个计算时间应等于继电保护动作时间与断路器的固有分闸时间之和，也就是断路器截断短路电流的时间；在老版一次手册第 148 页计算 t 秒短路电流时给出短路电流计算时间为主保护动作时间与断路器固有分闸时间之和，在校验断路器的断流能力时，宜取断路器实际开断时间（主保护动作时间与断路器分闸时间之和），此分闸时间（或分断时间）即是固有分闸时间，而不是全分闸（全分断）时间。

（3）计算百分数时，是取短路电流的周期分量还是短路电流的全电流（周期分量与非周期分量的平方和的开方）？严格地说，应取 t 秒全电流。可参看老版一次手册第 173 页的算例，取本身短路电流的 t 秒直流分量与本次短路电流的 t 秒全电流比。工程中短路电流中的直流分量是以断路器的额定短路电流值为 100%核算的（见 DL/T 5222—2021 第 7.2.4 条条文说明），本题给定的额定短路电流开断值应看作是一个全电流值。

（4）由于直流电流的开断灭弧要难于交流回路的开断灭弧（交流回路每半周有过零点），一些场合的高压断路器特别是选择发电机出口断路器时，规范要求必须校验断路器的直流分断能力，一般断路器安装地点短路电流直流分量超过 20%时，应与制造厂协商，并在技术协议书中明确所要求的直流分量百分数。

【2023 年上午题 6～9】 压缩空气储能电站的运行模式是储能工况下从电网受电驱动空气压缩机运行，发电工况下空气透平驱动发电机发电送至电网，储能工况和发电工况不同时运行。某压缩空气储能电站配置三台同步电动机驱动的空气压缩机和一台空气透平同步发电机。该储能电站电气主接线简图如下图所示：

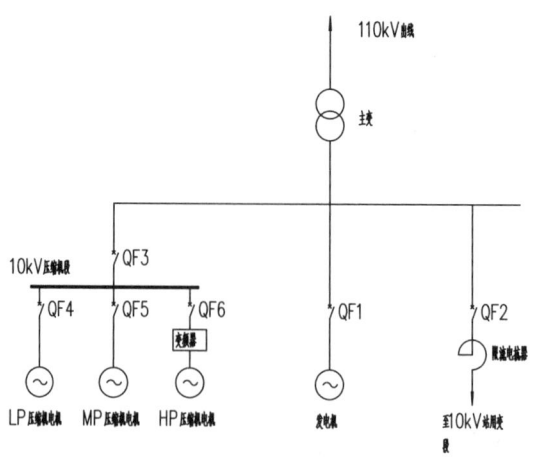

主要设备参数如下表：

设备名称	参 数
发电机	60MW，$\cos\varphi=0.8$，10.5kV，$X_d''=16\%$
LP 压缩机电机	30MW，$\cos\varphi=0.9$，10kV，$X_d''=25\%$
MP 压缩机电机	30MW，$\cos\varphi=0.9$，10kV，$X_d''=25\%$
HP 压缩机电机	10MW，$\cos\varphi=0.9$，10kV，$X_d''=20\%$
主变	80MVA，115±8×1.25%/10.5kV，$U_d=18\%$

短路电流计算采用实用计算方法，计算时空气透平发电机和同步电动机的短路电流特性均视同为汽轮发电机，不考虑变频器驱动的电动机提供短路电流和 10kV 站用段提供电动机反馈电流。请分析计算并解答下列各小题。

▶▶第 94 题 [断路器直流分断能力] 9．假设发电机出口三相短路时发电机提供的短路电流起始周期分量有效值为 30kA，系统侧提供的短路电流起始周期分量有效值为 25kA，发电机侧 X/R 为 80，系统侧 X/R 为 25。若断路器 QF1 额定短路开断电流为 50kA，开断时间为 0.07s，则该断路器的额定开断电流直流分量百分数至少应选择下列哪项数值？（ ）

（A）30% （B）50%
（C）70% （D）80%

【答案及解答】B

依据老版一次手册第 139 页式（4-28）可得发电机侧提供的短路电流非周期分量 $I_{fz.g}''=$
$-\sqrt{2}I''e^{-\frac{\omega t}{T_\alpha}}=-\sqrt{2}\times 30\times e^{-\frac{314\times 0.07}{80}}=32.23(kA)$ 系统侧提供的短路电流非周期分量 $I_{fz.s}''=$
$-\sqrt{2}I''e^{-\frac{\omega t}{T_\alpha}}=-\sqrt{2}\times 25\times e^{-\frac{314\times 0.07}{25}}=14.68(kA)$ 则通过断路器 QF1 的最大直流分量为发电机侧提供，依据 DL/T 5222—2021，第 7.2.4 条及其条文说明，直流分量百分数应为 $\frac{32.23}{\sqrt{2}50}=45.59\%$。

【考点说明】

本题计算本身不难，同时短路电流瞬时值计算公式也是必背公式之一，考场上基本 2min 可以解出此题，唯一的难点是计算值 45.59%，没有对上任何一个选项，考场上可能认为自己做错了而反复校对浪费了宝贵的时间，因此对于题目选项如果给出标准参数而非计算值时，应注意甄别。

4.2.2.4 隔离开关选择

考点 24　隔离开关选择

▶▶【2010 年上午题 11~15】某 220kV 变电站，站址环境温度 35℃，大气污秽Ⅲ级，海拔 1000m，站内的 220kV 设备用普通敞开式电器，户外中型布置，220kV 配电装置为双母线，母线三相短路电流 25kA，其中一回接线如右图所示，最大输送功率 200MVA，回答下列问题。

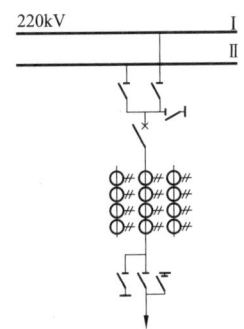

▶▶第 95 题［隔离开关选择］13. 如某回路 220kV 母线隔离开关选定额定电流为 1000A，它应具备切母线环流能力是：当开合电压 300V，开合次数 100 次，其开断电流应为哪项？
（　　）

（A）500A　　　　　　　　　　（B）600A
（C）800A　　　　　　　　　　（D）1000A

【答案及解答】C

由 DL/T 5222—2021 第 11.0.9 条及条文说明可知，一般隔离开关的开断电流为 $0.8I_n$，所以开断电流为 $0.8I_n=0.8×1000=800$（A），所以选 C。

【注释】

（1）隔离开关的作用如下：

1）在合闸状态时应能承受运行回路最大工作电流和短路电流的电动力及热效应。

2）当断路器、变压器等电器元件需要停电检修时能够提供明显足够安全间距的断开点，以起到安全隔离的作用。

3）在双母线倒母线操作开合时能够承受母线环流。

4）能够开断、关合较小电感和电容电流。

因此，其技术参数包括额定电流、绝缘水平、动稳定电流、热稳定电流，以及分合小电流、旁路电流和母线环流等。

（2）本题是按照老版规范 DL/T 5222—2005 所出，新版规范 DL/T 5222—2021 第 9.0.9 条和第 9.0.10 条已更改。

【2019 年上午题 7~11】 某电厂的海拔为 1350m，厂内 330kV 配电装置的电气主接线为双母线接线，330kV 配电装置采用屋外敞开式中型布置，主母线和主变压器进线均采用双分裂铝钢扩径空芯导线（导线分裂间距 400mm），330kV 设备的短路电流水平为 50kA（2s），厂内 330kV 配电装置的最小安全净距 A_1 值为 2650mm，A_2 值为 2950mm。请分析计算并解答下列各小题。（本题厂内 330kV 配电装置间隔断面示意图略）

▶▶第 96 题 [隔离开关选择] 11. 330kV 配电装置出线回路的 330kV 母线隔离开关额定电流为 2500A，该母线隔离开关切断母线环流的能力是，当开合电压为 300V 时开合次数 100 次，其开断母线环流的电流应至少为下列哪项值？（按规程规定计算） （　　）

(A) 0.5A　　　　　　　　　　(B) 2A
(C) 2000A　　　　　　　　　 (D) 2500A

【答案及解答】C

由《导体和电器选择设计技术规定》（DL/T 5222—2021）第 11.0.9 条条文说明可得，开断电流为 $0.8I_n=0.8\times 2500=2000$（A），所以选 C。

【考点说明】

本题是按照老版规范 DL/T 5222—2005 所出，新版规范 DL/T 5222—2021 第 9.0.9 条和第 9.0.10 条已更改。

【2023 年下午题 13~16】 某新能源汇集站设置 500kV 配电装置、主变压器、220kV 配电装置和无功补偿装置，本期建设 1 台主变压器（以下简称#1 主变）。#1 主变采用 3 台单相自耦变压器组，单相变压器额定容量为 334MVA/334MVA/100MVA；额定电压为 $\dfrac{525}{\sqrt{3}}\Big/\dfrac{230}{\sqrt{3}}\pm 8\times 1.25\%/35\text{kV}$，接线组别为 Iaoio。主变 35kV 侧装置设 3 组 60Mvar 并联电容器组，35kV 侧三相短路电流 $I''=30.5\text{kA}$，冲击电流 $i_{ch}=78.5\text{kA}$。汇集站环境条件：海拔 600m、年平均气温 15℃、最热月平均最高气温 30℃、年最高气温 40℃、年最低气温 -25℃，最大风速 30m/s，请分析计算并解答下列各小题。

▶▶第 97 题 [隔离开关选择] 16. 假定题干中短路电流值仅为系统提供值，电容器组中串联电抗率为 5%，电容器组衰减时间常数 $T_c=0.05s$，站用变由 35kV 系统供电，请计算选择电容器回路中 35kV 隔离开关的额定电流，峰值耐受电流分别不宜小于下列哪个数值？
（　　）

(A) 1000A、80kA　　　　　　(B) 1000A、100kA
(C) 1600A、80kA　　　　　　(D) 1600A、100kA

【答案及解答】D

由 GB 50227—2017 第 5.8.2 条可得

$I_g=1.3\times\dfrac{60\times 10^3}{\sqrt{3}\times 35}=1286.7\text{(A)}$，额定电流取 1600A

依据老版一次手册第 159 页第 4-11 节可得

$\dfrac{Q_c}{S_d}=\dfrac{3\times 60}{\sqrt{3}\times 37\times 30.5}=9.21\%>7\%$，应考虑助增。

由第 161 页图 4-23，可得 k_{ch} = 1.039；题目已知 35kV 冲击电流 $i_{ch,s}$ = 78.5kA。

由该手册第 160 页式（4-74）可得：$i_{ch} = k_{ch} \times i_{ch,s} = 1.039 \times 78.5 = 81.56$（kA）

【考点说明】

老版一次手册图 4-21 和图 4-22 是计算 t 秒有效值的系数，图 4-23 和图 4-24 是计算冲击电流的系数，注意区分。

考点 25　负荷开关选择

【2017 年上午题 6～10】某垃圾电厂建设 2 台 50MW 级发电机组，采用发电机–变压器组单元接线接入 110kV 配电装置，为了简化短路电流计算，110kV 配电装置三相短路电流水平为 40kA，高压厂用电系统电压为 6kV，每台机组设 2 段 6kV 母线，2 段 6kV 通过 1 台限流电抗器接至发电机机端，2 台机组设 1 台高压备用变压器。其简化的电气主接线如下图所示：

发电机主要参数：额定功率 P_e=50MW，额定功率因数 $\cos\varphi$=0.8，额定电压 U_e=6.3kV，次暂态电抗 X''_d=17.33%。定子绕组每相对地电容 C_g=0.22μF；

主变压器主要参数：额定容量 S_e=63MVA，电压比 121±2×2.5%/6.3kV，短路阻抗 $U_d\%$=10.5%，接线组别 YNd11，主变压器低压绕组每相对地电容 C_{T2}=4300pF；高压厂用电系统最大计算负荷 13 960kVA。厂用负荷功率因数 $\cos\varphi$=0.8，高压厂用电系统三相总的对地电容 C=3.15μF。请分析计算并解答下列各小题。

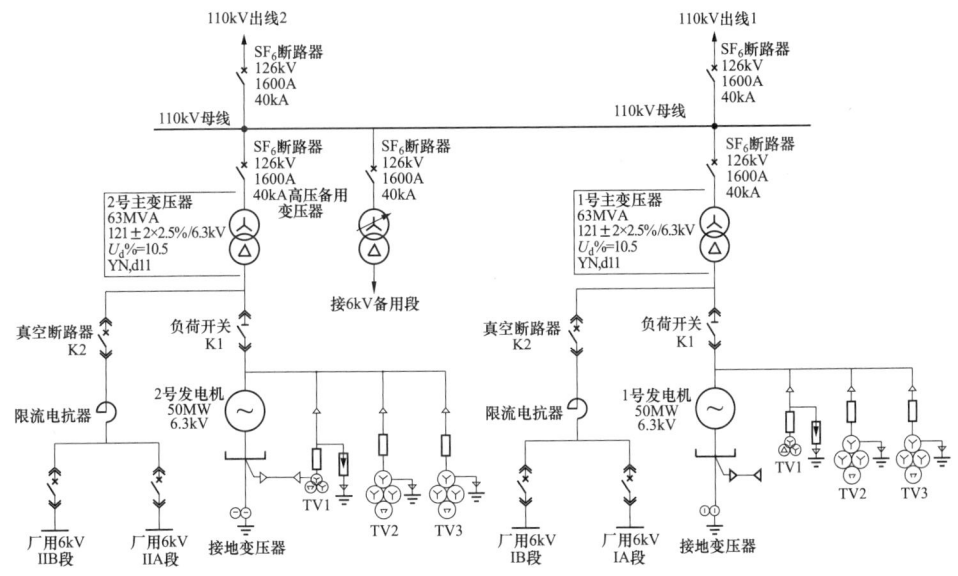

▶▶第 98 题 [负荷开关参数选择] 8. 若发电机出口设置负荷开关 K1，请确定负荷开关的额定电压、额定电流，峰值耐受电流为下列哪组数值？　　　　　　　　　　（　　）

（A）7.2kV、5000A、250kA（峰值）　　（B）6.3kV、5000A、160kA（峰值）

（C）7.2kV、6300A、160kA（峰值）　　（D）6.3kV、6300A、100kA（峰值）

【答案及解答】C

（1）依据 DL/T 5222—2021 第 7.2.1 条，开关类电气设备额定电压为系统最高电压，即

7.2kV。额定电流大于运行中可能出现的任何负荷电流，即 $\dfrac{1.05 \times 50}{0.8 \times 6.3 \times \sqrt{3}} = 6.014$ (kA)。

选 6300A。

（2）计算负荷开关的峰值耐受电流（动稳定电流）：

1）选择第一个短路点为负荷开关与主变之间，通过负荷开关的短路电流由发电机提供据新版一次手册第 116 页图 4-6，已知 X_{js}=0.1733 可得 I_* = 6.27。

由该手册式（4-21）可得发电机提供的短路电流 $I'' = 6.27 \times \dfrac{50}{0.8 \times 6.3 \times \sqrt{3}} = 35.9$ (kA)。

依据 DL/T 5222—2021 第 A.4.1 条可得 i_{ch}=1.9 × $\sqrt{2}$ × 35.9=96.46 (kA)。

2）选择第二个短路点为负荷开关与发电机之间，通过负荷开关的短路电流由系统和另外一台发电机提供。

依据新版一次手册图 4-6，110kV 母线三相短路时发变组计算电抗 $X_{js} = 0.1733 + \dfrac{10.5}{100} \times$ $\dfrac{50}{0.8 \times 63} = 0.277$，发电机提供的短路电流标幺值 I_* = 3.9。

一台发电机提供的短路电流有名值 $I'' = 3.9 \times \dfrac{50}{0.8 \times 115 \times \sqrt{3}} = 1.2$ (kA)。

系统提供的短路电流 $I''_S = 40 - 2 \times 1.2 = 37.6$ (kA)。

据新版一次手册第 108 页表 4-1、表 4-2 及公式

设 S_j=100MVA，U_j=115kV/6.3kV，I_j=0.502kA（115kV），9.16kA（6.3kV）；

系统等效电抗标幺值 $X_{*S} = \dfrac{0.502}{37.6} = 0.0134$；

发变组等效电抗标幺值 $I_{*fbz} = 0.227 \times \dfrac{100}{50/0.8} = 0.3632$；

主变电抗标幺值 $X_{*b} = \dfrac{10.5}{100} \times \dfrac{100}{63} = 0.167$。

计算每个电源的转移阻抗（电源点和短路点两点间的阻抗）

电源一：系统转移阻抗 $X_{*1} = 0.3632 + 0.167 + \dfrac{0.3632 \times 0.167}{0.0134} = 5.057$

电源二：发电机转移阻抗 $X_{*2} = 0.0134 + 0.167 + \dfrac{0.0134 \times 0.167}{0.3632} = 0.187$

X_{*1} 折算为发电机容量为基准的计算电抗 $X_{1js} = 5.057 \times \dfrac{50}{0.8 \times 100} = 3.16 > 3$

可以按无穷大电源计算（可用阻抗标幺值倒数计算，不必查表）

根据叠加定律，多电源系统短路，总短路电流等于各个电源单独作用下的短路电流之和。

电源一：$I_1 = 9.16 \times \dfrac{1}{5.057} = 1.811$ (kA)，电源二：$I_1 = 9.16 \times \dfrac{1}{0.187} = 48.98$ (kA)

总短路电流：$I = 1.811 + 48.98 = 50.791$ (kA)

依据 DL/T 5222—2021 第 A.4.1 条可得：i_{ch}=1.8 × $\sqrt{2}$ × 50.791=129.29 (kA)。与第一个短

路点的计算结果比较取大值，取 129.29kA。选 160kA 满足条件，故选 C。

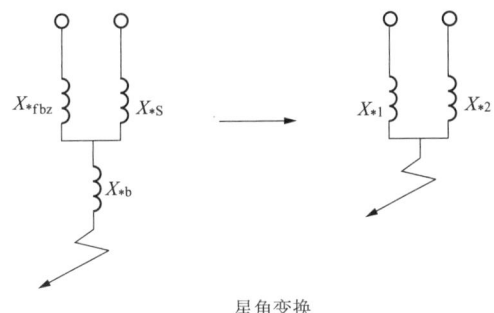

星角变换

【考点说明】

（1）考纲内的规程规范无负荷开关额定电压的对应条款，依据 GB 16926—2009 和 GB/T 11022—2011 可以确定负荷开关属于开关类电器，额定电压按系统最高电压。

（2）计算负荷开关耐受电流峰值，即动稳定电流，应分别选择负荷开关两侧短路点计算短路电流峰值，比较取大值。

（3）此题是选择题，观察各选项短路电流峰值相差较大，不属于精确计算题，只需定性计算即可，根据题目暗示"为了简化计短路电流计算，110kV 三相短路电流水平为 40kA"，为此，可把系统和另一台机组合并在一起看成一个"系统"，并直接用无限大系统计算短路电流，不查表简化计算，过程如下：

负荷开关与发电机之间短路流过负荷开关的电流为

$$i_{ch}=1.8 \times \sqrt{2} \times \frac{9.16}{\frac{0.502}{40-1.2}+\frac{10.5}{100} \times \frac{100}{63}} = 129.83 \text{(kA)}$$

通过以上简化计算可以看出，结果相差无几，但耗时却是天差地别。简化计算属于常规短路电流计算，此类题目学生经过训练后，可直接一个公式得出答案。

（4）老版一次手册第 120 页表 4-1、第 121 页表 4-2，第 129 页图 4-6。

4.2.2.5 熔断器选择

考点 26　熔断器选择

【2009 年上午题 11～15】 220kV 变电站，一期 2×180MVA 主变压器，远景 3×180MVA 主变压器。三相有载调压，三侧容量分别为 180MVA/180MVA/90MVA，YNynd11 接线。调压 230±8×1.25%kV/117kV/37kV，百分比电抗 $X_{1高中}\%=14$，$X_{1高低}\%=23$，$X_{1中低}\%=8$，要求一期建成后，任一主变压器停役，另一台主变压器可保证承担负荷的 75%，220kV 正序电抗标幺值为 0.0068（设 S_B= 100MVA），110kV、35kV 侧无电源。

▶▶**第 99 题 [熔断器选择]** 15．选择 35kV 母线电压互感器回路高压熔断器，必须校验下列哪项？　　　　　　　　　　　　　　　　　　　　　　　　　　　　　（　　）

（A）额定电压，开断电流　　　　　　（B）工频耐压，开断电流
（C）额定电压，额定电流，开断电流　（D）额定电压，开断电流，开断时间

【答案及解答】 A

根据 DL/T 5222—2021 第 17.0.8 条可知：保护电压互感器的熔断器，只需按额定电压和开断电流选择，所以选 A。

【注释】

（1）由于电压互感器容量较小，按照额定电压和开断电流选取的高压熔断器，其额定电流不可能不满足电压互感器运行最大持续工作电流的要求，所以没必要按额定电流选取。

（2）保护电压互感器的熔断器保护特性不需要和下级其他保护进行时间上的配合，保证高压侧短路有足够的灵敏度即可，所以不需要开断时间的选取。

（3）注意：限流式熔断器由于在限制和截断短路电流的动作过程中会产生过电压，一般不宜使用在电网工作电压低于其额定电压的电网中；高压熔断器熔管的额定电流应大于或等于熔体的额定电流；不同于被保护设备高压熔断器的额定电流计算的系数选取，对没有限流作用的跌落式熔断器应考虑短路电流的非周期分量对断流容量的影响，并应校验系统最小方式下熔断器的灵敏度。具体见 DL/T 5222—2021 第 17 节及相应条文说明，以及老版一次手册第 247 页相关内容。

【2013 年下午题 14～18】 某 220kV 变电站位于Ⅲ级污秽区，海拔 600m。220kV 电源进线 2 回，负荷出线 2 回。每回各带负荷 120MVA，采用单母分段接线。2 台电压等级为 220kV/110kV/10kV，容量为 240MVA 的主变压器负载率为 65%。母线采用管型铝锰合金户外布置。220kV 电源进线配置了变比为 2000A/5A 电流互感器，其主保护动作时间为 0.1s，后备保护动作时间为 2s，断路器全分闸时间为 40ms，最大运行方式时，220kV 母线三相短路电流为 30kA，站用变压器容量为 400kVA，请解答下列问题。

▶▶第 100 题［熔断器选择］18. 请计算该站用于站用变压器保护的高压熔断器熔体的额定电流和熔管的额定电流，下列哪项是正确的，并说明理由。（系数取 1.3） （ ）

(A) 熔管 25A、熔体 30A　　　　　(B) 熔管 50A、熔体 30A
(C) 熔管 30A、熔体 32A　　　　　(D) 熔管 50A、熔体 32A

【答案及解答】D

由新版变电手册第 76 页表 4-3 可得，站用变压器回路最大持续工作电流为

$$I_g = 1.05 \times \frac{400}{\sqrt{3} \times 10} = 24.25 \text{ (A)}$$

又根据老版一次手册第 246 页式（6-6）可得，熔体电流为

$$I_{nR} = KI_{bgm} = 1.3 \times 24.25 = 32 \text{ (A)}$$

由 DL/T 5222—2021 第 17.0.5 条可知，熔管的额定电流要大于等于熔体额定电流。
所以选 D。

【考点说明】

（1）变压器的额定电流应用变压器额定电压计算，已知变压器的电压等级为 220kV/110kV/10kV，和实际有出入，是出题老师为了简化计算而取用的。由 GB/T 6451—2008 表 19 可知，实际运行的变压器 10kV 侧额定电压可为 10.5kV，也可以为 13.8kV。所以有些考生认为用 10.5 进行计算是不正确的。$I_g = 1.05 \times \frac{400}{\sqrt{3} \times 10.5} = 23.09 \text{ (A)}$，$I_{nR}=1.3 \times 23.09 = 30 \text{ (A)}$，

选 B 吗？下面再来看看变压器回路经典陷阱 1.05 掉坑的算法：$I_g = \dfrac{400}{\sqrt{3} \times 10} = 23.09$ (A)，$I_{nR}=1.3×23.09=30$ (A)。由以上两个算法可知，B 答案应该是出题者精心设置的陷阱。所以本题选 D。

（2）由本题可知，在今后的应试中，应按题目给定的数值进行计算，而不能自己妄加判断。因为有时可能题目本身不是按实际出题，或是为了简化计算而出的题目。

（3）老版一次手册第 232 页表 6-3。

（4）新版 DL/T 5222—2021 第 17.0.5 条较老版规范做了适当修改。

4.2.2.6　限流电抗器选择

考点 27　限流电抗器电流、阻抗选择

【2011 年下午题 1~5】　某 110kV/10kV 变电站，两台主变压器，两回 110kV 电源进线，110kV 为内桥接线，10kV 为单母线分段接线（分列运行），电气主接线见下图。110kV 桥开关和 10kV 分段开关均装设备用电源自动投入装置（简称备自投）。系统 1 和系统 2 均为无穷大系统。架空线路 1 长 70km，架空线路 2 长 30km。该变电站主变压器负载率不超过 60%，系统基准容量为 100MVA。请回答下列问题。

▶▶第 101 题［限流电抗器电流选择］3. 若在主变压器 10kV 侧串联电抗器以限制 10kV 短路电流，该电抗器的额定电流应选择下列哪项数值最合理，为什么？　　　　（　　）

（A）主变压器 10kV 侧额定电流的 60%

（B）主变压器 10kV 侧额定电流的 105%

（C）主变压器 10kV 侧额定电流的 120%

（D）主变压器 10kV 侧额定电流的 130%

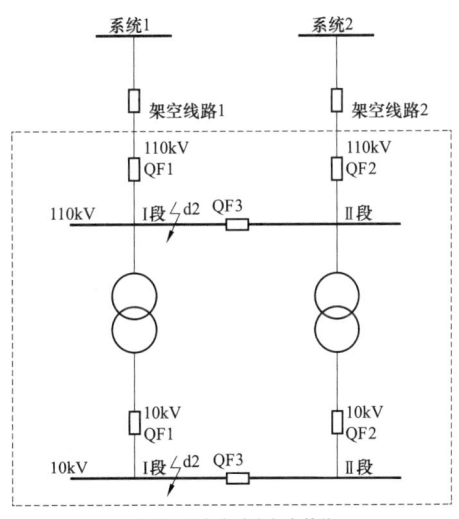

110/10kV 变电站电气主接线

【答案及解答】C

由 DL/T 5222—2021 第 13.4.3-1 条可知，限流电抗器的额定电流应满足主变压器的最大可能工作电流。

依题意，变压器负荷率不超过 60%，停用一台，通过备自投，另一台需短时承担全部负荷，此时变压器回路最大负荷为额定容量的 120%，所以选 C。

【考点说明】

各选项分析：A 选项为正常负荷电流计算；B 选项为变压器额定负荷电流乘以 1.05 计算；C 选项为变电站总负荷电流计算；D 选项为变电站总负荷电流乘以 1.05 计算。

【注释】

（1）限流电抗器的电抗百分值的选择一般均使用将短路电流限制到要求值的公式，这个简化公式在 20 世纪 60—70 年代的设计手册即已使用，代替了早期（苏联）需按步推导的公式，在 20 世纪 80 年代末仍使用这个简化公式，但增加了按短路容量的计算式（6-15）。

上述公式中的 $X_{*\mathrm{j}}$ 即电抗器前的网络电抗标幺值的计算，因为是标幺值才可以很容易从手册的 120 页的式（4-10）$X_{*\mathrm{j}}=S_\mathrm{j}'/S_\mathrm{d}''$ 推导出 $X_{*\mathrm{j}}=I_\mathrm{j}'/I_\mathrm{d}''$，因而可利用网络短路电流算出 $X_{*\mathrm{j}}$，从而计算出 X_k 的百分数。

（2）因电抗器无过负荷能力的特点，其额定电流不能取变压器的额定电流或最大持续电流，而应按该回路的最大负荷电流选取。这是电抗器和变压器容量选择中最大的区别（变压器具备短时过负荷能力）。已知 110kV 桥开关和 10kV 分段开关均装设备用电源自动投入装置，当一台变压器故障时，备用电源自投装置会自动将故障变压器所带的负荷切换到另一台正常变压器，此时该变压器将短时过负荷至额定容量的 120%，所以电抗器额定电流应按变压器额定容量的 120% 来选择。

（3）变压器回路在过负荷时不再叠加 1.05 系数，选 C。D 选项的 130%（1.3）是针对新版一次手册第 220 页表 7-3（老版一次手册第 232 页）中变压器回路 1.3～2.0 倍额定电流设置的一个坑点，否则会错选 D。

▶▶第 102 题［限流电抗器阻抗选择］4. 如主变压器 10kV 回路串联 3000A 电抗器限制短路电流，若需将 10kV 母线短路电流从 25kA 限制到 20kA 以下，请计算并选择该电抗器的电抗百分值为下列哪项？ （　　）

（A）3%　　　　　　　　　　　　（B）4%
（C）6%　　　　　　　　　　　　（D）8%

【答案及解答】B

由新版变电手册第 52 页表 3-2、式（3-10）以及第 106 页式（4-21）可得

$$X_\mathrm{k} \geqslant \left(\frac{I_\mathrm{j}}{I''} - X_{\mathrm{f}*}\right)\frac{I_\mathrm{ek}}{U_\mathrm{ek}}\frac{U_\mathrm{j}}{I_\mathrm{j}} \times 100\% = \left(\frac{1}{I''_{\mathrm{后}}} - \frac{1}{I''_{\mathrm{前}}}\right)\frac{I_\mathrm{ek}U_\mathrm{j}}{U_\mathrm{ek}} \times 100\%$$

$$= \left(\frac{1}{20} - \frac{1}{25}\right) \times \frac{3 \times 10.5}{10} \times 100\% = 3.15\%，取 4\%$$

所以选 B。

【考点说明】

（1）计算值 3.15% 应向上取 4%，这样短路电流才不会超标。

（2）限流电抗器的额定电压应与发电机出线电压或所接母线额定电压相适应，一般变电站的限流电抗器额定电压为系统标称电压，而发电机出口或者厂用电系统的限流电抗器额定电压为平均电压。

（3）老版一次手册第 120 页表 4-1、式（4-10）以及第 253 页式（6-14）。

【2012 年下午题 6~8】 某大型燃煤厂，采用发电机—变压器组单元接线，以 220kV 电压接入系统，高压厂用工作变压器支接于主变压器低压侧，高压启动备用变压器经 220kV 电缆从本厂 220kV 配电装置引接，其两侧额定电压比为 226kV/6.3kV，接线组别为 YNyn0，额定容量为 40MVA，阻抗电压为 14%，高压厂用电系统电压为 6kV，设 6kV 工作段和公用段，6kV 公用段电源从工作段引接，请解答下列各题。

▶▶第 103 题［限流电抗器阻抗选择］7. 已知 6kV 工作段设备短路水平为 50kA，6kV 公用段设备短路水平为 40kA，且无电动机反馈电流，若在工作段至公用段馈线上采用额定电流为 2000A 的串联电抗器限流，请计算并选择下列哪项电抗器的电抗百分值最接近所需值？（不考虑电压波动） （ ）

（A）5% （B）4%
（C）3% （D）1.5%

【答案及解答】D

依题意，由新版一次手册第 108 页表 4-1、第 109 页式（4-10）以及第 253 页式（7-18）可得

$$X_k = \left(\frac{I_j}{I''} - X_{*j}\right)\frac{I_{ek}U_j}{I_j U_{ek}} \times 100\% = \left(\frac{1}{I''_{后}} - \frac{1}{I''_{前}}\right)\frac{I_{ek}U_j}{U_{ek}} \times 100\%$$

$$= \left(\frac{1}{40} - \frac{1}{50}\right) \times \frac{2 \times 6.3}{6} \times 100\% = 1.05\%$$

所以选 D。

【考点说明】

老版一次手册第 120 页表 4-1、式（4-10）以及第 253 页式（6-14）。

【2014 年上午题 1~5】 一座远离发电厂与无穷大系统连接的变电站，其电气主接线如下图所示。

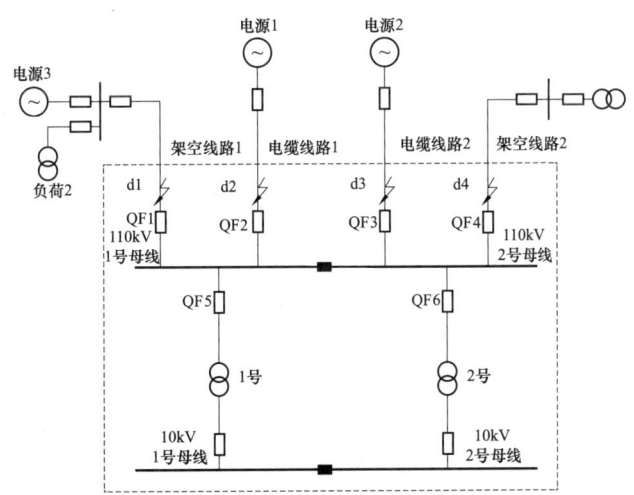

变电站位于海拔 2000m 处，变电站设有两台 31500kVA（有 1.3 倍过负荷能力），110kV/10kV 主变压器。正常运行时电源 3 与电源 1 在 110kV 1 号母线并网运行，110kV、10kV 母线分裂运行，当一段母线失去电源时，分段断路器投入运行。电源 3 向 d1 点提供的最大三相短路电流为 4kA，电源 1 向 d2 点提供的最大三相短路电流为 3kA，电源 2 向 d3 点提供的最大三相短路电流为 5kA。

110kV 电源线路主保护均为光纤纵差保护，保护动作时间为 0s。架空线路、电缆线路两侧的后备保护均为方向过电流保护，方向指向线路的动作时间为 2s，方向指向 110kV 母线的动作时间为 2.5s。主变压器配置的差动保护动作时间为 0.1s。高压侧过电流保护动作时间为 1.5s。110kV 断路器全分闸时间为 50ms。

▶▶ **第 104 题 [限流电抗器电流、阻抗选择]** 3. 若用主变压器 10kV 侧串联电抗器的方式，将该变电站的 10kV 母线最大三相短路电流 30kA 降到 20kA，请计算电抗器的额定电流和电抗百分值应为下列哪组数值？ （　）

（A）1732.1A，3.07%　　　　　　（B）1818.7A，3.18%
（C）2251.7A，3.95%　　　　　　（D）2364.3A，4.14%

【答案及解答】 D

由 DL/T 5222—2021 第 13.4.3-1 条及题意可知，电抗器额定电流为

$$I_e = 1.3 \times \frac{31.5 \times 1000}{\sqrt{3} \times 10} = 2364.24 \text{(A)}$$

由新版变电手册第 52 页表 3-2、式（3-10）以及第 106 页式（4-21）可得

$$X_k = \left(\frac{I_j}{I''} - X_{*j}\right)\frac{I_{nk}U_j}{I_j U_{nk}} \times 100\% = \left(\frac{1}{I''_\text{后}} - \frac{1}{I''_\text{前}}\right)\frac{I_{nk}U_j}{U_{nk}} \times 100\%$$

$$= \left(\frac{1}{20} - \frac{1}{30}\right) \times \frac{2.36425 \times 10.5}{10} \times 100\% = 4.14\%$$

所以选 D。

【考点说明】

（1）本题的难度是没有直接给出电抗器的额定电流，需要根据其他已知条件计算，具有一定的综合性，初做此题可能会因为"已知条件不足"而困惑。所以读者在复习备考过程中应注意知识的综合运用。

（2）题设给出 10kV 分段设有备自投，并且明确给了变压器具有 1.3 倍过负荷能力，所以回路工作电流乘 1.3，在过负荷的情况下不考虑 1.05。

（3）利用题设已知电压"110kV/10kV"10kV 计算可以完全贴合选项，再一次证明了"利用题设已知电压计算"的正确性。

（4）老版一次手册第 120 页表 4-1、式（4-10）以及第 253 页式（6-14）。

【2016 年下午题 1～4】 某大用户拟建一座 220kV 变电站，电压等级为 220kV/110kV/10kV，220kV 电源进线 2 回，负荷出线 4 回，双母线接线，正常运行方式为并列运行，主接线及间隔排列示意图如下图所示，110kV、10kV 均为单母线分段接线，正常运行方式为分列运行。主变压器容量为 2×150MVA，150MVA/150MVA/75MVA，U_{k12}=14%，U_{k13}=23%，U_{k23}=7%，

空载电流 I_0=0.3%，两台主变压器正常运行时的负载率为 65%，220kV 出线所带最大负荷分别是 L_1=150MVA，L_2=150MVA，L_3=100MVA，L_4=150MVA，220kV 母线的最大三相短路电流为 30kA，最小三相短路电流为 18kA。请回答下列问题。

▶▶**第 105 题**［限流电抗器电流、阻抗选择］2. 若主变压器 10kV 侧最大负荷电流为 2500A，母线上最大三相短路电流为 32kA，为了将其限制到 15kA 以下，拟在主变压器 10kV 侧接入串联电抗器，下列电抗器参数中，哪组最为经济合理？ （　　）

（A）I_e=2000A，X_k%=8　　　　　　（B）I_e=2500A，X_k%=5

（C）I_e=2500A，X_k%=10　　　　　 （D）I_e=3500A，X_k%=14

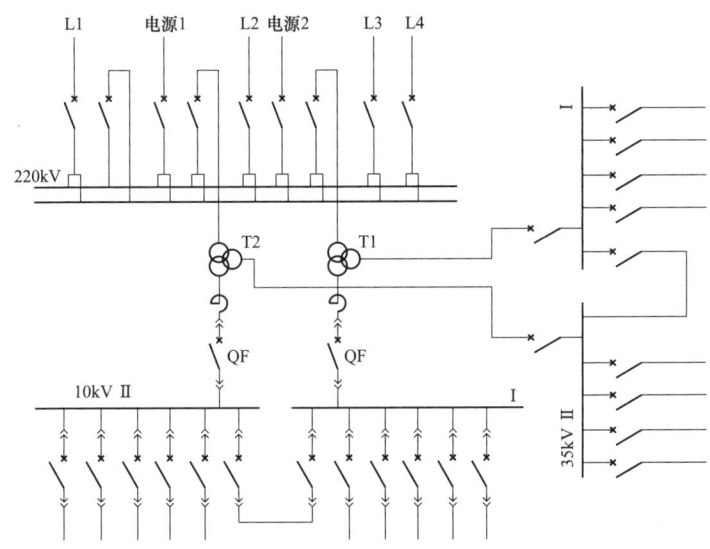

【答案及解答】C

依题意，最大负荷电流为 2500A，取 I_e=2.5kA。

由新版变电手册第 52 页表 3-2、式（3-10）以及第 106 页式（4-21）可得

$$X_k = \left(\frac{1}{I''_{\text{后}}} - \frac{1}{I''_{\text{前}}}\right) \frac{I_{ek} U_j}{U_{ek}} \times 100\% = \left(\frac{1}{15} - \frac{1}{32}\right) \times \frac{2.5 \times 10.5}{10} \times 100\% = 9.3\%$$

向上取整，取电抗器电抗率为 10%，所以选 C。

【2017 年上午题 6～10】　某垃圾电厂建设 2 台 50MW 级发电机组，采用发电机—变压器组单元接线接入 110kV 配电装置，为了简化短路电流计算，110kV 配电装置三相短路电流水平为 40kA，高压厂用电系统电压为 6kV，每台机组设 2 段 6kV 母线，2 段 6kV 通过 1 台限流电抗器接至发电机机端，2 台机组设 1 台高压备用变压器。（本小题图省略）

发电机主要参数：额定功率 P_e=50MW，额定功率因数 $\cos\varphi$=0.8，额定电压 U_e=6.3kV，次暂态电抗 X''_d=17.33%。定子绕组每相对地电容 C_g=0.22μF。

主变压器主要参数：额定容量 S_e=63MVA，电压比 121±2×2.5%/6.3，短路阻抗 U_d=10.5%，接线组别 YNd11，主变压器低压绕组每相对地电容 C_{T2}=4300pF；高压厂用电系统最大计算负荷 13960kVA。厂用负荷功率因数 $\cos\varphi$=0.8，高压厂用电系统三相总的对地电容 C=3.15μF。

请分析计算并解答下列各小题。

▶▶**第 106 题**［限流电抗器电流、阻抗选择］6. 每台机组运行厂用电率 16.2%，若为了限制 6kV 高压厂用电系统短路电流水平为 I''_d=31.5kA。其中电动机反馈电流 I''_{dz}=6.2kA，则电抗器的额定电压、额定电流和电抗百分值为下列哪项？ （　　）

(A) 6.3kV，1500A，5%　　　　　　(B) 6.3kV，1500A，4%
(C) 6.3kV，1000A，3%　　　　　　(D) 6kV，1000A，3%

【答案及解答】A

由 DL/T 5222—2021 第 13.4.3-1 条可得电抗器的回路最大工作电流为

$$I_g = \frac{S_e}{\sqrt{3}U_e} = \frac{13960}{1.732 \times 6.3} = 1279.4 \,(\text{A})$$

故额定电流选 1500A。

限流电抗器的额定电压应与发电机出线电压或主变低压侧额定电压相适应，即取 6.3kV。
由新版一次手册第四章相关公式可得

$$X_s = \frac{0.502}{40} = 0.01255 \quad X_T = \frac{10.5}{100} \times \frac{100}{63} = 0.167 \quad X_G = \frac{17.33}{100} \times \frac{100}{50/0.8} = 0.277$$

$$X_\Sigma = X_G // (X_T + X_s) = \frac{(0.01255 + 0.167) \times 0.277}{(0.01255 + 0.167) + 0.277} = 0.1089$$

再由该手册第 253 页式（7-18）可得

$$X_k \geq \left(\frac{I_j}{I''} - X_{*j}\right)\frac{I_{ek}}{U_{ek}}\frac{U_j}{I_j} \times 100\% = \left(\frac{9.16}{31.5-6.2} - 0.1089\right) \times \frac{1500}{6.3} \times \frac{6.3}{9160} \times 100\% = 4.15\%$$

所以选 A。

【考点说明】

（1）因电抗器没有过载能力，应按最大负荷计算。若按厂用电率计算，则会错选 C 或 D。

$$I_e = 16.2\% \frac{P_e/\cos\varphi_e}{\sqrt{3}U_e} = 16.2\% \times \frac{50000/0.8}{1.732 \times 6.3} = 927.9 \,(\text{A})$$

（2）电抗器阻抗计算值 4.15%，为了达到限流效果，必须向上取整，选 5%，B 选项为坑点。

（3）老版一次手册第 253 页式（6-14）。

【2019 年上午题 1~6】　某垃圾焚烧电厂汽轮发电机组，发电机额定容量 P_{eg}=20000kW，额定电压 U_{eg}=6.3kV，额定功率因数 $\cos\varphi_e$=0.8，超瞬变电抗 X_d=18%。电气主接线为发电机变压器组单元接线，发电机装设出口断路器 GCB，发电机中性点经消弧线圈接地。高压厂用电源从主变压器低压侧引接，经限流电抗器接入 6.3kV 厂用母线。主变压器额定容量 S_n=25000kVA，短路电抗 U_k=12.5%，主变压器高压侧接入 110kV 配电装置。统一用 10km 长的 110kV 线路连接至附近变电站，电气主接线如下图。请分析并计算解答下列各小题。

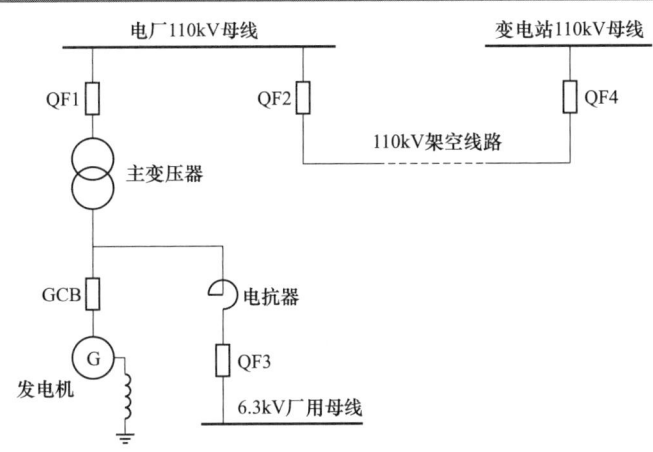

▶▶第 107 题 [限流电抗器阻抗选择] 5. 为了抑制 6kV 厂用系统的谐波，6.3kV 母线的短路容量应大于 200MVA。假定限流电抗器的主变压器侧短路电流周期分量起始有效值为 80kA，若电抗器额定电流为 800A，厂用分支断路器的额定开断电流为 31.5kA，计算确定满足上述要求的电抗器的电抗百分值应为下列哪项？（忽略电动机的反馈电流）　　　　　　（　　）

(A) 1.5%　　　　　　　　　　　　(B) 3%
(C) 4.5%　　　　　　　　　　　　(D) 6%

【答案及解答】B

（1）由新版一次手册第 253 页式（7-18）可得

$$x_k\% \geq \left(\frac{1}{31.5} - \frac{1}{80}\right) \times \frac{0.8 \times 6.3}{6} \times 100\% = 1.62\%$$

（2）依题意，为了限制谐波，母线短路容量应大于 200MVA，可得

$$x_k\% \leq \left(\frac{1}{\frac{200}{\sqrt{3} \times 6.3}} - \frac{1}{80}\right) \times \frac{0.8 \times 6.3}{6} \times 100\% = 3.53\%$$

同时满足以上两个条件，所以选 B。

【考点说明】

（1）本题要做完整，关键是要读懂题意的"母线短路容量应大于 200MVA"。如果只按照手册要求，仅从限制短路电流的角度计算，同时电抗器额定电压取 6.3kV，会得到 1.54%，很容易误选 A，这是本题的一个坑点。因为 1.54% 和 A 选项 1.5% 非常接近，按原则，1.54% 比 1.5% 大，不能选 1.5%，但习惯了就近选答案的读者在做此题时，计算结果 1.54%，认为电抗器电抗值应该选小点，这样运行经济性好，于是四舍五入得到 1.5%，从而选 A，正中坑点。

（2）老版一次手册第 253 页式（6-14）。

【注释】

根据《火力发电厂厂用电设计技术规程》（DL/T 5153—2014）第 4.7.5 条内容"在技术经济合理时，可加大低压变压器容量，降低变压器阻抗，提高系统的短路容量，使谐波分量的

比重相对降低，并选用相应能力的电气设备，以提高电气设备承受谐波影响的能力"，本题的限制谐波思路与 DL/T 5153—2014 一致，都是通过增大系统短路容量来降低谐波的影响，正是因为这个原因，题设才限制了系统短路容量最小值"200MVA"，对应电抗器的阻抗上限为 3.36%。

【2022 年下午题 1~3】 某 220kV 变电站，与无限大电流系统连接并远离发电厂。计算简图如下，变电站安装两台电压比 220/110/10kV、额定容量 180MVA 的三绕组主变，220kV 侧及 110kV 侧均为双母线接线，母线并列运行；10kV 侧为单母线分段接线，分列运行。110kV 及 10kV 出线均为负荷线路。请分析计算并解答下列各题。（计算结果精确到小数点后 2 位）

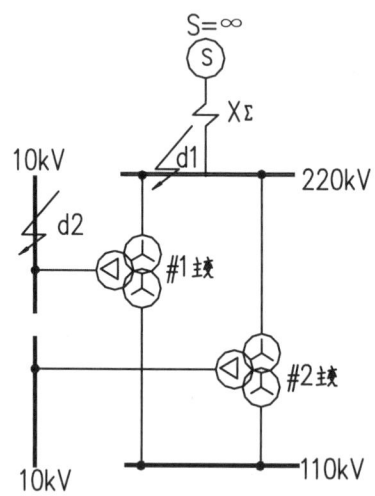

▶▶第 108 题［限流电抗器阻抗选择］3. 若主变低压侧三相短路电流为 25kA，拟在主变低压侧与 10kV 母线之间增设限流电抗器，将短路电流限制在 16kA 以下。正常通过的工作电流为 2900A，优先选择电抗器电压损失小的设备，确定满足上述要求的电抗器百分电抗及额定电流应为下列哪项数值？ （ ）

（A）6% 3000A （B）8% 2500A
（C）8% 3000A （D）10% 4000A

【答案及解答】 D

由 DL/T 5222—2005 第 14.2.1 条，可知电抗器额定电流应大于 2900A。

由老版一次手册第 253 页式（6-15），可得

$$X_k \geq \left(\frac{1}{16} - \frac{1}{25}\right) \times 3 \times \frac{10.5}{10} = 7.09\%$$

又由该手册第 253 页式（6-16）可得 C、D 两个选项的电压损失为

$8\% \times \dfrac{2900}{3000} \sin\varphi = 7.73\% \sin\varphi > 7.25\% \sin\varphi = 10\% \times \dfrac{2900}{4000}$，依题意选电压损失小的选 D。

4.2.2.7 TA 选择

考点 28　TA 一次电流选择

【2016 年下午题 5~9】某沿海区域电网内现有一座燃煤电厂，安装有四台 300MW 机组，另外规划建设 100MW 风电场和 40MW 光伏电站，分别通过一回 110kV 和一回 35kV 线路接入电网，系统接线见下图。燃煤机组 220kV 母线采用双母线接线，母线短路参数：$I''=28.7\text{kA}$，$I_\infty=25.2\text{kA}$；k1 处发生三相短路时，线路 L1 侧提供的短路电流周期分量初始值，$I_k=5.2\text{kA}$。

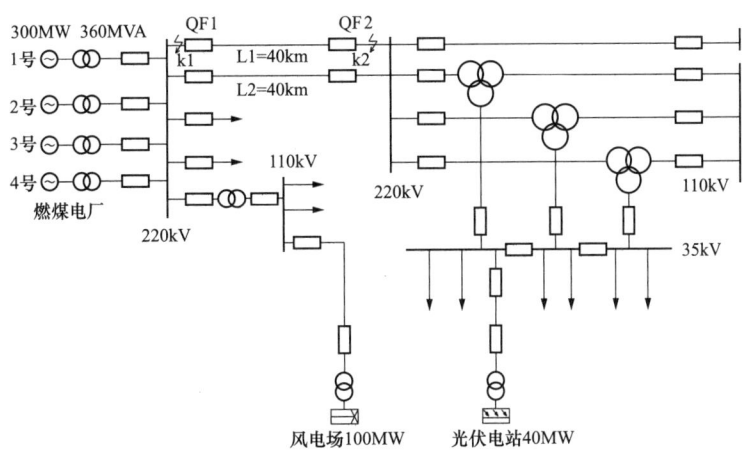

▶▶第 109 题 [CT 一次电流选择] 8. 在光伏电站主变压器高压侧装设电流互感器，请确定测量用电流互感器一次额定电流应选择下列哪项数值？　　　　　　　　　　（　　）

（A）400A　　　　　　　　　　　　（B）600A
（C）800A　　　　　　　　　　　　（D）1200A

【答案及解答】C

依题意，由《光伏发电站设计规范》(GB 50797—2012) 第 9.2.2-4 条，取功率因数为 0.98，可得光伏电站主变压器高压侧额定电流为

$$I_e = 1.05 \times \frac{P_e}{\sqrt{3} U_e \cos\theta} = 1.05 \times \frac{40}{\sqrt{3} \times 35 \times 0.98} = 0.707 \text{ (kA)}$$

又根据 DL/T 866—2015 第 4.2.2 条可得测量用电流互感器额定一次电流应接近但不低于二次回路正常最大负荷电流。所以选 C。

【考点说明】

（1）本题功率因数考不考虑都可以，因为光伏电站功率因数接近 1。
（2）计算 TA 一次电流时，因为本题目没有明确指示仪表专用，所以不建议乘以 1.25。实际新建工程中，已经很少用指针式仪表了。

【注释】

作为光伏发电用的主变压器其送出容量受当地光资源的条件限制，一般不会过负荷，按给定的 40MW 并考虑带负荷调压时变压器的最大工作电流应是很保守的数据。

变压器高压侧测量用电流互感器的一次额定电流，应接近但不低于一次回路正常最大负荷电流；对于某些指示仪表，为使仪表在正常运行时指示在刻度标尺的 3/4 左右，并在过负荷时能有适当指示，故选择回路最大负荷电流或一次设备额定电流的 1.25 倍。

【2017 年上午题 1~5】 某省规划建设新能源基地，包括四座风电场和两座地面太阳能光伏电站，其中风电场总发电容量 1000MW，均装设 2.5MW 风电机组；光伏电站总发电容量 350MW。风电场和光伏电站均接入 220kV 汇集站，由汇集站通过 2 回 220kV 线路接入就近 500kV 变电站的 220kV 母线，各电源发电同时率为 0.8。（本小题图省略）

▶▶第 110 题［TA 一次电流选择］2. 220kV 汇集站主接线采用双母线接线，汇集站并网线路需装设电流互感器，该电流互感器一次额定电流应选择下列哪项数值？ （　　）

（A）2000A　　　　　　　　　　（B）2500A
（C）3000A　　　　　　　　　　（D）5000A

【答案及解答】C

由 DL/T 866—2015 第 3.2.2 条得

$$I = \frac{P}{\sqrt{3}U_e\cos\varphi} = \frac{(1000+350)\times 0.8}{\sqrt{3}\times 220\times 0.95} = 2.9834\,(\text{kA}) = 2983.4\,(\text{A})$$

一次额定电流应该向上选，所以选 C。

【注释】

（1）本考题由 2 回 220kV 线路从汇集站送电到 500kV 变电站，应考虑在 N−1 的情况下，不影响风力和光伏电站全部电力的输送，所以每个回路的电流互感器宜按最大输送电流来选择。

（2）在 220kV 输电线路中，一般是配置一组台独立的电流互感器，由不同的二次绕组分别提供给计量、测量、母线保护、线路保护等。

考点 29　TA 热稳定电流选择

【2020 年下午题 16~19】 某供热电站安装 2 台 50MW 机组，低压公用厂用电系统采用中性点直接接地方式，设 1 台容量为 1250kVA 的低压公用干式变压器为低压公用段 380V 母线供电，变压器变比为 10.5±2×2.5%/0.4kV，阻抗电压 6%，采用明备用方式。

▶▶第 111 题［TA 热稳定电流选择］19. 当发电机出口厂用分支发生三相短路时，发电机侧提供的短路电流周期分量起始有效值为 21kA，系统及其他机组提供的短路断流周期分量起始有效值为 31kA，短路电流持续时间为 0.5S，且不考虑短路电流周期分量的衰减，选择厂用分支电流互感器额定短时热稳定电流和持续时间时，下列哪组合理？ （　　）

（A）31.5kA，1s　（B）40kA，1s
（C）50kA，1s　（D）63kA，1s

【答案及解答】C

由新版一次手册第 127 页表 4-19，非周期分量时间取 0.2；由 DL/T 866—2015 第 3.2.7 条可得

$$Q = I^2 t$$

$$I = \sqrt{\frac{Q}{t}} = \sqrt{\frac{(21+31)^2 \times (0.5+0.2)}{1}} = 43.51(\text{kA})$$

所以选 C。

【考点说明】

（1）本题求的是 TA 额定短热稳定电流，其对应额定热稳定时间，此时 t 应取标准值 1s。

（2）此题如果不考虑非周期分量，会错选 B。老版一次手册第 147 页表 4-21。

【2013 年下午题 14～18】 某 220kV 变电站位于Ⅲ级污秽区，海拔 600m。220kV 电源进线 2 回，负荷出线 2 回。每回各带负荷 120MVA，采用单母分段接线。2 台电压等级为 220kV/110kV/10kV，容量为 240MVA 的主变压器负载率为 65%。母线采用管型铝锰合金户外布置。220kV 电源进线配置了变比为 2000A/5A 电流互感器，其主保护动作时间为 0.1s，后备保护动作时间为 2s，断路器全分闸时间为 40ms，最大运行方式时，220kV 母线三相短路电流为 30kA，站用变压器容量为 400kVA，请解答下列问题。

锰铝合金管型导体长期允许载流量（环境温度 25℃）

导体尺寸 D/d（mm）	导体截面积（mm^2）	导体最高允许温度为下值时的载流量（A）	
		70℃	80℃
$\phi50/\phi45$	373	970	850
$\phi60/\phi54$	539	1240	1072
$\phi70/\phi64$	631	1413	1211
$\phi80/\phi72$	954	1900	1545
$\phi100/\phi90$	1491	2350	2054
$\phi110/\phi100$	1649	2569	2217
$\phi120/\phi110$	1806	2782	2377

▶▶ 第 112 题 ［TA 热稳定电流选择］16. 请核算 220kV 电源进线电流互感器 5s 热稳定电流倍数应为下列哪项数值？ （　　）

(A) 2.5　　　　　　　　　(B) 9.4

(C) 9.58　　　　　　　　 (D) 23.5

【答案及解答】 C

由 DL/T 5222—2021 第 3.0.15 条及题意可知，$t=(2+0.04)s=2.04s$

又由 DL/T 5222—2021 式（A.6-2）可得

$$Q_Z = \frac{I''^2 + 10I''^2_{zt/2} + I''^2_{zt}}{12}t = 30^2 \times 2.04 = 1836\,(kA^2s)$$

根据 DL/T 866—2015 式（3.2.7）可得 TA5s 热电流倍数为

$$K_r = \frac{\sqrt{\dfrac{Q_d}{t}}}{I_{pr}} = \frac{\sqrt{\dfrac{1836}{5}}}{2000} \times 10^3 = 9.58$$

所以选 C。

【考点说明】

（1）短路电流所引起的热效应包括短路电流周期分量所引起的热效应和非周期分量所引起的热效应，但本题不计非周期分量的热效应才能准确得到答案 9.58，是出题人简化计算，故意忽略了非周期分量。

(2) 本题的思路是：先算出在 2.04s 短路结束时全部的热效应，再把这个热效应等效成一个持续了 5s 的短路电流，然后用这个等效电流和额定电流之比，求出 5s 热稳定倍数。

【2014 年下午题 26～30】 某大型火力发电厂分期建设，一期为 4×135MW，二期为 2×300MW 机组，高压厂用电电压为 6kV，低压厂用电电压为 380V/220V，一期工程高压厂用电系统采用中性点不接地方式，二期工程高压厂用电系统采用中性点低电阻接地方式，一、二期工程低压厂用电系统采用中性点直接接地方式。电厂 380V/220V 煤灰 A、B 段的计算负荷为：A 段 969.45kVA，B 段 822.45kVA，两段重复负荷 674.46kVA。

▶▶第 113 题 [TA 热稳定电流选择] 29. 该电厂中，135MW 机组 6kV 厂用电系统 4s 短路电流热效应为 2401kA^{2}s。请计算并选择在下列制造厂提供的电流互感器额定短时热稳定电流及持续时间参数中，哪组数值最符合该电厂 6kV 厂用电要求？ （ ）

（A）80kA，1s　　　　　　　　（B）63kA，1s
（C）45kA，1s　　　　　　　　（D）31.5kA，2s

【答案及解答】B

由新版一次手册第 221 页式（7-2），可知应满足：额定热效应≥实际热效应（2401kA^{2}s）。

又由 DL/T 866—2015 第 3.2.7-1 条可知，6kV 系统 TA 额定短路持续时间为 1s，故排除 D 选项。

其余三选项：$80^2×1kA^2s > 63^2×1kA^2s > 2401kA^2s > 45^2×1kA^2s$

取 63kA，1s 较为合适，所以选 B。

【考点说明】

老版一次手册第 233 页式（6-3）。

【注释】

已知 6kV 厂用电系统 4s 短路电流热效应为 2401kA^{2}s，也就是说该电厂厂用段系统不论哪个点短路，不论短路电流多大保护时间多长，产生的最大热效应都不超过 2401kA^{2}s，只要电流互感器能够承受的热效应大于此值就满足要求，电流互感器生产厂家在产品参数中一般给出热稳定倍数（一次额定电流的倍数）和相应的热稳定时间（通常 1s 或 5s，仅仅是为了统一）。而本题给出的是厂家提供的电流互感器额定短时热稳定电流及持续时间参数，根据老版一次手册第 233 页式（6-3）计算，选项中哪组允许热效应大于且最接近厂用段产生的最大热效应即为正确选项。

考点 30　TA 动稳定电流选择

【2010 年上午题 11～15】 某 220kV 变电站，站址环境温度 35℃，大气污秽Ⅲ级，海拔 1000m，站内的 220kV 设备用普通敞开式电器，户外中型布置，220kV 配电装置为双母线，母线三相短路电流 25kA，最大输送功率 200MVA，回答下列问题。

▶▶第 114 题 [CT 动稳定电流选择] 15. 220kV 变电站远离发电厂，220kV 母线三相短路电流为 25kA，220kV 配电设备某一回路电流互感器的一次额定电流为 1200A，请计算电流互感器的动稳定倍数应大于多少？ （ ）

（A）53　　　　　　　　　　（B）38
（C）21　　　　　　　　　　（D）14.7

【答案及解答】B

由 DL/T 5222—2021 式（A.4.1）、表 A.4.1（求 i_{ch}）、第 15.0.1 条及条文说明式（10）（求 K_d）可得

$$i_{ch} = \sqrt{2}K_{ch}I'', \quad K_d = \frac{i_{ch}}{\sqrt{2}I_{1n}}$$

$$\Rightarrow K_d = \frac{K_{ch}I''}{I_{1n}} = \frac{1.8 \times 25 \times 10^3}{1200} = 37.5$$

所以选 B。

【考点说明】

本题坑点：冲击系数的选取，详见表 F.4.1。本题的关键词是"远离发电厂"，应取 1.8。

【2018年上午题1~5】 某城市电网拟建一座220kV无人值班重要变电站（远离发电厂），电压等级为220kV/110kV/35kV，主变压器为2×240MVA。220kV 电缆出线 4 回，110kV 电缆出线 10 回，35kV 电缆出线 16 回。请分析计算并解答下列各小题。

▶▶第 115 题 [TA 动稳定电流选择] 3. 若主变压器 35kV 侧保护用电流互感器变比为 4000/1，35kV 母线最大三相短路电流周期分量有效值为 26kA，请校验该电流互感器动稳定电流倍数应大于等于下列哪项数值？ （　　）

(A) 6.5　　　　　　　　　　　　(B) 11.7

(C) 12.4　　　　　　　　　　　(D) 16.5

【答案及解答】B

依据 DL/T 866—2015 第 3.2.8 式（3.2.8-2）、DL/T 5222—2021 附录第 A.4.1 条及表 A.4.1 可得

$$K_d \geq \frac{i_{ch} \times 1000}{\sqrt{2} \times I_{pr}} = \frac{\sqrt{2} \times 1.8 \times 26 \times 1000}{\sqrt{2} \times 4000} = 11.7$$

所以选 B。

【2017年下午题18~21】 某220kV变电站，远离发电厂，安装两台220kV/110kV/10kV、180MVA（容量百分比：100/100/50）主变压器，220kV侧为双母线接线，线路4回，其中线路 L21、L22 分别连接 220kV 电源 S21、S22，另 2 回为负荷出线，110kV 侧为双母线接线，线路 8 回，均为负荷出线，20kV 侧为单母线分段接线，线路 10 回，均为负荷出线，220kV 及 110kV 侧并列运行，10kV 侧分列运行，220kV 及 110kV 系统为有效接地系统。220kV 电源 S21 最大运行方式下系统阻抗标幺值为 0.006，最小运行方式下系统阻抗标幺值为 0.0065，220kV 电源 S22 最大运行方式下系统阻抗标幺值为 0.007，最小运行方式下系统阻抗标幺值为 0.0075，L21 线路阻抗标幺值为 0.011，L22 线路阻抗标幺值为 0.012（系统基准容量 S_j=100MVA，不计周期分量的衰减）。（本题配图略）

请解答以下问题（计算结果精确到小数点后 2 位）。

▶▶第 116 题 [TA 动稳定电流选择] 18. 220kV 配电装置主变进线回路选用一次侧变比可选电流互感器，变比为 2×600/5，计算一次绕组在串联方式时，该电流互感器动稳定电流倍数不应小于下列哪项数值？ （　　）

（A）41.96 　　　　　　　　　　（B）44.29
（C）46.75 　　　　　　　　　　（D）83.93

【答案及解答】 D

由新版变电手册第 52 页表 3-2、第 76 页表 4-3、第 96 页式（4-14）、第 61 页表 3-7 可得：
设 $S_j=100\text{MVA}$，$U_j=230$，$I_j=0.251$

依题意，该电流互感器为串联方式时 $I_n=600$，则

$$I_k'' = \left(\frac{1}{0.006+0.011} + \frac{1}{0.012+0.007}\right) \times \frac{0.251}{1} = 27.975 \text{ (kA)}$$

$$K_d \geqslant \frac{27.975 \times 1.8 \times \sqrt{2}}{\sqrt{2} \times 600} = 83.92$$

所以选 D。

【考点说明】

（1）该题的 TA 一次绕组串联时变比为 600/5，并联时变比为 1200/5。
（2）老版一次手册第 248 页式（6-8）、第 120 页表 4-1、第 262 页表 6-3 及第 141 页表 4-15。

【注释】

（1）电流互感器的允许动稳定倍数是由制造厂提供的。具体工程计算的结果不应超过制造厂的额定值。
（2）动稳定倍数是额定的动稳定电流（峰值）和电流互感器额定一次电流峰值的比值。
（3）本考题给出的电流互感器变比为 2×600/5。对于一次绕组串并联方式的电流互感器，要考虑到短路电流的稳态性能。一次绕组串联方式的动稳定电流接近并联方式的一半。因此，在确定电流比电流互感器的短路性能时，正如本考题所给出的应按一次绕组串联方式的性能为依据。

【2024 年上午题 17～20】某 500kV 变电站远离发电厂建设，前期已经装设 2 组主变，单相变压器额定容量为 250MVA/250MVA/80MVA，额定电压比为 $\frac{525}{\sqrt{3}}\Big/\frac{230}{\sqrt{3}} \pm 2 \times 2.5\%/36\text{kV}$，接线组别为 Iaoio，现拟对前期已经装设的 2 组主变实施增容改造并在#1 主变低压侧扩建 1 套直流融冰装置。

更换主变单相额定容量 334MVA/334MVA/100MVA，额定电压比和阻抗电压百分数均与前期变压器保持一致。

变电站环境条件：海拔高度 700m，年平均气温 20℃，最热月平均最高气温+35℃。年最高气温 40℃，年最低气温-15℃，最大风速 34m/s。

请分析计算并解答下列各小题。

▶▶第 117 题 [TA 动稳定电流选择] 17．主变增容后，该变电站 220kV 单回路线最大输送功率为 800MVA，220kV 最大送出功率为 1500MVA，220kV 母线短路水平为 46.5kA，母联回路电流互感器的额定一次电流和动稳定倍数的计算值为下列哪项数值？　　　　　（　　）

（A）2500A，33.49　　　　　　（B）3000A，27.91
（C）3000A，29.46　　　　　　（D）4000A，20.93

【答案及解答】 B

（1）依据老版一次手册第 232 页表 6-3 可知，母联回路持续工作电流采用 1 个最大元件的计算电流，参考 DL/T 5218-2012 第 5.2.1 条，考虑主变 N-1 工况，一台变压器带剩余全部负荷，所以最大元件取主变 220kV 侧线路，功率为 3×334；又由该表格，无载变压器回路工作电流修正系数为 1.05，可得

$$I = 1.05 \times \frac{3 \times 334 \times 1000}{\sqrt{3} \times 230} = 2641(A)$$

由《电流互感器和电压互感器选择及计算规程》（DL/T 866—2015）第 4.2.2 条，CT 一次额定电流取最大持续电流，结合选项，取 3000A。

（2）依据老版一次手册第 141 页表 4-15，远离发电厂短路电流冲击系数取 1.80，由 DL/T 866—2015 式（3.2.8-2）可得

$$K_d = \frac{i_{ch}}{\sqrt{2} \times I_{pr}} \times 10^3 = \frac{\sqrt{2} \times 1.8 \times 46.5}{\sqrt{2} \times 3000} \times 10^3 = 27.9$$

所以选 B。

【考点说明】

（1）新版一次手册：回路工作电流用新版变电手册第 76 页表 4-3；冲击系数：新版变电手册第 61 页表 3-7。

（2）本题的关键是找到最大回路工作电流，用 800MVA 会错选 A；用 1500MVA 会错选 D。

4.2.2.8 TV 选择

考点 31 TV 变比选择

【2017 年上午题 6～10】 某垃圾电厂建设 2 台 50MW 级发电机组，采用发电机—变压器组单元接线接入 110kV 配电装置，为了简化短路电流计算，110kV 配电装置三相短路电流水平为 40kA，高压厂用电系统电压为 6kV，每台机组设 2 段 6kV 母线，2 段 6kV 通过 1 台限流电抗器接至发电机机端，2 台机组设 1 台高压备用变压器。发电机主要参数：额定功率 P_e=50MW，额定功率因数 $\cos\varphi$=0.8，额定电压 U_e=6.3kV，次暂态电抗 X_d''=17.33%。定子绕组每相对地电容 C_g=0.22μF（本题配图及主变参数略）。

▶▶ 第 118 题 [TV 变比选择] 9. 发电机出口设 2 组电压互感器（TV2、TV3），电压互感器选用单相式，每组电压互感器均有 2 个主二次绕组和 1 个剩余绕组，主二次绕组连接成星形。请确定电压互感器的电压比应选择下列哪项数值？（　　）

(A) $\dfrac{6.3}{\sqrt{3}} \Big/ \dfrac{0.1}{\sqrt{3}} \Big/ \dfrac{0.1}{\sqrt{3}} \Big/ \dfrac{0.1}{\sqrt{3}}$　　　(B) $\dfrac{6.3}{\sqrt{3}} \Big/ \dfrac{0.1}{\sqrt{3}} \Big/ \dfrac{0.1}{\sqrt{3}} \Big/ \dfrac{0.1}{3}$

(C) $\dfrac{6.3}{\sqrt{3}} \Big/ \dfrac{0.1}{\sqrt{3}} \Big/ \dfrac{0.1}{\sqrt{3}} \Big/ 0.1$　　　(D) $\dfrac{7.2}{\sqrt{3}} \Big/ \dfrac{0.1}{\sqrt{3}} \Big/ \dfrac{0.1}{\sqrt{3}} \Big/ \dfrac{0.1}{\sqrt{3}}$

【答案及解答】 B

由 DL/T 866—2015 第 11.4.1 条、第 11.4.3 条，一次额定电压由所用系统的标称电压决定，故选 $\dfrac{6.3}{\sqrt{3}}$kV；二次三相绕组额定电压取 $\dfrac{0.1}{\sqrt{3}}$kV；非有效接地系统开口绕组非有效接地系统额

定电压取 $\frac{0.1}{\sqrt{3}}$kV，所以选 B。

【注释】

（1）电压互感器的额定一次电压应由所在系统的标称电压确定，而不是由系统最高运行电压决定。当选用三个单相式电压互感器连接成星形-星形接线，一次侧中性点接地时，每台单相电压互感器的一次电压应按系统标称电压的相电压选择。此时的二次绕组额定电压亦应随之选用 100/$\sqrt{3}$ V，以保证二次电压为 100V。

（2）对于剩余绕组，一般采用开口三角形接线。中性点直接接地系统单相接地时，非接地相仍为相电压，互感器开口三角形出口为 100V。中性点非直接接地系统单相接地时，互感器一次绕组非故障相电压升高为 $\sqrt{3}$ 倍，开口处电压升高 3 倍，为保证开口三角电压仍为 100V，所以剩余绕组的电压应为 100/3V。

4.2.3 导体与设备力学计算

考点 32 裸导体短路电动力计算

【2012 年上午题 10～14】 某发电厂装有两台 300MW 机组，经主变压器升压至 220kV 接入系统。220kV 屋外配电装置母线采用支持式管型母线，为双母线接线分相中型布置，母线采用 ϕ120/110 铝锰合金管，母联间隔跨线采用架空软导线。

▶▶第 119 题［裸导体短路电动力］11. 母线选用管型母线支持式结构，相间距离 3m，母线支持绝缘子间距 14m，支持金具长 1m（一侧），母线三相短路电流 36kA，冲击短路电流 90kA，二相短路电流冲击值 78kA，请计算短路时对母线产生的最大电动力是下列哪项？

（　　）

(A) 269.1kg　　　　　　　　　(B) 248.4kg
(C) 330.7kg　　　　　　　　　(D) 358.3kg

【答案及解答】D

由新版变电手册第 123 页式（5-16）可得

$$F = 17.248 \times \frac{l}{\alpha} i_{ch}^2 \beta \times 10^{-2} = 17.248 \times \frac{14-1}{3} \times 90^2 \times 0.58 \times 10^{-2} = 3511.3 \text{ (N)}$$

$$= \frac{3511.3}{9.8} = 358.3 \text{ (kg)}$$

【考点说明】

（1）式中 l 为绝缘子间跨距，是指两支柱绝缘子间未被支撑的管型母线长度，应考虑支柱绝缘子中心距去除支持金具长度后的长度才是绝缘子跨距。已知母线支持绝缘子间距 14m，即两个绝缘子中线之间的距离为 14m；支持金具长 1m（一侧）表达不是很清楚，是指一侧支持金具总长为 1m 还是支持金具一半的长度为 1m。如按照单侧支持金具总长为 1m 计算，则答案为 D；按照支持金具一半为 1m（支持金具总长为 2m）计算，则答案为 C。

（2）根据工程实际可知，实际工程中采用的支持金具总长均为 1m 左右，故本题推荐采用金具总长为 1m 进行计算，计算结果为 D。

（3）公式中 β 为振动系数，如题目中给出的是母线一阶自振频率，则 β 可由新版变电手册第 129 页表 5-16 查得（新版一次手册第 350 页，老版一次手册第 344 页），如未给出边界条件，则 β 可由表 5-16 上方文字，工程计算中一般取 $\beta=0.58$。

（4）新版变电手册第 123 页式（5-16）电动力单位是 N，绝缘子跨距的单位是 m，而本题电动力单位是 kg，注意单位转换。

（5）其他手册计算公式出处：新版一次手册第 344 页，老版一次手册第 338 页。

【2011 年下午题 6～10】　一座远离发电厂的城市地下变电站，设有 110kV/10kV、50MVA 主变压器两台，110kV 线路 2 回，内桥接线；10kV 出线多回，单母线分段接线。110kV 母线最大三相短路电流为 31.5kA，10kV 母线最大三相短路电流为 20kA。110kV 配电装置为户内 GIS，10kV 户内配置为成套开关柜。地下建筑共有三层，地下一层的布置简图如下。请按各小题假设条件回答下列问题。

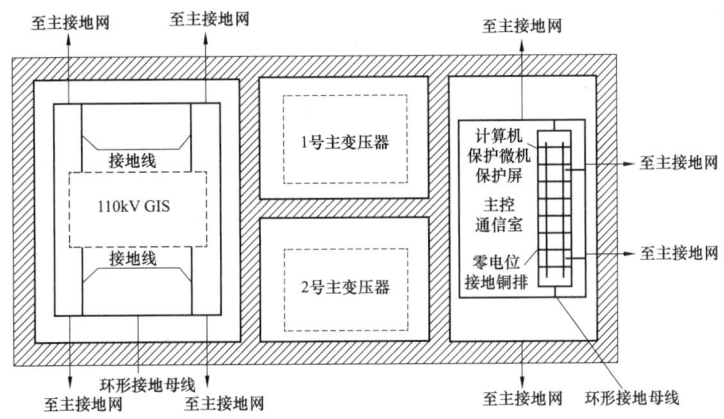

▶▶第 120 题 [裸导体短路电动力] 8．本变电站中 10kV 户内配电装置某间隔内的分支母线是 80×8mm² 铝排，相间距离为 30cm，母线支持绝缘子间跨距为 120cm。请计算一跨母线相间的最大短路电动力最接近下列哪项数值？（β 为振动系数，$\beta=1$）　　　　（　　）

（A）104.08N　　　　　　　　　　（B）1040.8N
（C）1794.5N　　　　　　　　　　（D）79.45N

【答案及解答】C

由新版变电手册第 61 页表 3-7、第 60 页式（3-27）可知，冲击电流为

$$i_{ch} = \sqrt{2}K_{ch}I'' = 2.55 \times 20 = 51(\text{kA})$$

又由该手册第 123 页式（5-16）可得最大短路电动力为

$$F = 17.248\frac{l}{a}i_{ch}^2\beta \times 10^{-2} = 17.248 \times \frac{120}{30} \times 51^2 \times 1 \times 10^{-2} = 1794.5(\text{N})$$

【考点说明】

（1）本题题设给出了"β 为振动系数，$\beta=1$"，应使用题设参数，如果此处振动系数用新版变电手册第 129 页右上内容取 0.58（新版一次手册第 350 页，老版一次手册第 344 页），则会错选 B。

（2）老版一次手册第 141 页表 4-15、第 140 页式（4-32），第 338 页式（8-8）。

【注释】

计算电动力应注意两点：一是冲击电流的选取，二是振动系数 β 的确定。冲击电流根据 DL/T 5222—2021 附录 A.4.1 相应的公式和表可知为 $i_{ch}=\sqrt{2}K_{ch}I''$，K_{ch} 依据不同短路地点根据表 A.4.1 选取相应的值。本题已给出振动系数，直接计算即可，如没给振动系数，注意矩形、槽形母线不同于管型母线，管型母线如题干中没有给出振动系数，为了安全起见，依据新版变电手册第 129 页相关说明，振动系数选较大的 0.58，而对于矩形、槽形母线若题干中没给振动系数，则先选定 1，不考虑机械共振的影响，计算出跨距后再按新版变电手册第 128 页的机械共振条件进行校验，即按式（5-36）计算出母线的自振频率（新版一次手册第 349 页、老版一次手册第 342 页），判断是否在母线共振频率范围外，否则应调小绝缘子间的跨距。

【2018 年下午题 11~14】某燃煤发电厂，机组电气主接线采用单元制接线，发电机出线经主变压器升压接入 110kV 及 220kV 系统，单元机组厂用高压变压器支接于主变压器低压侧与发电机出口断路器之间，发电机中性点经消弧线圈接地，发电机参数为 P_e=125MW，U_e=13.8kV，I_e=6153A，$\cos\varphi_e$=0.85。主变压器为三绕组油浸式有载调压变压器，额定容量为 150MVA，YNynd 接线，厂用高压变压器额定容量为 16MVA，额定电压为 13.8kV/6.3kV，计算负荷为 12MVA，高压厂用启动/备用变压器接于 110kV 母线，其额定容量及低压侧额定电压与厂用高压变压器相同。

▶▶第 121 题 [裸导体短路电动力] 13. 厂用高压变压器 13.8kV 侧采用安装于母线桥内的矩形铜母线引接，三相导体水平布置于同一平面，绝缘子间跨距 800mm，相间距 600mm，若厂用分支三相短路电流起始有效值为 80kA，则三相短路的电动力为多少？（假定振动系数=1） （ ）

(A) 1472N (B) 5974N
(C) 10072N (D) 10621N

【答案及解答】D

由新版变电手册第 61 页表 3-7、第 60 页式（3-27）、第 123 页式（5-16）可得三相短路的电动力为

$$F=17.248\frac{l}{a}i_{ch}^2\beta\times10^{-2}=17.248\times\frac{800}{600}\times(\sqrt{2}\times1.9\times80)^2\times1\times10^{-2}=10626.6(\text{N})$$

所以选 D。

【考点说明】

（1）此题确定该厂用分支线的短路冲击系数是关键，该题求的是厂用高压变压器高压侧的分支回路矩形铜母线的三相短路电动力，应该取 1.9。如果是厂用高压变压器低压侧，则该系数应该取 1.85。否则会误选 C。

（2）老版一次手册第 141 页表 4-15、第 140 页式（4-32），第 338 页式（8-8）。

【2022 年下午题 4~6】某电厂现有 2 台 350MW 燃煤机组，以发电机-变压器组接入厂内 220kV 母线，220kV 配电装置采用屋外敞开式布置，为双母线接线，220kV 母线采用单根铝镁硅系 6063-Φ170/154 管型导体支持式固定。该电厂考虑远景发展规划后，220kV 母线三

相短路电流周期分量起始值为47kA，单相接地短路电流周期分量起始值为48.5kA。请分析计算并解答下列各题。

▶▶第122题[裸导体短路电动力] 4．若220kV母线每两跨设一个伸缩接头，母线支柱绝缘子间距13m，支撑托架长1.2m，相间距3m，当管型母线震动系数β取0.58时，母线所承受的因三相短路电动力产生的水平弯矩为： （ ）

(A) 8775.84N·m (B) 9344.94N·m
(C) 10651.51N·m (D) 11342.25N·m

【答案及解答】A

由老版一次手册第141页表4-15，三相短路冲击电流为

$$I_{ch}=1.85\times\sqrt{2}\times47=122.97(\text{kA})$$

又由该手册第346页算例可得

$$f_d=1.76\times\frac{122.97^2}{300}\times0.58=51.45(\text{kg/m})$$

$$M_{sd}=0.125\times51.45\times(13-1.2)^2\times9.8=8775.8(\text{N}\cdot\text{m})$$

考点33　支柱绝缘子短路电动力计算

【2019年下午题10~13】某燃煤电厂2台350MW机组分别经双绕组变压器接入厂内220kV屋外配电装置，220kV配电装置采用双母线接线，普通中型布置。主母线采用支撑式管母水平布置，主母线和进出线相间距均为4m，出线2回。

▶▶第123题[支柱绝缘子短路电动力] 11．若220kV母线采用单根$\phi150/\phi136$铝镁硅系（6063）管型母线，母线支柱绝缘子间距15m，支撑托架长3m，当220kV母线三相短路电流周期分量起始有效能为40.7kA，β=0.58时，检验母线支柱绝缘子动稳定的短路电动力为多少？
（ ）

(A) 994.28N   (B) 1242.85N
(C) 3402.91N (D) 4253.64N

【答案及解答】D

新版一次手册第387页式（9-112）、第122页表4-13可得

$$F=17.248\times\frac{15\times100}{4\times100}\times(\sqrt{2}\times1.85\times40.7)^2\times0.58\times10^{-2}=4253.64(\text{N})$$

所以选D。

【考点说明】

本题考查短路电动力的计算，按老版一次手册计算即可，需要说明的是，此处是计算支柱绝缘子的受力，并不是计算母线的受力。计算母线受力时，因为母线受到托架托举保护，弯曲变形是从托架边缘开始的，所以计算母线受力时应减去托架长度。但本题是计算支柱绝缘子的受力，支柱绝缘子承受其托举的所有导电导体的安培力，所以本题不应减去托架长度，否则会误选C。

老版一次手册第389页式（8-88）、第141页表4-15。

【2024年上午题 17~20】某500kV变电站远离发电厂建设，前期已经装设2组主变，单相变压器额定容量为250MVA/250MVA/80MVA，额定电压比为 $\dfrac{525}{\sqrt{3}} \Big/ \dfrac{230}{\sqrt{3}} \pm 2 \times 2.5\% / 36\text{kV}$，接线组别为Iaoio，现拟对前期已经装设的2组主变实施增容改造并在#1主变低压侧扩建1套直流融冰装置。

更换主变单相额定容量334MVA/334MVA/100MVA，额定电压比和阻抗电压百分数均与前期变压器保持一致。

变电站环境条件：海拔高度700m，年平均气温20℃，最热月平均最高气温+35℃。年最高气温+40℃、年最低气温-15℃，最大风速34m/s。

请分析计算并解答下列各小题。

▶▶第124题 [支柱绝缘子短路电动力] 19. 本站220kV母线采用支撑式管型母线，母线间隔距离为3.5m，支柱绝缘子间跨距为13m、管母外径200mm，支柱绝缘子高度2300mm，管母支撑金具高度为260mm（金具底部至管母中心的距离）。若220kV母线短路冲击电流取125kA。请计算短路状态下绝缘子所承受的最大短路电动力为下列哪项数值？（　　）

(A) 5126N　　　　　　　　　　(B) 5806N
(C) 6462N　　　　　　　　　　(D) 6715N

【答案及解答】C

由老版一次手册第344页右上方表格下一段文字，β取0.58，338页式（8-8）可得

$$F = 17.248 \dfrac{l}{a} i_{ch}^2 \beta \times 10^{-2}$$

$$= 17.248 \times \dfrac{13 \times 100}{3.5 \times 100} \times 125^2 \times 0.58 \times 10^{-2}$$

$$= 5805.8(\text{N})$$

由《导体和电器选择设计技术规定》（DL/T 5222—2021）第246页第21.0.4条条文说明式（24），由力矩相等原则列等式，可得

$$F'H' = FH \Rightarrow 5805.8 \times (2300 + 260) = F \times 2300$$

$$F = \dfrac{5805.8 \times (2300 + 260)}{2300} = 6462.1(\text{N})$$

所以选C。

【考点说明】

（1）线板手册电动力依据：新版一次手册第344页式（9-32）；新版变电手册第123页式（5-16）。β取值：新版一次手册第350页，新版变电手册第129页。

（2）本题多加母线半径200/2，DL/T 5222—2021 公式（2）标注问题，其等式的核心是力矩相等，如果算式列反，5805.8×2300/（2300+260）=5216.1，会错选D。

考点34　支柱绝缘子最大允许跨距计算

【2020年上午题 14~16】国内某燃煤电厂安装一台135MW汽轮发电机组，机组额定参数为：$P=135\text{MW}$，$U=13.8\text{kV}$，$\cos\varphi=0.85$，发电机中性点采用不接地方式。该机组通过

一台 220kV 双卷主变压器，接入厂内 220kV 母线，厂用电源引自发电机至主变低压侧母线支接，当该发电机出口厂用分支回路发生三相短路时（基准电压为 13.8kV），短路电流周期分量起始有效值为 97.24kA，其中本机组提供为 51.28kA。请分析计算并解答下列各小题。

▶▶第 125 题［支柱绝缘子最大允许跨距］16．发电机至主变低压侧出线采用双槽型铝母线规格为 2×200×90×12，三相线水平布置且位于同一平面，相间距为 90cm。若固定槽型母线的支柱绝缘子选用 ZD-20F 型，采用等间距布置，支柱绝缘子的抗弯破坏负荷 P_{X0}=20000N，当在发电机出口发生三相短路时，该支柱绝缘子的最大允许跨距应为下列哪些数值？

（　　）

(A) 149.8cm　　　　　　　　　(B) 222.9cm
(C) 323.2cm　　　　　　　　　(D) 371.5cm

【答案及解答】B

由新版一次手册第 255 页式（7-31）、表 7-49、表 7-50，可得

$$l_p \leq \frac{p/K_f}{1.76\times 10^{-1}\times i_{ch}^2/a} = \frac{20000\times 0.6/1.45}{1.76\times 10^{-1}\times (1.9\times\sqrt{2}\times 51.28)^2/90} = 222.9(\text{cm})$$

所以选 B。

【考点说明】

（1）绝缘子的安全系数有两个。荷载长期作用时安全系数为 2.5；荷载短时作用时安全系数为 1.67，也就是 1/0.6。本题中安全系数如果选 4，则会错选 A；如果忽略了安全系数，则会错选 D。

（2）折算系数的问题，新版一次手册表 6-40 应是有误。

如果表 6-40 所描述的"水平布置和垂直布置"是母线的布置方式，那么对于"三相同平面"时的母线垂直布置方式，其受力公式中的 l_p 应是左右跨距的差，因为这里绝缘子的受力是弯矩而不是压力，当绝缘子两端跨距相同时，母线上下垂直布置时，其所受弯矩 P 应为 0；对于"直角三角形"时的母线垂直布置，更是无法想象如何在实现直角三角形布置的同时，又实现垂直布置。

如果表 6-40 所描述的"水平布置和垂直布置"不是母线的布置方式，而是绝缘子的布置方式，以上问题都可以得到解释。

不过根据本题四个选项的设置来看，应是默许了表 6-40 的"水平布置和垂直布置"就是母线的布置方式，取 $P=K_f F$，根据表 6-41 取 K_f=1.45。本题如果不考虑折算系数 K_f，则对应选项 C。

（3）老版一次手册第 255 页式（6-27）、第 256 页表 6-40、表 6-41。

【2023 年上午题 6~9】压缩空气储能电站的运行模式是储能工况下从电网受电驱动空气压缩机运行，发电工况下空气透平驱动发电机发电送至电网，储能工况和发电工况不同时运行。某压缩空气储能电站配置三台同步电动机驱动的空气压缩机和一台空气透平同步发电机。该储能电站电气主接线简图如下图所示：

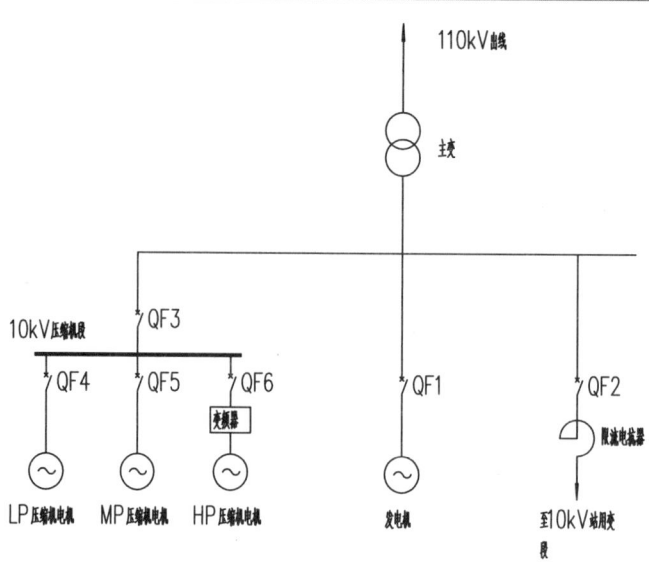

主要设备参数如下表：

设备名称	参数
发电机	60MW，$\cos\Phi=0.8$，10.5kV，$X_d''=16\%$
LP 压缩机电机	30MW，$\cos\Phi=0.9$，10kV，$X_d''=25\%$
MP 压缩机电机	30MW，$\cos\Phi=0.9$，10kV，$X_d''=25\%$
HP 压缩机电机	10MW，$\cos\Phi=0.9$，10kV，$X_d''=20\%$
主变	80MVA，$115\pm8\times1.25\%/10.5$kV，$U_d=18\%$

短路电流计算采用实用计算方法，计算时空气透平发电机和同步电动机的短路电流特性均视同为汽轮发电机，不考虑变频器驱动的电动机提供短路电流和 10kV 站用段提供电动机反馈电流。请分析计算并解答下列各小题。

▶▶**第 126 题**［支柱绝缘子最大允许跨距］8. 假设主变低压侧短路电流为 50kA，10kV 站用电源由主变低压侧通过站用电抗器引接，将 10kV 站用段短路电流限制在 30kA，站用电抗器通过 LMY-125×10 的铝母线从主变低压侧母线引接，引接处至隔离开关前隔板的水平段分支母线采用三相同平面单根平放安装，相间中心距为 0.8m，绝缘子等间距布置。若支柱绝缘子选用 ZL-10/8，高度 170mm，抗弯破坏负荷为 8kN，母线固定金具厚度 12mm，请计算按支柱绝缘子的机械强度确定的绝缘子最大间距为下列哪项数值？（按照《电力工程电气设计手册 电气一次部分》的方法，绝缘子受力折算系数取题中给定条件下的计算值）　　　（　　）

（A）1.10m 　　　　　　　　（B）1.21m
（C）1.83m 　　　　　　　　（D）3.22m

【答案及解答】A

由 DL/T 5222—2021 第 3.0.8-2 条，应按限流电抗器前的短路电流对绝缘子受力进行校验，短路电流取 50kA。

依据老版一次手册第 255～257 页，则

由表 6-41 可得绝缘子受力折算系数 $K_f = \dfrac{H'}{H} = \dfrac{170+12+10/2}{170} = 1.1$

由式（6-27）可得短路时绝缘子允许承受电动力 $P \leqslant 0.6 P_{xu} = 0.6 \times 8 = 4.8 (kN)$

由表 6-40 可得最大可承受短路电动力 $f = \dfrac{P}{K_f} = \dfrac{4.8}{1.1} = 4.364 (kN)$

则实际短路电动力应小于最大可承受短路电动力，即 $F = 1.76 \times 10^{-1} \times \dfrac{i_{ch}^2 l_p}{a} \leqslant f = 4364(N)$，此短路点属于发电机端，由老版一次手册第 141 页，表 4-15，短路电流冲击系数取 2.69，整理得 $l_p \leqslant \dfrac{f \times a}{1.76 \times 10^{-1} \times i_{ch}^2} = \dfrac{4364 \times 0.8}{1.76 \times 10^{-1} \times (2.69 \times 50)^2} = 1.097 (m)$

考点 35 电缆支架最大允许间距计算

【2021 年上午题 21～25】 某变电工程选用 220kV 单芯电缆，单相敷设长度为 3km，采用隧道方式敷设，电缆选用交联聚氯乙烯铜芯电缆，其金属护套采用交叉互联接地方式，正常工作最大电流为 450A，电缆所在区域系统单相短路电流周期分量为 40kA，短路持续时间 1s，短路前电缆导体温度按 70℃ 考虑，电缆采用水平布置，间距 300mm，布置方式见下图。电缆外径为 115mm，导体交直流电阻比按 1.02，金属护套平均外径为 100mm。

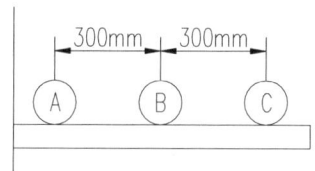

▶▶第 127 题 [电缆支架最大允许间距] 22. 该电缆在隧道中采用支架支撑，电缆在支架上用夹具固定，夹具抗张强度不超过 30000N，按单相短路电流计算电缆支架间距最大应为以下哪个选项？（安全系数按 3 考虑） （　　）

（A）1.06m　　　　　　　　　　　（B）1.41m
（C）4.22m　　　　　　　　　　　（D）4.85m

【答案及解答】B

由 GB 50217—2017 第 6.1.10 条可得

$$F = 30000 \geqslant \dfrac{2.05 i^2 L k}{D} \times 10^{-7} = \dfrac{2.05 \times (1.8 \times \sqrt{2} \times 40 \times 10^3)^2 \times L \times 3}{0.3} \times 10^{-7}$$

$$\Rightarrow L \leqslant \dfrac{0.3 \times 30000}{2.05 \times (1.8 \times \sqrt{2} \times 40 \times 10^3)^2 \times 3 \times 10^{-7}} = 1.41(m)$$

考点 36 裸导体应力计算

【2020 年上午题 14～16】 国内某燃煤电厂安装一台 135MW 汽轮发电机组，机组额定参数为：$P=135MW$，$U=13.8kV$，$\cos\varphi=0.85$，发电机中性点采用不接地方式。该机组通过一台 220kV 双卷主变压器，接入厂内 220kV 母线，厂用电源引自发电机至主变低压侧母线支接，当该发电机出口厂用分支回路发生三相短路时（基准电压为 13.8kV），短路电流周期分量起始有效值为 97.24kA，其中本机组提供为 51.28kA。请分析计算并解答下列各小题。

▶▶第 128 题 [裸导体应力计算] 15. 发电机至低压侧出线采用双槽型铝母线，母线规格

为 $2\times200\times90\times12$，三相线水平布置且位于同一平面，相间距为 90cm。若导体[][][]布置，每相导体间隔 40cm，设间隔垫（视为实连），间隔垫采用螺栓固定，固定槽型母线的支柱绝缘子间距为 120cm，绝缘子安装位置位于两个间隔垫的中间。不考虑振动影响，当槽型母线上发生三相对称短路时，计算该槽型母线所承受的相间应力为下列哪项数值？（　　）

(A) 106.93N/cm² (B) 384.49N/cm²
(C) 563.39N/cm² (D) 2025.83N/cm²

【答案及解答】A

由老版变电手册第 123 页式（5-17）、第 116 页表 5-3 可得

$$\sigma_{x-x}=17.248\times10^{-3}\frac{l^2}{aw_{yn}}i_{ch}^2\beta=17.248\times10^{-3}\frac{120^2}{90\times490}(1.9\times\sqrt{2}\times51.28)^2\times1$$
$$=106.93(\text{N}/\text{cm}^2)$$

【考点说明】

本题考点有两个，主要考点是槽型母线的截面系数，另一考点是短路电流的选取：

（1）本题中明确了双槽型母线视为"实连"，新版变电手册第 126 页相关内容可知，截面系数 $W=W_{y0}$，如果忽略"实连"，会错选截面系数 $W=2W_y$，从而会错选 C。

（2）本题中计算冲击电流时，如果短路电流选厂用分支回路的 97.24kA，选用截面系数 $W=W_{y0}$ 时，会错选 B；选用截面系数 $W=2W_y$ 时，会错选 D。

（3）老版一次手册第 341 页左中内容及第 338 页式（8-9）、第 334 页表 8-3，取 $\alpha=1$，$w_y=490$。

【2020 年下午题 13～15】某水力发电厂地处山区峡谷地带，海拔 300m，装设有两台 18MW 水轮发电机组，升压站为 110kV 户外敞开式布置，升压站内设备 1 号、2 号独立避雷针和 3 号架构避雷针，其布置如下图（尺寸单位为 mm），110kV 配电装置母线采用管母，管母型号为 LF-21Y-70/64。请回答下列问题（注：本题配图略）。

▶▶第 129 题 [裸导体应力计算] 15. 110kV 管母短路时电网侧提供的短路电流 5kA，电厂侧提供的短路电流为 1.5kA，冲击参数取 1.85，管型母线自重 $q_1=1.723$kg/m，连接跨数为 2，跨距 $L=8.0$m，支持金具长 0.5m，相间距为 1.5m，母线 $E=7.1\times10^5$(kg/cm²)，惯性矩 $J=35.5$cm，β 值按管型母线二阶自振频率为 3Hz 计算，则短路时单位长度母线所受电动力应为下列哪项？（　　）

(A) 9.21N/m (B) 15.62N/m
(C) 16.27N/m (D) 19.3N/m

【答案及解答】B

依题意，由新版一次手册第 122 页表 4-13 可得，冲击系数为 1.85，则

$$i_{ch}=\sqrt{2}\times(5+1.5)\times1.85=17(\text{kA})$$

又由该手册第 353 页表 9-25 可得，一阶自振频率与二阶自振频率转换系数为 1.563，可得一阶自振频率为：3/1.563=1.92Hz。

再由该手册第 350 页表 9-21，取 $\beta=0.47$，第 352 页左下角算例公式可得单位长度母线所受电动力为

$$f_\mathrm{d} = 1.76 \times \frac{17^2}{150} \times 0.47 = 1.594(\mathrm{kg/m}) = 1.594 \times 9.8 = 15.62(\mathrm{N/m})$$

【考点说明】

（1）本题是 110kV 母线短路，总短路电流应为系统提供的短路电流加电厂侧提供的短路电流，如果只计算系统侧提供的短路电流 5kA，则可能误选 A；短路点冲击系数取错按远离发电厂的 1.8，虽然可能得到答案 B，但过程错误。

（2）老版一次手册第 141 页表 4-15、第 344 页表 8-16、第 346 页算例、第 352 页表 8-20。

【2013 年下午题 14～18】 某 220kV 变电站位于Ⅲ级污秽区，海拔 600m。220kV 采用 2 回电源进线，2 回负荷出线，每回出线各带负荷 120MVA，采用单母线分段接线，2 台电压等级为 220kV/110kV/10kV，容量为 240MVA 主变压器，负载率为 65%。母线采用管形铝锰合金，户外布置。220kV 电源进线配置了变比为 2000/5A 的电流互感器，其主保护动作时间为 0.1s，后备保护动作时间为 2s，断路器全分闸时间为 40ms。最大运行方式时，220kV 母线三相短路电流为 30kA。站用变压器容量为 2 台 400kVA。请解答下列问题。

▶▶第 130 题［裸导体应力计算］15. 假设该站 220kV 母线截面积系数为 41.4cm³，自重产生的垂直弯矩为 550N·m，集中载荷产生的最大弯矩为 360N·m，短路电动力产生的弯矩为 1400N·m，内过电压风速下产生的水平弯矩为 200N·m，请计算 220kV 母线短路时，管型母线所承受的应力应为下列哪项数值？ （ ）

（A）1841N/cm²　　　　　　　　（B）4447N/cm²
（C）4621N/cm²　　　　　　　　（D）5447N/cm²

【答案及解答】B

由新版变电手册第 130 页式（5-48）和式（5-49），可得

$$M_\mathrm{d} = \sqrt{(M_\mathrm{sd}+M_\mathrm{sf})^2 + (M_\mathrm{cz}+M_\mathrm{cf})^2} = \sqrt{(1400+200)^2 + (550+360)^2} = 1840.6(\mathrm{N\cdot m})$$

$$\delta_\mathrm{d} = 100\frac{M_\mathrm{d}}{W} = 100 \times \frac{1840.6}{41.1} = 4446.1(\mathrm{N/cm^2})$$

【考点说明】

（1）本题计算中应注意单位的换算。单位换算注意点：弯矩的单位是 N·m；挠度的单位是 cm；均布荷载 q 的单位一般为 kg/m；集中荷载 P 的单位一般为 kg；绝缘子间跨距 L 的单位一般为 m；惯性矩 j 的单位是 cm⁴；弹性模数 E 的单位是 kg/cm²，计算电动力时应将 N 转成 kg（除 9.8）。如按以上单位选取，挠度计算结果应乘 10^6，最后计算出的挠度单位是 cm。

（2）老版一次手册第 344 页式（8-41）、式（8-42）。

【2023 年下午题 13～16】 某新能源汇集站设置 500kV 配电装置、主变压器、220kV 配电装置和无功补偿装置，本期建设 1 台主变压器（以下简称#1 主变）。#1 主变采用 3 台单相自耦变压器组，单相变压器额定容量为 334MVA/334MVA/100MVA；额定电压为 $\frac{525}{\sqrt{3}} \Big/ \frac{230}{\sqrt{3}} \pm 8 \times 1.25\% / 35\mathrm{kV}$，接线组别为 Iaoio。主变 35kV 侧装置设 3 组 60Mvar 并联电容器组，35kV 侧三相短路电流 I''=30.5kA，冲击电流 i_ch=78.5kA。汇集站环境条件：海拔 600m、

年平均气温 15℃、最热月平均最高气温 30℃、年最高气温 40℃、年最低气温-25℃，最大风速 30m/s，请分析计算并解答下列各小题。

▶▶**第 131 题**［裸导体应力计算］15. 若 35kV 管形母线采用支持绝缘子安装，母线相间距为 1.5m，母线最大跨距为 11.5m，支持金具长 0.9m，集中荷重 10kgf，安装于母线跨距中央。假定题干中短路冲击电流值已包含电容器组的助增作用。假定管母特性参数：温度线性膨胀系数 23.8×10^{-6} L/℃、弹性模数 $E=7\times10^4$N/mm^2、惯性矩 $I=1339$cm^4、截面系数 $W=158$cm^3、导体截面 $S=4072$mm^2、导体自重 $q_1=106.94$N/m、管母外径 $D=170$mm、最大允许应力 17000N/cm^2，请计算短路状态下管形母线所受的最大弯矩和应力分别为下列哪项数值？

（　　）

（A）5772Nm、3653N/cm^2　　　　　　（B）6394Nm、4047N/cm^2
（C）7537Nm、4770N/cm^2　　　　　　（D）16139Nm、10214N/cm^2

【答案及解答】B

由老版一次手册第 346 页算例可得

$$f_\mathrm{d} = 1.76\times\frac{i_\mathrm{ch}^2}{a}\beta = 1.76\times\frac{78.5^2}{150}\times 0.58 = 41.936(\mathrm{kg/m})$$

$$M_\mathrm{sd} = 0.125\times f_\mathrm{d}\times l_\mathrm{js}^2\times 9.8 = 0.125\times 41.936\times(11.5-0.9)^2\times 9.8 = 5772.11(\mathrm{N\cdot m})$$

$$f_\mathrm{v}' = d_\mathrm{v}k_\mathrm{v}D\frac{v^2}{16} = 1\times 1.2\times 0.17\times\frac{15^2}{16} = 2.869(\mathrm{kg/m})$$

$$M_\mathrm{sf}' = 0.125 f_\mathrm{v}' l_\mathrm{js}^2\times 9.8 = 0.125\times 2.869\times(11.5-0.9)^2\times 9.8 = 394.89(\mathrm{N\cdot m})$$

$$M_\mathrm{cz} = 0.125 g_1 l_\mathrm{js}^2\times 9.8 = 0.125\times 106.94\times 10.6^2 = 1501.94(\mathrm{N\cdot m})$$

$$M_\mathrm{cj} = 0.188 P l_\mathrm{is}\times 9.8 = 0.188\times 10\times 10.6\times 9.8 = 195.29(\mathrm{N\cdot m})$$

$$M_\mathrm{d} = \sqrt{(M_\mathrm{sd}+M_\mathrm{sf}')^2 + (M_\mathrm{cz}+M_\mathrm{cj})^2}$$
$$= \sqrt{(5772.11+394.89)^2 + (1501.97+195.29)^2} = 6396.29(\mathrm{N\cdot m})$$

$$\sigma_\mathrm{d} = 100\frac{M_\mathrm{d}}{w} = 100\times\frac{6396.29}{158} = 4048.29(\mathrm{N/cm}^3)$$

【考点说明】

本题力学计算类似线路的力学计算，算法本身不难，但计算量很大，极容易出错，临考时建议不做此类题目。

【2018 年下午题 1~3】某城区电网 220kV 变电站现有 3 台主变压器，220kV 户外母线采用 ϕ100/90 铝锰合金管形母线。依据电网发展和周边负荷增长情况，该站将进行增容改造，具体情况见下表，请分析计算并解答下列各小题。

主要设备	现　状	增容改造后
主变压器容量	3×120MVA	3×180MVA
220kV 侧	4 回出线，双母线接线	6 回出线，双母线接线
110kV 侧	8 回出线，双母线接线	10 回出线，双母线接线
35kV 侧	9 回出线，单母线分段接线	12 回出线，单母线分段接线

▶▶第 132 题 [裸导体应力计算] 2. 站址区域最大风速为 25m/s，内过电压风速为 15m/s，三相短路电流峰值为 58.5kA。母线结构尺寸：跨距为 12m，支持金具长 0.5m，相间距离 3m，每跨设一个伸缩接头，隔离开关静触头加金具重 17kg，装于母线跨距中央。导体技术特性：自重为 4.08kg/m，导体截面系数为 33.8cm³。请计算发生短路时该母线所承受的最大应力并复核现有母线是否满足要求？　　　　　　　　　　　　　　　　　　　　　（　）

（A）3639N/cm²，母线满足要求

（B）7067.5N/cm²，母线满足要求

（C）7224.85N/cm²，母线满足要求

（D）9706.7N/cm²，母线不满足要求

【答案及解答】C

由新版变电手册第 130 页表 5-19 及注可得

母线自重产生的垂直弯矩：$M_{CZ}=0.125\times4.08\times9.8\times(12-0.5)^2=660.98(\text{N}\cdot\text{m})$

集中负荷产生的垂直弯矩：$M_{Cf}=0.25\times17\times9.8\times(12-0.5)=478.98(\text{N}\cdot\text{m})$

短路电动力：$f_d=1.76\times\dfrac{58.5^2}{300}\times0.58=11.645(\text{kg/m})$

短路电动力产生的水平弯矩：$M_{sd}=0.125\times11.645\times11.5^2\times9.8=1886.53(\text{N}\cdot\text{m})$

内过电压情况下风速产生的风压：$f_v=1\times1.2\times0.1\times\dfrac{15^2}{16}=1.69(\text{kg/m})$

内过电压情况下风速产生的水平弯矩：$M_f=0.125\times1.69\times11.5^2\times9.8=273.79(\text{N}\cdot\text{m})$

又由该手册第 130 页式（5-48）、式（5-49）可得短路状态时母线所承受的最大弯矩及应力为

$$M_d=\sqrt{(273.79+1886.53)^2+(660.98+478.98)^2}=2442.64(\text{N}\cdot\text{m})$$

查第 123 页表 5-10 得铝锰合金的最大使用应力为 10000N/cm²。

$$\sigma=100\times\dfrac{2442.64}{33.8}=7226.75(\text{N}/\text{cm}^2)<10000\text{ N}/\text{cm}^2$$

所以选 C。

【考点说明】

老版一次手册第 345 页表 8-19、第 344 页式（8-41）、式（8-42）、第 338 页表 8-10。

【注释】

新版变电手册第 123 页表 5-10；新版一次手册第 344 页表 9-15 中，3 开头为铝-锰合金、6 开头为铝-镁-硅合金。

考点 37　导线张力计算

【2023 年下午题 10~12】某电厂规划建设 4×660MW 燃煤汽轮发电机组，先期建设两台，每台机组均通过发电机-变压器组接入厂内 500kV 屋外配电装置。500kV 配电装置采用 3/2 断路器接线方式，2 回出线送出，主变进线采用 2×LGKK-900 导线，分裂间距 400mm，请分析计算并解答下列各小题。

▶▶第 133 题 [导线张力计算] 12. 若主变进线次档距为 10m，当发生三相短路次导线处

于临界接触状态时，每根次导线因变形所产生的附加张力为下列哪项数值？（　　）

（A）36101N　　　　　　　　　　　　（B）48767N

（C）72202N　　　　　　　　　　　　（D）97534N

【答案及解答】B

依题意，由老版一次手册第 381 页图 8-32 图（b）及 382 页算例可知，临界状态 b 等于 $2r_d$ 等于导线直径；由 DL/T 5222—2021 第 5.1.5 条条文说明表 7 可得，2×LGKK-900 导线直径为 49mm，则：$f = \dfrac{d - 2r_d}{2} = \dfrac{0.4 - 0.049}{2} = 0.1755\text{m}$

$$\hat{l}_{AB} = l_0 + \frac{8}{3} \frac{f^2}{l_0} = 10 + \frac{8}{3} \times \frac{0.1755^2}{10} = 10.008213$$

$$\varepsilon = \frac{\hat{l}_{AB} - l_{AB}}{l_{AB}} = \frac{10.008 - 10}{10} = 0.0008213$$

由 DL/T 5222—2021 第 5.1.5 条条文说明表 7 可知 2×LGKK-900 导线弹性模量 E 为 59900，总截面 $S=991.23\text{mm}^2$，则 $F = ES\varepsilon = 59900 \times 991.23 \times 0.0008213 = 48764.4(\text{N})$。

【考点说明】

本题注意判断临界状态的距离：两根导线刚好贴在一起的中心距；同时注意单位换算即可很方便地做出此题。

考点 38　导线与绝缘子荷载计算

【2010 年上午题 1~5】某 220kV 变电站，原有 2 台 120MVA 主变压器，主变压器侧电压为 220kV/110kV/35kV，220kV 为户外管型母线中型布置，管型母线规格为 $\phi100/\phi90$；220kV、110kV 为双母线接线，35kV 为单母线分段接线，根据负荷增长的要求，计划将现有 2 台主变压器更换为 180MVA（远景按 3×180MVA 考虑）。

▶▶第 134 题 ［裸导体荷载计算条件］1. 根据系统计算结果，220kV 母线短路电流已达 35kA，在对该管线母线进行短路下机械强度计算时，请判断须按下列哪项考虑，并说明根据。
（　　）

（A）自重，引下线重，最大风速

（B）自重，引下线重，最大风速和覆冰

（C）自重，引下线重，短路电动力和 50%最大风速且不小于 15m/s 风速

（D）自重，引下线重，相应震级的地震力和 25%最大风速

【答案及解答】C

由 DL/T 5222—2021 表 5.3.4 可知，短路时屋外管型导体荷载组合条件为自重，引下线重，短路电动力和 50%最大风速且不小于 15m/s 风速，所以选 C。

【注释】

管型母线设计应根据变电站所在地区具体情况确定其荷载的组合条件，正常、短路和地震三种情况下对风速的要求不同，再对各种组合条件计算母线产生的弯矩和应力，计算的最大的应力应小于管型母线导体的最大允许应力。具体参照老版一次手册第 344 页、345 页第 8-1 节表 8-17（也可见 DL/T 5222—2021 表 5.3.4）、表 8-18、表 8-19 相关内容。

【2014年下午题10~13】 某发电厂的发电机经主变压器接入屋外220kV升压站,主变布置在主厂房外,海拔3000m,220kV配电装置为双母线分相中型布置,母线采用支持式管形母线,间隔纵向跨线采用LGJ-800架空软导线,220kV母线最大三相短路电流38kA,最大单相短路电流36kA。

▶▶第135题 [导线综合荷载计算] 13. 220kV配电装置间隔的纵向跨线采用LGJ-800架空软导线（自重2.69kgf/m，直径38mm），为计算纵向跨线的拉力，需计算导线各种状态下的单位荷载，如覆冰时设计风速为10m/s，覆冰厚度为5mm。请计算导线覆冰时的自重、冰重与风压的合成荷载应为下列哪项数值？ （ ）

(A) 3.035kgf/m (B) 3.044kgf/m
(C) 3.318kgf/m (D) 3.658kgf/m

【答案及解答】C
由新版一次手册第384页式（9-84）、式（9-86）和式（9-88），可得：
导线自重 q_1=2.69kgf/m
导线冰重 q_2=0.00283$b(b+d)$=0.00283×5×(5+38)=0.60845 (kgf/m)
导线自重及冰重 q_3=q_1+q_2=2.69+0.60845=3.29845 (kgf/m)
导线覆冰时风压 q_5=0.075$V_f^2(d+2b)$×10^{-3}=0.075×10^2×(38+2×5)×10^{-3}=0.36 (kgf/m)
导线覆冰时合成荷载 q_7=$\sqrt{q_3^2+q_5^2}$=$\sqrt{3.29845^2+0.36^2}$=3.318 (kgf/m)
所以选C。

【考点说明】
老版一次手册第386页式（8-59）、式（8-60）和式（8-62）。

【2021年下午题7~9】 某水力发电厂主变压器110kV侧门架与开关站进线门架挂线点等高,门架中心间距为12m,采用单根LGJ-400/35导线连接,耐张绝缘子串型号为单串8×XP-7（串中包含QP-7，Z-10，Ws-7）。

水电站气象条件如下：
最高温度40℃，最低温度-20℃，最大覆冰厚度15mm，最大风速35m/s，安装检修时风速10m/s，覆冰时风速10m/s。

导线参数如下：
导线计算直径26.82mm，计算截面425.24mm²，导线自重1.349kg/m，温度线膨胀系数为20.5×10^{-6}（1/℃）弹性模量E=65000（N/mm²）。

请分析计算并解答下列各小题。

▶▶第136题 [导线风压计算] 7. 单串绝缘子串连接金具总长按190mm计，忽略导线弧度，该导线在覆冰状态下所承受的风压力为下列哪个值？ （ ）

(A) 19.28N (B) 38.77N
(C) 44.44N (D) 474.97N

【答案及解答】B
依题意，由老版一次手册式（8-62）、附表8-8，可得

单位长度风压为
$$q_5 = 9.8 \times 0.075 v_f^2 (d+2b) \times 10^{-3} = 9.8 \times 0.075 \times 10^2 \times (26.82 + 2 \times 15) \times 10^{-3} = 4.176(\text{N/m})$$
总风压为
$$F = q_5 l = 4.176 \times (12 - 0.146 \times 8 \times 2 - 0.19 \times 2) = 38.77(\text{N})$$

【考点说明】
（1）题设"忽略导线弧度"，暗指可以用直连线计算导线长度。
（2）计算跨中导线总长度 l 时，需用跨距减去两端绝缘子串的总长度。小题干中给的"绝缘子串连接金具总长按 190mm 计"对于没有设计经验的考生可能具有迷惑性，可能会理解成 110kV 绝缘子串总长 190mm；但对于有设计经验的考生来说，110kV 绝缘子串长 1m 以上是常识，很容易判断出 190mm 为金具总长，通过手册附表 8-8 查出 XP-7 绝缘子的高度后，可以准确计算跨中导线总长度 l。

▶▶第 137 题［导线综合单位荷载计算］8．计算导线在覆冰时，有冰有风状态下的合成单位荷载为下列哪个值？　　　　　　　　　　　　　　　　　　（　　）
（A）13.87N/m　　　　　　　　　　（B）23.69N/m
（C）30.90N/m　　　　　　　　　　（D）32.03N/m

【答案及解答】C
由老版一次手册式（8-59）、式（8-60）、式（8-62）、式（8-64），可得
$$q_3 = q_1 + q_2 = 9.8 \times 1.349 + 9.8 \times 0.00283 \times 15 \times (26.82 + 15) = 30.618(\text{N/m})$$
$$q_5 = 9.8 \times 0.075 v_f^2 (d+2b) \times 10^{-3} = 9.8 \times 0.075 \times 10^2 \times (26.82 + 2 \times 15) \times 10^{-3} = 4.176(\text{N/m})$$
$$q_7 = \sqrt{q_3^2 + q_5^2} = \sqrt{30.618^2 + 4.176^2} = 30.90(\text{N/m})$$

▶▶第 138 题［绝缘子综合荷载计算］9．计算绝缘子串在覆冰时，有冰有风状态下合成绝缘子串的合成荷重为下列哪个值？　　　　　　　　　　　　　　（　　）
（A）48.96N　　　　　　　　　　　（B）88.32N
（C）446.98N　　　　　　　　　　　（D）479.43N

【答案及解答】D
由老版一次手册式（8-67）～式（8-69）、式（8-71）、式（8-72）、表 8-35、表 8-36、附表 8-8，可得
$$Q_{1i} = nq_i + q_0 = 8 \times 9.8 \times 4 + 9.8 \times (0.27 + 0.87 + 0.97) = 334.278(\text{N})$$
$$Q_{2i} = nq_i' + q_0' = 8 \times 9.8 \times 1.7 + 9.8 \times 1.2 = 145.04(\text{N})$$
$$Q_{5i} = 9.8 \times 0.0375 K_{fj}(nA_i + A_0)v_f^2 = 9.8 \times 0.0375 \times 1.1 \times (8 \times 0.029 + 0.0142) \times 10^2 = 9.953(\text{N})$$
$$Q_{7i} = \sqrt{(Q_{1i} + Q_{2i})^2 + Q_{5i}^2} = \sqrt{(334.278 + 145.04)^2 + 9.953^2} = 479.42(\text{N})$$
$$Q_{7i} = \sqrt{(Q_{1i} + Q_{2i})^2 + Q_{5i}^2} = \sqrt{(334.278 + 145.04)^2 + 9.953^2} = 479.42(\text{N})$$

【2022 年下午题 19～22】　某电厂发电机组通过主变接入 220kV 系统。其 220kV 配电装置采用双母线接线，且采用屋外敞开式中型布置，主母线和主变进线均采用双分裂导线。220kV 设备的短路电流水平为 50kA（2s），请分析计算并解答下列各题。

▶▶第 139 题［导线风压计算］22．220kV 配电装置主母线采用 2×LGJ-800 架空双分裂

导线，LGJ-800 导线自重 2.69kgf/m，直径 38.4mm。为计算主母线的拉力，需计算导线各种状态下的单位荷重。如覆冰时设计风速为 10m/s、覆冰厚度 5mm。若不计分裂导线间隔棒，请计算导线覆冰时自重、冰重与风压的合成荷重应为下列哪项数值？ （　　）

（A）6.65N/m （B）32.63N/m
（C）65.15N/m （D）71.87N/m

【答案及解答】C

由老版一次手册第 386 页式（8-59）～式（8-64）可得

单位垂直荷载（自重+冰重）：

$q_1 = 2.69 (\text{kgf/m})$

$q_2 = 0.00283 \times 5 \times (38.4 + 5) = 0.614 (\text{kgf/m})$

$q_3 = q_1 + q_2 = 3.304 (\text{kgf/m})$

单位风荷载 $q_5 = 0.075 \times 10^2 \times (38.4 + 2 \times 5) = 0.363 (\text{kgf/m})$

合成荷重 $q_7 = \sqrt{q_3^2 + q_5^2} = \sqrt{3.304^2 + 0.363^2} = 3.324 (\text{kgf/m})$

双分裂导线，总荷重为 $q = 2q_7 = 6.648 (\text{kgf/m})$。单位换算：6.648kgf/m = 6.648×9.8 = 65.15(N/m)。所以选 C。

考点 39　导线与绝缘子的安全系数

【2016 年下午题 10～15】题干省略，见考点 15。

▶▶第 140 题 [导线安全系数] 13. 主变压器进线跨导线拉力计算时，导线的计算拉断力为 83410N，若该跨导线计算的应力（在弧垂最低点）见下表，求荷载长期作用时的安全系数为下列哪项数值？ （　　）

状态	最低温度	最大荷载（有风有冰）	最大风速	带电检修
温度（℃）	−30	−5	−5	30
应力（N/mm²）	5.784	9.114	8.329	14.57

（A）27.45 （B）30.5
（C）17.1 （D）43.3

【答案及解答】A

带电检修不属于长期荷载，故选题设最大荷载工况应力 9.114N/mm²。

由新版一次手册第 387 页式（9-112）可得导线长期最大张力为

$$H_m = \sigma S = 9.114 \times 333.31 = 3037.39 (\text{N})$$

故该导线长期作用荷载的安全系数为 $K = \dfrac{83\,410}{3037.79} = 27.46$。

所以选 A。

【考点说明】

（1）本题应相对简单，只要理解题意的已知条件和安全系数的定义就可以得出正确答案。

（2）老版一次手册第 389 页式（8-88）。

【注释】

(1) 导线力学计算的目的主要是给土建专业提供架构设计资料，并对导线、绝缘子、金具的强度校验提供依据等；本题涉及导线的强度校验：安全系数的确定应满足规范要求。

(2) 所谓安全系数即受力部分理论上能承受的力必须大于其实际施加的力并有一定的裕度，即极限应力与许用应力之比；软导线设计是以破坏应力（或计算拉断力）与最大允许使用应力（最大使用拉力）之比定为安全系数，所谓安全系数为 4 即意味着如导线破坏应力为 100，其最大使用应力为 25（手册给出不同截面软导线的计算拉断力，可计算其破坏应力或以拉断力计算）。

(3)《导体和电器选择设计技术规定》（DL/T 5222—2021）第 3.0.17 条规定，屋外配电装置的导体、绝缘子、金具应根据当地气象条件和不同受力状态进行计算，并给出了软导体的安全系数为 4（长期作用荷载）、2.5（短时作用荷载）；DL/T 5352—2006 第 7.1.8 条条文说明：短时作用的荷载，系指在正常状态下长期作用的荷载与在安装、检修、短路、地震等状态下短时增加的荷载的综合，故可认为短路或检修时的荷载可作为短时荷载。但该条文已于 2018 版规范删除。

导线最大应力可能发生在导线上人时、最大荷载时（有冰有风时）、最大风速时及最低温度等。

【2016 年下午题 10~15】 某风电场 220kV 升压站地处海拔 1000m 以下，设置一台主变压器，以变压器线路组接线，一回出线至 220kV 系统，主变压器为双绕组有载调压电力变压器，容量为 125MVA，站内架空导线采用 LGJ-300/25，其计算截面积为 333.31mm²，220kV 配电装置为中型布置，采用普通敞开式设备，其变压器及 220kV 配电装置区平面布置图如下。主变压器进线跨（变压器门构至进线门构）长度 16.5m，变压器及配电装置区土壤电阻率 ρ=400Ω·m，35kV 配电室主变压器侧外墙为无门窗的实体防火墙（原题配图省略）。

▶▶ 第 141 题 [绝缘子安全系数] 14. 主变压器进线跨导线拉力计算时，导线计算的应力（在弧垂最低点）见下表，试计算荷载短期作用时悬式绝缘子 X-4.5 的安全系数为下列哪项数值？（悬式绝缘子 X-4.5 的 1h 机电试验荷载 45000N，悬式绝缘子 X-4.5 的破坏负荷 60000N）。

( )

状态	最低温度	最大荷载（有风有冰）	最大风速	带电检修
温度（℃）	−30	−5	−5	30
应力（N/mm²）	5.784	9.114	8.329	14.57

(A) 9.27 (B) 23.34
(C) 16.21 (D) 14.81

【答案及解答】 A

由 DL/T 5222—2021 第 3.0.17 条，带电检修属于短时荷载；

由新版一次手册第 387 页式（9-112）可得带电检修绝缘子导线拉力为：$F = \delta s = 14.57 \times 333.31 = 4856.33 \text{(N)}$。

悬式绝缘子安全系数

$$k = \frac{45000}{4856.33} = 9.27$$

所以选 A。

【考点说明】

（1）坑点一：使用哪个工况应力。本题题目要求短时荷载安全系数，应使用"带电检修"工况的应力。代最大荷载工况会错选 D，代最大风速工况会错选 C，代最低气温工况会错选 B。

（2）坑点二：使用 1h 试验荷载还是破坏荷载。应使用 1h 试验荷载计算。

（3）老版一次手册第 389 页式（8-88）。

【注释】

（1）DL/T 5222—2005 表 5.0.15 中注 a，可知悬式绝缘子的安全系数对应于 1h 机电试验荷载。新版 DL/T 5222—2021 表 3.0.17 该注释已经删除。

（2）《高压配电装置设计技术规程》（DL/T 5352—2006）第 7.1.8 条条文说明，"短时作用的荷载，系指在正常状态下长期作用的荷载与在安装、检修、短路、地震等状态下短时增加的荷载的综合"，除此之外均为长期荷载。但 2018 版中已经删除此条文说明。

考点 40　母线挠度计算

【2012 年上午题 10～14】 某发电厂装有两台 300MW 机组，经主变压器升压至 220kV 接入系统。220kV 屋外配电装置母线采用支持式管型母线，为双母线接线分相中型布置，母线采用ϕ120/ϕ110 铝锰合金管，母联间隔跨线采用架空软导线。

▶▶第 142 题 [母线挠度] 13. 母线支持绝缘子间距 14m，支持金具长 1m（一侧），母线自重 4.96kg/m，母线上的隔离开关静触头重 15kg，请计算母线挠度是哪个值？ (E=7.1×10^{5}kg/cm^2，J=299cm^4)　　　　　　　　　　　　　　　　　（　　）

(A) 2.75cm　　　　　　　　　　(B) 3.16cm

(C) 3.63cm　　　　　　　　　　(D) 4.89cm

【答案及解答】 D

由新版一次手册第 351 页表 9-24 及注、第 352 页 4）款中挠度的校验内容可得

$$y_1 = 0.521 \times \frac{q_1 l_{js}^4}{100EJ} = 0.521 \times \frac{4.96 \times 10^{-2} \times (14-1)^4 \times 10^8}{100 \times 7.1 \times 299 \times 10^5} = 3.48 \text{ (cm)}$$

$$y_2 = 0.911 \times \frac{P l_{js}^3}{100EJ} = 0.911 \times \frac{15 \times (14-1)^3 \times 10^6}{100 \times 7.1 \times 299 \times 10^5} = 1.41 \text{ (cm)}$$

合成挠度为

$$y = y_1 + y_2 = 3.48 + 1.41 = 4.89 \text{ (cm)}$$

所以选 D。

【考点说明】

（1）本题可由新版一次手册第 336 页表 9-4（老版一次手册第 332 页）查得铝锰合金管弹性模量 E=71000N/mm^2；第 340 页表 9-8（老版一次手册第 335 页）查得ϕ120/ϕ110 铝锰

合金管惯性矩 I=299cm^4；第 351 页表 9-24（老版一次手册第 345 页）查得 y_1 处跨中挠度均布为 0.521、集中为 0.911。

（2）对"一侧 1m"的理解不同答案不同。根据工程经验，本题推荐跨距取 14−1=13(m)。如果跨距取 14−2=12(m)，则错选为 C。

（3）老版一次手册第 332 页表 8-1、第 335 页表 8-5、第 345 页表 8-19。

考点 41　管型导体微风振动

【2010 年下午题 6～10】某变电站电压等级为 220kV/110kV/10kV，主变压器容量为两台 180MVA 变压器，220kV、110kV 系统为有效接地方式，10kV 系统为消弧线圈接地方式。220kV、110kV 设备为户外布置，母线均采用圆形铝管型母线形式，10kV 设备为户内开关柜，10kV 站用电变压器采用两台 400kVA 的油浸式变压器，布置于户外，请回答以下问题。

▶▶第 143 题 [管母微风振动] 6. 若 220kV 圆形铝管型母线的外径为 150mm，假设母线导体固有自振频率为 7.2Hz，请计算下列哪项数值为产生微风共振的计算风速？（　　）

(A) 1m/s　　　　　　　　　　　(B) 5m/s
(C) 6m/s　　　　　　　　　　　(D) 7m/s

【答案及解答】B

由 DL/T 5222—2021 第 5.3.5 条可知，屋外管型导体的微风振动可按下式校验：

$$v_{js} = f\frac{D}{A} = 7.2 \times \frac{150 \times 0.001}{0.214} = 5.05\,(\text{m/s})$$

【考点说明】

本题也可按新版变电手册第 132 页式（5-58）计算（老版一次手册第 347 页）。

▶▶第 144 题 [易-管母微风振动] 7. 当计算风速小于 6m/s 时，可以采用下列哪项措施消除管型母线微风振动，并简述理由。（　　）

(A) 加大铝管内径　　　　　　　(B) 母线采用防振支撑
(C) 在管内加装阻尼线　　　　　(D) 采用短托架

【答案及解答】C

由 DL/T 5222—2021 第 5.3.5 条可知，当计算风速小于 6m/s 时，可采用下列措施消除微风振动：①在管内加装阻尼线；②加装动力消振器；③采用长托架，所以选 C。

考点 42　状态方程

【2016 年下午题 10～15】某风电场 220kV 升压站地处海拔 1000m 以下，设置一台主变压器，以变压器线路组接线一回出线至 220kV 系统，主变压器为双绕组有载调压电力变压器，容量为 125MVA，站内架空导线采用 LGJ-300/25，其计算截面积为 333.31mm^2，220kV 配电装置为中型布置，采用普通敞开式设备，其变压器及 220kV 配电装置区平面布置图如下。主变压器进线跨（变压器门构至进线门构）长度 16.5m，变压器及配电装置区土壤电阻率 ρ=400Ω·m，35kV 配电室主变压器侧外墙为无门窗的实体防火墙。

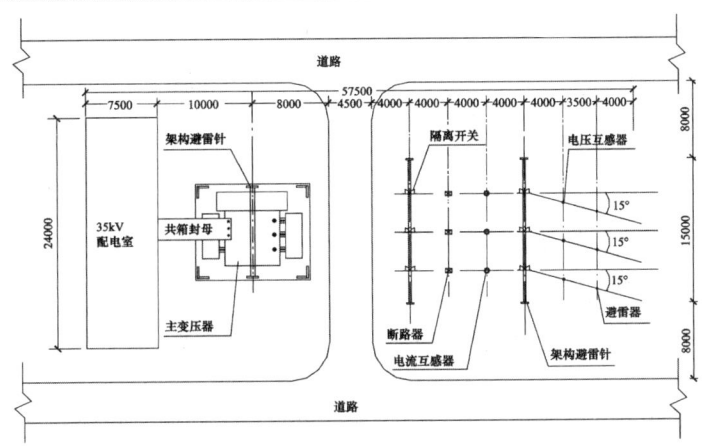

▶▶**第 145 题**［状态方程］12．若主变压器进线跨耐张绝缘子串采用 14 片 X-4.5，假如该跨正常状态最大弧垂发生在最大负载时，其弧垂为 2m，计算力矩为 6075.6N·m，导线应力为 9.114N/mm^2，给定的参数如下：最高温度下，其计算力矩为 3572N·m，状态方程中 A 为 -1426.8N/mm^2，C_m 为 42844N^3/mm^6，求最高温度下（θ_m=70℃）的弧垂最接近下列哪项数值？

( )

（A）1.96m （B）2.176m
（C）3.33m （D）3.7m

【答案及解答】A

依题意，已给出了软导线力学计算的求解应力值的要求，由新版一次手册第 387 页式（9-113）可得

$\sigma_m^2(\sigma_m - A) = C_m$，可用计算器试凑求解，试凑的 σ_m 初值取

$$\sqrt{C_m / A} = \sqrt{42844/1426.8} = 5.48(N/mm^2)$$

然后采用内插法代入试算，可得 σ_m=5.469N/mm^2。

又由该手册式（9-112）可得 $\sigma=H/S$，$H_m=\sigma_m S$= 5.469×333.31=1822.87（N）。

再由该手册式（9-107）可得：$f=M/H_m$=3572/1822.87=1.959(m)。

所以选 A。

【考点说明】

（1）本题为发电厂内软导线计算即导线实用力学计算的问题，根据题意已给定的条件：状态方程式的系数 A 等，很容易确定由新版一次手册第 387 页导线状态方程式[式（9-113）]；导线应力、水平拉力 H 及弧垂 f 的公式[式（9-112）]；导线最大弧垂公式[式（9-107）]即可得到答案。此题需要根据已知的另一状态得到未知的导线截面积。

（2）老版一次手册第 388、389 页式（8-89）、式（8-88）和式（8-83）。

【注释】

软导线实用力学计算是基于悬挂在两个构架间的导线的弧垂跨度之比为 1/30～1/15 的基础上，计算时可忽略导线的刚性，认为是一抛物线；导线荷载沿水平轴线均布，绝缘子串作为柔性导线的一部分，引下线则为集中荷载；计算中列出各种状态（无冰无风、最大风速、导线上人、有冰有风等）的荷载数据，假设导线的垂直荷载作用于简支梁的两端支点上，列表求出各点力矩、荷载因数，最后利用导线的状态方程式计算导线在各状态下的水平应力、

水平张力和导线的弧垂;手册中该方程简化为可求解导线应力的一元三次方程,早期用计算尺试凑估算应力值,现行设计手册用计算器试凑或插入法求解;目前实际工程中多用计算机软件进行计算,输入相关数据就可获得结果。

4.2.4 照明

考点 43 照明回路负荷及工作电流计算

【2021 年下午题 28~30】某 300MW 级火电厂,正常照明网络电压为 380V/220V,交流应急照明网络电压为 380V/220V,直流应急照明网络电压为 220V,主厂房照明采用混合照明方式。环境温度为 35℃。请分析计算并解答下列各小题。

▶▶第 146 题 [照明回路负荷计算] 28. 主厂房有一回照明干线连接了两个照明配电箱,提供某区域一般正常照明及插座供电。A 照明箱共 16 回出线,其中 6 路出线每路接有 6 盏 100W 的钠灯;3 路出线每路接有 24 盏 28W 的荧光灯;3 路出线为单相插座回路;还有 3 路备用。B 照明箱共 12 路出线,其中 6 路出线每路接有 6 盏 80W 的无极灯;3 路出线每路接有 24 盏 28W 的荧光灯;2 路出线为单相插座回路;还有 1 路备用。请计算该照明干线的计算负荷最接近下列哪项值?(插座回路按每路 1kW 计算) ( )

(A)11.35kW (B)14.46kW
(C)16.35kW (D)17.61kW

【答案及解答】C

由 DL/T 5390—2014 第 8.5.1-2 条、表 8.5.1,可得

$$P_{js} = \Sigma[K_x P_z(1+a) + P_s]$$
$$[0.9 \times (6 \times 6 \times 100 + 3 \times 24 \times 28) \times 10^{-3} \times (1+0.2) + 3]$$
$$+ [0.9 \times (6 \times 6 \times 80 + 3 \times 24 \times 28) \times 10^{-3} \times (1+0.2) + 2]$$
$$= 16.35(kW)$$

【考点说明】

本题中每回照明回路接的灯具数量均为 3 的整数倍,故照明负荷为均匀分布,计算时采用第 8.5.1-2 条。

▶▶第 147 题 [照明回路工作电流计算] 29. 已知某处装有高压钠灯 24 盏,每盏 100W,无极灯 36 盏,每盏 80W。由一回三相四线照明分支线路供电。请计算该照明线路的计算电流最接近下列哪项值?

(A)9.142A (B)10.01A
(C)10.97A (D)18.95A

【答案及解答】C

由 DL/T 5390—2014 第 2.1.36 条、式(8.6.2-5)、式(8.6.2-6),可得

$$I_{js} = \sqrt{(I_{js1}\cos\varphi_1 + I_{js2}\cos\varphi_2)^2 + (I_{js1}\sin\varphi_1 + I_{js2}\sin\varphi_2)^2}$$
$$= \sqrt{\left(\frac{24 \times 100}{\sqrt{3} \times 380 \times 0.85} \times 0.85 + \frac{36 \times 80}{\sqrt{3} \times 380 \times 0.9} \times 0.9\right)^2 + \left(\frac{24 \times 100}{\sqrt{3} \times 380 \times 0.85} \times 0.527 + \frac{36 \times 80}{\sqrt{3} \times 380 \times 0.9} \times 0.436\right)^2}$$
$$= 9.14(A)$$

又由该规范第 8.5.1 条公式说明可知，气体放电灯损耗系数 $a=0.2$ 可得
$$I_{js}=9.14\times(1+0.2)=9.14\times1.2=10.97(A)$$

【考点说明】

（1）本题最大坑点，高压钠灯属于气体放电灯，如果不乘 1.2 会错选 A。

（2）本题中有两种光源，且两种光源的功率因数不同，求各光源的计算电流 I_{js1} 和 I_{js2} 时采用式（8.6.2-5），求总的计算电流 I_{js} 时需采用式（8.6.2-6）。

（3）本题灯具为气体放电灯和无极荧光灯，具有迷惑性，对公式理解不透的考生在计算总计算电流 I_{js} 时容易错选式（8.6.2-5）。

【2022 年补考下午题 16～20】 某 220kV 变电站拟选用两台同容量的站用变压器，已知站用负荷分布见下表，请分析计算并解答下列问题。

序号	名　　称	额定容量（kW）
1	变压器强油风冷装置	30
2	变压器有载调压装置	5
3	配电装置动力电源	80
4	检修电源	50
5	充电装置	50
6	UPS 电源	15
7	通风机、事故通风机	20
8	通信电源	30
9	监控系统	40
10	变压器水喷雾装置	100
11	雨水泵	30
12	配装置加热	40
13	空调	40
14	户外照明	30
15	户内照明	30

▶▶第 148 题 ［照明回路工作电流计算］18. 该变电站从站用电低压屏到继电器室设有一条专用照明电缆，继电器室屋顶灯带共 13 排，A、B 两相 220V 电源各供 4 排灯带用电，C 相共 5 排灯带，每排灯带由 15 只 40W 的荧光灯（带有电感镇流元件和补偿电容）组成，请计算照明回路的持续工作电流为下列哪个数值？ （　　）

（A）15.8A （B）18.2A
（C）32.8A （D）47.4A

【答案及解答】B

$P_m=5\times15\times40=3000$（W）$=3$（kW），$\Delta P(\%)=20$，$\cos\phi=0.9$（按最大相计算），由 DL/T 5155—2016 表 0.0.4 式（0.0.4）得

$$I_g=\frac{3\times3\times(1+20\%)}{\sqrt{3}\times0.38\times0.9}=18.2(A)$$

【2024年下午题 9~11】 某工程建设 2×1000MW 燃煤机组，采用发电机-主变压器组单元接线接入 500kV 配电装置。发电机出口设置发电机断路器（GCB）。高压厂用变压器（以下简称高厂变）由主变压器与 GCB 之间引接，并设置 1 台事故停机变压器，发电机出口额定电压为 27kV，高厂变高压侧三相短路容量为 1223MVA。

请分析计算并解答下列各小题。

▶▶第 149 题 [照明回路工作电流计算] 10. 本工程#1 机组汽机房 0m 设置一个正常照明配电箱，照面配电箱电流进线为三相五线，并共有 15 个单相分支回路（回路编号 F1~F15），其中 F1、F4、F7、F10 和 F13 接与 A 相，F2、F5、F8、F11 和 F14 接于 B 相；F3、F6、F9、F12 和 F15 接于 C 相。F1~F15 分支回路分别接有 LED 灯数量如下表。LED 灯装置功率均为 50W，LED 等损耗系数为 0.2，则照明配电箱进线电源的工作电流为下列哪项数值？   （   ）

F1	F2	F3	F4	F5	F6	F7	F8	F9	F10	F11	F12	F13	F14	F15
9	15	25	22	16	12	13	14	15	9	8	10	8	16	18

（A）17.7A
（C）21.9A
（B）19.1A
（D）63.6A

【答案及解答】C

依题意可得：

A 相所接灯具容量为 $(9+22+13+9+8)\times 50 = 3050\,(W)$

B 相所接灯具容量为 $(15+16+14+8+16)\times 50 = 3450\,(W)$

C 相所接灯具容量为 $(25+12+15+10+18)\times 50 = 4000\,(W)$

其中最大一相为 4000W，由《发电厂和变电站照明设计技术规定》（DL/T 5390—2014）式 8.5.1-3；依题意本题属于"汽机房"，由表 8.5.1 可知主厂房正常照明系数为 0.9；依题意，LED 灯 a 取 0.2；

则计算负荷 $P_{js} = 0.9\times 3\times 4000\times(1+0.2) = 12960\,(W)$

又由该规范式（8.6.2-5），LED 灯属于发光二极管，功率因数取 0.9，可得：

计算电流 $I_{js} = \dfrac{12960}{\sqrt{3}\times 380\times 0.9} = 21.88\,(A)$

所以选 C。

考点 44　照明电缆截面选择

【2019年下午题 28~30】 某燃煤电厂设有正常照明和应急照明，照明网络电压均为 380V/220V，请解答下列问题。

▶▶第 150 题 [照明电缆截面选择] 28. 有一锅炉检修用携带式作业灯，功率为 60W，功率因数为 1，采用单根双芯铜电缆供电，若电缆长度为 65m，则电缆允许最小截面应选择下列哪项？   （   ）

（A）4mm²
（B）6mm²

(C) 16mm²　　　　　　　　　　　(D) 25mm²

【答案及解答】C

由《发电厂和变电站照明设计技术规定》(DL/T 5390—2014) 第 8.1.3 条可得，U_{exg} 取 12V。

由新版一次手册第 935 页式（17-26）、第 936 页式（17-33），采用 16mm² 试算，可得

$$I_{js} = \frac{60}{12} = 5(A)$$

$$\Delta U\% = \frac{2}{12} \times (1.288 \times 1) \times \Sigma(5 \times 65) \times 10^{-3} = 6.98\%$$

由 DL/T 5390—2014 第 8.1.2 条可知，压降不超 10%合格，所以选 C。

【考点说明】

老版一次手册第 1052 页式（18-20）、第 1054 页式（18-26）、第 1059 页表 18-34。

考点 45　照明电缆最大允许长度

【2018 年下午题 28～30】某 2×350MW 火力发电厂，每台机组各设一台照明变压器，为本机组汽机房、锅炉房和属于本机组的主厂房公用部分提供正常照明电源，电压为 380V/220V，两台机组设一台检修变兼作照明备用变压器，请依据题意回答下列问题。

▶▶第 151 题 [照明电缆最大允许长度] 30. 场内有一电缆隧道，照明电源采用 AC 24V，其中一个回路共安装 6 只 60W 的灯具，照明导线采用 BV-0.5 型 10mm² 的单芯电线，假设该回路的功率因数为 1，且负荷均匀分布，则在允许的压降范围内，该回路的最大长度应为下列哪项数值？　　　　　　　　　　　　　　　　　　　　　　　　　　　　（　　）

(A) 11.53m　　　　　　　　　　　(B) 19.44m
(C) 23.06m　　　　　　　　　　　(D) 38.88m

【答案及解答】D

依据 DL/T 5390—2014 第 8.5.1 条、第 8.1.2 条及第 8.6.2-2-3 条，可得

$$\Delta U\% = \Sigma M / CS = \Sigma P_{js} L / CS \Rightarrow L = \frac{\Delta U\% CS}{\Sigma P_{js}} = \frac{10 \times 0.14 \times 10}{6 \times 60 / 1000} = 38.89(m)$$

【考点说明】

由第 8.5.1 条可知，线路压降限值为 10%。C 值可由表 8.6.2-1 查得为 $C = 0.14$。

考点 46　照明变压器容量选择

【2018 年下午题 28～30】某 2×350MW 火力发电厂，每台机组各设一台照明变，为本机组汽机房、锅炉房和属于本机组的主厂房公用部分提供正常照明电源，电压为 380V/220V，两台机组设一台检修变兼作照明备用变压器，请依据题意回答下列问题。

▶▶第 152 题 [照明变压器容量计算] 28. 其中一台机组照明变的供电范围包括：①汽机房：48 套 400W 的金属卤化物灯，160 套 175W 的金属卤化物灯，150 套 2×36W 的荧光灯，30 套 32W 的荧光灯；②锅炉房及锅炉本体：360 套 175W 的金属卤化物灯、20 套 32W 的荧光灯；③集控楼：150 套 2×36W 的荧光灯，40 套 4×18W 的荧光灯；④煤仓间：36 套 250W 的金属卤化物灯；⑤主厂房 A 列外变压器房：8 套 400W 的金属卤化物灯；⑥插座负荷：

40kW，其中锅炉本体、煤仓间照明负荷同时系数按锅炉取值。假设所有灯具的功率中未包含镇流器及其他附件损耗，插座回路只考虑功率因素取 0.85，计算确定该机组照明变压器容量选择下列哪项最合理？   （　　）

(A) 160kVA (B) 200kVA
(C) 250kVA (D) 315kVA

【答案及解答】C

依据 DL/T 5390—2014 第 8.5.1 条、第 8.5.2 条（由表 8.5.2 及题意查得本题所有位置的金属卤化物灯同时系数为 0.8，由第 8.5.1 条可知该题所有灯具镇流器及其他附件损耗系数均为 0.2）。

金属卤化物灯容量

$$S_1 = \frac{0.8 \times (1+0.2) \times (48 \times 400 + 160 \times 175 + 360 \times 175 + 36 \times 250 + 8 \times 400)}{0.85 \times 1000}$$
$$= 138.24 \text{ (kVA)}$$

荧光灯容量

$$S_2 = \frac{0.8 \times (1+0.2) \times (150 \times 2 \times 36 + 30 \times 32 + 20 \times 32 + 150 \times 2 \times 36 + 40 \times 4 \times 18)}{0.9 \times 1000}$$
$$= 27.82 \text{ (kVA)}$$

插座容量 $S_3 = \dfrac{40}{0.85} = 47.06 \text{ (kVA)}$

变压器容量 $S_t \geq 138.24 + 27.82 + 47.06 = 213.12 \text{ (kVA)}$ 所以选 C。

考点 47　光通量

【2021 年下午题 28～30】 某 300MW 级火电厂，正常照明网络电压为 380V/220V，交流应急照明网络电压为 380V/220V，直流应急照明网络电压为 220V，主厂房照明采用混合照明方式。环境温度为 35℃。请分析计算并解答下列各小题。

▶▶ 第 153 题 [光通量计算] 30. 若材料库为 12m×25m，安装有 10 只壁灯提供工作照明。当平均照度为 200lx 时，请计算光源的光通量最接近下列何值？（利用系数取 0.5）   （　　）

(A) 15400lm (B) 17100lm
(C) 20000lm (D) 21400lm

【答案及解答】B

由 DL/T 5390—2014 表 7.0.4、附录 B.0.1 可得

$$\Phi = \frac{E_c \times A}{N \times CU \times K} = \frac{200 \times 12 \times 25}{10 \times 0.5 \times 0.7} = 17143 \text{(lm)}$$

考点 48　照度

【2019 年下午题 28～30】 某燃煤电厂设有正常照明和应急照明，照明网络电压均为 380V/220V，请解答下列问题。

▶▶ 第 154 题 [照度] 29. 该电厂有一配电室，长 15m，宽 6m，在配电室内 3m 高均布了

3 排 2×36W 荧光灯为其提供照明，每排装设 6 套灯具，其中 5 套为正常照明，1 套为应急照明，正常照明由专用照明变供电，应急照明由保安段供电，应急照明平常点亮。已知每套荧光灯的光通量为 3250lx，利用系数为 0.7，照度均匀度 U_0 为 0.6，则所有灯具正常工作时配电室地面的最小照度为多少？（　　）

  (A) 182lx   (B) 218.4lx
  (C) 303.33lx   (D) 364lx

【答案及解答】B

由《发电厂和变电站照明设计技术规定》（DL/T 5390—2014）第 6.0.4 条条文说明可知，正常工作照度应计及平时常亮的应急照明。

依据第 6.0.4 条和第 2.1.20 条，最小照度应乘照度均匀度；根据表 7.0.4 取维护系数为 0.8。

由该规范附录 B 式（B.0.1）可得

$$E_c = \frac{3250 \times 6 \times 3 \times 0.7 \times 0.6 \times 0.8}{15 \times 6} = 218.4 \text{(lx)}$$

所以选 B。

【考点说明】

（1）本题考查照度计算，属于比较冷僻考点，但照度公式本身计算量不算太大。DL/T 5390—2014 式（B.0.1）是计算平均照度，光通量应代平均光通量，所以应乘不均匀系数，如果不乘 0.6 会误选 D。

（2）题目描述应急照明平常点亮，结合第 6.0.4 条条文说明可以知道，计算正常工作时的照明应计入平常点亮的应急照明，不计入，会误选 A。

（3）如果不计应急照明也不乘照度均匀度 0.6，会误选 C。

考点 49　灯具数量计算

【2018 年下午题 28~30】某 2×350MW 火力发电厂，每台机组各设一台照明变压器，为本机组汽机房、锅炉房和属于本机组的主厂房公用部分提供正常照明电源，电压为 380V/220V，两台机组设一台检修变兼作照明备用变压器，请依据题意回答下列问题。

▶▶第 155 题 [灯具数量] 29．该电厂内汽机房运转层长 130.6m，跨度 28m，运转层标高为 12.6m，正常照明采用单灯功率为 400W 的金属卤化物灯，吸顶安装在汽机房运转层屋架下，灯具安装高度 27m，照明灯具依据每年擦洗 2 次考虑，在计入照度维护系数的前提下，如汽机房运转层地面照度要达到 200lx（不考虑应急照明），依据照明功率密度值现行值的要求，计算装设灯具数量至少应为下列哪项数值？（　　）

  (A) 53 盏   (B) 64 盏
  (C) 75 盏   (D) 92 盏

【答案及解答】A

依据 DL/T 5390—2014 附录 B 及其条文说明的算例，第 5.1.4 条、第 7.0.4 条、第 10.0.8 条、第 10.0.10 条、第 B.0.1 条，可得

$$RI = \frac{LW}{h_{re}(L+W)} = \frac{130.6 \times 28}{(27-12.6) \times (130.6+28)} = 1.60$$

$$N = \frac{LPDK_{RI}A}{P} = \frac{LPDK_{RI}LW}{P} = \frac{7 \times 0.82 \times 130.6 \times 28}{400} = 52.5，取53(盏)$$

$$E_c = \frac{\phi NCUK}{A} = \frac{35000 \times 53 \times 0.55 \times 0.7}{130.6 \times 28} = 195.3 \text{ (lx)}$$

$$\frac{200-193.5}{200} \times 100\% < 10\%$$

所以应选 A。

【考点说明】

（1）最低照度要求与最高功率密度现行值要求是照明设计的两个控制条件。应依据已知条件，计算出上下限值，找出正确答案。GB 50034 规定校验照度值时允许±10%的偏差。

（2）本题未直接告知光源的光通量 35000lm、利用系数 0.55，只能从附录 B 条文说明中的算例取得。

（3）若未按节能要求，依据室形指数对功率密度现行值进行 0.82 修正，则会错选 B。

$$N = \frac{LPDA}{P} = \frac{LPDLW}{P} = \frac{7 \times 130.6 \times 28}{400} = 64$$

（4）若灯具安装高度未扣除工作面标高 12.6m，直接使用 27m，则会错选 C。

$$RI = \frac{LW}{h_{re}(L+W)} = \frac{130.6 \times 28}{27 \times (130.6+28)} = 0.85$$

$$N = \frac{LPDK_{RI}A}{P} = \frac{LPDK_{RI}LW}{P} = \frac{7 \times 1.16 \times 130.6 \times 28}{400} = 74.2$$

【2024 年下午题 9～11】某工程建设 2×1000MW 燃煤机组，采用发电机-主变压器组单元接线接入 500kV 配电装置。发电机出口设置发电机断路器（GCB）。高压厂用变压器（以下简称高厂变）由主变压器与 GCB 之间引接，并设置 1 台事故停机变压器，发电机出口额定电压为 27kV，高厂变高压侧三相短路容量为 1223MVA。

请分析计算并解答下列各小题。

▶▶第 156 题 [灯具数量] 11. 本工程汽机房运转层标高为 17.0m，汽机房 AB 列跨度为 32.0m，两台机组汽机房总长度为 195.5m，汽机房屋顶标高为 38.0m，运转层照明灯具安装在屋顶桁架上，灯具安装标高 35.2m，灯具采用 LED，LED 安装功率为 250W，每个灯具光通量为 27350lm。灯具按每年擦洗 2 次考虑，灯具利用系数为 0.55，根据照明功率密度值现行值的要求，请计算汽机房运转层装设灯具数量宜不小于下列哪项数值？（不考虑功率密度的照度修正）？ （　　）

(A) 76　　　　　　　　　　　　(B) 136
(C) 144　　　　　　　　　　　 (D) 175

【答案及解答】C

依据《发电厂和变电站照明设计技术规定》（DL/T 5390—2014）附录 B，式 B.0.1 计算

依题意，汽机房每年擦洗两次，由表 7.0.4 可得维护系数取 0.7。由表 10.0.8，运转层标准照度取 200lx。由式 B.0.1 可得

$$200 = \frac{23750 \times N \times 0.55 \times 0.7}{195.5 \times 32}, 则 N \geq 136.83$$

由该规范式（5.1.4）可得

$$同时室形系数 RI = \frac{195.5 \times 32}{(35.2 - 17) \times (195.5 + 32)} = 1.51$$

由该规范表 10.0.10 可知 RI=1.51 时，室形系数修正值为 0.82。

又由该规范表 10.0.8 可知，汽机运转层现行照明密度为 7W/m²，题设 LED 安装功率 250W 则

$$N \leq \frac{195.5 \times 32 \times 7 \times 0.82}{250} = 143.64$$

综上，所以选 C。

【考点说明】

考点 50　水电主变选择

【2022 年下午题 7~10】　某山区大型水力发电厂，其装设 9 台额定功率为 700MW 的水轮发电机组，发电机额定功率因数为 0.9，额定电压为 20kV，额定转速为 107.1r/min，定子、转子的冷却方式均为空气冷却，发电机-变压器组采用一机一变单元接线，电厂通过 4 回 500kV 线路接入电力系统，水电厂进厂交通公路及沿线桥涵按公路 1 级，汽-40 设计，挂-250 校核，请分析计算并解答下列各题。

▶▶第 157 题 [水电主变选择] 7. 根据系统要求，发电机需在功率因数为 1 时连续发出额定容量的出力，同时为满足水轮机的稳定运行要求，水轮发电机组按 10%设置了最大容量，发电机主升压变压器选择下列哪组是最合理的？（500kV 级 300MVA 单相变压器的参考总重量 200t，900MVA 三相变压器的参考总重量 500t）　　　　　　　　　　　　　　　　（　　）

（A）单相变压器组 3×260MVA　　　　（B）单相变压器组 3×286MVA
（C）整体三相变压器 778MVA　　　　　（D）整体三相变压器 856MVA

【答案及解答】B

发电机最大输出容量 $S_{max} = \frac{700 \times 1.1}{0.9} = 855.56(kVA)$

因此变压器三相容量 $S_T \geq S_{max} = 855.56(kVA)$

由水电一次手册第 198 页，应优先选用三相变压器，但因三相变压器重量 500t，超过道路设计标准 250t，无法运输，因此采用三个单相变压器。单相变压器每台容量 $S_单 = S_T/3 = 286(kVA)$，选 B。

考点 51　水电发电机定子铁芯内径

【2022 年下午题 7~10】　某山区大型水力发电厂，其装设 9 台额定功率为 700MW 的水

轮发电机组，发电机额定功率因数为0.9，额定电压为20kV，额定转速为107.1r/min，定子、转子的冷却方式均为空气冷却，发电机-变压器组采用一机一变单元接线，电厂通过4回500kV线路接入电力系统，水电厂进厂交通公路及沿线桥涵按公路1级，汽-40设计，挂-250校核，请分析计算并解答下列各题。

▶▶**第 158 题 [水电发电机定子铁芯内径]** 8. 前期在进行厂房布置设计时，需初步估算水轮发电机组的尺寸，发电机的定子铁芯内径作为水轮发电机的基础尺寸将被首先估算。请按水电站一次手册计算该水力发电厂装设的水轮发电机的定子铁芯内径为下列哪项数值？（其中模具计算系数 $K_1=8.5$，计算公式中功率单位 "MVA" 应为 "kVA"） （ ）

(A) 952.6cm (B) 978.0cm
(C) 1602.1cm (D) 1644.9cm

【答案及解答】D
由水电站一次手册第178页式（4-42）、式（4-44），得
极对数 $P = 3000/107.1 = 28$ 对，则 $2P = 56$ 对，则

$$\tau = K_1 \sqrt[4]{\frac{S_n}{2p}} = 8.5 \times \sqrt[4]{\frac{700000/0.9}{56}} = 92.28$$

$$D_i = \frac{2p\tau}{\pi} = \frac{56 \times 92.28}{3.14} = 1645.75 (\text{mm})$$

考点 52　水电厂用负荷计算

【2022年下午题 7～10】 某山区大型水力发电厂，其装设9台额定功率为700MW的水轮发电机组，发电机额定功率因数为0.9，额定电压为20kV，额定转速为107.1r/min，定子、转子的冷却方式均为空气冷却，发电机-变压器组采用一机一变单元接线，电厂通过4回500kV线路接入电力系统，水电厂进厂交通公路及沿线桥涵按公路1级，汽-40设计，挂-250校核，请分析计算并解答下列各题。

▶▶**第 159 题 [水电厂用负荷计算]** 10. 该水电厂厂用电采用机组自用电和公用电分别供电方式。单台水轮发电机组自用电的最大同时负荷额定总功率为 $P_{单} = 784.77$kW，全厂内外（含厂房及坝区）除机组自用电外的最大同时负荷额定总功率为 $P_{公} = 14674.05$kW，其中检修排水泵负荷为：$P_{jx} = 2400$kW，主厂房桥式起重机（以下简称"桥机"）负荷为 $P_{桥} = 112$kW。全部机组运行时，主厂房桥机、机组检修水泵不运行；八台机组运行，一台机组检修时，主厂房桥机及机组检修水泵工作。请按这两种工况计算全厂厂用电最大负荷为下列哪项数值？ （ ）

(A) 9961.20kVA (B) 14732.61kVA
(C) 16070.42kVA (D) 16666.85kVA

【答案及解答】C
由 DL/T 5184—2004 第 5.6.8 条可知本水力发电厂为大型水力发电厂。由 NB/T 35044—2014 附录C，第 C.1.1 条及表 C.1.1 可得

9 台发电机组工作时

$$S_{js} = K_Z \Sigma P_Z + K_g \Sigma P_g = 0.76 \times 9 \times 784.77 + 0.76 \times (14674.05 - 2400 - 112) = 14610.98 (\text{kVA})$$

8 台发电机组工作时

$$S_{js} = K_Z \Sigma P_Z + K_g \Sigma P_g = 0.76 \times 8 \times 784.77 + 0.76 \times 14674.05 = 15923.68 (\text{kVA})$$

取最接近的 C 选项。

第5章 配电装置

5.1 概 述

5.1.1 本章主要涉及规范

《电力工程设计手册 火力发电厂电气一次设计》★★★★★（简称新版一次手册）

《电力工程设计手册 变电站设计》★★★★★（简称新版变电手册）

《高压配电装置设计技术规程》（DL/T 5352—2018）★★★★★

《架空输电线路电气设计规程》（DL/T 5582—2020）★★★★★

《交流电气装置的过电压保护和绝缘配合设计规范》（GB/T 50064—2014）★★★★★

《导体和电器选择设计技术规定》（DL/T 5222—2021）★★★★★

《火力发电厂厂用电设计技术规定》（DL/T 5153—2014）★★★★

《电力装置的电测量仪表装置设计规范（附条文说明）》（GB 50063—2017）★★

《大中型火力发电厂设计规范》（GB 50660—2011）★★

《火力发电厂与变电站设计防火规范》（GB 50229—2019）★

《电力设施抗震设计规范》（GB 50260—2013）★

《小型火力发电厂设计规范》（GB 50049—2011）★

《绝缘配合 第1部分：定义、原则和规则》（GB 311.1—2012）★

参考：《电力工程电气设计手册 电气一次部分》（简称老版一次手册）

5.1.2 真题考点分布（总计54题）

1. 配电装置型式

考点1 配电装置型式判断（共1题）：第1题

2. 配电装置安全净距

考点2 安全净距类型判断（共11题）：第2~12题

考点3 海拔修正（共9题）：第13~21题

考点4 绝缘子弧垂计算（共1题）：第22题

考点5 跳线最大弧垂计算（共2题）：第23、24题

考点6 母线引下线最大弧垂计算（共1题）：第25题

考点7 进线构架高度母线最大弧垂计算（共2题）：第26、27题

考点8 综合速断短路法导线摇摆角计算（共2题）：第28、29题

考点9 刀闸支架高度计算（共1题）：第30题

考点10 主变进线构架高度计算（共1题）：第31、32题

考点11 主变进线门型架宽度计算（共1题）：第33题

考点12 主变进线最小相间距计算（共2题）：第34、35题

考点 13　刀闸与构架净距计算（共 1 题）：第 36 题

3．接地刀闸

考点 14　接地刀闸配置（共 8 题）：第 37~44 题

4．识图找错

考点 15　设备配置识图找错（共 7 题）：第 45~51 题

5．安全防火

考点 16　储油池油量（共 1 题）：第 52 题

考点 17　储油池深度（共 1 题）：第 53 题

考点 18　变压器灭火（共 1 题）：第 54 题

5.1.3　考点内容简要

本章既具有一定的知识独立性，比如设备布置等；又和绝缘配合有很深入的联系，比如安全净距。所以在学习时可分为两大块：①配电装置形式及其布置；②安全净距及布置尺寸。该章节各考点分析如下：

（1）配电装置型式判断：基本属于送分题，也是整个配电装置知识体系的基础，应掌握。重点学习老版一次手册第十章内容，首先以配电装置形式及其布置为入门，熟悉其基本特征，掌握其判别方法，在此基础上结合 DL/T 5352—2018，掌握各种配电装置型式的使用场合及其设备配置原则（比如刀闸、接地装置、TA、TV 的配置等）。该知识点在历年案例中的直接运用主要出现在找错题中，具有很大的难度。因为要找到每一个错误的出处往往需要翻阅很多规范，综合性很强，需要对规范内容非常熟悉才行，同时有些错误在不同的规范中的描述是不同的，有些规范条文说得也比较"含糊"，这就需要有一定的工程经验才好判断。

（2）安全净距：在了解了配电装置基本常识后，需要熟练掌握的考点有：

1）配电装置的安全净距判断及其取值。正确理解 A_1、A_2、B_1、B_2、C、D、E 的含义及其换算关系。A_1、A_2 是基础，其余各值都是在此基础上换算而来，可阅读 DL/T 5153—2018 第 5.1.2 条条文说明。所以对 DL/T 5352—2018 第 5 章内容的表格和配图应达到"非常熟练"的程度，对屋内、屋外、750kV 和不同条件下的计算风速和安全净距表格适用场合应分清。本类考点基本属于送分题，在今后的考题中可能会很少出现，不过由于是基础内容，必须熟练掌握。

2）安全净距的海拔修正。该考点具有一定的难度，也是考察重点。其计算方法多、类别多，但计算量其实并不大。学习时以 DL/T 5352—2018 附录 A 为主，分清不同情况的修正方法，在今后学习了过电压保护与绝缘配合、线路绝缘配合等内容后可以做个比较和总结。

3）各类净距的计算。该考点具有较大的综合性和难度，主要参考老版一次手册第 699 页开始的附录 10-1、附录 10-2、附录 10-3，结合算例学习。

（3）母线接地刀闸的配置计算：近年来考查频率有所提高，应重点掌握。

（4）识图找错：该考点偶有考查，需要很强的综合能力，读者可根据自身情况选择学习。

（5）配电装置防火：偶有考查，了解出处能及时定位即可。

5.2 历年真题详解

5.2.1 配电装置型式

考点1 配电装置型式判断

【2009年上午题6~10】 某屋外220kV变电站，海拔1000m以下。请回答下列问题。

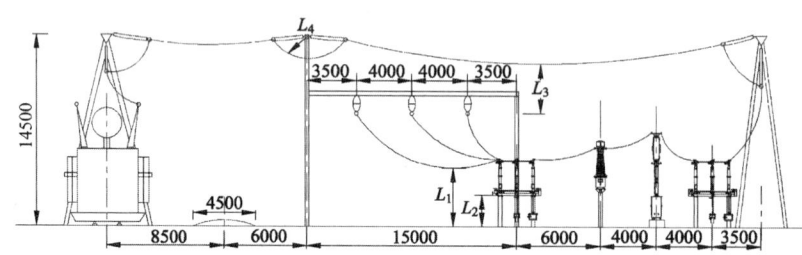

▶▶ 第1题［配电装置型式判断］6. 请问图中高压配电装置属于下列哪一种？并简要说明这种布置的特点。　　　　　　　　　　　　　　　　　　　　　　　　　　　　　　（　　）

（A）普通中型　　　　　　　　　　（B）分相中型
（C）半高型　　　　　　　　　　　（D）高型

【答案及解答】A

由新版变电手册第298页内容，普通中型配电装置，普通中型配电装置是将所有电气设备都安装在地面支架上，母线下不布置任何电气设备，所以选A。

【考点说明】

本题考查点为屋外配电装置的类型判断，属于较容易题目。

新版变电手册第八章的图要认真学习，结合实际图片理解图中的具体设备，首先学会辨认设备，确定安全净距的类型，然后判断属于哪种配电装置形式，最后掌握普通中型、分相中型、半高型、高型的特点及适用范围。

老版一次手册第607页。

【注释】

配电装置特点［新版变电手册第298页第四节内容（老版手册出处为老版一次手册第607页）］。

1. 普通中型布置（第298页）

特征：所有电气设备都安装在同一水平面内，母线下不布置任何电气设备。

优点：布置比较清晰，不易误操作，运行可靠，施工和维护方便，造价较低，并有多年的运行经验。

缺点：占地面积过大。

2. 分相中型配电装置

特征：所有电气设备都安装在同一水平面内，隔离开关分相布置在母线正下方的中型配电装置。

优点：除具有普通中型的优点外，还具有接线简单清晰，可以缩小母线相间距离，降低架构高度等优点，较普通中型布置节省占地面积约 1/3 左右。

缺点：施工复杂，使用的支柱绝缘子防污和抗震能力差。分相中型布置适合用于污染不严重、地震烈度不高的地区。

3. 半高型配电装置

特征：母线的高度不同，将旁路母线或一组主母线置于高一层的水平面上，且母线与断路器、电流互感器重叠布置。

优点：占地面积比普通中型布置减少 30%；除旁路母线（或主母线）和旁路隔离开关（母线隔离开关）布置在上层外，其余部分与中型布置基本相同，运行维护较方便，易被运行人员所接受。

缺点：检修上层母线和隔离开关不方便。

半高型配电装置布置可分为田字型布置、品字型布置、管型母线布置三种。

4. 高型配电装置

特征：母线和隔离开关上下重叠布置，母线下面没有电气设备。

优点：与普通中型配电装置相比，可节省占地面积 50%左右。

缺点：对上层设备的操作与维修工作条件较差；耗用钢材比普通中型多 15%～60%；抗震能力差。

5. 屋内配电装置

屋内配电装置的特点是将母线、隔离开关、断路器等电气设备上下重叠布置在屋内，这样可以改善运行和检修条件。同时，由于屋内配电装置布置紧凑，可以大大缩小占地面积。从 20 世纪 80 年代开始，在配电装置的设备选型、电气布置和建筑结构等方面采取了一些改进措施，使 110kV 屋内配电装置的造价有所降低。

5.2.2 配电装置安全净距

考点 2　安全净距类型判断

【2009 年上午题 6~10】某屋外 220kV 变电站，海拔 1000m 以下。请回答下列问题。

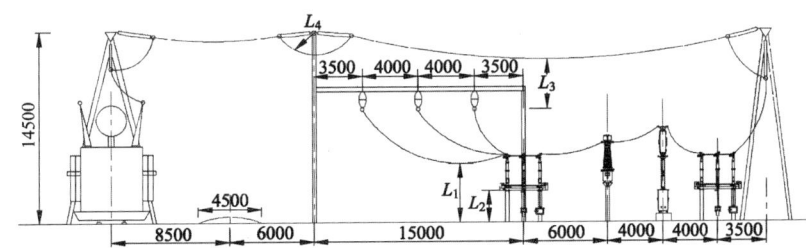

▶▶ 第 2 题［净距判断］7. 图中最小安全距离有错误的是哪项，为什么？　　（　　）

（A）母线至隔离开关引下线对地面净距 L_1=4300mm

（B）隔离开关的安装高度 L_2=2500mm

（C）进线段带电作业时，上侧导线对主母线的垂直距离 L_3=2500mm

（D）弧垂 L_4>1800mm

【答案及解答】 C

A 选项：依题意，参考 DL/T 5352—2018 图 5.1.2-3 可知，L_1 为无遮拦裸导体至地面之间距离，即 C 值。由 DL/T 5352—2018 表 5.1.2-1 可得 $L_1=C=4300$mm。

B 选项：由 DL/T 5352—2018 第 5.1.2 条及图 5.1.2-3 中的参数可得 $L_2 \geq 2500$mm。

C 选项：依题意，结合 DL/T 5352—2018 图 5.1.2-1 可知，L_3 属于交叉不同时停电检修的无遮拦带电部分，即 B_1 值，由 DL/T 5352—2018 表 5.1.2-1 可得，$L_3=B_1=2550$mm。

D 选项：由新版变电手册第 267 页右下内容，可知跳线在无风时的弧垂要求不小于最小电气距离 A_1 值，由 DL/T 5352—2018 表 5.1.2-1 可得，$L_4 > A_1 = 1800$mm。

由以上分析可知，C 选项最小安全净距数据错误，选错误的选项，所以选 C。

【考点说明】

（1）本题也可依据新版变电手册第 264 页表 8-11（老版一次手册第 567 页表 10-1）。

（2）DL/T 5352—2018 中图 5.1.2-1 所示的跨线和管型母线之间的安全净距为 B_1 值，本题 C 选项 L_3 是跨线和软母线挂点之间的距离，应和管型母线保持一致，按 B_1 值确定。

（3）配电装置净距的知识点是历年考试的重点。首先需要明确屋外、屋内装置净距 A、B、C、D、(E) 的含义及其间的换算关系，可以参看 DL/T 5352—2018 第 5.1.2～5.1.4 条或新版变电手册第 264～266 页相关内容。其次 DL/T 5352—2018 中关于屋外、屋内净距计算的条文规定（表 5.1.2-1、图 5.1.2、表 5.1.4 以及图 5.1.4）要十分熟悉并且精确理解，能够将实际的净距关系与条文规定对号入座。最后配电装置架构尺寸校验的相关计算也是很重要的知识点，可参看新版变电手册第 266～273 页相关内容。

（4）配电装置布置形式及安全净距是变电站设计的核心内容，对综合素质要求较高，建议对 DL/T 5352—2018 表 5.1.2-1～表 5.1.4、图 5.1.2-1～图 5.1.2-5、图 5.1.4-1、图 5.1.4-2 中 A、B、C、D、(E) 含义以及最小安全净距要深刻理解并熟记于心，同时掌握 DL/T 5352—2018 第 5.1 条条文说明中各个最小安全净距之间的换算关系。

（5）老版一次手册第 700 页附录 10-2-1（3）。

【2013 年上午题 4～6】 某屋外 220kV 变电站，地处海拔 1000m 以下，其高压配电装置的变压器进线间隔断面图如下图所示。

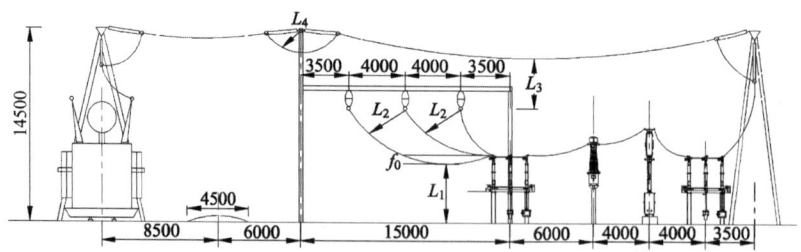

▶▶ 第 3 题 [净距判断] 4. 上图为变电站高压配电装置断面图，请判断下列对安全距离的表述中，哪项不满足规程要求，并说明判断依据的有关条文。　　　　（　　）

（A）母线至隔离开关引下线对地面的净距 $L_1 \geq 4300$mm

（B）母线至隔离开关引下线对邻相母线的净距 $L_2 \geq 2000$mm

（C）进线跨带电作业时，上跨导线对主母线的垂直距离 $L_3 \geq 2550$mm

(D)跳线弧垂 $L_4 \geqslant 1700$mm

【答案及解答】D

由 DL/T 5352—2018 表 5.1.2-1 和图 5.1.2-1～图 5.1.2-3 可知,图中 L_1、L_2、L_3 分别对应 C、A_2、B_1。

由新版变电手册第 267 页右下内容可知,D 选项跳线弧垂对应 A_1 值,1800mm,$L_4 \geqslant$ 1700mm 错误。

所以选 D。

【考点说明】

跳线弧垂应为 A_1 值,成为历年考题的常见坑点,读者应重点掌握。(老版一次手册第 700 页右下内容)。

【2011 年下午题 11～15】 某 125MW 火电机组低压厂用变压器回路从 6kV 厂用工作段母线引接,该母线短路电流周期分量起始值 28kA。低压厂用变压器为油浸自冷式三相变压器,参数为:S_e=1000kVA,U_e=6.3/0.4kV,阻抗电压 U_d=4.5%,接线组别 Dyn11,额定负载的短路损耗 P_d=10kW。QF1 为 6kV 真空断路器,开断时间为 60ms;QF2 为 0.4kV 空气断路器。该变压器高压侧至 6kV 开关柜用电缆连接;低压侧 0.4kV 至开关柜用硬导体连接,该段硬导体每相阻抗为 Z_m=(0.15+j0.4) mΩ;中性点直接接地。低压厂用变压器设主保护和后备保护,主保护动作时间为 20ms,后备保护动作时间为 300ms。低压厂用变压器回路接线及布置见下图,请解答下列各小题(计算题按最接近数值选项)。

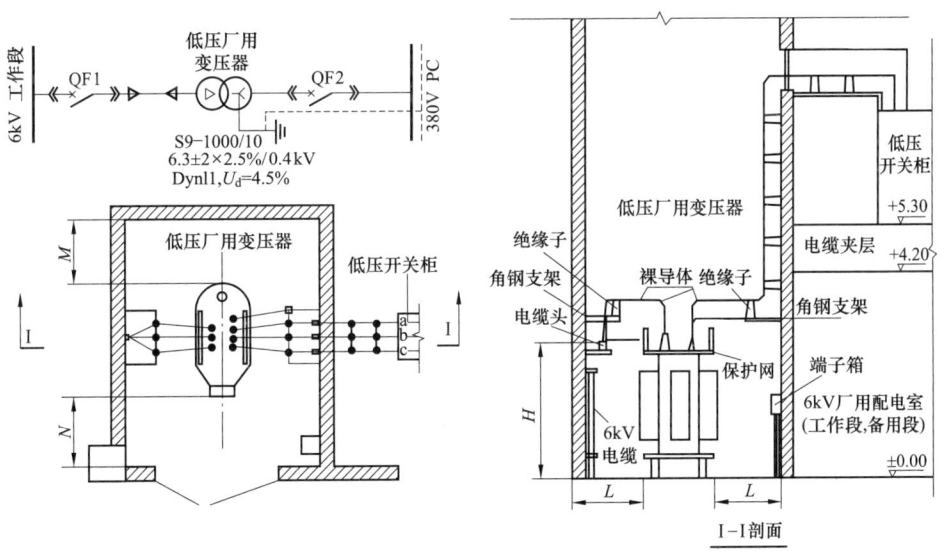

▶▶ 第 4 题 [净距判断] 15. 请根据变压器布置图,在下列选项中选出正确的 H、L、M、N 值,并说明理由。( )

(A)$H \geqslant 2500$mm,$L \geqslant 600$mm,$M \geqslant 600$mm,$N \geqslant 800$mm

(B)$H \geqslant 2300$mm,$L \geqslant 600$mm,$M \geqslant 600$mm,$N \geqslant 800$mm

(C)$H \geqslant 2300$mm,$L \geqslant 800$mm,$M \geqslant 800$mm,$N \geqslant 1000$mm

(D)$H \geqslant 1900$mm,$L \geqslant 800$mm,$M \geqslant 1000$mm,$N \geqslant 1200$mm

【答案及解答】A

由 DL/T 5352—2018 第 5.4.5 条及表 5.4.5 可知，L、M 为变压器与后壁、侧壁之间最小净距，应不小于 600mm，N 为变压器与门之间最小净距，应不小于 800mm。

又根据第 5.1.4 条及表 5.1.4 可知，H 为无遮拦裸导体至地面之间最小安全净距，应不小于 2500mm，所以选 A。

【注释】

本题应注意：对于就地检修的室内油浸变压器，室内高度可按吊芯所需的最小高度再加 700mm，宽度可按变压器两侧各加 800mm 确定。

【2012 年上午题 10～14】 某发电厂装有 2 台 300MW 机组，经主变压器升压至 220kV 接入系统。220kV 屋外配电装置母线采用支持式管型母线，为双母线接线分相中型布置，母线采用 ϕ120/110 铝锰合金管，母联间隔跨线采用架空软导线。

▶▶ 第 5 题 [净距判断] 14. 出线隔离开关采用双柱型，母线隔离开关为剪刀型，下面列出的配电装置的最小安全净距中，哪一条是错误的？并说明理由。　　　　　（　　）

（A）无遮拦架空线对被穿越的房屋屋面间 4300mm

（B）出线隔离开关断口间 2000mm

（C）母线隔离开关动静触头间 2000mm

（D）围墙与带电体间 3800mm

【答案及解答】C

由 DL/T 5352—2018 第 4.3.3 条可知，母线隔离开关动静触头间应不小于 B_1 值。

由表 5.1.2-1 查得，220kV 的 B_1 值为 2550mm，因此 C 项描述错误，故选 C。

【考点说明】

本题考点为规范特殊要求点。由 DL/T 5352—2018 第 4.3.3 条可知，单柱垂直开启式隔离开关在分闸状态下，动静触头间的最小电气距离不应小于配电装置的最小安全净距 B_1 值。如果不注意该条文，只看表 5.1.2-1，很容易把该值错误定成 2000mm。

【2018 年下午题 4～7】 某电厂的海拔为 1300m，厂内 220kV 配电装置的电气主接线为双母线接线，220kV 配电装置采用屋外敞开式布置，220kV 设备的短路电流水平为 50kA，其主变压器进线部分断面见下图。厂内 220kV 配电装置的最小安全净距：A_1 值为 1850mm，A_2 值为 2060mm。请分析计算并解答下列各小题。

▶▶ 第 6 题 [净距判断] 4. 判断下列关于上图中最小安全距离的表述中哪项是错误的？并说明理由。　　　　　（　　）

（A）带电导体至接地开关之间的最小安全净距 L_2 应不小于 1850mm

（B）设备运输时，其外廓至断路器带电部分之间的最小安全距离 L_3 应不小于 2600mm

（C）断路器与隔离开关连接导线至地面之间的最小安全距离 L_4 应不小于 4300mm

（D）主变进线与Ⅱ组母线之间的最小安全距离 L_5 应不小于 2600mm

【答案及解答】C

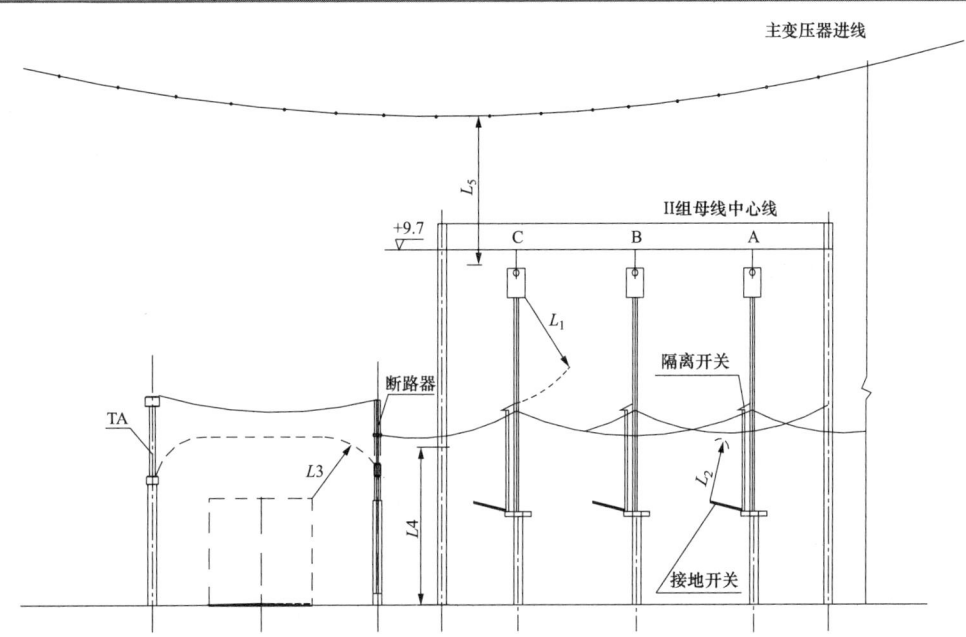

依据 DL/T 5352—2018 第 5.1.2 条及条文说明：
A 选项：L_2 为 A_1 值，不小于 1850mm，正确；
B 选项：L_3 为 B_1 值，不小于 1850+750=2600mm，正确；
C 选项：L_4 为 C 值，不小于 1850+2500=4350mm，错误；
D 选项：L_5 为 B_1 值，不小于 1850+750=2600mm，正确；
所以选 C。

【2019 年上午题 7~11】 某电厂的海拔为 1350m，厂内 330kV 配电装置的电气主接线为双母线接线，330kV 配电装置采用屋外敞开式中型布置，主母线和主变压器进线均采用双分裂铝钢扩径空芯导线（导线分裂间距 400mm），330kV 设备的短路电流水平为 50kA（2s），厂内 330kV 配电装置的最小安全净距 A_1 值为 2650mm，A_2 值为 2950mm。请分析计算并解答下列各小题。（厂内 330kV 配电装置间隔断面示意图见下图）

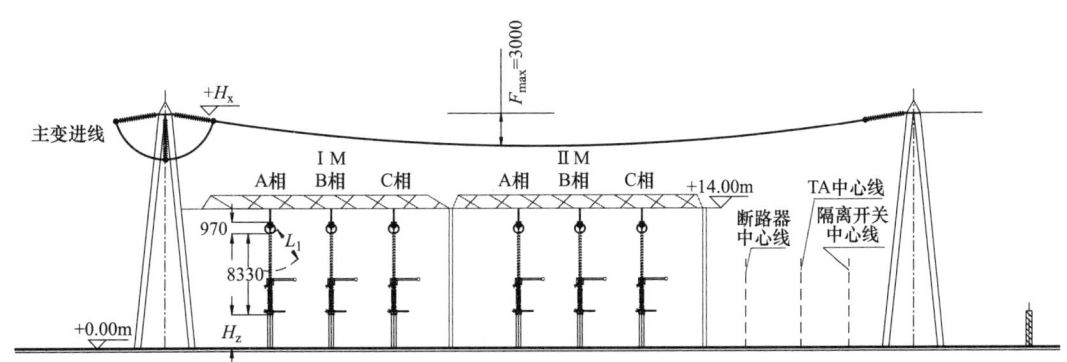

▶▶ **第 7 题 [净距判断]** 7. 请判断图中所示安全距离"L_1"应不得小于下列哪项值？并说明理由。　　　　　　　　　　　　　　　　　　　　　　　　　　（　　）

(A) 2650mm　　　　　　　　　(B) 2950mm
(C) 3250mm　　　　　　　　　(D) 3400mm

【答案及解答】 D

依据《高压配电装置设计规范》(DL/T 5352—2018) 第 5.1.2 条、表 5.1.2-1、图 5.1.2-3 及条文说明可知，图中 L_1 为 B_1 值，故 $L_1=A_1+750=2650+750=3400$（mm），所以选 D。

【注释】

本题海拔为 1350m，大于 1000m，所以不能直接查《高压配电装置设计规范》(DL/T 5352—2018) 表 5.1.2-1，高海拔区域的安全净距可查 DL/T 5352—2018 表 A.0.1，但本题直接给出了 A_1 值 2650，所以可以直接根据题意作答。

【2021 年下午题 4~6】 某发电厂两台机组均以发电机-变压器组单元接线接入厂内 220kV 屋外敞开式配电装置，220kV 采用双母线接线，设两回出线，厂址海拔高度 1800m，周边为山区。请分析计算并解答下列各小题。

▶▶ **第 8 题 [净距判断]** 4. 发电机变压器出线局部断面见下图，带电安全净距校验标注时，a 和 b 的最小值应为下列哪个选项？

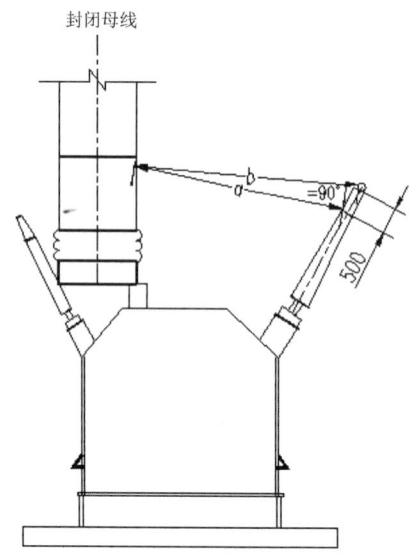

(A) 1729mm，1800mm　　　　(B) 1895mm，1960mm
(C) 1960mm，1960mm　　　　(D) 2107mm，2166mm

【答案及解答】 C

依题意，图中 a、b 值均为 A_1 值，由 DL/T 5352—2018 续表 A.0.1 可得，海拔 1800m 的 220J 系统，A_1 值为 1960mm，所以选 C。

【2022 年下午题 19~22】 某电厂发电机组通过主变接入 220kV 系统。其 220kV 配电装置采用双母线接线，且采用屋外敞开式中型布置，主母线和主变进线均采用双分裂导线。220kV 设备的短路电流水平为 50kA（2s），请分析计算并解答下列各题。

▶▶ **第 9 题 [净距判断]** 19. 该电厂的海拔为 1850m，220kV 配电装置的主变进线间隔的

断面图如下图所示,勤工判断下图中所示的安全距离"L1"和"L2"应分别不得小于下列哪项数值,并说明理由。( )

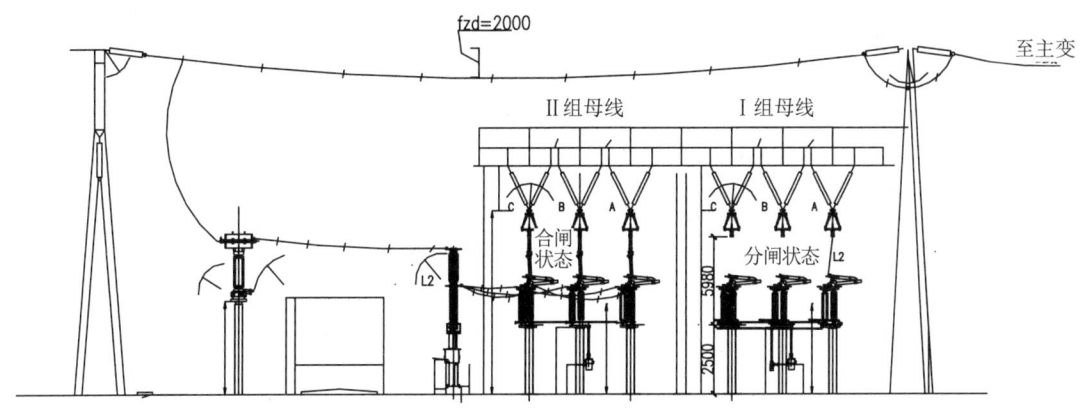

(A) 1980mm 2200mm
(B) 2200mm 1800mm
(C) 2550mm 1800mm
(D) 2730mm 2200mm

【答案及解答】D

由 DL/T 5352—2018 第 4.3.3 条可知,L1 为垂直开启式隔离开关,分闸状态下动静触头间的最小电气距离不小于 B_1 值。

又由该规范附录 A 及表 5.1.2-1 可得,1850m 处 A_1 值修正为 1980mm,则 B_1 值为 1980+750=2730mm。L2 为断路器和隔离开关断口两侧的引线之间的距离,应按 A_2 值校验:A_2=1980/1800×2000=2200mm。综上所述选 D。

【2022 年下午题 19~22】 某电厂发电机组通过主变接入 220kV 系统。其 220kV 配电装置采用双母线接线,且采用屋外敞开式中型布置,主母线和主变进线均采用双分裂导线。220kV 设备的短路电流水平为 50kA(2s),请分析计算并解答下列各题。

▶▶ 第 10 题[净距判断] 20. 该电厂的海拔为 1850m,220kV 配电装置母线高度为 10.5m,母线隔离开关支架高度为 2.5m,母线隔离开关本体(接线端子距支架顶)高度为 2.8m。要满足在不同气象条件下的各种状态下,母线引下线与邻相母线之间的净距不小于 A_2 值,试计算确定母线隔离开关端子以下的引下线弧垂 fm(下图中所示)不应大于下列哪项数值?( )

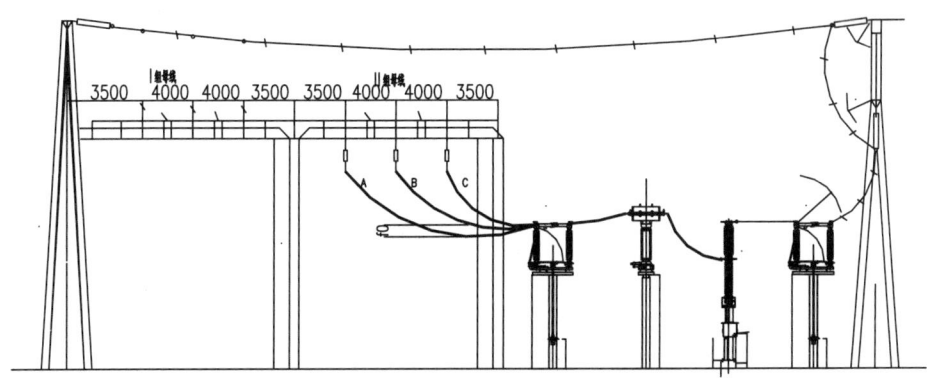

(A) 600mm　　　　　　　　(B) 820mm
(C) 1000mm　　　　　　　 (D) 2000mm

【答案及解答】 B

由 DL/T 5352—2018，附录 A 及表 5.1.2-1 可知，裸导线至地面为 C 值；1850m 处 A1 值修正为 1980mm，则 $C = 1980+2500 = 4480$ mm，弧垂 $f = 2500+2800-4480 = 820$（mm），所以选 B。

【2022 年补考下午题 16~20】 某 220kV 变电站拟选用两台同容量的站用变压器，已知站用负荷分布见下表，请分析计算并解答下列问题。

序号	名称	额定容量（kW）
1	变压器强油风冷装置	30
2	变压器有载调压装置	5
3	配电装置动力电源	80
4	检修电源	50
5	充电装置	50
6	UPS 电源	15
7	通风机、事故通风机	20
8	通信电源	30
9	监控系统	40
10	变压器水喷雾装置	100
11	雨水泵	30
12	配装置加热	40
13	空调	40
14	户外照明	30
15	户内照明	30

▶▶ 第 11 题 [净距判断] 20. 该变电站低压配电屏室的平、断面图，下列哪一张图示尺寸是符合要求的？（配电屏采用抽屉式）并请说明理由。　　　　（　　）

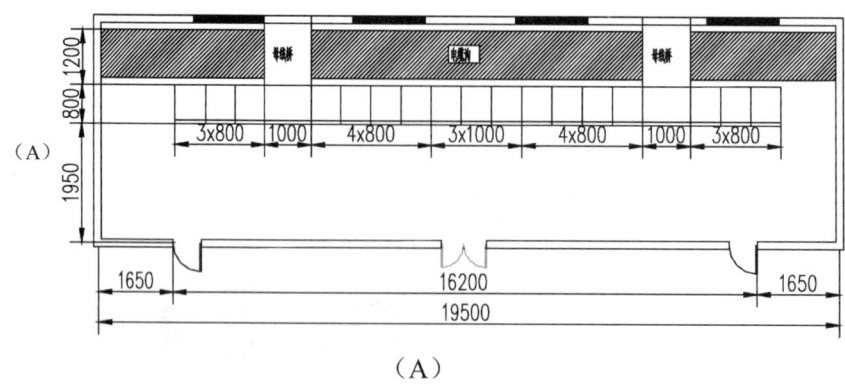

(A)

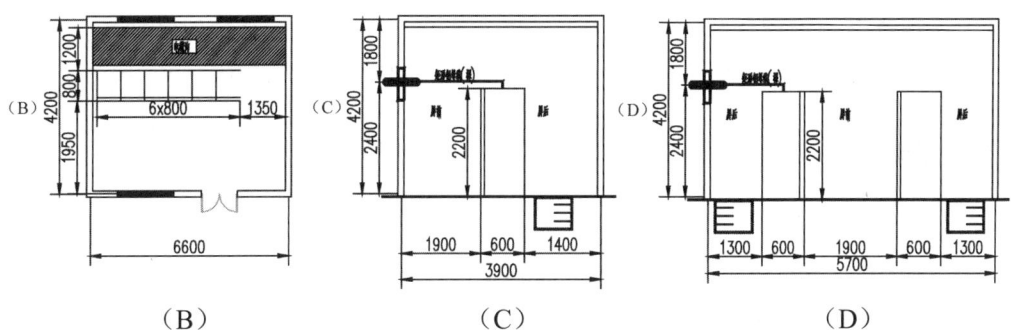

【答案及解答】 A

排除法，由 DL/T 5155—2016（抽屉柜）；B、D 不满足表 7.3.1，C、D 不满足该规范第 7.3.5 条文说明，所以选 A。

【2024 年下午题 5~8】 某新建的 330kV 变电站，海拔为 3000m，变电站的 330kV 配电装置的电气主接线为一个半断路器接线，330kV 母线采用 $\phi250/230$ 悬吊管型母线。

请分析计算并解答下列各小题。

▶▶ 第 12 题 [净距判断] 5. 请分析计算本变电站 330kV 配电装置的安全净距中，下列哪项是错误的？ ( )

(A) A_1 为 3450mm (B) A_2 为 3750mm
(C) D 为 5450mm (D) C 为 5950mm

【答案及解答】 B

依据《高压配电装置设计规范》(DL/T 5352—2018) 附录 A 表 A.0.1 可知，3000m 海拔 A_1 值为 3450mm，

由该规范表 5.1.2-1 中的公式可知，$D=3450+2000=5450$（mm），$C=3450+2500=5950$（mm），

再由附录 A 图 A 下方小注内容，可得 $A_2=3450/2500 \times 2800=3864$（mm）

所以选 B。

【考点说明】

考点 3 海拔修正

【2011 年上午题 11~15】 某发电厂（或变电站）的 220kV 配电装置，地处海拔 3000m，盐密 0.18mg/cm^2，采用户外敞开式中型布置，构架高度为 20m，220kV 采用无间隙金属氧化物避雷器和避雷针作为雷电过电压保护。请回答下列各题。（计算保留两位小数）

▶▶ 第 13 题 [海拔修正] 11. 请计算该 220kV 配电装置无遮拦裸导体至地面之间的距离应为下列哪项数值？ ( )

(A) 4300mm (B) 4680mm
(C) 5125mm (D) 5375mm

【答案及解答】 B

依题意，所求值为 C 值，由 DL/T 5352—2018 表 5.1.2-1 可知，220J 系统的 A_1' 值为 1800mm，C 值为 4300mm。

又由该规范附录 A 图 A.0.1 或表 A.0.1 可知，海拔 3000m 的 A_1 值为 2180mm，可得
$$C' = C + (A_1' - A_1) = 4300 + 2180 - 1800 = 4680 \text{ (mm)}$$
所以选 B。

【考点说明】

本题也可以利用 $C' = A_1' + 2500$ 的关系解答。

【注释】

（1）安全净距，其绝缘本质就是空气。DL/T 5352—2018 表 5.1.2 和表 5.1.4 所列各值是在海拔 1000m 时的数据，对海拔低于 1000m 也适用，但是随着海拔上升，地球引力变小，分子间引力变小，间距增大，密度降低，导致击穿电压降低，为了保证海拔高于 1000m 的地区安全净距能满足要求，就必须对表 5.1.2-1 和表 5.1.4 的数据进行海拔修正。根据 DL/T 5352—2018 附录要求，应按图 A.0.1 或表 A.0.1 曲线修正。图 A.0.1 曲线实际是 20 世纪我国跟苏联学习后利用绝缘配合方法得到的结果，仔细观察该曲线，不难发现，35、66J 和 110J 这三根曲线近似直线，对应海拔每升高 100m 间隙增加 0.92%，为了便于计算，向上取整为 1%，这三个电压等级可以直接用这个关系计算。这也是 DL/T 5222—2021 表 12.0.9 "注"的内容由来。图中 220J、330J、550J 已经是曲线，所以必须查图计算。

（2）在 A、B、C、D、E 各值中 A_1 是基础，直接对应相电压要求的空气间隙，A_2 和 A_1 的关系类似相电压和线电压的关系，乘个系数就可相互转换，所以 A_2 值可以在 A_1 值的基础上按比例增大即可（比例修正）。其他 B_1、B_2、C、D、E 等值是在 A_1 值的基础上增加一个固定数得到的，如臂长、指长、活动范围等，这些距离是不随海拔变化的，所以这些值的修正是先修正 A_1，然后再加上这个固定数即可（差值修正），具体增加值可参考 DL/T 5352—2018 第 5.1.2 条的条文说明，各算法公式如下：

1）屋外 A_1 值修正方法：查 DL/T 5352—2018 附录 A 图 A.0.1 或表 A.0.1；屋外 A_2 值、屋内 A_1、A_2 值修正方法：按比例修正，即 $A_2' = A_2 \dfrac{A_1'}{A_1}$。

2）B、C、D、E 各值（简称非 A 值）修正方法：差值修正法，分两种算法，以 B_1 为例，算法 1：$B_1' = B_1 + A_1' - A_1$；算法 2：$B_1' = A_1' +$ 固定值，其他各非 A 值类似。

（3）以上所述内容均为安全净距的修正，考试中应以 DL/T 5352—2018 为引用标准。对于设备外绝缘的绝缘配合，如空气间隙、绝缘子的海拔修正应引用 GB/T 50064—2014、GB 311.1—2012、DL/T 5582—2020、DL/T 5222—2021 等相关条款，这些条款都是采用目前比较主流的指数公式修正，具体内容请查看本书第八章过电压防护与绝缘配合相关内容。

【2014 年下午题 10～13】 某发电厂的发电机经主变压器接入屋外 220kV 升压站，主变压器布置在主厂房外，海拔 3000m，220kV 配电装置为双母线分相中型布置，母线采用支持式管形母线，间隔纵向跨线采用 LGJ-800 架空软导线，220kV 母线最大三相短路电流 38kA，最大单相短路电流 36kA。

▶▶ 第 14 题 [海拔修正] 10. 220kV 配电装置中，计算确定下列经海拔修正的安全净距值中哪项是正确的？ （ ）

(A) A_1 为 2180mm (B) A_2 为 2380mm
(C) B_1 为 3088mm (D) C 为 5208mm

【答案及解答】A

由 DL/T 5352—2018 表 5.1.2-1、第 5.1 条条文说明及附录 A 图 A.0.1 或表 A.0.1 可得，海拔 3000m 处各安全净距分别为

A_1=2180mm

A_2=（2180/1800）×2000=2422.2（mm）

B_1=2180+750=2930（mm）

C=2180+2300+200=4680（mm）

只有 A 选项符合要求，所以选 A。

【考点说明】

本题使用"A_1+固定值"计算法，供读者参考。该方法注意 500kV 的 C 值属于特殊情况，应注意比较。应考时推荐采用上一题的"差值修正法"。

【2014 年下午题 20～25 题】 布置在海拔 1500m 地区的某电厂 330kV 升压变电站，采用双母线接线，其主变压器进线断面如下图所示。已知升压变电站内采用标称放电电流 10kA 下，操作冲击残压峰值为 618kV、雷电冲击残压峰值为 727kV 的避雷器作绝缘配合，其海拔空气修正系数为 1.13。

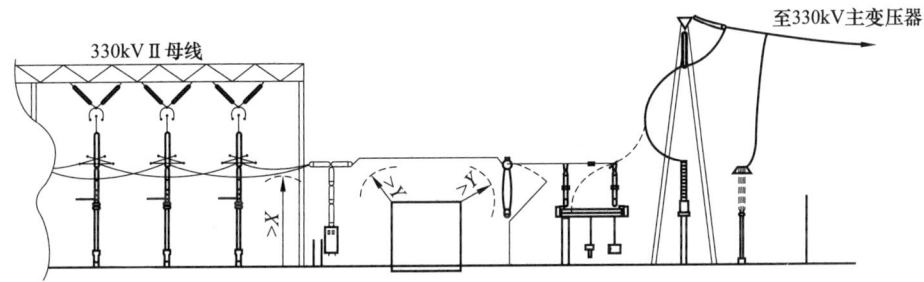

▶▶ 第 15 题［海拔修正］23. 假设配电装置中导体与构架之间的最小空气间隙值（按高海拔修正后）为 2.7m，图中导体至地面之间的最小距离 X 应为下列哪项数值？ （ ）

（A）5.2m （B）5.0m

（C）4.5m （D）4.3m

【答案及解答】A

由 DL/T 5352—2018 图 5.1.2-3 可知，题设所求 X 值为 C 值。

由 DL/T 5352—2018 表 5.1.2-1 可得，海拔 1000m 及以下地区 A_1=2.5m，C=5m。

依题意，高海拔修正后，A_1=2.7m，所以海拔修正后 C'=5+（2.7−2.5）=5.2（m）。

所以选 A。

▶▶ 第 16 题［海拔修正］24. 假设配电装置中导体与构架之间的最小空气间隙值（按高海拔修正后）为 2.7m，图中设备搬运时，其设备外廓至导体之间的最小距离 Y 应为下列何值？

（ ）

（A）2.60m （B）3.25m

（C）3.45m （D）4.50m

【答案及解答】C

由 DL/T 5352—2018 图 5.1.2-3 可知，题设所求 Y 值为 B_1 值。

由 DL/T 5352—2018 表 5.1.2-1 可得，海拔 1000m 及以下地区 A_1=2.5m，B_1=3.25m；依题意，高海拔修正后，A_1'=2.7m。

所以海拔修正后 B_1'=3.25+（2.7−2.5）=3.45（m），所以选 C。

【2009 年上午题 6～10】 某屋外 220kV 变电站，海拔 1000m 以下。请回答下列问题。

▶▶ 第 17 题 [海拔修正] 8. 若地处高海拔，修正后 A_1 值为 2000mm，则母线至隔离开关引下线对地面的距离 L_1 值应为下列哪项数值？ （　）

（A）4500mm　　　　　　　　　　（B）4300mm

（C）4100mm　　　　　　　　　　（D）3800mm

【答案及解答】A

由 DL/T 5352—2018 图 5.1.2-3 可知，L_1 为无遮拦裸导体至地面之间距离，即 C 值。
又由该规范表 5.1.2-1 可知，220J 系统 A_1 值为 1800mm，修正后 A_1'=2000mm。
则修正后 L_1' 为 4300+2000−1800=4500（mm）。
所以选 A。

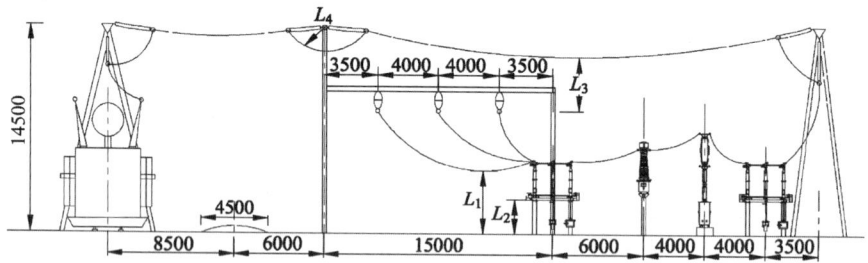

【考点说明】

根据 DL/T 5352—2018 第 5.1 条条文说明，已知 A_1 值为 2000mm，L_1=C，由 C=A_1+2300+200 可得：L_1'=A_1'+2300+200=2000+2300+200=4500（mm）。

【2014 年上午题 11～15】 某风电场地处海拔 1000m 以下，升压站的 220kV 主接线采用单母线接线。两台主变压器容量均为 80MVA，主变压器短路阻抗 13%。220kV 配电装置采用屋外敞开式布置。（本题配图略）

▶▶ 第 18 题 [海拔修正] 15. 假设该风电场迁至海拔 3600m 处，改用 220kV 户外 GIS，三相套管在同一高程，请校核 GIS 出线套管之间最小水平净距应取下列哪项数值？ （　）

（A）2206.8mm　　　　　　　　　　（B）2406.8mm

（C）2280mm　　　　　　　　　　（D）2534mm

【答案及解答】D

依题意，所求净距为 A_2 值，由 DL/T 5352—2018 表 5.1.2-1 可知，220J 系统，A_1=1800mm，A_2=2000mm。

又由该规范附录 A 图 A.0.1 可得，海拔 3600m 处，A_1'=2280mm，可得

$$A_2' = A_2 \frac{A_1'}{A_1} = 2000 \times \frac{2280}{1800} = 2533.3 \text{（mm）}$$

【2014年上午题1~5】 一座远离发电厂与无穷大系统连接的变电站（配图省略）。变电站位于海拔2000m处，变电站设有两台31500kVA（有1.3倍过负荷能力）、110/10kV主变压器。正常运行时电源3与电源1在110kV I 号母线并网运行，110、10kV 母线分裂运行，当一段母线失去电源时，分段断路器投入运行。电源3向d1点提供的最大三相短路电流为4kA，电源1向d2点提供的最大三相短路电流为3kA，电源2向d3点提供的最大三相短路电流为5kA。

110kV 电源线路主保护均为光纤纵差保护，保护动作时间为0s。架空线路、电缆线路两侧的后备保护均为方向过电流保护，方向指向线路的动作时间为2s，方向指向110kV 母线的动作时间为2.5s。主变压器配置的差动保护动作时间为0.1s。高压侧过电流保护动作时间为1.5s。110kV 断路器全分闸时间为50ms。

▶▶ 第19题 [海拔修正] 4. 该变电站的10kV 配电装置采用户内开关柜，请计算确定10kV 开关柜内部不同相导体之间净距应为下列哪项数值？ （　　）

(A) 125mm (B) 126.25mm
(C) 137.5mm (D) 300mm

【答案及解答】C

由 DL/T 5222—2021 表 12.0.9 及注可得，不同相导体直接净距为

$$125 \times \left(1 + \frac{2000-1000}{100} \times \frac{1}{100}\right) = 137.5 \text{ (mm)}$$

【2022年补考下午题1~3】 某风电场安装了100台风力发电机组，每台发电机组额定功率2000kW，发电机可在功率因数容性0.95～感性0.95范围内可靠运行。该风电场升压站地处海拔3200m地区，一回220kV 架空线路将风机所发电能送入40km 外的电力系统，220kV侧为单母线接线，配置了两台主变压器，主变压器低压侧各自连接60回集电线路(即各自连接着50台风机。

请分析计算解答下列问题。

▶▶ 第20题 [海拔修正] 1. 220kV 配电装置采用 GIS，该设备布置在屋外，三相套管在同一高度，套管端接板宽100mm，请校核 GIS 出线套管之间（套管中心线）最小净距（水平间距）为下列哪项数值？ （　　）

(A) 2200mm (B) 2299.6mm
(C) 2400mm (D) 2544mm

【答案及解答】D

由 DL/T 5352—2018 表 5.1.2-1，第 A.0.1 条，可得

$A'_2 = A_2 \times \dfrac{A'_1}{A_1} = 2000 \times \dfrac{2220}{1800} = 2467 \text{(mm)}$，套管中心间距 2467+100=2567（mm）

【2023年上午题10~12】 某西南地区火力发电厂220kV 升压站，海拔高度1400m，设有2回主变压器进线、1回高压启备变进线以及3回220kV线路出线，双母线接线，设母

联断路器；220kV 升压站采用户外分相中型布置，主母线采用支持式管形母线，管母相间距离 3m，架空进出线间隔宽度 14m，不预留备用间隔，其中主变压器进线间隔断面图见下图 1，请分析计算并解答下到各小题。

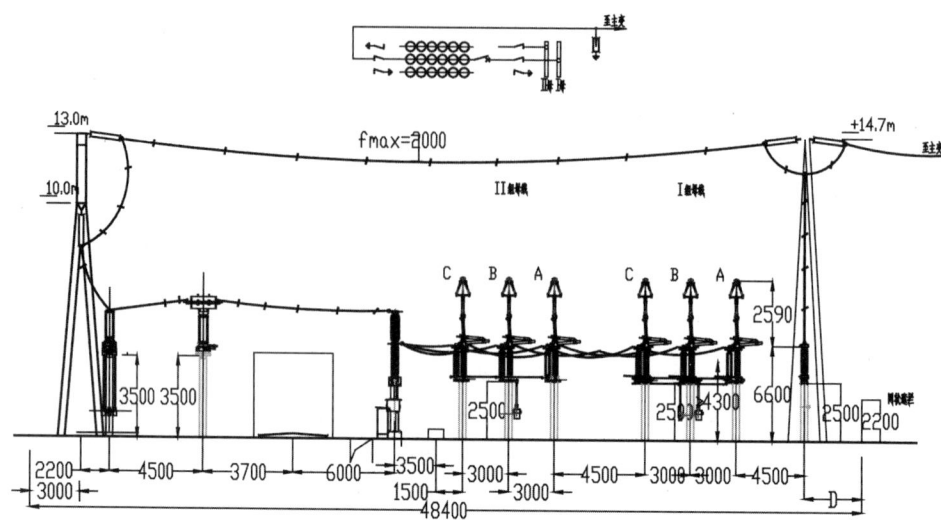

图 1　220kV 升压站主变压器进线间隔断面图（单位：mm）

▶▶ **第 21 题**［海拔修正］11. 图 1 主变压器进线间隔断面图中，若进线避雷器的外径为 320mm，网状遮拦厚度为 100mm，靠近主变侧的网状遮拦中心线与进线避雷器中心线之间的水平距离 D（见图 1 尺寸标注中的"D"）的最小值宜为下列哪项数值？　　（　　）

(A) 1900mm　　　　　　　　(B) 1980mm
(C) 2190mm　　　　　　　　(D) 2400mm

【答案及解答】C

依据 DL/T 5352—2018，表 5.1.2-1，附录 A 表 A.0.1 可知题干所求净距应按 B_2 值校验；查该规范表 5.1.2-1 可得海拔 1000m、$A_1=1800$mm，又有该规范表 A.0.1 可知海拔 1400m、$A_1'=1880$mm；又由该规范表 5.1.2-1 备注，可得 $B_2=A_1'+70+30=1880+70+30=1980$(mm)；则网状遮拦与避雷器的中心距 $D=1980+100/2+320/2=2190$(mm)。

【考点说明】

本题属于配电装置常规考点，坑点在于题目问的是中性线之间的距离，要加上避雷器半径的一半和网状遮拦厚度的一半，否则会错选 B；中性线距离也是常规坑点需要注意掌握。

考点 4　绝缘子弧垂计算

【2017 年下午题 5～8】　某风电场 220kV 配电装置地处海拔 1000m 以下，采用双母线接线，配电装置为屋外中型布置的敞开式设备，接地开关布置在 220kV 母线的两端，两组 220kV 主母线的断面布置情况如左图所示（略），母线相间距 $d=4$m，两组母线平行布置，其间距 $D=5$m。

▶▶ **第 22 题**［绝缘子弧垂计算］7. 主变压器进线跨两端是等高吊点，跨度 33m，导线采用

LGJ–300/70。在外过电压和风偏（v=10m/s）条件下校验架构导线相间距时，主变压器进线跨绝缘子串的弧垂应为下列哪项数值？计算条件为：无冰有风时导线单位荷重（v=10m/s），Q_6=1.415kgf/m；耐张绝缘子串采用 16×（XWP2–7），耐张绝缘子串水平投影长度为 2.75m，该跨计算用弧垂 f=2m，无冰有风时绝缘子串单位荷重（v=10m/s），Q_6=31.3kgf/m。（　　）

(A) 0.534m
(B) 1.04m
(C) 1.124m
(D) 1.656m

【答案及解答】C

由新版一次手册第 413 页式（10-15）、式（10-17）、式（10-18），可得

$$e = 2 \times \left[\frac{33-(33-2\times 2.75)}{33-2\times 2.75}\right] + \frac{31.5}{1.415} \times \left[\frac{33-(33-2\times 2.75)}{33-2\times 2.75}\right]^2 = 1.285$$

$$f_1 = 2 \times \frac{1.285}{1+1.285} = 1.124 \text{ (m)}$$

【考点说明】

(1) 计算导线投影长度时应注意两侧均有绝缘子串。一串单联单导线绝缘子串长度近 3m，水平投影长度 2.75m 是一串的。

(2) 导线相间距离的确定，按三相导线不同步摇摆计算，并且考虑绝缘子串的摇摆。在导线相间摇摆时，相间距离满足相应过电压的间距要求。

(3) 老版一次手册第 700 页式（附 10-8）、式（附 10-10）、式（附 10-11）。

考点 5　跳线最大弧垂计算

【2012 年上午题 10～14】　某发电厂装有两台 300MW 机组，经主变压器升压至 220kV 接入系统。220kV 屋外配电装置母线采用支持式管型母线，为双母线接线分相中型布置，母线采用 ϕ120/110 铝锰合金管，母联间隔跨线采用架空软导线。

▶▶ 第 23 题 [跳线弧垂] 10. 母联间隔有一跨跳线，请计算跳线的最大摇摆弧垂的推荐值是下列哪项数值？（导线悬挂点至梁底 b 为 20cm，最大风偏时耐张线夹至绝缘子串悬挂点的垂直距离 f 为 65cm，最大风偏时的跳线与垂直线之间夹角为 45°，跳线在无风时的垂直弧垂 F 为 180cm），详见下图。（　　）

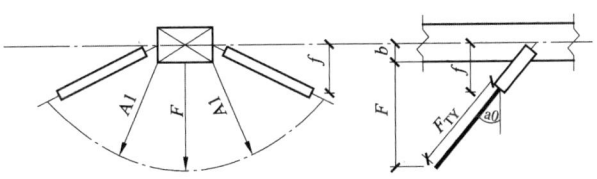

(A) 135cm
(B) 148.5cm
(C) 190.9cm
(D) 210cm

【答案及解答】D

由新版一次手册第 413 页式（10-27）、第 414 页式（10-31），可得

$$f_{TY} = \frac{F+b-f}{\cos\alpha_0} = \frac{180+20-65}{\cos 45°} = 190.92 \text{ (cm)}$$

跳线的摇摆弧垂推荐值为

$$F_{TY} = 1.1 f_{TY} = 1.1 \times 190.92 = 210 \text{ (cm)}$$

【考点说明】

(1) 本题从几何角度可以算出 C 选项，但没有 1.1 的系数修正是错误的，所以对规范、手册中的修正系数应特别注意。

(2) 老版一次手册第 701 页式（附 10-20）、式（附 10-24）。

【2022 年下午题 19~22】 某电厂发电机组通过主变接入 220kV 系统。其 220kV 配电装置采用双母线接线，且采用屋外敞开式中型布置，主母线和主变进线均采用双分裂导线。220kV 设备的短路电流水平为 50kA（2s），请分析计算并解答下列各题。

▶▶ 第 24 题[跳线弧垂] 21. 若该电厂海拔为 1000m 以下，设备绝缘为标准绝缘，220kV 配电装置的主变间隔有一跨跳线，详见下图。

假定条件：最大设计风速为 30m/s，导线悬挂点至梁底 b 为 20cm，所有风速时绝缘子串悬挂点至绝缘子串端部耐张线夹的垂直距离 f 均为 65cm，最大设计风速时跳线单位长度所受的风压为 2.906kgf/m，跳线单位长度自重为 3.712kg/m。请按上述假定条件计算跳线摇摆弧垂的推荐值为下列哪项值？ （ ）

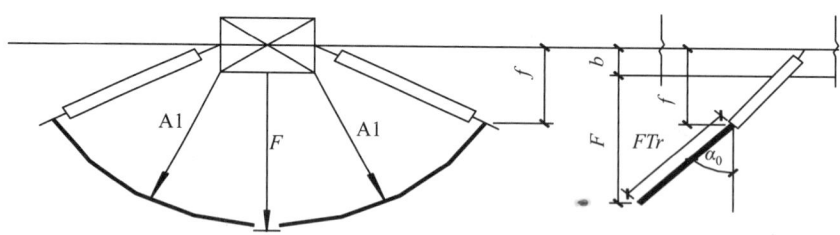

(A) 1.35m (B) 1.49m
(C) 1.62m (D) 1.80m

【答案及解答】 C

由老版一次手册第 701 页式（附 10-20）～式（附 10-24）及依据 DL/T 5352—2018 中表 5.1.2-1，跳线在无风时的垂直弧垂 f'_T 不应小于 A1 值，即 180cm。

$$\alpha_0 = \beta \text{tg}^{-1} \frac{0.1 q_4}{q_1} = 0.64 \times \text{tg} \frac{0.1 \times 2.906 \times 9.8}{3.712} = 24°$$

$$f_{TY} = \frac{f'_T + b - f_j}{\cos \alpha_0} = \frac{180 + 20 - 65}{\cos 24°} = 147.78 \text{cm}$$

则由式（附 10-24）跳线摇摆弧垂推荐值 $f'_{TY} = 1.1 f_{TY} = 1.1 \times 147.78 \text{cm} = 162.5 \text{(cm)}$，故选 C。

考点 6　母线引下线最大弧垂计算

【2013 年上午题 4~6】 某屋外 220kV 变电站，地处海拔 1000m 以下，其高压配电装置的变压器进线间隔断面图如下图所示。

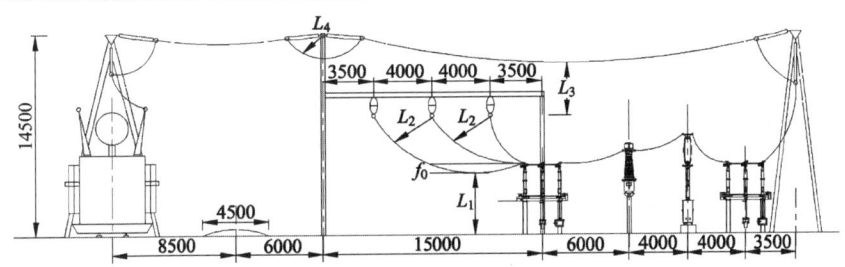

▶▶ **第 25 题 [母线引下线最大弧垂计算]** 5．该变电站母线高度为 10.5m，母线隔离开关支架高度 2.5m，母线隔离开关本体（接线端子距支架顶）高度 2.8m。要满足在不同气象条件下的各种状态下，母线引下线与相邻母线之间的净距均不小于 A_2 值，试计算确定母线隔离开关端子以下的引下线弧垂 f_0 不应大于下列哪一数值？　　　　　　　　　　（　　）

(A) 1.8m
(B) 1.5m
(C) 1.2m
(D) 1m

【答案及解答】 D

由新版变电手册第 270 页式（8-54），可得

$$H_z + H_g - f_0 \geqslant C$$

又由 DL/T 5352—2018 表 5.1.2-1 可知 220J 系统 C 值为 4.3m，结合题意可得

$$f_0 \leqslant H_z + H_g - C = 2.5 + 2.8 - 4.3 = 1 \text{ (m)}$$

所以选 D。

【考点说明】

老版一次手册第 703 页式（附 10-46）。

【注释】

（1）变电站的构架负责支撑导线进出变电站的功能，是变电站的重要组成部分，构架设计也是变电站设计的重要一环。变电站的构架从材质上分为水泥和钢结构，从形式上分为门型和 π 型，从功能上分为进出线构架和母线构架。

（2）变电站构架受力主要包括风力及导线拉力，导线拉力包括出线间隔输电线路的导线拉力以及变电站内进线及母线的拉力。输电线路的导线拉力由线路电气专业提供，变电站内进线及母线的拉力由变电一次专业计算确定。变电构架的受力主要以水平荷载为主，承受的主要水平荷载是导线及地线的张力，其次是风力。变电构架上的荷载主要包括导线、地线、绝缘子、金具自重等永久荷载；导线、地线、绝缘子、金具覆冰重量及所受风压、安装检修时人及工具重量等可变荷载，另外还有构架自重及风压、地震荷载等。导线张力的大小与导线的挡距、弧垂、导线自重、导线覆冰厚度、引下线和导线安装检修上人荷重有关，导线弧垂又随温度的变化而变化。因此，导线型号和挡距即使相同，在不同气象条件下张力也是不同的。

（3）老版一次手册附录 10-2 屋外中型配电装置的尺寸校验，介绍了构架高度、宽度以及屋外中型配电装置纵向尺寸的计算方法，其基本原理是考虑导线受风非同期摇摆后导线对导线、导线对构架间的距离满足最小安全净距的要求，是很重要的知识点，要仔细学习并完全掌握。

考点 7　进线构架母线最大弧垂计算

【2020 年下午题 9~12】 某发电厂建设于海拔 1700m 处，以 220kV 电压等级接入电网，其 220kV 采用双母线接线，升压站 II 母用局部断面及主变进线间隔断面如下图所示，请分析并解答下列各小题。

▶▶ 第 26 题 [进线构架母线最大弧垂计算] 10. 若进线构架高度由母线进线不同时停电检修工况确定，母线进线导线均按 LGJ-500/35 考虑，进线构架边相导线下方母线弧垂为 900mm，则图 2 中弧垂计算最大允许 f_{max} 应为下列哪项？　　　　　　　　　　　　　　　　（　　）

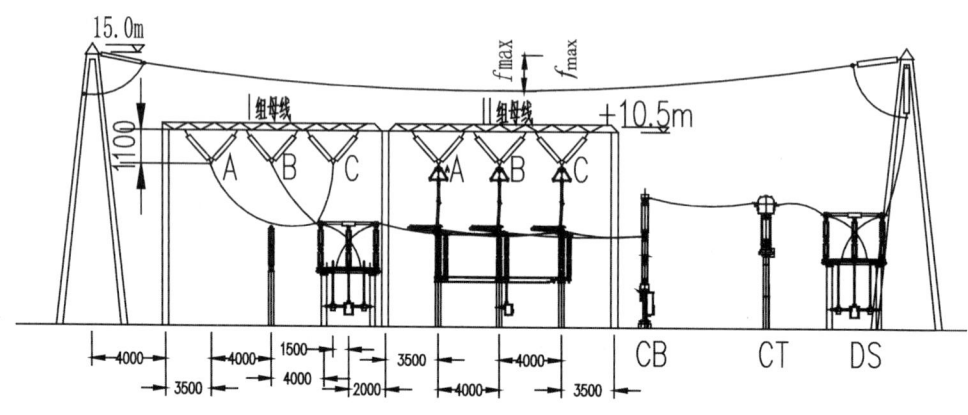

图 2　主变压器进线断面图

（A）1750mm　　　　　　　　　　　　（B）2000mm
（C）2680mm　　　　　　　　　　　　（D）2790mm

【答案及解答】C

由新版一次手册第 1006 页表 F-4，绞线外径即等于导线直径，取 30mm。

由 DL/T 5352—2018 表 5.1.2-1 附录 A 表 A.0.1 可得：

$A_1^{1700} = 1.94(m)$，可得 $B_1^{1700} = 1940 + 750 = 2690(m)$

$H_M - h_m - f_{max} + f_x - 2r = B_1^{1700} \Rightarrow f_{max} = H_M - h_m + f_x - 2r - B_1^{1700}$

$f_{max} = (15 - 10.5 + 0.9 - 2.69 - 0.03) \times 1000 = 2680(mm)$

所以选 C。

【考点说明】

（1）配电装置最小安全净距在海拔 1000m 及以下地区可直接查 DL/T 5352—2018 表 5.1.2-1、对于海拔超过 1000m 的地区，可以由该规范图 A.0.1 进行修正，对于整数海拔，也可以直接查表 A.0.1。

（2）老版一次手册第 412 页附表 8-4。

（3）新版一次手册表 F-4 的外径为 30.1mm，因该题考试年份是依据老版一次手册，故按老版一次手册参数 30mm 计算。

【2024 年下午题 5~8】 某新建的 330kV 变电站，海拔为 3000m，变电站的 330kV 配电装置的电气主接线为一个半断路器接线，330kV 母线采用 ϕ250/230 悬吊管型母线。

请分析计算并解答下列各小题。

▶▶ **第 27 题** ［进线构架母线最大弧垂计算］7. 330kV 进出线架构高度由母线不同时停电检修工况确定，间隔断面图如下图所示，进出线导线外径为 50mm，其中进出线构架高度 H_m 为 24m，母线构架对地高度 H 为 20m，悬吊管母线均压环在跨线正下方，且均压环外沿对母线构架底部垂直距离为 3.4m，管母线中心对地距离为 16.1m，则间隔断面图示意图中进出线跨线弧垂计算最大允许 f_{max} 应为下列哪项？　　　　　　　　　　（　　）

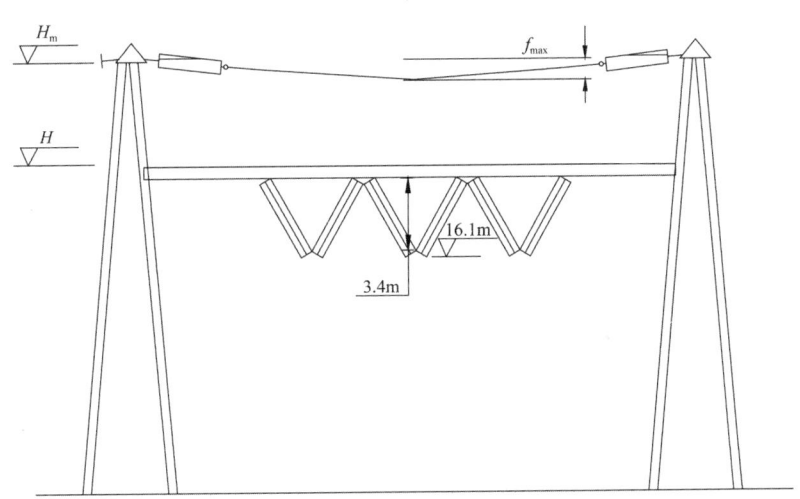

（A）3175mm　　　　　　　　　　　　（B）3550mm
（C）3675mm　　　　　　　　　　　　（D）4150mm

【答案及解答】A

依据《高压配电装置设计规范》（DL/T 5352—2018）表 5.1.2-1，交叉的不同时停电检修的带电部分应按 B_1 值校验。

又有该规范附录 A 表 A.0.1 可知，3000 米时 A_1 值为 3450，则 B_1=3450+750=4200
由题设图可知均压环外沿对地高度为 20 − 3.4 = 16.6（m）
则跨线弧垂 $f \leq 24000 − 16600 − 4200 − 50/2 = 3175$（mm）
所以选 A。

考点 8　综合速断短路法导线摇摆角计算

【2021 年下午题 4～6】　某发电厂两台机组均以发电机-变压器组单元接线接入厂内 220kV 屋外敞开式配电装置，220kV 采用双母线接线，设两回出线，厂址海拔高度 1800m，周边为山区。请分析计算并解答下列各小题。

▶▶ **第 28 题** ［导线摇摆角计算］5. 若 220kV 配电装置发电机进线间隔采用快速断路器，两相短路的暂态正序短路电流有效值为 15kA 铜芯铝绞线相间距为 4m，最大弧垂为 1.75m、单位重量为 2.06kg/m，用综合速断短路法确定的进线间隔短路时的钢芯铝绞线摇摆角为下列哪个值？（提示：求电动力与重量比值时不再进线单位换算）　　　　　　　　（　　）

（A）9.5°　　　　　　　　　　　　　　（B）20.5°
（C）28.0°　　　　　　　　　　　　　　（D）30.0°

【答案及解答】C

依题意两相短路正序分量为 15kA，总短路电流为正序与负序的矢量和，即 $15 \times \sqrt{3} = 25.98(\text{kA})$；由新版一次手册第 550 页式（10-65）可得

$$P = \frac{2.04 I_{(2)}^{"2} 10^{-1}}{d} = \frac{2.04 \times 25.98^2 \times 10^{-1}}{4} = 34.42(\text{N/m})$$

$$\frac{P}{q} = \frac{34.42}{2.06} = 16.71$$

$$t = t_c + 0.05 = 0.06 + 0.05 = 0.11(\text{s}) \qquad \frac{\sqrt{f}}{t} = \frac{\sqrt{1.7}}{0.11} = 11.85$$

又由该手册图 10-88 可得摇摆角约为 28°，所以选 C。

【考点说明】

老版一次手册第 708 页式（附 10-55）、附图 10-19。

【2023 年上午题 10~12】 某西南地区火力发电厂 220kV 升压站，海拔高度 1400m，设有 2 回主变压器进线、1 回高压启备变进线以及 3 回 220kV 线路出线，双母线接线，设母联断路器；220kV 升压站采用户外分相中型布置，主母线采用支持式管形母线，管母相间距离 3m，架空进出线间隔宽度 14m，不预留备用间隔，其中主变压器进线间隔断面图见下图 1，请分析计算并解答下到各小题。

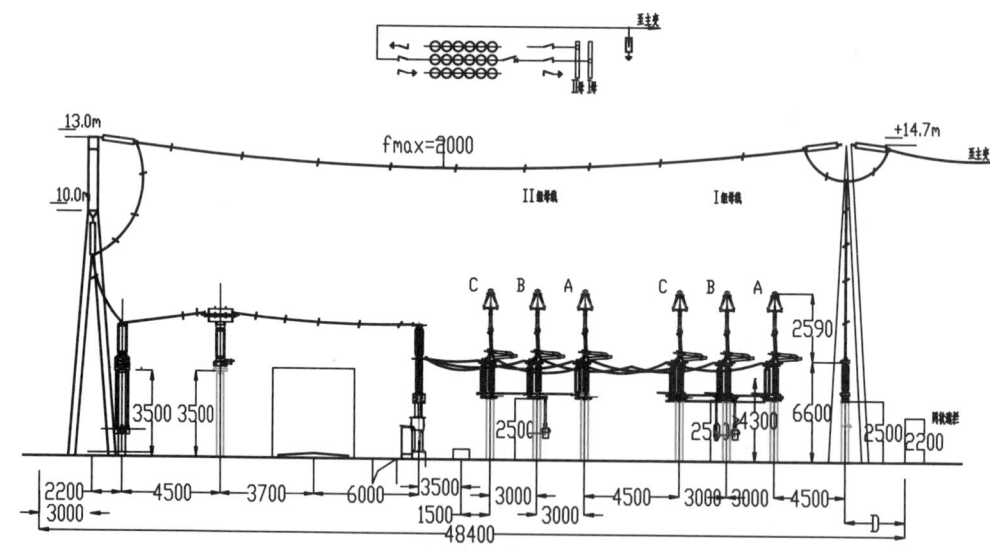

图 1 220kV 升压站主变压器进线间隔断面图（单位：mm）

▶▶ 第 29 题 [导线摇摆角计算] 10. 图 1 中主变进线回路导线采用单根 LGJQT-1400（单位质量 q=4.962kg/m），相间距离为 4250mm，最大弧垂为 2000mm，若此处发生三相短路时短路电流有效值为 40kA，速断保护等值时间 t 为 0.157s，请通过综合速断短路法计算导线摇摆的最大位移 b 值最接近下列哪项数值？ （　　）

(A) 0.32m
(B) 0.43m
(C) 0.64m
(D) 0.86m

【答案及解答】D

由老版一次手册第 708 页附录 10-3，附式（10-55）、附图 10-19 可知

$P = \dfrac{1.53 I''^2 \times 10^{-1}}{d} = \dfrac{1.53 \times 40^2 \times 10^{-1}}{4.25} = 57.6 \text{(N/m)}$，$\dfrac{\sqrt{f}}{t} = \dfrac{\sqrt{2}}{0.157} = 9.01$，$\dfrac{p}{q} = \dfrac{57.6}{4.962} = 11.61$，查附图 10-19 可得 $\dfrac{b}{f} = 0.43$，则 $b = 0.86\text{m}$。

【考点说明】

本题的关键在查图时具有一定的主观性，但本题查图值为最终答案除 2，因此可以直接根据选项确定查图值，这样效率更高。

考点9　刀闸支架高度计算

【2019 年上午题 7~11】　某电厂的海拔为 1350m，厂内 330kV 配电装置的电气主接线为双母线接线，330kV 配电装置采用屋外敞开式中型布置，主母线和主变压器进线均采用双分裂铝钢扩径空芯导线（导线分裂间距 400mm），330kV 设备的短路电流水平为 50kA（2s），厂内 330kV 配电装置的最小安全净距 A_1 值为 2650mm，A_2 值为 2950mm。请分析计算并解答下列各小题。（厂内 330kV 配电装置间隔断面示意图见下图）（本题略）

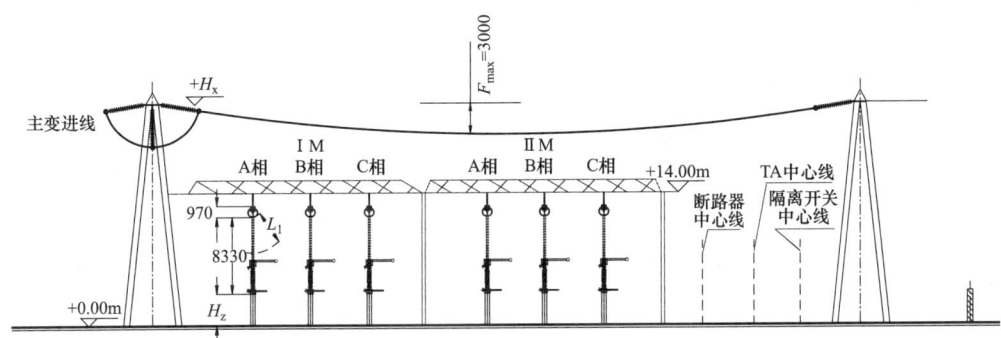

▶▶第 30 题［刀闸支架高度计算］8．母线隔离开关启用 GW22B-363/2500 型垂直伸缩式隔离开关，其底座下沿与静触头（静触头可调范围为 500～1500mm）中心线的距离为 8330mm。A 相静触头中心线与 A 母母线中心线的距离确定为 970mm。主母线挂线点高度为 14m，A 相母线最大弧垂为 2000mm，若不计导线半径，则隔离开关支架高度为下列哪项值？

(　　)

(A) 2500mm　　　　　　　　(B) 2700mm
(C) 3170mm　　　　　　　　(D) 3670mm

【答案及解答】B

由新版一次手册第 416 页式（10-52）可得隔离开关支架高度为

$$H_m \geqslant H_z + H_g + f_m + r + \Delta h \quad \text{可得} \quad 14000 \geqslant H_z + 8330 + 2000 + 0 + 970$$

$$\Rightarrow H_z \leqslant 14000 - 8330 - 2000 - 970 = 2700 \text{(mm)}$$

【考点说明】

老版一次手册第 703 页式（附 10-45）。

考点 10　主变进线构架高度计算

【2019 年上午题 7~11】　大题干见上题。

▶▶ 第 31 题 [主变进线构架高度] 9．330kV 配电装置的主变压器间隔中，主变压器进线跨过主母线，主变压器进线最大弧垂为 3000mm，主母线挂线点高度为 14m，若假定主母线弧垂为 1800mm，不计导线半径，不考虑带电检修，请计算主变压器进线架构高度不应小于下列哪项值？　　　　　　　　　　　　　　　　　　　　　　　　　　　　　　　　（　　）

（A）15.6m　　　　　　　　　　（B）18.6m
（C）19.6m　　　　　　　　　　（D）20.4m

【答案及解答】B

（1）由《高压配电装置设计规范》（DL/T 5352—2018）第 5.1.2 条条文说明可得，B_1=2.65+0.75=3.4（m）。

（2）由新版一次手册第 417 页式（10-58），依题意忽略导线半径，主变压器进线门型架高度为

$$H_{c1} \geqslant H_m - f_{m3} + B_1 + f_{c3} + r + r_1$$
$$H_{c1} \geqslant 14 - 1.8 + 3.4 + 3 + 0 = 18.6 \,(\mathrm{m})$$

【考点说明】

老版一次手册第 704 页式（附 10-51）。

【2024 年下午题 5~8】　某新建的 330kV 变电站，海拔为 3000m，变电站的 330kV 配电装置的电气主接线为一个半断路器接线，330kV 母线采用 ϕ250/230 悬吊管型母线。

请分析计算并解答下列各小题。

▶▶ 第 32 题 [主变进线构架高度] 6．若 330kV 进出线构架及最上层构架导线均带电，考虑进出线构架上人检修耐张线夹时工况，间隔断面图如下图所示，进出线构架高度 H_m 为 24m，上人检修耐张线夹时的弧垂 f_m 取 1m，最上层构架的导线弧垂 f_{cm} 取 1.4m，上层导线外径为 50mm，最上层构架高度 H_c 不应小于下列哪项数值？　　　　　　　　　　　　　（　　）

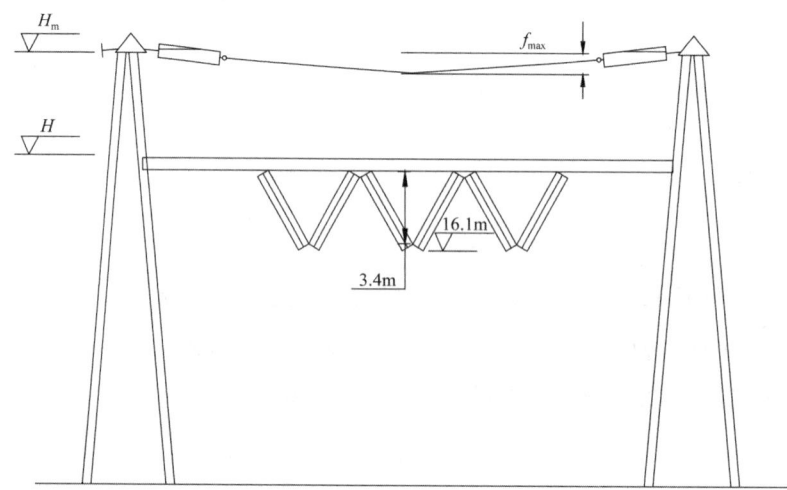

(A) 25400mm (B) 25800mm
(C) 27925mm (D) 29625mm

【答案及解答】D

老版一次手册第 704 页式（附 10-50）计算。

依据《高压配电装置设计规范》（DL/T 5352—2018）表 5.1.2-1 交叉的不同时停电检修的带电部分应按 B_1 值校验。

由该规范附录 A 表 A.0.1 可得 3000m 时 A_1 值为 3450，则 B_1=3450+750=4200，最上层构架高度 $h \geqslant 24000 - 1000 + 1000 + 4200 + 1400 + 50/2 = 29625\,(\text{mm})$。

所以选 D。

考点 11　主变进线门型架宽度计算

【2019 年上午题 7~11】　大题干见前题。

▶▶ 第 33 题 ［主变进线门型架宽度计算］10. 根据电厂的环境气象条件，计算得主变压器进线（包括绝缘子串）在不同风速条件下的风偏：雷电过电压时风偏 600mm，内过电压时风偏 900mm，最高工作电时风偏 1450mm。假定主变压器进线无偏角，跳线风偏相同，不计导线半径和风偏角对导线分裂间距的影响，且不考虑海拔修正，请计算主变压器线门型架构的宽度宜为下列哪项值？（架构柱直径为 500mm）　　　　　　　　　　　(　　)

(A) 10.6m (B) 11.2m
(C) 17.2m (D) 17.7m

【答案及解答】D

由新版一次手册第 402 页表 10-3、第 412 页式（10-12）~式（10-14）、第 414 页式（10-41）~式（10-43）第、第 415 页式（10-50）可得

边相导线最大距离 D_1 为

相地距 D_1 取 max $\begin{cases} 雷电\,D_1 = 2400 + 600 + \dfrac{500}{2} + \dfrac{400}{2} = 3450\,(\text{mm}) \\ 操作\,D_1 = 2500 + 900 + \dfrac{500}{2} + \dfrac{400}{2} = 3850\,(\text{mm}) \\ 工频\,D_1 = 1100 + 1450 + \dfrac{500}{2} + \dfrac{400}{2} = 3000\,(\text{mm}) \end{cases}$ 取 3850mm

相间距 D_2 取 max $\begin{cases} 雷电\,D_2 = 2600 + 2\times 600 + 400 = 4200\,(\text{mm}) \\ 操作\,D_2 = 2800 + 2\times 900 + 400 = 5000\,(\text{mm}) \\ 工频\,D_2 = 1700 + 2\times 1450 + 400 = 5000\,(\text{mm}) \end{cases}$ 取 5000mm

门型架宽度 $S = 2 \times (3850 + 5000) = 17700\,(\text{mm})$

【考点说明】

老版一次手册第 568 页表 10-2、第 699 页式（附 10-5）~式（附 10-7）、第 702 页式（附 10-34）~式（附 10-36）、第 703 页式（附 10-43）。

【注释】

门型架宽度计算可直接引用老版一次手册第 699 页附录 10-1 的相应公式即可，基本思路如下：

（1）D_1 值。边相对门型架立柱的距离属于 A_1 相地距离，要同时满足雷电过电压、操作过

电压和工频过电压要求的间隙，所以三者取大。虽然雷电和操作过电压一般较大，但其对应的计算工况风小，所以风偏小；工频过电压虽然小，但要选用最大风偏，所以三者要求的间隙需要计算比较。同时因为门型架宽度是立柱中心距，所以边相导线的净空距离还要加上立柱的半径。

（2）D_2 值。中相导线和两个边相导线的间距，考虑最严重的情况：导线不同步摆动，就是"对摆"，比如中相为 B 相，则 A 相导线向 B 相导线方向摆动的同时 C 相导线也向 B 相摆动，所以间隙要求是两倍风偏值。

考点 12　主变进线最小相间距计算

【2017 年下午题 5~8】　某风电场 220kV 配电装置地处海拔 1000m 以下，采用双母线接线，配电装置为屋外中型布置的敞开式设备，接地开关布置在 220kV 母线的两端，两组 220kV 主母线的断面布置情况如左图所示（略），母线相间距 d=4m，两组母线平行布置，其间距 D=5m。

▶▶ 第 34 题［主变进线最小相间距］8．假设配电装置绝缘子串某状态的弧垂 f_1''= 1m，绝缘子串的风偏摇摆角=30°，导线的弧垂 f_2''= 1m，导线的风偏摇摆角为 50°，导线采用 LGJ–300/70，导线的计算直径 25.2mm，试计算在最大工作电压和风偏（v=30m/s）条件下，主变压器进线跨的最小相间距离？　　　　　　　　　　　　　　　　　　　　　　（　　）

(A) 2191mm　　　　　　　　　　　(B) 3157mm
(C) 3432mm　　　　　　　　　　　(D) 3457mm

【答案及解答】D
由新版一次手册第 402 页表 10-3、第 412 页式（10-14）可得

$$D_2'' = A_2'' + 2(f_1''\sin a_1'' + f_2'' \sin a_2'') + d\cos a_2'' + 2r$$
$$= 900 + 2\times(1000\times\sin30° + 1000\times\sin50°) + 0 + 25.2 = 3457 \text{ (mm)}$$

所以选 D。

【考点说明】
老版一次手册第 568 页表 10-2 及第 700 页式（附 10-7）。

【2024 年下午题 5~8】　某新建的 330kV 变电站，海拔为 3000m，变电站的 330kV 配电装置的电气主接线为一个半断路器接线，330kV 母线采用 ϕ250/230 悬吊管型母线。

请分析计算并解答下列各小题。

▶▶ 第 35 题［主变进线最小相间距］8．330kV 配电装置出现构架高度 H_m 为 24m，绝缘子串在不同条件下的弧垂和风偏摇摆角，出现导线在不同条件下的弧垂和风偏摇摆角如下表，导线的计算直径取 38.4mm，导线分裂间距 d 取 0.4m，A_2 值在不同条件下的海拔修正系数均为 1.2。请计算出现的最小相间距离宜为下列哪项数值？　　　　　　　　　　　　　　　（　　）

	外过电压	内过电压	最大工作电压
绝缘子串弧垂	0.723m	0.718m	0.679m
绝缘子串风偏摇摆角	4.369°	6.279°	16.994°
导线弧垂	0.477m	0.482m	0.521m
导线摇摆角	12.603°	17.846°	41.806°

（A）3.468m （B）3.867m
（C）4.232m （D）4.785m

【答案及解答】 C

依据老版一次手册第699页，公式（附10-5）计算。

由《高压配电装置设计规范》（DL/T 5352—2018）表5.1.3-1 不同相的带电部分应按 A_2 值校验：

（1）外过电压下最小相间距离

$A_2 = 2600 \times 1.2 = 3120 \text{ (mm)}$

$D_{外} = 3120 + 2 \times 723 \times \sin(4.369) + 2 \times 471 \times \sin(12.603) + 400 \times \cos(12.603) + 38.4$
$= 3864 \text{ (mm)}$

（2）内过电压下最小相间距离

$A_2 = 2600 \times 1.2 = 3360 \text{ (mm)}$

$D_{内} = 3360 + 2 \times 710 \times \sin(6.279) + 2 \times 492 \times \sin(17.846) + 400 \times \cos(17.846) + 38.4$
$= 4236 \text{ (mm)}$

（3）最大工频过电压下最小相间距离

$A_2 = 1700 \times 1.2 = 2040 \text{ (mm)}$

$D_{工} = 2040 + 2 \times 679 \times \sin(16.944) + 2 \times 521 \times \sin(41.806) + 400 \times \cos(41.806) + 38.4$
$= 3466 \text{ (mm)}$

以上三者取大，所以选 C。

【考点说明】

考点13 刀闸与构架净距计算

【2020年下午题9～12】 某发电厂建设于海拔1700m处，以220kV电压等级接入电网，其220kV采用双母线接线，升压站Ⅱ母用局部断面及主变进线间隔断面如下图所示，请分析并解答下列各小题。（注：本题进线间隔断面图略）

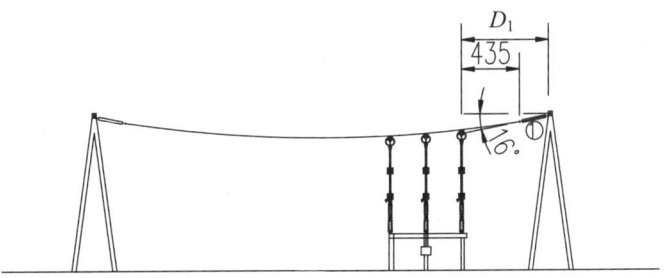

▶▶ **第36题[刀闸边缘净距计算]** 9. 图1中若污秽等级为Ⅲ级，绝缘子串1采用XEP-100绝缘子组成，单片绝缘子公称高度160mm，公称爬电距离450mm，绝缘子数量按爬电比距选择后即可满足大气过电压及操作过电压耐压，绝缘子串两端连接金具包括挂环、挂板等总长度按460mm考虑，则图中隔离开关静触头中心线距架构边缘 D_1 最小值为下面哪项？

（ ）

(A) 3185mm (B) 3783mm
(C) 3492mm (D) 3615mm

【答案及解答】 C

由 DL/T 5222—2021 附录 C 表 C.2，取 $\lambda=2.5$；
又由该规范第 21.0.9 条条文说明式（13）可得

$$n = \frac{2.5 \times 252}{45} = 14(\text{片})$$

再由式（21.0.12）得

$$N_H = 14 \times [1 + 0.1 \times (1.7 - 1)] = 14.98$$

依图可知该绝缘子串为耐张串，由第 21.0.9-3 款得 n=14.98+2=16.98（片），取 17 片；依图几何关系可得

$$D_1 = 435 + (17 \times 160 + 460) \times \cos 16° = 3491.8(\text{mm})$$

【考点说明】

（1）本题看似是考配电装置，实则在考变电站绝缘子片数选择，应注意配电绝缘子选择基本步骤，该考点近年来考查频率有所提高。

（2）从图中可看出，该绝缘子承受纵向张力，所以为耐张绝缘子，在加零值绝缘子时应注意判断。

（3）新版 DL/T 5222—2021 版已经删除绝缘子爬电比距表，今后考试可参考规范号 GB/T 26218—2010。

5.2.3 接地刀闸

考点 14　接地刀闸配置

▶▶【2014 年下午题 10～13】某发电厂的发电机经主变压器接入屋外 220kV 升压站，主变压器布置在主厂房外，海拔 3000m，220kV 配电装置为双母线分相中型布置，母线采用支持式管型母线，间隔纵向跨线采用 LGJ-800 架空软导线，220kV 母线最大三相短路电流 38kA，最大单相短路电流 36kA。

▶▶ 第 37 题 ［地刀配置］ 11．220kV 配电装置中，两组母线相邻的边相之间单位长度的平均互感抗为 $1.8 \times 10^{-4}\Omega/m$，为检修安全（检修时另一组母线发生单相接地故障），在每条母线上安装了两组接地开关。请计算两组接地开关之间的允许最大间距为下列哪项数值？（切除母线单相接地短路时间 0.5s）　　　　　　　　　　　　　　　　　（　　）

(A) 53.59m (B) 59.85m
(C) 63.27m (D) 87m

【答案及解答】 C

由新版一次手册第 407 页式（10-7）、式（10-10）可得

$$U_{A2(k)} = I_{kC1} X_{A2C1} = 36 \times 10^3 \times 1.8 \times 10^{-4} = 6.48(\text{V/m})\text{；} \quad U_{jo} = \frac{145}{\sqrt{t}} = \frac{145}{\sqrt{0.5}} = 205 \text{ (V)}$$

$$l_{j2} = \frac{2 \times 205}{6.48} = 63.27 \text{ (m)}$$

【考点说明】

（1）母线感应电压及接地刀闸的距离与数量有两种考法：一是考母线感应电压；二是考接地开关的距离与数量，其计算方法详见新版一次手册第 407 页相关内容。

（2）在计算母线感应电压时，计算结果应取较大者；在计算接地开关的距离时，计算结果应取较小者。

（3）老版一次手册第 573～574 页式（10-3）及式（10-6）。

【注释】

（1）为保证检修人员在检修电气设备及母线时的安全，电压为 63kV 及以上的配电装置，对断路器两侧的隔离开关和线路隔离开关的线路侧，宜配置接地开关；每段母线上宜装设接地开关或接地器。其装设数量主要按作用在母线上的电磁感应电压确定，一般情况下，每段母线宜装设两组接地开关或接地器，其中包括母线电压互感器隔离开关的接地开关在内。屋内配电装置间隔内的硬导体及接地线上，应预留接触面和连接端子，以便于安装携带式接地线。

（2）母线电磁感应电压和接地开关、接地器安装间距是通过计算确定。作用在停电检修母线上的电磁感应电压可分为两类：①长期工作电磁感应电压；②瞬时电磁感应电压。前者自工作母线通过正常工作电流产生作用，是长期的；后者是由工作母线发生三相或单相接地短路故障造成的，作用是瞬时的。

【2017 年下午题 5~8】 某风电场 220kV 配电装置地处海拔 1000m 以下，采用双母线接线，配电装置为屋外中型布置的敞开式设备，接地开关布置在 220kV 母线的两端，两组 220kV 主母线的断面布置情况如下图所示，母线相间距 d=4m，两组母线平行布置，其间距 D=5m。

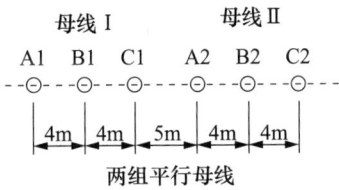

▶▶ 第 38 题 [地刀配置] 5. 假设母线Ⅱ的 A2 相相对于母线Ⅰ各相单位长度平均互感抗分别是 $X_{A2C1}=2\times10^{-4}\Omega/m$，$X_{A2B1}=1.6\times10^{-4}\Omega/m$，$X_{A2A1}=1.4\times10^{-4}\Omega/m$，当母线Ⅰ正常运行时，其三相工作电流为 1500A，求在母线Ⅱ的 A2 相的单位长度上感应的电压应为下列哪项数值？

(　　)

(A) 0.3V/m (B) 0.195V/m
(C) 0.18V/m (D) 0.075V/m

【答案及解答】D

由新版一次手册第 407 页式（10-6）可得

$$U_{A2}=I\left(X_{A2C1}-\frac{1}{2}X_{A2A1}-\frac{1}{2}X_{A2B1}\right)=1500\times\left(2-\frac{1.6}{2}-\frac{1.4}{2}\right)\times10^{-4}=0.075\,(\text{V/m})$$

所以选 D。

【考点说明】

老版一次手册第 574 页式（10-2）。

▶▶ **第 39 题 [地刀配置] 6.** 配电装置母线Ⅰ运行，母线Ⅱ停电检修，此时母线Ⅰ的 C1 相发生单相接地故障时，假设母线Ⅱ的 A2 相瞬时感应的电压为 4V/m，试计算此故障状况下两接地开关的间距应为下列哪项数值？升压站内继电保护时间参数如下：主保护动作时间 30ms，断路器失灵保护动作时间 150ms，断路器开断时间 55ms。（　　）

（A）309m　　　　　　　　　　（B）248m
（C）160m　　　　　　　　　　（D）149m

【答案及解答】D

由新版一次手册第 407 页式（10-10）及 GB/T 50065—2011 附录 E.0.3 有

$$t = t_m + t_f + t_0 = 0.03 + 0.15 + 0.055 = 0.235 \text{ (s)}$$

$$U_{j0} = \frac{145}{\sqrt{t}} = \frac{145}{\sqrt{0.235}} = 299.112 \text{ (V)}$$

可得

$$l_{j2} = \frac{2U_{j0}}{U_{A2}} = \frac{2 \times 299.112}{4} = 149.5 \text{ (m)}$$

【考点说明】

（1）本题中关于 t 的取值，应该按热稳定时间来选，对于接地开关，按电器的选择原则，宜取后备保护动作时间加断路器开断时间。此处的后备保护时间，如果是远后备，总时间 t=后备保护时间+断路器全分断时间。如果是近后备，比如失灵保护，由于失灵保护是在主保护拒动以后开始计时，所以近后备（失灵保护）的总时间 t=主保护时间+失灵保护时间+断路器开断时间。

（2）老版一次手册第 574 页式（10-6）。

【2018 年下午题 4～7】 某电厂的海拔为 1300m，厂内 220kV 配电装置的电气主接线为双母线接线，220kV 配电装置采用屋外敞开式布置，220kV 设备的短路电流水平为 50kA，其主变进线部分断面见下图。厂内 220kV 配电装置的最小安全净距：A_1 值为 1850mm，A_2 值为 2060mm。请分析计算并解答下列各小题。（本小题图省略）

▶▶ **第 40 题 [地刀配置] 5.** 220kV 配电装置共 7 个间隔，每个间隔宽度 15m，假定 220kV 母线最大三相短路电流 45kA，短路电流持续时间为 0.5s，母线最大工作电流为 2500A，Ⅱ母三相对Ⅰ母 C 相单位长度的平均互感抗为 $1.07 \times 10^{-4} \Omega/m$，请计算母线接地开关至母线端部距离不应大于下列哪项数值？（　　）

（A）35m　　　　　　　　　　（B）42.6m
（C）44.9m　　　　　　　　　　（D）46.7m

【答案及解答】B

由新版一次手册第 407 页式（10-7）、式（10-9）、式（10-10）、式（10-11）可得：

（1）按正常运行长期电磁感应电压计算：

$$U_{A2} = I_e \times X_{A2C1} = 2500 \times 1.07 \times 10^{-4} = 0.2675 \text{ (V)}$$

$$l_{j1} = \frac{12}{U_{A2}} = \frac{12}{0.2675} = 44.86 \text{ (m)}$$

（2）按短路时瞬时电磁感应电压计算：

$$U_{A2(k1)} = I'' \times X_{A2C1} = 45000 \times 1.07 \times 10^{-4} = 4.815 \text{ (V/m)}$$

$$U_{j0} = \frac{145}{\sqrt{t}} = \frac{145}{\sqrt{0.5}} = 205.06 \text{ (V)}$$

$$l_{j2} = \frac{U_{j0}}{U_{A2(k1)}} = \frac{205.06}{4.815} = 42.59 \text{ (m)}$$

二者取小者，所以选 B。

【考点说明】

老版一次手册第 574 式（10-3）、式（10-5）、式（10-6）、式（10-7）。

【2021年下午题4~6】 某发电厂两台机组均以发电机-变压器组单元接线接入厂内 220kV 屋外敞开式配电装置，220kV 采用双母线接线，设两回出线，厂址海拔高度 1800m，周边为山区。请分析计算并解答下列各小题。

▶▶ 第 41 题［地刀配置］6. 若 220kV 母线三相短路电流为 36kA，其中单台发电机提供的短路电流为 5kA，发电机进线间隔导体长度为 100m，两台发电机进线间隔相间布置、导体布置断面见下图，则当一台机组进线间隔三相短路时作用在另一台停电检修机组进线导体的最大电磁感应电压为下列哪个值？ （　　）

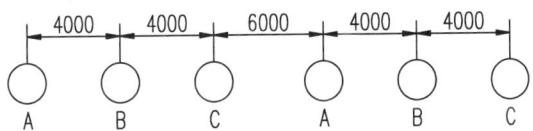

(A) 1.11V/m　　　　　　　　　　(B) 1.38V/m
(C) 1.60V/m　　　　　　　　　　(D) 4.87V/m

【答案及解答】A

依题意，母线总短路电流为 35kA，其中包含两台机组提供的短路电流，所求工况为一台机组检修，流过另一台机组出口导体的短路电流，应为 36−2×5=26 与 5 取大者，故取 26。

由新版一次手册第 407 页式（10-6），可得

$$X_{A2C1} = 0.628 \times 10^{-4} (\ln \frac{2l}{D_1} - 1) = 0.628 \times 10^{-4} (\ln \frac{2 \times 100}{6} - 1) = 1.574 \times 10^{-4} (\Omega/\text{m})$$

$$X_{A2A1} = 0.628 \times 10^{-4} (\ln \frac{2l}{D_1 + 2D} - 1) = 0.628 \times 10^{-4} (\ln \frac{2 \times 100}{6 + 2 \times 4} - 1) = 1.042 \times 10^{-4} (\Omega/\text{m})$$

$$X_{A2B1} = 0.628 \times 10^{-4} (\ln \frac{2l}{D_1 + D} - 1) = 0.628 \times 10^{-4} (\ln \frac{2 \times 100}{6 + 4} - 1) = 1.253 \times 10^{-4} (\Omega/\text{m})$$

$$U_{A2} = I(X_{A2C1} - \frac{1}{2}X_{A2A1} - \frac{1}{2}X_{A2B1}) = (36 - 2 \times 5) \times 10^3 \times (1.574 - \frac{1.042}{2} - \frac{1.253}{2}) \times 10^{-4} = 1.1089 (\text{V/m})$$

【考点说明】

（1）本题需要注意对短路电流值的选取，这也是导体选择中最重要的基本功，读者需要

熟练掌握。

(2) 老版一次手册第 574 页式 (10-2)。

【2020 年下午题 9~12】 某发电厂建设于海拔 1700m 处，以 220kV 电压等级接入电网，其 220kV 采用双母线接线，升压变电站 II 母用局部断面及主变压器进线间隔断面如图 2 所示，请分析并解答下列各小题。（本题图 1 略）

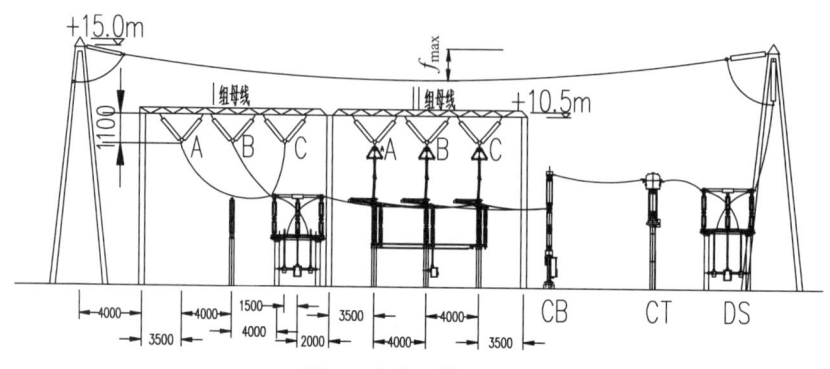

图 2 主变压器进线断面图

▶▶ 第 42 题 [地刀配置] 11. 若 220kV 母线长度为 170m，母线三相短路电流为 38kA，单相短路电流为 35kA，母线保护动作设计为 80ms，断路器全分闸时间为 40ms，计算 II 母两组母线接地开关的最大距离应为下列哪项数值？　　　　　　　　　　　　（　　）

(A) 121m　　　　　　　　　　(B) 132m

(C) 161m　　　　　　　　　　(D) 577m

【答案及解答】B

依题意，由题设图可知 $D=4m$，$D_1=1.5+2+3.5=7$（m），如下图所示。

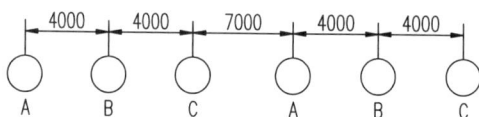

由新版一次手册第 407 页式 (10-6)、式 (10-7)，可得

$$X_{A2C1} = 0.628 \times 10^{-4} (\ln \frac{2l}{D_1} - 1) = 0.628 \times 10^{-4} (\ln \frac{2 \times 170}{7} - 1) = 1.81 \times 10^{-4} (\Omega/m)$$

$$X_{A2A1} = 0.628 \times 10^{-4} (\ln \frac{2l}{D_1 + 2D} - 1) = 0.628 \times 10^{-4} (\ln \frac{2 \times 170}{15} - 1) = 1.33 \times 10^{-4} (\Omega/m)$$

$$X_{A2B1} = 0.628 \times 10^{-4} (\ln \frac{2l}{D_1 + D} - 1) = 0.628 \times 10^{-4} (\ln \frac{2 \times 170}{11} - 1) = 1.53 \times 10^{-4} (\Omega/m)$$

三相短路最大感应电压为

$$U_{A2} = I(X_{A2C1} - \frac{1}{2} X_{A2A1} - \frac{1}{2} X_{A2B1}) = 38 \times 10^3 \times (1.81 - \frac{1.33}{2} - \frac{1.53}{2}) \times 10^{-4} = 1.44 (V/m)$$

单相短路最大感应电压为

$$U_{A2(k1)} = I_{kC1} X_{A2C1} = 35 \times 10^3 \times 1.81 \times 10^{-4} = 6.335 (\text{V/m})$$

以上两者取大为 6.335 V/m，又由该手册式（10-10），可得

$$U_{j0} = \frac{145}{\sqrt{t}} = \frac{145}{\sqrt{0.08+0.04}} = 418.58(\text{V/m}) \quad ; \quad L_{j2} = \frac{2U_{j0}}{U_{A2(k)}} = \frac{2 \times 418.58}{6.34} = 132(\text{m})$$

【考点说明】

老版一次手册第 574 页式（10-2）、式（10-3）及式（10-6）。

【2022 年下午题 4~6】 某电厂现有 2 台 350MW 燃煤机组，以发电机-变压器组接入厂内 220kV 母线，220kV 配电装置采用屋外敞开式布置，为双母线接线，220kV 母线采用单根铝镁硅系 6063-ϕ170/154 管型导体支持式固定。该电厂考虑远景发展规划后，220kV 母线三相短路电流周期分量起始值为 47kA，单相接地短路电流周期分量起始值为 48.5kA。请分析计算并解答下列各题。

▶▶ 第 43 题 [地刀配置] 6. 220kV 配电装置采用支持式管母，双母线水平等高布置，母线支撑跨距为 13m，跨中不可再增设支撑点及设备安装点，母线总长度为 160m（含备用间隔，母线两端伸出母线支柱绝缘子长度相同），相间距 3m，两母线 B 相间距 10.2m，若 220kV 母线正常工作电流为 3200A，切除短路故障时间为 0.125s。考虑接地刀闸的安装条件，按单相接地短路校验，每组 220kV 母线至少要安装接地刀闸的组数为下列哪项数值？ （ ）

(A) 1 　　　　　　　　　　　　　(B) 2
(C) 3 　　　　　　　　　　　　　(D) 4

【答案及解答】C

由老版一次手册第 574 页，式（10-2）～式（10-7）。

一、按正常运行计算

I 母三相对 II 母 A2 相的平均互感抗为

$$X_{A_2C_1} = 0.628 \times 10^{-4} \times \left(\ln \frac{2 \times 160}{4.2} - 1 \right) = 2.093 \times 10^{-4} (\Omega/\text{m})$$

$$X_{A_2A_1} = 0.628 \times 10^{-4} \times \left(\ln \frac{2 \times 160}{10.2} - 1 \right) = 1.536 \times 10^{-4} (\Omega/\text{m})$$

$$X_{A_2B_1} = 0.628 \times 10^{-4} \times \left(\ln \frac{2 \times 160}{7.2} - 1 \right) = 1.754 \times 10^{-4} (\Omega/\text{m})$$

则正常运行时，II 母 A2 相感应电压为

$$U_{A_2} = I \left(X_{A_2C_1} - \frac{1}{2} X_{A_2A_1} - \frac{1}{2} X_{A_2B_1} \right) = 3200 \times (2.093 - 0.768 - 0.877) \times 10^{-4} = 0.1434 (\text{V/m})$$

正常运行时接地刀闸之间距离及接地刀闸距离母线端部距离为

$$l_{j1} = \frac{24}{0.1434} = 167.36(\text{m})$$

$$l'_{j1} = \frac{12}{0.1434} = 83.68(\text{m})$$

二、按单相短路计算

故障时，按最不利的Ⅰ母C相单相接地考虑，此时Ⅱ母A2相感应电压为

$$U_{A_2(K_1)} = I_{KC_1} X_{A_2C_1} = 48500 \times 2.093 \times 10^{-4} = 10.15 (\text{V/m})$$

$$U_{jO} = \frac{145}{\sqrt{0.125}} = 410.12 (\text{V})$$

则单相接地故障时接地刀闸之间距离及接地刀闸距离母线端部距离为

$$l_{j2} = \frac{2 \times 410.12}{10.15} = 80.82 (\text{m})$$

$$l'_{j2} = \frac{410.15}{10.15} = 40.41 (\text{m})$$

三、考虑间隔情况

依题意，母线总长度160m，支持绝缘子跨距13m，160/12=12.31条，可算出一共12个支持绝缘子，剩余长度每端伸出2m；地刀不采用隔离刀闸兼做地刀情况，因此地刀不占用母线间隔，只能布置在支持绝缘子位置，也就是地刀间距为绝缘子跨距13m的整数倍。

考虑同时满足以上三种情况，端头地刀如果采用3跨，加端头2m为13×3+2=41(m)，超过最小端距40.41m，因此端头地刀采用2跨，端距为13×2+2=28(m)，地刀间距采用小于80.82m且最接近的13倍数，为78m，可列方程

$n \geq (160 - 28 \times 2)/78 + 1 = 2.33$（m），取3m，选C。

母线地刀布置如下图所示。

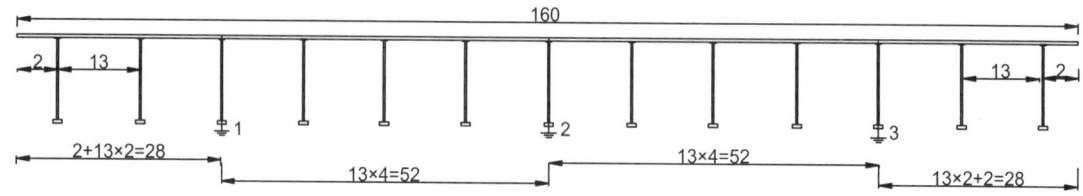

【2023年上午题10～12】 某西南地区火力发电厂220kV升压站，海拔高度1400m，设有2回主变压器进线、1回高压启备变进线以及3回220kV线路出线，双母线接线，设母联断路器；220kV升压站采用户外分相中型布置，主母线采用支持式管形母线，管母相间距离3m，架空进出线间隔宽度14m，不预留备用间隔，其中主变压器进线间隔断面图见下图1，请分析计算并解答下到各小题。

▶▶ **第44题 [地刀配置]** 12. 该电厂220kV升压器某时段运行状态如下：①仅1回主变进线和1回220kV线路出线回路投运，且上述回路分别布置于升压站的最左端间隔和最右侧间隔；②220kV升压站主母线Ⅰ母投运，Ⅱ母处于停电检修状态；③主变220kV侧工作电流1100A。在以上运行状态下，该时段主母线Ⅱ母上产生的长期工作电磁感应电压最大值最接近下列哪项数值？ （　　）

(A) 0.0243V/m   (B) 0.0319V/m
(C) 0.0469V/m   (D) 0.1916V/m

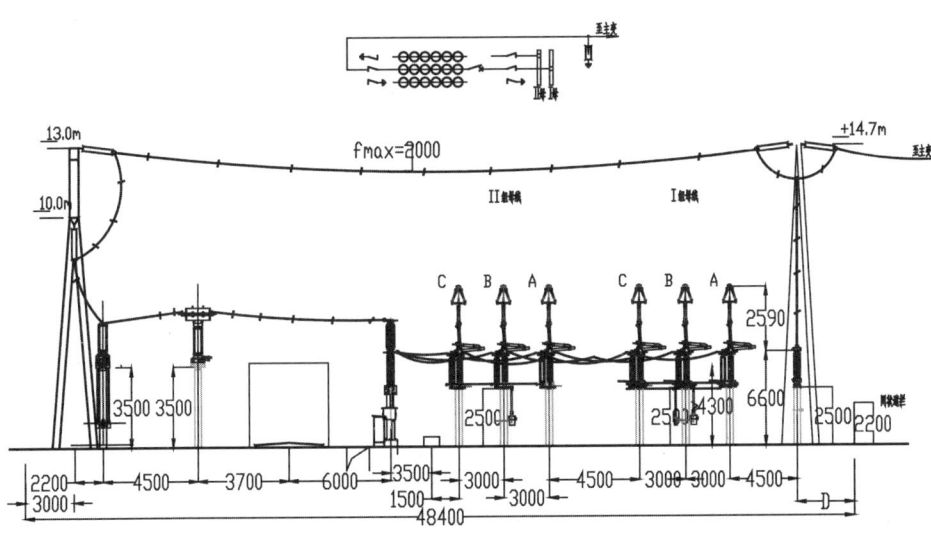

图 1　220kV 升压站主变压器进线间隔断面图（单位：mm）

12．C【解答过程】由老版一次手册第 48 页图 2-3、第 574 页式（10-2）可得

$$= I \times 0.628 \times 10^{-4} \times \ln\left[\frac{(D_1+D)^{\frac{1}{2}} \times (D_1+2D)^{\frac{1}{2}}}{D_1}\right] = 1100 \times 0.628 \times 10^{-4} \times \ln\left[\frac{(4.5+3)^{\frac{1}{2}} \times (4.5+2\times 3)^{\frac{1}{2}}}{4.5}\right]$$

$$= 0.0469(\text{v/m})$$

【考点说明】

推导过程如下：

$$X_{A2C1} = 0.628\times 10^{-4}\left(\ln\frac{2l}{D_1}-1\right);\quad X_{A2B1} = 0.628\times 10^{-4}\left(\ln\frac{2l}{D_1+D}-1\right)$$

$$X_{A2A1} = 0.628\times 10^{-4}\left(\ln\frac{2l}{D_1+2D}-1\right)$$

$$U_{A2} = I\left(X_{A2C1} - \frac{1}{2}X_{A2A1} - \frac{1}{2}X_{A2B1}\right)$$

$$= I\times\left[0.628\times 10^{-4}\left(\ln\frac{2l}{D_1}-1\right) - \frac{1}{2}0.628\times 10^{-4}\left(\ln\frac{2l}{D_1+D}-1\right) - \frac{1}{2}0.628\times 10^{-4}\left(\ln\frac{2l}{D_1+2D}-1\right)\right]$$

$$= I\times 0.628\times 10^{-4}\times\left[\left(\ln\frac{2l}{D_1}-1\right) - \frac{1}{2}\left(\ln\frac{2l}{D_1+D}-1\right) - \frac{1}{2}\left(\ln\frac{2l}{D_1+2D}-1\right)\right]$$

$$= I\times 0.628\times 10^{-4}\times\left(\ln\frac{2l}{D_1} - \frac{1}{2}\ln\frac{2l}{D_1+D} - \frac{1}{2}\ln\frac{2l}{D_1+2D}\right)$$

$$= I\times 0.628\times 10^{-4}\times\left[\ln\frac{2l}{D_1} - \ln\left(\frac{2l}{D_1+D}\right)^{\frac{1}{2}} - \ln\left(\frac{2l}{D_1+2D}\right)^{\frac{1}{2}}\right]$$

$$= I \times 0.628 \times 10^{-4} \times \ln\left[\frac{2l}{D_1} \times \frac{1}{\left(\frac{2l}{D_1+D}\right)^{\frac{1}{2}}} \times \frac{1}{\left(\frac{2l}{D_1+2D}\right)^{\frac{1}{2}}}\right]$$

$$= I \times 0.628 \times 10^{-4} \times \ln\left[\frac{(D_1+D)^{\frac{1}{2}} \times (D_1+2D)^{\frac{1}{2}}}{D_1}\right]$$

$$= 1100 \times 0.628 \times 10^{-4} \times \ln\left[\frac{(4.5+3)^{\frac{1}{2}} \times (4.5+2\times3)^{\frac{1}{2}}}{4.5}\right]$$

$$= 0.0469 (\text{V/m})$$

通过以上推导过程可知，已知单位感抗求母线单位感应电压与母线长度无关。

5.2.4 识图找错

考点 15 设备配置识图找错

【2008 年上午题 1~5】已知某发电厂 220kV 配电装置有 2 回进线、3 回出线、主接线采用双母线接线，屋外配电装置普通中型布置如下图所示。请回答下列问题。

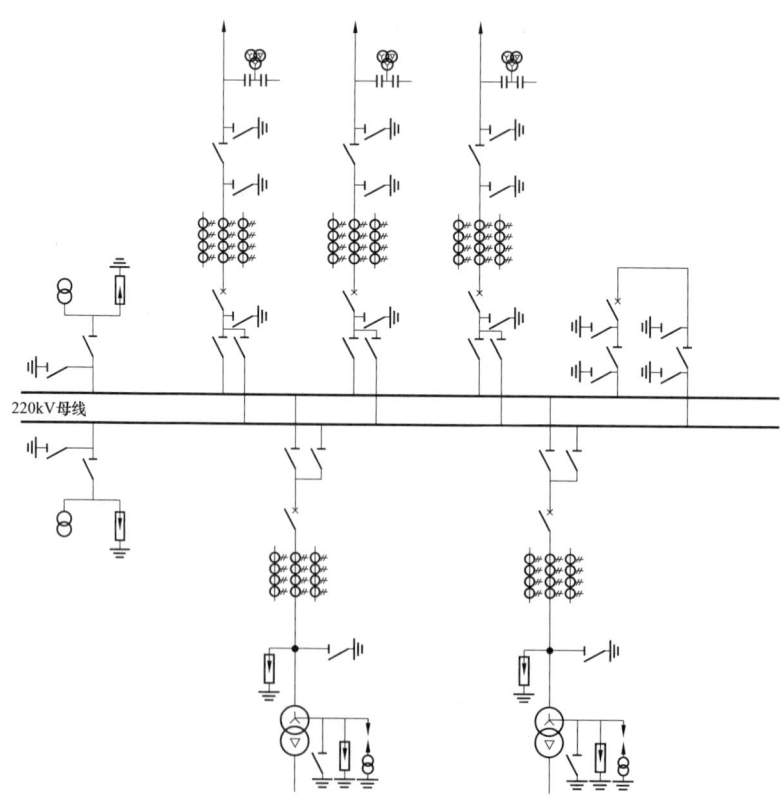

▶▶ **第 45 题 [识图找错]** 1. 图为已知条件绘制的电气主接线图,请判断下列电气设备配置中哪一项是不符合规程规定的?并简述理由。( )

(A) 出线回路隔离开关配置

(B) 进线回路接地开关配置

(C) 母线电压互感器、避雷器隔离开关配置

(D) 出线回路电压互感器、电流互感器配置

【答案及解答】B

由 DL/T 5352—2018 第 2.1.7 条可知,在图中两回进线的断路器与母线侧隔离开关间应加接地开关,选项 B 不符合要求,所以选 B。

【考点说明】

(1) 这些位置接地开关的作用均是当断路器、变压器或并联电抗器停电检修时将设备接地,保证检修安全用。

(2) A、C 选项可参考 DL/T 5352—2018 第 2.1.5 条,110~220kV 配电装置母线避雷器和电压互感器,宜合用一组隔离开关;330kV 及以上进、出线和母线上装置的避雷器及进、出线电压互感器不应装设隔离开关,母线电压互感器不宜装设隔离开关。

(3) D 选项可参考 DL/T 5352—2018 第 2.1.10 条和新版一次手册第 45 页(老版一次手册第 71、72 页)。

【注释】

(1) 分析本题隔离开关、接地开关及互感器的配置原则时,注意条件为 220kV、双母线,非 GIS。发电厂宜以 GB 50660—2011 及 DL/T 5352—2018 为依据来判断,GB 50660—2011 第 16.2.15 条界定了 330kV 及以上和 220kV 及以下两个范围,本题是 220kV 及以下,GB 50660—2011 规定 220kV 及以下母线避雷器和电压互感器宜合用一组隔离开关,110~220kV 线路上的电压互感器与耦合电容器不应装设隔离开关。DL/T 5352—2018 第 2.1.7 条规定 66kV 及以上配电装置,断路器两侧的隔离开关靠断路器侧,线路隔离开关靠线路侧,变压器进线隔离开关的变压器侧应配置接地开关,如属于 GIS 则需执行第 5.2 节的内容。

(2) 出线回路隔离开关的配置,图上表示了其两侧均有接地开关(俗称带双接地刀)符合 DL/T 5352—2018 第 2.1.7 条的规定。

(3) 进线回路的接地开关配置,图上母线隔离开关的断路器侧漏了一组接地开关,不符合 DL/T 5352—2018 第 2.1.7 条断路器两侧的隔离开关靠断路器侧设接地开关的规定;该图进线断路器的变压器侧有接地开关,基本符合规范。这里重点说明:对于发电机—双绕组变压器单元接到高压配电装置的进线回路,由于断路器设备的检修试验可与发电机—变压器组配合进行,一般不设隔离开关(包括接地开关),也有单独设置隔离开关或单独在变压器侧设接地开关的案例。

(4) 母线电压互感器、避雷器隔离开关配置,图上表示每组母线设有避雷器和电压互感器合用一组隔离开关,符合 GB 50660—2011 第 16.2.15 条"220kV 及以下母线避雷器和电压互感器宜合用一组隔离开关"的规定。注意母线设备(电压互感器及避雷器)处应有接地开关,这是该接线中的一个漏洞。另外,220kV 电压互感器非 GIS 设备时宜为电容式电压互感器。

(5) 出线回路电压互感器、电流互感器的配置。图上表示每回出线有一组三相电容式电

压互感器，一组三相电流互感器。本工程 220kV 为直接接地系统，电流互感器（TA）的配置是合适的。DL/T 5352—2018 第 2.1.10 条规定，110kV 及以上配电装置的电压互感器配置，可以采用按母线配置方式，也可以采用按回路配置方式。新版一次手册第 45 页（老版一次手册第 71 页）的描述及电力系统中实际采用的方式一般为当单母或双母线接线时按母线配置方式，即母线电压互感器按三相配置，满足测量、保护、自动装置及同期的要求；而出线按单相配置，作为断路器手动合闸或自动重合闸同期合闸时检测线路侧电压用，这样可以节省电压互感器的造价，但二次回路变得很复杂。对于 1 台半断路器接线的电压互感器则刚好与之相反，采用按回路配置方式，即母线按单相配，而出线按三相配，带来的好处是二次回路相对简单，但电压互感器的造价上升。随着经济和电网的发展，设备的造价不再是最主要的考虑方向，电网的安全变得尤为重要，所以现在的电压互感器的配置逐渐趋向于按回路配置方式设置。本题 220kV 出线配置三相电压互感器应是合理的。

【2009 年下午题 11～15】 某发电厂，处Ⅳ级污染区，发电厂出口设 220kV 升压站，采用气体绝缘金属封闭开关（GIS）。请回答下列问题。

▶▶ 第46题 [识图找错] 11. 有关 GIS 配电装置连接的电气设备，下列哪项属于原则性错误？ （　　）

（A）GIS 配电装置的母线避雷器和电压互感器未装设隔离开关

（B）GIS 配电装置连接的需单独检修的母线和出线，配置了接地开关，但未配置快速接地开关

（C）GIS 配电装置在与架空线路连接处未装设避雷器

（D）GIS 配电装置母线未装设避雷器

【答案及解答】C

由 DL/T 5352—2018 第 2.2.1 条和第 2.2.3 条可知，A、B、D 符合规范，C 应装设敞开式避雷器，不符合规范要求，所以选 C。

【考点说明】

（1）本题的坑点：注意看清题意"原则性错误"，否则容易误选 B 和 D。对于 D 选项，GIS 母线未设避雷器，因 GIS 母线是否装设避雷器，需经雷电侵入波过电压计算确定，有可能不需装设；B 在预先不能确定回路不带电的出线侧应装设快速接地开关，而当预先确定回路不带电时可以装设普通接地开关，而母线上在 2018 版规范中已取消装设快速接地开关的要求。

（2）GIS 的考点有其特殊性，近年来考题出现的概率增加，应给予足够的重视，其配电装置的要求，主要以 DL/T 5352—2018 为准，同时还应注意 GB 50060—2008 及新版一次手册第 45 页（老版一次手册第 71 页、72 页）有关主接线中设备配置的内容。

【注释】

（1）配电装置的电气接线特别要注意敞开式 GIS 和气体绝缘金属封闭开关设备（GIS）的不同。由于近年来，随着 GIS 国产化程度的提高、价格的降低及节约配电装置占地面积的需要，工程中 GIS 得到越来越广泛的应用。由于 GIS 的高可靠性，DL/T 5218—2012 第 5.1.9 条规定采用 GIS 的各级电压配电装置，通过技术经济论证，可采用断路器数量较少的接线形式。DL/T 5352—2018 及 GB 50060—2008 对 GIS 的配置均作出相应的规定。

（2）在 GIS 配电装置中有两种接地开关，一种仅作安全检修用的接地开关；另一种相当于接地短路器，它将通过断路器的额定关合电流和电磁感应、静电感应电流。后一种称为快速接地开关。线路侧的接地开关与出线相连接，尤其是同杆架设的架空线路，其电磁感应和静电感应电流较大，装于该处的接地开关必须具备切、合上述电流的能力。

（3）快速接地开关（HSGS）的作用和配置原则。在常用的规范 DL/T 5352—2018 第 2.2.1 条、DL/T 5222—2021 第 11.0.4 条中出现过快速接地开关的概念。DL/T 5352—2018 第 2.2.1 条中 GIS 要求其中与之连接线路出线侧，尤其是同杆架设的架空线路，应配置此类接地开关。一般情况下，如不能预先确定回路不带电，出线侧宜装设快速接地开关，快速接地开关应具有关合动稳定电流的能力；如能预先确定回路不带电，应设置一般接地开关。DL/T 5222—2021 第 11.0.5.4 条中说明在 GIS 停电回路的最先接地点（不能预先确定该回路不带电）或利用接地装置保护封闭电器（GIS）外壳时，应选择快速接地开关（HSGS），而其他情况则选用一般接地开关。一般接地开关与 HSGS 二者的区别在于 HSGS 能关合接地短路电流。

（4）GIS 配电装置的进、出线主要有三种方式，架空进出、有电缆段进出、电缆进出。本条对 GIS 架空进出线的雷电侵入波过电压保护做出了规定，即在 GIS 与架空线连接处，应装设金属氧化锌避雷器，该避雷器宜采用敞开式。主要考虑敞开式避雷器的接地端与 GIS 金属外壳连接后可增大 GIS 内部波阻抗（可参考 GB/T 50064—2014 第 5.4.14 条内容），提高避雷器的保护效果。另外，敞开式避雷器价格低于 GIS 内设避雷器。

【2012 年上午题 15~20】 某风电场升压变电站的 110kV 主接线采用变压器线路组接线，一台主变压器容量为 100MVA，主变压器短路阻抗 10.5%，110kV 配电装置采用屋外敞开式，升压站地处海拔 1000m 以下，站区属多雷区。

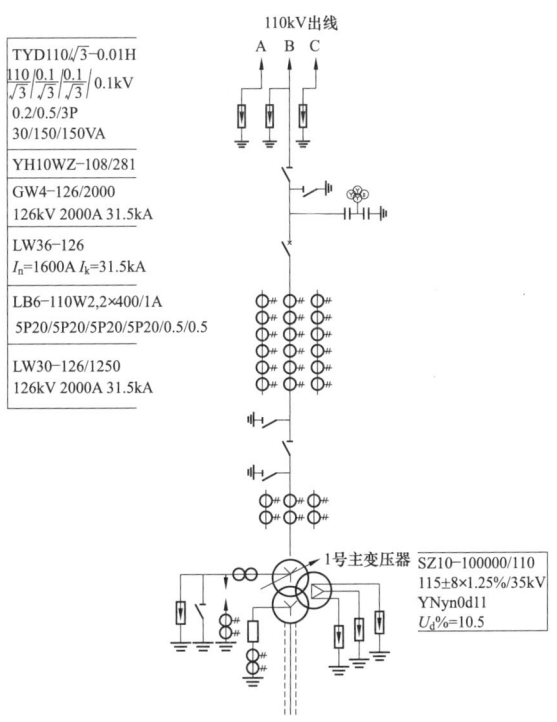

▶▶ 第47题 [识图找错] 15. 该站 110kV 侧主接线简图如下，请问接线图中有几处设计错误，并简要说明原因。（   ）

（A）1 处　　　　　　　　　　　（B）2 处
（C）3 处　　　　　　　　　　　（D）4 处

【答案及解答】C

（1）由 DL/T 5352—2018 第 2.1.7 条可知，66kV 及以上的配电装置，断路器两侧的隔离开关靠断路器侧，线路隔离开关靠线路侧，变压器进线隔离开关的变压器侧，应配置接地开关，图中线路隔离开关线路侧未配置接地开关，错误。

（2）新版一次手册第 45 页（7）内容可知，线路断路器两侧均应装设电压互感器，图中装在断路器侧，错误。

（3）由 GB 50063—2008 第 4.1.2 条、表 4.1.3 可知，100MVA 变压器高压侧电能计量为Ⅰ类计量，电流互感器准确度最低要求为 0.2S 或 0.2 级，图中为 0.5 级，错误。

综上所述，图中错误为 3 处，所以选 C。

【考点说明】

（1）由 GB/T 50064—2014 第 5.4.13-11 条（第 37 页）可知本题属于正确配置，因为图中已经在第三平衡绕组三相上各装了一支 MOA，所以低压绕组星形侧不必再装 MOA。

（2）GB/T 50063—2017 第 4.1.2 条条文说明中，修改了 GB/T 50063—2008 第 4.1.2 条内容，改为按电压等级确定计量表计类别。该题是 2012 年的题目所以按当时的在用规范 GB 50063—2008 作答，今后的考试按 GB/T 50063—2017 作答即可。

（3）老版一次手册第 71 页。

【注释】

（1）如电流互感器安装在变压器侧，断路器和互感器间故障时，线路保护动作，跳开断路器，切断与系统联系，发电机可停机，完全切除故障。

（2）如电流互感器安装在线路侧，当断路器和互感器间故障时，变压器保护动作跳开断路器且发远跳信号给线路对侧断路器切除与系统联系，故障完全切除。

（3）故发变线组接线时，电流互感器和断路器的安装位置没有特殊要求，且实际工程中两种方式均有应用。

▶▶ 第48题 [识图找错] 16. 下图为风压站的断面图，该站的土壤电阻率 $\rho=500\Omega\cdot m$，请问图中布置上有几处设计错误，并简要说明原因。（   ）

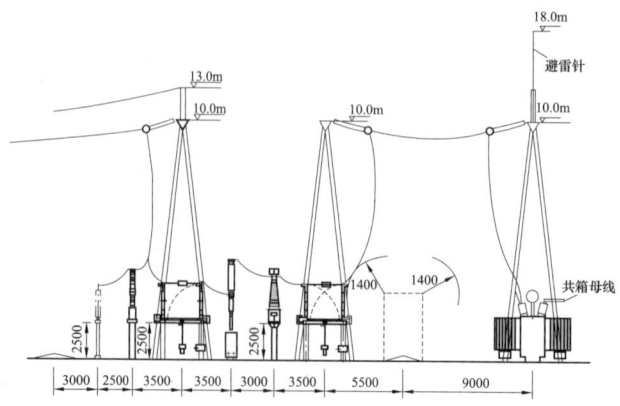

（A）1 处 （B）2 处
（C）3 处 （D）4 处

【答案及解答】 D

（1）由 GB/T 50064—2014 第 5.4.8 条可知，当土壤电阻率大于 350Ω·m 时，在变压器门型构架上不允许装设避雷针，题中土壤电阻率为 500Ω·m，大于 350Ω·m，门型构架装设避雷针，错误。

（2）由 DL/T 5352—2018 表 5.1.2-1 可知，设备运输时，其设备外壳至无遮拦带电部分之间最小安全净距为 1650mm，图中为 1400mm，错误。

（3）图中断路器与电流互感器安装位置错误，断路器安装在电流互感器外侧，易出现保护死区，错误，正确的方案是电流互感器安装在线路侧（即安装在断路器外侧）。

（4）由 DL/T 5222—2005 第 7.5.3 条条文说明可知，共箱封闭母线用于单机容量为 200MW 及以上的发电机的厂用回路，但图中变压器低压侧却采用了封闭母线，错误，所以选 D。

【考点说明】

新版规范 DL/T 5222—2021 第 5.5.3 条，相对于老版规范已经修改，去除了"200MW 及以上的发电厂"条文内容。

【2014 年上午题 11~15】 某风电场地处海拔 1000m 以下，升压站的 220kV 主接线采用单母线接线。两台主变压器容量均为 80MVA，主变压器短路阻抗为 13%。220kV 配电装置采用屋外敞开式布置。其电气主接线简图如下。

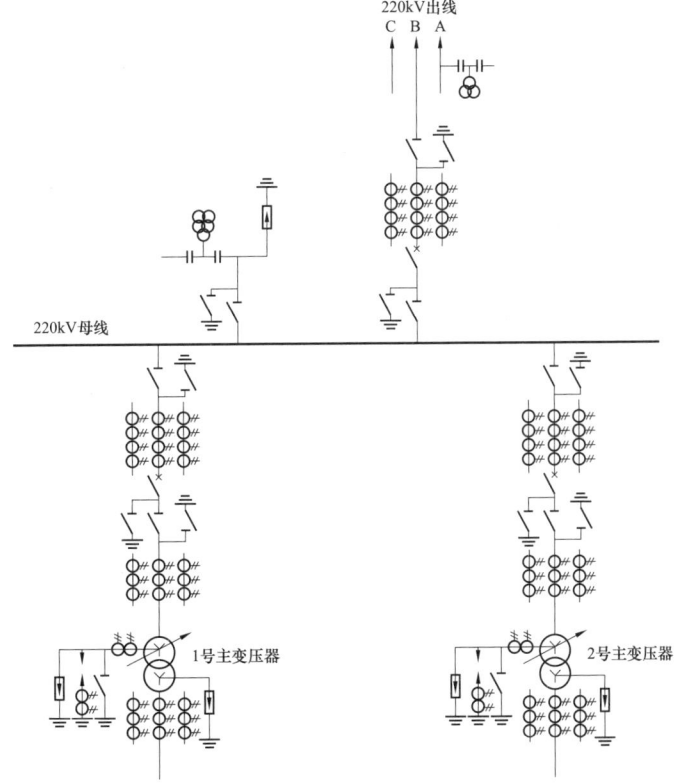

▶▶ **第 49 题 [识图找错]** 11．变压器选用双绕组有载调压变压器，变比为 230±8×1.25%/35kV，变压器铁芯采用三相三柱式，由于 35kV 侧中性点采用低电阻接地方式，因此变压器绕组接线组别为 YNyn0，220kV 母线间隔的金属氧化物避雷器到主变压器间的最大电气距离为 80m，请问接线图中有几处设计错误（同样的错误按 1 处计），并分别说明原因。
( )

(A) 1 处　　　　　　　　　　　　　(B) 2 处
(C) 3 处　　　　　　　　　　　　　(D) 4 处

【答案及解答】 C

（1）由 DL/T 5352—2018 第 2.1.7 条，线路侧应配置接地开关。

（2）由 DL/T 5352—2018 第 2.1.8 条，母线应配置接地开关。

（3）按题意，变压器 35kV 侧为低电阻接地，但图中 35kV 中性点仅设置 MOA，未配置接地电阻。

综上所述，图中共 3 处错误，所以选 C。

【注释】

（1）风电场的升压站由于接入电网的容量相对不大，且受风力资源的不稳定因素的影响，其接入电网的出线多不考虑 N–1 的要求，经常是 1 回出线，1 台或 2 台主变压器，110kV 或 220kV 多是单母线接线，接线相对简单，注意这是敞开式配电装置，单母线接地开关仅 1 组即可，没有另 1 组平行母线产生静电感应的问题。

（2）GB/T 17468—2008 第 4.9 条规定"尽量不选用全星形接法的变压器，如必须选用（除配电变压器外），应考虑设立单独的三角形接线的稳定绕组"。近几年，有些风电场升压站的主变采用了全星接的变压器，由于 35kV 侧有了中性点，可以不必另设接地变压器，当然这个变压器要设稳定绕组，宜在图中表示，但不建议列为错误。按设计习惯，变压器订货时厂家都要做，否则不会出厂。

（3）该题断路器为罐式断路器，罐式断路器左右两侧均装有套管 TA。

【2016 年下午题 1～4】 某大用户拟建一座 220kV 变电站，电压等级为 220/110/10kV，220kV 电源进线 2 回，负荷出线 4 回，双母线接线，正常运行方式为并列运行，主接线及间隔排列示意图如下图所示，110、10kV 均为单母线分段接线，正常运行方式为分列运行。主变压器容量为 2×150MVA，150/150/75MVA，U_{K12}=14%，U_{K13}=23%，U_{K23}=7%，空载电流 I_0=0.3%，两台主变压器正常运行时的负载率为 65%，220kV 出线所带最大负荷分别是 S_{L1}=150MVA，S_{L2}=150MVA，S_{L3}=100MVA，S_{L4}=150MVA，220kV 母线的最大三相短路电流为 30kA，最小三相短路电流为 18kA。请回答下列问题。（大题干配图略）

▶▶ **第 50 题 [识图找错]** 3．该站 220kV 为户外敞开式布置，请查找下图 220kV 主接线中的设备配置和接线有几处错误，并说明理由。（注：同一类的错误算一处。如所有出线没有配电流互感器，算一处错误）
( )

(A) 1 处　　　　　　　　　　　　　(B) 2 处
(C) 3 处　　　　　　　　　　　　　(D) 4 处

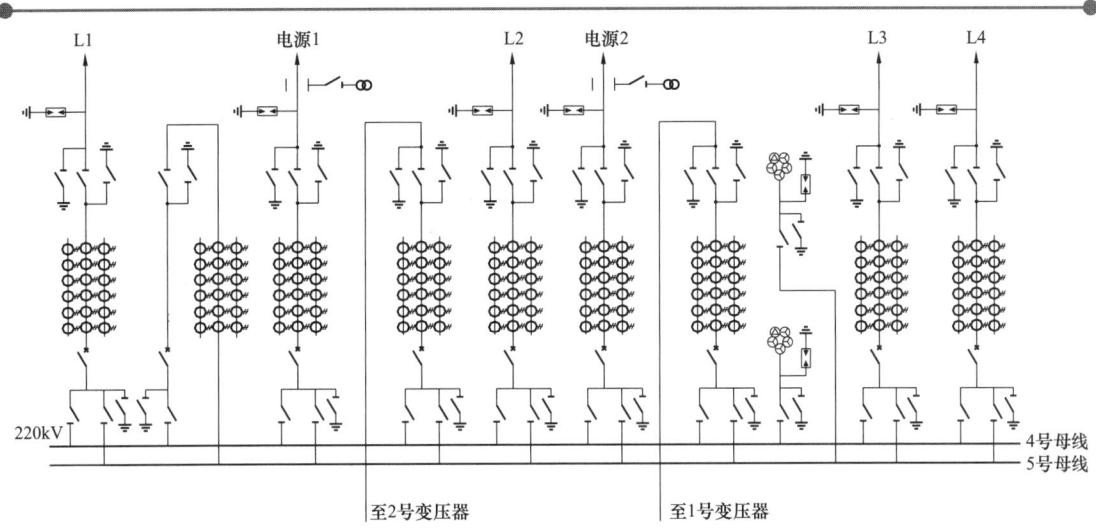

【答案及解答】 D

（1）由新版一次手册第 45 页三、（1）220kV 线路侧应装设 TV。

（2）由 DL/T 5218—2012，第 5.1.8 条安装在出线的电压互感器不应设隔离开关。

（3）由 DL/T 5352—2018，第 2.1.8 条每段母线应设接地开关或接地器。

（4）母联间隔 TA 安装位置错误，应安装在断路器与隔离开关之间。

故有 4 处错误，所以选 D。

【考点说明】

老版一次手册第 71 页。

【注释】

（1）关于 110～220kV 配电装置的雷电侵入波保护，一般在母线上设避雷器并按该避雷器与主变压器间的最大距离进行校验，只对于进线的隔离开关或断路器经常断路运行，同时线路断路器侧又带电时，或对多雷区的敞开式变电站的线路断路器的线路侧安装一组避雷器（MOA）；实际工程中有很多 220kV 线路都装设避雷器。

（2）关于 220kV 线路侧电压互感器设不设隔离开关的问题，DL/T 5218—2012 第 5.1.8 条规定，安装在出线上的电压互感器不应装设隔离开关；考虑到双母线的线路电压互感器虽不接线路的主保护，但供同期和测量使用，不宜退出运行，可与相应回路同时进行检修。

（3）220kV 母线设接地开关是为保证设备和母线检修人身安全的设施，而且需根据母线长度等计算确定其安装数量，此处 DL/T 5352—2018 第 2.1.8 条有明确规定。

（4）如间隔内 TA 安装在母线隔离开关与母线之间，TA 故障即视为母线故障，母线差动动作将切除母线，扩大了故障范围。

【2016 年下午题 10～15】 某风电场 220kV 升压站地处海拔 1000m 以下，设置一台主变压器，以变压器线路组接线一回出线至 220kV 系统，主变压器为双绕组有载调压电力变压器，容量为 125MVA，站内架空导线采用 LGJ-300/25，其计算截面积为 333.31mm^2，220kV 配电装置为中型布置，采用普通敞开式设备，其变压器及 220kV 配电装置区平面布置图如下。主变压器进线跨（变压器门构至进线门构）长度 16.5m，变压器及配电装置区土壤电阻率

$\rho = 400\Omega \cdot m$，35kV 配电室主变侧外墙为无门窗的实体防火墙。

▶▶ 第 51 题 [识图找错] 10. 请在配电装置布置图中找出有几处设计错误？并说明理由。
( )

(A) 1 处 (B) 2 处
(C) 3 处 (D) 4 处

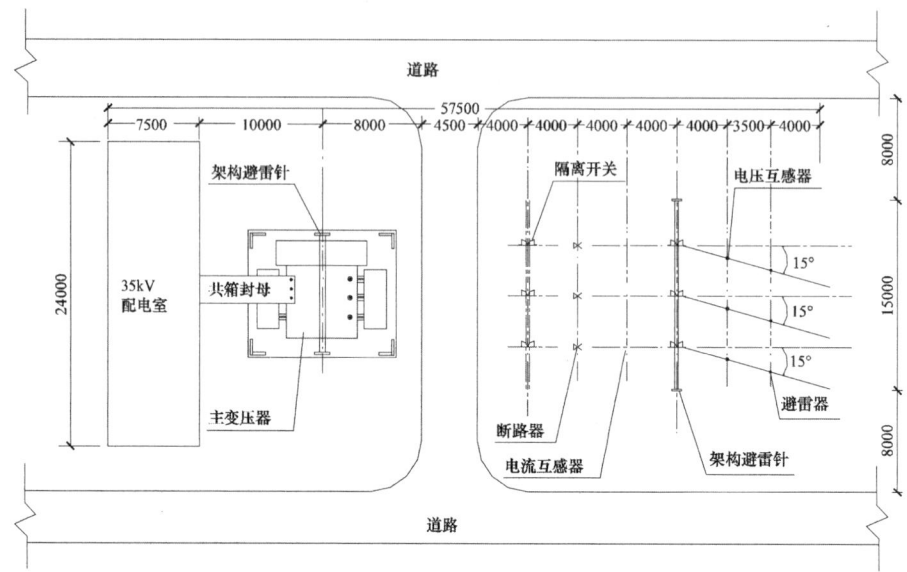

【答案及解答】C

错误 1：由新版一次手册第 411 页，220kV 配电装置出线偏角不大于 10°。

错误 2：根据 DL/T 5222—2021 条文说明 7.5.3，共箱封闭母线用于单机 200MW 发电机厂用电系统。

错误 3：GB/T 50064—2014 第 5.4.8-2 条，当土壤电阻率大于 $350\Omega \cdot m$ 时，在变压器门型构架上不允许装设避雷针，所以选 C。

【考点说明】

（1）老版一次手册第 579 页。

（2）新版规范 DL/T 5222—2021 版第 5.5.3 条及其条文说明中去除了"200MW 及以上的发电厂"内容。

5.2.5 安全防火

考点 16 储油池油量

【2014 年上午题 11~15】大题干略。

▶▶ 第 52 题 [储油池容量] 14. 若风电场设置两台 80MVA 主变压器，每台主变压器的油量为 40t，变压器油密度是 $0.84t/m^3$，在设计有油水分离措施的总事故储油池时，按《火力发电厂与变电站设计防火规范》(GB 50229—2006) 的要求，其容量应选下列哪项数值？
( )

(A) 92.24m³ (B) 47.62m³

(C) 28.57m³   (D) 9.52m³

【答案及解答】C

由 GB 50229—2006 第 6.6.7 条可得

$$V = \frac{0.6 \times 40}{0.84} = 28.57 \text{ (m}^3\text{)}$$

【考点说明】

GB 50229—2019 第 6.7.8 条更改了此内容，规定总事故储油池的容量应按其接入的油量最大的一台设备确定，并设置油水分离装置，不再考虑 60%，今后的考试按照 GB 50229—2019 第 6.7.8 条作答即可。

考点 17 储油池深度

【2016 年下午题 10～15】某风电场 220kV 升压站地处海拔 1000m 以下，设置一台主变压器，以变压器线路组接线一回出线至 220kV 系统，主变压器为双绕组有载调压电力变压器，容量为 125MVA，站内架空导线采用 LGJ-300/25，其计算截面积为 333.31mm²，220kV 配电装置为中型布置，采用普通敞开式设备，其变压器及 220kV 配电装置区平面布置图如下（本题略）。主变压器进线跨（变压器门构至进线门构）长度 16.5m，变压器及配电装置区土壤电阻率 $\rho = 400\Omega \cdot m$，35kV 配电室主变压器侧外墙为无门窗的实体防火墙。

▶▶ 第 53 题 [储油池深度] 11. 该升压站主变压器的油重 50t，设备外廓长度 9m，设备外廓宽度 5m，卵石层的间隙率为 0.25，油的平均比重 0.9t/m³，储油池中设备的基础面积为 17m²，问储油池的最小深度应为下列哪项数值？   (　　)

(A) 0.58m   (B) 0.74m
(C) 0.99m   (D) 1.03m

【答案及解答】B

由新版一次手册第 405 页式（10-5）可得

储油池面积 $S_1 = (9+2) \times (5+2) = 77$（m²）

储油池最小深度 $h = \frac{0.2G}{0.25 \times 0.9(s_1 - s_2)} = \frac{0.2 \times 50}{0.25 \times 0.9 \times (77-17)} = 0.74$ (m)

【注释】

老版一次手册第 572 页式（10-1），其中设备油重单位有误，应为吨（t）。

考点 18 变压器灭火

【2009 年上午题 6～10】某屋外 220kV 变电站，海拔 1000m 以下。请回答下列问题。

▶▶ 第 54 题 [变压器灭火] 9. 若地处缺水严寒地区，主变压器 125MVA，灭火系统宜采用。   (　　)

(A) 水喷雾   (B) 合成泡沫
(C) 排油注氮   (D) 固定式气体

【答案及解答】C

由 DL/T 5352—2018 第 5.5.5 条，厂区内升压站单台容量为 90MVA 及以上油浸变压器，220kV 及以上独立变电站单台容量为 125MVA 及以上的油浸变压器应设置水喷雾灭火系统、合成泡沫喷淋系统、排油注氮系统或其他灭火装置。对缺水或严寒地区，当采用水喷雾、泡沫喷淋有困难，固定式气体不宜用于室外，故排油注氮应是合适的选择，所以选 C。

【注释】

（1）水喷雾灭火系统由水源、供水设备、管道、雨淋阀组、过滤器和水雾喷头等组成，与雨淋喷水灭火系统、水幕系统的区别主要在于喷头的结构和性能不同。它是利用水雾喷头在较高的水压力作用下，将水流分离成细小水雾滴，喷向保护对象实现灭火和防护冷却作用的。水喷雾灭火系统用水量少，冷却和灭火效果好，使用范围广泛。水喷雾灭火系统的应用发展，实现了用水扑救油类和电气设备火灾，并且克服了气体灭火系统不适合在露天的环境和大空间场所使用的缺点。水喷雾灭火系统，用于灭火时的适用范围为：扑救固定火灾、闪点高于 60℃ 的液体火灾和电气火灾；用于防护冷却时的适用范围为：对可燃气体和甲、乙、丙类液体的生产、储存装置或装卸设施进行防护冷却。设置水喷雾灭火系统，应考虑保护对象的种类、可燃物的性质（着火点、比重、黏度、混合性能以及水溶性等），以及保护对象周围环境等因素。

（2）用喷头喷洒泡沫的固定式灭火系统称为泡沫喷淋系统，系统是由固定泡沫混合液泵（或水泵）、泡沫比例混合器、泡沫液储罐、单向阀、闸阀、过滤器、泡沫混合液管、喷头、水源、探测器等组成。系统是由固定泡沫混合液泵（或水泵）、泡沫比例混合器、泡沫液储罐、单向阀、闸阀、过滤器、泡沫混合液管、喷头、水源、探测器等组成。泡沫喷淋灭火系统适用于甲、乙、丙类液体可能泄漏和消防设施不足的场所。

（3）排油注氮系统主要包括排油系统、断流系统、注氮系统和控制系统四部分。当变压器内部发生故障时，油箱内部产生大量可燃气体，引起气体继电器动作，发出重瓦斯信号，断路器跳闸；变压器内部故障同时导致油温升高，布置在变压器上的温感火灾探测器动作，向消防控制柜发出火警信号。消防控制中心接到火警信号、重瓦斯信号、断路器跳闸信号后，启动排油注氮系统，排油泄压，防止变压器爆炸；同时，储油柜下面的断流阀自动关闭，切断储油柜向变压器油箱供油，变压器油箱油位降低。一定延时后（一般为 3~20s），氮气释放阀开启，氮气通过注氮管从变压器箱体底部注入，搅拌冷却变压器油并隔离空气，达到防火灭火的目的。

（4）近年来合成泡沫喷淋系统与变压器排油注氮装置这两种灭火系统较受业主的欢迎。它们共同的特点是不需要复杂的消防给水系统，维护工作量小，投资也不大。

第6章 继 电 保 护

6.1 概 述

6.1.1 本章主要涉及规范

《导体和电器选择设计技术规定》(DL/T 5222—2021) ★★★★★
《火力发电厂厂用电设计技术规程》(DL/T 5153—2014) ★★★★
《并联电容器装置设计规范》(GB 50227—2017) ★★★★
《火力发电厂、变电站二次接线设计技术规程》(DL/T 5136—2012) ★★★★
《220kV～750kV 电网继电保护装置运行整定规程》(DL/T 559—2018) ★★★★
《3kV～110kV 电网继电保护装置运行整定规程》(DL/T 584—2017) ★★★
《大型发电机变压器继电保护整定计算导则》(DL/T 684—2012) ★★★★
《厂用电继电保护整定计算导则》(DL/T 1502—2016) ★★★★
《电力工程设计手册 火力发电厂电气二次设计》★★★★(简称新版一次手册)
《电力工程设计手册 变电站设计》★★★★★(简称新版变电手册)
《220kV～1000kV 变电站站用电设计技术规程》(DL/T 5155—2016) ★★
《继电保护和安全自动装置技术规程》(GB/T 14285—2023) ★★★
《电力装置电测量仪表装置设计规范》(GB/T 50063—2017) ★★
《电力装置的继电保护和自动装置设计规范》(GB/T 50062—2008) ★★
《隐极同步发电机技术要求》(GB/T 7064—2017) ★
《旋转电机 定额和性能》(GB 755—2019)
参考:《电力工程电气设计手册 电气二次部分》(简称老版二次手册)

6.1.2 真题考点分布(总计 121 题)

6.1.2.1 TA、TV、测量及二次回路

考点 1 测量表计配置(共 4 题):第 1~4 题
考点 2 备用电源自投(共 2 题):第 5、6 题
考点 3 TA 变比选择(共 3 题):第 7~9 题
考点 4 TA 绕组配置(共 1 题):第 10 题
考点 5 TA 二次负载计算(共 12 题):第 11~22 题
考点 6 TA 一次电流倍数计算(共 5 题):第 23~27 题
考点 7 TA 暂态面积系数及误差计算(共 1 题):第 28 题
考点 8 TA 二次极限电势计算(共 1 题):第 29 题
考点 9 TA 二次电缆截面计算(共 2 题):第 30、31 题
考点 10 TV 二次电缆截面计算(共 5 题):第 32~36 题

防跳继电器

6.1.2.2 线路保护

1. 整体原则

考点 11　线路保护配置方案（共 2 题）：第 37、38 题

考点 12　架空线路重合闸配置（共 2 题）：第 39、40 题

2. 线路距离保护

考点 13　线路距离 I 段保护整定（共 1 题）：第 41 题

考点 14　线路距离 II 段保护整定（共 2 题）：第 42、44 题

3. 线路电流保护

考点 15　架空线全线速动保护整定（共 1 题）：第 45 题

考点 16　架空线纵差整定（共 2 题）：第 46、47 题

考点 17　架空线电流速断保护整定（共 1 题）：第 48 题

考点 18　架空线电流后备保护整定（共 2 题）：第 49、50 题

考点 19　架空线零序保护整定（共 1 题）：第 51 题

6.1.2.3 电动机保护

考点 20　电动机保护配置原则（共 1 题）：第 52 题

考点 21　电动机熔断器保护（共 1 题）：第 53 题

考点 22　电动机电流速断保护整定（共 5 题）：第 54～58 题

考点 23　电动机低电压保护整定（共 1 题）：第 59 题

考点 24　电动机 F-C 回路大电流闭锁保护整定（共 1 题）：第 60 题

考点 25　电动机单相接地保护整定（共 4 题）：第 61～64 题

6.1.2.4 变压器保护

考点 26　变压器保护配置（共 4 题）：第 65～68 题

考点 27　变压器高侧过电流保护整定（共 1 题）：第 69 题

考点 28　变压器复合电压闭锁过电流保护（共 4 题）：第 70～73 题

考点 29　高厂变低侧分支过电流保护整定（共 1 题）：第 74 题

考点 30　电抗器分支过电流保护整定（共 1 题）：第 75 题

考点 31　低厂变高侧电流速断保护（共 2 题）：第 76、77 题

考点 32　低厂变高侧电流保护整定（共 1 题）：第 78 题

考点 33　低厂变低侧过电流保护整定、TA 配置及灵敏度（共 3 题）：第 79～81 题

考点 34　变压器差动保护（共 7 题）：第 82～88 题

考点 35　变压器阻抗保护（共 1 题）：第 89 题

考点 36　励磁变压器速断保护（共 2 题）：第 90、91 题

6.1.2.5 发电机保护

考点 37　发电机保护配置（共 1 题）：第 92 题

考点 38　发电机定子绕组对称过负荷（共 3 题）：第 93～95 题

考点 39　发电机转子表层过负荷（非对称过负荷；定、转子负序、不平衡度承受能力）

（共 5 题）：第 96～100 题

考点 40　发电机复压过流保护（共 1 题）：第 101 题

考点 41　发电机逆功率保护（共 1 题）：第 102 题

考点 42　发电机中性点零序过电压保护（共 1 题）：第 103 题

考点 43　发电机过励磁保护（共 1 题）：第 104 题

考点 44　发电机误上电保护（共 1 题）：第 105 题

6.1.2.6　断路器保护

考点 45　断路器失灵保护动作逻辑（共 1 题）：第 106 题

考点 46　断路器失灵保护整定（共 1 题）：第 107 题

考点 47　低压断路器脱扣器整定（共 2 题）：第 108、109 题

6.1.2.7　母差保护

考点 48　母差保护整定（共 4 题）：第 110～113 题

6.1.2.8　电容器保护

考点 49　电容器电流速断保护（共 2 题）：第 114、115 题

考点 50　电容器过电流保护（共 1 题）：第 116 题

考点 51　电容器桥式差流保护（共 1 题）：第 117 题

考点 52　电容器开口三角电压保护（共 2 题）：第 118、119 题

考点 53　电容器低电压保护（共 1 题）：第 120 题

考点 54　电容器过电压保护（共 1 题）：第 121 题

6.1.3　考点内容简要

继电保护和自动装置包括二次回路每年的考题数量都不少，2008 年以来，除了 2014 年只下午考了一题，其余年份均在 4 题及以上，且以下午题为主。比如 2016 年，案例上午 5 题，下午又 6 题。所以这章内容非常重要，且内容涉及范围又广、各保护之间独立性较强关联性不大，又不容易理解，导致考生们对这块内容都望而生畏。

通过对历年案例真题的仔细分析，继电保护和自动装置的内容虽然要达到熟练掌握的程度是很不容易的，但考试题目其实出的都不是很难。以往考试的题目大致可以分为四类：①保护或自动装置的配置原则，这类题目很简单，只需要熟悉规范条文，找到出处，便可得到正确答案；②保护或自动装置的原理和动作逻辑，原理这部分也简单，可以从规范或手册里直接查找，而动作逻辑相对一些没有实际工作经验的考生来说较难；③保护整定计算，该部分内容是重点，也是难点，考题数量相对较多；④电流电压互感器二次回路的计算和电流互感器一次电流倍数的计算，这部分内容也是重点，特别是电流互感器一次电流倍数难度较大。

答题时需要注意以下方面：

1）答题依据：保护整定首选继电保护规范——《厂用电继电保护整定计算导则》（DL/T 1502—2016）、《3kV～110kV 电网继电保护装置运行整定规程》（DL/T 584—2017）、《220kV～750kV 电网继电保护装置运行整定规程》（DL/T 559—2018）、《大型发电机变压器继电保护整

定计算导则》(DL/T 684—2012)，保护配置和原理这部分内容可参考《继电保护和安全自动装置技术规程》(GB/T 14285—2023)，二次控制接线回路等内容依据 DL/T 5136—2012，电流互感器一次电流倍数计算和保护整定也可参考老版二次手册。

2）保护整定故障电流的计算非常重要，主要把握以下原则：

a）短路时运行方式的选取：保护整定均采用金属性短路，整定值计算所用的短路电流为最大短路电流（最大运行方式下），校验灵敏度所用的短路电流则采用最小短路电流（最小运行方式下的最不利的故障类型）。计算时应特别注意系统电源供电方式。

b）故障点的选取：区外最大故障电流等于区内最大故障电流，区内和区外的区别就在于保护所接的电流互感器内侧和外侧，但这两个点在物理上来说，可以等同于同一个点。

c）短路电流类型的选择：一般最大短路电流采用三相短路（当然如果单相短路电流为最大时则应采用单相短路电流），而最小短路电流则采用两相短路电流。这个原则是针对那些既可以保护相间故障又可以保护单相故障的保护装置，比如差动保护等。如果该套装置只能保护单相接地故障，则整定和校验均应采用单相短路电流。千万别搞混。

d）保护所用的短路电流有别于设备选择时的计算，它必须流过保护所接的电流互感器。

6.2 历年真题详解

6.2.1 TA、TV、测量及二次回路

考点 1 测量表计配置

【2008 年下午题 20~24】 某发电厂启动备用变压器从本厂 110kV 配电装置引接，变压器型号为 SF9-16000/110，三相双绕组无励磁调压变压器 115/6.3kV，阻抗电压 $U_d=8\%$，联结组别为 YNd11，高压侧中性点直接接地。

▶▶ 第 1 题［测量表计配置］24. 假定该变压器单元在机炉集中控制室控制，说明控制屏应配置下列哪项所列表计？（假定电气信号不进 DCS，也无监控系统）   ( )

(A) 电流表、有功功率表、无功功率表
(B) 电流表、电压表、有功功率表
(C) 电压表、有功功率表、无功功率表
(D) 电压表、有功功率表、有功电能表

【答案及解答】A

由 GB/T 50063—2017 附录 C 中表 C.0.2-3 可知：

发电厂双绕组及三绕组变压器组的测量图表、双绕组变压器高压侧、计算机监控系统应配置电流表、有功功率表和无功功率表，所以选 A。

【2010 年下午题 21~25】 某地区电网规划建设一座 220kV 变电站，电压为 220/110/10kV，主接线如下图所示。请解答下列问题：

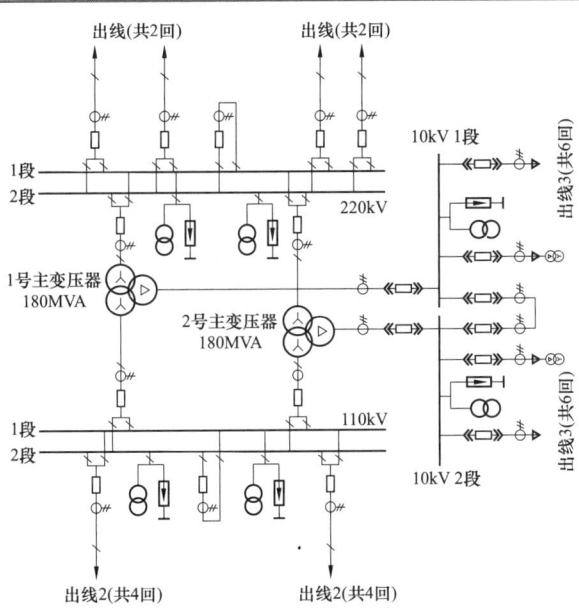

▶▶ 第 2 题 [测量表计配置] 24. 统计本变电站应安装有功电能计量表数量为下列哪项？并说明根据和理由。( )

（A）24 只　　　　　　　　　　（B）30 只
（C）32 只　　　　　　　　　　（D）35 只

【答案及解答】C

由 GB/T 50063—2017 第 4.2.1 条，下列回路应设置有功电能表：

（1）三绕组变压器的三侧：1 号、2 号主变压器的三侧共 6 只。

（2）10kV 及以上的线路：10kV 线路为 12 只；110kV 线路为 8 只；220kV 线路为 4 只。

（3）双绕组厂用主变压器的高压侧、10kV 站用变压器的高压侧，2 只。

综上所述，共需 32 只，所以选 C。

【2018 年下午题 20～23】　某火力发电厂 350MW 发电机组为采用发变组单元接线。励磁变压器额定容量为 3500kVA，变比 20/0.82，接线组别 Yd11，短路阻抗为 7.45%，高压侧 TA 变比为 200/5，低压侧 TA 变比为 3000/5。发电机的部分参数见下表，主接线如下图，请解答下列问题。

发 电 机 参 数 表

名　　　称	单位	数值	备　注
额定容量	MVA	412	
额定功率	MW	350	
功率因数		0.85	
额定电压	kV	20	定子电压
TA 变比	—	15000/5	
X_d''	%	17.51	
负序电抗饱和值 X_2	%	21.37	

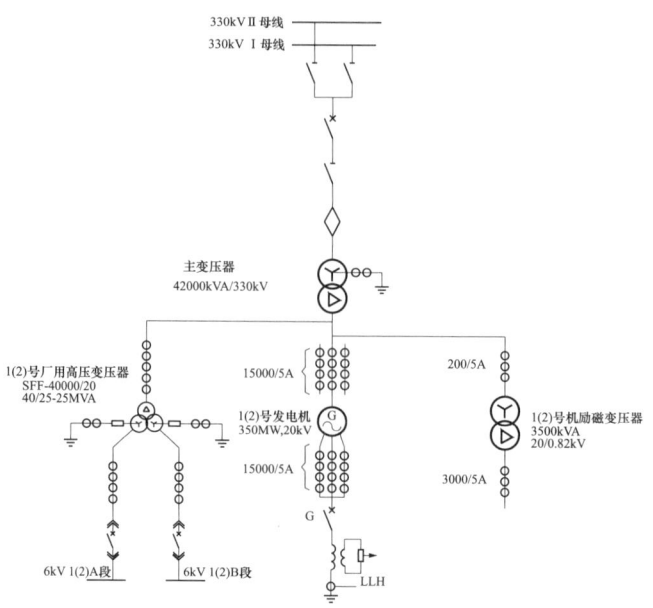

▶▶ 第 3 题 [测量表计配置] 22. 判断下列关于高压厂用工作变压器高低压侧电测量的配置中，哪项最合适？并说明依据和理由。（符号说明如下：I 为单相电流；I_A、I_B、I_C 为 A、B、C 相电流；P 为单向三相有功功率；Q 为单向三相无功功率；W 为单向三相有功电能；W_Q 为单向三相无功电能；U 为线电压） ( )

(A) 高压侧：计算机控制系统配置 I 及 P、W；低压侧：计算机控制系统及开关柜均配置 I。

(B) 高压侧：计算机控制系统配置 I_A、I_B、I_C 及 P、W；低压侧：计算机控制系统配置 I。

(C) 高压侧：计算机控制系统配置 I_A、I_B、I_C 及 P、Q、W、W_Q；低压侧：计算机控制系统及开关柜均配置 I。

(D) 高压侧：计算机控制系统配置 I 及 P、W、W_Q；低压侧：计算机控制系统及开关柜均配置 I。

【答案及解答】A

依据 GB/T 50063—2017 表 C.0.2-3，则有：

(1) 高压厂用工作变压器高压侧计算机控制系统配置 I、P 及 W。当高压厂用工作变压器高压侧电压为 110kV 及以上时应测三相电流。本题中，高压厂用工作变压器高压侧电压为 20kV，只需要测量单相电流。因此 B、C 选项错误。

(2) 高压启动备用变压器高压侧计算机控制系统需要测 W_Q，本题中为厂用工作变压器，不需要测 W_Q，因此 D 选项错误。低压侧：计算机控制系统及开关柜均配置 I，所以选 A。

【2019 年下午题 21~23】 某工程 2 台 660MW 汽轮发电机组，电厂启动/备用电源由厂外 110kV 变电站引接，电气接线如下图所示，启动备用变压器采用分裂绕组变压器，变压器变比为 110±8×1.25%/10.5-10.5kV，容量为 60/37.5-37.5MVA；变压器低压绕组中性点采用低电阻接地，高压侧保护用电流互感器参数为 400/1A，5P20，低压侧分支保护用电流互感器参

数为 3000/1A，5P20。请根据上述已知条件解答下列问题。

▶▶ 第4题［测量表计配置］23．发电厂通过计算机监控系统对电气设备进行监控，并且启动备用变压器高压侧为关口计算点，对于启动备用变压器，下列测量表计的配置哪一项是符合规程要求的？（　　）

（A）计算机监控系统：【高压侧：三相电流，有功功率，无功功率；低压侧：备用分支B相电流】；高压侧电能计算表：【单表】；10kV开关柜：【各备用分支上配B相电流表】

（B）计算机监控系统：【高压侧：B相电流，有功功率，无功功率；低压侧：备用分支B相电流】；高压侧电能计算表：【配主、副电能表】；10kV开关柜：【各备用分支上配B相电流表】

（C）计算机监控系统：【高压侧：三相电流，有功功率；低压侧：备用分支B相电流】；高压侧电能计算表：【单表】；10kV开关柜：【各备用分支上配B相电流表】

（D）计算机监控系统：【高压侧：B相电流，有功功率；低压侧：备用分支B相电流】；高压侧电能计算表：【配主、副电能表】；10kV开关柜：【各备用分支上配B相电流表】

【答案及解答】B。

由《电力装置电测量仪表装置设计规程》（GB/T 50063—2017）表 C.0.2-3，高压启动/备用变压器高压侧应测量电流（可测单相）、有功功率、无功功率，由于C、D选项无无功功率，故 C、D 错误。低压侧备用分支侧单相电流。变压器高压侧为关口计算点，应配置主、副电能表，所以选 B。

【考点说明】

本题考点为电测量及仪表的选择。单纯根据 GB/T 50063—2017 第 4.1.10 条不能说明本题一定需要配主、副电能表，因为条文仅仅列出了两种情况需要用。根据出题的方法，出题人考察的是对规范的熟悉，而不是某个字眼的理解。因此，既然题目给出了关口计量点，就认为是参照第 4.1.10 条出的题目，因此要配置主、副电能表。

考点 2　备用电源自投

【2009 年下午题 1~5】某 220kV 变电站有两台 10kV/0.4kV 站用变压器，单母分段接线，容量 630kVA，计算负荷 560kVA。现计划扩建：综合楼空调（仅夏天用）所有相加额定容量为 80kW，照明负荷为 40kW，深井水泵 22kW（功率因数 0.85），冬天取暖用电炉一台，接在 2 号主变压器的母线上，容量 150kW。

▶▶ 第5题［备用电源自投］5．如设专用备用变压器，则电源自投方式为什么？（　　）

（A）当自投启动条件满足时，自投装置立即动作

（B）当工作电源恢复时，切换回路须人工复归

（C）手动断开工作电源时，应启动自动投入装置

（D）自动投入装置动作时，发事故信号

【答案及解答】B

依据 DL/T 5155—2002 第 8.3.1 条，则有：

第 2 款：自动投入装置应延时动作，并只动作一次；A 错误。

第 5 款：工作电源恢复供电后，切换回路应由人工复归；B 正确。

第 4 款：手动断开工作电源时，不启动自动投入装置；C 错误。

第 6 款：自动投入装置动作后，应发预告信号；D 错误。

所以选 B。

【考点说明】

本题涉及的考查内容 DL/T 5155—2016 中已作了相应修改，依据 DL/T 5155—2016 第 10.4.1 条及 GB/T 50062—2008 第 11.0.2 条。

第 2 款：自动投入装置应延时动作，A 错误。

第 3 款：手动断开工作电源时，不启动自动投入装置，C 错误。

B、D 项内容已找不到相应的条款，所以按最新版规范无答案可选，读者了解出处即可。

【2011 年下午题 1~5】 某 110kV/10kV 变电站，两台主变压器，两回 110kV 电源进线，110kV 为内桥接线，10kV 为单母线分段接线（分列运行），电气主接线见下图。110kV 桥开关和 10kV 分段开关均装设备用电源自动投入装置。系统 1 和系统 2 均为无穷大系统。架空线路 1 长 70km，架空线路 2 长 30km。该变电站主变压器负载率不超过 60%，系统基准容量为 100MVA。请回答下列问题：

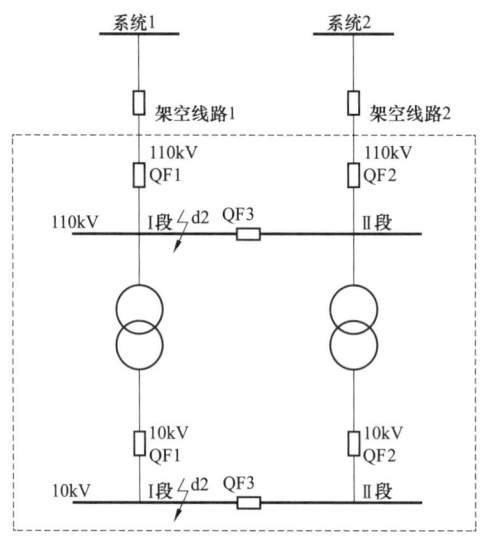

110kV/10kV 变电站电气主接线

▶▶ 第 6 题［备用电源自投］5. 请问该变电站发生下列哪种情况时，110kV 桥断路器自动投入？为什么？（　　）

(A) 主变压器差动保护动作

(B) 主变压器 110kV 侧过电流保护动作

(C) 110kV 线路无短路电流，线路失电压保护动作跳闸

(D) 110kV 线路断路器手动分闸

【答案及解答】 C

由 DL/T 5155—2016 第 10.4.1 条及 GB/T 50062—2008 第 11.0.2 条可知"工作电源故障或断路器被错误断开时，自动投入装置应延时动作"。

C 选项是因为上级电源故障，110kV 线路失压保护动作导致本站工作电源失电。符合桥

断路器自动投入条件，备自投应动作。

又由 DL/T 5136—2012 第 6.6.3-8 条可知，A、B、D 项均应闭锁自动投入装置，所以选 C。

【考点说明】

由 DL/T 5136—2012 第 6.6.3-8 条："当在厂用母线速动保护动作或工作分支断路器限时速断或过电流保护动作时，工作电源断路器由手动跳闸（或计算机监控跳闸）时，应闭锁备用电源自动投入装置"。

（1）按 GB/T 14285—2023 第 5.3.2.1 条可知 A 项主变压器差动保护动作说明主变压器有故障，属于 DL/T 5136—2012 第 6.6.3-8 条中"工作分支断路器速断动作"，此时如果备自投动作会使 110kV 桥断路器合于故障，因此主变压器差动保护动作应闭锁备自投。

（2）按 GB/T 14285—2023 第 5.3.3.1 条可知：B 项过电流保护动作说明变压器范围内有故障存在，属于 DL/T 5136—2012 第 6.6.3-8 条中"工作分支断路器过电流保护动作"为防止备自投投入后 110kV 桥断路器合于故障，过电流保护动作应闭锁备自投。

（3）由上可知，D 选项 110kV 线路断路器手动分闸应闭锁备自投。

【注释】

备用电源自动投入装置，动作闭锁逻辑和投入条件在 GB/T 14285—2023 第 7.4.2 条、GB/T 50062—2008 第 11 章和 DL/T 5136—2012 第 6.6 条中介绍比较简单，新版二次手册有二次接线图但是接线形式较老不容易理解。简单理解为：110kV 母线或主变压器本身故障导致 110kV 进线断路器跳闸及手动分闸均应闭锁备自投。只有 110kV 线路电源侧故障线路失电或 110kV 线路本身故障导致电源侧断路器跳闸才允许备自投动作。

以本题为例，备自投动作条件及过程：桥开关备自投动作条件是"1 号母线失电压、线路 1 无电流，2 号母线有电压，无闭锁开入"，此时备自投动作，先重跳 QF1，确认 QF1 跳闸后，合 QF3；或"2 号母线失电压、线路 2 无电流，1 号母线有电压，无闭锁开入"，此时备投动作，先重跳 QF2，确认 QF2 跳闸后，合 QF3。

考点 3　TA 变比选择

【2008 年上午题 1~5】已知某发电厂 220kV 配电装置有 2 回进线、3 回出线、主接线采用双母线接线，屋外配电装置为普通中型布置，见图（本题省略）。请回答下列问题。

▶▶ 第 7 题 ［TA 变比选择］ 5. 如图中主变压器回路最大短路电流为 25kA，主变压器容量 340MVA，说明主变压器高压侧电流互感器变比及保护用电流互感器配置选择下列哪一组最合理？　　　　　　　　　　　　　　　　　　　　　　　　　　　　（　　）

（A）600/1A，5P10/5P10/TPY/TPY　　　　（B）800/1A，5P20/5P20/TPY/TPY

（C）2×600/1A，5P20/5P20/TPY/TPY　　（D）1000/1A，5P30/5P30/5P30/5P30

【答案及解答】D

依题意，变压器的额定电流为 $I_e = \dfrac{S_e}{\sqrt{3}U_e} = \dfrac{340}{\sqrt{3}\times 220} = 0.892$ (kA)

由《电流互感器和电压互感器选择及计算规程》（DL/T 866—2015）第 3.2.2 条可知，电流互感器电流应大于该电气主设备可能出现的最大长期负荷电流，所以 A、B 均不符合条件。

当变比取 2×600/1 时，一次电流倍数为 $m = \dfrac{25000}{2\times 600} = 20.83$

当变比取 1000/1 时，一次电流倍数为 $m = \dfrac{25000}{1000} = 25$

由新版二次手册第 71 页式表 2-17 可知，C 选项 5P20，20＜20.83，复合误差将超过 5%，不满足要求。同理，D 满足要求，所以选 D。

【考点说明】

（1）保护用 TA 与测量用 TA 的区别在于保护用 TA 不考虑 1.25 的倍数，应注意区别。

（2）TA 一次电流倍数必须小于其准确级次，否则负荷误差会超标，本题选项 C 的一次电流倍数计算值 20.83，不能向下选 20 的 TA，必须向上选。所以 D 选项正确。

（3）继电保护计算，使用的是变压器额定电流，而不是变压器回路最大电流，所以本题不乘 1.05。本章后续各题在该点上类似处理。

（4）老版二次手册第 64 页表 20-13 注。

【注释】

（1）电流互感器选择从二次方面要求、正常运行电流、准确等级、短路电流倍数、二次负载阻抗（TA 容量）、测量 TA 保护系数、保护暂态特性的要求七个方面来选择。

（2）对于常规保护，如果 TA 二次侧为三角形接线，还需考虑正常运行二次电流回路小于额定电流，则题中没有一个答案正确。

（3）TPY 型 TA 一般适用于 330kV 及以上系统，对暂态特性有要求的场合。TPY 型 TA 有间隙，剩磁小，暂态特性好。本题 C 选项如果不是一次电流倍数 20 稍小不满足要求的话，其采用的 TPY 型 TA 是更合理的。

【2011 年上午题 16～20】 某火力发电厂，在海拔 1000m 以下，发电机—变压器组单元接线如下图所示。设 i_1、i_2 分别为 d1、d2 点短路时流过 QF 的短路电流，已知远景最大运行方式下，i_1 的交流分量起始有效值为 36kA 不衰减，直流分量衰减时间常数为 45ms；i_2 的交流分量起始有效值为 3.86kA，衰减时间常数为 720ms，直流分量衰减时间常数为 260ms。请解答下列各题（计算题按最接近数值选项）。

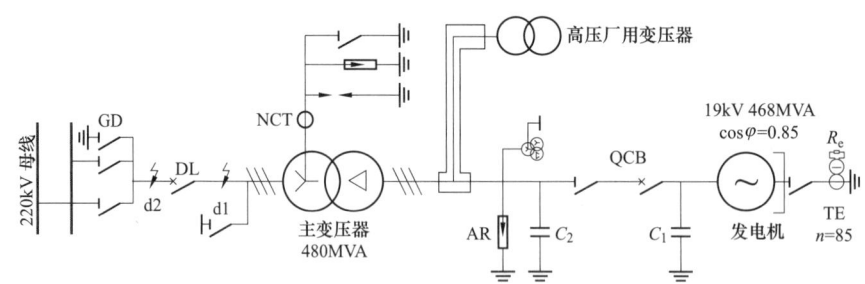

▶▶ 第 8 题 [TA 变比选择] 18. 图中主变压器中性点回路 NCT 变比宜选择下列哪项？为什么？　　　　　　　　　　　　　　　　　　　　　　　　　　　　　　（　　）

（A）100/5　　　　　　　　　　　　（B）400/5
（C）1200/5　　　　　　　　　　　　（D）4000/5

【答案及解答】C

由 DL/T 866—2015 第 6.2.1-3 款，主变高压侧为直接接地系统时，中性点 CT 一次电流宜

取主变压器高压侧额定电流的 50%～100%，即

$$I_e = \frac{S}{\sqrt{3}U_e} = \frac{480 \times 1000}{\sqrt{3} \times 220} = 1259.67 \text{ (A)}，可得：（50\%～100\%）\times 1259.67 = 629.835～1259.67 \text{ (A)}$$

所以选 C。

【考点说明】

（1）电流互感器二次电流为 5A 或 1A。本题选项中只有 5A。

（2）电流互感器变比选择，属于设备选择内容，重点是确定电流互感器一次额定电流。

【2017 年下午题 27～30】 某国外水电站安装的水轮发电机组，单机额定容量为 120MW，发电机额定电压为 13.8kV，$\cos\varphi=0.85$，发电机、主变压器采用发变组单元接线，未装设发电机断路器，主变压器高压侧三相短路时流过发电机的最大短路电流为 19.6kA，发电机中性点接线及 TA 配置如下图所示。

▶▶ **第 9 题 [TA 变比选择] 27.** 如发电机出口 TA BA8 采用 5P 级 TA，给定暂态系数 $K=10$，互感器实际二次负荷不大于额定二次负荷，试计算确定发电机出口、中性点 TA 的 BA8、BA3 的变比及发电机出口 TA 的准确限制系数最小值应为下列哪组数值？

( )

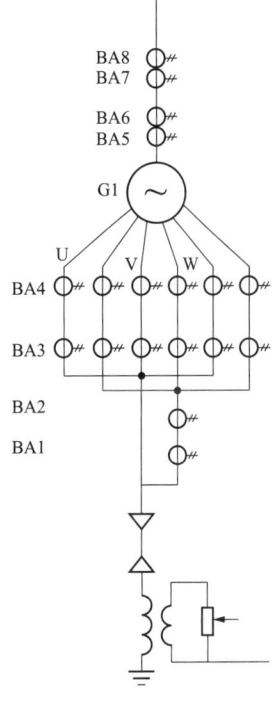

（A）BA8 和 BA3 变比分别为 8000/1、8000/1，BA8 的准确限制系数为 20

（B）BA8 和 BA3 变比分别为 8000/1、4000/1，BA8 的准确限制系数为 20

（C）BA8 和 BA3 变比分别为 8000/1、8000/1，BA8 的准确限制系数为 30

（D）BA8 和 BA3 变比分别为 8000/1、4000/1，BA8 的准确限制系数为 30

【答案及解答】 D

（1）依据 DL/T 866—2015 第 6.2.1 条和老版一次手册表 6-3 BA8 一次电流为

$$1.05 \times \frac{120 \times 1000}{0.85 \times \sqrt{3} \times 13.8} = 6202 \text{ (A)}$$

BA3 一次电流为 $\frac{6202}{2} = 3101$ (A)。

依据 DL/T 866—2015 第 6.2.2 条，BA8 和 BA3 二次电流取 1A 或 5A，选项中只有 1A，因此选 1A。

BA8 和 BA3 的变比分别选 8000/1A 和 4000/1A。

（2）依据 DL/T 866—2015 第 2.1.7 条～第 2.1.9 条。

BA8 准确限值系数 $K_{alf} = KK_{pcf} = KI_{pcf}/I_{pr} = 10 \times 19.6 \times 1000/8000 = 24.5$

BA8 准确限值系数选 30。

所以选 D。

【考点说明】

（1）本题可通过 DL/T 866—2015 附录掌握发电机 TA 配置情况，明确题干要求选择的 TA 用于发电机差动保护，明确 100～200MW 机组无发电机出口断路器时，校验发电机差动保护 TA 的短路点选择。

（2）本题是考新规范 DL/T 866—2015 相关概念，其实与二次手册第 69 页的式（20-8）是类似的。该处的"准确限值系数"就是以前常考的 TA 一次电流倍数；而暂态系数 K，就是可靠系数 K_k，是为了防止 TA 铁芯饱和而留出的裕度。考生在备考时可将不同规范的相关内容比较学习，从而提高学习效率。

【注释】

（1）本题属于电流互感器选择，涉及电流互感器一次和二次参数选择。

（2）保护校验系数 K_{pcf}：当互感器通过选定的保护校验故障电流时，其误差应在规定范围内，保护校验故障电流与电流互感器额定一次电流比值，称为保护校验系数。

（3）准确限值系数 K_{pcf}：在稳态情况下，保护用电流互感器能满足复合误差要求的最大一次电流值称为额定准确限值一次电流。额定准确限值一次电流与额定一次电流之比，称为准确限值系数。也就是参数中的 TA 准确等级。

（4）常规纵差动保护引入发电机机端和中性点的全部相电流，在定子绕组同相发生匝间短路时，两侧电流仍然相等，不能反映同一相匝间故障。而不完全差动只要选择适当的 TA 变比，可以保证正常运行和区外故障时，没有差流，相间和匝间故障时，均会形成差流，可以反映同一相匝间故障。

（5）发电机电压等级考虑绝缘成本不可能做的太大，导致流过线圈的电流相对较大，所以线圈一般都采用双星型。由图可知，两组线圈并联连接后出口处合成一相，所以发电机出口 TA 测的是每一相的电流，而中性点侧的 TA 测的是双星型每一臂的电流，为相电流的一半，所以发电机差动用出口 TA 和中性点侧 TA 变比一般差一倍。为此，《电力系统继电保护》（张保会主编）第 200 页描述到："由于发电机不完全差动保护引入中性点部分分支电流，因此，发电机机端和中性点 TA 的变比不再相等，不可能使用同一型号的 TA。"

考点 4　TA 绕组配置

【2022 年补考下午题 1~3】　某风电场安装了 100 台风力发电机组，每台发电机组额定功率 2000kW，发电机可在功率因数容性 0.95～感性 0.95 范围内可靠运行。该风电场升压站地处海拔 3200m 地区，一回 220kV 架空线路将风机所发电能送入 40km 外的电力系统，220kV 侧为单母线接线，配置了两台主变压器，主变压器低压侧各自连接 60 回集电线路(即各自连接着 50 台风机。

请分析计算解答下列问题。

▶▶第 10 题 ［TA 变比选择］2. 220kV 配电装置出线间隔的电流互感器，至少要使用几个次级绕组才能满足二次设计要求，并说明各绕组的用途。（设计条件：①220kV 全线保护按双套考虑；②专用故障记录装置需要单独的电流互感器二次绕组；③220kV 出线侧为电量关口计量点）　　　　　　　　　　　　　　　　　　　　　　　　　　　　　　（　　）

(A) 5 绕组 (B) 6 绕组
(C) 7 绕组 (D) 8 绕组

【答案及解答】 C

由 DL/T 866—2015 第 7.2.8-2 条，绕组数为：4 组 5P+1 组故障录波+1 组 0.5 级+1 组 0.2s 级=7 组。

考点 5　TA 二次负载计算

▶▶ **第 11 题 [TA 二次负载计算]** 28．假定该电站并网电压为 220kV，220kV 线路保护用电流互感器选用 5P30 级，变比为 500/1A，额定二次容量 20VA，二次绕组电阻 6Ω，给定暂态系数 K=2，线路距离保护第一段末端短路电流 15kA，保护装置安装处短路电流 25kA，计算该电流互感器允许接入的实际最大二次负载应为下列哪项数值？　　　　　　（　　）

(A) 4.8Ω (B) 7Ω
(C) 9.6Ω (D) 20Ω

【答案及解答】 B

依据《电流互感器和电压互感器选择及计算规程》（DL/T 866—2015）第 10.2.3 条相关内容，式（10.2.3-1）、式（10.2.3-2）及式（10.2.3-3）。

(1) 依据题意，220kV 线路保护用电流互感器选用 5P30 级，变比为 500/1A，额定二次容量 20VA，二次绕组电阻 6Ω，给定暂态系数 K=2 则 $K_{alf}=30$，$R_b=20$，$R_{ct}=6$，$K=2$，$I_{sr}=1$。

距离保护第一段末端短路电流为 15kA，则保护校验系数 $K_{pcf1}=\dfrac{15}{0.5}=30$。

保护出口短路电流为 25kA，则保护校验系数 $K_{pcf2}=\dfrac{25}{0.5}=50$。

(2) 按距离保护第一段末端短路校验。依据式（10.2.3-1），按距离保护第一段末端短路校验，电流互感器额定二次极限电势

$$E_{S1}=K_{alf}(R_{ct}+R_b)I_{sr}=30\times(6+20)\times1=780\ (V)$$

依据式（10.2.3-2），设电流互感器实际二次负荷为 R_{b1}，给定暂态系数 K=2，电流互感器等效二次感应电势

$$E_S=KK_{pcf1}(R_{ct}+R_{b1})I_{sr}=2\times30\times(6+R_{b1})\times1=360+60R_{b1}\ (V)$$

依据式（10.2.3-3），要求 $E_S\leq E_{S1}$，$360+60R_{b1}\leq780\ \Omega$，$R_{b1}\leq7\ \Omega$。

(3) 按保护出口短路校验。设本距离保护按出口短路选择电流互感器可保证保护可靠动作。依据式（10.2.3-2），电流互感器等效二次感应电势为

$$E_S=K_{pcf2}(R_{ct}+R_{b1})I_{sr}=50\times(6+R_{b1})\times1=300+50R_{b1}\ (V)$$

依据式（10.2.3-3），要求，$E_S\leq E_{S1}$，$300+50R_{b1}\leq780\Omega$，$R_{b1}\leq9.6\ \Omega$。

综合以上两种情况，该电流互感器允许接入的实际最大二次负载应为 7Ω，所以选 B。

【考点说明】

本题是新规范中出的一道题目，属于新题。如果新规范中有公式或涉及计算的部分，必须仔细研究。对于新规范中的例题，需要动手做一遍，将其中的符号注释清楚。

【注释】

（1）关于电流互感器二次负载计算相关内容在老版二次手册中有说明，但本题所给资料中，"暂态系数""短路电流"等概念在该手册中均未提及，因此可以判断本题出处不在该手册。

（2）由于是电流互感器的选择，因此可以判断本题出处为《电流互感器和电压互感器选择及计算规程》（DL/T 866—2015）。

（3）查找相关章节，本题关键是理解各符号的意义，能够与本题中给定的数值对应。

额定二次极限电动势 E_{s1}：该值以下电流互感器能保证规定的准确性，应依据保护要求选定适当故障点和校验电流。

▶▶ 第 12 题 [TA 二次负载计算] 29．如发电机出口选用 5P 级电流互感器，三相星形连接，假定数字继电器线圈电阻为 1Ω，连接导线截面为 2.5mm²，铜导体导线长度为 200m，接触电阻为 0.1Ω，敷设不计及继电器线圈电抗和导线电感的影响，计算单相接地时电流互感器实际二次负荷应为下列哪项数值？ （ ）

（A）1.4Ω　　　　　　　　　　（B）2.5Ω
（C）3.9Ω　　　　　　　　　　（D）4.9Ω

【答案及解答】C

依据《电流互感器和电压互感器选择及计算规程》（DL/T 866—2015）第 10.2.6 节相关内容，依据式（10.2.6-2），计算连接导线的负荷为 $R_l = \dfrac{L}{rA} = \dfrac{200}{57 \times 2.5} = 1.4(\Omega)$

依据表 10.2.6，单相接地时，继电器阻抗换算系数 $K_{rc}=1$，连接导线阻抗换算系数 $K_{lc}=2$，依据式（10.2.6-1），保护用电流互感器二次负荷应按下式计算

$$Z_b = \Sigma K_{rc} Z_r + K_{lc} R_l + R_c = 1 \times 1 + 2 \times 1.4 + 0.1 = 3.9(\Omega)$$

所以选 C。

【考点说明】

本题中考点由新版二次手册第 73 页也有相关介绍。

【注释】

本题已明确 TA 为三相星形连接，故障类型为单相接地，因此查阻抗换算系数表时，只需要到对应点查找系数即可。

【2008 年下午题 20～24】 某发电厂启动备用变压器从本厂 110kV 配电装置引接，变压器型号为 SF9-16000/110，三相双绕组无励磁调压变压器 115/6.3kV，阻抗电压 U_d=8%，接线组别为 YNd11，高压侧中性点直接接地。

▶▶ 第 13 题 [TA 二次负载计算] 23．已知用于后备保护 110kV 的 TA 二次负载能力为 10VA，保护装置的第一整定值（差动保护）动作电流为 4A，此时保护装置的二次负载为 8VA，若忽略接触电阻，计算连接导线的最大电阻应为下列何值？ （ ）

(A) 0.125Ω　　　　　　　　　　(B) 0.042Ω
(C) 0.072Ω　　　　　　　　　　(D) 0.063Ω

【答案及解答】D

由新版二次手册第 65 页式（2-2）可知：

继电器阻抗值为：$Z_j = \dfrac{P}{I^2} = \dfrac{8}{4^2} = 0.5$ (Ω)

TA 二次负载值为：$Z_j = \dfrac{P}{I^2} = \dfrac{10}{4^2} = 0.625$ (Ω)

包含阻抗换算系数的连接导线的电阻为 0.625 − 0.5 = 0.125 (Ω)。

本题求后备保护 TA 负载能力，后备保护一般为星型接线。由新版二次手册第 73 页式（2-12），连接导线的阻抗换算系数选最不利的情况，由该手册表 2-19 可知，三相星形接线系数最大为 2。连接导线电阻为 0.125/2 = 0.063 (Ω)，所以选 D。

【考点说明】

老版二次手册第 67 页式（20-7）、第 67 页式（20-6）、表 20-18。

【注释】

本题不严谨，首先要确定二次回路最大负载，必须要根据 TA 10%误差曲线校核，这就需要确定 TA 一次电流倍数。但题目中这些内容都未给出，只能根据容量允许负载计算。

根据第 73 页式（2-12），连接导线的电阻，需要确定连接导线的阻抗换算系数。但本题未明确指出故障类型及 TA 接线方式。由于本保护为主变压器高压侧后备保护，TA 接线方式应该为星形接线。由于未确定针对何种故障类型，因此连接导线的阻抗换算系数选最不利的情况，根据表 20-19，接线系数取 2。

根据新版二次手册第 73 页式（2-12）[老版二次手册第 67 页式（20-6）]，连接导线电阻为 0.125/2 = 0.063(Ω)。

由本题数据很容易得出 TA 二次侧额定电流是 5A，但计算时为什么不用 $\dfrac{10}{5^2} = 0.4$ (Ω)？

对于继电保护用继电器，额定容量 10VA，是在允许误差范围内的最大使用容量。由欧姆定律可得 $Z = \dfrac{P}{I^2}$，所以不同的回路电流决定了最大容许阻抗，虽然 TA 二次额定电流是 5A，但这是最大允许值，正常运行时并不会达到该值。在达到动作定值时，误差不要超标，使继电保护可靠动作，至于动作以后电流超标，其实已经不重要了。所以本题的回路最大允许阻抗用 4A 计算。

【2016 年上午题 11～16】 某地区新建两台 1000MW 级火力发电机组，发电机额定功率为 1070MW，额定电压为 27kV，额定功率因数为 0.9。通过容量为 1230MVA 的主变压器送至 500kV 升压站，主变压器阻抗为 18%，主变压器高压侧中性点直接接地。发电机长期允许的负序电流大于 0.06 倍发电机额定电流，故障时承受负序能力 $A=6$，发电机出口电流互感器变比为 30 000/5A。请分析计算并解答下列各小题。

▶▶ 第 14 题 [TA 二次负载计算] 15．该机组某回路测量用电流互感器变比 100/5A，二次侧所接表计线圈的内阻为 0.12Ω，连接导线的电阻为 0.2Ω，该电流互感器的接线方式为三

角形接线，该电流互感器的二次额定负载为以下哪项数值最为合理？（接触电阻忽略不计）
（　　）

（A）150VA　　　　　　　　　　（B）15VA
（C）75VA　　　　　　　　　　　（D）10VA

【答案及解答】 C

由新版二次手册第 67 页表 2-13，计量表计用电流互感器三角形接线形式下阻抗换算系数为 3，据该手册第 67 页式（2-4），电流互感器的二次额定负载为：$Z_2 = 3 \times 0.12 + 3 \times 0.2 = 0.96\,(\Omega)$。

根据式（20-4），电流互感器实际二次容量为 $S = I_2^2 Z_2 = 5^2 \times 0.96 = 24\,(VA)$。

根据《电力装置电测量仪表装置设计规范》（GB/T 50063—2017）第 7.1.7 条，电流互感器二次绕组中所接入的负荷，应保证在额定二次负荷的 25%～100%。因此，电流互感器额定二次负荷应该为 24～96VA，C 最合理，所以选 C。

【考点说明】

老版二次手册第 67 页表 20-16、第 66 页式（20-5）。

【2018 年下午题 20～23】 本题大题干略。

▶▶ **第 15 题 [TA 二次负载计算]** 20. 发电机测量信号通过变送器接入 DCS，发电机测量 TA 为三相星形接线，每相电流互感器接 5 只变送器，安装在变送器屏上。每只变送器交流电流回路负载为 1VA，发电机 TA 至变送器屏的长度为 150m，电缆采用 4mm² 铜芯电缆，铜电阻系数 $\rho = 0.0184\,\Omega \cdot mm^2/m$，总接触电阻按 0.1Ω 考虑。请分别计算测量 TA 的实际负载值，保证测量精度条件下测量 TA 的最大允许额定二次负载值。（　　）

（A）0.99Ω，3.96VA　　　　　　（B）0.99Ω，99VA
（C）1.68Ω，168VA　　　　　　（D）5.79Ω，23.16VA

【答案及解答】 B

依据 DL/T 866—2015 第 10.1 节可得：

变送器电流线圈阻抗　　$Z_m = 1/(5^2) = 0.04\,(\Omega)$

连接导线的电阻　　$Z_l = 0.0184 \times 150 / 4 = 0.69\,(\Omega)$

依据表 10.1.2，三相星形接线时，测量用电流互感器阻抗换算系数均为 1；

依据式（10.1.1）可得：$Z_b = \Sigma K_{mc} Z_m + K_{lc} Z_l + R_c = 5 \times 1 \times 0.04 + 1 \times 0.69 + 0.1 = 0.99\,(\Omega)$

依据表 4.4.1，测量用电流互感器二次负荷值应该为 25%～100% 额定负荷；

电流互感器实际二次负荷值为 $0.99 \times 5^2 = 24.75\,(VA)$

则电流互感器额定负荷可取范围为（24.75/100%）～（24.75/25%）=24.75～99（VA）

则保证测量精度条件下测量 TA 的最大允许额定二次负载值为 99VA。

所以选 B。

【考点说明】

本题属于电流互感器选择类题目，该类题已多次考过，属于常规类型题目。但本题中，已知电流互感器的二次负载，倒过来求测量 TA 的额定二次负载值，需要对表 4.4.1 中内容理解到位。

【2019 年下午题 21~23】 某工程 2 台 660MW 汽轮发电机组,电厂启动/备用电源由厂外 110kV 变电站引接,电气接线如下图所示,启动备用变压器采用分裂绕组变压器,变压器变比为 110±8×1.25%/10.5-10.5,容量为 60MVA/37.5-37.5MVA;变压器低压绕组中性点采用低电阻接地,高压侧保护用电流互感器参数为 400/1A,5P20,低压侧分支保护用电流互感器参数为 3000/1,5P20。请根据上述已知条件解答下列问题。

▶▶ 第 16 题 [TA 二次负载计算] 22. 已知启动备用变压器低压侧中性点电流互感器变比为 100/5,电流互感器至保护屏电缆长度为 100m,采用 4mm² 截面铜芯电缆,铜电导系数取 57m/(Ω·mm²),其中接触电阻取 0.1Ω,保护装置交流电流负载为 1VA,请计算电流互感器的实际二次负荷是下列哪项值? ( )

(A) 14.48VA　　　　　　　　(B) 22.95VA
(C) 25.45VA　　　　　　　　(D) 49.45VA

【答案及解答】C

由《电流互感器和电压互感器选择和计算规程》(DL/T 866—2015),由于中性点电流互感器为单相,根据表 10.2.6,连接导线阻抗换算系数为 $K_{LC}=2$。

根据式(10.2.6-2),连接导线电阻 $R_l = \dfrac{100}{57 \times 4} = 0.439(\Omega)$。

根据式(10.2.6-1),TA 二次负荷为 $Z_b = K_{LC} \times R_l + R_C = 2 \times 0.439 + 0.1 = 0.978\,(\Omega)$

TA 的实际二次负荷为 $5^2 \times 0.978 + 1 = 25.45\,(VA)$,所以选 C。

【考点说明】

本题考点为电流互感器二次负荷计算。但要注意,本题计算变压器低压侧中性点电流互感器,该电流互感器为单相配置,不是常规的三相星形接线,因此连接导线阻抗换算系数为 2,不是 1。

【2020 年下午题 23~27】 某 220kV 变电站,安装两台 180MVA 主变,联接组别为 YN/yn0/d11,主变压器变比为 230±8×1.25%/121/10.5。220kV 侧 110kV 侧均为双母线接线,10kV 侧为单母线分段接线,线路 10 回。站内采用铜芯电缆,r 取 57m/(Ω·mm²)。请解答以下问题(计算结果精确到小数点后 2 位)

▶▶ 第 17 题 [TA 二次负载计算] 26. 110kV 出线设置电能计量装置,其三台 CT 二次绕组与电能表间采用六线连接,电缆长 200m,截面 4mm²,表计负荷 0.4Ω/相,采用铜芯电缆,接触电阻取 0.1Ω,则电流互感器二次负荷计算值应为下列哪项? ( )

(A) 1.28Ω　　　　　　　　(B) 1.78Ω
(C) 2.25Ω　　　　　　　　(D) 2.65Ω

【答案及解答】C

由 DL/T 866—2015 第 10.1.1 条可得:连接导线的阻抗 $Z_l=0.0175\times200/4=0.875$(Ω)

根据式 10.1.1 及表 10.1.2 可得:$Z=1\times0.4+2\times0.875+0.1=2.25$(Ω),所以选 C。

【2021 年下午题 25~27】 某 300MW 火力发电机组,已知 10kV 系统短路电流 40kA,采用低电阻接地。汽机低压厂用变接线如下图:变压器额定容量为 2000kVA,变比 10.5/0.4,

短路阻抗 10%，变压器励磁涌流为 12 倍额定电流。请分析计算并解答下列各小题。

▶▶ **第 18 题**［TA 二次负载计算］26. 已知变压器保护装置安装在 10kV 开关柜内，变压器本体距离 10kV 开关柜的电缆长度为 200m，选用铜芯电缆，r 取 $57m/(\Omega \cdot mm^2)$，电缆截面积选用 $4mm^2$，保护装置电流回路额定负载是 1Ω，接触电阻取 0.05Ω。当变压器低压侧中性点零序电流互感器二次额定电流选用 1A 及 5A 时，请问实际二次负载下列哪一项是正确的？
（　　）

（A）1.927VA、24.18VA 　　　　（B）2.745VA、44.85VA
（C）2.8VA、46.1VA 　　　　　　（D）2.8VA、70VA

【答案及解答】D
根据《电流互感器和电压互感器选择及计算规程》（DL/T 866—2015）第 10.2.6 条。
变压器低压侧中性点零序电流互感器采用单相接线方式，因此：

$$K_{lc} = 2, \; K_{rc} = 1 \; 可得 Z_b = \sum K_{rc}Z_r + K_{lc}R_l + R_c = 1 \times 1 + 2 \times \frac{200}{57 \times 4} + 0.05 = 2.8(\Omega)$$

（1）零序电流互感器二次额定电流选用 1A 时，实际二次负载 $S = 1 \times 1 \times 2.8 = 2.8(VA)$。
（2）零序电流互感器二次额定电流选用 5A 时，实际二次负载 $S = 5 \times 5 \times 2.8 = 70(VA)$。
所以选 D。

【考点说明】
本题属于重复考点，掌握查表选取阻抗换算系数。

【2023 年上午题 17～20】　某 220kV 变电站与无限大电源系统连接并远离发电厂，电气接线图如下所示，S1 系统归算到 220kV 母线的等值电抗标幺值 $X_1 = 0.01$，S2 系统归算到 220kV 母线的等值电抗标幺值 $X_{22} = 0.014$。（基准容量 S_j-100MVA，基准电压 $U_j = 230kV$），变电站安装两台 220kV/110kV/10kV、180MVA 主变，正常运行时高、中压侧并列运行，低压侧分列运行。中低压侧线路均为负荷出线。220kV 侧配置母线差动保护，差电流启动元件定值按可靠躲过区外故障最大不平衡电流整定，接入母差保护的电流互感器变比均为 2500/1。二次电缆采用铜芯电缆，γ 取 $57m/\Omega \cdot mm^2$。请分析计算并解答下列各小题。

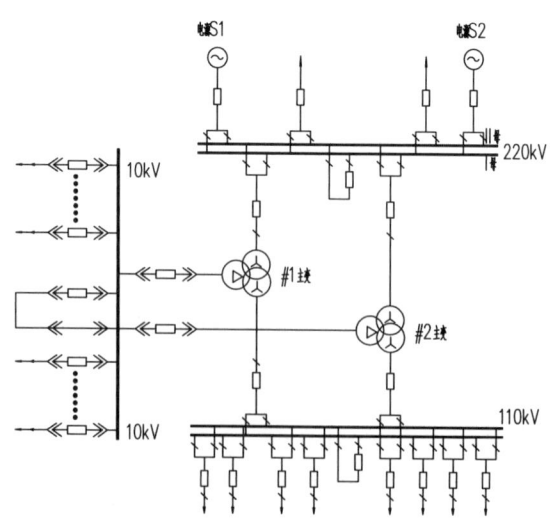

▶▶ **第 19 题 [TA 二次负载计算]** 19．主变间隙零序电流保护用电流互感器准确级 5P30，电流互感器至保护装置之间的电缆长度为 180m，截面积 2.5mm²。保护装置电流线圈电阻 0.5Ω。接触电阻共取 0.1Ω，该间隙电流互感器二次实际负荷计算值是下列哪项数值? ( )

(A) 1.86Ω (B) 2.53Ω
(C) 3.13Ω (D) 3.63Ω

【答案及解答】 C

由 DL/T 866—2015 第 10.2.6 条

导线电阻 $R_l = \dfrac{L}{\gamma A} = \dfrac{180}{57 \times 2.5} = 1.263(\Omega)$

$Z_b = \sum K_{rc} Z_r + K_{lc} R_l + R_c = 1 \times 0.5 + 2 \times 1.263 + 0.1 = 3.126(\Omega)$

【考点说明】

零序 CT 的接线形式都是单相接法，这是本题的题眼。读者在备考过程中必须对该考点不同类型的 CT 常规接法烂熟于心才能从容应对考试，培训正课会有 CT 二次负荷专题，给学员讲解原理和巧记公式，这样不用翻规范也能从容作答。

【2022 年上午题 17-20】 某 220kV 变电站，与无限大电源系统连接并远离发电厂，主接线图如下。S1 等值电抗标幺值 X_I=0.01，S2 等值电抗标幺值 X_{II}=0.015。(基准容量 S_j=100MVA，基准电压 U_j=230kV、63kV)。变电站安装两台 220/63kV、180MVA 主变。主变短路电压百分数值为 $U_k(\%)$=14，220kV 侧为双母线接线，进线 1 与出线 1 固定运行于一段母线，进线 2 与出线 2 固定运行于另一段母线；母线并列运行为最大方式，分列运行为最小方式。63kV 侧为单母线分段接线，母线分列运行。主变高压侧保护用电流互感器变比 600～1250/1A，电流互感器满闸接线（S1-S3）站内采用铜芯电缆，$\gamma = 57\text{m}/\Omega \cdot \text{mm}^2$。请分析计算并解答以下各题（计算结果精确到小数点后 2 位）

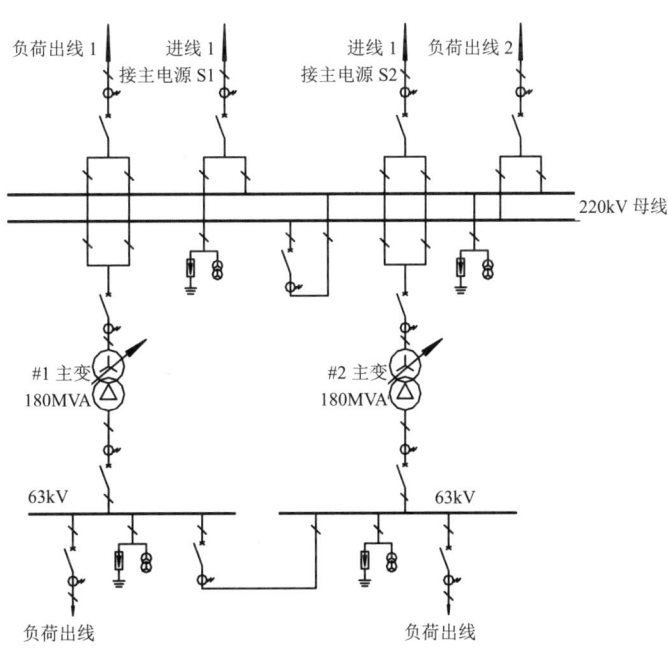

▶▶ 第 20 题 [TA 二次负载计算] 19. 若 63kV 出线测量电流二次回路如下图。W1a、W1c、W2a、W2c 装置负荷均为 0.5Ω/相，电流互感器至测量装置之间的铜芯电缆长度为 150m，截面 2.5mm^2，接触电阻取 0.1Ω。电流互感器二次负荷不小于下列哪项数值？ （　　）

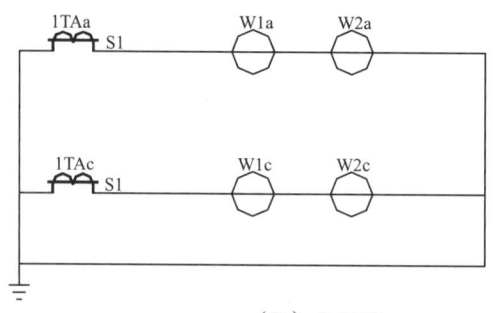

（A）3.66Ω　　　　　　　　　　　　（B）2.92Ω
（C）2.88Ω　　　　　　　　　　　　（D）2.15Ω

【答案及解答】B

由 DL/T 866—2015 表 10.1.2 两相星形接线，零线回路无负荷阻抗时，接线系数 $K_{lc}=\sqrt{3}, K_{mc}=1$

又由该规范式（10.1.1），得

$Z_b = \sum K_{mc}Z_m + K_{lc}Z_l + R_c = 1 \times 0.5 \times 2 + \sqrt{3} \times \dfrac{150}{57 \times 2.5} + 0.1 = 2.29\Omega$，选 B。

【2022 年下午题 27～30】　某 100MW 光伏发电工程，通过线变组接线接入 110kV 系统，主变压器容量为 100MVA，额定变比 115±8×1.25%/35kV，U_d=10.5%。35kV 每回集电线路连接光伏容量为 25MW。35kV 母线最大三相短路电流为 23kA。请分析计算并解答下列各题。

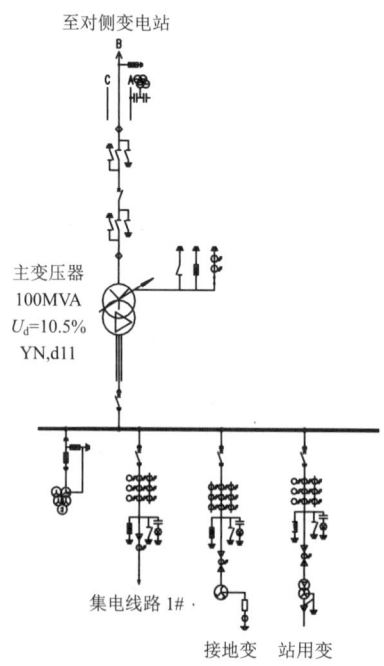

第6章 继电保护

▶▶ **第21题** [TA 二次负载计算] 28. 已知 35kV 集电线路电流互感器采用三相星型接线，变比为 600/5A。集电线路保护采用综合保护装置。安装在开关柜上，保护用电流互感器接综合保护装置后再接故障录波装置。电流互感器至故障录波器装置屏电缆长度为 100 米，电缆采用截面为 4mm² 的铜芯电缆，铜电导系数取 57[m/(Ω·mm²)]。其中接触电阻共计 0.1Ω。保护装置及故障录波装置交流电流负载均为 1VA，请计算三相短路时电流互感器的实际二次负荷为下列哪项数值？ ( )

(A) 12.98VA (B) 14.48VA
(C) 15.48VA (D) 63.48VA

【答案及解答】C

由老版二次手册第 67～68 页，由表 18 知三相星型接线在三相短路时接线系数均为 1，由该手册式（20-7）保护装置和故障录波器阻抗 $Z_j = \dfrac{P}{I^2} = \dfrac{1}{5^2} = 0.04(\Omega)$

二次电缆阻抗 $Z_{lx} = \dfrac{100}{57 \times 4} = 0.4386(\Omega)$

又由式（20-6）可得总阻抗 $Z_z = 1 \times (2 \times 0.04) + 1 \times 0.4386 + 1 \times 0.1 = 0.6186(\Omega)$

总负载 $P = I^2 Z_z = 5^2 \times 0.6186 = 15.46\,(VA)$，故选 C。

【**2024 年上午题 13～16**】 某水电站发电机变压器采用单元接线，发电机出口装设断路器，发电机额定容量 320MW，额定电压 18kV，额定功率因数 0.9，假定直轴次暂态及暂态同步电抗饱和值 X'd = X"d = 0.165；主变压器额定容量 360MVA，额定电压 525±2×2.5%/18kV（无励磁调压），接线组别 Ynd11，短路阻抗 14%。发电机侧电流互感器变比 15000/1A，主变高压侧电流互感器变比 600/1A。

请分析计算并解答下列各小题

▶▶ **第22题** [TA 二次负载计算] 13. 发电机侧电气测量用电流互感器采用三相星型接线方式，电流互感器端子到电气测量仪表盘柜采用截面 4mm² 铜芯电缆连接，长度 160m。电气测量仪表的单相负荷 0.5VA，回路接触电阻 0.1Ω。则电流互感器二次负荷计算值最接近以下哪项数值？（铜电导系数 $\gamma = 57$ m/Ω mm²） ( )

(A) 0.80Ω (B) 1.3Ω
(C) 2.0Ω   (D) 3.9Ω

【答案及解答】B

由《电流互感器和电压互感器选择及计算规程》（DL/T 866—2015）表 10.1.2 可知，三相星型接线 $K_{mc}=1$；$K_{lc}=1$。

由式（10.2.6-2）可得：$R_l = \dfrac{L}{\gamma A} = \dfrac{160}{57 \times 4} = 0.702(\Omega)$

由式（10.1.1）可得：$Z_b = \sum K_{mc} Z_m + K_{lc} Z_l + R_c = 1 \times 0.5 + 1 \times 0.702 + 0.1 = 1.302(\Omega)$

所以选 B。

考点 6　TA 一次电流倍数计算

【2012 年下午题 22~25】　某电网企业 110kV 变电站，两路电源进线，两路负荷出线（电缆线路），进线、出线对端均为系统内变电站，四台主变压器（变比为 110/10.5）；110kV 为单母线分段接线，每段母线接一路进线，一路出线，两台主变压器；主变压器高压侧套管 TA 变比为 3000/1，其余 110kV TA 变比均为 1200/1。最大运行方式下，110kV 三相短路电流为 18kA；最小运行方式下，110kV 三相短路电流为 16kA；10kV 侧最大最小运行方式下三相短路电流接近，为 23kA。110kV 母线分段断路器装设自动投入装置，当一条电源线路故障断路器跳开后，分段断路器自动投入。

▶▶ 第 23 题 [TA 一次电流倍数计算] 24. 如果 110kV 装设母线差动保护，则 110kV 线路电流互感器的一次电流倍数为多少？（可靠系数取 1.3）　　　　　　　　　　（　　）

(A) 2.38　　　　　　　　　　　　(B) 17.33
(C) 19.5　　　　　　　　　　　　(D) 18

【答案及解答】C
由新版二次手册第 104 页式 (2-27) 可得

$$m_{js} = \frac{K_k I_{d,max}}{I_e} = \frac{1.3 \times 18 \times 10^3}{1200} = 19.5$$

【考点说明】
（1）计算母差保护外部最大短路电流，关键点是：确定计算用最大外部短路电流对应的故障点，要特别注意该短路电流必须流过电流互感器。

（2）新版二次手册第 72 页内容已根据 DL/T 866—2015 进行修编。

（3）老版二次手册第 69 页式 (20-10)。

【注释】
短路电流取母差保护外部短路时流过互感器的最大电流，母差保护外部即母差 TA 外部故障，由于母差 TA 外部与母线物理及电气距离极小，因此等同于母线故障电流。

【2013 年上午题 16~20】　某新建 110kV/10kV 变电站设有 2 台主变压器，单侧电源供电。110kV 采用单母分段接线，两段母线分列运行。2 路电源进线分别为 L1 和 L2，两路负荷出线分别为 L3 和 L4，L1 和 L3 接在 1 号母线上。110kV 电源来自某 220kV 变电站 110kV 母线，其 110kV 母线最大运行方式下三相短路电流 20kA，最小运行方式下三相短路电流为 18kA。本站 10kV 母线最大运行方式下三相短路电流为 23kA。线路 L1 阻抗为 1.8Ω，线路 L3 阻抗为 0.9Ω。

▶▶ 第 24 题 [TA 一次电流倍数计算] 19. 已知主变压器高压侧 TA 变比为 300/1，线路 TA 变比为 1200/1。如果主变压器配置差动保护和过电流保护，请计算主变压器高压侧电流互感器的一次电流倍数最接近下列哪项值？（可靠系数取 1.3）　　　　　　（　　）

(A) 9.06　　　　　　　　　　　　(B) 21.66
(C) 24.91　　　　　　　　　　　　(D) 78

【答案及解答】A
由新版二次手册第 104 页式 (2-27) 可得，计算一次电流倍数的故障电流为外部短路时

流过电流互感器的最大电流。应取本站 10kV 母线最大运行方式下三相短路电流，为 23kA，一次电流倍数为

$$m_{js} = \frac{K_k I_{d,max}}{I_e} = \frac{1.3 \times 23 \times 10^3 \times \dfrac{10}{110}}{300} = 9.06$$

【考点说明】

（1）确定本题故障点位置时应注意，因为该变压器为 110kV 侧单电源供电，如果 110kV 侧高压母线侧区外故障时，故障电流是不流入高压侧 TA 的，所以故障点一定选在低压侧母线。

（2）本题要计算的是主变压器高压侧电流互感器的一次电流倍数，需要把低压侧短路电流折算到高压侧，折算时不只考虑变比，还要考虑联结组别的因素。

（3）老版二次手册第 69 页式（20-9）。

【注释】

110kV 主变压器保护一般单套配置，差动保护采用独立 TA，不采用套管 TA。220kV 主变压器保护一般双套配置，两套差动保护均采用独立 TA。

【2012 年下午题 22~25】 某电网企业 110kV 变电站，两路电源进线，两路负荷出线（电缆线路），进线、出线对端均为系统内变电站，四台主变压器（变比为 110/10.5kV）；110kV 为单母线分段接线，每段母线接一路进线，一路出线，两台主变压器；主变压器高压侧套管 TA 变比为 3000/1，其余 110kV TA 变比均为 1200/1。最大运行方式下，110kV 三相短路电流为 18kA；最小运行方式下，110kV 三相短路电流为 16kA；10kV 侧最大最小运行方式下三相短路电流接近，为 23kA。110kV 母线分段断路器装设自动投入装置，当一条电源线路故障断路器跳开后，分段断路器自动投入。

▶▶ 第 25 题［TA 一次电流倍数计算］23．如果主变压器配置差动保护和过电流保护，则主变压器高压侧电流互感器的一次电流倍数为多少？（可靠系数取 1.3）　　　　（　）

（A）2.38　　　　　　　　　　　　（B）9.51
（C）19.5　　　　　　　　　　　　（D）24.91

【答案及解答】A

由新版二次手册第 104 页式（2-27）可得

$$m_{js} = \frac{K_k I_{d,max}}{I_e} = \frac{1.3 \times 23 \times 10^3 \times \dfrac{10.5}{110}}{1200} = 2.38$$

【考点说明】

老版二次手册第 69 页式（20-9）。

【2016 年下午题 28~30】 某 220kV 变电站，主接线示意图见下图，安装 220/110/10kV，180MVA（100%/100%/50%）主变压器两台，阻抗电压高—中 13%、高—低 23%、中—低 8%；220kV 侧为双母线接线，线路 6 回，其中线路 L21、L22 分别连接 220kV 电源 S21、S22，另 4 回为负荷出线（每回带最大负荷 180MVA），每台主变压器的负载率为 65%。

110kV 侧为双母线接线，线路 10 回，其中 2 回线路 L11、L12 分别连接 110kV 系统 S11、S12，正常情况下为负荷出线，每回带最大负荷 20MVA，其他出线均只作为负荷出线，每回带最大负荷 20MVA；当 220kV 侧失电时，110kV 电源 S11、S12 通过线路 L11、L12 向 110kV 母线供电，此时，限制 110kV 负荷不大于除了 L11、L12 线路外其他各负荷线路最大总负荷的 40%，且线路 L11、L12 均具备带上述总负荷的 40%的能力。

10kV 为单母线接线，不带负荷出线。

已知系统基准容量 S_j=100MVA，220kV 电源 S21 最大运行方式下系统阻抗标幺值为 0.006，最小运行方式下系统阻抗标幺值为 0.0065；220kV 电源 S22 最大运行方式下系统阻抗标幺值为 0.007，最小运行方式下系统阻抗标幺值为 0.0075；L21 线路阻抗标幺值为 0.01，L22 线路阻抗标幺值 0.011。

已知 110kV 电源 S11 最大运行方式下系统阻抗标幺值为 0.03，最小运行方式下系统阻抗标幺值为 0.035；110kV 电源 S12 最大运行方式下系统阻抗标幺值为 0.02，最小运行方式下系统阻抗标幺值为 0.025；L11 线路阻抗标幺值为 0.011，L12 线路阻抗标幺值 0.017。

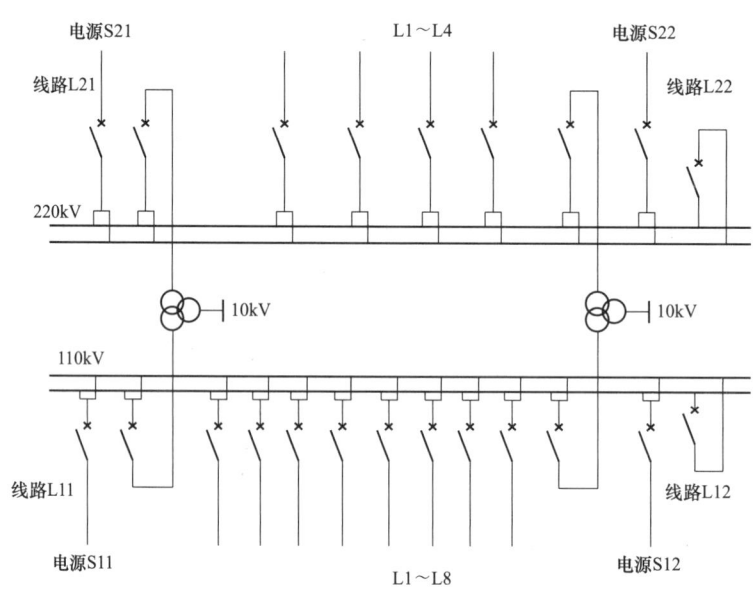

▶▶ 第 26 题［TA 一次电流倍数计算］29．已知主变压器 110kV 侧电流互感器变比为 1200/1，请计算主变压器 110kV 侧用于主变压器差动保护的电流互感器的一次电流计算倍数最接近下列哪项数值？（可靠系数取 1.3） （　　）

（A）6.18　　　　　　　　　　　　（B）6.04
（C）6.76　　　　　　　　　　　　（D）27.96

【答案及解答】C

（1）按题意，主变压器高中压侧均有电源且不同时供电，由于中压侧电源系统阻抗远大于高压侧电源系统阻抗，因此最大短路电流运行方式为：两个 220kV 电源均投入运行，且两台主变压器只有一台运行时 110kV 母线三相短路，阻抗接线如下图所示。

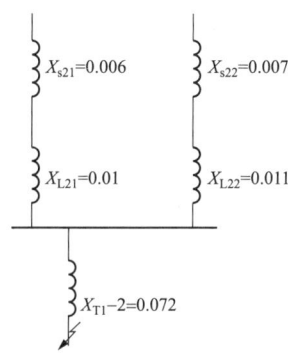

（2）由新版变电手册第 52 页表 3-2、第 61 页表 3-9、第 59 页式（3-20），可设 S_j=100MVA，U_j=115kV，I_j=0.502kA。

变压器高中压侧阻抗 $X_{*T1-2} = \dfrac{13}{100} \times \dfrac{100}{180} = 0.072$

总阻抗标幺值

$$\sum X_* = (0.006+0.01)//(0.007+0.011) + X_{*T1-2} = \dfrac{0.016 \times 0.018}{0.016+0.018} + 0.072 = 0.0805$$

（3）短路电流有效值为

$$I'' = \dfrac{I_j}{\sum X_*} = \dfrac{0.502}{0.0805} = 6.236 \text{ (kA)}$$

（4）由新版二次手册第 104 页式（2-27）可得，主变压器 110kV 侧用于主变压器差动保护的电流互感器一次电流计算倍数为

$$m_{js} = \dfrac{K_k I_{d.max}}{I_e} = \dfrac{1.3 \times 6.236 \times 1000}{1200} = 6.756, \quad K_k = 1.3$$

所以选 C。

【考点说明】

（1）老版二次手册第 69 页第 20-5 节式（20-9）。

（2）本题流过 TA 的外部最大短路电流的求取，难点主要有以下两点：

1）确定供电方向。由于本题中主变压器高、中压侧均有电源但不同时供电，而且低压侧不带负荷，所以应对高中压侧分别供电运行时的外部最大短路电流进行比较。显而易见，由于中压侧电源系统阻抗远大于高压侧，因此选取 220kV 系统电源供电时，110kV 母线故障的运行方式进行外部最大短路电流的计算。

2）确定故障时主变压器运行台数。如果有两台主变压器运行，应特别注意流入 TA 的电流要分流一半，两种情况的阻抗接线图如图 2、图 3 所示。图 2 为故障时一台主变压器运行，图 3 为故障时两台主变压器运行。

因为 $I_{1*} = \dfrac{1}{X_{s*}+X_{T1-2*}}$，$I_{2*} = \dfrac{1}{2(X_{s*}+X_{T1-2*}/2)} = \dfrac{1}{2X_{s*}+X_{T1-2*}}$，所以 $I_{1*} > I_{2*}$。

综上所述，故障时一台主变压器运行时流入 TA 的短路电流肯定大于两台主变压器运行时的短路电流。

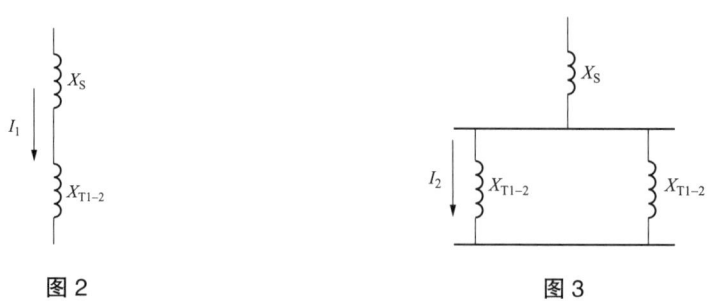

图 2　　　　　　　　　　　　　图 3

【2022 年上午题 17-20】　某 220kV 变电站，与无限大电源系统连接并远离发电厂，主接线图如下。S1 等值电抗标幺值 $X_{\mathrm{I}}=0.01$，S2 等值电抗标幺值 $X_{\mathrm{II}}=0.015$。（基准容量 $S_{\mathrm{j}}=100\mathrm{MVA}$，基准电压 $U_{\mathrm{j}}=230\mathrm{kV}$、63kV）。变电站安装两台 220/63kV、180MVA 主变。主变短路电压百分数值为 $U_{\mathrm{k}}(\%)=14$，220kV 侧为双母线接线，进线 1 与出线 1 固定运行于一段母线，进线 2 与出线 2 固定运行于另一段母线；母线并列运行为最大方式，分列运行为最小方式。63kV 侧为单母线分段接线，母线分列运行。主变高压侧保护用电流互感器变比 600～1250/1A，电流互感器满闸接线（S1-S3）站内采用铜芯电缆，$\gamma=57\mathrm{m}/\Omega\cdot\mathrm{mm}^2$。请分析计算并解答以下各题（计算结果精确到小数点后 2 位）

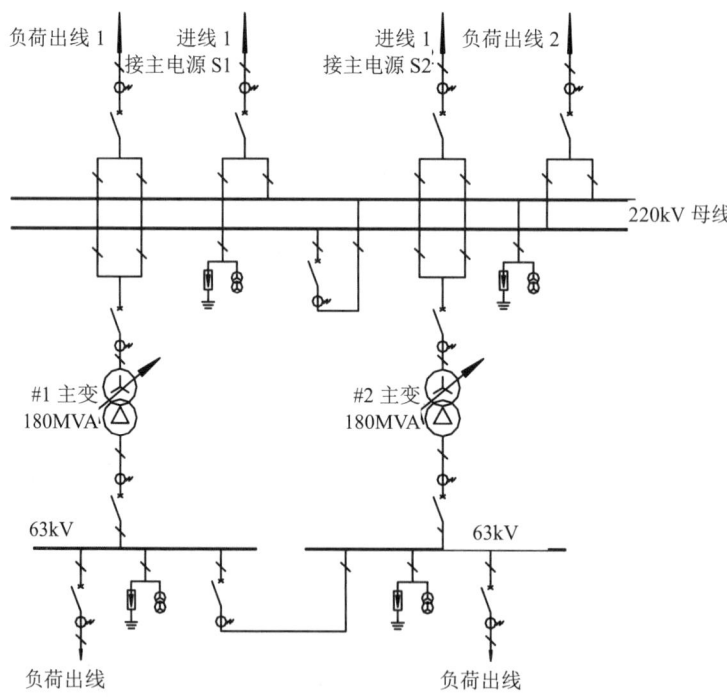

▶▶ 第 27 题［TA 一次电流倍数计算］20．220kV 负荷出线 1 带一终端变电站运行。终端变电站高压侧为单母线接线，变电站中、低压侧均无电源接入。两站之间线路长度 18km，$X_1=0.4\Omega/\mathrm{km}$。负荷出线 1 配置线路纵差保护，保护配置不带速饱和变流器。本站线路保护用电流互感器变比为 1250/1A，此间隔电流互感器保护校验用一次电流计算倍数 m_{js} 是下列哪项数值？（阻抗计算过程精确到小数点后 5 位）　　　　　　　　　　　　　　（　　）

(A) 33.46　　　　　　　　　　　　(B) 26.01
(C) 20.48　　　　　　　　　　　　(D) 15.36

【答案及解答】C

由老版一次手册第 120 页式（4-1）～式（4-10）及表 4-1、表 4-2 可得最大方式时系统阻抗标幺值为 $X_{*x} = X_{*1} // X_{*2} = 0.01 // 0.015 = 0.00600$

线路阻抗标幺值 $X_{*1} = X\dfrac{S_j}{U_j^2} = 18 \times 0.4 \times \dfrac{100}{230^2} = 0.01361$

出线 1 末端故障总阻抗标幺值 $X_* = X_{*x} + X_{*1} = 0.00600 + 0.01361 = 0.01961$

此时流过 TA 的短路电流 $I'' = \dfrac{0.251}{0.01961} = 1280 \,(\text{kA})$

又由老版二次手册第 70 页，式（20-15），依题意不带速饱和变流器时可靠系数取 2，可得：一次电流倍数 $m_{js} = \dfrac{2 \times 12.80 \times 10^3}{1250} = 20.48$

考点 7　TA 暂态面积系数及误差计算

【2019 年下午题 1~3】某 600MW 汽轮发电机组，发电机额定电压为 20kV，额定功率因数为 0.9，主变压器为 720MVA、550－2×2.5%/20kV、Yd11 接线三相变压器，高压厂用变压器电源从主变压器低压侧母线支接，发电机回路单相对地电容电流为 5A，发电机中性点经单相变压器二次侧电阻接地，单相变压器的二次侧电压为 220V。

▶▶ 第 28 题 [TA 暂态面积系数及误差] 3. 当 500kV 线路发生三相短路时，发变组侧提供的短路电流为 3kA。500kV 系统侧提供的短路电流为 36kA，保护动作时间 40ms，断路器分断时间为 50ms。发电机出口保护用电流互感器采用 TPY 级，依据该工况计算电流互感器的暂态面积系数和误差（一次时间常数按 0.2s，二次时间常数按 2s）。（　　）

(A) 19.2、3.06%　　　　　　　　(B) 23.2、3.69%
(C) 25.1、3.99%　　　　　　　　(D) 25.1、3.53%

【答案及解答】B

由 DL/T 866—2015 式（10.3.1-6）可得：$K_{td} = \dfrac{314 \times 0.2 \times 2}{0.2 - 2} \times \left(e^{-\frac{0.05+0.04}{0.2}} - e^{-\frac{0.05+0.04}{2}}\right) + 1 = 23.22$

又由 DL/T 866—2015 式（10.3.3-3）可得：$\hat{\varepsilon} = \dfrac{23.22}{314 \times 2} = 0.03697$

【考点说明】

本题考查 DL/T 866—2015 中 TA 的暂态截面积系数和误差，属于比较冷僻考点，但本题只需要找到相应公式直接代入即可得到答案。

考点 8　TA 二次极限电势计算

【2020 年下午题 23~27】某 220kV 变电站，安装两台 180MVA 主变，连接组别为 YN/yn0/d11，主变压器变比为 230±8×1.25%/121/10.5。220kV 侧 110kV 侧均为双母线接线，

10kV 侧为单母线分段接线，线路 10 回。站内采用铜芯电缆，r 取 57m/(Ω·mm²)。请解答以下问题（计算结果精确到小数点后 2 位）

▶▶ 第 29 题 [TA 二次极限电势] 27. 某变电站 220kV 某出线间隔 TA 采用备品，TA 的保护绕组为 P 级，参数如下：变比为 1250/1，K_{alf} = 35，R_c = 7Ω，R_b = 20Ω。线路配置双套微机距离保护，距离一段短路电流为 37.5kA，互感器实际二次负荷为 R'_b = 8Ω，暂态系数 K = 2。按距离保护第一段末端短路校验，TA 实际需要的等效极限电动势应为下列哪些项值？　　　　　　　　　　　　　　　　　　　　　　　　　　　　　　　（　　）

（A）900V　　　　　　　　　　　　（B）945V
（C）1620V　　　　　　　　　　　　（D）1890V

【答案及解答】A

由 DL/T 866—2015 式（10.2.3-2）可得：K_{pcf} = 37.5 / 1.25 = 30

$$E'_{a1} = KK_{pcf}I_{sr}(R_{ct} + R'_b) = 2 \times 30 \times 1 \times (7 + 8) = 900(\text{V})$$

考点 9　TA 二次电缆截面计算

【2021 年上午题 11~13】某 220kV 户内变电站，安装两台主变，220kV 侧为双母线接线，4 回出线；110kV 侧为双母线接线，线路 8 回，均为负荷出线；10kV 侧为单母线分段接线，线路 10 回，均为负荷出线。

主变压器变比为 230±×1.25%/115/10.5，容量为 180MVA/180MVA/180MVA，接线组别为 YN/yn0/d11。站内采用铜芯电缆，r 取 57m/(Ω·mm²)。请解答以下问题。（计算结果精确到小数点后 2 位）

▶▶ 第 30 题 [TA 二次电缆截面计算] 13. 110kV 出线配置相间及接地距离保护，电流互感器采用三相星形接线，二次每相允许负荷 2Ω，保护装置采样原件取三相线电流，保护装置每相负荷 0.5Ω，电流互感器至保护之间的电缆长度 210m，不计接触电阻，此电流回路电缆最小截面计算值是多少？　　　　　　　　　　　　　　　　　　　　　　　　　　（　　）

（A）2.46mm²　　　　　　　　　　　（B）3.25mm²
（C）4.91mm²　　　　　　　　　　　（D）7.37mm²

【答案及解答】C

由《电流互感器和电压互感器选择及计算规程》（DL/T 866—2015）第 10.2.6 条及表 10.2.6 电流互感器采用三相星形接线，使用二次负载最大的单相短路进行计算：

K_{rc} = 1，K_{lc} = 2，二次回路电阻为：$Z_b = \sum K_{rc} Z_r + K_{lc} R_l + R_C = 1 \times 0.5 + 2 \times \dfrac{210}{57 \times A} \leq 2(\Omega)$

$A \geq \dfrac{420}{57 \times 1.5} = 4.91 \text{mm}^2$，所以选 C。

【考点说明】

电缆截面选择是重复考点，注意会根据各类故障查表确定阻抗换算系数。

【2022 年下午题 27~30】某 100MW 光伏发电工程，通过线变组接线接入 110kV 系统，主变压器容量为 100MVA，额定变比 115±8×1.25%/35kV，U_d=10.5%。35kV 每回集电

线路连接光伏容量为 25MW。35kV 母线最大三相短路电流为 23kA。请分析计算并解答下列各题。

▶▶ **第 31 题 [TA 二次电缆截面计算]** 29. 35kV 母线电压互感器采用三相星型接线，二次侧线电压为 100V，其中所接计量电能表每相负载为 2VA。由母线电压互感器柜到计量电能表屏和测量表计屏电缆长度为 250m，控制电缆采用铜芯电缆，铜电导系数取 57[m/(Ω·mm²)]，请问电能表电压回路所选电缆截面的计算值及所选电缆截面分别为下列哪项数值？ （　）

（A）计算值为 0.76mm²，选 2.5mm² 截面电缆
（B）计算值为 0.76mm²，选 4mm² 截面电缆
（C）计算值为 1.01mm²，选 2.5mm² 截面电缆
（D）计算值为 1.01mm²，选 4mm² 截面电缆

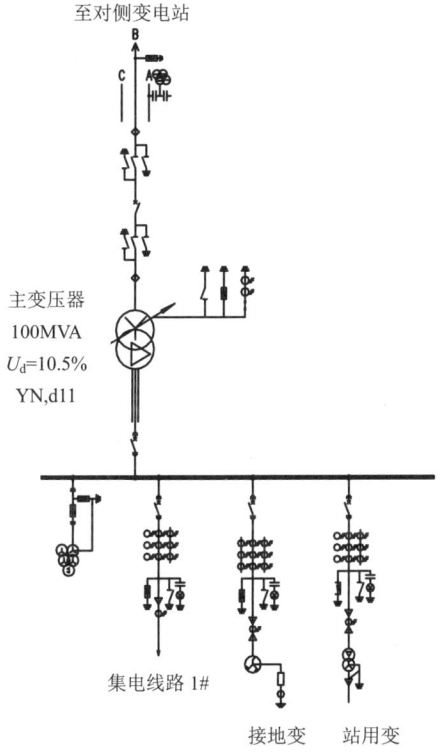

【答案及解答】B
由 GB 50063—2017 第 8.2.3 条可知计量二次电压回路压降不大于 0.2%。
由老版二次手册式（20-45）可得

$$S = \frac{1}{\Delta U}\sqrt{3}K_{lx.zk}\frac{P}{U_{x-x}}\frac{L}{\gamma} = \frac{1}{0.2\% \times 100}\sqrt{3} \times 1 \times \frac{2}{100}\frac{250}{57} = 0.76 \,(\text{mm}^2)$$

又由 GB 50063—2017 第 8.2.5 条，知计量二次电压回路截面不小于 4mm²，所以选 B。

考点 10　TV 二次电缆截面计算

【2020 年下午题 23～27】 某 220kV 变电站，安装两台 180MVA 主变，连接组别为 YN/

yn0/d11，主变压器变比为 230±8×1.25%/121/10.5kV。220kV 侧 110kV 侧均为双母线接线，10kV 侧为单母线分段接线，线路 10 回。站内采用铜芯电缆，r 取 $57\text{m}/(\Omega \cdot \text{mm}^2)$）。请解答以下问题（计算结果精确到小数点后 2 位）

▶▶ **第 32 题 [TV 二次电缆截面计算] 25.** 该站某 10kV 出线设有结算用计量点，电压互感器二次绕组为三相 Y 型，电压互感器变比 $10/\sqrt{3}/0.1/\sqrt{3}$，每相负荷 40VA，电压互感器到电能表电缆长度为 100m。请计算该电缆最小截面应为下列哪项数值？ （　　）

(A) 0.70mm² (B) 4.21mm²
(C) 10.53mm² (D) 18.24mm²

【答案及解答】 C

由 GB/T 50063—2017 第 8.2.3-2 条可得电能计量装置的二次回路电压降不应大于额定二次电压的 0.2%，可得

$$S \geq \frac{\rho \times LI}{\Delta U} = \frac{0.0175 \times 100 \times 40/U}{0.2\% \times U} = \frac{0.0175 \times 100 \times 40}{0.2\% \times \left(\frac{100}{\sqrt{3}}\right)^2} = 10.5(\text{mm}^2)$$

【2010 年下午题 21～25】 某地区电网规划建设一座 220kV 变电站，电压为 220kV/110kV/10kV，主接线如下图所示。请解答下列问题：

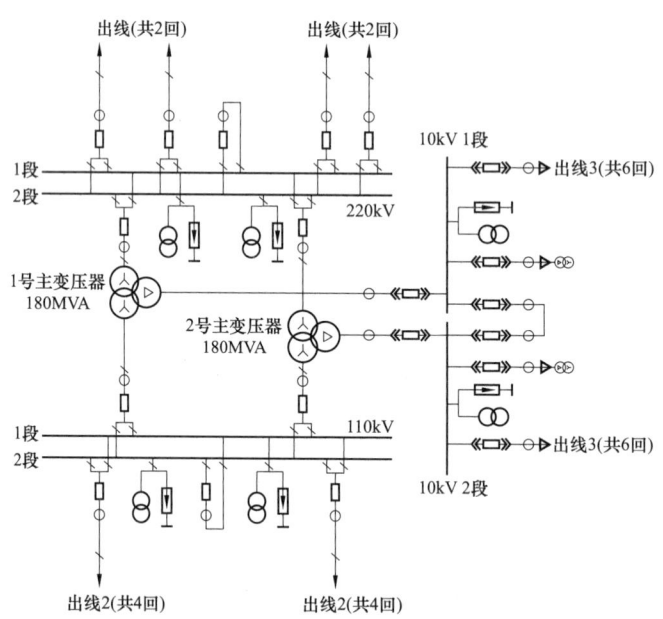

▶▶ **第 33 题 [PT 二次电缆截面计算] 21.** 该变电站 110kV 出线有 1 回用户专线，有功电能表为 0.5 级，电压互感器回路电缆截面选择时，其压降满足下列哪项要求？根据是什么？ （　　）

(A) 不大于额定二次电压的 0.25%　(B) 不大于额定二次电压的 0.30%
(C) 不大于额定二次电压的 0.50%　(D) 不大于额定二次电压的 1.00%

【答案及解答】A

由老版二次手册第 103 页第 27-7 节的"3．电压回路用控制电缆选择"知：电压互感器二次回路的电压降，对于用户计费用的 0.5 级电能表，其电压回路电压降不宜大于 0.25%。

所以选 A。

【考点说明】

（1）本题虽然是 2010 年题，但根据 GB/T 50063—2008 第 4.1.3 条和第 9.2.1 条，Ⅰ、Ⅱ类电能计量装置的二次回路电压降不应大于额定二次电压的 0.2%，没有答案；故只能根据老版二次手册来选择。

（2）新版二次手册第 108 页已根据 GB/T 50063—2008 进行了修编。

【2012 年下午题 22～25】 某电网企业 110kV 变电站，两路电源进线，两路负荷出线（电缆线路），进线、出线对端均为系统内变电站，四台主变压器（变比为 110/10.5）；110kV 为单母线分段接线，每段母线接一路进线，一路出线，两台主变压器；主变压器高压侧套管 TA 变比为 3000/1A，其余 110kV TA 变比均为 1200/1A。最大运行方式下，110kV 三相短路电流为 18kA；最小运行方式下，110kV 三相短路电流为 16kA；10kV 侧最大最小运行方式下三相短路电流接近，为 23kA。110kV 母线分段断路器装设自动投入装置，当一条电源线路故障断路器跳开后，分段断路器自动投入。

▶▶ 第 34 题 [TV 二次电缆截面计算] 25．110kV 三相星形接线的电压互感器，其保护和自动装置交流电压回路及测量电压回路每相负荷均按 40VA 计，由 TV 端子箱到保护和自动装置屏及电能计量装置屏的电缆长度为 200m，均采用铜芯电缆，请问保护和测量电缆的截面计算值应为 （　　）

(A) 0.47mm^2，4.86mm^2 （B) 0.81mm^2，4.86mm^2
(C) 0.47mm^2，9.72mm^2 （D) 0.81mm^2，9.72mm^2

【答案及解答】B

由题意及老版二次手册第 103 页可知，至保护和自动装置屏的电压降不应超过额定电压的 3%，又由式（20-45）得

$$S_1 = \frac{1}{\Delta U}\sqrt{3}K_{\text{lx.zk}}\frac{P}{U_{x\text{-}x}}\frac{L}{\gamma} = \frac{1}{3\%\times 100}\times\sqrt{3}\times 1\times\frac{40}{100}\times\frac{200}{57} = 0.81\ (\text{mm}^2)$$

对电力系统内部的 0.5 级电能表，其电压回路电压降不应大于 0.5%，可得

$$S_2 = \frac{1}{\Delta U}\sqrt{3}K_{\text{lx.zk}}\frac{P}{U_{x\text{-}x}}\frac{L}{\gamma} = \frac{1}{0.5\%\times 100}\times\sqrt{3}\times 1\times\frac{40}{100}\times\frac{200}{57} = 4.86\ (\text{mm}^2)$$

所以选 B。

【考点说明】

（1）本题三相星形接线电压应该使用 57V，但本题使用 100V 才有答案，应灵活掌握。

（2）电压二次回路电缆选择，应注意电缆的类别和使用场所，不能混淆。可参考下面规范条文：《电力装置电测量仪表装置设计规范》（GB/T 50063—2017）第 8.2.3 条，[与《火力发电厂、变电站二次接线设计技术规程》（DL/T 5136—2012）第 7.5.6 条类似]，用于测量的电压互感器的二次回路允许电压降，应符合下列规定：

1）计算机监控系统中的测量部分、常用电测量仪表和综合装置的测量部分，二次回路电压降不应大于额定二次电压的 3%。

2）Ⅰ、Ⅱ类电能计量装置的二次回路电压降不应大于额定二次电压的 0.2%。

3）其他电能计量装置的二次回路电压降不应大于额定二次电压的 0.5%。

在 DL/T 5136—2012 中：

第 7.5.5 条："继电保护和自动装置用电压互感器二次回路电缆截面的选择应保证最大负荷时，电缆的电压降不应超过额定二次电压的 3%"。

第 7.5.7 条："控制回路电缆截面的选择应保护最大负荷时，控制电源母线至被控设备间连接电缆的电压降不应超过额定二次电压的 10%"。

（3）老版二次手册第 103 页关于电压互感器测量回路的电压降值有所不同，因其年份久远，应以规范为准。但如果按规范没有答案，则只能按手册作答，比如本题。

（4）新版二次手册第 108 页已根据 GB/T 50063—2017 进行了修编。

【注释】

（1）有同学质疑该题题干不严谨，先是说"保护和测量电压回路"，后面又说"TV 端子箱到保护电能计量装置屏"，最后问题是"保护和测量电缆"。感觉把计量和测量混为一谈，有点概念不清，确实，测量和计量回路实际是不同的概念。测量回路一般接测控装置，计量回路接电能表。现场运行中，基本都是保护与测量装置共用 TV 保护二次侧，电能表使用 TV 计量二次侧。但 GB/T 50063—2017 第 8.2.3 条和 DL/T 5136—2012 第 7.5.6 条关于该方面内容的描述很相似，用于测量的电压互感器的二次回路压降的内容包含了测量和计量回路，因此本题本意就是问保护和自动装置屏及电能计量装置屏电缆的截面计算值。

（2）本题已明确电压互感器为三相星形接线，接线系数取 1，如果是其他接线形式，注意对应的接线系数。

（3）关于电缆长度 200m，实际计算中也是用 200m，而不是用 400m。因为在电压回路，中性线虽然也是 200m，但正常情况下，电压三相对称，中性线回路并无电流和压降，因此不考虑中性线回路的压降。

【2021 年下午题 22～24】 某 220kV 变电站，远离发电厂，安装 220kV/110kV/10kV、180kV 主变两台。220kV 侧为双母线接线，线路 L1、L2 为电源进线，另 2 回为负荷出线。110kV、10kV 侧为单母线分段接线，出线若干回，均为负荷出线。正常运行方式下，L1、L2 分别运行不同母线，220kV 侧并列运行，110kV、10kV 侧分裂运行。

220kV 及 110kV 系统为有效接地系统。

电源 S1 最大运行方式下系统阻抗标幺值为 0.002，最小运行方式下系统阻抗标幺值为 0.006；电源 S2 最大允许方式系统阻抗标幺值为 0.003、最小运行方式下系统阻抗标幺值为 0.008；L1、L2 线路阻抗标幺值为 0.01（系统基准容量为 S_j=100MVA，不计周期分量的衰减，简图如下：）请分析计算并解答以下问题：

▶▶ 第 35 题 [PT 二次电缆截面计算] 23. 该站某 110kV 出线设置贸易结算用计量点，电压互感器二次绕组为三相星型接线，电压互感器二次额定线电压为 100V，每相负荷为 40VA。电压互感器到电能表电缆长度为 100m。铜导体取 $\gamma = 57\text{m}/(\Omega \cdot \text{mm}^2)$，请计算该电缆最小截面计算值。

(　　)

（A）0.70 mm² （B）4.21 mm²
（C）10.53 mm² （D）18.24mm²

【答案及解答】C

由《电力装置电测量仪表装置设计规范》（GB/T 50063—2017）第 8.2.3 条电能计量装置的二次回路电压降不应大于额定二次电压的 0.2%。

每相允许电压降为 57.7×0.2%=0.1154（V）

每相电流为 40/57.7=0.6932（A）

电缆每相允许阻抗为 0.1154/0.6932=0.1665（Ω）

可得 $S = 100/(57×0.1665) = 10.53$ mm²，所以选 C。

【考点说明】

注意额定电压是线电压，计量回路三相星型接线，实际计算是按每相计算。

【2022 年下午题 11～14】 有一个小型热电厂，装机为一台 7.5MW 的发电机，额定电压为 10.5kV，设发电机电压母线，经一台 10MVA，38.5/10.5kV 的变压器与电力系统相连。接线图如下，请分析计算并解答下列各题。

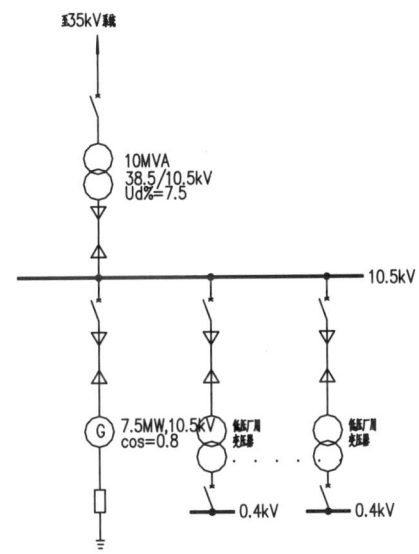

▶▶ 第 36 题 [PT 二次电缆截面计算] 14．本工程的断路器保护采用本体脱扣器。本体没有防跳回路，需用继电器构成断路器的防跳回路。采用电流启动电压保持的原理。控制回路电压为直流 220V，断路器的合闸线圈功率为 120W，跳闸线圈功率为 250W。防跳继电器额的规格有额定电压 12V、24V、48V、110V、220V，额定电流 0.25A、0.5A、1A、2A、3A、4A。经过计算下列哪个防跳继电器的规格选择是合适的？ （　　）

（A）110V　0.5A （B）110V　1A
（C）220V　0.25A （D）220V　0.5A

【答案及解答】D

由老版二次手册第 97 页防跳继电器选择相关内容可知，

额定电压按直流系统额定电压 220V 选择。

额定电流与跳闸线圈动作电流配合,灵敏度不小于1.5。

则 $I \leqslant \dfrac{250}{220 \times 1.5} = 0.76(\text{A})$,选择 0.5A 档,综上选 D。

6.2.2 线路保护

6.2.2.1 整体原则

考点 11 线路保护配置方案

【2017 年下午题 18~21】某 220kV 变电站,远离发电厂,安装两台 220/110/10kV、180MVA(容量百分比:100/100/50)主变压器,220kV 侧为双母线接线,线路 4 回,其中线路 L21、L22 分别连接 220kV 电源 S21、S22,另 2 回为负荷出线,110kV 侧为双母线接线,线路 8 回,均为负荷出线,20kV 侧为单母线分段接线,线路 10 回,均为负荷出线,220kV 及 110kV 侧并列运行,10kV 侧分列运行,220kV 及 110kV 系统为有效接地系统。220kV 电源 S21 最大运行方式下系统阻抗标幺值为 0.006,最小运行方式下系统阻抗标幺值为 0.0065,220kV 电源 S22 最大运行方式下系统阻抗标幺值为 0.007,最小运行方式下系统阻抗标幺值为 0.0075,L21 线路阻抗标幺值为 0.011,L22 线路阻抗标幺值为 0.012(系统基准容量 S_j=100MVA,不计周期分量的衰减)。

请解答以下问题(计算结果精确到小数点后 2 位)。

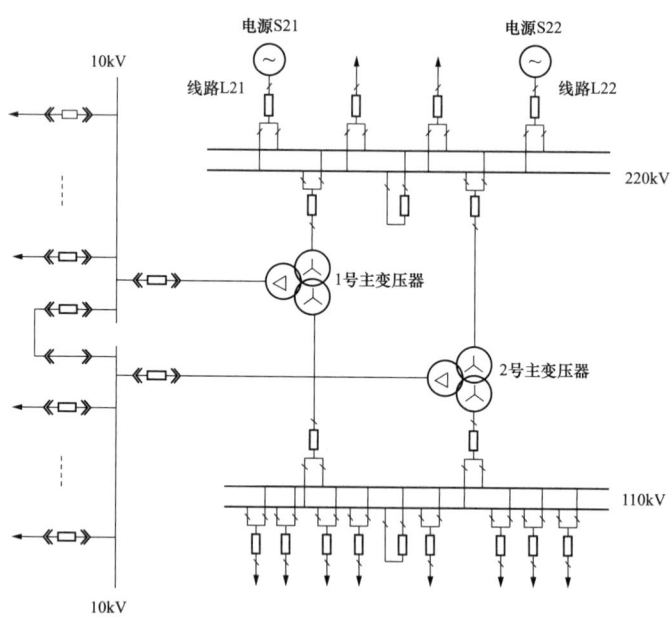

▶▶ 第 37 题 [架空线保护配置方案] 21. 请确定下列有关本站保护相关描述中,哪项是不正确的?并说明理由?　　　　　　　　　　　　　　　　　　　　　　(　　)

(A)220kV 断路器采用分相操动机构,应尽量将三相不一致保护配置在保护装置中

(B)110kV 线路的后备保护宜采用远后备方式

（C）220kV 线路能够快速有选择性的切除线路故障的全线速动保护是线路的主保护

（D）220kV 线路配置两套对全线路内发生的各种类型故障均有完整保护功能的全线速动保护，可以互为近后备保护

【答案及解答】 A

依据 GB/T 14285—2023 第 5.6.3.4 条：220～500kV 断路器三相不一致，应尽量采用断路器本体的三相不一致保护，而不再另外设置三相不一致保护；如断路器本身无三相不一致保护，则应为该断路器配置三相不一致保护。因此，选项 A 表述错误。

GB/T 14285—2023 第 5.1.2.2 条 110kV 线路的后备保护宜采用远后备方式。因此选项 B 表述正确。

GB/T 14285—2023 第 5.1.2.1 条能够快速有选择性地切除线路故障的全线速动保护以及不带时限的线路 I 段保护都是线路的主保护。因此选项 C 表述正确。

GB/T 14285—2023 第 5.1.2.2 条和第 5.1.3.2 条加强主保护是指全线速动保护的双重化配置，同时，要求每一套全线速动保护的功能完整，对全线路内发生的各种类型故障，均能快速动作切除故障。因此选项 D 表述正确。

所以选 A。

【考点说明】

本题属于规范理解题，不涉及计算，考的是二次常识。

【注释】

本题属于条文理解性题目，可以通过规程逐条核对条文。但注电考试全靠翻条文是不行的，必须有一部分知识点需要理解记忆。比如本题中远近后备、主保护、三相不一致等知识点如果理解到位，本题就相当容易。而且，专业知识考试中也同样会考一些通过理解记忆能迅速得出答案的题目，这样才能节省出时间查找不清楚的题目。

【2022 年下午题 27～30】 某 100MW 光伏发电工程，通过线变组接线接入 110kV 系统，主变压器容量为 100MVA，额定变比 $115±8×1.25\%/35kV$，$U_d=10.5\%$。35kV 每回集电线路连接光伏容量为 25MW。35kV 母线最大三相短路电流为 23kA。请分析计算并解答下列各题。

▶▶ **第 38 题 [架空线保护配置方案]** 30．本工程 35kV 系统为低电阻接地系统，接地变压器通过断路器接在 35kV 母线上，请分析下列哪项关于保护的描述是正确的，并说明理由。

（　　）

（A）低电阻接地系统必须且是只能有一个中性点接地，当接地变压器或中性点电阻失去时，供电变压器可短时间运行

（B）接地变压器中性点上装设零序电流保护，作为接地变压器和母线单相接地故障的主保护和系统各元件的总后备保护

（C）接地变压器零序电流保护的跳闸的方式：零序电流保护动作跳接地变压器断路器

（D）接地变压器电源侧装设三相式的电流速断、过电流保护、过电压保护、单相接地保护

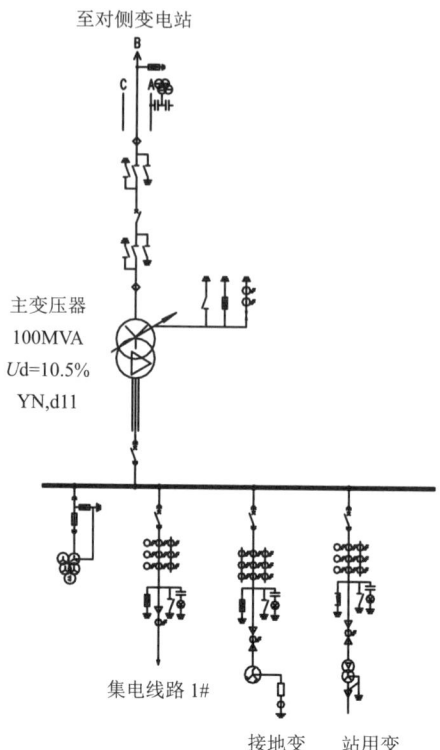

【答案及解答】 B

由 DL/T 584—2017 可得

由第 17.2.13.5 条，A 错误。

由第 17.2.13.7 条，B 正确。

由第 17.2.13.9 条，C 错误。

由第 17.2.13.7 条，D 错误。

综上所述选 B。

考点 12　架空线路重合闸配置

【2013 年上午题 16～20】 某新建 110kV/10kV 变电站设有 2 台主变压器，单侧电源供电。110kV 采用单母分段接线，两段母线分列运行。2 路电源进线分别为 L1 和 L2，两路负荷出线分别为 L3 和 L4，L1 和 L3 接在 1 号母线上。110kV 电源来自某 220kV 变电站 110kV 母线，其 110kV 母线最大运行方式下三相短路电流 20kA，最小运行方式下三相短路电流为 18kA。本站 10kV 母线最大运行方式下三相短路电流为 23kA。线路 L1 阻抗为 1.8Ω，线路 L3 阻抗为 0.9Ω。

▶▶ 第 39 题［架空线重合闸配置］20. 若安装在线路 L1 电源侧的电流保护作为 L1 线路的主保护，当线路 L1 发生单相接地故障后，请解释说明下列关于线路重合闸表述哪项是正确的？
(　　)

（A）线路 L1 本站侧断路器跳三相重合三相，重合到故障上跳三相

（B）线路 L1 电源侧断路器跳三相重合三相，重合到故障上跳三相

（C）线路 L3 本站侧断路器跳单相重合单相，重合到故障上跳三相

（D）线路 L1 电源侧断路器跳单相重合单相，重合到故障上跳三相

【答案及解答】B

由 GB/T 14285—2023 第 7.4.1.6 条可知，110kV 及以下单相侧电源线路的自动重合闸采用三相一次重合闸方式。三相重合闸动作过程：L1 线路发生单相或多相故障，保护动作跳开 L1 电源侧三相断路器，然后三相重合；如果重合于故障则保护再次三相跳闸但不重合。所以选 B。

【考点说明】

本题属于理解性题目，不涉及计算。一般应参考 GB/T 14285—2023。如果是计算题，主要是参考老版二次手册解题。

【注释】

（1）输配电线中重合闸方式：

1) 单相重合闸方式：单相故障，跳单相重合单相；若重合于故障，三相跳闸不重合。多相故障，跳三相不重合。

2) 三相重合闸方式：任何故障，跳三相重合三相；若重合于故障，三相跳闸不重合。

3) 综合重合闸方式：单相故障，跳单相重合单相；若重合于故障，三相跳闸不重合。多相故障，跳三相重合三相；若重合于故障，三相跳闸不重合。

4) 特殊重合闸方式：单相故障，跳三相重合三相；若重合于故障，三相跳闸不重合。多相故障，跳三相不重合（这种方式一般应用于终端变电站，也称东北方式）。

（2）一般情况 220kV 及以上系统为输电线路，为了系统的稳定，要求允许短时非全相运行，所以线路两侧的断路器有分相操作要求，可实现单相重合闸功能；而 110kV 及以下为配电线路，系统不允许非全相运行，所以用的断路器都是三相联动，只能实现三相重合闸功能。

【2010 年下午题 21～25】 某地区电网规划建设一座 220kV 变电站，电压为 220kV/110kV/10kV，主接线如下图所示。请解答下列问题。

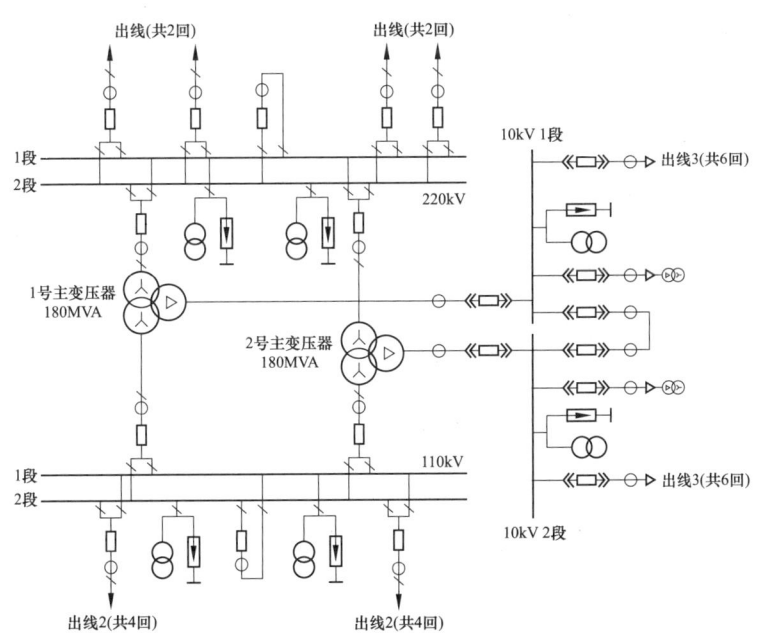

▶▶ 第40题 [架空线重合闸配置] 23. 该变电站110kV出线中，其中有2回线路为一个热电厂的并网线，请确定该线路配置自动重合闸的正确原则为下列哪项？并说明根据和理由。
（　　）

（A）设置不检查同步的三相重合闸
（B）设置检查同步的三相重合闸
（C）设置同步检定和无电压检定的三相自动重合闸
（D）设置无电压检定的三相重合闸

【答案及解答】C

由 GB/T 14285—2023 第 7.4.1.8-b）条可知：并列运行的发电厂或电力系统之间，具有两条联系的线路或三条联系不紧密的线路，可采用同步检定和无电压检定的三相重合闸方式。

所以选 C。

【注释】

线路重合闸是否装设检同期装置，最根本的原则是断路器两侧会不会解列成两个系统，如果会解列成两个系统，那么断路器在合闸时必须经检同期合闸，否则会出现非同期合闸事故。

6.2.2.2　线路距离保护

考点 13　线路距离Ⅰ段保护整定

【2017 年下午题 18～21】　某220kV变电站，远离发电厂，安装两台 220kV/110kV/10kV、180MVA（容量百分比：100/100/50）主变压器，220kV侧为双母线接线，线路4回，其中线路 L21、L22 分别连接 220kV 电源 S21、S22，另 2 回为负荷出线，110kV 侧为双母线接线，线路 8 回，均为负荷出线，20kV 侧为单母线分段接线，线路 10 回，均为负荷出线，220kV 及 110kV 侧并列运行，10kV 侧分列运行，220kV 及 110kV 系统为有效接地系统。220kV 电源 S21 最大运行方式下系统阻抗标幺值为 0.006，最小运行方式下系统阻抗标幺值为 0.0065，220kV 电源 S22 最大运行方式下系统阻抗标幺值为 0.007，最小运行方式下系统阻抗标幺值为 0.0075，L21 线路阻抗标幺值为 0.011，L22 线路阻抗标幺值为 0.012（系统基准容量 S_j=100MVA，不计周期分量的衰减）。

▶▶ 第41题 [相间距离Ⅰ段保护整定] 20. 本变电站中有一回 110kV 出线，向一台终端变压器供电，出线间隔电流互感器变比 600/5，电压互感器变比 110/0.1。线路长度 15km，X_1=0.31Ω/km，终端变压器额定电压比 110/10.5，容量 31.5MVA，$U_{d\%}$=13。此出线配置距离保护，保护相间距离Ⅰ段按躲 110kV 终端变压器低压侧母线故障整定。计算此线路保护相间距离Ⅰ段二次阻抗整定值应为下列哪项数值？（可靠系数 K_k 取 0.85）　　（　　）

（A）3.95Ω　　　　　　　　　（B）4.29Ω
（C）4.52Ω　　　　　　　　　（D）41.40Ω

【答案及解答】C

依据老版二次手册第 4-2 节电路元件参数计算相关内容，110kV 线路阻抗一次值为 15×0.31=4.65（Ω），终端变压器阻抗为

$$X_{\mathrm{d}} = \frac{U_{\mathrm{d}\%}}{100} \times \frac{U_{\mathrm{e}}^2}{S_{\mathrm{e}}} = \frac{13}{100} \times \frac{110^2}{31.5} = 49.9 \ (\Omega)$$

依据老版二次手册第 576 页第 28-8 节，表 28-18，相间距离保护 I 段按躲线路—变压器组变压器其他侧母线故障整定

$$Z_{\mathrm{DZ1}} \leqslant K_{\mathrm{k}} Z_{\mathrm{L1}} + K_{\mathrm{kB}} Z_{\mathrm{B}} = 0.85 \times 4.65 + 0.75 \times 49.9 = 41.4 \ (\Omega)$$

线路保护相间距离 I 段二次阻抗整定值

$$Z_{\mathrm{DZ}} = \frac{Z_{\mathrm{DZ1}} \times n_{\mathrm{TA}}}{n_{\mathrm{TV}}} = \frac{41.4 \times 600/5}{110/0.1} = 4.52 \ (\Omega)$$

所以选 C。

【考点说明】

（1）本题考线路距离保护整定计算，由于是第一次考距离保护，因此出题相对简单，找到相关章节套公式计算即可（题目中也已给出了距离 I 段整定计算说明）。

（2）此题是按照老版二次手册所出，今后的考试主要依据 DL/T 559—2018 第 7.2.4 条或 DL/T 584—2017 第 7.2.3 条计算。

【注释】

本题比较简单，做题时注意两点：

（1）计算变压器阻抗时，注意阻抗值归算到高压侧，因为线路距离保护整定是计算的高压侧线路距离保护。

（2）计算出整定阻抗后，要将阻抗值归算到二次值，否则就会选错。

考点 14　线路距离 II 段保护整定

【2020 年下午题 23～27】　某 220kV 变电站，安装两台 180MVA 主变，连接组别为 YN/yn0/d11，主变压器变比为 230±8×1.25%/121/10.5。220kV 侧 110kV 侧均为双母线接线，10kV 侧为单母线分段接线，线路 10 回。站内采用铜芯电缆，r 取 $57\mathrm{m}/(\Omega \cdot \mathrm{mm}^2)$。请解答以下问题（计算结果精确到小数点后 2 位）

▶▶ 第 42 题 [相间距离 II 段保护整定] 24. 本变电站中有一回 110kV 出线间隔，TA 变比 600/1，TV 变比 110/0.1。线路长度 18km，$X_1 = 0.4\Omega/\mathrm{km}$。终端变压器变比为 110/10.5，容量 50MVA，$U_{\mathrm{d}} = 17\%$。此出线配置有距离保护，相间 II 段按躲开 110kV 终端变压器低压侧母线故障整定（K_{kT} 取 0.7，K_{k} 取 0.8，助增系数 K 取 1）。请计算此线路保护相间距离 II 段阻抗保护二次整定值应为下列哪项数值？　　　　　　　（　　）

(A) 3.14Ω　　　　　　　　　(B) 18.85Ω
(C) 29.12Ω　　　　　　　　 (D) 34.56Ω

【答案及解答】B

由 DL/T 584—2017 表 3 可得

线路阻抗　　　　　　　　　　$18 \times 0.4 = 7.2 \ (\Omega)$

变压器阻抗　　$Z_{\mathrm{T}} = \frac{U_{\mathrm{d}}\%}{100} \times \frac{U^2}{S_{\mathrm{e}}} = 0.17 \times \frac{110^2}{50} = 41.14 (\Omega)$

$$Z_{\mathrm{op.II}} = K_{\mathrm{k}} Z_{\mathrm{I}} + K_{\mathrm{kT}} K_{\mathrm{Z}} Z_{\mathrm{T}}' = 0.8 \times 7.2 + 0.7 \times 1 \times 41.14 = 34.558 (\Omega)$$

相间距离Ⅱ段阻抗保护二次整定值 $Z_{op\,II}\circ.2 = Z_{op\,II}\dfrac{n_{CT}}{n_{PT}} = 34.558 \times \dfrac{600}{1100} = 18.85(\Omega)$

【考点说明】

距离保护的整定是第二次考,且内容基本相同。注意距离保护整定值要转换为二次值。

【2021 年上午题 11~13】 本题大题干略。

▶▶ 第 43 题 [相间距离Ⅱ段保护整定] 12. 本变电站一回 110kV 出线间隔,电流互感器变比为 600/1A,电压互感器变比为 110/0.1kV。线路长度为 18km,$X_1=0.4\Omega/km$。终端变压器变比为 110/10.5kV、容量为 50MVA、$U_d=17\%$。此出线配置距离保护,相间距离Ⅱ段按躲过 110kV 终端变压器低压侧母线故障整定（K_{kT} 取 0.7,K_k 取 0.8,助增系数 K 取 1）。请计算此线路保护（取小数点后两位）   （   ）

(A) 3.14Ω
(B) 18.85Ω
(C) 29.12Ω
(D) 34.56Ω

【答案及解答】 B,解答同上题。

【2023 年上午题 17~20】 某 220kV 变电站与无限大电源系统连接并远离发电厂,电气接线图如下所示,S1 系统归算到 220kV 母线的等值电抗标么值 $X_1=0.01$,S2 系统归算到 220kV 母线的等值电抗标么值 $X_{22}=0.014$。（基准容量 $S_j=100MVA$,基准电压 $U_j=230kV$）,变电站安装两台 220kV/110kV/10kV、180MVA 主变,正常运行时高、中压侧并列运行,低压侧分列运行。中低压侧线路均为负荷出线。220kV 侧配置母线差动保护,差电流启动元件定值按可靠躲过区外故障最大不平衡电流整定,接入母差保护的电流互感器变比均为 2500/1。二次电缆采用铜芯电缆,γ 取 57m/Ω·mm²。请分析计算并解答下列各小题。

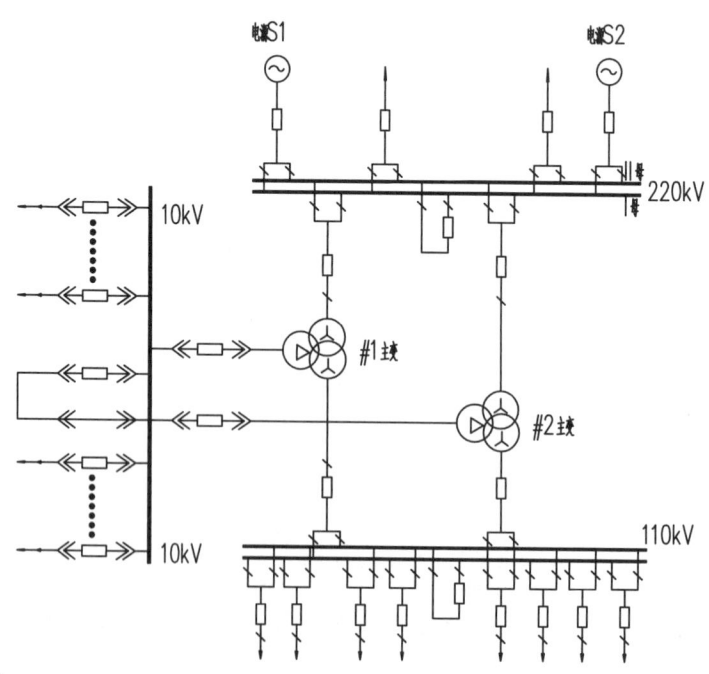

▶▶ **第44题〔相间距离Ⅱ段保护整定〕**20.10kV 线路保护电流互感器变比为 1200/1，电压互感器变比为 $\dfrac{110}{\sqrt{3}}\Big/\dfrac{0.1}{\sqrt{3}}$，本线路长度 16km，$X_1$=0.31Ω/km，线路间隔配置距离保护，相间距离Ⅱ段阻抗值按本线路末端故障有足够灵敏系数整定，请问该保护定值二次值是下列哪项数值？　　　　　　　　　　　　　　　　　　　　　　　　　　　　　　　（　　）

（A）3.97Ω　　　　　　　　　　（B）6.45Ω

（C）7.04Ω　　　　　　　　　　（D）8.12Ω

【答案及解答】 D

由 DL/T 584—2017 第 7.2.3.6 条可知 20km 以下线路灵敏度取 1.5，又由该规范表 3 可得

$$Z_{DZ2}=K_{LM}Z_1=1.5\times 16\times 0.31\times \dfrac{1200/1}{\dfrac{110}{\sqrt{3}}\Big/\dfrac{0.1}{\sqrt{3}}}=8.12(\Omega)$$

【考点说明】

错用 1.3 灵敏度会误选 C。

6.2.2.3　线路电流保护

考点 15　架空线全线速动保护整定

【2010 年下午题 21～25】　某地区电网规划建设一座 220kV 变电站，电压为 220/110/10kV，主接线如下图所示。请解答下列问题：

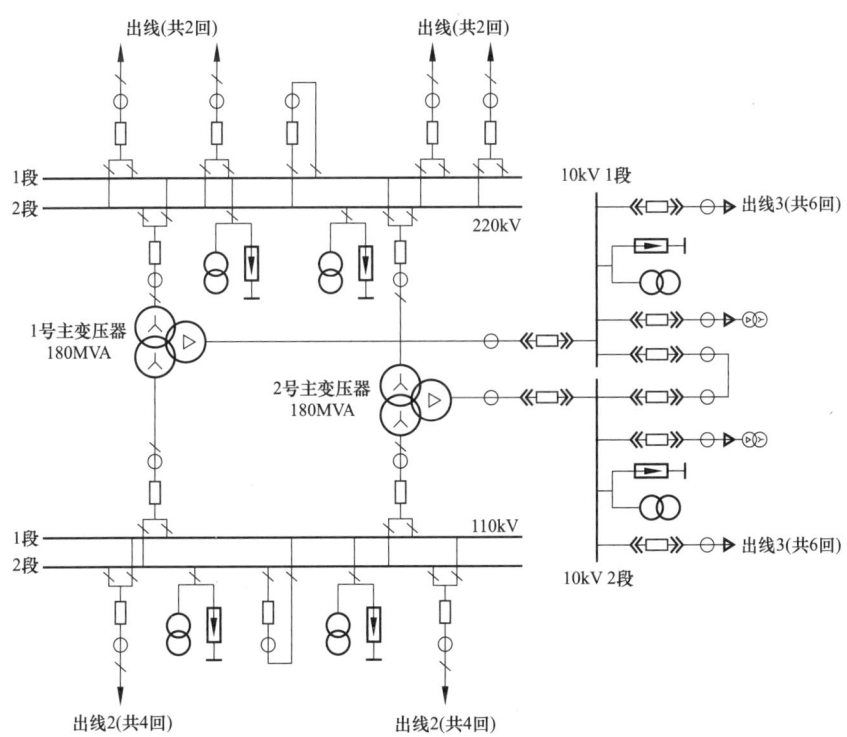

▶▶ 第45题 [架空线全线速动保护配置] 22. 该变电站220kV线路配置有全线速动保护，其主保护的整组动作时间应为下列哪项？并说明根据。（ ）

（A）对近端故障，≤15ms；对远端故障，≤35ms（不包括通道时间）
（B）对近端故障，≤30ms；对远端故障，≤20ms
（C）对近端故障，≤20ms；对远端故障，≤30ms（不包括通道时间）
（D）对近端故障，≤30ms；对远端故障，≤50ms

【答案及解答】C

由GB/T 14285—2023第5.4.4.1.3条可知：具有全线速动保护的线路，其主保护的整组动作时间应为：对近端故障≤20ms；对远端故障≤30ms（不包括通道时间）。

C项对，其余选项均与条文不符，所以选C。

【考点说明】

本题属于直接对应规范条文内容的题目，非常容易。

考点16　架空线纵差整定

【2022年补考下午题21~25】　在某110kV系统中接有一座110kV变电站，接线示意图如下，已知四台变压器均为负荷变，正常运行时110kV分段断路器分闸运行，当任一主电源失电时110kV分段断路器自动投入运行。线路L3转供负荷为80000kVA。最大运行方式下主电源S1侧三相短路电流为23kA，S2侧为18kA；最小运行方式下主电源S1三相短路电流为21kA，S2侧为16kA。基准容量取100MVA。线路L1阻抗标幺值为0.04，线路L2阻抗标幺值为0.018，线路L3阻抗标幺值为0.014。请分析计算并解答下列问题。

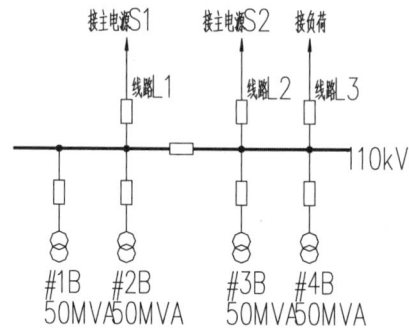

▶▶ 第46题 [架空线纵差保护] 21. 线路L2为早期建设，装设了高频纵联相差保护作为主保护，保护对称启动元件按躲过本线路最大负荷电流整定，请计算对称启动元件高定值一次电流值（低定值可靠系数1.2，高定值计算可靠系数取2.5，返回系数取0.85）（ ）

（A）1482A　　　　　　　　　　（B）3334.5A
（C）3705A　　　　　　　　　　（D）5187A

【答案及解答】D

由二次手册第586页内容及式（28-62）及式（28-64），则

$$I_{fh.\max} = \frac{(4\times 50+80)\times 1000}{\sqrt{3}\times 110} = 1469.62(A)$$

$$I_{DZ}(1I_x) = \frac{K_k I_{fh.max}}{K_B} = \frac{1.2 \times 1469.62}{0.85} = 2074.76(A)$$

$$I_{DZ}(2I_x) = K_k I_{DZ}(1I_x) = 2.5 \times 2074.76 = 5186.89(A)$$

【2022 年补考下午题 21~25】 在某 110kV 系统中接有一座 110kV 变电站，接线示意图如下，已知四台变压器均为负荷变，正常运行时 110kV 分段断路器分闸运行，当任一主电源失电时 110kV 分段断路器自动投入运行。线路 L3 转供负荷为 80000kVA。最大运行方式下主电源 S1 侧三相短路电流为 23kA，S2 侧为 18kA；最小运行方式下主电源 S1 三相短路电流为 21kA，S2 侧为 16kA。基准容量取 100MVA。线路 L1 阻抗标幺值为 0.04，线路 L2 阻抗标幺值为 0.018，线路 L3 阻抗标幺值为 0.014。请分析计算并解答下列问题。

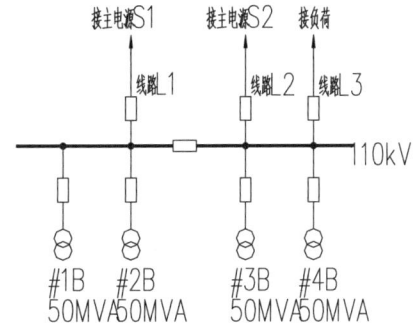

第 47 题 [架空线纵差保护] 22. 假设线路 L2 为纵联保护，跳闸元件一次电流定值为 4000A，请计算跳闸元件的灵敏系数。 （ ）

(A) 1.73 (B) 2.2
(C) 3.46 (D) 4.5

【答案及解答】 B

线路 L2

$$X_s = \frac{0.502}{16} = 0.031375 \; ; \; K_L = \frac{I_{min}}{I} = \frac{0.866 \times \frac{0.502}{0.031375 + 0.018}}{4} = 2.2 \; ; \; 选 B。$$

考点 17 架空线电流速断保护整定

【2022 年补考下午题 21~25】 在某 110kV 系统中接有一座 110kV 变电站，接线示意图如下，已知四台变压器均为负荷变，正常运行时 110kV 分段断路器分闸运行，当任一主电源失电时 110kV 分段断路器自动投入运行。线路 L3 转供负荷为 80000kVA。最大运行方式下主电源 S1 侧三相短路电流为 23kA，S2 侧为 18kA；最小运行方式下主电源 S1 三相短路电流为 21kA，S2 侧为 16kA。基准容量取 100MVA。线路 L1 阻抗标幺值为 0.04，线路 L2 阻抗标幺值为 0.018，线路 L3 阻抗标幺值为 0.014。请分析计算并解答下列问题。

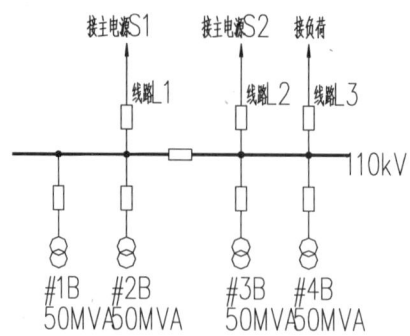

▶▶第 48 题 [架空线电流速断保护] 24. 若线路 L3 的主保护为电流速断保护，请计算该保护动作值（一次电流值）应不大于下列哪个数值，灵敏系数取 1.5 （　　）

（A）3.72kA　　　　　　　　（B）4.3kA
（C）4.6kA　　　　　　　　（D）5.58kA

【答案及解答】A

线路 L3，主保护

$$S1 \text{ 供电时 } I_{\min} = \frac{0.502 \times 0.866}{0.0239 + 0.04 + 0.014} = 5.58(\text{kA})$$

$$S2 \text{ 供电时 } I_{\min} = \frac{0.502 \times 0.866}{0.0314 + 0.018 + 0.014} = 6.87(\text{kA})$$

$$I_{\text{op}} \leq \frac{5.58}{1.5} = 3.72(\text{kA})，所以选 A。$$

考点 18　架空线电流后备保护整定

【2013 年上午题 16～20】　某新建 110kV/10kV 变电站设有 2 台主变压器，单侧电源供电。110kV 采用单母分段接线，两段母线分列运行。2 路电源进线分别为 L1 和 L2，两路负荷出线分别为 L3 和 L4，L1 和 L3 接在 1 号母线上。110kV 电源来自某 220kV 变电站 110kV 母线，其 110kV 母线最大运行方式下三相短路电流 20kA，最小运行方式下三相短路电流为 18kA。本站 10kV 母线最大运行方式下三相短路电流为 23kA。线路 L1 阻抗为 1.8Ω，线路 L3 阻抗为 0.9Ω。

▶▶第 49 题 [架空线电流后备保护] 18. 若采用电流保护作为线路 L1 的相间故障后备保护，请问，校验该后备保护灵敏度采用的短路电流为下列哪项数值？请列出计算过程。

（　　）

（A）8.87kA　　　　　　　　（B）10.24kA
（C）10.91kA　　　　　　　　（D）11.95kA

【答案及解答】B

L1 线路的后备保护灵敏度校验，应按系统最小运行方式下 L1 线路末端短路的最小故障电流进行计算。由新版变电手册第 61 页表 3-9、第 59 页式（3-20）可设：S_j = 100MVA、U_j = 115kV、I_j = 0.502kA。

最小运行方式下系统阻抗标幺值：$X_{x*} = \dfrac{1}{I_*} = \dfrac{1}{\dfrac{18}{0.502}} = 0.028$

线路 L1 阻抗标幺值：$X_{L1*} = X\dfrac{S_j}{U_j^2} = 1.8 \times \dfrac{100}{115^2} = 0.014$

线路 L1 最小运行方式下三相短路电流：$I_d = \dfrac{I_j}{X_{x*} + X_{L1*}} = \dfrac{0.502}{0.028 + 0.014} = 11.95\ (\text{kA})$

线路 L1 最小运行方式下两相短路电流：$0.866 I_d = 0.866 \times 11.95 = 10.35\ (\text{kA})$，所以选 B。

【考点说明】

（1）本题所给已知条件，在同一电压等级中，均全为有名值，所以用有名值计算更为方便。

系统阻抗值：$X_x = \dfrac{U_p / \sqrt{3}}{I} = \dfrac{115\sqrt{3}}{18} = 3.689\ (\Omega)$

线路 L1 最小运行方式下三相短路电流：$I_d = \dfrac{U_p / \sqrt{3}}{X_x + X_{L1}} = \dfrac{115/\sqrt{3}}{3.689 + 1.8} = 12.096\ (\text{kA})$

线路 L1 最小运行方式下两相短路电流：$0.866 I_d = 12.096 \times 0.866 = 10.48\ (\text{kA})$

（2）保护灵敏度校验题目，关键需要确定该保护的保护范围应和整定值计算时的保护范围一致，进而确定故障点及故障类型。本题题目问的是线路 L1 的后备保护，线路 L1 的近后备保护应按线路 L1 末端校验，线路 L1 的远后备装在上一级变电站，按远后备下一线路末端校验也是线路 L1，总之不管是哪种后备，因为他们都是保护线路 L1 的，所以保护范围都按 L1 线路末端算。如果按"相邻线路末端"，用 L3 线路计算，虽然这个保护是装在线路 L1 上的，但它却是线路 L3 的后备保护，并不是线路 L1 的，如果理解不同很容易误选 B。

（3）保护灵敏度校验，应校验最小灵敏度是否满足要求，对应最小运行方式下线路末端两相短路电流。由电力系统分析可知，两相短路是三相短路电流的 $\sqrt{3}/2$ 倍，也就是 0.866 倍。

（4）在计算时，最好根据题意画出接线图以方便计算，如下图所示。

（5）终端变电站一般不配置保护，保护设置在上一级提供电源的变电站内。

（6）老版一次手册第 121 页表 4-2、第 129 页式（4-20）。

【注释】

（1）本题求解的内容不明确，对于电流保护是本线路保护近后备保护，同时又是相邻线路（元件）的远后备保护，题目没有说清，L1 过电流保护灵敏度校验有三种情况：

1）L1 过电流保护作本线路相间后备保护灵敏度校验（L1 的近后备）。

2）L1 过电流保护作相邻线路 L3 相间后备保护灵敏度校验（L3 的远后备）。

3）L1 过电流保护作相邻变压器相间后备保护灵敏度校验。

如果题目明确了以上三种方式中的一种，相信读者都会计算，所以本题的难度在"文字理解上"。

（2）6~10kV 线路保护灵敏度校验在老版二次手册第 29-10 节有论述；元件保护的灵敏度校验在老版二次手册第 29 章各种元件整定计算部分有论述。

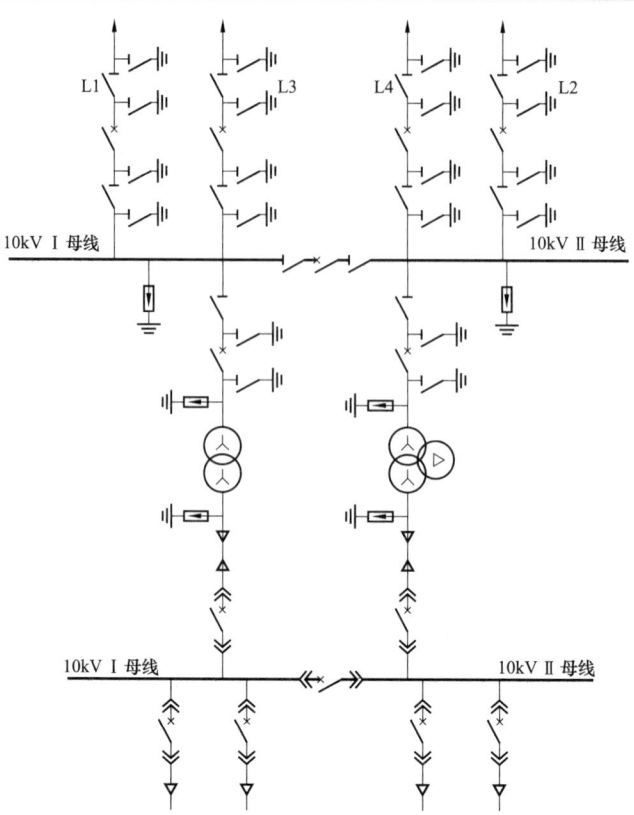

【2022年补考下午题 21~25】 在某110kV系统中接有一座110kV变电站，接线示意图如下，已知四台变压器均为负荷变，正常运行时110kV分段断路器分闸运行，当任一主电源失电时110kV分段断路器自动投入运行。线路L3转供负荷为80000kVA。最大运行方式下主电源S1侧三相短路电流为23kA，S2侧为18kA；最小运行方式下主电源S1三相短路电流为21kA，S2侧为16kA。基准容量取100MVA。线路L1阻抗标幺值为0.04，线路L2阻抗标幺值为0.018，线路L3阻抗标幺值为0.014。请分析计算并解答下列问题。

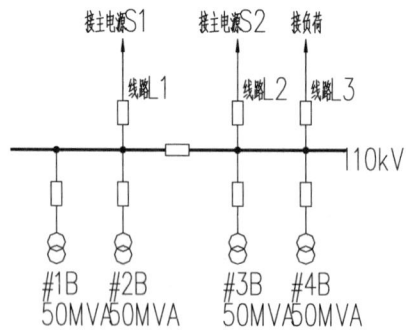

▶▶ 第50题［架空线电流后备保护］23．已知线路L1采用电流保护作为线路相间故障后备保护，请问校验该后备保护灵敏度采用的短路电流应为下列哪项数值？请给出计算过程。

(   )

（A）5.58kA (B) 5.72kA
（C）6.44kA (D) 6.79kA

【答案及解答】A

线路 L1，后备保护的最小短路电流为

$$I_{\min} = 0.866 \times \frac{0.502}{0.0239+0.04+0.014} = 5.58(\text{kA})$$

考点 19　架空线零序保护整定

【2022 年下午题 27~30】 某 100MW 光伏发电工程，通过线变组接线接入 110kV 系统，主变压器容量为 100MVA，额定变比 115±8×1.25%/35kV，U_d=10.5%。35kV 每回集电线路连接光伏容量为 25MW。35kV 母线最大三相短路电流为 23kA。请分析计算并解答下列各题。

▶▶ 第 51 题 [架空线零序保护] 27. 已知 35kV 系统通过接地变压器采用低电阻接地。接地电阻值为 101Ω，接地电流 200A。35kV 系统接地时电容电流为 70A。最长一条集电线路电容电流为 20A。接地电容电流最小的一个回路电容电流为 10A。线路金属性接地时接地电流按 200A 考虑。经过过渡电阻接地时接地电流按 155A 考虑。零序电流互感器变比为 200/1A。不考虑与下级零序电流保护配合。计算最长一条线路的零序电流 II 段保护定值和灵敏系数分别为下列哪项数值？　　　　　　　　　　　　　　　　（　　）

（A）0.15A　5.17 (B) 0.375A　2.07
（C）0.45A　2.22 (D) 0.525A　1.90

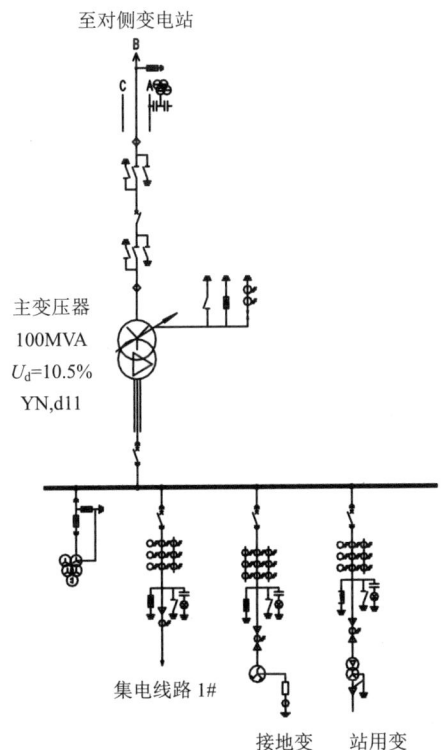

【答案及解答】 A

35kV 系统单回线路接地最大电容电流为 I_c=20A。

根据 DL/T 584—2017 第 7.2.13 条表 6，动作电流为区外短路时流过本线路的电容电流，该电流就是线路本身的电容电流，采用最长一条线路电容电流计算可得

$$I_{op2} = K'_K I_C = 1.5 \times 20 / (200/1) = 0.15(A)$$

灵敏度为

$$K_{sen} = \frac{I_{Dmin}^{(1)}}{I_{op2}} = \frac{155}{0.15 \times 200/1} = 5.17$$

综上选 A。

【考点说明】

灵敏度计算时，规范 DL/T 584—2017，第 7.2.13 条表 6 为什么不用 155–20 =135A 计算，而 DL/T 1503—2016 的式（104）、式（103）却要减去本线路电容电流？过渡电阻是接地的时候并没有完全的金属性接地，而是接地点是一个等效的电阻，通过该电阻形成的单相接地，此时由于该电阻的存在，相对金属性接地的不对称度要小（比如题设的金属性接地 200A，过渡电阻接地 155A），所以此时非故障相对地电压也不会升高到线电压，对应的电容电流也达不到 20A，而是稍微要小一点；其次 155A 是总电流，故障线路 TA 检测的电流应该是总电流减去本线路的电容电流 20A，如果是不接地系统的金属性接地，那就是总电容电流直接减去本线路电容电流，类似 DL/T 1503—2016 中式（104）、式（103），但如果接地点是电阻，电容电流和电阻电流是矢量和，155A 和 20A 也应该是矢量差，基于以上两个因素，155A 应该减去一个比 20A 小的电容电流，而且还是矢量差，和 155A 本身差别不大，所以本题在计算灵敏度的时候不减本段线路的电容电流问题也不大，这也就是 DL/T 584—2017 表 6 的灵敏度公式直接用的"系统最小单相接地故障电流"。

本题的关键是在校验灵敏度的时候，要用最小接地故障电流 155A，而不是金属性接地的 200A。

6.2.3 电动机保护

考点 20　电动机保护配置原则

【2016 年上午题 11～16】 某地区新建两台 1000MW 级火力发电机组，发电机额定功率为 1070MW，额定电压为 27kV，额定功率因数为 0.9。通过容量为 1230MVA 的主变压器送至 500kV 升压站，主变压器阻抗为 18%，主变压器高压侧中性点直接接地。发电机长期允许的负序电流大于 0.06 倍发电机额定电流，故障时承受负序能力 A=6，发电机出口电流互感器变比为 30000/5A。请分析计算并解答下列各小题。

▶▶ **第 52 题** [电动机保护配置原则] 14. 若机组高压厂用电压为 10kV，接于 10kV 母线的凝结水泵电机额定功率 1800kW，效率为 96%，额定功率因数为 0.83，堵转电流倍数为 6.5，该回路所配电流互感器变比为 200/1，电动机机端三相短路电流为 31kA，当该电机绕组内及引出线上发生相间短路故障时，应配置何种保护作为其主保护最为合理，其保护装置整定值宜为以下哪项数值？（可靠系数取 2）　　　　　　　　　　　　　　　　（　）

（A）电流速断保护，6.76A　　　　　（B）差动保护，0.3A
（C）电流速断保护，8.48A　　　　　（D）差动保护，0.5A

【答案及解答】 C

由 DL/T 5153—2014 第 8.6.1-1 款可知本题中凝结水泵电机额定功率为 1800kW，不需要装设纵联差动保护，应装设电流速断保护

又由 DL/T 1502—2016 第 7.3 条式（115）可得

$$I_{dz} = \frac{K_{rel}K_{st}I_e}{n_1} = \frac{1800}{0.96 \times 0.83 \times 1.732 \times 10} \times 2 \times 6.5/200 = 8.48 \text{ (A)}$$

灵敏系数校验：$K_m = \frac{I_{d.min}^2}{I_{dz}} = \frac{\frac{\sqrt{3}}{2} \times 31000}{8.48 \times 200} = 15.8 > 2$

所以选 C。

【考点说明】

由 DL/T 5153—2014 第 8.6.1-1 款可知，对于 2MW 及以上的电动机应装设纵联差动保护，对于未装设纵联保护的应装设电流速断保护，对于装了纵联差动保护的宜装设过电流保护。由此可见，本电动机应装设电流速断保护。

考点 21　电动机熔断器保护

【2022 年补考下午题 16～20】 某 220kV 变电站拟选用两台同容量的站用变压器，已知站用负荷分布见下表，请分析计算并解答下列问题。

序号	名　称	额定容量（kW）
1	变压器强油风冷装置	30
2	变压器有载调压装置	5
3	配电装置动力电源	80
4	检修电源	50
5	充电装置	50
6	UPS 电源	15
7	通风机、事故通风机	20
8	通信电源	30
9	监控系统	40
10	变压器水喷雾装置	100
11	雨水泵	30
12	配装置加热	40
13	空调	40
14	户外照明	30
15	户内照明	30

▶▶**第 53 题〔电动机熔断器保护〕**19．该变电站单台雨水泵回路采用 RTO 型熔断器，雨水泵额定电流为 6A，自启动电流倍数为 5，请计算该回路熔断器熔件的额定电流最小值为下列哪个数值？　　　　　　　　　　　　　　　　　　　　　　　　　　　　（　　）

　　（A）2.4A　　　　　　　　　　　　（B）10A
　　（C）12A　　　　　　　　　　　　（D）30A

【答案及解答】C

RTO 型熔断器，$a_1 = 2.5$，单台电动机启动，由 DL/T 5155—2016 表 E0.4 可得 $I_e \geq \dfrac{5 \times 6}{2.5} = 12(\text{A})$，选 C。

考点 22　电动机电流速断保护整定

【2009 年下午题 21~25】发电厂有 1600kVA 两台互为备用的干式厂用变压器，联结组别为 DYn11，变压器变比为 6.3/0.4kV，电抗百分比 $U_d=6\%$，中性点直接接地。请回答以下问题：

▶▶**第 54 题〔电动机电流速断〕**24．由低压母线引出到电动机，电动机功率为 75kW，额定电流 145A，启动电流为 7 倍额定电流，装电磁型电流继电器，最小三相短路电流为 6000A，则整定值为多少？　　　　　　　　　　　　　　　　　　　　　　　　　　　（　　）

　　（A）1522.5A，3.94　　　　　　　（B）1522.5A，3.41
　　（C）1928.5A，3.11　　　　　　　（D）1928.5A，2.96

【答案及解答】B

由新版二次手册第 266 页式（6-100）可得，该保护应为电流速断保护，可靠系数取 1.5，则动作电流为

$$I_{\text{ins,op}} = K_{\text{rel}} I_{\text{st}} I_{\text{M,2N}} = (1.5 \sim 1.8) \times 7 \times 145 = 1522.5 \sim 1827 \text{ (A)}$$

又根据该手册式（6-103）可得

灵敏系数　　　$K = \dfrac{I_{\text{djmin}}^{(2)}}{I_{\text{dz}}} = \dfrac{0.866 \times 6000}{1522.5 \sim 1872} = 3.4 \sim 2.8$

所以选 B。

【考点说明】

老版二次手册第 215 页第 23-2 节式（23-3），式（23-4）。

【2013 年下午题 9~13】某 300MW 发电厂低压厂用变压器系统接线图如下图所示。已知条件如下：1250kVA 厂用变压器：$U_d\%=6\%$，额定电压为 6.3/0.4kV，额定电流比为 114.6/1804，变压器励磁涌流不大于 5 倍额定电流；6.3kV 母线最大运行方式系统阻抗 $X_s=0.444$（以 100MVA 为基准容量），最小运行方式下系统阻抗 $X_s=0.87$（以 100MVA 为基准容量），ZK 为智能断路器（带反时限过电流保护，电流速断保护）$I_n=2500\text{A}$。400V PC 段最大电动机为凝结水泵，其额定功率为 90kW，额定电流 $I=180\text{A}$，启动电流倍数 10 倍，1ZK 为智能断路器（带反时限过电流保护，电流速断保护），$I_n=400\text{A}$。400V PC 段需要自启动的电动机最大启动电流之和为 8000A，400V PC 段总负荷电流为 980A，可靠系数取 1.2；请按上述条件计算下列各题

（保留两位小数，计算中采用短路电流实用计算，忽略馈线及元件的电阻对短路电流的影响）。

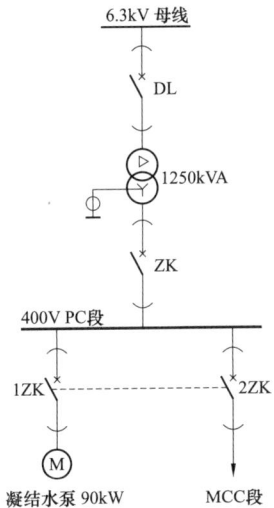

▶▶ 第 55 题［电动机电流速断］11. 计算确定 1ZK 的电流速断保护整定值和灵敏度应为下列哪组数值？（短路电流中不考虑电动机反馈电流） （　　）

(A) 1800A，12.25　　　　　　(B) 1800A，15.31
(C) 2160A，10.21　　　　　　(D) 2160A，12.76

【答案及解答】C

(1) 计算电动机启动电流：$I_{qd} = 10I_n = 10 \times 180 = 1800$ (A)

(2) 计算电动机电流速断保护动作电流。

依题意，可靠系数取 1.2，由老版二次手册第 266 页式（6-100）可得 $I_{dz}=1.2 \times 1800=2160$（A）。

(3) 灵敏系数校验

$$I_{d,min}^{(2)} = \frac{1}{0.06 + 0.87 \times \frac{1.25}{100}} \times 1804 \times \frac{\sqrt{3}}{2} = 22043 \text{ (A)}$$

又由该手册式（6-103），可得 $K_m = \dfrac{I_{d,min}^{(2)}}{I_{dz}} = \dfrac{22043}{2160} = 10.21$

因为 $K_m > 2$，故合格，所以选 C。

【考点说明】

(1) 1ZK 接于 400V 母线，保护的设备为凝结水泵，属于低压厂用电动机保护，该考点 2009 年已考过，需注意。DL/T 1502 出处为该规范第 9.3 节。

(2) 老版二次手册第 215 页式（23-3）、式（23-4）。

【注释】

高压厂用电一般对应电压等级为 6kV，也有 10kV 和 3kV 的。低压厂用电一般对应电压等级为 380V/220V。此处的电流速断保护，是用于低压电动机的速断保护，所以解题依据和第 10 题不同。

【2021 年下午题 25～27】 某 300MW 火力发电机组，已知 10kV 系统短路电流 40kA，

采用低电阻接地。汽机低压厂用变接线如下图：变压器额定容量为2000kVA，变比10.5/0.4，短路阻抗10%，变压器励磁涌流为12倍额定电流。

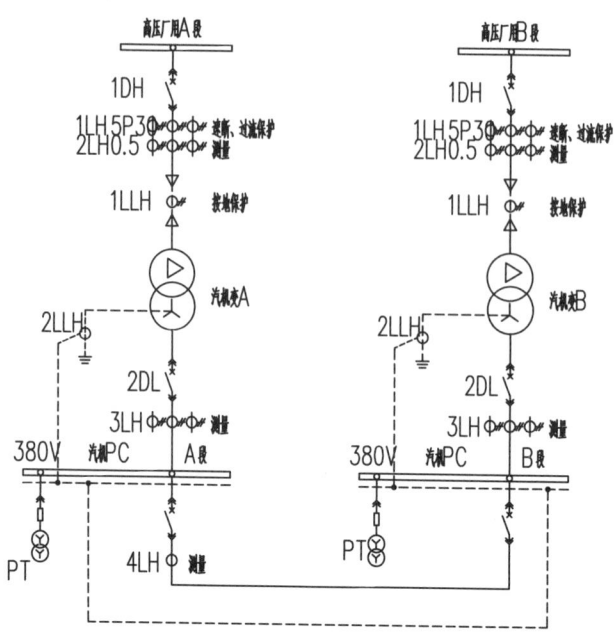

请分析计算并解答下列各小题。

▶▶ 第56题 [电动机电流速断] 27. 已知本厂10kV段接有额定功率为630kW电动机。额定功率因数为0.87，额定效率为95%，电动机额定电压为10kV，启动电流倍数为7，电动机保护用电流互感器变比为100/5。电动机电流速断保护具有高低定值判据。求电动机电流速断保护的高定值和低定值二次整定值是多少？ （　　）

（A）高定值19.8A，低定值14.3A
（B）高定值19.8A，低定值17.16A
（C）高定值21.95A，低定值16.31A
（D）高定值23.1A，低定值17.16A

【答案及解答】D

由DL/T 1502—2016厂用电继电保护整定计算导则第7.3节相关内容可得：

（1）高定值：根据式（115），动作电流高定值按躲过电动机最大启动电流整定为

$$I_{\text{oph}} = K_{\text{rel}} K_{\text{st}} I_{\text{e}} = 1.5 \times 7 \times \frac{630}{\sqrt{3} \times 10 \times 0.87 \times 0.95} / 20 = 23.1(\text{A})$$

（2）低定值：根据式（116），动作电流低定值按躲过电动机自启动电流整定为

$$I_{\text{opl}} = K_{\text{rel}} K_{\text{ast}} I_{\text{e}} = 1.3 \times 5 \times \frac{630}{\sqrt{3} \times 10 \times 0.87 \times 0.95} / 20 = 14.3(\text{A})$$

动作电流低定值按躲过区外出口短路故障最大电动机反馈电流整定为

$$I_{\text{opl}} = K_{\text{rel}} K_{\text{ast}} I_{\text{e}} = 1.3 \times 6 \times \frac{630}{\sqrt{3} \times 10 \times 0.87 \times 0.95} / 20 = 17.16(\text{A})$$

两者取大值17.16A，所以选D。

【考点说明】

本题较容易，找到条文按公式计算即可。

【2020年下午题20~22】 某660MW火电厂10kV厂用电系统中性点为低电阻接地系统，在10kV厂用配电装置F-C回路中有中速磨煤机，电动机参数：功率750kW，功率因数0.78，效率93.6%，额定电流59.6A，起动时间8s。其F-C回路参数：熔断器熔件额定电流200A，真空接触器额定电流400A，额定分断能力4kA，TA变比75/1。请解答以下问题。

▶▶ 第57题 [电动机电流速断] 20. 磨煤机电动机的电流速断保护低定值，下列哪一组正确？ （ ）

（A）5.165A　　　　　　　　　（B）6.198A
（C）7.152A　　　　　　　　　（D）8.344A

【答案及解答】B

由DL/T 1502—2016第7.3-b）条，电流速断保护低定值整定按下列原则：

（1）根据式（116），按躲过电动机自启动电流整定为

$$I_{op1} = K_{rel}K_{ast}I_e = 1.3 \times 5 \times 59.6 = 387.4(A)$$

（2）根据式（117），躲过区外出口短路最大电动机反馈电流为

$$I_{op1} = K_{rel}K_{fb}I_e = 1.3 \times 6 \times 59.6 = 464.88(A)$$

取最大值，为464.8A，折合二次电流464.8/75=6.198(A)，所以选B。

【考点说明】

如果只考虑躲过电动机自启动电流，则选A，按照DL/T 1502—2016第7.3-b条，选A不全面，是错误选项。但是按照新版二次手册描述，F-C回路只需要考虑电动机自启动，就是选A，因为该手册不是今年的考纲规范，同时规范效力大于手册，综合考虑此题选B是正确的。

【2022年补考下午题6~10】 某2×300MW火力发电厂，以220kV电压等级接入电力系统，高压厂用电系统采用6kV供电，电气接线示意图如下图所示。高压厂用工作变压器从升压变低压侧引接，选用分裂变压器，额定容量40/25-25MVA，电压比20±2×2.5%/6.3-6.3kV，半穿越电抗16.8%，分裂系数K_f=3.5。全厂设起备变压器1台，额定容量同高压厂用工作变压器。请分析计算并解答下列问题。

▶▶ 第58题 [电动机电流速断] 7. 已知高压厂用工作变压器高压侧系统按无穷大系统考虑，6kV厂用工作A段母线上最大一台高压电动机额定功率3000kW，额定功率因数为0.83，额定效率为96%，电动机额定电压为6kV，启动电流倍数为8。请计算高压电动机电流速断保护一次动作电流和灵敏系数分别为下列哪项数值？（可靠系数Kk取1.6） （ ）

（A）动作电流 kA，灵敏系数
（B）动作电流4.64kA，灵敏系数4.07
（C）动作电流 kA，灵敏系数
（D）动作电流 kA，灵敏系数

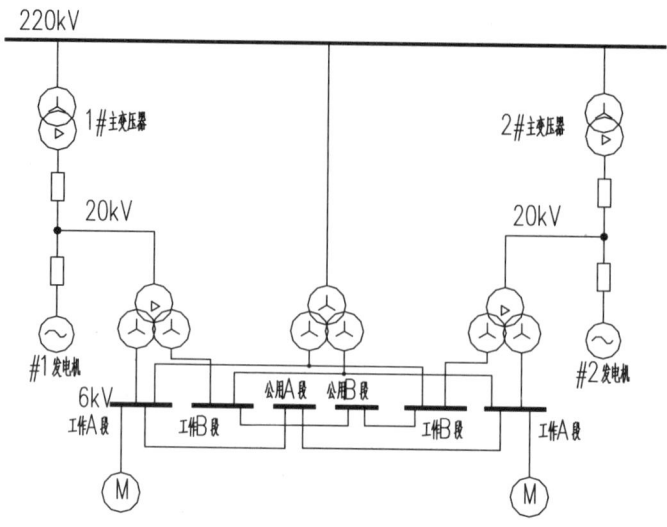

【答案及解答】 B

由 DL/T 1502—2016 第 7.3 条，式（115）、式（118）可得

$$I_{\text{op.h}} = K_{\text{rel}} K_{\text{st}} I_e = 1.6 \times 8 \times \frac{3000}{\sqrt{3} \times 6 \times 0.83 \times 0.96} = 4637.35(\text{A})$$

$$X_T = \frac{16.8}{100} \times \frac{100}{40} = 0.42;\ I^2 = \frac{\frac{100}{6.3 \times \sqrt{3}} \times 0.866}{0.42} = 18.89(\text{kA})$$

$$K_{\text{sen}} = \frac{18.89 \times 1000}{4637.35} = 4.07$$

考点 23　电动机低电压保护整定

▶▶ **第 59 题** ［电动机低电压保护］21. 若 TV 二次侧额定电压 100V，磨煤电动机的低电压保护整定计算和动作时间，下列哪一组正确？　　　（　　）

（A）45V，0.5s　　　　　　　　　（B）48V，9s

（C）68V，0.5s　　　　　　　　　（D）70V，9s

【答案及解答】 B

由 DL/T 5153—2014 附录 B 表 B，可知磨煤机为 I 类电动机；

又由 DL/T 1502—2016 第 7.9 条，表 2，高压电动机低电压保护整定值为 45%～50% 额定电压，取 45～50V，动作时间为 9～10s，所以选 B。

考点 24　电动机 F-C 回路大电流闭锁保护整定

▶▶ **第 60 题** ［电动机 F-C 回路］22. 当磨煤机采用 F-C 回路供电，保护装置电流速断动作为跳接触器，则保护装置用于接触器的大电流闭锁定值应取下列数值？　　（　　）

（A）26.67A　　　　　　　　　　（B）38.01A

（C）44.44A　　　　　　　　　　（D）53.33A

【答案及解答】 B

由 DL/T 1502—2016 第 7.3-e）条可知，用于接触器的大电流闭锁定值按式（119）计算

$$I_{\text{art}} = I_{\text{brk}} / (K_{\text{rel}} n_{\text{a}}) = \frac{4000}{(1.3 \sim 1.5) \times 75} = 35.5 \sim 41(\text{A})，取中间值为 38A，选 B。$$

考点 25　电动机单相接地保护整定

【2017 年下午题 9～13】某 2×350MW 火电厂，高压厂用电采用 6kV 一级电压，每台机组设一台分裂高压厂用变压器，两台机组设一台同容量的高压启动/备用变压器。每台机组设两段 6kV 工作母线，不设公用段。低压厂用电电压等级为 400V/230V，采用中性点直接接地系统。

▶▶ 第 61 题［电动机单相接地］13. 某车间采用 PC-MCC 供电方式暗备用接线，变压器为干式，额定容量为 2000kVA，阻抗电压为 6%，变压器中性点通过 2 根 40mm×4mm 扁钢接入地网，在 PC 上接有一台 45kW 的电动机，额定电压 380V，额定电流 90A，起动电流为 520A，该回路采用塑壳断路器供电，选用 YJLV22-1，3×70mm² 电缆，该回路不单独设立接地短路保护，拟由相间保护兼作接地短路保护，若保护可靠系数取 2，则该回路允许的电缆最大长度是：　　　　　　　　　　　　　　　　　　　　　　　　　　　　　　　（　　）

(A) 96m　　　　　　　　　　(B) 104m
(C) 156m　　　　　　　　　　(D) 208m

【答案及解答】B

依据 DL/T 5153—2014 附录 P，表 P.0.3 及附录 N 表 N.2.2-2，可得：

断路器过电流脱扣器整定电流 $I_{\text{dz}} = K_{\text{k}} I_{\text{qd}} = 2 \times 520 = 1040$ (A)

满足保护灵敏度1.5的最小单相短路电流 $I_{\text{d·min}} = 1040 \times 1.5 = 1560$ (A)

查表 N.2.2-2，得电缆 100m 时的单相接地短路电流为 1630A，则依据式（N.2.2）可得

$$I_{\text{d}}^{(1)} = I_{\text{d(100)}}^{(1)} \times \frac{100}{L} \Rightarrow L = 100 \times \frac{I_{\text{d(100)}}^{(1)}}{I_{\text{d}}^{(1)}} = 100 \times \frac{1630}{1560} = 104.5 \text{ (m)}$$

所以选 B。

【考点说明】

若 1560A 和 1630A 两数字的意义理解不清，则会错选 A。$L = 100 \times \dfrac{1560}{1630} = 95.7(\text{m})$

【注释】

（1）本题难度不大，只要熟练掌握低压系统短路电流实用计算法及低压电器断路器选择的基本算式即可，这部分计算以往均在低压开关柜由电气一次专业完成，只有当低压断路器的电磁脱扣器不能满足要求或重要电动机（100kW 及以上）需另装继电保护时才由电气二次专业完成设计。

（2）注意实用计算法的计算条件，如零回路接地扁钢的等值规格，变压器型式、电缆截面、铜芯或铝芯等应与附录的使用条件相同；实际工程中低压系统的短路电流计算一般均使用厂规附录的短路电流实用计算法和短路电流计算曲线。

【2009 年下午题 21～25】发电厂有 1600kVA 两台互为备用的干式厂用变压器，联结组别为 DYn11，变压器变比为 6.3/0.4，电抗百分比 U_{d}=6%，中性点直接接地。请回答以

下问题。

▶▶**第62题[电动机单相接地]** 25. 按上题条件，假设电动机内及引出线的单相接地相间短路保护整定电流为1530A，电缆长130m，按规范要求，单相接地短路保护灵敏度系数为下列哪项数值，并计算判断是否需单独设置？　　　　　　　　　　　　　　（　　）

（A）1.5，不需要另加单相接地保护　　（B）1.5，需要另加单相接地保护
（C）1.2，不需要另加单相接地保护　　（D）1.2，需要另加单相接地保护

【答案及解答】 B

依题意，该电动机为低压400V电动机，额定电流为145A（本章第三十八题小题干数据），由GB 50217—2018附录C中表C.0.1-1可知，应选用3×95mm² 铝芯电缆。

由DL/T 5153—2014附录N中表N.2.2-2可得，1600kVA干式变压器，铝芯电缆长100m时单相短路电流为1802A。根据该规范的式（N.2.2）可得130m三芯铝芯电缆单相短路电流为：$I_d^{(1)} = I_{d(100)}^{(1)} \dfrac{100}{L} = 1802 \times \dfrac{100}{130} = 1386.15$ (A)

题设该电厂为中性点直接接地系统，由DL/T 5153—2014第8.7.1-2条可知，保护应动作于跳闸，又由该规范第8.1.1条要求，动作于跳闸的单相接地保护灵敏系数不宜低于1.5。

依题意，灵敏系数 $K_m = \dfrac{I_{d \cdot min}^{(1)}}{I_{dz}} = \dfrac{1386.153}{1530} = 0.906 < 1.5$，不满足要求。

再由该规范第8.7.1-2条可知，灵敏度不满足要求时需另加单相保护接地，所以选B。

【考点说明】

（1）本题用6000A×0.866计算灵敏系数是错的，因为这是两相短路电流，并不是单相短路电流。校验单相短路保护灵敏度应按本题解法计算。

（2）DL/T 5153—2014附录N与DL/T 5153—2002附录P的短路电流值有所变化，应引起注意。

【**2011年下午题11~15**】 某125MW火电机组低压厂用变压器回路从厂用工作段母线引接，该母线短路电流周期分量起始值为28kA。低压厂用变压器为油浸自冷式三相变压器，参数为：S_e=1000kVA，U_e=6.3/0.4kV，阻抗电压U_d=4.5%，接线组别Dyn11，额定负载的短路损耗P_d=10kW。DL1为6kV真空断路器，开断时间为60ms；DL2为0.4kV空气断路器。该变压器高压侧至6kV开关柜用电缆连接；低压侧0.4kV至开关柜用硬导体连接，该段硬导体每相阻抗为 Z_m=(0.15+j0.4)mΩ；中性点直接接地。低压厂用变压器设主保护和后备保护，主保护动作时间为20ms，后备保护动作时间为300ms。低压厂用变压器回路接线及布置见下图，请解答下列各小题（计算题按最接近数值选项）。

▶▶**第63题[电动机单相接地]** 13. 若该PC上接有一台90kW电动机，额定电流168A，启动电流倍数为6.5，回路采用铝芯电缆，截面3×150mm²，长度150m；保护拟采用断路器本身的短路瞬时脱扣器。请按照单相短路电流计算曲线，计算保护灵敏系数，并说明是否满足单相接地短路保护的灵敏性要求？　　　　　　　　　　　　　　　　　　　　　　（　　）

（A）灵敏系数4.76，满足要求　　（B）灵敏系数4.12，满足要求
（C）灵敏系数1.74，不满足要求　　（D）灵敏系数1.16，不满足要求

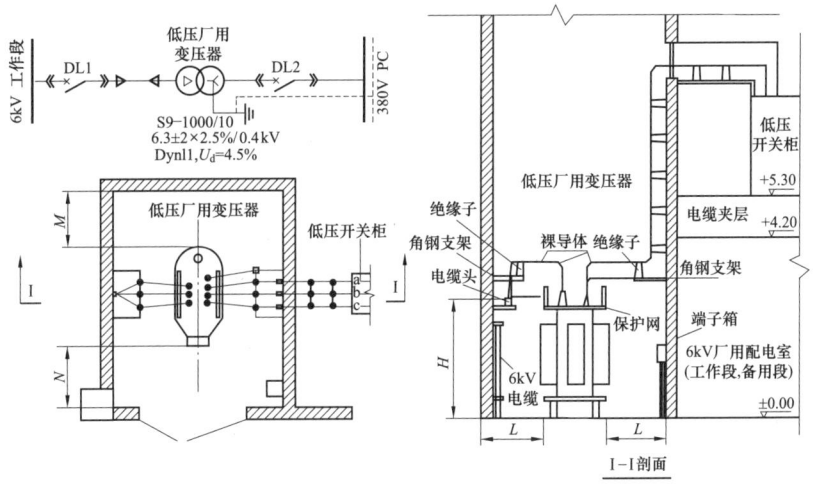

【答案及解答】 D

由 DL/T 5153—2014 附录 N 的图 N.2.2-1 可知，电缆长度为 100m，截面积为 $3 \times 150 \text{mm}^2$ 的电缆，单相短路电流为 1922A，根据附录 N.2.2-4 款，电缆长度超过 100m 时，按式（N.2.2）可得：$I_\text{d}^{(1)} = i_\text{d(100)}^{(1)} \dfrac{100}{L} = 1922 \times \dfrac{100}{150} = 1281$ (A)

由 DL/T 5153—2014 附录 P.0.3 可得：$I_\text{dz} = 168 \times 6.5 = 1092$(A)

灵敏系数为：$K = \dfrac{I_\text{d}^{(1)}}{I_\text{dz,j}} = \dfrac{1281}{1092} = 1.16$

根据 DL/T 5153—2014 第 8.1.1 条，单相接地保护的灵敏系数不宜小于 1.5。因此，不满足单相接地短路保护的灵敏性要求，所以选 D。

【考点说明】

（1）说是查曲线，其实应该说查表更精确。查曲线，单相的最好按表格，若题目给定按单相短路校验，按给定条件校验。若没给定两个都需要校验。该表格新旧规范有所变化。

（2）本题不严谨，实际断路器脱扣器整定值应该为：$I_\text{dz} \geq KI_\text{Q} = 1.7 \times 168 \times 6.5 = 1856.4$（A）。但这样灵敏系数就小于 1，无法选出答案。因此只能忽略可靠系数进行计算。本题也可利用老版一次手册第 291 页表 7-18 计算。

【2014 年下午题 26～30】 某大型火力发电厂分期建设，一期为 $4 \times 135\text{MW}$，二期为 $2 \times 300\text{MW}$ 机组，高压厂用电电压为 6kV，低压厂用电电压为 380V/220V，一期工程高压厂用电系统采用中性点不接地方式，二期工程高压厂用电系统采用中性点低电阻接地方式，一、二期工程低压厂用电系统采用中性点直接接地方式。电厂 380V/220V 煤灰 A、B 段的计算负荷为：A 段 969.45kVA，B 段 822.45kVA，两段重复负荷 674.46kVA。

▶▶ **第 64 题 [电动机单相接地]** 28. 该电厂内某段 380V/220V 母线上接有一台 55kW 电动机，电动机额定电流为 110A，电动机的启动电流倍数为 7 倍，电动机回路的电力电缆长 150m，查曲线得出 100m 的同规格电缆的电动机回路单相短路电流为 2300A，断路器过电流脱扣器整定电流的可靠系数为 1.35，请计算这台电动机单相短路时保护灵敏系数为下列哪项数值？（　　）

(A) 2.213　　　　　　　　　　　　　(B) 1.991
(C) 1.475　　　　　　　　　　　　　(D) 0.678

【答案及解答】 C

由 DL/T 5153—2014 附录 N 的式（N.2.2）可得，电缆长度超过 100m 时，单相短路电流为

$$I_\mathrm{d}^{(1)} = I_\mathrm{d100}^{(1)} \times \frac{100}{L} = 2300 \times \frac{100}{150} = 1533.33 \text{ (A)}$$

根据 DL/T 5153—2014 附录 P 表 P.0.3 可得，断路器过电流脱扣器整定值为

$$I_\mathrm{dz} = KI_\mathrm{Q} = 1.35 \times 7 \times 110 = 1039.5 \text{ (A)}$$

又由该规范式（P.0.3），可得电动机单相短路时保护灵敏系数为

$$K_\mathrm{lm} = \frac{I_\mathrm{d}^{(1)}}{I_\mathrm{dz}} = \frac{1533.33}{1039.5} = 1.475$$

6.2.4　变压器保护

考点 26　变压器保护配置

【2008 年下午题 20~24】 某发电厂启动备用变压器从本厂 110kV 配电装置引接，变压器型号为 SF9-16000/110，三相双绕组无励磁调压变压器 115kV/6.3kV，阻抗电压 $U_\mathrm{d}=8\%$，接线组别为 YNd11，高压侧中性点直接接地。

▶▶ 第 65 题 [变压器保护配置] 20. 请说明下列几种保护哪一项是本高压启动备用变压器不需要的？　　　　　　　　　　　　　　　　　　　　　　　　　　　　　　　　　　（　　）

(A) 纵联差动保护　　　　　　　　　　(B) 瓦斯保护
(C) 零序电流保护　　　　　　　　　　(D) 零序电压保护

【答案及解答】 D

由 DL/T 5153—2014 第 8.4.4 条可知，A、B、C 都是该启动备用变压器需要装设的保护，而未提及零序电压保护，因此不需要装设零序电压保护，所以选 D。

【考点说明】

由 DL/T 5153—2014 第 8.4.4 条可知：

（1）对 10MVA 及以上的变压器，应装设纵联差动保护。本题中变压器为 16MVA，符合要求，需要装纵联差动保护。

（2）高压启动备用变压器应装设瓦斯保护。

（3）当变压器高压侧接于 110kV 及以上中性点直接接地的电力系统中，且变压器的中性点为直接接地运行时，为防止单相接地短路引起的过电流，应装设零序电流保护。本题中变压器高压侧接于 110kV 中性点直接接地的电力系统中，且变压器的中性点为直接接地运行，因此需要装设零序电流保护。

【2011 年下午题 11~15】 某 125MW 火电机组低压厂用变压器回路从厂用工作段母线引接，该母线短路电流周期分量起始值为 28kA。低压厂用变压器为油浸自冷式三相变压器，参数为：$S_\mathrm{e}=1000\mathrm{kVA}$，$U_\mathrm{e}=6.3/0.4\mathrm{kV}$，阻抗电压 $U_\mathrm{d}=4.5\%$，接线组别 Dyn11，额定负载的短路损耗 $P_\mathrm{d}=10\mathrm{kW}$。QF1 为 6kV 真空断路器，开断时间为 60ms；QF2 为 0.4kV 空气断路器。该变压器高压侧至 6kV 开关柜用电缆连接；低压侧 0.4kV 至开关柜用硬导体连接，该段硬导体

每相阻抗为 Z_m=(0.15+j0.4)mΩ；中性点直接接地。低压厂用变压器设主保护和后备保护，主保护动作时间为 20ms，后备保护动作时间为 300ms。低压厂用变压器回路接线及布置见下图（本题省略），请解答下列各小题（计算题按最接近数值选项）。

▶▶ **第 66 题〔变压器保护配置〕** 14．下列变压器保护配置方案符合规程的为哪项？为什么？ （ ）

（A）电流速断+瓦斯+过电流+单相接地+温度

（B）纵联差动+电流速断+瓦斯+过电流+单相接地

（C）电流速断+过电流+单相接地+温度

（D）电流速断+瓦斯+过电流+单相接地

【答案及解答】D

由 DL/T 5153—2014 第 8.5.1 条可知：1000kVA 油浸式变压器应该装设电流速断保护、瓦斯保护、过电流保护和单相接地保护，所以选 D。

【考点说明】

本题属于定性题，考查条文理解。题中应写为单相接地短路保护，因为图中变压器低压侧中性点是接地的（单相接地是用于不接地系统的，发信号）。

【2009 年下午题 21～25】 发电厂有 1600kVA 两台互为备用的干式厂用变压器，联结组别为 DYn11，变压器变比为 6.3/0.4，电抗百分比 U_d=6%，中性点直接接地。请回答以下问题：

▶▶ **第 67 题〔变压器保护配置〕** 21．低压厂用变压器需要的保护配置为下列哪项？并简要阐述理由。 （ ）

（A）纵联差动，过电流，瓦斯，单相接地

（B）纵联差动，过电流，温度，单相接地短路

（C）电流速断，过电流，瓦斯，单相接地

（D）电流速断，过电流，温度，单相接地短路

【答案及解答】D

由 DL/T 5153—2014 第 8.5.1 条可知：

（1）2MVA 及以上用电流速断保护灵敏性不符合要求的变压器应装设纵联差动保护，本变压器容量为 1600kVA，不需要装设纵联差动保护，因此 A、B 错误。

（2）电流速断保护用于保护变压器绕组内及引出线上的相间短路故障。可以采用。

（3）瓦斯保护用于 800kVA 及以上油浸变压器和 400kVA 及以上的车间内油浸式变压器。本题为干式变压器，不需要装瓦斯保护。A、C 错误。

（4）过电流保护用于保护变压器及相邻元件的相间短路故障。可以采用。

（5）对于低压侧中性点直接接地的变压器，低压侧单相接地短路故障应装设单相接地短路保护。

（6）400kVA 及以上非车间内干式变压器宜装设温度保护。

综上所述，所以选 D。

【注释】

瓦斯保护是利用变压器油受热产生的瓦斯气体构成的保护，因此只能安装于油浸式变压

器。重瓦斯保护反应气体流速,保护动作于跳闸;轻瓦斯保护反应瓦斯气体的体积,保护动作于信号。

【2018年下午题20~23】 本题大题干略。

▶▶第68题 [变压器保护配置] 21.高压厂用工作变压器采用分裂变压器,容量为40/25-25MW,该变压器高压侧电源由发电机母线T接,发电机出口及该变压器高压侧均不配置断路器,低压侧经过分支断路器给两段厂用负荷供电,变压器采用数字式保护装置。请判断下列关于高压厂用工作变压器的保护配置及动作出口的描述中哪项是正确的?并说明依据和理由。( )

（A）除非电量保护外,保护双重化配置。配置速断保护动作于发电机变压器组总出口继电器及高压侧过电流保护带时限动作于发电机变压器组总出口继电器。厂用高压变压器6kV侧断路器配置过电流保护及过电流限时速断均动作于跳本分支断路器。

（B）除非电量保护外,保护双重化配置。配置纵联差动保护动作于发电机变压器组总出口继电器,配置高压侧过电流保护带时限动作于发电机变压器组总出口继电器。厂用高压变压器6kV侧断路器配置过电流保护及过电流限时速断均动作于跳本侧分支断路器。

（C）主保护和后备保护分别配置。配置高压侧过电流保护带时限动作于发电机变压器组总出口继电器。厂用高压变压器6kV侧断路器配置过电流保护动作于跳本分支断路器。

（D）主保护和后备保护分别配置。配置纵联差动保护动作于发电机变压器组总出口继电器。配置高压侧过电流保护带时限动作于发电机变压器组总出口继电器。厂用高压变压器6kV侧断路器配置过电流保护及过电流限时速断动作于发电机变压器组总出口继电器。

【答案及解答】B

（1）依据DL/T 5153—2014第8.4.1条,当单机容量为100MW级及以上机组的高压厂用工作变压器装设数字式保护时,除非电量保护外,保护应双重化配置。当断路器具有两组跳闸线圈时,两套保护宜分别动作于断路器的一组跳闸线圈。因此选项C和D错误。

（2）依据第8.4.2-2条,容量在6.3MVA以下的变压器应装设电流速断保护,保护瞬时动作于变压器各侧断路器跳闸。本题中变压器容量为40/25-25MW,依据第8.4.2-1条,应装设纵差保护。依据第8.4.2-4条,在3kV、6kV、10kV母线断路器上宜装设过电流限时速断保护,保护动作于本分支断路器跳闸。当1台变压器供电给2个母线段时,还应在各分支上分别装设过电流保护,保护带时限动作于本分支断路器。

（3）综上所述,以上选项只有B正确。

所以选B。

考点27　变压器高侧过电流保护整定

【2012年下午题22~25】 某电网企业110kV变电站,两路电源进线,两路负荷出线(电缆线路),进线、出线对端均为系统内变电站,四台主变压器(变比为110/10.5);110kV为单

母线分段接线，每段母线接一路进线，一路出线，两台主变压器；主变压器高压侧套管 TA 变比为 3000/1，其余 110kV TA 变比均为 1200/1A。最大运行方式下，110kV 三相短路电流为 18kA；最小运行方式下，110kV 三相短路电流为 16kA；10kV 侧最大最小运行方式下三相短路电流接近，为 23kA。110kV 母线分段断路器装设自动投入装置，当一条电源线路故障断路器跳开后，分段断路器自动投入。

▶▶ **第 69 题[变压器高侧过电流保护]** 22．假设已知主变压器高压侧装设单套三相过电流保护继电器动作电流为 1A，请校验该保护的灵敏系数为下列何值？（　　）

(A) 1.58　　　　　　　　　　　(B) 6.34
(C) 13.33　　　　　　　　　　 (D) 15

【答案及解答】A

取最小运行方式下，主变压器低压侧母线两相短路时流过高压侧过电流保护装置的电流作为灵敏系数校验电流。保护装置动作电流一次值为 1×1200=1200（A）。

由新版二次手册第 398 页式（8-141）可得：

灵敏系数 $K = \dfrac{I_{d,j,\min}}{I_{dz,j}} = \dfrac{\dfrac{\sqrt{3}}{2} \times 23000 \times \dfrac{10.5}{110}}{1200} = 1.58$

所以选 A。

【考点说明】

（1）校验保护的灵敏系数，重点是确定校验电流对应的故障点，取常见不利运行方式下的不利故障类型。应该注意该保护的范围应能到达变压器的低压母线，所以保护校验点应取低压母线，而不是高压母线。

（2）注意变压器短路电流的归算，本题的保护安装处是在高压母线，应将 10kV 侧电流归算到 110kV 侧。

（3）老版二次手册第 634 页式（29-105）。

考点 28　变压器复合电压闭锁过电流保护

【2019 年下午题 21~23】某工程 2 台 660MW 汽轮发电机组，电厂启动/备用电源由厂外 110kV 变电站引接，电气接线如下图所示，启动备用变压器采用分裂绕组变压器，变压器变比为 110±8×1.25%/10.5-10.5，容量为 60/37.5-37.5MVA；变压器低压绕组中性点采用低电阻接地，高压侧保护用电流互感器参数为 400/1，5P20，低压侧分支保护用电流互感器参数为 3000/1，5P20。请根据上述已知条件解答下列问题。

▶▶ **第 70 题[变压器复压电流保护]** 21．已知 10kV 母线最大运行方式下三相短路电流为 36.02kA，最小运行方式下三相短路电流为 33.95kA。其中电动机反馈电流为 10.72kA。若启动备用变压器高压侧复合电压闭锁过电流保护的二次整定值为 2A，该电流元件对应的灵敏系数是下列哪项值？（　　）

(A) 2.4　　　　　　　　　　　(B) 2.61
(C) 2.77　　　　　　　　　　 (D) 3.51

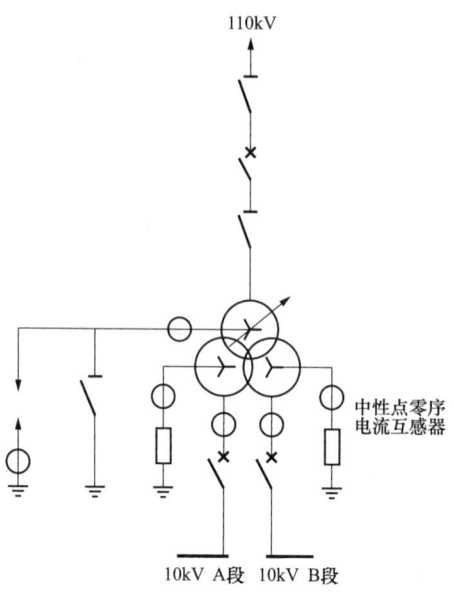

【答案及解答】 A

由《厂用电继电保护整定计算导则》(DL/T 1502—2016) 式 (49)，变压器高压侧复合电压闭锁过电流保护电流元件灵敏系数校验，即

$$K_{sen} = \frac{I_{k.min}^{(2)}}{n_a I_{op}} = \frac{0.866 \times (33.95 - 10.72) \times 1000}{400/1 \times 2} \times \frac{10.5}{110} = 2.4$$

【考点说明】

（1）本题考点为高压厂用变压器高压侧复合电压闭锁过电流保护灵敏系数计算。由于是厂用电内容，优先查找 DL/T 1502—2016。

（2）题目中专门说明三相短路电流中电动机反馈电流为 10.72kA，由于电动机反馈电流不流经变压器高压侧 TA，对高压侧保护灵敏度不造成影响，因此灵敏系数计算时需要在短路电流中把电动机反馈电流去除，否则会错选 D。

（3）注意题目中给出的电流是低压侧母线短路电流，保护安装在高压侧，需要将短路电流折算到高压侧才能使用。

【2022 年上午题 17-20】 某 220kV 变电站，与无限大电源系统连接并远离发电厂，主接线图如下。S1 等值电抗标幺值 $X_I=0.01$，S2 等值电抗标幺值 $X_{II}=0.015$。(基准容量 $S_j=100MVA$，基准电压 $U_j=230kV$、63kV)。变电站安装两台 220/63kV、180MVA 主变。主变短路电压百分数值为 $U_k(\%)=14$，220kV 侧为双母线接线，进线 1 与出线 1 固定运行于一段母线，进线 2 与出线 2 固定运行于另一段母线；母线并列运行为最大方式，分列运行为最小方式。63kV 侧为单母线分段接线，母线分列运行。主变高压侧保护用电流互感器变比 600～1250/1A，电流互感器满闸接线（S1-S3）站内采用铜芯电缆，$\gamma = 57m/\Omega \cdot mm^2$。请分析计算并解答以下各题（计算结果精确到小数点后 2 位）

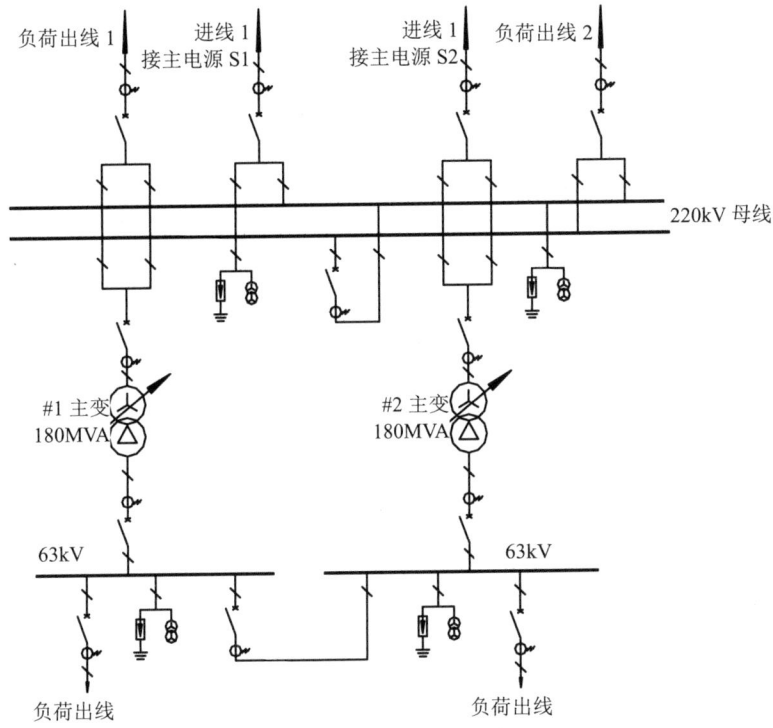

▶▶ **第71题 [变压器复压电流保护]** 17. 主变高压侧后备保护为复合电压闭锁的过电流保护，可靠系数取上限值，返回系数取 0.85，电流继电器动作电流整定二次值为下列哪项数值？ （ ）

(A) 0.49A
(B) 0.58A
(C) 1.00A
(D) 1.20A

【答案及解答】 B

满匝接线时 TA 变比为 1250/1，由 DL 684—2012 第 5.5.1 条的式（114），得

$$I_{op} = \frac{K_{rel}}{K_r} I_e / n_{TA} = \frac{1.3}{0.85} \times \frac{180}{\sqrt{3} \times 220} / 1250 = 0.58\text{A}$$，选 B。

【2022 年上午题 17-20】 某 220kV 变电站，与无限大电源系统连接并远离发电厂，主接线图如下。S1 等值电抗标幺值 X_I=0.01，S2 等值电抗标幺值 X_{II}=0.015。（基准容量 S_j=100MVA，基准电压 U_j=230kV、63kV）。变电站安装两台 220/63kV、180MVA 主变。主变短路电压百分数值为 $U_k(\%)$=14，220kV 侧为双母线接线，进线 1 与出线 1 固定运行于一段母线，进线 2 与出线 2 固定运行于另一段母线；母线并列运行为最大方式，分列运行为最小方式。63kV 侧为单母线分段接线，母线分列运行。主变高压侧保护用电流互感器变比 600～1250/1A，电流互感器满闸接线（S1-S3）站内采用铜芯电缆，$\gamma = 57\text{m}/\Omega \cdot \text{mm}^2$。请分析计算并解答以下各题（计算结果精确到小数点后 2 位）

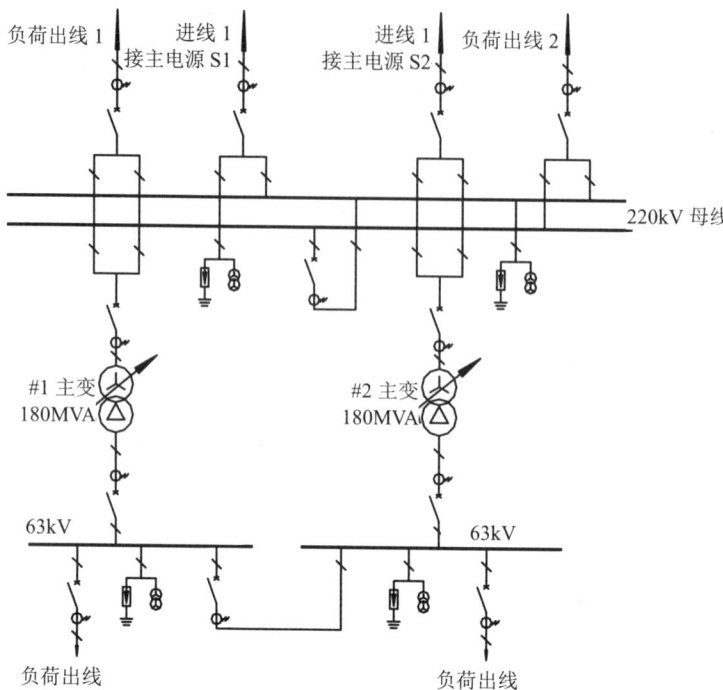

▶▶ **第72题 [变压器复压电流保护]** 18. 若主变高压侧复合电压闭锁的过电流保护电流定值对应的一次值为1.1kA，按小方式主变低压测短路校核电流元件灵敏度，该灵敏系数为下列哪项数值？（　　）

(A) 2.13　　　　　　　　　　　　(B) 2.25
(C) 2.46　　　　　　　　　　　　(D) 4.65

【答案及解答】C

过电流保护计算灵敏度，用最小运行方式，主变低压侧两相短路时流过高压侧的电流，该电流为：低压侧三相短路 $\times \sqrt{3}/2 \times 2/\sqrt{3}$（Yd 接线低压侧两相短路时流过高压侧最大相电流系数）等于最小运行方式下低压侧三相短路流过高压侧的电流；

由电力一次手册第120页式（4-1）~式（4-10）及表4-1、表4-2可得

最小方式时，电源2供电，电源2系统阻抗标幺值为0.015

变压器阻抗标幺值 $X_{*T} = \dfrac{14\%}{100} \times \dfrac{100}{180} = 0.07778$

灵敏度 $K_{rel} = \dfrac{0.251}{0.015 + 0.07778} \times \dfrac{1}{1.1} = 2.46$，选C。

【2022年补考下午题21~25】　在某110kV系统中接有一座110kV变电站，接线示意图如下，已知四台变压器均为负荷变，正常运行时110kV分段断路器分闸运行，当任一主电源失电时110kV分段断路器自动投入运行。线路L3转供负荷为80000kVA。最大运行方式下主电源S1侧三相短路电流为23kA，S2侧为18kA；最小运行方式下主电源S1三相短路电流

为 21kA，S2 侧为 16kA。基准容量取 100MVA。线路 L1 阻抗标幺值为 0.04，线路 L2 阻抗标幺值为 0.018，线路 L3 阻抗标幺值为 0.014。请分析计算并解答下列问题。

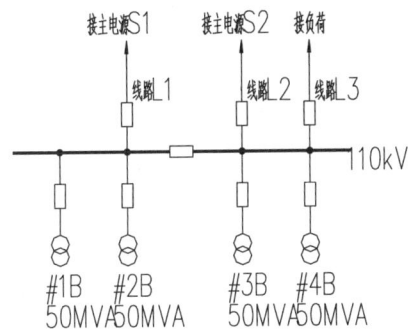

▶▶ **第 73 题 [变压器复压电流保护]** 25．假设 4 号主变低压侧接入一小电源，关于该主变相间短路后备保护配置及动作方式，下列哪种说法是正确的，为什么？（　　）

（A）装于高压侧，保护带二段时限，分别断开 110kV 分段断路器和主变各侧断路器

（B）装于两侧，低压侧保护动作于断开 10kV 母线分段断路器，高压侧保护作用于断开主变两侧断路器

（C）两侧均装设带方向的保护和不带方向的保护，方向指向各侧母线，不带方向的保护断开主变两侧断路器。

（D）装于高压侧，高压侧设方向保护，方向指向变压器并断开主变两侧断路器。

【答案及解答】C

由 DL/T 584—2017 第 7.2.14.4 条，GB/T 14285—2023 第 5.3.3.3-b）款，选 C。

考点 29　高厂变低侧分支过电流保护整定

【2016 年下午题 16～21】 某 600MW 级燃煤发电机组，高压厂用电系统电压为 6kV，中性点不接地，其简化的厂用接线如下图所示，高压厂用变压器 B1 无载调压，容量为 31.5MVA，阻抗值为 10.5%。高压备用变压器 B0 有载调压，容量为 31.5MVA，阻抗值为 18%。正常运行工况下，6.3kV 工作段母线由 B1 供电，B0 热备用。D3、D4 为电动机，D3 额定参数为：P_3=5000kW，$\cos\varphi_3$=0.85，η_3=0.93，启动电流倍数 K_3=6 倍；D4 额定参数为：P_4=8000kW，$\cos\varphi_4$=0.88，η_4=0.96，启动电流倍数 K_4=5 倍。假定母线上的其他负荷不含高压电动机并简化为一条馈线 L1，容量为 S_g；L2 为备用馈线，充电运行。TA 为工作电源进线回路电流互感器，TA0～TA4 为零序电流互感器。请分析计算并解答下列各题。

▶▶ **第 74 题 [高厂变低侧分支过流]** 21．已知最小运行方式下 6kV 工作段母线三相短路电流为 28kA，2MW 及以上的电动机回路均已装设完整的差动保护，低压厂用变压器最大单台容量为 2MVA，其低压电动机自启动引起的过电流倍数为 2.5，请计算高压厂用变压器 B1 低压侧工作分支断路器的过流保护的电流整定值和灵敏系数最接近下列哪组数值？（可靠系数取 1.2）（　　）

（A）4.91A，3.52　　　　　　　（B）8.60A，3.52
（C）8.23A，4.25　　　　　　　（D）4.91A，6.17

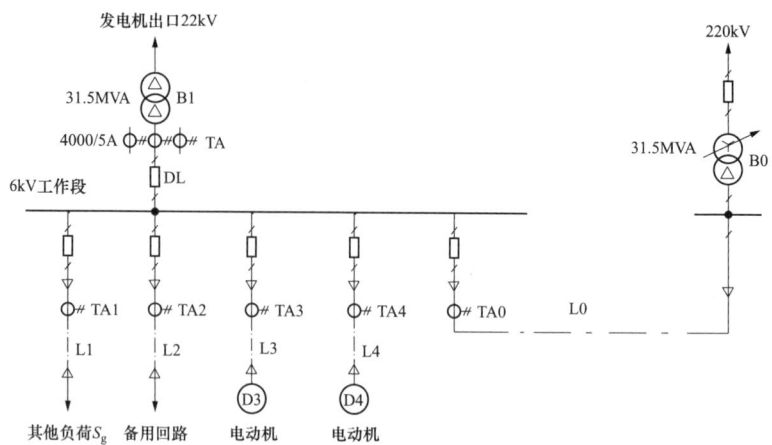

【答案及解答】 B

依据新版二次手册第 695 页第 29-8 节。

（1）按躲过本段母线所接电动机最大启动电流之和整定，根据式（29-188）可得

$$K_{zq} = \frac{1}{\dfrac{U_d\%}{100} + \dfrac{W_e}{K_{qd}W_{d\Sigma}}} = \frac{1}{0.105 + \dfrac{31.5}{6\times 6.325 + 5\times 9.47}} = 2.108$$

电动机 D3 的容量 $\quad W_{d3\Sigma} = \dfrac{5}{0.85\times 0.93} = 6.325 \text{ (MVA)}$

电动机 D4 的容量 $\quad W_{d4\Sigma} = \dfrac{8}{0.88\times 0.96} = 9.47 \text{ (MVA)}$

$$I_e = \frac{S}{\sqrt{3}U} = \frac{31.5}{\sqrt{3}\times 6.3} = 2.887 \text{ (kA)} \qquad I_{dz1} = K_k K_{zq} I_e = 1.2\times 2.108\times 2.887 = 7.304 \text{ (kA)}$$

（2）按与本段母线最大电动机速断保护配合整定：根据老版二次手册第 23-2 节表 23-5 可知，本题中电动机不需要装速断保护，因此不需要与速断保护配合。

（3）与接于本段母线的低压厂用变压器过电流保护配合整定

$$I'_{dz} = K_k K_{zq} I_e = 1.2\times 2.5\times \frac{2}{\sqrt{3}\times 6.3} = 0.55 \text{ (kA)}; \quad \sum I_{fh} = \frac{S}{\sqrt{3}U} = \frac{31.5 - 2}{\sqrt{3}\times 6.3} = 2.7 \text{ (kA)}$$

$$I_{dz2} = K_k (I'_{dz} + \sum I_{fh}) = 1.2\times (0.55 + 2.7) = 3.9 \text{ (kA)}$$

所以 $I_{dz} = 7.304\text{kA}$，折算到二次值为 $I'_{dz1} = \dfrac{7.304}{4000/5} = 9.13 \text{ (A)}$。

灵敏系数为：$K_{lm} = \dfrac{I_{d\cdot min}}{I'_{dz}} = \dfrac{28000\div(4000/5)}{9.13}\times \dfrac{\sqrt{3}}{2} = 3.32$

所以选 B。

【考点分析】

（1）本题计算量较大，而且需要综合多个章节的内容，因此难度较大，考试时建议不选此题。不过厂用电一直是案例分析的热门考点，需要平时多加练习，熟悉各个符号的含义。

（2）此题如果 D3 的启动倍数 $K_3=5$ 倍，则和 B 答案一模一样。

（3）此题是按老版手册所出，新版二次手册第 245 页对整定进行了修改。

考点 30　电抗器分支过电流保护整定

【2019 年下午题 7~9】　某小型热电厂建设两机三炉,其中一台 35MW 的发电机经 45MVA 主变压器接至 110kV 母线。发电机出口设发电机断路器,此机组设 6kVA 段,B 段向其中两台炉的厂用负荷供电。两 6kV 段经一台电抗器接至主变压器低压侧,6kA 厂用 A 段计算容量为 10 512kVA,B 段计算容量为 5570kVA,发电机、变压器、电抗器均装设差动保护,主变压器差动和电抗器差动保护电流互感器装设在电抗器电源侧断路器的电抗器侧,已知发电机主保护动作时间为 30ms,主变压器主保护动作时间 35ms,电抗器主保护动作时间为 35ms,电抗器后备保护动作 1.2s,电抗器主保护若经发电机、变压器保护出口需增加动作时间 10ms,断路器全分断时间 50ms,本机组的电气接线示意图、短路电流计算结果表如下。(按 GB/T 15544.1—2013 计算)

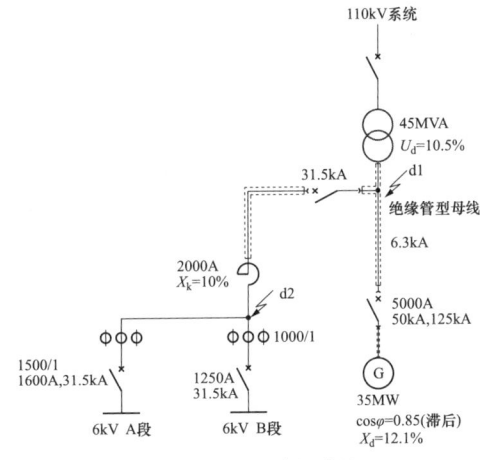

电气接线示意图

短路点编号	基准电压 U_j (kV)	基准电压 I_j (kA)	短路类型	分支线名称	短路电流 (kA)		
					I''_k	I_k (0.07)	I_k (0.1)
1	6.3	9.165	三相短路	系统	38.961	38.961	38.961
				电抗器	6.899	5.856	5.200
				汽轮发电机	37.281	26.370	24.465
2	6.3	9.165	三相短路	系统	17.728	17.686	17.683
				电动机反馈电流	9.838	7.157	5.828

注　表中符号 I''_k 为对称短路电流初始值,I_k 为对称开断电流。

▶▶ 第 75 题 [电抗器分支过流] 9. 已知 6kV 厂用 A 段上最大一台电动机额定功率为 1800kW,额定电流为 200A,堵转电流数值为 6.5,计算电抗器负荷侧分支限时速断保护与此电动机启动配合的保护整定值和灵敏系数是下列哪组数值？(假设主题干中短路电流值为最小运行方式下的数值)。(　　)

　　(A) 保护整定值 1.04A,灵敏系数 9.54
　　(B) 保护整定值 1.65A,灵敏系数 6.2
　　(C) 保护整定值 2.48A,灵敏系数 6.41

（D）保护整定值 2.48A，灵敏系数 7.41

【答案及解答】B

（1）整定值：由《厂用电继电保护整定计算导则》(DL/T 1502—2016) 第 4.2 条式（22），结合题意，电抗器负荷侧分支限时速断保护按躲过本分支母线上最大容量电动机启动电流整定，可得

$$I_{op} = \frac{1.2 \times [963.38 + (6.5-1) \times 200]}{1500} = 1.65 \text{ (A)}$$

其中，6kV 厂用 A 段计算容量为 10512kVA，则一次额定电流为 $I_E = \frac{10512}{6.3 \times \sqrt{3}} = 963.35 \text{ (A)}$

（2）灵敏度：依题意，电抗器低压侧短路流过开关的最大电流为系统短路电流 17.728kA，又由该规范式（25），可得灵敏系数为 $I_{op} = \frac{17.728 \times 1000/1500 \times \sqrt{3}/2}{1.65} = 6.2$。

所以选 B。

【考点说明】

本题考点比较明确，高压厂用变压器（电抗器）低压侧分支限时电流速断保护整定。由于是厂用电内容，优先查找 DL/T 1502—2016。根据 DL/T 1502—2016 第 4.2 条，严格来说应该计算四个条件，选择最大值，但题意已经明确按电动机启动配合进行计算，因此不必再计算其他三个条件，降低了难度。同时注意，不要参考低压厂用电的条款。

考点 31　低厂变高侧电流速断保护

【2021 年下午题 25~27】某 300MW 火力发电机组，已知 10kV 系统短路电流 40kA，采用低电阻接地。汽机低压厂用变接线如下图：变压器额定容量为 2000kVA，变比 10.5/0.4，短路阻抗 10%，变压器励磁涌流为 12 倍额定电流。

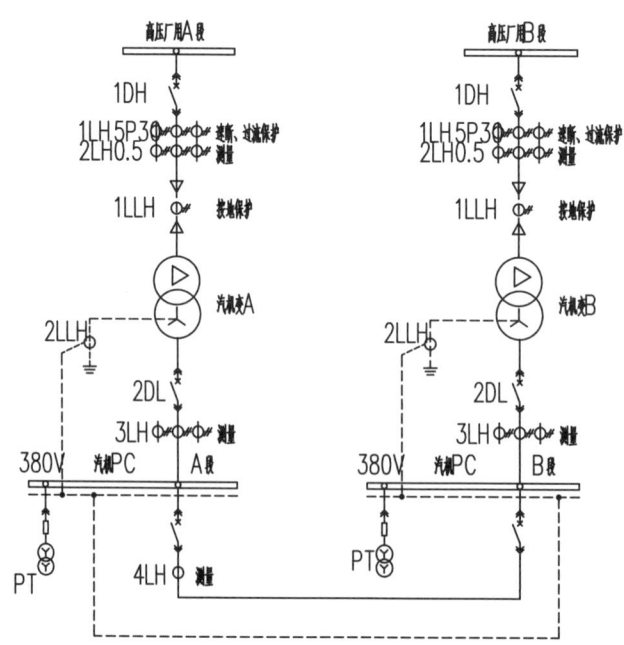

请分析计算并解答下列各小题。

▶▶ **第 76 题 [低厂变高侧电流速断]** 25. 变压器高压侧保护采用电流速断及过电流保护，高压侧电流互感器变比 200/1。请计算变压器电流速断保护的二次整定值。　　　　　　(　　)

（A）5.35A　　　　　　　　　　（B）6.96A
（C）1392.04A　　　　　　　　（D）1429.67A

【答案及解答】B

设：$S_j = 100\text{MW}$、$U_j = 10.5\text{kV}$、$I_j = 5.5\text{kA}$，则

变压器阻抗标值：
$$X_{ed} = \frac{U_d S_j}{100 \times S_e} = \frac{0.1 \times 100}{2} = 5$$

系统阻抗：
$$X_{s*} = \frac{I_j}{I''} = \frac{5.5}{40} = 0.1375$$

由 DL/T 1502—2016 第 5.2.1 节相关内容及式（52），可得
（1）按躲过变压器低压侧出口三相短路故障电流整定
$$I_{op} = K_{rel} I_{k.max}^3 / n_a = 1.3 \times \frac{5.5 \times 1000}{5 + 0.1375} / 200 = 6.96(\text{A})$$

（2）按躲过变压器励磁涌流整定
$$I_{op} = 12 I_e / n_a = 12 \times \frac{2000}{\sqrt{3} \times 10.5} / 200 = 6.6(\text{A})$$

以上两者取最大值，取 6.96A，所以选 B。

【考点说明】

注意本题计算的电流都应该是变压器高压侧电流。尤其是需要校验灵敏度时更要注意把低压侧的电流变换到高压侧

【2013 年下午题 9~13】 某 300MW 发电厂低压厂用变压器系统接线图如右图所示。

已知条件如下：1250kVA 厂用变压器 $U_d\%=6\%$，额定电压为 6.3/0.4kV，额定电流比为 114.6/1804，变压器励磁涌流不大于 5 倍额定电流；6.3kV 母线最大运行方式系统阻抗 $X_s=0.444$（以 100MVA 为基准容量），最小运行方式下系统阻抗 $X_s=0.87$（以 100MVA 为基准容量），ZK 为智能断路器（带反时限过电流保护，电流速断保护），$I_n=2500\text{A}$。400V PC 段最大电动机为凝结水泵，其额定功率为 90kW，额定电流 $I=180\text{A}$，启动电流倍数 10 倍，1ZK 为智能断路器（带反时限过电流保护，电流速断保护）$I_n=400\text{A}$。400V PC 段需要自启动的电动机最大启动电流之和为 8000A，400V PC 段总负荷电流为 980A，可靠系数取 1.2；请按上述条件计算下列各题（保留两位小数，计算中采用短路电流实用计算，忽略馈线及元件的电阻对短路电流的影响）。

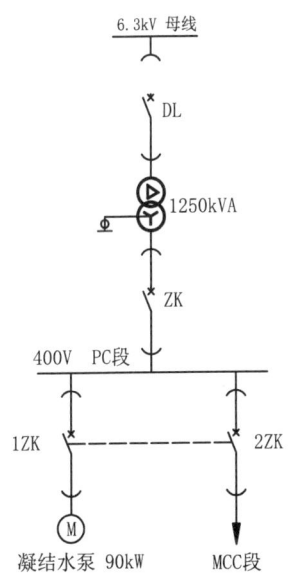

▶▶ **第 77 题 [低厂变高侧电流速断]** 10. 计算 DL 的电流速断保护整定值和灵敏系数应为下列哪项数值？（注：本大题第 9 小题短路电流计算结果为 1.75kA）　　　　　　(　　)

(A) 1.7kA，5.36　　　　　　　　(B) 1.75kA，5.21
(C) 1.94kA，9.21　　　　　　　　(D) 2.1kA，4.34

【答案及解答】 D

(1) 计算整定值。新版二次手册第244页右下内容、第240页式（6-1）可得

1）按躲过外部短路是流过保护的最大短路电流整定。由式（6-1）及 K_k=1.2，可得

$$I_{op} = K_{rel}I_{k,max}^{(3)} = 1.2 \times 1.75 = 2.1 \text{ (kA)}$$

2）按躲过变压器励磁涌流整定：$I_{dz2} \geqslant 114.6 \times 5 = 573$ (A)

两者取大，为 $I_{dz} = 2.1$ kA。

(2) 计算灵敏系数。最小运行方式下保护安装处两相金属短路电流

$$I_{d,min}^{(2)} = \frac{1}{0.87 \times \frac{1.25}{100}} \times \frac{114.6}{1000} \times \frac{\sqrt{3}}{2} = 9.13 \text{ (kA)}$$

由式（6-2）可得：$K_{lm} = \frac{I_{d,min}^{(2)}}{I_{dz}} = \frac{9.13}{2.1} = 4.347 > 2$

合格，所以选D。

【考点说明】

(1) 两相短路等于对应三相短路值的 $\sqrt{3}/2$ 倍。

(2) 老版二次手册第693页式（29-186）、式（29-186）。

考点32　低厂变高侧过电流保护整定

▶▶ **第78题** [低厂变高侧过电流] 12. 计算确定DL的过电流保护的整定值应为下列哪项数值？　　　　　　　　　　　　　　　　　　　　　　　　　　　　　（　　）

(A) 507.94A　　　　　　　　　　(B) 573A
(C) 609.52A　　　　　　　　　　(D) 9600A

【答案及解答】 C

由新版二次手册第245页式（6-35）、式（6-39）、式（6-40），按下列三个条件整定：

(1) 按躲过变压器所带负荷中需要自启动的电动机最大启动电流之和整定：

$$I_{op1} = K_{rel}K_{ast}I_{2N} = K_{rel}I_{st} = 1.2 \times 8000 \times \frac{0.4}{6.3} = 609.52 \text{ (A)}$$

(2) 按躲过低压侧一个分支自启动电流和其他分支正常负荷电流整定：

$$I_{op2} = K_{rel}(\Sigma I_{st} + \Sigma I_{fL}) = 1.2 \times (180 \times 10 + 980 - 180) \times \frac{0.4}{6.6} = 198 \text{ (A)}$$

(3) 按与低压侧分支过电流保护配合整定：

$$I'_{dz} = K_k I_{qd} = 1.2 \times 180 \times 10 = 2160 \text{ (A)}$$

$$I_{op3} = K_{co}(K_{bt}I_{op,L} + \Sigma I_{qyfL}) = 1.2 \times (2160 + 980 - 180) \times \frac{0.4}{6.3} = 225.5 \text{ (A)}$$

以上三者取大，$I_{dz} = 609.52$A，所以选C。

【考点说明】

本题是计算在低压侧短路时流过高压侧开关的电流，需要注意：

（1）必须把400V的电流折算到6.3kV侧，不折算本题就会错选答案D。

（2）虽然400V母线短路的总短路电流要考虑电动机反馈电流，但该电流并不流过变压器高压侧和低压侧开关，所以400V母线短路，计算流过这两个开关的短路电流时不能算上电动机反馈电流。

（3）老版二次手册第696页（六）式（29-187）、式（29-214）、式（29-215）。新版二次手册式 $I_{op3}=K_{co}(K_{bt}I_{op,L}+\sum I_{qyfL})$ 中多了 K_{bt}，此题是按老版手册所出，所以并未给出 K_{bt}，读者了解即可。

考点33　低厂变低压侧过电流保护整定、TA配置及灵敏度

【2009年下午题21~25】发电厂有两台1600kVA互为备用的干式厂用变压器，联结组别为DYn11，变压器变比为6.3/0.4，电抗百分比 $U_d=6\%$，中性点直接接地。请回答以下问题：

▶▶ **第79题**［低厂变低侧过电流保护整定］22．厂用变压器低压侧自启动电动机的总容量 $W_D=960$kVA，则变压器过电流保护整定值为下列哪项？并说明根据。　　　　（　　）

(A) 4932.9A　　　　　　　　　　(B) 5192.6A
(C) 7676.4A　　　　　　　　　　(D) 8080.5A

【答案及解答】A

依题意，两台低压厂用变压器互为备用，属于暗备用方式，由新版二次手册第245页式（6-38），可得

$$K_{ast}=\cfrac{1}{\cfrac{U_d\%}{100}+\cfrac{S_{TN}}{0.6K_{st.\Sigma}S_{M.\Sigma}}\left(\cfrac{U_{M.N}}{U_{T.N}}\right)^2}=\cfrac{1}{\cfrac{6}{100}+\cfrac{1600}{0.6\times5\times960}\times\left(\cfrac{380}{400}\right)^2}=1.781$$

变压器低压侧额定电流为：$I_e=\cfrac{S_e}{\sqrt{3}U_e}=\cfrac{1600}{\sqrt{3}\times0.4}=2309.4$ (A)

又由该规范第245页式（6-35）可得过电流保护整定值为

$$I_{op}=K_{rel}K_{ast}I_{2N}=1.2\times1.781\times2309.4=4932.9 \text{ (A)}$$

所以选A。

【考点说明】

（1）变压器保护是保护整定的考试热点，但解题时变压器类型要注意分清：是主变压器还是厂用变压器，主变压器保护整定计算参考第29-5节内容；厂用变压器参考第29-8节内容。厂用变压器分高压厂用变压器和低压厂用变压器，高压厂用变压器低压侧电压一般为6kV。

（2）老版二次手册第696页式（29-213）。第693页式（29-187）。

【注释】

暗备用：正常时，两台变压器分别带各自的负荷；某一台故障时，另一台带全部负荷。

明备用：正常时，一台变压器带全部负荷，另一台变压器备用。当运行的变压器故障或退出运行时，由备用变压器带全部负荷。

▶▶ **第80题**［低厂变低侧过电流保护］23．最少需要的电流互感器和灵敏度为下列哪项？
　　　　　　　　　　　　　　　　　　　　　　　　　　　　（　　）

(A) 三相，大于等于2.0　　　　　(B) 三相，大于等于1.5

(C) 两相，大于等于 2.0　　　　　　(D) 两相，大于等于 1.25

【答案及解答】D

由老版二次手册第 696 页式（29-218）可知：当变压器远离高压配电装置时，为了节省电缆，高压侧的过电流保护可改为两相三继电器式接线接于相电流上，省去低压侧的零序过电流保护，此时，过电流保护对低压侧的单相接地短路保护灵敏系数要求大于等于 1.25，所以选 D。

【2013 年下午题 9～13】 某 300MW 发电厂低压厂用变压器系统接线图如下图所示。

已知条件如下：1250kVA 厂用变压器：$U_d\%=6\%$，额定电压为 6.3kV/0.4kV，额定电流比为 114.6/1804，变压器励磁涌流不大于 5 倍额定电流；6.3kV 母线最大运行方式系统阻抗 $X_s=0.444$（以 100MVA 为基准容量），最小运行方式下系统阻抗 $X_s=0.87$（以 100MVA 为基准容量），ZK 为智能断路器（带反时限过电流保护，电流速断保护）$I_n=2500A$。400V PC 段最大电动机为凝结水泵，其额定功率为 90kW，额定电流 $I=180A$，启动电流倍数 10 倍，1ZK 为智能断路器（带反时限过电流保护，电流速断保护）$I_n=400A$。400V PC 段需要自启动的电动机最大启动电流之和为 8000A，400V PC 段总负荷电流为 980A，可靠系数取 1.2；请按上述条件计算下列各题（保留两位小数，计算中采用短路电流实用计算，忽略馈线及元件的电阻对短路电流的影响）。

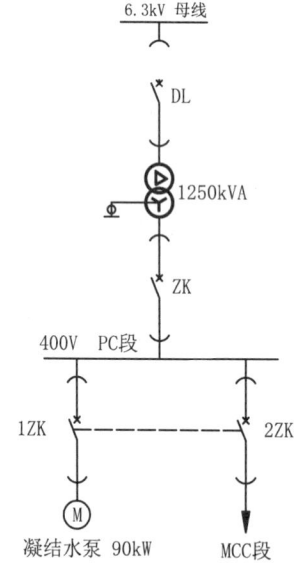

▶▶ 第 81 题 [低厂变低侧过流] 13. 计算确定 ZK 的过电流保护的整定值应为下列哪项数值？　　　　　　　　　　　　　　　　　　　　　　　　　（　　）

(A) 3240A　　　　　　　　　　　(B) 3552A

(C) 8000A　　　　　　　　　　　(D) 9600A

【答案及解答】D

由老版二次手册第 696 页，变压器低压侧分支过电流保护按下列两个条件整定。

(1) 按躲过本段母线所接电动机最大启动电流之和整定，公式同该手册式（29-187），则

$$I_{dz1} = K_k I_Q = 1.2 \times 8000 = 9600 \text{ (A)}$$

（2）按与本段母线所接最大电机速断保护配合整定：

根据式（23-3），最大电动机速断保护整定值为：$I'_{dz} = K_k \times I_Q = 1.2 \times (180 \times 10) = 2160$ (A)

除最大电动机外的总负荷电流为：$\sum I_{fh} = 980 - 180 = 800$ (A)

根据式（29-203）可得：$I_{dz2} = K_k(I'_{dz} + \sum I_{fh}) = 1.2 \times (2160 + 980 - 180) = 3552$ (A)

以上两者取大，$I_{dz} = 9600\text{A}$，所以选 D。

【考点说明】

此题是按老版手册所出，新版二次手册第 245 页对整定进行了修改。

考点 34　变压器差动保护

【2008 年下午题 20～24】 某发电厂启动备用变压器从本厂 110kV 配电装置引接，变压器型号为 SF9-16000/110，三相双绕组无励磁调压变压器 115kV/6.3kV，阻抗电压 U_d=8%，接线组别为 YNd11，高压侧中性点直接接地。

▶▶ 第 82 题 [变压器差动] 21. 若高、低压侧 TA 变比分别为 300/5、2000/5，计算当采用电磁式差动继电器三角形接线时，高、低压侧 TA 二次回路额定电流接近于下列哪组数值（高、低压一次侧额定电流分别为 80A 和 1466A）？　　　　　　　　　　　　　　（　　）

(A) 2.31A　3.67A　　　　　　　　(B) 1.33A　3.67A

(C) 2.31A　2.02A　　　　　　　　(D) 1.33A　2.02A

【答案及解答】 A

由老版二次手册第 619 页式（29-54）可得：

变压器差动保护高压侧　　　$I'_{1e} = \dfrac{K_{jx} I_e}{n_1} = \dfrac{\sqrt{3} \times 80}{\dfrac{300}{5}} = 2.31$ (A)

变压器差动保护低压侧　　　$I'_{2e} = \dfrac{K_{jx} I_e}{n_1} = \dfrac{1 \times 1466}{\dfrac{2000}{5}} = 3.665$ (A)

所以选 A。

【注释】

（1）题中指出采用电磁式差动继电器三角形接线，出题不严谨。因为差动继电器不存在三角形接线，根据题意应该是指 TA 的接线方式为三角形接线。

（2）由于变压器接线组别为 YNd11，为了高、低压侧二次电流平衡，TA 接线方式应该是高压侧采用三角形接线，低压侧采用星形接线。

（3）对于差动保护，差动电流应滤去零序电流，否则主变压器高压侧区外接地故障时差动保护会误动作。当接线组别为 YNy 的自耦变压器，其差动保护二次侧的电流回路接成三角形接线时，接线系数为 $\sqrt{3}$。

【2008 年下午题 20～24】 某发电厂启动备用变压器从本厂 110kV 配电装置引接，变压器型号为 SF9-16000/110，三相双绕组无励磁调压变压器 115/6.3kV，阻抗电压 U_d=8%，接线组别为 YNd11，高压侧中性点直接接地。

▶▶ 第 83 题 [变压器差动] 22. 假定变压器高低压侧 TA 二次回路的额定电流分别为 2.5A 和 3.0A，计算差动保护要躲过 TA 二次回路断线时的最大负荷电流最接近下列哪项值？

（　　）

（A）3.0A （B）3.25A
（C）3.9A （D）2.5A

【答案及解答】C

由老版二次手册第 619 页式（29-63）可知，差动保护要躲过 TA 二次回路断线时的最大负荷电流。

（1）按躲过高压侧二次回路断线时的最大负荷电流：$I_{dz1} = 1.3 I_{fh,max} = 1.3 \times 2.5 = 3.25$ (A)

（2）按躲过低压侧二次回路断线时的最大负荷电流：$I_{dz2} = 1.3 I_{fh,max} = 1.3 \times 3.0 = 3.9$ (A)

以上两者取大，I_{dz} =3.9A，所以选 C。

【2020 年下午题 23～27】 某 220kV 变电站，安装两台 180MVA 主变，联接组别为 YN/yno/d11，主变压器变比为 230±8×1.25%/121/10.5kV。220kV 侧 110kV 侧均为双母线接线，10kV 侧为单母线分段接线，线路 10 回。站内采用铜芯电缆，r 取 57m/Ωmm²。请解答以下问题（计算结果精确到小数点后 2 位）

▶▶ 第 84 题 [变压器差动] 23. 主变电流互感器采用 5P 组，变比分别 600/1A（高）、1250/1A（中）、6000/1A（低）二次侧均为 Y 接线。主变主保护采用带比率制动特性的纵差保护，采用《大型发电机变压器继电保护整定计算导则》（DL 684—2012）第一种整定法按有名值方式进行整定（有名值以高压侧为基准），可靠系数取 1.5，则主变纵差保护最小动作电流整定值应为以下列哪个选项？

（　　）

（A）0.19A （B）0.24A
（C）0.30A （D）0.33A

【答案及解答】A

由 DL/T 684—2012 第 5.1.4.3 条，式（96）可得

$$I_{op.min} = K_{rel}(K_{er} + \Delta U + \Delta m)I_e = \frac{1.5 \times (0.02 + 10\% + 0.05)}{600} \times \frac{180000}{\sqrt{3} \times 230} = 0.192 (A)$$

所以选 A。

【2024 年上午题 13～16】 某水电站发电机变压器采用单元接线，发电机出口装设断路器，发电机额定容量 320MW，额定电压 18kV，额定功率因数 0.9，假定直轴次暂态及暂态同步电抗饱和值 $x'_d = x''_d$ =0.165；主变压器额定容量 360MVA，额定电压 525±2×2.5%/18kV（无励磁调压），接线组别 Ynd11，短路阻抗 14%。发电机侧电流互感器变比 15000/1A，主变高压侧电流互感器变比 600/1A。

请分析计算并解答下列各小题。

▶▶ 第 85 题 [变压器差动] 16. 假设主变采用带比率制动特性的纵差动保护，主变高、低压侧差动保护用电流互感器均为 TPY 型，初设时按 DL/T 684 中第一种整定方法进行整定计算，则以高压侧二次电流为基准的纵差保护最小动作电流有名值计算结果，与下列哪项数

值最接近？（可靠系数取 1.5，计算结果取小数点后两位） （ ）

(A) 0.08A (B) 0.12A
(C) 0.16A (D) 0.18A

【答案及解答】B

由《大型发电机变压器继电保护整定计算导则》（DL/T 684—2012）第 31 页第 5.1.4.3 条，式（96）可得

$$I_{\text{op,min}} = K_{\text{rel}}(K_{\text{er}} + \Delta U + \Delta m)I_{\text{e}}$$

$$= 1.3 \sim 1.5 \times (0.01 \times 2 + 2 \times 2.5/100 + 0.05) \times \frac{360 \times 1000}{\sqrt{3} \times 525 \times 600/1} = 0.11 \sim 0.126(\text{A})$$

所以选 B。

【2021 年上午题 11~13】 某 220kV 户内变电站，安装两台主变，220kV 侧为双母线接线，4 回出线；110kV 侧为双母线接线，线路 8 回，均为负荷出线；10kV 侧为单母线分段接线，线路 10 回，均为负荷出线。

主变压器变比为 230±×1.25%/115/10.5kV，容量为 180MVA/180MVA/180MVA，接线组别为 YNyn0d11。站内采用铜芯电缆，r 取 57m/($\Omega \cdot \text{mm}^2$)。请解答以下问题。（计算结果精确到小数点后 2 位）

▶▶ 第 86 题 ［变压器差动］11. 主变三侧电流互感器采用 5P 级，变比分别为 600/1（高压侧），1250/1A（中压侧），10000/1A（低压侧），二次侧均为 Y 接线。以主变高压侧作为基准值，请计算主变差动保护低压侧平衡系数。 （ ）

(A) 0.44 (B) 0.76
(C) 1.04 (D) 1.32

【答案及解答】B

由《大型发电机变压器继电保护整定计算导则》（DL/T 684—2012）第 5.1.4 节表 2，可得：

$$I_{\text{eh}} = \frac{S}{\sqrt{3}U_{\text{h}}n_{\text{h}}} = \frac{180000}{\sqrt{3} \times 230 \times 600} = 0.753, \quad I_{el} = \frac{S}{\sqrt{3}U_l n_l} = \frac{180000}{\sqrt{3} \times 10.5 \times 10000} = 0.99$$

低压侧平衡系数：$K_l = \frac{K_{\text{h}} I_{\text{eh}}}{I_{el}} = \frac{1 \times 0.753}{0.99} = 0.76$

【考点说明】

本体为最基本的参数计算题，直接按表格计算公式计算即可。

【2023 年下午题 24~26】 某抽水蓄能电站装机 4 台，发电电动机与主变压器的组合方式采用联合单元接线、发电机额定容量为 300MW，额定电压 18kV，额定功率因数 0.9，纵轴次暂态电抗 x''_d=0.18/0.21（饱和值/非饱和值）；发电机工况与电动机工况视在功率相等，即 $S_{\text{GN}} = S_{\text{MN}}$，主变额定容量 360MVA，额定电压（525±2×2.5%）/18kV（无励磁调压），接线组别 YN,d11，短路阻抗 14%，发电电动机电压侧保护用 TA 变比为 1500/1、PT 变比 $\frac{18}{\sqrt{3}}\Big/\frac{0.1}{\sqrt{3}}$kV，请分析计算并解答以下问题。

▶▶ 第 87 题 ［变压器差动］26. 假设主变压器采用通过软件实现电流相位和幅值补偿的

微机型保护装置。高、低压侧保护用 TA 变比分别为 15000/1A，1500/1A，TA 二次侧均为 Y 形接线。请计算主变高、低压侧平衡系数最接近下列哪组数值？　　　　（　　）

(A) $k_h=1$，$k_l=0.594$
(B) $k_h=1$，$k_l=0.37$
(C) $k_h=1$，$k_l=0.343$
(D) $k_h=1$，$k_l=0.326$

【答案及解答】C

由 DL/T 684—2012 第 5.1.4.1 条表 2 可得

$$I_{eh} = \frac{S_N}{\sqrt{3}U_{Nh}} / \frac{I_{h1n}}{I_{h2n}} = \frac{360}{\sqrt{3}\times 525} / \frac{1500}{1} = 0.2639(A)$$

$$I_{eL} = \frac{S_N}{\sqrt{3}U_{Nh}} / \frac{I_{l1n}}{I_{l2n}} = \frac{360}{\sqrt{3}\times 18} / \frac{1500}{1} = 0.7968(A)$$

$$K_l = \frac{k_h I_{eh}}{I_{el}} = \frac{1\times 0.2639}{0.7698} = 0.3428$$

【考点说明】

（1）变压器差动，需要在二次侧对变压器两侧的电流相减算出差流，但变压器高压侧和低压侧电流本身存在差异，主要有以下方面：①变压器变比导致的高低压侧电流绝对值不相等；②高压侧 CT 和低压侧 CT 如果变比不一样，二次侧电流也不相等；③变压器联结组别导致同一个电流从高压侧变换到低压侧后，相位角可能会偏转，如果是 Yd 接线的，高压侧电流和低压侧电流还会有跟三倍的幅值差。本题题设的"……通过软件实现电流相位和幅值补偿……"意思是第③点由保护装置自己的算法解决，只需事先录入变压器的联结组别即可。同样规范 DL/T 684—2012 也是这样的，其表 2 的平衡系数也只考虑了第①点和第②点，因此直接照着规范代公式即可。本题之所以有第一句假设的情况，是出于题目严谨性考虑的，因为有些保护的平衡系数，其幅值根号三是算在平衡系数里的，这里只是给读者介绍一下题目背景，不必深究，考试直接依据规范解答便可。

（2）平衡系数的意义就是在二次侧作差前先进行标幺化，标幺化后直接相减便是差流，因此规范 DL/T 684—2012 表 2 的一次侧和二次侧额定电流计算公式中的 S_N 要带同一个容量，一般都默认带变压器高压侧容量。

【2024 年上午题 13～16】某水电站发电机变压器采用单元接线，发电机出口装设断路器，发电机额定容量 320MW，额定电压 18kV，额定功率因数 0.9，假定直轴次暂态及暂态同步电抗饱和值 $x'_d = x''_d = 0.165$；主变压器额定容量 360MVA，额定电压 525±2×2.5%/18kV（无励磁调压），接线组别 Ynd11，短路阻抗 14%。发电机侧电流互感器变比 15000/1A，主变高压侧电流互感器变比 600/1A。

请分析计算并解答下列各小题

▶▶ 第 88 题 [变压器差动] 15. 假设发电机采用比率制动式完全纵差动保护，其制动特性斜率 S 按区外短路故障最大穿越性短路电流作用下可靠不误动条件整定。如发电机差动保护选用 TPY 型电流互感器，则差动回路最大不平衡电流计算值与下列哪项数值最接近？（按相关规程计算）　　　　（　　）

(A) 0.23A
(B) 0.29A
(C) 0.32A
(D) 0.55A

【答案及解答】C

由《大型发电机变压器继电保护整定计算导则》(DL/T 684—2012)第 4 页第 4.1.1.3 条，式（4）参数说明 K_{er} 取 0.1；Δm 取 0.02，由式（7）可得最大不平衡电流为

$$I_{unb,max} = (K_{ap}K_{cc}K_{er} + \Delta m)\frac{I_{k.max}^{(3)}}{n_a}$$

$$= (1 \times 0.5 \times 0.1 + 0.02) \times \frac{320 \times 1000/(\sqrt{3} \times 18 \times 0.9)}{0.165 \times 15000/1} = 0.3225$$

所以选 C。

考点 35 变压器阻抗保护

【2020 年下午题 9～12】某发电厂建设于海拔 1700m 处，以 220kV 电压等级接入电网，其 220kV 采用双母线接线，升压站 II 母用局部断面及主变进线间隔断面如下图所示，请分析并解答下列各小题。

▶▶ 第 89 题 [变压器阻抗保护] 12. 发电机参数为 350MW，20kV，$\cos\varphi$=0.85，X_d'' = 15%，X_d' = 15% 主变压器参数为 420MVA，230+2×2.5%/20kV，X_d=14%。若变压器高压侧装设了阻抗保护，计算正方向阻抗和反方向阻抗整定值分别是？（　　）

（A）12.34Ω，0.49Ω
（B）25.8Ω，1.03Ω
（C）34.83Ω，1.74Ω
（D）51.84Ω，2.07Ω

【答案及解答】A

依题意，变压器电抗为：$X_d = \frac{U_d\%}{100} \times \frac{U^2}{S_e} = 0.14 \times 230^2/420 = 17.63(\Omega)$

由 DL/T 684—2012 第 5.5.4.2-b)条可得，阻抗保护作为本侧系统后备保护时，阻抗保护方向指向变压器，通过反方向阻抗作为本侧后备，由该规范式（123）可得

$$Z_{Fop1}=0.7 \times 17.63=12.34（\Omega）$$

反方向阻抗整定原则为：按正方向阻抗的 3%～5%整定，再由该规范式（124）可得

Z_{Bop1}=（3%～5%）Z_{Fop1}=0.37～0.61（Ω），取中间值为 0.49Ω，所以选 A。

考点 36 励磁变压器速断保护

【2018 年下午题 20～23】某火力发电厂 350MW 发电机组为采用发变组单元接线。励磁变压器额定容量为 3500kVA，励磁变压器变比 20/0.82，接线组别 Yd11，励磁变压器短路阻抗为 7.45%，励磁变压器高压侧 TA 变比为 200/5，低压侧 TA 变比为 3000/5。发电机的部分参数见下表，主接线如下图，请解答下列问题。

发电机参数表

名　称	单　位	数　值	备　注
额定容量	MVA	412	
额定功率	MW	350	
功率因数		0.85	

续表

名　称	单　位	数　值	备　注
额定电压	kV	20	定子电压
TA 变比	—	15000/5	
X_d''	%	17.51	
负序电抗饱和值 X_2	%	21.37	

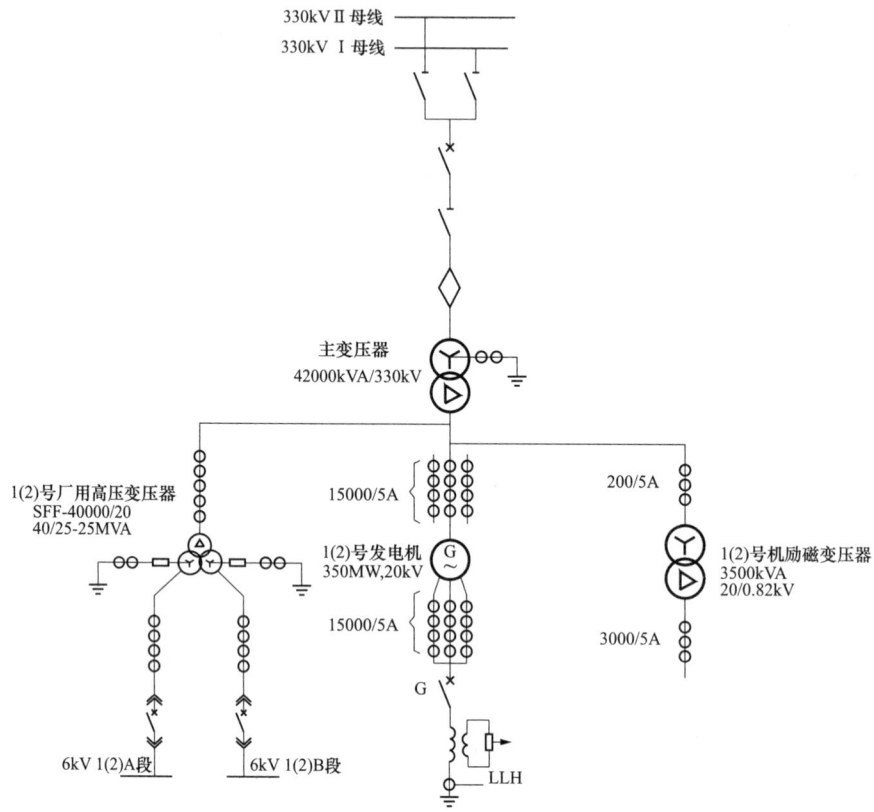

▶▶ **第 90 题 [励磁变速断]** 23．已知最大运行方式下励磁变压器高压侧短路电流为 120.28kA。请计算励磁变压器速断保护的二次整定值应为下列哪项数值？（整定计算可靠系数 K_{rel} 取 1.3）。　　　　　　　　　　　　　　　　　　　　　　　（　　）

（A）2.90A　　　　　　　　　　　　（B）2.94A
（C）43.58A　　　　　　　　　　　　（D）44.08A

【答案及解答】C

依据 DL/T 1502—2016 第 5.2.1 条，电流速断保护动作电流应按以下方法计算并取最大值。

（1）按躲过变压器低压侧出口三相短路时流过保护的最大短路电流整定，设 $S_j = 100\text{MVA}$，$U_j = 20\text{kV}$，则

$$X_{*d} = \frac{U_d\%}{100} \times \frac{S_j}{S_e} = \frac{7.45}{100} \times \frac{100}{3.5} = 2.1286$$

$$X_{*s} = \frac{S_j}{S_d''} = \frac{100}{1.732 \times 20 \times 120.28} = 0.024$$

低压侧出口三相短路时流过高压侧保护的最大短路电流为

$$I_{k.max}^{(3)} = I_j \frac{U_*}{X_*} = \frac{100}{1.732 \times 20} \times \frac{1}{0.024 + 2.1286} = 1.341 \text{(kA)}$$

$$I_{op} = K_{rel} I_{k.max}^{(3)} / n_a = 1.3 \times 1.341 / 40 = 0.04358 \text{(kA)} = 43.58 \text{(A)}$$

（2）按躲过变压器励磁涌流整定，可取 7~12 倍变压器二次额定电流，可得

$$I_e = \frac{3.5}{1.732 \times 20 \times 40} = 0.00253 \text{(kA)} = 2.53 \text{(A)}$$

$$I_{op} = (7\sim12)I_e = (7\sim12) \times 2.53 = 17.71\sim30.36 \text{(A)}$$

以上两者取最大值，为 43.58A，因此选 C。

【注释】

依据规范，本题还需校验灵敏度，但题目中未给出最小运行方式下励磁变压器高压侧两相短路的故障电流，因此无法校验灵敏度。

【2022 年补考下午题 11~15】 某水电站接地网由坝区接地网，引水发电系统接地网，地面 500kV 开关站接地网等组成。500kV 配电装置的继电保护配套有 2 套速动主保护，主保护动作时间 30ms，断路器失灵保护动作时间 0.32s，断路器开断时间 50ms，第一级后备保护动作时间 0.95s。请分析并解答下列问题。

▶▶第 91 题［励磁变速断］15. 若发电机励磁系统采用自并励三相全控桥整流，额定励磁电流 1676A，强励倍数为 2 倍；发电机励磁绕组过负荷保护设在励磁变高压侧，励磁变变比为 15.75/0.75kV，励磁变高压侧电流互感器变比为 200/5A。试计算发电机励磁绕组交流侧定时限过负荷保护动作电流值与下列哪一数值最接近？（返回系数 K_r=0.95） （　　）

（A）1.8A　　　　　　　　　　（B）2.2A
（C）4.7A　　　　　　　　　　（D）5.8A

【答案及解答】A

由 DL/T 684—2012 第 4.5.2 条式（37）定时限过负荷保护，保护设在高压侧有

$$I_\sim = 0.816 I_{fdN} \quad I_{OP} = \frac{K_{rel} I_{GN}}{K_r n_a} = \frac{1.05 \times 0.816 \times 1676}{0.95 \times \frac{200}{5} \times \frac{15.75}{0.75}} = 1.8 \text{(A)}$$

6.2.5 发电机保护

考点 37　发电机保护配置

【2017 年上午题 11~15】 某电厂位于海拔 2000m 处，计划建设 2 台额定功率为 350MW 的汽轮发电机组，汽轮机配置 30%的启动旁路，发电机采用机端自并励静止励磁系统，发电机经过主变压器升压接入 220kV 配电装置。主变压器额定变比为 242/20，主变压器中性点设隔离开关，可以采用接地或不接地方式运行。发电机设出口断路器，设一台 40MVA 的高压厂

用变压器，机组启动由主变压器通过厂高变倒送电源，两台机组相互为停机电源。不设启动/备用变压器。出线线路侧设电能计费关口表。主变压器高压侧、发电机出口、高压厂用变压器高压侧设电能考核计量表。

▶▶ 第92题 [发电机保护配置] 15．请说明下列对于本工程电气设计有关问题表述哪项是正确的？ （　　）

（A）除了发电机机端 TV 外，主变压器低压侧还应设 TV，该 TV 仅用于发电机同期

（B）发电机出口断路器和磁场断路器跳闸后，励磁电流衰减与水轮发电机相比较慢

（C）发电机保护出口应设程序跳闸、解列、解列灭磁、全停

（D）主变压器或厂用高压变压器之一必须采用有载调压

【答案及解答】B

A 选项：发电机出口装设断路器后，应当设置同期点，需要在主变压器低压侧装设 TV。因变压器可能单独带高压厂用变压器运行，其低压侧需要设置相间短路后备保护，电压量应取自该 TV。另外，该 TV 还应用于电压监视及高压厂用变压器计量等。所以，A 是错误的。

B 选项：因汽轮发电机转子本体很强的阻尼作用，励磁电流的衰减与水轮发电机相比较慢。所以，B 是正确的。

C 选项：根据 GB/T 14285—2023 第 5.2.1.1.2 条，发电机保护出口应动作于停机、解列灭磁、解列、减出力、缩小故障影响范围、程序跳闸、减励磁、励磁切换、厂用电源切换、分出口和信号，所以 C 是错误的。

D 选项：根据 GB 50660—2011 第 16.3.5 条，当装设发电机断路器或负荷开关时，在满足机组启动和正常运行等不同工况下的高压厂用母线电压水平要求时，厂用分支线上连接的高压厂用工作变压器可不采用有载调压，因题目并未提供电压调整计算情况，主变压器或高压厂用变压器之一不一定采用有载调压，所以 D 是错误的。

所以选 B。

【考点说明】

此题涉及范围较广，除了 C、D 两项能从相关规范上直接找到外，A 项不能直接从规范上找到，需要有实际设计经验。B 项是汽轮发电机和水轮发电机转子灭磁励磁回路时间常数的问题，无法从规范上找到，但可从短路电流计算参数分析中找到答案。

【注释】

（1）本题需判断有关表述哪项是正确的，可以用排除法把错误的找出来，就可以确定正确的答案：

1）"除了发电机机端 TV 外，主变压器低压侧还应设 TV，该 TV 仅用于发电机同期。"此表述明显是错误的；因本题发电机出口设有断路器，断路器断开后变压器侧的 TV 除用于发电机同期外还用于测量、保护等，如主变压器低压侧系统需配置单相接地保护，即可采集 TV 的零序电压（开口三角电压）；又如主变压器的复合电压过流保护，其电压需取自该主变压器低压侧 TV，显然，"仅"用于同期就不对了。

2）发电机出口断路器和磁场断路器跳闸后，励磁电流衰减与水轮机相比较慢，此表述应是正确的，因水轮机作为显（凸）极机的励磁回路的时间常数比汽轮机小得多（汽轮发电机钢质的隐极转子具有闭合电路的作用，即相当于阻尼线圈），如果查《电力工程电气设计手册 电气一次部分》第 139 页（三），也可以知道汽轮机励磁回路的时间常数要长些，因而汽轮机

衰减得慢些；此题如对汽轮机与水轮机相的概念不清楚，可以先判断另 2 个选项。

3) 本题发电机—变压器组设有发电机断路器，则发电机和主变压器需分别装有独立的保护，即应满足单独运行的工况，其中发电机的出口应符合 GB 14285—2023 第 5.2.1.1.2 条发电机保护出口应动作于："停机、解列灭磁、解列、减出力、缩小故障影响范围、程序跳闸、减励磁、励磁切换、厂用电源切换、分出口和信号"，显然"发电机出口应设程序跳闸、解列、解列灭磁、全停"不符合 GB 14285—2023 的要求，应属表述不完整，即为不正确。

4) 主变压器或高压厂用变压器之一必须采取有载调压；此表述主要在于"必须"2 字，GB 50660—2011 已规定，有发电机出口断路器后，是主变压器或高压厂用变压器宜采用有载调压，不是必须而且根据机组接入系统的变电站母线电压波动范围经计算也可以采用无励磁调压方式，显然该表述是不对的，故本题答案为 B。

（2）本题题意中明确"汽轮机配置 30%的启动旁路"实际上是说明本机组仅有启动旁路，只能满足启动、停机等工况；所谓旁路系统是指锅炉所产生的蒸汽部分或全部绕过汽轮机或再热器，通过减温减压设备（旁路阀）直接排入凝汽器系统。旁路有多种包括启动、60%甚至 100%，前者需停机停炉，后者可实现停机不停炉带厂用电运行等；本题如在四种出口方式加个等等，就需要分析解列、全停的合理性。

考点 38　发电机定子绕组对称过负荷

【2012 年下午题 18～21】　某火力发电厂发电机额定功率 600MW，额定电压 20kV，额定功率因数 0.9，发电机承担负序的能力：发电机长期允许（稳态）I_2 为 8%，发电机允许过热的时间常数（暂态）为 8s，发电机额定励磁电压 418V，额定励磁电流 4128A，空载励磁电压 144V，空载励磁电流 1480A，其发电机过负荷保护的整定如下列各题。

▶▶ 第 93 题 [发电机定子对称过负荷] 18. 请说明发电机定子绕组对称过负荷保护定时限部分的延时范围，保护出口动作于停机、信号还是自动减负荷？正确的整定值为下列哪项？ （　　）

（A）23.773kA　　　　　　　　（B）41.176kA
（C）21.396kA　　　　　　　　（D）24.905kA

【答案及解答】A

由新版二次手册第 378 页式（8-51），发电机定子绕组对称过负荷保护定时限部分，动作值为

$$I_{op} = K_{rel}\frac{I_{GN}}{K_r}、\ I_{GN} = \frac{P}{\sqrt{3}U_N\cos\varphi}、\ K_{rel} = 1.05、\ K_r = 0.85 \Rightarrow$$

$$I_{op} = 1.05 \times \frac{600}{\sqrt{3}\times 20 \times 0.9 \times 0.85} = 23.773\ (\text{kA})$$

所以选 A。

【考点说明】

老版二次手册第 683 页式（29-178）。

▶▶ 第 94 题 [发电机定子绕组对称过负荷] 19. 设发电机的定子绕组过电流为 1.3 倍，发电机定子绕组的允许发热时间常数为 40.8，请计算发电机定子绕组对称过负荷保护的反时限部分动作时间为下列哪项？并说明保护出口动作于停机、信号还是自动减负荷。 （　　）

(A) 10s (B) 30s
(C) 60s (D) 120s

【答案及解答】C

由老版二次手册第 683 页式（29-179），发电机定子绕组对称过负荷保护反时限部分动作时间为

$$t=\frac{K}{I_{1*}^2-(1+a)} \Rightarrow t=\frac{40.8}{1.3^2-(1+0.01)}=60\,(s)$$

又由 GB/T 14285—2023 第 4.2.1.7.3 款可知，发电机定子绕组对称过负荷保护反时限部分动作于停机，所以选 C。

【考点说明】

新版二次手册第 379 页式（8-52）分母 K_{sr} 多了一个平方。

【2023 年下午题 24~26】某抽水蓄能电站装机 4 台，发电电动机与主变压器的组合方式采用联合单元接线、发电机额定容量为 300MW，额定电压 18kV，额定功率因数 0.9，纵轴次暂态电抗 x''_d=0.18/0.21（饱和值/非饱和值）；发电机工况与电动机工况视在功率相等，即 S_{GN} = S_{MN}，主变额定容量 360MVA，额定电压（525±2×2.5%）/18kV（无励磁调压），接线组别 YN, d11，短路阻抗 14%，发电电动机电压侧保护用 TA 变比为 1500/1、PT 变比 $\frac{18}{\sqrt{3}} \Big/ \frac{0.1}{\sqrt{3}}$ kV，请分析计算并解答以下问题。

▶▶ 第 95 题 [发电机复压过流] 24. 假设发电电动机定子绕组对称过负荷的反时限过电流保护动作特性与定子绕组允许过电流曲线相同，制造厂给出的发电电动机热容量常数 K_{tc}=145s，散热系数 K_{sr}=1.02，计算定子过负荷保护按反时限保护特性动作时的最小延时 t_{min} 与下列哪项数值最接近？ （ ）

(A) 0.42s (B) 1.26s
(C) 4.86s (D) 6.71s

【答案及解答】C

由 DL/T 684—2012 第 4.5.1 条式（38）及式（39）可知 I^* 计算应以发电机次暂态电抗饱和值计算，则

$$t=\frac{K_{tc}}{I_*^2-k_{sr}^2}=\frac{145}{(\frac{1}{0.18})^2+1.02^2}=4.86(s)$$

【考点说明】

注意大题干中的纵轴次暂态电抗 X''_d = 0.18/0.21（饱和值/非饱和值），根据规范 DL/T 684—2012 该保护的要求，此处应采用饱和值 0.18，若错用非饱和值 0.21 会误选 D。

考点 39　发电机转子表层过负荷（非对称过负荷；定、转子负序、不平衡度承受能力）

【2012 年下午题 18~21】某火力发电厂发电机额定功率 600MW，额定电压 20kV，额定功率因数 0.9，发电机承担负序的能力：发电机长期允许（稳态）I_2 为 8%，发电机允许过热的时间常数（暂态）为 8s，发电机额定励磁电压 418V，额定励磁电流 4128A，空载励磁电

压 144V，空载励磁电流 1480A，其发电机过负荷保护的整定如下列各题。

▶▶ **第 96 题**［发电机转子表层过负荷］20．对于不对称负荷，非全相运行及外部不对称短路引起的负序电流，需装设发电机转子表层过负荷保护，设继电保护装置的返回系数 K_n 为 0.95，请计算发电机非对称过负荷保护定时限部分的整定值为下列哪项？ （　　）

（A）1701A　　　　　　　　（B）1702A

（C）1531A　　　　　　　　（D）1902A

【答案及解答】 B

由新版二次手册第 380 页式（8-59）可得，发电机非对称过负荷保护定时限部分动作电流为

$$I_{2.\mathrm{op}} = \frac{K_{\mathrm{rel}} I_{2\infty*} I_{\mathrm{GN}}}{K_\mathrm{r}}, K_{\mathrm{rel}} = 1.05, \ K_\mathrm{r} = 0.95, \ I_{2\infty*} = 8\% I_{\mathrm{GN}} \Rightarrow$$

$$= \frac{0.08 \times 1.05 \times 600 \times 10^3}{0.95 \times \sqrt{3} \times 20 \times 0.9} = 1701.7 \ (\mathrm{A})$$

应向上取整为 1702A，所以选 B。

【考点说明】

（1）计算结果应该按 1702A 选择比较合理，但如果没有 1702 可选 1701。这个在实际工作中没有本质的区别，但作为考试，应该明白向上取整和向下取整的道理。基本原则：作为过量保护，应该向上取整，如果是欠量保护比如欠电压之类就应该向下取整。

（2）老版二次手册第 683 页式（29-180）。

▶▶ **第 97 题**［发电机转子表层过负荷］21．根据发电机允许负序电流的能力，列出计算过程并确定下列发电机转子表层过负荷保护的反时限部分动作时间常数哪个正确？请回答保护在灵敏系数和时限方面是否与其他相间保护相配合，为什么？ （　　）

（A）12.5s　　　　　　　　（B）10s

（C）100s　　　　　　　　（D）1250s

【答案及解答】 D

由 GB/T 14285—2023 第 4.2.1.8.3 条可知，100MW 及以上 A 值小于 10 的发电机转子表层过负荷保护，反时限部分：动作特性按发电机承受短时负序电流的能力确定，动作于停机。应能反映电流变化时发电机转子的热积累过程，不考虑在灵敏系数和时限方面与其他相间短路保护相配合。

又由老版二次手册第 683 页式（29-181）可得发电机转子表层过负荷保护的反时限部分动作时间常数为

$$I_{2*}^2 t \leqslant A \Rightarrow t \leqslant \frac{A}{I_{2*}^2} \Rightarrow t \leqslant \frac{8}{0.08^2} = 1250 \ (\mathrm{s})$$

所以选 D。

【考点说明】

（1）新版二次手册第 380 页式（8-60）已进行修改。

（2）新版规范 GB/T 14285—2023 第 5.2.1.8.3 条已对灵敏系数和时限是否与相间短路保护配合的描述进行了修改。

【2016 年上午题 11~16】 某地区新建两台 1000MW 级火力发电机组，发电机额定功率为 1070MW，额定电压为 27kV，额定功率因数为 0.9。通过容量为 1230MVA 的主变压器送至 500kV 升压站，主变压器阻抗为 18%，主变压器高压侧中性点直接接地。发电机长期允许的负序电流大于 0.06 倍发电机额定电流，故障时承受负序能力 A=6，发电机出口电流互感器变比为 30000/5。请分析计算并解答下列各小题。

▶▶ 第 98 题 [发电机转子表层过负荷] 11. 对于该发电机在允许过程中由于不对称负荷、非全相运行或外部不对称短路所引起的负序电流，应配置下列哪种保护？并计算该保护的定时限部分整定值（可靠系数取 1.2，返回系数取 0.9）。 （　　）

（A）定子绕组过负荷保护，0.339A　　　（B）定子绕组过负荷保护，0.282A
（C）励磁绕组过负荷保护，0.282A　　　（D）发电机转子表层过负荷保护，0.339A

【答案及解答】D

由 GB/T 14285—2023 第 5.2.1.8.3 条可知 100MW 及以上 A 值小于 10 的发电机，应装设由定时限和反时限两部分组成的转子表层过负荷保护。

根据新版二次手册第 380 页式（8-59）可得定时限部分的动作电流为

$$I_{2.op} = \frac{K_{rel} I_{2\infty*} I_{GN}}{K_r n_a}, K_{rel} = 1.2, K_r = 0.9, I_{2\infty*} = 6\% I_{GN} \Rightarrow$$

$$= \frac{1.2 \times 0.06}{0.9 \times 30000/5} \times \frac{1070}{0.9 \times \sqrt{3} \times 27} \times 1000 = 0.339(A)$$

所以选 D。

【考点说明】

老版二次手册第 29-7 节式（29-180）。

【2018 年下午题 15~19】 一台 300MW 水氢氢冷却汽轮发电机经过发电机断路器、主变压器接入 330kV 系统，发电机额定电压 20kV，发电机额定功率因数 0.85，发电机中性点经高阻接地。主变参数为 370MVA，345kV/20kV，U_d=14%（负误差不考虑），主变压器 330kV 侧中性点直接接地。请依据题意回答下列问题。

▶▶ 第 99 题 [发电机转子负序过负荷] 18. 发电机装设了转子负序过负荷保护，保护装置返回系数 0.95，计算定时限过负荷保护的一次电流定值应为下列哪项数值？ （　　）

（A）875.17A　　　（B）1029.6A
（C）1093.96A　　　（D）1287.97A

【答案及解答】B

依据《旋转电机 定额和性能》（GB 755—2019）可知，水氢氢机组是直接冷却方式，发电机额定功率为 300MW，额定功率因数 0.85，即容量为 300/0.85=352.94（MVA）＞350MVA。依据 DL/T 684—2012 附录 E.2 表 E1 可知 $I_{2\infty} = 0.08 - \frac{S_{gn} - 350}{3 \times 10^4} = 0.079902$，再依据 DL/T 684—2012 第 4.5.3 条式（42）可得

$$I_{2op} = \frac{K_{rel} I_{2\infty} I_{gn}}{K_r} = \frac{1.2 \times 0.08 \times 300 \times 10^3}{0.95 \times \sqrt{3} \times 0.85 \times 20} = 1029.2 \text{ (A)}$$

【考点说明】

（1）本题考查发电机保护，其中老版二次手册及 DL/T 684—2012 均有说明。但考虑到有

新规范自动替换旧规范或手册的原则,本题应参考 DL/T 684—2012 比较合理。

(2)本题确定负序电流与额定电流之比之前需要确认发电机冷却方式。发电机采用水氢氢冷却方式,未明确告知是否为转子直接冷却方式,需要考生依据 GB 755—2019《旋转电机 定额和性能》作出判断。另外,GB/T 7064—2017 表 E.2 中也可查得负序电流与额定电流之比。

(3)如果误认为水氢氢冷却方式为间接冷却方式,$I_{2\infty}=0.1$,则会误选 D。

【注释】

当前的大型发电机,均采用水—氢—氢冷却方式。这种方式又依据不同的厂家,在结构上有所区别,主要都是定子绕组水内冷、转子氢内冷、定子铁芯氢冷。

(1)定子绕组水内冷。定子线棒由若干空心导体和实心铜线组成。空心导体,有的公司采用不锈钢(只是导热),有的公司采用既导电又导热的空心铜线。

(2)定子铁芯氢冷。其冷却方式与转子的冷却方式和定子内部采用气隙隔板的形式有关,铁芯的冷却风道与转子冷却风道相对应。

(3)转子氢内冷大致有以下冷却方式:

1)气隙取气冷却:将转子分成冷、热各若干风区,相互间隔,对转子冷却效果良好,温度分布均匀。

2)轴向通风冷却:在汽轮机端装有多级高压风扇,风扇将热风从间隙中抽出,然后通过冷却器冷却,冷却后的冷风分成若干路分别进入转子内、定子铁芯通风道和端部。

3)轴—径向通风冷却:定子铁芯有径向通风道,转子槽底有副槽。转子绕组开有径向通风孔,氢气直接冷却,转子两端有风扇向里压风。

▶▶【2016 年下午题 22~27】 一台 660MW 发电机以发变组单元接入 500kV 系统,发电机额定电压 20kV,额定功率因数 0.9,中性点经高阻接地,主变压器 500kV 侧中性点直接接地。厂址海拔 0m,500kV 配电装置采用屋外敞开式布置,10min 设计风速为 15m/s,500kV 避雷器雷电冲击残压为 1050kV,操作冲击残压为 850kV,接地网接地电阻 0.2Ω,请根据题意回答下列问题:

▶▶第 100 题 [发电机负序电流承受能力] 24. 该发电机不平衡负载连续运行限值 I_2/I_N 应不小于下列哪项数值? ( )

(A) 0.08 (B) 0.10

(C) 0.079 (D) 0.067

【答案及解答】D

由《隐极同步发电机技术要求》(GB/T 7064—2017)第 4.15.1 条及附录 C 表 C.2 可得

$$\frac{I_2}{I_N} = 0.08 - \frac{S_N - 350}{3 \times 10^4} = 0.08 - \frac{660/0.9 - 350}{3 \times 10^4} = 0.067$$

【考点说明】

本题是新题型,以前未出现过,但如果熟悉此规范,本题就是计算简单的送分题,考试时应选答。

考点 40　发电机复压过流保护

【2024 年上午题 13～16】　某水电站发电机变压器采用单元接线，发电机出口装设断路器，发电机额定容量 320MW，额定电压 18kV，额定功率因数 0.9，假定直轴次暂态及暂态同步电抗饱和值 X'd= X"d=0.165；主变压器额定容量 360MVA，额定电压 525±2×2.5%/18kV（无励磁调压），接线组别 Ynd11，短路阻抗 14%。发电机侧电流互感器变比 15000/1A，主变高压侧电流互感器变比 600/1A。

请分析计算并解答下列各小题

▶▶ 第 101 题 [发电机复压过流] 14. 如发电机装设复合电压过电流保护，则其过电流元件灵敏系数计算值与下列哪项数值最接近（可靠系数 K_{rel}=1.3、返回系数 K_r=0.95）？

（　　）

（A）1.3　　　　　　　　　　　（B）2.1
（C）2.7　　　　　　　　　　　（D）3.8

【答案及解答】 B

由《大型发电机变压器继电保护整定计算导则》(DL/T 684—2012) 第 8 页第 4.2.1 可得

（1）保护定值 $I_{op} = \dfrac{K_{rel} I_{GN}}{K_r n_a} = \dfrac{1.3 \times 320 \times 1000/(\sqrt{3} \times 18 \times 0.9)}{0.95 \times 15000/1} = 1.04$

（2）计算发电机主变高压侧两相短路电流

以发电机容量为基准的变压器阻抗为：$X_{T*} = \dfrac{14}{100} \times \dfrac{320/0.9}{360} = 0.1383$

发电机阻抗（以发电机容量为基准）为：$X_{G*} = 0.165$

最小运行方式主变高压侧两相短路电流为：$I_*^2 = \dfrac{\sqrt{3}}{2} \times \dfrac{320/(\sqrt{3} \times 18 \times 0.9)}{0.1383 + 0.165} = 32.56 \text{(kA)}$

（3）按发电机主变高压侧两相短路计算灵敏度为：$K_{sen} = \dfrac{32.56 \times 1000/(15000/1)}{1.04} = 2.09$

所以选 B。

【考点说明】

（1）本题的动作定值是发电机出口的二次电流，计算灵敏度虽然是主变高压侧短路，但和动作值比较时要在同一个电压等级，所以灵敏度计算短路电流用的变比是发电机出口的 CT 变比。

（2）本题虽然发电机出口有开关，但 DL/T 684—2012 明确了按后备保护末端，即"主变高压侧两相短路校验灵敏度"，如果按发电机出口短路计算短路电流，则会错选 D。

考点 41　发电机逆功率保护

【2016 年上午题 11～16】　某地区新建两台 1000MW 级火力发电机组，发电机额定功率为 1070MW，额定电压为 27kV，额定功率因数为 0.9。通过容量为 1230MVA 的主变压器送至 500kV 升压站，主变压器阻抗为 18%，主变压器高压侧中性点直接接地。发电机长期允许的负序电流大于 0.06 倍发电机额定电流，故障时承受负序能力 A=6，发电机出口电流互感器

变比为 30 000/5A。请分析计算并解答下列各小题。

▶▶ **第 102 题 [发电机逆功率保护]** 12．该汽轮发电机组配置了逆功率保护，发电机效率为 98.79%，汽轮机在逆功率运行时的最小损耗为 2%，发电机额定功率 P_{gn}，请问该保护主要保护哪个设备，其反向功率整定值取下列哪项是合适的（可靠系数取 0.5）？请说明理由。（ ）

（A）发电机，1.6%P_{gn} （B）汽轮机，1.6%P_{gn}
（C）发电机，3.3%P_{gn} （D）汽轮机，3.3%P_{gn}

【答案及解答】B

由新版二次手册第 375 页左上内容可知，逆功率保护作为汽轮机突然停机的保护。逆功率运行对主机最主要的危害是汽轮机尾部长叶片的过热。长时间的逆功率运转，残留在汽轮机尾部的蒸汽与叶片摩擦，使叶片温度达到材料所不允许的程度。因此，逆功率保护主要保护汽轮机。

由《大型发电机变压器继电保护整定计算导则》（DL/T 684—2012）第 4.8.3 条逆功率保护动作功率可知：

$$P_{op} = K_{el}(P_1 + P_2) = K_{el}[P_1 + (1-\eta)P_{gn}] = 0.5 \times [2\%P_{gn} + (1-98.7\%)P_{gn}] = 1.65\%P_{gn}$$

所以选 B。

【考点说明】
老版二次手册第 675 页。

考点 42 发电机中性点零序过电压保护

【2016 年上午题 11~16】 某地区新建两台 1000MW 级火力发电机组，发电机额定功率为 1070MW，额定电压为 27kV，额定功率因数为 0.9。通过容量为 1230MVA 的主变压器送至 500kV 升压站，主变压器阻抗为 18%，主变压器高压侧中性点直接接地。发电机长期允许的负序电流大于 0.06 倍发电机额定电流，故障时承受负序能力 $A=6$，发电机出口电流互感器变比为 30 000/5A。请分析计算并解答下列各小题。

▶▶ **第 103 题 [发电机中性点零序过压]** 13．若该发电机中性点采用经高阻接地方式，定子绕组接地故障采用基波零序电压保护作为 90%定子接地保护，零序电压取自发电机中性点，500kV 系统侧发生接地短路时产生的基波零序电动势为 0.6 倍系统额定相电压，主变压器高、低压绕组间的相耦合电容 C_{12} 为 8nF，发电机及机端外接元件每相对地总电容 C_g 为 0.7μF，基波零序过电压保护定值整定时需躲过高压侧接地短路时通过主变压器高、低压绕组间的相耦合电容传递到发电机侧的零序电压值，正常运行时实测中性点不平衡基波零序电压为 300V，请计算基波零序过电压保护整定值应设为下列哪项数值？（为了简化计算，计算中不考虑中性点接地电阻的影响，主变压器高压侧中性点按不接地考虑）（ ）

（A）300V   （B）500V
（C）700V   （D）250V

【答案及解答】C

由《大型发电机变压器继电保护整定计算导则》第 4.3.1 条基波零序过电压保护的动作电压应按躲过正常运行时中性点单相电压互感器或机端三相电压互感器开口三角绕组的最大不平衡电压整定，即 $U_{op} = K_{rel}U_{unb.max} = 1.2 \times 300 = 360$ (V)

根据新版一次手册第 742 页式（14-7），变压器高压侧发生不对称接地故障、断路器非全

相或不同期动作而出现零序电压时,将通过电容耦合传递至低压侧。此时,低压侧传递过电压为

$$U_2 = \frac{C_{12}}{C_{12} + 3C_0} U_0 = \frac{8 \times 10^{-3}}{8 \times 10^{-3} + 3 \times 0.7} \times \frac{0.6 \times 500000}{\sqrt{3}} = 657.3 \text{ (V)}$$

式中,U_0 为高压侧出现的零序电压;C_{12} 为高低压绕组之间的电容;C_0 为低压侧相对地电容,基波零序过电压保护整定值应取上述两种情况中较大者,因此,整定值应大于657.3V,所以选C。

【考点说明】

老版一次手册第872页式(15-28)。

考点43 发电机过励磁保护

【2016年下午题22~27】 一台660MW发电机以发变组单元接入500kV系统,发电机额定电压20kV,额定功率因数0.9,中性点经高阻接地,主变压器500kV侧中性点直接接地。厂址海拔0m,500kV配电装置采用屋外敞开式布置,10min设计风速为15m/s,500kV避雷器雷电冲击残压为1050kV,操作冲击残压为850kV,接地网接地电阻0.2Ω,请根据题意回答下列问题:

▶▶ 第104题[发电机过励磁保护]26. 发电机及主变压器过励磁能力分别见表1及表2,发电机与变压器共用一套过励磁保护装置,请分析判断下列各曲线关系图中哪项是正确的?图中曲线G代表发电机过励磁能力,T代表变压器过励磁能力,L代表励磁调节器U/f限制设定曲线,P代表过励磁保护整定曲线。 ( )

表1 发电机过励磁允许能力

时间(s)	连续	180	150	120	60	30	10
励磁电压(%)	105	108	110	112	125	146	208

表2 变压器工频电压升高时的过励磁运行持续时间

工频电压升高倍数	相—地	1.05	1.1	1.25	1.5	1.8
持续时间		连续	<20min	<20s	<1s	<0.1s

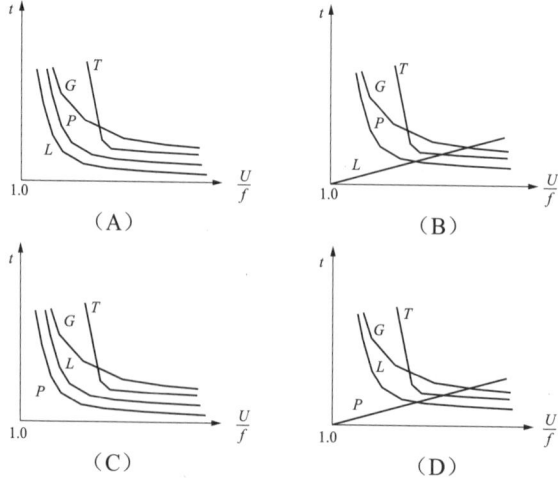

【答案及解答】A

依题意,发电机和变压器共用一套过励磁保护,则过励磁特性曲线应该按发电机、变压器两台装置过励磁曲线的综合特性考虑,即总的过励磁曲线应该取两台装置过励磁曲线较低值。

由《大型发电机变压器继电保护整定计算导则》(DL/T 684—2012)第 4.8.1 条可知,过励磁保护整定曲线 P 应该在发电机过励磁能力曲线 G 和变压器过励磁能力曲线 T 的下方,且不能有交叉,因此可以排除选项 D。

励磁调节器是为了保证发电机输出电压稳定而增加的装置,励磁调节根据发电机励磁特性进行设计,应保证励磁调节器限制特性曲线 L 在过励磁保护整定曲线 P 下方,且不能有交叉,否则励磁调节器会失去意义。因此可以排除 B、C 选项。只有选项 A 比较合理,所以选 A。

【考点说明】

(1)《大型发电机变压器继电保护整定计算导则》(DL/T 684—2012)第 4.8.1 条:"反时限过励磁保护按发电机、变压器制造厂家提供的反时限过励磁特性曲线整定。整定过程中,宜考虑一定的裕度,可以从动作时间和动作定值上考虑裕度:从动作时间考虑时,可以考虑整定时间为曲线 1 时间的 60%~80%;从动作值考虑时,可以考虑整定定值为曲线 1 的值除以 1.05,最小定值应与定时限低定值配合"。

(2)题目属于理解性题目,不是简单地找到公式进行计算就可以,而应根据规范中的相关描述进行分析,只有清楚过励磁保护、励磁调节器的动作行为特点才能得出结论。因此,需要在平时增加知识积累,加强对继电保护原理的理解,这样才能应对理解性题目。

【注释】

(1)由于磁通量 $\Phi \propto \dfrac{u}{f}$,汽轮发电机一般在达到工作转速 3000r/min(频率 50Hz)时才加励磁,相当于式中分母为定值,磁通量和电压是一一对应的,所以过励磁保护可以替代过电压保护。对于水轮机,在没有达到工作转速时就可以进行励磁,此时由于工作转速低、频率低,可能电压还没有达到额定值时,磁通量已经超标了,出现过励磁现象,所以对于水轮机过励磁和过电压并不能互相替代。这也是很多发电机或者变速电动机需要装设滑差闭锁的原因:保证机端电压和频率的比值在合理范围内,不出现过励磁现象。

(2)发电机保护配置如下:

1)发电机纵联差动保护:1MW 以上都应装。

2)定子接地保护:①直连母线发电机,单相接地电流大于表 1(见 GB/T 14285—2023 第 5.2.1.3.1 条)时装设;②发电机—变压器组:100MW 以下,装 90%定子接地保护;100MW 及以上,装 100%定子接地保护。

3)过电压保护:①水轮发电机,都应装;②汽轮发电机:100MW 及以上,宜装;但 300MW 及以上汽轮发电机,装了过励磁可不装过电压。

4)过励磁保护:300MW 及以上,应装。

考点 44 发电机误上电保护

【2023 年下午题 24~26】某抽水蓄能电站装机 4 台,发电电动机与主变压器的组合方式采用联合单元接线、发电机额定容量为 300MW,额定电压 18kV,额定功率因数 0.9,纵轴

次暂态电抗 x_d''=0.18/0.21（饱和值/非饱和值）；发电机工况与电动机工况视在功率相等，即 S_{GN} = S_{MN}，主变额定容量 360MVA，额定电压（525±2×2.5%）/18kV（无励磁调压），接线组别 YN,d11，短路阻抗 14%，发电电动机电压侧保护用 TA 变比为 1500/1、PT 变比 $\frac{18}{\sqrt{3}}/\frac{0.1}{\sqrt{3}}$ kV，请分析计算并解答以下问题。

▶▶ **第 105 题 [发电机误上电保护] 25.** 假设最小运行方式下以发电机容量为基准的系统联系电抗标幺值 $X_{s.min}$=0.16，发电机误上电保护装在机端，计算误上电保护过流元件动作值和全阻抗元件电阻动作值（按全阻抗特性整定），与下列哪项数值最接近？（　　）

(A) 0.71A、0.184Ω
(B) 0.71A、0.216Ω
(C) 0.76A、0.184Ω
(D) 0.76A、0.216Ω

【答案及解答】 A

由 DL/T 684—2012 第 4.8.6 条式（86）、式（87），发电机电抗取非饱和值

$$x_t = 0.14 \times \frac{300/0.9}{360} = 0.1296$$

$$I_{op} = 0.5 \times \frac{\dfrac{300}{\sqrt{3}\times 18 \times 0.9}}{(0.16+0.21+0.1296)\times \dfrac{15000}{1}} = 0.71(A)$$

$$Z_{op} = \frac{0.8 \times 18 \times (15000/1)}{\sqrt{3}\times 0.3 \times 10.69 \times 10^3 \times (18/0.1)} = 0.216(\Omega)$$

$$R_{op} = 0.85 \times 0.216 = 0.1836(\Omega)$$

【考点说明】

（1）本小题和上一小题有相同的坑点：即大题干中的纵轴次暂态电抗 x_d'' = 0.18/0.21（饱和值/非饱和值），此处应采用非饱和值 0.21，若错用饱和值 0.18 会误选 C。计算变压器电抗时，一定要注意折算成以发电机容量为基准的电抗标幺值。

（2）考试时一定要注意题意，本题要求的是全阻抗元件电阻值，不是全阻抗元件的动作圆半径 Z_{op}，否则会误选 B。

6.2.6　断路器保护

考点 45　断路器失灵保护动作逻辑

【2010 年下午题 21～25】 某地区电网规划建设一座 220kV 变电站，电压为 220kV/110kV/10kV，主接线略。请解答下列问题：

▶▶ **第 106 题 [断路器失灵保护动作逻辑] 25.** 当运行于 1 号母线的一回 220kV 线路出口发生相间短路，且断路器拒动时，保护正确动作行为应该是下列哪项？并说明根据和理由。（　　）

(A) 母线保护动作断开母联断路器
(B) 断路器失灵保护动作无时限断开母联断路器
(C) 母线保护动作断开连接在 1 号母线上的所有断路器

（D）断路器失灵保护动作以较短时限断开母联断路器，再经一时限断开连接在 1 号母线上的所有断路器

【答案及解答】 D

由 GB/T 14285—2023 第 5.6.2.5 条 b）款可知：单、双母线的失灵保护，视系统保护配置的具体情况，可以较短时限动作于断开与拒动断路器相关的母联及分段断路器，再经一时限动作于断开与拒动断路器连接在同一母线上的所有有源支路的断路器，选项 D 对，其他选项均错，所以选 D。

【注释】

（1）失灵保护一般借助母差保护的出口回路动作跳闸，但失灵保护与母差保护是两个不同的保护。

（2）失灵保护的判别元件由电流判别元件触点与操作箱内的跳闸出口继电器触点串联构成。另外需要强调：它不是主要以是否有电流来判别，而是以断路器是否断开（即保护未返回，操作箱内的跳闸出口继电器触点未复归）作为失灵启动的主要判别条件。所以失灵保护的电流判别元件的整定值很低，只需躲过最大负荷电流就行。

（3）失灵保护跳闸出口有延时，是为了防止失灵信号误开入而造成误动。经一定延时，失灵开入一直存在，说明保护一直动作且故障未切除，失灵保护才会出口跳闸。以较短的延时先跳开母联断路器可以尽早隔离故障，使非故障母线可以迅速恢复正常运行，且母联断路器即使误跳对电网运行影响也较小。

考点 46　断路器失灵保护整定

【2016 年下午题 28～30】 某 220kV 变电站，主接线示意图见下图，安装 220kV/110kV/10kV，180MVA（100%/100%/50%）主变压器两台，阻抗电压高—中 13%，高—低 23%，中—低 8%；220kV 侧为双母线接线，线路 6 回，其中线路 L21、L22 分别连接 220kV 电源 S21、S22，另 4 回为负荷出线（每回带最大负荷 180MVA），每台主变压器的负载率为 65%。

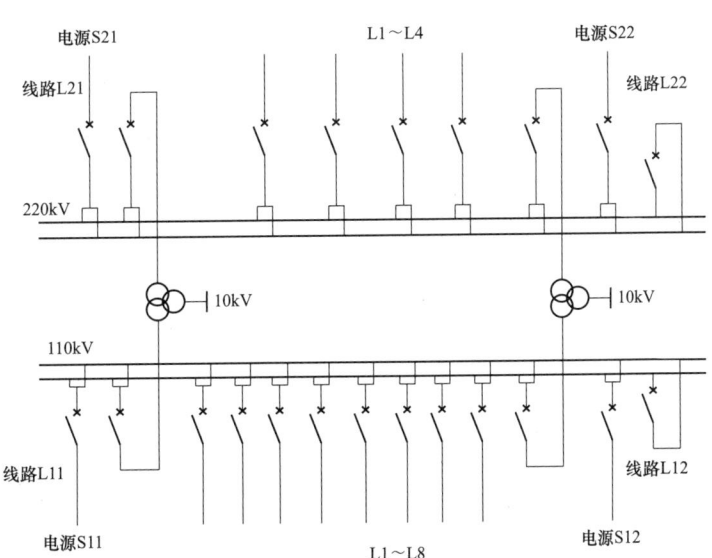

110kV 侧为双母线接线，线路 10 回，其中 2 回线路 L11、L12 分别连接 110kV 系统电压 S11、S12，正常情况下为负荷出线，每回带最大负荷 20MVA、其他出线均只作为负荷出线，每回带最大负荷 20MVA，当 220kV 侧失电时，110kV 电源 S11、S12 通过线路 L11、L12 向 110kV 母线供电，此时，限制 110kV 负荷不大于除了 L11、L12 线路外其他各负荷线路最大总负荷的 40%，且线路 L11、L12 均具备带上述总负荷的 40%的能力。

10kV 为单母线接线，不带负荷出线。

已知系统基准容量 S_j=100MVA，220kV 电源 S21 最大运行方式下系统阻抗标幺值为 0.006，最小运行方式下系统阻抗标幺值为 0.0065；220kV 电源 S22 最大运行方式下系统阻抗标幺值为 0.007，最小运行方式下系统阻抗标幺值为 0.0075；L21 线路阻抗标幺值为 0.01，L22 线路阻抗标幺值 0.011。

已知 110kV 电源 S11 最大运行方式下系统阻抗标幺值为 0.03，最小运行方式下系统阻抗标幺值为 0.035；110kV 电源 S12 最大运行方式下系统阻抗标幺值为 0.02，最小运行方式下系统阻抗标幺值为 0.025；L11 线路阻抗标幺值为 0.011，L12 线路阻抗标幺值 0.017。

▶▶ **第 107 题**［断路器失灵保护整定］28．已知 220kV 断路器失灵保护作为 220kV 电力设备和 220kV 线路的近后备保护，请计算 220kV 线路 L21 失灵保护电流判别元件的电流定值和灵敏系数最接近下列哪组数值？（可靠系数取 1.1，返回系数取 0.9）　　　　（　　）

(A) 0.75kA，10.16　　　　　　　　(B) 1.15kA，6.42
(C) 11.45kA，1.3　　　　　　　　 (D) 3.06kA，2.49

【答案及解答】D

(1) 计算启动电流。按题意，线路 L21 最大负荷为

$$I_{f.max} = \frac{S_{max}}{\sqrt{3}U} = \frac{180 \times 4 + 180 \times 2 \times 0.65}{\sqrt{3} \times 220} = 2.504 \text{ (kA)}$$

依据 DL/T 559—2018 第 7.2.10.1 条可知，相电流判别元件定值，按线路末端金属性短路有足够灵敏度（大于 1.3），应尽可能大于最大负荷电流：$I_{dz} = K_k \dfrac{I_{f.max}}{K_f} = 1.1 \times \dfrac{2.504}{0.9} = 3.06 \text{ (kA)}$

(2) 校验灵敏度。由题意可知，当 220kV 失电时，110kV 电源 S11、S12 只向 110kV 母线供电，不向 220 kV 母线供电，所以 220kV 断路器失灵保护最小短路电流只考虑电源 S22 最小运行方式通过 L22 向 L21 供电，电源 S21 退出。则线路 L21 末端短路，总阻抗为

$$X_{\Sigma.max*} = X_{S22.max} + X_{L22} + X_{L21} = 0.0075 + 0.011 + 0.01 = 0.0285$$

$$I_{d.min} = \frac{\sqrt{3}}{2} \frac{1}{X_{\Sigma.max*}} I_j = \frac{\sqrt{3}}{2} \times \frac{1}{0.0285} \times \frac{100}{\sqrt{3} \times 230} = 7.627 \text{ (kA)}$$

$$K_{lm} = \frac{I_{d.min}}{I_{dz}} = \frac{7.627}{3.06} = 2.49 > 1.3，满足灵敏度要求，所以选 D。$$

【考点说明】

解题阻抗如下图所示。

(1) 按最大负荷整定的保护，均要考虑可靠系数和返回系数。

(2) 本题最大的难点是确定校验灵敏度的最小运行方式。做题时要仔细审题。

(3) 题干已明确 220kV 系统和 110kV 系统是不同时作为电源的。

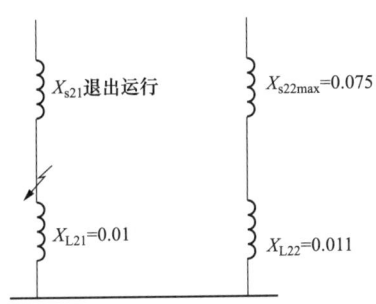

【注释】

本题如果 220kV 失电时题干未明确 110kV 电源 S11、S12 只向 110kV 母线供电，则断路器失灵保护校验灵敏度的最小运行方式应该考虑由 110kV 最小电源系统通过主变压器向该 220kV 线路供电，此时

$$X_{\Sigma.\max*} = X_{S11.\max} + X_{L11} + X_{b12} + X_{L21} = 0.035 + 0.011 + 0.13 + 0.01$$
$$= 0.186$$

$$I_{d.\min} = \frac{\sqrt{3}}{2} \frac{1}{X_{\Sigma.\max*}} I_j = \frac{\sqrt{3}}{2} \times \frac{1}{0.186} \times \frac{100}{\sqrt{3} \times 230} = 1.169 \text{ (kA)}$$

$$K_{lm} = \frac{I_{d.\min}}{I_{dz}} = \frac{1.169}{3.06} = 0.38 < 1.3，满足不了灵敏度要求$$

此时只能按最小灵敏系数整定相电流判别元件，即 $I_{dz} = 1.3$ $I_{dz.\min} = 1.3 \times 1.169 = 1.52$ (kA)，即当 220kV 失电，由 110kV 电源 S11 向 220kV 母线供电时，220kV 断路器失灵保护是没有灵敏度的，可能拒动，应采取其他的保护措施。

阻抗图如下图所示。

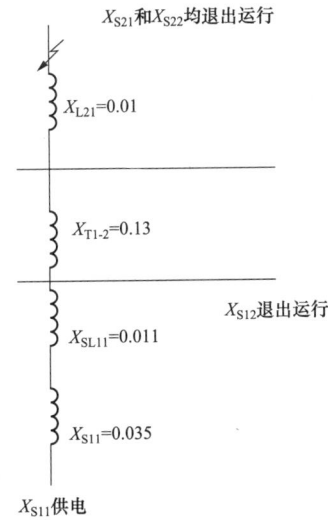

考点 47 低压断路器脱扣器整定

【2009 年下午题 1~5】 某 220kV 变电站有两台 10/0.4kV 站用变压器，单母分段接线，

容量 630kVA，计算负荷 560kVA。现计划扩建：综合楼空调（仅夏天用）所有相加额定容量为 80kW，照明负荷为 40kW，深井水泵 22kW（功率因数 0.85），冬天取暖用电炉一台，接在 2 号主变压器的母线上，容量 150kW。

▶▶ 第 108 题 [断路器脱扣器整定] 3．深井水泵进线隔离开关，馈线低压断路器，其中一路给泵供电，已知泵电动机启动电流为额定电流的 5 倍，最小运行方式短路电流为 1000A，最大运行方式短路电流 1500A，断路器动作时间 0.01s，可靠系数取最小值，则断路器脱扣器整定电流及灵敏度为下列哪项数值？　　　　　　　　　　　　　　（　　）

(A) 脱扣器整定电流 265A，灵敏度 3.77
(B) 脱扣器整定电流 334A，灵敏度 2.99
(C) 脱扣器整定电流 265A，灵敏度 5.7
(D) 脱扣器整定电流 334A，灵敏度 4.5

【答案及解答】B

由 DL/T 5155—2016 附录 E 中表 E.0.3 及小注，可知，可靠系数取最小值 $K=1.7$，脱扣器整定电流：$I_Q = \dfrac{5 \times P_e}{\sqrt{3} U_e \cos\alpha} = \dfrac{5 \times 22}{1.732 \times 0.38 \times 0.85} = 196.63$ (A)

$I_z \geqslant KI_Q$，故 $I_z = 1.7 \times 196.63 = 334.27$（A），灵敏度 $= I_d / I_z = 1000/334.27 = 2.99$，所以选 B。

【考点说明】

低压设备的额定电压是 $U_e=380$V，而不是 400V。

本题题设给的"最小运行方式短路电流为 1000A"并没有说明是哪种短路情况。如果认为这是最小运行方式下的三相短路电流，那么校验灵敏度要转换成两相短路电流，乘 0.866，但显然没有对应答案。所以只能默认该电流为最小运行方式下的两相短路电流。

【注释】

过电流脱扣器一般都为低电压系统，即 0.4kV。不要与带继电器的混淆。

▶▶ 第 109 题 [断路器脱扣器整定] 4．上述进线侧断路器侧过电流脱扣器延时为　　（　　）

(A) 0.1s
(B) 0.2s
(C) 0.3s
(D) 0.4s

【答案及解答】B

由 DL/T 5155—2016 附录 E 中 E.0.1-4 条的规定，电动机回路断路器应为负荷断路器，动作时间为瞬动（0s），进线侧断路器为电源侧断路器，断路器过电流脱扣器级差应取 0.15～0.2s，所以选 B。

【考点说明】

此题问题不是特别明确，但考虑题目中所问为"进线断路器"，以及上个小题中"深井水泵进线隔离开关，馈线低压断路器"的说明，考虑一个级差。

6.2.7 母差保护

考点 48　母差保护整定

【2016 年下午题 1～4】某大用户拟建一座 220kV 变电站，电压等级为 220kV/110kV/10kV，220kV 电源进线 2 回，负荷出线 4 回，双母线接线，正常运行方式为并列运行，主接线及间

隔排列示意图如下所示，110kV、10kV 均为单母线分段接线，正常运行方式为分列运行。主变容量为 2×150MVA，150/150/75MVA，$U_{K12}=14\%$，$U_{K13}=23\%$，$U_{K23}=7\%$，空载电流 $I_0=0.3\%$，两台主变压器正常运行时的负载率为 65%，220kV 出线所带最大负荷分别是 $L_1=150$MVA，$L_2=150$MVA，$L_3=100$MVA，$L_4=150$MVA，220kV 母线的最大三相短路电流为 30kA，最小三相短路电流为 18kA。请回答下列问题。（本题配图略）

▶▶ 第 110 题 [母差保护] 4. 该变电站的 220kV 母线配置有母线完全差动电流保护装置，请计算起动元件动作电流定值的灵敏系数。（可靠系数均取 1.5，不设中间继电器）（　　）

(A) 3.46　　　　　　　　　　　　(B) 4.0
(C) 5.77　　　　　　　　　　　　(D) 26.4

【答案及解答】A

依据：老版二次手册第 588 页式（28-75）～式（28-77）。

(1) 保护动作定值：

1) 按躲过外部发生故障时的最大不平衡电流整定，即

$$I_{dz1} = K_k I_{bp.max} = K_k \times 0.1 \times I_{d.max} = 1.5 \times 0.1 \times 30000 = 4500 \text{ (A)}$$

2) 按躲过二次回路断线故障整定，即

$$I_{dz2} = 1.5 \frac{S}{\sqrt{3}U_e} = 1.5 \times \frac{150 \times 3 + 100 + 2 \times 150 \times 65\%}{\sqrt{3} \times 220} = 2992.5 \text{ (A)}$$

以上两者取大，$I_{dz} = 4500$A。

(2) 计算灵敏系数为：$K_m = \dfrac{I_{d.min}}{I_{DZ}} = \dfrac{\frac{\sqrt{3}}{2} \times 18000}{4500} = 3.46$

所以选 A。

【考点说明】

(1) 最大不平衡电流取 220kV 母线外部最大三相短路电流，与母线最大故障电流一致为 30kA。

(2) 二次回路断线考虑负荷最大的一回路即电源回路，该电源单独供全部负荷出线及主变供电时总负荷为 150×3+100+2×150×65%=745（MVA）。

(3) 今后的考试母线保护应按 DL/T 559—2018 第 7.2.9 条进行计算。

【2021 年下午题 22～24】某 220kV 变电站，远离发电厂，安装 220kV/110kV/10kV、180kV 主变两台。220kV 侧为双母线接线，线路 L1、L2 为电源进线，另 2 回为负荷出线。110kV，10kV 侧为单母线分段接线，出线若干回，均为负荷出线。正常运行方式下，L1、L2 分别运行不同母线，220kV 侧并列运行，110kV、10kV 侧分裂运行。

220kV 及 110kV 系统为有效接地系统。

电源 S1 最大运行方式下系统阻抗标幺值为 0.002，最小运行方式下系统阻抗标幺值为 0.006；电源 S2 最大允许方式系统阻抗标幺值为 0.003、最小运行方式下系统阻抗标幺值为 0.008；L1、L2 线路阻抗标幺值为 0.01（系统基准容量为 $S_j = 100$MVA，不计周期分量的衰减，简图如下：）请分析计算并解答以下问题：

▶▶ **第 111 题 [母差保护]** 22. 若 220kV 母线差动保护,其差电流启动元件的整定值(一次值)为 3.5kA,计算此启动元件的灵敏系数应为下列哪项数值? (   )

(A) 7.33   (B) 3.98
(C) 3.45   (D) 2.0

【答案及解答】 C

由《220kV～750kV 电网继电保护装置运行整定规程》(DL/T 559－2018)第 7.2.9 条,本题中,正常运行方式下,220kV 侧并列运行,L1、L2 分别运行不同母线,因此当母联断路器断开后,故障母线故障电流小,启动元件灵敏度低,故按母联断开工况整定。

母联断开时,最小故障电流,取电源最小运行方式,由于电源 S1 最小运行方式下系统阻抗标幺值小于 S2 最小运行方式下系统阻抗标幺值,L1、L2 线路阻抗标幺值相同,因此 S2 最小运行方式下母线故障电流最小,计算如下:

$$X_\Sigma = 0.008 + 0.01 = 0.018, \quad I_j = \frac{S_j}{\sqrt{3}U_j} = \frac{100}{\sqrt{3} \times 230} = 0.251$$

最小故障电流:$I_{k\min} = \frac{\sqrt{3}}{2} \cdot \frac{I_j}{X_\Sigma} = \frac{\sqrt{3}}{2} \times \frac{0.251}{0.018} = 12(\text{kA})$

依题意动作电流为 3.5 kA,可得灵敏系数为:$K_{lm} = \frac{I_{k\min}}{I_{zd}} = \frac{12}{3.5} = 3.43$

【考点说明】

灵敏度计算的关键点是找到最小故障电流,本题的题眼恰在此处:按母联分裂运行,找出最小故障电流。

【**2023 年上午题 17～20**】 某 220kV 变电站与无限大电源系统连接并远离发电厂,电气接线图如下所示,S1 系统归算到 220kV 母线的等值电抗标幺值 $X_1 = 0.01$,S2 系统归算到 220kV 母线的等值电抗标幺值 $X_{22} = 0.014$。(基准容量 $S_j = 100\text{MVA}$,基准电压 $U_j = 230\text{kV}$),变电站安装两台 220kV/110kV/10kV、180MVA 主变,正常运行时高、中压侧并列运行,低压侧分列运行。中低压侧线路均为负荷出线。220kV 侧配置母线差动保护,差电流启动元件定值按可靠躲过区外故障最大不平衡电流整定,接入母差保护的电流互感器变比均为 2500/1。二次电缆采用铜芯电缆,γ 取 57m/(Ω·mm²)。请分析计算并解答下列各小题。

▶▶ **第 112 题 [母差保护]** 17. 请计算 220kV 母差保护差电流启动元件定值是下列哪项数值?(可靠系数取 1.5) (   )

(A) 1.51A   (B) 2.26A
(C) 3.87A   (D) 5.65A

【答案及解答】 C

依题意:"差电流启动元件定值按可靠躲过区外故障最大不平衡电流整定";由老版一次手册第 129 页 4-4 节母差保护区外最大短路电流为

$$I_{DL\max} = 0.251/0.01 + 0.251/0.014 = 43.03(\text{kA})$$

由 DL/T 559—2018 第 7.2.9.1 条可得

$$I_{DZ} \geq K_k(F_i + F_i'')I_{DL\max} = 1.5 \times (0.1 + 0.05) \times 43.03/(2500/1) \times 1000 = 3.87(\text{A})$$

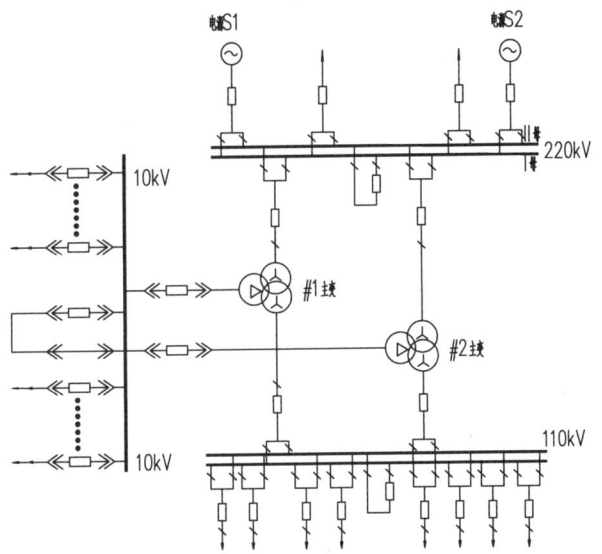

【考点说明】

本题的坑点是差动定值要用最大短路电流，即按两个系统并列计算，否则会错选 B。

【2023 年上午题 17～20】 某 220kV 变电站与无限大电源系统连接并远离发电厂，电气接线图如下所示，S1 系统归算到 220kV 母线的等值电抗标幺值 X_1=0.01，S2 系统归算到 220kV 母线的等值电抗标幺值 X_{22}=0.014.（基准容量 S_j=100MVA，基准电压 U_j=230kV），变电站安装两台 220kV/110kV/10kV、180MVA 主变，正常运行时高、中压侧并列运行，低压侧分列运行。中低压侧线路均为负荷出线。220kV 侧配置母线差动保护，差电流启动元件定值按可靠躲过区外故障最大不平衡电流整定，接入母差保护的电流互感器变比均为 2500/1。二次电缆采用铜芯电缆，γ 取 57m/（Ω·mm²）。请分析计算并解答下列各小题。

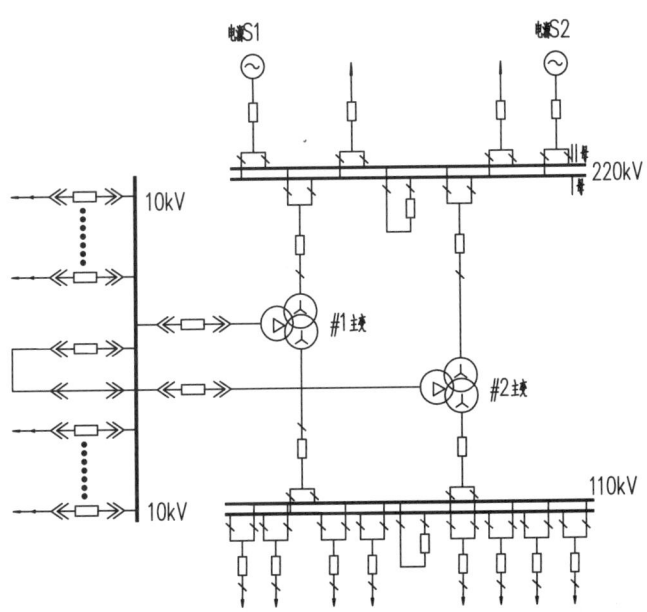

▶▶ **第 113 题 [母差保护]** 18. 若 220kV 母差保护差电流启动元件定值为 3.15A（二次值），该元件灵敏系数计算值是下列哪项数值？ （　　）

（A）1.50　　　　　　　　　　　　（B）1.97
（C）2.76　　　　　　　　　　　　（D）4.73

【答案及解答】 B

由老版一次手册第 144 页表 4-19 可得，最小短路电流为电源 S2，单回供电时，母线发生两相短路，此时

$$I_{DL\min(2)} = \frac{0.251}{0.014} \times 0.866 = 15.53(kA)$$

又由 DL/T 559—2007 第 7.2.9.1 条可得

灵敏度 $K_{sen} = \dfrac{15.53 \times 1000/(2500/1)}{3.15} = 1.97$。

【考点说明】

灵敏度要用最小短路电流校验，错用如下算式并列的短路电流计算灵敏度，会错选 D。

$$I_{DL\min(2)} = \frac{0.251}{(0.014 \times 0.01)/(0.014 + 0.01)} \times 0.866 = 37.26(kA)$$

6.2.8 电容器保护

考点 49　电容器电流速断保护

【**2017 年下午题 22～26**】某 500kV 变电站 2 号主变压器及其 35kV 侧电气主接线如下图所示，其中的虚线部分表示远期工程，请回答下列问题。

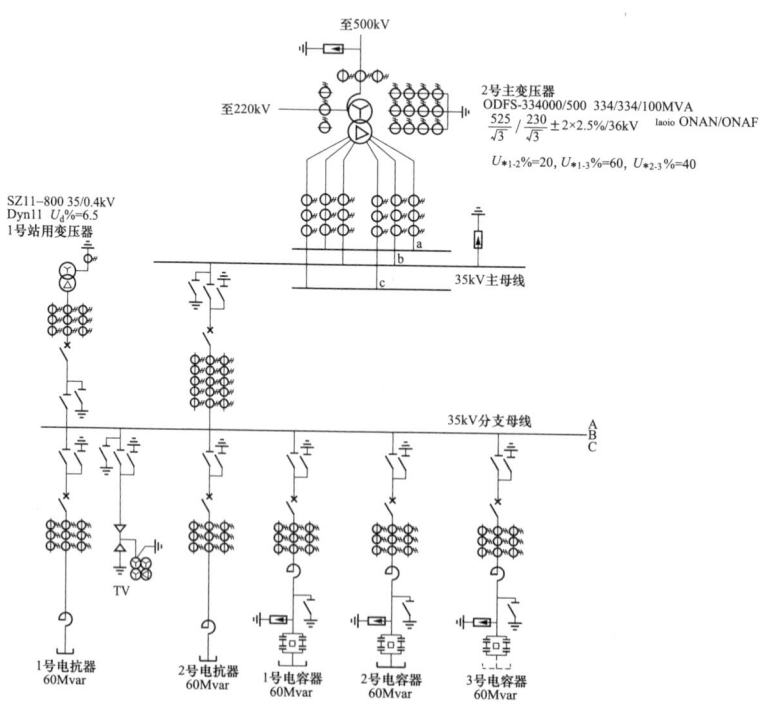

▶▶ **第 114 题 [电容器电流速断]** 26. 若主接线图中电容器回路的电流互感器变比 $n_1=$

1500/1，在任意一组电容器引出线处发生三相短路时，最小运行方式下的短路电流为 20kA，则下列主保护二次动作值哪项是正确的？ （   ）

（A）5.8A   （B）6.7A

（C）1.2A   （D）1801A

【答案及解答】A

依据《330kV～750kV 变电站无功补偿装置设计技术规定》（DL/T 5014—2010）第 9.5.2 条：对并联电容器组的过负荷及引线、套管、内部的短路故障，可装设电流保护及不平衡保护，保护分为限时速断和过流两段。

限时速断保护动作值按最小运行方式下电容器组端部引线两相短路时灵敏系数为 2 整定，动作时限应大于电容器组充电涌流时间。

灵敏系数 $K = \dfrac{\dfrac{\sqrt{3}}{2} \times 20 \times 1000}{I_{dz} \times 1500} = 2$，则 $I_{dz} = 5.8A$，所以选 A。

【考点说明】

（1）本题比较冷门，考试的内容是二次动作值，通过灵敏系数的规定来倒推保护整定值。只要找到 DL/T 5014—2010 中的出处即可，新版变电手册出处为第 629 页式（14-64）。

（2）本题的坑点在于：已知最小运行方式三相短路电流值，而求灵敏系数用的是最小运行方式两相短路电流值，之间差一个 $\dfrac{\sqrt{3}}{2}$，如果不乘该系数，则会误选 B。

【2024 年下午题 27～30】　某 220kV 变电站建设有 2 台 180MVA 主变压器，三侧电压 220/110/10kV。220kV 电气主接线采用双母线接线，固定方式运行。10kV 采用单母线分段接线，每段母线分别接有不同的一、二、三段负荷和 3 组并联电容器、10kV 配电装置采用金属封闭开关柜。每相电容器采用单星形接线，框架组合式安装。单台电容器额定容量 334kvar、额定电压 $\dfrac{5.5}{\sqrt{3}}$ kV，每相 4 并 2 串。110kV 侧无电源，辐射状供电。

请分析计算并解答下列各小题。

▶▶ 第 115 题［电容器电流速断］30．若本变电站 10kV 侧母线短路电流为 24kA，电容器组经电缆（阻抗忽略不计）接入 10kA 开关柜。在引接电缆末端与电容器组连接处发生 A、B 相间金属性短路。假定可靠系数取下限，请判断此时哪一种保护动作，并计算保护一次定值为下列哪项数值？ （   ）

（A）限时电流速断保护，整定值为 1641A

（B）限时电流速断保护，定值为 1262.2A

（C）过电流保护，定值为 820.4A

（D）过电流保护，定值为 631.1A

【答案及解答】B

依据《3kV～110kV 电网继电保护装置运行整定规程》（DL 584—2017）第 7.2.18.1

限时电流速断保护整定值 $I_D = 3 \times \dfrac{334 \times 4 \times 3 \times 2}{2 \times \sqrt{3} \times \sqrt{3} \times \dfrac{5.5}{\sqrt{3}}} = 1262.23 \text{(A)}$

灵敏度校验 $K_{sen} = \dfrac{24000}{1262.22} = 19.01 > 2$，满足要求。

所以选 B。

考点 50　电容器过电流保护

【2008 年下午题 16~19】某变电站分两期工程建设，一期和二期在 35kV 母线侧各装一组 12Mvar 并联电容器成套装置。

▶▶ 第 1116 题 [电容器过电流保护] 19．对电容器与断路器之间连接线短路故障，宜设带短延时的过电流保护动作于跳闸，假设电流互感器变比为 300/1，按星形接线，若可靠系数为 1.5，电容器长期允许的最大电流按额定电流计算，计算过电流保护的动作电流应为下列何值？　　　　　　　　　　　　　　　　　　　　　　　　　　　（　　）

（A）0.99A　　　　　　　　　　　（B）1.71A
（C）0.66A　　　　　　　　　　　（D）1.34A

【答案及解答】A

由老版变电手册第 629 页式（14-63）可得该过电流保护动作电流为

$$I_{dz} = \dfrac{K_k I_e}{n_1} = \dfrac{1.5 \times \dfrac{12 \times 10^3}{\sqrt{3} \times 35}}{300} = 0.99 \text{ (A)}$$

【考点说明】
老版二次手册第 476 页式（27-3）。

考点 51　电容器桥式差流保护

【2018 年下午题 24~27】某 500kV 变电站一期建设一台主变压器，主变压器及其 35kV 侧电气主接线如下图所示。其中的虚线部分表示远期工程。请回答下列问题。（本小题图省略）

▶▶ 第 117 题 [电容器桥式差流] 27．若该站 35kV 电容器组采用单星型单桥差接线，内熔丝保护，每桥臂 7 并 4 串，单台电容器容量 500kvar，额定电压 5.5kV，电容器回路电流互感器变比 n=5/1，电容器击穿元件百分数 B 对应的过电压如下表。请计算桥式差电流保护二次动作值应为下列哪项数据？（灵敏系数取 1.5）　　　　　　　　　　　　（　　）

电容器击穿元件百分数 B	10%	20%	25%	30%	40%	50%
健全电容器电压升高	1.05U_{ce}	1.07U_{ce}	1.1U_{ce}	1.15U_{ce}	1.2U_{ce}	1.3U_{ce}

（A）5.06A　　　　　　　　　　　（B）6.65A
（C）8.41A　　　　　　　　　　　（D）33.27A

【答案及解答】B

（1）DL/T 584—2017 第 7.2.18.3 条继电保护原则为健全电容器过电压不超过 1.1 倍，故选电容器击穿元件百分数为 25%。

（2）电容器击穿元件百分数为 25%假设都在一个串联段内，如下图所示，因为是内熔丝保护，元件击穿后元件被隔离（开路）。

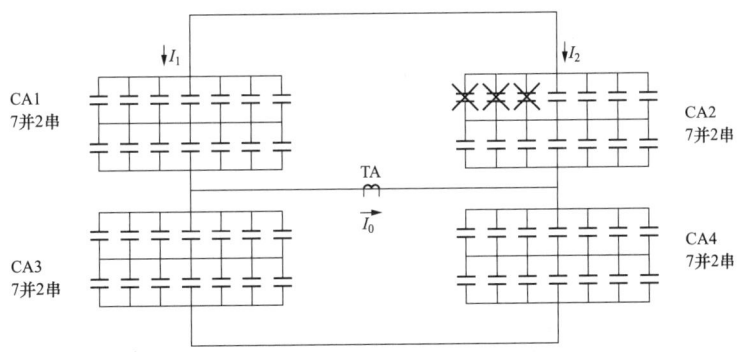

桥差不平衡电流

$$I_0 = \frac{I_1 - I_2}{2} = \frac{1}{2} U_上 (C_{A1} - C_{A2}) \quad (1)$$

$$C_单 = \frac{Q}{U_e^2 \omega} = \frac{500}{5.5^2 \times 314.16} = 52.6 \, (\mu F)$$

$$C_{A1} = \frac{C_单 \times 7}{2} = 184.15 \, (\mu F)$$

$$C_{A2} = \frac{(C_单 \times 7)^2 \times (1 - 25\%)}{(C_单 \times 7) \times (1 - 25\%) + (C_单 \times 7)} = 157.8 \, (\mu F)$$

$$U_上 = 5.5 \times 2 \times 1.1 = 12.1 \, (kV)$$

代入式（1）得

$$I_0 = \frac{1}{2} \times 12.1 \times 314.16 \times \frac{184.15 - 157.8}{1000} = 50 \, (A)$$

$$I_{ZD} = \frac{I_0}{N_i k_{ll}} = \frac{50}{5 \times 1.5} = 6.66 \, (A)$$

所以选 B。

【注释】

（1）并联电容器装置单台电容器内部故障保护的种形式通常有以下三种方式，外熔丝加继电保护，内熔丝加继电保护及只设置继电保护。现在最常用的形式是内熔丝加继电保护。内容详见 DL/T 50227—2017 第 6.1 节条文说明。

（2）新版变电手册第 629 页式（14-70）[老版二次手册第 27-4 节式（10）]及 DL/T 5014—2010 附录 D 式（D.21）适用于设置专用单台电容器保护的单星形接线的桥式差电流保护，新版变电手册第 629 页式（14-71）及 DL/T 5014—2010 附录 D 式（D.22）则适用于未设置专用单台电容器保护的单星形接线的桥式差电流保护。此处专用单台电容器保护指的是外熔丝保护，而未设置专用单台电容器保护指的是既未设置外熔丝保护，也未设置内熔丝保护，只设置继电保护的保护形式。而该保护形式的整定计算公式应为表格中所列算式。

（3）而本题中并未告知单台电容器内部元件中的串联段数 n 和并联段数 m，所以无法用表格中的公式进行计算。

桥差电流保护	$\begin{cases} I_{dz} = \dfrac{\Delta I_o}{K_{lm}} \\ I_{dz} \geqslant K_k \Delta I_{bp} \end{cases}$ （1） $\Delta I_o = \dfrac{3K}{3N(Mmn - MnK + MK - 2K) + 8K} I_e$ （2） $K = \dfrac{3MNmn(K_V - 1)}{K_V(3MNn - 3MN + 6N - 8)}$ （3）	M 为每相各串联段并联的电容器台数； N 为每相电容器的串联段数； K_k 为可靠系数，$K_k \geqslant 1.5$； K 为因故障切除的同一并联段中的电容器台数，$K=1\sim M$ 的整数； K_V 为过电压系数，$K_V=1.1\sim1.15$； K_{lm} 为灵敏系数，$K_{lm}=1.3$； I_e 为整组电容器额定电流； ΔI_o 为每相两桥臂中线间流过的电流； ΔI_{bp} 为正常时为每相两桥臂中线间的不平衡电流； n 为单台电容器内部元件的串联段数； m 为单台电容器内部元件各串联段并联的小元件数； 其余符号含义和说明与开口三角电压保护相同	$t=0.1\sim 0.2s$

考点 52　电容器开口三角电压保护

【2019 年下午题 24~27】　某 220kV 变电站，电压等级为 220kV/110kV/10kV，每台主变压器配置数台并联电容器组；各分组采用单星接线，经断路器直接接入 10kV 母线；每相串联段数为 1 段并联台数 8 台，拟毗邻建设一座 500kV 变电站，电压等级为 500kV/220kV/35kV，每台主变压器配置数组 35kV 并联电容器组及 35kV 并联电抗器，各回路经断路器直接接入母线，35kV 母线短路容量为 1964MVA。请回答以下问题。

▶▶ 第 118 题 [电容器开口三角电压] 25. 若 220kV 变电站电容器内部故障采用开口三角电压保护；单台电容器内部小元件先并联后串联且无熔丝；电容器设专用熔断器，电容器组的额定相电压为 6.35kV，抽取二次电压的放电线圈一、二次电压比 6.35/0.1，灵敏系数 $K_{lm}=1.5$，$K=2$。依据给出条件计算开口三角电压二次整定值为下列哪项值？　　（　　）

(A) 1.73V (B) 18.18V
(C) 27.27V (D) 31.49V

【答案及解答】B

依据《3kV～110kV 电网继电保护装置运行整定规程》（DL/T 584—2017）第 7.2.18.9 条表 7 并联补偿电容器保护整定公式，可得：

（1）计算开口三角电压一次值 $U_{CH}(一次值) = \dfrac{3KU_{NX}}{3N(M-K)+2K} = \dfrac{3 \times 2 \times 6.35}{3 \times 1 \times (8-2) + 2 \times 2} = 1.732$ (kV)

式中，K 为故障切除的同一串联段中的电容器台数，题中为 2；U_{NX} 为电容器组额定相电压 (kV)，题中为 6.35kV；M 为每相各串联段并联电容器台数，题中为 8；N 为电容器组的串联段数，题中为 1。

（2）计算开口三角电压二次值：$U_{CH}(二次值) = \dfrac{U_{CH}(一次值)}{放电线圈变比} = \dfrac{1.732 \times 1000}{\dfrac{6.35}{0.1}} = 27.276$ (V)

（3）计算开口三角电压整定值：$U_{DZ} = \dfrac{U_{CH}(二次值)}{K_{LM}} = \dfrac{27.276}{1.5} = 18.19$ (V)

所以选 B。

【2020 年下午题 28~30】 某 110kV 变电站，安装 2 台 50MVA、110kV/10kV 主变，U_d=17%，空载电流 I_o = 0.4%，110kV 侧单母线分段接线，两回电缆进线；10kV 为单母分段接线，线路 20 回，均为负荷出线。无功补偿装置设在主变低压侧，请回答以下问题。

▶▶ **第 119 题[电容器开口三角电压]** 30. 变电站 10kV 侧设有一组 6Mvar 补偿电容器组，额定电压 $11kV/\sqrt{3}$ kV。内部故障采用开口三角形电压保护，放电线圈额定电压变比 6.35/0.1。单台电容器容量 200kvar，额定电压 6.35kV，单台电容器内部小元件先并后串且无熔丝，电容器设专用熔断器，灵敏系数取 1.5，允许过电压系数为 1.15，计算开口三角电压二次整定值应为下列哪项数值？   （ ）

(A) 29.31V   (B) 30.77V
(C) 46.15V   (D) 53.29V

【答案及解答】 B

(1) 确定不平衡保护方式：开口/差压/桥差/中性点不平衡：本题为开口三角电压保护。

(2) 确定单台保护方式：外熔断器/内熔丝/无内外熔丝：本题为外熔断器保护。

(3) 计算切除的台数/元件数/击穿串联段百分比，（K 值/β 值）。

由 DL 584—2017 第 33 页表 7 可得

$$K = \frac{3NM(K_V - 1)}{K_V(3N-2)} = \frac{3 \times 1 \times 10 \times (1.15-1)}{1.15 \times (3 \times 1 - 2)} = 3.91，取4（台）$$

(4) 把第 3 步计算的 K 值或者 β 值代入不平衡电压或者不平衡电流保护计算公式，计算出一次不平衡电压或者电流（一次值）。

$$U_{CH}(一次) = \frac{3KU_{EX}}{3N(M-K)+2K} = \frac{3 \times 4 \times 6.35}{3 \times 1 \times (10-4) + 2 \times 4} = 2.931(kV)$$

(5) 把第 4 步计算的一次不平衡电压或者电流除以变比，得出二次不平衡电压或者电流值（二次值）：$U_{CH}(二次) = \dfrac{U_{CH}(一次)}{变比} = \dfrac{2.931 \times 1000}{6.35/0.1} = 46.16(V)$

(6) 二次值除以灵敏度系数，得出整定值为：$U_{DZ} = \dfrac{U_{CH}(二次)}{变比} = \dfrac{46.16}{1.5} = 30.77(V)$

所以选 B。

考点 53 电容器桥式差流保护

【2022 年下午题 15~18】 某 500kV 变电站规划建设 4 台主变，一期建设 2 台主变。主变压器容量为 100MVA，采用 3×334MVA 单相自耦变压器：

额定容量：334/334/100MVA
额定电压：$525/\sqrt{3} / 220/\sqrt{3} \pm 1.25\% / 35$kV
接线组别：YN,a0,d11

35kV 侧不出线，仅带无功设备运行，运行方式：500kV 侧、220kV 侧并列运行，35kV 侧分裂运行。请分析计算并解答下列各题。

▶▶ **第 120 题[电容器低电压保护]** 18. 本工程 35kV 侧额定电压 35kV。电压互感器变

比为 $\frac{35}{\sqrt{3}} / \frac{0.1}{\sqrt{3}}$ kV，#1 主变运行时投入了 2 组 35kV 并联电容器装置。由于系统上的某种原因导致#1 主变突然失电，5 分钟后又恢复供电，请解释说明电容器装置是否动作跳闸，此时保护二次定值一般整定为多少？（按相电压计算） （　　）

(A) 2 组电容器均不跳闸，随主变一起恢复送电

(B) 仅 1 组电容器跳闸，另一组随主变一起恢复送电，定值为 46.2V

(C) 2 组电容器均跳闸，定值为 34.6V

(D) 2 组电容器均跳闸，定值为 28.9V

【答案及解答】D

由 DL/T 5014—2010 第 9.5.5 条可知，电压降低，失压保护动作带时限切除母线全部电容器组，又由该规范附录 D 的式（D.24）可知，系数取 0.5，则 $U \leqslant 0.5 \times 100/\sqrt{3} = 28.9\text{V}$。

综上选 D。也可参考 DL/T 584—2017 第 33 页表 7 规定为（0.2~0.5）U，但注明 U 为线电压。

考点 54　电容器过电压保护

【2024 年下午题 27~30】　某 220kV 变电站建设有 2 台 180MVA 主变压器，三侧电压 220/110/10kV。220kV 电气主接线采用双母线接线，固定方式运行。10kV 采用单母线分段接线，每段母线分别接有不同的一、二、三段负荷和 3 组并联电容器、10kV 配电装置采用金属封闭开关柜。每相电容器采用单星形接线，框架组合式安装。单台电容器额定容量 334kvar、额定电压 $\frac{5.5}{\sqrt{3}}$ kV，每相 4 并 2 串。110kV 侧无电源，辐射状供电。

请分析计算并解答下列各小题。

▶▶ 第 121 题 [电容器过电压保护] 29．若 10kV 电容器组回路串联有 6%电抗器、10kV 母线电压互感器变比 $\frac{10}{\sqrt{3}} / \frac{0.1}{\sqrt{3}}$ kV，请问 10kV 母线电压达到 11.2kV 时，并联电容器过电压保护是否动作，并请计算过电压保护二次整定值是下列哪项数值？（按继电保护装置运行整定规程计算） （　　）

(A) 动作，定值为 65.7V　　　　　　(B) 动作，定值为 110V

(C) 不动作，定值为 114V　　　　　(D) 不动作，定值为 121V

【答案及解答】C

依据《3kV~110kV 电网继电保护装置运行整定规程》(DL 584—2017)第 7.2.18.3 条可得：

电容器组额定电压 $U_N = 2 \times \sqrt{3} \times \frac{5.5}{\sqrt{3}} \times (1-0.06) = 10.34 \text{ (kV)}$

则整定值 $U_D = \frac{1.1 \times U_N}{n} = \frac{1.1 \times U_N}{\frac{10/\sqrt{3}}{0.1/\sqrt{3}}} = 113.74 \text{ (V)}$

运行电压为 11.2kV 时，二次电压 $U_2 = \frac{11.2}{\frac{10/\sqrt{3}}{0.1/\sqrt{3}}} = 112 \text{ (V)} < 113.74 \text{ (V)}$，不动作，所以选 C。

第7章 直 流 系 统

7.1 概 述

7.1.1 本章主要涉及规范

《电力工程直流电源系统设计技术规程》（DL/T 5044—2014）★★★★★

7.1.2 真题考点分布（总计 82 题）

1. 直流系统

   考点 1　直流设备选择原则（共 1 题）：第 1 题

   考点 2　电压计算（共 3 题）：第 2～4 题

   考点 3　短路电流计算（共 3 题）：第 5～7 题

   考点 4　负荷电流计算（共 4 题）：第 8～11 题

   考点 5　电流测量范围（共 1 题）：第 12 题

2. 直流电缆选择

   考点 6　电缆截面选择（共 15 题）：第 13～27 题

   考点 7　直流电缆极限温度允许值：（共 1 题）：第 28 题

3. 直流断路器、刀闸选择

   考点 8　断路器选择（共 16 题）：第 29～44 题

   考点 9　联络设备选择（共 4 题）：第 45～48 题

   考点 10　放电回路（共 1 题）：第 49 题

4. 充电装置选择

   考点 11　充电装置额定电流计算（共 6 题）：第 50～55 题

   考点 12　充电装置模块数量计算（共 9 题）：第 56～64 题

5. 蓄电池选择

   考点 13　蓄电池个数计算（共 5 题）：第 65～69 题

   考点 14　事故放电电流计算（共 3 题）：第 70～72 题

   考点 15　蓄电池容量计算（共 10 题）：第 73～82 题

7.1.3 考点内容简要

直流系统，在整个发输变电体系中，知识独立性仅次于线路，与其余各板块联系不大。但每年案例必考一道大题。总体来说，直流案例难度属于中等。较难考点主要集中在：①断路器的综合选择；②负荷统计计算；③蓄电池容量计算等。

（1）负荷分类和电压选择是基础，因为考题都比较简单，所以考查概率不大，但这是其他考点做题的基础，应非常熟练地掌握。

（2）电缆截面选择、充电装置选择是直流系统的重点考题，难度适中，考查频率较大。

对 DL/T 5044—2014 附录 D 和附录 E 应达到理解原理、闭卷计算的熟练程度。

（3）短路电流计算和蓄电池个数计算较简单，需要的是细心。

（4）负荷计算是设备选择的基础，原理简单但计算量大，考题可易可难，需要细心和耐心。因为是基础，所以备考时应结合断路器选择和电缆压降计算，熟练掌握各个回路电流的计算方法和细节，多练习多总结。

（5）断路器选择是直流系统考查的重点，也是难点，同样考题可易可难。一个完整的断路器选择需要考虑额定电流、短路电流、保护需求以及上、下级定值之间的配合，综合性很大，所以较难。但如果只利用其中某一个环节出题，可能比较简单。所以读者在备考时应从整体上重点"突破"。

（6）蓄电池容量的选择是直流系统的难点。原理有一定的难度，综合性很强，计算量又大，但考查频率不高。

（7）联络设备的选择属于设备选择中提高难度的"技巧型"考点，情况较多，规范又没有一一说明，有些地方只能在理解规范条文的基础上"灵活运用"。

7.2 历年真题详解

7.2.1 直流系统

考点 1　直流设备选择原则

【2017 年上午题 16～20】某 220kV 变电站，直流系统标称电压为 220V，直流控制与动力负荷合并供电，直流系统设 2 组蓄电池，蓄电池选用阀控式密封铅酸蓄电池（贫液，单体 2V），不设端电池，请回答下列问题（计算结果保留 2 位小数）。（本题负荷列表略）

▶▶ 第 1 题［设备选择原则］20. 请说明下列对本变电站直流系统的描述哪项是正确的？
（　　）

（A）事故放电末期，蓄电池出口端电压不应小于 187V，采用相控式充电装置时，宜配置 2 套充电装置

（B）事故放电末期，蓄电池出口端电压不应小于 187V，高压断路器合闸回路电缆截面的选择应满足蓄电池浮充电运行时，保证最远一台断路器可靠合闸，其允许压降不大于 33V

（C）采用相控式充电装置时，宜配置 2 套充电装置。高压断路器合闸回路电缆截面的选择应满足蓄电池浮充电运行时，保证最远一台断路器可靠合闸，其允许压降不大于 33V

（D）高压断路器合闸回路电缆截面的选择应满足蓄电池浮充电运行时，保证最远一台断路器可靠合闸，其允许压降不大于 33V。当蓄电池出口保护电器选用断路器时，应选择仅有过载保护和短延时保护脱扣器的断路器

【答案及解答】D

依据 DL/T 5044—2014 第 3.2.4、3.4.3、6.3.4 条及附录 A、表 A.5-5 注 2 可知：第 3.2.4 条：事故放电末期，蓄电池出口端电压不应低于直流电源标称电压的 87.5%，即 220×0.875=192.5（V），所以 A，B 答案错误。

第 3.4.3-1 条：2 组蓄电池时，采用相控式充电装置时，宜配置 3 套充电装置，所以答案

C 错误。

第 6.3.4 条：高压断路器合闸回路电缆截面的选择应满足蓄电池浮充电运行时，保证最远一台断路器可靠合闸，其允许电压降可取直流电源系统标称电压的 10%～15%，220×0.15=33（V）。

由附录 A 表 A.5-5 注 2 可知，当蓄电池出口保护电器选用断路器时应选择仅有过载保护和短延时保护脱扣器的断路器。

所以选 D。

考点 2　电压计算

【2010 年下午题 16～20】某 220kV 变电站，直流系统标称电压为 220V，直流控制与动力负荷合并供电。已知变电站内经常负荷 2.5kW；事故照明直流负荷 3kW；设置交流不停电电源 3kW。直流系统由 2 组蓄电池、2 套充电装置供电，蓄电池组采用单体电压为 2V 的蓄电池，不设端电池。其他直流负荷忽略不计，请回答下列问题。

▶▶ 第 2 题［电压计算］19. 在事故放电情况下蓄电池出口端电压和均衡充电运行情况下的直流母线电压应满足下列哪组要求？请给出计算过程。　　　　　　　　　　　　（　　）

（A）不低于 187V，不高于 254V

（B）不低于 202.13V，不高于 242V

（C）不低于 192.5V，不高于 242V

（D）不低于 202.13V，不高于 254V

【答案及解答】C

由 DL/T 5044—2014 第 3.2.3-3 条，在均衡充电运行情况下，对控制与动力负荷合并供电的直流电源系统，直流母线电压不应高于直流系统标称电压的 110%，即

$$U \leqslant 110\% \times U_n = 242 \text{ (V)}$$

根据该规范第 3.2.4 条，在事故放电情况下，事故放电末期蓄电池组出口端电压不应低于直流系统标称电压的 87.5%，即

$$U \geqslant 87.5\% U_n = 0.875 \times 220 = 192.5 \text{ (V)}$$

所以选 C。

▶▶ 第 3 题［电压计算］20. 关于本变电站直流系统电压和接线的表述，下列哪项是正确的？并说明理由。　　　　　　　　　　　　　　　　　　　　　　　　　　　（　　）

（A）直流系统正常运行电压为 220V，单母线分段接线，每组蓄电池及其充电设备分别接于不同母线

（B）直流系统标称电压为 220V，两段母线接线，每组蓄电池及其充电设备分别接于不同母线

（C）直流系统标称电压为 231V，单母线分段接线，蓄电池组和充电设备各接一段母线

（D）直流系统正常运行电压采用 231V，双母线分段接线，蓄电池组和充电设备分别接于不同母线

【答案及解答】B

依题意，机组配置 2 组蓄电池、2 套充电装置。由 DL/T 5044—2014 第 3.5.2 条，两组蓄电池的直流电源系统接线方式应符合下列要求：直流电源系统应采用两段单母线接线。因

此，选项 A、C、D 错误。

所以选 B。

【考点说明】

各选项其他错误分析如下：

（1）在正常运行情况下，直流母线电压应为直流系统标称电压的 105%，即为 105%×220V=231V。

（2）两组蓄电池配置 2 套充电装置时，每组蓄电池及其充电装置应分别接入不同母线段。

根据 DL/T 5044—2014 第 3.2.1 条，控制与动力负荷合并供电的直流电源系统标称电压可用 220V 或 110V。选项 C 标称电压应为 220V 不是 231V，该选项错误。

（3）根据 DL/T 5044—2014 第 3.2.2 条，D 选项的前半部分正确，但后半部分的接线形式错误。

【注释】

（1）严格意义上讲，单母分段接线并不等于两条单母线接线。

（2）单母分段总体来说是一段母线，分段的母线共用一组蓄电池。

（3）两段单母线接线，每段母线配一组蓄电池，母线间是相对独立的。各段母线上的负荷具有一定的重叠度，可以实现一定程度的电源冗余。

（4）双母线接线，负荷可以接到任意一段母线上，实现母线的完全冗余，任何一条母线检修都不影响供电。

【2011 年下午题 16～20】 某 2×300MW 火力发电厂，每台机组装设 3 组蓄电池，其中 2 组 110V 蓄电池对控制负荷供电，另 1 组 220V 蓄电池对动力负荷供电。两台机组的 220V 直流系统间设有联络线。蓄电池选用阀控式密封铅酸蓄电池（贫液）（单体 2V），浮充电压取 2.23V，均衡充电电压取 2.3V。110V 系统蓄电池组选为 52 只，220V 系统蓄电池组选为 103 只。现已知每台机组的直流负荷如下。（本题负荷列表略）

▶▶ 第 4 题 [电压计算] 16. 请计算 110V、220V 单体蓄电池的事故放电末期终止电压为下列哪组数值？ （　　）

(A) 1.75V，1.83V　　　　　　　(B) 1.75V，1.87V

(C) 1.8V，1.83V　　　　　　　(D) 1.8V，1.87V

【答案及解答】D

由 DL/T 5044—2004 附录 B 的第 B.1.3 条得：

（1）110V 单体蓄电池的事故放电末期终止电压 $U_m \geq 0.85 U_n/n = 0.85 \times 110/52 = 1.8$（V）。

（2）220V 单体蓄电池的事故放电末期终止电压 $U_m \geq 0.875 U_n/n = 0.875 \times 220/103 = 1.87$（V）。

所以选 D。

【考点说明】

DL/T 5044—2014 在修编时，对 DL/T 5044—2004"蓄电池事故放电末期终止电压"进行了更改。

按 DL/T 5044—2014 附录 C 式（C.1.3）计算如下：

（1）110V 单体蓄电池的事故放电末期终止电压 $U_m \geq 0.875 U_n/n = 0.875 \times 110/52 = 1.85$（V）。

（2）220V 单体蓄电池的事故放电末期终止电压 $U_m \geq 0.875 U_n/n = 0.875 \times 220/103 = 1.87$（V）。

考点3 短路电流计算

【2013年上午题 11~15】 某发电厂直流系统接线如下图所示。已知条件如下：

（1）铅酸免维护蓄电池组：1500Ah、220V、104个蓄电池（含连接条的总内阻为9.67mΩ、单个蓄电池开路电压为2.22V）。

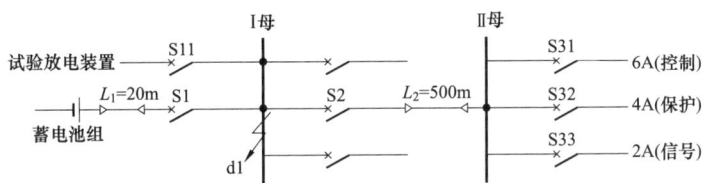

（2）直流系统事故初期（1min）冲击放电电流 I_{cho}=950A。

（3）直流断路器系列为：4A、6A、10A、16A、20A、25A、32A、40A、50A、63A、80A、100A、125A、160A、180A、200A、225A、250A、315A、350A、400A、500A、600A、700A、800A、900A、1000A、1250A、1400A。

（4）Ⅰ母线上最大馈线断路器额定电流为200A，Ⅱ母线上馈线断路器额定电流见上图。

（5）铜电阻系数 ρ=0.018 4Ω·mm²/m，S1内阻忽略不计。

请根据上述条件计算下列各题（保留2位小数）。

▶▶ 第5题[短路电流计算] 13．若 L_1 的电缆选择为YJV-2×（1×500mm²）时，计算d1点的短路电流应为下列哪项数值？　　　　　　　　　　（　　）

(A) 23.88kA　　　　　　　　　　(B) 22.18kA
(C) 21.13kA　　　　　　　　　　(D) 20.73kA

【答案及解答】 D

由DL/T 5044—2014附录G式（G.1.1-2）可得，蓄电池端子到直流母线的连接电缆电阻为

$$r_c = \frac{\rho L}{S} = \frac{0.0184 \times 2 \times 20}{500} = 1.472 \times 10^{-3}(\Omega) = 1.472 \ (m\Omega)$$

蓄电池组连接的直流母线上短路，则短路电流为

$$I_k = \frac{U_n}{n(r_b + r_1) + r_c} = \frac{220}{(9.67 + 1.472) \times 10^{-3}} = 19.75 \ (kA)$$

所以选D。

【考点说明】

（1）d1点位于直流母线上，因此计算短路电流时，公式用式（G.1.1-2）。

（2）用DL/T 5044—2004 开路电压来计算短路电流为：$I_k = \dfrac{2.22 \times 104}{9.67 + 1.47} = 20.73 \ (kA)$

【注释】

（1）新旧规范对于短路电流计算公式表述不一致，因此答案也不一样。

（2）该题若将YJV-2×（1×500mm²）理解为两根500mm²的电缆并联作为一极使用，总截面为2×500mm²=1000 mm²，则蓄电池端子到直流母线的连接电缆电阻为：

$$r_c = \frac{\rho L}{S} = \frac{0.0184 \times 2 \times 20}{2 \times 500} = 0.74 \text{ (m}\Omega) \Rightarrow I_k = \frac{U_n}{n(r_b + r_1) + r_c} = \frac{220}{(9.67 + 0.74) \times 10^{-3}} = 21.13 \text{ (kA)}$$

正好对应 C 选项,此算法是错误的,原因如下:对于直流电缆 YJV-2×(1×500mm²),其中 "2×(1×500mm²)" 中的 1 代表单芯,500mm² 代表截面积,2 代表两根同样的电缆,合在一起。YJV-2×(1×500mm²) 其正确的理解应该是两根截面积为 500mm² 的电缆,一根接正极,一根接负极串联起来,整个回路电缆截面积就是 500mm²。一方面这是直流电缆表达的惯例;另一方面,根据题设已知条件,按本大题第 11 小题的计算结果,截面积应该为 317.82mm²,所以选单根 500mm² 是合理的。注意:在交流电缆中,这表达的意思是 "两根同样的电缆并联在一起",即双拼电缆,总截面积是单根的两倍。大电流电缆一般选择单芯,可多根并联,而二芯多芯并联很少使用,小电流直接选用二芯多芯也不需要并联使用,读者在学习时应注意区别。

【2023年下午题20~23】 某水电站采用控制负荷和动力负荷合并供电的直流电源系统,事故停电时间 1h,直流系统标称电压 220V,采用 2 组阀控式密封铅酸蓄电池,配置 3 套高频开关电源充电装置,直流母线为 2 段单母线接线,每组蓄电池容量 1000Ah,蓄电池个数 103只,选用单位 2V、终止电压 1.87V 的贫液电池、直流负荷统计计算结果为:经常负荷电流 50.9A,随机负荷电流 12A,事故放电初期(1min)冲击放电电流 756.4A,1~30min 放电电流 458.2A、30~60min 放电电流 271.6A,请分析计算并解答下列各小题。

▶▶ 第6题[短路电流计算] 23. 假设每只蓄电池电阻(含连接条)为 0.15mΩ,蓄电池组到直流柜距离 20m,采用 3 根 1×150mm² 电缆并联连接,直流柜向分电柜供电回路的断路器选用额定电流 250A 的塑壳断路器,直流柜到分电柜距离 50m,采用 1 根 1×150mm² 电缆连接,150mm² 电缆电阻每米为 0.124mΩ,由分电柜供电的某回路采用额定电流 16A 的微型断路器,计算分电柜内该微型断路器出口短路电流值最接近下列哪项数值? ( )

(A) 5.18kA (B) 6.11kA
(C) 7.38kA (D) 9.66kA

【答案及解答】A

依题意,由 DL/T 5044—2014 附录 A 表 A.6-1 可得:250A 的塑壳断路器单极内阻为 0.3mΩ;16A 的微型断路器查表 63(微型断路器),单极电阻为 6.2mΩ;又由该规范附录 G 式(G.1.1-2)可得

$$I_k = \frac{U_m}{n(r_b + r_1) + r_c}$$

$$= \frac{220}{103 \times 0.15 + 0.124 \times 20 \times 2/3 + 0.124 \times 50 \times 2 + 0.3 \times 2 + 6.2 \times 2}$$

$$= 5.176 \text{(kA)}$$

【考点说明】

本题计算时应注意断路器的内阻,而断路器内阻需要查表获取,读者需要熟悉这些数据的出处;同时断路器内阻和电缆电阻一样,都需考虑返程,电阻要在单极基础上乘 2。断路器单极电阻不乘 2 会误选 B。

第 7 章 直流系统

【2022 年补考上午题 13~17】 某 2×300MW 火电厂，每台机组装设 3 组蓄电池，蓄电池选用阀控式密封铅酸蓄电池（贫液 2V）。单体蓄电池浮充电压选取浮充电压范围内的最小值。其中 2 组 110V 蓄电池为控制负荷供电，1 组 220V 蓄电池为动力负荷供电，电缆均采用铜芯电缆，铜电阻系数 $\rho=0.0184\Omega \cdot mm^2/m$。每台机组直流负荷如下：

负荷名称	容量(kW)
发变组断路器控制、保护	2
厂用 6kV 断路器控制、保护	10
厂用 380V 断路器控制、保护	6
电气 ECMS 监控系统	5
UPS	60(η = 91%)
热控控制负荷	11
热控动力总电源	66
直流长明灯	1
直流应急照明	3
汽机直流事故润滑油泵（启动电流倍数按 2 倍）	30
6kV 厂用低电压跳闸	7
400V 厂用低电压跳闸	3
厂用电源恢复对高压厂用断路器合闸	1
变压器冷却器控制电源（由继电器分立元件组成）	2

请分析计算并解答下列问题。

▶▶ 第 7 题 [短路电流计算] 16. 如动力蓄电池组容量为 1000Ah。蓄电池个数为 103 只，单只电池内阻为 0.17mΩ，电池间连接条电阻忽略不计。蓄电池至直流屏电缆长度为 30m，每极均选用 3×(1×150mm²) 电缆。求直流主屏母线上短路电流为下列哪项数值？ （ ）

(A) 5.51kA (B) 8.85kA
(C) 11.02kA (D) 11.74kA

【答案及解答】C

电缆电阻 $r_c = 2 \times 30 \times 0.0184 / (3 \times 150) \times 1000 = 2.45(m\Omega)$

依据 DL/T 5044—2014 附录 G 式（G.1.1-2），$I_k = \dfrac{220}{103 \times 0.17 + 2.45} = 11.02(kA)$，选 C。

考点 4 负荷电流计算

【2011 年下午题 16~20】 某 2×300MW 火力发电厂，每台机组装设 3 组蓄电池，其中 2 组 110V 蓄电池对控制负荷供电，另 1 组 220V 蓄电池对动力负荷供电。两台机组的 220V 直流系统间设有联络线。蓄电池选用阀控式密封铅酸蓄电池（贫液）（单体 2V），浮充电压取 2.23V，均衡充电电压取 2.3V。110V 系统蓄电池组选为 52 只，220V 系统蓄电池组选为 103 只。现已知每台机组的直流负荷如下：

(1) UPS 120kVA；
(2) 电气控制、保护电源 15kW；
(3) 热控控制经常负荷 15kW；

（4）热控控制事故初期冲击负荷	5kW；
（5）热控动力总电源	20kW（负荷系数取 0.6）
（6）直流长明灯	3kW；
（7）汽轮机氢气侧直流备用泵（启动电流倍数按 2 计）	4kW；
（8）汽轮机空气侧直流备用泵（启动电流倍数按 2 计）	10kW；
（9）汽轮机直流事故润滑油泵（启动电流倍数按 2 计）	22kW；
（10）6kV 厂用低电压跳闸	40kW；
（11）400V 低电压跳闸	25kW；
（12）厂用电源恢复时高压厂用断路器合闸	3kW；
（13）励磁控制	1kW；
（14）变压器冷却器控制电源	1kW。

请根据上述条件计算下列各题（保留两位小数）。

▶▶ 第 8 题 [负荷电流计算] 17. 请计算 110V 蓄电池组的正常负荷电流最接近下列哪组数值？　　　　　　　　　　　　　　　　　　　　　　　　　　　　（　　）

（A）92.73A　　　　　　　　　　　　（B）160.09A

（C）174.55A　　　　　　　　　　　　（D）188.19A

【答案及解答】C

依题意，110V 蓄电池对控制负荷供电。由 DL/T 5044—2014 第 4.1.1 条及表 4.2.5、表 4.2.6 可知，正常负荷电流为：$I = \dfrac{P}{U} = \dfrac{(15+15+1+1) \times 1000 \times 0.6}{110} = 174.55$ (A)

【考点说明】

（1）首先判断哪些是控制负荷，本题中给出的控制负荷包括电气控制、保护电源，热控控制经常负荷，励磁控制，变压器冷却器控制电源。

（2）其次哪些是正常负荷，即经常负荷，跳闸属于冲击负荷。

（3）计算负荷电流应乘对应的负荷系数。

【2021 年上午题 4～7】　某 300MW 级火电厂，主厂房采用控制负荷和动力负荷合并供电的直流电源系统，每台机组装设两组 220V GFM2 免维护铅酸蓄电池，两组高频开关电源充电装置，直流系统接线方式采用单母线接线，直流负荷统计见表 1，请分析并解答下列各小题。

表 1　直　流　负　荷　统　计　表

负荷名称	装置容量（kW）	负荷名称	装置容量（kW）
直流长明灯	1.5	电气控制保护	15
应急照明	5	小机事故直流油泵	11
汽机直流事故润滑油泵	45	汽机控制系统（DEH）	5
发电机空侧密封油泵	10	高压配电装置跳闸	4
发电机氢侧密封油泵	4	厂用低电压跳闸	15
主厂房不停电电源（静态）	80	厂用电源恢复时高压厂用断路器合闸	3

▶▶ 第9题 [负荷电流计算] 4. 计算经常负荷电流最接近下列哪项值？ （   ）

（A）54.4A　　　　　　　　　　　（B）61.36A
（C）70.45A　　　　　　　　　　　（D）75A

【答案及解答】B

由 DL/T 5044-2014 第 4.1.2 节可知，经常负荷包括直流长明灯、电气控制保护、汽机控制系统（DEH）三项内容；

由表 4.2.6 可得：直流长明灯负荷系数为 1，电气控制保护和汽机控制系统负荷系数为 0.6；

则经常负荷电流为：$I_{jc} = \dfrac{1.5 \times 1 + 15 \times 0.6 + 5 \times 0.6}{220} \times 1000 = 61.36(\text{A})$

【考点说明】

题设是动控合并，共用 220V 蓄电池供电，所以不必区分控制和动力，全部都在统计筛选范围内。如果是动、控分开供电，则要先区分是选择哪个电压等级的负荷。

【2022 年上午题 12-16】 某安装 2×1000MW 机组的大型发电厂，直流动力负荷采用 220V，控制负荷采用 110V 供电，每台机组设一组 220V 蓄电池、2 组 110V 蓄电池，500kV 升压站设二组 110V 蓄电池。110V 直流系统为两电三充单母线接线，220V 直流系统为两电两充单母线接线，蓄电池均采用阀控式密封铅酸蓄电池。请分析计算并解答下列各题。

▶▶ 第10题 [负荷电流计算] 12. 本工程 500kV 升压站为双母线接线的 GIS，2 回出线、3 回进线、1 回母联和 2 回母线设备。各类直流负荷：500kV 断路器每组合闸线圈电流为 12A，每组跳闸线圈电流为 15A，两套 UPS 装置冗余配置每套 10kW，GIS 每个间隔控制、保护负荷为 20A（按 8 回考虑），网络继电器室屏柜 60 面每面负荷为 2A。对应直流负荷统计中经常电流、事故放电 1min 电流、随机负荷电流，下列哪组负荷统计数值是正确的？ （   ）

（A）144A、243.45A、0A　　　　　（B）168A、312.9A、12A
（C）168A、321.45A、12A　　　　　（D）224A、321.45A、0A

【答案及解答】C

由 DL/T 5044—2014 第 4.1.1～第 4.1.2 条和第 4.2.1～第 4.2.6 条，得

经常电流：$I_{jc} = 8 \times 20 \times 0.6 + 60 \times 2 \times 0.6 = 168(\text{A})$

1min 电流：由 DL/T 5136—2012 第 5.1.5 条，220kV 以上断路器应配置两组跳闸线圈。同时，事故时母线切除 2 回出线、3 回进线、1 回母联共 6 个回路，不切除母线设备；UPS 两套冗余配置按一套计算，题设 500kV 升压站直流系统采用 110V，则

$I_{1\min} = 8 \times 20 \times 0.6 + 60 \times 2 \times 0.6 + 15 \times 2 \times 6 \times 0.6 + 10 \times 10^3 \times 0.5 / 110 = 321.45(\text{A})$

随机电流：由 DL/T 5044—2014 第 4.2.4 条，只计算合闸电流最大的一台，即 12A。

【2024 年下午题 20～23】 某火力发电厂装机一台 50MW 发电机组，以 110kV 接入系统，直流电流系统标称电压 220V，配置 1 组动力和控制负荷合用的阀控密封铅酸蓄电池，直流事故放电时间为 1h。直流电缆均选用铜芯电缆，铜导体电阻系数 ρ=0.0184Ω·mm²/m。

请分析计算并解答下列各小题。

▶▶ 第11题 [负荷电流计算] 20. 已知直流负荷如下表：

序号	负荷名称	负荷功率（kW）
1	热工控制负荷	7
2	热工动力负荷	8
3	发变组控制、保护	5
4	厂用开关柜保护、控制	6
5	110kV 断路器跳闸	3
6	恢复供电 110kV 断路器合闸	0.5
7	计算机监控控制系统	4
8	UPS	80
9	直流应急照明	0.5
10	直流长明灯	1
11	直流润滑油泵	10

计算经常负荷电流，下列哪项数值是正确的？ （ ）

（A）64.55A   （B）68.18A
（C）90.00A   （D）109.09A

【答案及解答】B

依据《电力工程直流电源系统设计技术规程》（DL/T 5044—2014）

依题意本题只配置一组蓄电池，所以计算经常负荷时，动力和控制负荷均在筛选范围内；由表4.2.5可知，经常负荷电流为"热工控制负荷""发变组控制、保护""厂用开关柜保护、控制""计算机监控控制系统"和"直流长明灯"

结合表4.2.6的负荷系数，可得

经常负荷计算电流 $I_{jc} = \dfrac{(7+5+6) \times 0.6 + 4 \times 0.8 + 1}{0.22} = 68.18(A)$

所以选 B。

【考点说明】

热工动力负荷为非经常负荷，平时不用，一般只作为热工的备用电源。

考点5　电流测量范围

【2024年下午题20~23】 某火力发电厂装机一台50MW发电机组，以110kV接入系统，直流电流系统标称电压220V，配置1组动力和控制负荷合用的阀控密封铅酸蓄电池，直流事故放电时间为1h。直流电缆均选用铜芯电缆，铜导体电阻系数 ρ=0.0184 Ω·mm²/m。

请分析计算并解答下列各小题。

▶▶ 第12题［电流测量范围］22．假设蓄电池组容量为1200Ah，配1组高频开关装置，选用（4+1）×40A充电模块。下列关于蓄电池电流测量范围及充电装置电流测量范围的描述哪项是正确的？ （ ）

（A）蓄电池电流测量范围为±660A、充电装置电流测量范围为0～200A
（B）蓄电池电流测量范围为±660A、充电装置电流测量范围为0～300A

（C）蓄电池电流测量范围为±800A、充电装置电流测量范围为0～200A

（D）蓄电池电流测量范围为±800A、充电装置电流测量范围为0～300A

【答案及解答】C

依据《电力工程直流电源系统设计技术规程》(DL/T 5044—2014)由附录F表F.1，本题蓄电池组容量为1200Ah，则蓄电池出口电流表测量范围为±800A；

由附录D.2可知，题设4+1,1为备用模块，额定电流为4×40=160(A)，由附录D表D.1.3可知充电装置额定电流为160(A)时，电流表测量范围为0～200A。

所以选C。

【考点说明】

7.2.2 直流电缆选择

考点6 电缆截面选择

【2009年下午题16～20】 某火电厂220V直流系统，每台机组设置阀控式铅酸蓄电池，采用单母线接线，两机组的直流系统间有联络。

▶▶ 第13题 [电缆截面选择] 17. 采用阶梯计算法，每组蓄电池容量为2500Ah，共103只，1小时放电率I=1375A，10小时放电率I=250A，事故放电初期（1min）冲击放电电流1380A，电池组与直流柜电缆长40m，按允许电压降的条件，连接铜芯电缆最小截面为：（　　）

(A) 920mm^2　　　　　　　　　　(B) 167mm^2

(C) 923mm^2　　　　　　　　　　(D) 1847mm^2

【答案及解答】C

依题意数据，由DL/T 5044—2014附录E第E.1.2条及表E.2-1可知，I_{ca}=1380A，又由表E.2-2得，1.1V≤ΔU_p≤2.2V。由附录E式（E.1.1-2）可得

$$S_{cacmin} = \frac{\rho \times 2LI_{ca}}{\Delta U_p} = \frac{0.0184 \times 2 \times 40 \times 1380}{2.2} = 923.35 \text{ (mm}^2\text{)}$$

【2011年下午题16～20】 （本题大题干略）

▶▶ 第14题 [电缆截面选择] 20. 如该电厂220V蓄电池组选用1600Ah，蓄电池出口与直流配电柜连接的电缆长度为25m，求该电缆的截面应为下列哪项数值？（已知铜电阻系数ρ=0.0184Ω·mm^2/m）（注：本大题第18小题1min冲击电流计算结果为677.3A）（　　）

(A) 141.61mm^2　　　　　　　　　(B) 184mm^2

(C) 283.23mm^2　　　　　　　　　(D) 368mm^2

【答案及解答】D

由DL/T 5044—2014附录A第A.3.6条可得I_{ca1}=5.5×I_{10}=5.5×$\frac{1600}{10}$=880(A)。

根据本大题第18小题题计算结果，I_{ca2}=677.3（A）。

又由该规范附录E第E.1.2条及表E.2-1，以上两者取大，I_{ca}=880(A)。

根据表E.2-2可知1.1V=ΔU_p≤2.2V；再根据附录E中式（E.1.1-2）可得

$$S_{\text{cacmin}} = \frac{\rho \times 2LI_{\text{ca}}}{\Delta U_{\text{p}}} = \frac{0.0184 \times 2 \times 25 \times 880}{220 \times 1\%} = 368 \text{ (mm}^2\text{)}$$

【2012年下午题 14~17】 （本题大题干略）

▶▶ **第 15 题 [电缆截面选择] 17.** 若 220V 蓄电池各阶段的放电电流如 16 题所列，经计算选择蓄电池容量为 2500Ah，1h 终止放电电压为 1.87V，容量换算系数为 0.46，蓄电池至直流屏之间的距离为 30m，请问二者之间的电缆截面积按满足回路压降要求时的计算值为下列哪项？（选用铜芯电缆）（注：16 题所列负荷为 0~1min、1477.8A）　　　　　（　　）

(A) 577mm²　　　　　　　　　　(B) 742mm²
(C) 972mm²　　　　　　　　　　(D) 289mm²

【答案及解答】 B

由 DL/T 5044—2014 附录 C 式（C.2.2）可得

蓄电池 1h 放电率电流为 $K_cC_{10}=0.46\times 2500=1150(A)$；1min 负荷电流为 1477.8(A)。

又由该规范附录 E 第 E.1.2 条及表 E.2-1，以上两者取大，$I_{\text{ca}}=1477.8A$。

根据表 E.2-2 可知 $1.1V\leqslant\Delta U_{\text{p}}\leqslant 2.2V$；由附录 E 式（E.1.1-2）可得

电缆截面 $S_{\text{cacmin}} = \dfrac{\rho \times 2LI_{\text{ca}}}{\Delta U_{\text{p}}} = \dfrac{0.0184 \times 2 \times 30 \times 1477.8}{220 \times 1\%} = 742 \text{ (mm}^2\text{)}$

【2013年上午题 11~15】 某发电厂直流系统接线如下图所示。已知条件如下：

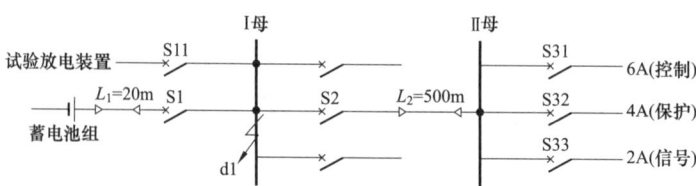

（1）铅酸免维护蓄电池组：1500Ah、220V、104 个蓄电池（含连接条的总内阻为 9.67mΩ、A 单个蓄电池开路电压为 2.22V）。

（2）直流系统事故初期（1min）冲击放电电流 $I_{\text{cho}}=950A$。

（3）直流断路器系列为：4A、6A、10A、16A、20A、25A、32A、40A、50A、63A、80A、100A、125A、160A、180A、200A、225A、250A、315A、350A、400A、500A、600A、700A、800A、900A、1000A、1250A、1400A。

（4）Ⅰ母线上最大馈线断路器额定电流为 200A，Ⅱ母线上馈线断路器额定电流见上图。

（5）铜电阻系数 $\rho=0.0184\Omega\cdot\text{mm}^2/\text{m}$，S1 内阻忽略不计。

请根据上述条件计算下列各题（保留 2 位小数）。

▶▶ **第 16 题 [电缆截面选择] 11.** 按回路压降计算选择 L_1 电缆截面应为下列哪项数值？

（　　）

(A) 138.00mm²　　　　　　　　　(B) 158.91mm²
(C) 276.00mm²　　　　　　　　　(D) 317.82mm²

【答案及解答】 D

由 DL/T 5044—2014 附录 A 第 A.3.6 条可得

蓄电池 1h 放电率电流 $I_{ca1} = 5.5I_{10} = 5.5 \times \dfrac{1500}{10} = 825$ (A)；题设 1min 电流 950(A)。

又由附录 E 第 E.1.2 条及表 E.2-1，以上两者取大，I_{ca}=950A。

根据表 E.2-2 可知 $1.1V \leqslant \Delta U_p \leqslant 2.2V$；再根据式（E.1.1-2）可得

L_1 电缆截面 $S_{cacmin} = \dfrac{\rho \times 2LI_{ca}}{\Delta U_p} = \dfrac{0.0184 \times 2 \times 20 \times 950}{220 \times 1\%} = 317.82$ (mm^2)

【2016 年上午题 17~20】 某一接入电力系统的小型发电厂直流系统标称电压 220V，动力和控制共用。全厂设两组贫液吸附式的阀控式密封铅酸蓄电池，容量为 1600Ah，每组蓄电池 103 只，蓄电池总内阻为 0.016Ω，每组蓄电池负荷计算，事故放电初期（1min）冲击放电电流为 747.41A，经常负荷电流为 86.6A、1~30min 放电电流为 425.05A、30~60min 放电电流 190.95A、60~90min 放电电流 49.77A，两组蓄电池设三套充电装置，蓄电池放电终止电压为 1.87V。请根据上述条件分析计算并解答下列各小题。

▶▶ **第 17 题** ［电缆截面选择］17. 蓄电池至直流屏的距离为 50m，采用铜芯动力电线，请计算该电缆允许的最小截面最接近下列哪项数值？（假定缆芯温度为 20℃） （ ）

（A）133.82mm^2 （B）625.11mm^2
（C）736mm^2 （D）1240mm^2

【答案及解答】 C

由 DL/T 5044—2014 附录 A 第 A.3.6 条可得，蓄电池 1h 放电率电流为：

$I_{ca1} = 5.5I_{10} = 5.5 \times \dfrac{1600}{10} = 880$ (A)，题设 1min 电流 747.41(A)。

又由该规范附录 E 第 E.1.2 条及表 E.2-1 可知，以上两者取大，I_{ca}=880(A)。

根据表 E.2-2 可知 $1.1V \leqslant \Delta U_p \leqslant 2.2V$；再根据式（E.1.1-2）可得

电缆截面 $S_{cacmin} = \dfrac{\rho \times 2LI_{ca}}{\Delta U_p} = \dfrac{0.0184 \times 2 \times 50 \times 880}{220 \times 1\%} = 736$ (mm^2)

▶▶ **第 18 题** ［电缆截面选择］20. 该工程主厂房外有两个辅控中心 a、b，直流电源以环网供电，各辅控中心距直流电源的距离如下图，断路器电磁操动机构合闸电流 3A，断路器合闸最低允许电压为 85%标称电压。请问断路器合闸电源回路铜芯电缆的最小截面计算值宜选用下列哪项数值？（假定缆芯温度为 20℃） （ ）

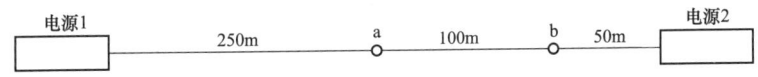

（A）4.92mm^2 （B）1.16mm^2
（C）6.89mm^2 （D）7.87mm^2

【答案及解答】 C

由 DL/T 5044—2014 附录 E 第 E.1.2 条及表 E.2-1 可知 I_{ca}=3A，又由该规范第 6.3.4-2 条，

按差值计算压降，即允许压降 $\Delta U\% = \dfrac{1.87 \times 103}{220} - 0.85 = 0.0255(\text{V})$。

再由表 E.2-2 注 1，计算断路器合闸回路电压降应保证最远一台断路器可靠合闸。环形网络供电时，应按任一侧电源断开的最不利条件计算，取 $L=350\text{m}$。根据附录 E 式（E.1.1-2）可得

$$S_{\text{cacmin}} = \dfrac{\rho \times 2LI_{\text{ca}}}{\Delta U_{\text{p}}} = \dfrac{0.0184 \times 2 \times 350 \times 3}{0.0255 \times 220} = 6.89 \ (\text{mm}^2)$$

【考点说明】

（1）本题坑点一：距离。计算断路器合闸回路电压降应保证最远一台断路器可靠合闸。环网网络供电时，应按任意一侧电源断开的最不利条件计算，所以取 $L=350\text{m}$。

（2）本题坑点二：压降。电缆允许压降一般指的是从直流母线到所求设备之间的电压降，可按回路性质查 DL/T 5044—2014 表 E.2-2。第 6.3.4-2 条规定"其允许电压降应按直流母线最低电压值和高压断路器允许最低合闸电压值之差选取"，同时注意，第 6.3.4-1 条是满足浮充电的压降要求，其允许压降可取直流系统标称电压的 10%～15%，第 6.3.4-2 是满足事故放电的压降要求，其压降不宜大于直流标称电压的 6.5%，两者要同时满足。环形网络，应按任一侧电源断开的最不利条件计算。所以取压降较小的事故放电计算值。不能直接用 1.0−0.85=0.15。

本题的两个坑点设计得都很巧妙，第一个距离需要的是细心分析，难度稍低。第二个坑点允许压降，考的是压降的核心计算方法，也就是表 E.2-2 是怎么计算出来的，只会查表是不能正确做出此题的，正因如此，大幅提高了本题的难度。

（3）其他错误选项都是在压降值或供电距离上出错，列举如下：

A 选项：$S_{\text{cac}} = \dfrac{\rho \times 2LI_{\text{ca}}}{\Delta U_{\text{p}}} = \dfrac{0.0184 \times 2 \times 250 \times 3}{0.0255 \times 220} = 4.92 \ (\text{mm}^2)$

B 选项：$S_{\text{cac}} = \dfrac{\rho \times 2LI_{\text{ca}}}{\Delta U_{\text{p}}} = \dfrac{0.0184 \times 2 \times 250 \times 3}{0.15 \times 220} = 1.17 \ (\text{mm}^2)$

D 选项：$S_{\text{cac}} = \dfrac{\rho \times 2LI_{\text{ca}}}{\Delta U_{\text{p}}} = \dfrac{0.0184 \times 2 \times 400 \times 3}{0.0255 \times 220} = 7.87 \ (\text{mm}^2)$

【2017 年下午题 14～17】 某一与电力系统相连的小型火力发电厂直流系统标称电压 220V，动力和控制负荷合并供电，设一组贫液吸附式的阀控式密封铅酸蓄电池，每组蓄电池 103 只，蓄电池放电终止电压为 1.87V，负荷统计经常负荷电流 49.77A，随机负荷电流 10A，蓄电池负荷计算，事故放电初期（1min）冲击放电电流为 511.04A、1～30min 放电电流为 361.21A，30～60min 放电电流 118.79A。直流系统接线见下图（本题配图略）。

▶▶ 第 19 题 [电缆截面选择] 16. 若该工程蓄电池容量为 800Ah，蓄电池至直流柜的铜芯电缆长度为 20m，允许电压降为 1%，假定电缆的载流量都满足要求，则蓄电池至直流柜电缆规格和截面应选择下列哪项？

（　　）

（A）YJV–1，2×150　　　　　　　　（B）YJV–1，2×185
（C）2×（YJV–1，1×150）　　　　　（D）2×（YJV–1，1×185）

【答案及解答】D

（1）根据 DL/T 5044—2014 第 6.3.2 条蓄电池电缆的正极和负极不应共用一根电缆，由此可以排除选项 A、B。

（2）根据 DL/T 5044—2014 附录 E.1.1 及附录 E.2，I_{ca} 应该在 I_{ch0} 和 I_{ca1} 中选取大值，由题意：

$$I_{ca1} = 5.5 I_{10} = 5.5 \times \frac{800}{10} = 440 \text{ (A)}, \quad I_{ch0} = 511.04\text{A}，所以 I_{ca} = 511.04\text{A}；$$

可得 $S_{cac} = \dfrac{\rho \times 2L I_{ca}}{\Delta U_p} = \dfrac{0.0184 \times 2 \times 20 \times 511.04}{0.01 \times 220} = 170.97 \text{ (mm}^2\text{)}$

选大于且最接近的选项，所以选 D。

【2018 年上午题 14～18】某火力发电厂机组直流系统。蓄电池拟选用阀控式密封铅酸蓄电池（贫液、单体 2V），浮充电压为 2.23V。本工程直流动力负荷如下表。

序号	名　称	数量	容量（kW）
1	直流长明灯	1	1
2	直流应急照明	1	1.5
3	汽机直流事故润滑油泵	1	30
4	发电机空侧密封直流油泵	1	15
5	主厂房不停电电源（静态）	1	80（η 为 1）
6	小机直流事故润滑油泵	2	11

直流电动机启动电流按 2 倍电动机额定电流计算。

▶▶ 第 20 题 [电缆截面选择] 18．汽机直流事故润滑油泵距离直流屏电缆长度为 150m，并通过电缆桥架敷设，汽机直流事故润滑油泵额定电流按 136A 考虑。（已知：铜电阻系数 $\rho=0.0184\Omega \cdot \text{mm}^2/\text{m}$，铝电阻系数 $\rho=0.031\Omega \cdot \text{mm}^2/\text{m}$），则下列汽机直流事故润滑油泵电缆选择哪一项是正确的？（　　）

(A) NH-YJV-0.6/1kV，2×150mm²　　(B) YJV-0.6/1kV，2×150mm²
(C) YJLV-0.6/1kV，2×240mm²　　(D) NH-YJV-0.6/1kV，2×120mm²

【答案及解答】A

依据 DL/T 5044—2014 第 6.3.1 条可知应选用耐火电缆，排除 B 和 C，选项 A 和 D 均为铜电缆。由第 6.3.7 条、附录 E.1.1 式（E.1.1-2）、表 E.2-1 和表 E.2-2，可得

$$S = \frac{\rho \times 2L \times I_{ca}}{\Delta U_p} = \frac{0.0184 \times 2 \times 150 \times 136 \times 2}{0.05 \times 220} = 136.5 \text{ (mm}^2\text{)}$$

A 选项满足要求，所以选 A。

【2019 年上午题 16～20】某 220kV 无人值班变电站设置一套直流系统，标准电压为 220V，控制与动力负荷合并供电。直流系统设 2 组蓄电池，蓄电池选用阀控式密封铅酸（贫液，单体 2V），每组蓄电池容量为 400Ah。充电装置满足蓄电池均衡充电且同时对直流系统

供电，均衡充电电流取最大值，已知经常负荷、事故负荷统计如下表所示。（本题表格略）请分析计算并解答下列各小题。

▶▶ **第21题** [电缆截面选择] 20．若直流馈线网络采用分层辐射形式供电方式，变电站设直流分电柜。经计算直流分电柜至终端回路的电压降为4.4V，直流柜至直流分电柜电缆长度为90m，允许电压降计算电压流为80A，回路长期工作电流为40A。按回路压降计算，直流柜至直流分电柜的电缆线面选择为下列哪项最为经济？（采用铜芯电缆） （ ）

（A）16mm² (B) 25mm²
（C）35mm² (D) 50mm²

【答案及解答】C

由《电力工程直流电源系统设计技术规程》（DL/T 5044—2014）第6.3.6-3款可得，直流柜与直流终端断路器之间允许总压降不大于标称电压的6.5%。其中，直流分电柜至终端回路的电压降为4.4/220=2%，因此直流柜至直流分电柜的电缆压降最大为6.5%−2%=4.5%。

依题意，又由该规范式（E.1.1-2），I_{ca}取80A，可得

$$S = \frac{0.0184 \times 2 \times 90 \times 80}{4.5\% \times 220} = 26.76 \, (\text{mm}^2)$$

所以选C。

【考点说明】

（1）本题首先根据题设已知末段压降4.4V，结合规范第6.3.6-3款算出中段压降。

（2）根据规范式（E.1.1-2）的参数说明，I_{ca}因为允许压降计算电流，如果错用题设的回路长期工作电流40A，会错选A。

【2020年上午题5~7】 某水电站直流系统电压为220V，直流控制负荷与动力负荷合并供电。直流系统负荷由2组阀控铅酸蓄电池（胶体）、3套高频开关单元模块充电装置供电，不设端电池。单体蓄电池的额定电压为2V，事故末期放电终止电压为1.87V。电站设有柴油发电机组作为保安电源，交流不停电电源UPS从直流系统取电。请分析计算并解答下列小题。

▶▶ **第22题** [电缆截面选择] 7．假设直流系统负荷采用分层辐射形供电，直流柜至直流系统分电柜电缆长度为80m，计算电流为160A；直流分电柜至直流终端负荷断路器A的电缆长度为32m，计算电流为10A，已选电缆截面为4mm²；直流分电柜至直流终端负荷断路器B电缆长度为28m，计算电流为10A，已选电缆截面2.5mm²。请计算直流柜至直流分电柜电缆最小计算截面积最接近下列哪项数值？（所用电缆均为铜芯，取铜电阻率$p=0.0175\Omega\cdot\text{mm}^2/\text{m}$）
（ ）

（A）38.9 mm² (B) 40.7 mm²
（C）43.1 mm² (D) 67.9 mm²

【答案及解答】C

由DL/T 5044—2014 第6.3.6-3条可得：
直流分电柜至负荷终端断路器A的压降为$U=0.0175\times32\times2\times10/4=2.8$(V)
直流分电柜至负荷终端断路器B的压降为$U=0.0175\times28\times2\times10/2.5=3.92$(V)
两者同时满足，应按压降大的断路器B计算，总压降不大于标称电压的6.5%
则直流柜与分电柜压降为6.5%×220−3.92=10.38(V)

又由该规范式（E.1.1-2）可得 $S = \dfrac{\rho \times 2LI}{\Delta U} = \dfrac{0.0175 \times 2 \times 80 \times 160}{10.38} = 43.16(\text{mm}^2)$

【考点说明】

本题的关键在于根据规范正文要求结合题意计算出允许压降，而不能直接查 DL/T 5044—2014 附录 E.2.2，这是近年来出题的趋势，同时直流电缆截面也是考试重点，读者应熟练掌握。

【2021 年上午题 4~7】 某 300MW 级火电厂，主厂房采用控制负荷和动力负荷合并供电的直流电源系统，每台机组装设两组 220V GFM2 免维护铅酸蓄电池，两组高频开关电源充电装置，直流系统接线方式采用单母线接线，直流负荷统计见表 1，请分析并解答下列各小题。

表 1 直 流 负 荷 统 计 表

负荷名称	装置容量（kW）	负荷名称	装置容量（kW）
直流长明灯	1.5	电气控制保护	15
应急照明	5	小机事故直流油泵	11
汽机直流事故润滑油泵	45	汽机控制系统（DEH）	5
发电机空侧密封油泵	10	高压配电装置跳闸	4
发电机氢侧密封油泵	4	厂用低电压跳闸	15
主厂房不停电电源（静态）	80	厂用电源恢复时高压厂用断路器合闸	3

第 23 题 [电缆截面选择] 5. 若蓄电池组出口短路电流为 22kA，直流母线上的短路电流为 18kA，蓄电池组端子到直流母线连接电缆的长度为 50m。请计算该铜芯电缆的计算截面最接近下列哪项值？（　　）

（A）70.5mm²　　　　　　　　　（B）141mm²

（C）388mm²　　　　　　　　　（D）776mm²

【答案及解答】 D

由 DL/T 5044—2014 附录 G 可得

蓄电池引出端子短路：$I_{bk} = \dfrac{U_a}{n(r_b + r_1)} = 22000A \Rightarrow n(r_b + r_1) = 0.01(\Omega)$

母线上短路：$I_k = \dfrac{U_a}{n(r_b + r_1) + r_c} = 18000A \Rightarrow n(r_b + r_1) + r_c = 0.01222(\Omega)$

$r_c = 0.00222\Omega = \rho\dfrac{2L}{S} \Rightarrow S = 0.01724 \times \dfrac{2 \times 50}{0.00222} = 776.6(\text{mm}^2)$

【考点说明】

根据规范中铜的电阻系数 0.0184（30°），计算结果为 828.83，无答案；电阻系数取 0.01724（20°），计算结果为 776mm²。

【2021 年上午题 4~7】 某 300MW 级火电厂，主厂房采用控制负荷和动力负荷合并供电的直流电源系统，每台机组装设两组 220V GFM2 免维护铅酸蓄电池，两组高频开关电源充

电装置,直流系统接线方式采用单母线接线,直流负荷统计见表1。

表1 直 流 负 荷 统 计 表

负荷名称	装置容量（kW）	负荷名称	装置容量（kW）
直流长明灯	1.5	电气控制保护	15
应急照明	5	小机事故直流油泵	11
汽机直流事故润滑油泵	45	汽机控制系统（DEH）	5
发电机空侧密封油泵	10	高压配电装置跳闸	4
发电机氢侧密封油泵	4	厂用低电压跳闸	15
主厂房不停电电源（静态）	80	厂用电源恢复时高压厂用断路器合闸	3

请分析计算并解答下列各小题。

▶▶ 第24题 [电缆截面选择] 6. 已知汽机直流事故润滑油泵电动机至直流屏的聚氯乙烯无铠装绝缘铜芯电缆长度为80m,请计算并选择该电缆截面宜为下列哪种规格?（假定直流马达启动电流倍数为2倍,铜的电阻系数为0.0184Ω·mm^2/m,采用空气中敷设,电缆敷设系数为1）　　　　　　　　　　　　　　　　　　　　　　　　　　　　　（　　）

（A）50mm^2　　　　　　　　　　　　　　（B）70mm^2
（C）95mm^2　　　　　　　　　　　　　　（D）120mm^2

【答案及解答】D

由DL/T 5044—2014 附录E 表E.2-1,直流电动机回路计算电流为

$$I_{ca} = K\frac{S}{U} = 2 \times \frac{45000}{220} = 409.1(A)$$

又由该规范表E.2-2 直流电动机回路允许压降为 $\Delta U_p = 5\%U_n = 220 \times 0.05 = 11(V)$

可得电缆截面为 $S_{ca} = \dfrac{\rho 2LI_{ca}}{\Delta U_p} = \dfrac{0.0184 \times 2 \times 80 \times 409.1}{11} = 109.5(mm^2)$

向上取最接近的选项,所以选D。

【考点说明】

本题重点会查电动机回路的电流和电压降。

【2022年上午题 12-16】 某安装2×1000MW机组的大型发电厂,直流动力负荷采用220V,控制负荷采用110V供电,每台机组设一组220V蓄电池、2组110V蓄电池,500kV升压站设二组110V蓄电池。110V直流系统为两电三充单母线接线,220V直流系统为两电两充单母线接线,蓄电池均采用阀控式密封铅酸蓄电池。请分析计算并解答下列各题。

▶▶ 第25题 [电缆截面选择] 15. 在本工程的主厂房部分的直流系统,若机组220V蓄电池为3000Ah,蓄电池至直流屏距离为30m,按事故停电时间的蓄电池放电率电流选择的电缆截面计算值设为700mm^2,按事故初期（1min）冲击放电电流2200A,选择的电缆截面计算值设为1480mm^2,汽机直流润滑油泵电动机为36kW,效率为0.86,计算启动电流倍数取4.6倍,直流屏至电动机总长度为200m。请按事故初期从蓄电池组至电动机的电缆电压降不大于6%条件,计算从直流屏至电动机的电缆最小截面最接近下列哪项值?　　　　　（　　）

（A）254.25mm^2　　　　　　　　　　　　（B）362.88mm^2

(C) 556.41mm²   (D) 584.79mm²

【答案及解答】 C

由 DL/T 5044—2014 式（E.1.1-2），可得事故时蓄电池出口至直流屏压降

$$\Delta U_{p1} = \frac{0.0184 \times 2 \times 30 \times 2200}{1480} = 1.641(\text{V})$$

则按题设条件，配电屏至电动机允许压降

$$\Delta U_{p2} = \Delta U_p - \Delta U_{p1} = 220 \times 0.06 - 1.641 = 11.559(\text{V})$$

又由该规范表 E.2-1 可知，电动机取启动电流，可得

该段电缆截面 $S_{cac} = \dfrac{0.0184 \times 2 \times 200 \times \dfrac{36000 \times 4.6}{220 \times 0.86}}{11.559} = 557.31(\text{mm}^2)$

选 C。

【2022 年补考上午题 13~17】 某 2×300MW 火电厂，每台机组装设 3 组蓄电池，蓄电池选用阀控式密封铅酸蓄电池（贫液 2V）。单体蓄电池浮充电压选取浮充电压范围内的最小值。其中 2 组 110V 蓄电池为控制负荷供电，1 组 220V 蓄电池为动力负荷供电，电缆均采用铜芯电缆，铜电阻系数 $\rho=0.0184\Omega \cdot \text{mm}^2/\text{m}$。每台机组直流负荷如下：

负荷名称	容量(kW)
发变组断路器控制、保护	2
厂用 6kV 断路器控制、保护	10
厂用 380V 断路器控制、保护	6
电气 ECMS 监控系统	5
UPS	60($\eta=91\%$)
热控控制负荷	11
热控动力总电源	66
直流长明灯	1
直流应急照明	3
汽机直流事故润滑油泵(启动电流倍数按 2 倍)	30
6kV 厂用低电压跳闸	7
400V 厂用低电压跳闸	3
厂用电源恢复对高压厂用断路器合闸	1
变压器冷却器控制电源(由继电器分立元件组成)	2

请分析计算并解答下列问题。

▶▶ 第 26 题 [电缆截面选择] 15. 220V 直流主配电柜至 UPS 主机柜连接电缆的长度为 30m，按最小允许压降校核该电缆的截面，应至少大于下列哪项数值？   ( )

(A) 21.06mm²   (B) 23.14mm²

(C) 45.62mm²   (D) 50.13mm²

【答案及解答】D

依据 DL/T 5044—2014 附录 E 的表 E.2-1 可得

$$I_{ca1} = I_{ca2} = I_{Un}/\eta = \frac{60/0.22}{0.91} = 299.70(A)$$

依题意，"按最小允许压降校核"，由该规范表 E.2-2，交流不间断电源回路压降取 3%Un，依据式（E.1.1-2）可得

$$S_{cac} = \frac{\rho \cdot 2LI_{ca}}{\Delta U_p} = \frac{0.0184 \times 2 \times 30 \times 299.70}{3/100 \times 220} = 50.13(mm^2)，选 D。$$

【2024 年下午题 20~23】 某火力发电厂装机一台 50MW 发电机组，以 110kV 接入系统，直流电流系统标称电压 220V，配置 1 组动力和控制负荷合用的阀控密封铅酸蓄电池，直流事故放电时间为 1h。直流电缆均选用铜芯电缆，铜导体电阻系数 ρ=0.0184Ω·mm²/m。

请分析计算并解答下列各小题。

▶▶ 第 27 题［电缆截面选择］23．假设直流润滑油泵容量为 20kW。直流屏到油泵启动柜电缆长度为 50m，油泵启动柜到直流润滑油泵电缆长度为 15m，电缆载流量见下表。不考虑电缆的敷设系数及启动柜设备的电压降。计算并选取电缆允许截面积，下列哪项选择合理？

（   ）

铜芯电缆截面积（mm²）	电缆载流量（A）	铜芯电缆截面积（mm²）	电缆载流量（A）
16	90	120	314
25	118	150	360
35	150	185	410
50	182	240	483
70	228	300	552
95	273		

（A）选 25mm² 截面电缆　　　　　　（B）选 35mm² 截面电缆
（C）选 50mm² 截面电缆　　　　　　（D）选 240mm² 截面电缆

【答案及解答】C

依据《电力工程直流电源系统设计技术规程》（DL/T 5044—2014）附录 E、表 E.2-1 及表 E.2-2。

一、允许载流量选截面

由式（E.1.1-1）可得

$$I_{pc} \geq I_{ca1} = \frac{20}{0.22} = 90.9(A)，结合题目表格，按载流量选应大于 25mm^2。$$

二、压降选截面

由表 E.2-1 可得计算电流为

$$I_{ca} = \max(I_{ca1}, I_{ca2}) = \max(90.9, 90.9 \times 2) = 181.8(A)$$

由表 E.2-2 可知，电动机回路最大允许压降为 5%=0.05。

由式（E.1.1-2）可得

$$S_{cac} = \frac{0.0184 \times 2 \times (50+15) \times 181.8}{0.05 \times 220} = 39.53 (\text{mm}^2)$$

以上两者取大，所以选 C。

【考点说明】

电动机回路允许压降 5%是指直流屏到电动机接线端子的距离，所以总长 50+15=65m；如带 15m 或 50m 则会错选 A 或 B。

考点 7　直流电缆极限温度允许值

【2017 年上午题 16～20】 某 220kV 变电站，直流系统标称电压为 220V，直流控制与动力负荷合并供电，直流系统设 2 组蓄电池，蓄电池选用阀控式密封铅酸蓄电池（贫液，单体 2V），不设端电池，请回答下列问题（计算结果保留 2 位小数）。（本题负荷列表略）

▶▶ **第 28 题[电缆极限温度]** 19. 蓄电池与直流柜之间采用铜导体 PVC 绝缘电缆连接，电缆截面为 70mm²，蓄电池回路采用直流断路器保护，直流断路器出口处短路电流为 4600A，直流断路器短延时保护时间为 60ms，断路器全分断时间为 50ms，则蓄电池与直流柜间电缆达到极限温度的允许时间为下列哪项数值？　　　　　　　　　　　　　（　　）

(A) 0.11s　　　　　　　　　　(B) 2.17s
(C) 3.06s　　　　　　　　　　(D) 4.75s

【答案及解答】 C

由 DL/T 5044—2014 附录 E 条文说明及附录 E.1.1 的计算公式可知

$$\sqrt{t} = k \times \frac{S}{I_d} = 115 \times \frac{70}{4600} = 1.75$$

铜导体绝缘 PVC≤300mm²，取 k=115，则有 t=3.06s，所以选 C。

7.2.3　直流断路器、刀闸选择

考点 8　断路器选择

【2009 年下午题 16～20】 某火电厂 220V 直流系统，每台机组设置阀控式铅酸蓄电池，采用单母线接线，两机组的直流系统间有联络。

▶▶ **第 29 题[断路器选择]** 18. 直流母线馈线为电磁操动机构断路器，合闸电流为 30A，合闸时间为 200ms，则馈线额定电流和过载脱扣时间为下列哪项数值？　　　　　（　　）

(A) 额定电流 8A，过载脱扣时间 250ms
(B) 额定电流 10A，过载脱扣时间 250ms
(C) 额定电流 15A，过载脱扣时间 150ms
(D) 额定电流 30A，过载脱扣时间 150ms

【答案及解答】 B

由 DL/T 5044—2014 第 6.5.2 条可知，断路器电磁机构的合闸回路，回路额定电流可按 0.3 倍额定合闸电流选择，即 $I_n \geq K_{c2} I_{c1}$=0.3×30=9（A）。

该条还规定，直流断路器过载脱扣时间应大于断路器固有合闸时间。因此，过载脱扣时间应大于 200ms，取 250ms，所以选 B。

【2013 年上午题 11~15】 某发电厂直流系统接线如下图所示。已知条件如下：

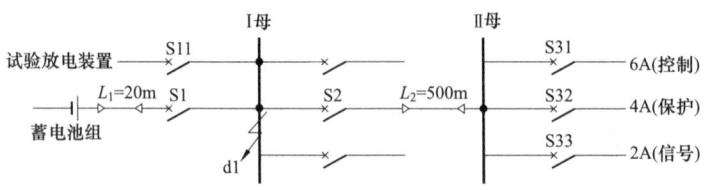

（1）铅酸免维护蓄电池组：1500Ah、220V、104 个蓄电池（含连接条的总内阻为 9.67mΩ、单个蓄电池开路电压为 2.22V）。

（2）直流系统事故初期（1min）冲击放电电流 I_{cho}=950A。

（3）直流断路器系列为：4A、6A、10A、16A、20A、25A、32A、40A、50A、63A、80A、100A、125A、160A、180A、200A、225A、250A、315A、350A、400A、500A、600A、700A、800A、900A、1000A、1250A、1400A。

（4）Ⅰ母线上最大馈线断路器额定电流为 200A，Ⅱ母线上馈线断路器额定电流见上图。

（5）铜电阻系数 ρ=0.0184Ω·mm²/m，S1 内阻忽略不计。

请根据上述条件计算下列各题（保留 2 位小数）。

▶▶ 第 30 题 [断路器选择] 12．计算并选择 S2 断路器的额定电流应为下列哪项数值？
（　　）

（A）10A　　　　　　　　　　（B）16A
（C）20A　　　　　　　　　　（D）32A

【答案及解答】D

由 DL/T 5044—2004 附录 E 可得，断路器额定电流还应大于直流分电柜馈线断路器额定电流，且级差不宜小于 4 级，直流分电柜馈线断路器的控制回路最大工作电流为 6A。

根据题干，与 6A 级差不宜小于 4 级，取第五级 32A，所以选 D。

【考点说明】

（1）按 DL/T 5044—2014 作答如下。由 DL/T 5044—2014 附录 A 式（A.3.5）可得：

1）直流分电柜电源回路断路器额定电流应按直流分电柜上全部用电回路的计算电流之和选择。根据该规范式（A.3.5）可得，$I_n \geqslant 0.8 \times (6+4+2) = 9.6$（A）。

2）上一级直流母线馈线断路器额定电流应大于直流分电柜馈线断路器的额定电流，电流级差宜符合选择性规定。

根据表 E.2-2，直流柜至直流分电柜回路允许电压降为 3%～5%。

据此压降结合表 A.5-1 集中辐射形系统保护电器选择性配合表，下级断路器最大额定电流值为 6A 时，220V 系统级差电流比应该为 6，S2 断路器额定电流应该为 40A。

综上所述，取 S2 断路器额定电流计算值的大者，应为 40A。

由于是用新规范计算旧题目，无对应答案。

(2) S2 断路器接于直流分电柜电源回路，则计算断路器额定电流按直流分电柜电源回路计算。

▶▶ 第 31 题 ［断路器选择］ 14．计算并选择 S1 断路器的额定电流应为下列哪项数值？
（　　）

(A) 150A　　　　　　　　　　　　(B) 400A
(C) 900A　　　　　　　　　　　　(D) 1000A

【答案及解答】C

由 DL/T 5044—2014 附录 A 式（A.3.6）可得，蓄电池出口回路熔断器或断路器额定电流应选取以下两种情况中电流较大者。

(1) 按事故停电时间的蓄电池放电率电流选择，熔断器或断路器额定电流应按下式计算

$$I_n \geqslant I_{1h} = 5.5 \times \frac{1500}{10} = 825（A）$$

(2) 按保护动作选择性条件计算，熔断器或断路器额定电流应大于直流母线馈线中最大断路器的额定电流，应按下式计算

$$I_n \geqslant K_{C4} I_{nmax} = 2.0 \times 200 = 400（A）$$

取两者中较大值 825A，故断路器额定电流取 900A，所以选 C。

【考点说明】

结合题设，可判断出 S1 断路器接于蓄电池出口回路，应按蓄电池出口回路断路器计算，同时注意级差配合。

▶▶ 第 32 题 ［断路器选择］ 15．计算并选择 S11 断路器的额定电流应为下列哪项数值？
（　　）

(A) 150A　　　　　　　　　　　　(B) 180A
(C) 825A　　　　　　　　　　　　(D) 950A

【答案及解答】B

由 DL/T 5044—2014 第 6.4.1 条可得，铅酸蓄电池试验放电装置的额定电流应为

$$(1.1 \sim 1.3) I_{10} = (1.1 \sim 1.3) \times \frac{1500}{10} = 165 \sim 195（A），取 180（A）$$

【2014 年上午题 16～20】 某 2×300MW 火力发电厂，以发电机变压器组接入 220kV 配电装置，220kV 采用双母线接线。每台机组装设 3 蓄电池，其中 2 组 110V 电池对控制负荷供电，另一组 220V 电池对动力负荷供电。两台机组的 220V 直流系统间设有联络线。蓄电池选用阀控式密封铅酸蓄电池（贫液，单体 2V），现已知每台机组的直流负荷如下（本题只列出第 6、12 项）：(6) 汽机直流事故润滑油泵（启动电流倍数按 2 倍计）22kW；(12) 发电机灭磁断路器为电磁操动机构，合闸电流为 25A，合闸时间 200ms。

请根据上述条件计算下列各题（保留两位小数）。

▶▶ 第 33 题 ［断路器选择］ 17．计算汽轮机直流事故润滑油泵回路直流断路器的额定电流至少为下列哪项数值？
（　　）

(A) 200A　　　　　　　　　　　　(B) 120A
(C) 100A　　　　　　　　　　　　(D) 25.74A

【答案及解答】C

依题意，由 DL/T 5044—2014 附录 A 式（A.3.2）可知

$$I_n \geqslant I_{nm} = \frac{22 \times 1000}{220} = 100 \text{ (A)}$$

【考点说明】

本题若给出直流润滑油泵的效率 η，计算直流断路器的额定电流时，要根据式 $P=U_eI_e\eta$ 求出额定电流 I_e 即可。

▶▶ **第 34 题**［断路器选择］18．计算并选择发电机灭磁断路器合闸回路直流断路器的额定电流和过载脱扣时间为下列哪组数据？　　　　　　　　　　　　　　　　（　　）

（A）额定电流 6A，过载脱扣器时间 250ms

（B）额定电流 10A，过载脱扣器时间 250ms

（C）额定电流 16A，过载脱扣器时间 150ms

（D）额定电流 32A，过载脱扣器时间 150ms

【答案及解答】B

由 DL/T 5044—2014 第 6.5.2 条，可得合闸回路直流断路器的额定电流可按 0.3 倍额定合闸电流选择，但直流断路器过载脱扣时间应大于断路器固有合闸时间。依题意，发电机灭磁断路器为电磁操动机构，合闸电流为 25A，合闸时间 200ms，则断路器额定电流为 $I_n \geqslant$ 0.3×25=7.5（A），根据选项，可选 10A。

过载脱扣时间应大于 200ms，可取 250ms，所以选 B。

▶▶ **第 35 题**［断路器选择］19．110V 主母线其馈线回路采用了限流直流断路器，其额定电流 20A，限流系数为 0.75，110V 母线短路电流为 5kA，当下一级的断路器短路瞬时保护（脱扣器）动作电流取 50A 时，请计算该馈线回路断路器的短路瞬时保护脱扣器的整定电流应选下列哪项数值？　　　　　　　　　　　　　　　　　　　　　　　　　　　　（　　）

（A）66.67A　　　　　　　　　　　（B）150A

（C）200A　　　　　　　　　　　　（D）266.67A

【答案及解答】D

由 DL/T 5044—2014 附录 A 中第 A.4.2 条式（A.4.2-3），当直流断路器具有限流功能时，短路瞬时保护（脱扣器）动作电流整定为

$$I_{DZ1} \geqslant K_{ib}\frac{I_{DZ2}}{K_{XL}} = 4 \times \frac{50}{0.75} = 266.7 \text{ (A)}$$

根据式（A.4.2-5）校验灵敏系数：$K_L = I_{DK}/I_{DZ} = 5000/266.7 = 18.75 \geqslant 1.05$，满足要求。所以选 D。

【考点说明】

DL/T 5044—2014 中，查电流倍数需要知道电缆压降、下级断路器额定电流等信息，本题未提供，因此无法根据表 A.5-1 查出，暂沿用 DL/T 5044—2004 取 4。

【2019 年上午题 16～20】　某 220kV 无人值班变电站设置一套直流系统，标准电压为 220V，控制与动力负荷合并供电。直流系统设 2 组蓄电池，蓄电池选用阀控式密封铅酸（贫液，单体 2V），每组蓄电池容量为 400Ah。充电装置满足蓄电池均衡充电且同时对直流系统

供电，均衡充电电流取最大值，已知经常负荷、事故负荷统计如下表所示。(本题表格略)请分析计算并解答下列各小题。

▶▶ 第36题[断路器选择] 19. 若直流馈线网络采用集中辐射型供电方式。上级直流断路器采用标准型 C 型脱扣器，安装出口处短路电流为2500A，回路末端短路电流为1270A；其下级直断路器采用额定电流为 6A 的标准型 B 型脱扣器。上级断路器要下级断路器回路压降 $\Delta U_{p2}=4\%U_r$。请查表选择此上级断路器额定电流并计算其灵敏系数。(脱扣电流按瞬时脱扣范围最大值选取，计算结果保留两位小数)   (   )

(A) 40A，2.12   (B) 40A，4.17
(C) 63A，1.34   (D) 63A，2.65

【答案及解答】B

(1) 依题意知，下级断路器额定电流为6A，上下级回路压降为 $4\%U_n$，系统标称电压为220kV。

由《电力工程直流电源系统设计技术规程》(DL/T 5044—2014) 表 A.5-1，可得上级断路器额定电流为40A。

(2) 又由该规范 A.4.2 条文说明可知，标准 C 型脱扣器瞬时脱扣范围的最大值为 $15I_n$，则 $I_{DZ}=15\times40=600$(A)，根据式 (A.4.2-5)，灵敏系数 $K_L=\dfrac{2500}{600}=4.17$。

所以选 B。

【考点说明】

灵敏系数计算，按《电力工程直流电源系统设计技术规程》(DL/T 5044—2014) 附录 A 第 A.4.2-4 款说明，应按照断路器按照处出口短路校验灵敏度，与交流系统按末端校验有所不同，如果此题按末端短路电流 1270 校验，会错选 A。

【2017年上午题 16～20】 某 220kV 变电站，直流系统标称电压为 220V，直流控制与动力负荷合并供电，直流系统设 2 组蓄电池，蓄电池选用阀控式密封铅酸蓄电池(贫液，单体2V)，不设端电池，请回答下列问题(计算结果保留2位小数)。(本题大题干负荷统计略)。

▶▶ 第37题[断路器选择] 18. 直流系统采用分层辐射形供电，分电柜馈线选用直流断路器，断路器安装出口处短路电流为 1.47kA，回路末端短路电流为 450A，其下级断路器选用额定电流为 6A 的标准 B 型脱扣器微型断路器(其瞬时保护动作电流按脱扣器瞬时脱扣范围最大值考虑)，该断路器安装处出口短路电流 230A，按下一级断路器出口短路，断路器脱扣器瞬时保护可靠不动作计算分电柜馈线断路器短路瞬时保护脱扣器的整定电流，上下级断路器电流比系数取 10，请计算该分电柜馈线断路器的短路瞬时保护脱扣器的整定值及灵敏系数为以下哪组数值？   (   )

(A) 240A，1.88   (B) 240A，6.13
(C) 420A，1.07   (D) 420A，3.50

【答案及解答】D

依据 DL/T 5044—2014 附录 A 的第 A.4.2 条文说明可知，B 型断路器的瞬时保护动作电流 $I_{dz2}=(4\sim7)I_n$，依据题意取 $I_{dz2}=7I_n=7\times6=42$ (A)。

依据 DL/T 5044—2014 式 (A.4.2-2)，$I_{dz1}\geq K_{ib}I_{dz2}=10\times42=420$ (A) >230A，则

$$K_{\text{L}} = \frac{I_{\text{dk}}}{I_{\text{dz1}}} = \frac{1470}{420} = 3.5 > 1.05$$

所以选 D。

【考点说明】

（1）解答此题需掌握 B 型断路器的瞬时保护动作电流 $I_{\text{dz2}}=$（4～7）I_{n}，依据题意，取 $I_{\text{dz2}}=7I_{\text{n}}=7\times 6=42$（A）。

（2）需掌握分层辐射形供电其上下级断路器关系。

（3）本题的坑点在于，直流断路器校验灵敏度时应取断路器保护安装处的短路电流而不是回路末端短路电流，这和继电保护计算不一样，读者应重点记忆。其他答案计算如下：

A 答案：$I_{\text{dz2}}=4\times 6=24$（A），$I_{\text{dz1}}=10\times 24=240$（A），$K_{\text{L}}=450/240=1.88$

B 答案：$I_{\text{dz2}}=4\times 6=24$（A），$I_{\text{dz1}}=10\times 24=240$（A），$K_{\text{L}}=1470/240=6.13$

C 答案：$I_{\text{dz2}}=7\times 6=42$（A），$I_{\text{dz1}}=10\times 42=420$（A），$K_{\text{L}}=450/420=1.07$

【2016 年上午题 17～20】 某一接入电力系统的小型发电厂直流系统标称电压 220V，动力和控制共用。全厂设两组贫液吸附式的阀控式密封铅酸蓄电池，容量为 1600Ah，每组蓄电池 103 只，蓄电池总内阻为 0.016Ω，每组蓄电池负荷计算，事故放电初期（1min）冲击放电电流为 747.41A，经常负荷电流为 86.6A、1～30min 放电电流为 425.05A、30～60min 放电电流 190.95A、60～90min 放电电流 49.77A，两组蓄电池设三套充电装置，蓄电池放电终止电压为 1.87V。请根据上述条件分析计算并解答下列各小题。

▶▶ 第 38 题 [断路器选择] 19. 本工厂润滑油泵直流电动机为 10kW，额定电流为 55.3A。在起动电流为 6 倍条件下，起动时间才能满足润滑油压的要求。直流电动机铜芯电缆长 150m，截面积为 70mm²，给直流电动机供电的直流断路器的脱扣器有 B 型（$4I_{\text{n}}$～$7I_{\text{n}}$）、C 型（$7I_{\text{n}}$～$15I_{\text{n}}$），额定极限短路分断能力 M 值为 10kA，H 值为 20kA，在满足电动机起动和电动机侧短路时的灵敏度情况下（不考虑断路器触头和蓄电池间连接导线的电阻，蓄电池组开路电压为直流系统标称电压），请计算下列哪组断路器选择是正确和合适的？并说明理由。（　　）

（A）63A（B 型）额定极限短路分断能力 M

（B）63A（B 型）额定极限短路分断能力 H

（C）63A（C 型）额定极限短路分断能力 M

（D）63A（C 型）额定极限短路分断能力 H

【答案及解答】C

（1）依据《电力工程直流系统设计技术规程》（DL/T 5044—2014）附录 A 式（A.3.2）

$$I_{\text{n}} \geq I_{\text{nm}}=55.3\text{A} \quad 取 \ I_{\text{n}}=63\text{A}$$

（2）B 型断路器瞬时脱扣范围为 $4I_{\text{n}}$～$7I_{\text{n}}$，C 型断路器瞬时脱扣范围为 $7I_{\text{n}}$～$15I_{\text{n}}$，电动机起动电流 $I_{\text{st}}=6I_{\text{n}}=6\times 55.3=331.8$（A）。

若选择 B 型脱扣器，$4I_{\text{n}}=4\times 63=252(\text{A})<331.8\text{A}$，电动机起动时可能误动作，故应选 C 型脱扣器；$7I_{\text{n}}=7\times 63=441(\text{A})>331.8\text{A}$，电动机起动时断路器不会跳闸。

（3）依据 DL/T 5044—2014 附录 A 式（A.4.2-4）及式（A.4.2-5），蓄电池内阻 $r=0.016\Omega$。铜芯电缆电阻

$$R=\frac{0.0184\times 2\times 150}{70}=0.079 \ (\Omega)$$

短路电流

$$I_d = \frac{220}{0.016+0.079} = 2315.8(A) = 2.3158(kA)$$

由该规范式（A.4.2-1）及 117 页 A.4.2 条文说明可得，C 型断路器动作电流为

$$I_{dz} = 15I_n = 15 \times 63 = 945\ (A)$$

灵敏系数 $K_L = \dfrac{I_d}{I_{dz}} = \dfrac{2315}{945} = 2.45 > 1.05$，说明电动机侧短路时断路器可以瞬时跳闸，起到保护作用，并且短路电流 2.3158kA＜10kA，故选择极限短路分断能力为 M 即可，所以选 C。

【注释】

（1）断路器额定极限短路分断能力：M—标准型，H—较高型，R—高级型。断路器安装处短路电流必须小于断路器额定极限短路分断能力。

（2）依据 DL/T 5044—2014 第 3.6.2 条 1 款直流润滑油泵电动机应采用集中辐射方式供电，所以短路电流计算忽略其他因素，只考虑蓄电池与铜芯电缆电阻。

【2017 年下午题 14~17】某一与电力系统相连的小型火力发电厂直流系统标称电压 220V，动力和控制负荷合并供电，设一组贫液吸附式的阀控式密封铅酸蓄电池，每组蓄电池 103 只，蓄电池放电终止电压为 1.87V，负荷统计经常负荷电流 49.77A，随机负荷电流 10A，蓄电池负荷计算，事故放电初期（1min）冲击放电电流为 511.04A，1~30min 放电电流为 361.21A，30~60min 放电电流 118.79A。

▶▶ 第 39 题 [断路器选择] 17. 若该工程蓄电池容量为 800Ah，蓄电池至直流柜的铜芯电缆长度为 20m，单只蓄电池的内阻 0.195mΩ，蓄电池之间的连接条电阻 0.0191mΩ，电缆芯的电阻 0.080mΩ/m，在直流柜上控制负荷馈线 2P 断路器可选规格有几种，M 型 I_{cs}=6kA、I_{cu}=20kA、L 型 I_{cs}=10kA、I_{cu}=10kA、H 型 I_{cs}=15kA、I_{cu}=20kA。下列直流柜母线上的计算短路电流值和控制馈线断路器的选型中，哪组是正确的？（本小题图省略）　　（　　）

(A) 5.91kA，M 型　　　　　　(B) 8.71kA，L 型
(C) 9.30kA，L 型　　　　　　(D) 11.49kA，H 型

【答案及解答】B

根据 DL/T 5044—2014 附录 G 式（G.1.1-2），短路电流为

$$I_k = \frac{U_n}{n(r_b+r_1)+r_c} = \frac{220}{103\times(0.195+0.0191)+0.080\times2\times20} = 8.712\ (kA)$$

断路器的额定极限短路分断能力 I_{cu} 必须不小于 I_k，即 $I_{cu} \geqslant 8.712kA$，考虑经济性，选 L 型合适，答案选 B。

【考点说明】

该题的坑点在于回路长度是电缆长度的两倍，所以算式中电缆长度应乘 2。

【注释】

直流断路器一般分为额定极限短路分断能力 I_{cu} 和额定运行短路分断能力 I_{cs}。额定极限短路分断能力（I_{cu}），是指在一定的试验参数（电压、短路电流、功率因数）条件下，经一定的试验程序，能够接通、分断的短路电流，经此通断后，不再继续承载其额定电流的分断能力。额定运行短路分断能力（I_{cs}），是指在一定的试验参数（电压、短路电流和功率因数）条件下，经一定的试验程序，能够接通、分断的短路电流，经此通断后，还要

继续承载其额定电流的分断能力。I_{cs} 的试验条件极为苛刻（一次分断、二次通断），由于试验后它还要继续承载额定电流（其次数为寿命数的 5%），因此它不单要验证脱扣特性、工频耐压，还要验证温升。IEC 和 GB 14048.2—2008 规定，I_{cs} 可以是 25%I_{cu}、50%I_{cu}、75%I_{cu} 和 100%I_{cu}。

此题考试内容有点超纲，但短路电流计算出来以后，答案就是唯一的。

【2021 年下午题 19~21】 某变电站直流电源系统标称电压为 110V，事故持续放电时间为 2 小时，直流控制负荷与动力负荷合并供电。直流系统设 2 组阀控式铅酸蓄电池（胶体）。每组蓄电池配置一组高频开关电源模块型充电装置，不设端电池。单体蓄电池浮充电压为 2.24V，均充电压为 2.33V，事故末期放电终止电压为 1.83V，请分析计算并解答下列各小题：

▶▶ 第 40 题 [断路器选择] 21. 假设蓄电池容量为 500Ah，直流负荷采用分层辐射形供电，终端控制负荷计算电流为 6.5A、保护负荷计算电流为 4A，信号负荷计算电流为 2A，若终端断路器选用标准型断路器，且最大分支额定电流为 4A，并假定至终端负荷间连接电缆的总电阻为 0.16Ω，则分电柜出线断路器宜选用下列哪种？　　　　　　　　　　（　　）

（A）额定电流为 25A 的直流断路器
（B）额定电流为 32A 的直流断路器
（C）额定电流为 40A 的直流断路器，带三段式保护分电柜出线断路器
（D）额定电流为 50A 的直流断路器，带三段式保护

【答案及解答】B

由 DL/T 5044—2014 附录 A，A.3.4 可知控制、保护、监控回路断路器额定电流为
$$I_n \geq K_c(I_{cc} + I_{cp} + I_{ca}) = 0.8 \times (6.5 + 4 + 2) = 10(A)$$

分电柜出线至终端负荷间连接电缆压降百分比 $U = IR = \dfrac{10 \times 0.16}{110} \times 100 = 1.45\%$

又由该规范表 A.5-2 可知，分电柜出线断路器与下级断路器电流比为 8，选 32A。

【2021 年上午题 4~7】 某 300MW 级火电厂，主厂房采用控制负荷和动力负荷合并供电的直流电源系统，每台机组装设两组 220V GFM2 免维护铅酸蓄电池，两组高频开关电源充电装置，直流系统接线方式采用单母线接线，直流负荷统计见表 1。

表 1 直流负荷统计表

负荷名称	装置容量（kW）	负荷名称	装置容量（kW）
直流长明灯	1.5	电气控制保护	15
应急照明	5	小机事故直流油泵	11
汽机直流事故润滑油泵	45	汽机控制系统（DEH）	5
发电机空侧密封油泵	10	高压配电装置跳闸	4
发电机氢侧密封油泵	4	厂用低电压跳闸	15
主厂房不停电电源（静态）	80	厂用电源恢复时高压厂用断路器合闸	3

请分析计算并解答下列各小题。

▶▶ 第41题 [断路器选择] 7. 若系统为集中辐射形，自直流屏引出一路馈线至保护屏，作为电气保护电源使用。保护屏负荷总额定容量为 8kW，单回路最大负荷为 1.2kW。直流屏上的馈线开关的额定电流是保护屏上的馈线开关的额定电流的 6 倍，问直流屏上的馈线开关额定电流至少为下列哪个值？ （ ）

(A) 20A (B) 40A
(C) 60A (D) 80A

【答案及解答】B

由《电力工程直流电源系统设计技术规程》(DL/T 5044—2014) 附录 A.3.4，保护屏馈线最大断路器额定电流为：$I_n \geqslant \dfrac{1200}{220} = 5.45A$（1200 为单回路实际最大负荷，无需乘负荷系数）。

保护屏馈线最大断路器额定电流选 6A，直流屏上的馈线开关的额定电流是保护屏上的馈线开关的额定电流的 6 倍，因此直流屏上的馈线开关的额定电流选 36 安，所以选 B。

【考点说明】

直流屏上该保护屏馈线开关的实际电流为 $I_n = \dfrac{8000 \times 0.6}{220} = 21.8A$（8000 为负荷总额定容量，是额定容量，需要负荷系数），读者在备考时需注意负荷系数何时使用。

【2022 年补考上午题 13～17】 某 2×300MW 火电厂，每台机组装设 3 组蓄电池，蓄电池选用阀控式密封铅酸蓄电池（贫液 2V）。单体蓄电池浮充电压选取浮充电压范围内的最小值。其中 2 组 110V 蓄电池为控制负荷供电，1 组 220V 蓄电池为动力负荷供电，电缆均采用铜芯电缆，铜电阻系数 $\rho = 0.0184\Omega \cdot mm^2/m$。每台机组直流负荷如下：

负荷名称	容量(kW)
发变组断路器控制、保护	2
厂用 6kV 断路器控制、保护	10
厂用 380V 断路器控制、保护	6
电气 ECMS 监控系统	5
UPS	60($\eta = 91\%$)
热控控制负荷	11
热控动力总电源	66
直流长明灯	1
直流应急照明	3
汽机直流事故润滑油泵(启动电流倍数按 2 倍)	30
6kV 厂用低电压跳闸	7
400V 厂用低电压跳闸	3
厂用电源恢复对高压厂用断路器合闸	1
变压器冷却器控制电源(由继电器分立元件组成)	2

请分析计算并解答下列问题。

▶▶ 第42题 [断路器选择] 17. 如动力蓄电池组容量为 1000Ah，其中 UPS 回路断路器开关额定电流为 350A，热控动力总电源回路断路器额定电流为 315A。请计算并选择蓄电池出

口断路器额定电流及选择蓄电池组电流测量范围。 ( )

(A) 630A，±600A　　　　　　(B) 630A，±800A
(C) 800A，±600A　　　　　　(D) 800A，±800A

【答案及解答】D

依据 DL/T 5044—2014 附录 A 式（A.3.6-1）及式（A.3.6-2），可得

$I_n \geqslant I_1 = 5.5 \times 100 = 550(A)$，且 $I_n \geqslant K_{c4}I_{n.max} = 2 \times 350 = 700(A)$，故额定电流选取 800A。

依据附录 F 表 F.1，1000Ah 蓄电池组电流测量范围为±800A，选 D。

【2024 年下午题 20~23】某火力发电厂装机一台 50MW 发电机组，以 110kV 接入系统，直流电流系统标称电压 220V，配置 1 组动力和控制负荷合用的阀控密封铅酸蓄电池，直流事故放电时间为 1h。直流电缆均选用铜芯电缆，铜导体电阻系数 $\rho=0.0184\Omega \cdot mm^2/m$。

请分析计算并解答下列各小题。

▶▶ 第 43 题 [断路器选择] 21. 假设蓄电池组容量为 1200Ah，蓄电池出口配置断路器，已知直流母线馈线直流断路器额定电流分别是 20A、32A、63A、80A、100A、250A 规格，假设经常负荷电流为 93A，配合系数取大值，蓄电池出口的断路器额定电流选择最合理的是下列哪项数值？ ( )

(A) 100A　　　　　　(B) 315A
(C) 700A　　　　　　(D) 800A

【答案及解答】D

依据《电力工程直流电源系统设计技术规程》（DL/T 5044—2014），附录 A 式 A.3.6-1 及 A.3.6-2 可得：

$I_n \geqslant 5.5 \times 120 = 660(A)$ 且 $I_n \geqslant 3 \times 250 = 750(A)$

取 800A，所以选 D。

【2022 年上午题 12-16】某安装 2×1000MW 机组的大型发电厂，直流动力负荷采用 220V，控制负荷采用 110V 供电，每台机组设一组 220V 蓄电池、2 组 110V 蓄电池，500kV 升压站设二组 110V 蓄电池。110V 直流系统为两电三充单母线接线，220V 直流系统为两电两充单母线接线，蓄电池均采用阀控式密封铅酸蓄电池。请分析计算并解答下列各题。

▶▶ 第 44 题 [断路器选择] 16. 若本工程的直流密封油泵电动机为 17kW，额定电流为 90A，启动电流倍数为 7，启动时间为 5s，假设电动机回路断路器短路分断能力和保护灵敏度都符合要求，且启动电流在启动过程中不变，根据下列脱扣器动作特性曲线，选取断路器的最小规格为哪项数值？ ( )

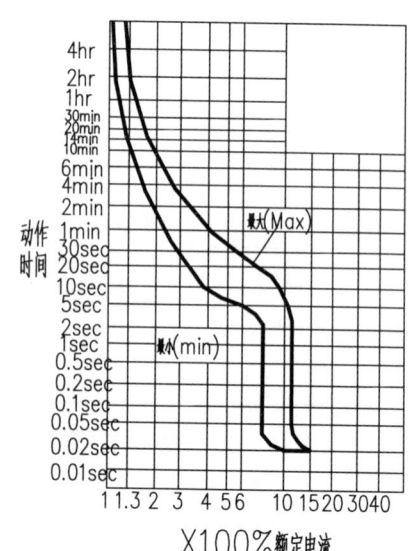

(A) 80A (B) 100A
(C) 125A (D) 160A

【答案及解答】C

由 DL/T 5044—2014，第 6.5.2-2 款及附录 A 第 A.4.2 条，电动机启动时，断路器应可靠不动作，按题设曲线，断路器 5 秒脱扣对应电流倍数约为 5.8 倍，则

$$I_n \geqslant \frac{90 \times 7}{5.8} = 108.62 \text{(A)}，选 C。$$

考点 9　联络设备选择

【2009 年下午题 16～20】 某火电厂 220V 直流系统，每台机组设置阀控式铅酸蓄电池，采用单母线接线，两机组的直流系统间有联络。

▶▶第 45 题 [联络开关选择] 20. 按上题负荷条件，两机组的直流负荷相同，其间设置联络断路器，请问开关的额定电流至少应为下列哪项数值？　　　　　　　　　　（　　）

(A) 1000A (B) 800A
(C) 600A (D) 900A

注：本小题上几题小题干如下所示。

"19. 220V 铅酸蓄电池每组容量为 2500Ah，各负荷电流如下：控制及信号装置 50A，氢密封油泵 30A，直流润滑油泵 220A，交流不停电装置 460A，直流长明灯 5A，事故照明 40A。每组蓄电池配置一组高频开关模块，每个模块额定电流为 25A"。

"17. 采用阶梯计算法，每组蓄电池容量为 2500Ah，共 103 只，1h 放电率 $I=1375$A，10h 放电率 $I=250$A，事故放电初期（1min）冲击放电电流 1380A，电池组与直流柜电缆长 40m"。

【答案及解答】C

由 DL/T 5044—2014 第 6.5.2-2-4）款及第 3.5.1 条文说明可知，应该直流柜最大一条馈线选择：

又由该规范附录 A.3.6 可得：

(1) 按事故停电时间的蓄电池放电率电流选择出口熔断器或断路器为

$$I_{蓄电池n} \geqslant I_{1h} = 5.5 \times \frac{2500}{10} = 1375 \text{ (A)}$$

(2) 按级差配合可得联络断路器额定电流为

$$I_{应急n} \leqslant 0.5 \times 1375 = 687.5 \text{ (A)}$$

(3) 按同时应大于等于最大一条负荷馈线电流 460(A)。

可知应急断路器额定电流选 600A，所以选 C。

【考点说明】

本题注意按蓄电池出口熔断器熔体额定电流 50%选择应急断路器额定电流时应按计算值，因为题目没有告诉熔断器的熔件额定电流标准值，这样选择对于级差配合趋于安全。

【注释】

(1) 由 DL/T 5044—2014 第 4.2.1-4 条可知，不同机组直流系统之间的联络仅作为临时及应急之用，应按各自所连负荷统计，不能因互联增加蓄电池负荷容量的统计。涉及的相关设

(2) DL/T 5044—2014 第 6.5.2-4 条指的是蓄电池出口保护电器为熔断路时的配合系数，如果是断路器，则应满足断路器与断路器之间的配合关系。

【2014 年上午题 16~20】 其 2×300MW 火力发电厂，以发电机变压器组接入 220kV 配电装置，220kV 采用双母线接线。每台机组装设 3 蓄电池，其中 2 组 110V 电池对控制负荷供电，另一组 220V 电池对动力负荷供电。两台机组的 220V 直流系统间设有联络线。蓄电池选用阀控式密封铅酸蓄电池（贫液，单体 2V），现已知每台机组的直流负荷如下：

UPS	2×60kVA
电气控制、保护经常负荷	15kW
热控控制经常负荷	15kW
热控控制事故初期冲击负荷	5kW
直流长明灯	8kW
汽机直流事故润滑油泵（启动电流倍数按 2 倍计）	22kW
6kV 厂用低电压跳闸	35kW
400V 低电压跳闸	20kW
厂用电源恢复时高压厂用断路器合闸	3kW
励磁控制	1kW
变压器冷却器控制电源	1kW

发电机灭磁断路器为电磁操动机构，合闸电流为 25A，合闸时间 200ms。
请根据上述条件计算下列各题（保留两位小数）。

▶▶ 第 46 题 [联络开关选择] 16. 若每台机组的 2 组 110V 蓄电池各设有一段单母线，请计算两段母线之间联络线开关电流应选取下列哪项数值？ （ ）
（A）104.73A　　　　　　　　　　　（B）145.45A
（C）174.55A　　　　　　　　　　　（D）290.91A

【答案及解答】A
依题意，110V 专供控制负荷，计算母线联络开关，由 DL/T 5044—2014 第 4.1.1 条选出控制负荷，再结合该规范第 4.1.2、6.7.2-3 条，表 4.2.6 可得

$$I_e \geqslant 60\%I_\Sigma = 0.6 \times \frac{(15+15+1+1)\times 1000 \times 0.6}{110} = 104.73 \text{ (A)}$$

【考点说明】
（1）本大题直接一起列出了全部负荷，但直流系统按动、控分开供电模式，220V 专供动力负荷，110V 专供控制负荷。本小题需要计算 110V 的母线联络开关额定电流，所以首先应在负荷列表中筛选出由 110V 母线供电的控制负荷，这对初学者来说有一定的难度，但这也是直流系统学习的基础，应熟练掌握。

（2）注意，按 DL/T 5044—2014 描述，母线联络开关是刀闸，如果此题计算的是断路器，还应进行上下级级差配合，满足保护跳闸的要求。

（3）负荷系数的规定请参考 DL/T 5044—2014 第 4.2.6 条条文说明。

【注释】

由 DL/T 5044—2014 第 3.5.2 条条文说明，如果此联络开关是用于发电厂内两组控制专用或者变电站内，则此联络开关可以用隔离开关，如果是发电厂内的动控合用，则应选用直流断路器。

【2018 年上午题 14～18】 大题干略。

▶▶第 47 题 [联络开关选择] 17．本工程动力用蓄电池组选用 1200Ah，直流事故停电时间按 1h 考虑，如果直流馈电屏中汽机直流事故润滑油泵、主厂房不停电电源、发电机空侧密封直流油泵回路的直流开关额定电流分别选 125A、300A、63A，请计算蓄电池组出口回路熔断器的额定电流及两台机组动力直流系统之间应急联络断路器的额定电流，下列哪组数值是合适的？（其中应急联络断路器的额定电流按与蓄电池出口熔断器配合进行选择） （ ）

(A) 630A，300A　　　　　　　　(B) 630A，350A
(C) 800A，400A　　　　　　　　(D) 800A，500A

【答案及解答】 C

(1) 蓄电池出口熔断器：

依据 DL/T 5044—2014 附录 A.3.6 式（A.3.6-1）、式（A.3.6-2），可得

$$I_n \geq I_1 = 5.5 \times I_{10} = 5.5 \times \frac{1200}{10} = 660 \, (A)$$

$$I_n > kI_{n\max} = 2 \times 300 = 600 \, (A)$$

两者同时满足，取 800A。

(2) 应急联络断路器，依据第 6.5.2-4 条可得

$$I_n \leq 50\% \times 800 = 400 \, (A)，且大于最大负荷 300A，$$

所以选 C。

【2022 年上午题 12-16】 某安装 2×1000MW 机组的大型发电厂，直流动力负荷采用 220V，控制负荷采用 110V 供电，每台机组设一组 220V 蓄电池、2 组 110V 蓄电池，500kV 升压站设二组 110V 蓄电池。110V 直流系统为两电三充单母线接线，220V 直流系统为两电两充单母线接线，蓄电池均采用阀控式密封铅酸蓄电池。请分析计算并解答下列各题。

▶▶第 48 题 [联络开关选择] 13．若 500kV 升压站的直流系统两组蓄电池出口回路熔断器为 630A，每组蓄电池所连接负荷电流为 400A。选择连接两组母线的联络开关设备的参数，下列哪项数值是合适的？ （ ）

(A) 隔离开关额定电流 200A　　　(B) 断路器额定电流 250A
(C) 熔断器额定电流 400A　　　　(D) 断路器额定电流 400A

13．B **【解答过程】** 由 DL/T 5044—2014 第 3.3.3-6 款，知该升压站直流系统应为动力控制合并供电。再由该规范第 6.5.2-4 款及其条文说明，动力控制合并供电的直流系统联络开关应选用直流断路器，额定电流不大于蓄电池出口熔断器电流的 50%。即 $I_e \leq 630/2 = 315$（A）。综上所述选 B。

考点 10 放电回路

【2024 年上午题 9～12】 某水电站直流系统标称电压为 220V，直流控制与动力负荷合并供电，直流系统设 2 组蓄电池，每组 103 只，配置 3 组高频开关充电装置。蓄电池选用阀控式密封铅酸蓄电池（胶体）。蓄电池容量为 1200Ah。电站经常性负荷电流为 101.13A，1min 事故负荷电流为 410.22A，1～60min 事故负荷电流为 369.31A，随机负荷电流为 55A。

请分析并解答下列各小题。

▶▶ 第 49 题 [放电回路] 11. 蓄电池拟配置一套试验放电装置，该装置额定电流选择系列哪项数值更经济合理？   （ ）

（A）100A 　　　　　　　　　　　（B）150A
（C）300A 　　　　　　　　　　　（D）420A

【答案及解答】B

由《电力工程直流电源系统设计技术规程》（DL/T 5044—2014）第 6.4.1-1 款可得：试验放电装置额定电流为 $1.10I_{10}$～$1.30I_{10}$=1.10×1200/10～1.30×1200/10=132～156（A）所以选 B。

7.2.4 充电装置选择

考点 11 充电装置额定电流计算

【2016 年上午题 17～20】 某一接入电力系统的小型发电厂直流系统标称电压 220V，动力和控制共用。全厂设两组贫液吸附式的阀控式密封铅酸蓄电池，容量为 1600Ah，每组蓄电池 103 只，蓄电池总内阻为 0.016Ω，每组蓄电池负荷计算，事故放电初期（1min）冲击放电电流为 747.41A，经常负荷电流为 86.6A、1～30min 放电电流为 425.05A、30～60min 放电电流 190.95A、60～90min 放电电流 49.77A，两组蓄电池设三套充电装置，蓄电池放电终止电压为 1.87V。请根据上述条件分析计算并解答下列各小题。

▶▶ 第 50 题 [充电装置额定电流] 18. 每组蓄电池及其充电装置分别接入不同母线段，第三套充电装置在蓄电池核对性放电后专门为蓄电池补充充电用，该充电装置经切换电器可直接对两组蓄电池进行充电。请计算并选择第三套充电装置的额定电流至少应为下列哪项数值？   （ ）

（A）88.2A 　　　　　　　　　　　（B）200A
（C）286.6A 　　　　　　　　　　　（D）300A

【答案及解答】B

依题意可知，题设所求充电装置为专门均衡充电用，由 DL/T 5044—2014 附录 D 式 (D.1.1-3) 可得 $I_{rmax}=1.25I_{10}=1.25\times\dfrac{1600}{10}=200$ (A)。

【考点说明】

(1) 根据 DL/T 5044—2014 附录 D.1.1 可知，蓄电池充电装置主要分为三种工况，其中：
1) 浮充（充电电流较小）：主要满足蓄电池日常损耗和经常负荷电流。
2) 均充（充电电流中等）：主要满足蓄电池第一次充电、放电完毕后充电或者定期均充，充电电流较大。

3）带负荷均充（充电电流最大）：主要满足带经常负荷的同时给蓄电池均充。

由于充电装置在直流系统设计中费用并不高，所以为了满足各种工况，一般的设计都是按照第三种情况，用最大的充电电流来选择充电装置。但是本题给出的是特殊情况"第三套充电装置在蓄电池核对性放电后专门为蓄电池补充充电用"，可以看出第三套充电装置的作用是专门用于均充，其充电时并不带经常负荷，所以应按照 DL/T 5044—2014 附录 D.1.1-3 的公式进行计算。可参考 DL/T 5044—2014 条文说明图 4，两组蓄电池设三套充电装置，其中主充电装置作为正常浮充电用，备用充电装置作为均衡充电用。

（2）按浮充电用计算为 $I_r = 0.01I_{10} + I_{jc} = 0.01 \times 160 + 86.6 = 88.2 \,(A)$。

按带母线均充为 $I_r = 1.25I_{10} + I_{jc} = 1.25 \times 160 + 86.6 = 286.6 (A)$。

以上两种算法会错选 A 或 C。

【注释】

DL/T 5044—2014 附录 D 中，对于充电装置额定电流的计算，列出了浮充电、初充电、均衡充电三种情况。在答题时，应根据充电装置的作用，选取"在本装置各种设计工况下的最大值"，所以在计算此类题目时，首先关键一点应判断充电装置需要满足的工况。

【2010 年下午题 16~20】 某 220kV 变电站，直流系统标称电压为 220V，直流控制与动力负荷合并供电。已知变电站内经常负荷 2.5kW；事故照明直流负荷 3kW；设置交流不停电电源 3kW。直流系统由 2 组蓄电池、2 套充电装置供电，蓄电池组采用单体电压为 2V 的蓄电池，不设端电池。其他直流负荷忽略不计，请回答下列问题。

▶▶ 第 51 题［充电装置额定电流］17. 假定本变电站采用铅酸蓄电池，蓄电池组容量为 400Ah，不脱离母线均衡充电，请计算充电装置的额定电流为下列哪项数值？ （ ）

(A) 11.76A (B) 50A

(C) 61.36A (D) 75A

【答案及解答】C

依题意，直流系统经常负荷电流为：$I_{jc} = \dfrac{2.5 \times 1000}{220} = 11.36 \,(A)$。

又由该规范 DL/T 5044—2014 附录 D.1.1 可得，铅酸蓄电池不脱离母线均衡充电，充电装置输出电流为：$I_{rmax} = 1.25I_{10} + I_{jc} = 1.25 \times \dfrac{400}{10} + 11.36 = 61.36 \,(A)$。

【考点说明】

本题给出的"经常负荷 2.5kW"，是经常总负荷，并没有具体明细，所以无法确定负荷系数，故只能省略。

【2014 年上午题 16~20】 其 2×300MW 火力发电厂，以发电机变压器组接入 220kV 配电装置，220kV 采用双母线接线。每台机组装设 3 蓄电池，其中 2 组 110V 电池对控制负荷供电，另一组 220V 电池对动力负荷供电。两台机组的 220V 直流系统间设有联络线。蓄电池选用阀控式密封铅酸蓄电池（贫液，单体 2V），现已知每台机组的直流负荷如下：

UPS   2×60kVA

电气控制、保护经常负荷	15kW
热控控制经常负荷	15kW
热控控制事故初期冲击负荷	5kW
直流长明灯	8kW
汽机直流事故润滑油泵（启动电流倍数按 2 倍计）	22kW
6kV 厂用低电压跳闸	35kW
400V 低电压跳闸	20kW
厂用电源恢复时高压厂用断路器合闸	3kW
励磁控制	1kW
变压器冷却器控制电源	1kW

发电机灭磁断路器为电磁操动机构，合闸电流为 25A，合闸时间 200ms。

请根据上述条件计算下列各题（保留两位小数）。

▶▶ **第 52 题**［充电装置额定电流］20．假定本电厂 220V 蓄电池组容量为 1200Ah，蓄电池均衡充电不脱离母线，请计算充电装置的额定电流应为下列哪组数值？（　　）

(A) 180A (B) 120A
(C) 37.56A (D) 36.36A

【答案及解答】A

依题意，由 DL/T 5044—2014 第 4.1.1 条、表 4.2.5 及表 4.2.6，本题动力负荷中的经常负荷计算如下，直流长明灯，负荷系数为 1；则 220V 蓄电池组经常负荷电流为

$$I_{jc} = \frac{8000 \times 1}{220} = 36.36(A)$$

又由该规范 DL/T 5044—2014 附录 D.1.1 可得，铅酸蓄电池不脱离母线均衡充电，充电装置输出电流为：$I_r = 1.25 I_{10} + I_{jc} = 1.25 \times \frac{1200}{10} + 36.36 = 186.36(A)$，取 180A，所以选 A。

【2017 年上午题 16～20】 某 220kV 变电站，直流系统标称电压为 220V，直流控制与动力负荷合并供电，直流系统设 2 组蓄电池，蓄电池选用阀控式密封铅酸蓄电池（贫液，单体 2V），不设端电池，请回答下列问题（计算结果保留 2 位小数）。已知直流负荷统计如下：

智能装置、智能组件装置容量	3kW
控制保护装置容量	3kW
高压断路器跳闸	13.2kW（仅在事故放电初期计及）
交流不间断电源装置容量	2×10kW（负荷平均分配在 2 组蓄电池上）
直流应急照明装置容量	2kW

▶▶ **第 53 题**［充电装置额定电流］16．若蓄电池组容量为 300Ah，充电装置满足蓄电池均衡充电且同时对直流负荷供电，请计算充电装置的额定电流计算值应为下列哪项数值？（　　）

(A) 37.50A (B) 56.59A
(C) 64.77A (D) 73.86A

【答案及解答】B

依据 DL/T 5044—2014 第 4.1.2 条及附录 D 式（D.1.1-5）可得

$$I_{jc} = \frac{S_{jc}}{U} = \frac{(3\times0.8+3\times0.6)\times1000}{220} = 19.09 \text{ (A)}$$

$$I_r = 1.0I_{10} \sim 1.25I_{10} + I_{jc} = 30 \sim 1.25\times30 + 19.09 = 49.09 \sim 56.59 \text{ (A)}$$

所以选 B。

【注释】

需注意以下方面：

（1）智能装置、智能组件装置容量和控制保护装置容量是经常负荷，交流不间断电源装置容量和直流应急照明装置容量是事故负荷，高压断路器跳闸是冲击负荷。

（2）审题要仔细，题中明确告知充电装置满足蓄电池均衡充电且同时对直流负荷供电，所以应用附录 D 式（D.1.1-5）来计算。

（3）负荷统计时不能遗漏负荷系数，否则会错选 C。

【2019 年上午题 16～20】 某 220kV 无人值班变电站设置一套直流系统，标准电压为 220V，控制与动力负荷合并供电。直流系统设 2 组蓄电池，蓄电池选用阀控式密封铅酸（贫液，单体 2V），每组蓄电池容量为 400Ah。充电装置满足蓄电池均衡充电且同时对直流系统供电，均衡充电电流取最大值，已知经常负荷、事故负荷统计如下表所示。

序号	名称	容量（kW）	备注
1	智能装置、智能组件	3.5	
2	控制、保护、继电器	3.0	
3	交流不间断电流	2×15	负荷平均分配在 2 组蓄电池上，$\eta=1$
4	直流应急照明	2.1	
5	DC/DC 变换装置	2.2	$\eta=1$

请分析计算并解答下列各小题。

▶▶ 第 54 题 [充电装置额定电流] 16. 请计算充电装置的额定电流计算值应为下列哪项？（计算结果保留 2 位小数） （ ）

(A) 50.00A (B) 70.91 A
(C) 78.91 A (D) 88.46 A

【答案及解答】C

依题意，该直流系统经常负荷为"智能装置、智能组件""控制、保护、继电器"和"DC/DC 变换装置"三项，由 DL/T 5044—2014 表 4.2.5、表 4.2.6 可得经常负荷电流为

$$I = \frac{3.5\times0.8 + 3.0\times0.6 + 2.2\times0.8}{220}\times1000 = 28.91 \text{ (A)}$$

再由 DL/T 5044—2014 式（D.1.1-5），可得充电装置电流为

$$I_r = 1.25\times\frac{400}{10} + 28.9 = 78.91 \text{ (A)}$$

【考点说明】

本题大题干表格中的直流应急照明并不是直流长明灯，不属于经常负荷，否则容易错选

D，其中

$$I = \frac{3.5 \times 0.8 + 3.0 \times 0.6 + 2.1 \times 1 + 2.2 \times 0.8}{220} \times 1000 = 38.45 \text{ (A)}$$

$$I_r = 1.25 \times \frac{400}{10} + 38.45 = 88.45 \text{ (A)}$$

【2024年上午题9~12】 某水电站直流系统标称电压为220V，直流控制与动力负荷合并供电，直流系统设2组蓄电池，每组103只，配置3组高频开关充电装置。蓄电池选用阀控式密封铅酸蓄电池（胶体）。蓄电池容量为1200Ah。电站经常性负荷电流为101.13A，1min事故负荷电流为410.22A，1~60min事故负荷电流为369.31A，随机负荷电流为55A。

请分析并解答下列各小题。

▶▶第55题[充电装置额定电流] 9. 充电时，充电装置脱开直流母线对一组蓄电池进行均衡充电，该充电装置的额定电流宜选择下列哪项数值？（计算结果保留两位小数）

（　　）

(A) 102.33A　　　　　　　　(B) 150.00A
(C) 221.13A　　　　　　　　(D) 251.13A

【答案及解答】B

依题意，充电装置脱开直流母线均充，由《电力工程直流电源系统设计技术规程》（DL/T 5044—2014）附录D式（D.1.1-3）可得

Ir=1.0I$_{10}$~1.25I$_{10}$=1×1200/10+1.25×1200/10=120~150（A）

所以选B。

考点12　充电装置模块数量计算

【2017年下午题14~17】 某一与电力系统相连的小型火力发电厂直流系统标称电压220V，动力和控制负荷合并供电，设一组贫液吸附式的阀控式密封铅酸蓄电池，每组蓄电池103只，蓄电池放电终止电压为1.87V，负荷统计经常负荷电流49.77A，随机负荷电流10A，蓄电池负荷计算，事故放电初期（1min）冲击放电电流为511.04A、1~30min放电电流为361.21A，30~60min放电电流118.79A。直流系统接线见下图。

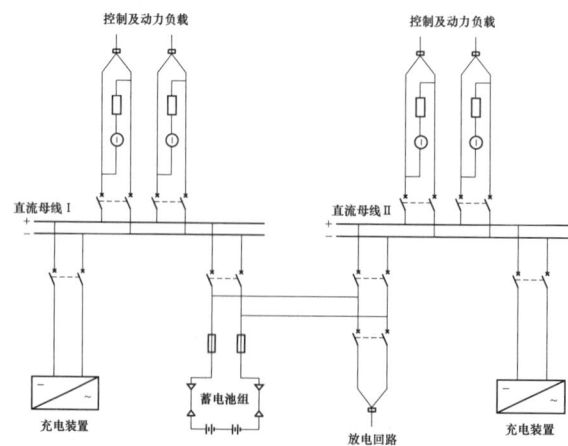

▶▶ **第 56 题 [充电装置模块数量]** 15. 若该工程蓄电池容量为 800Ah，采用 20A 的高频开关电源模块，计算充电装置额定电流计算值及高频开关电源模块数量应为下列哪组数值？ （　　）

（A）50.57A，4 个　　　　　　（B）100A，6 个
（C）129.77A，9 个　　　　　　（D）149.77A，8 个

【答案及解答】D

由直流系统示意图可以看出，本小型电厂安装 1 组蓄电池，配了 2 套充电模块。充电模块分别对两段母线供电，充电时不可脱母线。

根据 DL/T 5044—2014 附录 D.1 第 D.1.1 条第 3 款，充电装置满足蓄电池均衡充电且同时对直流负荷供电，充电装置输出电流为

对于铅酸蓄电池：$I_r = 1.0 I_{10} \sim 1.25 I_{10} + I_{jc} = 1.0 \times \dfrac{800}{10} \sim 1.25 \times \dfrac{800}{10} + 49.77 = 129.77 \sim 149.77$ (A)

根据 DL/T 5044—2014 附录 D.2.2，该高频开关电源不需要配置附加模块，模块数 $n = \dfrac{I_r}{I_{me}} = \dfrac{129.77 \sim 149.77}{20} \approx 6.5 \sim 7.5$（个），D 最合适，所以选 D。

【2020 年上午题 5~7】 某水电站直流系统电压为 220V，直流控制负荷与动力负荷合并供电。直流系统负荷由 2 组阀控铅酸蓄电池（胶体）、3 套高频开关单元模块充电装置供电，不设端电池。单体蓄电池的额定电压为 2V，事故末期放电终止电压为 1.87V。电站设有柴油发电机组做为保安电源，交流不停电电源 UPS 从直流系统取电。请分析计算并解答下列小题。

▶▶ **第 57 题 [充电装置模块数量]** 6. 假设每组蓄电池容量为 900A.h，直流经常负荷为 90A，充电装置适用额定电流 25A 的高频开关充电模块，请计算充电模块数量宜取下列哪项？ （　　）

（A）7　　　　　　　　　　　　（B）8
（C）9　　　　　　　　　　　　（D）10

【答案及解答】B

由 DL/T 5044—2014 附录 D.1.1 可得：$I_r = (1 \sim 1.25) I_{10} + I_{jc} = (1 \sim 1.25) \times 90 + 90 = 180 \sim 202.5$
又由该规范式（D.2.1-2）可知：$n = (180-202.5)/25 = 7.2 \sim 8.1$，充电模块数量宜取 8，所以选 B。

【2009 年下午题 16~20】 某火电厂 220V 直流系统，每台机组设置阀控式铅酸蓄电池，采用单母线接线，两机组的直流系统间有联络。

▶▶ **第 58 题 [充电装置模块数量]** 19. 220V 铅酸蓄电池每组容量为 2500Ah，各负荷电流如下：控制及信号装置 50A，氢密封油泵 30A，直流润滑油泵 220A，交流不停电装置 460A，直流长明灯 5A，事故照明 40A。每组蓄电池配置一组高频开关模块，每个模块额定电流为 25A，请问模块数量应为下列哪项数值？ （　　）

（A）16 个　　　　　　　　　　（B）35 个
（C）48 个　　　　　　　　　　（D）14 个

【答案及解答】A

由 DL/T 5044—2014 表 4.2.5 及第 4.1.1 条可得 220V 蓄电池组经常负荷电流为

$$I_{jc}=5+50=55(A)$$

又根据附录 D.1.1，该高频开关模块应具备浮充电、初充电和均衡充电要求，其中均衡充电电流最大：$I_{rmax}=1.25I_{10}+I_{jc}=1.25\times\dfrac{2500}{10}+55=367.5\ (A)$

又根据附录第 D.2.1 条可得：$n_1=\dfrac{I_r}{I_{mc}}=\dfrac{367.5}{25}=14.7$，$n_2=2$，$n=n_1+n_2=14.7+2=16.7$（个）。

当模块数量不为整数时，可取临近值，根据答案选项取 16 个，所以选 A。

【注释】

正常运行时，经常负荷由充电模块（高频开关电源）供电，并向蓄电池浮充，只有交流电源失电，充电模块失去电源无法工作时才由蓄电池带负荷运行。并且蓄电池需要定期进行均衡充电。因此，只配备一组充电装置时，该充电模块需要满足各种情况下对直流负荷的供电要求。

【2019 年上午题 16~20】 某 220kV 无人值班变电站设置一套直流系统，标准电压为 220V，控制与动力负荷合并供电。直流系统设 2 组蓄电池，蓄电池选用阀控式密封铅酸（贫液，单体 2V），每组蓄电池容量为 400Ah。充电装置满足蓄电池均衡充电且同时对直流系统供电，均衡充电电流取最大值，已知经常负荷、事故负荷统计如下表所示（本题表格略）。请分析计算并解答下列各小题。

▶▶ 第 59 题 [充电装置模块数量] 17. 若变电站利用高额开关电源型充电装置，采用一组电池配置一套充电装置方案，单个模块额定电流 10A。若经常负荷电流 I_{jc}=20A，计算全站充电模块数量应为下列哪个值？ （　　）

(A) 9 块　　　　　　　　　　　　(B) 14 块
(C) 16 块　　　　　　　　　　　　(D) 18 块

【答案及解答】D

依题意，由《电力工程直流电源系统设计技术规程》（DL/T 5044—2014）式（D.1.1-5）可得充电装置电流为：$I_r=1.25\times\dfrac{400}{10}+20=70\ (A)$

由该规范式（D.2.1-2）、式（D.2.1-4）、式（D.2.1-1）可得，基本模块数量 n_1=70/10=7，附加模块数量 n_2=2，总模块数量为 $n=n_1+n_2$=9，该站配置两组蓄电池，则全站模块总数量为 9×2=18（个），所以选 D。

【考点说明】

该题问的是全站设置的总充电装置数量，需要注意题目要求设置 2 组蓄电池，所以应选 18 个，否则很容易错选 A。

【2018 年上午题 14~18】 某火力发电厂机组直流系统。蓄电池拟选用阀控式密封铅酸蓄电池（贫液、单体 2V），浮充电压为 2.23V。本工程直流动力负荷如下表。

序号	名　　称	数　量	容量（kW）
1	直流长明灯	1	1
2	直流应急照明	1	1.5
3	汽机直流事故润滑油泵	1	30
4	发电机空侧密封直流油泵	1	15
5	主厂房不停电电源（静态）	1	80（η 为 1）
6	小机直流事故润滑油泵	2	11

直流电动机启动电流按 2 倍电动机额定电流计算。

▶▶ 第 60 题 [充电装置模块数量] 16. 假设动力用蓄电池组选用 1200Ah，每组蓄电池直流充电器选用一套高频开关电源，蓄电池均衡充电时考虑供正常负荷，并且均衡充电系数均选最大值，充电模块选用 20A。请计算充电装置所选模块数量及该回路电流表的测量范围，应为下列哪组数值？　　　　　　　　　　　　　　　　　　　　　　　　　（　　）

(A) 7 个，0~150A　　　　　　　(B) 9 个，0~200A
(C) 10 个，0~200A　　　　　　(D) 10 个，0~300A

【答案及解答】C

依据 DL/T 5044—2014 第 4.1.2 条可知经常负荷为直流长明灯，$I_{jc}=\dfrac{1000}{220}=4.55\,(A)$

依据附录第 D.1.1 条式（D.1.1-5），$I_r=1.25I_{10}+I_{jc}=1.25\times\dfrac{1200}{10}+4.55=154.55\,(A)$

依据第 D.2.1 条式（D.2.1-1），第 D.2.1-2、D.2.1-4 条，$n_1=\dfrac{154.55}{20}=7.7$，取 8，则 $n_2=2$，$n=n_1+n_2=10$。

由表 D.1.3 及注，电流表范围取 0~200A，所以选 C。

【2011 年下午题 16~20】 某 2×300MW 火力发电厂，每台机组装设 3 组蓄电池，其中 2 组 110V 蓄电池对控制负荷供电，另 1 组 220V 蓄电池对动力负荷供电。两台机组的 220V 直流系统间设有联络线。蓄电池选用阀控式密封铅酸蓄电池（贫液）（单体 2V），浮充电压取 2.23V，均衡充电电压取 2.3V。110V 系统蓄电池组选为 52 只，220V 系统蓄电池组选为 103 只。现已知每台机组的直流负荷如下：

(1) UPS　　　　　　　　　　　　　　　　　　　　120kVA；
(2) 电气控制、保护电源　　　　　　　　　　　　　15kW；
(3) 热控控制经常负荷　　　　　　　　　　　　　　15kW；
(4) 热控控制事故初期冲击负荷　　　　　　　　　　5kW；
(5) 热控动力总电源　　　　　　　　　　　　　　　20kW（负荷系数取 0.6）
(6) 直流长明灯　　　　　　　　　　　　　　　　　3kW；
(7) 汽轮机氢气侧直流备用泵（启动电流倍数按 2 计）　4kW；
(8) 汽轮机空气侧直流备用泵（启动电流倍数按 2 计）　10kW；
(9) 汽轮机直流事故润滑油泵（启动电流倍数按 2 计）　22kW；
(10) 6kV 厂用低电压跳闸　　　　　　　　　　　　 40kW；

（11）400V 低电压跳闸　　　　　　　　　　　25kW；
（12）厂用电源恢复时高压厂用断路器合闸　　　3kW；
（13）励磁控制　　　　　　　　　　　　　　　1kW；
（14）变压器冷却器控制电源　　　　　　　　　1kW。

请根据上述条件计算下列各题（保留两位小数）。

▶▶ **第61题**［充电装置模块数量］19．如该电厂 220V 蓄电池组选用 1600Ah，配置单个模块为 25A 的一组高频开关电源，请计算需要的模块数为下列哪项？（　　）

(A) 6 (B) 8
(C) 10 (D) 12

【答案及解答】C

依题意，由 DL/T 5044—2014 第 4.1.1 条、表 4.2.5 及表 4.2.6，则 220V 蓄电池组经常负荷电流为：$I_{jc} = \dfrac{3 \times 1}{220} \times 1000 = 13.64$ (A)

根据附录 D.1.1，该高频开关模块应具备浮充电、初充电和均衡充电要求，其中均衡充电电流最大，按均衡充电计算充电装置额定电流为

$$I_{rmax} = 1.25 I_{10} + I_{jc} = 1.25 \times \dfrac{1600}{10} + 13.64 = 213.64 \text{ (A)}$$

又根据附录 D.2.1 条可得 $n_1 = \dfrac{I_r}{I_{me}} = \dfrac{213.64}{25} = 8.55$，$n_2 = 2$，$n = n_1 + n_2 = 8.55 + 2 = 10.55$（个）。

当模块数量不为整数时，可取临近值，取 10 个，所以选 C。

【**2023年下午题20~23**】某水电站采用控制负荷和动力负荷合并供电的直流电源系统，事故停电时间 1h，直流系统标称电压 220V，采用 2 组阀控式密封铅酸蓄电池，配置 3 套高频开关电源充电装置，直流母线为 2 段单母线接线，每组蓄电池容量 1000Ah，蓄电池个数 103 只，选用单位 2V、终止电压 1.87V 的贫液电池、直流负荷统计计算结果为：经常负荷电流 50.9A，随机负荷电流 12A，事故放电初期（1min）冲击放电电流 756.4A，1~30min 放电电流 458.2A、30~60min 放电电流 271.6A，请分析计算并解答下列各小题。

▶▶ **第62题**［充电装置模块数量］20．如蓄电池均衡充电输出电流计算系数采用最大值，则以下关于充电装置高频开关电源模块配置的说法，下列哪项符合规程要求？（　　）

(A) 配置额定电流 20A 的电源模块 10 个
(B) 配置额定电流 25A 的电源模块 9 个
(C) 配置额定电流 30A 的电源模块 6 个
(D) 配置额定电流 50A 的电源模块 5 个

【答案及解答】C

由 DL/T 5044—2014 第 D.2.1-2 条及第 D.1.1-3 条，可得

$$I_r = 1.25 I_{10} + I_{jc} = 1.25 \times \dfrac{1000}{10} + 50.9 = 175.9 \text{（A）}$$

$n_{20} = \dfrac{175.9}{20} = 8.795$，取 9 个；　$n_{25} = \dfrac{175.9}{25} = 7.036$，取 7 个；

$$n_{30} = \frac{175.9}{30} = 5.86,\ \text{取}6\text{个};\quad n_{50} = \frac{175.9}{50} = 3.518,\ \text{取}4\text{个}。$$

C 符合计算结果，所以选 C。

【考点说明】

注意规范中对充电模块总数量的控制，DL/T 5044—2014 第 6.2.3-3 条 "……模块数量宜控制在 3～8 个"。

【2022 年上午题 12-16】 某安装 2×1000MW 机组的大型发电厂，直流动力负荷采用 220V，控制负荷采用 110V 供电，每台机组设一组 220V 蓄电池、2 组 110V 蓄电池，500kV 升压站设二组 110V 蓄电池。110V 直流系统为两电三充单母线接线，220V 直流系统为两电两充单母线接线，蓄电池均采用阀控式密封铅酸蓄电池。请分析计算并解答下列各题。

▶▶ **第 63 题 [充电装置模块数量]** 14．若 500kV 升压站每组蓄电池容量为 600Ah，经常电流为 150A，充电模块为 30A，为了简化计算三个充电装置规格参数选择一致。直流系统每套充电装置的高频开关电源模块数至少选几个？ （　　）

(A) 5 (B) 7

(C) 9 (D) 10

【答案及解答】 B

由 DL/T 5044—2014 的附录 D 式（D.1.1-5），得

$$I_r = 1.0I_{10} \sim 1.25I_{10} + I_{jc} = 1.0 \sim 1.25 \times 60 + 150 = 210 \sim 225(\text{A})$$

由第 D.2.1-5 条两组蓄电池 3 个充电装置适用式（D.2.1-5），则

$$n = \frac{I_r}{I_{me}} = \frac{210 \sim 225}{30} = 7 \sim 7.5$$

依题意选最小，取 7 个。

【2024 年上午题 9～12】 某水电站直流系统标称电压为 220V，直流控制与动力负荷合并供电，直流系统设 2 组蓄电池，每组 103 只，配置 3 组高频开关充电装置。蓄电池选用阀控式密封铅酸蓄电池（胶体）。蓄电池容量为 1200Ah。电站经常性负荷电流为 101.13A，1min 事故负荷电流为 410.22A，1～60min 事故负荷电流为 369.31A，随机负荷电流为 55A。请分析并解答下列各小题。

▶▶ **第 64 题 [充电装置模块数量]** 10．若充电装置电流为 145A，单个充电模块的额定电流为 30A，该直流系统每套充电装置配置的充电模块数量宜为下列哪项数值？ （　　）

(A) 4 (B) 5

(C) 6 (D) 7

【答案及解答】 B

依题意，两组蓄电池配 3 套充电装置，由《电力工程直流电源系统设计技术规程》（DL/T 5044—2014）附录 D 式（D.2.1-5）可得 $n=145/30=4.83$（个），取 5 个，所以选 B。

7.2.5 蓄电池选择

考点 13 蓄电池个数计算

【2010 年下午题 16～20】 某 220kV 变电站，直流系统标称电压为 220V，直流控制与动力负荷合并供电。已知变电站内经常负荷 2.5kW；事故照明直流负荷 3kW；设置交流不停电电源 3kW。直流系统由 2 组蓄电池、2 套充电装置供电，蓄电池组采用单体电压为 2V 的蓄电池，不设端电池。其他直流负荷忽略不计，请回答下列问题。

▶▶ 第 65 题［蓄电池个数］16．假设采用阀控式密封铅酸蓄电池，由题目给出的条件，请计算电池个数为下列哪项数值？ （ ）
（A）104 个　　　　　　　　　　（B）107 个
（C）109 个　　　　　　　　　　（D）112 个

【答案及解答】A

由 DL/T 5044—2014 第 6.1.2 条可得，阀控式密封铅酸蓄电池的单体浮充电电压宜取 2.23～2.27V。

根据该规范附录 C，蓄电池个数应满足在浮充电运行时直流母线电压为 $1.05U_n$ 的要求，蓄电池个数为：$n = \dfrac{1.05U_n}{U_f} = \dfrac{1.05 \times 220}{2.23 \sim 2.27} = 101.8 \sim 103.6$（个），取大值，104 个，所以选 A。

【考点说明】

（1）蓄电池的个数选择属于直流电源题目中相对容易的题目，直接按公式计算即可。铅酸蓄电池不考虑端电池。该题难度不大，注意算出数值需向上取整，保证电压足够。

（2）计算蓄电池个数时应使用单体浮充电电压 U_f，切莫使用题设的单体电压 2V，否则会算出 115.5 个，幸好没答案。本题未直接给出蓄电池单体浮充电电压，需要由题目中"阀控式密封铅酸蓄电池"的条件查第 6.1.2 条，得单体浮充电电压。

【2012 年下午题 14～17】 某地区新建 2 台 1000MW 超超临界火力发电机组，以 500kV 接入电网，每台机组设一组动力用 220V 蓄电池，均无端电池，采用单母线接线，两台机组的 220V 母线之间设联络电器，单体电池的浮充电压为 2.23V，均充电压为 2.33V，该工程每台机组 220V 直流负荷如下表，电动机的启动电流倍数为 2。（负荷列表略）

▶▶ 第 66 题［蓄电池个数］14．220V 蓄电池的个数应选择下列哪项？ （ ）
（A）109 个　　　　　　　　　　（B）104 个
（C）100 个　　　　　　　　　　（D）114 个

【答案及解答】B

由 DL/T 5044—2014 附录 C 式（C.1.1）可知，蓄电池个数应满足在浮充电运行时直流母线电压为 $1.05U_n$ 的要求，蓄电池个数为 $n = \dfrac{1.05U_n}{U_f} = \dfrac{1.05 \times 220}{2.23} = 103.6$（个），取 104 个。

【2018 年上午题 14～18】 某火力发电厂机组直流系统。蓄电池拟选用阀控式密封铅酸蓄电池（贫液、单体 2V），浮充电压为 2.23V。本工程直流动力负荷如下表（本题负荷表略）。

▶▶ **第 67 题 [蓄电池个数]** 14. 该电厂设专用动力直流电源,请计算蓄电池的个数、事故末期终止放电电压应为下列哪组数值? ( )

（A）51 个,1.83V　　　　　　　　（B）52 个,1.85V
（C）104 个,1.80V　　　　　　　（D）104 个,1.85V

【答案及解答】 D

依据 DL/T 5014—2014 附录第 C.1.1 条式（C.1.1）、第 C.1.3 条式（C.1.3）

$$n = 1.05 \times \frac{U_n}{U_f} = \frac{1.05 \times 220}{2.23} = 103.6 (个),取 104 个$$

$$U_m \geqslant 0.875 \times \frac{U_n}{n} = 0.875 \times \frac{220}{104} = 1.85 (V)$$

所以选 D。

【考点说明】

题设专用动力直流电源,根据 DL/T 5014—2014 第 3.2.1-2 款可知,电压为 220V。

【2021 年下午题 19～21】 某变电站直流电源系统标称电压为 110V,事故持续放电时间为 2 小时,直流控制负荷与动力负荷合并供电。直流系统设 2 组阀控式铅酸蓄电池（胶体）。每组蓄电池配置一组高频开关电源模块型充电装置,不设端电池。单体蓄电池浮充电压为 2.24V,均充电压为 2.33V,事故末期放电终止电压为 1.83V,请分析计算并解答下列各小题:

▶▶ **第 68 题 [蓄电池个数]** 19. 每组蓄电池个数因为下列何值? ( )

（A）50 个　　　　　　　　（B）51 个
（C）52 个　　　　　　　　（D）53 个

【答案及解答】 C

由 DL/T 5044—2014 第 6.1.1-1 款及附录 D 可知按满足浮充电电压计算蓄电池数量:

$$n = 1.05 \frac{U_n}{U_f} = 1.05 \times \frac{110}{2.24} = 51.5625(个),取 52 个,所以选 C。$$

【考点说明】

满足均衡充电电压计算: $n \leqslant \frac{1.10 U_n}{均充电压} = \frac{1.1 \times 110}{2.33} = 51.93(个)$

满足事故放电末期终止电压 $U_m \geqslant 0.875 \frac{U_n}{n} \Rightarrow n \geqslant 0.875 \times \frac{110}{1.83} = 52.5956(个)$

（1）根据实际蓄电池选择,由浮充电压确定蓄电池个数,然后利用均衡充电电压和事故放电末期电压条件限制蓄电池的参数,无法协调时可增加调压装置。本题参数均已给出,与常规选择不同,只需按规范 3.1.1-1 按照浮充电电压计算即可,根据该条条文说明保证末端设备正常运行电压不小于额定值,为此蓄电池数量向上靠取 52 个。另外,一般蓄电池常规选择 52 和 104 节,这是绝大多数蓄电池的选择结果,所以本题建议选 C。

（2）常规情况,均充电压 2.30V 蓄电池放电终止电压一般为 1.83V;均充电压 2.33V 蓄电池放电终止电压一般为 1.87V。本题题设"均充电压 2.33V,放电终止电压 1.83V"与常规情况不一样,使的浮充、均充、事故放电三者计算值无交叉,提高了难度,需要对规范内涵有深刻地把握才能给出合理答案。

【2022 年补考上午题 13~17】 某 2×300MW 火电厂,每台机组装设 3 组蓄电池,蓄电池选用阀控式密封铅酸蓄电池(贫液 2V)。单体蓄电池浮充电压选取浮充电压范围内的最小值。其中 2 组 110V 蓄电池为控制负荷供电,1 组 220V 蓄电池为动力负荷供电,电缆均采用铜芯电缆,铜电阻系数 $\rho=0.0184\Omega\cdot\text{mm}^2/\text{m}$。每台机组直流负荷如下:

负 荷 名 称	容量(kW)
发变组断路器控制、保护	2
厂用 6kV 断路器控制、保护	10
厂用 380V 断路器控制、保护	6
电气 ECMS 监控系统	5
UPS	60(η = 91%)
热控控制负荷	11
热控动力总电源	66
直流长明灯	1
直流应急照明	3
汽机直流事故润滑油泵(启动电流倍数按 2 倍)	30
6kV 厂用低电压跳闸	7
400V 厂用低电压跳闸	3
厂用电源恢复对高压厂用断路器合闸	1
变压器冷却器控制电源(由继电器分立元件组成)	2

请分析计算并解答下列问题。

▶▶ **第 69 题** [蓄电池个数] 13. 请计算控制用蓄电池组电池个数及事故放电末期蓄电池单体终止电压为下列哪组数值?(终止电压计算保留两位小数) ( )

(A) 51 个,1.87V   (B) 52 个,1.85V
(C) 103 个,1.87V   (D) 104 个,1.85V

【答案及解答】 D

由 DL/T 5044—2014 第 6.1.2-2 结合题意"浮充电压范围内的最小值",U_f 取 2.23V;由式 (C.1.1) 得,电池个数 $n=1.05\times\dfrac{110}{2.23}=51.79$,取 $n=52$,该题小题干"计算控制用蓄电池组电池个数",大题干每台机组设 2 组控制用蓄电池组,所以"控制用蓄电池个数"取 52×2=104;再由该规范式(C.1.3),事故放电末期蓄电池单体终止电压 $U_m=0.875\times110/52=1.85(V)$,选 D。

考点 14 事故放电电流计算

【2012 年下午题 14~17】 某地区新建 2 台 1000MW 超超临界火力发电机组,以 500kV 接入电网,每台机组设一组动力用 220V 蓄电池,均无端电池,采用单母线接线,两台机组的 220V 母线之间设联络电器,单体电池的浮充电压为 2.23V,均充电压为 2.33V,该工程每台机组 220V 直流负荷见下表,电动机的启动电流倍数为 2。

序号	负荷名称	设备电流（A）	负荷系数	计算电流	事故放电电流				
					1min	30min	60min	90min	180min
1	氢密封油泵	37							
2	直流润滑油泵	387							
3	交流不停电电压	460							
4	直流长明灯	1							
5	事故照明	36.6							
各阶段放电电流合计					$I_1=$	$I_2=$	$I_3=$	$I_4=$	$I_5=$

▶▶ **第 70 题 [事故放电电流计算]** 15. 根据给出的 220V 直流负荷表，计算出第 5 阶段的放电电流值为 （　　）

(A) 37A
(B) 691.2A
(C) 921.3A
(D) 29.6A

【答案及解答】D

由 DL/T 5044—2014 表 4.2.5 可知，题目中所列的负荷只有氢密封油泵为第 5 阶段负荷，又由该规范表 4.2.6 可知，氢密封油泵负荷系数为 0.8；则第 5 阶段的放电电流值为 37×0.8=29.6（A）。所以选 D。

【2011 年下午题 16～20】 某 2×300MW 火力发电厂，每台机组装设 3 组蓄电池，其中 2 组 110V 蓄电池对控制负荷供电，另 1 组 220V 蓄电池对动力负荷供电。两台机组的 220V 直流系统间设有联络线。蓄电池选用阀控式密封铅酸蓄电池（贫液）（单体 2V），浮充电压取 2.23V，均衡充电电压取 2.3V。110V 系统蓄电池组选为 52 只，220V 系统蓄电池组选为 103 只。现已知每台机组的直流负荷如下：

(1) UPS　　　　　　　　　　　　　　　　　　　　　120kVA；
(2) 电气控制、保护电源　　　　　　　　　　　　　　15kW；
(3) 热控控制经常负荷　　　　　　　　　　　　　　　15kW；
(4) 热控控制事故初期冲击负荷　　　　　　　　　　　5kW；
(5) 热控动力总电源　　　　　　　　　　　　　　　　20kW（负荷系数取 0.6）
(6) 直流长明灯　　　　　　　　　　　　　　　　　　3kW；
(7) 汽轮机氢气侧直流备用泵（启动电流倍数按 2 计）　4kW；
(8) 汽轮机空气侧直流备用泵（启动电流倍数按 2 计）　10kW；
(9) 汽轮机直流事故润滑油泵（启动电流倍数按 2 计）　22kW；
(10) 6kV 厂用低电压跳闸　　　　　　　　　　　　　40kW；
(11) 400V 低电压跳闸　　　　　　　　　　　　　　25kW；
(12) 厂用电源恢复时高压厂用断路器合闸　　　　　　3kW；
(13) 励磁控制　　　　　　　　　　　　　　　　　　1kW；
(14) 变压器冷却器控制电源　　　　　　　　　　　　1kW。

请根据上述条件计算下列各题（保留两位小数）。

▶▶ **第 71 题 [事故放电电流计算]** 18．请计算 220V 蓄电池组事故放电初期 0～1min 的事故放电电流最接近下列哪项数值？ （ ）

（A）663.62A 　　　　　　　　　　（B）677.28A
（C）690.01A 　　　　　　　　　　（D）854.55A

【答案及解答】 B

依题意，220V 蓄电池对动力负荷供电。由 DL/T 5044—2014 第 4.1.1 条、表 4.2.5 及表 4.2.6，题目中给出的事故放电初期 0～1min 的事故放电动力负荷及其负荷系数如下表所示。

负　　荷	功率	负荷系数	分　类
（1）UPS	120kVA	0.6	动力事故初期
（2）热控动力总电源	20kW	0.6	动力事故初期
（3）直流长明灯	3kW	1	动力经常、事故初期
（4）汽轮机氢气侧直流备用泵（启动电流倍数按 2 计）	4kW	0.8	动力事故初期
（5）汽轮机空气侧直流备用泵（启动电流倍数按 2 计）	10kW	0.8	动力事故初期
（6）汽轮机直流事故润滑油泵（启动电流倍数按 2 计）	22kW	0.9	动力事故初期

考虑负荷系数及电动机启动电流倍数，负荷统计为

$$120×0.6+20×0.6+3×1+(4+10)×0.8×2+22×2×0.9=149 \text{ (kW)}$$

总负荷电流 $I = \dfrac{149×1000}{220} = 677.27 \text{ (A)}$

【考点说明】

（1）题设 UPS 负荷系数是 0.6，可以准确计算出本题 B 答案 677.27A。而 DL/T 5044—2014 中发电厂 UPS 负荷系数已改为 0.5。

（2）本题要求的是"220V 蓄电池组事故放电初期 0～1min 的事故放电电流"，依题意可知该 220V 蓄电池是专供动力的，所以需要在负荷列表中选出"动力负荷"，这是本题的一个难点。注意 220V 蓄电池也可能是动—控混合供电的，具体的负荷选择一定要根据题意确定。

【注释】

本题不够严谨。因为电动机启动电流倍数是以额定电流（功率）为基础的。所以在计算电动机启动电流时应使用启动电流倍数乘额定电流即可，不应该再乘负荷系数。但很显然，本题不乘负荷系数没有对应选项。

【2018 年上午题 14～18】 某火力发电厂机组直流系统。蓄电池拟选用阀控式密封铅酸蓄电池（贫液、单体 2V），浮充电压为 2.23V。本工程直流动力负荷如下表。

序号	名　　称	数量	容量（kW）
1	直流长明灯	1	1
2	直流应急照明	1	1.5

续表

序号	名　　称	数量	容量（kW）
3	汽机直流事故润滑油泵	1	30
4	发电机空侧密封直流油泵	1	15
5	主厂房不停电电源（静态）	1	80（η 为 1）
6	小机直流事故润滑油泵	2	11

直流电动机启动电流按 2 倍电动机额定电流计算。

▶▶ **第 72 题** ［事故放电电流计算］15．请计算该电厂直流动力负荷事故放电初期 1min 的放电电流是下列哪项数值？　　　　　　　　　　　　　　　　　　　　　　（　　）

（A）497.73A　　　　　　　　　　（B）615.91A

（C）802.27A　　　　　　　　　　（D）838.64A

【答案及解答】C

依据 DL/T 5044—2014 第 4.2.5、4.2.6 条（长明灯和事故照明的负荷系数均为 1，不停电电源的负荷系数为 0.5）。

$$I = \frac{S}{U} = \frac{1\times1+1.5\times1+30\times2+15\times2+80\times0.5+2\times11\times2}{220}\times1000 = 802.27\ (A)$$，所以选 C。

【注释】

本题对于动力负荷事故放电初期 1min 的放电电流的计算纠正了 2011 年下午第 18 题中的错误。

考点 15　蓄电池容量计算

【2012 年下午题 14～17】　大题干略

▶▶ **第 73 题** ［蓄电池容量］16．若 220V 蓄电池各阶段的放电电流如下：

①0～1min：1477.8A；②1～30min：861.8A；③30～60min：534.5A；④60～90min：497.1A；⑤90～180min：30.3A。

蓄电池组 29、30min 的容量换算系数分别为 0.67、0.66，请问第二阶段蓄电池的计算容量最接近哪个值？　　　　　　　　　　　　　　　　　　　　　　　　　　　（　　）

（A）1319.69Ah　　　　　　　　　（B）1305.76Ah

（C）1847.56Ah　　　　　　　　　（D）932.12Ah

【答案及解答】C

由 DL/T 5044—2014 附录 C 第 C.2.3-2 条式（C.2.3-8），第二阶段计算容量为

$$C_{c2} \geq K_k \left(\frac{I_1}{K_{c1}} + \frac{I_2 - I_1}{K_{c2}} \right) = 1.4 \times \left(\frac{1477.8}{0.66} + \frac{861.8 - 1477.8}{0.67} \right) = 1847.56\ (Ah)$$

【考点说明】

（1）蓄电池计算容量方法，DL/T 5044—2014 附录 C 推荐了简化计算法和阶梯计算法，两者最主要的区别在于 0～1min 是单独计算还是纳入阶梯计算。简化计算法是单独计算 0～1min，之后的阶段再使用阶梯法，这样阶梯时间就都是 30min 的整数倍，算起来方便。而阶梯计算法由于有 0～1min 参与阶梯，在时间计算上稍显繁杂。

（2）蓄电池容量的完整计算，难度主要在于计算量大。在计算各阶段电流的基础上，还要分别计算（或查表）得出各个时间的 K_c 值，尤其是阶梯法，稍有不慎时间就会代错，很麻烦，在考场上应根据自身情况酌情选做。但是如果只计算其中某一个阶段的电流，计算量就大大降低了。

【2017 年上午题 16～20】 某 220kV 变电站，直流系统标称电压为 220V，直流控制与动力负荷合并供电，直流系统设 2 组蓄电池，蓄电池选用阀控式密封铅酸蓄电池（贫液，单体 2V），不设端电池，请回答下列问题（计算结果保留 2 位小数）。已知直流负荷统计如下：

智能装置、智能组件装置容量	3kW
控制保护装置容量	3kW
高压断路器跳闸	13.2kW（仅在事故放电初期计及）
交流不间断电源装置容量	2×10kW（负荷平均分配在 2 组蓄电池上）
直流应急照明装置容量	2kW

▶▶ **第 74 题 [蓄电池容量]** 17. 若蓄电池的放电终止电压为 1.87V，采用简化计算法，按事故放电初期（1min）冲击条件选择，其蓄电池 10h 放电率计算容量应为下列哪项数值？
（　　）

（A）108.51Ah　　　　　　　　　（B）136.21Ah
（C）168.26Ah　　　　　　　　　（D）222.19Ah

【答案及解答】 A

由 DL/T 5044—2014 表 4.2.5、表 4.2.6 可得

$$I_{\text{cho}} = \frac{S}{U} = \frac{3\times0.8+3\times0.6+13.2\times0.6+2\times1+10\times0.6}{220}\times 1000 = 91.45\ (\text{A})$$

依据 DL/T 5044—2014，查表 C.3-3 可得 $K_{\text{cho}}=1.180$。

由该规范表 4.2.5 及附录 C 式（C.2.3-1）可得 $C_{\text{cho}} = K_k \dfrac{I_{\text{cho}}}{K_{\text{cho}}} = 1.4\times\dfrac{91.45}{1.18} = 108.51\ (\text{Ah})$

【考点说明】

负荷统计时不能遗漏负荷系数。否则会错选 C。

【2017 年下午题 14～17】 某一与电力系统相连的小型火力发电厂直流系统标称电压 220V，动力和控制负荷合并供电，设一组贫液吸附式的阀控式密封铅酸蓄电池，每组蓄电池 103 只，蓄电池放电终止电压为 1.87V，负荷统计经常负荷电流 49.77A，随机负荷电流 10A，蓄电池负荷计算，事故放电初期（1min）冲击放电电流为 511.04A、1～30min 放电电流为 361.21A，30～60min 放电电流 118.79A。

▶▶ **第 75 题 [蓄电池容量]** 14. 按阶梯法计算蓄电池容量最接近下列哪项数值？（本小题图省略）
（　　）

（A）673.07Ah　　　　　　　　　（B）680.94Ah
（C）692.26Ah　　　　　　　　　（D）712.22Ah

【答案及解答】 B

依据 DL/T 5044—2014 附录 C 式（C.2.3-7）～式（C.2.3-9）、式（C.2.3-11），并且查表

C.3-3 可得

(1) 第一阶段计算容量

$$C_{c1} = K_k \frac{I_1}{K_c} = 1.4 \times \frac{511.04}{1.18} = 606.32 \text{ (Ah)}$$

(2) 第二阶段计算容量

$$C_{c2} \geq K_k \left[\frac{1}{K_{c1}} I_1 + \frac{1}{K_{c2}} (I_2 - I_1) \right] = 1.4 \times \left(\frac{511.04}{0.755} + \frac{361.21 - 511.04}{0.764} \right) = 673.07 \text{ (Ah)}$$

(3) 第三阶段计算容量

$$C_{c3} \geq K_k \left[\frac{1}{K_{c1}} I_1 + \frac{1}{K_{c2}} (I_2 - I_1) + \frac{1}{K_{c3}} (I_3 - I_2) \right]$$

$$= 1.4 \times \left(\frac{511.04}{0.52} + \frac{361.21 - 511.04}{0.548} + \frac{118.79 - 361.21}{0.755} \right) = 543.58 \text{ (Ah)}$$

(4) 随机负荷计算容量

$$C_r = \frac{I_r}{K_{cr}} = \frac{10}{1.27} = 7.87 \text{ (Ah)}$$

(5) 计算容量比较

$$C_{c2} + C_r = 673.07 + 7.87 = 680.94 \text{ (Ah)} > C_1 = 606.32 \text{ Ah}$$
$$C_{c3} + C_r = 543.58 + 7.87 = 551.45 \text{ (Ah)}$$

所以选 B。

【考点说明】

蓄电池容量计算为历年高频考点。难点有两个地方：一是在于容量换算系数的选取是否熟练；二是计算量偏大，考场上容易算错。需要考生在平时加强这方面的练习，提高计算熟练度。本题中（1）、（2）、（4）、（5）步的计算是必不可少的，第 3 步计算实际考试过程中可以省略（30～60min 阶段放电电流显著小于 1～30min 阶段，对蓄电池容量选取不起控制作用。相应如果有更多计算阶段，只需从 C_{c2} 到 C_{cn} 中选取 1～2 个放电电流最大的阶段计算即可）。

【2019 年上午题 16～20】 某 220kV 无人值班变电站设置一套直流系统，标准电压为 220V，控制与动力负荷合并供电。直流系统设 2 组蓄电池，蓄电池选用阀控式密封铅酸（贫液，单体 2V），每组蓄电池容量为 400Ah。充电装置满足蓄电池均衡充电且同时对直流系统供电，均衡充电电流取最大值，已知经常负荷、事故负荷统计如下表所示。

序号	名　称	容量（kW）	备　注
1	智能装置、智能组件	3.5	
2	控制、保护、继电器	3.0	
3	交流不间断电流	2×15	负荷平均分配在 2 组蓄电池上，$\eta=1$
4	直流应急照明	2.1	
5	DC/DC 变换装置	2.2	$\eta=1$

请分析计算并解答下列各小题。

▶▶ 第 76 题 [蓄电池容量] 18. 若变电站 220kV 侧为双母线接线，出线间隔 6 回，主变压器间隔 2 回，220kV 配电装置已达终极规模。220kV 断路器均采用分相机构，每台每相跳闸电流为 2A，事故初期高压断路器跳闸按保护动作跳开 220kV 母线上所有断路器考虑，不考虑高压断路器自投。取蓄电池的放电终止电压为 1.85V，采用简化计算法，求满足事故放电初期（1min）冲击放电电流的蓄电池 10h 放电率计算容量 C_{cho} 应为下列哪项值？（计算结果保留两位小数） （ ）

(A) 100.44Ah (B) 101.80Ah
(C) 126.18Ah (D) 146.63Ah

【答案及解答】C

依题意，高压断路器跳闸电流为 $(6+2+1)\times 3\times 2=54$ (A)。

由 DL/T 5044—2014《电力工程直流电源系统设计技术规程》表 4.2.5、表 4.2.6，可得事故初期 1min 负荷放电电流为

$$I=\frac{3.5\times 0.8+3.0\times 0.6+15\times 0.6+2.1\times 1+2.2\times 0.8}{220}\times 1000=79.36\,(A)$$

$I_{cho}=79.36+54\times 0.6=111.76$ (A)

依题意，放电终止电压 1.85V，又由该规范表 C.3-3 可得 $K_{cho}=1.24$；由式（C.2.3-1），可得：$C_{cho}=1.4\times\dfrac{111.76}{1.24}=126.18$ (Ah)，所以选 C。

【考点说明】

本题考点明确，计算蓄电池容量，主要是计算冲击放电电流，计算时需要注意以下两点：

（1）高压断路器跳闸时应该有 9 个间隔，除了 6 条线路和 2 台主变压器还有 1 台母联是必须考虑的。

（2）本题题设"事故初期高压断路器跳闸按保护动作跳开 220kV 母线上所有断路器考虑"，该考点出自 DL/T 5044—2014 第 4.2.6 条的条文说明，跳闸电流 2A 的系数 0.6 是考虑在事故断路器全跳过程中有先有后设置的同时系数，据此计算时应乘系数 0.6。

题目设置了一个事故背景，"事故初期高压断路器跳闸按保护动作跳开 220kV 母线上所有断路器考虑"，作答时应该按描述的背景结合条文作答。但此背景有一点瑕疵，220kV 开关全跳一般是母差出口，低电压不会跳 220kV 侧，只会跳 10kV 侧开关。部分考生根据实际工程经验，在作答时按母差动作考虑，母差动作先跳母联，后同时跳开各支路开关，既不考虑母联，也不考虑同时系数，计算结果为

$$I=\frac{(3.5\times 0.8+3\times 0.6+15\times 0.6+2.1+2.2\times 0.8)}{220}\times 1000+(8\times 3\times 2)=127.36\,(A)$$

$C=1.4\times\dfrac{127.36}{1.24}=143.79$ (Ah)，显然没答案。

【2020 年上午题 5～7】 某水电站直流系统电压为 220V，直流控制负荷与动力负荷合并供电。直流系统负荷由 2 组阀控铅酸蓄电池（胶体）、3 套高频开关单元模块充电装置供电，不设端电池。单体蓄电池的额定电压为 2V，事故末期放电终止电压为 1.87V。电站设有柴油

发电机组作为保安电源，交流不停电电源 UPS 从直流系统取电。请分析计算并解答下列小题。

▶▶ 第 77 题 [蓄电池容量] 5. 假设直流负荷统计如下表，事故持续放电时间为 2 小时，请按阶梯计算法，计算每组蓄电池容量应为下列哪项数值？ （   ）

直流负荷统计表

序号	负荷名称	负荷容量（kW）	备 注
1	控制和保护负荷	12.5	
2	监控系统负荷	2	
3	励磁控制负荷	1	
4	高压断路器跳闸	14.3	
5	高压断路器自投	0.55	电磁操动合闸机构
6	直流应急照明	15	
7	交流不间断电源（UPS）	2×10	从直流系统取电

（A）600Ah   （B）700Ah
（C）800Ah   （D）900Ah

【答案及解答】B

由 DL/T 5044—2014 表 4.2.5 及表 4.2.6，第 4.2.1-2 条。

（1）控制负荷统计

控制和保护负荷为经常负荷，负荷系数为 0.6 I=12.5×1000×0.6/220=34.1(A)

监控系统负荷为经常负荷，负荷系数为 0.8 I=2×1000×0.8/220=7.27(A)

励磁控制负荷为经常负荷，负荷系数为 0.6 I=1×1000×0.6/220=2.73(A)

高压断路器跳闸为初期 1min 冲击负荷，负荷系数为 0.6 I=14.3×1000×0.6/220=39(A)

（2）动力负荷统计

由 DL/T 5044—2014 第 4.2.1-2 款可知，动力负荷应平均分配，发电厂直流应急照明应全部统计：

高压断路器自投电磁操动机构为动力初期 1min 冲击负荷，负荷系数为 1；

I=0.55×1000×1/220×0.5=1.25(A)

直流应急照明为事故负荷，持续时间为 2h，负荷系数为 1；

I=15×1000×1/220=68.2(A)

交流不间断电源（UPS）为事故负荷，持续时间为 2h，负荷系数为 0.5；

I=1×10×1000×0.5/220=22.73(A)

（3）蓄电池容量计算

初期 1min：I_1=34.1+7.27+2.73+39+1.25+22.73+68.2=175.28(A)

30min：I_2=34.1+7.27+2.73+22.73+68.2=135(A)

60min、90min、120min 电流均等于 30min 电流 135(A)

又由该规范附录 C.2.3 及表 C.3-5，因电流只有两个阶梯，故按两个阶段计算，可得

$$C_{C1} = K_K \frac{I_1}{K_C} = 1.4 \times \frac{175.28}{0.94} = 261.1(Ah)$$

$$C_{C2} = K_K[\frac{I_1}{K_{C2}} + \frac{I_2 - I_1}{K_{C2}}] = 1.4 \times [\frac{175.28}{0.29} + \frac{135-175.28}{0.292}] = 653.1(Ah)$$

选大于且最接近选项，所以选 B。

【考点说明】

本题只给出了蓄电池和充电装置的配置数量，没给出接线形式：

（1）按照规范要求分析如下：DL/T 5044—2014 第 3.5.2-3 款可知，应配置两段母线，此时就需要注意，两段母线的动合并供电的动力负荷是均分在两段母线上的，同时本题给出的直流负荷没有说明是按段统计的，则可按一般默认的按机组统计，按此分析单组蓄电池动力负荷应除 2。

（2）按题设，UPS 给出 2×10，其余动力负荷没乘 2，按照题意表格表达形式，乘 2 项目为双套，单套蓄电池统计负荷时除 2；没乘 2 项目为单套，为此不除 2。

综上所述，推荐采用第二种算法，即解答解法。

【2021 年下午题 19～21】 某变电站直流电源系统标称电压为 110V，事故持续放电时间为 2h，直流控制负荷与动力负荷合并供电。直流系统设 2 组阀控式铅酸蓄电池（胶体）。每组蓄电池配置一组高频开关电源模块型充电装置，不设端电池。单体蓄电池浮充电压为 2.24V，均充电压为 2.33V，事故末期放电终止电压为 1.83V。请分析计算并解答下列各小题：

▶▶ 第78题[蓄电池容量] 20. 直流负荷统计见下表。

直流负荷统计表

序号	负 荷 名 称	负荷容量（kW）	备　注
1	控制和保护负荷	10	
2	监控系统负荷	3	
3	高压断路器跳闸	9	
4	高压断路器自投	0.5	电磁操动合闸机构
5	直流应急照明	5	
6	交流不间断电源（UPS）	2×7.5	从直流系统取电

请按阶梯法计算并确定每组蓄电池容量宜选以下何值？　　　　　　　　　　（　）

（A）500Ah　　　　　　　　　　　（B）600Ah

（C）700Ah　　　　　　　　　　　（D）800Ah

【答案及解答】 D

由 DL/T 5044—2014 表 4.2.5 及表 4.2.6，第 4.2.1-2 条。

（1）负荷统计：

控制和保护负荷：$I=10\times1000\times0.6/110=54.55(A)$，经常负荷，持续时间 120min

监控系统负荷：$I=3\times1000\times0.8/110=21.82(A)$，经常负荷，持续时间 120min

高压断路器跳闸：$I=9\times1000\times0.6/110=49.09(A)$，事故负荷，持续时间 1min

高压断路器自投：$I=0.5\times1000\times1/110\times0.5=2.27(A)$，事故负荷，持续时间 1min

直流应急照明：$I=5\times1000\times1/110=45.45(A)$，事故负荷，持续时间 120min

交流不间断电源：$I=7.5\times1000\times0.6/110=40.91(A)$，事故负荷，持续时间 120min

（2）蓄电池容量计算：

根据负荷持续时间分析，只有1min和120min两个阶梯，因此按2个阶段计算：

初期1min I_1=49.09+2.27+54.55+21.82+45.45+40.91=214.09(A)

1～120min I_2=214.09-49.09-2.27=162.73(A)

又根据该规范表C.3-5，K_c=1.06　K_{119}=0.313　K_{120}=0.31，由附录C.2.3可得

第一阶梯计算容量：$C_{c1}=K_k\dfrac{I_1}{K_c}=1.4\times\dfrac{214.09}{1.06}=282.76(Ah)$

第二阶梯计算容量：$C_{c2}=K_k[\dfrac{I_1}{K_{c1}}+\dfrac{I_2-I_1}{K_{c2}}]=1.4\times[\dfrac{214.09}{0.31}-\dfrac{214.09-162.73}{0.313}]=737.13(Ah)$

选大于且最接近选项，所以选D。

【考点说明】

题设给出2组蓄电池，表格UPS给出2×7.5kW，故统计单套蓄电池时UPS取7.5kW。

【2022年补考上午题13~17】　某2×300MW火电厂，每台机组装设3组蓄电池，蓄电池选用阀控式密封铅酸蓄电池（贫液2V）。单体蓄电池浮充电压选取浮充电压范围内的最小值。其中2组110V蓄电池为控制负荷供电，1组220V蓄电池为动力负荷供电，电缆均采用铜芯电缆，铜电阻系数ρ=0.0184Ω·mm²/m。每台机组直流负荷如下：

负 荷 名 称	容量(kW)
发变组断路器控制、保护	2
厂用6kV断路器控制、保护	10
厂用380V断路器控制、保护	6
电气ECMS监控系统	5
UPS	60(η=91%)
热控控制负荷	11
热控动力总电源	66
直流长明灯	1
直流应急照明	3
汽机直流事故润滑油泵(启动电流倍数按2倍)	30
6kV厂用低电压跳闸	7
400V厂用低电压跳闸	3
厂用电源恢复对高压厂用断路器合闸	1
变压器冷却器控制电源(由继电器分立元件组成)	2

请分析计算并解答下列问题。

▶▶第79题[蓄电池容量]14. 请按阶梯计算法计算控制用110V蓄电池组第一阶段和第二阶段计算容量，为下列哪组数值？（蓄电池放电终止电压取1.85V）　　　　　　（　　）

(A) 283.29Ah，354.89Ah　　　　　　(B) 293.55Ah，371.20Ah

(C) 293.55Ah，387.13Ah　　　　　　(D) 303.81Ah，371.62Ah

【答案及解答】 B

列表计算第一阶段和第二阶段 110V 蓄电池组放电电流。

序号	负荷名称	容量（kW）	负荷系数	计算电流	1min	1～30min
1	发变组控制、保护	2	0.6	10.91	10.91	10.91
2	厂用 6kV 断路器控制、保护	10	0.6	54.55	54.55	54.55
3	厂用 380V 断路器控制、保护	6	0.6	32.73	32.73	32.73
4	电气 ECMS 监控系统	5	0.8	36.36	36.36	36.36
5	热控控制负荷	11	0.6	60	60	60
6	6kV 厂用低电压跳闸	7	0.6	38.18	38.18	
7	400V 厂用低电压跳闸	3	0.6	16.36	16.36	
8	变压器冷却器控制电源（由继电器分立元件组成）	2	0.6	10.91	10.91	10.91
9	合计				260	205.46

依据 DL/T 5044—2014 附录 C 中式（C.2.3-7）及式（C.2.3-8），可得

第一阶段计算容量 $C_{c1} = K_k \dfrac{I_1}{K_c} = 1.4 \times \dfrac{260}{1.24} = 293.55 (\text{Ah})$

第二阶段计算容量

$$C_{c1} = K_k [\dfrac{1}{K_{c1}} I_1 + \dfrac{1}{K_{c2}} (I_2 - I_1)] = 1.4 \times [\dfrac{1}{0.78} \times 260 + \dfrac{1}{0.8} (205.46 - 260)] = 371.22 (\text{Ah})$$

所以选 B。注释：本题目小题干要求计算的是蓄电池组第一阶段和第二阶段计算容量，并非要求计算蓄电池的计算容量，因此不考虑随机负荷的问题，如果考虑了随机负荷，会误选 C。

【2023 年下午题 20～23】 某水电站采用控制负荷和动力负荷合并供电的直流电源系统，事故停电时间 1h，直流系统标称电压 220V，采用 2 组阀控式密封铅酸蓄电池，配置 3 套高频开关电源充电装置，直流母线为 2 段单母线接线，每组蓄电池容量 1000Ah，蓄电池个数 103 只，选用单位 2V、终止电压 1.87V 的贫液电池、直流负荷统计计算结果为：经常负荷电流 50.9A，随机负荷电流 12A，事故放电初期（1min）冲击放电电流 756.4A，1～30min 放电电流 458.2A、30～60min 放电电流 271.6A，请分析计算并解答下列各小题。

▶▶ 第 80 题 [蓄电池容量] 21. 蓄电池随机负荷计算容量和事故放电初期冲击负荷计算容量最接近下列哪项数值？　　　　　　　　　　　　　　　　　　　　　　（　　）

　　（A）8.96Ah，854Ah　　　　　　　（B）9.45Ah，897.42Ah
　　（C）12.54Ah，854Ah　　　　　　　（D）13.23Ah，897.42Ah

【答案及解答】 B

由 DL/T 5044—2014 附录 C 第 C.2.3 条，式（C.2.3-7）、式（C.2.3-11），K_k 取 1.4；由表 C.3-3 可知 k_{cr} 取 5s 值为 1.27，k_{c1} 取 1min 值为 1.18。

$$C_{\mathrm{r}} \geq \frac{I_{\mathrm{r}}}{k_{\mathrm{cr}}} = \frac{12}{1.27} = 9.45(\mathrm{Ah}); \quad C_{\mathrm{c1}} \geq K_{\mathrm{k}} \frac{I_1}{k_{\mathrm{c1}}} = 1.4 \times \frac{756.4}{1.18} = 897.42(\mathrm{Ah})$$

【2023 年下午题 20～23】 某水电站采用控制负荷和动力负荷合并供电的直流电源系统，事故停电时间 1h，直流系统标称电压 220V，采用 2 组阀控式密封铅酸蓄电池，配置 3 套高频开关电源充电装置，直流母线为 2 段单母线接线，每组蓄电池容量 1000Ah，蓄电池个数 103 只，选用单位 2V、终止电压 1.87V 的贫液电池、直流负荷统计计算结果为：经常负荷电流 50.9A，随机负荷电流 12A，事故放电初期（1min）冲击放电电流 756.4A，1～30min 放电电流 458.2A、30～60min 放电电流 271.6A，请分析计算并解答下列各小题。

▶▶ 第 81 题 [蓄电池容量] 22．假设计算选择的蓄电池计算容量由阶梯计算法第三阶段确定，则蓄电池计算容量为下列哪项数值？ （　　）

(A) 906.87Ah (B) 928.63Ah
(C) 938.08Ah (D) 941.86Ah

【答案及解答】C

由 DL/T 5044—2014 附录 C 第 C.2.3 条式（C.2.3-9）、表 C.3-3，K_{k} 取 1.4，可得

$$C_{\mathrm{c3}} \geq K_{\mathrm{k}} [\frac{1}{k_{\mathrm{c1}}} I_1 + \frac{1}{k_{\mathrm{c2}}} (I_2 - I_1) + \frac{1}{k_{\mathrm{c3}}} (I_3 - I_2)]$$
$$= 1.4 \times [\frac{1}{0.52} \times 756.4 + \frac{1}{0.548} \times (458.2 - 756.4) + \frac{1}{0.755} \times (271.6 - 458.2)]$$
$$= 928.63\mathrm{Ah}$$

由式（C.2.3-11）有，$C_2 = \frac{12}{1.27} = 9.45(\mathrm{Ah})$

$C = C_3 + C_2 = 928.63 + 9.45 = 938.08(\mathrm{Ah})$

【考点说明】

本题"……由阶梯计算法第三阶段确定"指的是 $C_{\mathrm{c1}} \sim C_{\mathrm{cn}}$ 各阶段中 C3 是控制阶段（或最大阶段），在此阶段上加随机负荷为总容量，如果不加随机负荷会错选 B。

【2024 年上午题 9～12】 某水电站直流系统标称电压为 220V，直流控制与动力负荷合并供电，直流系统设 2 组蓄电池，每组 103 只，配置 3 组高频开关充电装置。蓄电池选用阀控式密封铅酸蓄电池（胶体）。蓄电池容量为 1200Ah。电站经常性负荷电流为 101.13A，1min 事故负荷电流为 410.22A，1～60min 事故负荷电流为 369.31A，随机负荷电流为 55A。

请分析并解答下列各小题。

▶▶ 第 82 题 [蓄电池容量] 12．如果蓄电池容量采用简化计算，下列哪项数值满足事故放电初期（1min）冲击放电电流计算容量？ （　　）

(A) 487Ah (B) 550Ah
(C) 574Ah (D) 611Ah

【答案及解答】D

由《电力工程直流电源系统设计技术规程》（DL/T 5044—2014）第 3.2.4 条可知，事故末

期放电终止电压为系统标称电压的 87.5%，题设每组蓄电池 103 只，则每只蓄电池事故放电终止电压为 220×87.5%/103=1.87（V），由该规范附第 61 页录 C 表 C.3-5 可知，1min 换算系数为 0.94，由该规范第 54 页式 C.2.3-1 可得

$$C_{cho} = K_k \frac{I_{cho}}{K_{cho}} = 1.4 \times \frac{410.22}{0.94} = 610.97(Ah)$$

所以选 D。

第8章 中性点、过电压与绝缘配合

8.1 概 述

8.1.1 本章主要涉及规范

《电力工程设计手册 火力发电厂电气一次设计》★★★★★（简称新版一次手册）
《电力工程设计手册 变电站设计》★★★★★（简称新版变电手册）
DL/T 5222—2021《导体和电器选择设计技术规定》★★★★★
DL/T 5153—2014《火力发电厂厂用电设计技术规程》★★★★
GB 50660—2011《大中型火力发电厂设计规范》★★
GB/T 50064—2014《交流电气装置的过电压保护和绝缘配合设计规范》★★★★★
GB 311.1—2012《绝缘配合 第1部分：定义、原则和规则》★
GB 311.2—2012《绝缘配合 第2部分：使用导则》★
NBT 35067—2015《水力发电厂过电压保护和绝缘配合设计技术导则》★（未在2021考纲）
参考：《电力工程电气设计手册 电气一次部分》（简称老版一次手册）

8.1.2 真题考点分布（总计134题）

1. 中性点

考点1　中性点接地方式选择（共5题）：第1～5题
考点2　电容电流计算（共6题）：第6～11题
考点3　变电站接地电阻选择（共2题）：第12、13题
考点4　高压厂用电系统接地电阻选择（共4题）：第14～17题
考点5　发电机接地电阻计算（二次侧电阻）（共5题）：第18～22题
考点6　变电站消弧线圈容量（共5题）：第23～27题
考点7　发电机消弧线圈容量（共7题）：第28～34题
考点8　变电站接地变压器选择（共1题）：第35题
考点9　风电场接地变压器选择（共1题）：第36题
考点10　发电机接地变压器（单相接地变）选择（共2题）：第37、38题

2. 过电压

考点11　过电压类型判断（共1题）：第39题
考点12　系统过电压允许值计算（共3题）：第40～42题
考点13　变压器中性点过电压幅值计算（共3题）：第43～45题
考点14　发电机自励磁（共1题）：第46题
考点15　变压器中性点避雷器参数选择（共5题）：第47～51题
考点16　变压器高、低压侧避雷器参数选择（共4题）：第52～55题
考点17　发电机出口避雷器参数选择（共7题）：第56～62题

考点 18　母线及设备避雷器参数选择（共 6 题）：第 63~68 题

考点 19　避雷器安装距离（共 8 题）：第 69~77 题

考点 20　避雷器通流容量（共 1 题）：第 78 题

考点 21　避雷器配置图（共 1 题）：第 79 题

考点 22　避雷器配置（共 1 题）：第 80 题

考点 23　避雷针保护范围（共 18 题）：第 81~98 题

考点 24　避雷针空中距离（共 2 题）：第 99、100 题

3. 绝缘配合

考点 25　绝缘配合（共 16 题）：第 101~116 题

考点 26　试验电压（共 6 题）：第 117~122 题

考点 27　配电绝缘子片数（共 6 题）：第 123~128 题

考点 28　爬电距离（共 5 题）：第 129~133 题

考点 29　发电机转子绕组试验电压（共 1 题）：第 134 题

8.1.3　考点内容简要

1. 中性点接地方式

中性点接地方式决定了系统的绝缘水平、单相接地电流大小、继电保护配置和整定方案、设备选择等相关问题。从历年考题来看，考查频率不高，基本属于送分题或中等难度题目。学习内容主要以 DL/T 5222—2021 第 18 章及附录 B、DL/T 5153—2014 第 3.4 节及附录 C、GB/T 50064—2014 第 3 章、老版一次手册第 69 页第 2-7 节、第 80 页第 3-4 节、第 260 页第 6-9 节等内容为主。

中性点接地方式主要考点分析如下：

（1）中性点接地方式的选择：基本属于套条文的送分题，但需要注意的是，发电厂和变电站还是有一定区别的，火电厂参考 DL/T 5153—2014 第 3.4 节内容，变电站参考 GB/T 50064—2014 第 3 章内容。

（2）电容电流计算：电容电流计算是中性点设备选择的基础，其计算方法也分为火电厂和变电站两大类，火电厂参考老版一次手册第 80 页、变电站参考第 261 页相关内容。在计算电容电流时，对于分段的母线是计一段还是计两段，其原则和思路在火电厂厂用和变电站厂用母线中是有很大区别的，读者应结合本章题目认真学习，掌握其方法。

（3）中性点设备选择：主要分为三大类：①中性点电阻；②消弧线圈；③接地变压器。其中，火电厂厂用电阻接地较多，变电站用消弧线圈较多。接地变压器容量计算情况稍微复杂，分为三相接地变压器、三台单相变压器组成的接地变压器以及中性点用于将一次电阻转换为二次电阻的单相接地变压器，读者应注意区分。

2. 过电压

过电压与绝缘配合属于高频考查章节。内容几乎覆盖电力系统的各方面，其理论主要基于试验而来，涉及电场、磁场的知识较多，具有较高的抽象性。同时很多公式都是经验公式，有些能用数学推导的公式都很复杂，所以学习起来难度较大。不过考试所涉及的考点内容还是比较简单的，大部分考点掌握起来并不难。所以读者在备考学习时应重点掌握高频考

点的内容和原理，对于其他高电压技术涉及的内容了解即可，不必深入研究。参考内容主要以 GB/T 50064—2014、DL/T 5582—2020 第 6 章、新版一次手册第十四章内容为主（老版一次手册第十五章），适当参考 NB/T 35067—2015 和 GB 311.1—2012。各考点分析如下：

（1）过电压类型判断与幅值计算：送分题，很少考查；

（2）避雷器参数选择：高频考点，考查频率高，难度不大，所以是备考重点内容。主要依据为 GB/T 50064—2014 表 4.4.3 和第 4.4.4 条。

（3）避雷器安装距离：高频考点，难度也不大，应重点掌握。主要依据 GB/T 50064—2014 表 5.4.13-1。

（4）避雷针保护范围：高频考点，计算量中等，公式多、类型较多，考查比较灵活。

（5）绝缘配合：高频考点，内容多、公式多、参数多、情况复杂，又比较抽象。读者在学习时应按照工频、雷电和操作三类分类学习，内绝缘、外绝缘区别对待，切不可混为一谈盲目使用。

（6）海拔修正：高频考点，是绝缘配合的升级考查方式，主要针对外绝缘。在学习时一定要学习其原理，不能只学公式，否则极易掉坑。

3. 绝缘配合

绝缘配合主要依据为 GB/T 50064—2014 和 GBT 311.2-2013 两本规范，会根据题目要求查到相应绝缘配合系数就可以，难点在于海拔修正和对题意的理解，此类题目需要一定的解题经验，读者平时需要注意多加强这方面的训练。

8.2 历年真题详解

8.2.1 中性点

考点 1　中性点接地方式选择

【2009 年上午题 1~5】110kV 有效接地系统中的某一变电站有 110/35/10kV，31.5MVA 主变压器两台、110kV 进线 2 回、35kV 出线 5 回、10kV 出线 10 回，主变压器 110、35、10kV 三侧接线方式为 YNyn0d11。

▶▶ 第 1 题 [接地方式] 5. 设该变电站为终端变电站，1 台主变压器，一回 110kV 进线，主变压器 110kV 侧中性点全绝缘，则此中性点的接地方式不宜采用哪种方式，为什么？（　　）

(A) 直接接地

(B) 经避雷器接地

(C) 经放电间隙接地

(D) 经避雷器接地和放电间隙接地并联接地

【答案及解答】A

由老版一次手册第 2-7 节相关内容可知：终端变电站的变压器中性点一般不接地。只有 A 明显违背要求。

又根据 GB/T 50064—2014 第 5.4.13-8 条可知，中性点全绝缘，但变电站为单进线且为单台变压器运行，也应在中性点装设雷电过电压保护装置，B、C、D 均可，所以选 A。

【考点说明】

（1）变压器中性点接地方式的确定主要依据 GB/T 50064—2014 第 3.1 节，也可参考老版一次手册第 2-7 节。

终端变电站是单电源辐射状结构，为了提高线路首端零序电流保护的灵敏度，110kV 终端变电站中三绕组变压器的中性点一般不接地运行，即使接地运行，其中性点的零序电流保护也不必运行。中性点采用不接地运行，一般应加装过电压保护措施，如并联放电间隙或避雷器。

（2）但当有小电厂从 35kV（10kV）母线上接入后，在这些运行方式下，为防止 110kV 线路接地时产生的过电压影响 110kV 线路和变压器及相关设备的安全，该变压器 110kV 侧中性点需接地并投入零序过电流保护。这样，配电网的零序网络发生变化，零序电流保护的保护范围也发生相应变化，为保证零序保护的选择性，系统侧保护的灵敏度将大幅度降低。

（3）新版一次手册该处已修改。

【注释】

（1）终端变电站可以理解为用户端的变电站。其在电网中占有一定的地位，降压变压器也有相当大的数量。为了降低 110kV 电网单相接地电流，提高零序阻抗，这些变压器的中性点在运行中是不接地的。但在投入尚未带负荷的空载变压器，且断路器的三相同期性能不太好时，容易激发谐振，所以运行操作规程规定，在投切变压器过程中应先将中性点短时直接接地再进行操作，待操作完成后再将变压器中性点恢复成不接地方式。所以，用户端的变压器中性点应经装隔离开关接地，以便灵活选择变压器的接地方式。

（2）对一条线路一台变压器的终端变电站来说，如果线路三相落雷，由于变压器平时不接地运行，三相雷电波侵入变压器，在中性点会有全波反射，此反射雷电波几乎是侵入波的两倍。而侵入波应当是 110kV 避雷器的残压。也就是说变压器中性点所承受的雷电过电压会高于变压器线端的过电压。由此，即使中性点为全绝缘耐压水平，也必须加装避雷器予以保护。所以，GB/T 50064—2014 第 5.4.13-8 款特别规定："有效接地系统中的中性点不接地变压器，……中性点采用全绝缘，变电站为单进线且为单台变压器运行时，也应在中性点装设 MOA"。

（3）关于在中性点装设与 MOA 并联的放电间隙问题，DL/T 620—1997 第 4.1.1 条和 GB/T 50064—2014 第 4.1.4 条的规定是一致的，即："应避免 110kV 及 220kV 有效接地系统中偶然形成局部系统不接地系统产生较高的工频过电压"。对可能形成的这种局部系统，中低压侧有电源时要快速切除，否则应在中性点加装间隙。防止发生单相接地时中性点 MOA 动作而损坏。因为电网在什么情况下，会发生局部不接地系统，是一个不确定的概念，所以几乎全国都是根据这条规定，对 110kV、220kV 变压器都一概设计成隔离开关、MOA 和放电间隙三者并联的成套保护装置。

（4）据统计调查，因为棒间隙的击穿电压分散性很大，难与 MOA 的特性配合，失去了原来设定的保护性能，在执行规程的力度上出现了差异。有的取消了避雷器只留存间隙；有的取消了间隙只留存避雷器；有的把棒间隙改为标准的球间隙，以求放电的准确性，完善和避雷器的精准配合；为了解决间隙放电伴生的高频振荡对变压器绕组的威胁和数万安培放电电流对间隙的灼伤，有的给间隙回路增设了限流装置……传统的保护方式还在不断地改进更新中。

【2010 年上午题 1~5】 某 220kV 变电站，原有 2 台 120MVA 主变压器，其电压为 220/110/35kV，220kV 为户外管母中型布置，管母线规格为 $\phi 100/90$；220、110kV 为双母线接线，

35kV 为单母线分段接线，根据负荷增长的要求，计划将现有 2 台主变压器更换为 180MVA（远景按 3×180MVA 考虑）。

▶▶ **第 2 题 [接地方式]** 3．变电站扩建后，35kV 出线规模增加，若该 35kV 系统总的单相接地故障电容电流为 22.2A，且允许短时单相接地运行，计算 35kV 中性点应选择哪种接线方式？ （　　）

（A）35kV 中性点不接地，不需装设消弧线圈
（B）35kV 中性点经消弧线圈接地，消弧线圈容量 450kVA
（C）35kV 中性点经消弧线圈接地，消弧线圈容量 800kVA
（D）35kV 中性点经消弧线圈接地，消弧线圈容量 630kVA

【答案及解答】D

由 GB/T 50064—2014 第 3.1.3-1 条可知，当 35kV 系统接地电流超过 10A，且需在接地条件下运行时，中性点应经消弧线圈接地。又根据该规范式（3.1.6）可得

$$W = 1.35 I_c \frac{U_e}{\sqrt{3}} = 1.35 \times 22.2 \times \frac{35}{\sqrt{3}} = 605.6 \text{ (kVA)}$$

取 630kVA，所以选 D。

【注释】

（1）命题给出的是一座地区性的变电站。220kV 和 110kV 均为双母线接线，说明出线回路很多。35kV 侧是主要向地区用户供电的一侧。系统总的单相接地故障电流为 22.2A，虽已超过了 10A，但也不是太大。说明出线以架空线路为主，又要求能够允许短时单相接地运行，所以选择 35kV 中性点经消弧线圈接地方式是符合规程规定的。

（2）一般主变压器的 35kV 侧绕组都是联结为三角形的，并没有中性点引出。所以需装设单独的接地变压器，形成人为接地点，然后消弧线圈就通过接地变压器的中性点接地。一般情况下，接地变压器是按母线配置的，35kV 有几段母线就配几台变压器。一般的做法是给出 35kV 每段母线的负荷和电容电流 I_c，分别选择各段的接地变压器和消弧线圈。这在接线上，比较容易处理，也比较容易适应过渡发展的需要。本题比较笼统，没有涉及接地变压器台数的配置，只要求计算消弧线圈总容量。

【2017 年上午题 1~5】某省规划建设新能源基地，包括四座风电场和两座地面太阳能光伏电站，其中风电场总发电容量 1000MW，均装设 2.5MW 风机；光伏电站总发电容量 350MW。风电场和光伏电站均接入 220kV 汇集站，由汇集站通过 2 回 220kV 线路接入就近 500kV 变电站的 220kV 母线，各电源发电同时率为 0.8。具体接线见下图。（本题配图略）

▶▶ **第 3 题 [接地方式]** 4．风电场四 35kV 侧采用单母线分段接线，架空集电线路 6 回总长度 76km，请计算 35kV 单相接地电容电流值，并确定当其中一回 35kV 集电线路发生单相接地故障时，下列方式哪种是正确的？ （　　）

（A）7.18A，中性点不接地，允许继续运行一段时间（2h 以内）
（B）7.18A，中性点不接地，小电流接地选线装置动作于故障线路断路器跳闸
（C）8.78A，中性点不接地，允许继续运行一段时间（2h 以内）
（D）8.78A，中性点不接地，小电流接地选线装置动作于故障线路断路器跳闸

【答案及解答】D

依据 GB/T 51096—2015 第 7.13.7-1 条：35kV 线路应全线架设地线，由新版一次手册第 257 页式（7-37）可得

$$I_c = 3.3 \times 35 \times 76 \times 10^{-3} = 8.78 \, (\text{A})$$

依据 GB/T 50064—2014 第 3.1.1-1 条：单相接地故障电容电流不大于 10A，可采用中性点不接地方式；

依据 GB/T 51096—2015 第 7.9.5-1 条：小电流接地选线装置可动作于故障线路跳闸。

所以选 D。

【考点说明】

（1）风电场如果依据 GB/T 50064—2014 第 5.3.1-2 条：35kV 线路不宜全线架设地线考虑，则会错选 B。$I_c = 2.7 \times 35 \times 76 \times 10^{-3} = 7.18 \, (\text{A})$

（2）本风电场采用两台 220kV 主变压器，35kV 侧采用单母线分段接线，最大电容电流发生在一台主变压器带两个分支供电时，发生单相接地故障，其电容电流应按全部架空线路计算。

（3）老版一次手册第 261 页式（6-33）。

【2024 年上午题 1~5】 某工业园区热电厂安装 4 台燃煤发电机组，发电机额定功率 50MW，额定电压 6.3kV。额定功率因数 0.8，最大连续出力 55MW（运行在额定功率因数），电厂通过两回 220kV 线路接入电力系统，220kV 升压站采用双母线接线。电厂设置备用变压器，电源引接自 220kV 升压站母线。

请分析并解答下列各小题。

▶▶ **第 4 题 [接地方式]** 3. 假设发电机定子绕组每相对地电容为 0.25μF，主变压器低压侧绕组每相对地电容为 13.5nF，发电机出口绝缘管型母线的每相对地电容为 850pF/m，母线单相长度为 20m，高压厂用工作电源采用厂用电抗器从主变低压侧引接，高压厂用电系统（含厂用电抗器）总的单相接地故障电容电流为 2.5A，当发电机内部发生单相接地故障不要求瞬时切机，请计算确定发电机中性点接地方式宜选择下列哪种方案？ （　　）

（A）中性点不接地　　　　　　　　（B）中性点经高阻接地
（C）中性点经低电阻接地　　　　　（D）中性点经消弧线圈接地

【答案及解答】 A

（1）计算电容电流

依据：老版一次手册第 80 页式（3-1）可得发电机出口系统电容电流为

$$I_C = \sqrt{3} U_e \omega C \times 10^{-3}$$
$$= \sqrt{3} \times 6.3 \times 314 \times (0.25 + 13.5 \times 10^{-3} + 850 \times 20 \times 10^{-6}) \times 10^{-3}$$
$$= 0.96 \, (\text{A})$$

总电容电流为 $I_{C总} = 2.5 + 0.96 = 3.46 \, (\text{A})$

（2）判断接地方式

由《交流电气装置的过电压保护和绝缘配合设计规范》（GB/T 50064—2014）第 3.1.3-3 款表 3.1.3 可知，本题 3.46A 小于表格对应允许电流 4A，发电机可采用中性点不接地方式，所以选 A。

【考点说明】

电容电流计算公式：新版一次手册第 65 页的式（3-1）。

【2022 年补考下午题 6～10】 某 2×300MW 火力发电厂，以 220kV 电压等级接入电力系统，高压厂用电系统采用 6kV 供电，电气接线示意图如下图所示。高压厂用工作变压器从升压变低压侧引接，选用分裂变压器，额定容量 40/25-25MVA，电压比 20±2×2.5%/6.3-6.3kV，半穿越电抗 16.8%，分裂系数 K_f=3.5。全厂设起备变压器 1 台，额定容量同高压厂用工作变压器。请分析计算并解答下列问题。

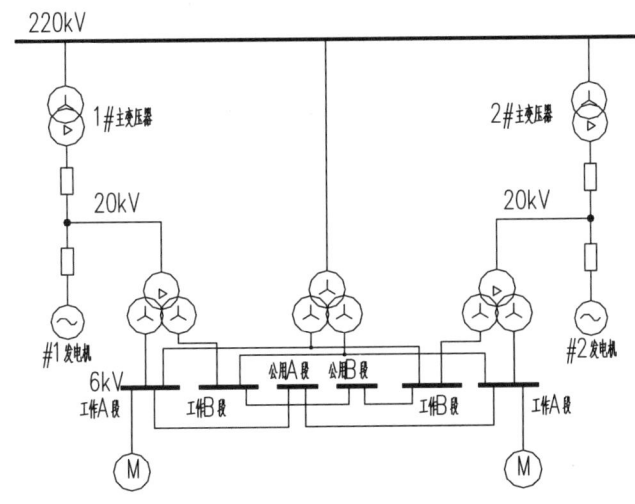

▶▶ 第 5 题 ［接地方式］8. 已知每台机组 6kV 高压厂用电系统电缆电容为 2μF。请计算确定 6kV 厂用电中性点接地方式及动作方式宜为下列哪项？　　（　　）

（A）不接地，动作于跳闸

（B）高电阻接地，动作于信号

（C）低电阻接地，动作于跳闸

（D）低电阻接地，动作于信号

【答案及解答】C

由老版一次手册第 80 页式（3-1）可得

$I_{c电缆} = \sqrt{3} \times 6.3 \times 314 \times 2 \times 10^{-3} = 6.85(A)$；$I_{c总} = 1.25 \times 6.85 = 8.5625(A)$

由 DL/T 5153—2014 表 3.4.1 可知，选 C。

考点 2　电容电流计算

【2011 年上午题 1～5】 某电网规划建设一座 220kV 变电站，安装 2 台主变压器，三侧电压为 220/110/10kV。220、110kV 为双母线接线，10kV 为单母线分段接线，220kV 出线 4 回，10kV 电缆出线 16 回，每回长 2km。110kV 出线无电源，电气主接线如下图所示，请回答下列问题。

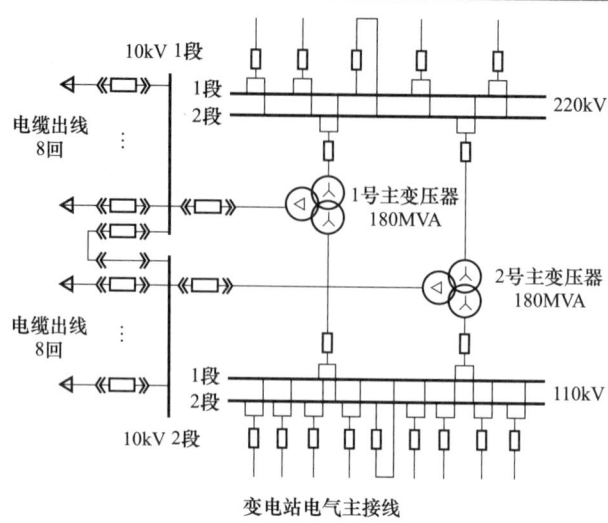

变电站电气主接线

▶▶ 第 6 题 [电容电流计算] 4. 请计算该变电站 10kV 系统电缆线路单相接地电容电流应为下列哪项数值？ （ ）

(A) 2A (B) 32A
(C) 1.23A (D) 320A

【答案及解答】B

由新版变电手册第 113 页式（4-33）可得

$$I_c=0.1U_eL=0.1\times10\times16\times2=32 \text{ (A)}$$

所以选 B。

【考点说明】

（1）10kV 系统如果题目未告知额定电压，则采用标称电压，因为变压器低压侧所带负荷不同，其额定电压可以为 10.5kV，也可以为 11kV。

（2）电容电流的计算，对于发电厂厂用电系统电容电流的计算主要依据新版一次手册第 65 页式（3-1）[老版一次手册第 80 页式（3-1）]；对于变电站内电容电流依据新版变电手册第 113 页内容（老版一次手册第 261~262 页），尤其要注意按表 4-56 查找变电站增加的电容电流。

（3）按本题的要求，只是计算电缆线路的单相接地电容电流，而不是变电站 10kV 侧总的单相接地电容电流，就不需要计算公用部分增加的电容电流了。要特别仔细判断题意。

（4）老版一次手册第 262 页式（6-34）。

【注释】

当 10kV 出线均为电缆线路时，宜选择中性点电阻接地方式。当主变压器为三角形接线时，电阻器要通过接地变压器接入母线。当母线分为两段分列运行时，电阻和接地变压器的选择宜根据接入段的 I_c 计算。

【2016 年下午题 16~21】 某 600MW 级燃煤发电机组，高压厂用电系统电压为 6kV，中性点不接地，其简化的厂用接线如下图所示，高压厂用变压器 B1 采用无载调压，容量为

31.5MVA，阻抗值为 10.5%。高压备用变压器 B0 采用有载调压，容量为 31.5MVA，阻抗值为 18%。正常运行工况下，6.3kV 工作段母线由 B1 供电，B0 热备用。D3、D4 为电动机，D3 额定参数为：$P_3=5000$kW，$\cos\varphi_3=0.85$，$\eta_3=0.93$，起动电流倍数 $K_3=6$ 倍；D4 额定参数为：$P_4=8000$kW，$\cos\varphi_4=0.88$，$\eta_4=0.96$，起动电流倍数 $K_4=5$ 倍。假定母线上的其他负荷不含高压电动机并简化为一条馈线 L1，容量为 S_g；L2 为备用馈线，充电运行。TA 为工作电源进线回路电流互感器，TA0～TA4 为零序电流互感器。请分析计算并解答下列各题。

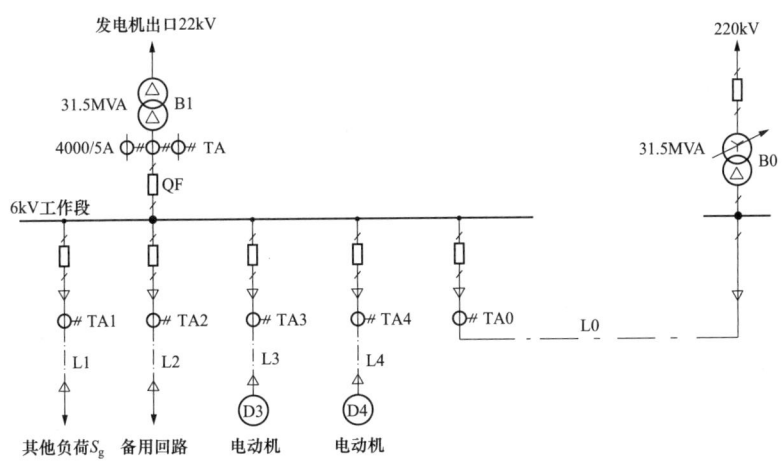

▶▶ **第 7 题**[电容电流计算] 16. 若 6kV 均为三芯电缆，L0～L4 的总用缆量为 10km，其中 L0 为 3 根并联，每根长度为 0.5km；L3 为单根，长度 1km，当 B1 检修，6.3kV 工作段由 B0 供电时，电缆 L3 的正中间，即离电动机接线端子 500m 处电缆发生单相接地短路故障，请计算流过零序电流互感器 TA0、TA3 一次侧电流，以及故障点的电容电流应为下列哪组数据？（已知 6kV 电缆每组对地电容值为 0.4μF/km，除电缆以外的电容忽略）　　（　　）

（A）2.056A，12.33A，13.02A　　　　（B）11.64A，13.02A，13.70A
（C）2.056A，12.33A，13.70A　　　　（D）13.70A，1.370A，1.370A

【答案及解答】C

由新版一次手册第 65 页式（3-1）可得

（1）TA0 的电流 $I_0 = \sqrt{3} \times 2\pi f \times 6.3 \times 10^{-3} C = 3.428 \times 3 \times 0.5 \times 0.4 = 2.0568$ (A)。

（2）TA3 的电流 $I_3 = 3.428 \times (10-1) \times 0.4 = 12.34$ (A)。

（3）故障点电流 $I_c = 3.428 \times 10 \times 0.4 = 13.71$ (A)。

所以选 C。

【考点说明】

（1）TA3 和故障点的电容电流计算是本题的难点。考生做题时需要了解单相接地时电容电流的流向，而不是只套公式进行计算，按电流流向进行计算才能给出正确的答案。

虽然是在 L3 的中部 500m 单相接地，但另外未接地的两相在 500m 以后还是有电压的，所以 L3 全线都有电容电流通过大地流入接地点再从接地相流回，在 TA3 的窗口中一进一出，和为零，所以 TA3 不能检测到本线路 1km 的电缆电流。

单相接地后，全部 10km 的电缆对地电容电流都通过接地点流回，所以接地点的电容电流计算长度是 10km。

如上所述，L3 流回的是 10km 电缆的电容电流但 TA3 检测不到本回路 1km 电缆的电容电流，所以 TA3 检测到的是 10−1=9(km)的电缆电容电流。

（2）老版一次手册第 80 页式（3-1）。

【注释】

本题为新题型，要求计算网络中的单相接地电容电流，是决定采用何种接地方式的必要前奏，也是选择消弧线圈容量或电阻器容量的关键条件。本命题给出的条件虽不是正常运行的方式，但却是电容电流最大时的运行方式，在具体工程中就应该按最大的电容电流运行方式进行计算。

【2019 年上午题 1~6】 某垃圾焚烧电厂汽轮发电机组，发电机额定容量 P_{eg}= 20000kW，额定电压 U_{eg}=6.3kV，额定功率因数 $\cos\varphi_e$=0.8，超瞬变电抗 X_d=18%。电气主接线为发电机变压器组单元接线，发电机装设出口断路器 GCB，发电机中性点经消弧线圈接地。高压厂用电源从主变压器低压侧引接，经限流电抗器接入 6.3kV 厂用母线。主变压器额定容量 S_n= 25000kVA，短路电抗 U_k=12.5%，主变压器高压侧接入 110kV 配电装置。统一用 10km 长的 110kV 线路连接至附近变电站，电气主接线如下图。请分析并计算解答下列各小题。

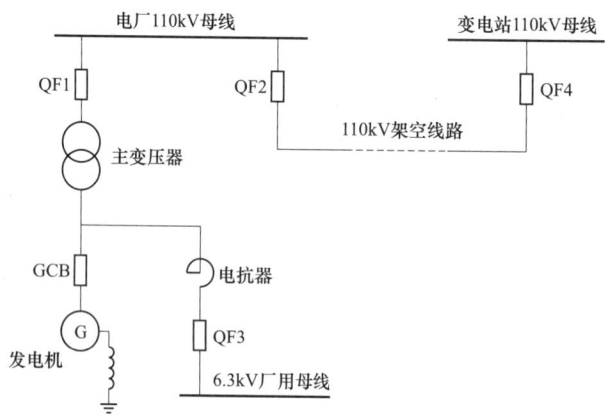

▶▶第 8 题［电容电流计算］6．已知 GCB 两端并联的对地电容器之和为每相 150nF，假定消弧线圈的电感为 1.5H，过补偿方式，用于发电机中性点接地。若过补偿系数为 1.2，问本单元机组 6kV 系统，GCB 并联电容器提供的单相接地电容电流以外，其余部分的单相接地电容电流为下列何值？ （ ）

（A）0.5A （B）2.5A
（C）5.9A （D）6.4A

【答案及解答】C

（1）依题意，消弧线圈电感为 1.5H，过补偿系数为 1.2，所以补偿前系统总电容电流为

$$\Sigma I_C = \frac{6.3 \times 1000}{314 \times 1.5 \times \sqrt{3} \times 1.2} = 6.44 \text{(A)}$$

（2）由新版一次手册第 65 页式（3-1）可得，GCB 两端并联对地电容提供的电容电流 $I_C = \sqrt{3} \times 6.3 \times 314 \times 150 \times 10^{-3} \times 10^{-3} = 0.514$(A)。

（3）则除去并联电容后的电容电流为 6.44−0.514=5.926（A）。

【考点说明】

（1）本题是反向考察中性点接地设备电容电流计算，已知的是消弧线圈电感，可算出对应电抗为 ωL；因为是过补偿，即消弧线圈的电感电流比电容电流大，所以除过补偿系数 1.2，可得系统总的电容电流 6.44A，如果不注意，直接用 6.44A 作答会误选 D。

（2）老版一次手册第 80 页式（3-1）。

【2021 年上午题 14~16】 国内某电厂安装有两台热电联产汽轮发电机组，接线示意图如下图所示，两台机组参数相同，主变高低压侧单相对地电容分别为 3000pF、8000pF、110kV 系统侧（不含本电厂机组）的正序阻抗为 0.0412，零序阻抗为 0.0698，S1=100MVA。主变及备变均为三相四柱式。

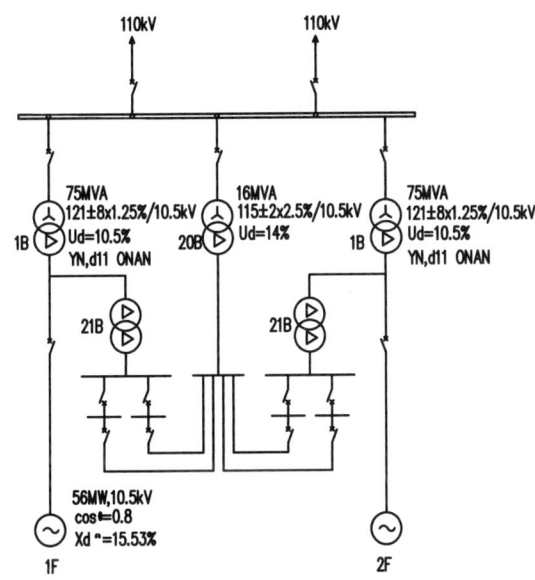

▶▶ 第9题 [电容电流计算] 14. 若高厂变高低压侧单相对地电容分别为 7500pF、18000pF，发电机出口连接导体的单相对地电容为 900pF，则当发电机出口单相接地故障时的接地电容电流为： ( )

(A) 1.57A (B) 1.94A
(C) 2.00A (D) 2.06A

【答案及解答】B

由新版一次手册第 258 页式（7-41）可得

发电机定子电容 $C_{of} = \dfrac{2.5KS_{ef}\omega}{\sqrt{3}(1+0.08U_{ef})} \times 10^{-9}$

$= \dfrac{2.5 \times 0.0187 \times \dfrac{56}{0.8} \times 2\pi f}{\sqrt{3} \times (1+0.08 \times 10.5)} \times 10^{-3} = 0.3226(\mu F)$

又由该手册第 65 页式（3-1），依题意数据可得

$I_C = \sqrt{3} \times 10.5 \times 2\pi f \times (0.008 + 0.0075 + 0.0009 + 0.3226) \times 10^{-3} = 1.937(A)$

【考点说明】

（1）本题首先要明白发电机回路电容电流组成：

1）发电机的三相定子对地电容。

2）发电机引出母线或导体（至主变低压侧及高厂变）三相对地电容。

3）主变低压侧三相对地电容。

4）高厂变高压侧三相对地电容（有几台高厂变计入几台）。

上述 4 条，如果比较熟悉发电机，主要的对地电容是发电机的定子回路，其尺寸大，对地电容也是最大为 μF 级，由于尺寸及导线长度对地电容均较小，其他量级为 nF 或 pF 级。出题者主要考查定子电容电流的估算公式。

（2）老版一次手册第 262 页式（6-37），其中的 C_{OI} 应为 C_{Of}；第 80 页式（3-1）。

【2022 年下午题 11~14】 有一个小型热电厂，装机为一台 7.5MW 的发电机，额定电压为 10.5kV，设发电机电压母线，经一台 10MVA，38.5/10.5kV 的变压器与电力系统相连。接线图如下，请分析计算并解答下列各题。

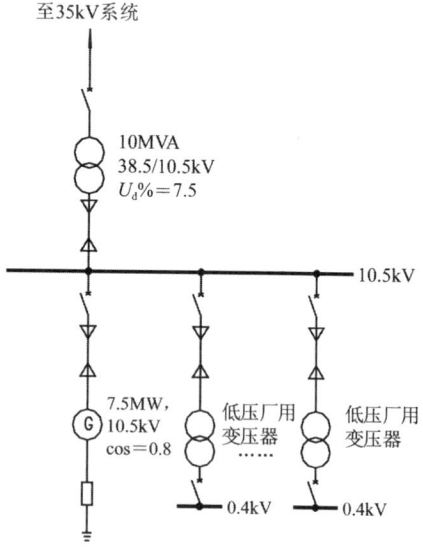

▶▶ 第 10 题 [电容电流计算] 12. 根据电气主接线图，已知厂用电系统 10kV 电缆 3×70mm²，长度 0.7km，发电机、主变回路各采用 4 根 3×150mm² 电缆并联，发电机回路单相电缆长度 0.1km，主变回路单根电缆长度 0.2km，10kV 电缆每相对地电容值：3×70mm² 电缆为 0.22μF/km，3×150mm² 电缆为 0.28μF/km，发电机定子绕组接地电容电流为 0.46A，主变低压绕组接地电容电流为 0.20A，低压 400V 厂用电系统接地电容电流为 1.05A。求 10kV 系统的单相接地电容电流为下列哪项数值？ （ ）

（A）1.95A （B）2.48A
（C）3.53A （D）4.58A

【答案及解答】C

由老版一次手册第 80 页式（3-1），10kV 电缆电容电流为

$C = 4 \times (0.1 + 0.2) \times 0.28 + 0.7 \times 0.22 = 0.49(\mu F)$，取 0.5μF。

$I_{c1} = \sqrt{3} \times 10.5 \times 2 \times 3.14 \times 50 \times 0.5 \times 10^{-3} = 2.86(A)$，则 10kV 系统总的单相接地电容电流 $I_C = 2.86 + 0.46 + 0.2 = 3.52(A)$，所以选 C。

【2022 年补考上午题 18~20】 某风电场 220kV 升压站位于海拔 1800m 高原，风电场安装了 50 台风力发电机组，每台发电机组最大瞬时功率 2200kW，额定功率 2000kW。功率因数范围：容性 0.95~感性 0.95。升压站配置一台主变压器，主变低压侧电压为 35kV，连接 6 回集电线路。请分析计算并解答下列问题。

▶▶ 第 11 题 [电容电流计算] 20. 假设该风电场的集电线路都是架空线路（均设避雷

线），其中单回路和同塔双回路各为30公里，试计算全部集电线路的最大电容电流应为下列哪项数值？（按电力工程电气设计手册第六章的相关公式计算） （ ）

(A) 9A (B) 7.97A
(C) 7.37A (D) 6.93A

【答案及解答】A

依据 GB 51096—2015 第 7.13.7 条，风电场内 35kV 集电线路应全线架设地线。

依据老版一次手册第261页式（6-33），单回路部分 $I_{C1}=3.3\times35\times30\times10^{-3}=3.465(\text{A})$，双回路部分 $I_{C2}=1.6\times3.3\times35\times30\times10^{-3}=5.544(\text{A})$，则总的电容电流 $I_C=3.465+5.544=9.009(\text{A})$，选 A。

考点3 变电站接地电阻选择

【2014年上午题1~5】 一座远离发电厂与无穷大系统连接的变电站，其电气主接线如下图所示。

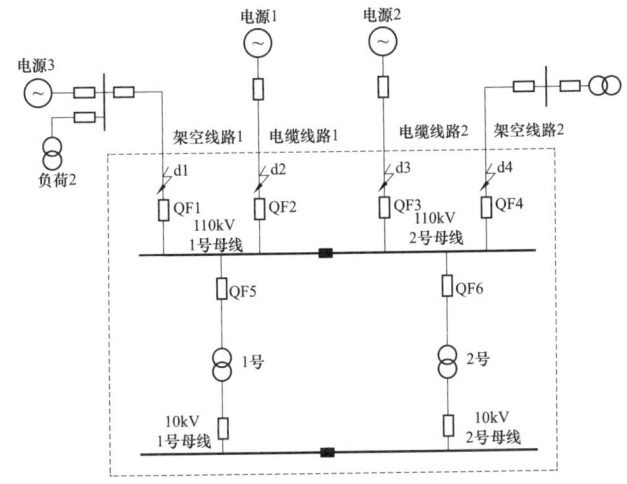

▶▶ 第12题 [变电站接地电阻] 5. 假如变电站10kV出线均为电缆，10kV系统中性点采用低电阻接地方式。系统单相接地电容电流按600A考虑，请计算接地电阻的额定电压和电阻应为下列哪组数值？ （ ）

(A) 5.77kV，9.62Ω (B) 5.77kV，16.67Ω
(C) 6.06kV，9.62Ω (D) 6.06kV，16.67Ω

【答案及解答】C

依题意，接地方式为低电阻接地，由 DL/T 5222—2021 附录 B.2.2 条可得

$$U_e = 1.05\frac{U_N}{\sqrt{3}} = 1.05\times\frac{10}{\sqrt{3}} = 6.06\ (\text{kV})$$

$$R_N = \frac{U_N}{\sqrt{3}I_d} = \frac{10\times10^3}{\sqrt{3}\times600} = 9.62\ (\Omega)$$

【考点说明】

（1）变电站中性点接地设备的选择，主要引用 DL/T 5222—2021 第18章及附录 B.2.2 条，

其高电阻接地和低电阻接地公式是有明显区别的，其不同主要在于分母的电流：一个是 $1.1I_c$，一个是 I_d。乘不乘系数 1.1 会直接影响答案。本题题设明确说明属于低电阻接地，所以用该规范附录 B.2.2 条解答。

（2）额定电压不乘 1.05 会错选 B 选项。漏掉分母的 $\sqrt{3}$ 会错选 B 或 D，这是中性点接地设备选择的常设坑点。

【注释】

（1）本题所给出的条件中，10kV 侧电容电流达 600A，在现实的降压变电站很少有。在风电场的升压站，有过接近 500A 的情况，但都是 35kV 的电压等级。在大型城市中的配电网，处于高楼大厦林立的中心地带，其 10kV 电容电流可能会接近 200A。

（2）在低电阻接地的电网中，当电容电流达到 600A 时，会存在以下问题：

1）电缆发生单线接地时，会很快发展为两相或三相短路，甚至殃及临近电缆，迅速扩大事故。

2）接地点的附近地电位升高，危及人员和设备的安全。

3）接地电阻器 10s 的热稳定很难达到技术要求，必须增大导体截面积，给制造造成极大困难。

（3）对于这种超大的电容电流，可以考虑其他的技术措施处理。例如：给电阻并联一台电抗器，把电容电流补偿一部分，使电容电流减小到几十安或 100A 左右，会大大减轻电阻器的负担。这样的接地方式可以称为阻抗接地。又如，采用可跟踪调谐的谐振接地方式，给消弧线圈并联一台串接断路器或接触器的电阻器。在接地发生时，首先依靠消弧线圈把电容电流补偿到几安培，经过 10~20ms，判断确为永久故障时，立刻投入电阻，把接地电流合成为阻容性电流，并作用于跳闸。这一措施正是 GB/T 50064—2014 在修订说明中提到的"中性点谐振与电阻联合接地方式"。

【2018 年上午题 1~5】 某城市电网拟建一座 220kV 无人值班重要变电站（远离发电厂），电压等级为 220kV/110kV/35kV，主变压器为 2×240MVA。220kV 电缆出线 4 回，110kV 电缆出线 10 回，35kV 电缆出线 16 回。请分析计算并解答下列各小题。

▶▶ 第 13 题 [变电站接地电阻] 4. 经评估该变电站投运后，该区域 35kV 供电网的单相接地电流为 600A，本站 35kV 中性点拟选用低电阻接地方式，考虑到电网发展和市政地下管线的统一布局规划,拟选用单相接地电流为 1200A 的电阻器,请计算电阻器的计算值是多少？

（　　）

（A）16.8Ω 　　　　　　　　　　（B）29.2Ω
（C）33.7Ω 　　　　　　　　　　（D）50.5Ω

【答案及解答】A

依据：DL/T 5222—2021 附录 B 及第 18.2.6 条式（B.2.2-2）可得

$$R = \frac{U_N}{\sqrt{3}I_d} = \frac{35000}{\sqrt{3} \times 1200} = 16.8\,(\Omega)$$

【考点说明】

另有一种错误解法：依据 DL/T 5222—2021 附录 B 及第 18.2.6 条式（B.2.2-2）可得

$$R_1 = \frac{U_N}{\sqrt{3}I_d} = \frac{35000}{\sqrt{3} \times 600} = 33.7 \ (\Omega)$$

考点 4　高压厂用电系统接地电阻选择

【2009 年下午题 6~10】　某 300MW 火力发电厂，厂用电引自发电机，厂用变压器联结组别为 Dyn11yn11，容量 40/25-25MVA，厂用电压 6.3kV，主变压器低压侧与 6kV 开关柜用电缆相连，电缆放在架空桥架上。校正系数 K_1=0.8，环境温度 40℃，6kV 最大三相短路电流为 38kA，电缆芯热稳定整定系数 C 为 150。

▶▶ 第 14 题 [高厂接地电阻] 6．厂用电 6kV 系统中性点经电阻接地，若单相接地电流为 100A，此电阻值为　　　　　　　　　　　　　　　　　　　　　　　（　　）

(A) 4.64Ω　　　　　　　　　　　　(B) 29.70Ω
(C) 36.38Ω　　　　　　　　　　　　(D) 63Ω

【答案及解答】C
依题意单相接地电流 100A，根据 DL/T 5153—2014 表 3.4.1 可知，应采用低电阻接地。
由 DL/T 5222—2021 附录 B.2.2 式（B.2.2-2）可得

$$R_N = \frac{U_e}{\sqrt{3}I_d} = \frac{6300}{\sqrt{3} \times 100} = 36.37 \ (\Omega)$$

【考点说明】
（1）火电厂高压厂用电系统中性点接地方式的选择务必使用 DL/T 5153—2014 表 3.4.1 作答。
（2）本题判断出应使用低电阻接地后，按 DL/T 5222—2021 附录 B.2.2，用低电阻接地公式作答较为合适。
（3）本题看似常规的已知电容电流计算接地电阻，似乎"信息不足"。实则暗藏"中性点接地方式"的判断，这是解答本题的第一步，也是关键一步。

【注释】
1．考点分析
中性点接地方式及其设备选择，变电站主要依据 DL/T 5222—2021 第 18 章及附录 B，火电厂主要依据 DL/T 5153—2014 第 3.4 条以及附录 C。相关知识及电容电流计算可参考《电力工程设计手册　变电站设计》第 43 页、第 65 页、第 261 页相关内容（老版一次手册第 69 页、第 80 页、第 260 页）。

从考查的频率来看，近几年接地电阻考点未作为主要考查内容。但还是要掌握系统接地的几种方式，包括消弧线圈、接地电阻和接地变压器。

（1）高频度的考查内容主要是中性点消弧线圈容量的选择与装设方式，特别是联合电容电流的计算考查，此时需要先计算电容电流。
（2）根据接地电容电流选择系统接地方式也是考查的知识点，接地电流允许值可以在新版一次手册第 44 页表 2-2（老版一次手册第 70 页表 2-6）、GB/T 50064—2014 第 3.1 条、DL/T 5153—2014 第 3.4 条以及 GB 50660—2011 第 16.3.2-3 条，依据题设给出的接地电流大小或者其他要求做出选择。

中性点接地方式有很多种类型：

(1) 变电站主要就是指低压母线，如 35、10kV 母线等；

(2) 火电厂分为三种：①发电机中性点接地方式；②高压厂用系统电接地方式（如 6kV 系统）；③低压厂用电接地方式（400V）。三种情况最明显的不同就是电压不一样，读者在做题时应首先判断是哪种类型，然后再根据相应规范作答。

(3) 接地变压器主要有两种：①将一次电阻经过单相变压器变换到二次侧，这样就可以在二次侧装一个阻值较小的电阻，该方法主要用于发电机中性点。②由于系统无法提供中性接地点而专门装设的三相接地变压器，采用 Z 型接法。该接地变压器的主要作用就是提供中性接地点用于安装接地设备，有时还兼备为低压负荷供电的任务。该方法用于变电站的情况较多。

2. 中性点设备选择要点

(1) 中性点经高电阻接地：主要用于发生单相接地时不需要跳闸的系统，以发电厂使用居多。其最大特点是能够有效抑制过电压在合格范围内。单纯从过电压的角度来考虑，只要 $I_R \geq I_C$，都可把过电压控制在 2.5~2.6 倍以下，从而保证系统中耐压水平最低的旋转电机绝缘的安全（其耐压水平一般为 2.6 倍，这就是老版一次手册第 81 页 2.6 倍的来历）。但 I_R 也不是越大越好，若 I_R 大于 I_C 太多，超出 3 倍以上后，过电压下降有限，必要性不大，反而带来其他问题。如大的接地电流容易发展成两相或三相短路，甚至在接地点地电位升高危及人身设备安全，电阻器的热稳定不易保证等。若计算时仅取 $I_R=I_C$，在实际上有可能会发生 $I_R<I_C$ 的情况。这是因为在计算中并未计及线路电阻和弧道电阻，对 I_C 的估计也较粗略等造成的，所以高电阻接地阻值计算公式中 I_R 取 $1.1 I_C$。

(2) 中性点低电阻接地：系统发生单相接地故障时，要求迅速跳闸排除故障的，主要用于以电缆为主的系统，因为电缆一般都为永久性故障，发生故障后及时跳闸较为合理。由于需要跳闸，此时要考虑的是故障电流必须足够大，用来满足继电保护对单相接地的灵敏度要求，同时在满足灵敏度要求的基础上又不能太大，否则会给设备选择造成困难。这就是 GB/T 50064—2014 第 3.1.4 条最后一句"在满足单相接地继电保护可靠性和过电压绝缘配合的前提下宜选较大值"的用意所在。所以低电阻接地阻值计算公式中 I_R 用的是"选定的单相接地电流 I_d"。

低电阻接地系统与消弧线圈接地系统相比，其过电压水平要低许多。首先从金属氧化物避雷器（MOA）的额定电压来看。低电阻接地系统取 U_m，而不接地系统取 $1.38U_m$，消弧线圈接地系统取 $1.25U_m$，低电阻系统最低。其次，统计内过电压水平，中性点不接地系统为 3.5（标幺值），消弧线圈接地系统为 3.2（标幺值），低电阻接地系统为 2.5（标幺值）。对于中性点不接地系统和消弧线圈接地系统，谐振会经常发生，需要加以限制；而低电阻系统几乎不具备发生谐振的条件。

综上所述，读者在选择中性点接地设备时，首先要判断是变电站还是发电厂，如果是发电厂的话具体是发电机中性点、高压厂用电系统还是低压厂用电系统。其次判断题设是明确了接地方式（高电阻、低电阻、消弧线圈接地）中的哪一种，还是自行根据题意判断。最后在确定了接地方式的基础上再根据相应的公式作答。由于接地方式比较繁杂，思路必须非常清楚才好把握解题的脉络。

电阻器的材质除了采用金属不锈钢之外，我国还开发了一种非金属的电阻器，它由碳、硒、硅、石等材料混合超高温烧制而成，比金属电阻耐热、热容量大、无腐蚀、体积小、价格低。已在国内许多电厂、变电站安全稳定运行十多年，很少出现因过热而烧毁事故，出口国外也颇受欢迎。

【2014 年下午题 14～19】 某调峰电厂安装有 2 台单机容量为 300MW 机组，以 220kV 电压接入电力系统，3 回 220kV 架空出线的送出能力满足 N–1 要求。220kV 升压站为双母线接线，管母中型布置。单元机组接线如图所示。

发电机额定电压为 19kV，发电机与变压器之间装设发电机出口断路器 QF，发电机中性点为高电阻接地；高压厂用工作变压器支接于主变压器低压侧与发电机出口断路器之间，高压厂用电额定电压为 6kV，6kV 系统中性点为高电阻接地。

▶▶ **第 15 题 [高厂接地电阻]** 15. 为防止谐振及间歇性电弧接地过电压，高压厂用变压器 6kV 侧中性点采用高电阻接地方式接入电阻器 R2。若 6kV 系统最大运行方式下每相对地电容值为 1.46μF，请计算 R2 的电阻值不宜大于下列哪项数值？　　　　　　　　　　　　　　　　　　　　（　　）

(A) 2181Ω 　　　　　　　(B) 1260Ω
(C) 727Ω   　　　　　　　(D) 0.727Ω

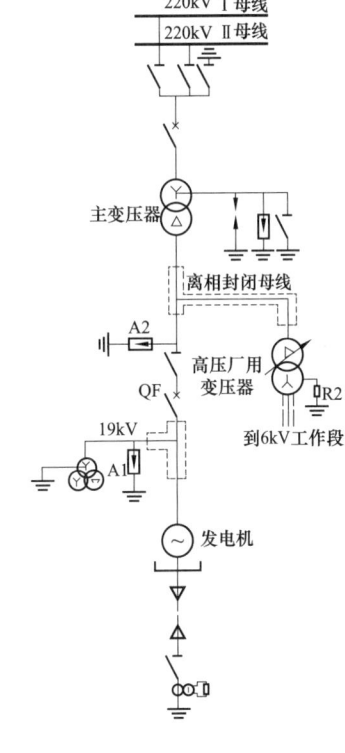

【答案及解答】 C

由新版一次手册第 65 页式（3-1）可得

$$I_C = \sqrt{3}U_e\omega C \times 10^{-3}$$

又根据 DL/T 5153—2014 附录 C 式（C.0.2-1）可得

$$R_N = \frac{U_e}{\sqrt{3}I_R} = \frac{U_e}{\sqrt{3}\times 1.1 I_C} = \frac{U_e}{\sqrt{3}\times 1.1 \times \sqrt{3}U_e\omega C} = \frac{10^6}{3\times 1.1\times 314\times 1.46} = 661(\Omega)$$

【考点说明】

(1) 本题按照 DL/T 5153—2002 附录 C 式（C1），分母没有 1.1，可完全算出选项 C。
$R_N = \dfrac{10^6}{3\times 314\times 1.46} = 727(\Omega)$，这是规范进行了更新。今后考试按 DL/T 5153—2014 附录 C 作答即可。注意单位，否则可能错选 D。

(2) 本题虽然是高电阻接地，但电流不乘 1.1 才能准确对上答案，这是因为考试时适用规范 DL/T 5153—2002 采用的是 $I_R=I_C$，该规范 2014 年修编时与 DL/T 5222—2021 保持一致均采用 $I_R=1.1I_C$，今后一律使用 DL/T 5153—2014 作答，避免了猜答案的问题。

(3) 老版一次手册第 80 页式（3-1）。

【注释】

本题的电容电流为 $I_C = \sqrt{3}U_e\omega C = 5(A)$，一般大中型火力发电厂 6kV 厂用电的电容电流 I_C 都大于 7A 或 10A，加上备用电源的电缆电容电流，甚至接近 20A，为了在发生单相接地时过电压不超过 2.5（标幺值），要求电阻电流 $I_R \geq I_C$。如果考虑线路电阻、弧道电阻和 I_C 计算的不准确性等因素，取 $I_R=(2\sim3)I_C$ 或更为安全可靠。这样计算的中性点电阻值在 100Ω 左右，100Ω 左右的算不上高电阻，充其量可称为中电阻。

【2017 年下午题 1~4】 某电厂装有两台 660MW 火力发电机组，以发电机变压器组方式接入厂内 500kV 升压站，厂内 500kV 配电装置采用一个半断路器接线，发电机出口设发电机断路器，每台机组设一台高压厂用分列变压器，其电源引自发电机断路器与主变压器低压侧之间，不设专用的高压厂用备用变压器，两台机组的高压厂用变压器低压侧母线相联络，互为事故停机电源。请分析计算并解答下列各小题。

▶▶ 第 16 题 [高厂接地电阻] 1. 若高压厂用分裂变压器的变比为 20/6.3–6.3kV，每侧分裂绕组的最大单相对地电容为 2.2μF，若规定 6kV 系统中性点采用电阻接地方式，单相接地保护动作于信号，请问中性点接地电阻值应选择下列哪项数值？ （　　）

(A) 420Ω (B) 850Ω
(C) 900Ω (D) 955Ω

【答案及解答】A

依据 DL/T 5153—2014 第 3.4.1 条、附录 C 式（C.0.2-1）或 DL/T 5222—2021 附录 B.2.1 可得

$$R_N = \frac{U_e}{\sqrt{3}I_R} = \frac{U_e}{\sqrt{3} \times 1.1 \times \sqrt{3}U_e \omega C \times 10^{-3}} = \frac{1000}{3 \times 1.1 \times 314 \times 2.2 \times 10^{-3}} = 439 \, (\Omega)$$

为保证电阻电流大于等于 1.1 倍电容电流，电阻向下取 420Ω，所以选 A。

【考点说明】

（1）6kV 系统中性点采用电阻接地方式，单相接地保护动作于信号，中性点是高阻接地，单相接地电容电流应不大于 7A，但经计算，电容电流为 7.18A，题目不够完全贴合规范，则

$$I_c = \sqrt{3}U_e \omega C \times 10^{-3} = 1.732 \times 6 \times 314 \times 2.2 \times 10^{-3} = 7.18 \, (A)$$

（2）求电容电流值和接地电阻公式里的两个电压均为厂用电系统的额定线电压。

【注释】

本题接地电容电流已大于 7A，按厂规应采用电阻接地，但 GB 50660—2011 的限值是 10A，作为试题也可行。目前，国内 300MW 及以上机组，绝大多数系采用电阻（低电阻）接地，一般取接地电流为 100～200A，本题 660MW 机组实际工程大多为低电阻接地方式。

【2012 年下午题 1~5】 某新建 2×300MW 燃煤发电厂，高压厂用电系统标称电压为 6kV，其中性点为高电阻接地，每台机组设两台高压厂用无励磁调压双绕组变压器，容量为 35MVA，阻抗值为 10.5%，6.3kV 单母线接线，设 A 段、B 段，6kV 系统电缆选为 ZR-YJV22-6/6kV 三芯电缆，已知条件如下表所示。

ZR-YJV22-6/6kV 三芯电缆每相对地电容值及 A、B 段电缆长度

电缆截面（mm²）	每相对地电容值（μF/km）	A 段电缆长度（km）	B 段电缆长度（km）
95	0.42	5	5.5
120	0.46	3	2.5
150	0.51	2	2.1
185	0.53	2	1.8

▶▶ 第 17 题 [高厂接地电阻] 2. 当两台厂用高压变压器 6.3kV 侧中性点采用相同阻值的电阻接地时，请计算该电阻值最接近下列哪项数值？ （　　）

(A) 87.34Ω (B) 91.70Ω

(C) 173.58Ω (D) 175.79Ω

【答案及解答】C

A 段电容 C_A=5×0.42+3×0.46+2×0.51+2×0.53=5.56（μF）

B 段电容 C_B=5.5×0.42+2.5×0.46+2.1×0.51+1.8×0.53=5.485（μF）

两段电容取大者 5.56μF。由新版一次手册第 65 页式（3-1）：$I_C = \sqrt{3}U_e\omega C\times 10^{-3}$，及 DL/T 5153—2014 附录 C 式（C.0.2-1）$R_N = \dfrac{U_e}{1.1\sqrt{3}I_C}$ 可得

$$R_N = \dfrac{U_e}{1.1\sqrt{3}\sqrt{3}U_e\omega C\times 10^{-3}} = \dfrac{1000}{1.1\times 3\times 314\times 5.56} = 0.173573\ (k\Omega) = 173.573\ (\Omega)$$

【考点说明】

（1）本题最重要的一点在于电容是按一段母线算还是按两段母线算。按两段算选 A，按较小一段算得 D 选项，按较大一段算得 C 选项。根据 DL/T 5153—2014 第 3.5.1 条可知，高压厂用母线分段是为了将双套辅机由不同母线段供电增强独立性，从而提高供电可靠性并且还可以在一定程度上限制短路电流，也就是说 A 段和 B 段是分列运行的，两台变压器各带各的负荷，所以应按一段电容电流计算选中性点接地电阻，按电容较大一段选电阻可同时满足两台变压器要求，降低备品备件费用。

（2）本题由于出题不严谨出现了争议，主要有以下两点：

1）按新版一次手册第 65 页式（3-1）（老版一次手册第 80 页）可知，根据经验，全系统电容接近电缆电容的 1.25 倍，这显然是合理的，但本题如果乘 1.25 是没答案的。

2）本题是 2012 年题目，题意明确采用"高电阻接地"。厂用电设计按理应首先引用 DL/T 5153—2002 附录 C 式（C1），但当时该公式规定的电阻电流是不宜小于电容电流，并没有说乘 1.1 倍，但本题不乘 1.1 也是没答案的，当时只能引用 DL/T 5222—2021 附录 B 式（B.2.1-3）作答（DL/T 5153—2014 修编后和 DL/T 5222—2021 保持了一致，今后不会再出现此问题）。

以上两个争议点在很大程度上影响了临场做题的速度，当不能准确得到选项答案时，应迅速变通"顺应"考题，采取凑答案的方法寻找作答途径。

（3）高阻接地为了抑制过电压，I_d 最小取 1.1I_c，为了两段同时满足所以用电容电流较大的一段计算，这样相当于电阻取两段中较小的，那本题为什么采用电阻值更低的 A 选项 87.34Ω，不是更有利于抑制过电压吗？高阻接地，系统不跳闸，如果电阻选的太小，总电流过大，对设备危害较大，所以阻值要大小适中。这也是本题选 C 的一个理由。

【注释】

（1）火力发电厂中，锅炉、汽机、发电机，这三大件都是单元配置，全厂的公用部分如输煤系统和化学水处理等都会另外独立形成供电系统，锅炉的制粉、排粉、送风、引风等辅机和汽轮机的凝结水泵、给水泵、循环水泵等辅机都是 A、B 两套互为备用。供电母线也是分为 A 段、B 段，分别各由两台高压厂用变压器或一台分裂变压器提供电源（分裂绕组的两个低压侧一般是不并联的）。

（2）为了保障运行的安全可靠，各工作段还会由启动/备用变压器一对一地提供热备用电源，在工作变压器停止工作时能够自动投入。

（3）在统计厂用各段的电容电流的时候，应当把备用电源有电气联系的所有电缆长度都

如数计入。注意：启动/备用变压器一般布置在户外，连接到母线的电缆又长又多。而且这些电缆还要给所有工作段提供备用，到各工作段的电缆也是连接在一起的，在备用电源投入时，使得电容电流大大增加。如果忽略了这种情况只取 $I_r=I_c$ 或 $I_r=1.1I_c$，都可能在单相接地发生时，出现 $I_r<I_c$ 的情况，达不到电阻接地的目的。

考点 5　发电机接地电阻计算（二次侧电阻）

【2019 年下午题 1~3】　某 600MW 汽轮发电机组，发电机额定电压为 20kV，额定功率因数为 0.9，主变压器为 720MVA、550－2×2.5%/20kV、Yd11 接线三相变压器，高压厂用变压器电源从主变压器低压侧母线支接，发电机回路单相对地电容电流为 5A，发电机中性点经单相变压器二次侧电阻接地，单相变压器的二次侧电压为 220V。

▶▶ 第 18 题 [发电机二次电阻] 1. 根据上述已知条件，发电机中性点变压器二次侧接地电阻阻值应为下列哪项？（按 DL/T 5222—2021《导体和电气选择设计技术规定》计算）
(　　)

(A) 0.44Ω　　　　　　　　　　　(B) 0.762Ω
(C) 0.838Ω　　　　　　　　　　(D) 1.32Ω

【答案及解答】B

由 DL/T 5222—2021 附录 B 式（B.2.1-5）取 $I_R=1.1I_c$ 可得

$$R_{N2}=\frac{20}{1.1\times\sqrt{3}\times5}\times\left(\frac{0.22}{20/\sqrt{3}}\right)^2\times1000=0.7621(\Omega)$$

【2013 年下午题 19~22】　某 660MW 汽轮发电机组，其电气接线如下图所示：图中发电机额定电压为 $U_N=20kV$，最高运行电压 $1.05U_N$，已知当发电机出口发生短路时，发电机至短路点的最大故障电流为 114kA，系统至短路点的最大故障电流为 102kA，发电机系统单相对地电容电流为 6A，采用发电机中性点经单相变压器二次侧电阻接地的方式，其二次侧电压为 220V，根据上述已知条件，回答下列问题。

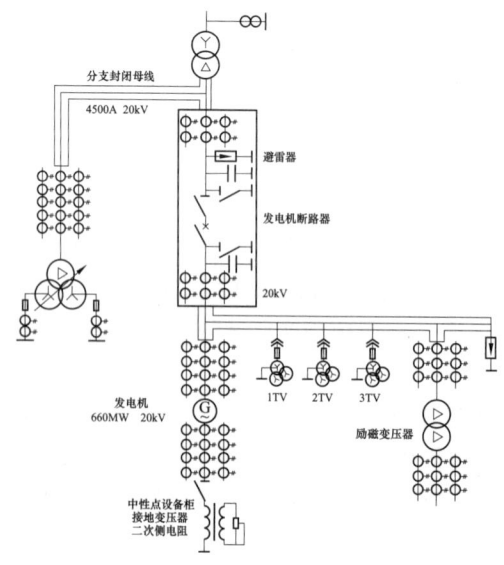

▶▶ **第 19 题 [发电机二次电阻]** 19. 根据上述已知条件，选择发电机中性点变压器二次侧接地电阻，其阻值应为下列何值？ （　　）

(A) 0.635Ω (B) 0.698Ω
(C) 1.10Ω (D) 3.81Ω

【答案及解答】 A

由 DL/T 5222—2005 式（18.2.5-5）和式（18.2.5-4）可得

$$n_\varphi = \frac{U_N \times 10^3}{\sqrt{3} U_{N2}} = \frac{20 \times 10^3}{\sqrt{3} \times 220} = 52.5 \Rightarrow R_{N2} = \frac{U_N \times 10^3}{1.1\sqrt{3} I_C n_\varphi^2} = \frac{20 \times 10^3}{1.1 \times \sqrt{3} \times 6 \times 52.5^2} = 0.635 \ (\Omega)$$

【考点说明】

新版规范 DL/T 5222—2021 附录 B 式（B.2.1-8）对变比公式进行了修改，一次侧用线电压；本题是按老版 DL/T 5222—2005 所出，只能按老版规范作答，仅做参考。今后考题也只会按新版规范出题，读者应考按新版规范作答即可。

【2011 年上午题 16~20】 某火力发电厂，在海拔 1000m 以下，发电机—变压器组单元接线如下图所示。设 i_1、i_2 分别为 d1、d2 点短路时流过 QF 的短路电流，已知远景最大运行方式下，i_1 的交流分量起始有效值为 36kA 不衰减，直流分量衰减时间常数为 45ms；i_2 的交流分量起始有效值为 3.86kA，衰减时间常数为 720ms，直流分量衰减时间常数为 260ms。请解答下列各题（计算题按最接近数值选项）。

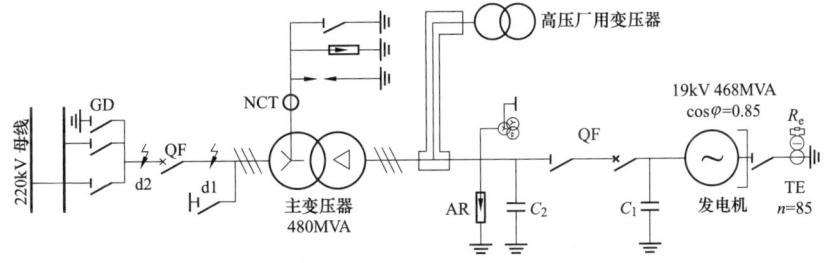

▶▶ **第 20 题 [发电机二次电阻]** 20. 已知每相对地电容 C_1=0.13μF，C_2=0.26μF，发电机定子绕组 C_F=0.45μF，忽略封闭母线和变压器的电容，中性点接地变压器 TE 的变比 n=85。请计算发电机中性点接地变压器二次侧电阻 R_e 最接近下列哪项？ （　　）

(A) 0.092Ω (B) 0.159Ω
(C) 0.477Ω (D) 1149Ω

【答案及解答】 B

由新版一次手册第 65 页式（3-1）可得

$$C = C_1 + C_2 + C_F = 0.13 + 0.26 + 0.45 = 0.84 \ (\mu F)$$

$$I_C = \sqrt{3} U_e \omega C \times 10^{-3} = \sqrt{3} \times 19 \times 314 \times 0.84 \times 10^{-3} = 8.68 \ (A)$$

又根据 DL/T 5222—2021 附录 B 式（B.2.1-5），取 $I_R = 1.1 I_C$，有

$$R_{N2} = \frac{U_N \times 10^3}{1.1\sqrt{3} I_C n_\varphi^2} = \frac{19 \times 10^3}{1.1 \times \sqrt{3} \times 8.68 \times 85^2} = 0.159 \ (\Omega)$$

【考点说明】

（1）该考点其他考法还有：经高电阻接直接接地，求电阻值；经单相配电变压器接地，求电阻值；中性点采用低阻接地方式时，求电阻值。

（2）老版一次手册第 80 页式（3-1）。

【注释】

题中，发电机出口断路器 QF 两侧的 C_1、C_2 电容器，随断路器成套供货。C_1、C_2 的作用是降低 QF 开断时产生的截流过电压。C_1 用于保护发电的定子绕组，C_2 用于保护主变压器和高压厂用变压器的绕组。关于截流过电压的产生机理和保护原理，参见老版一次手册过电压保护篇中相关注释。

【2021 年上午题 1～3】某发电厂建设 6×390MW 燃煤发电机组，已 3 条 500kV 长距离输电线路接入他省电网，6 台机组连续建设，均通过双绕组变压器（简称"主变"）升压至 500kV，采用发电机-变压器组单元接线，发电机出口设 SF_6 发电机断路器，厂内设 500kV 配电装置，不设起动/备用变压器，全厂设 1 台高压停机变压器（简称"停机变"），停机变电源由当地 220kV 变电站引接。

发电机主要技术参数如下：①发电机组额定功率：350MW；②发电机最大连续输出功率：374MW；③额定电压：20kV；④额定功率因数：0.85（滞后）；⑤相数：3；⑥直轴超瞬态电抗（饱和值）X''_d：17.5%；⑦定子绕组每相对地电容：0.24μF。

SF_6 发电机断路器主要技术参数：①额定电压：20kV；②额定电流：133300A；③每相发电机断路器的主变侧和发电机侧分别设置 100nF 和 50nF 电容。

▶▶ 第 21 题 [发电机二次电阻] 2.发电机中性点经单相接地变压器（二次侧电阻）接地，假定离相封闭母线、主变和高厂变的每相对地电容之和为 140nF，接地变压器的过负荷系数为 1.6，接地变压器二次侧电压（U2）取 220V，采用《电力工程电气设计手册》（电气一次部分）的方法，则接地变压器的额定一次电压、额定容量和二次侧电阻的电阻值分别为下列哪项？ （ ）

(A) 11.5kV, 24.3kVA, 0.72Ω   (B) 20kV, 42kVA, 0.24Ω
(C) 11.5kV, 45.8kVA, 0.66Ω   (D) 20kV, 19.1kVA, 0.92Ω

【答案及解答】B

（1）由新版一次手册第 265 页第（三）部分内容可知，接地变压器的一次电压取发电机的额定电压，故本题接地变电压取 20kV。

（2）又由该手册第 265 页式（6-47）可得

$$R \leq \frac{1}{N^2 \times 3\omega(C_{0f} + C_2)} \times 10^6 = \frac{1}{(20/0.22)^2 \times 3 \times 314 \times (0.24 + 0.1 + 0.05 + 0.14)} \times 10^6 = 0.242(\Omega)$$

（3）再由该手册式（6-49）可得

$$S \leq \frac{U^2}{3 \times R} = \frac{220^2}{3 \times 0.24} \times 10^{-3} = 67.22(kVA)$$

因变压器有 1.6 倍过负荷能力，因此取额定容量为 67.22/1.6=42.01(kVA)，所以选 B。

【2022 年下午题 7~10】 某山区大型水力发电厂，其装设 9 台额定功率为 700MW 的水轮发电机组，发电机额定功率因数为 0.9，额定电压为 20kV，额定转速为 107.1r/min，定子、转子的冷却方式均为空气冷却，发电机-变压器组采用一机一变单元接线，电厂通过 4 回 500kV 线路接入电力系统，水电厂进厂交通公路及沿线桥涵按公路 1 级，汽-40 设计，挂-250 校核，请分析计算并解答下列各题。

▶▶ 第 22 题 [发电机二次电阻] 9. 该水轮发电机中性点经单相变压器接地，变压器一、二次之间的变比为 105、发电机定子绕组每相对地电容值 $C_f = 1.76\mu F$，发电机引出线回路（含主变低压侧）每相对地电容值按发电机定子绕组每相对地电容值的 20% 估算，请计算接地电阻电阻值为下列哪项数值？ （　　）

（A）0.0415Ω 　　　　　　　　　（B）0.0718Ω
（C）1244Ω　　　　　　　　　　（D）457.1Ω

【答案及解答】A

由老版一次手册第 80 页式（3-1）得

$$I_c = \sqrt{3} \times 20 \times 2 \times 3.14 \times 50 \times 1.2 \times 1.76 \times 10^{-3} = 22.97(A)$$

依据 DL/T 5222—2021 式（B.2.1-5）可得

$$R = \frac{U_N}{KI_C\sqrt{3}n_\phi^2} \times 10^3 = \frac{20 \times 1000}{1.1 \times 22.97 \times \sqrt{3} \times 105^2} = 0.0415(\Omega)$$

所以选 A。

考点 6　变电站消弧线圈容量

【2009 年上午题 1~5】 110kV 有效接地系统中的某一变电站有 110/35/10kV，31.5MVA 主变压器两台，110kV 进线 2 回，35kV 出线 5 回，10kV 出线 10 回，主变压器 110、35、10kV 三侧的接线组别 YNyn0d11。

▶▶ 第 23 题 [变电站消弧线圈] 4. 假如 35kV 出线电网单相接地故障电容电流为 14A，需要 35kV 中性点设消弧线圈接地，采用过补偿，则需要的消弧线圈容量为： （　　）

（A）250kVA　　　　　　　　　　（B）315kVA
（C）400kVA　　　　　　　　　　（D）500kVA

【答案及解答】C

由 DL/T 5222—2021 附录 B 式（B.1.1）可得

$$Q = KI_c \frac{U_e}{\sqrt{3}} = 1.35 \times 14 \times \frac{35}{\sqrt{3}} = 381.9 \text{ (kVA)}$$

因此选用 400kVA，所以选 C。

【考点说明】

本题也可以用 GB/T 50064—2014 式（3.1.6）作答。

【注释】

（1）消弧线圈接地是以架空线路为主的网络首选的一种中性点接地方式。它的优点是发生单相接地时不跳闸，允许再运行 2h，其供电连续性较高。而架空线路的单相接地故障率很高，许多都是因外界条件影响发生，具有暂时性，能够自我恢复。

消弧线圈接地方式不适合用于电缆供电的网络。因为电缆不受大气条件影响，发生单相接地的概率较低。而且一旦发生也是不能自恢复的，必须立即切除以免事故扩大。消弧线圈的优势在这里发挥不出来，反而给故障检测带来困难。

（2）DL/T 5222—2021 第 18.1.5 条规定，消弧线圈接地一般采用过补偿的运行方式，以防止供电网络运行线路的增减，造成网络补偿不足，发生单相接地时容性电流超标。在选择消弧线圈容量时，给出 35%的裕度，计算时乘以 1.35 的系数。单元接线发电机宜采用欠补偿方式，使发电机出口呈现容性，这样可以利用电容的稳压特性限制主变压器高压侧对低压侧的传递过电压。

（3）现代的消弧线圈都是做成自动跟踪型式的，以适应供电网络运行中随机的电容电流变化，该点在 GB/T 50064—2014 第 3.1.6 条中已有体现。实现自动跟踪要做到当有接地发生时电容电流的及时检测和反馈，并给出指令，使消弧线圈完成自动调谐。调谐有预调式和随调式两类。前者用调匝、调磁、调容等方法改变消弧线圈的电感量，后者多用晶闸管进行相控，实现电子调谐。

（4）消弧线圈接地方式有几个弊端，一直没有得到很好地处理。例如：

1）它的工频过电压高，MOA 选择不当便极易损坏。认识到了这一点，就容易解决。提高了 MOA 的额定电压，取（1.25～1.38）U_m，便会大幅度地降低其损坏率。

2）但是，MOA 的额定电压提高了，其残压也成正比例提高了，只好再提高电气设备和电缆的耐压水平，10kV 的工频 1min 耐受电压，取 42kV（有效值），而不是电阻接地的 28kV，这是惯用做法，容易被接受。

3）消弧线圈接地方式在单相接地时，可以有 2h 的带故障运行，再加上工频过电压的提高，极易触发谐振，扩大事故。为此，在 GB/T 50064—2014 的 4.1.4 条中，给出了详尽的限制措施，但这种谐振难以根治。

4）单相接地引来邻相电压升高，在过电压作用下，邻相某回路的薄弱环节也可能对地短路，形成异地两相接地短路，迫使断路器跳闸。这种两相接地异相开断，因为断路器的断口恢复电压很高而极为困难，其开断能力仅有额定值的 25%。所以，所有断路器必须通过异相开断的检验。

5）最困难的是单相接地点的寻找。过去是逐条拉闸，判定接地回路。后来用弱电选线，许多企业研究了许多方案，发明了许多的产品，但无一种在电网运行中获得一致好评。究其原因，是实验的条件难以适应复杂的现场情况，这种探索和研究还在继续。

6）自动跟踪，算是中国的一项技术进步，但跟踪方法又是五花八门，和电阻接地相比，无疑都增加运行维护的复杂性，也增加了工程投资。

（5）消弧线圈接地方式和电阻接地方式不能共用于同一电网中。在辐射形的电网，这个问题较少，但在环形电网中，需要注意此类情况的发生。

【2012 年上午题 1~5】 某一般性质的 220kV 变电站，电压等级为 220kV/110kV/10kV，两台相同的主变压器，容量为 240MVA/240MVA/120MVA，短路阻抗 $U_{k12}\%=14$，$U_{k13}\%=25$，$U_{k23}\%=8$，两台主变压器同时运行的负载率为 65%，220kV 架空线路进线 2 回，110kV 架空负荷出线 8 回，10kV 电缆负荷出线 12 回，设两段，每段母线出线 6 回，每回电缆平均长度为 6km，电容电流为 2A/km，220kV 母线穿越功率为 200MVA，220kV 母线短路容量为 16000MVA，

主变压器10kV出口设计XKK-10-2000-10限流电抗器一台。请回答下列问题。

▶▶ **第24题 [变电站消弧线圈]** 5. 该变电站每台主变压器配置一台过补偿10kV消弧线圈，其计算容量应为？   （ ）

（A）1122kVA   （B）972kVA

（C）561kVA   （D）416kVA

【答案及解答】 C

由 DL/T 5222—2021 附录 B 式（B.1.1）可得

$$I_c = 6 \times 6 \times 2 = 72(A) \Rightarrow Q = KI_c \frac{U_e}{\sqrt{3}} = 1.35 \times 72 \times \frac{10}{\sqrt{3}} = 561 \text{ (kVA)}$$

【考点说明】

（1）本题不考虑变电站电容电流的增加值，否则没答案。

（2）题意已经明确两段母线各配一台消弧线圈，其容量应按一段计算，按两段算会错选A选项。

【注释】

（1）因为一般情况，变压器10kV侧都是三角形接线，没有中性点无法装设消弧线圈，为了装设消弧线圈，需要在10kV母线装设Z形接线的接地变压器形成人为接地点，用于装设消弧线圈，该接地变压器随母线投退。10kV每段各装设一台消弧线圈，一台主变压器检修，另一台主变压器带两段母线运行时两台消弧线圈全部都投入运行，所以本题中消弧线圈容量只按一段母线电容电流计算。

（2）本题给出的是一座地区性变电站，10kV侧12回线路全部都是电缆出线，中性点却选用了消弧线圈接地，这也是值得商榷的。

在GB/T 50064—2014的第3.1.4条明确指出："6~35kV主要由电缆线路构成的配电系统、发电厂厂用电系统、风力发电场集电系统和除矿井的工业企业供电系统，当单相接地故障电容电流较大时，可采用中性点低电阻接地方式。"只有在接地故障条件下需要继续运行时，才考虑采用谐振接地方式。可是，电缆网络因外部条件发生单相接地的概率极低，固体绝缘一旦发生了单相接地又不能自行恢复，如果还要带故障强行运行，可能会使小事故发展成大祸。所以对电缆线路而言，应当准确判断事故回路，停电抢修，不宜等待拖延。

（3）三绕组变压器的低压侧一般为三角形联结，没有中性点引出，普遍的做法是人造一个中性点，在母线上引接一台Z形接地变压器，把消弧线圈或电阻器接在Z形变压器的中性点上。Z形接地变压器是把每相绕组分为上下两段，A相的上段尾部与B相的下段反方向连接。在相量图上，一半为A相，另一半则为B相反向，貌似Z形。其好处是在单相接地发生时，铁芯磁柱上的磁通因方向相反，相互抵消，导致零序阻抗骤降，不会对单相接地电流造成很大阻碍，从而提高中性点设备的效率。其接线如右图所示。

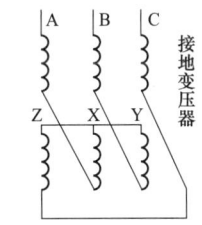

【2013年上午题1~3】 某工厂拟建一座110kV终端变电站，电压等级为110/10kV，由两路独立的110kV电源供电。预计一级负荷10MW，二级负荷35MW，三级负荷10MW。站内设两台主变压器，联结组别为YNd11。110kV采用SF₆断路器，110kV母线正常运行方式为分列运行。10kV侧采用单母线分段接线，每段母线上电缆出线8回，平均长度4km。未

补偿前工厂内负荷功率因数为 0.86，当地电力部门要求功率因数达到 0.96。请解答以下问题。

▶▶ 第 25 题［变电站消弧线圈］3．若该变电站 10kV 系统中性点采用消弧线圈接地方式，试分析计算其安装位置和补偿容量计算值应为下列哪一选项？（请考虑出线和变电站两项因素）   （   ）

（A）在主变压器 10kV 中性点接入消弧线圈，其计算容量为 249kVA

（B）在主变压器 10kV 中性点接入消弧线圈，其计算容量为 289kVA

（C）在 10kV 母线上接入接地变压器和消弧线圈，其计算容量为 249kVA

（D）在 10kV 母线上接入接地变压器和消弧线圈，其计算容量为 289kVA

【答案及解答】D

（1）因主变压器接线组别为 YNd11，10kV 侧无法提供中性点，所以应在 10kV 母线上接入接地变压器和消弧线圈。

（2）由新版变电手册第 113 页式（4-33）可得电缆电容电流为
$$I_c = 0.1 U_e L = 0.1 \times 10 \times 8 \times 4 = 32 \text{ (A)}$$

又根据该手册表 6-46 可知，110kV 变电站电容电流附加值为 16%，所以变电站总电容电流为 $I_c = (1+16\%) \times 32 = 37.12$ (A)，再根据该手册式（6-32）可得消弧线圈补偿容量为

$$Q = K I_C \frac{U_e}{\sqrt{3}} = 1.35 \times 37.12 \times \frac{10}{\sqrt{3}} = 289.3 \text{ (kVA)}$$

所以选 D。

【考点说明】

（1）本题虽然计算量不大也不复杂，但却隐藏两个大坑：变电站附加电容电流值和变压器连接组别对接地方式的影响。任何一项没考虑到都可能错选其他三个选项。

（2）发电厂和变电站的电容电流计算方法是不一样的，不要混淆。变电站电容电流计算要注意附加电容电流和架空线路的影响，都有可能设陷阱出题。

（3）新版变电手册第 113 页式（4-33）中的电压为中性点设备安装位置的电压等级，而不是变电站的最高电压等级，查表时应正确使用。

（4）老版一次手册第 262 页式（6-34）。

【注释】

因为主变压器的 10kV 侧为三角形接法，消弧线圈通过接地变压器接入母线是普遍的做法，此消弧线圈是不能脱离电网的，只要主变压器在，它就应该也在，所以对接地变压器的断路器跳闸处理，不能等同于一般馈线。低压低频时，它都不应该自动脱扣，接地变压器回路的检修要随母线或主变压器检修同时进行，不得单独断开回路，使母线失去接地点。这一要求，也适用于该类型的电阻接地方式。

【2022 年上午题 1～4】 某发电厂 2 台 330MW 机组分别经升压变压器与 220kV 系统相连，220kV 配电装置有 2 回进线，2 回出线，采用外桥接线。发电机额定功率 330MW，额定功率因数 0.85，最大连续输出功率 340MW、功率因数 0.85，发电机出口电压 20kV，采用离相封闭母线与主变压器相连，高压厂用变压器由发电机出口引接，每台机组设 1 台分裂高压厂用变压器，两台机组设 1 台同容量的高压厂用启动/备用变压器。请分析计算并解答以下各题。

▶▶ **第 26 题［变电站消弧线圈］**1．假设定子线圈的单相对地电容为 $0.18\mu F$，离相封闭母线、主变压器低压线圈及高厂变压线圈单相接地电容电流为 0.07A，发电机中性点采用消弧线圈接地方式，计算消弧线圈的补偿容量为下列哪项数值？（过补偿系数取 1.35，欠补偿系数取 0.8） （ ）

（A）18.75kVA 　　　　　　　（B）23.44kVA
（C）31.65kVA 　　　　　　　（D）32.48kVA

【答案及解答】 A

由老版一次手册 80 页，式（3-1），可得
定子线圈电容电流 $I_{c1} = \sqrt{3} \times 20 \times 3.14 \times 2 \times 50 \times 0.18 \times 10^{-3} = 1.958(A)$
总电容电流 $I_c = 1.958 + 0.07 = 2.028(A)$

该机组没有直配线，属于单元机组，由 DL/T 5222—2005 第 18.1.5 可知采用补偿，系数依题意取 0.8，再由该规范附录 B.1.1，可得：$Q = 0.8 \times 2.028 \times 20 / \sqrt{3} = 18.73(kVA)$，所以选 A。

【2022 年下午题 11～14】 有一个小型热电厂，装机为一台 7.5MW 的发电机，额定电压为 10.5kV，设发电机电压母线，经一台 10MVA，38.5/10.5kV 的变压器与电力系统相连。接线图如下，请分析计算并解答下列各题。

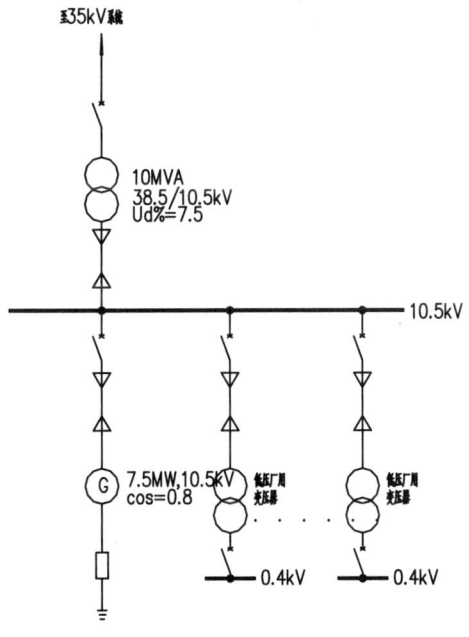

▶▶ **第 27 题［变电站消弧线圈］**13．若本工程发电机有电缆直配线，发电机电压系统的总单相接地电容电流为 8.4A，为满足发生单相接地故障时继续运行的要求，拟在发电机中性点装设消弧线圈接地。当脱谐度为 ±10% 电缆阻尼率为 4%，下列哪项消弧线圈的补偿容量计算值和中性点位移电压 U_0 参数是合适的。 （ ）

（A）53.47kVA 0.16kV 　　　（B）53.47kVA 0.45kV
（C）68.75kVA 0.16kV 　　　（D）68.75kVA 0.45kV

【答案及解答】D

由 DL/T 5222—2021 第 18.1.5 条，式（B.1.1）、式（B.1.3-1），有直馈线的发电机采用过补偿，

即补偿容量 $Q = KI_C \dfrac{U_N}{\sqrt{3}} = 1.35 \times 8.4 \times \dfrac{10}{\sqrt{3}} = 68.75 \text{（kVA）}$

中性点位移电压 $U_0 = \dfrac{U_{bd}}{\sqrt{d^2 + v^2}} = \dfrac{0.008 \times 10.5}{\sqrt{0.04^2 + 0.1^2}} = 0.45 \text{（kV）}$

所以选 D。

考点 7　发电机消弧线圈容量

【2016 年上午题 7~10】　某 2×300MW 新建发电厂，出线电压等级为 500kV，二回出线，双母线接线，发电机与主变压器经单元接线接入 500kV 配电装置，500kV 母线短路电流周期分量起始有效值 I''=40kA，启动/备用电源引自附近 220kV 变电站，电厂内 220kV 母线短路电流周期分量起始有效值 I''=40kA，启动/备用变压器高压侧中性点经隔离开关接地，同时紧靠变压器中性点并联一台无间隙金属氧化物避雷器（MOA）。

发电机额定功率为 300MW，最大连续输出功率（TMCR）为 330MW，汽轮机阀门全开（VWO）工况下发电机出力为 345MW，额定电压 18kV，功率因数为 0.85。

发电机回路总的电容电流为 1.5A，高压厂用电电压为 6.3kV，高压厂用电计算负荷为 36690kVA；高压厂用变压器容量为 40/25-25MVA，启动/备用变压器容量为 40/25-25MVA。

请根据上述条件计算并分析下列各题（保留两位小数）：

▶▶ 第 28 题［发电机消弧线圈］8. 若发电机中性点采用消弧线圈接地，并要求做过补偿时，计算消弧线圈的计算容量应为下列哪项数值？　　　　　　　　　　　　（　　）

(A) 15.59kVA　　　　　　　　　　　　(B) 17.18kVA
(C) 21.04kVA　　　　　　　　　　　　(D) 36.45kVA

【答案及解答】C

由 DL/T 5222—2021 附录 B 式（B.1.1），依题意，发电机采用过补偿，K 取 1.35，可得

$$Q = 1.35 I_c \dfrac{U_e}{\sqrt{3}} = 1.35 \times 1.5 \times \dfrac{18}{\sqrt{3}} = 21.04 \text{ (kVA)}$$

【考点说明】

（1）本题的坑点在补偿系数 K 的取值。DL/T 5222—2021 附录 B 式（B.1.1）明确说明，过补偿取 1.35，欠补偿才按脱谐度确定。题设已经明确是过补偿，所以直接取 1.35，切不可用 DL/T 5222—2021 第 18.1.6 条的脱谐度 1.3，更不是该条中性点电压位移的 1.1。本题错误选项 B 使用的补偿系数 K=1.1，应该来源于 DL/T 5222—2021 附录 B 式（B.2.1-2）参数 K 的说明，电阻电流是电容电流的 1.1 倍，显然不适合本题消弧线圈容量的计算要求。

（2）若补偿系数取 1，则结果为 15.59kVA，会错选 A。

【注释】

（1）本题为 300MW 级发电机，按 GB 50660—2011 第 16.2.8 条，300MW 级及以上的发电机应采用中性点经高电阻或消弧线圈的接地方式；实际工程中大容量机组大多采用高阻接地方式，少数工程或要求发电机单相接地故障时可维持运行一段时间的，可以采用消弧线圈接地。

采用消弧线圈接的发电机本就很少，并且一般均采用欠补偿方式，而采用经消弧线圈还是过补偿方式的，在实际工程中极为罕见，本题属于特殊情况的考察，与实际有一定的区别。

（2）题中给出："发电机回路总的电容电流为 1.5A"。在实际工程中，300MW 的发电机本体的电容电流就已经超过了 1.5A，再加上主变压器低压绕组和厂用高压变压器的高压绕组的电容电流以及回路离相封闭母线的电容电流，总和一般都在 6A 以上。所以考题给出的 1.5A 电容电流明显小于工程实际。

【2011 年下午题 26～30】 某新建电厂一期安装两台 300MW 机组，机组采用发电机—变压器组单元接线接入厂内 220kV 配电装置，220kV 采用双母线接线，有两回负荷线和两回联络线。按照最终规划容量计算的 220kV 母线三相短路电流（起始周期分量有效值）为 30kA，动稳定电流 81kA；高压厂用变压器为一台 50/25-25MVA 的分裂变压器，半穿越电抗 U_d=16.5%，高压厂用母线电压 6.3kV。请按各小题假设条件回答下列各题。

▶▶ 第 29 题 [发电机消弧线圈] 27. 发电机额定电压 20kV，中性点采用消弧线圈接地，20kV 系统每相对地电容 0.45μF，消弧线圈的补偿容量应选择下列哪项数值？（过补偿系数 K 取 1.35，欠补偿系数 K 取 0.8） （ ）

(A) 26.1kVA (B) 45.17kVA
(C) 76.22kVA (D) 78.24kVA

【答案及解答】B

由 DL/T 5222—2021 第 18.1.5 条可知单元机组发电机中性点的消弧线圈宜采用欠补偿方式，K = 0.8。

又根据新版一次手册第 65 页式 3-1 及 DL/T 5222—2021 附录 B 式（B.1.1）可得

$$I_c = \sqrt{3}U_e\omega C \times 10^{-3} = \sqrt{3} \times 20 \times 314 \times 0.45 \times 10^{-3} = 4.89 \text{ (A)}$$

$$Q = KI_c \frac{U_e}{\sqrt{3}} = 0.8 \times 4.89 \times \frac{20}{\sqrt{3}} = 45.17 \text{ (kVA)}$$

【考点说明】

（1）本题的考点在"单元接线发电机应采用欠补偿"，否则会误选 C，不过题设条件已经暗示需要对补偿系数进行取舍，认真审题可回避此陷阱。

（2）采用单元连接的发电机，其运行方式固定，装在此发电机中性点的消弧线圈可以用欠补偿，也可以用过补偿，但为了限制变压器高压侧单相接地对低压侧产生的传递过电压引起发电机中性点位移电压升高，故宜采用欠补偿方式，使运行时呈容性。

（3）注意系统的单相接地电容与电缆电容的区别。

（4）老版一次手册第 80 页式（3-1）。

【注释】

（1）目前国内这种单元接线的大型发电机，采用消弧线圈接地的已经很少，绝大部分都选择了电阻接地。当发电机内部发生单相接地故障不要求瞬时切机时，才选择消弧线圈接地方式，并须选用欠补偿方式，把电容电流按 GB/T 50064—2014 表 3.1.3 要求补偿到 1A 以下。这样有利于限制主变压器高压侧对低压侧的传递过电压。

（2）由于网络比较固定，其电容电流也不会变化，所以这里的消弧线圈并不需要自动跟踪装置，也不需要手动调匝调谐，按计算的电感量一次制造完成即可。实际工程中，网络的电容电流很难精准计算，最好建成后进行实测，再确定消弧线圈的容量。

（3）在发电机同一电压等级系统发生单相接地时产生的电容电流很容易引起发电机定子铁芯过热灼伤绝缘，所以发电机在发生单相接地时，电容电流允许值是非常低的。

【2020 年下午题 5~8】 某热电厂安装有 3 台 50MW 级汽轮发电机组，配有 4 台燃煤锅炉。3 台发电机组均通过双绕组变压器（简称"主变"）升压至 110kV，采用发电机-变压器组单元接线，发电机设 SF$_6$ 出口断路器，厂内设 110kV 配电装置，电厂以 2 回 110kV 线路接入电网，其中#1、#2 厂用电源接于#1 机组的主变低压侧和发电机断路器之间，#3、#4 厂用电源分别接于#2、#3 机组的主变低压侧与发电机断路器之间，每台炉的厂用分支回路设 1 台限流电抗器（简称"厂用电抗器"）。全厂设置 1 台高压备用变压器（简称"高备变"）高备变的容量为 12.5MVA，由厂内 110kV 配电装置引接。

发电机技术参数：

发电机功率 50MW，U_e=6.3kV，$\cos\varphi$=0.8（滞后），f=50Hz，直轴超瞬态电抗（饱和度）X_d''=12%，电枢短路时间常数 T_n=0.31s，每相定子绕组对地 0.14μF。（短路电流按实用计算法）

▶▶ 第 30 题［发电机消弧线圈］7. 若发电机中性点采用消弧线圈接地，单相 SF$_6$ 断路器的主变侧和发电机侧均安装 50nF 电容，发电机与主变之间采用离相封闭母线连接，离相封闭母线的每相电容 10nF，不计主变电容，每台电抗器连接的 6.3kV 厂用电系统的每相电容值为 0.75μF，请计算#2 机组发电机中性点消弧线圈的补偿容量宜为多少？ （ ）

（A）1.5kVA (B) 2.5kVA
（C）15.2kVA (D) 16.8kVA

【答案及解答】D

由新版一次手册第 65 页式（3-1）可得

$$I_c = \sqrt{3} \times 6.3 \times 314 \times (0.05 \times 2 + 0.01 + 0.75 + 0.14) \times 10^{-3} = 3.426(A)$$

又由 DL/T 5222—2005 式（18.1.4）可得

$$Q = 1.35 \times 3.426 \times \frac{6.3}{\sqrt{3}} = 16.8(kVA)$$

【考点说明】

（1）本题的考点本身不算难，难在电容电流计算的细节：①电容单位之间的换算：毫 3、微 6、纳 9、皮 12；②"均安装 50nF 电容"一个"均"字代表电容要乘 2；③发电机定子电容隐藏在大题干中，如果对发电机系统不熟悉很容易漏掉该项。

（2）老版一次手册第 80 页式（3-1）。

【2018 年下午题 11~14】 某燃煤发电厂，机组电气主接线采用单元制接线，发电机出线经主变压器升压接入 110kV 及 220kV 系统，单元机组高压厂用变压器支接于主变压器低压侧与发电机出口断路器之间，发电机中性点经消弧线圈接地，发电机参数为 P_e=125MW，U_e=13.8kV，I_e=6153A，$\cos\varphi_e$=0.85。主变压器为三绕组油浸式有载调压变压器，额定容量为 150MVA，接线组别为 YNynd，高压厂用变压器额定容量为 16MVA，额定电压为 13.8/6.3kV，计算负荷为 12MVA，高压厂用启动/备用变压器接于 110kV 母线，其额定容量及低压侧额定

电压与厂高变相同。

▶▶ **第 31 题 [发电机消弧线圈] 12.** 若对电气系统设备更新，将原国产发电机出口少油断路器更换为进口 SF_6 断路器。由于 SF_6 断路器的两侧增加了对地电容器，故需要对消弧线圈进行核算。已知：SF_6 断路器两侧的电容器分别为 120nF 和 80nF，原有消弧线圈补偿容量为 35kVA，其补偿系数为 0.8。若忽略断路器本体的对地电容且脱谐度降低 5%（绝对值），请计算并确定消弧线圈容量应变更为下列哪项数值？（　　）

（A）44.57kVA　　　　　　　　（B）47.35kVA

（C）51.15kVA　　　　　　　　（D）51.58kVA

【答案及解答】 B

（1）更换前：依据 DL/T 5222—2021 附录 B 式（B.1.1）、新版一次手册第 65 页式（3-1）可得

$$I'_C = \frac{\sqrt{3}Q'}{kU_N} = \frac{35 \times \sqrt{3}}{0.8 \times 13.8} = 5.491 \text{(kA)}$$

（2）更换后：依据 DL/T 5222—2021 附录 B 式（B.1.3）可得

$$V = (1-k') - 0.05 = 1 - 0.8 - 0.05 = 0.15$$

$$I_C = I'_C + \sqrt{3}U_e\omega C \times 10^{-3} = 5.491 + \sqrt{3} \times 13.8 \times 314 \times (0.12+0.08) \times 10^{-3} = 6.99 \text{(A)}$$

$$Q = kI_C \frac{U_N}{\sqrt{3}} = (1-0.15) \times 6.99 \times \frac{13.8}{\sqrt{3}} = 47.34 \text{(kvar)}$$

【考点说明】

（1）这题关键的问题是脱谐度和补偿系数之间的关系 $V = 1 - k$。

（2）对于脱谐度降低 5%的绝对值这个概念的理解，应该是(1−k)−5%=0.15，而不是(1−k)×(1−5%)=0.19，前一个才是绝对值，而后一个是相对值。

（3）老版一次手册第 80 页式（3-1）。

【2021 年上午题 14～16】 国内某电厂安装有两台热电联产汽轮发电机组，接线示意图如下图所示，两台机组参数相同，主变高低压侧单相对地电容分别为 3000nP、8000nP、110kV 系统侧（不含本电厂机组）的正序阻抗为 0.0412，零序阻抗为 0.0698，S1=100MVA。主变及备变均为三相四柱式。（注：本题配图略）

▶▶ **第 32 题 [发电机消弧线圈] 15.** 若发电机回路的单相对地电容电流为 10A，两台发电机中性点均采用经消弧线圈接地，当采用欠补偿方式、脱谐度为 30%、阻尼率为 4%时，消弧线圈的补偿容量以及发电机中性点位移电压分别为下列哪个值？（　　）

（A）42.44kVA，0.16kV　　　　（B）42.44kVA，0.28kV

（C）73.50kVA，0.16kV　　　　（D）81.84kVA，0.28kV

【答案及解答】 A

由 DL/T 5222—2021 附录 B 式（B.1.1）、式（B.1.3-1），依题意欠补偿方式，可得

$$\text{脱谐度} v = \frac{I_C - I_L}{I_C} = \frac{10 - I_L}{10} = 0.3 \Rightarrow I_L = 7 \text{(A)}$$

$$Q = I_L U_L = 7 \times \frac{10.5}{\sqrt{3}} = 42.44 \text{(kVA)}; \quad U_0 = \frac{U_{bd}}{\sqrt{d^2 + v^2}} \frac{0.008 \times 10.5/\sqrt{3}}{\sqrt{0.04^2 + 0.3^2}} = 0.16 \text{(kV)}$$

【考点说明】

本题无难度，要注意消弧线圈电压为相电压。

【2022 年补考上午题 1~4】 已知某发电厂 2 台 300MW 机组经两台升压变压器与 220kV 系统相连，220kV 配电装置为双母线接线，有 2 回主变进线，2 回 220kV 出线，1 回启/备变进线。每台机组设有一台高压厂用工作变压器，两台机组设一台高压厂用启动/备用变压器。主接线如下图所示，请分析计算并解答下列问题。

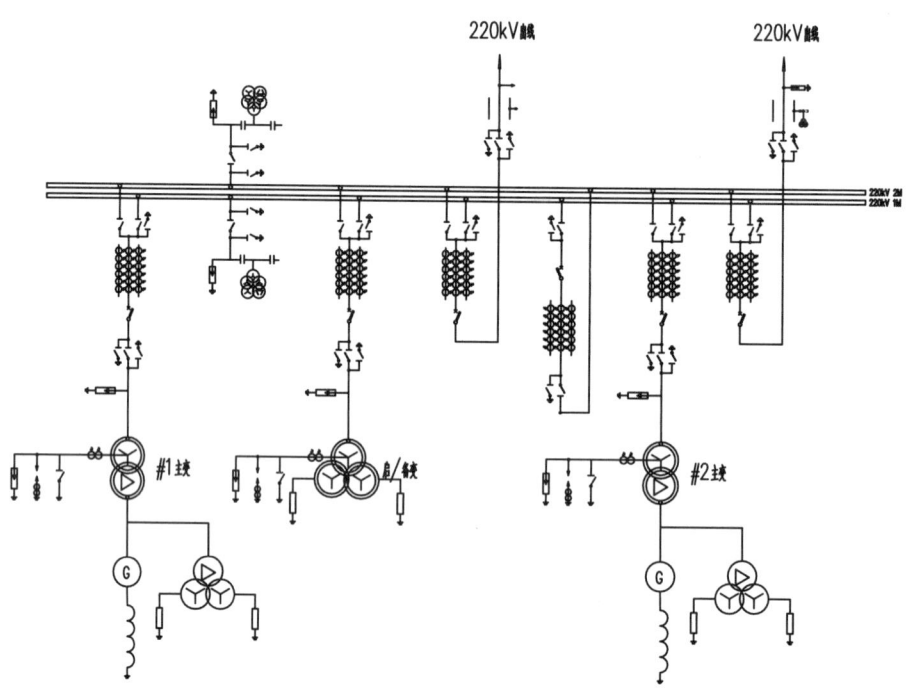

▶▶ 第 33 题 [发电机消弧线圈] 1. 图中 300MW 汽轮发电机回路额定电压为 20kV，发电机中性点经消弧线圈接地，已知发电机回路每相对地电容为 0.5μF，图中消弧线圈的补偿容量应选用下列哪项数值？（过补偿系数取 1.35，欠补偿系数取 0.7）　　　　　　　（　　）

(A) 43.97kVA　　　　　　　　　(B) 50.57kA

(C) 84.80kVA　　　　　　　　　(D) 97.52kA

【答案及解答】 A

由老版一次手册第 262 页式（6-38）可得

$$I_C = \sqrt{3}\omega C U \times 10^{-3} = \sqrt{3} \times 314 \times 0.5 \times 20 \times 10^{-3} = 5.44 \text{(A)}$$

又由 DL/T 5222—2021 第 18.1.5 条，单元接线宜采用欠补偿，再由该规范附录 B，式（B.1.1）可得补偿容量 $Q = KI_C \frac{U_N}{\sqrt{3}} = 0.7 \times 5.44 \times \frac{20}{\sqrt{3}} = 43.97 \text{(kVA)}$，所以选 A。

【2024 年上午题 1～5】 某工业园区热电厂安装 4 台燃煤发电机组，发电机额定功率 50MW，额定电压 6.3kV。额定功率因数 0.8，最大连续出力 55MW（运行在额定功率因数），电厂通过两回 220kV 线路接入电力系统，220kV 升压站采用双母线接线。电厂设置备用变压器，电源引接自 220kV 升压站母线。请分析并解答下列各小题。

▶▶ 第 34 题 [发电机消弧线圈] 4．若本工程发电机电压系统的单相接地故障电容电流为 7.6A，为满足发生单相接地故障时继续运行的要求，拟在发电机中性点装设自动跟踪补偿装置，当脱谐度为 20%，自动跟踪补偿装置的消弧线圈的补偿容量宜选用下列哪项数值？
（　　）

（A）22.11kVA　　　　　　　　（B）27.64kVA
（C）33.17kVA　　　　　　　　（D）37.31kVA

【答案及解答】A

依题意，本题给了脱谐度 20%，由《导体和电器选择设计技术规定》（DL/T 5222—2021）附录 B 式（B.1.3-2）可知，脱谐度为正，则说明系统为欠补偿；

由该规范附录 B 式（B.1.1）可知，欠补偿补偿系数由脱谐度确定，

则消弧线圈容量：$k = 1 - v; Q = KI_c \dfrac{U_N}{\sqrt{3}} = (1 - 0.2) \times 7.6 \times \dfrac{6.3}{\sqrt{3}} = 22.11(\text{kVA})$

所以选 A

【考点说明】

（1）公式推导：

$$Q = U_L I_L = \dfrac{U_e}{\sqrt{3}} k I_c; v = \dfrac{I_c - I_L}{I_c} \Rightarrow I_L = k I_c$$

$$I_L = I_c - v I_c \Rightarrow k I_c = I_c - v I_c; k = 1 - v$$

（2）本题小题干明确，脱谐度正 20%，属于欠补偿，通过欠补偿可以直接算出补偿度 K。不能采用过补偿系数 1.35，否则会错选 D；不考虑脱谐度正负号，误用 k=1+0.2=1.2 作为补偿系数会错选 C。

考点 8　变电站接地变压器选择

【2011 年上午题 1～5】 某电网规划建设一座 220kV 变电站，安装 2 台主变压器，三侧电压为 220kV/110kV/10kV。220、110kV 为双母线接线，10kV 为单母线分段接线，220kV 出线 4 回，10kV 电缆出线 16 回，每回长 2km。110kV 出线无电源，电气主接线如右图所示，请回答下列问题。

▶▶ 第 35 题 [变电站接地变] 5．该变电站 10kV 侧采用了 YNd 接线的三相接地变压器，且中性点经电阻接地，请问下列哪项接地变压器容量选择要求是正确的，为什么？（　　）

（注：S_N 为接地变压器额定容量；P_r 为接地电阻额定容量）

（A）$S_N=U_NI_2/\sqrt{3}K_{n\varphi}$ （B）$S_N \leqslant P_r$
（C）$S_N \geqslant P_r$ （D）$S_N \geqslant \sqrt{3}P_r/3$

【答案及解答】 C

由 DL/T 5222—2021 附录 B 式（B.2.2-4）可知：对 YNd 接线三相接地变压器，若中性点接电阻的话，接地变压器容量为 $S_N \geqslant P_r$，所以选 C。

【注释】

（1）接地变压器的容量选择，中性点电阻接地系统或消弧线圈接地系统是不同的。根据题意，本题是采用低电阻接地，在发生单相接地时要求即刻跳闸，最长不超过 10s。可据此计算电阻的热稳定，接地变压器也可按 10s 过负荷工作时间选择其容量。而对于消弧线圈接地，其接地变压器的容量应与消弧线圈的容量相同，当接地变压器还要求带站用负荷时，其容量应考虑该部分负荷。

（2）在实际工作中，应根据接地时间考虑接地电阻的热容量，如果接地时间过长，可能会导致接地电阻过热烧毁。

考点 9 风电场接地变压器选择

【2024 年上午题 6～8】 某风力发电项目终期规模总装机容量 300MW，本期装机容量为 150MW，安装 30 台单机容量为 5MW 的风电机组，风机与配套箱变按一机一变配置。该风电场所处区域海拔约为 300m，户外设备运行环境温度为 35℃。

请分析计算并解答下列各小题。

▶▶ **第 36 题 [风电场接地变] 8.** 根据系统要求，风电场单相接地故障应快速切除，升压站 35kV 侧母线采用经 Z 型接线接地变接低电阻接地方式，场内 35kV 集电线路采用电缆直埋方式。直埋电缆总长度约为 150km，箱变及其他设备的电容电流按电缆线路的 13%考虑，请计算接地变的容量应取多大合理？（变压器过负荷系数按 10.5） （ ）

（A）800kVA （B）1600kVA
（C）2400kVA （D）16000kVA

【答案及解答】 B

由老版一次手册第 262 页式（6-34）可得电容电流为 $I_C=0.1U_eL=0.1\times 35\times 150=525$（A）；考虑其他设备电容电流为 $1.13\times 525=593.25$（A）

依题意，本题属于母线接地变，低电阻接地系统属于跳闸系统，参考由《导体和电器选择设计技术规定》（DL/T 5222—2021）第 113 页第二行，附录 B 描述，低电阻电流为电容电流的 1～2 倍，则 $I_R=1\sim 2\times 593.25=593.25\sim 1186.5$（A）。

又由该规范第 113 页，附录 B 式（B.2.2-4）可得接地变容量为

$$S_{SN} \geqslant \frac{P_R}{K_b} = \frac{35/\sqrt{3}\times(593.28\sim 1186.5)}{10.5} = 1141.8\sim 2283.42(\text{kVA})$$

所以选 B。

【考点说明】

本题属于母线接地变，低电阻跳闸系统，接地变不乘根三。

考点 10　发电机接地变压器（单相接地变）选择

【2013年下午题 19～22】　某 660MW 汽轮发电机组，其电气接线如下图所示。图中发电机额定电压为 U_N=20kV，最高运行电压 $1.05U_N$，已知当发电机出口发生短路时，发电机至短路点的最大故障电流为 114kA，系统至短路点的最大故障电流为 102kA，发电机系统单相对地电容电流为 6A，采用发电机中性点经单相变压器二次侧电阻接地的方式，其二次侧电压为 220V，根据上述已知条件，回答下列问题。（注：本题配图略）

▶▶ **第 37 题**［发电机单相接地变］20.　假设发电机中性点接地电阻为 0.55Ω，接地变压器的过负荷系数为 1.1，选择发电机中性点接地变压器，计算其变压器容量应为下列何值？
（　　）

(A) 80kVA　　　　　　　　　　(B) 76.52kVA
(C) 50kVA　　　　　　　　　　(D) 40kVA

【答案及解答】 A

由 DL/T 5222—2021 附录 B 式（B.2.1-9）可得

$$S_N \geq \frac{1}{K}U_2 I_2 = \frac{1}{1.1} \times 220 \times \frac{220}{0.55} = 80 \text{ (kVA)}$$

所以选 A。

【考点说明】

（1）需要强调的是，接地变压器分三种：①用于中性点阻抗变换的单相变压器；②用于提供系统中性点的三相接地变压器；③由三台单相变压器组成。

（2）做题时应注意区分，三种容量计算都必须会，尤其是允许单相接地故障运行一段时间的系统，接地变压器按线电压设计时，其容量应该是接地电阻容量的 $\sqrt{3}$ 倍，这一坑点必须掌握。见 DL/T 5222—2021 第 251 页、第 252 页的 B.2.2 条文说明。

【注释】

（1）对于 300MW 及以上的机组，当单相接地电流超过 1A 时，要求瞬时切机。为了保证瞬时切机，发电机中性点就不能采用消弧线圈接地方式，而应当采用发生定子接地就立刻跳闸的电阻接地方式。

为了保证在接地发生到跳闸这段时间内，不发生高的瞬时过电压，并控制在 2.6 倍额定相电压以下，要求在接地点的阻性电流必须大于等于 1.1 倍容性电流，但电流又不能太大，以尽量减小接地点铁芯遭受的损伤。

（2）按照上述原则选择的电阻显然是很高的，都在 1000Ω 左右，又称高电阻接地。这样高阻值的电阻器比较难以制造，所以都采用发电机中性点到地之间串接一台普通的单相变压器。把接地电阻接入到变压器二次侧。接地电阻除以变压器变比的平方，把电阻的阻值降到 1Ω 以下。

变压器的容量，当然要与电阻的功率相匹配，考虑到电阻工作的时间极短，变压器有一定的过负荷能力，可以选择小一些。国内大都套用美国 IEEE 的标准，取工作时间 10s，过负荷倍数 10.5 倍。在实际工程中可适当考虑干式变压器国内制造水平，取 7～8 倍并选择标准容量较宜。

（3）对于发电机而言，不能采用通常的零序互感器接地保护方案，因为靠近中性点部位发生接地时，接地电流会很小，出现保护死区。应当选用"100%定子接地保护"。这种发电机专用的接地保护装置不是以零序电流来判断事故的，而是对发电机出口和中性点的三次谐波电压进行比较，发生接地前后，两端的三次谐波电压不同，可以准确判断出发电机定子是否发生接地。它不受接地电流大小限制，与绕组接地点位置也无关。

因此，需要在发电机出口装设专用的电压互感器，也需在接地电阻上抽取100V电压，二者送到保护装置去进行比较。

【2017年上午题6~10】 某垃圾电厂建设2台50MW级发电机组，采用发电机-变压器组单元接线接入110kV配电装置，为了简化短路电流计算，110kV配电装置三相短路电流水平为40kA，高压厂用电系统电压为6kV，每台机组设2段6kV母线，2段6kV通过1台限流电抗器接至发电机机端，2台机组设1台高压备用变压器。（注：本题配图略）。

发电机主要参数：额定功率 P_e=50MW，额定功率因数 $\cos\varphi$=0.8，额定电压 U_e=6.3kV，次暂态电抗 X_d''=17.33%。定子绕组每相对地电容 C_g=0.22μF。

主变压器主要参数：额定容量 S_e=63MVA，电压比 121±2×2.5%/6.3kV，短路阻抗 U_d=10.5%，接线组别 YNd11，主变压器低压绕组每相对地电容 C_{T2}=4300pF；高压厂用电系统最大计算负荷 13960kVA。厂用负荷功率因数 $\cos\varphi$=0.8，高压厂用电系统三相总的对地电容 C=3.15μF。请分析计算并解答下列各小题。

▶▶ 第38题 [发电机单相接地变] 7. 若发电机中性点通过干式单相接地变压器接地，接地变压器二次侧接电阻，接地保护动作时间不大于5min，忽略限流电抗器和发电机出线电容，则接地变压器额定电压比和额定容量为下列哪组数值？　　　　　　　　　　　　（　　）

(A) $\dfrac{6.3}{\sqrt{3}}$/0.22kV, 3.15kVA　　　　　　(B) 6.3/0.22kV, 4kVA

(C) $\dfrac{6.3}{\sqrt{3}}$/0.22kV, 12.5kVA　　　　　　(D) 6.3/0.22kV, 20kVA

【答案及解答】D

由新版一次手册第65页式（3-1）可得

$$C = \frac{3.15}{3} + 0.22 + 0.0043 = 1.2743(\mu F) \Rightarrow I_C = \sqrt{3} \times 6.3 \times 314 \times 1.2743 \times 10^{-3} = 4.37 \text{ (A)}$$

依据 DL/T 5222—2021 第18.3.4条，发电机中性点接地变压器，一次额定电压取发电机额定线电压6.3kV；又由该规范附录B式（B.2.1-9），接地变容量 $S_N \geq P_R$，该规范第252页条文说明表28，接地变过负荷系数 K 取10min 的 2.6，可得

$$S_N = UI_R \frac{1}{K} = \frac{6.3}{\sqrt{3}} \times 1.1 \times 4.37 \times \frac{1}{2.6} = 6.73(\text{kVA})$$

所以选D。

【考点说明】

（1）本题坑点：根据 DL/T 5222—2021 第18.3.4条条文说明，发电机中性点接地变压器应采用线电压设计。

（2）本题的数据处理：

1) 题目给出的高压厂用电系统对地电容是三相的总和，应除以3才是单相的；

2) 主变低压绕组每相对地电容单位是 pF，要除以 10^6 转换为 μF；

3) 本题高压厂用电系统和发电机是通过电抗器直连，没有经过变压器，所以计算发电机

中性点电容电流时应算上厂用电系统的电容电流，电容电流乘 1.1 才是对应的电阻电流；

4）题目给出的接地保护动作调整时间不大于 5min，应根据条文说明中的表格，查得过负荷系数 K=1.6。

（3）老版一次手册第 80 页式（3-1）。

【注释】

（1）在确定接地变压器的电压时，宜执行 DL/T 5222—2021 第 18.3.4 条的规定。对发电机接地用变压器，其一次电压取发电机的额定线电压，原因在于发生单相接地，中性点处出现 1.6 倍相电压的过渡电压时，不致使变压器饱和。所以本考题答案中 A、C 两选项是不对的。

（2）在确定接地变压器容量时，要注意单相接地故障时，故障回路是否立即跳闸。如果是立即跳闸，电阻的容量一般按 10s 考虑，这时接地变的容量按允许 10s 过负荷进行计算。IEEE 规定美国的干式变容量可以按 10.5 倍的过负荷容量计算。采用国产干式变压器宜适当收紧，或按制造厂的数据计算。

8.2.2 过电压

考点 11 过电压类型判断

【2008 年下午题 6~10】某水电站装有 4 台机组、4 台主变压器，采用发电机—变压器单元接线，发电机额定电压 15.75kV，1 号和 3 号发电机端装有厂用电源分支引线，无直馈线路，主变压器高压侧所连接的 220kV 屋外配电装置是双母线带旁路接线，电站出线四回，初期两回出线，电站属于停机频繁的调峰水电厂。

▶▶ 第 39 题 [过电压类型判断] 6．水电站的坝区供电采用 10kV，配电网络为电缆线路，因此 10kV 系统电容电流超过 30A，当发生单相接地故障时，接地电弧不易自行熄灭，常形成熄灭和重燃交替的间歇性电弧，往往导致电磁能的强烈震荡，使故障相、非故障相和中性点都产生过电压，请问：这种过电压属于下列哪种类型，并说明理由。　　　　　　(　　)

（A）工频过电压　　　　　　　　（B）操作过电压
（C）谐振过电压　　　　　　　　（D）雷电过电压

【答案及解答】B

由 NB/T 35067—2015 第 4.2.3 条可知，题目描述情况属于操作过电压，所以选 B。

【考点说明】

NB/T 35067—2015 第 4.2.3 条"在中性点不接地的系统中，当单相接地故障电流超过一定数值时，将产生不稳定电弧，形成熄灭和重燃交替的间歇性电弧，导致电磁能量的强烈振荡，并在健全相以致故障相中产生较高的过电压。"结合第 4.2.1 条及其条文说明可知，该种过电压属于操作过电压。

【注释】

（1）弧隙接地过电压属于操作过电压一类，是比较容易混淆的情况，广大读者应熟记。不接地系统单相接地点流过的是电容电流，由于电容电压滞后电流 90°，所以当弧道电流过零时，电压刚好在原来方向上达到最大值，很容易使弧道重燃。弧道电流在 30A 以上，一般容易烧成金属性接地，在 5A 以下可以自行熄灭，在 5~30A 范围内容易出现熄灭—重燃的循环现象造成弧隙接地过电压，会威胁设备绝缘，必须进行限制，为此，DL/T 5153—2014 表 3.4.1

做出了具体规定。

（2）这种过电压的另一种叫法是间歇性弧光接地过电压。其特点是幅值高，持续时间长。在这种过电压作用下，MOA 不但不能保护设备，自身还容易损坏。所以对付这种过电压的措施，是不要让它发生。目前有效的办法是改变中性点接地方式。如中性点采用消弧线圈接地，把接地点的电容电流补偿到安全水平以下；又如中性点采用低电阻接地，使得接地点的电流由容性改为阻容性，破坏接地点再重燃的条件。

（3）市场上有一种消弧消谐柜，它是利用变电站母线上分相操作的接触器（或断路器），在线路某一相发生接地时，由变电站合上该相接触器。这种稳定性接地将使该母线电压为 0，从而强制使远方的接地点熄弧。但由于弧光接地会每 10ms 就重燃一次，而接触器的动作时间较长，不能有效发挥作用，消弧效果未被权威部门认可，在规程中并未提倡采用。

考点 12　系统过电压允许值计算

【2011 年上午题 11～15】某发电厂（或变电站）的 220kV 配电装置，地处海拔 3000m，盐密 0.18mg/cm²，采用户外敞开式中型布置，构架高度为 20m，220kV 采用无间隙金属氧化物避雷器和避雷针作为雷电过电压保护。请回答下列各题。（计算保留两位小数）

▶▶ 第 40 题 [过电压允许值] 13. 该 220kV 系统工频过电压一般不应超过下列哪一数值？根据是什么？　　　　　　　　　　　　　　　　　　　　　　　　　　　　　　（　　）

(A) 189.14kV　　　　　　　　　　　(B) 203.69kV
(C) 327.6kV　　　　　　　　　　　 (D) 352.8kV

【答案及解答】A

由 GB/T 156—2007 表 4，220kV 系统最高电压为 252kV。

由 GB/T 50064—2014 第 4.1.1-3 条，110kV 及 220kV 系统工频过电压不应大于 1.3p.u.，结合第 3.2.2 条，1.0p.u. 为 $\frac{U_m}{\sqrt{3}}$。可得 220kV 系统工频过电压不应超过 $1.3 \times \frac{252}{\sqrt{3}} = 189.14$（kV）。

【考点说明】

（1）本题如误依据 GB/T 50064—2014 第 4.1.3-2 条，范围 Ⅱ 的 1.4p.u. 计算结果为 $1.4 \times \frac{252}{\sqrt{3}} = 203.69$（kV），导致错选 B。

（2）如果对规范不熟悉，只看到 GB/T 50064—2014 第 4 章，错误地认为电压基准值为系统最高电压，会错选 C 或 D，如：1.3×252=327.6（kV）；1.4×252=352.8（kV）。

【注释】

（1）绝缘配合中研究的是绝缘耐受的电压，该电压主要为带电部分对地之间的电压，为相电压，所以 GB/T 50064—2014 第 3.2.2 款中规定的工频过电压基准值为相电压，因为工频过电压属于暂时过电压，持续时间一般比较长，按稳态来考虑，所以取有效值。谐振过电压、操作过电压和 VFTO 过电压持续时间较短，按暂态来考虑，所以其电压基准值为相电压峰值。

（2）工频过电压，顾名思义就是工频性质，运行中因某种原因超过了最高运行电压。

（3）工频过电压产生的原因一般有 3 种，具体如下：

1）单相接地引起非接地相的工频电压升高，多发生在范围 Ⅰ 网络。

2）突然甩负荷引起，多发生在水轮机占多数的网络。

3) 电容效应（线路充电功率），多发生在范围Ⅱ网络。

（4）工频过电压的控制限制水平，已在 GB/T 50064—2014 第 4.1.1～4.1.4 条都给出了规定和限制的措施。

（5）工频过电压虽然过电压幅值不高，一般都限制到 1.3p.u.以内，但因其时间长，又经常发生，是绝缘配合的基础。工频过电压同时还是操作过电压的强制分量。操作过电压是在其基础上发展起来的，如 2p.u.的合闸过电压，遇到了 1.3p.u.的工频过电压，就可能叠加成 2.6p.u. 的过电压。所以在绝缘配合中，工频过电压绝不能被忽视。

（6）有串联间隙的避雷器，串联间隙的工频放电电压下限值必须大于或等于工频过电压；无串联间隙的避雷器，其额定电压必须大于或等于工频过电压，也就是说，避雷器是不能长期承受工频过电压的，这是避雷器选择的一个基本原则。当避雷器的额定电压确定了，残压也就随之确定，最后根据避雷器残压计算出设备的耐压水平。

【2014 年上午题 6～10】 某电力工程中的 220kV 配电装置有 3 回架空出线，其中两回同塔架设。采用无间隙金属氧化物避雷器作为雷电过电压保护，其雷电冲击全波耐受电压为 850kV。土壤电阻率为 50Ω·m。为防直击雷装设了独立避雷针，避雷针的工频冲击接地电阻为 10Ω，请根据上述条件回答下列各题（计算保留两位小数）。

▶▶ 第 41 题 ［过电压允许值］10．计算配电装置的 220kV 系统工频过电压一般不应超过下列哪项数值？并说明理由。 （ ）

（A）189.14kV　　　　　　　　（B）203.69kV
（C）267.49kV　　　　　　　　（D）288.06kV

【答案及解答】A

由 GB/T 156—2007 表 4，220kV 系统最高电压为 252kV。

由 GB/T 50064—2014 第 4.1.1-3 条，110kV 及 220kV 系统工频过电压不应大于 1.3p.u.，结合第 3.2.2 条中 1.0p.u.为 $\dfrac{U_m}{\sqrt{3}}$，可得 220kV 系统工频过电压不应超过 $1.3 \times \dfrac{252}{\sqrt{3}} = 189.14(\text{kV})$。

【考点说明】

该题和上一题非常类似，只是对 C、D 选项进行了更改。所以历年真题具有非常大的参考价值。

【2019 年上午题 12～15】 某发电厂采用 220kV 接入系统，其汽机房 A 列防雷布置图如下图所示，1、2 号避雷针的高度为 40m，3、4、5 号避雷针的高度为 30m，被保护物高度为 15m，请分析并解答下列各小题。（避雷针的位置坐标如图所示）（本题配图略）

▶▶ 第 42 题 ［过电压允许值］14．该电厂的 220kV 出线回路在开断空载架空长线路时，宜采用哪种措施限制其操作过电压，其过电压不宜大于下列哪项值？ （ ）

（A）采用重击穿概率极低的断路器，617kV
（B）采用重击穿概率极低的断路器，436kV
（C）采用截流数值较低的断路器，617kV
（D）采用截流数值较低的断路器，436kV

【答案及解答】A

由《交流电气装置的过电压保护和绝缘配合设计规范》(GB/T 50064—2014) 第 4.2.6 条和第 3.2.2-2 款可得，过电压不宜大于 3.0（标幺值），即 $3 \times \sqrt{2} \times \dfrac{252}{\sqrt{3}} = 617.27$ (kV)。

【考点说明】

该题只需找到相应条文即可正确作答。需要说明的是，该题计算过程中用到的 220kV 系统最高电压 252kV 在《标准电压》(GB/T 156—2017) 表 4 中有明确规定，但该规范在 2019 年已被移出考纲规范，各位读者在复习时，仍要掌握各电压等级系统最高电压。

考点 13　变压器中性点过电压幅值计算

【2019 年下午题 4～6】　某西部山区有一座水力发电厂，安装有 3 台 320MW 的水轮发电机组，发电机—变压器接线组合为单元接线，主变压器为三相双绕组无载调压变压器，容量为 360MVA。变比为 550−2×2.5%/18kV，短路阻抗 U_K 为 14%，接线组别为 YNd11，总损耗为 820kW（75℃）。因水库调度优化，电厂出力将增加，需要对该电厂进行增容改造，改造后需要的变压器容量为 420MVA，其调压方式、短路阻抗、导线电流密度和铁芯磁密保持不变。请分析计算并解答下列各题。

▶▶ 第 43 题［变压器中性点过电压］6. 增容改造后电厂需要引接一回 220kV 出线与地区电网连接，采用的变压器型式为三相自耦变压器，假定变比为 525kV/230±4×1.25%/1.8kV，采用中性点调压方式，若自耦变中性点接地遭到损坏断开，中压侧出线发生单相短路时，考虑所有分接情况时自耦变压器中性点对地电压升高最高值约可达到下列哪项值？（忽略线路阻抗，正常运行时保持中压侧电压约为 230kV）　　　　　　　　　　　　　　　　　　　(　　)

（A）230kV　　　　　　　　　　　　　（B）236kV
（C）242kV　　　　　　　　　　　　　（D）247kV

【答案及解答】 C

依题意，考虑所有分接情况，由该手册第 208 页式（6-19）$U_{OA} = \dfrac{U_1}{\sqrt{3}} \times \dfrac{U_2}{U_1 - U_2}$，可知，$U_{OA}$ 最大，则 $U_1 - U_2$ 应最小，题意 U_2 固定为 230V，则 U_1 应为最低电压−4×1.25% 档电压。

依题意，中压测保持 230kV，由新版一次手册第 207 页算例 6-1 可得−4×1.25% 档时高压侧电压为：

因变压器额定电压比为 525/230，假设 $W1 = 525$ 匝；$W1 = 230$ 匝
−4×1.25% 档增加匝数为 230×4×1.25%=11.5 匝

可得：$\dfrac{U_1}{230} = \dfrac{525 + 11.5}{230 + 11.5} \Rightarrow U_1 = 510.95$ (kV)

再由该手册第 208 页式（6-19）可得

$$U_{OA} = \dfrac{U_1}{\sqrt{3}} \times \dfrac{U_2}{U_1 - U_2} = \dfrac{511}{\sqrt{3}} \times \dfrac{230}{511 - 230} = 241.48 \text{(kV)}$$

所以选 C。

【考点说明】

（1）自耦变压器高压侧和中压侧有公共绕组，变比计算和普通变压器的计算方法不一样，读者需注意掌握。本题若按常规变压器变比计算，则会错选 D。

(2) 老版一次手册第 219 页算例 1、第 222 页式（5-9）。

【2019 年下午题 14～16】 某 660MW 汽轮发电机组，发电机额定电压 20kV，采用发电机—变压器—线路组接线，经主变压器升压后以一回 220kV 线路送出，主变压器中性点经隔离开关接地，中性点设并联的避雷器和放电间隙，请解答下列各题。

▶▶ 第 44 题［变压器中性点过电压］14. 该机组接入的 220kV 系统为有效接地系统，其零序电抗与正序电抗之比为 2.5，220kV 送出线路相间电容与相对地电容之比为 1.2，当变压器中性点隔离开关打开运行时 220kV 线路发生单相接地，此时变压器高压侧中性点的稳态与暂态过电压分别是多少？（变压器绕组的振荡系数取 1.5） ( )

(A) 77.37kV　　146.01kV　　　　(B) 77.37kV　　292.02kV
(C) 80.83kV　　152.04kV　　　　(D) 80.83kV　　304.08kV

【答案及解答】D

依题意，本题属于发电厂升压变电站，按终端变电站考虑，由新版一次手册第 801 页式（14-142）可得

稳态电压为：$K_x = 2.5 \Rightarrow U_{bo} = \frac{2.5}{2+2.5} \times \frac{252}{\sqrt{3}} = 80.83 \,(\text{kV})$

暂态电压为：$K_c = \frac{1.2}{1.2+1} = 0.545 \Rightarrow U_{bo} = 2 \times 1.5 \times \frac{1+2 \times 0.545}{3} \times \frac{252}{\sqrt{3}} = 304.08 \,(\text{kV})$

所以选 D。

【考点说明】

(1) 本题考查中性点直接接地系统单相接地时的稳态和暂态过电压，本次直接考查过电压，相对降低了难度。需要注意的是，老版一次手册第 903 页的内容中，中性点直接接地系统单相接地时变压器中性点暂态过电压计算公式分为中间变电站和终端变电站两类，该处的"中间变电站"和"终端变电站"是从变电站处于网络中的位置来考虑的，发电厂升压变电站处于网络系统的边缘，所以按终端变电站来考虑，并不能从潮流方向认为的只有终端配电变电站才是终端变电站，如果把发电厂升压站按照中间变电站来考虑则会错选 C。

(2) 老版一次手册出处为第 903 页式（15-31）。

【2021 年上午题 14～16】 国内某电厂安装有两台热电联产汽轮发电机组，接线示意图如下图所示，两台机组参数相同，主变高低压侧单相对地电容分别为 3000nF、8000nF、110kV 系统侧（不含本电厂机组）的正序阻抗为 0.0412，零序阻抗为 0.0698，S_j=100MVA。主变及备变均为三相四柱式。

▶▶ 第 45 题［变压器中性点过电压］16. 若高备变（20B）和一台主变高压侧中性点直接接地运行，另一台主变高压侧中性点不接地运行，当 110kV 系统发生单相接地故障时，主变高压侧中性点的稳态电压为下列哪个值？ ( )

(A) $0.33U_{xg}$　　　　　　　(B) $0.37U_{xg}$
(C) $0.40U_{xg}$　　　　　　　(D) $0.46U_{xg}$

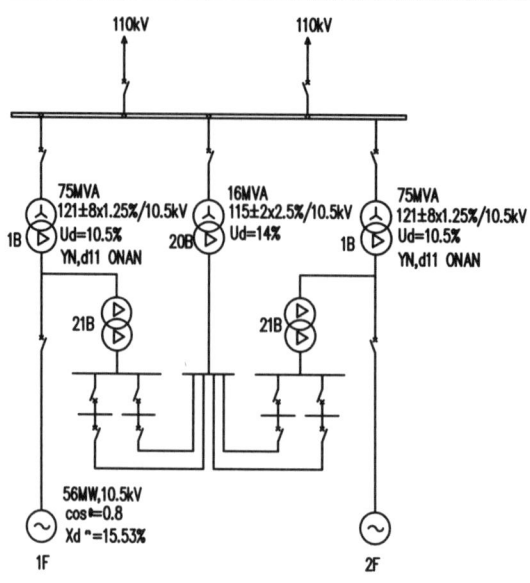

【答案及解答】 C

由新版一次手册第 801 页式（14-143）、式（14-144）可得：

发电机变压器组正序电抗：$X_{1发} = \dfrac{15.33 \times 0.8}{56} = 0.219$ $X_{1变} = \dfrac{10.5}{75} = 0.14$

由于主变是三相四柱变压器，因此中性点接地的主变零序电抗等于正序电抗：

$X_{0主变} = X_{1变} = \dfrac{10.5}{75} = 0.14$；$X_{0起备变} = X_{1起备变} = \dfrac{14}{16} = 0.875$

系统正序电抗：

$$X_{1系统} = X_{1发变} // X_{2发变} // X_{系统} = \dfrac{1}{\dfrac{1}{0.219+0.14} + \dfrac{1}{0.219+0.14} + \dfrac{1}{0.0412}} = 0.0335$$

系统零序电抗：

$$X_{0系统} = X_{0主变} // X_{0起备} // X_{0系统} = \dfrac{1}{\dfrac{1}{0.14} + \dfrac{1}{0.875} + \dfrac{1}{0.0698}} = 0.0442$$

主变高压侧中性点稳态电压为

$$K_x = \dfrac{x_0}{x_1} = \dfrac{0.0442}{0.0335} = 1.32 \quad \Rightarrow \quad U_{b0} = \dfrac{K_x}{2+K_x}U_{gx} = \dfrac{1.32}{2+1.32}U_{gx} = 0.398 U_{gx}$$

所以选 C。

【考点说明】

（1）新版一次手册第 801 页式（14-143）中多了振荡系数 γ_0。

（2）老版一次手册第 903 页式（附 15-32）。

考点 14 发电机自励磁

【2021 年下午题 13～15】 新建一台 600MW 火力发电机组，发电机额定功率为 600MW，出口额定电压为 20kV，额定功率因数为 0.9，两台机组均采用发电机-变压器线路组的方

式接入500lV系统，主变压器的容量为670MVA，短路阻抗为14%，送出500kV线路长度为290km，线路的充电功率为1.18Mvar/km。发电机的直轴同步电抗为215%，直轴瞬变电抗为26.5%，直轴超瞬变电抗为20.5%，主变压器高压侧采用金属封闭气体绝缘开关设备（GIS）。

请分析计算并解答下列各小题。

▶▶ 第46题［发电机自励磁］13. 请判断当机组带空载线路运行时，通过计算，判断是否会产生发电机自励磁？如产生自励磁，当采用高压并联电抗器限制自励磁产生的过电压时，其容量应选择以下哪个值？ （　　）

（A）否　　　　　　　　　　　（B）是，120MVA
（C）是，70MVA　　　　　　　（D）是，50MVA

【答案及解答】C

由 GB/T 50064—2014 式（4.1.6）可得

$$X_d^* = X_S^* + X_T^* \cdot \frac{P/\cos\theta}{S_T} = 2.15 + 0.14 \times \frac{600/0.9}{670} = 2.29$$

$Q_c X_d^* = 1.18 \times 290 \times 2.29 = 783.64 \text{(MVA)}$；$W_N = 600/0.9 = 666.67 \text{(MVA)}$；$Q_c X_d^* > W_N$

由此可知会发生自励磁。为限制自励磁产生的过电压，高压并联电抗器容量至少应为

$$Q_{kb} > lq_c - \frac{W_N}{X_d^*} = 1.18 \times 290 - \frac{600/0.9}{2.29} = 51.08 \text{(MVA)}$$

所以选 C。

【考点说明】

（1）本题应严格按照公式要求选大于51.08MVA且最接近的选项C，不能直接就近向下靠选D，否则会发生自励磁。

（2）发电机自励磁和高压并联电抗器的联合考查是近几年的新考点，也是综合性较强的考点，读者应重点研习。

【注释】

若发电机带空载线路，如果线路容抗 X_C 与发电机+主变的感抗配合得当，就可能引起参数谐振。此时即使发电机励磁电流很小，甚至接近于零，发电机机端电压和电流幅值也会急剧上升，这种现象被称为发电机自励磁。为了避免发生自励磁，就需要使发电机+变压器的阻抗不落入线路容抗 X_C 的谐振范围，为此可采取增大发电机容量或减小发电机容量的方法来改变发电机同步电抗。电力系统一般采用增大发电机容量的方法，即规定不发生谐振的最小发电机容量，此时对应的是线路最小容抗 X_C，也就是高抗投入后的线路容抗。

考点15　变压器中性点避雷器参数选择

【2010年上午题6～10】建设在海拔2000m、污秽等级为Ⅲ级的220kV屋外配电装置，采用双母线接线，有2回进线、2回出线，均为架空线路，220kV为有效接地系统，其主接线如下图所示。

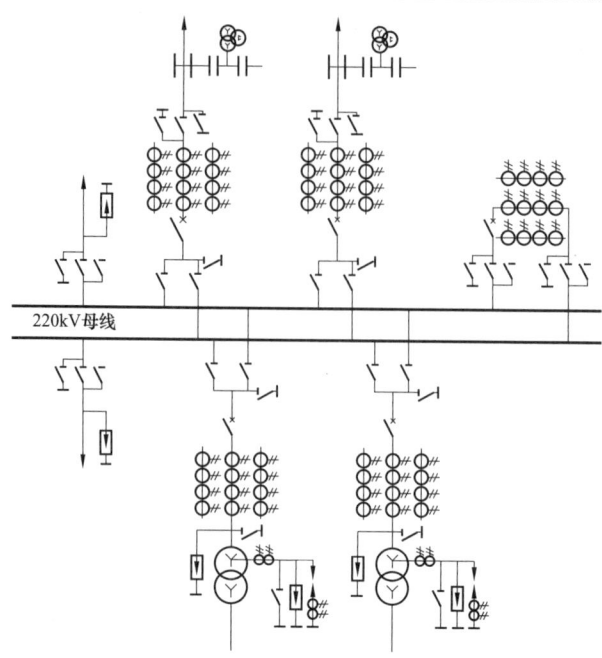

▶▶ **第47题〔变压器中性点避雷器〕**10. 图中变压器中性点氧化锌避雷器持续运行电压和额定电压为哪个？ （　　）

（A）持续运行电压 $0.13U_m$，额定电压 $0.17U_m$

（B）持续运行电压 $0.45U_m$，额定电压 $0.57U_m$

（C）持续运行电压 $0.64U_m$，额定电压 $0.8U_m$

（D）持续运行电压 $0.58U_m$，额定电压 $0.72U_m$

【答案及解答】B

由 DL/T 620—1997 第 5.3.4 条表 3，220kV 有效接地系统中性点无间隙金属氧化物避雷器持续运行电压和额定电压分别为 $0.45U_m$ 及 $0.57U_m$，所以选 B。

【考点说明】

（1）DL/T 620—1997 已经不是考纲规范，现在用 GB/T 50064—2014 作答如下：

依题意，从题设和配图中都无法确定变压器中性点是小电抗接地，所以按过电压最严重的不接地、有失地情况选取避雷器，由 GB/T 50064—2014 表 4.4.3 可得：避雷器持续运行电压为 $0.46U_m$，避雷器额定电压为 $0.58U_m$。

（2）在避雷器（MOA）参数选择中，GB/T 50064—2014 对 DL/T 620—1997 进行了较大的改动：①对 110kV 和 220kV 系统中不接地的变压器划分为"有失地"和"无失地"情况；②对中性点经小电抗接地的设备增加了系数 k；③对系数的取值重新进行了细微调整；④将发电机避雷器单独列成一条，按条文描述计算。

正是由于对数据进行了修改，所以读者在做 2014 年及以前年份的题目时，如果使用 GB/T 50064—2014 作答可能不会精确得到选项答案。

【注释】

氧化锌避雷器参数选择目前使用 GB/T 50064—2014 表 4.4.3 作答，从表中可以看出，情况比较复杂的是 110kV 和 220kV 系统。尤其是 220kV 有效接地系统，变压器中性点避雷器参数分三种情况，相对于 GB/T 620—1997 有较大变化，在此详细叙述如下：

1. 220kV 系统

（1）变压器经小电抗器接地：变压器运行时，其中性点都是经电抗器接地的，不存在退出情况，所以过电压水平最低，对应的避雷器额定电压也最低，为 $0.35kU_m$（自耦变压器一般都是直接接地或经小电抗接地的死接地情况）。

（2）变压器经接地开关接地（中性点和地之间不装小电抗，装的是一把接地开关，需要接地时合上，不需要接地时拉开即可）：220kV 系统是有效接地系统，全系统中必须有中性点有效接地的点（直接接地或经小电抗接地），这样才能保证系统的接地方式是有效的，但中性点接地的数量也不能太多，否则会使系统零序阻抗过低，导致单相接地短路电流太大甚至超过三相短路电流，给设备选择造成困难甚至需要选大容量的设备，不经济。所以需要根据电网结构和参数来决定变压器中性点接地的数量和地点，一旦接地点确定后由该点固定接地，其余变压器中性点是不接地运行的。一般情况在具有两台变压器的变电站中，常常会选择一台主变压器直接接地，另一台不接地。正常运行时，两台变压器挂接的母线是并列运行的。

这样整个系统就是有效接地系统了，但对于单台变压器来说，只要是经接地开关接地的变压器都存在接地或不接地的情况，而不接地时过电压水平高，两者需要同时满足，当然按不接地来选择避雷器，正是因为这一原因，GB/T 50064—2014 表 4.4.3 中 110kV 和 220kV 系统只列出了经电抗接地和不接地两大类。

综上所述，经接地开关接地的变压器都按不接地来选择，包括以下情况：

1）有失地情况：如果 220kV 中某部分网络因保护动作或其他特殊原因导致本系统失去接地点（比如该系统所有接地的变压器跳闸了，或者和系统联络的开关跳闸，导致解列成一个小系统，而这个解列出来的小系统没有中性接地点，或它的所有中性接地点在事故时也全部跳闸了），这样就会造成系统"失去"接地点，变成了非有效接地系统，此时过电压水平较高，所以避雷器额定电压和持续运行电压按 $0.58U_m$ 和 $0.46U_m$ 来选择。

2）无失地情况：系统永远不会"失去"接地点，这样过电压水平相对较低，避雷器额定电压和持续运行电压为 $0.35U_m$ 和 $0.27U_m$。

很显然，一般情况，对于一个只是部分变压器接地的系统（110kV 和 220kV），很少有绝对的永远不失地情况，所以只要题目不特别说明，都按过电压较高的"有失地可能"来选择避雷器。330kV 及以上系统中所有的变压器中性点都直接接地或经小电抗接地，只要还有一台变压器在运行，系统就是有效接地的，要是全部接地点都跳闸，系统也停运了。所以"系统永远不会失地"，正是这个道理，330kV 及以上系统不分有失地和无失地情况。

2. 110kV 系统和 220kV 系统类似

110kV 系统和 220kV 系统类似，只是没有经小电抗接地的情况。

110kV 和 220kV 有效接地系统中，当变压器在中性点不接地运行时，为防止发生中性点过电压过高，变压器中性点都加装了以避雷器和间隙配合的过电压保护。雷电过电压时避雷器动作，工频续流小，不跳闸；当出现暂时过电压时，由于暂时过电压持续时间长，避雷器不能长时间承受该电压，此时需要间隙动作，间隙动作后工频续流大，会造成变压器跳闸。在这种配合中，由于间隙动作性能不稳定，很容易造成雷电过电压时间隙提前动作使变压器跳闸，降低了供电可靠性。

为了解决系统单相接地短路和间隙误动这两种情况，220kV 系统变压器可以采取中性点经小电抗接地。该电抗的阻抗值选择要合理，太大了会导致中性点电压过高威胁中性点绝缘，太小了会造成系统零序阻抗太低，系统单相接地短路电流过大。一般该电抗值以不大于变压器零序电抗的 1/3 为宜，如果取 1/3，那么 $k=0.5$，$0.35×0.5U_m≈0.17U_m$，这就是 DL/T 620—1997 的参数，GB/T 50064—2014 改成 $0.35k$。如果该台变压器不接地，相当于中性点电抗无穷大，那么 $k=1$，对应 $0.35U_m$，这就是 110kV、220kV 有效接地系统中，无失地情况变压器中性点避雷器额定电压的取值。

如果有效接地系统失地，那么系统就变成不接地系统，在不接地系统中，变压器中性点正常运行时要承受相电压，这就是 $\frac{U_m}{\sqrt{3}}=0.57U_m$。

3. 330kV 及以上系统的中性点避雷器额定电压取 $0.35kU_m$

330kV 及以上系统为了降低绝缘造价，中性点一律直接接地或经小电抗接地，所以中性点避雷器额定电压取 $0.35kU_m$。

小知识：交流无间隙金属氧化物避雷器 MOA 的参数解释如下：

（1）避雷器的持续运行电压是指避雷器能够长时间承受而不发生热崩溃的最高电压。如果接地故障清除时间大于 10s 时，比如非有效接地系统，由于时间超过了避雷器额定电压的承受时间，所以只能由避雷器持续运行电压来承受。参照 GB/T 50064—2014 第 4.1.1 款的规定，就得出了表 4.4.3 非有效接地系统持续运行电压相—地一栏的数据。避雷器的荷电率一般为 0.8，所以 $U_R≥1.25U_T$（1.25 为 0.8 的倒数），利用该公式就可以由非有效接地系统相—地持续运行电压计算出对应的额定电压。

（2）避雷器的额定电压 U_r，按 GB 11032—2010 第 3.8 条的定义，是指避雷器在大电流冲击后（比如雷电放电）能够承受 10s 而不发生热崩溃的最高电压。由于在发生单相接地故障时设备承受的暂时过电压持续时间较长，因此，GB/T 50064—2014 第 4.4.2 条规定，有效和低电阻接地系统，当接地故障清除时间不大于 10s 时，MOA 的额定电压应大于等于系统暂时过电压，即 $U_R≥U_T$，按照 GB/T 50064—2014 第 4.1.3 条的规定，最高暂时过电压取 1.3p.u. 时，MOA 的额定电压应大于 $\frac{1.3U_m}{\sqrt{3}}≈0.75U_m$，所以表 4.4.3 有效接地系统额定电压相—地全是清一色的 $0.75U_m$，如果按断路器线路侧工频过电压不宜超过 1.4p.u.，则 MOA 的额定电压应大于 $\frac{1.4U_m}{\sqrt{3}}≈0.8U_m$，这就是 GB/T 620—1997 中 0.8 的由来。

不过考虑到避雷器具有一定的短时过载能力，GB/T 50064—2014 统一用 $0.75U_m$，不再单独规定 $0.8U_m$ 了，这是相比 DL/T 620—1997 的一个较大变化。

按照 GB/T 50064—2014 第 4.4.1 条规定：MOA 的持续运行电压不应低于系统最高相电压。所以表 4.4.3 有效接地系统持续运行电压相—地全是清一色的 $U_m/\sqrt{3}$。

（3）避雷器的参考电压（拐点电压），分为工频参考电压和直流参考电压（分别对应不同类型的电流）。工频参考电压为避雷器流过工频参考电流（1～5mA）时的电压，该电压为 MOA 从截止区进入放电区的拐点，所以又称拐点电压或起始放电电压，该电压比额定电压略大。MOA 在额定电压下能承受 10s 不动作，也不发生热崩溃。电压再稍微上升一点达到拐点电压，就开始放电，放电开始后 MOA 两端的电压并不会稳定在拐点电压，而是会继续上升（这样其实不好），最终稳定在残压。

（4）避雷器的残压，根据 GB 11032—2010 第 3.36 款的定义，可理解为避雷器在放电时两端的电压，该电压就是在避雷器动作时，受避雷器保护范围内的设备绝缘必须能够承受的最低电压，所以避雷器的残压越低，保护效果越好。同时该电压在传播过程中幅值会升高，离避雷器越远的设备承受的电压就越高，紧靠避雷器的设备承受的电压较低，所以避雷器离设备越近，保护效果越好。

（5）压比，避雷器标称放电电流下的残压与工频参考电压峰值的比值。压比越小越好，目前一般为 1.6～1.8。由于受制造水平的限制，避雷器的额定电压越高，承受过电压的能力越高，但其阀片就会越多，而阀片越多残压就越高，所以避雷器的额定电压和残压是一对矛盾体，互相制约。一般取避雷器额定电压刚好满足暂时过电压的要求（持续时间大于 10s 的过电压），这样可以使其残压较低，从而提高保护效果。

避雷器小常识：持续电压＜额定电压＜起始放电电压＜残压。

（6）荷电率：无间隙氧化锌避雷器的持续运行电压和额定电压之比，称为荷电率。避雷器在动作前电流很小。但长期施加电压，也会发热，占去一定的内存能量。因此，持续加在避雷器上的运行电压不能太高，一般取 80%及以下较妥。这正是 GB/T 50064—2014 表 4.4.3 中持续运行电压和额定电压之间的关系，即荷电率取 0.8 及以下，以保护避雷器的使用寿命。

同时，额定电压还应高于工频过电压，在范围 I 取 1.3。表中一系列数字来源如下：$1.3 \times \dfrac{1}{\sqrt{3}} = 0.75$（工频过电压 1.3，相当于荷电率为 0.77）；$\dfrac{1.1}{0.8} = 1.375$，取 1.38；$\dfrac{1.0}{0.8} = 1.25$；$\dfrac{0.8}{0.8} = 1.0$。

在设计避雷器时，也可取荷电率低于 0.8，能做到 0.7、0.6 以下更好。带有串联间隙的避雷器，荷电率为 0。

（7）正确选择避雷器额定电压的目的是：

1）使避雷器的荷电率在 80%及以下，使得避雷器长期在最高运行电压的作用下，流过的电流不大于 1mA，延长了避雷器的运行寿命。

2）避开工频过电压，尽量使避雷器在工频过电压 1.3p.u.的作用下，不要动作。在范围 II 的超高压、特高压网络中，线路侧的工频过电压会达到 1.4p.u.，超过了电站型避雷器制造的 1.3p.u.标准。所以要特别设计成为线路型避雷器。

3）根据避雷器固有的伏安特性，兼顾标称电流下的残压要符合绝缘配合的要求。

【2012 年下午题 9～13】 某风力发电厂，一期装设单机容量 1800kW 的风力发电机组 27 台，每台经箱式变压器升压到 35kV，每台箱式变压器容量为 2000kVA，每 9 台箱式变压器采用 1 回 35kV 集电线路送至风电场升压站 35kV 母线，再经升压变压器升至 110kV 接入系统，其电气主接线如下图所示。

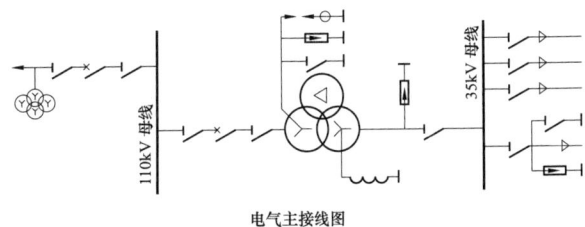

电气主接线图

▶▶ 第48题 [变压器中性点避雷器] 10. 主接线图中，110kV 变压器中性点避雷器的持续运行电压和额定电压应为下列何值？ （ ）

（A）56.7kV，71.82kV
（B）72.75kV，90.72kV
（C）74.34kV，94.5kV
（D）80.64kV，90.72kV

【答案及解答】A

按 GB/T 50064—2014 解答如下：依题意，题设没说明是无失地情况，故按过电压较严重的有失地情况选取避雷器参数，由 GB/T 50064—2014 表 4.4.3 可得

中性点避雷器持续运行电压　$0.46U_m = 0.46 \times 126 = 57.96$（kV）

中性点避雷器额定电压　　　$0.58U_m = 0.58 \times 126 = 73.08$（kV）

【2017 年上午题 11～15】　某电厂位于海拔 2000m 处，计划建设 2 台额定功率为 350MW 的汽轮发电机组，汽轮机配置 30%的启动旁路，发电机采用机端自并励静止励磁系统，发电机经过主变压器升压接入 220kV 配电装置。主变压器额定变比为 242/20kV，主变压器中性点设隔离开关，可以采用接地或不接地方式运行。发电机设出口断路器，设一台 40MVA 的高压厂用变压器，机组启动由主变压器通过厂高变倒送电源，两台机组相互为停机电源。不设启动/备用变压器。出线线路侧设电能计费关口表。主变压器高压侧、发电机出口、高压厂用变压器高压侧设电能考核计量表。

▶▶ 第49题 [变压器中性点避雷器] 12. 主变压器中性点在不接地运行的工况时，中性点采用避雷器并联间隙保护。主变压器高压侧接地故障清除时间为 2s，假设该 220kV 系统 $X_0/X_1 <$ 2.5，则考虑系统失地与不考虑系统失地避雷器的额定电压最低值应为下列哪组数值？ （ ）

（A）201.6kV，84.7kV
（B）145.5kV，84.7kV
（C）201.6kV，88.9kV
（D）145.5kV，80.8kV

【答案及解答】D

（1）依据 GB/T 50064—2014 第 3.1.1-1 条可知，220kV 系统 $X_0/X_1 < 2.5$，该系统为有效接地系统，由第 4.4.3 条、表 4.4.3 可知：有残压 $U_R = \dfrac{252}{\sqrt{3}} = 145.49$（kV）。

（2）又由新版一次手册第 903 页式（14-142），不考虑失地，MOA 额定电压即为系统发生单相接地时的零序电压，依题意

$$K_x = 2.5 \Rightarrow U_R = \dfrac{252}{\sqrt{3}} \times \dfrac{K_x}{2+K_x} = \dfrac{252}{\sqrt{3}} \times \dfrac{2.5}{2+2.5} = 80.8\,(kV)$$

所以选 D。

【考点说明】

新版一次手册式（14-142）该处写错，多了震荡下 γ_0，老版一次手册第 903 页式（附 15-32）。

【注释】

（1）$X_0/X_1 < 3$，$R_0/X_1 < 1$ 的系统被定义为有效接地系统，在发生单相接地时会跳闸。本题给出 $X_0/X_1 < 2.5$，说明其 220kV 中性点是有效接地方式。

（2）为了限制单相接地短路电流，我国对 220kV 电力系统中的诸多变压器中性点，采用的是一部分直接接地，另一部分不接地的方式。但总体上要保证 $X_0/X_1 < 3$。

（3）工程设计中，都是给所有变压器的中性点安装好隔离开关，使每台变压器都可处于

直接接地（合上隔离开关）或不接地（断开隔离开关）的状态。运行中，是由当地的电力调度部门决定哪些接地，哪些不接地。

（4）当变压器的中性点接地选择不当，发生故障时，有可能把不接地的变压器隔离为一个孤立的不接地小系统，在这个小系统中性点没有一个接地点，呈非有效接地。这种情况称之为"失地"。例如，一个220kV变电站，单母线分段接线，两进两出，两回出线均接有电源，两台变压器1号变压器直接接地，2号变压器不接地。其10kV 2号母线上连接有一小水电站。当2号母线220kV线路发生单相接地故障时，继电保护会把220kV分段开关跳开，以缩小故障范围，这时2号母线的进出线上缺失了接地点，2号主变压器中性点会有相电压位移。若小水站失步，这种相电压的位移有可能达到1.8～2倍。中性点避雷器会随之爆炸。这在运行中是不允许发生的。

（5）氧化锌避雷器是没有过载能力的，在1.1倍额定电压作用下，只能维持10s，在1.2倍额定电压作用下只能维持1s。所以，在选择避雷器的额定电压（过去称起始动作电压）时，一定要大于等于工频过电压。在非有效接地系统，变压器中性点的避雷器的额定电压不应小于外部单相接地时中性点出现的稳态相电压，即 $U_m/\sqrt{3}=0.58U_m$；在有效接地系统中，其不应小于相电压的60%，即 $U_m/\sqrt{3}\times0.6=0.35U_m$。

60%的来源详见新版一次手册第903页式（14-142），（老版一次手册第903页）单相接地时，在有效接地系统中，变压器中性点稳态电压决定于系统零序阻抗与正序阻抗的比值

$$U_{b0}=K_x U_{xg}/(2+K_x) \qquad K_x=X_0/X_1$$

式中 U_{b0}——变压器中性点稳态电压；

X_0——系统的零序电抗；

X_1——系统的正序电抗。

K_x 一般不超过3，若取 $K_x=3$，则 $U_{b0}=0.6U_{xg}$；若取 $K_x=2.5$，则 $U_{b0}=0.56U_{xg}$。

（6）在有效接地系统中，偶尔遇到了失地的情况，不可能更换避雷器，为了避免避雷器爆炸，可以给避雷器并联一个放电间隙，用来瞬时保护中性点避雷器。这就是GB/T 50064—2014 第4.1.4条规定的来源。

【2019年上午题12～15】 某发电厂采用220kV接入系统，其汽机房A列防雷布置图如下图所示，1、2号避雷针的高度为40m，3、4、5号避雷针的高度为30m，被保护物高度为15m，请分析并解答下列各小题。（避雷针的位置坐标如图所示本题略）

▶▶ 第50题 [变压器中性点避雷器] 15. 该电厂220kV变压器高压绕组中性点经接地电抗器接地，接地电抗器的电抗值与主变压器的零序电抗值之比为0.25，主变压器中性点外绝缘的雷电冲击耐受电压为185kV，在中性点处装设无间隙氧化锌避雷器保护，按外绝缘配合可选择下列哪种避雷器型号？ （　　）

(A) Y1.5W-38/132　　　　　　　(B) Y1.5W-38/148
(C) Y1.5W-89/286　　　　　　　(D) Y1.5W-146/320

【答案及解答】A

(1) 由《交流电气装置的过电压保护和绝缘配合设计规范》（GB/T 50064—2014）表4.4.3

可得：$U_R=0.35\times\dfrac{3\times0.25}{(1+3\times0.25)}\times252=37.8\,(\text{kV})$。

(2)依题意,中性点外绝缘雷电耐压,再由该规范式(6.4.4-3)可得,$U_{\mathrm{l,p}} \leqslant \dfrac{185}{1.4} = 132\,(\mathrm{kV})$。

所以选 A。

【考点说明】

本题考查中性点小电抗对避雷器额定电压的影响,直接根据《交流电气装置的过电压保护和绝缘配合设计规范》(GB/T 50064—2014)表 4.4.3 注 3 的内容作答即可,同时注意和新版一次手册第 801 页式(14-143)比较[老版一次手册第 903 页式(15-32)]。

【2022 年上午题 1~4】 某发电厂 2 台 330MW 机组分别经升压变压器与 220kV 系统相连,220kV 配电装置有 2 回进线,2 回出线,采用外桥接线。发电机额定功率 330MW,额定功率因数 0.85,最大连续输出功率 340MW、功率因数 0.85,发电机出口电压 20kV,采用离相封闭母线与主变压器相连,高压厂用变压器由发电机出口引接,每台机组设 1 台分裂高压厂用变压器,两台机组设 1 台同容量的高压厂用启动/备用变压器。请分析计算并解答以下各题。

▶▶ 第 51 题[变压器中性点避雷器] 3. 220kV 主变压器中性点采用通过隔离开关直接接地,隔离开关打开时通过间隙并联避雷器接地,该避雷器的持续运行电压和额定电压应为下列哪项数值?   (   )

(A) 67kV   84kV
(B) 101kV   128kV
(C) 116kV   146kV
(D) 145kV   189kV

【答案及解答】C

由 GB 50064—2014,表 4.4.3,依题意,中性点经隔离开关接地,属于有失地,则中性点避雷器持续运行电压和额定电压计算如下:

$U_{\mathrm{c}} = 0.46 \times 252 = 116\,(\mathrm{kV})$

$U_{\mathrm{e}} = 0.58 \times 252 = 146\,(\mathrm{kV})$

选 C。

考点 16 变压器高、低压侧避雷器参数选择

【2008 年上午题 1~5】 已知某发电厂 220kV 配电装置有 2 回进线、3 回出线、双母线接线,屋外配电装置普通中型布置(配图省略)。

▶▶ 第 52 题[变压器高、低压侧避雷器] 4. 主变压器高压侧配置的交流无间隙氧化锌避雷器持续运行电压(相地)、额定电压(相地)应为下列哪组计算值?   (   )

(A) ≥145kV,≥189kV
(B) ≥140kV,≥189kV
(C) ≥145kV,≥182kV
(D) ≥140kV,≥182kV

【答案及解答】A

由 GB/T 156—2007 表 4,变压器高压侧系统最高电压为 252kV。

由 GB/T 50064—2014 表 4.4.3 可得

主变压器高压侧避雷器持续电压 $U_{\mathrm{m}}/\sqrt{3} = 252/\sqrt{3} = 145.49\,(\mathrm{kV})$

主变压器高压侧避雷器额定电压 $0.75 U_{\mathrm{m}} = 0.75 \times 252 = 189\,(\mathrm{kV})$

【注释】

0.75 的来历，就是工频过电压允许值：$1.3 \times \dfrac{1}{\sqrt{3}} = 0.75$。

【2023 年上午题 13~16】 某风力发电场场址海拔高度为 1000m，安装 6.25MW 风力发电机组 100 台，设两个 220kV 汇集升压站，每个升压站各接入 50 台风机，220kV 升压站出线接入 500kV 总变电站的 220kV 侧，500kV 变电站 450MVA、525kV/230kV 自耦变两组，220kV 汇集升压站设 35kV 母线，风力发电机组以 35kV 集电线路接入 35kV 母线，请分析计算并解答下列各小题。（除特别说明外均按 GB/T 50064 及设计手册解答）

▶▶ 第 53 题 [变压器高、低压侧避雷器] 14. 若自耦变围栏内 500kV 及 220kV 侧均设有避雷器，变压器 220kV 侧雷电冲击耐受电压为 850kV，500kV 避雷器型号为 Y20W-444/1066，据此条件选择自耦变 220kV 侧避雷器，符合要求且与计算值最接近的是下列哪项数值？

( )

（A）Y10W-190/606　　　　　　（B）Y10W-195/606
（C）Y10W-190/680　　　　　　（D）Y10W-195/680

【答案及解答】D

由老版一次手册第 879 页式（15-50）可得 220kV 侧避雷器额定电压 $U_{zbe} \geq \dfrac{U_{gbe}}{N} = \dfrac{444}{525/230} = 194.51(kV)$，又由 DL/T 50064—2014 第 6.4.4 条，220kV 侧避雷器雷电残压 $U_{l.p} \leq u_{e.l.i}/k_{16} = 850/1.25 = 680(kV)$。

【考点说明】

本题是属于自耦变压器专用避雷器，属于"紧靠设备"，要使用 1.25 的配合系数，否则会错选 B。

【2013 年上午题 7~10】 某新建电厂一期安装两台 300MW 机组，采用发电机—变压器单元接线接入厂内 220kV 屋外中型配电装置，配电装置采用双母线接线。在配电装置架构上装有避雷针进行直击雷保护，其海拔不大于 1000m。主变压器中性点可直接接地或不接地运行。配电装置设置了以水平接地极为主的接地网，接地电阻为 0.65Ω，配电装置（人脚站立）处的土壤电阻率为 100Ω·m。

▶▶ 第 54 题 [变压器高、低压侧避雷器] 7. 在主变压器高压侧和高压侧中性点装有无间隙金属氧化锌避雷器，请计算确定避雷器的额定电压值，并从下列数值中选择正确的一组？

( )

（A）189kV，143.6kV　　　　　　（B）189kV，137.9kV
（C）181.5kV，143.6kV　　　　　（D）181.5kV，137.9kV

【答案及解答】A

由 GB/T 156—2007 表 4，变压器高压侧系统最高电压为 252kV。

由 GB/T 50064—2014 表 4.4.3 可得

高压侧避雷器额定电压 $0.75U_m = 0.75 \times 252 = 189$（kV）

中性点避雷器额定电压 $0.58U_m=0.58\times252=146.16$（kV）

【2024 年下午题 12~15】 某 500kV 变电站位于海拔 1000m 处，有 2 台自耦变压器，额定电压 500/220/35kV。主变压器 500kV、220kV 侧均为架空出线，220kV 采用双母线接线，220kV 共 4 回架空出线，其中两回同塔架设。

请分析计算并解答下列各小题（计算保留两位小数）。

▶▶第 55 题 [变压器高、低压侧避雷器] 12. 500kV 主变中性点经小电抗接地，小电抗与主变的零序电抗之比为 0.2，主变高压侧和高压侧中性点装有无间隙金属氧化物避雷器，请计算确定避雷器的额定电压值为下列哪组数值？ （　　）

（A）317.5kV、55kV　　　　　　　　（B）317.5kV、72.2kV
（C）412.5kV、72.2kV　　　　　　　（D）412.5kV、192.5kV

【答案及解答】C

依据《交流电气装置的过电压保护和绝缘配合设计规范》（GB/T 50064—2014）表 4.4.3，可知

$k = 3\times0.2/(1+3\times0.2) = 0.375$

高压侧避雷器额定电压为 $0.75\times550 = 412.5$（kV）

高压侧中性点避雷器额定电压为 $0.35\times0.375\times550 = 72.2$（kV）

所以选 C。

【考点说明】

考点 17　发电机出口避雷器参数选择

【2013 年下午题 19~22】 某 660MW 汽轮发电机组，其电气接线如下图所示。图中发电机额定电压为 $U_N=20$kV，最高运行电压 $1.05U_N$，已知当发电机出口发生短路时，发电机至短路点的最大故障电流为 114kA，系统至短路点的最大故障电流为 102kA，发电机系统单相对地电容电流为 6A，采用发电机中性点经单相变压器二次侧电阻接地的方式，其二次侧电压为 220V，根据上述已知条件，回答下列问题。

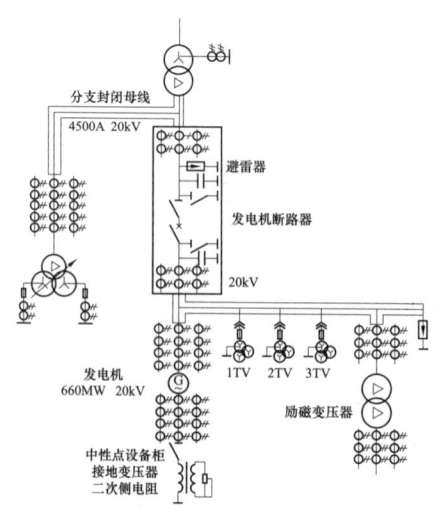

▶▶ 第 56 题 [发电机出口避雷器] 21．电气接线图中发电机出口断路器的系统侧装设有一组避雷器，计算确定这组避雷器的额定电压和持续运行电压应取下列哪组数值？（假定主变压器低压侧系统最高电压不超过发电机最高运行电压） （ ）

(A) 21kV，16.8kV　　　　　　　(B) 26.25kV，21kV
(C) 28.98kV，23.1kV　　　　　 (D) 28.98kV，21kV

【答案及解答】C

该避雷器作为主变压器高压侧对低压侧的传递过电压保护用，显然当断路器断开比断路器合上时主变压器低压侧过电压更严重，所以按断路器断开时考虑。当断路器断开后，主变压器低压侧三角形绕组和高压厂用变压器三角形绕组之间这一段，是不接地系统。

由 GB/T 50064—2014 表 4.4.3 可得

额定电压　　　　　　$U_e=1.38U_m=1.38×20×1.05=28.98$（kV）
持续运行电压　　　　$U_c=1.1U_m=1.1×20×1.05=23.1$（kV）

【考点说明】

此题是 2013 年的题目，当时 GB/T 50064—2014 还没有实施，那么用 DL/T 620—1997 来分析一下各个选项。

（1）如果按照 3～20kV 系统来处理，则由 DL/T 620—1997 第 5.3.4 条表 3 可得

额定电压　　　　　　$U_e=1.38U_m=1.38×20×1.05=28.98$（kV）
持续运行电压　　　　$U_c=1.1U_m=1.1×20×1.05=23.1$（kV）

对应正确选项 C。

（2）如果按照发电机系统来处理，则由 DL/T 620—1997 第 5.3.4 条表 3 可得

额定电压　　　　　　$U_e=1.25U_m=1.25×20×1.05=26.25$（kV）
持续运行电压　　　　$U_c=U_m=20×1.05=21$（kV）

对应错误选项 B。

所以本题最关键的是第一步是通过避雷器的作用确定所属系统，从而正确的选择参数。而对于本题避雷器安装地点属于系统重叠区域，需要对避雷器的配置有深刻的理解才能正确判断该避雷器的作用，否则很容易错选 B。

【注释】

（1）DL/T 5090—1999 第 8.3.8 条"与架空线路连接的三绕组自耦变压器、变压器（包括一台变压器与两台电机相连的三绕组变压器）的低压绕组如有开路运行的可能和发电厂双绕组变压器当发电机断开由高压侧倒送厂用电时，应在变压器低压绕组三相出线上装设阀式避雷器，以防来自高压绕组的雷电波的感应电压危及低压绕组绝缘；但如该绕组连有 25m 及以上金属外皮电缆段，则可不必装设避雷器。"

（2）发电机出口安装了一台发电机断路器，一般是在发电厂初期第一台机组的接线中出现。发电厂第一台机组建成投产前后都要启用所有的辅机，保证厂用电的供电。但第一台机组尚未运行，并没有厂用电的来源。通常需要引用系统的电力，向第一台机组厂用电供电。引用的方法有两种：①从附近变电站建设一条线路到发电厂专用；②附近没有合适的变电站时，从高压侧倒送，先建好升压站，断开发电机断路器，为高压厂用变压器送电。当第一台机组启动完成后，再通过发电机断路器同期并列，接入系统。

【2014年下午题 14~19】 某调峰电厂安装有 2 台单机容量为 300MW 机组，以 220kV 电压接入电力系统，3 回 220kV 架空出线的送出能力满足 N-1 要求。220kV 升压站为双母线接线，管母中型布置。单元机组接线如下图所示。发电机额定电压为 19kV，发电机与变压器之间装设发电机出口断路器 GCB，发电机中性点为高电阻接地；高压厂用工作变压器支接于主变压器低压侧与发电机出口断路器之间，高压厂用电额定电压为 6kV，6kV 系统中性点为高电阻接地。

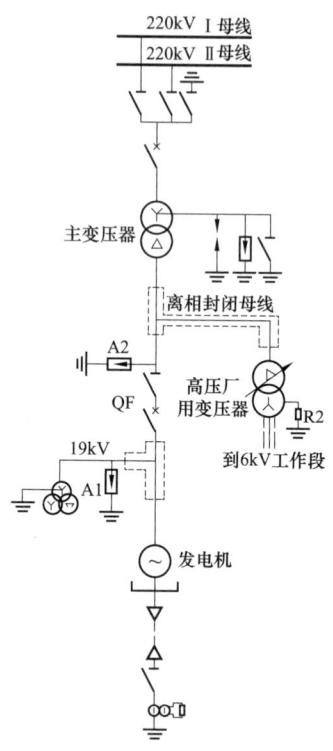

▶▶ 第 57 题［发电机出口避雷器］14. 若发电机的最高运行电压为其额定电压的 1.05 倍，高压厂用变压器高压侧系统最高电压为 20kV，请计算无间隙金属氧化物避雷器 A1、A2 的额定电压最接近下面哪组数？ （　　）

（A）1436kV，16kV　　　　　（B）19.95kV，20kV
（C）19.95kV，22kV　　　　　（D）24.94kV，27.60kV

【答案及解答】D

由图可知该题中 A1 为保护发电机用避雷器，依题意，发电机出口最高工作电压 $U_{max}=19\times1.05=19.95$（kV），则：

（1）由 DL/T 620—1997 第 5.3.4 条和表 3 可得 $U_e=1.25U_{m.g}=1.25\times19.95=24.94$（kV）。

（2）A2 为保护主变压器低压侧传递过电压用避雷器，按照不接地系统考虑，由 GB/T 620—1997 表 3 可得

$$U_e=1.38U_m=1.38\times20=27.6\text{（kV）}$$

【考点说明】

（1）本题 A2 主要用于断路器 QF 断开时保护主变压器低压侧。其安装位置在 QF 断开时

两端都是变压器的角形侧，所以按不接地系统考虑。

（2）本题按 DL/T 620—1997 作答才能准确对应选项，因为 GB/T 50064—2014 对发电机系统的避雷器选择进行了更改。

现按照 GB/T 50064—2014 作答如下，给读者一个比较：由图可知该题中 A1 为保护发电机用避雷器，依题意，发电机额定电压为 U_g=19kV；发电机中性点采用高阻接地系统，根据新版一次手册第 44 页右上内容可知（老版一次手册第 71 页左下内容），该发电机属于单相接地立即跳闸系统，清除故障时间小于 10s，由 GB/T 50064—2014 第 4.4.4 条可得：避雷器 A1 额定电压 U_R=1.05U_g=1.05×19 =19.95（kV）。

A2 为保护主变压器低压侧传递过电压用避雷器，按照不接地系统考虑，由 GB/T 50064—2014 表 4.4.3 可得：避雷器 A2 额定电压 U_R=1.38U_m=1.38×20=27.6（kV）。

A1 和选项区别大主要原因是按跳闸系统计算，如果按照不跳闸系统计算 U_R=1.3U_g=1.3×19=24.7（kV），和选项就很接近。这是因为 DL/T 620—1997 是按不跳闸来制定的，但 GB/T 50064—2014 把发电机跳闸和不跳闸分开来计算，这就是"老题"用新规范作答很容易产生较大出入的问题。在 2014 年后的考试中，都是按 GB/T 50064—2014 出题的，作答也严格按照该规范作答，这样就需要读者根据题意用心判断是否属于跳闸系统，增加了难度。

【注释】

（1）在发电机断路器合闸运行状态下，A1 和 A2 避雷器是并联运行的。A1 的额定电压为 24.94kV，A2 的额定电压 27.6kV。当有过电压发生时，A1 先动作，待 A1 的电压还没有升高到残压水平之前，A2 随即动作，和 A1 一起并联运行。由于流入避雷器电流的分流，残压会降低。

（2）在发电机断路器分闸过程中，由于断路器的强制熄弧，会在断路器的两侧产生截流过电压。这种截流过电压的幅值和振荡频率都很高，威胁主变压器低压绕组、厂用变压器高压绕组和发电机的定子绕组的绝缘。这时，A1 和 A2 都会动作，把截流过电压幅值降下来，保护变压器和发电机绕组的对地绝缘不被击穿。但极高振荡频率的截流过电压波，其陡度也很高，会在绕组的匝间形成很高的电位梯度，破坏绕组的匝间绝缘（纵绝缘）。特别是对入口处的匝间威胁极大。对于限制这种纵向电压波的陡度，对地连接的 A1 和 A2 是无能为力的。所以，发电机断路器的两侧，制造厂家都配套安装了电容器来吸收这种截流过电压，以保护开断的安全。

（3）在发电机断路器开断后分闸运行状态下，A1 将独立保护发电机，并按发电机中性点高电阻接地的条件选择 A1 的额定电压；A2 将独立保护主变压器低压和厂用高压变压器高压绕组，并按中性点不接地的条件选择 A2 的额定电压。

【2016 年下午题 22～27】 一台 660MW 发电机以发变组单元接入 500kV 系统，发电机额定电压 20kV，额定功率因数 0.9，中性点经高阻接地，主变压器 500kV 侧中性点直接接地。厂址海拔 0m，500kV 配电装置采用屋外敞开式布置，10min 设计风速为 15m/s，500kV 避雷器雷电冲击残压为 1050kV，操作冲击残压为 850kV，接地网接地电阻 0.2Ω，请根据题意回答下列问题：

▶▶ 第 58 题［发电机出口避雷器］25．若主变压器高压侧单相接地时低压侧传递过电压为 700V，主变压器高压侧单相接地保护动作时间为 10s，发电机单相接地保护电压定值为

500V，则发电机出口避雷器的额定电压最小计算值应为下列哪项数值？ （ ）

(A) 15.1kV (B) 21kV
(C) 26kV (D) 26.25kV

【答案及解答】C

由 DL/T 684—2012 第 4.3.2 可知，动作电压若低于主变压器高压侧耦合到机端的零序电压，延时应与高压侧接地保护配合。依题意，发电机单相接地保护电压定值为 500V，小于主变压器高压侧的 700V，所以延时应与高压侧接地保护配合，即大于高压侧的动作时间 10s。

由 GB/T 50064—2014 第 4.4.4 条，本题故障清除时间大于 10s，所以

$$U_R \geq 1.3 U_{ge} = 1.3 \times 20 = 26 \text{ (kV)}$$

【考点说明】

本题考查的是发电机出口避雷器的参数选择，这是 GB/T 50064—2014 修编时的较大改动，应根据该规范的第 4.4.4 条条文说明作答，分为故障清除时间大于 10s 和小于等于 10s 两种情况，所以本题的关键在确定"故障清除时间"。本题给的是主变压器高压侧故障清除时间 10s，如果不知道 DL/T 684—2012 第 4.3.2 对发电机与主变压器在单相接地保护定值之间的配合关系，直接用 10s 作答，$U_R \geq 1.05 U_{ge} = 1.05 \times 20 = 21(\text{kV})$，会错选 B，这是本题最大的坑点。但 DL/T 684—2012 属于超纲规范，读者只需理解解题思路即可，对超纲规范不必深究。

【2018 年上午题 6~9】 某电厂装有 2×300MW 发电机组，经主变压器升压至 220kV 接入系统，发电机额定功率为 300MW，额定电压为 20kV，额定功率因数 0.85，次暂态电抗为 18%，暂态电抗为 20%，发电机中性点经高电阻接地，接地保护动作于跳闸时间为 2s，该电厂建于海拔 3000m 处，请分析计算并解答下列各小题。

▶▶ 第 59 题 [发电机出口避雷器] 6. 计算确定装设于发电机出口的金属氧化锌避雷器的额定电压和持续运行电压不应低于下列哪项数值？并说明理由。 （ ）

(A) 20kV, 11.6kV (B) 21kV, 16.8kV
(C) 25kV, 11.6kV (D) 26kV, 20.8kV

【答案及解答】B

依据 GB 50064—2014 第 4.4.4 条，$t=2\text{s}<10\text{s}$，则

相对地额定电压　　$U_R \geq 1.05 U_e = 1.05 \times 20 = 21$（kV）

持续运行电压　　　$U_c \geq 0.8 U_R = 0.8 \times 21 = 16.8$（kV）

【2020 年上午题 1~4】 某电厂建设 2×350MW 燃煤汽轮机发电机组，每台机组采用发电机变压器（以下称主变）组单元接线，通过主变升压接至厂内 220kV 配电装置，220kV 配电装置的电气主接线为双母线接线，220kV 配电装置采用屋外敞开式中型布置，电厂通过两回 220kV 架空线路接至附近某一变电站。发电机额定功率 $P_e=350$MW、额定电压 $U_n=20$kV。

请分析计算并解答以下各小题。

▶▶ 第 60 题 [发电机出口避雷器] 1. 发电机中性点采用高电阻接地，接地故障清除时间大于 10s，发电机出口设置金属氧化物避雷器（以下简称 MOA），根据相关规程，计算确定该避雷器的持续运行电压和额定电压宜取下列哪组数值？ （ ）

(A) 20kV, 25kV (B) 20.8kV, 26kV
(C) 24kV, 26kV (D) 24kV, 30kV

【答案及解答】 B

依题意,已知故障切除时间大于 10s,由 GB/T 50064—2014 第 4.4.4 条可得

持续电压 $U \geq 0.8 U_R = 0.8 \times 26 = 20.8 \text{(kV)}$

额定电压 $U_R \geq 1.3 U_e = 1.3 \times 20 = 26 \text{(kV)}$

▶▶ **第 61 题 [发电机出口避雷器]** 2. 若电厂海拔高度为 0m,发电机定子绕组冲击试验电压值（峰值）取交流工频试验电压峰值,发电机采用高电阻接地,发电机出口 MOA 靠近发电机布置,根据相关规程,发电机与避雷器绝缘配合采用确定性法,计算该避雷器的标称放电电流和残压宜取以下哪组数值？ (　　)

(A) 2.5kA, 41.4kV (B) 2.5kA, 46.4kV
(C) 5kA, 41.4kV (D) 5kA, 46.4kV

【答案及解答】 D

由 GB/T 7064—2017 第 4.9.3 条及表 C.1 可得：

试验电压为 $2 \times 20 + 1 = 41 \text{(kV)}$；峰值为 $\sqrt{2} \times 41 = 57.98 \text{(kV)}$

依题意,MOA 紧靠设备,又由 GB/T 50064—2014 第 6.4.4-1 条及表 C.1 可得：

额定电压 $u_{e,l,i} \geq 1.25 U_{l,p} \Rightarrow U_{l,p} \leq \dfrac{57.98}{1.25} = 46.38 \text{(kV)}$

再由新版一次手册第 779 页表 14-23 可知：

避雷器标称放电电流宜取 5kA,所以选 D。

【考点说明】

(1) 避雷器标称放电电流老版一次手册第 880 页表 15-15。

(2) 计算避雷器残压用的是电压峰值,表格计算的试验电压是有效值,应注意转换。

(3) 该题明确发电机定子绕组试验电压,使用 GB/T 7064—2017 更合理,不建议使用 GB/T 50064—2014 表 6.4.6-1,如果错把表 6.4.6-1 的 1min 工频试验电压有效值 65kV 进行海拔修正,当做峰值进行计算 $\dfrac{65}{e^{\frac{1000}{8150}} \times 1.25} = 45.99 \text{(kV)}$,显然是错误的。

【2022 年补考上午题 9～12】 某火力发电厂新建两台 600MW 燃煤发电机组,发电机额定功率 600MW,出口额定电压 20kV,额定功率因数 0.9,两台机组均采用发电机-变压器线路组的方式接入 500kV 系统,主变压器额定容量 670MVA,短路阻抗 14%,送出 500kV 线路长度为 290km,采用四分裂导线,线路的充电功率为 1.18Mvar/km。发电机的直轴同步电抗 215%,直轴瞬变电抗 26.5%,直轴超瞬变电抗 20.5%。主变压器高压侧采用金属封闭气体绝缘开关设备（GIS）。请分析计算并解答下列问题。

▶▶ **第 62 题 [发电机出口避雷器]** 10. 该汽轮发电机组配置了定子绕组接地保护,故障时的保护动作时间为 5s,请问发电机出口避雷器的额定电压及持续运行电压宜为下列哪项数值？ (　　)

(A) 14kV, 10kV (B) 22kV, 18kV
(C) 26kV, 12kV (D) 26kV, 21kV

【答案及解答】B

依据 GB/T 50064—2014 第 4.4.4 条，本发电机系统故障清除时间为 5s，小于 10s，因此 MOA 额定电压不应低于旋转电机额定电压的 1.05 倍，即 $U_R \geq 1.05 \times 20 = 21(kV)$，持续运行电压不宜低于旋转电机额定电压的 80%，$U_C \geq 0.8 \times 20 = 16(kV)$，所以选 B。

考点 18　母线及设备避雷器参数选择

【2008 年下午题 6～10】　某水电站装有 4 台机组、4 台主变压器，采用发电机—变压器单元接线，发电机额定电压 15.75kV，1 号和 3 号发电机端装有厂用电源分支引线，无直馈线路，主变压器高压侧所连接的 220kV 屋外配电装置是双母线带旁路接线，电站出线四回，初期两回出线，电站属于停机频繁的调峰水电厂。

▶▶ 第 63 题［母线及设备避雷器参数］7. 若坝区供电的 10kV 配电系统中性点采用低电阻接地方式，请计算 10kV 母线上避雷器的额定电压和持续运行电压应取下列哪些数值，并简要说明理由。　　　　　　　　　　　　　　　　　　　　　　　　　　　　　（　　）

（A）12kV，9.6kV　　　　　　　　（B）16.56kV，13.2kV
（C）15kV，12kV　　　　　　　　　（D）10kV，8kV

【答案及解答】A

由 GB/T 156—2007 表 3 可得，10kV 系统最高运行电压为 12(kV)。
依题意，系统中性点采用低电阻接地方式。由 GB/T 50064—2014 表 4.4.3 可得：
（1）避雷器额定电压为 U_m=12(kV)。
（2）避雷器持续运行电压为 $0.8U_m$=0.8×12=9.6(kV)。

【考点说明】

作答此类题目时应注意以下方面：
（1）一定要根据题意判断避雷器安装位置的系统接地方式，比如此题如果按不接地方式选择，则会错选 B 选项，按谐振接地为 C 选项。
（2）GB/T 50064—2014 表 4.4.3 中的电压 U_m 指系统最高运行电压，应由 GB/T 156—2007 查得 U_m 再计算，切记不能代系统标称电压。对于本题，如果用 10kV 计算会错选 D。
氧化锌避雷器（MOA）的参数选择是历年考试重点，也是相对容易拿分的地方，以上都是容易犯的小错误。

【2011 年上午题 11～15】　某发电厂（或变电站）的 220kV 配电装置，地处海拔 3000m，盐密 0.18mg/cm²，采用户外敞开式中型布置，构架高度为 20m，220kV 采用无间隙金属氧化物避雷器和避雷针作为雷电过电压保护。请回答下列各题。（计算保留两位小数）

▶▶ 第 64 题［母线及设备避雷器参数］12. 该配电装置母线避雷器的额定电压和持续运行电压应选择下列哪组数据？依据是什么？　　　　　　　　　　　　　　　　　　　　　　（　　）

（A）165kV，127.02kV　　　　　　（B）172.5kV，132.79kV
（C）181.5kV，139.72 kV　　　　　（D）189kV，145.49kV

【答案及解答】D

由 GB/T 156—2007 表 4 可知，220kV 系统最高电压为 252kV。
由 GB/T 50064—2014 表 4.4.3 可得

| 额定电压为 | $0.75U_\mathrm{m}=0.75\times252=189$（kV） |
| 持续运行电压为 | $\dfrac{U_\mathrm{m}}{\sqrt{3}}=\dfrac{252}{\sqrt{3}}=145.49$（kV） |

【考点说明】

本题如果用 220kV 计算，则会错选 A。

【2014 年上午题 11～15】 某风电场地处海拔 1000m 以下，升压站的 220kV 主接线采用单母线接线。两台主变压器容量均为 80MVA，主变压器短路阻抗 13%。220kV 配电装置采用屋外敞开式布置。其电气主接线简图如下（本题配图略）。

▶▶ 第 65 题 [母线及设备避雷器参数] 13. 若该风电场的 220kV 配电装置改用 GIS，在其出线套管与架空线路的连接处，设置有一组金属氧化物避雷器，计算该组避雷器的持续运行电压和额定电压应为下列哪组数据？　　　　　　　　　　　　　　　　（　　）

(A) 145.5kV，189kV
(B) 127kV，165kV
(C) 139.7kV，181.5kV
(D) 113.4kV，143.6kV

【答案及解答】A

由 GB/T 156—2007 表 4，220kV 系统最高电压为 252kV。

由 GB/T 50064—2014 表 4.4.3 可得

| 避雷器持续运行电压 | $\dfrac{U_\mathrm{m}}{\sqrt{3}}=\dfrac{252}{\sqrt{3}}=145.5$（kV） |
| 避雷器额定电压 | $0.75U_\mathrm{m}=0.75\times252=189$（kV） |

【注释】

(1) GIS 是一种金属全封闭充 SF_6 气体的成套配电装置。SF_6 气体的绝缘性能和灭弧性能大约是常压空气的 100 倍，所以在高压和超、特高压的开关灭弧室中广泛使用。采用 SF_6 气体作为绝缘，可以使整体的开关设备体积很小，全封闭电器还可以用于风沙、高海拔等环境恶劣地区，替代敞开布置的屋外配电装置。随着造价日趋下降，使用也逐渐广泛。

(2) 本题所描述的内容属于 GB/T 50064—2014 中图 5.4.14-1 的接线。在线路侧避雷器的接地处，引接了一条导体与 GIS 外壳相连，变电站内的 GIS 外壳也有接地。这种做法与进线电缆段外皮两端接地的作用是一样的。

【2010 年下午题 11～15】 某新建变电站位于海拔 3600m 地区，主变压器两台，采用油浸式变压器，装机容量为 2×240MVA，站内 330kV 配电装置采用双母线接线，330kV 有 2 回出线。

▶▶ 第 66 题 [母线及设备避雷器参数] 12. 本变电站 330kV 电气设备（包括主变压器）的额定雷电冲击耐受电压为 1175kV，若在线路断路器的线路侧选用一种无间隙 MOA，应选用什么规格？　　　　　　　　　　　　　　　　　　　　　　　　　　（　　）

(A) Y10W-288/698
(B) Y10W-300/698
(C) Y10W-312/842
(D) Y10W-312/868

【答案及解答】B

依题意，避雷器安装在线路侧，则

由 DL/T 620—1997 第 4.1.1-a) 款，线路断路器的线路侧工频过电压不超过 1.4p.u.。

由 GB/T 156—2007 表 5，330kV 系统最高电压为 363kV。

（1）由 DL/T 620—1997 表 3 及其注 2，330kV 电压等级工频过电压为 1.4p.u.时，避雷器额定电压为 $0.8U_m$=0.8×363=290.4（kV）。

（2）由 DL/T 620—1997 第 10.4.4-a）条，变压器内、外绝缘的全波额定雷电冲击电压与变电所避雷器标称放电电流下的残压的配合系数取 1.4。由于 $U_{le} \geqslant 1.4U_R$，则

$$U_R \leqslant \frac{U_{le}}{1.4} = \frac{1175}{1.4} = 839.28 \text{ (kV)}$$

选额定电压大于且最接近 290.4kV 的 300kV，同时残压小于 839.28kV，所以选 B。

注：DL/T 620—1997 中 U_R 为避雷器残压。

【考点说明】

（1）氧化锌避雷器型号的含义。以 Y10W-288/698 为例，Y 表示氧化锌避雷器，10 表示标称放电电流，W 表示无间隙，288 表示氧化锌避雷器额定电压 288kV，698 表示雷电冲击残压 698kV。可参考老版一次手册第 544 页表 8-3-1。

（2）本题主要考查特殊地点（断路器线路侧）的避雷器选择，如果不注意线路断路器的线路侧，用 $0.75U_m$ 作答，则会误选 A。同时考查了避雷器的型号含义。在选避雷器参数时，避雷器的额定电压应在大于计算值的基础上越小越好，这样残压就低。残压越低，其保护效果就越好。

（3）GB/T 50064—2014 已取消"线路断路器的线路侧"避雷器额定电压取 $0.8U_m$，而统一采用 $0.75U_m$。该坑点取消后读者不必深究此考点，学有余力的读者可以学习一下本题注释中避雷器各个参数的含义以及 GB/T 50064—2014 表 4.4.3 的由来。

（4）求避雷器各参数时不需要进行海拔修正。

【注释】

有效接地系统中，大家熟悉的工频过电压一般是线路末端电容效应导致的电压升高，所以一般在线路末端加装并联电抗器限制该过电压，此类过电压虽然时间很长，但过电压幅度并不大，相—地的电压也就比相电压 $\frac{U_m}{\sqrt{3}}$=$0.58U_m$ 稍高。系统最高暂时过电压发生在单相接地故障但还没有切除这段时间内，按照新版一次手册第 738 页式（14-3）[老版一次手册第 864 页式（15-21）]，如果 $k = \frac{X_0}{X_1}$=3，则相—地最高过电压为 $1.25\frac{U_m}{\sqrt{3}}$，小于 GB/T 50064—2014 第 4.1.3 条规定的 1.3p.u.，这就是 GB/T 50064—2014 第 3.1.1 条的由来。

【2016 年下午题 22～27】 一台 660MW 发电机以发变组单元接入 500kV 系统，发电机额定电压 20kV，额定功率因数 0.9，中性点经高阻接地，主变压器 500kV 侧中性点直接接地。厂址海拔 0m，500kV 配电装置采用屋外敞开式布置，10min 设计风速为 15m/s，500kV 避雷器雷电冲击残压为 1050kV，操作冲击残压为 850kV，接地网接地电阻 0.2Ω，请根据题意回答下列问题：

▶▶ 第 67 题 [母线及设备避雷器参数] 27. 若该工程建于海拔 1800m 处，电气设备外绝缘雷电冲击耐压（全波）1500kV，则避雷器选型正确的是（按 GB 50064—2014 选择）：

（　　）

(A) Y20W-400/1000　　　　　　　(B) Y20W-420/1000
(C) Y10W-420/850　　　　　　　 (D) Y20W-400/850

【答案及解答】B

(1) 由《交流电气装置的过电压保护和绝缘配合设计规范》(GB/T 50064—2014) 式 (6.4.4-3) 可得：$u_{e.l.o} \geq k_{17} U_{lp} \Rightarrow U_{lp} \leq \dfrac{u_{e.l.o}}{k_{17}} = \dfrac{1500}{1.4} = 1071.43$ (kV)。

(2) 又由该规范表 4.4.3 可得：$U_R \geq 0.75 U_m = 0.75 \times 550 = 412.5$ (kV)。

综上所述，B 选项符合题意，所以选 B。

【考点说明】

(1) 本题同时考查了避雷器的残压配合和额定电压的选择，同时还需要了解避雷器的型号表示方法，420/1000 代表的是"额定电压/残压"。

(2) 本题描述的"若该工程建于海拔 1800m 处，电气设备外绝缘雷电冲击耐压（全波）1500kV"，其意思是电气设备在海拔 1800m 处，具备雷电冲击耐压 1500kV 的能力。

也可参考 GB/T 50064—2014 表 6.4.6-2，雷电耐压 1500kV 是电气设备在海拔 1000m 及以下地区的基本要求（甚至还略低）。随着海拔升高，空气稀薄，设备外绝缘能力降低，当电气设备处于海拔 1800m 地区时，其耐压值在海拔 1000m 做实验时，应为 1870kV 才行，这样设备安装到 1800m 地区，其外绝缘刚好是 1500kV。而题目给的恰恰是 1500kV，那么只有一种可能，那就是该 1500kV 已经是海拔 1800m 的耐压水平了。所以此题不需进行海拔修正，否则会错选 C [由式（A.0.2-2）可得海拔修正系数为 $k_a = e^{m\left(\frac{H}{8150}\right)} = e^{1 \times \left(\frac{1800}{8150}\right)} = 1.247$，$u'_{e.l.o} = \dfrac{1500}{1.247} = 1202.89$ (kV)，$u_{lp} = \dfrac{1202.89}{1.4} = 859.2$ (kV)，导致错选 C]。

【2018 年下午题 15～19】 一台 300MW 水氢氢冷却汽轮发电机经过发电机断路器、主变压器接入 330kV 系统，发电机额定电压 20kV，发电机额定功率因数 0.85，发电机中性点经高阻接地。主变压器参数为 370MVA，345/20kV，U_d=14%（负误差不考虑），主变压器 330kV 侧中性点直接接地。请依据题意回答下列问题。

▶▶ 第 68 题 [母线及设备避雷器参数] 17. 若该工程建于海拔 1900m 处，电气设备外绝缘雷电冲击耐压（全波）1000kV，计算确定避雷器参数应选择下列哪种型号？（按 GB 50064 选择）　　　　　　　　　　　　　　　　　　　　　　　　　　　　　（　　）

(A) Y20W-260/600　　　　　　　(B) Y10W-280/714
(C) Y20W-280/560　　　　　　　(D) Y10W-280/560

【答案及解答】B

(1) 依据 GB/T 50064—2014 第 4.4.3 条及表 4.4.3，额定电压为

$U_R \geq 0.75 U_m = 0.75 \times 363 = 272.25$ (kV)

(2) 依据第 6.3.1 条文说明，对于 750kV、550kV 雷电冲击保护水平取标称雷电流 20kA，而对于 330kV 取标称雷电流 10kA，可以排除 A、C 选项。

(3) 依据第 6.4.4-2-1 条式（6.4.4-3）可得

$$U_{\text{e.l.0}} \geqslant k_{17} U_{\text{L.P}}; \quad U_{\text{L.P}} \leqslant \frac{U_{\text{e.l.0}}}{k_{17}} = \frac{1000}{1.4} = 714.29 \,(\text{kV})$$

所以选 B。

【考点说明】

避雷器的保护比也称压比,即避雷器标称放电电流下的残压与工频参考电压峰值的比值。压比越小越好,目前一般为 1.6~1.8。

B 选项: 压比 $= \dfrac{U_{\text{L.P}}}{\sqrt{2} U_{\text{R}}} = \dfrac{714}{\sqrt{2} \times 280} = 1.8$,D 选项: 压比 $= \dfrac{U_{\text{L.P}}}{\sqrt{2} U_{\text{R}}} = \dfrac{560}{\sqrt{2} \times 280} = 1.4$,而受到制造水平的限制,国内还没有能力制造压比小于 1.6 的避雷器。

考点 19　避雷器安装距离

【2008 年下午题 6~10】　某水电站装有 4 台机组、4 台主变压器,采用发电机—变压器单元接线,发电机额定电压 15.75kV,1 号和 3 号发电机端装有厂用电源分支引线,无直馈线路,主变压器高压侧所连接的 220kV 屋外配电装置是双母线带旁路接线,电站出线四回,初期两回出线,电站属于停机频繁的调峰水电厂。

▶▶ 第 69 题 [避雷器安装距离] 8. 水电站的变压器场地布置在坝后式厂房的尾水平台上,220kV 敞开式开关站位于右岸,其 220kV 主母线上有无间隙氧化物避雷器,电站出线四回,初期两回出线,采用同塔双回路形式,变压器雷电冲击全波耐受电压为 950kV,主变压器距离 220kV 开关站避雷器电气距离 180m,请说明当校核是否在主变压器附近增设一组避雷器时,应按下列几回线路来校核？　　　　　　　　　　　　　　　　　　　　　　(　　)

(A) 1 回　　　　　　　　　　　　　(B) 2 回
(C) 3 回　　　　　　　　　　　　　(D) 4 回

【答案及解答】A

根据题设情况,由 NB/T 35067—2015 第 7.3.5 条可知,应按分流线路少、条件恶劣的初期 2 回考虑。初期两回线路采用同塔双回路形式按 1 回考虑,故最终按 1 回校验,所以选 A。

【考点说明】

(1) NB/T 35067—2015 第 7.3.5 条:"出线回路数应按雷雨季节可能运行的最少回路数确定,对双回路杆塔出线,有同时遭受雷击的可能,应按 1 回路出线考虑。设计中还应充分考虑到初期回路数较少的情况。"

(2) GB/T 50064—2014 中 5.4.13-6-3) 款,"架空进线采用同塔双回路杆塔,确定 MOA 与变压器最大电气距离时,进线路数应记为一路,且在雷季中宜避免将其中一路断开"。

(3) 水电厂绝缘配合首先应查找 NB/T 35067—2015,并且其中的一些内容对 GB/T 50064—2014 是有力的补充和说明,读者应将两本规范结合在一起学习。

【注释】

(1) 雷电波沿线路入侵后,其幅值与其他线路的分流能力密切相关,很显然,分流线路越多,母线及其设备上耐受的雷电压幅值也越低,避雷器动作后的残压也就越低,其安装距离也就可以更远。这就好比水库,如果有很多出水口的话,当上游洪水来了,其水位上升的幅度相对出水口少的水库要低一些。

（2）同塔双回线路是同塔架设，两条线路之间距离比较近，一个雷电很有可能同时打到两条线路上，这样雷电压就会沿这两个回路同时进波入侵变电站母线，由于两条线路上同时都有雷电过电压，互相失去了分流作用，过电压较严重，所以同塔双回线路应按 1 回考虑。

是不是母线上的非同塔双回线路也可能"同时遭受雷击"呢？理论上是存在的，但这是小概率事件，从概率学角度讲是不可能发生的，所以只有同塔双回线路才按 1 回路考虑。

（3）关于分期建设工程，初期建成后要运行很长一段时间，在这段时间内，线路少，分流能力弱，如果雷电波入侵，过电压幅值相对远期要高，电气设备应能承受这种"最恶劣"的情况，所以应按线路回路数较少的初期来确定避雷器安装距离。

（4）以往的绝缘配合是指设备耐压水平和避雷器残压之间的配合，是用配合系数来表征的。严格地说，这是一种伏安特性的配合。还有一种是伏秒特性的配合，它与雷电侵入波的陡度有关，就是看雷电波来得快不快、猛不猛，是用保护距离来表征的。自然，这个来袭的陡度，若是一回线雷电波侵入，陡度就会大。多回出线因有分流的作用，陡度下降，允许电气距离就会长。另外，和线路上的落雷点也有关，落雷点越远，雷电在线路上行进时所产生的电晕，也会削弱侵入波的陡度。所以，在查表时会发现，和线路架空地线长度也有关系。

【2020 年上午题 1~4】 某电厂建设 $2\times350MW$ 燃煤汽轮机发电机组，每台机组采用发电机变压器（以下称主变）组单元接线，通过主变升压接至厂内 220kV 配电装置，220kV 配电装置的电气主接线为双母线接线，220kV 配电装置采用屋外敞开式中型布置，电厂通过两回 220kV 架空线路接至附近某一变电站。发电机额定功率 $P_e=350MW$、额定电压 $U_n=20kV$。

请分析计算并解答以下各小题。

▶▶ 第 70 题 [避雷器安装距离] 3. 电厂 220kV 配电装置的两组母线均设置标准特性的 MOA，主变额定容量 420MVA，额定电压 242kV，主变采用标准绝缘水平，主变至 220kV 配电装置均采用架空导线。电厂每回 220kV 线路均能送出 2 台机组的输出功率，当主变至 MOA 间的电气距离最大不大于下列哪个值时，主变高压侧可不装设 MOA？并说明理由。（　　）

(A) 90m　　　　　　　　(B) 125m
(C) 140m　　　　　　　(D) 195m

【答案及解答】B

依题意"电厂每回 220kV 线路均能送出 2 台机组的输出功率"，表明 220kV 线路具备 $N-1$ 功能，应按过电压较严重的一回线路单独运行计算。

由 GB/T 50064—2014 表 5.4.13-1 及其注 2 可得 MOA 距主变的最大电气距离为 125m。

【2010 年上午题 6~10】 建设在海拔 2000m、污秽等级为Ⅲ级的 220kV 屋外配电装置，采用双母线接线，有 2 回进线，2 回出线，均为架空线路，220kV 为有效接地系统，其主接线如下图所示。

▶▶ 第 71 题 [避雷器安装距离] 6. 请根据下图计算母线氧化锌避雷器保护电气设备的最大距离（除主变压器外）。（　　）

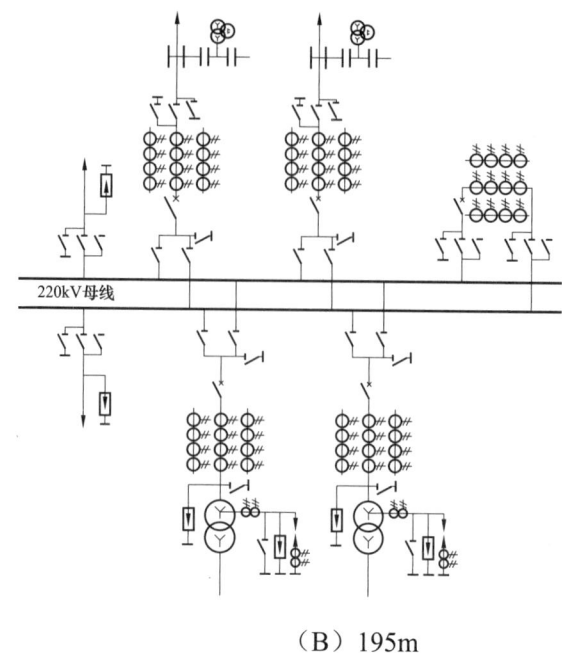

（A）165m 　　　　　　　　　　（B）195m
（C）223m 　　　　　　　　　　（D）263m

【答案及解答】D

依题意，双母接线，2回进线2回出线总共4回架空线路，其中2回出线经过变压器，不具备分流作用，220kV系统双母线一般为并列运行，故按2回出线考虑。

查GB/T 50064—2014第5.4.13-6.1）款及表5.4.13-1，可得除变压器之外电气设备与避雷器之间的最大安装距离为195×1.35=263（m），所以选D。

【考点说明】

（1）本题需要结合图示，判断出4回架空线路中有2回是经过变压器的，由于变压器波阻抗大对雷电波不具备分流作用，所以有效分流回路是2回，对于双母线，为了提高供电可靠性，220kV系统一般并联运行，所以每段母线均按2回线路分流考虑。

此题如果按两段母线各接一条线路查表，则会错选A，这是本题最大的坑点。

（2）本题考查的是非变压器设备防雷保护，应在查表值的基础上乘1.35，否则会错选B。

【注释】

双母线三种运行方式：

（1）一条母线运行，一条母线备用或检修状态，所以两组母线上都要装设避雷器，并且按离设备最远的一条母线避雷器来校核距离。此时所有线路都挂接在一段母线上，所以按总回路数查表（同塔双回算一回）。

（2）双母并列运行，该运行方式是220kV变电站最常用的运行方式，此时两条母线通过母联开关合位连接在一起运行，所有的架空出线都可作为两条母线"共用的"雷电分流线路。也按总回路数查表（同塔双回算一回）。

（3）双母分列运行，此时母联开关是断开的，该运行方式属于暂时的特殊情况，设计避雷器安装距离时可不考虑该工况。

计算避雷器到变压器之间的最大允许电气距离和侵入雷电波的陡度有极大关系。对于有绕组的变压器而言，高的陡度会破坏其绕组的匝间绝缘。而配电装置中的其他开关设备，因为并无绕组，可以放宽允许距离的要求，增加35%的距离，所以乘以1.35的系数。

【2010年下午题11~15】 某新建变电站位于海拔3600m地区，主变压器两台，采用油浸式变压器，装机容量为2×240MVA，站内330kV配电装置采用双母线接线，330kV有2回出线。

▶▶第72题[避雷器安装距离] 11. 若仅有2条母线上各装设一组无间隙MOA，计算其与主变压器间的距离和最远电气设备间的电气距离，分别应不大于多少？ （　　）

(A) 90m，112.5m (B) 90m，121.5m
(C) 145m，175m (D) 140m，189m

【答案及解答】D
依题意，双母线接线，330kV有2回出线。由DL/T 620—1997第7.2.2条，330kV双回进线，金属氧化物避雷器至主变压器的距离为140mm，其他设备可增加35%，可得电气设备与避雷器之间的最大安装距离为140×1.35=189（mm），所以选D。

【考点说明】
(1) 本题按2回线路计算。
(2) 如按一回线路计算，会错选B。
(3) DL/T 620—1997第7.2.2条单独列出了330kV的避雷器安装距离，GB/T 50064—2014中并未列出此项，读者不必深究。

【注释】
(1) MOA与变压器的允许最大电气距离，与变压器雷电冲击耐受电压和MOA冲击残压的差值成正比，与侵入波的陡度成反比，并与线路回路数对侵入波陡度的分流有关。但由于配电装置的布置随主接线不同，设备数量及位置不同而各异，侵入波在配电装置各接点的电压分布，就很复杂，难以用简单公式描述。所以，在GB/T 50064—2014第5.4.13条第7款指出："对于35kV及以上具有架空或电缆进线、主接线特殊和敞开式或GIS电站，应通过仿真计算确定保护方式。"
(2) 对于范围Ⅱ的变电站，规程没有给出具体数据，也都应该通过模拟仿真进行确定。

【2011年上午题6~10】 某110kV变电站有两台三绕组变压器，额定容量为120/120/60MVA，额定电压110/35/10kV，阻抗为U_{1-2}=9.5%、U_{1-3}=28%、U_{2-3}=19%。主变压器110kV、35kV侧均为架空进线，110kV架空出线至2km之外的变电站（全线有避雷线），35kV和10kV为负荷线，10kV母线上装设有并联电容器组，其电气主接线如下图所示。图中10kV配电装置距主变压器1km，主变压器10kV侧采用3×185铜芯电缆接到10kV母线，电缆单位长度电阻为0.103Ω/km，电抗为0.069Ω/km，功率因数$\cos\varphi$=0.85。请回答下列问题（计算题按最接近数值选项）。

▶▶第73题[避雷器安装距离] 6. 请计算图中110kV母线氧化锌避雷器最大保护的电气距离为下列哪项数值？（除变压器之外） （　　）

(A) 165m (B) 223m
(C) 230m (D) 310m

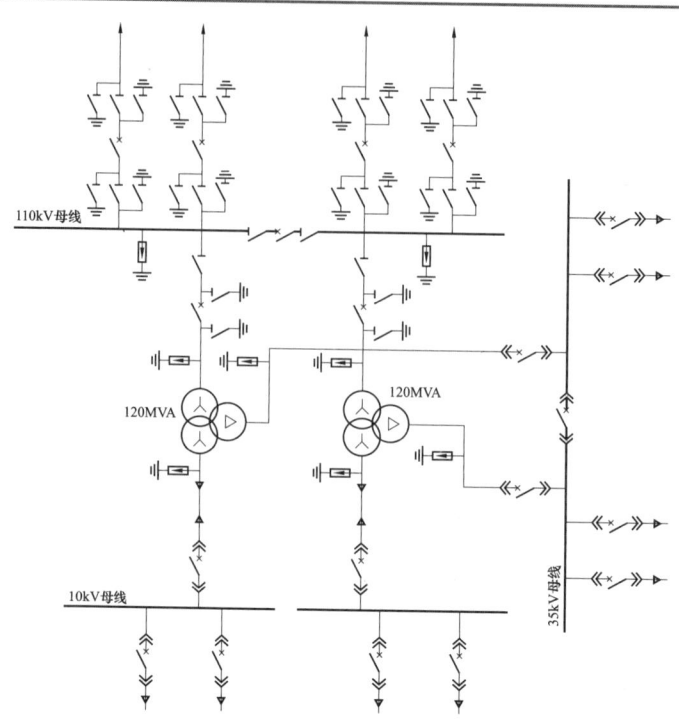

【答案及解答】C

依题意,单母分段接线中,每段母线接有 2 回进线,全线有避雷线,长 2km。由 GB/T 50064—2014 第 5.4.13-6.1) 款及表 5.4.13-1 可得除变压器之外电气设备与避雷器之间的最大安装距离为 170×1.35=229.5(m),所以选 C。

【考点说明】

(1) 母线上所接的架空线路不管是电源还是负荷,只要是架空线路或带金属外皮接地的电缆,对雷电波都具有分流作用,所以母线上挂接的线路越多避雷器的安装距离可以越大,变压器回路由于其波阻抗较大不具备分流作用,故不算在内。单母分段可以并列运行,也可以分列运行,选择避雷器应按条件更恶劣的分列运行考虑,即每段母线按 2 回进线考虑。这是本题的坑点之一,否则会错选 D。

(2) GB/T 50064—2014 表 5.4.13-1 所列数值是与变压器之间的距离,其余设备可在此基础上增加 35%,这是本题的坑点之二,不乘 1.35 会错选 A,按 4 回考虑会错选 C。

(3) 本题给出了避雷线架设距离(全线架设),如果题目没给出,可参考 GB/T 50064—2014 第 5.3.1-2 条确定。

(4) 保护距离应小于计算值 229.5m,但此题比 229.5m 小的值离得太远,根据四舍五入可知选 C 是正确的,如果此题给了 229m 的答案,就不能四舍五入,而应选择 229m。

【2014 年上午题 6~10】 某电力工程中的 220kV 配电装置有 3 回架空出线,其中两回同塔架设。采用无间隙金属氧化物避雷器作为雷电过电压保护,其雷电冲击全波耐受电压为 850kV。土壤电阻率为 50Ω·m。为防直击雷装设了独立避雷针,避雷针的工频冲击接地电阻为 10Ω,请根据上述条件回答下列各题(计算保留两位小数)。

▶▶ 第 74 题 [避雷器安装距离] 9. 变电站中该配电装置中 220kV 母线接有电抗器,请计

算确定电抗器与金属氧化物避雷器间的最大电气距离应为下列哪项数值？并说明理由。（ ）

(A) 189m (B) 195m
(C) 229.5m (D) 235m

【答案及解答】A

依题意，3 回架空出线，其中 2 回同塔架设，由 GB/T 50064—2014 第 5.4.13-6-3）款，同塔双回架设按 1 回计算，所以计算回路数为 2。

由 GB/T 50064—2014 表 5.4.13-1，并结合题意，可得 220kV 系统 2 回出线，雷电冲击全波耐受电压为 850kV 时（对应括号内数据）最大电气距离为 140m。

由 GB/T 50064—2014 第 5.4.13-6.1）款，除变压器之外其他电气设备与避雷器之间的最大安装距离可在表中数据的基础上放大 35%，可得 140×1.35=189（m），所以选 A。

【考点说明】

（1）本题的第一个坑点是 1.35，该考点在历年真题中多次出现，本题为该坑点配备了 B、D 两个错误选项。

（2）本题的第二个坑点是"同塔双回架设线路只算一回"，本题为该坑点配备了 C、D 两个错误选项。

（3）本题的第三个坑点是绝缘水平，历年真题中，该题第一次考查了 GB/T 50064—2014 表 5.4.13-1 中注 2 的内容，又一次诠释了"规范小字注释部分均可能出题"的含义，广大读者在平时学习规范时对表格、条文中的"注"应特别重视，多记多练。本题为该坑点配备了 B、D 两个错误选项。

通过以上的分析可知，题干精心设计了 3 个坑点，考生稍不留神就可能错选。考生在复习备考中，对条款中的各种限制条件、特殊情况以及"注"等地方应多看多练，做到熟练的程度。只有这样在考试中才能从容应对多坑连环的题目。

【注释】

（1）GB/T 50064—2014 表 5.4.13-1 中，220kV 有两组数据，对应两种绝缘水平，一种是 950kV，一种是 850kV，这两种绝缘水平是根据系统大小来决定的。一般情况，电网初期或较小系统，当出现雷电波入侵或操作过电压时，由于系统规模小，其过电压水平较高，此时应选用较高的绝缘水平；当系统规模增大，分流能力较强时，系统过压水平会稍微降低，此时可选用较低的绝缘水平。

（2）很少见有在 220kV 母线上装设电抗器的情况。220kV 线路较长时，会在线路末端装设电抗器，以降低空载长线的电容效应。把电抗器装在母线上，作为多回线路充电功率的补偿，可能在个别工程中会遇到。

【2019 年下午题 14～16】 某 660MW 汽轮发电机组，发电机额定电压 20kV，采用发电机—变压器—线路组接线，经主变压器升压后以一回 220kV 线路送出，主变压器中性点经隔离开关接地，中性点设并联的避雷器和放电间隙，请解答下列各题。

▶▶ 第 75 题 [避雷器安装距离] 15. 若该电站位于海拔 1800m 处，其使用的 220kV 断路器在位于海拔 500m 处的制造厂通过雷电冲击试验，假定其试验电压为 1000kV，则依据该试验电压，确定站址处 220kV 避雷器与断路器的电气距离不大于多少？（ ）

(A) 121.5m (B) 125m

(C) 168.75m　　　　　　　　　　(D) 195m

【答案及解答】A

依题意,由《交流电气装置的过电压保护和绝缘配合设计规范》(GB/T 50064—2014)附录 A 式(A.0.2-1)可得该站海拔 1800m 处的绝缘为 $\frac{1000}{e^{\frac{1800-500}{8150}}} = 852.56\,(\text{kV})$。

由《交流电气装置的过电压保护和绝缘配合设计规范》(GB/T 50064—2014)表 5-4-13-1,设备绝缘 852.56kV 没有达到表格中的 950kV,应按较低的绝缘水平 850kV 来配置避雷器距离,这样距离近更安全。

依题意,单元接线按一回进线考虑,所以避雷器安装距离为 90×1.35=121.5(m);

【考点说明】

本题海拔 1800m,试验厂海拔 500m,修正海拔应取 1800−500=1300(m),不能取 1800−1000=800(m),否则计算结果为 $\frac{1000}{e^{\frac{1800-1000}{8150}}} = 906.5\,(\text{kV})$,如果此时按就近原则取 950kV 绝缘等级,则会错选 C。

【2014 年下午题 14~19】 某调峰电厂安装有 2 台单机容量为 300MW 机组,以 220kV 电压接入电力系统,3 回 220kV 架空出线的送出能力满足 N−1 要求。220kV 升压站为双母线接线,管母中型布置。单元机组接线如下图所示(本题配图略):发电机额定电压为 19kV,发电机与变压器之间装设发电机出口断路器 QF,发电机中性点为高电阻接地;高压厂用工作变压器支接于主变压器低压侧与发电机出口断路器之间,高压厂用电额定电压为 6kV,6kV 系统中性点为高电阻接地。

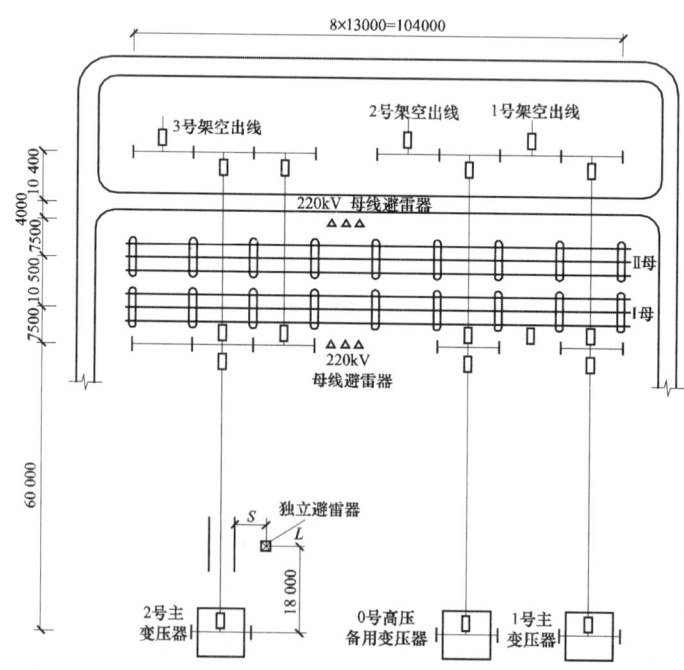

▶▶ 第 76 题 [避雷器安装距离] 16. 220kV 升压站电气平面布置图如下图所示,若从Ⅰ母

线避雷器到 0 号高压备用变压器的电气距离为 175m，试计算并说明，在送出线路 $N-1$ 运行工况下，下列哪种说法是正确的？（均采用氧化锌避雷器，忽略各设备垂直方向引线长度）（　　）

（A）3 台变压器高压侧均可不装设避雷器

（B）3 台变压器高压侧均必须装设避雷器

（C）仅 1 号主变高压侧需要装设避雷器

（D）仅 0 号备变高压侧需要装设避雷器

【答案及解答】C

依题意，变压器回路不具备分流作用不算回路数，3 回进线，$N-1$ 工况，有效分流回路按 2 回计算。

220kV 系统双母按总有效回路 2 回出线查表。

双母线接线可能存在一段检修另一段带全部负荷运行的情况，所以应按离主变压器较远的Ⅰ母避雷器校验安装距离。

由图可知，2 号、0 号变压器距Ⅰ母避雷器距离相同，即 175m。

1 号主变压器距Ⅰ母线避雷器的距离为 2 个母线间隔+175=2×13+175=201 (m)。

由 GB/T 50064—2014 第 5.4.13-6.1）款及表 5.4.13-1 可得避雷器距变压器最大安装距离为 195m。因为 201m 大于 195m，所以 1 号主变压器距Ⅰ母避雷器的安装距离超标，需要加装避雷器，所以选 C。

【考点说明】

（1）本题图中给的尺寸均为平面水平尺寸，因为导线有弧垂，实际的电气距离要大于这个尺寸，所以本题直接用图中数据相加是得不到正确答案的，必须用已知的电气距离 175m。

（2）本题的坑点是 $N-1$ 工况，少一条线路分流，雷电过电压更严重，对避雷器的安装距离要求更严格，所以必须按 2 回线路考虑，否则会误选 A。

（3）本题为反进线，变压器先接至Ⅱ母再折回接至Ⅰ母，三台变压器离Ⅰ母的电气距离大于离Ⅱ母的电气距离，所以按Ⅰ母避雷器校验安装距离。

（4）双母线按总有效回路数计算：①母线一运一备所有线路均挂接在一段上；②双母并列运行所有回路是同一个系统；③双母分裂运行属于特殊情况，除非题目专门说明否则不考虑。

【2024 年下午题 12～15】某 500kV 变电站位于海拔 1000m 处，有 2 台自耦变压器，额定电压 500/220/35kV。主变压器 500kV、220kV 侧均为架空出线，220kV 采用双母线接线，220kV 共 4 回架空出线，其中两回同塔架设。

请分析计算并解答下列各小题（计算保留两位小数）。

▶▶ 第 77 题 ［避雷器安装距离］13. 变电站主变压器 220kV 侧雷电冲击全波耐受电压为 850kV，确定站址处 220kV 避雷器与断路器的电气距离不大于下列哪项数值？（　　）

（A）170m　　　　　　　　　　（B）190m

（C）229.5m　　　　　　　　　（D）256.5m

【答案及解答】C

依据《交流电气装置的过电压保护和绝缘配合设计规范》（GB/T 50064—2014）第 5.4.13-5 条第 3）款可知，同塔双回算一回，所以本题 220 千伏出线回路数应记为 3 条。

由表 5.4.13-1 及其注 2 可知距离主变最大距离应取 170m，距离其他设备增大 35%，为

$170 \times 1.35 = 229.5$m，所以选 C。

考点 20　避雷器通流容量

【2023 年上午题 13~16】　某风力发电场场址海拔高度为 1000m，安装 6.25MW 风力发电机组 100 台，设两个 220kV 汇集升压站，每个升压站各接入 50 台风机，220kV 升压站出线接入 500kV 总变电站的 220kV 侧，500kV 变电站设 450MVA、525kV/230kV 自耦变两组，220kV 汇集升压站设 35kV 母线，风力发电机组以 35kV 集电线路接入 35kV 母线，请分析计算并解答下列各小题。（除特别说明外均按 GB/T 50064 及设计手册解答）

▶▶ 第 78 题〔避雷器通流容量〕13. 假定变电站 500kV 避雷器 0.5kA 操作冲击残压为 700kV、3kA 操作冲击残压为 780kV，在 0.5~3kA 间伏安特性满足线性关系；若在站址距避雷器 60km 处的操作过电压为 2.3p.u.，不考虑其他避雷器分流，长时放电电流视在持续时间取 2ms，则据此校验的避雷器方波长时通流容量幅值最小可取下列哪项数值？（线路阻抗取 260Ω）　　　　　　　　　　　　　　　　　　　　（　　）

（A）250A　　　　　　　　　　（B）330A
（C）400A　　　　　　　　　　（D）600A

【答案及解答】 A

依题意，"避雷器 0.5kA 操作冲击残压为 700kV、3kA 操作冲击残压为 780kV，在 0.5~3kA 间伏安特性满足线性关系"结合避雷器特性，设避雷器特性方程 $U_{bc} = aI_{bf} + b$；

$$\left.\begin{array}{l}700 = 0.5a + b \\ 780 = 30a + b\end{array}\right\} \Rightarrow U_{bc} = 32I_{bf} + 684$$

由老版一次手册第 878 页式（15-44）、GB/T 50064—2014 第 3.2.2 条可得

$$I_{bc} = \frac{U_c - U_{bc}}{Z} = \frac{U_c - (32I_{bf} + 684)}{Z} = \frac{2.3 \times \frac{550 \times \sqrt{2}}{\sqrt{3}} - (32I_{bf} + 684)}{260} \Rightarrow I_{bc} = 1.1952(kA)$$，又由该

手册第 878 页式（15-45），可得 $t = \frac{2 \times 60}{0.3} = 400(\mu s)$；依题意持续时间取 2ms=2000μm，有

$I_{bc实际} t_{实际} \leqslant I_{bf额定} t_{额定} \Rightarrow 1.1952 \times 400 \leqslant I_{bf} \times 2000 \Rightarrow I_{bf} = 239.04(A)$

考点 21　避雷器配置图

【2012 年下午题 9~13】　某风力发电厂，一期装设单机容量 1800kW 的风力发电机组 27 台，每台经箱式变压器升压到 35kV，每台箱式变压器容量为 2000kVA，每 9 台箱式变压器采用 1 回 35kV 集电线路送至风电场升压站 35kV 母线，再经升压变压器升至 110kV 接入系统，其电气主接线如下图所示。

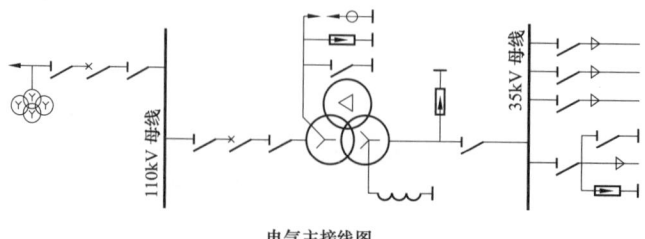

电气主接线图

▶▶ 第 79 题 [避雷器配置图] 9．35kV 架空输电线路经 30m 三芯电缆接至 35kV 升压站母线，为防止雷电侵入波过电压，在电缆段两侧装有氧化锌避雷器，请判断下列图中避雷器配置及保护接线正确的是 （　　）

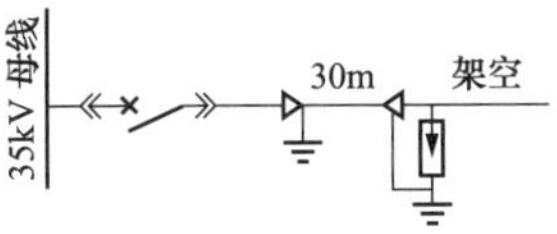

（A） 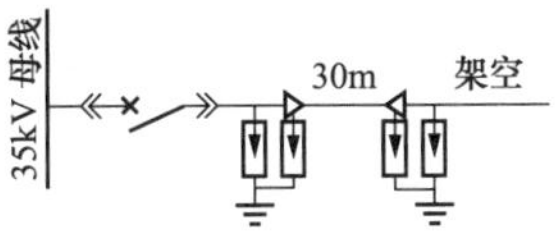　　　　（B）

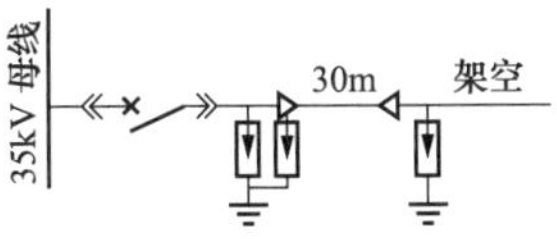

（C） 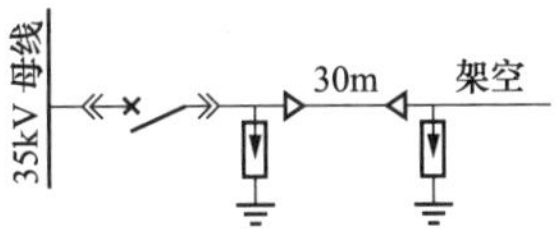　　　　（D）

【答案及解答】A

由 GB/T 50064—2014 图 5.4.13-2（a）可得，A 选项最符合规范要求，所以选 A。

【考点说明】

发电厂、变电站的电缆进线段及其与架空线连接点的防雷配置主要是考配置图，做题时细心即可。需要注意区分单芯电缆和三芯电缆之间的区别：三芯电缆可以多点接地；单芯电缆只能一点直接接地，另一点采用接地装置 CP 接地。

【注释】

（1）利用进线段电缆的外皮接地，可以作为阻止线路雷电侵入的有效手段。电缆与架空线路的连接处，装设一组避雷器，而且该避雷器入地前，同时与电缆外皮连接。在侵入雷电波到来，避雷器动作后，雷电流一部分直接入地，另一部分将沿着电缆外皮行进到另一端入地。通过外皮流过的这部分雷电流会在电缆芯感应一个反方向的电压，阻止线路入侵雷电流从电缆芯流入变电站。这一原理普遍用于具有短电缆段的变电站或发电厂的馈线回路中。

（2）注意，短电缆段外皮，线路侧要与线路避雷器的入地尾部连接，母线侧也要直接接地，这样才能保证雷电流通过电缆外皮流通，起到分流作用。

（3）对于单芯电缆，电缆的两端不能同时接地。否则正常运行时，外皮会有工作电流的感应电流流通，使外皮过热损坏电缆绝缘。这时一般的做法是一端接地，另一端通过电缆保护器 CP 接地。

考点 22　避雷器配置

【2008 年下午题 6～10】　某水电站装有 4 台机组、4 台主变压器，采用发电机—变压器单元接线，发电机额定电压 15.75kV，1 号和 3 号发电机端装有厂用电源分支引线，无直馈线路，主变压器高压侧所连接的 220kV 屋外配电装置是双母线带旁路接线，电站出线四回，初期两回出线，电站属于停机频繁的调峰水电厂。

▶▶ 第 80 题 [避雷器配置] 9．若每台发电机端均装设避雷器，1 号和 3 号厂用电源分支采用带金属外皮的电缆引接，电缆段长 40m，请说明主变压器低压侧避雷器应按下列哪项

配置？ ( )

(A) 需装设避雷器　　　　　　(B) 需装设 2 组避雷器
(C) 需装设 1 组避雷器　　　　(D) 无需装设避雷器

【答案及解答】D

由 NB/T 35067—2015 第 7.3.8 条可知，金属外皮电缆段长度大于 25m 可不必装设避雷器。所以选 D。

【注释】

（1）本题涉及了一种过电压，称为传递过电压。一台双绕组变压器高压绕组与低压绕组之间有电容 C_{12} 存在，低压绕组对地之间也会有电容 C_2。当高压绕组有过电压 U_1，而低压绕组处于开路状态，仅有 C_2 时，则 U_1 会通过电容 C_{12} 耦合到低压绕组中，低压绕组的电压 U_2 会升高到

$$U_2 = U_1 \frac{C_{12}}{C_2 + C_{12}}$$

如 C_2 很小，U_2 的电压可能会危及低压绕组的绝缘。

（2）保护这种过电压的措施，可以增大 C_2，也可以用避雷器保护。如 NB/T 35067—2015 第 7.3.8 条"与架空线路连接的三绕组自耦变压器、变压器（包括一台变压器与两台电机相连的三绕组变压器）的低压绕组如有开路运行的可能和发电厂双绕组变压器当发电机断开由高压侧倒送厂用电时，应在变压器低压绕组三相出线上装设阀式避雷器，以防来自高压绕组雷电波的感应电压危及低压绕组绝缘；但如该绕组连有 25m 及以上金属外皮电缆段，则可不必装设避雷器。"

在 GB/T 50064—2014 的第 5.4.12-11 条也规定："应在与架空线路连接的三绕组变压器的第三开路绕组或第三平衡绕组，以及发电厂双绕组升压变压器当发电机断开由高压侧倒送厂用电时的二次绕组的三相上各安装一支 MOA，以防止由变压器高压绕组雷电波电磁感应传递的过电压对其他各相应绕组的损坏。"

（3）带有金属外皮的电缆（如铠装电缆）。对地电容较大。经计算，当长度大于 25m 时，即相当于在变压器的低压绕组并联了一个足够大的电容，传递过电压就不足以对绝缘构成威胁。

考点 23　避雷针保护范围

【2011 年上午题 11～15】某发电厂（或变电站）的 220kV 配电装置，地处海拔 3000m，盐密 0.18mg/cm²，采用户外敞开式中型布置，构架高度为 20m，220kV 采用无间隙金属氧化物避雷器和避雷针作为雷电过电压保护。请回答下列各题。（计算保留两位小数）

▶▶ 第 81 题 [避雷针保护范围] 14. 该配电装置防直击雷保护采用在构架上装设避雷针的方式，当需要保护的设备高度为 10m，要求保护半径不小于 18m 时，计算需要增设的避雷针最低高度应为下列哪项数值？ ( )

(A) 5m　　　　　　　　　　(B) 6m
(C) 25m　　　　　　　　　 (D) 26m

【答案及解答】B

依题意，已知 $h_x=10m$、$r_x=18m$。

由 GB/T 50064—2014 第 5.2.1 条，观察各选项均小于 30m，设 $h \leqslant 30m$，则 $P=1$，显然

h_x=10m＜0.5h。

由 GB/T 50064—2014 式（5.2.1-3）[r_x=(1.5h–2h_x)P]，可得
$$h=\frac{18+2\times 10}{1.5}=25.3 \text{ (m)}$$

因避雷针安装在构架上，构架高 20m，所以需增设的避雷针最低高度为 25.3–20=5.3（m），向上取整，为 6m，所以选 B。

【考点说明】

（1）该题问的是在架构上增设的避雷针高度，并不是公式计算高度，这是本题的坑点，如果不注意很容易误选 D。

（2）30m 及以下高度的避雷针在计算值的基础上向上取整，这样避雷针的高度更高，保护范围也更大、更安全。

（3）在 110kV 和 220kV 配电装置的架构上是允许装设避雷针的。雷击避雷针时，在架构横梁上会有雷电流入地时的电压降。此电压由两部分组成：①雷电流与地下有效冲击电阻的乘积；②雷电流的陡度和构架立柱引下线的电感的乘积。两者电压之和，不能引起悬挂在横梁上导线绝缘子的反击。经计算，35kV 及以下的绝缘子承受不了这种电压，所以规程规定 35kV 及以下的构架上不允许安装避雷针。

【2023 年上午题 13～16】 某风力发电场场址海拔高度为 1000m，安装 6.25MW 风力发电机组 100 台，设两个 220kV 汇集升压站，每个升压站各接入 50 台风机，220kV 升压站出线接入 500kV 总变电站的 220kV 侧，500kV 变电站设 450MVA、525kV/230kV 自耦变两组，220kV 汇集升压站设 35kV 母线，风力发电机组以 35kV 集电线路接入 35kV 母线，请分析计算并解答下列各小题。（除特别说明外均按 GB/T 50064—2014 及设计手册解答）

▶▶ **第 82 题[避雷针保护范围]** 15. 若厂内有一支独立避雷针，在其同一方向分别有两个被保护物，其水平距离及高度关系如下图，则避雷针相对于其所在地平面高度最低可取下列哪项数值？ （　　）

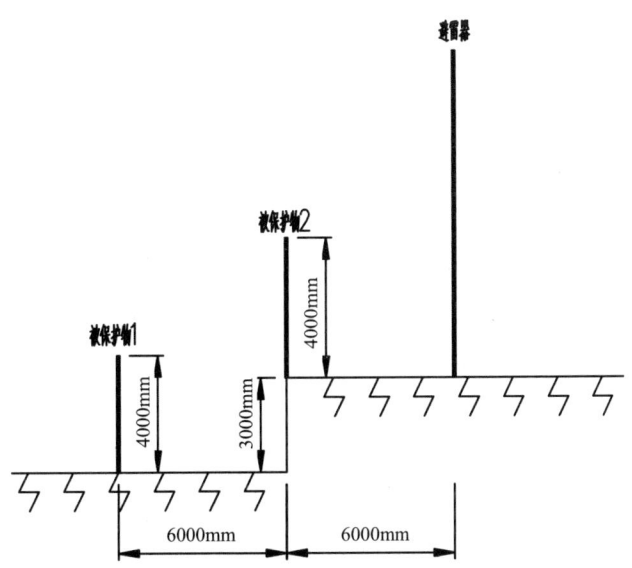

(A) 10m (B) 10.4m
(C) 13m (D) 13.4m

【答案及解答】 B

由 GB/T 50064—2014 第 5.2.1 条：先假设针高小于 30m，则 $P=1$，假设被保护物 1 高度小于 0.5 倍针高，则

$$r_x = (1.5h - 2h_x)P \Rightarrow h = \frac{r_x/P + 2h_x}{1.5} = \frac{12/1 + 2\times 4}{1.5} = 13.33(\text{m})$$，满足假设条件，减去避雷针安装面比被保护物 1 安装面高的 3m，则避雷针高度应大于 10.33m。

假设被保护物 2 高度小于 0.5 倍针高，则

$$r_x = (1.5h - 2h_x)P \Rightarrow h = \frac{r_x/P + 2h_x}{1.5} = \frac{6/1 + 2\times 4}{1.5} = 9.33(\text{m})$$，满足假设条件。

【2024 年下午题 16～19】 某 220kV 变电站，220kV、110kV 采用有效接地系统，接地故障持续时间为 0.3s，10kV 采用消弧线圈接地系统。请分析计算并解答下列各小题。

▶▶ **第 83 题 [避雷针保护范围] 16.** 本站某户外 SF$_6$ 封闭组合电器（GIS）配电装置附近设置 20m 高避雷针，GIS 本体最高点高度 10.5m，GIS 出线套管经钢芯铝绞线与避雷器连接，GIS 出线套管与避雷器顶部高度均为 8m，请问计算该配电装置的直击雷保护范围时，避雷针的保护半径为下列哪项数值？ (　　)

(A) 14m (B) 12m
(C) 9.5m (D) 9m

【答案及解答】 A

依据《交流电气装置的过电压保护和绝缘配合设计规范》（GB/T 50064—2014）第 5.4.3 条可知，露天 GIS 可不用避雷针保护，本题避雷针保护点应取出线套管高度 8m；

又由该规范第 5.2.1 条可得：

$$r_x = (1.5\times 20 - 2\times 8)\times 1 = 14(\text{m})$$

所以选 A。

【考点说明】

本题如果按照 GIS 高度 10.5 计算，则会错选 C。

【2008 年上午题 11～14】 某水电厂采用 220kV 电压送出，厂区设有一座 220kV 开关站，请回答下列问题。

▶▶ **第 84 题 [避雷针保护范围] 12.** 若该 220kV 开关站场区总平面为 70m×60m 的矩形面积，在四个顶角各安装高 30m 的避雷针，被保护物出线门架挂线高度 14.5m，请计算对角线的两针间保护范围的一侧最小宽度 b_x 应为下列哪项数值？ (　　)

(A) 3.75m (B) 4.96m
(C) 2.95m (D) 8.95m

【答案及解答】 B

已知 $h=30\text{m}$、$h_x=14.5\text{m}$，由题意 $D = \sqrt{60^2 + 70^2} = 92.2\text{ (m)}$，则

$$h_a = h - h_x = 30 - 14.5 = 15.5 \text{ (m)}$$

由 GB/T 50064—2014 第 5.2.1 条可得 $P=1$，则

$$\frac{D}{h_a P} = \frac{92.2}{15.5 \times 1} = 5.95 \text{ ；} \quad \frac{h_x}{h} = \frac{14.5}{30} = 0.48$$

由 GB/T 50064—2014 图 5.2.2-2（a）得

$$\frac{b_x}{h_a P} = 0.32, b_x = 0.32 \times 15.5 = 4.96 \text{ (m)}$$

校验：$r_x = (1.5h - 2h_x)P = 16$ (m)，$b_x \leqslant r_x$，取 4.96m，所以选 B。

【注释】

（1）水电厂的厂区布置有与火力发电厂不同之处，常见的都是在河道两侧比较狭窄牢固的地方建设水坝，发电机装设在坝内底部，升压变压器布置在坝体上部，升高的电压通过架空线引向左岸或右岸，升压站的面积受到地形的限制，都被压缩的很小。

（2）从升压变压器引向升压站的架空线都要跨越河道，多用架空地线进行防雷保护，升压站面积不大，也比较规整，适宜采用避雷针保护。

【2009 年上午题 6～10】 某屋外 220kV 变电站，海拔 1000m 以下，高压进线断面图如下（配图省略），请回答下列问题。

▶▶ 第 85 题 [避雷针保护范围] 10. 该 220kV 开关站为 60m×70m 矩形布置，四角各安装高 30m 的避雷针，保护物 6m 高（并联电容器），计算相邻 70m 的两针间，保护范围一侧的最小宽度 b_x。 （ ）

(A) 20m　　　　　　　　　　(B) 24m
(C) 25.2m　　　　　　　　　(D) 33m

【答案及解答】B

已知 $h=30$m，$h_x=6$m，$D=70$m，由 GB/T 50064—2014 第 5.2.1 条可得 $P=1$，则

$$h_a = h - h_x = 30 - 6 = 24 \text{ ；} \quad \frac{D}{h_a P} = \frac{70}{24 \times 1} = 2.92 \text{ ；} \quad \frac{h_x}{h} = \frac{6}{30} = 0.2$$

由 GB/T 50064—2014 图 5.2.2-2（a）可得 $\dfrac{b_x}{h_a P} = 1.02$，则 $b_x = 1.02 \times 24 \times 1 = 24.48$（m）。

校验：$r_x = (1.5h - 2h_x)P = 33$（m），$b_x \leqslant r_x$，故取 24.48m。

结合答案，小于且最接近 24.48m 的答案为 24m，所以选 B。

【考点说明】

（1）本题还是考查读图计算 b_x。查表值应该在 1.02 左右，结果介于 B 和 C 之间，对于保护范围必须向下取整才安全，所以选 B。查图值各情况计算结果如下：

按照 1.0，则 $b_x=1.0\times24\times1=24$；按照 1.01，则 $b_x=1.01\times24\times1=24.24$；按照 1.02，则 $b_x=1.02\times24\times1=24.48$；按照 1.03，则 $b_x=1.03\times24\times1=24.72$；按照 1.05，则 $b_x=1.05\times24\times1=25.2$。本题 C 选项给出的是 25.2m，带有小数，很可能是要求精确计算值，而不是像避雷针一样的取整值。但用查表值精确计算既不可能是 24m 也不可能是 25.2m。所以建议直接使用查表值计算然后向下取整的算法，不建议使用选项 24m 反算查表值为 1 的计算方法。

（2）$r_x=33$m，如误把 r_x 当 b_x 则会误选 D。

【2010年下午题 11~15】某新建变电站位于海拔3600m地区，主变压器两台，采用油浸式变压器，装机容量为2×240MVA，站内330kV配电装置采用双母线接线，330kV有2回出线。

▶▶ 第86题 [避雷针保护范围] 13. 配电装置电气设备的直击雷保护采用在架构上设避雷针的方式，其中两支相距60m，高度为30m，当被保护设备的高度为10m时，请计算两支避雷针对被保护设备联合保护范围的最小宽度是下列哪个？ (　　)

(A) 13.5m　　　　　　　　　　(B) 15.6m
(C) 17.8m　　　　　　　　　　(D) 19.3m

【答案及解答】C

已知：$D=60m$，$h=30m$，$h_x=10m$，由GB/T 50064—2014 第5.2.1款得$P=1$，则

$$h_a=h-h_x=30-10=20 \text{ (m)}; \quad \frac{D}{h_a P}=\frac{60}{20\times1}=3; \quad \frac{h_x}{h}=\frac{10}{30}=0.3$$

查图5.2.2-2（a）曲线，可得$\frac{b_x}{h_a P}=0.89$，则$b_x=0.89\times20\times1=17.8$。

校验：由式（5.2.1-3），$r_x=(1.5h-2h_x)P=25$（m），$b_x \leqslant r_x$，故取17.8，所以选C。

【考点说明】

（1）按照GB/T 50064—2014 图5.2.2-2上侧的条文，说明b_x是"一侧最小宽度"，两针联合保护范围中间"腰部"的最小宽度是$2b_x$，但显然本题如果用$2b_x$作为题设中要求的"联合保护范围的最小宽度"显然没答案，所以只能用b_x作答。读者应正确理解b_x的含义，不要在此被误导，考试中应灵活应对。

（2）其实本题按照已知条件查图5.2.2-2（a），曲线值应该在0.91左右，计算宽度为18.2m，和C答案相差不大，也可依此选C，这说明查图题直接查图计算不一定能得到和选项完全吻合的答案，但只要方法正确，并不会影响得分。

（3）GB/T 50064—2014 图5.2.2-2上侧条文最后一句为："当b_x大于r_x时，应取b_x等于r_x。"该点历年考题还没有出现过，应引起重视。

【注释】

（1）运行调查证明，配电装置当用多针联合保护时，从未发生过直击雷的事故。配电装置的接地网把地中电荷，通过多支避雷针的针尖散发到空中，与雷云的电荷在空中缓缓不断中和，避免了强烈的雷云放电雷击，有效保护了配电装置中的电气设备。

（2）计算中的P，是对针超过30m的避雷针保护效果的一种修正，太高的避雷针会增加绕击的概率。当针高于120m时，如烟囱上的避雷针，其对地设备的保护半径将降低50%。

【2020年下午题 13~15】某水力发电厂地处山区峡谷地带，海拔300米，装设有两台18MW水轮发电机组，升压站为110kV户外敞开式布置，升压站内设备#1、#2独立避雷针和#3架构避雷针，其布置如下图（尺寸单位为mm），110kV配电装置母线采用管母，管母型号为LF-21Y-70/64。请回答下列问题。

▶▶ 第87题 [避雷针保护范围] 13. 若不计3号构架避雷针的影响，1号、2号独立避雷针高度均为36m，则1号避雷针和2号避雷针在$h=11m$水平面上最小保护宽度b_x为（　　）

(A) 15.8m　　　　　　　　　　(B) 16.9m
(C) 21.1m　　　　　　　　　　(D) 22.5m

第8章 中性点、过电压与绝缘配合

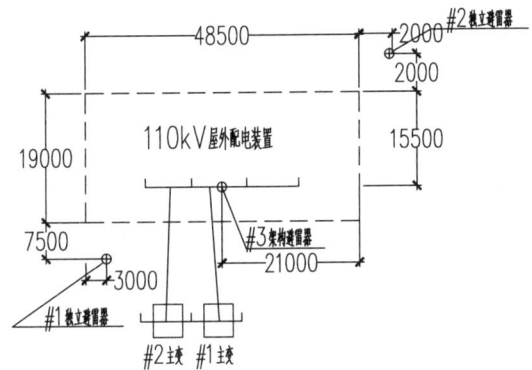

【答案及解答】B

由 GB/T 50064—2014 第 5.2.1-2 条可得：$h_a = h - h_x = 36 - 11 = 25(\text{m})$

1 号、2 号针间距 $D = \sqrt{(48.5 + 2 - 3)^2 + (19 + 7.5 + 2)^2} = 55.4(\text{m})$

$\dfrac{D}{h_a P} = \dfrac{55.4}{25 \times \dfrac{5.5}{\sqrt{36}}} = 2.42$，$\dfrac{h_x}{h} = \dfrac{11}{36} = 0.3$ 又由该规范图 5.2.2-2，查 0.3 曲线可得

$\dfrac{b_x}{h_a P} = 0.97 \Rightarrow b_x = 0.97 \times 25 \times \dfrac{5.5}{\sqrt{36}} = 22.4(\text{m})$

依题意本题属于峡谷地带，再由该规范第 5.2.7 条可得 $b_{x\text{峡谷}} = 22.4 \times 0.75 = 16.9(\text{m})$。

【考点说明】

本题的坑点在于大题干一开始的"发电厂地处山区峡谷地带"，属于落差较大的山地，该地区应按山地或坡地考虑，按照 GB/T 50064—2014 第 5.2.7 条的规定 b_x 应乘 0.75，否则会错选 D。

▶▶第 88 题［避雷针保护范围］14. 若不计 1 号独立避雷针影响，升压站 2 号独立避雷针高度为 36m，3 号构架避雷针高 25m，则 2 号和 3 号避雷针联合保护上部边缘最低点图弧弓高为：　　　　　　　　　　　　　　　　　　　　　　　　　　　　(　　)

(A) 2.69m　　　　　　　　　　(B) 2.93m

(C) 3.76m　　　　　　　　　　(D) 4.1m

【答案及解答】C

依题意 $D = \sqrt{(21+2)^2 + (15.5+2)^2} = 28.901(\text{m})$

由 GB/T 50064—2014 第 5.2.1-2 条可得 $h_{25} = (36 - 25) \times \dfrac{5.5}{\sqrt{36}} = 10.083(\text{m})$，则 $D' = 28.901 - 10.083 = 18.818(\text{m})$；又由该规范第 5.2.7 条式（5.2.7-2）可得 $f = \dfrac{D'}{5P} = \dfrac{18.818}{5 \times 1} = 3.7636(\text{m})$。

【考点说明】

(1) 本题坑点一：题目描述"发电厂地处山区峡谷地带"，应按照 GB/T 50064—2014 是 5.2.7-2 计算，用 $D'/5P$，不能用式 5.2.6 的 $D'/7P$，否则会错选 A。

(2) 本题坑点二：在计算低针保护范围弓高的时候，按照 GB/T 50064—2014 第 5.2.6-2 款的思想，使用的是一个等效的低针和实际的低针组成一个"一实一虚的等高针联合保护范围"，很显然，此时计算 P 值应使用"等高针"的高度，也就是低针的高度，该题低针 25m，

$P=1$，如果错用高针 36m 计算会错选 B 或 D。

【2014 年上午题 6~10】 某电力工程中的 220kV 配电装置有 3 回架空出线，其中两回同塔架设。采用无间隙金属氧化物避雷器作为雷电过电压保护，其雷电冲击全波耐受电压为 850kV。土壤电阻率为 50Ω·m。为防直击雷装设了独立避雷针，避雷针的工频冲击接地电阻为 10Ω，请根据上述条件回答下列各题（计算保留两位小数）。

▶▶ 第 89 题 [避雷针保护范围] 6. 配电装置中装有两支独立避雷针，高度分别为 20m 和 30m，两针之间距离为 30m。请计算两针之间的保护范围上部边缘最低点高度应为下列哪项数值？ （ ）

（A）15m (B) 15.71m
（C）17.14m (D) 25.71m

【答案及解答】C

已知 h_1=30m；h_2=20m；D=30m，因 h_1、h_2 高度均小于 30m，由 GB/T 50064—2014 第 5.2.1 条可得 P=1。

由 GB/T 50064—2014 第 5.2.6 条，先算 D'。计算高 30m 的避雷针在 20m 高度处的保护半径 r_x。

因 20＞0.5×30=15（m），由 GB/T 50064—2014 式（5.2.1-2）可得 r_x=(30-20)×1=10(m)，所以 $D'=D-r_x$=30-10=20(m)。

由 GB/T 50064—2014 式（5.2.6）可得弓高 $f=\dfrac{D'}{7P}=\dfrac{20}{7\times 1}=2.86(m)$，被保护物上部边缘最低点高度为 h_2-f=20-2.86=17.14（m）。

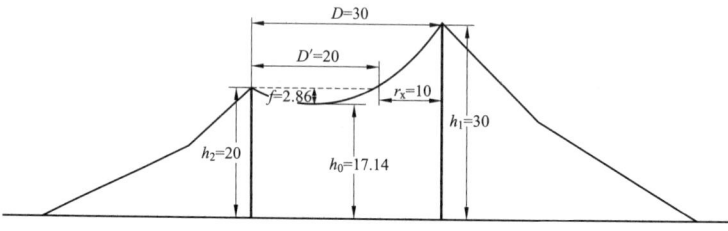

【考点说明】

（1）本题还可利用老版一次手册第 850 页式（15-12）计算如下：
当 $h_2 \geq \dfrac{1}{2}h_1$ 时，$D'=D-(h-h_2)p$=30-(30-20)×1=20（m），此方法更为简捷快速。

（2）2014 年避雷针保护范围考题首次考到不等高避雷针的计算，较之前考题难度有所增大，为此读者在复习备考时应加强学习还未在历年真题中出现过的内容，如山坡地带避雷针保护范围计算、针线联合保护范围计算、两根平行避雷线保护范围等情况。

（3）应特别注意两根不等高避雷线各横截面的保护范围，GB/T 50064—2014 第 5.2.6-4 款的弓高公式应为 $f=\dfrac{D'}{4P}$。

【注释】

在配电装置中采用避雷线保护直击雷的情况很少，绝大多数工程都是采用避雷针的。避雷线的保护范围小，还要求两侧有挂点支撑，保护效果不佳。

不等高避雷针常在阶梯式布置的配电装置中出现。如果配电装置是建设在坡地，为了减少土地平整土方工程量，才会考虑把开关设备有规律地安装在不同标高的场地上。

【2019年上午题12～15】 某发电厂采用220kV接入系统，其汽机房A列防雷布置图如下图所示，1、2号避雷针的高度为40m，3、4、5号避雷针的高度为30m，被保护物高度为15m，请分析并解答下列各小题。（避雷针的位置坐标如图所示）

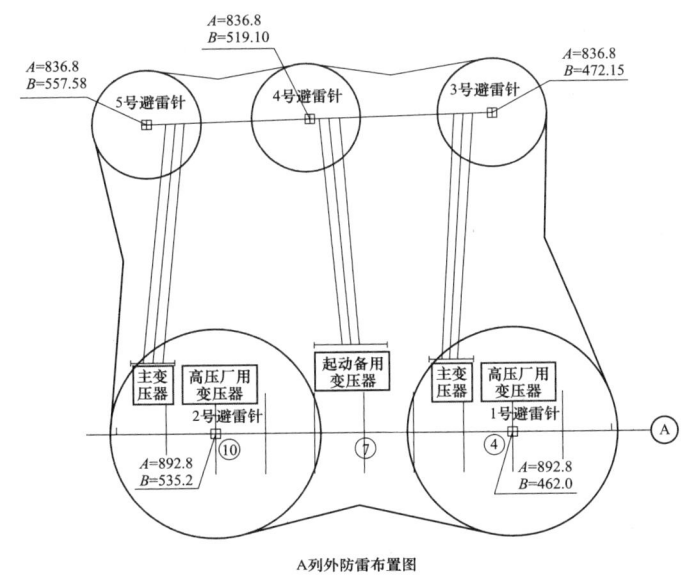

A列外防雷布置图

▶▶ **第90题 [避雷针保护范围]** 12．计算1号避雷针在被保护物高度水平面上的保护半径为下列哪项值？　　　　　　　　　　　　　　　　　　　　　　　　　（　　）

（A）21.75m　　　　　　　　　　　（B）26.1m

（C）30m　　　　　　　　　　　　（D）52.2m

【答案及解答】 B

已知 h=40m，h_x=15m，求 r_x。由GB/T 50064—2014第5.2.1-1条及式（5.2.1-2）可得

$$P=\frac{5.5}{\sqrt{40}}=0.87, \quad r_x=(1.5\times40-2\times15)\times0.87=26.1(\text{m})$$

【考点说明】

本题属于最基本的代公式题目，只需找到公式即可。需要注意的是，避雷针保护半径公式分被保护物高度在一半及以上以及一半以下两种。本题属于被保护物高度在避雷针高度一半以下的情况，如果错代一半及以上公式，r_x=(40-15)×0.87=21.75(m)，会错选A。

▶▶ **第91题 [避雷针保护范围]** 13．计算2号、5号避雷针两针间的保护范围在最低点高度 h_0 为下列哪项值？　　　　　　　　　　　　　　　　　　　　　　　　（　　）

（A）8.47m　　　　　　　　　　　（B）4.4m

（C）21.53m　　　　　　　　　　　（D）30m

【答案及解答】 C

已知 h_2=40m，h_5=30m，求 h_0。由《交流电气装置的过电压保护和绝缘配合设计规范》（GB/T

50064—2014）第5.2.6条及式（5.2.2）可得

$$D=\sqrt{(892.8-836.8)^2+(535.2-557.58)^2}=60.31\,(\text{m})$$

因低针高30m，大于高针40m的一半高度，由老版一次手册第850页式（15-12）可得

$$D'=60.31-(40-30)\times\frac{5.5}{\sqrt{40}}=51.615\,(\text{m})；\quad h_o=30-\frac{51.615}{7\times 1}=22.63\,(\text{m})$$

【考点说明】

在计算不等高针等效针距 D 时，第一步是把高针在低针的高度上算出保护半径 r_x，此时应使用高针的 P 值；第二步是认为在 r_x 位置有一根与低针等高的避雷针，所以两针间距 $D'=D-r_x$，此时等效为两颗等高的低针间距 D'，计算最低点高度 h_o，此时应使用低针的 P 值。但本题按此标准计算时，不能精确得到选项C，选项C是都按同一个高度40m的 $P=1$ 计算的，计算过程为

$$D'=60.31-(40-30)\times\frac{5.5}{\sqrt{40}}=51.615\,(\text{m})；\quad h_o=30-\frac{51.615}{7\times\frac{5.5}{\sqrt{40}}}=21.52\,(\text{m})$$

该做法不够严谨，但考试时，算出22.63m，果断选C即可。

【2024年下午题12~15】 某500kV变电站位于海拔1000m处，有2台自耦变压器，额定电压500/220/35kV。主变压器500kV、220kV侧均为架空出线，220kV采用双母线接线，220kV共4回架空出线，其中两回同塔架设。

请分析计算并解答下列各小题（计算保留两位小数）。

▶▶ 第92题 [避雷针保护范围] 15. 若该变电站地处山地，站内装有两肢构架避雷针并处于同一水平面，高度分别为28m和50m，两针之间距离为50m，请计算两针之间的保护范围上部边缘最低点高度应为下列哪项数值？　　　　　　　　　　　　　　　　（　　）

(A) 18m　　　　　　　　　　(B) 19.55m
(C) 21.42m　　　　　　　　　(D) 23.3m

【答案及解答】 C

依据《交流电气装置的过电压保护和绝缘配合设计规范》（GB/T 50064—2014）第5.2.1条 50m高针高度影响系数 $P=\frac{5.5}{\sqrt{50}}=0.78$

则其在28m高度的保护半径 $r_x=(50-28)\times 0.78=17.16\,(\text{m})$

本题为山地，由第5.2.7-2款可得

$$h_o=28-\frac{50-17.16}{5\times 1}=21.43\,(\text{m})$$

所以选C。

【考点说明】

本题为山地，切勿除以7，否则错选D。

【2021年下午题16~18】 某发电厂的500kV户外敞开式开关站采用水平接地极为主边

缘闭合的复合接地网，接地网采用等间距矩形布置，尺寸为 300×200m，网孔间距为 5m，敷设在 0.8m 深的均匀土壤中，土壤电阻率为 200Ω·m。假设不考虑站区场地高差，试回答以下问题。

▶▶ 第 93 题 [避雷针保护范围] 17. 假定高压配电装置采用两支独立避雷针进行直击雷防护，避雷针高分别为 47m，40m，为保证两针间保护范围上部边缘最低点高度不小于 24m，则两针之间的距离不应大于以下何值？ （　　）

(A) 75m　　　　　　　　　　(B) 103m
(C) 113m　　　　　　　　　　(D) 131m

【答案及解答】B

由 GB/T 50064—2014 第 5.2.1、5.2.6 条可得：

高针在低针 40m 高度上的保护半径：$r_x = (h-h_x)P_{高} = (47-40) \times 5.5/\sqrt{47} = 5.62(\text{m})$

联合保护范围弓高 $f = 40 - 24 = 16(\text{m}) = \dfrac{D'}{7P_{低针}} \Rightarrow D' = \dfrac{16 \times 7 \times 5.5}{\sqrt{40}} = 97.4(\text{m})$

则总距离 $D = 5.62 + 97.40 = 103.02(\text{m})$，所以选 B。

【考点说明】

需要注意 P 的取值，不要选错针高。基本考点，必须熟练掌握。

【2013 年上午题 7~10】　某新建电厂一期安装两台 300MW 机组，采用发电机—变压器单元接线接入厂内 220kV 屋外中型配电装置，配电装置采用双母线接线。在配电装置架构上装有避雷针进行直击雷保护，其海拔不大于 1000m。主变压器中性点可直接接地或不接地运行。配电装置设置了以水平接地极为主的接地网，接地电阻为 0.65Ω，配电装置（人脚站立）处的土壤电阻率为 100Ω·m。

▶▶ 第 94 题 [避雷针保护范围] 8. 若主变压器高压侧至配电装置间采用架空线连接，架构上装有两个等高避雷针，如下图所示。若被保护物的高度为 15m。请计算确定满足直击雷保护要求时，避雷针的总高度最低应选择下列哪项数值？ （　　）

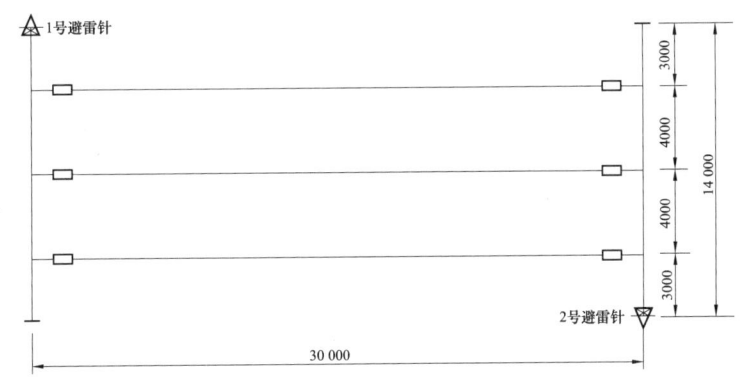

(A) 25m　　　　　　　　　　(B) 30m
(C) 35m　　　　　　　　　　(D) 40m

【答案及解答】B

依题意画出避雷针保护范围示意图如下图所示。

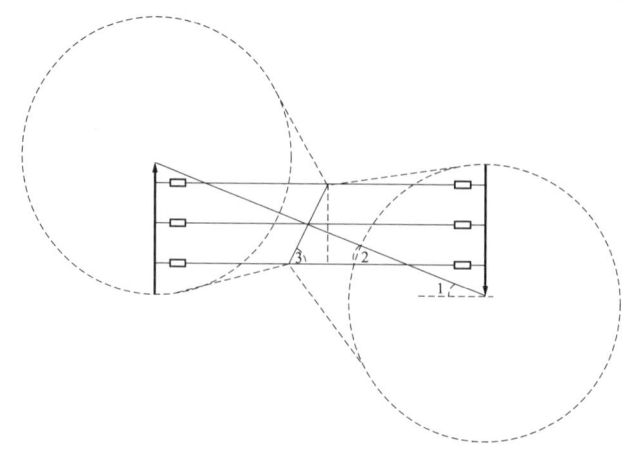

（1）计算避雷针最低高度。如果避雷针要保护到整个架构和导线，那么单根避雷针外侧的最小保护范围应该大于架构长度。依图可得，避雷针在 15m 高度处的最小保护半径为 r_{xmin}=3+4+4+3=14（m）。

假设已知被保护物高度 15m 大于避雷针高度的一半，相应避雷针高度不超 30m，由 GB/T 50064—2014 第 5.2.1 条可得 P=1。又由该规范式（5.2.1-2）可知，r_x=（$h-h_x$）P，则最小避雷针高 h_{min}=r_x+h_x=14+15=29（m）。

（2）b_x 校验。校验原则：在被保护物高度 h_x=15m 处，两避雷针内侧最小保护范围宽度 2b_x 应覆盖住全部导线，如上图所示 b_x 的最小值计算如下：

依图可得，∠1=arctg（14/30）=25.01689°，因∠2=∠1，所以∠3=90°−25.01689°=64.98°。

根据勾股定理和等比定律，可得 $2b_x = \dfrac{8}{\sin 64.98°} = 8.82846$ (m)，b_{xmin}=4.41m。

根据之前假设的避雷针高度 29m，验算其 b_x 是否大于 4.41423m。

依图可得 $D = \sqrt{14^2 + 30^2} = 33.11$ (m)，再由 GB/T 50064—2014 图 5.2.2-2 可得

$\dfrac{D}{h_a p} = \dfrac{33.11}{(29-15) \times 1} = 2.37$，$\dfrac{b_x}{h_a p} = 0.89$，$b_x$=12.46m＞4.41m

b_x 校验合格，结合选项，实际避雷针高度应大于计算最小高度 29m，所以选 B。

【考点说明】

（1）本题也可采用将选项代入公式计算的试算法，但试算法必须将四个选择都试算并论证后得出答案才算答题有效，在此不再列举。

（2）本题中的"最小避雷针高度"对应了最小保护半径 r_{xmin}，针对该值有两种意见：①保护整个廊道，即保护到架构的最边缘，本题题解使用这种解法；②只保护到边导线根部，即绝缘子挂点，此时 r_{min}=3+4+4=11(m)，对应避雷器最小高度 h_{min}=26m。这种观点认为，避雷针装在架构上，利用架构及其接地做引下线，那么避雷针和架构可以看作一个整体（可类似于杆塔），如果避雷针接闪，架构中将流过很大的雷电流并产生过电压，此时悬挂在架构上的绝缘子必须能够承受这个过电压而不产生反击，类似的，如果雷击架构无避雷针的另一端，绝缘子也应能承受此过电压，所以架构边缘不必在保护范围内，只需保护到绝缘子挂点即可，保护范围如下图所示。

第 8 章 中性点、过电压与绝缘配合

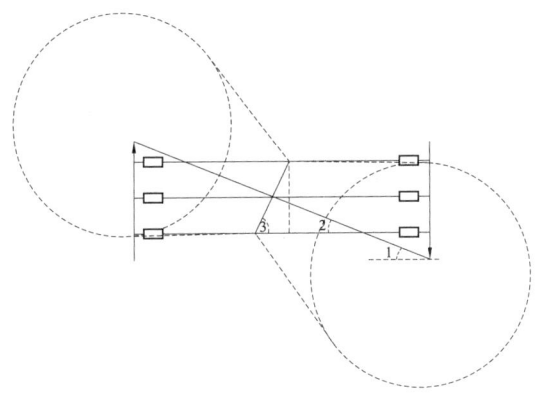

实际的工程中架构非带电体，架构的横梁往往都是由角钢或钢管焊接组装而成。按照 GB/T 50064—2014 第 5.4.2 条的精神，只需要将其可靠接地，而不需要特别进行直击雷保护。110kV 架构上可以设立避雷针，都是经过计算，确定在规定的耐雷水平之下，不会对悬挂在横梁上的绝缘子串造成反击。

所以如果从纯理论来讲，避雷针最低高度可以按"保护到绝缘子根部"选取，只是设计习惯中，为了更安全一般都将整个架构列入保护范围，为此推荐按照保护到架构边缘 $r_{xmin}=3+4+4+3=14$（m）的计算方法。

以上两种算法均不影响本题选择正确答案 B，列出不同算法仅供读者扩展思维。

【2012 年上午题 10～14】某发电厂装有两台 300MW 机组，经主变压器升压至 220kV 接入系统。220kV 屋外配电装置母线采用支持式管型母线，为双母线接线分相中型布置，母线采用 ϕ220/110 铝锰合金管，母联间隔跨线采用架空软导线。

▶▶ 第 95 题 [避雷针保护范围] 12. 配电装置的直击雷保护采用独立避雷针，避雷针高 35m，被保护物高 15m，当其中两支避雷针的联合保护范围的宽度为 30m 时，请计算这两支避雷针之间允许的最大距离和单支避雷针对被保护物的保护半径是下列哪组数值？（　　）

(A) $r=20.9$m，$D=60.82$m
(B) $r=20.9$m，$D=72$m
(C) $r=22.5$m，$D=60.82$m
(D) $r=22.5$m，$D=72$m

【答案及解答】A

(1) 由 GB/T 50064—2014 第 5.2.1 条，已知避雷针高 $h=35$m；保护物高 $h_x=15$m；可得高度影响系数 $P=\dfrac{5.5}{\sqrt{35}}=0.93$。

因 $h_x=15\text{m}<0.5h=0.5\times35=17.5$ (m)，由 GB/T 50064—2014 式（5.2.1-3）可得

$$r_x=(1.5h-2h_x)P=(1.5\times35-2\times15)\times0.93=20.9 \text{ (m)}$$

避雷针有效高度：$h_a=h-h_x=35-15=20$（m）

(2) 由题意，$b_x=\dfrac{30}{2}=15\text{m}<r_x=20.9$，$b_x$ 取 15m，则 $\dfrac{b_x}{h_aP}=\dfrac{15}{20\times0.93}=0.81$，$\dfrac{h_x}{h}=0.4$，查 GB/T 50064—2014 图 5.2.2-2（a）可得

$$\dfrac{D}{h_aP}=3.27，D=3.27\times20\times0.93=60.82 \text{ (m)}$$

【考点说明】

避雷针保护范围计算中，结合 GB/T 50064—2014 图 5.2.2-2 对 D 值和 b_x 的考查是一个重要考点。该题中"联合保护范围的宽度为 30m"是"一侧最小宽度 b_x"的两倍，如果直接用 $b_x=30$，则 $\dfrac{b_x}{h_aP}=\dfrac{30}{20\times0.93}=1.61$，无法查表，此时再返回用 $b_x=15m$ 解答已经浪费了宝贵的时间。并且，在某些参数合理的情况下，除 2 和不除 2 都可以算出结果，而且很可能都有选项，这就是出题者精心设计的陷阱，所以在做这类题时，一定要注意审题，给的是"保护范围的宽度"，还是"一侧的宽度"。

在 D 值的计算中，还应注意 5.2.2-4 中规定的 D/h 不宜大于 5，在 D 值偏大的时候一定要用此条校验。

【注释】

（1）屋外配电装置母线采用支持式管型母线。双母线接线分相中型布置是常见的一种布置型式。它占地少，布置紧凑清晰。需要选用单柱式母线隔离开关，在母线上固定静触头。比全采用软导线的中型布置，管母分相布置要低许多，这也为整个配电装置的防雷创造了较好的条件。

（2）本题给出的是全部采用独立避雷针进行直击雷保护，其实在配电装置的进出线门型架上也允许设立避雷针的，可以根据工程规模和进出线数量综合考虑。

【2014 年下午题 10~13】 某发电厂的发电机经主变压器接入屋外 220kV 升压站，主变压器布置在主厂房外，海拔 3000m，220kV 配电装置为双母线分相中型布置，母线采用支持式管形母线，间隔纵向跨线采用 LGJ-800 架空软导线，220kV 母线最大三相短路电流 38kA，最大单相短路电流 36kA。

▶▶ 第 96 题 [避雷针保护范围] 12. 220kV 配电装置采用在架构上安装避雷针作为直击雷保护，避雷针高 35m，被保护物高 15m，其中有两支避雷针之间直线距离 60m，请计算避雷针对被保护物高度的保护半径 r_x 和两支避雷针对被保护物高度的联合保护范围的最小宽度 b_x 应为下列哪组数据？ （ ）

(A) $r_x=20.93m$，$b_x=14.88m$ (B) $r_x=20.93m$，$b_x=16.8m$
(C) $r_x=22.5m$，$b_x=14.88m$ (D) $r_x=22.5m$，$b_x=16.8m$

【答案及解答】A

已知 $h=35m$，$h_x=15m$，$D=60m$，由 GB/T 50064—2014 第 5.2.1 款可得 $P=\dfrac{5.5}{\sqrt{h}}=\dfrac{5.5}{\sqrt{35}}=0.93$；因 $h_x<0.5h=17.5m$，由 GB/T 50064—2014 式（5.2.1-3）可得 $r_x=(1.5\times35-2\times15)\times0.93=20.93$（m），$h_a=h-h_x=35-15=20$（m）$\dfrac{D}{h_aP}=\dfrac{60}{20\times0.93}=3.23$，$\dfrac{h_x}{h}=\dfrac{15}{35}=0.43$，查图 5.2.2-2（a）曲线，得 $\dfrac{b_x}{h_aP}=0.8$，$b_x=20\times0.93\times0.8=14.88$（m）。

校验：$b_x<r_x$，故取 $b_x=14.88m$，所以选 A。

【考点说明】

（1）避雷针高度大于 30m 的历年真题较少，而当避雷针高度大于 30m 后 P 值是减小的，以及高度大于 120m 以后只按 120m 计算，其 P 值恒为 0.5，如忽略这一点就会误选 C。

（2）GB/T 50064—2014 图 5.2.2-2 历年真题已经考过多次，根据已知条件可求 r_x 或 D，并且这两个参数求出后都有附加限制条件需要校验，这一点在做题时需要注意。

【2014 年下午题 14~19】 某调峰电厂安装有 2 台单机容量为 300MW 机组，以 220kV 电压接入电力系统，3 回 220kV 架空出线的送出能力满足 $N–1$ 要求。220kV 升压站为双母线接线，管母中型布置。单元机组接线如右图所示。发电机额定电压为 19kV，发电机与变压器之间装设发电机出口断路器 QF，发电机中性点为高电阻接地；高压厂用工作变压器支接于主变压器低压侧与发电机出口断路器之间，高压厂用电额定电压为 6kV，6kV 系统中性点为高电阻接地。（注：大题干配图省略）

▶▶ 第 97 题 [避雷针保护范围] 17. 主变压器与 220kV 配电装置之间设有一支 35m 高的避雷针 P（其位置见平面布置图），用于保护 2 号主变压器，由于受地下设施限制，避雷针布置位置只能在横向直线 L 上移动，L 距主变压器中心点 O 点的距离为 18m。当 O 点的保护高度达 15m 时，即可满足保护要求。若避雷针的冲击接地电阻为 15Ω，2 号主变压器 220kV 架空引线的相间距为 4m 时，请计算确定避雷针与主变压器 220kV 引线边相间的距离 S 应为下列哪项数值？（忽略避雷针水平尺寸及导线的弧垂和风偏，主变压器 220kV 引线高度取 14m） （　　）

(A) $3m \leqslant S \leqslant 5m$
(B) $4.4m \leqslant S \leqslant 6.62m$
(C) $3.8m \leqslant S \leqslant 18.6m$
(D) $5m \leqslant S \leqslant 20.9m$

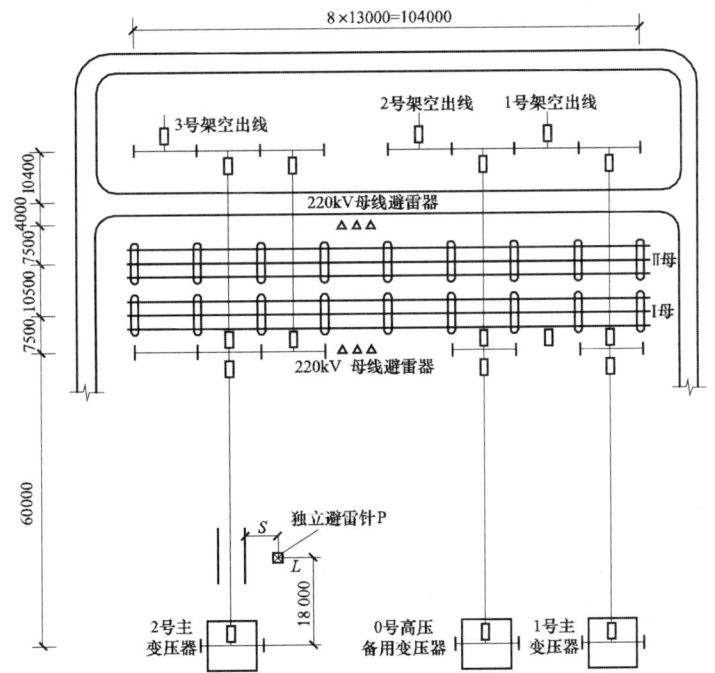

【答案及解答】B

依题意，避雷针在 L 上移动最远距离 S_{max} 受其保护半径 r_x 限制，最小距离 S_{min} 受空中距离限制。

（1）求 S_{max}。已知 h=35m，按保护 O 点计算 h_x=15m。由 GB/T 50064—2014 第 5.2.1 条得 $P=\frac{5.5}{\sqrt{h}}=\frac{5.5}{\sqrt{35}}=0.93$。

因 h_x＜0.5h=17.5m，由 GB/T 50064—2014 式（5.2.1-3）可得

$$r_x=(1.5×35-2×15)×0.93=20.9（m）$$

由勾股定理可知避雷针到 O 点的水平距离为 $\sqrt{20.9^2-18^2}=10.62$（m），至边导线的水平距离为 S_{max}=10.62-4=6.62（m）。

（2）求 S_{min}。依题意，被保护物引线高度为 14m，即 h_j=14，由 GB/T 50064—2014 第 5.4.11-1 及式（5.4.11-1）可得 $S_a≥0.2R_i+0.1h_j$=0.2×15+0.1×14=4.4(m)。综上所述 4.4m≤S≤6.62m，所以选 B。

【考点说明】

（1）本题考查了避雷针的保护范围和空中距离，属于比较接近实际的综合性考题，难度有一定增加，但只要细心，均可正确作答。

（2）由近年的出题风格可以看出，考题越来越接近工程实际，这对各知识点的综合运用能力要求是较高的，广大考生在学习完各单个知识点后需要站在更高的系统的角度综合理解和掌握，才能从容应对此类题目。

【注释】

（1）避雷针三大参数：有效高度、接地电阻和安全距离。

有效高度决定了保护的范围。

避雷针的工作原理是当其接闪后雷电流通过自身的接地系统泄入大地，从而降低了雷电压，旁边的设备也就受到了保护。但是避雷针及其系统在泄放雷电流过程中，自身是有较高电压的，如果距离太近，避雷针很可能对设备或人放电，这就是反击。所以设备或人对避雷针及其系统有一个最小安全距离的要求。

接地电阻是避雷针接闪后能否快速泄放雷电流的关键，根据欧姆定律可知，避雷针的接地电阻越大，接闪后自身电压越高，越容易造成反击，所以接地电阻的大小直接决定了避雷针保护范围的有效性。

以上三个参数是相辅相成的，必须同时满足才合格。

（2）本题的避雷针是专门保护变压器的，题设"当 O 点的保护高度达 15m 时，即可满足保护要求"是指其保护范围可以全部覆盖变压器及其引线门型架。如果此题题设是："O 点门型架高度 15m"，则避雷针保护范围 r_x 应延伸到 O 点左侧门型架的边缘（注意不是边导线，而是比边导线更远的门型架边缘）。

（3）该题不必考虑避雷针是否能保护最左侧的边导线，因为引线是一个长方形的带状廊道，该廊道两端架设避雷针，用两针中间的联合保护范围来保护，类似 2013 年上午第 8 题的情况。

【2022 年下午题 23～26】 某 220kV 半户内变电站，220kV、110kV 采用有效接地系统，10kV 采用不接地系统，接地故障持续时间 0.4 秒，均匀土壤，土壤电阻率 500Ω·m，按等间距布置接地网，接地网长、宽均为 100m，网孔间距 10 米，如下图所示，站内设有四根等高

独立避雷针对全站进行直击雷过电压保护，请分析计算并解答下列各题：

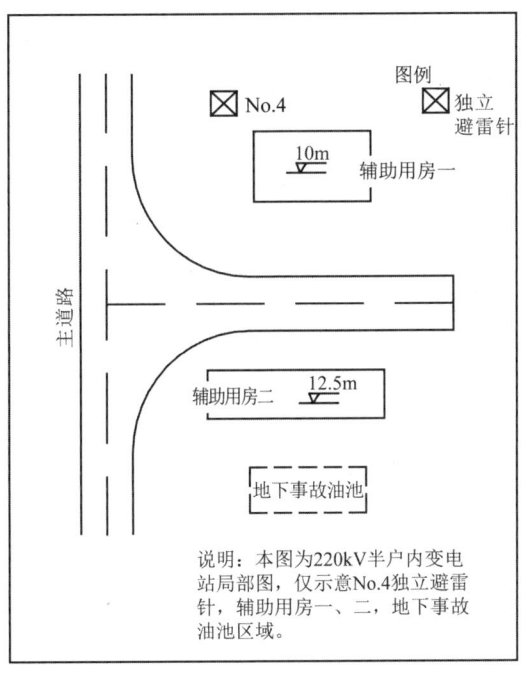

▶▶ 第98题 [避雷针保护范围] 23. 若该变电站 No.4 独立避雷针高度为 25m，距离辅助用房一（被保护高度 10m）最远点 10m，距离辅助用房二（被保护高度 12.5m）最远点 15m，请计算 No.4 避雷针的保护范围，并判定对两辅助用房实现直击雷过电压保护的下列哪个叙述正确？ （　　）

（A）对于辅助用房一、二均不能实现直击雷保护

（B）对于辅助用房一不能实现直击雷保护、对于辅助用房二能实现直击雷保护

（C）对于辅助用房二不能实现直击雷保护、对于辅助用房一能实现直击雷保护

（D）对于辅助用房一、二均能实现直击雷保护

【答案及解答】C

由 GB 50064—2014 第 5.2.1 条及式（5.2.1-2）、式（5.2.1-3），则

h_{x1} = 10m，小于 0.5h，r_x=(1.5×25-2×10)×1=17.5（m）＞10m，辅助用房一满足。

h_{x2} = 12.5m，等于 0.5h，r_x=(25-12.5)×1=12.5（m）＜15m，辅助用房二不满足。

所以选 C。

考点 24　避雷针空中距离

【2014 年上午题 6~10】　某电力工程中的 220kV 配电装置有 3 回架空出线，其中两回同塔架设。采用无间隙金属氧化物避雷器作为雷电过电压保护，其雷电冲击全波耐受电压为 850kV。土壤电阻率为 50Ω·m。为防直击雷装设了独立避雷针，避雷针的工频冲击接地电阻为 10Ω，请根据上述条件回答下列各题（计算保留两位小数）。

▶▶ 第99题 [避雷针空中距离] 8. 请计算独立避雷针在 10m 高度处与配电装置带电部分之间，允许的最小空气中距离为下列哪项数值？ （　　）

（A）1m （B）2m
（C）3m （D）4m

【答案及解答】C

由 GB/T 50064—2014 式（5.4.11-1）可得 $S_a \geq 0.2R_i+0.1h_j=0.2\times10+0.1\times10=3(m)$，所以选 C。

【考点说明】

（1）依据 GB/T 50064—2014 第 5.4.11-5 款要求，S_a 不宜小于 5m，S_e 不宜小于 3m。"不宜"是理想值，公式计算是最小值，本题问"最小值"应按照公式计算结果作答。如果题设不是问"最小值"，而是适合选取多少米，应在公式计算结果和"不宜小于 5m"之间取大值作为答案。地中距离 S_e 类似处理。

（2）式（5.4.11-1）中的 h_j 为避雷针校验点高度，建筑或构架是有高度的，越高的地方要求的空气中距离越大，所以对于顶部和底部到避雷针距离都一样的被保护物，只需要用被保护物的最高点高度作为 h_j 计算即可，因为此时最高点满足要求，下部一定也满足。但是对于下部离避雷针更近的建筑物，应该取最高点高度和下部离避雷针最近点的高度都算一遍然后取其中较小值作为最小空气中距离。

【注释】

避雷针与带电体之间的最小空气距离要求，是防止避雷针落雷后针体上的电压对带电体放电。避雷针针体校验点的电压 u_a 可用下式描述：

$$u_a = iR_j + L\frac{di}{dt}$$

式中：i 为雷电流，kA；R_j 为流入雷电流接地装置的冲击有效电阻，Ω；L 为避雷针引下线的电感，H；$\frac{di}{dt}$ 为雷电流的陡度。

从式中可以看出，第一项是雷电流在地中电阻上的电压降。此电阻不能是整个接地装置的工频电阻，而是冲击电流散流范围的冲击电阻，散流范围仅是避雷针接地点周围 20~30m 的接地装置，并要乘以冲击系数。此散流范围还和土壤电阻率 ρ 有关，ρ 较大，散流延伸范围就大。

GB/T 50064—2014 式（5.4.11-1）可得

$$S_a \geq 0.2R_j+0.1h_j$$

式中：S_a 为空气中的距离，m；R_j 为避雷针的冲击接地电阻，Ω；h_j 为避雷针校验点的高度，m。

比较这两个算式，u_a 表示校验点的电压，根据放电特性已化作空气距离 S_a，上式的 iR_j 是和下式的 $0.2R_j$ 对应的，只是上式为电压，下式为距离。上式的 $L\frac{di}{dt}$ 是雷电流陡度在电感 L 上的电位梯度，也和下式的 $0.1h_j$ 对应，因为电感 L 与针上校验点到地下接地点的引下线高度 h_j 有关，下式也已化为空中距离。

从这里可以容易理解，跨江塔为什么所悬挂的绝缘子片要增加许多，都是因为 h_j 高，使得 i 大，悬挂点的电位也随之提高。

【2011 年上午题 16~20】 某火力发电厂，在海拔 1000m 以下，发电机—变压器组单元

接线如下图所示。设 i_1、i_2 别为 d1、d2 点短路时流过 QF 的短路电流,已知远景最大运行方式下,i_1 的交流分量起始有效值为 36kA 不衰减,直流分量衰减时间常数为 45ms;i_2 的交流分量起始有效值为 3.86kA、衰减时间常数为 720ms,直流分量衰减时间常数为 260ms。请解答下列各题(计算题按最接近数值选项)(注:大题干配图省略)。

▶▶ 第 100 题 [避雷针空中距离] 19. 主变压器区域有一支 42m 高独立避雷针。主变压器至 220kV 配电装置架空线在附近经过,高度为 14m。计算该避雷针与 220kV 架空线间的空间最小距离最接近下列哪项数值?(已知避雷针冲击接地电阻为 12Ω,可不考虑架空线风偏) ( )

(A) 1.8m (B) 3.0m
(C) 3.8m (D) 4.6m

【答案及解答】C

依题意,已知 R_i=12Ω;h_j=14m。由 GB/T 50064—2014 第 5.4.11 条式(5.4.11-1)(S_a≥$0.2R_i+0.1h_j$),可得 S_a≥0.2×12+0.1×14=3.8(m),所以选 C。

【注释】

(1)变压器架构上是不提倡设避雷针的。这是因为变压器本身还有低压绕组,其低压绕组出线还连接到发电机。当避雷针引雷被击时,会对这些低压绝缘造成反击。

(2)变压器低压出线与大型发电机之间的导线一定要采用离相全封闭母线,以避免相间发生短路和对导线附近的钢结构电磁感应发热。所以主变压器一般都布置在汽机房 A 排柱外,在 A 排柱处还布置有厂用高压变压器,还要留出循环水管的通道,使得独立避雷针都没有插针的地方,而不得不把避雷针立在 A 排柱上,这时应符合 GB/T 50064—2014 第 5.4.2 条第 3 款的要求。

8.2.3 绝缘配合

考点 25 绝缘配合

【2012 年下午题 9~13】 某风力发电厂,一期装设单机容量 1800kW 的风力发电机组 27 台,每台经箱式变压器升压到 35kV,每台箱式变压器容量为 2000kVA,每 9 台箱式变压器采用 1 回 35kV 集电线路送至风电场升压站 35kV 母线,再经升压变压器升至 110kV 接入系统,其电气主接线如下图所示。

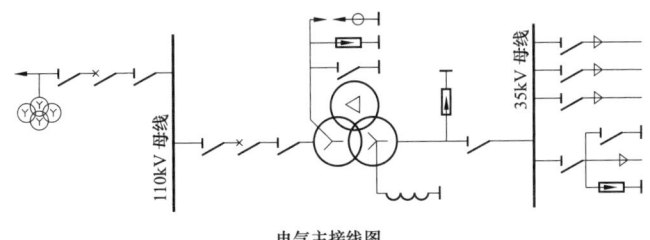

电气主接线图

▶▶ 第 101 题 [绝缘配合] 11. 已知变压器中性点雷电冲击全波耐受电压 250kV,中性点避雷器标准放电电流下的残压取下列何值更为合理? ( )

(A) 175kV (B) 180kV

(C) 185kV (D) 187.5kV

【答案及解答】 A

由 GB/T 50064—2014 式(6.4.4-1), $u_{e.l.i} \geq k_{16} U_{l.p}$, k_{16} 取 1.4, 则 $U_{l.p} \leq \dfrac{u_{e.l.i}}{k_{16}} = \dfrac{250}{1.4} = 178.57(\text{kV})$, 所以选 A。

【考点说明】

设备绝缘配合是历年考试的重点，该考点计算量不大，但选取绝缘配合系数时需要注意以下问题：

（1）应区分是短时工频过电压、操作过电压还是雷电过电压。

（2）是什么设备，外绝缘还是内绝缘。

（3）雷电过电压绝缘配合，对于变压器、并联电抗器和电流互感器，还应注意是全波雷电过电压还是截波雷电过电压。如本题，考查的是全波过电压，如果是求截波过电压绝缘配合，还应在此基础上再乘 1.1，即 $u_{e.j.i} \geq 1.1 k_{16} U_{l.p} \Rightarrow U_{l.p} \leq \dfrac{u_{e.j.i}}{1.1 k_{16}} = \dfrac{250}{1.4 \times 1.1} = 162.34\,(\text{kV})$。

GB/T 50064—2014 相比 DL/T 620—1997 在该点上有所改进，增加了"MOA 紧靠设备时可取 1.25，其他情况可取 1.40"。在考试中，如果题目没有明确说明是紧靠设备，建议取 1.40 较安全。

本题计算值在两个选项之间，选答案时应该向下选取，这样才能保证绝缘耐受电压至少在避雷器残压的 1.4 倍以上，建议做题时将不等号代入计算。

从计算结果到答案选项的选取有个往上选还是往下选的经典陷阱，有些是向上选取，比如导体或开关额定电流；有些是向下选取，比如经济电流密度法计算出的载流量、灵敏度校验等。但不管怎么选取，原则都是一样的，那就是："让选取值比计算值更安全或更可靠。"

【注释】

1. 绝缘配合

（1）本题虽简单，但是已经涉及绝缘配合的内容。所谓绝缘配合，就是在过电压、保护设备和电气绝缘之间，经过设计、计算、协调，一起求得安全可靠和最大效益的工作。它可以在已知过电压及保护水平的前提下选择绝缘耐压水平，也可以在已知绝缘强度的前提下选择保护设备。本题是在已知绝缘强度的雷电冲击耐压水平条件下，选择保护设备的保护水平。

（2）绝缘配合系数的概念是在 20 世纪 80 年代末才确定下来的。在之前，该配合系数所包含的内容，都在老版一次手册的绝缘配合章节中有所反映。例如：内绝缘要考虑冲击系数 1.35，是考虑操作过电压波形与工频电压波形对内绝缘损坏的差异。又如累计系数 0.9，是考虑电气设备长期运行多次遭遇过电压侵袭而造成的绝缘老化。在后来的 DL/T 620—1997 和 GB/T 50064—2014 的制定中，已将此做了简化统一。对雷电冲击统取 1.4，对操作过电压统取 1.15。

（3）本来，操作过电压的波形并非工频。只是考虑到各种操作过电压的波形有很大差别，较难用一个标准波形来代表，在电气设备工厂制造做出厂试验时又很难生成出标准波形来。所以，对于范围Ⅰ的设备统一按短时 1min 的工频波形做出厂试验。但对于范围Ⅱ的设备来说，因为运行电压高,其耐受电压对波形比较敏感,又规定了额定操作冲击耐受电压。相应的,要求避雷器也给出操作波残压,以便于进行绝缘配合计算。

2. 避雷器

(1)目前广泛使用的无间隙金属氧化物避雷器(简称 MOA),一般装设在相—地之间,保护设备的相—地绝缘,正常工作时呈现高电阻截止状态,系统以标称电压运行。系统遭受雷击时,过电压产生,当电压幅值高到一定程度,达到避雷器的起始放电电压后避雷器开始对地导通放电,此时过电压会继续上升至起始放电电压的 1.6~1.8 倍稳定住,这个电压的峰值就是避雷器残压。为什么避雷器对地导通了之后电压不能降为零呢?这是因为避雷器在导通时还是有一定电阻的,避雷器额定电压越高,用的阀片越多,导通电阻越大,残压也就越高。所以避雷器保护的设备绝缘至少要耐受住避雷器的残压而不被击穿才行。绝缘配合中,就是利用避雷器的残压乘上一个大于 1 的安全系数来决定设备绝缘水平的。显然,避雷器残压尽量低点是好的,这样可以降低设备绝缘,提高经济性。

绝缘配合公式中用的是大于等于号,此类题目建议读者在考试时用不等式进行计算,这样可方便看出向哪个方向取整。

(2)作为重要保护设备的无串联间隙的氧化锌避雷器,有着近 10 种技术指标表征其技术特性和功能。在选择时要把握好两点:①保持自己的良好工作状态;②有效保护被保护物的对象。前者体现在选好动作起点,平时要有较低的荷电率;后者体现在标称放电电流下的各种残压要合格。

(3)避雷器实际是一种压敏电阻,对电压极其敏感。动作前,内阻达几十兆至几百兆欧。不论工作在哪一级电压下,体内流过的电流不足 1mA,呈微热状态,可视为不导通;当施加的电压达到起始动作电压,避雷器在动作后,内阻以纳秒级速度瞬间降低到几十到几百欧。体内流过的电流可达几千安或几十千安。残压,就是流过电流后的电压降。残压和动作电压的比值称为保护比,在标称电流为 5kA 的情况下,保护比一般为 1.6~1.8,随制造水平不同而不同。

(4)标称工作电流,是指根据避雷器工作的位置,统计或估算流过避雷器的电流。在 DL/T 5222—2021 第 82 页表 20.1.7 中给出了各种场合下的标称电流。远离线路的避雷器要小一些,如中性点、电动机等,取 1.5~2.5kA;一般 110kV 及以下场合均取 5kA;220~330kV 取 10kA;500kV 及以上取 20kA。随着电压提高,标称电流也随之提高。这是因为输电线路绝缘水平的提高,侵入变电站的雷电波幅值也提高了,避雷器动作后,流入避雷器的电流也随之增大。

在绝缘配合中,是用这个标称工作电流来确定避雷器工作时的残压。

(5)电气设备的雷电冲击全波耐受电压,是指标准的雷电全波波形下的耐压水平。GB 311.1—2012 规定的全波,是一种三角波形,波头时间为 1.2μs,是从零到波顶幅值所用的时间。从顶值下降到 1/2 波幅值所用的时间为波尾,规定为 50μs。这一规定是和 IEC 71-1:1993 的规定是一致的。这是电气产品在定型之前必须要做的一种试验。

(6)操作波是范围Ⅱ电气设备要求做操作冲击耐压试验的一种波形,其波头时间为 250μs,波尾时间为 2500μs,是模拟操作过电压的一种标准波形。

范围Ⅰ的电气设备在内过电压下的耐受电压,一般用短时(1min)的工频试验电压来考核。

(7)截波的考核,在 GB 311.1—2012 中称为陡波前的冲击试验,目前尚未做出明文强制性规定,仍在考虑中。其波头时间为 3~100ns。非常陡峭的冲击波对变压器、电抗器、电动机的纵绝缘威胁较大。使用方要求做这样的试验。因为电网中酿成匝间绝缘击穿的事故常有发生。而供给侧的制造方，反对做这样的试验，因为：①不具体条件完成试验；②所制造的设备纵绝缘耐受水平并无十分把握。

【2016 年上午题 7~10】 某 2×300MW 新建发电厂，出线电压等级为 500kV，两回出线，双母线接线，发电机与主变压器经单元接线接入 500kV 配电装置，500kV 母线短路电流周期分量起始有效值 I''=40kA，启动/备用电源引自附近 220kV 变电站，电厂内 220kV 母线短路电流周期分量起始有效值 I''=40kA，启动/备用变压器高压侧中性点经隔离开关接地，同时紧靠变压器中性点并联一台无间隙金属氧化物避雷器（MOA）。

发电机额定功率为 300MW，最大连续输出功率（TMCR）为 330MW，汽轮机阀门全开（VWO）工况下发电机出力为 345MW，额定电压 18kV，功率因数为 0.85。

发电机回路总的电容电流为 1.5A，高压厂用电电压为 6.3kV，高压厂用电计算负荷为 36690kVA；高压厂用变压器容量为 40/25-25MVA，启动/备用变压器容量为 40/25-25MVA。

请根据上述条件计算并分析下列各题（保留两位小数）：

▶▶ 第 102 题［绝缘配合］9. 若启动/备用变压器高压侧中性点雷电冲击全波耐受电压为 400kV，其中性点 MOA 标称放电电流下的最大残压取下列哪项数值最合适？并说明理由。

( )

（A）280kV 　　　　　　　　　　（B）300kV
（C）340kV 　　　　　　　　　　（D）380kV

【答案及解答】B

由 GB/T 50064—2014 式（6.4.4-1），依题意，MOA 紧靠变压器中性点，故取配合系数 1.25，可得 $U_{l.p} \leq \dfrac{u_{e.l.i}}{k_{16}} = \dfrac{400}{1.25} = 320$ (kV)，B 选项小于 320kV 且最接近，所以选 B。

【考点说明】

（1）本题的关键在配合系数 k 的取值，如果不注意题设"紧靠设备"条件，或者错用式（6.4.4-3），都会错取 1.4，则会误选答案 A。

（2）避雷器雷电过电压紧靠设备配合系数：内绝缘 1.25，外绝缘 1.4，两者取大用 1.4 算？如果仅从计算角度看，1.25 算出的残压是 320kV，1.4 算出的残压是 285.7kV，残压要比最小的还要低才能内、外绝缘同时满足，这样看应选 A 吗？一般情况，内绝缘因为不能自恢复，而且还存在老化积累现象，用电时间越长绝缘下降的越明显。但外绝缘由于存在自恢复性，只要保证空气质量不变，保证绝缘子沿面洁净，一般绝缘是不会明显下降的。所以内绝缘的设计裕度比外绝缘大，也就是说对同一个设备，内绝缘一般是大于等于外绝缘的。但避雷器的残压是一定的，内外绝缘都要满足公式 $u_{e.l.i} \geq k_{16}U_{l.p}$，则外绝缘比内绝缘还大，这是为什么？其实本来内外绝缘都按 1.4 来进行残压配合，但是在选内绝缘的时候，有点不好选避雷器，所以降低了要求，用 1.25 进行配合，所以造成了内绝缘比外绝缘更小。

综上所述，用不同的系数进行绝缘配合，算出的内绝缘和外绝缘的耐压值是不一样的，正是因为这种情况内外绝缘耐压不同，所以内绝缘的耐压用 1.25 配合，外绝缘的耐压用 1.4 配合，题目没有说明"雷电冲击全波耐受电压为 400kV"是内绝缘还是外绝缘，题目不够严谨，只能从字里行间"体会"出题者的用意，所以选 B。

【注释】

（1）取答案 A，从过电压保护的角度，已满足绝缘配合系数 1.4 的要求，虽是可以的，但并不合理，其不合理之处在于：MOA 标称放电电流下的残压为 280kV，对应的 MOA 额定电压必然要低于残压为 300kV 的 MOA 额定电压，导致中性点 MOA 动作电压过低，运行不够安全。

（2）本题给出的启动/备用变压器高压侧为 220kV，引自附近的 220kV 变电站，其中性点选用了隔离开关接地，说明该启动/备用变压器正常是不带电运行的，处于冷备用状态。这种运行方式的好处是平时没有空载损耗，比较节能。缺点是如果电厂工作厂用变压器故障，在需要紧急投入启动/备用变压器时，要求先合闸中性点隔离开关，再依顺序合闸 220kV 断路器和 6kV 断路器，耽误时间较长。同时，220kV 线路和变压器平时不带电，是否存在隐患也不得而知。也可能在紧急投入时，发生事故而送电失败。

许多电厂的启动/备用变压器直接引自电厂升压站，其中性点采用了直接接地的方式，变压器带电空载运行处于热备用状态保证了在紧急需要时，提高了送电成功率。也可以把中性点的 MOA 额定电压选的低一点。

【2012 年下午题 26～30】 某地区拟建一座 500kV 变电站，站地位于Ⅲ级污秽区，海拔不超过 1000m，年最高温度+40℃，年最低温度−25℃。变电站的 500kV 侧、220kV 侧各自与系统相连。35kV 侧接无功补偿装置。该站规模为：主变压器 4×750MVA，500kV 出线 6 回，220kV 出线 14 回，500kV 电抗器两组，35kV 电容器组 2×60Mvar，35kV 电抗器 2×60Mvar。

主变压器选用 3×250MVA 单相自耦无励磁电压变压器，电压比：$\frac{525}{\sqrt{3}} \Big/ \frac{230}{\sqrt{3}} \pm 2 \times 2.5\%/35\text{kV}$，容量比：250MVA/250MVA/66.7MVA，接线组别：YNa0d11。

▶▶ 第 103 题 [绝缘配合] 27. 拟用无间隙金属氧化物避雷器作 500kV 电抗器的过电压保护，如系统允许选用：额定电压 420kV（有效值），最大持续运行电压 318kV（有效值）。雷电冲击（8～20μs）20kA 残压 1046kV（峰值）。操作冲击（30～100μs）2kA 残压 826kV（峰值）的避雷器，则 500kV 电抗器的绝缘水平最低应选用下列哪一种？全波雷电冲击耐压（峰值）、相对地操作冲击耐压（峰值）分别为（列式计算）。　　　　　　　　（　　）

（A）1175kV，950kV　　　　　　（B）1425kV，1050kV
（C）1550kV，1175kV　　　　　　（D）1675kV，1425kV

【答案及解答】C

由 GB/T 50064—2014 第 6.4.4 条式（6.4.4-1），可得电抗器雷电冲击耐压为

$$u_{e,l,i} \geqslant k_{16} U_{l,p} = 1.4 \times 1046 = 1464.4 \text{ (kV)}$$

又根据 GB/T 50064—2014 第 6.4.3 条式（6.4.3-1），可得电抗器操作冲击耐压

$$u_{e,s,i} \geqslant k_{13} U_{s,p} = 1.15 \times 826 = 949.5 \text{ (kV)}$$

向上选取标准额定冲击耐受电压，C 选项同时满足雷电冲击和操作冲击的要求。

【考点说明】

本题要求的是绝缘水平，绝缘水平是一组标准电压值，该值来源于 GB 311.1—2012 第 6.8

条。根据绝缘配合公式得到的计算值需要向上靠最接近的一组标准值作为绝缘水平，虽然 D 也满足，但 C 显然更经济，并且 D 不是表 3 所列的标准组合（应为 1675kV 和 1300kV）。

【注释】

（1）绝缘配合是在已知绝缘耐压水平的情况下选择保护避雷器；或在已知避雷器技术参数的情况下选择设备的耐压水平，但它们之间的绝缘配合系数是不变的。本题属于后者。

（2）对于范围Ⅱ的 500kV 电压等级，代表电抗器的绝缘水平是操作冲击耐压和雷电冲击耐压。虽然计算时，是各自计算各自的，但它们之间有着一定的内在的关系。因为绝缘总是一种，它的长短厚薄，在耐受不同波头下电压的能力，虽不同却大致都有一定规律。国际电工委员会 IEC 规定了若干个标准组合，供使用国家选择。所以，必须要根据计算结果套用相应的标准。

【2020 年上午题 1~4】　某电厂建设 2×350MW 燃煤汽轮机发电机组，每台机组采用发电机变压器（以下简称主变）组单元接线，通过主变升压接至厂内 220kV 配电装置，220kV 配电装置的电气主接线为双母线接线，220kV 配电装置采用屋外敞开式中型布置，电厂通过两回 220kV 架空线路接至附近某一变电站。发电机额定功率 P_e=350MW、额定电压 U_n=20kV。

请分析计算并解答以下各小题。

▶▶ 第 104 题 [绝缘配合] 4、某电厂海拔高度为 2500m，主变高压侧装设 MOA，其残压为 520kV，请计算确定主变标准额定雷电冲击耐受电压宜取下列哪项数值？　　（　　）

（A）750kV　　　　　　　　　（B）850kV
（C）950kV　　　　　　　　　（D）1050kV

【答案及解答】D

由 GB/T 50064—2014 第 6.4.4 条式（6.4.4-3）可得
$$u_{e1,o} \geq 1.4 U_{l,p} \Rightarrow U_{l,p} \leq 1.4 \times 520 = 728 \text{(kV)}$$

又由该规范附录 A 第 A.0.2 条可得：$U = 728 \times e^{\frac{2500}{8150}} = 989.35 \text{(kV)}$，所以选 D。

【考点说明】

本题未明确是内绝缘还是外绝缘，因外绝缘需要进行海拔修正，计算值更大，所以按外绝缘。

【2014 年下午题 20~25】　布置在海拔 1500m 地区的某电厂 330kV 升压站，采用双母线接线，其主变压器进线断面如下图所示。已知升压站内采用标称放电电流 10kA 下，操作冲击残压峰值为 618kV、雷电冲击残压峰值为 727kV 的避雷器作绝缘配合，其海拔空气修正系数为 1.13。

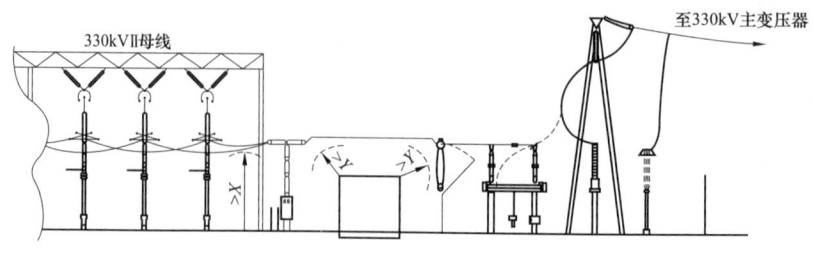

第 8 章　中性点、过电压与绝缘配合

▶▶ 第 105 题 [绝缘配合] 20. 若在标准气象条件下，要求导体对接地构架的空气间隙 d(m)和 50%正极性操作冲击电压波放电电压 $u_{s.s.s}$(kV)之间满足 $u_{s.s.s}=317d$ 的关系，计算该 330kV 配电装置中，在无风偏时正极性操作冲击电压波要求的导体与构架之间的最小空气间隙应为下列哪项数值？　　　　　　　　　　　　　　　　　　　　　　　　　　(　　)

(A) 2.3m　　　　　　　　　　　　(B) 2.4m

(C) 2.6m　　　　　　　　　　　　(D) 2.7m

【答案及解答】C

由 GB/T 620—1997 第 10.3.2-b) 款可知，$u_{s.s.s} \geqslant K_6 U_{p.1}$，无风偏时 K_6 取 1.18，所以 $u_{s.s.s} \geqslant 1.18 \times 618 = 729.24$（kV），海拔修正系数为 1.13，修正后 $u'_{s.s.s} = 1.13 \times 729.24 = 824$（kV）。

由题意可知，$u_{s.s.s}=317d$，所以 $d = \dfrac{824}{317} = 2.6$（m），所以选 C。

【考点说明】

（1）坑点海拔修正，如果不乘系数 1.13 则会误选 A。

（2）GB/T 50064—2014 第 6.3.2-3 条，无风偏时正极性操作冲击电压波的配合系数已经改成 1.27。

（3）本题比单纯的计算耐受电压多了一步，需要继续计算出最小空气间隙 d，具有一定的综合性，增加了难度。读者在做题时应重点掌握各数据之间的关系，理清思路。

【注释】

（1）2014 年考题相对以往考题出现了明显的变化，考题更加接近工程实际，对于非设计专业的考生来说增加了答题难度。要求考生不能死背标准条文和相关答案，必须要对过电压理论和工程的设计有一定程度的了解。

（2）330kV 已是超高压的领域，变电站的空气间隙放电电压对带电体的形状已是十分敏感。范围Ⅱ330kV 及以上设备放电电压的曲线都按实体仿真模型实验制作。其雷电和操作过电压也都按规定的标准波形进行试验。

波前时间：雷电 1.2μs，操作 250μs；波尾时间：雷电 50μs，操作 2500μs。

（3）雷电过电压下空气间隙的雷电冲击强度，是以避雷器的雷电冲击保护水平（标称电流下的全波雷电冲击残压）为基础，将绝缘强度（放电电压）作为随机变量加以确定，称为半统计法。

（4）操作过电压下空气间隙的绝缘强度，是以最大操作过电压为基础，将绝缘强度作为随机变量加以确定。对范围Ⅰ，GB/T 50064—2014 表 6.1.3 给出了计算用相对地最大操作过电压倍数的标准值；35kV 及以下低电阻接地系统取 3（标幺值），66kV 及以下非有效接地系统取 4（标幺值），110kV 及 220kV 系统取 3（标幺值）。对范围Ⅱ是以避雷器操作冲击保护水平（操作冲击残压）为基础，将绝缘强度作为随机变量加以确定。

（5）空气绝缘强度也是随机变量，在一定距离时的固定波形放电电压有一定的不确定性，并符合正态分布的规律。把放电电压分散的中间点连接起来，是为 50%放电电压，是其数学期望值 $U_{50\%}$。分散的离合程度用标准偏差 σ 表示，又称变异系数。

（6）在 DL/T 620—1997 第 10.3.2 节中，变电站相对地空气间隙无风偏时的正极性操作冲击电压波 50%放电电压 u 是按式（30）确定，即

$$u = \frac{U_p}{1-3\sigma} \geq K_b U_p$$

式中：U_p 为对范围 II 线路型避雷器操作过电压保护水平；σ 为变异系数，5%；K_b 为配合系数。

$$K_b = \frac{1}{1-3\sigma} = \frac{1}{1-3\times 5\%} = 1.18$$

在 GB/T 50064—2014 的第 6.3.2 条中，用式（6.3.2-2）直接给出了配合系数 1.27。1.27 是取 σ =7%算出的。

（7）同样原理依此类推，可以计算出海拔 1000m 及以下地区工频过电压、操作过电压和雷电过电压下的相对地及相间的最小空气间隙。这就是在配电装置中常用的 A 值。

▶▶ 第 106 题 [绝缘配合] 21. 若在标准气象条件下，要求导线之间的空气间隙 d（m）和相间操作冲击电压波放电电压 $U_{50\%}$（kV）之间满足 $U_{50\%}$=442d 的关系。计算该 330kV 配电装置中，相间操作冲击电压波要求的最小空气间隙应为下列何值？（　　）

（A）2.5m　　　　　　　　　　（B）2.6m
（C）2.7m　　　　　　　　　　（D）3.0m

【答案及解答】D

由 GB/T 620—1997 第 10.3.3-b）款可知，$u_{s.p.s} \geq K_9 U_{p.1}$，范围 II K_9 取 1.9，所以 $u_{s.p.s} \geq 1.9 \times$ 618=1174.2（kV），海拔修正系数为 1.13，修正后 $u'_{s.p.s}$=1.13×1174.2=1326.846（kV）。

由题意可知，$u_{s.p.s}$=442d，所以 $d = \frac{1326.846}{442} = 3$ (m)，所以选 D。

【考点说明】

GB/T 50064—2014 第 6.3.3-2 条已经将相间操作冲击电压波要求的最小空气间隙配合系数统一定为 2.0。

【注释】

（1）在计算相间的 A 值时，要用相间的过电压。对于范围 I 相间过电压取相对地过电压的 1.4 倍，对范围 II 取 1.7 倍。

（2）相间的空气绝缘强度，因为电极对称，放电的分散性小，变异系数取 3.5%。

（3）这样的配合系数按 DL/T 620—1997 的需求计算，$K_b = \frac{1}{1-3\times 3.5\%}$=1.899≈1.9。

按 GB/T 50064—2014 第 6.3.3 条第 2 款，取 2.0。

（4）对于雷电过电压相间空气间隙，国家标准和行业标准的规定是一致的。都是取相对地间隙的 1.1 倍。

▶▶ 第 107 题 [绝缘配合] 22. 假设 330kV 配电装置中，雷电冲击电压波要求的导体对接地构架的最小空气间隙为 2.55m，计算雷电冲击电压波要求的相间最小空气间隙应为下列哪项数值？（　　）

（A）2.8m　　　　　　　　　　（B）2.7m
（C）2.6m　　　　　　　　　　（D）2.5m

【答案及解答】A

由 GB/T 50064—2014 第 6.3.3-3 款可知，雷电冲击电压波要求的相间最小空气间隙可取相应对地间隙的1.1倍。

所以雷电冲击电压波要求的对地最小间隙为2.55×1.1=2.8（m），所以选A。

【2016年下午题22~27】 一台660MW发电机以发变组单元接入500kV系统，发电机额定电压20kV，额定功率因数0.9，中性点经高阻接地，主变压器500kV侧中性点直接接地。厂址海拔0m，500kV配电装置采用屋外敞开式布置，10min设计风速为15m/s，500kV避雷器雷电冲击残压为1050kV，操作冲击残压为850kV，接地网接地电阻0.2Ω，请根据题意回答下列问题：

▶▶ 第108题［绝缘配合］23．计算500kV软导线对构架操作过电压所需最小相对地空气间隙应为下列哪项数值？（取$U_{50\%}=785d^{0.34}$） （　　）

(A) 2.55m　　　　　　　　(B) 1.67m
(C) 3.40m　　　　　　　　(D) 1.97m

【答案及解答】B

依题意，设计风速为15m/s，故计算相地间隙时应考虑风偏，由GB/T 50064—2014式（6.3.2-2），可得变电站相对地空气间隙计及风偏时操作放电电压为

$$U_{s.s.s} \geq k_7 U_{s.p} = 1.1 \times 850 = 935(\text{kV})$$

由题设可得$935 = 785d^{0.34}$，所以$d = \left(\dfrac{935}{785}\right)^{\frac{1}{0.34}} = 1.672(\text{m})$。

【考点说明】

（1）空气间隙的计算分为线路和变电站两节，每节分为相地间隙和相间间隙两类，每类又分为工频过电压、操作过电压和雷电过电压三种情况，所以公式比较多，本题首先要根据题意迅速准确用GB/T 50064—2014的式（6.3.2-2），该公式又有计及风偏和不计风偏两种情况，对应不同系数，此时应仔细阅读题干，据题干判断出应使用计及风偏的系数1.1，如果审题不严，错用无风偏系数1.27，则会错选答案A。

（2）操作过电压和雷电过电压绝缘配合要使用相应的避雷器残压，不能混用。

（3）在使用题设经验公式$U_{50\%}=785d^{0.34}$时，如果不知道幂函数的反函数关系式$a^x = b \Rightarrow a = b^{\frac{1}{x}}$，可直接用四个选项代入公式试算，也可得到相应答案。

（4）绝缘配合的原则，分清范围Ⅰ和范围Ⅱ，本题是范围Ⅱ。

【注释】

（1）GB/T 50064—2014式（6.3.2-2）中的K_T是变电站相对地空气间隙操作过电压配合系数，对有风偏间隙取1.1，对无风偏间隙取1.27，此配合系数考虑了正极性操作冲击电压波50%放电曲线的分散性。

（2）空气间隙在做放电试验时，加在同一间隙的放电电压并不完全稳定在同一数值，受到各种条件的影响是有分散性的，工程中取其中间值描绘出曲线，即50%放电曲线，其上包络线和下包络线的那个点，过去又称间隔系数，约为10%。

【2019年下午题14~16】 某660MW汽轮发电机组，发电机额定电压20kV，采用发电机—变压器—线路组接线，经主变压器升压后以一回220kV线路送出，主变压器中性点经

隔离开关接地，中性点设并联的避雷器和放电间隙，请解答下列各题。

▶▶ **第 109 题 [绝缘配合]** 16. 若电站位于海拔 1500m 处，避雷器操作冲击保护水平为 420kV，预期相对地 20%统计操作过电压为 2.5（标幺值），依据 GB/T 311 采用确定性法计算，若电气设备在海拔 0m 处，其相对地外绝缘缓波前过电压的要求耐受电压应为多少？（　　）

（A）478.5kV　　　　　　　　　　（B）529.2kV
（C）563.7kV　　　　　　　　　　（D）598.9kV

【答案及解答】C

依题意，操作过电压为 2.5（标幺值），由 GB/T 50064—2014《交流电气装置的过电压保护和绝缘配合设计规范》第 3.2.2-2 款可得操作过电压为 $2.5 \times \sqrt{2} \times \dfrac{252}{\sqrt{3}} = 514.39$（kV），

又由 GB/T 311.2—2013 第 5.3.3.1 条可得

$$\dfrac{420}{514.39} = 0.8165 \Rightarrow K_{cd} = 1.08，\quad u = 420 \times 1.08 = 454\,(\text{kV})$$

再由 GB/T 311.2—2012《绝缘配合 第 2 部分：使用导则》附录 B 式（B.2）及图 B.1 可得

$$454 \times e^{0.92 \times \frac{1500}{8150}} = 536.8\,(\text{kV})$$

再由 GB/T 311.2—2013 第 6.3.5 条，外绝缘安全因数取 1.05 可得 $536.8 \times 1.05 = 563.64$（kV）。所以选 C。

【考点说明】

本题考查《绝缘配合 第 2 部分：使用导则》（GB/T 311.2—2013）的确定性法，和《交流电气装置的过电压保护和绝缘配合设计规范》（GB/T 50064—2014）绝缘配合有一定区别，属于较冷僻考点。需要注意的是，GB/T 311.2—2013 推荐的方法，绝缘配合各个系数是分开描述分别计算的，最后的绝缘强度需要将这些系数全部相乘得到最终的绝缘强度，为此，本题在使用确定性法计算出外绝缘强度后，还需要乘上外绝缘的安全系数 1.05。

【2021 年下午题 13～15】 新建一台 600MW 火力发电机组，发电机额定功率为 600MW，出口额定电压为 20kV，额定功率因数为 0.9，两台机组均采用发电机-变压器线路组的方式接入 500kV 系统，主变压器的容量为 670MVA，短路阻抗为 14%，送出 500kV 线路长度为 290km，线路的充电功率为 1.18Mvar/km。发电机的直轴同步电抗为 21.5%，直轴瞬变电抗为 26.5%，直轴超瞬变电抗为 20.5%，主变压器高压侧采用金属封闭气体绝缘开关设备（GIS）。

请分析计算并解答下列各小题。

▶▶ **第 110 题 [绝缘配合]** 14.GIS 与架空线路连接处设置避雷器保护，该避雷器的雷电冲击电流残压为 1006kV，操作冲击电流残压为 858kV，陡波冲击电流残压为 1157kV。若该 GIS 考虑与 VFTO 的绝缘配合，请问其对地绝缘的耐压水平及断路器同极断口间内绝缘的相对地雷电冲击耐受电压最小值应大于下列哪组值？（　　）

（A）1330kV，1257+315kV　　　　（B）987kV，1257+315kV
（C）1330kV，1257kV　　　　　　（D）987kV，1257kV

【答案及解答】A

（1）由 GB/T 50064—2014 式（6.4.3-3）可得 GIS 对地绝缘的耐压水平为

$$u_{\text{GIS.l.i}} \geq k_{14}U_{\text{tw.p}} = 1.15 \times 1157 = 1330.55(\text{kV})$$

（2）又由该规范式（6.4.4-1）紧靠设备配合系数取 1.25，及式（6.4.4-2）可得断路器同极断口间内绝缘的相对地雷电冲击耐受电压为

$$u_{\text{e.l.c.i}} \geq u_{\text{e.l.i}} + k_m\sqrt{2}U_m/\sqrt{3} = k_{16}U_{\text{l.p}} + k_m\sqrt{2}U_m/\sqrt{3}$$
$$= 1.25 \times 1006 + 0.7 \times \sqrt{2} \times 550/\sqrt{3} = 1257.5 + 314.4(\text{kV})$$

所以选 A。

【考点说明】

题干描述"GIS 与架空线路连接处设置避雷器保护"，暗含意思是此避雷器属于紧靠 GIS 设备，此时内绝缘雷电冲击配合系数 K 应取 1.25。

【2022 年补考上午题 9~12】 某火力发电厂新建两台 600MW 燃煤发电机组，发电机额定功率 600MW，出口额定电压 20kV，额定功率因数 0.9，两台机组均采用发电机-变压器线路组的方式接入 500kV 系统，主变压器额定容量 670MVA，短路阻抗 14%，送出 500kV 线路长度为 290km，采用四分裂导线，线路的充电功率为 1.18Mvar/km。发电机的直轴同步电抗 215%，直轴瞬变电抗 26.5%，直轴超瞬变电抗 20.5%。主变压器高压侧采用金属封闭气体绝缘开关设备（GIS）。请分析计算并解答下列问题。

▶▶ **第 111 题 [绝缘配合]** 11. GIS 与架空线连接处设置避雷器保护，该避雷器的雷电冲击电流残压 1006kV，操作冲击电流残压为 858kV，陡波冲击电流残压为 1157kV。请问该 GIS 雷电冲击耐压要求值（相对地绝缘与 VFTO 的绝缘配合）和断路器同极断口间内绝缘的相对地雷电冲击耐压分别应大于以下哪项数值？　　　　　　　　　　　　　（　　）

（A）987kV，1257kV　　　　　　　　（B）987kV，1257+315kV
（C）1330kV，1257kV　　　　　　　 （D）1330kV，1257+315kV

【答案及解答】 D

根据 GB/T 50064—2014 式（6.4.3-2），GIS 雷电冲击耐压要求值为

$$U_{\text{GIS.l.i}} \geq k_{14}U_{\text{tw.p}} = 1.15 \times 1157 = 1330.55(\text{kV})$$

依题意，GIS 与架空线连接处设置避雷器保护，此 MOA 属于紧靠 GIS 设备，由第 6.4.4-1 条及 6.4.4-2 条，断路器同极断口间内绝缘的相对地雷电冲击耐压为

$$u_{\text{e.l.c.i}} \geq u_{\text{e.l.i}} + k_m\sqrt{2}U_m/\sqrt{3} = 1.25 \times 1006 + 0.7 \times \sqrt{2} \times 550/\sqrt{3} = 1257 + 315(\text{kV})$$

所以选 D。

【2023 年上午题 13~16】 某风力发电场场址海拔高度为 1000m，安装 6.25MW 风力发电机组 100 台，设两个 220kV 汇集升压站，每个升压站各接入 50 台风机，220kV 升压站出线接入 500kV 总变电站的 220kV 侧，500kV 变电站设 450MVA、525kV/230kV 自耦变两组，220kV 汇集升压站设 35kV 母线，风力发电机组以 35kV 集电线路接入 35kV 母线，请分析计算并解答下列各小题。（除特别说明外均按 GB/T 50064 及设计手册解答）

▶▶ **第 112 题 [绝缘配合]** 16. 某电站安装在海拔 2000m 处、220kV 避雷器操作冲击水平为 454kV，预期相对地 2% 统计操作过电压为 2.7p.u.，依据 GB/T 311 采用确定性法计算电

气设备海拔 1000m 处相对地外绝缘缓波过电压的要求耐受电压,为下列哪项数值？（   ）

（A）512.6kV   （B）536.3kV
（C）573.8kV   （D）618.9kV

【答案及解答】C

由 GB/T 50064—2014 第 3.2.2-2 条、GB/T 311.2—2013 第 5.3.3.1 条可得

$$U_{c2} = 2.7P.U. = 2.7 \times \frac{\sqrt{2} \times 252}{\sqrt{3}} = 555.48(kV)$$

$\frac{U_{ps}}{U_{c2}} = \frac{454}{555.48} = 0.817$，由 GB/T 311.2—2013 第 5.3.3.1 条图 6 可知，K_{cd} 约为 1.075，则

$$U_{cw} = K_{cd}U_{ps} = 1.075 \times 454 = 488.05(kV)$$

由 GB/T 50064—2014 附录 A 式（A.0.2），图 A.0.3 及 GB/T 311.2—2013 第 6.3.5 条可得

$$U = U_{cw}k_ak_s = 488.05 \times e^{0.92 \times [(2000-1000)/8150]} \times 1.05 = 573.69(kV)$$

【考点说明】

本题的坑点在于要进行海拔修正 1000m。习题讨论课的标准计算步骤，首先判断出该题属于"公式体系"，之后便水到渠成，顺利避坑得出答案。

【2023 年上午题 21~05】某 500kV 双回架空输电线路，位于丘陵地区，最高运行线电压为 550kV，设计基本风速为 30m/s，覆冰厚度为 10mm，导线采用 4×JL/G1A-630/45 钢芯铝绞线，直径为 33.8mm、截面为 674mm²、单重为 2.0792kg/m。请分析计算并解答下列各小题。

▶▶第 113 题 [绝缘配合] 24. 某该线路海拔高度 2000m，悬垂直线塔采用 V 型绝缘子串，操作过电压倍数取 2.0p.u.，求导线对杆塔空气间隙的正极性操作冲击 50%放电电压的要求值是多少？（海拔修正因子 m=0.6）   （   ）

（A）1141kV   （B）1145kV
（C）1228kV   （D）1322kV

【答案及解答】D

由 GB/T 50064—2014 第 6.2.2 条、6.2.3 条可得

$$u_{l.s.s} \geq k_3 U_s = 1.27 \times 2.0 \times \frac{550 \times \sqrt{2}}{\sqrt{3}} = 1140.65(kV)$$

需经海拔修正后，则 $u_{l.s.s} = 1140.65 \times e^{-0.6 \times 2000/8150} = 1321.6(kV)$。

【考点说明】

不对海拔修正时，会错选 A。

【2023 年上午题 21~05】某 500kV 双回架空输电线路，位于丘陵地区，最高运行线电压为 550kV，设计基本风速为 30m/s，覆冰厚度为 10mm，导线采用 4×JL/G1A-630/45 钢芯铝绞线，直径为 33.8mm、截面为 674mm²、单重为 2.0792kg/m。请分析计算并解答下列各小题。

第 8 章 中性点、过电压与绝缘配合

▶▶ **第 114 题 [绝缘配合] 25．** 某直线塔全高 100m，海拔高度为 1000m 以下，导线悬重串采用 155mm 结构高度盘型绝缘子，绝缘子串片数由雷电过电压控制，求雷电过电压要求的最小空气间隙是下列哪项数值？（提示：绝缘子串雷电冲击放电电压：$U_{50\%}=530L+35$，空气间隙雷电冲击放电电压：$U_{50\%}=552s$） （　　）

（A）3.30m　　　　　　　　　　　（B）3.63m
（C）3.98m　　　　　　　　　　　（D）4.68m

【答案及解答】 C

由 DL/T 5582—2020 第 6.2.2 条、第 6.2.3 条可得

$$n \geqslant \frac{155 \times 25 + 146 \times \dfrac{100-40}{10}}{155} = 30.65(片)，取 31 片。$$

依题意，$U_{50\%} = 530 \times 31 \times 155 / 1000 + 35 = 2581.65(\text{kV})$

又由 GB/T 50064—2014 第 6.2.2-4 条，风偏间隙系数取 0.85，结合题意有

$$S = 2581.65 \times 0.85 / 552 = 3.98(\text{m})$$

【2024 年下午题 12～15】 某 500kV 变电站位于海拔 1000m 处，有 2 台自耦变压器，额定电压 500kV/220kV/35kV。主变压器 500kV、220kV 侧均为架空出线，220kV 采用双母线接线，220kV 共 4 回架空出线，其中两回同塔架设。

请分析计算并解答下列各小题（计算保留两位小数）。

▶▶ **第 115 题 [绝缘配合] 14．** 500kV 出线侧连接处设置避雷器保护，该避雷器的雷电冲击电流残压为 1050kV，操作冲击电流残压为 907kV，陡波冲击电流残压为 1238kV，断路器同极断口耐受电压折扣系数取 1，隔离开关同极断口耐受电压折扣系数取 0.7，请问 500kV 断路器同极断口间内绝缘的操作耐受电压及出线侧隔离开关同极断口间外绝缘的雷电冲击耐受电压最小值应为下列哪组数值？ （　　）

（A）1043kV、1470kV
（B）1050+450kV、1550+450kV
（C）1043+450kV、1470+315kV
（D）1043+450kV、1550+315kV

【答案及解答】 C

依据《交流电气装置的过电压保护和绝缘配合设计规范》（GB/T 50064—2014），式（6.4.3-1）、式（6.4.3-2）、式（6.4.4-3）、式（6.4.4-4）可得

$$u_{\text{e.s.i}} \geqslant 1.15 \times 907 = 1043.05\ (\text{kV}),\quad u_{\text{e.s.c.i}} \geqslant 1043.05 + 1 \times \frac{\sqrt{2} \times 550}{\sqrt{3}} = 1043 + 450\ (\text{kV})$$

$$u_{\text{e.l.o}} \geqslant 1.4 \times 1050 = 1470\ (\text{kV}),\quad u_{\text{e.l.c.o}} \geqslant 1470 + 0.7 \times \frac{\sqrt{2} \times 550}{\sqrt{3}} = 1470 + 315\ (\text{kV})$$

所以选 C。

【2022 年下午题 31～35】 500kV 架空输电线路，位于平原地区，设计基本风速 30m/s、覆冰厚度 10mm，导线采用 4×JL1/G1A-500/45，最高运行电压为 550kV，年平均雷暴日数为 40d。导线悬垂绝缘子串长度为 5.0m。请分析计算并解答下列各题。

▶▶ **第 116 题 [放电电压] 31．** 求运行电压下风偏后线路导线对杆塔空气间隙的工频 50%

放电电压的要求值？ （ ）

(A) 461.3kV
(B) 500.0kV
(C) 507.5kV
(D) 550.0kV

【答案及解答】C

由 GB/T 50064—2014 式（6.2.2-1）。可得 $U_{1,\sim}=1.13\times\sqrt{2}\times\dfrac{550}{\sqrt{3}}=507.39(\Omega)$，所以选 C。

考点 26　试验电压

【2010 年上午题 6～10】 建设在海拔 2000m、污秽等级为Ⅲ级的 220kV 屋外配电装置，采用双母线接线，有 2 回进线，2 回出线，均为架空线路，220kV 为有效接地系统，其主接线如图所示。

▶▶ 第 117 题［试验电压］7．图中电器设备的外绝缘当在海拔 1000m 以下试验时，其耐受电压为 （ ）

(A) 相对地雷电冲击电压耐压 950kV，相对地工频耐受电压 395kV
(B) 相对地雷电冲击电压耐压 1055kV，相对地工频耐受电压 438.5kV
(C) 相对地雷电冲击电压耐压 1050kV，相对地工频耐受电压 460kV
(D) 相对地雷电冲击电压耐压 1175kV，相对地工频耐受电压 510kV

【答案及解答】B

由 GB/T 50064—2014 表 6.4.6-1 可知，在海拔 1000m 地区，220kV 电压等级电器设备外绝缘的额定雷电冲击耐受电压和额定短时工频耐受电压分别为 950kV 和 395kV。

由 DL/T 5222—2005 第 6.0.8 条，安装在海拔超过 1000m 地区的电气外绝缘应予校验，根据式（6.0.8）有：

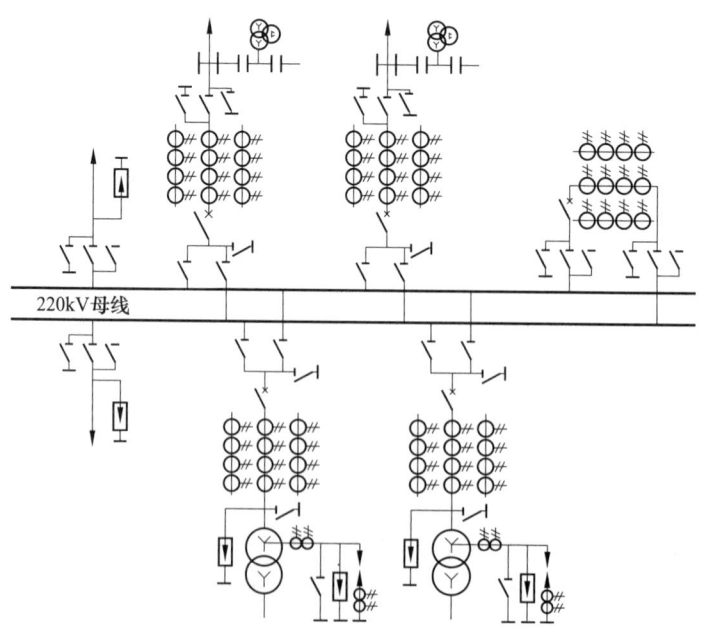

(1) 相对地雷电冲击电压耐压 $K \times 950 = \dfrac{950}{1.1 - \dfrac{2000}{10000}} = 1055.6 \,(\text{kV})$

(2) 相对地工频耐受电压 $K \times 395 = \dfrac{395}{1.1 - \dfrac{2000}{10000}} = 438.8 \,(\text{kV})$

所以选 B。

【考点说明】

(1) 该题为 2010 年题目，自 GB 311.1—2012 和 GB/T 50064—2014（也包括 DL/T 5222—2020）执行以后，对于绝缘的海拔修正已经采用指数公式，本题按指数公式计算如下：

由 GB 311.1—2012 附录 B.3 可知，需对查表值进行修正，根据附录 B.1，雷电冲击 q 取 1，由式（B.3），可得 $K_a = e^{q\left(\frac{H-1000}{8150}\right)} = e^{\frac{2000-1000}{8150}} = 1.13$。

相对地雷电冲击电压耐压为 $950 \times 1.13 = 1073.5\,(\text{kV})$。相对地工频耐受电压 $395 \times 1.13 = 446.35\,(\text{kV})$。

(2) 该题考查的是绝缘海拔修正。已知高海拔绝缘耐受电压，求低海拔试验电压。读者可以这样想，如果在海拔 1000m 处做试验，耐压 950kV 的设备运到了海拔 3600m 处，其外绝缘还能达到 950kV 吗？当然达不到，因为海拔升高了，空气的绝缘能力降低了。所以在低海拔做耐压试验时要增大试验电压，乘以一个大于 1 的海拔修正系数。

【注释】

(1) 按 GB 311.1—2012 的定义，内绝缘为不受大气和其他外部条件影响的设备的固体、液体或气体绝缘。外绝缘：空气间隙或设备固体绝缘外露在大气中的表面，它承受作用电压并受大气和其他现场的外部条件，如污秽、湿度、虫害等的影响。

(2) 内绝缘不受海拔和环境影响，稳定性好，但不具备自恢复性，一旦被破坏，是不能恢复到之前的状态和强度的。外绝缘由于和大气接触，所以受气象条件或现场的外部条件如污秽、湿度、虫害等影响，稳定性相对较差，但空气绝缘具有自恢复性，放电消失后可自行恢复到正常状态。

(3) 外绝缘的典型代表是空气间隙和绝缘子沿面。其中空气间隙最大的特点是受海拔影响较大。当海拔升高后，空气稀薄，绝缘能力也就降低，所以必须进行海拔修正，海拔越高，间隙要求越大。沿面受污秽影响较大，所以爬电比距和污秽等级密切相关。设备绝缘水平的选取是在避雷器残压的基础上乘一个大于 1 的系数得到，对于空气绝缘，根据这个电压查空气放电曲线即可得到对应的空气间隙。

(4) 对于空气间隙类的外绝缘，高海拔地区因空气密度下降，电气设备外绝缘的耐受电压也随之下降。我国在云南试验基地的常年试验以及在人工气候室的多次试验表明，在海拔每升高 100m 时，绝缘下降 0.92%。后在规程制定时一律定为海拔每升高 100m，绝缘下降 1%。目前，GB/T 50064—2014 已经广泛采用指数公式修正。

(5) 为了补偿高海拔地区绝缘的下降，传统一贯的做法是"加强绝缘"，即下降了多少，在制造时便提高多少，以保证电气设备外绝缘和空气绝缘在标称电压下的正常运行。

(6) 根据绝缘配合的原理，我国在 20 世纪 80 年代提出了"加强保护"的概念，并写进了 DL/T 5222 的前身——《导体和电器选择设计技术规定》（SDGJ 14—1986）之中。在老版一次手册中也有说明。所谓"加强保护",就是采取技术措施把避雷器的残压降下来,在保证绝缘配合系数不变的前提下,高海拔外绝缘下降了,避雷器残压也同步下降。就不必对每个设备都"加强绝缘"了。降低避雷器残压的办法很多,例如选用保护比更低的优质避雷器,把两支或多支避雷器并联使用,把避雷器的部分阀片通过放电间隙并联而短路;改变电网的中性点接地方式,把消弧线圈接地改为低电阻接地等。

后一种方法曾在海拔 4500m 的西藏地区使用 8 年,节约了大量投资,减少了许多工程设计和设备制造的麻烦,取得了较好的效益。

(7) 按照 GB/T 50064—2014 第 6.1.7 条规定,由绝缘配合公式,比如式(6.3.1-1)等,得到的是海拔为 0m 时的耐压要求,如果海拔不是 0m,该方法的计算值需要按照 GB 311.1—2012 式(B.1)$k=e^{q\frac{H}{8150}}$,进行绝对修正[也可按 GB/T 50064—2014 式(A.0.2-2)修正]。比如海拔 800m 时,H=800;海拔 3000m 时,H=3000。

需要注意的是,GB 311.1—2012 表 2、表 3,或 GB/T 50064—2014 表 6.4.6-1 或表 6.4.6-2 中的绝缘水平,是为了方便,已经折算到海拔 1000m 的地区,只要在海拔小于等于 1000m 的地区就可以直接查表使用不必进行海拔修正,在海拔高于 1000m 的地区,应在查表值的基础上进行相对修正,此时应使用 GB 311.1—2012 式(B.2)$k=e^{q\left(\frac{H-1000}{8150}\right)}$,也可使用 GB/T 50064—2014 式(A.0.2-2),只不过此时 $K_a=e^{m\frac{H}{8150}}$ [式(A.0.2-2)]中要改为 $H-1000$。

【2010 年下午题 11~15】 某新建变电站位于海拔 3600m 地区,主变压器两台,采用油浸式变压器,装机容量为 2×240MVA,站内 330kV 配电装置采用双母线接线,330kV 有 2 回出线。

▶▶ 第 118 题 [试验电压] 15. 升压站海拔 3600m,变压器外绝缘的额定雷电耐受电压为 1050kV,当海拔不高于 1000m 时,试验电压是多少? ( )

(A) 1221.5kV
(B) 1307.6kV
(C) 1418.6kV
(D) 1529kV

【答案及解答】C

由 DL/T 5222—2005 第 6.0.8 条可得,海拔修正系数 K=1/(1.1–H/10000)=1.351,所以试验电压为 1.351×1050=1418.6(kV),所以选 C。

【考点说明】

该题是 2010 年的题目,是按老规范 DL/T 5222—2005 所出,新版 DL/T 5222—2021 对该公式已更改。

▶▶ 第 119 题 [试验电压] 14. 对该变电站绝缘配合,下列说法正确的是哪个? ( )

(A) 断路器同极断口间灭弧室瓷套的爬电距离不应小于对地爬电距离要求的 1.15 倍
(B) 变压器内绝缘应进行长时间工频耐压试验,其耐压值应为 1.5 倍系统最高电压
(C) 电气设备内绝缘相对地额定操作冲击耐压与避雷器操作过电压保护水平的配合系数不应小于 1.15
(D) 变压器外绝缘相间稳态额定操作冲击耐压高于其内绝缘相间额定操作冲击耐压

【答案及解答】C

由 DL/T 620—1997 条文可知:A 选项,不符合第 10.4.1-a)款,该项错误;B 选项,不符合第 10.4.1-b)款,该项错误;D 选项,不符合第 10.4.3-b)-2)款,该项错误。所以选 C。

【考点说明】

（1）该题属于直接考查规范条文，需要对规范很熟悉。

A 选项，依据条文第 10.4.1-a) 款"断路器同极断口间灭弧室瓷套的爬电比距不应小于对地爬电比距要求值的 1.15（252kV）或 1.2（363、550kV）倍"。本题电压等级为 330kV，上述要求应为 1.2 倍。该项错误。

B 选项，依据条文第 10.4.1-b) 款"为保证变压器内绝缘在正常运行工频电压作用下的工作可靠性，应进行长时间工频耐压试验。变压器耐压值为 1.5 倍系统最高相电压"。该选项错在耐压值为 1.5 倍系统最高（线）电压。该选项错误。

C 选项，依据条文第 10.4.3-a)-1) 款"电气设备内绝缘相对地额定操作冲击耐压与避雷器操作过电压保护水平间的配合系数不应小于 1.15"。该选项正确。

D 选项，依据条文第 10.4.3-b)-2) 款"变压器外绝缘相间干态额定操作冲击耐压与其内绝缘相间额定操作冲击耐压相同"。该选项错误。

以上内容在 GB/T 50064—2014 第 6.4 章中说法稍有变动，但本质未变，读者可相互比较学习。

（2）广大读者平时练习可以将每个选项的依据和错误原因找清楚，以便熟悉理解规范条文。

（3）注意审题，题设是选择"正确项还是错误项"。考试时间紧，无须每个选项都写明依据，只需要如上述解答过程一样写明关键点即可。

【2017 年上午题 11～15】 某电厂位于海拔 2000m 处，计划建设 2 台额定功率为 350MW 的汽轮发电机组，汽轮机配置 30%的启动旁路，发电机采用机端自并励静止励磁系统，发电机经过主变压器升压接入 220kV 配电装置。主变压器额定变比为 242kV/20kV，主变压器中性点设隔离开关，可以采用接地或不接地方式运行。发电机设出口断路器，设一台 40MVA 的高压厂用变压器，机组启动由主变压器通过高压厂用变压器倒送电源，两台机组相互为停机电源。不设启动/备用变压器。出线线路侧设电能计费关口表。主变压器高压侧、发电机出口、高压厂用变压器高压侧设电能考核计量表。

▶▶ 第 120 题［试验电压］13. 若主变压器高压侧附近安装一组 Y10W-200/500 避雷器，根据避雷器保护水平确定的变压器外绝缘雷电冲击耐受试验电压，在海拔 0m 处最低应为下列哪项数值？　　　　　　　　　　　　　　　　　　　　　　　　　　　　　（　　）

（A）1086.4kV　　　　　　　　　　　（B）894.7kV

（C）850kV　　　　　　　　　　　　（D）700kV

【答案及解答】B

依据 GB/T 50064—2014 第 6.4.4 条及式 (6.4.4-3)、第 A.0.2 条及式 (A.0.2-1)、式 (A.0.2-2)、第 A.0.3 条得：$m=1$；$U_{e.1.0} \geqslant 1.4 \times 500 = 700$ (kV)；$U_{(P_0)} = e^{1 \times \frac{2000}{8150}} \times 700 = 894.7$ (kV)，所以选 B。

【注释】

（1）在高海拔地区，空气密度降低，从而降低了外绝缘的耐受电压，要达到在 2000m 海拔地区外绝缘的耐受电压不变，就要在 0m 海拔处加强外绝缘的耐受电压。

（2）耐受电压是按避雷器残压乘上绝缘配合系数计算的。所以，处理高海拔问题的另一个途径是设法降低避雷器残压。这在老版一次手册和 DL/T 5222 规程中称之为"加强保护"。"加强保护"是我国的首例，也是对高海拔地区电气设备安全运行的贡献，应当在工程中首先考虑采用降低避雷器残压的有效措施。

【2018 年上午题 6~9】 某电厂装有 2×300MW 发电机组，经主变压器升压至 220kV 接入系统，发电机额定功率为 300MW，额定电压为 20kV，额定功率因数 0.85，次暂态电抗为 18%，暂态电抗为 20%，发电机中性点经高电阻接地，接地保护动作于跳闸时间为 2s，该电厂建于海拔 3000m 处，请分析计算并解答下列各小题。

▶▶ **第 121 题 [试验电压]** 9. 该电厂绝缘配合要求的变压器外绝缘的雷电耐受电压为 950kV，工频耐受电压为 395kV，计算其出厂试验电压应选择下列哪组数值？（按指数公式修正） （　）

（A）雷电冲击耐受电压 950kV，工频耐受电压 395kV
（B）雷电冲击耐受电压 1050kV，工频耐受电压 460kV
（C）雷电冲击耐受电压 1214kV，工频耐受电压 505kV
（D）雷电冲击耐受电压 1372kV，工频耐受电压 571kV

【答案及解答】 C

依据 GB 311.1—2012 附录 B 式（B.3）取 $q=1$，$k_a = e^{q \times \frac{H-1000}{8150}} = e^{1 \times \frac{3000-1000}{8150}} = 1.278$；雷电冲击耐受电压 $U_{e.l.o} = 950 \times 1.278 = 1214.1$（kV），工频耐受电压 $U_{o.\sim.o} = 395 \times 1.278 = 504.8$（kV），所以选 C。

【2022 年补考上午题 18~20】 某风电场 220kV 升压站位于海拔 1800m 高原，风电场安装了 50 台风力发电机组，每台发电机组最大瞬时功率 2200kW，额定功率 2000kW。功率因数范围：容性 0.95~感性 0.95。升压站配置一台主变压器，主变低压侧电压为 35kV，连接 6 回集电线路。请分析计算并解答下列问题。

▶▶ **第 122 题 [试验电压]** 9. 主变压器在安装地点的耐压需满足较高额定耐受电压。风电场升压站主变压器制造厂位于海拔 1000m 以下，主变压器出厂前进行电气外缘试验时，实际施加到主变高压套管相间的雷电冲击试验电压应为下列哪项数值？ （　）

（A）850kV　　　　　　　　　（B）950kV
（C）1045kV　　　　　　　　（D）1155kV

【答案及解答】 A

依据 GB/T 50064—2014 表 6.4.6-1，220kV 主变压器应满足的额定耐受电压为 950kV。又由该规范附录 A 式（A.0.2-1）及式（A.0.2-2），可得

$$U(P_H) = k_a U(P_0) = e^{1 \times (1800-1000)/8150} \times 950 = 1045 \text{（kV）}，选 C。$$

【注释】 依题意本题额定耐受电压为查表 6.4.6-1 所得的 1000m 以下通用值，其值已包含 1000m 的裕度，因此采用相对修正。

考点 27　配电绝缘子片数

【说明】

新版规范 DL/T 5222—2021，对绝缘子选择中删除了爬电比距以及最小绝缘子片数表格，以下内容按照"老题老规范解答"的原则进行解读，仅供读者参考和拓展思路。

【2008年上午题9~10】 某220kV配电装置户外中型布置，配电装置布置设计时应考虑安全带电距离、检修维护距离以及设备搬运所需安全距离，请根据下列220kV配电装置各布置断面解答问题（海拔不超过1000m）。

▶▶ 第123题［配电绝缘子片数］9. 假设220kV配电装置位于海拔1000m以下Ⅲ级污秽地区，母线耐张绝缘子串采用XP-10型盘式绝缘子，每片绝缘子几何爬电距离450mm，绝缘子爬电距离的有效系数 k_e 取1，计算按系统最高电压和爬电比距选择其耐张绝缘子串的片数为多少？ （ ）

（A）14片 （B）15片
（C）16片 （D）18片

【答案及解答】C

由DL/T 5222—2005表C.2，可知Ⅲ级污秽地区配电装置最高电压对应的爬电比距（括号外数据）为2.5cm/kV。

由GB/T 156—2007表4可知，220kV系统最高电压为252kV。

由DL/T 5222—2005第21.0.9条文说明式（13），$m \geqslant \dfrac{\lambda U_m}{K_e L_0}$，可得绝缘子片数 $m \geqslant \dfrac{2.5 \times 252}{1 \times 45} = 14$（片）。

由DL/T 5222—2005第21.0.9条，考虑绝缘子的老化，每串绝缘子预留零值绝缘子为35~220kV耐张串2片。

最终绝缘子片数为：14+2=16（片），所以选C。

【考点说明】

（1）本题考查变电站绝缘子选择，应注意加零值，不注意该点很容易错选A。

（2）绝缘子爬电比距用的长度单位是cm，绝缘子爬电距离用的长度单位一般是mm，注意单位转换，否则在考场上容易浪费时间。

（3）在查DL/T 5222—2005附表C.2有括号内数据和括号外数据，建议使用括号外数据以及对应的最高电压 U_m 代入公式计算，这样更容易精准"命中"选项。

（4）注意变电站的绝缘子选择和高压输电线路绝缘子选择在细节上是不同的，不要互相引用和比较。

（5）有效爬电距离=几何爬电距离×有效系数。公式 $m \geqslant \dfrac{\lambda U_m}{K_e L_0}$，其分母的本质是"有效爬电距离"，应根据题设已知条件作答，比如同时给了有效爬电距离和有效系数，应直接将有效爬电距离代入公式分母计算，千万不能再乘有效系数。

（6）本题明确"按工频电压的爬电比距选择"，故只需考虑爬电比距法即可，可不必考虑操作和雷电过电压情况。

【注释】

（1）正常运行时绝缘子应能承受工频电压、操作过电压和雷电过电压这三种电压的作用而不受到损伤。由于这三种电压的波形不同，所以三种电压再绝缘子串上的放电通道也不同，工频电压的放电通道主要是沿面通道，该通道受环境污秽影响比较大，所以工频电压的爬电比距选择一般是按照爬电比距法来计算。操作过电压和雷电过电压主要走空气间隙（即绝缘子串的串长或干弧距离），对应需要满足DL/T 5222—2005表21.0.11要求的最小值。也就是说最终的绝缘子片数应该是使用爬电比距法和查表法中的较大值。

（2）零值绝缘子：根据 DL/T 596 规定，悬式绝缘子的绝缘电阻不应低于 300MΩ，500kV 悬式绝缘子不低于 500MΩ，当低于该值时，即可认为该绝缘子已经"失去绝缘能力"，通俗地说就是"损坏了"。由于绝缘子串在运行中要承受拉力，尤其是耐张绝缘子串承受的拉力较大，时间长了很容易"损坏"，为此，可以在安装时多装设几片绝缘子，以保证日后某一片绝缘子在运行中损坏后系统还能正常运行，所以应在最后再加零值绝缘子片数。

规范中的"加零值绝缘子"是指加绝缘水平良好的绝缘子以防止整串中出现零值绝缘子后系统绝缘水平不合格的情况。绝不是加没有绝缘能力的绝缘子。

（3）XP-10 型盘式绝缘子是变电站中常用的一种绝缘子。在污秽严重的地区，还可考虑选用防污秽绝缘子。其盘内有大小盘组成，几何爬电距离要大一些，可以减少所需要的片数。

（4）配电装置选型上，在严重污秽区过去常选择屋内配电装置，以避免选用防污型电气设备。随着 GIS 应用的广泛普及，现在更倾向于选用 GIS，布置在户内或户外。

（5）电气设备瓷绝缘的爬电距离，现在普遍都能达到 2.5cm/kV，可以适用于火力发电厂及较多变电站的环境条件。对于污秽严重的地区，再进一步加大瓷件尺寸，可以做成污秽型断路器、隔离开关、电流互感器和电压互感器等，但这些并不是最好的选择。

【2009 年下午题 11～15】 某发电厂，处Ⅳ级污染区，220kV 升压站，GIS。

▶▶ 第 124 题 [配电绝缘子片数] 12. 耐张绝缘子串选 XPW-160（几何爬电 460mm），有效系数为 1，求片数为下列哪项？ （ ）

（A）16 片 （B）17 片
（C）18 片 （D）19 片

【答案及解答】D

由 DL/T 5222—2005 附表 C.2，可知Ⅳ级污染区发电厂最高电压对应的爬电比距（括号外数据）为 3.1cm/kV。

由 GB/T 156—2007 表 4 可知，220kV 系统最高电压为 252kV。

由 DL/T 5222—2005 第 21.0.9 条条文说明式（13），$m \geq \dfrac{\lambda U_m}{K_e L_0}$ 可得：

绝缘子片数 $m \geq \dfrac{3.1 \times 252}{1 \times 46} = 16.98$ （片）。

由 DL/T 5222—2005 第 21.0.9 条，考虑绝缘子的老化，每串绝缘子要预留零值绝缘子为：35～220kV 耐张串 2 片。

最终绝缘子片数为 16.98+2=18.98 片，向上取整为 19 片，所以选 D。

【考点说明】

应注意加零值，否则会误选 B。同时注意单位转换。

【注释】

（1）在Ⅳ级污秽区，发电厂 220kV 升压站选用 GIS 是合理的，所有电气设备均能有效地避开严重污秽的影响，但从主厂房引向升压站，必不可少的采用架空导线。

（2）在这个地区，还应注意到与冷水塔的距离和风向，距离冷水塔太近，并处于下风处，还会常年有水雾，会对瓷绝缘的表面带来更多的问题。

第 8 章 中性点、过电压与绝缘配合

【2010年上午题 6~10】 建设在海拔 2000m、污秽等级为Ⅲ级的 220kV 屋外配电装置，采用双母线接线，有 2 回进线，2 回出线，均为架空线路，220kV 为有效接地系统，其主接线如下图所示（注：本题配图略）。

▶▶ **第 125 题 [配电绝缘子片数]** 9. 配电装置内母线耐张绝缘子采用 XPW-160（每片的几何爬电距离为 450mm）爬电距离有效系数为 1，请计算按工频电压的爬电距离选择每串的片数。 （   ）

(A) 14　　　　　　　　　　　(B) 15
(C) 16　　　　　　　　　　　(D) 18

【答案及解答】 D

由 GB/T 156—2007 表 4 有，220kV 系统最高电压为 252kV。

由 DL/T 5222—2005 查附表 C.2 污秽等级Ⅲ，220kV 及以下的爬电比距为 2.5cm/kV。

由 DL/T 5222—2005 第 21.0.9-1 款及对应的条文说明式（13）可得

$$m \geq \frac{\lambda U_\mathrm{m}}{K_\mathrm{e} L_0} = \frac{2.5 \times 252}{1 \times 45} = 14 \, (\text{片})$$

由 DL/T 5222—2005 第 21.0.12 条式（21.0.12）进行海拔修正，即

$$N_\mathrm{H} = 14 \times [1 + 0.1 \times (2-1)] = 15.4 \, (\text{片})$$

按第 21.0.9 款要求，220kV 耐张串需加 2 片零值绝缘子 N=15.4+2=17.4（片），向上取整，取 18 片，所以选 D。

【2012年上午题 15~20】 某风电场升压站的 110kV 主接线采用变压器线路组接线，一台主变压器容量为 100MVA，主变压器短路阻抗 10.5%，110kV 配电装置采用屋外敞开式，升压站地处海拔 1000m 以下，站区属多雷区（注：本题大题干图略，第 17 题图如下图所示）。

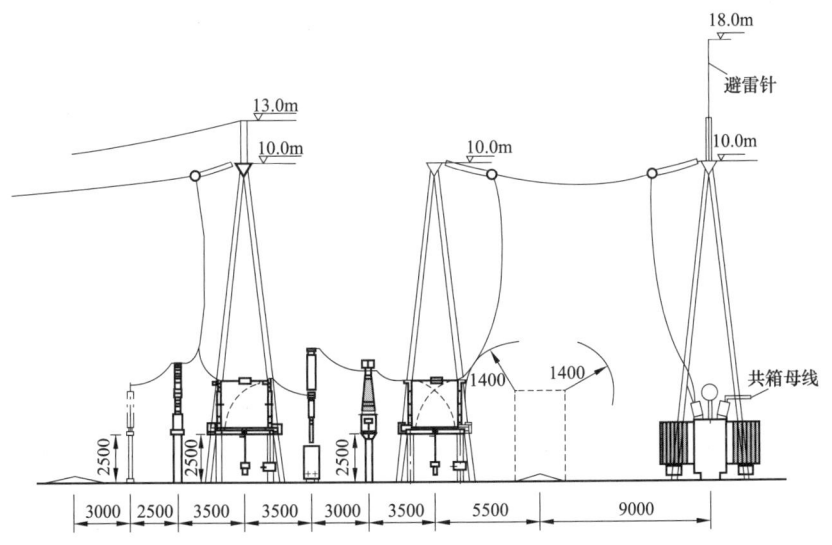

▶▶ **第 126 题 [配电绝缘子片数]** 17. 假设该站属Ⅱ级污秽区，请计算变压器门型架构上的绝缘子串应为多少片？（悬式绝缘子为 XWP-7 型，单片泄漏距离 40cm） （   ）

(A) 7 片　　　　　　　　　　(B) 8 片

(C) 9 片 (D) 10 片

【答案及解答】C

由 GB/T 156—2007 表 4，可得 110kV 系统 U_m=126kV；又由 DL/T 5222—2005 附表 C.2 可知爬电比距Ⅱ级污秽区 220kV 及以下变电站最高运行电压爬电比距为 2.00cm/kV；再由 DL/T 5222—2005 第 21.0.9-1 款及对应的条文说明式（13）（$m \geq \dfrac{\lambda U_m}{K_e L_0}$）可得，$m \geq \dfrac{2 \times 126}{1 \times 40} = 6.3$（片）。

根据 DL/T 5222—2005 第 21.0.9 款，选择悬式绝缘子应考虑绝缘子的老化，每串绝缘子要预留零值绝缘子，35～220kV，耐张串 2 片，悬垂串 1 片。由图中可知，该门型架绝缘子为耐张串，应加 2 片。

最终绝缘子片数 m=6.3+2=8.3，向上取整，9 片，所以选 C。

【考点说明】

（1）绝缘子片数是历年考查的重点内容，本题属于变电站，所以应用规范 DL/T 5222—2005 作答，切莫选用线路设计使用的 DL/T 5222—2020。

（2）加零值绝缘子是初学者容易遗漏的一步，变电站的加零分为耐张和悬垂两种情况，本题没有给出绝缘子的类型，而是给出了图形和题设"门型架"，需要读者根据配图判断出是耐张绝缘子（绝缘子串和导线方向一致），这是本题的坑点。

注：不是所有门型架上的绝缘子都是耐张型的，具体需要根据实际情况而定。

【注释】

（1）绝缘子串是配电装置整体绝缘的一部分，在绝缘配合中，它和空气绝缘，电气设备的外绝缘应看作是一个整体，共同受避雷针、避雷器对大气过电压的保护。但绝缘子串又有它的特殊性，往往是爬电距离要求的片数是其控制因素，并和污秽环境有直接关联，而空气间隙则没有这些要求。

（2）过去有一种观点认为，变电站比线路重要，它的绝缘子片数应比输电线路多才对，将变电站与线路进行配合。这种观点不妥之处在于：变电站是立足于避雷器残压来保护绝缘的，而线路则是由耐雷水平决定的。在计算绝缘子片数时，两者所取零值的规定也有所不同。

【2016 年下午题 10～15】 某风电场 220kV 升压站地处海拔 1000m 以下，设置一台主变压器，以变压器线路组接线一回出线至 220kV 系统，主变压器为双绕组有载调压电力变压器，容量为 125MVA，站内架空导线采用 LGJ-300/25，其计算截面积为 333.31mm^2，220kV 配电装置为中型布置，采用普通敞开式设备，其变压器及 220kV 配电装置区平面布置图如下。主变压器进线跨（变压器门构至进线门构）长度 16.5m，变压器及配电装置区土壤电阻率 ρ=400Ω·m，35kV 配电室主变压器侧外墙为无门窗的实体防火墙。（原题配图省略）

▶▶ 第 127 题［配电绝缘子片数］15．若该变电站地处海拔 2800m，b 级污秽（可按Ⅰ级考虑）地区，其主变压器门型架耐张绝缘子串 X-4.5 绝缘子片数应为下列哪项数值？ （ ）

(A) 15 片 (B) 16 片
(C) 17 片 (D) 18 片

【答案及解答】B

由《导体和电器选择设计技术规程》（DL/T 5222—2005）表 21.0.11 可得，海拔 1000m 及以下地区 220kV 绝缘子应选 13 片。

又由该规范式（21.0.12）可得，海拔 2800m 处绝缘子片数为
$$N_\mathrm{H} = N[1+01(H-1)] = 13 \times [1+0.1\times(2.8-1)] = 15.34（片）$$
取 16 片，所以选 B。

【考点说明】

（1）严格地说，绝缘子片数的选择，应同时满足由工频电压［DL/T 5222—2005 附录式（13）爬电比距法计算结果］和操作、雷电过电压（查表法 DL/T 5222—2005 表 21.0.11 计算结果），两者取大才是最后的结果。本题降低了难度，没有给绝缘子爬电距离，直接按 DL/T 5222—2005 第 21.0.11 条出题，只考查对表格的理解和运用。

（2）查表法计算时，DL/T 5222—2005 表 21.0.11 规定的是耐张绝缘子，并且已经加过零值，所以不必再加零，可直接进行海拔修正。同时该表和老版一次手册第 259 页表 6-43，在 220kV 耐张绝缘子片数上规定正好不一致，老版一次手册是 14 片，DL/T 5222—2005 是 13 片，此时应以规范为主，选用 13 片进行计算。

【注释】

（1）我国的西南、西北地区有许多省份处于海拔高于 1000m 的高海拔地区，由于空气密度的降低，高压配电装置中电气设备的外绝缘、绝缘子、空气间隙等的耐压水平都会降低。据西安高压电器研究对云南试验站的长期观察和室内人工气候室的试验，认为海拔每升高 100m，耐受电压将降低 0.92%。在制定规程时，参照了国际电工委员会（IEC）的规定，一律按下降 1% 进行计算。现有的一些计算公式也是据此提出。

（2）对于如何处理高海拔地区外绝缘下降的问题，过去国内外通用的做法是"加强绝缘"，即降低多少，便提高多少。而根据绝缘配合原则决定绝缘耐压水平的避雷器残压保持不变，这就是本考题要求考生计算的出发点。

如果保持耐压水平与保护水平（避雷器残压）之间的安全裕度不变（雷电冲击为 40%，操作冲击为 15%），采取措施把避雷器残压降下来，而因高海拔降低了的耐压水平不加强或少加强，不是也可以保证电网的安全可靠运行吗？这就是具有中国特色的"加强保护"的概念。

【2023 年下午题 13～16】 某新能源汇集站设置 500kV 配电装置、主变压器、220kV 配电装置和无功补偿装置，本期建设 1 台主变压器（以下简称#1 主变）。#1 主变采用 3 台单相自耦变压器组，单相变压器额定容量为 334MVA/334MVA/100MVA：额定电压为 $\dfrac{525}{\sqrt{3}} \Big/ \dfrac{230}{\sqrt{3}} \pm 8\times 1.25\% / 35\mathrm{kV}$，接线组别为 Iaoio。主变 35kV 侧装置设 3 组 60Mvar 并联电容器组，35kV 侧三相短路电流 $I''=30.5\mathrm{kA}$，冲击电流 $i_\mathrm{ch}=78.5\mathrm{kA}$。汇集站环境条件：海拔 600m、年平均气温 15℃、最热月平均最高气温 30℃、年最高气温 40℃、年最低气温-25℃，最大风速 30m/s，请分析计算并解答下列小题。

▶▶ **第 128 题 [配电绝缘子片数]** 13. 若汇集站 220kV 配电装置采用屋外敞开式布置，现场污秽度（SPS）按 d 级。确定参考统一爬电比距（RUSCD）为 43.3mm/kV。选择绝缘子的公称爬电距离 480mm，结构高度 170mm，爬电距离有效系数 0.95，假定按操作过电压和雷电过电压选择绝缘子片数量较按工频电压的少，试计算 220kV 主母线耐张绝缘子串的悬式绝缘子片数量应为下列哪项数值？　　　　　　　　　　　　　　　　　　　　　　　　　　　　　　（　　）

（A）14　　　　　　　　　　　　　　　（B）15

(C) 16　　　　　　　　　　　　　(D) 24

【答案及解答】C

依题意"假定按操作过电压和雷电过电压选择绝缘子片数量较按工频电压的少",只用爬电比距发计算即可。由 DL/T 5222—2021 第 21.0.8 条条文说明式（27）可得

$$n \geqslant \frac{\lambda U_\mathrm{m}}{K_\mathrm{e} L_\mathrm{e}} = \frac{43.3 \times 252/\sqrt{3}}{0.95 \times 480} = 13.82(片)，取 14 片。$$

又由该规范第 21.08 条，220kV 耐张串取 2 片零值绝缘子，则 $n = 14+2 = 16$（片）。

【考点说明】

本题已知的是"统一爬电比距"，对应电压为相电压，如果用线电压不加零值绝缘子会误选 D。

考点 28　爬电距离

【2008 年下午题 6～10】 某水电站装有 4 台机组、4 台主变压器，采用发电机—变压器单元接线，发电机额定电压 15.75kV，1 号和 3 号发电机端装有厂用电源分支引线，无直馈线路，主变压器高压侧所连接的 220kV 屋外配电装置是双母线带旁路接线，电站出线四回，初期两回出线，电站属于停机频繁的调峰水电厂。

▶▶ 第 129 题［爬电距离］10. 若该电厂的污秽等级为Ⅱ级，海拔 2800m，请计算 220kV 配电装置外绝缘的爬电比距应选下列哪组，通过计算并简要说明。（　　）

(A) 1.6cm/kV　　　　　　　　　(B) 2.0cm/kV
(C) 2.5cm/kV　　　　　　　　　(D) 3.1cm/kV

【答案及解答】B

由 DL/T 5222—2005 附表 C.2 可知：220kV 电厂污秽等级为Ⅱ级时的最高电压爬电比距 λ 为 2.0cm/kV，所以选 B。

【考点说明】

爬电比距无须进行海拔修正。

【注释】

电气设备在运行时，其绝缘至少应能承受以下几种电压：持续的运行电压、工频过电压、谐振过电压、操作过电压、雷电过电压。对于范围Ⅱ的电气设备，还要注意特快速瞬态过电压（VFTO）。

电气设备的绝缘主要有两大类：内绝缘和外绝缘。对于外绝缘，持续运行电压和工频过电压常常是决定其绝缘强度的控制因素。

外绝缘和空气接触，受环境或海拔影响较大。外绝缘主要又有两种类型：绝缘子沿面和空气间隙。

（1）空气间隙：比如绝缘子串的高度（绝缘子串两端之间的空气间隙），带电体之间或带电体和接地体之间的空气间隙。空气间隙主要受海拔影响较大，随海拔升高绝缘强度有所降低。

（2）绝缘子沿面：即绝缘子的外表面。从绝缘子串的一端到另一端弯弯曲曲的通道距离叫爬电距离。绝缘子的放电闪络（污闪），是电弧沿绝缘表面爬行完成的，俗称为"爬电"，很明显，增大爬电距离，可以有效地防止这种污闪事故。单位电压的爬电距离叫爬电比距。

设备在工频过电压下不发生闪络的最小爬电比距主要受污秽影响较严重。为了制定不同电压等级、不同污秽地区设备的最小爬电比距，当初曾在甘肃、青海、云南等不同海拔地区进行调查，在结合运行实践总结统计的基础上，制定了 DL/T 5222—2005 附录 C 附表 C.2 的数据，该数据并非是理论推导的结果。经过数十年的实施，证明在各种海拔，这一套数据都是可行的、可靠的，适用于当前的国情实际。

在 DL/T 5222—2005 的附录 C 附表 C.1 中给出了线路和发电厂、变电站污秽等级。附表 C.2 中又给出了各级污秽等级下的爬电比距分级数值。表中括号外数字为系统最高工作电压下的数值，括号内数字为标称电压下的计算值。这是 20 世纪 60 年代，使用部门和制造部门各自所采用的算法不同而造成的。至今，供需双方仍坚持己见，无法统一。所以形成了括号内外两组数据，在使用时，注意不要混淆。

综上所述，绝缘子爬电比距（爬电距离）主要受污秽影响较严重，并且规范规定的爬电比距已经具备高海拔运行的能力，同时还有一定的裕量，所以爬电比距（爬电距离）不需要进行海拔修正。需要海拔修正的是绝缘子高度（或绝缘子串的串长），即干弧距离（空气间隙）。

【2011 年上午题 11～15】 某发电厂（或变电站）的 220kV 配电装置，地处海拔 3000m，盐密 0.18mg/cm²，采用户外敞开式中型布置，构架高度为 20m，220kV 采用无间隙金属氧化物避雷器和避雷针作为雷电过电压保护。请回答下列各题。（计算保留两位小数）

▶▶ 第 130 题［爬电距离］15．计算该 220kV 配电装置中的设备外绝缘爬电距离应为下列哪项数值？ （　　）

（A）5000mm （B）5750mm
（C）6050mm （D）6300mm

【答案及解答】D

由 DL/T 5222—2005 附表 C.1 和表附 C.2，盐密 0.18mg/cm²，属于Ⅲ级污秽区，λ=25mm/kV。

由 GB/T 156—2007 表 4，220kV 系统最高电压为 252kV。

根据爬电比距的定义，$L=\lambda U_m=25\times252=6300$（mm），所以选 D。

【考点说明】

本题给了海拔 3000m，是干扰数据，不过此题如果进行海拔修正并没有对应选项。

【2005 年上午题 13～15】 某 500kV 变电站，处于Ⅲ级污染区（2.5cm/kV）。

▶▶ 第 131 题［爬电距离］14．按国家标准规定选取该变电站 500kV 断路器瓷套对地最小爬电距离和按电力行业标准规定选取的断路器同极断口间的爬电距离不应小于下列哪项？ （　　）

（A）1375cm，1650cm （B）1250cm，1500cm
（C）1375cm，1375cm （D）1250cm，1250cm

【答案及解答】A

由 GB/T 156—2007 表 5，可知 500kV 系统最高电压为 550kV。

由 DL/T 620—1997 第 10.4.1 条及式(34)，结合题设可得：对地最小爬电距离 $L \geqslant K_d \lambda U_m = 1 \times 2.5 \times 550 = 1375$（cm）。

断路器同极断口间的爬电距离 550kV 不应小于对地爬电距离的 1.2 倍，$1.2L=1.2\times1375=$

1650（cm），所以选 A。

【考点说明】

（1）本题的坑点之一是断路器同极断口之间的爬电距离要增大 1.2 倍这种特殊情况，如不注意则会误选 C。

（2）本题给的Ⅲ级污秽区爬电比距 2.5cm/kV 对应最高电压的爬电比距，可参考 DL/T 5222—2005 附表 C.2 及其注 1 说明，如果不注意此点，误用 500kV 计算，则会导致错选 B 或 C。

【注释】

断路器的同极断口灭弧室瓷套的爬电比距要求提高，乘以增大系数。主要考虑断路器灭弧室常常工作在断口两侧均有电源的环境中，在断口处于断开位置，另一侧可能出现反极性电压的情况。在进行绝缘配合时，对于短时工频、操作冲击、雷电冲击，也都要考虑同样的情况。

在用规范 GB/T 50064—2014 对同极断口的规定详见该规范第 6.4 节相关内容。

【2009 年下午题 11～15】　某发电厂，处Ⅳ级污染区，200kV 升压站，GIS。

▶▶ 第 132 题 [爬电距离] 15. 主变压器套管、GIS 套管对地爬电距离应大于多少？
（　　）

(A) 7812mm (B) 6820mm
(C) 6300mm (D) 5500mm

【答案及解答】A

由 DL/T 5222—2005 附表 C.2 可知，Ⅳ级污秽区发电厂最高电压对应的爬电比距（括号外数据）为 3.1cm/kV。

由 GB/T 156—2007 表 4 可知，220kV 系统最高电压为 252kV。

根据爬电比距的定义可得：$L \geq \lambda U_m = 31 \times 252 = 7812$ (mm)，所以选 A。

【考点说明】

（1）本题如果错误用标称电压，220×31=6820 (mm)，就会错选 B。

（2）建议在考试中用最高电压和对应的最高电压爬电比距计算。

【2010 年上午题 11～15】　某 220kV 变电站，站址环境温度 35℃，大气污秽Ⅲ级，海拔 1000m，站内的 220kV 设备用普通敞开式电器，户外中型布置，220kV 配电装置为双母线，母线三相短路电流 25kA，其中一回接线如图（本题配图略），最大输送功率 200MVA，回答下列问题。

▶▶ 第 133 题 [爬电距离] 12. 如果此回路是系统联络线，采用 LW12-220 SF$_6$ 单断口瓷柱式断路器，请计算瓷套对地爬电距离和断口间爬电距离不低于哪项？　（　　）

(A) 550cm，550cm (B) 630cm，630cm
(C) 630cm，756cm (D) 756cm，756cm

【答案及解答】C

由 DL/T 5222—2005 附表 C.2，Ⅲ级污秽爬电比距为 2.5cm/kV，由 GB/T 156—2007 表 4 可知 220kV 系统最高电压为 252kV，根据爬电比距定义，可得对地爬电距离为 $L=2.5 \times 252 = 630$（cm）。

根据 DL/T 5222—2005 第 9.2.13-4 条可知，断路器起联络作用时，断口公称爬电比距应为对地爬电比距的 1.2 倍，可得 $\lambda=2.5\times1.2=3$（cm/kV）。

断口间爬电距离为 $L=3\times252=756$（cm），所以选 C。

【考点说明】

（1）DL/T 5222—2005 附表 C.2，建议使用括号外数据对应的最高电压爬电比距。

（2）表中给出的数据均是指对地的爬电比距，但是起联络作用的断路器或发电机出口等需要进行并列和解列操作的断路器，在断路器开断过程中，有可能在断路器另一侧出现反相电压，因此这类断路器的同极断口间的爬电比距比普通的断路器要求更高，具体可参见 DL/T 5222—2005 第 9.2.13-4 条的条文说明。

（3）本题如果用 2.5cm/kV 错带标称电压 220kV 计算，就会错选 A。如果没有注意到联络断路器的特殊要求，则会错选 B。

【注释】

系统联络线路的断路器，往往会处于热备用状态。断口另一端会出现反相电压；或者在断开过程中，断口两端的恢复电压都要高于单电源线路的断路器。还有在并列、解列以及失步开断时，都会使断口上承受过高的恢复电压。这不仅仅要求断口的耐压能够承受，灭弧室瓷套的外绝缘也应由此而加强。所以，规程中规定，断口间的爬电比距应为对地爬电比距的 1.2 倍。

考点 29　发电机转子绕组试验电压

【2017年下午题 27~30】 某国外水电站安装的水轮发电机组，单机额定容量为 120MW，发电机额定电压为 13.8kV，$\cos\varphi=0.85$，发电机、主变压器采用发变组单元接线，未装设发电机断路器，主变压器高压侧三相短路时流过发电机的最大短路电流为 19.6kA，发电机中性点接线及 TA 配置图省略。

▶▶ **第 134 题 [发电机转子绕组试验电压]** 30. 假设该水轮发电机额定励磁电压为 437V，则发电机总装后交接试验时的转子绕组试验电压应为下列哪项数值？　　（　　）

（A）3496V　　　　　　　　　　（B）3899V
（C）4370V　　　　　　　　　　（D）4874V

【答案及解答】 A

依据《大中型水轮发电机基本技术条件》（SL 321—2005）第 8.2.4 条及表 5 可得

$$U = 0.8\times10U_e = 0.8\times10\times437 = 3496(V) \geqslant 1200(V)$$

所以选 A。

【考点说明】

（1）本题须注意的关键点是 120MW 水轮发电机的转子是现场组装且额定励磁电压低于 500V，新装机组工程应当使用交接试验标准，不能使用预防性试验标准。

（2）若根据 SL 321—2005 表 5 或 GB 50150—2006 的第 3.0.8-2 条，按额定励磁电压大于 500V 的条款计算，则会错选 D [$U = 2U_e + 4000 = 2\times437 + 4000 = 4874(V)$]。

若根据 GB 50150—2006 的第 3.0.8-1 条，按整体到货水轮发电机转子进行计算，则无答案：$U = 7.5U_e = 7.5\times437 = 3277.5(V)$；若根据 GB 50150—2016 的第 4.0.9 条或 SL 321—2005 表 5 总装后未取 0.8 倍，则会选 C：$U = 10U_e = 10\times437 = 4370(V) > 1500V$。

（3）题目虽未说明转子在总装前已按交接试验标准进行过交流耐压试验，但因 120MW

水轮发电机转子体积较大，一般是现场装配并在吊装入坑前进行交流耐压试验。SL 321—2005 表 5 注 2 之所以规定总装后降低试验电压，是因为交流耐压试验是破坏性试验，对绝缘有一定的损伤，不应重复试验。总装前已进行交流耐压试验的，总装后一般不再进行交流耐压试验，如需要进行检查性试验则应取 0.8 倍的试验电压。

（4）需要注意的是，若不考虑其他规范（在考纲外）的要求，而仅考虑 SL 321—2005 的规定，表 5 注 2 并未强制要求总装前要进行交流耐压试验，此题也可按总装前未进行过交流耐压试验作答而选 C，所以此题在选 A 和 C 上有些争议。如果题目明确说明转子在总装前已进行有关试验，那么选 A 就非常明确了。

（5）本题可查《电气装置安装工程电气设备交接试验》（GB 50150—2006）中有关同步电机转子绕组的交流耐压试验项目（第 3.0.8 条），但需特别注意此为超纲规范。

【注释】

本题系确定交接试验标准，应查取相关标准；所谓电气设备交接试验是指新安装的电气设备须经过试验合格才能办理竣工验收手续，也即电气设备安装竣工后的验收试验，简称为交接试验；所谓"交接"也就是该试验合格后方可交付使用，与设备的出厂试验不同，其标准一般略低于出厂试验标准。该试验也不同于预防性试验，后者是已经交付使用的电力设备运行维护中的检查、试验或检测，用以发现运行设备的隐患而预防发生事故，并也有相应的行业预防性试验标准。

第9章 电力系统接地

9.1 概　　述

9.1.1 本章主要涉及规范

《电力工程设计手册　火力发电厂电气一次设计》★★★★★（简称新版一次手册）
《交流电气装置的接地设计规范》（GB/T 50065—2011）★★★★
《继电保护和安全自动装置技术规程》（GB/T 14285—2023）★★★
《交流电气装置的过电压保护和绝缘配合设计规范》（GB/T 50064—2014）★★★★★
《大中型火力发电厂设计规范》（GB/T 50660—2011）★★
参考：《电力工程电气设计手册　电气一次部分》（简称老版一次手册）

9.1.2 真题考点分布（总计60题）

考点1　接触或跨步电位差允许值计算（共12题）：第1～12题
考点2　接触或跨步电位差实际值计算（共7题）：第13～19题
考点3　入地电流计算（共2题）：第20、21题
考点4　故障电流计算（共1题）：第22题
考点5　地电位升高计算（共3题）：第23～25题
考点6　接地电阻允许值计算（共6题）：第26～31题
考点7　接地导体热稳定电流计算（共2题）：第32、33题
考点8　接地导体热稳定截面计算（共10题）：第34～43题
考点9　接地网电阻计算（共7题）：第44～50题
考点10　接地网面积计算（共1题）：第51题
考点11　避雷针接地电阻计算（共4题）：第52～55题
考点12　杆塔（避雷针）接地电阻计算（共3题）：第56～58题
考点13　接地极接地电阻计算（共1题）：第59题
考点14　接地网挑错（共1题）：第60题

9.1.3 考点内容简要

电力系统接地属于一般考点，难度不大，比较容易掌握。学习时主要参考GB/T 50065—2011和新版一次手册第十五章内容（老版一次手册第十六章内容）。各考点分析如下：

（1）接触或跨步允许电位差与实际电位差：简单的入门考点，基本属于代公式的送分题。

（2）接地电阻计算：代公式的中等难度题目，有些题目可能计算量较大。

（3）入地电流计算：重点和难点，需要结合短路电流知识、继电保护知识一起学习，综合性较强，参数多，但是只要理清各参数之间的关系和脉络，掌握起来并不难。

（4）接地电阻允许值计算：在入地电流计算的基础上计算，可单独考查（简单题目），也

可以综合考查（较难）。

（5）接地导体热稳定截面计算：综合性较强，需要用到短路电流计算知识。可结合导体热稳定和电缆热稳定截面计算一起研习。

9.2 历年真题详解

考点1 接触或跨步电位差允许值计算

【2008年下午题11~15】 某220kV配电装置内的接地网，是以水平接地极为主，垂直接地极为辅，且边缘闭合的复合接地网。已知接地网的总面积为7600m²，测得平均土壤电阻率为68Ω·m，系统最大允许方式下的单相接地短路电流为25kA，接地短路电流持续时间2s，据以上条件解答下列问题：

▶▶ 第1题［接触或跨步电位差允许值］12. 计算220kV配电装置内的跨步电位差不应超过下列何值？　　　　　　　　　　　　　　　　　　　　　　（　　）

（A）113.4V　　　　　　　　　（B）115V
（C）131.2V　　　　　　　　　（D）156.7V

【答案及解答】D

由GB/T 50065—2011式（4.2.2-2）可得，110kV及以上有效接地系统，接地装置的跨步电位差不应超过

$$U_s = \frac{174 + 0.7 \times 68}{\sqrt{2}} = 156.69 \text{ (V)}$$

【考点说明】

以上两题属于较容易题目，找到公式即可。需要注意的是，有效接地系统和非有效接地系统对应公式不同，做题时应根据题意选择正确的公式进行计算。

【注释】

（1）单相接地故障发生时，短路电流将沿接地网向地中散流，地表面形成一定的电位差。人员跨步走在地面上，两脚接触地面，会有电流从两条腿流过，伤及人员。在计算跨步电位差时，规定取地面上水平距离为1m的两点之间的电位差。

显而易见，此允许的电位差与地表层的电阻率 ρ 有关，也与接地故障电流持续的时间有关。从GB/T 50065—2011给出的式（4.2.2-2）中看到，当 ρ 提高时，跨步电压允许值也会提高。本命题中 $\rho=68$Ω·m，求得允许的跨步电位差仅为156.72V；如将 ρ 提高到500Ω·m，则算得

$$U_s = \frac{174 + 0.7 \times 500}{\sqrt{2}} = 370.58 \text{ (V)}$$

（2）当允许的跨步电位差太低，达不到要求时，可在接地装置中增敷设水平均压带解决。特别是在经常有人出入的走道处，应敷设沥青路面或在地下埋设2条与接地网相连的均压带。

【2009年上午题16~20】 220kV屋外变压器，海拔1000m以下，土壤电阻率 $\rho=200$Ω·m，设水平接地极为主的人工接地网，接地极采用扁钢，均压带等距布置。

▶▶ **第 2 题 [接触跨步允许值]** 17. 若该站接地短路电流持续时间取 0.4s，接触电位差允许值为下列哪项数值？ （　　）

(A) 60V　　　　　　　　　　　　(B) 329V
(C) 496.5V　　　　　　　　　　　(D) 520V

【答案及解答】 B

由 GB/T 50065—2011 式（4.2.2-1）可得，110kV 及以上有效接地系统，接地装置的接触电位差不应超过

$$U_t = \frac{174 + 0.17 \times 200}{\sqrt{0.4}} = 329 \text{ (V)}$$

▶▶ **第 3 题 [易-接触跨步允许值]** 19. 若该站接地短路电流持续时间取 0.4s，跨步电压允许值为下列哪项数值？ （　　）

(A) 90V　　　　　　　　　　　　(B) 329V
(C) 496.5V　　　　　　　　　　　(D) 785V

【答案及解答】 C

由 GB/T 50065—2011 式（4.2.2-2）可得，110kV 及以上有效接地系统，接地装置的跨步电位差不应超过

$$U_s = \frac{174 + 0.7 \times 200}{\sqrt{0.4}} = 496.5 \text{ (V)}$$

【考点说明】

（1）在计算允许电位差时，分两个系统、两种电压共 4 个公式，结合题意选对公式计算即可得分。本题如果用接地系统接触电位差公式计算就会错选 B，用不接地系统的跨步电位差公式计算就会错选 A，所以解答此类题目细心很重要。

（2）注意允许值和实际值之间的区别。

【2010 年上午题 16~20】 某 220kV 变电站，总占地面积为 12000m² （其中接地网的面积为 10000m²），220kV 系统为有效接地系统，土壤电阻率为 100Ω·m，接地短路电流为 10kA，接地故障电流持续时间为 2s，工程中采用钢接地线作为全所接地网及电气设备的接地（钢材的热稳定系数取 70）。请根据上述条件计算下列各题。

▶▶ **第 4 题 [接触跨步允许值]** 16. 220kV 发生单相接地时，其接地装置的接触电位差和跨步电位差不应超过下列哪组数据？ （　　）

(A) 55V，70V　　　　　　　　　(B) 110V，140V
(C) 135V，173V　　　　　　　　(D) 191V，244V

【答案及解答】 C

由 GB/T 50065—2011 式（4.2.2-1）、式（4.2.2-2）可得，110kV 及以上有效接地系统，接触电位差和跨步电位差允许值分别为 $U_t = \frac{174 + 0.17 \times 100}{\sqrt{2}} = 135 \text{ (V)}$；$U_s = \frac{174 + 0.7 \times 100}{\sqrt{2}} = 173 \text{ (V)}$。

【考点说明】

本题为有效接地系统，如果使用不接地系统的计算公式就会错选 A。

【2014年下午题14~19】 某调峰电厂安装有 2 台单机容量为 300MW 的机组，以 220kV 电压接入电力系统，3 回 220kV 架空出线的送出能力满足 N–1 要求。220kV 升压站为双母线接线，管母中型布置。

发电机额定电压为 19kV，发电机与变压器之间装设发电机出口断路器 QF，发电机中性点为高阻接地；高压厂用工作变压器支接于主变压器低压侧与发电机出口断路器之间，高压厂用电额定电压为 6kV，6kV 系统中性点为高阻接地。

▶▶ 第 5 题［接触跨步允许值］19. 若该调峰电厂的 6kV 配电装置室内地表面土壤电阻率为 1000Ω·m，表层衰减系数为 0.95，其接地装置的接触电位差最大不应超过下列哪项数值？　　　　　　　　　　　　　　　　　　　　　　　　　　　　　　　（　　）

（A）240V　　　　　　　　　　　（B）97.5V
（C）335.5V　　　　　　　　　　（D）474V

【答案及解答】B

由 GB 50065—2011 式（4.2.2-3）可得，接地装置的接触电位差最大为
$$U_t = 50 + 0.05\rho_s C_s = 50 + 0.05 \times 1000 \times 0.95 = 97.5(\text{V})$$

【2017年下午题18~21】 某 220kV 变电站，远离发电厂，安装两台 220/110/10kV、180MVA（容量百分比：100/100/50）主变压器，220kV 侧为双母线接线，线路 4 回，其中线路 L21、L22 分别连接 220kV 电源 S21、S22，另 2 回为负荷出线，110kV 侧为双母线接线，线路 8 回，均为负荷出线，20kV 侧为单母线分段接线，线路 10 回，均为负荷出线，220kV 及 110kV 侧并列运行，10kV 侧分列运行，220kV 及 110kV 系统为有效接地系统。220kV 电源 S21 最大运行方式下系统阻抗标幺值为 0.006，最小运行方式下系统阻抗标幺值为 0.0065，220kV 电源 S22 最大运行方式下系统阻抗标幺值为 0.007，最小运行方式下系统阻抗标幺值为 0.0075，L21 线路阻抗标幺值为 0.011，L22 线路阻抗标幺值为 0.012（系统基准容量 S_j=100MVA，不计周期分量的衰减）。请解答以下问题（计算结果精确到小数点后 2 位）。

▶▶ 第 6 题［接触跨步允许值］19. 变电站 220kV 配置有两套速动主保护，近接地后备保护，断路器失灵保护，主保护动作时间为 0.06s，接地距离Ⅱ段保护整定时间 0.5s，断路器失灵保护动作时间 0.52s，220kV 断路器开断时间 0.06s，220kV 配电装置取表层土壤电阻率为 100Ω·m，表层衰减系数为 0.95，计算其接地装置的跨步电位差最大不应超过下列哪项数值？（本小题图省略）　　　　　　　　　　　　　　　　　　　　　　　　　　　　　　　（　　）

（A）237.69V　　　　　　　　　　（B）300.63V
（C）305.00V　　　　　　　　　　（D）321.38V

【答案及解答】B

依据 GB/T 50065—2011 式（E.0.3-1）、式（4.2.2-2）可得
$$U_s = \frac{174 + 0.7 \times 100 \times 0.95}{\sqrt{0.06 + 0.52 + 0.06}} = 300.63\ (\text{V})$$

【考点说明】
该题的关键在于时间 t 的取值，可严格参照 GB/T 50065—2011 附录 E.0.3 的说明即可。

【注释】
允许的跨步电压和电网的中性点接地方式有关。它决定了短路故障存在的时间和电流的

大小。同时，还计及了人所站位置的地表层土壤电阻率，和旧的接地规程 DL/T 621 相比，新修订的 GB/T 50065—2011，参照 IEEE 引进了地表层衰减系数的概念。

【2018 年上午题 10~13】 某电厂的 750kV 配电装置采用屋外敞开式布置。750kV 设备的短路电流水平为 63kA（3s），800kV 断路器 2s 短时耐受电流为 63kA，断路器开断时间为 60ms，750kV 配电装置最大接地故障（单相接地故障）电流为 50kA，其中电厂发电机组提供的接地故障电流为 15kA，系统提供的接地故障电流为 35kA。

假定 750kV 配电装置区域接地网敷设在均匀土壤中，土壤电阻率为 150Ω·m，750kV 配电装置区域地面铺 0.15m 厚的砾石，砾石土壤电阻率为 5000Ω·m，请分析计算并解答下列各小题。

▶▶ **第 7 题 [接触跨步允许值]** 11. 假定 750kV 配电装置的接地故障电流持续时间为 1s，则 750kV 配电装置内的接触电位差和跨步电位差允许值（可考虑误差在 5%以内）应为下列哪组数值？ （ ）

（A）199.5V，279V 　　　　　（B）245V，830V
（C）837V，2904V 　　　　　（D）1024V，3674V

【答案及解答】 C

依据 GB/T 50065—2011 式（C.0.2）可得

$$C_s = 1 - \frac{0.09 \times \left(1 - \frac{\rho}{\rho_s}\right)}{2h_s + 0.09} = 1 - \frac{0.09 \times \left(1 - \frac{150}{5000}\right)}{2 \times 0.15 + 0.09} = 0.78$$

依据该规范第 4.2.2 条式（4.2.2-1）、式（4.2.2-2）可得

$$U_t = \frac{174 + 0.17 \times \rho_s C_s}{\sqrt{t_s}} = \frac{174 + 0.17 \times 5000 \times 0.78}{\sqrt{1}} = 837(\text{V})$$

$$U_s = \frac{174 + 0.7 \times \rho_s C_s}{\sqrt{t_s}} = \frac{174 + 0.7 \times 5000 \times 0.78}{\sqrt{1}} = 2904(\text{V})$$

【2019 年下午题 17~20】 某 2×660MW 燃煤电厂的水源地分别由两台机组的 6kV 高压厂用电系统 A 段（以下简称厂用 6kV 段）双电源供电。水源地设置一段 6kV 配电装置（以下简称水源地 6kV 段）。水源地 6kV 段向水源地 6kV 电动机（设置变频器）和低压配电变压器供电、厂用 6kV 段至水源地 6kV 段的每回电源均采用电缆 YJV-6 3×185 供电，每回电缆长度为 2km，机组 6kV 开关柜的短时耐受电流选择为 40kA，耐受为 4s，高压厂用变压器二次绕组中性点通过低电阻接地，高压厂用变压器参数如下：

（1）额定容量：50/25-25MVA。
（2）电压比：22×2×2.5%/6.3-6.3kV。
（3）半穿越阻抗 17%。
（4）中性点接地电阻：18.18Ω。

水源地设置独立的接地网，水源地主接地网是围绕取水泵房外敷设一个矩形 20m×60m 的水平接地极的环形接地网，水平接地极埋深 0.8m，水源地土壤电阻率为 150Ω·m。分析计算

并解答下列各小题。

▶▶ **第 8 题 [接触跨步允许值]** 19. 假定 6kV 配电装置的接地故障电流持续时间为 1s，当水源地不采取地面处理措施时，则其接触电位差和跨步电位差允许值（可考虑误差在 5%以内）为下列哪组数值？　　　　　　　　　　　　　　　　　　　　　　（　　）

（A）199.5V，279V　　　　　　　　（B）99.8V，139.5V

（C）57.5V，80V　　　　　　　　　（D）50V，50V

【答案及解答】 A

由《交流电气装置的接地设计规范》（GB/T 50065—2011）附录 C.0.2 可知，题述土壤电阻率不分层，所以 C_s=1。

又由该规范式（4.2.2-1）和式（4.2.2-2）可得

$$U_t = \frac{174+0.17\times150\times1}{\sqrt{1}} = 199.5 \text{(V)}; \quad U_s = \frac{174+0.7\times150\times1}{\sqrt{1}} = 279 \text{(V)}$$

【考点说明】

（1）本题虽然是 6kV 系统，但属于低阻接地跳闸系统，所以要是用《交流电气装置的接地设计规范》（GB/T 50065—2011）第 4.2.2-1 条，如果错用成第 4.2.2-2 条，会错选 C。

（2）本题题设中没给 C_s，但题设"可考虑误差在 5%以内"提示可用该规范附录 C.0.2 计算，本题所给条件是土壤没有分层，该式将上下层土壤电阻率按相同代入可得 C_s=1。

【2020 年上午题 8～10】 某电厂采用 220kV 出线，220kV 配电装置设置以水平接地极为主的接地网，土壤电阻率为 100Ω·m。请分析计算并解答下列各小题。

▶▶ **第 9 题 [接触跨步允许值]** 8. 该电厂 6kV 系统采用中性点不接地方式，6kV 配电室内表层土壤电阻率为 1500Ω·m，表层衰减系数为 0.9，接地故障电流持续时间为 0.2s，计算由 6kV 系统决定的接地装置跨步电位差最大允许值不超过下列哪项数值？　　　（　　）

（A）117.5V　　　　　　　　　　　（B）320V

（C）902V　　　　　　　　　　　　（D）2502V

【答案及解答】 B

由 GB/T 50065—2011 第 4.2.2-2 款，式（4.2.2-4）可得：U_s=50+0.2×1500×0.9=320(V)。

【考点说明】

（1）如果错算成接触电位差最大允许值会错选 A，U_s=50+0.05×1500×0.9=117.5(V)。

（2）本题故意给出"接地故障电流持续时间为 0.2s"，就是考察是用有效接地系统对应公式还是不接地、谐振接地和高电阻接地系统对应公式，这两个系统的实质是跳闸系统和不跳闸系统，正是因为跳闸系统，所以式（4.2.2-1）和式（4.2.2-2）才有对应的"持续时间 0.2s"。本题题意非常明确，是"采用中性点不接地方式"，所以应使用式（4.2.2-4），如果错用有效接地系统的式（4.2.2-1）会错选 C，式（4.2.2-2）会错选 D。

（3）从本题也可以看出，题目（甚至是小题干）给出的数据不一定全部有用，有些数据甚至是"精心设计"的坑点，此时如果读者对考点理解不深刻，非常容易掉坑，而这也是这几年试题发展的趋势，所以广大考生在备考时应加强对考点内涵的理解，把知识点彻底搞懂搞透才有可能顺利通过考试。

【2021年下午题 13～15】 新建一台 600MW 火力发电机组，发电机额定功率为 600MW，出口额定电压为 20kV，额定功率因数为 0.9，两台机组均采用发电机-变压器线路组的方式接入 500lV 系统，主变压器的容量为 670MVA，短路阻抗为 14%，送出 500kV 线路长度为 290km，线路的充电功率为 1.18Mvar/km。发电机的直轴同步电抗为 21.5%，直轴瞬变电抗为 26.5%，直轴超瞬变电抗为 20.5%，主变压器高压侧采用金属封闭气体绝缘开关设备（GIS）。请分析计算并解答下列各小题。

▶▶ 第 10 题 [接触跨步允许值] 15. 500kV GIS 设区域专用接地网，表层混凝土的电阻率近似值为 250Ω·m，厚度为 300mm，下层土壤的电阻率值为 50Ω·m。主保护动作时间为 20ms，断路器失灵保护动作时间为 250ms，断路器开断时间为 60ms。请问该接地网设计时的最大接触电位差应为下列哪项值？（假定 GIS 设备金属因感应产生的最大电压差为 20V，接触电位差允许值的计算误差控制在 5%以内） （ ）

(A) 642.7V (B) 376.5V
(C) 368.5V (D) 306.0V

【答案及解答】C

由 GB/T 50065—2011 第 4.2.2-1 条、第 4.4.3 条、附录 C.0.2 及附录 E.0.3-1 可得

$$C_s = 1 - \frac{0.09 \times (1 - \frac{\rho}{\rho_s})}{2h_s + 0.09} = 1 - \frac{0.09 \times (1 - \frac{50}{250})}{2 \times 0.3 + 0.09} = 0.88$$

$$U'_{tmax} = \frac{174 + 0.17\rho_s C_s}{\sqrt{t_s}} = \frac{174 + 0.17 \times 250 \times 0.88}{\sqrt{0.02 + 0.25 + 0.06}} = 368(V)$$

$$U_t > \sqrt{U'^2_{tmax} + (U'_{to\max})^2} = \sqrt{368^2 + 20^2} = 368.5(V)$$

【2022 年补考上午题 9～12】 某火力发电厂新建两台 600MW 燃煤发电机组，发电机额定功率 600MW，出口额定电压 20kV，额定功率因数 0.9，两台机组均采用发电机-变压器线路组的方式接入 500kV 系统，主变压器额定容量 670MVA，短路阻抗 14%，送出 500kV 线路长度为 290km，采用四分裂导线，线路的充电功率为 1.18Mvar/km。发电机的直轴同步电抗215%，直轴瞬变电抗 26.5%，直轴超瞬变电抗 20.5%。主变压器高压侧采用金属封闭气体绝缘开关设备（GIS）。请分析计算并解答下列问题。

▶▶ 第 11 题 [接触跨步允许值] 12. 500kV GIS 设区域专用接地网，表层混凝土的电阻率近似值为 250Ω·m，厚度为 300mm，下层土壤的电阻率值为 50Ω·m。主保护动作时间为 20ms，断路器失灵保护动作时间为 250ms，断路器开断时间为 60ms。请问该接地网设计时的最大接触电位差应为以下哪项数值？（假定 GIS 设备金属因感应产生的最大电压差为 20V，接触电位差允许值的计算误差控制在 5%以内） （ ）

(A) 368V (B) 377V
(C) 406V (D) 643V

【答案及解答】A

依据 GB/T 50065—2011 附录 C 式（C.0.2），表层衰减系数为

$$C_{\mathrm{s}} = 1 - \frac{0.09 \times (1 - \frac{50}{250})}{2 \times 0.3 + 0.09} = 0.896$$

由式（4.2.2-1），接触电位差允许值为

$$U_{\mathrm{t}} = \frac{174 + 0.17 \times 250 \times 0.896}{\sqrt{0.02 + 0.25 + 0.06}} = 369.2(\mathrm{V})$$

由式（4.4.3）可得 $U_{\mathrm{t}} > \sqrt{U_{\mathrm{tmax}}^2 + (U'_{\mathrm{tmax}})^2}$，即 $369.2 > \sqrt{U_{\mathrm{tmax}}^2 + (20)^2}$，解得 $U_{\mathrm{tmax}} < 368.6$ V，选 A。

【2024 年下午题 16～19】 某 220kV 变电站，220kV、110kV 采用有效接地系统，接地故障持续时间为 0.3s，10kV 采用消弧线圈接地系统。请分析计算并解答下列各小题。

▶▶ 第 12 题 ［接触跨步允许值］17. 若该变电站 10kV 配电装置室内表层土壤电阻率为 5000Ω·m，表层厚度为 0.5m，下层土壤电阻率为 250Ω·m，请计算 10kV 配电装置室接触电位差和跨步电位差允许值为下列哪组数值（误差在 5% 以内）？　　　　（　　）

(A) 1746V、6197V　　　　　　(B) 390V、612V
(C) 280V、970V　　　　　　　(D) 11.5V、96V

【答案及解答】C

依据《交流电气装置的接地设计规范》（GB 50065—2011）附录 C 式（C.0.2）可得

$$表层衰减系数\ C_{\mathrm{s}} = 1 - \frac{0.09 \times \left(1 - \frac{250}{5000}\right)}{2 \times 0.5 + 0.09} = 0.92$$

依题意，本题 10kV 采用消弧线圈接地系统，又由该规范式（4.2.2-3）、式（4.4.2-4）可得

允许接触电压 $U_{\mathrm{t}} = 50 + 0.05 \times 5000 \times 0.92 = 280(\mathrm{V})$
允许跨步电压 $U_{\mathrm{s}} = 50 + 0.2 \times 5000 \times 0.92 = 970(\mathrm{V})$

所以选 C。

考点 2　接触或跨步电位差实际值计算

【2009 年上午题 16～20】 220kV 屋外变压器，海拔 1000m 以下，土壤电阻率 $\rho = 200\Omega \cdot \mathrm{m}$，设水平接地极为主的人工接地网，接地极采用扁钢，均压带等距布置。

▶▶ 第 13 题 ［接触跨步实际值］18. 站内单相接地入地电流为 4kA，接地网最大接触电位差系数取 0.15，接地电阻 0.35Ω，则接地网最大接触电位差为下列哪个数值？　　　（　　）

(A) 210V　　　　　　　　　　(B) 300V
(C) 600V　　　　　　　　　　(D) 1400V

【答案及解答】A

由老版一次手册第 922 页式（16-36）及式（16-37）可得，接地装置的电位 $E_{\mathrm{w}} = 4000 \times 0.35 = 1400(\mathrm{V})$，最大接触电位差 $E_{\mathrm{jm}} = 0.15 \times 1400 = 210(\mathrm{V})$，所以选 A。

【考点说明】

（1）接触和跨步电位差实际值计算是考试的重点，虽然 GB/T 50065—2011 附录 D 中也有

计算公式，为了便于作答，建议引用老版一次手册第 922 页相关公式。注意不要误选 D。

（2）新版一次手册该考点已做修改。

▶▶ **第 14 题 [接触跨步实际值]** 20. 站内单相接地入地电流为 4kA，最大跨步电位差系数取 0.24，接地电阻 0.35Ω，则最大跨步电位差为下列哪项数值？（　　）

(A) 336V (B) 480V
(C) 960V (D) 1400V

【答案及解答】A

由老版一次手册第 922 页式（16-36）及式（16-39）可得，接地装置电位 E_w=4000×0.35=1400(V)，最大跨步电位差 E_{km}=0.24×1400=336 (V)，所以选 A。

【考点说明】
注意不要错选 D。

【注释】
接触电位差和跨步电压差的实际值和允许值计算，题目不会特别难，但考试频率较高，所以应重点掌握。以前的考题都是针对 DL/T 621—1997 出题，今后考试规范改为 DL/T 50065—2011，出题会有所变化，应着重理解两本规范的不同之处：①表层衰减系数 C_s 的计算；②I_g 与 I_G 的不同。同时注意时间 t 的定义和取值。

【2020 年上午题 8～10】 某电厂采用 220kV 出线，220kV 配电装置设置以水平接地极为主的接地网，土壤电阻率为 100Ω·m。请分析计算并解答下列各小题。

▶▶ **第 15 题 [接触跨步实际值]** 10. 若接地网为方形等间距布置，水平接地网导体的总长度为 10000m，接地网的周边长度为 1000m，只在接地网中少数分散布置了部分垂直接地极、垂直接地极的总长度为 50m，如果发生接地故障时的入地电流为 15kA，请计算接地网的接触电位差应为下列哪项数值？（按规程计算，校正系数 K_m=1.2，K_i=1）（　　）

(A) 163V (B) 179V
(C) 229V (D) 239V

【答案及解答】B

由 GB/T 50065—2011 附录 D 式（D.0.3-11）可得 L_m = 10000 + 50 = 10050(m)。

又由该规范附录 D 式（D.0.3-1）可得网孔电压 $U_m = \dfrac{100 \times 15000 \times 1.2 \times 1.0}{10050} = 179.10(\text{V})$。

【考点说明】
等间距接地网中，网孔电压为最大电压，所以最大接触电位差实际值不会超过此数值。

【2021 年下午题 16～18】 某发电厂的 500kV 户外敞开式开关站采用水平接地极为主边缘闭合的复合接地网，接地网采用等间距矩形布置，尺寸为 300m×200m，网孔间距为 5m，敷设在 0.8m 深的均匀土壤中，土壤电阻率为 200Ω·m。假设不考虑站区场地高差，试回答以下问题。

▶▶ **第 16 题 [接触跨步实际值]** 16. 假设接地网最大入地电流为 25kA，如不计垂直接地极的长度，则该接地网的最大跨步电位差最接近以下何值？（　　）

(A) 600V (B) 700V

(C) 800V　　　　　　　　　　　(D) 900V

【答案及解答】B

由 GB/T 50065—2011 附录 D.0.3 式（D.0.3-13）可得

$U_s = \dfrac{\rho I_G K_s K_i}{L_s}$，依题意 $\rho=200\Omega\cdot m$，$I_G=25kA$，依题意等间距，根据几何性质可得接地极长度为

$$L_c = 300\times\left(\dfrac{200}{5}+1\right)+200\times\left(\dfrac{300}{5}+1\right)=24500(m)$$

由第（D.0.3.1-6）款，采用简化计算，可得 $n=\sqrt{n_1 n_2}=\sqrt{\left(\dfrac{300}{5}+1\right)\times\left(\dfrac{200}{5}+1\right)}=50$

$$K_s = \dfrac{1}{\pi}\left(\dfrac{1}{2h}+\dfrac{1}{D+h}+\dfrac{1-0.5^{n-2}}{D}\right)=\dfrac{1}{3.14}\times\left(\dfrac{1}{2\times0.8}+\dfrac{1}{5+0.8}+\dfrac{1-0.5^{50-2}}{5}\right)=0.318$$

$K_i = 0.644+0.148n = 0.644+0.148\times50 = 8.044$

依题意 $L_r=0$，则 $L_s = 0.75L_c+0.85L_r = 0.75\times24500+0 = 18375(m)$

$U_s = \dfrac{\rho I_G K_s K_i}{L_s} = \dfrac{200\times25\times10^3\times0.318\times8.044}{18375} = 696.05(V)$

所以选 B。

【考点说明】

本题 n 也可以采用精确计算如下：

由该规范式（D.0.3-6）可得 $n_a = \dfrac{2L_c}{L_p} = \dfrac{2\times24500}{2\times(300+200)} = 49$

由式（D.0.3-7）可得

$n_b = \sqrt{\dfrac{(300+200)\times2}{4\times\sqrt{300\times200}}} = 1.01$

由式（D.0.3-5）可得

$n = n_a n_b n_c n_d = 49\times1.01\times1\times1 = 49.49\approx50$

【2022 年下午题 23～26】某 220kV 半户内变电站，220kV、110kV 采用有效接地系统，10kV 采用不接地系统，接地故障持续时间 0.4 秒，均匀土壤，土壤电阻率 500Ω·m，按等间距布置接地网，接地网长、宽均为 100m，网孔间距 10m，如下图所示，站内设有四根等高独立避雷针对全站进行直击雷过电压保护，请分析计算并解答下列各题：

▶▶ 第 17 题 [接触跨步实际值] 24. 假设本站初始设计时，网孔电压几何校正系数 $K_m=1.2$，接地体有效埋设长度 3000m，经接地网入地电流见下表。请估计接地网不规则校正系数 K_i，计算接地网初始设计时的网孔电压为下列哪项数值？ (　　)

	系统最大运行方式下经接地网入地电流	
	对称电流	不对称电流
两相接地短路	10kA	12kA
单相短路	9kA	11kA

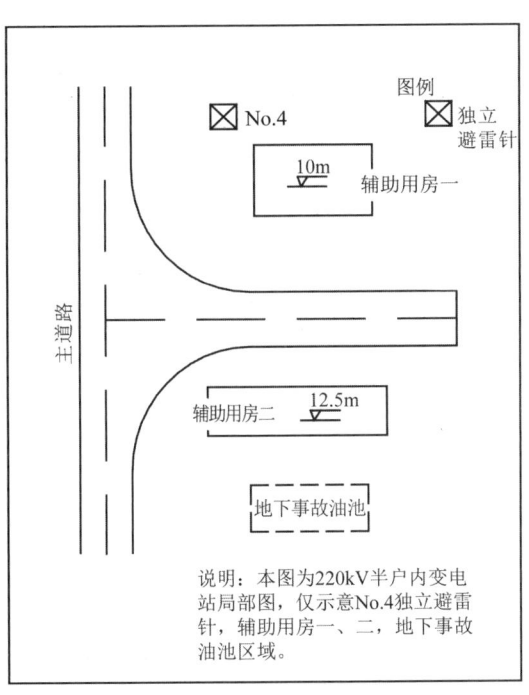

(A) 5448V (B) 4994V
(C) 4540V (D) 4086V

【答案及解答】A

由 GB 50065—2011 附录 D 第 D.0.3.1-6)款的文字说明，可得

$n = \sqrt{n_1 n_2} = \sqrt{11 \times 11} = 11$（此处注意不要引用 n 的精算公式，否则违背小题干"估计"的要求）由式（D.0.3-10）得 $K_i = 0.644 + 0.148 \times 11 = 2.27$。

由式（D.0.3-1）得 $U_m = \dfrac{\rho I_G K_m K_i}{L_m} = \dfrac{500 \times 12000 \times 1.2 \times 2.27}{3000} = 5448(\text{V})$，所以选 A。

【2022 年下午题 23~26】 某 220kV 半户内变电站，220kV、110kV 采用有效接地系统，10kV 采用不接地系统，接地故障持续时间 0.4s，均匀土壤，土壤电阻率 500Ω·m，按等间距布置接地网，接地网长、宽均为 100m，网孔间距 10m，如下图所示，站内设有四根等高独立避雷针对全站进行直击雷过电压保护，请分析计算并解答下列各题：

▶▶ 第 18 题［接触跨步实际值］25．假设本站初始设计时，2.5m 长的垂直接地极共 200 根，跨步电位差几何校正系数 $K_s=0.22$，接地网不规则校正系数 $K_i=3.2$。计算用经接地网入地最大接地电流 10kA。请计算初始设计时的接地网有效埋设长度和最大跨步电位差分别为下列哪项数值？ （ ）

(A) 1500m 2346.7V (B) 1650m 2133.3V
(C) 1925m 1828.6V (D) 2075m 1696.4V

【答案及解答】 D

由 GB 50065—2011，附录 D D.0.3 式（D.0.3-14）可得

$L_s = 0.75Lc + 0.85LR = 0.75 \times (11 \times 100 + 11 \times 100) + 0.85 \times 200 \times 2.5 = 2075$（m）

由式（D.0.3-13）可得 $U_m = \dfrac{\rho I_G K_s K_i}{L_s} = \dfrac{500 \times 10000 \times 0.22 \times 3.2}{2075} = 1696.39(V)$，选 D。

【2023 年下午题 17~19】 某水电站接地网由坝区接地网、引水发电系统接地网、地面 500kV 开关站接地网等组成，请分析计算并解答下列各小题？

▶▶ 第 19 题 [接触跨步实际值] 19. 500kV 开关站的接地网面积为 200m×50m，均压带不等间距布置，接地网采用 TJ-185 铜绞线（外径 15.5mm），网孔数为 20×5 个（长方向×宽方向），埋深为 0.8m。开关站的地电位升为 5000V，请计算接地网的最大接触电位差为下列哪项数值？

（A）186V
（B）191.5V
（C）377.73V
（D）529V

【答案及解答】 C

由《水力发电厂接地设计技术导则》（NB/T 35050—2015）式（7.3.4-6）及其后续参数公式可得

$K_j = k_{jh} k_{jn} k_{jd} k_{js} k_{jm} k_{jL}$

$k_{jh} = 0.257 - 0.095\sqrt[5]{h} = 0.257 - 0.095 \times \sqrt[5]{0.8} = 0.1661$

$k_{jn} = 0.021 + 0.217\sqrt{n_2/n_1} - 0.132 n_2/n_1 = 0.0993$

$n_1 = 20 + 1 = 21; \ n_2 = 5 + 1 = 6$

$k_{jd} = 0.401 + 0.658/\sqrt[6]{d} = 0.401 + 0.658/\sqrt[6]{0.0155} = 1.7188$

$k_{js} = 0.054 + 0.410\sqrt[8]{S} = 0.054 + 0.410 \times \sqrt[8]{200 \times 50} = 1.3505$

$k_{jm} = 2.837 + 240.021/\sqrt[3]{m^2} = 2.837 + 240.021/\sqrt[3]{(20 \times 5)^2} = 13.9778$

$k_{jL} = 0.168 + 0.002L_2/L_1 = 0.168 + 0.002 \times 50/200 = 0.1685$

$K_j = k_{jh}k_{jn}k_{jd}k_{js}k_{jm}k_{jL}$
$= 0.1661 \times 0.0993 \times 1.7188 \times 1.3505 \times 13.9778 \times 0.1685 = 0.0902$

依题意，$E_w = 5000\text{V}$，又由该规范式（7.3.3）可得

$E_{jm} = K_j E_w = 0.0902 \times 5000 = 451\text{V}$

无合适选项。

【考点说明】

1. 本题计算过程复杂、计算量非常大，小数点有效位数保留不同，计算结果相差很大，同时本题最终计算结果和选项不一致。

2. 本题采用考纲范围内的 NB/T 35050—2015 和 GB/T 50065—2011 均无法得出与选项一致的结果。

3. 在接触电位差计算章节，NB/T 35050—2015 和已过期规范 DL/T 621—1997 的公式同源，但两本规范中参数不一致，若按 DL/T 621—1997 计算，则

$k_{jd} = 0.401 + 0.522/\sqrt[6]{d} = 0.401 + 0.522/\sqrt[6]{0.0155} = 1.4554$

$K_j = 0.1662 \times 0.0993 \times 1.4554 \times 1.3505 \times 13.9778 \times 0.1685 = 0.076$

$E_{jm} = K_j E_w = 0.076 \times 5000 = 380\text{V}$，接近选项 C。

考点3　入地电流计算

【2018 年上午题 10~13】 某电厂的 750kV 配电装置采用屋外敞开式布置。750kV 设备的短路电流水平为 63kA（3s），800kV 断路器 2s 短时耐受电流为 63kA，断路器开断时间为 60ms，750kV 配电装置最大接地故障（单相接地故障）电流为 50kA，其中电厂发电机组提供的接地故障电流为 15kA，系统提供的接地故障电流为 35kA。假定 750kV 配电装置区域接地网敷设在均匀土壤中，土壤电阻率为 150Ω·m，750kV 配电装置区域地面铺 0.15m 厚的砾石，砾石土壤电阻率为 5000Ω·m，请分析计算并解答下列各小题。

▶▶ **第 20 题 [入地电流计算] 12.** 假定电厂 750kV 架空送电线路，厂内接地故障避雷线的分流系数 k_{f1} 为 0.65，厂外接地故障避雷线的分流系数 k_{f2} 为 0.54，不计故障电流的直流分量的影响，则经 750kV 配电装置接地网的入地电流为下列哪项数值？　　（　　）

(A) 6.9kA　　　　　　　　(B) 12.25kA

(C) 22.05kA　　　　　　　(D) 63kA

【答案及解答】 B

依据 GB/T 50065—2011 附录 B.0.1 式（B.0.1-1）、式（B.0.1-2）可得

厂内：$I_g = (I_{max} - I_n) \times k_{f1} = (50-15) \times (1-0.65) = 12.25(\text{kA})$

厂外： $I_g = I_n \times k_{f2} = 15 \times (1-0.54) = 6.9 \text{(kA)}$

取最大值 12.25kA，所以选 B。

【2013 年上午题 7~10】 某新建电厂一期安装两台 300MW 机组，采用发电机—变压器单元接线接入厂内 220kV 屋外中型配电装置，配电装置采用双母线接线。在配电装置架构上装有避雷针进行直击雷保护，其海拔不高于 1000m。主变压器中性点可直接接地或不接地运行。配电装置设置了以水平接地极为主的接地网，接地电阻为 0.65Ω，配电装置（人脚站立）处的土壤电阻率为 100Ω·m。

▶▶ 第 21 题 [入地电流计算] 9. 当 220kV 配电装置发生单相短路时，计算入地电流不大于且最接近下列哪个数值时，接地装置可同时满足允许的最大接触电位差和最大跨步电位差的要求（接地短路故障电流的持续时间取 0.06s，表层衰减系数 C_s 取 1，接触电位差影响系数 K_m 取 0.75，跨步电位差影响系数 K_s 取 0.6）？ （ ）

(A) 1000A (B) 1500A
(C) 2000A (D) 2500A

【答案及解答】B

由 GB 50065—2011 中式（4.2.2-1）和式（4.2.2-2），可知接触电位差允许值和跨步电位差允许值分别为

$$U_t = \frac{174 + 0.17 \times 100 \times 1}{\sqrt{0.06}} = 780 \text{ (V)}; \quad U_s = \frac{174 + 0.7 \times 100 \times 1}{\sqrt{0.06}} = 996 \text{ (V)}$$

由老版一次手册第 922 页式（16-37）和式（16-39），可得

接触电位差 $U_{tmax} = K_{tmax} U_g = K_{tmax} I_g R \leqslant 780 \text{ (V)} \Rightarrow I_g \leqslant \dfrac{780}{K_{tmax} R} = \dfrac{780}{0.75 \times 0.65} = 1600 \text{ (A)}$

跨步电位差 $U_{smax} = K_{smax} U_g = K_{smax} I_g R \leqslant 996 \text{ (V)} \Rightarrow I_g \leqslant \dfrac{996}{K_{smax} R} = \dfrac{996}{0.6 \times 0.65} = 2554 \text{ (A)}$

综合所述，两者取小可同时满足要求，选小于且最接近 1600A 的选项，所以选 B。

【考点说明】

(1) 由于电压等级不同，接触电位差等允许值的计算公式是不同的，要分清题目所给的电压等级。

(2) GB/T 50065—2011 中增加的表层衰减系数 C_s，本题直接给出了数值，如果不给，读者应能根据题意自行计算。

(3) 该考点还可以换一种问法，比如入地电流已知，接地电阻未知，其他条件相同，问接地电阻多少时才能满足要求？解法类似。

(4) 接触电位差和跨步电位差分允许最大值和实际值，实际值应小于等于最大允许值才合格，本题巧妙地将两者结合在一起考查，具有一定的综合性，提高了难度，对该知识点理解不深刻的话，一时不容易厘出思路。

(5) 对于实际值，由于 GB/T 50065—2011 附录 D.0.4 写得过于混乱不便使用，所以建议使用老版一次手册相关公式作答。

(6) GB/T 50065—2011 中引入了衰减系数 D_f，并以此将入地电流分为对称电流和不对称

电流，换算关系可参考其附录 B 条文说明中的式（12）。在今后的考试中如果给了 D_f，公式中应使用 I_G 计算。

（7）新版一次手册该考点已做修改。

【注释】

（1）高压电气装置的接地包括电力系统的一点或多点的功能性接地，为电气安全将系统、装置或设备的一点或多点接地，为避雷针、避雷线、避雷器等向大地泄放雷电流而设的雷电保护接地，以及为防止静电对易燃油天然气罐和管道的危险作用而设的防静电接地，它们应使用一个总的接地网。

（2）在不能满足保护接地电阻要求时，才需要验算接触电压和跨步电压。不满足要求时，应采取降低接地电阻措施或采取提高允许值的措施。

（3）人体对接触电压和跨步电压的允许值和人体允许通过电流的时间 t_s 有关，经研究，一个重 50kg 的人体可承受的最大交流电流有效值 $I_b = \dfrac{116}{\sqrt{t_s}}$，$I_b$ 和人体电阻的乘积便是人体可承受的接触电压和跨步电压的限值。

人体本身电阻过去一直采用 1500Ω。人脚站在土壤电阻率为 ρ 的地面上的电阻，一只脚大约为 3ρ，计算接触电压时两脚并联为 1.5ρ，计算跨步电压时两脚串联为 6ρ，于是有

接触电压
$$U_j = \dfrac{116}{\sqrt{t_s}}(1500 + 1.5\rho) = \dfrac{174 + 0.17\rho}{\sqrt{t_s}}$$

跨步电压
$$U_k = \dfrac{116}{\sqrt{t_s}}(1500 + 6\rho) = \dfrac{174 + 0.7\rho}{\sqrt{t_s}}$$

（4）从以上两式可以看出，提高人体允许接触电压和跨步电压的途径不少于以下几种：

1）减少通过人体电流时间 t_s，即尽量降低单相接地短路时继电保护跳闸时间。

2）尽量加大土壤电阻率 ρ，阴雨天要穿绝缘鞋外出巡视，在人体接触区制作绝缘垫等。

3）降低地电位差，对于不满足要求时，限制地电位的升高，或加敷均压带，在人员经常出入口加敷均压帽。

考点 4　故障电流计算

【2024 年下午题 16～19】 某 220kV 变电站，220kV、110kV 采用有效接地系统，接地故障持续时间为 0.3s，10kV 采用消弧线圈接地系统。

请分析计算并解答下列各小题。

▶▶ **第 22 题[入地电流计算]** 18. 本变电站采用 220kV 三相共箱式 SF6 全封闭组合电器（GIS）。若系统最大运行方式下 220kV 三相同一地点接地短路交流电流 38kA，单相短路交流电流 32kA，站内发生接地故障时流经变压器中性点的电流 20kA，站内分流系数均为 0.5，衰减系数 D_f 取 1.15，请分析、计算确定校验 220kV GIS 设备接地引下线用热稳定电流及计算地电位升用接地故障电流的值最接近下列哪组数值？　　　　　　　　　（　　）

(A) 38kA、11.5kA　　　　　　　　(B) 43.7kA、36.8kA

(C) 36.8kA、11.5kA　　　　　　　(D) 36.8kA、36.8kA

【答案及解答】 C

一、热稳定电流

依据《交流电气装置的接地设计规范》(GB 50065—2011) 附录 B 式 (B.0.1-1)、式 (B.0.1-2)

站内接地时经接地网入地的对称电流为 $I_g = (I_{max} - I_n)S_{f1} = (32-20) \times 0.5 = 6$ (kA)

站外接地时经接地网入地的对称电流为 $I_g = I_n S_{f2} = 20 \times 0.5 = 10$ (kA)

因此取站外接地，此时经接地网入地的不对称电流 $I_G = 10 \times 1.15 = 11.5$ (kA)

二、地电位升高用故障电流

本题属于三相同体设备，由该规范附录 E 表 E.0.2-1，可知采用的短路电流为

$$I_F = I_{max} D_f = 32 \times 1.15 = 36.8 \text{ (kA)}$$

所以选 C。

考点 5　地电位升高计算

【2016 年下午题 22~27】　一台 660MW 发电机以发变组单元接入 500kV 系统，发电机额定电压 20kV，额定功率因数 0.9，中性点经高阻接地，主变压器 500kV 侧中性点直接接地。厂址海拔 0m，500kV 配电装置采用屋外敞开式布置，10min 设计风速为 15m/s，500kV 避雷器雷电冲击残压为 1050kV，操作冲击残压为 850kV，接地网接地电阻 0.2Ω，请根据题意回答下列问题：

▶▶ 第 23 题 [地电位升高计算] 22. 若厂内 500kV 升压站最大接地故障短路电流为 39kA，折算至 500kV 母线的厂内零序阻抗 0.03（标幺值），系统侧零序阻抗 0.02（标幺值），发生单相接地故障时故障切除时间为 1s，500kV 的等效时间常数 X/R 为 40，厂内、厂外发生接地故障时接地网的工频分流系数分别为 0.4 和 0.9，计算厂内单相接地时地电位升高应为下列哪项数值？　　　　　　　　　　　　　　　　　　　　　　　　　　　　　　(　　)

(A) 2.81kV　　　　　　　　　　　　(B) 2.98kV
(C) 3.98kV　　　　　　　　　　　　(D) 4.97kV

【答案及解答】B

由 GB/T 50065—2011 附录式 (B.0.1-1) 可得厂内接地故障入地对称电流为

$$I_{g内} = \left(39 - 39 \times \frac{0.02}{0.02+0.03}\right) \times 0.4 = 9.36 \text{ (kA)}$$

由式 (B.0.1-2) 可得厂外接地故障入地对称电流为

$$I_{g外} = 39 \times \frac{0.02}{0.02+0.03} \times 0.9 = 14.04 \text{ (kA)}$$

依题意，故障切除时间为 1s，X/R=40，由该规范表 B.0.3 可得 $D_f = 1.0618$。又由该规范式 (B.0.1-3) 可得入地不对称电流有效值为

$$I_G = D_f I_g = 1.0618 \times 14.04 = 14.908 \text{ (kA)}$$

再由该规范式 (B.0.4) 可得地电位升高值为

$$V = I_G R = 14.908 \times 0.2 = 2.98 \text{ (kV)}$$

【考点说明】

(1) 求地电位升高最大值应选择厂内、厂外接地故障时，经厂内接地网入地的故障电流

中较大的值。

（2）求出入地故障对称电流 I_g 后，应根据衰减系数进一步求出入地故障不对称电流 I_G，这是 GB/T 50065—2011 更新时的一个较大发展，对应条文为 GB/T 50065—2011 附录 B.0.1-3，对应公式为该附录条文说明式（12）。如果本题不求 I_G，用 I_g 计算则会误选 A。

【注释】

（1）GB/T 50065—2011 已经取代 DL/T 621—1997，对入地故障电流进一步做了规定，要求考虑故障电流的衰减现象。

（2）计算地电位在故障电流入地时升高的目的是，进一步计算接触电压和跨步电压，是否会对人身安全造成危险，同时要评价高电位是否会传输至周边低电位的环境，是否对变电站之外场合的人员构成威胁，以及外部环境的低电位引入到高电位的变电站内，是否会对站内人员构成伤害。

【2022 年下午题 23～26】 某 220kV 半户内变电站，220kV、110kV 采用有效接地系统，10kV 采用不接地系统，接地故障持续时间 0.4 秒，均匀土壤，土壤电阻率 500Ω·m，按等间距布置接地网，接地网长、宽均为 100m，网孔间距 10m，如下图所示，站内设有四根等高独立避雷针对全站进行直击雷过电压保护，请分析计算并解答下列各题：

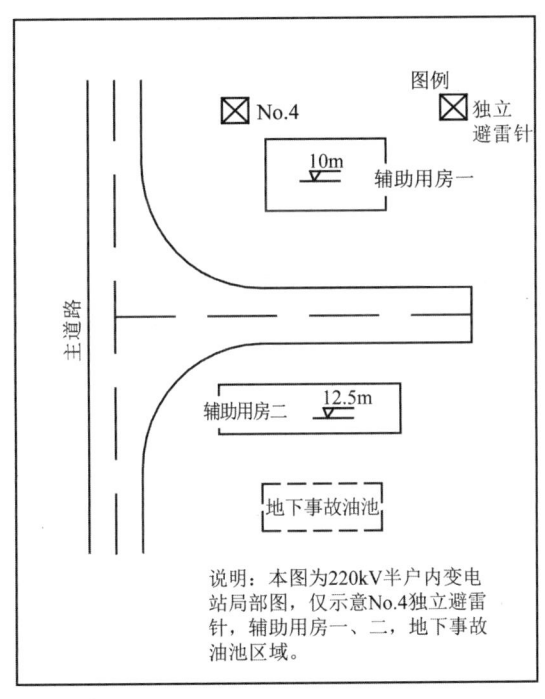

▶▶ 第 24 题 ［地电位升高计算］26．若本站 220kV 配电装置内发生接地故障时的最大接地故障对称电流有效值为 40kA，流经主变中性点的电流为 20kA，站内、外发生接地故障时的分流系数分别为 0.5、0.4，典型衰减系数 D_f 取值采用 $X/R=30$ 时的值。本站接地网的工频接地电阻为 0.5Ω，请计算在系统接地故障电流入地时，变电站接地网的最大接地电位升高值为下列哪项数值？ （ ）

(A) 4kV (B) 4.45kV
(C) 5kV (D) 5.57kV

【答案及解答】 D

由 GB 50065—2011，附录 B 表 B.0.3 中取 $D_f=1.113$，则

场内接地时，经地网入地的对称电流 $I_g=(I_{max}-I_n)S_{f1}=(40-20)\times0.5=10(kA)$。

场外接地时，经地网入地的对称电流 $I_g=I_nS_{f2}=20\times0.4=8(kA)$。

因此应以场内接地时的情况来计算最大地电位升高。

由式（B.0.1），此时经地网入地的不对称电流 $I_G=I_gD_f=10\times1.113=11.13(kA)$。

由式（B.0.4），此时地电位升高 $V=I_GR=11.13\times0.5=5.57(kV)$，选 D。

【2024 年下午题 16~19】 某 220kV 变电站，220kV、110kV 采用有效接地系统，接地故障持续时间为 0.3s，10kV 采用消弧线圈接地系统。

请分析计算并解答下列各小题。

▶▶ 第 25 题 [地电位升高计算] 19. 假设本站初始设计时，采用复合式接地网，接地网长、宽均为 110m，均匀土壤电阻率 $120\Omega\cdot m$，经变电站接地网入地的最大接地故障堆成电流有效值 7kA，系统的 X/R=40，请计算系统接地故障时变电站接地网的地点位升高是下列哪项数值？并判断是否需做措施。 （　　）

(A) 3.85kV、不需要采取扁铜（或铜绞线）与二次电缆屏蔽层并联敷设，通向站外的管道采用绝缘段等均压、等电位、隔离等的措施。

(B) 3.85kV、需验算接触电位差和跨步电位差满足要求，需采取扁钢（或铜绞线）与二次电缆屏蔽层并联敷设、通向站外的管道采用绝缘段等均压、等电位、隔离等的措施。

(C) 4.59kV、需验算接触电位差和跨步电位差满足要求，不需采取扁钢（或铜绞线）与二次电缆屏蔽层并联敷设、通向站外的管道采用绝缘段等均压、等电位、隔离等的措施。

(D) 4.59kV、需验算接触电位差和跨步电位差满足要求，需采取扁钢（或铜绞线）与二次电缆屏蔽层并联敷设、通向站外的管道采用绝缘段等均压、等电位、隔离等的措施。

【答案及解答】 D

依据《交流电气装置的接地设计规范》（GB 50065—2011）依题意，X/R=40，由该规范表 B.0.3 可得衰减系数 $D_f=1.1919$；

由该规范附录 B，第 B.0.1-3 款可得

入地不对称电流 $I_G=7\times1.1919=8.34(kA)$

又由该规范附录 A 式（A.0.4-3）可得接地网电阻

$$R\approx0.5\times\frac{120}{\sqrt{110\times110}}=0.55(\Omega)$$

再由该规范附录 B 式（B.0.4）可得地电位升高

$V = 8.34 \times 0.55 = 4.59 \,(\text{kV}) > 2 \,(\text{kV})$，

依据该规范第 4.2.1 条、第 4.3.3 条规定应采取相应措施，所以选 D。

考点 6　接地电阻允许值计算

【2009 年上午题 16～20】　220kV 屋外变压器，海拔 1000m 以下，土壤电阻率 $\rho=200\Omega \cdot m$，设水平接地极为主的人工接地网，接地极采用扁钢，均压带等距布置。

▶▶ 第 26 题［接地电阻允许值计算］16. 最大运行方式下接地最大短路电流为 10kA，站内接地短路入地电流为 4.5kA，站外接地短路入地电流为 0.9kA，则该站接地电阻应不大于下列哪项数值？　　　　　　　　　　　　　　　　　　　　　　　　　　　　　（　　）

（A）0.2Ω　　　　　　　　　　　　（B）0.44Ω
（C）0.5Ω　　　　　　　　　　　　（D）2.2Ω

【答案及解答】B

接地电阻值应使用最大入地电流 4.5kA 计算，依题意，系统为有效接地系统。

由 GB/T 50065—2011 第 4.2.1 条第 1 款式（4.2.1-1）可得有效接地系统的接地电阻为

$$R \leqslant \frac{2000}{4.5 \times 10^3} = 0.44 \,(\Omega)$$

【考点说明】

（1）注意该考点，系统不同公式不同，解答时应先根据题意判断用哪个公式。

（2）该考点还可以已知接地电阻求入地电流允许值，此时的 R 应代一年四季中最大的一个，读者可以和 GB/T 50065—2011 第 5.1.6 条计算雷电保护接地时土壤电阻率采用雷雨季节中的最大值比较。

【注释】

从 GB/T 50065—2011 第 4.2.1 条第 1 款所给出的式（4.2.1-1），可以分析出接地网的最大允许电位升高不超过 2000V。这是考虑到低压导线、仪表等工频耐压水平为 2000V。

这个公式也是一步步演变过来的，20 世纪 70 年代之前，在有效接地系统中，对接地电阻要求不大于 0.5Ω。有些电厂和变电站达不到这个要求，运行多年也未见出现多大问题，在 1973 年接地规程修订时，调查小组提出 2000/I 的计算式，与 0.5Ω 并列。当达不到 0.5Ω 标准时，可用公式计算，允许放大。在 DL/T 621—1997 中进一步明确：当接地装置的接地电阻不符合要求时，可通过技术经济比较增大接地电阻，但不得大于 5Ω，且应符合该标准第 6.2.2 条的要求，并取消了 0.5Ω 的规定。

当批准采用 GB/T 50065—2011 替代 DL/T 621—1997 时，对这个问题又做了进一步修正，取消了不大于 5Ω 的限制，明确在符合该规范 4.3.3 条规定时，允许接地网电位升高可提高 5kV（在该规范条文说明中对此进行了论证说明）。必要时，经专门计算，且采取措施可确保人身和设备安全可靠时，接地网电位升高还可进一步提高。

【2010 年上午题 16～20】　某 220kV 变电站，总占地面积为 12000m²（其中接地网的面积为 10000m²），220kV 系统为有效接地系统，土壤电阻率为 100Ω·m，接地短路电流为 10kA，接地故障电流持续时间为 2s，工程中采用钢接地线作为全所接地网及电气设备的接地（钢材的热稳定系数取 70）。请根据上述条件计算下列各题：

▶▶ 第 27 题 [接地电阻允许值计算] 18. 计算一般情况下，变电站电气装置保护接地的接地电阻不大于下列哪项数值？（　　）

(A) 0.2Ω　　　　　　　　　　　(B) 0.5Ω
(C) 1Ω　　　　　　　　　　　　(D) 2Ω

【答案及解答】A

由 GB/T 50065—2011 第 4.2.1 条式（4.2.1-1）可得接地电阻 $R \leqslant \dfrac{2000}{I_G} = \dfrac{2000}{10000} = 0.2$ (Ω)。

【考点说明】

本题是一道"错题"。单相接地短路电流=变压器中性点电流+入地电流+避雷线电流，本题只能用单相接地短路电流=入地电流=10kA，才能得到选项答案。实际考试时可将错就错按照上述做法选 A。可将本题和上一题进行比较，得出正确做法，不要被误导。

【注释】

（1）如果按入地电流为 10kA 考虑的话，由于该值太大，以至于计算出的接地网电阻不得大于 0.2Ω，这是很难达到的。工程中遇到这种情况，可按 GB/T 50065—2011 第 4.3.3 条的规定，适当提高要求。如将发生接地故障后地电位升高提高到 5000V 时，$R \leqslant \dfrac{5000}{10000} = 0.5$ (Ω)，便有可能实现。

（2）地电位提高是指变电站整个地网的电位提高了，本来所有电气设备和人员都在接地网上的，水涨船高，相互之间的相对电位差并无变化。接地网的地电位升高不会对电气设备和人员造成威胁。需要注意以下三处关键点，并采取以下必要的防护措施：

1) 接地网的边缘部分。接地网的高电位对周围地区有个高电位过渡到低电位的过程，这里的接触电位差和跨步电位差会比较大，需要校验。

2) 接地网对外的部分。要防止接地网的高电位传到外部低电位区域，对域外的人员和设备造成伤害（如铁路）；也要防止域外的低电位进入变电站内（如通信）。

3) 接地网对带电体。如无间隙氧化锌避雷器会不会因反向电压高而动作，需校验其热容量。

（3）设法降低单相短路的入地电流，对单相短路采取有效的限制措施，或者所在地域土壤进行改造，降低其电阻率。

工程中有一种电解地极，在埋入地时释放一种导电的电解物质，渗透到地中深层把平面的泄漏电流升级为立体泄漏电流。通过一些工程的实践证明其具有良好的效果。

【2008 年下午题 11~15】 某 220kV 配电装置内的接地网，是以水平接地极为主，垂直接地极为辅，且边缘闭合的复合接地网。已知接地网的总面积为 7600m²，测得平均土壤电阻率为 68Ω·m，系统最大允许方式下的单相接地短路电流为 25kA，接地短路电流持续时间 2s，据以上条件解答下列问题：

▶▶ 第 28 题 [接地电阻允许值计算] 15. 假设 220kV 变压器中性点直接接地运行，流经主变压器中性点的最大接地短路电流值为 1kA，厂内短路时避雷线的工频分流系数为 0.5，厂外短路时避雷线的工频分流系数为 0.1，计算 220kV 配电装置保护接地的接地电阻应为下列何值？（　　）

(A) 5Ω (B) 0.5Ω
(C) 0.39Ω (D) 0.167Ω

【答案及解答】 D

由 GB/T 50065—2011 附录 B 中式（B.0.1-1）、式（B.0.1-2）可得站内接地短路电流 $I_{站内}=(25-1)\times(1-0.5)=12(kA)$，站外接地短路电流 $I_{站外}=1\times(1-0.1)=0.9(kA)$。两者中取大者 $I=12kA$。

本题属于有效接地系统，根据该规范第 4.2.1 条及式（4.2.1-1）可得 $R\leqslant \dfrac{2000}{12000}=0.167(\Omega)$。

【考点说明】

（1）在 GB/T 50065—2011 中，附录 B 中的厂站分流系数=1-避雷线分流系数。在今后的考试中，应注意题目是给避雷线分流系数，还是厂站分流系数，否则会出错。

（2）该考点可参考新版一次手册第 814 页第三节内容［老版一次手册第 921 页 3.(3) 条］，如果有多回架空输电线路，站外短路时避雷线工频分流系数 k_{f2} 应选择较小值。新版一次手册该内容已做修改。

（3）注意 GB/T 50065—2011 引入的对称入地电流 I_g 和非对称入地电流 I_G 之间的关系，并结合短路电流计算一起学习。

以上三点是在学习该考点时应着重了解的内容，都可以作为坑点设计题目考查。

【注释】

单相短路时，短路电流并非全部通过接地网入地。若在变电站外部发生单相接地，短路电流会分为两个部分：一部分通过线路的避雷线流回系统；另一部分通过地下土壤流到变电站的接地网，再经过变压器的中性点流回系统。本命题给出这两部分的电流比值为 1:9。若在变电站内部发生单相接地，首先一部分电流会通过变压器中性点流回系统，这部分电流并没有经接地网入地；剩下的电流一小部分通过地线流回系统，另一小部分经过接地网入地，再从地中流回系统，能够引起地电位升高的正是这"一小部分经过接地网入地的电流"。

所以不论站外还是站内发生单相接地，关键是通过接地网入地的那部分电流。这一电流决定了接地网电位升高的程度，也是在地电位允许值确定了之后，计算接地网接地电阻值的重要参数。

【2019 年下午题 17～20】 某 2×660MW 燃煤电厂的水源地分别由两台机组的 6kV 高压厂用电系统 A 段（以下简称厂用 6kV 段）双电源供电。水源地设置一段 6kV 配电装置（以下简称水源地 6kV 段）。水源地 6kV 段向水源地 6kV 电动机（设置变频器）和低压配电变压器供电、厂用 6kV 段至水源地 6kV 段的每回电源均采用电缆 YJV-6 3×185 供电，每回电缆长度为 2km，机组 6kV 开关柜的短时耐受电流选择为 40kA，耐受为 4s，高压厂用变压器二次绕组中性点通过低电阻接地，高压厂用变压器参数如下：

（1）额定容量：50/25-25MVA。

（2）电压比：22×2×2.5%6.3-6.3kV。

（3）半穿越阻抗 17%。

（4）中性点接地电阻：18.18Ω。

水源地设置独立的接地网，水源地主接地网是围绕取水泵房外敷设一个矩形 20m×60m 的水平接地极的环形接地网，水平接地极埋深 0.8m，水源地土壤电阻率为 150Ω·m。分析计算并解答下列各小题。

▶▶ **第 29 题 [接地电阻允许值计算]** 18. 按《交流电气装置的接地设计规范》(GB/T 50065—2011)，若不考虑电源电缆影响，则水源地接地网的接地电阻不应大于下列哪项值？
( )

(A) 10Ω　　　　　　　　　　　　(B) 4Ω
(C) 0.6Ω　　　　　　　　　　　　(D) 0.5Ω

【答案及解答】 B

依题意，中性点电流 $I_d = \dfrac{6.3 \times 1000}{\sqrt{3} \times 18.18} = 200\,(A)$。

由《交流电气装置的接地设计规范》(GB/T 50065—2011) 第 6.1.2 条，用式 (4.2.1-1) 可得 $R \leqslant \dfrac{2000}{200} = 10\,(\Omega)$，且不大于 4Ω，所以选 B。

【考点说明】

本题要计算的是一个远离发电厂 2km 的高压配电系统的接地网接地电阻，并不是发电厂站内的接地网接地电阻，这是两个相互独立的接地网。同时因为水源地的高压配电电源是从厂用电系统引接，所以接地方式还是和高压厂用电系统保持一致，属于低阻接地系统，入地电流可以用高厂变中性点电流，但计算依据需要注意，不能直接引用 GB/T 50065—2011 式 (4.2.1-1) 算出 10Ω，然后再用第 4.2.1-2-1) 款的"不应大于 4Ω"选 B，这样是错误的。因为 4.2.1-1 是有效接地系统，也包括低阻接地，主要针对高压系统，其单相接地短路电流很大，所以计算出来的接地电阻很小，一般都是 1Ω 以下，基本都能满足要求，所以第 4.2.1-1 条没有写"不应大于 4Ω"，而第 4.2.1-2-1) 款虽然写了"不应大于 4Ω"，但这条不是低阻接地系统的条款，直接引用式 (4.2.1-1) 和式 (4.2.1-2-1)"不应大于 4Ω"属于条款混套，是错误的。本题的水源地是独立的高压配电接地网，应该引用其对应的条款第 6.1.2 条，也正是因为此时的低阻接地系统用式 (4.2.1-1)，即 $R \leqslant \dfrac{2000}{I_G}$ 计算时，因为其接地电流小，很可能电阻算出来偏大，所以单独加了一句"且不应大于 4Ω"，读者在作答时，应注意规范条文引用的准确性。

【2020 年上午题 8～10】 某电厂采用 220kV 出线，220kV 配电装置设置以水平接地极为主的接地网，土壤电阻率为 100Ω·m。请分析计算并解答下列各小题。

▶▶ **第 30 题 [难-接地电阻允许值计算]** 9. 厂内 220kV 系统是最大运行方式下发生单相接地短路故障时的对称电流有效值为 35kA，流经厂内变压器中性点电流为 8kA，厂内发生接地故障时分流系数 S_{f1} 为 0.4，厂外发生接地故障时分流系数 S_{f2} 为 0.8，接地故障电流持续时间为 0.5S，假定 X/R 为 40，计算该厂接地网的接地电阻应不大于以下哪个值，才能满足地电位升不超 2kV？
( )

(A) 0.17Ω　　　　　　　　　　　　(B) 0.25Ω
(C) 0.28Ω　　　　　　　　　　　　(D) 0.31Ω

【答案及解答】 A

第9章 电力系统接地

由 GB/T 50065—2011 附录 B 可得：厂内短路 $I_g = (35-8) \times 0.4 = 10.8 (kA)$；厂外短路 $I_g = 8 \times 0.8 = 6.4 (kA)$。两者取大为 10.8kA。

结合题意已知参数，又由该规范附录 B 表 B.0.3，可得 $D_f = 1.1201$，可得最大入地不对称短路电流 $I_G = 1.1201 \times 10.8 = 12.097 (kA)$。

再由该规范式（4.2.1-1）可得：$R \leq \dfrac{2000}{12.097 \times 1000} = 0.16533 (\Omega)$。

【考点说明】

（1）本题如果错用较小的站外短路入地电流 6.4kA 且不乘衰减系数，会得到错误答案 0.3125 导致错选 D；错用 6.4kA 乘衰减系数会得到 0.28，会错选 C。

（2）从以上计算也可看出，用较大的入地电流算出的电阻比 0.16533Ω 更小，要站内站外短路同时满足自然要用较大的入地电流计算。

【2022 年补考下午题 1~3】 某风电场安装了 100 台风力发电机组，每台发电机组额定功率 2000kW，发电机可在功率因数容性 0.95~感性 0.95 范围内可靠运行。该风电场升压站地处海拔 3200m 地区，一回 220kV 架空线路将风机所发电能送入 40km 外的电力系统，220kV 侧为单母线接线，配置了两台主变压器，主变压器低压侧各自连接 60 回集电线路(即各自连接着 50 台风机)。

请分析计算解答下列问题。

▶▶ 第 31 题 ［难-接地电阻允许值计算］4．假设升压站 220kV 侧单相接地故障对称电流为 6kA，流过中性点电流为 1kA，站内、外分流系数分别为 0.5 和 0.9，延时 0.1s，衰减系数 1.3，求接地电阻允许值为多少？　　　　　　　　　　　　　　　　　　　　　　（　　）

（A）2Ω　　　　　　　　　　　　　（B）1.7Ω

（C）0.8Ω　　　　　　　　　　　　 （D）0.615Ω

【答案及解答】 D

由 GB/T 50065—2011，附录 B 及式（4.2.1-1）可得：站内短路 $I_g = (6-1) \times 0.5 = 2.5 (kA)$；站外短路 $I_g = 1 \times 0.9 = 0.9 (kA)$，两者取大为 2.5（kA）。

依题意衰减系数取 $D_f = 1.3$，$I_G = 1.3 \times 2.5 = 3.25 (kA)$；$R \leq \dfrac{2000}{3.25 \times 1000} = 0.615 (\Omega)$。

考点7　接地导体热稳定电流计算

【2009 年下午题 11~15】 某火力发电厂处于Ⅳ级污秽区，发电厂出口设 220kV 升压站，采用气体绝缘金属封闭开关（GIS）。请回答下列问题。

▶▶ 第 32 题 ［接地导体热稳定电流］13．220kV GIS 设备的接地短路电流为 20kA，GIS 基座下有 4 条接地引下线与主接地网连接，在热稳定校验时，应该取热稳定电流为下列哪项数值？　　　　　　　　　　　　　　　　　　　　　　　　　　　　　　　　　（　　）

（A）20kA　　　　　　　　　　　　（B）14kA

（C）10kA　　　　　　　　　　　　（D）7kA

【答案及解答】 D

由 GB/T 50065—2011 第 4.4.5 条可知，4 根连接线截面的热稳定校验电流，应按单相接地故障时最大不对称电流有效值的 35%取值，所以 $I_{jd}=35\%\times20=7$ (kA)。

【考点说明】

该考点为接地装置中一个重要坑点，不注意则会误选 A。GIS 专用接地网与总接地网连接线最少 4 根，当 GIS 发生接地故障时，平均每根分流 25%，加 10%裕量，所以这 4 根连接线的截面按总电流的 35%计算。但需要注意，如果题目要求的不是这 4 根连接线，而是接地引下线等其他接地装置时是不能乘 35%的，审题时一定要认真，切莫一看到 GIS 接地就按 35%计算。

【2011 年下午题 6~10】 一座远离发电厂的城市地下变电站，设有 110/10kV、50MVA 主变压器两台，110kV 线路 2 回，内桥接线，10kV 出线多回，单母线分段接线。110kV 母线最大三相短路电流 31.5kA，10kV 母线最大三相短路电流 20kA。110kV 配电装置为户内 GIS，10kV 户内配置为成套开关柜。地下建筑共有三层，地下一层的布置如简图。请按各小题假设条件回答下列问题：

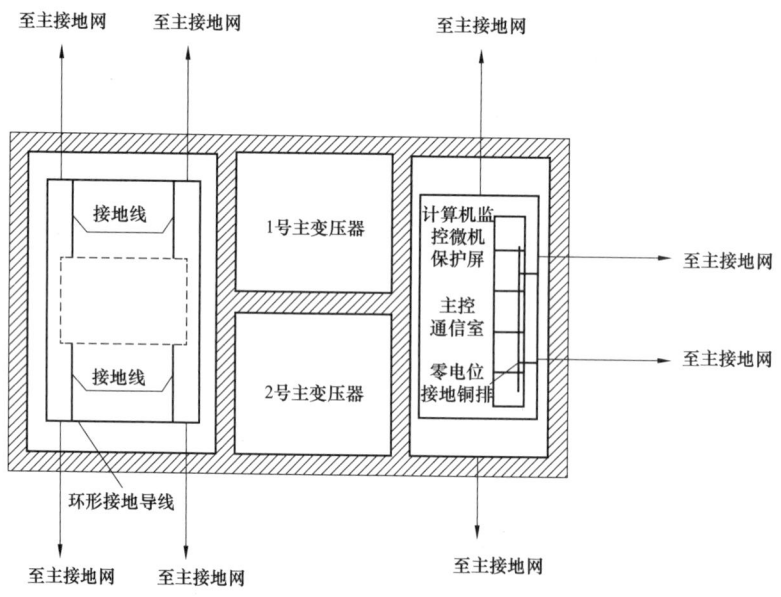

▶▶ 第 33 题 [接地导体热稳定电流] 9. 本变电站的 110kV GIS 配电室内接地线的布置如简图。如 110kV 母线最大单相接地故障电流为 5kA。由 GIS 引向室内环形接地母线的接地线截面热稳定校验电流最小可取下列哪项数值？依据是什么？　　　　　　　　　(　　)

（A）5kA　　　　　　　　　　　　（B）3.5kA
（C）2.5kA　　　　　　　　　　　（D）1.75kA

【答案及解答】D

依据 GB/T 50065—2011 第 4.4.5 条，取 $35\%\times5=1.75$（kA）。

【考点说明】

（1）该题的坑点就在第 4.4.5 条的 35%，属于特殊情况，本来送分的题目，如不注意就会错选 A。

(2) 对于规范中的"特殊规定",一直是历年案例常考考点,比如:

1) 垂直开启式隔离开关的安全净距采用 B_1 值(DL/T 5352—2018 第 4.3.3 条)。

2) 具有联络作用的断路器断口爬电比距不低于 1.2(DL/T 5222—2021 第 7.2.12-4 款)。

3) 交流金属封闭开关柜沿开关柜整个长度延伸方向专用接地导体动、热稳定电流为额定短路开断电流的 86.6%(DL/T 5222—2021 第 12.0.6 条)。

GB/T 50065—2011 第 4.3.5-3 款中的 75%与 GB/T 50660—2011 第 16.10.5-4 款中的 70%等,在日常学习中应注意总结对比。

【注释】

一些大中城市内的新建变电站大多都设在地下,并深入城区内。其高压侧 110、220kV 甚至 330~500kV 电压级的配电装置都选用了 GIS。为了保证 GIS 的良好接地,在 GB/T 50065—2011 第 4.4 条特别为其做了 9 款详细规定。GIS 外壳有钢制和铝制的两种。内部三相布置的不对称或采用分相布置时,都会在外壳产生感应电流;内部如装有快速接地隔离开关,还要求快速流散内部的瞬态电流等。这些与单体开关设备不同的情况,不仅要求 GIS 在 4 个方向与接地网有 4 条接地线的可靠连接,还应校核接地网边缘、围墙公共道路处的跨步电压。如土壤电阻率较高时,还要在紧靠围墙外的人行道路采用沥青路面。

考点 8　接地导体热稳定截面计算

【2009 年下午题 11~15】　某火力发电厂处于Ⅳ级污秽区,发电厂出口设 220kV 升压站,采用气体绝缘金属封闭开关(GIS)。请回答下列问题。

▶▶**第 34 题**[接地导体热稳定截面]14. 变电站内一接地引下线的单相接地短路电流为 15kA,短路持续时间为 2s,采用镀锌扁钢链接,请问若满足热稳定要求,此镀锌扁钢的截面积应大于哪项数值?　　　　　　　　　　　　　　　　　　　　　　(　　)

(A) 101mm^2
(B) 176.8mm^2
(C) 212.1mm^2
(D) 303.1mm^2

【答案及解答】D

依题意,采用镀锌扁钢,由 GB/T 50065—2011 附录 E.0.2 可知 C=70,又由该规范附录 E 式(E.0.1)可得,满足热稳定要求最小截面积为

$$S_g \geqslant \frac{I_{\max}}{C}\sqrt{t_e} = \frac{15 \times 1000}{70} \times \sqrt{2} = 303.05 \text{ (mm}^2\text{)}$$

【考点说明】

注意钢的 C 值取 70,如果错取成 120 则会误选 B。

【2010 年上午题 16~20】　某 220kV 变电站,总占地面积为 12000m^2(其中接地网的面积为 10000m^2),220kV 系统为有效接地系统,土壤电阻率为 100Ω·m,接地短路电流为 10kA,接地故障电流持续时间为 2s,工程中采用钢接地线作为全所接地网及电气设备的接地(钢材的热稳定系数取 70)。请根据上述条件计算下列各题:

▶▶**第 35 题**[接地导体热稳定截面]17. 在不考虑腐蚀的情况下,按热稳定计算电气设备的接地线,选择下列哪种规格是较合适的(短路等效持续时间为 1.2s)?　　　(　　)

(A) 40×4mm^2
(B) 40×6mm^2

(C) 50×4mm²   (D) 50×6mm²

【答案及解答】A

依题意 $C=70$，由 GB/T 50065—2011 附录 E 式（E.0.1）可得，满足短路热稳定要求的最小截面积为 $S_g \geqslant \dfrac{I_{max}}{C}\sqrt{t_e} = \dfrac{10000}{70}\times\sqrt{1.2} = 156.5$ (mm²)，结合选项，所以选 A。

【考点说明】

本题明确了不考虑腐蚀，如果考虑腐蚀，计算方法可参考 GB/T 50065—2011 第 4.3.6 条的条文说明。

【注释】

接地网是隐蔽工程，防腐蚀问题一直是工程中必须直接面对的问题。有些电网公司就规定对所管辖区的变电站应 5 年翻查一次，检查地线腐蚀情况。往往掘地三尺，发现接地镀锌扁钢已被腐蚀的斑驳不堪。在 GB/T 50065—2011 第 4.3.6 条专门针对腐蚀规定，接地网可采用钢材，但应采用一定厚度的热镀锌。腐蚀严重地区者，接地网可采用铜材、铜覆材料或其他防腐措施。在防腐蚀这个问题上，还有另一种做法，是从电化学分析出发，推荐采用牺牲阳极的方法。在地网的周围布置一些锌或镁的金属块，提供被腐蚀的靶极来保护主网。此方法在我国已有在发电厂和变电站的使用案例，在油气管道的防腐上应用较多。

【2012 年上午题 15～20】 某风电场升压站的 110kV 主接线采用变压器线路组接线，一台主变压器容量为 100MVA，主变压器短路阻抗 10.5%，110kV 配电装置采用屋外敞开式，升压站地处海拔 1000m 以下，站区属多雷区。

▶▶第 36 题［接地导体热稳定截面］20. 若该风电场的 110kV 配电装置接地均压网采用镀锌钢材，试求其最小截面积为下列哪项数值？（计算假定条件如下：通过接地线的短路电流稳定值 $I_{jd}=3.85$kA，短路等效持续时间 $t_d=0.5$s）   （   ）

(A) 38.89mm²   (B) 30.25mm²
(C) 44.63mm²   (D) 22.69mm²

【答案及解答】B

由 GB/T 50065—2011 附录 E.0.2 可得 $C=70$，根据式（E.0.1）可得接地导体截面为

$$S_g \geqslant \dfrac{3850}{70}\times\sqrt{0.5} = 38.89 \text{ (mm}^2\text{)}$$

又由 GB/T 50065—2011 第 4.3.5-3 款可知接地均压网的截面积不宜小于接地导体的 75%，故接地均压网镀锌钢材最小截面积为 38.89×75%=29.17 (mm²)，所以选 B。

【考点说明】

（1）本题的坑点在 75%，否则错选 A 的可能性极大。
（2）如 C 值误用铝材的 120，则可能错选 D。

【注释】

（1）注意接地网的接地线和接地极的区别。
（2）水平接地极是指埋入地中并直接与大地接触的金属导体。
（3）接地线是指电气装置、设施的接地端子与地中接地极连接的金属导体部分。
（4）根据热稳定性条件，未考虑腐蚀时，接地装置接地极的截面积不宜小于连接至接地

装置的接地线截面积的 75%。

【2013 年上午题 7~10】 某新建电厂一期安装两台 300MW 机组，采用发电机—变压器单元接线接入厂内 220kV 屋外中型配电装置，配电装置采用双母线接线。在配电装置架构上装有避雷针进行直击雷保护，其海拔不高于 1000m。主变压器中性点可直接接地或不接地运行。配电装置设置了以水平接地极为主的接地网，接地电阻为 0.65Ω，配电装置（人脚站立）处的土壤电阻率为 100Ω·m。

▶▶ **第 37 题 [接地导体热稳定截面]** 10. 若 220kV 配电装置的接地引下线和水平接地体采用扁钢，当流过接地引下线的单相短路接地电流为 10kA 时，按满足热稳定条件选择，计算确定接地装置水平接地体的最小截面积应为下列哪项数值（设主保护的动作时间 10ms，断路器失灵保护动作时间 1s，断路器开断时间 90ms，第一级后备保护的动作时间 0.6s；接地体发热按 400℃）？ （　　）

(A) 90mm^2　　　　　　　　(B) 112.4mm^2
(C) 118.7mm^2　　　　　　　(D) 149.8mm^2

【答案及解答】 B

由 GB/T 14285—2023 第 5.5.1-b）款可知 220kV 双母线接线宜配两套主保护，结合 GB/T 50065—2011 附录第 E.0.3 条可得 $T_e \geq 0.01+1+0.09=1.1(s)$。

由 GB 50065—2011 附录 E 式（E.0.1）可得接地导体最小截面为

$$S_g \geq \frac{10 \times 10^3}{70} \times \sqrt{1.1} = 149.8 \text{ (mm}^2\text{)}$$

又由该规范第 4.3.5 条可得水平接地极最小截面积=149.8×0.75=112.4 (mm^2)，所以选 B。

【考点说明】

（1）本题坑点之一为 0.75，不注意则会误选 D。

（2）本题坑点之二为时间 T_e 取值，是选用式（E.0.3-1）还是式（E.0.3-2），关键看配几套主保护，这需要结合 GB/T 14285—2023 来确定。本题中的"第一级后备保护的动作时间 0.6s"为干扰参数，如用式（E.0.3-2）计算，则误选答案 C 或 A。

【2017 年上午题 11~15】 某电厂位于海拔 2000m 处，计划建设 2 台额定功率为 350MW 的汽轮发电机组，汽轮机配置 30%的启动旁路，发电机采用机端自并励静止励磁系统，发电机经过主变压器升压接入 220kV 配电装置。主变压器额定变比为 242kV/20kV，主变压器中性点设隔离开关，可以采用接地或不接地方式运行。发电机设出口断路器，设一台 40MVA 的高压厂用变压器，机组启动由主变压器通过厂高变倒送电源，两台机组相互为停机电源。不设启动/备用变压器。出线线路侧设电能计费关口表。主变压器高压侧、发电机出口、高压厂用变压器高压侧设电能考核计量表。

▶▶ **第 38 题 [接地导体热稳定截面]** 14. 若厂内 220kV 配电装置最大接地故障短路电流为 30kA。折算至 220kV 母线的厂内零序阻抗 0.04、系统侧零序阻抗 0.02，发生单相接地故障时故障切除时间为 200ms，220kV 的等效时间常数 X/R 为 30。若采用扁钢作为接地极，计算确定扁钢接地极（不考虑引下线）的热稳定截面最小不宜小于下列哪项数值？ （　　）

(A) 143.7mm²   (B) 154.9mm²
(C) 174.3mm²   (D) 232.4mm²

【答案及解答】 C

依据 GB/T 50065—2011 第 4.3.5-3 条、表 B.0.3（查得 D_f=1.2125）、式（E.0.1），可得

$$S_g \geqslant 0.75 \times \frac{30000 \times 1.2125}{70} \times \sqrt{0.2} = 174.3 \text{ (mm}^2\text{)}$$

【注释】

（1）厂站的接地装置在流过短路电流时，其截面应进行热稳定的校验，以保证接地装置的安全。

（2）计算接地极截面时，应取最严重情况下的短路电流进行计算，即最大短路电流，该短路电流时由对称分量和直流分量构成。而直流分量从短路发生的 0s 起到断路器切断时，会根据电网的衰减时间常数 X/R 衰减的。这些，在计算时都可以查表得到。

（3）接地体材质不同，耐热程度也有区别。应根据钢、铝和铜、铜覆材料不同的热稳定系数计算。

（4）接地故障的持续时间，应计及继电保护动作时间和断路器的全开断时间。

【2018 年上午题 10～13】 某电厂的 750kV 配电装置采用屋外敞开式布置。750kV 设备的短路电流水平为 63kA（3s），800kV 断路器 2s 短时耐受电流为 63kA，断路器开断时间为 60ms，750kV 配电装置最大接地故障（单相接地故障）电流为 50kA，其中电厂发电机组提供的接地故障电流为 15kA，系统提供的接地故障电流为 35kA。

假定 750kV 配电装置区域接地网敷设在均匀土壤中，土壤电阻率为 150Ω·m，750kV 配电装置区域地面铺 0.15m 厚的砾石，砾石土壤电阻率为 5000Ω·m，请分析计算并解答下列各小题。

▶▶ **第 39 题** [接地导体热稳定截面] 13. 若 750kV 最大接地故障短路电流为 50kA，电厂接地网导体采用镀锌扁钢，两套速动主保护动作时间为 100ms，后备保护动作时间为 1s，断路器失灵保护动作时间为 0.3s，则 750kV 配电装置主接地网不考虑腐蚀的导体截面不宜小于下列哪项数值？   ( )

(A) 363mm²   (B) 484mm²
(C) 551mm²   (D) 757mm²

【答案及解答】 A

依据 GB/T 50065—2011 中 E.0.3 式（E.0.3-1）可得 t_e = 0.1+0.3+0.06 = 0.46(s)；

依据第 4.3.5 条、附录第 E.0.1 条式（E.0.1）及第 E.0.2 条，扁钢 C=70，可得

$$S_g \geqslant 0.75 \times \frac{I_F}{C}\sqrt{t_e} = 0.75 \times \frac{50 \times 1000}{70} \times \sqrt{0.46} = 363 \text{ (mm}^2\text{)}$$

【2018 年下午题 15～19】 一台 300MW 水氢冷却汽轮发电机经过发电机断路器、主变压器压器接入 330kV 系统，发电机额定电压 20kV，发电机额定功率因数 0.85，发电机中性点经高阻接地。主变压器参数为 370MVA，345kV/20kV，U_d=14%（负误差不考虑），主变压

器 330kV 侧中性点直接接地。请依据题意回答下列问题。

▶▶ 第 40 题 [接地导体热稳定截面] 16. 若 330kV 系统单相接地时经接地网入地的故障对称电流为 12kA，330kV 的等效时间常数 X/R 为 30，主保护动作时间为 100ms，后备保护动作时间为 0.95s，断路器开断时间为 50ms，失灵保护动作时间为 0.6s，计算扁钢接地体的最小截面计算值应为下列哪项数值： (　　)

(A) 148.46mm² 　　　　　　　　(B) 157.6mm²
(C) 171.43mm² 　　　　　　　　(D) 179.43mm²

【答案及解答】B

依据 GB/T 50065—2011 式（E.0.3-1）可得 $t = 0.1+0.6+0.05=0.75(s)$；由表 B.0.3 得 $D_f= 1.0618$；由式（B.0.1-3）可得 $I_G = D_f I_g$；由式（E.0.1）和第 4.3.5-3 条可得

$$S \geq \frac{I_G}{C}\sqrt{t} = \frac{12000 \times 1.0618}{70} \times \sqrt{0.75} = 157.6 \text{ (mm}^2\text{)}$$

【2019 年下午题 17～20】 某 2×660MW 燃煤电厂的水源地分别由两台机组的 6kV 高压厂用电系统 A 段（以下简称厂用 6kV 段）双电源供电。水源地设置一段 6kV 配电装置（以下简称水源地 6kV 段）。水源地 6kV 段向水源地 6kV 电动机（设置变频器）和低压配电变压器供电、厂用 6kV 段至水源地 6kV 段的每回电源均采用电缆 YJV-6 3×185 供电，每回电缆长度为 2km，机组 6kV 开关柜的短时耐受电流选择为 40kA，耐受为 4s，高压厂用变压器二次绕组中性点通过低电阻接地，高压厂用变压器参数如下：

(1) 额定容量：50/25-25MVA。
(2) 电压比：22×2×2.5%6.3-6.3kV。
(3) 半穿越阻抗 17%。
(4) 中性点接地电阻：18.18Ω。

水源地设置独立的接地网，水源地主接地网是围绕取水泵房外敷设一个矩形 20m×60m 的水平接地极的环形接地网，水平接地极埋深 0.8m，水源地土壤电阻率为 150Ω·m。分析计算并解答下列各小题。

▶▶ 第 41 题 [接地导体热稳定截面] 20. 水源地主接地网导体采用镀锌扁钢，镀锌扁钢腐蚀速率取 0.05mm/年，接地网设计寿命 30 年。若不考虑电缆电阻对短路电流的影响，也不计电动机反馈电流，取 6kV 厂用电系统的两相接地短路故障时间为 1s，则水源地主接地网的导体截面按 6kV 系统两相接地短路电流选择时，不宜小于下列哪项值？（若扁钢厚度取 6mm） (　　)

(A) 168.5mm² 　　　　　　　　(B) 194.3mm²
(C) 270.6mm² 　　　　　　　　(D) 334.4mm²

【答案及解答】A

依题意，不考虑电缆和电动机反馈电流影响，忽略电缆电阻，则短路电流计算电抗应考虑发电机系统电抗+厂用变电抗+电缆线路电抗，其中电缆电抗由新版一次手册第 109 页表 4-3 取 $X=0.08Ω/km$，题中未给发电机系统电抗，且规范中无法查出，故忽略发电机系统的电抗；由 DL/T 5153—2014 附录 L，GB/T 14285—2023 第 4.3.5-3 款及附录 E 式（E.0.1）可得

$$X_L = X\frac{S_j}{U_j^2} = 0.08 \times 2 \times \frac{100}{6.3^2} = 0.40; \quad X_T = \frac{(1-7.5\%)U_d\%}{100} \cdot \frac{S_j}{S_T} = \frac{(1-7.5\%)\times 17}{100} \cdot \frac{100}{50} = 0.31$$

$$I'' = \frac{I_j}{X_L + X_T} = \frac{9.16}{0.40+0.31} = 12.9(kA); \quad 两相短路电流 I^{(1.1)} = \frac{\sqrt{3}}{2} \times 12.9 = 11.17(kA)$$

考虑腐蚀，第30年剩余截面 $S_G \geqslant \frac{I_G}{C}\sqrt{t_e} \times 0.75 = \frac{11.17 \times 1000}{70} \times \sqrt{1} \times 0.75 = 119.68(mm^2)$

扁钢截面同时考虑长度和宽度虑腐蚀，第 0 年埋入时长度：$L - 0.05 \times 30 = \frac{119.68}{6 - 0.05 \times 30}$

$\Rightarrow L = \frac{119.68}{6-0.05\times 30} + 0.05 \times 30 = 28.1(mm)$；可得第0年埋入扁钢截面 $S = 28.1 \times 6 = 168.6(mm^2)$。

【考点说明】

（1）本题计算厚度方向和宽度方向均考虑腐蚀，依题意扁钢厚度采用 6mm，则说明初始埋入时厚度为 6mm，30 年后的剩余厚度为 (6−0.05×30)(mm)，30 年后的剩余宽度为 $S_{30\text{年后}}$/(6−0.05×30)(mm)，则埋入时的扁钢厚度为6mm，宽度为 $S_{30\text{年后}}$/(6−0.05×30)+0.05×30(mm)（其中 0.05×30 为 30 年的宽度腐蚀裕量），题目所求为埋入时的扁钢截面积；

（2）腐蚀速度 0.05×30=0.15(mm) 为双侧腐蚀速度，单侧腐蚀速度为其一半，即 0.075mm/年；

（3）老版一次手册第 121 页表 4-3。

【2021 年下午题 16～18】某发电厂的 500kV 户外敞开式开关站采用水平接地极为主边缘闭合的复合接地网，接地网采用等间距矩形布置，尺寸为 300m×200m，网孔间距为 5m，敷设在 0.8m 深的均匀土壤中，土壤电阻率为 200Ω·m。假设不考虑站区场地高差，试回答以下问题。

▶▶ 第 42 题 [接地导体热稳定截面] 18.假定开关站内发生接地故障时的最大接地故障电流为 45kA，双套速动保护动作时间为 90ms，后备保护动作时间为 800ms，断路器失灵保护动作时间为 500ms，断路器开断时间为 50ms。接地导体采用镀锌钢材，则开关站主接地网接地导体的最小截面计算值最接近下列哪项（不考虑腐蚀裕量）？　　　　（　　）

（A）225mm²　　　　　　　　　　（B）386mm²
（C）468mm²　　　　　　　　　　（D）514mm²

【答案及解答】B

由 GB/T 50065—2011 第 4.3.5-3 条及附录 E 可得

$$S_g \geqslant 0.75 \times \frac{I_g}{C}\sqrt{t_s} = 0.75 \times \frac{45 \times 10^3}{70} \times \sqrt{0.09+0.5+0.05} = 386(mm^2)$$

【考点说明】

题目所求的是主接地网接地导体的截面，也就是主接地网的导体截面，属于水平接地极。根据 GB/T 50065—2011 第 2.0.7 条的定义：所谓的接地导体是指为设备（系统、装置）的给定点与接地网之间提供导电通路的连接导体。本题中的接地导体是接地网自身的接地导体，不是为设备与接地网提供导电通路的导体。此处如果概念模糊，会错选 D。

【2022 年补考下午题 11～15】某水电站接地网由坝区接地网，引水发电系统接地网，

地面 500kV 开关站接地网等组成。500kV 配电装置的继电保护配套有 2 套速动主保护，主保护动作时间 30ms，断路器失灵保护动作时间 0.32s，断路器开断时间 50ms，第一级后备保护动作时间 0.95s。请分析并解答下列问题。

▶▶ 第 43 题 [接地导体热稳定截面] 14. 若 500kV 开关站区域最大接地故障对称短路电流有效值为 30.5kA，X/R 为 30，主接地网采用镀锌扁钢，镀锌扁钢两侧总腐蚀速率取 0.04mm/年，接地网设计寿命 50 年，则接地网的接地极（镀锌扁钢厚度取 6mm）截面最小应为下列哪个数值。　　　　　　　　　　　　　　　　　　　　　　　　　　　　　　　（　　）

(A) 322.014mm²　　　　　　　　　　(B) 357.054mm²
(C) 472.074mm²　　　　　　　　　　(D) 525.066mm²

【答案及解答】B

由 GB/T 50065—2011 附录 E 式（E.0.1），得

$t_e = t_m + t_f + t_o = 0.03 + 0.32 + 0.05 = 0.4(s)$；$\dfrac{X}{R}=30$ 查表 B.0.3 可得 $D_f = 1.113$，即

$S_g \geq \dfrac{30.5 \times 1.113 \times 1000}{70} \times \sqrt{0.4} = 306.71 (mm^2)$，

再由该规范第 4.3.5-3 款，接地网水平接地极 $75\% \times 306.71 = 230 mm^2$，设扁钢为 $a \times b$，即 $a \times 6 = S$

$S' = (a - 50 \times 0.04) \times (6 - 50 \times 0.04) > 230 mm^2 \Rightarrow (a-2) \times 4 > 230 mm^2 \Rightarrow a > 59.5 mm^2$

$S = 59.5 \times 6 = 357 (mm^2)$

考点 9　接地网电阻计算

【2008 年下午题 11～15】 某 220kV 配电装置内的接地网，是以水平接地极为主，垂直接地极为辅，且边缘闭合的复合接地网。已知接地网的总面积为 7600m²，测得平均土壤电阻率为 68Ω·m，系统最大允许方式下的单相接地短路电流为 25kA，接地短路电流持续时间 2s，据以上条件解答下列问题：

▶▶ 第 44 题 [接地网电阻计算] 14. 计算 220kV 配电装置内复合接地网接地电阻为下列何值？（按简易计算式算）　　　　　　　　　　　　　　　　　　　　　　　　　（　　）

(A) 10Ω　　　　　　　　　　　　　　(B) 5Ω
(C) 0.39Ω　　　　　　　　　　　　　(D) 0.5Ω

【答案及解答】C

由 GB/T 50065—2011 的附录 A 中式（A.0.4.3）可得复合接地网工频接地电阻为

$$R \approx 0.5 \times \dfrac{68}{\sqrt{7600}} = 0.39 \ (\Omega)$$

【考点说明】

（1）本题属于较简单的题目。GB/T 50065—2011 附录 A 中式（A.0.4）是对前三类接地网标准计算公式的简化，虽然简单但精确度不高，一般只能保证小数点后两位数字。考试时使用哪种方法计算，主要看题目要求。

（2）对于复合接地网，由于式（A.0.3-3）过于复杂，所以大部分使用简易公式计算较方便，也就是本题做法。

【注释】

（1）在发电厂和变电站中的接地装置一般都是水平地极和垂直地极组成的复合接地网。在计算工频接地电阻时，常常采用 GB/T 50065—2011 附录 A 中式（A.0.4-3）进行计算。从该式可看出，工频接地电阻是和闭合接地网的面积的开方成反比。在一个大于 100m² 的接地网中，一味地增加只有 2.5m 长的垂直接地极，由于互阻的影响，对降低接地电阻提供的帮助并不大。电流都是通过接地网向地中散流的，所以面积对减小散流电阻起的作用要大一些。

（2）从计算公式还可以看出，土壤电阻率的大小对接地电阻起决定性的作用。如果欲降低接地电阻，增加地网的面积和改变土壤的电阻率是主攻方向。

（3）简化公式计算的是工频接地电阻，是指单相接地短路电流通过地网流向地中的电阻。电流是工频性质，波头时间相对很长，会从整个地网入地。但雷电流有所不同，由于雷电流的波头陡度很大（电压从零上升至最大值的时间极短），所以雷电流通过地网入地时，只能利用一部分地网入地，还需乘上冲击系数，算出的才是冲击接地电阻。

【2010 年上午题 16~20】 某 220kV 变电站，总占地面积为 12000m²（其中接地网的面积为 10000m²），220kV 系统为有效接地系统，土壤电阻率为 100Ω·m，接地短路电流为 10kA，接地故障电流持续时间为 2s，工程中采用钢接地线作为全所接地网及电气设备的接地（钢材的热稳定系数取 70）。请根据上述条件计算下列各题：

▶▶ 第 45 题［接地网电阻计算］19. 采用简易计算方法，计算该变电站采用复合式接地网，其接地电阻是多少？ （　　）

(A) 0.2Ω　　　　　　　　　　　(B) 0.5Ω

(C) 1Ω　　　　　　　　　　　　(D) 4Ω

【答案及解答】B

由 GB/T 50065—2011 附录 A 中式（A.0.4-3）可得复合式接地网接地电阻（简易计算）

$$R \approx 0.5 \frac{\rho}{\sqrt{S}} = 0.5 \frac{100}{\sqrt{10000}} = 0.5 \ (\Omega)$$

【注释】

本题具有典型性。$\rho=100\Omega \cdot m$ 和 $S=100\times100m^2$ 的情况是普通情况，所能达到 0.5Ω 的水平也是正常情况下可以获得的结果。

当变电站处于山坡上，地质土壤以碎石为主时，或当变电站处于城市繁华地带，周围大厦林立，采用 GIS 后占地面积很小，周围又无处延伸扩充时，都会为降低接地电阻带来困难，迫使设计者降低单相接地电流或提高短路时的地网电位允许升高水平。

【2018 年上午题 10~13】 某电厂的 750kV 配电装置采用屋外敞开式布置。750kV 设备的短路电流水平为 63kA（3s），800kV 断路器 2s 短时耐受电流为 63kA，断路器开断时间为 60ms，750kV 配电装置最大接地故障（单相接地故障）电流为 50kA，其中电厂发电机组提供的接地故障电流为 15kA，系统提供的接地故障电流为 35kA。假定 750kV 配电装置区域接地网敷设在均匀土壤中，土壤电阻率为 150Ω·m，750kV 配电装置区域地面铺 0.15m 厚的砾石，砾石土壤电阻率为 5000Ω·m，请分析计算并解答下列各小题。

第 9 章 电力系统接地

▶▶ **第 46 题 [接地网电阻计算]** 10. 750kV 配电装置区域接地网是以水平接地极为主边缘闭合的复合接地网，接地网总面积为 54000m²，请简易计算 750kV 配电装置区域接地网的接地电阻为下列哪项数值？ （ ）

(A) 4Ω (B) 0.5Ω
(C) 0.32Ω (D) 0.04Ω

【答案及解答】 C

依据 GB/T 50065—2011 第 A.0.4-3 条可得 $R \approx \dfrac{0.5\rho}{\sqrt{S}} = \dfrac{0.5 \times 150}{\sqrt{54000}} = 0.32(\Omega)$。

【2019 年下午题 17~20】 某 2×660MW 燃煤电厂的水源地分别由两台机组的 6kV 高压厂用电系统 A 段（以下简称厂用 6kV 段）双电源供电。水源地设置一段 6kV 配电装置（以下简称水源地 6kV 段）。水源地 6kV 段向水源地 6kV 电动机（设置变频器）和低压配电变压器供电、厂用 6kV 段至水源地 6kV 段的每回电源均采用电缆 YJV-6 3×185 供电，每回电缆长度为 2km，机组 6kV 开关柜的短时耐受电流选择为 40kA，耐受为 4s，高压厂用变压器二次绕组中性点通过低电阻接地，高压厂用变压器参数如下：

（1）额定容量：50/25-25MVA。 （2）电压比：22×2×2.5%6.3-6.3kV。
（3）半穿越阻抗 17%。 （4）中性点接地电阻：18.18Ω。

水源地设置独立的接地网，水源地主接地网是围绕取水泵房外敷设一个矩形 20m×60m 的水平接地极的环形接地网，水平接地极埋深 0.8m，水源地土壤电阻率为 150Ω·m。分析计算并解答下列各小题。

▶▶ **第 47 题 [中-接地网电阻计算]** 17. 假定水源地主接地网的水平接地极采用 50mm×6mm 镀锌扁钢。计算水源地接地网的接地阻为下列哪项值？ （ ）

(A) 4Ω (B) 2.25Ω
(C) 0.5Ω (D) 0.04Ω

【答案及解答】 B

依题意，由《交流电气装置的接地设计规范》（GB/T 50065—2011）附录 A 式（A.0.2）可得

$$R_h = \dfrac{150}{2 \times \pi \times (60+20) \times 2} \times \left\{ \ln \dfrac{[(60+20) \times 2]^2}{0.8 \times \dfrac{50}{2} \times 10^{-3}} + 1 \right\} = 2.247(\Omega)$$

【考点说明】

本题考查接地电阻选择，题设"围绕取水泵房外敷设一个矩形 20m×60m 的水平接地极的环形接地网"，乍一看容易认为这是一个水平接地极构成的网状水平接地网，如果用简易计算法，可用《交流电气装置的接地设计规范》（GB/T 50065—2011）附录 A 式（A.0.4-3），$R \approx 0.5 \times \dfrac{150}{\sqrt{60 \times 20}} = 2.165(\Omega)$，不完全贴合 B 选项，如果用接地网精确计算公式（A.0.3），此时不知道水平接地极总长度，可用通过该规范附录 D 查出间距算出总的水平接地极长度，但计算结果为 1.991Ω，相差更大。按接地极接地电阻公式[式（A.0.2)]计算，可用准确得到答

案 B，但该公式是计算接地极的公式，不是计算接地网的公式，从计算结果来看，题目描述的其实是一个"口"字形的环形接地带，而不是习惯认为的网状"水平接地网"。

【2022 年补考下午题 11~15】 某水电站接地网由坝区接地网，引水发电系统接地网，地面 500kV 开关站接地网等组成。500kV 配电装置的继电保护配套有 2 套速动主保护，主保护动作时间 30ms，断路器失灵保护动作时间 0.32s，断路器开断时间 50ms，第一级后备保护动作时间 0.95s。请分析并解答下列问题。

▶▶ **第 48 题 [接地网电阻计算]** 11．坝区水域面积约为 12500m²，水深约为 20m，河水电阻率为 46Ω·m，河床电阻率 460Ω·m，敷设水下接地网面积约为 7500m² 请计算坝区水下接地网电阻为下列哪项数值？　　　　　　　　　　　　　　　　　　　　　　（　　）

(A) 0.266Ω　　　　　　　　　　　　(B) 0.403Ω

(C) 0.46Ω　　　　　　　　　　　　 (D) 0.2656Ω

【答案及解答】 C

由老版一次手册第 915~916 页图 16、图 17、式（16-23）可得 $\frac{\rho_s}{\rho_0} = \frac{46}{460} = 1:10$，查图的 $K_s = 0.4$，$R_w = 0.4 \times \frac{46}{40} = 0.46(\Omega)$，所以选 C。

【2023 年下午题 17~19】 某水电站接地网由坝区接地网、引水发电系统接地网、地面 500kV 开关站接地网等组成，请分析计算并解答下列各小题？

▶▶ **第 49 题 [接地网电阻计算]** 17．坝区水域面积约为 122500m²，水深约为 10m，河水电阻率为 38Ω·m，河床电阻率为 1900Ω·m，敷设由 50m×5m 镀锌接地扁钢构成的水下接地网面积约为 40000m²，接地网网孔大小约为 20m×20m，计算坝区水平接地网电阻为下列哪项数值？　　　　　　　　　　　　　　　　　　　　　　（　　）

(A) 0.11Ω　　　　　　　　　　　　(B) 0.86Ω

(C) 1.14Ω　　　　　　　　　　　　(D) 5.46Ω

【答案及解答】 C

由 NB/T 35050—2015 附录 A 式（A.0.3）可得

$R = k_s \frac{\rho_s}{40}$；　　$\rho_2/\rho_1 = 1900/38 = 50$；　　$\sqrt{S} = \sqrt{4000} = 200$

查该规范图 A.0.3-4 可得 $k_s=0.9+(1.5-0.9)/2=1.2$，所以 $R=1.2 \times \frac{38}{40} = 1.14(\Omega)$，选 C。

【考点说明】 本题参数较多，作答时保持思路清晰，按部就班即可轻松解决。

▶▶ **第 50 题 [接地网电阻计算]** 18．为有效降低接地电阻，经对土壤电阻率的实际测量，发现在电站进水口附近的山体中，覆盖层的土壤电阻率为 5000Ω·m，5m 厚的覆盖层以下的岩石经水长期浸渍，土壤电阻率为 100Ω·m，故在此位置附近设置单个总深度为 80m 的接地深井，深井采用 Φ80 厚壁钢管，两层土壤深埋接地体的影响系数取 1。接地体与钻孔间采用土壤电阻率约为 100Ω·m 的回填土致密回填，共设置接地深井 3 个，间距约为 100m，接地深井导体互联，接地深井相互影响系数按 0.85 考虑，接地电阻计算时忽略水平连接导体，

请计算这 3 个接地深井的总接地电阻为下列哪项数值?　　　　　　　　　　(　　)

（A）0.558Ω　　　　　　　　　　　　（B）0.624Ω
（C）0.657Ω　　　　　　　　　　　　（D）0.773Ω

【答案及解答】D

由 NB/T 35050—2015 附录 A.0.4-1、附录 A.0.4-3；因为深度 $l=80>5$，所以

$$\rho_a = \frac{\rho_1\rho_2}{\frac{H}{l}\times(\rho_2-\rho_1)+\rho_1} = \frac{5000\times100}{\frac{5}{80}\times(100-5000)+5000} = 106.5(\Omega\cdot m)$$

依题意；两层土壤影响系数 $C=1$，$\Phi80$ 厚钢管直径 $d=0.08m$，可得

$$R = \frac{\rho_a}{2\pi l}(\ln\frac{4l}{d}+c) = \frac{106.5}{2\pi\times80}\times(\ln\frac{4\times80}{0.08}+1) = 1.97(\Omega)$$

依题意相互影响系数为 0.85，参考该规范式（6.2.3）可得

$$三个深井 R_3 = \frac{R}{3}\times\frac{1}{0.85} = 0.773(\Omega)$$

【考点说明】

本题计算单个接地深井的接地电阻时不难，在计算总电阻时，接地深井相互影响系数是乘还是除容易选错。相互影响系数是对接地效果的削弱，也就是该系数会增大接地电阻值，故在计算电阻值时应除以该系数。本题若错乘 0.85，结果为 0.558，会误选 A。不考虑相互影响系数 0.85 会错选 C。

考点 10　接地网面积计算

【2008 年下午题 11～15】 某 220kV 配电装置内的接地网，是以水平接地极为主，垂直接地极为辅，且边缘闭合的复合接地网。已知接地网的总面积为 7600m²，测得平均土壤电阻率为 68Ω·m，系统最大允许方式下的单相接地短路电流为 25kA，接地短路电流持续时间 2s，据以上条件解答下列问题：

▶▶ **第 51 题** [接地网面积计算] 13. 假设 220kV 配电装置内的复合接地网采用镀锌扁钢，其热稳定系数为 70，保护动作时间和断路器开断时间之和为 1s，计算热稳定选择的主接地网规格不应小于下列哪种?　　　　　　　　　　　　　　　　　　　　　(　　)

（A）50×6mm²　　　　　　　　　　　（B）50×8mm²
（C）40×6mm²　　　　　　　　　　　（D）40×8mm²

【答案及解答】A

由 DL/T 621—1997 附录 C 中式（C.1），结合 DL/T 621—1997 第 6.2.8 条可得

$$S_g \geq \frac{0.75\times25\times10^3}{70}\times\sqrt{1} = 267.86 \text{ (mm}^2\text{)}$$

取 50×6mm²，所以选 A。

【考点说明】

（1）今后的考试应引用 GB/T 50065—2011 附录 E 中式（E.0.1），参数 0.75 引用第 4.3.5-3 条。0.75 是本题最大的坑点，如不乘，则会错选 B。

（2）接地导体热稳定效验是接地规范的重要考点，应熟练掌握。在 DL/T 621—1997 中热

稳定校验用的时间是"短路的等效持续时间",计算接触和跨步电位差用的时间是"接地短路（故障）电流的持续时间",所以本题大题干给了一个时间 2s,是用来算接触和跨步电位差的,小题干给的时间 1s 是用来校验接地导体热稳定的。本小题的时间如果用大题干的 2s,则截面积为 378.81mm²,会错选 B,这也是本题按照 DL/T 621—1997 作答的原因。

但是在 GB/T 50065—2011 中对时间的定义有了较大变化,无论是接触和跨步电位差还是接地导体热稳定效验,统一用"接地故障的等效持续时间"（类似于本题的 2s）,这一变化应引起读者重视,在今后的考试中合理选取时间。

【注释】

（1）GB/T 50065—2011 第 4.3.5-3 条规定水平接地极之所以要乘 75%,并不是因为腐蚀,而是因为式（E.0.1）计算出的是总电流流过的接地引下线截面积,该电流流入接地网时会被水平接地极分流,最少分成两路,每路 50%,增加 25%的裕量,为 75%。

（2）DL/T 621—1997 已经作废,已被 GB/T 50065—2011 取代,考试时若引用规程,应引用 GB/T 50065—2011。

考点 11　避雷针接地电阻计算

【2010 年上午题 16～20】　某 220kV 变电站,总占地面积为 12000m²（其中接地网的面积为 10000m²）,220kV 系统为有效接地系统,土壤电阻率为 100Ω·m,接地短路电流为 10kA,接地故障电流持续时间为 2s,工程中采用钢接地线作为全所接地网及电气设备的接地（钢材的热稳定系数取 70）。请根据上述条件计算下列各题:

▶▶ 第 52 题 [避雷针接地电阻计算] 20. 如变电站采用独立避雷针,作为直接防雷保护装置,其接地电阻值不大于多少?　　　　　　　　　　　　　　　　　　　　（　　）

（A）10Ω　　　　　　　　　　　　（B）15Ω
（C）20Ω　　　　　　　　　　　　（D）25Ω

【答案及解答】A

由 DL/T 621—1997 第 5.1.2 条:独立避雷针（含悬挂独立避雷线的架构）的接地电阻,在土壤电阻率不大于 500Ω·m 的地区不应大于 10Ω,所以选 A。

【考点说明】

今后考试可引用 GB/T 50064—2014 第 5.4.6-2 条。

【注释】

在发电厂和变电站中一般是在下列地方设立独立避雷针:距离 110kV 及以上的配电装置架构较远处,66kV 及以下户内外配电装置,有爆炸危险且爆炸后会波及发电厂和变电站内主设备或严重影响发供电的建（构）筑物。独立避雷针宜设独立的接地装置。GB/T 50064—2014 第 5.4.6 条第 2 款规定:"在非高土壤电阻率地区,冲击接地电阻不宜超过 10Ω。"

10Ω 的规定已是独立避雷针最低泄漏电流的需要,其独立的接地装置距主接地网的地中距离,与主接地网地中电气设备连接的距离以及与带电体的空气距离都是按 10Ω 进行防止反击计算的。

【2014年上午题6~10】 某电力工程中的220kV配电装置有3回架空出线，其中两回同塔架设。采用无间隙金属氧化物避雷器作为雷电过电压保护，其雷电冲击全波耐受电压为850kV。土壤电阻率为50Ω·m。为防直击雷装设了独立避雷针，避雷针的工频冲击接地电阻为10Ω，请根据上述条件回答下列各题（计算保留两位小数）。

▶▶ **第53题 [避雷针接地电阻计算]** 7. 若独立避雷针接地装置的水平接地极形状为口形，总长度8m，埋设深度为0.8m，采用50mm×5mm扁钢，计算其接地电阻应为下列哪项数值？ （　　）

（A）6.05Ω　　　　　　　　　　（B）6.74Ω
（C）8.34Ω　　　　　　　　　　（D）9.03Ω

【答案及解答】 D

依题意，由 GB/T 50065—2011 附录中表 A.0.2 可得形状系数为 1；由式（A.0.1-3）可得 $d=\dfrac{0.05}{2}=0.025(\text{m})$；由式（A.0.2）可得水平接地极的接地电阻为

$$R_\text{h} = \frac{50}{2\pi \times 8}\left(\ln\frac{8^2}{0.8\times 0.025}+1\right)=9.023\ (\Omega)$$

【注释】

（1）独立避雷针的接地电阻和线路杆塔的接地电阻计算公式是一样的 [请对照 GB/T 50065—2011 附录中式（A.0.2）和式（F.0.1）两个公式]，所不同的是形状系数 A 有区别，它们计算的结果都是工频接地电阻，在考核其标准值时，还应乘以冲击系数。

雷电冲击电流入地时，会将土壤中的一些不实空隙击穿，产生火花效应，使接地电阻下降，所以冲击系数都小于 1。

（2）从计算公式中可以看到，工频接地电阻阻值与土壤电阻率 ρ 成正比关系。本题中，若 ρ=100Ω·m，则计算结果加倍，不能满足避雷针工频冲击接地电阻 10Ω 的要求，必须伸长水平接地体的长度，改变接地极的形状。

【2014年下午题14~19】 某调峰电厂安装有 2 台单机容量为 300MW 的机组，以220kV电压接入电力系统，3回220kV架空出线的送出能力满足 N–1 要求。220kV升压站为双母线接线，管母中型布置。单元机组接线如下图所示（注：本题配图略）。

发电机额定电压为 19kV，发电机与变压器之间装设发电机出口断路器 GCB，发电机中性点为高阻接地；高压厂用工作变压器支接于主变压器低压侧与发电机出口断路器之间，高压厂用电额定电压为 6kV，6kV系统中性点为高阻接地。

▶▶ **第54题 [避雷针接地电阻计算]** 18. 若平面布置图（见下图）中避雷针P的独立接地装置由 2 根长 12m、截面积 100×10mm² 的镀锌扁铁交叉焊接成十字形水平接地极构成，埋深 2m，该处土壤电阻率为 150Ω·m。

请计算该独立接地装置接地电阻值最接近下列哪项数值？ （　　）

（A）9.5Ω　　　　　　　　　　（B）4Ω
（C）2.6Ω　　　　　　　　　　（D）16Ω

【答案及解答】 A

由 GB 50065—2011 附录 A 中第 A.0.2 条可得

$$R_{\mathrm{n}} = \frac{\rho}{2\pi L}\left(\ln\frac{L^2}{hd}+A\right) = \frac{150}{2\pi\times(2\times12)}\times\left[\ln\frac{(2\times12)^2}{2\times0.1/2}+0.89\right] = 9.5\ (\Omega)$$

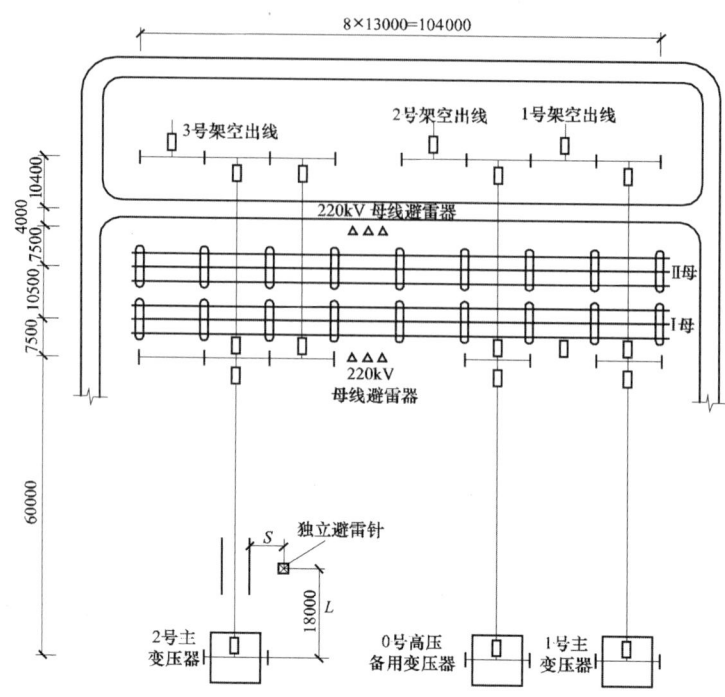

【2011年下午题21~25】 某500kV变电站中有750MVA、500kV/220kV/35kV主变压器两台。35kV母线分列运行、最大三相短路容量为2000MVA，是不接地系统。拟在35kV侧安装几组并联电容器组。请按各小题假定条件回答下列问题：

▶▶ **第55题**[避雷针接地电阻计算] 25. 假设站内避雷针的独立接地装置采用水平接地极，水平接地极采用直径为ϕ10mm的圆钢，埋深0.8m，土壤电阻率100Ω·m，要求接地电阻不大于10Ω。请计算当接地装置采用下列哪种形状时，能满足接地电阻不大于10Ω的要求？ (　　)

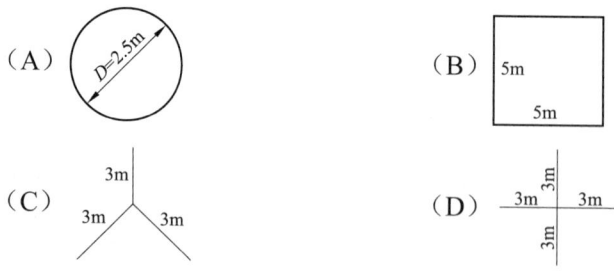

【答案及解答】B

由 GB/T 50065—2011 附录 A 式（A.0.2）可得

A 项：$R_{\mathrm{h}} = \dfrac{100}{2\pi\times2.5\pi}\times\left[\ln\dfrac{(2.5\pi)^2}{0.8\times0.01}+0.48\right] = 19.12\ (\Omega)$，不符合要求。

B 项：$R_\mathrm{h} = \dfrac{100}{2\pi \times 4 \times 5} \times \left[\ln \dfrac{(4\times 5)^2}{0.8 \times 0.01} + 1\right] = 9.4\ (\Omega)$，符合要求。

C 项：$R_\mathrm{h} = \dfrac{100}{2\pi \times 3 \times 3} \times \left[\ln \dfrac{(3\times 3)^2}{0.8 \times 0.01} + 0\right] = 16.3\ (\Omega)$，不符合要求。

D 项：$R_\mathrm{h} = \dfrac{100}{2\pi \times 4 \times 3} \times \left[\ln \dfrac{(4\times 3)^2}{0.8 \times 0.01} + 0.89\right] = 14.2\ (\Omega)$，不符合要求。

所以选 B。

考点 12　杆塔（避雷针）接地电阻计算

【2013 年上午题 21~25】　500kV 架空送电线路，导线采用 4×LGJ-400/35，子导线直径 26.8mm，单位质量 1.348kg/m，位于土壤电阻率 100Ω·m 地区。

▶▶ **第 56 题［杆塔接地电阻计算］** 22. 某铁塔需加人工接地极以降低接地电阻，若采用 10 号圆钢，按十字形状水平敷设，接地极埋设深度为 0.6m，4 条射线长度均为 10m，请计算该塔工频接地电阻应为何值（不考虑钢筋混凝土基础的自然接地效果，形状系数取 0.89）？
（　　）

（A）2.57Ω　　　　　　　　　（B）3.68Ω
（C）5.33Ω　　　　　　　　　（D）5.63Ω

【答案及解答】 C

依据 GB/T 50065—2011 附录 F 中第 F.0.1 条可得

$$R_\mathrm{h} = \dfrac{\rho}{2\pi L}\left(\ln \dfrac{L^2}{hd} + A\right) = \dfrac{100}{2\pi \times 4 \times 10} \times \left(\ln \dfrac{40^2}{0.6 \times 10 \times 10^{-3}} + 0.89\right) = 5.328(\Omega)$$

【考点说明】

考查接地电阻计算。该部分主要考点在 GB 50065—2011 第 5.1.6~5.1.9 条，以及附录 A、附录 F 相关内容。老版线路手册第 139 页关于接地计算的部分公式与 GB 50065—2011 有些不同，需要重点注意区别，答题时根据题干隐含内容进行选择。该类题目作答时重点注意计算单位的选取，也是容易出错的地方，代错数值会有相应的答案选项，也是出题者设置的陷阱，务必留意。

【2024 年上午题 21~25】　某 500kV 交流单回输电线路位于丘陵地区，最高工作电压为 550kV，设计基本风速为 27m/s，设计覆冰厚度为 10mm，直线塔采用悬垂酒杯型杆塔，耐张塔采用干字型杆塔，导线采用 4 分裂钢芯铝绞线，分裂间距 450mm，地线采用铝包钢绞线，导地线参数如表 1 所示，某代表挡距下导线应力如表 2 所示。

表 1　导地线参数

类别	截面积（mm²）	外径（mm）	重量（kg/km）
导线	672.81	33.8	2078.4
地线	148.07	15.75	473.2

表2 导线应力表

工况	应力（N/mm²）	工况	应力（N/mm²）
最低气温	47.09	最大覆冰	84.82
最大风速	54.57	最高气温	40.64
年平均气温	43.54		

请分析计算并解答下列各小题

▶▶ **第57题[杆塔接地电阻计算]** 22．已知某基杆塔土壤电阻率为1000Ω·m？接地装置采用 ϕ12 镀锌圆钢方框加水平接地射线的型式。如下图所示。该杆塔接地装置的工频接地电阻应为下列哪项数值？　　　　　　　　　　　　　　　　　　　（　　）

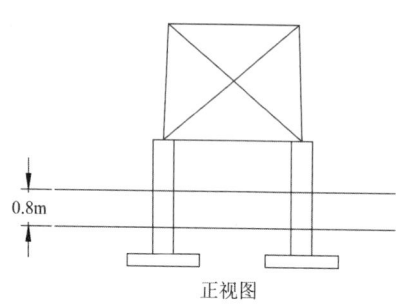
正视图

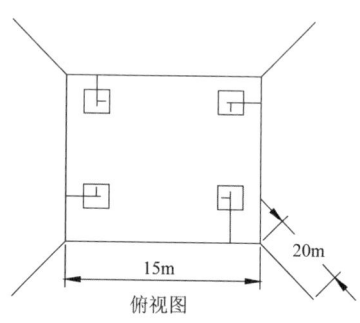
俯视图

（A）16.5Ω
（B）18.5Ω
（C）17.3Ω
（D）9.3Ω

【答案及解答】B

由《交流电气装置的接地设计规范》（GB 50065—2011）附录 F 表 F.0.1，由题设图可知，$h=0.8\text{m}$，$l_1=20$；$l_2=15$，接地电阻计算值为

$A_t = 1.76$；$L = 4(l_1 + l_2) = 4 \times (20+15) = 140$

$R = \dfrac{\rho}{2\pi L}(\ln\dfrac{L^2}{hd} + A_t) = \dfrac{1000}{2 \times 3.14 \times 140} \times (\ln\dfrac{140^2}{0.8 \times 0.012} + 1.76)$
$= 18.53(\Omega)$

所以选 B。

【2022年补考下午题 11～15】 某水电站接地网由坝区接地网，引水发电系统接地网，地面 500kV 开关站接地网等组成。500kV 配电装置的继电保护配套有 2 套速动主保护，主保护动作时间 30ms，断路器失灵保护动作时间 0.32s，断路器开断时间 50ms，第一级后备保护动作时间 0.95s。请分析并解答下列问题。

▶▶ **第58题[避雷针接地电阻计算]** 12．进水口处设置独立避雷针保护露天的启闭机设备，独立避雷针接地装置由水平接地体连接 3 根垂直接地极组成，垂直接地极之间的距离为 6m，水平接地极的工频接地电阻为 15Ω，每根垂直接地极（长度为 3m）的工频接地电阻为 40Ω，单根接地体的冲击系数均取 0.4，请计算接地装置的冲击接地电阻为下列哪项数值？
　　　　　　　　　　　　　　　　　　　　　　　　　　　　　　　　　　　　（　　）

（A）2.824Ω　　　　　　　　　　　（B）3.529Ω

（C）4.034Ω　　　　　　　　　　　（D）10.084Ω

【答案及解答】C

由 GB/T 50065—2011，第 5.1.7 条式（5.1.7）水平接地极接地电阻 $R_i = 0.4 \times 15 = 6\Omega = R_{hi}$，每根垂直接地极冲击接地电阻 $R_i = 0.4 \times 40 = 16\Omega = R_{vi}$。

由附录 F 表 F.0.4 得 $\dfrac{D}{l} = \dfrac{6}{3} = 2$（较小值用于 $\dfrac{D}{l} = 2$），$\eta_i = 0.7$（冲击利用系数 η_i），由第 5.1.9 条式（5.1.9），得 $R_i = \dfrac{\dfrac{R_{vi}}{n} R_{hi}}{\dfrac{R_{vi}}{n} + R_{hi}} \eta_i = \dfrac{\dfrac{16}{3} \times 6}{\dfrac{16}{3} + 6} \times 0.7 = 4.0336(\Omega)$，选 C。

考点 13　接地极接地电阻计算

【2022 年补考下午题 11～15】　某水电站接地网由坝区接地网，引水发电系统接地网，地面 500kV 开关站接地网等组成。500kV 配电装置的继电保护配套有 2 套速动主保护，主保护动作时间 30ms，断路器失灵保护动作时间 0.32s，断路器开断时间 50ms，第一级后备保护动作时间 0.95s。请分析并解答下列问题。

▶▶ 第 59 题［避雷针接地电阻计算］13. 500kV 开关站区域在接地网的四周设置直径为 25mm 的垂直铸铜铜棒接地极，垂直接地极的剖面图如下图，开关站区域电阻率为 300Ω·m，填入的降阻剂电阻率为 5Ω·m，请计算接地极的接地电阻为下列哪个数值？　　　（　　）

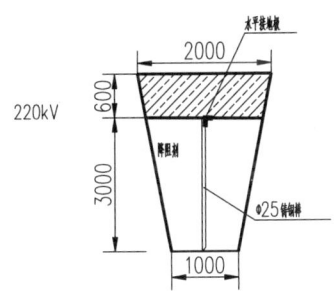

（A）1.638Ω　　　　　　　　　　　（B）29.679Ω

（C）40.548Ω　　　　　　　　　　（D）98.259Ω

【答案及解答】C

由老版一次手册第 917 页式（16-25）人工接地极，则 $R_k = \dfrac{\rho_y}{2\pi l_p} \ln \dfrac{4 l_p}{d_1} + \dfrac{\rho_z}{2\pi l_p} \ln \dfrac{l_p}{d} = \dfrac{300}{2\pi \times 3} \times \ln \dfrac{4 \times 3}{1} + \dfrac{5}{2\pi \times 3} \times \ln \dfrac{1}{0.025} = 40.527(\Omega)$。

考点 14　接地网挑错

【2011 年下午题 6～10】　一座远离发电厂的城市地下变电站，设有 110kV/10kV、50MVA 主变压器两台，110kV 线路 2 回，内桥接线，10kV 出线多回，单母线分段接线。110kV 母线

最大三相短路电流 31.5kA，10kV 母线最大三相短路电流 20kA。110kV 配电装置为户内 GIS，10kV 户内配置为成套开关柜。地下建筑共有三层，地下一层的布置见简图。请按各小题假设条件回答下列问题：

▶▶ **第 60 题**［接地网挑错］10．本变电站的主控通信室内装有计算机监控系统和微机保护装置，主控通信室内的接地布置见简图，图中有错误，请指出图中的错误是哪一条？依据是什么？   （   ）

（A）主控通信室内的环形接地母线与主接地网应一点相连
（B）主控通信室内的环形接地母线不得与主接地网相连
（C）零电位接地铜排不得与环形接地母线相连
（D）零电位接地铜排与环形接地母线两点相连

【答案及解答】D

由 DL/T 5136—2001 第 13.3.3 条可知，零电位母线应仅在一点用绝缘铜绞线或电缆就近接在接地干线上，结合图示可知，D 是错误的，所以选 D。

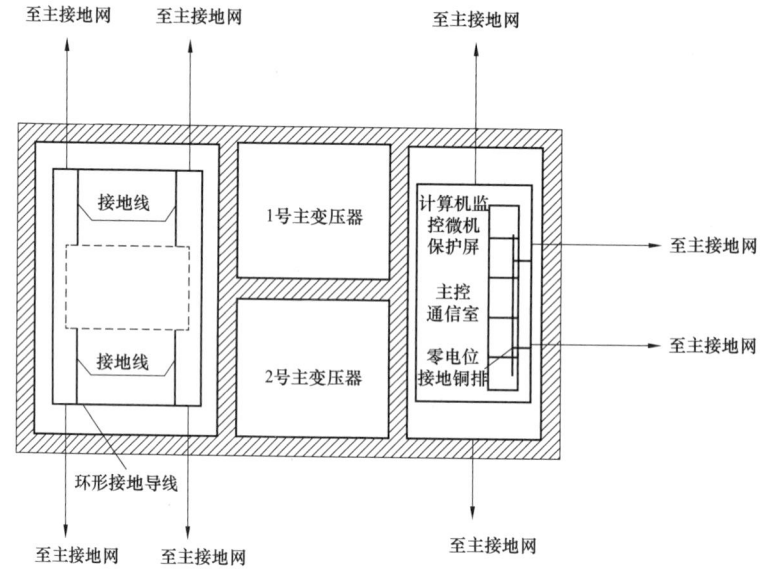

【考点说明】

（1）根据题目年份，选用 DL/T 5136—2001 作答，其条文为"计算机系统应设有截面积不小于 100mm² 的零电位接地铜排，以构成零电位母线。零电位母线应仅由一点焊接引出两根并联的绝缘铜绞线或电缆，并一点与最近的交流接地网的接地干线焊接。例如焊接至控制室电缆夹层的环形接地母线上，环形接地母线应与室外接地网可靠连接，室外接地网应至少有两处与主接地网相连。计算机零电位母线接入主接地网的接地点与大电流入地点连接地导体的距离不宜小于 15m。"该条在 DL/T 5136—2012 中对应第 16.3.3 条，也可参考第 16.2.4 条。可知 C、D 均错误。

（2）依据 DL/T 5216—2017 第 4.8.4 条"地下变电站室内敷设的接地母线应在不同方位至少 4 点与接地网连接。"可知 A、B 均错误。

（3）本题的 4 个选项描述的内容依据规范都是错的，但题目要选的是图中表现出的一个错误，所以选 D。

（4）本题属于无坑不易作答类型，找到条文即可正确作答，但需要对规范较熟悉才能在有限的时间内迅速定位条款。

【注释】

对电子设备及其装置，为保证信号稳定，应具有统一的基准参考电位，并避免有害的电磁场干扰，设置有公用的总接地网，并仅用一点与接地网相连。

第10章 厂用电系统

10.1 概　　述

10.1.1 本章主要涉及规范

《电力工程设计手册　火力发电厂电气一次设计》★★★★★（简称新版一次手册）
《火力发电厂厂用电设计技术规定》（DL/T 5153—2014）★★★★
《220kV～1000kV 变电站站用电设计技术规程》（DL/T 5155—2016）★★★
《大中型火力发电厂设计规范》（GB 50660—2011）★★
参考：《电力工程电气设计手册　电气一次部分》（简称老版一次手册）

10.1.2 真题考点分布（总计36题）

考点1　变电站负荷计算与变压器容量选择（共5题）：第1～5题
考点2　厂用电负荷计算与变压器容量选择（共9题）：第6～14题
考点3　回路电流计算与电器和导体选择（共3题）：第15～17题
考点4　厂用电母线电压计算（共5题）：第18～22题
考点5　启动母线电压计算（共10题）：第23～32题
考点6　厂用电系统设计（共1题）：第33题
考点7　厂用电中性点接地设计（共1题）：第34题
考点8　厂用电备用电源自动投入（BZT）（共1题）：第35题
考点9　电抗器台数选择（共1题）：第36题

10.1.3 考点内容简要

发电厂变电站的厂用电设备选择与相关计算主要依据 DL/T 5153—2014 和 DL/T 5155—2016。主要涉及火电厂（6kV）或变电站的站用电系统。火电厂发电机出口及高压配电系统的内容不在本章范围内，该部分内容请见本书第五章设备选择。

火电厂及变电站的厂（站）用电系统，在历年考试中出题频率属于中等水平，但以火电厂工程为背景的案例题每年都有，并且占主要部分，只是有些内容比如发电机主变压器选择、绝缘配合、避雷器选择、短路电流计算、继电保护等并没有纳入本章。所以读者在备考时应重视各专业知识在火电厂设计中的运用与计算。

DL/T 5153—2014 的各附录中有不少计算公式。在已经考过的真题中，较难的考点有：①负荷计算与变压器选择；②母线电压计算；③母线启动电压计算。

负荷计算是变压器选择的基础，这两项可单独出题也可合在一起出。母线电压计算是变压器分接头选择的基础，变压器分接头选择计算量非常大，但历年真题并未直接考查过。母线启动电压计算尤其是成组自启动的计算步骤较多。总而言之，以上三个考点其难度主要体现在计算量过大、解题步骤多。但是也应该注意到，题目难易关键在于怎么出题，比如变压器选择直接给出计算负荷，这样就比较简单。又比如母线电压启动计算，考经典的单台电动机启动压降计算，基本上都属于送分题。

历年真题未考查过 DL/T 5153—2014 附录中的厂用电率计算、柴油发电机计算，应熟悉其计算方法。

10.2　历年真题详解

考点 1　变电站负荷计算与变压器容量选择

【2009 年下午题 1~5】　某 220kV 变电站有两台 10/0.4kV 站用变压器，单母分段接线，容量 630kVA，计算负荷 560kVA。现计划扩建：综合楼空调（仅夏天用）所有相加额定容量为 80kW；照明负荷为 40kW；深井水泵为 22kW（功率因数 0.85）；冬天取暖用电炉一台，接在 2 号主变压器的母线上，容量 150kW。

▶▶ 第 1 题 [变电站负荷计算] 1. 新增用电计算负荷是多少，写出计算过程。（　　）

（A）288.7kVA　　　　　　　　（B）208.7kVA
（C）292kVA　　　　　　　　　（D）212kVA

【答案及解答】B

由 DL/T 5155—2016 第 4.1 条及第 4.2.1 条可得，新增用电计算负荷

$$S = 0.85 \times 22 + 150 + 40 = 208.7 \text{ (kVA)}$$

【考点说明】

题干专门注明"夏天空调"和"冬天取暖电炉"，两者不同时使用，应取较大者计算。如果把夏天空调和取暖电炉同时算上会误选 A。

▶▶ 第 2 题 [变压器容量选择] 2. 若新增用电计算负荷为 200kVA，计算站用变压器的额定容量，写出计算过程。（　　）

（A）1 号站用变压器 630kVA，2 号站用变压器 800kVA
（B）1 号站用变压器 630kVA，2 号站用变压器 1000kVA
（C）1 号站用变压器 800kVA，2 号站用变压器 800kVA
（D）1 号站用变压器 1000kVA，2 号站用变压器 1000kVA

【答案及解答】C

依题意，站用变压器计算负荷为 560+200=760（kVA）。

由 DL/T 5155—2016 第 3.1.1 条，可知本题可选两台 800kVA 变压器，所以选 C。

【考点说明】

（1）据 DL/T 5155—2016 第 3.1.1 条："220kV 变电站宜从不同主变压器低压侧分别引接 2 回容量相同、可互为备用的工作电源。"互为备用，为暗备用，每一台变压器应按全部负荷计算，所以选两台 800kVA 变压器。

（2）本题的坑点：新增负荷之后的站用变压器计算负荷应该用原计算负荷与新增计算负荷相加，而不是用原站用变压器容量与新增计算负荷相加，否则会误选 D。

【注释】

此题是变电站扩建时站用变压器增容问题，按 DL/T 5155—2016 第 3.1.1 条规定，从主变

压器低压侧引接两台容量相同、互为备用的站用变压器,这对新建变电站是没问题的。但对于扩建的变电站,一般实际运行中站用变压器的裕量还是比较大的,是继续使用原有的两台站用变压器还是更换为更大的变压器,应通过充分论证确定。

【2013年下午题23~26】 某500kV变电站,设有2台主变压器,站用电计算负荷为520kVA,由两台10kV工作站用变压器供电,其中一台为专用备用站用变压器,容量均为630kVA。若变电站扩建,扩建一组主变压器(三台单相,与现行变压器容量、型号相同),每台单相主变压器冷却器配置为:共4组冷却器(主变压器满负荷运行需投运3组),每组冷却器油泵一台10kW,风扇两台5kW/台(电动机启动系数均为3),增加消防水泵及水喷雾用电负荷30kW,站内给水泵6kW,事故风机用电负荷20kW,不停电电源负荷10kW,照明负荷10kW。

▶▶ 第3题 [变电站负荷计算] 23. 请计算该变电站增容改造部分站用电负荷计算负荷值是多少? ( )

（A）91.6kVA 　　　　　　　　（B）176.6kVA
（C）193.6kVA 　　　　　　　　（D）219.1kVA

【答案及解答】C

由 DL/T 5155—2016 第4.1条、第4.2.1条及附录A表A可得,增容改造部分站用电计算负荷 $S=K_1P_1+P_2+P_3=0.85×[3×3×(10+2×5)+6+20+10]+0+10=193.6\,(kVA)$。

【考点说明】

（1）坑点一,每台单相变压器配4组冷却器,正常满负荷运行只需投运3台,有一组是备用的,所以只需要计算3台冷却器的容量即可,不能按4台算。

（2）坑点二,3台单相变压器组成一个完整的三相变压器,所以单相变压器的容量还需要再乘3才是整组三相变压器的冷却负荷。

（3）坑点三,电动机的启动系数只是在启动瞬间电流很大,但完成启动过程后会很快回归正常,在这个极短时间内变压器是可以承受的,所以计算负荷时是不考虑启动电流倍数的。

（4）坑点四,根据 DL/T 5155—2016 附录A表A可知消防水泵是不经常短时运行的,根据第4.1.2条规定,不经常短时运行的设备是不计算的。同时注意该表中的雨水泵、配电装置检修电源都不计算。

（5）不间断电源UPS算动力负荷,该处可以从该规范的上一个版本 DL/T 5155—2002 附录B算例中得知属于 P_1 负荷。从本题也可以看出,规范中的算例经常会成为真题的来源,所以应重视对算例的研究。

【注释】

（1）本题中主变压器的冷却方式应是强迫油循环风冷却器,扩建一组单相变压器组,每台单相变压器共配置4组冷却器(运行3组),每组冷却器配1台潜油泵,2台风扇;因强迫油(导向或非导向)循环风冷变压器,其油泵与风扇失去电源时,变压器(包括空载)不能长时间运行甚至需停运,因而需提供2回独立电源,冷却器全停时,将延时跳开变压器各侧断路器,故规范将强油风(水)冷却装置列为Ⅰ类重要负荷。

（2）按 DL/T 5155—2016 第3.3.3条"变压器的强迫冷却装置,宜按下列方式共同设置可互为备用的双回路电源进线,并只在冷却装置内自动相互切换;采用成组单相设备时,宜按组分别设置双回路,各相变压器的用电负荷接在经切换的进线上"。故该冷却器的计算负荷需按 3 台单相变压器组,每台 3 组冷却器,每组冷却器含 1 台油泵、2 台风扇计算。

【2019 年下午题 4~6】 某西部山区有一座水力发电厂,安装有 3 台 320MW 的水轮发电机组,发电机—变压器接线组合为单元接线,主变压器为三相双绕组无载调压变压器,容量为 360MVA。变比为 550－2×2.5%/18kV,短路阻抗 U_K 为 14%,接线组别为 Ynd11,总损耗为 820kW(75℃)。因水库调度优化,电厂出力将增加,需要对该电厂进行增容改造,改造后需要的变压器容量为 420MVA,其调压方式、短路阻抗、导线电流密度和铁芯磁密保持不变。请分析计算并解答下列各题。

▶▶ **第 4 题 [主变冷却负荷计算]** 4. 若增容改造后的变压器型式为单相双绕组变压器,即每台(组)主变压器为三台单相变压器组,选用额定冷却容量为 150kW 的冷却器,每台冷却器主要负荷为 2 台同时运行的 1.6kW 油泵,则每台(组)主变压器冷却器计算负荷约为多少?(参照《电力变压器选用导则》《水电站机电设计手册》及相关标准计算) (　　)

(A) 38.4kW　　　　　　　　　(B) 28.8kW
(C) 23.2kW　　　　　　　　　(D) 12.8kW

【答案及解答】 B

《电力变压器选用导则》(GB/T 17468—2019)第 4.12.1-d)条:75000kVA 及以上的水电厂升压变压器一般采用强迫油循环水冷。又由《水电站机电设计手册》第 205 页,水冷却器台数的计算方法与风冷却器的相同。根据式(5-10)、式(9-3)、表 9-8,可得

$$N \geqslant \frac{1.15 \times 变压器75℃时总损耗}{选用的冷却器额定容量} + 1(备用)$$

因备用下参与负荷统计,可得

$N = \frac{1.15 \times 820}{150} \times 420/360 = 7.33$,应取 9,每相分配(3+1)台工作+备用冷却器。

再由《水电站机电设计手册》第 377 页,负载率取 0.75,可得

$$P = K_f K_v K_t \Sigma P = 0.75 \times 1.05 \times 1.0 \times 9 \times 2 \times 1.6/0.8 = 28.35 \text{ (kW)}$$

【考点说明】

(1) 本题考查《水电站机电设计手册》,属于非常冷僻的考点。

(2) 本题若直接用 7.33 台,计算结果是 23.1kW,会错选 C;N 取 8,8×1.6×3=38.4kW 会错选 A。N 应该取 3 的整数倍(三相);不考虑三相,8×1.6=12.8 (kW) 会错选 D。

(3) 负荷统计和计算属于比较繁琐的计算,涉及细节较多,稍有不慎就有可能做错。

【2022 年补考下午题 16~20】 某 220kV 变电站拟选用两台同容量的站用变压器,已知站用负荷分布见下表,请分析计算并解答下列问题。

序号	名　称	额定容量(kW)
1	变压器强油风冷装置	30
2	变压器有载调压装置	5

续表

序号	名称	额定容量（kW）
3	配电装置动力电源	80
4	检修电源	50
5	充电装置	50
6	UPS 电源	15
7	通风机、事故通风机	20
8	通信电源	30
9	监控系统	40
10	变压器水喷雾装置	100
11	雨水泵	30
12	配装置加热	40
13	空调	40
14	户外照明	30
15	户内照明	30

▶▶ 第 5 题 [变电站负荷计算] 16. 请通过计算选择站用变容量，负荷统计及变压器容量为下列哪个数值？ （　　）

（A）349kVA 选 400kVA　　　　　（B）370kVA 选 400kVA
（C）480kVA 选 500kVA　　　　　（D）522kVA 选 630kVA

【答案及解答】B

由 DL/T 5155—2016 第 4 章，不经常短时及断续运行负荷不予计算。参考该规范附录 A 可知：有载调压属于断续.不计；水喷雾属于不经常.短时、不计；检修电源属于不经常. 短时. 不计；雨水泵属于不经常、短时. 不计。空调按电热负荷由式（4.2.1）计算，得

$S \geqslant 0.85 \times (30+80+50+15+20+30+40)+40+40+30+30 = 365.25(kVA) \approx 370(kVA)$

严格意义上来说经常断续应该不算，但本题算上更接近 B 选项的 370kVA。

考点 2　厂用电负荷计算与变压器容量选择

【2008 年上午题 1~5】已知某发电厂 220kV 配电装置有 2 回进线、3 回出线、主接线采用双母线接线，屋外配电装置普通中型布置（见下图）。请回答下列问题：

▶▶ 第 6 题 [变压器容量选择] 2. 假设图中主变压器为两台 300MW 发电机的升压变压器，已知机组的额定功率为 300MW，功率因数为 0.85，最大连续输出功率为 350MW，厂用工作变压器的计算负荷为 45000kVA，其变压器容量应为下列何值？ （　　）

（A）400MVA　　　　　　　　　（B）370MVA
（C）340MVA　　　　　　　　　（D）300MVA

【答案及解答】B

老版一次手册第 5-1 节规定，对于单元连接的变压器，主变压器的容量按以下条件中较大的选择：

（1）按发电额定容量扣除本机组厂用负荷并留 10% 裕度：$1.1 \times \left(\dfrac{300}{0.85} - 45 \right) = 338.7$ (MVA)。

第 10 章 厂用电系统

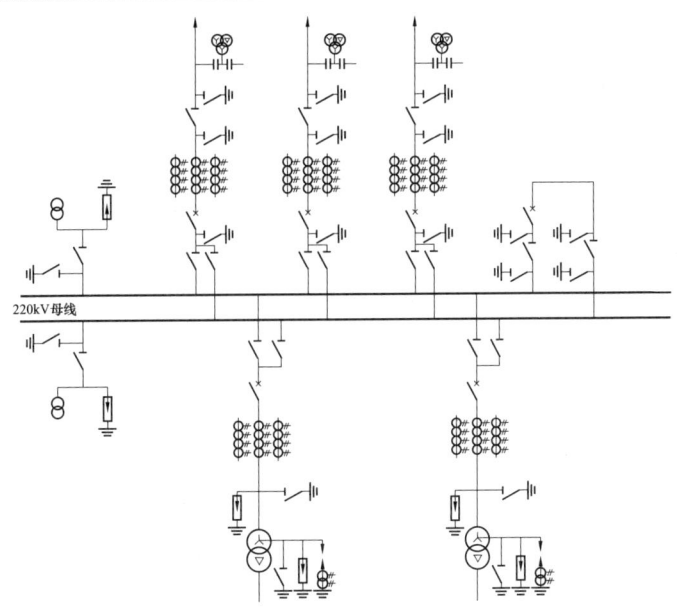

（2）按发电机最大连续输出容量扣除本机组厂用负荷：$\dfrac{350}{0.85} - 45 = 366.8$ (MVA)。

以上两者取大，所以选 B。

【考点说明】

（1）发电机参数给的都是有功功率（MW），变压器的参数是容量（MVA），两者之间差个功率因数，应通过功率因数进行转换。本题如果误把 300MW 当作 300MVA 直接计算则会错选 C 或 D。

（2）今类似考题应首选 GB 50660—2011 第 16.1.5 条及条文说明作答。在使用规范无答案时可选择手册作答。由新版一次手册第 189 页内容已修改，与规范保持一致。

【注释】

关于发电机一变压器单元接线主变压器容量的选择计算，早期（20 世纪 70 年代）并无规定，工程中一般根据发电机的额定容量进行选择，不作计算。1989 年版老版一次手册第 5-1 节一、2（第 214 页）规定"对于单元连接的变压器，主变压器的容量按以下条件中较大的选择：①按发电机的额定容量扣除本机组的厂用负荷，留有 10%的裕度；②按发电机的最大连续输出容量扣除本机组的厂用负荷"。2001 年在《火力发电厂设计技术规程》（DL 5000—1994）基础上修订出版了 DL 5000—2000，其中对单元连接的主变压器容量计算规定可按发电机的最大连续容量扣除一台厂用工作变压器的计算负荷且变压器绕组的平均温升在标准环境温度或冷却水温度下不超过 65℃的条件进行选择。这一方法是在吸收了国外的设计经验以后经修改确定的。

2012 年实施的 GB 50660—2011 第 16.1.5 条"发电机与主变压器为单元连接时，主变压器容量宜按发电机的最大连续容量扣除不能被高压厂用启动/备用变压器替代的高压厂用工作变压器计算负荷后进行选择。变压器在正常使用条件下连续输送额定容量时绕组的平均温升不应超过 65K"。这次修订把"扣除一台厂变的计算负荷"进一步明确为"扣除不能被启动/备用变压器替代的厂用变压器的计算负荷"。这段表述说明了两种情况：①明确了要考虑启动/

备用变压器的备用功能，即厂用变压器故障了由启动/备用变压器带厂用负荷，而主变压器可将发电机的最大连续容量送出；②明确了要考虑扣除不能被启动/备用变压器替代的厂用变压器的计算负荷，即如有 2 台高压厂用变压器时应只考虑一台故障被替代，另一厂用变压器的负荷还应扣除。另外条文说明对设发电机断路器且不设专用高压备用变压器，此时进行主变压器容量选择时应按扣除本机组的高厂变计算负荷进行了明确。另外还明确了主变压器容量是基于绕组平均温升为 65K，并在条文说明中对"厂用电计算负荷"进行了重点说明："系指以估算厂用电率的原则和方法所确定的厂用电计算负荷"。

估算厂用电率的原则和方法见 DL/T 5153—2014 附录 A。在 DL/T 5153—2014 中明确了估算厂用电率即设计厂用电率的概念，它不同于运行厂用电率和考核厂用电率（是以实际统计的全年的自用厂用电量与全年的发电电量的比值），设计阶段的厂用电率只是估算值，尽管可考虑年度运行不同阶段的发电功率、厂用负荷和运行时间的全年时间加权平均值，但也只是个估算数据；设计厂用电率用的计算负荷，其计算原则大部分与厂用变压器的负荷计算原则相同。现行规范源自国外的设计经验，且在考虑中国国情的基础上，更加完善和优化了对发电机—变压器单元接线的主变压器容量选择。由于明确了启动/备用变压器的备用功能（当然这种情况必须停机隔离故障高压厂用变压器后才可能由起备变给机组供电继续满负荷发电），主变压器容量选择虽然会增大，但更有利于变压器降低温升，降低损耗，提高运行可靠性。

【2008 年下午题 25~27】 某扩建 300MW 火力发电厂、厂用电引自发电机，厂用变压器采用无励磁调压变压器、接线组别为 Dyn11，容量为 50MVA，中性点经低电阻接地，系统接地电容电流为 80A，厂用电电压为 6.3kV，变压器短路损耗 P_0=150kW，阻抗电压为 16%，功率因数为 0.92，高压厂用变压器低压侧空载电压为 6.3kV，请回答下列问题：

▶▶ 第 7 题 [厂用电负荷计算] 26. 低压厂用变压器 0.4kV 母线上厂用电动机最大运行轴功率之和为 989kW，对应于轴功率的电动机效率为 0.93（平均值），对应于轴功率的电动机功率因数为 0.82（平均值），请问厂用电的计算负荷为下列哪项值？ （ ）

（A）1297kVA （B）1040kVA
（C）1130kVA （D）1232kVA

【答案及解答】D

依题意，由 DL/T 5153—2014 附录 F 第 F.0.2 条，本厂属于扩建电厂，同时率取 0.95，可得厂用电计算负荷为：$S_c = 0.95 \times \dfrac{989}{0.93 \times 0.82} = 1232$ (kVA)，所以选 D。

【考点说明】

（1）厂用负荷计算方法主要有换算系数法和轴功率法两种，本题只需根据已知条件迅速锁定轴功率法计算公式即可得分，属于较简单题目，只是需要注意对关键字"扩建"和"新建"进行甄别。同时不要盲目使用附录 F 换算系数法中的其他低压电动机换算系数 0.7，所以审题时对关键字的"敏感"非常重要，这需要平时对规范的熟练掌握。

（2）本题如果不依据规范，而想当然地用功率公式直接计算而不乘同时率，就会误选 A。

【注释】

所谓轴功率法，即利用所采用工艺机械（风机、水泵等）所需要的原动机（电动机）由轴传递给做功元件（风机或泵的叶轮）的轴功率计算厂用电负荷的方法，显然这个计算值能更接近实际负荷值。早期规范规定当计算负荷接近（达 95%）变压器额定容量时，用轴功率法进行校验，后取消了该条文。DL/T 5153—2014 第 4.1.2 条中明确负荷计算可采用换算系数法，也可采用轴功率法。条文说明中"以往的负荷计算通常采用换算系数法是因其基于统计和调研结果，显得较为笼统和抽象；而轴功率法的物理意义更为明确，对于大容量机组、大型电动机而言，计算结果更为准确"对正文进行了补充。实际工程设计中常用于扩建工程对原有变压器容量的核算。

【2014 年下午题 26～30】　某大型火力发电厂分期建设，一期为 4×135MW，二期为 2×300MW 机组，高压厂用电电压为 6kV，低压厂用电电压为 380/220V，一期工程高压厂用电系统采用中性点不接地方式，二期工程高压厂用电系统采用中性点低电阻接地方式，一、二期工程低压厂用电系统采用中性点直接接地方式。电厂 380/220V 煤灰 A、B 段的计算负荷为：A 段 969.45kVA，B 段 822.45kVA，两段重复负荷 674.46kVA。

▶▶ 第 8 题 [厂用电负荷计算] 26．若电厂 380V/220V 煤灰 A、B 段采用互为备用接线，其低压厂用工作变压器的计算负荷应为下列哪项数值？　　　　　　　　　　　　（　　）

（A）895.95kVA　　　　　　　　　　（B）1241.60kVA
（C）1117.44kVA　　　　　　　　　　（D）1791.90kVA

【答案及解答】C
由 DL/T 5153—2014 第 4.1 条可得
$$S_e = S_A + S_B - S_{重复} = 969.45 + 822.45 - 674.46 = 1117.4 \text{ (kVA)}$$

【考点说明】
互为备用，即暗备用，暗备用应扣除重复负荷。

▶▶ 第 9 题 [变压器容量选择] 27．若电厂 380V/220V 煤灰 A、B 两段采用明备用接线路，低压厂用备用变压器的额定容量应选下列哪项数值？　　　　　　　　　　　（　　）

（A）1000kVA　　　　　　　　　　　（B）1250kVA
（C）1600kVA　　　　　　　　　　　（D）2000kVA

【答案及解答】B
由 DL/T 5153—2014 第 4.2.2 条及第 4.2.5 条可得备用变压器容量为
$$S_e = (1+10\%)S_{max} = 1.1 \times 969.45 = 1066.395 \text{ (kVA)}$$

取 1250kVA，所以选 B。

【考点说明】
明备用应考虑 10% 的裕度。本题也可引用 GB 50660—2011 第 16.3.7 条。

【注释】
明备用的低压厂用变压器容量，是按所连接的母线计算负荷选择容量的，主要考虑今后发展和临时用电的需要，规定宜留 10% 的裕度。

互为备用（暗）的 2 台变压器，正常时带一段母线，事故时作为备用电源投入后带两段母线负荷，此时暗备用变压器的容量应按事故所带两段母线"全部负荷减去重复负荷"选择，由于正常只带一段母线运行裕量是很大的，所以暗备用变压器容量选择不乘 1.1。

但正是因为暗备用变压器是按事故时的全部负荷选择的，工程中往往会出现选择容量过大（比如大于2500kVA）的情况，此时需研究采用明备用的方案。

【2020年下午题16~19】 某供热电站安装2台50MW机组，低压公用厂用电系统采用中性点直接接地方式，设1台容量为1250kVA的低压公用干式变压器为低压公用段380V母线供电，变压器变比为10.5±2×2.5%/0.4kV，阻抗电压6%，采用明备用方式。

▶▶ 第10题 [厂用电负荷计算] 16. 假设低压公用段母线所接负荷如下表，采用换算系数法计算公用变压器计算负荷为下列哪项数值？

编号	负荷类别	电动机或馈线（kW）	台数或馈线回路数	运行方式
1	低压电动机	200	1	经常、连续
2	低压电动机	150	2	经常、连续（同时运行）
3	低压电动机	150	1	经常、短时
4	低压电动机	30	1	不经常、连续（机组运行时）
5	低压电动机	150	1	不经常、短时
6	低压电动机	50	2	经常、连续（同时运行）
7	低压电动机	150	1	经常、断续
8	电子设备	80	2	经常、连续（互为备用）
9	加热器	60	1	经常、连续

(A) 636kVA (B) 756kVA
(C) 856kVA (D) 1070kVA

【答案及解答】B

由 DL/T 5153—2014 附录F可得

$$S = \Sigma(KP) = (200 \times 1 + 150 \times 2 + 150 \times 1 \times 0.5 + 30 \times 1 + 50 \times 2 + 150 \times 0.5) \times 0.8 + 80 \times 0.9 + 60 \times 1$$
$$= 756 \text{(kVA)}$$

【考点说明】

不经常短时的低压电动机不应统计。

【2010年下午题1~5】 某发电厂本期安装两台125MW机组，每台机组配一台400t/h锅炉，机组采用发电机—三绕组变压器单元接线接入厂内220kV和110kV升压站，220kV和110kV升压站均采用双母线接线。高压厂用工作变压器从主变压器低压侧引接，厂用电电压为6kV和380V。请回答下列问题：

▶▶ 第11题 [厂用电负荷计算] 1. 请按下面提供的负荷，计算高压厂用工作变压器的计算负荷。 （　　）

(A) 12598kVA (B) 13404kVA
(C) 13580kVA (D) 14084kVA

序号	名称	容量 (kW)	安装/工作台数	换算系数	6kV A 段 安装/工作台数	6kV A 段 容量 (kVA)	6kV B 段 安装/工作台数	6kV B 段 容量 (kVA)	重复容量 (kVA)
1	电动给水泵	3400	2/1		1/1		1/1		
2	循环水泵	630	2/2		1/1		1/1		
3	送风机	800	2/2		1/1		1/1		
4	吸风机	800	2/2		1/1		1/1		
5	磨煤机	800	2/2		1/1		1/1		
6	排粉风机	560	2/2		1/1		1/1		
7	凝结水泵	250	2/1		1/1		1/1		
8	斗轮堆取料机	310	1/1		1/1				
9	低压工作变压器电动机负荷	890	1		1				
10	低压备用变压器电动机负荷	890	1				1		
11	低压公用变压器电动机负荷	860	1		1				
12	辅助车间工作变电动机负荷	1050	1				1		
13	辅助车间备用变电动机负荷	1650	1				1		
14	输煤变压器电动机负荷	1650	1		1				

注 表中低压负荷装置全部为电动机,容量单位为 kW,低压备用变压器为低压工作变压器和公用变压器提供明备用,辅助车间备用变压器为辅助车间工作变压器和输煤变压器提供明备用,所有负荷均为连续负荷,可以直接在上表内进行计算。

【答案及解答】 B

由 DL/T 5153—2014 第 4 章及附录 F,可得高压厂用计算负荷为
S_{hc}=3400×1×1+630×2×1+(800×2+800×2+800×2+560×2+250×1+310×1)×0.8=9844 (kVA)
低压厂用计算负荷 S_{lc}=(890+860+1050+1650)×0.8=3560 (kVA)
高压厂用工作变压器的计算负荷 S_{hc}+S_{lc}=9844+3560=13404 (kVA)
所以选 B。

【考点说明】

(1) 本题计算量较大,很容易出错,建议对厂用电不熟悉的考生谨慎选做此类题目。同时本题没有给出厂用电 A、B 段是分别由两台双绕组变压器供电还是由一台分裂变压器供电。两种接线的计算方法是不一样的。根据题意结合工程实际,可猜出此处应该是用一台分裂变压器给 A、B 两段供电,题目要计算的是分裂变压器高压侧计算容量,只有这样才能准确得到选项的答案,这是解答该题的基础。

(2) 本题是 2010 年的题目,DL/T 5153—2014 中循环水泵的换算系数由 1 改成了 0.8,本题使用 DL/T 5153—2002 的换算系数 1 作答是为了准确得到备选项数值。读者在今后的应考和练习中应使用新规范数据作答。

(3) 因为本题是计算分裂变高压侧容量,所以高压电动机计算负荷直接用表格中"安装/工作台数"里的"工作台数"计算即可,相对于分别算出 6kV 的 A、B 段再减重复负荷的方

法，计算量小、节约时间且不容易出错。

（4）在计算低压负荷时，备用变压器负荷不统计。因为备用变压器只在工作变压器因故停运时才使用。也不能在工作变压器和备用变压器中选较大的计算，因为工作变压器能够更准确地反映实际的工作负荷。

（5）如果题目给的是低压变压器"计算负荷"，则直接相加，因为已经折算过了。

（6）值得注意的是，DL/T 5153—2014 第 4.1.1-9 条增加了一个可直接用低压变压器容量导出低压计算负荷的方法，今后考试出现此考点的概率很高。

【注释】

（1）选择厂用电源容量时，应对厂用电负荷进行统计，并按机组辅机可能出现的最大运行方式计算。厂用电源（厂用变压器和厂用电抗器的总称），其额定容量指达到额定稳定温升时所允许的连续容量。厂用负荷的正确计算是选择厂用电源的基础，DL/T 5153—2014 规定的计算原则，基本与 DL/T 5153—2002 相同，不同之处有：①明确了须计算经常短时断续运行的设备；②对暗备用的低压变压器的容量计算做了相应规定；③明确厂用负荷既可采用换算系数法，也可用采用轴功率法。

（2）换算系数法是发电厂厂用负荷计算的基本方法。换算系数是将负荷的额定功率千瓦数换算为厂用变压器的计算负荷千伏安数，按老版一次手册第 268 页，换算系数 $K = K_t K_f / \eta \cos\varphi$（式中 K_t、K_f 为回路的同时率和负荷率，$\eta\cos\varphi$ 为回路的效率和功率因数）。实际确定其值是从多个同类型电厂运行实践中统计分析而得的经验数据，DL/T 5153—2014 几处修订只有小的调整。换算系数法具有简单、易算的特点，故多采用此法进行负荷计算；但其准确性较差，当统计的电动机数量多时，有一定的准确性。一般来说，其计算值偏保守，故有些情况应采用准确度相对高些的轴功率法进行计算。

（3）本题条件是 125MW 机组的厂用负荷计算统计，取用 DL/T 5153—2014 附录 F 的表 F.0.1 时注意 125MW 及以下与 200MW 及以上机组之间换算系数的差异。

【2013 年下午题 6~8】 某火力发电厂工程建设 4×600MW 机组，每台机组设一台分裂变压器作为高压厂用工作变压器，主厂房内设 2 段 10kV 高压厂用工作母线。全厂设 2 段 10kV 公用母线，为 4 台机组的公用负荷供电。公用段的电源引自 10kV 工作段配电装置。公用段的负荷计算见下表。各机组顺序建成。

序号	设备名称	额定容量（kW）	装设/工作台数	计算系数	计算负荷（kVA）	10kV 公用 A 段 装设台数	10kV 公用 A 段 工作台数	10kV 公用 A 段 计算负荷（kVA）	10kV 公用 B 段 装设台数	10kV 公用 B 段 工作台数	10kV 公用 B 段 计算负荷（kVA）	重复负荷
1	螺杆空压机	400	9/9	0.85	340	5	5	1700	4	4	1360	—
2	消防泵	400	2/1	0	0	1	1	0	1	1	0	—
3	高压离心风机	220	2/2	0.85	187	1	1	187	1	1	187	—
4	碎煤机	630	2/2	0.85	535.5	1	1	535.5	1	1	535.5	—
5	C01AB 带式输送机	315	2/2	0.85	267.75	1	1	267.75	1	1	267.75	—

续表

序号	设备名称	额定容量(kW)	装设/工作台数	计算系数	计算负荷(kVA)	10kV 公用 A 段 装设台数	10kV 公用 A 段 工作台数	10kV 公用 A 段 计算负荷(kVA)	10kV 公用 B 段 装设台数	10kV 公用 B 段 工作台数	10kV 公用 B 段 计算负荷(kVA)	重复负荷
6	C03A 带式输送机	355	2/2	0.85	301.75	2	2	603.5	—	—	—	—
7	C04A 带式输送机	355	2/2	0.85	301.75	—	—	—	2	2	603.5	—
8	C01AB 带式输送机	280	2/2	0.85	238	1	1	238	1	1	238	238
9	斗轮堆取料机	380	2/2	0.85	323	1	1	323	1	1	323	323
	合计 S_1（kVA）	—	—	—	—			3854.75			3514.75	0
1	化水变压器	1250	2/1	—	1085	1	1	1085	1	1	1085	1085
2	煤灰变压器	2000	2/1	—	1727.74	1	1	1727.74	1	1	1727.74	1727.74
3	启动锅炉变压器	800	1/1	—	800	1	1	800	1		0	
4	脱硫变压器	1600	2/2	—	1250	1	1	1250	1	1	1250	
5	煤场变压器	1600	2/1	—	1057.54	1	1	1057.54	1	1	1057.54	1057.54
6	翻车机变压器	2000	2/1	—	1800	1	1	1800	1	1	1800	1800
	合计 S_2（kVA）	—	—	—	—			6920.28			6920.28	
	合计 $S'=S_1+S_2$（kVA）	—	—	—	—							

▶▶ 第 12 题 [厂用电负荷计算] 6. 当公用段两段之间设母联，采用互为备用接线方式时，每段电源的计算负荷为下列哪项值？　　　　　　　　　　　　　　　　　　　　（　　）

（A）21210.06kVA　　　　　　　　（B）15539.78kVA
（C）10775.03kVA　　　　　　　　（D）10435.03kVA

【答案及解答】B

由 DL/T 5153—2014 第 4.1.1-5 条可知，由同一厂用电源供电的互为备用的设备只计算运行部分：6920.28+6920.28+3854.75+3514.75−1085−1727.74−1057.54−1800=15539.78 (kVA)。

所以选 B。

【考点说明】

厂用电负荷计算虽然数据多，较繁杂，但只需要把握一个原则即可轻松过关，那就是"找到该电源供电的所有运行计算负荷"，有两种表现形式：①等于所有工作台数计算负荷之和；②等于所有装设负荷减去非工作台数负荷（也就是所谓的重复负荷），比如本题的算法。

【注释】

（1）发电厂公用段的设置按照 DL/T 5153—2014 第 3.5.2 条规定："厂区范围内公用负荷较多、容量较大、采用组合供电合理时，宜设立高压公用段母线，全厂高压公用段母线不应少于 2 段，并由 2 台机组的高压厂用母线供电，或由单独的高压厂用变压器供电，以保证重要公用负荷供电的可靠性。"本题目 4 台 600MW 级机组，全厂设 2 段 10kV 公用段母线，电源引自主厂房工作母线,两段公用段母线间设母联,采用互为备用方式。

(2)厂用电负荷的计算应遵循 DL/T 5153—2014 第 4.1.1 条规定的"由同一厂用电源供电的互为备用的设备只计算运行的部分""互为备用而由不同厂用电源供电的设备应全部计算"的原则,本题每段公用段母线应考虑另一段故障或停运,母联断路器合上,其供电给两段全部负荷,但须扣除重复的负荷,即只计算运行的部分。

(3)由于厂用电负荷比较重要,为了提高可靠性,有些设备多装了几台,作为备用。比如本题的化水变压器:"2/1,装设/工作台数",意思是总共装了两台变压器,正常时候,一台变压器就可满足全部生产需要,之所以多装一台是作备用,保证运行可靠性,不可能出现两台变压器同时满负荷运行,电动机也类似。所以其真实负荷就是"工作台数"对应的容量,电源容量只需要大于等于所有运行负荷就行,因为从电源方面看,由它直接供电的工作设备和备用设备是"不可能同时运行的",这就是同一电源供电的互为备用的设备只算运行部分的原因。

【2013 年下午题 6~8】 某火力发电厂工程建设 4×600MW 机组,每台机组设一台分裂变压器作为高压厂用工作变压器,主厂房内设 2 段 10kV 高压厂用工作母线。全厂设 2 段 10kV 公用母线,为 4 台机组的公用负荷供电。公用段的电源引自 10kV 工作段配电装置。公用段的负荷计算见下表(本题省略表格)。各机组顺序建成。

▶▶ 第 13 题 [变压器容量选择] 7. 当公用段两端不设母联,采用专用备用接线时,经过计算,公用 A 段计算负荷为 10775.03kVA,公用 B 段计算负荷为 11000.28kVA,分别由主厂房 4 台机组 10kV 段各提供一路电源。下表为主厂房各段计算负荷。此时下列哪组高压厂用工作变压器容量是合适的?请计算说明。 ( )

(A)64/33-33MVA (B)64/42-42MVA
(C)47/33-33MVA (D)48/33-33MVA

【答案及解答】D

设备名称	10kV 1A 段 计算负荷	10kV 1B 段 计算负荷	重复负荷	10kV 2A 段 计算负荷	10kV 2B 段 计算负荷	重复负荷
电动机	20937.75	14142.75	8917.75	20937.75	14142.75	8917.75
低压厂用变压器	9647.56	7630.81	7324.32	9709.72	7692.97	7381.48
公用段馈线						

设备名称	10kV 3A 段 计算负荷	10kV 3B 段 计算负荷	重复负荷	10kV 4A 段 计算负荷	10kV 4B 段 计算负荷	重复负荷
电动机	20555.25	13930.25	8917.75	20555.25	13930.25	9342.75
低压厂用变压器	9647.56	7630.81	7324.32	9709.72	7692.97	7381.48
公用段馈线						

根据 DL/T 5153—2014 第 4.1、4.2 条:

(1)高压侧。

1 号高压厂用变压器容量=20937.75+14142.75−8917.75+9647.56+7630.81−7324.32+10775.03=46891.83(kVA)。

3号高压厂用变压器容量低于1号，不计算。

2号高压厂用变压器容量=20937.75+14142.75−8917.75+9709.72+7692.97−7381.48+11000.28=47184.24(kVA)。

4号高压厂用变压器容量低于2号，不计算。

(2) 低压侧。

1号高压厂用变压器比3号高压厂用变压器负荷大，仅计算1号高压厂用变压器容量=14142.75 + 7630.81+10775.03=32548.59 (kVA)。

2号高压厂用变压器比4号高压厂用变压器负荷大，仅计算2号高压厂用变压器容量=14142.75 + 7692.97+11000.28=32836 (kVA)。

综上，选 48/33–33MVA，所以选 D。

【考点说明】

(1) 因厂用B段负荷较轻，考虑公用负荷接入厂用B段。

(2) 本题大坑"机组顺序建成"，不注意这个特别说明，费尽心思可能最后还会错选C，现分析如下：

因为4台机组是顺序建成的，为了机组在建成后能及时投入运行，一期两台建成后1号机组给公用A段供电，2号机组给公用B段供电，待二期3号、4号机组建成后，3号机组再接入公用A段，4号机组再接入公用B段，使每段公用母线都有两个电源供电提高可靠性。

如果仅从负荷分配上分析，要让变压器容量最小，其接法是：1号、2号机组接公用A段，3号、4号机组接公共B段。但这样接的话，在一期1号、2号机组建成，二期3号、4号机组还没建的这段时间内，公用B段没电源，而公用负荷必须均分在两段独立供电的母线上，这样任何一段公用母线故障都不会导致全厂停机的事故发生，所以1号、2号机组接公用A段，3号、4号机组接公共B段是不符合"机组按顺序建成"的客观实际，否则会误选C。

(3) 因公用段设明备用，各算各的不扣除重复负荷。

(4) 注意分析表中数据有一定的规律，很容易看出大小，仅选取大的计算，减少计算量。

(5) 本题考查了对 DL/T 5153—2014 相关条文的理解，计算量较大，且极易出错，建议不做或放到最后再做此类题目。

【注释】

(1) 此题涉及高压厂用变压器的容量选择及接线和厂用负荷的合理分配问题，当上述两个公用段采用互为备用连接方式时，设有母联，只需从厂房引来2路电源，每路容量需15539kVA；现两个公用段均需引来2路电源，按一用一备方式即明备用方式，共需从主厂房引接4回电源，即从每台机组的一段工作母线引接，需考虑两段母线负荷的合理分配。工程实际中可对两个方案进行技术经济比较后确定推荐方案。

(2) 本题需比较每台机组两段母线的负荷，考虑在负荷较小一段接入公用负荷。分别计算低压绕组和高压绕组的计算负荷，对高压绕组应扣除重复的负荷，低压绕组则全部计算。从计算技巧上只需计算负荷较大的母线即可。

【2021年下午题1~3】 某地区计划建设一座抽水蓄能电站，拟装设6台300MW的可

逆式水泵水轮机-发电电动机组，主接线采用发电电动机-主变单元接线。全站设 2 套静止变频启动装置（SFC）用于电动工况下启动机组，每套静止变频启动装置（SFC）支接于两台主变低压侧发电电动机参数：发电工况额定功率 300MW，额定功率因数 0.9；电动工况额定功率 325MW，额定功率因数 0.98；额定电压为 18kV。

静止变频启动装置的启动输入变压器额定容量 28MVA，启动输出变压器额定容量 25MVA。

为更好地利用清洁能源该抽水蓄能电站在建设期结合当地公共电网建设一座交流侧容量为 5MVA 的光伏电站作为施工用电。请分析计算并解答下列各小题：

▶▶ **第 14 题 [变压器容量选择]** 1.若抽水蓄能电站每台机组的励磁变压器均采用单相变压器，每组容量为 3×1000kVA；在每台发电机出口各引接 1 台三相高压厂用电变压器，高压厂用电变压器容量为 6300kVA，并另设外来电源作为厂用备用电源，不考虑主变短时过载，且 6 台主变容量取一致，则主变压器额定容量至少应为下列哪个值？　　　　　　(　　)

（A）331MVA　　　　　　　　　　（B）369MVA
（C）371MVA　　　　　　　　　　（D）394MVA

【答案及解答】 B

由老版一次手册第 195 页，DL/T 5208—2005 第 10.3.2-1 条可得电动机工况计算：

$$S_\mathrm{T} \geqslant S_\mathrm{M} + S_{\mathrm{SFC}变压器} + S_{厂用变压器} + S_{励磁变压器} = \frac{325}{0.98} + 28 + 3\times 1 + 6.3 = 368.9 (\mathrm{MVA})$$

发电工况校核 $S_\mathrm{T} \geqslant S_G = \dfrac{300}{0.9} = 333.3(\mathrm{MVA})$

所以选 B。

【考点说明】

（1）本题虽超纲，但较简单。对抽水蓄能电站熟悉的，也能做出来。

（2）抽水蓄能电站在发电工况，按《水电站一次手册》第 195 页，DL/T 5208—2005 抽水蓄能电站设计导则 10.3.2-1 条的要求，因厂用电很小，均可按发电机视在功率选择主变。在电动机工况，主变的容量除了电动机容量外，还应考虑在电动机工况运行时，需要使用静止启动装置（SFC）去启动其他机组到电动机工况运行，因而主变容量还要加上 SFC 输入容量。厂用电和励磁不管是发电工况还是电动机工况都是需要的，均应加上。电动机工况是同步电动机工况，是需要励磁的。

考点 3　回路电流计算与电器和导体选择

【2013 年下午题 23~26】 某 500kV 变电站，设有 2 台主变压器，站用电计算负荷为 520kVA，由 2 台 10kV 工作站用变压器供电，其中一台为专用备用站用变压器，容量均为 630kVA。若变电站扩建，扩建一组主变压器（三台单相，与现行变压器容量、型号相同），每台单相主变压器冷却器配置为：共 4 组冷却器（主变压器满负荷运行需投运 3 组），每组冷却器油泵一台 10kW，风扇两台 5kW/台（电动机启动系数均为 3），增加消防水泵及水喷雾用电负荷 30kW，站内给水泵 6kW，事故风机用电负荷 20kW，不停电源负荷 10kW，照明负荷 10kW。

▶▶ **第 15 题 [回路电流计算]** 25.设主变压器冷却器油泵风扇的功率因数为 0.8，请计算

主变压器冷却装置供电网络工作电流应为下列哪项数值（假定电动机的效率为 $\eta=1$）？（　　）

(A) 324.7A （B）341.85A
(C) 433.01A （D）455.8A

【答案及解答】B

由 DL/T 5155—2016 附录 D 式（D.0.2）可得主变压器冷却装置供电网络工作电流为

$$I_g = n_1(I_b + n_2 I_f) = n_1\left(\frac{P_{be}}{\sqrt{3}U_e\eta\cos\varphi} + n_2\frac{P_{fe}}{\sqrt{3}U_e\eta\cos\varphi}\right)$$
$$= 3 \times 3 \times \left(\frac{10}{\sqrt{3}\times 380 \times 1 \times 0.8} + 2 \times \frac{5}{\sqrt{3}\times 380 \times 1 \times 0.8}\right) \times 10^3$$
$$= 341.85(A)$$

所以选 B。

【考点说明】

坑点：本题为 3 台单相变压器，电流应按式（D.0.2）所得数值的 3 倍计算。

【注释】

主变压器如果采用单相变压器，其中每一台单相变压器的冷却系统都是 380V 三相低压系统，所以总供电回路工作电流要乘 3。

【2009 年上午题 14】220kV 变电站，一期 2×180MVA 主变压器，远景 3×180MVA 主变压器。三相有载调压，三相容量分别为 180/180/90，YNynd11 接线。调压 230±8×1.25%/117kV/37kV，百分电抗 X_1 高-中=14，X_1 高-低=23，X_1 中-低=8。要求一期建成后，任一主变压器停役，另一台主变压器可保证承担负荷的 75%。220kV 正序电抗标幺值 0.0068（设 S_j=100MVA），110、35kV 侧无电源。

▶▶ 第 16 题 ［电器和导体选择］14．站用变压器选择 37±5%/0.23～0.4kV，630kVA，U_d=6.5%的油浸式变压器。站用变压器低压屏电源进线额定电流和延时开断能力为下列哪项？
（　　）

(A) 800A，16I_e （B）1000A，12I_e
(C) 1250A，12I_e （D）1500A，8I_e

【答案及解答】C

(1) 由 DL/T 5155—2002 附录中式（E.1）可得：$I_g = 1.05 \times \frac{630}{\sqrt{3}\times 0.4} = 954.8$ (A)。

由 DL/T 5155—2002 第 6.3.1 条可知：$I_g' = \frac{954.8}{0.7\sim 0.9} \approx 1061\sim 1364$ (A)。

根据所给各选项进线额定电流可取 1250A。

(2) 再根据 35kV 的 630kVA 变压器查 DL/T 5155—2002 附录 D 表 D.2 可得，短路电流周期分量起始有效值 I''=13.1kA，$\frac{13100}{1250}$=10.48，向上取 I'' 为 12I_e，所以选 C。

【考点说明】

(1) 本题考查对延时开断能力概念的理解。开断能力应大于所在位置的短路电流。

（2）因题目未给出有关参数，无法计算短路电流，只能查表。

（3）对于站用电低压屏内电器额定电流的选择，应考虑不利散热的影响，按电器额定电流乘以 0.7～0.9 的裕度进行修正。本条对应 DL/T 5155—2016 第 6.3.1 条，但该条取消了具体修正系数，其条文说明描述为"具体修正系数应根据设备资料确定"。本题只能按 2002 版规范进行解答。

【注释】

作为站用变压器低压侧的总断路器一般为框架式断路器，宜带延时动作。如利用其本身的延时过电流脱扣器作为短路保护，须采用断路器相应延时下的额定分断能力进行校验（DL/T 5155—2016 第 6.3.5-3 条是对早期国产低压断路器设备短延时的分断能力比瞬动时降低而规定，引进技术后两者达到了同等能力），故该断路器的延时分断能力应大于安装点的预期最大短路电流周期分量有效值即本题的 13.1kA；但本题答案给出的可选条件是按（8～16）I_e 的整定值，应注意一个问题，通断能力与整定值不是一个概念。断路器的瞬动定值以往多按额定电流的 10、12 或更高倍给出，现在的低压断路器多为可调的（1.25～12）I_e 电子脱扣器（早期为电磁脱扣器），其主要考虑躲过电动机的启动电流（按 DL/T 5155—2016 附录 E），且应满足回路末端最小短路电流的保护灵敏度 1.5（但 GB 50054—2011 规定：当短路保护电器为断路器时，被保护线路末端的短路电流不应小于断路器瞬时或短延时脱扣器整定电流的 1.3 倍）。

【2013 年下午题 23～26】 某 500kV 变电站，设有 2 台主变压器，站用电计算负荷为 520kVA，由两台 10kV 工作站用变压器供电，其中一台为专用备用站用变压器，容量均为 630kVA。若变电站扩建，扩建一组主变压器（三台单相，与现行变压器容量、型号相同），每台单相主变压器冷却器配置为：共 4 组冷却器（主变压器满负荷运行需投运 3 组），每组冷却器油泵一台 10kW，风扇两台 5kW/台（电动机启动系数均为 3），增加消防水泵及水喷雾用电负荷 30kW，站内给水泵 6kW，事故风机用电负荷 20kW，不停电电源负荷 10kW，照明负荷 10kW。

▶▶ 第 17 题 [电器和导体选择] 26．已知站用变压器每相网络电阻 3mΩ，电抗 10mΩ，冷却装置回路电阻为 2mΩ，电抗为 1mΩ，计算新扩建主变压器冷却器配电屏三相短路电流大小？以及断路器电流脱扣器的整定值为下列哪组数值（假定电动机启动电流倍数为 3，功率因数均为 0.85，效率 $\eta=1$，可靠系数取 1.35）？ （ ）

（A）19.11kA，1.303kA （B）19.11kA，1.737kA
（C）22.12kA，1.303kA （D）22.12kA，0.434kA

【答案及解答】A

由 DL/T 5155—2016 附录 C 及附录 E.0.3 可得

$$I'' = \frac{U}{\sqrt{3} \times \sqrt{(\Sigma R)^2 + (\Sigma X)^2}} = \frac{400}{\sqrt{3} \times \sqrt{(3+2)^2 + (10+1)^2}} = 19.11 \text{ (kA)}$$

$$\Sigma I_e = \frac{P_e}{\sqrt{3}U_e \eta \cos\theta_e} = 3 \times 3 \times \frac{(10+2\times5)\times 10^3}{\sqrt{3}\times 380 \times 1 \times 0.85} = 321.74 \text{ (A)}$$

依题意，启动电流倍数为 3，则 $I_z \geq K\Sigma I_Q = 1.35 \times 3\Sigma I_e = 1.35 \times 3 \times 321.74 = 1303$ (A)。

【考点说明】

（1）站用变压器每相网络电阻、电抗不含冷却装置回路电阻、电抗，否则短路电流为 22.12kA，会错选 C。

(2) 注意整定值计算中 3 个 3 的意义（三相、三组冷却器、3 倍启动电流），若漏掉其中任何一个，整定值为 0.434kA，可能会错选 D。

【注释】

断路器过电流脱扣器的选择应注意对馈电干线两种情况计算后取其大者：成组自启动或其中一最大电动机启动加其余电动机的计算工作电流之和。

考点 4　厂用电母线电压计算

【2008 年下午题 25~27】　某扩建 300MW 火力发电厂、厂用电引自发电机，厂用变压器采用无励磁调压变压器、接线组别为 Dyn11，容量为 50MVA，中性点经低电阻接地，系统接地电容电流为 80A，厂用电电压为 6.3kV，变压器短路损耗 P_0=150kW，阻抗电压为 16%，功率因数为 0.92，高压厂用变压器低压侧空载电压为 6.3kV，请回答下列问题：

▶▶第 18 题 [母线电压计算] 27. 假定高压厂用计算负荷为 36MVA，则 6.3kV 厂用母线电压标幺值为下列哪项数值？　　　　　　　　　　　　　　　　　（　　）

(A) 0.926　　　　　　　　　　　　(B) 0.882

(C) 0.948　　　　　　　　　　　　(D) 0.953

【答案及解答】C

由 DL/T 5153—2014 附录 G 可得

$$R_\mathrm{T} = 1.1 \times \frac{150}{50000} = 0.0033；X_\mathrm{T} = 1.1 \times \frac{16}{100} \times \frac{50000}{50000} = 0.176$$

$$Z_\varphi = 0.0033 \times 0.92 + 0.176 \times 0.392 = 0.072$$

厂用电压母线电压 $U_\mathrm{m} = \frac{6.3}{6.3} - \frac{36}{50} \times 0.072 = 0.948$。

【考点说明】

(1) 本题的基准电压在 DL/T 5153—2014 附录 G 中规定取 6kV，而基准容量则是厂用变压器低压绕组容量 50MVA。故实际应为 $U_\mathrm{m} = \frac{6.3}{6} - \frac{36}{50} \times 0.072 = 0.998$，但没有对应选项，题目不严谨，只能按照 $U_0 = 1$ 计算选 C。

(2) 在进行标幺值计算时，应注意同类参数基准值的取值统一性。

【注释】

(1) 此题是有关厂用电电压调整计算的案例，只要根据规范中列的公式计算即可得到相应的计算结果。DL/T 5153—2014 附录 G 列入的计算公式从 1988 年修订后到 2002 年及现行的 2014 年版均没有变化，该计算方法是基于母线电压波动时，认为厂用负荷电流不变（即所谓恒电流）的观点导出的，在某电厂做了运行电压波动时厂用变压器总电流的实测试验，并与通过其他方法（恒容量或恒阻抗）计算得到的结果，做比较，说明该恒电流方法是切合实际的。

(2) 厂用电母线电压调整计算中，变压器低压侧空载电压 U_0 的取值很关键。在 DL/T 5153—2014 附录 G 中明确规定基准电压应取 6kV，因为 6kV 是这一电压等级的标称电压，电压波动应以标称电压为基准进行计算。

一般变压器低压侧空载电压应高于标称电压 5%，在带满负荷后应为标称电压，不应出现空载电压等于标称电压的情况（即 $U_0=1$）。在 DL/T 5153—2014 第 3.2 节说明了厂用电系统的电压分为系统标称电压（如 6kV）、系统运行电压（如 6.3kV）、系统最高电压（如 7.2kV）；工程中，曾有电厂距电网线路较长，采用厂用电压 6.3kV 及 6.6kV 的特殊情况，本题并未注明属于这种特殊情况。

（3）因 GB 50660—2011 及 DL/T 5153—2014 编制修订所接入电网中的节点电压波动越来越小，需要计算及论证有发电机出口断路器后，高压厂用变压器及启动/备用变压器是否需有载调压等，均涉及电压调整的计算，应熟悉掌握这一计算方法。

【2018 年下午题 8～10】 某电厂装有 2×1000MW 纯温火力发电机组，以发电机变压器组方式接入厂内 500kV 升压站，每台机组设一台高压厂用无励磁调压分裂变压器，容量 80/47-47MVA，变比 27/10.5-10.5kV，半穿越阻抗设计值为 18%，其电源引自发电机出口与主变压器低压侧之间，设 10kVA、B 两段厂用母线。请分析计算并解答下列各小题。

▶▶ 第 19 题 [母线电压计算] 9. 高压厂用分列变压器的单侧短路损耗为 350kW，10kVA 段最大计算负荷为 43625kVA，最小计算负荷为 25877kVA，功率因数均按 0.8 考虑，请问 10kVA 段母线正常运行时的电压波动范围是多少？（高压厂用变压器引接处的电压波动范围为±2.5%，变压器处于 0 分接位置） （ ）

(A) 90.4%～98.3% (B) 91.1%～98.7%
(C) 95.3%～103.8% (D) 95.9%～104.2%

【答案及解答】C

依据 DL/T 5153—2014 附录 G 可得

$R_T = 1.1 \times \dfrac{P_t}{S_{2T}} = 1.1 \times \dfrac{350}{47000} = 0.0082$ ； $X_T = 1.1 \dfrac{U_d\%}{100} \dfrac{S_{2T}}{S_T} = 1.1 \times \dfrac{18}{100} \times \dfrac{47000}{80000} = 0.1163$

$Z_\varphi = R_T \cos\varphi + X_T \sin\varphi = 0.0082 \times 0.8 + 0.1163 \times 0.6 = 0.0763$

由 $U_m = U_0 - SZ_\varphi$ 可得

$U_{mg\min} = U_{0g\min} - S_{\max} Z_\varphi = 1.024 - \dfrac{43625}{47000} \times 0.0763 = 0.953$

$U_{mg\max} = U_{0g\max} - S_{\min} Z_\varphi = 1.08 - \dfrac{25877}{47000} \times 0.0763 = 1.038$

所以选 C。

【考点说明】

分接开关位置在 0 的变压器低压侧空载电压可直接引用规范上的 1.024 和 1.08，不必重新计算。

$$U_0 = \dfrac{U_g U'_{2e}}{1 + n\dfrac{\delta_u\%}{100}} = \dfrac{\dfrac{U_G}{U_{1e}} g \dfrac{U_{2e}}{U_i}}{1 + n\dfrac{\delta_u\%}{100}} = \dfrac{U_G}{U_{1e}} g \dfrac{U_{2e}}{U_i}$$

$$U_0 = \dfrac{U_G}{U_{1e}} \dfrac{U_{2e}}{U_i} = (0.975 \sim 1.025) \times \dfrac{10.5}{10} = 1.02375 \sim 1.07625$$

若把高压厂用变压器引接处的电压波动范围±2.5%误认为是低压侧空载电压波动范围，

则会误选 A。

$$U_{mg\,min} = U_{0g\,min} - S_{max} Z_\varphi = (1-2.5\%) - \frac{43625}{47000} \times 0.0763 = 0.9041$$

$$U_{mg\,max} = U_{0g\,max} - S_{min} Z_\varphi = (1+2.5\%) - \frac{25877}{47000} \times 0.0763 = 0.9830$$

【注释】

（1）此题为厂用电母线电压正常波动范围的计算，是在电源电压和厂用负荷正常变动时，无励磁调压的高压厂用变压器在某一固定分接位置时，检查母线电压的波动范围是否满足要求：按电源电压最低、厂用负荷最大或电源电压最高、厂用负荷最小，分别计算厂用母线的最低电压满足不小于 0.95（标幺值）或最高电压满足不大于 1.05（标幺值）；如果计算几个分接位置都不满足该电压波动范围的要求（不超过额定电压的-5%～+5%）则需要采用有载调压方式；此题涉及的内容属于电压调整及调压方式，历年考题都会有，而且工程设计中，GB 50660—2011 及 DL/T 5153—2014 中规定，发电机出口装设断路器后，需通过厂用母线电压计算及校验，确定高压厂用变压器等的调压方式，熟悉并掌握这部分计算应是重要的。

（2）本题关键是变压器低压侧空载电压 U_0 的计算或选择；题中给的"高压厂用变压器引接处的电压波动范围为±2.5%"这是电源处的电压波动，其符合规范 4.3.2 规定的电源电压 5%波动范围，不应误解为是"低压侧空载电压波动范围"否则会有"考点说明"中的错误答案。

（3）本题因给定 0 分接位置，电源电压变化±2.5%，恰正符合附录 G 中 U_0 算式说明"对连接于电压较稳定的电源上的变压器，最低电源电压取 0.975，U_0 相应为 1.024，最高电源电压取 1.025，U_0 相应为 1.08"，而可将 1.024 和 1.08（这是分接位置为 0，$\delta\%=0$）分别代入 U_m 的算式可快速得到本题的答案。

【2016 年下午题 16～21】 某 600MW 级燃煤发电机组，高压厂用电系统电压为 6kV，中性点不接地，其简化的厂用接线如下图所示，高压厂用变压器 B1 无载调压，容量为 31.5MVA，阻抗值为 10.5%。高压备用变压器 B0 有载调压，容量为 31.5MVA，阻抗值为 18%。正常运行工况下，6.3kV 工作段母线由 B1 供电，B0 热备用。D3、D4 为电动机，D3 额定参数为：P_3=5000kW，$\cos\varphi_3$=0.85，η_3=0.93，启动电流倍数 K_3=6；D4 额定参数为：P_4=8000kW，$\cos\varphi_4$=0.88，η_4=0.96，启动电流倍数 K_4=5。假定母线上的其他负荷不含高压电动机并简化为一条馈线 L1，容量为 S_1；L2 为备用馈线，充电运行。TA 为工作电源进线回路电流互感器，TA0～TA4 为零序电流互感器。请分析计算并解答下列各题。

▶▶ 第 20 题 [母线电压计算] 18. 已知变压器 B0 的有载分接开关电压分接头为 216±8×1.25%/6.3kV，额定铜耗为 180kW，最大计算负荷为 27500kVA，负荷功率因数为 0.83，请计算 220kV 母线电压允许波动范围为下列哪组数值？（　　）

(A) 192～236kV　　　　　　　　(B) 195～238kV
(C) 198～240kV　　　　　　　　(D) 202～242kV

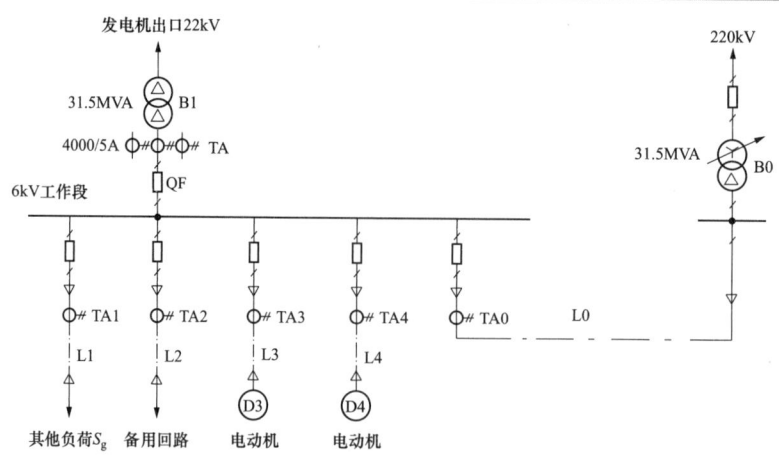

【答案及解答】 B

由 DL/T 5153—2014 附录 G 可得

$R_T = 1.1 \dfrac{P_t}{S_{2T}} = 1.1 \times \dfrac{180}{31500} = 0.006286$ ； $X_T = 1.1 \dfrac{U_{d\%}}{100} \dfrac{S_{2T}}{S_T} = 1.1 \times \dfrac{18}{100} \times \dfrac{31500}{31500} = 0.198$

$Z_\varphi = R_T \cos\varphi + X_T \sin\varphi = 0.006286 \times 0.83 + 0.198 \times 0.557763 = 0.116$ ； $S = \dfrac{27500}{31500}$

由 $U_m = U_0 - S Z_\varphi$ ； $U_0 = \dfrac{U_g U'_{2e}}{1 + n \dfrac{\delta_u\%}{100}}$ ； $U = U_* U_{le}$（U_{le} 为高压侧额定电压）联合推出

$U_{g\min} = U_{le} \dfrac{(U_{*\min} + S_{*\max} Z_*) \times \left(1 - n \dfrac{\delta\%}{100}\right)}{U_{*2e}} = 216 \times \dfrac{\left(0.95 + \dfrac{27500}{31500} \times 0.116\right) \times \left(1 - 8 \times \dfrac{1.25}{100}\right)}{1.05} = 194.6 \text{(kV)}$

$U_{g\max} = U_{le} \dfrac{(U_{*\max} + S_{*\min} Z_*) \times \left(1 + n \dfrac{\delta\%}{100}\right)}{U_{*2e}} = 216 \times \dfrac{\left(1.05 + \dfrac{0}{31500} \times 0.116\right) \times \left(1 + 8 \times \dfrac{1.25}{100}\right)}{1.05} = 237.6 \text{(kV)}$

所以选 B。

【考点说明】

（1）本题是电压调整计算新题型，以前未出现过。已知低压侧母线电压限值（0.95~1.05，但题目中隐藏了），反求启动备用变压器高压侧电压允许波动范围，需要先求出变压器低压侧空载电压的范围。

（2）注意电源电压低值对应的是分接头负分接（$n=-8$），电源电压高值对应的是分接头正分接（$n=+8$）。

【2023 年下午题 7~9】 某火力发电厂拟建 2×350MW 燃煤供热机组，采用发电机-变压器组单元接线，接入厂内 220kV 升压站，每台机组设一台 45/27-27MVA 的无载调压分裂高厂变，由发电机出口引接，高压厂用电采用 6kV 一级电压，每台机组 2 段 6kV 母线。两台机设一台有载调压高压/启动备用变，采用与高厂变同容量分裂变，电源由厂内 220kV 配电装置母线引接，正常运行时启动/备用变不带负荷。

高厂变额定电压为 20±2×2.5%/6.3~6.3kV，阻抗电压：16.5%（以高压侧容量为基准的半穿越电抗），接线阻别，Dynl-ynl。高压启动/备用变额定电压为 230±8×1.25%/6.3~6.3kV，阻抗电压：21%（以高压侧容量为基准的半穿越阻抗），接线组别，YNyn0-yn0.(+d)。请分析计算并解答下列各小题。

▶▶ 第 21 题 [母线电压计算] 7. 若发电机出口电压较稳定，高厂变铜耗 P_t=175kW，6kV 四段母线的计算负荷分别为：S_{IA}=26362kVA，S_{IB}=26581kVA，S_{IIA}=26586kVA，S_{IIB}=26721kVA。四段母线最小负荷均按照 60% 考虑，计算高厂变在-1 分接头带厂用电运行时，四段 6kV 厂用母线的最低电压和最高电压标幺值分别为下列哪项数值？ （ ）

（A）0.9297、1.0097　　　　　（B）0.9285、1.0084
（C）0.9534、1.0346　　　　　（D）0.9797、1.0622

【答案及解答】D

由 5153—2014 附录 G 可得

变压器电阻 $R_T = 1.1 \dfrac{P_t}{S_{2T}} = 1.1 \times \dfrac{175}{27000} = 0.0071$

变压器电抗 $X_T = 1.1 \dfrac{U_d\%}{100} \dfrac{S_{2T}}{S_T} = 1.1 \times \dfrac{16.5\%}{100} \times \dfrac{27}{45} = 0.1089$

阻抗 $Z_\varphi = R_T \cos\varphi + X_T \sin\varphi = 0.0071 \times 0.8 + 0.1089 \times 0.6 = 0.071$

依题意"发电机出口电压较稳定"，又由该规范是 G.0.1-1 参数 U_0 说明可知，U_0 最低电压取 1.024，最高电压取 1.08，则有

变压器最高空载电压 $U_{0max} = \dfrac{1.08}{1-1\times 2.5\%} = 1.1077$

变压器最低空载电压 $U_{0max} = \dfrac{1.024}{1-1\times 2.5\%} = 1.0503$

母线最高电压 $U_{max} = U_{0max} - S_{min} Z_\varphi = 1.1077 - \dfrac{26362 \times 60\%}{27000} \times 0.071 = 1.0661$

母线最低电压 $U_{min} = U_{0min} - S_{max} Z_\varphi = 1.0503 - \dfrac{26721}{27000} \times 0.071 = 0.9800$

综上选 D。

【考点说明】本题的"四段 6kV 厂用母线的最低电压和最高电压"，是四段中的最高电压，和四段中的最低电压，因此应使用四段中的最大负荷和四段中的最小负荷计算。

【2024 年上午题 1~5】　某工业园区热电厂安装 4 台燃煤发电机组，发电机额定功率 50MW，额定电压 6.3kV。额定功率因数 0.8，最大连续出力 55MW（运行在额定功率因数），电厂通过两回 220kV 线路接入电力系统，220kV 升压站采用双母线接线。电厂设置备用变压器，电源引接自 220kV 升压站母线。

请分析并解答下列各小题。

▶▶ 第 22 题 [母线电压计算] 5. 本期工程高压备用变压器采用有载调压变压器，额定容量为 16000kVA，二次额定电压为 6.3kV，阻抗电压百分数 $U_d\%$=10.5，铜耗 P_{Cu}=66kW，若 220kV

母线电压波动范围为206kV～248kV，变压器所带最大负荷为15500kVA，最小负荷为0kVA，选用的有载调压开关正负分接挡数相同，请计算高压备用变压器高压侧额定电压宜采用下列哪项数值？（　　）

(A) 220kV (B) 227kV
(C) 230kV (D) 236kV

【答案及解答】 B

（1）计算阻抗标幺值

依据《火力发电厂厂用电设计规程》（DL/T 5153—2014）附录G，式G.0.1-2参数说明，功率因数$\cos\theta=0.8$，对应$\cos\theta=0.6$，可得

$$Z_{\varphi*} = R_t \cos\varphi + X_T \sin\varphi = 1.1 \times (\frac{66}{16000} \times 0.8 + \frac{10.5}{100} \times 0.6) = 0.073$$

依题意，变压器低压侧额定电压6.3，厂用高压母线标称电压为6kV，将式（G.0.1-5）代入式G.0.1-1可得

$$U_{厂用母线电压标幺值} = \frac{U_{高压侧额定电压} \times \frac{6.3}{6}}{1 + n \frac{\delta_u \%}{100}} - SZ$$

根据G.0.2条文可知，有载调压变压器最高调节范围为1.1，最低为0.9。

（2）计算最高电压

由G.0.1条文，220kV电压最高，对应低压侧空载，变压器最大调节能力1.1，母线电压不应超过最大允许值1.05，可得

$$1.05 \geqslant \frac{\frac{U_{高压侧最高运行电压} \times \frac{6.3}{6}}{U_{高压侧额定电压}}}{0.9} - 0$$

可得$1.05 \geqslant \frac{\frac{248}{U_{高压侧额定电压}} \times \frac{6.3}{6}}{1.1} - 0 \Rightarrow U_{高压侧额定电压} \geqslant 225.45(kV)$

（3）计算最低电压

220kV电压最低，对应低压侧满载，变压器最小调节能力0.9，母线电压不应低于最低允许值0.95可得

$$0.95 \leqslant \frac{\frac{U_{高压侧最低运行电压} \times \frac{6.3}{6}}{U_{高压侧额定电压}}}{0.9} - \frac{S_{max}}{S_{2e}} \times 0.073$$

可得$0.95 \leqslant \frac{\frac{206}{U_{高压侧额定电压}} \times \frac{6.3}{6}}{0.9} - \frac{15500}{16000} \times 0.073 \Rightarrow U_{高压侧额定电压} \leqslant 235.45(kV)$

B、C均满足。

(4) 电压校验

B 选项：最高值：$\dfrac{\dfrac{248}{227}\times\dfrac{6.3}{6}}{1.1}-0=1.043$　　最低值：$\dfrac{\dfrac{206}{227}\times\dfrac{6.3}{6}}{0.9}-\dfrac{15500}{16000}\times 0.073=0.988$

C 选项：最高值：$\dfrac{\dfrac{248}{230}\times\dfrac{6.3}{6}}{1.1}-0=1.029$　　最低值：$\dfrac{\dfrac{206}{230}\times\dfrac{6.3}{6}}{0.9}-\dfrac{15500}{16000}\times 0.073=0.974$

B 选项 6kV 母线整体运行电压较高，经济性好，所以选 B。

【考点说明】

本题高压侧电压最高，采用最大调节能力，能让低压侧母线电压尽量低，这样母线不至于超过最高允许值；同理，高压侧最低电压，采用最小调节能力，能让低压侧母线电压尽量高，不至于低于最小允许值。

考点 5　启动母线电压计算

【2010 年下午题 1~5】　某发电厂本期安装两台 125MW 机组，每台机组配一台 400t/h 锅炉，机组采用发电机—三绕组变压器单元接线接入厂内 220kV 和 110kV 升压站，220kV 和 110kV 升压站均采用双母线接线。高压厂用工作变压器从主变压器低压侧引接，厂用电电压为 6kV 和 380V。请回答下列问题：

▶▶ 第 23 题 [启动母线电压计算] 4. 请计算电动给水泵正常启动时，母线电压是下列哪个值（启动前母线已带负荷 6166kVA，电动机启动电流倍数取 6）（注：本大题第一小题列出给水泵功率为 3400kW，第 3 小题假设选择了 16000kVA 的变压器）？　　　　（　　）

(A) 80.3%　　　　　　　　　　　　(B) 82.6%

(C) 83.8%　　　　　　　　　　　　(D) 85.4%

【答案及解答】D

由 DL/T 5153—2014 附录 G 式（G.0.1-4）可得

$$X=X_T=1.1\dfrac{U_d\%}{100}\times\dfrac{S_{2T}}{S_T}=1.1\times\dfrac{10.5}{100}\times\dfrac{16}{16}=0.1155$$

又由该规范附录 H 可得

$$S_1=\dfrac{S_D}{S_T}=\dfrac{6166}{16000}=0.385\,;\quad S_q=\dfrac{K_q P_e}{S_{2T}\eta_D\cos\varphi_D}=\dfrac{6\times 3400}{16000\times 0.8}=1.594$$

$$S=S_1+S_q=0.385+1.594=1.979$$

依题意为无励磁变压器，又由该规范式（H.0.1-1），$U_0=1.05$，可得启动时母线电压为

$$U_m=\dfrac{U_0}{1+SX}=\dfrac{1.05}{1+1.979\times 0.1155}=0.8546$$

【考点说明】

(1) 在运用公式 $U_m=\dfrac{U_0}{1+SX}$ 时应注意：计算 S 时，基准容量选择的是变压器低压侧的容量。本题变压器高、低压侧容量相同，如果是分裂变压器，则高、低压侧容量不同，应注意

不要代错基准容量。

空载电压 U_0 一般无励磁调压取 1.05，有载调压取 1.1，电抗器取 1，应根据题意分别取值参与计算。

X 应使用附录 G 式（G.0.1-4）$X_T = 1.1 \times \dfrac{U_d\%}{100} \times \dfrac{S_{2T}}{S_T}$ 计算，如不注意直接使用变压器阻抗，很容易少乘 1.1。

（2）本题题干没有给出功率因数和效率，可以依据 DL/T 5153—2014 附录 J 第 J.0.1 条取功率因数和效率的乘积为 0.8。如果题目给了具体值必须用题目所给数据计算。

（3）柴油发电机保安母线启动电压计算见 DL/T 5153—2014 附录 D，注意不要搞混淆。

（4）在计算过程中的小数应至少比选项数据多保留一位，这样更容易精确对应选项。

（5）通过本题也可看出，在一道大题中，各小题的参数或者计算结果可作为之后小题的已知条件。

【注释】

（1）本题是关于电动机正常启动时的电压校验计算，相对简单，只要按 DL/T 5153—2014 附录 H 的公式正确运算即可。工程中最大容量的电动机，多是拖动给水泵的电动机，如 300～600MW 级发电机组其电动机可能为 6300～10000kW，其正常启动时必须满足厂用母线电压不低于额定电压的 80%。

（2）规范 DL/T 5153—2014 中涉及电动机启动或成组电动机启动时的电压计算公式需用附录 H 或附录 J，两个附录的计算方法基本相同，都是按元件电抗比例法也称阻抗比例法简化导出的。其算式是按标幺制，基准电压取 0.38kV、3kV、6kV、10kV，变压器的基准容量取低压绕组的额定容量 S_{2T}（kVA），即 $U_m = U_0/(1+SX)$，$S = S_1 + S_q$，$S_q = \dfrac{K_q P_e}{S_{2T} \eta_D \cos \varphi_D}$；在成组自启动的公式中 S_q 替换为 S_{qZ} 等，但两个原理相同。厂用母线的空载电压，其标幺值随电源设备的型式而定：对于电抗器，空载电压等电源电压标幺值 $U_0 = 1$；对无励磁调压变压器，选择变比时已确定二次侧空载电压高出设备额定电压 5%，则取 $U_0 = 1.05$；对有载调压变压器，满负荷时厂用母线电压也可比电器额定电压高 5%，一般取 $U_0 = 1.1$。标幺值计算时，工程中电力设备参数常用其三相额定容量 S_e 为基准值，本公式中变压器基准容量取低压绕组的额定容量 S_{2T} 是合适的。

一般来说，这个公式算出的母线电压 U_m 是偏于安全的，因它把原有负荷 S_1 看成是一个恒阻抗，而实际上原有负荷中大部分为旋转电机，在启动瞬间母线电压突然降低时，原有负荷电机具有电源特性，也要向启动电动机提供启动电流，因此母线电压实际要比计算值高一些。

注意 DL/T 5153—2014 附录 J 第 J.0.2 条低压厂用母线的电压公式（J.0.2-2）中分子"U_0"应改为"U_{dm}"，公式说明"X_g——高压厂用变压器或电抗器"应改为"X_d——低压厂用变压器或电抗器标幺值"。

【2020 年下午题 16～19】 某供热电站安装 2 台 50MW 机组，低压公用厂用电系统采用中性点直接接地方式，设 1 台容量为 1250kVA 的低压公用干式变压器为低压公用段 380V 母线供电，变压器变比为 10.5±2×2.5%/0.4kV，阻抗电压 6%，采用明备用方式。

第 10 章　厂用电系统

▶▶ **第 24 题**［启动母线电压计算］18. 假设低压公用段母线上接有一台容量为 250kW 的电动机，其启动电流为电动机额定电流的 7 倍，假定电动机额定效率和额定功率因数的乘积为 0.8，如电动机启动时站母线上已带有 700kVA 负荷，试计算电动机启动时该母线电压标幺值最接近下面哪个值？　　　　　　　　　　　　　　　　　　　　　　　（　　）

(A) 0.8　　　　　　　　　　　　　　(B) 0.91
(C) 0.93　　　　　　　　　　　　　(D) 0.95

【答案及解答】 B

根据 DL/T 5153—2014 附录 H 可得

$$S_{qz} = \frac{K_{qz}\Sigma P_e}{S_{2T}\eta_d \cos\varphi_d}; S = S_1 + S_{qz} = \frac{700}{1250} + \frac{7 \times 250}{1250 \times 0.8} = 2.31$$

$$X = 1.1\frac{U_d\%}{100} \times \frac{S_{2T}}{S_{1T}} = 1.1 \times \frac{6}{100} \times 1 = 0.066$$

$$U_m = \frac{U_0}{1+SX} = \frac{1.05}{1+2.31 \times 0.066} = 0.911$$

【2012 年下午题 1～5】 某新建 2×300MW 燃煤发电厂，高压厂用电系统标称电压为 6kV，其中性点为高电阻接地，每台机组设两台高压厂用无励磁调压双绕组变压器，容量为 35MVA，阻抗值为 10.5%，6.3kV 单母线接线，设 A、B 段，6kV 系统电缆选为 ZR-YJV22-6/6kV 三芯电缆。

▶▶ **第 25 题**［启动母线电压计算］1. 当 A 段母线上容量为 3200kW 的给水泵电动机启动时，其母线已带负荷为 19141kVA，求该电动机启动时的母线电压百分数为下列哪项值？（已知该电动机启动电流倍数为 6，额定效率为 0.963，功率因数为 0.9）　　　　　（　　）

(A) 88%　　　　　　　　　　　　　(B) 92%
(C) 93%　　　　　　　　　　　　　(D) 97%

【答案及解答】 B

由 DL/T 5153—2014 附录 G 式（G.0.1-4）可得

$$X = X_T = 1.1\frac{U_d\%}{100} \times \frac{S_{2T}}{S_T} = 1.1 \times \frac{10.5}{100} \times \frac{35}{35} = 0.1155$$

又由该规范附录 H 可得

$$S_1 = \frac{S_D}{S_T} = \frac{19141}{35000} = 0.5469 ; \quad S_{qz} = \frac{K_{qz}\Sigma P_e}{S_{2T}\eta_d \cos\varphi_d} = \frac{6 \times 3200}{35000 \times 0.963 \times 0.9} = 0.6329$$

可得：$S = S_1 + S_q = 0.5469 + 0.6329 = 1.18$

再根据该规范式（H.0.1-1），依题意为无励磁变压器，$U_0 = 1.05$。可得启动时母线电压

$$U_m = \frac{U_0}{1+SX} = \frac{1.05}{1+1.18 \times 0.1155} = 0.924$$

【2016 年下午题 16～21】 某 600MW 级燃煤发电机组，高压厂用电系统电压为 6kV，中性点不接地，其简化的厂用接线如下图所示，高压厂用变压器 B1 无载调压，容量为

31.5MVA，阻抗值为 10.5%。高压备用变压器 B2 有载调压，容量为 31.5MVA，阻抗值为 18%。正常运行工况下，6.3kV 工作段母线由 B1 供电，B0 热备用。D3、D4 为电动机，D3 额定参数为：$P_3=5000\text{kW}$，$\cos\varphi_3=0.85$，$\eta_3=0.93$，启动电流倍数 $K_3=6$；D4 额定参数为：$P_4=8000\text{kW}$，$\cos\varphi_4=0.88$，$\eta_4=0.96$，启动电流倍数 $K_4=5$。假定母线上的其他负荷不含高压电动机并简化为一条馈线 L1，容量为 S_1；L2 为备用馈线，充电运行。TA 为工作电源进线回路电流互感器，TA0～TA4 为零序电流互感器。请分析计算并解答下列各题。

▶▶ 第 26 题 [启动母线电压计算] 19. 已知在正常运行工况下，6.3kV 母线已带负荷 21MVA，请计算 D4 启动时 6.3kV 工作段的母线电压百分数最接近下列哪项数值？（ ）

(A) 76% (B) 84%
(C) 88% (D) 93%

【答案及解答】B

由 DL/T 5153—2014 附录 G 式（G.0.1-4）可得

$$X = X_T = 1.1 \frac{U_d\%}{100} \times \frac{S_{2T}}{S_T} = 1.1 \times \frac{10.5}{100} \times \frac{31500}{31500} = 0.1155$$

又由该规范附录 H 可得

$$S_1 = \frac{S_D}{S_T} = \frac{21000}{31500} = 0.6667\ ；\ S_{qz} = \frac{K_{qz}\Sigma P_e}{S_{2T}\eta_d \cos\varphi_d} = \frac{5 \times 8000}{31.5 \times 10^3 \times 0.96 \times 0.88} = 1.503$$

则 $S = S_1 + S_q = 0.6667 + 1.503 = 2.17$

再根据该规范式（H.0.1-1），依题意为无励磁变压器，$U_0 = 1.05$，可得启动时母线电压

$$U_m = \frac{U_0}{1+SX} = \frac{1.05}{1+2.17 \times 0.1155} = 0.84$$

▶▶ 第 27 题 [启动母线电压计算] 20. 在正常运行工况下，已知 $S_g = P_g + jQ_g = (12+j9)$ MVA，D3 在额定参数下运行，若备用回路 L2 接有一组 2Mvar 的电容器组，在启动 D4 的同时投入，请详细计算 D4 启动时 6.3kV 工作段的母线电压最接近下列哪项值？（ ）

(A) 83% (B) 85%
(C) 86% (D) 88%

【答案及解答】B

由 DL/T 5153—2014 附录 G 式（G.0.1-4）可得

$$X = X_T = 1.1 \frac{U_d\%}{100} \times \frac{S_{2T}}{S_T} = 1.1 \times \frac{10.5}{100} \times \frac{31500}{31500} = 0.1155；各负荷标幺值计算如下：$$

D4 启动前已运行负荷 $S_1 = \dfrac{(12000+j9000)+(\dfrac{5000/0.93}{0.85})\angle \cos^{-1} 0.85}{31.5 \times 1000} = 0.676\angle 35.36°$

D4 启动时投入负荷 $S_q = \dfrac{5 \times [-j2000+(\dfrac{8000/0.96}{0.88})\angle \cos^{-1} 0.88]}{31.5 \times 1000} = 1.38\angle 16.69°$

启动合成负荷 $S_1 + S_q = 0.676\angle 35.36° + 1.38\angle 16.69° = 2.032\angle 22.8°$

又由该规范附录 H 式（H.0.1-1），依题意为无励磁变压器，$U_0 = 1.05$，可得

$$U_{\mathrm{m}} = \frac{U_0}{1+(S_1+S_{\mathrm{q}})X} = \frac{1.05}{1+2.032\times 0.1155} = 0.85$$

所以选 B。

【考点说明】

本题是电动机正常启动时母线电压计算经典题型的变化，以前未出现过，该题最大的特点是分别给出了运行的有功功率和无功功率，需要和运行的电动机 D3 进行容量和的计算。同样启动电动机的同时投入电容器，电容器是纯容性无功（负值），也需要对二者进行容量和的计算，由此增加了计算量。

【注释】

其实本题不够严谨，原因如下：

（1）电容器的启动电流倍数（合闸涌流倍数）并不一定等于 5，题目没有明确说明，只能忽略此项，按相同的启动倍数计算。

（2）电动机的启动功率因数并不是额定功率因数 0.88，可参考老版一次手册第 279 页下方，因为是正常启动，可取电动机剩磁很少的慢速切换功率因数 0.3。由此计算的启动电压百分数为 0.92（读者可作为练习自行计算），但并没有对应的选项。

【2021 年下午题 10~12】 有一座燃煤热电厂，装机为 4 台 440t/h 超高压煤粉锅炉和 3 台 40MW 汽轮发电机组，4 台锅炉正常 3 台运行 1 台备用，全厂热力系统采用母管制，3 台 40MW 机组均采用发电机-变压器单元接线的方式接入厂内 110kV 母线。发电机出口电压为 10.5kV，高压厂用工作电源采用限流电抗器从主变低压侧引接。

请析计算并解答下列各小题：

▶▶ **第 28 题 [启动母线电压计算]** 11. 本工程最大一台高压厂用电动机为电动给水泵电动机，额定功率为 3800kW，采用直接启动方式，电动机额定效率为 97%，额定功率因数为 0.89，启动电流倍数为 6.5，假设电抗器额定电流为 1000A，所带的厂用电母线段计算负荷合计为 12800kVA，请按照满足该电动机正常启动的要求选择电抗器的百分电抗值 X_{k} 上限最接近下列哪个数值？　　　　　　　　　　　　　　　　　　（　　）

（A）10%　　　　　　　　　　　　（B）11%
（C）12%　　　　　　　　　　　　（D）15%

【答案及解答】 B

由 DL/T 5153—2014 附录 H 及 4.5 条可得

$$S_{\mathrm{q}} = \frac{K_{\mathrm{q}} P_{\mathrm{e}}}{S_{2\mathrm{T}} \eta_{\mathrm{d}} \cos\varphi_{\mathrm{d}}} = \frac{6.5\times 3800}{\sqrt{3}\times 10\times 1000\times 97\%\times 0.89} = 1.65$$

又由该规范附录 F，给水泵换算系数为 1，有 DL/T-2005 第 14.1.1 条文说明，电抗器额定电压取 10kV，可得

$$S_1 = \frac{12800 - \dfrac{3800}{1}}{\sqrt{3}\times 10\times 1000} = 0.52;\quad S = S_1 + S_{\mathrm{q}} = 0.52 + 1.65 = 2.17$$

$$U_{\mathrm{m}} = \frac{U_0}{1+SX} \geqslant 80\%,\ \text{则}\ X \leqslant \left(\frac{U_0}{U_{\mathrm{m}}} - 1\right)/S = \left(\frac{1}{0.8} - 1\right)/2.17 = 0.115 = 11.5\%$$

【考点说明】

不能四舍五入，选 12%。

【2020 年下午题 5~8】 某热电厂安装有 3 台 50MW 级汽轮发电机组，配有 4 台燃煤锅炉。3 台发电机组均通过双绕组变压器（简称"主变"）升压至 110kV，采用发电机-变压器组单元接线，发电机设 SF6 出口断路器，厂内设 110kV 配电装置，电厂以 2 回 110kV 线路接入电网，其中#1、#2 厂用电源接于#1 机组的主变低压侧和发电机断路器之间，#3、#4 厂用电源分别接于#2、#3 机组的主变低压侧与发电机断路器之间，每台炉的厂用分支回路设 1 台限流电抗器（简称"厂用电抗器"）。全厂设置 1 台高压备用变压器（简称"高备变"）高备变的容量为 12.5MVA，由厂内 110kV 配电装置引接。

发电机技术参数：

发电机功率 50MW，U_e=6.3kV，$\cos\varphi$=0.8(滞后)，f=50Hz，直轴超瞬态电抗(饱和度)X''_d=12%，电枢短路时间常数 T_n=0.31s，每相定子绕组对地 0.14μF。（短路电流按实用计算法）

▶▶ 第 29 题 [启动母线电压计算] 8. 当发电机出口短路时，系统及其他机组通过主变提供的三相对称短路电流 54.9kA，厂用电抗器 U_e 为 6kV，I_e 为 1500A，正常时单台厂用电抗器的最大工作电负荷为 10.5MVA，厂用电抗器供电的所有电动机和参加成组自启动的电动机总功率为 8210kW，其中最大 1 台电动机额定功率 2800kW，为了将 6kV 厂用电系统短路电流水平限制在 31.5kA，且电动机成组启动时 6kV 母线电压不低于 70%，则#2 机组所接厂用电抗器的电抗值应选下列哪项？ （ ）

(A) 3.17% (B) 5%
(C) 13% (D) 18.25%

【答案及解答】B

(1) 由新版一次手册第 117 页表 4-7 可得

发电机提供的短路电流 I_{*0} = 8.963 $\Rightarrow$ I''=8.963×5.728=51.34(kA)

由老版一次手册第 253 页式（7-18）可推导得出

$$X_k\% \geq \left(\frac{1}{31.5} - \frac{1}{54.9+51.34}\right) \times 1.5 \times \frac{6.3}{6} = 3.518\%$$

(2) 又由 DL/T 5153—2014 附录 J 可得

$$\frac{U_0}{1+SX} \geq 0.7 \Rightarrow X \leq \frac{1}{S}\left(\frac{U_0}{0.7} - 1\right), 则 X \leq \frac{1}{\frac{5 \times 8.21}{\sqrt{3} \times 6 \times 1.5 \times 0.8}} \times \left(\frac{1}{0.7} - 1\right) = 13\%$$

两者同时满足，所以选 B。

【考点说明】

(1) 电抗器的 U_0 应取 1。厂用工作电源只要考虑失压自启动。#2 机组仅有一个厂用电分支，短路电流不需要考虑另一个分支的反馈。

(2) 本题坑点有三：

1) 小题只告知系统及其他机组通过主变提供的三相对称短路电流，容易漏了发电机提供的短路电流，有可能错选 3.17%。

$$X_k\% \geqslant \left(\frac{I_j}{I''} - X_{*j}\right)\frac{U_j I_{ek}}{I_j U_{ek}} \times 100\% = \left(\frac{9.16}{31.5} - \frac{9.16}{54.9}\right) \times \frac{6.3 \times 1.5}{9.16 \times 6} \times 100\% = 2.131\%$$

2) 题目未告知厂用电的切换方式,《大中型火力发电厂设计规范》(GB 50660—2011)和《小型火力发电厂设计规范》(GB 50049—2011)均未强制切换方式,小机组厂用电可以用慢切方式,电动机的启动倍数可取 5。若按快切方式取 2.5,电抗器会很大,题目未告知的情况应按小于最小值计算,所以取 5。

$$S_{qZ} = \frac{K_{qZ}\Sigma P_e}{S_{2T}\eta_d \cos\varphi_d} = \frac{2.5 \times 8210}{15588.46 \times 0.8} = 1.646; \quad S = S_1 + S_{qZ} = 0 + 1.646 = 1.646$$

$$U_m \leqslant \frac{U_0}{1+SX} \Rightarrow X \leqslant \left(\frac{U_0}{U_m} - 1\right)/S = \left(\frac{1}{0.7} - 1\right)/1.646 = 0.2604$$

3) DL/T 5153—2014 附录 G 的公式(G.0.1-4)是针对变压器的,1.1 的系数是考虑变压器空载电压与设备额定电压差值系数 1.05 的平方,而电抗器的空载电压取 1,电抗器的电抗值不应进行 1.1 的调整,即便不影响答案的选择。

$$X = 1.1\frac{U_d\%}{100} \times \frac{S_{2T}}{S_{1T}} \Rightarrow U_d\% = X/1.1 = 0.1302/1.1 = 0.1184$$

【2022 年补考下午题 6~10】 某 2×300MW 火力发电厂,以 220kV 电压等级接入电力系统,高压厂用电系统采用 6kV 供电,电气接线示意图如下图所示。高压厂用工作变压器从升压变低压侧引接,选用分裂变压器,额定容量 40/25-25MVA,电压比 20±2×2.5%/6.3-6.3kV,半穿越电抗 16.8%,分裂系数 K_f=3.5。全厂设起备变压器 1 台,额定容量同高压厂用工作变压器。请分析计算并解答下列问题。

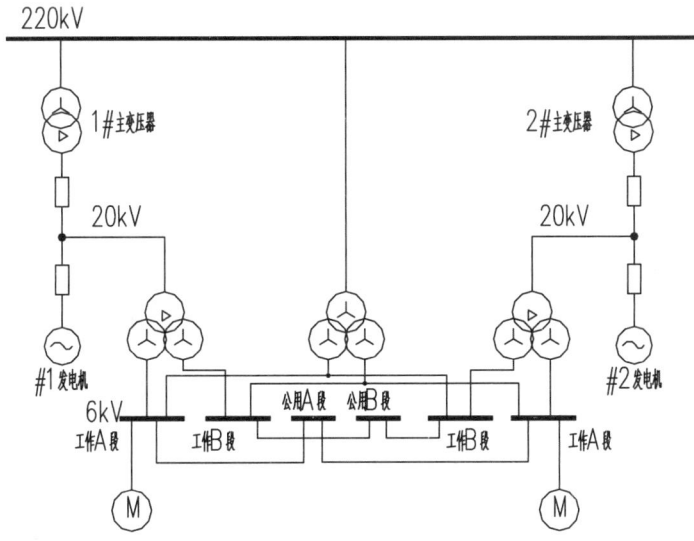

▶▶ 第 30 题[启动母线电压计算] 6. 已知 6kV 厂用工作段母线最大一台引风机电动机额定功率 3000kW,引风机启动前厂用母线已带负荷 S1 为 12000kVA。请计算引风机启动时的母线电压标幺值为下列哪项数值?(所有电动机启动电流倍数为 6,额定效率为 0.96,功率

因数为 0.86) （　　）

(A) 0.865　　　　　　　　　　　(B) 0.908
(C) 0.913　　　　　　　　　　　(D) 0.951

【答案及解答】B

由 DL/T 5153—2014 附录 H，高厂变变比可知为无载调压，则

$$X = 1.1 \times \frac{16.8}{100} \times \frac{25}{40} = 0.1155; S = S_1 + S_g = \frac{12}{25} + \frac{6 \times 3}{25 \times 0.96 \times 0.86} = 1.3521$$

$$U_m = \frac{1.05}{1+SX} = \frac{1.05}{1+1.3521 \times 0.1155} = 0.9082$$

【2023 年下午题 7~9】 某火力发电厂拟建 2×350MW 燃煤供热机组，采用发电机-变压器组单元接线，接入厂内 220kV 升压站，每台机组设一台 45/27-27MVA 的无载调压分裂高厂变，由发电机出口引接，高压厂用电采用 6kV 一级电压，每台机组 2 段 6kV 母线。两台机设一台有载调压高压/启动备用变，采用与高厂变同容量分裂变，电源由厂内 220kV 配电装置母线引接，正常运行时启动/备用变不带负荷。

高厂变额定电压为 20±2×2.5%/6.3~6.3kV，阻抗电压：16.5%（以高压侧容量为基准的半穿越电抗），接线阻别，Dynl-ynl。高压启动/备用变额定电压为 230±8×1.25%/6.3~6.3kV，阻抗电压：21%（以高压侧容量为基准的半穿越阻抗），接线组别，YNyn0-yn0.(+d)。请分析计算并解答下列各小题。

▶▶ 第 31 题［启动母线电压计算］8. 若 6kV IA 段母线计算负荷 S_{1A}=26800kVA（采用换算系数法），该段母线所接最大一台电动机额定功率为 3600kW，启动电流倍数为 6，额定效率为 0.95，额定功率因数为 0.87，换算系数为 0.85，当高厂变带 6kV IA 母线运行，最大一台电动机正常启动时母线电压的标幺值为下列哪项数值？ （　　）

(A) 0.8653　　　　　　　　　　(B) 0.8742
(C) 0.8757　　　　　　　　　　(D) 0.9158

【答案及解答】B

由 DL/T 5153—2014 附录 H 中式（H.0.1-1）~式（H.0.1-3）及附录 G 中式（G.0.1-4）可得

$$\text{变压器电抗 } X_T = 1.1 \frac{U_d\%}{100} \frac{S_{2T}}{S_T} = 1.1 \times \frac{16.5\%}{100} \times \frac{27}{45} = 0.1089$$

$$\text{启动容量标幺值 } S_q = \frac{K_q P_e}{S_{2T} \eta_d \cos\varphi_d} = \frac{6 \times 3600}{27000 \times 0.95 \times 0.87} = 0.9679$$

$$\text{启动前已带负荷标幺值 } S_1 = \frac{26800 - 3600 \times 0.85}{27000} = 0.8793$$

$$\text{合成负载标幺值 } S = S_1 + S_q = 0.8793 + 0.9679 = 1.8472$$

$$\text{启动时母线电压 } U_m = \frac{U_0}{1+SX} = \frac{1.05}{1+1.8472 \times 0.1089} = 0.8742$$

【考点说明】本题的母线计算负荷中已经包含了启动这台电动机的"计算负荷值"，因此

已运行负荷需要母线计算负荷减去启动电动机的计算负荷值,为额定功率乘换算系数。如果直接减去启动电动机额定功率,会错选 C。本题选项之所以留四位小数,就是为了精心设计这个坑点。

【2023 年下午题 7～9】 某火力发电厂拟建 2×350MW 燃煤供热机组,采用发电机-变压器组单元接线,接入厂内 220kV 升压站,每台机组设一台 45/27-27MVA 的无载调压分裂高厂变,由发电机出口引接,高压厂用电采用 6kV 一级电压,每台机组 2 段 6kV 母线。两台机设一台有载调压高压/启动备用变,采用与高厂变同容量分裂变,电源由厂内 220kV 配电装置母线引接,正常运行时启动/备用变不带负荷。

高厂变额定电压为 20±2×2.5%/6.3～6.3kV,阻抗电压:16.5%(以高压侧容量为基准的半穿越电抗),接线阻别,Dyn1-yn1。高压启动/备用变额定电压为 230±8×1.25%/6.3～6.3kV,阻抗电压:21%(以高压侧容量为基准的半穿越阻抗),接线组别,YNyn0-yn0.(+d)。请分析计算并解答下列各小题。

▶▶ 第 32 题[启动母线电压计算] 9. 假设该机组采用湿法脱硫、中速磨直吹系统,6kVIB 段母线上所接 I 类电动机的额定功率之和为 16230kW。#1 高厂变带 6kVIA、IB 段厂用电运行,某阶段其中 IB 段母线上除所接的 1 台凝结水泵(额定功率 1400kW)、1 台磨煤机(额定功率 500kW)、1 台脱硫吸收塔浆液循环泵(额定功率 800kW)、输煤系统高压电动机(额定功率之和为 970kW)停运外其他高压电动机均正常运行。当#1 高厂变失电成功快速切换到高压启动/备用变时,6kV IB 线母线只考虑 I 类负荷自启动时电动机成组自启动电压标幺值为下列哪项数值? ( )

(A) 0.8728   (B) 0.8970
(C) 0.9038   (D) 0.9155

【答案及解答】C
由 DL/T 5153—2014 附录 J 中式(J.0.1-1)～式(J.0.1-3)及附录 G 中式(G.0.1-4)可得

启动/备用变压器电抗 $X_T = 1.1 \dfrac{U_d\%}{100} \dfrac{S_{2T}}{S_T} = 1.1 \times \dfrac{21\%}{100} \times \dfrac{27}{45} = 0.1386$

依题意,又由该规范附录 B 中表 B,第 71 页第 6.1 节,凝结水泵为 I 类;依题意"中速磨直吹系统""直吹"可判断为无煤粉仓。由该规范第 65 页第 5.1 节,磨煤机为 I 类;由第 67 页第 11.3 节,浆液循环泵为 I 类;由第 76 页第六部分可知输煤系统负荷基本为 II 类;依题意只考虑 I 类负荷自启动,则

成组自启动功率总和 $\sum P_e = 16230 - 1400 - 500 - 800 = 13530\text{kW}$

启动容量标幺值 $S_{qZ} = \dfrac{K_{qZ} \sum P_e}{S_{2T} \eta_d \cos\varphi_d} = \dfrac{2.5 \times 13530}{27000 \times 0.8} = 1.5660$

$S_1 = 0$,故 $S = S_{qZ}$ 成组自启动时母线电压 $U_m = \dfrac{U_0}{1+SX} = \dfrac{1.1}{1+1.5660 \times 0.1386} = 0.9038$

【考点说明】本题的关键是判断哪些是 I 类负荷,如果一条一条从 DL/T 5153—2014 附录查表,则该题需要耗费很多时间,如果对火电厂工艺流程有一定掌握,则该题很快即可解答,因此读者在备考注电时,要注意对工程基础知识的学习和掌握。

考点 6　厂用电系统设计

【2017 年下午题 9~13】　某 2×350MW 火力发电厂，高压厂用电采用 6kV 一级电压，每台机组设一台分列高压厂用变压器，两台机组设一台同容量的高压启动/备用变压器。每台机组设两段 6kV 工作母线，不设公用段。低压厂用电电压等级为 400/230V，采用中性点直接接地系统。

▶▶ 第 33 题 [厂用电系统设计] 12．请说明对于发电厂厂用电系统设计，下列哪项描述是正确的？　　　　　　　　　　　　　　　　　　　　　　　　　　　　　　( )

（A）对于 F—C 回路，由于高压熔断器具有限流作用，因此高压熔断器的额定开断电流不大于回路中最大预期短路电流周期分量有效值

（B）2000kW 及以上的电动机应装设纵联差动保护，纵联差动保护的灵敏系数不宜低于 1.3

（C）灰场设一台额定容量为 160kVA 的低压变压器，电源由厂内 6kV 工作段通过架空线引接为节省投资应优先采用 F—C 回路供电

（D）厂内设一台电动消防泵，电动机额定功率为 200kW，可根据工程的具体情况选用 6kV 或 380V 电动机

【答案及解答】D

依据 DL/T 5153—2014 第 5.2.1-1 条，可知 D 正确；由第 6.2.4-2 条可知，A 项应为"高压熔断器的额定开断电流应大于回路中最大预期短路电流周期分量有效值"；由第 8.1.1 条可知，B 项灵敏系数应为 1.5；由第 6.2.4-3 条可知，变压器架空线路各回路中，不应采用 F-C 回路，所以选 D。

考点 7　厂用电中性点接地设计

【2010 年下午题 1~5】　某发电厂本期安装两台 125MW 机组，每台机组配一台 400t/h 锅炉，机组采用发电机—三绕组变压器单元接线接入厂内 220kV 和 110kV 升压站，220kV 和 110kV 升压站均采用双母线接线。高压厂用工作变压器从主变压器低压侧引接，厂用电电压为 6kV 和 380V。请回答下列问题：

▶▶ 第 34 题 [厂用电中性点接地] 5．经计算，6kV 厂用母线的接地电容电流为 6.5A，厂用高压变压器中性点宜采用高阻接地方式，请选择下列哪种接线组别能满足中性点接地要求？并说明根据和理由。　　　　　　　　　　　　　　　　　　　　　　　　　　( )

（A）高压厂用变压器为 Dd12，一台低压厂用变压器为 YNyn12

（B）高压厂用变压器为 Dyn1

（C）高压厂用变压器为 YNyn12

（D）高压厂用变压器为 Dd12，两台低压厂用变压器为 Yyn12

【答案及解答】B

依题意，本题需要在 6kV 侧提供中性接地点，由 DL/T 5153—2014 附录 C 第 C.0.1 条可知：

A 选项：高压厂用变压器负荷侧（6kV 侧）不是星形接线无法提供接地点，低压厂用变压器高压侧（6kV 侧）是 YN 接线，可以提供接地点，但只有 1 台，按要求应保证两台低压厂用变压器高压侧接地。

B 选项：高压厂用变压器低压侧（6kV 侧）侧为星型接地，可以提供接地点，符合题意。

C 选项：高压厂用变压器中性接地点 N 点在其高压侧（发电机出口侧，比如 20kV 侧），其负荷侧（6kV 侧）是星型接线但中性点未引出，无法提供接地点。

D 选项：低压厂用变压器的接地点 N 点在低压侧（380V 侧），其高压侧（6kV 侧）虽然是星型，但并没有接地，无法给 6kV 侧提供接地点，不符合题意。

综上所述，所以选 B。

【考点说明】

需要仔细理解 DL/T 5153—2014 附录 C 第 C.0.1 条的内容，并熟悉各种相关的中性点接地计算。另外对于 DL/T 5153—2014 第 3.7.14 条也应注意低压厂用变压器的接线方式。

【注释】

（1）高压厂用电系统中性点接地可采用不接地或经电阻接地方式，本题系统接地电容电流小于 7A，按规范可采用经高阻接地方式。按 DL/T 5153—2014 附录 C，高压厂用系统中性点宜按以下次序选取：优先选用高压厂用变压器负载侧的中性点；其次可采用由高压厂用变压器供电的低压厂用工作变压器高压侧的中性点，但考虑其可能退出运行，应要求有两台低压厂用变压器的中性点；再就是采用专用的三相接地变压器，构成人为的接地点。

（2）题目中给出了变压器联结组别的代号，应能清楚判断题意条件；如低压变压器的联结组别为 YNyn12，即表示该变压器高压侧为星形接线中性点引出，低压侧为星形接线中性点引出，12 点钟接线；此变压器符合可高压侧引出中性点的条件，但必须有两台。

考点 8　厂用电备用电源自动投入（BZT）

【2013 年下午题 6～8】　某火力发电厂工程建设 4×600MW 机组，每台机组设一台分裂变压器作为高压厂用工作变压器，主厂房内设 2 段 10kV 高压厂用工作母线。全厂设 2 段 10kV 公用母线，为 4 台机组的公用负荷供电。公用段的电源引自 10kV 工作段配电装置。公用段的负荷计算见下表（本题省略表格）。各机组顺序建成。

▶▶ 第 35 题 [厂用电备自投] 8. 若 10kV 公用段两段之间不设母联开关，采用专用备用方式时，请确定下列表述中哪项是正确的？并给出理由和依据。　　　　　　（　　）

（A）公用段采用备用电源自动投入装置，正常时可采用经同期闭锁的手动并列切换，故障时宜采用快速串联断电切换

（B）公用段采用备用电源手动切换，正常时可采用经同期闭锁的手动并列切换，故障时宜采用慢速串联断电切换

（C）公用段采用备用电源自动投入装置，正常时可采用经同期闭锁的手动并列切换，故障时也采用快速并列切换，另加电源自投后加速保护

（D）公用段采用备用电源手动切换，正常时可采用经同期闭锁的手动并列切换，故障时也采用慢速串联切换，另加母线残压闭锁

【答案及解答】A

根据 GB 50660—2011 第 16.3.9 条和 DL/T 5153—2014 第 9.3 条，当采用明备用方式时，应装设备用电源自动投入装置。200MW 及以上机组正常切换宜采用带同步检定的快速切换装置。200MW 及以上机组的事故切换宜采用快速串联断电切换方式，所以选 A。

【注释】

（1）DL/T 5153—2014 第 9.3 条比 DL/T 5153—2002 的对应条款有较大的变化，表述地更清楚了。目前备用电源自动投入装置广泛使用快切装置，一般快切装置有 4 种模式，即快速切换、首次同相切换、剩余电压切换和延时切换。自动装置会实时跟踪，根据情况按以上顺序自动选择符合条件的模式。自动装置的启动模式有手动启动、保护启动和低电压启动 3 种。

（2）快速切换：其他的模式都是先分闸，经一定延时后再合闸，延时按以上顺序越来越长，这样在分闸期间母线残压会降低到很低的水平，设备会因此而跳闸。而快速切换是时发出分合闸命令，分闸后在母线残压与备用电源电压第一次反相位之前合上备用电源断路器，也是一种延时最短、合闸冲击电流最小的切换方式，但合闸机构需要有检同期合闸的功能。

（3）根据 GB 50660—2011 第 16.3.9 条规定"停电将直接影响到人身或重要设备安全的负荷，必须设置自动投入的备用电源""当备用电源采用明备用的方式时，应装设备用电源自动投入装置""采用暗备用的方式时，备用电源应手动投入"。此题每个公用段 2 回电源，一用一备，应属于明备用方式；每段母线应设一套备用电源自动投入装置。一般设明备用的母线段都接 I 类重要负荷，其短时停电会造成停机或重大损失，故要求快速投入备用电源；对采用暗备用的方式，一般接 II、III 类的负荷，允许短时停电，为避免投入到故障母线而将正常母线拖垮，扩大事故，故规定应在判断无母线永久故障后手动投入电源。

（4）国内以往火电厂设计的厂用电源的事故切换多采用断电切换，即工作电源断路器跳开后，立即联动投入备用电源断路器。由于断路器固有合闸时间长，断电切换时间长达 0.3s，对于大容量机组的高压厂用母线，可能正接近于电动机第一次反相合闸的最严重的状态。该问题可以采用以下几种方法解决：①在备用电源的合闸回路串联母线残压闭锁继电器触点并提前一个固有时间发出合闸脉冲；②采用快速合闸性能的真空断路器；③采用同期检查并由保护启动的快速切换装置，并以慢速断电切换作为后备。DL/T 5153—2014 规定"单机容量为 200MW 级及以上的机组，当断路器具有快速合闸性能（合闸时间小于 0.1s，5 周波）时，宜采用快速串联断电切换方式，此时备用分支的过电流保护可不接入加速跳闸回路。但在备用电源自动投入合闸回路中应加同期闭锁，同时应装慢速切换作为后备"。正常切换，目前国内都采用并联切换，DL/T 5153—2014 规定 200MW 级及以上机组的高压厂用电源切换，宜采用带同步检定的厂用电源快速切换装置，为保证切换的安全性，其切换操作的合闸回路宜经同期继电器闭锁。厂用电源的快速切换装置一般包括正常切换和事故切换，厂用电快速切换的目的不仅是保证厂用电源切换过程中厂用电动机不受冲击而损坏，而且可保证锅炉在厂用电源切换过程中不受损伤，以使机组能够很快恢复到稳定运行状态。因此，使用厂用电源的快速切换装置，对大容量机组厂用电的可靠性和安全性具有一定意义。

考点 9　电抗器台数选择

【2021 年下午题 10~12】有一座燃煤热电厂，装机为 4 台 440t/h 超高压煤粉锅炉和 3 台 40MW 汽轮发电机组，4 台锅炉正常 3 台运行 1 台备用，全厂热力系统采用母管制，3 台 40MW 机组均采用发电机-变压器单元接线的方式接入厂内 110kV 母线。发电机出口电压为 10.5kV，高压厂用工作电源采用限流电抗器从主变低压侧引接。请析计算并解答下列各小题：

▶▶ 第 36 题［电抗器台数选择］10.该热电厂高压厂用电系统设置厂用电抗器的数量最合

理的是下列哪项？分析并说明理由？　　　　　　　　　　　　　　　　　　（　　）

(A) 2 台　　　　　　　　　　　　(B) 3 台

(C) 4 台　　　　　　　　　　　　(D) 8 台

【答案及解答】 B

由 GB50049—2011 第 17.3.4 条、第 17.3.11 条：

本题锅炉容量 440t/h，机炉不对应，应按炉分段，总共 4 台锅炉分 8 段，从最经济考虑，应在电源侧，即每台发电机主变低压侧各配置 1 台电抗器，3 台机组共 3 台电抗器，所以选 B。

【考点说明】

1、本题机组容量 40MW，根据 DL/T 5153—2014 第 1.0.3 条可知，适用范围是 50MW 级及以上供热机组，所以不能引用 DL/T 5153—2014 作答（该规范类似条文为第 3.5.1-1 款）

2、本题说明：为了限制 10.5kV 母线短路电流需在厂用分支线上配置电抗器。如下图所示，接线方式可由 A 点直连 C 点（一对多），也可以 A 接 B 接 C 配电（一对多），对应可在 A、B、C 三个点配置电抗器（分别为 3 台、4 台、8 台）；至于采用那种接线方式，可以很灵活，具体工程也不一定完全相同，题目也未明确，但这并不是电抗器配置台数的关键，其关键是在那个点安装电抗器，因为这对连接方式的影响并不大！很显然，在 A 点，即在电源侧配置电抗器是最经济合理的，所以选 3 台。

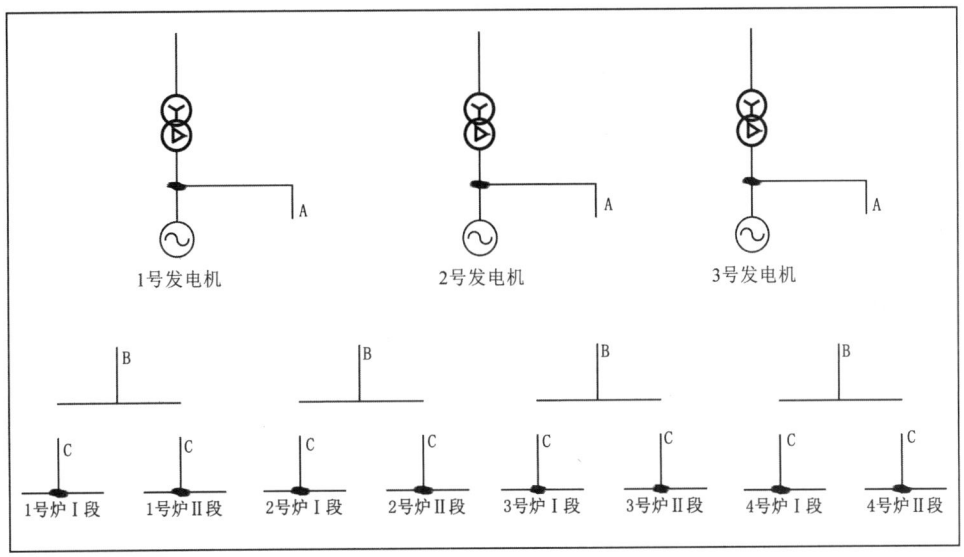

第11章 高压输电线路

11.1 概　　述

11.1.1 本章主要涉及规范

《电力工程设计手册　架空输电线路设计》★★★★★（简称新版线路手册）
《架空输电线路电气设计规程》（DL/T 5582—2020）★★★★★
《高压配电装置设计技术规程》（DL/T 5352—2018）★★★★★
《电力工程设计手册　电力系统规划设计册》★★★（简称新版系统手册）
参考：《电力工程高压送电线路设计手册》（第二版）、《电力系统设计手册》（简称老版线路手册、老版系统手册）

11.1.2 真题考点分布（总计229题）

考点1　线路电气参数（共20题）

（1）经济功率（共1题）：第1题
（2）自然功率（共2题）：第2、3题
（3）波阻抗（共1题）：第4题
（4）电流密度（共1题）：第5题
（5）有效半径 R_e（共1题）：第6题
（6）电抗（共3题）：第7~9题
（7）电纳（共2题）：第10、11题
（8）自阻抗（共2题）：第12、13题
（9）表面场强（共2题）：第14、15题
（10）临界场强（共1题）：第16题
（11）无线电干扰（共1题）：第17题
（12）可听噪声（共1题）：第18题
（13）好天气时间（共1题）：第19题
（14）导线允许载流量（共1题）：第20题

考点2　过电压绝缘配合防雷（共83题）

1. 防雷计算
（1）耦合系数（共2题）：第21、22题
（2）保护角（共3题）：第23~25题
（3）雷击次数（共1题）：第26题
（4）绕击率（共1题）：第27题
（5）建弧率（共1题）：第28题

（6）耐雷水平（共 6 题）：第 29~34 题
（7）雷击跳闸率（共 3 题）：第 35~37 题
（8）绝缘子串闪络距离（共 1 题）：第 38 题
（9）线路避雷器配置（共 1 题）：第 39 题

2. 间隙及导线距离
（1）呼称高度（共 2 题）：第 40、41 题
（2）导线平均高度（共 1 题）：第 42 题
（3）线间距离（共 8 题）：第 43~50 题
（4）导-地线间距离（共 4 题）：第 51~54 题
（5）地线支架高度（共 1 题）：第 55 题
（6）导-地线间距离地线弧垂计算（共 1 题）：第 56 题
（7）地-地线间距离（共 1 题）：第 57、58 题
（8）对地距离（共 1 题）：第 59 题
（9）跨越距离（共 2 题）：第 60、61 题
（10）风偏距离（共 2 题）：第 62、63 题
（11）水平偏移（共 1 题）：第 64 题
（12）导-地线绝缘子串挂点水平距离（共 1 题）：第 65 题
（13）塔头间隙（共 11 题）：第 66~76 题
（14）塔头间隙海拔修正（共 1 题）：第 77 题

3. 绝缘子片数
（1）绝缘子片数（共 20 题）：第 78~97 题
（2）爬电距离（共 5 题）：第 98~102 题
（3）爬电距离海拔修正（共 1 题）：第 103 题

考点 3　力学计算（共 126 题）

1. 挡距与电线应力弧垂计算
（1）挡距（共 13 题）：第 104~116 题
（2）弧垂计算（共 7 题）：第 117~123 题
（3）挡内线长（共 4 题）：第 124~127 题
（4）最低点距离（共 3 题）：第 128~130 题
（5）水平距离（共 2 题）：第 131、132 题
（6）应力计算（共 6 题）：第 133~138 题

2. 荷载及受力计算
（1）风速（共 2 题）：第 139、140 题
（2）单位荷载（共 3 题）：第 141~143 题
（3）比载（共 11 题）：第 144~154 题
（4）垂直荷载（共 9 题）：第 155~163 题
（5）水平荷载（共 5 题）：第 164~168 题
（6）水平荷载系数（共 3 题）：第 169~171 题
（7）纵向荷载（共 2 题）：第 172、173 题

（8）不平衡张力（共 5 题）：第 174～178 题

（9）受力计算（共 2 题）：第 179、180 题

3．绝缘子与金具

（1）绝缘子受力（共 4 题）：第 181～184 题

（2）挂点金具强度（共 1 题）：第 185 题

（3）连接金具强度（共 5 题）：第 186～190 题

（4）悬垂线夹强度（共 1 题）：第 191 题

（5）悬垂线夹握力（共 1 题）：第 192 题

（6）耐张线夹握力（共 1 题）：第 193 题

（7）重锤（共 1 题）：第 194 题

（8）V 串夹角（共 1 题）：第 195 题

4．角度计算及杆塔定位

（1）转角塔（共 2 题）：第 196、197 题

（2）悬垂角（共 10 题）：第 198～207 题

（3）风偏角（共 11 题）：第 208～218 题

（4）摇摆角（共 3 题）：第 219～221 题

（5）杆塔定位（共 1 题）：第 222 题

（6）倾斜角（共 1 题）：第 223 题

（7）振动角（共 1 题）：第 224 题

5．防振

（1）防振锤最小振动波长（共 1 题）：第 225 题

（2）防振锤安装个数（共 1 题）：第 226 题

（3）防振锤安装距离（共 2 题）：第 227、228 题

（4）间隔棒安装个数（共 1 题）：第 229 题

11.1.3　考点内容简要

1．线路电气参数

线路电气参数的计算，在线路考点中属于较容易的题目。考查频率和线路防雷计算一样，比线路力学计算稍低，但几乎也是一两年考一次。

（1）线路电气参数计算中，导线截面积、经济功率、自然功率、波阻抗基本上属于套公式的送分题，只需要找到出处一般情况都能得分。

（2）有效半径、电抗、电纳、容抗、自阻抗、临界场强等导线或线路的电气特性参数计算稍微有点难度，其中最主要的是：

对于单导线：几何半径 r 和有效半径 r_e。

对于分裂导线：相分裂导线等价半径（几何均距）R_m 和相分裂导线有效半径 r_e。这两者的关系可以简单按照如下方法理解记忆：①几何半径 r（或 R_m）是导线的几何特性，而电容（电纳）取决于电场，主要和导体与绝缘体之间的几何位置相关，所以电容（电纳）都用几何参数 r（或 R_m）；②有效半径 r_e，取决于磁场，不仅与导线的结构尺寸有关，而且与导线的材料有关，根据导线的导电性能进行了等效处理，是一个和电气特性相关的参数。而导线的电

第 11 章 高压输电线路

抗正是由导体的导电特性决定，所以电抗都用有效半径 r_e。

（3）导体的电气参数计算中，半径使用的单位是厘米（cm），而导线的几何尺寸使用的是标准的约定单位毫米（mm），这一点在做题时应注意。

2. 过电压绝缘配合防雷

线路的过电压防护及绝缘配合主要考点有：雷电过电压相关参数计算、塔头间隙计算及其海拔修正、导—地线之间各种相对距离的确定，以及绝缘子片数的选择。

其中导—地线之间各种相对距离的确定（导线布置）属于相对简单考点，一般只需要找到公式即可，稍难一点只需要根据题意画出几何位置图即可方便做出。

塔头间隙的计算（绝缘配合）及其海拔修正稍微复杂，并且比较抽象，有些题目甚至需要很多步才能得到答案，读者应通过多做题来加强对此类题目的掌握。

线路雷电过电压相关参数的计算，整体上较难。之前一直以 DL/T 620—1997 附录 C 的算例为依据，老版线路手册第二章第七节（第 120 页）中抄录了一部分该规范的算例。但目前过电压的考纲规范是 GB/T 50064—2014，考试时不能引用 DL/T 620—1997 作答。可 GB/T 50064—2014 没有算例，并不容易看懂。同时 GB/T 50064—2014 发展了很多原有的公式，导致和老版线路手册有些地方不一致，虽然规范效力高但没手册讲的清楚。在学习备考时，应结合 GB/T 50064—2014 和老版线路手册一起学习，互相参考。在答题时，对于不同点首先应使用规范作答。

3. 力学计算

线路力学计算是历年考试的重点，几乎每年必考两道大题，共 10 道小题。上午最后一道大题和下午最后一道大题。

线路力学计算中应重点掌握：老版线路手册第 179 页表 3-2-3 水平荷载、垂直荷载、纵向不平衡张力和综合荷载的计算和对应的受力计算，其中重点掌握风压计算。掌握挡距和杆塔受力之间的关系，理解各个挡距的含义。

在受力计算的基础上掌握导线、绝缘子和金具的允许荷载，能够通过力学计算选择设备。老版线路手册第 179 页表 3-3-1 电线应力弧垂计算公式及其用法，以及最大弧垂判别法。

在荷载计算的基础上掌握导线及绝缘子的风偏角、悬垂角计算。

11.2 历年真题详解

考点 1 线路电气参数

【2014 年上午题 21～25】某单回路单导线 220kV 架空送电线路，频率 f 为 50Hz，导线采用 LGJ-400，导线直径为 27.63mm，导线截面积为 451.55mm^2，导线的铝截面积为 399.79mm^2，三相导线 abc 为水平排列，线间距离为 $d_{ab}=d_{bc}=7$m，$d_{ac}=14$m。

▶▶第 1 题 [经济功率] 25. 假设导线经济电流密度为 $J=0.9$A/mm^2，功率因数 $\cos\varphi=0.95$，计算经济输送功率 P_n 为下列哪项数值？　　　　　　　　　　　　　　　　（　　）

（A）137.09MW　　　　　　　　　　（B）144.7MW
（C）130.25MW　　　　　　　　　　（D）147.11MW

【答案及解答】C

由老版线路手册第 88 页式（6-3）可得

$$P_\mathrm{n} = \sqrt{3}JU_\mathrm{e}\cos\varphi S = \sqrt{3}\times 0.9\times 220\times 0.95\times 399.79\times 10^{-3} = 130.25\ \mathrm{(MW)}$$

【考点说明】

（1）本题属于送分题，但计算参数稍微有点多，如果不细心漏掉其中一个就会算错。比如：不乘功率因数 0.95 会误选 A；不乘经济电流密度 0.9 会误选 B。

（2）如果是分裂导线，用功率算出来的是一相的截面，子导线截面还需要除以分裂数。

（3）老版系统手册第 180 页式（7-13）。

【注释】

小知识：钢芯铝绞线的有效截面积是铝截面积。可参考老版线路手册第 177 页表 3-2-2 钢芯铝绞线电线结构概述：导线内层（或芯线）为单股或多股镀锌钢绞线，主要承担张力；外层为单层或多层硬铝绞线，为导电部分。另见老版线路手册第 769 页表 11-2-1，在进行导线选择时按载流量选择铝截面积，按强度要求选择钢芯截面积。

【2013 年下午题 36～40】 某单回路 500kV 架空送电线路，位于海拔 500m 以下的平原地区，大地电阻率平均为 200Ω·m，线路全长 155km，三相导线 a、b、c 为倒正三角排列，线间距离为 7m，导线采用六分裂 LGJ-500/35 钢芯铝绞线，各子导线按正六边形布置，子导线直径为 30mm，分裂间距为 400mm，子导线铝截面积 497.01mm²，综合截面积 531.57mm²，线路的最高电压为 550kV，全线采用双 OPGW-120 光缆。

▶▶第 2 题［自然功率］40. 假设线路的正序电抗为 0.5Ω/km，正序电纳为 5.0×10⁻⁶S/km，计算线路的自然功率 P_n 应为下列哪项数值？　　　　　　　　　　　　　（　）

（A）956.7MW　　　　　　　　　　　（B）790.6MW

（C）1321.3MW　　　　　　　　　　　（D）1045.8MW

【答案及解答】B

由《电力工程设计手册架空输电线路设计》第 69 页式（3-55）及式（3-56）可得

$$Z_\mathrm{n}=\sqrt{\frac{0.5}{5.0\times10^{-6}}}=316.23\ (\Omega);\quad P_\mathrm{n}=\frac{U^2}{Z_\mathrm{n}}=\frac{500^2}{316.23}=790.6\ \mathrm{(MW)}$$

所以选 B。

【考点说明】

（1）坑点：电压应采用标称电压（额定电压）500kV，如采用最高电压 550kV，会误选 A。可参考新版系统手册第 184 页式（7-15）。

（2）老版线路手册第 24 页式（2-1-41）及式（2-1-42）。

【2016 年下午题 31～35】 750kV 架空送电线路，位于海拔 1000m 以下的山区，年平均雷暴日数为 40，线路全长 100km，导线采用六分裂 JL/GIA-500/45 钢芯铝绞线，子导线直径为 30mm，分裂间距为 400mm，线路的最高电压为 800kV，假定操作过电压为 1.80p.u.。（按国标规范计算）

▶▶第 3 题［自然功率］31. 假设线路的正序电抗为 0.36Ω/km，正序电纳为 6.0×10⁻⁶S/km，计算线路的自然功率 P_n 应为下列哪项数值？　　　　　　　　　　　　　（　）

（A）2188.6MW　　　　　　　　　　　（B）2296.4MW

(C) 2612.8MW (D) 2778.6MW

【答案及解答】B

由新版线路手册第 69 页式（3-55）及式（3-56）可得

$$Z_n = \sqrt{\frac{X_1}{b_1}} = \sqrt{\frac{0.36}{6 \times 10^{-6}}} = 244.95 \ (\Omega) \ ; \ P_n = \frac{U^2}{Z_n} = \frac{750^2}{244.95} = 2296.4 \ (MW)$$

所以选 B。

【考点说明】

（1）坑点：电压应采用标称电压（额定电压）750kV，如采用最高电压 800kV，会误选 C。

（2）老版线路手册出处为第 24 页式（2-1-41）及式（2-1-42）。

【2014 年上午题 21~25】 某单回路单导线 220kV 架空送电线路，频率 f 为 50Hz，导线采用 LGJ-400，导线直径为 27.63mm，导线截面积为 451.55mm²，导线的铝截面积为 399.79mm²，三相导线 a、b、c 为水平排列，线间距离为 $d_{ab}=d_{bc}=7$m，$d_{ac}=14$m。

▶▶第 4 题 [波阻抗] 24. 假设线路的正序阻抗为 0.4Ω/km，正序电纳为 2.7×10⁻⁶S/km，计算线路的波阻抗 Z_C 应为下列哪项数值？ （ ）

(A) 395.1Ω (B) 384.9Ω
(C) 377.8Ω (D) 259.8Ω

【答案及解答】B

由新版线路手册第 69 页式（3-55）可得

$$Z_C = \sqrt{\frac{X_1}{B_1}} = \sqrt{\frac{0.4}{2.7 \times 10^{-6}}} = 384.9 \ (\Omega)$$

【考点说明】

老版线路手册第 24 页式（2-1-41）及式（2-1-42）。

【2024 年下午题 31~35】 某 500kV 单回交流架空输电线路，最高运行电压为 550kV，导线采用 4×JL/G1A/45 钢芯铝绞线，每根子导线重量为 16.554N/m，总截面 532mm²，其中铝截面 489mm²，铜截面 43mm²。线路悬垂串采用 U160BP/155D 盘型绝缘子，其结构高度 155mm，爬电距离 450mm，有效系数 K_e 为 0.95，特征指数为 0.38。

请分析计算并解答下列各小题。

▶▶第 5 题 [电流密度] 31. 敷设线路的正序电抗为 0.255 Ω/km，正序电纳为 4.36×10⁻⁶S/km，功率因数为 0.95，则线路输送自然功率时的电流密度应为下列哪项数值？ （ ）

(A) 0.59A/mm² (B) 0.61 A/mm²
(C) 0.64 A/mm² (C) 0.71 A/mm²

【答案及解答】C

依据老版线路手册第 24 页式（2-1-41）、式（2-1-42）可得

波阻抗 $Z_c = \sqrt{\frac{0.255}{4.36 \times 10^{-6}}} = 241.84 \ (\Omega)$

自然功率 $P_n = \dfrac{500^2}{241.84} = 1033.74 \text{(MW)}$

整条线路各个点功率因素并不一样，取电流最大位置，用题设的平均功率因数 0.95，可得

$$I = \dfrac{1033.74}{\sqrt{3} \times 500 \times 0.95} = 1256.5 \text{(A)}$$

电流密度 $J = \dfrac{1256.5}{4 \times 489} = 0.64 \text{(A/mm}^2\text{)}$

所以选 C。

【考点说明】
1. 应取载流部分有效截面，不可将钢芯部分截面计入，否则会错选 A。
2. 应取导线电流最大部分，不能取自然功率的功率因数 1，否则会错选 B。

【2013 年下午题 36～40】 某单回路 500kV 架空送电线路，位于海拔 500m 以下的平原地区，大地电阻率平均为 200Ω·m，线路全长 155km，三相导线 a、b、c 为倒正三角排列，线间距离为 7m，导线采用六分裂 LGJ-500/35 钢芯铝绞线，各子导线按正六边形布置，子导线直径为 30mm，分裂间距为 400mm，子导线铝截面积 497.01mm²，综合截面积 531.57mm²，线路的最高电压为 550kV，全线采用双 OPGW-120 光缆。

▶▶第 6 题 [有效半径 R_e] 36．计算该线路相导线的有效半径 R_e 应为下列哪项数值？ （ ）

（A）0.312m　　　　　　　　（B）0.400m
（C）0.336m　　　　　　　　（D）0.301m

【答案及解答】D

由新版线路手册第 59 页表 3-1 可得

$$r_e = 0.81 \times \dfrac{30 \times 10^{-3}}{2} = 0.01215 \text{ (m)}$$

再由该手册第 59 页式（3-5）可得导线的有效半径为

$$R_e = 1.349 \times (0.01215 \times 0.4^5)^{1/6} = 0.301 \text{ (m)}$$

【考点说明】
老版线路手册第 16 页表 2-1-1、式（2-1-8）。

【2013 年下午题 36～40】 某单回路 500kV 架空送电线路，位于海拔 500m 以下的平原地区，大地电阻率平均为 200Ω·m，线路全长 155km，三相导线 a、b、c 为倒正三角排列，线间距离为 7m，导线采用六分裂 LGJ-500/35 钢芯铝绞线，各子导线按正六边形布置，子导线直径为 30mm，分裂间距为 400mm，子导线铝截面积 497.01mm²，综合截面积 531.57mm²，线路的最高电压为 550kV，全线采用双 OPGW-120 光缆。

▶▶第 7 题 [电抗] 38．设相分裂导线等价半径为 0.4m，有效半径为 0.3m，计算本线路的正序电抗 X_1 应为下列哪项数值？ （ ）

(A) 0.198Ω/km (B) 0.213Ω/km
(C) 0.180Ω/km (D) 0.356Ω/km

【答案及解答】 A

由新版线路手册第 59 页式（3-17）可得 $d_\mathrm{m}=\sqrt[3]{7\times7\times7}=7$ (m)。

再由该手册第 59 页式（3-18）可得 $X_1=0.0029f\lg\dfrac{d_\mathrm{m}}{R_\mathrm{e}}=0.0029\times50\times\lg\dfrac{7}{0.3}=0.198$ (Ω/km)。

【考点说明】

（1）误选 B：如果按照水平排列，$d_\mathrm{m}=\sqrt[3]{7\times7\times14}=8.82$ (m)，答案为 0.213Ω/km。

（2）误选 C：错用等价半径 R_m=0.4m，答案为 0.180Ω/km。题中相分裂导线的等价半径 R_m 为 0.4m，指相分裂导线的外接圆半径，为几何半径，与电容相关。而相分裂导线的有效半径 R_e 是经过电气等效后的参数，和电抗相关。本题是计算电抗，应使用有效半径 R_e。

（3）老版线路手册第 16 页式（2-1-3）、式（2-1-6）。

【注释】

（1）电感、电抗跟磁场和电流相关，主要由导线的电气特性决定，所以计算时要用有效半径，即用导线的有效半径 r_e 或相分裂导线的有效半径 R_e。

（2）电容、容抗取决于电场，主要和设备的几何尺寸有关，所以计算时用导线的几何半径 r 或相分裂导线的等价半径 R_m。

【2014 年上午题 21～25】 某单回路单导线 220kV 架空送电线路，频率 f 为 50Hz，导线采用 LGJ-400，导线直径为 27.63mm，导线截面积为 451.55mm^2，导线的铝截面积为 399.79mm^2，三相导线 a、b、c 为水平排列，线间距离为 $d_{ab}=d_{bc}$=7m，d_{ac}=14m。

▶▶ **第 8 题[电抗]** 21．计算本线路正序电抗 X_1 应为下列哪项数值？有效半径（也称几何半径）r_e=0.81r。 （ ）

(A) 0.376Ω/km (B) 0.413Ω/km
(C) 0.488Ω/km (D) 0.420Ω/km

【答案及解答】 D

由新版线路手册第 59 页式（3-17）可得

$$d_\mathrm{m}=\sqrt[3]{d_{ab}d_{bc}d_{ca}}=\sqrt{7\times7\times14}=8.82\text{ (m)}$$

依题意，$r_\mathrm{e}=0.81r=0.81\times\dfrac{27.63\times10^{-3}}{2}=0.0112$(m)；再由该手册第 59 页式（3-16）可得

$$X_1=0.0029f\lg\dfrac{d_\mathrm{m}}{r_\mathrm{e}}=0.0029\times50\times\lg\left(\dfrac{8.82}{0.0112}\right)=0.420\text{ (Ω/km)}$$

【考点说明】

老版线路手册第 16 页式（2-1-3）、式（2-1-2）。

【2022 年补考上午题 21～25】 某 500kV 单回架空输电线路位于我国的一般雷电地区，

采用常规酒杯型直线杆塔。设杆塔呼高为 36m，地线挂点高为 43m，三相导线采用 IVI 型绝缘子串，已知用污耐压法需选用 28 片 160kN 盘式绝缘子（结构高度 155mm、有效爬距 450mm），串长为 5.5m，地线绝缘子金具串长为 0.5m；两边相导线间的水平距离为 23m，中相导线较边相导线高约为 2m；相导线采用 4 分裂、直径为 30mm 的钢芯铝绞线，分裂间距为 500mm，正方形布置。双地线采用直径为 12mm 的镀锌钢绞线，边相导线的平均高度为 20m，地线的平均高度为 30m。请分析计算并解答下列问题。

▶▶**第 9 题 [电抗]** 21. 相分裂导线半径取 354mm，每相的平均电抗值 X_1 为下列哪项数值？（不计导线间的垂直高度差别） （ ）

（A）0.265Ω/km　　　　　　　　（B）0.2342Ω/km
（C）0.225Ω/km　　　　　　　　（D）0.216Ω/km

【答案及解答】 A

依据老版线路手册第 16 页式（2-1-1），该钢芯铝绞线有效半径为

$$r_e = 0.81 \times 0.015 = 0.01215 (m)$$

依据分裂导线有效半径计算公式，$R_e = 1.091 \times (0.01215 \times 0.5^3)^{\frac{1}{4}} = 0.2154 (m)$。

依据式（2-1-3），几何均距 $d_m = \sqrt[3]{23 \times (\sqrt{11.5^2 + 2^2})^2} = 14.63 (m)$。

依据式（2-1-6），正序电抗 $X_1 = 0.0029 \times 50 \times \lg \dfrac{14.63}{0.2154} = 0.2656 (\Omega/km)$，选 A。

▶▶**【2013 年下午题 36～40】** 某单回路 500kV 架空送电线路，位于海拔 500m 以下的平原地区，大地电阻率平均为 200Ω·m，线路全长 155km，三相导线 a、b、c 为倒正三角排列，线间距离为 7m，导线采用六分裂 LGJ-500/35 钢芯铝绞线，各子导线按正六边形布置，子导线直径为 30mm，分裂间距为 400mm，子导线铝截面积 497.01mm²，综合截面积 531.57mm²，线路的最高电压为 550kV，全线采用双 OPGW-120 光缆。

▶▶**第 10 题 [电纳]** 39. 设相分裂导线等价半径为 0.35m，有效半径为 0.3m，计算本线路的正序电纳 B_1 应为下列哪项数值？ （ ）

（A）5.826×10⁻⁶S/km　　　　　　（B）5.409×10⁻⁶S/km
（C）5.541×10⁻⁶S/km　　　　　　（D）5.034×10⁻⁶S/km

【答案及解答】 A

由新版线路手册第 65 页式（3-46）可得

$$B_1 = \frac{7.58 \times 10^{-6}}{\lg \dfrac{d_m}{R_m}} = \frac{7.58 \times 10^{-6}}{\lg \dfrac{7}{0.35}} = 5.826 \times 10^{-6} \text{ (S/km)}$$

【考点说明】

（1）电容、电纳和设备几何结构相关，用分裂导线等价半径 $R_m=0.35$，题干已经给出，直接使用即可。如未给出，可计算为 $R_m = 1.349 \times (0.015 \times 0.4^5)^{\frac{1}{6}} = 0.312$（m）。

（2）本题坑点：错误使用有效半径 $R_e=0.3m$，会误选 C。

（3）老版线路手册第 21 页式（2-1-32）。

第 11 章　高压输电线路

【2014 年上午题 21～25】　某单回路单导线 220kV 架空送电线路，频率 f 为 50Hz，导线采用 LGJ-400，导线直径为 27.63mm，导线截面积为 451.55mm^2，导线的铝截面积为 399.79mm^2，三相导线 a、b、c 为水平排列，线间距离为 $d_{ab}=d_{bc}=7$m，$d_{ac}=14$m。

▶▶第 11 题［电纳］22．计算本线路的正序电纳 B_{c1} 应为下列哪项数值（计算时不计地线影响）？　　　　　　　　　　　　　　　　　　　　　　　　　　　　　　　　（　　）

（A）2.7×10^{-6}S/km　　　　　　　　　（B）3.03×10^{-6}S/km
（C）2.65×10^{-6}S/km　　　　　　　　（D）2.55×10^{-6}S/km

【答案及解答】A

由新版线路手册第 60 页式（3-17）可得

$$d_m = \sqrt[3]{7 \times 7 \times 14} = 8.82 \text{ (m)}$$

因为是单导线，所以 $R_m = r = \dfrac{27.63 \times 10^{-3}}{2} = 0.013815$ (m)，再由该手册第 65 页式（3-46）

可得 $B_{c1} = \dfrac{7.58 \times 10^{-6}}{\lg \dfrac{d_m}{R_m}} = \dfrac{7.58 \times 10^{-6}}{\lg \dfrac{8.82}{0.013815}} = 2.7 \times 10^{-6}$ (S/km)

【注释】

（1）新版线路手册第 65 页电容、电纳的公式只给出了分裂导线的情况，对于单导线，只需用几何半径 r 替代分裂导线等价半径，即其自几何均距 R_m 即可。

（2）老版线路手册第 16 页式（2-1-3）、第 21 页式（2-1-32）。

【2013 年下午题 36～40】　某单回路 500kV 架空送电线路，位于海拔 500m 以下的平原地区，大地电阻率平均为 200Ω·m，线路全长 155km，三相导线 a、b、c 为倒正三角排列，线间距离为 7m，导线采用六分裂 LGJ-500/35 钢芯铝绞线，各子导线按正六边形布置，子导线直径为 30mm，分裂间距为 400mm，子导线铝截面积 497.01mm^2，综合截面积 531.57mm^2，线路的最高电压为 550kV，全线采用双 OPGW-120 光缆。

▶▶第 12 题［自阻抗］37．设相分裂导线等价半径为 0.4m，有效半径为 0.3m，子导线交流电阻 $R=0.06$Ω/km，计算该线路导线—地回路的自阻抗 Z_{nn} 应为下列哪项数值？（　　）

（A）0.11+j0.217(Ω/km)　　　　　　　（B）0.06+j0.652(Ω/km)
（C）0.06+j0.528(Ω/km)　　　　　　　（D）0.06+j0.511(Ω/km)

【答案及解答】C

由新版线路手册第 207 页导地线自阻抗公式可得

$$D_0 = 660\sqrt{\dfrac{\rho}{f}} = 660 \times \sqrt{\dfrac{200}{50}} = 1320 \text{ (m)}$$

$$Z_{nn} = \dfrac{0.06}{6} + 0.05 + j0.145 \times \lg \dfrac{D_0}{R_e} = 0.06 + j0.145 \times \lg \dfrac{1320}{0.3} = 0.06 + j0.528 \text{ (Ω/km)}$$

【考点说明】

（1）R_e 引用本章第十题的计算结果 0.301。

（2）新版线路手册第 207 页导线的自阻抗公式是以"相导线"整体进行计算的，所以公式中的参数都要用"相导线参数"。本题题设是 6 分裂导线，所以一相导线的电阻是单根导线除以分裂数（多根并联）即 0.06/6=0.01。如果不除 6，会错选 A。

（3）本题重点在于区分两个半径的概念，即 0.3 和 0.4 的到底用哪一个，本题应取 r_e=0.3，错用 0.4 会误选 D。

（4）老版线路手册第 152 页式（2-8-1）及式（2-8-3）。

【注释】

导线—地回路自阻抗对应于导线与其大地镜像回路所围磁通。

【2023 年下午题 31~35】 某 500kV 交流单回输电线路悬垂酒杯型直线杆塔，导线采用 4 分裂钢芯铝绞线，分裂间距 450mm。地线采用铝包钢绞线，导地线参数如下表所示，请分析计算并解答下列各小题。

类别	截面积（mm²）	外径（mm）	重量（kg/km）
导线	531.68	30	1688
地线	148.07	15.75	773.2

▶▶第 13 题 [自阻抗] 35. 已知大地电阻率为 1500Ω·m，导线交流电阻为 0.0609Ω/km，不考虑电阻温度系数，请计算导线-地回路的自阻抗为下列哪项数值？ （　　）

（A）0.11+j0.71Ω/km （B）0.06+j0.79Ω/km
（C）0.11+j0.75Ω/km （D）0.11+j0.79Ω/km

【答案及解答】B

由老版线路手册第 152 页式（2-8-1）、式（2-8-3）可得

$$D_0 = 660\sqrt{\frac{\rho}{f}} = 660\sqrt{\frac{1500}{50}} = 3614.97(\text{m})$$

$$Z_{nn} = (R + 0.05 + j0.145\lg\frac{D_o}{r_e}) = \frac{0.0609}{4} + 0.05 + j0.145 \times \lg\frac{3614.97}{0.81 \times \frac{0.03}{2}}$$

$$= 0.06 + j0.7937(\Omega/\text{km})$$

【考点说明】该题是 4 分裂导线，电阻需要除 4，否则会误选 D；本题公式中电抗的 Re 应该代 4 分裂导线的等效 Re，需要单独计算，但用 Re 计算结果不能与选项数据对应。

【2023 年下午题 31~35】 某 500kV 交流单回输电线路悬垂酒杯型直线杆塔，导线采用 4 分裂钢芯铝绞线，分裂间距 450mm。地线采用铝包钢绞线，导地线参数如下表所示，请分析计算并解答下列各小题。

类别	截面积（mm²）	外径（mm）	重量（kg/km）
导线	531.68	30	1688
地线	148.07	15.75	773.2

▶▶第 14 题 [表面场强] 32. 已知正序电纳为 4.1×10^{-6}S/km，线电压取 525kV，请计算分裂导线圆周表面最大电场强度有效值为下列哪项数值？

（A）0.78MV/m （B）1.19MV/m
（C）1.35MV/m （D）1.92MV/m

【答案及解答】 C

由老版线路手册第 21 页式（2-1-32）、第 24 页式（2-1-45）、式（2-1-47）可得

$$b_{c1} = \omega C_1 \Rightarrow C_1 = \frac{b_{c1}}{\omega} = \frac{4.1 \times 10^{-6}}{314} = 1.306 \times 10^{-8} (\text{F/km})$$

$$\overline{E} = 0.001039 \times \frac{1.306 \times 10^{-8} \times 10^9 \times 525}{4 \times \frac{3}{2}} = 1.187 (\text{MV/m})$$

$$E = \overline{E} \times [1 + 2(n-1)\frac{r}{s}\sin\frac{\pi}{n}] = 1.187 \times \left(1 + 2 \times 3 \times \frac{3/2}{45} \times \sin\frac{\pi}{4}\right) = 1.355 (\text{MV/m})$$

【2022 年上午题 21-25】 某 500kV 交流单回输电线路悬垂直线杆塔（如图 1 所示），导线采用 4 分裂钢芯铝绞线，地线采用铝包钢绞线，导地线参数如表 1 所示，各工况导线应力如表 2 所示。该杆塔规划设计条件为：代表档距 400m，水平档距 400m。导线悬垂绝缘子串采用双联 I 型 210kN 复合绝缘子，导线悬垂绝缘子串长为 5.7m，绝缘子串总重量为 200kg，绝缘子串风压为 2kN，地线悬垂串长为 0.7m，地线支架高度 M = 5.5m，最大弧垂工况为最高气温条件。请分析计算并解答以下各题。（本题杆塔配图略）

表 1 导地线参数

类别	截面积（mm²）	外径（mm）	重量（kg/km）
导线	672.81	33.9	2078.4
地线	148.07	15.75	773.2

表 2 导线应力表（代表档距=400m）

工况	气温（℃）	风速（m/s）	冰厚（mm）	应力（N/mm²）
最低气温	−20	0	0	62.01
设计风速	−5	27	0	74.37
年平均气温	15	0	0	53.02
设计覆冰	−5	10	10	84.07
最高气温	40	0	0	48.31

▶▶第 15 题 ［表面场强］ 21. 按照线路最高运行电压 550kV，导线水平线间距离 D=10m，导线平均对地高度 H=14m，采用图解法求边相、中相导线表面最大电场强度分别为多少？

（　　）

（A）1.36MV/m、1.48MV/m （B）1.48MV/m、1.36MV/m
（C）1.59MV/m、1.72MV/m （D）2.02MV/m、2.16MV/m

【答案及解答】 A

由老版线路手册第 27 页，例 2-1 及图 2-1-11～图 2-1-13，得
则边相导线表面最大电场强度 $E_{Am} = F_V F_{PS} F_H F_A = 1 \times 1 \times 1 \times 1.36 = 1.36 (\text{MV/m})$。

中相导线表面最大电场强度 $E_{Bm} = F_V F_{PS} F_H F_B = 1 \times 1 \times 1 \times 1.48 = 1.48 \text{(MV/m)}$。

【2014年上午题21~25】 某单回路单导线220kV架空送电线路，频率 f 为50Hz，导线采用 LGJ-400，导线直径为 27.63mm，导线截面积为 451.55mm², 导线的铝截面积为 399.79mm²，三相导线 a、b、c 为水平排列，线间距离为 $d_{ab}=d_{bc}=7m$，$d_{ac}=14m$。

▶▶第16题 [临界场强] 23. 计算该导线标准气象条件下的临界电场强度最大值 E_{m0} 为多少？ （　　）

（A）88.3kV/cm　　　　　　　　（B）31.2kV/cm
（C）30.1kV/cm　　　　　　　　（D）27.2kV/cm

【答案及解答】B

由新版线路手册第75页式（3-82），依题意 m 取 0.82，可得

$$E_{m0} = 3.03m\left(1 + \frac{0.3}{\sqrt{r}}\right) = 3.03 \times 0.82 \times \left(1 + \frac{0.3}{\sqrt{2.763/2}}\right) = 3.12 \text{(MV/m)} = 31.2 \text{ (kV/cm)}$$

【考点说明】

（1）备考复习时应注意：式（3-82）中的导线半径 r 单位用厘米（cm），其余参数均带规定单位数据，计算结果 E_{m0} 的单位却是"MV/m"，这一点需要注意。否则计算结果为"3.12MV/m"与备选选项数值对不上，误认为是数据算错。

（2）"变换单位"，也是一种增加难度的方式。该方法在历年真题中经常出现。例如本题如果有一个备选选项是"3.12kV/cm"，那么粗心的考生可能会误选。

（3）老版线路手册第30页式（2-2-2）。

【注释】

由于导线上的高电压会使周围的空气电离，电压越高，空气电离的程度越强，当导线表面电位梯度达到临界起始电晕电位梯度后，导线周围的空气会局部击穿形成一个能够稳定存在的放电通道，在放电通道中会激发出光子，就形成了人们常说的可见电晕。

发生电晕的条件是：导线的表面电场强度不小于临界电场强度。其中表面电场强度用老版线路手册第24页相关公式计算。临界电场强度用30页相关公式计算。

对于分裂导线，每根子导线的表面电场强度受子导线互相之间的影响，其场强与分裂数有关。而子导线的临界电场强度，是空气的一个物理击穿特性，只和空气的参数（气温、气压）以及带电体的曲率半径相关（即子导线半径 r 相关），而和分裂数无关。

【2023年下午题31~35】 某500kV交流单回输电线路悬垂酒杯型直线杆塔，导线采用4分裂钢芯铝绞线，分裂间距450mm。地线采用铝包钢绞线，导地线参数如下表所示，请分析计算并解答下列各小题。

类　别	截面积（mm²）	外径（mm）	重量（kg/km）
导　线	531.68	30	1688
地　线	148.07	15.75	773.2

▶▶第17题 [无线电干扰] 33. 已知导线水平间距离为12m，导线对地高度为12m，边相、中相导线表面最大电场强度分别为1.32MV/m、1.45MV/m，求距离边导线投影外20m地

面处，频率为 0.5MHz 的无线电干扰值为下列哪项数值？ （　　）

(A) 28.5dB(μV/m)　　　　　　(B) 30.8dB(μV/m)

(C) 32.0dB(μV/m)　　　　　　(D) 33.0dB (μV/m)

【答案及解答】 D

由 DL/T 5582—2020 附录 D、及第 D.0.1 条～第 D.0.1-3 条，有 $L_t = \sqrt{x_t^2 + h_t^2}$，$E_t = 3.5 g_{\max t} + 12 r_t - 33\lg \dfrac{L_t}{20} - 30$，则

$$L_1 = \sqrt{20^2 + 12^2} = 23.32(\text{m})$$

$$E_1 = 3.5 \times \frac{1.32 \times 10^3}{100} + 12 \times \frac{3}{2} - 33\lg \frac{23.32}{20} - 30 = 32.00(\mu V/m)$$

$$L_2 = \sqrt{(20+12)^2 + 12^2} = 34.18(\text{m})$$

$$E_2 = 3.5 \times \frac{1.45 \times 10^3}{100} + 12 \times \frac{3}{2} - 33\lg \frac{34.18}{20} - 30 = 31.07(\mu V/m)$$

$$E = \frac{E_1 + E_2}{2} + 1.5 = 33.04(\mu V/m)$$

【2024 年上午题 21～25】 某 500kV 交流单回输电线路位于丘陵地区，最高工作电压为 550kV，设计基本风速为 27m/s，设计覆冰厚度为 10mm，直线塔采用悬垂酒杯型杆塔，耐张塔采用干字型杆塔，导线采用 4 分裂钢芯铝绞线，分裂间距 450mm，地线采用铝包钢绞线，导地线参数如表 1 所示，某代表档距下导线应力如表 2 所示。

表 1　导地线参数

类别	截面积（mm²）	外径（mm）	重量（kg/km）
导线	672.81	33.8	2078.4
地线	148.07	15.75	473.2

表 2　导线应力表

工况	应力（N/mm²）	工况	应力（N/mm²）
最低气温	47.09	最大覆冰	84.82
最大风速	54.57	最高气温	40.64
年平均气温	43.54		

请分析计算并解答下列各小题

▶▶第 18 题［可听噪声］25. 已知导线水平间距离为 11m，导线对地高度为 13m，边相、中相导线表面电位梯度分别为 1.21MV/m，1.32MV/m，求距边相导线对地投影外 20m，对地 2m 高度处的可听噪声为下列哪项数值？ （　　）

(A) 43.3dB(A)　　　　　　(B) 42.6dB(A)

(C) 63.7dB(A)　　　　　　(D) 36.3dB(A)

【答案及解答】 D

依题意，中相电位梯度 1.21MV/m=12.1kV/cm；中相电位梯度 1.32MV/m=13.2kV/cm
由《架空输电线路电气设计规程》（DL/T 5582—2020）附录 E，可得

$$PWL(A) = -164.6 + 120\lg12.1 + 55\lg(0.58 \times 4^{0.48} \times 33.8) = 52.308[dB(A)]$$

$$R_A = \sqrt{20^2 + 11^2} = 22.825(m)$$

$$\lg^{-1}\left[\frac{PWL(A) - 11.4\lg R_A - 5.8}{10}\right] = \lg^{-1}\left[\frac{52.308 - 11.4 \times \lg 22.825 - 5.8}{10}\right] = 1265.35$$

$$PWL(B) = -164.6 + 120\lg13.2 + 55\lg(0.58 \times 4^{0.48} \times 33.8) = 56.842[dB(A)]$$

$$R_B = \sqrt{31^2 + 11^2} = 32.894(m)$$

$$\lg^{-1}\left[\frac{56.842 - 11.4 \times \lg 32.894 - 5.8}{10}\right] = 2369.67$$

$$PWL(C) = PWL(A) = 52.308[dB(A)]$$

$$R_C = \sqrt{42^2 + 11^2} = 43.417(m);$$

$$\lg^{-1}\left[\frac{52.308 - 11.4 \times \lg 43.417 - 5.8}{10}\right] = 607.95$$

$$SLA = 10\lg(1265.35 + 2369.67 + 607.95) = 36.2767[dB(A)]$$

所以选 D。

【2023 年下午题 31~35】 某 500kV 交流单回输电线路悬垂酒杯型直线杆塔，导线采用 4 分裂钢芯铝绞线，分裂间距 450mm。地线采用铝包钢绞线，导地线参数如下表所示，请分析计算并解答下列各小题。

类　别	截面积（mm²）	外径（mm）	重量（kg/km）
导　线	531.68	30	1688
地　线	148.07	15.75	773.2

▶▶第 19 题 [好天气时间] 34．已知电晕损失计算用气候条件如下表所示：

大气条件	好天	雪天	雨天	雾凇天	降雨量
各种天气的数量	（年小时数）				（mm）
	7350	60	1250	100	1350

平均电流密度为 0.9A/mm²，雾凇修正系数为 0.12，请计算考虑导线的工作电流发热影响后的好天气计算小时数为下列哪项数值？　　　　　　　　　　　　　　（　　）

（A）7719h　　　　　　　　　　　（B）7786h
（C）8001h　　　　　　　　　　　（D）8831h

【答案及解答】A

由老版线路手册第 32 页式（2-2-4）、式（2-2-5）可得

$$J_1 = 0.2j^2r = 0.2 \times 0.9^2 \times \frac{3}{2} = 0.243(mm/h)$$

$$k_2 = 1 - \frac{J_1}{J_{av}} = 1 - \frac{0.243}{1350/1250} = 0.775$$

$$t_1 = t_1' + (1-k_1)t_4' + (1-k_2)t_3' = 7350 + (1-0.12) \times 100 + (1-0.775) \times 1250 = 7719.25(h)$$

【2023 年下午题 31～35】 某 500kV 交流单回输电线路悬垂酒杯型直线杆塔，导线采用 4 分裂钢芯铝绞线，分裂间距 450mm。地线采用铝包钢绞线，导地线参数如下表所示，请分析计算并解答下列各小题。

类　别	截面积（mm²）	外径（mm）	重量（kg/km）
导　线	531.68	30	1688
地　线	148.07	15.75	773.2

▶▶**第 20 题 [导线允许载流量]** 31．已知最高气温 40℃，最热月平均温度为 35℃，导线允许温度为 80℃，垂直于导线的风速取 0.5m/s，太阳福射功率密度取 0.1W/cm²，导线表面的幅射散热系数取 0.9，导线表面的吸热系数取 0.9、交流电阻为 0.07405Ω/km。计算时不计及温度对电阻的影响，请计算导线允许载流量是下列要项数值？　　　　　　（　）

（A）919A　　　　　　　　　　　（B）861A
（C）670A　　　　　　　　　　　（C）848A

【答案及解答】 A
由 DL/T 5582—2020 附录 G 可得

$$W_R = \pi D E \sigma [(\theta + \theta_\alpha + 273)^4 + (\theta_\alpha + 273)^4]$$

$$= 3.14 \times 30 \times 10^{-3} \times 0.9 \times 5.67 \times 10^{-8} \times [(45+35+273)^4 - (35+273)^4]$$

$$= 31.381\,(W/m)$$

$$W_F = 0.57\pi\lambda_f \theta R_e^{0.485}$$

$$= 0.57 \times 3.14 \times \left[2.42 \times 10^{-2} + 7 \times \left(35 + \frac{45}{2}\right) \times 10^{-5} \times 45 \times \right.$$

$$\left. \times \left(\frac{0.5 \times 30 \times 10^{-3}}{1.32 \times 10^{-5} + 9.6 \times (35 + \frac{45}{2}) \times 10^{-8}}\right)^{0.485}\right]$$

$$= 58.209\,(W/m)$$

已知 $R't = 0.07405 \times 10^{-3}\,\Omega/m$；$WS = 0.9 \times 1000 \times 0.03 = 27$，则

$$I = \sqrt{\frac{WR + WF - WS}{R't}} = \sqrt{\frac{31.381 + 58.209 - 27}{0.07405 \times 10^{-3}}} = 919.37(A)$$

11.2.2 考点2 过电压绝缘配合防雷

1. 防雷计算

【2010年上午题21~25】 某500kV架空输电线路设双地线,具有代表性的铁塔为酒杯塔,塔的全高为45m,导线为4分裂LGJ-500/45(直径d=30mm),钢芯铝绞线,采用28片XP-160(H=155mm)悬垂绝缘子串,线间距离为12m,地线为GJ-100型镀锌钢绞线(直径d=15mm),地线对边相导线的保护角为10°,地线平均高度为30m。请解答下列各题:

▶▶**第21题 [耦合系数]** 21. 若地线的自波阻抗为540Ω,两地线的互波阻抗为70Ω,两地线与边导线的互波阻抗分别为55Ω和100Ω,计算两地线共同对该边导线的几何耦合系数应为下列哪项数值? ( )

(A) 0.185 (B) 0.225
(C) 0.254 (D) 0.261

【答案及解答】C

由新版线路手册第180页式(3-333)可得

$$k_{0(1,2-3)} = \frac{z_{13}+z_{23}}{z_{11}+z_{12}} = \frac{55+100}{540+70} = 0.254$$

【考点说明】

老版线路手册第133页式(2-7-55)。

【注释】

本题所求的是两地线对边导线的几何耦合系数 k_0。防雷计算中,若考虑电晕增大效应,导、地线耦合系数应乘以电晕效应校正系数 k_1,即老版线路手册第131页式(2-7-46),$k=k_1k_0$。

▶▶**第22题 [耦合系数]** 22. 若两地线共同对边导线的几何耦合系数为0.26,计算电晕下耦合系数为(在雷直击塔顶时)多少? ( )

(A) 0.333 (B) 0.325
(C) 0.312 (D) 0.260

【答案及解答】A

依题意,由新版线路手册第181页表3-79可得,500kV双地线,电晕校正系数 k_1 取1.28。再由该手册第179页式(3-319)可得:$k=k_1k_0$=0.26×1.28=0.3328

【考点说明】

老版线路手册第134页表2-7-9、第131页式(2-7-46)。

【注释】

(1) 当雷击时,由于地线上的冲击电压超过地线的起始电晕电压,此时地线上将出现电晕。由于电晕的存在,使地线径向尺寸增大,从而增大了地线与导线间的耦合系数。

(2) 试验表明,负极性雷冲击电晕时的耦合系数比正极性雷小。自然界超过90%的雷击都是负极性雷。

【2010年上午题21~25】 某500kV架空输电线路设双地线,具有代表性的铁塔为酒杯塔,塔的全高为45m,导线为4分裂LGJ-500/45(直径d=30mm),钢芯铝绞线,采用28片XP-160(H=155mm)悬垂绝缘子串,线间距离为12m,地线为GJ-100型镀锌钢绞线(直径

$d=15\text{mm}$），地线对边相导线的保护角为 $10°$，地线平均高度为 30m。请解答下列各题：

▶▶**第 23 题 [保护角]** 25．为了使线路在平原地区的绕击率不大于 0.10%，请计算当杆塔高度为 55m，地线对边相导线的保护角应控制在多少以内？　　　　　　　　　　　（　　）

(A) $4.06°$
(B) $10.44°$
(C) $11.54°$
(D) $12.65°$

【答案及解答】B

依题意，绕击率 $P_\theta = \dfrac{0.1}{100} = 0.001$，地线高度等于杆塔高度 55m。

计算平原保护角，由新版线路手册第 173 页式（3-278）可得 $\lg P_\theta = \dfrac{\theta\sqrt{h}}{86} - 3.9 \Rightarrow$

$\theta = (\lg P_\theta + 3.9) \times \dfrac{86}{\sqrt{h}} = (\lg 0.001 + 3.9) \times \dfrac{86}{\sqrt{55}} = 10.44°$，所以选 B。

【考点说明】

（1）注意区分是平原还是山区，对应公式不同。如错用山地公式 [式（2-7-12）] 会误选 A。

（2）本题小题干专门将杆塔高度改成 55m，如果不注意这个细节，直接使用大题干（比如上一小题）的 45m，则会误选 C。

（3）因地线架设在杆塔顶部，一般无特殊说明，地线高度均等于杆塔高度。

（4）老版线路手册第 125 页式（2-7-11）。

【**2011 年下午题 31～35**】 110kV 架空送电线路架设双地线，采用具有代表性的酒杯塔，塔的全高为 33m，双地线对边相导线的保护角为 $10°$，导—地线高度差为 3.5m，地线平均高度为 20m，导线平均高度为 15m，导线为 LGJ-500/35（直径 $d=30\text{mm}$）钢芯铝绞线，两边相间距 $d_{13}=10.0\text{m}$，中间相间距 $d_{12}=d_{23}=5\text{m}$，塔头空气间隙的 50% 放电电压 $U_{50\%}=800\text{kV}$。

▶▶**第 24 题 [保护角]** 34．为了使线路的绕击概率不大于 0.20%，若为平原地区线路，地线对边相导线的保护角应控制在多少度以内？　　　　　　　　　　　　　　　　（　　）

(A) $9.75°$
(B) $17.98°$
(C) $23.10°$
(D) $14.73°$

【答案及解答】B

依题意，计算平原保护角，由新版线路手册第 173 页式（3-278）得 $\lg P_\theta = \dfrac{\theta\sqrt{h}}{86} - 3.9 \Rightarrow$

$\theta = (\lg P_\theta + 3.9) \times \dfrac{86}{\sqrt{h}} = \left[\lg\left(\dfrac{0.2}{100}\right) + 3.9\right] \times \dfrac{86}{\sqrt{33}} = 17.98°$

【考点说明】

注意计算绕击率的公式中使用的是地线悬挂点高度（无特殊说明地线悬挂点高度=杆塔高度），而不是地线的平均高度。本题如果错用地线平均高度 20m，则会错选 C。

【**2022 年补考上午题 21～25**】 某 500kV 单回架空输电线路位于我国的一般雷电地区，采用常规酒杯型直线杆塔。设杆塔呼高为 36m，地线挂点高为 43m，三相导线采用 IVI 型绝缘子串，已知用污耐压法需选用 28 片 160kN 盘式绝缘子（结构高度 155mm、有效爬距 450mm），

串长为5.5m，地线绝缘子金具串长为0.5m；两边相导线间的水平距离为23m，中相导线较边相导线高约为2m；相导线采用4分裂、直径为30mm的钢芯铝绞线，分裂间距为500mm，正方形布置。双地线采用直径为12mm的镀锌钢绞线，边相导线的平均高度为20m，地线的平均高度为30m。请分析计算并解答下列问题。

▶▶**第25题[保护角]** 22. 若该塔地线间距为19.5m，计算杆塔上地线对边导线的保护角为下列哪项数值？（不计相导线分裂间距） （ ）

（A）7.97°　　　　　　　　　　　（B）8.30°
（C）8.82　　　　　　　　　　　　（D）9.36

【答案及解答】B

在塔头位置，地线与导线的水平距离为$(23-19.5)/2=1.75(\text{m})$

地线与导线的垂直距离为$43-36+5.5-0.5=12(\text{m})$，则保护角$\theta=\arctan\dfrac{1.75}{12}=8.30°$。

【2010年上午题21~25】 某500kV架空输电线路设双地线，具有代表性的铁塔为酒杯塔，塔的全高为45m，导线为4分裂LGJ-500/45（直径d=30mm），钢芯铝绞线，采用28片XP-160（H=155mm）悬垂绝缘子串，线间距离为12m，地线为GJ-100型镀锌钢绞线（直径d=15mm），地线对边相导线的保护角为10°，地线平均高度为30m。请解答下列各题：

▶▶**第26题[雷击次数]** 23. 若该铁路所在地区雷击日为40d，两地线水平距离为20m，请计算线路每100km每年雷击次数为多少？ （ ）

（A）56.0　　　　　　　　　　　（B）50.6
（C）40.3　　　　　　　　　　　（D）39.2

【答案及解答】D

依题意，雷击日为40d，由老版线路手册第121页左下角描述可知，地面落雷密度$\gamma=0.07$；又由老版线路手册第125页式（2-7-10）可得

$$N=0.28(b+4h_{av})=0.28\times(20+4\times30)=39.2\ [\text{次}/(100\text{km}\cdot\text{a})]$$

【考点说明】

（1）该题是2010年的题目，2014年出版的GB/T 50064—2014附录D对该公式进行了改进，考试应首先依据规范，其次依据手册。本题依据GB/T 50064—2014式（D.1.2）雷暴日40d，$N_g=2.78,N_L=0.1\times2.78\times(28\times45^{0.6}+20)=81.97[\text{次}/(100\text{km}\cdot\text{a})]$。

（2）应注意h_{av}为平均高度，$h_{av}=H-f\times2/3$（老版线路手册第125页），此题中已经给出平均高度，若未给出应计算。

（3）新版线路手册已经按GB/T 50064—2014式（D.1.2）进行了更新，按新版手册计算无选项，今后的考试按新版手册计算即可。

【注释】

（1）新版线路手册第168页左侧内容：地面落雷密度$\gamma\ [\text{次}/(\text{km}^2\cdot\text{d})]$，即每平方千米、每雷电日的地面落雷次数，世界各国取值不同。我国各地平均年雷暴日数T_d不同的地区γ值也不同。一般，T_d较大的地区的γ值也随之变大。对T_d=40d/a的地区的γ值取0.0695次/（km^2·d）。

（2）γ值和GB/T 50064—2014附录D中的地闪密度N_g本质是一样的，只不过N_g是以全年为单位的，比如T_d=40d/a的地区，每一个雷暴日的地面落雷次数为0.07[次/（km^2·d）]，

则对应的 $N_g=0.07×40=2.8$[次/(km² · a)]，这一点和 GB/T 50064—2014 的公式[$N_g = 0.023T_d^{1.3} = 0.023×40^{1.3} = 2.78$次/(km²·a)] 的计算结果是非常接近的。新、旧两个公式之间的主要区别在于线路落雷面积中的宽度计算不同（长度都是100km），老公式用的是"$(b+4h_{av})$"，而 GB/T 50064—2014 附录 D 用的是"$(28h_T^{0.6}+b)$"，这直接导致两者计算结果相差较大。新版线路手册已经按照规范进行了更新，保持了一致。

【2010 年上午题 21~25】 某 500kV 架空输电线路设双地线，具有代表性的铁塔为酒杯塔，塔的全高为 45m，导线为 4 分裂 LGJ-500/45（直径 $d=30$mm），钢芯铝绞线，采用 28 片 XP-160（$H=155$mm）悬垂绝缘子串，线间距离为 12m，地线为 GJ-100 型镀锌钢绞线（直径 $d=15$mm），地线对边相导线的保护角为 10°，地线平均高度为 30m。请解答下列各题：

▶▶**第 27 题 [绕击率] 24.** 若该线路所在地区为山区，请计算线路的绕击率为多少？ （   ）

（A）0.076%   （B）0.194%
（C）0.245%   （D）0.269%

【答案及解答】 D

计算山区地区绕击率，由新版线路手册第 173 页式（3-279）可得 $\lg P_\theta' = \dfrac{\theta\sqrt{h}}{86} - 3.35 = \dfrac{10×\sqrt{45}}{86} - 3.35 = -2.57$；$P_\theta' = 10^{-2.57} = 0.269\%$。所以选 D。

【考点说明】
老版线路手册第 125 页式（2-7-12）。

【注释】
注意：上题雷击次数公式中，应以线路平均高度代入 h。本题绕击率公式中，应以塔高代入 h_t。

【2016 年下午题 31~35】 750kV 架空送电线路，位于海拔 1000m 以下的山区，年平均雷暴日数为 40，线路全长 100km，导线采用六分裂 JL/GlA-500/45 钢芯铝绞线，子导线直径为 30mm，分裂间距为 400mm，线路的最高电压为 800kV，假定操作过电压倍数为 1.80p.u.。（按国家标准计算）

▶▶**第 28 题 [建弧率] 35.** 单回路段悬垂直线塔采用水平排列的酒杯塔，假定绝缘子串的闪络距离为 7.2m，计算绕击建弧率应为下列哪项数值？ （   ）

（A）0.628   （B）0.832
（C）0.966   （D）1.120

【答案及解答】 B

由《交流电气装置的过电压保护和绝缘配合设计规范》（GB/T 50064—2014）附录 D 中第 D.1.8 条和第 D.1.9 条式（D.1.9-1）可得

$$E = \dfrac{U_n}{\sqrt{3}l_i} = \dfrac{750}{\sqrt{3}×7.2} = 60.14 \text{ (kV/m)}$$

$$\eta = (4.5E^{0.75} - 14) \times 10^{-2} = (4.5 \times 60.14^{0.75} - 14) \times 10^{-2} = 0.832$$

【2011 年下午题 31~35】 110kV 架空送电线路架设双地线，采用具有代表性的酒杯塔，塔的全高为 33m，双地线对边相导线的保护角为 10°，导—地线高度差为 3.5m，地线平均高度为 20m，导线平均高度为 15m，导线为 LGJ-500/35（直径 d=30mm）钢芯铝绞线，两边相间距 d_{13}=10.0m，中间相间距 $d_{12}=d_{23}$=5m，塔头空气间隙的 50%放电电压 $U_{50\%}$=800kV。

▶▶第 29 题 [耐雷水平] 35. 高土壤电阻率地区，提高线路雷击塔顶时的耐雷水平，简单易行的有效措施是什么？（　　）

（A）减小对边相导线的保护角　　　（B）降低杆塔接地电阻
（C）增加导线绝缘子串的绝缘子片数　（D）地线直接接地

【答案及解答】B

由新版线路手册第 182 页右侧内容：对一般高度的杆塔，降低杆塔接地电阻是提高线路耐雷水平防止反击的有效措施，所以选 B。

【考点说明】

老版线路手册第 134 页右下（二）内容。

【注释】

（1）本题解题主要参考新版线路手册第 182 页右侧内容，"对一般高度的杆塔，降低接地电阻是提高线路耐雷水平防止反击的有效措施"。第 135 页左上侧第 5 行"国内外运行经验证明，这是降低高土壤电阻率地区杆塔接地电阻的有效措施之一。"第 182~183 页内容还列出了其他措施。

（2）降低杆塔接地电阻，是线路设计中最优先考虑的措施，对于高土壤电阻率地区也是一样。除了加强接地装置以外，还可以采用降阻剂、引外接地、连续伸长接地等措施。

（3）增加绝缘子片数是采用封堵的方法，降低杆塔接地电阻是采用大禹治水的疏导思想。两者目的相同，但策略不同，可以互相配合。在实际工程中应以降阻为主加片为辅，只有在个别杆塔中如果降阻较困难，可以适当增加绝缘子片数来提高耐雷水平。

▶▶第 30 题 [耐雷水平] 32. 设相导线电抗 X_1=0.4Ω/km，电纳 B_1=3.0×10⁻⁶ S/km，雷击导线时，其耐雷水平为下列哪项值（保留 2 位小数）？（　　）

（A）8.00kA　　　　　　　　　　（B）8.77kA
（C）8.12kA　　　　　　　　　　（D）9.75kA

【答案及解答】B

由新版线路手册第 69 页式（3-55）可得导线波阻抗

$Z_C = \sqrt{\dfrac{X_1}{B_1}} = \sqrt{\dfrac{0.4}{3.0}} \times 10^3 = 365.1(\Omega)$；再由该手册第 178 页式（3-311）可得雷击导线耐雷水平

$I_2 = \dfrac{4U_{50\%}}{Z_C} = 4 \times \dfrac{800}{365.1} = 8.76$ (kA)，所以选 B。

【考点说明】

（1）此题干给出电抗、电纳数据，明显是要求求出波阻抗后进行计算，考试时需要推测出题者本意。

(2) 老版线路手册第 24 页式（2-1-41）、第 129 页式（2-7-39）。

【注释】

雷电直击导线时，由于主放电通道波阻抗显著小于导线阻抗，进入导线的雷电流减半，同时由于雷电流向导线两侧分流，所遇导线阻抗减半，所以 $U=(I/2)(Z/2)$，得到 $I=4U_{50\%}/Z$，这个概念并不复杂，明白之后有利于理解和运用相关资料。

【2013 年上午题 21~25】 500kV 架空送电线路，导线采用 4×LGJ-400/35，子导线直径 26.8mm，单位质量 1.348kg/m，位于土壤电阻率 100Ω·m 地区。

▶▶第 31 题 [耐雷水平] 23. 若绝缘子串 $U_{50\%}$ 雷电冲击放电电压为 1280kV，相导线电抗 $X_1=0.423\Omega/km$，电纳 $B_1=2.68\times10^{-6}$ S/km。计算在雷击导线时，其耐雷水平应为下列哪项数值？
（　　）

（A）20.48kA　　　　　　　　（B）30.12kA
（C）18.20kA　　　　　　　　（D）12.89kA

【答案及解答】D

由新版线路手册第 69 页式（3-55）可得导线波阻抗：$Z_C = \sqrt{\dfrac{X_1}{B_1}} = \sqrt{\dfrac{0.423}{2.68\times10^{-6}}} = 397.29\ (\Omega)$；

再由该手册第 178 页式（3-311）可得雷击导线时的耐雷水平：

$I_2 = \dfrac{4U_{50\%}}{Z_C} = \dfrac{4\times1280}{397.29} = 12.89\ (kA)$，所以选 D。

【注释】

(1) 以上两题所使用的新版线路手册第 69 页式（3-55），该公式成立有两个前提：①忽略导线上工频电压的影响；② 令 $Z_0 = \dfrac{1}{2}Z_C$，即认为闪电通道的波阻抗是线路波阻抗的一半。

(2) 如果需要计及工频电压的影响或者 $Z_0 \neq \dfrac{1}{2}Z_C$ 时，必须使用 GB/T 50064—2014 附录式（D.1.5-5），如下题所示。

【2016 年下午题 31~35】 750kV 架空送电线路，位于海拔 1000m 以下的山区，年平均雷暴日数为 40，线路全长 100km，导线采用六分裂 JL/GIA-500/45 钢芯铝绞线，子导线直径为 30mm，分裂间距为 400mm，线路的最高电压为 800kV，假定操作过电压倍数为 1.80p.u.。（按国家标准计算）

▶▶第 32 题 [耐雷水平] 34. 假定导线波阻抗为 250Ω，闪电通道波阻抗为 250Ω，绝缘子串负极性 50%闪络电压绝对值为 3600kV，雷电为负极性时，最小绕击耐雷水平值 I_{min} 应为下列哪项数值？
（　　）

（A）37.1kA　　　　　　　　（B）38.3kA
（C）39.7kA　　　　　　　　（D）43.2kA

【答案及解答】B

据 GB/T 50064—2014 附录 D.1.5-4 式（D.1.5-5），导线上工频额定电压瞬时幅值为

$U_{\mathrm{ph}} = \dfrac{750}{\sqrt{3}} \times \sqrt{2} = 612.3$ (kV)，则最小耐雷水平为

$$I_{\min} = \left(U_{-50\%} - \dfrac{2Z_0}{2Z_0 + Z_C} U_{\mathrm{ph}}\right) \dfrac{2Z_0 + Z_C}{Z_0 Z_C} = \left(3600 - \dfrac{2 \times 250}{2 \times 250 + 250} \times 612.3\right) \times \dfrac{2 \times 250 + 250}{250 \times 250}$$

= 38.3 (kA)，所以选 B。

【考点说明】

本题大题干明确了"按国家标准计算"，其实已经暗示应使用 GB/T 50064—2014 作答才是正确的，此时就不必翻阅新版线路手册。

【注释】

雷击导线，忽略工频电压影响时的耐雷水平公式推导如下：

雷击示意图及等效电路如下图所示，雷电流 i_L，该电流即杆塔耐雷水平 I_L，雷击线路后沿左右两路分流。雷电通道波阻抗 Z_0，线路波阻抗 Z_C。通过等效电路不难得出绝缘子两端电压：

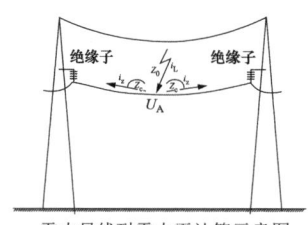
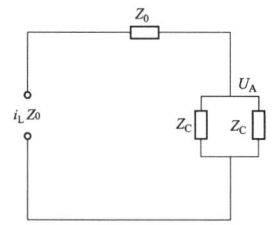

雷击导线耐雷水平计算示意图　　雷击导线忽略工频电压影响的等效电路图

$$U_A = I_L Z_0 \dfrac{\dfrac{1}{2} Z_C}{\dfrac{1}{2} Z_C + Z_0} = I_L Z_0 \dfrac{Z_C}{2Z_0 + Z_C}$$

令 U_A 等于绝缘子串 $U_{50\%}$，可得耐雷水平 $I_L = U_{50\%} \dfrac{2Z_0 + Z_C}{Z_0 Z_C}$，假设雷电波阻抗 Z_0 是线路阻抗的一半，可得 $I_L = U_{50\%} \dfrac{4}{Z_C}$，如果进一步假设导线波阻抗 $Z_C = 400\Omega$，则 $I_L = \dfrac{U_{50\%}}{100}$，这就是新版线路手册第 178 页式（3-311）[老版线路手册第 189 页式（2-7-39）]。从以上推导过程中可知，耐雷水平公式 $I_L = U_{50\%} \dfrac{4}{Z_C}$ 有两个假设前提：①忽略工频电压的影响；②认为 $Z_0 = \dfrac{Z_C}{2}$。

如果考虑工频电压的影响，则耐雷水平推导如下：

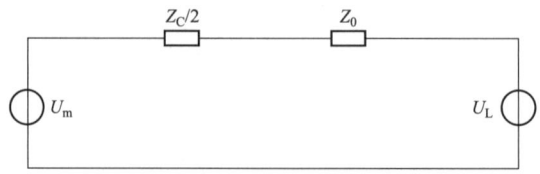

计及工频电压影响时的雷击线路电压源等效电路图

如上图所示，当计及工频电压影响，雷击导线时雷电压和工频电压并联，通过电阻分压

为公式不难得出绝缘子两端的最大电压 $U_{50\%}$，即阻抗 $Z_C/2$ 两端的电压为

$$U_{50\%} = U_{AL} + U_{Am} = I_L \frac{Z_0 Z_C}{2Z_0 + Z_C} \pm \frac{2Z_0 U_m}{2Z_0 + Z_C} \Rightarrow I_L = \left(U_{50\%} \mp \frac{2Z_0}{2Z_0 + Z_C} U_m\right) \frac{2Z_0 + Z_C}{Z_0 Z_C}$$

这是 GB/T 50064—2014 附录 D 中的式（D.1.5-5），图中之所以用"±"号，是因为雷击时刻非常短暂，可以认为雷击时刻交流电方向是不变的，但是三相交流电相位互差 120°，所以同一时刻总有一相和雷电方向相同，也至少有一相和雷电方向相反，那么耐雷水平 I_L 在计及工频电压影响后至少有一相升高，有一相降低，应以最低的一相作为三相系统的耐雷水平，可得

$$I_L = \left(U_{50\%} - \frac{2Z_0}{2Z_0 + Z_C} U_m\right) \frac{2Z_0 + Z_C}{Z_0 Z_C}$$

这和 GB/T 50064—2014 附录 D 中式（D.1.5-5）用的"±"号稍有出入，是为了更清晰地表达"用三相中耐雷水平最低的一相作为系统的耐雷水平"。

注：式（D.1.5-5）中的"负极性雷"并不是说 $U_{50\%}$ 要带负值，公式参数说明中明确了是带绝对值，之所以专门定义负极性雷是因为自然界中 90%的雷都是负极性的，所以用负极性雷作为模型。

经过以上推导，下面来分析一下本题各个选项的做法：

（1）直接用新版线路手册第 69 页式（3-55）[老版线路手册第 189 页式（2-7-39）]，则

$$I_L = \frac{4U_{50\%}}{Z_C} = \frac{4 \times 3600}{250} = 57.6 \text{(kA)}$$，显然该做法是错的，因为本题中 $Z_0 \neq \frac{Z_C}{2}$，所以不能用该式。

（2）用上面推导的忽略工频电压影响的耐雷水平普适公式计算为

$$I_L = U_{50\%} \frac{2Z_0 + Z_C}{Z_0 Z_C} = \frac{3600 \times (2 \times 250 + 250)}{250 \times 250} = 43.2 \text{ (kA)}$$

对应选项 D。但本题是 750kA 电压等级，电压较高，如果忽略工频电压，计算结果误差较大。

（3）用计及工频电压的耐雷水平公式计算，则

三相中耐雷水平升高相 $I_{max} = \left(3600 + \frac{2 \times 250}{2 \times 250 + 250} \times 612.3\right) \times \frac{2 \times 250 + 250}{250 \times 250} = 48.1$ (kA)

三相中耐雷水平降低相 $I_{min} = \left(3600 - \frac{2 \times 250}{2 \times 250 + 250} \times 612.3\right) \times \frac{2 \times 250 + 250}{250 \times 250} = 38.3$ (kA)

通过以上计算可知，计及工频电压影响后耐雷水平升高，为 48.1kA，或降低，为 38.3kA。显然应使用最低值 38.3kA 作为系统耐雷水平，所以正确答案为 B。

应注意 GB/T 50064—2014 附录 D 中的式（D.1.5-5）中，$U_{50\%}$ 要带绝对值，之后的"+"号应改成"-"号，这样才能算出系统最低耐雷水平。

【2022 年下午题 31～35】 500kV 架空输电线路，位于平原地区，设计基本风速 30m/s、覆冰厚度 10mm，导线采用 4×JL1/G1A-500/45，最高运行电压为 550kV，年平均雷暴日数为 40d。导线悬垂绝缘子串长度为 5.0m。请分析计算并解答下列各题。

▶▶第 33 题［耐雷水平］35. 已知导线悬垂绝缘子串负极性 50%闪络电压绝对值为 2400kV，闪电通道波阻抗 400Ω，导线波阻抗为 250Ω，求在雷电为负极性时的绕击耐雷水平为下列哪项数值？   （   ）

(A) 21.6kA (B) 23.8kA
(C) 25.2kA (D) 28.8kA

【答案及解答】 A

由 GB 50064—2014 第 D.1.5-5 款可得

$$I_{\min} = \left(2400 - \frac{2\times400}{2\times400+250} \times \frac{550\times\sqrt{2}}{\sqrt{3}}\right) \times \frac{2\times400+250}{400\times250} = 21.6(\text{kA})$$

【2024 年上午题 21~25】 某 500kV 交流单回输电线路位于丘陵地区，最高工作电压为 550kV，设计基本风速为 27m/s，设计覆冰厚度为 10mm，直线塔采用悬垂酒杯型杆塔，耐张塔采用干字型杆塔，导线采用 4 分裂钢芯铝绞线，分裂间距 450mm，地线采用铝包钢绞线，导地线参数如表 1 所示，某代表档距下导线应力如表 2 所示。

表 1 导地线参数

类别	截面积（mm²）	外径（mm）	重量（kg/km）
导线	672.81	33.8	2078.4
地线	148.07	15.75	473.2

表 2 导线应力表

工况	应力（N/mm²）	工况	应力（N/mm²）
最低气温	47.09	最大覆冰	84.82
最大风速	54.57	最高气温	40.64
年平均气温	43.54		

请分析计算并解答下列各小题

▶▶ 第 34 题 ［耐雷水平］21. 已知该直线塔采用单联 300kN 绝缘子串，绝缘子串雷电冲击放电电压为 3106kV，雷电为负极性，闪电通道波阻抗为 1000Ω，导线波阻抗为 400Ω，则该杆塔绕击耐雷水平为下列哪项数值？　　　　　　　　　　　　（　　）

(A) 16.4kA (B) 15.6kA
(C) 20.9kA (D) 21.5kA

【答案及解答】 A

依据《交流电气装置的过电压保护和绝缘配合设计规范》（GB/T 50064—2014）附录 D 式（D.1.5-5），闪电通道波阻抗 Z_0=1000Ω，导线波阻抗 Z_c=400Ω，可得

$$= \left(3106 - \frac{2\times1000}{2\times1000+400} \times \sqrt{2} \times \frac{550}{\sqrt{3}}\right) \times \frac{2\times1000+400}{1000\times400}$$

$$= 16.4(\text{kA})$$

所以选 A。

【考点说明】

（1）错用"+"号回错选 C；用"+"号电压不乘根号 2，会错选 B；用"+"号电压不乘根号 2，会错选 D。

【2022 年下午题 31～35】 500kV 架空输电线路，位于平原地区，设计基本风速 30m/s、覆冰厚度 10mm，导线采用 4×JL1/G1A-500/45，最高运行电压为 550kV，年平均雷暴日数为 40d。导线悬垂绝缘子串长度为 5.0m。请分析计算并解答下列各题。

▶▶第 35 题 ［雷击跳闸率］32. 已知某悬垂直线塔全高为 40m，地线在塔上的悬挂点高度为 39m，假定雷击次数为 75 次/(100km·a)，悬垂绝缘子串的放电距离为 4.5m，绕击耐雷水平为 24kA。若按此塔估算的雷电绕击跳闸率为 0.015 次/(100km·a)，求地线的保护角为下列哪项数值？ （　　）

(A) 5.28°　　　　　　　　　　　　(B) 7.28°
(C) 10.00°　　　　　　　　　　　 (D) 12.25°

【答案及解答】B

由规范 GB 50064—2014 附录 D 式（D.1.7）可得

设绕击率 $P_\theta = g_2$；雷电流超过杆塔绕击耐雷水平 I_2 概率为 P_2；则绕击闪络率 $P_{sf} = g_2 p_2$

只考虑绕击情况的绕击跳闸率 $N_2 = N_g \eta (P_{sf}) = N_g \eta (g_2 P_2) \Rightarrow g_2 = \dfrac{N_2}{N_g \eta P_2}$

式（D.1.9-1）　$E = U_n / (\sqrt{3} l_1) = 500/(\sqrt{3} \times 4.5) = 64.15 \, (\text{kV/m})$

式（D.1.8）　$\eta = (4.5 E^{0.75} - 14) \times 10^{-2} = (4.5 \times 64.15^{0.75} - 14) \times 10^{-2} = 0.88$

式（D.1.1-1）　$P_2 = 10^{-\frac{i_0}{88}} = 10^{-\frac{24}{88}} = 0.534$

已知绕击跳闸率 $N_2 = 0.015$ 次/（100km·a）；雷击次数 $N_g = 75$ 次/（100km·a），则

$$P_\theta = g_2 = \frac{N_2}{N_g \eta P_2} = \frac{0.015}{75 \times 0.88 \times 0.534} = 0.0004256$$

已知为平原地区，塔高 39m，由老版线路手册第 125 页式（2-7-11），可得

$$\lg P_\theta = \frac{\theta \sqrt{h}}{86} - 3.9 \Rightarrow \theta = \frac{(\lg P_\theta + 3.9) \times 86}{\sqrt{h}} = \frac{(\lg 0.0004256 + 3.9) \times 86}{\sqrt{39}} = 7.28°，选 B。$$

【2011 年下午题 31～35】 110kV 架空送电线路架设双地线，采用具有代表性的酒杯塔，塔的全高为 33m，双地线对边相导线的保护角为 10°，导—地线高度差为 3.5m，地线平均高度为 20m，导线平均高度为 15m，导线为 LGJ-500/35（直径 $d=30$mm）钢芯铝绞线，两边相间距 $d_{13}=10.0$m，中间相间距 $d_{12}=d_{23}=5$m，塔头空气间隙的 50%放电电压 $U_{50\%}=800$kV。

▶▶第 36 题 ［雷击跳闸率］33. 若线路位于我国的一般雷电地区（雷电日为 40d/a）的山地，且雷击杆塔和导线时的耐雷水平分别为 75kA 和 10kA，雷击次数为 25 次/(100km·a)，建弧率 $\eta=0.8$，线路的跳闸率为下列哪项值 [按《交流电气装置的过电压保护和绝缘配合》（DL/T 620—1997）计算，保留三位小数］？ （　　）

(A) 1.176 次/（100km·a）　　　　　(B) 0.809 次/（100km·a）
(C) 0.735 次/（100km·a）　　　　　(D) 0.603 次/（100km·a）

【答案及解答】C

注：本题为 2011 年题目，当时在用规范为 DL/T 620—1997，所以题目明确用 DL/T 620—1997 作答。老题新做，用现行考纲规范 GB/T 50064—2014 及新版线路手册解答如下：

依题意，线路落雷次数 $N_L = 25$，建弧率 $=0.8$；

由新版线路手册第 172 页左上内容可得，山地双地线击杆率 $g=1/4=0.25$；雷电日 40d，由 GB/T 50064—2014 附录 D 式（D.1.1-1）可得，击杆雷电流幅值超过雷击杆塔耐雷水平概率 $P_1 = 10^{-75/88} = 0.141$。

山地绕击率 $\lg P'_\theta = \dfrac{\theta\sqrt{h}}{86} - 3.35 = \dfrac{10 \times \sqrt{33}}{86} - 3.35 = -2.682$；$P'_\theta = 10^{-2.682} = 0.00208$。

雷电日 40d，由 GB/T 50064—2014 附录 D 式（D.1.1-1）可得，绕击导线雷电流幅值超过雷击导线耐雷水平概率 $P_2 = 10^{-10/88} = 0.7698$。

线路绕击闪络率 $P_{sf} = P_\theta \times P_2 = 0.00208 \times 0.7698 = 0.0016$。

由 GB/T 50064—2014 附录 D 式（D.1.7）可得：

雷击跳闸率 $N = N_L \eta (gP_1 + P_{sf}) = 25 \times 0.8 \times (0.25 \times 0.141 + 0.0016) = 0.737$ [次/(100km·a)]

所以选 C。

【考点说明】

（1）雷击跳闸率的综合性强，计算有一定难度，但这也是线路防雷性能计算的重点，其中包含了很多参数的取值和计算方法，有些参数本身就可以作为出题点出题。在应考时应重点复习，通过对雷击跳闸率的计算熟悉各个参数的计算方法以及参数之间的关系和作用，这样才能从本质上掌握公式的含义，从而在考场上从容应对。

（2）老版线路手册第 125 页表 2-7-2。

【注释】

GB/T 50064—2014 附录 D 式（D.1.7）$N = N_g \eta(gP_1 + P_{sf})$ 中"N_g"应改为"N_L"。该公式引入的新参数"线路的绕击闪络概率 P_{sf}"，对于接地系统，无避雷线 $P_{sf}=(1-g)P_2$；有避雷线 $P_{sf}=P_\theta P_2$。

【2020 年下午题 36～40】 某 500kV 架空输电线路，最高运行电压 550kV，线路所经地区海拔高度小于 1000m。基本风速 30m/s，设计覆冰 0mm，年平均气温 15℃，年平均雷暴日 40d。相导线采用 4×JL/G1A-500/45，子导线直径 30.0mm，导线自重荷载为 16.529N/m。导线悬垂串采用 I 型绝缘子串。请解答如下问题。

▶▶第 37 题 [雷击跳闸率] 40. 某单回线路直线塔导线采用悬垂盘式绝缘子串，若每串采用 28 片绝缘子（高度为 155mm）时线路的绕击跳闸率计算值为 0.1200 次/(100km·a)，那么根据以下的假设条件，若每串采用 32 片绝缘子（高度为 155mm），其他条件不变时，计算线路的绕击跳闸率应为下列哪项数值？ （　　）

提示：$N = NL\eta(gP_1 + P_{sf})$

1）计算范围内，雷击时的闪络路径均为沿绝缘子串闪络（绝缘子串决定线路的绕击闪络率）。

2）绝缘子串的放电路径取绝缘子的结构高度之和。

3）计算范围内，每增加 1 片绝缘子（高度 155m），绕击闪络率减少 28 片绝缘子时闪络率的 1/28。

（A）0.0732 次/(100km·a)　　　　（B）0.0915 次/(100km·a)
（C）0.1029 次/(100km·a)　　　　（D）0.1278 次/(100km·a)

【答案及解答】 B

由 GB/T50064—2014 式（D.1.9-1）可得

28 片绝缘子时

$$E = \frac{500}{\sqrt{3} \times 28 \times 155/1000} = 66.5(\text{kV/m})\ ；\quad 建弧率\ \eta = (4.5 \times 66.5^{0.75} - 14) \times 10^{-2} = 0.9$$

32 片绝缘子时

$$E = \frac{500}{\sqrt{3} \times 32 \times 155/1000} = 58.2(\text{kV/m})\ ；\quad 建弧率\ \eta = (4.5 \times 58.2^{0.75} - 14) \times 10^{-2} = 0.8$$

依题意年平均雷暴日数 40d/a 的地区，地闪密度取 2.78 次/(km²·a)，28 片绝缘子时，雷击跳闸率=0.12[次/(100km·a)]，又由该规范式（D.1.7）可得 28 片绝缘子时

$$N = N_L \eta P_{sf} \Rightarrow P_{sf} = \frac{N}{N_L \eta} = \frac{0.12}{N_L \times 0.9}[次/(100\text{km} \cdot \text{a})]$$

则 32 片绝缘子时 $N = N_L \eta P_{sf} = N_L \times 0.8 \times \dfrac{0.12}{N_L \times 0.9} \times (1 - 4/28) = 0.091429[次/(100\text{km} \cdot \text{a})]$

【考点说明】

（1）严格意义讲 $N=N_L\eta(gP_1+P_{sf})$ 是线路雷击跳闸率，其中包含雷击塔顶导致的跳闸率 $N=N_L\eta gP_1$ 和绕击导线导致的跳闸率 $N=N_L\eta P_{sf}$，本题给出的是已知绕击跳闸率，求的也是绕击跳闸率，所以按如上解法更符合题目描述。如果把式 $N=N_L\eta(gP_1+P_{sf})$ "(gP_1+P_{sf})" 整体作为一个未知量计算也可得到相同答案，但不够贴合题目描述的"绕击跳闸率"。

（2）根据 GB/T 50064—2014 式（D.1.2）可知，$N_L=0.1N_g(28h_T^{0.6}+b)$，题设已知条件只能算出 N_g 为 2.78 次/(km²·a)，但算不出 N_L，该规范式（D.1.7）$N = N_g\eta(gP_1 + P_{sf})$ 中的 N_g 应改为 N_L，具体可参见新版线路手册第 178 页式（3-315）参数说明（老版线路手册参见第 130 页）。虽然直接将 N_L 用 2.78 代入也可得到答案，但原理上是完全错误的。

【2021 年下午题 31～35】 某 500kV 架空输电线路，最高运行电压 550kV，线路所经地区最高海拔高度小于 1000m。基本风速 30m/s，设计覆冰 10mm，年平均气温为 15℃，年平均雷暴日为 40d。相导线采用 4×JL/G1A-500/45，子导线直径 30.0mm，导线悬垂串采用 I 型绝缘子串。请分析计算并解答下列各小题。

▶▶**第 38 题**［绝缘子串闪络距离］32.假定线路位于华东平原地区，线路落雷次数为 1.25 次/(km·a)。要求雷击铁塔时耐雷水平为 175kA。请按线路设计手册计算，满足反击跳闸率小于 0.20 次/(100km·a) 的绝缘子串的闪络距离为下列那个值？　　　　　　　　　　（　　）

（A）3.90m　　　　　　　　　　　（B）4.20m
（C）4.62m　　　　　　　　　　　（D）5.20m

【答案及解答】 B

由 GB/T 50064—2014 附录 D，式（D.1.1-1）、式（D.1.7）、式（D.1.8）、式（D.1.9-1）可得

$$P(I_0 \geqslant i_0) = 10^{-\frac{i_0}{88}} = 10^{-\frac{175}{88}} = 0.0103$$

$$N = N_L \eta (gP_1 + P_{sf}) \Rightarrow 0.2 = 1.25 \times 100 \times \eta \left(\frac{1}{6} \times 0.0103 + 0\right) \Rightarrow \eta = 0.932$$

$$\eta = (4.5E^{0.75} - 14) \times 10^{-2} \Rightarrow 0.932 = (4.5E^{0.75} - 14) \times 10^{-2} \Rightarrow E = 68.545$$

$$E = \frac{U_n}{\sqrt{3}l_i} \Rightarrow l_i = \frac{U_n}{\sqrt{3}E} \Rightarrow \frac{500}{\sqrt{3} \times 68.545} = 4.21 \text{(m)}$$

【考点说明】

（1）题目本身不难，但是要对公式相当熟练并灵活运用。

（2）线路落雷次数的单位是个坑点，规范用的单位是次（100km·a）。

（3）$N = N_L \eta (gP_1 + P_{sf})$ 这个公式要理解透彻，题目给的是反击跳闸率，也就是雷击塔顶时的跳闸率，N 是总的跳闸率，拆开来看也就是反击调整率和绕击跳闸率之和。

【2016年下午题 31~35】 750kV 架空送电线路，位于海拔 1000m 以下的山区，年平均雷暴日数为 40，线路全长 100km，导线采用六分裂 JL/GIA-500/45 钢芯铝绞线，子导线直径为 30mm，分裂间距为 400mm，线路的最高电压为 800kV，假定操作过电压倍数为 1.80p.u.。（按国标规范计算）

▶▶第 39 题 [线路避雷器配置] 33. 假如在强雷区地段，需安装线路防雷用避雷器降低线路雷击跳闸率，下列在杆塔上安装线路避雷器的方式哪种是正确的？ （　　）

（A）单回线路宜在 3 相绝缘子串旁安装

（B）单回线路可在两边相绝缘子串旁安装

（C）同塔双回线路宜在两回线路绝缘子串旁安装

（D）同塔双回线路可在两回线路的下相绝缘子串旁安装

【答案及解答】B

GB/T 50064—2014 第 5.3.5（3）条款规定：线路避雷器在杆塔上的安装方式应符合下列要求：①110、220kV 单回线路宜在 3 相绝缘子串旁安装；②330～750kV 单回线路可在两边相绝缘子串旁安装；③同塔双回线路宜在一回路线路绝缘子串旁安装。结合题意，B 项正确，所以选 B。

2. 间隙及导线距离

【2008年上午题 18~21】 单回路 220kV 架空送电线路，导线直径为 27.63mm，截面积为 451.55mm²，单位长度质量为 1.511kg/m。本线路在某挡需跨越高速公路，高速公路在挡距中央（假设高速公路路面、铁塔处高程相同），该挡挡距 450m，导线 40℃时最低点张力为 24.32kN，导线 70℃时最低点张力为 23.1kN，两塔均为直线塔，悬垂串长度为 3.4m，$g=9.8\text{m/s}^2$。

▶▶第 40 题 [呼称高度] 19. 假设跨越高速公路时，两侧跨越直线塔呼称高度相同，则两侧直线塔的呼高应至少为下列哪项数值（用平抛物线公式）？ （　　）

（A）27.6m　　　　　　　　　　　　（B）26.8m

（C）24.2m　　　　　　　　　　　　（D）28.6m

【答案及解答】D

由新版线路手册第 304 页表 5-14 可得

$$f_\mathrm{m} = \frac{\gamma l^2}{8\sigma_0} = \frac{1.511 \times \frac{9.8}{451.55} \times 450^2}{8 \times \frac{23100}{451.55}} = \frac{1.511 \times 9.8 \times 450^2}{8 \times 23100} 16.23 \text{ (m)}$$

根据 DL/T 5582—2020 第 48 页表 10.2.5-1，220kV 送电线路跨越高速公路，最小垂直距离为 8m。

又由该手册第 762 页左侧杆塔定位高度内容可得

呼称高度=16.2(弧垂)+8(最小净空距离)+3.4m(悬垂串长)+1(误差)=28.6(m)

【考点说明】

（1）当不考虑挡距中央地形起伏时的杆塔呼称高度，计算公式为

直线塔呼称高度H = 悬垂绝缘子串长(λ) + 最大弧垂(f_m) + 最小净空距离(s) + 误差(δ)

耐张塔呼称高度H = 最大弧垂(f_m) + 最小净空距离(s) + 误差(δ)

（2）计算呼称高度时是否计入误差，应根据题目选项确定。有答案，应计入误差；无答案，可去掉误差作答。对于误差的确定，老版线路手册第 602 页是按挡距划分，DL/T 5582—2020 第 260 页第 10.1.1-3 条条文说明是按电压等级分，两者数值不同。按一般性原则应该是首先以规范为主，规范无对应点再使用手册作答。但实际应考时还应根据题目配置的选项灵活掌握。

（3）老版线路手册第 180 页表 3-3-1、第 602 页。

【注释】

无论杆塔位于平地、丘陵、山区，是否采用长短腿、高低基础、或两者配合使用，杆塔的呼称高，均应从定位图中该杆塔的施工基面起算。一般取该杆塔的桩面标高，作为其基础的顶面标高（施工后，基础的顶面一般高出地面 20～30cm 作为裕度，不计入定位高度了）。若定位图或杆塔明细表中，对该杆塔有基面降低要求时，以降低后的杆塔基面为准。

▶▶【2010 年下午题 36～40】 某回路 220kV 架空线路，其导、地线的参数如下表所示（本题略）。本线路须跨越通航河道，两岸是陡崖，两岸塔位 A 和 B 分别高出最高航行水位 110.8m 和 25.1m，挡距为 800m。桅杆高出水面 35.2m，安全距离为 3.0m，绝缘子串长为 2.5m。导线在最高气温时，最低点张力为 26.87kN，假设两岸跨越直线杆塔的呼高相同（$g=9.81\text{m/s}^2$）。

▶▶第 41 题［呼称高度］38. 若最高气温时弧垂最低点距 A 处的水平距离为 600m，该点弧垂为 33m，为满足跨河的安全距离要求，A 和 B 处直线杆塔的呼称高度至少应为下列哪项数值？ （　　）

（A）17.1m　　　　　　　　　　（B）27.2m
（C）24.2m　　　　　　　　　　（D）24.7m

【答案及解答】B

根据题意，如下图所示：

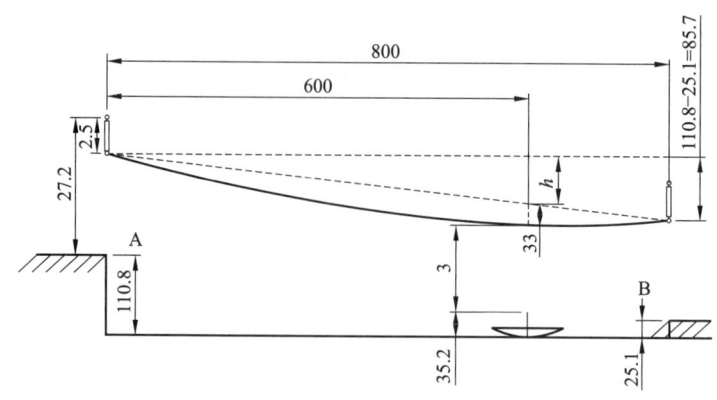

A 和 B 处直线杆塔的呼称高度 h 根据几何关系有

$$h = (33+3+35.2) + (110.8-25.1) \times \frac{600}{800} + 2.5 - 110.8 = 27.175 \text{ (m)}$$

【考点说明】

本题考查结合实际线路进行呼称高度计算。解答此类题目应根据题意绘制断面图，能够直观作答。解答此类题目应重点注意题干关键词：至少、最小之类的描述；如果没有此类表达，需要注意答案选项中是否含有考虑对应勘测设计、加工安装而预留的综合误差。

【2010 年下午题 36～40】 某回路 220kV 架空线路，其导、地线的参数如下表所示。

型号	每米质量 P（kg/m）	直径 d（mm）	截面 S（mm²）	破坏强度 T_k（N）	线性膨胀系数 α（1/℃）	弹性模量 E（N/mm²）
LGJ-400/50	1.511	27.63	451.55	117230	19.3×10^{-6}	69000
GJ-60	0.4751	10.0	59.69	68226	11.5×10^{-6}	185000

本工程的气象条件如下表：

序号	条件	风速（m/s）	覆冰厚度（mm）	气温（℃）
1	低温	0	0	−40
2	平均	0	0	−5
3	大风	30	0	−5
4	覆冰	10	10	−5
5	高温	0	0	40

本线路须跨越通航河道，两岸是陡崖，两岸塔位 A 和 B 分别高出最高航行水位 110.8m 和 25.1m，挡距为 800m。桅杆高出水面 35.2m，安全距离为 3.0m，绝缘子串长为 2.5m。导线在最高气温时，最低点张力为 26.87kN，假设两岸跨越直线杆塔的呼高相同（$g=9.81\text{m/s}^2$）。

▶▶**第 42 题 [导线平均高度]** 40. 假设跨河挡 A、B 两塔的导线悬点高度均高出水面 80m，导线的最大弧垂为 48m。计算导线平均高度（相对于水面）为多少？ （　　）

（A）60.0m　　　　　　　　　　（B）32.0m
（C）48.0m　　　　　　　　　　（D）43.0m

【答案及解答】 C

由新版线路手册第 84 页左下内容可知

$$h_c = h - \frac{2}{3}f = 80 - \frac{2}{3} \times 48 = 48 \text{ (m)}$$

【考点说明】

（1）本题考查导线平均高度的计算。题干提示为相对于水面，对题目中小括号内容务必重点留意。若相对于其他基面，要根据题干要求进行作答。

（2）大题干中"A、B 两点不等高"与小题干中"A、B 两塔的导线悬挂点等高"并不矛盾（只是表明 A、B 两塔的呼称高不同而已）。遇到大题干和小题干给出的条件不一致时，对于本小题，应按本小题给出的条件求解。

（3）老版线路手册第 125 页式（2-7-9）。

▶▶【2012 年上午题 21~25】 某单回路 500kV 架空送电线路，设计覆冰厚度 10mm，某直线塔的最大设计挡距为 800m，使用的悬垂绝缘子串（Ⅰ串）长度为 5m，地线串长度为 0.5m（假定直线塔有相同的导、地线布置）（提示：$K=P/8T$）。

▶▶**第 43 题 [线间距离]** 22. 若铁塔按三角布置考虑，导线挂点间的水平投影距离为 8m，垂直投影距离为 5m，其等效水平线间距离为下列哪项值？　　　　　　　　　　　（　　）

（A）13.0m　　　　　　　　　　　（B）10.41m

（C）9.43m　　　　　　　　　　　（D）11.41m

【答案及解答】B

由 DL/T 5582—2020 式（9.1.1-2）可知

$$D_x = \sqrt{D_p^2 + \left(\frac{4}{3}D_z\right)^2} = \sqrt{8^2 + \left(\frac{4}{3} \times 5\right)^2} = 10.41 \text{ (m)}$$

【考点说明】

送分题目，找到相应条款即可。注意 D_p、D_z 的含义。

▶▶**第 44 题 [线间距离]** 23. 若最大弧垂 K 值为 8.0×10^{-5}，相导线按水平排列，则相导线最小水平线间距离为下列哪项值？　　　　　　　　　　　（　　）

（A）12.63m　　　　　　　　　　　（B）9.27m

（C）11.20m　　　　　　　　　　　（D）13.23m

【答案及解答】C

依题意 $K=8.0\times10^{-5}$，新版线路手册第 304 页表 5-14 可得

$$f_m = \frac{\gamma l^2}{8\sigma_0} = 8 \times 10^{-5} \times 800^2 = 51.20 \text{ (m)}$$

由 DL/T 5582—2020 式（9.1.1-1）可知Ⅰ串 $k_i=0.4$，则

$$D = k_i L_k + \frac{U}{110} + 0.65\sqrt{f_c} = 0.4 \times 5 + \frac{500}{110} + 0.65\sqrt{51.2} = 11.20 \text{ (m)}$$

【考点说明】

（1）考查 K 值概念的应用 [见新版线路手册第 761 页式（14-1），或老版线路手册第 601 页]，弧垂 $f=Kl^2$。

(2) 老版线路手册第 180 页表 3-3-1。

【2016 年下午题 31~35】 750kV 架空送电线路,位于海拔 1000m 以下的山区,年平均雷暴日数为 40,线路全长 100km,导线采用六分裂 JL/GIA-500/45 钢芯铝绞线,子导线直径为 30mm,分裂间距为 400mm,线路的最高电压为 800kV,假定操作过电压倍数为 1.80p.u.。(按国标规范计算)

▶▶**第 45 题[线间距离]** 32. 双回路段鼓型悬垂直线塔,设计极限挡距为 900m,导线最大弧垂为 64m,导线悬垂绝缘子串长度为 8.8m(Ⅰ串),塔头尺寸设计时导线横担之间的最小垂直距离宜取下列哪项数值?   ( )

(A) 11.66m (B) 12.50m
(C) 13.00m (D) 15.54m

【答案及解答】 C

据 DL/T 5582—2020 第 9.1.1 条可知

$$D = k_i L_k + \frac{U}{110} + 0.65\sqrt{f_c} = 0.4 \times 8.8 + \frac{750}{110} + 0.65\sqrt{64} = 15.54 \text{ (m)}$$

导线垂直线间距离 $D_z = 75\%D = 0.75 \times 15.54 = 11.655$ (m)。

又由该规范表 9.1.1-2 知,750kV 最小垂直线间距离为 12.5m。

依题意,操作过电压倍数为 1.80p.u.,再由 GB/T 50064—2014 表 6.2.4-2,导线静止至横担的最小距离为 4.2m,则上下横担最小距离为 8.8+4.2=13(m)。

以上三者取大,为 13(m),所以选 C。

【考点说明】

(1) 双回路段鼓型悬垂直线塔是杆塔左侧和杆塔右侧各一回,每一回的三相是上下垂直加载的。题目要求的"导线横担之间的最小垂直距离"其实就是同一回路上下各相之间的垂直距离,所以不能加 0.5m,虽然加了 0.5m 为 13m,但计算过程错误一样会被扣分。

(2) 本题小题干明确了"操作过电压倍数为 1.80p.u.。(按国标规范计算)",即暗示用 GB/T 50064—2014 中对间隙的要求进行解答,该值为 13m,所以选 C,这也是本题最大的坑点。

【2016 年上午题 21~25】 220kV 架空输电线路工程,导线采用 2×400/35,导线自重荷载为 13.21N/m,风偏校核时最大风风荷载为 11.25N/m,安全系数为 2.5 时最大设计张力为 39.4kN,导线采用Ⅰ型悬垂绝缘子串,串长 2.7m,地线串长 0.5m。

▶▶**第 46 题[线间距离]** 21. 规划双回路垂直排列直线塔水平挡距 500m、垂直挡距 800m、最大挡距 900m、最大弧垂时导线张力为 20.3kN,双回路杆塔不同回路的不同相导线间的水平距离最小值为多少?   ( )

(A) 8.36m (B) 8.86m
(C) 9.50m (D) 10.00m

【答案及解答】 B

由 DL/T 5582—2020 第 9.1.1 条及新版线路手册第 304 页表 5-14 可得

$$D = k_1 L_k + \frac{U}{110} + 0.65\sqrt{f_c} = 0.4 \times 2.7 + \frac{220}{110} + 0.65\sqrt{\frac{\gamma l^2}{8\sigma}}$$

$$= 0.4 \times 2.7 + \frac{220}{110} + 0.65\sqrt{\frac{\frac{13.21}{A} \times 900^2}{8 \times \frac{20300}{A}}} = 8.36 \text{ (m)}$$

又根据 DL/T 5582—2020 第 9.1.3 条，不同相导线水平距离应增加 0.5m，可得 8.36+0.5= 8.86（m）。

【考点说明】

（1）本题考查线间水平距离计算及双回路的情况，关键在于做好规范相关条款之间的联系。坑点在于第 8.0.3 条，不同相导线间的水平距离应增加 0.5m，否则会误选 A。

（2）老版线路手册第 180 页表 3-3-1。

【2016 年下午题 36~40】 某 220kV 架空送电线路 MT（猫头）直线塔，采用双分裂 LGJ-400/35 导线，悬垂串长度为 3.2m，导线截面积 425.24mm^2，导线直径为 26.82mm，单位重量 1307.50kg/km，导线平均高度处大风风速为 32m/s，大风时温度为 15℃，应力为 70N/mm^2，最高气温（40℃）条件下导线最低点应力为 50N/mm^2，l_1 邻挡断线工况应力为 35N/mm^2。图中 h_1=18m，L_1=300m，dh_1=30m，L_2=250m，dh_2=10m，l_1、l_2 为最高气温下的弧垂最低点至 MT 的距离，l_1=180m，l_2=50m。（提示 g=9.8m/s^2，采用抛物线公式计算）

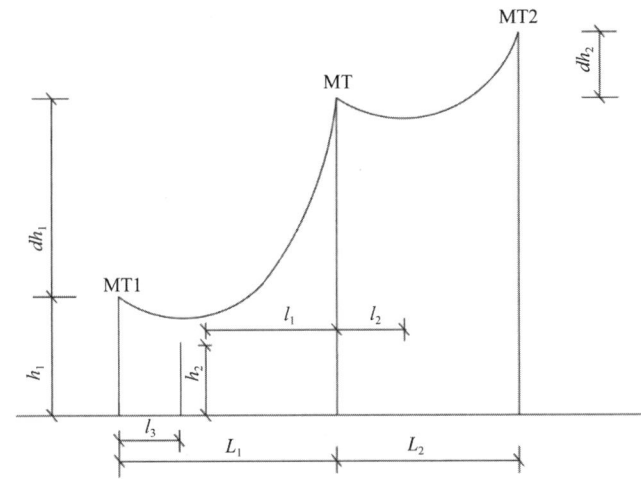

▶▶**第 47 题 [线间距离] 38.** 假定该线路最大弧垂为 14m，该线路铁塔线间垂直距离至少为以下哪项数值？　　　　　　　　　　　　　　　　　　　　　　（　　）

（A）5.71m　　　　　　　　　　（B）5.5m

（C）4.28m　　　　　　　　　　（D）4.58m

【答案及解答】 B

由 DL/T 5582—2020 第 9.1.1 条可得

$$D = k_1 L_k + \frac{U}{110} + 0.65\sqrt{f_c} = 0.4 \times 3.2 + \frac{220}{110} + 0.65\sqrt{14} = 5.712 \text{ (m)}$$

导线间垂直距离为 $D_V = 0.75D = 0.75 \times 5.712 = 4.284$ (m)。

又由该规范表 9.1.1-2 可知 220kV 线路要求最小垂直距离为 5.5m，所以选 B。

▶▶**第 48 题[线间距离]** 39. 距离 MT1 塔 50m 处有一高 10m 的 10kV 线路（l_3=50m，h_2=10m），则邻挡断线工况下，MT1-MT 挡导线与被跨的 10kV 线路间的垂直距离应为下列哪项数值？ （　）

(A) 7.625m (B) 9.24m
(C) 6.23m   (D) 8.43m

【答案及解答】A

由新版线路手册第 303 页表 5-13、304 页表 5-14，及第 770 页式（14-20）可得跨越处弧

垂 $f_c = \dfrac{50 \times 250 \times \dfrac{1.3075 \times 9.8}{425.24}}{2 \times 35} = 5.38$ (m)

与 10kV 线路垂直距离 $D = h_1 + dh_1 - \dfrac{30 \times 250}{300} - f_c - h_2 = 18 + 30 - 25 - 5.38 - 10 = 7.62$ (m)

【考点说明】

老版线路手册第 179 页表 3-2-3、第 180 页表 3-3-1、第 609 页式（8-2-20）。

【2020 年下午题 31~35】 500kV 输电线路，地形为山地，设计基本风速为 30m/s，覆冰 10mm。采用 4×LGJ-400/50 导线，导线直径 27.63mm，截面 451.55mm²，最大设计张力 46892N，导线悬垂绝缘子串长度为 5.0m。某耐张段定位结果如下表。请解答如下问题。

（提示：按平抛物线计算，不考虑导线分裂间距影响。高差：前进方向高为正）

杆塔号	塔型	呼称高度（m）	塔位高程（m）	档距（m）	导线挂点高差（m）
1	JG1	25	200		12
				450	
2	ZB1	27	215		27
				500	
3	ZB2	29	240		21
				600	
4	ZB2	30	260		30
				450	
5	ZB3	30	290		60
				800	
6	JG2	25	350		

已知条件

设计工程	最低气温	平均气温	最大风速	覆冰工况	最高气温	断联
比载 [N/(m·mm²)]	0.03282	0.03282	0.048343	0.05648	0.03282	0.03282
应力(N/mm²)	65.2154	61.8647	90.7319	103.8468	58.9459	64.5067

▶▶**第 49 题[线间距离]** 34. 假定按照该耐张定位结果设计 ZB2 型直线塔，计算导线的最小水平线间距离应为下列哪项数值？ （　）

(A) 9.17m (B) 9.8m

（C）10.56m　　　　　　　　　　　（D）11.5m

【答案及解答】 B

依题意，定位结果 ZB2 型塔最大档距为 3 号塔 600m；由新版线路手册第 311 页最大弧垂判别法可得

$$\frac{\gamma_7}{\sigma_7} = \frac{0.05648}{103.8468} < \frac{0.03282}{58.9459} = \frac{\gamma_1}{\sigma_1}$$

最大弧垂发生在最高气温工况，又由该手册第 304 页表 5-14 可得：

最大弧垂 $f_m = \frac{\gamma l^2}{8\sigma_0} = \frac{0.03282 \times 600^2}{(8 \times 58.9459)} = 25(m)$

再由 DL/T 5582—2020 式(9.1.1-1)可得水平线间距离 $D = 0.4 \times 5 + \frac{500}{110} + 0.65 \times \sqrt{25} = 9.8(m)$

【考点说明】

老版线路手册第 188 页最大弧垂判别法、第 180 页表 3-3-1。

【2022 年上午题 21-25】 某 500kV 交流单回输电线路悬垂直线杆塔（如图 1 所示），导线采用 4 分裂钢芯铝绞线，地线采用铝包钢绞线，导地线参数如表 1 所示，各工况导线应力如表 2 所示。该杆塔规划设计条件为：代表档距 400m，水平档距 400m。导线悬垂绝缘子串采用双联 I 型 210kN 复合绝缘子，导线悬垂绝缘子串长为 5.7m，绝缘子串总重量为 200kg，绝缘子串风压为 2kN，地线悬垂串长为 0.7m，地线支架高度 $M = 5.5$m，最大弧垂工况为最高气温条件。请分析计算并解答以下各题。

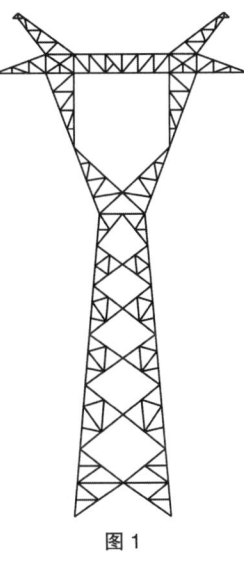

图 1

表 1　导 地 线 参 数

类别	截面积（mm²）	外径（mm）	重量（kg/km）
导线	672.81	33.9	2078.4
地线	148.07	15.75	773.2

表 2　导线应力表（代表档距=400m）

工况	气温（℃）	风速（m/s）	冰厚（mm）	应力（N/mm²）
最低气温	−20	0	0	62.01
设计风速	−5	27	0	74.37
年平均气温	15	0	0	53.02
设计覆冰	−5	10	10	84.07
最高气温	40	0	0	48.31

▶▶第 50 题［线间距离］22. 已知相邻两悬垂直线塔之间档距为 800m，求相导线水平线间间距 D 至少为下列哪项数值？　　　　　　　　　　　　　　（　　）

（A）10.0m　　　　　　　　　　　（B）9.1m

（C）11.4m　　　　　　　　　　　（D）14.8m

【答案及解答】C

由老版线路手册第 179 页表 3-2-3，得

导线自重比载 $\gamma_1 = 9.8 \times 2.0784 / 672.81 = 0.0303[\text{N}/(\text{m}\cdot\text{mm}^2)]$

导线冰重比载 $\gamma_2 = 9.8 \times 0.9 \times 3.14 \times 5 \times (5+33.9) \times 10^{-3} / 672.81 = 0.0080[\text{N}/(\text{m}\cdot\text{mm}^2)]$

导线自重加冰重比载 $\gamma_3 = \gamma_1 + \gamma_2 = 0.0303 + 0.0080 = 0.0383[\text{N}/(\text{m}\cdot\text{mm}^2)]$

导线覆冰时风比载

$\gamma_5 = 0.625 \times 10^2 \times (33.9 + 2\times 5) \times 1 \times 1.2 \times 10^{-3} / 672.81 = 0.0050[\text{N}/(\text{m}\cdot\text{mm}^2)]$

导线覆冰时综合比载 $\gamma_7 = \sqrt{\gamma_3^2 + \gamma_5^2} = \sqrt{0.0383^2 + 0.0050^2} = 0.0386[\text{N}/(\text{m}\cdot\text{mm}^2)]$

又由该手册第 188 页，最大弧垂判别法可得

$\dfrac{\gamma_1}{\sigma_1} = \dfrac{0.0303}{48.31} = 6.27 \times 10^{-4}, \dfrac{\gamma_7}{\sigma_7} = \dfrac{0.0386}{84.07} = 4.59 \times 10^{-4}, \dfrac{\gamma_1}{\sigma_1} > \dfrac{\gamma_7}{\sigma_7}$

最大弧垂发生于最高温时。

再由该手册第 179 页表 3-3-1，此时弧垂为 $f_m = \dfrac{0.0303 \times 800^2}{8 \times 48.31} = 50.12(\text{m})$

由 DL/T 5582—2020 式（9.1.1-1），导线线间距离 $D = 0.4 \times 5.7 + \dfrac{500}{110} + 0.65 \times \sqrt{50.12}$
=11.43（m），选 C。

【2008 年下午题 28~32】 某交流 220kV 架空送电线路架设双地线，铁塔采用酒杯塔，导线为 LGJ—400/65（直径 d=28mm），线间 $d_{12}=d_{23}$=7.0m。

▶▶**第 51 题 [导-地线间距离]** 28. 若挡距按 600m 考虑，请计算在气温为 15℃、无风情况下挡距中央导、地线间的最小安全距离为下列哪项值（按经验公式计算）？（　　）

（A）7.2m　　　　　　　　　　　（B）8.7m
（C）8.2 m　　　　　　　　　　　（D）7.0m

【答案及解答】C

由 DL/T 5582—2020 中式（7.2.6）可知气温 15℃、无风情况下挡距中央导、地线间的最小安全距离经验公式为 $S \geqslant 0.012l + 1 = 0.012 \times 600 + 1 = 8.2$ (m)。

【考点说明】

（1）查找相应条款解答，较简单。

（2）该公式在 GB/T 50064—2014 第 24 页第 8 款进行了修改。

【注释】

（1）挡距中央导、地线间距 $S \geqslant 0.012l+1$，是考虑雷击挡距中央地线时，导、地线不产生空气击穿的需要，故应考核导、地线间的净距离（水平距离和垂直距离的矢量和）。线路设计的计算分析中，常常简而化之，取垂直距离来与 $S \geqslant 0.012l+1$ 比较。一般情况下，挡距中央导、地线间垂直距离很大、水平距离较小，这样的简化，误差不是很大，而且偏向安全。

（2）GB/T 50064—2014 把范围Ⅱ线路的导地线间距提高到 $0.015L+1$。其实，在使用 750kV 线路的西北地区，雷电活动较弱，其年雷电日大多低于 20，没有必要按俄罗斯 2008 年规范提高此项要求，我国 750kV 线路运行多年也无此要求。（参见 GB/T 50064—2014 第 110 页第 4 行的说明）。线路设计，主要还是依据 DL/T 5582—2020 第 7 章的规定进行。

第 11 章　高压输电线路

▶▶**第 52 题**［导-地线间距离］29．若该线路耐雷水平要求为 80kA，当仅按线路耐雷水平要求考虑时，请计算在气温为 15℃、无风情况下挡距中央导、地线间的最小安全距离为何值？
（　　）

（A）6m　　　　　　　　　　　　（B）8m
（C）7m　　　　　　　　　　　　（D）9m

【答案及解答】 B

由老版线路手册第 119 页式（2-6-63）可得

$$S = \frac{90I(1-0.2)}{700} = 0.1I = 0.1 \times 80 = 8 \text{ (m)}$$

【考点说明】

（1）注意大跨越时的公式（因用原公式计算要求太高不经济），若不经济还可以采用地线中间连接办法，则 $S=0.06I$（不适用于发电厂变电站近端，以避免引雷入站，详见老版线路手册第 119 页）。

（2）DL/T 620—1997 和 GB/T 50064—2014，两次提高对线路耐雷水平的要求，其实都不是基于线路工程的运行经验，并不被线路设计界认同，因此 DL/T 5582—2020 第 7.1.1 条并未提出通过耐雷水平计算来选择适当的防雷措施。

（3）新版线路手册第 722 页公式已修改。

【2012 年上午题 21～25】 某单回路 500kV 架空送电线路，设计覆冰厚度 10mm，某直线塔的最大设计挡距为 800m，使用的悬垂绝缘子串（Ⅰ串）长度为 5m，地线串长度为 0.5m（假定直线塔有相同的导、地线布置）（提示：$K=P/8T$）。

▶▶**第 53 题**［导-地线间距离］25．若导线为水平排列，并应用于无冰区时，从张力曲线知道气温 15℃、无风、无冰时挡距中央导、地线的弧垂差为 2m，计算地线串挂点应比导线串挂点至少高多少（不考虑水平位移）？
（　　）

（A）3.60m　　　　　　　　　　　（B）4.10m
（C）6.10m　　　　　　　　　　　（D）2.10m

【答案及解答】 B

由 DL/T 5582—2020 第 7.2.6 条式（7.2.6）可知：$S \geqslant 0.012L+1 = 0.012 \times 800 + 1 = 10.6$ (m)

则地线挂点应比导线挂点高为 10.6–2–5+0.5=4.1 (m)，所以选 B。

【考点说明】

解答此类涉及空间几何类的题目，要根据题目要求迅速绘制二维图（见下图），以便进行计算确定答案。

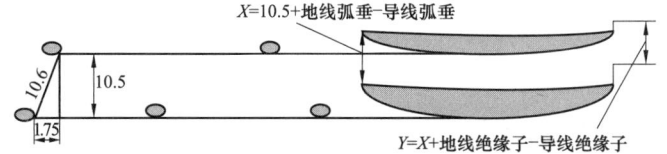

【注释】

（1）线路设计中，通常将导、地线绝缘子金具串挂点高差称作铁塔的顶架高度。

（2）此题最好先列出公式 $S = 0.012l + 1 = \Delta h + \Delta \lambda + \Delta f$ 再变换形式为 $\Delta h = S - \Delta \lambda - \Delta f$，最后代入数据进行计算。这样做简单、明确、不易出错。

【2022年补考上午题21～25】 某500kV单回架空输电线路位于我国的一般雷电地区，采用常规酒杯型直线杆塔。设杆塔呼高为36m，地线挂点高为43m，三相导线采用IVI型绝缘子串，已知用污耐压法需选用28片160kN盘式绝缘子（结构高度155mm、有效爬距450mm），串长为5.5m，地线绝缘子金具串长为0.5m；两边相导线间的水平距离为23m，中相导线较边相导线高约为2m；相导线采用4分裂、直径为30mm的钢芯铝绞线，分裂间距为500mm，正方形布置。双地线采用直径为12mm的镀锌钢绞线，边相导线的平均高度为20m，地线的平均高度为30m。请分析计算并解答下列问题。

▶▶第54题 [导-地线间距离] 24. 该工程某段线路由于地形因素，使得档距很大，基本在1000m左右，该段线路的耐雷水平为125kA，请计算该段线路分别按900m、1100m档距考虑时，在15℃、无风条件下，档距中央导、地线间的最小距离应分别取下列哪项数值？
(　　)

(A) 11.8m，12.5m　　　　　　　(B) 18m，14.2m
(C) 12.5m，12.5m　　　　　　　(D) 12.5m，14.2m

【答案及解答】A

（1）按900m考虑：依题意，本线路属于500kV线路，依据DL/T 5582—2020 式（7.2.6）可得，900m档导地线间距离

$$S_{900} \geq 0.012 \times 900 + 1 = 11.8(\text{m})$$

（2）按1100m考虑：又由该规范第2.1.5条条文说明可知，1000m以上档距属于大跨越档。由该规范第7.2.8条可知，应取式（7.2.6）和式（7.2.8）两者计算结果中较小值，即式（7.2.6）1100m档导地线间距离

$$S_{900} \geq 0.012 \times 1100 + 1 = 14.2(\text{m})$$

式（7.2.8）避免反击要求的距离

$$S_I \geq 0.1 \times 125 = 12.5(\text{m})$$

两者取小，取12.5m，所以选A。

【2022年补考上午题21～25】 某500kV单回架空输电线路位于我国的一般雷电地区，采用常规酒杯型直线杆塔。设杆塔呼高为36m，地线挂点高为43m，三相导线采用IVI型绝缘子串，已知用污耐压法需选用28片160kN盘式绝缘子（结构高度155mm、有效爬距450mm），串长为5.5m，地线绝缘子金具串长为0.5m；两边相导线间的水平距离为23m，中相导线较边相导线高约为2m；相导线采用4分裂、直径为30mm的钢芯铝绞线，分裂间距为500mm，正方形布置。双地线采用直径为12mm的镀锌钢绞线，边相导线的平均高度为20m，地线的平均高度为30m。请分析计算并解答下列问题。

▶▶第55题 [地线支架高度] 23. 若求得某悬垂直线塔的控制档距（不考虑导地线水平偏移）为1300m，并按此确定了地线应力，在满足档距中央导、地线之间距离的条件下，请问该塔的地线支架高度为下列哪项数值？
(　　)

（A）4.3m （B）3.8m
（C）3.3m （D）3.0m

【答案及解答】 B

依据老版线路手册第 186 页式（3-3-18），$l_c = \dfrac{h-1}{0.006}$，则 $h = 0.006 \times 1300 + 1 = 8.8(\text{m})$，则地线支架高度为 $8.8 - 5.5 + 0.5 = 3.8(\text{m})$，选 B。

【2019 年上午题 21～25】 某 220kV 架空输电线路工程导线采用 2× JLIGIA-630/45，子导线直径为 33.8mm，自重荷载为 20.39N/m，安全系数 2.5 时最大设计张力为 57kN，基本风速 33m/s，设计覆冰 10mm（同时温度–5℃，风速 10m/s）。10mm 覆冰时，子导线冰荷载为 12.14N/m；风荷载为 4.04N/m，子导线最大风时风荷载为 22.11N/m。请分析计算并解答下列各小题。

▶▶**第 56 题**［导-地线间距离地线弧垂计算］25．假设某挡的挡距为 700m（一般挡距），两端直线塔的悬垂绝缘子串（Ⅰ串）长度均为 2.5m，地线串长度为 0.5m，地线串挂点比导线串挂点高 2.5m，地线与边导线间的水平偏移为 1.0m。若导线为水平排列，在 15℃无风时挡距中央导线的弧垂为 35m，请计算该挡距满足挡距中央导地线距离要求时的地线弧垂不应大于下列哪项值？ （ ）

（A）28.15m （B）30.15m
（C）30.65m （D）32.65m

【答案及解答】 B

依题意，一般挡距，由 DL/T 5582—2020 第 7.2.6 条可得导地线线间距离（斜线距离）$S \geq 0.012L + 1 = 0.012 \times 700 + 1 = 9.4(\text{m})$。

依题意，地线与边导线间的水平偏移为 1.0m，根据勾股定理可得，导地线垂直距离 $H \leq \sqrt{9.4^2 - 1^2} = 9.35(\text{m})$，由导地线几何关系可得

悬挂点高差−地线绝缘子串长−地线弧垂+导线绝缘子串长+导线弧垂=H=9.35。

地线弧垂=2.5−0.5+2.5+35−9.35=30.15(m)，所以选 B。

【考点说明】

本题各参数空间几何关系如下图所示。

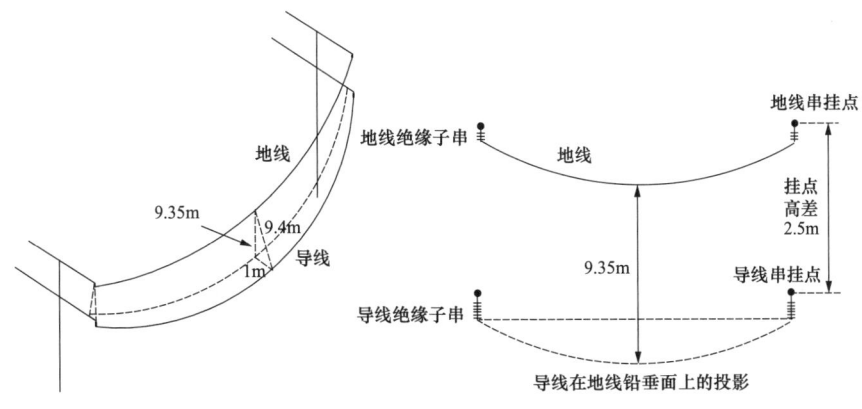

【2008年下午题28~32】 某交流220kV架空送电线路架设双地线，铁塔采用酒杯塔，导线为LGJ—400/65（直径d=28mm），线间$d_{12}=d_{23}$=7.0m。

▶▶第57题[地-地线间距离] 31．若杆塔上地线距导线的垂直距离为4m，则两地线间的距离不应超过多少？　　　　　　　　　　　　　　　　　　　　　　　　　　　　　　（　　）

（A）10m　　　　　　　　　　　　　　　　（B）15m

（C）20m　　　　　　　　　　　　　　　　（D）25m

【答案及解答】C

由 DL/T 5582—2020 第 7.2.6 条可知：杆塔上两根地线之间的距离，不应超过地线与导线间垂直距离的 5 倍，可得：$S \leqslant 5 \times 4 = 20$ (m)，所以选 C。

【注释】

双地线线路两地线间的最小距离，与降低线路遭受雷电绕击的概率密切相关。对于单回线路，两地线间最小距离一般取决于保护中相导线免遭雷电绕击的要求；对于双回或多回线路，一般取决于将雷电绕击边相导线的概率降低到可以接受的程度。

【2022年上午题21-25】 某500kV交流单回输电线路悬垂直线杆塔（如图1所示），导线采用4分裂钢芯铝绞线，地线采用铝包钢绞线，导地线参数如表1所示，各工况导线应力如表2所示。该杆塔规划设计条件为：代表档距400m，水平档距400m。导线悬垂绝缘子串采用双联I型210kN复合绝缘子，导线悬垂绝缘子串长为5.7m，绝缘子串总重量为200kg，绝缘子串风压为2kN，地线悬垂串长为0.7m，地线支架高度M=5.5m，最大弧垂工况为最高气温条件。请分析计算并解答以下各题。（本题导地线参数表略）

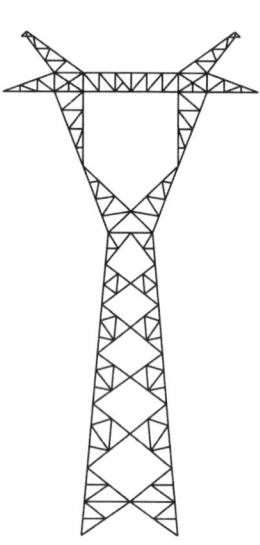

▶▶第58题[地-地线间距离] 23．已知相导线间水平距离D=11m，若要满足防雷要求，两根地线之间的水平距离N应至少为下列哪项数值？（不考虑导线分裂间距）　　　　　　　　　（　　）

（A）22.0m　　　　　　　　　　　　　　　（B）20.1m

（C）18.3m　　　　　　　　　　　　　　　（D）16.4m

【答案及解答】C

由 DL/T 5582—2020 表 7.2.3，500kV 单回路线路地线保护角不宜大于 10°。地线挂点高度较导线挂点高度高 5.5－0.7+5.7=10.5（m）。则地线间距 $N = 11 \times 2 - 10.5 \times 2 \times \tan 10°$ =18.30(m)，选 C。

【2009年下午题36~40】 单回500kV架空线，水平排列，4分裂LGJ-300/40导线，截面积338.99mm²，外径23.94mm，单位质量1.133kg/m，最大弧垂计算为最高气温，绝缘子串质量为200kg（提示：均用平抛物线公式）。主要气象条件如下：

气象	垂直比载 (×10⁻³) [N/(m·mm²)]	水平比载 (×10⁻³) [N/(m·mm²)]	综合比载 (×10⁻³) [N/(m·mm²)]	水平应力 (N/mm²)
最高气温	32.78	0	32.78	53
最低气温	32.78	0	32.78	65

续表

气象	垂直比载（×10⁻³）[N/（m·mm²）]	水平比载（×10⁻³）[N/（m·mm²）]	综合比载（×10⁻³）[N/（m·mm²）]	水平应力（N/mm²）
年平均气温	32.78	0	32.78	58
最大覆冰	60.54	9.53	61.28	103
最大风（杆塔荷载）	32.78	32.14	45.91	82
最大风（塔头风偏）	32.78	26.14	41.93	75

▶▶第59题［对地距离］40．假如该架空线某挡距为400m，悬垂绝缘子串长为2.7m，跨越高速公路时，该导线悬挂点与地面的最小垂直距离为何值？　　　　　　　（　　）

（A）14.0m　　　　　　　　　　（B）16.7m

（C）26.37m　　　　　　　　　　（D）29.07m

【答案及解答】C

依题意，最大弧垂为最高气温工况，由新版线路手册第304页表5-14可知最大弧垂为：

$$f_m = \frac{32.78 \times 10^{-3} \times 400^2}{8 \times 53} = 12.37 \text{ (m)}$$

根据DL/T 5582—2020第48页表10.2.5-1，500kV线路导线与高速公路的最小垂直距离为14m，则导线悬挂点至地面的最小垂直距离为：H_{min}=最大弧垂+安全净距=12.37+14=26.37（m）。

【考点说明】

（1）考查给定条件下导线悬挂点与地面的最小距离；关键点在于是导线悬挂点，不是绝缘子串悬挂点，若为绝缘子串悬挂点则答案为D。

（2）实际工程中，塔位高程绝大多数明显低于高速公路路面高程，所以H_{min}理应高于26.37m。本题忽略了塔位和路面之间的高差，属于特例。正常情况，应该考虑到这个高差。

（3）老版线路手册第179页表3-3-1。

【2022年上午题21-25】某500kV交流单回输电线路悬垂直线杆塔（如图1所示），导线采用4分裂钢芯铝绞线，地线采用铝包钢绞线，导地线参数如表1所示，各工况导线应力如表2所示。该杆塔规划设计条件为：代表档距400m，水平档距400m。导线悬垂绝缘子串采用双联 I 型 210kN 复合绝缘子，导线悬垂绝缘子串长为5.7m，绝缘子串总重量为200kg，绝缘子串风压为2kN，地线悬垂串长为0.7m，地线支架高度M=5.5m，最大弧垂工况为最高气温条件。请分析计算并解答以下各题。

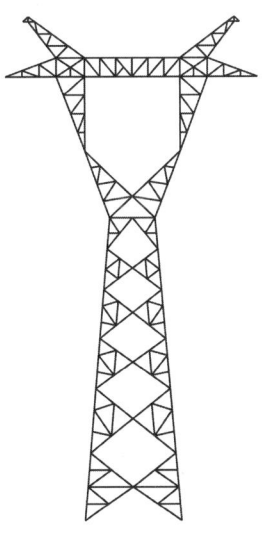

表1　导地线参数

类别	截面积（mm²）	外径（mm）	重量（kg/km）
导线	672.81	33.9	2078.4
地线	148.07	15.75	773.2

表 2 导线应力表（代表档距=400m）

工况	气温（℃）	风速（m/s）	冰厚（mm）	应力（N/mm²）
最低气温	-20	0	0	62.01
设计风速	-5	27	0	74.37
年平均气温	15	0	0	53.02
设计覆冰	-5	10	10	84.07
最高气温	40	0	0	48.31

▶▶第60题[跨越距离] 35. 500kV 线路在距离 5#塔右侧方向 120m 处跨越一条 220kV 线路，跨越点处 220kV 线路地线高程为 290m。计算跨越点 500kV 线路导线距 220kV 线路地线的最小垂直距离应为下列哪项数值？ （   ）

（A）6.5m 　　　　　　　　　　　（B）8.5m
（C）11.3m 　　　　　　　　　　　（D）13.8m

【答案及解答】C

由新版线路手册第 304 页表 5-14 可得

5#塔导线挂点与 220kV 地线的高差为 30−5=25(m)

因 $\dfrac{\gamma_7}{\sigma_7}=\dfrac{0.05648}{103.8468}<\dfrac{0.03282}{58.9459}=\dfrac{\gamma_1}{\sigma_1} \Rightarrow f_m=\dfrac{0.03282\times 800^2}{(8\times 58.9459)}=44.5(m)$

跨越点处的弧垂 $f_{60}=\dfrac{4\times 120}{800}\times\left(1-\dfrac{120}{800}\right)\times 44.5=22.7(m)$

跨越点处 500kV 线路导线距 220kV 线路地线的最小垂直距离为：25−(22.7−60×120/800)= 11.3(m)，所以选 C。

【考点说明】

（1）本题图示如下：

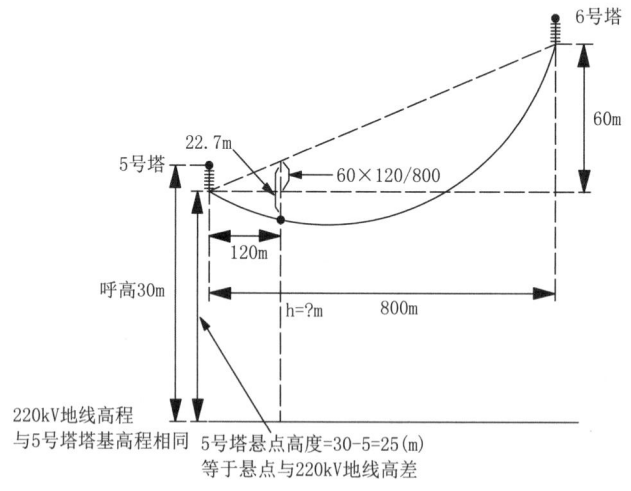

（2）老版线路手册第 180 页表 3-3-1。

【2023 年下午题 36～40】某 500kV 架空输电线路，设计基本风速 27m/s、覆冰厚度

10mm,采用 4×JL/G1A-630/45 导线,导线参数见表1,地形为山地,重力加速度 $g = 9.80665\text{m/s}^2$(注:要求按斜抛物线方式进行电线力学特性计算),请分析计算并解答下列各小题。

表1 导 线 参 数

导线型号	JL/G1A-630/45	
计算截面	666.55	mm^2
外　径	33.6	mm
单位长度重量	2.06	kg/m

已知某代表档距下的比载和水平应力如下表。

设计工况	最低气温	平均气温	最大风速	覆冰工况	最高气温
综合 [N/(m·mm^2)]	0.03031	0.03031	0.03957	0.04870	0.03031
应力(N/mm^2)	74.14	62.59	80.62	95.14	56.24

注　要求按斜抛线公式进行电线力学特性计算。

请分析计算并解答下列各小题。

▶▶第61题[跨越距离] 40. 已知 A、B 两个悬垂直线塔之间定位后的档距为350m、A 塔导线悬挂点比 B 塔导线悬挂点低50m。在距离 A 塔200m 处跨越一条单地线 35kV 线路,跨越点处 35kV 线路地线最高气温工况的高程比 A 塔导线悬挂点高10m,跨越交叉角为90°。请计算跨越点处 500kV 线路导线距 35kV 线路地线的最小垂直距离为下列哪项数值?(计算中不考虑相间距和分裂间距的影响) 　　　　　　　　　　　　(　　)

(A)6.0m　　　　　　　　(B)8.5m

(C)9.6m　　　　　　　　(D)10.4m

【答案及解答】D

如下图所示:

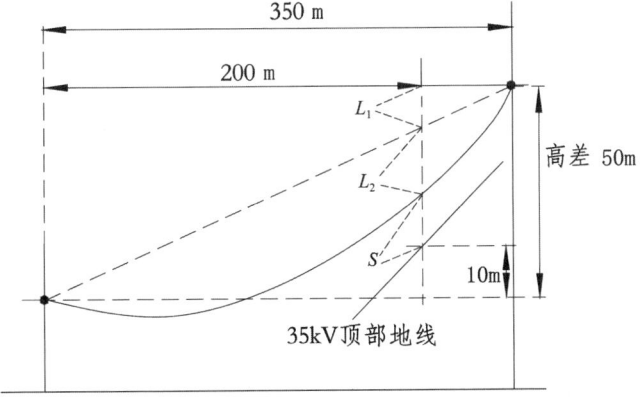

相似三角形高度 L_1: $\dfrac{L_1}{50} = \dfrac{350-200}{350} \Rightarrow L_1 = \dfrac{(350-200)\times 50}{350} = 21.43(\text{m})$

由老版线路手册第180页表3-3-1可得

跨越点弧垂 L_2：$f'_{200} = \dfrac{\gamma x'(l-x')}{2\sigma_0 \cos\beta} = \dfrac{0.03031 \times 200 \times (350-200)}{2 \times 56.24 \times \cos\left[\arctan^{-1}\left(\dfrac{50}{350}\right)\right]} = 8.166 \text{(m)}$

待求净空高度：$S = 50 - L_1 - L_2 - 10 = 50 - 21.43 - 8.166 - 10 = 10.404 \text{(m)}$

【2018年上午题 21~25】 某单回路 220kV 架空送电线路，采用 2 分裂 LGJ-400/35 导线，导线的基本参数如下表所示。

导线型号	拉断力 （N）	外径 （mm）	截面积 （mm²）	单重 （kg/m）	弹性系数 （N/mm²）	线膨胀系数 （1/℃）
LGJ-400/35	98707.5	26.82	425.24	1.349	65000	20.5×10^{-4}

注　拉断力为试验保证拉断力。

该线路的主要气象条件为：最高温度 40℃，最低温度–20℃，年平均气温 15℃，基本风速 27m/s（同时气温–5℃），最大覆冰厚度 10mm（同时气温–5℃，同时风速 10m/s）。（重力加速度取 10m/s²）

▶▶ 第 62 题 [风偏距离] 25. 某线路两耐张转角塔 Ga、Gb 挡距为 300m，处于平地，Ga 呼称高度为 24m，Gb 呼称高度为 24m，计算风偏时导线最大风荷载 11.25m/s，此时导线张力为 31000N，距 Ga 塔 70m 处有一建筑物（见下图），请计算导线在最大风偏情况下距建筑物的净空距离为下列哪项数值？（采用平抛物线公式） （　　）

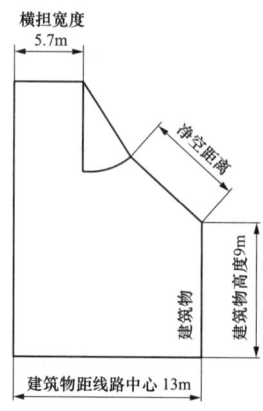

(A) 8.76m　　　　　　　　　　(B) 10.56m
(C) 12.31m　　　　　　　　　　(D) 14.89m

【答案及解答】C

由新版线路手册第 304 页表 5-14 可得挡距中离一端 70m 处风偏面上的斜弧垂为

$$f_{70} = \dfrac{\sqrt{(1.349 \times 10)^2 + 11.25^2} \times 70 \times (300-70)}{425.24 \times 2 \times 31000 / 425.24} = 4.56 \text{(m)}$$

又由该手册第 156 页左上侧公式可得风偏面的风偏角为

$$\varphi = \arctan\left(\dfrac{\gamma_4}{\gamma_1}\right) = \arctan\left(\dfrac{11.25/A}{13.49/A}\right) = 39.83°$$

挡内 70m 处，导线风偏后的位置 A 点的水平、垂直坐标为

$y = 24 - 4.56\cos39.83° - 9 = 11.5(m)$

$x = (13 - 5.7) - 4.56\sin39.83° = 4.38(m)$

A 点与建筑物顶点之间的距离 $S = \sqrt{11.5^2 + 4.38^2} = 12.31(m)$

所以选 C。

【考点说明】

老版线路手册第 179 页表 3-3-1、第 106 页倒数第四行公式。

【2022 年下午题 36~40】 某 500kV 架空输电线路工程，位于山地，导线采用 4 分裂钢芯铝绞线，直径为 33.8mm、截面为 674mm²，单重为 2.0792kg/m，设计安全系数 2.5。直线塔悬垂串采用单联 I 串，串长 6.0m，不同工况下弧垂最低点的导线应力见下表。（重力加速度取 9.80665m/s²）请分析计算并解答下列各题。

气象条件	平均气温	最高气温	覆冰	基本风速
温度（℃）	10	40	-5	-5
风速（m/s）	0	0	10	30
覆冰（mm）	0	0	10	0
应力（N/mm²）	53.01	47.45	82.37	68.37

注 代表档距为 400m。

▶▶第 63 题［风偏间距］40. 假定单回路段采用酒杯塔，边相导线与中相导线水平距离为 13m，两基直线塔之间的档距为 550m，呼称高度均为 45m，该档内有一独立电线杆，高度为 20m，偏离 500kV 线路中心线 30m。若大风工况下，电线杆处的 500kV 线路导线弧垂为 16m，导线及悬垂串的风偏角均为 38°，求大风工况下边相导线对电线杆顶的净空距离为下列哪项数值？（忽略导线分裂间距） （　　）

（A）7.66m （B）8.41m
（C）9.59m （D）14.31m

【答案及解答】B

图解如下，单位为 m，所以选 B。

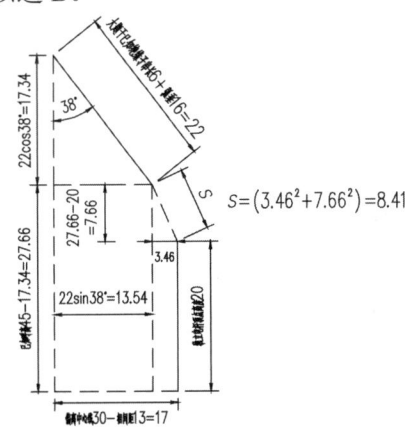

【2012年上午题 21～25】 某单回路500kV架空送电线路，设计覆冰厚度10mm，某直线塔的最大设计挡距为800m，使用的悬垂绝缘子串（Ⅰ串）长度为5m，地线串长度为0.5m（假定直线塔有相同的导、地线布置）[提示：$K=P/(8T)$]。

▶▶第64题[水平偏移] 21. 地线与相邻导线间的最小水平偏移应为下列哪项值？
( )

（A）0.5m   （B）1.75m
（C）1.0m   （D）1.5m

【答案及解答】B

由 DL/T 5582—2020 表 9.2.1-1 可知：500kV 线路在设计覆冰厚度 10mm 时，地线与相邻导线间的最小水平偏移为 1.75m，所以选 B。

【2017年下午题 36～40】 某500kV同塔双回架空输电线路工程，位于海拔500～1000m地区，基本风速为27m/s，覆冰厚度为10mm，杆塔拟采用塔身为方形截面的自立式鼓型塔（如图1所示）。相导线均采用4×LGJ-400/50，自重荷载为59.2N/m，直线塔上两回线路用悬垂绝缘子串分别悬挂于杆塔两侧，已知某悬垂直线塔（SZ2塔）规划的水平挡距为600m，垂直挡距为900m，且要求根据使用条件采用单联160kN或双联160kN单线夹绝缘子串（参数如表1所示），地线绝缘子串长度为500mm。（计算时不考虑导线的分裂间距，不计绝缘子串风压）

▶▶第65题[导-地线绝缘子串挂点水平距离] 40. 该工程某耐张转角塔SJ4的允许转角为40°～60°，建设时按角分线放置，且已知：在不计导地线水平偏移情况下，地线支架高度满足挡距中央导地线间距离的要求，该塔导、地线绝缘子串挂点间的水平距离 S 应取下列哪项数值？（计算时不计横担宽度）
( )

（A）1.50m   （B）1.86m
（C）2.02m   （D）3.50m

【答案及解答】C

依据 DL/T 5582—2020 表 9.2.1-1。

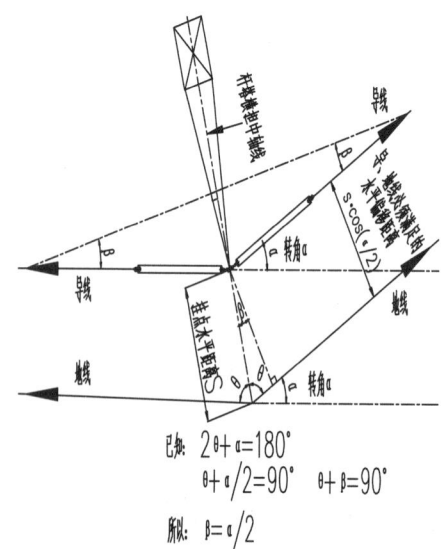

10mm 冰区，500kV 线路水平偏移为 1.75m，则

转角 40°时
$$S = \frac{1.75}{\cos\frac{40°}{2}} = 1.86 \text{ (m)}$$

转角 60°时
$$S = \frac{1.75}{\cos\frac{60°}{2}} = 2.02 \text{ (m)}$$

安全起见，以上两者取大，所以选 C。

【2009 年上午题 21~25】 依据 DL/T 5092—1999《110kV～500kV 架空送电线路设计技术规程》，设计一条交流 500kV 单回架空送电线路，海拔 2000m，最大风速 32m/s。请回答下列问题：

▶▶**第 66 题 [塔头间隙] 21.** 请计算线路运行电压下应满足的空气间隙为多少？
( )

（A）1.300m （B）1.380m
（C）1.495m （D）1.625m

【答案及解答】 C

由 GB 50545—2010 表 7.0.9-1 可知 500kV 工频电压最小间隙为 1.3m；再根据第 7.0.12 条文说明，有：$K_a=1+(2000-1000)/100×1\%=1.1$；空气间隙$=1.1×1.3=1.43$(m)，所以选 C。

【考点说明】

新规 DL/T 5582—2020 第 6.1.6 条已经更改了海拔修正计算方法，间隙查 DL/T 5582—2020 表 6.2.5 右上。

【注释】

（1）DL/T 5582—2020 和 GB 50064—2014 规定的空气间隙放电电压 $U_{50\%}$ 和海拔的关系都用指数公式修正，比如 DL/T 5582—2020 式（6.1.6）$K_a = e^{m\times\frac{H}{8150}} = e^{1\times\frac{2000-1000}{8150}} = 1.13$。但需要注意的是此 $K_a=1.13$ 是用来修正海拔 2000m 处的空气间隙放电电压 $U_{50\%}$ 的，并不直接修正间隙 d。而放电电压和空气间隙之间的换算关系一般都是加法运算，比如 $U_{50\%} = 443d + 80 \Rightarrow d = \frac{U_{50\%} - 80}{443}$，显然 $U_{50\%}$ 放大 1.13 倍时，间隙 d 并不是放大 1.13 倍。所以直接用公式 $d' = K_a \times 1.3 = e^{1\times\frac{2000-1000}{8150}} \times 1.3 = 1.13 \times 1.3 = 1.469 \text{ (m)}$ 计算也有瑕疵。

（2）本题使用的是 GB 50545—2010 第 7.0.12 条条文说明给出的增大 1%的近似计算方法。新规 DL/T 5582—2020 第 6.1.6 条已经更改了海拔修正计算方法。

▶▶**第 67 题 [塔头间隙] 25.** 若采用 31 片 155mm 盘式绝缘子（防雷电压 50%与放电间隙按线性考虑），雷电过电压间隙为多少？
( )

（A）3.3m （B）4.1m
（C）3.8m （D）3.7m

【答案及解答】 B

由 DL/T 5582—2020 第 6.2.2 条可知,海拔 1000m 处雷电过电压要求的高度 155 绝缘子片数为 25 片。

依题意按线性考虑，由该规范表 7.0.9-1 条及注 3，可得雷电过电压间隙为 $3.3 \times \dfrac{31}{25} = 4.09$ (m)，所以选 B。

【考点说明】

(1) 题目提示按线性考虑，可直接按线性折算作答。

(2) 本题题设不够严谨，应说明是"清洁区采用 31 片……"，才更能符合规范精神。

【2018 年下午题 31~35】 某 500kV 架空输电线路工程，最高运行电压 550kV，导线采用 4×JL/GIA-500/45，子导线直径 30.0mm，导线自重荷载为 16.529N/m，基本风速 27m/s，设计覆冰 10mm。请回答下列问题。

▶▶**第 68 题[塔头间隙]** 35. 位于 3000m 海拔时输电线路带电部分与杆塔构件工频电压最小空气间隙应为下列哪项数值？（提示：工频间隙放电电压 $U_{50\%}=kd$，d 为间隙）（   ）

(A) 1.30m (B) 1.66m

(C) 1.78m (D) 1.90m

【答案及解答】 B

由 DL/T 5582—2020 表 6.2.5 可得 500kV 海拔 1000m 工频电压间隙为 1.3m。

又由 GB 311.1 式（B3）可得：$U'_{50\%} = U_{50\%} \times e^{1 \times \frac{3000-1000}{8150}} = 1.278 U_{50\%}$。

依题意可得 $d' = 1.278d = 1.278 \times 1.3 = 1.66$(m)，所以选 B。

【2013 年下午题 31~35】 某 500kV 架空输电线路工程，导线采用 4×JL/GLA-630/45，子导线直径 33.8mm，导线自重荷载为 20.39N/m，基本风速 33m/s，设计覆冰 10mm（提示：最高运行电压是额定电压的 1.1 倍）。

▶▶**第 69 题[塔头间隙]** 35. 计算确定位于海拔 2000m、全高为 90m 的铁塔雷过电压最小空气间隙为下列哪项数值？（   ）

提示：绝缘子串雷电冲击放电电压 $U_{50\%}=530L+35$；空气间隙雷电冲击放电电压 $U_{50\%}=552V$。

(A) 3.3m (B) 3.63m

(C) 3.85m (D) 4.35m

【答案及解答】 D

(1) 计算绝缘子串长。依题意，由 DL/T 5582—2020 第 6.2.2 条，所选绝缘子串长度为 25×155mm。

海拔 1000m 及以下，全高为 90m 铁塔，由该规范第 6.2.3 条可得，塔高修正为 5×146/155=4.71（片），取 5 片 155mm 绝缘子，最终所选绝缘子串长度为（25+5）×155=4650(mm)。

(2) 计算绝缘子雷电放电电压。绝缘子串雷电冲击放电电压为
$$U'_{50\%} = 530 \times 4.65 + 35 = 2499.5 \text{ (kV)}$$

(3) 计算空气间隙雷电放电电压。根据 GB/T 50064—2014 第 6.2.2-4 条，杆塔空气间隙雷电 50% 放电电压为相应绝缘子串的 0.85 倍，可得空气间隙雷电冲击放电电压为

$U_{50\%}=2499.5×0.85=2124.575$ (kV)

（4）海拔修正空气间隙雷电放电电压。依据 GB 311.1—1997 附录 B.1 及附录 B.3，海拔 2000m 时修正电压为

$$U_{50\%}=2124.575×e^{(2000-1000)/8150}=2401.93 \text{ (V)}$$

（5）计算最小空气间隙=2401.93/552=4.35 (m)，所以选 D。

【考点说明】

（1）本题涉及塔高，同时要求雷电过电压间隙。而雷电过电压要求的间隙恰恰和塔高相关，因为杆塔越高越容易受到雷击。但大家比较熟悉的是空气放电电压海拔修正指数公式，一时间还不容易想到怎么进行空气间隙的塔高修正。此时对绝缘子选择比较熟悉的考生很快会想到 DL/T 5582—2020 第 6.2.3 条，该条正是对塔高绝缘子片数进行的修正。为此奠定了先算绝缘子串串长 L，再根据题设公式进行下一步作答的策略。

（2）本题的坑点在第三步，空气间隙放电电压与相应绝缘子串放电电压相差 0.85 倍（参见 GB/T 50064—2014 第 6.6.2-4 条：750kV 以下 0.85 倍，750kV 0.8 倍）。

（3）本题综合性较强；包含塔高修正。电压修正系数的计算，在进行电压系数计算时，此处应该为相对修正计算，即 $H=(2000-1000)$。

【注释】

（1）本题可不可以查 DL/T 5582—2020 表 6.2.5 取出 500kV 雷电过电压要求的空气间隙 3.30m 来解答呢？现分析如下：

海拔 1000m 雷电过电压要求的最小空气间隙为 3.30m。

海拔 1000m 塔高 90m 雷电修正需要增加的间隙 5×146÷1000=0.73 (m)，对应绝缘子串闪络电压 $U'_{塔高修正绝缘子串50\%}$ =530×0.73+35=421.9 (kV)，对应空气间隙放电电压为 421.9×0.85=358.615 (kV)，对应增加间隙 358.615/552=0.65 (m)。

海拔 1000m、塔高 90m 雷电过电压需要的最小空气间隙=3.3+0.65=3.95 (m)。

由海拔修正公式2000m：$U'_{50\%}=e^{(2000-1000)/8150}×$海拔1000m$U_{50\%}$，及题设已知$U_{50\%}=552S$

$\Rightarrow$ 海拔$2000m S'=$海拔$1000m S×e^{(2000-1000)/8150}$

$S'=3.95×e^{(2000-1000)/8150}=4.47m$

从结果来看，用绝缘子串串长进行计算更符合出题者意图。

（2）解答过程和注释（1）两种方法，都有不足，都没有立足于同一海拔上，间隙 $U_{50\%}$ 与绝缘子串 $U_{50\%}$ 之间的配合，最好按以下步骤求解。

1）按 1000m 海拔 90m 塔高，配置绝缘子串片数，得 25+5=30（片）。

2）将 30 片绝缘子串 $U_{50\%}$，海拔修正到 2000m。

3）0.85×（修正到 2000m 海拔的 30 片绝缘子串 $U_{50\%}$），得 2000m 海拔的间隙 $U_{50\%}$。

4）将本小题给出的间隙公式"$U_{50\%}=552D$"，修正到海拔 2000m。

5）将 3）所得的 2000m 海拔的间隙 $U_{50\%}$，代入由 4）修正到海拔 2000m 的间隙公式，得到海拔 2000m 要求的间隙长度。

【2021 年下午题 31～35】 某 500kV 架空输电线路，最高运行电压 550kV，线路所经地区最高海拔高度小于 1000m。基本风速 30m/s，设计覆冰 10mm，年平均气温为 15℃，年平

均雷暴日为40d。相导线采用4×JL/G1A-500/45，子导线直径30.0mm，导线悬垂串采用Ⅰ型绝缘子串。请分析计算并解答下列各小题。

▶▶**第70题[塔头间隙]** 35.假定该线路按同塔双回线路设计，已知在海拔1000m以下地区，直线塔导线悬垂绝缘子串按平衡高绝缘配置，采用结构高度为4820mm、最小电弧距离为4480mm的复合绝缘子，试确定雷电过电压要求的最小空气间隙为下列哪个值？

( )

提示：绝缘子串雷电冲击放电电压：$U_{50\%}=530L+35$；空气间隙雷电冲击放电电压：$U_{50\%}=552S$。

（A）3.30m （B）3.71m
（C）3.99m （D）4.36m

【答案及解答】 B

由 GB/T 50064—2014 第 6.2.2-4 条，及题设公式可得

绝缘子串雷电冲击放电电压 $U_{50\%} = 530L + 35 = 530 \times 4.48 + 35 = 2409.4(\text{kV})$

空气间隙雷电冲击放电电压 $U'_{50\%} = 0.85 U_{50\%} = 0.85 \times 2409.4 = 2047.99(\text{kV})$

$$S = \frac{U'_{50\%}}{552} = \frac{2047.99}{552} = 3.71(\text{m})$$

【考点说明】

本题坑点：DL/T 5582—2020 第 182 页式（6）的参数说明对公式中的 L 有详细说明，L 是绝缘子串绝缘长度，而不是结构长度，如误用 4.82 计算，则容易误选 C 选项。

【2017年下午题36～40】 某500kV同塔双回架空输电线路工程，位于海拔500～1000m地区，基本风速为27m/s，覆冰厚度为10mm，杆塔拟采用塔身为方形截面的自立式鼓型塔（如图1所示）。相导线均采用4×LGJ-400/50，自重荷载为59.2N/m，直线塔上两回线路用悬垂绝缘子串分别悬挂于杆塔两侧，已知某悬垂直线塔（SZ2塔）规划的水平挡距为600m，垂直挡距为900m，且要求根据使用条件采用单联160kN或双联160kN单线夹绝缘子串（参数如表1所示），地线绝缘子串长度为500mm。（计算时不考虑导线的分裂间距，不计绝缘子串风压

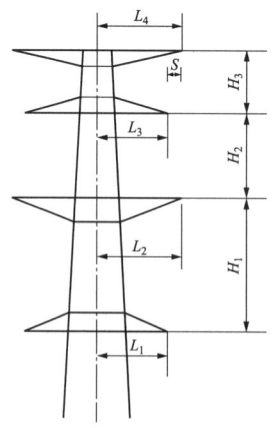

表1 绝缘子串参数

绝缘子串形式	绝缘子串长度(mm)	绝缘子串重量(N)
单联160kN	5500	1000
双联160kN	6000	1800

图1 塔头示意图

▶▶第 71 题 [塔头间隙] 36．设大风风偏时下相导线的风荷载为 45N/m，该工况时 SZ2 塔的垂直挡距系数取 0.7，若风偏后导线高度处计及准线、脚钉和裕度等因素后的塔身宽度 a 取 6000mm，计算工作电压下要求的下相横担长度 L_1 应为下列哪项数值？（不考虑导线小弧垂及交叉跨越等特殊情况） （ ）

(A) 8.3m　　　　　　　　　　(B) 8.6m
(C) 8.9m　　　　　　　　　　(D) 9.2m

【答案及解答】B

依题意：$l_H = 600$m，$l_v = 600 \times 0.7 = 420$m；由新版线路手册第 152 页式（3-245）、DL/T 5582—2020 表 6.2.5，可知安全净距为 1.3m，$\psi = \arctan\left(\dfrac{Pl_H}{G/2 + Wl_v}\right)$ 单联绝缘子串时

$$\psi = \arctan\left(\frac{45 \times 600}{1000/2 + 420 \times 59.2}\right) = 46.79°；\quad L_1 = \frac{6}{2} + 1.3 + 5.5 \times \sin 46.79° = 8.31\text{(m)}$$

双联绝缘子串时：

$$\psi = \arctan\left(\frac{45 \times 600}{1800/2 + 420 \times 59.2}\right) = 46.34°；\quad L_1 = \frac{6}{2} + 1.3 + 6 \times \sin 46.34° = 8.64\text{(m)}$$

两者同时满足，所以选 B。

【考点说明】

（1）考查塔头间隙尺寸的确定，涉及最小垂直挡距系数的运用，悬垂绝缘子串摇摆角计算。因绝缘子串长不一，需分别进行角度计算后进行比较确定。计算较复杂；考查综合运用能力的目的很明确。

（2）老版线路手册第 103 页表式（2-6-44）。

▶▶第 72 题 [塔头间隙] 37．设大气过电压条件（15℃、无风、无冰）下的相导线张力为 116800N，若要求的最小空气间隙（含裕度等）为 4300mm，此时 SZ2 塔的允许单侧最大垂直挡距为 800m，且中相导线横担为方形横担，横担长度为 L_2、宽度为 4000mm，该条件下要求 SZ2 塔的上、中导线横担层间距 H_2 应为下列哪项数值？ （ ）

(A) 11.9m　　　　　　　　　　(B) 11.1m
(C) 10.6m　　　　　　　　　　(D) 10.0m

【答案及解答】B

由新版线路手册第 765 页式（14-10）可得

单侧最大导线悬垂角 $\theta = \arctan\left(\dfrac{\gamma l_v}{\delta}\right) = \arctan\left(\dfrac{59.2 \times 800}{116800}\right) = 22.07°$

$S_1 = \dfrac{4.3}{\cos 22.07°} = 4.64$ (m)；$S_2 = 2\tan 22.07° = 0.81$ (m)

单联串时间距　　H_2=串长+S_1+S_2=5.5+0.81+4.64=10.95 (m)
双联串时间距　　H_2=串长+S_1+S_2=6+0.81+4.64=11.45 (m)

所以选 B。

【考点说明】

（1）考查横担垂直间距分析计算。涉及导线悬垂角计算及空间几何关系计算；需要较强的分析计算能力。出题者意在考查对塔体几何结构的认知，对于非专业人员短时间解答正确要求还

是比较高的。

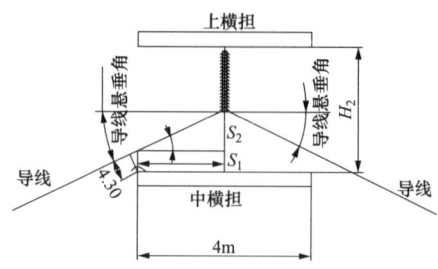

（2）老版线路手册第605页式（8-2-10）。

▶▶**第73题[塔头间隙] 38.** 设线路地线采用铝包钢绞线，某塔的挡距使用范围为300～1200m，为满足挡距中央导、地线之间距离 $S \geq 0.12L+1$m 的要求，若控制挡距 l_c 为1000m，该塔的地线支架高度 H_3 应取下列哪项数值？（导地线水平偏移取 0m，导线绝缘子串长度取5500mm） （　　）

（A）7.0m　　　　　　　　　　（B）2.5m
（C）2.0m　　　　　　　　　　（D）1.5m

【答案及解答】C

由新版线路手册第310页式（5-35），当不考虑导地线间的水平偏移时，导线和地线在杆塔上悬挂点间的垂直距离为

$$h = l_c \times 0.006 + 1 = 1000 \times 0.006 + 1 = 7.0 \,(\text{m})$$

依据几何关系有 $h+0.5=H_3+5.5$ 得 $H_3=2.0$ (m)，所以选 C。

【考点说明】

（1）考查控制挡距与导地线间垂直距离的关系（不考虑水平偏移）。考点较为隐蔽。应试者需对线路手册内容深入细致的复习方可应对。

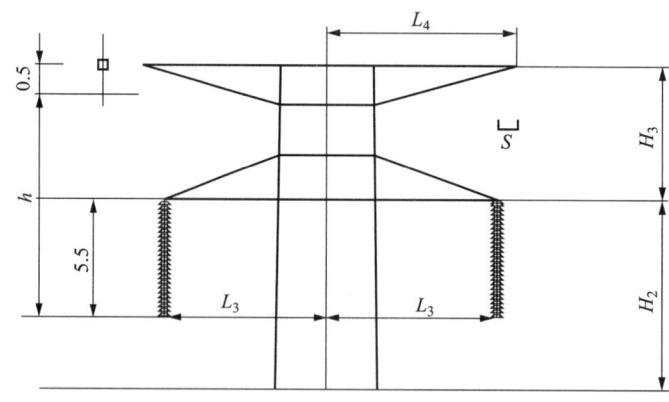

（2）老版线路手册第186页式（3-3-18）。

▶▶**第74题[塔头间隙] 39.** 设SZ2塔的最大使用挡距不超过1000m，导线最大弧垂为81m，按导线不同步摆动的条件要求的上相导线的横担长度 L_3 应为下列哪项数值？（　　）

（A）6.4m　　　　　　　　　　（B）6.7m
（C）12.8m　　　　　　　　　（D）13.3m

【答案及解答】B

依据 DL/T 5582—2020 第 9.1.1 条导线水平线间距

$$D = k_i l_k + \frac{U}{110} + 0.65\sqrt{f_c} = 0.4 \times 6 + \frac{500}{110} + 0.65\sqrt{81} = 12.8 \text{ (m)}$$

双回路杆塔考虑最不利因素应该加 0.5m。

故 L_3=（12.8+0.5）/2=6.65 (m)。

所以选 B。

【考点说明】

考查水平线间距计算。此题应注意，双回路杆塔架设时，一般按横担一侧各一回线路设置。为了消除三相导线对地及三相之间的电容不平衡，规定长度超过 100km 的线路必须进行导线换位；另外一种换相，是由于线路两端变电所的出线 ABC 排列顺序不一致，需要在线路上进行调整，这种一般只在线路的第一（或最后一）基杆塔上进行。换相或换位导致的结果使得在同一个横担的两侧导线出现不同相的情况。

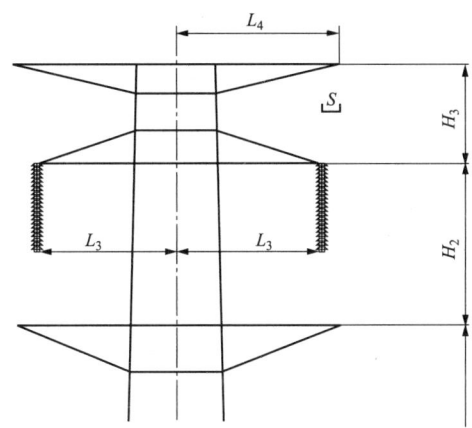

【2022 年补考下午题 31～35】 某 500kV 架空输电线路工程，最高运行电压 550kV。导线采用 4×JL/GLA-500/45，子导线直径 30.0mm，导线自重荷载为 16.53N/m。基本风速 33m/s，设计覆冰 5mm，请分析计算并解答下列问题。

▶▶第 75 题［塔头间隙］35. 某 500kV 输电线路,1000m 海拔时操作过电压间隙采用 3.0m，若该线路在 3000m 海拔时，试确定带电部分与杆塔构件操作过电压要求的最小空气间隙。(假定长度为 D 间隙的操作冲击 50%放电电压符合 $U_{50\%} = \dfrac{4400}{1+\dfrac{8}{D}}$，计算中海拔修正因子取 0.7)

( )

(A) 3.88m   (B) 3.83m

(C) 3.72m   (D) 3.56m

【答案及解答】B

由 DL/T 5582—2020 第 6.1.6 条可得操作过电压 $m = 0.7$，即

$$K_{\mathrm{a}}=\mathrm{e}^{0.7\times\frac{3000-1000}{8150}}=1.1874=\frac{4400/(1+8/D)}{4400/(1+8/3)}=\frac{1+8/3}{1+8/D}\Rightarrow D=3.83(\mathrm{m})，故选 B。$$

【2024 年下午题 31～35】 某 500kV 单回交流架空输电线路，最高运行电压为 550kV，导线采用 4×JL/G1A/45 钢芯铝绞线，每根子导线重量为 16.554N/m，总截面 532mm^2，其中铝截面 489mm^2，铜截面 43 mm^2。线路悬垂串采用 U160BP/155D 盘型绝缘子，其结构高度 155mm，爬电距离 450mm，有效系数 K_e 为 0.95，特征指数为 0.38。

请分析计算并解答下列各小题。

▶▶第 76 题［塔头间隙］34. 已某铁塔所在位置海拔 2000m，铁塔全高 80m，处于多雷区，为了满足线路的防雷性能要求，该塔配置的绝缘子串绝缘长度为 4.96m，则该塔雷电过电压要求的最小间隙应为下列哪项数值？（提示：绝缘子雷电冲击放电电压 $U_{50\%}=530d+35$；空气间隙雷电冲击放电电压 $U'_{50\%}=555D$）？ （   ）

（A）3.73m　　　　　　　　　　（B）3.85m
（C）4.08m　　　　　　　　　　（D）4.80m

【答案及解答】C

依题意，所求"雷电要求的最小间隙"，该间隙为雷电时的风偏间隙

依据：《交流电气装置的过电压保护和绝缘配合设计规范》（GB/T 50064—2014）第 6.2.2-4 款可知，雷电要求最小间隙为绝缘子串相应电压的 0.85 倍，由题设公式可得

$$U_{\text{绝缘子}50\%}=530d+35=530\times4.96+35=2663.8$$

$$U'_{\text{间隙}50\%}=0.85U_{\text{绝缘子}50\%}=0.85\times2663.8=2264.23$$

$$U'_{\text{间隙}50\%}=555D\Rightarrow D=\frac{2264.23}{555}=4.08(\mathrm{m})$$

所以选 C。

【考点说明】

（1）本题已知的绝缘子串长 4.96 米是已经经过海拔修正和塔高修正的，选定了的绝缘子串，不必再单独进行修正。假如题目用的是大题干给的高度为 155 的绝缘子，依据《架空输电线路电气设计规程》（DL/T 5582—2020）第 6.2.2 条、第 6.2.3 条可得串长为

$$\frac{25\times155+\frac{80-40}{10}\times146}{155}=28.8(\text{片})\ 取\ 29\ 片，n'=29\times\mathrm{e}^{0.38\times(2000-1000)/8150}=30.38(\text{片})；串长为$$

$31\times155=4805\mathrm{mm}=4.8\mathrm{m}$。

【2021 年下午题 31～35】 某 500kV 架空输电线路，最高运行电压 550kV，线路所经地区最高海拔高度小于 1000m。基本风速 30m/s，设计覆冰 10mm，年平均气温为 15℃，年平均雷暴日为 40d。相导线采用 4×JL/G1A-500/45，子导线直径 30.0mm，导线悬垂串采用 I 型绝缘子串。请分析计算并解答下列各小题。

▶▶第 77 题［塔头间隙海拔修正］34.某直线塔在最大风偏时，导线悬垂绝缘子串的带电

部分与铁塔构建之间的最小距离为 1.95m，若考虑 0.3m 的设计裕度，计算此条件下该直线塔适用的最高海拔高度为下列那个值？

（注：超高压工频电压放电电压与空气间隙呈线性关系，按海拔 1000m 时 500kV 输电线路带电部分与杆塔构建的最小空气间隙进行计算。）　　　　　　　　　　　（　　）

（A）1800m　　　　　　　　　　（B）2900m
（C）3600m　　　　　　　　　　（D）4300m

【答案及解答】B

依题意超高压工频电压放电电压与空气间隙呈线性关可得

$$U_{50\%(H)} = k \times (1.95 - 0.3); \quad U_{50\%(1000)} = k \times 1.3$$

由 GB/T 50064—2014 附录 A 可得设备安装位置海拔间隙放电电压在海拔 1000m 处的计算值为：$U_{50\%(H)} = e^{m(\Delta H/8150)} U_{50\%(1000)} \Rightarrow \dfrac{U_{50\%(H)}}{U_{50\%(1000)}} = e^{m(\Delta H/8150)} = \dfrac{(1.95-0.3)}{1.3}$，工频 m 取 1，则

$$\Delta H = \ln(\dfrac{1.95-0.3}{1.3}) \times 8150 = 1943.05 \Rightarrow H = 1000 + 1943.05 = 2943.05(m)$$

适用最高海拔在各选项中选取小于且最接近计算值的 B 选项，所以选 B。

【考点说明】

（1）如将题意"超高压工频电压放电电压与空气间隙呈线性关系"理解成海拔每升高 100m，间隙放大 1%，可得 $\dfrac{1.95-0.3}{1.3} = [1 + 0.1 \times (H-1)] \Rightarrow H = 3.692\text{km} = 3692\text{m}$，选 C。

（2）"超高压工频电压放电电压与空气间隙呈线性关系"不能理解成海拔每升高 100m，间隙放大 1%，出题老师的用意在于 $\dfrac{U_{50\%(H)}}{U_{50\%(1000)}} = \dfrac{(1.95-0.3)}{1.3} = e^{m(\frac{H-1000}{8150})}$ 可以成立。

3. 绝缘子片数

【2013 年上午题 21～25】　500kV 架空送电线路，导线采用 4×LGJ-400/35，子导线直径 26.8mm，单位质量 1.348kg/m，位于土壤电阻率 100Ω·m 地区。

▶▶第 78 题［绝缘子片数］21. 某基铁塔全高 60m，位于海拔 79m、0 级污秽区，悬垂单串的绝缘子型号为 XP-16（爬电距离 290mm，有效系数 1.0，结构高度 155mm），用爬电比距法计算确定绝缘子片数时下列哪项是正确的？　　　　　　　　　　　　　　（　　）

（A）27 片　　　　　　　　　　（B）28 片
（C）29 片　　　　　　　　　　（D）30 片

【答案及解答】B

由 DL/T 5582—2020 附录 J 表 J.0.1 可知，0 级污秽（按 E1 级）统一爬电比距为 25.2mm (kV)，再由该规范式（6.1.3-2）可得 $n \geq \dfrac{\lambda U_{PH-e}}{K_e L_{01}} = \dfrac{25.2 \times 550/\sqrt{3}}{1 \times 290} = 27.59(\text{片})$，取 28 片，所以选 B。

【考点说明】

（1）题意明确"用爬电比距法确定绝缘子片数"，所以只需要考虑工频过电压，不必进行雷电过电压才考虑的塔高修正。

（2）如果题目只要求"绝缘子片数为多少？"没有明确用哪种方法，则必须同时考虑工频电压、操作过电压和雷电过电压，然后取大值。计算方法如下：操作和雷电要求的绝缘子片数，查表 6.2.2 可知，155mm 高度绝缘子 500kV 取 25 片，根据第 6.2.3-1 条塔高 60m 需要增加两片高度为 146mm 的绝缘子，则串长为 155×25+146×2=4167(mm)，折算至 155mm，为 4167/155=26.88 (片)；与工频电压要求的绝缘子片数，爬电比距法计算值 28 片比较取大者，最终为 28 片。

（3）各错误选项分析：

A 项 27 片，该项仅仅考虑了雷电过电压，按塔高超过 40m 每 10m 加 1 片的要求计算结果（26.88 片），忽视了工频过电压对应的爬电比距法计算值。

D 项 30 片：对爬电比距法计算结果（27.5 片）进行塔高修正，是错误的。因为工频过电压的要求与塔高无关。

（4）爬电比距的单位是 cm/kV，题设已知条件是 mm，注意单位转换。

【注释】

（1）DL/T 5582—2020 第 6.1.5 条高海拔绝缘子片数修正中的特征指数 m_1，反映了气压对于污闪的影响程度，其值由试验确定。

（2）绝缘子片承受的电压有工频、操作、雷电三大类，显而易见，三者必须同时满足才合格。而绝缘子串在不同电压下的放电路径不同，工频电压主要走远路，即沿绝缘子表面爬行。雷电过电压走近路直接从绝缘子串两端击穿空气闪络放电（这段空气间隙高度就是串长，或称干弧距离），操作过电压的放电通道少部分走沿面大部分走空气间隙，放电性能更接近雷电过电压，所以 DL/T 5582—2020 第 6.2.2 条把操作和雷电归为了一类进行要求。

而放电通道决定了绝缘子选择的方法：对工频电压，一般按绝缘子的有效泄漏距离计算；对操作和雷电过电压，一般按绝缘子结构高度折算。设计时考虑顺序为：先按工频污闪定片数；再按操作和雷电过电压核判、调整。有时 3 个条件纠缠不清，可以分别对三项要求做出独立核算，然后取最高要求做绝缘配合，不能互相叠加。

三种情况绝缘子片数具体计算方法如下：

1）工频过电压要求的绝缘子片数按照 DL/T5582—2020 式（6.1.3-2）计算（即爬电比距法），海拔超过 1000m 时按式（6.1.5）进行修正。

2）操作过电压和雷电过电压要求的绝缘子按照查表取值，也就是本题的做法。并根据需要进行海拔修正。

3）以上两者取大作为最终的绝缘子片数。

（3）操作、雷电过电压要求的最少绝缘子片数由该规范式（6.1.3-2）和第 6.2.2 条规定。

该规范第 6.2.3 条"全高超过 40m 时，每超过 10m 加一片绝缘子"的规定只单独针对雷电过电压的要求，操作过电压不考虑此条。虽然规范没有把这层意思说出来，但读者必须理解。注意这里的每 10m 增加的是一片 146mm 高度绝缘子，相当于增加的是 146mm 的高度，而不是简单的"一片"绝缘子。所以应按等思想将这 146mm 的高度折算到选用高度绝缘子对应的片数。同样的表 6.2.2，拿 500kV 来说，也不是简单的规定"25 片"，而是要求绝缘子的串长不低于 25×155=3875mm。当题目给的绝缘子高度和表 6.2.2 设定的高度不同时也应按等高度思想折算。

（4）由于操作过电压波形比雷电过电压波形长得多，放电通道要走一部分沿面（即弯弯绕），所以绝缘子串中若有零值绝缘子，会对操作过电压的放电产生不利影响，同时考虑到耐张串长期处于巨大的导线张力作用下，比悬垂串容易产生零值绝缘子（实践经验也证实了这一点），所以 DL/T 5582—2020 第 6.2.2 条对不同电压级线路规定了"操作过电压要求的耐张绝缘子串"需要增加的片数。注：规范正文没明确只对耐张绝缘子串操作过电压，考虑补偿零值绝缘子，但该条条文说明交代了这个隐含条件。

雷电过电压和爬电比距法则不加零值绝缘子。

因为雷电过电压的放电通道是绝缘子串的串长，即干弧距离，虽然绝缘子串中某几片因为电阻值很低不合格成为零值绝缘子，但其高度没有变化，对雷电放电不产生影响，所以雷电过电压不用加零值绝缘子。而爬电比距法中，因为爬电比距时一个人为设定的经验数据，已经考虑了各种因素，包括产生零值的因素，有很大的裕量，所以爬电比距计算的结果也不加零值绝缘子。

（5）在出题时，可以求最终的片数，即三者同时满足，也可降低难度只要求满足一种电压，此时只需要算一种情况就行。比如"按爬电比距法"（暗指满足工频电压）、"不考虑爬电比距"（暗指只需考虑操作和雷电过电压），或直接明确"雷电（或操作过电压）要求的绝缘子片数"等。

（6）绝缘子沿面属于外绝缘，对于外绝缘，持续的运行电压常常是决定其绝缘强度的控制因素，并与周围的环境污秽程度有很大关联。经过长时间的运行实践、跟踪调查和实验，瓷外绝缘的放电闪络，是电弧沿瓷绝缘表面爬行完成的，俗称为"爬电"。增大爬电距离，可以有效地防止这种污闪事故。于是，在统计的基础上对不同电压等级和不同的污秽区，规定了最小的爬电比距。

以上描述中，绝缘子的工作原理都适用于变电站和线路，但上述绝缘子选择的具体步骤只适用于线路，不适用变电站。变电站绝缘子选择在具体执行上以 DL/T 5222 为准，和线路绝缘子选择是有较大区别的，不必将两者强行比较。

▶▶第 79 题 ［绝缘子片数］24. 海拔不超过 1000m 时，雷电和操作要求的绝缘子片数为 25 片。请计算海拔 3000m 处，悬垂绝缘子结构高度为 170mm 时，需选用多少片（特征系数取 0.65）？   （   ）

（A）25 片   （B）27 片
（C）29 片   （D）30 片

【答案及解答】B

按绝缘总高度相等折算海拔 1000m 时需要高度为 170mm 的绝缘子片数为
$$155 \times 25/170 = 22.79 \text{（片）}$$

再做海拔修正，依题意，特征指数为 0.65，由 DL/T 5582—2020 第 6.1.5 条，可得
$$n_H = n e^{0.121\,5 m_1 (H-1000)/1000} = 22.79 \times e^{0.121\,5 \times 0.65 \times 2} = 26.69 \text{（片）}，向上取整，取 27 片，所以选 B。$$

【考点说明】

（1）本题考查高海拔地区悬垂绝缘子片数的计算。题干"海拔不超过 1000m 时，雷电和操作要求的绝缘子片数为 25 片"来自 DL/T 5582—2020 表 6.2.2，表中所列 25 片标明是 155m 高度的绝缘子，虽然题干没告诉这 25 片绝缘子的单片高度应该是 155mm（可结合大题干的电压等级 500kV 判断），但该规范表 7.0.2 规定的不是片数，而是串长，即 $25 \times 155 = 3875(\text{mm})$。如果对该条不熟悉，直接用 25 片进行海拔修正，即 $25 \times e^{0.121\,5 \times 0.65 \times 2} = 29.28(\text{片})$，

将会错选 D。

（2）在海拔修正前折算高度或后折算高度不影响结果。建议先折算，这样思路清晰。

【2013年下午题31~35】 某500kV架空输电线路工程，导线采用4×JL/GLA-630/45，子导线直径33.8mm，导线自重荷载为20.39N/m，基本风速33m/s，设计覆冰10mm（提示：最高运行电压是额定电压的1.1倍）。

▶▶第80题［绝缘子片数］31. 根据以下情况，计算确定若由XWP-300绝缘子组成悬垂串，其片数应为下列哪项数值？　　　　　　　　　　　　　　　　　　　　（　　）

（1）所经地区海拔500m，等值盐密为0.10mg/cm^2，按高压架空线路污秽分级标准和运行经验确定污秽等级为C级，最高运行相电压设计爬电比距按4.0cm/kV考虑。

（2）XWP-300绝缘子（公称爬电距离为550mm，结构高度为195mm）在等值盐密为0.10mg/cm^2，测得爬电距离有效系数为0.9。　　　　　　　　　　　　　　　　（　　）

（A）24片　　　　　　　　　　　　　（B）25片
（C）26片　　　　　　　　　　　　　（D）45片

【答案及解答】C

依题意，由 DL/T 5582—2020 式（6.1.3-2）可得 $n \geq \dfrac{\lambda U}{K_e L_{01}} = \dfrac{4.0 \times 550}{0.9 \times 55 \times \sqrt{3}} = 25.66$（台），取26片。

又由该规范第6.2.2条可知500kV，操作和雷电过电压要求的最少绝缘子片数，对于高度为195mm的绝缘子 $\dfrac{25 \times 155}{195} = 19.87$（片），取20片。

两者取大为26片，所以选 C。

【考点说明】

本题两大坑点：

（1）题设给的是最高"相电压爬电比距"，而不是常用的线电压爬电比距，应注意计算时电压带最高相电压。

（2）式（6.1.3-2）中分母的实际意义是"有效爬电距离"，有效爬电距离=几何爬电距离×有效系数。

以上两点不注意容易错选 D 或 A，错误算法为

$$n \geq \dfrac{\lambda U}{K_e L_{01}} = \dfrac{4.0 \times 550}{0.9 \times 55} = 44.44 \text{（片）}; \quad n \geq \dfrac{\lambda U}{K_e L_{01}} = \dfrac{4.0 \times 550}{55 \times \sqrt{3}} = 23.09 \text{（片）}$$

【注释】

（1）一般普通的绝缘子承受的都是相电压，这一点在 GB/T 50064—2014 中得到了很好的体现，绝缘电压一律以相电压为基准。爬电比距是每千伏要求满足的最小爬电距离，所以用相电压显得更合理。但由于历史原因，我国传统做法一直用的都是线电压，故此 GB 50545—2010 第55页附录 B 高压架空线路污秽分级标准中表 B.0.1 之下的注"爬电比距计算时可取系统最高工作电压，上表（ ）内数字为按标称电压计算的值"，该表中的数据括号外要用最高线电压，括号内数据要用标称线电压。

目前国际上统一使用相电压爬电比距，所以 GB/T 5582—2020 和《污秽条件下使用的高

压绝缘子的选择以及相关尺寸的确定》（GB/T 26218—2011）代替后，采用国际通用的相电压爬电比距来衡量污秽等级，为了和以前的线电压爬电比距相区别，称为"统一爬电比距" USCD 和 RUSCD，它们是按最高相电压来计算爬电比距的。

（2）试验室做绝缘子串污秽放电试验时，一般按指定盐密涂覆绝缘子；线路现场绝缘子串上实际覆盖的污秽还有不同比例的灰密。灰密的参与会显著影响绝缘子串的污闪电压，分析污闪时必须注意试验室数据对应的盐密与现场线路盐密的不同。可参见 GB/T 5582—2020 附录 J 高压架空线路污秽分级标准的说明。

▶▶**第 81 题** ［绝缘子片数］32. 如线路所经地区海拔 3000m，污秽等级为 C 级，最高运行相电压设计爬电比距为 4.0cm/kV 考虑。XSP-300 绝缘子（公称爬电距离为 635mm，结构高度为 195mm），测得爬电距离有效系数为 0.9，特征指数 m 为 0.31。计算确定 XSP-300 绝缘子悬垂单串，其片数应为下列哪项数值？ （　　）

（A）22 片　　　　　　　　　　（B）25 片
（C）27 片　　　　　　　　　　（D）30 片

【答案及解答】 B

由 DL/T 5582—2020 式（6.1.3-2）可得海拔 1000m 及以下时所需绝缘子数为

$$n \geqslant \frac{\lambda U}{K_e L_{01}} = \frac{4.0 \times 550}{0.9 \times 63.5 \times \sqrt{3}} = 22.22 \ (片)$$

又由该规范第 6.2.2 条可知操作过电压和雷电过电压要求的绝缘子片数为

$$\frac{25 \times 155}{195} = 19.87 \ (片)$$

两者取大为 22.22 片。再由第 6.1.5 条，海拔 3000m 时，所需绝缘子数为

$$n_H = 22.22 \times e^{0.121\ 5 \times 0.31 \times 2} = 23.95 \ (片)$$

所以选 B。

【考点说明】

求解线路问题，应主要依据 DL/T 5582-2020，而不是 DL/T 5222—2021。

▶▶**第 82 题** ［绝缘子片数］34. 某基塔全高 100m，位于海拔 500m、污秽等级为 C 级的地区。最高运行相电压下爬电比距按 4.0cm/kV 考虑，悬垂单串的绝缘子型号为 XWP-210 绝缘子（公称爬电距离为 550mm，结构高度为 170mm），爬电距离有效系数为 0.90，请计算确定绝缘子应为下列哪项数值？ （　　）

（A）25 片　　　　　　　　　　（B）26 片
（C）28 片　　　　　　　　　　（D）31 片

【答案及解答】 C

由 DL/T 5582—2020 式（6.1.3-2）可得

$$n_1 \geqslant \frac{\lambda U}{K_e L_{01}} = \frac{4.0 \times 550}{0.9 \times 55 \times \sqrt{3}} = 25.66 \ (片)$$

又依据第 6.2.2 条~第 6.2.3 条得

$$n_2 = \frac{25 \times 155 + (100-40)/10 \times 146}{170} = 27.9 \ (片)$$

以上两者取大值 $n=28$ 片，所以选 C。

【考点说明】

注意本题给出的 4.0cm/kV，对应于系统运行最高相电压。错用线电压会算出 44.44 片，虽然没答案但会耽误作答时间。

【注释】

20 世纪 70 年代的过电压保护规范中已有"塔全高 40m 以上每超过 10m 加一片绝缘子"的规定，是按照当时的实际经验增加的。以后出现许多大跨越高塔采用大吨位绝缘子，有的就按每超过 10m 加一片同型号大吨位绝缘子设计，其实并无必要。DL/T 5582—2020 第 23 页第 6.2.3-1 条，明确规定按 146mm 高度绝缘子增加。实际绝缘子串采用的是按增加绝缘子后整串绝缘子高度折算的原用型号绝缘子。

【2018 年下午题 31～35】 某 500kV 架空输电线路工程，最高运行电压 550kV，导线采用 4×JL/G1A-500/45，子导线直径 30.0mm，导线自重荷载为 16.529N/m，基本风速 27m/s，设计覆冰 10mm。请回答下列问题。

▶▶第 83 题［绝缘子片数］31. 依据以下情况，计算确定导线悬垂串片数应为下列哪项数值？（   ）

（1）所经地区海拔为 1000m，等值盐密为 0.10mg/cm^2，统一爬电比距（最高运行相电压）要求按 4.0cm/kV 设计。

（2）假定绝缘子的公称爬电距离为 450mm、结构高度为 146mm，在等值盐密为 0.10mg/cm^2 时的爬电距离有效系数取 0.95。（   ）

（A）25 片 （B）27 片
（C）29 片 （D）30 片

【答案及解答】D

依据 DL/T 5582—2020 第 6.2.2 条～第 6.2.3 条及式（6.1.3-2）可得

$$n \geq \frac{\lambda U}{K_e L_{01}} = \frac{4 \times 550/\sqrt{3}}{0.95 \times 45} = 29.7 \text{（片）}，\text{取} n=30 \text{片}；n = \frac{155 \times 25}{146} = 26.5 \text{（片）}，\text{取} n=27 \text{片}。$$

以上两者取大，$n=30$ 片，所以选 D。

▶▶第 84 题［绝缘子片数］32. 依据以下情况，计算确定导线悬垂绝缘子串片数应为下列哪项数值？（   ）

（1）线路所经地区海拔为 3000m，污秽等级为 C 级、统一爬电比距（最高运行相电压）要求按 4.5cm/kV 设计。

（2）假定绝缘子的公称爬电距离为 550mm、爬电距离有效系数为 0.90、特征指数 m_1 取 0.40。

（A）28 片 （B）30 片
（C）32 片 （D）34 片

【答案及解答】D

依据 DL/T 5582—2020 式（6.1.3-2）和式（6.1.5）可得

$$n_1 \geq \frac{\lambda U}{K_e L_{01}} = \frac{4.5 \times 550/\sqrt{3}}{0.9 \times 55} = 28.9 \, (\text{片}), \quad \text{取} \, n_1 = 29 \, \text{片};$$

$$n = n_1 e^{0.1215 m_1 \frac{H-1000}{1000}} = 29 \times e^{0.1215 \times 0.4 \times \frac{3000-1000}{1000}} = 31.96 \, (\text{片}), \quad \text{取} \, n = 32 \, \text{片}。$$

▶▶ **第 85 题 [绝缘子片数] 34.** 依据以下情况，计算确定导线悬垂串绝缘子片数应为下列哪项数值？ （　　）

（1）某跨越塔全高 100m，海拔 600m；

（2）假定统一爬电比距（最高运行相电压）要求按 4.0cm/kV 设计；

（3）假定绝缘子的公称爬电距离为 480mm、结构高度 170mm、爬电距离有效系数为 1.0、特征指数 m_1 取 0.40。

（A）25 片　　　　　　　　　　（B）26 片
（C）27 片　　　　　　　　　　（D）28 片

【答案及解答】D

由 DL/T 5582—2020 式（6.1.3-2）得：$n_1 \geq \dfrac{\lambda U}{K_e L_{01}} = \dfrac{4 \times 550/\sqrt{3}}{1 \times 48} = 26.5 \, (\text{片})$，取 27 片；

又由该规范第 6.2.2 条～第 6.2.3 条得：$n_2 = \dfrac{155 \times 25 + \dfrac{100-40}{10} \times 146}{170} = 27.9 \, (\text{片})$，取 28 片。

以上两者取大，取 28 片，所以选 D。

【2020 年下午题 36～40】 某 500kV 架空输电线路，最高运行电压 550kV，线路所经地区海拔高度小于 1000m。基本风速 30m/s，设计覆冰 0mm，年平均气温 15℃，年平均雷暴日 40d。相导线采用 4×JL/G1A-500/45，子导线直径 30.0mm，导线自重荷载为 16.529N/m。导线悬垂串采用 I 型绝缘子串。请解答如下问题。

▶▶ **第 86 题 [绝缘子片数] 36.** 按以下给定情况，计算确定直线塔导线悬垂串绝缘子片数应选下列哪项数值？

SPS（现场污秽度）按 C 级、统一爬电比距（最高运行相电压）按 34.7mm/kV 设计。

假定绝缘子的公称爬电距离为 455mm，结构高为 170mm，爬电距离有效系数 0.94。直线塔全高按 85m 考虑。 （　　）

（A）25 片　　　　　　　　　　（B）26 片
（C）27 片　　　　　　　　　　（D）28 片

【答案及解答】C

（1）按工频电压选择。由 DL/T 5582—2020 式（6.1.3-2）可得

$$n_1 = \frac{34.7 \times 550}{\sqrt{3} \times 0.94 \times 45.5} = 25.76 \, (\text{片}), \quad \text{取} \, 26 \, \text{片}。$$

（2）按雷电、操作过电压选择。由该规范第 6.2.2 条～第 6.2.3 条可得 500kV、155m 高度绝缘子取 25 片，塔高增加相应绝缘子片数，可得

$$n_2 = \frac{155 \times 25 + \frac{85-40}{10} \times 146}{170} = 26.66（片），取27片。$$

以上两者取大，取 27 片，所以选 C。

▶▶**第 87 题**[绝缘子片数] 37. 某段线路位于重污秽区，按以下假定情况，计算确定直线塔导线悬垂盘式绝缘子串片数应选下列哪项数值？ （　　）

按现行设计规范，采用复合绝缘子串时，某爬电距离需要 14700mm。盘式绝缘子的公称爬电距离为 620mm，结构高度为 155mm，爬电距离有效系数 0.935

（A）25 片　　　　　　　　（B）26 片
（C）32 片　　　　　　　　（D）34 片

【答案及解答】D

依题意，复合绝缘子要求的爬电距离为 14700mm，由 DL/T 5582—2020 第 6.2.4-2 款可得盘型绝缘子要求的最小爬电距离为 $14700 \times \frac{4}{3} = 19600(\text{mm})$

所以盘型绝缘子要求的最少片数为 $n \geqslant \frac{19600}{620 \times 0.935} = 33.8(片)$

取 34 片，所以选 D。

▶▶**第 88 题**[绝缘子片数] 39. 按以下给定情况计算，当负极性雷电绕击耐雷水平 Imin 为 18.4kA（最大值）时导线绝缘子串需要采用多少片绝缘子（结构高度为 155mm)？

绝缘子串负相性雷电冲击 50%闪络电压绝对值 $U_{-50\%}=531L$。导线波阻抗取 400Ω，闪电通道波阻抗取 600Ω，计算范围内波阻抗不发生变化。雷电闪络路径均为沿绝缘子串闪络（即线路的耐雷水平由绝缘子串长度确定）。 （　　）

（A）25 片　　　　　　　　（B）28 片
（C）30 片　　　　　　　　（D）38 片

【答案及解答】C

由 GB/T 50064—2014 附录 D 式（D.1.5-5），依题意"18.4kA（最大值）"，所以该公式括号内应取"+"号，可得

$$U_{-50\%} = \frac{Z_0 Z_c}{2Z_0 + Z_c} I_{\min} - \frac{2Z_0}{2Z_0 + Z_c} U_{\text{ph}}$$
$$= \frac{600 \times 400}{2 \times 600 + 400} \times 18.4 - \frac{2 \times 600}{2 \times 600 + 400} \times \frac{\sqrt{2} \times 500}{\sqrt{3}}$$
$$= 2453.81(\text{kV})$$

由题设公式可得绝缘子片数为：$\frac{2453.81}{531} \times 1000 \times \frac{1}{155} = 29.81(片)$

取 30 片，所以选 C。

【考点说明】

（1）GB/T 50064—2014 附录 D 式（D.1.5-5），要算出最小耐雷水平"$I_{\min}$"，公式括号中的"+"号应改为"-"号，但本题明确是"最大值"，所以取"+"。如果取"-"号按最小值

计算，则为 $(\frac{600\times400}{2\times600+400}\times18.4+\frac{2\times600}{2\times600+400}\times\frac{\sqrt{2}\times500}{\sqrt{3}})\times\frac{1000}{531\times155}=37.25$(片)，由此也可看出按最小值"-"号算出来的绝缘子片数更多，两者都要满足不闪络，实际应取 38(片)。

（2）该公式中的 U_{PH} 取标称相电压峰值。

（3）题设公式 $U_{-50\%}=531L$ 中的 L 单位为"m"，这需要有一定的工程经验，否则在考场上不能直接算出答案。

【2021 年下午题 31～35】 某 500kV 架空输电线路，最高运行电压 550kV，线路所经地区最高海拔高度小于 1000m。基本风速 30m/s，设计覆冰 10mm，年平均气温为 15℃，年平均雷暴日为 40d。相导线采用 4×JL/G1A-500/45，子导线直径 30.0mm，导线悬垂串采用 I 型绝缘子串。请分析计算并解答下列各小题。

▶▶第 89 题［绝缘子片数］31.给定以下条件：
1）SPS（现场污秽度）按 C 级，统一爬电比距（最高运行相电压）按 37.2mm/kV 设计。
2）假定绝缘子的公称爬电距离为 480mm、结构高度为 170mm、爬电距离有效系数 0.95。
3）直线塔全高按 100m 考虑。
按以上给定条件，计算确定某直线跨越塔导线悬垂串应采用绝缘子片数为下列哪个值？
( )

（A）25 片 （B）26 片
（C）27 片 （D）28 片

【答案及解答】D

由 DL/T 5582—2020 第 6.2.2～6.2.3 条及式（6.1.3-2）可得

（1）爬电比距法：$n \geq \frac{\lambda U}{K_e L_{01}} = \frac{37.2\times\frac{550}{\sqrt{3}}}{480\times0.95} = 25.9$(片)

（2）按操作过电压选择：$n \geq \frac{155\times25}{170} = 22.8$(片)

（3）按雷过电压选择：塔高 100m，在表 7.0.2 的基础上增加 6 片 146mm 绝缘子，
$n = \frac{155\times25+146\times6}{170} = 27.9$(片)。

以上三者取大，应选 28 片，所以选 D。

【考点说明】

（1）绝缘片选择基础题目，切记绝缘子片选三个步骤，工频电压、操作过电压和雷过电压，除非题目明确按哪种方法选择，则三个步骤都必不可少。

（2）统一爬电比距既最高相电压下的数据，公称爬电比距既标称相电压下的数据，考试时题目可能不会说明，对此要牢记这些概念。

（3）此题无需考虑海拔修正，也无需零值修正，相对来说简单。如题目涉及海拔修正，零值修正要明确几个问题，零值修正是否参与海拔修正、塔高修正是否参与海拔修正，爬电比距法选择的绝缘子片数是否需要零值修正。

▶▶第90题 [绝缘子片数] 33.某段线路位于重污秽区，假定如下条件：

（1）按现行设计规范，当采用复合绝缘子时，其爬电距离最小需要15000mm。

（2）已知盘式绝缘子的公称爬电距离为635mm、结构高度为155mm、爬电距离有效系数取0.90。

按以上假定情况计算，直线塔导线悬垂串采用盘式绝缘子片数应为下列哪个值？（   ）

（A）25 片　　　　　　　　　　　　（B）27 片
（C）32 片　　　　　　　　　　　　（D）35 片

【答案及解答】D

由 DL/T 5582—2020 第 6.2.4-2 款可得

$$28 \times 500 = 14000 (\text{mm}); \quad \frac{15000}{3/4} = 15000 \times \frac{4}{3} = 20000 (\text{mm})$$

盘式绝缘子爬电距离应为以上两者取大，故取 20000mm。

则盘式绝缘子最少片数 $n \geq \dfrac{20000}{635 \times 0.9} = 34.996$（片），所以选 D。

【2022年下午题31~35】 500kV 架空输电线路，位于平原地区，设计基本风速 30m/s、覆冰厚度 10mm，导线采用 4×JL1/G1A-500/45，最高运行电压为 550kV，年平均雷暴日数为 40d。导线悬垂绝缘子串长度为 5.0m。请分析计算并解答下列各题。

▶▶第91题 [绝缘子片数] 34．已知某耐张转角塔全高为 70m，位于海拔高度小于 1000m 的 d 级污秽区，导线耐张绝缘子串采用盘型绝缘子，盘型绝缘子的公称爬电距离为 550mm，结构高度为 155mm，爬电距离的有效系数为 0.90，绝缘配置要求统一爬电比距不小于 40mm/kV 考虑，求导线耐张绝缘子串每联所需要的片数？（   ）

（A）25 片　　　　　　　　　　　　（B）26 片
（C）27 片　　　　　　　　　　　　（D）28 片

【答案及解答】D

由 DL/T 5582—2020 可得

工频电压：第 6.1.3-2 条，工频爬电比距法需要片数 $n \geq \dfrac{\lambda U}{K_e L_{o1}} = \dfrac{40 \times \frac{550}{\sqrt{3}}}{0.9 \times 550} = 25.66$（片）。

操作过电压：第 6.2.2 条条文说明，操作需要片数 $n = 25 + 2 = 27$（片）。

雷电过电压：第 6.2.3-1 条，雷电需要片数 $n = 25 + \dfrac{70-40}{10} \times \dfrac{146}{155} = 27.82$（片）。

综上所述取最大值 28 片，所以选 D。

【2022年补考上午题21~25】 某 500kV 单回架空输电线路位于我国的一般雷电地区，采用常规酒杯型直线杆塔。设杆塔呼高为 36m，地线挂点高为 43m，三相导线采用 IVI 型绝缘子串,已知用污耐压法需选用 28 片 160kN 盘式绝缘子(结构高度 155mm、有效爬距 450mm)，串长为 5.5m，地线绝缘子金具串长为 0.5m；两边相导线间的水平距离为 23m，中相导线较边相导线高约为 2m；相导线采用 4 分裂、直径为 30mm 的钢芯铝绞线，分裂间距为 500mm，

正方形布置。双地线采用直径为 12mm 的镀锌钢绞线，边相导线的平均高度为 20m，地线的平均高度为 30m。请分析计算并解答下列问题。

▶▶第 92 题 [绝缘子片数] 25．若某处采用悬垂直线塔型，全高为 60m，应采用多少片 300kN（结构高度 195mm、有效爬距 550mm）的绝缘子？ （ ）

（A）27 片　　　　　　　　　　　　（B）24 片
（C）23 片　　　　　　　　　　　　（D）22 片

【答案及解答】C

根据已知用污耐压法需选用 28 片有效爬距 450mm 的绝缘子，由 DL/T 5582—2020 式（6.1.3-1），由于题设已知不足，假设单片绝缘子污耐受电压和爬电比距成正比，可得污闪法需要的 550mm 绝缘子片数 $n = 450 \times 28 / 550 = 22.91$（片）。又由该规范第 6.2.2 条，雷电过电压需要的片数 $n = \dfrac{155 \times 25 + \dfrac{60-40}{10} \times 146}{195} = 21.37$（片），两者取大，取 23 片，所以选 C。

【2022 年补考下午题 31~35】　某 500kV 架空输电线路工程，最高运行电压 550kV。导线采用 4×JL/GLA-500/45，子导线直径 30.0mm，导线自重荷载为 16.53N/m。基本风速 33m/s，设计覆冰 5mm，请分析计算并解答下列问题。

▶▶第 93 题 [绝缘子片数] 31．根据以下情况，计算确定应采用多少片下述 210kN 绝缘子组成悬垂单串？ （ ）

1）所经地区海拔为 500m、等值盐密为 0.06mg/cm^2，统一爬电比距 3.46cm/kV 设计。

2）假定采用的 210kN 绝缘子的公称爬电距离为 550mm、结构高度为 170mm，在等值盐密为 0.06mg/cm^2 时的爬电距离有效系数取 0.8。

（A）40 片　　　　　　　　　　　　（B）28 片
（C）25 片　　　　　　　　　　　　（D）23 片

【答案及解答】C

由 DL/T 5582—2020 式（6.1.3-2）可得工频时要求

$n \geq \dfrac{3.46 \times 550/\sqrt{3}}{0.8 \times 550/10} = 24.97 \text{(片)}$

又由该规范第 6.2.2 条可得操作雷电时要求 $n \geq 155 \times 25 / 170 = 22.79 \text{(片)}$

以上两者取大为 25 片，选 C。

【2022 年补考下午题 31~35】　某 500kV 架空输电线路工程，最高运行电压 550kV。导线采用 4×JL/GLA-500/45，子导线直径 30.0mm，导线自重荷载为 16.53N/m。基本风速 33m/s，设计覆冰 5mm，请分析计算并解答下列问题。

▶▶第 94 题 [绝缘子片数] 32．如线路所经地区海拔 3000m，统一爬电比距按 3.8cm/kV 考虑，采用某种 210kN 绝缘子，其公称爬电距离为 550mm、结构高度为 170mm，假设爬电距离有效系数为 0.85、特征指数 m1 为 0.38。应采用多少片该 210kN 绝缘子组成悬垂单串？ （ ）

（A）25 片　　　　　　　　　　　　（B）28 片

(C) 29 片   (D) 30 片

【答案及解答】C

由 DL/T 5582—2020 式（6.1.3-2）可得工频时 $n \geq \dfrac{3.8 \times 550/\sqrt{3}}{0.85 \times 550/10} = 25.81$ (片)。

又由该规范第 6.2.2 条，操作雷电时 $n \geq 155 \times 25/170 = 22.79$ (片)。

以上两者取大，再由该规范第 6.1.5 条，海拔修正：$25.81 \times e^{0.38 \times \frac{3000-1000}{8150}} = 28.33$ (片)，取 29 片，选 C。

【2022 年补考下午题 31~35】 某 500kV 架空输电线路工程，最高运行电压 550kV。导线采用 4×JL/GLA-500/45，子导线直径 30.0mm，导线自重荷载为 16.53N/m。基本风速 33m/s，设计覆冰 5mm，请分析计算并解答下列问题。

▶▶第 95 题 [绝缘子片数] 34. 若线路位于海拔为 500m 的轻污秽地区，要求标称电压下的爬电比距不小于 2.0cm/kV，计划采用 300kN 的盘型绝缘子，设其公称爬电距离为 560mm，结构高度为 195mm，爬电距离有效系数为 0.95。计算每联应采用多少片绝缘子组成导线耐张串？   (   )

(A) 21 片   (B) 22 片
(C) 23 片   (D) 25 片

【答案及解答】B

由 DL/T 5582—2020 式（6.1.3-2）可得工频时 $n \geq \dfrac{2 \times 500}{0.95 \times 56} = 18.8$ (片)。

又由该规范第 6.2.2 条可得操作雷电时 $n \geq 25 \times 155/195 + 2 = 21.87$ (片)。

以上两者取大，取 22 片，故选 B。

【2023 年上午题 21~05】 某 500kV 双回架空输电线路，位于丘陵地区，最高运行线电压为 550kV，设计基本风速为 30m/s，履冰厚度为 10mm，导线采用 4×JL/G1A-630/45 钢芯铝绞线，直径为 33.8mm、截面为 674mm²、单重为 2.0792kg/m。请分析计算并解答下列各小题。

▶▶第 96 题 [绝缘子片数] 22. 已知某耐张转角塔全高为 90m，位于海拔高度 2000m 的 e 级污秽区，导线耐张绝缘子串采用盘型绝缘子，盘型绝缘子的公称爬电距离为 600mm，结构高度为 195mm、爬电距离的有效系数为 0.94，绝缘配置要求统一爬电比距不小于 55mm/kV。若绝缘子的特征指数为 0.38，求导线耐张绝缘子串每联所需要的片数是下列哪项数值？   (   )

(A) 24 片   (B) 27 片
(C) 31 片   (D) 33 片

【答案及解答】D

由 DL/T 5582—2020 第 6.1.3 条、6.1.5 条、6.2.2 条、6.2.3 条可得：

(1) 按工频过电压选择时

$$n \geq \dfrac{\lambda U_{\text{ph-e}}}{K_e L_{01}} = \dfrac{55 \times 550/\sqrt{3}}{0.94 \times 600} = 30.97 \text{(片)}$$

海拔 2000m 时，$n_H = ne^{m_1(H-1000)/8150} = 30.97 \times e^{0.38 \times (2000-1000)/8150} = 32.45$（片），取 33 片。

（2）按操作过电压选择时

$$n \geqslant \frac{155 \times 25}{195} = 19.87（片）$$

海拔 2000m 时，$n_H = ne^{m_1(H-1000)/8150} = 19.87 \times e^{0.38 \times (2000-1000)/8150} = 20.82$（片）。按第 6.2.2 条，耐张绝缘子加 2 片后，取 23 片。

（3）按操雷电过电压选择时

$$n \geqslant \frac{155 \times 25 + 146 \times \dfrac{90-40}{10}}{195} = 23.62（片），$$

海拔 2000m 时，$n_H = ne^{m_1(H-1000)/8150} = 23.62 \times e^{0.38 \times (2000-1000)/8150} = 24.75$（片），取 25 片。

综上所述，三者取大，应取 33 片，因此选 D。

【2024 年下午题 31~35】 某 500kV 单回交流架空输电线路，最高运行电压为 550kV，导线采用 4×JL/G1A/45 钢芯铝绞线，每根子导线重量为 16.554N/m，总截面 532mm²，其中铝截面 489mm²，铜截面 43mm²。线路悬垂串采用 U160BP/155D 盘型绝缘子，其结构高度 155mm，爬电距离 450mm，有效系数 K_e 为 0.95，特征指数为 0.38。请分析计算并解答下列各小题。

▶▶第 97 题 [绝缘子片数] 32. 已知统一爬电比距为 36mm/kV，当线路所经地区海拔为 3000m 时，计算 U160BP/155D 绝缘子悬垂串的最少片数应为下列哪项数值？

（A）27 片 　　　　　　　　　　　（B）28 片
（C）30 片 　　　　　　　　　　　（D）31 片

【答案及解答】C
依据《架空输电线路电气设计规程》（DL/T 5582—2020）

一、按爬电比距选择

由式(6.1.3-2)可得 $n_1 \geqslant \dfrac{36 \times \dfrac{550}{\sqrt{3}}}{0.95 \times 450} = 26.74$ （片）

二、按雷电过电压选择
由表 6.2.2 可得，采用题设绝缘子高度为 155m 的绝缘子片数为 25 片。
以上两者取大，取 26.74 片。

三、海拔修正：
依题意，特征指数为 0.38 由 6.1.5 条可得 $n = 26.74 \times e^{0.38 \times (3000-1000)/8150} = 29.35$（片），取 30 片，所以选 C。

【2018 年下午题 31~35】 某 500kV 架空输电线路工程，最高运行电压 550kV，导线采用 4×JL/GIA-500/45，子导线直径 30.0mm，导线自重荷载为 16.529N/m，基本风速 27m/s，设计覆冰 10mm。请回答下列问题。

▶▶第 98 题 [爬电距离] 33. 依据以下情况，计算导线悬垂串采用复合绝缘子所要求的最小爬电距离应为下列哪项数值？ （　　）

（1）海拔为 500m；

（2）D 级污秽区，统一爬电比距（最高运行相电压）要求按 5.0cm/kV 设计；

（3）假定盘型绝缘子爬电距离有效系数为 1.0。

(A) 1083cm (B) 1191cm
(C) 1280cm (D) 1400cm

【答案及解答】D

由 DL/T 5582—2020 第 6.2.4-2 款可得

$$L_1 \geqslant \frac{3}{4} \times 5 \times \frac{550}{\sqrt{3}} = 1190.78 \,(\text{cm})\,;\quad L_2 \geqslant 4.5 \times 500/\sqrt{3} = 14289.4 \,(\text{cm})$$

以上两者取大，$L = L_2 = 14289.4 \,(\text{cm})$，所以选 D。

【考点说明】

本题是 2023 年之前的题目，按老版规范 GB 50545—2010 第 7.0.7 条所出，即

$$L_1 \geqslant \frac{3}{4} \times 5 \times \frac{550}{\sqrt{3}} = 1190.78 \,(\text{cm})\,;\quad L_2 \geqslant 2.8 \times 500 = 1400 \,(\text{cm})$$

以上两者取大，$L = L_2 = 1400 \,(\text{cm})$，所以选 D。

【2013 年下午题 31～35】　某 500kV 架空输电线路工程，导线采用 4×JL/GLA-630/45，子导线直径 33.8mm，导线自重荷载为 20.39N/m，基本风速 33m/s，设计覆冰 10mm（提示：最高运行电压是额定电压的 1.1 倍）。

▶▶第 99 题 [爬电距离] 33. 海拔 500m 的 D 级污秽区，最高运行相电压盘型绝缘子（假定爬电距离有效系数为 0.90）设计爬电比距按不小于 5.0cm/kV 考虑，计算复合绝缘子所要求的最小爬电距离应为下列哪项数值？ （　　）

(A) 1191cm (B) 1203cm
(C) 1400cm (D) 1764cm

【答案及解答】C

由 DL/T 5582—2020 式 6.2.4-2 条可得题设盘型绝缘子最高相电压爬电距离为 5.0cm/kV，则复合绝缘子最小爬电距离为 $\frac{3}{4} \times 5 \times 550/\sqrt{3} = 1190.78 \,(\text{cm})$

且不应小于 $4.5 \times 550/\sqrt{3} = 1428.94 \,(\text{cm})$。

以上两者取大，所以选 C。

【考点说明】

（1）本题是 2023 年之前题目，按 GB 50545—2010 所出，新版规范 DL/T 5582—2020 第 6 章相关内容页已经进行了修改。按 50545 解答及各选项分析如下：依题意，题设最高相电压爬电比距转换为最高线电压爬电比距为 $\frac{5}{\sqrt{3}} = 2.87 \,(\text{cm/kV})$，由 GB 50545—2010 表 B.0.1 可知属Ⅳ级污秽，属重污区。

又由该规范第 7.0.7 条可知重污区复合绝缘子爬电距离为 $\frac{5\times550}{\sqrt{3}}\times\frac{3}{4}=1191$ (cm)，且不应小于 $500\times2.8=1400$ (cm)。

以上两者取大，所以选 C。

（2）其他错误选项分析如下：误选 A：$5.0\times\frac{3}{4}\times\frac{550}{\sqrt{3}}=1191$ (cm/kV)；误选 B：$\frac{5.0}{0.9}\times\frac{3}{4}\times\frac{500}{\sqrt{3}}=1203$ (cm/kV)；误选 D：$\frac{5.0}{0.9}\times\frac{550}{\sqrt{3}}=1764$ (cm/kV)。

（3）本题已知盘型绝缘子爬电比距求复合绝缘子爬电距离，而且给的还是"最高相电压爬电比距"。增加了考题难度。复合绝缘子由于表面采用高憎水性材料，抗污性能良好，单位长度沿面绝缘能力强，所以相对普通盘型绝缘子来说爬电距离可以适当减少。但爬电距离只是工频电压要求，还必须保证操作和雷电过电压要求的串长，所以还有一个下限，最小不得低于 2.8cm/kV。注意此处的"2.8cm/kV"是标称电压为基准的，按最高电压 $550\times2.8=1540$(cm) 是没答案的，这一点规范没说明，但根据此题读者可以明确"2.8cm/kV"的电压基准就是标称电压。

（4）为什么 $500\times2.8=1400$(cm) 不除 0.9？因为题设的有效系数 0.9 对应于盘形绝缘子串的有效爬距，不是复合绝缘子，所以此处不除 0.9，且"2.8cm/kV"是对复合绝缘子的最低要求。

【注释】

复合绝缘子沿面绝缘能力强，所以有效系数一般大于 1。但由于由有机材料制成，强度低，并且容易受环境影响而老化，所以使用周期较短。

【2022 年补考下午题 31~35】 某 500kV 架空输电线路工程，最高运行电压 550kV。导线采用 4×JL/GLA-500/45，子导线直径 30.0mm，导线自重荷载为 16.53N/m。基本风速 33m/s，设计覆冰 5mm，请分析计算并解答下列问题。

▶▶第 100 题 [爬电距离] 33. 在海拔为 500m 的 d 级污秽区，若采用盘型绝缘子，要求标称电压下的爬电比距不小于 3.2cm/kV，计算采用复合绝缘子时所要求的最小爬电距离是多少？   （ ）

(A) 1200cm (B) 1400cm
(C) 1500cm (D) 1600cm

【答案及解答】B

依题意，3.2cm/kV 为标称电压爬电比距，由 DL/T 5582—2020 第 6.2.4-2 条可得 D 级为重污移区为 $\frac{3}{4}\times3.2\times500=1200$cm 且不应小于 $4.5\times550/\sqrt{3}=1428.9$cm，选 B。

【考点说明】

本题是 2023 年之前的题目，按老版规范 GB 50545—2010 所出，由第 7.0.5 条及第 7.0.7 条可得 D 级为重污移区为 $\frac{3}{4}\times3.2\times500=1200$cm 且不应小于 $2.8\times500=1400$cm，选 B。

【2023年上午题21~05】 某500kV双回架空输电线路，位于丘陵地区，最高运行线电压为550kV，设计基本风速为30m/s，履冰厚度为10mm，导线采用4×JL/G1A-630/45钢芯铝绞线，直径为33.8mm、截面为674mm²、单重为2.0792kg/m。请分析计算并解答下列各小题。

▶▶第101题 [爬电距离] 23．若该线路位于海拔高度小于1000ms的e级污秽区，采用盘型绝缘子时绝缘配置要求统一爬电比距不小于55mm/kV。若采用相间复合绝缘间隔棒进行防舞，求相间复合绝缘间隔棒的爬电距离是下列哪项数值？[依据《架空输电线路电气设计规程》（DL/T 5582—2020）计算]　　　　　　　　　　　　　　　　　　　　　（　　）

（A）14000mm　　　　　　　　　　（B）14290mm
（D）22688mm　　　　　　　　　　（D）24750mm

【答案及解答】D

由DL/T 5582—2020第6.2.4条可得

盘形绝缘子相地爬电比距要求值 $L_P \geqslant 55 \times \dfrac{550}{\sqrt{3}} = 17465.4(\text{mm})$

复合绝缘子相地爬电比距要求值 $L_F \geqslant L_P \times \dfrac{3}{4} = 17465.4 \times \dfrac{3}{4} = 13099.0(\text{mm})$，同时

$L_F \geqslant 45 \times \dfrac{550}{\sqrt{3}} = 14289.4(\text{mm})$，两者取大，应取14289.4mm。

复合绝缘子相间爬电比距要求 $L_{F2} \geqslant L_F \times \sqrt{3} = 14289.4 \times \sqrt{3} = 24749.6$（mm）。

【2024年下午题31~35】 某500kV单回交流架空输电线路，最高运行电压为550kV，导线采用4×JL/G1A/45钢芯铝绞线，每根子导线重量为16.554N/m，总截面532mm²，其中铝截面489mm²，铜截面43mm²。线路悬垂串采用U160BP/155D盘型绝缘子，其结构高度155mm，爬电距离450mm，有效系数 K_e 为0.95，特征指数为0.38。请分析计算并解答下列各小题。

▶▶第102题 [爬电距离] 33．由于环境变化，该线路所在污区由c级调整为d级，新配置的U160BP/155D绝缘子片数不少于37片，若该线路采用复合绝缘子，假设其爬电距离有效系数为1，则其爬电距离最小值应为下列哪项数值？　　　　　　　　（　　）

（A）11863mm　　　　　　　　　　（B）14288mm
（C）14289mm　　　　　　　　　　（D）15818mm

【答案及解答】C

依据《架空输电线路电气设计规程》（DL/T 5582—2020）第6.2.4-2款可得

$L_{复合}k_{复合} \geqslant \dfrac{3}{4} L_{盘型} k_{盘型}$

$\Rightarrow L_{复合} \geqslant \dfrac{3}{4} \dfrac{L_{盘型} k_{盘型}}{k_{复合}} = \dfrac{3}{4} \times \dfrac{37 \times 450 \times 0.95}{1} = 11863.125(\text{mm})$

同时满足 $L_{复合} \geqslant 45 \times \dfrac{550}{\sqrt{3}} = 14289.42(\text{mm})$

以上两者取大，所以选C。

【考点说明】

（1）本题需要注意爬电比距 45mm/kV，应使用最高相电压 550/跟 3。

（2）本题的复合绝缘子有效系数为 1 容易导致误解。

【2022 年下午题 31～35】 500kV 架空输电线路，位于平原地区，设计基本风速 30m/s、覆冰厚度 10mm，导线采用 4×JL1/G1A-500/45，最高运行电压为 550kV，年平均雷暴日数为 40d。导线悬垂绝缘子串长度为 5.0m。请分析计算并解答下列各题。

▶▶第 103 题 [爬电距离海拔修正] 33．在 d 级污秽区，悬垂绝缘子串采用复合绝缘子，假定其特征指数取 0.42，当公称爬电距离较海拔高度 1000m 时的取值增加了 8%，计算该复合绝缘子适用的海拔高度为下列哪项数值？（ ）

（A）1400m （B）1800m
（C）2500m （D）3000m

【答案及解答】C

依题意，较海拔 1000m 时的取值增加了 8%，即海拔修正系数为 1.08。

解法一：依据考时适用《110kV～750kV 架空输电线路设计技术规范》（GB 50545—2010）。

由 GB 50545—2010 第 7.0.8 条，依题意 $n_H = 1.08n$，则

$$1.08 = e^{0.1215 \times 0.42 \times (H-1000)/1000}$$

$$\ln 1.08 = \frac{0.1215 \times 0.42 \times (H-1000)}{1000} \Rightarrow H = \frac{\ln 1.08 \times 1000}{0.1215 \times 0.42} + 1000 = 2508 \text{(m)}$$

向下选择适合的选项，所以选 C。

解法二：依据最新考纲规范《架空输电线路电气设计规程》（DL/T 5582—2020）。

由 DL/T 5582—2020 第 6.1.5 条，则

$$\ln 1.08 = \frac{0.42 \times (H-1000)}{8150} \Rightarrow H = \frac{\ln 1.08 \times 8150}{0.42} + 1000 = 2493.41 \text{(m)}$$

11.2.3 考点 3 力学计算

1. 挡距与电线应力弧垂计算

【2012 年上午题 21～25】 某单回路 500kV 架空送电线路，设计覆冰厚度 10mm，某直线塔的最大设计挡距为 800m，使用的悬垂绝缘子串（Ⅰ串）长度为 5m，地线串长度为 0.5m（假定直线塔有相同的导、地线布置）[提示：$K=P/(8T)$]。

▶▶第 104 题 [挡距] 24．若导线按水平布置，线间距离为 12m，导线最大弧垂时 K 值为 8.0×10^{-5}，请问最大挡距可用到多少 [提示：$K=P/(8T)$]？（ ）

（A）825m （B）1720m
（C）938m （D）1282m

【答案及解答】C

由 DL/T 5582—2020 第 9.1.1 条可知

$$D = k_i L_k + \frac{U}{110} + 0.65\sqrt{f_c} \Rightarrow 0.4 \times 5 + \frac{500}{110} + 0.65\sqrt{8.0 \times 10^{-5} \times L^2} = 12 \Rightarrow L = 938 \text{ (m)}$$

【考点说明】

最大挡距主要涉及挡距中央处、导线的相间距离要求，DL/T 5582—2020 第 9.1.1 条的经验公式[式（9.1.1-1）]，挡距与水平线间距离之间的关系，隐含于等式右侧的第三项内的弧垂 f 中。

【注释】

线路设计中，一般取弧垂计算 k 值系数为 $k=\dfrac{g}{2\sigma}$。而本题及以下若干题目，却都习惯使用 $K=\dfrac{P}{8T}$，所以必须注意题意标明的用法。

▶▶【2008 年下午题 33~36】 有数基 220kV 单导线按 LGJ-300/40 设计的铁塔，导线的安全系数为 2.5，想将该塔用于新设计的 220kV 送电线路，采用的气象条件与本工程相同。本工程中导线采用单导线 LGJ-400/50，地线不变，导线参数见下表。

型号	最大风压 P_4（N/m）	单位重量 P_1（N/m）	覆冰时总重 P_3（N/m）	破坏拉力（N）
LGJ-300/40	10.895	11.11	20.522	87609
LGJ-400/50	12.575	14.82	25.253	117230

▶▶**第 105 题** [挡距] 33．按 LGJ-300/40 设计的直线铁塔（不带转角），水平挡距为 600m，用于本工程 LGJ-400/50 导线时，水平挡距应取以下哪项数值（不计地线影响）？ （ ）

(A) 450m　　　　　　　　　　　(B) 480m
(C) 520m　　　　　　　　　　　(D) 500m

【答案及解答】C

由 DL/T 5582—2020 式（9.3.1-1），依题意换导线前后杆塔的风荷载不变，由于杆塔不变，$\sin\theta$ 值不变，则：$P_4 L_H = P_4' L_H' \Rightarrow L_H' = 600 \times 10.895/12.575 = 520\,(\mathrm{m})$，所以选 C。

【考点说明】

本题的解题思路是，由于杆塔不变，所以换导线前后杆塔所能承受的最大水平荷载也不变，利用此列方程解答即可。新版规范 DL/T 5582—2020 第 9.3 节风荷载计算公式已经变更，今后考试按照新版规范计算即可。

【注释】

（1）导线上的风荷载=单位长导线上的风压×导线水平挡距×每相导线分裂数。

（2）导线 LGJ-400/50 的单位长度风压比 LGJ-300/40 大，所以前者对同一杆塔的允许水平挡距要按风压之比缩小。

▶▶**第 106 题** [挡距] 34．按 LGJ-300/40 设计的直线铁塔（不带转角），覆冰时的垂直挡距为 1200m，用于本工程 LGJ-400/50 导线时，若不计同时风的影响，垂直挡距应取以下哪项数值？ （ ）

(A) 910m　　　　　　　　　　　(B) 975m
(C) 897m　　　　　　　　　　　(D) 1050m

【答案及解答】B

新版线路手册第 469 页式（8-17），且换导线前后覆冰垂直荷载不变，则 $P_3 L_v = P_3' L_v' \Rightarrow$

$=1200\times 20.522/25.253=975\,(m)$,所以选 B。

【考点说明】
（1）利用换导线前后杆塔所能承受的最大垂直荷载不变列方程解答。
（2）老版线路手册第 327 页式（6-2-5）。

【注释】
（1）导线上的垂直荷载=单位长导线上的垂直荷载×导线垂直挡距×每相导线分裂数。
（2）导线 LGJ-400/50 的单位长度垂直荷载比 LGJ-300/40 大，所以前者对同一杆塔的允许垂直挡距要按垂直荷载之比缩小。

【2020 年下午题 31～35】 500kV 输电线路，地形为山地，设计基本风速为 30m/s，覆冰 10mm。采用 4×LGJ-400/50 导线，导线直径 27.63mm，截面 451.55mm²，最大设计张力 46892N，导线悬垂绝缘子串长度为 5.0m。某耐张段定位结果如下表。请解答如下问题。
（提示：按平抛物线计算，不考虑导线分裂间距影响。高差：前进方向高为正）

杆塔号	塔型	呼称高度（m）	塔位高程（m）	档距（m）	导线挂点高差（m）
1	JG1	25	200		12
				450	
2	ZB1	27	215		27
				500	
3	ZB2	29	240		21
				600	
4	ZB2	30	260		30
				450	
5	ZB3	30	290		60
				800	
6	JG2	25	350		

已知条件

设计工程	最低气温	平均气温	最大风速	覆冰工况	最高气温	断联
比载[N/(m·mm²)]	0.03282	0.03282	0.048343	0.05648	0.03282	0.03282
应力（N/mm²）	65.2154	61.8647	90.7319	103.8468	58.9459	64.5067

▶▶ **第 107 题 [挡距] 32.** 计算#4 塔 ZB2 的定位时垂直档距应为下列哪项数值？（　　）
（A）468m （B）525m
（C）610m （D）708m

【答案及解答】 A
由新版线路手册第 311 页右下最大弧垂内容，第 307 页式（5-26）、式（5-29）可得

$$\frac{\gamma_7}{\delta_7}=\frac{0.05648}{103.8468}<\frac{0.03282}{58.9459}=\frac{\gamma_1}{\delta_1} \Rightarrow 最大弧垂工况为最高气温 故$$

$$l_v = l_H + \frac{\sigma_0}{\gamma_v}\alpha = \frac{(600+450)}{2} + \frac{58.9459}{0.03282}\times\left(\frac{21}{600}-\frac{30}{450}\right) = 468\,(m)$$

所以选 A。

【考点说明】

老版线路手册第 184 页的式（3-3-12）。

【2010 年下午题 31~35】 某单回 220kV 架空送电线路，采用两分裂 LGJ-300/40 导线，气象条件见下表。

工况	气温（℃）	风速（m/s）	冰厚（mm）
最高气温	40	0	0
最低气温	−20	0	0
年平均气温	15	0	0
最大覆冰	−5	10	10
最大风速	−5	30	0

导线基本参数为：

导线型号	拉断力（N）	外径（mm）	截面（mm²）	单重（kg/m）	弹性系数（N/mm²）	线膨胀系数（1/℃）
LGJ300/40	87600	23.94	338.99	1.133	73000	19.6×10⁶

▶▶ 第 108 题 ［挡距］ 34. 若导线在最大风时应力为 100N/mm²，最高气温时应力为 50N/mm²，某直线塔的水平挡距为 400m，最高气温时的垂直挡距为 300m，计算最大风速垂直挡距为多少？ （ ）

（A）600m 　　　　　　　　（B）200m
（C）350m 　　　　　　　　（D）380m

【答案及解答】B

由新版线路手册第 307 页式（5-29），且本题为直线杆塔，$\sigma_{10} = \sigma_{20} = \gamma$，$l_v = l_H + \dfrac{\sigma_o}{\gamma_v}a$，可得

最高气温时　　$300 = l_H + (\sigma_A/\gamma_v)a \to (\sigma_A/\gamma_v)a = -100 \to a/\gamma_v = -2$

最大风速时　　$l_v = l_H + \dfrac{\sigma_B}{\gamma_v}a = 400 + 100 \times (-2) = 200 \ (\text{m})$

所以选 B。

【考点说明】

（1）考查垂直挡距水平挡距含义与计算式。提示：根据最大风速和最高温度时的电线垂直比载相同，利用最大风速时的垂直挡距求出 a/γ_v，再求出高温时的垂直挡距。

（2）老版线路手册第 183 页式（3-3-11）和第 184 页式（3-3-12）。

【注释】

老版线路手册第 180 页表 3-3-1 中的挡距高端单侧垂直挡距 l_{OB} 计算式中，应取+号，低端应取一号，从高温时 $l_v = 300$，小于 $l_h = 400$，可见，该直线杆塔处于低端，并且对于所有工况都是低端。以下计算为另一种思路简明的算法。取：大风时 $l_h - l_{vv} = \dfrac{\sigma_v h}{g_1 l}$；高温时

$l_\mathrm{h}-l_\mathrm{v40}=\dfrac{\sigma_{40}h}{g_1 l}$。两计算式相比,得到 $\dfrac{l_\mathrm{h}-l_\mathrm{vv}}{l_\mathrm{h}-l_\mathrm{v40}}=\dfrac{\sigma_\mathrm{v}}{\sigma_{40}}$,代入 l_h=400、l_v40=300、σ_v=100、σ_{40}=50,即可得 l_vv=200m。

【2018 年下午题 36~40】 500kV 架空输电线路工程,导线采用 4×JL/G1A-500/35,导线自重荷载为 16.18N/m,基本风速 27m/s,设计覆冰 10mm(同时温度–5℃,风速 10m/s),10mm 覆冰时,导线冰荷载 11.12N/m,风荷载 3.76N/m;导线最大设计张力为 45300N,大风工况导线张力为 36000N,最高气温工况导线张力为 25900N。某耐张段定位结果见下表,请解答下列问题(提示:以下计算均按平抛物线考虑,且不考虑绝缘子串的影响)。

塔号	塔型	挡距	挂点高差
1	JG1	500	20
2	ZM2	600	50
3	ZM4	1000	150
4	JG2		

注 挂点高差大号侧高为"+",反之为"–"。

▶▶**第 109 题 [挡距] 36.** 计算确定 2 号 ZM2 塔最高气温工况下的垂直挡距应为下列哪项数值? ( )

(A) 481m (B) 550m
(C) 664m (D) 747m

【答案及解答】 A

新版线路手册第 307 页式(5-27)、式(5-29)可得水平挡距为

$l_\mathrm{h}=\dfrac{l_1+l_2}{2}=\dfrac{500+600}{2}=550(\mathrm{m})$; $\alpha=\dfrac{h_1}{l_1}+\dfrac{h_2}{l_2}=\dfrac{20}{500}-\dfrac{50}{600}=-0.0433$

最高气温时垂直挡距:$l_\mathrm{v}=l_\mathrm{h}+\dfrac{\sigma_0}{\gamma_\mathrm{v}}\alpha=550+\dfrac{25900}{16.18}\times(-0.0433)=480.7(\mathrm{m})$

【注释】

(1) 按题表所示,塔间导线悬挂点高差均为正值,表示各塔导线悬挂点依次提高。对于 2 号塔 ZM2 的悬点而言,比 1 号塔 JG1 悬点高,故相应悬点高差应取为正值;比 3 号塔 ZM4 悬点低,故相应悬点高差应取为负值。

(2) 老版线路手册第 183 页式(3-3-9)。

【2017 年下午题 31~35】 某 500kV 架空输电线路工程,导线采用 4×JL/GIA–630/45,子导线直径 33.8mm,子导线截面 674.0mm²,导线自重荷载为 20.39N/m,基本风速 36m/s,设计覆冰 10mm(同时温度–5℃,风速 10m/s),覆冰时导线冰荷载为 12.14N/m,风荷载 4.035N/m,基本风速时导线风荷载为 26.32N/m,导线最大设计张力为 56500N,计算时风压高度变化系数均取 1.25。(不考虑绝缘子串重量等附加荷载)

▶▶**第 110 题 [挡距] 31.** 某直线塔的水平挡距 l_h=600m,最大弧垂时垂直挡距 l_v=500m,所在耐张段的导线张力,覆冰工况为 56193N,大风工况为 47973N,年平均气温工况为 35732N,

高温工况为33077N，安装工况为38068N，计算该塔大风工况时的垂直挡距应为下列哪项数值？（　　）

（A）455m　　　　　　　　　　　　（B）494m
（C）500m　　　　　　　　　　　　（D）550m

【答案及解答】A

由新版线路手册第303页表5-13、第311页右下内容、第307页式（5-29）可得

$$\frac{\gamma_7}{\delta_7}=\frac{g_7}{T_7}=\frac{\sqrt{(20.39+12.14)^2+4.035^2}}{56193}=5.833\times10^{-4};\quad \frac{\gamma_1}{\delta_1}=\frac{g_1}{T_1}=\frac{20.39}{33077}=6.164\times10^{-4}$$

$\frac{\gamma_7}{\delta_7}<\frac{\gamma_1}{\delta_1}$ 最大弧垂为最高温工况，故

$$l_v=l_H+\frac{\delta_0}{\gamma_v}\alpha \quad\Rightarrow\quad \alpha=\frac{500-600}{\dfrac{33077/S}{20.39/S}}=-0.06164$$

大风工况垂直挡距：$l_v=l_H+\dfrac{\delta_0}{\gamma_v}\alpha=600+\dfrac{47973/S}{20.39/S}\times(-0.06164)=454.98\ (\text{m})$

【考点说明】

（1）考查最大弧垂判别法，水平挡距与垂直挡距的关系。计算稍复杂，但均为常见考点。注意不同工况下的垂直挡距的不同，在于它们具有不同的水平应力和垂直比载，它们所处的水平挡距、垂直挡距、挡距两端悬挂点高差是相同的。只有熟练运用垂直挡距公式，方可应对此类题目。采用应力和比载，计算垂直挡距或弧垂时，不须计及分裂导线根数。

（2）老版线路手册第179页表3-2-3、第188页内容及第184页式（3-3-12）。

【2019年下午题31～35】某220kV架空输电线路工程，采用2×JL/GIA-500/45导线，导线外径为30mm，自重荷载为16.53N/m；子导线最大设计张力为45300N（提示覆冰比重0.9g/cm³、g=9.80m/s²）。

▶▶第111题[挡距]31.假定单联悬垂玻璃绝缘子串连接金具及绝缘子破坏强度为100kN、悬垂线夹破坏强度为45kN，无冰区。某直线塔排位水平挡距为550m，大风工况的风荷载25.0N/m；计算在最大使用荷载控制时，采用该悬垂绝缘子串的大风工况允许垂直挡距为多少？（　　）

（A）703m　　　　　　　　　　　　（B）750m
（C）802m　　　　　　　　　　　　（D）879m

【答案及解答】A

依题意，单联绝缘子连接金具100kN承受两根子导线荷载，悬垂线夹45kN承受一根子导线荷载，比较两个金具的破坏强度：100/2=50（kN）＞45（kN），所以选择强度较低的悬垂线夹45kN计算。

由DL/T 5582—2020第8.0.1条可得，悬垂串最大使用荷载=45/2.5=18（kN）。

假设大风工况下允许垂直挡距为L_v，则

$$\sqrt{(25.0\times550)^2+(16.53\times L_v)^2}\leqslant 18\times1000 \quad\Rightarrow\quad L_v\leqslant 703\ (\text{m})$$

第 11 章 高压输电线路

【考点说明】

（1）本题已知悬垂绝缘子串金具强度反算垂直挡距，是一种比较常见的出题形式。本题单联绝缘子链接金具承受的是两根子导线的荷载，线夹承受的是一根子导线的荷载，要比较强度后取小进行计算的过程，不能直接使用较小的 45kN 计算。如果比较后用强度大的 50kN 来计算允许的垂直挡距，会得到错误答案 D，应该使用较小的金具强度。

（2）本题题目给的子导线最大设计张力 45300N，是导线弧垂最低点张力，悬垂绝缘子并不承受水平张力，不能用该数据计算，必须算金具大风工况的综合荷载。

（3）如果按 DL/T 5582—2020 第 8.0.1 条绝缘子来选择，绝缘子的强度为 100kN，取绝缘子串安全系数 2.7，按两根子导线计算，则会得到错误答案 B。

【2024 年下午题 31~35】 某 500kV 单回交流架空输电线路，最高运行电压为 550kV，导线采用 4×JL/G1A/45 钢芯铝绞线，每根子导线重量为 16.554N/m，总截面 532mm²，其中铝截面 489mm²，铜截面 43 mm²。线路悬垂串采用 U160BP/155D 盘型绝缘子，其结构高度 155mm，爬电距离 450mm，有效系数 K_e 为 0.95，特征指数为 0.38。

请分析计算并解答下列各小题。

▶▶第 112 题 [挡距] 35. 某直线塔采用双联 U160BP/155D 绝缘子 I 型串，覆冰工况下子导线冰荷载为 11.091N/m，风荷载为 3.75N/m，不考虑绝缘子串自身的荷载，当水平档距为 900m 时，计算该绝缘子串覆冰工况允许的最大垂直挡距为下列哪项数值？（　　）

(A) 713m   (B) 957m

(C) 1065m   (D) 2654m

【答案及解答】C

依据 DL/T 5582—2020 第 8.0.1 条，可知盘型绝缘子最大使用荷载工况时，安全系数为 2.7，4 分裂导线两联绝缘子，每联承受 2 根子导线，可得绝缘子最大使用荷载 $2×160/2.7=118.52(kN)$，则 $118520 \geq 4 × \sqrt{(3.75×900)^2 + [(16.554+11.091)L_v]^2}$

解得 $L_v = 1065(m)$，所以选 C。

【2016 年上午题 21~25】 220kV 架空输电线路工程，导线采用 2×400/35，导线自重荷载为 13.21N/m，风偏校核时最大风风荷载为 11.25N/m，安全系数 2.5 时最大设计张力为 39.4kN，导线采用 I 型悬垂绝缘子串，串长 2.7m，地线串长 0.5m。

▶▶第 113 题 [挡距] 23. 假定采用 V 形串，V 串的夹角为 100°，当水平挡距为 500m 时，在最大风情况下要使子串不受压，计算最大风时最小垂直挡距为多少？（不计绝缘子串影响，不计风压高度系数影响）（　　）

(A) 357m   (B) 492m

(C) 588m   (D) 603m

【答案及解答】A

新版线路手册第 434 页 V 形绝缘子串的组装形式和受力计算内容中，式(5-3-1)及表 5-3-1 可知，当导线最大风偏角等于 V 形绝缘子串夹角一半，子绝缘子串不受压，即

$$\varphi = \alpha = 50° = \arctan\frac{P_H}{W_v} = \tan^{-1}\frac{l_H W_4}{l_v W_1} = \arctan\frac{500\times11.25}{l_v\times13.21}$$

可得 l_v=357.3m，所以选 A。

【注释】

本题考查 V 形绝缘子受力，在直接代公式的基础上有了一定的难度提升，需要对 V 型串的受力做一定的分析。

根据新版线路手册第 434 页（老版线路手册第 296 页）图 7-19 可知，式（7-5）和表 7-12 中使用的 V 形联板的夹角 α 是两个绝缘子串之间夹角的一半。了解了几何关系，具有一定力学基础的同学很容易知道，要使绝缘子串不受压力，应使风偏角 $\varphi\leqslant\alpha$，此关系也可由表 5-3-1 分析得出。

【2020 年上午题 21～25】 某单回路 220kV 架空送电线路，海拔高度 120m，采用单导线 JL/G1A-400/50，该线路气象条件如下：(g=9.81m/s^2)

工况	气温（℃）	风速（m/s）	冰厚（mm）
最高气温	40	0	0
最低气温	−20	0	0
年平均	15	0	0
覆冰厚度	−5	10	10
基本风速	−5	27	0

导线参数见下表：

型号	每米质量（kg/m）	直径 d（mm）	截面 s（mm^2）	额定拉断力 T_k（N）	线性膨胀数 a（1/℃）	弱性指量 E（N/mm^2）
JL/G1A-400/50	1.511	27.63	451.55	123000	19.3×10-6	69000

▶▶第 114 题 [档距] 22. 已知最低气温和最大覆冰是两个有效控制条件，存在有效临界档距，请计算该临界档距应为下列哪项数值？[最大覆冰时比载为 0.056N/(m·mm^2)]（　　）

（A）190.2m　　　　　　　　　　　（B）200.2m
（C）118.9m　　　　　　　　　　　（D）126.5m

【答案及解答】A

由新版线路手册第 303 页表 5-14 可得最低气温导线比载 γ_1=0.0328N/(m·mm^2)；又由该手册第 310 页式（5-37），两个控制条件下的导线允许应力相等；由 DL/T 5582—2020 第 143 页，第 5.1.16 条条文说明可知，保证拉断力为计算拉断力的 95%，可得

$$临界档距=\frac{123000\times0.95}{2.5\times451.55}\times\sqrt{\frac{24\times19.3\times10^{-6}\times(-20+5)}{0.0328^2-0.056^2}}=190.2(m)$$

【考点说明】

（1）本题不乘 0.95 会错选 B。

（2）老版线路手册第 179 页表 3-2-3、第 187 页式（3-3-20）。

▶▶第 115 题 [档距] 23. 若导线在最大风速时应力为 85N/mm^2，最高气温时应力为 55N/mm^2，

某直线塔的水平档距为430m,最高气温时的垂直档距为320m,计算最大风速时的垂直档距应为下列哪项数值? ( )

(A) 600m   (B) 260m
(C) 359m   (D) 380m

【答案及解答】B

由新版线路手册第307页式(5-29)可得

最高气温时　　$\alpha = (l_v - l_H)\dfrac{\gamma_v}{\sigma_0} = (320 - 430) \times \dfrac{9.81 \times 1.511/451.55}{55} = -0.06565$

最大风速垂直档距　　$l_{v大风} = 430 + \dfrac{85}{9.81 \times 1.511/451.55} \times (-0.06565) = 260(\text{m})$

【考点说明】

(1) 老版线路手册第184的式(3-3-12)。

(2) 垂直档距会随着应力比载的变化而变化,也就是不同的气象条件垂直档距可能不一样,而水平档距杆塔一旦定位后就不会改变,综合高差系数 α 也是一个物理参数,杆塔一旦定位就不会改变,这正是垂直档距换算建立等式的原理。各种气象条件下的垂直档距换算属于最基本的计算,应非常熟练的掌握,本题作为一道案例题来考查属于送分题。

(3) 本题解答按照线路手册垂直档距公式严格推导,过程稍微繁琐,可以直接使用一个公式非常快速的进行换算,这在培训习题课中通过训练基本可以做到10s出答案。

【2010年下午题31~35】 某单回220kV架空送电线路,采用两分裂LGJ-300/40导线,气象条件见下表。

工况	气温(℃)	风速(m/s)	冰厚(mm)
最高气温	40	0	0
最低气温	20	0	0
年平均气温	15	0	0
最大覆冰	5	10	10
最大风速	5	30	0

导线基本参数为:

导线型号	拉断力(N)	外径(mm)	截面(mm²)	单重(kg/m)	弹性系数(N/mm²)	线膨胀系数(1/℃)
LGJ300/40	87600	23.94	338.99	1.133	73000	19.6×10⁶

▶▶第116题 [挡距] 33. 已知最低气温和最大覆冰是两个有效控制条件,则存在有效临界挡距为多少? ( )

(A) 155m   (B) 121m
(C) 92m   (D) 167m

【答案及解答】D

(1) 计算最低气温工况综合比载。依题意数据,最低气温时无风,综合比载为导线的自

重比载，由新版线路手册第 303 页表 5-13 可得

$$\gamma_1 = \frac{g_1}{A} = \frac{9.8 p_1}{A} = \frac{9.8 \times 1.133}{338.99} = 32.75 \times 10^{-3} \ [\text{N}/(\text{m}\cdot\text{mm}^2)]$$

（2）求最大覆冰工况综合比载。

1）最大覆冰工况的垂直比载为

$$\gamma_3 = \frac{g_3}{A} = \frac{g_1 + g_2}{A} = \frac{9.8 p_1 + 9.8 \times 0.9 \pi \delta(\delta + d) \times 10^{-3}}{A}$$

$$= \frac{9.8 \times 1.133 + 9.8 \times 0.9 \times 3.14 \times 10 \times (10 + 23.94) \times 10^{-3}}{338.99} = 60.483 \times 10^{-3} \ [\text{N}/(\text{m}\cdot\text{mm}^2)]$$

2）最大覆冰工况的水平风荷载。由表 3-1-14 和表 3-1-15 可知，最大覆冰时 $\alpha=1.0$、$\mu_{sc}=1.2$，可得

$$\gamma_5 = \frac{g_5}{A} = \frac{0.625 v^2 (d + 2\delta) \alpha \mu_{sc} \times 10^{-3}}{A}$$

$$= \frac{0.625 \times 10^2 \times (23.94 + 2 \times 10) \times 1.0 \times 1.2 \times 10^{-3}}{338.99} = 9.722 \times 10^{-3} \ [\text{N}/(\text{m}\cdot\text{mm}^2)]$$

3）最大覆冰工况的综合比载为

$$\gamma_7 = \sqrt{\gamma_3^2 + \gamma_5^2} = \sqrt{60.483^2 + 9.722^2} = 61.259 \times 10^{-3} \ [\text{N}/(\text{m}\cdot\text{mm}^2)]$$

（3）求临界挡距。由老版线路手册第 185 页式（3-3-16），第 187 页式（3-3-20）可得临界挡距为

$$l_{cr} = \sigma_m \sqrt{\frac{24 \alpha (t_m - t_n)}{\gamma_m^2 - \gamma_n^2}} = \frac{T_p}{AK_c} \sqrt{\frac{24 \alpha (t_m - t_n)}{\gamma_1^2 - \gamma_7^2}} = \frac{87\,600}{338.99 \times 2.5} \times \sqrt{\frac{24 \times 19.6 \times 10^{-6} \times [-20 - (-5)]}{(32.75^2 - 61.259^2) \times 10^{-6}}}$$

$$= 167.72 \times 10^{-3} \ [\text{N}/(\text{m}\cdot\text{mm}^2)]$$

其中 2.5 为安全系数，所以选 D。

【考点说明】

（1）考查临界挡距计算；该类题目应根据 DL/T 5582—2020 第 9.3.1 条在计算 γ_5、γ_7 时需要增加覆冰增大系数 B。考试中这种计算量很大的题目可考虑放在最后做。

（2）老版线路手册第 179 页表 3-2-3。

【注释】

（1）求解时，可以引用其题干中的条件；也可引用同一题干下其他几题中相同条件所得计算结果或中间结果；不可引用同一题干下其他几题中的条件，或不同条件下所得计算结果和中间结果。

（2）因大、小题干相关条件相同，本题可以直接引用本大题第 31 小题的计算结果。

【2009 年下午题 31~35】 某架空送电线路，有一挡的挡距 $L=1000\text{m}$，悬点高差 $h=150\text{m}$，最高气温时导线最低点应力 $\sigma=50\text{N}/\text{mm}^2$，垂直比载 $g=25\times10^{-3}\text{N}/(\text{m}\cdot\text{mm}^2)$。（注：同 2012 年下午题 36~40）。

▶▶**第 117 题 [弧垂计算] 33.** 请用斜抛物线公式计算最大弧垂为下列哪项？ （ ）

(A) 62.5m　　　　　　　　　　(B) 63.2m
(C) 65.5m　　　　　　　　　　(D) 61.3m

第 11 章 高压输电线路

【答案及解答】 B

由新版线路手册第 304 页表 5-14 可得

$\tan\beta = h/l = 150/1000 = 0.15$ ； $\cos\beta = \cos(\arctan 0.15) = 0.9889$

$$f_m = \frac{25 \times 10^{-3} \times 1000^2}{8 \times 50 \times 0.9889} = 63.2 \text{ (m)}$$

【考点说明】

老版线路手册第 180 页表 3-3-1。

【2010 年下午题 31～35】 大题干略

▶▶**第 118 题 [弧垂计算]** 35．若线路某气象条件下自重力比载为 0.033N/（m·mm²），冰重力比载为 0.040N/（m·mm²），风荷比载为 0.020N/（m·mm²），综合比载为 0.0757N/（m·mm²），导线水平应力为 115N/（m·mm²），计算在该气象条件下挡距为 400m 的最大弧垂为多少？ （ ）

(A) 13.2m　　　　　　　　　　(B) 12.7m

(C) 10.4m　　　　　　　　　　(D) 8.5m

【答案及解答】 A

由新版线路手册第 304 页表 5-14，第 311 页最大弧垂判别法内容，结合题意，题设气象条件是覆冰工况，则覆冰工况弧垂为

$$f_m = \frac{\gamma l^2}{8\sigma_0} = \frac{0.075\ 7 \times 400^2}{8 \times 115} = 13.2 \text{ (m)}$$

【考点说明】

（1）题干"计算在该气象条件下挡距为 400m 的最大弧垂为"，意思很明确，就是计算题干描述的气象条件（覆冰）下的最大弧垂。不必进行最大弧垂判别法判断用覆冰工况还是用最高气温工况。就算要判断最大弧垂发生在那个工况条件也不足，因为不知道最高气温时的应力 σ_1。

（2）本题小题干给的数据有些是无用的，主要目的在于考查计算最大弧垂处于什么工况使用哪一个荷载，这一点在老版线路手册第 188 页进行了详细的描述。

（3）对于定位时用到的对地距离、交叉跨越距离等问题，关心的主要是导线的垂直弧垂，若覆冰时的垂直弧垂大于最高气温时的弧垂，则应在导线覆冰垂直平面上，计算其垂直弧垂，并采用其垂直平面上的 g_3 和 σ_3。

（4）老版线路手册第 180 页、第 188 页。

【2019 年下午题 31～35】 某 220kV 架空输电线路工程，采用 2×JL/GIA-500/45 导线，导线外径为 30mm，自重荷载为 16.53N/m；子导线最大设计张力为 45300N（提示覆冰比重 0.9g/cm³，g=9.80m/s²）。

▶▶**第 119 题 [弧垂计算]** 35．已知某挡挡距为 600m，高差为 200m，假定最高气温时导线最低点的张力为 28000N，计算该挡最高气温时最大弧垂为多少？（提示：采用斜抛物线公式计算） （ ）

(A) 23.70m　　　　　　　　　　(B) 25.25m

(C) 26.57m　　　　　　　　　　(D) 28.00m

【答案及解答】 D

由新版线路手册第 303 页表 5-13 可得最高气温时导线的比载为

$$\gamma_1 = \frac{16.53}{S}; \quad \cos\beta = \cos\left[\arctan\left(\frac{200}{600}\right)\right] = 0.95$$

又由该手册第 304 页表 5-14 可得最高气温时最大弧垂为

$$f_m = \frac{\gamma l^2}{8\sigma_0 \cos\beta} = \frac{\frac{16.53}{S} \times 600^2}{8 \times \frac{28000}{S} \times 0.95} = 27.96 \text{ (m)}$$

【考点说明】

（1）本题虽然可以根据题设导线型号查新版线路手册第 792 页表格（老版线路手册第 771 页）得到导线截面积，但如果对最大弧垂公式熟悉可以知道截面积是可以约掉的，直接代单位荷载和张力进行计算就可以，这样可以减小计算量，节省时间。

（2）老版线路手册第 179 页表 3-2-3、表 3-3-1。

【2024 年下午题 36～40】 某 220kV 单回架空线路工程，设计基本风速为 27m/s，覆冰厚度为 10mm，导线采用 2×JL/G1A-630/45 钢芯铝绞线，直径为 33.8mm，截面为 674mm²，单重为 2.0792kg/m。直线塔型 ZB2，采用单联 I 串，丘陵地区，水平档距为 400mm²，垂直档距为 550m，导线平均高度为 15m。（重力加速度取 9.80665m/s²）

请分析计算并解答下列各小题。

▶▶ 第 120 题 [弧垂计算] 37. 已知 T1、T2 两基直线塔之间的档距为 400m，挂线点等高，平均气温时，档距中央导线弧垂为 10m，若此时将 T1 塔悬垂线夹松开后导线向档内偏移 0.5m，求档距中央弧垂为下列哪项数值？（采用平抛物线公式，不考虑悬垂串偏移）

( )

（A）8.66m
（B）10.50m
（C）12.25m
（D）13.25m

【答案及解答】 D

依据老版线路手册第 180 页，表 3-3-1，设 $x = \frac{\gamma_前}{\sigma_前}$，$y = \frac{\gamma_后}{\sigma_后}$，则滑移前 $f_前 = \frac{\gamma_前 l^2}{8\sigma_前} = \frac{xl^2}{8}$

$= \frac{x \times 400^2}{8} = 10$，解得 $x = 5 \times 10^{-4}$。

滑移前档内线长

$$L = l + \frac{h^2}{2l} + \frac{\gamma_前^2 l^3}{24\sigma_前^2} = l + \frac{h^2}{2l} + \frac{x^2 l^3}{24} = 400 + 0 + \frac{(5 \times 10^{-4})^2 \times 400^3}{24} = 400.6667 \text{(m)}$$

滑移后档内线长

$$L = 400.6667 + 0.5 = 401.1667m = l + \frac{h^2}{2l} + \frac{y^2 l^3}{24} = 400 + \frac{y^2 400^3}{24}$$

解得 $y=6.614\times10^{-4}$，则滑移后弧垂 $f_{后}=\dfrac{\gamma_{后}l^2}{8\sigma_{后}}=\dfrac{yl^2}{8}=\dfrac{6.614\times10^{-4}\times400^2}{8}=13.23(m)$

所以选 D。

【2008 年上午题 18~21】 单回路 220kV 架空送电线路，导线直径为 27.63mm，截面积为 451.55mm^2，单位长度质量为 1.511kg/m。本线路在某挡需跨越高速公路，高速公路在挡距中央（假设高速公路路面、铁塔处高程相同），该挡挡距 450m，导线 40℃时最低点张力为 24.32kN，导线 70℃时最低点张力为 23.1kN，两塔均为直线塔，悬垂串长度为 3.4m，g=9.8m/s^2。

▶▶**第 121 题 [弧垂计算]** 20. 求在跨越挡中距铁塔 150m 处，40℃时导线弧垂应为下列哪项数值（用平抛物线公式）？　　　　　　　　　　　　　　　　　　（　　）

(A) 14.43m　　　　　　　　　　　(B) 12.51m

(C) 13.71m　　　　　　　　　　　(D) 14.03m

【答案及解答】 C

由新版线路手册第 304 页表 5-14，坐标 O 点位于电线悬挂点 A，则：$f_x=\dfrac{\gamma x'(l-x')}{2\sigma_0}=\dfrac{1.511\times9.8\times150\times(450-150)}{2\times24.32\times10^3}=13.71$ (m)

【考点说明】

（1）由于弧垂计算公式中分子比载和分母应力都要除截面积，在已知受力的情况下约掉截面积，可直接带受力进行计算以提高计算速度。

（2）老版线路手册第 180 页表 3-3-1。

【注释】

（1）新版线路手册第 303～305 页表 5-14 中，列出了悬链、斜抛、平抛三类公式，计算的复杂程度和结果的准确度依次降低。它们都是均匀柔索力学计算的近似公式。其物理模型依次为，单位比载均匀分布在两悬挂点间的柔索曲线上、连接两悬挂点的斜线上、两悬挂点连线的水平投影上。

（2）悬链线公式是忽略导线刚度的理想模式，在三者中，最接近挡距大、导线细、导线刚度较小的真实情况，虽然计算复杂，但在计算机程序中最常使用；斜抛物线公式计算比较简单，在两端高差不太悬殊时，计算结果比较接近悬链线公式，适合高差较大时的手工计算；平抛物线公式概念和算式都较为简明，适合人工计算和分析推演，常常用在 h/l 小于 0.1 的场合。需要较小误差（如弧垂误差小于 2%等），或 h/l 达到 0.15 及以上的场合，需使用斜抛物线公式计算。

【2009 年下午题 31~35】 某架空送电线路，有一挡的挡距 L=1000m，悬点高差 h=150m，最高气温时导线最低点应力 σ=50N/mm^2，垂直比载 g=25×10^{-3}N/(m·mm^2)。（注：同 2012 年下午题 36~40）。

▶▶**第 122 题 [弧垂计算]** 34. 请用斜抛物线公式计算距一端 350m 处的弧垂是下列哪项？　　　　　　　　　　　　　　　　　　　　　　　　　　　　（　　）

（A）59.6m （B）58.7m
（C）57.5m （D）55.6m

【答案及解答】 C

由新版线路手册第 304 页表 5-14，可得斜抛物线公式计算距一端 350m 处的弧垂：

$$f'_x = \frac{\gamma x'(l-x')}{2\sigma\cos\beta} = \frac{25\times10^{-3}\times350\times(1000-350)}{2\times50\times0.9889} = 57.5 \text{ (m)}$$

【考点说明】

（1）弧垂计算是线路力学计算中的基础也是重点，同时最大弧垂也是很多其他计算的基础。属于高频考点中的重点内容，各位考生应熟练掌握弧垂计算公式及最大弧垂判别法（老版线路手册第 188 页）。

（2）老版线路手册第 180 页表 3-3-1 中各种公式的计算原理，以及计算公式与第 181 页坐标图之间的对应关系，都要搞清楚，此类问题多数为套公式进行计算，需要注意的是应力计算条件、高差角计算条件、比载计算条件要根据题干要求明确作答。尤其是应力，多数题干应力单位是"kN"，而计算公式单位为"N"，需要进行转换，平时练习时应注意标注，做到一次计算成功。

（3）各种弧垂概念及判断见老版线路手册第 183、第 188、第 191、第 210、第 601 页内容。

（4）老版线路手册第 180 页表 3-3-1。

【2010 年下午题 36～40】 某回路 220kV 架空线路，其导、地线的参数如下表所列：

型号	每米质量 P（kg/m）	直径 d（mm）	截面 S（mm²）	破坏强度 T_k（N）	线性膨胀系数 α（1/℃）	弹性模量 E（N/mm²）
LGJ-400/50	1.511	27.63	451.55	117230	19.3×10⁻⁶	69000
GJ-60	0.4751	10.0	59.69	68226	11.5×10⁻⁶	185000

本工程的气象条件如下表：

序号	条件	风速（m/s）	覆冰厚度（mm）	气温（℃）
1	低温	0	0	−40
2	平均	0	0	−5
3	大风	30	0	−5
4	覆冰	10	10	−5
5	高温	0	0	40

本线路须跨越通航河道，两岸是陡崖，两岸塔位 A 和 B 分别高出最高航行水位 110.8m 和 25.1m，挡距为 800m。桅杆高出水面 35.2m，安全距离为 3.0m，绝缘子串长为 2.5m。导线在最高气温时，最低点张力为 26.87kN，假设两岸跨越直线杆塔的呼高相同（g=9.81m/s²）。

▶▶**第 123 题 [弧垂计算]** 37. 计算导线最高气温时距 A 点距离为 500m 处的弧垂 f 应为下列哪项数值（用平抛物线公式）？　　　　　　　　　　　　　　　　　　　（　　）

(A) 44.13m　　　　　　　　　　　　(B) 41.37m
(C) 30.02m　　　　　　　　　　　　(D) 38.29m

【答案及解答】B

由新版线路手册第 304 页表 5-14 可得

$$f_\mathrm{x}=\frac{\gamma x'(l-x')}{2\sigma_0}=\frac{\dfrac{1.511\times 9.81}{S}\times 500\times(800-500)}{2\times\dfrac{26.87\times 10^3}{S}}=\frac{1.511\times 9.81\times 500\times(800-500)}{2\times 26.87\times 10^3}=41.37\ (\mathrm{m})$$

【2011 年下午题 36～40】　某单回路 500kV 架空送电线路，采用 4 分裂 LGJ-400/35 导线。导线的基本参数见下表。

导线型号	拉断力（N）	外径（mm）	截面积（mm²）	单位质量（kg/m）	弹性系数（N/mm²）	线膨胀系数（1/℃）
LGJ-400/35	98707.5	26.82	425.24	1.349	65000	20.5×10⁻⁶

注　拉断力为试验保证拉断力。

该线路的主要气象条件为：最高温度 40℃，最低温度–20℃，年平均气温 15℃，最大风速 30m/s（同时气温–5℃），最大覆冰厚度 10mm（同时气温–5℃，同时风速 10m/s），且重力加速度取 10m/s²。

▶▶第 124 题[挡内线长] 40．设年平均气温条件下的比载为 30×10⁻³N/（m·mm²），在水平应力为 50N/mm² 且某挡的挡距为 600m、悬点高差为 80m 时，该挡的导线长度最接近下列哪项数值（按平抛公式计算）？　　　　　　　　　　　　　　　　　　（　　）

(A) 608.57m　　　　　　　　　　　　(B) 605.13m
(C) 603.24m　　　　　　　　　　　　(D) 602.52m

【答案及解答】A

由新版线路手册第 304 页表 5-14，可知挡内线长（平抛物线公式）$L=l+\dfrac{h^2}{2l}+\dfrac{\gamma^2 l^3}{24\sigma_0^2}=$

$600+\dfrac{80^2}{2\times 600}+\dfrac{(30\times 10^{-3})^2\times 600^3}{24\times 50^2}=608.57\ (\mathrm{m})$

【考点说明】

（1）虽然 $h/L>0.1$，不应采用平抛公式，但题目明确要求使用平抛物公式计算。

（2）老版线路手册第 180 页表 3-3-1。

【2018 年上午题 21～25】　某单回路 220kV 架空送电线路，采用 2 分裂 LGJ-400/35 导线，导线的基本参数见下表。

导线型号	拉断力（N）	外径（mm）	截面积（mm²）	单重（kg/m）	弹性系数（N/mm²）	线膨胀系数（1/℃）
LGJ-400/35	98707.5	26.82	425.24	1.349	65000	20.5×10⁻⁴

注　拉断力为试验保证拉断力。

该线路的主要气象条件为：最高温度 40℃，最低温度–20℃，年平均气温 15℃，基本风速 27m/s（同时气温–5℃），最大覆冰厚度 10mm（同时气温–5℃，同时风速 10m/s）。（重力加速度取 10m/s²）

▶▶**第 125 题〔挡内线长〕** 24．设年平均气温条件下的比载为 31.7×10^{-3}N/(m·mm^2)，水平应力为 50N/(m·mm^2)且某挡的挡距为 500m，悬点高差为 50m，问该挡的导线长度为下列哪项值？（按平抛公式计算） （ ）

（A）502.09m 　　　　　　　　　　（B）504.60m
（C）507.13m 　　　　　　　　　　（D）512.52m

【答案及解答】 B

由新版线路手册第 304 页表 5-14 可得，挡内导线长度为

$$L = l + \frac{h^2}{2l} + \frac{\gamma^2 l^3}{24\sigma_0^2} = 500 + \frac{50^2}{2\times 500} + \frac{(31.7\times 10^{-3})^2\times 500^3}{24\times 50^2} = 504.60\,(\text{m})$$

【考点说明】

老版线路手册第 180 页表 3-3-1。

【2021 年下午题 36~40】 500kV 架空输电线路工程，导线采用 4×JL/G1A-400/35 钢芯铝绞线，导线长期允许最高温度 70℃，地线采用 GJ-100 镀锌钢绞线。给出的主要气象条件及导线参数如下表 1。

表 1　主要气象条件及导、地线参数

项　　目		单位	导线	地线
外径 d		mm	26.82	13.0
截面 s		mm^2	425.24	100.88
自重力比载 g_1		10^{-3}N/（m·mm^2）	31.1	78.0
计算拉断力		N	103900	118530
年平均气温 $\begin{bmatrix}T=15℃\\v=0\text{m/s}\\b=0\text{mm}\end{bmatrix}$	导线应力	N/mm^2	53.5	182.5
最低气温 $\begin{bmatrix}T=-20℃\\v=0\text{m/s}\\b=0\text{mm}\end{bmatrix}$	导线应力	N/mm^2	60.5	202.7
最高气温 $\begin{bmatrix}T=40℃\\v=0\text{m/s}\\b=0\text{mm}\end{bmatrix}$	导线应力	N/mm^2	49.7	170.6
设计覆冰 $\begin{bmatrix}T=-5℃\\v=10\text{m/s}\\b=10\text{mm}\end{bmatrix}$	冰重力比载	10^{-3}N/（m·mm^2）	24.0	
	覆冰风荷比载	10^{-3}N/（m·mm^2）	8.1	
	导线应力	N/mm^2	92.8	
基本风速（风偏）$\begin{bmatrix}T=-5℃\\v=30\text{m/s}\\b=0\text{mm}\end{bmatrix}$	无冰风荷比载	10^{-3}N/（m·mm^2）	23.3	
	导线应力	N/mm^2	69.1	

提示：计算时采用平抛线公式。

请分析计算并解答下列各小题。

第 11 章　高压输电线路

▶▶**第 126 题［挡内线长］**38．年平均气温条件下，若两直线塔间的档距为 500m，且该档的导线长度为 505.0m，并假定 1) 该档前后两侧杆塔的塔型相同；2) 两杆塔的导线悬垂绝缘子串和地线金具串分别相同，且不考虑绝缘子串、金具串的偏斜。按以上假设条件计算，该档的地线长度为下列哪个值？　　　　　　　　　　　　　　　　　　　　　　　　(　　)

（A）506.1m　　　　　　　　　　　（B）505.0m
（C）504.2m　　　　　　　　　　　（D）503.5m

【答案及解答】 C

由新版线路手册第 304 页表 5-14，因导地线高差 h 相同，档距 l 相同，可得

$$L_{导} - L_{地} = \left[l + \frac{h^2}{2l} + \frac{\gamma_{导}^2 l^3}{24\sigma_{导}^2} \right] - \left[l + \frac{h^2}{2l} + \frac{\gamma_{地}^2 l^3}{24\sigma_{地}^2} \right]$$

$$= \frac{\gamma_{导}^2 l^3}{24\sigma_{导}^2} - \frac{\gamma_{地}^2 l^3}{24\sigma_{地}^2} = \frac{l^3}{24} \times \left[\frac{\gamma_{导}^2}{\sigma_{导}^2} - \frac{\gamma_{地}^2}{\sigma_{地}^2} \right] = 0.8086$$

$$L_{地} = L_{导} - 0.8086 = 505 - 0.8086 = 504.19$$

【考点说明】

老版线路手册第 180 页表 3-3-1。

【2009 年下午题 31～35】 某架空送电线路有一挡的挡距 $L=1000$m，悬点高差 $h=150$m，最高气温时导线最低点应力 $\sigma=50$N/mm^2，垂直比载 $g=25\times10^{-3}$N/（m·mm^2）。

▶▶**第 127 题［挡内线长］**32．请用悬链线公式计算在最高气温时挡内线长最接近下列哪项数值？　　　　　　　　　　　　　　　　　　　　　　　　　　　　　　　　(　　)

（A）1050.67m　　　　　　　　　　（B）1021.52m
（C）1000m　　　　　　　　　　　（D）1011.55m

【答案及解答】 B

由新版线路手册第 304 页表 5-14 可得

$$L = \sqrt{\frac{4\times50^2}{0.025^2}\text{sh}^2\frac{0.025\times1000}{2\times50} + 150^2} = 1021.42 \text{ (m)}$$

【考点说明】

（1）当杆塔高差较大时，平抛线公式计算误差较大，本题 $h/L>0.1$，属于大高差，并且按题目要求应使用悬链线公式计算。

（2）计算器中按键 hyp+sin=sh。

（3）老版线路手册第 180 页表 3-3-1。

【2014 年下午题 36～40】 某 220kV 架空送电线路 MT 猫头直线塔，采用双分裂 LGJ-400/35 导线，导线截面积 425.24mm^2，导线直径为 26.82mm，单位质量 1307.50kg/km，最高气温条件下导线水平应力为 50N/mm^2，$L_1=300$m，$d_{h1}=30$m，$L_2=250$m，$d_{h2}=10$m，图中表示高度均为导线挂线点高度（提示 $g=9.8$m/s^2，采用平抛物线公式计算）。

已知该塔与相邻杆塔的水平及垂直距离参数如下图所示。

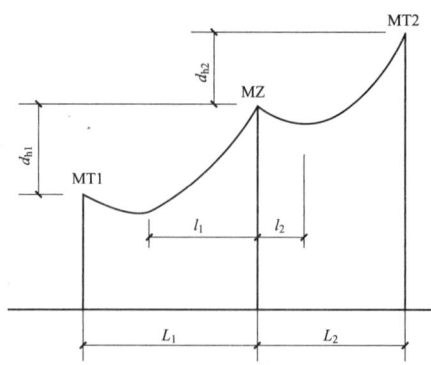

▶▶第 128 题 [最低点距离] 37. 请计算在最高气温时 MZ 两侧弧垂最低点到悬挂点的水平距离 l_1、l_2 应为下列哪组数值？（　　）

(A) 313.3m，125.2m　　　　　(B) 316.1m，58.6m

(C) 316.1m，191.4m　　　　　(D) 313.3m，191.4m

【答案及解答】B

由新版线路手册第 304 页表 5-14 可得，最高气温时

$$\gamma = \gamma_1 = \frac{9.8 p_1}{A} = \frac{9.8 \times 1.3075}{425.24} = 0.0301 \ [\text{N}/(\text{m} \cdot \text{mm}^2)] \quad \tan\beta = \frac{h}{l}$$

$$l_1 = \frac{l}{2} + \frac{\sigma_0}{\gamma}\tan\beta = \frac{300}{2} + \frac{50}{0.0301} \times \frac{30}{300} = 316.1 \ (\text{m})$$

$$l_2 = \frac{l}{2} - \frac{\sigma_0}{\gamma}\tan\beta = \frac{250}{2} - \frac{50}{0.0301} \times \frac{10}{250} = 58.6 \ (\text{m})$$

所以选 B。

【考点说明】

（1）题目考查要点明确，计算该题重点在于注意计算公式中正负号的选择，同一挡距中高塔侧选择正号、低塔侧选择负号进行计算。

（2）题目已知"单位质量 1307.50kg/km"其分母单位是 km，而计算公式中的长度单位是 m，应注意转换。

（3）计算比载时，单位换算要用到重力加速度，必须采用题干指定的 9.8m/s²。

（4）老版线路手册第 180 页表 3-3-1。

▶▶第 129 题 [最低点距离] 40. 在最高气温工况下，MZ～MT1 塔间 MZ 挂线点至弧垂最低点的垂直距离应为下列哪项数值？（　　）

(A) 0.08m　　　　　　　　　(B) 6.77m

(C) 12.5m　　　　　　　　　(D) 30.1m

【答案及解答】D

由新版线路手册第 304 页表 5-14，依题意所求值为 y_{OB}，利用上题计算结果 l_{OB}=316.1m，可得 $y_{OB} = \dfrac{\gamma l_{OB}^2}{2\sigma_0} = \dfrac{0.0301 \times 316.1^2}{2 \times 50} = 30.1 \ (\text{m})$。

【考点说明】

考查要点明确，本题计算条件与题干相比无变化，电线最低点到悬挂点电线间水平距离

上一小题中已经计算出，可直接应用。

【2023 年下午题 36～40】 某 500kV 架空输电线路，设计基本风速 27m/s、覆冰厚度 10mm，采用 4×JL/G1A-630/45 导线，导线参数见表1，地形为山地，重力加速度 $g = 9.80665 \text{m/s}^2$（注：要求按斜抛物线方式进行电线力学特性计算），请分析计算并解答下列各小题。

表 1　导 线 参 数

导线型号	JL/G1A-630/45	
计算截面	666.55	mm^2
外　径	33.6	mm
单位长度重量	2.06	kg/m

已知某代表档距下的比载和水平应力如下表。

设计工况	最低气温	平均气温	最大风速	覆冰工况	最高气温
综合[N/(m·mm^2)]	0.03031	0.03031	0.03957	0.04870	0.03031
应力（N/mm^2）	74.14	62.59	80.62	95.14	56.24

注　要求按斜抛线公式进行电线力学特性计算

请分析计算并解答下列各小题。

▶▶第 130 题 [最低点距离] 37．已知两个悬垂直线塔之间定位时的档距为 600m，导线悬挂点间的高差为 60m，请计算定位时弧垂最低点至导线低悬挂点的水平距离为下列哪项数值？　　　　　　　　　　　　　　　　　　　　　　　　　　　　（　　）

（A）115.4m　　　　　　　　　　　　（B）225.6m
（C）300.0m　　　　　　　　　　　　（D）484.6m

【答案及解答】A

依题意，计算工况为定位工况，应使用最大弧垂计算；由老版线路手册第 188 页可得
$\dfrac{\gamma_1}{\sigma_1} = \dfrac{0.03031}{56.24} = 0.00054 > \dfrac{\gamma_7}{\sigma_7} = \dfrac{0.04870}{95.14} = 0.000513$，因此最大弧垂出现在最高气温时。

由老版线路手册第 179 页表 3-3-1 可得

$L_{OA} = \dfrac{l}{2} - \dfrac{\sigma_0}{\gamma}\tan\beta = \dfrac{600}{2} - \dfrac{56.24}{0.03031} \times 0.1 = 114.45 \text{(m)}$，因此选 A。

【考点说明】本题是定位工况，一定要判断找出最大弧垂工况才能计算。

【2010 年下午题 36～40】 某回路 220kV 架空线路，其导、地线的参数如下表所列：

型号	每米质量 P（kg/m）	直径 d（mm）	截面积 S（mm^2）	破坏强度 T_k（N）	线性膨胀系数 α（1/℃）	弹性模量 E（N/mm^2）
LGJ-400/50	1.511	27.63	451.55	117230	19.3×10⁻⁶	69000
GJ-60	0.4751	10.0	59.69	68226	11.5×10⁻⁶	185000

本工程的气象条件如下表：

序号	条件	风速（m/s）	覆冰厚度（mm）	气温（℃）
1	低温	0	0	−40
2	平均	0	0	−5
3	大风	30	0	−5
4	覆冰	10	10	−5
5	高温	0	0	40

本线路须跨越通航河道，两岸是陡崖，两岸塔位 A 和 B 分别高出最高航行水位 110.8m 和 25.1m，挡距为 800m。桅杆高出水面 35.2m，安全距离为 3.0m，绝缘子串长为 2.5m。导线在最高气温时，最低点张力为 26.87kN，假设两岸跨越直线杆塔的呼高相同（$g=9.81 \text{m/s}^2$）。

▶▶**第 131 题 [水平距离] 36.** 计算最高气温时导线最低点 O 到 B 的水平距离 L_{OB} 应为下列哪项数值（用平抛物线公式）？　　　　　　　　　　　　　　　　（　　）

(A) 379m　　　　　　　　　　　(B) 606m
(C) 140m　　　　　　　　　　　(D) 206m

【答案及解答】D

由新版线路手册第 303 页表 5-13、表 5-14 可得

$$\gamma_1 = 9.81 \frac{p_1}{A} = 9.81 \times \frac{1.511}{451.55} = 0.0328 \, [\text{N}/(\text{m}\cdot\text{mm}^2)]; \quad \sigma_0 = \frac{26.87 \times 10^3}{451.55} = 59.51 \, (\text{N}/\text{mm}^2)$$

$$\tan\beta = \frac{h}{l} = \frac{110.8 - 25.1}{800} = 0.107125 \quad l_{OB} = \frac{l}{2} - \frac{\sigma_0}{\gamma}\tan\beta = \frac{800}{2} - \frac{59.51}{0.0328} \times 0.107125 = 206 \, (\text{m})$$

【考点说明】

（1）本题重点考查老版线路手册第 180 页表 3-3-1（电线应力弧垂公式部分）。此表格内公式属线路案例考查重点部分，需要重点关注。一般情况均使用平抛线公式计算较为简便，但对于大高差或者题意有明确要求时，应使用斜抛线或悬链线公式计算。

（2）新版线路手册第 304 页表 5-14 中，部分公式涉及"±"号，此时高塔用"+"低塔用"−"。本题 B 塔为低塔应使用"−"号，而手册该表格的图例是 B 点为高塔，应注意区别。掌握本质理解公式后便可轻松确定"±"号的使用。

（3）老版线路手册第 180 页表 3-3-1。

【2021 年下午题 36～40】500kV 架空输电线路工程，导线采用 4×JL/G1A-400/35 钢芯铝绞线，导线长期允许最高温度 70℃，地线采用 GJ-100 镀锌钢绞线。给出的主要气象条件及导线参数如下表 1。

表 1　主要气象条件及导、地线参数

项　目	单位	导线	地线
外径 d	mm	26.82	13.0
截面 s	mm^2	425.24	100.88
自重力比载 g_1	10^{-3}N/(m·mm^2)	31.1	78.0

续表

项　　目		单位	导线	地线
计算拉断力		N	103900	118530
年平均气温 $\begin{bmatrix} T=15℃ \\ v=0\text{m/s} \\ b=0\text{mm} \end{bmatrix}$	导线应力	N/mm²	53.5	182.5
最低气温 $\begin{bmatrix} T=-20℃ \\ v=0\text{m/s} \\ b=0\text{mm} \end{bmatrix}$	导线应力	N/mm²	60.5	202.7
最高气温 $\begin{bmatrix} T=40℃ \\ v=0\text{m/s} \\ b=0\text{mm} \end{bmatrix}$	导线应力	N/mm²	49.7	170.6
设计覆冰 $\begin{bmatrix} T=-5℃ \\ v=10\text{m/s} \\ b=10\text{mm} \end{bmatrix}$	冰重力比载	10^{-3}N/（m·mm²）	24.0	
	覆冰风荷比载	10^{-3}N/（m·mm²）	8.1	
	导线应力	N/mm²	92.8	
基本风速（风偏）$\begin{bmatrix} T=-5℃ \\ v=30\text{m/s} \\ b=0\text{mm} \end{bmatrix}$	无冰风荷比载	10^{-3}N/（m·mm²）	23.3	
	导线应力	N/mm²	69.1	

提示：计算时采用平抛线公式。

请分析计算并解答下列各小题。

▶▶第 132 题 [水平距离] 37．设耐张段内某直线档（两端为直线塔）的档距为 650m，导线悬挂点高差为 70m，最高气温条件下，该档导线的弧垂最低点至最大弧垂点间的水平距离为下列哪个值？　　　　　　　　　　　　　　　　　　　　　　　　　（　　）

（A）497m　　　　　　　　　　　　（B）478m

（C）172m　　　　　　　　　　　　（D）153m

【答案及解答】C

由新版线路手册第 304 页表 5-14 可得

对于平抛线公式和斜抛线公式，最大弧垂在档距中央，可得弧垂最低点到最大弧垂距离为弧垂最低点的水平位移

$$\Delta m = +\frac{\sigma_0}{\gamma}\text{tg}\beta = \frac{49.7}{31.1\times 10^{-3}}\times\frac{70}{650} = 172(\text{m})$$

【考点说明】

（1）平抛线公式计算模型，最大弧垂点在挡距中央处；而斜抛线和悬链线最大弧垂点在有高差时不在挡距中央，本题要求按照平抛线公式计算，所以认为最大弧垂点在挡距中央。

（2）老版线路手册第 180 页表 3-3-1。

【2009 年下午题 36～40】　　单回 500kV 架空线，水平排列，4 分裂 LGJ-300/40 导线，截面积 338.99mm²，外径 23.94mm，单位质量 1.133kg/m，最大弧垂计算为最高气温，绝缘子串质量为 200kg（提示：均用平抛物线公式）。主要气象条件如下：

气 象	垂直比载（×10⁻³）[N/（m·mm²）]	水平比载（×10⁻³）[N/（m·mm²）]	综合比载（×10⁻³）[N/（m·mm²）]	水平应力（N/mm²）
最高气温	32.78	0	32.78	53
最低气温	32.78	0	32.78	65
年平均气温	32.78	0	32.78	58
最大覆冰	60.54	9.53	61.28	103
最大风（杆塔荷载）	32.78	32.14	45.91	82
最大风（塔头风偏）	32.78	26.14	41.93	75

▶▶**第 133 题**［应力计算］38．当高差较大时，校安全系数，某挡挡距 400m，导线悬点高差 150m，最大覆冰，高塔处导线悬点处应力为多少？　　　　　　　　　　（　　）

（A）115.5N/mm²　　　　　　　　　　（B）106.4N/mm²
（C）105.7N/mm²　　　　　　　　　　（D）104.5N/mm²

【答案及解答】A

由《电力工程设计手册架空输电线路设计》第 304 页表 5-14 可得

$$l_{OB} = \frac{l}{2} + \frac{\sigma_0}{\gamma}\tan\beta = \frac{400}{2} + \frac{103}{61.28\times10^{-3}} \times \frac{150}{400} = 830.3 \text{ (m)}$$

$$\sigma_B = \sigma_0 + \frac{\gamma^2 l_{OB}^2}{2\sigma_0} = 103 + \frac{(61.28\times10^{-3})^2 \times 830.3^2}{2\times103} = 115.56 \text{ (N/mm}^2\text{)}$$

【考点说明】

高塔用"+"，低塔用"−"。老版线路手册第 180 页表 3-3-1。

【**2016 年上午题 21~25**】　220kV 架空输电线路工程，导线采用 2×400/35，导线自重荷载为 13.21N/m，风偏校核时最大风风荷载为 11.25N/m，安全系数为 2.5 时最大设计张力为 39.4kN，导线采用 I 型悬垂绝缘子串，串长 2.7m，地线串长 0.5m。

▶▶**第 134 题**［应力计算］24．假设覆冰、无风工况下，该耐张段内导线的水平应力为 92.6N/mm²，比载为 55.7×10⁻³N/（m·mm²），某挡的挡距为 400m，导线悬点高差为 115m。问在该工况下，该挡较高塔处导线的悬点应力为多少（用平抛物线公式计算）？　（　　）

（A）90.4N/mm²　　　　　　　　　　（B）95.3N/mm²
（C）100.3N/mm²　　　　　　　　　　（D）104.5N/mm²

【答案及解答】C

由新版线路手册第 304 页表 5-14 可得，电线最低点到高塔侧悬挂点间水平距离为

$$l_{OB} = \frac{l}{2} + \frac{\sigma_0}{\gamma}\tan\beta = \frac{400}{2} + \frac{92.6}{55.7\times10^{-3}} \times \frac{115}{400} = 677.96 \text{ (m)}$$

悬挂点应力为

$$\sigma_B = \sigma_0 + \frac{\gamma^2 l_{OB}^2}{2\sigma_0} = 92.6 + \frac{(55.7\times10^{-3})^2 \times 677.96^2}{2\times92.6} = 100.299 \text{ (N/mm}^2\text{)}$$

【**2022 年下午题 36~40**】　某 500kV 架空输电线路工程，位于山地，导线采用 4 分裂钢芯铝绞线，直径为 33.8mm、截面为 674mm²，单重为 2.0792kg/m，设计安全系数 2.5。直线

塔悬垂串采用单联 I 串，串长 6.0m，不同工况下弧垂最低点的导线应力见下表。（重力加速度取 9.80665m/s²）请分析计算并解答下列各题。

气象条件	平均气温	最高气温	覆冰	基本风速
温度（℃）	10	40	-5	-5
风速（m/s）	0	0	10	30
覆冰（mm）	0	0	10	0
应力（N/mm²）	53.01	47.45	82.37	68.37

注 代表档距为 400m。

▶▶第 135 题 [应力计算] 39．已知导线覆冰时的自重力加冰重力荷载 g_3 为 32.53N/m，覆冰时的综合荷载 g_7 为 32.78N/m，大风工况时的综合荷载 g_4 为 28.27N/m。若两基直线塔之间的档距为 500m，挂线点高差为 180m，求高塔侧导线的最大悬点应力是下列哪项数值？（采用斜抛物线公式） （　　）

（A）92.72N/mm²　　　　　　　　（B）91.82N/mm²
（C）91.43N/mm²　　　　　　　　（D）90.61N/mm²

【答案及解答】A

老版线路手册第 179 页表 3-2-3，得

$\gamma = g_7 / A = 32.78 / 674 = 0.0486 \text{N}/(\text{m}\cdot\text{mm}^2)$

高差角 $\beta = \tan^{-1}(180/500) = 19.80°$

又由该手册第 180 页表 3-3-1，得

$l_{OB} = \dfrac{l}{2} + \dfrac{\sigma_0}{\gamma}\sin\beta = \dfrac{500}{2} + \dfrac{82.37}{0.0486}\sin 19.80 = 824(\text{m})$

$l_{OB} = \dfrac{l}{2} + \dfrac{\sigma_0}{\gamma}\sin\beta = \dfrac{500}{2} + \dfrac{82.37}{0.0486}\sin 19.80 = 824(\text{m})$

$\sigma_B = \sqrt{\sigma_0^2 + \dfrac{\gamma^2 l_{OB}^2}{\cos^2\beta}} = \sqrt{82.37^2 + \dfrac{0.0486^2 \times 824^2}{\cos^2 19.8}} = 92.72(\text{N/mm}^2)$

【2023年下午题36~40】某 500kV 架空输电线路，设计基本风速 27m/s、覆冰厚度 10mm，采用 4×JL/G1A-630/45 导线，导线参数见表 1，地形为山地，重力加速度 $g = 9.80665\text{m/s}^2$（注：要求按斜抛物线方式进行电线力学特性计算），请分析计算并解答下列各小题。

表 1　导　线　参　数

导线型号	JL/G1A-630/45	
计算截面	666.55	mm²
外径	33.6	mm
单位长度重量	2.06	kg/m

已知某代表档距下的比载和水平应力如下表。

设计工况	最低气温	平均气温	最大风速	覆冰工况	最高气温
综合[N/(m·mm²)]	0.03031	0.03031	0.03957	0.04870	0.03031
应力（N/mm²）	74.14	62.59	80.62	95.14	56.24

（注：要求按斜抛线公式进行电线力学特性计算）

请分析计算并解答下列各小题。

▶▶第 136 题 [应力计算] 38. 已知两个悬垂直线塔之间定位后的档距为 1000m，导线悬挂点间的高差为 0m，请计算导线悬挂点的最大应力为下列哪项数值？（   ）

（A）58.2N/mm² 　　　　　　　　（B）75.7N/mm²
（C）98.2N/mm² 　　　　　　　　（D）104.7N/mm²

【答案及解答】C

定位后计算挂点应力，应使用最大应力工况，根据题意判断，最大应力工况为覆冰工况；依题意，档距为 1000m，高差为 0，则弧垂最低点在档距中央，最低点至挂点距离为 500m，由老版线路手册第 180 页表 3-3-1 可得

$$\sigma_A = \frac{\sqrt{(95.14 \times A)^2 + (0.04870 \times A \times 500)^2}}{A} = \sqrt{(95.14)^2 + (0.04870 \times 500)^2} = 98.21(\text{N/mm}^2)$$

所以选 C。

【考点说明】本题是计算"定位后"的"最大应力"，应该使用最大应力工况，不能使用最大弧垂的最高气温工况，否则会错选 A。

【2011 年下午题 36~40】某单回路 500kV 架空送电线路，采用 4 分裂 LGJ-400/35 导线。导线的基本参数见下表。

导线型号	拉断力（N）	外径（mm）	截面积（mm²）	单重（kg/m）	弹性系数（N/mm²）	线膨胀系数（1/℃）
LGJ-400/35	98707.5	26.82	425.24	1.349	65000	20.5×10⁻⁶

注　拉断力为试验保证拉断力。

该线路的主要气象条件为：最高温度 40℃，最低温度–20℃，年平均气温 15℃，最大风速 30m/s（同时气温–5℃），最大覆冰厚度 10mm（同时气温–5℃，同时风速 10m/s），且重力加速度取 10m/s²。

▶▶第 137 题 [应力计算] 38. 若代表挡距为 500m，年平均气温条件下的应力为 50N/mm² 时，最高气温时的应力最接近下列哪项数值？（   ）

（A）58.5N/mm² 　　　　　　　　（B）47.4N/mm²
（C）50.1N/mm² 　　　　　　　　（D）51.4N/mm²

【答案及解答】B

由新版线路手册第 303 页表 5-13、第 307 页式（5-24）送电线路状态方程，有：

$$\sigma_{cm} - \frac{E\gamma_m^2 l^2}{24\sigma_{cm}^2} = \sigma_c - \frac{\gamma^2 l^2 E}{24\sigma_c^2} - \alpha E(t_m - t)，依题意$$

$\sigma_{cm} = 50\text{N/mm}^2$，$E=65000\text{N/mm}^2$，$t_m=15°$，$t=40°$。

$$\gamma_{\mathrm{m}} = \gamma_1 = \frac{g_1}{A} = \frac{10 \times 1.349}{425.24} = 0.032[\mathrm{N}/(\mathrm{m} \cdot \mathrm{mm}^2)]，将参数代入状态方程式，则$$

$$50 - \frac{65000 \times 0.032^2 \times 500^2}{24 \times 50^2} = \sigma_{\mathrm{c}} - \frac{0.032^2 \times 500^2 \times 65000}{24\sigma_{\mathrm{c}}^2} - 20.5 \times 10^{-6} \times 65000 \times (15-40)$$

$$\sigma_{\mathrm{c}} - \frac{650677}{\sigma_{\mathrm{c}}^2} = -244$$

解方程得 σ_{c}=47.4(N/mm^2)，所以选 B。

【考点说明】

老版线路手册第 179 页表 3-2-3 及第 183 页式（3-3-7）。

【注释】

（1）本题可以通过分析获得解答。因为最高气温时的导线应力低于平均气温下的导线应力，注意到 4 个选项中只有 B 选项小于平均气温下的导线应力，所以最高气温时的导线应力应该最接近选项 B。这只是个凑巧，常态应该按题示条件计算求解。可以采用代入或迭代法求解。

（2）参考求解方法。

1）代入法求最小判据值 c。查用新版线路手册第 307 页式（5-24）的状态方程式[式（3-3-1）]。按本题所给参数，算出参数 a、b，将式（3-3-1）变换成式（3-3-2）形式：$\sigma^2(\sigma+a)$=b，再计算判据值 c，$c=\sigma^2(\sigma+a)-b$；然后依次将各选项的应力值代入，获得判据值 c，再选出其中 c 值最小的选项即可。

2）迭代法直接求最高气温时的导线应力，采用迭代公式 $\sigma = \sqrt{\dfrac{b}{\sigma+a}}$。

编写迭代过程：$Ans = \sqrt{\dfrac{b}{Ans+a}}$

操作：先将上面算出的数值 a 和 b 分别存入计算器存储单元 A 和 B（利用红色组合键Sto+A 和 Sto+B），并随便输入一个迭代初始值，比如 5，按两次"="键，让计算器做第一次迭代。随后每按一次"="键，计算器就自动进行一次新的迭代。一般经过四五次迭代，就可获得比较好的迭代结果了。

判断迭代结果的近似程度，只要看先后两次迭代结果是否接近，即可。

以本题为例：按本题参数，可算得 a=255.87，b=681393.2。以 5 为初始值，迭代 1～7 次所得为：①51.10775786；②47.11350804；③47.42304134；④47.39883578；⑤47.40072732；⑥47.4005795；⑦47.40059105；⑧47.40059015。可见迭代方便，收敛很快。拿来比较选项，选 B。

【2022 年上午题 21-25】 某 500kV 交流单回输电线路悬垂直线杆塔（如图 1 所示），导线采用 4 分裂钢芯铝绞线，地线采用铝包钢绞线，导地线参数如表 1 所示，各工况导线应力如表 2 所示。该杆塔规划设计条件为：代表档距 400m，水平档距 400m。导线悬垂绝缘子串采用双联 I 型 210kN 复合绝缘子，导线悬垂绝缘子串长为 5.7m，绝缘子串总重量为 200kg，绝缘子串风压为 2kN，地线悬垂串长为 0.7m，地线支架高度 M = 5.5m，最大弧垂工况为最高气温条件。请分析计算并解答以下各题。

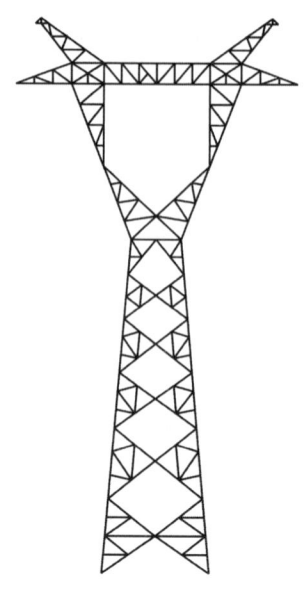

表1 导地线参数

类别	截面积（mm²）	外径（mm）	重量（kg/km）
导线	672.81	33.9	2078.4
地线	148.07	15.75	773.2

表2 导线应力表（代表档距=400m）

工况	气温（℃）	风速（m/s）	冰厚（mm）	应力（N/mm²）
最低气温	-20	0	0	62.01
设计风速	-5	27	0	74.37
年平均气温	15	0	0	53.02
设计覆冰	-5	10	10	84.07
最高气温	40	0	0	48.31

▶▶第138题 [应力计算] 24. 已知杆塔上导地线水平偏移 $s=2$m，档距为1000m，若按导地线间的距离满足防雷要求，求地线在相应条件下的最小应力为下列哪项数值？（　　）

（A）53.0N/mm²
（B）92.7N/mm²
（C）99.9N/mm²
（D）109.6N/mm²

【答案及解答】B

由 DL/T 5582—2020 式（7.2.6），档距中央导地线净空距离

$$S \geqslant 0.012L + 1 = 0.012 \times 1000 + 1 = 13 \text{(m)}$$

则导地线垂直距离 $D = \sqrt{13^2 - 2^2} = 12.85$（m）

依据 DL/T 5582—2020 第4.0.17条，雷电过电压时工况为气温15℃，无风无冰。

由老版线路手册第179页表3-3-1，此时导线弧垂 $f_m = \dfrac{0.0303 \times 1000^2}{8 \times 53.02} = 71.44$（m）

允许的地线弧垂 $f_d = 71.44 + 5.5 + 5.7 - 0.7 - 12.85 = 69.09$（m）

由老版线路手册第 179 页表 3-3-1，此时地线最小应力为

$$\sigma_d = \frac{\gamma_d l^2}{8 f_d} = \frac{\frac{0.7732 \times 9.8}{148.07} \times 1000^2}{8 \times 69.09} = 92.59(\text{m})，选 B。$$

2. 荷载及受力计算

【2013 年上午题 21～25】 500kV 架空送电线路，导线采用 4×LGJ-400/35，子导线直径 26.8mm，单位质量 1.348kg/m，位于土壤电阻率 100Ω·m 地区。

▶▶第 139 题［风速］25. 若基本风速折算到导线平均高度处的风速为 28m/s，操作过电压下风速应取下列哪项数值？　　　　　　　　　　　　　　　　　　　　　（　　）

（A）10m/s　　　　　　　　　　　（B）14m/s
（C）15m/s　　　　　　　　　　　（D）28m/s

【答案及解答】C

由 DL/T 5582—2020 第 4.0.18 条可得，操作过电压下风速宜取基本风速折算到导线平均高度处的风速的 50%，即 28/2=14（m/s），但不宜低于 15（m/s），所以选 C。

【考点说明】

此题较为简单，但也存在坑点：①若误把规范条文看成第 4.0.12 条中的雷电过电压条件，易错选 A 答案；②若依据第 4.0.13 条没有注意到不宜低于 15m/s，易直接计算后误选择 B 答案。

【注释】

（1）在 DL/T 5092—1999（第 6.0.2 条）及之前的规范中，对各电压等级架空线路都规定了不同的设计风速统计高度（即线路电线平均高）。在 DL/T 5582—2020 第 4.0.3 条开始规定，对各电压级线路，统一按对地或对江湖水面 10m 高度取线路基本风速，并按各级线路的平均高度，从 10m 高度的基本风速折算设计风速。详见 DL/T 5582—2020 的第 4 章气象条件和附录 A 典型气象区。

【2020 年下午题 36～40】 某 500kV 架空输电线路，最高运行电压 550kV，线路所经地区海拔高度小于 1000m。基本风速 30m/s，设计覆冰 0mm，年平均气温 15℃，年平均雷暴日 40d。相导线采用 4×JL/G1A-500/45，子导线直径 30.0mm，导线自重荷载为 16.529N/m。导线悬垂串采用 I 型绝缘子串。请解答如下问题。

▶▶第 140 题［风速］38. 假如线路位于内陆田野、丛林等一般农业耕作区，采用酒杯型直线塔，导线平均高度为 20m，按操作过电压情况检验间隙时，相应的风速应取下列哪些数值？　　　　　　　　　　　　　　　　　　　　　　　　　　　　　　　　（　　）

（A）10m/s　　　　　　　　　　　（B）15m/s
（C）17m/s　　　　　　　　　　　（D）19m/s

【答案及解答】C

依题意，导线均高 20m，由 DL/T 5582—2020 表 9.3.1-1 可得风压高度系数为 1.23 平均高度处的风速=$30 \times \sqrt{1.23}=33.27(\text{m/s})$。

又由该规范第 4.0.18 条可得 33.27/2=16.635(m/s)，取 17m/s，且大于 15m/s。

【考点说明】

本题是按老规范 GB 50545—2010 所出，按其解答为：由 GB 50545—2010 表 10.1.22 可得，B 区 20m 高的导线风压系数为 1.25，则风速=$30\times\sqrt{1.25}=33.54$(m/s)；又由该规范第 4.0.13 条可得 33.54/2=16.7(m/s)，取 17m/s，且大于 15m/s。

【2008 年上午题 18~21】 单回路 220kV 架空送电线路，导线直径为 27.63mm，截面积为 451.55mm^2，单位长度质量为 1.511kg/m。本线路在某挡需跨越高速公路，高速公路在挡距中央（假设高速公路路面、铁塔处高程相同），该挡挡距 450m，导线 40℃时最低点张力为 24.32kN，导线 70℃时最低点张力为 23.1kN，两塔均为直线塔，悬垂串长度为 3.4m，$g=9.8$m/s^2。

▶▶**第 141 题 [单位荷载]** 18. 若某气象条件下（无冰）单位风荷载为 3N/m，则该导线的综合荷载应为下列哪组数值？　　　　　　　　　　　　　　　　　　　　　　　(　　)

（A）14.8N/m　　　　　　　　　　　　（B）17.8N/m
（C）16.2N/m　　　　　　　　　　　　（D）15.1N/m

【答案及解答】 D

依题意，$g=9.8$m/s^2，导线风荷载 $g_4=3$N/m，由老版线路手册第 179 页表 3-2-3，可知导线自重荷载 $g_1=p_1\times9.8=1.511\times9.8=14.81$（N/m），故综合荷载为 $\sqrt{14.81^2+3^2}=15.1$ (N/m)，所以选 D。

【考点说明】

考查电线荷载计算，该部分重点熟练掌握各个荷载的概念，表 3-2-3 为重点考试内容。答题应注意各个参数单位的换算。

【注释】

综合荷载由相应的水平荷载和垂直荷载按照各自力的方向进行矢量和，满足勾股定理。

【2022 年下午题 36~40】 某 500kV 架空输电线路工程，位于山地，导线采用 4 分裂钢芯铝绞线，直径为 33.8mm、截面为 674mm^2，单重为 2.0792kg/m，设计安全系数 2.5。直线塔悬垂串采用单联 I 串，串长 6.0m，不同工况下弧垂最低点的导线应力见下表。（重力加速度取 9.80665m/s^2）请分析计算并解答下列各题。

气象条件	平均气温	最高气温	覆冰	基本风速
温度（℃）	10	40	-5	-5
风速（m/s）	0	0	10	30
覆冰（mm）	0	0	10	0
应力（N/mm^2）	53.01	47.45	82.37	68.37

注：代表档距为 400m。

▶▶**第 142 题 [单位荷载]** 36. 假设导线平均高度取 20m，设计杆塔计算大风工况风偏时，求导线单位风荷载是下列哪项数值？　　　　　　　　　　　　　　　　　　　　　(　　)

（A）12.76N/m　　　　　　　　　　　　（B）15.31N/m

(C) 15.93N/m （D）19.58N/m

【答案及解答】C

依据 DL/T 5582—2020 第 9.3 节，计算如下：

（1）阵风系数 β_C：风偏用荷载，B 区，一般线路，均高 20m，风速 30m/s，查该规范第 248 页附录表 90，β_C 取 0.956。

（2）档减系数 α_L：风偏用荷载，B 区，档距 400m，均高 20m，查该规范第 245 页附录表 88，α_L 取 0.715。

（3）风压高度系数 μ_Z：查该规范第 40 页表 9.3.1-1，B 区均高 20m，μ_z 取 1.23。

（4）体型系数 μ_{sc}：题设直径 d=33.8mm，由公式参数说明，体型系数 μ_{sc} 取 1.0。

（5）覆冰系数 $B1$：由公式参数说明，最大风工况无覆冰，$B1$ 取 1.0；再由该规范式 9.3.1-1，最大风荷载功角 θ 取 90°，可得

$$W_x = (\beta_c \cdot \alpha_L \cdot \mu_z) \cdot (\mu_{sc} \cdot B_1) \cdot (d \cdot L_p) \cdot W_0 \cdot \sin^2\theta \times 10^3$$
$$= (0.956 \times 0.715 \times 1.23) \times (1 \times 1) \times (33.8 \times 10^{-3} \times 1) \times \frac{30^2}{1600} \times 1 \times 10^3 = 15.985(\text{N}/\text{m})$$

【2024 年下午题 36~40】 某 220kV 单回架空线路工程，设计基本风速为 27m/s，覆冰厚度为 10mm，导线采用 2×JL/G1A-630/45 钢芯铝绞线，直径为 33.8mm，截面为 674mm²，单重为 2.0792kg/m。直线塔型 ZB2，采用单联 I 串，丘陵地区，水平档距为 400mm²，垂直档距为 550m，导线平均高度为 15m。（重力加速度取 9.80665m/s²）

请分析计算并解答下列各小题。

▶▶第 143 题［单位荷载］40．若导线阵风系数及档距折减系数取 1，求雷电过电压工况下导线风偏时的每相单位风荷载为下列哪项数值？　　　　　　（　）

(A) 4.23N/m （B）4.77N/m
(C) 9.51N/m （D）10.74N/m

【答案及解答】A

依据《架空输电线路电气设计规程》(DL/T 5582—2020) 第 4.0.17 条可得基本风速 27m/s，折算到导线平均高度时风速 $27 \times 1.13 = 30.51 (\text{m}/\text{s}) < 35\text{m}/\text{s}$，所以雷电过电压风速应取 10m/s，不进行风高折算。

由该规范第 9.3.1 条，题设 β_C 和 α_L 均取 1，双分裂导线，则每相单位荷载为

$$W_X = 1 \times 1 \times \frac{10^2}{1600} \times 1 \times 1 \times 33.8 \times 2 = 4.23(\text{N}/\text{m})$$

所以选 A。

【2008 年上午题 22~25】 某单回路架空送电线路，导线的直径为 23.94mm，截面积为 338.99mm²，单位长度质量为 1.133kg/m，设计最大覆冰厚度为 10mm，同时风速为 10m/s（提示 g=9.8m/s²）。

▶▶第 144 题［比载］22．请设计导线的自重比载应为下列哪项数值？　　　　　（　）

(A) 32.8×10^{-3}N/(m·mm²) （B）3.34×10^{-3}N/(m·mm²)

（C）32.8×10⁻³N/(m·mm²)　　　　　　（D）38.5×10⁻³N/(m·mm²)

【答案及解答】A

由新版线路手册第 303 页表 5-13 可得

$$\gamma_1 = \frac{p_1 g}{A} = \frac{1.133 \times 9.8}{338.99} = 32.8 \times 10^{-3} \ [\text{N}/(\text{m} \cdot \text{mm}^2)]$$

【考点说明】

（1）本题的坑点是 C 选项，作答时应细心核对单位和数量级。

（2）老版线路手册第 179 页表 3-2-3。

▶▶第 145 题［比载］23．若导线的自重比载为 35×10⁻³N/（m·mm²），请计算在设计最大覆冰时导线的垂直比载为下列哪组数值？　　　　　　　　　　　　　　（　　）

（A）37.8×10⁻³N/（m·mm²）　　　　　　（B）55.1×10⁻³N/（m·mm²）

（C）62.7×10⁻³N/（m·mm²）　　　　　　（D）58.1×10⁻³N/（m·mm²）

【答案及解答】C

由新版线路手册第 303 页表 5-13 可得

（1）导线冰重比载

$$\gamma_2 = 0.9 \times 3.14 \times \frac{b(b+d)}{A} g \times 10^{-3} = 0.9 \times 3.14 \times \frac{10 \times (10+23.94)}{338.99} \times 9.8 \times 10^{-3}$$
$$= 27.74 \times 10^{-3} \ [\text{N}/(\text{m} \cdot \text{mm}^2)]$$

（2）导线自重比载为 35×10⁻³N/（m·mm²），故覆冰时导线的垂直比载

$$\gamma_1 + \gamma_2 = (35 + 27.73) \times 10^{-3} = 62.73 \times 10^{-3} [\text{N}/(\text{m} \cdot \text{mm}^2)]$$

【2014 年下午题 36～40】　某 220kV 架空送电线路 MT 猫头直线塔，采用双分裂 LGJ-400/35 导线，导线截面积 425.24mm²，导线直径为 26.82mm，单位质量 1307.50kg/km，最高气温条件下导线水平应力为 50N/mm²，L_1=300m，d_{h1}=30m，L_2=250m，d_{h2}=10m，图中表示高度均为导线挂线点高度（提示 g=9.8m/s²，采用平抛物线公式计算）。

已知该塔与相邻杆塔的水平及垂直距离参数如下图所示。

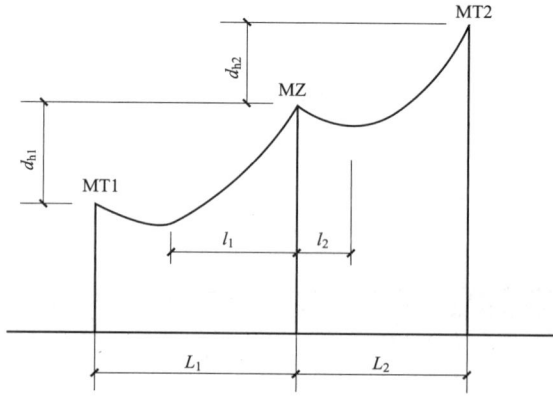

▶▶第 146 题［比载］36．导线覆冰时（冰厚 10mm，冰的比重为 0.9），导线覆冰垂直比

载应为下列哪项数值? （　　）

(A) 0.0301N/（m·mm²）　　　　(B) 0.0401N/（m·mm²）
(C) 0.0541N/（m·mm²）　　　　(D) 0.024N/（m·mm²）

【答案及解答】C

由新版线路手册第303页表5-13可得

$$\gamma_3 = \frac{g_3}{A} = \frac{g_1 + g_2}{A} = \frac{9.8 p_1 + 9.8 \times 0.9\pi\delta(\delta + d) \times 10^{-3}}{A}$$

$$= \frac{9.8 \times 1.3075 + 9.8 \times 0.9\pi \times 10 \times (10 + 26.82) \times 10^{-3}}{425.24} = 0.0541 \,[\text{N}/(\text{m·mm}^2)]$$

【考点说明】

(1) 注意题设"1307.50kg/km"单位与公式中的计算单位"kg/m"之间的转换。
(2) 老版线路手册第179页表3-2-3。

【2010年下午题31~35】 某单回220kV架空送电线路，采用两分裂LGJ-300/40导线，气象条件见下表。

工况	气温（℃）	风速（m/s）	冰厚（mm）
最高气温	40	0	0
最低气温	−20	0	0
年平均气温	15	0	0
最大覆冰	−5	10	10
最大风速	−5	30	0

导线基本参数为：

导线型号	拉断力（N）	外径（mm）	截面积（mm²）	单重（kg/m）	弹性系数（N/mm²）	线膨胀系数（1/℃）
LGJ300/40	87600	23.94	338.99	1.133	73000	19.6×10⁻⁶

▶▶第147题［比载］31. 计算最大覆冰时的垂直比载（自重比载加冰重比载）γ_3为何值？已知$g=9.8\text{m/s}^2$。 （　　）

(A) 32.777×10⁻³N/（m·mm²）　　　　(B) 27.747×10⁻³N/（m·mm²）
(C) 60.483×10⁻³N/（m·mm²）　　　　(D) 54.534×10⁻³N/（m·mm²）

【答案及解答】C

由新版线路手册第303页表5-13可得

$g_1 = 1.133 \times 9.8 = 11.10 \,(\text{m/s}^2)$

$g_2 = 9.8 \times 0.9\pi \times 10 \times (10 + 23.94) \times 10^{-3} = 9.40 \,(\text{m/s}^2)$

$g_3 = 11.10 + 9.40 = 20.504 \,(\text{m/s}^2)$

$\gamma_3 = \dfrac{g_3}{A} = \dfrac{20.504}{338.99} = 60.486 \times 10^{-3} \,[\text{N}/(\text{m·mm}^2)]$

▶▶第148题［比载］32. 计算最大风速工况下的风荷比载γ_4（计算杆塔用，不计及风压

高度变化系数）为多少？　　　　　　　　　　　　　　　　　　　　　　　（　　）

(A) 29.794×10^{-3}N/（m·mm^2）　　　　(B) 46.465×10^{-3}N/（m·mm^2）

(C) 32.773×10^{-3}N/（m·mm^2）　　　　(D) 30.354×10^{-3}N/（m·mm^2）

【答案及解答】C

由老版线路手册第 174、175 页表 3-1-14 和表 3-1-15 可得 $\alpha=0.75$，$\mu_{sc}=1.1$；又由该手册第 180 页表 3-2-3，得

$$\gamma_4=\frac{g_4}{A}=\frac{0.625v^2d\alpha\mu_{sc}\times10^{-3}}{A}=\frac{0.625\times30^2\times23.94\times0.75\times1.1\times10^{-3}}{338.99}$$
$$=32.773\times10^{-3}\,[\text{N}/(\text{m}\cdot\text{mm}^2)]$$

【考点说明】

α、β_c 的取值，在老版线路手册第 174 页表 3-1-14、表 3-1-16 与 GB 50545—2010 中表 10.1.18-1 不一致，主要是风速划分挡距不一样。原则上应该以规范为准，但是从 2010 年以后的考题中读者不难发现，按老版线路手册作答，计算结果才能够精准"命中"选项。所以在应考时，采用那个标准取值应根据选项配置灵活掌握。该处新版线路手册已经修改。

【注释】

（1）老版线路手册是按 DL/T 5092—1999 编写的。按此规范第 7 页第 6.0.2 条，本题中，题干 220kV 线路最大设计风速 30m/s 的统计高度应为 15m，即 220kV 线路导线的平均高度，弧垂应力曲线计算时不必再做高空风速换算。

（2）若按 GB 50545—2010 第 9 页第 4.0.2 条，第一张表中的 30m/s 应为线路基本风速，其统计高度应为 10m。弧垂应力曲线计算时应先将 30m/s 作高空风速换算。

（3）新版规范 DL/T 5582—2020 第 9.3 节已经对风荷载计算进行了更改。

【2011 年下午题 36~40】 某单回路 500kV 架空送电线路，采用 4 分裂 LGJ-400/35 导线。导线的基本参数见下表。

导线型号	拉断力（N）	外径（mm）	截面积（mm^2）	单位质量（kg/m）	弹性系数（N/mm^2）	线膨胀系数（1/℃）
LGJ-400/35	98707.5	26.82	425.24	1.349	65000	20.5×10^{-6}

注　拉断力为试验保证拉断力。

该线路的主要气象条件为：最高温度 40℃，最低温度-20℃，年平均气温 15℃，最大风速 30m/s（同时气温-5℃），最大覆冰厚度 10mm（同时气温-5℃，同时风速 10m/s），且重力加速度取 10m^2/s。

▶▶第 149 题 [比载] 36. 最大覆冰时的水平风比载为下列哪项值？　　　　　　（　　）

(A) 7.57×10^{-3}N/（m·mm^2）　　　　(B) 8.26×10^{-3}N/（m·mm^2）

(C) 24.47×10^{-3}N/（m·mm^2）　　　　(D) 15.23×10^{-3}N/（m·mm^2）

【答案及解答】B

由新版线路手册第 295 页式（5-9）、表 5-8、表 5-10 可得 $\alpha=1.0$，$\mu_{sc}=1.2$；又由该手册第 303 页表 5-13，可得覆冰时水平风比载为

$$\gamma_5 = \frac{g_5}{A} = \frac{0.625 \times 10^2 \times (26.82 + 2 \times 10) \times 1 \times 1.2 \times 10^{-3}}{425.24} = 8.26 \times 10^{-3} \ [\text{N}/(\text{m} \cdot \text{mm}^2)]$$

【考点说明】

老版线路手册第 174、第 175 页表 3-1-14 和表 3-1-15、第 179 页表 3-2-3。

【2008 年上午题 22~25】 某单回路架空送电线路，导线的直径为 23.94mm，截面积为 338.99mm²，单位长度质量为 1.133kg/m，设计最大覆冰厚度为 10mm，同时风速为 10m/s（提示 g=9.8m/s²）。

▶▶第 150 题［比载］24．若大风时的垂直比载为 40×10^{-3}N/（m·mm²），水平比载为 30×10^{-3}N/（m·mm²），请计算大风时的综合比载为下列哪组数值？ （　　）

（A）70×10^{-3}N/（m·mm²）　　　　　（B）60×10^{-3}N/（m·mm²）

（C）50×10^{-3}N/（m·mm²）　　　　　（D）65×10^{-3}N/（m·mm²）

【答案及解答】C

由新版线路手册第 303 页表 5-13 可得

大风时的综合比载 $= \sqrt{30^2 + 40^2} \times 10^{-3} = 50 \times 10^{-3} \ [\text{N}/(\text{m} \cdot \text{mm}^2)]$

【2008 年下午题 33~36】 有数基 220kV 单导线按 LGJ-300/40 设计的铁塔，导线的安全系数为 2.5，想将该塔用于新设计的 220kV 送电线路，采用的气象条件与本工程相同。本工程中导线采用单导线 LGJ-400/50，地线不变，导线参数见下表。

型 号	最大风压 P_4（N/m）	单位重量 P_1（N/m）	覆冰时总重 P_3（N/m）	破坏拉力（N）
LGJ-300/40	10.895	11.11	20.522	87609
LGJ-400/50	12.575	14.82	25.253	117230

▶▶第 151 题［比载］35．计算 LGJ-400/50（导线截面积 S=451.55mm²）在最大风时导线的综合比载为以下哪项数值？ （　　）

（A）43.04×10^{-3}N/（m·mm²）　　　　　（B）34.5×10^{-3}N/（m·mm²）

（C）45.25×10^{-3}N/（m·mm²）　　　　　（D）38.22×10^{-3}N/（m·mm²）

【答案及解答】A

由新版线路手册第 303 页表 5-13 可得

$$\gamma_6 = \frac{g_6}{A} = \frac{\sqrt{g_1^2 + g_4^2}}{A} = \frac{\sqrt{14.82^2 + 12.575^2}}{451.55} = 43.04 \times 10^{-3} \ [\text{N}/(\text{m} \cdot \text{mm}^2)]$$

【2016 年下午题 36~40】 某 220kV 架空送电线路 MT（猫头）直线塔，采用双分裂 LGJ-400/35 导线，悬垂串长度为 3.2m，导线截面积 425.24mm²，导线直径为 26.82mm，单位重量 1307.50kg/km，导线平均高度处大风风速为 32m/s，大风时温度为 15℃，应力为 70N/mm²，最高气温（40℃）条件下导线最低点应力为 50N/mm²，L1 邻挡断线工况应力为 35N/mm²。图中 h_1=18m，L_1=300m，dh_1=30m，L_2=250m，dh_2=10m，l_1、l_2 为最高气温下的弧垂最低点至 MT 的距离，l_1=180m，l_2=50m。（提示 g=9.8m/s²，采用抛物线公式计算）

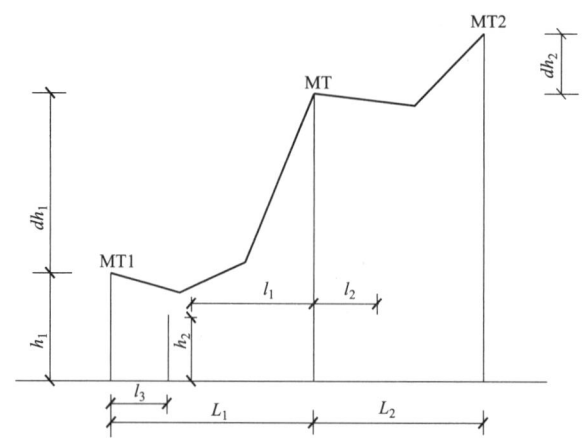

▶▶**第 152 题 [比载] 36.** 计算该导线在大风工况下综合比载应为下列哪项数值？（　　）
(A) 0.0301N/(m·mm^2)   (B) 0.0222N/(m·mm^2)
(C) 0.0449N/(m·mm^2)   (D) 0.0333N/(m·mm^2)

【答案及解答】C

由新版线路手册第 295 页式（5-9）、表 5-8、表 5-10 可得 α=0.75，μ_{sc}=1.1；又由该手册第 303 页表 5-13 可得

$$\gamma_1 = \frac{p_1 g}{A} = \frac{1.3075 \times 9.8}{425.24} = 0.0301 \,[\text{N}/(\text{m·mm}^2)]$$

$$\gamma_4 = \frac{g_4}{A} = \frac{0.625 v^2 d \alpha \mu_{sc} \times 10^{-3}}{A} = \frac{0.625 \times 32^2 \times 26.82 \times 0.75 \times 1.1 \times 10^{-3}}{425.24} = 0.0333 \,[\text{N}/(\text{m·mm}^2)]$$

$$\gamma_6 = \sqrt{\gamma_1^2 + \gamma_4^2} = \sqrt{0.0301^2 + 0.0333^2} = 0.0449 \,[\text{N}/(\text{m·mm}^2)]$$

【考点说明】

（1）老版线路手册第 174 页表 3-1-14 和 DL/T 5582—2020 第 9.3 节、DL/T 5551—2018 第 6.1 节使用的风速都是基本风速，即高度为 10m 的风速。对于本题，如果按表格数据来看，要先把均高风 32m/s 折算到 10m 高度后查表取 α。但从原理上来说应该直接带导线均高的风速查表取值更合理，本题的选项配置也说明了直接带均高风查表是正确的。（新版线路手册已和规范保持一致）

（2）本题为 2016 年考题，在用规范 GB 50545—2010，如果按规范查表 10.1.18-1 取 α 计算，即

$$\gamma_4 = \frac{0.625 \times 32^2 \times 26.82 \times 0.7 \times 1.1 \times 10^{-3}}{425.24} = 0.0311 \,[\text{N}/(\text{m·mm}^2)]$$

$$\gamma_6 = \sqrt{\gamma_1^2 + \gamma_4^2} = \sqrt{0.0301^2 + 0.0311^2} = 0.0433 \,[\text{N}/(\text{m·mm}^2)]$$

按规范取值计算结果 "0.0433" 不能准确 "命中" 选项。并且选项 A 是垂直荷载，与之对应的 D 选项水平风荷载 "0.0333" 也是按老版线路手册取值算出的。

由此可见，风压不均匀系数 α 到底是按规范取值还是按手册取值，以及风速是否要折算到平均高度 10m，应根据选项配置灵活掌握。建议首先按手册，用均高风查表取值。如果题目直接给出基本高风速，也不必转换到均高风，直接用已知的基本高 10m 高的风速查表取 α。

在没有答案的情况下再使用规范查表。

（3）老版线路手册第 174～175 页表 3-1-14 和表 3-1-15。

（4）新版规范 DL/T 5582—2020 第 9.3 节已经对风荷载计算进行了更改。

【2021 年下午题 36～40】 500kV 架空输电线路工程，导线采用 4×JL/G1A-400/35 钢芯铝绞线，导线长期允许最高温度 70℃，地线采用 GJ-100 镀锌钢绞线。给出的主要气象条件及导线参数如下表 1

表 1　主要气象条件及导、地线参数

项目		单位	导线	地线
外径 d		mm	26.82	13.0
截面 s		mm²	425.24	100.88
自重力比载 g_1		10^{-3}N/（m·mm²）	31.1	78.0
计算拉断力		N	103900	118530
年平均气温 $\begin{bmatrix} T=15℃ \\ v=0\text{m/s} \\ b=0\text{mm} \end{bmatrix}$	导线应力	N/mm²	53.5	182.5
最低气温 $\begin{bmatrix} T=-20℃ \\ v=0\text{m/s} \\ b=0\text{mm} \end{bmatrix}$	导线应力	N/mm²	60.5	202.7
最高气温 $\begin{bmatrix} T=40℃ \\ v=0\text{m/s} \\ b=0\text{mm} \end{bmatrix}$	导线应力	N/mm²	49.7	170.6
设计覆冰 $\begin{bmatrix} T=-5℃ \\ v=10\text{m/s} \\ b=10\text{mm} \end{bmatrix}$	冰重力比载	10^{-3}N/（m·mm²）	24.0	
	覆冰风荷比载	10^{-3}N/（m·mm²）	8.1	
	导线应力	N/mm²	92.8	
基本风速（风偏）$\begin{bmatrix} T=-5℃ \\ v=30\text{m/s} \\ b=0\text{mm} \end{bmatrix}$	无冰风荷比载	10^{-3}N/（m·mm²）	23.3	
	导线应力	N/mm²	69.1	

提示：计算时采用平抛线公式。

请分析计算并解答下列各小题。

▶▶**第 153 题［比载］** 36. 按给定条件，基本风速（风偏）时的综合荷载为下列哪个值？

（　　）

（A）35.6×10⁻³N/（m·mm²）　　　　（B）38.9×10⁻³N/（m·mm²）

（C）45.3×10⁻³N/（m·mm²）　　　　（D）54.4×10⁻³N/（m·mm²）

【答案及解答】 B

由新版线路手册第 303 页表 5-13 可得

$$\gamma_6 = \sqrt{\gamma_1^2 + \gamma_4^2} = \sqrt{31.1^2 + 23.3^2} \times 10^{-3} = 38.9 \times 10^{-3} \text{N/(m·mm}^2\text{)}$$

【考点说明】

老版线路手册第 179 页表 3-2-3。

【2019年下午题 36~40】 某500kV架空输电线路工程，导线采用 4 × LGJ-500/45 钢芯铝绞线，按导线长期允许最高温度70℃设计，给出的主要气象条件及导线参数如下表所示。（提示，计算时采用平抛物线公式）

直径 d		mm	30.00
截面 s		mm²	531.37
自重比载 g_1		10^{-3}N/（m·mm²）	30.28
计算拉断力		N	119500
平均气温 $\begin{bmatrix} T=15℃ \\ v=0m/s \\ b=0mm \end{bmatrix}$	导线应力	N/mm²	50.98
最低气温 $\begin{bmatrix} T=-20℃ \\ v=0m/s \\ b=0mm \end{bmatrix}$	导线应力	N/mm²	56.18
最高气温 $\begin{bmatrix} T=40℃ \\ v=0m/s \\ b=0mm \end{bmatrix}$	导线应力	N/mm²	47.98
设计覆冰 $\begin{bmatrix} T=-5℃ \\ v=10m/s \\ b=10mm \end{bmatrix}$	冰重力比载	10^{-3}N/（m·mm²）	20.86
	覆冰风荷比载	10^{-3}N/（m·mm²）	6.92
	导线应力	N/mm²	85.40
基本风速（风偏）$\begin{bmatrix} T=-5℃ \\ v=30m/s \\ b=0mm \end{bmatrix}$	无冰风荷比载	10^{-3}N/（m·mm²）	20.88
	导线应力	N/mm²	63.82

▶▶第154题 ［比载］ 36．设计覆冰时综合比载为多少？　　　　　　　　（　　）

(A) $51.61×10^{-3}$N/（m·mm²）　　　　(B) $51.14×10^{-3}$N/（m·mm²）
(C) $45.37×10^{-3}$N/（m·mm²）　　　　(D) $31.16×10^{-3}$N/（m·mm²）

【答案及解答】A

由新版线路手册第303页表5-13可得

$$\gamma_3 = \frac{30.28+20.86}{1000} = 51.14×10^{-3}[N/(m·mm^2)]$$

$$\gamma_7 = \sqrt{(51.14×10^{-3})^2 + (6.92×10^{-3})^2} = 51.61×10^{-3}[N/(m·mm^2)]$$

【考点说明】

（1）本题通过一个表格把所有数据罗列出来，因此在计算过程中对参数的选取比较重要，需要对公式有较深入的理解才可以。覆冰工况的垂直荷载为"自重荷载+冰重荷载"，如果不加自重30.28N/mm²，则会误选D。

（2）老版线路手册第179页表3-2-3。

【2012年下午题 31~35】 某500kV送电线路，导线采用四分裂导线，导线的直径为

26.82mm，截面积为 425.24mm²，单位长度质量为 1.349kg/m，设计最大覆冰厚度为 10mm，同时风速为 10m/s，导线最大使用应力为 92.85N/mm²，不计绝缘子的荷载（提示 g=9.8m/s²，冰的比重为 0.9g/cm³）。

▶▶第 155 题 [垂直荷载] 32. 该塔垂直挡距 650m，覆冰时每相垂直荷载为下列何值？
（　　）

（A）60892N　　　　　　　　　（B）14573N
（C）23040N　　　　　　　　　（D）46048N

【答案及解答】A

由新版线路手册第 303 页表 5-13 可得

$g_3 = g_1 + g_2 = 9.8 \times 1.349 + 9.8 \times 0.9 \times 3.14 \times 10 \times (26.82 + 10) \times 10^{-3} = 23.42 \text{ (N/m)}$

$W = 23.42 \times 4 \times 650 = 60892 \text{ (N)}$

【考点说明】

（1）g_n 是单位荷载，即每单位长度上承受的荷载。W 是整根导线在某一挡内的荷载，即 W=单位荷载×线长。因为不管是水平挡距还是垂直挡距，都是水平距离，所以，导线的线长≠挡距，但也相差不大，实际工程中在计算荷载时用垂直或者水平挡距替代线长计算荷载是一种工程简化，其误差是允许的。

（2）老版线路手册第 179 页表 3-2-3。

【2014 年下午题 36～40】 某 220kV 架空送电线路 MT 猫头直线塔，采用双分裂 LGJ-400/35 导线，导线截面积 425.24mm²，导线直径为 26.82mm，单位质量 1307.50kg/km，最高气温条件下导线水平应力为 50N/mm²，L_1=300m，d_{h1}=30m，L_2=250m，d_{h2}=10m，图中表示高度均为导线挂线点高度（提示 g=9.8m/s²，采用平抛物线公式计算）。

已知该塔与相邻杆塔的水平及垂直距离参数如下图所示。

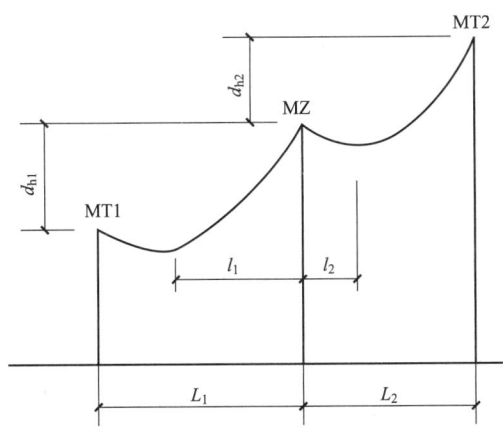

▶▶第 156 题 [垂直荷载] 38. 假设 MZ 塔导线悬垂串质量为 54kg，MZ 塔的垂直挡距为 400m，计算 MZ 塔无冰工况下的垂直荷载应为下列哪项数值？
（　　）

（A）10780N　　　　　　　　　（B）1100N
（C）5654N　　　　　　　　　（D）11309N

（C）5654N （D）11309N

【答案及解答】A

依题意，双分裂导线，由新版线路手册第469页式（8-17）可得

$$G = L_v qn + G_1 + G_2 = 400 \times 9.8 \times 1.3075 \times 2 + 54 \times 9.8 + 0 = 10780 \text{ (N)}$$

【考点说明】

（1）杆塔承受的荷载=导线荷载+绝缘子荷载+金具荷载。题目未给出金具荷载，故按0处理。

（2）老版线路手册第327页式（6-2-5）。

【2017年下午题31~35】 某500kV架空输电线路工程，导线采用4×JL/GIA-630/45，子导线直径33.8mm，子导线截面674.0mm²，导线自重荷载为20.39N/m，基本风速36m/s，设计覆冰10mm（同时温度–5℃，风速10m/s），覆冰时导线冰荷载为12.14N/m，风荷载4.035N/m，基本风速时导线风荷载为26.32N/m，导线最大设计张力为56500N，计算时风压高度变化系数均取1.25。（不考虑绝缘子串重量等附加荷载）

▶▶第157题[垂直荷载]32. 某直线塔的水平挡距 l_H=500m，覆冰工况垂直挡距 l_v=600m，所在耐张段的导线张力，覆冰工况为55961N，大风工况为48021N，平均工况为35732N，安装工况为43482N，杆塔计算时一相导线作用在该塔上的最大垂直荷载应为下列哪项数值？

（　　）

（A）48936N　　　　　　　　　（B）78072N
（C）111966N　　　　　　　　　（D）151226N

【答案及解答】C

由新版线路手册第303页表5-13、第307页式（5-29）可得覆冰工况垂直荷载 $4 \times (20.39 + 12.14) \times 600 = 78072$ (N)

覆冰工况 $l_v = l_H + \dfrac{\delta_0}{\gamma_v}\alpha \Rightarrow \alpha = \dfrac{600-500}{\dfrac{55961/S}{(20.39+12.14)/S}} = 0.05813$

大风工况 $l_v = 500 + \dfrac{48021/S}{20.39/S} \times 0.05813 = 636.90$ (m)

大风工况垂直荷载= $4 \times 20.39 \times 636.90 = 51945$ (N)

安装工况 $l_v = 500 + \dfrac{43482/S}{20.39/S} \times 0.05813 = 624$ (m)

再由该手册第472页式（8-23），依题意不考虑附加荷载，可得

安装工况垂直荷载 $2 \times 1.1 \times 4 \times 20.39 \times 624 = 111966$(N)

年平均气温及高温工况垂直挡距较大风工况小，对应荷载均小于安装工况，均不必考虑。由以上计算可知最大垂直荷载为安装工况时，所以选C。

【考点说明】

（1）考查垂直荷载分析计算。计算垂直荷载采用垂直挡距，覆冰垂直荷载为自重加冰重荷载，需要比较垂直荷载；其他工况垂直荷载均为自重荷载，只需比较垂直挡距即可。

（2）老版线路手册第179页表3-2-3、第184页式（3-3-12）、第329页式（6-2-11）。

【2018 年下午题 36～40】 500kV 架空输电线路工程，导线采用 4×JL/G1A–500/35，导线自重荷载为 16.18N/m，基本风速 27m/s，设计覆冰 10mm（同时温度–5℃，风速 10m/s），10mm 覆冰时，导线冰荷载 11.12N/m，风荷载 3.76N/m；导线最大设计张力为 45300N，大风工况导线张力为 36000N，最高气温工况导线张力为 25900N。某耐张段定位结果如下表，请解答下列问题（提示：以下计算均按平抛物线考虑，且不考虑绝缘子串的影响）。

塔号	塔型	挡距	挂点高差
1	JG1	500	20
2	ZM2	600	50
3	ZM4	1000	150
4	JG2		

注 挂点高差大号侧高为"+"，反之为"–"。

▶▶第 158 题 [垂直荷载] 37．计算 2 号 ZM2 塔覆冰工况下导线产生的垂直荷载应为下列哪项数值？　　　　　　　　　　　　　　　　　　　　　　　　　（　　）

（A）45508N　　　　　　　　　　　　（B）52208N
（C）60060N　　　　　　　　　　　　（D）82408N

【答案及解答】B
由新版线路手册第 307 页式（5-26）、式（5-29）可得水平挡距为

$$l_\mathrm{h} = \frac{l_1+l_2}{2} = \frac{500+600}{2} = 550(\mathrm{m})；\quad \alpha = \frac{h_1}{l_1}+\frac{h_2}{l_2} = \frac{20}{500}-\frac{50}{600} = -0.0433$$

导线覆冰时的垂直挡距 $l_\mathrm{v} = l_\mathrm{h} + \frac{\sigma_0}{\gamma_\mathrm{v}}\alpha = 550 + \frac{45300}{11.12+16.18}\times(-0.0433) = 478.1(\mathrm{m})$

据题意忽略绝缘子串的影响，覆冰工况下导线产生的垂直荷载维为

$$P_3 = l_\mathrm{v}(g_1+g_2)\times 4 = 478.1\times(11.12+16.18)\times 4 = 52208(\mathrm{N})$$

【注释】
（1）导线垂直荷载计算，应在导线的垂直投影平面上进行。
（2）垂直挡距计算，可以简化为对单根子导线进行的计算。导线垂直荷载计算，必须计及相导线的所有子导线之总和，对 4 分裂导线不可忘记乘 4。
（3）不注意"+""-"号会错选 D。
（4）老版线路手册第 183～184 页。

【2019 年下午题 31～35】 某 220kV 架空输电线路工程，采用 2×JL/GIA–500/45 导线，导线外径为 30mm，自重荷载为 16.53N/m；子导线最大设计张力为 45300N（提示覆冰比重 0.9g/cm³、g=9.80m/s²）。

▶▶第 159 题 [垂直荷载] 33．假定某基直线塔前、后侧挡距分别为 450、550m，且与相邻塔导线挂点高程相同，计算覆冰 10mm 时的导线垂直荷载为多少？　　　　（　　）

（A）27.61kN　　　　　　　　　　　（B）30.37kN
（C）33.13kN　　　　　　　　　　　（D）36.44kN

【答案及解答】A

依题意，该直线塔与相邻塔导线挂点高程相同，高差为0，可得

$$\text{垂直挡距} = \text{水平挡距} = \frac{450+550}{2} = 500 \text{ (m)}$$

由新版线路手册第303页表5-13可得，冰重单位荷载和覆冰垂直单位荷载分别为

$$g_2 = \frac{9.8 \times 0.9 \times 3.14 \times 10 \times (10+30)}{1000} = 11.08 \text{ (N/m)}$$

$$g_3 = 16.53 + 11.08 = 27.61 \text{ (N/m)}$$

导线垂直荷载=27.61×500×2=27.61（kN）

【考点说明】

（1）本题题设"导线挂点高程相同"，即杆塔两侧挂点是等高的，等高挡距弧垂最低点在挡距中央，所以垂直挡距等于水平挡距。

（2）老版线路手册第179页表3-2-3。

【2019年下午题36~40】 某500kV架空输电线路工程，导线采用4×LGJ-500/45钢芯铝绞线，按导线长期允许最高温度70℃设计，给出的主要气象条件及导线参数如下表所示。（提示，计算时采用平抛物线公式）

	直径 d		mm	30.00
	截面 s		mm²	531.37
	自重比载 g_1		10^{-3}N/(m·mm²)	30.28
	计算拉断力		N	119500
平均气温	$\begin{bmatrix} T=15℃ \\ v=0\text{m/s} \\ b=0\text{mm} \end{bmatrix}$	导线应力	N/mm²	50.98
最低气温	$\begin{bmatrix} T=-20℃ \\ v=0\text{m/s} \\ b=0\text{mm} \end{bmatrix}$	导线应力	N/mm²	56.18
最高气温	$\begin{bmatrix} T=40℃ \\ v=0\text{m/s} \\ b=0\text{mm} \end{bmatrix}$	导线应力	N/mm²	47.98
设计覆冰	$\begin{bmatrix} T=-5℃ \\ v=10\text{m/s} \\ b=10\text{mm} \end{bmatrix}$	冰重力比载	10^{-3}N/(m·mm²)	20.86
		覆冰风荷比载	10^{-3}N/(m·mm²)	6.92
		导线应力	N/mm²	85.40
基本风速（风偏）	$\begin{bmatrix} T=-5℃ \\ v=30\text{m/s} \\ b=0\text{mm} \end{bmatrix}$	无冰风荷比载	10^{-3}N/(m·mm²)	20.88
		导线应力	N/mm²	63.82

▶▶第160题[垂直荷载] 37. 年平均气温条件下，计算得知某直线塔塔前后两侧的导线

悬点应力分别为56N/mm²和54N/mm²，则该塔上每根子导线的垂直荷重为多少？（　　）

（A）58451N　　　　　　　　　　（B）45872N
（C）32765N　　　　　　　　　　（D）21786N

【答案及解答】D

依题意，年平均气温导线应力为50.98N/mm²（水平方向），可得

$$子导线的垂直应力 = \sqrt{56^2 - 50.98^2} + \sqrt{54^2 - 50.98^2} = 41 \, (\text{N/mm}^2)$$

$$子导线的垂直荷载 = 41 \times 531.37 = 21786 \, (\text{N})$$

【考点说明】

本题给出悬挂点张力，即沿着导线方向由水平力和垂直力合成的综合力求垂直分量，只需要知道水平分量就可以求出垂直分量，题设的平均气温工况导线应力，是指导线最低点应力，也就是水平应力，导线任何位置的水平应力都等于该值。对线路设计不太熟悉的读者可以记住这一结论。

【2021年下午题 36~40】500kV 架空输电线路工程，导线采用 4×JL/G1A-400/35 钢芯铝绞线，导线长期允许最高温度 70℃，地线采用 GJ-100 镀锌钢绞线。给出的主要气象条件及导线参数如下表1

表1　主要气象条件及导、地线参数

项　目		单位	导线	地线
外径 d		mm	26.82	13.0
截面 s		mm²	425.24	100.88
自重力比载 g_1		10^{-3}N/（m·mm²）	31.1	78.0
计算拉断力		N	103900	118530
年平均气温 $\begin{bmatrix} T=15℃ \\ v=0\text{m/s} \\ b=0\text{mm} \end{bmatrix}$	导线应力	N/mm²	53.5	182.5
最低气温 $\begin{bmatrix} T=-20℃ \\ v=0\text{m/s} \\ b=0\text{mm} \end{bmatrix}$	导线应力	N/mm²	60.5	202.7
最高气温 $\begin{bmatrix} T=40℃ \\ v=0\text{m/s} \\ b=0\text{mm} \end{bmatrix}$	导线应力	N/mm²	49.7	170.6
设计覆冰 $\begin{bmatrix} T=-5℃ \\ v=10\text{m/s} \\ b=10\text{mm} \end{bmatrix}$	冰重力比载	10^{-3}N/（m·mm²）	24.0	
	覆冰风荷比载	10^{-3}N/（m·mm²）	8.1	
	导线应力	N/mm²	92.8	
基本风速（风偏）$\begin{bmatrix} T=-5℃ \\ v=30\text{m/s} \\ b=0\text{mm} \end{bmatrix}$	无冰风荷比载	10^{-3}N/（m·mm²）	23.3	
	导线应力	N/mm²	69.1	

提示：计算时采用平抛线公式。

请分析计算并解答下列各小题。

▶▶**第161题［垂直荷载］40.** 假定：计算杆塔为直线塔，水平档距为800m，子导线的

垂直荷重为 15000N；前后两侧杆塔与计算杆塔的塔型相同；前后两侧杆塔与杆塔的导线绝缘子串和地线金具串分别相同，且不考虑绝缘子、金具串的偏斜。按以上假定条件，请计算最低气温条件下，杆塔的单根地线的垂直荷重为下列哪个值？ （ ）

(A) 7211N (B) 8045N
(C) 8923N (D) 9808N

【答案及解答】D

由新版线路手册第 307 页式（5-29）可得

$$G_V = l_v g_1 = (l_H + \frac{\sigma_0}{\gamma_v}\alpha)g_1 \Rightarrow 15000 = \left(800 + \frac{60.5}{31.1\times 10^{-3}}\alpha\right)\times 31.1\times 10^{-3}\times 425.24 \Rightarrow \alpha = 0.1718$$

对地线而言 $l_v = l_H + \frac{\sigma_d}{\lambda_d}\alpha = 800 + \frac{202.7}{78\times 10^{-3}}\times 0.1718 = 1246.46(m)$

$$G_d = l_v g_d = 1246.46\times 100.88\times 78\times 10^{-3} = 9807.94(N)$$

【考点说明】

（1）此题要对垂直档距的定义熟练掌握，在以往的题目中，一般是根据已知条件下的垂直档距和水平档距求出高差系数，此题用垂直荷载求高差系数，比较新颖。不过万变不能其中，掌握垂直档距公式的各种变换方式，此题也能迎刃而解。

（2）老版线路手册第 184 页式（3-3-12）。

【2022 年下午题 36～40】 某 500kV 架空输电线路工程，位于山地，导线采用 4 分裂钢芯铝绞线，直径为 33.8mm、截面为 674mm²，单重为 2.0792kg/m，设计安全系数 2.5。直线塔悬垂串采用单联 I 串，串长 6.0m，不同工况下弧垂最低点的导线应力见下表。（重力加速度取 9.80665m/s²）请分析计算并解答下列各题。

气象条件	平均气温	最高气温	覆冰	基本风速
温度（℃）	10	40	-5	-5
风速（m/s）	0	0	10	30
覆冰（mm）	0	0	10	0
应力（N/mm²）	53.01	47.45	82.37	68.37

注 代表档距为 400m。

▶▶第 162 题 [垂直荷载] 37. 某直线塔起吊导线时采用双倍起吊方式，假设悬垂绝缘子串重 60kg，安装工况下的垂直档距为 600m。则该塔作用在滑车悬挂点的安装垂直荷载应为下列哪项数值？（不考虑防震锤、间隔棒的重量） （ ）

(A) 58477N (B) 85715N
(C) 108954N (D) 112954N

【答案及解答】D

由老版线路手册第 329 页，式（6-2-11）及表 6-2-8 可得

$$\Sigma G = 2\times 1.1\times G + G_a = 2\times 1.1\times(600\times 2.0792\times 9.80665\times 4 + 60\times 9.80665) + 4000 = 112954(N)$$

第 11 章 高压输电线路

【2022 年补考下午题 36~40】 某单回线路 500kV 架空送电线路，采用 4 分裂 JL/G1A-400/35 导线。导线的基本参数如下表：

导线型号	计算拉断力（N）	外径（mm）	截面（mm^2）	单重（kg/m）	弹性系数（N/mm^2）	线膨胀系数（1/℃）
JL/G1A-400/35	105264	26.82	425.24	1.349	65000	20.5×10^{-6}

该线路的主要气象调节为：最高温度 40℃，最低温度-20℃，年平均气温 15℃，基本风速 27m/s（同时气温-5℃），设计覆冰厚度 10mm（同时气温-5℃，同时风速 10m/s）。导线最大使用张力 40000N，该线路需要设计一个转角度数为 30°的耐张转角塔。情分析计算并解答下列问题。

▶▶第 163 题 [垂直荷载] 39. 请计算垂直档距为 500m 时，不均匀覆冰时导线的垂直荷载是多少？（$g=9.8m/s^2$） （ ）

(A) 41740N
(B) 46840N
(C) 49267N
(D) 52300N

【答案及解答】B

由老版线路手册第 179 页表 3-2-3，得

$g_1 = 9.8 \times 1.349 = 13.22(N/m)$；$g_2 = 9.8 \times 0.9\pi \times 10 \times (10+26.82) \times 10^{-3} = 10.20(N/m)$

$G_v = 4 \times (13.22+10.20) \times 500 = 46840(N)$。

【2022 年补考下午题 36~40】 某单回线路 500kV 架空送电线路，采用 4 分裂 JL/G1A-400/35 导线。导线的基本参数如下表：

导线型号	计算拉断力（N）	外径（mm）	截面（mm^2）	单重（kg/m）	弹性系数（N/mm^2）	线膨胀系数（1/℃）
JL/G1A-400/35	105264	26.82	425.24	1.349	65000	20.5×10^{-6}

该线路的主要气象调节为：最高温度 40℃，最低温度-20℃，年平均气温 15℃，基本风速 27m/s（同时气温-5℃），设计覆冰厚度 10mm（同时气温-5℃，同时风速 10m/s）。导线最大使用张力 40000N，该线路需要设计一个转角度数为 30°的耐张转角塔。情分析计算并解答下列问题。

▶▶第 164 题 [水平荷载] 37. 计算耐张转角塔在设计覆冰时单侧一相导线张力产生的水平荷载是多少？（代表档距为 400m） （ ）

(A) 154548N
(B) 56765N
(C) 41411N
(D) 10352N

【答案及解答】C

由老版线路手册第 328 页式 (16-2-9)（单侧一相导线即求 p_1）可得 $P_1 = 4 \times 40000 \times \sin15° = 41411(N)$，选 C。

【2012 年下午题 31~35】 某 500kV 送电线路，导线采用四分裂导线，导线的直径为 26.82mm，截面积为 425.24mm^2，单位长度质量为 1.349kg/m，设计最大覆冰厚度为 10mm，同时风速为 10m/s，导线最大使用应力为 92.85N/mm^2，不计绝缘子的荷载（提示 $g=9.8m/s^2$，

冰的比重为 0.9g/cm³）。

▶▶第 165 题［水平荷载］31．线路某直线塔的水平挡距为 400m，大风（30m/s）时电线的水平单位荷载为 12N/m，风压高度系数为 1.05，计算该塔荷载时 90°大风的每相水平荷载为下列何值？　　　　　　　　　　　　　　　　　　　　　　　　　　　　（　　）

（A）20160N　　　　　　　　　　　（B）24192N
（C）23040N　　　　　　　　　　　（D）6048N

【答案及解答】C

依题意，4 分裂导线，故每相水平荷载为子导线的 4 倍，根据老版线路手册第 174 页第三章第三节式（3-1-14）可得

$$W_x = 4g_H l_H \beta_c \sin^2\theta = 4 \times 12 \times 400 \times 1.2 \times \sin^2 90° = 23040 \text{ (N)}$$

【考点说明】

（1）此题考查各种系数含义；注意题干是每相为 4 分裂导线，不要忘记乘以 4 的系数。

（2）风压高度系数是因基准风速（一般 10m 高风速）与实际高度风速不同，用于将基准高度风速转换成实际高度风速使用的。根据老版线路手册第 174 页式（3-1-14）可知，水平单位荷载 g_H 已经包含风高转换系数，题目给出数据属于干扰项，不需要再乘，否则会错选 B。

（3）风压调整系数为 500、750kV 特有的，考虑振动等对杆塔额外增加的系数。

（4）此题中已经给出水平单位荷载 g_H，没必要完整的计算水平载荷，也不用完整公式计算。

（5）新版线路手册该处已修改。

【2020 年下午题 31～35】　500kV 输电线路，地形为山地，设计基本风速为 30m/s，覆冰 10mm。采用 4×LGJ-400/50 导线，导线直径 27.63mm，截面 451.55mm²，最大设计张力 46892N，导线悬垂绝缘子串长度为 5.0m。某耐张段定位结果如下表。请解答如下问题。

（提示：按平抛物线计算，不考虑导线分裂间距影响。高差：前进方向高为正）

杆塔号	塔型	呼称高（m）	塔位高程（m）	档距（m）	导线挂点高差（m）
1	JG1	25	200		12
				450	
2	ZB1	27	215		27
				500	
3	ZB2	29	240		21
				600	
4	ZB2	30	260		30
				450	
5	ZB3	30	290		60
				800	
6	JG2	25	350		

已知条件

设计工况	最低气温	平均气温	最大风速	覆冰工况	最高气温	断联
比载（N/m·mm²）	0.03282	0.03282	0.048343	0.05648	0.03282	0.03282
应力（N/mm²）	65.2154	61.8647	90.7319	103.8468	58.9459	64.5067

▶▶第 166 题 [水平荷载] 31. 假设导线平均高度为 20m，计算 3 号塔 ZB2 的一相导线产生的最大水平荷载应为下列哪项数值？　　　　　　　　　　　　　　　　　　（　　）

（A）33850N　　　　　　　　　　　　（B）38466N
（C）42313N　　　　　　　　　　　　（D）45234N

【答案及解答】 C

由 DL/T 5551—2018 表 6.1.1-1 注 1 可知题设山地为 B 区；由该规范 6.1 节可得：

（1）阵风系数 β_C：B 区，均高 20m，查该规范第 73 页附录表 5，β_C 取 1.468。

（2）档减系数 α_L：依题意 3 号塔 ZB2 前后档距分别为 500m、600m，则该塔的水平档距为 (500+600)/2=550m，由式（6.1.1-5）参数说明，积分长度 L_x 取 50m，可得

$$\delta_L = \frac{\sqrt{12L_xL_P^3 + 54L_x - 36L_x^3 L_P - 72L_x^4 e^{\frac{L_P}{L_x}} + 18L_x^4 e^{\frac{2L_P}{L_x}}}}{3L_P^2}$$

$$= \frac{\sqrt{12\times50\times550^3 + 54\times50 - 36\times50^3\times550 - 72\times50^4\times e^{\frac{550}{50}} + 18\times50^4\times e^{\frac{2\times550}{50}}}}{3\times550^2}$$

$$= 0.344$$

由式（6.1.1-3）参数说明，B 区 I_{10} 取 0.14；α 取 0.15；题设均高 20m，可得

$$I_Z = I_{10} \cdot \left(\frac{z}{10}\right)^{-\alpha} = 0.14 \times \left(\frac{20}{10}\right)^{-0.15} = 0.1262$$

由式（6.1.1-4）参数说明：g 取 2.5；表 6.1.1-2，500kV 线路 ε_c 取 0.8；I_Z=0.1262；δ_L=0.344

$$\alpha_L = \frac{1 + 2g \cdot \varepsilon \cdot I_Z \cdot \delta_L}{1 + 5I_Z} = \frac{1 + 2\times2.5\times0.8\times0.1262\times0.344}{1 + 5\times0.1262} = 0.7196$$

（3）风压高度系数 μ_Z：查表 6.1.1-1，B 区 20m，μ_Z 取 1.23。

（4）体型系数 μ_{SC}：题设直径 d=27.63mm，由表 6.1.1 参数说明，体型系数 μ_{SC} 取 1.0。

（5）覆冰系数 B_1：最大风工况无覆冰，由表 6.1.1 参数说明，B_1 取 1.0。

再由该规范式（6.1.1-1），默认最大风荷载攻角 θ 取 90°，题设基本风速 30m/s，4 分裂导线，计算一相导线对杆塔的荷载，可得

$$W_x = (\beta_C \alpha_L \mu_Z) \cdot (\mu_{SC} B_1) \cdot (4dL_P) \cdot \frac{v^2}{1600} \cdot \sin^2\theta$$

$$= (1.468 \times 0.7196 \times 1.23) \times (1\times1) \times (4\times0.02763\times550) \times \frac{30^2}{1600} \times 1$$

$$= 44.427 \text{ (kN)}$$

【考点说明】

（1）本题档减系数 α_L 计算难度较大，可查 5582 第 245 页附录表 88，均高 20m，档距 500m α_L 取 0.725；600m，α_L 取 0.715；近似采用插值法，α_L 取（0.725+0.715）/2=0.720。

（2）本题是 2023 年之前的题目，当时采用老规范 GB 50545—2010 所出，所以按现在考纲规范 DL/T 5551—2018 第 6.1 节作答，结果不能完全对上选项数字。按 GB 50545—2010 解答如下：由 GB 50545—2010 式（10.1.18-1）和表 10.1.18-1、表 10.1.22 可得风压高度变化系数取 1.25、风压不均匀系数取 0.75、风荷载调整系数取 1.2，即

$$W_X = aW_0\mu_Z\mu_{SC}\beta_C dL_P B\sin^2\theta$$
$$= 0.75\times 30^2/1600\times 1.25\times 1.1\times 1.2\times 27.63\times(500+600)/2\times 4$$
$$= 42313(\text{N})$$

【2022 年补考下午题 36～40】　某单回线路 500kV 架空送电线路，采用 4 分裂 L/G1A-400/35 导线。导线的基本参数如下表：

导线型号	计算拉断力 (N)	外径 (mm)	截面 (mm^2)	单重 (kg/m)	弹性系数 (N/mm^2)	线膨胀系数 (1/℃)
JL/G1A-400/35	105264	26.82	425.24	1.349	65000	20.5×10^{-6}

该线路的主要气象调节为：最高温度 40℃，最低温度-20℃，年平均气温 15℃，基本风速 27m/s（同时气温-5℃），设计覆冰厚度 10mm（同时气温-5℃，同时风速 10m/s）。导线最大使用张力 40000N，该线路需要设计一个转角度数为 30°的耐张转角塔。情分析计算并解答下列问题。

▶▶第 167 题 [水平荷载] 40. 该线路有一悬垂塔位于丘陵地区，水平档距为 400m，导线平均线高 33m，请计算该直线塔的最大风时的水平风荷载是多？　　　　　　（　　）

(A) 23636N　　　　　　　　　　　　(B) 25968N
(C) 28362N　　　　　　　　　　　　(D) 30941N

【答案及解答】C
使用最新考纲规范 DL/T 5551—2018 第 6.1 节，计算如下：
(1) 阵风系数 β_C：由式（6.1.1-3）：B 区 I_{10} 取 0.14，α 取 0.15，均高 33m，则

$$I_Z = I_{10}(\frac{z}{10})^{-\alpha} = 0.14\times(\frac{33}{10})^{-0.15} = 0.117$$

由式（6.1.1-2），γ_C 取 0.9，g 取 2.5，则

$$\beta_C = \gamma_C(1+2g\cdot I_Z) = 0.9\times(1+2\times 2.5\times 0.117) = 1.427$$

(2) 档减系数 α_L。由式（6.1.1-5），积分长度 L_X 取 50m，依题意水平档距 L_P 为 400m，则

$$\delta_L = \frac{\sqrt{12L_X L_P^3 + 54L_X - 36L_X^3 L_P - 72L_X^4 e^{\frac{L_P}{L_X}} + 18L_X^4 e^{\frac{2L_P}{L_X}}}}{3L_P^2}$$

$$=\frac{\sqrt{12\times 50\times 400^3 + 54\times 50 - 36\times 50^3\times 400 - 72\times 50^4\times e^{\frac{400}{50}} + 18\times 50^4\times e^{\frac{2\times 400}{50}}}}{3\times 400^2}$$

$$= 0.40$$

由式（6.1.1-4），g 取 2.5；500kV 交流 ε 取 0.8，I_Z=0.117，δ_L=0.360，则

$$\alpha_L = \frac{1+2g\cdot\varepsilon\cdot I_Z\cdot\delta_L}{1+5I_Z} = \frac{1+2\times 2.5\times 0.8\times 0.117\times 0.4}{1+5\times 0.117} = 0.749$$

(3) 风压高度系数 μ_Z。B 区，均高 33m，由 DL/T 5551—2018 第 76 页式（19）可得

$$\mu_Z^B = 1 \times (\frac{Z}{10})^{0.3} = (\frac{33}{10})^{0.3} = 1.43$$

（4）体型系数 μ_{SC}。题设直径 $d=26.82$mm，由公式参数说明，μ_{SC} 取 1.0。

（5）覆冰系数 B_1。最大风工况无覆冰，由公式参数说明，B_1 取 1.0。

再由该规范式（6.1.1-1），依题意最大风速为27m/s，水平档距400m，4分裂导线，计算导线对杆塔的荷载，可得

$$W_X = (\beta_C \alpha_L \mu_Z) \cdot (\mu_{SC} B_1) \cdot (4 \times dL_P) \cdot \frac{v^2}{1600} \cdot \sin^2\theta \times 10^3$$

$$= (1.427 \times 0.749 \times 1.43) \times (1 \times 1) \times (4 \times 26.82 \times 10^{-3} \times 400) \times \frac{27^2}{1600} \times 1 \times 10^3 = 29883.27(N)$$

【考点说明】

本题是2023年之前的题目，当时采用老规范GB 50545—2010所出，所以按现在考纲规范DL/T 5551—2018第6.1节作答，结果不能完全对上选项数字。按GB 50545—2010解答如下：

由GB 50545—2010第10.1.22条文说明式(42)，则 $\mu_Z^B=1.000\times(\frac{33}{10})^{0.32}=1.4653$

又由该规范式(10.1.18-1.2)可得

$$W_X = 0.75 \times \frac{27^2}{1600} \times 1.4653 \times 1.1 \times 1.2 \times 26.82 \times 500 \times 4 = 28362(N)$$

【2023年上午题21～05】 某500kV双回架空输电线路，位于丘陵地区，最高运行线电压为550kV，设计基本风速为30m/s，履冰厚度为10mm，导线采用 $4\times$JL/G1A-630/45 钢芯铝绞线，直径为33.8mm、截面为674mm^2、单重为2.0792kg/m。请分析计算并解答下列各小题。

▶▶第168题[水平荷载] 21. 某直线塔水平档距为400m，下相导线平均高度取20m，档距相关性积分因子 δL 取0.4、风向与导线方向夹角为90°、用于杆塔结构设计时，下相导线大风工况的风荷载是下列哪项数值？（依据《架空输电线路荷载规范》（DL/T 551—2018）计算） （　　）

（A）10.1kN　　　　　　　　（B）24.3 kN
（C）25.6kN　　　　　　　　（D）40.5 kN

【答案及解答】D

由DL/T 5551—2018表6.1.1-1注1可知题设山地为B区；由该规范6.1节相关公式可得：

（1）阵风系数 β_C。B区，均高20m，查该规范第73页附录表5，β_C 取1.468。

（2）档减系数 α_L。由该规范表6.1.1-2可知题设500kV线路 ε_c 取0.8，B区，$\varepsilon_c=0.8$，档距400m，均高20m，查该规范第74页续表6，α_L 取0.737。

（3）风压高度系数 μ_Z。查表6.1.1-1，B区30m，μ_Z 取1.39。

（4）体型系数 μ_{SC}。题设直径 $d=33.8$mm，由公式参数说明，体型系数 μ_{SC} 取1.0。

（5）覆冰系数 B_1。最大风工况无覆冰，由公式参数说明，B_1 取1.0。

再由该规范式（6.1.1-1），依题意最大风荷载攻角 θ 取90°，基本风速30m/s，4分裂导线，计算下相导线对杆塔的荷载，可得

$$W_X = (\beta_C \alpha_L \mu_Z) \cdot (\mu_{SC} B_1) \cdot (4 \times dL_P) \cdot \frac{v^2}{1600} \cdot \sin^2\theta$$

$$= (1.468 \times 0.737 \times 1.23) \times (1 \times 1) \times (4 \times 0.0338 \times 400) \times \frac{30^2}{1600} \times 1$$

$$= 40.5 \text{(kN)}$$

【考点说明】

参数 α_L 也可以用 DL/T 5551—2018 式（6.1.1-4）计算，则

$$I_Z = I_{10} \cdot \left(\frac{z}{10}\right)^{-\alpha} = 0.14 \cdot \left(\frac{20}{10}\right)^{-0.15} = 0.1262$$

$$\alpha_L = \frac{1 + 2g \cdot \varepsilon \cdot I_Z \cdot \delta_L}{1 + 5I_Z} = \frac{1 + 2 \times 2.5 \times 0.8 \times 0.1262 \times 0.4}{1 + 5 \cdot 0.1262} = 0.7369$$

【2017 年下午题 31~35】 某 500kV 架空输电线路工程，导线采用 4×JL/GIA-630/45，子导线直径 33.8mm，子导线截面积 674.0mm²，导线自重荷载为 20.39N/m，基本风速 36m/s，设计覆冰 10mm（同时温度–5℃，风速 10m/s），覆冰时导线冰荷载为 12.14N/m，风荷载 4.035N/m，基本风速时导线风荷载为 26.32N/m，导线最大设计张力为 56500N，计算时风压高度变化系数均取 1.25。（不考虑绝缘子串重量等附加荷载）

▶▶**第 169 题 [水平荷载系数]** 35. 某塔定位结果是后侧挡距 550m，前侧挡距 350m，垂直挡距 310m，在校验该塔电气间隙时，风压不均匀系数 α 应取下列哪项数值？　　（　　）

(A) 0.61　　　　　　　　　　　(B) 0.63
(C) 0.65　　　　　　　　　　　(D) 0.75

【答案及解答】 B

由新版线路手册第 307 页式（5-26）、依据《110kV～750kV 架空输电线路设计规范》(GB 50545—2010）第 10.1.18 条表 10.1.18-2，该塔水平挡距

$$l_H = \frac{l_1 + l_2}{2} = \frac{550 + 350}{2} = 450 \text{(m)}，查表 \alpha = 0.63$$

【考点说明】

（1）本题是 2023 年之前的题目，按 GB 50545—2010 所出，目前在用考纲规范 DL/T 5551—2018 和 DL/T 5582-2020 的风荷载计算公式系数已经更改，不适合本题，读者了解即可。

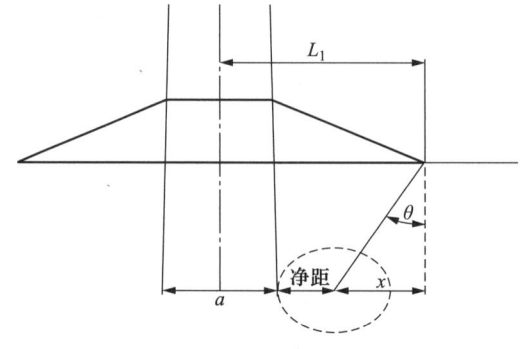

工频电压间隙示意图

（2）考查水平挡距的计算及风压不均匀系数随挡距变化的取值。

（3）《110kV～750kV 架空输电线路设计规范》（GB 50545—2010）第 10.1.18 条表 10.1.18-1，用于初步设计和施工图设计总的部分或综合部分；而《110kV～750kV 架空输电线路设计规范》（GB 50545—2010）表 10.1.18-2，则用于施工图设计的定位。新版规范 DL/T 5582—2020 第 9.3 节，对风荷载计算进行了大幅度修改，本题是按照老版规范 GB 50545—2010 所出，读者了解即可。

（4）老版线路手册第 183 页式（3-3-9）。

【2020 年上午题 21～25】 某单回路 220kV 架空送电线路，海拔高度 120m，采用单导线 JL/G1A-400/50，该线路气象条件如下：（g=9.81m/s^2）

工况	气温（℃）	风速（m/s）	冰厚（mm）
最高气温	40	0	0
最低气温	-20	0	0
年平均	15	0	0
覆冰厚度	-5	10	10
基本风速	-5	27	0

导线参数见下表：

型 号	每米质量（kg/m）	直径 d（mm）	截面 s（mm^2）	额定拉断力 T_k（N）	线性膨胀数 a（1/℃）	弱性指量 E（N/mm^2）
JL/G1A-400/50	1.511	27.63	451.55	123000	19.3×10-6	69000

▶▶第 170 题 [水平荷载系数] 24．某塔定位结果是后侧挡距 500m，前侧挡距 300m，垂直挡距 310m，在校验该塔电气间隙时，风压不均匀系数 α 取值应为下列哪项？　　（　　）

（A）0.61　　　　　　　　　　　　（B）0.63
（C）0.65　　　　　　　　　　　　（D）0.75

【答案及解答】C

由 GB 50545—2010 表 10.1.18-2 可知：该塔的水平挡距为 400m，α 取 0.65，所以选 C。

【考点说明】

本题是 2023 年之前的题目，按 GB 50545—2010 所出，目前在用考纲规范 DL/T 5551—2018 和 DL/T 5582—2020 的风荷载计算公式系数已经更改，不适合本题，读者了解即可。

【2024 年下午题 36～40】 某 220kV 单回架空线路工程，设计基本风速为 27m/s，覆冰厚度为 10mm，导线采用 2×JL/G1A-630/45 钢芯铝绞线，直径为 33.8mm，截面为 674mm^2，单重为 2.0792kg/m。直线塔型 ZB2，采用单联 I 串，丘陵地区，水平档距为 400mm^2，垂直档距为 550m，导线平均高度为 15m。（重力加速度取 9.80665m/s^2）

请分析计算并解答下列各小题。

▶▶第 171 题 [水平荷载系数] 36．计算大风工况张力时的导线风荷载折减系数 γ_c 为下列哪项数值？　　（　　）

（A）0.52 (B) 0.67
（C）0.71 (D) 0.90

【答案及解答】 C

依据《架空输电线路电气设计规程》（DL/T 5582—2020）表 9.3.1-2 可得

$$\gamma_c = -\frac{1}{5.97 + e^{(33.2-1.2\times 27)}} + 0.83 = 0.71$$

所以选 C。

【2022 年补考下午题 36～40】 某单回线路 500kV 架空送电线路，采用 4 分裂 JL/G1A-400/35 导线。导线的基本参数如下表：

导线型号	计算拉断力（N）	外径（mm）	截面（mm²）	单重（kg/m）	弹性系数（N/mm²）	线膨胀系数（1/℃）
JL/G1A-400/35	105264	26.82	425.24	1.349	65000	20.5×10⁻⁶

该线路的主要气象调节为：最高温度 40℃，最低温度-20℃，年平均气温 15℃，基本风速 27m/s（同时气温-5℃），设计覆冰厚度 10mm（同时气温-5℃，同时风速 10m/s）。导线最大使用张力 40000N，该线路需要设计一个转角度数为 30°的耐张转角塔。情分析计算并解答下列问题。

▶▶**第 172 题 [纵向荷载] 36.** 计算耐张转角塔在事故断线工况下的一相导线产生的纵向荷载是多少？　　　　　　　　　　　　　　　　　　　　　　　　（　）

（A）28000N (B) 108184N
（C）112000N (D) 154548N

【答案及解答】 B

由 DL/T 5551—2018 第 8.0.2 条可得 70%×4×40000=112000（N）；又由新版线路手册第 327 页式（6-2-7）即 $T_1 - T_2 = 112000(\text{N})$；$\Delta T = 112000 \times \cos(30/2) = 108184(\text{N})$，所以选 B。

【2022 年补考下午题 36～40】 某单回线路 500kV 架空送电线路，采用 4 分裂 L/G1A-400/35 导线。导线的基本参数如下表：

导线型号	计算拉断力（N）	外径（mm）	截面（mm²）	单重（kg/m）	弹性系数（N/mm²）	线膨胀系数（1/℃）
JL/G1A-400/35	105264	26.82	425.24	1.349	65000	20.5×10⁻⁶

该线路的主要气象调节为：最高温度 40℃，最低温度-20℃，年平均气温 15℃，基本风速 27m/s（同时气温-5℃），设计覆冰厚度 10mm（同时气温-5℃，同时风速 10m/s）。导线最大使用张力 40000N，该线路需要设计一个转角度数为 30°的耐张转角塔。情分析计算并解答下列问题。

▶▶**第 173 题 [纵向荷载] 38.** 计算耐张转角塔在不均匀覆冰工况下一相导线产生的纵向荷载是多少？　　　　　　　　　　　　　　　　　　　　　　　　　　　（　）

（A）46364N (B) 48000N
（C）108184N (D) 112000N

【答案及解答】A

由 DL/T 5551—2018 第 8.0.2 条及线路手册第 327 页式（6-2-7）可得

$\Delta T = 30\% \times 4 \times 40000 \times \cos 15^\circ = 46364 \text{N}$

【**2012 年下午题 31~35**】 某 500kV 送电线路，导线采用四分裂导线，导线的直径为 26.82mm，截面积为 425.24mm²，单位长度质量为 1.349kg/m，设计最大覆冰厚度为 10mm，同时风速为 10m/s，导线最大使用应力为 92.85N/mm²，不计绝缘子的荷载（提示 g=9.8m/s²，冰的比重为 0.9g/cm³）。

▶▶第 174 题 [不平衡张力] 33．请计算用于山区的直线塔导线断线时纵向不平衡张力为多少？ （　　）

（A）31587N　　　　　　　　　（B）24192N

（C）39484N　　　　　　　　　（D）9871N

【答案及解答】C

由 DL/T 5551—2018 第 8.0.2 条的表 10.1.7，可知山区的直线塔导线断线时纵向不平衡张力为

$T = 4 \times 92.85 \times 425.24 \times 25\% = 39484 \text{ (N)}$

【考点说明】

（1）考查导线断线张力计算，计算较简单。LD/T 5551—2018 表 8.0.2-1 的表头中"（或分裂导线纵向不平衡张力）%"，可见表中百分数是以一相分裂导线为基数的，计算时勿忘记乘以分裂数值。

（2）注意该表的适用条件为 10mm 及以下冰区。

▶▶第 175 题 [不平衡张力] 34．请计算 0°耐张塔断线时的断线张力为下列何值？ （　　）

（A）110554N　　　　　　　　　（B）157934N

（C）39484N　　　　　　　　　（D）27633N

【答案及解答】A

由 DL/T 5551—2018 第 8.0.2 条及表 10.1.7，可知 0°耐张塔断线时的断线张力为

$T = 4 \times 92.85 \times 425.24 \times 70\% = 110554 \text{(N)}$

▶▶第 176 题 [不平衡张力] 35．请计算直线塔在不均匀覆冰情况下导线不平衡张力为多少？ （　　）

（A）15793N　　　　　　　　　（B）110554N

（C）39484N　　　　　　　　　（D）27638N

【答案及解答】A

由 DL/T 5551—2018 第 8.0.3 条及表 10.1.8，可知直线塔在不均匀覆冰情况下导线不平衡张力为 T=4×92.85×425.24×10%=15793 (N)，所以选 A。

【**2019 年上午题 21~25**】 某 220kV 架空输电线路工程导线采用 2×JLIGIA-630/45，子导线直径为 33.8mm，自重荷载为 20.39N/m，安全系数 2.5 时最大设计张力为 57kN，基本风速 33m/s，设计覆冰 10mm（同时温度−5℃，风速 10m/s）。10mm 覆冰时，子导线冰荷载为

12.14N/m；风荷载为 4.04N/m，子导线最大风时风荷载为 22.11N/m。请分析计算并解答下列各小题。

▶▶**第 177 题** [不平衡张力] 24．某悬垂直线塔使用于山区，该塔设计时导线的纵向不平衡张力应取多少？ （ ）

（A）22.8kN　　　　　　　　　　（B）28.5kN
（C）34.2kN　　　　　　　　　　（D）79.8kN

【答案及解答】C

依题意，由 DL/T 55512—2018 表 8.0.2-1 可得，山区地带，一根导线的纵向不平衡张力取导线最大使用张力的 30%，可得纵向不平衡张力为 57×2×30%=34.2（kN），所以选 C。

【考点说明】

在使用 DL/T 55512—2018 表 8.0.2-1 的时候，应明确，该表中的百分数是导线最低点张力，也就是导线最大使用张力，而不是计算拉断力或保证拉断力；同时对于分裂导线，应乘以分裂数才是最后的纵向不平衡张力。该表中的"山地"即指山区的意思，"平丘"即平原地区。

【2022 年下午题 36~40】 某 500kV 架空输电线路工程，位于山地，导线采用 4 分裂钢芯铝绞线，直径为 33.8mm、截面为 674mm²，单重为 2.0792kg/m，设计安全系数 2.5。直线塔悬垂串采用单联 I 串，串长 6.0m，不同工况下弧垂最低点的导线应力见下表。（重力加速度取 9.80665m/s²）请分析计算并解答下列各题。

气象条件	平均气温	最高气温	覆冰	基本风速
温度（℃）	10	40	−5	−5
风速（m/s）	0	0	10	30
覆冰（mm）	0	0	10	0
应力（N/mm²）	53.01	47.45	82.37	68.37

注　代表档距为 400m。

▶▶**第 178 题** [不平衡张力] 38．某耐张塔两侧代表档距均为 400m，转角度数为 60°，导线与横担垂线之间的夹角分别为 20°和 40°。求大风工况下每相导线的不平衡张力是下列哪项数值？ （ ）

（A）0kN　　　　　　　　　　（B）8kN
（C）32kN　　　　　　　　　　（D）35kN

【答案及解答】C

由老版线路手册第 182 页代表档距定义，因代表档距相同，则导线张力相同。即 $T_1 = T_2$，又由该手册第 327 页式（6-2-6）可得

$$\Delta T = T_1 \cos\alpha_1 - T_2 \cos\alpha_2 = 68.37 \times 674 \times 4 \times (\cos 20° - \cos 40°) = 32007.8(\text{N})，选 C。$$

【2011 年下午题 36~40】 某单回路 500kV 架空送电线路，采用 4 分裂 LGJ-400/35 导线。导线的基本参数见下表。

第 11 章 高压输电线路

导线型号	拉断力（N）	外径（mm）	截面积（mm²）	单位质量（kg/m）	弹性系数（N/mm²）	线膨胀系数（1/℃）
LGJ-400/35	98707.5	26.82	425.24	1.349	65000	20.5×10^{-6}

注：拉断力为试验保证拉断力。

该线路的主要气象条件为：最高温度 40℃，最低温度−20℃，年平均气温 15℃，最大风速 30m/s（同时气温−5℃），最大覆冰厚度 10mm（同时气温−5℃，同时风速 10m/s），且重力加速度取 $10m^2/s$。

▶▶**第 179 题**［受力计算］37. 若该线路导线的最大使用张力为 39483N，请计算导线的最大悬点张力大于下列哪项值时，需要放松导线？（　　）

（A）43870N　　　　　　　　　　　（B）43431N
（C）39483N　　　　　　　　　　　（D）59224N

【答案及解答】A

由 DL/T 5582—2020 第 5.1.15～5.1.16 条，可得导线悬挂点应力为

$$T_p = \frac{39483 \times 2.5}{2.25} = 43870 \text{ (N)}$$

【考点说明】

（1）本题是已知每一根导线的最低地点应力计算挂点应力，所以虽然是 4 分裂导线，但计算时不必乘 4，用单导线参数计算即可。

（2）需要提醒的是：题干中已经注明为试验保证拉断力，若为计算拉断力，作答时需要乘以 0.95 的系数。

（3）本题如果直接乘 1.1 会错选 B。

【注释】

（1）导线的自然形态是一条悬链线，从最低点到悬挂点，各点的应力是不一样的。对于导线中的一般点，其应力为水平应力和自重产生的垂直应力的合力。水平应力各点相同，垂直自重应力随各点和最低点之间的距离增大而增大（因为各点至最低点之间这一段导线的自重力要加载在该点上）。

（2）弧垂最低点因为只有水平方向的力，所以最低点应力最小。从最低点至悬挂点，随着离最低点的距离增大，垂直自重力逐渐增大，各点应力也随之增大，悬挂点离最低点最远，所以悬挂点的应力最大。

（3）导线的强度是一定的，存在一个设计计算拉断力，也叫额定拉断力。在做抽检试验时，因为导线需要夹在线夹上，导致线夹外 5cm 左右强度降低容易拉断，按规范要求试验拉断力只要不低于导线计算拉断力的 95%即算合格，即：保证拉断力=计算拉断力的 95%（相当于，只要实际拉力不超过其计算拉断力的 95%，可以"保证拉不断"）。在线路设计时，导线上实际允许的最大张力应以保证拉断力为基础。显而易见，导线的实际应力最大值肯定不能定为保证拉断力，否则一点裕量也没有，必须留够裕度，这就是安全系数。但导线上各点应力是不一样的，用哪一个点的应力来和保证拉断力比较呢？实际工程设计中，用导线最低点应力作为导线的最大使用张力，最大使用张力为导线保证拉断力的 40%（0.4 的倒数就是 DL/T 5582—2020 第 5.1.1 条的安全系数 2.5）。因为最低点应力是最低的，所以还要同时规

定应力最大的悬挂点的应力不能比最低点高10%，即不大于保证拉断力的44%，这是新版线路手册的规定，DL/T 5582—2020 第 5.1.1 条是用挂点应力安全系数 2.25 来确定的，其实二者思想是一致的，只是在取数时由于四舍五入导致了细微差异。所以在计算时，用保证拉断力的44%和用安全系数 2.25 会有细微差别，而本题恰恰两者都配置了答案，最终应以规范为准，这也是一个不错的坑点。

需要注意的是，历年真题中，有部分题目用保证拉断力来计算是没答案的，只有用计算拉断力来算才有答案，即乘不乘 0.95 的问题，此时应"灵活掌握"。

悬挂点的允许最大使用张力比最低点高10%是"最大允许值"，实际的挂点应力与最低点应力之间的关系由垂直挡距决定，挡距越大，悬挂点离导线最低点越远，两者的差别就越大，当达到极大挡距时，悬挂点和最低点同时达到各自的最大允许值，此时如果再增大挡距，悬挂点的应力就会超标（虽然最低点应力没有超标），为了降低悬挂点应力保证不超标，就需要考虑调整塔位、挡距，或放松导线张力，来降低导线悬挂点张力。

【2018 年上午题 21~25】 某单回路 220kV 架空送电线路，采用 2 分裂 LGJ—400/35 导线，导线的基本参数见下表。

导线型号	拉断力 （N）	外径 （mm）	截面积 （mm²）	单重 （kg/m）	弹性系数 （N/mm²）	线膨胀系数 （1/℃）
LGJ-400/35	98707.5	26.82	425.24	1.349	65000	20.5×10⁻⁴

注 拉断力为试验保证拉断力。

该线路的主要气象条件为：最高温度 40℃，最低温度 –20℃，年平均气温 15℃，基本风速 27m/s（同时气温 –5℃），最大覆冰厚度 10mm（同时气温 –5℃，同时风速 10m/s）。（重力加速度取 10m/s²）

▶▶第 180 题 [受力计算] 21. 若该线路导线的最大使用张力为 39483N，请计算导线的最大悬点张力大于下列哪项数值时，需要放松导线？   （   ）

(A) 39483N   (B) 43431N
(C) 43870N   (D) 69095N

【答案及解答】C

依据 DL/T 5582—2020 第 5.1.15~5.1.16 条，可得 $\dfrac{98707.5}{2.25} = 43870\,(\text{N})$。

【考点说明】

如果按老版线路手册第 184 页的规定 98707.5×44% = 43431(N)，选 B。今后应按新版规范 DL/T 5582—2020 作答。

3. 绝缘子与金具

【2008 年下午题 37~40】 某架空送电线路采用单导线，导线的最大垂直荷载为 25.5N/m，导线的最大使用张力为 36900N，导线的自重荷载为 14.81N/m，导线的最大风时风荷载为 12.57N/m。

▶▶第 181 题 [绝缘子受力] 37. 若要求耐张串采用双联，请确定本工程采用下列哪种型号的绝缘子最合适？   （   ）

（A）XP-70 (B）XP-100
（C）XP-120 (D）XP-160

【答案及解答】A

由 DL/T 5582—2020 第 8.0.1 条可知，绝缘子的机械强度在最大使用荷载时安全系数为 2.7。则根据式（8.0.2）得 $T_R = K_I T/2 = 2.7 \times 36.9/2 = 49.8$ (kN)，选用 XP-70 满足要求。

断联校验 $T_R = K_I T = 1.5 \times 36.9 = 55.35$ (kN) < 70 kN，符合要求，所以选 A。

【考点说明】

（1）此题关键在于双联绝缘子应进行断联校验。

（2）由于是双联绝缘子，所以在计算机械破坏力 T_R 时应除 2。

（3）本题直接给出导线最大使用张力 T_R，也就是导线最低点的最大允许应力，绝缘子承受的是悬挂点应力，应该比最低点大，具体数值应使用老版线路手册第 607 页式（8-2-16）计算，只有在极大挡距至极限挡距之间的挡距才满足挂点应力时最低点应力的 1.1 倍。

在工程实际中，对于一般挡距，用导线最低点应力替代挂点应力计算绝缘子荷载所产生的误差不大，能够满足需要。

【注释】

题设 XP-70，其中 XP 表示悬式瓷绝缘子，70 表示机电破坏荷载为 70kN。

▶▶第 182 题 [绝缘子受力] 38. 直线塔上的最大垂直挡距为 L_V=1200m，请确定本工程单联悬垂串应采用下列哪种型号的绝缘子？ （ ）

（A）XP-70 (B）XP-100
（C）XP-120 (D）XP-160

【答案及解答】B

由 DL/T 5582-2020 第 8.0.1 条，一般线路悬垂绝缘子串最大使用荷载安全系数为 2.7

由式（8.0.1）可知 $T_R = K_I T = 2.7 \times (1200 \times 25.5) = 82620$ (N)。

选择 XP-100，所以选 B。

【考点说明】

（1）本题题设悬垂绝缘子串是单联，单联不需要校验断联的情况。

（2）本题未给出水平挡距，也为给出覆冰时的水平荷载，可认为忽略覆冰时的水平受力。同时导线的自重荷载为 14.81N/m 与最大风时风荷载 12.57N/m 的矢量和 19.43N/m 也小于导线最大垂直荷载 25.5N/m，所以只需计算最大覆冰时绝缘子承受的垂直力即可。

▶▶第 183 题 [绝缘子受力] 39. 某 220kV 线路悬垂绝缘子串组装型式见下表，计算允许荷载应为下列哪项数值？ （ ）

编号	名称	型号	每串数量（个）	每个质量（kg）	共计质量（kg）
1	U 型挂板	UB-70	1	0.75	0.75
2	球头挂环	QP-70	1	0.25	27
3	绝缘子	XP-70	13	4.7	61.1
4	悬垂线夹	XGU-TA	1	5.7	5.7
5	铝包带				0.1

注：线夹强度为 59kN。

（A）26.8kN （B）23.6kN
（C）25.93kN （D）28.01kN

【答案及解答】B

由 DL/T 5582—2020 第 8.0.1 条可知，绝缘子安全系数为 2.7，金具安全系数为 2.5，其金具 U 型挂板、球头挂环、悬垂线夹中，悬垂线夹强度最低，故比较绝缘子串和悬垂线夹两者允许荷载，取其最低值即为计算允许荷载：

（1）由 DL/T 5582—2020 第 8.0.2 条式（8.0.2），盘型绝缘子在最大使用荷载情况下的安全系数为 2.7，依题意单片绝缘子的破坏荷载为 70kN，对于悬垂绝缘子串，整串 13 片中，最顶上一片最危险，要承受以下 12 片绝缘子及下部金具的重量，该片绝缘子的允许荷载为

$$T = \frac{70}{2.7} - \frac{4.7 \times 12 + 5.7 + 0.1}{1000} \times 9.8 = 25.32 \text{ (kN)}$$

（2）又由 DL/T 5582—2020 第 8.0.1 条，金具在最大使用荷载情况下的安全系数为 2.5，故线夹允许荷载 $T = \frac{59}{2.5} = 23.6$ (kN)。

以上取最小值，即 T=23.6kN，所以选 B。

【考点说明】

此题关键点在于选择较小强度的金具作为控制条件。

【注释】

绝缘子串的破坏荷载由绝缘子和金具中最小的破坏荷载决定。

绝缘子串的允许荷载由其破坏荷载和规范规定的安全系数决定。

【2009 年下午题 36~40】 单回 500kV 架空线，水平排列，4 分裂 LGJ-300/40 导线，截面积 338.99mm², 外径 23.94mm，单位质量 1.133kg/m，最大弧垂计算为最高气温，绝缘子串质量为 200kg（提示：均用平抛物线公式）。主要气象条件如下：

气象	垂直比载（×10⁻³）[N/(m·mm²)]	水平比载（×10⁻³）[N/(m·mm²)]	综合比载（×10⁻³）[N/(m·mm²)]	水平应力（N/mm²）
最高气温	32.78	0	32.78	53
最低气温	32.78	0	32.78	65
年平均气温	32.78	0	32.78	58
最大覆冰	60.54	9.53	61.28	103
最大风（杆塔荷载）	32.78	32.14	45.91	82
最大风（塔头风偏）	32.78	26.14	41.93	75

▶▶第 184 题 [绝缘子受力] 39. 排位时，该耐张段内某塔水平挡距 400m，垂直挡距 800m，不计绝缘子串质量、风压，应该采用的绝缘子串为多少？（不考虑断线、断联及常年满载工况，不计纵向张力差） （ ）

（A）单联 120kN 绝缘子串 （B）单联 160kN 绝缘子串
（C）单联 210kN 绝缘子串 （D）双联 160kN 绝缘子串

【答案及解答】C

耐张段内某塔即直线塔，按直线塔选择选择绝缘子串。

观察表中数据,覆冰时垂直荷载最大,本题垂直挡距大于水平挡距,垂直荷载起主要作用,并且覆冰工况的综合荷载也比大风时的综合荷载大,所以覆冰工况受力最大。

按最大覆冰工况计算可得

垂直力=60.54×10⁻³×338.99×800×2.7×4=177314N=177 (kN)

水平力=9.53×10⁻³×338.99×400×2.7×4=13956N=14 (kN)

综合力=$\sqrt{14^2+177^2}$ =177.55(kN)

可选单联 C 绝缘子串,以长期运行应力校验,即 32.78×10⁻³×338.99×800×4×4=142 (kN)。满足要求,所以选 C。

【考点说明】

计算悬垂塔绝缘子受力,应计算绝缘子串的综合荷载,不能只使用垂直荷载;垂直荷载计算应计及导线的垂直荷载及绝缘子串的重量;计算水平荷载应计及导线的水平荷载和绝缘子串的风压,再计算综合荷载用来选择绝缘子型号,本题未给出绝缘子的受力参数,所以忽略。

【注释】

线路耐张段两端采用带转角或不带转角的耐张塔,耐张段内一般都采用带不大于 3°的小转角或不带转角的悬垂塔,有时也采用不大于 10°(330kV 及以下线路)或 20°(500kV 线路)转角的直线转角塔(这种杆塔允许承受转角合力,定位在允许转角内的转角位置,其绝缘子串悬挂在杆塔横担上,与耐张杆塔的横向张拉、承受导/地线张力不同,类似于悬垂塔的悬挂方式,但受力比悬垂绝缘子串大得多)。

【2018 年下午题 36~40】 500kV 架空输电线路工程,导线采用 4×JL/G1A-500/35,导线自重荷载为 16.18N/m,基本风速 27m/s,设计覆冰 10mm(同时温度–5℃,风速 10m/s),10mm 覆冰时,导线冰荷载 11.12N/m,风荷载 3.76N/m;导线最大设计张力为 45300N,大风工况导线张力为 36000N,最高气温工况导线张力为 25900N。某耐张段定位结果见下表,请解答下列问题(提示:以下计算均按平抛物线考虑,且不考虑绝缘子串的影响)。

塔 号	塔 型	挡距	挂点高差
1	JG1	500	20
2	ZM2	600	50
3	ZM4	1000	150
4	JG2		

注:挂点高差大号侧高为"+",反之为"–"。

▶▶**第 185 题 [挂点金具强度] 38.** 假定该耐张段导线耐张绝缘子串采用同一串型,且按双联双挂点型式设计,计算导线耐张段中挂点金具的强度等级应为下列哪项数值? ( )

(A) 300kN (B) 240kN

(C) 210kN (D) 160kN

【答案及解答】 A

由 DL/T 5582-2020 第 8.0.1~8.0.2 条可得,最大强度=$\dfrac{2.5\times 4\times 45300}{2}\times 10^{-3}$ = 226.5 (kN)

又由该规范第 8.0.4 条可得,挂点金具应向上增大一级,故取 300kN。因题设未给断联工况应力，故不校验断联工况，所以选 A。

▶▶第 186 题 [连接金具强度] 39．假定 3 号 ZM4 塔导线采用单联悬垂玻璃绝缘子串，计算悬垂串中连接金具的强度等级应为下列哪项数值？（　　）

（A）420kN
（B）300kN
（C）210kN
（D）160kN

【答案及解答】C

由新版线路手册第 307 页式（5-26）、式（5-29）可得

水平挡距 $\alpha = \dfrac{h_1}{l_1} + \dfrac{h_2}{l_2} = \dfrac{50}{600} - \dfrac{150}{1000} = -0.0667$；$l_h = \dfrac{l_1 + l_2}{2} = \dfrac{600 + 1000}{2} = 800(m)$

导线覆冰时的垂直挡距：$l_v = l_h + \dfrac{\sigma_0}{\gamma_v}\alpha = 800 + \dfrac{45300}{11.12 + 16.18} \times (-0.0667) = 689.32(m)$

又由该手册第 303 页表 5-13 可得

垂直荷载 $P_3 = ng_3 l_v = 4 \times (11.12 + 16.18) \times 689.32 = 75273.96(N)$

水平荷载 $P_5 = ng_5 l_h = 4 \times 3.76 \times 800 = 12032(N)$

依据 DL/T 5582-2020 第 8.0.1 条，金具最大使用荷载为

$$P_7 = \sqrt{P_5^2 + P_3^2} \times 2.5 = \sqrt{12032^2 + 75273.96^2} \times 2.5 = 190.6(N)$$

选大于 190.6N 且最接近的强度等级，所以选 C。

【注释】

（1）导线垂直荷载计算，应在导线的垂直投影平面上进行。

（2）垂直挡距计算，可以简化为对单根子导线进行的计算。导线垂直荷载计算，必须计及相导线的所有子导线之总和，对 4 分裂导线不可忘记乘 4。

（3）依据 DL/T 5582—2020 第 8.0.1～8.0.2 条注和第 6.0.3 条，选择悬垂绝缘子串挂点金具的强度等级，尚应考虑断线（不平衡张力）情况下安全系数不低于 1.5 的规定。需要按题干资料计算无冰、无风、–5℃气象条件下的耐张段代表挡距、耐张段张力、ZM2 塔的垂直挡距和导线不平衡张力，得出挂点金具在断线（不平衡张力）情况下安全系数不低于 1.5 的承载要求。题干中并无明确的要求，所以题解中忽略此过程。

（4）老版线路手册第 183 页式（3-3-9）、184 页式（3-3-12）、第 179 页表 3-2-3。

【2017 年下午题 31～35】某 500kV 架空输电线路工程，导线采用 4×JL/GIA–630/45，子导线直径 33.8mm，子导线截面 674.0mm²，导线自重荷载为 20.39N/m，基本风速 36m/s，设计覆冰 10mm（同时温度–5℃，风速 10m/s），覆冰时导线冰荷载为 12.14N/m，风荷载 4.035N/m，基本风速时导线风荷载为 26.32N/m，导线最大设计张力为 56500N，计算时风压高度变化系数均取 1.25。（不考虑绝缘子串重量等附加荷载）

▶▶第 187 题 [连接金具强度] 33．某直线塔的水平挡距 l_h=600m，覆冰工况垂直挡距 l_v=600m，所在耐张段的导线张力，覆冰工况为 56000N，大风工况为 47800N，满足设计规程要求的单联绝缘子串连接金具强度等级应选择下列哪项数值？（　　）

（A）300kN
（B）210kN
（C）160kN
（D）120kN

第 11 章 高压输电线路

【答案及解答】 A

由新版线路手册第 303 页表 5-13，及 DL/T 5582—2020 第 8.0.1 条，可得最大使用荷载下，金具强度的安全系数不应小于 2.5。

大风工况综合荷载　　　$4 \times 600 \times \sqrt{20.39^2 + (1.25 \times 26.32)^2} = 92894.64$ (N)

覆冰工况综合荷载　　　$4 \times 600 \times \sqrt{(20.39 + 12.14)^2 + 4.035^2} = 78670.3$ (N)

金具强度　　　　　　　$2.5 \times 92894.64 = 232.236$ (kN)

选择 300kN 强度的金具，选 A。

【考点说明】

（1）考查绝缘子金具强度选择。需要强调的是直线塔绝缘子强度选择应考虑综合荷载。需要计算水平荷载与垂直荷载的综合值进行比较。注意本题 $l_v=l_h$，这种情况下，各工况都有 $l_v=l_h=600$m。

（2）老版线路手册第 179 页表 3-2-3。

▶▶**第 188 题** [连接金具强度] 34. 导线水平张力无风、无冰、–5℃时为 46000N，年平均气温条件下为 36000N，导线耐张串采用双挂点双联型式，请问满足设计规范要求的连接金具强度等级应为下列哪项数值？　　　　　　　　　　　　　　　　　　　　（　　）

（A）420kN　　　　　　　　　　　　（B）300kN

（C）250kN　　　　　　　　　　　　（D）210kN

【答案及解答】 B

依据 DL/T 5582—2020 第 8.0.1 条，最大使用荷载下，金具强度的安全系数不应小于 2.5；断线、断联、验算情况，金具强度的安全系数不应小于 1.5。

依据题意金具强度的安全系数如下：

最大使用荷载情况不应小于 2.5，即 $2.5 \times 4 \times 56500 \div 2 = 282.5$ (kN)。

断联验算情况下不应小于 1.5，即 $1.5 \times 4 \times 46000 = 276$ (kN)。

故应选择 300kN 强度等级，所以选 B。

【考点说明】

本题考查金具强度计算。需同时满足最大使用荷载和断线、断联、验算情况下的规定。DL/T 5582—2020 第 4.0.24~第 4.0.25 条给出断联的气象条件，出题者以气象条件形式给出断联情况下的张力。题中各项张力，为导线的张力。

【注释】

此题最重要的选择是到底使用悬挂点张力还是导线弧垂最低张力，两者相差 1.1 倍。

（1）在施工图定位设计中，针对具体耐张杆塔上的耐张绝缘子串校验时，需要取具体耐张杆塔上的耐张绝缘子串悬挂点处受力，配合相应安全系数，和电气安装图中耐张绝缘子串的机械强度相比较。

（2）出于便利施工、运行，和工程经济合理的考虑，耐张杆塔一般设置在较为平坦的地方，其呼称高度也取得比较低，导线悬挂点张力与其最低点张力相差不大。在施工图设计耐张绝缘子串时，根据工程情况，适当留有裕度即可。

（3）对于本题，与电气安装图设计时一样，一般不乘1.1 系数，根据工程情况，适当留有裕度即可。至于对耐张绝缘子串安全程度的保障，应由定位设计中的绝缘子串悬挂点张力校验来把关。

【2019 年下午题 31~35】 某 220kV 架空输电线路工程，采用 2×JL/GIA-500/45 导线，导线外径为 30mm，自重荷载为 16.53N/m；子导线最大设计张力为 45300N（提示覆冰比重 0.9g/cm³、g=9.80m/s²）。

▶▶第 189 题［连接金具强度］34. 某直线塔位于 30m/s，5mm 覆冰地区，水平挡距为 850m，假定 30m/s 大风时垂直挡为 650m、风荷载为 21.5N/m；5mm 覆冰时垂直挡距为 630m，覆冰时冰荷载为 4.85N/m，风荷载为 3.85N/m。导线采用单联悬垂玻璃绝缘子串，请选择垂悬串中连接金具的强度等级。（　　）

（A）70kN　　　　　　　　　　（B）100kN
（C）120kN　　　　　　　　　 （D）160kN

【答案及解答】C

大风工况综合单位荷载 $=\sqrt{(16.53\times0.65)^2+(21.5\times0.85)^2}=21.2$ (kN)

覆冰工况综合单位荷载 $=\sqrt{[(16.53+4.85)\times0.63]^2+(3.85\times0.85)^2}=13.86$ (kN)

取较大者 21.2kN。

由 DL/T 5582—2020 第 8.0.1 条，金具最大使用荷载安全系数为 2.5，可得连接金具强度不小于 2.5×2×21.2=106（kN），应选择 120kN 的强度等级，所以选 C。

【考点说明】

（1）本题考查的是绝缘子连接金具强度，要用金具的安全系数 2.5，如果用绝缘子的安全系数 2.7 算出 114.48kN，会错选 C。

（2）绝缘子连接金具位于绝缘子串与横担之间，还要承受绝缘子串的重量，查老版线路手册第 298 页表 5-3-2 可知，220kV 单联悬垂绝缘子串重约 68kg，重力约为 0.7kN，很小，可以忽略，不影响强度选择。

【2020 年下午题 31~35】 500kV 输电线路，地形为山地，设计基本风速为 30m/s，覆冰 10mm。采用 4×LGJ-400/50 导线，导线直径 27.63mm，截面 451.55mm²，最大设计张力 46892N，导线悬垂绝缘子串长度为 5.0m。某耐张段定位结果如下表。请解答如下问题。

（提示：按平抛物线计算，不考虑导线分裂间距影响。高差：前进方向高为正）

杆塔号	塔型	呼称高（m）	塔位高程（m）	档距（m）	导线挂点高差（m）
1	JG1	25	200		12
				450	
2	ZB1	27	215		27
				500	
3	ZB2	29	240		21
				600	
4	ZB2	30	260		30
				450	
5	ZB3	30	290		60
				800	
6	JG2	25	350		

第 11 章　高压输电线路

已知条件

设计工程	最低气温	平均气温	最大风速	覆冰工况	最高气温	断联
比载[N/(m·mm²)]	0.03282	0.03282	0.048343	0.05648	0.03282	0.03282
应力（N/mm²）	65.2154	61.8647	90.7319	103.8468	58.9459	64.5067

▶▶第 190 题 [连接金具强度] 33．6 号塔 JG2 导线采用双联耐张绝缘子串，选择联中连接金具强度等级应为下列哪项数值？　　　　　　　　　　　　　　　　　　　　　　（　　）

（A）160kN　　　　　　　　　　　（B）210kN
（C）240kN　　　　　　　　　　　（D）300kN

【答案及解答】C

由 DL/T 5582—2020 第 8.0.1～8.0.2 条可得

最大使用荷载=46892×4/1000=187.6（kN）

金具强度≥2.5×187.6/2=234.5（kN），强度等级取 240kN。

断联的荷载=64.5067×451.55×4/1000=116.5（kN）

金具强度≥1.5×116.5=174.8（kN），强度等级取 210kN。

两者同时满足取 240kN，所以选 C。

【2019 年上午题 21～25】　某 220kV 架空输电线路工程导线采用 2×JL/G1A-630/45，子导线直径为 33.8mm，自重荷载为 20.39N/m，安全系数 2.5 时最大设计张力为 57kN，基本风速 33m/s，设计覆冰 10mm（同时温度−5℃，风速 10m/s）。10mm 覆冰时，子导线冰荷载为 12.14N/m；风荷载为 4.04N/m，子导线最大风时风荷载为 22.11N/m。请分析计算并解答下列各小题。

▶▶第 191 题 [悬垂线夹强度] 22．某基塔定位后的水平挡距为 500m，垂直挡距为 400m，导线悬垂线夹的机械强度应不小于下列哪项值？（不考虑气象条件变化对垂直挡距的影响，以及风压高度比系数的影响）　　　　　　　　　　　　　　　　　　　　　　　　（　　）

（A）32.92kN　　　　　　　　　　（B）34.35kN
（C）68.69kN　　　　　　　　　　（D）137.38kN

【答案及解答】B

悬垂线夹最大荷载计算：

大风工况下为　　　　$\sqrt{(22.11 \times 500)^2 + (20.39 \times 400)^2} = 13.738$ (kN)

覆冰工况下为　　　　$\sqrt{(4.04 \times 500)^2 + [(20.39 + 12.14) \times 400]^2} = 13.168$ (kN)

取二者中较大值，即 13.738（kN）。

由 DL/T5582—2020 第 8.0.1～8.0.2 条可得，导线悬垂线夹机械强度为 13.738×2.5=34.345（kN）。

【考点说明】

本题题设使用的是双分裂导线，根据子导线的排列方式不同，220kV 输电线路双分裂导线使用的悬垂线夹，有两种情况：

（1）子导线垂直排列。即两根子导线一根在上一根在下，此时有专用的"子导线垂直排列双悬垂线夹"，该线夹在老版线路手册第 300 页、302 页都有明确的说明和图示，该种线夹的破坏荷载应按两根子导线计算总荷载。

（2）子导线水平排列。即两根子导线在同一水平面内一左一右，此时悬垂线夹使用普通的固定式悬垂线夹即可，子导线水平排列需要使用间隔棒，在实际工程应用中没有子导线垂直排列用得多。

此题没有明确子导线的排列方式，也没有说明使用双悬垂线夹（或双导线用悬垂线夹），为此，本题按常规的固定式线夹作答，即按水平排列方式作答。如果按双悬垂线夹、两根子导线计算，则会错选 C。

▶▶第 192 题［悬垂线夹握力］21．导线悬垂绝缘子串中固定式悬垂线夹的握力应不小于下列哪项值？   （   ）

（A）34.2kN   （B）36.0kN
（C）57.0kN   （D）60.0kN

【答案及解答】B

依题意，630/45 导线铝钢截面比为 630/45=14，由新版线路手册第 177 页表 7-2，可知导线悬垂绝缘子串中固定式悬垂线夹握力不应小于导线计算拉断力的 24%，可得子导线计算拉断力 $T=57\times\dfrac{2.5}{0.95}=150$（kN），线夹最小握力为 150×24%=36（kN）。

【考点说明】

（1）本题重点在于计算拉断力和保证拉断力的转换，由新版线路手册第 177 页表 7-2 明确是使用计算拉断力；同时，在计算导线最大使用张力时，DL/T 5582—2020 第 5.1.16 条的条文说明明确使用保证拉断力，即计算拉断力的 95%，如不注意该点，会错选 A。

（2）悬垂线夹和耐张线夹由于作用不同、工作原理不同，承受力的性质也不相同，所以两种线夹握力的要求是不一样的。

（3）老版线路手册第 292 页表 5-2-2。

▶▶第 193 题［耐张线夹握力］23．导线双联耐张绝缘子金具串中压缩型耐张线夹的握力应不小于下列哪项值？   （   ）

（A）142.5kN   （B）135.4kN
（C）71.25kN   （D）67.7kN

【答案及解答】A

由新版线路手册第 177 页，第 426 页表 7-3 可知，导线压缩型耐张线夹的握力不应小于导线计算拉断力的 95%，可得计算拉断力为 57×2.5/95%=150（kN），最小握力为 150×95%=142.5（kN），所以选 A。

【考点说明】

老版线路手册第 294 页。

【2024 年下午题 36～40】　某 220kV 单回架空线路工程，设计基本风速为 27m/s，覆冰厚度为 10mm，导线采用 2×JL/G1A-630/45 钢芯铝绞线，直径为 33.8mm，截面为 674mm²，单重为 2.0792kg/m。直线塔型 ZB2，采用单联 I 串，丘陵地区，水平档距为 400mm²，垂直档距为 550m，导线平均高度为 15m。（重力加速度取 9.80665m/s²）

请分析计算并解答下列各小题。

▶▶第 194 题 [重锤] 39. 某工程定位完成后 T5、T6 之间的档距均为 400m，T6 塔导线悬垂串摇摆角已达临界值。已知大风工况下导线使用应力为 72N/mm²，单片重锤重量为 15kg，若 T7 塔因故需加高 3m，为保证 T6 塔摇摆角不超使用条件，至少需加装的重锤片数为下列哪项数值？（计算中不计导线风压高度系数的变化，不计及重锤的风压，采用平抛物线计算公式） ( )

(A) 3 (B) 5
(C) 8 (D) 10

【答案及解答】B

依据老版线路手册第 179 页表 3-2-3，可得

 导线自重荷载 $g_1 = 9.80665 \times 2.0792 = 20.39 \,(\text{N/m})$

依题意 T5、T6 塔档距为 400m，T7 塔比 T6 塔高 3m，由老版线路手册第 184 页式（3-3-12）及垂直档距定义：垂直档距=杆塔两侧最低点水平距离之和可得升高后 T6 塔垂直档距

$$l'_V = \frac{400+400}{2} - \frac{72}{0.0303} \times \frac{3}{400} = 382.18 \,(\text{m})$$

再由该手册第 103 页的绝缘子风偏角（摇摆角）公式 [式（2-6-44）]，依题意，T7 塔升高前 T6 塔摇摆角已达临界值（最大允许值），T7 升高后风偏角不能大于该值，可得

$$T7\text{升高前风偏角}\varphi_{前} \geq \varphi_{后} \Rightarrow \tan\varphi_{前} \geq \tan\varphi_{后} \Rightarrow \left(\frac{\frac{P_1}{2}_{前} + pl_{H前}}{\frac{G_1}{2}_{前} + W_1 l_{V前}}\right) \geq \left(\frac{\frac{P_1}{2}_{后} + pl_{H后}}{\frac{G_1}{2}_{后} + W_1 l_{V后} + G}\right)$$

因 T7 塔升高前后水平荷载不变，可得

$$\frac{1}{\frac{G_1}{2}_{前} + W_1 l_{V前}} \geq \frac{1}{\frac{G_1}{2}_{后} + W_1 l_{V后} + G} \Rightarrow G \geq W_1 l_{V前} - W_1 l_{V后} = W_1 (l_{V前} - l_{V后})$$

$G = 20.39 \times (400 - 382.18)$
 $= 363.35 \,(\text{N})$

双分裂导线，$G_2 \geq 363.35 \times 2 = 726.7 \,(\text{N})$

$$N = \frac{726.7}{15 \times 9.80665} = 4.94 \,（个），取 5 个。$$

所以选 B。

【2019 年下午题 31~35】某 220kV 架空输电线路工程，采用 2×JL/G1A−500/45 导线，导线外径为 30mm，自重荷载为 16.53N/m；子导线最大设计张力为 45300N（提示覆冰比重 0.9g/cm³、g=9.80m/s²）。

▶▶第 195 题 [V 串夹角] 32. 假定某直线塔采用悬垂 I 型绝缘子串时的最大风偏角为 60°，计算采用悬垂 V 型串时两肢绝缘子串之间的夹角不宜小于多少？ ( )

(A) 60° (B) 80°
(C) 90° (D) 100°

【答案及解答】D

由 DL/T5582—2020 第 8.0.5 条,悬垂 V 型串两肢之间的夹角的一半可比导线最大风偏角小 5°~10°。夹角不宜小于 2×(60°−10°)=100°,所以选 D。

4. 角度计算及杆塔定位

【2008 年下午题 33～36】 有数基 220kV 单导线按 LGJ-300/40 设计的铁塔,导线的安全系数为 2.5,想将该塔用于新设计的 220kV 送电线路,采用的气象条件与本工程相同。本工程中导线采用单导线 LGJ-400/50,地线不变,导线参数见下表。

型号	最大风压 P_4 (N/m)	单位重量 P_1 (N/m)	覆冰时总重 P_3 (N/m)	破坏拉力 (N)
LGJ-300/40	10.895	11.11	20.522	87609
LGJ-400/50	12.575	14.82	25.253	117230

▶▶第 196 题 [转角塔] 36. 本工程中若转角塔的水平挡距不变,且最大风时 LGJ-400/50 导线与 LGJ-300/40 导线的张力相同,按 LGJ-300/40 设计的 30℃转角塔用于 LGJ-400/50 导线时,指出下列说法中哪项正确,并说明理由。（　　）

(A) 最大允许转角等于 30°
(B) 最大允许转角大于 30°
(C) 最大允许转角小于 30°
(D) 按 LGJ-300/40 设计的 30℃转角塔不能用于 LGJ-400/50 导线

【答案及解答】C

由新版线路手册第 295 页式（5-9）、第 470 页式（8-21）,同时忽略转角对导线风压的影响可得

$$P_4 l_h + 2T\sin\frac{\alpha}{2} = P_4'' l_h'' + 2T''\sin\frac{\alpha''}{2}$$

因为 $P_4 < P_4''$,$T = T''$,$l_h = l_h''$,故 $\alpha > \alpha''$,所以选 C。

【考点说明】

基本概念分析题,关键在于以不变条件进行展开;由于 30°时 F 张力合题目中给出不变,又因此塔受力要保证不变,故风载荷要保证不变才能满足要求,但事实上风载荷却不同,故此时不能保持原转角。

(1) 转角减小时,F 张力合减小,F 风变大（风吹导线有效长度变大）,但 F 风增加较小,而 F 张力合减小却很大,所以最终合力变小。

(2) 转角增大时,F 张力合变大,F 风变小,但 F 风增加较小,F 张力合增大很多,故杆塔受力变大。

综上所述,转角减小时满足要求。

(3) 老版线路手册第 174 页式（3-1-14）、第 328 页式（6-2-9）。

【2016 年上午题 21～25】 220kV 架空输电线路工程,导线采用 2×400/35,导线自重荷载为 13.21N/m,风偏校核时最大风风荷载为 11.25N/m,安全系数为 2.5 时最大设计张力为

39.4kN，导线采用Ⅰ型悬垂绝缘子串，串长 2.7m，地线串长 0.5m。

▶▶**第 197 题 [转角塔] 25.** 假设直线塔大风允许摇摆角为 55°，水平挡距为 300m，垂直挡距 400m，最大风时导线张力为 30kN，仅从塔头间隙考虑，该直线塔允许兼多少度转角？（不计绝缘子串影响，不计风压高度系数影响） （　　）

（A）8°　　　　　　　　　　　　（B）6°
（C）5°　　　　　　　　　　　　（D）4°

【答案及解答】 A

当直线杆兼作转角时，角度荷载产生的水平荷载应计入摇摆角计算中；

由新版线路手册第 152 页式（3-245）、第 470 页式（8-21），依题意忽略绝缘子串的影响，可得

$$\varphi = \arctan\left[\frac{Pl_H + P_1 + P_2}{G_I/2 + W_I l_v}\right] = \frac{Pl_H + 2T_\varphi \sin(\alpha/2)}{G_I/2 + W_I l_v} \tan 55°$$

$$\Rightarrow \frac{300 \times 11.25 \times 2 + 2 \times 30000 \times 2\sin(\alpha/2)}{13.21 \times 2 \times 400} = 1.428$$

可得 α=8°，所以选 A。

【考点说明】

（1）本题考查绝缘子串摇摆角概念与角度荷载分量之间的关系，属于概念延伸的案例题目。重点在于把角度荷载产生的水平分量加入摇摆角计算中。

（2）老版线路手册第 103 页式（2-6-44）、第 328 页式（6-2-9）。

【注释】

（1）绝缘子的受力，耐张串和悬垂串完全不同。耐张绝缘子串耐受挡距内的导线张力，所以叫耐张绝缘子，其受力等于导线的拉力 T，该值等于导线的水平应力、水平荷载、垂直荷载三个互相垂直的力形成的矢量和，其值可用老版线路手册第 607 页公式为

$$T = T_0 + Pf_m = T_m = F + P\left[f\left(1 + \frac{h}{4f}\right)^2\right]$$

，新版线路手册第 766 页式（14-16）已修改。而悬垂绝缘子不承受水平张力，其受力等于水平荷载与垂直荷载的矢量和，但对于小转角直线塔，其悬垂绝缘子的水平荷载中除了风荷载还有两侧导线因转角而在水平方向上形成的附加拉力，如下图所示。

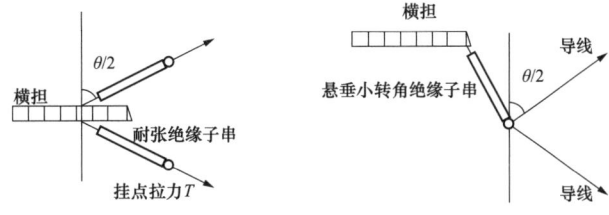

容易得出悬垂小转角绝缘子的受力为

$$水平力 P = g_{4or5} l_H + P_I + 2T\sin\frac{\theta}{2}$$

$$W = W_1 l_H + G_1 + \alpha T = W_1 l_v + G_1$$

$$l_v = l_H + \frac{\sigma_0}{\gamma_v}\alpha$$

式中　P 为悬垂绝缘子水荷载，N；P_1 为绝缘子风荷载，m；l_H 为水平挡距，m；W 为垂直力，N；θ 为悬垂小转角绝缘子偏转角度；T 为导线张力，N；W_1 为导线垂直荷载，N/m；G_1 为悬垂绝缘子自重，N；l_v 为垂直挡距，m；α 为高差系数；σ_0 为最低点应力；γ_v 为处置荷载。

总受力为水平力和垂直力的矢量和，或用综合荷载计算。当无转角或无高差，或忽略绝缘子荷载时，公式中相应项取 0 即可。

（2）风偏角 $\varphi = \arctan\dfrac{\text{水平荷载}}{\text{垂直荷载}}$，所以本题关键要分别计算出悬垂绝缘子的水平荷载和垂直荷载。

（3）绝缘子串所受风荷载及其自重是沿绝缘子串的长度均布的。现假设荷载都集中作用在整串的中间，然后将它们等效均分到绝缘子串两端，串底部挂线点分一半荷载，串顶部挂横担点分一半，其中作用在横担侧的一半荷载不参与绝缘子串风偏计算；作用在导线挂线点的一半参与绝缘子串风偏计算，这就是绝缘子串风偏角计算公式中，绝缘子本身的荷载只算一半的原因。

【2009 年下午题 31～35】　某架空送电线路有一挡的挡距 L=1000m，悬点高差 h=150m，最高气温时导线最低点应力 σ=50N/mm^2，垂直比载 g=25×10^{-3}N/（m·mm^2）。

▶▶第 198 题 [悬垂角] 35. 请采用平抛物线公式计算 l=1000m 挡内高塔侧导线最高气温时悬垂角是下列哪项数值？　　　　　　　　　　　　　　　　　　　　　（　　）

(A) 8.53°　　　　　　　　　　　　(B) 14°
(C) 5.7°　　　　　　　　　　　　 (D) 21.8°

【答案及解答】D

由新版线路手册第 305 页表 5-14，可知挡内高塔侧导线最高气温时悬垂角：

$$\theta = \arctan\left(\frac{\gamma l}{2\sigma} + \frac{h}{l}\right) = \arctan\left(\frac{0.025 \times 1000}{2 \times 50} + \frac{150}{1000}\right) = 21.8 \text{ (°)}$$

【考点说明】

（1）高塔用"+"低塔用"－"。本题算高塔应使用"+"号，错用低塔的"－"号会错选 C。

（2）老版线路手册第 181 页表 3-3-1。

【2008 年下午题 37～40】　某架空送电线路采用单导线，导线的最大垂直荷载为 25.5N/m，导线的最大使用张力为 36900N，导线的自重荷载为 14.81N/m，导线的最大风时风荷载为 12.57N/m。

▶▶第 199 题 [悬垂角] 40. 直线塔所在耐张段在最高气温下导线最低点张力为 26.87kN，当一侧垂直挡距为 l_v=581m，请计算该侧的导线悬垂角应为下列哪项数值？（　　）

(A) 19.23°　　　　　　　　　　　(B) 17.76°
(C) 15.20°　　　　　　　　　　　(D) 18.23°

【答案及解答】B

由新版线路手册第 765 页式（14-10），最高温时导线比载按自重比载考虑，即

$$\theta_{1\cdot 2} = \arctan\frac{\gamma_c l_{xvc}}{\sigma_c} = \arctan\frac{\dfrac{14.81}{A}\times 581}{\dfrac{26\,870}{A}} = 17.76°$$

【考点说明】

（1）注意新版线路手册第 765 页式（14-10）中的垂直挡距是杆塔一侧的"垂直挡距"。

（2）老版线路手册第 605 页式（8-2-10）。

【2009 年下午题 36～40】 单回 500kV 架空线，水平排列，4 分裂 LGJ-300/40 导线，截面积 338.99mm²，外径 23.94mm，单位质量 1.133kg/m，最大弧垂计算为最高气温，绝缘子串质量为 200kg（提示：均用平抛物线公式）。主要气象条件如下：

气象	垂直比载（×10⁻³）[N/（m·mm²）]	水平比载（×10⁻³）[N/（m·mm²）]	综合比载（×10⁻³）[N/（m·mm²）]	水平应力（N/mm²）
最高气温	32.78	0	32.78	53
最低气温	32.78	0	32.78	65
年平均气温	32.78	0	32.78	58
最大覆冰	60.54	9.53	61.28	103
最大风（杆塔荷载）	32.78	32.14	45.91	82
最大风（塔头风偏）	32.78	26.14	41.93	75

▶▶第 200 题 [悬垂角] 37. 若耐张段内某挡的挡距为 1000m，导线悬点高差 300m，年平均气温下，该挡较高侧导线悬垂角约为多少？　　　　　　　　　　　　　　（　　）

（A）30.2°　　　　　　　　　　　　（B）31.4°

（C）33.7°　　　　　　　　　　　　（D）34.3°

【答案及解答】A

由新版线路手册第 305 页表 5-14 可得

$$\theta_B = \arctan(0.03278\times 1000/2/58 + 300/1000) = 30.2°$$

【2010 年下午题 36～40】 某回路 220kV 架空线路，其导、地线的参数如下表所列：

型号	每米质量 P（kg/m）	直径 d（mm）	截面积 S（mm²）	破坏强度 T_k（N）	线性膨胀系数 α（1/℃）	弹性模量 E（N/mm²）
LGJ-400/50	1.511	27.63	451.55	117230	19.3×10⁻⁶	69000
GJ-60	0.4751	10.0	59.69	68226	11.5×10⁻⁶	185000

本工程的气象条件如下表：

序号	条件	风速（m/s）	覆冰厚度（mm）	气温（℃）
1	低温	0	0	−40
2	平均	0	0	−5
3	大风	30	0	−5
4	覆冰	10	10	−5
5	高温	0	0	40

本线路须跨越通航河道，两岸是陡崖，两岸塔位 A 和 B 分别高出最高航行水位 110.8m 和 25.1m，挡距为 800m。桅杆高出水面 35.2m，安全距离为 3.0m，绝缘子串长为 2.5m。导线在最高气温时，最低点张力为 26.87kN，假设两岸跨越直线杆塔的呼高相同（$g=9.81\text{m/s}^2$）。

▶▶第 201 题 [悬垂角] 39. 若最高气温时弧垂最低点距 A 点水平距离为 600m，A 点处直线塔在跨河侧导线的悬垂角约为以下哪个数值？   （   ）

（A）18.3℃　　　　　　　　　　　　（B）16.1℃
（C）23.8℃　　　　　　　　　　　　（D）13.7℃

【答案及解答】A

由新版线路手册第 765 页式（14-10）可得

$$\theta_A = \arctan\left(\frac{\gamma_c L_{xvc}}{\sigma_c}\right) = \arctan\left(\frac{\frac{1.511 \times 9.8}{A} \times 600}{\frac{26.87 \times 1000}{A}}\right) = 18.3°$$

【考点说明】

（1）本题考查导线悬垂角度的计算，为拓展思路，另 2 种解答方式如下：

由新版线路手册第 305 页表 5-14（老版线路手册第 181 页表 3-3-1）可得

解法 1：$\theta_A = \arctan\left(\frac{\gamma L}{2\sigma_0} + \frac{h}{L}\right) = \arctan\left(\frac{\frac{1.511 \times 9.8}{A} \times 800}{2 \times \frac{26.87 \times 1000}{A}} + \frac{110.8 - 25.1}{800}\right) = 18.14°$

解法 2：$\theta_A = \arctan\left(\text{sh}\frac{\gamma L_{OA}}{\sigma_0}\right) = \arctan\left(\text{sh}\frac{\frac{1.511 \times 9.8}{A} \times 600}{\frac{26.87 \times 1000}{A}}\right) = 18.6°$

（2）老版线路手册第 605 页式（8-2-10）。

【2020 年上午题 21～25】 某单回路 220kV 架空送电线路，海拔高度 120m，采用单导线 JL/G1A-400/50，该线路气象条件如下：（$g=9.81\text{m/s}^2$）

工况	气温（℃）	风速（m/s）	冰厚（mm）
最高气温	40	0	0
最低气温	−20	0	0
年平均	15	0	0

续表

工 况	气温（℃）	风速（m/s）	冰厚（mm）
覆冰厚度	-5	10	10
基本风速	-5	27	0

导线参数如下表：

型 号	每米质量（kg/m）	直径 d（mm）	截面 s（mm²）	额定拉断力 T_k（N）	线性膨胀数 a（1/℃）	弱性指量 E（N/mm²）
JL/G1A-400/50	1.511	27.63	451.55	123000	19.3×10⁻⁶	69000

▶▶**第 202 题 [悬垂角]** 25. 假设有一档的档距 L=1050m，导线悬点高差 h=155m，最高气温时，导线最低点应力为 σ=55N/mm²，请采用平抛物线公式计算档内高塔侧导线最高气温时悬垂角应为下列哪项数值？（　　）

（A）8.40°　　　　　　　　　　（B）9.41°
（C）17.40°　　　　　　　　　　（D）24.75°

【答案及解答】D

由新版线路手册第 303 页表 5-13、第 305 页表 5-14 可得

最高气温的比载 γ_1=9.81×1.511/451.55=32.8×10⁻³ [N/(m·mm)²]

高塔侧导线悬垂角 $\theta = \arctan^{-1}(\dfrac{32.8\times10^{-3}\times1050}{2\times55}+\dfrac{155}{1050})=24.74°$

【考点说明】

（1）老版线路手册第 179 页表 3-2-3、第 180 页表 3-3-1。

（2）新版线路手册第 303～第 305 页的公式中，高塔用"+"低塔用"-"，必须牢记在心熟练使用（老版线路手册相同）。

【2021 年下午题 36～40】　500kV 架空输电线路工程，导线采用 4×JL/G1A-400/35 钢芯铝绞线，导线长期允许最高温度 70℃，地线采用 GJ-100 镀锌钢绞线。给出的主要气象条件及导线参数如下表 1。

表 1　主要气象条件及导、地线参数

项　目		单位	导线	地线
外径 d		mm	26.82	13.0
截面 s		mm²	425.24	100.88
自重力比载 g_1		10⁻³N/(m·mm²)	31.1	78.0
计算拉断力		N	103900	118530
年平均气温 $\begin{bmatrix}T=15℃\\v=0\text{m/s}\\b=0\text{mm}\end{bmatrix}$	导线应力	N/mm²	53.5	182.5

续表

项　　目		单位	导线	地线
最低气温 $\begin{bmatrix} T=-20℃ \\ v=0m/s \\ b=0mm \end{bmatrix}$	导线应力	N/mm²	60.5	202.7
最高气温 $\begin{bmatrix} T=40℃ \\ v=0m/s \\ b=0mm \end{bmatrix}$	导线应力	N/mm²	49.7	170.6
设计覆冰 $\begin{bmatrix} T=-5℃ \\ v=10m/s \\ b=10mm \end{bmatrix}$	冰重力比载	10^{-3}N/(m·mm²)	24.0	
	覆冰风荷比载	10^{-3}N/(m·mm²)	8.1	
	导线应力	N/mm²	92.8	
基本风速（风偏）$\begin{bmatrix} T=-5℃ \\ v=30m/s \\ b=0mm \end{bmatrix}$	无冰风荷比载	10^{-3}N/(m·mm²)	23.3	
	导线应力	N/mm²	69.1	

提示：计算时采用平抛线公式。

请分析计算并解答下列各小题。

▶▶第 203 题 [悬垂角] 39. 最高气温条件下，计算得知某直线塔前后两侧的导线悬挂点应力分别为 56N/mm² 和 54N/mm²，该塔上导线的悬垂角分别为下列哪个数值？　　（　　）

（A）25.3°，21.5°　　　　　　　　（B）27.4°，23.0°

（C）42.0°，38.6°　　　　　　　　（D）48.4°，47.3°

【答案及解答】B

由新版线路手册第 305 页表 5-13 悬垂角公式可得

$$\theta_a = \cos^{-1}\frac{\sigma_0}{\sigma_a} = \arccos^{-1}\frac{56}{49.7} = 27.4°；\quad \theta_b = \arccos^{-1}\frac{\sigma_0}{\sigma_b} = \arccos^{-1}\frac{54}{49.7} = 23.0°$$

【考点说明】

老版线路手册第 181 页表 3-3-1。

【2014 年下午题 36~40】　　某 220kV 架空送电线路 MT 猫头直线塔，采用双分裂 LGJ-400/35 导线，导线截面积 425.24mm²，导线直径为 26.82mm，单位质量 1307.50kg/km，最高气温条件下导线水平应力为 50N/mm²，L_1=300m，d_{h1}=30m，L_2=250m，d_{h2}=10m，图中表示高度均为导线挂线点高度（提示 g=9.8m/s²，采用平抛物线公式计算）。

已知该塔与相邻杆塔的水平及垂直距离参数如下图所示。

▶▶第 204 题 [悬垂角] 39. 在线路垂直挡距较大的地方，导线在悬垂线夹的悬垂角有可能超过悬垂线夹的允许值，需要进行校验，请计算 MZ 塔导线在最高气温条件下悬垂线夹的悬垂角应为下列哪项数值？（笔者注：本大题上一小题计算结果 l_1=316.1m，l_2=58.6m）

（　　）

（A）2.02°　　　　　　（B）6.40°

（C）10.78°　　　　　　（D）12.80°

【答案及解答】B

由新版线路手册第 765 页式（14-10）可得

$$\theta_1 = \arctan\frac{\gamma_c l_{1vc}}{\sigma_c} = \arctan\frac{\dfrac{1307.50 \times 9.8 \times 10^{-3}}{425.24} \times 316.1}{50} = 10.78°$$

$$\theta_2 = \arctan\frac{\gamma_c l_{2vc}}{\sigma_c} = \arctan\frac{\dfrac{1307.50 \times 9.8 \times 10^{-3}}{425.24} \times 58.6}{50} = 2.02°$$

$$\theta = \frac{1}{2}(\theta_1 + \theta_2) = \frac{1}{2} \times (10.78° + 2.02°) = 6.40°$$

【考点说明】

（1）本题涉及多个角度，题设要求的是悬垂线夹的旋转角度。计算 MZ 塔两侧的导线悬垂角时，应使用杆塔两侧不同的挡距，即单侧的垂直挡距。

（2）老版线路手册第 605 页式（8-2-10）。

【注释】

（1）随着悬垂线夹船体的旋转（在船体的允许旋转角度内旋转），悬垂线夹两侧导线相对于悬垂线夹的悬垂角可以互相补偿，即只要杆塔两侧导线相对于水平面的悬垂角的平均值不超过悬垂线夹两侧允许值的平均值，就能满足设计条件。

（2）本题按老版线路手册第 181 页表 3-3-1 或第 605 页式（8-2-10），计算题干图中 MZ 塔两侧的导线悬垂角。然后取其平均值，与悬垂线夹单侧的允许悬垂角比较即可判断是否满足设计条件。

【2016 年上午题 21～25】 220kV 架空输电线路工程，导线采用 2×400/35，导线自重荷载为 13.21N/m，风偏校核时最大风风荷载为 11.25N/m，安全系数为 2.5 时最大设计张力为 39.4kN，导线采用 I 型悬垂绝缘子串，串长 2.7m，地线串长 0.5m。

▶▶**第 205 题 [悬垂角]** 22. 直线塔所在耐张段在最高气温下导线最低点张力为 20.3kN，假设中心回转式悬垂线夹允许悬垂角为 23°，当一侧垂直挡距为 l_{1v}=600m，计算另一侧垂直挡距 l_{2v} 大于多少米时，超过悬垂线夹允许悬垂角？（用平抛物线公式计算） （ ）

（A）45m   （B）321m
（C）706m   （D）975m

【答案及解答】 C

由新版线路手册第 765 页式（14-10）可得计算 l_{1v} 侧悬垂角为

$$\theta_1 = \arctan\left(\frac{\gamma_c l_{1v}}{\sigma_c}\right) = \arctan\left(\frac{\dfrac{13.21}{A} \times 600}{\dfrac{20300}{A}}\right) = 21.33°$$

$$\frac{\theta_1 + \theta_2}{2} = 23° \Rightarrow \theta_2 = 2 \times 23° - 21.33° = 24.67°$$

$$24.672° = \arctan\left(\frac{\dfrac{13.21}{A} \times l_{2v}}{\dfrac{20300}{A}}\right),\ \text{解得 } l_{2v} = 706\ (\text{m})。$$

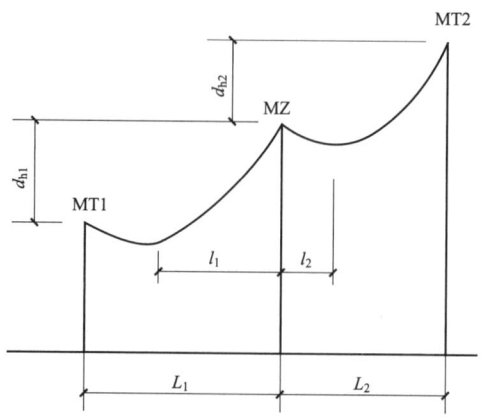

【考点说明】

（1）本题设计较为经典，同时考查了船体偏转角 β 和导线悬垂角 α 这两个本身就容易混淆的概念之间的关系。其几何关系可参考新版手册新版线路手册第 425 页图 7-4，（老版线路手册第 293 页图 5-2-4），只要理解了两者之间的几何关系不难做出本题。

（2）新版线路手册第 765 页式（14-10）中的垂直挡距是杆塔距一侧弧垂最低点的距离，即单侧挡距。

（3）老版线路手册第 605 页式（8-2-10）。

【2023年下午题36～40】 某500kV架空输电线路，设计基本风速27m/s、覆冰厚度10mm，采用 4×JL/G1A-630/45 导线，导线参数见表1，地形为山地，重力加速度 $g = 9.80665 \text{m/s}^2$（注：要求按斜抛物线方式进行电线力学特性计算），请分析计算并解答下列各小题。

表1 导 线 参 数

导线型号	JL/G1A-630/45	
计算截面	666.55	mm²
外径	33.6	mm
单位长度重量	2.06	kg/m

已知某代表档距下的比载和水平应力如下表。

设计工况	最低气温	平均气温	最大风速	覆冰工况	最高气温
综合[N/(m·mm²)]	0.03031	0.03031	0.03957	0.04870	0.03031
应力（N/mm²）	74.14	62.59	80.62	95.14	56.24

注　要求按斜抛线公式进行电线力学特性计算。

请分析计算并解答下列各小题。

▶▶第 206 题 [悬垂角] 39．已知两个悬垂直线塔之间定位后的档距为 500m，导线悬挂点间的高差为 200m，请计算该档导线悬挂点的最大悬垂角为下列哪项数值？　　　（　　）

(A) 27.0°　　　　　　　　　　(B) 27.6°
(C) 28.3°　　　　　　　　　　(D) 28.6°

【答案及解答】D

由老版线路手册第 181 页表 3-3-1 页可得

$$\theta_B = \arctan\left[\frac{0.03031 \times 500}{2 \times 56.24 \times \cos\left[\operatorname{tg}^{-1}\left(\frac{200}{500}\right)\right]} + \frac{200}{500}\right] = 28.6°$$

【2024 年下午题 36~40】 某 220kV 单回架空线路工程,设计基本风速为 27m/s,覆冰厚度为 10mm,导线采用 2×JL/G1A-630/45 钢芯铝绞线,直径为 33.8mm,截面为 674mm²,单重为 2.0792kg/m。直线塔型 ZB2,采用单联 I 串,丘陵地区,水平档距为 400mm²,垂直档距为 550m,导线平均高度为 15m。(重力加速度取 9.80665m/s²)

请分析计算并解答下列各小题。

▶▶第 207 题 [悬垂角] 38. 已知 T1、T2 两基直线塔之间的档距为 400m,T3 塔挂线点较 T4 塔高 120m,已知最高气温工况下导线应力为 48N/mm²,假设 T3 塔塔身宽度为 5m,求导线在 T3 塔塔身出口处与导线悬挂点的垂直距离为下列哪项数值?(采用斜抛物线公式)

( )

(A) 0.33m (B) 0.42m
(C) 1.08m (D) 2.15m

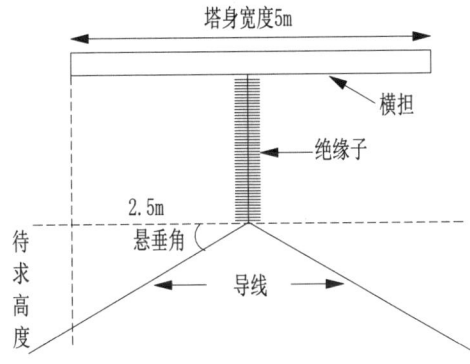

【答案及解答】C

依据老版线路手册第 181 页,表 3-2-3 和表 3-3-1,可得

最高温时导线比载 $\lambda = \lambda_1 = \frac{9.80665 \times 2.0792}{674} = 0.0303(\mathrm{N/m \cdot mm^2})$

T3 塔处导线悬垂角 $\theta_{T3} = \arctan^{-1}\left[\frac{0.0303 \times 400}{2 \times 48 \times \cos\left(\arctan^{-1}\frac{120}{400}\right)} + \frac{120}{400}\right] = 23.36°$

则 T3 塔塔身出口处与导线悬挂点的垂直距离 $S = \frac{5}{2} \times \tan 23.36° = 1.08(\mathrm{m})$

所以选 C。

【2008 年上午题 22～25】 某单回路架空送电线路，导线的直径为 23.94mm，截面积为 338.99mm²，单位长度质量为 1.133kg/m，设计最大覆冰厚度为 10mm，同时风速为 10m/s（提示 g=9.8m/s²）。

▶▶第 208 题 [风偏角] 25. 若大风时的垂直比载为 30×10^{-3}N/(m·mm²)，水平比载为 20×10^{-3}N/(m·mm²)，请计算大风时导线的风偏角应为下列哪项数值？ （　　）

（A）33.7°　　　　　　　　　　　　（B）56.3°
（C）41.8°　　　　　　　　　　　　（D）25.8°

【答案及解答】A

由新版线路手册第 156 页左上内容、第 303 页表 5-13 可得

$$\text{导线的风偏角} \delta = \arctan\left(\frac{\gamma_4}{\gamma_1}\right) = \arctan\left(\frac{20\times10^{-3}}{30\times10^{-3}}\right) = 33.69°$$

【考点说明】
（1）考查导线风偏角度计算，较简单。
（2）老版线路手册第 106 页、第 179 页。

【注释】
（1）导线的风偏角，不同于绝缘子串摇摆角。前者仅取决于导线的水平比载和垂直比载，常常在定位校验导线与相邻建筑或地形地物；后者取决于导线加在绝缘子串下端的水平力、垂直力和作用于绝缘串中点上的、绝缘子串本身的水平力、垂直力。由老版线路手册第 103 页绝缘子串摇摆角计算式（2-6-44），也可清楚看出这点。在线路设计的计算分析中，常常忽略此细节，如定位校验导线对临近建筑、地形地物的安全距离时，就统一按导线摇摆角来计算绝缘子串和导线风摆，缩减净空距离的影响。

（2）风偏后，绝缘子串与导线并不处于同一平面，计算分析实际问题时，常常近似地视为处于同一平面。

【2011 年下午题 36～40】 某单回路 500kV 架空送电线路，采用 4 分裂 LGJ-400/35 导线。导线的基本参数见下表。

导线型号	拉断力（N）	外径（mm）	截面积（mm²）	单位质量（kg/m）	弹性系数（N/mm²）	线膨胀系数（1/℃）
LGJ-400/35	98707.5	26.82	425.24	1.349	65000	20.5×10⁻⁶

注　拉断力为试验保证拉断力。

该线路的主要气象条件为：最高温度 40℃，最低温度 −20℃，年平均气温 15℃，最大风速 30m/s（同时气温 −5℃），最大覆冰厚度 10mm（同时气温 −5℃，同时风速 10m/s），且重力加速度取 10m/s。

▶▶第 209 题 [风偏角] 39. 在校验杆塔间隙时，经常要考虑导线 Δf（导线在塔头处的弧垂）及其风偏角，若此时导线的水平比载 γ_4=23.80×10⁻³N/(m·mm²)，那么导线的风偏角为多少？ （　　）

（A）47.91°　　　　　　　　　　　　（B）42.00°

(C) 40.15°   (D) 36.88°

【答案及解答】 D

由新版线路手册第 156 页左上内容、第 303 页表 5-13 可得：

导线自重比载为：$\gamma_1 = \dfrac{g_1}{A} = \dfrac{1.349 \times 10}{425.24} = 31.72 \times 10^{-3} [\text{N}/(\text{m} \cdot \text{mm}^2)]$

已知 $\gamma_4 = 23.80 \times 10^{-3} \text{N}/(\text{m} \cdot \text{mm}^2)$，则 $\tan\varphi = \dfrac{\gamma_4}{\gamma_1} = \dfrac{23.80 \times 10^{-3}}{31.72 \times 10^{-3}} = 0.75$ 可得 $\varphi = 36.88°$。

【考点说明】

（1）考查导线的风偏角度计算，用水平比载/垂直比载来计算角度易得分。

（2）老版线路手册第 106 页、第 179 页。

【2018 年上午题 21~25】 某单回路 220kV 架空送电线路，采用 2 分裂 LGJ-400/35 导线，导线的基本参数见下表。

导线型号	拉断力 (N)	外径 (mm)	截面积 (mm²)	单重 (kg/m)	弹性系数 (N/mm²)	线膨胀系数 (1/℃)
LGJ-400/35	98707.5	26.82	425.24	1.349	65000	20.5×10⁻⁴

注　拉断力为试验保证拉断力。

该线路的主要气象条件为：最高温度 40℃，最低温度 -20℃，年平均气温 15℃，基本风速 27m/s（同时气温 -5℃），最大覆冰厚度 10mm（同时气温 -5℃，同时风速 10m/s），（重力加速度取 10m/s²）。

▶▶**第 210 题 [风偏角] 22.** 在塔头设计时，经常要考虑导线 Δf（导线在塔头处的弧垂）及其风偏角，如果在计算导线对杆塔的荷载时，得出大风（27m/s）条件下 $\gamma_4 = 26.45 \times 10^{-3} [\text{N}/(\text{m} \cdot \text{mm}^2)]$，那么，大风条件下导线的风偏角应为下列哪项数值？
（　　）

(A) 34.14°   (B) 36.88°
(C) 39.82°   (D) 42.00°

【答案及解答】 A

由新版线路手册第 156 页左上内容及 GB 50545—2010 第 10.1.18 条及表 10.1.18-1 可得

$$\theta = \arctan\left(\dfrac{\gamma_4}{\gamma_1}\right) = \arctan\left(\dfrac{26.45 \times 10^{-3} \times \dfrac{0.61}{0.75}}{\dfrac{1.349 \times 10}{425.24}}\right) = 34.14°$$

【考点说明】

（1）本题是 2023 年之前题目，当时按 GB 50545—2010 所出，读者了解即可；目前考纲规范，计算风偏用 DL/T 5582—2020，计算杆塔荷载用 DL/T 5551—2018，不适合本题已知条件解答。

（2）题意需要的风偏角，用于塔头布置，即用于考虑风偏时的电气间隙。考虑到用于电气间隙校验的导线风荷载采用的风压不均匀系数，不同于计算杆塔机械荷载时的导线风压不均匀系数，需要从导线的机械计算风荷载折算到风偏计算风荷载。如果忽略了这个问题，会

得到

$$\theta = \arctan\left(\frac{\gamma_4}{\gamma_1}\right) = \arctan\left(\frac{26.45 \times 10^{-3}}{1.349 \times 10/425.24}\right) = 39.82°,错误选择 C。新版规范 DL/T 5582—2020$$

第 9.3 节已经对风荷载计算进行了更改。

▶▶**第 211 题**［风偏角］23. 施工图设计中，某基直线塔水平挡距 600m，导线悬挂点高差系数为 –0.1，悬垂绝缘子串重 1500N，操作过电压工况的导线张力为 24600N，风压为 4N/m，绝缘子串风压 200N，计算操作过电压工况下导线悬垂绝缘子串风偏角最接近下列哪项数值？
（　　）

（A）12.64°　　　　　　　　　　（B）20.51°
（C）22.18°　　　　　　　　　　（D）25.44°

【答案及解答】C

由新版线路手册第 152 页式（3-245）可得

$$\varphi = \arctan\left(\frac{\frac{P_1}{2} + Pl_h}{\frac{G_1}{2} + Wl_h + \alpha T}\right) = \arctan\left(\frac{\frac{200}{2} + 2 \times 4 \times 600}{\frac{1500}{2} + 2 \times 10 \times 1.349 \times 600 - 0.1 \times 2 \times 24\,600}\right) = 22.18°$$

【考点说明】

老版线路手册第 103 页式（2-6-44）。

【2009 年下午题 36～40】 单回 500kV 架空线，水平排列，4 分裂 LGJ-300/40 导线，截面积 338.99mm²，外径 23.94mm，单位质量 1.133kg/m，最大弧垂计算为最高气温，绝缘子串质量为 200kg（提示：均用平抛物线公式）。主要气象条件如下：

气象	垂直比载（×10⁻³）[N/(m·mm²)]	水平比载（×10⁻³）[N/(m·mm²)]	综合比载（×10⁻³）[N/(m·mm²)]	水平应力（N/mm²）
最高气温	32.78	0	32.78	53
最低气温	32.78	0	32.78	65
年平均气温	32.78	0	32.78	58
最大覆冰	60.54	9.53	61.28	103
最大风（杆塔荷载）	32.78	32.14	45.91	82
最大风（塔头风偏）	32.78	26.14	41.93	75

▶▶**第 212 题**［风偏角］36. 大风，水平挡距 500m，垂直挡距 217m，不计绝缘子串风压，则绝缘子串风偏角为多少？
（　　）

（A）51.1°　　　　　　　　　　（B）52.6°
（C）59.1°　　　　　　　　　　（D）66.6°

【答案及解答】C

由新版线路手册第 152 页式（3-245）可得

$$P = 4 \times 26.14 \times 338.99/1000 = 35.44 \text{ (N/m)}$$

$$G_1 = 200 \times 9.8 = 1960 \text{ (N/m)}$$

$$W_1 = 4 \times 32.78 \times 338.99/1000 = 44.45 \text{ (N/m)}$$

$$\varphi = \arctan\left(\frac{P_1/2 + Pl_h}{G_1/2 + W_1 l_v}\right) = \arctan\left(\frac{35.44 \times 500}{1960/2 + 44.45 \times 217}\right) = 59.1°$$

【考点说明】

(1) 依题意，本题采用 4 分裂导线，一串配 4 线，在计算时的关键点是不要忘记乘以分裂数 4。

(2) 本题虽然指明不计绝缘子串风压，本题中没有绝缘子串质量，但没说不计绝缘子串质量，绝缘子串质量在题干中有，如忽略此项会没答案。

【2018 年下午题 36~40】 500kV 架空输电线路工程，导线采用 4×JL/G1A-500/35，导线自重荷载为 16.18N/m，基本风速 27m/s，设计覆冰 10mm（同时温度 –5℃，风速 10m/s），10mm 覆冰时，导线冰荷载 11.12N/m，风荷载 3.76N/m；导线最大设计张力为 45300N，大风工况导线张力为 36000N，最高气温工况导线张力为 25900N。某耐张段定位结果见下表，请解答下列问题（提示：以下计算均按平抛物线考虑，且不考虑绝缘子串的影响）。

塔号	塔型	挡距	挂点高差
1	JG1	500	20
2	ZM2	600	50
3	ZM4	1000	150
4	JG2		

注 挂点高差大号侧高为"+"，反之为"–"。

▶▶第 213 题 [风偏角] 40. 已知导线的最大风荷载为 13.72N/m，计算 2 号 ZM2 塔导线悬垂 I 串最大风偏角应为下列哪项数值？ （ ）

(A) 29.5°　　　　　　　　　(B) 35.6°
(C) 45.8°　　　　　　　　　(D) 53.9°

【答案及解答】C

由新版线路手册第 307 页式（5-26）、式（5-29）可得

水平挡距为：$l_h = \dfrac{l_1 + l_2}{2} = \dfrac{500 + 600}{2} = 550 \text{(m)}$　$\alpha = \dfrac{h_1}{l_1} + \dfrac{h_2}{l_2} = \dfrac{20}{500} - \dfrac{50}{600} = -0.0433$

垂直挡距为：$l_v = l_h + \dfrac{\sigma_0}{\gamma_v}\alpha = 550 + \dfrac{36000}{16.18} \times (-0.0433) = 453.6 \text{(m)}$

又由该手册第 152 页式（3-245）可得最大风偏角为

$$\phi = \arctan\left(\frac{Pl_h}{Wl_v}\right) = \arctan\left(\frac{13.72 \times 4 \times 550}{16.18 \times 4 \times 453.6}\right) = 45.8°$$

【考点说明】

老版线路手册第 183 页式（3-3-9）、第 184 页式（3-3-12）、第 103 页式（2-6-44）。

【2019 年下午题 36～40】 某 500kV 架空输电线路工程，导线采用 4×LGJ-500/45 钢芯铝绞线，按导线长期允许最高温度 70℃设计，给出的主要气象条件及导线参数如下表所示。（提示，计算时采用平抛物线公式）

直径 d		mm	30.00
截面 s		mm²	531.37
自重比载 g_1		10^{-3}N/(m·mm²)	30.28
计算拉断力		N	119500
平均气温 $\begin{bmatrix} T=15℃ \\ v=0m/s \\ b=0mm \end{bmatrix}$	导线应力	N/mm²	50.98
最低气温 $\begin{bmatrix} T=-20℃ \\ v=0m/s \\ b=0mm \end{bmatrix}$	导线应力	N/mm²	56.18
最高气温 $\begin{bmatrix} T=40℃ \\ v=0m/s \\ b=0mm \end{bmatrix}$	导线应力	N/mm²	47.98
设计覆冰 $\begin{bmatrix} T=-5℃ \\ v=10m/s \\ b=10mm \end{bmatrix}$	冰重力比载	10^{-3}N/(m·mm²)	20.86
	覆冰风荷比载	10^{-3}N/(m·mm²)	6.92
	导线应力	N/mm²	85.40
基本风速（风偏）$\begin{bmatrix} T=-5℃ \\ v=30m/s \\ b=0mm \end{bmatrix}$	无冰风荷比载	10^{-3}N/(m·mm²)	20.88
	导线应力	N/mm²	63.82

▶▶ 第 214 题 [风偏角] 38. 若某直线塔的水平挡距为 420m，最大弧垂时的垂直挡距为 273m，采用合成绝缘子串，在基本风速（风偏）时，该塔的绝缘子串摇摆角为多少？（绝缘子串垂直按 500N，风荷载按 300N）   (   )

(A) 46.5° 　　　　　　　　　　(B) 48.3°
(C) 52.0° 　　　　　　　　　　(D) 56.3°

【答案及解答】C

由新版线路手册第 311 页，进行最大弧垂判别，即

$$\frac{\gamma_1}{\sigma_1} = \frac{30.28}{47.98} \geq \frac{\gamma_7}{\sigma_7} = \frac{(30.28+20.86)}{85.4}$$

最高气温下弧垂最大，又由该手册第 307 页式（5-29）可知：$l_v = l_H + \frac{\sigma_0}{\gamma_v}\alpha$，其中 L_H 与 α 在杆塔定位后便确定，不随气象条件变化而变化，大风工况与最高气温工况垂直荷载相等，则

$$l_{v大风} = \frac{63.82}{47.98} \times (273-420) + 420 = 224 \text{ (m)}$$

再由该手册第 152 页式（3-245），可得绝缘子串的风偏角为

$$\varphi = \arctan\left(\frac{\frac{P_1}{2} + Pl_\mathrm{H}}{\frac{G_1}{2} + Wl_\mathrm{V}}\right) = \arctan\frac{\frac{300}{2} + 4 \times \frac{20.88}{1000} \times 531.37 \times 420}{\frac{500}{2} + 4 \times \frac{30.28}{1000} \times 531.37 \times 224} = 52.0°$$

【考点说明】

（1）摇摆角公式本身原理比较简单，就是一个比值，但该比值涉及的参数比较多，主要是难在计算量上。

（2）本题题设明确了是"最大弧垂时的垂直挡距"，最大弧垂按新版线路手册第 311 页（老版线路手册第 188 页）最大弧垂判别法可知，该弧垂是指垂直平面内的垂直弧垂，所以"最大弧垂"肯定不会发生在大风工况，而本题需要计算大风工况的摇摆角，就需要将已知工况的垂直挡距转换到大风工况的垂直挡距。在转换前需要判断"最大弧垂"是发生在最高气温工况还是覆冰工况。

（3）老版线路手册第 188 页、第 184 页式（3-3-12）、第 103 页式（2-6-44）。

▶▶**第 215 题**［风偏角］39．基本风速（风偏）条件下，导线的风偏角为多少？（　　）

（A）22.2°　　　　　　　　　　（B）34.6°

（C）40.5°　　　　　　　　　　（D）43.2°

【答案及解答】 B

由新版线路手册第 152 页式（3-245）可得，大风工况导线风偏角为：$\eta = \arctan\frac{\gamma_4}{\gamma_1} = \arctan\frac{20.88}{30.28} = 34.6°$。

【2023年下午题36～40】 某 500kV 架空输电线路，设计基本风速 27m/s、覆冰厚度 10mm，采用 4×JL/G1A-630/45 导线，导线参数见表 1，地形为山地，重力加速度 $g = 9.80665\mathrm{m/s^2}$（注：要求按斜抛物线方式进行电线力学特性计算），请分析计算并解答下列各小题。

表 1　导 线 参 数

导线型号	JL/G1A-630/45	
计算截面	666.55	mm²
外径	33.6	mm
单位长度重量	2.06	kg/m

已知某代表档距下的比载和水平应力如下表。

设计工况	最低气温	平均气温	最大风速	覆冰工况	最高气温
综合（N/m·mm²）	0.03031	0.03031	0.03957	0.04870	0.03031
应力（N/mm²）	74.14	62.59	80.62	95.14	56.24

注　要求按斜抛线公式进行电线力学特性计算。

请分析计算并解答下列各小题。

▶▶**第 216 题**［风偏角］36．假定某悬垂直线塔定位为水平档距为 500m，最大风速的垂直档距为 400m，导线平均高度为 30m。已知水平档距为 500m 时的档距相关性积分因子 $\delta L = 0.36$，不计导线悬垂绝缘子串的影响，请计算该塔导线悬垂绝缘子串的最大风偏角为下列哪项数值？［注：要求按《架空输电应路电气设计规程》(DL/T 5582—2020) 计算］（ ）

（A）32.8° （B）37.6°
（C）41.8° （D）44.5°

【答案及解答】C

一、水平荷载计算

由 DL/T 5582—2020 表 9.3.1-1 注 1 可知题设山地为 B 区；题设求风偏角属于风偏荷载

由该规范式（9.3.1-1）～式（9.3.1-6），表 9.3.1-1、表 9.3.1-2 可得：(P455-2)

（1）阵风系数 β_C：风偏荷载，B 区，一般线路，均高 30m，风速 27m/s，查该规范第 248 页附录表 90，β_C 取 0.963。

（2）档减系数 α_L：风偏荷载，B 区，水平档距 500m，均高 30m，查该规范第 245 页附录表 88，α_L 取 0.705。

（3）风压高度系数 μ_Z：查该规范第 40 页表 9.3.1-1，B 区 30m，μ_Z 取 1.39。

（4）体型系数 μ_{SC}：题设直径 $d=33.6$mm，由公式参数说明，体型系数 μ_{SC} 取 1.0。

（5）覆冰系数 B_1：最大风工况无覆冰，由公式参数说明，B_1 取 1.0。

再由该规范式（9.3.1-1），最大风荷载功角 θ 取 90°，依题意基本风速 27m/s，4 分裂导线，按相计算绝缘子风偏角，可得

$W_X = (\beta_C \alpha_L \mu_Z) \cdot (\mu_{SC} B_1) \cdot (4 \times dL_p) W_0 \sin^2 \theta$

$= (0.963 \times 0.705 \times 1.39) \times (1 \times 1) \times (4 \times 33.6 \times 10^{-3} \times 500) \times \dfrac{27^2}{1600} = 28.894 \text{(kN)}$

二、垂直荷载

依据老版线路手册第 327 页式（6-2-5），题设忽略绝缘子，大风工况垂直档距 400m；

相导线垂直荷载 $G = 4 \times 2.06 \times 9.80665 \times 400 \times 10^{-3} = 32.323 \text{(kN)}$。

三、风偏角计算

依据老版线路手册第 103 页式（2-6-44），依题意不计绝缘子串影响，可得风偏角为

$\varphi = \arctan(\dfrac{PL_H}{WL_W}) = \arctan(\dfrac{28.894}{32.323}) = 41.79°$，所以选 C。

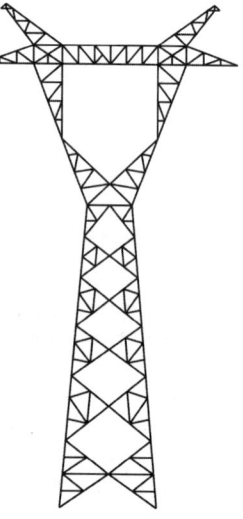

【2022 年上午题 21-25】 某 500kV 交流单回输电线路悬垂直线杆塔（如图 1 所示），导线采用 4 分裂钢芯铝绞线，地线采用铝包钢绞线，导地线参数如表 1 所示，各工况导线应力如表 2 所示。该杆塔规划设计条件为：代表档距 400m，水平档距 400m。导线悬垂绝缘子串采用双联 I 型 210kN 复合绝缘子，导线悬垂绝缘子串长为 5.7m，绝缘子串总重量为 200kg，绝缘子串风压为 2kN，地线悬垂串长为 0.7m，地线支架高度 $M=5.5$m，最大弧垂工况为最高气温条件。请分析计算并解答以下各题。

第 11 章 高压输电线路

表 1 导地线参数

类别	截面积（mm²）	外径（mm）	重量（kg/km）
导线	672.81	33.9	2078.4
地线	148.07	15.75	773.2

表 2 导线应力表（代表档距=400m）

工况	气温（℃）	风速（m/s）	冰厚（mm）	应力（N/mm²）
最低气温	-20	0	0	62.01
设计风速	-5	27	0	74.37
年平均气温	15	0	0	53.02
设计覆冰	-5	10	10	84.07
最高气温	40	0	0	48.31

▶▶第 217 题 [风偏角] 25．已知最大弧垂情况下垂直档距与水平档距比值为 0.75，导线平均高为 20m。求设计杆塔时大风条件下绝缘子串风偏角是下列哪项数值？ （　　）

(A) 51.5°　　　　　　　　　　　(B) 49.2°

(C) 45.9°　　　　　　　　　　　(D) 40.5°

【答案及解答】C

依据老版线路手册第 103 页式（2-6-44）计算风偏角[新版线路手册第 152 页式（3-245）]。

一、判断工况，计算大风工况垂直档距

由老版线路手册第 179 页表 3-2-3，得

导线自重比载 $\gamma_1 = 9.8 \times 2.0784 / 672.81 = 0.0303 [\text{N}/(\text{m} \cdot \text{mm}^2)]$

导线冰重比载 $\gamma_2 = 9.8 \times 0.9 \times 3.14 \times 5 \times (5+33.9) \times 10^{-3} / 672.81 = 0.0080 [\text{N}/(\text{m} \cdot \text{mm}^2)]$

导线自重加冰重比载 $\gamma_3 = \gamma_1 + \gamma_2 = 0.0303 + 0.0080 = 0.0383 [\text{N}/(\text{m} \cdot \text{mm}^2)]$

导线覆冰时风比载，题设已知覆冰厚度为 10mm，则

$\gamma_5 = 0.625 \times 10^2 \times (33.9 + 2 \times 10) \times 1 \times 1.2 \times 10^{-3} / 672.81 = 0.0060 [\text{N}/(\text{m} \cdot \text{mm}^2)]$

导线覆冰时综合比载 $\gamma_7 = \sqrt{\gamma_3^2 + \gamma_5^2} = \sqrt{0.0383^2 + 0.006^2} = 0.0388 [\text{N}/(\text{m} \cdot \text{mm}^2)]$

又由该规范第 188 页，最大弧垂判别法，则

$\dfrac{\gamma_1}{\sigma_1} = \dfrac{0.0303}{48.31} = 6.27 \times 10^{-4}$；$\dfrac{\gamma_7}{\sigma_7} = \dfrac{0.0388}{84.07} = 4.62 \times 10^{-4}$；$\dfrac{\gamma_1}{\sigma_1} > \dfrac{\gamma_7}{\sigma_7}$

可知最大弧垂发生于最高温时，依题意最大弧垂工况垂直档距与水平档距比值为 0.75，可得最高气温垂直档距 $L_{\text{高温}} = 400 \times 0.75 = 300(\text{m})$。

再由该手册第 183 页式（3-3-11），推导可得大风工况垂直档距为

$L_{\text{大风}} = \dfrac{\sigma_{\text{大风}}}{\gamma_{\text{大风}}} \dfrac{\gamma_{\text{高温}}}{\sigma_{\text{高温}}} (L_{\text{高温}} - L_H) + L_H = \dfrac{74.37}{48.31} \times (300 - 400) + 400 = 246.06(\text{m})$

二、计算导线风荷载

题设未说明线路所属区域，按默认山地，使用最新考纲规范 DL/T 5582—2020 第 9.3 节，计算如下：

（1）阵风系数 β_C：风偏用荷载，B 区，一般线路，均高 20m，风速 27m/s，查该规范第 248 页附录表 90，β_C 取 0.991。

（2）档减系数 α_L：风偏用荷载，B 区，档距 400m，均高 20m，查该规范第 245 页附录表 88，α_L 取 0.715。

（3）风压高度系数 μ_Z：查该规范第 40 页表 9.3.1-1，B 区 20m，μ_Z 取 1.23。

（4）体型系数 μ_{SC}：题设直径 d=33.9mm，由该公式参数说明，体型系数 μ_{SC} 取 1.0。

（5）覆冰系数 B_1：最大风工况无覆冰，由该公式参数说明，B_1 取 1.0。

再由该规范式（9.3.1-1），最大风荷载功角 θ 取 90°，依题意表格，设计风速 27m/s，4 分裂导线，按相计算绝缘子风偏角，可得

$$W_X = (\beta_C \alpha_L \mu_Z) \cdot (\mu_{SC} B_1) \cdot (4 \times dL_P) \frac{v^2}{1600} \sin^2 \theta \times 10^3$$

$$= (0.991 \times 0.715 \times 1.23) \times (1 \times 1) \times (4 \times 33.9 \times 10^{-3} \times 400) \times \frac{27^2}{1600} \times 1 \times 10^3 = 21538.33(\text{N})$$

三、计算导线垂直荷载

$W_V = 2.0784 \times 9.8 \times 4 \times 246.06 = 20047.32(\text{N})$

四、计算绝缘子悬垂角

再由老版线路手册第 103 页式（2-6-44）[新版线路手册第 152 页式（3-245）]可得

$$\varphi = \tan^{-1}\left(\frac{\frac{2000}{2} + 21538.33}{\frac{200 \times 9.8}{2} + 20047.32}\right) = 46.99°，选 C。$$

【2024 年上午题 21～25】 某 500kV 交流单回输电线路位于丘陵地区，最高工作电压为 550kV，设计基本风速为 27m/s，设计覆冰厚度为 10mm，直线塔采用悬垂酒杯型杆塔，耐张塔采用干字型杆塔，导线采用 4 分裂钢芯铝绞线，分裂间距 450mm，地线采用铝包钢绞线，导地线参数如表 1 所示，某代表档距下导线应力如表 2 所示。

表 1 导地线参数

类别	截面积（mm²）	外径（mm）	重量（kg/km）
导线	672.81	33.8	2078.4
地线	148.07	15.75	473.2

表 2 导线应力表

工况	应力（N/mm²）	工况	应力（N/mm²）
最低气温	47.09	最大覆冰	84.82
最大风速	54.57	最高气温	40.64
年平均气温	43.54		

请分析计算并解答下列各小题

▶▶第 218 题 [风偏角] 23. 若已知导线平均高度 30m，水平档距为 500m，导地线整风

系数 $β_c$ 取 0.963，档距折减系数 $α_L$ 取 0.723，设计大风工况下垂直档距与水平档距比值为 0.65，绝缘子串风压为 2kN，绝缘子串重量为 250kg，设计某直线塔头时，大风工况下绝缘子串风偏角应为下列哪项数值？（提示：重力加速度 g 取 9.80665m/s²） （ ）

（A）39°
（B）45.8°
（C）48°
（D）60.9°

【答案及解答】 C

依题意，丘陵地区为 B 区，由《架空输电线路电气设计规程》(DL/T 5582—2020) 表 9.3.1-1 可得，风压高度系数 $μ_z$ 为 1.39；由第 9.3.1 节公式可得

$$W_X = 0.963 × 0.723 × 1.39 × 1 × 1 × (4 × 500 × 0.0338) × \frac{27^2}{1600} = 29.8(\text{kN})$$

依题意，垂直档距 L_V=500×0.65=325（m），导线单位重量 2078.4kg/km=2.0784 kg/m；由老版线路手册第 103 页式（2-6-44）可得

$$φ = \text{tg}^{-1}\left(\frac{2000/2 + 29.8 × 1000}{250 × 9.80665/2 + 325 × 4 × 2.0784 × 9.80665}\right) = 48°$$

所以选 C。

【2008 年上午题 18~21】 单回路 220kV 架空送电线路，导线直径为 27.63mm，截面积为 451.55mm²，单位长度质量为 1.511kg/m。本线路在某挡需跨越高速公路，高速公路在挡距中央（假设高速公路路面、铁塔处高程相同），该档档距 450m，导线 40℃时最低点张力为 24.32kN，导线 70℃时最低点张力为 23.1kN，两塔均为直线塔，悬垂串长度为 3.4m，g=9.8m/s²。

▶▶ **第 219 题 [摇摆角] 21.** 若塔水平挡距为 425m，垂直挡距为 500m，若导线大风时的垂直比载为 33×10⁻³N/（m·mm²），水平比载为 28×10⁻³N/（m·mm²），则该塔悬垂串的摇摆角应为下列哪项数值（不考虑绝缘子影响）？ （ ）

（A）35.8°
（B）44.9°
（C）54.2°
（D）25.8°

【答案及解答】 A

依题意，未给出绝缘子重量，故忽略绝缘子串的影响，由新版线路手册第 152 页式（3-245）可得悬垂绝缘子串摇摆角为

$$φ = \arctan\left(\frac{P_I/2 + PL_h}{G_I/2 + W_1 L_v}\right) = \arctan\left(\frac{28 × 10^{-3} × 425 × A}{33 × 10^{-3} × 500 × A}\right) = \arctan\left(\frac{28 × 425 × A}{33 × 500 × A}\right) = 35.8°$$

【考点说明】

（1）在计算悬垂绝缘子串风偏角（摇摆角）时，是否计入绝缘子的水平和垂直荷载，关键看题目要求和所给参数决定。

（2）老版线路手册第 103 页式（2-6-44）。

【2020 年上午题 21~25】 某单回路 220kV 架空送电线路，海拔高度 120m，采用单导线 JL/G1A-400/50，该线路气象条件如下：(g=9.81m/s²)

工况	气温（℃）	风速（m/s）	冰厚（mm）
最高气温	40	0	0
最低气温	−20	0	0
年平均	15	0	0
覆冰厚度	−5	10	10
基本风速	−5	27	0

导线参数如下表：

型号	每米质量（kg/m）	直径 d（mm）	截面 s（mm²）	额定拉断力 T_k（N）	线性膨胀数 a（1/℃）	弱性指量 E（N/mm²）
JL/G1A-400/50	1.511	27.63	451.55	123000	19.3×10⁻⁶	69000

▶▶**第 220 题 [摇摆角]** 21.有一 π 型等径独立水泥杆，横担水平布置，导线挂点距水泥杆净距为 2.5m（已考虑爬梯、金具等的裕度），假定悬垂单串长度为 2.80m，请计算确定最大风摇摆角应为下列哪项数值？（　　）

（A）63.23°　　　　　　　　　　　（B）45.86°
（C）44.14°　　　　　　　　　　　（D）38.5°

【答案及解答】 C

由 DL/T 5582—2020 表 6.2.5 可知，220kV 工频电压间隙为 0.55m，依题意，在绝缘子最大风偏时，间隙应满足改值，则 $2.5 - \sin\alpha \times 2.8 = 0.55 \Rightarrow \alpha = 44.14°$

【考点说明】

本题实际考查的是风偏间隙，并不是考查风偏角的定义计算。理解题意后，其实本题相对比较简单。

▶▶**【2016 年下午题 36～40】** 某 220kV 架空送电线路 MT（猫头）直线塔，采用双分裂 LGJ-400/35 导线，悬垂串长度为 3.2m，导线截面积 425.24mm²，导线直径为 26.82mm，单位重量 1307.50kg/km，导线平均高度处大风风速为 32m/s，大风时温度为 15℃，应力为 70N/mm²，最高气温（40℃）条件下导线最低点应力为 50N/mm²，L_1 邻挡断线工况应力为 35N/mm²。图中 h_1=18m，L_1=300m，dh_1=30m，L_2=250m，dh_2=10m，l_1、l_2 为最高气温下的弧垂最低点至 MT 的距离，l_1=180m，l_2=50m。（提示 g=9.8m/s²，采用抛物线公式计算）

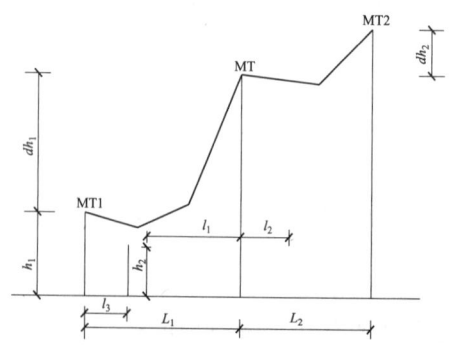

▶▶**第 221 题 [摇摆角]** 37.为了确定 MT 塔头空气间隙，需要计算 MT 塔在大风工况下

的摇摆角，问摇摆角应为下列哪项数值？（不考虑绝缘子串影响）　　　　　　（　　）

（A）52.90°　　　　　　　　　　　（B）57.99°

（C）48.67°　　　　　　　　　　　（D）56.35°

【答案及解答】A

（一）水平荷载

依题意，水平档距 $l_\mathrm{h} = \dfrac{L_1 + L_2}{2} = \dfrac{300+250}{2} = 275$ (m)

由 GB 50545—2010 第 10.1.18 条文说明公式可得

$a = 0.50 + \dfrac{60}{l_\mathrm{h}} = 0.50 + \dfrac{60}{275} = 0.718$

$Pl_\mathrm{h} = 0.625 a\mu_\mathrm{sc} dv^2 \times 10^{-3} \times 275 = 0.625 \times 0.718 \times 1.1 \times 26.82 \times 32^2 \times 10^{-3} \times 275 = 3728$ (N)

（二）垂直荷载

依题意，已知图中，最高气温时，l_1=180m、l_2=50m，根据垂直档距定义可知最高气温垂直档距 l_V=180+50=230m；由垂直档距换算公式可得大风工况垂直档距

$$L_{\mathrm{v}\text{大风}} = \dfrac{70}{\gamma_1} \times \dfrac{\gamma_1}{50} \times (230-275) + 275 = 212 \text{(m)}$$

则导线垂直荷载　　　　$W_1 l_\mathrm{v} = 1.3075 \times 9.8 \times 212 = 2716$ (N)

（三）风偏角

由老版线路手册第 103 页式（2-6-44），依题意忽略绝缘子串影响，可得

$$\varphi = \arctan\left(\dfrac{P_\mathrm{I}/2 + Pl_\mathrm{h}}{G_\mathrm{I}/2 + W_1 l_\mathrm{v}}\right) = \arctan\dfrac{Pl_\mathrm{h}}{W_1 l_\mathrm{v}} = \arctan\dfrac{3728}{2716} = 53.9°$$

【考点说明】

（1）本题是 2023 年之前题目，当时该题是按照 GB 50545—2010 所出，未给导线均高，现考纲规范 DL/T 5582-2020 不适合解答，读者了解即可。

（2）本题是确定塔头空气间隙，根据 GB 50545—2010 第 10.1.18 条对 a 的规定，应使用表 10.1.18-2 作答，因表中无对应水平挡距，可使用其条文说明公式计算。新版规范 DL/T 5582—2020 第 9.3 节已经对风荷载计算公式及其参数进行了修改，今后的考试主要依据 5582 作答。

（3）老版线路手册第 103 页式（2-6-44）、第 184 页式（3-3-12）、第 179 页表 3-2-3。

新版线路手册第 152 页式（3-245）、第 307 页式（5-29）、第 303 页表 5-13。

▶▶第 222 题 [杆塔定位] 40．为了现场定位，线路专业往往需要制作定位模板，以下关于定位模板的表述哪项是不正确的？请说明理由。

（A）定位模板形状与导线最大弧垂时应力有关

（B）定位模板形状与导线最大弧垂时比载有关

（C）定位模板形状与挡距有关

（D）定位模板可用于检测线路纵断面图

【答案及解答】C

由新版线路手册第761页式（14-1）为

$$f = Kl^2 + \frac{4}{3l^2}(Kl^2)^3 \; ; \; K = \frac{\gamma_C}{8\delta_C}$$

制作定位模板，需要确定最大弧垂的工况，因此与对应的应力和比载有关；若代表挡距已知，则 $\frac{\gamma_C}{\delta_C}$ 为一个定值，根据连续挡导线力学计算原理可知，在连续挡各挡挡距无论挡距大小，模板形状都是相同的，与挡距无关，所以选C。

【考点说明】

老版线路手册第601页式（8-2-1）。

【2024年上午题21~25】 某500kV交流单回输电线路位于丘陵地区，最高工作电压为550kV，设计基本风速为27m/s，设计覆冰厚度为10mm，直线塔采用悬垂酒杯型杆塔，耐张塔采用干字型杆塔，导线采用4分裂钢芯铝绞线，分裂间距450mm，地线采用铝包钢绞线，导地线参数如表1所示，某代表档距下导线应力如表2所示。

表1 导地线参数

类别	截面积（mm²）	外径（mm）	重量（kg/km）
导线	672.81	33.8	2078.4
地线	148.07	15.75	473.2

表2 导线应力表

工况	应力（N/mm²）	工况	应力（N/mm²）
最低气温	47.09	最大覆冰	84.82
最大风速	54.57	最高气温	40.64
年平均气温	43.54		

请分析计算并解答下列各小题。

▶▶第223题［倾斜角］24. 已知耐张绝缘子串总重量为650kg，某耐张塔年平均气温工况下单侧垂直档距为-100m，请问年平均气温工况下该侧耐张绝缘子串倾斜角应为下列哪项数值 （ ）

(A) -2.4° (B) 2.3°
(C) 5.5°   (D) 10.1°

【答案及解答】A

年平均气温工况张力 $T = 4 \times 43.54 \times 672.81 = 117176.6(\text{N})$

由老版线路手册第108页式（2-6-49）可得

$$\theta = \text{tg}^{-1}(\frac{650 \times 9.80665 \times 0.5 + 4 \times 2.0784 \times 9.80665 \times (-100)}{117176.6}) = -2.43°$$

所以选A。

【2017年上午题21~25】 某500kV架空送电线路，相导线采用4×400/35钢芯铝绞线，设计安全系数取2.5，平均运行工况安全系数大于4，相导线均采用阻尼间隔棒且不等距、不对称布置，导线的单位重量为1.348kg/m，直径为26.8mm。假定线路引起振动风速的上下限值为5m/s和0.5m/s，一相导线的最高和最低气温张力分别为82650N和112480N。

▶▶第224题［振动角］23．若电线振动的半波长为5m，单峰最大振幅为15mm，请计算此时的最大振动角应为下列哪项数值？ （ ）

（A）22′
（B）24′
（C）32′
（D）65′

【答案及解答】C

由新版线路手册第345页式（5-103）可得

$$a_\mathrm{M} = 60\arctan\left(\frac{2\pi A}{\lambda}\right) = 60\arctan\left(\frac{2\times3.14\times15}{10\times1000}\right) = 32.38′$$

【考点说明】
（1）本题需要注意的是 A 和 λ 的单位统一。
（2）注意题目告诉的是半波长，公式中应该是总振动波长，否则会错选D。
（3）老版线路手册第220页式（3-6-5）。

5．防振

【2017年上午题21~25】 某500kV架空送电线路，相导线采用4×400/35钢芯铝绞线，设计安全系数取2.5，平均运行工况安全系数大于4，相导线均采用阻尼间隔棒且不等距、不对称布置，导线的单位重量为1.348kg/m，直径为26.8mm。假定线路引起振动风速的上下限值为5m/s和0.5m/s，一相导线的最高和最低气温张力分别为82650N和112480N。

▶▶第225题［防振锤最小振动波长］21．请计算导线的最小振动波长为下列哪项数值？
（ ）

（A）1.66m
（B）2.57m
（C）3.32m
（D）4.45m

【答案及解答】C

由新版线路手册第345页式（5-101）可得

$$\frac{\lambda}{2} = \frac{d}{400v}\sqrt{\frac{T}{m}} \quad \lambda = \frac{d}{200v}\sqrt{\frac{T}{m}} = \frac{26.8}{200\times5}\sqrt{\frac{82656\div4}{1.348}} = 3.318\ (\mathrm{m})$$

【考点说明】
（1）新版线路手册给出的公式为半波长公式，题意为求波长，注意公式需要乘2。导线张力题干给出的是一相导线的，计算时应该除以4代入公式进行计算。因要求计算最小波长，故采用最小张力82656N、最大风速5m/s进行计算。
（2）老版线路手册第219页式（3-6-3）。

▶▶第226题［防振锤安装个数］24．若地线为GJ-100（直径：13mm）镀锌钢绞线，年平均应力为其破坏应力的25%，且其中某挡挡距为480m，则该挡每根导、地线所需的防振锤数一般分别为多少个？ （ ）

(A) 6个、4个 (B) 4个、2个
(C) 2个、2个 (D) 0个、4个

【答案及解答】D

由新版线路手册第 354 页表 5-45、DL/T 5582—2020 第 5.2.1-1 款，表 5.0.13 及其注释。

根据题意，查表知每根地线每挡需要 2+2=4 个防振锤；架空导线 4 分裂及以上导线采用阻尼间隔棒时，挡距在 500m 及以下可不采用其他防振措施，所以选 D。

【考点说明】

（1）本题考查防振锤安装数量的选取。地线查取表格即可获得答案，需要注意的是防振锤安装在挡距的两端，在查取地线防振锤后，还要加上对端的数量；对于导线防振措施的选择在新版线路手册第 354 页表 5-45 中（老版线路手册第 229 页）和 DL/T 5582—2020 第 5.2.1 条均有说明，本题中导线不必再增加防振锤。

（2）老版线路手册第 228 页表 3-6-9。

▶▶**第 227 题 [防振锤安装距离]** 22. 请计算第一只防振锤的安装位置距线夹出口的距离应为下列哪项数值？ （ ）

(A) 0.77m (B) 1.53m
(C) 1.75m (D) 2.01m

【答案及解答】B

由新版线路手册第 356 页式（5-112）及前题结果可得

$$\mu = \frac{v_m}{v_m}\sqrt{\frac{T_m}{T_m}} = \frac{0.5}{5} \times \sqrt{\frac{82650}{112480}} = 0.0857 \Rightarrow b_1 = \frac{1}{1+\mu}\left(\frac{\lambda_m}{2}\right) = \frac{1}{1+0.0857} \times \left(\frac{3.32}{2}\right) = 1.53 \text{ (m)}$$

【考点说明】

（1）考查防振锤安装距离计算。本题可采用简化公式进行计算，同一题干范围内的小题之间，在小题条件没有发生变化的情况下，可直接引用前面小题的计算结果 3.32 进行计算。

（2）老版线路手册第 230 页式（3-6-14）。

【2019 年下午题 36~40】 某 500kV 架空输电线路工程，导线采用 4×LGJ-500/45 钢芯铝绞线，按导线长期允许最高温度 70℃设计，给出的主要气象条件及导线参数如下表所示（本题略）。（提示，计算时采用平抛物线公式）

▶▶**第 228 题 [防振锤安装距离]** 40. 挡距大于 500m 时，拟采用防振锤进行导线防振。若导线采用固定型单悬垂线夹且导线在悬垂线夹内的接触长度为 300mm，当振动的最小半波长和最大半波长分别为 1.558m 和 20.226m 时，悬垂直线塔处第一个防振锤距线夹中心的安装距离为多少？ （ ）

(A) 1.45m (B) 1.60m
(C) 1.75m (D) 1.98m

【答案及解答】B

由新版线路手册第 356 页式（5-112）可得，第一个防振锤距线夹中心的安装距离为

$$b_1 = \frac{\frac{\lambda_m}{2} \times \frac{\lambda_M}{2}}{\frac{\lambda_m}{2} + \frac{\lambda_M}{2}} + \frac{0.3}{2} = \frac{1.558 \times 20.226}{1.558 + 20.227} + \frac{0.3}{2} = 1.6 \,(\text{m})$$

【考点说明】

（1）本题考查的是线夹中心距，必须加上接触长度的一半，即 0.15m，否则会错选 A。

（2）老版线路手册第 230 页式（3-6-14）。

【2017 年上午题 21~25】 某 500kV 架空送电线路，相导线采用 4×400/35 钢芯铝绞线，设计安全系数取 2.5，平均运行工况安全系数大于 4，相导线均采用阻尼间隔棒且不等距、不对称布置，导线的单位重量为 1.348kg/m，直径为 26.8mm。假定线路引起振动风速的上下限值为 5m/s 和 0.5m/s，一相导线的最高和最低气温张力分别为 82650N 和 112480N。

▶▶**第 229 题 [间隔棒安装个数]** 25. 在轻冰区的某挡挡距为 480m，该挡一相导线安装阻尼间隔棒的数量取下列哪项数值合适？ （ ）

(A) 8 个　　　　　　　　　　(B) 6 个
(C) 3 个　　　　　　　　　　(D) 0 个

【答案及解答】 A

《架空输电线路电气设计规程》（DL/T 5582—2020）第 5.2.1.2 条，4 分裂及以上导线采用阻尼间隔棒时，挡距在 500m 及以下可不采用其他防振措施。导线最大次挡距不宜大于 70m，端次挡距不宜大于 35m，参考新版线路手册第 444 页"三、安装距离"和工程实践。阻尼间隔棒宜不等间距，不对称布置，可得 $1 + \frac{480 - 2 \times 35}{70} = 6.86$（个）；向上取整，可知该挡一相导线采用 8 个间隔棒合适。

【考点说明】

（1）考查间隔棒安装方式。按规范中注释进行作答，需要注意的是端次挡距一般取为不超过平均次挡距之半，同时满足规范要求。

（2）老版线路手册第 317 页右列下。

第12章 新 能 源

12.1 概 述

12.1.1 本章主要设计规范及手册

《电力工程设计手册　火力发电厂电气一次设计》手册★★★★★（简称新版一次手册）
《光伏发电站设计规范》（GB 50797—2012）★★
《光伏电站接入电力系统技术规定》（GB/T 19964—2012）★
《风电场接入电力系统技术规定》（GB/T 19963—2011）★
参考：《电力工程电气设计手册　电气一次部分》（简称老版一次手册）

12.1.2 真题考点分布（总计15题）

考点1　发电量计算（共1题）：第1题
考点2　电池组件串联数量（共2题）：第2、3题
考点3　光伏站设计（共1题）：第4题
考点4　无功调节范围（共1题）：第5题
考点5　光伏组件容量计算（共1题）：第6题
考点6　方阵容量计算（共1题）：第7题
考点7　并网点要求（共1题）：第8题
考点8　功率变化（共1题）：第9题
考点9　低电压穿越（共1题）：第10题
考点10　动态无功电流（共1题）：第11题
考点11　海上风电（共4题）：第12～15题

12.1.3 考点内容简要

以新能源为工程背景的相关内容比如风电、海上风电、光伏等相关内容，近几年考试中在知识题和案例题的比重逐步增加。不过有一部分是考查通用的导体、设备选择以及无功补偿的相关内容，另一部分是新能源电厂自身的特殊计算。本章主要涉及这部分特殊计算内容，虽然不多，但有所了解后参加考试将更加从容，其余部分分布在无功补偿、导体设备选择等相关章节。

12.1.4 补充知识点

12.1.4.1 伏组件光电转换效率

1. 光电转换效率定义

光伏组件光电转换效率是指标准测试条件下（AM1.5、组件温度25℃、辐照度1000W/m^2）

光伏组件最大输出功率与照射在该组件上的太阳光功率的比值。

2. 光电转换效率的确定

光伏组件光电转换效率由通过国家资质认定（CMA）的第三方检测实验室，按照《光伏器件 第1部分：光伏电流—电压特性的测量》（GB/T 6495.1—1996）规定的方法测试，必要时可根据《晶体硅光伏器件的 $I-V$ 实测特性的温度和辐照度修正方法》（GB/T 6495.4—1996）的规定做温度和辐照度的修正。计算公式为

$$光伏组件光电转换效率 = \frac{标准测试条件下组件最大输出功率}{组件面积 \times 1000 W/m^2} \times 100\%$$

其中：组件面积为光伏组件含边框在内的所有面积。

批量生产的光伏组件必须通过经中国国家认证认可监督管理委员会批准的认证机构认证，且每块单体组件产品实际功率与标称功率的偏差不得高于2%。几种常用标准规格晶体硅组件光电转换效率对应峰值功率技术指标见下表。

材料类型	电池片尺寸（mm×mm）	电池片数量	15.5%转化效率对应组件峰值功率（W）	16%转化效率对应组件峰值功率（W）	16.5%转化效率对应组件峰值功率（W）	17%转化效率对应组件峰值功率（W）
多晶硅	156×156	60	255	—	270	—
	156×156	72	305	—	325	—
单晶硅	156×156	60	—	260	—	275
	156×156	72	—	315	—	330

12.1.4.2 光伏组件衰减率

1. 光伏组件衰减率定义

光伏组件衰减率是指光伏组件运行一段时间后，在标准测试条件下（AM1.5、组件温度25℃、辐照度1000W/m²）最大输出功率与投产运行初始最大输出功率的比值。

2. 光伏组件衰减率的确定

光伏组件衰减率的确定可采用加速老化测试方法、实地比对验证方法或其他有效方法。加速老化测试方法是利用环境试验箱模拟户外实际运行时的辐照度、温度、湿度等环境条件，并对相关参数进行加倍或者加严等控制，以实现较短时间内加速组件老化衰减的目的。加速老化测试完成后，要在标准测试条件下对试验组件进行功率测试，依据衰减率公式判定得出光伏组件发电性能的衰减率。

实地比对方法是自组件投产运行之日起，根据项目装机容量抽取足够数量的组件样品，由国家资质认定（CMA）的第三方检测实验室，按照GB/T 6495.1—1996规定的方法，测试其初始最大输出功率后，与同批次生产的其他组件安装在同一环境下正常运行发电，运行之日起一年后再次测量其最大输出功率。将前后两次最大输出功率进行对比，依据衰减率计算公式，判定得出光伏组件发电性能的衰减率。计算公式为

$$光伏组件衰减率 = \frac{P_{\max（投产运行初始）} - P_{\max（运行一段时间）}}{P_{\max（投产运行初始）}} \times 100\%$$

12.1.4.3 发电量计算

1. 理论发电量

根据所选工程代表年最佳倾斜面上各月平均太阳总辐射量可得出本工程月及年峰值日照小时数。

将太阳能电池组件所在平面上某段时间中能接收到的太阳辐射量转换为 1000W/m² 条件下的等效小时数，称峰值日照小时数。

若太阳能电池组件在 1h 中接收到的太阳辐射量为 1MJ/m²，由以上峰值日照小时定义，可得

$$1\text{MJ}/(\text{m}^2 \cdot \text{h}) = \frac{10^6 \text{J}}{1\text{m}^2 \times 3600\text{s}} \frac{1000\text{W}/\text{m}^2}{3.6}$$

故若太阳能电池组件在 1h 中接收到的太阳辐射量为 1MJ/m²，则其在 1000W/m² 条件下的等效小时数为 1/3.6h。由于太阳能电池组件的峰值功率均在 1000W/m² 条件下标定，因此采用峰值日照小时数乘以光伏电站的装机容量即为光伏电站的最大理论发电量。

某 30MW 光伏电站电池组件阵列峰值日照小时数及发电量统计见下表。

月份	多年月平均辐射量 [MJ/(m²·m)]	多年月平均峰值日照小时数 (h)	月发电量 (万 kWh)
1	266.90	74.14	222.41
2	265.32	73.70	221.10
3	383.07	106.41	319.22
4	418.31	116.20	348.59
5	448.61	124.61	373.84
6	435.98	121.10	363.31
7	552.05	153.35	460.04
8	530.67	147.41	442.23
9	411.69	114.36	343.08
10	413.88	114.97	344.90
11	331.80	92.17	276.50
12	295.07	81.96	245.89
合计	4753.33	1320.37	3961.11

经计算，得出本类光伏电站电池阵列年理论发电量为 3961.11 万 kWh。年峰值日照小时数为 1320.37h，每日的峰值日照小时数为 3.6h。

2. 逐年理论发电量

光伏电站的逐年理论发电量为光伏电站逐年最大理论发电量乘太阳电池组件逐年的衰减系数。

某 30MW 光伏电站电池组件阵列逐年理论发电量统计见下表。

时间	组件衰减系数（%）	逐年理论发电量（万 kWh）
第 1 年	97.50	3862.08
第 2 年	96.80	3834.35

续表

时间	组件衰减系数（%）	逐年理论发电量（万 kWh）
第 3 年	95.92	3799.57
第 4 年	95.05	3765.11
第 5 年	94.19	3730.96
第 6 年	93.34	3697.12
第 7 年	92.49	3663.59
第 8 年	91.65	3630.36
第 9 年	90.82	3597.43
第 10 年	90.00	3564.81
第 11 年	89.29	3536.95
第 12 年	88.59	3509.31
第 13 年	87.90	3481.88
第 14 年	87.21	3454.67
第 15 年	86.53	3427.67
第 16 年	85.86	3400.88
第 17 年	85.19	3374.31
第 18 年	84.52	3347.94
第 19 年	83.86	3321.77
第 20 年	83.20	3295.81
第 21 年	82.55	3270.06
第 22 年	81.91	3244.50
第 23 年	81.27	3219.14
第 24 年	80.63	3193.99
第 25 年	80.00	3169.03

3. 光伏发电系统效率分析

并网光伏发电系统的能量转换主要包括能量来源环节、能量转化环节和能量输出环节等。上述各环节中均存在不同的能量损失。能量来源环节的主要损失为不可利用的太阳辐射损失（包括早晚阴影遮挡引起的损失及光线通过玻璃的反射、折射损失）、灰尘积雪遮挡损失等。能量转化环节的主要损失为由于电池组件质量缺陷或者不匹配造成的损失、温度影响损失等。能量输出环节的主要损失为欧姆损失（直流、交流线路，保护二极管，线缆接头等）、逆变器效率损失、变压器效率损失以及系统故障及维护损耗等。

根据某电站当地的太阳能资源特点和气候特征，并结合各实验区总体设计方案，分析得到的各项损失为：①不可利用的太阳辐射损耗：4.5%。②灰尘遮挡损耗：1.0%。③电池板质量缺陷或不匹配造成的损耗：3.5%。④温度影响损耗：2.2%。⑤直流电缆损耗：2.5%。⑥防反二极管及线缆接头损耗：1.0%。⑦交流线路损耗：1.5%。⑧逆变器损耗：3.0%。⑨变压器损耗：1.0%。⑩系统故障及维护损耗：2.0%。

经计算，系统的综合效率为 79.8%。

4. 发电量计算

根据上述光伏发电系统综合效率，对运行期 25 年内各年发电量进行计算，结果见下表。电站 25 年内平均发电量年内变化如图 1 所示。

年　份	发电量（万 kWh）	年　份	发电量（万 kWh）
第 1 年	3081.94	第 14 年	2756.83
第 2 年	3059.81	第 15 年	2735.28
第 3 年	3032.06	第 16 年	2713.91
第 4 年	3004.56	第 17 年	2692.70
第 5 年	2977.31	第 18 年	2671.65
第 6 年	2950.30	第 19 年	2650.77
第 7 年	2923.55	第 20 年	2630.06
第 8 年	2897.03	第 21 年	2609.50
第 9 年	2870.75	第 22 年	2589.11
第 10 年	2844.71	第 23 年	2568.88
第 11 年	2822.48	第 24 年	2548.80
第 12 年	2800.43	第 25 年	2528.88
第 13 年	2778.54	多年平均	2789.59

计算结果：电站建成后第一年上网发电量为 3081.94 万 kWh。在运行期 25 年内的年平均发电量为 2789.59 万 kWh，年利用小时数为 929.9h。

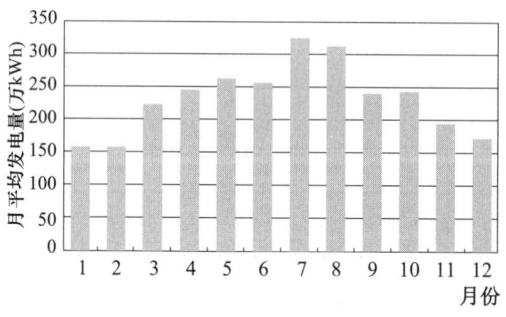

图 1　运行期 25 年内各月平均发电量柱状图

12.2　历年真题详解

考点 1　发电量计算

【2014 年下午题 1～4】某地区计划建设一座 40MW 并网型光伏电站，分成 40 个 1MW 发电单元，经过逆变、升压、汇流后，由 4 条汇集线路接至 35kV 配电装置，再经 1 台主变压器升压至 110kV，通过一回 110kV 线路接入电网。接线示意图见下图。

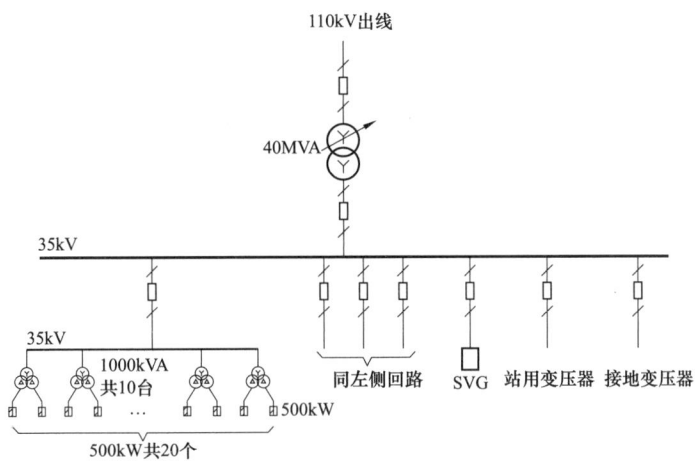

▶▶ **第 1 题 [光伏发电量] 1.** 电池组件安装角度为 32°时，光伏组件效率为 87.64%，低压汇流及逆变器效率为 96%，接受的水平太阳能总辐射量为 1584kWh/m³，综合效率系数为 0.7，计算该电站年发电量应为下列哪项数值？　　　　　　　　　　　　　　（　　）

(A) 55529MWh　　　　　　　　　(B) 44352MWh
(C) 60826MWh　　　　　　　　　(D) 37315MWh

【答案及解答】B

由 GB 50797—2012 第 6.6.2 条和式（6.6.2）可得

$$E_p = H_A \frac{P_{AZ}}{E_s} K = 40 \times \frac{1584}{1} \times 0.7 = 44352 \text{ (MWh)}$$

【考点说明】

本题的关键在于对 GB 50797—2012 第 6.6.2 条当中公式系数的理解以及题目中年发电量的理解。题目给出了光伏组件效率和低压汇流及逆变器效率两个干扰信息，这两个系数其实已经隐含在综合效率系数当中。加上题目所用的年发电量的提法和上网电量的提法字面上不完全一致，容易诱导答题者对题意产生怀疑。答案 A 仅考虑了光伏组件效率，答案 C 仅考虑了低压汇流及逆变器效率，答案 D 用了所有给出的系数，都不是对系数概念的正确理解。

【注释】

勘误：

（1）题目中太阳能总辐射量的单位是错误的，应该为 kWh/m²。

（2）题目中"光伏组件的效率为 87.64%"，这个表述不够严谨，晶体硅太阳能电池组件的效率不可能那么高。下面补充有关光伏组件效率的相关知识，见下文补充知识。

（3）题目中"该电站年发电量"改为"该电站年上网电量"更为确切一些；题目中有些概念不清、含糊。

考点 2　电池组件串联数量

▶▶ **第 2 题 [组串数量] 2.** 本工程光伏电池组件选用 250p 多晶硅电池板，开路电压 35.9V，最大功率时电压 30.10V，开路电压的温度系数－0.32%/℃，温度变化范围－35～85℃，电池片设计温度 25℃，逆变器最大直流输入电压 900V。计算光伏方阵中光伏组件串的电池串联数应为下列哪个数值？　　　　　　　　　　　　　　　　　　　　　　　　（　　）

(A) 31   (B) 25
(C) 21   (D) 37

【答案及解答】 C

由 GB 50797—2012 第 6.4.2 条和式（6.4.2-1）可得

$$N \leqslant \frac{V_{\text{dcmax}}}{V_{\text{oc}}[1+(t-25)K_v]} = \frac{900}{35.9 \times [1+(-35-25) \times (-0.32\%)]} = 21.03$$

【考点说明】

该题属于较容易题目，直接找到公式即可。第 6.4.2 条包含了两个子公式。题目没有给出逆变器电压的最小值，也没有给出工作电压温度系数，从题目条件可以判断只考虑式（6.4.2-1）。条文说明也说明常规情况下一般只考虑式（6.4.2-1），即采用最大组串方式，只有与建筑结合的时候才考虑式（6.4.2-2），必要的时候可以用开路电压的温度系数近似替代工作电压温度系数。应注意开路电压的温度系数单位是%，否则得不到正确答案。

【注释】

（1）太阳能电池组件串联的数量由逆变器的最高输入电压和最低工作电压确定。

1）组件串联后的电压应小于逆变器的最大直流输入电压，由式（6.4.2-1）可以看出。

2）组件串联后的电压还应大于逆变器 MPPT 电压的最小值，且小于逆变器 MPPT 电压的最大值，最好工作在最佳工作电压附近，由式（6.4.2-2）可以看出。

（2）太阳能电池组件的输出特性与温度有较大的关系。太阳能电池组件温度较高时，工作效率下降。随着太阳能电池温度的增加，开路电压减小，在 20~100℃ 范围内，大约每升高 1℃ 每片电池的电压减小 2mV，而光电流随温度的增加略有上升，大约每升高 1℃ 电池的光电流增加千分之一或 0.03mA/（℃·cm²）。总的来说，温度升高太阳电池的功率下降，典型的温度系数为 $-0.35\%/℃$。也就是说，如果太阳能电池温度每升高 1℃，则功率减小 0.35%。太阳能电池组件的开路电压为负的温度系数，题目中告诉为 $-0.32\%/℃$，也就是说温度下降时，开路电压增大，电池温度每降低高 1℃，则电压升高 0.32%。总之，温度对太阳能电池组件的电压影响较大，对电流影响较小。组件串联后，光伏电站环境温度最低时，其串联后电压升高，但不应大于逆变器的最高输入电压。

【2022 年上午题 5~7】 有一地面集中并网光伏发电站，选用的光伏组件技术参数如表 1，选用的组串式逆变器最大直流输入电压为 1500V，MPPT 电压范围 500~1500V。请分析计算并解答下列各题。

表 1　单晶硅双面太阳电池组件技术参数表

技术参数	单 位	参 数
峰值功率	Wp	540
开路电压（U_{oc}）	V	49.50
短路电流（I_{sc}）	A	13.85
工作电压（U_{pm}）	V	41.65
工作电流（I_{pm}）	A	12.97

续表

技术参数	单 位	参 数
工作电压温度系数	%/K	-0.350
开路电压温度系数	%/K	-0.284
短路电流温度系数	%/K	0.050
功率误差范围	W	0~+5
组件效率	%	21.1
功率衰减率	%	首年2.0%，之后每至0.45%
尺寸	mm	2256×1133×3
重量	kg	32.3

▶▶ **第3题[组串数量]5.** 若本光伏发电站所在场址的极端最高温度为40℃，极端最低温度-5℃，光伏组件工作条件下的极限高温为65℃，工作条件下的极端低温为0°C，光伏组件的组件串联数选取哪项数值最为合适？ （　　）

（A）14　　　　　　　　　　　　（B）27

（C）28　　　　　　　　　　　　（D）33

【答案及解答】 C

由 GB 50797—2012 第 6.4.2 条、式（6.4.2-1）及其条文说明可知地面集中并网光伏发电站组件串联数计算直接选用式（6.4.2-1）计算，则

$$N \leqslant \frac{U_{dc\,max}}{U_{oc}[1+(t-25)K_v]} = \frac{1500}{49.5 \times [1+(0-25) \times -0.00284]} = 28.29$$

所以选 C。

考点3　光伏站设计

▶▶ **第4题[光伏站设计]6.** 若本光伏发电站安装光伏组件总数量为37440块，发电站通过一回35kV线路接入附近电网变电站，对于本光伏发电站下列哪项说法是错误的？

（　　）

（A）光伏逆变器应具有低电压穿越功能

（B）光伏电站电能质量数据不远传，就地储存一年以上数据供电网企业必要时调用

（C）计算机监控系统采用网络方式与电网对时

（D）光伏发电站不设置防孤岛保护

【答案及解答】 B

本站总装机容量=37440×540=20.22（MW）

由 GB 50797—2012 第 6.2.3 条，本站属于中型光伏电站。依据第 9.2.4-2 款，A 对；依据第 9.2.3-1 款，B 错；依据第 8.7.8 条，C 对；依据第 9.3.4 条，D 对。

考点4　无功调节范围

▶▶ **第5题[光伏站设计]7.** 若本光伏发电站安装光伏逆变器总额定功率为100MW，通过一回110kV线路接入电网。发电站及送出线路的无功功率统计如下表。请计算本光伏发

电站配置的集中无功补偿装置容量调节范围至少为下列哪项数值？　　　　　　（　　）

无 功 功 率 统 计 表

项　　目	容量（Mvar）
满发时汇集线路感性无功	30
满发时主变压器感性无功	10
满发时110kV送出线路感性无功	30
光伏发电站站内充电无功	40
110kV送出线路充电无功	24

（A）容性无功22Mvar，感性无功18Mvar
（B）容性无功39Mvar，感性无功33Mvar
（C）容性无功55Mvar，感性无功52Mvar
（D）容性无功70Mvar，感性无功64Mvar

【答案及解答】 C

由 GB/T 19964—2014 第 6.2.3 条，得：容性无功容量=30+10+30×0.5=55（Mvar）；感性无功容量=40+24×0.5=52（Mvar）。

考点5　光伏组件容量计算

【2023年上午题1~5】 某光伏电站规划安装容量250MWp级，通过1回110kV线路接入系统。升压站110kV侧系统提供的三相短路容量5000MVA，本期建设光伏发电安装容量125MWp级，选择540Wp单晶硅光伏组件和500kW逆变器，容配比为1.3。单晶硅光伏组件和逆变器相关主要技术参数分别见表1和表2，请分析计算并解答下列各小题。

表1　单晶硅光伏组件主要技术参数表

技术参数	单　位	参　数
峰值功率	Wp	540
开路电压（U_{oc}）	V	49.6
短路电流（I_{sc}）	A	13.86
工作电压（U_{pm}）	V	41.64
工作电流（I_{pm}）	A	12.97
工作电压温度系数	%/K	−0.35
开路电压温度系数	%/K	−0.275
短路电流温度系数	%/K	0.045
工作条件下的极限低温	℃	5
工作条件下的极限高温	℃	65

表2　逆变器主要技术参数表

技术参数	单　位	参　数
额定功率	kW	500
最大输出功率	kW	550

续表

技术参数	单 位	参 数
最大输入直流电压	V	1000
最低启动电压	V	540
最小输入电压	V	520
MPPT 电压范围	V	520～850
交流额定输出电压	V	400
交流输出频率	Hz	50

▶▶ **第 6 题**［组件容量计算］1. 该光伏电站场址年平均气温、极端最低气温和极端最高气温分别为 16℃、-15℃和 40℃，若每个光伏组件串安装于 1 个固定可调式支架上，呈 2 行 n 列排布，则每个支架光伏组件安装容量宜为下列哪项数值？（　　）

（A）8.1kW　　　　　　　　　　（B）8.64kW
（C）9.72kW　　　　　　　　　　（D）10.26kW

【答案及解答】C

依据 GB 50797—2012 第 6.4.2 条，则

$$N \leq \frac{U_{\text{dcmax}}}{U_{\text{oc}} \times [1+(t-25) \times K_v]} = \frac{1000}{49.6 \times [1+(5-25) \times (-0.275\%)]} = 19.11，取 19。$$

由于布置方式为 2 行 N 列，则 1 行最多布置 19/2=9.5 台，取 9 台，2 行共计 18 台。
则容量 $S = 0.54 \times 18 = 9.72$（kW），所以选 C。

若按最佳运行电压计算串联数 N，则

$$N \leq \frac{U_{\text{mpptmax}}}{U_{\text{pm}} \times [1+(t'-25) \times K_v']} = \frac{850}{41.64 \times [1+(5-25) \times (-0.35\%)]} = 19.08$$

串联数选 18 台，也符合要求。

【考点说明】

本题按 MPPT 算出的范围和按最大开路电压算出的最大值接近都是 19，本题题设说明一个串联段分两排布置在一个支架上，为了让两排所接组件数相等，不至于某一段出现空位，因此串联总数必须是 2 的倍数，这是本题最大的坑点，和工程实际结合非常紧密，这也要求读者在备考时要注意工程实际经验的积累和学习。光伏电站基本结构图如下图所示。

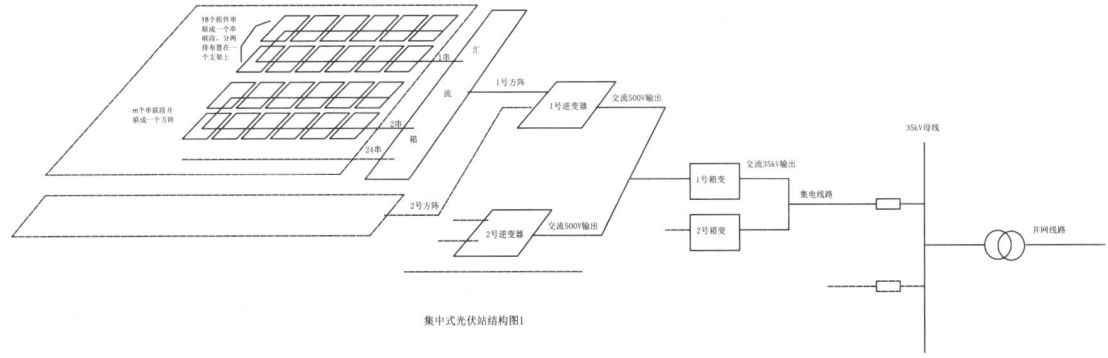

集中式光伏站结构图1

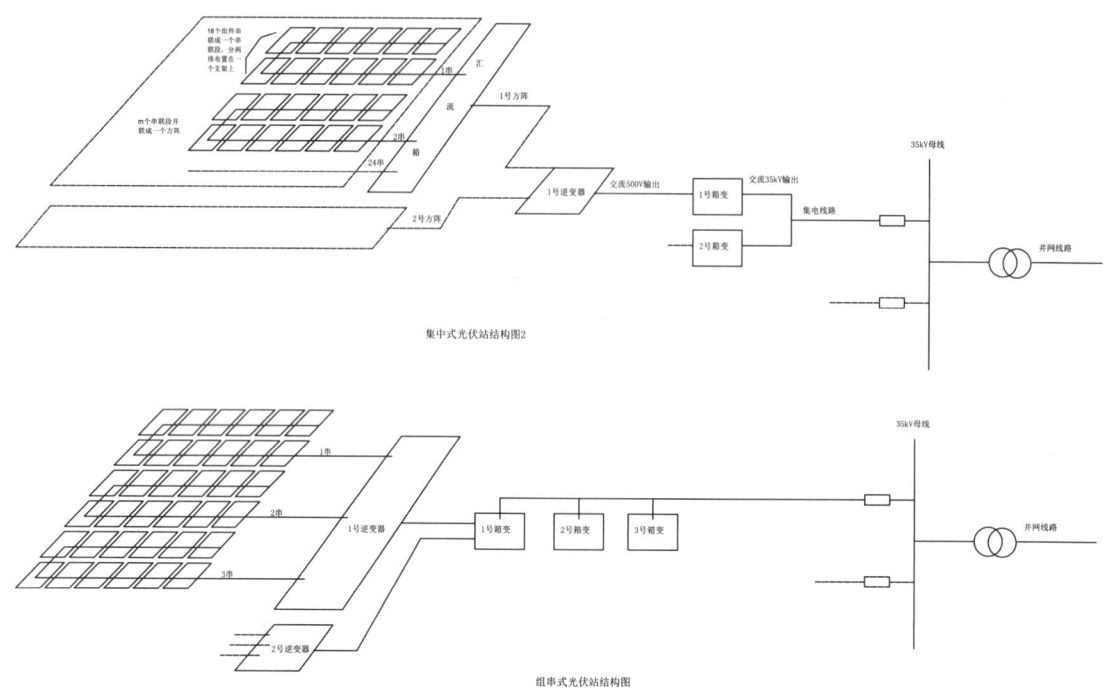

集中式光伏站结构图2

组串式光伏站结构图

考点6 方阵容量计算

【2023年上午题1~5】 某光伏电站规划安装容量250MWp级，通过1回110kV线路接入系统。升压站110kV侧系统提供的三相短路容量5000MVA，本期建设光伏发电安装容量125MWp级，选择540Wp单晶硅光伏组件和500kW逆变器，容配比为1.3。单晶硅光伏组件和逆变器相关主要技术参数分别见表1和表2，请分析计算并解答下列各小题。

表1 单晶硅光伏组件主要技术参数表

技术参数	单 位	参 数
峰值功率	Wp	540
开路电压（U_{oc}）	V	49.6
短路电流（I_{sc}）	A	13.86
工作电压（U_{pm}）	V	41.64
工作电流（I_{pm}）	A	12.97
工作电压温度系数	%/K	-0.35
开路电压温度系数	%/K	-0.275
短路电流温度系数	%/K	0.045
工作条件下的极限低温	℃	5
工作条件下的极限高温	℃	65

表2 逆变器主要技术参数表

技术参数	单 位	参 数
额定功率	kW	500
最大输出功率	kW	550

续表

技术参数	单位	参数
最大输入直流电压	V	1000
最低启动电压	V	540
最小输入电压	V	520
MPPT 电压范围	V	520～850
交流额定输出电压	V	400
交流输出频率	Hz	50

▶▶ **第 7 题[方阵容量计算]** 2．该光伏电站的海拔为 3000m，每个光伏组件串的串联数量选择为 19。按每个逆变器划分为 1 个光伏方阵，根据技术协议，海拔高于 1000m 每升高 100m 逆变器功率下降 0.36%，则 1 个光伏方阵安装容量为下列哪项数值？ （　　）

（A）461.7kW　　　　　　　　　（B）595.08kW
（C）618.2kW　　　　　　　　　（D）650kW

【答案及解答】 B

依题意，依据 NB/T 10128—2019 第 2.0.5 条容配比定义，及 GB 50797—2012 第 6.1.4 条可得

一个光伏阵列容量 $S_Z = 19 \times 0.540 = 10.26$（kWp）

逆变器修正后容量 $S_{逆} = 500 \times (1 - \dfrac{3000-1000}{100} \times 0.36\%) = 464$（kW）

则一个方阵的阵列数 $N \leqslant \dfrac{S_{逆} \times 容配比}{S_Z} = \dfrac{464 \times 1.3}{10.26} = 58.79$（组），取 58 组。

方阵容量 $S_F = 58 \times 10.26 = 595.08$（kW）

【考点说明】

本题的难点在于"容配比"的出处，找到即可轻松作答；同时光伏方阵的总容量必须是单块组件的整数倍，不能用 464×1.3 计算，同时 58.79 组是最大值，必须向下取整。

考点 7　并网点要求

【2014 年下午题 1～4】 大题干同本章第 1 题。

▶▶ **第 8 题[并网点要求]** 4．若该光伏电站并网点母线平均电压为 115kV，下列说法中哪种不满足规定要求？为什么？ （　　）

（A）当电网发生故障快速切除后，不脱网连续运行的光伏电站自故障清除时刻开始，以每秒至少 30% 额定功率的功率变化率恢复到正常发电状态
（B）并网点母线电压在 127～137kV 之间，光伏电站应至少连续运行 10s
（C）电网频率升至 50.6Hz 时，光伏电站应立刻终止向电网线路送电
（D）并网点母线电压突降至 87kV 时，光伏电站应至少保持不脱网连续运行 1.1s

【答案及解答】 D

依据 GB 19964—2012 第 8.3 条、图 2、表 2、表 3 可知：

A 项：依第 8.3 条，正确。

B 项：依表 2，正确。

C 项：依表 3，正确。
D 项：依图 2，至少 1.5s，错误。
所以选 D。

【考点说明】

该题属于较容易题目，直接找到相关条文的出处即可。这里考查的是光伏电站低电压穿越能力和电网运行适应方面的要求。题目考查了低电压穿越方面的有功恢复速率和电压穿越能力两个方面，电网运行适应性方面的电压和频率的适应性两个方面，都是光伏电站接入的常规重点。

考点 8　功率变化

【2016 年下午题 5～9】 某沿海区域电网内现有一座燃煤电厂，安装有四台 300MW 机组，另外规划建设 100MW 风电场和 40MW 光伏电站，分别通过一回 110kV 和一回 35kV 线路接入电网，系统接线如下图。燃煤机组 220kV 母线采用双母线接线，母线短路参数：I''=28.7kA，I_∞=25.2kA；k1 处发生三相短路时，线路 L1 侧提供的短路电流周期分量初始值，I_k=5.2kA。

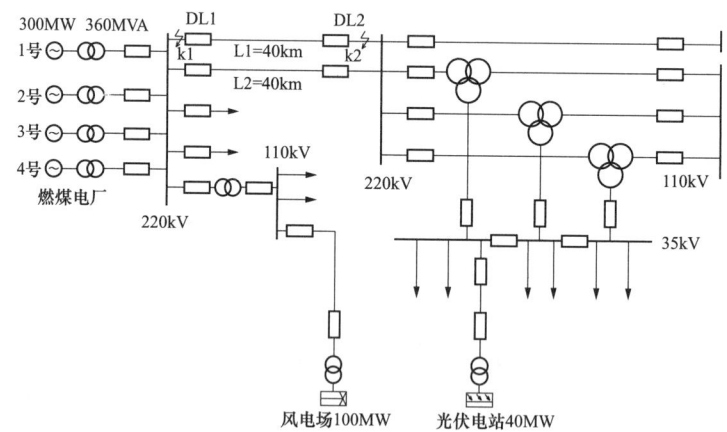

▶▶ 第 9 题 [功率变化] 7. 当 k1 处发生三相短路且故障清除后，风电场功率应快速恢复，请确定风电场功率恢复变化率，至少不小于下列哪项数值时才能满足规程要求？（　　）

（A）15MW/s　　　　　　　　　　（B）12MW/s
（C）10MW/s　　　　　　　　　　（D）8MW/s

【答案及解答】 C

由 GB/T 19963—2011 第 9.3 条可得 100MW×10%/s=10（MW/s），所以选 C。

【注释】

风电场作为可再生能源的清洁能源，近十几年得到了快速发展，但由于风资源的随意性，风电机组的年利用小时数较低，当接入的电网相对薄弱时，结合风电场曾发生大面积脱网事故的情况，必须严格执行包括风电机组具备低电压穿越功能，风电场须配置有功功率控制系统，在正常运行及非正常运行情况下的有功功率及有功功率变化应满足电力系统的要求。本题即规范对风电场有功率调节能力的要求。

近几年考题常有相关风电场的主接线、布置等问题，应注意风电场的特点和相关规范的规定。

考点 9　低电压穿越

【2016 年下午题 5~9】　大题干同本章第 9 题。

▶▶ 第 10 题 [低电压穿越] 9. 当电网发生单相接地短路故障时，请分析说明下列对风电场低电压穿越的表述中，哪种情况是满足规程要求的？　　　　　　　　　　（　　）

（A）风电场并网点 110kV 母线电压跌落至 85kV，1.5s 后风机从电网中切除
（B）短路故障 1.8s 后，并网点母线电压恢复至 0.9p.u.，此时风机可以脱网运行
（C）风电场并网点 110kV 母线相电压跌落至 35kV，风机连续运行 1.6s 后从电网中切除
（D）风电场主变压器高压侧相电压跌落至 65kV，1.8s 后风机从电网中切除

【答案及解答】C

由 GB/T 19963—2011 第 9.1 条、第 9.2 条及附图 1，可知：

（A）按题意故障为单相故障，根据第 9.2 条考核电压未给并网点相电压，此表述不符要求。

（B）未说明并网点相电压，又可脱网运行也不符规范要求；即使是三相故障，短路故障 1.8s，电压已恢复至 0.9p.u.，应在图 1 曲线之上为不脱网。

（C）此情况相电压已降至 35/63.5=0.55p.u.（35/110=63.5kV 为额定相电压），1.6s 已在图 1 曲线之下，即属于风电机组可以从电网切除的范围内，此条表述符合要求。

（D）此条表述不符要求：应说明并网点母线而非主变压器高压侧；即使描述为并网点，电压值为 1.02p.u.，1.8s 也在图 1 曲线之上，不应被切除。

所以选 C。

【考点说明】

此题难度不大，主要是有的考生并未理解题意和规范的内容会得出错误的解答：①题问是找出满足规范要求的表述；②GB/T 19963—2011 第 9.1 条与第 9.2 条两条都要满足，其中第 9.2 条要搞明白故障类型及并网点的考核电压（线电压或相电压）；③第 9.1 条要理解 GB/T 19963—2011 图 1 中曲线范围的含意及 a）、b）条文的内容。

【注释】

（1）所谓"低电压穿越能力"是指当电力系统事故或扰动引起并网点电压跌落时，在一定电压跌落范围和时间间隔内，风电机组/风电场能保证不脱网连续运行的能力；基于曾发生风电场大面积脱网事故的教训，国家能源局 2014 年颁布的《防止电力生产事故的二十五项重点要求》的 5.2.4 条规定"风电机组应具有规程规定的低电压穿越能力。"

（2）GB/T 19963—2011 第 9.1 条中的图 1 即表示了电网瞬间故障或扰动时风电机组并网点电压跌落的范围和时间在该曲线之上时风电机组应能不脱网，需要保持连续运行，反之则从电网切除；该曲线的纵坐标为并网点电压的标幺值。

考点 10　动态无功电流

【2017 年上午题 1~5】　某省规划建设新能源基地，包括四座风电场和两座地面太阳能光伏电站，其中风电场总发电容量 1000MW，均装设 2.5MW 风机；光伏电站总发电容量 350MW。风电场和光伏电站均接入 220kV 汇集站，由汇集站通过 2 回 220kV 线路接入就近 500kV 变电站的 220kV 母线，各电源发电同时率为 0.8。具体接线见下图。

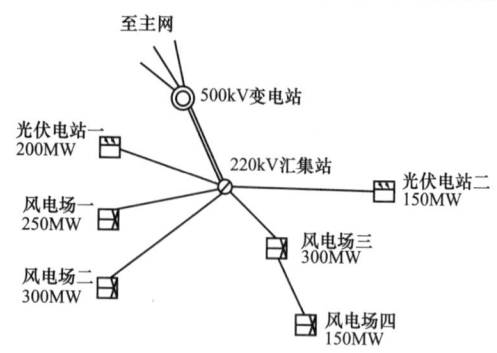

新能源接入电网示意图

▶▶ 第 11 题 [动态无功电流] 3. 当电网某 220kV 线路发生三相短路故障时，风电场一注入系统的动态无功电流，至少应为以下哪个数值才能满足规程要求？ （　　）

(A) 0A (B) 395A
(C) 90A (D) 689A

【答案及解答】D

依据 GB/T 19963—2011 第 9.4 条可得

$$I_N = \frac{250 \times 10^3}{\sqrt{3} \times 220} = 656.08 \text{ (A)}$$

$$I_r \geq 1.5(0.9-0.2)I_N = 1.5 \times (0.9-0.2) \times 656.08 = 688.8 \text{ (A)}$$

【考点说明】

题目的意图应该是求动态无功电流的注入能力，不是求需要注入的最小值。否则会错选 A。

考点 11　海上风电

【2020 年上午题 17～20】　某海上风电场安装 75 台单机容量为 4MW 的风力发电机组，总装机容量 300MW 风电场配套建设 35kV 场内集电线路，220kV 海上升压站和 220kV 送出海缆，220kV 电缆选用交联聚乙烯绝缘电缆，从 220kV 海上升压站经为海底、滩涂、海陆缆转接井转为陆缆，请分析计算并解答下列各题。

▶▶ 第 12 题 [海上风电] 17. 若选用截面为 3×400+2×36C 的 220kV 海底电缆，在进入 GIS 进线套管前进行分相，海底电缆外径为 240mm，其无绕包三相分体外径为 100mm，则满足要求的 J 型管最小内径应为下列哪些数值？ （　　）

(A) 180mm (B) 200mm
(C) 360mm (D) 480mm

【答案及解答】C

由 NB/T 31117—2017 第 5.2.7 条，保护管的内径宜大于 1.5 倍的电缆直径，所以保护管的最小内径为 240×1.5=360（mm），所以选 C。

▶▶ 第 13 题 [海上风电] 18. 220kV 海缆直埋段设计路径为 46600m（含海床及滩涂段，滩涂段直埋视为同海床段），海缆从海上升压站 J 型管入口引上至升压站内长度为 80m，海缆登陆点至陆缆连接点长度为 20m，弯曲限制器长度为 20m，忽略终端接头制作长度，则单根

海缆供货长度最短应为下列哪些数值？ （　　）

(A) 46720m　　　　　　　　　　(B) 47632m
(C) 47998m　　　　　　　　　　(D) 48122m

【答案及解答】B

由 NB/T 31117—2017 第 5.5.4-3 条可得：电缆供货长度≥46600（1+2%）+80+20=47632（m），所以选 B。

【考点说明】

海底电缆主要由海底段、登陆段、平台 J 管段组成。海底电缆登陆时，会采用保护套管、保护盖板或电缆沟敷设等保护措施。本题只考虑设计路径的裕度，其他的直接加上即可。

▶▶ 第 14 题 [海上风电] 19. 在风电场升压变压器选型时，按风电场全场可能同时满发考虑，风电场海上升压站最经济的变压器台数和容量应为下列哪项？ （　　）

(A) 1 台 320MVA　　　　　　　(B) 2 台 200MVA
(C) 3 台 90MVA　　　　　　　 (D) 3 台 120MVA

【答案及解答】B

由 NB/T 31115—2017 第 5.1.3 条、第 5.2.2-2 条可得：选两台主变，每台主变容量为 300×0.6=180（MVA），所以选 B。

【考点说明】

风电厂功率因数接近 1，可忽略功率因数，直接用有功功率 300MW 计算变压器容量。

▶▶ 第 15 题 [海上风电] 20. 220kV 海上升压站设计使用年限为 50 年，升压站海域平均海平面高度为 0.26m，50 年一遇高潮位高程为 3.42m，100 年一遇高潮位高程为 5.56m，底层甲板结构高度为 2.0m，50 年一遇最大波高为 0.45m，100 年一遇最大波高为 0.6m，则海上升压站底层甲板上表面高程最低为： （　　）

(A) 7.22m　　　　　　　　　　(B) 7.48m
(C) 9.46m　　　　　　　　　　(D) 9.72m

【答案及解答】C

由 NB/T 31115—2017 第 4.0.12 条可得

底层甲板上表面高程 T =5.56+2/3×0.6+1.5+2=9.46（m），所以选 C。

【考点说明】

（1）本题故意给出设计寿命 50 年的参数，而规范 4.0.12 条明确表明用 100 年的参数，意思是"可以抵抗百年一遇的极端自然环境参数"，和设计寿命没有关系，如本题错误使用设计寿命的 50 年设计参数，会错选 A。

（2）规范 4.0.12 条计算公式中并没有海平面高度，其计算基准是"0 米海拔"，海平面高度已经在波高中考虑，所以本题不能加海平面高度 0.26m，否则会错选 D，用 50 年参数会错选 B。

第 2 部分
历年真题及答案

REAL PROBLEMS OF
CASES OVER THE YEARS
CLASSIFICATION ANALYSIS

2008年注册电气工程师专业知识试题

（上午卷）及答案

一、单项选择题（共40题，每题1分，每题的备选项中只有1个最符合题意）

1. 变电站的消防供电设备中，消防水泵、电动阀门、火灾探测报警与灭火系统、火灾应急照明应按几类负荷供电？　　　　　　　　　　　　　　　　　　　　　　（　　）
   (A) Ⅰ类　　　　　　　　　　　　　(B) Ⅱ类
   (C) Ⅲ类　　　　　　　　　　　　　(D) Ⅰ类中特别重要负荷

2. 变电站站内，35kV油量为2000kg的屋外油浸式电抗器与本回路中油量为1000kg的油浸式变压器之间的防火间距不应小于下列哪项数值？　　　　　　　　　　（　　）
   (A) 4.0m　　　　　　　　　　　　　(B) 5.0m
   (C) 6.0m　　　　　　　　　　　　　(D) 7.0m

3. 已采取能有效防止人员任意接触金属层的安全措施时，交流单芯电力电缆线路的金属层上任一点非直接接地处的正常感应电势的最大值为下列哪项数值？　　　　（　　）
   (A) 50V　　　　　　　　　　　　　(B) 100V
   (C) 200V　　　　　　　　　　　　　(D) 300V

4. 有关电力电缆导体材质的描述，下列哪项是不正确的？　　　　　　　　　（　　）
   (A) 控制电缆应选用铜导体　　　　　(B) 耐火电缆应选用铜导体
   (C) 火灾危险环境应选用铜导体　　　(D) 振动剧烈环境应选用铜导体

5. 220kV单柱垂直开启式隔离开关在分闸状态下，动静触头间的最小电气距离不应小于下列哪项数值？　　　　　　　　　　　　　　　　　　　　　　　　　　（　　）
   (A) 2000mm　　　　　　　　　　　　(B) 2550mm
   (C) 1900mm　　　　　　　　　　　　(D) 1800mm

6. 20kV断路器其相对地的短时工频耐受电压为65kV，当该设备运行环境温度为50℃，在干燥状态下，其外绝缘的试验电压应为下列哪项数值？　　　　　　　　（　　）
   (A) 67.1kV　　　　　　　　　　　　(B) 71.51kV
   (C) 68.3kV　　　　　　　　　　　　(D) 73.2kV

7. 某66kV电力系统架空线路，其单相接地电容电流为35A，中性点采用消弧线圈接地，

消弧线圈的电感电流为29A，其脱谐度应为下列哪项数值？ （   ）
（A）0.34 （B）0.17
（C）−0.34 （D）−0.17

8．某500kV架空线路拟采用钢芯铝绞线跨越丘陵地带，请问选择导体规格的最大风速应采用下列哪个数值？ （   ）
（A）离地面10m高、30年一遇的10min平均最大风速
（B）离地面10m高、50年一遇的10min平均最大风速
（C）离地面10m高、75年一遇的10min平均最大风速
（D）一般均超过35m/s

9．有关并联电容器接线方式，下列说法不正确的是？ （   ）
（A）并联电容器组每相或每个桥臂，由多台电容器串并联组合连接时，宜采用先并联后串联的连接方式
（B）并联电容器装置各分组回路可直接接入母线，并经总回路接入变压器
（C）并联电容器的每个桥臂中每个串联段的电容器并联总容量不应超过3900kvar
（D）并联电容器应采用星形接线，在中性点非直接接地的电网中，星形接线电容器组的中性点应接地运行

10．火灾自动报警系统接地装置，当采用专用接地装置时，接地电阻值不应大于下列哪项数值？ （   ）
（A）1Ω （B）4Ω
（C）10Ω （D）30Ω

11．可维修性是在规定的条件下，按规定程序和手段实施维修时，设备保持或恢复能执行规定功能状态的能力，一般用平均修复时间（MTTR）或平均故障修理时间（MRT）来表征，整个控制系统的MRT一般不大于下列哪项数值？ （   ）
（A）1h （B）2h
（C）5h （D）6h

12．某500kV直流架空送电线路下方地面最大合成场强不应超过下列哪项数值？ （   ）
（A）10kV/m （B）20kV/m
（C）30kV/m （D）40kV/m

13．下列哪项不属于调相机的基本启动方式？ （   ）
（A）低频启动 （B）变频启动
（C）电动机拖动启动 （D）工频异步启动

14．某220kV变电站位于海拔1500m处，选用铝镁系（LDRE）管型母线ϕ130/116，其

固有频率为 8.23Hz，则产生微风共振的计算风速为下列哪项数值？　　　　　　(　　)
(A) 2.0m/s　　　　　　　　　　　　(B) 3.0m/s
(C) 4.0m/s　　　　　　　　　　　　(D) 5.0m/s

15．下列设计和运行中有关防止或降低架空线路的雷电过电压的措施不正确的是？
　　　　　　　　　　　　　　　　　　　　　　　　　　　　　　(　　)
(A) 在发电厂和变电站适当配置排气式避雷器以减少雷电侵入波过电压的危害
(B) 采用避雷针或避雷线对高压配电装置进行直击雷保护并采取措施防止反击
(C) 适当选取杆塔接地电阻，以减少雷电反击过电压的危害
(D) 保护方案校验时，保护接线应保证 2km 外线路导线上出现雷电侵入波过电压时，不引起发电厂和变电站电气设备绝缘损坏

16．控制电缆宜采用多芯电缆，应尽可能减少电缆根数，下列有关截面积与电缆芯数的要求正确的是？　　　　　　　　　　　　　　　　　　　　　　(　　)
(A) 弱电控制电缆不宜超过 48 芯
(B) 截面积 1.5mm^2，电缆芯数不宜超过 36 芯
(C) 截面积 2.5mm^2，电缆芯数不宜超过 24 芯
(D) 截面积 4mm^2，电缆芯数不宜超过 12 芯

17．某 125MW 水力发电厂，发电机装设过电压保护，该保护动作于下列哪项选项？
　　　　　　　　　　　　　　　　　　　　　　　　　　　　　　(　　)
(A) 解列灭磁　　　　　　　　　　　(B) 停机
(C) 自动减负荷　　　　　　　　　　(D) 信号

18．有关 220～500kV 架空线路采取的重合闸方式，下列哪项说法是错误的？　(　　)
(A) 220kV 单侧电源线路，采用不检查同步的三相自动重合闸方式
(B) 330kV 单侧电源线路，采用单相重合闸方式
(C) 220kV 双侧电源线路，采用不检查同步的三相自动重合闸方式
(D) 330kV 双侧电源线路，采用单相重合闸方式

19．某火力发电厂高压厂用变压器 16000kVA，20/6.3kV，阻抗电压为 10.5%，所有计及反馈的电动机额定功率之和为 10800kW，则当计算电动机正常启动时的母线电压，变压器的电抗标幺值应为下列哪项数值（基准容量取低压绕组的容量）？　　(　　)
(A) 0.105　　　　　　　　　　　　(B) 0.116
(C) 0.656　　　　　　　　　　　　(D) 0.722

20．某直流系统专供动力负荷，在正常运行情况下，直流母线电压宜为下列哪项数值？
　　　　　　　　　　　　　　　　　　　　　　　　　　　　　　(　　)
(A) 220V　　　　　　　　　　　　(B) 231V

(C) 110V (D) 115.5V

21．容量为 2×200MW 机组的发电厂设有主控制室，升压电站为 220kV，其直流系统蓄电池组数量应为下列哪项选项？　　　　　　　　　　　　　　　　　　　　（　　）

(A) 1组，控制负荷与动力负荷合并供电
(B) 2组，控制负荷与动力负荷分别供电
(C) 3组，控制负荷与动力负荷合并供电
(D) 4组，控制负荷与动力负荷分别供电

22．某 220kV 变电站直流系统配置铅酸蓄电池，容量为 250Ah，经常性负荷电流为 10A，其试验放电装置的额定电流为下列哪项数值？　　　　　　　　　　　　　　　　（　　）

(A) 27.5～32.5A (B) 37.5～42.5A
(C) 55～65A (D) 65～75A

23．发电厂、变电站中，下列哪个工作地点需设置局部照明？　　　　　　　　（　　）

(A) 减温器水位计 (B) 热力网加热器水位计
(C) 凝汽器及高、低压加热器水位计 (D) 疏水箱水位计

24．发电厂、变电站中，储煤场、屋外配电装置、码头等室外工作场所照度计算宜采用下列哪种方式？　　　　　　　　　　　　　　　　　　　　　　　　　　　　　（　　）

(A) 利用系数法 (B) 等照度曲线法
(C) 逐点计算法 (D) 线光源计算法

25．安装于超高压线路上，用于补偿输电线路的充电功率、降低系统工频过电压水平，以及减少潜供电流的装置是下列哪一项？　　　　　　　　　　　　　　　　　　（　　）

(A) 串联补偿电抗器 (B) 静补装置
(C) 并联补偿电抗器 (D) 并联补偿电容器

26．电力系统承受大扰动能力的安全稳定标准分为三类，以下哪项为第一级标准的要求？
　　　　　　　　　　　　　　　　　　　　　　　　　　　　　　　　　　　　（　　）

(A) 保持稳定运行和电网的正常供电
(B) 保持稳定运行，但允许损失部分负荷
(C) 保持稳定运行，但允许减少有功输出
(D) 当系统不能保持稳定运行，必须防止系统崩溃

27．某断路器在环境温度 40℃时允许电流为 400A，现将其安装在交流金属封闭开关柜内，柜内环境温度为 50℃，请问该设备的允许电流为下列哪项数值？　　　　　　　（　　）

(A) 350A (B) 328A
(C) 358A (D) 332A

28. 在电力系统中,变电站并联电容器容量一般可按占主变压器容量的比例进行估算,其中500kV变电站中规范建议的该比例为下列哪项数值? （　　）
（A）15%～20%　　　　　　　　（B）15%～25%
（C）10%～30%　　　　　　　　（D）20%～40%

29. 变电站中所用的电负荷计算采用换算系数法时,下列哪项设备应不予计算? （　　）
（A）空调机、电热锅炉　　　　　（B）空压机
（C）浮充电装置　　　　　　　　（D）雨水泵

30. 交流电气装置和设施的下列金属部分哪项可不接地? （　　）
（A）装有避雷线的架空线路杆塔
（B）装在配电线路杆塔上的开关设备、电容器等电气设备
（C）标称电压220V及以下的蓄电池室内的支架
（D）铠装控制电缆的外皮

31. 某电厂主变压器选择无载调压变压器,请问下述哪项条件与此调压方式不匹配? （　　）
（A）发电机升压变压器　　　　　（B）电压变化较小
（C）厂用电高压变压器　　　　　（D）另设有其他调压方式

32. 某330kV输电线路采用酒杯塔架设,相导线水平等距排列,间距7.5m,则相导线的几何均距为下列哪项数值? （　　）
（A）7.50m　　　　　　　　　　（B）9.45m
（C）10.6m　　　　　　　　　　（D）8.25m

33. 某500kV送电线路,导线采用四分裂导线,导线的直径为26.82mm,档距为280m,采用半档防振法,下列有关防振锤数量与位置正确的说法是哪项? （　　）
（A）每档仅一端安装一个防振锤
（B）每档两端各安装一个防振锤
（C）每档仅最大弧垂处安装一个防振锤
（D）每档仅一端和最大弧垂处各安装一个防振锤

34. 500kV直接接地系统输电线路对音频双线电话的干扰影响,下列哪项说法是不正确的? （　　）
（A）应考虑输电线路基波电流、电压的感应影响
（B）应考虑输电线路谐波电流、电压的感应影响
（C）应按输电线路正常运行状态计算
（D）应按输电线路单相接地短路状态计算

35. 某500kV架空输电线路采用钢芯铝合金绞线,档距为1200m,跨越通航河流,验算导线允许载流量时,允许温度宜取下列哪项数值? ( )
（A）70℃ （B）80℃
（C）90℃ （D）100℃

36. 某330kV架空线路杆塔使用悬垂绝缘子,水平线间距8.5m,一般情况下档距宜为下列哪项数值? ( )
（A）550m （B）600m
（C）650m （D）700m

37. 在计算最大风偏的情况下,下列边导线与建筑物之间的最小净空距离要求哪项是不正确的? ( )
（A）110kV,4.0m （B）220kV,5.0m
（C）330kV,6.0m （D）500kV,8.0m

38. 某500kV架空线路档距800m,两侧悬点高差100m,钢芯铝绞线的比载为$78.6×10^{-3}$N/(m·mm^2),水平应力为82N/mm^2,请问该档档内线长为下列哪项数值(采用平抛物线公式)? ( )
（A）856m （B）842m
（C）826m （D）819m

39. 若基本风速折算到导线平均高度处的风速为26m/s,则操作过电压下风速应取下列哪项数值? ( )
（A）13m/s （B）14m/s
（C）15m/s （D）16m/s

40. 输电线路对光缆线路的感应纵电动势和对电压超过允许值或存在危险影响时,采取下列哪项措施是不正确的? ( )
（A）在地电位升高区域,为避免高电位引入光缆金属护套及加强芯等,金属构架宜接地,接地电阻小于1Ω
（B）对有铜线的光缆线路,要与电力线路保持足够的距离
（C）光缆金属护套、金属加强芯在接头处相邻光缆间不做电气连接
（D）在交流电气化铁道地段,当光缆施工、检修时,应将光缆中的金属护套和加强芯做临时接地

二、多项选择题(共30题,每题2分,每题的备选项中有2个或2个以上符合题意)

41. 在发电厂中,当电缆采用架空敷设时,下列哪些部位应采取防火措施? ( )
（A）电缆桥架的分支处
（B）两台机组的连接处

(C) 架空敷设每间距 90m 处
(D) 穿越汽机房、锅炉房和集中控制室外墙处

42. 电力系统失步运行时，为实现再同步，对于功率不足的电力系统，可采取下列哪些措施？   （   ）
（A）切除发电机   （B）切除负荷
（C）增加发电机出力   （D）启动系统备用电源

43. 合理的电网结构是电网安全稳定运行的基础，下列哪些措施属于保证系统稳定的基本措施，应在系统设计中优先考虑？   （   ）
（A）采用快速继电保护单相自动重合闸
（B）采用快速断路器
（C）采用紧凑型线路
（D）设置中间开关站（包括变电站）

44. 下列哪些情况可不考虑并联电容器组对短路电流的影响？   （   ）
（A）短路点在出线电抗器之前
（B）短路点在主变压器的高压侧
（C）计算 t_S 周期分量有效值，当 $M=(X_S/X_L)<0.7$ 时
（D）不对称短路

45. 确定短路电流时，应按可能发生最大短路电流的正常运行方式，并在下列哪些基本假设下进行计算？   （   ）
（A）所有电源的电动势相位角相同
（B）具有分接开关的变压器，其开关位置均在主分接位置
（C）考虑电弧电阻和变压器励磁电流
（D）各静止元件的磁路不饱和，电气设备的参数不随电流大小发生变化

46. 下列哪些屋外配电装置最小净距应按 B_1 值校验？   （   ）
（A）单柱垂直开启式隔离开关在分闸状态下，动静触头间的最小电气距离
（B）交叉的不同时停电检修的无遮栏带电部分之间
（C）不同相的带电部分之间
（D）设备运输时，其设备外廓至无遮栏带电部分之间

47. 继电保护和安全自动装置中传输信息的通道设备应满足传输时间的要求，下列哪些是正确的？   （   ）
（A）点对点数字式通道：不大于 5ms
（B）采用专用信号传输设备的闭锁式：不大于 5ms
（C）纵联保护信息数字式通道：15ms

（D）纵联保护信息模拟式通道：15ms

48．为防止发电机电感参数周期性变化引起的发电机自励磁谐振过电压，一般可采取下列哪些措施？　　　　　　　　　　　　　　　　　　　　　　　　　　　　（　　）

（A）发电机容量小于被投入空载线路的充电功率

（B）避免发电机以全压向空载线路合闸

（C）快速励磁调节器限制发电机异步自励过电压

（D）速动过电压继电保护切机，限制发电机异步自励过电压的作用时间

49．发电厂和变电站中，在装有避雷针、避雷线的构筑物上，不能装设下列哪些未采取保护措施的线路？　　　　　　　　　　　　　　　　　　　　　　　　　　（　　）

（A）通信线　　　　　　　　　　　　（B）广播线
（C）接地线　　　　　　　　　　　　（D）直流输电线

50．消防系统对防火卷帘的控制，下列哪项说法是符合规范要求的？　　　　（　　）

（A）用作防火分隔的防火卷帘，火灾探测器动作后，卷帘应一次下降到底

（B）疏散通道上的防火卷帘，感烟探测器动作后，卷帘应下降至距地1.8m处

（C）疏散通道上的防火卷帘，感温探测器动作后，卷帘应下降到底

（D）疏散通道上防火卷帘的疏散方向一侧，应设置卷帘手动控制按钮

51．某高压直流输电电缆需路经风景区，明确应与当地环境保护相协调，一般宜选用下列哪些电缆？　　　　　　　　　　　　　　　　　　　　　　　　　　　　（　　）

（A）交联聚乙烯电缆　　　　　　　　（B）聚氯乙烯电缆
（C）自容式充油电缆　　　　　　　　（D）不滴油浸渍纸绝缘电缆

52．电缆支架的强度要求，下列哪些规定是符合规范的？　　　　　　　　　（　　）

（A）有可能短暂上人时，计入1000N的附加集中荷载

（B）在户外时，计入可能有覆冰、雪的附加荷载

（C）机械化施工时，计入纵向拉力、横向推力和滑轮重量等因素

（D）在户外时，可不计入风力荷载

53．电力系统设计应从电力系统整体出发，研究并提出系统的具体发展方案，并以下列哪项规划为基础？　　　　　　　　　　　　　　　　　　　　　　　　　　（　　）

（A）电力工业规划　　　　　　　　　（B）电厂输电系统规划
（C）电网规划　　　　　　　　　　　（D）非化石能源发展规划

54．下列哪些设备应装设纵联差动保护？　　　　　　　　　　　　　　　　（　　）

（A）标称电压3kV、1000kW发电机

（B）标称电压0.4kV、1500kW发电机

（C）标称电压 10kV、10MVA 变压器
（D）标称电压 10kV、2000kVA 重要变压器，电流速断保护灵敏度不满足要求

55．220V 直流系统中，在事故放电情况下，下列哪些蓄电池出口端电压是满足规程要求的？　　　　　　　　　　　　　　　　　　　　　　　　　　　　　　　（　　）
（A）专供控制负荷，端电压为 185V
（B）专供动力负荷，端电压为 195V
（C）专供控制负荷，端电压为 190V
（D）对控制负荷与动力负荷合并供电，端电压为 195V

56．二次回路设计中，下列哪些断路器、隔离开关等设备宜采用就地控制？　（　　）
（A）500kV 操作用的隔离开关
（B）330kV 检修用接地开关
（C）220kV 检修用母线接地器
（D）110kV 隔离开关、接地开关和母线接地器

57．某 500kV 系统中包括水力发电机组（含抽水蓄能机组）、汽轮发电机组及小部分其他发电机组，由于某种事故扰动引起频率降低，首先应采取下列哪些措施？　　（　　）
（A）将抽水状态的蓄能机组切除或改为发电状态
（B）低频减负荷
（C）集中切除某些负荷
（D）启动系统中的备用电源

58．发电厂高压厂用电系统短路时，一般应计及电动机反馈电流的影响，下列哪些容量的机组可不考虑该反馈电流对断路器开断电流的影响？　　　　　　　　　　（　　）
（A）200MW　　　　　　　　　　　　（B）125MW
（C）100MW　　　　　　　　　　　　（D）50MW

59．在发电厂和变电站照明设计中，有关镇流器的选择，下列哪些说法是不正确的？
　　　　　　　　　　　　　　　　　　　　　　　　　　　　　　　　　　　（　　）
（A）高压钠灯应配用电子镇流器
（B）直管形荧光灯应配用节能型电感镇流器
（C）直管形荧光灯应配用电子镇流器
（D）自镇流荧光灯应配用节能型电感镇流器

60．某 500kV 系统在线路重载的条件下，并联电抗器接入线路，将出现下列哪些情况？
　　　　　　　　　　　　　　　　　　　　　　　　　　　　　　　　　　　（　　）
（A）线路上电能损耗增加
（B）线路输送有功功率减少

（C）受端需增加无功补偿装置，以达到无功平衡

（D）系统潜供电流增加

61. 站用变压器高压侧可采用高压熔断器或断路器作为保护电器，当保护电器开断电流不能满足要求时，可采取下列哪些措施？　　　　　　　　　　　　　　　　　（　　）

（A）装设限流电抗器　　　　　　　（B）装设 R-C 容阻吸收器

（C）装设限流电阻器　　　　　　　（D）装设并联电容器

62. 下列有关架空输电线路基本风速的选择，下列哪些不宜选用？　　　　　（　　）

（A）110kV，基本风速为 20m/s　　（B）220kV，基本风速为 25m/s

（C）330kV，基本风速为 25m/s　　（D）550kV，基本风速为 25m/s

63. 架空输电线路的金具强度应符合下列哪些选项？　　　　　　　　　　　（　　）

（A）断线情况不应小于 1.8　　　　（B）断线情况不应小于 1.5

（C）最大使用荷载情况不应小于 2.5　（D）验算情况不应小于 1.8

64. 高压直流架空输电线路一般架设双地线且地线与杆塔不绝缘，但直流线路距接地极为下列何值时，地线与杆塔应考虑绝缘？　　　　　　　　　　　　　　　　　（　　）

（A）5km　　　　　　　　　　　　（B）8km

（C）10km　　　　　　　　　　　　（D）20km

65. 高压输电架空线路经过易发生舞动的地区时应采取必要措施，导线舞动的主要危害包括下列哪些选项？　　　　　　　　　　　　　　　　　　　　　　　　　（　　）

（A）磨损导线　　　　　　　　　　（B）相间短路烧伤或烧断导线

（C）护线条断股　　　　　　　　　（D）电线疲劳断股

66. 有关最大弧垂，下列说法正确的是下列哪些选项（γ_7、σ_7 为覆冰时的综合比载与应力；γ_1、σ_1 为最高气温时的自重力比载及应力）？　　　　　　　　　　　　　（　　）

（A）（γ_7/σ_7）＞（γ_1/σ_1）最大垂直弧垂发生在覆冰时

（B）（γ_7/σ_7）＜（γ_1/σ_1）最大垂直弧垂发生在覆冰时

（C）（γ_7/σ_7）＞（γ_1/σ_1）最大垂直弧垂发生在最高气温时

（D）（γ_7/σ_7）＜（γ_1/σ_1）最大垂直弧垂发生在最高气温时

67. 无运行经验时，覆冰地区上下层相邻导线间或地线与相邻导线间的最小水平偏移，下列哪些是符合规范要求的（设计冰厚 10mm）？　　　　　　　　　　　　（　　）

（A）110kV，0.5m　　　　　　　　（B）220kV，1.0m

（C）330kV，1.5m　　　　　　　　（D）500kV，2.0m

68. 在最大计算弧垂情况下，导线对地面的最小垂直距离应符合下列哪些选项？（　　）

（A）110kV 线路距高速公路路面：6.5m
（B）220kV 线路距标准轨铁路轨顶：8.5m
（C）110kV 线路距通航河流水面：6.0m
（D）220kV 线路距有轨电车道的路面：11.0m

69. 架设地线为输电线路最基本的防雷措施，下列哪些是地线在防雷方面的具体功能？
（　　）

（A）防止雷直击导线
（B）对导线有屏蔽作用，降低导线上的感应过电压
（C）对导线有耦合作用，降低雷击导线时塔头绝缘上的电压
（D）雷击塔顶时，对雷电流有分流作用，减少流入杆塔的雷电流，降低塔顶电位

70. 超高压输电线路下方的地面存在感应电场，下列哪些因素会影响地面电场强度？
（　　）

（A）在导线上方设置地线
（B）相导线分裂数量
（C）相导线的排列方式
（D）相导线的对地距离

答　　案

一、单项选择题

1. B
依据：《火力发电厂与变电站设计防火规范》（GB 50229—2006）第 11.7.1 条。
注：50229—2019 版第 11.7.1 条已更改，不能完全对上题目。

2. B
依据：《火力发电厂与变电站设计防火规范》（GB 50229—2019）第 11.1.7 条表 11.1.7。本题是变压器和电抗器之间的净距，应使用 11.1.7 条，而 11.1.9 条是指变压器或电抗器与其他带油设备之间的净距，并不适用本题。

3. D
依据：《电力工程电缆设计规范》（GB 50217—2018）第 4.1.11-2 条。

4. C
依据：《电力工程电缆设计规范》（GB 50217—2018）第 3.7.1 条、第 3.1.1 条。

5. B
依据：《高压配电装置设计技术规程》（DL/T 5352—2018）第 4.3.3 条及表 5.1.2-1。

6. A
依据：《导体和电器选择设计技术规定》（DL/T 5222—2021）第 4.0.11 条。$K_t = 1 + 0.0033 \times (50 - 40) = 1.033$，外绝缘试验电压 $= K_t \times 65 = 1.033 \times 65 = 67.1$ (kV)。

7. B

依据:《导体和电器选择设计技术规定》(DL/T 5222—2021) 附录 B 式 B.1.3-2。

$$v = \frac{I_C - I_L}{I_C} = \frac{35-29}{35} = 0.17$$。

8. B

依据:《导体和电器选择设计技术规定》(DL/T 5222—2021) 第 4.0.5 条。

9. D

依据:《并联电容器装置设计规范》(GB 50227—2008) 第 4.1.1、4.1.2 条。D 项为 "不应接地"。

10. B

依据:《火灾自动报警系统设计规范》(GB 50116—2013) 第 10.2.1-2 条。

11. D

依据:《电力系统安全稳定控制技术导则》(DL/T 723—2000) 附录 B 第 B3 条。

注: GB/T 26399—2011 取消此内容。

12. C

依据:《高压直流架空送电线路技术导则》(DL/T 436—2021) 第 5.1.7 条表 2。

13. B

依据: 老版一次手册 481 页第 9-3 节第一条。新版手册已删除。

14. D

依据:《导体和电器选择设计技术规定》(DL/T 5222—2021) 第 5.3.5 条。$V_{js} = f\dfrac{D}{A} = 8.233 \times \dfrac{0.13}{0.214} = 5(m/s)$。

15. A

依据:《交流电气装置的过电压保护和绝缘配合》(DL/T 620—1997) 第 5.1.3 条。A 项为 "阀式避雷器"。C 选项在 620 第 5.1.2 最后一句话。

注: 代替 DL/T 620—1997 的规范《交流电气装置的过电压保护和绝缘配合设计规范》(GB/T 50064—2014),对应该条的描述已经更改。

16. C

依据:《火力发电厂、变电站二次接线设计技术规程》(DL/T 5136—2012) 第 7.5.9 条。A 项为 50 芯,B 项可能是题干出错,1.5mm² 是 24 芯,D 项为 10 芯。

17. A

依据:《继电保护和安全自动装置技术规程》(GB/T 14285—2006) 第 4.2.7.1 条,GB/T 14285—2023 第 5.2.1.6.2 条,对 2006 版的 "宜动作于解列灭磁" 改为 "应带时限动作于解列灭磁或停机"。

18. C

依据:《继电保护和安全自动装置技术规程》(GB/T 14285—2023) 第 7.4.1.9 条。A 正确;第 7.4.1.11 条,B、D 正确;第 7.4.1.10 条,C 错。

19. B

依据：《火力发电厂厂用电设计技术规程》（DL/T 5153—2014）附录 G 和附录 H。

$X_T = 1.1 \dfrac{U_d\%}{100} = 1.1 \times \dfrac{10.5}{100} = 0.116$。

20．B

依据：《电力工程直流电源系统设计技术规程》（DL/T 5044—2014）第 3.2.1 条、第 3.2.2 条，即直流母线电压$= 1.05 \times 220 = 231(kV)$。

21．D

依据：《电力工程直流电系统设计技术规程》（DL/T 5044—2004）第 4.3.2-3 条。每台机组设 2 组蓄电池，对控制和动力负荷分别供电。本题共 2 台机组，最终应设 4 组蓄电池，对控制和动力负荷分别供电。

注：本题采用 DL/T 5044—2004 做答，《电力工程直流电源设计技术规程》（DL/T 5044—2014）无答案，但在以后做题需采用 DL/T 5044—2014。

22．A

依据：《电力工程直流电源系统设计技术规程》（DL/T 5044—2014）第 6.4.1 条。$(1.1 \sim 1.3)I_{10} = (1.1 \sim 1.3) \times 25 = 27.5 \sim 32.5(A)$。

23．C

依据：《发电厂和变电站照明设计技术规定》（DL/T 5390—2014）第 3.1.2 条。

24．B

依据：《发电厂和变电站照明设计技术规定》（DL/T 5390—2014）第 7.0.3 条。

25．C

依据：老版一次手册第 469 页第 9-1 节表 9-1。新版变电手册第 163 页表 6-1。

26．A

依据：《电力系统安全稳定导则》（GB 38755—2019）第 4.2.1 条。

27．B

依据：《导体和电器选择设计技术规定》（DL/T 5222—2021）第 4.0.2 条条文说明。$I_t = 400 \times 1.8\% \times (50-40) = 328(A)$。注意该题是求设备，而不是母线，按 DL/T 5222—2021 第 12.0.5 条计算的 358A 是母线允许电流而不是设备允许电流，本题不建议参考 DL/T 5155—2016。

28．A

依据：《并联电容器装置设计规范》（GB 50227—2008）第 3.0.2 条条文说明。

29．D

依据：《220kV～1000kV 变电站站用电设计技术规程》（DL/T 5155—2016）第 4.1.2 条及附录 A。雨水泵属于不经常短时负荷。

30．C

依据：《交流电气装置的接地设计规范》（GB/T 50065—2011）第 3.2.1、3.2.2-4 条。

31．C

依据：《电力变压器选用导则》（GB/T 17468—2019）第 4.6.2-a 条。

32．B

依据：老版线路手册第 16 页式（2-1-3）。$d_m = 7.5 \times \sqrt[3]{2} = 9.45$（m）。新版线路手册第 60

页式（3-17）。

33．A

依据：新版线路手册第 353 页第五章第六节第五部分第 1 条第（1）款。或老版线路手册第 228 页第三章第六节第五部分第 1 条第（1）款。

34．D

依据：《输电线路对电信线路危险和干扰影响防护设计规程》（DL/T 5033—2006）第 6.1.1-1 条。

35．C

依据：《架空输电线路电气设计规程》（DL/T 5582—2020）第 2.1.5 条条文说明及 5.1.8-1 款。

36．D

依据：《110kV～750kV 架空输电线路设计规范》（GB 50545—2010）附录 D 表 D.0.1。新版的 GB 5582 已删除此表格。

37．D

依据：《架空输电线路电气设计规程》（DL/T 5582—2020）表 10.2.2-2。

38．C

依据：老版线路手册第 180 页表 3-3-1，新版线路手册第 304 页；$L = l + \dfrac{h^2}{2l} + \dfrac{\gamma^2 l^3}{24\sigma_0^2} = 800 + \dfrac{100^2}{2 \times 800} + \dfrac{(78.6 \times 10^{-3})^2 \times 800^3}{24 \times 82^2} = 826(\text{m})$

39．C

依据：《架空输电线路电气设计规程》（DL/T 5582—2020）附录 A 表 A.0.1。$0.5 \times 26 = 13(\text{m/s})$，注意括号内不低于 15m/s。

40．A

依据：老版线路手册第 290 页第四章第十节第三部分。

二、多项选择题

41．ABD

依据：《火力发电厂与变电站设计防火规范》（GB 50229—2006）第 6.7.4 条。C 项应为 100m。50229—2019 已删除该条

42．BCD

依据：《电力系统安全稳定控制技术导则》（GB/T 26399—2011）第 7.1.4.2 条。注：此题当时是按照已过时规范 DL/T 723—2000 所出，GB/T 26399—2011 与条文不能完全贴合。

43．AB

依据：《电力系统设计技术规程》（DL/T 5429—2009）第 8.2.2 条。

44．BCD

依据：《导体和电器选择设计技术规定》（DL/T 5222—2021）附录 A 第 A.7.1 条。A 项应为"之后"。

45．AD

依据：《导体和电器选择设计技术规定》（DL/T 5222—2021）附录 A 第 A.1.2-1 款。C 项为"不

考虑"。

46．ABD

依据：《高压配电装置设计技术规程》（DL/T 5352—2018）第 4.3.3 条及表 5.1.2-1。C 项应为按 A_2 校验。

47．AB

依据：《继电保护和安全自动装置技术规程》（GB/T 14285—2006）第 6.7.6 条。C 项应为 12ms；D 项不全面，没说明是小于还是大于。GB/T 14285—2023 版第 8.9 节已经更改说法。

48．BD

依据：《交流电气装置的过电压保护和绝缘配合》（DL/T 620—1997）第 4.1.2 条。

注：《交流电气装置的过电压保护和绝缘配合设计规范》（GB/T 50064—2014）无此内容。

49．AB

依据：《交流电气装置的过电压保护和绝缘配合设计规范》（GB/T 50064—2014）第 5.4.10-3 条。

50．ABC

依据：《火灾自动报警系统设计规范》（GB 50116—2013）第 4.6.3、4.6.4 条。D 项应为疏散方向的两侧。

51．CD

依据：《电力工程电缆设计规范》（GB 50217—2018）第 3.3.2-4 条。该款条文说明强调，环境保护要求不能使用聚氯乙烯电缆。

52．BC

依据：《电力工程电缆设计规范》（GB 50217—2018）第 6.2.4 条。A 项应为 900N；D 项应计入风力荷载。

53．ABC

依据：《电力系统设计技术规程》（DL/T 5429—2009）第 3.0.2 条。

54．BD

依据：《继电保护和安全自动装置技术规程》（GB/T 14285—2023）第 5.2.1.2.4 条、第 5321-b）条。D 选项描述和第 5321-b）条文稍微对不上是因为本题是按照 GB/T 14285—2006 所出，GB/T 14285—2023 的说法稍作修改。

55．BD

依据：《电力工程直流电源系统设计技术规程》（DL/T 5044—2014）第 3.2.4 条。$U \geqslant 220 \times 87.5\% = 192.5(\text{V})$。

注：依据《电力工程直流系统设计技术规程》（DL/T 5044—2004）第 4.2.4 条，答案为 BCD。

56．BCD

依据：《火力发电厂、变电站二次接线设计技术规程》（DL/T 5136—2001）第 7.1.8 条。

注：依据《火力发电厂、变电站二次接线设计技术规程》（DL/T 5136—2012）第 5.1.8 条，只有 D 是对的。

57．AD

依据：《电力系统安全稳定控制技术导则》（DL/T 723—2000）第 6.5.2.1 条、《电力系统安全稳定控制技术导则》（GB/T 26399—2011）第 6.4.2 条。

58．CD

依据：《火力发电厂厂用电设计技术规程》(DL/T 5153—2002) 第 7.1.4 条。本题属于过时题！

注：DL/T 5153—2002 在 2015 年作废。《火力发电厂厂用电设计技术规程》(DL/T 5153—2014) 第 6.1.4 条取消了 100MW 相关规定，但第 112 页附录 L 最下方一段话的描述中未取消该项内容，两处矛盾，故建议按 DL/T 5153—2014 第 6.1.4 条规定。

59．AD

依据：《发电厂和变电站照明设计技术规定》(DL/T 5390—2014) 第 5.1.9 条。A 项应为"宜配用节能型镇流器"；D 项"应配用电子镇流器"。

60．ABC

依据：《导体和电器选择设计技术规定》(DL/T 5222—2005) 第 14.3.4 条文说明。DL/T 5222—2021 已删除该条文说明。

61．A

依据：《220kV～1000kV 变电站站用电设计技术规定》(DL/T 5155—2016) 第 6.2.1 条及条文说明。因为电阻器不适合大电流回路且有能耗，故在该版规范中取消了电阻器的限流措施。

62．AD

依据：《110kV～750kV 架空输电线路设计规范》(GB 50545—2010) 第 4.0.4 条。A 应为 25m/s，D 应为 27m/s。《架空输电线路电气设计规程》(DL/T 5582—2020) 对此条已经更改。

63．BC

依据：《架空输电线路电气设计规程》(DL/T 5582—2020) 第 8.0.1 条。

64．AB

依据：《高压直流架空送电线路技术导则》(DL/T 436—2021) 第 6.4.2 条。直流线路距接地极小于 10m 时，地线与杆塔应考虑绝缘。

65．BC

依据：老版线路手册第 219 页表 3-6-1。A、D 是微风振动的危害。新版线路手册第 344 页表 5-37

66．AD

依据：老版线路手册第 188 页第三章第三节第七部分第（三）条。新版线路手册第 311 页右下角内容。

67．ABC

依据：《架空输电线路电气设计规程》(DL/T 5582—2020) 表 9.2.1-1。D 项应为 1.75m。

68．BCD

依据：《架空输电线路电气设计规程》(DL/T 5582—2020) 第 48、49 页表 10.2.5-1。A 项应为 7m。

69．ABD

依据：老版线路手册第 134 页右上靠下内容。C 项应为"降低雷击杆塔时塔头绝缘上的电压"。 新版线路手册第 181 页右下内容、182 页左上内容。

70. BCD

依据：老版线路手册第 55～第 56 页第二章第五节第一部分第（三）条第 2 款。其中第 56 页的"相导线布置"，就是指 C 选项的"相导线的排列方式"，A 项手册没有描述，所以选 BCD；新版线路手册第 103～第 105 页。

2008年注册电气工程师专业知识试题

（下午卷）及答案

一、单项选择题（共40题，每题1分，每题的备选项中只有1个最符合题意）

1. 某10kV配电室，采用移开式高压开关柜双列布置，其操作通道最小宽度应为下列何值？　　　　（　）

　　（A）单车长+1200mm　　　　（B）单车长+1000mm
　　（C）双车长+1200mm　　　　（D）双车长+900mm

2. GIS配电装置在正常运行条件下，外壳上的感应电压不应大于下列何值？　（　）
　　（A）12V　　　　（B）24V
　　（C）50V　　　　（D）100V

3. 对一处220kV配电装置，母线为软导线，出线隔离开关支架高度2500mm，母线隔离开关本体高度2450mm，母线最大弧垂2000mm，母线半径20mm，引下线最大弧垂1500mm，母线隔离开关与母线间垂直距离2600mm，请计算母线架构的最低高度应为下列哪个值？
　　　　　　　　　　　　　　　　　　　　　　　　　　　　　（　）
　　（A）9570mm　　　　（B）9550mm
　　（C）8470mm　　　　（D）9070mm

4. 屋内GIS配电装置两侧应设置安全检修和巡视通道，巡视通道不应小于下列哪个值？
　　　　　　　　　　　　　　　　　　　　　　　　　　　　　（　）
　　（A）800mm　　　　（B）900mm
　　（C）1000mm　　　　（D）1200mm

5. 在发电厂、变电站中，对220kV有效接地系统，当选择带串联间隙金属氧化物避雷器时，其额定电压应选为下列哪一数值？　　　　　　　　　　　　　（　）
　　（A）181.5kV　　　　（B）189.0kV
　　（C）193.6kV　　　　（D）201.6kV

6. 在发电厂、变电站中，单支避雷针高度为20m，被保护物的高度为12m，则保护的半径为下列哪项数值？　　　　　　　　　　　　　　　　　　　　（　）
　　（A）6m　　　　（B）7.38m
　　（C）8m　　　　（D）9.84m

7. 35kV 中性点不接地系统中，为防止电压互感器过饱和而产生铁磁谐振过电压，下列哪项措施是不恰当的？（　　）
(A) 选用励磁特性饱和点较高的电磁式电压互感器
(B) 减少同一系统中电压互感器中性点的接地数量
(C) 装设消谐装置
(D) 装设氧化锌避雷器

8. 对于非自动恢复绝缘介质，在绝缘配合时，采用下列哪种方法？（　　）
(A) 惯用法　　　　　　　　　　(B) 统计法
(C) 简化统计法　　　　　　　　(D) 滚球法

9. 在低阻接地系统中，流过接地线的单相接地电流为 20kA，短路电流持续时间为 0.2s，接地线材料为钢质，按热稳定条件（不考虑腐蚀，接地线初始温度 40℃）应选择接地线的最小截面积为下列哪项数值？（　　）
(A) 96mm^2　　　　　　　　　(B) 17mm^2
(C) 130mm^2　　　　　　　　 (D) 190mm^2

10. 在低压系统接地形式中，若整个系统的中性线与保护线分开，则系统属于下列哪种接地系统？（　　）
(A) TN-S　　　　　　　　　　　(B) TN-C
(C) TT　　　　　　　　　　　　(D) IT

11. 一般情况下，发电厂、变电站中的控制、保护和自动装置供电回路熔断器或自动开关的配置应符合下列哪项要求？（　　）
(A) 当一个安装单位含有几台断路器时控制、保护和自动装置供电回路熔断器可共用一组熔断器
(B) 当本安装单位含有几台断路器而各断路器之间有程序控制要求时，控制、保护和自动装置应设置专用的熔断器
(C) 当本安装单位含有几台断路器而各断路器无单独运行可能时，控制、保护和自动装置应设置专用的熔断器
(D) 当本安装单位仅含有一台断路器时，控制、保护和自动装置可共用一组熔断器或自动开关

12. 下列哪种报警信号为发电厂、变电站信号系统中的事故报警信号？（　　）
(A) 设备运行异常时发出的报警信号
(B) 断路器事故跳闸时发出的报警信号
(C) 具有闪光程序的报警信号
(D) 以上三种信号都是事故报警信号

13. 发电厂、变电站中，二次回路控制电缆抗干扰措施很多，下列不正确的选项是哪个？
（　　）

（A）电缆的屏蔽层应可靠接地

（B）配电装置中的电缆通道走向应尽可能与高压母线平行

（C）电缆的屏蔽层的接地点应尽量远离大接地短路电流中性接地点和其他高频暂态电流的入地点

（D）控制回路电缆宜辐射敷设

14. 对于电力系统中自动重合闸装置的装设，下列哪种说法是错误的？（　　）

（A）必要时母线故障可采用母线自动重合闸装置

（B）110kV 及以下单侧电源线路，可采用三相一次重合闸

（C）对于 220kV 单侧电源线路，采用不检查同步的三相重合闸方式

（D）对于 330～500kV 线路，一般情况下应装设三相重合闸装置

15. 在发电厂和变电站的母线上，均装设有单相接地监视装置，请问该监视装置主要监视的是下列哪个电气量？
（　　）

（A）母线和电压　　　　　　　　　（B）零序电压

（C）负序电压　　　　　　　　　　（D）接地电流

16. 某 220kV 变电站，下列主变压器保护中哪种不启动断路器失灵？（　　）

（A）变压器差动保护　　　　　　　（B）变压器零序电流保护

（C）变压器瓦斯保护　　　　　　　（D）变压器速断保护

17. 变电站中，保护变压器的纵联差动保护一般加装差动速断元件，以防变压器内部故障时短路电流过大，引起电流互感器饱和、差动继电器拒动，对一台 110/10.5kV、630kVA 变压器的差动保护速断元件的动作电流应取下列数据中哪一个？（　　）

（A）33A　　　　　　　　　　　　（B）66A

（C）99A　　　　　　　　　　　　（D）264A

18. 下列短路保护的最小灵敏系数哪项是不正确的？（　　）

（A）电流保护 1.3～1.5　　　　　　（B）发电机纵差保护 1.5

（C）变压器电流速断保护 1.3　　　（D）电动机电流速断保护 1.5

19. 专供动力负荷的直流系统，在均衡充电运行和事故放电情况下，直流系统标称电压的波动范围应为下列哪项？
（　　）

（A）85%～110%　　　　　　　　（B）85%～112.5%

（C）87.5%～110%　　　　　　　（D）87.5%～112.5%

20. 直流负荷按性质可分为经常负荷、事故负荷和冲击负荷三类，下列哪项是事故负荷？

（A）要求直流系统在正常工况下应可靠供电的负荷
（B）断路器操作负荷
（C）要求直流系统在交流电源系统事故停电时间内可靠供电的负荷
（D）交流不停电电源，远动和通信装置的电源负荷

21．阀控式密封铅酸蓄电池组，在下列哪项容量以上时宜设专用蓄电池室？　　（　　）
（A）50Ah　　　　　　　　　　　（B）100Ah
（C）150Ah　　　　　　　　　　　（D）200Ah

22．照明设计时，灯具端电压的偏移不应高于额定电压的105%。对视觉要求较高的主控制室、单元控制室、集中控制室等，这种偏移也不宜低于额定电压的多少？　　（　　）
（A）97.5%　　　　　　　　　　　（B）95%
（C）90%　　　　　　　　　　　　（D）85%

23．发电厂和变电站照明主干线路应符合下列哪项规定？　　（　　）
（A）正常照明主干线路应采用三相三线制
（B）事故照明主干线路当由保安电源供电时应采用三相三线制
（C）正常照明主干线路宜采用三相四线制
（D）事故照明主干线路当由交直流切换装置供电时应采用三相五线制

24．电力系统设计时，电力系统的总备用容量不得低于系统最大发电负荷的多少？
　　（　　）
（A）0.08　　　　　　　　　　　　（B）0.1
（C）0.15　　　　　　　　　　　　（D）0.2

25．电力系统网络设计时，选择电压等级应依据网络现状和下列多长时期的输电容量、输电距离的发展进行论证？　　（　　）
（A）今后3～5年　　　　　　　　（B）今后5～8年
（C）今后8～10年　　　　　　　　（D）今后10～15年

26．在电力系统零序短路电流计算中，变压器的中性点若经过电抗器接地，在零序网络中，其等值电抗应为原电抗值的多少？　　（　　）
（A）$\sqrt{3}$倍　　　　　　　　　　　　（B）不变
（C）3倍　　　　　　　　　　　　（D）增加3倍

27．电力系统暂态稳定是指下列哪项论述？　　（　　）
（A）电力系统受到事故扰动后，保持稳定运行的能力

（B）电力系统受到大扰动后，各同步电动机保持同步运行并过渡到新的或恢复到原来稳态运行方式的能力

（C）电力系统受到小的或者大的干扰后，在自动调节和控制装置的作用下，保持长时间的运行稳定性的能力

（D）电力系统受到小扰动后，不发生非周期性失步

28. 某直线铁塔呼称高度为 H，电线弧垂为 f，悬垂绝缘子串为 λ，计算该直线塔负荷时，电线"风压高度变化系数 U_z"的高度 H_0，以下公式哪个是正确的？　　　　（　　）

(A) $H_0=H-(2/3)f-\lambda$　　　　(B) $H_0=H-(1/3)f-\lambda$

(C) $H_0=H-f-\lambda$　　　　(D) $H_0=H-(1/2)f-\lambda$

29. 高压送电线路设计中垂直档距的意义是什么？　　　　（　　）

（A）杆塔两侧电线最低点之间的水平距离

（B）杆塔两侧电线最低点之间的垂直距离

（C）一档内的电线长度

（D）悬挂点两侧档距之和的一半

30. 架空送电线路对电信线路干扰影响，县电话局至县以下电话局的电话网络，音频双线电话回路的噪声计电动势允许值为下列哪项数值？　　　　（　　）

（A）12mV　　　　（B）10mV

（C）15mV　　　　（D）30mV

31. 我国架空线路计算常用电线的状态方程式，下列哪种说法是正确的？　　　　（　　）

（A）一般状态方程是精确的悬链线状态方程简化后的结果

（B）基于架空电线的观测数据和经验，根据弹性定律和热胀冷缩定律推导出来的公式

（C）基于对架空电线的观测数据和经验，总结出来的公式

（D）架空电线的曲线方程用抛物线描述，按照材料力学基本定律（弹性定律和热胀冷缩定律）导出的应力变化规律

32. 架空送电线路某一档的档距为 L，高差 h，高差角为 β，$\tan\beta=h/L$，导线所在曲线最低点 O 在档外，高端悬挂点 A 在这档承受的导线重量是下列哪一项？　　　　（　　）

（A）档内导线的总重量

（B）档外那段虚导线的总重量

（C）从 A 点到 O 点导线的总重量

（D）$P_1 \times f$（P_1 为导线每米重量，f 为 A 点到 O 点的垂直距离）

33. 架空送电线路电线的悬挂点应力不能超过一定值，下面哪种说法是正确的？

　　　　（　　）

（A）电线悬挂点应力最大可以为年平均应力的 2.5 倍

(B) 电线悬挂点应力最大可以为年平均应力的 2.25 倍
(C) 电线悬挂点应力的安全系数不应小于 2.5
(D) 电线悬挂点应力的安全系数不应小于 2.25

34. 某架空送电线路给定离地 10m 高的基准设计风速 v=30m/s，则离地 20m 高时的基准风压是多少？（　　）

(A) 0.563kN/m^2 (B) 0.441kN/m^2
(C) 0.703kN/m^2 (D) 0.432kN/m^2

35. 220kV 送电线路在跨越电力线时，下列哪种说法是正确的？（　　）
(A) 跨越电力线杆顶和跨越电力线档距中央的间隙要求一样
(B) 跨越电力线杆顶的间隙要大于跨越电力线档距中央的间隙
(C) 跨越电力线杆顶的间隙要小于跨越电力线档距中央的间隙
(D) 跨越有地线电力线的间隙要小于跨越无地线电力线的间隙

36. 送电线路在跨越标准轨距铁路、高速公路及一级公路时，对被跨越物距离计算，下列哪种说法是正确的？（　　）
(A) 无论档距大小，最大弧垂应按导线温度 70℃ 计算
(B) 无论档距大小，最大弧垂应按导线温度 40℃ 计算
(C) 跨越档距超过 200m，最大弧垂应按导线温度 40℃ 计算
(D) 跨越档距超过 200m，最大弧垂应按导线温度 70℃ 计算

37. 交流单回送电线路在非居民区的对地距离有两个标准，导线水平排列为 11m，导线三角排列为 10.5m，其主要原因是？（　　）
(A) 控制地面电场强度   (B) 控制地面磁感应强度
(C) 控制无线电干扰   (D) 控制可听噪声

38. 架空送电线路导、地线是否需要采取防振措施主要与下列哪个因素有关？（　　）
(A) 最大风速   (B) 最低温度
(C) 最大张力   (D) 平均运行张力

39. 下列金具哪项属于防振金具？（　　）
(A) 重锤   (B) 悬垂线夹
(C) 导线间隔棒   (D) 联板

40. 220kV 送电线路通过果树、经济作物林或城市灌木林不应砍伐通道，其跨越最小垂直距离不应小于以下哪个数值？（　　）
(A) 3.5m   (B) 3.0m
(C) 4.0m   (D) 4.5m

二、多项选择题（共30题，每题2分，每题的备选项中有2个或2个以上符合题意）

41. 110kV配电装置中管型母线采用支持式安装时，下列哪些措施是正确的？（　　）
（A）应采取防止端部效应的措施　　　　（B）应采取防止微风振动的措施
（C）应采取防止母线热胀冷缩的措施　　（D）应采取防止母线发热的措施

42. 在发电厂和变电站中，高压配电装置内下列哪些地方应做耐火处理？（　　）
（A）门窗　　　　　　　　　　　　　　（B）顶棚
（C）地（楼）面　　　　　　　　　　　（D）内墙

43. 在发电厂和变电站中，独立避雷针不应设在人经常通行的地方，当避雷针及其接地装置与道路的距离小于3m时，应采取下列哪些措施？（　　）
（A）加强分流　　　　　　　　　　　　（B）采取均压措施
（C）铺沥青路面　　　　　　　　　　　（D）设几种接地装置

44. 电力系统中的工频过电压一般是由下列哪些因素引起的？（　　）
（A）重合闸　　　　　　　　　　　　　（B）线路空载
（C）接地故障　　　　　　　　　　　　（D）甩负荷

45. 下列哪些操作可能引起操作过电压？（　　）
（A）切除空载变压器　　　　　　　　　（B）切除空载线路
（C）隔离开关操作空载母线　　　　　　（D）变压器有载开关操作

46. 对B类电气装置，下列哪些可用作保护线？（　　）
（A）多芯电缆的缆芯　　　　　　　　　（B）固定的裸导线
（C）煤气管道　　　　　　　　　　　　（D）导线的金属导管

47. 下列哪些属于A类电气装置的接地？（　　）
（A）电动机外壳接地　　　　　　　　　（B）铠装控制电缆的外皮
（C）发电机的中性点　　　　　　　　　（D）避雷针引下线

48. 断路器的控制回路应满足下列哪些要求？（　　）
（A）合闸或跳闸命令完成后应使命令脉冲解除
（B）有防止断路器"跳跃"的电气闭锁装置
（C）接线应简单可靠，使用电缆芯最少
（D）断路器自动合闸后，不需要明显显示信号

49. 常规中央信号装置应具备下列哪些功能？（　　）
（A）断路器事故跳闸时，能瞬间发出音响信号及相应的灯光信号

（B）发生故障时，能瞬间发出预告音响，并以光字牌显示故障性质
（C）能手动或自动复归音响，而保留光字牌信号
（D）在事故音响信号试验时，应停事故电钟

50．电压互感器的选择应符合下列哪些要求？　　　　　　　　　　　（　）
（A）应满足一次回路额定电压的要求
（B）容量和准确等级应满足测量仪表、保护装置和自动装置的要求
（C）对中性点非直接接地系统，电压互感器剩余绕组额定电压应为100V
（D）对中性点非直接接地系统，电压互感器剩余绕组额定电压应为100V/3

51．变电站中，计算机监控系统开关量输出信号应满足下列哪些要求？（　）
（A）具有严密的返送校核措施
（B）用通信接口方式输出
（C）输出触点容量应满足受控回路电流和容量要求
（D）输出触点数量应满足受控回路数量要求

52．电力系统出现大扰动时采取紧急控制措施，以提高安全稳定水平。紧急控制措施实现的功能有下列哪项？　　　　　　　　　　　　　　　　　（　）
（A）防止功角暂态稳定破坏、消除失步状态
（B）避免切负荷
（C）限制频率、电压严重异常
（D）限制设备严重过负荷

53．当电力系统失步时，可采取再同步控制，对于功率过剩的电力系统，可选用下列哪项措施？　　　　　　　　　　　　　　　　　　　　　　（　）
（A）原动机减功率　　　　　　　　（B）某些系统解列
（C）切除负荷　　　　　　　　　　（D）切除发电机

54．电力调度中心根据需要可向发电厂、变电站传送下列哪些遥控和遥调命令？
　　　　　　　　　　　　　　　　　　　　　　　　　　　　　　　（　）
（A）断路器分、合
（B）有载调压变压器抽头的调节，无功补偿装置的投切
（C）火电机组功率调节，水轮发电机的起停和调节
（D）线路保护投切

55．某变电站10kV电容器组为中性点不接地星形接线装置，按规程应该装设下列哪些保护？　　　　　　　　　　　　　　　　　　　　　　　　　（　）
（A）电流速断保护　　　　　　　　（B）过励磁保护
（C）中性点电压不平衡保护　　　　（D）过电压保护

56. 变电站中对 35kV 干式并联电抗器应装设下列哪几种保护？ （　　）
（A）电流速断及过电流保护　　　（B）零序过电压保护
（C）纵联差动保护　　　　　　　（D）匝间短路保护

57. 直流系统不设微机监控时，直流柜上应装设下列哪些常测表计？ （　　）
（A）蓄电池回路和充电装置输出回路宜装设直流电压表
（B）蓄电池回路和充电装置输出回路应装设直流电压表
（C）直流主母线上宜装设直流电压表
（D）直流主母线上应装设直流电压表

58. 下列哪些场所的照明可选用白炽灯？ （　　）
（A）需防止电磁波干扰的场所
（B）因光源频闪影响视觉效果的场所
（C）照度要求较高、照明时间较长的场所
（D）经常开闭灯的场所

59. 下列哪些场所宜用逐点计算法校验其照度值？ （　　）
（A）主控制室、网络控制室和计算机室　　（B）主厂房
（C）反射条件较差的场所，如运煤系统　　（D）办公室

60. 进行电力系统电力电量平衡时，应确定总备用容量。系统总备用容量应包括下列哪些选项？ （　　）
（A）负荷备用　　　　　　　　　（B）事故备用
（C）调峰备用　　　　　　　　　（D）计划检修备用

61. 下列哪些措施可提高电力系统的暂态稳定水平？ （　　）
（A）采用紧凑型输电线路　　　　（B）快速切除故障和应用自动重合闸装置
（C）发电机快速强行励磁　　　　（D）装设电力系统稳定器（PPS）

62. 建设 500kV 紧凑型架空送电线路的目的主要有哪些？ （　　）
（A）减小线路自然波阻抗　　　　（B）增大线路自然输送容量
（C）减小线路本体投资　　　　　（D）降低电磁环境影响

63. 中性点直接接地系统的架空送电线路，对音频双线电话的干扰影响应符合下列哪些规定？ （　　）
（A）应按送电线路正常运行状态计算
（B）应按送电线路单相接地短路故障状态计算
（C）不应计算干扰影响
（D）应考虑送电线路基波、谐波电流和电压的感应影响

64. 架空送电线路用降温法补偿导、地线初伸长时，降温温度与下列哪些因素无关？
（　　）

（A）代表档距　　　　　　　　（B）观测档长度
（C）电线的铝钢比　　　　　　（D）被跨越物

65. 架空输电线路在跨越下列哪些电压等级的电力线时，导、地线不得有接头？
（　　）

（A）35kV　　　　　　　　　　（B）66kV
（C）110kV　　　　　　　　　（D）220kV

66. 送电线路的导体与地面、建筑物、树木、铁路、道路架空线等的距离计算中，下列哪些说法是正确的？
（　　）

（A）应考虑由于电流、太阳辐射等引起的弧垂增大
（B）可不考虑由于电流、太阳辐射等引起的弧垂增大
（C）计及导线架线后塑性伸长的影响
（D）计及设计施工的误差

67. 在山区或高山上立直线悬垂塔，一般应注意对该塔进行下面哪些项目的检查？
（　　）

（A）摇摆角　　　　　　　　　（B）导线弧垂应力
（C）地线上拔　　　　　　　　（D）导线悬垂角

68. 采用分裂导线的架空送电线路，确定间隔棒安装距离考虑的主要因素有哪些？
（　　）

（A）导线的最大使用张力　　　（B）电磁吸引力的大小
（C）次档距振荡　　　　　　　（D）防振要求

69. 某220kV架空送电线路，导线为LGJ-300/40可选用下列哪些耐张线夹？（　　）

（A）楔型线夹　　　　　　　　（B）T型线夹
（C）预绞丝线夹　　　　　　　（D）压缩型线夹

70. 架空送电线路铁塔遭受雷击后跳闸，关于雷电流分流，下列哪些说法不正确？
（　　）

（A）全部沿地线向前或向后分为两路前进
（B）一部分沿塔身经接地电阻入地，其余沿地线分流
（C）约三等分，分别沿地线、导线、塔身泄出
（D）约三等分，分别沿地线、导线、对地电容泄入大地

答 案

一、单项选择题

1. D

依据:《3kV～110kV 高压配电装置设计规范》(GB 50060—2008) 第 5.4.4 条及表 5.4.4。

2. B

依据:《高压配电装置设计技术规程》(DL/T 5352—2018) 第 2.2.4 条。

3. A

依据:老版一次手册第 703 页式(附 10-45)。

$H_m \geqslant H_z + H_g + f_m + r + \Delta h = 2500 + 2450 + 2000 + 20 + 2600 = 9570 (mm)$

或依据新版变电手册第 270 页式 8-53。或新版火电一次手册第 416 页式(10-52)。

4. C

依据:《高压配电装置设计技术规程》(DL/T 5352—2018) 第 6.3.5 条。

5. D

依据:《交流电气装置的过电压保护和绝缘配合》(DL/T 620—1997) 第 5.3.3 条。$U_e = 0.8 U_m = 0.8 \times 252 = 201.6 (kV)$

注:DL/T 620—1997 已没在考纲范围内,考纲规范 GB/T 50064—2014 删除了串联间隙金属氧化物避雷器的相关描述。

6. C

依据:《交流电气装置的过电压保护和绝缘配合设计规范》(GB/T 50064—2014) 第 5.2.1 条式(5.2.1-2),当 $h_x \geqslant 0.5h$ 时,$r_x = (h - h_x) P = (20 - 12) \times 1 = 8$(m)。

7. D

依据:《交流电气装置的过电压保护和绝缘配合设计规范》(GB/T 50064—2014) 第 4.1.11-4 条。

8. A

依据:老版一次手册第 875 页第 15-3 节第一部分第(三)条,选 A。新版火电一次手册第 789 页,此部分内容已删除。

9. C

依据:《交流电气装置的接地设计规范》(GB/T 50065—2011) 附录 E。$S_g \geqslant \dfrac{I_g}{C} \sqrt{t_g} = \dfrac{20 \times 10^3}{70} \times \sqrt{0.2} = 127.77 (mm^2)$。

10. A

依据:《交流电气装置的接地设计规范》(GB/T 50065—2011) 第 7.1.2-1 条。

11. D

依据:《火力发电厂、变电站二次接线设计技术规程》(DL/T 5136—2001) 第 9.2.4 条。

注：《火力发电厂、变电站二次接线设计技术规程》（DL/T 5136—2012）对保护电器的设置作了较大的改动，相应的内容改为"当本安装单位仅含一台断路器时，控制、保护及自动装置，宜分别设自动开关或断路器；当一个安装单位含几台断路器时，应按断路器分别设自动开关或断路器"，故依据新版规范，本题没有答案。

12．B

依据：《火力发电厂、变电站二次接线设计技术规程》（DL/T 5136—2012）第 2.0.11 条。

13．B

依据：《火力发电厂、变电站二次接线设计技术规程》（DL/T 5136—2012）第 16.4.6、16.4.1、16.4.3 条条文说明。B 项应为不与高压母线平行。

14．D

依据：《继电保护和安全自动装置技术规程》（GB/T 14285—2023），第 7.4.1.6 条，B 对；第 7.4.1.9 条，C 对；第 7.4.1.11 条。D 错误。

15．B

依据：《继电保护和安全自动装置技术规程》（GB/T 14285—2023）第 5.4.1.3.1 条。

16．C

依据：《继电保护和安全自动装置技术规程》（GB/T 14285—2023）第 5.3.7.4 条。瓦斯保护属于非电气量保护。

17．A

依据：老版二次手册第 628 页第（7）条。差动速断元件的动作电流一般取额定电流的 8～15 倍，$I_e = \dfrac{630}{\sqrt{3} \times 110} = 3.3(A)$，（8～15）×3.3=26.45～49.5（A），取 33A。

18．C

依据：《继电保护和安全自动装置技术规程》（GB/T 14285—2006）附录 A。C 项应为 1.5。新版规范已删除原附录 A。

19．D

依据：《电力工程直流电源系统设计技术规程》（DL/T 5044—2014）第 3.2.3、3.2.4 条。

本题题目问的："均衡充电和事故运行"，顺序与选项顺序不一致；类似问题在案例考试中也存在，读者在备考过程中需要掌握熟练应对。

20．C

依据：《电力工程直流系统设计技术规程》（DL/T 5044—2004）第 5.1.2-2 条。

注：《电力工程直流电源系统设计技术规程》（DL/T 5044—2014）第 4.1.2-2 条列出了具体负荷名称。

21．D

依据：《电力工程直流系统设计技术规程》（DL/T 5044—2004）第 8.2.1 条。

注：《电力工程直流电源系统设计技术规程》（DL/T 5044—2014）第 7.2.1 条对此进行了修改，由 200Ah 以上改为 300Ah 及以上，所以无答案。

22．A

依据：《火力发电厂和变电站照明设计技术规定》（DL/T 5390—2007）第 10.1.2 条。

注：《发电厂和变电站照明设计技术规定》（DL/T 5390—2014）第 8.1.2 条对此进行了修改。

23．C

依据：《火力发电厂和变电站照明设计技术规定》（DL/T 5390—2007）第 10.4.1 条。A 项应为"宜采用三相四线制"；C 项应为"三相四线制"；D 项应为"两线制"。

注：《发电厂和变电站照明设计技术规定》（DL/T 5390—2014）第 8.4.1 条对此说法有所改变，将三相四线制改成 TN 系统，将二线制改成单相。

24．C

依据：《电力系统设计技术规程》（DL/T 5429—2009）第 5.2.3 条。本题题设没有说明是大系统还是小系统，问的是"不得低于"，故按最小值选 C。

25．D

依据：《电力系统设计技术规程》（DL/T 5429—2009）第 6.2.2-1 条。

26．C

依据：老版一次手册第 142 页表 4-17 或新版一次手册第 122 页右下文字和第 123 页表 4-15。

27．B

依据：《电力系统安全稳定导则》（GB 38755—2019）第 2.2.1.2 条。

28．A

依据：风速在不同高度风速会有变化，计算导线风压时，用"吹拂到导线上的风速"，但架空导线是一条弧线，每个点离地面的高度不一样，为了便于简化计算不必积分，一般都使用导线的平均高度作为风高计算高度，即导线均高；把导线假设成一个抛物线，抛物线的重心即导线均高，该重心是导线线夹位置连线向下 2/3 处；依据老版线路手册第 125 页式(2-7-9)。新版线路手册第 84 页。

29．A

依据：老版线路手册第 183 页第（二）部分；新版线路手册第 307 页。

30．B

依据：《输电线路对电信线路危险和干扰影响防护设计规程》（DL/T 5033—2006）第 4.2.1-2 条。

注：5033-2023 第 4.2.1 条对该规定已经进行了修改。

31．D

依据：老版线路手册第 182 页左上内容，状态方程为"导线不考虑弹性及温度伸长，档内原始线长不变原则"，该页右上角提示，用的是抛物线档内线长公式导出，所以选 D。新版线路手册第 306 页。

32．C

依据：老版线路手册第 183 页右下角，垂直档距定义可知，挂点承受的导线重量是以弧垂最低点为分界点，到挂点这一段的导线重量，都由该挂点承受。新版线路手册第 307 页。

33．D

依据：《架空输电线路电气设计规程》（DL/T 5582—2020）第 5.1.15 条。

34．C

依据：《架空输电线路电气设计规程》(DL/T 5582—2020)表 9.3.1-1，题目没说线路所属区域，按默认 B 区处理，B 区，基准高度 10m，求 20m 风压，风压高度系数 μ_z=1.39，又由该规范式 9.3.1-6 可得 $W_0 = \mu_z \dfrac{V^2}{1600} = 1.39 \times \dfrac{30^2}{1600} = 0.78 (\mathrm{kN/m^2})$。

说明：本题未能对上答案是因为该题是按老版线路手册第 168 页式（3-1-1）所出，其指数为 0.16（注：该值为风速折算系数，风压折算指数是风速指数乘 2，DL/T 5582—2020 第 250 页附录式 54，风压指数为 0.30，对应风速指数为 0.15）老版线路手册已过时。老版线路手册计算如下，能精确对上答案。$V_s = V_t \left(\dfrac{h_s}{h_t}\right)^\alpha = 30 \times \left(\dfrac{20}{10}\right)^{0.16} = 33.519 (\mathrm{m/s})$；$W_0 = \dfrac{33.519^2}{1600} = 0.7022(\mathrm{kN/m^2})$。

35．A

依据：《架空输电线路电气设计规程》（DL/T 5582—2020）第 50 页续表 10.2.5-1。

36．D

《架空输电线路电气设计规程》（DL/T 5582—2020）第 10.1.1-5，D 正确。

37．A

依据：《架空输电线路电气设计规程》（DL/T 5582—2020）第 267 页内容，10.2.1 条条文说明。

38．D

依据：《架空输电线路电气设计规程》（DL/T 5582—2020）第 5.2.1 条。

39．C

依据：老版线路手册第 291 页表 5-2-1 说明了四个选项的作用，都没有防振；第 316 页，说明了阻尼间隔棒具有防振作用。综合判断，四个选项 C 最接近防振金具，所以选 C。新版线路手册第 423 页及 443 页。

40．A

依据：《架空输电线路电气设计规程》（DL/T 5582—2020）表 10.2.4-3。

二、多项选择题

41．ABC

依据：《高压配电装置设计技术规程》（DL/T 5352—2018）第 5.3.9-3 条。

42．BD

依据：《高压配电装置设计技术规程》（DL/T 5352—2018）第 6.1.7 条。

43．BC

依据：《交流电气装置的过电压保护和绝缘配合设计规范》（GB/T 50064—2014）第 5.4.6-4 条；或老版一次手册第 927 页第 16-5 节左侧中部，第二部分第（1）条。或新版变电手册第 513 页右下，第 10-5 节第二部分第（3）条。

44．BCD

依据：老版一次手册第 863 页左下，第 15-2 节第二部分；或新版一次手册右上，第 736 页第 14-2 节。

45．ABC

依据：《交流电气装置的过电压保护和绝缘配合》（DL/T 620—1997）第 4.2.2、4.2.4、4.2.6 条。

注：《交流电气装置的过电压保护和绝缘配合设计规范》（GB/T 50064—2014）第 4.2.5、4.2.6 条，此内容不详细。

46．ABD

依据：《交流电气装置的接地》（DL/T 621—1997）第 8.3.3 条。

注：由于《交流电气装置的接地设计规范》（GB/T 50065—2011）取消 B 类电气装置分类。本卷为 2008 年题，故只能采用旧规范条文。

47．AB

依据：《交流电气装置的接地设计规范》（GB/T 50065—2011）第 3.2.1 条，但该规范已取消 AB 类电气装置的分类。

48．ABC

依据：《火力发电厂、变电站二次接线设计技术规程》（DL/T 5136—2012）第 5.1.2 条。D 项应能发出报警信号。

49．ABC

依据：《火力发电厂、变电站二次接线设计技术规程》（DL/T 5136—2001）第 7.2.2 条。

注：《火力发电厂、变电站二次接线设计技术规程》（DL/T 5136—2012）已无此内容。本卷为 2008 年题，只能采用旧规范条文。

50．ABD

依据：《火力发电厂、变电站二次接线设计技术规程》（DL/T 5136—2012）第 5.4.11 条。

51．ACD

依据：《220kV～500kV 变电所计算机监控系统设计技术规程》（DL/T 5149—2001）第 7.4.1 条。DL/T 5149—2020 第 6.3 条已更改内容。

52．ACD

依据：《电力系统安全稳定控制技术导则》（DL/T 723—2000）第 6.1 条。

注：《电力系统安全稳定控制技术导则》（GB/T 26399—2011）无此内容。

53．AD

依据：《电力系统安全稳定控制技术导则》（GB/T 26399—2011）第 7.1.4.2- a）条，

注：该题当时是按照已过时规范《电力系统安全稳定控制技术导则》（DL/T 723—2000）第 6.4.4.2 条所出，对照该条答案为 ABD。

54．ABC

依据：《电力系统调度自动化设计技术规程》（DL/T 5003—2005）第 5.1.9 条。DL/T 5003—2017 第 5.2.1-2 款已更改说法。

55．ACD

依据：《继电保护和安全自动装置技术规程》（GB/T 14285—2006）第 4.11.2 条、第 4.11.4-a 款、第 4.11.6 条。GB/T 14285—2023 第 5.8.4 节修改了电容器保护配置描述。

56．AB

依据：《继电保护和安全自动装置技术规程》（GB/T 14285—2023）第 5.8.3.1 条。

57．AC

依据：《电力工程直流系统设计技术规程》（DL/T 5044—2014）第 5.2.1-1 条对应答案为 AC。

58．AD

依据：《火力发电厂和变电站照明设计技术规定》（DL/T 5390—2007）第 6.0.3 条。

注：依据《火力发电厂和变电站照明设计技术规定》（DL/T 5390—2014）第 4.0.3 条及条文说明答案为 A。

59．BC

依据：《发电厂和变电站照明设计技术规定》（DL/T 5390—2014）第 7.0.2 条。7.0.2-1 要求的是控制室，并不是单纯的计算机室，所以 A 错。

60．ABD

依据：《电力系统设计技术规程》（DL/T 5429—2009）第 5.2.3 条。D 选项的计划检修，可以认为是规范的"检修备用"

61．BCD

依据：老版系统手册第 367 页，第十二章第六节第二点；新版系统手册第 240～241 页内容。

62．ABD

依据：《220kV～500kV 紧凑型架空输电线路设计技术规程》（DL/T 5217—2013）第 1.0.2～1.0.4 条条文说明得出紧凑型架空输电线路自然输送容量增大，电场强度降低，但线路本体投资是增加的，再依据老版线路手册第 24 页式（2-1-42），推出自然波阻抗是降低的。

63．AD

依据：《输电线路对电信线路危险和干扰影响防护设计规程》（DL/T 5033—2023）第 6.1.1 条。

64．ABD

依据：《架空输电线路电气设计规程》（DL/T 5582—2020）第 5.1.19 条。

65．CD

依据：《架空输电线路电气设计规程》（DL/T 5582—2020）10.1.2 条"110kV 及以上线路不得有接头"，所以选 CD。

66．BCD

依据：《架空输电线路电气设计规程》（DL/T 5582—2020）第 10.1.1-3 款。A 错误、B 正确、C 正确、D 正确。

67．ABD

依据：老版线路手册中：第 603 页左下角，A 对；第 606 页左侧，B、D 对；第 609 页左下，D 对。新版线路手册中：第 763 页左下，A 对；第 765 页左侧，B、D 对；第 770 页左上，D 对。

68．CD

依据：老版线路手册第 317 页第三部分。新版线路手册第 444 页。

69．BCD

依据：LGJ-300/40 为钢芯铝绞线，一般用作导线，不用做地线，老版线路手册第 294 页，A 选项为地线用线夹，所以选 BCD。新版线路手册第 426 页。

70．ACD

依据：老版线路手册第 123 页图 2-7-4，本题题设"跳闸"，说明线路已经断开了，导线不具备分流，所以选 B 对，选错误的，选 ACD；新版线路手册第 170 页。

2008年注册电气工程师专业案例试题

（上午卷）及答案

【2008年上午题1~5】 已知某发电厂220kV配电装置有2回进线、3回出线、主接线采用双母线接线，屋外配电装置普通中型布置，见下图。请回答下列问题。

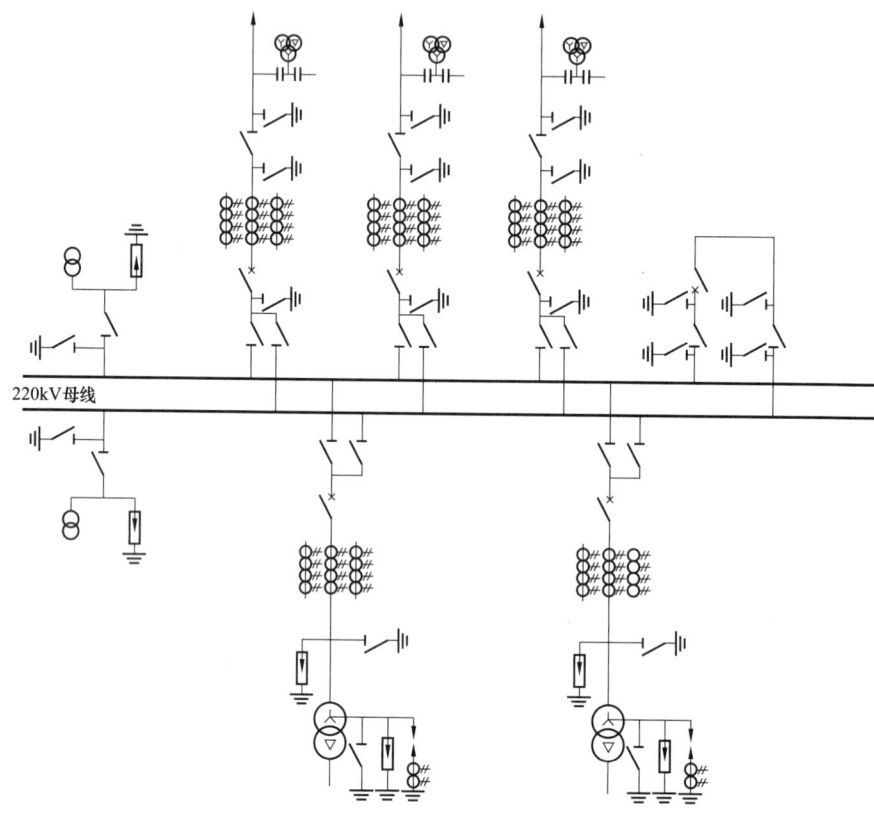

1. 图为已知条件绘制的电气主接线图，请判断下列电气设备配置中哪一项是不符合规程规定的？并简述理由。（第250页第五章第三十二题） （   ）

（A）出线回路隔离开关配置
（B）进线回路接地开关配置
（C）母线电压互感器、避雷器隔离开关配置
（D）出线回路电压互感器、电流互感器配置

2. 假设图中主变压器为两台300MW发电机的升压变压器，已知机组的额定功率为300MW，功率因数0.85，最大连续输出功率为350MW，厂用工作变压器的计算负荷为45000kVA，其主变压器容量应为下列何值？（第517页第十章第五题） （   ）

(A) 400MVA (B) 370MVA
(C) 340MVA (D) 300MVA

3. 假设图中主变压器容量为340MVA，主变压器220kV侧架空导线采用铝绞线，按经济电流密度选择其导线应为下列哪种规格（经济电流密度为0.72）？　　　　　（　　）

(A) $2 \times 400 mm^2$ (B) $2 \times 500 mm^2$
(C) $2 \times 630 mm^2$ (D) $2 \times 800 mm^2$

4. 主变压器高压侧配置的交流无间隙氧化锌避雷器持续运行电压（相地）、额定电压（相地）应为下列哪组计算值？（第424页第八章第四十二题）　　　　　（　　）

(A) ≥145kV、≥189kV (B) ≥140kV、≥189kV
(C) ≥145kV、≥182kV (D) ≥140kV、≥182kV

5. 如图中主变压器回路最大短路电流为25kA，主变压器容量340MVA，说明主变压器高压侧电流互感器变比及保护用电流互感器配置选择下列哪一组最合理？（第269页第六章第七题）　　　　　（　　）

(A) 600/1A，5P10/5P10/TPY/TPY
(B) 800/1A，5P20/5P20/TPY/TPY
(C) $2 \times 600/1A$，5P20/5P20/TPY/TPY
(D) 1000/1A，5P30/5P30/5P30/5P30

【2008年上午题6～10】　某220kV配电装置户外中型布置，在配电装置布置设计时应考虑安全带电距离、检修维护距离以及设备搬运所需安全距离，请根据下列220kV配电装置各布置断面解答问题（海拔不超过1000m）。

6. 下图是220kV配电装置布置的一个断面，请判断图中所示安全距离"l_1"应按下列哪种情况校验，并不得小于何值？　　　　　（　　）

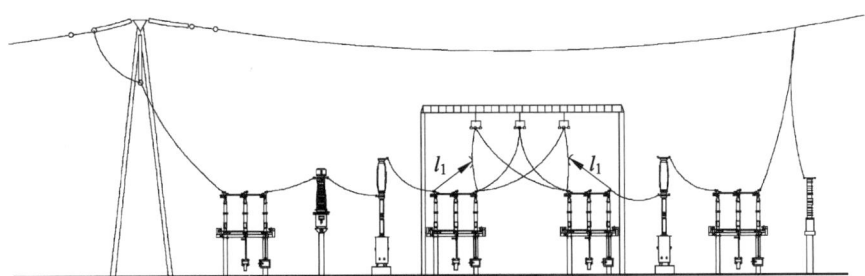

(A) 应按交叉的不同时停电检修的无遮栏带电部分间最小安全距离校验，不得小于2550mm
(B) 应按断路器和隔离开关的断口两侧引线带电部分间最小安全距离校验，不得小于2000mm

（C）应按带电作业时带电部分至接地部分间最小安全距离校验，不得小于 2550mm

（D）应按平行的不同时停电检修的无遮栏带电部分间最小安全距离校验，不得小于 3800mm

7．下图是 220kV 配电装置中管型导线跨越道路的一个断面，请判断图中所示安全距离 "L_2" 应按下列哪种情况校验，并不得小于何值？（　　）

（A）应按带电部分到接地部分间最小安全距离校验，不得小于 1800mm

（B）应按无遮栏导体到地面之间的最小安全距离校验，不得小于 4300mm

（C）应按设备运输时，其设备外廓至无遮栏带电部分之间最小安全距离校验，不得小于 2550mm

（D）应按带电部分与建筑物、构筑物的边沿部分间最小安全距离校验，不得小于 3800mm

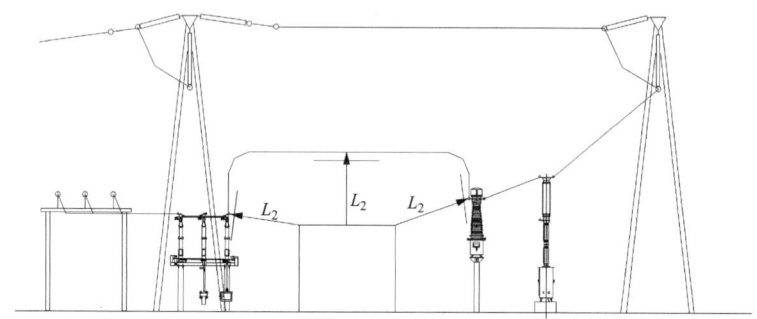

8．下图是 220kV 配电装置中母线引下线断面，请判断图中所示安全距离 "L_3" 应按下列哪种情况校验，并不得小于何值？（　　）

（A）应按平行的不同时停电检修的无遮栏带电部分之间最小安全距离校验，不得小于 3800mm

（B）应按断路器和隔离开关的断口两侧引线带电部分间最小安全距离校验，不得小于 2000mm

（C）应按交叉的不同时停电检修的无遮栏带电部分间最小安全距离校验，不得小于 2550mm

（D）应按不同相带电部分之间最小安全距离校验，不得小于 2550mm

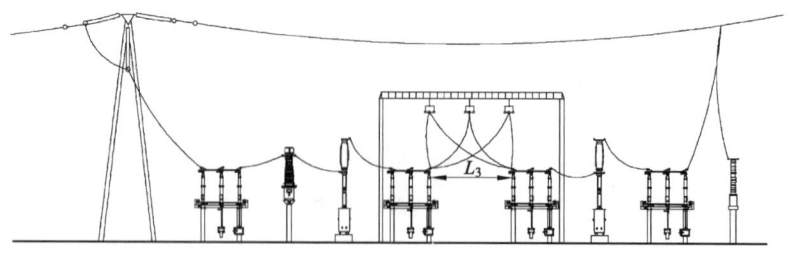

9．假设 220kV 配电装置位于海拔 1000m 以下Ⅲ级污秽地区，母线耐张绝缘子串采用 XP-10 型盘式绝缘子，每片绝缘子的几何爬电距离为 450mm，绝缘子爬电距离的有效系数 k_e

取 1，计算按系统最高电压和爬电比距选择其耐张绝缘子串的片数为多少？（第 472 页第八章第九十六题） （ ）

(A) 14 片 (B) 15 片
(C) 16 片 (D) 18 片

10．假设 220kV 配电装置中母线采用氧化锌避雷器作为雷电过电压保护，已知避雷器至主变压器的最大电气距离为 235m，请计算配电装置内其他电器与母线避雷器间允许的最大电气距离为下列哪项数值？ （ ）

(A) 317.25m (B) 263.25m
(C) 235.20m (D) 170.20m

【2008 年上午题 11~14】 某水电厂采用 220kV 变压送出，厂区设有一座 220kV 开关站，请回答下列问题：

11．若该开关站地处海拔 2000m，请计算 A_2 应取下列哪项数值？ （ ）

(A) 2000mm (B) 1900mm
(C) 2200mm (D) 2100mm

12．若该 220kV 开关站场区总平面为 70m×60m 的矩形面积，在四个顶角各安装高 30m 的避雷针，被保护物出线门架挂线高度 14.5m，请计算对角线的两针间保护范围的一侧最小宽度 b_x 应为下列哪项数值？（第 448 页第八章第六十九题） （ ）

(A) 3.75m (B) 4.96m
(C) 2.95m (D) 8.95m

13．若该水电厂设置两台 90MVA 主变压器，每台变压器的油量为 50t，变压器油密度是 0.84t/m³，设计有油水分离措施的总事故贮油池时，其容量应为下列哪项数值？ （ ）

(A) 59.53m³ (B) 11.91m³
(C) 35.71m³ (D) 119.09m³

14．若该开关站所处地区的地震烈度为 9 度，说明下列关于 220kV 屋外配电装置的论述中哪一项不符合设计规程的要求？ （ ）

(A) 220kV 配电装置型式不应采用高型、半高型
(B) 220kV 配电装置的管型母线宜采用悬挂式结构
(C) 220kV 配电装置主要设备之间与其他设备及设施间的距离宜适当加大
(D) 220kV 配电装置的构架和设备支架设计荷载，不计入风荷载作用效应

【2008 年上午题 15~17】 某远离发电厂的终端变电站设有一台 110/38.5/10.5kV，20000kVA 主变压器，接线如图所示。已知电源 S 为无穷大系统，变压器的 $U_{d高-中}\%=10.5$，$U_{d高-低}\%=17$，$U_{d中-低}\%=6.5$。

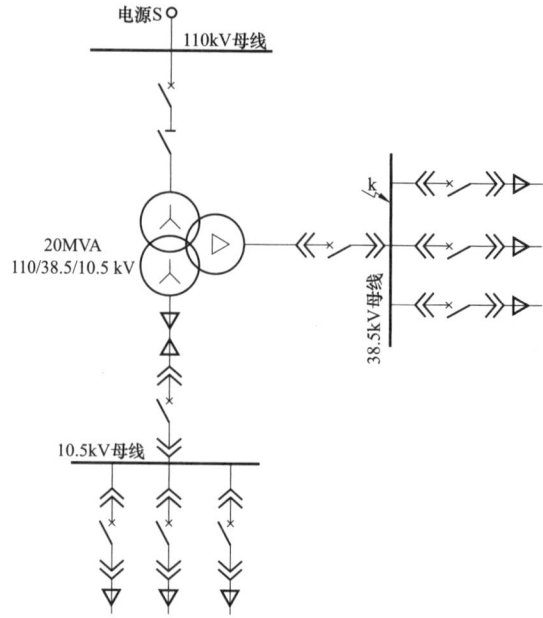

15. 试计算主变压器高（X_1）中（X_2）低（X_3）三侧等值标幺值（S_j=100MVA，U_j=U_P）为下列哪一组？ （　　）

（A）0.525，0.325，0
（B）0.525，0，0.325
（C）10.5，0，6.5
（D）10.5，6.5，0

16. 计算主变压器 10.5kV 回路的持续工作电流应为下列哪项数值？ （　　）

（A）1101A
（B）1155A
（C）1431A
（D）1651A

17. 主变压器 38.5kV 回路中的断路器额定电流，额定短路时耐受电流及持续时间额定值选下列哪组最合理？（第 171 页第四章第六十题） （　　）

（A）1600A，31.5kA，2s
（B）1250A，20kA，2s
（C）1000A，20kA，4s
（D）630A，16kA，4s

【2008 年上午题 18～21】 单回路 220kV 架空送电线路，导线直径为 27.63mm，截面积为 451.55mm²，单位长度质量为 1.511kg/m，本线路在某档需跨越高速公路，高速公路在档距中央（假设高速公路路面、铁塔处高程相同）该档档距 450m，导线 40℃时最低点张力为 24.32kN，导线 70℃时最低点张力为 23.1kN，两塔均为直线塔，悬垂串长度为 3.4m，g=9.8m/s²。

18. 若某气象条件下（无冰）单位风荷载为 3N/m，则该导线的综合荷载应为下列哪组数值？（第 617 页第十一章第一百零六题） （　　）

（A）14.8N/m
（B）17.8N/m
（C）16.2N/m
（D）15.1N/m

19. 假设跨越高速公路时，两侧跨越直线塔呼称高度相同，则两侧直线塔的呼高应至少为下列哪项数值（用平抛物线公式）？（第563页第十一章第二十七题）　　　　（　　）

  （A）27.6m　　　　　　　　　　（B）26.8m
  （C）24.2m　　　　　　　　　　（D）28.6m

20. 求在跨越档中距铁塔150m处，40℃时导线弧垂应为下列哪项数值（用平抛物线公式）？（第602页第十一章第八十六题）　　　　　　　　　　　（　　）

  （A）14.43m　　　　　　　　　　（B）12.51m
  （C）13.71m　　　　　　　　　　（D）14.03m

21. 若塔水平档距为425m，垂直档距为500m，若导线大风时的垂直比载为 $33×10^{-3}$ N/(m·mm²)，水平比载为 $28×10^{-3}$ N/(m·mm²)，则该塔悬垂串的摇摆角应为下列哪项数值（不考虑绝缘子影响）？（第650页第十一章第一百五十五题）　　　　　　（　　）

  （A）35.8°　　　　　　　　　　　（B）44.9°
  （C）54.2°　　　　　　　　　　　（D）25.8°

【2008年上午题22～25】　某单回路架空送电线路，导线的直径为23.94mm，截面积为338.99mm²，单位长度质量为1.133kg/m，设计最大覆冰厚度10mm，同时风速10m/s（提示 $g=9.8$ m/s²）。

22. 请设计导线的自重比载应为下列哪项数值？（第625页第十一章第一百一十七题）
　　　　　　　　　　　　　　　　　　　　　　　　　　　　　　　　（　　）

  （A）$32.8×10^{-3}$ N/(m·mm²)　　　（B）$3.34×10^{-3}$ N/(m·mm²)
  （C）32.8N/(m·mm²)　　　　　　（D）$38.5×10^{-3}$ N/(m·mm²)

23. 若导线的自重比载为 $35×10^{-3}$ N/(m·mm²)，请计算在设计最大覆冰时导线的垂直比载为下列哪组数值？（第625页第十一章第一百一十八题）　　　　　（　　）

  （A）$37.8×10^{-3}$ N/(m·mm²)　　　（B）$55.1×10^{-3}$ N/(m·mm²)
  （C）$62.7×10^{-3}$ N/(m·mm²)　　　（D）$58.1×10^{-3}$ N/(m·mm²)

24. 若大风时的垂直比载为 $40×10^{-3}$ N/(m·mm²)，水平比载为 $30×10^{-3}$ N/(m·mm²)，请计算大风时的综合比载为下列哪组数值？（第626页第十一章第一百一十八题）　（　　）

  （A）$70×10^{-3}$ N/(m·mm²)　　　　（B）$60×10^{-3}$ N/(m·mm²)
  （C）$50×10^{-3}$ N/(m·mm²)　　　　（D）$65×10^{-3}$ N/(m·mm²)

25. 若大风时的垂直比载为 $30×10^{-3}$ N/(m·mm²)，水平比载为 $20×10^{-3}$ N/(m·mm²)，请计算大风时导线的风偏角应为下列哪项数值？（第644页第十一章第一百四十七题）（　　）

  （A）33.7°　　　　　　　　　　　（B）56.3°
  （C）41.8°　　　　　　　　　　　（D）25.8°

答　案

1. B【解答过程】由 DL/T 5352—2018 第 2.1.7 条，在图中两回进线的断路器与母线侧隔离开关间应加接地开关，选项 B 不符合要求。A、C 选项可参考 DL/T 5352—2018 第 2.1.5 条，110～220kV 配电装置母线避雷器和电压互感器，宜用一组隔离开关；330kV 及以上进、出线和母线上装置的避雷器及进、出线电压互感器不应装设隔离开关，母线电压互感器不宜装设隔离开关；D 选项可参考 DL/T 5352—2018 第 2.1.10 条和新版一次手册第 45 页（老版一次手册第 71、72 页）。

2. B【解答过程】由老版一次手册第 5-1 节对于单元连接的变压器，主变压器的容量按以下条件中较大的选择：(1) 按发电机的额定容量扣除本机组的厂用负荷并留有 10%的裕度，即 $1.1 \times \left(\dfrac{300}{0.85} - 45\right) = 338.7$ (MVA)。(2) 按发电机的最大连续输出容量扣除本机组的厂用负荷 $\dfrac{350}{0.85} - 45 = 366.8$ (MVA)。以上两者取大，所以选 B。

3. C【解答过程】据题设，无励磁变压器回路，由老版一次手册第 232 页表 6-3 可知该回路电流校正系数为 1.05，得 $I_g = 1.05 \times \dfrac{S_e}{\sqrt{3} U_e} = 1.05 \times \dfrac{340 \times 1000}{\sqrt{3} \times 220} = 936.9$ (A)，又由老版一次手册第 376 页公式可得 $S_j = \dfrac{I_g}{j} = \dfrac{936.9}{0.72} = 1301.3$ (mm²)。由 DL/T 5222—2005 第 7.1.6 条可知，当无合适规格导体时，导体截面可按经济电流密度计算截面的相邻下一档选取。

4. A【解答过程】由 GB/T 50064—2014 表 4.4.3 可得主变压器高压侧避雷器持续电压 $U_m/\sqrt{3} = 252/\sqrt{3} = 145.49$（kV）；主变压器高压侧避雷器额定电压 $0.75 U_m = 0.75 \times 252 = 189$（kV）。

5. D【解答过程】依题意，变压器的额定电流为：$I_e = \dfrac{S_e}{\sqrt{3} U_e} = \dfrac{340}{\sqrt{3} \times 220} = 0.892$ (kA)。

由《电流互感器和电压互感器选择及计算规程》(DL/T 866—2015) 第 3.2.2 条，电流互感器电流应大于该电气主设备可能出现的最大长期负荷电流，所以 A、B 均不符合条件。

当变比取 2×600/1A 时，一次电流倍数 $m = \dfrac{25}{2 \times 600} = 20.83$；当变比取 1000/1 时，一次电流倍数 $m = \dfrac{25000}{1000} = 25$。由新版二次手册第 71 页式表 2-17 可知，C 选项为"2×600/1A, 5P20"，因 20<20.83，故复合误差将超过 5%，不满足要求。同理，D 满足要求。说明：保护用 TA 与测量用 TA 的区别在于保护用 TA 不考虑 1.25 的倍数。TA 一次电流倍数必须小于其准确级次否则负荷误差会超标，本题选项 C 的一次电流倍数计算值 20.83，不能向下选 20 的 TA，必须向上选。继电保护计算，使用变压器额定电流而不是变压器回路最大电流，所以本题不乘 1.05。老版二次手册出处为第 64 页表 20-13 注。

6. B【解答过程】由 DL/T 5352—2018 图 5.1.2-3 可知，L_1 应为断路器和隔离开关的断口两侧引线带电部分之间的距离，即 A_2 值。又由 DL/T 5352—2018 表 5.1.2-1 可知，220J 系统 A_2 值为 2000mm。

7．C【解答过程】由 DL/T 5352—2018 图 5.1.2-3 可知，L_2 应为设备运输时，其设备外廓至无遮拦带电部分之间最小安全净距，即 B 值。又由该规范表 5.1.2-1 可知，220J 系统 B_1=2550mm。

8．C【解答过程】由老版一次手册第 707 页，第十章附录 10-2 屋外中型配电装置的尺寸校验三、2（4）"两组母线隔离开关之间或出线隔离开关与旁路隔离开关之间的距离，要考虑其中任何一组在检修状态时，对另一组带电的隔离开关保持 B_1 值的要求"。由 DL/T 5352—2018 表 5.1.2-1 可知 220J 系统的 B_1 值为 2550mm。

9．C【解答过程】由 DL/T 5222—2005 表 C.2，可知Ⅲ级污秽地区配电装置最高电压对应的爬电比距（括号外数据）为 2.5cm/kV。由 DL/T 5222—2005 第 21.0.9 条文说明式（13），得 $m \geq \dfrac{\lambda U_m}{K_e L_0} = \dfrac{2.5 \times 252}{1 \times 45} = 14$（片）。由 DL/T 5222—2005 第 21.0.9 条，考虑绝缘子的老化，每串

绝缘子预留零值绝缘子为 35～220kV 耐张串 2 片，最终绝缘子片数为：14+2=16（片）。本题明确"按工频电压的爬电比距选择"，故只需考虑爬电比距法，不必考虑操作和雷电过电压情况。

10．A【解答过程】由 GB/T 50064—2014 第 5.4.13-6 条第 1）款可得，其他电气设备的与母线避雷器间允许的最大电气距离为 235×1.35=317.25（m）。

11．C【解答过程】由 DL/T 5352—2018 表 5.1.2-1 可得，220kV 系统的 A_1=1800mm，又由该规范附录 A 图 A.0.1 或表 A.0.1 可得，海拔 2000m 时 220J A_1'=2000mm，则海拔 2000m 处 A_2'=2000×（2000/1800）=2222.22（m）。查表有误差选最接近选项。

12．B【解答过程】已知 h=30m、h_x=14.5m，由题意 $D = \sqrt{60^2 + 70^2} = 92.2$ (m)

$h_a = h - h_x = 30 - 14.5 = 15.5$ (m) 由 GB/T 50064—2014 第 5.2.1 条可得 P=1，则

$\dfrac{D}{h_a P} = \dfrac{92.2}{15.5 \times 1} = 5.95$，$\dfrac{h_x}{h} = \dfrac{14.5}{30} = 0.48$，由 GB/T 50064—2014 图 5.2.2-2（a）得

$\dfrac{b_x}{h_a P} = 0.32, b_x = 0.32 \times 15.5 = 4.96$ (m)，校验：$r_x = (1.5h - 2h_x)P = 16$ (m)，$b_x \leq r_x$，取 4.96m。

13．C【解答过程】由 GB 50229—2006 第 6.6.7 条可得 $V = \dfrac{50}{0.84} \times 0.6 = 35.71$ (m³)。老题用老版规范作答能对上选项，今后按照新规范作答即可。

14．D【解答过程】由 GB 50260—2013 第 7.6.10 条式（7.6.10-2），计算结构构件载荷时，包含风载荷，可知 D 不符合规程要求。由第 6.5.2-1 条的规定，当抗震设防烈度为 8 度及以上时，电压为 110kV 及以上的配电装置型式，不宜采用高型、半高型和双层屋内配电装置。故 A 正确。依据 DL/T 5352—2018 由第 5.3.9-1 条可知，地震烈度为 8 度及以上时，电压为 110kV 及以上的配电装置的管型母线，宜采用悬吊式结构，故 B 正确。选项 C 对应于 GB 50260—1996 第 5.5.2 条，在 GB 50260—2013 中已取消。说明：GB 50797—2012 第 6.8.7 条也是关于地震作用时支架载荷效应的计算，其计算公式与 GB 50260—2013 式（7.6.10-2）略有不同；GB 50260—2013

的适用范围不包括光伏发电站，故在考试时要注意题设条件。

15．B【解答过程】由老版一次手册第 4-2 节可得

X_1=(10.5+17−6.5)/2=10.5；X_2=(10.5+6.5−17)/2=0；X_3=(17+6.5−10.5)/2=6.5

X_1''=(10.5/100)×(100/20)=0.525；X_2''=(0/100)×(100/20)=0；X_3''=(6.5/100)×(100/20)=0.325

16．B【解答过程】根据老版一次手册第 6-1 节表 6-3 可知，变压器回路持续工作电流为

$I_g = \dfrac{1.05 \times 20}{\sqrt{3} \times 10.5} \times 1000 = 1155 \text{ (A)}$，说明：应乘 1.05，不乘则会错选 A。

17．D【解答过程】

（1）额定电流由老版一次手册第 6-1 节表 6-3 可知，变压器 35kV 侧回路持续工作电流为

$I_g = 1.05 \times \dfrac{20 \times 1000}{\sqrt{3} \times 38.5} = 315 \text{ (A)}$，根据该手册式（6-2），四个选项均满足要求。

（2）短路时耐受电流和持续时间，由该手册第四章相关公式可得

设 S_j=100MVA，$X_e = \dfrac{10.5}{100} \times \dfrac{100}{20} = 0.525$，$I_j = \dfrac{100}{\sqrt{3} \times 37} = 1.56 \text{ (kA)}$，$I_*'' = \dfrac{I_j}{X_*} = \dfrac{1.56}{0.525} = 2.97 \text{ (kA)}$

根据 DL/T 5222—2021 第 7.2.3 条可得，断路器的额定短时耐受电流等于额定短路开断电流，其持续时间额定值在 72.5kV 及以下为 4s，综上所述，选 D。

18．D【解答过程】依题意，g=9.8m/s²，导线风荷载 g_4=3N/m，由老版线路手册第 179 页表 3-2-3，可知导线自重荷载 g_1=p_1×9.8=1.511×9.8=14.81（N/m），故综合荷载为 $\sqrt{14.81^2 + 3^2} = 15.1 \text{ (N/m)}$。

19．D【解答过程】新版线路手册第 304 页表 5-14 可得

$$f_m = \dfrac{\gamma l^2}{8\sigma_0} = \dfrac{1.511 \times \dfrac{9.8}{451.55} \times 450^2}{8 \times \dfrac{23100}{451.55}} = \dfrac{1.511 \times 9.8 \times 450^2}{8 \times 23100} 16.23 \text{ (m)}$$

根据 DL/T 5582—2020 第 48 页表 10.2.5-1，220kV 送电线路跨越高速公路，最小垂直距离为 8m。又由该手册第 762 页左侧杆塔定位高度内容可得：呼称高度=16.2(弧垂)+8(最小净空距离)+3.4m(悬垂串长)+1(误差)=28.6(m)

老版《电力工程高压送电线路设计手册》（第二版）出处为第 180 页表 3-3-1、第 602 页。

20．C【解答过程】由新版《架空输电线路设计》手册第 304 页表 5-14，坐标 O 点位于电线悬挂点 A，则 $f_x = \dfrac{\gamma x'(l-x')}{2\sigma_0} = \dfrac{1.511 \times 9.8 \times 150 \times (450-150)}{2 \times 24.32 \times 10^3} = 13.71 \text{ (m)}$，老版线路手册出处为第 180 页表 3-3-1。

21．A【解答过程】依题意，未给出绝缘子重量，故忽略绝缘子串的影响，由新版线路手册第 152 页式（3-245）可得悬垂绝缘子串摇摆角为

$$\varphi = \arctan\left(\dfrac{P_1/2 + PL_h}{G_1/2 + W_1 L_v}\right) = \arctan\left(\dfrac{28 \times 10^{-3} \times 425 \times A}{33 \times 10^{-3} \times 500 \times A}\right) = \arctan\left(\dfrac{28 \times 425 \times A}{33 \times 500 \times A}\right) = 35.8°$$

老版线路手册出处为第 103 页式（2-6-44）。

22．A【解答过程】由新版线路手册第 303 页表 5-13 可得

$$\gamma_1 = \frac{p_1 g}{A} = \frac{1.133 \times 9.8}{338.99} = 32.8 \times 10^{-3}\ [\text{N}/(\text{m}\cdot\text{mm}^2)]\ \text{老版《电力工程高压送电线路设计手册》}$$

（第二版）出处为第 179 页表 3-2-3。

23．C【解答过程】由新版线路手册第 303 页表 5-13 可得

（1）导线冰重比载 $\gamma_2 = 0.9 \times 3.14 \times \dfrac{b(b+d)}{A} g \times 10^{-3} = 0.9 \times 3.14 \times \dfrac{10 \times (10+23.94)}{338.99} \times 9.8 \times 10^{-3}$

$$= 27.74 \times 10^{-3}\ [\text{N}/(\text{m}\cdot\text{mm}^2)]$$

（2）导线自重比载为 $35 \times 10^{-3}\ \text{N}/(\text{m}\cdot\text{mm}^2)$，故覆冰时导线的垂直比载

$$\gamma_1 + \gamma_2 = (35 + 27.73) \times 10^{-3} = 62.73 \times 10^{-3}\ [\text{N}/(\text{m}\cdot\text{mm}^2)]$$

24．C【解答过程】由新版线路手册第 303 页表 5-13 可得

大风时的综合比载 $= \sqrt{30^2 + 40^2} \times 10^{-3} = 50 \times 10^{-3}\ [\text{N}/(\text{m}\cdot\text{mm}^2)]$

25．A【解答过程】由新版线路手册第 156 页左上内容、第 303 页表 5-13 可得

导线的风偏角 $\delta = \arctan\left(\dfrac{\gamma_4}{\gamma_1}\right) = \arctan\left(\dfrac{20 \times 10^{-3}}{30 \times 10^{-3}}\right) = 33.69°$

老版线路手册出处为第 106 页、第 179 页。

2008年注册电气工程师专业案例试题

（下午卷）及答案

【2008年下午题1~5】 某新建电厂装有 2×300MW 机组，选用一组 220V 动力用铅酸蓄电池容量 2000Ah，二组 110V 控制用铅酸蓄电池容量 600Ah，蓄电池布置在汽机房层，直流屏布置在汽机房 6.6m 层，铜芯电缆长 28m。

1. 请判断并说明下列关于正常情况下直流母线电压和事故情况下蓄电池组出口端的电压的要求哪条是不正确的？ （　　）

（A）正常情况下母线电压：110V 系统为 115.5V
（B）正常情况下母线电压：220V 系统为 231V
（C）事故情况下 110V 蓄电池组出口端电压不低于 93.5V
（D）事故情况下 220V 蓄电池组出口端电压不低于 187V

2. 请按回路允许电压降，计算动力用蓄电池至直流母线间最小电缆截面积应为下列哪项数值？ （　　）

（A）211mm^2　　　　　　　　　（B）303mm^2
（C）422mm^2　　　　　　　　　（D）566mm^2

3. 请说明下列关于直流系统的设备选择原则哪一项是错误的？ （　　）
（A）蓄电池出口熔断器按蓄电池 1h 放电率电流选择并与馈线回路保护电器相配合
（B）直流电动机回路按电动机额定电流选择
（C）母线联络隔离开关按全部负荷的 50% 选择
（D）直流系统设备满足直流系统短路电流要求

4. 直流系统按功能分为控制和动力负荷，说明下列哪项属于控制负荷？
　　　　　　　　　　　　　　　　　　　　　　　　　　　　　　（　　）
（A）电气和热工的控制、信号　　　（B）交流不停电电源装置
（C）断路器电磁操动的合闸机构　　（D）远动、通信装置的电源

5. 该厂直流系统有微机监控装置，请说明直流柜上可装设下列哪项测量表计？
　　　　　　　　　　　　　　　　　　　　　　　　　　　　　　（　　）
（A）直流母线电压表　　　　　　　（B）蓄电池回路电压表
（C）蓄电池回路电流表　　　　　　（D）充电输出回路电流表

【2008年下午题6~10】某水电站装有4台机组4台主变压器,采用发电机—变压器单元接线,发电机额定电压15.75kV,1号和3号发电机端装有厂用电源分支引线,无直馈线路,主变压器高压侧所连接的220kV屋外配电装置是双母线带旁路接线,电站出线四回,初期两回出线,电站属于停机频繁的调峰水电厂。

6. 水电站的坝区供电采用10kV,配电网络为电缆线路,因此10kV系统电容电流超过30A,当发生单相接地故障时,接地电弧不易自行熄灭,常形成熄灭和重燃交替的间歇性电弧,往往导致电磁能的强烈振荡,使故障相、非故障相和中性点都产生过电压,请问:这种过电压属于下列哪种类型,并说明理由。(第412页第八章第二十九题)   (   )
(A) 工频过电压
(B) 操作过电压
(C) 谐振过电压
(D) 雷电过电压

7. 若坝区供电的10kV配电系统中性点采用低电阻接地方式,请计算10kV母线上避雷器的额定电压和持续运行电压应取下列哪些数值,并简要说明理由。(第423页第八章第三十九题)   (   )
(A) 12kV,9.6kV
(B) 16.56kV,13.2kV
(C) 15kV,12kV
(D) 10kV,8kV

8. 水电站的变压器场地布置在坝后式厂房的尾水平台上,220kV敞开式开关站位于右岸,其220kV主母线上有无间隙氧化物避雷器,电站出线四回,初期两回出线,采用同塔双回路形式,变压器雷电冲击全波耐受电压为950kV,主变压器距离220kV开关站避雷器电气距离180m,请说明当校核是否在主变压器附近增设一组避雷器时,应按下列几回线路来校核?(第435页第八章第五十五题)   (   )
(A) 1回
(B) 2回
(C) 3回
(D) 4回

9. 若每台发电机端均装设避雷器,1号和3号厂用电源分支采用带金属外皮的电缆引接,电缆段长40m,请说明主变压器低压侧避雷器应按下列哪项配置?(第443页第八章第六十四题)   (   )
(A) 需装设避雷器
(B) 需装设2组避雷器
(C) 需装设1组避雷器
(D) 无需装设避雷器

10. 若该电厂的污秽等级为Ⅱ级,海拔2800m,请计算220kV配电装置外绝缘的爬电比距应选下列哪组,通过计算并简要说明。(第477页第八章第一百零一题)   (   )
(A) 1.6cm/kV
(B) 2.0cm/kV
(C) 2.5cm/kV
(D) 3.1cm/kV

【2008年下午题11~15】某220kV配电装置内的接地网,是以水平接地极为主,垂直接地极为辅,且边缘闭合的复合接地网,已知接地网的总面积为7600m²,测得平均土壤电阻

率为68Ω·m，系统最大允许方式下的单相接地短路电流为25kA，接地短路电流持续时间2s，据以上条件解答下列问题。

11. 计算220kV配电装置内的接触电位差不应超过下列何值？　　　　　　（　　）
（A）131.2V　　　　　　　　　　　　（B）110.8V
（C）95V　　　　　　　　　　　　　　（D）92.78V

12. 计算220kV配电装置内的跨步电位差不应超过下列何值？（第483页第九章第一题）
　　　　　　　　　　　　　　　　　　　　　　　　　　　　　　　　（　　）
（A）113.4V　　　　　　　　　　　　（B）115V
（C）131.2V　　　　　　　　　　　　（D）156.7V

13. 假设220kV配电装置内的复合接地网采用镀锌扁钢，其热稳定系数为70，保护动作时间和断路器开断时间之和为1s，计算热稳定选择的主接地网规格不应小于下列哪种？（第507页第九章第三十八题）　　　　　　　　　　　　　　　　　　　　　　　　（　　）
（A）50×6mm²　　　　　　　　　　　（B）50×8mm²
（C）40×6mm²　　　　　　　　　　　（D）40×8mm²

14. 计算220kV配电装置内复合接地网接地电阻为下列何值？（按简易计算式计算）（第505页第九章第三十四题）　　　　　　　　　　　　　　　　　　　　　　　（　　）
（A）10Ω　　　　　　　　　　　　　　（B）5Ω
（C）0.39Ω　　　　　　　　　　　　　（D）0.5Ω

15. 假设220kV变压器中性点直接接地运行，流经主变压器中性点的最大接地短路电流值为1kA，厂内短路时避雷线的工频分流系数为0.5，厂外短路时避雷线的工频分流系数为0.1，计算220kV配电装置保护接地的接地电阻应为下列何值？（第495页第九章第二十题）（　　）
（A）5Ω　　　　　　　　　　　　　　（B）0.5Ω
（C）0.39Ω　　　　　　　　　　　　　（D）0.167Ω

【2008年下午题16～19】　某变电站分两期工程建设，一期和二期在35kV母线侧各装一组12Mvar并联电容器成套装置。

16. 一期的成套装置中串联电抗器的电抗率为6%，35kV母线短路电流为13.2kA，试计算3次谐波谐振的电容器容量应为下列哪项数值？　　　　　　　　　　　　（　　）
（A）40.9Mvar　　　　　　　　　　　（B）23.1Mvar
（C）21.6Mvar　　　　　　　　　　　（D）89.35Mvar

17. 若未接入电容器装置时的母线电压是35kV，试计算接入第一组电容器时，母线的稳态电压升高值应为下列哪项？　　　　　　　　　　　　　　　　　　　　　（　　）

(A) 0.525kV (B) 0.91kV
(C) 1.05kV (D) 0.3kV

18．若成套电容器组采用串并接方式，各支路内部两个元件串接，假设母线的电压为36kV，计算单个电容器的端电压。（ ）

(A) 11.06kV (B) 19.15kV
(C) 22.11kV (D) 10.39kV

19．对电容器与断路器之间连接线短路故障，宜设带短延时的过电流保护动作于跳闸，假设电流互感器变比为300/1，按星形接线，若可靠系数1.5，电容器长期允许的最大电流按额定电流计算，计算过电流保护的动作电流应为下列何值？（第334页第六章第八十六题）（ ）

(A) 0.99A (B) 1.71A
(C) 0.66A (D) 1.34A

【2008年下午题20~24】某发电厂启动备用变压器从本厂110kV配电装置引接，变压器型号为SF9-16000/110，三相双绕组无激磁调压变压器115/6.3kV，阻抗电压U_d=8%，接线组别为YNd11，高压侧中性点直接接地。

20．请说明下列几种保护哪一项是本高压启动备用变压器不需要的？（第302页第六章第四十八题）（ ）

(A) 纵联差动保护 (B) 瓦斯保护
(C) 零序电流保护 (D) 零序电压保护

21．若高、低压侧TA变比分别为300/5A、2000/5A，计算当采用电磁式差动继电器三角形接线时，高、低压侧TA二次回路额定电流接近于下列哪组数值（高、低压一次侧额定电流分别为80A和1466A）？（第314页第六章第六十二题）（ ）

(A) 2.31A，3.67A (B) 1.33A，3.67A
(C) 2.31A，2.02A (D) 1.33A，2.02A

22．假定变压器高低压侧TA二次回路的额定电流分别为2.5A和3.0A，计算差动保护要躲过TA二次回路断线时的最大负荷电流最接近下列哪项值？（第314页第六章第六十三题）（ ）

(A) 3.0A (B) 3.25A
(C) 3.9A (D) 2.5A

23．已知用于后备保护110kV的TA二次负载能力为10VA，保护装置的第一整定值（差动保护）动作电流为4A，此时保护装置的二次负载为8VA，若忽略接触电阻，计算连接导线的最大电阻应为下列何值？（第274页第六章第十二题）（ ）

(A) 0.125Ω (B) 0.042Ω

(C) 0.072Ω (D) 0.063Ω

24. 假定该变压器单元在机炉集中控制室控制，说明控制屏应配置下列哪项所列表计（假定电气信号不进 DCS，也无监控系统）？（第 264 页第六章第一题） （ ）

(A) 电流表，有功功率表，无功功率表
(B) 电流表，电压表，有功功率表
(C) 电压表，有功功率表，无功功率表
(D) 电压表，有功功率表，有功电度表

【2008 年下午题 25～27】 某扩建 300MW 火力发电厂、厂用电引自发电机，厂用变压器采用无励磁调压变压器、联结组别为 Dyn11，容量为 50MVA，中性点经低电阻接地，系统接地电容电流为 80A，厂用电电压为 6.3kV，变压器短路损耗 P_0=150kW，阻抗电压为 16%，功率因数为 0.92，高压厂用变压器低压侧空载电压为 6.3kV，请回答下列问题。

25. 厂用电 6kV 系统中性点经低电阻接地，电阻器的绝缘等级和电阻值应为下列哪项？ （ ）

(A) 额定相电压，45.5Ω (B) 额定线电压，45.5Ω
(C) 额定相电压，78.7Ω (D) 额定线电压，78.7Ω

26. 低压厂用变压器 0.4kV 母线上，所用的厂用电动机最大运行轴功率之和为 989kW，对应于轴功率电动机效率为 0.93（平均值），对应于轴功率的电动机功率因数为 0.82（平均值），请问厂用电的计算负荷为下列哪项值？（第 518 页第十章第六题） （ ）

(A) 1297kVA (B) 1040kVA
(C) 1130kVA (D) 1232kVA

27. 假定高压厂用计算负荷为 36MVA，则 6.3kV 厂用母线电压标幺值为下列哪项数值？（第 529 页第十章第十七题） （ ）

(A) 0.926 (B) 0.882
(C) 0.948 (D) 0.953

【2008 年下午题 28～32】 某交流 220kV 架空送电线路架设双地线，铁塔采用酒杯塔，导线为 LGJ-400/65（直径 d=28mm），线间 d_{12}=d_{23}=7.0m。

28. 若档距按 600m 考虑，请计算在气温为 15℃，无风情况下档距中央导地线间的最小安全距离为下列哪项值（按经验公式计算）？（第 572 页第十一章第四十题） （ ）

(A) 7.2m (B) 8.7m
(C) 8.2m (D) 7.0m

29. 若该线路耐雷水平要求为 80kA，当仅按线路耐雷水平要求考虑时，请计算在气温为 15℃，无风情况下档距中央导、地线间的最小安全距离为何值？（第 572 页第十一章第四十一题） （ ）

（A）6m (B) 8m
（C）7m (D) 9m

30. 若档距按 600m 考虑，悬垂绝缘子串长为 2.5m，导线最大弧垂为 25m，请计算此时要求的最小线间距离为下列何值？ （ ）

（A）6.25m (B) 5.25m
（C）8.2m   (D) 7.0m

31. 若杆塔上地线距导线的垂直距离为 4m，则两地线间的距离不应超过多少米？（第 574 页第十一章第四十四题） （ ）

（A）10m (B) 15m
（C）20m (D) 25m

32. 在高土壤电阻率地区，为提高线路雷击塔顶时的耐雷水平，应采用下列哪项有效措施？ （ ）

（A）减小地线对边相线的保护角 (B) 降低杆塔接地电阻
（C）增加导线绝缘子串的绝缘子片数 (D) 避雷线对杆塔绝缘

【2008 年下午题 33~36】 有数基 220kV 单导线按 LGJ-300/40 设计的铁塔，导线的安全系数为 2.5，想将该塔用于新设计的 220kV 送电线路，采用的气象条件与本工程相同，本工程中导线采用单导线 LGJ-400/50，地线不变，导线参数见下表。

型号	最大风压 P4（N/m）	单位重量 P1（N/m）	覆冰时总重 P3（N/m）	破坏拉力（N）
LGJ-300/40	10.895	11.11	20.522	87609
LGJ-400/50	12.575	14.82	25.253	117230

33. 按 LGJ-300/40 设计的直线铁塔（不带转角），水平档距为 600m，用于本工程 LGJ-400/50 导线时，水平档距应取以下哪项数值（不计地线影响）？（第 594 页第十一章第七十四题） （ ）

（A）450m (B) 480m
（C）520m (D) 500m

34. 按 LGJ-300/40 设计的直线铁塔（不带转角），覆冰时的垂直档距为 1200m，用于本工程 LGJ-400/50 导线时，若不计同时风的影响，垂直档距应取以下哪项数值？（第 594 页第十一章第七十五题） （ ）

（A）910m (B) 975m

(C) 897m (D) 1050m

35. 计算 LGJ-400/50（导线截面积 $S=451.55\text{mm}^2$）在最大风时导线的综合比载为以下哪项数值？（第 626 页第十一章第一百二十题） （ ）

(A) $43.04\times10^{-3}\text{N}/(\text{m}\cdot\text{mm}^2)$ (B) $34.5\times10^{-3}\text{N}/(\text{m}\cdot\text{mm}^2)$
(C) $45.25\times10^{-3}\text{N}/(\text{m}\cdot\text{mm}^2)$ (D) $38.22\times10^{-3}\text{N}/(\text{m}\cdot\text{mm}^2)$

36. 本工程中若转角塔的水平档距不变，且最大风时 LGJ-400/50 导线与 LGJ-300/40 导线的张力相同，按 LGJ-300/40 设计的 30℃转角塔用于 LGJ-400/50 导线时，指出下列说法中哪项正确，并说明理由。（第 636 页第十一章第一百三十七题） （ ）

(A) 最大允许转角等于 30°
(B) 最大允许转角大于 30°
(C) 最大允许转角小于 30°
(D) 按 LGJ-300/40 设计的 30℃转角塔不能用于 LGJ-400/50 导线

【2008 年下午题 37~40】 某架空送电线路采用单导线，导线的最大垂直荷载为 25.5N/m，导线的最大使用张力为 36 900N，导线的自重荷载为 14.81N/m，导线的最大风时风荷载为 12.57N/m。

37. 若要求耐张串采用双联，请确定本工程采用下列哪种型号的绝缘子最合适？（第 630 页第十一章第一百二十六题） （ ）

(A) XP-70   (B) XP-100
(C) XP-120 (D) XP-160

38. 直线塔上的最大垂直档距为 $L_V=1200\text{m}$，请确定本工程单联悬垂串应采用下列哪种型号的绝缘子？（第 631 页第十一章第一百二十七题） （ ）

(A) XP-70   (B) XP-100
(C) XP-120 (D) XP-160

39. 某 220kV 线路悬垂绝缘子串组装型式见下表，计算允许荷载应为下列哪项数值？ （ ）

编号	名称	型号	每串数量（个）	每个质量（kg）	共计质量（kg）
1	U 型挂板	UB-70	1	0.75	0.75
2	球头挂环	QP-70	1	0.25	27
3	绝缘子	XP-70	13	4.7	61.1
4	悬垂线夹	XGU-TA	1	5.7	5.7
5	铝包带				0.1

注 线夹强度为 59kN。（第 631 页第十一章第一百二十八题）

(A) 26.8kN (B) 23.6kN
(C) 25.93kN (D) 28.01kN

40. 直线塔所在耐张段在最高气温下导线最低点张力为 26.87kN，当一侧垂直档距为 L_V=581m，请计算该侧的导线悬垂角应为下列哪项数值？（第 639 页第十一章第一百四十题）
（　　）

(A) 19.23° (B) 17.76°
(C) 15.20° (D) 18.23°

答　　案

---

1. CD【解答过程】由 DL/T 5044—2014 第 3.2.2 条可知，在正常运行情况下，直流母线电压应为直流系统标称电压的 105%，即：对于 110V 系统，正常情况下母线电压 U=110×1.05=115.5（V），选项 A 正确。对于 220V 系统，正常情况下母线电压 U=220×1.05=231（V），选项 B 正确。由 DL/T 5044—2014 第 3.2.4 条可知，在事故放电情况下，事故放电末期，蓄电池组出口端电压不应低于直流系统标称电压的 87.5%，即：对于 110V 系统，$U \geq 87.5\% U_n$=0.875×110=96.25（V），选项 C 错误。对于 220V 系统，$U \geq 87.5\% U_n$=0.875×220=192.5（V），选项 D 错误。所以 C、D 均错误。说明：本题用新规范来解读，C、D 选项都是错误的，按旧规范解读，只有 D 选项是错误的。题目属于 2008 年考题，所以当时选 D。

2. D【解答过程】由 DL/T 5044—2014 附录 A 第 A.3.6 条可得，蓄电池 1h 放电率电流为 $I_{cal}=5.5 \times \dfrac{2000}{10}=1100$（A），又由表 E.2-2 得，1.1V≤$\Delta U_p$≤2.2V。根据该规范式（E.1.1-2）可得 L1 电缆截面 $S_{cacmin}=\dfrac{\rho \times 2LI_{ca}}{\Delta U_p}=\dfrac{0.0184 \times 2 \times 28 \times 1100}{2.2}=515.2$（mm²）

3. C【解答过程】由 DL/T 5044—2014 第 6.7.2 条可知：直流母线分段开关可按全部负荷的 60%选择，故选项 C 错误。其余各选项分析：A 选项：由 DL/T 5044—2014 第 6.6.3 条可知，蓄电池出口回路熔断器应按事故停电时间的蓄电池放电率电流和直流母线上最大馈线直流断路器额定电流的 2 倍选择，两者取较大者。故选项 A 正确。注：DL/T 5044—2014 要求是 1h 或 2h，DL/T 5044—2004 描述的是 1h。本题是 2008 年的题目，所以和 DL/T 5044—2014 描述稍微有点出入。B 选项：直流电动机回路可按电动机的额定电流选择，故选项 B 正确。D 选项：断流能力应满足安装地点直流电源系统最大预期短路电流的要求。故选项 D 正确。

4. A【解答过程】由 DL/T 5044—2014 第 4.1.1 条可知，控制负荷包括电气和热工的控制、信号、测量和继电保护、自动装置等负荷；而各类直流电动机、断路器电磁操动的合闸机构、交流不间断电源设备、远动、通信装置的电源和事故照明等负荷则属于动力负荷。

5. A【解答过程】根据 DL/T 5044—2004 第 6.2.1 条，在直流柜上的测量表计可仅装设直流母线电压表。

6. B【解答过程】由 NB/T 35067—2015 第 4.2.3 条可知，题目描述情况属于操作过电压。

7. A【解答过程】依题意，系统中性点采用低电阻接地方式。由 GB/T 50064—2014 表

4.4.3 可得：避雷器额定电压为 U_m=12kV，避雷器持续运行电压为 $0.8U_m$=0.8×12=9.6kV。说明：一定要根据题意判断避雷器安装位置的系统接地方式，比如此题如果按不接地方式选择，则会错选 B 选项，按谐振接地为 C 选项。GB/T 50064—2014 表 4.4.3 中的电压 U_m 指系统最高运行电压，应由 GB/T 156—2007 查得 U_m 再计算，切记不能代系统标称电压。

8．A【解答过程】根据题设情况，由 NB/T 35067—2015 第 7.3.5 条可知，应按分流线路少、条件恶劣的初期 2 回考虑。初期两回线路采用同塔双回路形式，按 1 回考虑，故最终按 1 回校验。

9．D【解答过程】由 NB/T 35067—2015 第 7.3.8 条可知，金属外皮电缆段长度大于 25m 可不必装设避雷器。

10．B【解答过程】由 DL/T 5222—2005 附表 C.2 可知：220kV 电厂污秽等级为 Ⅱ 级时的最高电压爬电比距 λ 为 2.0cm/kV。说明：爬电比距无需进行海拔修正。DL/T 5222—2021 已删除此内容。

11．A【解答过程】由 GB/T 50065—2011 式（4.2.2-1）可得，110kV 及以上有效接地系统，接地装置的接触电位差不应超过 $U_t = \dfrac{174 + 0.17 \times 68}{\sqrt{2}} = 131.21$ (V)。

12．D【解答过程】由 GB/T 50065—2011 式（4.2.2-2）可得，110kV 及以上有效接地系统，接地装置的跨步电位差不应超过 $U_s = \dfrac{174 + 0.7 \times 68}{\sqrt{2}} = 156.69$ (V)。

13．A【解答过程】由 DL/T 621—1997 附录 C 中式（C.1），结合 DL/T 621—1997 第 6.2.8 条可得 $S_g \geq \dfrac{0.75 \times 25 \times 10^3}{70} \times \sqrt{1} = 267.86$ (mm²)，取 50×6mm²。0.75 是本题最大的坑点。

14．C【解答过程】由 GB/T 50065—2011 的附录 A 中式（A.0.4.3）可得复合接地网工频接地电阻 $R \approx 0.5 \times \dfrac{68}{\sqrt{7600}} = 0.39$ (Ω)。

15．D【解答过程】由 GB/T 50065—2011 附录 B 中式（B.0.1-1）、式（B.0.1-2）可得站内接地短路电流 $I_{站内}$=(25−1)×(1−0.5)=12(kA)，站外接地短路电流 $I_{站外}$=1×(1−0.1)=0.9(kA)，以上两者中取大者 I=12kA。本题属于有效接地系统，根据该规范第 4.2.1 条及式（4.2.1-1）可得 $R \leq \dfrac{2000}{12000} = 0.167$ (Ω)。所以选 D。说明：在 GB/T 50065—2011 中，附录 B 中的厂站分流系数=1−避雷线分流系数。该考点可参考老版一次手册第 921 页 3.（3）条，如果有多回架空输电线路，站外短路时避雷线工频分流系数 k_{f2} 应代较小值。新版一次手册的该内容已做修改。

16．A【解答过程】由 GB 50227—2017 式（3.0.3）可得 $Q_{cx} = S_d\left(\dfrac{1}{n^2} - K\right) = \sqrt{3} \times 35 \times 13.2 \left(\dfrac{1}{3^2} - 0.06\right) = 40.9$ (Mvar)。按照电力系统分析中短路容量的定义，电压应取系统平均电压，即 1.05 倍额定电压，但本题中如果用平均电压 37kV，结果为 43.2Mvar，无法准确对应选项。

17．A【解答过程】由 GB 50227—2017 第 5.2.2 条及条文说明可得 $\Delta U_s = U_{s0} \dfrac{Q}{S_d} = 35 \times$

$\dfrac{12}{\sqrt{3}\times 35\times 13.2}=0.525$ (kV)。一般情况，短路电流计算基准电压用平均电压 37kV，但本题用 37kV 计算显然没有答案，此时只能使用 35kV 作答。

18．A【解答过程】由 GB 50227—2017 第 5.2.2-3 条式（5.2.2）可得

$U_c=\dfrac{U_s}{\sqrt{3}S}\times\dfrac{1}{1-K}=\dfrac{36}{\sqrt{3}\times 2}\times\dfrac{1}{1-0.06}=11.06$ (kV)。

19．A【解答过程】由新版变电手册第 629 页式（14-63）可得该过电流保护动作电流为

$I_{dz}=\dfrac{K_k I_e}{n_1}=\dfrac{1.5\times\dfrac{12\times 10^3}{\sqrt{3}\times 35}}{300}=0.99$ (A)。

老版二次手册第 476 页式（27-3）。

20．D【解答过程】由 DL/T 5153—2014 第 8.4.4 条可知，A、B、C 都是该启动备用变压器需要装设的保护，而未提及零序电压保护，因此不需要装设零序电压保护。

21．A【解答过程】由老版二次手册第 619 页式（29-54）可得变压器差动保护高压侧

$I'_{1e}=\dfrac{K_{jx}I_e}{n_1}=\dfrac{\sqrt{3}\times 80}{\dfrac{300}{5}}=2.31$ (A)。变压器差动保护低压侧 $I'_{2e}=\dfrac{K_{jx}I_e}{n_1}=\dfrac{1\times 1466}{\dfrac{2000}{5}}=3.665$ (A)。

22．C【解答过程】由老版二次手册第 619 页式（29-63）可知，差动保护要躲过 TA 二次回路断线时的最大负荷电流。按躲过高压侧二次回路断线时的最大负荷电流 $I_{dz1}=1.3I_{fh,max}=1.3\times 2.5=3.25$ (A)；按躲过低压侧二次回路断线时的最大负荷电流 $I_{dz2}=1.3I_{fh,max}=1.3\times 3.0=3.9$ (A)，$I_{dz}=3.9A$。

23．D【解答过程】由新版二次手册第 65 页式（2-2）可知，继电器阻抗值为 $Z_j=\dfrac{P}{I^2}=\dfrac{8}{4^2}=0.5$ (Ω)，TA 二次负载值为 $Z_j=\dfrac{P}{I^2}=\dfrac{10}{4^2}=0.625$ (Ω)，包含阻抗换算系数的连接导线的电阻为 $0.625-0.5=0.125$ (Ω)。本题求后备保护 TA 负载能力，后备保护一般为星型接线。由新版二次手册第 73 页式（2-12），连接导线的阻抗换算系数选最不利的情况，由该手册表 2-19 可知，三相星形接线系数最大为 2。连接导线电阻为 $0.125/2=0.063$ (Ω)。所以选 D。

老版二次手册第 67 页式（20-7）、第 67 页式（20-6）、表 20-18。

24．A【解答过程】由 GB/T 50063—2017 附录 C 中表 C.0.2-3 可知：发电厂双绕组及三绕组变压器组的测量图表、双绕组变压器高压侧、计算机监控系统应配置电流表、有功功率表和无功功率表。

25．A【解答过程】依题意，接地方式为低电阻接地，由 DL/T 5222—2021 附录 B 式（B.2.2-2）可知：绝缘等级应达到额定相电压水平；接地电阻阻值 $R_N=\dfrac{U_N}{\sqrt{3}I_d}=\dfrac{6300}{\sqrt{3}\times 80}=45.5$ (Ω)。

26．D【解答过程】依题意，由 DL/T 5153—2014 附录 F 第 F.0.2 条，本厂属于扩建电厂，同时率取 0.95，可得厂用电计算负荷 $S_c=0.95\times\dfrac{989}{0.93\times 0.82}=1232$ (kVA)。

27．C【解答过程】由 DL/T 5153—2014 附录 G 可知 $R_T=1.1\times\dfrac{150}{50000}=0.0033$

$X_\mathrm{T} = 1.1 \times \dfrac{16}{100} \times \dfrac{50000}{50000} = 0.176$，$Z_\varphi = 0.0033 \times 0.92 + 0.176 \times 0.392 = 0.072$。

厂用电压母线电压 $U_\mathrm{m} = \dfrac{6.3}{6.3} - \dfrac{36}{50} \times 0.072 = 0.948$。说明：本题的基准电压在 DL/T 5153—2014 附录 G 中规定取 6kV，而基准容量则是厂用变压器低压绕组容量 50MVA。故实际应为 $U_\mathrm{m} = \dfrac{6.3}{6} - \dfrac{36}{50} \times 0.072 = 0.998$，但没有对应选项，题目不严谨，只能按照 $U_0 = 1$ 计算，选 C。

28．C【解答过程】由 DL/T 5582—2020 中第 2.2.6 条可知气温 15℃、无风情况下档距中央导、地线间的最小安全距离经验公式为 $S \geqslant 0.012l + 1 = 0.012 \times 600 + 1 = 8.2$ (m)。

29．B【解答过程】由《电力工程高压送电线路设计手册》第 119 页式（2-6-63）可知 $S = \dfrac{90I(1-0.2)}{700} = 0.1I = 0.1 \times 80 = 8$ (m)，在新版线路手册第 722 页的公式已修改。

30．A【解答过程】由 DL/T 5090—1999 式（10.0.1-1）可知 $D = 0.4L_\mathrm{k} + \dfrac{U}{110} + 0.65\sqrt{f_\mathrm{c}} = 0.4 \times 2.5 + \dfrac{220}{110} + \sqrt{25} = 6.25$ (m)。说明：酒杯塔导线为水平排列，猫头塔导线为三角形排列。本题大题干已说明铁塔采用酒杯塔，暗指水平排列。

31．C【解答过程】由 GB 50545—2010 第 7.0.15 条可知：杆塔上两根地线之间的距离，不应超过地线与导线间垂直距离的 5 倍 $S \leqslant 5 \times 4 = 20$ (m)。

32．B【解答过程】老版线路手册第 134 页右下（二）：对一般高度的杆塔，降低杆塔接地电阻是提高线路耐雷水平防止反击的有效措施。

33．C【解答过程】由 DL/T 5582—2020 式（9.3.1-1），且换导线前后杆塔的风荷载不变，由于杆塔不变，$\sin\theta$ 值不变，则 $P_4 L_\mathrm{H} = P_4' L_\mathrm{H}'$，$L_\mathrm{H}' = 600 \times 10.895/12.575 = 520$ (m)。

34．B【解答过程】新版线路手册第 469 页式（8-17），且换导线前后覆冰垂直荷载不变，则 $P_3 L_\mathrm{v} = P_3' L_\mathrm{v}'$，$L_\mathrm{v}' = 1200 \times 20.522/25.253 = 975$ (m)。

35．A【解答过程】由新版线路手册第 303 页表 5-13 可得

$$\gamma_6 = \dfrac{g_6}{A} = \dfrac{\sqrt{\gamma_1^2 + \gamma_4^2}}{A} = \dfrac{\sqrt{12.575^2 + 14.82^2}}{451.55} = 43.04 \times 10^{-3}\ [\mathrm{N}/(\mathrm{m} \cdot \mathrm{mm}^2)]$$

36．C【解答过程】由新版线路手册第 295 页式（5-9）、第 470 页式（8-21），同时忽略转角对导线风压的影响可得 $P_4 l_\mathrm{h} + 2T\sin\dfrac{\alpha}{2} = P_4'' l_\mathrm{h}'' + 2T''\sin\dfrac{\alpha''}{2}$。因为 $P_4 < P_4''$，$T = T''$，$l_\mathrm{h} = l_\mathrm{h}''$，故 $\alpha > \alpha''$，所以选 C。老版线路手册出处为第 174 页式（3-1-14）、第 328 页式（6-2-9）。

37．A【解答过程】由 DL/T 5582—2020 表 8.0.1 可知，绝缘子的机械强度在最大使用荷载时安全系数为 2.7。则根据式（6.0.1）得 $T_\mathrm{R} = K_1 T/2 = 2.7 \times 36.9/2 = 49.8$ (kN)，选用 XP-70 满足要求。断联校验 $T_\mathrm{R} = K_1 T = 1.5 \times 36.9 = 55.35$ (kN) < 70 kN，符合要求。

38．B【解答过程】由 DL/T 5582—2020 第 8.0.1 条、第 8.0.2 条式（8.0.2）可知 $T_\mathrm{R} = K_1 T = 2.7 \times (1200 \times 25.5) = 82620$ (N)，选择 XP-100。说明：本题题设悬垂绝缘子串是单联，单联不需要校验断联的情况。本题未给出水平档距，也未给出覆冰时的水平荷载，可认为忽略覆冰时的水平受力。同时导线的自重荷载为 14.81N/m 与最大风时风荷载 12.57N/m 的矢量和

19.43N/m 也小于导线最大垂直荷载 25.5N/m，所以只需计算最大覆冰时绝缘子承受的垂直力即可。

39．B【解答过程】由 DL/T 5582—2020 第 8.0.1 条可知，最大荷载时：绝缘子安全系数为 2.7，金具安全系数为 2.5；其金具 U 型挂板、球头挂环、悬垂线夹中，悬垂线夹强度最低，故比较绝缘子串和悬垂线夹两者允许荷载，取其最低值为计算允许荷载。

（1）盘型绝缘子在最大使用荷载情况下的安全系数为 2.7，依题意单片绝缘子的破坏荷载为 70kN，对于悬垂绝缘子串，整串 13 片中，最顶上一片最危险，要承受以下 12 片绝缘子及下部金具的重量，该片绝缘子的允许荷载 $T = \dfrac{70}{2.7} - \dfrac{4.7 \times 12 + 5.7 + 0.1}{1000} \times 9.8 = 25.32$ (kN)。

（2）金具在最大使用荷载情况下的安全系数为 2.5，故线夹允许荷载 $T = \dfrac{59}{2.5} = 23.6$ (kN)。

以上取最小值：T=23.6kN。

40．B【解答过程】由新版线路手册第 765 页式（14-10），最高温时导线比载按自重比载考虑，可得

$$\theta_{1\cdot 2} = \arctan \dfrac{\gamma_c l_{xvc}}{\sigma_c} = \arctan \dfrac{\dfrac{14.81}{A} \times 581}{\dfrac{26870}{A}} = 17.76\ (°)$$

老版线路手册出处为第 605 页式（8-2-10）。

2009年注册电气工程师专业知识试题

（上午卷）及答案

一、单项选择题（共40题，每题1分，每题的备选项中只有1个最符合题意）

1. 220kV变电站站内主要环形消防道路路面宽度宜为4m，从站区大门至主变压器的运输道路宽度应为下列哪项数值？　　　　　　　　　　　　　　　　　　　　　　　　（　　）

（A）4m　　　　　　　　　　　　　（B）4.5m
（C）5m　　　　　　　　　　　　　（D）5.5m

2. 火力发电厂的噪声防治，首先应控制噪声源，并采取隔声、隔振、吸声及消声措施，其中主要生产车间及作业场所（工人每天连续接触噪声8h）噪声限制值为下列哪项数值？
　　　　　　　　　　　　　　　　　　　　　　　　　　　　　　　　　　　　　　（　　）

（A）100dB　　　　　　　　　　　（B）95dB
（C）90dB　　　　　　　　　　　　（D）75dB

3. 电厂消防给水可采用独立消防给水或生活生产用合用的给水系统，请问下列哪项应设置独立的消防给水系统？　　　　　　　　　　　　　　　　　　　　　　　　　　　（　　）

（A）125MW燃煤电厂　　　　　　　（B）100MW燃煤电厂
（C）80MW燃煤电厂　　　　　　　　（D）50MW燃煤电厂

4. 单机容量为200MW及以上时，自动灭火系统、与消防有关的电动阀门及交流控制负荷，应如何供电？　　　　　　　　　　　　　　　　　　　　　　　　　　　　　　（　　）

（A）由蓄电池直流母线供电　　　　　（B）按Ⅰ类负荷供电
（C）按消防负荷供电　　　　　　　　（D）按保安负荷供电

5. 下列有关电力电缆直埋敷设的路径选择原则，不正确的是？　　　　　　　　　（　　）

（A）应避开含有酸、碱强腐蚀的地段　（B）应避开有杂散电流的地段
（C）宜避开白蚁危害严重的地段　　　（D）宜避开易遭外力损坏的地段

6. 某火电厂厂用变压器为1000kVA、35/6kV、Dyn11接线，其中变压器低压侧采用电缆连接，建成后前5年变压器最高负荷率为70%，拟5年后增容至80%，经济电流密度$J=0.4A/mm^2$，若按经济电流密度选择，该电缆规格为下列哪一项？　　　　　（　　）

（A）240mm^2　　　　　　　　　　（B）185mm^2

(C) 150mm²   (D) 120mm²

7. 某110kV架空线路的悬垂段，平均高度为35m，若距架空线路100m处，有一幅值为50kA的雷电流对地放电，则雷击后在架空线路上产生的感应过电压为下列哪项数值？　　　　　　　　　　　　　　　　　　　　　　　　　　　　（　　）

(A) 744kV   (B) 850kV
(C) 438kV   (D) 500kV

8. 220kV系统相间的最大操作过电压（标幺值）应为下列哪项数值？（　　）
(A) 3   (B) 3.2
(C) 4   (D) 4.8

9. 低压并联电容器装置的安装地点和装设容量，应根据下列哪项原则保证不向电网倒送无功？　　　　　　　　　　　　　　　　　　　　　　　　　　　　　　（　　）
(A) 集中补偿，分级平衡   (B) 分散补偿，分级平衡
(C) 集中补偿，就地平衡   (D) 分散补偿，就地平衡

10. 在系统具有重要地位的某500kV终端变电站，线路、变压器等连接元件的总数为4回，选用下列哪种接线方式是不正确的？　　　　　　　　　　　　　　　（　　）
(A) 一个半断路器   (B) 线路变压器组
(C) 桥型   (D) 单母线

11. 电力系统承受扰动能力的安全稳定标准分为三级，下列哪项是第一级标准？（　　）
(A) 保持稳定运行，但允许损失部分负荷
(B) 保持稳定运行和电网的正常供电
(C) 保持稳定运行，但允许损失部分电源
(D) 当系统不能保持稳定运行时，须防止系统崩溃

12. 某200MW的火力发电厂，发电机出口额定电压18kV，请问励磁顶值电压倍数为下列哪项数值？　　　　　　　　　　　　　　　　　　　　　　　　　　　（　　）
(A) 1.8   (B) 2
(C) 1.6   (D) 1.5

13. 下列有关高压熔断器的表述不正确的是？　　　　　　　　　　　（　　）
(A) 保护电压互感器的熔断器，仅按额定电压和开断电流选择
(B) 应能承受变压器投入时的励磁涌流
(C) 熔管的额定电流应小于或等于熔体的额定电流
(D) 应能承受电动机的起动电流

14. 某城市电网 2006 年用电量为 287 亿 kWh，最大负荷利用小时数为 5800h，请问该电网年最大负荷为多少？ （ ）
（A）4453×1000MW
（B）4948×1000MW
（C）3959×1000MW
（D）5443×1000MW

15. 配电装置的布置应结合接线方式、设备型式等因素考虑，下列哪项的配电装置不采用中型布置？ （ ）
（A）220～500kV，一个半断路器接线，采用管型母线配双柱伸缩式隔离开关
（B）220～500kV，双母线接线，采用软母线配单柱式隔离开关
（C）110kV，双母线接线，采用管型母线配双柱式隔离开关
（D）35～110kV，单母线接线，采用软母线配双柱式隔离开关

16. 为保证空气污秽地区导体和电器安全运行，在工程设计中，一般采用增大电瓷外绝缘的有效爬电比距，下列哪种绝缘子类型不能满足要求？ （ ）
（A）大小伞
（B）硅橡胶
（C）钟罩式
（D）草帽式

17. 电气设备噪声应满足环保要求，断路器的非连续噪声水平，屋内与屋外的限制水平为下列哪项数值（测试位置距声源设备外沿垂直面的水平距离为 2m，离地高度 1～1.5m）？ （ ）
（A）屋内不宜大于 90dB，屋外不宜大于 110dB
（B）屋内不宜大于 80dB，屋外不宜大于 100dB
（C）屋内不宜大于 90dB，屋外不宜大于 100dB
（D）屋内不宜大于 80dB，屋外不宜大于 110dB

18. 500kV 有效接地系统中，变压器中性点设无间隙金属氧化锌避雷器，其持续运行电压和额定电压为下列何值？ （ ）
（A）247.5kV，313.5kV
（B）71.5kV，93.5kV
（C）317.5kV，412.5kV
（D）324.5kV，440kV

19. 关于雷电过电压，设计和运行中需考虑雷电的各种形式对电气装置的危害和影响，其中不包括下列哪项？ （ ）
（A）球形雷电发生概率
（B）感应雷过电压
（C）雷电反击
（D）直接雷击

20. 某 300MW 发电机出口额定电压为 20kV，发电机中性点经接地变压器二次侧电阻接地运行，二次侧电压为 220V，接地电阻为 0.65Ω，接地变压器的过负荷系数为 1.3，则接地变压器容量应不小于下列哪项数值？ （ ）
（A）74.5kVA
（B）33.1kVA

(C) 65.3kVA (D) 57.3kVA

21．变电站照明设计中，关于灯具光源的选型要求哪项是错误的？　　　　　（　　）
(A) 道路、屋外配电装置、煤场、灰场等场所照明光源，宜采用高压钠灯和金属卤化灯
(B) 在蒸汽浓度大的场所，宜采用透雾能力强的高压钠灯
(C) 在灰尘多的场所，宜采用透雾能力强的高压钠灯
(D) 无窗厂房的照明光源宜采用荧光灯，当房间高度在 4m 以上时，可采用金属卤化物灯或大功率荧光灯

22．由集中照明变压器供电的主厂房正常照明母线，应采用单母线接线，每台机组设一台或两台正常照明变压器。下列照明备用变压器的配置方式哪条是错误的？（　　）
(A) 正常照明变压器互为备用率
(B) 检修变压器兼作照明备用变压器
(C) 单机容量 200MW 以上的发电厂主厂房应设专用的照明备用变压器
(D) 当低压厂用系统为直接接地系统时，可用低压厂用备用变压器兼作照明备用变压器

23．大容量并联电容器组的选型和短路电流计算中，下列哪种情况需考虑并联电容器对短路电流的助增效应？　　　　　　　　　　　　　　　　　　　　（　　）
(A) 不对称
(B) 短路点在变压器低压侧
(C) 短路点在出线电抗器后
(D) 对于采用 12%串联电抗器的电容器装置 $Q_c/S_d < 10\%$

24．330kV 变电站架空进线 4 回，变电站设置敞开式高压配电装置，金属氧化物避雷器对主变压器的距离，应为下列哪项数值？　　　　　　　　　　　　（　　）
(A) 265m (B) 230m
(C) 190m (D) 165m

25．为防止电气误操作，倒闸操作的开关均应设置电气闭锁措施，下列哪项装置设置闭锁措施是不正确的？　　　　　　　　　　　　　　　　　　　　　（　　）
(A) 隔离开关 (B) 接地开关
(C) 母线接地器 (D) 断路器

26．自耦变压器的第三绕组容量，最大值一般不超过其电磁容量，从补偿 3 次谐波电流的角度考虑，应不小于电磁容量的多少？　　　　　　　　　　　　（　　）
(A) 35% (B) 45%
(C) 55% (D) 65%

27．某 300MW 发电机组，按要求装设双重主保护，每一套主保护宜具有纵联差动保护

功能，此纵联差动保护应安装于下列哪项设备上？ （　　）
（A）发电机
（B）发电机和发电机出口母线
（C）发电机和变压器
（D）变压器和变压器高压母线

28．某火电厂 200MW 机组设逆功率保护，其逆功率保护的功率应整定为下列哪项数值？
（　　）
（A）1MW
（B）4MW
（C）10MW
（D）20MW

29．某 220V 直流系统，蓄电池共 104 个，单个蓄电池浮充电电压为 2.23V，均衡充电电压为 2.33V，开路电压为 2.5V，单个蓄电池内阻 10.5mΩ，连接直流母线的电缆电阻为 5.85mΩ，忽略其他连接或接触电阻，请问若在蓄电池组连接的直流母线上发生短路，短路电流为下列哪项数值？ （　　）
（A）211A
（B）254A
（C）237A
（D）221A

30．某火电厂厂用电系统的接地电容电流为 5A，则厂用电系统宜采取下列哪种接地方式？ （　　）
（A）经消弧线圈接地
（B）经高电阻接地
（C）经低电阻接地
（D）直接接地

31．下列有关低压断路器和熔断器的额定短路分断能力校验的表述哪个是不正确的？
（　　）
（A）断路器和熔断器安装地点的短路功率因数值不低于断路器和熔断器的额定短路功率因数值
（B）断路器和熔断器安装地点的预期短路电流值应不大于允许的额定短路分断能力
（C）安装地点的预期短路电流值，指分断瞬间一个周波内的周期性分量有效值，对于动作时间大于 4 个周波的断路器，可不计及异步电动机的反馈电流
（D）当安装地点的短路功率因数高于断路器和熔断器的额定短路功率因数时，额定短路分断能力宜留有适当裕度

32．某 500kV 变电站，站用通风机 150kW、微机保护及监控单元 50kW、变压器冷却装置 60kW、雨水泵 10kW、其他电热负荷 150kW、照明负荷 50kW，则站用变压器计算容量为下列哪项数值？ （　　）
（A）429.5kVA
（B）370kVA
（C）421kVA
（D）378.5kVA

33．某 500kV 双回架空线路的潜供电流为 13.3A，潜供电流的自灭时间等于单相自动重合闸无电流间隙时间减去弧道去游离时间，请问无电流间隙时间应为下列哪项数值（采用经

验公式)? ( )
(A) 0.58s (B) 0.78s
(C) 1s (D) 1.23s

34. 气体绝缘金属封闭开关设备专用接地网与变电站接地网连接线为 4 根,其连接线截面的热稳定校验电流,应取单相接地故障时最大不对称电流有效值的比例为多少? ( )
(A) 70% (B) 50%
(C) 35% (D) 25%

35. 220kV 架空导线,轻冰区的耐张段长度不宜大于下列哪项数值? ( )
(A) 10km (B) 5km
(C) 3km (D) 2km

36. 线路换位的作用是为了减少电力系统正常运行时不平衡电流和不平衡电压,110kV 中性点直接接地的电力系统,架空线路距离超过下列哪项数值时宜进行线路换位? ( )
(A) 50km (B) 100km
(C) 150km (D) 200km

37. 某 220kV 架空导线,档距为 500m,采用全程双地线设计,地线保护角为 0°,相导线间距为 7m,则导线与地线间的最小距离和两地线之间的最大距离分别下列哪项数值?
( )
(A) 7m,40m (B) 9m,45m
(C) 9m,50m (D) 7m,35m

38. 下列有关悬垂转角塔的表述错误的是? ( )
(A) 当不能增加杆塔头部尺寸时,其转角角度数不宜大于 3°
(B) 当可以增加杆塔头部尺寸时,对 220kV 杆塔转角角度数不宜大于 10°
(C) 当可以增加杆塔头部尺寸时,对 330kV 杆塔转角角度数不宜大于 15°
(D) 当可以增加杆塔头部尺寸时,对 500kV 杆塔转角角度数不宜大于 20°

39. 某架空线路档距为 400m,两端线路悬挂点高度差为 35m,最大覆冰时综合比载为 62.58×10^{-3} N/(m·mm^2),水平应力为 98N/mm^2,选用斜抛物线公式计算最大弧垂为下列哪项数值? ( )
(A) 13.58m (B) 12.77m
(C) 12.82m (D) 11.49m

40. 用于抑制悬垂绝缘子串及跳线绝缘子串摇摆角度过大,应选用下列哪种金具? ( )
(A) 防振锤 (B) 间隔棒
(C) 阻尼线 (D) 重锤

二、多项选择题（共30题，每题2分，每题的备选项中有2个或2个以上符合题意）

41. 机组容量为 300MW 的火力发电厂，下列哪些位置或设备宜配置水喷雾或细水雾的灭火介质？ （ ）
    (A) 电缆隧道
    (B) 柴油发电机房及油箱
    (C) 封闭式运煤栈道及运煤隧道
    (D) 点火油罐

42. 下列有关燃煤电厂电缆及电缆敷设的表述哪些是正确的？ （ ）
    (A) 在电缆竖井中，每间隔约 7m 宜设置防火封堵
    (B) 在电缆隧道或电缆沟通向建筑物入口处应设置防火墙
    (C) 电缆沟内每间距 90m 处应设置防火墙
    (D) 电缆廊道内宜每隔 60m 划分防火隔段

43. 有关变压器冷却方式，下列表述正确的是？ （ ）
    (A) 自冷变压器，风冷变压器
    (B) 强迫油循环自冷变压器，强迫油循环风冷变压器
    (C) 强迫导向油循环自冷变压器
    (D) 强迫导向油循环水冷变压器

44. 自耦变压器较同容量的普通变压器材料用量小、造价低、损耗少、效率高，下列哪些情况可选用自耦变压器？ （ ）
    (A) 容量为 200MW 及以上的机组，主厂房及网控楼内的低压厂用变压器
    (B) 单机容量在 125MW 及以下，且两级升高电压均为直接接地系统，其送电方向主要由低压送高、中压侧，或低压和中压送向高压侧，无高压和低压同时向中压送电的要求
    (C) 当单机容量为 200MW 及以上时，高压和中压系统之间需设电气联络时
    (D) 在 330kV 及以上的变电站中，宜优先选用

45. 当均匀风速小于 6m/s 时，其风力扰动的周期与管型导体结构自振频率的周期相近时即产生微风振动，下列哪些措施可消减此振动？ （ ）
    (A) 在管内加装阻尼线
    (B) 将支持式改为悬吊式
    (C) 加装动力消振器
    (D) 采用长托架

46. 管型母线的固定方式可采用支持式和悬吊式，若采用支持式还应考虑下列哪些特殊情况，并采取消减措施？ （ ）
    (A) 端部效应
    (B) 微风振动
    (C) 热胀冷缩
    (D) 钢构发热

47. 电力工程中，下列哪些配电装置可不装设隔离开关？ （ ）
    (A) 220kV 配电装置母线避雷器及电压互感器

（B）330kV 进、出线装设的避雷器及电压互感器
（C）500kV 的母线电压互感器
（D）直接接地的自耦变压器中性点

48．二次设计中，电压为 220kV 及以上线路的数字式保护装置，下列选项中说法正确的是？　　　　　　　　　　　　　　　　　　　　　　　　　　　　　（　　）
（A）对有监视的保护通道，在系统正常情况下，通道发生故障或出线异常情况时，应发出闭锁信号
（B）应具有在失电压情况下自动投入的后备保护功能，并允许不保证选择性
（C）除具有全线速动的纵联保护功能外，还需具有三段式相间、接地距离保护
（D）保护装置应具有在线自动检测功能

49．电力系统中，并联电容器组中串联电抗器的电抗率选择，应根据电网条件与电容器参数计算分析确定，并应符合下列哪些规定？　　　　　　　　　　　　　（　　）
（A）用于抑制 7 次及以上谐波时，电抗率宜选取 0.1%～1%
（B）用于抑制 5 次及以上谐波时，电抗率宜选取 4.5%～5%
（C）用于抑制 3 次及以上谐波时，电抗率宜选取 12%
（D）用于抑制 3 次及以上谐波时，电抗率宜选取 4.5%～5%

50．火灾自动报警系统设计中，下列哪些场所宜设置缆式线型火灾探测器？（　　）
（A）电缆夹层、电缆隧道　　　　　（B）控制室的闷顶内或架空地板下
（C）楼梯间、走道、电梯机房　　　（D）锅炉房、发电机房

51．交流系统用单芯电力电缆与公用通信线路相距较近时，宜维持技术经济上有利的电缆路径，必要时需采取下列哪些抑制感应电势的措施？　　　　　　　　　（　　）
（A）单芯电缆之间应贴临敷设，减少或消除相互间距
（B）使电缆支架形成电气通路，计入其他并行电缆抑制因素的影响
（C）对电缆隧道的钢筋混凝土结构实行钢筋网焊接连通
（D）沿电缆线路适当附加并行的金属屏蔽线或罩盒等

52．在电缆隧道或重要回路的电缆沟中的哪些部位，宜采用阻火分隔措施？（　　）
（A）公用主沟道的分支处
（B）多段配电装置对应的沟道适当分段处
（C）长距离沟道中相隔约 100m 或通风区段处
（D）至控制室的沟道入口处

53．电力系统中，下列有关并联电容器接线类型的特点表述正确的是？（　　）
（A）对于 10kV 母线短路容量小于 100MVA 的 3000kvar 以下电容器组，可采用双三角形接线

（B）双星形接线对电网通信会造成干扰

（C）单三角形接线短路电流大，电容器允许耐爆能量要求大

（D）单星形接线，串联电抗器接在中性点处，最大电流仅为承受电容器组的合闸涌流

54. 发电厂与变电站中，下列哪些设施应装设直击雷保护装置？　　　　　　　（　　）

（A）火力发电厂的冷却塔　　　　　　（B）列车电站

（C）天然气调压站　　　　　　　　　（D）装卸油台

55. 某 110kV 系统主接线采用单母线分段带旁路断路器，下列有关旁路隔离开关的闭锁表述正确的是？　　　　　　　　　　　　　　　　　　　　　　　　　　　（　　）

（A）旁路回路旁路母线侧的接地开关，必须在旁路断路器旁路母线侧的隔离开关断开时，方可操作

（B）旁路回路的旁路断路器侧的接地开关，必须在旁路断路器旁路及其旁路母线侧的隔离开关断开时，方可操作

（C）与断路器并联的专用分段隔离开关，必须在断路器及其相连接分段隔离开关均断开时，方可操作

（D）断路器的旁路母线隔离开关，必须在断路器断开且与隔离开关相连的接到母线的分段处的隔离开关断开时，方可操作

56. 变电站中，对 220kV 屋外配电装置做安全距离校验时，下列哪些情况应按 B_1 值校验？
　　　　　　　　　　　　　　　　　　　　　　　　　　　　　　　　　　　　（　　）

（A）断路器和隔离开关的断口两侧引线带电部分之间

（B）单柱垂直开启式隔离开关在分闸状态下动静触头间的最小电气距离

（C）进出线构架上的跳线弧垂

（D）正常运行的门型构架导线与下方母线保持交叉的不同时停电检修的无遮拦带电部分之间

57. 电力系统 220kV 及以上电网中经常会串联电容补偿装置，可增加系统稳定性，提高输电能力，有关串联电容补偿装置继电保护装置下列说法正确的是？　　　　（　　）

（A）系统短路时的过电流保护　　　　（B）电容器极板与箱壳之间绝缘的监视

（C）主平台的接地短路保护　　　　　（D）辅助平台漂浮电压保护

58. 在电力系统中，抽水蓄能电厂的作用包括下列哪几项？　　　　　　　　　（　　）

（A）调频　　　　　　　　　　　　　（B）调相

（C）调峰填谷　　　　　　　　　　　（D）调压

59. 直流系统中，经常负荷主要是要求直流系统在正常和事故工况下均应可靠供电的负荷，请问下列哪几项是经常负荷？　　　　　　　　　　　　　　　　　　　（　　）

（A）直流润滑油泵　　　　　　　　　（B）DC/DC 变换装置

(C）交流不停电电源　　　　　　　（D）直流长明灯

60．某发电厂主厂房内低压电动机采用互为备用动力中心和电机控制中心的供电方式，下列表述正确的是？　　　　　　　　　　　　　　　　　　　　　　　　　　（　　）

(A）2台低压厂用变压器间互为备用，宜采用手动切换
(B）成对的电动机控制中心，由对应的动力中心单供电控制
(C）对于单台Ⅰ类、Ⅱ类电动机，应单独设立1个双电源供电的电动机控制中心
(D）对接有Ⅰ类负荷的电动机控制中心，双电源宜自动切换

61．应急照明包括备用照明、安全照明和疏散照明，在发电厂、变电站设计中，下列哪些房间或区域可不设置备用照明？　　　　　　　　　　　　　　　　　　　　（　　）

(A）运煤栈桥　　　　　　　　　　（B）碎煤机室
(C）主要通道及主要出入口　　　　（D）加热器平台

62．220～500kV变电站站用电低压系统的短路电流计算原则包括下列哪些选项？（　　）

(A）应计及电阻
(B）短路电流计算时，应考虑异步电动机的反馈电流
(C）不考虑短路电流周期分量的衰减
(D）系统阻抗宜按高压侧的短路容量确定

63．一般情况下，担任系统峰荷或抽水蓄能电厂的水电厂厂用电需设置柴油发电机组或逆变电源装置，该装置容量应由下列哪些设备可能出现的最大负荷确定？　　（　　）

(A）自动控制、远动通信及电子计算机系统
(B）渗漏排水系统、事故照明
(C）主变压器冷却系统
(D）启动机组、消防用电

64．在多雷区，某高压直流输电线路（大地返回）全线架设避雷线，规程要求线路与接地极的距离达到多少时，避雷线对地必须有效绝缘？　　　　　　　　　　　（　　）

(A）5km　　　　　　　　　　　　（B）10km
(C）15km　　　　　　　　　　　　（D）20km

65．220kV架空线路采用单联绝缘子连接，绝缘子机械强度的安全系数为下列哪些数值？
　　　　　　　　　　　　　　　　　　　　　　　　　　　　　　　　　　　（　　）

(A）盘型绝缘子最大使用荷载时：2.7　　（B）棒型绝缘子最大使用荷载时：3.0
(C）常年荷载：4.0　　　　　　　　　　（D）断线：1.5

66．某新建110kV输电线路经过覆冰区（厚度10mm），上下层相邻导线间或地线与相邻导线间的最小水平偏移，下列哪些满足要求？　　　　　　　　　　　　　（　　）

(A) 110kV，0.5m　　　　　　　　(B) 220kV，1m
(C) 330kV，1.5m　　　　　　　　(D) 500kV，2m

67. 高压送电线路中，下列哪些导线可用于大跨越地段？　　　　　　　　（　　）
(A) 加强型钢芯铝绞线　　　　　　(B) 镀锌钢线
(C) 铝合金线　　　　　　　　　　(D) 铝包钢绞线

68. 110~750kV 架空送电线路经过易发生严重覆冰地区时，为防止线路冰闪事故的发生，宜对绝缘子采取下列哪些措施？　　　　　　　　　　　　　　　　　　　　（　　）
(A) 增加绝缘子长度　　　　　　　(B) 提高绝缘子安全系数
(C) 采用 V 形串　　　　　　　　　(D) 采用八字串

69. 关于架空导线对地面的最小距离和最小净空距离，下列表述正确的是？　（　　）
(A) 110kV 线路经过居民区时：7m
(B) 220kV 线路经过非居民区时：8.5m
(C) 330kV 线路经过步行可以到达的山坡时：6.5m
(D) 500kV 线路经过步行不可以到达的峭壁和岩石时：6.5m

70. 当送电线路对通信线路的感应影响超过允许标准时，在送电线路方面可采取下列哪些措施？　　　　　　　　　　　　　　　　　　　　　　　　　　　　　　　　（　　）
(A) 保持合理距离　　　　　　　　(B) 采用携带型放电器
(C) 架设屏蔽线　　　　　　　　　(D) 加装屏蔽变压器或中和变压器

答　案

一、单项选择题

1. B
依据：《变电站总布置设计技术规程》（DL/T 5056—2007）第 8.3.3 条。

2. C
依据：《火力发电厂劳动安全和工业卫生设计规程》（DL/T 5053—1996）第 8.1.1 条及表 8.1.1。
注：新规范《火力发电厂职业卫生设计规程》（DL/T 5053—2012）没有详细数据；本考卷为 2009 年题，采用旧规范 DL/T 5053—1996。

3. A
依据：《火力发电厂与变电站设计防火规范》（GB 50229—2019）第 7.1.2 条。

4. D
依据：《火力发电厂与变电站设计防火规范》（GB 50229—2019）第 9.1.1 条。
说明：本题按照 GB 50229—2006 所出，2019 版删除了机组容量限制。

5. B

依据:《电力工程电缆设计规范》(GB 50217—2018)第 5.3.1 条。如果杂散电流腐蚀不严重则可以不必避开。

6. B

依据:GB 50217—2018 附录 B 式(B.0.1-1)。$S_j = \dfrac{I_{\max}}{J} = \dfrac{1000 \times 0.8}{\sqrt{3} \times 6 \times 0.4} = 192.45$ (mm^2),可按下一挡选取,故选 185mm^2。

注:$I_{\max}$ 取值,GB 50217—2018 中由原第一年最大负荷电流改为最大负荷电流,故取最高负荷率为 0.8。

7. C

依据:老版线路手册第 125 页式(2-7-13)[新版线路手册第 174 页式(3-280)] 可得

$$u_1 = 25 \dfrac{I h_C}{S} = 25 \times \dfrac{50 \times 35}{100} = 437.5 \text{ (kV)}。$$

注:式(2-7-13)是无地线导线上产生的感应过电压最大值,本题给的 110kV,一般情况,是要架设地线的,但这样计算结果无答案,所以只能按无地线公式计算选 C。

8. C

依据:《交流电气装置的过电压保护和绝缘配合设计规范》(GB/T 50064—2014)表 6.1.3 可知,相地最大操作过电压为 3.0,第 6.1.3-2 可知,相间为相地最大操作过电压的 1.3~1.4 倍,所以 (1.3~1.4)×3p.u. = (3.9~4.2)p.u.,C 对。

9. D

依据:《并联电容器装置设计规范》(GB 50227—2017)第 3.0.6 条。

10. A

依据:《220kV~750kV 变电站设计技术规程》(DL/T 5218—2012)第 5.1.4 条。

11. B

依据:《电力系统安全稳定导则》(GB 38755—2019)第 4.2.1 条;

12. A

依据:《同步电机励磁系统大、中型同步发电机励磁系统技术要求》(GB/T 7409.3—2007)第 5.3 条。

13. C

依据:《导体和电器选择设计技术规定》(DL/T 5222—2005):第 17.0.8 条,A 正确;第 17.0.10 条,B 正确;第 17.0.5 条,C 选项应为"大于或等于",C 错(5222-2021 版第 17.0.5 条改变了对溶管的说法);第 17.0.11 条,D 对。

14. B

答案:B

依据:老板系统手册第 22 页式(2-4)或新版系统手册第 26 页式(3-62)。

$$P_{n \cdot \max} = \dfrac{A}{T_{\max}} = \dfrac{287 \times 10^8}{5800} = 4948 \times 10^3 \text{(MW)}$$

15. C

依据:《高压配电装置设计技术规程》(DL/T 5352—2018):第 5.3.6 条,A 选项正确;第

5.3.5 条，B 是宜采用；第 5.3.4 屋内双层，5.3.5 条屋外中型，C 选项没说明是屋内还是屋外，结合四个选项，选一个不采用的，所以选 C；第 5.3.2 条，D 选项应采用。

16．D

依据：《导体和电器选择设计技术规定》（DL/T 5222—2005）第 6.0.7 条。D 项应为大倾角。DL/T 5222—2021 版第 4.0.8 条改变了说法。

17．A

依据：《导体和电器选择设计规程》（DL/T 5222—2021）第 4.0.16 条。

18．B

依据：《交流电气装置的过电压保护和绝缘配合》（DL/T 620—1997）第 5.3.4 条及表 3。

持续运行电压 $0.13U_m=0.13×550=71.5$（kV），额定电压 $0.17U_m=0.17×550=93.5$（kV），而《交流电气装置的过电压保护和绝缘配合设计规范》（GB/T 50064—2014）第 4.4.3 条及表 4.4.3 中已作修改，无答案。

19．A

依据：《交流电气装置的过电压保护和绝缘配合设计规范》（GB/T 50064—2014）第 5.1.1 条。

20．B

依据《导体和电器选择设计技术规定》（DL/T 5222—2021）附录 B 式（B.2.1-9），公式参数说明，电阻两端电压 U2 比变压器二次额定电压低跟三倍；该规定第 252 页第三行，变压器容量为电阻容量的跟三倍，可得：$S_N \geq \sqrt{3}P_R \Rightarrow S \geq \sqrt{3} \times \dfrac{(220/\sqrt{3})^2}{0.65 \times 1.3 \times 1000}=33.1(kVA)$。

21．D

依据：《发电厂和变电站照明设计技术规定》（DL/T 5390—2014）第 4.0.5～第 4.0.7 条。

22．C

依据：《发电厂和变电站照明设计技术规定》（DL/T 5390—2014）：第 8.2.3-1 款，A 对；第 8.2.3-2 款，B 对；第 8.2.3-3 款，D 对；第 8.2.1-2 款，C 是"应"，而规范是"易"，故 C 错。

23．B

依据：《导体和电器选择设计技术规定》（DL/T 5222—2021）附录 A 第 A.7 条。ACD 项均为不考虑助增的情况。

24．C

依据：《交流电气装置的过电压保护和绝缘配合》（DL/T 620—1997）第 7.2.2 条。

注：《交流电气装置的过电压保护和绝缘配合设计规范》（GB/T 50064—2014）删除此内容。以后尽量采用新规范 GB/T 50064—2014 答题。

25．D

依据：《火力发电厂、变电站二次接线设计技术规定》（DL/T 5136—2012）第 5.1.9 条。

26．A

依据：老版一次手册第 218 页左上第三段文字；或新版一次手册第 206 页右侧中部，"(2)"上一段内容；或新版变电手册第 82 页左侧中部，第五段文字。

27．C

依据：《继电保护和安全自动装置技术规程》（GB/T 14285—2023）第 5.2.1.2.4-a）款。

28．B

依据：老版二次手册第 681 页式(29-160)，$P_{dz}=0.01\sim0.03P_e=(0.01\sim0.03)\times200=2\sim6$（MW）。DL/T 684—2012 第 24 页，第 4.8.3 节的算法与该手册不一致，该题是 2008 年题目，是按照老版二次手册所出，读者在今后的考试中，应首选 DL/T 684—2012 作答。

29．C

依据：《电力工程直流电源系统设计技术规程》（DL/T 5044—2004）附录 G.1，

$$I_k=\frac{nU_0}{n(r_b+r_1)+r_c}=\frac{104\times2.5}{104\times10.5+5.85}=0.237(kA)$$。而根据式（G.1.1-2），故开路电压换成了标称电压，$I_k=\frac{U_e}{n(r_b+r_1)+r_c}=\frac{220}{104\times10.5+5.85}=0.2(kA)$。

30．B

依据：《火力发电厂厂用电设计技术规程》（DL/T 5153—2014）第 3.4.1 条及表 3.4.1。

31．D

依据：《火力发电厂厂用电设计技术规程》（DL/T 5153—2014）第 6.4.1-1 款和第 6.4.1-2 款，B 项虽然没说"周期分量"，但相对于 D，B 算对；第 6.4.1-3 款，C 对；第 6.4.1-4 款，D 项"高于"应为"低于"，D 错。

32．C

依据：《220kV～1000kV 变电站站用电设计技术规程》（DL/T 5155—2016）第 4.1 条和第 4.2 条及附录 A。动力 P_1 通过查附录 A 决定是否计入，电热 P_2 和照明 P_3 直接带入公式；P_1 的雨水泵是不经常短时负荷，不应计算在内，则 $S=0.85P_1+P_2+P_3=0.85\times$（150+50+60）+150+50=421（kVA）。

33．A

依据：《电力系统设计技术规程》（DL/T 5429—2009）第 9.2.1 条式（9.2.1），则 $t\approx0.25\times(0.1I+1)=0.25\times(0.1\times13.3+1)=0.5825(s)$。

34．C

依据：《交流电气装置的接地设计规范》（GB/T 50065—2011）第 4.4.5 条。

35．A

依据：《架空输电线路电气设计规程》（DL/T 5582—2020）第 3.0.9 条。

36．B

依据：《架空输电线路电气设计规程》（DL/T 5582—2020）第 9.5.1 条。

37．D

依据：《架空输电线路电气设计规程》（DL/T 5582—2020）第 7.2.6 条。导地线间距离：$S\geqslant0.012l+1=0.012\times500+1=7$ (m)，两地线之间距离=5×7=35 (m)。

38．C

依据：《110kV～750kV 架空输电线路设计规范》（GB 50545—2010）第 9.0.3-5 条。在 DL/T 5582—2020 和 DL/T 5551—2016 已经删除此内容。

39．C

依据：老版线路手册第 180 页表 3-3-1；新版线路手册第 304 页表 5-14。

$$f_\mathrm{m} = \frac{\gamma l^2}{8\sigma_0 \cos\beta} = \frac{62.58 \times 10^{-3} \times 400^2}{8 \times 98 \times \cos\left(\arctan\dfrac{35}{400}\right)} = 12.82 \text{ (m)}。$$

40．D

老版线路手册第 291 页表 5-2-1，重锤的用途说明；新版线路手册第 424 页续表 7-1。

二、多项选择题

41．AB

依据：《火力发电厂与变电站设计防火规范》（GB 50229—2019）第 7.1.8 条及表 7.1.8。C 应为水喷雾或自动喷水；D 应为泡沫灭火或其他介质。

42．ABD

依据：《火力发电厂与变电站设计防火规范》（GB 50229—2019）第 6.8.3 条及《电力设备典型消防规程》（DL 5027—2015）第 10.5.14 条。C 应为 100m 处，D 项在 DL 5027—2015 中描述有所差异，"电缆交叉、密集部位，间隔不大于 60m"。

43．AD

依据：《电力变压器选用导则》（GB/T 17468—2019）第 4.12.1 条：4.12.1-a）条、第 4.12.1-b）条，A 对；第 4.12.1-c 条），应为风冷，B 错，C 错；第 4.12.1-d）条，D 对。

44．BC

依据：《导体和电器选择设计技术规定》（DL/T 5222—2005）第 8.0.16 条，A 是干式变压器条文，算错；第 8.0.15-1 条，B 对；第 8.0.15-2 条，C 对；第 8.0.15-3 条，虽然 D 选项 330kV 是可以选用自耦变压器，但知识题是对条文，条文规定的是 220kV 及以上，故 D 的意思对，条文不对，算错。DL/T 5222—2021 版第 6.0.21 条进行了修改。

45．ACD

依据：《导体和电器选择设计技术规定》（DL/T 5222—2021）第 5.3.5 条。

46．ABC

依据：《高压配电装置设计技术规程》（DL/T 5352—2018）第 5.3.9-3 条。

47．BCD

依据：《高压配电装置设计技术规程》（DL/T 5352—2018）第 2.1.5 条，A 项应为"宜合用一组隔离开关"，A 装设；B、C 不装设。老版一次手册第 71 页第 2-8 节左上第一条第（9）款；或新版一次手册第 44 页右下侧第（6）部分最后一句话。

48．BCD

依据：《继电保护和安全自动装置技术规程》（GB/T 14285—2006）：第 4.1.12.4-b 条，A 应为发出告警信号，A 错；第 4.1.12.4-a 条，C 对；第 4.1.12.4-d 条，B 对；第 4.1.12.5 条，D 对。新版 GB/T 14285—2023 已更改相关内容。

49．BC

依据：《并联电容器装置设计规范》（GB 50227—2017）：第 5.5.2-1 款可知，A 选项为限制涌流的电抗率，也可直接计算抑制 7 次谐波的电抗率为：$1/7^2 \times 100\% = 2\%$，A 错；第 5.5.2-2 款可知，BC 对，D 错。

50．AB

依据:《火灾自动报警系统设计规范》(GB 50116—2013):第5.3.3-1款,A对;第5.3.3-2款,B对。

51. BCD

依据:《电力工程电缆设计规范》(GB 50217—2018)第5.1.6条。

52. ABD

依据:《电力工程电缆设计规范》(GB 50217—2018)第7.0.2-2条,C项已改为100m。

53. ACD

依据:老版一次手册第502页表9-17;或新版变电手册第170页表6-3;B项应为对电网通信不会造成干扰。

54. ACD

依据:《交流电气装置的过电压保护和绝缘配合设计规范》(GB/T 50064—2014)第5.4.1条。

55. AD

依据:《火力发电厂、变电站二次接线设计技术规程》(DL/T 5136—2012)第6.5.4~6.5.5条。B项应增加"且连接为母线联络运行的隔离开关断开时";D项应为"合闸"。

56. BD

依据:《高压配电装置设计技术规程》(DL/T 5352—2018)表5.1.2-1,A选项为$A2$值;D选项为$B1$值;依据该规范第4.3.3条,B选项为$B1$值;依据老版一次手册第700页右下角倒数第6第5行,C相跳线弧垂应按A_1校验,或新版火电一次手册第413页右下倒数第7行和第6行。

57. BCD

依据:老版一次手册第545~547页。A项应为过电压保护;新版一次手册这部分内容已删除。

58. ABC

依据:老版系统手册第44页。第四种作用是事故备用。

59. BD

依据:《电力工程直流电源系统设计技术规程》(DL/T 5044—2014)第4.1.2-1条及表4.2.5。AC项为事故负荷。

60. BC

依据:《火力发电厂厂用电设计技术规程》(DL/T 5153—2014)第3.10.5-2条。AD两项"宜"应改为"应"。

61. AC

依据:《火力发电厂和变电站照明设计技术规定》(DL/T 5390—2014)第3.2.2条及表3.2.2-1。

62. ACD

依据:《220kV~1000kV变电站站用电设计技术规程》(DL/T 5155—2016)第6.1.2条。B项应为不考虑。

63. ABD

依据:《水力发电厂厂用电设计技术规定》(DL/T 5164—2002)第6.2.5条。

注:《水力发电厂厂用电设计技术规定》(NB/T 35044—2023)取消了此内容。

64．AB

依据：《高压直流输电大地返回系统设计技术规程》（DL/T 5224—2014）第 10.2.9 条。

65．ABC

依据：《架空输电线路电气设计规程》（DL/T 5582—2020）第 8.0.1 条。D 项应为 1.8。

66．ABC

依据：《架空输电线路电气设计规程》（DL/T 5582—2020）表 9.2.1-1。D 项应为 1.75m。

67．AD

依据：老版线路手册第 177～178 页表 3-2-2。

68．ACD

依据：《架空输电线路电气设计规程》（DL/T 5582—2020）第 6.0.10 条。

69．ACD

依据：《架空输电线路电气设计规程》（DL/T 5582—2020）第 10.2.1 条，B 项应为 6.5m。

70．AC

依据：老版线路手册第 262 页。BD 两项均为通信线路方面的措施。

2009年注册电气工程师专业知识试题

（下午卷）及答案

一、单项选择题（共40题，每题1分，每题的备选项中只有1个最符合题意）

1. 某220kV变电站安装2台主变压器，当一台变压器停运时，剩余一台主变压器容量在不过载的条件下，应能够承担变电站总负荷的多少？　　　　　　　　　　　　（　）
   （A）0.5　　　　　　　　　　　　（B）0.6
   （C）0.7　　　　　　　　　　　　（D）1

2. 电力系统短路计算中，以下哪种短路形式，网络的正序阻抗与负序阻抗相等？
   　　　　　　　　　　　　　　　　　　　　　　　　　　　　　　　　　　　（　）
   （A）单相接地短路　　　　　　　　（B）二相相间短路
   （C）不对称短路　　　　　　　　　（D）三相对称短路

3. 某变电站两台100MVA，220/110/10kV主变压器，为限制短路电流，下列可采取的措施中不正确的是？　　　　　　　　　　　　　　　　　　　　　　　　　　　　（　）
   （A）变压器并联运行　　　　　　　（B）在变压器10kV侧串联电抗器
   （C）变压器分裂运行　　　　　　　（D）在10kV出线上串联电抗器

4. 变电站中，500kV并联电抗器额定电流2000A，三相电抗不平衡引起的中性点电流，中性点小电抗的额定电流选择值应大于下列哪项数值？　　　　　　　　　　　（　）
   （A）300A　　　　　　　　　　　　（B）100A
   （C）30A　　　　　　　　　　　　 （D）20A

5. 发电厂、变电站中，选择高压断路器的原则，下列哪条是不正确的？　　　　（　）
   （A）断路器的额定短时耐受电流等于额定短路开断电流，其持续时间额定值在220kV及以上为2s
   （B）断路器的额定关合电流，不应小于短路电流最大冲击值
   （C）对220kV以上的系统，当电力系统稳定要求快速切除故障时，应选用分闸时间不大于0.04s的断路器
   （D）35kV及以上电压级的电容器组，宜选用SF_6断路器或真空断路器

6. 在发电厂厂用电中性点直接接地系统中，选择电缆馈线零序电流互感器，下列哪条原

则是正确的？ ( )

(A) 由一次电流和二次额定电流确定电流互感器的变比
(B) 由接地电流和电流互感器准确限制系数确定电流互感器额定一次电流
(C) 由二次电流及保护灵敏度确定一次回路起动电流
(D) 由二次负载和电流互感器的容量确定一次额定电流

7. 110kV 有效接地系统电压互感器以及 110kV 中性点非直接接地系统电压互感器，对于其剩余绕组额定电压说法正确的是？ ( )

(A) $100/\sqrt{3}$ V，$100/\sqrt{3}$ V
(B) 100V，$100/\sqrt{3}$ V
(C) 100V，100/3V
(D) 100V，100V

8. 某变电站中，110kV 户外的配电装置主母线工作电流 2000A，最大三相短路电流为 31.5A，主母线采用铝镁系（LDRE）管型母线，计及日照影响，按正常工作电流，管型母线最小应选为下列哪项（海拔 800m，最热月平均最高温度 40℃）？ ( )

(A) ϕ100/90mm
(B) ϕ110/100mm
(C) ϕ120/110mm
(D) ϕ130/116mm

9. 交流单相电力电缆金属护层，必须直接接地，且其上任意一点的非直接接地处正常感应电势，在未采取任意接触金属护层的安全措施时，不得大于下列哪项数值？ ( )

(A) 24V
(B) 38V
(C) 50V
(D) 100V

10. 发电厂、变电站的屋外 110kV 配电装置，两回路平行出线之间校验的安全距离应按下列哪种情况校验？ ( )

(A) 应按不同相带电部分之间安全距离校验
(B) 应按无遮拦裸导体与地面之间安全距离校验
(C) 应按平行的不同时停电检修的无遮拦带电部分之间安全距离校验
(D) 应按交叉的不同时停电检修的无遮拦带电部分之间安全距离校验

11. 甲变电站所在地区地震烈度7度,乙变电站所在地区地震烈度8度,两个变电站的220kV、110kV 配电装置中均采用了管型母线，问两站母线的固定方式，下列哪个方案是不正确的？

( )

(A) 甲站 220kV 管母线采用支持式
(B) 甲站 110kV 管母线采用悬吊式
(C) 乙站 220kV 管母线采用支持式
(D) 乙站 110kV 管母线采用悬吊式

12. 某变电站的 110kV 户外敞开式配电装置中，6 回架空线路均全线架设避雷线，当架空线上装设金属氧化物避雷器时，避雷器至主变压器间的最大电气距离为下列哪项数值？

( )

（A）125m　　　　　　　　　　（B）170m
（C）205m　　　　　　　　　　（D）230m

13．20kV 架空线路相互交叉或与较低电压线路、通信线路交叉，交叉距离不小于下列哪项数值时，交叉档距可不采取保护？　　　　　　　　　　　　　　　　（　　）

（A）3m　　　　　　　　　　（B）4m
（C）5m　　　　　　　　　　（D）6m

14．当 330kV 空载线路合闸时，在线路上产生的相对地统计过电压的标幺值不宜大于下列哪项值？　　　　　　　　　　　　　　　　　　　　　　　　　　　（　　）

（A）4.0　　　　　　　　　　（B）3.0
（C）2.2　　　　　　　　　　（D）2.0

15．有一台 35kV 变电站的主变压器中性点的消弧线圈接地，拟对该变电站的接地装置热稳定校验，站内的继电保护配有速动主保护、远近后备保护、自动重合闸，在校验接地线热稳定时，短路的等效持续时间为？　　　　　　　　　　　　　　　　（　　）

（A）速动主保护动作时间+断路器开断时间
（B）近后备保护动作时间+断路器开断时间
（C）远后备保护动作时间+断路器开断时间
（D）2s

16．流经某电厂接地装置的入地短路电流为 10kA。避雷线工频分流系数 0.5，则要求该接地装置的接地电阻不大于下列哪项数值？　　　　　　　　　　　　　（　　）

（A）0.1Ω　　　　　　　　　（B）0.2Ω
（C）0.4Ω　　　　　　　　　（D）0.5Ω

17．校验高阻接地系统中电气设备接地线的热稳定时，温度 70℃的允许载流量经选定接地线的截面积时，对于敷设在地下的接地线，应采用下列哪项电流？　　（　　）

（A）流经接地线的计算用单相接地短路电流的 50%
（B）流经接地线的计算用单相接地短路电流的 60%
（C）流经接地线的计算用单相接地短路电流的 75%
（D）流经接地线的计算用单相接地短路电流的 100%

18．电力系统的电能计量装置按其计量对象的重要程度和计量电能的多少分为 5 类。某高压用户的变电站中装有 200 000kVA 主变压器，此用户的电能计量装置属于下列哪一类？
　　　　　　　　　　　　　　　　　　　　　　　　　　　　　　　　　　（　　）

（A）Ⅰ类　　　　　　　　　　（B）Ⅱ类
（C）Ⅲ类　　　　　　　　　　（D）Ⅳ类

19. 发电厂、变电站中，电压互感器二次回路保护的配置（熔断器或自动开关），下列哪项是不符合规程要求的？ （   ）
   （A）0.5 级电能表电压回路，宜在电压互感器端子箱处装设
   （B）除开口三角的剩余二次绕组和另有规定者之外，所有二次绕组出口应装设
   （C）在二次侧中性点引出线上装设保护设备
   （D）由电压互感器二次向交流操作继电器保护或自动装置操作回路供电时，电压互感器二次绕组之一或中性点应经击穿保险或氧化锌避雷器接地

20. 用于 500kV 电网的线路保护，应实现主保护双重化，下列哪项原则是不符合规程要求的？ （   ）
   （A）设置两套完整、独立的全线速动主保护
   （B）每套全线速动保护应分别动作于断路器的一组跳闸线圈
   （C）每套全线速动保护应使用可相互通信的远方信号传输设备
   （D）每套全线速动保护对全线路内发生的各种类型故障，均能快速动作切除故障

21. 某 220kV 变电站中断路器采用分相操作并附有三相不一致（非全相）保护回路，为躲开单相重合闸动作时间，断路器三相不一致保护动作时间下列哪项是正确的？ （   ）
   （A）0.1s   （B）0.2s
   （C）0.5s   （D）5.0s

22. 某水力发电厂，发电机容量为 100MW，发电机出口额定电压 13.8kV，采用氢气冷却电机，请问发电机定子绕组单相接地故障电流允许值为下列哪项数值？ （   ）
   （A）2.0A   （B）2.5A
   （C）3.0A   （D）4.0A

23. 在直流系统中，下列哪组设备与设备间或设备与系统间可不设置隔离电器？ （   ）
   （A）蓄电池组、充电装置与直流系统之间
   （B）蓄电池组与试验放电设备之间
   （C）蓄电池组与直流分电柜内的直流母线之间
   （D）蓄电池组与环形网络干线或小母线之间

24. 某 600MW 机组的火力发电厂，升压接入 500kV 电网，关于机组装设的蓄电池的个数，下列哪项说法是正确的？ （   ）
   （A）应装设 1 组蓄电池，为控制负荷与动力负荷同时供电
   （B）应装设 2 组蓄电池，为控制负荷与动力负荷分别供电
   （C）应装设 3 组蓄电池，其中 2 组对控制负荷供电，1 组对动力负荷供电
   （D）应装设 4 组蓄电池，其中 2 组对控制负荷供电，2 组对动力负荷供电

25. 某直流系统采用镉镍碱性蓄电池（高倍率），每组蓄电池容量为 250Ah，蓄电池出口

断路器额定电流应为下列哪项数值? ( )

(A) 1000A (B) 350A
(C) 160A (D) 125A

26. 某 500kV 变电站,站用变压器为 2 台 800kVA,Dyn11 接线,变压器低压侧设进线总断路器,断路器在低压配电屏内安装,其额定电流应为下列哪项? ( )

(A) 1600A (B) 1250A
(C) 2000A (D) 2500A

27. 发电厂设计中,关于低压厂用电系统短路电流计算的说法,下列哪一条是错误的? ( )

(A) 应计及电阻
(B) 采用一级电压供电的低压厂用电变压器的高压侧系统阻抗应忽略不计
(C) 在计算主配电屏至重要分配电屏之间的短路电流时,应在第一周期内计入异步电动机的反馈电流
(D) 计算 380V 系统三相短路电流时,回路电压按 400V 计,计算单相接地短路电流时,回路电压按 220V 计

28. 火力发电厂厂用电系统设计中,当电动机成组自启动(空载或失压自启动)时,高压母线电压应不低于下列哪项数值? ( )

(A) 0.55 (B) 0.65
(C) 0.6 (D) 0.7

29. 火力发电厂中,厂用电负荷按生产过程的重要性可分为 3 类,请判断下列哪项是 I 类负荷? ( )

(A) 允许短时停电,但停电时间过长有可能损坏设备或影响正常生产的负荷
(B) 机组运行期间,需要进行连续供电的负荷
(C) 短时停电可能影响人身或设备安全,使生产停顿或发电量大量下降的负荷
(D) 长时间停电不会直接影响生产的负荷

30. 单机容量为 300MW 的单元控制室、网络控制室与柴油发电机室的直流应急照明,除直流长明灯外,当正常照明消失时,应采取下列哪项措施? ( )

(A) 应自动切换至保安段供电
(B) 应由独立主厂房交流应急照明变供电
(C) 应自动切换至直流母线供电
(D) 应由集中控制室交流应急照明变供电

31. 发电厂和变电站照明系统的接地方式宜采用下列哪种? ( )

(A) 宜采用 TN-C-S 系统 (B) 宜采用 TN-C 系统

（C）宜采用 TN-S 系统　　　　　　（D）宜采用 TT 系统

32. 电力系统中，下列哪一项是保证电压质量的基本条件？（　　）
（A）无功负荷控制　　　　　　　　（B）无功控制
（C）频率控制　　　　　　　　　　（D）无功补偿与无功平衡

33. 架空送电线路的导线采用 GB/T 1179—2008《圆线同心绞线架空导线》的 LGJ-400/50 钢芯铝绞线，其拉断力为 123400N，导线在弧垂最低点的设计最大张力应为下列哪一选项？（　　）

（A）小于等于 46890N　　　　　　（B）小于 46890N
（C）小于等于 49360N　　　　　　（D）小于 49360N

34. 双回 500kV 架空送电线路，当采用猫头塔时，导线间水平投影距离 7m，导线间的垂直投影距离为 9m，其等效水平距离为下列哪项数值？（　　）
（A）16.0m　　　　　　　　　　　（B）11.4m
（C）13.9m　　　　　　　　　　　（D）15.0m

35. 某送电线路的导线，在某工况时的垂直比载为 40×10^{-3}N/（m·mm²），综合比载为 50×10^{-3}N/（m·mm²）水平应力为 50N/mm²，档距为 400m 时的最大弧垂为多少？（　　）
（A）20m　　　　　　　　　　　　（B）16m
（C）14m　　　　　　　　　　　　（D）12m

36. 按照 DL/T 5092—1999《110kV～500kV 架空送电线路设计技术规程》，两分裂导线的纵向不平衡张力，对山地线路，应统一按导线最大张力的多少取值？（　　）
（A）0.45　　　　　　　　　　　　（B）0.5
（C）0.55　　　　　　　　　　　　（D）0.6

37. 架空送电线路上，位于基本地震烈度为 7 度及以上地区的混凝土高塔和地震烈度为 9 度及以上地区的各类杆塔应进行抗震验算。此验算工况的气象条件为下列哪项？（　　）
（A）最大设计风速、无冰、平均气温
（B）二分之一最大设计风速、无冰、最高气温
（C）最大设计风速、无冰、最高气温
（D）二分之一最大设计风速、有冰、平均气温

38. 按照 DL/T 5092—1999《110kV～500kV 架空送电线路设计技术规程》，耐张型杆塔的断线情况，不应计算哪项荷载组合？（　　）
（A）在同一挡内断任意两相导线、地线未断、无冰、无风
（B）断一根地线、导线未断、无冰、无风
（C）断一根地线、导线未断、有冰、有风

（D）断线情况时，所用的导线和地线的张力，均应取最大使用张力的70%及80%

39．架空送电线路中，某挡两侧导线悬挂点高差较大，计算出悬挂点应力超出弧垂最低点应力10%时，可采取的合理措施是下列哪项？　　　　　　　　　　　　　（　）
（A）增大杆塔所在耐张段内的导线安全系数
（B）更换强度更大的导线
（C）更换大吨位绝缘子，增加绝缘子荷载
（D）更换杆塔，采用允许垂直档距更大的塔型

40．对架空送电线路易发生导线舞动的地段，应采取适当的防舞措施是下列哪项？（　）
（A）可以采用防舞装置，包括失谐摆、双摆防舞器、偏心重锤等防舞动装置
（B）杆塔部件需提高机械强度
（C）增加导线的分裂根数
（D）可采用分散的集中荷载来抑制舞动

二、多项选择题（共30题，每题2分，每题的备选项中有2个或2个以上符合题意）

41．火力发电厂中，下列哪几种接线在发电机与变压器之间宜设断路器和隔离开关？
　　　　　　　　　　　　　　　　　　　　　　　　　　　　　　　　　　（　）
（A）两台50MW发电机与一台双绕组变压器作扩大单元连接
（B）100MW发电机与自耦变压器为单元连接
（C）125MW发电机与三绕组变压器为单元连接
（D）200MW发电机与双绕组变压器为单元连接

42．在电力系统中，以下哪些短路电流计算需计及元件的电阻？　　　　　　　（　）
（A）计算短路电流的衰减时间常数
（B）计算分裂导线次档距长度的三相导线短路的短路电流
（C）低压网络的短路电流
（D）校验110kV导体和电器动稳定、热稳定以及电器开断电流所用的断路器

43．在选择电力变压器油时，下列哪些电压等级的变压器，应按超高压变压器油选用？
　　　　　　　　　　　　　　　　　　　　　　　　　　　　　　　　　　（　）
（A）220kV　　　　　　　　　　　　　（B）110kV
（C）330kV　　　　　　　　　　　　　（D）500kV

44．下列哪几项系统标称电压的最高电压正确的是？　　　　　　　　　　　　（　）
（A）35kV系统中设备最高电压是38.5kV
（B）66kV系统中设备最高电压是72.5kV
（C）110kV系统中设备最高电压是121kV
（D）220kV系统中设备最高电压是252kV

45. 某变电站所处环境的年最高温度为 35℃，最热月的日最高温度平均值为 32℃，该变电站中户外电缆沟和户内电缆沟内电缆持续允许载流量的环境温度不宜采用哪几种？（　　）
（A）37℃（户外），32℃（户内）　　（B）35℃（户外），32℃（户内）
（C）32℃（户外），37℃（户内）　　（D）32℃（户外），35℃（户内）

46. 发电厂中，关于离相封闭母线冷却方式及其微正压充气装置设置的要求，哪些是正确的？（　　）
（A）当离相封闭母线额定电流小于 25kA 时，宜采用自然冷却方式
（B）当离相封闭母线额定电流大于 25kA 时，宜采用强制通风冷却方式
（C）在日环境温度变化较大的场所，宜采用微正压充气装置离相封闭母线
（D）在湿度较大的场所，宜采用微正压充气装置离相封闭母线

47. 依据规范，500kV 线路的导线直径超过以下何值时，在海拔不超过 1000m 时可不验算电晕损失？（　　）
（A）2×36.24mm　　（B）3×26.82mm
（C）4×20.21mm　　（D）4×21.60mm

48. 发电厂、变电站中，屋外配电装置的安全净距，下列哪几项是 A_1 值？（　　）
（A）带电部分至接地部分之间
（B）不同相的带电部分之间
（C）网状遮拦向上延伸距地 2.5m 处与遮拦上方带电部分之间
（D）断路器和隔离开关断口两侧引线带电部分之间

49. 在海拔超过 1000m 的地区，配电装置的设计和选择，下列哪些说法是正确的？（　　）
（A）电气设备应采用高原型产品
（B）110kV 及以下的大多数电器外绝缘有一定裕度，可在 2000m 以下地区使用
（C）高原地区，气温降低，因此其额定电流可有所提高
（D）电气设备应选用外绝缘提高一级的产品

50. 屋外配电装置架构应考虑正常运行、安装、检修时的各种荷载组合，以下有关导线跨中有引线的 110kV 和 500kV 的架构，单相和三相作业受力状态，下列哪些是正确的？（　　）
（A）单相作业时，110kV 取 1000N，500kV 取 2000N
（B）单相作业时，110kV 取 1500N，500kV 取 3500N
（C）三相作业时，110kV 取 1000N，500kV 取 2000N
（D）三相作业时，110kV 取 1500N，500kV 取 2500N

51. 交流电力系统中的电气装置，会产生操作过电压，下列哪些操作过电压标幺值超过 2.0 时应采取保护措施？（　　）
（A）开断具有冷轧硅钢片的变压器　　（B）220kV 线路合闸

（C）110kV 线路合闸 （D）高压感应电动机合闸

52. 对高压架空线路的雷电过电压保护，一般不沿全线架设避雷线的线路是下列哪几项？
（　　）
（A）0.38kV 线路 （B）10kV 线路
（C）35kV 线路 （D）66kV 线路

53. 电力系统出现大扰动时采取紧急控制，以提高安全稳定水平，紧急控制实现的功能有下列哪些？
（　　）
（A）防止功角暂态稳定破坏、消除失步状态
（B）避免切负荷
（C）限制频率、电压严重异常
（D）限制设备严重过负荷

54. 某 250MW 火力发电厂，由于发电机励磁回路发生故障，导致励磁电流消失，请问对于失磁状态下的运行时间，下列哪些是正确的？
（　　）
（A）10min （B）15min
（C）20min （D）30min

55. 水电站站用电源数量，下列哪些说法是正确的？（　　）
（A）全站机组运行时，大型水电站应不少于3个站用电电源；中型水电站不少于2个站用电电源
（B）部分机组运行时，大型水电站应不少于2个站用电电源；中型水电站不少于1个站用电电源
（C）机组停止运行时，大型水电站应不少于2个站用电电源；中型水电站不少于1个站用电电源
（D）当站用电电源设备检修期间，允许适当减少站用电电源数量

56. 二次回路的保护设备用于切除二次回路的短路故障，并作为回路检修、调试时断开电源之用，下列哪些装置可合用一组熔断器或自动开关？
（　　）
（A）具有双重化快速主保护的安装单位，其控制回路和保护回路
（B）发电机出口断路器和自动灭磁装置控制回路
（C）本安装单位含几台断路器而各断路器无单独运行可能或断路器之间有程序控制要求时其控制回路和保护回路
（D）本安装单位仅含一台断路器时，其控制回路和保护回路

57. 下列有关电流互感器二次绕组接地的描述，哪些是正确的？（　　）
（A）每组电流互感器二次绕组中性点宜一点接地
（B）与其他电流互感器二次绕组无电路联系的电流互感器的二次绕组中性点宜在配电装

置接地

（C）几组电流互感器二次绕组间有电路联系的保护回路，每组电流互感器二次绕组均应经一根多芯电缆引至控制室或继电器室，在控制室或继电器室将其中性点相连并一点接地

（D）电流互感器接地线上不得串接熔断器或自动开关

58．下列哪几项电压等级的线路保护，宜采用近后备保护？　　　　　　　　　（　　）
（A）66kV　　　　　　　　　　　　（B）110kV
（C）220kV　　　　　　　　　　　（D）500kV

59．除为了明确系统需要的装机容量、调峰容量、电源的送电方向外，电力电量平衡的目的还可为以下哪些内容提供依据？　　　　　　　　　　　　　　　　　　　（　　）
（A）计算燃料需要量　　　　　　　（B）电网方案
（C）新建电厂装机容量　　　　　　（D）电源方案

60．蓄电池出口回路、充电装置直流侧出口回路、直流馈线回路等，应装设保护电器，可采用的保护类型有下列哪些？　　　　　　　　　　　　　　　　　　　　　（　　）
（A）电流速断　　　　　　　　　　（B）短延时电流速断
（C）接地短路保护　　　　　　　　（D）长时限过电流保护

61．下列哪几种情况，低压电器和导体可不校验动稳定或热稳定？　　　　　　（　　）
（A）用限流断路器保护的电器和导体
（B）独立动力箱内的接触器
（C）用熔件额定电流为80A的普通熔断器保护的电器和导体
（D）保护式磁力启动器

62．当发电厂单机单变带空载长线时，若发电机容量较小，将产生自励磁过电压，请问应采取下列哪几项限制措施？　　　　　　　　　　　　　　　　　　　　　（　　）
（A）增设一台发电机，共带空载长线路
（B）采用快速继电器保护单相自动重合闸装置
（C）采用静止无功补偿装置和快速投入电容器组
（D）装设高压并联电抗器，使发电机同步电抗X_d小于线路等值容抗X_e

63．在高压直流输电大地返回系统中，确定接地极设计腐蚀寿命，应考虑接地极运行安·时数的哪些情况？　　　　　　　　　　　　　　　　　　　　　　　　（　　）
（A）对单极系统（一极先建成投运），接地极的极性可由现场测量确定
（B）对双极系统单极运行，在双极系统投运后，应考虑一极检修和事故时，另一极以大地回路运行情况
（C）对单极系统，如无可靠资料，设计时宜按阳极设计

（D）对双极系统运行期间，应按系统条件选取不平衡电流以阳极运行的安时数

64．架空送电线路路径的选择，应考虑下列哪些因素？　　　　（　　）
（A）宜避开不良地质地带
（B）宜避开重冰区及导线易舞动区
（C）宜避开原始森林及自然保护区
（D）宜避免与电台、机场及弱电线路等设施邻近

65．某 500kV 架空线路，自重比载为 30.72N/（m·mm^2），自重加冰重比载为 58.54N/（m·mm^2），风水平比载为 26.14N/（m·mm^2），综合比载为 39.98N/（m·mm^2），请问对于导线风偏角，下列哪几项是错误的？　　　　（　　）
（A）20.1°　　　　　　　　　　　（B）40.4°
（C）33.2°　　　　　　　　　　　（D）21.6°

66．确定输电线路的导线截面积，需考虑下列哪些因素？　　　　（　　）
（A）经济电流密度　　　　　　　（B）输送容量
（C）极大档距　　　　　　　　　（D）机械特性

67．某线路杆塔全程架设双避雷线，避雷线对导线的保护角度，下列说法正确的是？
　　　　　　　　　　　　　　　　　　　　　　　　　　　　　（　　）
（A）单回路，500kV，不宜大于 10°　（B）双回路，500kV，不宜大于 5°
（C）单回路，330kV，不宜大于 15°　（D）双回路，110kV，不宜大于 10°

68．在垂直档距较大的地方，当导线在悬垂线夹出口处的悬垂角超过线夹悬垂角允许值时，可采取以下哪几种措施？　　　　（　　）
（A）调整杆塔高度　　　　　　　（B）改用悬垂角更小的线夹
（C）减小导线弧垂　　　　　　　（D）两个悬垂线夹组合使用

69．110kV 架空导线与直流输电工程接地极距离为下列哪些值时，地线（包括光纤复合架空地线）需采用绝缘设计？　　　　（　　）
（A）1km　　　　　　　　　　　　（B）2km
（C）5km　　　　　　　　　　　　（D）10km

70．降低杆塔接地电阻可有效提高线路耐雷水平，防止雷电反击，下列哪些措施可降低杆塔接地电阻？　　　　（　　）
（A）增设接地装置（带、管）
（B）连续伸长接地线（在过峡谷时跨谷而过，起耦合作用）
（C）特殊地段，采用化学降阻剂
（D）将几个杆塔接地装置相连接，设置共用接地装置

答 案

一、单项选择题

1. B

依据：《35kV～110kV 变电所设计规范》（GB 50059—1992）第 3.1.3 条。《35kV～110kV 变电站设计规范》（GB 50059—2011）取消此内容。

2. C

依据：由老版一次手册第 143 页第三部分"合成阻抗"可知只有在不对称短路故障发生时，才存在负序阻抗，第 141 页第二部分"序网的构成"中，可知负序阻抗和正序阻抗数值上是一样的，单选题只能选一项，所以选 C。新版一次手册出处为第 122 页。

3. A

依据：老版一次手册第 119～第 120 页第 4-1 节第三部分；或新版火电一次手册第 31 页；或新版变电一次手册第 51 页。

4. B

依据：《导体和电器选择设计技术规定》（DL/T 5222—2021）第 18.4.5-3 款。一般取电抗器额定电流的 5%～8%，即 100～160A。

5. C

依据：《导体和电器选择设计技术规定》（DL/T 5222—2021）：第 7.2.3 条，A 正确；第 7.2.5 条，B 正确；第 7.2.9 条，C 选项应为 0.04~0.06s，C 错误；第 7.2.10 条，参考《并联电容器装置设计规范》（GB 50227—2017）第 5.3.1 条，D 选项多了"或真空断路器"，因为该题是依据 DL/T 5222—2005 所出，按老版规范 D 选项算对，但 DL/T 5222—2021 已更改。选错误的，所以选 C。

6. B

依据：《导体和电器选择设计技术规定》（DL/T 5222—2005）第 15.0.9 条。本题为依据老版规范所出，DL/T 5222—2021 对该条已进行更改。

7. C

依据：《电流互感器和电压互感器选择及计算规程》（DL/T 866—2015）第 11.4.3-3 款。

8. C

依据：《导体和电器选择设计技术规定》（DL/T 5222—2021）表 5.1.5，可得 $K=0.8$，管形母线的长期允许工作电流需大于 2000/0.8=2500A，由该规范第 133 页第 5.1.5 条表 2 可知，120/110mm 的管形母线在 80℃时的长期允许工作电流为 2663A，得出 C 选项符合要求。

9. C

依据《电力工程电缆设计规范》（GB 50217—2018）第 4.11-1 款。

10. C

依据：《高压配电装置设计技术规程》（DL/T 5352—2018）第 5.1.2 条及表 5.1.2-1。

11. C

依据：《高压配电装置设计技术规程》（DL/T 5352—2018）第 5.3.9-1 条。地震烈度在 8 及以上时，管形母线宜采用悬吊式。C 应为"宜采用悬吊式"。

12．D

依据：《交流电气装置的过电压保护和绝缘配合设计规范》（GB/T 50064—2014）第 5.4.13 条及表 5.4.13-1。全线有避雷线时进线长度取 2km。

13．C

依据：《交流电气装置的过电压保护和绝缘配合设计规范》（GB/T 50064—2014）第 5.3.2-2-2 条及表 5.3.2 得 3+2=5（m）。

14．C

依据：《交流电气装置的过电压保护和绝缘配合设计规范》（GB/T 50064—2014）第 4.2.1 条第 4 款。

15．B

依据：《交流电气装置的接地设计规范》（GB/T 50065—2011）附录 E 第 E.0.3 条和式（E.0.3-2）。

16．B

依据：《交流电气装置的接地设计规范》（GB/T 50065—2011）第 4.2.1-1 条。$R=2000/(10\times10^3)=0.2$（Ω）。注意：题目中告知的电流已经是入地短路电流了，不必再乘避雷线工频分流系数。

17．C

依据：《交流电气装置的接地》（DL/T 621—1997）第 6.2.8 条。《交流电气装置的接地设计规范》（GB/T 50065—2011）取消此内容。

18．A

依据：《电力装置的电测量仪表装置设计规范》（GB/T 50063—2008）第 4.1.2-1 条。

19．C

依据：《火力发电厂、变电站二次接线设计技术规程》（DL/T 5136—2012）第 5.4.18 条、第 5.4.21 条、第 7.2.6 条。C 项为"不应装设保护设备"。

20．C

依据：《继电保护和安全自动装置技术规程》（GB/T 14285—2023）第 5.1.3.1～5.1.3.2 条。C 项为"相互独立"。

21．C

依据：《继电保护和安全自动装置技术规程》（GB/T 14285—2023）第 5.6.3.2 条。

22．B

依据：《继电保护和安全自动装置技术规程》（GB/T 14285—2023）第 5.2.1.3.1 条及表 1。

23．B

依据：《电力工程直流电源系统设计技术规程》（DL/T 5044—2014）第 3.5.3 条、第 3.5.5 条、第 3.6.5 条、第 3.6.6 条。其他三项是必须，而试验放电回路规定是"宜"。

24．C

依据：《电力工程直流电源系统设计技术规程》（DL/T 5044—2014）第 3.3.3 条第 4 款。

25．A

依据：《电力工程直流电源系统设计技术规程》（DL/T 5044—2014）附录 A 第 A.3.6 条。

$I_1 = 20I_5 = 20 \times \dfrac{250}{5} = 1000 \text{ (A)}, I_n \geqslant I_1 = 1000 \text{ (A)}$。

26．A

依据：《220kV～500kV 变电所所用电设计技术规程》（DL/T 5155—2002）第 6.3.1 条及附录 E 式（E.1）。$I_g = 1.05 \times \dfrac{800}{\sqrt{3} \times 0.38} = 1276.2 \text{ (A)}$，按 0.7～0.9 系数修正，为 1823.1～1418 (A)。

注：在 DL/T 5155—2016 中已删除了 0.7～0.9 的系数说明，不利散热条件下运行的电器按制造厂家考虑散热条件后所给的电流考虑。

27．C

依据：《火力发电厂厂用电设计技术规程》（DL/T 5153—2014）第 6.3.3 条。C 项可不计电动机的反馈电流。

28．B

依据：《火力发电厂厂用电设计技术规程》（DL/T 5153—2014）第 4.6.1 条及表 4.6.1。

29．C

依据：《火力发电厂厂用电设计技术规程》（DL/T 5153—2014）第 3.1.3 条。但 2014 版新规中取消了对人身安全的描述。

30．C

依据：《火力发电厂和变电站照明设计技术规定》（DL/T 5390—2007）第 10.3.1 条。

注：《发电厂和变电站照明设计技术规定》（DL/T 5390—2014）第 8.3.1 条已修改"不再强调采用直流应急照明，当正常照明消失，交流事故照明还没投入时，直流应急照明应能满足及时处理故障的要求"。

31．A

依据：《发电厂和变电站照明设计技术规定》（DL/T 5390—2014）第 8.9.7 条。

32．D

依据：《电力系统电压和无功电力技术导则》（SD 325—1989）第 1.2 条。

33．A

依据：《架空输电线路电气设计规程》（DL/T 5582—2020）第 5.1.15 条的安全系数为 2.25，第 5.1.16 条的条文说明可得 $T_{\max} \leqslant \dfrac{T_P}{K_c} = \dfrac{123400 \times 0.95}{2.5} = 46892 \text{ (N)}$。

34．C

依据：《架空输电线路电气设计规程》（DL/T 5582—2020）式（9.1.1-2）可得

$D_X = \sqrt{D_P^2 + (4/3 D_Z)^2} = \sqrt{7^2 + (4/3 \times 9)^2} = 13.89 \text{(m)}$。

注：猫头塔导线为三角形排列，酒杯塔导线为水平排列。

35．A

依据：老版线路手册第 179～181 页表 3-3-1。$f_m = \dfrac{\gamma l^2}{8\sigma_0} = \dfrac{50 \times 10^{-3} \times 400^2}{8 \times 50} = 20 \text{ (m)}$。

36．B

依据：《110kV～500kV 架空送电线路设计技术规程》（DL/T 5092—1999）第 12.1.3 条。在《架空输电线路荷载规范》（DL/T 5551—2018）表 8.0.2-1 中已更改数据。

37．B

依据：《电力工程高压送电线路设计手册》（第二版）第 330 页表 6-2-9。

38．C

依据：《110kV～500kV 架空送电线路设计技术规程》(DL/T 5092—1999) 第 12.1.4 条。在《架空输电线路荷载规范》(DL/T 5551—2018) 第 4.2.15 条中修改了此内容。

39．A

依据：《电力工程高压送电线路设计手册》（第二版）第 605 页。

40．A

依据：《架空输电线路电气设计规程》(DL/T 5582—2020) 附录 H 第 H.0.4-2 款。

二、多项选择题

41．BC

依据《大中型火力发电厂设计规范》(GB 50660—2011) 第 16.2.4 条、第 16.2.5 条及《小型火力发电厂设计规范》(GB 50049—2011) 第 17.2.2 条。A 选项是"应"，不是"宜"，D 选项是"不宜"。

42．AC

依据：《导体和电器选择设计技术规定》(DL/T 5222—2021) 附录 A 第 A.1.2-2 款。

43．CD

依据：没有找到相应的依据，可参考《超高压变压器油》(SH 0040—1991) 相关内容。

44．BD

依据：《标准电压》(GB/T 156—2007) 第 4.3～4.5 条。

45．ABD

依据：《电力工程电缆设计规范》(GB 50217—2018) 第 3.6.5 条。

46．ACD

依据：《导体和电器选择设计技术规定》(DL/T 5222—2005) 第 7.4.8 条。B 选项应为"可"，不是"宜"。在 DL/T 5222—2021 第 5.4.8 条中已将 25kA 改成 30kA。

47．AD

依据：《架空输电线路电气设计规程》(DL/T 5582—2020) 表 5.1.3-1。

48．AC

依据：《高压配电装置设计技术规程》(DL/T 5352—2018) 第 5.1.2 条及表 5.1.2-1。BD 应为 A_2 值。

49．ABD

依据：《电力工程电气设计手册 电气一次部分》第 687 页第 10 章第 10-6 节第三部分第 2 条。

50．BC

依据：《高压配电装置设计技术规程》(DL/T 5352—2018) 第 6.2.3 条。

51．AD

依据：《交流电气装置的过电压保护和绝缘配合》(DL/T 620—1997) 第 4.2.6 条、第 4.2.7 条。《交流电气装置的过电压保护和绝缘配合设计规范》(GB/T 50064—2014) 第 4.2.5 条、第 4.2.9

条没有老规范详细。

52．ABC

依据：《交流电气装置的过电压保护和绝缘配合设计规范》（GB/T 50064—2014）第 5.3.1-2 条"35kV 及以下不宜全线架设避雷线"。

53．ACD

依据：《电力系统安全稳定控制技术导则》（DL/T 723—2000）第 6.1 条。《电力系统安全稳定控制技术导则》（GB/T 26399—2011）无此内容。

54．AB

依据：《隐极同步发电机技术要求》（GB/T 7064—2017）第 4.21.7 条。小于等于 15min 都是满足要求的，所以选 AB。

55．ACD

依据：《水力发电厂厂用电设计规程》（DL/T 5164—2002）第 5.1.6 条。《水力发电厂厂用电设计规程》（NB/T 35044—2014）修改了此内容。

56．BCD

依据：《火力发电厂、变电站二次接线设计技术规程》（DL/T 5136—2001）第 9.2.4 条。《火力发电厂、变电站二次接线设计技术规程》（DL/T 5136—2012）第 7.2.2 条、第 7.2.4 条修改了此内容，本题无答案。为了使接线简单，检修调试方便，宜各回路独立设自动开关。

57．BC

依据：《火力发电厂、变电站二次接线设计技术规程》（DL/T 5136—2001）第 13.1.3 条。《火力发电厂、变电站二次接线设计技术规程》（DL/T 5136—2012）第 5.4.9 条改为：电流互感器的二次回路应有且只有一个接地点，宜在配电装置处经端子排接地。由几组电流互感器绕组组合且有电路直接联系的回路，电流互感器二次回路应和电流处一点接地。

58．CD

依据：《继电保护和安全自动装置技术规程》（GB/T 14285—2023）第 5.1.2.2 条。

59．ABD

依据：《电力系统设计技术规程》（DL/T 5429—2009）第 5.2.1 条。

60．AB

依据：《电力工程直流系统设计技术规程》（DL/T 5044—2004）第 6.1.5 条。《电力工程直流电源系统设计技术规程》（DL/T 5044—2014）第 5.1.2 条及第 5.1.3 条修改了此内容。

61．ABD

依据：《220kV～1000kV 变电站站用电设计技术规程》（DL/T 5155—2016）第 6.3.3 条。C 项为 60A。

62．AD

依据：《电力系统设计技术规程》（DL/T 5429—2009）第 9.1.4 条。

63．BCD

依据：《高压直流输电大地返回系统设计技术规程》（DL/T 5224—2014）第 3.1.6 条。

64．ABC

依据：《110kV～750kV 架空输电线路设计规范》（GB 50545—2010）第 3.0.3 条、第 3.0.4 条。D 项为"应"不是"宜"。《架空输电线路电气设计规程》（DL/T 5582—2020）第 3 章具体内容稍作修改。

65．ACD

依据：老版线路手册第 106 页。$\eta=\arctan\dfrac{\gamma_4}{\gamma_1}=\arctan\dfrac{26.14}{30.72}=40.4°$。

66．ABD

依据：《架空输电线路电气设计规程》（DL/T 5582—2020）第 5.1.1 条。

67．ACD

依据：《110kV～750kV 架空输电线路设计规范》（GB 50545—2010）第 7.0.14 条。《架空输电线路电气设计规程》（DL/T 5582—2020）第 7.2 节，对保护角稍作修改。

68．AD

依据：老版线路手册第 606 页。改用悬垂角较大的线夹。

69．AB

依据：《架空输电线路电气设计规程》（DL/T 5582—2020）第 8.0.10 条，小于 5km 的都应绝缘。

70．ABC

依据：老版线路手册第 134～135 页。

2009年注册电气工程师专业案例试题

（上午卷）及答案

【2009年上午题1~5】 110kV有效接地系统中的某一变电站有110/35/10kV，31.5MVA主变压器两台，110kV进线2回、35kV出线5回、10kV出线10回，主变压器为110、35、10kV，联结组别为YNyn0d11。

1. 如主变压器需经常切换，110kV线路较短，有穿越功率20MVA，各侧采用以下哪组主接线经济合理，为什么？（第4页第一章第一题） （　）
   （A）110kV内桥接线，35kV单母接线，10kV单母分段接线
   （B）110kV外桥接线，35kV单母分段接线，10kV单母分段接线
   （C）110kV单母接线，35kV单母分段接线，10kV单母分段接线
   （D）110kV变压器组接线，35kV双母接线，10kV单母接线

2. 假如110kV采用内桥、主变压器110kV隔离开关需能切合空载变压器，由于材质等原因，各变压器的空载励磁电流不相同，按隔离开关的切合能力，该变压器的空载励磁电流最大不可能超过下列哪一项数值？ （　）
   （A）0.9A　　　　　　　　　　（B）1.2A
   （C）2.0A　　　　　　　　　　（D）2.9A

3. 假如变电站110kV侧采用外桥接线，有20MVA穿越功率，请计算桥回路持续工作电流为多少？（第116页第四章第一题） （　）
   （A）165.3A　　　　　　　　　（B）270.3A
   （C）330.6A　　　　　　　　　（D）435.6A

4. 假如35kV出线电网单相接地故障电容电流为14A，需要35kV中性点设消弧线圈接地，采用过补偿，则需要的消弧线圈容量为多少？（第401页第八章第十八题） （　）
   （A）250kVA　　　　　　　　　（B）315kVA
   （C）400kVA　　　　　　　　　（D）500kVA

5. 设该变电站为终端变电站，1台主变压器，一回110kV进线，主变压器110kV侧中性点全绝缘，则此中性点的接地方式不宜采用哪种方式，为什么？（第384页第八章第一题） （　）
   （A）直接接地　　　　　　　　（B）经避雷器接地
   （C）经放电间隙接地　　　　　（D）经避雷器接地和放电间隙并联接地

【2009年上午题6~10】 某屋外220kV变电站，海拔1000m以下。请回答下列问题。

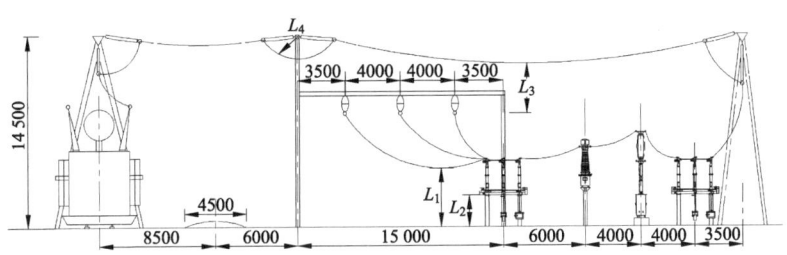

6. 请问图中高压配电装置属于下列哪一种？并简要说明这种布置的特点。（第227页第五章第一题） （ ）

（A）普通中型　　　　　　　　（B）分相中型
（C）半高型　　　　　　　　　（D）高型

7. 图中最小安全距离有错误的是哪项？为什么？（第228页第五章第二题） （ ）

（A）母线至隔离开关引下线对地面净距 L_1=4300mm
（B）隔离开关的安装高度 L_2=2500mm
（C）进线段带电作业时，上侧导线对主母线的垂直距离 L_3=2500mm
（D）弧垂 L_4＞1800mm

8. 若地处高海拔，修正后 A_1 值为2000，则母线至隔离开关引下线对地面的距离 L_1 值应为下列哪项数值？（第236页第五章第十三题） （ ）

（A）4500mm　　　　　　　　（B）4300mm
（C）4100mm　　　　　　　　（D）3800mm

9. 若地处缺水严寒地区，主变压器125MVA，灭火系统宜采用哪种？（第259页第五章第四十一题） （ ）

（A）水喷雾　　　　　　　　　（B）合成泡沫
（C）排油注氮　　　　　　　　（D）固定式气体

10. 该220kV开关站为60m×70m矩形布置，四角各安装高30m的避雷针，保护物6m高（并联电容器），计算相邻70m的两针间，保护范围一侧的最小宽度 b_x。（第449页第八章第七十题） （ ）

（A）20m　　　　　　　　　　（B）24m
（C）25.2m　　　　　　　　　（D）33m

【2009年上午题11~15】 220kV变电站，一期2×180MVA主变压器，远景3×180MVA主变压器。三相有载调压，三相容量分别为180/180/90，YNynd11接线。调压230±8×1.25%/117kV/37kV，百分电抗 $X_{1高-中}$%=14，$X_{1高-低}$%=23，$X_{1中-低}$%=8，要求一期建成后，任一主变压器停役，另一台主变压器可保证承担负荷的75%，220kV正序电抗标幺值为0.006 8（设 S_j=100MVA），110、35kV侧无电源。

11. 正序阻抗标幺值 $X_{1高}$、$X_{1中}$、$X_{1低}$ 最接近下列哪项数值？（第 61 页第三章第二题） （ ）

（A）0.1612，−0.0056，0.0944　　　（B）0.0806，−0.0028，0.0472

（C）0.0806，−0.0028，0.0944　　　（D）0.2611，−0.0091，0.1529

12. 计算主变压器 35kV 侧断路器额定电流最小需要选择下列哪项数值？（第 172 页第四章第六十一题） （ ）

（A）1600A　　　（B）2500A

（C）3000A　　　（D）4000A

13. 计算并选择 110kV 隔离开关动、热稳定参数最小可采用下列哪项数值（仅考虑三相短路）？（第 103 页第三章第四十一题） （ ）

（A）热稳定 25kA，动稳定 63kA　　　（B）热稳定 31.5kA，动稳定 80kA

（C）热稳定 31.5kA，动稳定 100kA　　　（D）热稳定 40kA，动稳定 100kA

14. 站用变压器选择 37±5%/0.23～0.4kV，630kVA，U_d=6.5% 的油浸变压器。站用变低压屏电源进线额定电流和延时开断能力为下列哪项？（第 527 页第十章第十五题） （ ）

（A）800A，16I_e　　　（B）1000A，12I_e

（C）1250A，12I_e　　　（D）1500A，8I_e

15. 选择 35kV 母线电压互感器回路高压熔断器，必须校验下列哪项？（第 189 页第四章第七十六题） （ ）

（A）额定电压，开断电流　　　（B）工频耐压，开断电流

（C）额定电压，额定电流，开断电流　　　（D）额定电压，开断电流，开断时间

【2009 年上午题 16～20】220kV 屋外变压器，海拔 1000m 以下，土壤电阻率 ρ = 200Ω·m，设水平接地极为主的人工接地网，接地极扁钢，均压带等距布置。

16. 最大运行方式下接地最大短路电流为 10kA，站内接地短路入地电流为 4.5kA，站外接地短路入地电流为 0.9kA，则该站接地电阻应不大于下列哪项数值？（第 493 页第九章第十八题） （ ）

（A）0.2Ω　　　（B）0.44Ω

（C）0.5Ω　　　（D）2.2Ω

17. 若该站接地短路电流持续时间取 0.4s，接触电位差允许值为下列哪项数值？（第 483 页第九章第二题） （ ）

（A）60V　　　（B）329V

（C）496.5V　　　（D）520V

18. 站内单相接地入地电流为 4kA，接地网最大接触电位差系数取 0.15，接地电阻 0.35Ω，则接地网最大接触电位差为下列哪个数值？（第 488 页第九章第十一题）　　（　　）

（A）210V　　　　　　　　　　　（B）300V
（C）600V　　　　　　　　　　　（D）1400V

19. 若该站接地短路电流持续时间取 0.4s，跨步电压允许值为下列哪项数值？（第 484 页第九章第三题）　　　　　　　　　　　　　　　　　　　　　　（　　）

（A）90V　　　　　　　　　　　　（B）329V
（C）496.5V　　　　　　　　　　（D）785V

20. 站内单相接地入地电流为 4kA，最大跨步电位差系数取 0.24，接地电阻 0.35Ω，则最大跨步电位差为下列哪项数值？（第 488 页第九章第十二题）　　　　　　（　　）

（A）336V　　　　　　　　　　　（B）480V
（C）960V　　　　　　　　　　　（D）1400V

【2009 年上午题 21~25】　依据 DL/T 5092—1999《（110～500）kV 架空送电线路设计技术规程》，设计一条交流 500kV 单回架空送电线路，海拔 2000m，最大风速 32m/s。请回答下列问题。

21. 请计算线路运行电压下应满足的空气间隙为多少？（第 576 页第十一章第四十八题）　　（　　）

（A）1.300m　　　　　　　　　　（B）1.380m
（C）1.495m　　　　　　　　　　（D）1.625m

22. 下列哪项为操作过电压选取的风速值？并说明理由。　　　　　　　　　　（　　）

（A）10m/s　　　　　　　　　　　（B）15m/s
（C）32m/s　　　　　　　　　　　（D）16m/s

23. 悬垂绝缘子串采用 155mm 盘式绝缘子（不考虑爬电比距），则需要的片数为多少？
（　　）

（A）25 片　　　　　　　　　　　（B）29 片
（C）31 片　　　　　　　　　　　（D）32 片

24. 悬垂绝缘子串采用 170mm 盘式绝缘子（不考虑爬电比距），则需要的片数为多少？（　　）

（A）25 片　　　　　　　　　　　（B）27 片
（C）29 片　　　　　　　　　　　（D）32 片

25. 若采用 31 片 155mm 盘式绝缘子（防雷电压 50%与放电间隙按线性考虑），雷电过电

压间隙为多少？（第577页第十一章第四十九题） （   ）

  （A）3.3m   （B）4.1m

  （C）3.8m   （D）3.7m

答　　案

  1．B【解答过程】（1）由新版一次手册第36页左上角内容可知，110kV侧有穿越功率适宜采用外桥形接线。（2）又由该手册第33页左栏内容可知，10kV及35kV均适宜采用单母分段接线。所以选B。老版一次手册第51页（二）外桥形接线（3）适用范围：110kV适宜采用外桥形接线；第47页（二）单母线分段接线（3）适用范围：10kV及35kV均适宜采用单母分段接线。

  2．C【解答过程】根据DL/T 5222—2005第11.0.9条可知，C符合要求。所以选C。DL/T 5222—2021第9.0.10条已更改。

  3．B【解答过程】由新版变电手册第76页表4-3可知：桥回路持续工作电流 = 最大负荷元件电流+穿越功率电流。依题意可得 $I = \dfrac{31.5+20}{\sqrt{3}\times 110}\times 1000 = 270.3$（A）。桥回路不用考虑1.05系数。老版一次手册出处为第232页表6-3。

  4．C【解答过程】由DL/T 5222—2021第18.1.5条及附录B.1.1，$Q = KI_c \dfrac{U_e}{\sqrt{3}} = 1.35\times 14\times \dfrac{35}{\sqrt{3}}$ = 381.9（kVA）因此选用400kVA。本题也可引用GB/T 50064—2014式（3.1.6）作答。

  5．A【解答过程】由老版《电力工程电气设计手册　电气一次部分》第2-7节相关内容可知：终端变电站的变压器中性点一般不接地。只有A明显违背要求。又根据GB/T 50064—2014第5.4.13-8条可知，中性点全绝缘，但变电站为单进线且为单台变压器运行，也应在中性点装设雷电过电压保护装置，B、C、D均可。所以选A。新版一次手册该处已修改。

  6．A【解答过程】由新版变电手册第298页内容，普通中型配电装置，普通中型配电装置是将所有电气设备都安装在地面支架上，母线下不布置任何电气设备。老版一次手册出处为第607页。

  7．C【解答过程】A选项：依题意，参考DL/T 5352—2018图5.1.2-3可知，L_1为无遮拦裸导体至地面之间距离，即C值。由DL/T 5352—2018表5.1.2-1可得$L_1=C=4300$mm。B选项：由DL/T 5352—2018第5.1.2条及图5.1.2-3中的参数可得$L_2\geqslant 2500$mm。C选项：依题意，结合DL/T 5352—2018图5.1.2-1可知，L_3属于交叉不同时停电检修的无遮拦带电部分，即B_1值，由DL/T 5352—2018表5.1.2-1可得，$L_3=B_1=2550$mm。D选项：由新版变电手册第267页右下内容,可知跳线在无风时的弧垂要求不小于最小电气距离A_1值,由DL/T 5352—2018表5.1.2-1可得，$L_4>A_1=1800$mm。由以上分析可知，C选项最小安全净距数据错误。说明：本题也可依据新版变电手册第264页表8-11（老版一次手册第567页表10-1）。老版一次手册第700页附录10-2-1（3）。

  8．A【解答过程】由DL/T 5352—2018图5.1.2-3可知，L_1为无遮拦裸导体至地面之间距离，即C值。又由该规范表5.1.2-1可知，220J系统$A_1=1800$mm，修正后$A_1'=2000$mm。则修

正后 $L_1' = 4300+2000-1800=4500$（mm）。所以选 A。

9．C【解答过程】由 DL/T 5352—2018 第 5.5.5 条，厂区内升压站单台容量为 90MVA 及以上油浸变压器，220kV 及以上独立变电站单台容量为 125MVA 及以上的油浸变压器应设置水喷雾灭火系统、合成泡沫喷淋系统、排油注氮系统或其他灭火装置。对缺水或严寒地区，当采用水喷雾、泡沫喷淋有困难，固定式气体不宜用于室外，故排油注氮应是合适的选择。

10．B【解答过程】已知 $h=30$m，$h_x=6$m，$D=70$m，由 GB/T 50064—2014 第 5.2.1 条可得 $P=1$，则 $h_a=h-h_x=30-6=24$；$\dfrac{D}{h_a P}=\dfrac{70}{24\times 1}=2.92$；$\dfrac{h_x}{h}=\dfrac{6}{30}=0.2$ 由 GB/T 50064—2014 图 5.2.2-2（a）得 $\dfrac{b_x}{h_a p}=1.02$；$b_x=1.02\times 24\times 1=24.48$（m）；校验：$r_x=(1.5h-2h_x)P=33$，$b_x\leqslant r_x$，故取 24.48m。结合答案，小于且最接近 24.48m 的答案为 24m。所以选 B。

11．B【解答过程】由老版一次手册第 4-2 节相关公式可得：$X_1=\dfrac{14+23-8}{2\times 100}\times\dfrac{100}{180}=0.0806$；$X_2=\dfrac{14+8-23}{2\times 100}\times\dfrac{100}{180}=-0.0028$；$X_3=\dfrac{23+8-14}{2\times 100}\times\dfrac{100}{180}=0.0472$。

12．A【解答过程】由新版一次手册第 220 页表 7-3 可知，主变压器 35kV 侧回路持续工作电流为 $I=\dfrac{90\times 1000}{\sqrt{3}\times 37}=1404$（A），由 DL/T 5222—2021 第 7.2.1 条可知，主变压器 35kV 侧断路器额定电流应大于 1404A。所以选 A。老版手册有载调压变压器回路工作电流不乘 1.05。75%，按 90×2×0.75=135（MVA）计算，会错选 B。老版一次手册第 232 页表 6-3。

13．A【解答过程】（1）依题意，流经 110kV 隔离开关最大可能的短路电流为三台主变压器并列运行，35kV 无电源，故可不考虑第三绕组阻抗；（2）由新版变电手册第 52 页表 3-2，设 $S_j=100$MVA，$U_j=115$kV，$I_j=0.502$A；（3）阻抗归算，又由新版变电手册第 61 页表 3-9 中的公式可得：变压器电抗标幺值 $X_{*12}=\dfrac{14}{100}\times\dfrac{100}{180}=0.0778$；系统阻抗标幺值 $X_{*s}=0.0068$；（4）热稳定电流为短路电流有效值 $I_d=\dfrac{1}{\Sigma X_*}I_j=\dfrac{0.502}{0.0068+\dfrac{0.0778}{3}}=15.336$（kA）；（5）据题意，本题为远离发电厂系统，由新版变电手册第 61 页表 3-7 可得 $\sqrt{2}K_{ch}=2.55$，再由第 60 页式（3-27）可得冲击电流 $i_{ch}=\sqrt{2}K_{ch}I''=2.55\times 15.336=39.1$(A)。由以上计算结果可知，A 选项最符合题意。所以选 A。本题坑点是应按远景方式计算可能存在的最大短路电流，即 3 台变压器全部并列考虑。老版一次手册出处为第 120 页表 4-1、第 121 页表 4-2、第 141 页表 4-15、第 140 页式（4-32）。

14．C【解答过程】由 DL/T 5155—2002 附录中式（E.1）可得 $I_g=1.05\times\dfrac{630}{\sqrt{3}\times 0.4}=954.8$（A）；由 DL/T 5155—2002 第 6.3.1 条可知 $I_g'=\dfrac{954.8}{0.7\sim 0.9}\approx 1061\sim 1364$（A）。根据所给各选项进线额定电流可取 1250A。再根据 35kV 的 630kVA 变压器查 DL/T 5155—2002 附录 D 表 D.2 可得，短路电流周期分量起始有效值 $I''=13.1$kA，$\dfrac{13100}{1250}=10.48$，向上取 $I''=12I_e$，所以选 C。

对于站用电低压屏内电器额定电流的选择，应考虑不利散热的影响，按电器额定电流乘以 0.7～0.9 的裕度进行修正。本条对应 DL/T 5155—2016 第 6.3.1 条，但该条取消了具体修正系数，其条文说明描述为"具体修正系数应根据设备资料确定"。本题只能按 DL/T 5155—2002 进行解答。

15. A【解答过程】根据 DL/T 5222—2021 第 17.0.8 条可知：保护电压互感器的熔断器，只需按额定电压和开断电流选择。所以选 A。

16. B【解答过程】接地电阻值应使用最大入地电流 4.5kA 计算，依题意，系统为有效接地系统。由 GB/T 50065—2011 式（4.2.1-1）可得有效接地系统的接地电阻 $R \leq \dfrac{2000}{4.5 \times 10^3}$ =0.44 (Ω)，所以选 B。

17. B【解答过程】由 GB/T 50065—2011 式（4.2.2-1）可得，110kV 及以上有效接地系统，接地装置的接触电位差不应超过 $U_t = \dfrac{174 + 0.17 \times 200}{\sqrt{0.4}} = 329$ (V)，所以选 B。

18. A【解答过程】由老版一次手册第 922 页式（16-36）及式（16-37）可得，接地装置的电位 E_w=4000×0.35=1400(V)，最大接触电位差 E_{jm}=0.15×1400=210 (V)，所以选 A。新版一次手册该考点已做修改。

19. C【解答过程】由 GB/T 50065—2011 式（4.2.2-2）可得，110kV 及以上有效接地系统，接地装置的跨步电位差不应超过 $U_s = \dfrac{174 + 0.7 \times 200}{\sqrt{0.4}} = 496.5$ (V)，所以选 C。

20. A【解答过程】由老版一次手册第 922 页式（16-36）及式（16-39）可得，接地装置电位 E_w=4000×0.35=1400(V)，最大跨步电位差 E_{km}=0.24×1400=336 (V)。所以选 A。

21. C【解答过程】由 GB 50545—2010 表 7.0.9-1 可知 500kV 工频电压最小间隙为 1.3m；再根据第 7.0.12 条文说明，有 K_a=1+(2000−1000)/100×1%=1.1，空气间隙=1.1×1.3=1.43 (m)。题设 DL/T 5092—1999 已经被新规范替代，故本题按照现行规范解答。新规 DL/T 5582—2020 已删除这种修正方法。

22. D【解答过程】由 DL/T 5582—2020 第 4.0.18 条"操作过电压工况的气温可采用年平均气温，风速宜取基本风速折算到导线平均高度处风速的 50%，但不宜低于 15m/s，且应无冰"，可得 32×50%=16（m/s）。所以选 D。

23. B【解答过程】由 DL/T 5092—1999 表 9.0.2 可得，海拔 1000m 及以下地区 500kV 绝缘子片数为 25 片，再根据式（9.0.6）可得海拔 2000m 地区绝缘子片数为 N_H = $N[1+0.1(H-1)] = 25 \times [1+0.1(2-1)] = 27.5$ (片)，向上选取最接近选项为 29 片，所以选 B。

24. B【解答过程】由 DL/T 5092—1999 表 9.0.2 可得，海拔 1000m 及以下地区 500kV，高度为 155mm 的绝缘子片数为 25 片，采用 170mm 高度的绝缘子，其片数应为 $\dfrac{25 \times 155}{170} = 22.79$ (片)，根据第 9.0.6 条可得，海拔 2000m 地区要求的绝缘子片数为 N_H = $N[1+0.1(H-1)] = 22.79 \times [1+0.1(2-1)] = 25.069$ (片)，向上选取最接近选项为 27 片。

25. B【解答过程】由 DL/T 5582—2020 第 6.2.2 条可知，海拔 1000m 处雷电过电压要求的高度 155 绝缘子片数为 25 片。依题意按线性考虑，由 DL/T 5582—2020 表 6.2.5 条及注 4，可得雷电过电压间隙为 $3.3 \times \dfrac{31}{25} = 4.09$ (m)，所以选 B。

2009年注册电气工程师专业案例试题

（下午卷）及答案

【2009年下午题1~5】 某220kV变电站有两台10/0.4kV站用变压器，单母分段接线，容量630kVA，计算负荷560kVA。现计划扩建：综合楼空调（仅夏天用）所有相加额定容量为80kW，照明负荷为40kW，深井水泵22kW（功率因数0.85），冬天取暖用电炉一台，接在2号主变压器的母线上，容量150kW。

1. 新增用电计算负荷是多少，写出计算过程。（第514页第十章第一题） （ ）
   （A）288.7kVA 　　　　　　（B）208.7kVA
   （C）292kVA 　　　　　　　（D）212kVA

2. 若新增用电计算负荷为200kVA，计算站用变压器的额定容量，写出计算过程。（第514页第十章第二题） （ ）
   （A）1号站用变压器630kVA，2号站用变压器800kVA
   （B）1号站用变压器630kVA，2号站用变压器1000kVA
   （C）1号站用变压器800kVA，2号站用变压器800kVA
   （D）1号站用变压器1000kVA，2号站用变压器1000kVA

3. 深井泵进线隔离开关，馈线低压断路器，其中一路给泵供电，已知泵电动机启动电流为额定电流的5倍，最小运行方式短路电流为1000A，最大运行方式短路电流1500A，断路器动作时间0.01s，可靠系数取最小值。（第330页第六章第八十一题） （ ）
   （A）脱扣器整定电流265A，灵敏度3.77
   （B）脱扣器整定电流334A，灵敏度2.99
   （C）脱扣器整定电流265A，灵敏度5.7
   （D）脱扣器整定电流334A，灵敏度4.5

4. 上述，进线侧断路器侧过电流脱扣器延时为多少？（第330页第六章第八十二题） （ ）
   （A）0.1s 　　　　　　　　（B）0.2s
   （C）0.3s 　　　　　　　　（D）0.4s

5. 如设专用备用变压器，则电源自投方式为多少？（第267页第六章第四题）（ ）
   （A）当自投启动条件满足时，自投装置立即动作

（B）当工作电源恢复时，切换回路须人工复归

（C）手动断开工作电源时，应启动自动投入装置

（D）自动投入装置动作时，发事故信号

【2009年下午题6~10】 某300MW火力发电厂，厂用电引自发电机，厂用变压器主变压器为Dyn11yn11，容量40/25-25MVA，厂用电压6.3kV，厂用变压器低压侧与6kV开关柜用电缆相连，电缆放在架空桥架上。校正系数K_1=0.8，环境温度40℃，6kV最大三相短路电流为38kA，电缆芯热稳定整定系数C为150。如图所示，请回答下列问题。

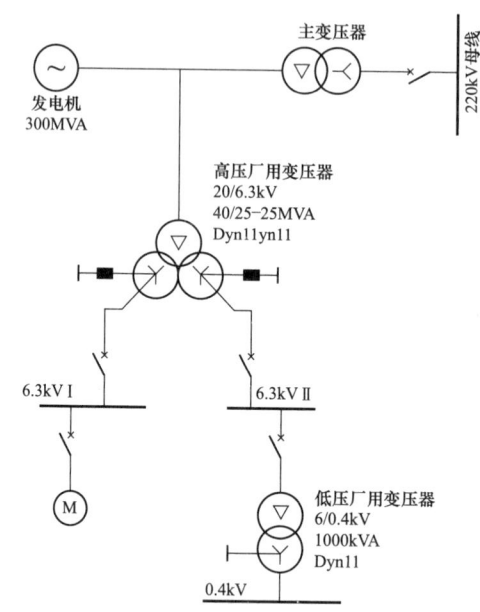

6. 厂用电6kV系统中性点经电阻接地，若单相接地电流为100A，此电阻值为多少？（第393页第八章第十题） （ ）

（A）4.64Ω (B）29.70Ω

（C）36.38Ω (D）63Ω

7. 变压器到开关柜的电缆放置在架空桥架中，允许工作电流6kV电力电缆，最合理最经济的为（第141页第四章第二十七题） （ ）

（A）YJV-6/6，7根，3×185mm² (B）YJV-6/6，10根，3×120mm²

（C）YJV-6/6，18根，1×185mm² (D）YJV-6/6，24根，1×150mm²

8. 图中电动机容量为1800kW，电缆长50m，短路持续时间为0.25s，电动机短路热效应按$Q=I^2t$计算，电动机的功率因数效率$\eta\cos\varphi$乘积为0.8。则选取电缆为多少？（第142页第四章第二十八题） （ ）

（A）YJV-6/6，3×95mm² (B）YJV-6/6，3×120mm²

(C) YJV-6/6，3×150mm² (D) YJV-6/6，3×180mm²

9. 图中 380V 低压接地保护动作时间为 1min，求电缆导体与绝缘层或金属层之间的额定电压为 （　　）

(A) 380V (B) 379V
(C) 291V (D) 219V

10. 6kV 断路器额定开断电流为 40kA，短路电流为 38kA，其中直流分量 60%，求此断路器开断直流分量的能力？（第 179 页第四章第六十七题） （　　）

(A) 22.5kA (B) 24kA
(C) 32kA (D) 34kA

【2009 年下午题 11~15】 某发电厂，处Ⅳ级污染区，发电厂出口设 220kV 升压站，采用气体绝缘金属封闭开关（GIS）。请回答下列问题。

11. 有关 GIS 配电装置连接的电气设备，下列哪项属于原则性错误？（第 252 页第五章第三十三题） （　　）

(A) GIS 配电装置的母线避雷器和电压互感器未装设隔离开关
(B) GIS 配电装置连接的需单独检修的母线和出线，配置了接地开关，但未配置快速接地开关
(C) GIS 配电装置在与架空线路连接处未设避雷器
(D) GIS 配电装置母线未装设避雷器

12. 耐张绝缘子串选 XPW-160（几何爬电 460mm），有效系数为 1，求片数为下列哪项？（第 474 页第八章第九十七题） （　　）

(A) 16 片 (B) 17 片
(C) 18 片 (D) 19 片

13. 220kV GIS 设备的接地短路电流为 20kA，GIS 基座下有 4 条接地引下线与主接地网链接，在热稳定校验时，应该取热稳定电流为下列哪项数值？（第 497 页第九章第二十三题） （　　）

(A) 20kA (B) 14kA
(C) 10kA (D) 7kA

14. 变电站内一接地引下线的单相接地短路电流为 15kA，短路持续时间为 2s，采用镀锌扁钢链接，请问若满足热稳定要求，此镀锌扁钢的截面积应大于哪项数值？（第 499 页第九章第二十五题） （　　）

(A) 101mm² (B) 176.8mm²

（C）212.1mm² （D）303.1mm²

15. 主变压器套管、GIS套管对地爬电距离应大于多少？（第479页第八章第一百零三题） （ ）
（A）7812mm （B）6820mm
（C）6300mm （D）5500mm

【2009年下午题16~20】 某火电厂，220kV直流系统，每机组设置阀控式铅酸蓄电池，采用单母线接线，两机组的直流系统间有联络。

16. 下列回路中哪项不设保护电器？ （ ）
（A）蓄电池出口回路 （B）馈线
（C）直流分电柜电源进线 （D）蓄电池试验放电回路

17. 采用阶梯计算法，每组蓄电池容量为2500Ah，共103只，1h放电率I=1375A，10h放电率I=250A，事故放电初期（1min）冲击放电电流1380A，电池组与直流柜电缆长40m，按允许电压降的条件，连接铜芯电缆最小截面积为多少？（第345页第七章第八题） （ ）
（A）920mm² （B）167mm²
（C）923mm² （D）1847mm²

18. 直流母线馈线为电磁操动机构断路器，合闸电流为30A，合闸时间200ms，则馈线额定电流和过载脱扣时间为下列哪项数值？（第353页第七章第二十一题） （ ）
（A）额定电流8A，过载脱扣时间250ms
（B）额定电流10A，过载脱扣时间250ms
（C）额定电流15A，过载脱扣时间150ms
（D）额定电流30A，过载脱扣时间150ms

19. 220V铅酸蓄电池每组容量为2500Ah，各负荷电流如下：控制及信号装置50A，氢密封油泵30A，直流润滑油泵220A，交流不停电装置460A，直流长明灯5A，事故照明40A。每组蓄电池配置一组高频开关模块，每个模块额定电流为25A，请问模块数量应为下列哪项数值？（第368页第七章第四十四题） （ ）
（A）16个 （B）35个
（C）48个 （D）14个

20. 按上题负荷条件，两机组的直流负荷相同，其间设置联络刀开关，请问开关的额定电流至少应为下列哪项数值？（第360页第七章第三十四题） （ ）
（A）1000A （B）800A
（C）600A （D）900A

【2009年下午题 21~25】 发电厂有 1600kVA 两台互为备用的干式厂用变压器，联结组别为 Dyn11，变压器变比为 6.3/0.4kV，电抗百分比 $U_d=6\%$，中性点直接接地。请回答以下问题：

21. 低压厂用变压器需要的保护配置为下列哪项？并简要阐述理由。（第 303 页第六章第五十题） （ ）
(A) 纵联差动，过电流，瓦斯，单相接地
(B) 纵联差动，过电流，温度，单相接地短路
(C) 电流速断，过电流，瓦斯，单相接地
(D) 电流速断，过电流，温度，单相接地短路

22. 厂用变压器低压侧自起动电动机的总容量 $W_D=960$kVA，则变压器过电流保护整定值为下列哪项？并说明根据。（第 312 页第六章第五十九题） （ ）
(A) 4932.9A (B) 5192.6A
(C) 7676.4A (D) 8080.5A

23. 最少需要的电流互感器和灵敏度为下列哪项？（第 313 页第六章第六十题） （ ）
(A) 三相，大于等于 2.0 (B) 三相，大于等于 1.5
(C) 两相，大于等于 2.0 (D) 两相，大于等于 1.25

24. 由低压母线引出到电动机，电动机功率为 75kW，额定电流 145A，起动电流为 7 倍额定电流，装电磁型电流继电器，最小三相短路电流为 6000A，则整定值为多少？（第 296 页第六章第三十八题） （ ）
(A) 1522.5A，3.94 (B) 1522.5A，3.41
(C) 1928.5A，3.11 (D) 1928.5A，2.96

25. 按上题条件，假设电动机内及引出线的单相接地相间短路保护整定电流为 1530A，电缆长 130m，按规范要求，单相接地短路保护灵敏度系数为下列哪项数值，并计算判断是否需单独设置？（第 300 页第六章第四十五题） （ ）
(A) 1.5，不需要另加单相接地保护 (B) 1.5，需要另加单相接地保护
(C) 1.2，不需要另加单相接地保护 (D) 1.2，需要另加单相接地保护

【2009年下午题 26~30】 500kV 变电站，750MVA，500/220/35kV 主变压器两台，拟在 35kV 侧装高压并联补偿电容器组。

26. 并联电容器组补偿容量不宜选下列哪项数值？（第 43 页第二章第四十题） （ ）
(A) 150Mvar (B) 300Mvar
(C) 400Mvar (D) 600Mvar

27. 为限制 3 次及以上谐波，电容器组的串联电抗应该选多少？（第 39 页第二章第

三十二题） （ ）
（A）1% （B）4%
（C）13% （D）30%

28. 单组，三相35kV，60 000kvar 的电容器4组，双星形连接，每相先并后串，由二个串段组成，每段10个单台电容器，则单台电容器的容量为多少？（第44页第二章第四十一题） （ ）
（A）1500kvar （B）1000kvar
（C）500kvar （D）250kvar

29. 本站 35kV 三相4组，双星形连接，先并后串，由二个串段组成，每段10个单台334kvar 电容器并联，其中一组串12%的电抗器，这一组电容器的额定电压接近多少？（第36页第二章第二十七题） （ ）
（A）5.64kV （B）10.6kV
（C）10.75kV （D）12.05kV

30. 4组三相35kV 容量为60 000kvar 的电容器，每组串12%的电抗，当35kV 母线短路容量为下面哪项数值时，可不考虑电容器对母线短路容量的助增作用。（第64页第三章第五题） （ ）
（A）1200MVA （B）1800MVA
（C）2200MVA （D）3000MVA

【2009年下午题31~35】某架空送电线路，有一挡的档距 L=1000m，悬点高差 h=150m，最高气温时导线最低点应力 σ=50N/mm^2，垂直比载 g=25×10^{-3}N/（m·mm^2）。（注：同2012年下午题36~40）。

31. 公式 $f=gL^2/8\sigma$ 属于哪一类公式？ （ ）
（A）经验公式 （B）平抛物线公式
（C）斜抛物线公式 （D）悬链线公式

32. 请用悬链线公式计算在最高气温时挡内线长最接近下列哪项数值？（第608页第十一章第九十五题） （ ）
（A）1050.67m （B）1021.52m
（C）1000m （D）1011.55m

33. 请用斜抛物线公式计算最大弧垂为下列哪项？（第603页第十一章第八十七题）
（ ）
（A）62.5m （B）63.2m
（C）65.5m （D）61.3m

34. 请用斜抛物线公式计算距一端350m处的弧垂是下列哪项？（第603页第十一章第八十八题） （ ）

(A) 59.6m (B) 58.7m
(C) 57.5m (D) 55.6m

35. 请采用平抛物线公式计算 L=1000m 挡内高塔侧导线最高气温时悬垂角是下列哪项数值？（第638页第十一章第一百三十九题） （ ）

(A) 8.53° (B) 14°
(C) 5.7°   (D) 21.8°

【2009年下午题36～40】 单回500kV架空线，水平排列，4分裂LGJ-300/40导线，截面积338.99mm²，外径23.94mm，单位重1.133kg/m，最大弧垂计算为最高气温，绝缘子串重200kg（提示：均用平抛物线公式）。

主要气象条件下：

气象	垂直比载（×10⁻³）[N/(m·mm²)]	水平比载（×10⁻³）[N/(m·mm²)]	综合比载（×10⁻³）[N/(m·mm²)]	水平应力（N/mm²）
最高气温	32.78	0	32.78	53
最低气温	32.78	0	32.78	65
年平均气温	32.78	0	32.78	58
最大覆冰	60.54	9.53	61.28	103
最大风（杆塔荷载）	32.78	32.14	45.91	82
最大风（塔头风偏）	32.78	26.14	41.93	75

36. 大风、水平档距500m，垂直档距217m，不计绝缘子串风压，则绝缘子串风偏角为多少？（第647页第十一章第一百五十一题） （ ）

(A) 51.1° (B) 52.6°
(C) 59.1° (D) 66.6°

37. 若耐张段内某挡的档距为1000m，导线悬点高差300m，年平均气温下，该挡较高侧导线悬垂角约为多少？（第640页第十一章第一百四十一题） （ ）

(A) 30.2° (B) 31.4°
(C) 33.7° (D) 34.3°

38. 当高差较大时，校安全系数，某挡档距400m，导线悬点高差150m，最大覆冰，高塔处导线悬点处应力为多少？（第613页第十一章第一百零一题） （ ）

(A) 115.5N/mm² (B) 106.4N/mm²
(C) 105.7N/mm² (D) 104.5N/mm²

39. 排位时，该耐张段内某塔水平档距 400m，垂直档距 800m，不计绝缘子串重量、风压，应该采用的绝缘子串为（不考虑断线、断联及常年满载工况，不计纵向张力差）多少？（第 632 页第十一章第一百二十九题） （　　）

　　（A）单联 120kN 绝缘子串　　　　　　（B）单联 160kN 绝缘子串
　　（C）单联 210kN 绝缘子串　　　　　　（D）双联 160kN 绝缘子串

40. 假如该架空线某档距为 400m，悬垂绝缘子串长为 2.7m，跨越高速公路时，该导线悬挂点与地面的最小垂直距离为何值？（第 565 页第十一章第三十题） （　　）

　　（A）14.0m　　　　　　　　　　　　　（B）16.7m
　　（C）26.37m　　　　　　　　　　　　（D）29.07m

答　案

1. B【解答过程】由 DL/T 5155—2016 第 4.1 条及第 4.2.1 条可得，新增用电计算负荷 $S = 0.85×22+150+40=208.7$ (kVA)，所以选 B。题干专门注明"夏天空调"和"冬天取暖电炉"，两者不同时使用，应取较大者计算。如果把夏天空调和取暖电炉同时算上会误选 A。

2. C【解答过程】依题意，站用变压器计算负荷为 560+200=760（kVA）。由 DL/T 5155—2016 第 3.1.1 条，可知本题可选用两台 800kVA 变压器。所以选 C。

3. B【解答过程】由 DL/T 5155—2016 附录 E 中表 E.0.3 及小注，可知，可靠系数取最小值 $K=1.7$，脱扣器整定电流 $I_Q = \dfrac{5×P_e}{\sqrt{3}U_e\cos\alpha} = \dfrac{5×22}{1.732×0.38×0.85} = 196.63$ (A)；$I_z \geq KI_Q = 1.7×196.63=334.27$（A）；灵敏度$=I_d/I_z=1000/334.27=2.99$，所以选 B。低压设备的额定电压是 $U_e=380$V，而不是 400V。本题乘 0.866 没有对应答案，只能默认题设电流为最小运行方式下的两相短路电流。

4. B【解答过程】由 DL/T 5155—2016 附录 E 中第 E.0.1-4 条的规定，电动机回路断路器应为负荷断路器，动作时间为瞬动（0s），进线侧断路器为电源侧断路器，断路器过电流脱扣器级差应取 0.15～0.2s。所以选 B。

5. B【解答过程】依据 DL/T 5155—2002，第 8.3.1-2 款：自动投入装置应延时动作，并只动作一次；A 错误。第 8.3.1-5 款：工作电源恢复供电后，切换回路应由人工复归；B 正确。第 8.3.1-4 款：手动断开工作电源时，不启动自动投入装置；C 错误。第 8.3.1-6 款：自动投入装置动作后，应发预告信号；D 错误，所以选 B。本题涉及的考查内容在 DL/T 5155—2016 中已作了相应修改，依据 DL/T 5155—2016 第 10.4.1 条及 GB 50062—2008 第 11.0.2 条：第 2 款：自动投入装置应延时动作，A 错误；第 3 款：手动断开工作电源时，不启动自动投入装置，C 错误。B、D 项内容已找不到相应的条款，所以无答案可选。

6. C【解答过程】依题意单相接地电流 100A，根据 DL/T 5153—2014 表 3.4.1 可知，应采用低电阻接地。由 DL/T 5222—2021 附录 B 式（B.2.2-2）可得 $R_\mathrm{N} = \dfrac{U_\mathrm{e}}{\sqrt{3}I_\mathrm{d}} = \dfrac{6300}{\sqrt{3}\times 100} = 36.37\,(\Omega)$，所以选 C。

7. B【解答过程】（1）由 GB 50217—2018 第 3.5.3 条可知，3～35kV 三相供电回路的芯数应选用三芯，故排除 C、D 项。（2）由新版一次手册第 220 页表 7-3 可得，变压器回路持续工作电流为 $I_\mathrm{g} = 1.05\times\dfrac{S_\mathrm{e}}{\sqrt{3}U_\mathrm{e}} = 1.05\times\dfrac{25\times 10^3}{\sqrt{3}\times 6.3} = 2405.6\,(A)$。（3）由 GB 50217—2018 中表 C.0.2 查得：YJV-6/6-3×185 的载流量为 323×1.29=416.67（A）；YJV-6/6-3×120 的载流量为 246×1.29=317.34（A）。根据 GB 50217—2018 附录 D 第 D.0.1 条可知，温度修正系数 K_t=1.0；由第 D.0.6 条可知，桥架敷设修正系数 K_1=0.8。因此，总系数 $K=K_\mathrm{t}K_1$=0.8。A 选项总载流量为 7×416.67×0.8=2333.3（A）≤2405.7A；B 选项总载流量为 10×317.34×0.8=2538.72（A）≥2405.7A，所以选 B。老版一次手册第 232 页表 6-3。

8. C【解答过程】（1）持续载流量条件：电动机回路持续工作电流为 $I_\mathrm{g} = \dfrac{1800}{\sqrt{3}\times 6\times 0.8} = 216.5\,(A)$；选项均为铜芯电缆，按 $I'_\mathrm{g} = \dfrac{216.5}{1.29} = 167.83\,(A)$ 查铝芯电缆载流量表，由 GB 50217—2018 第 3.6.2 条及表 C.0.2 可知，电缆截面应大于 YJV-6/6-3×70mm²。

（2）热稳定截面条件：由 GB 50217—2018 第 3.6.8-2 款可知，长度小于 200m，短路电流取首端短路，即 6kV 母线电路电流 38kA，C 取 150，又由新版一次手册第 127 页表 4-19，非周期分量时间取 0.1s；再由 GB 50217—2018 式（E.1.1-1）可得 $S \geq \dfrac{\sqrt{Q}}{C}\times 10^3 = \dfrac{\sqrt{38^2\times(0.25+0.1)}}{150}\times 10^3 = 149.87\,(mm^2)$；选用 YJV-6/6 3×150mm² 合适。取其中较大者可同时满足以上两个条件，所以选 C。

9. D【解答过程】由 GB 50217—2007 第 3.3.2 条可知，电缆导体与绝缘层或金属层之间电压不应低于 100%工作相电压，可得 $U = \dfrac{U_\mathrm{N}}{\sqrt{3}} = \dfrac{380}{\sqrt{3}} = 219\,(V)$，所以选 D。

10. C【解答过程】由 DL/T 5222—2021 第 7.2.5 条及其条文说明可知，该断路器开断直流分量的能力为 $I_\mathrm{f} = 38\times\sqrt{2}\times 60\% = 32.24\,(kA)$，所以选 C。

11. C【解答过程】由 DL/T 5352—2018 第 2.2.1 条和第 2.2.3 条可知，A、B、D 符合规范，C 应装设敞开式避雷器，不符合规范要求，所以选 C。

12. D【解答过程】由 DL/T 5222—2005 附表 C.2，可知Ⅳ级污染区发电厂最高电压对应的爬电比距（括号外数据）为 3.1cm/kV。由 GB/T 156—2007 表 4 可知，220kV 系统最高电压为 252kV。由 DL/T 5222—2005 第 21.0.9 条文说明式（13），$m\geq\dfrac{\lambda U_\mathrm{m}}{K_\mathrm{e}L_0}$ 可得，绝缘子片数 $m\geq\dfrac{3.1\times 252}{1\times 46} = 16.98$（片）。由 DL/T 5222—2005 第 21.0.9 条，考虑绝缘子的老化，每串绝缘子要预留零值绝缘子为：35～220kV 耐张串 2 片。最终绝缘子片数为 16.98+2=18.98（片），向上取整为 19 片，所以选 D。DL/T 5222—2021 对绝缘子选择已经修改。

13．D【解答过程】由 GB/T 50065—2011 第 4.4.5 条可知，4 根连接线截面的热稳定校验电流，应按单相接地故障时最大不对称电流有效值的 35%取值，所以 $I_{jd}=35\%×20=7$ (kA)。

14．D【解答过程】依题意，采用镀锌扁钢，由 GB/T 50065—2011 附录 E.0.2 可知 $C=70$，又由该规范附录 E 式（E.0.1）可得，满足短路热稳定要求的最小截面积为

$$S_g \geq \frac{I_{max}}{C}\sqrt{t_e} = \frac{15×1000}{70}×\sqrt{2} = 303.05 \text{ (mm}^2\text{)}$$，所以选 D。

15．A【解答过程】由 DL/T 5222—2005 附表 C.2 可知，Ⅳ级污秽区发电厂最高电压对应的爬电比距（括号外数据）为 3.1cm/kV，由 GB/T 156—2007 表 4 可知，220kV 系统最高电压为 252kV。根据爬电比距的定义可得 $L \geq \lambda U_m = 31×252=7812$ (mm)，所以选 A。DL/T 5222—2021 对绝缘子选择已经修改。

16．C【解答过程】由 DL/T 5044—2014 第 5.1.1 条可知，蓄电池出口回路、充电装置直流侧出口回路、直流馈线回路和蓄电池试验放电回路等，应装设保护电器，所以选 C。

17．C【解答过程】依题意数据，由 DL/T 5044—2014 附录 E 第 E.1.2 条及表 E.2-1 可知，$I_{ca}=1380A$，又由表 E.2-2 得，$1.1V \leq \Delta U_p \leq 2.2V$，根据附录 E 式（E.1.1-2）可得电缆截面 $S_{cacmin} = \frac{\rho × 2LI_{ca}}{\Delta U_p} = \frac{0.0184×2×40×1380}{2.2} = 923.35$ (mm^2)，所以选 C。

18．B【解答过程】由 DL/T 5044—2014 第 6.5.2 条可知，断路器电磁机构的合闸回路，回路额定电流可按 0.3 倍额定合闸电流选择，即 $I_n \geq K_{c2}I_{c1}=0.3×30=9$（A）。该条还规定，直流断路器过载脱扣时间应大于断路器固有合闸时间。因此，过载脱扣时间应大于 200ms，取 250ms。

19．A【解答过程】由 DL/T 5044—2014 表 4.2.5 及第 4.1.1 条可得 220V 蓄电池组经常负荷电流为 $I_{jc}=5+50=55$(A)又根据附录 D.1.1，该高频开关模块应具备浮充电、初充电和均衡充电要求，其中均衡充电电流最大 $I_{rmax} = 1.25I_{10} + I_{jc} = 1.25×\frac{2500}{10}+55=367.5$ (A)，又由附录第 D.2.1 条，$n_1 = \frac{I_r}{I_{mc}} = \frac{367.5}{25} = 14.7$，$n_2=2$，$n=n_1+n_2=14.7+2=16.7$（个）。当模块数量不为整数时，可取临近值，根据答案选项取 16 个，所以选 A。

20．C【解答过程】由 DL/T 5044—2014 第 6.5.2-2-4）款及第 3.5.1 条文说明可知，应该直流柜最大一条馈线选择：又由该规范附录 A.3.6 可得：（1）按事故停电时间的蓄电池放电率电流选择出口熔断器或断路器为 $I_{蓄电池n} \geq I_{1h} = 5.5×\frac{2500}{10}=1375$（A）。（2）按级差配合可得联络断路器额定电流为 $I_{应急n} \leq 0.5×1375 = 687.5$ (A)。（3）按同时应大于等于最大一条负荷馈线电流 460A，可知应急断路器额定电流选 600A，所以选 C。

21．D【解答过程】由 DL/T 5153—2014 第 8.5.1 条可知：（1）2MVA 及以上用电流速断保护灵敏性不符合要求的变压器应装设纵联差动保护，本变压器容量为 1600kVA，不需要装设纵联差动保护，因此 A、B 错误。（2）电流速断保护用于保护变压器绕组内及引出线上的相间短路故障。可以采用。（3）瓦斯保护用于 800kVA 及以上油浸变压器和 400kVA 及以上的车间内油浸式变压器；本题为干式变压器，不需要装瓦斯保护，故 A、C 错误。（4）过电流

保护用于保护变压器及相邻元件的相间短路故障，可以采用。（5）对于低压侧中性点直接接地的变压器，低压侧单相接地短路故障应装设单相接地短路保护。（6）400kVA 及以上非车间内干式变压器宜装设温度保护。综上所述，所以选 D。

22．A【解答过程】依题意，两台低压厂用变压器互为备用，属于暗备用方式，由新版二次手册第 245 页式（6-38）可得

$$K_{\text{ast}} = \frac{1}{\dfrac{U_d\%}{100} + \dfrac{S_{\text{T.N}}}{0.6K_{\text{st.}\Sigma}S_{\text{M.}\Sigma}}\left(\dfrac{U_{\text{M.N}}}{U_{\text{T.N}}}\right)^2} = \frac{1}{\dfrac{6}{100} + \dfrac{1600}{0.6\times 5\times 960}\times\left(\dfrac{380}{400}\right)^2} = 1.781$$

变压器二次侧额定电流 $I_e = \dfrac{S_e}{\sqrt{3}U_e} = \dfrac{1600}{\sqrt{3}\times 0.4} = 2309.4$ (A)，又由该规范第 245 页式（6-35）可得过电流保护整定值 $I_{\text{op}} = K_{\text{rel}}K_{\text{ast}}I_{2N} = 1.2\times 1.781\times 2309.4 = 4932.9$ (A)，所以选 A。老版二次手册第 696 页式（29-213）、第 693 页式（29-187）。

23．D【解答过程】由老版二次手册第 696 页式（29-218）可知：当变压器远离高压配电装置时，为了节省电缆，高压侧的过电流保护可改为两相三继电器式接线接于相电流上，省去低压侧的零序过电流保护，此时，过电流保护对低压侧的单相接地短路保护灵敏系数要求大于等于 1.25，所以选 D。

24．B【解答过程】由新版二次手册第 266 页式（6-100）可得，该保护应为电流速断保护，可靠系数取 1.5，则动作电流为 $I_{\text{ins,op}} = K_{\text{rel}}I_{\text{st}}I_{\text{M,2N}} = (1.5\sim 1.8)\times 7\times 145 = 1522.5\sim 1827$ (A)，又根据该手册式（6-103）可得灵敏系 $K = \dfrac{I_{\text{djmin}}^{(2)}}{I_{\text{dz}}} = \dfrac{0.866\times 6000}{1421\sim 1624} = 3.4\sim 2.8$，所以选 B。老版二次手册第 215 页第 23-2 节式（23-3）、式（23-4）。

25．B【解答过程】依题意，该电动机为低压 400V 电动机，额定电流为 145A（第 24 题小题干数据），由 GB 50217—2018 附录 C 中表 C.0.1-1 可知，应选用 3×95mm² 铝芯电缆。由 DL/T 5153—2014：附录 N 表 N.2.2-2 可得，1600kVA 干式变压器，铝芯电缆长 100m 时单相短路电流为 1802A；附录 N 式（N.2.2）可得，130m 三芯铝芯电缆单相短路电流为 $I_d^{(1)} = I_{d(100)}^{(1)}\dfrac{100}{L} = 1802\times\dfrac{100}{130} = 1386.15$ (A)。由题意可知，该电厂为中性点直接接地系统，由 DL/T 5153—2014 第 8.7.1-2 条可知，保护应动作于跳闸，结合 DL/T 5153—2014 第 8.1.1 条要求，动作于跳闸的单相接地保护灵敏系数不宜低于 1.5。依题意，灵敏系数 $K_m = \dfrac{I_{d\cdot\min}^{(1)}}{I_{dz}} = \dfrac{1386.153}{1530} = 0.906 < 1.5$，不满足要求。由 DL/T 5153—2014 第 8.7.1-2 条可知，灵敏度不满足要求时需另加单相保护接地。

26．D【解答过程】根据 GB 50227—2017 第 3.0.2 条及条文说明，电容器容量取主变压器容量的 10%～30%，则电容器容量为 750×2×(10%～30%)=150～450 (Mvar)，不宜选 600Mvar。所以选 D。

27．C【解答过程】由 GB 50227—2017 第 5.5.2-2 款可知，抑制 3 次及以上谐波时，电抗率宜采用 12.0%，所以选 C。

28．C【解答过程】由 GB 50227—2017 第 4.1.2 条可知，双星形接线，6 相，2 串，10 台，则补偿总容量为 $Q = \dfrac{60000}{6 \times 2 \times 10} = 500$ (kvar)，所以选 C。

29．D【解答过程】由 GB 50227—2017 第 5.2.2 条及条文说明式（2）可得电容器额定电压为 $U_{CN} = \dfrac{1.05 U_{SN}}{\sqrt{3} S(1-K)} = \dfrac{1.05 \times 35}{\sqrt{3} \times 2 \times (1-12\%)} = 12.06$ (kV)，所以选 D。

30．D【解答过程】依题意，串 12%电抗，由新版一次手册第 128 页左上内容可得 $\dfrac{Q_c}{S_d} = \dfrac{4 \times 60}{S_d} < 10\% \Rightarrow S_d > 2400\text{Mvar}$，所以选 D。老版一次手册第 159 页第 4-11 节。

31．B【解答过程】根据老版线路手册第 180 页第三章第三节表 3-3-1，公式 $f=gl^2/(8\sigma)$ 属于平抛物线公式，所以选 B。

32．B【解答过程】由新版《电力工程设计手册架空输电线路设计》第 304 页表 5-14 可得 $L = \sqrt{\dfrac{4 \times 50^2}{0.025^2} \text{sh}^2 \dfrac{0.025 \times 1000}{2 \times 50} + 150^2} = 1021.42$ (m)，所以选 B。老版线路手册第 180 页表 3-3-1。

33．B【解答过程】由新版《电力工程设计手册架空输电线路设计》第 304 页表 5-14 可得 $\tan\beta = h/l = 150/1000 = 0.15$，$\cos\beta = \cos(\arctan 0.15) = 0.9889$，$f_m = \dfrac{25 \times 10^{-3} \times 1000^2}{8 \times 50 \times 0.9889} = 63.2$(m)，所以选 B。老版线路手册第 180 页表 3-3-1。

34．C【解答过程】由新版线路手册第 304 页表 5-14，可得斜抛物线公式计算距一端 350m 处的弧垂 $f'_x = \dfrac{\gamma x'(l-x')}{2\sigma \cos\beta} = \dfrac{25 \times 10^{-3} \times 350 \times (1000-350)}{2 \times 50 \times 0.9889} = 57.5$ (m)，老版线路手册第 180 页表 3-3-1。

35．D【解答过程】由新版线路手册第 305 页表 5-14，可知挡内高塔侧导线最高气温时悬垂角 $\theta = \arctan\left(\dfrac{\gamma l}{2\sigma} + \dfrac{h}{l}\right) = \arctan\left(\dfrac{0.025 \times 1000}{2 \times 50} + \dfrac{150}{1000}\right) = 21.8°$，老版线路手册第 181 页表 3-3-1。

36．C【解答过程】由新版线路手册第 152 页式（3-245）可得 $P = 4 \times 26.14 \times 338.99/1000 = 35.44$ (N/m)；$G_I = 200 \times 9.8 = 1960$；$W_I = 4 \times 32.78 \times 338.99/1000 = 44.45$ (N/m)；$\varphi = \arctan\left(\dfrac{P_I/2 + Pl_h}{G_I/2 + W_I l_v}\right) = \arctan\left(\dfrac{35.44 \times 500}{1960/2 + 44.45 \times 217}\right) = 59.1°$

37．A【解答过程】由新版线路手册第 305 页表 5-14 可得 $\theta_B = \arctan(0.03278 \times 1000/2/58 + 300/1000) = 30.2°$，所以选 A。

38．A【解答过程】由新版线路手册第 304 页表 5-14 可得
$l_{OB} = \dfrac{l}{2} + \dfrac{\sigma_0}{\gamma}\tan\beta = \dfrac{400}{2} + \dfrac{103}{61.28 \times 10^{-3}} \times \dfrac{150}{400} = 830.3$ (m)

$\sigma_B = \sigma_0 + \dfrac{\gamma^2 l_{OB}^2}{2\sigma_0} = 103 + \dfrac{(61.28 \times 10^{-3})^2 \times 830.3^2}{2 \times 103} = 115.56$ (N/mm^2)

老版线路手册第 180 页表 3-3-1。

39．C【解答过程】耐张段内某塔即直线塔，按直线塔选择选择绝缘子串。观察表中数据，覆冰时垂直荷载最大，本题垂直挡距大于水平挡距，垂直荷载起主要作用，并且覆冰工况的综合荷载也比大风时的综合荷载大，所以覆冰工况受力最大。按最大覆冰工况计算可得垂直力为 $60.54×10^3×338.99×800×2.7×4=177314(N)≈177(kN)$。水平力为 $9.53×10^3×338.99×400×2.7×4=13956(N)=14 (kN)$。综合力为 $\sqrt{14^2+177^2}=177.55 (kN)$。可选单联 C 绝缘子串，以长期运行应力校验，即 $32.78×10^{-3}×338.99×800×4×4=142 (kN)$，满足要求故应选 C。

40．C【解答过程】依题意，最大弧垂为最高气温工况，由新版线路手册第 304 页表 5-14 可知最大弧垂 $f_m = \dfrac{32.78×10^{-3}×400^2}{8×53} = 12.37$ (m)，根据 DL/T 5582—2020 第 48 页表 10.2.5-1，500kV 线路导线与高速公路的最小垂直距离为 14m，则导线悬挂点至地面的最小垂直距离为 H_{min}=最大弧垂+安全净距=12.37+14=26.37(m)，所以选 C。老版线路手册出处为第 179 页表 3-3-1。

注册电气工程师
专业考试历年真题详解

【发输变电专业】

本书编委会 编

（下册）

中国水利水电出版社
www.waterpub.com.cn
·北京·

内 容 提 要

本书对注册电气工程师专业考试历年真题（发输变电专业）进行了详细解答和注释。全书分两个部分，第 1 部分为历年案例真题分类解析，按考点专业分 12 章进行真题的解答、考点说明和注释；第 2 部分为历年真题及答案，收录了 2008—2024 年专业知识题（上、下午卷）和专业案例题（上、下午卷），供读者模拟。

本书适用于注册电气工程师专业考试（发输变电专业）考生复习备考，同时也可供电气相关专业人员学习参考。

图书在版编目（CIP）数据

注册电气工程师专业考试历年真题详解 ： 发输变电专业 ： 2025年版 / 《注册电气工程师专业考试历年真题详解（发输变电专业）2025年版》编委会编. -- 北京 ： 中国水利水电出版社, 2025. 3. -- ISBN 978-7-5226-3139-4

Ⅰ. TM7-44；TM63-44

中国国家版本馆CIP数据核字第2025483X2L号

书　名	注册电气工程师专业考试历年真题详解（发输变电专业）2025 年版（下册） ZHUCE DIANQI GONGCHENGSHI ZHUANYE KAOSHI LINIAN ZHENTI XIANGJIE（FA SHU BIANDIAN ZHUANYE）2025 NIAN BAN（XIACE）
作　者	本书编委会　编
出版发行	中国水利水电出版社 （北京市海淀区玉渊潭南路 1 号 D 座　100038） 网址：www.waterpub.com.cn E-mail：sales@mwr.gov.cn 电话：（010）68545888（营销中心）
经　售	北京科水图书销售有限公司 电话：（010）68545874、63202643 全国各地新华书店和相关出版物销售网点
排　版	中国水利水电出版社微机排版中心
印　刷	天津嘉恒印务有限公司
规　格	185mm×260mm　16 开本　119.5 印张（总）　2983 千字（总）
版　次	2025 年 3 月第 1 版　2025 年 3 月第 1 次印刷
总 定 价	**268.00 元**

凡购买我社图书，如有缺页、倒页、脱页的，本社营销中心负责调换

版权所有·侵权必究

注册电气工程师专业考试历年真题详解
（发输变电专业）（2025年版）

本 书 编 委 会

名誉主编	弋东方				
专家工作组	弋东方	吴凤来	张化良	龚大卫	吴俊鹏
主　　编	枫　叶	唐华俊	杨志超		
编写工作组	刘　炯	钱皓雍	积　木	何秋鸣	王建辉
	邢超超	葛云威	田本容	张敏行	张明明
	张　睿	吴　强	韩　栋	李传栋	王增乾
	彭发明	杨德继	董贤冲	钱　丽	周　哲
	李明霞	王　峰	张国芬	陈　斌	沈　勇
	刘世安	胡向红	王小维	李学涛	李志冬
	张丽萍	陈　晨	李雨涵	王志媛	李学炎
	李欣瑶	陈光华			

注册电气工程师专业考试历年真题详解
（发输变电专业）（2025 年版）

前　言

我国实施《勘察设计行业注册工程师制度总体框架及实施规划》《注册电气工程师执业资格制度暂行规定》《注册电气工程师执业资格考试实施办法》等政策制度已逾十载，对提高电气工程设计人员的素质和执业水平，提高建设工程质量和规范设计市场，起到了巨大的推进作用，同时也大大激发了数以万计的广大设计人员的学习热情。其中，发输变电专业是诸多专业中涉及范围较宽、专业技术要求较高的专业。全国勘察设计行业注册工程师管理委员会2007 年公布的《注册电气工程师（发输变电）执业资格专业考试大纲》（注工〔2007〕6 号）引导了从事本专业的相关人员，对电力系统发电、输电、变电、送电各个环节给予积极关注和认真实践。

在全国众多的培训班中，枫叶 QQ 群是民间自发组织的一个优秀群体。我们集中了一批有几十年设计经验的退休老专家和近年高分考过双证的在职工程师，长期通过互联网进行授课和辅导。并在此基础上，集体编撰了这本汇集历年考题精选、答疑解惑的专业书，以助考生复习备考，提高专业水平。

本书的特色在于：

（1）分类研习，年份模拟。第一部分将历年案例真题按所涉及知识点分成 12 章进行了详细解答和注释，方便考生学习，在做题的同时深入每一个知识点，学练结合提高效率；第二部分将历年真题"还原"成空白卷，方便考生临考前模拟自测。

（2）解答准确，引用依据合理。在每一个精选的题解中，其解答方法和参考答案都经过严格推敲，最大限度地保证解答的准确性和权威性。对于一些争议较大的题目，通过结合工程实际给出了合理解答，并在考点说明中进行了解释。

（3）深入剖析，解释全面。对于考题设置的各个"坑点"都进行了一一挖掘，并阐述其设计思路，提高考生在实战中的"避坑"能力。对于一些"不够严谨"的题目，不仅在原理上进行了阐述，说明了题目忽略的知识点，给出了更为正确的做法，避免考生因题目的不严谨而对知识点产生错误的理解；同时也给出了应对考试的最佳方法，便于考生提高应试技巧。

对于一些知识点，某些考生长期存在错误的理解，我们携手相关规范、手册的编写者，共同确定了最符合规范思想和工程习惯的解答。

结合多年真题研习心得，对于众多考生在做题中容易产生的疑问和不同的观点，都进行了一一阐述，最大限度地让每一位读者，尤其是"零基础"的读者也能看懂解答过程。

（4）专家注释，知识点扩展到位。各位老专家在自己多年专注的领域，针对考题所涉及的知识点进行了深入的讲解，举一反三，拓展延伸，帮助考生消化知识，加深对相关规程规范条文的理解。

（5）采用了"互联网+"创新出版模式。本书大量真题（包括知识题和案例题）视频讲解可在网上下载收看学习，并进行 QQ 群网络跟踪互动式答疑，将无声知识和有声视频高效地结合，提高教学效果和学习效率。

感谢各位老专家不辞辛劳、夜以继日地为本书所有知识点做了深入详细的注释，他们认真细致、精益求精的精神让笔者肃然起敬。感谢所有编委在工作之余加班加点编撰书稿，保证了本书如期出版。感谢多年来枫叶QQ群众多群友对本群的支持、付出和努力。

同时，我们将枫叶考试秘笈升级版——规范手册的解题方法公式图表汇编（枫叶培训班内部资料）：集注册电气工程师执业资格考试专业考试发输变电专业所有考点总结、解题方法、步骤、图表公式为一体的资料汇编，节选了一小部分在放在本书的最后，让您在解题时一次定位，很大程度地提高解题速度，达到智能解题的程度。可谓一书在手、轻松考证。

由于本书内容涉及范围较广，书中难免存在一些疏漏和不妥之处，广大读者在平时的学习和阅读中如果遇到问题，可加作者枫叶老师微信 garyli352120 或加微信群讨论学习。

枫叶老师微信　　　免费微信学习群

本书配套 app 安装使用方法：在手机市场搜索 app "枫叶注电"，安装后请用手机号登录即可使用；在主页"公开课"里可以查看公开课；"题库"里可以进行部分历年真题的训练；如某些品牌手机 app 市场搜索不到"枫叶注电"app，可用手机浏览器打开地址 http://down.yncfjy.cn/，下载 app 安装包后用浏览器打开该文件，然后安装即可。手动安装方法可扫描下方二维码查看！

其他视频讲解收看地址：

百度网盘收看地址　　　公众号讲解　　　抖音直播　　　淘宝店铺链接

编　者

2024 年 12 月

真 题 说 明

注册电气工程师执业资格考试分两天进行,第一天考知识题,只需填写答题卡即可,无需写出解答过程,分上午卷和下午卷;每份试卷含 40 道单选题和 30 道多选题,单选题每题 1 分,多选题每题 2 分,上、下午卷合并计分,120 分合格。第二天考案例题,分上午卷和下午卷,上午卷共 25 道小题,全部有效;下午卷共 40 道小题,考生可根据自身情况选做其中 25 道小题,如果多做,则按题号顺序选前 25 道已作答的题目计分;上、下午卷共 50 道小题有效,每题 2 分,共 100 分,60 分合格。案例题不但需要填写答题卡,同时还需要在试卷上写出解答过程,在机读答题卡合格后再进行人工阅卷,如果选项正确但解答过程不对或存在不完善的地方,如引用依据不正确,则会被扣分。

案例题按工程场景出题,大题干介绍工程背景和一些基本参数,之后紧跟与该场景相关的 4~6 道小题。在做答时,小题干可能要用到大题干的信息,甚至本大题中前面小题的题干信息或者计算结果。

本书第二部分内容举例说明如下:

【2012 年上午题 6~9】 某区域电网中现运行一座 500kV 变电站,根据负荷发展情况需要扩建,该变电站现状、本期及远景规模见下表。

电气设备	现有规模	远景建设规模	本期建设规模
主变压器	1×750MVA	4×1000MVA	2×1000MVA
500kV 出线	2 回	8 回	4 回
220kV 出线	6 回	16 回	14 回
500kV 配电装置	3/2 断路器接线	3/2 断路器接线	3/2 断路器接线
220kV 配电装置	双母线接线	双母线双分段接线	双母线双分段接线

▶▶ 第二题[低抗补偿容量] 6. 500kV 线路均采用 4×LGJ-400 导线,本期 4 回线路总长度为 303km,为限制工频过电压,其中一回线路上装有 120Mvar 并联电抗器;远景 8 回线路总长度预计为 500km,线路充电功率按 1.18Mvar/km 计算。请计算远景及本期工程该变电站 35kV 侧配置的无功补偿低压电抗器容量应为下列哪组数值? ( )

(A) 590Mvar、240Mvar (B) 295Mvar、179Mvar
(C) 175Mvar、59Mvar (D) 116Mvar、23Mvar

【说明】

(1)"【2012 年上午题 6~9】"之后的一段文字、表格和图例是 2012 年上午第 6~9 小题共用的大题干。

（2）"第二题［低抗补偿容量］"中"第二题"是本书每章的自编题号，"［低抗补偿容量］"是本书根据考题内容做的考点提示。该部分内容真题中并没有。

（3）"6．500kV 线路……"中的"6."表示该题在真题试卷中是第 6 小题，与大题干标号"【2012 年上午题 6～9】"对应，之后的内容为第 6 小题的小题干。

（4）本书第一部分根据历年真题的考点分类汇总成 12 章，方便读者进行专题学习。

（5）本书第二部分完整地再现了真题试卷，供读者临考前模拟。

手 册 名 称 对 照 表

全 称	简 称
《电力工程电气设计手册　电气一次部分》	老版一次手册
《电力工程电气设计手册　电气二次部分》	老版二次手册
《电力工程高压送电线路设计手册》（第二版）	老版线路手册
《电力系统设计手册》	老版系统手册
《电力工程设计手册　火力发电厂电气一次设计》	新版一次手册
《电力工程设计手册　火力发电厂电气二次设计》	新版二次手册
《电力工程设计手册　架空输电线路设计》	新版线路手册
《电力工程设计手册　电力系统规划设计》	新版系统手册
《电力工程设计手册　变电站设计》	新版变电手册
《水电站机电设计手册　电气一次》	水电站一次手册

注册电气工程师专业考试历年真题详解
（发输变电专业）(2025年版)

目 录

前言
真题说明
手册名称对照表

上 册

第1部分　历年案例真题分类解析

第1章　主接线	3
第2章　电力系统规划与无功补偿	10
第3章　短路电流计算	76
第4章　导体与电器选择	140
第5章　配电装置	282
第6章　继电保护	329
第7章　直流系统	433
第8章　中性点、过电压与绝缘配合	491
第9章　电力系统接地	607
第10章　厂用电系统	650
第11章　高压输电线路	686
第12章　新能源	846

历年案例真题考点速查

第1章　主　接　线

1.1　概　　述	3
1.2　历年真题详解	4

第2章　电力系统规划与无功补偿

2.1　概　　述	10
2.2　历年真题详解	13

第3章　短　路　电　流　计　算

3.1　概　　述	76

3.2 历年真题详解 ·· 77

第4章 导体与电器选择

4.1 概　　述 ·· 140
4.2 历年真题详解 ·· 144

第5章 配 电 装 置

5.1 概　　述 ·· 282
5.2 历年真题详解 ·· 284

第6章 继 电 保 护

6.1 概　　述 ·· 329
6.2 历年真题详解 ·· 332

第7章 直 流 系 统

7.1 概　　述 ·· 433
7.2 历年真题详解 ·· 434

第8章 中性点、过电压与绝缘配合

8.1 概　　述 ·· 491
8.2 历年真题详解 ·· 493

第9章 电力系统接地

9.1 概　　述 ·· 607
9.2 历年真题详解 ·· 608

第10章 厂 用 电 系 统

10.1 概　　述 ·· 650
10.2 历年真题详解 ·· 651

第11章 高压输电线路

11.1 概　　述 ·· 686
11.2 历年真题详解 ·· 689

第12章 新　能　源

12.1 概　　述 ·· 846
12.2 历年真题详解 ·· 850

第 2 部分　历年真题及答案

2008 年注册电气工程师专业知识试题（上午卷）及答案 ………………………………… 865
2008 年注册电气工程师专业知识试题（下午卷）及答案 ………………………………… 882
2008 年注册电气工程师专业案例试题（上午卷）及答案 ………………………………… 898
2008 年注册电气工程师专业案例试题（下午卷）及答案 ………………………………… 908
2009 年注册电气工程师专业知识试题（上午卷）及答案 ………………………………… 920
2009 年注册电气工程师专业知识试题（下午卷）及答案 ………………………………… 937
2009 年注册电气工程师专业案例试题（上午卷）及答案 ………………………………… 954
2009 年注册电气工程师专业案例试题（下午卷）及答案 ………………………………… 961

下　册

2010 年注册电气工程师专业知识试题（上午卷）及答案 ………………………………… 975
2010 年注册电气工程师专业知识试题（下午卷）及答案 ………………………………… 991
2010 年注册电气工程师专业案例试题（上午卷）及答案 ………………………………… 1007
2010 年注册电气工程师专业案例试题（下午卷）及答案 ………………………………… 1015
2011 年注册电气工程师专业知识试题（上午卷）及答案 ………………………………… 1030
2011 年注册电气工程师专业知识试题（下午卷）及答案 ………………………………… 1046
2011 年注册电气工程师专业案例试题（上午卷）及答案 ………………………………… 1064
2011 年注册电气工程师专业案例试题（下午卷）及答案 ………………………………… 1073
2012 年注册电气工程师专业知识试题（上午卷）及答案 ………………………………… 1089
2012 年注册电气工程师专业知识试题（下午卷）及答案 ………………………………… 1105
2012 年注册电气工程师专业案例试题（上午卷）及答案 ………………………………… 1122
2012 年注册电气工程师专业案例试题（下午卷）及答案 ………………………………… 1132
2013 年注册电气工程师专业知识试题（上午卷）及答案 ………………………………… 1147
2013 年注册电气工程师专业知识试题（下午卷）及答案 ………………………………… 1164
2013 年注册电气工程师专业案例试题（上午卷）及答案 ………………………………… 1182
2013 年注册电气工程师专业案例试题（下午卷）及答案 ………………………………… 1192
2014 年注册电气工程师专业知识试题（上午卷）及答案 ………………………………… 1209
2014 年注册电气工程师专业知识试题（下午卷）及答案 ………………………………… 1225
2014 年注册电气工程师专业案例试题（上午卷）及答案 ………………………………… 1243
2014 年注册电气工程师专业案例试题（下午卷）及答案 ………………………………… 1253
2016 年注册电气工程师专业知识试题（上午卷）及答案 ………………………………… 1269
2016 年注册电气工程师专业知识试题（下午卷）及答案 ………………………………… 1287
2016 年注册电气工程师专业案例试题（上午卷）及答案 ………………………………… 1305
2016 年注册电气工程师专业案例试题（下午卷）及答案 ………………………………… 1316
2017 年注册电气工程师专业知识试题（上午卷）及答案 ………………………………… 1335

2017 年注册电气工程师专业知识试题（下午卷）及答案 …………………………1354
2017 年注册电气工程师专业案例试题（上午卷）及答案 …………………………1373
2017 年注册电气工程师专业案例试题（下午卷）及答案 …………………………1383
2018 年注册电气工程师专业知识试题（上午卷）及答案 …………………………1401
2018 年注册电气工程师专业知识试题（下午卷）及答案 …………………………1419
2018 年注册电气工程师专业案例试题（上午卷）及答案 …………………………1438
2018 年注册电气工程师专业案例试题（下午卷）及答案 …………………………1447
2019 年注册电气工程师专业知识试题（上午卷）及答案 …………………………1466
2019 年注册电气工程师专业知识试题（下午卷）及答案 …………………………1484
2019 年注册电气工程师专业案例试题（上午卷）及答案 …………………………1503
2019 年注册电气工程师专业案例试题（下午卷）及答案 …………………………1513
2020 年注册电气工程师专业知识试题（上午卷）及答案 …………………………1530
2020 年注册电气工程师专业知识试题（下午卷）及答案 …………………………1545
2020 年注册电气工程师专业案例试题（上午卷）及答案 …………………………1562
2020 年注册电气工程师专业案例试题（下午卷）及答案 …………………………1571
2021 年注册电气工程师专业知识试题（上午卷）及答案 …………………………1587
2021 年注册电气工程师专业知识试题（下午卷）及答案 …………………………1604
2021 年注册电气工程师专业案例试题（上午卷）及答案 …………………………1621
2021 年注册电气工程师专业案例试题（下午卷）及答案 …………………………1632
2022 年注册电气工程师专业知识试题（上午卷）及答案 …………………………1650
2022 年注册电气工程师专业知识试题（下午卷）及答案 …………………………1665
2022 年注册电气工程师专业案例试题（上午卷）及答案 …………………………1681
2022 年注册电气工程师专业案例试题（下午卷）及答案 …………………………1694
2022 年注册电气工程师专业补考案例试题（上午卷）及答案 ……………………1714
2022 年注册电气工程师专业补考案例试题（下午卷）及答案 ……………………1724
2023 年注册电气工程师专业知识试题（上午卷）及答案 …………………………1739
2023 年注册电气工程师专业知识试题（下午卷）及答案 …………………………1758
2023 年注册电气工程师专业案例试题（上午卷）及答案 …………………………1777
2023 年注册电气工程师专业案例试题（下午卷）及答案 …………………………1793
2024 年注册电气工程师专业知识试题（上午卷）及答案 …………………………1817
2024 年注册电气工程师专业知识试题（下午卷）及答案 …………………………1834
2024 年注册电气工程师专业案例试题（上午卷）及答案 …………………………1851
2024 年注册电气工程师专业案例试题（下午卷）及答案 …………………………1864

2010年注册电气工程师专业知识试题

（上午卷）及答案

一、单项选择题（共40题，每题1分，每题的备选项中只有1个最符合题意）

1. 在火力发电厂防电磁辐射的要求中，作业人员操作位容许微波辐射，局部肢体辐射，一日8h暴露的平均功率密度为下列哪项数值？　　　　　　　　　　　　　　　（　　）
   (A) $50\mu W/cm^2$　　　　　　　　　　(B) $400\mu W/cm^2$
   (C) $500\mu W/cm^2$　　　　　　　　　 (D) $4000\mu W/cm^2$

2. 容量为300MW燃煤电厂的主厂房，防火墙上的电缆孔洞应采用电缆防火封堵材料进行封堵，其耐火极限为下列哪项数值？　　　　　　　　　　　　　　　　　　　（　　）
   (A) 2h　　　　　　　　　　　　　　　(B) 3h
   (C) 4h　　　　　　　　　　　　　　　(D) 5h

3. 变电站站内道路布置除满足运行、检修、消防及设备安装要求外，还应符合带电设备安全间距的规定，下列哪个变电站的主干道路应尽量布置成环形？　　　　　　（　　）
   (A) 35kV变电站　　　　　　　　　　　(B) 66kV变电站
   (C) 110kV变电站　　　　　　　　　　 (D) 220kV变电站

4. 某220kV变电站内设有两台主变压器，变压器铁芯为冷轧硅钢片，过电压一般不超过下列哪个数值时，可不采取保护措施？　　　　　　　　　　　　　　　　　　（　　）
   (A) 411.5kV　　　　　　　　　　　　 (B) 291.0kV
   (C) 617.3kV　　　　　　　　　　　　 (D) 436.5kV

5. 爆炸性气体危险场所敷设电缆，下列哪项规定是正确的？　　　　　　　　　（　　）
   (A) 电缆线路中严禁设置接头
   (B) 易燃气体较空气重时，不应采用埋地敷设方式
   (C) 易燃气体比空气轻时，电缆应敷设在较低处的管、沟内，沟内非铠装电缆应埋沙
   (D) 电缆及其管道、沟穿过不同区域之间的墙、板孔洞处，应采用难燃性材料严密封堵

6. 计算机监控系统中的测量部分、常用电测量仪表和综合装置的测量部分，二次回路压降不应大于额定二次电压的下列哪项数值？　　　　　　　　　　　　　　　（　　）
   (A) 5%　　　　　　　　　　　　　　　(B) 4%
   (C) 3%　　　　　　　　　　　　　　　(D) 2%

7. 下列哪项举措不属于减少化石能源的使用和消耗？（   ）
    （A）发展水电　　　　　　　　　　　（B）淘汰小火电机组
    （C）发展核电　　　　　　　　　　　（D）建立垃圾发电站

8. 某220kV的火灾自动报警系统，采用了共用接地装置，其接地电阻不应大于下列哪项数值？（   ）
    （A）1Ω　　　　　　　　　　　　　　（B）2Ω
    （C）4Ω　　　　　　　　　　　　　　（D）10Ω

9. 某35kV变电所中设两台主变压器，每台变压器配置2组电容器补偿装置，电抗率为12%，35kV母线短路容量为500MVA，已运行的补偿容量为12Mvar，由于负荷波动，每次自动投入的分组补偿容量为334kvar，请问电容器组投入时的涌流标幺值为下列哪项数值？（   ）
    （A）3.82　　　　　　　　　　　　　（B）8.31
    （C）3.88　　　　　　　　　　　　　（D）8.39

10. 有关无功补偿的基本原则与要求，下列哪项说法是不正确的？（   ）
    （A）发电机应在自动调节励磁（包括强行励磁）运行，并保持其运行的稳定性
    （B）220kV及以上电压等级线路的充电功率应基本予以补偿
    （C）电网的无功补偿应以分层分区和就地平衡为原则，并应随负荷（或电压）变化进行调整
    （D）电网受端系统中应有足够的动态无功备用容量

11. 在燃煤电厂和变电站电缆防火设计中，下列哪项设计不符合规范的要求？（   ）
    （A）公用主沟道的分支处宜设阻火墙
    （B）长距离沟道中相隔约200m宜设阻火墙
    （C）电缆引至电气柜处应设阻火墙
    （D）16m深的电缆竖井宜设两道阻火隔层

12. 某新建火力发电厂计划安装4台200MW的发电机组，发电厂以220kV电压接入系统，起动/备用电源也从220kV引接，220kV出线为5回，请问该发电厂的220kV配电装置接线采用下列哪种是最经济合理的？（   ）
    （A）双母线接线　　　　　　　　　　（B）双母线带旁路接线
    （C）双母线单分段接线　　　　　　　（D）双母线双分段接线

13. 离相封闭母线与设备连接时，为了便于拆卸，连接处一般采用螺栓连接，且接触面需经镀银处理，请问当导体额定电流大于下列哪项数值时，应采用非磁性材料紧固件？（   ）
    （A）1000A　　　　　　　　　　　　（B）2000A
    （C）2500A　　　　　　　　　　　　（D）3000A

14. 对于按经济电流密度选择屋外导体时，下列哪一项应考虑日照的影响？（ ）
    （A）共箱封闭母线　　　　　　　　　（B）离相封闭母线
    （C）组合导线　　　　　　　　　　　（D）管型母线

15. 某 110kV 高压断路器额定电流 1000A，当使用环境温度为 50℃、海拔为 800m 时，允许的最大长期负荷电流为多少？（ ）
    （A）820A　　　　　　　　　　　　　（B）900A
    （C）920A　　　　　　　　　　　　　（D）1000A

16. 某变电站中，10kV 母线上的电容补偿装置串联电抗器的电抗率是 6%，电容器组每相的串联段数是 1，该并联电容器组的额定相电压应是下列哪一数值？（ ）
    （A）$\dfrac{10}{\sqrt{3}}$ kV　　　　　　　　　　　　（B）$\dfrac{10.5}{\sqrt{3}}$ kV
    （C）$\dfrac{11}{\sqrt{3}}$ kV　　　　　　　　　　　　（D）$\dfrac{12}{\sqrt{3}}$ kV

17. 在有效接地系统中采用无间隙氧化物避雷器作为雷电过电压保护装置时，下列哪一条不符合避雷器技术要求？（ ）
    （A）避雷器额定电压为 $0.75U_\mathrm{m}$
    （B）避雷器持续运行电压为 $\dfrac{U_\mathrm{m}}{\sqrt{3}}$
    （C）避雷器额定电压应不低于 $1.25U_\mathrm{m}$
    （D）避雷器应能承受所在系统作用的操作过电压能量

18. 校验导体动、热稳定，选取被校验导体或电器通过最大短路电流短路点，下列哪项不符合规范要求？（ ）
    （A）对带电抗器的 10kV 出线，校验母线与母线隔离开关之间隔板前的引线和套管时，应选在电抗器前
    （B）对带电抗器的 10kV 出线，校验管型母线的动稳定，应选在电抗器之后
    （C）对不带电抗器的回路，短路点应选在各种接线方式时短路电流为最大的地点
    （D）对带电抗器的 10kV 厂用分支回路，校验母线与母线隔离开关之间隔板前的引线和套管时，应选在电抗器前

19. 有关室内配电装置与冷却塔的距离，下列哪项是不符合要求的？（ ）
    （A）对于机力通风冷却塔，非严寒地区应不小于 40m
    （B）对于机力通风冷却塔，严寒地区应不小于 50m
    （C）对于自然的通风冷却塔，配电装置位于其冬季盛行风向的上风侧时，应不小于 25m
    （D）对于自然的通风冷却塔，配电装置位于其冬季盛行风向的下风侧时，应不小于 40m

20. 下列关于矩形、槽形、管形导体的选型配置，哪项不符合规范要求？（ ）

(A) 20kV、4kA；矩形导体 (B) 66kV、1kA；矩形导体
(C) 20kV、6kA；槽形导体 (D) 66kV、2kA；槽形导体

21. 110kV 及以上单芯电缆金属层单点直接接地时，下列哪种情况应沿电缆邻近设置平行回流线？ （ ）
（A）需要抑制电缆邻近弱电线路的电气干扰强度
（B）系统短路时，电缆金属层产生的工频感应电压，达到电缆护层电压限制器的工频电压
（C）系统短路时，电缆金属层产生的工频感应电压，达到电缆护层绝缘耐受强度
（D）重要回路且可能有过热部位的高压电缆线路

22. 在发电厂、变电站中，屋内配电装置采用金属封闭开关设备时，下列关于设备布置的描述哪个是不正确的？ （ ）
（A）固定式设备单列布置时，维护通道 800mm，操作通道为 1500mm
（B）移开式设备单列布置时，维护通道 800mm，操作通道为单车长+1200mm
（C）固定式设备双列布置时，维护通道 800mm，操作通道 1500mm
（D）移开式设备双列布置时，维护通道 1000mm，操作通道双车长+900mm

23. 发电厂厂区内升压站装有：一台 360MVA 主变压器、由三个单相变压器组成的一台 189MVA 联络变压器、一台 45MVA 高压厂用变压器和一台 55MVA 的启动/备用变压器，且均为油浸式变压器。按规程规定应设置水喷雾灭火系统的是下列哪项？ （ ）
（A）主变压器 （B）联络变压器
（C）高压厂用变压器 （D）启动/备用变压器

24. 某变电站安装一单支避雷针，高度为 35m，其地面保护半径为多少？ （ ）
（A）35m （B）48.8m
（C）52.5m （D）120m

25. 某有效接地系统的变电站中，最大接地故障不对称电流为 1.8kA，其中经变压器中性点入地电流为 0.15kA，不考虑避雷线分流影响，请问该变电站的接地网最大接地电阻为下列哪项数值？ （ ）
（A）1.11Ω （B）13.3Ω
（C）1.21Ω （D）0.1Ω

26. 省级电网经营企业与其供电企业的供电关口需设置关口计量电度表，即该供电企业的降压变电站的下列部位需设置关口计量电度表？ （ ）
（A）主变压器的高压侧 （B）主变压器的高压、中压侧
（C）主变压器的高压、中压、低压侧 （D）主变压器的低压侧

27. 某 220kV 变电站中的 220kV 配电装置采用双母线双分段接线，220kV 线路配置综合重合闸，母线装设母差保护，主变压器装设差动保护。请问下列哪台断路器不应选用三相联

动操作断路器？ （　　）

(A) 主变压器 220kV 侧断路器　　　(B) 220kV 母联断路器

(C) 220kV 线路断路器　　　(D) 220kV 分段断路器

28. 具有电流和电压线圈的中间继电器，其电流和电压线圈应采用正极性接线，电流与电压线圈间的耐压水平的试验标准不应低于下列哪项数值？ （　　）

(A) 500V，2min　　　(B) 1000V，2min

(C) 500V，1min　　　(D) 1000V，1min

29. 断路器失灵保护中，失灵保护判别元件和动作时间，下列哪项是不正确的？ （　　）

(A) 正序电流元件，15ms　　　(B) 相电流元件，20ms

(C) 零序电流元件，15ms　　　(D) 负序电流元件，20ms

30. 某变电站中，110kV 线路变压器组的主变压器是 110/35/10kV、31.5MVA。主变压器 110kV 侧最大三相短路电流 5kA，最小两相短路电流 3kA，主变压器 110kV 侧安装了过负荷保护。过负荷保护的一次整定电流值为多少（可靠系数取 1.05，返回系数取 0.85）？ （　　）

(A) 6176A　　　(B) 3705A

(C) 204A　　　(D) 165A

31. 某变电站直流系统的经常负荷电流为 20A，蓄电池的自放电电流为 3A，其浮充电电流应为多少？ （　　）

(A) 3A　　　(B) 17A

(C) 20A　　　(D) 23A

32. 某变电站选用了 500kVA，35/0.4kV，U_d 为 6.5%的站用变压器。至 380V 母线每相回路的总电阻、总电抗分别为 3.576mΩ 和 21.349mΩ。请计算 380V 母线的三相短路电流周期分量起始值为多少？ （　　）

(A) 10.67kA　　　(B) 10.5kA

(C) 8.2kA　　　(D) 6.5kA

33. 变电站中，下列哪一场所不应设置备用照明？ （　　）

(A) 主控制室　　　(B) 屋内配电装置室

(C) 主要楼梯间　　　(D) 蓄电池室

34. 某地区 220kV 电网的最大有功负荷 1000MW，电网最大自然无功负荷系数为 1.3kvar/kW，本网发电机的无功功率为 100Mvar，主网和邻网输入的无功功率为 400Mvar，线路和电缆的充电功率为 200Mvar。请问此电网的容性无功补偿设备总容量为下列哪个数值？ （　　）

(A) 450Mvar　　　(B) 600Mvar

(C) 795Mvar　　　(D) 2195Mvar

35. 火力发电厂厂房内需安装投光灯，投光灯功率 2kW/个，投光灯轴线光强为 30000cd，初始光能量 25000lm，请问投光灯的安装高度应不低于下列哪个数值？（　　）
（A）10m （B）9.13m
（C）5m （D）4.56m

36. 500kV 及以上输电线路跨越非长期住人的建筑物或邻近民房时，房屋所在的位置离地面 1.5m 处的未畸变电场强度不得超过下列哪项数值？（　　）
（A）1kV/m （B）2kV/m
（C）3kV/m （D）4kV/m

37. 悬垂型杆塔分为悬垂直线塔和悬垂转角塔，标称电压为 220kV 和 500kV 的线路，其转角度数分别要求为下列哪项数值？（　　）
（A）3°，10° （B）10°，15°
（C）10°，25° （D）10°，20°

38. 110kV 无避雷线线路，杆塔横担 25.6m，绝缘子长度 2.2m，导线弧垂 8.5m，雷击大地距线路 100m，雷电流为 50kA，线路上感应过电压的最大值为下列哪项？（　　）
（A）375kV （B）389kV
（C）311kV （D）340kV

39. 下列有关输电线路架设地线的描述，不正确的是哪项？（　　）
（A）在山区地带，110kV 输电线路全线架设地线
（B）在少雷区，220kV 输电线路可不架设地线
（C）在山区地带，330kV 输电线路全线架设地线
（D）在少雷区，500kV 输电线路应不架设地线

40. 某线路的避雷线为钢芯铝绞线，拉断力为 123400N，在稀有覆冰条件下，导线在悬挂点的最大设计张力允许值为多少？（　　）
（A）54844N （B）49360N
（C）95018N （D）86380N

二、多项选择题（共 30 题，每题 2 分，每题的备选项中有 2 个或 2 个以上符合题意）

41. 某火力发电厂内电力电缆采用架空敷设，应在下列哪些部位设置防火措施？（　　）
（A）穿越配电装置、锅炉房之间的隔墙处
（B）两台机组连接处
（C）电缆桥架分支处
（D）架空敷设每间距 100m 处

42. 某火力发电厂，设 1 台汽轮发电机组，容量为 125MW，请问下列哪些位置应设置火灾自动报警系统？（　　）

（A）电缆夹层　　　　　　　　　　（B）配电装置室（室内）
（C）主控制室　　　　　　　　　　（D）计算机房

43．火力发电厂废物和烟尘处理，下列哪几项措施是正确的？　　　　（　　）
（A）烟囱高度一般高于厂区内邻近最高建筑物的2倍
（B）燃煤锅炉应装设高效除尘器，烟尘排放满足零排放要求
（C）灰渣和脱硫石膏应分区堆放，堆满后应运出，不可采用覆土碾压
（D）对于灰场应采用绿化措施

44．火力发电厂的照明设计中，下列哪几项节能措施是正确的？　　　（　　）
（A）户外照明宜采用自动控制
（B）户外照明和道路照明应采用高压钠灯
（C）气体放电灯应装设补偿电容器，补偿后的功率因数不应低于0.85
（D）在保证照明质量的前提下，应优先采用开启式灯具

45．电气设施布置应根据设防烈度、场地条件和其他环境条件确定，下列有关抗震的措施哪几项是正确的？　　　　　　　　　　　　　　　　　　　　（　　）
（A）当为9度时，限流电抗器宜采用三相垂直布置
（B）当为9度时，110kV及以上配电装置的管型母线，宜采用悬挂式结构
（C）当为8度时，可将重心位置的几个开关柜连成整体
（D）主要设备之间以及主要设备与其他设备及设施之间距离宜适当加大

46．某变电站的建筑的耐火等级为二级，火灾危险性为戊类，体积为下列哪些数值时，可不设消防给水？　　　　　　　　　　　　　　　　　　　　　（　　）
（A）1000m^3　　　　　　　　　　（B）1500m^3
（C）3000m^3　　　　　　　　　　（D）4000m^3

47．某变电站的电力电容器组布置在室内，在其防火设计中，是否设置储油设施或挡油设施，下列哪些说法是错误的？　　　　　　　　　　　　　　　　（　　）
（A）取决于电容器组容量　　　　　（B）取决于电容器组接线形式
（C）取决于单台电容器型式和容量　（D）取决于电容器型式

48．有关短路保护中主保护的最小灵敏度系数，下列说法哪些是符合规范要求的？（　　）
（A）变压器电流速断保护为1.5
（B）发电机纵差保护为1.5
（C）采用负序和零序增量元件的距离保护为2.0
（D）采用跳闸元件的线路纵联差动保护为1.0

49．对工业、民用建筑，应分别单独划分火灾探测区域的场所为下列哪几项？（　　）
（A）敞开楼梯间　　　　　　　　　（B）电缆隧道

（C）水泵房 （D）管道井

50. 某 330kV 变电站中有两台 360MVA 主变压器。330、110kV 配电装置分别采用一个半断路器接线和双母线接线。关于隔离开关的配置，下列哪些说法是正确的？（　　）

（A）接在 330kV 母线及 110kV 母线上的避雷器和电压互感器，可合用一组隔离开关
（B）断路器两侧均应配置隔离开关
（C）330kV、110kV 线路上的耦合电容器不应装设隔离开关
（D）变压器 110kV 中性点不必装设隔离开关

51. 计算电力系统中的不对称短路时，若双绕组变压器均采用三相四柱式，关于零序阻抗下列哪些说法是正确的？（　　）

（A）110/10kV，接线级别 YNd11，零序阻抗=正序阻抗
（B）110/10kV，接线级别 YNd1，零序阻抗=0
（C）220/10kV，接线级别 YNy6，零序阻抗=正序阻抗
（D）220/10kV，接线级别 YNy0，零序阻抗无穷大

52. 某变电站，所在地区环境的最热月平均最高温度为 32℃，年最高温度为 35℃，请问选择该变电站中的户外隔离开关和户内隔离开关的环境温度不宜选用哪几组数据？（　　）

（A）37℃（户外），35℃（户内） （B）35℃（户外），37℃（户内）
（C）32℃（户外），37℃（户内） （D）32℃（户外），35℃（户内）

53. 导体的电晕临界电压应大于导体安装处的最高工作电压，下列哪些导体可不进行校验？（　　）

（A）110kV LGJ-200 （B）220kV LGJ-300
（C）330kV 2×LGJ-300 （D）500kV 3×LGJ-600

54. 单相重合闸线路，为确保多相故障时可靠不重合，宜增设由不同相断路器位置触点串并联解除重合闸的附加回路，下列哪些断路器宜选用三相联动断路器？（　　）

（A）发电机变压器组低压侧断路器
（B）变压器低压侧断路器
（C）母线联络断路器
（D）并联电抗器断路器

55. 10kV 及以下电力电缆可选用铜芯或铝芯，但在下列哪几种情况下应采用铜芯？（　　）

（A）电机励磁、重要电源、移动式电气设备等需要保持连接具有高可靠性的回路
（B）振动剧烈、有爆炸危险等严酷的工作环境
（C）耐火电缆
（D）紧靠消防设备附近布置

56. 在变电站的工程设计中，选用屋外高压配电装置出线架构宽度时，一般应使出线对

架构横梁垂直线的偏角符合典型布置要求，请判断下列哪些偏角不满足要求？ （   ）
（A）110kV，20°
（B）220kV，15°
（C）330kV，15°
（D）500kV，10°

57. 变电站中，对110kV屋外配电装置做安全距离校验时，下列哪些情况应按B_1值校验？
（   ）
（A）设备运输时，其设备外廓至无遮拦带电部分之间
（B）交叉的不同时停电检修的无遮拦带电部分之间
（C）断路器和隔离开关的断口两侧引线带电部分之间
（D）栅状遮拦至绝缘体和带电部分之间

58. 在500kV电力网中，下述哪些措施可限制操作过电压？ （   ）
（A）线路加装并联高压电抗器
（B）断路器上安装合闸电阻
（C）线路两端加装氧化锌避雷器
（D）在线路并联高压电抗器中性点串联接地电抗器

59. 高压直流输电大地返回运行系统的接地极址与换流站、220kV及以上电压等级交流变电站的直线距离，宜选用下列哪几种？ （   ）
（A）80km
（B）50km
（C）30km
（D）8km

60. 发电厂、变电站中，电流互感器二次额定电流有5A、1A两种，选用1A的特点有下列哪几条？ （   ）
（A）在相同容量的情况下，带二次负荷能力提高
（B）在相同距离的情况下，控制电缆截面积可以减小
（C）在相同额定一次电流值时，电流互感器二次绕组匝数增加
（D）在相同的运行条件下，暂态特性好

61. 在发电厂、变电站中，送电线路自动重合闸装置除应符合《继电保护和安全自动装置技术规程》（GB/T 14285—2006）外，还应满足下列哪些要求？ （   ）
（A）任何情况下，自动重合闸装置的动作次数都应符合预先的规定，自动重合动作时应发出信号到计算机
（B）对于发电机—变压器—线路组接线方式，可仅装设单相跳闸重合闸装置，三相跳闸时应延时重合闸
（C）自动重合闸装置，应能在重合闸后加速继电保护的动作；必要时，还应能在重合闸前加速动作
（D）当断路器处于不允许实现自动重合闸状态时，应将自动重合闸装置闭锁

62. 在规定运行方式和故障形态下，电力系统暂态稳定计算分析的目的是下列哪几项？
（　　）
(A) 应用相应的判据，确定电力系统稳定性和输电功率极限
(B) 校验在给定条件下的稳定储备
(C) 对系统稳定性进行校验
(D) 对继电保护和自动装置以及各种措施提出相应的要求

63. 在中性点不直接接地系统的输电线路中，发生单相接地短路，人体触碰邻近电信导线时，由容性耦合引起的流经人体的电流值，以下哪些是允许的？
（　　）
(A) 20mA (B) 15mA
(C) 30mA (D) 10mA

64. 某发电厂装设 2 台 200MW 机组，请问下列有关备用、启动/备用电源及交流保安电源叙述正确的是？
（　　）
(A) 应设置交流保安电源，即安装 1 台自动快速启动的柴油发电机组，分批投入保安负荷
(B) 交流保安母线应采用双母线，以保证机组分段分别供给本机组的交流保安电源
(C) 应设 1 台高压厂用启动/备用变压器，主要作为机组起动或停机的电源，兼作厂用备用电源
(D) 应设 1 台低压厂用备用变压器

65. 某发电厂采用快速启动柴油发电机组作为交流保安电源，关于此电源的继电保护与自动装置，下列哪些是不正确的？
（　　）
(A) 当电流速断保护灵敏度不够时，应装设纵联差动保护，同时应装设反时限过电流保护作为后备保护
(B) 事故时，高压厂用电自动投入合闸回路中应加同期闭锁，同时应装设慢速切换作为后备
(C) 正常运行时，高压厂用电宜采用手动并联切换，同时宜采用手动合上断路器后，联动切除被解列电源
(D) 交流保安电源宜在就地装设同期并列装置，保安段的厂用工作电源与交流保安电源之间采用并联断电切换

66. 发电厂、变电站内，哪些工作场所应采用 24V 以下的特低电压照明？
（　　）
(A) 供锅炉本体，金属容器检修用的携带式作业灯
(B) 具有导电灰尘的场所
(C) 特别潮湿的场所
(D) 无其他防止触电安全措施的隧道照明

67. 在架空送电线路设计中选择导线方案时，如果验算电晕不满足要求，可采取的有效措施有以下哪些？
（　　）

(A) 加大导线直径 　　　　　　　(B) 增加分裂根数
(C) 采用等截面积的扩径导线 　　(D) 提高对地高度

68. 架空送电线路中，导、地线架设后的塑性伸长应按制造厂提供的数据或通过试验确定。如无资料，钢芯铝绞线可采用的数值哪些是正确的？　　　　　　　　（　　）
(A) 铝钢截面积比为 5.05～6.16 时，塑性伸长为 $4\times10^{-4}\sim5\times10^{-5}$
(B) 铝钢截面积比为 5.05～6.16 时，塑性伸长为 $3\times10^{-4}\sim4\times10^{-5}$
(C) 铝钢截面积比为 4.29～4.38 时，塑性伸长为 $3\times10^{-4}\sim4\times10^{-5}$
(D) 铝钢截面积比为 4.29～4.38 时，塑性伸长为 3×10^{-4}

69. 在架空送电线路计算垂直于导地线风荷载时，需考虑的因素有以下哪些？（　　）
(A) 电线基准高度的风速、杆塔水平档距
(B) 杆塔两侧弧垂最低点的水平距离
(C) 风压高度变化系数、电线体型系数
(D) 电线直径

70. 架空送电线路施工图定位中，对摇摆角超过设计值的杆塔，可采取哪些措施？
　　　　　　　　　　　　　　　　　　　　　　　　　　　　　　　　　（　　）
(A) 减小导线弧垂 　　　　　　　(B) 加挂重锤
(C) 调整杆塔型 　　　　　　　　(D) 调整杆塔高度

答　案

一、单项选择题

1. C

依据：《火力发电厂劳动安全和工业卫生设计规程》（DL 5053—1996）第 10.2.2.2 条。

注：《火力发电厂职业卫生设计规程》（DL 5454—2012）第 6.4.2 条及表 6.4.2。且把"局部肢体辐射"描述改为"脉冲波非固定辐射"。

2. B

依据：《火力发电厂与变电站设计防火规范》（GB 50229—2019）第 6.8.4 条。

3. D

依据：《变电站总布置设计技术规程》（DL/T 5056—2007）第 8.3.1 条。

4. A

依据：非考纲规范《交流电气装置的过电压保护和绝缘配合》（DL/T 620—1997）第 4.2.6-a 条、第 3.2.2 条。《交流电气装置的过电压保护和绝缘配合设计规范》（GB/T 50064—2014）取消了此内容。

5. C

依据：《电力工程电缆设计规范》（GB 50217—2018）第 5.1.10 条。A 项不是"严禁"，是"不应"有接头，如有接头，必须有防爆性；B 项"不应"改为"应"；D 项"难燃性材料"应为"防火封堵材料"。在 2018 版规范中将"易燃"改为"可燃"。

6．C

依据：《电力装置的电测量仪表装置设计规范》（GB/T 50063—2017）第 8.2.3-1 条。

7．D

依据：无。

8．A

依据：《火灾自动报警系统设计规范》（GB 50116—2013）第 10.2.1-1 条。

9．C

依据：《并联电容器装置设计规范》（GB 50227—2017）附录 A.0.1。

$Q_0 = 0.334\text{Mvar}, Q' = 12\text{Mvar}, Q = 0.334 + 12 = 12.334\text{Mvar}, \beta = 1 - 1/(\sqrt{1+Q/KS_d}) = 1 - 1/(\sqrt{1+12.334/0.12 \times 500}) = 0.0892, I_{*ym} = \frac{1}{\sqrt{K}}\left(1 - \beta\frac{Q_0}{Q}\right) + 1 = \frac{1}{\sqrt{0.12}}\left(1 - 0.0892 \times \frac{0.334}{12.334}\right) + 1 = 3.88(A)$

10．B

依据：《电力系统设计技术规程》（DL/T 5429—2009）第 7.2.1 条。B 项应为 330kV 及以上。

11．B

依据：《火力发电厂与变电站设计防火规范》（GB 50229—2019），ABD 依据第 6.8.3 条，其中 B 相距离超过了要求，不符合要求；D 相，规范要求每隔 7m 设一道，两道可满足 3×7=21(m)，D 满足要求；C 依据 6.8.2 条。

12．C

依据：《大中型火力发电厂设计规范》（GB 50660—2011）第 16.3.3 条可知，本厂应设 2 台启备变，220kV 共 11 回出线；由《电力工程电气设计手册 电气一次部分》第 48 页第 2-2 节第三部分：10~14 回出线应按双母分段接线。

13．D

依据：《导体和电器选择设计技术规定》（DL/T 5222—2021）第 5.4.10-1 款。

14．D

依据：《导体和电器选择设计技术规定》（DL/T 5222—2021）第 4.0.4 条，共相封闭母线、离相封闭母线均属于封闭母线。

15．A

依据：《导体和电器选择设计技术规定》（DL/T 5222—2021）第 4.0.2 条条文说明。$I_e = 1000 \times (50-40) \times 1.8\% = 820 \text{ (A)}$。

16．C

依据：《并联电容器装置设计规范》（GB 50227—2017）第 5.2.2 条文说明式（2）。$U_{cN} =$

$\dfrac{1.05U_{sN}}{\sqrt{3}S(1-K)} = \dfrac{1.05\times10}{\sqrt{3}\times(1-0.06)} = \dfrac{11}{\sqrt{3}}$ (kV)。

17．C

依据：《交流电气装置的过电压保护和绝缘配合设计规范》（GB/T 50064—2014）第 4.4.3 条及表 4.4.3。

18．C

依据：《导体和电器选择设计技术规定》（DL/T 5222—2021）第 3.0.8 条。C 项应是正常接线方式而非各种接线方式。

19．B

依据：《高压配电装置设计技术规程》（DL/T 5352—2006）第 6.0.1 条。B 项应为 60m。此题在 2018 版规范中已作较大修改，无法作答。

20．D

依据：《导体和电器选择设计技术规定》（DL/T 5222—2021）第 5.3.2 条及《高压配电装置设计技术规程》（DL/T 5352—2018）第 4.2.3 条。D 应该是矩形导体。

21．A

依据：《电力工程电缆设计规范》（GB 50217—2018），ABC 依据第 4.1.16 条，BC 项应为没有超过，超过时才需要设置；D 项依据第 4.1.18 条，应为可设置温度检测装置。

22．C

依据：《高压配电装置设计技术规程》（DL/T 5352—2018）第 5.4.4 条及表 5.4.4。C 项维护通道 1000mm，操作通道应为 2000A。

23．A

依据：《高压配电装置设计技术规程》（DL/T 5352—2018）第 5.5.5 条。联络变压器单台容量未超过 90MVA。

24．B

依据：《交流电气装置的过电压保护和绝缘配合设计规范》（GB/T 50064—2014）第 5.2.1 条。$r = 1.5hP = 1.5\times35\times0.93 = 48.8$ (m)，$P = \dfrac{5.5}{\sqrt{35}} = 0.93$。

25．C

依据：《交流电气装置的接地设计规范》（GB/T 50065—2011）第 4.2.1-1 条。$R \leqslant \dfrac{2000}{I_g} = \dfrac{2000}{I_{max}-I_n} = \dfrac{2000}{(1.8-0.15)\times10^3} = 1.21$ (Ω)。

26．C

依据：《电力装置的电测量仪表装置设计规范》（GB/T 50063—2008）第 4.2.1-2 条。

27．C

依据：《火力发电厂、变电站二次接线设计技术规程》（DL/T 5136—2012）第 5.1.6 条。

28．D

依据：《火力发电厂、变电站二次接线设计技术规程》（DL/T 5136—2012）第 7.1.5 条。

29．A

依据:《继电保护和安全自动装置技术规程》(GB/T 14285—2006) 第 4.9.2.2 条。新版 GB/T 14285—2023 第 5.6.2 节已更改描述。

30. C

依据:老版二次手册第 639 页式 (29-130)。$I_{dz} = \frac{K_h}{K_f} I_e = \frac{1.05}{0.85} \times \frac{31.5 \times 10^3}{\sqrt{3} \times 110} = 204 (A)$。

31. D

依据:《电力工程直流电源系统设计技术规程》(DL/T 5044—2014) 附录 D.1.1 式 (D.1.1-1),可得

$$I_r \geqslant 0.10 I_{10} + I_{jc} = 3 + 20 = 23 \text{ (A)}。$$

32. A

依据:《220kV～1000kV 变电站站用电设计技术规程》(DL/T 5155—2016) 附录 C。

$$I'' = \frac{U}{\sqrt{3} \times \sqrt{3.576^2 + 21.349^2}} = 10.67 \text{ (kA)}。$$

33. C

依据:《发电厂和变电站照明设计技术规定》(DL/T 5390—2014) 第 3.2.2 条及表 3.2.2-1。

34. C

依据:《电力系统电压和无功电力技术导则》(DL/T 1773—2017) 第 6.8 条式 (2),可得

$$Q_C = 1.15 Q_D - Q_G - Q_R - Q_L = 1.15 \times 1.3 \times 1000 - 100 - 400 - 200 = 795 (\text{Mvar})$$

35. A

依据:《发电厂和变电站照明设计技术规定》(DL/T 5390—2014) 第 9.0.4 条。$H \geqslant \frac{I_0}{300} = \frac{30000}{300} = 10$ (m)。

36. D

依据:《架空输电线路电气设计规程》(DL/T 5582—2020) 第 10.2.3 条。

37. D

依据:《110kV～750kV 架空输电线路设计规范》(GB 50545—2010) 第 9.0.3-5 条。说明:新版规范 5582 及 5551 已经删除该条内容。

38. D

依据:老版线路手册第 125、126 页式 (2-7-9)、式 (2-7-13)。

39. D

依据:该题是按老版规范 GB 50545 所出,按新版规范《架空输电线路电气设计规程》(DL/T 5582—2020) 第 7.2.1 条, A 应该是双地线; B 应为全线双地线; C 应为全线双地线; 依据第 7.2.2 条, D 应为全线双地线。说明:本题是按 GB 50545—2010 所出,按 DL/T 5582—2020 分析,四个选项均错。

40. C

依据:《110kV～750kV 架空输电线路设计规范》(GB 50545—2010) 第 5.0.9 条。$T_p \leqslant 77\% T_{max} = 0.77 \times 123400 \times 0.95 = 95018$ (N)。DL/T 5582—2020 第 5.1.17 条已经更改要求。

二、多项选择题

41. BCD

依据：《火力发电厂与变电站设计防火规范》(GB 50229—2019) 第 6.8.3 条。

42．ABC

依据：《火力发电厂与变电站设计防火规范》(GB 50229—2019) 第 7.1.6-1 条。

43．AD

依据：《大中型火力发电厂设计规范》(GB 50660—2011) 第 21.2.3 条、第 21.2.5、第 21.2.8 条。B 项应满足《火电厂大气污染物排放标准》(GB 13223) 的规定；C 项"不可"改为"应"。

44．AB

依据：《火力发电厂和变电站照明设计技术规定》(DL/T 5390—2014) 第 10.0.3 条、第 10.0.4 条。D 选项在新规范中已取消。C 项不同的气体放电灯补偿后的功率因数不一样。

45．BCD

依据：《电力设施抗震设计规范》(GB 50260—2013) 第 6.5.2 条、第 6.5.4 条、第 6.7.8 条。

46．ABC

依据：《火力发电厂与变电站设计防火规范》(GB 50229—2019) 第 11.5.1 条。体积不超过 3000m^3 的都符合题意。

47．ABD

依据：《并联电容器装置设计规范》(GB 50227—2017) 第 9.1.7 条。

48．AB

依据：《继电保护和安全自动装置技术规程》(GB/T 14285—2006) 附录 A 表 A.1。C 项为 4；D 项为 2。GB/T 14285—2023 已删除老版规范附录 A。

49．ABD

依据：《火灾自动报警系统设计规范》(GB 50116—2013) 第 3.3.3 条。

50．BC

依据：老版一次手册第 71 页、《高压配电装置设计技术规程》(DL/T 5352—2018) 第 2.1.5 条。330kV 避雷器和电压互感器不宜装设隔离开关。

51．AD

依据：老版一次手册第 142 页表 4-17。

52．ACD

依据：《导体和电器选择设计技术规定》(DL/T 5222—2021) 表 4.0.3。

53．ABCD

依据：《导体和电器选择设计技术规定》(DL/T 5222—2005) 第 7.1.7 条及表 7.1.7。DL/T 5222—2021 表 5.1.8 已更改。

54．CD

依据：《火力发电厂、变电站二次接线设计技术规程》(DL/T 5136—2012) 第 5.1.6 条。

55．ABC

依据：《电力工程电缆设计规范》(GB 50217—2018) 第 3.1.1 条。

56．BC

依据：老版一次手册第 579 页第 10-1 节第 2 部分。BC 项均应为 10°。

57．ABD

依据：《高压配电装置设计技术规程》（DL/T 5352—2018）第 5.1.2 条及表 5.1.2-1。C 项是 A_2 值。

58．BC

依据：《交流电气装置的过电压保护和绝缘配合设计规范》（GB/T 50064—2014）第 4.2.1-5 条。

注：从老版一次手册第 532 页第 9-6 节描述中可知，A 选项高压并联电抗器也可以限制操作过电压。但是知识题一般是按一个出处出题，题目和选项文字描述一定要最大限度地贴合规范或手册条文，这才是该题的"出处"，也最好只按照这个"出处"作答，按这一原则考虑选 BC。同时高抗主要是限制工频过电压，工频过电压降低了所以顺带降低了操作过电压的幅值，但这并不能限制操作过电压的发生或产生操作过电压以后将其泄压降低的措施。

59．ABC

依据：《高压直流输电大地返回运行系统设计技术规定》（DL/T 5224—2014）第 9.2.1 条。不小于 10km 均满足题意。

60．ABC

依据：老版二次手册第 65 页第 20-5 节第 3 部分。

61．ACD

依据：《火力发电厂、变电站二次接线设计技术规程》（DL/T 5136—2012）第 6.3.1 条。

62．CD

依据：《电力系统安全稳定导则》（GB 38755—2019）第 5.4.1 条。

63．BD

依据：《输电线路对电信线路危险和干扰影响防护设计规程》（DL/T 5033—2023）第 4.1.1 条。小于等于 15mA 的均符合要求。

64．ACD

依据：《火力发电厂厂用电设计技术规程》（DL/T 5153—2014）第 3.7.5 条、第 3.7.10 条、第 3.8.4 条及《大中型火力发电厂》（GB 50060—2011）第 16.3.17 条、第 16.3.18 条。

65．AD

依据：《火力发电厂厂用电设计技术规程》（DL/T 5153—2014）第 8.9.2-2 条、第 9.3.1 条、第 9.4.3 条。

66．AD

依据：《发电厂和变电站照明设计技术规定》（DL/T 5390—2014）第 8.1.3 条、第 8.1.5 条。

67．ABC

依据：老版线路手册第 30 页式（2-2-1）和第 33 页第（二）部分。

68．BD

依据：《架空输电线路设计规程》（DL/T 5582—2020）第 5.1.19 条。

69．ACD

依据：老版线路手册第 174 页第（二）部分及式（3-1-14）。

70．BCD

依据：老版线路手册第 604 页第（4）部分。

2010年注册电气工程师专业知识试题

（下午卷）及答案

一、单项选择题（共40题，每题1分，每题的备选项中只有1个最符合题意）

1. 发电厂、变电站验算硬导体短路动稳定时，对应于导体材料破坏应力的安全系数应是下列哪个数值？ （　　）
   - （A）1.4
   - （B）1.67
   - （C）2.5
   - （D）4

2. 某变电站安装一台35kV壳式变压器，联结组别YNd，则该变压器的零序电抗为多少？ （　　）
   - （A）$X_0=\infty$
   - （B）$X_0=X_1+X_{u0}$
   - （C）$X_0=X_1$
   - （D）$X_0=X_1+3Z$

3. 检验导体和电器的动、热稳定以及电器开断性能时，短路电流计算应采用哪种运行方式？ （　　）
   - （A）系统最大过渡运行方式下
   - （B）系统最大运行方式下
   - （C）系统正常运行方式下
   - （D）仅在切换过程中可能并列运行的接线方式下

4. 某变电站中，有一组每相能接成四个桥臂的单星形接线的35kV电容器组，每臂由5台500kvar电容器并联组成，此电容器组的总容量为多少？ （　　）
   - （A）7500kvar
   - （B）10000kvar
   - （C）15000kvar
   - （D）30000kvar

5. 220kV隔离开关应具有切合电感、电容性小电流和切环流的能力，请问在正常操作时，隔离开关能够可靠切断下列哪项电流？ （　　）
   - （A）隔离开关能可靠切断空载母线电流
   - （B）隔离开关能可靠切断不超过5A的空载变压器励磁电流
   - （C）隔离开关能可靠切断不超过10A的空载线路电容电流
   - （D）隔离开关能可靠切断系统环流

6. 有一只二次侧额定电流为 1A 的电流互感器，其二次额定负荷为 20Ω，此电流互感器二次额定容量是下列哪项数值？　　　　　　　　　　　　　　　　　　（　　）

（A）20VA　　　　　　　　　　　　（B）30VA
（C）50VA　　　　　　　　　　　　（D）80VA

7. 发电厂、变电站中户外布置的电流互感器，下列哪项使用环境条件不需要校验？（　　）

（A）环境温度　　　　　　　　　　（B）海拔
（C）系统接地方式　　　　　　　　（D）日照强度

8. 交流系统中电力电缆缆芯的相间额定电压不得低于以下哪项电压？　　（　　）

（A）使用回路的工作线电压　　　　（B）操作过电压
（C）系统的最高电压　　　　　　　（D）3 倍的使用回路的工作线电压

9. 发电厂、变电站中，屋外高压配电装置的最小安全净距 A 值是基本带电距离，其他安全净距都是以 A 值为基础得出的，下列安全净距计算哪项是错的？　　（　　）

（A）$B_1=A_1+750mm$　　　　　　（B）$B_2=A_1+30+70mm$
（C）$C=A_1+2300+200mm$　　　　（D）$D=A_1+1800mm$

10. GIS 外壳上的感应电压不应危及人身和设备的安全，在故障条件下 GIS 外壳的感应电压不应大于下列何值？　　　　　　　　　　　　　　　　　　　　　　（　　）

（A）100V　　　　　　　　　　　　（B）60V
（C）30V　　　　　　　　　　　　　（D）24V

11. 具有架空进线的 110kV 敞开式高压配电装置，进线路数 4 回，若避雷线进线长度为 2km，则金属氧化物避雷器与断路器间的最大电气距离应为下列哪项数值？（　　）

（A）200m　　　　　　　　　　　　（B）230m
（C）270m　　　　　　　　　　　　（D）310m

12. 对于海拔不超过 1000m 地区的 220kV 变电站，操作过电压要求的相对地和相间最小空气间隙分别为下列哪组数值？　　　　　　　　　　　　　　　　　　（　　）

（A）150cm，200cm　　　　　　　（B）100cm，200cm
（C）180cm，200cm　　　　　　　（D）200cm，110cm

13. 采用熄弧性能较强的断路器开断励磁电流较大的变压器产生的高幅值过电压，可采用下列哪种方式进行限制？　　　　　　　　　　　　　　　　　　　　　（　　）

（A）变压器高压侧断路器的电源侧，安装阀式避雷器
（B）变压器低压侧断路器的电源侧，安装阀式避雷器
（C）变压器高压侧断路器的负荷侧，安装阀式避雷器

(D) 变压器低压侧断路器的负荷侧，安装排气式避雷器

14. 220kV 电力系统中，线路断路器变电站侧的相对地工频过电压水平一般不宜超过下列哪项数值？ （　　）
(A) 145kV　　　　　　　　　　(B) 165kV
(C) 189kV　　　　　　　　　　(D) 252kV

15. 某发电厂 220kV 升压站站内接地短路时，最大接地短路电流为 24kA，流经变压器中性点的最大短路电流为 15.4kA。经计算该发电厂接地装置的接地电阻为 0.3Ω，如最大接触电位差系数为 0.166，则最大接触电位差应为下列哪个值（假设不考虑避雷线工频分流）？
（　　）
(A) 286V　　　　　　　　　　(B) 375V
(C) 428V　　　　　　　　　　(D) 560V

16. 发电厂、变电站人工接地网的外缘应闭合，外缘各角应做成圆弧形，圆弧的半径要满足下列哪项要求？ （　　）
(A) 不宜小于均压带间距的 0.2 倍　　(B) 不宜小于均压带间距的 0.5 倍
(C) 不宜小于均压带间距的 1 倍　　　(D) 不宜小于均压带间距的 2 倍

17. 在发电厂 220kV 升压站中，对电气设备接地线的截面积，应按接地短路电流进行热稳定校验，钢接地线短时温度不应超过下列哪项数值？ （　　）
(A) 250℃　　　　　　　　　　(B) 300℃
(C) 400℃　　　　　　　　　　(D) 450℃

18. 变电站中，计算机监控系统的控制操作功能有很多种，以下对于功能叙述不正确的是？ （　　）
(A) 计算机监控系统应具有手动控制和自动控制两种方式
(B) 手动控制的控制级别由高到低的顺序为：远程调度中心，站内主控，就地。控制级别应互相闭锁，同一时间只允许一级控制
(C) 自动控制应包括顺序控制和调节控制
(D) 调节控制包括自动投切无功补偿设备和主变压器分接头位置

19. 某变电站中，110kV 为直接接地系统，10kV 为消弧线圈接地系统，110kV 和 10kV 电压互感器二次绕组均为星形接线，请问下列电压互感器二次绕组接地方式哪项是错误的？
（　　）
(A) 110kV 电压互感器二次绕组中性点一点接地
(B) 10kV 电压互感器二次绕组中性点一点接地
(C) 110kV 电压互感器二次绕组 B 相接地
(D) 10kV 电压互感器二次绕组 B 相接地

20. 用于 220kV 电网的线路保护，都不应因系统振荡引起误动作，其振荡闭锁应满足下列哪项要求？　　　　　　　　　　　　　　　　　　　　　　　　（　　）

（A）系统在全相振荡过程中，被保护线路发生单相接地故障，保护装置不应动作
（B）系统在非全相振荡过程中，被保护线路发生单相接地故障，保护装置不应动作
（C）系统发生非全相振荡，保护装置不应误动作
（D）系统在全相振荡过程中发生三相短路，故障线路的保护装置不应动作

21. 电力系统稳定破坏出现失步状态时，应采取消除失步的控制措施，请问采取下列哪项措施是不正确的？　　　　　　　　　　　　　　　　　　　　　　　（　　）

（A）装设失步解列控制装置
（B）对局部系统，经验证可采取同步控制
（C）调度电网，采用加大发电机出力和适应减负荷
（D）送端孤立的大型发电厂，应优先切除部分机组

22. 继电保护和安全自动装置的通道一般采用下列哪种型式的传输媒介？（　　）

（A）采用自承式光缆　　　　　　　（B）采用缠绕式光缆
（C）采用光纤复合架空地线　　　　（D）采用架空线路的钢绞线地线

23. 发电厂、变电站的直流系统中，当直流断路器和熔断器串级作为保护电器，直流断路器装设在熔断器上一级时，直流断路器额定电流应为多少？　　　　（　　）

（A）直流断路器额定电流应为熔断器额定电流的 2 倍及以上
（B）直流断路器额定电流应为熔断器额定电流的 2.5 倍及以上
（C）直流断路器额定电流应为熔断器额定电流的 3 倍及以上
（D）直流断路器额定电流应为熔断器额定电流的 4 倍及以上

24. 额定容量为 3000Ah 的阀控式铅酸蓄电池，其直流系统的动稳定按下列哪项校验？　　　　　　　　　　　　　　　　　　　　　　　　　　　　　　（　　）

（A）可按 10kA 短路电流校验　　　（B）可按 15kA 短路电流校验
（C）可按 20kA 短路电流校验　　　（D）可按 25kA 短路电流校验

25. 阀控式密封铅酸蓄电池室的室内温度的范围宜为下列哪项？　　（　　）

（A）0～30℃　　　　　　　　　　（B）10～35℃
（C）10～30℃　　　　　　　　　　（D）15～30℃

26. 在 220～500kV 变电站中，当 380/220V 屏柜双列布置时，跨越屏前的裸导体对地高度及遮护后通道高度分别不得低于下列哪组数值？　　　　　　　　（　　）

（A）2200cm，1500cm　　　　　　（B）2200cm，1900cm
（C）2500cm，1900cm　　　　　　（D）2500cm，2200cm

27. 发电厂的厂用低压用电回路中，当低压保护电器采用熔断器时，下列哪种熔断器保护的低压电器和导体需要校验热稳定？　　　　　　　　　　　　　　　　　（　　）

（A）限流熔断器　　　　　　　　　　（B）RTo-30/100A
（C）RTo-50/100A　　　　　　　　　　（D）RTo-80/100A

28. 某220kV变电站选用两台站用变压器，经统计变电站连续运行及经常短时运行的设备负荷为：全站动力负荷共280kW，全站电热负荷共35kW，全站照明负荷共50kW，不经常短时的设备负荷为100kW，请问每台站用变压器的容量宜选用下列哪组？　　　（　　）

（A）计算值161kVA，选200kVA　　　（B）计算值210kVA，选315kVA
（C）计算值323kVA，选400kVA　　　（D）计算值423kVA，选500kVA

29. 水电站站用电设计中，标称电压超过下列哪项数值（均方根值）时，容易被触及的裸带电体必须设置遮护物，且其防护等级不应低于1P2X？　　　　　　　　　（　　）

（A）12V　　　　　　　　　　　　　　（B）24V
（C）36V　　　　　　　　　　　　　　（D）110V

30. 火力发电厂、变电站中的照明线路穿管敷设时，导线（包括绝缘层）截面积的总和不应超过管子内截面积的多少？　　　　　　　　　　　　　　　　　　　　（　　）

（A）25%　　　　　　　　　　　　　　（B）30%
（C）35%　　　　　　　　　　　　　　（D）40%

31. 变电站的照明设计中，下列哪项场所的照度标准值不符合规程要求？　　　（　　）

（A）主控室0.75m水平面照度标准值300lx
（B）高、低压配电室地面照度标准值200lx
（C）电容器室地面照度标准值100lx
（D）电气试验室0.75m水平面照度标准值75lx

32. 电力系统中，下列哪项是电能质量的重要指标？　　　　　　　　　　　　（　　）

（A）电压　　　　　　　　　　　　　　（B）电流
（C）有功功率　　　　　　　　　　　　（D）无功功率

33. 某架空送电线路的导线采用LGJ-400/50钢芯铝绞线，设其保证不小于计算拉断力为95%的条件下，导线在悬挂点的最大设计张力应取多少？　　　　　　　　　（　　）

（A）≤30850N　　　　　　　　　　　　（B）≤42300N
（C）≤52100N　　　　　　　　　　　　（D）≤54844N

34. 某单回500kV架空送电线路，相导线按水平排列，某塔使用的悬垂绝缘子串长度为5m，相导线水平线间距离12m，某耐张段位于平原地区，弧垂K值为8.0×10^{-5}，连续使用该塔的最大档距为多少（提示：$K=P/8T$）？　　　　　　　　　　　　　　　（　　）

(A) 938m (B) 645m
(C) 756m (D) 867m

35. 若架空送电线路导线的自重比载为 $30×10^{-3}$N/(m·mm^2)，高温时的应力为 50N/mm^2，大风时的应力为 80N/mm^2，某塔的水平档距 500m，高温时垂直档距 600m，该塔大风时的垂直档距为多少（按平抛物线公式计算）？ （ ）

(A) 500m (B) 550m
(C) 600m (D) 660m

36. 按照规程要求，对山区线路，在 10mm 冰区直线悬垂塔两分裂以上导线的纵向不平衡张力，不应低于相导线最大使用张力的百分数为下列哪项数值？ （ ）

(A) 15% (B) 20%
(C) 25% (D) 30%

37. 某线路的导线最大使用张力允许值为 35000N，则该导线年平均运行张力允许值应为多少？ （ ）

(A) 17065N (B) 18700N
(C) 19837N (D) 21875N

38. 采用分裂导线的架空线路一般要求安装阻尼间隔棒，下列说法中哪项是不正确的？
（ ）

(A) 安装阻尼间隔棒可防止导线微风振动
(B) 安装阻尼间隔棒主要是为了防止导线舞动
(C) 安装阻尼间隔棒宜采用不等距安装
(D) 安装阻尼间隔棒可防止导线次档距振荡

39. 对于架空送电线路中垂直档距较大的情况，如果导线在悬垂线夹出口处的悬垂角超过线夹所允许的值时，一般采取的解决办法是下列哪项？ （ ）

(A) 更换具有较小的允许悬垂角的线夹
(B) 采用双联悬垂串
(C) 采用双悬垂线夹
(D) 加装预绞丝护线条

40. 下列关于架空送电线路的电线风振的说法中哪项是错误的？ （ ）

(A) 电线受到的风振冲击力频率与风速和电线直径有关
(B) 只要有风，电线就会发生振动
(C) 电线的微风振动是驻波振动形式
(D) 档距较大的时候，电线更容易振动

二、多项选择题（共30题，每题2分，每题的备选项中有2个或2个以上符合题意）

41. 在电力系统中，下列关于电气设备中性点接地方式的描述哪些是正确的？（   ）
（A）容量为300MW及以上发电机中性点应直接接地
（B）220kV主变压器的110kV侧中性点，根据保护整定要求，也可以不接地运行
（C）自耦变压器中性点必须直接接地
（D）35kV变压器中性点必须直接接地

42. 在电力工程设计中，下列计算短路电流的目的哪些是正确的？（   ）
（A）电气主接线比选
（B）确定中性点接地方式
（C）确定分裂导线间隔棒的间距
（D）确定接触电压和泄漏比距

43. 在发电厂、变电站设计中，下列选择电压互感器的原则中哪些是正确的？（   ）
（A）SF$_6$全封闭组合电器的电压互感器应选择电容式电压互感器
（B）在中性点直接接地系统中的电压互感器，为了防止铁磁谐振过电压，应采取消谐措施
（C）在中性点非直接接地系统中的电压互感器，应选用全绝缘电压互感器
（D）用于中性点直接接地系统中的电压互感器，其剩余绕组额定电压应为100V

44. 在选择电力变压器时，下列哪些环境条件为特殊使用条件，工程设计时应采取相应防护措施，否则应与制造厂协商？（   ）
（A）特殊运输条件
（B）海拔超过1000m
（C）环境温度超出正常使用范围
（D）特殊安装位置和空间限制

45. 在发电厂、变电站中，下列哪些设备需要校验动、热稳定电流？（   ）
（A）隔离开关
（B）避雷器
（C）封闭电器
（D）熔断器

46. 在放射线作用场所的电缆，应具有耐受放射线辐照强度的防护外套，下列哪些材料能满足要求？（   ）
（A）聚氯乙烯
（B）氯丁橡皮
（C）乙丙橡皮
（D）氯磺化聚乙烯

47. 高压电力电缆的订货中，下列哪些做法是正确的？（   ）
（A）长距离的电缆线路宜采用计算长度作为订货长度
（B）35kV以上电压单芯电缆应按相计长度
（C）当35kV以上电缆线路，采取交叉互联等分段联结方式时，应按段开列
（D）电缆的计算长度可采用实际路径长度

48. 直流柜内主母线及其相应回路，应能满足直流母线出口短路时的动稳定要求，有关蓄电池直流短路电流，下列哪些叙述是正确的？ （　　）

（A）蓄电池容量为 800Ah 时短路电流按 10kA 考虑
（B）蓄电池容量为 1600Ah 时短路电流按 20kA 考虑
（C）蓄电池容量为 3200Ah 时短路电流按 30kA 考虑
（D）蓄电池容量为 5000Ah 时短路电流按 40kA 考虑

49. 设计变电站时，220kV 配电装置符合下列哪些条件的宜采用屋内配电装置或 GIS 配电装置？ （　　）

（A）海拔大于 2000m　　　　　　　（B）Ⅳ级污秽地区
（C）大城市中心地区　　　　　　　（D）土石方开挖工程量大的山区

50. 某 330kV 变电站有三种电压分别为 330、110、35kV，330kV 采用敞开式配电装置。请问下列哪几项设计原则是正确的？ （　　）

（A）确定 330、110kV 配电装置的布置最小安全净距时，一般不考虑带电检修
（B）110～220kV 母线避雷器和电压互感器宜合用一组隔离开关
（C）330kV 线路并联电抗器回路应装设断路器
（D）330kV 母线避雷器不应装设隔离开关

51. 对可能形成局部不接地的电力系统，低压侧有电源的 110kV 及 220kV 变压器不接地的中性点装有间隙，其主要保护作用有下列哪些？ （　　）

（A）工频过电压　　　　　　　　　（B）谐振过电压
（C）操作过电压　　　　　　　　　（D）雷电过电压

52. 架空送电线路中的绝缘子串风偏后，导线对杆塔的空气间隙应分别符合哪几项要求？ （　　）

（A）工频电压要求　　　　　　　　（B）操作过电压要求
（C）谐振过电压要求　　　　　　　（D）雷电过电压要求

53. 在高土壤电阻率地区发电厂、变电站的接地装置，为降低土壤电阻率所采用的下列措施中哪些是有效的？ （　　）

（A）距接地设备最远 3km 以内，有电阻率低的土壤，可外引接地体
（B）在地下水位较高且水较丰富的地方，设深埋式接地体
（C）采用长效降阻剂
（D）敷设水下接地网

54. 高压直流输电大地返回运行系统，导流线采用架空线，接地极线路杆塔的直流接地电阻，下列要求哪些是正确的？ （　　）

（A）土壤电阻率为 100Ω·m，接地电阻不大于 15Ω

（B）土壤电阻率为 100～500Ω·m，接地电阻不大于 20Ω
（C）土壤电阻率为 500～1000Ω·m，接地电阻不大于 20Ω
（D）土壤电阻率为 100～2000Ω·m，接地电阻不大于 25Ω

55. 对担任系统峰荷，经常全厂停机的特别重要的大型水电站或抽水蓄能电厂，需设置柴油发电机组或逆变电源装置作为紧急电源，请问装置的容量应满足下列哪些设备的最大负荷需要？　　　　　　　　　　　　　　　　　　　　　　　　　　　　　　（　　）
（A）启动机组　　　　　　　　　　　（B）自动控制
（C）渗漏排水系统　　　　　　　　　（D）坝内电梯

56. 在发电厂网络控制室控制的设备和元件有下列哪些？　　　　　　　　　（　　）
（A）主变压器　　　　　　　　　　　（B）联络变压器
（C）并联电抗器　　　　　　　　　　（D）高压母线设备

57. 变电站中，对 35kV 油浸并联电抗器应装设下列哪几种保护？　　　　　（　　）
（A）电流速断及过电流保护　　　　　（B）瓦斯保护
（C）纵联差动保护及过电流保护　　　（D）温度升高和冷却器系统故障保护

58. 双绕组变压器纵联差动保护在下列哪些情况下不应动作？　　　　　　　（　　）
（A）当出现大于变压器所能承受的过负荷电流时
（B）当变压器出现励磁涌流时
（C）当变压器两侧均流过穿越性短路电流时
（D）当变压器发生内部短路时

59. 发电厂、变电站中，蓄电池组的充电装置配置，下列哪几项原则是正确的？（　　）
（A）当采用 1 组蓄电池并采用晶闸管充电装置时，宜配置 2 套充电装置
（B）当采用 1 组蓄电池并采用高频开关充电装置时，宜配置 2 套充电装置
（C）当采用 2 组蓄电池并采用晶闸管充电装置时，宜配置 2 套充电装置
（D）当采用 2 组蓄电池并采用高频开关充电装置时，宜配置 2 套充电装置

60. 水电厂、变电站内，直流系统中电缆及动力馈线的截面积选择的原则应符合下列哪项？　　　　　　　　　　　　　　　　　　　　　　　　　　　　　　　　（　　）
（A）直流柜与直流分电柜间的电缆截面积，应根据回路分电柜的最大负荷电流选择
（B）由直流柜与直流分电柜引出的控制、信号和保护馈线的电压降不应大于直流系统标称电压的 10%
（C）蓄电池组与直流柜之间连接电缆长期允许载流量的计算电流，应取蓄电池 1h 放电率电流
（D）蓄电池组与直流拒之间连接电缆的允许电压降应根据蓄电池组出口端最低计算电压值选取，不宜小于直流系统标称电压的 1%

61. 在发电厂、变电站设计中，为了选择站用变压器容量，在统计变电站站用电负荷时，下列哪些设备应统计在内？ （　　）
（A）深井水泵
（B）雨水泵
（C）生活水泵
（D）变压器水喷雾装置

62. 某变电站设有两台强油风冷 240MVA，220±2×2.5/121/35kV 主变压器。220、110、35kV 母线均为单母分段接线。设两台 35/0.4kV 站用变压器分接于 35kV 两段母线，当初期该变电站只有一台主变压器时，下列站用电源的配置方式哪些是不合理的？ （　　）
（A）设两台站用变压器，一台接 110kV 母线，另一台接 35kV 母线
（B）另设一台站用变压器，接 35kV 母线
（C）设两台站用变压器，均接 35kV 母线
（D）设两台站用变压器，一台接 35kV 母线，另一台从站外电源引接

63. 水电站设计中，下列哪几条关于厂用电最大负荷的设计原则是正确的？ （　　）
（A）经常连续及经常短时运行的负荷均应计入
（B）经常断续运行负荷应全部计入
（C）不经常断续运行负荷，仅计入在机组检修时经常使用的负荷
（D）互为备用的电动机，只计算参加运行的部分

64. 变电站布置室外照明灯杆时，应满足下列哪几项设计要求？ （　　）
（A）避开上下水道，管沟等地下设施
（B）与消火栓保持 2m 距离
（C）灯杆（柱）距路边的距离宜为 1～1.5m
（D）灯杆距离宜为 50m

65. 为了提高电力系统的稳定运行，可采用合理的网络结构，尽可能地减小系统阻抗，还可以采取下列哪些措施？ （　　）
（A）快速继电保护
（B）单相自动重合闸
（C）快速断路器
（D）快速励磁装置

66. 架空送电线路的地线应满足机械和电气方面要求，下列哪些说法是不正确的？ （　　）
（A）导线断线时对杆塔有足够的支持力
（B）设计安全系数宜大于导线的设计安全系数
（C）年平均运行应力宜大于导线的年平均运行应力
（D）在档距中央，与导线的距离应满足 $0.012L+1m$（L 为档距）

67. 对于 10mm 覆冰地区，上下层相邻导线间或地线与相邻导线间的水平偏移，如无运行经验，不宜小于规定数值，下面的哪些是不正确的？ （　　）
（A）220kV：1.0m；500kV：1.5m
（B）220kV：1.0m；500kV：1.75m

（C）110kV：0.5m；330kV：1.5m　　　（D）110kV：1.0m；330kV：1.5m

68．按照架空送电线路设计技术规程要求，下列哪些是规定的正常运行荷载组合？

（　　）

（A）年平气温、无风、无冰
（B）最大风速、无冰、未断线
（C）最大覆冰、相应风速及气温、未断线
（D）最低气温、无冰、无风、未断线（适用于终端和转角杆塔，不含大跨越直线塔）

69．按照现行规程，在海拔不超过 1000m 的地区，采用现行钢芯铝绞线国标时，采用下面的哪几项导线方案可不验算电晕？（　　）

（A）220kV，33.6mm
（B）330kV，2×26.82mm
（C）330kV，2×21.6mm
（D）500kV，4×21.6mm

70．按照架空送电线路设计技术规程要求，下列哪些情况需要进行邻挡断线情况的检验？

（　　）

（A）跨越窄轨铁路
（B）跨越高速公路
（C）跨越 220kV 电力线路
（D）跨越Ⅰ级弱电线路

答　　案

一、单项选择题

1．B

依据：《导体和电器选择设计技术规定》（DL/T 5222—2021）第 3.0.17 条。

2．C

依据：老版一次手册第 142 页表 4-17。

3．B

依据：《导体和电器选择设计技术规定》（DL/T 5222—2021）第 3.0.6 条。

4．D

依据：老版一次手册第 503 页图 9-30。$Q = 5 \times 500 \times 4 \times 3 = 30000 \ (\text{kvar})$。

5．A

依据：《导体和电器选择设计技术规定》（DL/T 5222—2005）第 11.0.9 条。B 项应为 2A；C 项应为 5A；D 项应为母线环流。DL/T 5222—2023 中第 9.0.9~9.0.11 条已更改要求。

6．A

依据：老版二次手册第 66 页式（20-4）。二次额定容量 $= 1^2 \times 20 = 20 \ (\text{VA})$。

7．D

依据：《导体和电器选择设计技术规定》（DL/T 5222—2021）第 15.0.2 条。

8. A

依据:《电力工程电缆设计规范》(GB 50217—2018)第3.2.1条。

9. D

依据:《高压配电装置设计技术规程》(DL/T 5352—2018)第5.1.2条及条文说明。D还应加个200mm的裕度。

10. A

依据:《高压配电装置设计技术规程》(DL/T 5352—2018)第2.2.4条。

11. D

依据:《交流电气装置的过电压保护和绝缘配合设计规范》(GB/T 50064—2014)第5.4.13条及表5.4.13-1。最大电气距离=1.35×230=310.5 (mm)。

12. C

依据:《交流电气装置的过电压保护和绝缘配合设计规范》(GB/T 50064—2014)第6.3.4条及表6.3.4-1。

13. C

依据:《交流电气装置的过电压保护和绝缘配合》(DL/T 620—1997)第4.2.6-a条。

注:《交流电气装置的过电压保护和绝缘配合设计规范》(GB/T 50064—2014)取消了此内容。

14. C

依据:《交流电气装置的过电压保护和绝缘配合设计规范》(GB/T 50064—2014)第4.1.1条、第3.2.2条。$1.3 \times \sqrt{3}/U_m = 1.3 \times \sqrt{3}/252 = 189$ (kV)。

15. C

依据:《交流电气装置的接地设计规范》(GB/T 50065—2011)附录D式(D.0.4-19)和老版一次手册第920页式(16-32)。入地短路电流 $I = I_{max} - I_n = 24 - 15.4 = 8.6$ (kA),最大接触电位差 $U_T = kIR = 0.166 \times 8.6 \times 0.3 \times 10^3 = 428$ (V)。

16. B

依据:《交流电气装置的接地设计规范》(GB/T 50065—2011)第4.3.2-1条。

17. C

依据:《交流电气装置的接地设计规范》(GB/T 50065—2011)附录E第E.0.2条。

18. B

依据:《220kV~500kV变电所计算机监控系统设计技术规程》(DL/T 5149—2001)第6.3.2条、第6.3.3条、第6.3.6条、第6.3.8条。B项描述的应该是由低到高的操作控制顺序。说明:DL/T 5149—2020第4.3节已更改了说法。

19. C

依据:《火力发电厂、变电站二次接线设计技术规程》(DL/T 5136—2012)第5.4.18条。

注:老规范选C;新规范CD都是错误的。

20. C

依据:《继电保护和安全自动装置技术规程》(GB/T 14285—2023)第5.4.4.1.4条。单相接地属于不对称故障。

21. C

依据:《继电保护和安全自动装置技术规程》(GB/T 14285—2006)第5.4.4条。GB/T 14285—2023第7.3.1条已更改描述。

22. C

依据:《继电保护和安全自动装置技术规程》(GB/T 14285—2023)第8.9.1.2条。

23. D

依据:《电力工程直流系统设计技术规程》(DL/T 5044—2004)第6.1.3条。

注:《电力工程直流电源系统设计技术规程》(DL/T 5044—2014)第5.1.3条取消了直流断路器作为熔断器上级的配置方式。

24. D

依据:《电力工程直流系统设计技术规程》(DL/T 5044—2004)第7.9.8条及附录G表G.1。DL/T 5044—2014新规范对应的是第6.9.6条及附录G.2表G.2-1。硬连接时短路电流是46.84kA,软连接时短路电流是44.06kA。

25. D

依据:《电力工程直流电源系统设计技术规程》(DL/T 5044—2014)第8.2.1条。

26. D

依据:《220kV~1000kV变电站站用电设计技术规程》(DL/T 5155—2016)第7.3.5条及《低压配电设置规范》(GB 50054—2011)第4.2.6条。

27. D

依据:《火力发电厂厂用电设计技术规程》(DL/T 5153—2014)第6.5.6-1条。

28. C

依据:《220kV~1000kV变电站站用电设计技术规程》(DL/T 5155—2016)第4.1条、第4.2条和附录A。$S \geqslant 0.85 \times 280 + 35 + 50 = 323$ (kVA),选400kVA。

29. B

依据:《水力发电厂厂用电设计规程》(NB/T 35044—2014)第9.2.4条。

30. D

依据:《发电厂和变电站照明设计技术规定》(DL/T 5390—2014)第8.7.3条。

31. AD

依据:《发电厂和变电站照明设计技术规定》(DL/T 5390—2014)第6.0.1条及表6.0.1。新规主控室已调整至500lx;D项为200lx。

32. A

依据:《电力系统电压和无功电力技术导则》(SD 325—1989)第1.1条。说明:新版规范《电力系统电压和无功电力技术导则》(DL/T 1773—2017)更改了说法。

33. C

依据:《架空输电线路电气设计规程》(DL/T 5582—2020)第5.1.15条及老版线路手册第771页表11-2-1。$T_m \leqslant \dfrac{0.95 T_p}{2.25} = \dfrac{0.95 \times 123400}{2.25} = 52100$ (N)。

34. A

依据:《架空输电线路电气设计规程》(DL/T 5582—2020)第9.0.1条,以及老版线路手册第 180 页弧垂公式。$D = k_1 L_k + \dfrac{U}{110} + 0.65\sqrt{f_c}$，$f_c = \left(\dfrac{12 - 0.4 \times 5 - \dfrac{500}{110}}{0.65}\right)^2 = 70.42$，$f_c = kl^2$，

$l = \sqrt{\dfrac{70.42}{8 \times 10^{-5}}} = 938$ (m)。

35. D

依据：老版线路手册第 184 页式（3-3-12）。$l_v = 500 + \dfrac{80}{30 \times 10^{-3}} \times 0.06 = 660$ (m)。

36. C

依据：《架空输电线路荷载规范》（DL/T 5551—2018）第 8.0.2 条。

37. D

依据：《架空输电线路电气设计规程》（DL/T 5582—2020）第 5.1.5 条、第 5.1.6 条及表 5.2.1 可知平均运行张力为计算拉断力的 25%，所以 $T=35000 \times 2.5 \times 0.25 = 21875$，所以选 D。

38. B

依据：老版线路手册第 316 页。

39. C

依据：老版线路手册第 606 页。

40. B

依据：老版线路手册第 219 页第二部分。

二、多项选择题

41. BC

依据：由《大中型火力发电厂设计规范》（GB 50660—2011）第 16.2.8 条可知 A 错；由《交流电气装置的过电压保护和绝缘配合设计规范》（GB/T 50064—2014）第 3.1.1 条可知 B 正确，由第 3.1.3 条知 D 错误；由老版一次手册第 70 页知 C 正确。

42. ABC

依据：老版一次手册第 119 页。

43. CD

依据：《导体和电器选择设计技术规定》（DL/T 5222—2005）第 16.0.3-4 条、第 16.0.5 条、第 16.0.7 条。A 项应为电磁式；B 项应为非直接接地系统。DL/T 5222—2021 第 16.0.3 条已更改。

44. ACD

依据：《导体和电器选择设计技术规定》（DL/T 5222—2005）第 8.0.3 条。DL/T 5222—2021 第 6.0.3 已更改此条。

45. AC

依据：老版一次手册第 231 页表 6-1。

46. ABD

依据：《电力工程电缆设计规范》（GB 50217—2018）第 3.4.6 条。

47．ABC

依据：《电力工程电缆设计规范》（GB 50217—2018）第 5.1.18 条。

48．A

依据：《电力工程直流电源系统设计技术规程》（DL/T 5044—2014）第 6.9.6 条。B 选项 1600Ah 在新规中已改为 25kA，即 800～1400Ah 的短路电流按 20kA 考虑；1500～1800Ah 的短路电流按 25kA 考虑；2000Ah 以上的短路电流按 30kA 考虑。

49．BCD

依据：《高压配电装置设计技术规程》（DL/T 5352—2006）第 8.2.4 条。此题在 2018 版中已做修改，220kV 配电装置已广泛采用 GIS，取消了对污秽条件的限定。

50．ABD

依据：《高压配电装置设计技术规程》（DL/T 5352—2018）第 2.1.4～2.1.6 条。C 项应为"不宜"。

51．ABD

依据：《交流电气装置的过电压保护和绝缘配合设计规范》（GB/T 50064—2014）第 4.1.4 条、第 4.1.10 条。其中"间隙距离还应兼顾雷电过电压下保护变压器中性点标准分级的要求"。

52．ABD

依据：《架空输电线路电气设计规程》（DL/T 5582—2020）第 6.2.5 条。

53．BCD

依据：《交流电气装置的接地设计规范》（GB/T 50065—2011）第 5.1.5 条。

54．CD

依据：《高压直流输电大地返回运行系统设计技术规定》（DL/T 5224—2014）第 10.2.10 条及表 10.2.10。A 项为 10Ω；B 项为 15Ω。

55．ABC

依据：《水力发电厂厂用电设计规程》（NB/T 35044—2014）第 7.2.1 条、第 7.2.2 条、第 5.13 条，但内容作了些改动。

56．BCD

依据：《火力发电厂、变电站二次接线设计技术规程》（DL/T 5136—2012）第 3.2.7 条。

57．ABD

依据：《继电保护和安全自动装置技术规程》（GB/T 14285—2023）第 5.8.3.1 条、第 5.9.2.3.1 条、第 5.8.2.3.2 条。

58．ABC

依据：《继电保护和安全自动装置技术规程》（GB/T 14285—2006）第 4.3.4 条。C 项属于变压器区外故障，保护不应动作。GB/T 14285—2023 已更改相关描述。

59．AD

依据：《电力工程直流电源系统设计技术规程》（DL/T 5044—2014）第 3.4.2 条、第 3.4.3 条。

60．ACD

依据：《电力工程直流系统设计技术规程》（DL/T 5044—2004）第 7.3.2 条、第 7.3.4 条。DL/T 5044—2014 第 6.3.3 条、第 6.3.5 条、第 6.3.6 条已做很大改动。

61．AC

依据：《220kV～1000kV 变电站站用电设计技术规程》（DL/T 5155—2016）第 4.1 条及附录 A。

62．ABC

依据：《220kV～1000kV 变电站站用电设计技术规程》（DL/T 5155—2016）第 3.1.1 条。

63．ACD

依据：《水力发电厂厂用电设计规程》（NB/T 35044—2014）第 5.1.2 条。

64．ABC

依据：《发电厂和变电站照明设计技术规定》（DL/T 5390—2014）第 5.3.6 条。

65．ABC

依据：《电力系统设计技术规程》（DL/T 5429—2009）第 8.2.2 条。

66．BC

依据：《架空输电线路电气设计规程》（DL/T 5582—2020），第 5.1.15 条，B 错误，应该为"不应小于导线的安全系数"；表 5.2.1，C 错误，表中钢芯铝绞线是导线，镀锌钢绞线是地线，两者的年平均运行张力上限有相等的可能；第 7.2.6 条，D 正确。

67．AD

依据：《架空输电线路电气设计规程》（DL/T 5582—2020）表 9.2.1-1。

68．BCD

依据：《架空输电线路载荷规范》（DL/T 5551—2018）第 4.2.12 条。新规范《110kV～750kV 架空输电线路设计规范》（GB 50545—2010）修改了此内容。

69．ABCD

依据：《架空输电线路电气设计规程》（DL/T 5582—2020）表 5.1.3-1 可知，凡是大于表格外径的导线都是符合要求的，所以选 ABCD。

70．BD

依据：《架空输电线路电气设计规程》（DL/T 5582—2020）表 10.2.5-3，题设中的弱电线路可按表格电信线路执行。

2010 年注册电气工程师专业案例试题

（上午卷）及答案

【2010 年上午题 1~5】 某 220kV 变电站，原有 2 台 120MVA 主变压器，主变压器侧电压为 220/110/35kV，220kV 为户外管母中型布置，管母线规格为 ϕ100/90；220kV、110kV 为双母线接线，35kV 为单母线分段接线，根据负荷增长的要求，计划将现有 2 台主变压器更换为 180MVA（远景按 3×180MVA 考虑）。

1. 根据系统计算结果，220kV 母线短路电流已达 35kA，在对该管线母线进行短路下机械强度计算时，请判断须按下列哪项考虑，并说明根据。　　　　　　　　　　　　（　　）

（A）自重，引下线重，最大风速
（B）自重，引下线重，最大风速和覆冰
（C）自重，引下线重，短路电动力和 50%最大风速且不小于 15m/s 风速
（D）自重，引下线重，相应震级的地震力和 25%最大风速

2. 已知现有 220kV 配电装置为铝镁系（LDRE）管母线，在计及日照（环境温度 35℃，海拔 1000m 以下）条件下，若远景 220kV 母线最大穿越功率为 800MVA，请通过计算判断下列哪个正确？　　　　　　　　　　　　　　　　　　　　　　　　　　　　　（　　）

（A）现有母线长期允许载流量 2234A，不需要更换
（B）现有母线长期允许载流量 1944A，需要更换
（C）现有母线长期允许载流量 1966A，需要更换
（D）现有母线长期允许载流量 2360A，不需要更换

3. 变电站扩建后，35kV 出线规模增加，若该 35kV 系统总的单相接地故障电容电流为 22.2A，且允许短时单相接地运行，计算 35kV 中性点应选择哪种接线方式？　（　　）

（A）35kV 中性点不接地，不需装设消弧线圈
（B）35kV 中性点经消弧线圈接地，消弧线圈容量 450kVA
（C）35kV 中性点经消弧线圈接地，消弧线圈容量 800kVA
（D）35kV 中性点经消弧线圈接地，消弧线圈容量 630kVA

4. 该变电站选择 220kV 母线三相短路电流为 38kA，若 180MVA 主变压器阻抗为 U_{k1-2}%=14，U_{k2-3}%=8，U_{k1-3}%=23。110kV 侧、35kV 侧均为开环且无电源，请计算该变电站 110kV 母线最大三相短路电流为下列哪项？（S_j=100MVA，U_j=230kV/121kV）　（　　）

(A) 5.65kA (B) 8.96kA
(C) 10.49kA (D) 14.67kA

5．该变电站现有 35kV，4 组 7.5Mvar 并联电容器，更换为 2 台 180MVA 主变压器后，请根据规程说明下列电容器配置中，哪项是错的？（   ）

(A) 容量不满足要求，增加 2 组 7.5Mvar 电容器
(B) 容量可以满足要求
(C) 容量不满足要求，更换为 6 组 10Mvar 电容器
(D) 容量不满足要求，更换为 6 组 15Mvar 电容器

【2010 年上午题 6～10】 建设在海拔 2000m、污秽等级为Ⅲ级的 220kV 屋外配电装置，采用双母线接线，有 2 回进线，2 回出线，均为架空线路，220kV 为有效接地系统，其主接线如图所示。

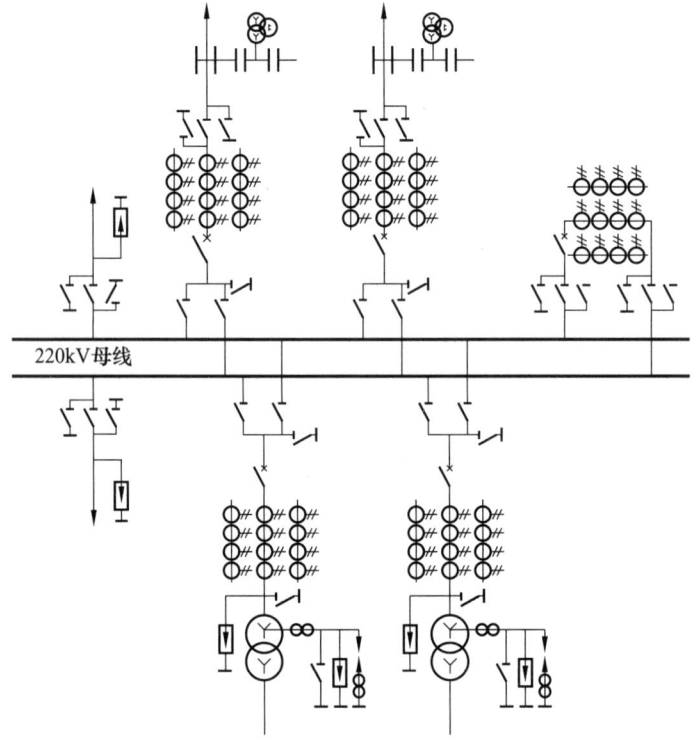

6．请根据上图计算母线氧化锌避雷器保护电气设备的最大距离（除主变压器外）。（   ）

(A) 165m (B) 195m
(C) 223m (D) 263m

7．图中电器设备的外绝缘当在海拔 1000m 以下试验时，其耐受电压为多少？（   ）

(A) 相对地雷电冲击电压耐压 950kV，相对地工频耐受电压 395kV

(B) 相对地雷电冲击电压耐压 1055kV，相对地工频耐受电压 438.5kV

(C) 相对地雷电冲击电压耐压 1050kV，相对地工频耐受电压 460kV

(D) 相对地雷电冲击电压耐压 1175kV，相对地工频耐受电压 510kV

8. 假设图中变压器为 240MVA，最大负荷利用小时数 T=5000h，成本电价为 0.2 元/kWh，主变压器 220kV 侧架空线采用铝绞线，按经济电流密度选择截面积为多少？（ ）

(A) $2\times400\text{mm}^2$ (B) $2\times500\text{mm}^2$

(C) $2\times630\text{mm}^2$ (D) $2\times800\text{mm}^2$

9. 配电装置内母线耐张绝缘子采用 XPW-160（每片的几何爬电距离为 450mm）爬电距离有效系数为 1，请计算按工频电压的爬电距离选择每串的片数。（ ）

(A) 14 (B) 15

(C) 16 (D) 18

10. 图中变压器中性点氧化锌避雷器持续运行电压和额定电压为哪个？（ ）

(A) 持续运行电压 $0.13U_\text{m}$，额定电压 $0.17U_\text{m}$

(B) 持续运行电压 $0.45U_\text{m}$，额定电压 $0.57U_\text{m}$

(C) 持续运行电压 $0.64U_\text{m}$，额定电压 $0.8U_\text{m}$

(D) 持续运行电压 $0.58U_\text{m}$，额定电压 $0.72U_\text{m}$

【2010 年上午题 11~15】 某 220kV 变电站，站址环境温度 35℃，大气污秽Ⅲ级，海拔 1000m，站内的 220kV 设备用普通敞开式电器，户外中型布置，220kV 配电装置为双母线，母线三相短路电流 25kA，其中一回接线如图，最大输送功率 200MVA，回答下列问题。

11. 此回路断路器、隔离开关持续电流为多少？（ ）

(A) 52.487A (B) 524.87A

(C) 787.3A (D) 909A

12. 如果此回路是系统联络线，采用 LW12-220 SF$_6$ 单断口瓷柱式断路器，请计算瓷套对地爬电距离和断口间爬电距离不低于哪项？（ ）

(A) 550cm，550cm (B) 630cm，630cm

(C) 630cm，756cm (D) 756cm，756cm

13. 如某回路 220kV 母线隔离开关选定额定电流为 1000A，它应具备切母线环流能力是：当开合电压 300V，开合次数 100 次，其开断电流应为哪项？（ ）

(A) 500A (B) 600A

(C) 800A (D) 1000A

14. 如 220kV 的母线隔离开关选用单柱垂直开启式，则在分闸状态下动静触头的最小电气距离不小于下列哪项数值？ （ ）

(A) 1800mm (B) 2000mm
(C) 2550mm (D) 3800mm

15. 220kV 变电站远离发电厂，220kV 母线三相短路电流为 25kA，220kV 配电设备某一回路电流互感器的一次额定电流为 1200A，请计算电流互感器的动稳定倍数应大于多少？ （ ）

(A) 53 (B) 38
(C) 21 (D) 14.7

【2010 年上午题 16~20】 某 220kV 变电站，总占地面积为 12000m² （其中接地网的面积为 10000m²），220kV 系统为有效接地系统，土壤电阻率为 100Ω·m，接地短路电流为 10kA，接地故障电流持续时间为 2s，工程中采用钢接地线作为全站接地网及电气设备的接地（钢材的热稳定系数取 70）。请根据上述条件计算下列各题。

16. 220kV 发生单相接地时，其接地装置的接触电位差和跨步电位差不应超过下列哪组数据？ （ ）

(A) 55V，70V (B) 110V，140V
(C) 135V，173V (D) 191V，244V

17. 在不考虑腐蚀的情况下，按热稳定计算电气设备的接地线，选择下列哪种规格是较合适的（短路等效持续时间为 1.2s）？ （ ）

(A) 40×4mm² (B) 40×6mm²
(C) 50×4mm² (D) 50×6mm²

18. 计算一般情况下，变电站电气装置保护接地的接地电阻不大于下列哪项数值？ （ ）

(A) 0.2Ω (B) 0.5Ω
(C) 1Ω (D) 2Ω

19. 采用简易计算方法，计算该变电站采用复合式接地网，其接地电阻为多少？ （ ）

(A) 0.2Ω (B) 0.5Ω
(C) 1Ω (D) 4Ω

20. 如变电站采用独立避雷针，作为直接防雷保护装置，其接地电阻值不大于多少？

(A) 10Ω (B) 15Ω
(C) 20Ω (D) 25Ω

【2010年上午题 21~25】 某 500kV 架空输电线路设双地线，具有代表性的铁塔为酒杯塔，塔的全高为 45m，导线为 4 分裂 LGJ-500/45（直径 d=30mm），钢芯铝绞线，采用 28 片 XP-160（H=155mm）悬垂绝缘子串，线间距离为 12m，地线为 GJ-100 型镀锌钢绞线（直径 d=15mm），地线对边相导线的保护角为 10°，地线平均高度为 30m。请解答下列各题。

21. 若地线的自波阻抗为 540Ω，两地线的互波阻抗为 70Ω，两地线与边导线的互波阻抗分别为 55Ω 和 100Ω，计算两地线共同对该边导线的几何耦合系数应为下列哪项数值？
( )
(A) 0.185 (B) 0.225
(C) 0.254 (D) 0.261

22. 若两地线共同对边导线的几何耦合系数为 0.26，计算电晕下耦合系数为（在雷直击塔顶时）多少？ ( )
(A) 0.333 (B) 0.325
(C) 0.312 (D) 0.260

23. 若该铁路所在地区雷击日为 40d，两地线水平距离为 20m，请计算线路每 100km 每年雷击次数为多少？ ( )
(A) 56.0 (B) 50.6
(C) 40.3 (D) 39.2

24. 若该线路所在地区为山区，请计算线路的绕击率为多少？ ( )
(A) 0.076% (B) 0.194%
(C) 0.245% (D) 0.269%

25. 为了使线路在平原地区的绕击率不大于 0.10%，请计算当杆塔高度为 55m，地线对边相导线的保护角应控制在多少以内？ ( )
(A) 4.06° (B) 10.44°
(C) 11.54° (D) 12.65°

---答 案---

1. C【解答过程】由 DL/T 5222—2021 表 5.3.4 可知，短路时屋外管型导体荷载组合条件为自重，引下线重，短路电动力和 50%最大风速且不小于 15m/s 风速，所以选 C。

2. B【解答过程】依题意可得，母线最大持续工作电流为 $I_\mathrm{g}=\dfrac{S}{\sqrt{3}U}=\dfrac{800\times1000}{\sqrt{3}\times220}=2099$ (A) 由 DL/T 5222—2021 第 133 页表 2 及第 11 页表 5.1.5 可得，ϕ100/90 铝镁系管型母线长期允许载流量为 2234A，环境温度为 35℃时的载流量综合校正系数为 0.87，修正后电流为 $I=0.87\times2234=1944$ (A)$\leqslant I_\mathrm{g}$ 需要更换该母线，所以选 B。

3. D【解答过程】由 GB/T 50064—2014 第 3.1.3-1 条可知，当 35kV 系统接地电流超过 10A，且需在接地条件下运行时，中性点应经消弧线圈接地。又根据该规范式（3.1.6）可得

$$W=1.35I_\mathrm{c}\dfrac{U_\mathrm{e}}{\sqrt{3}}=1.35\times22.2\times\dfrac{35}{\sqrt{3}}=605.6\ (\mathrm{kVA})，取 630\mathrm{kVA}，所以选 D。$$

4. D【解答过程】①依题意，110kV 侧短路，110kV 与 35kV 侧开环无电源，故不考虑 35kV 侧阻抗，最大短路电流发生在三台主变压器并联运行工况；②依题意设 $S_\mathrm{j}=100\mathrm{MVA}$，$U_\mathrm{j}=230\mathrm{kV}$，121kV，$I_\mathrm{j}=\dfrac{S_\mathrm{j}}{\sqrt{3}U_\mathrm{j}}=\dfrac{100}{\sqrt{3}\times230}=0.251$，$I_\mathrm{j}=\dfrac{100}{\sqrt{3}\times121}=0.4772$；③阻抗归算，由新版《变电站设计》手册第 52 页式（3-6）、第 61 页表 3-9 可得：系统阻抗标幺值 $x_{*\mathrm{S}}=\dfrac{I_\mathrm{j}}{I_\mathrm{d}}=\dfrac{0.251}{38}=0.0066$，变压器阻抗标幺值 $X_{*\mathrm{T1-2}}=\dfrac{14}{100}\times\dfrac{100}{180}=0.0778$；④110kV 短路电流有效值为 $I''=\dfrac{I_\mathrm{j}}{\Sigma X_*}=\dfrac{0.4772}{0.0066+\dfrac{0.0778}{3}}=14.67\ (\mathrm{kA})$。

5. B【解答过程】由 GB 50227—2017 第 3.0.2 条及条文说明可知，电容器容量取主变压器容量的 10%～30%，则电容器容量为 180×2×(10%～30%)=36～108（Mvar），现状容量为 4×7.5=30（Mvar），需要补充的容量为 6～78Mvar，B 项是错的。所以选 B。

6. D【解答过程】依题意，双母接线，2 回进线 2 回出线总共 4 回架空线路，其中 2 回出线经过变压器，不具备分流作用，220kV 系统双母线一般为并列运行，故按 2 回出线考虑。查 GB/T 50064—2014 第 5.4.13-6.1)款及表 5.4.13-1，可得除变压器之外电气设备与避雷器之间的最大安装距离为 195×1.35=263（m）。所以选 D。

7. B【解答过程】由 GB/T 50064—2014 表 6.4.6-1 可知，在海拔 1000m 地区，220kV 电压等级电器设备外绝缘的额定雷电冲击耐受电压和额定短时工频耐受电压分别为 950kV 和 395kV。由 DL/T 5222—2005 第 6.0.8 条，安装在海拔超过 1000m 地区的电气外绝缘应予校验，根据式（6.0.8）有：相对地雷电冲击电压耐压为 $K\times950=\dfrac{950}{1.1-\dfrac{2000}{10000}}=1055.6\ (\mathrm{kV})$ 相对地工频耐受电压为 $K\times395=\dfrac{395}{1.1-\dfrac{2000}{10000}}=438.8\ (\mathrm{kV})$，所以选 B。新版对 DL/T 5222—2021 第 4.0.10 条已更改。

8. C【解答过程】据题设可知，所求为无励磁变压器回路，由《电力工程电气设计手册

电气一次部分》第 232 页表 6-3 可知该回路电流校正系数为 1.05，可得 $I_\text{g}=1.05\dfrac{S_\text{N}}{\sqrt{3}U_\text{N}}=$ $1.05\times\dfrac{240\times 1000}{\sqrt{3}\times 220}=661.3$（A）依题意，由 DL/T 5222—2005 图 E.6 查得经济电流密度 j=0.45A/mm²，再根据该规范式（E.1-1）可得经济截面积为 $S_\text{j}=\dfrac{I_\text{g}}{j}=\dfrac{661.3}{0.45}=1469.6$（mm²）据 DL/T 5222—2005 第 7.1.6 条，应按相邻下档选择。

9．D【解答过程】由 GB/T 156—2007 表 4，220kV 系统最高电压为 252kV。由 DL/T 5222—2005 查附表 C.2 污秽等级Ⅲ，220kV 及以下的爬电比距为 2.5cm/kV。由 DL/T 5222—2005 第 21.0.9-1 款及对应的条文说明式（13）可得 $m\geqslant\dfrac{\lambda U_\text{m}}{K_\text{e}L_0}=\dfrac{2.5\times 252}{1\times 45}=14$（片）。由 DL/T 5222—2005 第 21.0.12 条式（21.0.12）进行海拔修正 N_H=14×[1+0.1×(2-1)]=15.4（片）按第 21.0.9 款要求，220kV 耐张串需加 2 片零值绝缘子 N=15.4+2=17.4（片），向上取整，取 18 片。所以选 D。

10．B【解答过程】由 DL/T 620—1997 第 5.3.4 条表 3，220kV 有效接地系统中性点无间隙金属氧化物避雷器持续运行电压和额定电压分别为 $0.45U_\text{m}$ 及 $0.57U_\text{m}$。本题是按 DL/T 620—1997 所出如果使用 GB/T 50064—2014 作答可能不会精确得到选项答案。

11．B【解答过程】由老版一次手册第 6-1 节表 6-3 可知，断路器、隔离开关回路持续工作电流为线路最大负荷电流，即 $I_\text{g}=\dfrac{S}{\sqrt{3}U_\text{e}}=\dfrac{200\times 1000}{\sqrt{3}\times 220}=524.8$（A），所以选 B。

12．C【解答过程】由 DL/T 5222—2005 附表 C.2，Ⅲ级污秽爬电比距为 2.5cm/kV，由 GB/T 156—2007 表 4 可知 220kV 系统最高电压为 252kV，根据爬电比距定义，可得对地爬电距离为 L=2.5×252=630（cm）。根据 DL/T 5222—2005 第 9.2.13-4 条可知，断路器起联络作用时，断口公称爬电比距应为对地爬电比距的 1.2 倍，可得 λ=2.5×1.2=3（cm/kV）。断口间爬电距离为 L=3×252=756（cm）。所以选 C。

13．C【解答过程】由 DL/T 5222—2005 第 11.0.9 条及条文说明可知，一般隔离开关的开断电流为 $0.8I_\text{n}$，所以开断电流为 $0.8I_\text{n}$=0.8×1000=800（A）。所以选 C。

14．C【解答过程】由 DL/T 5352—2018 第 4.3.3 条可知，单柱垂直开启式隔离开关在分闸状态下，动静触头间的最小电气距离不应小于配电装置的最小安全净距 B_1 值。又由该规范表 5.1.2-1 可得 B_1=2550mm。所以选 C。

15．B【解答过程】由 DL/T 5222—2005 式（F.4.1-1）、表 F.4.1（求 i_ch）、第 15.0.1 条及条文说明（求 K_d）可得 $i_\text{ch}=\sqrt{2}K_\text{ch}I''$，$K_\text{d}=\dfrac{i_\text{ch}}{\sqrt{2}I_\text{ln}}\Rightarrow K_\text{d}=\dfrac{K_\text{ch}I''}{I_\text{ln}}=\dfrac{1.8\times 25\times 10^3}{1200}=37.5$。

16．C【解答过程】由 GB/T 50065—2011 式（4.2.2-1）、式（4.2.2-2）可得，110kV 及以上有效接地系统，接触电位差和跨步电位差允许值分别为 $U_\text{t}=\dfrac{174+0.17\times 100}{\sqrt{2}}=135$（V）$U_\text{s}=\dfrac{174+0.7\times 100}{\sqrt{2}}=173$（V），所以选 C。

17．A【解答过程】依题意 C=70，由 GB/T 50065—2011 附录 E 式（E.0.1）可得，满足

短路热稳定要求的最小截面积为 $S_\text{g} \geqslant \dfrac{I_{\max}}{C}\sqrt{t_\text{e}} = \dfrac{10000}{70} \times \sqrt{1.2} = 156.5$ (mm²)，所以选 A。

18．A【解答过程】由 GB/T 50065—2011 第 4.2.1 条式（4.2.1-1）可得接地电阻 $R \leqslant \dfrac{2000}{I_\text{G}}$ = $\dfrac{2000}{10000}$ = 0.2 (Ω) 本题是一道"错题"。单相接地短路电流=变压器中性点电流+入地电流+避雷线电流，本题只能用单相接地短路电流=入地电流=10kA，才能得到选项答案。实际考试时可将错就错按照上述做法选 A。可将本题和上一题进行比较，得出正确做法，不要被误导。

19．B【解答过程】由 GB/T 50065—2011 附录 A 中式（A.0.4-3）可得复合式接地网接地电阻（简易计算）$R \approx 0.5 \dfrac{\rho}{\sqrt{S}} = 0.5 \dfrac{100}{\sqrt{10000}} = 0.5$ (Ω)，所以选 B。

20．A【解答过程】由 DL/T 621—1997 第 5.1.2 条：独立避雷针（含悬挂独立避雷线的架构）的接地电阻，在土壤电阻率不大于 500Ω·m 的地区不应大于 10Ω。所以选 A。

21．C【解答过程】由新版线路手册第 180 页式（3-333）可得：
$k_{0(1,2\text{-}3)} = \dfrac{z_{13} + z_{23}}{z_{11} + z_{12}} = \dfrac{55 + 100}{540 + 70} = 0.254$，所以选 C。老版线路手册第 133 页式（2-7-55）。

22．A【解答过程】依题意，由新版线路手册第 181 页表 3-79 可得，500kV 双地线，电晕校正系数 k_1 取 1.28。再由该手册第 179 页式（3-319）可得：$k = k_1 k_0 = 0.26 \times 1.28 = 0.3328$，所以选 A。老版线路手册第 134 页表 2-7-9、第 131 页式（2-7-46）。

23．D【解答过程】依题意，雷击日为 40d，由老版线路手册第 121 页左下角描述可知，地面落雷密度 $\gamma = 0.07$；又由该手册第 125 页式（2-7-10）可得 $N = 0.28(b + 4h_\text{av}) = 0.28 \times (20 + 4 \times 30) = 39.2$[次/(100km·a)]，所以选 D。应注意 h_av 为平均高度，$h_\text{av} = Hf \times 2/3$（该手册第 125 页），此题中已经给出平均高度，若未给出应计算。

24．D【解答过程】计算山区地区绕击率，由新版线路手册第 173 页式（3-279）可得 $\lg P_\theta' = \dfrac{\theta\sqrt{h}}{86} - 3.35 = \dfrac{10 \times \sqrt{45}}{86} - 3.35 = -2.57$，$P_\theta' = 10^{-2.57} = 0.269\%$，老版线路手册第 125 页式（2-7-12）。

25．B【解答过程】依题意，绕击率 $P_\theta = \dfrac{0.1}{100} = 0.001$，地线高度等于杆塔高度 55m。计算平原保护角，由新版线路手册第 173 页式（3-278）可得 $\lg P_\theta = \dfrac{\theta\sqrt{h}}{86} - 3.9 \Rightarrow \theta = (\lg P_\theta + 3.9) \times \dfrac{86}{\sqrt{h}} = (\lg 0.001 + 3.9) \times \dfrac{86}{\sqrt{55}} = 10.44°$。老版线路手册第 125 页式（2-7-11）。

2010年注册电气工程师专业案例试题

（下午卷）及答案

【2010年下午题1~5】 某发电厂本期安装两台125MW机组，每台机组配一台400t/h级锅炉，机组采用发电机—三绕组变压器单元接线接入厂内220kV和110kV升压站，220kV和110kV升压站均采用双母线接线。高压厂用工作变压器从主变低压侧引接，厂用电电压为6kV和380V。请回答下列问题。

1. 请按下面工艺专业提供的负荷，计算高压厂用工作变压器的计算负荷为下列哪个值？（　　）

序号	名称	容量/kW	安装/工作台数	换算系数	6kV-A段 安装/工作台数	6kV-A段 容量/kVA	6kV-B段 安装/工作台数	6kV-B段 容量/kVA	重复容量/kVA
1	电动给水泵	3400	2/1		1/1		1/1		
2	循环水泵	630	2/2		1/1		1/1		
3	送风机	800	2/2		1/1		1/1		
4	吸风机	800	2/2		1/1		1/1		
5	磨煤机	800	2/2		1/1		1/1		
6	排粉风机	560	2/2		1/1		1/1		
7	凝结水泵	250	2/1		1/1		1/1		
8	斗轮堆取料机	310	1/1		1/1				
9	低压工作变压器电动机负荷	890	1		1				
10	低压备用变压器电动机负荷		1				1		
11	低压公用变压器电动机负荷	860	1		1				
12	辅助车间工作变动机负荷	1050	1		1				
13	辅助车间备用变动机负荷	1650	1				1		
14	输煤变压器电动机负荷	1650	1		1				

注　表中低压负荷装置全部为电动机，容量单位为kW，低压备用变压器为低压工作变压器和公用变压器提供明备用，辅助车间备用变压器为辅助车间工作变压器和输煤变压器提供明备用，所有负荷均为连续负荷，可以直接在上表内进行计算。

（A）12598kVA　　　　　　　　（B）13404kVA
（C）13580kVA　　　　　　　　（D）14084kVA

2. 在厂用电接线设计中采用了以下设计原则，请判断下列哪项是不符合规程要求的？并说明依据和理由。 （   ）

（A）6kV 和 380V 厂用母线均设二段

（B）备用变压器由 220kV 母线引接

（C）6kV 和 380V 二段母线均分别由一台变压器供电

（D）主厂房照明不设专用照明变压器供电

3. 假设选择了 16000kVA 的无励磁调压双绕组高压厂用工作变压器，其阻抗电压为 10.5%，计及反馈的电动机额定功率之和为 6846kW，请计算 6.3kV 母线的三相短路电流周期分量起始值是下列哪个值（设变压器高压侧系统阻抗为0，电动机平均反馈电流倍数取6）？
　　　　　　　　　　　　　　　　　　　　　　　　　　　　　　　　　　　　　（   ）

（A）20.47kA　　　　　　　　　　（B）19.48kA

（C）18.9kA　　　　　　　　　　　（D）15.53kA

4. 请计算电动给水泵正常启动时，母线电压是下列哪个值（启动前母线已带负荷 6166kW，电动机启动电流倍数取6）？　　　　　　　　　　　　　　　　　　　　　　　（   ）

（A）80.3%　　　　　　　　　　　（B）82.6%

（C）83.8%　　　　　　　　　　　（D）85.4%

5. 经计算，6kV 厂用母线的接地电容电流为 6.5A，厂用高压变压器中性点宜采用高阻接地方式，请选择下列哪种接线组别能满足中性点接地要求？并说明根据和理由。　（   ）

（A）高压厂用变压器为 Dd12，一台低压厂用变压器为 YNyn12

（B）高压厂用变压器为 Dyn1

（C）高压厂用变压器为 YNy12

（D）高压厂用变压器为 Dd12，两台低压厂用变压器为 Yyn12

【2010 年下午题 6～10】　某变电站电压等级为 220/110/10kV，主变压器容量为两台 180MVA 变压器，220kV、110kV 系统为有效接地方式，10kV 系统为消弧线圈接地方式。220kV、110kV 设备为户外布置，母线均采用圆形铝管母线型式，10kV 设备为户内开关柜，10kV 站用电变压器采用两台 400kVA 的油浸式变压器，布置于户外，请回答以下问题。

6. 若 220kV 圆形铝管母线的外径为 150mm，假设母线导体固有自振频率为 7.2Hz，请计算下列哪项数值为产生微风共振的计算风速？　　　　　　　　　　　　　　　（   ）

（A）1m/s　　　　　　　　　　　　（B）5m/s

（C）6m/s　　　　　　　　　　　　（D）7m/s

7. 当计算风速小于 6m/s 时，可以采用下列哪项措施消除管母微风振动并简述理由。
　　　　　　　　　　　　　　　　　　　　　　　　　　　　　　　　　　　　　（   ）

（A）加大铝管内径　　　　　　　　（B）母线采用防震支撑

(C)在管内加装阻尼线 (D)采用短托架

8. 该变电站从 10kV 开关柜到站有变压器之间采用电缆连接,单相接地故障按 2h 考虑,请计算该电缆导体与绝缘屏蔽之间额定电压最小不应低于下列哪项数值? ( )
(A)5.77kV (B)7.68kV
(C)10kV (D)13.3kV

9. 该变电站从 10kV 开关柜到站用变压器之间采用 1 根三芯铠装交联聚乙烯电缆,敷设方式为与另一根 10kV 馈线电缆(共 2 根)并行直埋,净距为 100mm,电缆导体最高工作温度按 90℃ 考虑,土壤环境温度为 30℃,土壤热阻系数为 3.0K·m/W,按照 100%持续工作电流计算,请问该电缆导体最小载流量计算值应为下列哪项? ( )
(A)28A (B)33.6A
(C)37.3A (D)46.3A

10. 该变电站 10kV 出线电缆沟深 1200mm,沟内采用电缆支架两侧布置方式,请问该电缆沟内通道的净宽不宜小于下列哪项数值?并说明根据和原因。 ( )
(A)500mm (B)600mm
(C)700mm (D)800mm

【2010 年下午题 11~15】 某新建变电站位于海拔 3600m 地区,主变压器两台,采用油浸变压器,装机容量为 2×240MVA,站内 330kV 配电装置采用双母线接线,330kV 有 2 回出线。

11. 若仅有 2 条母线上各装设一组无间隙 MOA,计算其与主变压器间的距离和最远电气设备间的电气距离,分别应不大于多少? ( )
(A)90m,112.5m (B)90m,121.5m
(C)145m,175m (D)140m,189m

12. 本变电站 330kV 电气设备(包括主变压器)的额定雷电冲击耐受电压为 1175kV,若在线路断路器的线路侧选择一种无间隙 MOA,应选用什么规格? ( )
(A)Y10W-288/698 (B)Y10W-300/698
(C)Y10W-312/842 (D)Y10W-312/868

13. 配电装置电气设备的直击雷保护采用在架构上设避雷针的方式,其中两支相距 60m,高度为 30m,当被保护设备的高度为 10m 时,请计算两支避雷针对被保护设备联合保护范围的最小宽度是下列哪个? ( )
(A)13.5m (B)15.6m
(C)17.8m (D)19.3m

14. 对该变电站绝缘配合，下列说法正确的是哪项？ （　　）
（A）断路器同级端口间灭弧室瓷套的爬电距离不应小于对地爬电距离要求的 1.15 倍
（B）变压器内绝缘应进行长时间工频耐压试验，其耐压值应为 1.5 倍系统最高电压
（C）电气设备内绝缘相对地额定操作冲击耐压与避雷器操作过电压保护水平的配合系数不应小于 1.15
（D）变压器外绝缘相间稳态额定操作冲击耐压高于其内绝缘相间额定操作冲击耐压

15. 升压站海拔 3600m，变压器外绝缘的额定雷电耐受电压为 1050kV，当海拔不高于 1000m 时，试验电压是多少？ （　　）
（A）1221.5kV （B）1307.6kV
（C）1418.6kV （D）1529kV

【2010 年下午题 16～20】 某 220kV 变电站，直流系统标称电压为 220V，直流控制与动力负荷合并供电。已知变电站内经常负荷 2.5kW；事故照明直流负荷 3kW；设置交流不停电源 3kW。直流系统由 2 组蓄电池、2 套充电装置供电，蓄电池组采用单体电压为 2V 的蓄电池，不设端电池。其他直流负荷忽略不计，请回答下列问题。

16. 假设采用阀控式密封铅酸蓄电池，由题目给出的条件，请计算电池个数为下列哪项数值？ （　　）
（A）104 个 （B）107 个
（C）109 个 （D）112 个

17. 假定本变电站采用铅酸蓄电池，蓄电池组容量为 400Ah，不脱离母线均衡充电，请计算充电装置的额定电流为下列哪项数值？ （　　）
（A）11.76A （B）50A
（C）61.36A （D）75A

18. 如该直流系统保护采用直流断路器时，判定下列哪项原则是正确的，并说明理由。
　（　　）
（A）额定电压应大于或等于回路的标称电压
（B）额定电流应大于回路的最大工作电流
（C）直流电动机回路的断路器额定电流应按电动机启动电流选择
（D）直流断路器过载脱扣时间应小于断路器固有合闸时间

19. 在事故放电情况下蓄电池出口端电压和均衡充电运行情况下的直流母线电压应满足下列哪组要求？请给出计算过程。 （　　）
（A）不低于 187V，不高于 254V （B）不低于 202.13V，不高于 242V
（C）不低于 192.5V，不高于 242V （D）不低于 202.13V，不高于 254V

20. 关于本变电站直流系统电压和接线的表述，下列哪项是正确的？并说明理由。
( )

（A）直流系统正常运行电压为 220V，单母线分段接线，每组蓄电池及其充电设备分别接于不同母线

（B）直流系统标称电压为 220V，两段母线接线，每组蓄电池及其充电设备分别接于不同母线

（C）直流系统标称电压为 231V，单母线分段接线，蓄电池组和充电设备各接一段母线

（D）直流系统正常运行电压采用 231V，双母线分段接线，蓄电池组和充电设备分别接于不同母线

【2010 年下午题 21~25】 某地区电网规划建设一座 220kV 变电站，电压为 220/110/10kV，主接线如下图所示。请解答下列问题。

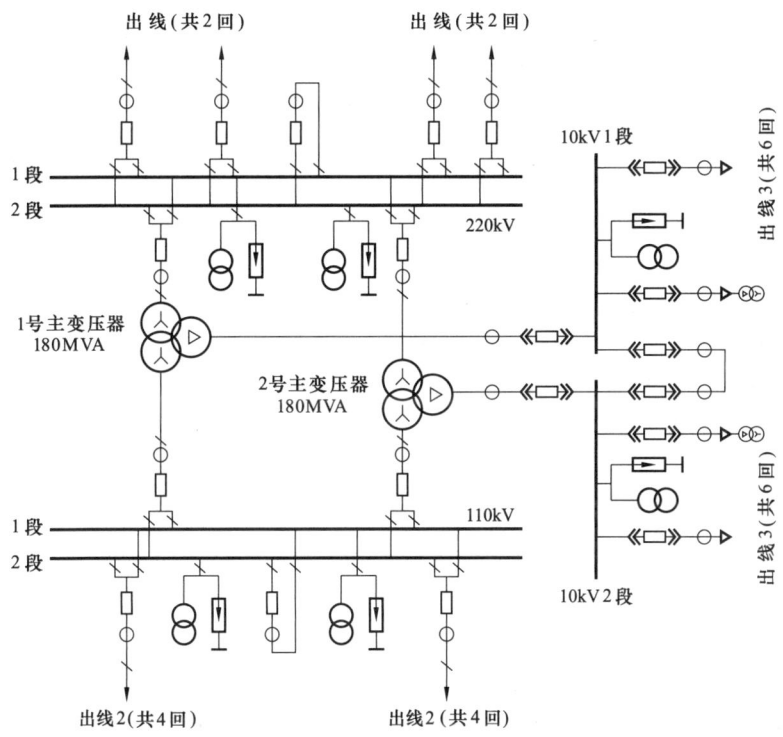

21. 该变电站 110kV 出线有 1 回用户专线，有功电能表为 0.5 级，电压互感器回路电缆截面选择时，其压降满足下列哪项要求？根据是什么？
( )

（A）不大于额定二次电压的 0.25%   （B）不大于额定二次电压的 0.30%
（C）不大于额定二次电压的 0.50%   （D）不大于额定二次电压的 1.00%

22. 该变电站 220kV 线路配置有全线速动保护，其主保护的整组动作时间应为下列哪项？并说明根据。
( )

（A）对近端故障：≤15ms；对远端故障：≤35ms（不包括通道时间）

（B）对近端故障：≤30ms；对远端故障：≤20ms
（C）对近端故障：≤20ms；对远端故障：≤30ms（不包括通道时间）
（D）对近端故障：≤30ms；对远端故障：≤50ms

23. 该变电站110kV出线中，其中有2回线路为一个热电厂的并网线，请确定该线路配置自动重合闸的正确原则为下列哪项？并说明根据和理由。（　　）
（A）设置不检查同步的三相重合闸
（B）设置检查同步的三相重合闸
（C）设置同步检定和无电压检定的三相自动重合闸
（D）设置无电压检定的三相重合闸

24. 统计本变电站应安装有功电能计量表数量为下列哪项？并说明根据和理由。（　　）
（A）24只 （B）30只
（C）32只 （D）35只

25. 当运行于1段母线的一回220kV线路出口发生相间短路，且断路器拒动时，保护正确动作行为应该是下列哪项？并说明根据和理由。（　　）
（A）母线保护动作断开母联断路器
（B）断路器失灵保护动作无时限断开母联断路器
（C）母线保护动作断开连接在1段母线上的所有断路器
（D）断路器失灵保护动作以较短时限断开母联断路器，再经一时限断开连接在1段母线上的所有断路器

【2010年下午题26～30】 某220kV变电站，最终规模为2台180MVA的主变压器，额定电压为220/110/35kV，拟在35kV侧装设并联电容器进行无功补偿。

26. 请问本变电站的每台主变压器的无功补偿容量取哪个为宜？（　　）
（A）15000kvar （B）40000kvar
（C）63000kvar （D）80000kvar

27. 本变电站每台主变压器装设电容器组容量确定后，将分组安装，下列确定分组原则哪一条是错误的？（　　）
（A）电压波动 （B）负荷变化
（C）谐波含量 （D）无功规划

28. 本站35kV母线三相短路容量为700MVA，电容器组的串联电抗器的电抗率为5%，请计算发生三次谐波谐振的电容器容量是多少？（　　）
（A）42.8Mvar （B）74.3Mvar

(C) 81.7Mvar (D) 113.2Mvar

29. 该站并联电容器接入电网的背景谐波为 5 次以上，并联电抗器的电抗率宜选择以下哪一项？　　　　　　　　　　　　　　　　　　　　　　　　　　　（　　）
(A) 1% (B) 5%
(C) 12% (D) 13%

30. 若本站每台主变压器安装单组容量为 3 相 3.5kV，12000kVA 的电容器两组，若电容器采用单星形接线，每相由 10 台电容器并联成两段串联而成，请计算每单台容量为多少？
（　　）
(A) 500kvar (B) 334kvar
(C) 200kvar (D) 250kvar

【2010 年下午题 31～35】某单回 220kV 架空送电线路，采用两分裂 LGJ-300/40 导线，气象条件见下表。

工况	气温（℃）	风速（m/s）	冰厚（mm）
最高气温	40	0	0
最低气温	−20	0	0
年平均气温	15	0	0
最大覆冰	−5	10	10
最大风速	−5	30	0

导线基本参数见下表。

导线型号	拉断力（N）	外径（mm）	截面积（mm²）	单位质量（kg/m）	弹性系数（N/mm²）	线膨胀系数（1/℃）
LGJ-300/40	87600	23.94	338.99	1.133	73000	19.6×10^{-6}

31. 计算最大覆冰时的垂直比载（自重比载加冰重比载）γ_3 为何值？（已知 $g=9.8\text{m/s}^2$）。
（　　）
(A) $32.777\times10^{-3}\text{N}/(\text{m}\cdot\text{mm}^2)$　　(B) $27.747\times10^{-3}\text{N}/(\text{m}\cdot\text{mm}^2)$
(C) $60.483\times10^{-3}\text{N}/(\text{m}\cdot\text{mm}^2)$　　(D) $54.534\times10^{-3}\text{N}/(\text{m}\cdot\text{mm}^2)$

32. 计算最大风速工况下的风荷比载 γ_4（计算杆塔用，不计及风压高度变化系数）为多少？
（　　）
(A) $29.794\times10^{-3}\text{N}/(\text{m}\cdot\text{mm}^2)$　　(B) $46.465\times10^{-3}\text{N}/(\text{m}\cdot\text{mm}^2)$
(C) $32.773\times10^{-3}\text{N}/(\text{m}\cdot\text{mm}^2)$　　(D) $30.354\times10^{-3}\text{N}/(\text{m}\cdot\text{mm}^2)$

33. 已知最低气温和最大覆冰是两个有效控制条件，则存在有效临界档距为多少？
（　　）
(A) 155m   (B) 121m
(C) 92m   (D) 167m

34. 若导线在最大风时应力为 100N/mm²，最高气温时应力为 50N/mm²，某直线塔的水平档距为 400m，最高气温时的垂直档距为 300m，计算最大风速垂直档距为多少？（　　）
(A) 600m   (B) 200m
(C) 350m   (D) 380m

35. 若线路某气象条件下自重力比载为 0.033N/(m·mm²)，冰重力比载为 0.040N/(m·mm²)，风荷比载为 0.020N/(m·mm²)，综合比载为 0.0757N/(m·mm²)，导线水平应力为 115N/(m·mm²)，计算在该气象条件下档距为 400m 的最大弧垂为多少？（　　）
(A) 13.2m   (B) 12.7m
(C) 10.4m   (D) 8.5m

【2010 年下午题 36～40】 某回路 220kV 架空线路，其导地线的参数见下表。

型号	质量 P (kg/m)	直径 d (mm)	截面 S (mm²)	破坏强度 T_K (N)	线性膨胀系数 α (1/℃)	弹性模量 E (N/mm²)
LGJ-400/50	1.511	27.63	451.55	117230	19.3×10^{-6}	69000
GJ-60	0.4751	10.0	59.69	68226	11.5×10^{-6}	185000

本工程的气象条件见下表。

序号	条件	风速（m/s）	覆冰厚度（mm）	气温（℃）
1	低温	0	0	−40
2	平均	0	0	−5
3	大风	30	0	−5
4	覆冰	10	10	−5
5	高温	0	0	40

本线路须跨越通航河道，两岸是陡崖，两岸塔位 A 和 B 分别高出最高航行水位 110.8m 和 25.1m，档距为 800m。桅杆高出水面 35.2m，安全距离为 3.0m，绝缘子串长为 2.5m。导线在最高气温时，最低点张力为 26.87kN，假设两岸跨越直线杆塔的呼高相同（$g=9.81$）。

36. 计算最高气温时导线最低点 O 到 B 的水平距离 L_{OB} 应为下列哪项数值（用平抛物线公式）？
（　　）
(A) 379m   (B) 606m
(C) 140m   (D) 206m

37. 计算导线最高气温时距 A 点距离为 500m 处的弧垂 f 应为下列哪项数值（用平抛物线公式）？ （   ）

  （A）44.13m   （B）41.37m

  （C）30.02m   （D）38.29m

38. 若最高气温时弧垂最低点距 A 处的水平距离为 600m，该点弧垂为 33m，为满足跨河的安全距离要求，A 和 B 处直线杆塔的呼称高度至少应为下列哪项数值？ （   ）

  （A）17.1m   （B）27.2m

  （C）24.2m   （D）24.7m

39. 若最高气温时弧垂最低点距 A 点水平距离为 600m，A 点处直线塔在跨河侧导线的悬垂角约为以下哪个数值？ （   ）

  （A）18.3℃   （B）16.1℃

  （C）23.8℃   （D）13.7℃

40. 假设跨河挡 A、B 两塔的导线悬点高度均高出水面 80m，导线的最大弧垂为 48m。计算导线平均高度（相对于水面）为多少？ （   ）

  （A）60.0m   （B）32.0m

  （C）48.0m   （D）43.0m

答　　案

1. B【解答过程】由 DL/T 5153—2014 第 4 章及附录 F，可得高压厂用计算负荷为
S_{hc}=3400×1×1+630×2×1+(800×2+800×2+800×2+560×2+250×1+310×1)×0.8=9844 (kVA)
低压厂用计算负荷为 S_{lc}=(890+860+1050+1650)×0.8=3560 (kVA)
高压厂用工作变压器的计算负荷为 S_{hc}+S_{lc}=9844+3560=13404 (kVA)

2. B【解答过程】DL/T 5153—2014 第 3.7.8-2 条规定，当无发电机电压母线时，可由全厂高压母线中电源可靠的最低一级电压母线或由联络变压器的第三（低压）绕组引接。可知 B 选项错误。所以选 B。

3. A【解答过程】设 S_j=100MVA，U_j=6.3kV，则 I_j=9.16kA，由 DL/T 5153—2014 附录 L 式（L.0.1-1）～式（L.0.1-6）计算：厂用变压器电抗 $X_T = (1-0.075)\dfrac{U_d\%}{100} \times \dfrac{S_j}{S_{eB}} = 0.925 \times \dfrac{10.5}{100} \times \dfrac{100}{16} = 0.607$；依题意系统阻抗 $X_x = 0$，则 $I_B = \dfrac{I_j}{X_X + X_T} = \dfrac{9.16}{0+0.607} = 15.09$ (kA) 又由该规范附

录 L 参数说明 $\eta_D \cos\varphi_D$ 可取 0.8，则电动机反馈电流为 $I_D = K_{qD} \dfrac{P_{qD}}{\sqrt{3}U_{eD}\eta_D \cos\varphi_D} = 6 \times \dfrac{6.846}{\sqrt{3} \times 6 \times 0.8} =$ 4.94(kA)，短路电流周期分量起始有效值 $I'' = I_B + I_D = 15.09 + 4.94 = 20.03$ (kA)。

4．D【解答过程】由 DL/T 5153—2014 附录 G 式（G.0.1-4）可得 $X = X_T = 1.1\dfrac{U_d\%}{100} \times \dfrac{S_{2T}}{S_T} = 1.1 \times \dfrac{10.5}{100} \times \dfrac{16}{16} = 0.1155$；又由该规范附录 H 可得 $S_1 = \dfrac{S_D}{S_T} = \dfrac{6166}{16000} = 0.385$；$S_q = \dfrac{K_q P_e}{S_{2T}\eta_D \cos\varphi_D} = \dfrac{6 \times 3400}{16000 \times 0.8} = 1.594$；$S = S_1 + S_q = 0.385 + 1.594 = 1.979$。依题意为无励磁变压器，又由该规范中式（H.0.1-1），$U_0 = 1.05$，可得启动时母线电压为 $U_m = \dfrac{U_0}{1+SX} = \dfrac{1.05}{1+1.979 \times 0.1155} = 0.8546$，所以选 D。

5．B【解答过程】依题意，本题需要在 6kV 侧提供中性接地点，由 DL/T 5153—2014 附录 C 第 C.0.1 条可知：A 选项：高压厂用变压器负荷侧（6kV 侧）不是星形接线无法提供接地点，低压厂用变压器高压侧（6kV 侧）是 YN 接线，可以提供接地点，但只有 1 台，按要求应保证两台低压厂用变压器高压侧接地。B 选项：高压厂用变压器低压侧（6kV 侧）侧为星型接地，可以提供接地点，符合题意。C 选项：高压厂用变压器中性接地点 N 点在其高压侧（发电机出口侧，比如 20kV 侧），其负荷侧（6kV 侧）是星型接线但中性点未引出，无法提供接地点。D 选项：低压厂用变压器的接地点 N 点在低压侧（380V 侧），其高压侧（6kV 侧）虽然是星型，但并没有接地，无法给 6kV 侧提供接地点，不符合题意。所以选 B。

6．B【解答过程】由 DL/T 5222—2005 第 7.3.6 条可知，屋外管型导体的微风振动可按下式校验 $v_{js} = f\dfrac{D}{A} = 7.2 \times \dfrac{150 \times 0.001}{0.214} = 5.05$ (m/s)，所以选 B。本题也可按新版变电手册第 132 页式（5-58）计算（老版变电手册第 347 页）。

7．C【解答过程】由 DL/T 5222—2005 第 7.3.6 条可知，当计算风速小于 6m/s 时，可采用下列措施消除微风振动：①在管内加装阻尼线；②加装动力消振器；③采用长托架。

8．B【解答过程】由 GB 50217—2018 第 3.2.2 条第 2 款可知，$U = 133\% \times \dfrac{10}{\sqrt{3}} = 7.68$ (kV)。

9．C【解答过程】由新版变电手册第 76 页表 4-3 可得 $I_g = \dfrac{1.05 S_e}{\sqrt{3}U_e} = \dfrac{1.05 \times 400}{\sqrt{3} \times 10} = 24.24$ (A)，由 GB 50217—2018 可知：依据附录 D.0.1 及表 D.0.1，土壤环境温度为 30℃ 时的电缆载流量校正系数为 0.96；依据附录 D.0.3 及表 D.0.3，土壤热阻系数为 3.0K·m/W 时的电缆载流量校正系数为 0.75；依据附录 D.0.4 及表 D.0.4，土壤中直埋 2 根并行敷设电缆载流量的校正系数为 0.9；根据 GB 50217—2018 第 3.6.2 条可得，该电缆最小载流量计算值应为 $I \geq \dfrac{I_g}{K} = \dfrac{24.24}{0.96 \times 0.75 \times 0.9} = 37.4$ (A)，所以选 C。老版一次手册第 232 页表 6-3。

10．C【解答过程】由 GB 50217—2018 第 5.5.1 条及表 5.5.1 可知，沟深大于 1000mm，电缆支架两侧配置，电缆沟净宽不宜小于 700mm，所以选 C。

11．D【解答过程】依题意，双母线接线，330kV 有 2 回出线。由 DL/T 620—1997 第 7.2.2 条，330kV 双回进线，金属氧化物避雷器至主变压器的距离为 140mm，其他设备可增加 35%，可得电气设备与避雷器之间的最大安装距离为 140×1.35=189(mm)，所以选 D。

12．B【解答过程】依题意，避雷器安装在线路侧，则：由 DL/T 620—1997 第 4.1.1-a）款，线路断路器的线路侧工频过电压不超过 1.4p.u.。由 GB/T 156—2007 表 5，330kV 系统最高电压为 363kV。由 DL/T 620—1997 表 3 及其注 2，330kV 电压等级工频过电压为 1.4p.u.时，避雷器额定电压为 $0.8U_m$=0.8×363=290.4(kV)。由 DL/T 620—1997 第 10.4.4-a）条，变压器内、外绝缘的全波额定雷电冲击电压与变电所避雷器标称放电电流下的残压的配合系数取 1.4。由于 $U_{le} \geq 1.4U_R$，则 $U_R \leq \dfrac{U_{le}}{1.4} = \dfrac{1175}{1.4} = 839.28$ (kV)，选额定电压大于且最接近 290.4kV 的 300kV，同时残压小于 839.28kV。注：DL/T 620—1997 中 U_R 为避雷器残压。所以选 B。

13．C【解答过程】已知：D=60m，h=30m，h_x=10m，由 GB/T 50064—2014 第 5.2.1 条得 P=1，则 h_a=$h-h_x$=30-10=20(m)；$\dfrac{D}{h_a P} = \dfrac{60}{20 \times 1} = 3$；$\dfrac{h_x}{h} = \dfrac{10}{30} = 0.3$；查图 5.2.2-2（a）曲线，得 $\dfrac{b_x}{h_a P} = 0.89$；$b_x$=0.89×20×1=17.8 校验：由式（5.2.1-3）得，r_x=(1.5h−2h_x)P=25，$b_x \leq r_x$，故取 17.8。

14．C【解答过程】由 DL/T 620—1997 条文可知：A 选项，不符合第 10.4.1-a）款，该项错误。B 选项，不符合第 10.4.1-b）款，该项错误。D 选项，不符合第 10.4.3-b）-2）款，该项错误。所以选 C。

15．C【解答过程】由 DL/T 5222—2005 第 6.0.8 条可得，海拔修正系数 K=1/(1.1−H/10000)=1.351，所以试验电压为 1.351×1050=1418.6(kV)。所以选 C。该题是 2010 年的题目，在今后的考试中，如果遇到海拔修正，建议使用 GB 311.1—2012 附录 B 式（B.3）或 GB/T 50064—2014 式（A.0.2-2）作答。新版对 DL/T 5222—2021 第 4.0.10 条已更改。

16．A【解答过程】由 DL/T 5044—2014 第 6.1.2 条可得，阀控式密封铅酸蓄电池的单体浮充电电压宜取 2.23～2.27V。根据该规范附录 C，蓄电池个数应满足在浮充电运行时直流母线电压为 $1.05U_n$ 的要求，蓄电池个数为 $n = \dfrac{1.05U_n}{U_f} = \dfrac{1.05 \times 220}{2.23 \sim 2.27} = 101.8 \sim 103.6$(个)，取大值，104 个。所以选 A。

17．C【解答过程】依题意，直流系统经常负荷电流为 $I_{jc} = \dfrac{2.5 \times 1000}{220} = 11.36$ (A)；又由该规范 DL/T 5044—2014 附录 D.1.1 可得，铅酸蓄电池不脱离母线均衡充电，充电装置输出电流为 $I_{rmax} = 1.25I_{10} + I_{jc} = 1.25 \times \dfrac{400}{10} + 11.36 = 61.36$ (A)，所以选 C。

18．B【解答过程】由 DL/T 5044—2014 第 6.5.2 条第 2 款，直流断路器的额定电流应大于回路的最大工作电流，故选项 B 对，所以选 B。

19．C【解答过程】由 DL/T 5044—2014 第 3.2.3-3 条，在均衡充电运行情况下，对控制与动力负荷合并供电的直流电源系统，直流母线电压不应高于直流系统标称电压的 110%，即 $U \leq 110\% \times U_n = 242$ (V)，根据该规范第 3.2.4 条，在事故放电情况下，事故放电末期蓄电池组出口端电压不应低于直流系统标称电压的 87.5%，即 $U \geqslant 87.5\% U_n = 0.875 \times 220 = 192.5$ (V)。

20．B【解答过程】依题意，机组配置 2 组蓄电池、2 套充电装置。由 DL/T 5044—2014 第 3.5.2 条，两组蓄电池的直流电源系统接线方式应符合下列要求：直流电源系统应采用两段单母线接线。因此，选项 A、C、D 错误。

21．A【解答过程】由老版二次手册第 27-7 节第 103 页的"3．电压回路用控制电缆选择"知：电压互感器二次回路的电压降，对于用户计费用的 0.5 级电能表，其电压回路电压降不宜大于 0.25%。新版二次手册第 108 页已根据 GB/T 50063—2008 进行了修编。

22．C【解答过程】由 GB/T 14285—2023 第 5.4.4.1.3 条可知：具有全线速动保护的线路，其主保护的整组动作时间应为：对近端故障不大于 20ms；对远端故障不大于 30ms（不包括通道时间）。C 项对，其余选项均与条文不符。所以选 C。

23．C【解答过程】由 GB/T 14285—2023 第 7.4.1.8-b）款可知：并列运行的发电厂或电力系统之间，具有两条联系的线路或三条联系不紧密的线路，可采用同步检定和无电压检定的三相重合闸方式。所以选 C。

24．C【解答过程】由 GB/T 50063—2017 第 4.2.1 条，下列回路应设置有功电能表：（1）三绕组变压器的三侧：1 号、2 号主变压器的三侧共 6 只。（2）10kV 及以上的线路：10kV 线路为 12 只；110kV 线路为 8 只；220kV 线路为 4 只。（3）双绕组厂用主变压器的高压侧、10kV 站用变压器的高压侧，2 只。综上所述，共需 32 只。

25．D【解答过程】由 GB/T 14285—2023 第 5.6.2.5-b）款可知：单、双母线的失灵保护，视系统保护配置的具体情况，可以较短时限动作于断开与拒动断路器相关的母联及分段断路器，再经一时限动作于断开与拒动断路器连接在同一母线上的所有有源支路的断路器。选项 D 对。

26．B【解答过程】由 GB 50227—2017 第 3.0.2 条的条文说明可知，无功补偿容量占主变压器容量的比例为 10%～30%，补偿范围为 180×(0.1～0.3)=18～54(Mvar)，则 40000kvar 符合要求。所以选 B。

27．D【解答过程】由 DL/T 5242—2010 第 5.0.7 条及条文说明可知，分组原则主要是根据电压波动、负荷变化、电网背景谐波含量，以及设备技术条件等因素来确定。所以选 D。

28．A【解答过程】由 GB 50227—2017 第 3.0.3-3 条可知，三次谐波谐振容量为 $Q_{cx} = S_d \left(\dfrac{1}{n^2} - K \right) = 700 \times \left(\dfrac{1}{3^2} - 5\% \right) = 42.8$ (Mvar)，所以选 A。

29．B【解答过程】由 GB 50227—2017 第 5.2.2-2 条可知，该站并联电容器接入电网的背景谐波为 5 次以上，则并联电抗器的电抗率宜取 4.5%～5.0%。所以选 B。

30．C【解答过程】由 GB 50227—2017 第 4.1.2 条结合题意单星形接线，3 相，2 串，10 台，则单台容量为 $Q = \dfrac{12000}{3 \times 2 \times 10} = 200$(kvar)，所以选 C。

31．C【解答过程】由新版线路手册第 303 页表 5-13 可得 $g_1 = 1.133 \times 9.8 = 11.10$，$g_2 = 9.8 \times 0.9\pi \times 10 \times (10 + 23.94) \times 10^{-3} = 9.40$，$g_3 = 11.10 + 9.40 = 20.504$，$\gamma_3 = \dfrac{g_3}{A} = \dfrac{20.504}{338.99} = 60.486 \times 10^{-3}$ [N/(m·mm²)]，所以选 C。

32. C【解答过程】由老版线路手册第 174～175 页表 3-1-14 和表 3-1-15 可得 $\alpha=0.75$，$\mu_{sc}=1.1$；又由该手册第 180 页表 3-2-3 有 $\gamma_4 = \dfrac{g_4}{A} = \dfrac{0.625v^2 d\alpha\mu_{sc} \times 10^{-3}}{A} = \dfrac{0.625 \times 30^2 \times 23.94 \times 0.75 \times 1.1 \times 10^{-3}}{338.99} = 32.773 \times 10^{-3}$ [N/(m·mm²)]。α、β_c 的取值，在老版线路手册第 174 页表 3-1-14、表 3-1-16 与 GB 50545—2010 中表 10.1.18-1 不一致，主要是风速划分档距不一样。原则上应该以规范为准，但是从 2010 年以后的考题中不难发现，按老版线路手册作答，计算结果才能够精准"命中"选项。所以在应考时，采用那个标准取值应根据选项配置灵活掌握。该处新版线路手册已经修改。

33. D【解题过程】（1）计算最低气温工况综合比载。依题意数据，最低气温时无风，综合比载为导线的自重比载，由新版线路手册第 303 页表 5-13 可得 $\gamma_1 = \dfrac{g_1}{A} = \dfrac{9.8p_1}{A} = \dfrac{9.8 \times 1.133}{338.99} = 32.75 \times 10^{-3}$ [N/(m·mm²)]。（2）求最大覆冰工况综合比载：①最大覆冰工况的垂直比载为 $\gamma_3 = \dfrac{g_3}{A} = \dfrac{g_1 + g_2}{A} = \dfrac{9.8p_1 + 9.8 \times 0.9\pi\delta(\delta+d) \times 10^{-3}}{A}$
$= \dfrac{9.8 \times 1.133 + 9.8 \times 0.9 \times 3.14 \times 10 \times (10+23.94) \times 10^{-3}}{338.99} = 60.483 \times 10^{-3}$ [N/(m·mm²)]；②最大覆冰工况的水平风荷载由表 3-1-14 和表 3-1-15 可知，最大覆冰时 $\alpha=1.0$，$\mu_{sc}=1.2$，可得 $\gamma_5 = \dfrac{g_5}{A} = \dfrac{0.625v^2(d+2\delta)\alpha\mu_{sc} \times 10^{-3}}{A} = \dfrac{0.625 \times 10^2 \times (23.94+2\times 10) \times 1.0 \times 1.2 \times 10^{-3}}{338.99} = 9.722 \times 10^{-3}$ [N/(m·mm²)]；③最大覆冰工况的综合比载为 $\gamma_7 = \sqrt{\gamma_3^2 + \gamma_5^2} = \sqrt{60.483^2 + 9.722^2} = 61.259 \times 10^{-3}$ [N/(m·mm²)]。（3）求临界档距。由老版线路手册第 185 页式（3-3-16），第 187 页式（3-3-20）可得临界档距为 $l_{cr} = \sigma_m \sqrt{\dfrac{24\alpha(t_m - t_n)}{\gamma_m^2 - \gamma_n^2}} = \dfrac{T_p}{AK_c}\sqrt{\dfrac{24\alpha(t_m - t_n)}{\gamma_1^2 - \gamma_7^2}} = \dfrac{87600}{338.99 \times 2.5} \times \sqrt{\dfrac{24 \times 19.6 \times 10^{-6} \times [-20-(-5)]}{(32.75^2 - 61.259^2) \times 10^{-6}}} = 167.72 \times 10^{-3}$ [N/(m·mm²)] 其中 2.5 为安全系数。老版线路手册第 179 页表 3-2-3。

34. B【解答过程】由新版线路手册第 307 页式（5-29），且本题为直线杆塔，$\gamma_{10} = \gamma_{20} = \gamma$，$l_v = l_H + \dfrac{\sigma_o}{\gamma_v}a$ 可知：最高气温时 $300 = l_H + (\sigma_A/\gamma_v)a \to (\sigma_A/\gamma_v)a = -100 \Rightarrow a/\gamma_v = -2$；最大风速时 $l_v = l_H + \dfrac{\sigma_B}{\gamma_v}a = 400 + 100 \times (-2) = 200$ (m)。所以选 B。老版线路手册第 183、184 页中式（3-3-11）和式（3-3-12）。

35. A【解答过程】由新版线路手册第 304 表 5-14，第 311 页最大弧垂判别法内容，结合题意，题设气象条件是覆冰工况，则覆冰工况弧垂为 $f_m = \dfrac{\gamma l^2}{8\sigma_0} = \dfrac{0.0757 \times 400^2}{8 \times 115} = 13.2$ (m)，

老版线路手册第 180 页、第 188 页。

36．D【解答过程】由新版线路手册第 303 表 5-13、表 5-14 可得 $\gamma_1 = 9.81\dfrac{p_1}{A} = 9.81 \times \dfrac{1.511}{451.55} = 0.0328\ [\text{N}/(\text{m} \cdot \text{mm}^2)]$；$\sigma_0 = \dfrac{26.87 \times 10^3}{451.55} = 59.51\ (\text{N}/\text{mm}^2)$

$\tan\beta = \dfrac{h}{l} = \dfrac{110.8 - 25.1}{800} = 0.107\ 125$；$l_{\text{OB}} = \dfrac{l}{2} - \dfrac{\sigma_0}{\gamma}\tan\beta = \dfrac{800}{2} - \dfrac{59.51}{0.0328} \times 0.107125 = 206\ (\text{m})$

老版线路手册第 180 页表 3-3-1。

37．B【解答过程】由新版线路手册第 304 表 5-14 可得

$$f_x = \dfrac{\gamma x'(l - x')}{2\sigma_0} = \dfrac{\dfrac{1.511 \times 9.81}{S} \times 500 \times (800 - 500)}{2 \times \dfrac{26.87 \times 10^3}{S}} = \dfrac{1.511 \times 9.81 \times 500 \times (800 - 500)}{2 \times 26.87 \times 10^3} = 41.37\ (\text{m})$$

38．B【解答过程】根据题意，如下图所示（单位为 m）。

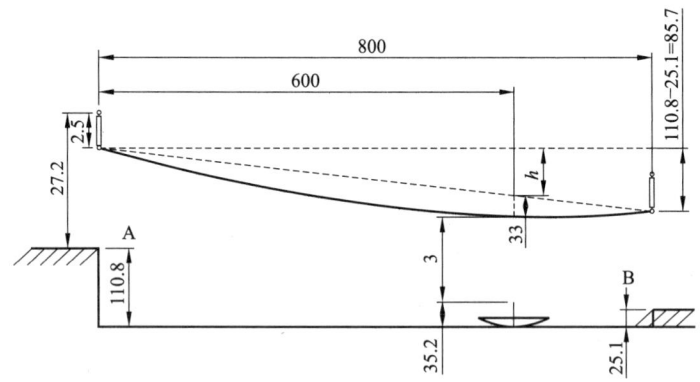

A 和 B 处直线杆塔的呼称高度 h 根据几何关系有

$$h = (33 + 3 + 35.2) + (110.8 - 25.1) \times \dfrac{600}{800} + 2.5 - 110.8 = 27.175\ (\text{m})$$

39．A【解答过程】由新版线路手册第 765 页式（14-10）可得

$$\theta_A = \arctan\left(\dfrac{\gamma_c L_{\text{xvc}}}{\sigma_c}\right) = \arctan\left(\dfrac{\dfrac{1.511 \times 9.8}{A} \times 600}{\dfrac{26.87 \times 1000}{A}}\right) = 18.3°$$

本题考查导线悬垂角度的计算，为拓展思路，另外两种解答方式如下：新版线路手册第 305 页表 5-14（老版线路手册第 181 页表 3-3-1）可得

解法 1　$\theta_A = \arctan\left(\dfrac{\gamma L}{2\sigma_0} + \dfrac{h}{L}\right) = \arctan\left(\dfrac{\dfrac{1.511 \times 9.8}{A} \times 800}{2 \times \dfrac{26.87 \times 1000}{A}} + \dfrac{110.8 - 25.1}{800}\right) = 18.14°$

解法 2　$\theta_{\mathrm{A}} = \arctan\left(\mathrm{sh}\dfrac{\gamma L_{\mathrm{OA}}}{\sigma_0}\right) = \arctan\left(\mathrm{sh}\dfrac{\dfrac{1.511\times 9.8}{A}\times 600}{\dfrac{26.87\times 1000}{A}}\right) = 18.6°$。老版线路手册第 605 页式

（8-2-10）。

40．C【解答过程】由老版线路手册第 125 页式（2-7-9）可知 $h_{\mathrm{c}} = h - \dfrac{2}{3}f = 80 - \dfrac{2}{3}\times 48 = 48$ (m)。

2011年注册电气工程师专业知识试题

(上午卷) 及答案

一、单项选择题（共 40 题，每题 1 分，每题的备选项中只有 1 个最符合题意）

1. 在水利水电工程的防静电设计中，下列哪项不符合规范要求？　　　（　　）
   （A）防静电的接地装置应与工程中的电气接地装置共用
   （B）防静电接地装置的接地电阻，不宜大于 50Ω
   （C）油罐室、油处理设备、通风设备及风管均应接地
   （D）移动式油处理设备在工作位置应设临时接地点

2. 燃煤电厂的防火设计要考虑安全疏散，配电装置室内最远点到疏散出口的距离，下列哪一条满足规程要求？　　　　　　　　　　　　　　　　　　　　（　　）
   （A）直线距离不应大于 7m　　　　（B）直线距离不应大于 15m
   （C）路径距离不应大于 7m　　　　（D）路径距离不应大于 15m

3. 风电场的测风塔顶部应装设有避雷装置，接地电阻不应大于下列哪项数值？（　　）
   （A）5Ω　　　　　　　　　　　　（B）10Ω
   （C）4Ω　　　　　　　　　　　　（D）20Ω

4. 按规程规定，火力发电厂选择蓄电池容量时，与电力系统连接的发电厂，交流厂用电事故停电时间应按下列哪项计算？　　　　　　　　　　　　　　　（　　）
   （A）0.5h　　　　　　　　　　　（B）1h
   （C）2h　　　　　　　　　　　　（D）3h

5. 变电站的绿化措施，下列哪项是错误的？　　　　　　　　　　　　　（　　）
   （A）城市地下变电站的顶部宜覆土进行绿化
   （B）城市变电站的绿化应与所在街区的绿化相协调，满足美化市容的要求
   （C）进出线下的绿化应满足带电安全距离要求
   （D）220kV 及以上变电站的绿化场地可敷设浇水的水管

6. 火电厂废水治理的措施，下列哪一项是错误的？　　　　　　　　　　（　　）
   （A）酸、碱废水应经中和处理后复用或排放
   （B）煤场排水和输煤设施的清扫水，应经沉淀处理，处理后的水宜复用
   （C）含金属离子废水宜进入废水集中处理系统，处理后复用或排放

（D）位于城市的发电厂生活污水直接排入城市污水系统，水质不受限制

7. 某公用电网 10kV 连接点处的最小短路容量为 200MVA，该连接点的全部用户向该点注入的 5 次谐波电流分量（方均根值）不应超过下列哪项？　　　　　　　　　（　　）
（A）10A　　　　　　　　　　　　（B）20A
（C）30A　　　　　　　　　　　　（D）40A

8. 下列关于变电站消防的设计原则，哪一条是错误的？　　　　　　　　　　　（　　）
（A）变电站建筑物（丙类火灾危险性）体积为 3001～5000m³，消防给水量为 10L/s
（B）一组消防水泵的吸水管设置两条
（C）吸水管上设检修用阀门
（D）应设置备用泵

9. 火力发电厂与变电站的 500kV 屋外配电装置中，当动力电缆和控制电缆敷设在同一电缆沟内，宜采用下列哪种方式进行分隔？　　　　　　　　　　　　　　　　　（　　）
（A）宜采用防火堵料　　　　　　　（B）宜采用防火隔板
（C）宜采用防火涂料　　　　　　　（D）宜采用防火阻燃带

10. 发电厂与变电站中，110kV 屋外配电装置（无含油电气设备）的火灾危险性应为下列哪一类？　　　　　　　　　　　　　　　　　　　　　　　　　　　　　　（　　）
（A）乙类　　　　　　　　　　　　（B）丙类
（C）丁类　　　　　　　　　　　　（D）戊类

11. 某 220kV 屋外变电站的两台主变压器间不设防火墙，其挡油设施大于变压器外廓每边各 1m，则挡油设施的最小间距是下列哪一值？　　　　　　　　　　　　　（　　）
（A）5m　　　　　　　　　　　　　（B）6m
（C）8m　　　　　　　　　　　　　（D）10m

12. 直接接地电力系统中的自耦变压器，其中性点应如何接地？　　　　　　　（　　）
（A）不接地　　　　　　　　　　　（B）直接接地
（C）经避雷器接地　　　　　　　　（D）经放电间隙接地

13. 验算某 110kV 终端变电站管型母线的短路动稳定时，若已知母线三相短路电流，请问冲击系数 K_{ch} 推荐值应选下列哪个数值？　　　　　　　　　　　　　　　　（　　）
（A）1.9　　　　　　　　　　　　　（B）1.8
（C）1.85　　　　　　　　　　　　 （D）2.55

14. 变电站在荷载长期作用下和短时作用下，支柱绝缘子的力学安全系数，应分别是下列哪一项？　　　　　　　　　　　　　　　　　　　　　　　　　　　　　　（　　）

(A) 4.5, 2.5 （B) 2.0, 1.67
(C) 1.6, 1.4 （D) 2.5, 1.67

15. 某变电站中，有一组双星形接线的 35kV 电容器组，每星的每相有 2 个串联段，每段由 5 台 500kvar 电容器并联组成，此电容器组的总容量为以下哪一数值？　（　）
(A) 7500kvar （B) 10000kvar
(C) 15000kvar （D) 30000kvar

16. 某 110kV 变电站需要增容扩建，已有一台 7500kVA、110/10.5kV、Yd11 的主变压器，下列可以与之并联运行、允许最大容量是哪一种？　（　）
(A) 7500kVA, Yd7 （B) 10000kVA, Yd11
(C) 15000kVA, Yd5 （D) 20000kVA, Yd11

17. 某海滨电厂，当地盐密为 0.21mg/cm^2，厂中 220kV 户外电气设备瓷套的爬电距离应不小于下列哪一数值？　（　）
(A) 5040mm （B) 6300mm
(C) 7258mm （D) 7812mm

18. 发电厂、变电站中，下列电压互感器型式选择条件，哪一条是不正确的？　（　）
(A) 35kV 屋内配电装置，宜采用树脂浇注绝缘电磁式电压互感器
(B) 35kV 屋外配电装置，宜采用油浸绝缘结构的电磁式电压互感器
(C) 110kV 屋内配电装置，当容量和准确度满足要求时，宜采用电容式电压互感器
(D) SF$_6$ 全封闭组合电器宜采用电容式电压互感器

19. 发电厂、变电站中，选择屋外导体的环境条件，下列哪一条是不正确的？　（　）
(A) 发电机引出线的封闭母线可不校验日照的影响
(B) 发电机引出线的组合导线应校验日照的影响
(C) 计算导体日照的附加温升时，日照强度取 0.1W/cm^2
(D) 计算导体日照的附加温升时，风速取 0.5m/s

20. 变电站中，10kV 屋内配电装置的主母线工作电流是 2000A，主母线选用矩形铝母线平放。按正常工作电流双片铝排最小应选下列哪一项（海拔 900m，最热月平均最高温度+25℃）？　（　）
(A) 2×（100×6.3）mm^2 （B) 2×（100×8）mm^2
(C) 2×（100×10）mm^2 （D) 2×（125×8）mm^2

21. 电力电缆工程中，以下 10kV 电缆哪一种可采用直埋敷设方式？　（　）
(A) 地下单根电缆与市政公路交叉且不允许经常破路的地段
(B) 地下电缆与铁路交叉地段

（C）同一通路少于6根电缆，且不经常开挖的地段

（D）有杂散电流腐蚀的土壤地段

22．海拔地区，某变电站中高压配电装置的 A_1 值经修正为 1900mm，此时无遮拦导体至地面之间的最小安全净距应为多少？　　　　　　　　　　　　　　　　（　　）

（A）3800mm　　　　　　　　　　（B）3900mm

（C）4300mm　　　　　　　　　　（D）4400mm

23．发电厂、变电站中，对一台 1000kVA 室内布置的油浸式变压器，考虑就地检修，设计采用的下列尺寸中，哪一项不是规程允许的最小尺寸？　　　　　　　　　　　（　　）

（A）变压器与后壁间 600mm

（B）变压器与侧壁间 1400mm

（C）变压器与门间 1400mm

（D）室内高度按吊芯所需的最小高度加 700mm

24．在 220kV 和 35kV 电力系统中，工频过电压水平一般分别不超过下列哪组数值？（　　）

（A）252kV，40.5kV　　　　　　　（B）189kV，40.5kV

（C）328kV，23.38kV　　　　　　　（D）189kV，23.38kV

25．线路杆塔的接地装置由较多水平接地极或垂直接地极组成时，垂直接地极的间距及水平接地极的间距应符合下列哪一规定？　　　　　　　　　　　　　　　　　（　　）

（A）垂直接地极的间距不应大于其长度的两倍；水平接地极的间距不宜大于 5m

（B）垂直接地极的间距不应小于其长度的两倍；水平接地极的间距不宜大于 5m

（C）垂直接地极的间距不应大于其长度的两倍；水平接地极的间距不宜小于 5m

（D）垂直接地极的间距不应小于其长度的两倍；水平接地极的间距不宜小于 5m

26．电力工程设计中，下列哪项缩写的解释是错误的？　　　　　　　　　　（　　）

（A）AVR：自动励磁装置　　　　　（B）ASS：自动同步系统

（C）DEH：数字式电液调节器　　　（D）SOE：事件顺序

27．电力工程中，当采用计算机监控时，监控系统的信号电缆屏蔽层选择，下列哪项是错误的？　　　　　　　　　　　　　　　　　　　　　　　　　　　　　　　（　　）

（A）开关量信号，可选用外部总屏蔽

（B）脉冲信号，宜采用双层式总屏蔽

（C）高电平模拟信号，宜采用对绞芯加外部总屏蔽

（D）低电平模拟信号，宜采用对绞芯分屏蔽

28. 发电厂、变电站中，对于10kV线路相间短路保护装置的要求，下列错误的是？
（　　）

（A）后备保护应采用近后备方式

（B）对于单侧电源线路可装设两段电流保护，第一段为不带时限的电流速断保护，第二段为带时限的过电流保护

（C）当线路短路使发电厂厂用母线或重要用户母线电压低于额定电压的60%，以及线路导线截面积过小，不允许带时限切除故障时，应快速切除故障

（D）对于1～2km双侧电源的短线路，当有特殊要求时，可采用纵差保护作为主保护，电流保护作为后备保护

29. 在110kV电力系统中，对于容量小于63MVA的变压器，由外部相间短路引起的变压器过电流，应装设相应的保护装置，保护装置动作后，应带时限动作于跳闸，且应符合相关规定，下列哪项表述不符合规定？
（　　）

（A）过电流保护宜用于降压变压器

（B）复合电压启动的过电流保护宜用于升压变压器、系统联络变压器和过电流不符合灵敏性要求的降压变压器

（C）低电压闭锁的过电流保护宜用于升压变压器、系统联络变压器和过电流不符合灵敏性要求的降压变压器

（D）过电流保护宜用于升压变压器、系统联络变压器

30. 变电站中，电容器组台数的选择及保护配置，应考虑不平衡保护有足够的灵敏度。当切除部分故障电容器，引起剩余电容器过电压时，保护装置应发出信号动作于跳闸，发出信号或动作于跳闸的过电压值分别为下列哪项数值？
（　　）

（A）≤102%额定电压，＞110%额定电压

（B）≤105%额定电压，＞110%额定电压

（C）≤110%额定电压，＞115%额定电压

（D）≤105%额定电压，＞115%额定电压

31. 某变电站的直流系统中，用直流断路器和熔断器串级作为保护电器。直流断路器可装设在熔断器上一级，也可装设在熔断器下一级。如熔断器额定电流为2A时，为保证动作选择性，直流断路器装设在上一级或下一级时，其额定电流分别宜选下列哪项？
（　　）

（A）40A，0.5A　　　　　　　　（B）4A，1A

（C）8A，1.5A　　　　　　　　　（D）8A，1A

32. 变电站中，220～380V站用配电屏室内，跨越屏前的裸导体对地高度及屏后通道内裸导体对地高度分别不得低于下列哪一选项？
（　　）

（A）2300mm，1900mm　　　　　（B）2300mm，2200mm

（C）2500mm，2200mm　　　　　（D）2500mm，2300mm

33. 220kV 变电站中，下列场所的工作面照度哪项是不正确的？ （　）
（A）控制室 300lx
（B）10kV 开关室 150lx
（C）蓄电池室 25lx
（D）继电器室 300lx

34. 某城市电网 2009 年用电量为 225 亿 kWh，最大负荷为 3900MW，请问该电网年最大负荷利用小时数和年最大负荷利用率各为多少？ （　）
（A）1733h，19.78%
（B）577h，6.6%
（C）5769h，65.86%
（D）5769h，57.86%

35. 选择送电线路的路径时，下列哪项原则是正确的？ （　）
（A）选择送电线路的路径，应避开易发生导线舞动区
（B）选择送电线路的路径，应避开重冰区、不良地质地带、原始森林区
（C）选择送电线路的路径，宜避开重冰区、不良地质地带、原始森林区
（D）选择送电线路的路径，应避开邻近电台、机场、弱电线路等

36. 在轻冰区，对于耐张段长度，下列哪项要求是正确的？ （　）
（A）单导线线路不宜大于 10km
（B）2 分裂导线线路不宜大于 10km
（C）单导线线路不大于 10km
（D）2 分裂导线线路不大于 10km

37. 在轻冰区，设计一条 500kV 架空线路，采用 4 分裂导线，子导线型号为 LGJ-300/40。对于耐张段长度，下列哪项要求是正确的？ （　）
（A）不大于 10km
（B）不宜大于 10km
（C）不大于 20km
（D）不宜大于 20km

38. 对海拔不超过 1000m 的地区，采用现行钢芯铝绞线国标时，给出了可不验算电晕的导线最小直径。下列哪项是不正确的？ （　）
（A）110kV，导线外径 1×9.6mm
（B）220kV，导线外径 1×21.6mm
（C）330kV，导线外径 1×33.6mm
（D）500kV，导线外径 1×33.6mm

39. 某线路的导线最大使用张力允许值为 35000N，则该导线年平均运行张力允许值应为下列哪项数值？ （　）
（A）21875N
（B）18700N
（C）19837N
（D）17065N

40. 某线路的导线年平均运行张力为 35300N，导线在弧垂最低点的最大设计张力允许值为多少？ （　）
（A）56480N
（B）54680N
（C）46890N
（D）59870N

二、多项选择题（共 30 题，每题 2 分，每题的备选项中有 2 个或 2 个以上符合题意）

41. 对于燃煤发电厂应设室内消火栓的建筑物是下列哪项？　　　　　　　　　（　）
   (A) 集中控制楼、继电器室　　　　　(B) 主厂房
   (C) 脱硫工艺楼　　　　　　　　　　(D) 汽车库

42. 在火力发电厂与变电站的电缆隧道或电缆沟中，下列哪些部位应设防火墙？（　）
   (A) 厂区围墙处
   (B) 单机容量为 100MW 及以上发电厂，对应于厂用母线分段处
   (C) 两台机组连接处
   (D) 电缆沟内每间距 50m 处

43. 发电厂中，油浸变压器外轮廓与汽机房的间距，下列哪几条是满足要求的？（　）
   (A) 2m（变压器外轮廓投影范围外侧各 2m 内的汽机房外墙上无门、窗和通风孔）
   (B) 4m（变压器外轮廓投影范围外侧各 3m 内的汽机房外墙上无门、窗和通风孔）
   (C) 6m（变压器外轮廓投影范围外侧各 5m 内的汽机房外墙上设有甲级防火门）
   (D) 10m

44. 下列哪几项是火力发电厂防止大气污染的措施？　　　　　　　　　　　　（　）
   (A) 采用高效除尘器
   (B) 采用脱硫技术
   (C) 对于 300MW 及以上机组，锅炉采用低氮氧化物燃烧技术
   (D) 闭式循环水系统

45. 采取以下哪几项措施可降低发电厂的噪声影响？　　　　　　　　　　　　（　）
   (A) 总平面布置优化　　　　　　　　(B) 建筑物的隔声、消声、吸声
   (C) 在厂界设声障屏　　　　　　　　(D) 改变监测点

46. 在变电站的设计和规划时，必须同时满足下列哪几项条件才可不设消防给水？
   　　　　　　　　　　　　　　　　　　　　　　　　　　　　　　　　　（　）
   (A) 变电站内建筑物满足耐火等级不低于二级
   (B) 建筑物体积不超过 3000m³
   (C) 火灾危险性为戊类
   (D) 控制室内装修采用了不燃烧材料

47. 110kV 变电站中，下列哪些场所应采取防止电缆火灾蔓延的措施？　　　（　）
   (A) 电缆从室外进入室内的入口处　　(B) 电缆竖井的出入口
   (C) 电缆接头处　　　　　　　　　　(D) 电缆沟与其他管线的垂直交叉处

48. 火力发电厂与变电站中，电缆夹层的灭火介质采用下列哪几种？　　　（　　）
（A）水喷雾　　　　　　　　　　　　（B）细水雾
（C）气体　　　　　　　　　　　　　（D）泡沫

49. 火力发电厂和变电站中，继电器室的火灾探测器可采用下列哪些类型？　（　　）
（A）火焰探测型　　　　　　　　　　（B）吸气式感烟型
（C）点型感烟型　　　　　　　　　　（D）缆式线型感温型

50. 电力工程电气主接线的设计基本要求是下列哪几项？　　　　　　　（　　）
（A）经济性　　　　　　　　　　　　（B）可靠性
（C）选择性　　　　　　　　　　　　（D）灵活性

51. 在短路电流实用计算中，采用的假设条件以下哪几项是正确的？　　（　　）
（A）考虑短路发生在短路电流最大值的瞬间
（B）所有计算均忽略元件电阻
（C）计算均不考虑磁路的饱和
（D）不考虑自动调节励磁装置的作用

52. 电力工程中，按冷却方式划分变压器的类型，下列哪几种是正确的？　（　　）
（A）自冷变压器、强迫油循环自冷变压器
（B）风冷变压器、强迫油循环风冷变压器
（C）水冷变压器、强迫油循环水冷变压器
（D）强迫导向油循环风冷变压器、强迫导向油循环水冷变压器

53. 电力工程中，关于断路器选择，下列哪几种规定是正确的？　　　　（　　）
（A）35kV 系统中电容器组回路宜选用 SF_6 断路器或真空断路器
（B）当断路器的两端为互不联系的电源时，断路器同极断口间的公称爬电比距与对地公称爬电比距之比一般为 1.15～1.3
（C）110kV 以上系统，当电力系统稳定要求快速切除故障时，应选用分闸时间不大于 0.04s 的断路器
（D）在 110kV 及以下的中性点非直接接地的系统中，断路器首相开断系数应取 1.3

54. 电力工程中，常用电缆的绝缘类型选择，下列哪些规定是正确的？　（　　）
（A）低压电缆宜选用聚氯乙烯或交联聚乙烯型挤塑绝缘类型
（B）中压电缆宜选用交联聚乙烯绝缘类型
（C）高压交流系统中，宜选用交联聚乙烯绝缘类型
（D）直流输电系统宜选用普通交联聚乙烯型电缆

55. 电力工程中，防腐型铝绞线一般应用在以下哪些区域？　　　　　　（　　）

（A）在空气中含盐量较大的沿海地区　　（B）周围气体对铝有明显腐蚀的场所
（C）变电站内母线　　　　　　　　　　（D）变电站2km进线范围内

56. 户外配电装置中，下列哪几种净距用C值校验？　　　　　　　　　　　（　　）
（A）无遮拦导体与地面之间距离
（B）无遮拦导体与建筑物、构筑物顶部间距
（C）穿墙套管与户外配电装置地面的距离
（D）带电部分与建筑物、构筑物边缘距离

57. 变电站中配电装置的布置应结合电气接线、设备型式、总体布置综合考虑，下列哪几种110kV户外敞开式配电装置宜采用中型布置？　　　　　　　　　　　（　　）
（A）双母线接线，软母配双柱隔离开关　（B）双母线接线，管母配双柱隔离开关
（C）单母线接线，软母配双柱隔离开关　（D）双母线接线，软母配单柱隔离开关

58. 某变电站中有一照明灯塔上装有避雷针，照明灯电源线采用直接埋入地下带金属外皮的电缆。电缆外皮埋地长度为下列哪几种时，不允许与35kV配电装置的接地网及低压配电装置相连？　　　　　　　　　　　　　　　　　　　　　　　　　　　　　　　　（　　）
（A）15m　　　　　　　　　　　　　　（B）12m
（C）10m　　　　　　　　　　　　　　（D）8m

59. 变电站内，下列哪些电气设备和电力生产设施的金属部分可不接地？　（　　）
（A）安装在已接地的金属构架上的电器设备金属部分可不接地
（B）标称电压220V及以下的蓄电池室内的支架可不接地
（C）配电、控制、保护用的屏及操作台等的金属框架可不接地
（D）箱式变电站的金属箱体可不接地

60. 发电厂、变电站中，下列有关电流互感器配置和接线的描述，正确的是哪几项？
　　　　　　　　　　　　　　　　　　　　　　　　　　　　　　　　　（　　）
（A）当测量仪表和保护装置共用电流互感器同一个二次绕组时，保护装置应接在仪表之后
（B）500kV保护用电流互感器的暂态特性应满足继电保护的要求
（C）对于中性点直接接地系统，电流互感器按三相配置
（D）对于自动调整励磁装置的电流互感器应布置在发电机定子绕组的出线侧

61. 火力发电厂中，600MW发变组接于500kV配电装置，对发电机定子绕组、变压器过电压，应装设下列哪几种保护？　　　　　　　　　　　　　　　　　　　（　　）
（A）发电机过电压保护　　　　　　　　（B）发电机过励磁保护
（C）变压器过电压保护　　　　　　　　（D）变压器过励磁保护

62．电力工程的直流系统中，常选择高频开关电源整流装置作为充电设备，下列哪些要求属于高频开关电源模块的基本性能？ （　　）
（A）均流　　　　　　　　　　　（B）稳压
（C）功率因数　　　　　　　　　（D）谐波电流含量

63．变电站中的动力、照明负荷较少，供电范围小距离短，故一般由站用电屏直配供电。为了保证供电可靠性，对重要负荷应采用双回路供电方式，以下采用双回路供电的负荷是？ （　　）
（A）消防水泵　　　　　　　　　（B）主变压器强油风（水）冷却装置
（C）检修电源网络　　　　　　　（D）断路器操作负荷

64．220kV 无人值班变电站的照明种类一般可分为下列哪几类？ （　　）
（A）正常照明　　　　　　　　　（B）应急照明
（C）警卫照明　　　　　　　　　（D）障碍照明

65．电力系统暂态稳定计算应考虑以下哪些因素？ （　　）
（A）考虑负荷特性
（B）在规划阶段，发电机模型可采用暂态电势恒定的模型
（C）考虑在电网任一地点发生金属性短路故障
（D）继电保护、重合闸和安全自动装置的动作状态和时间，应结合实际情况考虑

66．下列哪些线路路径选择原则是正确的？ （　　）
（A）选择送电线路的路径，应避开严重影响安全运行的地区
（B）选择送电线路的路径，宜避开严重影响安全运行的地区
（C）选择送电线路的路径，应避开邻近设施如电台、机场等
（D）选择送电线路的路径，应考虑与邻近设施如电台、机场等的相互影响

67．在轻冰区设计一条 220kV 架空线路，采用 2 分裂导线，对于耐张段长度，下列哪些要求是正确的？ （　　）
（A）不大于 10km
（B）不宜大于 10km
（C）不宜大于 5km
（D）在运行条件较差的地段，耐张段长度应适当缩短

68．大型发电厂和枢纽变电站的进出线，两回或多回相邻线路应统一规划，下列哪些表述是不正确的？ （　　）
（A）应按紧凑型线路架设　　　　（B）宜按紧凑型线路架设
（C）在走廊拥挤地段应采用同杆塔架设　（D）在走廊拥挤地段宜采用同杆塔架设

69. 电线的平均运行张力和防振措施，下面哪些是不正确的（T_p 为电线的拉断力）？

（　　）

（A）档距不超过 500m 的开阔地区、不采取防振措施时，镀锌钢绞线的平均运行张力上限为 12%T_p

（B）档距不超过 500m 的开阔地区、不采取防振措施时，钢芯铝绞线的平均运行张力上限为 18%T_p

（C）档距不超过 500m 的非开阔地区、不采取防振措施时，镀锌钢绞线的平均运行张力上限为 22%T_p

（D）钢芯铝绞线的平均运行张力为 25%T_p 时，均需用防振锤（阻尼线）或另加防护线条防振

70. 架空送电线路中，电线应力随气象情况而变化，若在某种气象情况下，指定电线应力不得超过某一数值，则该情况就成为设计中的一个控制条件。下面的表述哪些是正确的？

（　　）

（A）最大使用应力，相应的气象条件为最大覆冰

（B）最大使用应力，相应的气象条件为平均气温

（C）平均运行应力，相应的气象条件为最低气温

（D）平均运行应力，相应的气象条件为平均气温

| 答　　案 |

一、单项选择题

1．B

依据：《水电工程劳动安全与工业卫生设计规范》（NB 35074—2015）第 4.2.4 条。B 项应为 30Ω。

2．B

依据：《火力发电厂与变电站设计防火规范》（GB 50229—2019）第 5.2.5 条。

3．C

依据：《风力发电场设计规范》（GB 51096—2015）第 7.10.3-2 条。

4．B

依据：《电力工程直流电源系统设计技术规程》（DL/T 5044—2014）第 4.2.2-1 条。

5．D

依据：《变电站总布置设计技术规程》（DL/T 5056—2007）第 9.2.4 条、第 9.2.5 条。D 项见 1996 版第 7.2.5 条，2007 版已删除相关条文。

6．D

依据：《大中型火力发电厂设计规范》（GB 50660—2011）第 13.8.2 条、第 13.8.5 条、第 13.8.6 条。D 宜采用生物氧化法处理后，回用于绿化、冲洗用水。

7．D

依据：《电能质量 共用电网谐波》(GB/T 14549—1993)第 5.1 条及表 2 及附录 B 式(B1)。查表 2 得 $I_{np}=20A$，由式（B1） $I_h = \frac{S_{k1}}{S_{k2}} I_{hp} = \frac{200}{100} \times 20 = 40(A)$。

8．A

依据：《火力发电厂与变电站设计防火规范》(GB 50229—2019)第 11.5.3 条，A 项应为 20 L/s，A 错；B 选项、C 选项，第 11.5.15 条；D 选项、第 11.5.18 条。

9．B

依据：《火力发电厂与变电站设计防火规范》(GB 50229—2019)第 11.4.6 条。

10．D

依据：《火力发电厂与变电站设计防火规范》(GB 50229—2019)表 11.1.1。

11．C

依据：《高压配电装置设计技术规程》(DL/T 5352—2018)第 5.5.3 条、第 5.5.6 条。查表 5.5.6 可知，两变压器之间的距离为不小于 10m，而挡油设施各侧大于变压器外廓 1m。

12．B

依据：老版一次手册第 70 页。

13．B

依据：《导体和电器选择设计技术规定》(DL/T 5222—2021)附录 A 表 A.4.1。

14．D

依据：《导体和电器选择设计技术规定》(DL/T 5222—2021)表 3.0.17。

15．D

依据：老版一次手册第 503 页图 9-30。2×5×500×3×2=3000（kvar）。

16．C

依据：《电力变压器选用导则》(GB/T 17468—2008)第 6.1 条及附录 C 图 C.1、图 C.2。容量比应在 0.5～2 之间，即 3750～15000kVA 之间，因此排除 D；根据图 C.1 和图 C.2，则 5、7 和 11 点也能并联运行，因此 A、B 和 C 选项均满足并联要求。C 为允许的最大容量。

17．B

依据：《导体和电器选择设计技术规定》(DL/T 5222—2005)附录 C，查得污秽等级为Ⅲ级，2.5×252=630（cm）=6300（mm）。新版对 DL/T 5222—2021 已更改爬电比距内容。

18．D

依据：《导体和电器选择设计技术规定》(DL/T 5222—2005)第 16.0.3 条。D 项应为电磁式。新版对 DL/T 5222—2021 第 16.0.3 条已更改。

19．B

依据：《导体和电器选择设计技术规定》(DL/T 5222—2021)第 4.0.4 条。B 项可不校验日照影响。

20．B

依据：《导体和电器选择设计技术规定》(DL/T 5222—2021)第 4.0.3 条、第 140 页表 8、第 11 页表 5.1.5。对于室内裸导体，当无资料时环境温度可取最热月平均最高温度加 5℃，因此本题中环境温度取 30℃，根据表 5.1.5，查得综合校正系数为 0.94，即所需载流量=2000÷

0.94=2128（A），查表 8，可知选择 2×（100×8）mm。

21．C

依据：《电力工程电缆设计规程》（GB 50217—2018）第 5.2.2 条。

22．D

依据：《高压配电装置设计技术规程》（DL/T 5352—2018）第 5.1.2 条及条文说明。可知接线形式为 220J，修正前 A_1 值为 1800mm，修正差值 100mm。根据条文说明，A_1 值修正后，C 值应作相同的修正，即 4300+100=4400（mm）。

23．C

依据：《高压配电装置设计技术规程》（DL/T 5352—2018）第 5.4.5 条及表 5.4.5。C 应为 800mm。

24．B

依据：《交流电气装置的过电压保护和绝缘配合设计规范》（GB/T 50064—2014）第 4.1.1 条、第 3.2.2 条。此题按 GB 50065—2014 解答，题目需明确 35kV 系统的接地方式，但按题干的设置，得 220kV：$1.3\text{p.u.} = 1.3 \times \dfrac{U_m}{\sqrt{3}} = 1.3 \times \dfrac{252}{\sqrt{3}} = 189(\text{kV})$；35kV：$\sqrt{3}\text{p.u.} = \sqrt{3} \times \dfrac{U_m}{\sqrt{3}} = 40.5(\text{kV})$。

25．D

依据：《交流电气装置的接地设计规范》（GB/T 50065—2011）第 5.1.8 条。

26．A

依据：《火力发电厂、变电所二次接线设计技术规程》（DL/T 5136—2001）第 3.2 条。

注：在 DL/T 5136—2012 中已取消此内容。

27．B

依据：《火力发电厂、变电站二次接线设计技术规程》（DL/T 5136—2012）第 7.5.15 条。

28．A

依据：《继电保护和安全自动装置技术规程》（GB/T 14285—2006）第 4.4.1 条、第 4.4.2 条。GB/T 14285—2023 第 5.4.1.2 条描述已更改。

29．D

依据：《电力装置的继电保护和自动装置设计规范》（GB/T 50062—2008）第 4.0.5 条。

30．B

依据：《电力装置的继电保护和自动装置设计规范》（GB/T 50062—2008）第 8.1.2 条第 3 款。

31．无

依据：《电力工程直流电源系统设计技术规程》（DL/T 5044—2014）第 5.1.2 条、第 5.1.3 条。

2014 版已修改：直流断路器的下级不应使用熔断器。

32．D

依据：《220kV～500kV 变电所所用电设计技术规程》（DL/T 5155—2002）第 7.3.5 条。

注：按《220kV～1000kV 变电站站用电设计技术规程》（DL/T 5155—2016）第 7.3.5 条及《低压配电设计规范》（GB 50054—2011）第 4.2.6 条，已不分屏前和屏后，统一规定为 2500mm。

33．ABCD

依据：《发电厂和变电站照明设计技术规定》（DL/T 5390—2014）第 6.0.1 条及表 6.0.1-1。

新规已作修改，全部不符合要求，控制室及继电器室改为离地 0.75m 为 500lx，室内配电装置室为 200lx，蓄电池室为 100lx。

34．C

依据：老版系统手册第 31 页式（2-15）和式（2-16）。$T=\dfrac{A_\text{F}}{P_\text{n.max}}=\dfrac{225\times10^5}{3900}=5769(\text{h})$，$\delta=\dfrac{T}{8760}=\dfrac{5769}{8760}=65.86\%$。

35．C

依据：《110kV～750kV 架空输电线路设计规范》（GB 50545—2010）第 3.0.3 条、第 3.0.4 条。A、B 项应为"宜"，D 项应考虑影响。《架空输电线路电气设计规程》（DL/T 5582—2020）第 3 章内容稍作修改。

36．B

依据：《架空输电线路电气设计规程》（DL/T 5582—2020）第 3.0.9 条。

37．B

依据：《架空输电线路电气设计规程》（DL/T 5582—2020）第 3.0.9 条。

38．D

依据：《110kV～750kV 架空输电线路设计规范》（GB 50545—2010）第 5.0.2 条及表 5.0.2。DL/T 5582—2020 第 5.1.3 条已经进行了更改。

39．A

依据：《架空输电线路电气设计规程》（DL/T 5582—2020）表 5.2.1 可知，平均运行应力的安全系数为 25%，由第 5.1.15 条、第 5.1.16 条可得：35000×2.5×0.25=21875(N)。

40．A

依据：《架空输电线路电气设计规程》（DL/T 5582—2020）表 5.2.1 可知，平均运行应力的安全系数为 25%，由第 5.1.15、5.1.16 条可得：35300÷2.5÷0.25=56480(N)。

二、多项选择题

41．AB

依据：《火力发电厂与变电站设计防火规范》（GB 50229—2019）第 7.3.1 条，可知 AB 选项需要设置；第 7.3.2 条可知 C 项不用设置。说明 GB 50229—2019 版相比 GB 50229—2006 版删除了汽车库。

42．AC

依据：《火力发电厂与变电站设计防火规范》（GB 50229—2019）第 6.8.3 条。D 项应为 100m。

43．BCD

依据：《火力发电厂与变电站设计防火规范》（GB 50229—2019）第 4.0.9 条、第 5.3.10 条。A 项变压器外轮廓投影范围外侧应为各 3m 内的汽机房外墙上无门、窗和通风孔。

44．AB

依据：《大中型火力发电厂设计规范》（GB 50660—2011）第 21.2.2、第 21.2.3 条。

45．ABC

依据：《大中型火力发电厂设计规范》（GB 50660—2011）第 21.5 条。

46．ABC

依据：《火力发电厂与变电站设计防火规范》（GB 50229—2019）第 11.5.1 条。

47．AB

依据：《火力发电厂与变电站设计防火规范》（GB 50229—2019）第 11.4.2 条。

48．ABC

依据：《火力发电厂与变电站设计防火规范》（GB 50229—2019）表 7.1.8。

49．BC

依据：《火力发电厂与变电站设计防火规范》（GB 50229—2019）表 7.1.8。

50．ABD

依据：《电力工程电气设计手册　电气一次部分》第 46 页。

51．AC

依据：《电力工程电气设计手册　电气一次部分》第 119 页。

52．ABD

依据：《电力变压器选用导则》（GB/T 17468—2008）第 4.2 条。

53．ABC

依据：《并联电容器装置设计规范》（GB 50227—2017）第 5.3.1 条，A 正确；《导体和电器选择设计技术规定》（DL/T 5222—2021），第 7.2.12-3 款，B 正确；第 7.2.6 条，C 正确；第 7.2.2 条，D 错误；选正确的，所以选 ABC。

54．ABC

依据：《电力工程电缆设计规范》（GB/T 50217—2018）第 3.3.2 条。2018 版规范中 B 项中压电缆的说法已经删除，D 项是不宜。

55．AB

依据：老版线路手册第 177 页表 3-2-2 或《导体和电器选择设计技术规定》（DL/T 5222—2021）第 5.2.3 条。

56．AB

依据：《高压配电装置设计技术规程》（DL/T 5352—2018）第 5.1.2 条及表 5.1.2-1。

57．ACD

依据：《高压配电装置设计技术规程》（DL/T 5352—2018）第 5.3.2 条、第 5.3.4 条、第 5.3.5 条。B 项为双层布置。

58．CD

依据：《交流电气装置的过电压保护和绝缘配合设计规范》（GB/T 50064—2014）第 5.4.10 条第 2 款。10m 以上时可以连接。

59．AB

依据：《交流电气装置的接地设计规范》（GB 50065—2011）第 3.2.1 条、第 3.2.2 条。C、D 均应接地。

60．BCD

依据：《火力发电厂、变电站二次接线设计技术规程》（DL/T 5136—2012）第 5.4.1 条、第 5.4.2 条、第 5.4.5 条。A 项应为"之前"。

61．BD

依据：《继电保护和安全自动装置技术规程》（GB/T 14285—2006）第 4.2.7.2 条、第 4.2.13 条、第 4.3.12 条。发电机安装了过励磁保护可以不再安装过电压保护。GB/T 14285—2023 第 5.2.1.13 节已更改相关内容。

62．ACD

依据：《电力工程直流系统设计技术规程》（DL/T 5044—2014）第 6.2.1-8 条。

63．ABD

依据：《220kV～1000kV 变电站站用电设计技术规定》（DL/T 5155—2016）第 3.3.3 条、第 3.3.1 条、第 3.3.5 条、第 3.3.7 条及附录 A。变电站消防水泵为重要 I 类负荷，应为双电源供电。

64．ABC

依据：《火力发电厂和变电站照明设计技术规定》（DL/T 5390—2012）第 2.1.10 条、第 2.1.11 条、第 2.1.14 条、第 2.1.15 条、第 3.2.1 条。障碍照明是安装在可能危及航行安全的建筑或构筑物上的标志灯，所以无人值班变电站不需要装设。

65．AB

依据：《电力系统安全稳定导则》（DL/T 755—2001）第 4.4.3 条。C 项应为"最不利地点"而不是"任一地点"；D 项规范为"有关自动装置"，而非"安全自动装置"，故错。说明：《电力系统安全稳定导则》（GB 38755—2019）第 5.4 条已更改说法。

66．BD

依据：《架空输电线路电气设计规程》（DL/T 5582—2020）第 3.0.6 条中"影响安全运行的地区"是"宜避开"，但这和选项中的描述"严重影响安全运行的地区"稍有区别。

67．BD

依据：《架空输电线路电气设计规程》（DL/T 5582—2020）第 3.0.9 条。

68．ABC

依据：《架空输电线路电气设计规程》（DL/T 5582—2020）第 3.0.8 条，选错误的，所以选 ABC。

69．BC

依据：《架空输电线路电气设计规程》（DL/T 5582—2020）第 5.2.1 条。B 应为 16%，C 应为 18%。

70．AD

依据：老版线路手册第 186 页第（二）部分。

2011 年注册电气工程师专业知识试题

（下午卷）及答案

一、单项选择题（共 40 题，每题 1 分，每题的备选项中只有 1 个最符合题意）

1. 对于农村电网，通常通过 220kV 变电站或 110kV 变电站向 35kV 负荷供电，下列系统中，哪项的两台主变压器 35kV 侧不能并列运行？　　　　　　　　　　　　　（　　）
   （A）220/110/35kV，150MVA，Yyd 型主变压器与 220/110/35kV，180MVA，Yyd 型主压器
   （B）220/110/35kV，150MVA，Yyd 型主变压器与 110/35kV，63MVA，Yd 型主变压器
   （C）220/110/35kV，150MVA，Yyd 型主变压器与 110/35/10kV，63MVA，Yyd 型主变压器
   （D）220/35kV，180MVA，Yd 型主变压器与 220/110/35kV，180MVA，Yyd 型主变压器

2. 预期的最大短路冲击电流在下列哪一时刻？　　　　　　　　　　　　　　　　（　　）
   （A）短路发生后的短路电流开断瞬间　　（B）短路发生后的 0.01s
   （C）短路发生的瞬间　　　　　　　　　（D）短路发生后的一个周波时刻

3. 下列哪项措施，对限制三相对称短路电流是无效的？　　　　　　　　　　　　（　　）
   （A）将并列运行的变压器改为分列运行　（B）提高变压器的短路阻抗
   （C）在变压器中性点加小电抗　　　　　（D）在母线分段处加装电抗器

4. 电力系统中，330kV 并联电抗器容量和台数的选择，下面哪个因素可不考虑？（　　）
   （A）限制工频过电压　　　　　　　　　（B）限制潜供电流
   （C）限制短路电流　　　　　　　　　　（D）无功平衡

5. 当校验发电机断路器开断能力时，下列哪条规定是错误的？　　　　　　　　　（　　）
   （A）应分别校核系统源和发电源在主弧触头分离时对称短路电流值
   （B）应分别校核系统源和发电源在主弧触头分离时非对称短路电流值
   （C）应分别校核系统源和发电源在主弧触头分离时非对称短路电流的直流分量
   （D）在校核系统源对称短路电流时，可不考虑厂用高压电动机的影响

6. 电力工程中，对 TP 类电流互感器，下列哪一级电流互感器的剩磁可以忽略不计？
   　　　　　　　　　　　　　　　　　　　　　　　　　　　　　　　　　　　（　　）
   （A）TPS 级电流互感器　　　　　　　　（B）TPX 级电流互感器

（C）TPY 级电流互感器　　　　　　　（D）TPZ 级电流互感器

7. 在中性点非直接接地电力系统中，中性点电流互感器一次回路启动电流应按下列哪一条件确定？　　　　　　　　　　　　　　　　　　　　　　　　　　（　　）
（A）应按二次电流及保护灵敏度确定一次回路启动电流
（B）应按接地电流确定一次回路启动电流
（C）应按电流互感器准确限值系数确定一次回路启动电流
（D）应按电流互感器的容量确定一次回路启动电流

8. 某变电站的 500kV 户外配电装置中选用了 2×LGJT-1400 双分裂软导线，其中一间隔的架空双分裂软导线跨距长 63m，临界接触区次档距长 16m。此跨距中架空导线的间隔棒间距不可选下列哪一项？　　　　　　　　　　　　　　　　　　　　（　　）
（A）16m　　　　　　　　　　　　　（B）20m
（C）25m　　　　　　　　　　　　　（D）30m

9. 某变电站装有一台交流金属封闭开关柜，其内装母线在环境温度 40℃时的允许电流为 1200A，当柜内空气温度 50℃时，母线的允许电流应为下列哪个值？　（　　）
（A）958A　　　　　　　　　　　　　（B）983A
（C）1006A　　　　　　　　　　　　（D）1073A

10. 某变电站的 110kV GIS 配电装置由数个单元间隔组成，每单元间隔宽 1.5m，长 4.5m 布置在户内。户内 GIS 配电装置的两侧应设置安装检修和巡视的通道，此 GIS 室的净宽，最小不宜小于下列哪一项？　　　　　　　　　　　　　　　　　　（　　）
（A）4.5m　　　　　　　　　　　　　（B）6.0m
（C）7.5m　　　　　　　　　　　　　（D）9.0m

11. 变电站中，电容器装置内串联电抗器的布置和安装设计要求，以下不正确的一项是哪一项？　　　　　　　　　　　　　　　　　　　　　　　　　　　（　　）
（A）户内油浸式铁芯串联电抗器，其油量超过 100kg 的应单独设防爆间和储油设施
（B）干式空心串联电抗器宜采用三相叠装式，可以缩小安装场地
（C）户内干式空心串联电抗器布置时，应避开电气二次弱电设备，以防电磁干扰
（D）干式空心串联电抗器支持绝缘子的金属底座接地线，应采用放射形或开口环形

12. 某电力工程中的 220kV 户外配电装置出线门型架构高 14m，出线门型架构旁有一冲击电阻为 20Ω 的独立避雷针，独立避雷针与出线门型架构间的空气距离最小应大于等于下列哪一项？　　　　　　　　　　　　　　　　　　　　　　　　　　（　　）
（A）6m　　　　　　　　　　　　　　（B）5.4m
（C）5m　　　　　　　　　　　　　　（D）3m

13. 某220kV电压等级的大跨越档线路，档距为1000m，根据雷击档距中央避雷线时防止反击的条件，档距中央导线与避雷线间的距离应大于下列何值？ （　　）
   （A）7.5m
   （B）9.5m
   （C）10.0m
   （D）11.0m

14. 某10kV变电站，10kV母线上接有一台变压器，3回架空出线，出线侧均装设避雷器，请问母线上是否需要装设避雷器，避雷器距变压器距离不宜大于何值？ （　　）
   （A）需要装设避雷器，且避雷器距变压器的电气距离不宜大于20m
   （B）需要装设避雷器，且避雷器距变压器的电气距离不宜大于25m
   （C）需要装设避雷器，且避雷器距变压器的电气距离不宜大于30m
   （D）不需装设避雷器，出线侧的避雷器可以保护母线设备及变压器

15. 变电站中，GIS配电装置的接地线设计原则，以下哪项是不正确的？ （　　）
   （A）在GIS配电装置间隔内，设置一条贯穿GIS设备所有间隔的接地母线或环形接地母线，将GIS配电装置的接地线接至接地母线，再由接地母线与变电站接地网相连
   （B）GIS配电装置宜采用多点接地方式，当采用分相设备时，应设置外壳三相短接线，并在短接线上引出接地线至接地母线
   （C）接地线的截面积应满足热稳定要求，对于只有2条或4条时其截面积热稳定校验电流分别取全部接地电流的35%和70%
   （D）当GIS为铝外壳时，短接线宜用铝排，钢外壳时，短接线宜用铜排

16. 变电站中接地装置的接地电阻为0.12Ω，计算用的入地短路电流12kA，最大跨步电位差系数、最大接触电位差系数计算值分别为0.1和0.22，请计算，最大跨步电位差、最大接触电位差分别为下列何值？ （　　）
   （A）10V，22V
   （B）14.4V，6.55V
   （C）144V，316.8V
   （D）1000V，454.5V

17. 架空送电线路每基杆塔都应良好接地，降低接地电阻的主要目的是下列哪一项？ （　　）
   （A）减小入地电流引起的跨步电压
   （B）改善导线绝缘子串上的电压分布
   （C）提高线路的反击耐雷水平
   （D）良好的工作接地，确保带电作业的安全

18. 在发电厂、变电站配电装置中，就地操作的断路器，若装设了监视跳闸回路的位置继电器，并用红、绿灯作位置指示灯时，正常运行时的状态是下列哪项？ （　　）
   （A）红灯亮
   （B）绿灯亮
   （C）暗灯运行
   （D）绿灯闪亮

19. 发电厂、变电站中，如电压互感器二次侧的保护设备采用自动开关，该自动开关瞬时脱扣器断开短路电流的时间最长不应超过下列哪项数值？ （　　）

(A) 10ms (B) 20ms
(C) 30ms (D) 50ms

20. 220～500kV 隔离开关，接地开关都必须有下列哪一项？ （　　）
(A) 电动操动机构 (B) 操作闭锁措施
(C) 两组独立的操作电源 (D) 防跳继电器

21. 一回 35kV 电力线路长 15km，装设带方向电流保护，该保护电流元件最小灵敏系数不小于下列哪项数值？ （　　）
(A) 1.3 (B) 1.4
(C) 1.5 (D) 2

22. 以下哪种发电机，可不装设定子过电压保护？ （　　）
(A) 50MW 的水轮发电机 (B) 300MW 的水轮发电机
(C) 50MW 的汽轮发电机 (D) 300MW 的汽轮发电机

23. 某 220kV 变电站的直流系统中，有 300Ah 的阀控式铅酸蓄电池两组，并配置三套高频开关电源模块作充电装置，如单个模块额定电流 10A，每套高频开关电源模块最少选几块？ （　　）
(A) 2 块 (B) 3 块
(C) 4 块 (D) 6 块

24. 某电力工程中，直流系统标称电压 110V、2V 单体蓄电池浮充电电压 2.23V、均衡充电电压 2.33V、蓄电池放电末期终止电压 1.87V。蓄电池个数选择符合规程要求的是几只？ （　　）
(A) 50 只 (B) 51 只
(C) 52 只 (D) 53 只

25. 某 110kV 变电站的直流系统标称电压 110V，该直流系统中任何一级的绝缘下降到下列哪组数据时，绝缘监察装置应发出灯光和音响信号？ （　　）
(A) 2～5kΩ (B) 15～20kΩ
(C) 20～30kΩ (D) 20～25kΩ

26. 变电站中，当用 21kVA、220V 单相国产交流电焊机作检修电源时，检修电源回路的工作电流为多少？ （　　）
(A) 153A (B) 77A
(C) 15.32A (D) 7.7A

27. 发电厂中，下列哪种类型的高压电动机应装设低电压保护？ （　　）

（A）自启动困难，需要防止自启动时间过长的电动机需要装设低电压保护
（B）当单相接地电流小于 10A，需装设接地故障检测装置时，电动机要装设低电压保护
（C）当电流速断保护灵敏度不够时，电动机需装设低电压保护
（D）对Ⅰ类电动机，为保证人身和设备安全，在电源长时间消失后需自动切除时，电动机需装设低电压保护

28．发电厂主厂房内，动力控制中心和电动机控制中心采用互为备用的供电方式时，应符合下列哪一规定？　　　　　　　　　　　　　　　　　　　　　　　（　　）
（A）对接有Ⅰ类负荷的电动机控制中心的双电源应自动切换
（B）两台低压厂用变压器互为备用时，宜采用自动切换
（C）成对的电动机控制中心，应由对应的动力中心双电源供电
（D）75kW 及以下的电动机宜由动力中心供电

29．某发电厂中，有一台 50/25-25MVA 的无励磁调压高压厂用变压器，低压侧电压为 6kV，变压器半穿越电抗 U_d=16.5%，接有一台 6500kW 的 6kV 电动机，电动机启动前 6kV 已带负荷 0.7（标幺值）。请计算电动机正常启动时 6kV 母线电压为下列哪项数值（标幺值）（设 K_a=6，η_d=0.95，$\cos\varphi$=0.8）？　　　　　　　　　　　　　　　　（　　）
（A）0.79%　　　　　　　　　　　　（B）0.82%
（C）0.84%　　　　　　　　　　　　（D）0.85%

30．发电厂、变电站中，照明线路的导线截面积应按计算电流进行选择，某一单相照明回路有 2 只 200W 的卤钨灯 2 只 150W 的气体灯，则关于电流值下列哪项数值是正确的？
　　　　　　　　　　　　　　　　　　　　　　　　　　　　　　　　　　　　（　　）
（A）3.45A　　　　　　　　　　　　（B）3.82A
（C）4.24A　　　　　　　　　　　　（D）3.55A

31．火力发电厂中，照明供电线路的设计原则，下列哪一条是不对的？　　（　　）
（A）照明主干线路上连接的照明配电箱的数量不宜超过 5 个
（B）厂区道路照明供电线路，应与建筑物入口灯的照明分支线路分开
（C）室内照明线路，每一个单相分支回路的工作电流不宜超过 15A
（D）对高强气体放电灯每一个单相分支回路的工作电流不宜超过 35A

32．某大型电厂采用四回 500kV 线路并网，其中两回线路长度为 80km，另外两回线路长度为 100km，均采用 4×LGJ-400 导线（充电功率 1.1Mvar/km）。如在电厂母线上安装高压并联电抗器对线路充电功率进行补偿，则高抗的容量宜选下列哪项？　　（　　）
（A）356Mvar　　　　　　　　　　　（B）396Mvar
（C）200Mvar　　　　　　　　　　　（D）180Mvar

33．在架空送电线路设计中，下面哪项要求是符合规程规定的？　　　　（　　）

（A）导、地线悬挂点的设计安全系数均应大于 2.25
（B）在正常大风或正常覆冰时，弧垂最低点的最大张力不应超过拉断力的 60%
（C）在稀有大风或稀有覆冰时，悬挂点的最大张力不应超过拉断力的 77%
（D）在弧垂最低点，导、地线的张力设计安全系数宜大于 2.5

34．在海拔 500m 以下地区，有一回 220kV 送电线路，采用三相Ⅰ型绝缘子串的酒杯塔、绝缘子串长约 3.0m、导线最大弧垂 16m 时，线间距离不宜小于下列哪项？　　（　　）
（A）6.5m　　　　　　　　　　　（B）5.8m
（C）5.2m　　　　　　　　　　　（D）4.6m

35．某采用双地线的单回架空送电线路，相导线按水平排列，地线间的水平距离为 25m，导地线间的垂直距离不应小于下列哪项？　　（　　）
（A）4m　　　　　　　　　　　　（B）5m
（C）6m　　　　　　　　　　　　（D）7m

36．中性点直接接地系统的三条架空送电线路：经计算，对邻近某条电信线路的噪声计电动势分别是：5.0、4.0、3.0mV。则该电信线路的综合噪声计电动势应为下列哪项数值？
　　　　　　　　　　　　　　　　　　　　　　　　　　　　　　　　（　　）
（A）5.0mV　　　　　　　　　　（B）4.0mV
（C）7.1mV　　　　　　　　　　（D）12.0mV

37．某导线的单位自重为 1.113kg/m，在最高气温时的水平张力为 18000N，请问：档距为 600m 时的最大弧垂约为多少（按平抛物线考虑）？　　（　　）
（A）32m　　　　　　　　　　　（B）27m
（C）23m　　　　　　　　　　　（D）20m

38．若线路导线的自重比载为 32.33×10^{-3} N/（m·mm^2），高温时的应力为 52N/mm^2，操作过电压工况时的应力为 60N/mm^2，某塔的水平档距 400m，高温时垂直档距 300m，则该塔操作过电压工况时的垂直档距为多少？　　（　　）
（A）450m　　　　　　　　　　　（B）400m
（C）300m　　　　　　　　　　　（D）285m

39．海拔不超过 1000m 的地区，220kV 线路的操作过电压及工频电压间隙应为下列哪项数值？　　（　　）
（A）1.52m，0.578m　　　　　　（B）1.45m，0.55m
（C）1.3m，0.5m　　　　　　　　（D）1.62m，0.58m

40．某 500kV 线路中，一直线塔的前侧档距为 450m，后侧档距为 550m，该塔的水平档距为下列哪项数值？　　（　　）

(A) 该塔的水平档距为 450m (B) 该塔的水平档距为 500m
(C) 该塔的水平档距为 550m (D) 该塔的水平档距为 1000m

二、多项选择题（共 30 题，每题 2 分，每题的备选项中有 2 个或 2 个以上符合题意）

41. 某 330/110kV 降压变电站中的 330kV 配电装置采用一个半断路器接线。关于该接线方式下列哪些配置原则是正确的？　　　　　　　　　　　　　　　　　　　（　　）

(A) 主变压器回路宜与负荷回路配成串

(B) 同名回路配置在不同串内

(C) 初期为完整两串时，同名回路宜接入不同侧的母线，且进出线不宜装设隔离开关

(D) 第三台主变压器可不进串，直接经断路器接母线

42. 一般情况下当三相短路电流大于单相短路电流时，单相短路电流的计算成果用于下列哪几种计算中？　　　　　　　　　　　　　　　　　　　　　　　　　　　（　　）

(A) 接地跨步电压计算

(B) 有效接地和低电阻接地系统中，发电厂和变电站电气装置保护接地的接地电阻计算

(C) 电气设备热稳定计算

(D) 电气设备动稳定计算

43. 电力工程中，变压器回路熔断器的选择规定，下列哪些是正确的？　　（　　）

(A) 熔断器按能承受变压器的额定电流进行选择

(B) 变压器突然投入时的励磁涌流不应损伤熔断器

(C) 熔断器对变压器低压侧的短路故障进行保护，熔断器的最小开断电流应低于预期短路电流

(D) 熔断器应能承受低压侧电动机成组启动所产生的过电流

44. 使用在 500kV 电力系统中的断路器在满足基本技术条件外，尚应根据其使用条件校验下列哪些开断性能？　　　　　　　　　　　　　　　　　　　　　　　　（　　）

(A) 近区故障条件下的开合性能　　(B) 异相接地条件下的开合性能
(C) 二次侧短路开断性能　　　　　(D) 直流分量开断性能

45. 电力工程中，普通限流电抗器的百分值应按下列哪些条件选择和校验？（　　）

(A) 将短路电流限制到要求值

(B) 出线上的电抗器的电压损失不得大于母线额定电压的 6%

(C) 母线分段电抗器不必校验短路时的母线剩余电压值

(D) 装有无时限继电保护的出线电抗器，不必校验短路时的母线剩余电压值

46. 某变电站中，10kV 户内配电装置的通风设计温度为 35℃，主母线的工作电流是 1600A，选用矩形铝母线、平放。按正常工作电流，铝排可选下列哪几种？（　　）

(A) 100×10mm^2　　　　　　　　(B) 125×6.3mm^2

(C) 125×8mm²   (D) 2×(80×8) mm²

47．电力工程中，交流系统 220kV 单芯电缆金属层单点直接接地时，下列哪些情况下，应沿电缆邻近设置平行回流线？（　　）
（A）线路较长
（B）未设置护层电压限制器
（C）需要抑制电缆邻近弱电线路的电气干扰强度
（D）系统短路时电缆金属护层产生的工频感应电压超过电缆护层绝缘耐受强度

48．对 GIS 配电装置设备配置的规定，下列哪些是正确的？（　　）
（A）出线的线路侧采用快速接地开关
（B）母线侧采用快速接地开关
（C）110~220kV GIS 配电装置母线避雷器和电压互感器应装设隔离开关
（D）GIS 配电装置应在与架空线路连接处装设避雷器

49．安装于户内的所用变压器的高低压瓷套管底部距地面高度小于下列哪些值时，必须装设固定遮拦？（　　）
（A）2500mm   (B) 2300mm
（C）1900mm   (D) 1200mm

50．电力工程中，选择 330kV 高压配电装置内导线截面积及导线型式的控制条件是下列哪些因素？（　　）
（A）负荷电流   (B) 电晕
（C）无线电干扰   (D) 导线表面的电场强度

51．一般情况下，发电厂和变电站中下列哪些设施应装设直击雷保护装置？（　　）
（A）屋外配电装置   (B) 火力发电厂的烟囱、冷却塔
（C）发电厂的主厂房   (D) 发电厂和变电站的控制室

52．发电厂、变电站中的 220kV 配电装置，采用无间隙氧化锌避雷器作为雷电过电压保护，其避雷器应符合下列哪些要求？（　　）
（A）避雷器的持续运行电压 $220/\sqrt{3}$ kV，额定电压 0.75×220kV
（B）避雷器的持续运行电压 $242/\sqrt{3}$ kV，额定电压 0.8×242kV
（C）避雷器的持续运行电压 $252/\sqrt{3}$ kV，额定电压 0.75×252kV
（D）避雷器能承受所在系统作用的暂时过电压和操作过电压能量

53．下列变电站中接地设计的原则中，哪些表述是正确的？（　　）
（A）配电装置构架上的避雷针（含悬挂避雷线的构架）的集中接地装置应与主接地网连

接，由连接点至主变压器接地点沿接地体的长度不应小于 15m

（B）变电站的接地装置应与线路的避雷线相连，且有便于分开的连接点，当不允许避雷线直接和配电装置构架相连时，避雷线接地装置应在地下与变电站接地装置相连，连接线埋在地中的长度不应小于 15m

（C）独立避雷针（线）宜设独立接地装置，当有困难时，该接地装置可与主接地网连接，但避雷针与主接地网的地下连接点至 35kV 及以下设备与主接地网的地下连接点之间，沿接地体的长度不得小于 10m

（D）当照明灯塔上装有避雷针时，照明灯电源线必须采用直接埋入地下带金属外皮的电缆或穿入金属管的导线。电缆外皮或金属管埋地线长度在 10m 以上，才允许与 35kV 配电装置的接地网及低压配电装置相连

54. 高压直流输电大地返回运行系统的接地极址宜选在下列哪一选项？　　　　（　　）

（A）远离城市和人口稠密的乡镇

（B）交通方便，没有洪水冲刷和淹没

（C）有条件时，优先考虑采用海洋接地极

（D）当用陆地接地极时，土壤电阻率宜在 $1000\Omega \cdot m$ 以下

55. 在发电厂、变电站中，下列哪些回路应监测交流系统的绝缘？　　　　　　（　　）

（A）发电机的定子回路　　　　　　（B）220kV 系统的母线和回路

（C）35kV 系统的母线和回路　　　　（D）10kV 不接地系统的母线和回路

56. 在发电厂、变电站设计中，电压互感器的配置和中性点接地设计原则，下列哪些是正确的？　　　　　　　　　　　　　　　　　　　　　　　　　　　　（　　）

（A）对于中性点直接接地系统，电压互感器剩余绕组额定电压应为 100/3V

（B）500kV 电压互感器应具有三个二次绕组，其暂态特性和铁磁谐振特性应满足继电保护要求

（C）对于中性点直接接地系统，电压互感器星形接线的二次绕组应采用中性点一点接地方式，且中性点接地中不应接有可能断开的设备

（D）电压互感器开口三角绕组引出端之一应一点接地，接地引出线上不应串接有可能断开的设备

57. 某地区计划建设一座发电厂，安装 2 台 600MW 燃煤机组，采用 4 回 220kV 线路并入同一电网，其余两回 220kV 线路是负荷线，主接线如下图所示。下列对于该厂各电气设备继电保护及自动装置配置正确的是哪些？　　　　　　　　　　　　（　　）

（A）2 台发电机组均装设定时限过励磁保护，其高定值部分动作于解列灭磁或程序跳闸

（B）220kV 母线保护配置 2 套独立的、快速的差动保护

（C）四回 220kV 联络线路装设检查同步的三相自动重合闸

（D）2 台主变压器不装设零序过电流保护

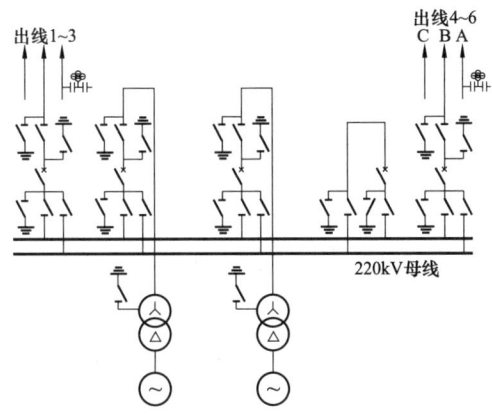

58．下列哪些遥测量信息，应向省级电力系统调度中心调度自动化系统传送？（　　）
（A）10MW 热电厂发电机有功功率　　（B）220kV 母线电压
（C）300MW 火电厂高压起备变无功功率　（D）水电厂上游水位

59．某变电站的直流系统中有一组 200Ah 阀控式铅酸蓄电池，此蓄电池出口回路的最大工作电流应按 1h 放电率（I_{ca}）选择，I_{ca} 不可取下列哪一项值？（　　）
（A）$5.5I_5$
（B）$5.5I_{10}$
（C）$7I_5$
（D）$20I_5$

60．某变电站的蓄电池室内布置了 4 排蓄电池。其中 2 排靠墙布置，另 2 排合拢布置在中间。这蓄电池室的总宽度除包括 4 排蓄电池的宽度外，要加的通道宽度可取下列哪些值？（　　）
（A）800mm+800mm
（B）800mm+1000mm
（C）1000mm+1000mm
（D）1200mm+1000mm

61．变电站中，站用电低压系统接线方式，下列哪些原则是错误的？（　　）
（A）采用 380V，三相四线制接线，系统中性点可通过电阻接地
（B）采用 380/220V，三相四线制接线，系统中性点直接接地
（C）采用 380V，三相制接线
（D）采用 380/220V，三相四线制接线，系统中性点经避雷器接线

62．发电厂中，高压厂用电系统短路电流计算时，考虑以下哪几项条件？（　　）
（A）应按可能发生最大短路电流的正常接线方式
（B）应考虑在切换过程中短时并列的运行方式
（C）应计及电动机的反馈电流
（D）应考虑高压厂用电变压器短路阻抗在制造上的负误差

63．发电厂高压电动机的控制接线应满足下列哪些要求？（　　）

(A) 能监视电源和跳闸回路的完好性，以及备用设备自动合闸回路的完好性
(B) 能指示断路器的位置状态，其断路器的跳、合闸线圈可用并联电阻来满足跳、合闸指示等亮度的要求
(C) 应具有防止断路器跳跃的电气闭锁装置
(D) 断路器的合闸或跳闸动作完成后，命令脉冲能自动解除

64. 在火力发电厂主厂房的楼梯上安装的疏散照明，可选择下列哪几种照明光源？ （　　）

(A) 白炽灯　　　　　　　　　　　(B) 荧光灯
(C) 金属卤化物灯　　　　　　　　(D) 高压汞灯

65. 当电网中发生下列哪些故障时，采取相应措施后应能保证稳定运行，满足电力系统第二级安全稳定标准？ （　　）

(A) 向城区供电的 500kV 变电站中一台 750MVA 主变压器故障退出运行
(B) 220kV 变电站中 110kV 母线三相短路故障
(C) 某区域电网中一座 ±500kV 换流站双极闭锁
(D) 某地区一座 4×300MW 电厂，采用 6 回 220kV 线路并网，当其中一回线路出口处发生三相短路故障时，继电保护装置拒动

66. 某采用双地线的单回架空送电线路，导线绝缘子串为 5m，地线的支架高度为 2m，不考虑地线串长和导地线弧垂差时，下面的两地线间水平距离哪些满足现行规定要求？ （　　）

(A) 30m　　　　　　　　　　　　(B) 32m
(C) 34m　　　　　　　　　　　　(D) 36m

67. 对于 500kV 线路上下层相邻导线间或地线与相邻导线的水平偏移，如无运行经验，下面的哪些设计要求是不正确的？ （　　）

(A) 10mm 冰厚，不宜小于 1.75m　　(B) 10mm 冰厚，不应小于 1.75m
(C) 无冰区，不宜小于 1.5m　　　　(D) 无冰区，不应小于 1.5m

68. 导、地线架设后的塑性伸长应按制造厂提供的数据或通过试验确定。如无资料，钢芯铝绞线可采用的数值哪些是正确的？ （　　）

(A) 铝钢截面积比 7.71～7.91 时，塑性伸长 $4×10^{-4}～5×10^{-4}$
(B) 铝钢截面积比 5.15～6.16 时，塑性伸长 $4×10^{-4}～5×10^{-4}$
(C) 铝钢截面积比 5.05～6.06 时，塑性伸长 $3×10^{-4}～4×10^{-4}$
(D) 铝钢截面积比 4.29～4.38 时，塑性伸长 $3×10^{-4}～4×10^{-4}$

69. 高压送电线路设计中，下面哪些要求是正确的？ （　　）

(A) 风速 $v≤20$m/s，计算 500kV 杆塔荷载时，风荷载调整系数取 1.00

（B）风速 20m/s≤v＜27m/s，计算 500kV 杆塔荷载时，风荷载调整系数取 1.10

（C）风速 27m/s≤v＜31.5m/s，计算 500kV 杆塔荷载时，风荷载调整系数取 1.20

（D）风速 v≥31.5m/s，计算 500kV 杆塔荷载时，风荷载调整系数取 1.30

70. 高压送电线路设计中，对于安装工况的附加荷载，下列哪些是正确的？（　　）

（A）220kV，直线杆塔、地线的附加荷载：1500N

（B）220kV，直线杆塔、导线的附加荷载：2000N

（C）330kV，耐张转角塔、导线的附加荷载：4500N

（D）330kV，耐张转角塔、地线的附加荷载：2000N

答　　案

一、单项选择题

1. C

依据：《电力变压器选用导则》（GB/T 17468—2008）第 6.1 条。B 项容量比大于 2，不符合并列运行的条件，容量比太大，会影响变压器的运行出力，效率降低；而 C 项是时钟序列不同，会在两台并列运行的变压器之间产生很大的环流，严重时可能烧坏变压器。

2. B

依据：老版一次手册第 140 页。短路发生后的半个周波内（$t=0.01s$），短路电流瞬时值达到最大，称为冲击电流。

3. C

依据：老版一次手册第 144 页表 4-19。变压器中性点的小电抗只出现在零序网络中，对三相短路无效。

4. C

依据：《330kV～750kV 变电站无功补偿装置设计技术规定》（DL/T 5014—2010）第 5.0.5 条。

5. D

依据：《导体和电器选择设计技术规定》（DL/T 5222—2021）第 7.3.6 条。D 项是"应考虑"。

6. D

依据：《电流互感器和电压互感器选择及计算规程》（DL/T 866—2015）第 122 页第 5.2.4～5.2.6 条条文说明可知，TPZ 剩磁几乎为零。

7. A

依据：《导体和电器选择设计技术规定》（DL/T 5222—2005）第 15.0.9 条第 1 款。DL/T 5222—2021 已删除此条内容。

8. A

依据：《导体和电器选择设计技术规定》（DL/T 5222—2021）第 5.2.2 条和老版一次手册第 383 页表 8-31 和图 8-33。

9．D

依据：《导体和电器选择设计技术规定》（DL/T 5222—2021）第 12.0.5 条。$I_t = I_{40}\sqrt{\dfrac{40}{t}} = 1200 \times \sqrt{\dfrac{40}{50}} = 1073$ (A)。

10．C

依据：《高压配电装置设计技术规程》（DL/T 5352—2018）第 6.3.5 条。通道 2 个，1+2=3(m)，间隔长 4.5m，间隔净宽最小为 4.5+3=7.5(m)。

11．B

依据：《并联电容器装置设计规范》（GB 50227—2008）第 8.3.1 条、第 8.3.2 条、第 8.3.4 条。B 项应采用分相布置的水平排列或三角形排列。

12．B

依据：《交流电气装置的过电压保护和绝缘配合设计规范》（GB/T 50064—2014）第 5.4.11 条。$S_a \geqslant 0.2R_i + 0.1h_j = 0.2 \times 20 + 0.1 \times 14 = 5.4$ (m)。

13．D

依据：《交流电气装置的过电压保护和绝缘配合设计规范》（GB/T 50064—2014）第 5.3.1-8 条及表 5.3.3。$S_l = 0.012l + 1 = 0.012 \times 1000 + 1 = 13$ (m)，查表 5.3.3 得 11m，按 11m。

14．B

依据：《交流电气装置的过电压保护和绝缘配合设计规范》（GB/T 50064—2014）第 5.4.13 条第 12 款及表 5.4.13-2。

15．C

依据：《高压配电装置设计技术规程》（DL/T 5352—2018）第 2.2.5 条、第 2.2.6 条及《交流电气装置的接地》（DL/T 621—1997）第 6.2.14 条。

注：《交流电气装置的接地设计规范》（GB/T 50065—2011）第 4.4.5 条已改为接地线不少于 4 根，热稳定按单相接地故障时最大不对称电流有效值 35%取值。

16．C

依据：《交流电气装置的接地设计规范》（GB/T 50065—2011）附录 D。$U_m = 0.12 \times 12 \times 0.22 \times 1000 = 316.8$ (V)，$U_s = 0.12 \times 12 \times 0.1 \times 1000 = 144$ (V)。

17．C

依据：老版线路手册第 134 页。

18．A

依据：依据《火力发电厂、变电站二次接线设计技术规程》（DL/T 5136—2012）第 5.1.3 条、第 5.1.4 条。

注：按《火力发电厂、变电站二次接线设计技术规程》（DL/T 5136—2001）第 7.1.4 条选 C。

19．B

依据：《火力发电厂、变电站二次接线设计技术规程》（DL/T 5136—2012）第 7.2.9 条。

20．B

依据：《火力发电厂、变电站二次接线设计技术规程》（DL/T 5136—2012）第 5.1.9 条。

21．C

依据：《继电保护和安全自动装置技术规程》（GB/T 14285—2006）附录 A 表 A.1。GB/T 14285—2023 第 5.2.1.13 条已删除原规范附录 A。

22．C

依据：《继电保护和安全自动装置技术规程》（GB/T 14285—2023）第 5.2.1.6.1 条。

23．B

依据：《电力工程直流电源系统设计技术规程》（DL/T 5044—2014）附录 D 第 D.1.1 条、式（D.1.1-5）、第 D.2.1-2 条和第 D.2.1-5 条。$n = \dfrac{I_\text{r}}{I_\text{me}} = \dfrac{1.0 I_{10} \sim 1.25 I_{10}}{10} = \dfrac{30 \sim 37.5}{10} = 3 \sim 3.75$（个），故最少选 3 个。

24．C

依据：《电力工程直流系统设计技术规程》（DL/T 5044—2014）第 C.1.1 条。$n = 1.05 \dfrac{U_\text{n}}{U_\text{f}} = 1.05 \times \dfrac{110}{2.23} = 51.79 \approx 52$（个）。

25．A

依据：老版二次手册第 326 页。

26．B

依据：《220kV～1000kV 变电站站用电设计技术规程》（DL/T 5155—2016）式（D.0.6）。$I_\text{g} = \dfrac{S_\text{e}}{U_\text{e}} \sqrt{ZZ} \times 1000 = \dfrac{21}{220} \times 0.65 \times 1000 = 77$（A）。

27．D

依据：《火力发电厂厂用电设计技术规定》（DL/T 5153—2014）第 8.6.1-6 条。

28．A

依据：《火力发电厂厂用电设计技术规定》（DL/T 5153—2014）第 3.10.5-2 条。

29．C

依据：《火力发电厂厂用电设计技术规定》（DL/T 5153—2014）附录 H。$X_\text{T} = 1.1 \times \dfrac{U_\text{d}\%}{100} \dfrac{S_{2\text{T}}}{S_\text{T}} = 1.1 \times 0.165 \times \dfrac{25}{50} = 0.09075$，$S_\text{q} = \dfrac{k_\text{q} P_\text{e}}{S_{2\text{T}} \eta \cos\varphi} = \dfrac{6 \times 6500}{25000 \times 0.95 \times 0.8} = 2.0526$，$S = S_1 + S_\text{q} = 0.7 + 2.0526 = 2.7526$，$U_\text{m} = \dfrac{U_0}{1 + SX} = \dfrac{1.05}{1 + 2.7526 \times 0.09075} \approx 84\%$。

30．D

依据：《火力发电厂和变电站照明设计技术规定》（DL/T 5390—2014）第 8.5.1 条、第 8.6.2 条。

钨灯：$P_{\text{js2}} = 2 \times 200 = 400$（W），$I_{\text{js2}} = \dfrac{400}{220} = 1.818$（A），气体灯：$P_{\text{js1}} = 2 \times 150 \times (1+0.2) = 360$（W），$I_{\text{js1}} = \dfrac{360}{220 \times 0.9} = 1.818$（A），$I_{\text{js}} = \sqrt{(0.9 I_{\text{js1}} + I_{\text{js2}})^2 + (0.436 I_{\text{js2}})^2} = \sqrt{(0.9 \times 1.818)^2 + (0.436 \times 1.818)^2} = 3.55$（A）。

注：上式中仍然按 DL/T 5390—2007 中的气体灯的功率因数 0.9 计算，在 DL/T 5390—2014 中此功率因数已改为 0.85。

31．CD

依据：《火力发电厂和变电站照明设计技术规定》(DL/T 5390—2014)第 8.4.1 条、第 8.4.4～8.4.6 条中，C 修改为 16A。

32．D

依据：线路总充电功率为：$Q = 1.1 \times (2 \times 80 + 2 \times 100) = 396$ (Mvar)。

（1）《330kV～750kV 变电站无功补偿装置设计技术规定》(DL/T 5014—2010)第 5.0.7 条之条文说明。330kV 及以上电压等级输电线路的充电功率应按照就地补偿的原则采用高、低压并联电抗器基本予以补偿，所以在电厂侧和变电站两侧分别按一半左右充电功率进行补偿。

（2）依据老版一次手册第 532～533 页及式（9-50）可知，补偿度一般取 40%～80%，要避开 80%～100% 的一相开断或两相开断的谐振区，$Q = 396 \times (0.4 \sim 0.8) = 158.4 \sim 316.8$(Mvar)，符合条件的只有 C 和 D。

（3）考虑高抗容量的序列通常是 120MVA、150MVA、180MVA。

（4）就补充输电线路的充电功率而言，低抗比高抗更经济，维护工作量更小。所以综合考虑选 D。

（5）330kV 及以上电压等级高压并联电抗器（包括中性点小电抗）的主要作用是限制工频过电压和降低潜供电流、恢复电压以及平衡超高压输电线路的充电功率。

33．C

依据：《110kV～750kV 架空输电线路设计规范》(GB/T 50545—2010)第 5.0.7 条、第 5.0.9 条。DL/T 5582—2020 第 5.1.17 条对稀有风速和覆冰张力进行了修改。

34．B

依据：《架空输电线路电气设计规程》(DL/T 5582—2020)第 9.1.1 条可得 $D = k_i L_k + \dfrac{U}{110} + 0.65\sqrt{f_c} = 0.4 \times 3 + \dfrac{220}{110} + 0.65 \times \sqrt{16} = 5.8$ (m)。

35．B

依据：《架空输电线路电气设计规程》(DL/T 5582—2020)第 7.2.6 条。

36．C

依据：《输电线路对电信线路危险和干扰影响防护设计规程》(DL/T 5033—2006)第 6.1.1 条。$e = \sqrt{e_1^2 + e_2^2 + e_3^2} = \sqrt{5^2 + 4^2 + 3^2} = 7.07$ (V)。

37．B

依据：老版线路手册第 180 页表 3-3-1。

38．D

依据：老版线路手册第 184 页表 3-3-12。$l_v = l_h + \dfrac{\sigma_0}{\gamma_v}\alpha$，

高温时：$\alpha = (l_v - l_h)\dfrac{\gamma_v}{\sigma_0} = (300 - 400) \times \dfrac{32.33 \times 10^{-3}}{52} = -0.0622$。

操作过电压下：$l_v = l_h + \dfrac{\sigma_0}{\gamma_v}\alpha = 400 + \dfrac{60}{32.33 \times 10^{-3}} \times (-0.0622) = 285$ (m)。

39．B

依据：《架空输电线路电气设计规程》（DL/T 5582—2020）第 6.2.5 条。
40．B
依据：老版线路手册第 183 页式（3-3-9）。

二、多项选择题

41．ABD
依据：《220kV～500kV 变电所设计技术规范》（DL/T 5218—2005）第 7.1.2 条、第 7.1.6 条。
注：《220kV～750kV 变电所设计技术规范》（DL/T 5218—2012）此内容有所修改。

42．AB
依据：《交流电气装置的接地设计规范》（GB/T 50065—2011）附录 D、附录 E.0.2 及第 4.2 条。

43．BCD
依据：《导体和电器选择设计技术规定》（DL/T 5222—2021）第 17.0.10 条。

44．ABC
依据：《导体和电器选择设计技术规定》（DL/T 5222—2021）第 7.2.13 条。

45．ACD
依据：《导体和电器选择设计技术规定》（DL/T 5222—2021）第 13.4.5 条。

46．CD
依据：《导体和电器选择设计技术规定》（DL/T 5222—2021）第 140 页表 8 和第 11 页表 5.1.5。K=0.88，屋内铝排应允许通过的电流载流量 $I \geqslant \dfrac{1600}{0.88} = 1818$ (A)。

47．CD
依据：《电力工程电缆设计规范》（GB 50217—2018）第 4.1.15 条。

48．AD
依据：《高压配电装置设计技术规程》（DL/T 5352—2018）第 2.2.1 条～第 2.2.3 条。B 项应为母线接地开关；C 项宜设置独立的隔离断口和隔离开关。

49．BCD
依据：《高压配电装置设计技术规程》（DL/T 5352—2018）第 5.1.5 条。

50．BC
依据：《高压配电装置设计技术规程》（DL/T 5352—2006）第 7.2.1 条文说明。2018 版规范第 4.2.1 条条文说明删除了该内容。在老版一次手册第 8.1 节（第 333 页）第二（一）中有说明。

51．AB
依据：《交流电气装置的过电压保护和绝缘配合设计规范》（GB/T 50064—2014）第 5.4.1 条、第 5.4.2 条。

52．CD
依据：《交流电气装置的过电压保护和绝缘配合设计规范》（GB/T 50064—2014）第 4.4.3 条及表 4.4.3。

53．ABD

依据:《交流电气装置的接地设计规范》(GB/T 50065—2011)第 4.5.1 条可知 A 正确;第 4.3.1 条知 B 正确;《交流电气装置的过电压保护和绝缘配合设计规范》(GB/T 50064—2014)第 5.4.6 条知沿接地体的长度不得小于 15m,C 错误;第 5.4.10 条知 D 正确。

54．ABC

依据:《高压直流输电系统设计技术规定》(DL/T 5224—2005)第 4.1.4 条、第 4.1.5 条。

55．ACD

依据:《电力装置的电测量仪表装置设计规范》(GB/T 50063—2008)第 3.3.4 条。

56．CD

依据:《火力发电厂、变电站二次接线设计技术规程》(DL/T 5136—2012)第 5.4.11 条,A 项应为 100V;依据第 5.4.18 条,可知 C、D 正确;依据第 5.4.11 条第 5 款,判断 B 项后半句正确。按《继电保护和安全自动装置技术规程》(GB/T 14285—2006)第 4.7.2 条的规定 500kV 应实现双重化保护配置及《电流互感器和电压互感器选择及计算规程》(DL/T 866—2015)第 11.3.1 条第 1 款规定应为双重化保护提供不同的二次绕组,又第 11.3.1 条第 2 款计量应单独设一个二次绕组,得出 500kV 线路电压互感器应有 3 个二次绕组的结论。但 500kV 母线电压互感器只有二个二次绕组一组用于测量监控一组用于同期,选项中没有明确是用于线路还是母线,综合判断 B 项错误。

57．AB

依据:《继电保护和安全自动装置技术规程》(GB/T 14285—2006)第 4.2.13 条、第 4.8.1 条第 2 款知 A、B 正确;依据第 5.2.6 条第 b 款、第 5.2.5.1 条知 C 项应为不检查同步的三相重合闸,依据第 4.3.7.1 条 D 项应装设零序保护。GB/T 14285—2023 已更改相关内容。

58．BCD

依据:《电力系统调度自动化设计技术规程》(DL/T 5003—2005)第 5.1.2 条。

59．ACD

依据:《电力工程直流电源系统设计技术规程》(DL/T 5044—2014)附录 A.3.6 条第 1 款。

60．CD

依据:《电力工程直流电源系统设计技术规程》(DL/T 5044—2014)第 7.1.7 条可知两侧均为蓄电池时,通道宽度不宜小于 1000mm。

61．ACD

依据:《220kV～1000kV 变电站站用电设计技术规程》(DL/T 5155—2016)第 3.5.2 条。

注:关于各种类型的变电站,新规中有更详细的规定。

62．ACD

依据:《火力发电厂厂用电设计技术规定》(DL/T 5153—2014)第 6.1.3 条～第 6.1.4 条。B 项为不考虑。

63．ACD

依据:《火力发电厂厂用电设计技术规定》(DL/T 5153—2014)第 9.1.4 条。

64．AB

依据:《火力发电厂和变电站照明设计技术规定》(DL/T 5390—2014)第 2.1.12 条、第 4.0.4 条及条文说明。

65．BC

依据：《电力系统安全稳定导》（GB 38755—2019）则第 4.2.3 条。A 为一级；D 为三级。

66．ABC

依据：《架空输电线路电气设计规程》（DL/T 5582—2020）第 7.2.6 条。导地线挂点垂直距离 5+2=7(m)，两根地线之间距离不应超过导地线间距离 5 倍，即 35m。

67．BCD

依据：《架空输电线路电气设计规程》（DL/T 5582—2020）第 9.2.1 条。无冰区不考虑水平偏移。

68．AC

依据：《架空输电线路电气设计规程》（DL/T 5582—2020）第 5.1.9 条。

69．BCD

依据：《110kV～750kV 架空输电线路设计规范》（GB/T 50545—2010）第 10.1.18-1 条。A 应为小于，而不是小于等于。DL/T 5582—2020 第 9.3 节对风荷载计算进行了修改。

70．CD

依据：《架空输电线路荷载规范》（DL/T 5551—2018）表 9.0.1。A 项为 2000N；B 项为 3500N。

2011年注册电气工程师专业案例试题

（上午卷）及答案

【2011年上午题1~5】 某电网规划建设一座220kV变电站，安装2台主变压器，三侧电压为220/110/10kV。220kV、110kV为双母线接线，10kV为单母线分段接线，220kV出线4回，10kV电缆出线16回，每回长2km。110kV出线无电源，电气主接线如下图所示，请回答下列问题。

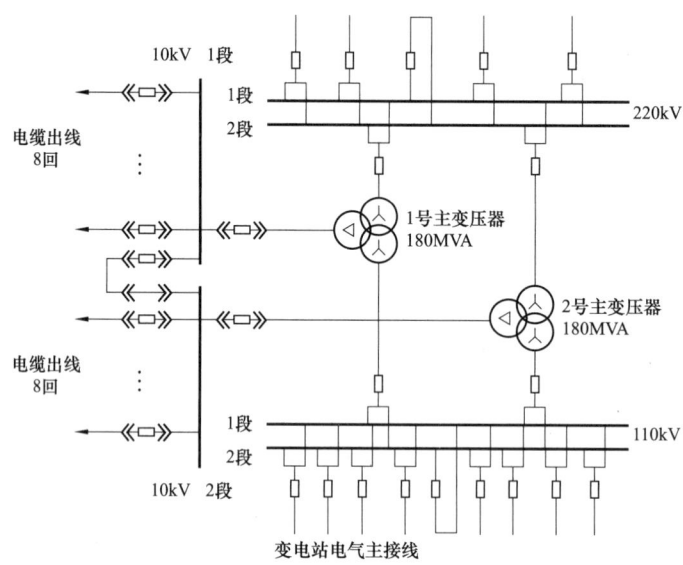

变电站电气主接线

1. 如该变电站220kV屋外配电装置采用ϕ120/110（铝镁系LDRE），远景220kV母线最大穿越功率为900MVA，在计及日照（环境温度为35℃，海拔1000m以下）条件下，请计算220kV管母长期允许载流量最接近下列哪项数值，是否满足要求？　　　（　　）

（A）2317A，不满足要求
（B）2503A，满足要求
（C）2663A，满足要求
（D）2831A，满足要求

2. 220kV线路采用架空钢芯铝绞线（导线最高允许温度为+70℃，环境温度为25℃）导线参数见下表。若单回线路最大输送容量为550MW（功率因数为0.95），请计算并合理选择导线为下列哪一种？　　　（　　）

导线截面积（mm²）	长期允许电流（A）	导线截面积（mm²）	长期允许电流（A）
400	845	2×400	845×2
2×300	710×2	2×630	1090×2

(A) 2×300mm² (B) 2×400mm²
(C) 400mm²   (D) 2×630mm²

3. 若主变压器高压侧并列运行，为限制该变电站 10kV 母线短路电流，需采取相应措施。以下哪种措施不能有效限制 10kV 母线短路电流？ （　　）
(A) 提高主变压器阻抗
(B) 10kV 母线分列运行
(C) 在主变压器低压侧加装串联电抗器
(D) 110kV 母线分列运行，10kV 母线并列运行

4. 请计算该变电站 10kV 系统电缆线路单相接地电容电流应为下列哪项数值？ （　　）
(A) 2A   (B) 32A
(C) 1.23A (D) 320A

5. 该变电站 10kV 侧采用了 YNd 接线的三相接地变压器，且中性点经电阻接地，请问下列哪项接地变压器容量选择要求是正确的？ （　　）
（注：S_N 为接地变压器额定容量；P_r 为接地电阻额定容量）
(A) $S_N=U_N I_2/\sqrt{3}\ Kn_\Phi$ (B) $S_N \leqslant P_r$
(C) $S_N \geqslant P_r$ (D) $S_N \geqslant \sqrt{3} P_r/3$

【2011 年上午题 6~10】某 110kV 变电站有两台三卷变压器，额定容量为 120/120/60MVA，额定电压 110/35/10kV，阻抗为 $U_{12}=9.5\%$、$U_{13}=28\%$、$U_{23}=19\%$。主变压器 110、35kV 侧均为架空进线，110kV 架空出线至 2km 之外的变电站（全线有避雷线），35kV 和 10kV 为负荷线，10kV 母线上装设有并联电容器组，其电气主接线如下图所示。

图中 10kV 配电装置距主变压器 1km，主变压器 10kV 侧采用 3×185 铜芯电缆接到 10kV 母线，电缆单位长度电阻为 0.103Ω/km，电抗为 0.069Ω/km，功率因数 cosφ=0.85。请回答下列问题（计算题按最接近数值选项）。

6. 请计算图中 110kV 母线氧化锌避雷器最大保护的电气距离为下列哪项数值（除变压器之外）？ （　　）
(A) 165m   (B) 223m
(C) 230m   (D) 310m

7. 假设图中主变器最大年利用小时数为 4000h，成本按 0.27 元/kWh，经济电流密度取

0.455A/mm², 主变压器110kV侧采用铝绞线, 按经济电流密度选择的导线截面应为下列哪项?
(　　)

(A) 2×400mm²　　　　　　　　(B) 2×500mm²
(C) 2×630mm²　　　　　　　　(D) 2×800mm²

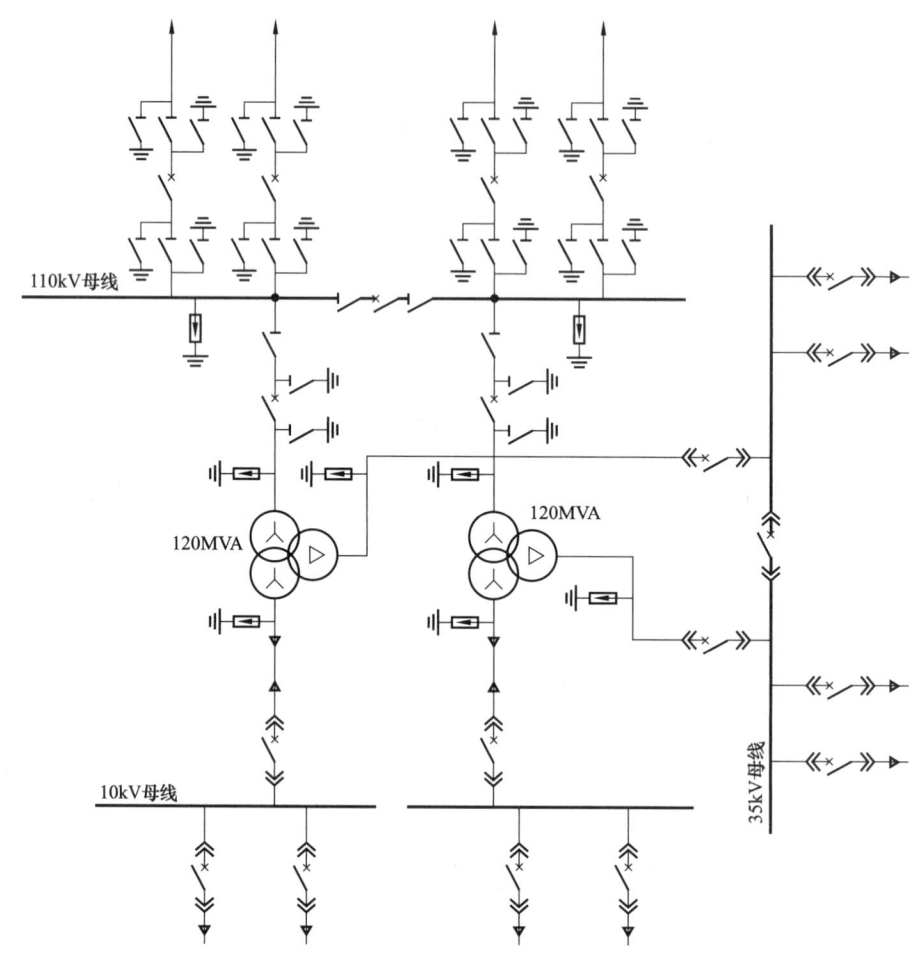

8. 请校验10kV配电装置至主变压器电缆末端的电压损失最接近哪项数值?　　(　　)
(A) 5.25%　　　　　　　　　(B) 7.8%
(C) 9.09%　　　　　　　　　(D) 12.77%

9. 假设10kV母线上电压损失为5%,为保证母线电压正常为10kV,补偿的最大容性无功容量最接近下列哪项数值?　　(　　)
(A) 38.6Mvar　　　　　　　　(B) 46.1Mvar
(C) 68.8Mvar　　　　　　　　(D) 72.1Mvar

10. 上图中,取基准容量 S_j=1000MVA,其110kV系统正序阻抗标幺值为0.012,当35kV

母线发生三相短路时，其归算至短路点的阻抗标幺值最接近下列哪项数值？（　　）
(A) 1.964　　　　　　　　　　　　　　　(B) 0.798
(C) 0.408　　　　　　　　　　　　　　　(D) 0.399

【2011年上午题 11~15】　某发电厂（或变电站）的 220kV 配电装置，地处海拔 3000m，盐密 0.18mg/cm²，采用户外敞开式中型布置，构架高度为 20m，220kV 采用无间隙金属氧化物避雷器和避雷针作为雷电过电压保护。请回答下列各题。（计算保留两位小数）

11. 请计算该 220kV 配电装置无遮拦裸导体至地面之间的距离应为下列哪项数值？
（　　）
(A) 4300mm　　　　　　　　　　　　　(B) 4680mm
(C) 5125mm　　　　　　　　　　　　　(D) 5375mm

12. 该配电装置母线避雷器的额定电压和持续运行电压应选择下列哪组数据？
（　　）
(A) 165kV，127.02kV　　　　　　　　　(B) 172.5kV，132.79kV
(C) 181.5kV，139.72kV　　　　　　　　(D) 189kV，145.49kV

13. 该 220kV 系统工频过电压一般不应超过下列哪一数值？（　　）
(A) 189.14kV　　　　　　　　　　　　　(B) 203.69kV
(C) 327.6kV　　　　　　　　　　　　　　(D) 352.8kV

14. 该配电装置防直击雷保护采用在构架上装设避雷针的方式，当需要保护的设备高度为 10m，要求保护半径不小于 18m 时，计算需要增设的避雷针最低高度应为下列哪项数值？
（　　）
(A) 5m　　　　　　　　　　　　　　　(B) 6m
(C) 25m　　　　　　　　　　　　　　　(D) 26m

15. 计算该 220kV 配电装置中的设备外绝缘爬电距离应为下列哪项数值？（　　）
(A) 5000mm　　　　　　　　　　　　　(B) 5750mm
(C) 6050mm　　　　　　　　　　　　　(D) 6300mm

【2011年上午题 16~20】　某火力发电厂，在海拔 1000m 以下，发电机变压器组单元接线如下图所示。设 i_1、i_2 分别为 d1、d2 点短路时流过 DL 的短路电流，已知远景最大运行方式下，i_1 的交流分量起始有效值为 36kA 不衰减，直流分量衰减时间常数为 45ms；i_2 的交流分量起始有效值为 3.86kA，衰减时间常数为 720ms，直流分量衰减时间常数为 260ms。请解答下列各题（计算题按最接近数值选项）。

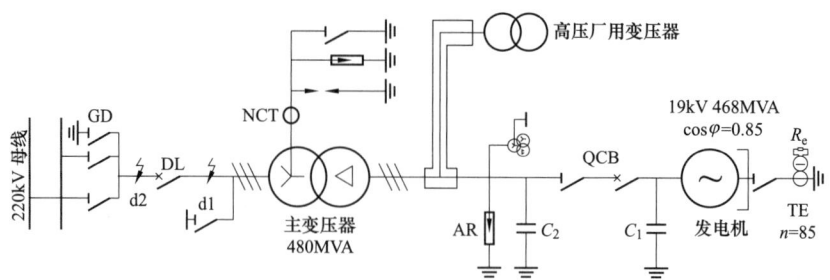

16. 若 220kV 断路器额定开断电流 50kA，d1 或 d2 点短路时主保护动作时间加断路器开断时间均为 60ms。请计算断路器应具备的直流分断能力及当 d2 点短路时需要开断的短路电流直流分量百分数最接近下列哪组数值？ （ ）

（A）37.28%，86.28%
（B）26.36%，79.38%
（C）18.98%，86.28%
（D）6.13%，26.36%

17. 试计算接地开关 GD 应满足的最小动稳定电流最接近下列哪项数值？ （ ）

（A）120kA
（B）107kA
（C）104kA
（D）94kA

18. 图中主变压器中性点回路 NCT 变比宜选择下列哪项？ （ ）

（A）100/5A
（B）400/5A
（C）1200/5A
（D）4000/5A

19. 主变压器区域有一支 42m 高独立避雷针。主变压器至 220kV 配电装置架空线在附近经过，高度为 14m。计算该避雷针与 220kV 架空线间的空间最小距离最接近下列哪项数值（已知避雷器冲击接地电阻为 12Ω，可不考虑架空线风偏）？ （ ）

（A）1.8m
（B）3.0m
（C）3.8m
（D）4.6m

20. 已知每相对地电容：C_1=0.13μF，C_2=0.26μF，发电机定子绕组 C_F=0.45μF，忽略封闭母线和变压器的电容，中性点接地变压器 TE 的变比 n=85。请计算发电机中性点接地变压器二次侧电阻 R_e 最接近下列哪项？ （ ）

（A）0.092Ω
（B）0.159Ω
（C）0.477Ω
（D）0.149Ω

【2011 年上午题 21~25】 500kV 单回架空送电线路，4 分裂相导线，导线分裂间距为 450mm，三相导线水平排列，间距 12m，导线直径为 26.82mm。

21. 导线的表面系数取 0.82，计算导线的临界起始电晕电位梯度最接近下列何值（不计海拔的影响）？ （ ）

（A）3.13MV/m　　　　　　　　　　（B）3.81MV/m
（C）2.94MV/m　　　　　　　　　　（D）3.55MV/m

22．欲用 4 分裂导线，以经济电流密度 J=0.9A/mm^2，功率因数 0.95，输送有功功率 1200MW，则导线的铝截面积最接近下列哪项数值？　　　　　　　　　　（　　）
（A）702mm^2　　　　　　　　　　（B）385mm^2
（C）406mm^2　　　　　　　　　　（D）365mm^2

23．请计算相导线间几何间距为下列何值？　　　　　　　　　　　　　　　　（　　）
（A）12m　　　　　　　　　　　　　（B）15.1m
（C）13.6m　　　　　　　　　　　　（D）14.5m

24．线路的正序电抗为 0.3Ω/km，正序电纳为 4.5×10^{-6}S/km，请计算线路的波阻抗 Z_C 最接近下列哪项数值？　　　　　　　　　　　　　　　　　　　　　　　　（　　）
（A）258.2Ω　　　　　　　　　　　（B）66.7Ω
（C）387.3Ω　　　　　　　　　　　（D）377.8Ω

25．线路的波阻抗 Z_C=250Ω，请计算线路的自然功率 P_λ 最接近下列哪项数值？（　　）
（A）1102.5MW　　　　　　　　　　（B）970.8MW
（C）858.6MW　　　　　　　　　　　（D）1000MW

答　案

1．A【解答过程】由 DL/T 5222—2021 第 133 页表可知，铝镁系（LDRE）120/110 管型母线最高允许温度 80℃时的载流量为 2663A。依题设条件，又由该规范表 5.1.5 可知，综合校正系数为 0.87，校正后的母线载流量为 I=2663×0.87=2317(A)。依题意，母线远景最大穿越功率为 900MVA，可得该母线回路的持续工作电流为

$$I_g = \frac{S}{\sqrt{3}U_N} = \frac{900 \times 1000}{\sqrt{3} \times 220} = 2361.89\,(A) > 2317A$$

母线载流量小于远景最大持续工作电流，因此母线载流量不满足要求。

2．B【解答过程】依题意，220kV 出线回路持续工作电流为 $I_g = \frac{P}{\sqrt{3}U_N \cos\varphi}$ $I_g = \frac{P}{\sqrt{3}U_N \cos\varphi}$ $=\frac{550 \times 10^3}{\sqrt{3} \times 220 \times 0.95} = 1519\,(A)$，向上取最接近的规格的导体为 2×400mm^2。注意：根据 DL/T 5222—2021、老版一次手册和老版系统手册相关条文，架空线路宜按经济电流密度来选择截面积，但本题显然是考查利用长期允许载流量选取截面积的方法，应首先根据题意选择。如果按经济电流密度选取，则会错选 D。本题只给出表格所列数据的适用环境参数"导线最高允许温

度为70℃，环境温度为25℃"，根据题意，可默认工作环境为表格所列参数，无需进行环境修正。

3. D【解答过程】由《电力工程电气设计手册 电气一次部分》第120页可知：D选项采用并列方式，会造成短路电流增大。其他选项均满足限流要求。

4. B【解答过程】由新版变电手册第113页式（4-33）可得：$I_c=0.1U_eL=0.1×10×16×2=32(A)$。老版一次手册出处为第262页式（6-34）。

5. C【解答过程】由DL/T 5222—2021附录B式（B.2.1-9）可知：对YNd接线三相接地变压器，若中性点接电阻的话，接地变压器容量为$S_N \geqslant P_r$。

6. C【解答过程】依题意，单母分段接线中，每段母线接有2回进线，全线有避雷线，长2km。由GB/T 50064—2014第5.4.13-6.1）款及表5.4.13-1可得除变压器之外电气设备与避雷器之间的最大安装距离为170×1.35=229.5（m）。

7. C【解答过程】据题设可知，所求为无励磁变压器回路，由《电力工程电气设计手册 电气一次部分》第232页表6-3可知该回路电流校正系数为1.05，可得 $I_g = 1.05 \times \dfrac{S_e}{\sqrt{3}U_N} = 1.05 \times \dfrac{120 \times 1000}{\sqrt{3} \times 110} = 661.3$ (A)。由该手册的式（8-2）可知导体截面积为 $S = \dfrac{I_g}{j} = \dfrac{661.3}{0.455} = 1453.4$ (mm^2)，据DL/T 5222—2021第5.1.6条规定，应按相邻下档选择。所以选C。

8. B【解答过程】由新版一次手册第220页表7-3可得，主变压器10kV侧持续工作电流为 $I_g = 1.05 \times \dfrac{S_e}{\sqrt{3}U_N} = 1.05 \times \dfrac{60 \times 10^3}{\sqrt{3} \times 10} = 3637.3$ (A)，又由该手册第853页式（16-24）可知，电缆末端的电压损失为 $\Delta U\% = \dfrac{173}{U} I_g L(r\cos\varphi + x\sin\varphi) = \dfrac{173}{10 \times 10^3} \times 3637.3 \times 1 \times (0.103 \times 0.85 + 0.069 \times \sqrt{1-0.85^2}) \times 100\% = 7.8\%$。老版手册出处为：《电力工程电气设计手册 电气一次部分》第232页表6-3、第940页17-1节式（17-6）。

9. C【解答过程】依题意，10kV电缆电抗 $X_l=1×0.069=0.069$ (Ω)。由《电力工程电气设计手册 电气一次部分》第478页式（9-4）可知 $Q_{cum} \approx \dfrac{\Delta U_m U_m}{X_l} = \dfrac{(10-9.5) \times 9.5}{0.069 \times 1} = 68.8$ (Mvar)。

10. C【解答过程】依题意，最大短路电流发生在110kV和35kV母线均并列运行工况，由新版一次手册第108页表4-2可得 $X_* = 0.012 + \dfrac{0.095}{2} \times \dfrac{1000}{120} = 0.408$，老版一次手册出处为第121页表4-2。

11. B【解答过程】依题意，所求值为C值，由DL/T 5352—2018表5.1.2-1可知，220J系统的A_1=1800mm，C=4300mm。又由该规范附录A图A.0.1或表A.0.1可知，海拔3000m的A_1'=2180mm，可得：$C' = C + (A_1' - A_1) = 4300 + 2180 - 1800 = 4680$ (mm)。本题也可以利用 $C' = A_1' + 2500$ 的关系解答。

12. D【解答过程】由GB/T 156—2007表4可知，220kV系统最高电压为252kV。由GB/T 50064—2014表4.4.3可得额定电压为$0.75U_m$=0.75×252=189（kV）持续运行电压为

$\frac{U_m}{\sqrt{3}} = \frac{252}{\sqrt{3}} = 145.49$ （kV）。

13．A【解答过程】由 GB/T 156—2007 表 4，220kV 系统最高电压为 252kV。由 GB/T 50064—2014 第 4.1.1-3 条，110kV 及 220kV 系统工频过电压不应大于 1.3p.u.。结合第 3.2.2 条，1.0p.u.为 $\frac{U_m}{\sqrt{3}}$，可得 220kV 系统工频过电压不应超过 $1.3 \times \frac{252}{\sqrt{3}} = 189.14$（kV）。

14．B【解答过程】依题意，已知 $h_x=10$m，$r_x=18$m。由 GB/T 50064—2014 第 5.2.1 条，观察各选项均小于 30m，设 $h \leq 30$m，则 $P=1$，显然 $h_x=10$m$<0.5h$。由 GB/T 50064—2014 式（5.2.1-3）得 $r_x=(1.5h-2h_x)P$；$18=1.5h-2 \times 10$；$h=\frac{18+2 \times 10}{1.5}=25.3$ (m)。因避雷针安装在构架上，构架高 20m，所以需增设的避雷针最低高度为 25.3-20=5.3（m），向上取整，为 6m。

15．D【解答过程】由 DL/T 5222—2005 附表 C.1 和附表 C.2，盐密 0.18mg/cm^2，属于Ⅲ级污秽区，$\lambda=25$mm/kV。由 GB/T 156—2007 表 4，220kV 系统最高电压为 252kV。根据爬电比距的定义，$L=\lambda U_m=25 \times 252=6300$(mm)。DL/T 5222—2021 已删除爬电比距内容。

16．C【解答过程】依题意，应按 i_1 和 i_2 中较大值 36kA 计算断路器应具备的直流分断能力，且对应交流分量不衰减，由新版一次手册第 20 页式（4-31）可得 60ms（0.06s）时短路电流直流分量为 $i_{fz0.06}=-\sqrt{2}I''e^{-\frac{\omega t}{T_a}}$，$T_a=\omega t \Rightarrow i_{fz0.06}=-\sqrt{2} \times 36 \times e^{-\frac{\omega \times 0.06}{\omega \times 0.045}}=-13.42$ (kA)。由 DL/T 5222—2021 第 7.2.4 条及其条文说明可知，断路器直流分量百分数为 $\frac{\text{断路器安装位置最大短路电流直流分量}}{\text{断路器额定短路开断电流峰值}}=\frac{13.42}{50 \times \sqrt{2}}=18.98\%$，依题意，$i_2$ 交流衰减时间常数为 0.72s，直流衰减时间常数为 0.26s，可得 d2 点短路，断路器在 0.06s 时刻实际分断的直流分量百分数为 $\frac{-\sqrt{2} \times 3.86 \times e^{-\frac{0.06}{0.26}}}{-\sqrt{2} \times 3.86 \times e^{-\frac{0.06}{0.72}}}=86.29\%$。老版一次手册第 139 页式（4-28）。

17．C【解答过程】由老版一次手册式（4-32）及表 4-15 可得 $i_{ch}=\sqrt{2} \times k_{ch} \times I''=2.62 \times (36+3.86)=104.4$ (kA)。

18．C【解答过程】由 DL/T 866—2015 第 6.2.1-3 款，主变高压侧为直接接地系统时，中性点 CT 一次电流宜取主变压器高压侧额定电流的 50%～100%，所以 $I_e=\frac{S}{\sqrt{3} \times U_e}=\frac{480 \times 1000}{\sqrt{3} \times 220}=1259.67$ (A)，可得：50%~100%×1259.67=629.835~1259.67 (A)，所以选 C。

19．C【解答过程】依题意，已知 $R_i=12\Omega$；$h_j=14$m。由 GB/T 50064—2014 第 5.4.11 条式（5.4.11-1），$S_a \geq 0.2R_i+0.1h_j$，可得 $S_a \geq 0.2 \times 12+0.1 \times 14=3.8$(m)。

20．B【解答过程】由新版一次手册第 65 页式（3-1）可得

$C=C_1+C_2+C_F=0.13+0.26+0.45=0.84(\mu F)$；$I_c=\sqrt{3}U_e\omega C \times 10^{-3}=\sqrt{3} \times 19 \times 314 \times 0.84 \times 10^{-3}=8.68$(A)

又根据 DL/T 5222—2021 附录 B 式(B.2.1-5)，$R_{N2}=\frac{U_N \times 10^3}{1.1\sqrt{3}I_c n_\varphi^2}=\frac{19 \times 10^3}{1.1 \times \sqrt{3} \times 8.68 \times 85^2}=0.159$（Ω）。

老版一次手册出处为第 80 页式（3-1）。

21．A【解答过程】由老版线路手册第 30 页第二章第二节式（2-2-2）可知
$$E_{\text{mo}} = 3.03 m \left(1 + \frac{0.3}{\sqrt{r}}\right) = 3.03 \times 0.82 \times \left(1 + \frac{0.3}{\sqrt{2.682/2}}\right) = 3.13 \text{ (MV/m)}。$$

22．C【解答过程】根据老版系统手册第 180 页式（7-13）可得相导线截面为
$$S = \frac{P}{\sqrt{3} J U_e \cos\varphi} = \frac{1200 \times 10^3}{\sqrt{3} \times 0.9 \times 500 \times 0.95} = 1620.6 \text{ (mm}^2\text{)}，$$
因相导线采用 4 分裂导线，故单根子导线截面积为 $S = \frac{1620.6}{4} = 405.2 \text{ (mm}^2\text{)}$。

23．B【解答过程】依题意，导线水平排列，根据老版线路手册第 16 页第二章第一节式（2-1-3）可知，相导线几何均距为 $D = \sqrt[3]{12 \times 12 \times 24} = 15.1 \text{ (m)}$。

24．A【解答过程】根据老版线路手册第 24 页式（2-1-41）可知 $Z_n = \sqrt{\frac{0.3}{4.5}} \times 10^3 =$ 258.2 (Ω)。

25．D【解答过程】根据老版线路手册第 24 页式（2-1-42）可知 $P_n = \frac{U^2}{Z_C} = \frac{500^2}{250} =$ 1000 (MW)。

2011年注册电气工程师专业案例试题

(下午卷)及答案

【2011年下午题1~5】 某110/10kV变电站,两台主变压器,两回110kV电源进线,110kV为内桥接线,10kV为单母线分段接线(分列运行),电气主接线见下图。110kV桥开关盒10kV分段开关均装设备用电源自动投入装置。系统1和系统2均为无穷大系统。架空线路1长70km,架空线路2长30km。该变电站主变压器负载率不超过60%,系统基准容量为100MVA。请回答下列问题。

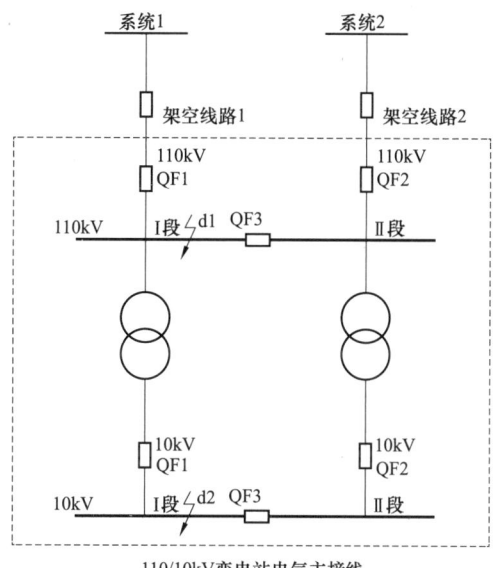

110/10kV变电站电气主接线

1. 如该变电站供电的负荷:一级负荷9000kVA、二级负荷8000kVA、三级负荷10000kVA。请问主变压器容量应为下列哪项数值? ( )

(A) 10200kVA (B) 16200kVA
(C) 17000kVA (D) 27000kVA

2. 假设主变压器容量为31500kVA,电抗百分比 U_k(%)=10.5,110kV架空线路电抗0.4Ω/km。请计算10kV的1号母线最大三相短路电流最接近哪项数值? ( )

(A) 10.107kA (B) 12.97kA
(C) 13.86kA (D) 21.33kA

3. 若在主变压器 10kV 侧串联电抗器以限制 10kV 短路电流，该电抗器的额定电流应选择下列哪项数值最合理？ （　　）

（A）主变压器 10kV 侧额定电流的 60%　　（B）主变压器 10kV 侧额定电流的 105%

（C）主变压器 10kV 侧额定电流的 120%　　（D）主变压器 10kV 侧额定电流的 130%

4. 如主变压器 10kV 回路串联 3000A 电抗器限制短路电流，若需将 10kV 母线短路电流从 25kA 限制到 20kA 以下，请计算并选择该电抗器的电抗百分值为下列哪项？ （　　）

（A）3%　　　　　　　　　　　　　　　（B）4%

（C）6%　　　　　　　　　　　　　　　（D）8%

5. 请问该变电站发生下列哪种情况时，110kV 桥开关自动投入？ （　　）

（A）主变压器差动保护动作

（B）主变压器 110kV 侧过电流保护动作

（C）110kV 线路无短路电流，线路失电压保护动作跳闸

（D）110kV 线路断路器手动分闸

【2011 年下午题 6～10】　一座远离发电厂的城市地下变电站，设有 110/10kV、50MVA 主变压器两台，110kV 线路 2 回，内桥接线；10kV 出线多回，单母线分段接线。110kV 母线最大三相短路电流 31.5kA，10kV 母线最大三相短路电流 20kA。110kV 配电装置为户内 GIS，10kV 户内配置为成套开关柜。地下建筑共有三层，地下一层的布置简图如下。请按各小题假设条件回答下列问题。

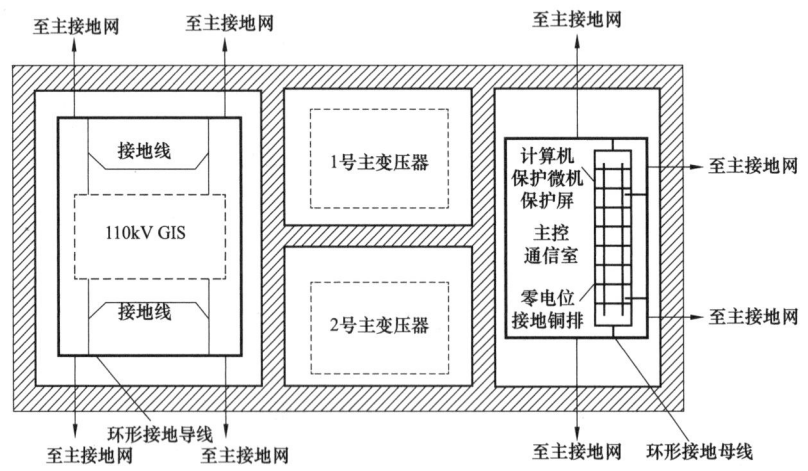

6. 本变电站有两台 50MVA 变压器，若变压器过负荷能力为 1.3 倍，请计算最大的设计负荷为下列哪一项数值？ （　　）

（A）50MVA　　　　　　　　　　　　　（B）65MVA

（C）71MVA　　　　　　　　　　　　　（D）83MVA

7. 如本变电站中 10kV 户内配电装置的通风设计温度为 30℃，主变压器 10kV 侧母线选用矩形铝母线，按 1.3 倍过负荷工作电流考虑，矩形铝母线最小规格及安装方式应选择下列哪一种？　　　　　　　　　　　　　　　　　　　　　　　　　　　（　　）

(A) 3×（125×8mm²），竖放
(B) 3×（125×10mm²），平放
(C) 3×（125×10mm²），竖放
(D) 4×（125×10mm²），平放

8. 本变电站中 10kV 户内配电装置某间隔内的分支母线是 80×8mm² 铝排，相间距离 30cm，母线支持绝缘子间跨距 120cm。请计算一跨母线相间的最大短路电动力最接近下列哪项数值？（β 为振动系数，取 1）　　　　　　　　　　　　　　　　　（　　）

(A) 104.08N　　　　　　　　　　　(B) 1040.8N
(C) 1794.5N　　　　　　　　　　　(D) 79.45N

9. 本变电站的 110kV GIS 配电室内接地线的布置简图如图所示。如 110kV 母线最大单相接地故障电流为 5kA。由 GIS 引向室内环形接地母线的接地线截面热稳定校验电流最小可取下列哪项数值？　　　　　　　　　　　　　　　　　　　　　　　　（　　）

(A) 5kA　　　　　　　　　　　　(B) 3.5kA
(C) 2.5kA　　　　　　　　　　　(D) 1.75kA

10. 本变电站的主控通信室内装有计算机监控系统和微机保护装置，主控通信室内的接地布置简图如图所示，图中有错误，请指出图中错误的是哪一条？　　　　　　（　　）

(A) 主控通信室内的环形接地母线与主接地网应一点相连
(B) 主控通信室内的环形接地母线不得与主接地网相连
(C) 零电位接地铜排不得与环形接地母线相连
(D) 零电位接地铜排与环形接地母线两点相连

【2011 年下午题 11~15】　某 125MW 火电机组低压厂用变压器回路从 6kV 厂用工作段母线引接，该母线短路电流周期分量起始值 28kA。低压厂用变压器为油浸自冷式三相变压器，参数为：S_e=1000kVA，U_e=6.3/0.4kV，阻抗电压 U_d=4.5%，接线组别 Dyn11，额定负载的短路损耗 P_d=10kW。QF1 为 6kV 真空断路器，开断时间为 60ms；QF2 为 0.4kV 空气断路器。该变压器高压侧至 6kV 开关柜用电缆连接；低压侧 0.4kV 至开关柜用硬导体连接，该段硬导体每相阻抗为 Z_m=（0.15+j0.4）mΩ；中性点直接接地。低压厂用变压器设主保护和后备保护，主保护动作时间为 20ms，后备保护动作时间为 300ms。低压厂用变压器回路接线及布置见下图，请解答下列各小题（计算题按最接近数值选项）。

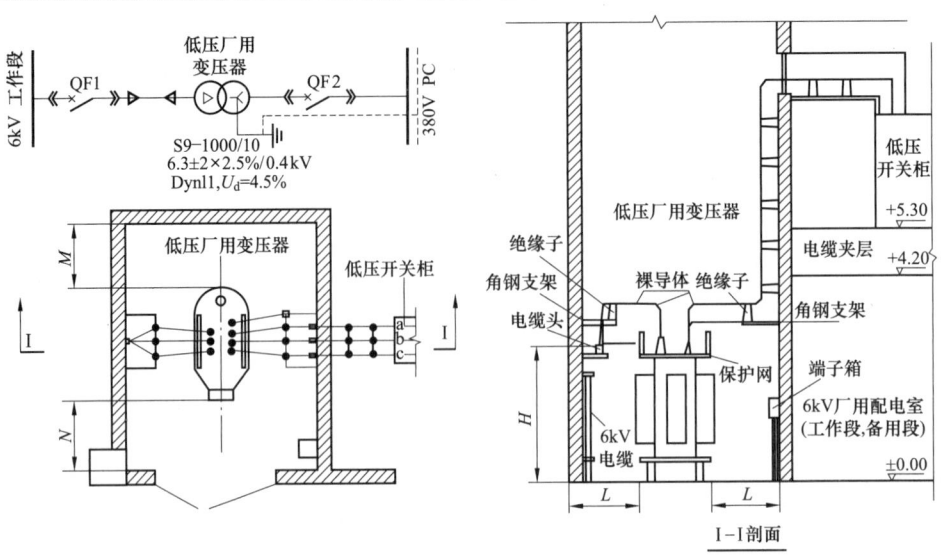

11．若 0.4kV 开关柜内的电阻忽略，计算空气断路器 QF2 的 PC 母线侧短路时，流过该断路器的三相短路电流周期分量起始有效值最接近下列哪项数值（变压器相关阻抗按照《电力工程电气设计手册　电气一次部分》计算）？　　　　　　　　　　　　　（　　）

（A）32.08kA　　　　　　　　　（B）30.30kA
（C）27.00kA　　　　　　　　　（D）29.61kA

12．已知环境温度 40℃，电缆热稳定系数 $C=140$，试计算该变压器回路 6kV 交联聚乙烯铜芯电缆的最小截面积为多少？　　　　　　　　　　　　　　　　　　　　（　　）

（A）$3\times120\text{mm}^2$　　　　　　　　（B）$3\times95\text{mm}^2$
（C）$3\times70\text{mm}^2$　　　　　　　　　（D）$3\times50\text{mm}^2$

13．若该 PC 上接有一台 90kW 电动机，额定电流 168A，启动电流倍数 6.5 倍，回路采用铝芯电缆，截面 $3\times150\text{mm}^2$，长度 150m；保护拟采用断路器本身的短路瞬时脱扣器。请按照单相短路电流计算曲线，计算保护灵敏系数，并说明是否满足单相接地短路保护的灵敏性要求？　　　　　　　　　　　　　　　　　　　　　　　　　　　　　　　　　（　　）

（A）灵敏系数 4.76，满足要求
（B）灵敏系数 4.12，满足要求
（C）灵敏系数 1.74，不满足要求
（D）灵敏系数 1.16，不满足要求

14．下列变压器保护配置方案符合规程的为哪项？　　　　　　　　　　　　（　　）
（A）电流速断+瓦斯+过电流+单相接地+温度
（B）纵联差动+电流速断+瓦斯+过电流+单相接地
（C）电流速断+过电流+单相接地+温度
（D）电流速断+瓦斯+过电流+单相接地

15. 请根据变压器布置图,在下列选项中选出正确的 H、L、M、N 值,并说明理由。

( )

(A) $H \geq 2500$mm,$L \geq 600$mm,$M \geq 600$mm,$N \geq 800$mm

(B) $H \geq 2300$mm,$L \geq 600$mm,$M \geq 600$mm,$N \geq 800$mm

(C) $H \geq 2300$mm,$L \geq 800$mm,$M \geq 800$mm,$N \geq 1000$mm

(D) $H \geq 1900$mm,$L \geq 800$mm,$M \geq 1000$mm,$N \geq 1200$mm

【2011 年下午题 16~20】 某 2×300MW 火力发电厂,每台机组装设 3 组蓄电池,其中 2 组 110V 蓄电池对控制负荷供电,另 1 组 220V 蓄电池对动力负荷供电。两台机组的 220V 直流系统间设有联络线。蓄电池选用阀控式密封铅酸蓄电池(贫液)(单体 2V),浮充电压取 2.23V,均衡充电电压取 2.3V。110V 系统蓄电池组选为 52 只,220V 系统蓄电池组选为 103 只。现已知每台机组的直流负荷如下:

(1) UPS　　　　　　　　　　　　　　　　　120kVA;
(2) 电气控制、保护电源　　　　　　　　　　15kW;
(3) 热控控制经常负荷　　　　　　　　　　　15kW;
(4) 热控控制事故初期冲击负荷　　　　　　　5kW;
(5) 热控动力总电源　　　　　　　　　　　　20kW(负荷系数取 0.6);
(6) 直流长明灯　　　　　　　　　　　　　　3kW;
(7) 汽轮机氢气侧直流备用泵(启动电流倍数按 2 计)　4kW;
(8) 汽轮机空气侧直流备用泵(启动电流倍数按 2 计)　10kW;
(9) 汽轮机直流事故润滑油泵(启动电流倍数按 2 计)　22kW;
(10) 6kV 厂用低电压跳闸　　　　　　　　　　40kW;
(11) 400V 低电压跳闸　　　　　　　　　　　 25kW;
(12) 厂用电源恢复时高压厂用断路器合闸　　　3kW;
(13) 励磁控制　　　　　　　　　　　　　　　1kW;
(14) 变压器冷却器控制电源　　　　　　　　　1kW。

请根据上述条件计算下列各题(保留两位小数)。

16. 请计算 110V、220V 单体蓄电池的事故放电末期终止电压为下列哪组数值?

( )

(A) 1.75V,1.83V　　　　　　　(B) 1.75V,1.87V

(C) 1.8V,1.83V　　　　　　　　(D) 1.8V,1.87V

17. 请计算 110V 蓄电池组的正常负荷电流最接近下列哪组数值?　　　( )

(A) 92.73A　　　　　　　　　　(B) 160.09A

(C) 174.55A　　　　　　　　　 (D) 188.19A

18. 计算 220V 蓄电池组事故放电初期 0~1min 的事故放电电流最接近下列哪项数值?

( )

（A）663.62A （B）677.28A
（C）690.01A （D）854.55A

19. 如该电厂 220V 蓄电池组选用 1600Ah，配置单个模块为 25A 的一组高频开关电源，请计算需要的模块数为下列哪项？　　　　　　　　　　　　　　　　　　　　（　　）

（A）6 （B）8
（C）10 （D）12

20. 如该电厂 220V 蓄电池组选用 1600Ah，蓄电池出口与直流配电柜连接的电缆长度为 25m，求该电缆的截面应为下列哪项数值？（已知：铜电阻系数 $\rho=0.0184\Omega\cdot mm^2/m$）
（　　）

（A）141.61mm² （B）184mm²
（C）283.23mm² （D）368mm²

【2011 年下午题 21～25】 某 500kV 变电站中有 750MVA、500/220/35kV 主变压器两台。35kV 母线分列运行、最大三相短路容量为 2000MVA，是不接地系统。拟在 35kV 侧安装几组并联电容器组。请按各小题假定条件回答下列问题。

21. 如本变电站每台主变压器 35kV 母线上各接有 100Mvar 电容器组，请计算电容器组投入运行后母线电压升高值为多少？　　　　　　　　　　　　　　　　　　　　　（　　）

（A）13.13kV （B）7kV
（C）3.5kV （D）1.75kV

22. 如本变电站安装的三相 35kV 电容器组，每组由单台 500kvar 电容器组或 334kvar 电容器串、并联组合而成，采用双星形接线，每相的串联段是 2，请计算下列哪一种组合符合规程规定且单组容量较大？并说明理由。　　　　　　　　　　　　　　　　　（　　）

（A）每串串联段 500kvar，7 台并联 （B）每串串联段 500kvar，8 台并联
（C）每串串联段 334kvar，10 台并联 （D）每串串联段 334kvar，11 台并联

23. 如本变电站安装的四组三相 35kV 电容器组。每组串 5%的电抗器，每台变压器装两组，下列哪一种电容器组需考虑对 35kV 母线短路容量的助增作用，说明理由。（　　）

（A）35000kvar （B）40000kvar
（C）45000kvar （D）60000kvar

24. 如本变电站安装的三相 35kV 电容器组，每组由 48 台 500kvar 电容器串、并联组合而成，每相容量 24000kvar，如下的几种接线方式中，哪一种是可采用的。并说明理由。（500kvar 电容器内有内熔丝）
（　　）

（A）单星形接线，每相 4 并 4 串

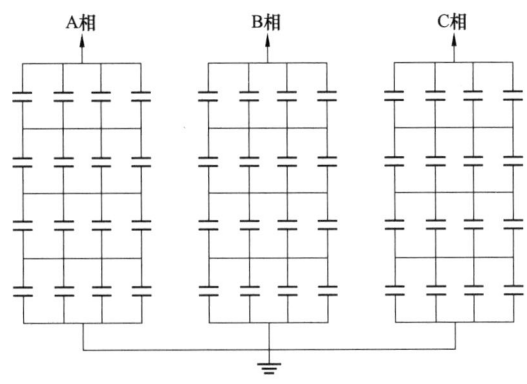

(B）单星形接线，每相 8 并 2 串

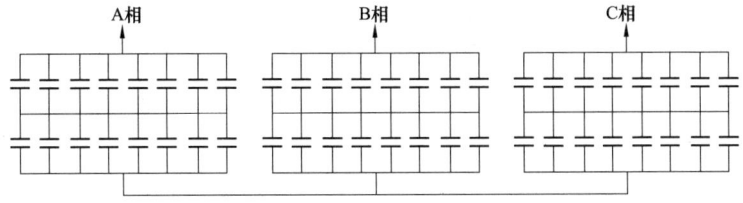

(C）单星形接线，每相 4 并 4 串，桥差接线

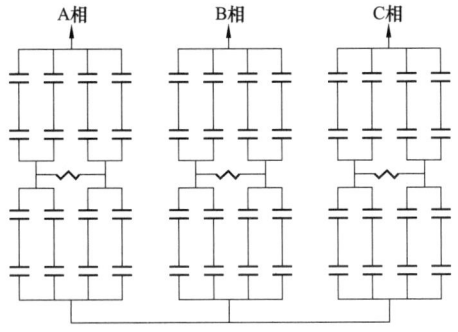

(D）双星形接线，每星每相 4 并 2 串

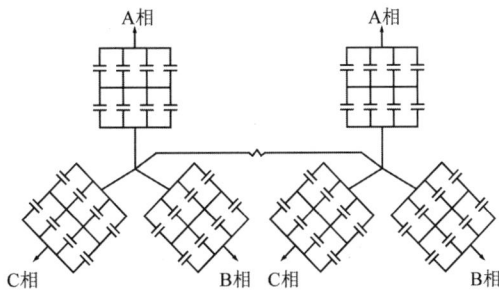

25．假设站内避雷针的独立接地装置采用水平接地极，水平接地极采用直径为 $\phi 10mm$ 的圆钢，埋深 0.8m，土壤电阻率 $100\Omega \cdot m$，要求接地电阻不大于 10Ω。请计算当接地装置

采用下列哪种形状时，能满足接地电阻不大于10Ω的要求？　　　　　　　　　　（　　）

(A)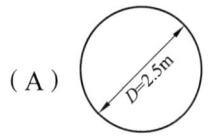

(B)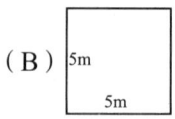

(C)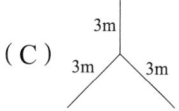

(D)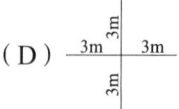

【2011年下午题 26~30】　某新建电厂一期安装两台 300MW 机组，机组采用发电机—变压器组单元接线接入厂内 220kV 配电装置，220kV 采用双母线接线，有两回负荷线和两回联络线。按照最终规划容量计算的 220kV 母线三相短路电流（周期分量起始有效值）为 30kA，动稳定电流 81kA；高压厂用变压器为一台 50/25-25MVA 的分裂变压器，半穿越电抗 U_d=16.5%，高压厂用母线电压 6.3kV。请按各小题假设条件回答下列各题。

26．本工程选用了 220kV SF$_6$ 断路器，其热稳定电流为 40kA、3s，负荷线的短路持续时间为 2s，试计算此回路断路器承受的最大热效应是下列哪项值？（不考虑周期分量起始有效值电流衰减）　　　　　　　　　　　　　　　　　　　　　　　　（　　）

(A) 1800kA^2·s　　　　　　　　　(B) 1872kA^2·s
(C) 1890kA^2·s　　　　　　　　　(D) 1980kA^2·s

27．发电机额定电压 20kV，中性点采用消弧线圈接地，20kV 系统每相对地电容 0.45μF，消弧线圈的补偿容量应选择下列哪项数值？（过补偿系数 K 取 1.35，欠补偿系数 K 取 0.8）
　　　　　　　　　　　　　　　　　　　　　　　　　　　　　　　　　　（　　）
(A) 26.1kVA　　　　　　　　　　　(B) 45.17kVA
(C) 76.22kVA　　　　　　　　　　(D) 78.24kVA

28．每台机 6.3kV 母线分为 A、B 两段，每段接有 6kV 电动机总容量为 18MW，当母线发生三相短路时，其短路电流周期分量的起始值为下列哪项数值？（设系统阻抗为 0，K_{qd} 取 5.5）　　　　　　　　　　　　　　　　　　　　　　　　　　　　　（　　）
(A) 27.76kA　　　　　　　　　　　(B) 30.84kA
(C) 39.66kA　　　　　　　　　　　(D) 42.74kA

29．发电机额定功率因数为 0.85，最大连续输出容量为额定容量的 1.08 倍，高压厂用工作变压器的计算容量按选择高压厂用工作变压器容量的方法计算出的负荷为 46MVA，按估算厂用电率的原则和方法所确定的厂用电计算负荷为 42MVA，试计算并选择主变压器容量最小是下列哪项数值？　　　　　　　　　　　　　　　　　　　　　　　　　　（　　）
(A) 311MVA　　　　　　　　　　　(B) 315MVA
(C) 35MVA　　　　　　　　　　　(D) 339MVA

30. 假定 220kV 高压厂用公用/备用变压器容量为 50/25–25MVA，其 220kV 架空导线宜选用下列哪一种规格？（经济电流密度按 0.4A/mm² 计算） （ ）

（A）LGJ–185　　　　　　　　　　（B）LGJ–240
（C）LGJ–300　　　　　　　　　　（D）LGJ–400

【2011 年下午题 31～35】 110kV 架空送电线路架设双地线，采用具有代表性的酒杯塔，塔的全高为 33m，双地线对边相导线的保护角为 10°，导-地线高度差为 3.5m，地线平均高度为 20m，导线平均高度为 15m，导线为 LGJ–500/35（直径 d=30mm）钢芯铝绞线，两边相间距 d_{13}=10.0m，中间相间距 $d_{12}=d_{23}$=5m，塔头空气间隙的 50%放电电压 $U_{50\%}$=800kV。

31. 每相的平均电抗值 x_1 为下列哪项？（提示：频率为 50Hz）
 （ ）

（A）0.380Ω/km　　　　　　　　（B）0.423Ω/km
（C）0.394Ω/km　　　　　　　　（D）0.420Ω/km

32. 设相导线电抗 x_1=0.4Ω/km，电纳 b_1=3.0×10⁻⁶L/（Ω·km），雷击导线时，其耐雷水平为下列哪项值？（保留两位小数） （ ）

（A）8.00kA　　　　　　　　　　（B）8.77kA
（C）8.12kA　　　　　　　　　　（D）9.75kA

33. 若线路位于我国的一般雷电地区（雷电日为 40）的山地，且雷击杆塔和导线时的耐雷水平分别为 75kA 和 10kA，雷击次数为 25 次/（100km·a），建弧率 η=0.8，线路的跳闸率为下列哪项值？（按《交流电气装置的过电压保护和绝缘配合》(DL/T 620—1997) 计算，保留三位小数） （ ）

（A）1.176 次/（100km·a）　　　　（B）0.809 次/（100km·a）
（C）0.735 次/（100km·a）　　　　（D）0.603 次/（100km·a）

34. 为了使线路的绕击概率不大于 0.20%，若为平原地区线路，地线对边相导线的保护角应控制在多少度以内？ （ ）

（A）9.75°　　　　　　　　　　　（B）17.98°
（C）23.10°　　　　　　　　　　　（D）14.73°

35. 高土壤电阻率地区，提高线路雷击塔顶时的耐雷水平，简单易行的有效措施是
 （ ）

（A）减小对边相导线的保护角　　（B）降低杆塔接地电阻
（C）增加导线绝缘子串的绝缘子片数　（D）地线直接接地

【2011 年下午题 36～40】 某单回路 500kV 架空送电线路，采用 4 分裂 LGJ–400/35 导线。导线的基本参数见下表。

导线型号	拉断力（N）	外径（mm）	截面积（mm²）	单重（kg/m）	弹性系数（N/mm²）	线膨胀系数（1/℃）
LGJ–400/35	98707.5	26.82	425.24	1.349	65000	20.5×10^{-6}

注 拉断力为试验保证拉断力。

该线路的主要气象条件为：最高温度 40℃，最低温度–20℃，年平均气温 15℃，最大风速 30m/s（同时气温–5℃），最大覆冰厚度 10mm（同时气温–5℃，同时风速 10m/s），且重力加速度取 10m/s²。

36. 最大覆冰时的水平风比载为下列哪项值？ （　　）
(A) 7.57×10^{-3} N/(m·mm²) (B) 8.26×10^{-3} N/(m·mm²)
(C) 24.47×10^{-3} N/(m·mm²) (D) 15.23×10^{-3} N/(m·mm²)

37. 若该线路导线的最大使用张力为 39 483N，请计算导线的最大悬点张力大于下列哪项值时，需要放松导线？ （　　）
(A) 43870N (B) 43431N
(C) 39483N (D) 59224N

38. 若代表档距为 500m，年平均气温条件下的应力为 50N/mm² 时，最高气温时的应力最接近下列哪项数值？ （　　）
(A) 58.5N/mm² (B) 47.4N/mm²
(C) 50.1N/mm² (D) 51.4N/mm²

39. 在校验杆塔间隙时，经常要考虑导线 Δf（导线在塔头处的弧垂）及其风偏角，若此时导线的水平比载 $\gamma_4 = 23.80 \times 10^{-3}$ N/(m·mm²)，那么，导线的风偏角为多少度？ （　　）
(A) 47.91° (B) 42.00°
(C) 40.15° (D) 36.88°

40. 设年平均气温条件下的比载为 30×10^{-3} N/(m·mm²)，在水平应力为 50N/mm²，且某档的档距为 600m，悬点高差为 80m，该档的导线长度最接近下列哪项数值？（按平抛公式计算） （　　）
(A) 608.57m (B) 605.13m
(C) 603.24m (D) 602.52m

答　　案

1. D【解答过程】主变压器容量应满足以下两个条件：(1) 由 GB 50059—2011 第 3.1.3 条，

单台主变压器总容量 S 应满足全部一、二级负荷用电的要求，即 $S \geq 9000+8000=17\,000$ (kVA)；

（2）由题意可知，主变压器负载不超过 60%，假设两台变压器负荷均分，则主变压器容量最小为 $S_n \times 2 \times 60\% = 9000 + 8000 + 10000 = 27000 \Rightarrow S_n = \dfrac{27000}{2 \times 60\%} = 22500$ (kVA) 以上两者取大值，主变压器容量取 27000kVA。

2. B【解答过程】（1）依题意，短路电流最大的运行方式为线路 1 故障，线路 2 带两台主变压器，10kV 分列运行。（2）由新版变电手册第 52 页表 3-2，设 $S_j = 100$MVA，$U_j = 115$kV，$I_j = 132$ (110kV)，$I_j = 5.5$ (10kV)。（3）阻抗归算，由新版《变电站设计》手册第 61 页表 3-9 中的公式可得：线路 2 阻抗标幺值 $X_{*2} = \dfrac{x}{x_j} = \dfrac{30 \times 0.4}{132} = 0.0909$；变压器抗标幺值 $X_{*T} = \dfrac{10.5}{100} \times \dfrac{100}{31.5} = 0.3333$。（4）短路电流有效值为 $I_d = \dfrac{1}{x_*} I_j = \dfrac{5.5}{0.0909 + 0.3333} = 12.966$ (kA)。老版一次手册第 120 页表 4-1、第 121 页表 4-2。

3. C【解答过程】由 DL/T 5222—2021 第 13.4.3 条可知，限流电抗器的额定电流应满足主变压器的最大可能工作电流。依题意，变压器负荷率不超过 60%，停用一台，通过备自投，另一台需短时承担全部负荷，此时变压器回路最大负荷为额定容量的 120%。

4. B【解答过程】由新版变电手册第 52 页表 3-2、式（3-10）以及第 106 页式（4-21）可得 $X_k \geq \left(\dfrac{I_j}{I''} - X_{f*}\right)\dfrac{I_{ek}}{U_{ek}} \dfrac{U_j}{I_j} \times 100\% = \left(\dfrac{1}{I''_{\text{后}}} - \dfrac{1}{I''_{\text{前}}}\right)\dfrac{I_{ek} U_j}{U_{ek}} \times 100\% = \left(\dfrac{5.5}{20} - \dfrac{5.5}{25}\right) \times \dfrac{3}{10} \times \dfrac{10.5}{5.5} \times 100\% = 3.15\%$，取 4%。老版一次手册第 120 页表 4-1、式（4-10）以及第 253 页式（6-14）。

5. C【解答过程】由 DL/T 5155—2016 第 10.4.1 条及 GB 50062—2008 第 11.0.2 条可知"工作电源故障或断路器被错误断开时，自动投入装置应延时动作"。C 选项是因为上级电源故障，110kV 线路失压保护动作导致本站工作电源失电。符合桥断路器自动投入条件，备自投应动作。又由 DL/T 5136—2012 第 6.6.3-8 条可知，A、B、D 项均应闭锁自动投入装置。

6. B【解答过程】由 DL/T 5216—2005 第 4.3.2 条可知，装有 2 台及以上变压器的地下变电站，当断开一台主变压器时，其余主变压器的容量应满足全部负荷用电要求。所以最大设计负荷为 50×1.3=65MVA。

7. C【解答过程】依题意可得，回路持续最大工作电流为 $I_g = K_{gfh} \dfrac{S_N}{\sqrt{3} U_N} = 1.3 \times \dfrac{50 \times 10^3}{\sqrt{3} \times 10} = 3752.78$ (A)。由 DL/T 5222—2021 表 5.1.5 可知，30℃时温度修正系数 $K_\theta = 0.94$，修正后的标准载流量为 $I'_g = \dfrac{I_g}{K_\theta} = \dfrac{3752.78}{0.94} = 3992.32$ (A)；再根据 DL/T 5222—2021 第 140 页表 8，查表可得各规格和安装方式的矩形铝母线载流量，C、D 选项均满足，但满足条件的矩形铝母线最小规格的是 C 选项。

8. C【解答过程】由新版变电手册第 61 页表 3-7、第 60 页式（3-27）可知，冲击电流为：$i_{ch} = \sqrt{2} K_{ch} I'' = 2.55 \times 20 = 51$ (kA)，再根据该手册第 123 页式（5-16）可得最大短路电动力为 $F = 17.248 \dfrac{l}{a} i_{ch}^2 \beta \times 10^{-2} = 17.248 \times \dfrac{120}{30} \times 51^2 \times 1 \times 10^{-2} = 1794.5$ (N)。老版一次手册第 141 页表

4-15、第 140 页式（4-32），第 338 页式（8-8）。

9．D【解答过程】依据 GB/T 50065—2011 第 4.4.5 条，取 35%×5=1.75(kA)。

10．D【解答过程】由 DL/T 5136—2001 第 13.3.3 条可知，零电位母线应仅在一点用绝缘铜绞线或电缆就近接在接地干线上，结合图示可知，D 是错误的。

11．B【解答过程】依题意，由老版一次手册第 151 页式（4-60）可得变压器电阻电压百分值 $U_b\% = \dfrac{10 \times 1000}{10 \times 1000} = 1$；变压器电抗电压百分值 $U_x\% = \sqrt{4.5^2 - 1^2} = 4.387$；变压器电阻有名值 $R_b = \dfrac{10000 \times 0.4^2}{1000^2} \times 10^3 = 1.6$ (mΩ)；变压器电抗有名值 $X_D = \dfrac{10 \times 4.387 \times 0.4^2}{1000} \times 1000 = 7.02$ (mΩ)；由题设，电缆电抗 Z_m=0.15+j0.4，可得回路总电阻 R_Σ=1.6+0.15=1.75(mΩ)；回路总电抗 X_Σ=7.02+0.4=7.42(mΩ)，由《电力工程电气设计手册 电气一次部分》第 152 页式（4-68）可得，三相短路周期分量起始有效值为

$$I_B^{(3)''} = \dfrac{400}{\sqrt{3} \times \sqrt{1.75^2 + 7.42^2}} = 30.29 \text{ (kA)}$$

12．C【解答过程】由 GB 50217—2018 第 3.6.8 条可知，低压变压器取主备保护时间加断路器开断时间，由式（E.1.3-2）及式（E.1.1-1）可得 $Q = I^2 t = 28^2 \times (0.02 + 0.06) = 62.72(\text{kA}^2 \cdot \text{s})$ $S \geqslant \dfrac{\sqrt{Q}}{C} \times 10^3 = \dfrac{\sqrt{62.72}}{140} \times 10^3 = 56.57 \text{ (mm}^2\text{)}$，选 3×70mm² 可满足要求。根据 GB 50217—2018 第 3.6.2 条可知，电缆应满足 100%持续工作电流，由新版一次手册第 220 页表 7-3 可得，变压器回路持续工作电流为 $I_g = 1.05 \dfrac{S_e}{\sqrt{3}U_e} = 1.05 \times \dfrac{1000}{\sqrt{3} \times 6.3} = 96.23$ (A)，$\dfrac{96.23}{1.29} = 74.6$ (A)，根据 GB 50217—2018 表 D.0.1，环境温度为 40℃载流量校正系数为 1.0，查该规范表 C.0.2 可知 3×35mm² 可满足要求；以上两者取大，所以选 C。老版一次手册第 232 页表 6-3。

13．D【解答过程】由 DL/T 5153—2014 附录 N 图 N.2.2-1 可知，电缆长度为 100m，截面积为 3×150mm² 的电缆，单相短路电流为 1922A，根据附录 N.2.2-4 款，电缆长度超过 100m 时，按式（N.2.2）可得 $I_d^{(1)} = i_{d(100)}^{(1)} \dfrac{100}{L} = 1922 \times \dfrac{100}{150} = 1281$ (A)；由 DL/T 5153—2014 附录 P.0.3 $I_{dz} = 168 \times 6.5 = 1092$(A)；灵敏系数 $K = \dfrac{I_d^{(1)}}{I_{dz,j}} = \dfrac{1281}{1092} = 1.16$ 根据 DL/T 5153—2014 第 8.1.1 条，单相接地保护的灵敏系数不宜小于 1.5。因此，不满足单相接地短路保护的灵敏性要求。注意：本题不严谨，实际断路器脱扣器整定值应该为：$I_{dz} \geqslant KI_Q$=1.7×168×6.5=1856.4(A)。但这样灵敏系数就小于 1，无法选出答案。因此只能忽略可靠系数进行计算。本题也可利用老版一次手册第 291 页表 7-18 计算。

14．D【解答过程】由 DL/T 5153—2014 第 8.5.1 条可知：1000kVA 油浸式变压器应该装设电流速断保护、瓦斯保护、过电流保护和单相接地保护。

15．A【解答过程】由 DL/T 5352—2018 第 5.4.5 条及表 5.4.5 可知，L、M 为变压器与后壁、侧壁之间最小净距，应不小于 600mm，N 为变压器与门之间最小净距，应不小于 800mm。又根据第 5.1.4 条及表 5.1.4 可知，H 为无遮拦裸导体至地面之间最小安全净距，应不小于

2500mm。

16．D【解答过程】由 DL/T 5044—2004 附录 B 的 B.1.3 条得：(1) 110V 单体蓄电池的事故放电末期终止电压 $U_m \geq 0.85U_n/n = 0.85 \times 110/52 = 1.8$（V）。(2) 220V 单体蓄电池的事故放电末期终止电压 $U_m \geq 0.875U_n/n = 0.875 \times 220/103 = 1.87$（V）。

17．C【解答过程】依题意，110V 蓄电池对控制负荷供电。由 DL/T 5044—2014 第 4.1.1 条及表 4.2.5、表 4.2.6 可知，正常负荷电流为 $I = \dfrac{P}{U} = \dfrac{(15+15+1+1) \times 1000 \times 0.6}{110} = 174.55$ (A)。

18．B【解答过程】依题意，220V 蓄电池对动力负荷供电。由 DL/T 5044—2014 第 4.1.1 条、表 4.2.5 及表 4.2.6，题目中给出的事故放电初期 0~1min 的事故放电动力负荷及其负荷系数见下表。

负荷	功率	负荷系数	分类
(1) UPS	120kVA	0.6	动力事故初期
(2) 热控动力总电源	20kW	0.6	动力经常、事故初期
(3) 直流长明灯	3kW	1	动力经常、事故初期
(4) 汽轮机氢气侧直流备用泵（启动电流倍数按 2 计）	4kW	0.8	动力事故初期
(5) 汽轮机空气侧直流备用泵（启动电流倍数按 2 计）	10kW	0.8	动力事故初期
(6) 汽轮机直流事故润滑油泵（启动电流倍数按 2 计）	22kW	0.9	动力事故初期

考虑负荷系数及电动机启动电流倍数，负荷统计 $120 \times 0.6 + 20 \times 0.6 + 3 \times 1 + (4+10) \times 0.8 \times 2 + 22 \times 2 \times 0.9 = 149$ (kW)，总负荷电流为 $I = \dfrac{149 \times 1000}{220} = 677.27$ (A)。

19．C【解答过程】依题意，由 DL/T 5044—2014 第 4.1.1 条、表 4.2.5 及表 4.2.6，则 220V 蓄电池组经常负荷电流为 $I_{jc} = \dfrac{3 \times 1}{220} \times 1000 = 13.64$ (A)；根据附录 D.1.1，该高频开关模块应具备浮充电、初充电和均衡充电要求，其中均衡充电电流最大，按均衡充电计算充电装置额定电流为 $I_{rmax} = 1.25 I_{10} + I_{jc} = 1.25 \times \dfrac{1600}{10} + 13.64 = 213.64$ (A)；又根据附录 D.2.1 条可得 $n_1 = \dfrac{I_r}{I_{me}} = \dfrac{213.64}{25} = 8.55$，$n_2 = 2$，$n = n_1 + n_2 = 8.55 + 2 = 10.55$（个）；当模块数量不为整数时，可取临近值，取 10 个。所以选 C。

20．D【解答过程】由 DL/T 5044—2014 附录 A 第 A.3.6 条可得 $I_{ca1} = 5.5 \times I_{10} = 5.5 \times \dfrac{1600}{10} = 880$ (A)；根据第 18 题计算结果，$I_{ca2} = 677.3$A 又由附录 E 第 E.1.2 条及表 E.2-1 可知 $I_{ca} = 880$A 根据表 E.2-2 可知 $1.1V = \Delta U_p \leq 2.2V$；再根据附录 E 中式（E.1.1-2）得

$$S_{cacmin} = \dfrac{\rho \times 2L I_{ca}}{\Delta U_p} = \dfrac{0.0184 \times 2 \times 25 \times 880}{220 \times 1\%} = 368 \text{ (mm}^2\text{)}$$

21．D【解答过程】由 GB 50227—2017 第 5.2.2 条条文说明可知，并联电容器装置投入

电网后引起的电压升高值可按下式计算 $\Delta U = U_{s0}\dfrac{Q}{S_d} = 35\times\dfrac{100}{2000} = 1.75$ (kV)。

22．D【解答过程】由 GB 50227—2017 第 4.1.2-3 条可知，每个串联段的电容器并联总容量不应超过 3900kvar，排除 B 项；A 项：单组容量为（500×7×2）×3×2=42000 (kvar)；C 项：单组容量为（334×10×2）×3×2=40080 (kvar)；D 项：单组容量为（334×11×2）×3×2=44088 (kvar)，故 D 项单组容量最大且符合规程规定。

23．D【解答过程】依题意，每台变压器安装两组，即每段母线安装两组电容器，故按两组电容器计算。由老版一次手册第 159 页第 4-11 节可得

$$\dfrac{2\times Q_c}{S_d} = \dfrac{2\times Q_c}{2000} > 5\% \Rightarrow Q_c > 50\text{Mvar}$$

24．D【解答过程】由 GB 50227—2017 第 4.1.2 条内容可知：A 中性点接地错误；B 项每个串联段容量超过 3900Mvar 错误；C 项先并后串错误。

25．B【解答过程】由 GB/T 50065—2011 附录 A 式（A.0.2）可得

A 项：$R_h = \dfrac{100}{2\pi\times 2.5\pi}\left[\ln\dfrac{(2.5\pi)^2}{0.8\times 0.01} + 0.48\right] = 19.12$ (Ω)，不符合要求。

B 项：$R_h = \dfrac{100}{2\pi\times 4\times 5}\left[\ln\dfrac{(4\times 5)^2}{0.8\times 0.01} + 1\right] = 9.4$ (Ω)，符合要求。

C 项：$R_h = \dfrac{100}{2\pi\times 3\times 3}\left[\ln\dfrac{(3\times 3)^2}{0.8\times 0.01} + 0\right] = 16.3$ (Ω)，不符合要求。

D 项：$R_h = \dfrac{100}{2\pi\times 4\times 3}\left[\ln\dfrac{(4\times 3)^2}{0.8\times 0.01} + 0.89\right] = 14.2$ (Ω)，不符合要求。

26．C【解答过程】由 DL/T 5222—2021 附录 A.6 可知，此回路断路器承受的最大热效应为 $Q = Q_z + Q_f = 30^2\times 2 + 30^2\times 0.1 = 1890$ (kA² · s)。

27．B【解答过程】由 DL/T 5222—2021 第 18.1.5 条可知单元机组发电机中性点的消弧线圈宜采用欠补偿方式，$K = 0.8$。又根据新版一次手册第 65 页式（3-1）及 DL/T 5222—2005 式（18.1.4）可得 $I_c = \sqrt{3}U_e\omega C\times 10^{-3} = \sqrt{3}\times 20\times 314\times 0.45\times 10^{-3} = 4.89$ (A)，$Q = KI_c\dfrac{U_e}{\sqrt{3}} = 0.8\times 4.89\times\dfrac{20}{\sqrt{3}} = 45.17$ (kVA)。老版一次手册第 80 页式（3-1）。

28．D【解答过程】由 DL/T 5153—2014 附录 L 式（L.0.1-1）～式（L.0.1-6）计算如下：

变压器阻抗 $X_T = \dfrac{(1-0.075)U_d\%}{100}\times\dfrac{S_j}{S_{e.B}} = \dfrac{0.925\times 16.5}{100}\times\dfrac{100}{50} = 0.30525$ 依题意 $X_x = 0$，则 $I_B'' = \dfrac{I_j}{X_x + X_T} = \dfrac{9.16}{0.30525} = 30$ (kA)；又由该规范附录 L 参数说明，$\eta_D\cos\varphi_D = 0.8$，则电动机反馈电流为 $I_D'' = K_{qD}\dfrac{P_{e.D}}{\sqrt{3}U_{e.D}\eta_D\cos\varphi_D} = 5.5\times\dfrac{18}{\sqrt{3}\times 6\times 0.8} = 11.91$(kA)，总短路电流为 $I'' = I_B'' + I_D'' = 30 +$

$11.91 = 41.92$ (kA)。

29. D【解答过程】由 GB 50660—2011 第 16.1.5 条及其条文说明可知,主变压器容量最小值为 $\frac{1.08 \times 300}{0.85} - 42 = 339.18$ (MVA)。

30. C【解答过程】据题设可知,所求为无励磁变压器回路,由老版一次手册第 232 页表 6-3 可知该回路电流校正系数为 1.05,可得 $I_g = 1.05 \times \frac{S_e}{\sqrt{3}U_N} = 1.05 \times \frac{50 \times 1000}{\sqrt{3} \times 220} = 137.8$ (A);依题意,由 DL/T 5222—2005 附录 E 式(E.1-1)可知,导体截面积为 $S = \frac{I_g}{j} = \frac{137.8}{0.4} = 344.5$ (mm^2)。根据 DL/T 5222—2005 第 7.1.6 条,按相邻下一档选择。

31. C【解答过程】根据老版线路手册第 16 页式(2-1-3)可得 $D_m = \sqrt[3]{5 \times 5 \times 10} = 6.3$ (m);依题意,LGJ 为钢芯铝绞线,由该手册表 2-1-1 可知 $r_e = 0.81r = 0.81 \times \frac{30 \times 10^{-3}}{2} = 0.01215$ (m);再由该手册式(2-1-2)可得 $X_1 = 0.0029 \times 50 \lg\left(\frac{6.3}{0.81 \times 0.01215}\right) = 0.394$ (Ω/km)。

32. B【解答过程】由新版《架空输电线路设计》手册第 69 页式 3-55 可得:导线波阻抗 $Z_C = \sqrt{\frac{X_1}{B_1}} = \sqrt{\frac{0.4}{3.0}} \times 10^3 = 365.1$(Ω);再由该手册第 178 页式(3-311)可得雷击导线时的耐雷水平 $I_2 = \frac{4U_{50\%}}{Z_C} = 4 \times \frac{800}{365.1} = 8.76$ (kA)。老版线路手册第 24 页式(2-1-41)、第 129 页式(2-7-39)。

33. C【解答过程】依题意,线路落雷次数 $N_L=25$,建弧率=0.8;由新版《架空输电线路设计》手册第 172 页左上内容可得,山地双地线绕击率 $g=1/4=0.25$;雷电日 40d,由 GB/T 50064—2014 附录 D 式(D.1.1-1)可得,击杆雷电流幅值超过雷击杆塔耐雷水平概率 $P_1 = 10^{-75/88} = 0.141$;山地绕击率 $\lg P'_\theta = \frac{\theta\sqrt{h}}{86} - 3.35 = \frac{10 \times \sqrt{33}}{86} - 3.35 = -2.682$;$P'_\theta = 10^{-2.682} = 0.00208$。雷电日 40d,由 GB/T 50064—2014 附录 D 式(D.1.1-1)可得,绕击导线雷电流幅值超过雷击导线耐雷水平概率 $P_2 = 10^{-10/88} = 0.7698$。线路绕击闪络率 $P_{sf} = P_\theta \times P_2 = 0.00208 \times 0.7698 = 0.0016$。由 GB/T 50064—2014 附录 D 式(D.1.7)可得雷击跳闸率 $N = N_L\eta(gP_1 + P_{sf}) = 25 \times 0.8 \times (0.25 \times 0.141 + 0.0016) = 0.737$ [次/(100km·a)]。老版线路手册出处为第 125 页表 2-7-2。注:本题为 2011 年题目,当时在用规范为 DL/T 620—1997,所以题目明确用 DL/T 620—1997 作答。老题新做,用现行考纲规范 GB/T 50064—2014 及新版线路手册解答。

34. B【解答过程】依题意,计算平原保护角,由新版线路手册第 173 页式(3-278)可得 $\lg P_\theta = \frac{\theta\sqrt{h}}{86} - 3.9 \Rightarrow \theta = (\lg P_\theta + 3.9) \times \frac{86}{\sqrt{h}} = \left[\lg\left(\frac{0.2}{100}\right) + 3.9\right] \times \frac{86}{\sqrt{33}} = 17.98$ (°)。

35. B【解答过程】由新版线路手册第 182 页右侧内容:对一般高度的杆塔,降低杆塔接地电阻是提高线路耐雷水平防止反击的有效措施。老版线路手册第 134 页右下(二)内容。

36. B【解答过程】由新版线路手册第 295 页式(5-9)、表 5-8、表 5-10 可得 $\alpha=1.0$,$\mu_{sc}=1.2$;又由该手册第 303 页表 5-13 可得覆冰时水平风比载

$\gamma_5 = \dfrac{g_5}{A} = \dfrac{0.625 \times 10^2 \times (26.82 + 2 \times 10) \times 1 \times 1.2 \times 10^{-3}}{425.24} = 8.26 \times 10^{-3}$ [N/(m·mm^2)]。老版线路手册第 174～175 页表 3-1-14 和表 3-1-15、第 179 页表 3-2-3。

37．A【解答过程】由 DL/T 5582—2020 第 5.1.15 条、第 5.1.16 条，可得导线悬挂点应力 $T_p = \dfrac{39483 \times 2.5}{2.25} = 43870$ (N)。

38．B【解答过程】由新版线路手册第 303 页表 5-13、第 307 页式（5-24）送电线路状态方程，有 $\sigma_{cm} - \dfrac{E\gamma_m^2 l^2}{24\sigma_{cm}^2} = \sigma_c - \dfrac{\gamma^2 l^2 E}{24\sigma_c^2} - \alpha E(t_m - t)$；依题意 $\sigma_{cm} = 50\text{N/mm}^2$，$E = 65000\text{N/mm}^2$，$t_m = 15°$，$t = 40°$；$\gamma_m = \gamma_1 = \dfrac{g_1}{A} = \dfrac{10 \times 1.349}{425.24} = 0.032$[N/(m·mm^2)]，将参数代入状态方程式有 $50 - \dfrac{65000 \times 0.032^2 \times 500^2}{24 \times 50^2} = \sigma_c - \dfrac{0.032^2 \times 500^2 \times 65000}{24\sigma_c^2} - 20.5 \times 10^{-6} \times 65000 \times (15 - 40)$，$\sigma_c - \dfrac{650677}{\sigma_c^2} = -244$，解方程得 $\sigma_c = 47.4$(N/mm^2)。老版线路手册第 179 页表 3-2-3 及第 183 页式（3-3-7）。

39．D【解答过程】由新版线路手册第 156 页左上内容、第 303 页表 5-13 可得：导线自重比载 $\gamma_1 = \dfrac{g_1}{A} = \dfrac{1.349 \times 10}{425.24} = 31.72 \times 10^{-3}$[N/(m·mm^2)]，已知 $\gamma_4 = 23.80 \times 10^{-3}$N/(m·mm^2)，则 $\tan\varphi = \dfrac{\gamma_4}{\gamma_1} = \dfrac{23.80 \times 10^{-3}}{31.72 \times 10^{-3}} = 0.75$，则 $\varphi = 36.88°$。老版线路手册第 106 页、第 179 页。

40．A【解答过程】由新版线路手册第 304 页表 5-14，可知挡内线长（平抛物线公式）$L = l + \dfrac{h^2}{2l} + \dfrac{\gamma^2 l^3}{24\sigma_0^2} = 600 + \dfrac{80^2}{2 \times 600} + \dfrac{(30 \times 10^{-3})^2 \times 600^3}{24 \times 50^2} = 608.57$ (m)。老版线路手册第 180 页表 3-3-1。

2012年注册电气工程师专业知识试题

（上午卷）及答案

一、单项选择题（共40题，每题1分，每题的备选项中只有1个最符合题意）

1. 110kV有效接地系统的配电装置，当地表面的土壤电阻率为500Ω·m，单相接地短路电流持续时间为4s，则配电装置允许的接触电位差和跨步电位差不应超过以下哪组数据？（　　）

（A）230V，324V　　　　　　　　（B）75V，150V
（C）129.5V，262V　　　　　　　（D）100V，360V

2. 某220kV变电站，其35kV侧共有8回出线，均采用架空线路（无架空地线），总长度为140km，架空线路单相接地电容电流为多少？该变电站内是否需装设消弧线圈？如需装容量为多少？（　　）

（A）8.69A，不需装设消弧线圈
（B）13.23A，需装设消弧线圈，容量为625kvar
（C）16.12A，不需装设消弧线圈
（D）13.23A，需装设消弧线圈，容量为361kvar

3. 变电站内，用于110kV有效接地系统的母线型无间隙金属氧化物避雷器的持续运行电压和额定电压应不低于下列哪组数值？（　　）

（A）57.6kV，71.8kV　　　　　　（B）69.6kV，90.8kV
（C）72.7kV，94.5kV　　　　　　（D）63.5kV，82.5kV

4. 有一台300MW机组无载调压低压厂用变压器，容量为1250kVA，变压器电抗 U_d=10%，有一台200kW的0.38kV电动机正常启动，此时0.38kV母线已带负荷0.65（标幺值），请计算母线电压是下列哪个值（设 K_q=6；η_d=0.95；$\cos\varphi_d$=0.8）？（　　）

（A）83%　　　　　　　　　　　（B）86%
（C）87%　　　　　　　　　　　（D）91%

5. 某电厂单元控制室的照度设计值为300lx，则其走廊通道的照度设计值不宜小于下列哪项值？（　　）

（A）15lx　　　　　　　　　　　（B）30lx
（C）60lx　　　　　　　　　　　（D）300lx

6. 某一市区日供电量为5568万kWh，日最大负荷为290万kW，则该电网日负荷率为

多少？　　　　　　　　　　　　　　　　　　　　　　　　　　　　　　（　　）
　　（A）95%　　　　　　　　　　　　　（B）80%
　　（C）90%　　　　　　　　　　　　　（D）60%

7. 下列哪种旋转电动机的防爆结构不符合爆炸危险区域为 1 区的选型规定？（　　）
　　（A）正压型防爆结构适用于鼠笼型感应电动机
　　（B）增安型防爆结构适用于同步电动机
　　（C）正压型防爆结构直流电动机慎用
　　（D）隔爆型防爆结构绕线型感应电动机慎用

8. 在电力系统中，220kV 高压配电装置出线方向的围墙外侧为居民区时，其静电感应场强水平（离地 1.5m 空间场强）不宜大于下列哪项值？（　　）
　　（A）3kV/m　　　　　　　　　　　　（B）5kV/m
　　（C）10kV/m　　　　　　　　　　　　（D）15kV/m

9. 水电厂以下哪一回路在发电机出口可不装设断路器？（　　）
　　（A）扩大单元回路
　　（B）三绕组变压器
　　（C）抽水蓄能电厂采用发电机电压侧同期与换相
　　（D）双绕组无载调压变压器

10. 某变电站的三相 35kV 电容器组采用单星形接线，每相由单台 500kvar 电容器并联组合而成，请选择允许的单组最大组合容量是多少？（　　）
　　（A）9000kvar　　　　　　　　　　　（B）10500kvar
　　（C）12000kvar　　　　　　　　　　（D）13500kvar

11. 在火电厂动力中心（PC）和电动机控制中心（MCC）低压厂用电回路设计中，塑壳空气开关的功能是多少？（　　）
　　（A）隔离电器　　　　　　　　　　　（B）保护电器
　　（C）操作电器　　　　　　　　　　　（D）保护和操作电器

12. 在 500kV 长距离输电线路通道上，加装串联补偿电容器的作用是什么？（　　）
　　（A）提高线路的自然功率　　　　　　（B）提高系统电压稳定水平
　　（C）提高系统静态稳定水平　　　　　（D）抑制系统的同步谐振

13. 发电厂中的机组继电器室内屏柜带有后开门，背对背布置时，屏背面至屏背面的最小屏间距离为下列哪项值？（　　）
　　（A）800mm　　　　　　　　　　　　（B）1000mm
　　（C）1200mm　　　　　　　　　　　（D）1400mm

14. 对于 25MW 的水轮发电机，采用低压启动的过电流作为发电机外部相间短路的后备保护时，其低电压的接线及取值应为下列哪项？　　　　　　　　　　　　　　　　（　　）
   （A）相电压 0.6 倍　　　　　　　　（B）相电压 0.7 倍
   （C）线电压 0.6 倍　　　　　　　　（D）线电压 0.7 倍

15. 配电装置中，相邻带电导体的额定电压不同时，其之间最小距离应按下列的哪个条件确定？　　　　　　　　　　　　　　　　　　　　　　　　　　　　　　　　　（　　）
   （A）按较高额定电压的 A_2 值确定　　（B）按较高额定电压的 D 值确定
   （C）按较低额定电压的 A_2 值确定　　（D）按较低额定电压的 B_1 值确定

16. 某城市电网需建设一座 110kV 变电站，110kV 配电装置采用 GIS 设备，2 路进线，进线段采用 150m 电缆（单芯），其余为架空线约 5km，请问以下所采用的过电压保护措施错误的是？　　　　　　　　　　　　　　　　　　　　　　　　　　　　　　　　（　　）
   （A）在 110kV 架空线与电缆连接处应装设金属氧化物避雷器
   （B）对于末端的电缆金属外皮应经金属氧化物电缆护层保护器接地
   （C）连接电缆段的 1km 架空线路段应装避雷线
   （D）根据电缆末端至变压器或 GIS 一次回路的任何电气部分的最大电气距离进行核验后，在架空线与电缆连接处装设一组避雷器能符合保护要求

17. 单机容量 600MW 机组的火力发电厂中，下列哪类负荷应由保安负荷供电？（　　）
   （A）与消防有关的电动阀门　　　　（B）消防水泵
   （C）单元控制室的应急照明　　　　（D）柴油机房的应急照明

18. 电力系统中，220kV 供电电压的允许偏差为下列哪项？　　　　　　　　（　　）
   （A）220kV±10%　　　　　　　　　（B）220kV±7%
   （C）220kV±5%　　　　　　　　　　（D）220kV−10%～220kV+7%

19. 下列哪种报警信号为发电厂、变电站信号系统中的事故报警信号？　　（　　）
   （A）设备运行异常时发出的报警信号　（B）断路器事故跳闸时发出的报警信号
   （C）具有闪光程序的报警信号　　　　（D）以上三种信号都是事故报警信号

20. 某变电站需要扩建改造，原有 2 台三相 315kVA、Yyn12 站用变压器，扩建改造后，站用电力系统动力、加热、照明各类负荷均增加 25%，为此宜选用哪种容量和连接方式的站用变压器？　　　　　　　　　　　　　　　　　　　　　　　　　　　　　　　（　　）
   （A）2 台 315kVA，Yyn12　　　　　（B）2 台 315kVA，Dyn11
   （C）2 台 400kVA，Yyn12　　　　　（D）2 台 400kVA，Dyn11

21. 选择电流互感器的规定条件中，下列哪一条是错误的？　　　　　　　　（　　）
   （A）220kV 电流互感器应考虑暂态影响

(B) 电能计量用仪表与一般测量仪表在满足准确级条件下，可共用一个二次绕组
(C) 电力变压器中性点电流互感器的一次额定电流，应大于变压器允许的不平衡电流
(D) 供自耦变压器零序差动保护用的电流互感器，其各侧变比应一致

22. 对于 GIS 配电装置避雷器的配置，以下哪种表述不正确？　　　　　　（　　）
(A) 与架空线连接处应装设避雷器
(B) 避雷器宜采用敞开式
(C) GIS 母线不需装设避雷器
(D) 避雷器的接地端应与 GIS 管道金属外壳连接

23. 某变电站 10kV 回路工作电流为 1000A，采用单片规格为 80mm×8mm 的铝排进行无镀层搭接，请问下列搭接处的电流密度哪一项是经济合理的？　　　　　　（　　）
(A) 0.078A/mm^2 (B) 0.147A/mm^2
(C) 0.165A/mm^2 (D) 0.226A/mm^2

24. 关于短路电流及其应用，下列表述中哪些是正确的？　　　　　　（　　）
(A) 系统的短路电流与系统接线有关，与设备参数无关
(B) 系统的短路电流与系统接线无关，与设备参数有关
(C) 继电保护整定计算，与最大短路电流有关，与最小短路电流无关
(D) 继电保护整定计算，与最大、最小短路电流有关

25. 下列哪种电机的防护结构不符合火灾危险区域为 21 区的使用条件？　　　　　　（　　）
(A) 固定安装的电机防护结构为 IP44   (B) 携带式电机防护结构为 IP44
(C) 移动式电机防护结构为 IP54   (D) 携带式电机防护结构为 IP54

26. 火力发电厂升压站监控系统中测控装置机柜的接地，采用绝缘电缆连接至零电位母线总接地铜排，接地电缆最小截面积为下列哪项值？　　　　　　（　　）
(A) 35mm^2 (B) 25mm^2
(C) 16mm^2 (D) 10mm^2

27. 300MW 机组的火力发电厂，每台机组直流系统采用控制和动力负荷合并供电的方式，设两组 220V 阀控蓄电池，蓄电池容量为 1800Ah，103 只。每组蓄电池供电的经常负荷为 60A，均衡充电时蓄电池不与母线相连，在充电设备参数选择计算中下列哪组数据是不正确的？
　　　　　　（　　）
(A) 充电装置额定电流满足浮充电要求为 61.8A
(B) 充电装置额定电流满足初充电要求为 180～225A
(C) 充电装置直流输出电压为 247.2V
(D) 充电装置额定电流满足均衡充电要求为 240～285A

28. 变电站中不同接线的并联补偿电容器组，下列哪种保护配置是错误的？（ ）
（A）中性点不接地单星形接线的电容器组，装设中性点电流不平衡保护
（B）中性点接地单星形接线的电容器组，装设中性点电流不平衡保护
（C）中性点不接地双星形接线的电容器组，装设中性点电流不平衡保护
（D）中性点接地双星形接线的电容器组，装设中性点回路电流差不平衡保护

29. 输电线路悬垂串采用 V 型串时，可采用下列哪种方法？（ ）
（A）V 型串两肢之间夹角的一半可比最大风偏角小 5°～10°
（B）V 型串两肢之间夹角的一半与最大风偏角相同
（C）V 型串两肢之间夹角的一半可比最大风偏角小 3°
（D）V 型串两肢之间夹角的一半可比最大风偏角小 5°

30. 某架空送电线路采用单悬垂线夹 XGU-5A，破坏荷重为 70kN，其最大使用荷载不应超过以下哪个数值？（ ）
（A）35kN　　　　　　　　　　（B）28kN
（C）25.9kN　　　　　　　　　 （D）30kN

31. 在海拔不超过 1000m 的地区，在相应风偏条件下，下面带电部分与杆塔构件（包括拉线、铆钉等）的最小间隙哪个是正确的？（ ）
（A）110kV 线路的最小间隙：工频电压 0.25m，操作过电压 0.70m，雷电过电压 1.0m
（B）110kV 线路的最小间隙：工频电压 0.20m，操作过电压 0.70m，雷电过电压 1.0m
（C）110kV 线路的最小间隙：工频电压 0.25m，操作过电压 0.75m，雷电过电压 1.0m
（D）110kV 线路的最小间隙：工频电压 0.25m，操作过电压 0.70m，雷电过电压 1.05m

32. 在一般档距的档距中央，导线与地线间的距离，应按 $S \geq 0.012L+1$ 公式校验（L 为档距，S 为导线与地线间的距离），计算时采用的气象条件为下列哪项？（ ）
（A）气温+15℃，无风、无冰　　　（B）年平均气温：气温+10℃，无风、无冰
（C）最高气温：气温+40℃，无风、无冰　（D）最低气温：气温-20℃，无风、无冰

33. 覆冰区段，与 110kV 线路 LGJ-240/30 导线配合的镀锌钢绞线最小标称截面积不小于下列哪项？（ ）
（A）35mm^2　　　　　　　　　（B）50mm^2
（C）80mm^2　　　　　　　　　（D）100mm^2

34. 关于电缆支架选择，以下哪项是不正确的？（ ）
（A）工作电流大于 1500A 单芯电缆支架不宜选用钢制
（B）金属制的电缆支架应有防腐处理
（C）电缆支架的强度，应满足电缆及其附件荷重和安装的受力要求，有可能短暂上人时，计入 1000N 的附加集中荷载

(D）在户外时，计入可能有覆冰、雪和大风的附加荷载

35．关于接地装置，以下哪项不正确？ （　　）
（A）通过水田的铁塔接地装置应敷设为环形
（B）中性点非直接接地系统在居民区的无地线钢筋混凝土杆和铁塔应接地
（C）电杆的金属横担与接地引线间应有可靠连接
（D）土壤电阻率为300Ω·m，有地线的杆塔工频接地电阻不应大于20Ω

36．中性点非直接接地系统在居民区的无地线钢筋混凝土杆和铁塔应接地，其接地电阻不应超过以下哪个数值？ （　　）
（A）15Ω　　　　　　　　　　　（B）20Ω
（C）25Ω　　　　　　　　　　　（D）30Ω

37．架空送电线路每基杆塔都应良好接地，降低接地电阻的主要目的是什么？（　　）
（A）减小入地电流引起的跨步电压
（B）改善导线绝缘子串上的电压分布（类似于均压环的作用）
（C）提高线路的反击耐雷水平
（D）良好的工作接地，确保带电作业的安全

38．悬垂型杆塔（不含大跨越悬垂型杆塔）的断线情况，应计算下列哪种荷载组合？
（　　）
（A）单回路杆塔，单导线断任意一相导线，地线未断
（B）单回路杆塔，单导线断任意一相导线，断任意一根地线
（C）双回路杆塔，同一挡内，单导线断任意一相导线，地线未断
（D）多回路杆塔，同一挡内，单导线断任意两相导线

39．下列哪种说法是正确的？ （　　）
（A）选择输电线路的路径，应避开重冰区
（B）选择输电线路的路径，应避开不良地质地带
（C）选择输电线路的路径，应避开电台、机场等
（D）选择输电线路的路径，应考虑与电台、机场、弱电线等邻近设施的相互影响

40．关于导、地线的弧垂在弧垂最低点的设计安全系数，下列哪种说法是不正确的？
（　　）
（A）导线的设计安全系数不应小于2.5
（B）地线的设计安全系数不应小于2.5
（C）地线的设计安全系数，不应小于导线的设计安全系数
（D）地线的设计安全系数，应大于导线的设计安全系数

二、多项选择题（共30题，每题2分。每题的备选项中有2个或2个以上符合题意。错选、少选、多选均不得分）

41. 下列所列四种情况，其中哪几种情况宜采用内桥形接线？　　　　　　（　　）
（A）变压器的切换较频繁　　　　　　（B）线路较长，故障率高
（C）二线路间有穿越功率　　　　　　（D）变压器故障率较低

42. 变电站中电气设备与工频电压的绝缘配合原则是哪些？　　　　　　（　　）
（A）工频运行电压下，电瓷外绝缘的爬电距离应符合相应环境污秽等级的爬电比距要求
（B）电气设备应能承受一定幅值和时间的工频过电压
（C）电气设备与工频过电压的绝缘配合系数取1.15
（D）电气设备应能承受一定幅值和时间的谐振过电压

43. 根据短路电流实用计算法中X_{js}的意义，在基准容量相同的条件下，下列推断哪些是对的？　　　　　　（　　）
（A）X_{js}越大，在某一时刻短路电流周期分量的标幺值越小
（B）X_{js}越大，电源的相对容量越大
（C）X_{js}越大，短路点至电源的电气距离越近
（D）X_{js}越大，短路电流的周期分量随时间衰减的程度越小

44. 下列哪些区域为非爆炸危险区域？　　　　　　（　　）
（A）没有释放源并不可能有易燃物质侵入的区域
（B）在生产装置区外，露天设置的输送易燃物质的架空管道区域
（C）易燃物质可能出现的最高浓度不超过爆炸下限值的10%区域
（D）在生产装置区设置的带有阀门的输送易燃物质的架空管道区域

45. 在选择厂用电中性点接地方式时，下列哪些规定是正确的？　　　　　　（　　）
（A）当高压厂用电系统接地电容电流小于或等于7A时，宜采用经高阻接地方式
（B）当高压厂用电系统接地电容电流小于或等于7A时，可采用不接地方式
（C）当高压厂用电系统接地电容电流大于7A时，宜采用低电阻接地方式
（D）低压厂用电系统不应采用三相三线制，中性点经高阻接地方式

46. 某区域电网中的一座500kV变电站，其220kV母线单相接地短路电流超标，请问采取以下哪些措施可经济、有效地限制单相接地短路电流？　　　　　　（　　）
（A）500kV出线加装并联电抗器　　　　（B）220kV母线分段运行
（C）变压器中性点加装小电抗器　　　　（D）更换高阻抗变压器

47. 在选用电气设备时，下面哪些内容是符合规程规定的？　　　　　　（　　）
（A）选用电器的最高工作电压不应低于所在系统的最高电压
（B）选用导体的长期允许电流不得小于该回路的额定电流

（C）电器的正常使用环境条件规定为：周围空气温度不高于40℃，海拔不超过1000m
（D）确定校验用短路电流应按系统发生最大短路电流的正常运行方式

48. 在电力系统运行中，下列哪几种电压属于设备绝缘的电压？　　　　　　（　）
（A）工频电压　　　　　　　　　　（B）跨步电压
（C）操作过电压　　　　　　　　　（D）暂时过电压

49. 电力系统中，下面哪几项是属于电压不平衡？　　　　　　　　　　　　（　）
（A）三相电压在幅值上不同
（B）三相电压相位差不是120°
（C）三相电压幅值不是额定值
（D）三相电压在幅值上不同，同时相位差不是120°

50. 为了限制短路电流，在电力系统可以采取下列哪几项措施？　　　　　　（　）
（A）提高电力系统的电压等级　　　（B）减小系统的零序阻抗
（C）增加变压器的接地点　　　　　（D）直流输电

51. 某医院以10kV三芯电缆供电，10kV配电室位于二楼，请问可以选用下列哪几种电缆外护层？　　　　　　　　　　　　　　　　　　　　　　　　　　　　（　）
（A）聚氯乙烯　　　　　　　　　　（B）聚乙烯
（C）乙丙橡皮　　　　　　　　　　（D）交联聚乙烯

52. 屋外配电装置的导体、套管、绝缘子和金具选择时，安全系数的取值下列说法哪些是正确的？　　　　　　　　　　　　　　　　　　　　　　　　　　　（　）
（A）套管在荷载长期作用时的安全系数不应小于2.5
（B）悬式绝缘在荷载短时作用时对应于破坏荷载时的安全系数不应小于2.5
（C）软导体在荷载长期作用时的安全系数不应小于4
（D）硬导体对应于屈服点应力在荷载短时作用时的安全系数不应小于1.67

53. 下列电力设备的金属部件，哪几项均应接地？　　　　　　　　　　　　（　）
（A）SF_6全封闭组合电器（GIS）与大电流封闭母线外壳
（B）电气设备传动装置
（C）互感器的二次绕组
（D）标称电压220V及以下的蓄电池室内的支架

54. 在电力系统电能量计量表计接线的描述中，哪几项是正确的？　　　　　（　）
（A）电流互感器的二次绕组接线，宜先接常用电测量仪表，后接测控装置
（B）电流互感器的二次绕组应采取防止开路的保护措施
（C）用于测量的二次绕组应在测量仪表屏处接地

（D）和电流的两个二次绕组应并接和一点接地，接地点应在和电流处

55. 某变电站有 220/110/38.5kV 和 220/110/11kV 主变压器两台。设置了两台站用变压器，分别接至两台主变压器的第三侧，两台站用变压器的高压侧额定电压不能取下列哪几项？
（　　）
（A）35kV，10kV　　　　　　　　（B）38.5kV，10.5kV
（C）38.5kV，11kV　　　　　　　（D）40.5kV，11kV

56. 在发电厂中与电气专业有关的建（构）筑物其火灾危险性分类及耐火等级决定了消防设计的设置。下列哪些建（构）筑物火灾危险性分类为丁类、耐火等级为二级？（　　）
（A）装有油浸式励磁变压器的 600MW 水氢机组的主厂房汽机房
（B）封闭式运煤栈桥
（C）主厂房煤仓间
（D）电气继电保护试验室

57. 对于水电厂来说，下列哪几种说法是正确的？（　　）
（A）水电厂与电力系统连接的输电电压等级，宜采用一级，不应超过两级
（B）蓄能电厂与电力系统连接的输电电压等级，应采用一级
（C）水电厂在满足输送水电厂装机容量的前提下，宜在水电厂设置电力系统的枢纽变电站
（D）经论证合理时，可在梯级的中心水电厂设置联合开关站（变电站）

58. 选择低压厂用变压器高压侧回路熔断路时，下列哪些规定是正确的？（　　）
（A）熔断器应能承受低压侧电动机成组启动所产生的过电流
（B）变压器突然投入时的励磁涌流不应损伤熔断器
（C）熔断器对变压器低压侧的短路故障进行保护，熔断器的最小开断电流应低于预期短路电流
（D）熔断器按能承受变压器的额定电流条件进行选择

59. 为限制 500kV 线路的潜供电流，可采取下列哪些措施？（　　）
（A）高压并联电抗器中性点接小电抗　　（B）快速单相接地开关
（C）装设良导体架空地线　　　　　　　（D）线路断路器装设合闸电阻

60. 在发电厂的直流系统中，下列哪些负荷为控制负荷？（　　）
（A）电气和热工的控制、信号、测量负荷
（B）继电保护负荷
（C）断路器电磁操动的合闸机构负荷
（D）系统远动、通信装置的电源负荷

61. 变电站中，站用电低压系统的短路电流计算原则以下哪几条是正确的？（　　）
（A）应按单台站用变压器进行计算
（B）应计及电阻
（C）系统阻抗按低压侧短路容量确定
（D）馈线回路短路时，应计及馈线电缆的阻抗

62. 在选择火力发电厂和变电站照明灯具时，依据绿色照明理念，T8 直管型荧光灯应配用下列哪些选项的镇流器？（　　）
（A）电子镇流器　　　　　　　　（B）恒功率镇流器
（C）传统型电感镇流器　　　　　（D）节能型电感镇流器

63. 与横担连接的第一个金具应符合下列哪些要求？（　　）
（A）转动灵活且受力合理　　　　（B）强度应高于串内其他金具
（C）满足受力要求即可　　　　　（D）应与绝缘子的受力强度相等

64. 某架空送电线路，地线型号为 GJ-80，选用悬垂线夹时，下列说法哪些是不正确的？
（　　）
（A）最大荷载时安全系数应大于 2.5
（B）最大荷载时安全系数应大于 2.7
（C）线夹握力不应小于地线计算拉断力的 14%
（D）线夹握力不应小于地线计算拉断力的 24%

65. 在海拔 1000m 以下地区，带电作业时，带电部分对杆塔与接地部分的校验间隙不应小于以下哪些数值？（　　）
（A）110kV 线路校验间隙 1.0m　　（B）220kV 线路校验间隙 1.8m
（C）110kV 线路校验间隙 0.7m　　（D）220kV 线路校验间隙 1.9m

66. 送电线路最常用的耐张线夹为下列哪种？（　　）
（A）螺栓式耐张线夹　　　　　　（B）楔形耐张线夹
（C）压缩式耐张线夹　　　　　　（D）并沟线夹

67. 架空送电线路的某铁塔位于高土壤电阻率区域，为了降低接地电阻，可采取方法有哪些？（　　）
（A）采用接地模块　　　　　　　（B）在接地沟内换填土（低电阻黏土）
（C）采用垂直接地体　　　　　　（D）加大接地体的直径

68. 下列哪些情况下需要计算电线的不平衡张力？（　　）
（A）设计覆冰较大　　　　　　　（B）电线悬挂点的高度相差悬殊
（C）两侧档距大小不等，且气候变化大　（D）相邻档距大小悬殊

69. 防振锤的特性与下列哪些参数有关？ （　　）
（A）重锤质量、偏心距　　　　　　（B）防振锤安装距离
（C）防振锤钢线粗细、长短　　　　（D）防振锤安装数量

70. 送电杆塔的正常运行情况，应计算下列哪些荷载组合？ （　　）
（A）基本风速、无冰、未断线（包括最小垂直荷载和最大水平荷载组合）
（B）设计覆冰、相应风速及气温、未断线
（C）电线不均匀覆冰、相应风速、未断线
（D）最低气温、无风、无冰、未断线

答　案

一、单项选择题

1. C

依据：《交流电气装置的接地设计规范》(GB 50065—2011) 第 4.2.2 条。$U_t = \dfrac{174 + 0.17\rho_s C_s}{\sqrt{t_s}} = \dfrac{174 + 0.17 \times 500}{\sqrt{4}} = 129.5 \text{(V)}$，$U_t = \dfrac{174 + 0.7\rho_s C_s}{\sqrt{t_s}} = \dfrac{174 + 0.7 \times 500}{\sqrt{4}} = 262 \text{(V)}$。

2. D

依据：新版变电手册第 112 页式（4-31）、式（4-32）或老版一次手册第 261 页式（6-32）、式（6-33）和《交流电气装置的过电压保护和绝缘配合设计规范》(GB 50064—2014) 第 3.1.3-2 条。$I_c = 2.7 U_e L \times 10^{-3} = 2.7 \times 3.5 \times 140 \times 10^{-3} = 13.23 \text{(A)}$，$Q = 1.35 I_c \dfrac{U_e}{\sqrt{3}} = 1.35 \times 13.23 \times \dfrac{35}{\sqrt{3}} = 361 \text{(kVA)}$。按老版一次手册第 262 页第（3）点及表 6-46 的规定，变电站的电容电流应该再增加 13%，但按这个没有答案选项，故该题答案没有考虑。

3. C

依据：《交流电气装置的过电压保护和绝缘配合设计规范》(GB 50064—2014) 第 4.4.3 条及表 4.4.3。$\dfrac{126}{\sqrt{3}} = 72.7 \text{ (kV)}$，$0.75 \times 126 = 94.5 \text{ (kV)}$。

4. C

依据：《火力发电厂厂用电设计技术规定》(DL/T 5153—2014) 附录 H，即

$$X_T = 1.1 \times \dfrac{U_d\%}{100} \dfrac{S_{2T}}{S_T} = 1.1 \times 0.1 = 0.11, \quad S_q = \dfrac{k_q P_e}{S_{2T} \eta \cos\varphi} = \dfrac{6 \times 200}{1250 \times 0.95 \times 0.8} = 1.263$$

$$S = S_1 + S_q = 0.65 + 1.263 = 1.913, \quad U_m = \dfrac{U_0}{1 + SX} = \dfrac{1.05}{1 + 1.913 \times 0.11} \approx 87\%$$

5. C

依据：《发电厂和变电站照明设计技术规定》(DL/T 5390—2007) 第 8.0.1 条、表 8.0.1-1、第 8.0.5 条，300/5=60lx。但在《发电厂和变电站照明设计技术规定》(DL/T 5390—2014) 第 6.0.1 条及表 6.0.1 中已将控制室照度设计值改为 500lx，而且没有了通道特殊的规定。

6. B

依据：新版系统手册第25页式（3-55）。或老版 $\gamma = \dfrac{P_p}{P_{max}} = \dfrac{5560}{290 \times 24} = 0.8$。

7. B

依据：《爆炸和火灾危险环境电力装置设计规范》（GB 50058—1992）第 2.5.3 条及表 2.5.3-1。

注：《爆炸危险环境电力装置设计规范》（GB 50058—2014）取消此内容。

8. B

依据：《高压配电装置设计技术规程》（DL/T 5352—2006）第 6.0.9 条及条文说明。在 2018 版规范中该值已改为 4kV/m。

9. D

依据：《水力发电厂机电设计规范》（DL/T 5186—2004）第 5.2.4 条。ABC 项都是必须安装。

10. B

依据：《并联电容器装置设计规范》（GB 50227—2008）第 4.1.2-3 条。每个串联段的电容器的并联总量不应超过 3900kvar，即最多能并联 7 台，总容量为 3500kvar，三相共 10500kvar。

11. D

依据：《火力发电厂厂用电设计技术规程》（DL/T 5153—2014）第 6.5.2 条。

12. C

依据：新版变电手册第 200 页第 6-6 节第一部分。或老版一次手册第 542 页第 9-7 节第一部分。

13. B

依据：《火力发电厂、变电站二次接线设计技术规定》（DL/T 5136—2012）附录 A 注 4。

14. D

依据：《电力装置的继电保护和自动装置设计规范》（GB/T 50062—2008）第 3.0.6-2 条。

注：额定电压指线电压。

15. B

依据：《高压配电装置设计技术规程》（DL/T 5352—2018）第 5.1.6 条、表 5.1.2 及图 5.1.2。A_2 适用于相同电压等级，故应该是 D 值而不是 A_2 值。

16. C

依据：《交流电气装置的过电压保护和绝缘配合设计规范》（GB 50064—2014）第 5.4.14 条。C 应为 2km。

17. A

依据：《火力发电厂与变电站的设计防火规范》（GB 50229—2019）第 9.1.1～9.1.4 条。B 按 I 类负荷供电，C 和 D 按蓄电池直流系统供电。

18. C

依据：《电能质量　供电电压偏差》（GB/T 12325—2008）第 4.1 条。

19. B

依据：《火力发电厂、变电站二次接线设计技术规定》（DL/T 5136—2012）第 2.0.11 条。

20．D

依据：《220kV～1000kV变电所所用电设计技术规程》（DL/T 5155—2016）第5.0.3条。站用变压器联结组别选Dyn11，而容量增加是必然的。

21．A

依据：《导体和电器选择设计技术规定》（DL/T 5222—2005）第15.0.4-2条、第15.0.5～15.0.7条，A项为可不考虑。DL/T 5222—2021第15章已更改。

22．C

依据：《高压配电装置设计技术规程》（DL/T 5352—2018）第2.2.3条。C项应为500kV及以上经雷电侵入波过电压计算确定。

23．C

依据：《导体和电器选择设计技术规定》（DL/T 5222—2021）第5.1.10条及表5.1.10。$J_{A1} = [0.31 - 1.05 \times (I - 200) \times 10^{-4}] \times 0.78 = 0.176(A/mm^2)$，根据条文不宜小于$J_{A1}$，所以选C。

24．D

依据：新版一次手册第107页或新版变电手册第50页，以及老版一次手册第119页或老版二次手册第573～574页。本题须根据短路电流和整定计算过程综合判断。

25．B

依据：《爆炸和火灾危险环境电力装置设计规范》（GB 50058—1992）第4.3.4条。

注：《爆炸危险环境电力装置设计规范》（GB 50058—2014）取消此内容。

26．C

依据：《火力发电厂、变电站二次接线设计技术规定》（DL/T 5136—2012）第16.3.7条及表16.3.7。

27．D

依据：《电力工程直流电源系统设计技术规程》（DL/T 5044—2014）附录D第D.1.1条。$I_{10} = \dfrac{C_{10}}{10} = 180$ (A)，$I_{js} = 60A$。A项$I_r = 0.01 I_{10} + I_{js} = 1.8 + 60 = 61.8$ (A)，B项$I_r = 1.0 I_{10} \sim 1.25 I_{10} = 180 \sim 225$ (A)，C项$U_r = nU_{cm} = 103 \times 2.4 = 247.2$ (V)，对于D选项，$I_r = (1.0 I_{10} \sim 1.25 I_{10}) + I_{js} = (180 \sim 225) + 0 = 180 \sim 225$ (A)，均衡充电时不与母线相连，故$I_{js} = 0$。

28．A

依据：《继电保护和安全自动装置技术规程》（GB/T 14285—2006）第4.11.4条。A项应装设电压不平衡保护。GB/T 14285—2023第5.8.4节已更改相关描述。

29．A

依据：《架空输电线路电气设计规程》（DL/T 5582—2020）第8.0.5条。

30．B

依据：《架空输电线路电气设计规程》（DL/T 5582—2020）第8.0.1条。最大使用荷载情况安全系数不应小于2.5，70/2.5=28kN。

31．A

依据：《架空输电线路电气设计规程》（DL/T 5582—2020）表6.2.5。

32．A

依据：《架空输电线路电气设计规程》（DL/T 5582—2020）第7.2.6条。

33．C

依据：《110kV～750kV 架空输电线路设计规范》(GB 50545—2010)第 5.0.12 条及表 5.0.12。DL/T 5582—2020 表 5.1.4 已更改了表头。

34．C

依据：《电力工程电缆设计规范》(GB/T 50217—2018)第 6.2.2～6.2.4 条。C 项应为 900N。

35．D

依据：《架空输电线路电气设计规程》(DL/T 5582—2020)，第 7.4.5 条，A 正确；第 7.4.3 条，B 正确；表 7.4.1，D 选项应为 15Ω，D 错误。

36．D

依据：《110kV～750kV 架空输电线路设计规范》(GB 50545—2010)第 7.0.17 条。DL/T 5582—2020 第 7.4 节删除了此条内容。

37．C

依据：新版线路手册第 182 页。或老版线路手册第 134 页第四（二）部分。

38．A

依据：《架空输电线路荷载规范》(DL/T 5551—2018)第 4.2.14 条，A 选项正确；B 选项应为地线未断；C 选项应为断任意一根地线；D 选项应为地线未断。

39．D

依据：《架空输电线路电气设计规程》(DL/T 5582—2020)第 3.0.5 条、第 3.0.6 条。A 和 B 项为"宜"。

40．D

依据：《架空输电线路电气设计规程》(DL/T 5582—2020)第 5.1.15 条。D 项应为不小于。

二、多项选择题

41．BD

依据：新版一次手册第 35 页或新版变电手册第 23 页，以及老版一次手册第 51 页。

42．ABCD

依据：《交流电气装置的过电压保护和绝缘配合设计规范》(GB 50064—2014)第 3.2.1 条中，暂时过电压包括工频过电压和谐振过电压，由第 6.4.1 条可知 ABCD 均正确。

注：此题是按《交流电气装置的过电压保护和绝缘配合》(DL/T 620—1997)出的题，按其第 10.4.1 条、第 10.4.2 条，答案为 ABD，其中 GB 50064—2014 第 1 款中污秽度等级下耐受持续运行电压对应 DL/T 620—1997 中所指爬电比距。而在新规中，内外绝缘和工频电压的配合系数明确并统一为 1.15，故 C 也正确。

43．AD

依据：《导体和电器选择设计技术规定》(DL/T 5222—2021)附录 A 式(A.2.1)及式(A.2.2)。C 项为"越远"；而 B 答案中的电源的相对容量的表述，应该指的是电源的额定容量与基准容量之间的比值，题干因果关系逻辑不正确。应该是电源的相对容量越大，会导致计算电抗越大，而计算电抗大，不一定是电源的相对容量大引起的，也可能是电源到短路点的合成阻抗大引起的。所以 B 也不正确。

44．AC

依据:《爆炸危险环境电力装置设计规范》(GB 50058—2014)第 3.2.2 条。本题是按老版规范所出,2014 版"易燃"已改为"可燃",B 项"阀门处按具体情况不确定"所以不正确。

45．ABC

依据:《火力发电厂厂用电设计技术规程》(DL/T 5153—2014)第 3.4.1 条及表 3.4.1 可知 ABC 项正确,但此题是按老规范出的,新版规范中 A 和 C 项的"宜"均已改为"可";依据第 3.4.3 条和《大中型火力发电厂设计规范》(GB 50060—2011)第 16.3.3 条可知 D 项正确。

46．BC

依据:新版变电手册第 51 页及第 64 页表 3-13,或老版一次手册第 120 页及第 144 页表 4-19。限制变电站内短路电流的措施关键是要看短路电流从电源流经短路点的回路上的短路阻抗的影响,限制单相接地故障的措施是对零序网络中的阻抗的影响。很明显,A 项对于限制 220kV 母线单相短路电流无效,BCD 三项都有效,但 D 项不经济,不符合题意。

47．ACD

依据:《导体和电器选择设计技术规定》(DL/T 5222—2021)第 3.0.3 条、第 3.0.5 条、第 3.0.6 条及第 4.0.2 条条文说明。B 项应为持续工作电流。

48．ACD

依据:《交流电气装置的过电压保护和绝缘配合设计规范》(GB 50064—2014)第 3.2.1 条。

49．ABD

依据:《电能质量　三相电压不平衡》(GB/T 15543—2008)第 3.1 条。

50．AD

依据:新版一次手册第 107 页已删除电力系统限流措施内容,或老版一次手册第 119 页。BC 两项均减小了零序阻抗,会增加短路电流。

51．BC

依据:《电力工程电缆设计规范》(GB 50217—2018)第 3.4.1 条第 3 款。

52．AC

依据:《导体和电器选择设计技术规定》(DL/T 5222—2021)表 3.0.17 及其注。B 项应是 3.3,D 项应是 1.4,具体详见备注。

53．ABC

依据:《交流电气装置的接地设计规范》(GB/T 50065—2011)第 3.2.1-3 条、第 3.2.1-4 条、第 3.2.1-14 条、第 3.2.1-15 条、第 3.2.2 条。A 项对应高压电器的底座和外壳均应接地。只有 D 项可不接地。

54．ABD

依据:《电力装置的电测量仪表装置设计规范》(GB/T 50063—2017)第 8.1.1 条,A 对;第 8.1.2 条,B 对;第 8.1.4 条,C 错;D 对。说明:A 选项和条文有出入是因为该题是按照 2008 版所出,2017 版说法稍作修改。

55．ABD

依据:《220kV～1000kV 变电站站用电设计技术规程》(DL/T 5155—2016)第 5.0.6 条应取主变相应额定电压。

56．ACD

依据:《火力发电厂与变电站设计防火规范》(GB 50229—2019)表 3.0.1。A 选项装有油浸变压器，属于丙类一级；B项是丙二级。

57．ABD

依据：《水力发电厂厂用电设计规程》（NB/T 35044—2023）第4.1.2条，A对；第4.1.3条，B对；第4.1.2条，C错；第4.1.7条，D对。

58．ABC

依据：《导体和电器选择设计技术规定》（DL/T 5222—2021）第17.0.10条。D项应为"容许过负荷电流"而不是"额定电流"。

59．ABC

依据：《电力系统设计技术规程》（DL/T 5429—2009）第9.2.3条。

60．AB

依据：《电力工程直流电源系统设计技术规程》（DL/T 5044—2014）第4.1.1条。C和D是动力负荷，在DL/T 5044—2014与DL/T 5044—2004中关于系统远动、通信装置的电源负荷表述有所不同。

61．ABD

依据：《220kV～1000kV变电站站用电设计技术规程》（DL/T 5155—2016）第6.1.2条。C项应为"高压侧"。

62．AD

依据：《发电厂和变电站照明设计技术规定》（DL/T 5390—2014）第5.1.9条。

63．AB

依据：《架空输电线路电气设计规程》（DL/T 5582—2020）第8.0.4条。

64．ABD

依据：《架空输电线路电气设计规程》（DL/T 5582—2020）第8.0.1条及老版线路手册第292页表5-2-2，A项应为"大于等于"。

65．AB

依据：《架空输电线路电气设计规程》（DL/T 5582—2020）表6.2.7。

66．ABC

依据：新版线路手册第423页表7-1。或老版线路手册第293～294页。

67．AB

依据：新版线路手册第182页高土壤电阻率降低电阻率的方法可采用土壤的化学处理、换土，采用伸长接地带（有时辅以引外接地）或连接伸长接地体，增设接地装置。或老版线路手册第149页及134页。

68．BCD

依据：新版线路手册第324页第四节及第328页。或老版线路手册第198页第四节及第203页。

69．AC

依据：新版线路手册第352页第一段。或老版线路手册第226页第三部分。

70．ABD

依据：《架空输电线路电气设计规程》（DL/T 5551—2018）第4.2.12条。D项仅适用于终端和转角杆塔。

2012年注册电气工程师专业知识试题

（下午卷）及答案

一、单项选择题（共40题，每题1分，每题的备选项中只有1个最符合题意）

1. 下列哪一条不符合爆炸气体环境中电气设备布置及选型要求？　　（　　）
（A）将正常运行时发生火花的电气设备布置在没有爆炸危险的环境内
（B）将正常运行时发生火花的电气设备布置在爆炸危险性小的环境
（C）在满足生产工艺及安全的前提下，应减少防爆电气设备的数量
（D）爆炸性气体环境中的电气设备必须采用携带式

2. 在发电厂中，当电缆采用架空敷设时，不需要设置阻火措施的地方是下列哪个部位？
　　（　　）
（A）穿越汽机房、锅炉房和集中控制楼的隔墙处
（B）两台机组连接处
（C）厂区围墙处
（D）电缆桥架分支处

3. 在变电站或发电厂的设计中，作为载流导体的钢母线适用于下列哪种场合？（　　）
（A）持续工作电流较大的场合　　　（B）对铝有严重腐蚀的重要场合
（C）额定电流小而短路电动力较大的场合　（D）大型发电机出线端部

4. 220kV架空线路的某跨线挡，导线悬挂点高度为25m，弧垂为12m，在此挡100m处发生了雷云对地放电，雷电流幅值为60kA。该线路挡上产生的感应过电压最大值为下列哪个数值？　　（　　）
（A）375kV　　　　　　　　　　　（B）255kV
（C）195kV　　　　　　　　　　　（D）180kV

5. 发电厂和变电站的35～110kV母线，下列哪种母线形式不需要装设专用母线保护？
　　（　　）
（A）110kV双母线
（B）需要快速切除母线故障的110kV单母线
（C）变电站66kV双母线
（D）需要快速切除母线故障的重要发电厂的35kV单母线

6. 某变电站选用了400kVA，35/0.4kV站用变压器，其低压侧进线回路持续工作电流为

下列哪个数值？ （　）
(A) 519A (B) 577A
(C) 606A (D) 638A

7. 下列哪类灯具的防爆结构不符合爆炸危险区域为1区的选型规定？ （　）
(A) 固定式灯具的防爆结构采用隔爆型
(B) 携带式的电池灯具的防爆结构采用隔爆型
(C) 镇流器的防爆结构采用隔爆型
(D) 指示灯类的防爆结构采用增安型

8. 水电厂 110~220kV 配电装置使用气体绝缘金属封闭开关设备（GIS）时，采用下列哪种接线是错误的？ （　）
(A) 桥形接线
(B) 双桥形接线
(C) 单母线接线
(D) 出线回路较多的大型水电厂可采用单母线分段带旁路接线

9. 某 220kV 变电站的控制电缆的绝缘水平选用下列哪种是经济合理的？ （　）
(A) 110/220V (B) 220/380V
(C) 450/750V (D) 600/1000V

10. 在超高压线路的并联电抗器上装设中性点小电抗的作用是下列哪条？ （　）
(A) 限制合闸过电压 (B) 限制操作过电压
(C) 限制工频谐振过电压和潜供电流 (D) 限制雷电过电压

11. 在电力系统中，下列哪种线路的相间短路保护宜采用近后备方式？ （　）
(A) 10kV 线路 (B) 35kV 线路
(C) 110kV 线路 (D) 220kV 线路

12. 在火电厂化学水处理车间的加氯间，宜采用下列哪一选项的灯具？ （　）
(A) 荧光灯 (B) 防爆灯
(C) 块板灯 (D) 防腐蚀灯

13. 在电力系统中，500kV 高压配电装置非出线方向的围墙外多远处其无线电干扰水平不宜大于 50dB？ （　）
(A) 20m (B) 30m
(C) 40m (D) 50m

14. 6kV 厂用电系统中短路冲击电流与下列哪项因素无关？ （　）

(A) 厂用电源的短路冲击电流　　　　(B) 电动机的反馈冲击电流

(C) 电动机的冲击系数　　　　　　　(D) 继电保护整定时间

15. 在220kV屋外配电装置中，当Ⅰ母与Ⅱ母平行布置时，其两组母线间的安全距离应按下列哪种情况校验？　　　　　　　　　　　　　　　　　　　　　　　　（　　）

(A) 应按不同相的带电部分之间距离（A_2值）校验

(B) 应按无遮拦裸导体至构筑物顶部之间的距离（C值）校验

(C) 应按交叉的不同时停电检修的无遮拦带电部分之间距离（B_1值）校验

(D) 应按平行的不同时停电检修的无遮拦带电部分之间距离（D值）校验

16. 某一区域220kV电网，系统最高运行电压为242kV，其220kV变电站中无间隙金属氧化物避雷器的持续运行电压不应低于下列哪一项？　　　　　　　　　　　（　　）

(A) 242kV　　　　　　　　　　　　(B) 220kV

(C) 109kV　　　　　　　　　　　　(D) 140kV

17. 单机容量为300MW的火力发电厂中，每台机组直流系统采用控制和动力负荷合并供电方式，设两机组均采用220V蓄电池组，在统计每台机组直流负荷时下列哪项是不正确的？　　　　　　　　　　　　　　　　　　　　　　　　　　　　　　（　　）

(A) 控制负荷，每组应按全部负荷统计

(B) 直流电动机按所接蓄电池组运行统计

(C) 直流应急照明负荷，每组应按全部负荷的60%统计

(D) 两组蓄电池的直流系统设有联络线时，每组蓄电池仍按各自所连接的负荷考虑，不因互联而增加负荷容量的统计

18. 某企业电网，系统最大发电机负荷为2580MW，最大发电机组为300MW，系统总备用容量和事故备用容量应为下列哪一组数值？　　　　　　　　　　　　　（　　）

(A) 516MW，258MW　　　　　　　　(B) 516MW，300MW

(C) 387MW，258MW　　　　　　　　(D) 387MW，129MW

19. 在电力系统中，R-C阻容吸收装置用于下列哪种过电压的保护？　　　　（　　）

(A) 雷电过电压　　　　　　　　　　(B) 操作过电压

(C) 谐振过电压　　　　　　　　　　(D) 工频过电压

20. 在选择主变压器时，下列哪一种选择条件是不正确的？　　　　　　　（　　）

(A) 在发电厂中，两种升高电压级之间的联络变压器宜选用自耦变压器

(B) 在220kV及以上变电站的主变压器宜选用自耦变压器

(C) 单机容量在125MW及以下，以两种升高电压向用户供电或与电力系统连接的主变压器应选用自耦变压器

（D）200MW 及以上机组不宜采用三绕组变压器

21. 对于 220kV 配电装置电压互感器的配置原则，以下哪种说法不正确？　　（　　）
（A）可以采用按母线配置方式
（B）可以采用按回路配置方式
（C）不宜采用按母线配置方式
（D）电压互感器的配置应满足测量、保护、同期和自动装置的要求

22. 在电力系统中，断路器防跳功能的描述中，哪种描述是正确的？　　（　　）
（A）防止断路器三相不一致而导致跳闸
（B）防止断路器由于控制回路原因而多次跳合
（C）防止断路器由于控制回路原因而不能跳合
（D）防止断路器由于控制回路原因而导致误跳闸

23. 电力工程直流系统的绝缘检测中，下列哪项是不需要的？　　（　　）
（A）监测出主导线正极对地的电压值及绝缘电阻值
（B）监测出主导线负极对地的电压值及绝缘电阻值
（C）监测出主导线正、负极之间的电压值及绝缘电阻值
（D）当直流系统绝缘电阻低于规定值时，应能显示有关的参数和发出信号

24. 在发电厂中，主厂房到网络控制楼的每条电缆沟容纳的电缆回路不宜超过 2 台机组电缆时，其机组的单机容量为下列哪一数值？　　（　　）
（A）125MW　　　　　　　　　（B）200MW
（C）300MW　　　　　　　　　（D）600MW

25. 变电站中，10kV 支柱绝缘子的选择应进行动稳定校验，当短路冲击电流 50kA，相间距 30cm，三相母线水平布置，绝缘子上受力折算系数简化为 1，绝缘子间距离 100cm，此时绝缘子承受的电动力是下列哪个值？　　（　　）
（A）1466.7N　　　　　　　　（B）1466.7g
（C）2933.4N　　　　　　　　（D）2933.4g

26. 对于配电装置位置的选择，以下哪种规定不正确？　　（　　）
（A）宜避开冷却塔常盛行风向的下风侧
（B）布置在自然通风冷却塔冬季盛行风向的下风侧时，配电装置架构边距自然通风冷却塔零米外壁的距离不应小于 40m
（C）布置在自然通风冷却塔冬季盛行风向的上风侧时，配电装置架构边距自然通风冷却塔零米外壁的距离不应小于 25m
（D）配电装置架构边距机力通风冷却塔零米外壁的距离在严寒地区不应小于 25m

27. 发电厂和变电站中，断路器控制回路电压采用直流 110V，断路器跳闸线圈额定电流 3A，在额定电压工况下，以下描述错误的是哪项？ （　　）
（A）跳闸中间继电器电流自保持线圈的电压降应不大于 5.5V
（B）跳闸中间继电器电流自保持线圈的额定电流为 2A
（C）电流启动电压保持"防跳"继电器的电流启动线圈不应大于 11V
（D）具有电流和电压线圈的中间继电器，其电流和电压线圈采用正极性接线

28. 一座有三台主变压器的变电站站用电负荷包括：直流充电装置 40kW、冷却装置 40kW/台、保护室 30kW、生活水泵 30kW、配置装置加热负荷 20kW、照明负荷 10kW。该变电站的站用变压器最小需选下列哪一选项？ （　　）
（A）160kVA　　　　　　　　　　　（B）200kVA
（C）250kVA　　　　　　　　　　　（D）315kVA

29. 500kV 输电线路导线采用 LGJ-400/50，地线采用镀锌钢绞线，请问覆冰区段地线的最小标称截面积应为下列哪项数值？ （　　）
（A）80mm²　　　　　　　　　　　（B）100mm²
（C）120mm²　　　　　　　　　　　（D）150mm²

30. 双联及以上的多联绝缘子串应验算断一联后的机械强度，其断联情况下的安全系数不应小于以下哪个数值？ （　　）
（A）盘型绝缘子机械强度断联情况下的安全系数不应小于 1.5
（B）盘型绝缘子机械强度断联情况下的安全系数不应小于 2.0
（C）盘型绝缘子机械强度断联情况下的安全系数不应小于 1.8
（D）盘型绝缘子机械强度断联情况下的安全系数不应小于 2.7

31. 覆冰区段，与 110kV 线路 LGJ-240/30 导线配合的镀锌绞线最小标称截面积不小于下列哪一项？ （　　）
（A）35mm²　　　　　　　　　　　（B）50mm²
（C）80mm²　　　　　　　　　　　（D）100mm²

32. 关于绝缘子配置，以下哪项是不正确的？ （　　）
（A）高海拔地区悬垂绝缘子片数需要进行海拔修正
（B）相间爬电距离的复合绝缘子串的耐污能力比一般盘型绝缘子强
（C）由于高杆塔而增加绝缘子片数时，雷电过电压最小间隙不变
（D）绝缘子片数选择时，一般需要考虑环境污秽变化因素

33. 架空送电线路每基杆塔都应良好接地，降低接地电阻的主要目的是什么？ （　　）
（A）减小入地电流引起的跨步电压
（B）改善导线绝缘子串上的电压分布（类似于均压环的作用）

（C）提高线路的反击耐雷水平
（D）良好的工作接地，确保带电作业的安全

34. 在进行杆塔地震影响的验算中，风速取多少？（　　）
（A）最大设计风速　　　　　　　（B）1/2 最大设计风速
（C）10m/s　　　　　　　　　　　（D）0m/s

35. 500kV 全线架设地线的输电线，某一杆塔高 100m，在操作过电压及雷电过电压要求的悬垂绝缘子片数应为下列哪项数值（单片绝缘子高度为 155m）？（　　）
（A）25 片　　　　　　　　　　　（B）30 片
（C）31 片　　　　　　　　　　　（D）32 片

36. 中性点非直接接地系统，为降低中性点长期运行中的电位，可采用下列哪种方式来平衡不对称电容电流？（　　）
（A）增加导线分裂数量　　　　　（B）紧凑型架空送电线路
（C）中性点小电抗　　　　　　　（D）变换输电线路相序排列

37. 在海拔不超过 1000m 的地区，在相应风偏条件下，220kV 线路带电部分与杆塔构件（包括拉线、铆钉等）的最小间隙哪个是正确的？（　　）
（A）工频电压 0.50m；操作过电压 1.45m；雷电过电压 1.90m
（B）工频电压 0.55m；操作过电压 1.45m；雷电过电压 1.90m
（C）工频电压 0.55m；操作过电压 1.50m；雷电过电压 1.90m
（D）工频电压 0.55m；操作过电压 1.45m；雷电过电压 1.80m

38. 对于一般线路，铝钢比不小于 4.29 的钢芯铝绞线，平均运行张力为拉断力的 22%时，不论档距大小，采用哪项措施？（　　）
（A）不需要　　　　　　　　　　（B）护线条
（C）防振锤　　　　　　　　　　（D）防振锤+阻尼线

39. 档距为 500～700m，电线挂点高度为 40m，产生振动的风速是下列何值？（　　）
（A）0.5～10.0m/s　　　　　　　（B）0.5～8.0m/s
（C）0.5～15.0m/s　　　　　　　（D）0.5～6.0m/s

40. 导线张力与其单位长度质量之比 T/m 可确定导线的微风振动性，架空线路在 B 类地区（指一般无水面平坦地区）的单导线，当档距不超过 500m 时，在最低气温月的平均气温条件下，挡中安装 2 个防振锤，导线的 T/m 比值在什么范围是安全的？（　　）
（A）19500～20500 m^2/s^2　　　　（B）21500～22500 m^2/s^2
（C）16900～17500 m^2/s^2　　　　（D）17500～19500 m^2/s^2

二、多项选择题（共30题，每题2分。每题的备选项中有2个或2个以上符合题意。错选、少选、多选均不得分）

41. 单机容量为 600MW 机组的发电厂汽机房内，电缆夹层中火灾自动报警系统可单独选用的火灾探测器类型应为下列哪几项？（   ）
    - （A）吸气式感烟
    - （B）缆式线型感温
    - （C）点型感烟
    - （D）缆式线型感温和点型感烟组合

42. 在电力系统中，为了限制短路电流，在变电站中可以采取下列哪几项措施？（   ）
    - （A）主变压器分列运行
    - （B）主变压器并列运行
    - （C）主变压器回路串联电抗器
    - （D）主变压器回路并联电抗器

43. 某地区 10kV 系统经消弧线圈接地，请问为了检查和监视一次系统单相接地，下列有关电压互感器的选择哪些是正确的？（   ）
    - （A）采用三相五柱式电压互感器
    - （B）采用三个单相式电压互感器
    - （C）电压互感器辅助绕组额定电压应为 100V
    - （D）电压互感器辅助绕组额定电压应为 100V/3

44. 在变电站中，对需要装设过负荷的降压变压器，下列哪几种设置是正确的？（   ）
    - （A）两侧电源的三绕组变压器装在两个电源侧
    - （B）双绕组变压器，装于高压侧
    - （C）单侧电源的三绕组变压器，当三侧绕组容量相同时，装于电源侧
    - （D）单侧电源的三绕组变压器，当三侧绕组容量不相同时，装于电源侧和容量较小的绕组侧

45. 有一台 25MW 小型发电机经一台主变压器接到升高电压系统，其 6kV 高压厂用电源由主变压器低压侧引接，对如何设置备用电源，下面的接线哪几条是符合规程规定的？（   ）
    - （A）可以不设备用电源
    - （B）从主变压器低压侧再引一回电源作为备用电源
    - （C）从主变压器高压侧引一回电源作为备用
    - （D）从电厂附近引一回可靠电源作为备用电源

46. 依照照明分类原则，火力发电厂、变电站的应急照明包括下列哪些类型？（   ）
    - （A）障碍照明
    - （B）备用照明
    - （C）安全照明
    - （D）疏散照明

47. 在选择电力变压器分接头和调压方式时，下列规定哪些是正确的？（   ）
    - （A）分接头设在高压绕组或中压绕组上

(B) 分接头在网络电压变化最大的绕组上
(C) 分接头应设在三角形连接的绕组上
(D) 无励磁分接开关应尽量减少分接头的数量

48. 500kV 母线上接地开关设置数量的确定与下列哪些因素有关？　　（　　）
(A) 母线的短路电流　　　　　　　(B) 平行母线的长度
(C) 不同时停电的两条母线之间的距离　(D) 母线载流量

49. 为防止发电机自励磁过电压，可采取下列哪些限制措施？　　（　　）
(A) 避免发电机带空载线路启动或避免以全电压向空载线路合闸
(B) 采用快速励磁自动调节器
(C) 使发电机容量大于被投入空载线路的充电功率
(D) 线路上装设并联电抗器

50. 关于电力工程的直流系统电缆截面的计算电流，下列哪些是正确的？　　（　　）
(A) 蓄电池回路为蓄电池 1h 放电率电流
(B) 直流电动机回路为 2 倍的电动机额定电流
(C) 电磁机构合闸回路为合闸线圈合闸电流
(D) 直流事故照明回路为照明馈线计算电流

51. 下列哪几条不符合生产车间的照明标准值要求？　　（　　）
(A) 集中控制室在 0.75m 水平面的照度为 320lx
(B) 汽机房运转层的照度为 150lx
(C) 蓄电池室地面的照度为 110lx
(D) 高压厂用配电装置室地面的照度为 180lx

52. 下列哪些规定符合爆炸性气体环境 1 区内电缆配线的技术要求？　　（　　）
(A) 铜芯电力电缆在沟内敷设时的最小截面积 $2.5mm^2$
(B) 铜芯电力电缆明敷设时的最小截面积 $2.5mm^2$
(C) 铜芯控制电缆在沟内敷设时的最小截面积 $1.5mm^2$
(D) 铜芯照明电缆在沟内敷设时的最小截面积 $2.5mm^2$

53. 变电站中，可以作为并联电容器组泄能设备的是下列哪几种？　　（　　）
(A) 电容式电压互感器　　　　　　(B) 电磁式电压互感器
(C) 放电器件　　　　　　　　　　(D) 电流互感器

54. 以下对火力发电厂和变电站电气控制方式描述正确的是哪些项？　　（　　）
(A) 发电厂交流不停电电源宜采用就地控制方式
(B) 110kV 无人值班变电站不设置主控制室

（C）一个100MW的发电厂采用主控制室的控制方式，在主控制室内控制的设备有发电机变压器组、110kV线路、全厂共用的消防水泵等

（D）发电机变压器组采用一个半断路器接线接入500kV配电装置时，发电机出口断路器与发电机变压器组相关的两台500kV断路器都应在机组DCS中控制

55. 某变电站的站用配电屏成排布置，成排长度为下列哪几种时，屏后通道需设两个出口。（　　）

（A）5m　　　　　　　　　　（B）6m
（C）8m　　　　　　　　　　（D）10m

56. 下列关于应急照明的规定哪些不正确？（　　）
（A）直流供电的应急照明宜采用荧光灯
（B）单元控制室主环内的应急照明照度，按正常照明照度的30%选取
（C）主厂房厂用配电装置室内应急照明地面的照度不应小于20lx
（D）直流应急照明的照度按正常照度值15%选取

57. 对水电厂110～220kV配电装置来说，敞开式配电装置进出线回路不大于5回时，可采用下列哪些接线方式？（　　）
（A）桥形接线　　　　　　　　（B）角形接线
（C）单母线接线　　　　　　　（D）双母线接线

58. 变电站中，一台额定电流630A的10kV真空断路器，可用于下列哪几种10kV三相电容器组？（　　）
（A）10000kvar　　　　　　　（B）8000kvar
（C）5000kvar　　　　　　　　（D）3000kvar

59. 当水电站接地电阻难以满足运行要求时，因地制宜采用下列哪几条措施是正确的？（　　）
（A）水下接地　　　　　　　　（B）引外接地
（C）深井接地　　　　　　　　（D）将钢接地极更换为铜质接地极

60. 在电力系统中，下列哪些叙述符合电缆敷设要求？（　　）
（A）电力电缆采用直埋方式，在地下煤气管道正上方1m处
（B）在电缆沟内，电力电缆与热力管道的最小平行距离为1m
（C）35kV电缆采用水平敷设时，在直线段每隔不少于100m处宜有固定措施
（D）电缆支架除支持工作电流大于1500A的交流系统单芯电缆外，宜选用钢制

61. 选择和校验高压熔断器串真空接触器时，下列规定哪些正确的？（　　）
（A）高压限流熔断器不宜并联使用，也不宜降压使用

（B）高压熔断器的额定开断电流，应大于回路中最大预期短路电流冲击值
（C）在变压器架空线路回路中，不宜采用高压熔断器串真空接触器作为保护和操作设备
（D）真空接触器应能承受和关合限流熔断器的切断电流

62. 某沿海电厂规划安装 4×300MW 供热机组，以 220kV 电压等级接入电网，选择该厂送出线路需要考虑的因素有哪些？　　　　　　　　　　　　　　　　　　（　　）
（A）按经济电流密度选择导线截面的输送容量
（B）按电压损失校验导线截面
（C）当一回线路故障或检修停运时，其他线路不应超过导线按容许发热条件的持续输送容量
（D）当一回送出线路发生三相短路不重合时电网应保持稳定

63. 金具强度的安全系数下列说法哪些是正确的？　　　　　　　　　　　　（　　）
（A）在断线时金具强度的安全系数不应小于 1.5
（B）在断线时金具强度的安全系数不应小于 1.8
（C）在断联时金具强度的安全系数不应小于 1.5
（D）在断联时金具强度的安全系数不应小于 1.8

64. 对于同塔双回或多回路，杆塔上地线对边导线的保护角，应符合下列哪些要求？
　　　　　　　　　　　　　　　　　　　　　　　　　　　　　　　　　　（　　）
（A）220kV 及以上线路的保护角不宜大于 0°
（B）110kV 线路的保护角不宜大于 10°
（C）220kV 及以上线路的保护角均不宜大于 5°
（D）110kV 线路的保护角不宜大于 15°

65. 杆塔接地体的引出线以下哪些要求不正确？　　　　　　　　　　　　　（　　）
（A）接地体引出线的截面积不应小于 50mm² 并应进行热稳定验算
（B）接地体引出线表面应进行有效的防腐处理
（C）接地体引出线的截面积不应小于 25mm² 并应进行热稳定验算
（D）接地体引出线的表面可不进行有效的防腐处理

66. 架空送电线路接地装置接地体的截面积和形状对接地电阻的影响，哪些不正确？
　　　　　　　　　　　　　　　　　　　　　　　　　　　　　　　　　　（　　）
（A）当采用不小于 ϕ12 圆钢时，以降低集肤效应的影响
（B）当采用扁钢时，雷电流沿 4 棱线泄出，电阻大
（C）接地钢材的截面形状对接地电阻的影响不大
（D）接地体圆钢采用镀锌是进一步降低接地电阻

67. 悬垂型杆塔的安装情况，需要考虑下列哪些荷载组合？　　　　　　　　（　　）

（A）有一根地线进行挂线作业，另一根地线尚未架设或已经架设，部分导线已经架设
（B）提升导线、地线及其附件时的作用荷载
（C）导线及地线锚线作业时的作用荷载
（D）有一根地线进行挂线作业，另一根地线尚未架设或已经架设，全部导线已经架设

68. 对于中冰区单回路悬垂型杆塔，断线情况按断线、5℃，有冰、无风荷载计算断线荷载组合中下列哪种说法是正确的？ （ ）
（A）中冰区，单导线断任意一相导线（分裂导线任意一相导线有纵向不平衡张力），地线未断
（B）中冰区同一挡内，单导线断任意两相导线（分裂导线任意两相导线有纵向不平衡张力），地线未断
（C）断任意一根地线，导线未断
（D）同一挡内，断任意一根地线，单导线断任意一相导线（分裂导线任意一相导线有纵向不平衡张力）

69. 对于超高压交流输电线路的路径选择，下列哪些说法是正确的？ （ ）
（A）宜避开重冰区、易舞动区及影响安全运行的其他地区
（B）应避开重冰区、易舞动区及影响安全运行的其他地区
（C）宜避开如电台、机场、弱电线路等邻近设施
（D）应考虑与电台、机场、弱电线路等邻近设施的相互影响

70. 设计一条采用3分裂导线的架空线路，对于耐张段长度，下列哪些说法是不正确的？ （ ）
（A）轻冰区采用分裂导线的线路不宜大于20km
（B）轻冰区采用单导线的线路不宜大于10km
（C）当耐张段长度较长时应采取防串倒措施
（D）如导线制造长度较长时，耐张段长度可适当延长

答　　案

一、单项选择题

1. D

依据：《爆炸危险环境电力装置设计规范》（GB 50058—2014）第5.1.1条。D选项"必须"应为"不宜"，2014版中"气体"改成了"粉尘"。

2. C

依据：《火力发电厂与变电站设计防火规范》（GB 50229—2019）第6.8.3条。

3. C

依据：《导体和电器选择设计技术规定》（DL/T 5222—2005）第7.1.3条。DL/T 5222—2021

第 5.1.3 条已修改。

4．B

依据：《交流电气装置的过电压保护和绝缘配合》（DL/T 620—1997）第 5.1.2 条式（2）。$U_\mathrm{i}=\dfrac{25Ih_\mathrm{c}}{s}=\dfrac{25\times60\times17}{100}=255$ (kV)；《交流电气装置的过电压保护和绝缘配合设计规范》（GB/T 50064—2014）取消了此公式；老版线路手册第 125 页式(2-7-9) $h_\mathrm{av}=h-\dfrac{2}{3}f=25-\dfrac{2}{3}\times12=17$ (m)，两本书中 h_av 和 h_c 均为平均高度，只是不同的书的表述不同。

5．C

依据：《继电保护和安全自动装置技术规程》（GB/T 14285—2006）第 4.8.2 条。其余选项均必须安装。GB/T 14285—2023 第 5.5 节已更改描述。

6．C

依据：《220kV～1000kV 变电站站用电设计技术规程》（DL/T 5155—2016）第 D.0.1 条。$I_\mathrm{e}=1.05\times\dfrac{S_\mathrm{e}}{\sqrt{3}U_\mathrm{e}}=1.05\times\dfrac{400}{\sqrt{3}\times0.4}=606$ (A)。

7．D

依据：《爆炸和火灾危险环境电力装置设计规》（GB 50058—1992）表 2.5.3-4。

注：《爆炸危险环境电力装置设计规范》（GB 50058—2014）取消此内容。

8．D

依据：《水力发电厂机电设计规范》（NB/T 10878—2021）第 4.2.8-2 款。说明：GIS 设备使用可靠性高，不需要也不推荐使用占地大操作复杂的旁路接线。

9．C

依据：《电力工程电缆设计规范》（GB 50217—2018）第 3.3.5 条。2018 版取消了该规定。

10．C

依据：《导体和电器选择设计技术规定》（DL/T 5222—2021）第 18.4.4 条。

11．D

依据：《继电保护和安全自动装置技术规程》（GB/T 14285—2023）第 5.1.2.2 条。

12．D

依据：《发电厂和变电站照明设计技术规定》（DL/T 5390—2014）第 5.1.1-2 条。

13．A

依据：《高压配电装置设计技术规程》（DL/T 5352—2018）第 3.0.12 条。

14．D

依据：《火力发电厂厂用电设计技术规程》（DL/T 5153—2014）附录 L 式（L.0.1-8）。

15．D

依据：《高压配电装置设计技术规程》（DL/T 5352—2018）表 5.1.2-1。按平行的不同时停电检修的无遮拦导体。

16．D

依据：《交流电气装置的过电压保护和绝缘配合设计规范》（GB/T 50064—2014）第 4.4.3

条及表 4.4.3。$U = \dfrac{U_\mathrm{m}}{\sqrt{3}} = \dfrac{242}{\sqrt{3}} = 140$ (kV)。

17．B

依据：《电力工程直流电源系统设计技术规程》(GB/T 5044—2014) 第 4.2.1 条。B 项应为"动力负荷宜平均分配在 2 组蓄电池组上"。

18．B

依据：《电力系统设计技术规程》(DL/T 5429—2009) 第 5.2.3 条。企业电网为小系统，系统总备用容量为 20%最大发电负荷，即 516MW，事故备用容量为 8%～10%最大发电负荷且不小于 1 台最大单机容量，即 300MW。

19．B

依据：新版一次手册第 746 页第五部分第 2 条第（4）款或新版变电手册第 225 页第五部分第 2 条第（2）款。或老版一次手册第 868 页第五部分第 2 条第（4）款或者《交流电气装置的过电压保护和绝缘配合设计规范》(GB/T 50064—2014) 第 4.2.8 条、第 4.2.9 条。

20．C

依据：新版一次手册第 190 页和 205 页。C 项应为三绕组。B 项内容已删除。或老版一次手册第 216～217 页。

21．C

依据：《高压配电装置设计技术规程》(DL/T 5352—2018) 第 2.1.10 条及条文说明。

22．B

依据：老版二次手册第 19 页一（1）第（6）条及第 96 页第六部分。

新版二次手册已删除此内容。

23．C

依据：老版二次手册第 326 页第（4）条自检或《电力工程直流系统设计技术规程》(DL/T 5044—2014) 第 5.2.4 条。新版二次手册已删除此内容。

24．A

依据：《大中型火力发电厂设计规范》(GB 50660—2011) 第 16.9.6-1 条。

25．A

依据：新版变电手册第 110-111 页式（4-26）、表 4-51、表 4-52。或老版一次手册第 255～256 页式（6-27）、表 6-40、表 6-41。$P = F = 1.76 \times 10^{-1} \times \dfrac{i_\mathrm{ch} I_\mathrm{p}}{a} = 1.76 \times 10^{-1} \times \dfrac{50^2 \times 100}{30} = 1466.7 \text{(N)}$。

26．D

依据：《高压配电装置设计技术规程》(DL/T 5352—2006) 第 6.0.1 条。D 项应为 60m。2018 版已作较大修改，无法作答。

27．B

依据：《火力发电厂、变电站二次接线设计技术规程》(DL/T 5136—2012) 第 7.1.4-2 条、第 7.1.4-3 条、第 7.1.5 条。B 项应为不大于 50%×3=1.5(A)。

28．C

依据：《220kV～1000kV 变电站站用电设计技术规程》(DL/T 5155—2016) 第 3.1.5 条及条文说明和第 4.1 条、第 4.2 条及附录 A。$S \geqslant 0.85 \times (40+40 \times 3 + 30 + 30) + 30 + 20 = 237$ (kVA)，故

选 C。

29．B

依据：《110kV～750kV 架空输电线路设计规范》（GB 50545—2010）第 5.0.12 条小注。DL/T 5582—2020 表 5.1.14 已更改表头。

30．A

依据：《架空输电线路电气设计规程》（DL/T 5582—2020）第 8.0.1 条。

31．C

依据：《110kV～750kV 架空输电线路设计规范》（GB 50545—2010）第 5.0.12 条及表 5.0.12。DL/T 5582—2020 表 5.1.14 已更改表头。

32．C

依据：《架空输电线路设计规范》（DL/T 5582—2020）第 6.1.5 条，A 正确；第 6.2.4 条，B 正确；第 6.2.3 条，C 错误；第 6.1.2 条，D 正确。选错误的，所以选 C。

33．C

依据：新版线路手册第 182 页。或老版线路手册第 134 页。

34．A

依据：新版线路手册第 474 页表 8-31。或老版线路手册第 330～331 页表 6-2-9。

35．C

依据：《架空输电线路电气设计规程》（DL/T 5582—2020）第 6.2.2～6.2.3 条，
$n = 25 + \dfrac{100-40}{10} \times \dfrac{146}{155} = 30.65$（片），即 31 片。

36．D

依据：《架空输电线路电气设计规程》（DL/T 5582—2020）第 9.5.1-5 款。

37．B

依据：《架空输电线路电气设计规程》（DL/T 5582—2020）表 6.2.5。

38．B

依据：《架空输电线路电气设计规程》（DL/T 5582—2020）第 5.2.1 条。

39．D

依据：新版线路手册第 348 页表 5-39。或老版线路手册第 222 页表 3-6-3。

40．B

依据：新版线路手册第 351 页。或老版线路手册第 226 页。

二、多项选择题

41．AD

依据：新版变电手册第 51 页。或老版一次手册第 120 页。B 项主变并列运行之后综合阻抗会减小，反而增大短路电流；D 项并联电抗并不改变短路阻抗值，只有串联才起作用。

42．AC

依据：老版一次手册第 120 页。B 项主变并列运行之后综合阻抗会减小，反而增大短路电流；D 项并联电抗并不改变短路阻抗值，只有串联才起作用。

43．ABD

依据：《火力发电厂、变电站二次接线设计技术规程》(DL/T 5136—2012) 第 5.4.11-4 款。C 项是中性点直接接地系统辅助绕组的额定电压值。

44. BCD

依据：老版二次手册第 616 页。A 项应三侧均装。

新版二次手册第 392 页此部分内容已删除。

45. CD

依据：《小型火力发电厂设计规范》(GB 50049—2011) 第 17.3.6 条。条文中规定当无发电机电压母线时，应从高压配电装置中电源可靠的最低一级母线引接，而此处主变压器低压侧不可靠，当主变压器停电时，低压侧也停电，所以只能从高压侧引接。

46. BD

依据：《发电厂和变电站照明设计技术规定》(DL/T 5390—2014) 第 3.2.1-2 条。

注：本新规定中取消了安全照明。

47. ABD

依据：《导体和电器选择设计技术规定》(DL/T 5222—2021) 第 6.0.15-1 款，A 正确；第 6.0.15-3 款，B 正确；第 6.0.15-2 款，C 错误；第 6.0.16-3 款，D 正确，选正确的，所以选 ABD。

48. ABCD

依据：《高压配电装置设计技术规程》(DL/T 5352—2018) 第 2.1.8 条可知 BC 正确，依据新版一次手册第 407 页式 (10-8)～式 (10-11)，或新版变电手册第 256 页式 (8-4)～式 (8-11)。或老版一次手册第 574 页式 (10-2)～式 (10-7) 中可知母线电磁感应电压与母线短路电流、母线工作电流有关，所以 AD 正确。

49. ABCD

依据：《交流电气装置的过电压保护和绝缘配合》(DL/T 620—1997) 第 4.1.2-a 条及老版一次手册第 874 页右半段内容。D 项在手册的描述中有个限制条件，即只有在超高压电网中，才在线路上装设并联电抗器，但在《交流电气装置的过电压保护和绝缘配合设计规范》(GB/T 50064—2014) 第 6.1.4 条又取消了这个限制，所以判定 D 正确。

50. BCD

依据：《交流电气装置的过电压保护和绝缘配合》(DL/T 620—1997) 第 4.1.2-a 条及老版一次手册第 874 页右半段内容。D 项在手册的描述中有个限制条件，即只有在超高压电网中，才在线路上装设并联电抗器，但在《交流电气装置的过电压保护和绝缘配合设计规范》(GB/T 50064—2014) 第 6.1.4 条又取消了这个限制，所以判定 D 正确。新版一次手册已删除此部分内容。

51. ABCD

依据：《发电厂和变电站照明设计技术规定》(DL/T 5390—2014) 第 6.0.1 条。新规中很多照度值作了修改。其中 A 项应为 500 lx，BD 项为 200 lx，C 项为 100 lx。

52. ABD

依据：《爆炸危险环境电力装置设计规范》(GB 50058—2014) 第 5.4.1-4 条及表 5.4.1-1。C 项应为 $1.0 mm^2$。

53. BC

依据：老版一次手册第 250 页第二部分及《导体与电器选择技术规定》(DL/T 5222—2021)

第16.0.6条可知B正确，A不正确；《并联电容器装置设计规范》（GB 50227—2017）第5.6条知C正确。新版变电手册第98页第二部分删除了此部分内容。

54．ABC

依据：《火力发电厂、变电站二次接线设计技术规程》（DL/T 5136—2012）第3.2.5-5条可知A正确；第3.2.7-3条可知D错误；第3.3.1条可知B正确；由第3.2.1条、3.2.2条可知C项在DL/T 5136—2012版规范中已作修改即电厂的控制方式改为单元制和非单元制，在老规中此项是正确的。此是老题，不必纠结这个。D项没有说明无解列要求。

55．CD

依据：《220kV～1000kV变电站站用电设计技术规程》（DL/T 5155—2016）第7.3.4条可知长度超过6m时可设两个出口。

56．D

依据：由《火力发电厂和变电站照明设计技术规定》（DL/T 5390—2014）第6.0.1-1条可知厂用配电装置室内正常照度值为200 lx，由第6.0.4条可知B正确；厂用配电装置室内应急照明照度值可按正常值的10%～15%，故C正确；D应是10%；由第4.0.4条及条文说明可知A正确。新规中不分直流供电和交流供电，按老规范A不正确。

57．ABC

依据：《水力发电厂机电设计规范》（NB/T 10878—2021）第4.2.8-1款可知ABC均适合5回及以下情况。

58．BCD

依据：《并联电容器装置设计规范》（GB 50227—2008）第5.1.3条，电容器组断路器的稳态过电流倍数取1.3，则断路器适用的电容器组额定容量为 $Q \leqslant \sqrt{3} I_e U_e = \sqrt{3} \times \frac{630}{1.3} \times 10 = 8383$ (kvar)，故答案选择BCD。

59．ABC

依据：《水力发电厂接地设计技术导则》（NB/T 35050—2015）第5章的四个小节标题。

60．CD

依据：由《电力工程电缆设计规范》（GB 50217—2018）第5.3.5条可知A项应为不得；由表5.3.5可知B项应为2m；由第6.1.3条知C正确；由第6.2.2条知D正确。

61．ACD

依据：《火力发电厂厂用电设计技术规定》（DL/T 5153—2014）第6.2.4条。B项应为有效值，而非冲击值。

62．ACD

依据：由《电力系统设计技术规程》（DL/T 5429—2009）第6.5.5条可知AC正确。《电力系统设计手册》第183页第4点"只有电压在6kV、10kV以下，且截面在70～95mm^{2}以下时，才进行电压损失的校验"知B错；第155页第15行"发电厂接入系统的送电回路，在正常情况下突然失去一回时，除必须保持系统稳定外，一般还应能保持系统正常供电"知D正确。第155页第四节最后一段也可判断AC正确。

63．AC

依据：《架空输电线路电气设计规程》（DL/T 5582—2020）第8.0.1条。

64．AB

依据：《架空输电线路电气设计规程》（DL/T 5582—2020）第 7.2.3 条。

65．CD

依据：《架空输电线路电气设计规程》（DL/T 50545—2010）第 7.0.19 条，DL/T 5582—2020 第 7.4 节已修改此内容。

66．ABD

依据：老版线路手册第 137 页第（4）条《交流电气装置的接地设计规范》（GB/T 50065—2011）附录 A.0.1 式（A.0.1-3），A 项应为 ϕ10，B 可以降低电阻率，D 为防腐。

67．BC

依据：《架空输电线路荷载规范》（DL/T 5551—2018）第 9.0.1 条。

68．AC

依据：《架空输电线路荷载规范》（DL/T 5551—2018）第 4.2.14 条。BD 属于双回路杆塔的。

69．AD

依据：《架空输电线路电气设计规程》（DL/T 5582—2020）第 3.0.5～3.0.6 条。

70．ABD

依据：《架空输电线路电气设计规程》（DL/T 5582—2020）第 3.0.9 条。A 项应为 10km，B 项应为 5km，D 项导线制造长度与耐张段无关。

2012年注册电气工程师专业案例试题

（上午卷）及答案

【2012年上午题1~5】 某一般性质的220kV变电站，电压等级为220/110/10kV，两台相同的主变压器，容量为240/240/120MVA，短路阻抗 $U_{k12}\%=14$，$U_{k13}\%=25$，$U_{k23}\%=8$，两台主变压器同时运行的负载率为65%，220kV架空线路进线2回，110kV架空负荷出线8回，10kV电缆负荷出线12回，设两段，每段母线出线6回，每回电缆平均长度为6km，电容电流为2A/km，220kV母线穿越功率为200MVA，220kV母线短路容量为16000MVA，主变压器10kV出口设计 XKK-10-2000-10 限流电抗器一台。请回答下列问题。

1. 该变电站采用下列哪组主接线方式是经济合理、运行可靠的？（　　）
   （A）220kV 内桥、110kV 双母线、10kV 单母线分段
   （B）220kV 单母线分段、110kV 双母线、10kV 单母线分段
   （C）220kV 外桥、110kV 单母线分段、10kV 单母线分段
   （D）220kV 双母线、110kV 双母线、10kV 单母线分段

2. 请计算该变电站最大运行方式时，220kV进线的额定电流为下列哪项数值？（　　）
   （A）1785A　　　　　　　　（B）1344A
   （C）819A　　　　　　　　（D）630A

3. 假设该变电站220kV母线正常为合环运行，110kV、10kV母线分裂运行，则10kV母线的短路电流应为多少（计算过程小数点后保留三位，最终结果小数点后保留一位）？（　　）
   （A）52.8kA　　　　　　　（B）49.8kA
   （C）15.0kA　　　　　　　（D）14.8kA

4. 从系统供电经济合理性考虑，该变电站一台主变压器10kV侧最少应带下列哪项负荷值时，该变压器的选型是合理的？（　　）
   （A）120MVA　　　　　　　（B）72MVA
   （C）36MVA　　　　　　　（D）18MVA

5. 该变电站每台主变压器配置一台过补偿10kV消弧线圈，其计算容量应为（　　）
   （A）1122kVA　　　　　　　（B）972kVA
   （C）561kVA　　　　　　　（D）416kVA

【2012 年上午题 6～9】 某区域电网中现运行一座 500kV 变电站，根据负荷发展情况需要扩建，该变电站现状、本期及远景规模见下表。

	现有规模	远景建设规模	本期建设规模
主变压器	1×750MVA	4×1000MVA	2×1000MVA
500kV 出线	2 回	8 回	4 回
220kV 出线	6 回	16 回	14 回
500kV 配电装置	3/2 断路器接线	3/2 断路器接线	3/2 断路器接线
220kV 配电装置	双母线接线	双母线双分段接线	双母线双分段接线

6. 500kV 线路均采用 4×LGJ-400 导线，本期 4 回线路总长度为 303km，为限制工频过电压，其中一回线路上装有 120Mvar 并联电抗器；远景 8 回线路总长度预计为 500km，线路充电功率按照 1.18Mvar/km 计算。请计算远景及本期工程该变电站 35kV 侧配置的无功补偿低压电抗器容量应为下列哪组数值？ （　　）

（A）590Mvar，240Mvar
（B）295Mvar，179Mvar
（C）175Mvar，59Mvar
（D）116Mvar，23Mvar

7. 该变电站现有 750MVA 主变压器阻抗电压百分比为 $U_{k12}\%=14\%$，本期扩建的 2×1000MVA 主变阻抗电压百分比采用 $U_{k12}\%=16\%$。若三台主变压器并列运行，它们的负荷分布是怎样的，请计算说明。 （　　）

（A）三台主变压器负荷均匀分布
（B）1000MVA 主变压器容量不能充分发挥作用，仅相当于 642MVA
（C）三台主变压器按容量大小分布负荷
（D）1000MVA 主变压器容量不能充分发挥作用，仅相当于 875MVA

8. 本期扩建的 2×1000MVA 主变压器阻抗电压百分比采用 $U_{k12}\%=16\%$。请计算本期扩建的 2 台 1000MVA 的主变压器满载时，最大无功损耗应为多少（不考虑变压器空载电流）？ （　　）

（A）105Mvar
（B）160Mvar
（C）265Mvar
（D）320Mvar

9. 该变电站 220kV 为户外配电装置，采用软母线（JLHA2 型铝合金绞线），若远景 220kV 母线最大穿越功率为 1200MVA，在环境 35℃，海拔低于 1000m 条件下，根据计算选择以下哪种导线经济合理？ （　　）

（A）2×900mm²
（B）4×500mm²
（C）4×400mm²
（D）4×630mm²

【2012 年上午题 10～14】 某发电厂装有两台 300MW 机组，经主变压器升压至 220kV 接入系统。220kV 屋外配电装置母线采用支持式管形母线，为双母线接线分相中型布置，母

线采用φ120/110铝锰合金管，母联间隔跨线采用架空软导线。

10. 母联间隔有一跨跳线，请计算跳线的最大摇摆弧垂的推荐值是下列哪项数值？（导线悬挂点至梁底 b 为20cm，最大风偏时耐张线夹至绝缘子串悬挂点的垂直距离 f 为65cm，最大风偏时的跳线与垂直线之间夹角为45°，跳线在无风时的垂直弧垂 F 为180cm，详见下图。（ ）

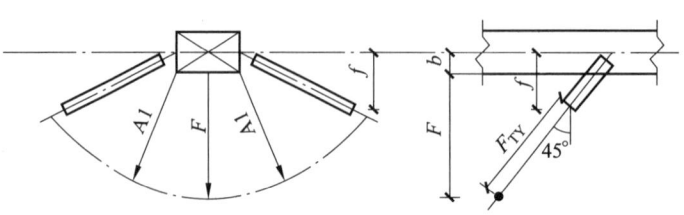

(A) 135cm (B) 148.5cm
(C) 190.9cm (D) 210cm

11. 母线选用管型母线支持式结构，相间距离 3m，母线支持绝缘子间距 14m，支持金具长 1m（一侧），母线三相短路电流 36kA，冲击短路电流 90kA，两相短路电流冲击值 78kA，请计算短路时对母线产生的最大电动力是下列哪项？（ ）
(A) 269.1kg (B) 248.4kg
(C) 330.7kg (D) 358.3kg

12. 配电装置的直击雷保护采用独立避雷针，避雷针高 35m，被保护物高度 15m，当其中两支避雷针的联合保护范围的宽度为 30m 时，请计算这两支避雷针之间允许的最大距离和单支避雷针对被保护物的保护半径是下列哪组数值？（ ）
(A) $r=20.9$m，$D=60.95$m (B) $r=20.9$m，$D=72$m
(C) $r=22.5$m，$D=60.95$m (D) $r=22.5$m，$D=72$m

13. 母线支持绝缘子间距 14m，支持金具长 1m（一侧），母线自重 4.96kg/m，母线上的隔离开关静触头重 15kg，请计算母线挠度是哪项值（$E=7.1\times10^5$kg/cm^2，$J=299$cm^4）？（ ）
(A) 2.75cm (B) 3.16cm
(C) 3.63cm (D) 4.89cm

14. 出线隔离开关采用双柱型，母线隔离开关为剪刀型，下面列出的配电装置的最小安全净距中，哪一条是错误的？并说明理由。（ ）
(A) 无遮拦架空线对被穿越的房屋屋面间 4300mm
(B) 出线隔离开关断口间 2000mm
(C) 母线隔离开关动静触头间 2000mm
(D) 围墙与带电体间 3800mm

【2012年上午题 15~20】 某风电场升压站的110kV主接线采用变压器线路组接线，一台主变压器容量为100MVA，主变压器短路阻抗10.5%，110kV配电装置采用屋外敞开式，升压站地处海拔1000m以下，站区属多雷区。

15. 该站110kV侧主接线简图如下，请问接线图中有几处设计错误，并简要说明原因。（　　）

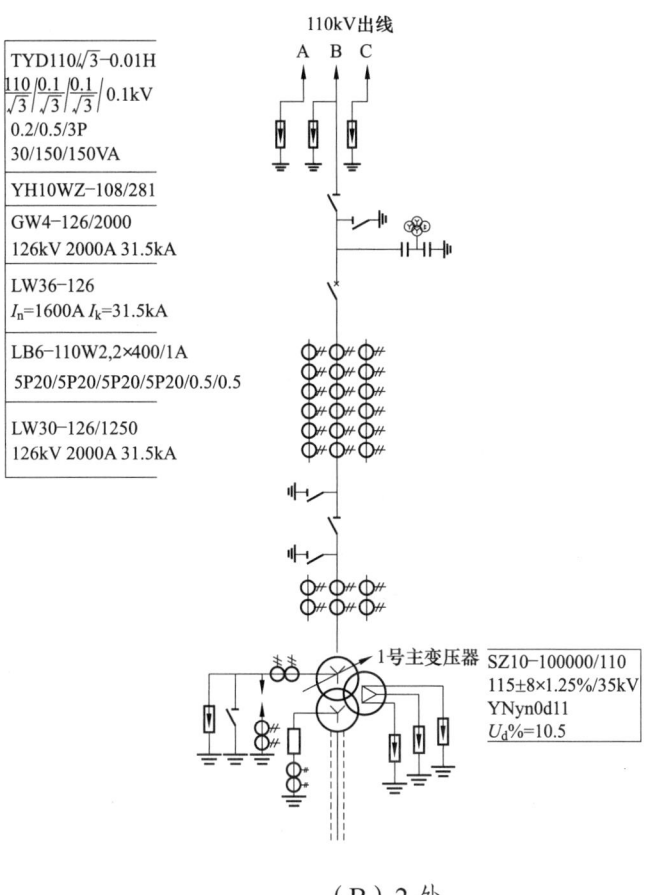

(A) 1处 (B) 2处
(C) 3处 (D) 4处

16. 下图为风压站的断面图，该站的土壤电阻率 $\rho=500\Omega\cdot m$，请问图中布置上有几处设计错误，并简要说明原因。（　　）

(A) 1处 (B) 2处
(C) 3处 (D) 4处

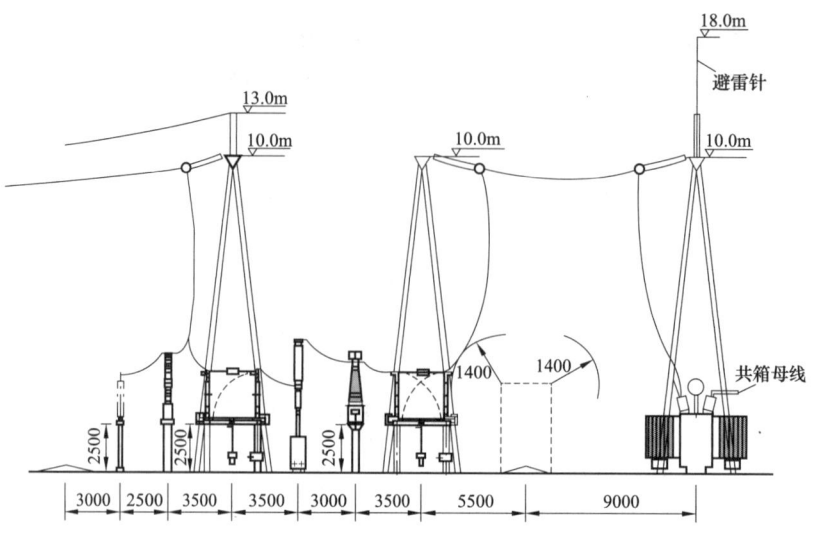

17. 假设该站属Ⅱ级污秽区，请计算变压器门型架构上的绝缘子串应为多少片？（悬式绝缘子为 XWP-7 型，单片泄漏距离 40cm） （   ）

(A) 7 片   (B) 8 片
(C) 9 片   (D) 10 片

18. 若进行该风电场升压站 110kV 母线侧单相短路电流计算，取 S_j=100MVA，经过计算网络的化简，各序计算总阻抗如下：$X_{1\Sigma}$=0.1623，$X_{2\Sigma}$=0.1623，$X_{0\Sigma}$=0.12，请按照《电力工程电气设计手册》，计算单相短路电流的周期分量起始有效值最接近下列哪项值？
（   ）

(A) 3.387kA   (B) 1.129kA
(C) 1.956kA   (D) 1.694kA

19. 该风电场升压站 35kV 侧设置 2 组 9Mvar 并联电容装置，拟各用一回三芯交联聚乙烯绝缘铝芯高压电缆连接，电缆的额定电压 U_0/U 为 26/35，电缆路径长度约为 80m。同电缆沟内并排敷设。两电缆敷设中心距等于电缆外径。试按持续允许电流、短路热稳定条件计算后，选择出哪一电缆截面是正确的？ （   ）

附下列计算条件：地区气象温度多年平均值 25℃，35kV 侧计算用短路热效应 Q 为 76.8kA²s，热稳定系数 C 为 86。

三芯交联聚乙烯绝缘铝芯高压电缆在空气中 25℃长期允许载流量表

电缆导体截面（mm²）	95	120	150	185
长期允许载流量（A）	165	180	200	230

注　本表引自《电力电缆运行规程》。缆芯工作温度+80℃，周围环境温度+25℃。

(A) 95mm²   (B) 120mm²
(C) 150mm²   (D) 185mm²

20. 若该风电场的 110kV 配电装置接地均压网采用镀锌钢材，试求其最小截面为下列哪项数值？（计算假定条件如下：通过接地线的短路电流稳定值 I_{jd}=3.85kA，短路等效持续时间 t_d=0.5s） （ ）

(A) 38.89mm² (B) 30.25mm²
(C) 44.63mm² (D) 22.69mm²

【2012 年上午题 21~25】 某单回路 500kV 架空送电线路，设计覆冰厚度 10mm，某直线塔的最大设计档距为 800m，使用的悬垂绝缘子串（Ⅰ串）长度为 5m，地线串长度为 0.5m（假定直线塔有相同的导地线布置）[提示：$K=P/(8T)$]。

21. 地线与相邻导线间的最小水平偏移应为下列哪项值？ （ ）
(A) 0.5m (B) 1.75m
(C) 1.0m (D) 1.5m

22. 若铁塔按三角布置考虑，导线挂点间的水平投影距离为 8m，垂直投影距离为 5m，其等效水平线间距离为下列哪项值？ （ ）
(A) 13.0m (B) 10.41m
(C) 9.43m (D) 11.41m

23. 若最大弧垂 K 值为 8.0×10^{-5}，相导线按水平排列，则相导线最小水平线间距离为下列哪项值？ （ ）
(A) 12.63m (B) 9.27m
(C) 11.20m (D) 13.23m

24. 若导线按水平布置，线间距离为 12m，导线最大弧垂时 K 值为 8.0×10^{-5}，请问最大档距可用到多少米 [提示：$K=P/(8T)$]？ （ ）
(A) 825m (B) 1720m
(C) 938m (D) 1282m

25. 若导线为水平排列，并应用于无冰区时，从张力曲线知道气温 15℃、无风、无冰时档距中央导地线的弧垂差为 2m，计算地线串挂点应比导线串挂点至少高多少？（不考虑水平位移） （ ）
(A) 3.60m (B) 4.10m
(C) 6.10m (D) 2.10m

答 案

1. B【解答过程】(1) 由 DL/T 5218—2012 第 5.1.6 条中的"一般性质"得出,可采用简单的主接线,排除 D 选项。(2) 由 DL/T 5218—2012 第 5.1.7 条可知,110kV 可采用双母线接线,排除 C 选项。(3) A、B 选项中,单母线分段接线和内桥接线,均属于简单接线,但内桥接线一般用于终端变电站,单母线分段更加灵活可靠且适合有穿越功率的情况。所以选 B。

2. B【解答过程】依题意可知,220kV 进线最大运行方式为两台主变压器均带 65% 负载且有 200MVA 穿越功率,其额定电流为:$I_e \geqslant \dfrac{2 \times 240 \times 0.65 + 200}{\sqrt{3} \times 220} \times 1000 = 1344 \, (\text{A})$。

3. D【解答过程】(1) 依题意,10kV 短路,总阻抗=系统阻抗+变压器阻抗 $U_{k1\text{-}3}$+电抗器阻抗。(2) 由新版变电手册第 52 页表 3-2,设 $S_j = 100\text{MVA}$,$U_j = 10.5\text{kV}$,$X_j = 1.1$,$I_j = 5.5$。
(3) 阻抗归算,由该手册第 61 页表 3-9 中公式可得:系统阻抗标幺值 $x_* = \dfrac{S_j}{S_d''} = \dfrac{100}{16000} = 0.00625$;变压器阻抗标幺值 $x_{*\text{T1-3}} = \dfrac{U_d\%}{100} \times \dfrac{S_j}{S_e} = \dfrac{25}{100} \times \dfrac{100}{240} = 0.104$;电抗器阻抗标幺值 $x_{*k} = \dfrac{x_k}{x_j} = \dfrac{\dfrac{x_k\%}{100} \times \dfrac{U_e}{\sqrt{3}I_e}}{x_j} = \dfrac{\dfrac{10}{100} \times \dfrac{10}{\sqrt{3} \times 2}}{1.1} = 0.262$;(4) 短路电流有效值为 $I_d = \dfrac{1}{x_*} I_j = \dfrac{5.5}{0.00625 + 0.104 + 0.262} = 14.8 \,(\text{kA})$,所以选 D。

XKK-10-2000-10 含义为:XKK-额定电压-额定电流-额定电抗率,其中 XK 代表限流电抗器,第二个 K 代表空心。电抗率 10 的含义为:该电抗的电抗有名值为额定电压额定电流算出的相电抗乘电抗率,即 $x_k = kx_{相} = 10\% \times \dfrac{U_e}{\sqrt{3}I_e}$。老版一次手册第 120 页表 4-1、第 121 页表 4-2。

4. C【解答过程】由 DL/T 5218—2012 第 5.2.4 条可知,10kV 侧最少应带负荷为:240×15%=36(MVA)。

5. C【解答过程】由 DL/T 5222—2005 式(18.1.4)可得
$$I_c = 6 \times 6 \times 2 = 72(\text{A}) \Rightarrow Q = KI_c \dfrac{U_e}{\sqrt{3}} = 1.35 \times 72 \times \dfrac{10}{\sqrt{3}} = 561 \,(\text{kVA})$$

6. C【解答过程】依题意,其中一回线路上装有 120Mvar 并联电抗器(直接并线路为高抗),补偿度取 $B = 0.9 \sim 1$,由新版系统手册第 162 页式 (7-9) 可得变电站需补偿的低压并联电抗器容量应为总补偿容量减去已有高抗容量,即:远景 $Q_{l1} = \dfrac{500 \times 1.18}{2} \times 1 - 120 = 175(\text{Mvar})$;本期 $Q_{l2} = \dfrac{303 \times 1.18}{2} \times 1 - 120 = 59(\text{Mvar})$。老版系统手册第 234 页式 (8-3)。

7. D【解答过程】变压器并列运行,容量分配与额定容量成正比,与短路阻抗成反比。

$\dfrac{S_1}{S_2} = \dfrac{X_{d2}}{X_{d1}}$，$X_d = \dfrac{U_d\%}{100} \times \dfrac{U_e^2}{S_e}$，$S_1 = S_{e1} \Rightarrow S_2 = \dfrac{U_{d1}\%}{U_{d2}\%} \times S_{e2} = \dfrac{14}{16} \times 1000 = 875$ (Mvar)。

8. D【解答过程】依题意，主变压器满载时负荷电流为额定电流，即 $I_m = I_e$。不考虑空载电流，即 $I_0 = 0$。由变压器理论可知，两台变压器总的最大无功损耗发生在分列运行时，其总损耗为单台损耗的 2 倍，由老版一次手册第 476 页式（9-2）可得 $Q_{cb.m} = 2 \times \left[\dfrac{U_d(\%)I_m^2}{100 I_e^2} + \dfrac{I_0(\%)}{100} \right]$

$\times S_e = 2 \times \dfrac{16}{100} \times 1000 = 320$ (Mvar)。

9. B【解答过程】依题意，回路工作电流为 $I_g = \dfrac{S}{\sqrt{3} U_N} = \dfrac{1200 \times 10^3}{\sqrt{3} \times 220} = 3149.18$ (A)，由 DL/T 5222—2021 表 5.1.5 可知，屋外环境温度为 35℃时的修正系数为 $K_\theta = 0.89$，载流量为 $I = \dfrac{I_g}{K_\theta} = \dfrac{3149.18}{0.89} = 3538.4$ (A)；查 DL/T 5222—2021 第 136 页续表 4 可知，B、D 选项满足要求，但 D 选项不经济，所以选 B。

10. D【解答过程】由新版一次手册第 413 页式（10-27）、第 414 页式（10-31）可得 $f_{TY} = \dfrac{F + b - f}{\cos \alpha_0} = \dfrac{180 + 20 - 65}{\cos 45°} = 190.92$ (cm)；跳线的摇摆弧垂推荐值 $F_{TY} = 1.1 f_{TY} = 1.1 \times 190.92 = 210$ (cm)，老版一次手册第 701 页式（附 10-20）、式（附 10-24）。

11. D【解答过程】由新版变电手册第 123 页式（5-16）可得 $F = 17.248 \times \dfrac{l}{\alpha} \times i_{ch}^2 \times \beta \times 10^{-2}$

$= 17.248 \times \dfrac{14-1}{3} \times 90^2 \times 0.58 \times 10^{-2} = 3511.3$ (N)，$\dfrac{3511.3}{9.8} = 358.3$ (kg)。新版变电手册第 123 页式（5-16），但要注意单位转换。新版一次手册第 344 页，老版一次手册第 338 页。

12. A【解答过程】（1）由 GB/T 50064—2014 第 5.2.1 条，已知避雷针高 $h = 35$m；保护物高 $h_x = 15$m；可得高度影响系数 $P = \dfrac{5.5}{\sqrt{35}} = 0.93$；因 $h_x = 15$m $< 0.5h = 0.5 \times 35 = 17.5$ (m)，由 GB/T 50064—2014 式（5.2.1-3）可得 $r_x = (1.5h - 2h_x)P = (1.5 \times 35 - 2 \times 15) \times 0.93 = 20.9$ (m)。避雷针有效高度：$h_a = h - h_x = 35 - 15 = 20$(m)。（2）由题意，$b_x = \dfrac{30}{2} = 15$m $< r_x = 20.9$，取 $b_x = 15$m，则 $\dfrac{b_x}{h_a P} = \dfrac{15}{20 \times 0.93} = 0.81$，$\dfrac{h_x}{h} = 0.4$，查 GB/T 50064—2014 图 5.2.2-2（a）可得 $\dfrac{D}{h_a P} = 3.27$，$D = 3.27 \times 20 \times 0.93 = 60.82$ (m)。

13. D【解答过程】由新版一次手册第 351 页表 9-24 及注、第 352 页 4）挠度的校验内容可得 $y_1 = 0.521 \times \dfrac{q_1 l_{js}^4}{100 EJ} = 0.521 \times \dfrac{4.96 \times 10^{-2} \times (14-1)^4 \times 10^8}{100 \times 7.1 \times 299 \times 10^5} = 3.48$ (cm)；$y_2 = 0.911 \times \dfrac{P l_{js}^3}{100 EJ} = 0.911 \times \dfrac{15 \times (14-1)^3 \times 10^6}{100 \times 7.1 \times 299 \times 10^5} = 1.41$ (cm)；合成挠度 $y = y_1 + y_2 = 3.48 + 1.41 = 4.89$ (cm)。对"一侧 1m"的理解不同答案不同。根据工程经验，本题推荐跨距 $14 - 1 = 13$(m)。如果取 $14 - 2 = 12$(m)，则答案为 C。老版一次手册第 332 页表 8-1、第 335 页表 8-5、第 345 页表 8-19。

14. C【解答过程】C 由 DL/T 5352—2018 第 4.3.3 条可知,母线隔离开关动静触头间应不小于 B_1 值。由表 5.1.2-1 查得,220kV 的 B_1 值为 2550mm,因此 C 项描述错误。

15. C【解答过程】(1) 由 DL/T 5352—2018 第 2.1.7 条可知,66kV 及以上的配电装置,断路器两侧的隔离开关靠断路器侧,线路隔离开关靠线路侧,变压器进线隔离开关的变压器侧,应配置接地开关,图中线路隔离开关线路侧未配置接地开关,错误。(2) 新版一次手册第 45 页 (7) 内容可知,线路断路器两侧均应装设电压互感器,图中装在断路器侧,错误。(3) 由 GB 50063—2008 第 4.1.2 条、表 4.1.3 可知,100MVA 变压器高压侧电能计量为 I 类计量,电流互感器准确度最低要求为 0.2S 或 0.2 级,图中为 0.5 级,错误。综上所述,图中错误为 3 处,所以选 C。老版一次手册第 71 页。

16. D【解答过程】(1) 由 GB/T 50064—2014 第 5.4.8 条可知,当土壤电阻率大于 350Ω·m 时,在变压器门型构架上不允许装设避雷针,题中土壤电阻率为 500Ω·m,大于 350Ω·m,门型构架装设避雷针,错误。(2) 由 DL/T 5352—2018 表 5.1.2-1 可知,设备运输时,其设备外壳至无遮拦带电部分之间最小安全净距为 1650mm,图中为 1400mm,错误。(3) 图中断路器与电流互感器安装位置错误,断路器安装在电流互感器外侧,易出现保护死区,错误,正确的方案是电流互感器安装在线路侧(即安装在断路器外侧)。(4) 由 DL/T 5222—2021 第 5.5.3 条条文说明可知,共箱封闭母线用于单机容量为 200MW 及以上的发电机的厂用回路,但图中变压器低压侧却采用了封闭母线,错误,所以选 D。

17. C【解答过程】由 GB/T 156—2007 表 4,可得 110kV 系统 U_m=126kV。又由 DL/T 5222—2005 附表 C.2 可知爬电比距 II 级污秽区 220kV 及以下变电站最高运行电压爬电比距为 2.00cm/kV。再由 DL/T 5222—2005 第 21.0.9-1 款及对应的条文说明式 (13),$m \geq \dfrac{\lambda U_m}{K_e L_0}$ 可得,

$m \geq \dfrac{2 \times 126}{1 \times 40} = 6.3$ (片)。根据 DL/T 5222—2005 第 21.0.9 款,选择悬式绝缘子应考虑绝缘子的老化,每串绝缘子要预留零值绝缘子,35~220kV,耐张串 2 片,悬垂串 1 片。由图中可知,该门型架绝缘子为耐张串,应加 2 片。最终绝缘子片数 m=6.3+2=8.3(片),向上取整,9 片,所以选 C。新版规范 DL/T 5222—2021 已删除爬电比距表格。

18. A【解答过程】(1) 据题意,单相短路总阻抗为各序阻抗之和。(2) 由新版一次手册第 108 页表 4-1,设 S_j=100MVA;U_j=115kV,I_j=0.502kA。(3) 又由该手册第 124 页表 4-17 的公式可得,单相短路电流标幺值为 $I_{*d} = \dfrac{3 \times 1}{0.1623 + 0.1623 + 0.12} = 6.7476$;短路电流有名值 $I_d = 6.7476 \times 0.502 = 3.387$ (kA);老版一次手册第 120 页表 4-1、第 144 页表 4-19。

19. D【解答过程】(1) 回路工作电流:由 GB 50227—2017 第 5.8.2 条可知,电缆的工作电流为 $I_g = 1.3 \times \dfrac{9000}{\sqrt{3} \times 35} = 193$ (A)。(2) 载流量修正:依据 GB 50217—2018 附录 D.0.5,两条电缆敷设中心距等于电缆外径时,校正系数 K_1 为 0.9。35kV 户外电缆沟电缆按 25℃ 环境温度考虑,不需要进行温度修正。因此,所需最小载流量 $\dfrac{193}{0.9}$=214.4 (A)。由上表可知,185mm² 的电缆满足要求。(3) 短路热稳定条件校验:由 GB 50217—2018 附录 E 中式(E.1.1)可得

导体热稳定截面积为 $S \geqslant \dfrac{\sqrt{Q}}{C} \times 10^3 = \dfrac{\sqrt{76.8}}{86} \times 10^3 = 101.9\,(\mathrm{mm}^2)$，以上两者取大值 185mm²。

20．B【解答过程】由 GB/T 50065—2011 附录 E.0.2 可得 $C=70$，根据式（E.0.1）可得接地导体截面 $S_\mathrm{g} \geqslant \dfrac{3850}{70} \times \sqrt{0.5} = 38.89\,(\mathrm{mm}^2)$；又由 GB/T 50065—2011 第 4.3.5-3 条可知接地均压网的截面积不宜小于接地导体的 75%，故接地均压网镀锌钢材最小截面积为 $38.89 \times 75\% = 29.17\,(\mathrm{mm}^2)$，所以选 B。

21．B【解答过程】由 DL/T 5582—2020 表 9.2.1-1 可知：500kV 线路在设计覆冰厚度 10mm 时，地线与相邻导线间的最小水平偏移为 1.75m，所以选 B。

22．B【解答过程】由 DL/T 5582—2020 式（9.1.1-2）可知

$$D_\mathrm{x} = \sqrt{D_\mathrm{p}^2 + \left(\dfrac{4}{3}D_\mathrm{z}\right)^2} = \sqrt{8^2 + \left(\dfrac{4}{3} \times 5\right)^2} = 10.41\,(\mathrm{m})$$

23．C【解答过程】依题意 K 值为 8.0×10^{-5}，《电力工程设计手册 架空输电线路设计》第 304 页表 5-14 可得：$f_\mathrm{m} = \dfrac{\gamma l^2}{8\sigma_0} = 8\times10^{-5} \times 800^2 = 51.20\,(\mathrm{m})$ 由 DL/T 5582—2020 第 9.1.1-1 条式（8.0.1-1）可知 I 串 $k_\mathrm{i}=0.4$，则 $D = k_\mathrm{i}L_\mathrm{k} + \dfrac{U}{110} + 0.65\sqrt{f_\mathrm{c}} = 0.4\times5 + \dfrac{500}{110} + 0.65\sqrt{51.2} = 11.20\,(\mathrm{m})$。

老版线路手册第 180 页表 3-3-1。

24．C【解答过程】由 DL/T 5582—2020 式（9.1.1-1）可知 $D = k_\mathrm{i}L_\mathrm{k} + \dfrac{U}{110} + 0.65\sqrt{f_\mathrm{c}} \Rightarrow 0.4\times5 + \dfrac{500}{110} + 0.65\sqrt{8.0\times10^{-5} \times L^2} = 12 \Rightarrow L = 938\,(\mathrm{m})$。最大档距主要涉及档距中央处、导线的相间距离要求，档距与水平线间距离之间的关系，隐含于等式右侧的第三项内的弧垂 f 中。

25．B【解答过程】由 DL/T 5582—2020 第 7.2.6 条可知 $S \geqslant 0.012L + 1 = 0.012 \times 800 + 1 = 10.6\,(\mathrm{m})$；则地线挂点应比导线挂点高为 10.6-2-5+0.5=4.1 (m)。

2012 年注册电气工程师专业案例试题

（下午卷）及答案

【2012 年下午题 1~5】 某新建 2×300MW 燃煤发电厂，高压厂用电系统标称电压为 6kV，其中性点为高电阻接地，每台机组设两台高压厂用无励磁调压双卷变压器，容量为 35MVA，阻抗值为 10.5%，6.3kV 单母线接线，设 A 段、B 段，6kV 系统电缆选为 ZR-YJV$_{22}$-6/6kV 三芯电缆，已知：

表1 ZR-YJV$_{22}$-6/6kV 三芯电缆每相对地电容值及 A、B 段电缆长度

电缆截面（mm²）	每相对地电容值（μF/km）	A 段电缆长度（km）	B 段电缆长度（km）
95	0.42	5	2.5
120	0.46	3	2.5
150	0.51	2	2.1
185	0.53	2	1.8

表2 矩形铝导体长期允许载流值（A）

导体尺寸 h×b（mm）	双条		三条		四条	
	平放	竖放	平放	竖放	平放	竖放
80×6.3	1724	1892	2211	2505	2558	3411
80×8	1946	2131	2491	2809	2863	3817
80×10	2175	2373	2774	3114	3167	4222
100×6.3	2054	2253	2663	2985	3032	4043
100×8	2298	2516	2933	3311	3359	4479
100×10	2558	2796	3181	3578	3622	4829
125×6.3	2446	2680	2079	3490	3525	4700
125×8	2725	2982	3375	3813	3847	5129
125×10	3005	3282	3735	4194	4225	5633

注 1. 表中导体尺寸中 h 为宽度，b 为厚度。
   2. 表中当导体为四条时，平放、竖放第 2、3 片间距均为 50mm。
   3. 同截面铜导体载流量为表中铝导体载流量的 1.27 倍。

请根据以上条件计算下列各题（保留两位小数）。

1. 当 A 段母线上容量为 3200kW 的给水泵电动机启动时，其母线已带负荷为 19141kVA，求该电动机启动时的母线电压百分数为下列哪项值（已知该电动机启动电流倍数为 6，额定效率为 0.963，功率因数为 0.9）？（　　）

(A) 88% (B) 92%
(C) 93% (D) 97%

2．当两台厂用高压变压器 6.3kV 侧中性点采用相同阻值的电阻接地时，请计算该电阻值最接近下列哪项数值？ （　　）

(A) 87.34Ω (B) 91.70Ω
(C) 173.58Ω (D) 175.79Ω

3．当额定电流为 2000A 的 6.3kV 开关运行在周围空气温度为 50℃，海拔为 2000m 环境中时，其实际的负荷电流应不大于下列哪项值？ （　　）

(A) 420A (B) 1580A
(C) 1640A (D) 1940A

4．已知：厂用高压变压器高压侧系统容量为无穷大，接在 B 段的电动机负荷为 21000kVA，电动机平均反馈电流倍数取 6，$\eta\cos\varphi_D$ 取 0.8，求 B 段的短路电流最接近下列哪项值？ （　　）

(A) 15.15kA (B) 33.93kA
(C) 45.68kA (D) 49.09kA

5．请在下列选项中选择最经济合理的 6.3kV 段母线导体组合，并说明理由。 （　　）
(A) 100×10 矩形铜导体两条平放
(B) 100×8 矩形铝导体三条竖放
(C) 100×6.3 矩形铜导体三条平放
(D) 100×10 矩形铝导体三条竖放

【2012 年下午题 6～8】　某大型燃煤厂，采用发电机—变压器组单元接线，以 220kV 电压接入系统，高压厂用工作变压器支接于主变压器低压侧，高压启动备用变压器经 220kV 电缆从本厂 220kV 配电装置引接，其两侧额定电压比为 226kV/6.3kV，接线组别为 YNyn0，额定容量为 40MVA，阻抗电压为 14%，高压厂用电系统电压为 6kV，设 6kV 工作段和公用段，6kV 公用段电源从工作段引接，请解答下列各题。

6．已知高压启动备用变压器为三相双绕组变压器，额定铜耗为 280kW，最大计算负荷 34500kVA，$\cos\varphi=0.8$，若 220kV 母线电压波动范围为 208～242kV，请通过电压调整计算，确定最合适的高压启动备用变压器调压开关分接头参数为下列哪组？ （　　）

(A) ±4×2.5% (B) ±2×2.5%
(C) ±8×1.25% (D) (+5,−7)×1.25%

7．已知 6kV 工作段设备短路水平为 50kA，6kV 公用段设备短路水平为 40kA，且无电动机反馈电流，若在工作段至公用段馈线上采用额定电流为 2000A 的串联电抗器限流，请计算

并选择下列哪项电抗器的电抗百分值最接近所需值？（不考虑电压波动）　　　（　　）

（A）5%　　　　　　　　　　　　（B）4%
（C）3%　　　　　　　　　　　　（D）1.5%

8. 已知电气主接线如下图所示（220kV 出线未表示），当机组正常运行时，CB1、CB2、CB3 都在合闸状态，CB4 在分闸状态，请分析并说明该状态下，下列哪项表述正确？

（　　）

（A）变压器接线组别选择正确，CB4 两端电压相位一致，可采用并联切换
（B）变压器接线组别选择正确，CB4 两端电压相位有偏差，可采用并联切换
（C）变压器接线组别选择错误，CB4 两端电压相位一致，不可采用并联切换
（D）变压器接线组别选择错误，CB4 两端电压相位有偏差，不可采用并联切换

【2012 年下午题 9～13】　某风力发电场，一期装设单机容量 1800kW 的风力发电机组 27 台，每台经箱式变压器升压到 35kV，每台箱式变压器容量为 2000kVA，每 9 台箱式变压器采用 1 回 35kV 集电线路送至风电场升压站 35kV 母线，再经升压变压器升至 110kV 接入系统，其电气主接线如下图所示。

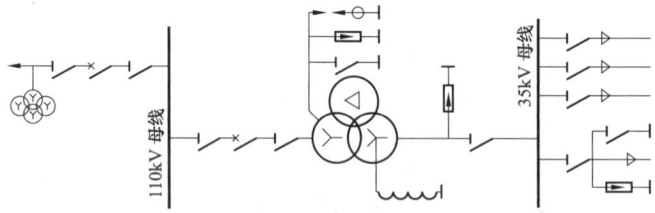

9. 35kV 架空输电线路经 30m 三芯电缆接至 35kV 升压站母线，为防止雷电侵入波过电压，在电缆段两侧装有氧化锌避雷器，请判断下列图中避雷器配置及保护接线正确的是？

（　　）

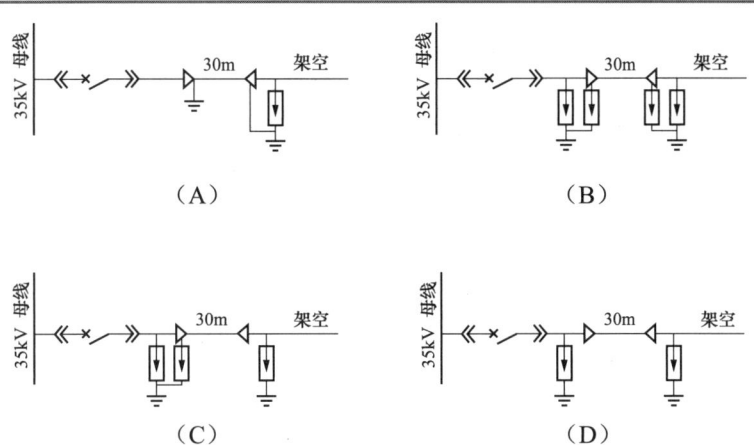

(A)　　　　　　　　　　　　　　(B)

(C)　　　　　　　　　　　　　　(D)

10. 主接线图中,110kV 变压器中性点避雷器的持续运行电压和额定电压应为下列何值？ (　　)

(A) 56.7kV, 71.82kV
(B) 72.75kV, 90.72kV
(C) 74.34kV, 94.5kV
(D) 80.64kV, 90.72kV

11. 已知变压器中性点雷电冲击全波耐受电压 250kV,中性点避雷器标准放电电流下的残压取下列何值更为合理？ (　　)

(A) 175kV
(B) 180kV
(C) 185kV
(D) 187.5kV

12. 已知风电场 110kV 母线最大短路电流 $I''=I_{zt/2}=I_{zt}=30\text{kA}$,热稳定时间 $t=2\text{s}$,导线热稳定系数 87,请按照短路热稳定条件校验 110kV 母线截面的规格。 (　　)

(A) LGJ–300/30
(B) LGJ–400/35
(C) LGJ–500/35
(D) LGJ–600/35

13. 已知一回 35kV 集电线路上接有 9 台 2000kVA 的箱式变压器,其集电线路短路时的热效应为 $106.7\text{kA}^2\cdot\text{s}$,铜芯电缆的热稳定系数为 115,电缆在土壤中敷设时的综合校正系数为 1,请判断下列的哪种电缆既满足载流量又满足热稳定要求？ (　　)

三芯交联聚乙烯绝缘铝芯高压电缆在空气中 25℃长期允许载流量(A)表

电缆导体截面积（mm²）	3×95	3×120	3×100	3×185
长期允许载流量（A）	215	234	260	320

注　缆芯工作温度+80℃,周围环境温度+25℃。

(A) 3×95
(B) 3×120
(C) 3×100
(D) 3×185

【2012 年下午题 14~17】某地区新建 2 台 1000MW 超超临界火力发电机组,以 500kV

接入电网，每台机组设一组动力用 220V 蓄电池，均无端电池，采用单母线接线，两台机组的 220V 母线之间设联络电器，单体电池的浮充电压为 2.23V，均充电压为 2.33V，该工程每台机组 220V 直流负荷见下表，电动机的启动电流倍数为 2。

序号	负荷名称	设备电流（A）	负荷系数	计算电流	事故放电电流				
					1min	30min	60min	90min	180min
1	氢密封油泵	37							
2	直流润滑油泵	387							
3	交流不停电电压	460							
4	直流长明灯	1							
5	事故照明	36.6							
各阶段放电电流合计					$I_1=$	$I_2=$	$I_3=$	$I_4=$	$I_5=$

14．220V 蓄电池的个数应选择下列哪项？　　　　　　　　　　　　　（　　）

（A）109 个　　　　　　　　　　　　（B）104 个
（C）100 个　　　　　　　　　　　　（D）114 个

15．根据给出的 220V 直流负荷表计算第 5 阶段的放电电流值为多少？（　　）

（A）37A　　　　　　　　　　　　　（B）691.2A
（C）921.3A　　　　　　　　　　　　（D）29.6A

16．若 220V 蓄电池各阶段的放电电流如下：

（1）0～1min：1477.8A　　　　　　（2）1～30min：861.8A
（3）30～60min：534.5A　　　　　　（4）60～90min：497.1A
（5）90～180min：30.3A

蓄电池组 29、30min 的容量换算系数分别为 0.67、0.66，请问第二阶段蓄电池的计算容量最接近哪个值？（　　）

（A）1319.69Ah　　　　　　　　　　（B）1305.76Ah
（C）1847.56Ah　　　　　　　　　　（D）932.12Ah

17．若 220V 蓄电池各阶段的放电电流如上题所列，经计算选择蓄电池容量为 2500Ah，1h 终止放电电压为 1.87V，容量换算系数为 0.46，蓄电池至直流屏之间的距离为 30m，请问二者之间的电缆截面积按满足回路压降要求时的计算值为下列哪项？（选用铜芯电缆）（　　）

（A）577mm^2　　　　　　　　　　（B）742mm^2
（C）972mm^2　　　　　　　　　　（D）289mm^2

【2012 年下午题 18～21】 某火力发电厂发电机额定功率 600MW，额定电压 20kV，额定功率因数 0.9，发电机承担负序的能力：发电机长期允许（稳态）电流 I_2 为 8%，发电机允许过热的时间常数（暂态）为 8s，发电机额定励磁电压 418V，额定励磁电流 4128A，空载励磁电压 144V，空载励磁电流 1480A，其发电机过负荷保护的整定如下列各题。

18．请说明发电机定子绕组对称过负荷保护定时限部分的延时范围，保护出口动作于停机、信号还是自动减负荷？正确的整定值为下列哪项？ （ ）

（A）23.773kA
（B）41.176kA
（C）21.396kA
（D）24.905kA

19．设发电机的定子绕组过电流为 1.3 倍，发电机定子绕组的允许发热时间常数为 40.8，请计算发电机定子绕组对称过负荷保护的反时限部分动作时间为下列哪项？并说明保护出口动作于停机、信号还是自动减负荷？ （ ）

（A）10s
（B）30s
（C）60s
（D）120s

20．对于不对称负荷，非全相运行及外部不对称短路引起的负序电流，需装设发电机转子表层过负荷保护，设继电保护装置的返回系数 K_n 为 0.95，请计算发电机非对称过负荷保护定时限部分的整定值为下列哪项？ （ ）

（A）1701A
（B）1702A
（C）1531A
（D）1902A

21．根据发电机允许负序电流的能力，列出计算过程并确定下列发电机转子表层过负荷保护的反时限部分动作时间常数哪个正确？请回答保护在灵敏系数和时限方面是否与其他相间保护相配合，为什么？ （ ）

（A）12.5s
（B）10s
（C）100s
（D）1250s

【2012 年下午题 22～25】 某电网企业 110kV 变电站，两路电源进线，两路负荷出线（电缆线路），进线、出线对端均为系统内变电站，四台主变压器（变比为 110/10.5kV）；110kV 为单母线分段接线，每段母线接一路进线、一路出线、两台主变压器；主变压器高压侧套管 TA 变比为 3000/1A，其余 110kV TA 变比均为 1200/1A，最大运行方式下，110kV 三相短路电流为 18kA，最小运行方式下，110kV 三相短路电流为 16kA，10kV 侧最大最小运行方式下三相短路电流接近，为 23kA，110kV 母线分段断路器装设自动投入装置，当一条电源线路故障断路器跳开后，分段断路器自动投入。

22．假设已知主变压器高压侧装设单套三相过电流保护继电器动作电流为 1A，请校验该保护的灵敏系数为下列何值。 （ ）

（A）1.58
（B）6.34

（C）13.33　　　　　　　　　　　　（D）15

23．如果主变压器配置差动保护和过电流保护，请计算主变压器高压侧电流互感器的一次电流倍数为（可靠系数取 1.3）下列何值。　　　　　　　　　　　　　　　　（　　）

（A）2.38　　　　　　　　　　　　（B）9.51
（C）19.5　　　　　　　　　　　　（D）24.91

24．如果 110kV 装设母线差动保护，请计算 110kV 线路电流互感器的一次电流倍数为多少？（可靠系数取 1.3）　　　　　　　　　　　　　　　　　　　　　　　　（　　）

（A）2.38　　　　　　　　　　　　（B）17.33
（C）19.5　　　　　　　　　　　　（D）18

25．110kV 三相星形接线的电压互感器，其保护和自动装置交流电压回路及测量电压回路每相负荷均按 40VA 计，由 TV 端子箱到保护和自动装置屏及电能计量装置屏的电缆长度为 200m，均采用铜芯电缆，请问保护和测量电缆的截面计算值应为多少？　　（　　）

（A）0.47mm²，4.86mm²　　　　　　（B）0.81mm²，4.86mm²
（C）0.47mm²，9.72mm²　　　　　　（D）0.81mm²，9.72mm²

【2012 年下午题 26～30】 某地区拟建一座 500kV 变电站，站地位于Ⅲ级污秽区，海拔不超过 1000m，年最高温度+40℃，年最低温度−25℃。变电站的 500kV 侧、220kV 侧各自与系统相连。35kV 侧接无功补偿装置。该站运行规模为：主变压器 4×750MVA，500kV 出线 6 回，220kV 出线 14 回，500kV 电抗器两组，35kV 电容器组 2×60Mvar，35kV 电抗器 2×60Mvar。主变压器选用 3×250MVA 单相自耦无励磁电压变压器。电压比：（525/3）/（230/3）±2×2.5%/35kV，容量比：250MVA/250MVA/66.7MVA，接线组别：YNa0d11。

26．本期的 2 回 500kV 出线为架空平行双线路，每回长约 120km，均采用 4×LGJ−400 导线（充电功率 1.1Mvar/km），在初步设计中为补偿充电功率曾考虑在本站配置 500kV 电抗器作调相调压，运行方式允许两回路共用一组高压并联电抗器。请计算本站所配置的 500kV 并联电抗器最低容量宜为下列哪一种？如采用以下简图的接线方式是否正确，为什么？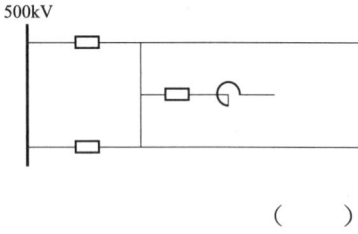　　　　　　　　　　　　　　　　　　　　　　　　　　　　　　　（　　）

（A）59.4MVA　　　　　　　　　　（B）105.6MVA
（C）118.8MVA　　　　　　　　　　（D）132MVA

27．拟用无间隙金属氧化物避雷器作 500kV 电抗器的过电压保护，如系统允许则选用：额定电压 420kV（有效值），最大持续运行电压 318kV（有效值）。雷电冲击（8～20μs）20kA 残压 1046kV（峰值）。操作冲击（30～100μs）2kA 残压 826kV（峰值）的避雷器，则 500kV 电抗器的绝缘水平最低应选用下列哪一种？全波雷电冲击耐压（峰值）、相对地操作冲击耐压（峰值）分别为（列式计算）多少？　　　　　　　　　　　　　　　　　　　　（　　）

(A) 1175kV，950kV　　　　　　　(B) 1425kV，1050kV
(C) 1550kV，1175kV　　　　　　　(D) 1675kV，1425kV

28．本期主变压器 35kV 侧的接线有以下几种简图可选择，哪种是不正确的？并说明选择下列各简图的理由。　　　　　　　　　　　　　　　　　　　　　　　　　　（　　）

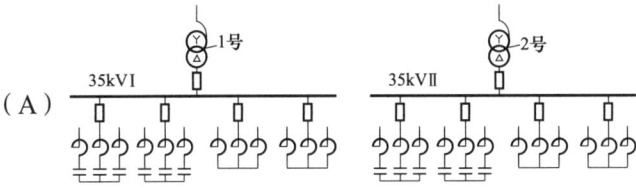

(A)

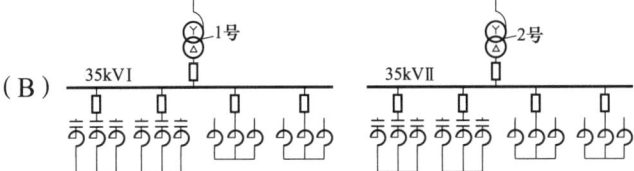

(B)

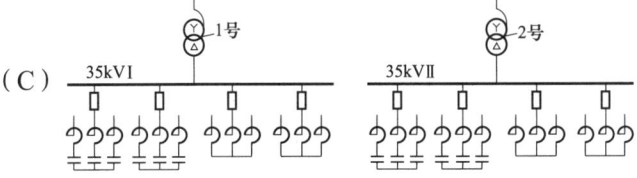

(C)

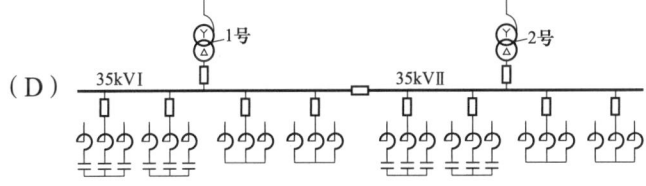

(D)

29．如该变电站本期 35kV 母线的短路容量 1800MVA，每 1435kvar 电容器串联电抗器的电抗率为 4.5%，为了在投切电容器组时不发生 3 次谐波谐振，则下列哪组容量不应选用？（列式计算）　　　　　　　　　　　　　　　　　　　　　　　　　　　　　（　　）

(A) 119Mvar　　　　　　　　　　(B) 65.9Mvar
(C) 31.5Mvar　　　　　　　　　　(D) 7.89Mvar

30．本期的 35kV 电容器组是油浸式的，35kV 电抗器是干式的户外布置，相对位置如下图，电抗器 1L、2L，电容器 1C、2C 属 1 号主变压器，电抗器 3L、4L，电容器 3C、4C 属 2 号主变压器，拟对这些设备做防火设计，以下防火措施哪项不符合规程？根据是什么？

（　　）

1号变压器				2号变压器			
1L	2L	1C	2C	3C	4C	3L	4L

(A) 每电容器组应设置消防设施
(B) 电容器与主变压器之间距离 15m
(C) 电容器 2C 与 3C 之间仅设防火隔墙
(D) 电容器 2C 与 3C 之间仅设消防通道

【2012 年下午题 31～35】 某 500kV 送电线路，导线采用四分裂导线，导线的直径为 26.82mm，截面为 425.24mm²，单位长度质量为 1.349kg/m，设计最大覆冰厚度为 10mm，同时风速为 10m/s，导线最大使用应力为 92.85N/mm²，不计绝缘子的荷载（提示 g=9.8m/s²，冰的比重为 0.9g/cm³）。

31. 线路某直线塔的水平档距为 400m，大风（30m/s）时，电线的水平单位荷载为 12N/m，风压高度系数为 1.05，计算该塔荷载时 90°大风的每相水平荷载为下列何值？　　（　　）
(A) 20160N　　　　　　　　(B) 24192N
(C) 23040N　　　　　　　　(D) 6048N

32. 该塔垂直档距 650m，覆冰时每相垂直荷载为下列何值？　　　　　　（　　）
(A) 60892N　　　　　　　　(B) 14573N
(C) 23040N　　　　　　　　(D) 46048N

33. 请计算用于山区的直线塔导线断线时纵向不平衡张力为多少？　　　（　　）
(A) 31587N　　　　　　　　(B) 24192N
(C) 39484N　　　　　　　　(D) 9871N

34. 请计算 0°耐张塔断线时的断线张力为下列何值？　　　　　　　　　（　　）
(A) 110554N　　　　　　　(B) 157934N
(C) 39484N　　　　　　　　(D) 27633N

35. 请计算直线塔在不均匀覆冰情况下导线不平衡张力为多少？　　　　（　　）
(A) 15793N　　　　　　　　(B) 110554N
(C) 39484N　　　　　　　　(D) 27638N

【2012 年下午题 36～40】 某架空送电线路，有一挡的档距 L=1000m，悬点高差 h=150m，最高气温时导线最低点应力 σ=50N/mm²，垂直比载 g=25×10⁻³N/（m·mm²）。

36. 公式 $f = gl^2/(8\sigma)$ 属于哪一类公式？　　　　　　　　　　　　　（　　）
(A) 经验公式　　　　　　　(B) 平抛物线公式
(C) 斜抛物线公式　　　　　(D) 悬链线公式

37. 请用悬链线公式计算在最高气温时挡内线长最接近下列哪项数值？　（　　）

(A) 1050.67m (B) 1021.52m
(C) 1000m (D) 1011.55m

38．请用斜抛物线公式计算最大弧垂为下列哪项？ （　　）
(A) 62.5m (B) 63.2m
(C) 65.5m (D) 61.3m

39．请用斜抛物线公式计算距一端 350m 处的弧垂是下列哪项？ （　　）
(A) 59.6m (B) 58.7m
(C) 57.5m (D) 55.6m

40．请采用平抛物线公式计算 L=1000m 挡内高塔侧导线最高气温时悬垂角是下列哪项数值？ （　　）
(A) 8.53° (B) 14°
(C) 5.7° (D) 21.8°

答　案

1．B【解答过程】由 DL/T 5153—2014 附录 G 式（G.0.1-4）可得：$X = X_T = 1.1 \dfrac{U_d\%}{100} \times \dfrac{S_{2T}}{S_T} = 1.1 \times \dfrac{10.5}{100} \times \dfrac{35}{35} = 0.1155$；又由该规范附录 H 可得 $S_1 = \dfrac{S_D}{S_T} = \dfrac{19141}{35000} = 0.5469$；$S_{qz} = \dfrac{K_{qz} \Sigma P_e}{S_{2T} \eta_d \cos\varphi_d} = \dfrac{6 \times 3200}{35000 \times 0.963 \times 0.9} = 0.6329$；$S = S_1 + S_q = 0.5469 + 0.6329 = 1.18$；再根据该规范式（H.0.1-1），依题意为无励磁变压器，$U_0 = 1.05$。可得启动时母线电压 $U_m = \dfrac{U_0}{1+SX} = \dfrac{1.05}{1+1.18 \times 0.1155} = 0.924$。

2．C【解答过程】A 段电容 C_A=5×0.42+3×0.46+2×0.51+2×0.53=5.56（μF）；B 段电容 C_B=5.5×0.42+2.5×0.46+2.1×0.51+1.8×0.53=5.485（μF）；两段电容取大者 5.56μF。由新版一次手册第 65 页式（3-1）：$I_c = \sqrt{3} U_e \omega C \times 10^{-3}$ 及 DL/T 5153—2014 附录 C 式（C.0.2-1）可得 $2R_N = \dfrac{U_e}{1.1\sqrt{3}I_c} = \dfrac{U_e}{1.1\sqrt{3}\sqrt{3}U_e\omega C \times 10^{-3}} = \dfrac{1000}{1.1 \times 3 \times 314 \times 5.56} = 0.173573$ (kΩ)=173.573 (Ω)。

3．C【解答过程】依据 DL/T 5222—2021 第 4.0.2 条，考虑环境温度，实际负荷电流为 2000×(1−0.18)=1640（A）。

4．D【解答过程】由 DL/T 5153—2014 附录 L 式（L.0.1-1）～式（L.0.1-6）计算：变压器阻抗 $X_T = \dfrac{(1-7.5\%)U_d\%}{100} \times \dfrac{S_j}{S_{e.B}} = \dfrac{0.925 \times 10.5}{100} \times \dfrac{100}{35} = 0.2775$；依题意 X_x=0，则 $I''_B = \dfrac{I_j}{X_x + X_T} =$

$\dfrac{9.16}{0.2775}=33(\mathrm{kA})$ ； $I''_{\mathrm{D}}=K_{\mathrm{qD}}\dfrac{P_{\mathrm{e.D}}}{\sqrt{3}U_{\mathrm{e.D}}\eta_{\mathrm{D}}\cos\varphi_{\mathrm{D}}}=6\times\dfrac{21}{\sqrt{3}\times6\times0.8}=15.16\,(\mathrm{kA})$ ，总短路电流为 $I''=I''_{\mathrm{B}}+I''_{\mathrm{D}}=33+15.16=48.16(\mathrm{kA})$。本考题考试年份为 2012 年，用 DL/T 5153—2002 附录 M 作答，高厂变负误差用 0.9 可精确得到答案 D。今后考试严格按照 DL/T 5153—2014 附录 L 计算。

5．D【解答过程】由新版一次手册第 220 页表 7-3，6.3kV 母线持续工作电流为：
$I_{\mathrm{g}}=1.05\times\dfrac{35000}{\sqrt{3}\times6.3}=3368\,(\mathrm{A})$，根据题表数据可知：

（A）100×10 矩形铜导体两条，平放，$I_{\mathrm{xv}}=1.27\times2558=3249$ (A)＜3368A；

（B）100×8 矩形铝导体三条，竖放，$I_{\mathrm{xv}}=3311\mathrm{A}$＜3368A；

（C）100×6.3 矩形铜导体三条，平放，$I_{\mathrm{xv}}=1.27\times2663=3382$ (A)＞3368A；

（D）100×10 矩形铝导体三条，竖放，$I_{\mathrm{xv}}=2558=3578\mathrm{A}$＞3368A。

选项 C、D 均满足要求，从载流量角度考虑，铝比铜经济性更好，所以选 D。老版一次手册第 232 页表 6-3。

6．C【解答过程】依题意，由 DL/T 5153—2014 附录 G 相关公式可得：

$R_{\mathrm{t}}=1.1\times\dfrac{280}{40000}=0.0077$； $X_{\mathrm{t}}=1.1\times0.14\times1=0.154$； $Z_{\varphi}=0.0077\times0.8+0.154\times0.6=0.0986$

由该规范附录 G.0.2 可知，当变压器阻抗大于 10.5%时，可采用级电压 1.25%的变压器，母线电压校核如下：（1）最低电压校验。当工况为高压侧电源电压最低 208kV、厂用负荷最大 34 500kVA 时，厂用母线电压最低应大于 0.95；$U_{\mathrm{m-min}}=U_{0-\mathrm{min}}-S_{\max\ast}Z_{\varphi\ast}\geqslant0.95$ 此时变压器低压侧最低空载电压 $U_{0-\mathrm{min}}$ 应满足 $U_{0-\mathrm{min}}\geqslant0.95+S_{\max\ast}Z_{\varphi\ast}=0.95+\dfrac{34500}{40000}\times0.0986=1.035$ 对应变压器挡位为 $n=\dfrac{U_{\mathrm{gmin}}U'_{2\mathrm{e}}}{1+n\dfrac{\delta_{\mathrm{u}}\%}{100}}\Rightarrow n=\left(\dfrac{U_{\mathrm{gmin}}U'_{2\mathrm{e}}}{U_{0-\mathrm{min}}}-1\right)\bigg/\dfrac{\delta_{\mathrm{u}}\%}{100}=\left[\dfrac{(208/226)\times(6.3/6)}{1.035}-1\right]\times\dfrac{100}{1.25}=-5.03$，

取 −6 挡。（2）最高电压校验。当工况为高压侧电源电压最高 242kV、厂用负荷为零时，厂用母线电压最高应小于 1.05：$U_{\mathrm{m-max}\ast}=U_{0-\max\ast}-S_{\min\ast}Z_{\varphi\ast}\leqslant1.05$；此时变压器低压侧最高空载电压 $U_{0-\max}$ 应满足 $U_{0-\max\ast}=1.05+S_{\min\ast}Z_{\varphi\ast}=1.05$；对应变压器挡位为

$U_{0-\max\ast}=\dfrac{U_{\mathrm{gmax}}U'_{2\mathrm{e}}}{1+n\dfrac{\delta_{\mathrm{u}}\%}{100}}\Rightarrow n=\left(\dfrac{U_{\mathrm{gmax}}U'_{2\mathrm{e}}}{U_{0-\max}}-1\right)\bigg/\dfrac{\delta_{\mathrm{u}}\%}{100}=\left[\dfrac{(242/226)\times(6.3/6)}{1.05}-1\right]\times\dfrac{100}{1.25}=5.664$

取+6 挡。由以上计算可知，采用±8×1.25%的变压器可以满足电压调整需求。本题属于厂用电电压母线校验内容中的一个考点，可用 DL/T 5153—2014 附录 G 作答，也可用新版一次手册第 271~273 页相关内容计算（老版一次手册第 271 页、第 277 页、第 278 页）。

7．D【解答过程】依题意，由新版一次手册第 108 页表 4-1、第 109 页式（4-10）以及第 253 页式（7-18）可得 $X_{\mathrm{k}}=\left(\dfrac{I_{\mathrm{j}}}{I''}-X_{\ast\mathrm{j}}\right)\dfrac{I_{\mathrm{ek}}U_{\mathrm{j}}}{I_{\mathrm{j}}U_{\mathrm{ek}}}\times100\%=\left(\dfrac{1}{I''_{\mathrm{后}}}-\dfrac{1}{I''_{\mathrm{前}}}\right)\dfrac{I_{\mathrm{ek}}U_{\mathrm{j}}}{U_{\mathrm{ek}}}\times100\%=\left(\dfrac{1}{40}-\dfrac{1}{50}\right)\times\dfrac{2\times6.3}{6}\times100\%=1.05\%$，向上取选 D。老版一次手册第 120 页表 4-1、式（4-10）及第 253 页

式（6-14）。

8．A【解答过程】根据 GB/T 17468—2019 第 6.1 条 a）和 b）可知，变压器并列运行条件是联结组别时钟序列要严格相等，电压和电压比要相同，允许偏差也相同，尽量满足电压比在允许偏差范围内。依题意可知，启动备用变压器是 0 点，主变压器加厂用电是 12 点，两者相同。

9．A【解答过程】由 GB/T 50064—2014 图 5.4.13-2（a）可知，A 选项最符合规范要求。

10．A【解答过程】按 GB/T 50064—2014 解答如下：依题意，题设没说明是无失地情况，故按过电压较严重的有失地情况选取避雷器参数，由 GB/T 50064—2014 表 4.4.3 可得：中性点避雷器持续运行电压 $0.46U_m=0.46\times126=57.96$（kV）；中性点避雷器额定电压 $0.58U_m=0.58\times126=73.08$（kV）。说明：2012 年题目用 2014 版规范计算，结果稍有出入。

11．A【解答过程】由 GB/T 50064—2014 式（6.4.4-1）可得 $u_{\text{e.l.i}} \geq k_{16}U_{\text{l.p}}$，取 $k_{16}=1.4$，则 $U_{\text{l.p}} \leq \dfrac{u_{\text{e.l.i}}}{k_{16}} = \dfrac{250}{1.4} = 178.57(\text{kV})$。

12．C【解答过程】依题意，热稳定时间 2s，较长，工程上可忽略非周期分量；由新版一次手册第 127 页式（4-44）可得：$Q_z = I^2t = 30^2\times2 = 1800\,(\text{kA}^2\cdot\text{s})$ 再根据 DL/T 5222—2021 第 5.1.9 条可得母线截面积为 $S \geq \dfrac{\sqrt{Q_z}}{C} = \dfrac{\sqrt{1800}}{87}\times1000 = 487.66\,(\text{mm}^2)$。新版变电手册第 67 页，老版手册出处为：老版一次手册第 147 页。

13．D【解答过程】（1）允许载流量选择截面积：由新版一次手册第 220 页表 7-3 可得电缆长期允许载流量为 $I = 1.05\times\dfrac{9\times2000}{\sqrt{3}\times35} = 311.8\,(\text{A})$，由题干表格可知，电缆导线截面积应选择 $3\times185\,\text{mm}^2$。（2）热稳定条件校验：由 GB 50217—2018 附录 E 式（E.1.1-1）可得 $S \geq \dfrac{\sqrt{Q}}{C} = \dfrac{\sqrt{106.7}}{115}\times1000 = 89.82\,(\text{mm}^2)$ 以上两者取较大值，所以选 D。老版一次手册第 232 页表 6-3。

14．B【解答过程】由 DL/T 5044—2014 附录 C 式（C.1.1）可知，蓄电池个数应满足在浮充电运行时直流母线电压为 $1.05U_n$ 的要求，蓄电池个数为 $n = \dfrac{1.05U_n}{U_f} = \dfrac{1.05\times220}{2.23} = 103.6$（个），取 104 个。

15．D【解答过程】由 DL/T 5044—2014 表 4.2.5 可知，题目中所列的负荷只有氢密封油泵为第 5 阶段负荷，又由该规范表 4.2.6 可知，氢密封油泵负荷系数为 0.8；则第 5 阶段的放电电流值为 37×0.8=29.6（A）。

16．C【解答过程】由 DL/T 5044—2014 附录 C 第 C.2.3-2 条式（C.2.3-8），第二阶段计算容量 $C_{c2} \geq K_k\left(\dfrac{I_1}{K_{c1}} + \dfrac{I_2 - I_1}{K_{c2}}\right) = 1.4\times\left(\dfrac{1477.8}{0.66} + \dfrac{861.8 - 1477.8}{0.67}\right) = 1847.56\,(\text{Ah})$。

17．B【解答过程】由 DL/T 5044—2014 附录 C 式（C.2.2）可得：蓄电池 1h 放电率电流为 $K_cC_{10}=0.46\times2500=1150(\text{A})$；1min 负荷电流为 1477.8（A）；又由该规范附录 E 第 E.1.2 条及表 E.2-1，以上两者取大，$I_{ca}=1477.8\text{A}$；根据表 E.2-2 可知 $1.1\text{V} \leq \Delta U_p \leq 2.2\text{V}$；由附录 E 式

（E.1.1-2）可得 $S_{\text{cacmin}} = \dfrac{\rho \times 2LI_{\text{ca}}}{\Delta U_{\text{p}}} = \dfrac{0.0184 \times 2 \times 30 \times 1477.8}{220 \times 1\%} = 742 \text{ (mm}^2)$。

18．A【解答过程】由新版二次手册第 378 页式（8-51），发电机定子绕组对称过负荷保护定时限部分，动作值为 $I_{\text{op}} = K_{\text{rel}} \dfrac{I_{\text{GN}}}{K_{\text{r}}}$，$I_{\text{GN}} = \dfrac{P}{\sqrt{3} U_{\text{N}} \cos\varphi}$，$K_{\text{rel}} = 1.05$、$K_{\text{r}} = 0.85 \Rightarrow I_{\text{op}} = 1.05 \times \dfrac{600}{\sqrt{3} \times 20 \times 0.9 \times 0.85} = 23.773$ (kA)，老版二次手册第 683 页式（29-178）。

19．C【解答过程】由老版二次手册第 683 页式（29-179），发电机定子绕组对称过负荷保护反时限部分动作时间为：$t = \dfrac{K}{I_{1*}^2 - (1+a)} \Rightarrow t = \dfrac{40.8}{1.3^2 - (1+0.01)} = 60$ (s)，又由 GB/T 14285—2023 第 4.2.1.7.3 条可知，发电机定子绕组对称过负荷保护反时限部分动作于停机。新版二次手册第 379 页式（8-52）分母 K_{sr} 多了一个平方。

20．B【解答过程】由新版二次手册第 380 页式（8-59）可得，发电机非对称过负荷保护定时限部分动作电流为 $I_{2.\text{op}} = \dfrac{K_{\text{rel}} I_{2\infty*} I_{\text{GN}}}{K_{\text{r}}}$，$K_{\text{rel}} = 1.05$，$K_{\text{r}} = 0.95$，$I_{2\infty*} = 8\% I_{\text{GN}} \Rightarrow = \dfrac{0.08 \times 1.05 \times 600 \times 10^3}{0.95 \times \sqrt{3} \times 20 \times 0.9} = 1701.7$ (A)，应向上取整为 1702A。老版二次手册第 683 页式（29-180）。

21．D【解答过程】由 GB/T 14285—2006 第 4.2.9.2 条可知，100MW 及以上 A 值小于 10 的发电机转子表层过负荷保护，反时限部分：动作特性按发电机承受短时负序电流的能力确定，动作于停机。应能反映电流变化时发电机转子的热积累过程，不考虑在灵敏系数和时限方面与其他相间短路保护相配合。又由老版二次手册第 683 页式（29-181）可得发电机转子表层过负荷保护的反时限部分动作时间常数为：$I_{2*}^2 t \leq A \Rightarrow t \leq \dfrac{A}{I_{2*}^2} \Rightarrow t \leq \dfrac{8}{0.08^2} = 1250$ (s)。新版二次手册第 380 页式（8-60）已进行修改。

22．A【解答过程】取最小运行方式下，主变压器低压侧母线两相短路时流过高压侧过电流保护装置的电流作为灵敏系数校验电流。保护装置动作电流一次值为 1×1200=1200（A）。

由新版二次手册第 398 页式（8-141）可得：灵敏系数 $K = \dfrac{I_{\text{d,j,min}}}{I_{\text{dz,j}}} = \dfrac{\dfrac{\sqrt{3}}{2} \times 23000 \times \dfrac{10.5}{110}}{1200} = 1.58$。老版二次手册第 634 页式（29-105）。

23．A【解答过程】由新版二次手册第 104 页式（2-27）可得 $m_{\text{js}} = \dfrac{K_{\text{k}} I_{\text{d,max}}}{I_{\text{e}}} = \dfrac{1.3 \times 23 \times 10^3 \times \dfrac{10.5}{110}}{1200} = 2.38$。老版二次手册第 69 页式（20-9）。

24．C【解答过程】由新版二次手册第 104 页式（2-27）可得 $m_{\text{js}} = \dfrac{K_{\text{k}} I_{\text{d,max}}}{I_{\text{e}}} = \dfrac{1.3 \times 18 \times 10^3}{1200} = 19.5$。计算母差保护外部最大短路电流，关键点是：确定计算用最大外部短路电流对应的故障点，要特别注意该短路电流必须流过电流互感器。新版二次手册第 72 页内容已根据 DL/T

866—2015 进行修编。老版二次手册第 69 页式（20-10）。

25. B【解答过程】由题意及老版二次手册第 103 页可知，至保护和自动装置屏的电压降不应超过额定电压的 3%，又由式（20-45）得 $S_1 = \frac{1}{\Delta U}\sqrt{3}K_{\text{lx.zk}}\frac{P}{U_{x-x}}\frac{L}{\gamma} = \frac{1}{3\% \times 100} \times \sqrt{3} \times 1 \times \frac{40}{100} \times \frac{200}{57} = 0.81$ (mm²)；对电力系统内部的 0.5 级电能表，其电压回路电压降不应大于 0.5%，可得：$S_2 = \frac{1}{\Delta U}\sqrt{3}K_{\text{lx.zk}}\frac{P}{U_{x-x}}\frac{L}{\gamma} = \frac{1}{0.5\% \times 100} \times \sqrt{3} \times 1 \times \frac{40}{100} \times \frac{200}{57} = 4.86$ (mm²)。

26. A【解答过程】由新版系统手册第 162 页式（7-9）可得，500kV 并联电抗器最低容量为 $Q_1 = \frac{l}{2}q_cB = \frac{120}{2} \times 1.1 \times 0.9 = 59.4$ (MVA)。老版系统手册第 234 页式（8-3）。

27. C【解答过程】由 GB/T 50064—2014 第 6.4.4 条式（6.4.4-1），可得电抗器雷电冲击耐压为 $u_{\text{e,l,i}} \geq k_{16}U_{\text{l,p}} = 1.4 \times 1046 = 1464.4$ (kV)；又根据 GB/T 50064—2014 第 6.4.3 条式（6.4.3-1），可得电抗器操作冲击耐压 $u_{\text{e,s,i}} \geq k_{13}U_{\text{s,p}} = 1.15 \times 826 = 949.5$ (kV)；向上选取标准额定冲击耐受电压，C 选项同时满足雷电冲击和操作冲击的要求。

28. D【解答过程】由 DL/T 5014—2010 第 6.1.7 条，多组主变压器三次侧的无功补偿装置之间不应并联运行，故 D 错误。

29. A【解答过程】由 GB 50227—2017 第 3.0.3 条第 3 款可得 $Q_{\text{cx}} = S_d\left(\frac{1}{n^2} - K\right) = 1800 \times \left(\frac{1}{3^2} - 4.5\%\right) = 119$ (Mvar)。

30. C【解答过程】根据 GB 50227—2017 第 9.1.2 条，并联电容器装置必须设置消防设施。A 选项正确。根据 GB 50229—2019 表 11.1.5，电容器与主变压器之间距离不小于 10m。B 选项符合要求。根据 GB 50227—2017 第 9.1.2 条可知，不同变压器屋外电容器之间宜设消防通道，所以 C 不符合规范，D 符合规范。本题要求选不符合规范的选项。

31. C【解答过程】依题意，4 分裂导线，故每相水平荷载为子导线的 4 倍，根据老版线路手册第 174 页第三章第三节式（3-1-14）可知 $W_x = 4g_Hl_H\beta_c\sin^2\theta = 4 \times 12 \times 400 \times 1.2 \times \sin^2 90° = 23040$ (N)；新版线路手册对该处已修改。

32. A【解答过程】由新版线路手册第 303 页表 5-13 可得 $g_3 = g_1 + g_2 = 9.8 \times 1.349 + 9.8 \times 0.9 \times 3.14 \times 10 \times (26.82 + 10) \times 10^{-3} = 23.42$ (N/m)，$W = 23.42 \times 4 \times 650 = 60892$ (N)；老版线路手册第 179 页表 3-2-3。

33. C【解答过程】由 GB 50545—2010 第 10.1.7 条的表 10.1.7，可知山区的直线塔导线断线时纵向不平衡张力为 $T = 4 \times 92.85 \times 425.24 \times 25\% = 39484$ (N)。

34. A【解答过程】由 GB 50545—2010 第 10.1.7 条及表 10.1.7，可知 0°耐张塔断线时的断线张力为 $T = 4 \times 92.85 \times 425.24 \times 70\% = 110554$ (N)。

35. A【解答过程】由 GB 50545—2010 第 10.1.8 条及表 10.1.8，可知直线塔在不均匀覆冰情况下导线不平衡张力为 $T = 4 \times 92.85 \times 425.24 \times 10\% = 15793$ (N)。

36. B【解答过程】根据《电力工程高压送电线路设计手册》（第二版）第 180 页第三章

第三节表 3-3-1 中 $f=gl^2/(8\sigma)$ 属于平抛物线公式。

37．B【解答过程】由新版线路手册第 304 页表 5-14 可得

$$L = \sqrt{\frac{4\times50^2}{0.025^2}\text{sh}^2\frac{0.025\times1000}{2\times50}+150^2}=1021.42 \text{ (m)}。老版线路手册第 180 页表 3-3-1。$$

38．B【解答过程】由新版线路手册第 304 表 5-14 可得：$\tan\beta = h/l = 150/1000 = 0.15$，$\cos\beta = \cos(\arctan 0.15) = 0.9889$，$f_m = \dfrac{25\times10^{-3}\times1000^2}{8\times50\times0.9889}=63.2 \text{ (m)}$。老版线路手册出处为第 180 页表 3-3-1。

39．C【解答过程】由新版线路手册第 304 表 5-14，可得斜抛物线公式计算距一端 350m 处的弧垂 $f'_x = \dfrac{\gamma x'(l-x')}{2\sigma\cos\beta} = \dfrac{25\times10^{-3}\times350\times(1000-350)}{2\times50\times0.9889}=57.5 \text{ (m)}$。老版线路手册出处为第 180 页表 3-3-1。

40．D【解答过程】由新版线路手册第 305 页表 5-14，可知挡内高塔侧导线最高气温时悬垂角 $\theta = \arctan\left(\dfrac{\gamma l}{2\sigma}+\dfrac{h}{l}\right) = \arctan\left(\dfrac{0.025\times1000}{2\times50}+\dfrac{150}{1000}\right)=21.8\text{ (°)}$。老版线路手册出处为第 181 页表 3-3-1。

2013年注册电气工程师专业知识试题

（上午卷）及答案

一、单项选择题（共40题，每题1分。每题的备选项中只有1个最符合题意）

1. 对单母线分段和双母线接线，若进出线回路数一样，则下列哪项表述是错误的？　　　　　　　　　　　　　　　　　　　　　　　　　　　　　（　　）

   （A）由于正常运行时，双母线进出线回路均匀分配到两段母线，因此一段母线故障时，故障跳闸的回路数单母线分段与双母线是一样的
   （B）双母线正常运行时，每回进出线均同时连接到两段母线运行
   （C）由于双母线接线每回进出线可以连接两段母线，因此一段母线检修时，进出线可以不停电
   （D）由于单母线接线每回进出线只连接一段母线，因此母线检修时，所有连接至该母线的进出线都要停电

2. 在校验断路器的断流能力时，选用的短路电流宜取下列哪项？　（　　）

   （A）零秒短路电流
   （B）继电保护动作时间的短路电流
   （C）断路器分闸时间的短路电流
   （D）断路器实际开断时间的短路电流

3. 对油量在2500kg及以上的户外油浸变压器之间的防火间距要求，下列表述中哪项是正确的？　　　　　　　　　　　　　　　　　　　　　　　　　（　　）

   （A）均不得小于10m
   （B）35kV及以下5m，66kV 6m，110kV 8m，220kV及以上10m
   （C）66kV及以下7m，110kV 8m，220kV及以上10m
   （D）110kV及以下8m，220kV及以上10m

4. 110kV、6kV和35kV系统的最高工作电压分别为126kV、7.2kV、40.5kV，其工频过电压水平一般不超过下列哪组数据？　　　　　　　　　　　　　　（　　）

   （A）126kV，7.2kV，40.5kV　　　　（B）95kV，7.92kV，40.5kV
   （C）164kV，7.92kV，40.5kV　　　 （D）95kV，4.16kV，23.38kV

5. 为了限制330、550kV电力空载线路的合闸过电压，采取下列哪项措施是最有效的？　　　　　　　　　　　　　　　　　　　　　　　　　　　　　（　　）

   （A）线路一端安装无间隙氧化锌避雷器

(B) 断路器上安装合闸电阻
(C) 线路末端安装并联电抗器
(D) 安装中性点接地星形接线的并联电容器组

6. 在中性点不接地的三相系统中，当一相发生接地时，未接地两相对地电压变化为相电压的多少倍？ （ ）
(A) $\sqrt{3}$ 倍
(B) 1 倍
(C) $1/\sqrt{3}$ 倍
(D) 1/3 倍

7. 根据短路电流实用法中计算电抗 X_{js} 的意义，在基准容量相同的条件下，下列哪项判断是正确的？ （ ）
(A) X_{js} 越大，在某一时刻短路电流周期分量的标幺值越小
(B) X_{js} 越大，电源的相对容量越大
(C) X_{js} 越大，短路点距电源的电气距离越近
(D) X_{js} 越大，短路电流周期分量随时间衰减的程度越大

8. 某电厂 50MW 发电机组，厂用工作电源由发电机出口引出，依次经隔离开关、断路器、电抗器供电给厂用负荷，请问该回断路器宜按下列哪项条件校验？ （ ）
(A) 校验断路器开断水平时应按电抗器后短路条件校验
(B) 校验开断短路能力应按 0s 短路电流校验
(C) 校验热稳定时应计及电动机反馈电流
(D) 校验用的开断短路电流应计及电动机反馈电流

9. 某 135MW 发电机组的机端电压为 15.75kV，其引出线宜选用下列哪种形状的硬导体？ （ ）
(A) 矩形
(B) 槽形
(C) 管形
(D) 圆形

10. 某容量为 180MVA 的升压变压器，其高压侧经 LGJ 型导线接入 220kV 屋外配电装置，按经济电流密度选择导线截面积应为下列哪项数值（经济电流密度 J=1.18A/mm^2）？ （ ）
(A) 240mm^2
(B) 300mm^2
(C) 400mm^2
(D) 500mm^2

11. 当地震烈度为 9 度时，电气设施的布置采用哪种方式是不正确的？ （ ）
(A) 电压为 110kV 及以上的配电装置型式不宜采用高型、半高型
(B) 电压为 110kV 的管形母线宜采用支持管母
(C) 主要设备之间、主要设备与其他设备或设施间的距离宜适当增大
(D) 限流电抗器不宜采用三相垂直布置

12. 一台 100MW，A 值（故障运行时的不平衡负载运行限值）等于 10s 的发电机，装设的定时限负序过负荷保护出口方式宜为下列哪项？ （　　）
　　（A）停机　　　　　　　　　　　　（B）信号
　　（C）减出力　　　　　　　　　　　（D）程序跳闸

13. 有一组 600Ah 阀控式密封铅酸蓄电池组，其出口电流应选用下列哪种测量范围的表计？ （　　）
　　（A）400A　　　　　　　　　　　　（B）±400A
　　（C）600A　　　　　　　　　　　　（D）±600A

14. 装有电子装置的屏柜，应设有供公用零电位基准点逻辑接地的总接地板，即零电位母线，屏间零电位母线间的连接线不小于下列哪一项数值？ （　　）
　　（A）100mm^2　　　　　　　　　　（B）35mm^2
　　（C）16mm^2　　　　　　　　　　 （D）10mm^2

15. 下列有关低压断路器额定短路分断能力校验条件中，符合规程规定的是哪一条？ （　　）
　　（A）当利用断路器本身的瞬时过电流脱扣器作为短路保护时，应采用断路器安装点的稳态电流校验
　　（B）当利用断路器本身的延时过电流脱扣器作为短路保护时，应采用断路器的额定分断能力校验
　　（C）当安装点的短路功率因数低于断路器的额定功率因数时，额定短路分断能力宜留有适当的裕度
　　（D）当另装继电保护时，则额定短路分断能力应按制造厂的规定

16. 某电厂建设规模为两台 300MW 机组，低压厂用备用电源的设置原则中，下列哪项是不符合规定的？ （　　）
　　（A）两机组宜设一台低压厂用备用变压器
　　（B）宜按机组设置低压厂用备用变压器
　　（C）当低压厂用变压器成对设置时，两台变压器互为备用
　　（D）远离主厂房的负荷，宜采用邻近两台变压器互为备用的方式

17. 火灾自动报警系统设计时，火灾探测区域宜按独立房（套）间划分，一个探测区域的划分不宜超过下列哪个数值？ （　　）
　　（A）1000mm^2　　　　　　　　　（B）800mm^2
　　（C）500mm^2　　　　　　　　　 （D）300mm^2

18. 爆炸和火灾危险环境中，本质安全系统的电路，导线绝缘的耐压强度为额定电压的倍数及最低值应为下列哪组数值？ （　　）

(A) 2倍，500V (B) 2倍，750V
(C) 3倍，660V (D) 3倍，750V

19．按电能质量标准要求，对于基准短路容量为100MVA的10kV系统，注入公共连接点的7次谐波电流最大允许值为下列哪项数值？ （   ）
(A) 8.5A (B) 12A
(C) 15A (D) 17.5A

20．火力发电厂与变电站中，建（构）筑物中的电缆引至电气柜（盘）或控制屏（台）的开孔部位，电缆贯穿隔墙、隔板的孔洞应采用电缆防火封堵材料进行封堵，其防火封堵组件的耐火极限不应低于被贯穿物的耐火极限，且不应低于下列哪项数值？ （   ）
(A) 1h (B) 45min
(C) 30min (D) 15min

21．下列关于太阳能光伏发电特点的表述中哪条是错误的？ （   ）
(A) 基本无噪声
(B) 利用光照发电无须燃料费用
(C) 光伏发电系统组件为静止部件，维护工作量小
(D) 能量持续，能源随时可得

22．频率为1MHz时，220kV的高压交流架空送电线路无线电干扰限值（距边导线投影20m处）应为下列哪项值？ （   ）
(A) 41dB（μV/m） (B) 46dB（μV/m）
(C) 48dB（μV/m） (D) 53dB（μV/m）

23．容量为300MW发电机组的集中控制室的直流应急照明，除直流长明灯外，当正常照明消失时，应采取下列哪种措施？ （   ）
(A) 应自动切换至保安电源供电
(B) 应直接由主厂房交流应急照明变供电
(C) 应自动切换至直流母线供电
(D) 应由集中控制室交流应急照明变供电

24．工业、民用建筑中，消防控制设备对疏散通道上的防火卷帘，应按一定程序自动控制下降。当感烟探测器动作后，卷帘下降高度应为下列哪项数值？ （   ）
(A) 下降至距楼（地）面1.0m (B) 下降至距楼（地）面1.8m
(C) 下降至距楼（地）面2.5m (D) 下降到底

25．发电厂和变电站的照明网络的接地类型宜采用下列哪种系统？ （   ）
(A) 宜采用TN-C-S系统 (B) 宜采用TN-C系统

(C) 宜采用 TN-S 系统　　　　　　　(D) 宜采用 TT 系统

26. 电能计量装置所用 S 级电流互感器额定一次电流应保证其在正常运行中的实际负荷电流达到一定的值，为了保证计量精度，至少应不小于下列哪一数值？　　　　　(　　)
 (A) 60%　　　　　　　　　　　　(B) 35%
 (C) 30%　　　　　　　　　　　　(D) 20%

27. 直流系统电缆选择的要求中，下列哪种表述是错误的？　　　　　　　　　(　　)
 (A) 从蓄电池组的两极到电源屏合用一根两芯铜截面电缆
 (B) 根据分电柜最大负荷电流选择分电柜至直流屏的电缆截面
 (C) 保护装置用直流馈线其压降不大于标称电压的 5%
 (D) 事故放电末期保证恢复供电断路器可靠合闸

28. 发电机保护中零序电流型横差保护的主要对象是下列哪项？　　　　　　　(　　)
 (A) 发电机引出线短路　　　　　　(B) 发电机励磁系统短路
 (C) 发电机转子短路　　　　　　　(D) 发电机定子匝间短路

29. 电气装置和设施的下列金属部分，可不接地的是下列哪项？　　　　　　　(　　)
 (A) 屋外配电装置的钢筋混凝土结构
 (B) 爆炸性气体环境中沥青地面的干燥房间内，交流标称电压 380V 的电气设备外壳
 (C) 箱式变电站的金属箱体
 (D) 安装在已接地的金属架构上的（已保证电气接触良好）

30. 火力发电厂主厂房内最远工作地点到外部出口或楼梯的距离不应超过多少？(　　)
 (A) 50m　　　　　　　　　　　　(B) 55m
 (C) 60m　　　　　　　　　　　　(D) 65m

31. 火力发电厂和变电站中防火墙上电缆孔洞应采用电缆防火封堵材料进行封堵，并应采取防止火焰延燃措施，其防火封堵组件的耐火极限应为多少？　　　　　(　　)
 (A) 1h　　　　　　　　　　　　　(B) 1.5h
 (C) 2h　　　　　　　　　　　　　(D) 3h

32. 火力发电厂和变电站有爆炸危险场所，当管内敷设多组照明导线时，管内敷设的导线根数不应超过多少根？　　　　　　　　　　　　　　　　　　　　(　　)
 (A) 4 根　　　　　　　　　　　　(B) 5 根
 (C) 6 根　　　　　　　　　　　　(D) 8 根

33. 在确定电气主接线方案时，下列哪种避雷器宜装设隔离开关？　　　　　　(　　)
 (A) 500kV 母线避雷器　　　　　　(B) 200kV 母线避雷器

(C) 变压器中性点避雷器　　　　　　(D) 发电机引出线避雷器

34. 在选择 380kV 低压设备时，下列哪项不能作为隔离电器？　　　　　　　　（　　）
(A) 插头与插座　　　　　　　　　　(B) 不需要拆除连接线的特殊端子
(C) 熔断器　　　　　　　　　　　　(D) 半导体电器

35. 有效接地系统变电站，其接地网的接地电阻公式为 $R \leqslant 2000/I_g$，下列对 R 的表述中哪种是正确的？　　　　　　　　　　　　　　　　　　　　　　　　　　　　（　　）
(A) R 是指采用季节性变化的最大接地电阻
(B) R 是指采用季节性变化的最大冲击接地电阻
(C) R 是指高电阻率地区变电站接地网的接地电阻
(D) R 是指设计变电站接地网中，根据水平接地体总长度计算的接地电阻

36. 已知电气装置金属外壳的接地引线截面积为 480mm^2，其接地装置接地极不宜小于下列哪个规格？　　　　　　　　　　　　　　　　　　　　　　　　　　　　　　　　（　　）
(A) 50mm×8mm　　　　　　　　　　(B) 50mm×6mm
(C) 40mm×8mm　　　　　　　　　　(D) 40mm×6mm

37. 某电网建设一条 150km 500kV 线路，下列哪种情况需装设线路并联高抗？（　　）
(A) 经计算线路工频过电压水平为：线路断路器的变电站侧标幺值 1.2，线路断路器的线路侧标幺值 1.3
(B) 需补偿 500kV 线路的充电功率
(C) 需限制变电站 500kV 母线短路电流
(D) 经计算线路潜供电流不能满足单相重合闸的要求

38. 下列哪项措施不能提高电力系统的静态稳定水平？　　　　　　　　　　　（　　）
(A) 采用紧凑型的输电线路
(B) 采用串联电容补偿装置
(C) 将电网主网架由 220kV 升至 500kV
(D) 装设电力系统稳定器（PSS）

39. 海拔 200m 的 500kV 线路为满足操作及雷电压要求，悬垂绝缘子串应采用多少片绝缘子？（绝缘子高度 155mm）　　　　　　　　　　　　　　　　　　　　　　　（　　）
(A) 25 片　　　　　　　　　　　　　(B) 26 片
(C) 27 片　　　　　　　　　　　　　(D) 28 片

40. 220kV 线路在最大计算弧垂情况下，导线与地面的最小距离应为下列哪项数值？
　　　　　　　　　　　　　　　　　　　　　　　　　　　　　　　　　　　（　　）

(A）居民区：7.5m　　　　　　　（B）居民区：7.0m
(C）非居民区：7.5m　　　　　　（D）非居民区：7.0m

二、多项选择题（共30题，每题2分。每题的备选项中有2个或2个以上符合题意。错选、少选、多选均不得分）

41．在进行导体和设备选择时，下列哪些情况除计算三相短路电流外，还应进行两相、两相接地、单相接地短路电流计算，并按最严重情况验算？　　　　　　　　　　　　　　（　）
（A）发电机出口　　　　　　　　（B）中性点直接接地系统
（C）自耦变压器回路　　　　　　（D）不接地系统

42．电力设备的抗震计算方法分为动力设计法和静力设计法，下列哪些电力设施可采用静力设计法？　　　　　　　　　　　　　　　　　　　　　　　　　　　　　　　　　（　）
（A）高压电器　　　　　　　　　（B）变压器
（C）电抗器　　　　　　　　　　（D）开关柜

43．下列哪些是快速接地开关的选择依据？　　　　　　　　　　　　　　　　　　　　（　）
（A）关合短路电流　　　　　　　（B）关合时间
（C）开断短路电流　　　　　　　（D）切断感应电流能力

44．关于离相封闭母线，以下哪几项表述是正确的？　　　　　　　　　　　　　　　　（　）
（A）采用离相封闭母线是为了减少导体对邻近钢构的感应发热
（B）封闭母线的导体和外壳宜采用纯铝圆形结构
（C）封闭母线外壳必须与支持点绝缘
（D）导体的固定可采用三个绝缘子或单个绝缘子支持方式

45．变电站中电气设备与工频电压的绝缘配合原则是下列哪些？　　　　　　　　　　（　）
（A）工频运行电压下电瓷外绝缘爬电距离应符合相应环境污秽等级的爬电比距要求
（B）电气设备应能承受一定幅值和时间的工频过电压
（C）电气设备与工频过电压的绝缘配合系数取1.15
（D）电气设备应能承受一定幅值和时间的谐振过电压

46．电网方案设计中，对形成的方案要做技术经济比较，还要进行常规的电气计算，主要的计算有下列哪些项？　　　　　　　　　　　　　　　　　　　　　　　　　　　（　）
（A）潮流及调相调压和稳定计算　（B）短路电流计算
（C）低频振荡、次同步谐振计算　（D）工频过电压及潜供电流计算

47．验算导体和电器的动稳定、热稳定以及电器开断电流所用的短路电流可按下列哪几条原则确定？　　　　　　　　　　　　　　　　　　　　　　　　　　　　　　　（　）

(A) 应按本工程的设计规范容量计算，并考虑电力系统远景规划设计
(B) 应按可能发生最大短路电流的接线方式，包括在切换过程中可能并列运行的接线方式
(C) 在电气连接网络中，考虑具有反馈作用的异步电动机的影响和电容补偿装置放电电流的影响
(D) 一般按三相短路电流验算

48. 对于屋外管母线，下列哪几项消除微风振动的措施是无效的？（   ）
(A) 采用隔振基础　　　　　　　　(B) 在管内加装阻尼线
(C) 改变母线间距　　　　　　　　(D) 采用长托架

49. 在220～500kV变电站中，下列哪几种容量的单台变压器应设置水喷雾灭火系统？
（   ）
(A) 50MVA　　　　　　　　　　(B) 63MVA
(C) 125MVA　　　　　　　　　 (D) 150MVA

50. 下列关于发电厂交流事故保安电源电气系统接线基本原则的表述中，哪些是正确的？
（   ）
(A) 交流事故保安电源的电压及中性点接地方式宜与低压厂用工作电源系统的电压及中性点接地方式取得一致
(B) 交流事故保安母线段除由柴油发电机取得电源外，应由本机组厂用电取得正常工作电源
(C) 一般200MW及以上的汽轮发电机组，每台配置一套柴油发电机组
(D) 当确认本机组动力中心真正失电后应能切换到交流保安电源供电

51. 若发电厂6kV厂用母线的接地电容电流为8.78A时，其厂用电系统的中性点接地方式宜采用下列哪几种方式？（   ）
(A) 高电阻接地　　　　　　　　(B) 低电阻接地
(C) 直接接地　　　　　　　　　(D) 不接地

52. 下列物质中哪些属于爆炸性粉尘？（   ）
(A) 铝粉　　　　　　　　　　　(B) 锌粉
(C) 镁粉　　　　　　　　　　　(D) 钛粉

53. 在110kV变电站中，下列哪些场所和设备应设置火灾自动报警装置？（   ）
(A) 配电装置室　　　　　　　　(B) 可燃介质电容器室
(C) 采用水灭火系统的油浸主变压器　(D) 变电站的电缆夹层

54. 发电厂内的噪声应按国家规定的产品噪声标准从声源上进行控制，对于声源上无法

根除的生产噪声，可采用有效的噪声控制措施，下列哪项措施是正确的？ （　　）
(A) 对外排气阀装设消声器 (B) 设备装设隔声器
(C) 管道增加保温材料 (D) 建筑物内敷设吸声材料

55. 在 220kV 变电站屋外变压器的防火设计中，下列哪几条是正确的？ （　　）
(A) 主变压器挡油设施的容积按其油量的 20%设计，并应设置将油排入安全处的设施
(B) 储油池应设有净距不大于 40mm 的格栅
(C) 储油设施内铺设卵石层，其厚度不小于 250mm
(D) 储油池大于变压器外廓每边各 0.5m

56. 发电厂、变电站中，正常照明网络的供电方式应符合下列哪些规定？ （　　）
(A) 单机容量为 200MW 以下的机组，低压厂用电中性点为直接接地系统时，主厂房的正常照明由动力和照明网络共用的低压厂用变压器供电
(B) 单机容量为 200MW 及以上的机组，低压厂用电中性点为非直接接地系统时，主厂房的正常照明由高压厂用电系统引接的集中照明变压器供电
(C) 辅助车间的正常照明宜采用与动力系统共用变压器供电
(D) 变电站正常照明宜采用动力与照明分开的变压器供电

57. 110kV 及以上的高压断路器操动机构一般为液压、气动及弹簧，下列对操动机构规定哪些是正确的？ （　　）
(A) 空气操动机构的断路器，当压力降至规定值时，应闭锁重合闸、合闸及跳闸回路
(B) 液压操动机构的断路器，当压力降低至规定值后，应自动断开断路器
(C) 弹簧操动机构的断路器，应有弹簧未拉紧自动断开断路器功能
(D) 液压操动机构的断路器，当压力降至规定值时，应闭锁重合闸、合闸及跳闸回路

58. 发电厂和变电站常规控制系统中，断路器控制回路的设计应满足接线简单可靠、使用电缆芯数最少、有电源监视、并有监视跳合闸回路的完整性的要求外，还应满足下列哪些基本条件？ （　　）
(A) 合闸或跳闸完成后应使命令脉冲自动解除
(B) 有防止断路器"跳跃"的电气闭锁装置
(C) 应有同期功能
(D) 应有重合闸功能

59. 下列关于电压互感器二次绕组接地的规定中，哪些是正确的？ （　　）
(A) V-V 接线的电压互感器宜采用 B 相一点接地
(B) 开口三角绕组可以不接地
(C) 同一变电站所有电压互感器的中性点均应在配电装置内一点接地
(D) 同一变电站几组电压互感器二次绕组之间有电路联系的，或者接地电流会产生零序电压使保护误动时，接地点应集中在控制室或继电器内一点接地

60. 安全自动装置的主要功能是在电力系统出现大扰动后实施紧急控制，以改善系统状况，提高安全稳定水平，安全自动装置实施紧急控制可以在发电端、负荷端及网络中进行，在网络中的控制手段有下列哪些？ （　　）
（A）串联和并联补偿的紧急控制　　（B）高压直流输电紧急调制
（C）电力系统解列　　（D）动态电阻制动

61. 在计算蓄电池容量时，需要进行直流负荷的统计，下列哪些统计原则是正确的？ （　　）
（A）装设 2 组蓄电池组时，所有动力负荷按平均分配在两组蓄电池上统计
（B）装设 2 组蓄电池组时，控制负荷按全部负荷统计
（C）2 组蓄电池组的直流系统之间有联络线时，应考虑因互联而增加负荷容量的统计
（D）事故后恢复供电的断路器合闸冲击负荷按随机负荷考虑

62. 火力发电厂的主厂房疏散楼梯间内部不应穿越下列哪些管道或设施？ （　　）
（A）电缆桥架　　（B）可燃气体管道
（C）蒸汽管道　　（D）甲乙丙类液体管道

63. 在电力工程中低压配电装置的电击防护措施中，下列哪些间接接触的防护措施是正确的？ （　　）
（A）采用Ⅱ类设备
（B）设置不接地的等电位联结
（C）TN 系统中供给 380V 移动式电气设备末端线路，间接接触防护电器切断故障回路最长时间不宜大于 0.4s
（D）TN 系统中配电线路采用过电流保护电器兼作间接接触防护电器时，当其动作特性不满足要求时，应采用剩余电流动作保护电器

64. 某一工厂的配电室有消防和暖通要求，下列哪些设计原则是正确的？ （　　）
（A）消防水、暖通管道不能通过配电室
（B）除配电室需要管道可以进入配电室，其余管道不应通过配电室
（C）配电屏上、下方及电缆沟内可敷设本配电室所需的消防水、暖通管道
（D）暖通管道与散热器的连接应采用焊接，并应做等电位联结

65. 低压电气装置的接地装置施工中，接地导体（线）与接地极的连接应牢固，可采用下列哪几种方式？ （　　）
（A）放热焊接　　（B）搪锡焊接
（C）压接器焊接　　（D）夹具连接

66. 短路电流实用计算中，下列哪些情况需要对计算结果进行修正？ （　　）
（A）励磁顶值倍数大于 2.0 倍时

（B）励磁时间常数小于或等于 0.06s 时
（C）当实际发电机的时间常数与标准参数差异较大时
（D）当三相短路电流非周期分量超过 20%时

67. 对于电网中性点接地方式，下列哪些做法是错误的？　　　　　　（　　）
（A）500kV 降压变压器（自耦变压器）中性点必须接地
（B）若电厂 220kV 升压站装有 4 台主变压器，主变压器中性点可不接地
（C）330kV 母线高抗中性点可经小电抗接地
（D）若 110kV 变电站装有 3 台主变压器，可考虑 1 台主变压器中性点接地

68. 下列关于绝缘子串配置原则中，哪些表述是正确的？　　　　　　（　　）
（A）高海拔地区悬垂绝缘子片数一般不需要修正
（B）相同爬电距离的复合绝缘子串的耐污闪能力一般比盘型绝缘子强
（C）耐张绝缘子片数应比悬垂绝缘子片数增加 3 片
（D）绝缘子片数选择时，综合考虑环境污秽变化因素

69. 220kV 输电线路与铁路交叉时，最小垂直距离应符合以下哪些要求？（　　）
（A）标准轨至轨顶 8.5m　　　　（B）窄轨至轨顶 7.5m
（C）电气轨至轨顶 12.5m　　　　（D）至承力索或接触线 3.5m

70. 对于海拔 1000m 及以下交流输电线路，距边导线投影外 20m 处，湿导线条件下，可听噪声不得超过限值，下列哪些要求是正确的？　　　　　　　　　　　　　（　　）
（A）110kV 线路，可听噪声限值为 53dB
（B）220kV 线路，可听噪声限值为 55dB
（C）500kV 线路，可听噪声限值为 55dB
（D）750kV 线路，可听噪声限值为 58dB

答　案

一、单项选择题

1. B

依据：新版一次手册第 32～33 页或新版变电手册第 16～17 页。或老版一次手册第 47～48 页。B 项正常运行时，双母线接线每回进出线只接到一段母线运行。

2. D

依据：《导体和电器选择设计技术规定》（DL/T 5222—2005）第 9.2.2 条。DL/T 5222—2021 已删除该条。

3. B

依据:《高压配电装置设计技术规程》(DL/T 5352—2018)第 5.5.6 条。

4．B

依据:《交流电气装置的过电压保护和绝缘配合》(DL/T 620—1997)第 3.2.2 条、第 4.1.1 条 b 款，$1\text{p.u.}=\dfrac{U_\text{m}}{\sqrt{3}}$，$110\text{kV}:U\leqslant 1.3\text{p.u.}=1.3\times\dfrac{126}{\sqrt{3}}=94.6(\text{kV})$，$6\text{kV}:U\leqslant 1.1\times\sqrt{3}\text{p.u.}=1.1\times\sqrt{3}\times\dfrac{7.2}{\sqrt{3}}=7.92\ (\text{kV})$，$35\text{kV}:U\leqslant\sqrt{3}\text{p.u.}=\sqrt{3}\times\dfrac{40.5}{\sqrt{3}}=40.5(\text{kV})$，而《交流电气装置的过电压保护和绝缘配合设计规范》(GB/T 50064—2014)第 4.1.1 条中性点不直接接地系统按照具体的接地方式规定了不同的工频过电压水平，按此规范作答，已知条件不够明确，无法得出正确答案。

5．B

依据:首先《交流电气装置的过电压保护和绝缘配合》(DL/T 620—1997)第 4.2.1 条 C 款中明确说明断路器合闸电阻是最有效的措施，其次是在线路上安装 MOA；而在《交流电气装置的过电压保护和绝缘配合设计规范》(GB/T 50064—2014)第 4.2.1-5 条中虽然去掉了"最有效"的字眼，但仍放在首位。对于 330kV 和 500kV，通过工程实际校验，仅用安装在线路上的 MOA 即可限制合闸和重合闸过电压的，可以不再安装断路器合闸电阻，但对于 750kV 及以上是必须安装的。不安装合闸电阻，不是说它不是最有效的，而是 MOA 附带着可以解决这个问题，不必花更多的钱，特高压断路器的合闸电阻价格还是比较贵的。

6．A

依据:新版一次手册第 125～126 页或新版变电手册第 65～66 页。或老版一次手册第 145～146 页。

7．A

依据:新版一次手册第 116 页或新版变电手册第 59 页式(3-20)。或老版一次手册第 129 页式(4-20)或依据：《导体和电器选择设计技术规定》(DL/T 5222—2005)附录 F 第 F.2.1.4 条、第 F.2.2 条。C 项为"越远"。而 B 答案中的电源的相对容量的表述，应该指的是电源的额定容量与基准容量之间的比值，题干因果关系逻辑不正确，应该是电源的相对容量越大，会导致计算电抗越大。而计算电抗大，不一定是电源的相对容量大引起的，可能是电源到短路点的合成阻抗大引起的。所以 B 也不正确；D 项为越小。

8．A

依据:《火力发电厂厂用电设计技术规定》(DL/T 5153—2014)第 3.6.5 条、第 6.1.4 条。在 DL/T 5153—2002 第 7.1.4 条中规定"100MW 及以下机组，可不计及电动机对热稳定和断路器开断电流的影响"。但在 DL/T 5153—2014 中已删除了此内容。不过具有争议的是:新规中说电动机反馈电流的计算按附录 L，但在附录 L 中还是和老规范一模一样，明确有开断电流和热稳定不计电动机反馈的内容，所以不清楚新规是附录忘了修改，还是只是精简条文。但新规中还特别在条文说明中说明了此内容的删除，此答案暂按老规范来作答；B 项应为校验开断电流计算时间宜采用开关设备实际开断时间。

9．B

依据:《隐极同步发电机技术要求》(GB/T 7064—2008)第 5.2 条及表 4、《导体和电器选择设计技术规定》(DL/T 5222—2021)第 5.3.2 条。由 GB/T 7064—2008 表 4 查得 $\eta=$

98.4%，$\cos\varphi=0.85$，得 $I = \dfrac{135 \times 10^3}{\sqrt{3} \times 15.75 \times 0.984 \times 0.85} = 5917$ (A)，4000～8000A 为槽形。说明：GB/T 7064—2017 版已经删除表 4 内容。

10．C

依据：新版一次手册第 222 页表 7-3 或新版变电手册第 76 页表 4-3 和第 118 页式（5-2）。或老版一次手册第 232 页表 6-3 和第 336 页式（8-2）。$S = 1.05 \times \dfrac{180 \times 10^3}{\sqrt{3} \times 220 \times 1.18} = 420 (\text{mm}^2)$，按下一截面取值。

11．B

依据：《电力设施抗震设计规范》(GB 50260—2013) 第 6.5.2～6.5.4 条或《高压配电装置设计技术规程》(DL/T 5352—2018) 第 5.3.9 条。B 项应为悬吊式或称悬挂式。其中 C 项在 GB 50260—1996 中有描述，在 GB 50260—2013 中已删除。

12．B

依据：《继电保护和安全自动装置技术规程》(GB/T 14285—2023) 第 5.2.1.8.3-a) 款。

13．B

依据：《电力工程直流电源系统设计技术规程》(DL/T 5044—2014) 附录 F 表 F.1。

14．C

依据：《火力发电厂、变电站二次接线设计技术规程》(DL/T 5136—2012) 第 16.2.7 条第 2 款 2)。

15．C

依据：《火力发电厂厂用电设计技术规定》(DL/T 5153—2014) 第 6.4.1 条。由第 1 款可知 A 项应"采用断路器额定短路分断能力校验"；由第 2 款知 B 项应为"采用断路器的相应延时下的短路分断能力校验"；由第 3 款可知 C 正确；由第 4 款可知，D 项应为"当另装继电保护的动作时间超过断路器延时脱扣器的最长延时"。

16．A

依据：《火力发电厂厂用电设计技术规定》(DL/T 5153—2014) 第 3.7.10-3 条、第 3.7.11 条、第 3.7.12 条。A 项应为"每台机组宜设 1 台或多台低压厂用备用变压器"。

17．C

依据：《火灾自动报警系统设计规范》(GB 50116—2013) 第 3.3.2-1 条。

18．A

依据：《爆炸和火灾危险环境电力装置设计规范》(GB 50058—1992) 第 2.5.9 条。

注：《爆炸危险环境电力装置设计规范》(GB 50058—2014) 取消此内容。

19．C

依据：《电能质量　公用电网谐波》(GB/T 14549—1993) 第 5.1 条及表 2。

20．A

依据：《火力发电厂与变电站设计防火规范》(GB 50229—2019) 第 6.8.2 条。

21．D

依据：未找到对应规范。

22．C

依据：《架空输电线路电气设计规程》（DL/T 5582—2020）表 5.1.4 及该规范第 118 页表 7 下方小注内容。

23．无

依据：《发电厂和变电站照明设计技术规定》（DL/T 5390—2014）第 8.3.1 条中条文已改为"应满足及时处理故障的要求"。

24．B

依据：《火灾自动报警系统设计规范》（GB 50116—2013）第 4.6.3 条。

25．A

依据：《发电厂和变电站照明设计技术规定》（DL/T 5390—2014）第 8.9.2 条及条文说明。

26．D

依据：《电力装置的电测量仪表装置设计规范》（GB/T 50063—2008）第 8.1.2 条。

27．AC

依据：《电力工程直流电源系统设计技术规程》（DL/T 5044—2014）第 6.3.2 条可知正负极不应共用一根电缆；由第 6.3.4-2 第可知 D 正确；由第 6.3.6 条可知 B 正确；由第 6.3.5 条、第 6.3.6 条可知新规已作修改，按不同的接线方式，电压降有所不同，选项 C 也不正确。

28．D

依据：《继电保护和安全自动装置技术规程》（GB/T 14285—2023）第 5.2.1.4.2 条。

29．D

依据：《交流电气装置的接地设计规范》（GB/T 50065—2011）第 3.2.2-3 条可知 D 项正确；由第 3.2.1-9 条、第 3.2.1-7 条知 A 和 C 项应接地；第 3.2.2-1 条及《爆炸危险环境电力装置设计规范》（GB 50058—2014）第 5.5.3-1 条可知 B 项仍需接地。

30．A

依据：《火力发电厂与变电站设计防火规范》（GB 50229—2006）第 5.1.1 条。说明：GB 50229—2019 第 5.1.5 条描述已更改。

31．D

依据：《火力发电厂与变电站设计防火规范》（GB 50229—2019）第 6.8.4 条。

32．A

依据：《发电厂和变电站照明设计技术规定》（DL/T 5390—2014）第 8.7.4 条。

33．B

依据：《大中型火力发电厂设计规范》（GB 50660—2011）第 16.2.15 条可知 ACD 均不应装设。

34．D

依据：《低压配电设计规范》（GB 50054—2011）第 3.1.7 条。

35．A

依据：《交流电气装置的接地设计规范》（GB/T 50065—2011）第 4.2.1-1 条。

36．A

依据：《交流电气装置的接地设计规范》（GB/T 50065—2011）第 4.3.5-3 条可知接地极的截面积不宜小于接地引线的 75%，即 $S \geqslant 480 \times 0.78 = 360$（mm²）。

37．B

依据：《电力系统电压和无功电力技术导则》（SD 325—1989）第 5.1 条可知 B 正确，《交流电气装置的过电压保护和绝缘配合设计规范》（GB/T 50064—2014）第 4.1.3 条可知 A 不需要，《电力系统设计技术规程》（DL/T 5429—2009）第 9.2.3 条可知 D 需要的是高压并联电抗器中性点小电抗，老版一次手册第 120 页第 5 条（发电厂和变电所中采取限流措施）中指的是串联限流电抗器。

38．D

依据：新版系统手册第 240 页第七节一可知 ABC 属于静态稳定措施，而由第二条第 3 款可知 D 为暂态稳定措施。或老版系统手册第 366～367 页第六节第一条第（1）（3）（4）款。

39．A

依据：《架空输电线路电气设计规程》（DL/T 5582—2020）第 8.0.1 条。

40．A

依据：《架空输电线路电气设计规程》（DL/T 5582—2020）第 10.2.1-1 款。

二、多项选择题

41．ABC

依据：老版一次手册第 119 页右下方内容。

42．BCD

依据：《电力设施抗震设计规范》（GB 50260—1996）第 5.2.1 条中可知 A 项采用动力设计法，其余采用静力设计法。在 GB 50260—2013 第 6.2.1 条中的相应描述改为"基频高于 33Hz 的刚性电气设施可采用静力法"，但基频高于 33Hz 的刚性电气设施是哪些却找不到解释，所以用新规作答比较困难。

43．ABD

依据：《导体和电器选择设计技术规定》（DL/T 5222—2021）第 11.0.4-2 款。

44．ABD

依据：新版一次手册第 360 页或新版变电手册第 141 页 2 第（3）款可知 A 正确，由第 358～360 页可知 D 正确，由第 358～360 页及《导体和电器选择设计技术规定》（DL/T 5222—2021）第 5.4.4 条可知 C 项应为分段绝缘式时外壳和支持点绝缘，而全连式则一点或二点接地。或老版一次手册第 357 页右侧第（3）款可知 A 正确，由第 358～360 页可知 D 正确，由第 358～360 页。由《导体和电器选择设计技术规定》（DL/T 5222—2021）第 5.4.3 条及条文说明可知 A 正确。

45．ABCD

依据：《交流电气装置的过电压保护和绝缘配合设计规范》（GB 50064—2014）第 3.2.1 条中，暂时过电压包括工频过电压和谐振过电压，由第 6.4.1 条可知 ABCD 均正确。注：此题是按《交流电气装置的过电压保护和绝缘配合》（DL/T 620—1997）出的题，按其第 10.4.1 条、第 10.4.2 条，答案为 ABD，其中 GB 50064—2014 第 6.4.1-1 条中污秽度等级下耐受持续运行电压对应 DL/T 620—1997 中所指爬电比距。而在 GB 50064—2014 中，内外绝缘和工频电压的配合系数明确并统一为 1.15，故 C 也正确。

46．ABD

依据：《电力系统设计技术规程》（DL/T 5429—2009）目次第 7～9 条。

47．ACD

依据：新版变电手册第 51 页第 3-1 节三或老版一次手册第 119 页第 4-1 节第二部分第 1 款知 A 正确，B 不应按切换过程可能并列运行的接线方式；第 2 和第 4 款知 CD 正确。

48．AC

依据：《导体和电器选择设计技术规定》（DL/T 5222—2021）第 5.3.5 条。

49．CD

依据：《高压配电装置设计技术规程》（DL/T 5352—2018）第 5.5.5 条知 125MW 及以上需装设。

50．ABD

依据：《大中型火力发电厂设计规范》（GB 50660—2011）第 16.3.18 条、第 16.3.19 条。C 项是 200～300MW 级机组宜按机组设置，而 600～1000MW 级机组应按机组设置。

注：《火力发电厂厂用电设计技术规定》（DL/T 5153—2014）参照 GB 50660—2011 执行。

51．BD

依据：《火力发电厂厂用电设计技术规定》（DL/T 5153—2014）第 3.4.1 条及表 3.4.1。

52．AC

依据：《爆炸和火灾危险环境电力装置设计规范》（GB 50058—1992）第 3.1.1 条、第 3.1.2 条。

注：《爆炸危险环境电力装置设计规范》（GB 50058—2014）修改此内容。

53．AB

依据：《火力发电厂与变电站设计防火规范》（GB 50229—2019）第 11.5.25 条。C 项应为固定灭火系统；D 项应为 220kV 及以上变电站。

54．ABD

依据：《大中型火力发电厂设计规范》（GB 50660—2011）第 21.5.2 条文说明。

55．AC

依据：《高压配电装置设计技术规程》（DL/T 5352—2018）第 5.5.2 条。B 项在《电力设备典型消防规程》（DL 5027—2014）中已取消，D 项应为 1m。

56．ABC

依据：《发电厂和变电站照明设计技术规定》（DL/T 5390—2014）第 8.2.1 条。D 项应为共用。

57．AD

依据：《火力发电厂、变电站二次接线设计技术规程》（DL/T 5136—2012）第 5.1.10 条及条文说明。B 项应闭锁断路器，以防止低压下带电开断断路器爆炸，C 项条文说明制造厂出厂有此功能，但在系统中不应使用。

58．AB

依据：《火力发电厂、变电站二次接线设计技术规程》（DL/T 5136—2012）第 5.1.2 条。

59．AD

依据：《火力发电厂、变电站二次接线设计技术规程》（DL/T 5136—2012）第 5.4.18 条。B 项应一点接地；C 项几组无电路联系的电压互感器，可分别在不同的继电器室或配电装置内接地。

60．ABC

依据：《电力系统安全稳定控制技术导则》(DL/T 723—2000)第6.2.3条。说明：新版规范《电力系统安全稳定控制技术导则》(GB/T 26399—2011)已经更改了相关内容。

61．ABD

依据：《电力工程直流电源系统设计技术规程》(DL/T 5044—2014)第4.2.1条。C项应"按各自所连负荷统计，不能因互联而增加负荷容量"。

62．ABCD

依据：《火力发电厂与变电站设计防火规范》(GB 50229—2019)第5.3.7条。

63．ABD

依据：《低压配电设计规范》(GB 50054—2011)第5.2.1-1条、第5.2.1-2条、第5.2.9-2条、第5.2.13条。C项应为0.2s。

64．BD

依据：《低压配电设计规范》(GB 50054—2011)第4.1.3条。A项和B项相对立，B项正确，A项就不正确了；C项不应敷设水、汽管道。

65．ACD

依据：《交流电气装置的接地设计规范》(GB/T 50065—2011)第8.1.3-2条。

66．AC

依据：由《导体和电器选择设计技术规定》(DL/T 5222—2021)附录A第A.2.5条可知B项时间常数为0.02~0.56s时，可不修正。

67．BCD

依据：由《电力系统设计技术规程》(DL/T 5429—2009)第9.1.3知C应为直接接地；由老版一次手册第70页第二章第二部分第1条(1)款知A正确；由(2)款知至少应有一台主变中性点直接接地；D选项中没有说明接线方式，由(6)款知如果是双母线接线，必须有两台主变压器接地，所以D是错的。

68．BD

依据：《架空输电线路电气设计规程》(DL/T 5582—2020)第6.1.5条，A错误；第6.2.4-2条，B正确；第6.2.2条，C错误；第6.1.2条，D正确。选正确的，所以选BD。

69．ABC

依据：《架空输电线路电气设计规程》(DL/T 5582—2020)第48页表10.2.5.1，D项应为4m。

70．BC

依据：《架空输电线路电气设计规程》(DL/T 5582—2020)第5.1.5-1款，AD均应为55dB。

2013 年注册电气工程师专业知识试题

(下午卷)及答案

一、单项选择题(共 40 题,每题 1 分。每题的备选项中只有 1 个最符合题意)

1. 对内桥与外桥接线(双回变压器进线与双回线路出线),下列表述哪些是错误的? ( )
   (A)采用桥形接线的优点是所需断路器少,4 回进出线只需 3 台断路器
   (B)采用内桥接线时,变压器的投切较复杂
   (C)当出线线路较长,故障率高时宜采用外桥接线
   (D)桥形接线为避免进或出线断路器检修时,变压器或线路长时间停电,可以加装跨条

2. 某电厂 100MW 采用发电机—变压器单元接线接入 220kV 系统,发电机出口电压为 10.5kV,接地故障电容电流为 1.5A,由于系统薄弱,若要求发电机内部故障时不立即停机,发电机中性点应采用哪种接地方式? ( )
   (A)不接地   (B)高电阻接地
   (C)消弧线圈接地   (D)低电阻接地

3. 在中性点不接地的三相系统中,当一相发生接地时,接地点通过的电流为电容性,其大小为原来每相对地电容电流的多少倍? ( )
   (A)3 倍   (B)$\sqrt{3}$ 倍
   (C)2 倍   (D)1 倍

4. 发电机能承受的过载能力与过载时间有关,当发电机过载为 1.4 倍额定定子电流时,允许的过电流时间应为(取整数)? ( )
   (A)9s   (B)19s
   (C)39s   (D)28s

5. 安装在靠近电源处的断路器,当该处短路电流的非周期分量超过周期分量多少时,应要求制造厂提供断路器的开断性能? ( )
   (A)15%   (B)20%
   (C)30%   (D)40%

6. 对单机容量为 300MW 的燃煤发电厂,其厂用电电压宜采用下列哪项组合? ( )
   (A)3kV,380V   (B)6kV,380V

(C) 6kV, 660V　　　　　　　　　　　(D) 10kV, 380V

7. 某变压器低压侧的线电压为 400V，若每相回路的总电阻为 15mΩ，总阻抗 20mΩ，其三相短路电流周期分量的起始有效值为下列何值（短路时可认为低压厂变高压侧电压不变，不考虑电动机反馈）？　　　　　　　　　　　　　　　　　　　　　　（　　）

　　（A）16kA　　　　　　　　　　　（B）11.32kA
　　（C）9.24kA　　　　　　　　　　（D）5.33kA

8. 在燃煤发电厂高压厂用母线设置中，下列哪种表述是不正确的？　　（　　）
　　（A）高压厂用母线应采用单母线接线
　　（B）锅炉容量在 230t/h 时，每台锅炉可设一段高压母线
　　（C）锅炉容量在 400～1000t/h 时，每台锅炉应由 2 段高压母线供电，2 段母线宜由 2 台变压器供电
　　（D）锅炉容量在 1000t/h 时，每一种高压母线应为 2 段

9. 在变电站中，110kV 及以上户外配电装置，一般装设架构避雷针，但在下列哪种地区宜设独立避雷针？　　　　　　　　　　　　　　　　　　　　　　　　　（　　）
　　（A）土壤电阻率小于 1000Ω·m 的地区
　　（B）土壤电阻率大于 350Ω·m 的地区
　　（C）土壤电阻率大于 500Ω·m 的地区
　　（D）土壤电阻率大于 1000Ω·m 的地区

10. 某变电站的 220kV 户外配电装置出线门型构架高为 14m，边相导线距架构柱中心 2.5m，出线门型构架旁有一独立避雷针，若独立避雷针冲击电阻为 20Ω，则该独立避雷针距出线门型构架间的空气距离至少应大于下列何值？　　　　　　　　　　（　　）
　　（A）7.9m　　　　　　　　　　　（B）6m
　　（C）5.4m　　　　　　　　　　　（D）2.9m

11. 当发电厂内发生三相短路故障时，若高压断路器实际开断时间越短，则下列选项正确的是？　　　　　　　　　　　　　　　　　　　　　　　　　　　　　　（　　）
　　（A）开断电流中的非周期分量绝对值越低
　　（B）对电力系统的冲击越严重
　　（C）短路电流的热效应就越弱
　　（D）被保护设备的短路冲击耐受水平可以越低

12. 某发电机通过一台分裂限流电抗器跨接于两段母线上，问该电抗器分支额定电流一般按下列哪项选择？　　　　　　　　　　　　　　　　　　　　　　　　（　　）
　　（A）发电机额定电流的 50%　　　（B）发电机额定电流的 80%
　　（C）发电机额定电流的 70%　　　（D）发电机额定电流的 50%～80%

13. 设计最大风速超过下列哪项数值的地区，在变电站的户外配电装置中，宜采取降低

电气设备安装高度、加强设备与基础的固定措施？ （　　）
(A) 15m/s (B) 20m/s
(C) 30m/s (D) 35m/s

14. 变电站中，配电装置的设计应满足正常运行、检修、短路和过电压时的安全要求，从下列哪级电压开始，配电装置内设备遮拦外的静电感应场强不宜超过10V/m（离地1.5m空间场强）？ （　　）
(A) 110kV 及以上 (B) 220kV 及以上
(C) 330kV 及以上 (D) 500kV 及以上

15. 发电厂的屋外配电装置，为防止外人任意进入，其围栏高度宜至少为下列哪项数值？
（　　）
(A) 1.5m (B) 1.7m
(C) 2.0m (D) 2.3m

16. 下列对直流系统保护电器的配置要求中，哪项是不正确的？ （　　）
(A) 直流断路器和熔断器串级作为保护电器，直流断路器额定电流为16A，上一级熔断器额定电流可取32A
(B) 直流断路器应具有电流速断和过电流保护
(C) 直流馈线回路可采用熔断器和刀开关合一的刀熔开关
(D) 直流断路器和熔断器串级作为保护电器，熔断器额定电流2A，上一级直流断路器额定电流可取6A

17. 某电厂厂用电源由发电机出口经电抗器引接，若电抗器的电抗（标幺值）为0.3，失压成组自启动容量（标幺值）为1，则其失压成组自启动时的厂用母线电压应为下列哪项数值？ （　　）
(A) 70% (B) 81%
(C) 77% (D) 85%

18. 当发电厂高压厂用电系统采用高电阻接地方式，若采用由其供电的低压厂用变压器高压侧中性点来实现，则低压厂用变压器应采用哪种联结组别？ （　　）
(A) Yyn0 (B) Dyn11
(C) Dd (D) YNd1

19. 所用变压器高压侧选用熔断器作为保护电器时，下列哪些表述是正确的？ （　　）
(A) 熔断器熔管的电流应小于或等于熔体的电流
(B) 限流熔断器可使用在工作电压低于其额定电压的电网中
(C) 熔断器只需按额定电压和开断电流选择
(D) 熔体的额定电流应按熔断器的保护熔断特性选择

20．某 220kV 配电装置，雷电过电压要求的相对地最小安全距离为 2m，请问雷电过电压要求的最小相间距离为多少？　　　　　　　　　　　　　　　　　　　　（　　）
（A）1.8m　　　　　　　　　　　　（B）2.0m
（C）2.2m　　　　　　　　　　　　（D）2.4m

21．照明设计中，灯具端电压的偏移，不应高于额定电压的 105%，对视觉要求较高的主控制室、单元控制室、集中控制室等，这种偏移不宜低于额定电压的多少？　　（　　）
（A）97.5%　　　　　　　　　　　　（B）95%
（C）90%　　　　　　　　　　　　　（D）85%

22．变电站照明设计中，下列关于开关、插座的选择要求哪项是错误的？　　（　　）
（A）超市多灰尘场所及屋外装设的开关和插座，应选用防水防尘型
（B）办公室、控制室宜选用三极式单相插座
（C）生产车间单相插座额定电压应为 250V，电流不得小于 10A
（D）在有爆炸和火灾危险的场所不宜装设开关和插座

23．在电压互感器的配置方案中，下列哪种情况高压侧的中性点是不允许接地的？
　　　　　　　　　　　　　　　　　　　　　　　　　　　　　　　　（　　）
（A）三个单相三绕组电压互感器　　（B）一个三相三柱式电压互感器
（C）一个三相五柱式电压互感器　　（D）三个单相四绕组电压互感器

24．在电气二次回路设计中，下列哪种继电器应标明极性？　　　　　　　　（　　）
（A）中间继电器　　　　　　　　　（B）时间继电器
（C）信号继电器　　　　　　　　　（D）防跳继电器

25．200MW 及以上容量的发电机组，其厂用备用电源快速自动投入装置，应采用具备下列哪种同步鉴定功能？　　　　　　　　　　　　　　　　　　　　　　　（　　）
（A）相位差　　　　　　　　　　　（B）电压差
（C）相位差及电压差　　　　　　　（D）相位差、电压差及频率差

26．某回路测量用的电流互感器二次额定电流为 5A，其额定容量为 30VA，二次负载阻抗最大不超过下列何值时，才能保证电流互感器的准确等级？　　　　　　（　　）
（A）1Ω　　　　　　　　　　　　　（B）1.1Ω
（C）1.2Ω　　　　　　　　　　　　（D）1.3Ω

27．在发电厂中，容量为 370MVA 的双绕组升压变压器，其 220kV 中性点经隔离开关及放电间隙接地，其零序保护应按下列哪项配置？　　　　　　　　　　　　（　　）
（A）装设带两段时限的零序电流保护
（B）装设带两段时限的零序电流保护，装设零序过电压保护

(C) 装设带两段时限的零序电流保护，装设反映零序电压和间隙放电电流的零序电流电压保护

(D) 装设带两段时限的零序电流保护，装设一套零序电流保护

28. 某变压器额定容量为 1250kVA，额定变比为 10/0.4kV，其对称过负荷保护的动作电流应整定为多少？ （   ）

(A) 89A (B) 85A
(C) 76A (D) 72A

29. 下列对直流系统接线的表述，哪一条是不正确的？ （   ）

(A) 2 组蓄电池组的直流系统，应采用二段单母线接线，设联络电器，切换过程中允许 2 组蓄电池短时并联运行

(B) 2 组蓄电池组的直流系统，直流分电柜 2 回直流电源应来自不同蓄电池组，可短时并联运行

(C) 2 组蓄电池组的直流系统，采用高频开关充电装置时，可配置 3 套充电装置

(D) 发电厂网控系统中包括 500kV 电气设备时，需独立设置 2 组蓄电池

30. 在 380V 低压配电设计中，下列哪项表述是错误的？ （   ）

(A) 选择导体截面时，应满足线路保护的要求

(B) 绝缘导体固定在绝缘子上，当绝缘子支持点间的距离小于等于 2m 时，铝导体最小截面积为 10mm^2

(C) 装置外可导电部分可作为保护接地中性导体的一部分

(D) 线路电压损失应满足用电设备正常工作及启动时端电压的要求

31. 某一工厂设有高、低压配电室，下列布置原则中，哪条不符合设计规程规范的要求？ （   ）

(A) 成排布置的高、低压配电屏（柜），其长度超过 6m，屏（柜）后的通道应设 2 个出口

(B) 布置有成排配电屏的低压配电室，当两个出口之间的距离超过 15m 时，其间尚应增加出口

(C) 布置有成排配电屏的高压配电室，当两个出口之间的距离超过 15m 时，其间尚应增加出口

(D) 双排低压配电屏之间有母线桥，母线桥护网或外壳的底部距地面的高度不应低于 2.2m

32. 向低压电气装置供电的配电高压变压器高压侧工作于低电阻接地系统时，若低压系统电源中性点与该变压器保护接地共用接地装置，请问下列哪一个条件是错误的？ （   ）

(A) 变压器的保护接地装置的接地电阻应符合 $R \leqslant 120/I_g$

(B) 建筑物内低压电气装置采用 TN-C 系统

（C）建筑物内低压电气装置采用 TN-C-S 系统

（D）低压电气装置采用（含建筑物钢筋的）保护总等电位联结系统

33. 220kV 电缆线路在系统发生单相接地故障对邻近弱电线路有干扰时，应沿电缆线路平行敷设一根回流线，其回流线的选择与设置应符合下列哪项规定？　　　　　（　　）

（A）当线路较长时，可采用电缆金属护套回流线

（B）回流线的截面积应按系统最大故障电流校验

（C）回流线的排列方式，应使电缆正常工作时在回流线上产生的损耗最小

（D）电缆正常工作时，在回流线上产生的感应电压不得超过 150V

34. 某变电站中装有几组 35kV 电容器，每相由 4 个串联段组成，单台电容器的额定电压有 5.5kV 和 6kV 两种，安装在绝缘平台上，绝缘平台分两层，单台电容器的绝缘水平最低不应低于多少？　　　　　（　　）

（A）6.3kV　　　　　　　　　　（B）10kV

（C）20kV　　　　　　　　　　（D）35kV

35. 某 500kV 变电站中，设有一组单星形接线串联了电抗率为 12%电抗器的 35kV 电容器组，电容器组每组串联段数为 4，此电容器组中的电容器额定电压应为多少？　（　　）

（A）4kV　　　　　　　　　　（B）5kV

（C）6kV　　　　　　　　　　（D）6.6kV

36. 电缆与直流电气化铁路交叉时，电缆与铁路路轨间的距离应满足下列哪项数值？
　　　　　　　　　　　　　　　　　　　　　　　　　　　　　　　（　　）

（A）1.5m　　　　　　　　　　（B）5.0m

（C）2.0m　　　　　　　　　　（D）1.0m

37. 下列关于电缆通道防火分隔的做法中，哪项是不正确的？　　　　　（　　）

（A）在竖井中，宜每隔 7m 设置阻火隔层

（B）不得使用对电缆有腐蚀和损害的阻火封堵材料

（C）阻火墙、阻火隔层和阻火封堵应满足耐火极限不应低于 0.5h 耐火完整性、隔热性要求

（D）防火封堵材料或防火封堵组件用于电力电缆时，宜使对载流量影响较小

38. 输电线路跨越三级弱电线路（不包括光缆和埋地电缆）时，输电线路与弱电线路的交叉角应符合下列哪项要求？　　　　　　　　　　　　　　　　（　　）

（A）≥45°　　　　　　　　　　（B）≥30°

（C）≥15°　　　　　　　　　　（D）不限制

39. 某工程导线采用符合《圆线同心绞架空导线》（GB 1179—1999）规定的钢芯铝绞线，其计算拉断力为 123400N，当导线的最大使用张力为下列哪个数值时，设计安全

系数为2.5？　　　　　　　　　　　　　　　　　　　　　　　　（　　）

(A) 46892N　　　　　　　　　　　　(B) 49360N
(C) 30850N　　　　　　　　　　　　(D) 29308N

40．导线在某工况时的水平风比载为 30×10^{-3} N/（m·mm^2），综合比载为 50×10^{-3} N/(m·mm^2)，水平应力为 80N/mm^2，若某挡挡距为 400m，高差为 40m，导体最低点到较高悬挂点间的水平距离为下列哪项数值（按平抛物线考虑）？　　　　　　　（　　）

(A) 360m　　　　　　　　　　　　(B) 400m
(C) 467m　　　　　　　　　　　　(D) 500m

二、多项选择题（共30题，每题2分。每题的备选项中有2个或2个以上符合题意。错选、少选、多选均不得分）

41．在额定功率因数情况下，汽轮发电机的额定连续输出功率，与电压和频率的变化有关，在下列哪几种情况，发电机在规定温升下可以连续输出功率？　　　　（　　）

(A) 电压+5%，频率+2%　　　　　(B) 电压 5%，频率+2%
(C) 电压+5%，频率 2%　　　　　(D) 电压 5%，频率 2%

42．高压屋外配电装置带电距离校验时，下列表述哪些是正确的？　　　　（　　）
(A) 耦合电容器（或电容式电压互感器）的引线与旁路母线边相之间距离不得小于 B_1 值
(B) 两组母线隔离开关之间或出线隔离开关与旁路隔离开关之间的距离，要考虑其中任何一组在检修状态时对另一组带电的隔离开关之间的距离满足 B_1 值
(C) 当运输道路设在电流互感器与断路器之间时，被运输设备与两侧带电体之间的距离（考虑晃动时）按 B_1 值校验
(D) 网状遮拦至带电部分按 B_1 值校验

43．为防止铁磁谐振过电压的产生，某 500kV 电力线路上接有并联电抗器及中性点接地电抗器，此电抗器的选择需考虑下列哪些因素？　　　　　　　　　　　（　　）
(A) 该 500kV 电力线路的充电功率　　(B) 该 500kV 电力线路的相间电容
(C) 限制潜供电流的要求　　　　　　(D) 并联电抗器中性点绝缘水平

44．某电厂单元机组，发电机采用双绕组变压器组接入 220kV 母线，厂用分支从主变压器低压引接至高压工作厂变，高压启动/备用变压器从 220kV 母线引接，高压厂用电为 6kV 中性点不接地系统，若主变压器为 YNd11 接线，则高压工作厂变和高压启备变的绕组连接方法可以为下列哪几项？　　　　　　　　　　　　　　　　　　（　　）
(A) 高压工作厂变压器 Dd0，高压启备变压器 YNd11
(B) 高压工作厂变压器 Dy1，高压启备变压器 YNy0d11（d11 系稳定绕组）
(C) 高压工作厂变压器 Yd11，高压启备变压器 YNd11
(D) 高压工作厂变压器 Yd1，高压启备变压器 Dd0

45. 某企业用 110kV 变电站，由两回 110kV 电源供电，设有两台 110/10kV 双绕组主变压器，110kV 主接线采用外桥接线，10kV 为单母线分段接线，下列哪些措施可限制 10kV 母线的三相短路电流？　　　　　　　　　　　　　　　　　　　　　　　　　（　　）
(A) 选用 10kV 母线分段电抗器　　　　(B) 两台主变压器分列运行
(C) 选用高阻抗变压器　　　　　　　　(D) 装设 10kV 线路电抗器

46. 下列哪些情况，低压电器和导体可以不校验热稳定？　　　　　　　　　　　（　　）
(A) 用限流熔断器保护的低压电器和导体
(B) 当引接电缆的载流量不大于熔件额定电流的 2.5 倍
(C) 用限流断路器保护的低压电器和导体
(D) 当采用保护式磁力启动器或放在单独动力箱内的接触器时

47. 在设计共箱封闭母线时，下列哪些地方应装设伸缩节？　　　　　　　　　　（　　）
(A) 共箱封闭母线超过 20m 长的直线段　　(B) 共箱封闭母线不同基础的连接段
(C) 共箱封闭母线与设备连接处　　　　　　(D) 共箱封闭母线长度超过 30m 时

48. 在 110kV 配电装置设计和导体、电器选择时，其设计最大风速不应采取下列哪些项？
　　　　　　　　　　　　　　　　　　　　　　　　　　　　　　　　　　　（　　）
(A) 离地 10m 高，30 年一遇 10min 平均最大风速
(B) 离地 10m 高，20 年一遇 10min 平均最大风速
(C) 离地 15m 高，10 年一遇 10min 平均最大风速
(D) 离地 10m 高，30 年一遇 20min 平均最大风速

49. 在高土壤电阻率地区，水电站和变电站可采取下列哪些降低接地电阻的措施？
　　　　　　　　　　　　　　　　　　　　　　　　　　　　　　　　　　　（　　）
(A) 当地下较深处的土壤电阻率较低时，可采用井式、深钻式接地极或采用爆破式接地技术
(B) 当接地网埋深在 1m 左右时，可增加接地网的埋设深度
(C) 在水电站和变电站 2000m 以内有较低电阻的土壤时，敷设引外接地极
(D) 具备条件时可敷设水下接地网

50. 330kV 及以上变电站中，站用电源的引接可采用下列哪几种方式？　　　　（　　）
(A) 两台以上主变压器时，可装设两台容量相同可互为备用的站用变压器，两台站用变压器可分别接自主变压器低压侧
(B) 初期只有一台变压器且站用电作为交流控制电源时，应由站外可靠电源引接
(C) 两台以上主变压器时，由变压器低压侧分别引接两台容量相同的站用变压器，并应从站外可靠电源引接一台专用备用变压器
(D) 当有一台主变压器时，除由所内引接一台工作变压器外，应再设置一台由站外可靠电源引接的专用备用变压器

51. 220kV 及以上变电站站用电接线方式应满足多种要求，下列哪些要求是正确的？
（　　）
(A) 站用电低压系统采用三相四线制，系统的中性点直接接地，系统额定电压采用 380/220V，动力和照明合用供电
(B) 站用电低压系统采用三相三线制，系统中性点经高电阻接地，系统额定电压采用 380V 供动力负荷，设 380/220V 照明变压器
(C) 站用电母线采用按工作变压器划分的单母线，相邻两段工作母线间不设分段断路器
(D) 当工作变压器退出时，备用变压器应能自动切换至失电的工作母线段继续供电

52. 330kV 系统中的工频过电压一般由线路空载、接地故障和甩负荷等引起，严重时会损坏设备绝缘，下列哪些措施可以限制工频过电压？
（　　）
(A) 在线路上装设氧化锌避雷器　　(B) 在线路上装设高压并联电抗器
(C) 在线路上装设串联电容器　　　(D) 在线路上装设良导体避雷器

53. 在开断高压感应电动机时，因真空断路器的截流、三相同时开断和高频重复击穿等会产生过电压，工程中一般采用下列哪些措施来限制过电压？
（　　）
(A) 采用不击穿断路器
(B) 在断路器与电动机之间加装金属氧化物避雷器
(C) 限制操作方式
(D) 在断路器与电动机之间加装 R-C 阻容吸收装置

54. 发电厂、变电站照明设计中，下列哪些场所宜用逐点计算法校验其照度值？（　　）
(A) 主控制室、网络控制室和计算机室控制屏
(B) 主厂房
(C) 反射条件较差的场所，如运煤系统
(D) 办公室

55. 变电站中，照明设计选择照明光源时，下列哪些场所可选用白炽灯？
（　　）
(A) 需要事故照明的场所　　　(B) 需防止电磁波干扰的场所
(C) 开关灯频繁的场所　　　　(D) 照度高、照明时间长的场所

56. 在二次回路设计中，对隔离开关、接地刀闸的操作回路，宜遵守下列哪些规定？
（　　）
(A) 220～500kV 隔离开关、接地刀闸和母线接地器宜能远方和就地操作
(B) 110kV 及以下隔离开关、接地刀闸和母线接地器宜就地操作
(C) 检修用隔离开关、接地刀闸和母线接地器宜就地操作
(D) 隔离开关、接地刀闸和母线接地器必须有操作闭锁装置

57. 发电厂、变电站中二次回路的抗干扰措施有多种，下列哪些是正确的？（　　）

（A）电缆通道的走向应尽可能与高压母线平行
（B）控制回路及直流配电网络的电缆宜采用辐射状敷设，应避免构成环路
（C）控制室、二次设备间、电子装置应有可靠屏蔽措施
（D）电缆屏蔽层应可靠接地

58．在电力系统内出现失步时，在满足一定的条件下，对于局部系统，可采用再同步控制，使失步的系统恢复同步运行，对功率不足的电力系统可选择下列哪些控制手段实现再同步？　　　　　　　　　　　　　　　　　　　　　　　　　（　　）
（A）切除发电机　　　　　　　　（B）切除负荷
（C）原动机减功率　　　　　　　（D）某些系统解列

59．某 1600kVA 变压器高压侧电压为 10kV，绕组为星形—星形连接，低压侧中性点为直接接地，对低压侧单相接地短路可采用下列哪些保护？　　　　（　　）
（A）接在低压侧中性线上的零序电流保护
（B）利用高压侧的三相过电流保护
（C）接在高压侧中性线上的零序电流保护
（D）利用低压侧的三相电流保护

60．直流系统设计中，对隔离电器和保护电器有多项要求，下列哪些要求是正确的？
　　　　　　　　　　　　　　　　　　　　　　　　　　　　　　　　（　　）
（A）蓄电池组应经隔离电器和保护电器接入直流系统
（B）充电装置应经隔离电器和保护电器接入直流系统
（C）试验放电设备应经隔离电器和保护电器接入直流主母线
（D）直流分电柜应有 2 回直流电源进线，电源进线应经隔离电器和保护电器接入直流母线

61．下列关于架空线路地线的表述哪些是正确的？　　　　　　　　　　　　（　　）
（A）500kV 及以上线路应架设双地线
（B）220kV 线路不可架设单地线
（C）重覆冰线路地线保护角可适当增大
（D）雷电活动轻微地区的 110kV 线路可不架设地线

62．某电厂装有 2×600MW 机组，经主变压器升压至 330kV，330kV 出线 4 回，主接线有如下设计内容，请判断哪些设计是满足设计规范要求的？　　　　　（　　）
（A）330kV 配电装置采用 3/2 断路器接线
（B）进出线回路均未装设隔离开关
（C）主变压器高压侧中性点经小电抗器接地
（D）线路并联电抗器回路装有断路器

63. 在380V低压配电线路中，下列哪些情况中性导体截面积可以小于相导体截面积？
（　　）
(A) 中性导体已进行了过电流保护
(B) 在正常工作时，含谐波电流在内的中性导体预期最大电流等于中性导体的允许载流量
(C) 铜相导体截面积小于或等于16mm²的三相四线制线路
(D) 单相两线制线路

64. 在35～110kV变电站站址选择和站区位置布置时，需考虑下列哪些因素的影响？
（　　）
(A) 变电站应避开火灾、爆炸及其他敏感设施，与爆炸危险气体区域邻近的变电站站址选择及设计应符合《爆炸和火灾危险环境电力装置设计规范》（GB 50058—1992）的有关规定
(B) 变电站应根据所在区域特点，选择适合的配电装置形式，抗震设计应符合《建筑抗震设计规范》（GB 50011—2010）的有关规定
(C) 城市中心变电站宜选用小型化紧凑型电气设备
(D) 变电站主变压器布置除应运输方便外，还应布置在运行噪声对周边影响较小的位置

65. 某单机容量为300MW发电厂的部分厂用负荷有：引风机、引风机油泵、热力系统阀门、汽动给水泵盘车、主厂房直流系统充电器、锅炉房电梯、主变压器冷却器、汽机房电动卷帘门，下列对负荷分类表述中，哪些是不符合规范的？
（　　）
(A) 应由保安电源供电的负荷有：引风机油泵、热力系统阀门、汽动给水泵盘车、主厂房直流系统充电器、锅炉房电梯、主变压器冷却器
(B) 属于Ⅰ类负荷有：引风机、引风机油泵、主变压器冷却器
(C) 应由保安电源供电的负荷有：引风机油泵、热力系统阀门、汽动给水泵盘车、主厂房直流系统充电器、锅炉房电梯、汽机房电动卷帘门
(D) 属于Ⅰ类负荷有：引风机、主变压器冷却器、汽机房电动卷帘门

66. 在有效接地系统中，当接地网的接地电阻不能满足要求时，在符合下列哪些规定时，接地网地电位升高可提高至5kV？
（　　）
(A) 接触电位差和跨步电位差满足要求
(B) 应采用扁钢与二次电缆屏蔽层并联敷设，扁钢应至少在两端就近与接地网连接
(C) 保护接地至厂用变低压侧应采用TT系统
(D) 应采取防止转移电位引起危害的隔离措施

67. 变电站中，用于并联电容器组的串联电抗的过负荷能力最小应能如何连续运行？
（　　）
(A) 在1.1倍额定电流下连续运行（谐波含量与制造厂协商）
(B) 在1.3倍额定电流下连续运行（谐波含量与制造厂协商）
(C) 在1.3倍额定电压下连续运行

（D）在 1.1 倍额定电压下连续运行

68．下列关于发电厂接入系统中的安全稳定表述中，哪些是正确的？　　　（　　）
（A）电厂送出线路有两回及以上时，任一回线路事故停运后，若事故后静态稳定能力小于正常输电容量，应按事故后静态能力输电，否则应按正常输电能力输电
（B）对于火电厂的交流送出线路三相故障，发电厂的直流送出线路单极故障，应不需要采取措施保持稳定运行和电厂正常送出
（C）对于利用小时数较低的水电站、风电场等电厂送出，应尽量减少出线回路数，在确定出线回路数时可不考虑送出线路的"N–1"方式
（D）对核电厂送出线路出口，应满足发生三相短路不重合时保持稳定运行和正常送出

69．蓄电池充电装置额定电流的选择应满足下列哪些要求？　　　（　　）
（A）满足初充电要求　　　　　　　（B）满足均衡充电要求
（C）满足核对性充电要求　　　　　（D）满足浮充电要求

70．对于 110～750kV 架空输电线路的导、地线选择，下列哪些表述是不正确的？（　　）
（A）导线的设计安全系数不应小于 2.5
（B）地线的设计安全系数不应小于 2.5
（C）地线的设计安全系数不应小于导线的安全系数
（D）稀有风和稀有冰气象条件时，最大张力不应超过其导、地线拉断力的 70%

答　案

一、单项选择题

1．C

依据：新版一次手册第 35 页和新版变电手册第 23 页，或老版一次手册第 51 页。C 项应用内桥接线。

2．A

依据：新版一次手册第 44 页，或老版一次手册第 70 页第 2-8 节第三部分及表 2-6。

3．A

依据：新版一次手册第 44 页表 2-2 或新版变电手册第 65 页表 3-14，或老版一次手册第 70 页第 2-8 节第三部分及表 2-6。

4．C

依据：《隐极同步发电机技术要求》（GB/T 7064—2008）第 4.15 条。$(I^2-1)t = 37.5$，$t = 39.06\,(\text{s})$。

5．B

依据：《导体和电器选择设计技术规定》（DL/T 5222—2021）第 7.2.4 条。

6．B

依据：由《火力发电厂厂用电设计技术规定》（DL/T 5153—2014）第 3.2.4 条可知高压侧宜采用 6kV 一级电压，由第 3.2.5 条可知低压侧宜采用 380V 或 380/220V。

7．C

依据：《火力发电厂厂用电设计技术规定》（DL/T 5153—2014）附录 M 式（M.0.1-2）。$I = \dfrac{400}{\sqrt{3} \times \sqrt{1.5^2 + 20^2}} = 9.24(kA)$。

8．C

依据：《火力发电厂厂用电设计技术规定》（DL/T 5153—2002）第 4.3.1 条。

注：《火力发电厂厂用电设计技术规定》（DL/T 5153—2014）第 3.5.1 条此内容已作修改。

9．D

依据：《交流电气装置的过电压保护和绝缘配合设计规范》（GB/T 50064—2014）第 5.4.7-1 条。

10．C

依据：《交流电气装置的过电压保护和绝缘配合设计规范》（GB/T 50064—2014）第 5.4.11-1 条。$S = 0.2R_i + 0.1h = 0.2 \times 20 + 0.1 \times 14 = 5.4 \ (m)$。

11．C

依据：新版一次手册第 127 页式（4-44）可知 C 正确；由第 120 页式（4-31）及三相短路电流非周期分量性质可知，其绝对值只和发生故障的时刻有关，和开断时间无关，A 错误；由第 121 页式（4-35）可知短路时间短，对系统的冲击更弱，也可知被保护设备的短路冲击耐受水平可以越高，所以 BD 错误。或老版一次手册第 147 页式（4-48）可知 C 正确；由第 139 页式（4-28）及三相短路电流非周期分量性质可知，其绝对值只和发生故障的时刻有关，和开断时间无关，A 错误；由第 139 页式（4-32）可知短路时间短，对系统的冲击更弱，也可知被保护设备的短路冲击耐受水平可以越高，所以 BD 错误。

12．C

依据：《导体和电器选择设计技术规定》（DL/T 5222—2021）第 13.4.4-1 条。

13．D

依据：《高压配电装置设计技术规程》（DL/T 5352—2018）第 6.0.5 条或《导体和电器选择设计技术规定》（DL/T 5222—2021）第 4.0.5 条。DL/T 5352—2018 第 3.0.6 条已将 D 项改为 34m/s。

14．C

依据：《高压配电装置设计技术规程》（DL/T 5352—2018）第 3.0.11 条。

15．A

依据：《高压配电装置设计技术规程》（DL/T 5352—2018）第 5.4.7 条。

16．D

依据：由《电力工程直流电源系统设计技术规程》（DL/T 5044—2014）第 5.1.2-3 条可知 D 错，DL/T 5044—2014 已取消直流断路器作为直流熔断器的上级保护电器这种配置方式；由第 5.1.3 条、第 6.5.1 条、第 6.6.1 条及条文说明知其他选项正确。

17．C

依据：《火力发电厂厂用电设计技术规定》（DL/T 5153—2014）附录 J 式（J.0.1-1），$U_\mathrm{m}=\dfrac{U_0}{1+SX}=\dfrac{1}{1+0.3}=0.77$，其中由题意及附录说明可知，$U_0=1$，$S_1=0$，$S_\mathrm{qz}=1$，$X=0.3$。

18．D

依据：根据题意，低厂变高压侧必须有中性点，则只能采用星形并有引出线的接线即 YN 接线方式，低压侧为了能有零序流通的路径，宜采用角接，所以答案为 D。

19．D

依据：由《导体和电器选择设计技术规定》（DL/T 5222—2021）第 17.0.5 条可知 D 正确，A 应为大于或等于；由第 17.0.4 条可知 B 应为不宜；由第 17.0.8 条可知 C 项应为保护电压互感器的熔断器。

20．C

依据：《交流电气装置的过电压保护和绝缘配合设计规范》（GB/T 50064—2014）第 6.3.3-3 条。1.1×2=2.2(m)。

21．B

依据：《火力发电厂和变电站照明设计技术规定》（DL/T 5390—2014）第 8.1.2 条。新规已改为 95%。

22．B

依据：《火力发电厂和变电站照明设计技术规定》（DL/T 5390—2014）第 5.6.2 条。B 项应为两极加三极联体插座。

23．B

依据：老版一次手册第 251 页表 6-35。

24．D

依据：《火力发电厂、变电站二次接线设计技术规程》（DL/T 5136—2012）第 5.1.12 条。

25．C

依据：《火力发电厂、变电站二次接线设计技术规程》（DL/T 5136—2012）第 6.6.3-5 条。

26．C

依据：老版二次手册第 66 页式（20-4），$Z_2=\dfrac{VA}{I_2^2}=\dfrac{30}{5^2}=1.2(\Omega)$。新版二次手册已删除此内容。

27．C

依据：《继电保护和安全自动装置技术规程》（GB/T 14285—2023）第 5.3.4.1-b）款。

28．A

依据：新版二次手册第 400 页式（8-152）。或老版二次手册第 639 页式（29-130）。

29．B

依据：《电力工程直流电源系统设计技术规程》（DL/T 5044—2014）第 3.5.2-1 条、第 3.5.2-4 条、第 3.4.3-2 条、第 3.3.3-8 条、第 3.6.5 条。B 项应为要求双电源供电的负荷应设置两段母线，这两段母线宜分别由不同的蓄电池供电，母线之间不宜设置联络电器。

30．C

依据：《低压配电设计规范》（GB 50054—2011）第 3.2.2-2 条、第 3.2.2-4 条、表 3-2-2、第 3.2.13 条。C 项应为"严禁"。

31．C

依据：《低压配电设计规范》（GB 50054—2011）第 4.2.4 条、第 4.2.6 条。注意该规范是关于低压配电设备，而不是高压配电设备，所以里面的内容不包括高压配电屏；答案 C 可以用《火力发电厂厂用电设计技术规定》（DL/T 5153—2014）第 7.2.8-2 条来进行佐证：两个出口之间 15m 的间距是针对低压配电室。

32．A

依据：《交流电气装置的接地设计规范》（GB/T 50065—2011）第 4.2.1-1 条，第 7.2.6 条。

33．C

依据：《电力工程电缆设计规范》（GB 50217—2018）第 4.1.17-2 条。

34．B

依据：《并联电容器装置设计规范》（GB 50227—2017）第 5.2.3 条及条文说明。

35．C

依据：《并联电容器装置设计规范》（GB 50227—2017）第 5.2.2 条及条文说明。$U_{CN} = \dfrac{1.05 U_{SN}}{\sqrt{3} S (1-k)} = \dfrac{1.05 \times 35}{\sqrt{3} \times 4 \times (1-0.12)} = 6$ (kV)。

36．D

依据：《电力工程电缆设计规范》（GB 50217—2018）第 5.3.5 条及表 5.3.5。

37．C

依据：《电力工程电缆设计规范》（GB 50217—2018）第 7.0.2-5 条、第 7.0.3-1 条、第 7.0.3-4 条，C 项应为 1h。

38．D

依据：《架空输电线路电气设计规程》（DL/T 5582—2020）第 10.1.4 条。

39．A

依据：《架空输电线路电气设计规程》（DL/T 5582—2020）第 5.1.16 条及其条文说明和新版线路手册第 303 页拉断力乘 95%。或老版线路手册第 177 页。$T_{max} = \dfrac{T_p}{T_c} = \dfrac{132400 \times 0.95}{2.5} = 46892(N)$。

40．A

依据：新版线路手册第 303 页表 5-14。或老版线路手册第 180 页表 3-3-1。$l_{0B} = \dfrac{l}{2} + \dfrac{\sigma_0}{\gamma} \tan \beta = 200 + \dfrac{80}{50 \times 10^{-3}} \times 0.1 = 360 (m)$，$\tan \beta = \dfrac{40}{400} = 0.1$，此题应用综合比载，而不是垂直比载。

二、多项选择题

41．AD

依据：《隐极同步发电机技术要求》（GB/T 7064—2008）第 4.6 条及图 1。

42．ABC

依据：新版一次手册第 419 页或新版变电手册第 272 页第 2 条第（3）、(5）款，没有 A。或老版一次手册第 706 页第 2 条第（3）、(4）、(6）款。由《高压配电装置设计技术规程》(DL/T 5352—2018）表 5.1.2 知 D 应按 B_2 校验。

43．BCD

依据：《交流电气装置的过电压保护和绝缘配合设计规范》(GB/T 50064—2014）第 4.1.3 条、第 4.1.7-1 条。

44．ABD

依据：《火力发电厂厂用电设计技术规定》(DL/T 5153—2014）第 3.7.14 条。厂用变压器绕组联结组别的选择，应使主变压器和厂用变压器这串设备两侧的电压相位和高压启动备用变压器之间的相位一致，以便厂用电源的切换方式可采用并联切换方式。

45．BC

依据：《35kV～110kV 变电所设计规范》(GB 50059—2011）第 3.2.6 条。注：采用母线分段电抗器也可以限制母线短路电流，但一般用于发电厂较多。本题属于"条文对照"考题，按本条题设工程背景是变电站，故应严格对照适用规范 GB 50059—2011 作答，该规范条文 3.2.6 的措施中并未列出母线分段电抗器，所以不选 A。D 选项装设 10kV 线路电抗器能够限制线路的短路电流，并不能限制母线短路时的短路电流。

46．ACD

依据：《火力发电厂厂用电设计技术规定》(DL/T 5153—2014）第 6.5.6 条。B 项应为大于等于。

47．ABC

依据：《导体和电器选择设计技术规定》(DL/T 5222—2021）第 5.5.10 条。D 项应为直线段。

48．BCD

依据：《3～110kV 高压配电装置设计规范》(GB 50060—2008）第 3.0.5 条。

49．ACD

依据：《交流电气装置的接地设计规范》(GB/T 50065—2011）第 4.3.1.4 条中的第 1）款和第 3）款。

50．CD

依据：《220kV～1000kV 变电站站用电设计技术规程》(DL/T 5155—2016）第 3.1.2 条。

51．AD

依据：由《220kV～1000kV 变电站站用电设计技术规程》(DL/T 5155—2016）第 3.4.2 条可知 D 正确，C 相邻两段工作母线同时供电分列运行，因要作备用，肯定得设分段断路器故 C 错；由第 3.5.2 条知 A 正确，B 错误。

52．BCD 依据：新版一次手册第 741 页或新版变电手册第 222 页第 7-2 节或老版一次手册第 866～867 页 15-2 节第四部分第 1 条、第 2 条第（2）款、第 4 条第（1）款可知 BCD 正确。

53．BD

依据：《交流电气装置的过电压保护和绝缘配合设计规范》(GB/T 50064—2014）第 4.2.9 条。

54．ABC

依据：《发电厂和变电站照明设计技术规定》(DL/T 5390—2014）第 7.0.2 条。

55．B

依据：《火力发电厂和变电站照明设计技术规定》（DL/T 5390—2014）第 4.0.3 条。本新规已修改，取消了 C。

56．BCD

依据：此题按《火力发电厂、变电站二次接线设计技术规程》（DL/T 5136—2001）第 7.1.8 条。在《火力发电厂、变电站二次接线设计技术规程》（DL/T 5136—2012）第 5.1.8～5.1.9 条中可知 D 正确，但 ABC 已修改成"高压隔离开关宜远方控制，110kV 及以下供检修用的隔离开关、接地开关可就地操作"。

57．BCD

依据：《火力发电厂、变电站二次接线设计技术规程》（DL/T 5136—2012）第 16.4.1 条、第 16.4.3 条、第 16.4.5～16.4.6 条及条文说明。A 项应尽可能不与高压母线平行接近。

58．BD

依据：《电力系统安全稳定控制技术导则》（DL/T 723—2000）第 6.4.4.2 条。

59．ABD

依据：《电力装置的继电保护和自动装置设计规范》（GB 50062—2008）第 4.0.13 条或《继电保护和安全自动装置技术规程》（GB/T 14285—2023）第 5.3.4.4 条。此题 GB 50062—2008 描述比较全面，而在 GB/T 14285—2023 中的第 5.3.4.4-b）款未提及选项 D；第 2）款选项 B 采用的时候是有条件的，即灵敏度满足要求时，可以用高压侧保护来代替，但当灵敏度不满足要求时，是需要装设低压侧的三相电流保护的。

60．AB

依据：《电力工程直流电源系统设计技术规程》（DL/T 5044—2014）第 3.5.3 条、第 3.5.5 条、第 3.6.5 条。C 项是"宜"；D 项没有保护电器。

61．ACD

依据：《110kV～750kV 架空输电线路设计规范》（GB 50545—2010）第 7.0.13 条、第 7.0.14-4 条。B 项在平均雷暴日数不超过 15d 或运行经验证明雷电活动轻微的地区，可架设单地线，山区宜架设双地线。DL/T 5582—2020 的第 7.2.1 条已更改。

62．ABC

依据：《大中型火力发电厂设计规范》（GB 50660—2011）第 16.2.9 条知 C 正确；由第 16.2.11-1 条可知 A 项 3/2 接线正确；由第 16.2.11-5 条知本题连主变压器共 6 回，一串 2 回，6 回至少 3 串，B 项正确；由第 16.2.16 条知 D 项为不宜装。

63．AB

依据：《低压配电设计规范》（GB 50054—2011）第 3.2.8 条可知 AB 正确；由第 3.2.7 条可知 CD 是中性导体截面积等于相导体截面积。

64．ACD

依据：《35kV～110kV 变电站设计规范》（GB 50059—2011）第 2.0.1～2.0.4 条。B 项应为《电力设施抗震设计规范》（GB 50260）的有关规定。

65．CD

依据：《火力发电厂厂用电设计技术规定》（DL/T 5153—2014）附录 B。

66．AD

依据：《交流电气装置的接地设计规范》（GB/T 50065—2011）第 4.2.1 条、第 4.3.3 条。B 项应为扁铜；C 应为 TN 系统。

67．BD

依据：《并联电容器装置设计规范》（GB 50227—2017）第 5.5.5 条、第 5.1.3 条及条文说明。额定电压参考 DL/T 5014—2010 第 7.2.1-2 条。

68．ACD

依据：《电力系统设计技术规程》（DL/T 5429—2009）第 6.3.3 条。B 项应为"必要时可采取切机或快速降低发电机组出力的措施"。

69．ABD

依据：《电力工程直流系统设计技术规程》（DL/T 5044—2004）第 7.2.2 条。但在《电力工程直流电源系统设计技术规程》（DL/T 5044—2014）第 6.2.2 条中已取消了初充电的要求，即 A 项不必选择。

70．ABD

依据：《110kV～750kV 架空输电线路设计规范》（GB 50545—2010）第 5.0.7 条、第 5.0.9 条。ABD 三选项均未指明是弧垂最低点。新版规范《架空输电线路电气设计规程》（DL/T 5582—2020）第 5.1.17 条已更改稀有大风或稀有覆冰最大应力百分数。

2013年注册电气工程师专业案例试题

（上午卷）及答案

【2013年上午题1~3】 某工厂拟建一座110kV终端变电站，电压等级为110kV/10kV，由两路独立的110kV电源供电。预计一级负荷10MW，二级负荷35MW，三级负荷10MW。站内设两台主变压器，接线组别为YNd11。110kV采用SF_6断路器，110kV母线正常运行方式为分列运行。10kV侧采用单母线分段接线，每段母线上电缆出线8回，平均长度4km。未补偿前工厂内负荷功率因数为86%，当地电力部门要求功率因数达到96%。请解答以下问题：

1. 说明该变电站主变压器容量的选择原则和依据，并通过计算确定主变压器的计算容量和选取的变压器容量最小值应为下列哪组数值？ （ ）
   （A）计算值34MVA，选40MVA　　　　（B）计算值45MVA，选50MVA
   （C）计算值47MVA，选50MVA　　　　（D）计算值53MVA，选63MVA

2. 假如主变压器容量为63MVA，$U_d\%=16$，空载电流为1%。请计算确定全站在10kV侧需要补偿的最大容性无功容量应为下列哪项数值？ （ ）
   （A）8966kvar　　　　　　　　　　　（B）16500kvar
   （C）34432kvar　　　　　　　　　　 （D）37800kvar

3. 若该变电站10kV系统中性点采用消弧线圈接地方式，试分析计算其安装位置和补偿容量计算值应为下列哪一选项（请考虑出线和变电站两项因素）？ （ ）
   （A）在主变压器10kV中性点接入消弧线圈，其计算容量为249kVA
   （B）在主变压器10kV中性点接入消弧线圈，其计算容量为289kVA
   （C）在10kV母线上接入接地变压器和消弧线圈，其计算容量为249kVA
   （D）在10kV母线上接入接地变压器和消弧线圈，其计算容量为289kVA

【2013年上午题4~6】 某屋外220kV变电站，地处海拔1000m以下，其高压配电装置的变压器进线间隔。断面图如下。

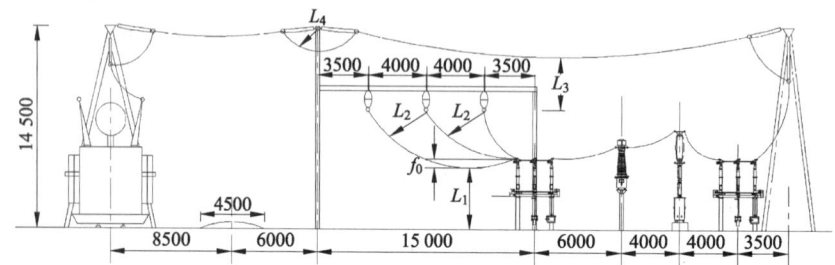

4. 上图为变电站高压配电装置断面图，请判断下列对安全距离的表述中，哪项不满足规程要求，并说明判断依据的有关条文。（ ）

（A）母线至隔离开关引下线对地面的净距 $L_1 \geqslant 4300mm$

（B）母线至隔离开关引下线对邻相母线的净距 $L_2 \geqslant 2000mm$

（C）进线跨带电作业时，上跨导线对主母线的垂直距离 $L_3 \geqslant 2550mm$

（D）跳线弧垂 $L_4 \geqslant 1700mm$

5. 该变电站母线高度为 10.5m，母线隔离开关支架高度 2.5m，母线隔离开关本体（接线端子距支架顶）高度 2.8m。要满足在不同气象条件下的各种状态下，母线引下线与相邻母线之间的净距均不小于 A_2 值，试计算确定母线隔离开关端子以下的引下线弧垂 f_0 不应大于下列哪一数值？（ ）

（A）1.8m 　　　　　　　　　　（B）1.5m

（C）1.2m 　　　　　　　　　　（D）1m

6. 假设该变电站有一回 35kV 电缆负荷回路，采用交流单芯电力电缆，金属层接地方式按一端接地设计。电缆导体额定电流 300A，电缆计算长度 1km，三根单芯电缆直埋敷设且水平排列，相间距离 20cm，电缆金属层半径 3.2cm。试计算这段电缆线路中相间（B 相）正常感应电压是多少？（ ）

（A）47.58V 　　　　　　　　　（B）42.6V

（C）34.5V 　　　　　　　　　 （D）13.05V

【2013 年上午题 7～10】 某新建电厂一期安装两台 300MW 机组，采用发电机—变压器单元接线接入厂内 220kV 屋外中型配电装置，配电装置采用双母线接线。在配电装置架构上装有避雷针进行直击雷保护，其海拔不大于 1000m。主变压器中性点可直接接地或不接地运行。配电装置设置了以水平接地极为主的接地网，接地电阻为 0.65Ω，配电装置（人脚站立）处的土壤电阻率为 100Ω·m。

7. 在主变压器高压侧和高压侧中性点装有无间隙金属氧化锌避雷器，请计算确定避雷器的额定电压值，并从下列数值中选择正确的一组？（ ）

（A）189kV，143.6kV 　　　　　（B）189kV，137.9kV

（C）181.5kV，143.6kV 　　　　（D）181.5kV，137.9kV

8. 若主变压器高压侧至配电装置间采用架空线连接，架构上装有两个等高避雷针，如下图所示。若被保护物的高度为 15m。请计算确定满足直击雷保护要求时，避雷针的总高度最低应选择下列哪项数值？（ ）

（A）25m 　　　　　　　　　　（B）30m

（C）35m 　　　　　　　　　　（D）40m

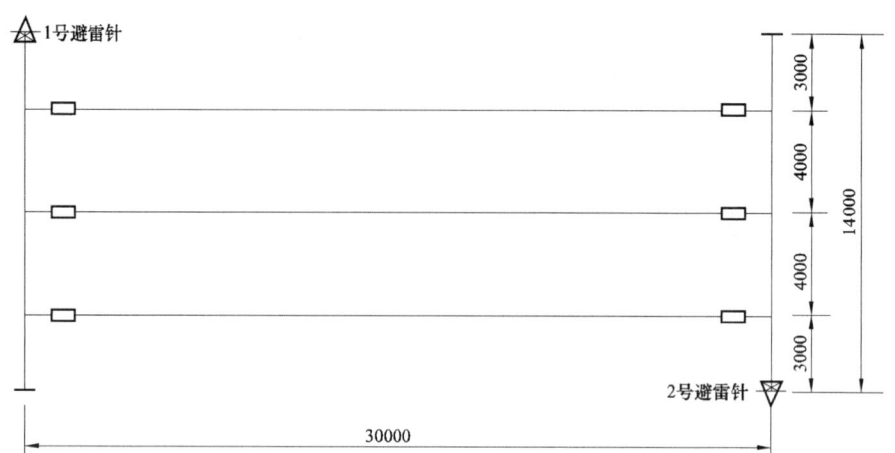

9. 当220kV配电装置发生单相短路时，计算入地电流不大于且最接近下列哪个数值时，接地装置可同时满足允许的最大接触电位差和最大跨步电位差的要求（接地短路故障电流的持续时间取 0.06s，表层衰减系数 C_s 取 1，接触电位差影响系数 K_m 取 0.75，跨步电位差影响系数 K_s 取 0.6）？ （　　）

（A）1000A　　　　　　　　　　（B）1500A
（C）2000A　　　　　　　　　　（D）2500A

10. 若220kV配电装置的接地引下线和水平接地体采用扁钢，当流过接地引下线的单相短路接地电流为 10kA 时，按满足热稳定条件选择，计算确定接地装置水平接地体的最小截面应为下列哪项数值（设主保护的动作时间 10ms，断路器失灵保护动作时间 1s，断路器开断时间 90ms，第一级后备保护的动作时间 0.6s；接地体发热按 400℃）？ （　　）

（A）90mm²　　　　　　　　　　（B）112.4mm²
（C）118.7mm²　　　　　　　　　（D）149.8mm²

【2013年上午题 11～15】　某发电厂直流系统接线如下图所示。

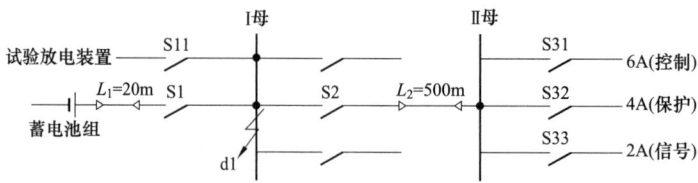

已知条件如下：

（1）铅酸免维护蓄电池组：1500Ah、220V、104个蓄电池（含连接条的总内阻为 9.67mΩ、单个蓄电池开路电压为 2.22V）。

（2）直流系统事故初期（1min）冲击放电电流 I_{cho}=950A。

（3）直流断路器系列为：4、6、10、16、20、25、32、40、50、63、80、100、125、160、180、200、225、250、315、350、400、500、600、700、800、900、1000、1250、1400。

（4）Ⅰ母线上最大馈线断路器额定电流为200A；Ⅱ母线上馈线断路器额定电流见上图。

（5）铜电阻系数 $\rho=0.0184\Omega \cdot mm^2/m$；$S_1$ 内阻忽略不计。

请根据上述条件计算下列各题（保留2位小数）。

11. 按回路压降计算选择 L_1 电缆截面积应为下列哪项数值？　　　（　　）
    （A）138.00mm^2　　　　　　　　（B）158.91mm^2
    （C）276.00mm^2　　　　　　　　（D）317.82mm^2

12. 计算并选择 S2 断路器的额定电流应为下列哪项数值？　　　（　　）
    （A）10A　　　　　　　　　　　　（B）16A
    （C）20A　　　　　　　　　　　　（D）32A

13. 若 L1 的电缆选择为 YJV-2×（1×500mm^2）时，计算 d1 点的短路电流应为下列哪项数值？　　　（　　）
    （A）23.88kA　　　　　　　　　　（B）22.18kA
    （C）21.13kA　　　　　　　　　　（D）20.73kA

14. 计算并选择 S1 断路器的额定电流应为下列哪项数值？　　　（　　）
    （A）150A　　　　　　　　　　　　（B）400A
    （C）900A　　　　　　　　　　　　（D）1000A

15. 计算并选择 S11 断路器的额定电流应为下列哪项数值？　　　（　　）
    （A）150A　　　　　　　　　　　　（B）180A
    （C）825A　　　　　　　　　　　　（D）950A

【2013年上午题 16～20】　某新建 110/10kV 变电站设有 2 台主变压器，单侧电源供电。110kV 采用单母分段接线，两段母线分列运行。2 路电源进线分别为 L1 和 L2，两路负荷出线分别为 L3 和 L4，L1、L3 接在 1 号母线上，110kV 电源来自某 220kV 变电站 110kV 母线，其 110kV 母线最大运行方式下三相短路电流 20kA，最小运行方式下三相短路电流为 18kA。本站 10kV 母线最大运行方式下三相短路电流为 23kA。线路 L1 阻抗为 1.8Ω，线路 L3 阻抗为 0.9Ω。

16. 请计算 1 号母线最大短路电流是下列哪项数值？　　　（　　）
    （A）10.91kA　　　　　　　　　　（B）11.95kA
    （C）12.87kA　　　　　　　　　　（D）20kA

17. 请计算在最大运行方式下，线路 L3 末端三相短路时，流过线路 L1 的短路电流是下列哪项数值？　　　（　　）
    （A）10.24kA　　　　　　　　　　（B）10.91kA
    （C）12.87kA　　　　　　　　　　（D）15.69kA

18. 若采用电流保护作为线路 L1 的相间故障后备保护，请问，校验该后备保护灵敏度采用的短路电流为下列哪项数值？请列出计算过程。（　　）

  （A）8.87kA   （B）10.24kA
  （C）10.91kA   （D）11.95kA

19. 已知主变压器高压侧 TA 变比为 300/1，线路 TA 变比为 1200/1。如果主变压器配置差动保护和过电流保护，请计算主变压器高压侧电流互感器的一次电流倍数最接近下列哪项值（可靠系数取 1.3）？（　　）

  （A）9.06   （B）21.66
  （C）24.91   （D）78

20. 若安装在线路 L1 电源侧的电流保护作为 L1 线路的主保护，当线路 L1 发生单相接地故障后，请解释说明下列关于线路重合闸表述哪项是正确定的？（　　）

  （A）线路 L1 本站侧断路器跳三相重合三相，重合到故障上跳三相
  （B）线路 L1 电源侧断路器跳三相重合三相，重合到故障上跳三相
  （C）线路 L3 本站侧断路器跳单相重合单相，重合到故障上跳三相
  （D）线路 L1 电源侧断路器跳单相重合单相，重合到故障上跳三相

【2013 年上午题 21～25】 500kV 架空送电线路，导线采用 4×LGJ-400/35，子导线直径 26.8mm，质量 1.348kg/m。位于土壤电阻率 100Ω·m 地区。

21. 某基铁塔全高 60m，位于海拔 79m、0 级污秽区，悬垂单串的绝缘子型号为 XP-16（爬电距离 290mm，有效系数 1.0，结构高度 155mm），用爬电比距法计算确定绝缘子片数时下列哪项是正确的？（　　）

  （A）27 片   （B）28 片
  （C）29 片   （D）30 片

22. 某铁塔需加人工接地极以降低其接地电阻，若采用 10 号圆钢，按十字形状水平敷设，接地极埋设深度为 0.6m，4 条射线长度均为 10m，请计算该塔工频接地电阻应为何值（不考虑钢筋混凝土基础的自然接地效果，形状系数取 0.89）？（　　）

  （A）2.57Ω   （B）3.68Ω
  （C）5.33Ω   （D）5.63Ω

23. 若绝缘子串 U_{50}%雷电冲击放电电压为 1280kV，相导线电抗 X_1=0.423Ω/km，电纳 B_1=2.68×10^{-6} [1/（Ω·km）]。计算在雷击导线时，其耐雷水平应为下列哪项数值？（　　）

  （A）20.48kA   （B）30.12kA
  （C）18.20kA   （D）12.89kA

24. 海拔不超过 1000m 时，雷电和操作要求的绝缘子片数为 25 片。请计算海拔 3000m 处，悬垂绝缘子结构高度为 170mm 时，需选用多少片（特征系数取 0.65）？　　（　　）
（A）25 片　　　　　　　　　　　　（B）27 片
（C）29 片　　　　　　　　　　　　（D）30 片

25. 若基本风速折算到导线平均高度处的风速为 28m/s，操作过电压下风速应取下列哪项数值？　　　　　　　　　　　　　　　　　　　　　　　　　　　　　　（　　）
（A）10m/s　　　　　　　　　　　　（B）14m/s
（C）15m/s　　　　　　　　　　　　（D）28m/s

答　案

1. C【解答过程】由 GB 50059—2011 第 3.1.3 条可知 $S_{\min}=\dfrac{10+35}{0.96}=47\,(\mathrm{MVA})$，单台变压器运行时负担全部负荷的一半，负荷为 $S_{\text{单}}=\dfrac{(10+35+10)/2}{0.96}=28.65\,(\mathrm{MVA})$，以上两者取大值。

2. C【解答过程】（1）负荷损耗无功：由老版一次手册第 476 页表 9-8 可得，功率因数由 86% 提高到 96% 每千瓦需要补偿无功 0.3kvar，再由式（9-1）可得母线上所需补偿的最大无功容量为 $Q_{\mathrm{cf.m}}=P_{\mathrm{fm}}Q_{\mathrm{cfo}}=(10+35+10)\times 1000\times 0.3=16500\,(\mathrm{kvar})$。（2）变压器损耗无功。变压器最大负荷电流 $I_{\mathrm{m}}=\dfrac{(10+35+10)\times 1000}{\sqrt{3}\times 10\times 0.96}=3307.73\,(\mathrm{A})$；变压器额定电流 $I_{\mathrm{e}}=\dfrac{63\times 1000}{\sqrt{3}\times 10}=3637.31\,(\mathrm{A})$；由老版一次手册式（9-2）可得，主变压器所需补偿的最大无功容量为 $Q_{\mathrm{CB,m}}=\left[\dfrac{U_{\mathrm{d}}(\%)I_{\mathrm{m}}^{2}}{100 I_{\mathrm{e}}^{2}}+\dfrac{I_{0}(\%)}{100}\right]S_{\mathrm{e}}=\left(\dfrac{16\times 3307.73^{2}}{100\times 3637.31^{2}}+\dfrac{1}{100}\right)\times 63\times 2\times 1000=17932\,(\mathrm{kvar})$。（3）总无功补偿容量为：$Q_{\mathrm{m}}=Q_{\mathrm{cf,m}}+Q_{\mathrm{CB,m}}=16500+17932=34432\,(\mathrm{kvar})$。

3. D【解答过程】（1）因主变压器为 YNd11 接线，变压器 10kV 侧无法提供中性点，所以应在 10kV 母线上接入接地变压器和消弧线圈。（2）由《电力工程设计手册　变电站设计》第 113 页式（4-33）可得电缆电容电流为 $I_{\mathrm{c}}=0.1U_{\mathrm{e}}L=0.1\times 10\times 8\times 4=32\,(\mathrm{A})$。又根据该手册表 6-46 可知，110kV 变电站电容电流附加值为 16%，所以变电站总电容电流为 $I_{\mathrm{c}}=(1+16\%)\times 32=37.12\,(\mathrm{A})$，再根据该手册式（6-32）可得消弧线圈补偿容量为 $Q=KI_{\mathrm{c}}\dfrac{U_{\mathrm{e}}}{\sqrt{3}}=1.35\times 37.12\times \dfrac{10}{\sqrt{3}}=289.3\,(\mathrm{kVA})$。

老版手册出处为：《电力工程电气设计手册　电气一次部分》第 262 页式（6-34）。

4. D【解答过程】由 DL/T 5352—2018 表 5.1.2-1 和图 5.1.2-1～图 5.1.2-3 可知，图中 L_1、L_2、L_3 分别对应 C、A_2、B_1。由新版变电手册第 267 页右下内容可知，D 选项跳线弧垂对应 A_1 值，1800mm，$L_4\geqslant 1700\mathrm{mm}$ 错误。

5. D【解答过程】由新版变电手册第 270 页式（8-54）可得 $H_{\mathrm{z}}+H_{\mathrm{g}}-f_0\geqslant C$；又由

DL/T 5352—2018 表 5.1.2-1 可知 220J 系统 $C=4.3\text{m}$，结合题意可得 $f_0 \leqslant H_z + H_g - C = 2.5 + 2.8 - 4.3 = 1\ (\text{m})$；老版一次手册第 703 页式（附 10-46）。

6. C【解答过程】由 GB 50217—2018 附录 F 式（F.0.1）及表 F.0.2 可得

$$E_s = LE_{s0} = LIX_s = LI\left(0.062\,8\ln\frac{S}{r}\right) = 0.0628LI\ln\frac{S}{r} = 0.0628 \times 1 \times 300 \times \ln\frac{20}{3.2} = 34.5\ (\text{V})$$

GB 50217—2018 第 4.1.11 条规定：交流单芯电力电缆金属层感应电动势，在未采取措施时不得超过 50V，其余情况不得超过 300V。GB/T 50065—2011 第 5.2.1-2 款规定：不采取措施时不得大于 50V，采取措施时不得大于 100V。虽然 GB/T 50065—2011 较新，但从原理和专业上来说，GB 50217—2018 第 4.1.11 条更符合实际，采用 GB 50217 较为合适。

7. A【解答过程】由 GB/T 156—2007 表 4，变压器高压侧系统最高电压为 252kV。由 GB/T 50064—2014 表 4.4.3 可得高压侧避雷器额定电压 $0.75U_m = 0.75 \times 252 = 189\text{(kV)}$，中性点避雷器额定电压 $0.58U_m = 0.58 \times 252 = 146.16\text{(kV)}$。

8. B【解答过程】依题意画出避雷针保护范围示意图如下图所示。

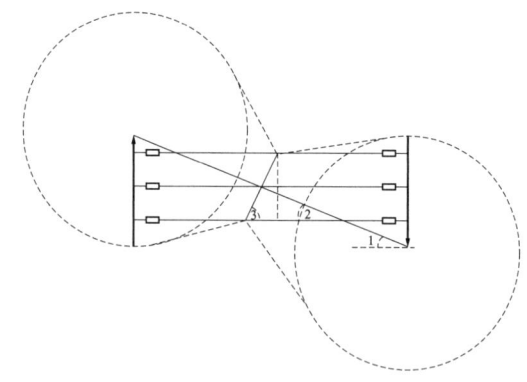

（1）计算避雷针最低高度。如果避雷针要保护到整个架构和导线，那么单根避雷针外侧的最小保护范围应该大于架构长度。依图可得，避雷针在 15m 高度处的最小保护半径为 $r_{x\min} = 3+4+4+3 = 14\ (\text{m})$。

假设已知被保护物高度 15m 大于避雷针高度的一半，相应避雷针高度不超 30m，由 GB/T 50064—2014 第 5.2.1 条可得 $P=1$。

又由该规范式（5.2.1-2）可知，$r_x = (h - h_x)P$，则最小避雷针高 $h_{\min} = r_x + h_x = 14 + 15 = 29\text{(m)}$。

（2）b_x 校验。校验原则：在被保护物高度 $h_x = 15\text{m}$ 处，两避雷针内侧最小保护范围宽度 $2b_x$ 应覆盖住全部导线，如上图所示 b_x 的最小值计算如下：

依图可得，$\angle 1 = \arctan(14/30) = 25.01689°$，因 $\angle 2 = \angle 1$，所以 $\angle 3 = 90° - 25.01689° = 64.98°$。

根据勾股定理和等比定律，可得 $2b_x = \dfrac{8}{\sin 64.98°} = 8.82846\ (\text{m})$，$b_{x\min} = 4.41\text{m}$。

根据之前假设的避雷针高度 29m，验算其 b_x 是否大于 4.414 23m。

依图可得 $D = \sqrt{14^2 + 30^2} = 33.11\ (\text{m})$，再由 GB/T 50064—2014 图 5.2.2-2 可得

$$\dfrac{D}{h_a p} = \dfrac{33.11}{(29-15) \times 1} = 2.37,\quad \dfrac{b_x}{h_a p} = 0.89,\quad b_x = 12.46\text{m} > 4.41\text{m}$$

b_x 校验合格，结合选项，实际避雷针高度应大于计算最小高度 29m。

9. B【解答过程】由 GB 50065—2011 中式（4.2.2-1）和式（4.2.2-2），可知接触电位差允许值和跨步电位差允许值分别为

$$U_t = \frac{174+0.17\times100\times1}{\sqrt{0.06}} = 780 \text{ (V)}; \quad U_s = \frac{174+0.7\times100\times1}{\sqrt{0.06}} = 996 \text{ (V)}$$

由老版一次手册第 922 页式（16-37）和式（16-39），按接触电位差：$U_{tmax} = K_{tmax}U_g = K_{tmax}I_gR \leq 780$ (V) $\Rightarrow I_g \leq \frac{780}{K_{tmax}R} = \frac{780}{0.75\times0.65} = 1600$ (A)；按跨步电位差 $U_{smax} = K_{smax}U_g = K_{smax}I_gR \leq 996$ (V)；$\Rightarrow I_g \leq \frac{996}{K_{smax}R} = \frac{996}{0.6\times0.65} = 2554$ (A)。综合所述，两者取小可同时满足要求，选小于且最接近 1600A 的选项。新版一次手册对该考点已做修改。

10. B【解答过程】由 GB/T 14285—2023 第 5.5.1-a）款可知 220kV 双母线接线宜配两套主保护，结合 GB/T 50065—2011 附录中 E.0.3 可得：$T_e \geq 0.01+1+0.09=1.1$(s)。由 GB 50065—2011 附录 E 式（E.0.1）可得接地导体最小截面：$S_g \geq \frac{10\times10^3}{70}\times\sqrt{1.1} = 149.8$ (mm^2)；又由该规范第 4.3.5 条可得水平接地极最小截面积=149.8×0.75=112.4 (mm^2)。

11. D【解答过程】由 DL/T 5044—2014 附录 A 第 A.3.6 条可得：蓄电池 1h 放电率电流 $I_{ca1} = 5.5I_{10} = 5.5\times\frac{1500}{10} = 825$ (A)；题设 1min 电流 950A；又由附录 E 第 E.1.2 条及表 E.2-1，以上两者取大，$I_{ca}=950$A；根据表 E.2-2 可知 $1.1V \leq \Delta U_p \leq 2.2V$；再根据式（E.1.1-2）可得：$L_1$ 电缆截面 $S_{cacmin} = \frac{\rho\times2LI_{ca}}{\Delta U_p} = \frac{0.018\ 4\times2\times20\times950}{220\times1\%} = 317.82$ (mm^2)。

12. D【解答过程】由 DL/T 5044—2004 附录 E 可得，断路器额定电流还应大于直流分电柜馈线断路器额定电流，且级差不宜小于 4 级，直流分电柜馈线断路器的控制回路最大工作电流为 6A。根据题干，与 6A 级差不宜小于 4 级，取第五级 32A。

13. D【解答过程】由 DL/T 5044—2014 附录 G 式（G.1.1-2）可得，蓄电池端子到直流母线的连接电缆电阻 $r_c = \frac{\rho L}{S} = \frac{0.0184\times2\times20}{500} = 1.472\times10^{-3}(\Omega) = 1.472$ (mΩ)；蓄电池组连接的直流母线上短路，则短路电流为 $I_k = \frac{U_n}{n(r_b+r_1)+r_c} = \frac{220}{(9.67+1.472)\times10^{-3}} = 19.75$ (kA)。

14. C【解答过程】由 DL/T 5044—2014 附录 A 式（A.3.6）可得，蓄电池出口回路熔断器或断路器额定电流应选取以下两种情况中电流较大者。（1）按事故停电时间的蓄电池放电率电流选择，熔断器或断路器额定电流 $I_n \geq I_{1h} = 5.5\times\frac{1500}{10} = 825$（A）。（2）按保护动作选择性条件计算，熔断器或断路器额定电流应大于直流母线馈线中最大断路器的额定电流 $I_n \geq K_{C4}I_{nmax} = 2.0\times200 = 400$（A），取两者中较大值 825A，故断路器额定电流取 900A。

15. B【解答过程】由 DL/T 5044—2014 第 6.4.1 条可得，铅酸蓄电池试验放电装置的额定电流应为 $(1.1\sim1.3)I_{10} = (1.1\sim1.3)\times\frac{1500}{10} = 165\sim195$ (A)，取 180A。

16. C【解答过程】(1) 依题意，1 号母线短路，总阻抗=系统阻抗+线路 L1 阻抗。(2) 由新版变电手册第 52 页表 3-2，设 $S_j=100\text{MVA}$，$U_j=115\text{kV}$，$X_j=132\Omega$，$I_j=0.502\text{ kA}$。(3) 阻抗归算，由该手册第 61 页表 3-9 的公式可得 $X_{*s}=\dfrac{I_j}{I_d}=\dfrac{0.502}{20}=0.025$；$X_{*L1}=\dfrac{X_{L1}}{X_j}=\dfrac{1.8}{132}=0.014$。(4) 短路电流有效值 $I''=\dfrac{I_j}{\Sigma X_*}=\dfrac{0.502}{0.025+0.014}=12.87\text{ (kA)}$。

17. B【解答过程】(1) 依题意，线路 L3 末端短路，总阻抗=系统阻抗+线路 L1 阻抗+线路 L3 阻抗。(2) 新版变电手册第 52 页表 3-2，设 $S_j=100\text{MVA}$，$U_j=115\text{kV}$，$X_j=132\Omega$，$I_j=0.502\text{kA}$。(3) 阻抗归算，由该手册第 61 页表 3-9 的公式、第 52 页相关公式可得 $X_{*s}=\dfrac{I_j}{I_{sd}}=\dfrac{0.502}{20}=0.025$；$X_{*L1}=\dfrac{X_{L1}}{X_j}=\dfrac{1.8}{132}=0.014$；$X_{*L3}=\dfrac{X_{L3}}{X_j}=\dfrac{0.9}{132}=0.007$。(4) 短路电流有效值为 $I''=\dfrac{I_j}{\Sigma X_*}=\dfrac{0.502}{0.025+0.014+0.007}=10.913\text{ (kA)}$。说明："线路 L3 末端三相短路时，流过线路 L1 的短路电流"：因为 L1 和 L3 串联，并且是同一电压等级，所以短路点的电流即为流过 L1 的电流。但需要注意的是，如果短路点 L3 和 L1 是不同的电压等级，则两个电流是不同的，此时先算出短路点 L3 的阻抗标幺值，然后乘上 L1 所在电压等级的基准电流 I_j 即为 L3 短路时流过 L1 的电流。老版一次手册第 120 页表 4-1、第 121 页表 4-2。

18. B【解答过程】L1 线路的后备保护灵敏度校验，应按系统最小运行方式下 L1 线路末端短路的最小故障电流进行计算。由新版变电手册第 61 页表 3-9、第 59 页式（3-20），可设 $S_j=100\text{MVA}$、$U_j=115\text{kV}$、$I_j=0.502\text{kA}$，最小运行方式下系统阻抗标幺值及线路 L1 阻抗标幺值为 $X_{x*}=\dfrac{1}{I_*}=\dfrac{1}{\dfrac{18}{0.502}}=0.028$；$X_{L1*}=X\dfrac{S_j}{U_j^2}=1.8\times\dfrac{100}{115^2}=0.014$；线路 L1 最小运行方式下三相短路电流 $I_d=\dfrac{I_j}{X_{x*}+X_{L1*}}=\dfrac{0.502}{0.028+0.014}=11.95\text{ (kA)}$；线路 L1 最小运行方式下两相短路电流 $0.866I_d=0.866\times11.95=10.35\text{ (kA)}$。老版一次手册第 121 页表 4-2、第 129 页式（4-20）。

19. A【解答过程】由新版二次手册第 104 页式（2-27）可得，计算一次电流倍数的故障电流为外部短路时流过电流互感器的最大电流。应取本站 10kV 母线最大运行方式下三相短路电流，为 23kA，一次电流倍数为：$m_{js}=\dfrac{K_k I_{d,max}}{I_e}=\dfrac{1.3\times23\times10^3\times\dfrac{10}{110}}{300}=9.06$。老版二次手册第 69 页式（20-9）。

20. B【解答过程】由 GB/T 14285—2023 第 7.4.1.6 条可知，110kV 及以下单相侧电源线路的自动重合闸采用三相一次重合闸方式。三相重合闸动作过程：L1 线路发生单相或多相故障，保护动作跳开 L1 电源侧三相断路器，然后三相重合；如果重合于故障则保护再次三相跳闸但不重合。

21. B【解答过程】由 GB 50545—2010 附录 B 表 B.0.1 可知，0 级污秽最高电压对应的爬电比距为 1.45，再由该规范式（7.0.5）可得 $n \geqslant \dfrac{\lambda U}{K_e L_{01}} = \dfrac{1.45 \times 550}{1 \times 29} = 27.5$（片），取 28 片。DL/T 5582—2020 附录 J 已更改爬电比距。

22．C【解答过程】依据 GB/T 50065—2011 附录 F 中第 F.0.1 条可得

$$R_h = \dfrac{\rho}{2\pi L}\left(\ln \dfrac{L^2}{hd} + A\right) = \dfrac{100}{2\pi \times 4 \times 10}\left(\ln \dfrac{40^2}{0.6 \times 10 \times 10^{-3}} + 0.89\right) = 5.328(\Omega)$$

23．D【解答过程】由新版《电力工程设计手册 架空输电线路设计》第 69 页式（3-55）可得导线波阻抗 $Z_C = \sqrt{\dfrac{X_1}{B_1}} = \sqrt{\dfrac{0.423}{2.68 \times 10^{-6}}} = 397.29\,(\Omega)$；再由该手册第 178 页式（3-311）可得雷击导线时的耐雷水平 $I_2 = \dfrac{4U_{50\%}}{Z_C} = \dfrac{4 \times 1280}{397.29} = 12.89\,(kA)$。

24．B【解答过程】按绝缘总高度相等折算海拔 1000m 时需要高度为 170mm 的绝缘子片数为：155×25/170=22.79 (片)。再做海拔修正，依题意，特征指数为 0.65，由 DL/T 5582—2020 第 6.1.15 条，可得 $n_H = n e^{0.1215 m_1 (H-1000)/1000} = 22.79 \times e^{0.1215 \times 0.65 \times 2} = 26.69$（片），向上取整，取 27 片。

25．C【解答过程】由 DL/T 5582—2020 第 4.0.18 条可得，操作过电压下风速宜取基本风速折算到导线平均高度处的风速的 50%，即 28/2=14(m/s)，但不宜低于 15m/s。

2013年注册电气工程师专业案例试题

（下午卷）及答案

【2013年下午题1~5】 某企业电网先期装有4台发电机（2×30MW+2×42MW），后期扩建2台300MW机组，通过2回330kV线路与主网相连。主设备参数如下表所列。该企业电网的电气主接线如下图所示。

设备名称	参数		备注
1号、2号发电机	42MW，cosφ=0.8，机端电压10.5kV		余热利用机组
3号、4号发电机	30MW，cosφ=0.8，机端电压10.5kV		燃气利用机组
5号、6号发电机	300MW $X_d''=16.7\%$，cosφ=0.85		燃煤机组
01号、02号、03号主变压器	额定容量：80/80/24MVA	额定电压：110/35/10kV	
04号、05号、06号主变压器	额定容量：240/240/72MVA	额定电压：345/121/35kV	

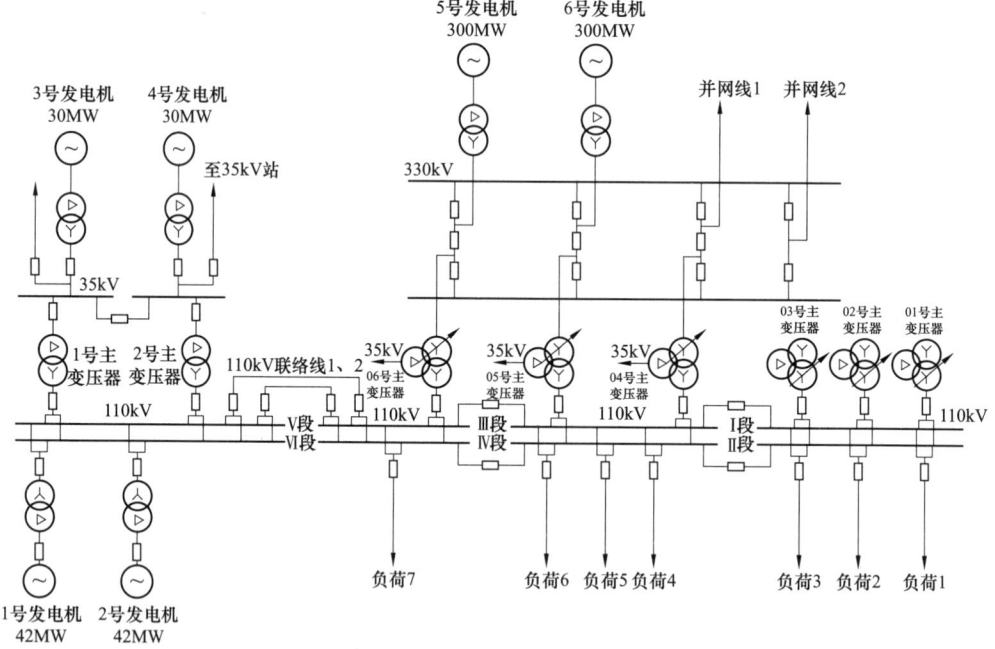

1. 5号、6号发电机采用发电机—变压器组接入330kV配电装置，主变压器参数为360MVA，330/20kV，$U_k\%$=16%，当330kV母线发生三相短路时，计算出一台300MW机组提供的短路电流周期分量起始有效值最接近下列哪项数值？　　　　（　　）

(A) 1.67kA　　　　　　　　　(B) 1.82kA
(C) 2.00kA　　　　　　　　　(D) 3.54kA

2. 若该企业 110kV 电网全部并列运行,将导致 110kV 系统三相短路电流(41kA)超出现有电气设备的额定开断能力,请确定为限制短路电流下列哪种方式最为安全合理经济?并说明理由。（　　）

(A) 断开 1 回与 330kV 主系统的联网线
(B) 断开 110kV 母线Ⅰ、Ⅱ段与Ⅲ、Ⅵ段分段断路器
(C) 断开 110kV 母线Ⅲ、Ⅳ段与Ⅴ、Ⅵ段分段断路器
(D) 更换 110kV 系统相关电气设备

3. 如果 330kV 并网线路长度为 80km,采用 2×400mm² 导线,同塔双回路架设,充电功率为 0.41Mvar/km。根据无功平衡要求,330kV 三绕组变压器的 35kV 侧需配置电抗器。若考虑充电功率由本站全部补偿,请计算电抗器的容量应为下列哪项数值?（　　）

(A) 1×30Mvar (B) 2×30Mvar
(C) 3×30Mvar (D) 2×60Mvar

4. 正常运行方式下,110kV 母线的短路电流为 29.8kA,10kV 母线短路电流为 18kA,若 10kV 母线装设无功补偿电容器组,请计算电容器的分组容量应取下列哪项数值?（　　）

(A) 13.5Mvar (B) 10Mvar
(C) 8Mvar   (D) 4.5Mvar

5. 本企业电网 110kV 母线接有轧钢类钢铁负荷,负序电流为 68A,若 110kV 母线三相短路容量 1282MVA,请计算该母线负序不平衡度为下列哪项数值?（　　）

(A) 0.61% (B) 1.06%
(C) 2%   (D) 6.10%

【2013 年下午题 6~8】 某火力发电厂工程建设 4×600MW 机组,每台机组设一台分裂变压器作为高压厂用工作变压器,主厂房内设 2 段 10kV 高压厂用工作母线。全厂设 2 段 10kV 公用母线,为 4 台机组的公用负荷供电。公用段的电源引自 10kV 工作段配电装置。公用段的负荷计算见下表。各机组顺序建成。

序号	设备名称	额定容量(kW)	装设/工作台数	计算系数	计算负荷(kVA)	10kV 公用 A 段 装设台数	10kV 公用 A 段 工作台数	10kV 公用 A 段 计算负荷(kVA)	10kV 公用 B 段 装设台数	10kV 公用 B 段 工作台数	10kV 公用 B 段 计算负荷(kVA)	重复负荷
1	螺杆空气压缩机	400	9/9	0.85	340	5	5	1700	4	4	1360	
2	消防泵	400	2/1	0	0	1	1	0	1	1	0	
3	高压离心风机	220	2/2	0.85	187	1	1	187	1	1	187	
4	碎煤机	630	2/2	0.85	535.5	1	1	535.5	1	1	535.5	
5	C01AB 带式输送机	315	2/2	0.85	267.75	1	1	267.75	1	1	267.75	

续表

序号	设备名称	额定容量 (kW)	装设/工作台数	计算系数	计算负荷 (kVA)	10kV 公用 A 段 装设台数	10kV 公用 A 段 工作台数	10kV 公用 A 段 计算负荷 (kVA)	10kV 公用 B 段 装设台数	10kV 公用 B 段 工作台数	10kV 公用 B 段 计算负荷 (kVA)	重复负荷
6	C03A 带式输送机	355	2/2	0.85	301.75	2	2	603.5				
7	C04A 带式输送机	355	2/2	0.85	301.75				2	2	603.5	
8	C01AB 带式输送机	280	2/2	0.85	238	1	1	238	1	1	238	
9	斗轮堆取料机	380	2/2	0.85	323	1	1	323	1	1	323	
	合计 S_1 (kVA)							3854.75			3514.75	0
1	化水变压器	1250	2/1		1085	1	1	1085	1	1	1085	1085
2	煤灰变压器	2000	2/1		1727.74	1	1	1727.74	1	1	1727.74	1727.74
3	启动锅炉变压器	800	1/1		800				1	1	0	
4	脱硫备变压器	1600	2/2		1250	1	1	1250	1	1	1250	
5	煤场变压器	1600	2/1		1057.54	1	1	1057.54	1	1	1057.54	1057.54
6	翻车机变压器	2000	2/1		1800	1	1	1800	1	1	1800	1800
	合计 S_2 (kVA)							6920.28			6920.28	
	合计 $S'=S_1+S_2$ (kVA)											

6. 当公用段两段之间设母联，采用互为备用接线方式时，每段电源的计算负荷为下列哪项值？   （   ）

（A）21210.06kVA
（B）15539.78kVA
（C）10775.03kVA
（D）10435.03kVA

7. 当公用段两端不设母联，采用专用备用接线时，经过计算，公用 A 段计算负荷为 10775.03kVA，公用 B 段计算负荷为 11000.28kVA。分别由主厂房 4 台机组 10kV 段各提供一路电源。下表为主厂房各段计算负荷。此时下列哪组高压厂用工作变压器容量是合适的？请计算说明。   （   ）

设备名称	计算负荷 10kV 1A 段	计算负荷 10kV 1B 段	重复负荷	计算负荷 10kV 2A 段	计算负荷 10kV 2B 段	重复负荷
电动机	20937.75	14142.75	8917.75	20937.75	14142.75	8917.75
低压厂用变压器	9647.56	7630.81	7324.32	9709.72	7692.97	7381.48
公用段馈线						
电动机	20555.25	13930.25	8917.75	20555.25	13930.25	9342.75
低压厂用变压器	9647.56	7630.81	7324.32	9709.72	7692.97	7381.48
公用段馈线						

（A）64/33-33MVA　　　　　　　　（B）64/42-42MVA
（C）47/33-33MVA　　　　　　　　（D）48/33-33MVA

8. 若10kV公用段两段之间不设母联，采用专用备用方式时，请确定下列表述中哪项是正确的？并给出理由和依据。（　　）

（A）公用段采用备用电源自动投入装置，正常时可采用经同期闭锁的手动并列切换，故障时宜采用快速串联断电切换

（B）公用段采用备用电源手动切换，正常时可采用经同期闭锁的手动并列切换，故障时宜采用慢速串联断电切换

（C）公用段采用备用电源自动投入装置，正常时可采用经同期闭锁的手动并列切换，故障时也采用快速并列切换，另加电源自投后加速保护

（D）公用段采用备用电源手动切换，正常时可采用经同期闭锁的手动并列切换，故障时也采用慢速串联切换，另加母线残压闭锁

【2013年下午题9～13】 某300MW发电厂低压厂用变压器系统接线图如下图所示。已知条件如下：

1250kVA厂用变压器：$U_d\%=6\%$，额定电压为6.3/0.4kV，额定电流比为114.6/1804A，变压器励磁涌流不大于5倍额定电流；6.3kV母线最大运行方式系统阻抗$X_s=0.444$（以100MVA为基准容量），最小运行方式下系统阻抗$X_s=0.87$（以100MVA为基准容量），ZK为智能断路器（带反时限过电流保护，电流速断保护）$I_n=2500A$。

400V PC段最大电动机为凝结水泵，其额定功率为90kW，额定电流$I=180A$，启动电流倍数10倍，1ZK为智能断路器（带反时限过电流保护，电流速断保护）$I_n=400A$。

400V PC段需要自启动的电动机最大启动电流之和为8000A，400V PC段总负荷电流为980A，可靠系数取1.2。

请按上述条件计算下列各题（保留两位小数，计算中采用短路电流实用计算，忽略馈线及元件的电阻对短路电流的影响）：

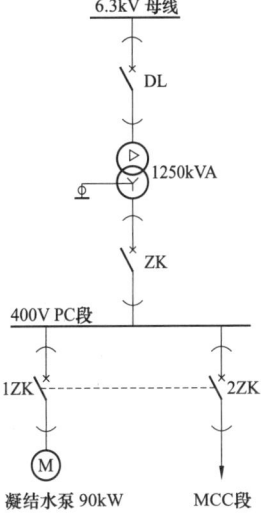

9. 计算400V母线三相短路时流过DL的最大短路电流值应为下列哪项数值？（　　）

（A）1.91kA　　　　　　　　　　（B）1.75kA
（C）1.53kA　　　　　　　　　　（D）1.42kA

10. 计算DL的电流速断保护整定值和灵敏系数应为下列哪项数值？（　　）

（A）1.7kA，5.36　　　　　　　　（B）1.75kA，5.21
（C）1.94kA，9.21　　　　　　　　（D）2.1kA，4.34

11. 计算确定1ZK的电流速断保护整定值和灵敏度应为下列哪组数值？（短路电流中不

考虑电动机反馈电流） （ ）
(A) 1800A，12.25 (B) 1800A，15.31
(C) 2160A，10.21 (D) 2160A，12.76

12. 计算确定 DL 的过电流保护的整定值应为下列哪项数值？ （ ）
(A) 507.94A (B) 573A
(C) 609.52A (D) 9600A

13. 计算确定 ZK 的过电流保护的整定值应为下列哪项数值？ （ ）
(A) 3240A (B) 3552A
(C) 8000A (D) 9600A

【2013 年下午题 14~18】 某 220kV 变电站位于Ⅲ级污秽区，海拔 600m。220kV 采用 2 回电源进线，2 回负荷出线，每回出线各带负荷 120MVA，采用单母线分段接线，2 台电压等级为 220/110/10kV，容量为 240MVA 主变压器，负载率为 65%。母线采用管形铝锰合金，户外布置。220kV 电源进线配置了变比为 2000/5A 的电流互感器，其主保护动作时间为 0.1s，后备保护动作时间为 2s，断路器全分闸时间为 40ms。最大运行方式时，220kV 母线三相短路电流为 30kA。站用变压器容量为 2 台 400kVA。请解答下列问题。

铝锰合金管形导体长期允许载流量（环境温度+25℃）

导体尺寸 D_1/D_2（mm）	导体截面积（mm²）	导体最高允许温度为下值时的载流量（A）	
		+70℃	+80℃
φ50/45	273	970	850
φ60/54	539	1240	1072
φ70/64	631	1413	1211
φ80/72	954	1900	1545
φ100/90	1491	2350	2054
φ110/100	1649	2569	2217
φ120/110	1806	2782	2377

14. 在环境温度+35℃、导体最高允许温度+80℃条件下，计算按照持续工作电流选择 220kV 管形母线的最小规格为下列哪项数值？ （ ）
(A) 60/54mm (B) 80/72mm
(C) 100/90mm (D) 110/100mm

15. 假设该站 220kV 母线截面系数为 41.4cm³，自重产生的垂直弯矩为 550N·m，集中载荷产生的最大弯矩为 360N·m，短路电动力产生的弯矩为 1400N·m，内过电压风速下产生的水平弯矩为 200N·m，请计算 220kV 母线短路时，管母线所承受的应力应为下列哪项数值？ （ ）

(A) 1841N/cm² (B) 4447N/cm²
(C) 4621N/cm² (D) 5447N/cm²

16. 请核算 220kV 电源进线电流互感器 5s 热稳定电流倍数应为下列哪项数值？
（   ）
(A) 2.5 (B) 9.4
(C) 9.58 (D) 23.5

17. 若该变电站低压侧出线采用 10kV 三芯聚乙烯铠装电缆（铜芯），出线回路额定电流为 260A，电缆敷设在户内梯架上，每层 8 根电缆无间隙两层叠放。电缆导线最高工作温度为 90℃，户内环境温度为 35℃，请计算选择电缆的最小截面积。（   ）

电缆在空气中环境温度为 40℃，直埋时为 25℃时的载流量数值

绝缘类型		不滴流纸		交联聚乙烯			
绝缘护套				无		有	
电缆导体最高工作温度（℃）		65		90			
敷设方式		空气中	直埋	空气中	直埋	空气中	直埋
电缆导体截面积（mm²）	70	118	138	178	152	173	152
	95	143	169	219	182	214	182
	120	168	196	251	205	246	205
	150	189	220	283	223	278	219
	185	218	246	324	252	320	247
	240	261	290	378	292	373	292
	300	295	325	433	332	428	328

(A) 95mm² (B) 150mm²
(C) 185mm² (D) 300mm²

18. 请计算该站用于站用变压器保护的高压熔断器熔体的额定电流和熔管的额定电流，下列哪项是正确的？并说明理由（系数取 1.3）。（   ）
(A) 熔管 25A，熔体 30A (B) 熔管 50A，熔体 30A
(C) 熔管 30A，熔体 32A (D) 熔管 50A，熔体 32A

【2013 年下午题 19～22】 某 660MW 汽轮发电机组，其电气接线如下图所示。图中发电机额定电压为 U_N=20kV，最高运行电压 1.05U_N，已知当发电机出口发生短路时，发电机至短路点的最大故障电流为 114kA，系统至短路点的最大故障电流为 102kA，发电机系统单相对地电容电流为 6A，采用发电机中性点经单相变压器二次侧电阻接地的方式，其二次侧电压

为220V，根据上述已知条件，回答下列问题：

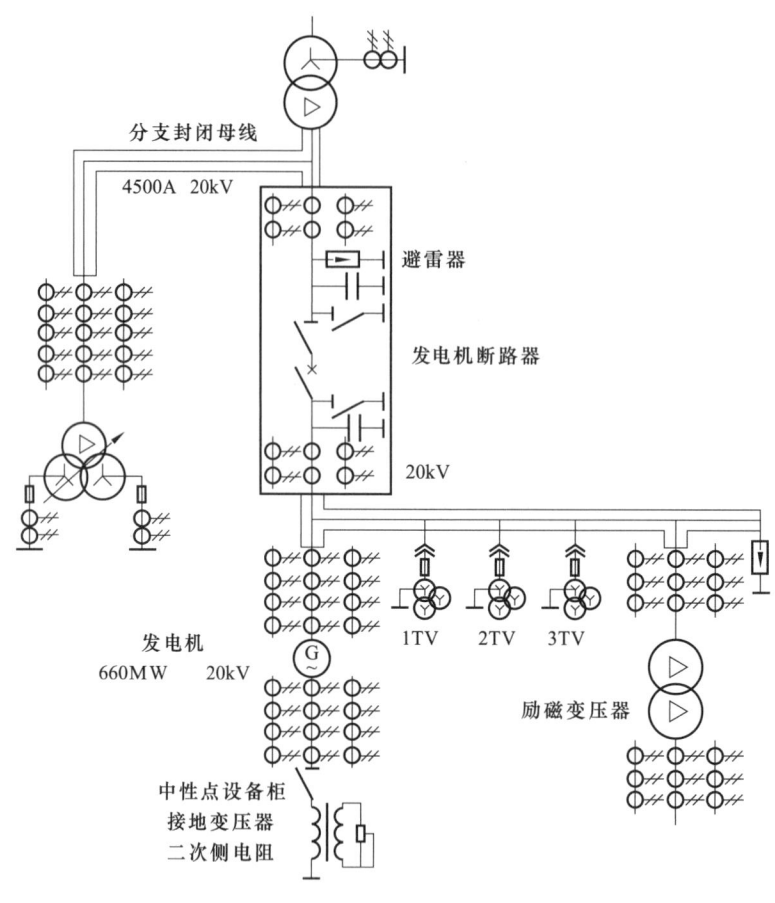

19. 根据上述已知条件，选择发电机中性点变压器二次侧接地电阻，其阻值应为下列何值？ （   ）

（A）0.635Ω （B）0.698Ω
（C）1.10Ω   （D）3.81Ω

20. 假设发电机中性点接地电阻为0.55Ω，接地变压器的过负荷系数为1.1，选择发电机中性点接地变压器，计算其变压器容量应为下列何值？ （   ）

（A）80kVA   （B）76.52kVA
（C）50kVA   （D）40kVA

21. 电气接线图中发电机出口断路器的系统侧装设有一组避雷器，计算确定这组避雷器的额定电压和持续运行电压应取下列哪组数值（假定主变压器低压侧系统最高电压不超过发电机最高运行电压）？ （   ）

（A）21kV，16.8kV   （B）26.25kV，21kV
（C）28.98kV，23.1kV （D）28.98kV，21kV

22. 计算上图中厂用变压器分支离相封闭母线应能承受的最小动稳定电流为下列何值？
( )
（A）410.40kA 　　　　　　　　（B）549.85kA
（C）565.12kA 　　　　　　　　（D）580.39kA

【2013年下午题 23～26】 某500kV变电站，设有2台主变压器，站用电计算负荷为520kVA，由两台10kV工作站用变压器供电，其中一台专用备用站变压器，容量均为630kVA。若变电站扩建，扩建一组主变压器（3台单相变压器与现行变压器容量、型号相同），每台单相主变压器冷却器配置为：共4组冷却器（主变压器满负荷运行需投运三组），每组冷却器油泵一台10kW，风扇两台5kW/台（电动机启动系数均为3），增加消防水泵及水喷雾用电负荷30kW，站内给水泵6kW，事故风机用电负荷20kW，不停电电源负荷10kW，照明负荷10kW。

23. 请计算该变电站增容改造部分站用电负荷计算负荷值是多少？( )
（A）91.6kVA 　　　　　　　　（B）176.6kVA
（C）193.6kVA 　　　　　　　　（D）219.1kVA

24. 请问增容改造后，站用变压器计算容量至少应该为下列哪项数值？( )
（A）560.6kVA 　　　　　　　　（B）670.6kVA
（C）713.6kVA 　　　　　　　　（D）747.1kVA

25. 设主变压器冷却器油泵风扇的功率因数为0.8，请计算主变压器冷却装置供电网络工作电流应为下列哪项数值（假定电动机的效率为$\eta=1$）？( )
（A）324.70A 　　　　　　　　（B）341.85A
（C）433.01A 　　　　　　　　（D）455.80A

26. 已知站用变压器每相网络电阻为3mΩ、电抗为10mΩ，冷却装置回路电阻为2mΩ、电抗为1mΩ，计算新扩建主变压器冷却器配电屏三相短路电流大小以及断路器电流脱扣器的整定值为下列哪组数值（假定电动机启动电流倍数为3，功率因数均为0.85，效率$\eta=1$，可靠系数取1.35）？( )
（A）19.11kA，1.303kA 　　　　（B）19.11kA，1.737kA
（C）22.12kA，1.303kA 　　　　（D）22.12kA，0.434kA

【2013年下午题 27～30】 某220kV变电站有180MVA、220/110/35kV主变压器两台，其中35kV配电装置有8回出线，单母分段接线，35kV母线装有若干组电容器，其电抗率为5%，35kV母线并列运行时三相短路容量1672.2MVA，请回答下列问题。

27. 如该变电站的每台主变压器35kV侧装有三组电容器，4回出线，其35kV侧接线不可采用下列哪种接线方式，说明理由。
( )

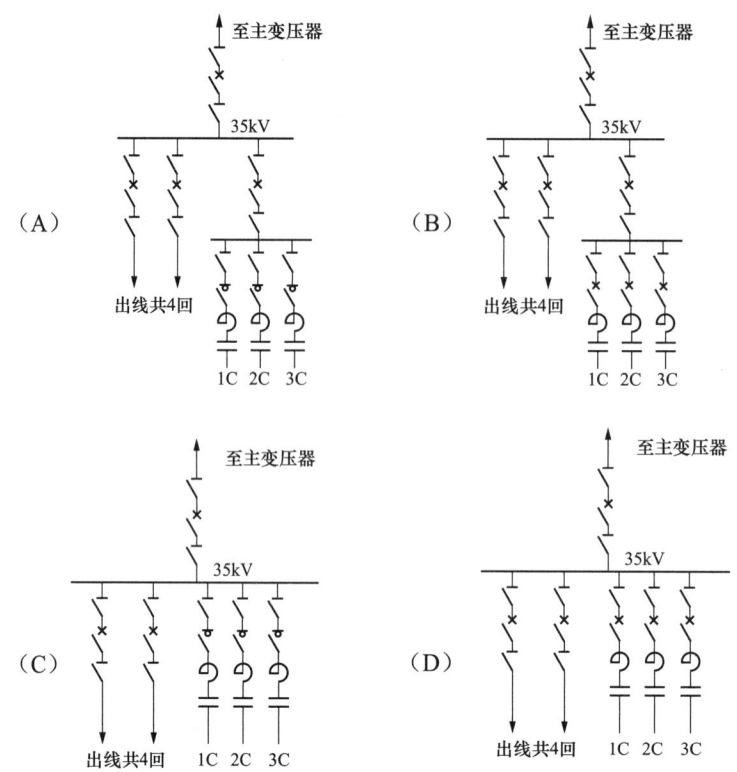

28. 如该变电站两段 35kV 母线安装的并联电容器组总容量为 60Mvar，请验证 35kV 母线并联时是否会发生 3 次、5 次谐波谐振，并说明理由。（ ）

（A）会发生 3 次、5 次谐波谐振

（B）会发生 3 次谐波谐振，不会发生 5 次谐波谐振

（C）会发生 5 次谐波谐振，不会发生 3 次谐波谐振

（D）不会发生 3 次、5 次谐波谐振

29. 如该变电站安装的电容器组为框架装配式电容器，单星形接线，由单台容量为 417kvar 的电容器并联组成，电容器外壳承受的爆破能量为 14kJ，试求每相串联段的最大并联台数为下列哪项？（ ）

（A）7 台 （B）8 台
（C）9 台 （D）10 台

30. 如该变电站中 35kV 电容器单相容量为 10 000kvar，三组电容器组采用专用母线方式接入 35kV 主母线，请计算其专用母线总断路器的长期允许电流最小不应小于下列哪项数值？（ ）

（A）495A （B）643A
（C）668A （D）1000A

【2013年下午题31~35】 某500kV架空输电线路工程，导线采用4×JLG1A-630/45，子导线直径33.8mm，导线自重荷载为20.39N/m，基本风速33m/s，设计覆冰10mm（提示：最高运行电压是额定电压的1.1倍）。

31. 根据以下情况，计算确定若由XWP-300绝缘子组成悬垂串，其片数应为下列哪项数值？ （ ）

（1）所经地区海拔500m，等值盐密为0.10mg/cm²，按高压架空线路污秽分级标准和运行经验确定污秽等级为C级，最高运行相电压设计爬电比距按4.0cm/kV考虑。

（2）XWP-300绝缘子（公称爬电距离为550mm，结构高度为195mm），在等级盐密为0.10mg/cm²，测得爬电距离有效系数为0.9。

（A）24片 （B）25片
（C）26片 （D）45片

32. 如线路所经地区海拔3000m，污秽等级为C级，最高运行相电压设计爬电比距为4.0cm/kV。XSP-300绝缘子（公称爬电距离为635mm，结构高度为195mm）测得爬电距离有效系数为0.9，特征指数 m 为0.31。计算确定XSP-300绝缘子悬垂单串片数应为下列哪项数值？ （ ）

（A）22片 （B）25片
（C）27片 （D）30片

33. 海拔500m的D级污秽区，最高运行相电压盘型绝缘子（假定爬电距离有效系数为0.90）设计爬电比距按不小于5.0cm/kV考虑，计算复合绝缘子所要求的最小爬电距离应为下列哪项数值？ （ ）

（A）1191cm （B）1203cm
（C）1400cm （D）1764cm

34. 某基塔全高100m，位于海拔500m、污秽等级为C级地区。最高运行相电压下爬电比距按4.0cm/kV考虑，悬垂单串的绝缘子型号为XWP-210绝缘子（公称爬电距离为550mm，结构高度为170mm），爬电距离有效系数为0.90，请计算确定绝缘子片数应为下列哪项数值？ （ ）

（A）25片 （B）26片
（C）28片 （D）31片

35. 计算确定位于海拔2000m，全高为90m铁塔雷过电压最小空气间隙为下列哪项数值？
提示：绝缘子串雷电冲击放电电压 $U_{50}\%=530L+35$；空气间隙雷电冲击放电电压 $U_{50}\%=552S$。 （ ）

（A）3.3m （B）3.63m
（C）3.85m （D）4.35m

【2013年下午题36～40】 某单回路500kV架空送电线路，位于海拔500m以下的平原地区，大地电阻率平均为200Ω·m，线路全长155km，三相导线a、b、c为倒正三角排列，线间距离为7m，导线采用六分裂LGJ-500/35钢芯铝绞线，各子导线按正六边形布置，子导线直径为30mm，分裂间距为400mm，子导线铝截面积497.01mm^2，综合截面积531.57mm^2，线路的最高电压为550kV，全线采用双OPGW-120光缆。

36. 计算该线路相导线的有效半径 R_e 应为下列哪项数值？　　　　　　（　　）
（A）0.312m　　　　　　　　　　（B）0.400m
（C）0.336m　　　　　　　　　　（D）0.301m

37. 设相分裂导线等价半径为0.4m，有效半径为0.3m，子导线交流电阻 $R=0.06$ Ω/km，计算该线路"导线–地回路"的自阻抗 Z_m 应为下列哪项数值？　（　　）
（A）0.11+j0.217（Ω/km）　　　　（B）0.06+j0.652（Ω/km）
（C）0.06+j0.529（Ω/km）　　　　（D）0.06+j0.511（Ω/km）

38. 设相分裂导线等价半径为0.4m，有效半径为0.3m，计算本线路的正序电抗 X_1 应为下列哪项数值？　　　　　　　　　　　　　　　　　　　　（　　）
（A）0.198Ω/km　　　　　　　　　（B）0.213Ω/km
（C）0.180Ω/km　　　　　　　　　（D）0.356Ω/km

39. 设相分裂导线等价半径为0.35m，有效半径为0.3m，计算本线路的正序电纳 B_1 应为下列哪项数值？　　　　　　　　　　　　　　　　　　　（　　）
（A）5.826×10^{-6}S/km　　　　　　（B）5.409×10^{-6}S/km
（C）5.541×10^{-6}S/km　　　　　　（D）5.034×10^{-6}S/km

40. 假设线路的正序电抗为0.5Ω/km，正序电纳为5.0×10^{-6}S/km，计算线路的自然功率 P 应为下列哪项数值？　　　　　　　　　　　　　　　　　（　　）
（A）956.7MW　　　　　　　　　（B）790.6MW
（C）1321.3MW　　　　　　　　　（D）1045.8MW

答　案
---

1. C【解答过程】（1）依题意，发电机提供短路电流，总阻抗=发电机次暂态电抗+主变压器电抗。（2）设基准容量 S_j=发电机容量=$\frac{300}{0.85}$(MVA)，U_j=345kV，$I_j = \frac{300}{\sqrt{3} \times 345 \times 0.85} = 0.59$ (kA)。（3）阻抗归算，新版一次手册第108页表4-2的公式可得发电机次暂态电抗标幺值 $X_{*d''} = \frac{16.7}{100} = 0.167$；变压器的电抗标幺值 $X_{*T} = \frac{16}{100} \times \frac{\frac{300}{0.85}}{360} = 0.157$；中阻

抗 $X_\Sigma = 0.167 + 0.157 = 0.324$。(4) 查该手册第 116 页图 4-6 可得 $I^* = 3.35$，由一台 300MW 机组提供的短路电流周期分量起始有效值为 $I'' = 3.35 \times 0.59 = 1.977$ (kA)。老版一次手册第 121 页表 4-2、第 129 页图 4-6。

2．C【解答过程】由新版一次手册第 32 页左下侧内容可知，母线分段运行可限制短路电流，断开 110kV 母线Ⅲ、Ⅳ段与Ⅴ、Ⅳ段分段断路器可以达到使两台 300MW 机组分列运行，可有效限制短路电流。并且只有断开Ⅲ、Ⅳ段与Ⅴ、Ⅳ段才不会造成发电机与系统解列，所以选 C。老版一次手册第 119 页第 4-1 节内容。

3．B【解答过程】由新版系统手册第 162 页式（7-9），考虑充电功率由本站全部补偿，因此不乘以系数 0.5，可得电抗器容量为 $Q_{KB} = q_c LB = 0.41 \times 80 \times 2 \times (0.9 \sim 1) = 59.04 \sim 65.6$ (Mvar)，因此选 B。本题的坑点在于题设"若考虑充电功率由本站全部补偿……"，由此不能再除 2，否则会误选 A。老版系统手册第 234 页式（8-3）。

4．C【解答过程】由新版系统手册第 165 页式（7-19）可得分组容量 $Q_{fz} = \frac{2.5}{100} S_d = \frac{2.5 \times \sqrt{3} \times 10.5 \times 18}{100} = 8.18$ (Mvar)。老版系统手册第 244 页式（8-4）。

5．B【解答过程】由 GB/T 15543—2008 附录 A 第 A.3.1 条式（A.3）可得

$$\varepsilon = \frac{\sqrt{3} I_2 U_L}{S_k} \times 100\% = \frac{\sqrt{3} \times 68 \times 115}{1282 \times 1000} \times 100\% = 1.06\%$$

6．B【解答过程】由 DL/T 5153—2014 第 4.1.1-5 条可知，由同一厂用电源供电的互为备用的设备只计算运行部分，即

6920.28+6920.28+3854.75+3514.75-1085-1727.74-1057.54-1800=15539.78 (kVA)

7．D【解答过程】根据 DL/T 5153—2014 第 4.1～4.2 条：（1）高压侧：1 号高压厂用变压器容量=20937.75+14142.75-8917.75+9647.56+7630.81-7324.32+10775.03= 46891.83(kVA)；3 号高压厂用变压器容量低于 1 号，不计算；2 号高压厂用变压器容量=20937.75+14142.75-8917.75+ 9709.72+7692.97-7381.48+11000.28=47184.24(kVA)；4 号高压厂用变压器容量低于 2 号，不计算。（2）低压侧：1 号高压厂用变压器比 3 号高压厂用变压器负荷大，仅计算 1 号高压厂用变压器容量=14 142.75+ 7630.81+10775.03=32548.59 (kVA)；2 号高压厂用变压器比 4 号高压厂用变压器负荷大，仅计算 2 号高压厂用变压器容量= 14142.75+7692.97+11000.28=32836(kVA)。综上，选 D。

8．A【解答过程】根据 GB 50660—2011 第 16.3.9 条和 DL/T 5153—2014 第 9.3 条，当采用明备用方式时，应装设备用电源自动投入装置。200MW 及以上机组正常切换宜采用带同步检定的快速切换装置。200MW 及以上机组的事故切换宜采用快速串联断电切换方式。

9．B【解答过程】（1）依题意，400V 母线短路，总阻抗=系统阻抗+变压器阻抗。（2）由新版一次手册第 108 页表 4-1、表 4-2，设 $S_j = 100$MVA、$U_j = 6.3$kV、$I_j = 9.16$kA。（3）阻抗归算：变压器阻抗标幺值 $X_{*T} = \frac{6}{100} \times \frac{100}{1.25} = 4.8$，最大运行方式联系阻抗标幺值 $X_{*S} = 0.444$。（4）短路电流有效值 $I = \frac{I_j}{\Sigma X_*} = \frac{9.16}{4.8 + 0.444} = 1.75$ (kA)。

10. D【解答过程】(1) 计算整定值。新版二次手册第 244 页右下内容、第 240 页式（6-1）可得：1) 按躲过外部短路是流过保护的最大短路电流整定。由式（6-1）及 $K_k=1.2$，$I_{op} = K_{rel}I_{k,max}^{(3)} = 1.2 \times 1.75 = 2.1$ (kA)；2) 按躲过变压器励磁涌流整定：$I_{dz2} \geq 114.6 \times 5 = 573$ (A)，两者取大，为 $I_{dz} = 2.1$ kA。(2) 计算灵敏系数。最小运行方式下保护安装处两相金属短路电流 $I_{d,min}^{(2)} = \dfrac{1}{0.87 \times \dfrac{1.25}{100}} \times \dfrac{114.6}{1000} \times \dfrac{\sqrt{3}}{2} = 9.13$ (kA) 由式（6-2）可得 $K_{lm} = \dfrac{I_{d,min}^{(2)}}{I_{dz}} = \dfrac{9.13}{2.1} = 4.347 > 2$，合格。老版二次手册第 693 页式（29-186）。

11. C【解答过程】(1) 电动机启动电流 $I_{qd} = 10I_n = 10 \times 180 = 1800$ (A)。(2) 计算电动机电流速断保护动作电流。依题意，可靠系数取 1.2，由新版二次手册第 266 页式（6-100）可得 $I_{dz} = 1.2 \times 1800 = 2160$（A）。(3) 灵敏系数校验 $I_{d,min}^{(2)} = \dfrac{1}{0.06 + 0.87 \times \dfrac{1.25}{100}} \times 1804 \times \dfrac{\sqrt{3}}{2} = 22043$ (A)；又由该手册式（6-103），可得 $K_m = \dfrac{I_{d,min}^{(2)}}{I_{dz}} = \dfrac{22043}{2160} = 10.21$，大于 2，合格。老版二次手册第 215 页式（23-3）、式（23-4）。

12. C【解答过程】由新版二次手册第 245 页式（6-35）、式（6-39）、式（6-40），按下列三个条件整定：(1) 按躲过变压器所带负荷中需要自启动的电动机最大启动电流之和整定：$I_{op1} = K_{rel}K_{ast}I_{2N} = K_{rel}I_{st} = 1.2 \times 8000 \times \dfrac{0.4}{6.3} = 609.52$ (A)。(2) 按躲过低压侧一个分支自启动电流和其他分支正常负荷电流整定：$I_{op2} = K_{rel}(\Sigma I_{st} + \Sigma I_{fL}) = 1.2 \times (180 \times 10 + 980 - 180) \times \dfrac{0.4}{6.6} = 198$ (A)。(3) 按与低压侧分支过电流保护配合整定：$I'_{dz} = K_k I_{qd} = 1.2 \times 180 \times 10 = 2160$ (A)；$I_{op3} = K_{co}(K_{bt}I_{op,L} + \Sigma I_{qyfL}) = 1.2 \times (2160 + 980 - 180) \times \dfrac{0.4}{6.3} = 225.5$ (A)，以上三者取大，$I_{dz} = 609.52$ A。老版二次手册第 696 页（六）式（29-187）、式（29-214）、式（29-215）。新版二次手册公式 $I_{op3} = K_{co}(K_{bt}I_{op,L} + \Sigma I_{qyfL})$ 中多了 K_{bt}，此题是按老版手册所出，所以并未给出 K_{bt}，读者了解即可。

13. D【解答过程】由老版二次手册第 696 页，变压器低压侧分支过电流保护按下列两个条件整定。(1) 按躲过本段母线所接电动机最大启动电流之和整定，公式同该手册式（29-187），即 $I_{dz1} = K_k I_Q = 1.2 \times 8000 = 9600$ (A)。(2) 按与本段母线所接最大电机速断保护配合整定：根据式（23-3），最大电动机速断保护整定值 $I'_{dz} = K_k I_Q = 1.2 \times (180 \times 10) = 2160$ (A)；除最大电动机外的总负荷电流为：$\Sigma I_{fh} = 980 - 180 = 800$ (A)；根据式（29-203）可得 $I_{dz2} = K_k(I'_{dz} + \Sigma I_{fh}) = 1.2 \times (2160 + 980 - 180) = 3552$ (A)。以上两者取大，$I_{dz} = 9600$ A。此题是按老版手册所出，新版二次手册第 245 页对整定进行了修改。

14. C【解答过程】由题意可知，母线最大持续工作电流为 $I_g = \dfrac{(120 \times 2 + 240 \times 2 \times 0.65) \times 1000}{\sqrt{3} \times 220} = 1449$ (A)；依题意，户外管型导体，环境温度+35℃，由

DL/T 5222—2021 表 5.1.5 可得综合校正系数为 0.87，所以母线载流量为 $\frac{1449}{0.87}=1666(A)$。由题干可知，母线规格 100/90mm 满足要求。

15．B【解答过程】由新版变电手册第 130 页式（5-48）、式（5-49）可得

$$M_d = \sqrt{(M_{sd}+M_{sf})^2+(M_{cz}+M_{cf})^2} = \sqrt{(1400+200)^2+(550+360)^2}=1840.6\,(N\cdot m)$$

$$\delta_d = 100\frac{M_d}{W}=100\times\frac{1840.6}{41.1}=4446.1\,(N/cm^2)$$

老版一次手册第 344 页式（8-41）、式（8-42）。

16．C【解答过程】由 DL/T 5222—2021 第 3.0.15-2 条及题意可知，$t=(2+0.04)=2.04(s)$ 又由 DL/T 5222—2021 式（A.6-2）可得 $Q_Z=\frac{I''^2+10I''^2_{zt/2}+I''^2_{zt}}{12}t=30^2\times 2.04=1836\,(kA^2\cdot s)$。根据 DL/T 866—2015 式（3.2.7）可得 TA5s 热电流倍数为 $K_r=\frac{\sqrt{\frac{Q_d}{t}}}{I_{pr}}=\frac{\sqrt{\frac{1836}{5}}}{2000}\times 10^3=9.58$。

17．C【解答过程】由 GB 50217—2018 附录 D 表 D.0.1、表 D.0.6、表 C.0.3 可知，温度校正系数为 1.05；布置校正系数为 0.65；采用 10kV 三芯聚乙烯铠装电缆（铜芯）时，载流量的校正系数为 1.29。因此，载流量的综合校正系数 $K=1.05\times 0.65\times 1.29=0.88$。依题意可得，标准载流量为 $I_e/K=260/0.88=295.45$，对比题设的载流量表可知，C、D 符合要求，但 D 不经济。

18．D【解答过程】由新版变电手册第 76 页表 4-3 可得，站用变压器回路最大持续工作电流 $I_g=1.05\times\frac{400}{\sqrt{3}\times 10}=24.25\,(A)$；又根据老版一次手册第 246 页式（6-6）可得熔体电流 $I_{nR}=KI_{bgm}=1.3\times 24.25=32\,(A)$。由 DL/T 5222—2021 第 17.0.5 条可知，熔管的额定电流要大于等于熔体额定电流。老版一次手册第 232 页表 6-3。

19．A【解答过程】由 DL/T 5222—2021 附录 B 式（B.2.1-5）可得

$$n_\varphi=\frac{U_N\times 10^3}{\sqrt{3}U_{N2}}=\frac{20\times 10^3}{\sqrt{3}\times 220}=52.5\Rightarrow R_{N2}=\frac{U_N\times 10^3}{1.1\sqrt{3}I_c n_\varphi^2}=\frac{20\times 10^3}{1.1\times\sqrt{3}\times 6\times 52.5^2}=0.635\,(\Omega)$$

20．D【解答过程】由 DL/T 5222—2021 第 18.3.4 条条文说明，接地变二次额定电压 U_{N2} 取 220V；
又由附录 B 式（B.2.1-9）参数说明，$U_{N2}=\sqrt{3}U_2$，可得

$$S_N\geq\frac{1}{K}\frac{(U_2)^2}{R_2}=\frac{1}{1.1}\times\frac{(220/\sqrt{3})^2}{0.55}=26.67\,(kVA)$$

所以选 D。

21．C【解答过程】该避雷器作为主变压器高压侧对低压侧的传递过电压保护用，显然当断路器断开比断路器合上时主变压器低压侧过电压更严重，所以按断路器断开时考虑。当断路器断开后，主变压器低压侧三角形绕组和高压厂用变压器三角形绕组之间这一段，是不接地系统。由 GB/T 50064—2014 表 4.4.3 可得额定电压 $U_e=1.38U_m=1.38\times 20\times 1.05=28.98(kV)$，

持续运行电压 $U_c=1.1U_m=1.1\times20\times1.05=23.1(kV)$。

22．D【解答过程】由 DL/T 5222—2021 附录 A 式（A.4.1-1）及表 A.4.1 可得
$$i_{ch}=\sqrt{2}K_{ch}I''=\sqrt{2}\times(114+102)\times1.9=580.39\,(kA)$$

23．C【解答过程】由 DL/T 5155—2016 第 4.1 条、第 4.2.1 条及附录 A 表 A 可得，增容改造部分站用电计算负荷为：$S=K_1P_1+P_2+P_3=0.85\times[3\times3\times(10+2\times5)+6+20+10]+0+10=193.6$ (kVA)。

24．A【解答过程】根据 DL/T 5155—2002 第 4.1.2 条，站用变压器容量至少为两台主变压器的冷却用电负荷 $S\geqslant520+193.6-0.85\times3\times3\times(10+2\times5)=560.6$ (kVA)。注：该条在 DL/T 5155—2016 中已经删除，今后按新规范作答不考虑此种情况。

25．B【解答过程】由 DL/T 5155—2016 附录 D 式（D.0.2）可得主变压器冷却装置供电网络工作电流为

$$I_g=n_1(I_b+n_2I_f)=n_1\left(\frac{P_{be}}{\sqrt{3}U_e\eta\cos\varphi}+n_2\frac{P_{fe}}{\sqrt{3}U_e\eta\cos\varphi}\right)$$

$$=3\times3\times\left(\frac{10}{\sqrt{3}\times380\times1\times0.8}+2\times\frac{5}{\sqrt{3}\times380\times1\times0.8}\right)\times10^3=341.85(A)$$

26．A【解答过程】由 DL/T 5155—2016 附录 C 及附录 E.0.3 可得：

$$I''=\frac{U}{\sqrt{3}\times\sqrt{(\Sigma R)^2+(\Sigma X)^2}}=\frac{400}{\sqrt{3}\times\sqrt{(3+2)^2+(10+1)^2}}=19.11\,(kA)$$

$$\Sigma I_e=\frac{P_e}{\sqrt{3}U_e\eta\cos\theta_e}=3\times3\times\frac{(10+2\times5)\times10^3}{\sqrt{3}\times380\times1\times0.85}=321.74\,(A)$$

依题意，启动电流倍数为 3，则 $I_z\geqslant K\Sigma I_Q=1.35\times3\Sigma I_e=1.35\times3\times321.74=1303$ (A)。

27．C【解答过程】由 GB 50227—2017 第 4.1.1 条及其条文说明可知，A、B、D 选项对。C 选项直接接入母线，分组回路采用负荷开关是错误的，必须使用能开断母线短路电流的断路器。

28．D【解答过程】由 GB 50227—2017 第 3.0.3-3 条式（3.0.3）可得：（1）发生 3 次谐振的电容器容量为 $Q_{cx}=S_d\left(\frac{1}{n^2}-K\right)=1672.2\times\left(\frac{1}{3^2}-5\%\right)=102$ (Mvar)。（2）依题意，装设电抗率为 5%的电抗器，5 次谐波被抑制，不会发生谐振。本题总容量为 60Mvar，综上所述，3 次、5 次谐波均不会发生谐振。

29．C【解答过程】由 DL/T 5242—2010 附录 B.3 式（B.4）得 $M_{zd}\leqslant\frac{259E_{zx}}{Q_{ed}}+1=\frac{259\times14}{417}+1=9.7$ (台)，最大允许并列台数为 9 台。

30．B【解答过程】由 DL/T 5242—2010 第 7.5.2 条可知。用于并联电容器装置的开关电器的长期容性允许电流，应不小于电容器组额定电流的 1.30 倍，即 $I\geqslant\frac{1.3\times3\times10\,000}{\sqrt{3}\times35}=643.33$ (A)，本题也可在 GB 50227—2017 第 5.1.3 条中找到根据。

31. C【解答过程】依题意，由 DL/T 5582—2020 式（6.1.3-2）可得 $n \geqslant \dfrac{\lambda U}{K_e L_{01}} = \dfrac{4.0 \times 550}{0.9 \times 55 \times \sqrt{3}} =$ 25.66(片)，取 26 片。又由该规范第 6.2.2 条可知 500kV，操作和雷电过电压要求的最少绝缘子片数，对于高度为 195mm 的绝缘子为 $\dfrac{25 \times 155}{195} = 19.87$ (片)，取 20 片；两者取大为 26 片。

32. B【解答过程】由 DL/T 5582—2020 中式（6.1.3-2）及式（6.1.5）可得海拔 1000m 及以下时，所需绝缘子数 $n \geqslant \dfrac{\lambda U}{K_e L_{01}} = \dfrac{4.0 \times 550}{0.9 \times 63.5 \times \sqrt{3}} = 22.22$ (片)；又由该规范第 6.2.2 条可知操作过电压和雷电过电压要求的绝缘子片数为 $\dfrac{25 \times 155}{195} = 19.87$ (片)；两者取大为 22.22 片；再由第 6.1.5 条，海拔 3000m 时，所需绝缘子数为：$n_H = 22.22 \times e^{0.121\ 5 \times 0.31 \times 2} = 23.95$ (片)。

33. C【解答过程】依题意，题设最高相电压爬电比距转换为最高线电压爬电比距为 $\dfrac{5}{\sqrt{3}} = 2.87$ (cm/kV)，由 GB 50545—2010 表 B.0.1 可知属于Ⅳ级污秽，属重污区。又由该规范第 7.0.7 条可知重污区复合绝缘子爬电距离为 $\dfrac{5 \times 550}{\sqrt{3}} \times \dfrac{3}{4} = 1191$ (cm)，且不应小于 $500 \times 2.8 = 1400$ (cm)。以上两者取大。

34. C【解答过程】由 GB 50545—2010 式（7.0.5）可得 $n_1 \geqslant \dfrac{\lambda U}{K_e L_{01}} = \dfrac{4.0 \times 550}{0.9 \times 55 \times \sqrt{3}} = 25.66$（片），又依据第 7.0.2~7.0.3 条、表 7.0.2 得 $n_2 = \dfrac{25 \times 155 + (100 - 40)/10 \times 146}{170} = 27.9$（片），以上两者取大值 28 片。

35. D【解答过程】（1）计算绝缘子串长。依题意，由 DL/T 5582—2020 表 6.2.2，所选绝缘子串长度为 25×155mm。海拔 1000m 及以下，全高为 90m 铁塔，由该规范第 6.2.3 条可得，塔高修正为 5×146/155= 4.71（片），取 5 片 155mm 绝缘子，最终所选绝缘子串长度为（25+5）×155=4650(mm)。（2）计算绝缘子雷电放电电压：绝缘子串雷电冲击放电电压 $U'_{50\%}$=530×4.65+35=2499.5 (kV)。（3）计算空气间隙雷电放电电压：根据 GB/T 50064—2014 第 6.2.2-4 条，杆塔空气间隙雷电 50%放电电压为相应绝缘子串的 0.85 倍，可得空气间隙雷电冲击放电电压 $U_{50\%}$=2499.5×0.85= 2124.575 (kV)。（4）海拔修正空气间隙雷电放电电压依据 GB 311.1 B.1 及 B.3，海拔 2000m 时修正电压 $U_{50\%}$=2124.575×e$^{(2000-1000)/8150}$=2401.93(V)。（5）计算最小空气间隙=2401.93/ 552= 4.35 (m)。

36. D【解答过程】由新版线路手册第 59 页表 3-1 可得 $r_e = 0.81 \times \dfrac{30 \times 10^{-3}}{2} = 0.01215$ (m)；再由该手册第 59 页式（3-5）可得导线的有效半径 $R_e = 1.349 \times (0.01215 \times 0.4^5)^{1/6} = 0.301$ (m)。老版线路手册第 16 页表 2-1-1、式（2-1-8）。

37. C【解答过程】由新版线路手册第 207 页导地线自阻抗公式可得 $D_0 = 660\sqrt{\dfrac{\rho}{f}} =$ $660 \times \sqrt{\dfrac{200}{50}} = 1320$; $Z_{nn} = \dfrac{0.06}{6} + 0.05 + j0.145 \times \lg \dfrac{D_0}{R_e} = 0.06 + j0.145 \times \lg \dfrac{1320}{0.3} = 0.06 + j0.528$

(Ω/km)。老版线路手册第152页式（2-8-1）及式（2-8-3）。

38．A【解答过程】由新版线路手册第59页式（3-17）可得 $d_\mathrm{m} = \sqrt[3]{7 \times 7 \times 7} = 7$ (m)；再由该手册第59页式（3-18）可得

$$X_1 = 0.0029 f \lg \frac{d_\mathrm{m}}{R_\mathrm{e}} = 0.0029 \times 50 \times \lg \frac{7}{0.3} = 0.198 \ (\Omega/\mathrm{km})$$

39．A【解答过程】由新版线路手册第65页式（3-46）可得 $B_1 = \dfrac{7.58 \times 10^{-6}}{\lg \dfrac{d_\mathrm{m}}{R_\mathrm{m}}} = \dfrac{7.58 \times 10^{-6}}{\lg \dfrac{7}{0.35}}$

$= 5.826 \times 10^{-6}$ (S/km)。老版线路手册第21页式（2-1-32）。

40．B【解答过程】由新版线路手册第69页式（3-55）及式（3-56）可得：波阻抗 $Z_\mathrm{n} = \sqrt{\dfrac{0.5}{5.0 \times 10^{-6}}} = 316.23$ (Ω)；自然功率 $P_\mathrm{n} = \dfrac{U^2}{Z_\mathrm{n}} = \dfrac{500^2}{316.23} = 790.6$ (MW) 老版线路手册第24页式（2-1-41）及式（2-1-42）。

2014年注册电气工程师专业知识试题

（上午卷）及答案

一、单项选择题（共40题，每题1分。每题的备选项中只有1个最符合题意）

1. 在电力工程中，为了防止对人身的电气伤害，下列有关低压电网的零线设计原则，哪项是正确的？ （   ）
   (A) 用大地做零线
   (B) 接零保护的零线上装设熔断器
   (C) 接零保护的零线上装设断路器
   (D) 接零保护的零线上装设与相线联动的断路器

2. 变电站内，消防应急照明的备用电源的连续供电时间不应少于多少？ （   ）
   (A) 10min   (B) 20min
   (C) 5min   (D) 15min

3. 某配电所内当高压及低压配电设备设在同一室内，且两者有一侧柜顶有裸母线时，两者之间的净距最小不应小于多少？ （   ）
   (A) 1.5m   (B) 2m
   (C) 2.5m   (D) 3m

4. 火力发电厂与变电站中，防火墙上的电缆孔洞应采用防火封堵材料进行封堵，防火封堵组件的耐火极限应为多少？ （   ）
   (A) 1h   (B) 2h
   (C) 3h   (D) 4h

5. 发电厂的环境保护设计方案，应以下列哪项文件为依据？ （   ）
   (A) 初步可行性研究报告   (B) 批准的环境影响报告
   (C) 初步设计审查会议纪要 (D) 项目的核准文件

6. 发电厂的噪声应首先从声源上进行控制，要求设备供应商提供什么设备？ （   ）
   (A) 低噪声设备   (B) 采取隔声或降噪措施的设备
   (C) 将产生噪声部分隔离的设备 (D) 符合国家噪声标准要求的设备

7. 220kV变电所中，下列哪些场所的照明功率密度不符合照明节能评价指标？ （   ）

(A）主控制和计算机房 11W/m²   （B）电子设备间 11W/m²
(C）蓄电池室 4W/m²   （D）所用配电屏室 9W/m²

8. 在火灾危险环境内，电力、照明线路的绝缘导线和电缆的额定电压，不应低于线路的额定电压，且不低于 （ ）
  （A）380V   （B）500V
  （C）660V   （D）1000V

9. 变电所中，屋内、外电气设备的单台最小总油量分别超过下列哪组数值时应设置储油或挡油设施？ （ ）
  （A）80kg，800kg   （B）100kg，1000kg
  （C）300kg，1500kg   （D）1000kg，2500kg

10. 某 220kV 变电所内的消防水泵房与一油浸式电容器室相邻，两建筑物为砖混结构，屋檐为非燃烧材料，相邻两面墙体上均未开小窗，这两建筑物之间的最小距离不得小于下列哪项数值？ （ ）
  （A）5m   （B）7.5m
  （C）10m   （D）12m

11. 220kV 变电所中，关于火灾自动报警系统的供电原则，以下哪一条是错误的？ （ ）
  （A）主电源采用消防电源
  （B）主电源的保护开关采用漏电保护开关
  （C）直流备用电源采用所内蓄电池
  （D）消防通信设备，显示器等由 UPS 装置供电

12. 有一独立光伏电站容量为 3W，需配置储能装置，若当地连续阴雨天气为 15d，平均用电负荷为 2000kW，储能电池放电深度为 0.8，电站交流系统损耗率为 0.7，则储能电池容量为 （ ）
  （A）56.25MW·h   （B）90MW·h
  （C）1350MW·h   （D）2.025MW·h

13. 设备选择与校核中，下列哪项参数与断路器开断时间没有关系？ （ ）
  （A）电动机馈线电缆的热稳定截面   （B）断路器需承受的短路冲击电流
  （C）断路器需开断电流的直流分量   （D）断路器需开断电流的周期分量

14. 电力工程中选择绝缘套管时，若计算地震作用和其他荷载产生的总弯矩为 1000N·m，则所选绝缘套管的破坏弯矩至少应为 （ ）
  （A）1000N·m   （B）1500N·m
  （C）2000N·m   （D）2500N·m

15. 电力系统中，220kV 自耦变压器需"有载调压"时，宜采用 （ ）
 (A) 高压侧线端调压 (B) 中压侧线端调压
 (C) 低压侧线端调压 (D) 高、中压中性点调压

16. 使用在中性点直接接地电力系统中的高压断路器，其首相开断系数应取 （ ）
 (A) 1.2 (B) 1.3
 (C) 1.4 (D) 1.5

17. 电力工程中，气体绝缘金属封闭开关设备（GIS）的外壳应接地，在短路情况下，外壳的感应电压不应超过 （ ）
 (A) 12V (B) 24V
 (C) 36V (D) 50V

18. 变电站中兼做并联电容器组泄能设备的是 （ ）
 (A) 电容式电压互感器 (B) 电磁式电压互感器
 (C) 主变压器 (D) 电流互感器

19. 发电厂、变电所中，选择导体的环境温度，下列哪种说法是正确的？ （ ）
 (A) 对屋外导体为最热月平均最高温度
 (B) 对屋外导体为年最低温度
 (C) 对屋内导体为该处通风设计温度加 5℃
 (D) 对屋内导体为最高温度加 5℃

20. 在变电所设计中，导体接触面的电流密度应限制在一定的范围内，当导体工作电流为 2500A 时，下列无镀层铜-铜，铝-铝接触面的电流密度值应分别选择哪一组？ （ ）
 (A) $0.31A/mm^2$，$0.242A/mm^2$ (B) $1.2A/mm^2$，$0.936A/mm^2$
 (C) $0.12A/mm^2$，$0.0936A/mm^2$ (D) $0.12A/mm^2$，$0.12A/mm^2$

21. 电力工程中，用于下列哪一场所的低压电力电缆可采用铝芯？ （ ）
 (A) 发电机励磁回路的电源电缆 (B) 紧靠高温设备布置的电力电缆
 (C) 辅助厂房轴流风机回路的电源电缆 (D) 移动式电气设备的电源电缆

22. 在 7 度地震区，下列哪一种电气设施不进行抗震设计？ （ ）
 (A) 35kV 屋内配电装置二层电气设施 (B) 220kV 的电气设施
 (C) 330kV 的电气设施 (D) 500kV 的电气设施

23. 在非严寒地区电力工程中，高压配电装置构架边距机力通风冷却塔零米外壁距离应不小于 （ ）
 (A) 5m (B) 30m

(C) 40m (D) 60m

24．有避雷线的110、220kV架空线路，在变电所进线段耐雷水平应分别不低于下列哪组数值？ （   ）

(A) 40kA，75kA (B) 75kA，110kA
(C) 75kA，100kA (D) 40kA，60kA

25．在发电厂接地装置进行热稳定校验时，下列关于接地导体的允许温度的说法不正确的是？ （   ）

(A) 在有效接地系统，钢材的最大允许温度可取400℃
(B) 在低电阻接地系统，铜材采用放热焊接方式时的最大允许温度应根据土壤腐蚀的严重程度经验算分别取900℃、800℃、700℃
(C) 在高电阻接地系统中，敷设在地上的接地导体长时间温度不应高于300℃
(D) 在不接地系统，敷设在地下的接地导体长时间温度不应高于100℃

26．在装有3台100MW火电机组的发电厂中，以下哪种断路器不需要进行同步操作？ （   ）

(A) 发变组的三绕组升压变压器各侧断路器
(B) 110kV升压站母线联络断路器
(C) 110kV系统联络线断路器
(D) 高压厂用变压器高压侧断路器

27．发电厂及变电所中，为减缓高频电磁干扰的耦合，装设静态保护和控制装置的屏柜地面下应设置等电位接地网，构成等电位接地网母线的接地铜排的截面积应不小于（   ）

(A) $50mm^2$ (B) $80mm^2$
(C) $100mm^2$ (D) $120mm^2$

28．在电力系统中，继电保护和安全自动装置的通道一般不宜采用下列哪种传输媒介？ （   ）

(A) 自承式光缆 (B) 微波
(C) 电力线载波 (D) 导引线电缆

29．火力发电厂内，下列对800kVA油浸变压器保护的设置原则中，哪条是错误的？ （   ）

(A) 当故障产生轻微瓦斯瞬时动作于信号
(B) 当变压器绕组温度升高达到限值时瞬时动作于信号
(C) 当变压器油面下降时瞬时动作于信号
(D) 当故障产生大量瓦斯时，应动作于各侧断路器跳闸

30. 变电所中，下列针对高压电缆电力电容器组故障的保护设置原则中，哪项是错误的？
（　）
（A）单星形接线电容器组，可装设开口三角电压保护
（B）单星形接线电容器组，可装设中性点不平衡电流保护
（C）双星形接线电容器组，可装设中性线不平衡电流保护
（D）单星形接线电容器组，可装设电压差动保护

31. 电力工程中，下列哪种蓄电池组应装设降压装置？
（　）
（A）带端电池的铅酸蓄电池组
（B）阀控式密封铅酸蓄电池组
（C）带端电池的中倍率镉镍碱性蓄电池组
（D）高倍率镉镍碱性蓄电池组

32. 变电所工程中，下列所用变压器的选择原则中，不正确的是？
（　）
（A）选低损耗节能产品
（B）宜采用 Dyn11 联结组别
（C）所用变压器高压侧的额定电压，宜取接入点相应主变压器额定电压
（D）当高压电源电压波动较大，经常使所用电母线电压偏差超过±5%时，应采用无励磁调压所用变压器

33. 火力发电厂和变电所的照明设计中，下列哪种是不正确的？
（　）
（A）距离较远的24V及以下的低压照明线路，宜采用单相二线制
（B）当采用Ⅰ类灯具时，照明分支线路宜采用三线制
（C）距离较长的道路照明可采用三相四线制
（D）当给照明器数量较多的场所供电时，可采用三相五线制

34. 在考虑电力系统的电力电量平衡时，系统的总备用容量不得低于系统最大发电负荷的
（　）
（A）10%　　　　　　　　　　（B）15%
（C）18%　　　　　　　　　　（D）20%

35. 在轻冰区的2分裂导线架空线路，对于耐张段长度，下列哪种说法正确的？（　）
（A）对于220kV线路，耐张段长度不大于10km
（B）对于2分裂导线线路，耐张段长度不大于10km
（C）对于220kV线路，耐张段长度不宜大于3km
（D）对于2分裂导线线路，耐张段长度不宜大于10km

36. 对于架空输电线路耐张段长度，下列哪种说法是正确的？
（　）
（A）架空送电线路的耐张段长度由线路的输送功率确定

（B）架空送电线路的耐张段长度由导线张力大小确定
（C）架空送电线路的耐张段长度由设计、运行、施工条件和施工方法确定
（D）架空送电线路的耐张段长度由导、地线制造长度确定

37．架空输电线路，对海拔不超过1000m的地区，采用现行钢芯铝绞线国标时，给出了可不验算电晕的导线最小直径，下列哪种说法是不正确的？　　　　　　　　　　（　　）

（A）220kV：21.6mm
（B）330kV：33.6mm、2×21.6mm
（C）500kV：2×33.6mm、3×26.82mm
（D）500kV：2×36.24mm、3×26.82mm、4×21.6mm

38．验算一般架空输电线路导线允许载流量时，对导线的允许温度进行了规定，下面哪种说法是不确定的？　　　　　　　　　　　　　　　　　　　　　　　　　　（　　）

（A）钢芯铝绞线宜采用+70℃　　　　（B）钢芯铝合金绞线可采用+90℃
（C）钢芯铝包钢绞线可采用+80℃　　（D）镀锌钢绞线可采用+125℃

39．架空输电线路设计中，对于验算地线热稳定时地线的允许温度，下列哪种说法是正确的？　　　　　　　　　　　　　　　　　　　　　　　　　　　　　　　　（　　）

（A）钢芯铝绞线和钢芯铝合金绞线可采用+200℃
（B）钢芯铝绞线和钢芯铝包钢绞线可采用+200℃
（C）钢芯铝绞线和铝包钢绞线可采用+300℃
（D）镀锌铝绞线和铝包钢绞线可采用+400℃

40．某单回采用猫头塔的 220kV 送电线路，若导线间水平投影距离 4m，垂直投影距离 5m，其等效水平线距为　　　　　　　　　　　　　　　　　　　　　　　　（　　）

（A）4.0m　　　　　　　　　　　　　（B）5.0m
（C）7.8m　　　　　　　　　　　　　（D）9.0m

二、多项选择题（共30题，每题2分。每题的备选项中有2个或2个以上符合题意。错选、少选、多选均不得分）

41．火力发电厂对消防供电的要求，下列哪几条是正确的？　　　　　　　　　（　　）

（A）单机容量150MW 机组，自动灭火系统按Ⅰ类负荷供电
（B）单机容量200MW 机组，自动灭火系统按Ⅰ类负荷供电
（C）单机容量30MW 机组，消防水泵按Ⅰ类负荷供电
（D）单机容量30MW 机组，消防水泵按Ⅱ类负荷供电

42．某变电所中的两台 110kV 主变压器是屋外油浸式变压器，主变压器之间净距为6m，下列防火设计原则哪些是不正确的？　　　　　　　　　　　　　　　　　（　　）

(A) 主变压器之间不设防火墙
(B) 设置高于主变压器油箱顶端 3.0m 的防火墙
(C) 设置高于主变压器油枕顶端的防火墙
(D) 设置长于储油坑两侧各 1m 的防火墙

43. 110kV 变电所中，对户内配电装置室的通风要求，下列哪些是正确的？　　（　　）
(A) 通风机应与火灾探测系统连锁
(B) 按通风散热要求，装设事故通风装置
(C) 每天通风换气次数不应低于 6 次
(D) 事故排风每小时通风换气次数不应低于 10 次

44. 变电所的照明设计中，下列哪几条属于节能措施？　　（　　）
(A) 室内顶棚、墙面和地面宜采用浅颜色的装饰
(B) 气体放电灯应装设补偿电容器，补偿电容器功率因数不应低于 0.9
(C) 户外照明和道路照明应采用高压钠灯
(D) 户外照明宜采用手动控制

45. 电压是电能质量的重要指标，以下对电力系统电压和无功描述正确的是哪几项？
　　（　　）
(A) 当发电厂、变电所的母线电压超出允许偏差范围时，首先应调整相应有载调压变压器的分接头位置，使电压恢复到合格值
(B) 为掌握电力系统的电压状况，在电网内设置电压监测点，电压检测应使用具有连续检测和统计功能的仪器或仪表，其测量精度应不低于 1 级
(C) 电力系统应有事故无功电力备用，以保证在正常运行方式下，突然失去一回线路或一台最大容量无功补偿设备时，保持电压稳定和正常供电
(D) 380V 用户受电端的电压允许偏差值，为系统稳定电压的±7%

46. 在发电厂中，下列哪些变压器应设置在单独的房间内？　　（　　）
(A) S9 50/10，油重 80kg　　　　(B) S9 200/10，油重 300kg
(C) S9 6300/10，油重 800kg　　　(D) S9 1000/10，油重 120kg

47. 在火灾危险环境中能引起火灾危险的可燃物质有　　（　　）
(A) 变压器油　　　　　　　　　(B) 石棉纤维
(C) 合成树脂粉　　　　　　　　(D) 面粉

48. 下列变电所的电缆防火设计原则，哪些是正确的？　　（　　）
(A) 在同一通道中，不宜把非阻燃电缆与阻燃电缆并列配置
(B) 在长距离的电缆沟中，每相距 500m 处宜设阻火墙
(C) 靠近含油量少于 10kg 设备的电缆沟区段的沟盖板应采用活盖板，方便开启

（D）电缆从电缆构筑物中引至电气柜、盘或控制屏、台等孔部位均应实施阻火封堵

49．在变电所设计中，下列哪些场所应采用火灾自动报警系统？　　（　　）
（A）220kV 户外 GIS 设备区　　　　（B）10kV 配电装置室
（C）油介质电容器室　　　　　　　　（D）继电器室

50．较小容量变电所的电气主接线若采用内桥接线，应符合下列哪些条件？（　　）
（A）主变压器不经常切换　　　　　（B）供电线路较长
（C）线路有穿越功率　　　　　　　（D）线路故障率高

51．在短路电流计算序网合成时，下列哪些电力设备元件，其参数的正序阻抗与负序阻抗是相同的？　　（　　）
（A）发电机　　　　　　　　　　　（B）变压器
（C）架空线路　　　　　　　　　　（D）电缆线路

52．电力系统设计中选择支持绝缘子和穿墙套管时，两者都必须进行校验的是以下哪几项？　　（　　）
（A）电压　　　　　　　　　　　　（B）电流
（C）动稳定　　　　　　　　　　　（D）热稳定电流及持续时间

53．变电所中并联电容器总容量确定后，通常将电容器分成若干组安装，分组容量的确定应符合下列哪些规定？　　（　　）
（A）为了减少投资，减少分组容量，增加组数
（B）分组电容器按各种容量组合运行时，应避开谐振容量
（C）电容器分组投切时，母线电压波动满足要求
（D）电容器分组投切时，满足系统无功功率和电压调整要求

54．电力工程中，电缆在空气中固定敷设时，其护层的选择应符合下列哪些规定？
　　　　　　　　　　　　　　　　　　　　　　　　　　　　　　　　（　　）
（A）小截面挤塑绝缘电缆在电缆桥架敷设时，宜具有钢带铠装
（B）电缆位于高落差的受力条件时，多芯电缆应具有钢丝铠装
（C）敷设在桥架等支撑较密集的电缆，可不含铠装
（D）明确需要与环境保护相协调时，不得采用聚氯乙烯外护套

55．110kV 及以上的架空线在海拔不超过 1000m 的地区，采用下列哪些规格的导线时可不进行电晕校验？　　（　　）
（A）220kV 的架空导线采用 LGJ 400
（B）330kV 的架空导线采用 LGJ 630
（C）330kV 的架空导线采用 2×LGJ 300

（D）500kV 的架空导线采用 2×LGJ 400

56. 发电厂、变电所中，高压配电装置的设计应满足安全净距的要求，下面哪几条是符合规定的？　　　　　　　　　　　　　　　　　　　　　　　　（　　）
（A）屋外电气设备外绝缘体最低部位距地小于 2.5m 时，应装设固定遮拦
（B）屋内电气设备的外绝缘体最低部位距地小于 2.3m 时，应装设固定遮拦
（C）配电装置中相邻带电部分之间的额定电压不同时，应按较高的额定电压确定其安全净距
（D）屋外配电装置的上面或下面，在满足 B1 值时，照明、通信线路可架空跨越或穿越

57. 在 35kV 屋内高压配电装置（手车式）室内，下列通道的最小宽度的说法哪些是正确的？　　　　　　　　　　　　　　　　　　　　　　　　　　（　　）
（A）设备单列布置时，维护通道最小宽度为 700mm
（B）设备双列布置时，维护通道最小宽度为 1000mm
（C）设备单列布置时，操作通道最小宽度为单车长+1200mm
（D）设备双列布置时，操作通道最小宽度为双车长+900mm

58. 电力系统中，当需在单相接地故障条件下运行时，下列哪些情况应采用消弧线圈接地？　　　　　　　　　　　　　　　　　　　　　　　　　　　（　　）
（A）6kV 钢筋混凝土杆塔的架空线路构成的系统，单相接地故障电容电流 10A 时
（B）10kV 钢筋混凝土杆塔的架空线路构成的系统，单相接地故障电容电流 12A 时
（C）35kV 架空线路，单相接地故障电容电流 10A 时
（D）6kV 电缆线路，单相接地故障电容电流 35A 时

59. 雷电流通过接地装置向大地扩散时，不起作用的是以下哪些？（　　）
（A）直流接地电阻　　　　　　　　（B）工频接地电阻
（C）冲击接地电阻　　　　　　　　（D）高频接地电阻

60. 发电厂、变电所中，下列哪些断路器宜选用三相联动的断路器？（　　）
（A）变电所中的 220kV 主变压器高压侧断路器
（B）220kV 母线断路器
（C）具有综合重合闸的 220kV 系统联络线断路器
（D）发变组的变压器 220kV 侧断路器

61. 在发电厂、变电所中，继电保护装置具有的"在线自动检测"功能，应包括下列哪几项？　　　　　　　　　　　　　　　　　　　　　　　　　　　（　　）
（A）软件损坏　　　　　　　　　　（B）硬件损坏
（C）功能失效　　　　　　　　　　（D）二次回路异常运行状态

62. 变电所中，下列蓄电池的选择原则，哪些是错误的？　　　　　　　　　　（　　）
（A）220～500kV 变电所均可采用阀控式密封铅酸蓄电池
（B）35～110kV 变电所均可采用高倍率镉镍碱性蓄电池
（C）500kV 变电所应装设不少于 2 组蓄电池
（D）220kV 变电所宜装设 1 组蓄电池，重要的 220kV 变电所应装设 2 组蓄电池

63. 对发电厂中设置的交流保安电源柴油发电机，以下描述正确的是哪几项？（　　）
（A）柴油发电机应采用快速自启动的应急型
（B）柴油发电机应具有最多连续自启动三次成功投入的性能
（C）柴油发电机旁不应设置紧急停机按钮
（D）柴油发电机应装设自动启动和手动启动装置

64. 当不采取防止触电的安全措施时，电力电缆隧道内照明电源，不宜采用的电压是哪几种？　　　　　　　　　　　　　　　　　　　　　　　　　　　　（　　）
（A）220V　　　　　　　　　　　　（B）110V
（C）48V　　　　　　　　　　　　　（D）24V

65. 在下列描述中，哪些属于电力系统设计的内容？　　　　　　　　　（　　）
（A）分析并核算电力负荷和电量水平、分布、组成及其特性
（B）进行无功平衡和电气计算，提出保证电压质量、系统安全稳定的技术措施
（C）论证网络建设方案
（D）对变电所的所用电系统负荷进行计算，并确定所用变压器的容量

66. 设计一条 110kV 单导线架空线路，对于耐张段长度，下列哪些说法是正确的？
　　　　　　　　　　　　　　　　　　　　　　　　　　　　　　　　（　　）
（A）在轻冰区耐张段长度不大于 5km
（B）在轻冰区耐张段长度不宜大于 5km
（C）在重冰区运行条件较差地段，耐张段长度应适当缩短
（D）如施工条件许可，在重冰区，耐张段长度应适当延长

67. 110～750kV 架空输电线路设计，下列哪些说法是不正确的？　　　（　　）
（A）有大跨越的送电线路，其路径方案应结合大跨越的情况，通过综合技术经济比较确定
（B）有大跨越的送电线路，其路径方案应按线路最短的原则确定
（C）有大跨越的送电线路，其路径方案应按跨越点离航空直线最近的原则确定
（D）有大跨越的送电线路，其路径方案应按大跨越跨距最小的原则确定

68. 110～750kV 架空输电线路设计，下列哪些说法是不正确的？　　　（　　）
（A）导线悬挂点的设计安全系数不应小于 2.25
（B）导线悬挂点的应力不应超过弧垂最低点的 1.1 倍

（C）地线悬挂点的应力应大于导线悬挂点的应力
（D）地线悬挂点的应力宜大于导线悬挂点的应力

69. 110～750kV 架空输电线路设计，下列哪些说法是正确的？　　　　（　　）
（A）导、地线的设计安全系数不应小于 2.5
（B）地线的设计安全系数应大于导线的设计安全系数
（C）覆冰和最大风速时，弧垂最低点的最大张力，不应超过拉断力的 70%
（D）稀有风速或稀有覆冰气象条件时，弧垂最低点的最大张力，不应超过拉断力的 70%

70. 架空送电线路设计中，下面哪些说法是正确的？　　　　　　　　（　　）
（A）若某档距导线应力为 40% 的破坏力，悬点应力刚好达到破坏应力的 44%，则此挡距成为极大挡距
（B）若某档距导线放松后悬点应力为破坏应力的 44%，则此挡距称为放松系数 μ 下的允许挡距
（C）每种导线有一个固定的极大挡距
（D）导线越放松，允许挡距越大

答　案

一、单项选择题

1. D

依据：《水利水电工程劳动安全与工业卫生设计规范》（DL 5061—1996）第 4.2.11 条、第 4.2.14 条。A 项是禁用；BC 项不允许。说明：新版规范 NB 35074—2015 更改了说法。

2. B

依据：《火力发电厂与变电站设计防火规范》（GB 50229—2006）第 11.7.1-3 条。说明：GB 50229—2019 第 11.7 条已更改要求。

3. B

依据：《低压配电设计规范》（GB 50054—2011）第 4.2.3 条。

4. C

依据：《火力发电厂与变电站设计防火规范》（GB 50229—2019）第 6.8.4 条。

5. B

依据：《大中型火力发电厂设计规范》（GB 50660—2011）第 21.1.2 条。

6. D

依据：《大中型火力发电厂设计规范》（GB 50660—2011）第 21.5.2 条。

7. D

依据：《火力发电厂和变电站照明设计技术规定》（DL/T 5390—2007）第 12.0.8 条，2014 版第 10.0.8 条已全部修改，A 项为 14W/m^2；B 项为 8W/m^2；C 项为 3W/m^2；D 项为 6W/m^2，

故此题无答案。

8．B

依据：《爆炸和火灾危险环境电力装置设计规范》（GB 50058—1992）第 4.3.8 条，GB 50058—2014 已删除该内容。

9．B

依据：《高压配电装置设计技术规程》（DL/T 5352—2018）第 5.5.2 条、第 5.5.3 条。

10．B

依据：由《火力发电厂与变电站设计防火规范》（GB 50229—2019）第 11.1.1 条及表 11.1.1 可知消防水泵房为戊二级生产建筑，由第 11.1.5 条、表 11.1.5 及第 11.1.6 条，可以按表中数字减少 25%，即 10×(1−25%)=7.5(m)。

11．B

依据：《火灾自动报警系统设计规范》（GB 50116—2013）第 10.1.2 条、第 10.1.3 条、第 10.1.4 条。B 项是不应采用。

12．C

依据：《光伏发电站设计规范》（GB 50797—2012）第 6.5.2 条。$C_c = \dfrac{DFP_0}{UK_a} = \dfrac{15 \times 24 \times 1.05 \times 2000}{0.8 \times 0.7} = 135 \times 10^3 (kW \cdot h) = 135 (MW \cdot h)$。

13．B

依据：A 选项：《电力工程电缆设计规范》（GB 50217—2018）附录 E 式（E.1.1-1），其中 Q 与时间有关；B 选项：依据《导体和电器选择设计技术规定》（DL/T 5222—2005）第 9.2.2 条、可知 C、D 与时间相关；DL/T 5222—2021 版删除了该条内容。

14．C

依据：《电力设施抗震设计规范》（GB 50260—2013）第 6.3.8-2 条及式（6.3.8-2）：$M_u \geqslant 1.67 M_{tot} = 1.67 \times 1000 = 16700 (N \cdot m)$。

15．B

依据：《导体和电器选择设计技术规定》（DL/T 5222—2021）第 6.0.16-4 款。

16．B

依据：《导体和电器选择设计技术规定》（DL/T 5222—2021）第 7.2.2 条。

17．B

依据：《导体和电器选择设计技术规定》（DL/T 5222—2005）第 12.0.14 条。注：DL/T 5222—2021 版第 11.0.14 条已将故障情况更改为 100V。

18．B

依据：《导体和电器选择设计技术规定》（DL/T 5222—2021）第 16.0.6 条。

19．A

依据：《导体和电器选择设计技术规定》（DL/T 5222—2021）第 4.0.3 条。

20．C

依据：《导体和电器选择设计技术规定》（DL/T 5222—2021）第 5.1.10 条：$J_{cu} = 0.12 A/mm^2$，$J_{A1} = 0.78 J_{cu} = 0.78 \times 0.12 = 0.0936 (A/mm^2)$。

21．C

依据：《电力工程电缆设计规范》（GB 50217—2018）第 3.1.2 条、第 3.1.3 条。BCD 项为应采用铜芯。

22．B

依据：由《电力设施抗震设计规范》（GB 50260—2013）第 6.1.1-3 条可知 A 应抗震设计；由第 6.1.1-1 条可知，重要电力设施应进行抗震设计，地震设防烈度为 7 度及以上，而第 1.0.6.1-(4) 款可知 330～500kV 变电站为重要电力设施，220kV 是枢纽变电站才是重要电力设施，故 B 不需要抗震设计。

23．C

依据：《高压配电装置设计技术规程》（DL/T 5352—2018）第 3.0.2 条文说明，但 2018 版规范有修改。

24．C

依据：《交流电气装置的过电压保护和绝缘配合设计规范》（GB/T 50064—2014）第 5.4.13-1 条、表 5.3.1-1 及备注的要求（与 DL/T 620—1997 中相比已作了修改）。如果按《交流电气装置的过电压保护和绝缘配合》（DL/T 620—1997）第 7.3.1 条及表 7 作答，则答案为 B。

25．C

依据：《交流电气装置的接地设计规范》（GB/T 50065—2011）附录 E、第 4.3.5-2 条。C 项应为 150℃。

26．D

依据：《火力发电厂、变电站二次接线设计技术规程》（DL/T 5136—2012）第 9.0.3 条。ABC 三项应需要进行同步操作。

27．C

依据：《火力发电厂、变电站二次接线设计技术规程》（DL/T 5136—2012）第 16.2.6 条。

28．A

依据：《继电保护和安全自动装置技术规程》（GB/T 14285—2006）第 6.7.2 条。一般不宜采用自承式光缆。GB/T 14285—2023 第 8.9.1.2 条已更改描述。

29．B

依据：由《继电保护和安全自动装置技术规程》（GB/T 14285—2006）第 4.3.2 条可知 ACD 三项设置正确；由第 4.3.13 条可知 B 项应作用于跳闸或信号。GB/T 14285—2023 第 5.3 条已更改相关描述。

30．B

依据：《并联电容器装置设计规范》（GB 50227—2008）第 6.1.2 条。

31．C

依据：《电力工程直流系统设计技术规程》（DL/T 5044—2014）第 3.5.4 条。铅酸蓄电池不推荐设置。

32．D

依据：《220kV～1000kV 变电站站用电设计技术规程》（DL/T 5155—2016）第 5.0.2 条、第 5.0.3 条、第 5.0.5 条、第 5.0.6 条。D 项应为有载调压。

33．C

依据:《火力发电厂和变电站照明设计技术规定》(DL/T 5390—2007)第10.4.2条、第10.4.3条。但 DL/T 5390—2014 第8.4.3条、第8.4.2条选项 CD 中"距离较长的道路照明"和"当给照明器数量较多的场所供电"时指明的只是"三相",不再具体到是"四线制"还是"五线制"。

34. B

依据:《电力系统设计技术规程》(DL/T 5429—2009)第5.2.3条。

35. D

依据:《架空输电线路电气设计规程》(DL/T 5582—2020)第3.0.9条。

36. C

依据:《架空输电线路电气设计规程》(DL/T 5582—2020)第3.0.9条条文说明。

37. C

依据:《架空输电线路电气设计规程》(DL/T 5582—2020)第5.1.3条。

38. B

依据:《架空输电线路电气设计规程》(DL/T 5582—2020)第5.1.8条。B应为70℃。

39. A

依据:《架空输电线路电气设计规程》(DL/T 5582—2020)第5.1.10条。其中铝包钢绞线可采用300℃;镀锌铝绞线可采用400℃。

40. C

依据:《架空输电线路电气设计规程》(DL/T 5582—2020)第9.1.1-3条。

二、多项选择题

41. AC

依据:《火力发电厂与变电站设计防火规范》(GB 50229—2019)第9.1.1条,A、B 错误;第9.1.2条 C 正确、D 错误。说明:该题考题当年是按照 GB 50229—2006 所出,按当时规范A 正确,2019版更改后增加了限制条件,所以 A 错,导致本题按新规范作答只有一个选项。

42. AB

依据:《火力发电厂与变电站设计防火规范》(GB 50229—2019)第11.1.7条可知110kV 主变压器之间最小间距是8m,按第11.1.8条要求应设置防火墙,所以A错误;B选项防火墙高度超过了规范要求,从安全角度更安全,但本题是属于条文题,严格对照条文选择,所以 B 算错;C、D 均属于正取选项,选错误的,所以选 AB。该题是多选题,所以 B 选项也必须选。

43. ABD

依据:由《35kV~110kV 变电所设计规范》(GB 50059—2011)第4.5.5条事故排风可兼平时通风用,可知 C 应为 10 次,D 正确;由《火力发电厂与变电站设计防火规范》(GB 50229—2006)第8.3.1条、第8.3.3条可知 AB 正确。GB 50229—2019 第8.3节更改了说法。

44. CD

依据:《火力发电厂和变电站照明设计技术规定》(DL/T 5390—2014)第10.0.4条、第10.0.3条。本规范较老版规范已作较大改动:A 项已取消,B 项中荧光灯的功率因数不应低于0.9,高强度气体灯的功率因数不应低于0.85。

45. BD

依据:由《电力系统电压和无功电力技术导则》(DL/T 1773—2017)第10.3条可知 A 错

误；由第 10.8 条，B 正确；第 4.4 条，C 选项描述不准确，算错；第 5.1.3 条，D 正确；选正确的，所以选 BD。说明：该题当时是按照已过时规范《电力系统电压和无功电力技术导则》（SD 325—1989）所出，该规范第 3.4 条，C 正确。

46．BCD

依据：《火力发电厂与变电站设计防火规范》（GB 50229—2019）第 6.7.6 条知总油量超过 100kg 的屋内变压器，应设置单间。

47．ACD

依据：《爆炸和火灾危险环境电力装置设计规范》（GB 50058—1992）第 4.1.2 条、GB 50058—2014 已删除该部分内容。

48．AD

依据：《电力工程电缆设计规范》（GB 50217—2018）第 7.0.2-1 条知 B 项应为 100m；由第 7.0.6-3 条知 A 正确；《火力发电厂与变电站设计防火规范》（GB 50229—2019）第 11.4.2 条知 D 项正确，参考第 6.8.9 条，C 应密封。

49．BCD

依据：《火力发电厂与变电站设计防火规范》（GB 50229—2019）第 11.5.25 条，-1 款，B 正确；-2 款，C、D 正确。

50．ABD

依据：新版一次手册第 35 页或新版变电手册第 23 页。或老版一次手册第 51 页第（一）部分。C 项适用于外桥接线。

51．BCD

依据：新版一次手册第 109 页表 4-3、表 4-4 或新版变电手册第 52 页表 3-3。或老版一次手册第 121~122 页表 4-3、表 4-4。动态电力设备正负序电抗是不同的，静止设备的是相同的。发电机属于动态设备。

52．AC

依据：新版一次手册第 219 页表 7-1 或新版变电手册第 75 页表 4-1。或老版一次手册第 231 页表 6-1。绝缘子不需要校验 BD 项。

53．BCD

依据：《并联电容器装置设计规范》（GB 50227—2017）第 3.0.3 条及条文说明，可知 A 应是增加分组容量，减少组数才是减少投资。

54．BCD

依据：《电力工程电缆设计规范》（GB 50217—2018）第 3.4.4 条。在 2018 版中已取消，B 项改为"宜"。

55．ABC

依据：《110kV~750kV 架空输电线路设计规范》（GB 50545—2010）表 5.0.2。新版规范 DL/T 5582—2020 表 5.1.3-7 已更改表格内容。

56．ABC

依据：《高压配电装置设计技术规程》（DL/T 5352—2018）第 5.1.5 条~第 5.1.7 条。D 项为不应有。

57．BCD

依据：《35kV～110kV 高压配电装置设计规范》（GB 50060—2008）第 5.4.4 条。A 项应为 800mm。

58. BD

依据：《交流电气装置的过电压保护和绝缘配合设计规范》（GB/T 50064—2014）第 3.1.3-1 条。AC 款中单相接地故障电容电流不大于 10A 时，可采用不接地方式。

59. ABD

依据：新版一次手册第 804~805 页或新版变电手册第 486～487 页。或老版一次手册第 906～907 页。

60. ABD

依据：《火力发电厂、变电站二次接线设计技术规程》（DL/T 5136—2012）第 5.1.6 条。C 项应选用单相动作的断路器。

61. BCD

依据：《继电保护和安全自动装置技术规程》（GB/T 14285—2006）第 4.1.12.5 条。GB/T 14285—2023 已更改相关内容。

62．CD

依据：由《电力工程直流电源系统设计技术规程》（DL/T 5044—2014）第 3.3.1 条可知 AB 正确；由第 3.3.3-8 条知 CD 应装设 2 组；如果按 DL/T 5044—2004 第 4.3.1 条、第 4.3.2-8 条，则答案为 BD。

63．ABD

依据：《火力发电厂厂用电设计技术规定》（DL/T 5153—2014）附录 D.0.1、第 9.4.1 条。C 项为错。

64．ABC

依据：《火力发电厂和变电站照明设计技术规定》（DL/T 5390—2014）第 8.1.3-3 条可知本题宜采用 24V。

65．ABC

依据：《电力系统设计技术规程》（DL/T 5429—2009）第 3.0.6 条。

66．BC

依据：《架空输电线路电气设计规程》（DL/T 5582—2020）第 3.0.9 条。

67．BCD

依据：《架空输电线路电气设计规程》（DL/T 5582—2020）第 3.0.11 条。

68．BCD

依据：《架空输电线路电气设计规程》（DL/T 5582—2020）第 5.1.15 条。CD 两项应是"大于等于"；对于 B 项 1.1 倍的关系，是针对应力上限说的，不是对任何应力的要求。

69．AD

依据：《110kV～750kV 架空输电线路设计规范》（GB 50545—2010）第 5.0.7 条、第 5.0.9 条。B 项为应大于等于。DL/T 5582—2020 第 5.1.17 条已更改稀有大风和稀有覆冰最大使用应力数值。

70．AB

依据：新版线路手册第 308 页。或老版线路手册第 184 页。极大档距和比载相关，所以不选 C。

2014年注册电气工程师专业知识试题

（下午卷）及答案

一、单项选择题（共40题，每题1分。每题的备选项中只有1个最符合题意）

1. 对于消弧线圈接地的电力系统，下列哪种说法是错误的？（　　）
   (A) 在正常运行情况下，中性点的长时间电压位移不应超过系统标称电压的15%
   (B) 故障点的残余电流不宜超过10A
   (C) 消弧线圈不宜采用过补偿运行方式
   (D) 不宜将多台消弧线圈集中安装在系统的一处

2. 短路计算中，发电机的励磁顶值倍数为下列哪个值时，要考虑短路电流计算结果的修正？（　　）
   (A) 1.6　　　　　　　　　　　　(B) 1.8
   (C) 2　　　　　　　　　　　　　(D) 2.2

3. 当采用短路电流实用计算时，电力系统中的假设条件，下列哪一条是错误的？（　　）
   (A) 所有电源的电动势相位角相同
   (B) 同步电机都具有自动调整励磁装置
   (C) 计入输电线路的电容
   (D) 系统中的同步和异步电机均为理想电机，不考虑电机磁饱和、磁滞、涡流及导体集肤效应

4. 变电站中，220kV变压器中性点设棒型保护间隙时，间隙距离一般取多少？（　　）
   (A) 90～110mm　　　　　　　　　(B) 150～200mm
   (C) 250～350mm　　　　　　　　 (D) 400～500mm

5. 发电厂、变电站中，当断路器安装地点短路电流的直流分量不超过断路器额定短路开断电流的20%时，断路器额定短路开断电流宜按下列哪项选取？（　　）
   (A) 断路器额定短路开断电流由交流分量来表征，但必须校验断路器的直流分断能力
   (B) 断路器额定短路开断电流仅由交流分量来表征，不必校验断路器的直流分断能力
   (C) 应与制造厂协商，并在技术协议书中明确所要求的直流分量百分数
   (D) 断路器额定短路开断电流可由直流分量来表征

6. 某变电站中的500kV配电装置采用一台半断路器接线，其中一串的两回出线各输

送 1000MVA 功率，试问该串中断路器和母线断路器的额定电流最小分别不得小于下列哪项数值？ （   ）

(A) 1250A，1250A
(B) 1250A，2500A
(C) 2500A，1250A
(D) 2500A，2500A

7. 某变电站中的一台 500/220/35kV，容量为 750/750/250MVA 的三相自耦变压器，联结方式为 YNad11，变压器采用了零序差动保护，用于零序差动保护的高、中压及中性点电流互感器的变比应分别选下列哪一组？ （   ）

(A) 1000/1A，2000/1A，1500/1A
(B) 1000/1A，2000/1A，4000/1A
(C) 2000/1A，2000/1A，2000/1A
(D) 2500/1A，2500/1A，1500/1A

8. 电力工程中，电缆采用单根保护管时，下列哪项规定不正确？ （   ）

(A) 地下埋管每根电缆保护管的弯头不宜超过 3 个，直角弯不宜超过 2 个
(B) 地下埋管与铁路交叉处距路基不宜小于 1m
(C) 地下埋管距地面深度不宜小于 0.3m
(D) 地下埋管并列管相互间隙不宜小于 20mm

9. 某变电站中的高压母线选用铝镁合金管型母线，导体的工作温度是 90℃，短路电流为 18kA，短路的等效持续时间 0.5s，铝镁合金热稳定系数 79，请校验热稳定的最小截面积接近下列哪项数值？ （   ）

(A) $161mm^2$
(B) $79mm^2$
(C) $114mm^2$
(D) $228mm^2$

10. 电力工程中，屋外配电装置架构设计的荷载条件，下列哪一条要求是错误的？ （   ）

(A) 架构设计考虑一相断线
(B) 计算用的气象条件应按当地的气象资料确定
(C) 独立架构应按终端架构设计
(D) 连续架构根据实际受力条件分别按终端或中间架构设计

11. 某变电站中的 500kV 配电装置内，设备间连接线采用双分裂软导线，其双分裂软导线至接地部分之间最小安全距离可取下列何值？ （   ）

(A) 3500mm
(B) 3800mm
(C) 4550mm
(D) 5800mm

12. 某变电站中的 220kV 户外配电装置的出线门型架构旁，有一冲击电阻为 20Ω 的独立避雷针，独立避雷针的接地装置与变电站接地网的地中距离最小应大于或等于多少？ （   ）

(A) 3m (B) 5m
(C) 6m (D) 7m

13. 电力工程中,当幅值为 50kA 的雷电流雷击架空线路时,产生的直击雷过电压最大值为多少? (   )
 (A) 500kV (B) 1000kV
 (C) 1500kV (D) 5000kV

14. 在 10kV 不接地系统中,当 A 相接地时,B 相及 C 相电压升高 $\sqrt{3}$ 倍,此种电压升高属于下列哪种情况? (   )
 (A) 最高运行工频电压 (B) 工频过电压
 (C) 谐振过电压 (D) 操作过电压

15. 某 35kV 变电站内装设消弧线圈,所区内的土壤电阻率为 200Ω·m,如发生单相接地故障后不迅速切除故障,此变电站接地装置接触电位差、跨步电位差的允许值分别为多少(不考虑表层衰减系数)? (   )
 (A) 208V,314V (B) 314V,208V
 (C) 90V,60V (D) 60V,90V

16. 发电厂、变电站中,GIS 的接地线及其连接,下列叙述中哪一条不符合要求? (   )
 (A) 三相共箱式或分相式的 GIS,其基座上的每一接地母线,应按照制造厂要求与该区域专用接地网连接
 (B) 校验接地截面的热稳定时,对只有 4 条接地线,其截面积热稳定的校验电流应按单相接地故障时最大不对称电流有效值的 30%取值
 (C) 当 GIS 露天布置时,设备区域专用接地网宜采用铜导体
 (D) 室内布置的 GIS 应敷设环形接地母线,室内环形接地母线还应与 GIS 设备区域专用接地网相连接

17. 发电厂、变电站电气装置中电气设备接地的连接应符合下列哪项要求? (   )
 (A) 当接地线采用搭接焊接时,其搭接长度应为圆钢直径的 4 倍
 (B) 当接地线采用搭接焊接时,其搭接长度应为扁钢直径的 2 倍
 (C) 电气设备每个接地部分应相互串接后再与接地母线相连接
 (D) 当利用穿线的钢管作接地线时,引向电气设备的钢管与电气设备之间不应有电气连接

18. 当发电厂单元机组电气系统采用 DCS 控制时,以下哪项装置应是专门的独立装置? (   )
 (A) 柴油发电机组程控启动
 (B) 消防水泵程控启动
 (C) 高压起备变有载调压分接头控制

(D）高压厂用电源自动切换

19．关于火力发电厂中升压站电气设备的防误操作闭锁，下列哪项要求是错误的？（   ）
（A）远方、就地操作均应具备防误操作闭锁功能
（B）采用硬接线的防电气误操作回路的电源应采用断路器或开关的操作电源
（C）断路器或隔离开关闭锁回路不宜用重动继电器，宜直接用断路器或隔离开关的辅助接点
（D）电气设备的防误操作闭锁可以采用网络计算机监控系统、专用的微机"五防"装置或就地电气硬接线之一实现

20．发电机变压器组中的 200MW 发电机定子绕组接地保护的保护区不应小于多少？
（   ）
（A）85%   （B）90%
（C）95%   （D）100%

21．电力系统中，下列哪一条不属于省级及以上调度自动化系统应实现的总体功能？
（   ）
（A）配网保护装置定值自动整定   （B）计算机通信
（C）状态估计   （D）负荷预测

22．为电力系统安全稳定计算，选用的单相重合闸时间，对 1 回长度为 200km 的 220kV 线路不应小于多少？（   ）
（A）0.2s   （B）0.5s
（C）0.6s   （D）1.0s

23．在电力工程直流系统中，保护电器采用直流断路器和熔断器，下列哪项选择是不正确的？（   ）
（A）熔断器装设在直流断路器上一级时，熔断器额定电流应为直流断路器额定电流的 2 倍及以上
（B）直流断路器装设熔断器在上一级时，直流断路器额定电流应为熔断器额定电流的 4 倍及以上
（C）当上下级均为熔断器时，应满足各级熔断器动作时间的选择性要求时，同时要考虑上、下级差的配合
（D）当上下级均为断路器时，直流分电柜断路器与电源断路器额定电流之间级差宜为 3 级

24．某 220kV 变电站的直流系统标称电压为 220V，采用控制负荷和动力负荷合并供电的方式，拟采用 GFD 防酸式铅酸蓄电池，单体浮充电电压为 2.2V，均衡充电电压为 2.31V，下列数据是蓄电池个数和蓄电池放电终止电压的计算结果，请问哪一组数据是正确的？（   ）
（A）蓄电池 100 只，放电终止电压 1.87V

（B）蓄电池 100 只，放电终止电压 1.925V
（C）蓄电池 105 只，放电终止电压 1.78V
（D）蓄电池 105 只，放电终止电压 1.833V

25. 某变电站的直流系统中有一组 200(A)h 阀控式铅酸蓄电池，此蓄电池出口回路刀开关的额定电流应大于（　　）
（A）100A　　　　　　　　　（B）150A
（C）200A　　　　　　　　　（D）300A

26. 在大型火力发电厂中，电动机的外壳防护等级和冷却方式应与周围环境条件相适应，在下列哪个场所电动机不需采用 IP54 防护等级？（　　）
（A）煤仓间运煤皮带电动机　　（B）烟囱附近送引风机电动机
（C）蓄电池室排风风机电动机　（D）卸船机起吊电动机

27. 发电厂、变电站中，厂（站）用变压器室门的宽度，应按变压器的宽度至少再加（　　）。
（A）100mm　　　　　　　　（B）200mm
（C）300mm　　　　　　　　（D）400mm

28. 在火力发电厂中，下列哪种低压设备不是操作电器？（　　）
（A）接触器　　　　　　　　（B）磁力启动器
（C）插头　　　　　　　　　（D）组合电器

29. 在火力发电厂厂用限流电抗器的电抗百分值选择和校验中，下列哪个条件是不正确的？（　　）
（A）将短路电流限制到要求值
（B）正常工作时，电抗器的电压损失不得大于母线电压的 5%
（C）当出线电抗器未装设无时限继电保护装置时，应按电抗器后发生短路，母线剩余电压不低于额定值的 50%～70% 校验
（D）带几回出线的电抗器及其他具有无时限继电保护装置的出线电抗器不必校验短路时的母线剩余电压

30. 变电站中，照明设备的安装位置，下列哪项是正确的？（　　）
（A）屋内开关柜的上方　　　（B）屋内主要通道上方
（C）GIS 设备上方　　　　　（D）防爆灯具安装在蓄电池上方

31. 变电站中，主要通道疏散照明的照度，最低不应低于下列哪个数值？（　　）
（A）0.5lx　　　　　　　　　（B）1.0lx
（C）1.5lx　　　　　　　　　（D）2.0lx

32. 在进行某区域电网的电力系统规划时,对无功电力平衡和补偿问题有以下考虑,请问哪一条是错误的? （ ）

(A) 对 330～500kV 电网,高、低压并联电抗器的总容量按照不低于线路充电功率的 90%

(B) 对 330～500kV 电网的受端系统,所安装的无功补偿容量,按照输入有功容量的 30% 考虑

(C) 对 220kV 及以下电网所安装的无功补偿总容量,按照最大自然无功负荷的 1.15

(D) 对 220kV 及以下电压等级的变电所的无功补偿容量,按照主变容量的 10%～30% 考虑

33. 某单回 500kV 送电线路的正序电抗为 0.262Ω/km,正序电纳为 $4.4×10^{-6}$ S/km,该线路的自然输送功率应为下列哪项数值? （ ）

(A) 975MW (B) 980MW
(C) 1025MW (D) 1300MW

34. 某单回路 220kV 架空送电线路,相导线按水平排列,某塔使用的悬垂绝缘子串（I 串）长度为 3m,相导线水平间距离 8m,某耐张段位于平原,弧垂 K 值为 $8.0×10^{-5}$,连续使用该塔的最大档距为多少米（提示：$K=P/8T$）? （ ）

(A) 958m (B) 918m
(C) 875m (D) 825m

35. 架空送电线路跨越弱电线路时,与弱电线路的交叉角要符合有关规定,下列哪条是不正确的? （ ）

(A) 送电线路与一级弱电线路的交叉角应≥45°
(B) 送电线路与一级弱电线路的交叉角应＞45°
(C) 送电线路与二级弱电线路的交叉角应≥30°
(D) 送电线路与三级弱电线路的交叉角,不限制

36. 某架空送电线路在覆冰时导线的自重比载为 $30×10^{-3}$N/(m·mm²),冰重力比载为 $25×10^{-3}$N/(m·mm²),覆冰时风荷比载为 $20×10^{-3}$N/(m·mm²),此时,其综合比载为多少? （ ）

(A) $55.0×10^{-3}$N/(m·mm²) (B) $58.5×10^{-3}$N/(m·mm²)
(C) $75.0×10^{-3}$N/(m·mm²) (D) $90.0×10^{-3}$N/(m·mm²)

37. 架空送电线路在某耐张段的档距为 400m、500m、550m、450m,该段的代表档距约为多少米（不考虑悬点高差）? （ ）

(A) 385m (B) 400m
(C) 485m (D) 560m

38. 某架空送电线路上,若风向与电线垂直时的风荷载为 15N/m,当风向与电线垂线间的夹角 30°时,垂直于电线方向的风荷载约为多少? （ ）

(A) 12.99N/m² (B) 11.25N/m²

(C) 7.5N/m² (D) 3.75N/m²

39. 某架空送电线路上，若线路导线的自重比载为 32.33×10⁻³N/（m·mm²），风荷比载为 26.52×10⁻³N/（m·mm²），综合比载为 41.82×10⁻³N/（m·mm²），导线的风偏角为多少？
（　　）
(A) 20.23° (B) 32.38°
(C) 35.72° (D) 39.36°

40. 架空送电线路上，下面关于电线的平均运行张力和防振措施的说法，哪种是正确的（T_p 为电线的拉断力）？（　　）
(A) 挡距不超过 500m 的开阔地区、不采取防振措施时，镀锌钢绞线的平均运行张力上限为 16%T_p
(B) 挡距不超过 500m 的开阔地区、不采取防振措施时，钢芯铝绞线的平均运行张力上限为 18%T_p
(C) 挡距不超过 500m 的非开阔地区、不采取防振措施时，镀锌钢绞线的平均运行张力上限为 18%T_p
(D) 钢芯铝绞线的平均运行张力为 25%T_p 时，均需用防振锤（阻尼线）或另加护线条防振

二、多项选择题（共 30 题，每题 2 分。每题的备选项中有 2 个或 2 个以上符合题意。错选、少选、多选均不得分）

41. 发电厂、变电站中，在母线故障或检修时，下列哪几种电气主接线形式，可持续供电（包括倒闸操作）？（　　）
(A) 单母线 (B) 双母线
(C) 双母线带旁路 (D) 一台半断路器接线

42. 在用短路电流实用计算法，计算无穷大电源提供的短路电流计算时，下列哪几项表述是正确的？（　　）
(A) 不考虑短路电流周期分量的衰减
(B) 不考虑短路电流非周期分量的衰减
(C) 不考虑短路点的电弧阻抗
(D) 不考虑输电线路电容

43. 发电厂、变电站中，某台 330kV 断路器两端为互不联系的电源时，设计中应按下列哪些要求校验此断路器？（　　）
(A) 断路器断口间的绝缘水平应满足另一侧出线工频反相电压的要求
(B) 在失步下操作时的开断电流不超过断路器的额定反相开断性能
(C) 断路器同极断口间的公称爬电比距与对地公称爬电比距之比一般不低于 1.3
(D) 断路器同极断口间的公称爬电比距与对地公称爬电比距之比一般取 1.15~1.3

44. 某电厂6kV母线上装有单相接地监视装置，其反映的电压量取自母线电压互感器，则，母线电压互感器宜首先选用下列哪几种类型？（　　）
（A）两个单相互感器组成的vv接线　　（B）一个三相三柱式电压互感器
（C）一个三相五柱式电压互感器　　　　（D）三个单相式三线圈电压互感器

45. 电力工程中，下列哪些场所宜选用自耦变压器？（　　）
（A）发电厂中，两种升高电压级之间的联络变压器
（B）220kV及以上变电站的主变压器
（C）110kV、35kV、10kV三个电压等级的降压变电站
（D）在发电厂中，单机容量在125MW及以下，且两级升高电压均为直接接地系统，向高压和中压送电

46. 在选择变压器时，下列哪些电压等级的变压器，应按超高压变压器油标准选用？
（　　）
（A）220kV　　　　　　　　　　　　　（B）330kV
（C）500kV　　　　　　　　　　　　　（D）750kV

47. 电缆工程中，电缆直埋敷设于非冻土地区时，其埋置深度应符合下列哪些规定？
（　　）
（A）电缆外皮至地下构筑物基础，不得小于0.3m
（B）电缆外皮至地面深度，不得小于0.7m，当位于车行道或耕地下时，应适当加深，且不宜小于1.0m
（C）电缆外皮至地下构筑物基础，不得小于0.7m
（D）电缆外皮至地面深度，不得小于0.7m，当位于车行道或耕地下时，应适当加深，且不宜小于0.7m

48. 发电厂、变电站中，对屋外配电装置的安全净距，下列哪几项应按B_1值？（　　）
（A）设备运输时，其设备外廓至无遮拦带电部分之间
（B）不同相的带电部分之间
（C）交叉的不同时停电检修的无遮拦带电部分之间
（D）断路器和隔离开关断口两侧引线带电部分之间

49. 变电站中，对敞开式配电装置设计的基本规定，下列正确的是？（　　）
（A）确定配电装置中各回路相序排列顺序时，一般面对出线
（B）配电装置中母线的排列顺序，一般靠变压器侧布置的母线为Ⅰ母，靠线路侧布置的母线为Ⅱ母
（C）110kV及以上的户外配电装置最小安全净距，一般要考虑带电检修
（D）配电装置的布置，应使场内道路和低压电力、控制电缆的长度最短

50. 电力工程中，按规程规定，下列哪些场所高压配电装置宜采用气体绝缘金属封闭开关设备（GIS）？　　　　　　　　　　　　　　　　　　　　　　　　　　　（　　）
(A) Ⅳ级污秽地区的 110kV 配电装置
(B) 地震烈度为 9 度地区的 110kV 配电装置
(C) 海拔高度为 2500m 地区的 220kV 配电装置
(D) 地震烈度为 9 度地区的 220kV 配电装置

51. 某照明灯塔上装有避雷针，其照明灯电源线的电缆金属外皮直接埋入地下，下列哪几种埋地长度，允许电缆金属外皮与 35kV 电压配电装置的接地网及低压配电装置相连？（　　）
(A) 15m　　　　　　　　　　　　(B) 12m
(C) 10m　　　　　　　　　　　　(D) 8m

52. 某发电厂中，500kV 电气设备的额定雷电冲击（内、外绝缘）耐压电压（峰值）为 1550kV，额定操作冲击耐受电压（峰值）为 1050kV，下列对其保护的氧化锌避雷器参数中，哪些是正确的？　　　　　　　　　　　　　　　　　　　　　　　　　　（　　）
(A) 额定雷电冲击波残压（峰值）1100kV
(B) 额定雷电冲击波残压（峰值）1250kV
(C) 额定操作冲击波残压（峰值）910kV
(D) 额定操作冲击波残压（峰值）925kV

53. 发电厂的易燃油、可燃油、天然气和氢气等储罐，管道的接地应符合下列哪些要求？
　　　　　　　　　　　　　　　　　　　　　　　　　　　　　　　　　　　　（　　）
(A) 净距小于 100mm 的平行管道，每隔 30m 用金属线跨接
(B) 不能保持良好电气接触的阀门、法兰、弯头等管道连接处也应跨接
(C) 易燃油、可燃油、天然气浮动式储罐顶，应用可挠的跨接线与罐体相连，且不应少于两处
(D) 浮动式电气测量的铠装电缆应埋入地中，长度不宜小于 15m

54. 下列接地装置设计原则中，哪几条是正确的？　　　　　　　　　　　　　　　（　　）
(A) 配电装置构架上的避雷针（含挂避雷针的构架）的集中接地装置应与主接地网连接，由连接点至主变压器接地点的长度不应小于 15m
(B) 变电站的接地装置应与线路的避雷线相连，当不允许直接连接时，避雷线设独立接地装置，该独立接地装置与电气装置接地点的地中距离不小于 15m
(C) 独立避雷针（线）宜设独立接地装置，当有困难时，该接地装置可与主接地网连接，但避雷针与主接地网的地下连接点至 35kV 及以下设备与主接地网的地下连接点之间，沿接地体的长度不得小于 15m
(D) 变电站的接地装置与线路的避雷线相连，当不允许直接连接时，避雷线接地装置在地下与变电站的接地装置相连，连接线埋在地中的长度不应小于 15m

55. 在发电厂、变电站设计中，下列哪些回路应监测直流系统的绝缘？ （　　）
   (A) 同步发电机的励磁回路　　　　　(B) 直流分电屏的母线和回路
   (C) UPS 逆变器输出回路　　　　　　(D) 高频开关电源充电装置输出回路

56. 发电厂、变电站中的计算机系统应有稳定，可靠的接地，下列哪些接地措施是正确的？ （　　）
   (A) 变电站的计算机宜利用电力保护接地网，与电力保护接地网一点相连，不设独立接地网
   (B) 计算机系统设有截面积不小于 4mm² 零电位接地铜排，以构成零电位母线
   (C) 变电站的主机和外设机柜应与基础绝缘
   (D) 继电器、操作台等与基础不绝缘的机柜，不得接到总接地铜排，可就近接地

57. 变电站中，关于 500kV 线路后备保护的配电原则，下列哪些说法是正确的？ （　　）
   (A) 采用远后备方式
   (B) 对于中长线路，在保护配置中宜有专门反映近端故障的辅助保护功能
   (C) 在接地电阻不大于 350Ω 时，有尽可能强的选相能力，并能正确动作跳闸
   (D) 当线路双重化的每套主保护装置具有完善的后备保护时，可不再另设后备保护

58. 发电厂、变电站中，对断路器失灵保护的描述，以下正确的是哪几项？ （　　）
   (A) 断路器失灵保护判别元件的动作时间和返回时间均不应大于 50ms
   (B) 对 220kV 分相操作的断路器，断路器失灵保护可仅考虑断路器单相拒动的情况
   (C) 断路器失灵保护动作应闭锁重合闸
   (D) 一台半断路器接线和双母线接线的断路器失灵保护均装设闭锁元件

59. 在电力工程直流系统中，当按允许压降选择电缆截面时，下列哪些要求是符合规定的？ （　　）
   (A) 蓄电池组与直流柜之间的连接电缆允许电压降不宜小于系统标称电压的 1%
   (B) 直流柜及直流分电柜动力馈线电缆允许电压降应按蓄电池出口端最高计算电压值选择
   (C) 直流柜及直流分电柜之间连接电缆允许电压降宜取系统标称电压的 0.5%～1%
   (D) 直流柜及直流分电柜引出的控制、信号和保护馈线允许电压降不应大于系统标称电压的 5%

60. 电力工程直流中，充电装置的配置下列哪些是不合适的？ （　　）
   (A) 1 组蓄电池配 1 套晶闸管充电装置
   (B) 1 组蓄电池配 1 套高频开关充电装置
   (C) 2 组蓄电池配 2 套晶闸管充电装置
   (D) 2 组蓄电池配 2 套高频开关充电装置

61. 下列 220kV 及以上变电站站用电接线方式中，哪些要求是不正确的？　　（　　）
（A）站用电低压系统采用三相四线制，系统的中性点直接接地，系统额定电压采用 380/220V，动力和照明合用供电
（B）站用电低压系统采用三相三线制，系统的中性点经高阻接地，系统额定电压采用 380V 供动力负荷，设 380/220V 照明变压器
（C）站用电母线采用按工作变压器划分的单母线，相邻两段工作母线间不设分段断路器
（D）当工作变压器退出时，备用变压器应能自动切换至失电的工作母线段继续供电

62. 在发电厂低压厂用电系统中，下列哪些说法是正确的？　　（　　）
（A）用限流断路器保护的电器和导体可不校验热稳定
（B）用限流熔断器保护的电器和导体可不校验热稳定
（C）当采用保护式磁力启动器时，可不校验动、热稳定
（D）用额定电流为 60A 以下的熔断器保护的电器可不校验动稳定

63. 发电厂中选择和校验高压厂用电设备计算短路电流时，下列哪些做法是正确的？　　（　　）
（A）对于厂用电源供给的短路电流，其周期分量在整个短路过程中可认为不衰减
（B）对于异步电动机的反馈电流，其周期分量和非周期分量应按不同的衰减时间常数计算
（C）高压厂用电系统短路电流计算应计及电动机的反馈电流
（D）100MW 机组应计及电动机的反馈电流对断路器开断电流的影响

64. 在电力工程中，关于照明线路负荷计算，下列哪些说法是正确的？　　（　　）
（A）计算照明主干线路负荷与照明装置的同时系数有关
（B）计算照明主干线路负荷与照明装置的同时系数无关
（C）计算照明分支线路负荷与照明装置的同时系数有关
（D）计算照明分支线路负荷与照明装置的同时系数无关

65. 在下列叙述中，哪些不符合电网分层分区的概念或要求？　　（　　）
（A）合理分区是指以送端系统为核心，将外部电源连接到受端系统，形成一个供需基本平衡的区域，并经联络变压器与相邻区域相连
（B）合理分层是指将不同规模的发电厂和负荷接到相适应的电压网络上
（C）为了有效限制短路电流和简化继电保护的配置，分区电网尽可能简化
（D）随着高一级电压电网的建设，下级电压电网应逐步实现分层运行

66. 架空送电线路上，对于 10mm 覆冰地区，上下层相邻导线间或地线与相邻导线间的水平偏移，如无运行经验，不宜小于规定数值，下面的哪些是不正确的？　　（　　）
（A）220kV、1.0m，500kV、1.5m　　（B）220kV、1.0m，500kV、1.75m
（C）110kV、0.5m，330kV、1.5m　　（D）110kV、1.0m，330kV、1.75m

67. 架空送电线路钢芯铝绞线的初伸长补偿通常用降温放线方法，下面哪些符合规程规定？　　　　　　　　　　　　　　　　　　　　　　　　　　　　（　　）

（A）铝钢截面比为 4.29~4.38 时，降 10~15℃

（B）铝钢截面比为 4.29~4.38 时，降 15℃

（C）铝钢截面比为 5.05~6.16 时，降 15~20℃

（D）铝钢截面比为 5.05~6.16 时，降 20~25℃

68. 某 500kV 架空送电线路中，一直线塔的前侧挡距为 400m，后侧挡距为 500m，相邻两塔的导线悬点均高于该塔，下面的哪些说法是正确的？　　　　　　（　　）

（A）该塔的水平挡距为 450m

（B）该塔的水平挡距为 900m

（C）该塔的垂直挡距不会小于水平档距

（D）该塔的垂直挡距不会大于水平档距

69. 下面哪些说法是正确的？　　　　　　　　　　　　　　　　　　　　（　　）

（A）基本风速 $v \geqslant 31.5$，计算杆塔荷载时，风压不均匀系数取 0.7

（B）基本风速 $v<20$，计算 500kV 杆塔荷载时，风荷载调整系数取 1.0

（C）基本风速 $v \geqslant 20$，校验杆塔间隙时，风压不均匀系数取 0.61

（D）基本风速 $27 \leqslant v<31.5$，计算 500kV 杆塔荷载时，风荷载调整系数取 1.2

70. 架空输电线路设计时，对于安装工况时需考虑的附加荷载的数值正确的是？（　　）

（A）110kV、直线杆塔、导线的附加荷载：1500N

（B）110kV、直线杆塔、地线的附加荷载：1000N

（C）220kV、耐张转角塔、导线的附加荷载：3500N

（D）220kV、耐张转角塔、地线的附加荷载：1500N

答　　案

一、单项选择题

1. CD

依据《导体和电器选择设计技术规定》(DL/T 5222—2021)第 18.1.6 条，A 正确；第 18.1.6 条，脱谐度不超过 10%可以判断 B 正确；第 18.1.5 条，C 错误；第 18.1.7-1 条，规范是"不应"，D 选项是"不宜"，D 错误。

2. D

依据：《导体和电器选择设计技术规定》(DL/T 5222—2021) 附录 A.2.5 式（A.2.5）。

3. C

依据：《导体和电器选择设计技术规定》(DL/T 5222—2021)附录 A 第 A.1.2-2 款、第 A.1.1-7

款、第 A.1.2-4 款、第 A.1.1-4 款。C 项应为不计。

4．C

依据：《导体和电器选择设计技术规定》（DL/T 5222—2021）第 20.1.9 条条文说明。新版规范（DL/T 5222—2021）已经删除此内容。

5．B

依据：《导体和电器选择设计技术规定》（DL/T 5222—2021）第 7.2.4 条。其中 C 项是当超过 20%时采取的措施。

6．D

依据：新版变电手册第 19 页、第 76 页及表 4-3。或老版一次手册第 56 页、第 232 页及表 6-3。根据一台半断路器接线的特点，考虑相邻两个回路均为电源或负荷时，如图所示，通过断路器的输送功率为 2000MVA，$I_\mathrm{e} = \dfrac{S_\mathrm{e}}{\sqrt{3}U_\mathrm{e}} = \dfrac{2000 \times 10^3}{\sqrt{3} \times 500} = 2309$ (A)，三台断路器额定电流均选为 2500A。

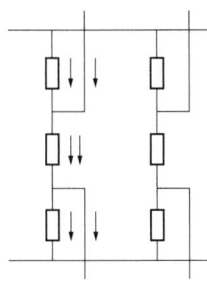

7．C

依据：《电流互感器和电压互感器选择及计算规程》（DL/T 866—2015）第 7.2.1-7 款，高中低三侧变比一致，一般按中压侧额定电流选择；$I_\mathrm{e} = \dfrac{S_\mathrm{e}}{\sqrt{3}U_\mathrm{e}} = \dfrac{750}{\sqrt{3} \times 220} = 1.968$ (kA)。

8．C

依据：《电力工程电缆设计规范》（GB 50217—2018）第 5.4.5 条，C 项应为 0.5m；B 项在 2018 版规范中已取消。

9．A

依据：《导体和电器选择设计技术规定》（DL/T 5222—2021）第 5.1.9 条，$S \geqslant \dfrac{\sqrt{Q}}{C} = \dfrac{\sqrt{18^2 \times 0.5}}{79} \times 10^3 = 161$ (mm²)。

10．A

依据：《高压配电装置设计技术规程》（DL/T 5352—2018）第 6.2.1 条、第 6.2.2 条，A 项应为不考虑断线。

11．A

依据：《高压配电装置设计技术规程》（DL/T 5352—2018）第 5.1.2 条表 5.1.2-1 中 A_1 值及注 3。分裂导线至接地部分之间最小安全距离为 3500mm。

12．C

依据:《交流电气装置的过电压保护和绝缘配合设计规范》(GB/T 50064—2014)第 5.4.11-2 条、第 5.4.11-5 条。$S_e \geqslant 0.3 R_i = 0.3 \times 20 = 6 \text{ (m)}$。

13. D

依据:《交流电气装置的过电压保护和绝缘配合》(DL/T 620—1997)第 5.1.2-b 条。$U_s = 100I = 100 \times 50 = 5000 \text{ (kV)}$。

注:《交流电气装置的过电压保护和绝缘配合设计规范》(GB/T 50064—2014)此内容已取消。

14. B

依据:《交流电气装置的过电压保护和绝缘配合设计规范》(GB/T 50064—2014)第 4.1.1 条。

15. D

依据:《交流电气装置的接地设计规范》(GB/T 50065—2011)第 4.2.2-2 条。$U_t = 50 + 0.05 \rho_s C_s = 50 + 0.05 \times 200 = 60 \text{ (V)}$,$U_t = 50 + 0.2 \rho_s C_s = 50 + 0.2 \times 200 = 90 \text{ (V)}$。

16. B

依据:《交流电气装置的接地设计规范》(GB/T 50065—2011)第 4.4.5 条~第 4.4.7 条、第 4.4.9 条。

17. B

依据:《交流电气装置的接地设计规范》(GB/T 50065—2011)第 4.3.7-6 条第 1、2、5 款。A 项应为 6 倍;C 项严禁串接;D 项应有可靠电气连接。

18. D

依据:《火力发电厂、变电站二次接线设计技术规程》(DL/T 5136—2012)第 11.1.3 条。

19. B

依据:《火力发电厂、变电站二次接线设计技术规程》(DL/T 5136—2012)第 5.1.9 条及条文说明。B 项电源应单独设置。

20. D

依据:《继电保护和安全自动装置技术规程》(GB/T 14285—2006)第 4.2.4.3 条。GB/T 14285—2023 第 5.2.2.4 条已更改描述。

21. A

依据:《电力系统调度自动化设计技术规程》(DL/T 5003—2005)第 4.2.1 条。说明:DL/T 5003—2017 第 4.2 节已更改描述。

22. B

依据:由《电力系统安全自动装置设计技术规定》(DL/T 5147—2011)第 5.4.1 条可知 220kV 线路重合闸时间应不小于 0.5s。

23. D

依据:《电力工程直流系统设计技术规程》(DL/T 5044—2004)第 6.1.3 条、第 7.6.3-4 条、附录 E.3.5-2 条。

注:由《电力工程直流电源系统设计技术规程》(DL/T 5044—2014)第 5.1.3 条知 A 正确;由第 5.1.2 条可知 B 错误:直流断路器下级不应使用熔断器;由第 5.1.4 条知 D 项上下级均为断路器时应按附录 A 表 A.5.1~表 A.5.5 进行配合;而 C 项内容已删除。

24．D

依据：《电力工程直流电源系统设计技术规程》（DL/T 5044—2014）附录 C.1 式（C.1.1）和式（C.1.3）。$n=1.05\dfrac{U_n}{U_f}=1.05\times\dfrac{220}{2.2}=1.05$（只），$U_m\geqslant 0.875\dfrac{U_n}{n}=0.875\times\dfrac{220}{105}=1.833$（V）。

25．B

依据：《电力工程直流电源系统设计技术规程》（DL/T 5044—2014）第 6.7.2-1 条及附录 A 式（A.3.6-1）。

26．C

依据：《火力发电厂厂用电设计技术规定》（DL/T 5153—2014）第 5.1.5 条。潮湿多灰尘的地方用 IP54，C 项不属于潮湿多灰尘的地方。

27．D

依据：《火力发电厂厂用电设计技术规定》（DL/T 5153—2014）第 7.1.6 条。

28．C

依据：《火力发电厂厂用电设计技术规定》（DL/T 5153—2014）第 6.5.2 条。

29．C

依据：《导体和电器选择设计技术规定》（DL/T 5222—2021）第 13.4.3 条。C 项应为 60%～70%。

30．B

依据：《电力工程直流电源系统设计技术规程》（DL/T 5044—2014）第 8.1.4 条。

31．A

依据：《火力发电厂和变电站照明设计技术规定》（DL/T 5390—2007）第 8.0.4 条。

注：依据《发电厂和变电站照明设计技术规定》（DL/T 5390—2014）第 6.0.4 条，答案会错选 B。

32．B

依据：此题是按照过时规范《电力系统电压和无功电力技术导则》（SD 325—1989）第 5.1 条、第 5.3 条、第 5.7 条。B 项应为 40%～50%。所出；新版规范《电力系统电压和无功电力技术导则》（DL/T 1773－2017），第 6.1.1 条，B 错误；第 6.6 条，C 正确；第 6.3.1 条，D 正确；A 选项 1773 更改了说法。

33．C

依据：新版线路手册第 69 页式（3-55）及式（3-56）。或老版线路手册第 24 页式（2-1-41）及式（2-1-42）。

34．D

依据：《架空输电线路电气设计规程》（DL/T 5582—2020）第 9.1.1 条及老版线路手册第 179 页表 3-2-3。$D=k_iL_k+\dfrac{U}{110}+0.65\sqrt{f_c}$，$f_c=kl^2$，$l=\dfrac{D-k_iL_k-U/110}{0.65\sqrt{k}}=\dfrac{8-0.4\times 3-220/110}{0.65\sqrt{8\times 10^{-5}}}=825(\text{m})$。

35．B

依据：《架空输电线路电气设计规程》（DL/T 5582—2020）第 10.1.4 条。

36．B

依据：新版线路手册第 303 页表 5-13。或老版线路手册第 179 页表 3-2-3。

$$\gamma_7 = \sqrt{\gamma_3^2 + \gamma_5^2} = \sqrt{[(30+25)\times 10^{-3}]^2 + (20\times 10^{-3})^2} = 58.5\times 10^{-3}[\text{N}/(\text{m}\cdot\text{mm}^2)]$$

37．C

依据：新版线路手册第 306 页表 5-21。或老版线路手册第 182 页表 3-3-4。

$$l = \sqrt{\frac{l_1^3 + l_2^3 + l_3^3 + l_4^3}{l_1 + l_2 + l_3 + l_4}} = \sqrt{\frac{400^3 + 500^3 + 550^3 + 450^3}{400 + 500 + 550 + 450}} = 485 \text{ (m)}$$

38．B

依据：新版线路手册第 469 页式（8-16）。或老版线路手册第 327 页式（6-2-4）。注意题目给的角度是风向与电线垂直方向的夹角，而公式中是风向与电线方向的夹角，此两夹角相加应该是 90°。

$$P_x = P\sin^2(\theta) = 15\times \sin^2(60) = 11.25(\text{N}/\text{m}^2)$$

39．D

依据：新版线路手册第 156 页，或老版线路手册第 106 页。

$$\eta = \arctan^{-1}\frac{\gamma_4}{\gamma_1} = \arctan^{-1}\frac{26.52\times 10^{-3}}{32.33\times 10^{-3}} = 39.36°$$

40．C

依据：《架空输电线路电气设计规程》（DL/T 5582—2020）第 5.2.1 条。A 项应为 12%，B 项应为 16%，而 D 应平均运行张力超过 25%T_P 时，才需要增加防振措施。

二、多项选择题

41．BCD

依据：新版变电手册第 17～19 条、第 56 页。或老版一次手册第 47～49 条、第 56 页。

42．ACD

依据：《导体和电器选择设计技术规定》（DL/T 5222—2021）附录 A 第 A.1.2-1 条、第 A.1.2-4 条、第 A.2.2 条、第 A.3.1 条，A 项为当供电电源为无限大电源或计算电抗大于等于 3 时，可以不计，而 B 在短路时应计算。

43．ABD

依据：《导体和电器选择设计技术规定》（DL/T 5222—2021）第 7.2.12 条。

44．CD

依据：老版一次手册第 250 页表 6-35。A 项只能测量相间电压；B 项不能接绝缘检查电压表。

45．BD

依据：《导体和电器选择设计技术规定》（DL/T 5222—2005）第 8.0.15 条。A 项有单机容量 200MW 及以上的容量限制；C 项电压等级在 220kV 以下。DL/T 5222—2021 第 6.0.21 条已更改。

46．CD

依据：未找到对应条文。可参考《超高压变压器油》（SH 0040—1991）。

47．AB

依据：《电力工程电缆设计规范》（GB 50217—2018）第 5.3.3 条。

48．AC

依据：《高压配电装置设计技术规程》（DL/T 5352—2018）第 5.1.2 条及表 5.1.2-1。BD 项是 A_2 值。

49．ABD

依据：《高压配电装置设计技术规程》（DL/T 5352—2018）第 2.1.2 条～第 2.1.4 条、第 2.1.13 条。C 项不考虑。

50．BD

依据：《高压配电装置设计技术规程》（DL/T 5352—2018）第 5.2.7 条。地震烈度 8 度及以上的 110kV 及以上配电装置宜采用。

51．AB

依据：《交流电气装置的过电压保护和绝缘配合设计规范》（GB/T 50064—2014）第 5.4.10-2 条。10m 以上允许相连。

52．AC

依据：《交流电气装置的过电压保护和绝缘配合设计规范》（GB/T 50064—2014）第 6.4.3 条、第 6.4.4 条。其中 GB/T 50064—2014 已经将冲击残压的名称换成冲击保护水平，也就是 $U_{L.P}$ 和 $U_{s.P}$，而且额定操作冲击保护水平和额定操作耐受电压的配合系数，内绝缘是 1.15，而外绝缘是 1.05。$U_{e.l} \geqslant 1.4 U_{L.P}, U_{L.P} \leqslant \dfrac{1550}{1.4} = 1107$ (kV)；$U_{e.d.i} \geqslant 1.15 U_{s.P}, U_{s.P} \leqslant \dfrac{1050}{1.15} = 913$ (kV)，$U_{e.s.o} \geqslant 1.05 U_{s.P}$，$U_{s.P} \leqslant \dfrac{1050}{1.05} = 1000$ (kV)；故 $U_{e.s}$ 取最小值 913kV。

53．BC

依据：《交流电气装置的接地设计规范》（GB/T 50065—2011）第 4.5.2 条。A 项应为 20m；D 项应为 50m。

54．BC

依据：《交流电气装置的接地设计规范》（GB/T 50065—2011）第 4.5.1-1 条、第 4.3.1-3 条及《交流电气装置的过电压保护和绝缘配合设计规范》（GB/T 50064—2014）第 5.4.6-3 条、第 5.4.11-4 条。A 项应为地中接地极长度，D 项应按公式计算地中距离。

55．AD

依据：《电力装置的电测量仪表装置设计规范》（GB/T 50063—2017）第 3.3.7 条。UPS 输出为交流电，不属于直流回路；D 选项充电装置按整流装置看待。

56．ACD

依据：《火力发电厂、变电站二次接线设计技术规程》（DL/T 5136—2012）第 16.3.2 条～第 16.3.3 条、第 16.3.5 条。B 项应为 100mm²。

57．BD

依据：《继电保护和安全自动装置技术规程》（GB/T 14285—2006）第 4.7.3 条～第 4.7.4 条。A 项应为近后备；C 项应为 300Ω。GB/T 14285—2023 第 5.1.2 条已经更改描述。

58．BC

依据：《继电保护和安全自动装置技术规程》（GB/T 14285—2006）第 4.9.1-c 款、第 4.9.2.2 条、第 4.9.6.3 条、第 4.9.4.1 条～第 4.9.4.2 条。A 项应为 20ms；D 项一台半断路器接线的不装。GB/T 14285—2023 第 5.6.2 条已更改描述。

59．ACD

依据：《电力工程直流系统设计技术规程》（DL/T 5044—2004）第 7.3.2 条、第 7.3.4 条。

注：《电力工程直流电源系统设计技术规程》(DL/T 5044—2014)此内容部分已作了大量的修改，无法作答。

60．AC

依据：《电力工程直流电源系统设计技术规程》(DL/T 5044—2014)第 3.4.2 条～第 3.4.3 条。A 项为宜配 2 套；C 项为宜配 3 套。

61．BC

依据：《220kV～1000kV 变电站站用电设计技术规程》(DL/T 5155—2016)第 3.4.2 条、第 3.5.2 条。C 项应设分段断路器，否则工作变压器退出时，备用变压器怎么切换至工作母线供电呢？A 项的答案见 B。

62．ABC

依据：《火力发电厂厂用电设计技术规定》(DL/T 5153—2014)第 6.5.6 条。D 项应为热稳定。

63．AC

依据：《火力发电厂厂用电设计技术规定》(DL/T 5153—2002)第 7.1.2 条、第 7.1.4 条。

注：《火力发电厂厂用电设计技术规定》(DL/T 5153—2014)第 6.1.4 条～第 6.1.6 条及附录式(L.0.1-10)。B 项为可按相同的等值衰减时间常数；D 项为可不计，在本规范条文中虽然删除了该内容，但在具体计算的附录上却保留了可不计的规定。

64．BD

依据：《发电厂和变电站照明设计技术规定》(DL/T 5390—2014)第 8.5.1 条。

65．AD

依据：《电力系统安全稳定导则》(GB 38755—2019)第 3.2.4.1 条，A 错误，应为"受端系统为核心"、B 正确；3.4.2.3 条，C 正确；第 6.2.4.2 条，D 选项应为分区运行。选错误的，所以选 AD。

66．AD

依据：《架空输电线路电气设计规程》(DL/T 5582—2020)第 5.1.19 条。

67．BC

依据：《架空输电线路电气设计规程》(DL/T 5582—2020)第 5.1.9 条。

68．AD

依据：新版线路手册第 307 页式(5-26)、式(5-28)。或老版线路手册第 184 页式(3-3-9)、式(3-3-12)。$l_H = \dfrac{l_1 + l_2}{2} = \dfrac{400 + 500}{2} = 450 \text{(m)}$，$l_v = l_H + \dfrac{\sigma_0}{\gamma_v}\left(\dfrac{h_1}{l_1} + \dfrac{h_2}{l_2}\right)$，其中 h_1 和 h_2 的值当邻塔悬挂点高时为负值，由此可知 $l_v < l_H$。

69．ABD

依据：《110kV～750kV 架空输电线路设计规范》(GB 50545—2010)第 10.1.18 条及表 10.1.18。DL/T 5582—2020 第 9.3 节已更改风荷载计算公式。

70．AB

依据：《架空输电线路荷载规范》(DL/T 5551—2018)表 9.0.1 或老版线路手册第 329 页表 6-2-8。C 项为 4500N；D 项为 2000N。

2014年注册电气工程师专业案例试题

（上午卷）及答案

【2014年上午题1~5】 一座远离发电厂与无穷大系统连接的变电站，其电气主接线如下图所示。

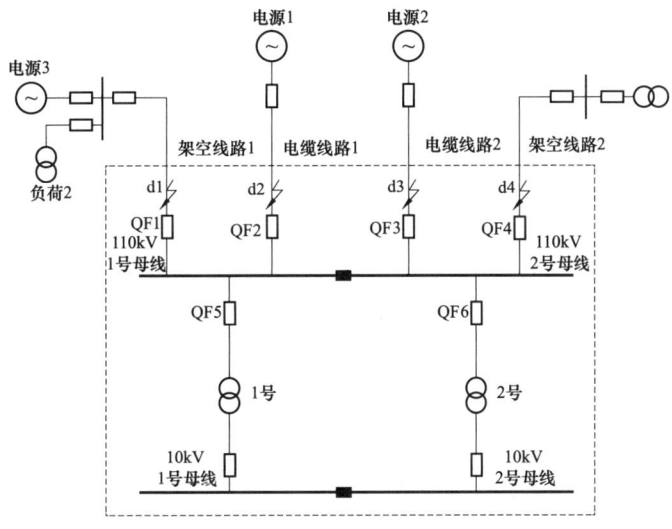

变电站位于海拔2000m之处，变电站设有两台31 500kVA（有1.3倍过负荷能力）、110/10kV主变压器。正常运行时电源3与电源1在110kV Ⅰ号母线并网运行，110kV、10kV母线分裂运行，当一段母线失去电源时，分段断路器投入运行。电源3向d1点提供的最大三相短路电流为4kA，电源1向d2点提供的最大三相短路电流为3kA，电源2向d3点提供的最大三相短路电流为5kA。

110kV电源线路主保护均为光纤纵差保护，保护动作时间为0s。架空线路、电缆线路两侧的后备保护均为方向过电流保护，方向指向线路的动作时间为2s，方向指向110kV母线的动作时间为2.5s。主变压器配置的差动保护动作时间为0.1s。高压侧过电流保护动作时间为1.5s。110kV断路器全分闸时间为50ms。

1. 计算断路器QF1和QF2回路的短路电流热效应值应为下列哪组？　　　　（　　）
   （A）18kA^2·s，18kA^2·s　　　　　（B）22.95kA^2·s，32kA^2·s
   （C）40.8kA^2·s，32.8kA^2·s　　　（D）40.8kA^2·s，22.95kA^2·s

2. 如2号主变压器110kV断路器与110kV侧套管间采用独立TA，110kV侧套管与独立TA之间为软导线连接，计算该导线的短路电流热效应计算值应为下列哪项数值？（　　）

（A）7.35kA² · s （B）9.6kA² · s
（C）37.5kA² · s （D）73.5kA² · s

3. 若用主变压器 10kV 侧串联电抗器的方式，将该变电站的 10kV 母线最大三相短路电流 30kA 降到 20kA，请计算电抗器的额定电流和电抗百分值应为下列哪组数值？（　　）

（A）1732.1A，3.07% （B）1818.7A，3.18%
（C）2251.7A，3.95% （D）2364.3A，4.14%

4. 该变电站的 10kV 配电装置采用户内开关柜，请计算确定 10kV 开关柜内部不同相导体之间净距应为下列哪项数值？（　　）

（A）125mm （B）126.25mm
（C）137.5mm （D）300mm

5. 假如变电站 10kV 出线均为电缆，10kV 系统中性点采用低电阻接地方式。系统单相接地电容电流按 600A 考虑，请计算接地电阻的额定电压和电阻应为下列哪组数值？（　　）

（A）5.77kV，9.62Ω （B）5.77kV，16.67Ω
（C）6.06kV，9.62Ω （D）6.06kV，16.67Ω

【2014 年上午题 6～10】 某电力工程中的 220kV 配电装置有 3 回架空出线，其中两回同塔架设。采用无间隙金属氧化物避雷器作为雷电过电压保护，其雷电冲击全波耐受电压为 850kV。土壤电阻率为 50Ω·m。为防直击雷装设了独立避雷针，避雷针的工频冲击接地电阻为 10Ω，请根据上述条件回答下列各题（计算保留两位小数）：

6. 配电装置中装有两支独立避雷针，高度分别为 20m 和 30m，两针之间距离为 30m。请计算两针之间的保护范围上部边缘最低点高度应为下列哪项数值？（　　）

（A）15m （B）15.71m
（C）17.14m （D）25.71m

7. 若独立避雷针接地装置的水平接地极形状为口形，总长度 8m，埋设深度为 0.8m，采用 50mm×5mm 扁钢，计算其接地电阻应为下列哪项数值？（　　）

（A）6.05Ω （B）6.74Ω
（C）8.34Ω （D）9.03Ω

8. 请计算独立避雷针在 10m 高度处与配电装置带电部分之间，允许的最小空气中距离为下列哪项数值？（　　）

（A）1m （B）2m
（C）3m （D）4m

9. 变电站中该配电装置中 220kV 母线接有电抗器，请计算确定电抗器与金属氧化物避雷

器间的最大电气距离应为下列哪项数值？并说明理由。 （　　）

(A) 189m (B) 195m
(C) 229.5m (D) 235m

10．计算配电装置的 220kV 系统工频过电压一般不应超过下列哪项数值？并说明理由。
（　　）

(A) 189.14kV (B) 203.69kV
(C) 267.49kV (D) 288.06kV

【2014 年上午题 11～15】　某风电厂地处海拔 1000m 以下，升压站的 220kV 主接线采用单母线接线。两台主变压器容量均为 80MVA，主变压器短路阻抗 13%。220kV 配电装置采用屋外敞开式布置。其电气主接线简图如下图所示。

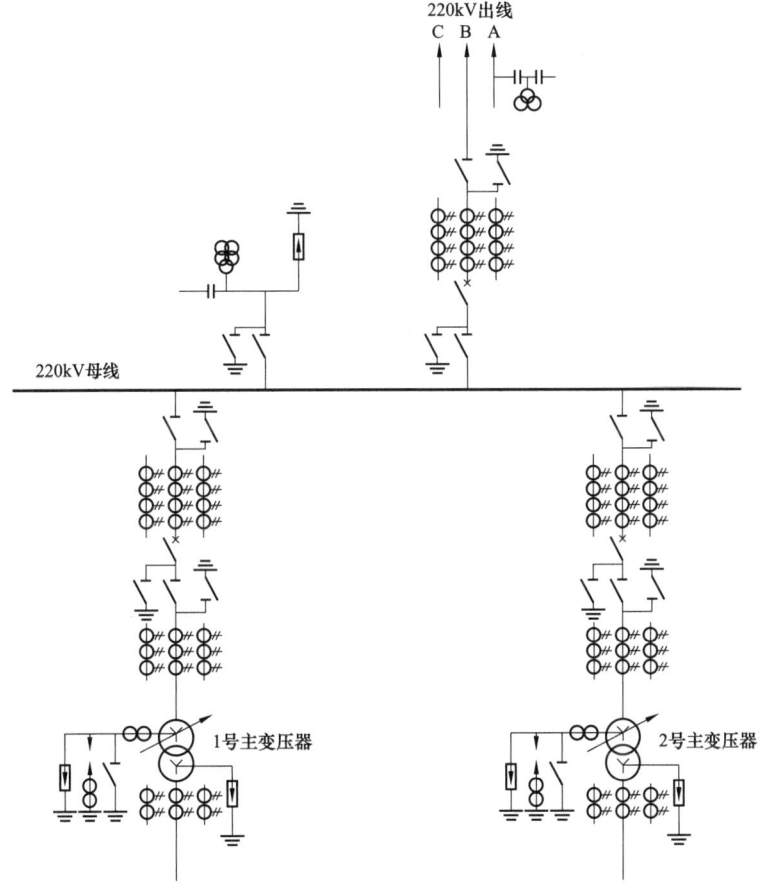

11．变压器选用双绕组有载调压变压器，变比为 230±8×1.25%/35kV，变压器铁芯采用三相三柱式，由于 35kV 侧中性点采用低电阻接地方式，因此变压器绕组连接组别为 YNyn0，220kV 母线间隔的金属氧化物避雷器到主变压器间的最大电气距离 80m，请问接线图中有几处设计错误（同样的错误按 1 处计），并分别说明原因。 （　　）

(A) 1 处　　　　　　　　　　　　(B) 2 处
(C) 3 处　　　　　　　　　　　　(D) 4 处

12. 图中 220kV 架空线路的导线为 LGJ–400/30，电抗值为 0.417Ω/km，线路长度为 40km，线路对侧为一变电站，变电站 220kV 系统短路容量为 5000MVA。计算当风电场 35kV 侧发生三相短路时，系统提供的短路电流（有效值）最接近下列哪项数值？
（　　）

(A) 7.29kA　　　　　　　　　　(B) 1.173kA
(C) 5.7kA　　　　　　　　　　 (D) 8.04kA

13. 若该风电场的 220kV 配电装置改用 GIS，其出线套管与架空线路的连接处设置有一组金属氧化物避雷器，计算该组避雷器的持续运行电压和额定电压应为下列哪组数据？
（　　）

(A) 145.5kV，189kV　　　　　　(B) 127kV，165kV
(C) 139.7kV，181.5kV　　　　　(D) 113.4kV，143.6kV

14. 若风电场设置两台 80MVA 主变压器，每台主变压器的油量为 40t，变压器油密度是 0.84t/m³，在设计有油水分离措施的总事故贮油池时，按《火力发电厂与变电站设计防火规范》(GB 50229) 的要求，其容量应选下列哪项数值？
（　　）

(A) 92.24m³　　　　　　　　　　(B) 47.62m³
(C) 28.57m³　　　　　　　　　　(D) 9.52m³

15. 假设该风电场迁至海拔 3600m 处，改用 220kV 户外 GIS，三相套管在同一高程，请校核 GIS 出线套管之间最小水平净距应取下列哪项数值？
（　　）

(A) 2206.8mm　　　　　　　　　(B) 2406.8mm
(C) 2280mm　　　　　　　　　　(D) 2534mm

【2014 年上午题 16～20】其 2×300MW 火力发电厂，以发电机变压器组接入 220kV 配电装置，220kV 采用双母线接线。每台机组装设 3 组蓄电池，其中 2 组 110V 电池对控制负荷供电，另一组 220V 电池对动力负荷供电。两台机组的 220V 直流系统间设有联络线。蓄电池选用阀控式密封铅酸蓄电池（贫液，单体 2V），现已知每台机组的直流负荷如下：

UPS	2×60kVA
电气控制、保护经常负荷	15kW
热控控制经常负荷	15kW
热控控制事故初期冲击负荷	5kW
直流长明灯	8kW
汽机直流事故润滑油泵（启动电流倍数按 2 倍计）	22kW
6kV 厂用低电压跳闸	35kW
400V 低电压跳闸	20kW

厂用电源恢复时高压厂用断路器合闸	3kW
励磁控制	1kW
变压器冷却器控制电源	1kW

发电机灭磁断路器为电磁操动机构，合闸电流为25A，合闸时间200ms。

请根据上述条件计算下列各题（保留两位小数）。

16. 若每台机组的2组110V蓄电池各设有一段单母线，请计算二段母线之间联络线开关电流应选取下列哪项数值？　　　　　　　　　　　　　　　　　　　　　（　　）

（A）104.73A　　　　　　　　　　　（B）145.45A
（C）174.55A　　　　　　　　　　　（D）290.91A

17. 计算汽轮机直流事故润滑油泵回路直流断路器的额定电流至少为下列哪项数值？
　　　　　　　　　　　　　　　　　　　　　　　　　　　　　　　　　　　（　　）

（A）200A　　　　　　　　　　　　（B）120A
（C）100A　　　　　　　　　　　　（D）25.74A

18. 计算并选择发电机灭磁断路器合闸回路直流断路器的额定电流和过载脱扣时间为下列哪组数据？　　　　　　　　　　　　　　　　　　　　　　　　　　　　（　　）

（A）额定电流6A，过载脱扣器时间250ms
（B）额定电流10A，过载脱扣器时间250ms
（C）额定电流16A，过载脱扣器时间150ms
（D）额定电流32A，过载脱扣器时间150ms

19. 110V主母线的馈线回路采用了限流直流断路器，其额定电流20A，限流系数为0.75，110V母线短路电流为5kA。当下一级的断路器短路瞬时保护（脱扣器）动作电流取50A时，请计算该馈线回路断路器的短路瞬时保护脱扣器的整定电流应选下列哪项数值？
　　　　　　　　　　　　　　　　　　　　　　　　　　　　　　　　　　　（　　）

（A）66.67A　　　　　　　　　　　（B）150A
（C）200A　　　　　　　　　　　　（D）266.67A

20. 假定本电厂220V蓄电池组容量为1200Ah，蓄电池均衡充电不脱离母线，请计算充电装置的额定电流应为下列哪组数值？　　　　　　　　　　　　　　　　　（　　）

（A）180A　　　　　　　　　　　　（B）120A
（C）37.56A　　　　　　　　　　　（D）36.36A

【2014年上午题21~25】　某单回路单导线220kV架空送电线路，频率f为50Hz，导线采用LGJ-400，导线直径为27.63mm，导线截面积为451.55mm^2，导线的铝截面积为399.79mm^2，三相导线a、b、c为水平排列，线间距离为$D_{ab}=D_{bc}=7m$，$D_{ac}=14m$。

21. 计算本线路正序电抗 X_1 应为下列哪项数值？有效半径（也称几何半径）$r_e=0.81r$。
（　　）

（A）0.376Ω/km　　　　　　　　（B）0.413Ω/km
（C）0.488Ω/km　　　　　　　　（D）0.420Ω/km

22. 计算本线路的正序电纳 B_{c1} 应为下列哪项数值（计算时不计地线影响）？（　　）

（A）2.7×10^{-6}S/km　　　　　　（B）3.03×10^{-6}S/km
（C）2.65×10^{-6}S/km　　　　　（D）2.55×10^{-6}S/km

23. 计算该导线标准气象条件下的临界电场强度最大值 E_0 应为下列哪项数值？
（　　）

（A）88.3kV/cm　　　　　　　　（B）31.2kV/cm
（C）30.1kV/cm　　　　　　　　（D）27.2kV/cm

24. 假设线路的正序阻抗为 0.4Ω/km，正序电纳为 2.7×10^{-6}S/km，计算线路的波阻抗 Z_c 应为下列哪项数值？（　　）

（A）395.1Ω　　　　　　　　　　（B）384.9Ω
（C）377.8Ω　　　　　　　　　　（D）259.8Ω

25. 架设导线经济电流密度为 $J=0.9$A/mm^2，功率因数为 $\cos\varphi=0.95$，计算经济输送功率 P 为下列哪项数值？（　　）

（A）137.09MW　　　　　　　　（B）144.7MW
（C）130.25MW　　　　　　　　（D）147.11MW

答　案

1. C【解答过程】（1）由新版一次手册第 127 页式（4-43）及 DL/T 5222—2021 第 3.0.15-1 款 QF1 回路

母线侧故障时 $Q_{QF1} = I^2 t = 4^2 \times (2.5 + 0.05) = 40.8\,(\text{kA}^2 \cdot \text{s})$

线路侧故障时 $Q_{QF1} = I^2 t = 3^2 \times (2 + 0.05) = 18.45\,(\text{kA}^2 \cdot \text{s})$

两者取大值，则 QF1 短路电流热效应值为 40.8kA^2·s。

（2）QF2 回路

母线侧故障时：$Q_{QF2} = I^2 t = 3^2 \times (2.5 + 0.05) = 22.95\,(\text{kA}^2 \cdot \text{s})$

线路侧故障时：$Q_{QF2} = I^2 t = 4^2 \times (2 + 0.05) = 32.8\,(\text{kA}^2 \cdot \text{s})$

两者取大值，则 QF1 短路电流热效应值为 32.8kA^2·s。综上所述，所以选 C。老版一次手册第 147 页式（4-45）。

2. A【解答过程】由新版一次手册第 127 页式（4-43）$Q=I^2t$ 可知，该段软导线在主变压器差动保护范围内，根据 DL/T 5222—2005 第 3.0.15 条可知，应采用主变压器差动保护动作时间。短路电流应采用最大运行方式的短路电流，即当失去电源 2，110kV 母线分段开关投入时的最大短路电流，也就是由电源 1、电源 3 提供的短路电流。该段导线的短路电流热效应为 $Q=I^2t=(4+3)^2\times(0.1+0.05)=7.35(\text{kA}^2\cdot\text{s})$。老版一次手册第 147 页式（4-45）。

3. D【解答过程】由 DL/T 5222—2021 第 13.4.3-1 条及题意可知，电抗器额定电流为 $I_\text{e}=1.3\times\dfrac{31.5\times1000}{\sqrt{3}\times10}=2364.24(\text{A})$；由新版变电手册第 52 页表 3-2、式（3-10）以及第 106 页式（4-21）可得

$$X_\text{k}=\left(\dfrac{I_\text{j}}{I''}-X_{*\text{j}}\right)\dfrac{I_\text{nk}U_\text{j}}{I_\text{j}U_\text{nk}}\times100\%=\left(\dfrac{1}{I''_\text{后}}-\dfrac{1}{I''_\text{前}}\right)\dfrac{I_\text{nk}U_\text{j}}{U_\text{nk}}\times100\%=\left(\dfrac{1}{20}-\dfrac{1}{30}\right)\times\dfrac{2.364}{10}\dfrac{25\times10.5}{10}\times100\%=4.14\%$$

老版一次手册第 120 页表 4-1、式（4-10）以及第 253 页式（6-14）。

4. C【解答过程】由 DL/T 5222—2021 表 12.0.9 及注可得，不同相导体直接净距为 $125\times\left(1+\dfrac{2000-1000}{100}\times\dfrac{1}{100}\right)=137.5\ (\text{mm})$。

5. C【解答过程】已知接地方式为低电阻接地，由 DL/T 5222—2021 附录 B.2.2 条可得

$$U_\text{e}=1.05\dfrac{U_\text{N}}{\sqrt{3}}=1.05\times\dfrac{10}{\sqrt{3}}=6.06\ (\text{kV});\quad R_\text{N}=\dfrac{U_\text{N}}{\sqrt{3}I_\text{d}}=\dfrac{10\times10^3}{\sqrt{3}\times600}=9.62\ (\Omega)$$

6. C【解答过程】已知 $h_1=30\text{m}$；$h_2=20\text{m}$；$D=30\text{m}$，因 h_1、h_2 高度均小于 30m，由 GB/T 50064—2014 第 5.2.1 条可得 $P=1$。由 GB/T 50064—2014 第 5.2.6 条，先算 D'。计算高 30m 的避雷针在 20m 高度处的保护半径 $r_x=0.5\times30=15$（m），由 GB/T 50064—2014 式（5.2.1-2）可得 $r_x=(30-20)\times1=10(\text{m})$，所以 $D'=D-r_x=30-10=20(\text{m})$。由 GB/T 50064—2014 式（5.2.6）可得弓高 $f=\dfrac{D'}{7P}=\dfrac{20}{7\times1}=2.86(\text{m})$，被保护物上部边缘最低点高度为 $h_2-f=20-2.86=17.14\ (\text{m})$。

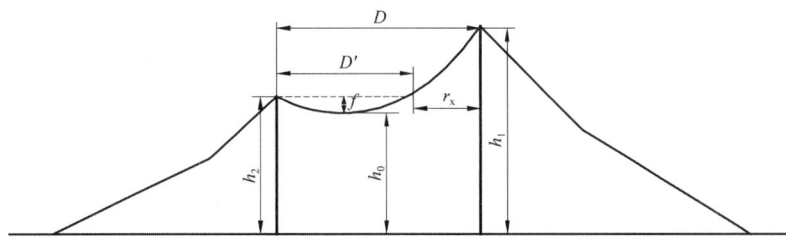

7. D【解答过程】依题意，由 GB/T 50065—2011 附录中表 A.0.2 可得形状系数为 1；由式（A.0.1-3）可得 $d=\dfrac{0.05}{2}=0.025(\text{m})$。由式（A.0.2）可得水平接地极的接地电阻为

$$R_\text{h}=\dfrac{50}{2\pi\times8}\left(\ln\dfrac{8^2}{0.8\times0.025}+1\right)=9.023\ (\Omega)$$

8. C【解答过程】由 GB/T 50064—2014 式（5.4.11-1）可得 $S_\text{a}\geqslant0.2R_\text{i}+0.1h_\text{j}=0.2\times10+0.1\times10=$

3(m)。

9. A【解答过程】依题意,3回架空出线,其中2回同塔架设,由GB/T 50064—2014 第5.4.13-6-3)款,同塔双回架设按1回计算,所以计算回路数为2。由GB/T 50064—2014 表5.4.13-1,并结合题意,可得220kV系统2回出线,雷电冲击全波耐受电压为850kV时(对应括号内数据)最大电气距离为140m。由GB/T 50064—2014 第5.4.13-6.1)款,除变压器之外其他电气设备与避雷器之间的最大安装距离可在表中数据的基础上放大35%,可得140×1.35=189(m),所以选A。

10. A【解答过程】由GB/T 156—2007 表4,220kV系统最高电压为252kV。由GB/T 50064—2014 第4.1.1-3条,110kV及220kV系统工频过电压不应大于1.3p.u.;结合第3.2.2条,1.0p.u.为$\frac{U_m}{\sqrt{3}}$,可得220kV系统工频过电压不应超过$1.3 \times \frac{252}{\sqrt{3}}$=189.14(kV)。

11. C【解答过程】(1)由DL/T 5352—2018 第2.1.7条,线路侧应配置接地开关。(2)由DL/T 5352—2018 第2.1.8条,母线应配置接地开关。(3)按题意,变压器35kV侧为低电阻接地,但图中35kV中性点仅设置MOA,未配置接地电阻。综上所述,图中共3处错误,所以选C。

12. A【解答过程】(1)依题意,35kV短路,总阻抗=系统阻抗+线路阻抗+变压器阻抗。(2)新版一次手册第108页表4-1,设S_j=100MVA、U_j=230kV或37kV,X_j=529Ω(230kV),I_j=1.56kA(37kV)。(3)阻抗归算,由新版一次手册第108页表4-2的公式可得系统阻抗表要值为$I_{*s} = \frac{S_j}{S_d} = \frac{100}{5000} = 0.02$;$I_{*L} = \frac{X_L}{X_*} = \frac{40 \times 0.417}{529} = 0.0315$;$X_{*T} = \frac{13}{100} \times \frac{100}{80} = 0.1625$。(4)短路电流有效值为$I_d = \frac{I_j}{\Sigma X_*} = \frac{1.56}{0.02+0.0315+0.1625} = 7.29$(kA)。老版一次第120页表4-1、第121页表4-2。

13. A【解答过程】由GB/T 156—2007 表4,220kV系统最高电压为252kV。由GB/T 50064—2014 表4.4.3 可得:避雷器持续运行电压$\frac{U_m}{\sqrt{3}} = \frac{252}{\sqrt{3}}$=145.5(kV);避雷器额定电压$0.75U_m=0.75\times252=189$(kV)。

14. C【解答过程】由GB 50229—2006 第6.6.7条可得$V = \frac{0.6 \times 40}{0.84} = 28.57$ (m³)。

15. D【解答过程】依题意,所求净距为A_2值,由DL/T 5352—2018 表5.1.2-1 可知,220J系统,A_1=1800mm,A_2=2000mm。又由该规范附录A图A.0.1可得,海拔3600m处,A'_1=2280mm,可得$A'_2 = A_2 \frac{A'_1}{A_1} = 2000 \times \frac{2280}{1800} = 2533.3$(mm)。

16. A【解答过程】依题意,110V专供控制负荷,计算母线联络开关,由DL/T 5044—2014 第4.1.1条选出控制负荷,再结合该规范第4.1.2条、第6.7.2-3条,表4.2.6可得

$$I_e \geq 60\% I_\Sigma = 0.6 \times \frac{(15+15+1+1) \times 1000 \times 0.6}{110} = 104.73 \text{ (A)}$$

17. C【解答过程】依题意,由DL/T 5044—2014 附录A式(A.3.2)可知

$$I_{\mathrm{n}} \geqslant I_{\mathrm{nm}} = \frac{22 \times 1000}{220} = 100 \text{ (A)}$$

18．B【解答过程】由 DL/T 5044—2014 第 6.5.2 条，可得合闸回路直流断路器的额定电流可按 0.3 倍额定合闸电流选择，但直流断路器过载脱扣时间应大于断路器固有合闸时间。依题意，发电机灭磁断路器为电磁操动机构，合闸电流为 25A，合闸时间 200ms，则断路器额定电流为 $I_{\mathrm{n}} \geqslant 0.3 \times 25 = 7.5$（A），根据选项，可选 10A。过载脱扣时间应大于 200ms，可取 250ms。

19．D【解答过程】由 DL/T 5044—2014 附录 A 中 A.4.2 条式（A.4.2-3），当直流断路器具有限流功能时，短路瞬时保护（脱扣器）动作电流整定 $I_{\mathrm{DZ1}} \geqslant K_{\mathrm{ib}} \dfrac{I_{\mathrm{DZ2}}}{K_{\mathrm{XL}}} = 4 \times \dfrac{50}{0.75} = 266.7$ (A)；根据式（A.4.2-5）校验灵敏系数 $K_{\mathrm{L}} = I_{\mathrm{DK}}/I_{\mathrm{DZ}} = 5000/266.7 = 18.75 \geqslant 1.05$，满足要求。DL/T 5044—2014 中，查电流倍数需要知道电缆压降、下级断路器额定电流等信息，本题未提供，因此无法根据表 A.5-1 查出，暂沿用 DL/T 5044—2004 取 4。

20．A【解答过程】依题意，由 DL/T 5044—2014 第 4.1.1 条、表 4.2.5 及表 4.2.6，本题动力负荷中的经常负荷计算如下，直流长明灯，负荷系数为 1；则 220V 蓄电池组经常负荷电流 $I_{\mathrm{jc}} = \dfrac{8000 \times 1}{220} = 36.36\text{(A)}$；又由该规范 DL/T 5044—2014 附录 D.1.1 可得，铅酸蓄电池不脱离母线均衡充电，充电装置输出电流为：$I_{\mathrm{r}} = 1.25 I_{10} + I_{\mathrm{jc}} = 1.25 \times \dfrac{1200}{10} + 36.36 = 186.36\text{(A)}$，取 180A，所以选 A。

21．D【解答过程】由新版线路手册第 59 页式（3-17）可得 $d_{\mathrm{m}} = \sqrt[3]{d_{\mathrm{ab}} d_{\mathrm{bc}} d_{\mathrm{ca}}} = \sqrt[3]{7 \times 7 \times 14} = 8.82$ (m)；依题意，$r_{\mathrm{e}} = 0.81 r = 0.81 \times \dfrac{27.63 \times 10^{-3}}{2} = 0.0112\text{(m)}$；再由该手册第 59 页式（3-16）可得 $X_1 = 0.0029 f \lg \dfrac{d_{\mathrm{m}}}{r_{\mathrm{e}}} = 0.0029 \times 50 \times \lg\left(\dfrac{8.82}{0.0112}\right) = 0.420$ (Ω/km)。老版线路手册第 16 页式（2-1-3）、式（2-1-2）。

22．A【解答过程】由新版线路手册第 60 页式（3-17）可得 $d_{\mathrm{m}} = \sqrt[3]{7 \times 7 \times 14} = 8.82$ (m)；因为是单导线，所以 $R_{\mathrm{m}} = r = \dfrac{27.63 \times 10^{-3}}{2} = 0.013815$ (m)，再由该手册第 65 页式（3-46）可得 $B_{\mathrm{c1}} = \dfrac{7.58 \times 10^{-6}}{\lg \dfrac{d_{\mathrm{m}}}{R_{\mathrm{m}}}} = \dfrac{7.58 \times 10^{-6}}{\lg \dfrac{8.82}{0.013815}} = 2.7 \times 10^{-6}$ (S/km)。老版线路手册第 16 页式（2-1-3）、第 21 页式（2-1-32）。

23．B【解答过程】由新版线路手册第 75 页式（3-82），依题意 $m=0.82$，可得 $E_{\mathrm{m0}} = 3.03 m \left(1 + \dfrac{0.3}{\sqrt{r}}\right) = 3.03 \times 0.82 \times \left(1 + \dfrac{0.3}{\sqrt{2.763/2}}\right) = 3.12\text{(MV/m)} = 31.2$ (kV/cm)。老版线路手册第 30 页式（2-2-2）。

24．B【解答过程】由《电力工程设计手册 架空输电线路设计》第 69 页式（3-55）可

得 $Z_C = \sqrt{\dfrac{X_1}{B_1}} = \sqrt{\dfrac{0.4}{2.7 \times 10^{-6}}} = 384.9$ (Ω)。老版线路手册第 24 页式（2-1-41）及式（2-1-42）。

25．C【解答过程】由新版系统手册第 88 页式（6-3）可得 $P_n = \sqrt{3}JU_e\cos\varphi S = \sqrt{3} \times 0.9 \times 220 \times 0.95 \times 399.79 \times 10^{-3} = 130.25$ (MW)。

2014年注册电气工程师专业案例试题

（下午卷）及答案

【2014年下午题1~4】 某地区计划建设一座40MW并网型光伏电站，分成40个1MW发电单元，经过逆变、升压、汇流后，由4条汇集线路接至35kV配电装置，再经1台主变压器升压至110kV，通过一回110kV线路接入电网。接线示意图如下图所示。

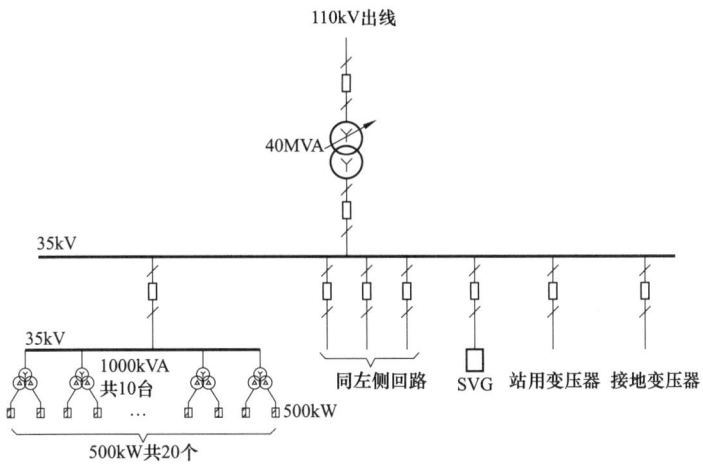

1. 电池组件安装角度为32°时，光伏组件效率为87.64%，低压汇流及逆变器效率为96%，接受的水平太阳能总辐射量为1584kW·h/m³，综合效率系数为0.7，计算该电站年发电量应为下列哪项数值？ （ ）

（A）55529MW·h　　　　　　（B）44352MW·h
（C）60826MW·h　　　　　　（D）37315MW·h

2．本工程光伏电池组件选用 250p 多晶硅电池板，开路电压 35.9V，最大功率时电压 30.10V，开路电压的温度系数–0.32%/℃，温度变化范围–35~85℃，电池片设计温度25℃，逆变器最大直流输入电压 900V。计算光伏方阵中光伏组件串的电池串联数应为下列哪个数值？ （ ）

（A）31　　　　　　　　　　（B）25
（C）21　　　　　　　　　　（D）37

3．若该光伏电站1000kVA分裂升压变短路阻抗为6.5%，40MVA（110/35kV）主变压器短路阻抗为10.5%，110kV并网线路长度为13km，采用300mm²架空线，电抗按0.3Ω/km考虑。在不考虑汇集线路及逆变器的无功调节能力，不计变压器空载电流条件下，该站需要安

装的动态容性无功补偿容量应为下列哪项数值？ （ ）

（A）7.1Mvar　　　　　　　　　　（B）4.5Mvar

（C）5.8Mvar　　　　　　　　　　（D）7.3Mvar

4. 若该光伏电站并网点母线平均电压为115kV，下列说法中哪种不满足规定要求？为什么？ （ ）

（A）当电网发生故障快速切除后，不脱网连续运行的光伏电站自故障清除时刻开始，以至少30%额定功率/秒的功率变化率恢复到正常发电状态

（B）并网点母线电压在127~137kV之间，光伏电站应至少连续运行10s

（C）电网频率升至50.6Hz时，光伏电站应立刻终止向电网线路送电

（D）并网点母线电压突降至87kV时，光伏电站应至少保持不脱网连续运行1.1s

【2014年下午题5~9】某地区拟建一座500kV变电站，海拔不超过1000m，环境年最高温度温度+40℃，年最低温度-25℃，其500kV侧、220kV侧各自与系统相连，该变电站远景规模为：4×750MVA主变压器，6回500kV出线，14回220kV出线，35kV侧安装有无功补偿装置。本期建设规模为：2×750MVA主变压器，4回500kV出线，8回220kV出线，35kV侧安装若干无功补偿装置，其电气主接线简图及系统短路电抗图（S_j=100MVA）如下图所示。

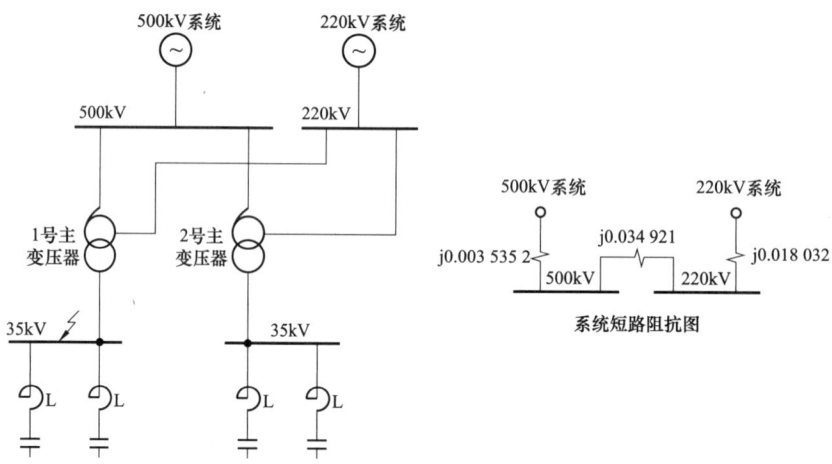

该变电站的主变压器采用单相无励磁调压自耦变压器组，其电气参数如下：

电压比：（525/$\sqrt{3}$）/（230/$\sqrt{3}$）±2×2.5%/35kV。

容量比：250MVA/250MVA/66.7MVA。

结线组别：YNd11。

阻抗（以250MVA为基准）：U_{dI-II}%=11.8，U_{dI-III}%=49.47，$U_{dII-III}$%=34.52。

5. 该站2台750MVA主变压器的550kV和220kV侧均并列运行，35kV侧分列运行，各自安装2×30Mvar串联有5%电抗的电容器组。请计算35kV母线的三相短路容量和短路电流应为下列哪组数值（按电力工程电气设计手册计算）？ （ ）

(A) 4560.37MVA, 28.465kA　　　　(B) 1824.14MVA, 30.09kA
(C) 1824.14MVA, 28.465kA　　　　(D) 4560.37MVA, 30.09kA

6. 若该站 2 台 750MVA 主变压器的 550kV 和 220kV 侧均并列运行, 35kV 侧分列运行, 各自安装 2×60Mvar 串联有 12%电抗的电容器组, 且 35kV 母线短路时由主变提供的三相短路容量为 1700MVA。请计算短路后 0.1s 时, 35kV 母线三相短路电流周期分量应为下列哪项数值 (按电力工程电气设计手册计算, 假定 T_c=0.1s)? 　　　　( )

(A) 26.52kA　　　　(B) 28.04kA
(C) 28.60kA　　　　(D) 29.72kA

7. 请计算该变电站中主变压器高、中、低压侧额定电流应为下列哪组数据? 　　( )

(A) 886A, 1883A, 5717A　　　　(B) 275A, 628A, 1906A
(C) 825A, 1883A, 3301A　　　　(D) 825A, 1883A, 1100A

8. 如该变电站安装的三相 35kV 电容器组, 每组由单台 500kvar 电容器串、并联组合而成, 且采用双星形接线, 每相的串联段为 2 时, 计算每组允许的最大组合容量应为下列哪项数值? 　　( )

(A) 每串联段由 6 台并联, 最大组合容量 36000kvar
(B) 每串联段由 7 台并联, 最大组合容量 42000kvar
(C) 每串联段由 8 台并联, 最大组合容量 48000kvar
(D) 每串联段由 9 台并联, 最大组合容量 54000kvar

9. 该变电站中, 35kV 电容器单组容量为 60000kvar, 计算其回路断路器的长期允许电流最小不应小于下列哪项数值? 　　( )

(A) 989.8A　　　　(B) 1287A
(C) 2000A　　　　(D) 2500A

【2014 年下午题 10~13】 某发电厂的发电机经主变压器接入屋外 220kV 升压站, 主变压器布置在主厂房外, 海拔 3000m, 220kV 配电装置为双母线分相中型布置, 母线采用支持式管形母线, 间隔纵向跨线采用 LGJ-800 架空软导线, 220kV 母线最大三相短路电流 38kA, 最大单相短路电流 36kA。

10. 220kV 配电装置中, 计算确定下列经海拔修正的安全净距值中哪项是正确的?
　　　　( )

(A) A_1 为 2180mm　　　　(B) A_2 为 2380mm
(C) B_1 为 3088mm　　　　(D) C 为 5208mm

11. 220kV 配电装置中, 两组母线相邻的边相之间单位长度的平均互感抗为 $1.8×10^{-4}\Omega/m$, 为检修安全 (检修时另一组母线发生单相接地故障), 在每条母线上安装了两组接地开关。请计算两组接地开关之间的允许最大间距为下列哪项数值（切除母线单相接地短路时间 0.5s）？
（　　）

（A）53.59m　　　　　　　　　　（B）59.85m
（C）63.27m　　　　　　　　　　（D）87m

12. 220kV 配电装置采用在架构上安装避雷针作为直击雷保护，避雷针高 35m，被保护物高 15m，其中有两支避雷针之间直线距离 60m，请计算避雷针对被保护物高度的保护半径 r_x 和二支避雷针对被保护物高度的联合保护范围的最小宽度 b_x 应为下列哪组数据？（　　）

（A）r_x=20.93m，b_x=14.88m　　　　（B）r_x=20.93m，b_x=16.8m
（C）r_x=22.5m，b_x=14.88m　　　　（D）r_x=22.5m，b_x=16.8m

13. 220kV 配电装置间隔的纵向跨线采用 LGJ-800 架空软导线（自重 2.69kgf/m，直径 38mm），为计算纵向跨线的拉力，需计算导线各种状态下的单位荷载，如覆冰时设计风速 10m/s，覆冰厚度 5mm。请计算导线覆冰时的自重、冰重与风压的合成荷重应为下列哪项数值？
（　　）

（A）3.035kgf/m　　　　　　　　（B）3.044kgf/m
（C）3.318kgf/m　　　　　　　　（D）3.658kgf/m

【2014 年下午题 14～19】某调峰电厂安装有 2 台单机容量为 300MW 机组，以 220kV 电压接入电力系统，3 回 220kV 架空出线的送出能力满足 N–1 要求。220kV 升压站为双母线接线，管母中型布置。单元机组接线如图所示。

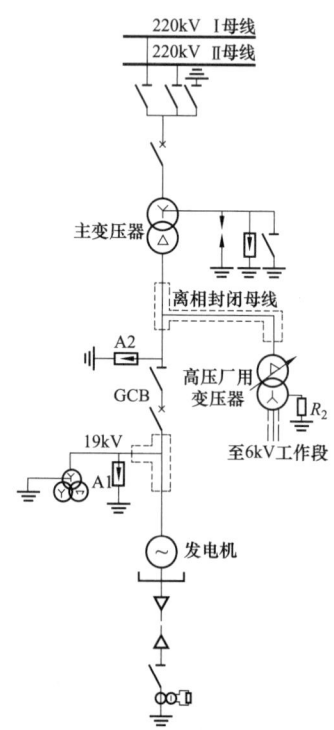

发电机额定电压为 19kV，发电机与变压器之间装设发电机出口断路器 GCB，发电机中性点为高阻接地；高压厂用工作变压器支接于主变压器低压侧与发电机出口断路器之间，高压厂用电额定电压为 6kV，6kV 系统中性点为高阻接地。

14．若发电机的最高运行电压为其额定电压的 1.05 倍，高压厂变高压侧系统最高电压为 20kV，请计算无间隙金属氧化物避雷器 A1、A2 的额定电压最接近下面哪组数值？（　　）

(A) 1436kV，16kV

(B) 19.95kV，20kV

(C) 19.95kV，22kV

(D) 24.94kV，27.60kV

15．为防止谐振及间歇性电弧接地过电压，高压厂用变压器 6kV 侧中性点采用高阻接地方式接入电阻器 R_2。若 6kV 系统最大运行方式下每相对地电容值为 1.46μF，请计算 R_2 的电阻值不宜大于下列哪项数值？（　　）

(A) 2181Ω　　　　　　　　　　(B) 1260Ω

(C) 727Ω　　　　　　　　　　 (D) 0.727Ω

16．220kV 升压站电气平面布置图如下图所示，若从 I 母线避雷器到 0 号高压备用变压器的电气距离为 175m。试计算并说明，在送出线路 $N-1$ 运行工况下，下列哪种说法是正确的（均采用氧化锌避雷器，忽略各设备垂直方向引线长度）？（　　）

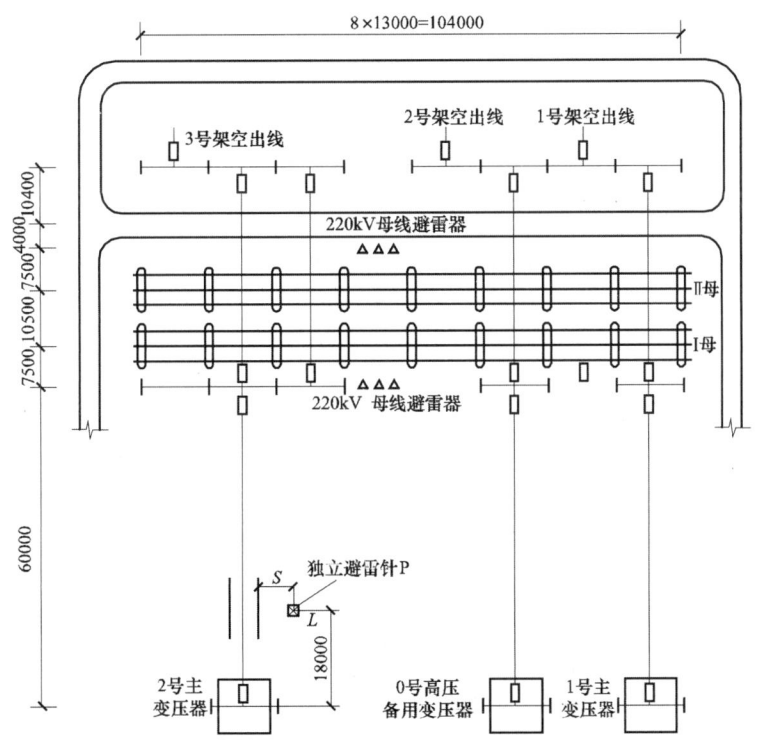

（A）3台变压器高压侧均可不装设避雷器
（B）3台变压器高压侧均必须装设避雷器
（C）仅1号主变压器高压侧需要装设避雷器
（D）仅0号备用变压器高压侧需要装设避雷器

17. 主变压器与220kV配电装置之间设有一支35m高的避雷针P（其位置见平面布置图），用于保护2号主变压器。由于受地下设施限制，避雷针布置位置只能在横向直线L上移动，L距主变压器中心点O点的距离为18m。当O点的保护高度达15m时，即可满足保护要求。若避雷针的冲击接地电阻为15Ω，2号主变压器220kV架空引线的相间距为4m时，请计算确定避雷针与主变压器220kV引线边相间的距离S应为下列哪项数值（忽略避雷针水平尺寸及导线的弧垂和风偏，主变压器220kV引线高度取14m）？ （ ）

（A）3m≤S≤5m
（B）4.4m≤S≤6.62m
（C）3.8m≤S≤18.6m
（D）5m≤S≤20.9m

18. 若平面布置图中避雷针P的独立接地装置由2根长12m、截面积100mm×10mm的镀锌扁铁交叉焊接成十字形水平接地极构成，埋深2m，该处土壤电阻率为150Ω·m。请计算该独立接地装置接地电阻值最接近下列哪项数值？ （ ）

（A）9.5Ω
（B）4Ω
（C）2.6Ω
（D）16Ω

19. 若该调峰电厂的6kV配电装置室内地表面土壤电阻率为1000Ω·m，表层衰减系数为0.95，其接地装置的接触电位差最大不应超过下列哪项数值？ （ ）

（A）240V
（B）97.5V
（C）335.5V
（D）474V

【2014年下午题20~25题】 布置在海拔1500m地区的某电厂330kV升压站，采用双母线接线，其主变压器进线断面如下图所示。已知升压站内采用标称放电电流10kA下，操作冲击残压峰值为618kV、雷电冲击残压峰值为727kV的避雷器作绝缘配合，其海拔空气修正系数为1.13。

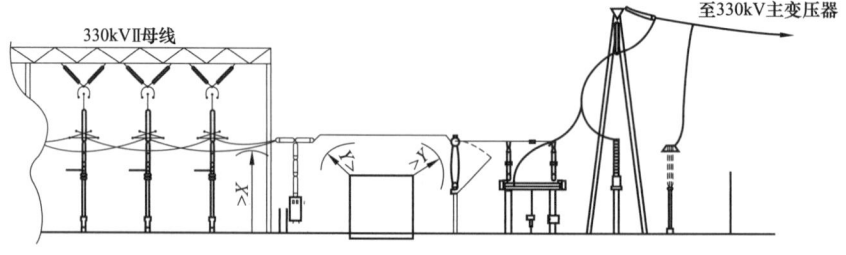

20. 在标准气象条件下，要求导体对接地构架的空气间隙d（m）和50%正极性操作冲击电压波放电电压$u_{s.s.s}$（kV）之间满足$u_{s.s.s}=317d$的关系，计算该330kV配电装置中，在无风

偏时正极性操作冲击电压波要求的导体与构架之间的最小空气间隙应为下列哪项数值？
(　　)

(A) 2.3m　　　　　　　　　　　(B) 2.4m
(C) 2.6m　　　　　　　　　　　(D) 2.7m

21. 若在标准气象条件下，要求导线之间的空气间隙 d（m）和相间操作冲击电压波放电电压 $U_{50}\%$（kV）之间满足 $U_{50}\%=442d$ 的关系。计算该330kV配电装置中，相间操作冲击电压波要求的最小空气间隙应为下列何值？(　　)

(A) 2.5m　　　　　　　　　　　(B) 2.6m
(C) 2.7m　　　　　　　　　　　(D) 3.0m

22. 假设330kV配电装置中，雷电冲击电压波要求的导体对接地构架的最小空气间隙为2.55m，计算雷电冲击电压波要求的相间最小空气间隙应为下列哪项数值？(　　)

(A) 2.8m　　　　　　　　　　　(B) 2.7m
(C) 2.6m　　　　　　　　　　　(D) 2.5m

23. 假设配电装置中导体与构架之间的最小空气间隙值（按高海拔修正后）为2.7m，图中导体至地面之间的最小距离（X）应为下列哪项数值？(　　)

(A) 5.2m　　　　　　　　　　　(B) 5.0m
(C) 4.5m　　　　　　　　　　　(D) 4.3m

24. 假设配电装置中导体与构架之间的最小空气间隙值（按高海拔修正后）为2.7m，图中设备搬运时，其设备外廓至导体之间的最小距离（Y）应为下列何值？(　　)

(A) 2.60m　　　　　　　　　　(B) 3.25m
(C) 3.45m　　　　　　　　　　(D) 4.50m

25. 假设图中主变压器330kV侧架空导线采用铝绞线，按经济电流密度选择，进线侧导线应为下列哪种规格（升压变压器容量为360MVA，最大负荷利用小时数 $T=5000$）？(　　)

(A) 2×400mm²　　　　　　　　(B) 2×500mm²
(C) 2×630mm²　　　　　　　　(D) 2×800mm²

【2014年下午题 26~30】 某大型火力发电厂分期建设，一期为4×135MW，二期为2×300MW机组，高压厂用电电压为6kV，低压厂用电电压为380/220V。一期工程高压厂用电系统采用中性点不接地方式，二期工程高压厂用电系统采用中性点低电阻接地方式，一、二期工程低压厂用电系统采用中性点直接接地方式。电厂380/220V煤灰A、B段的计算负荷为A段969.45kVA、B段822.45kVA，两段重复负荷674.46kVA。

26. 若电厂380/220V煤灰A、B段采用互为备用接线，其低压厂用工作变压器的计算负荷应为下列哪项数值？(　　)

（A）895.95kVA (B）1241.60kVA
（C）1117.44kVA (D）1791.90kVA

27．若电厂380/220V煤灰A、B两段采用明备用接线路，低压厂用备用变压器的额定容量应选下列哪项数值？ （ ）

（A）1000kVA (B）1250kVA
（C）1600kVA (D）2000kVA

28．该电厂内某段380/220V母线上接有一台55kW电动机，电动机额定电流为110A，电动机的启动电流倍数为7倍，电动机回路的电力电缆长150m，查曲线得出100m的同规格电缆的电动机回路单相短路电流为2300A，断路器过电流脱扣器整定电流的可靠系数为1.35。请计算这台电动机单相短路时保护灵敏系数为下列哪项数值？ （ ）

（A）2.213 (B）1.991
（C）1.475 (D）0.678

29．该电厂中，135MW机组6kV厂用电系统4s短路电流热效应为2401kA^2·s。请计算并选择在下列制造厂提供的电流互感器额定短时热稳定电流及持续时间参数中，哪组数值最符合该电厂6kV厂用电要求？ （ ）

（A）80kA，1s (B）63kA，1s
（C）45kA，1s (D）31.5kA，2s

30．该电厂的部分电气接线示意图如下图所示，若化水380/220V段两台低压化水变压器A、B分别由一、二期供电。为了保证互为备用正常切换的需要（并联切换），对于低压化水变压器B，采用下列哪一种连接组是合适的？并说明理由。 （ ）

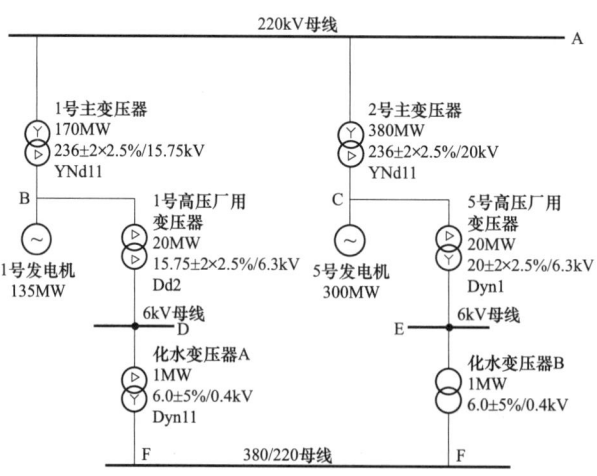

（A）Dd0 (B）Dyn1
（C）Yyn0 (D）Dyn11

【2014年下午题 31~35】 某回路 220kV 架空线路，其导地线的参数见下表。

型号	每米质量 P (kg/m)	直径 d (mm)	截面积 S (mm²)	破坏强度 T_k (N)	线性膨胀系数 α (1/℃)	弹性模量 E (N/mm²)
LGJ-400/50	1.511	27.63	451.55	117230	19.3×10^{-6}	69000
GJ-60	0.4751	10.0	59.69	68226	11.5×10^{-6}	185000

本工程的气象条件见下表。

序号	条件	风速（m/s）	覆冰厚度（mm）	气温（℃）
1	低温	0	0	−40
2	平均	0	0	−5
3	大风	30	0	−5
4	覆冰	10	10	−5
5	高	0	0	40

本线路须跨越通航河道，两岸是陡崖，两岸塔位 A 和 B 分别高出最高航行水位 110.8m 和 25.1m，档距为 800m。桅杆高出水面 35.2m，安全距离为 3.0m，绝缘子串长为 2.5m。导线最高气温时，最低点张力为 26.87kN，假设两岸跨越直线杆塔的呼高相同（$g=9.81\text{m/s}^2$）。

31. 计算最高气温时导线最低点 O 到 B 的水平距离 L_{OB} 应为下列哪项数值（用平抛物线公式）？　　　　　　　　　　　　　　　　　　　　　　　　　　　　（　　）

（A）379m　　　　　　　　　　（B）606m
（C）140m　　　　　　　　　　（D）206m

32. 计算导线最高气温时距 A 点距离为 500m 处的弧垂 f 应为下列哪项数值（用平抛物线公式）？　　　　　　　　　　　　　　　　　　　　　　　　　　　　　　（　　）

（A）44.13m　　　　　　　　　（B）41.37m
（C）30.02m　　　　　　　　　（D）38.29m

33. 若最高气温时弧垂最低点距 A 处的水平距离为 600m，该点弧垂为 33m，为满足跨河的安全距离要求，A 和 B 处直线杆塔的呼称高度至少应为下列哪项数值？　　（　　）

（A）17.1m　　　　　　　　　　（B）27.2m
（C）24.2m　　　　　　　　　　（D）24.7m

34. 若最高气温时弧垂最低点距 A 点水平距离为 600m，A 点处直线塔在跨河侧导线的悬垂角约为以下哪个数值？　　　　　　　　　　　　　　　　　　　　　　（　　）

（A）18.3℃　　　　　　　　　　（B）16.1℃
（C）23.8℃　　　　　　　　　　（D）13.7℃

35. 假设跨河挡 A、B 两塔的导线悬点高度均高出水面 80m，导线的最大弧垂为 48m。

计算导线平均高度（相对于水面）为多少米？ （　　）

(A) 60.0m (B) 32.0m
(C) 48.0m (D) 43.0m

【2014年下午题 36～40】 某220kV架空送电线路MT猫头直线塔，采用双分裂LGJ-400/35导线，导线截面积425.24mm^2，导线直径为26.82mm，单位质量1307.50kg/km，最高气温条件下导线水平应力为50N/mm^2，L_1=300m，d_{h1}=30m，L_2=250m，d_{h2}=10m，图中表示高度均为导线挂线点高度（提示 g=9.8m/s^2，采用平抛物线公式计算）。

已知该塔与相邻杆塔的水平及垂直距离参数如下：

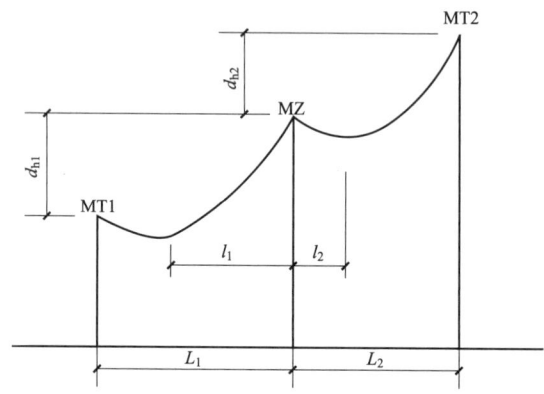

36. 导线覆冰时（冰厚10mm，冰的比重0.9），导线覆冰垂直比载应为下列哪项数值？
（　　）

(A) 0.0301N/(m·mm^2) (B) 0.0401N/(m·mm^2)
(C) 0.0541N/(m·mm^2) (D) 0.024N/(m·mm^2)

37. 请计算在最高气温时MZ两侧弧垂最低点到悬挂点的水平距离 l_1、l_2 应为下列哪组数值？ （　　）

(A) 313.3m，125.2m (B) 316.1m，58.6m
(C) 316.1m，191.4m (D) 313.3m，191.4m

38. 假设MZ塔导线悬垂串质量为54kg，MZ塔的垂直档距为400m，计算MZ塔无冰工况下的垂直荷载应为下列哪项数值？ （　　）

(A) 10780N (B) 1100N
(C) 5654N   (D) 11309N

39. 在线路垂直档距较大的地方，导线在悬垂线夹的悬垂角有可能超过悬垂线夹的允许值，需要进行校验，请计算MZ塔导线在最高气温条件下悬垂线夹的悬垂角应为下列哪项数值？ （　　）

(A) 2.02° (B) 6.40°
(C) 10.78° (D) 12.8°

40．在最高气温工况下，MZ~MT1 塔间 MZ 挂线点至弧垂最低点的垂直距离应为下列哪项数值？ （ ）

(A) 0.08m (B) 6.77m
(C) 12.5m (D) 30.1m

答　案

1．B【解答过程】由 GB 50797—2012 第 6.6.2 条和式（6.6.2）可得

$$E_p = H_A \frac{P_{AZ}}{E_s} K = 40 \times \frac{1584}{1} \times 0.7 = 44352 \text{ (MW·h)}$$

2．C【解答过程】由 GB 50797—2012 第 6.4.2 条和式（6.4.2-1）可得

$$N \leq \frac{V_{dcmax}}{V_{oc}[1+(t-25)K_v]} = \frac{900}{35.9 \times [1+(-35-25) \times (-0.32\%)]} = 21.03$$

3．A【解答过程】（1）依题意不计变压器空载电流，$I_0=0$A，按满载考虑最大负荷，$I_m=I_e$，由新版系统手册第 157 页式（7-2）可得主变压器消耗的无功功率 $Q_{T1} = \left(\frac{U_d\%I_m^2}{100I_e^2} + \frac{I_0\%}{100}\right)S_e = \left(\frac{10.5I_e^2}{100I_e^2} + 0\right) \times 40 = 4.2$ (Mvar)；4 条汇集线路总共 40 台分裂变压器消耗的总无功功率 $Q_{T2} = \left(\frac{U_d\%I_m^2}{100I_e^2} + \frac{I_0\%}{100}\right)S_e = \left(\frac{6.5I_e^2}{100I_e^2} + 0\right) \times 10 \times 4 = 2.6$ (Mvar)。（2）110kV 并网线路总工作电流为 $I_g = 1.05 \frac{S_e}{\sqrt{3}U_e} = 1.05 \times \frac{40}{\sqrt{3} \times 110} = 0.22$ (kA)；又根据该手册第 157 页式（7-3），可得线路消耗的无功功率 $Q_L = 3I^2X = 3 \times 0.22^2 \times 13 \times 0.3 = 0.566$ (Mvar)。（3）再由 GB 50797—2012 第 9.2.2 条第 5 款可知变电站内需要补偿的总无功功率 $Q = Q_{T1} + Q_{T2} + \frac{Q_L}{2} = 4.2 + 2.6 + \frac{0.566}{2} = 7.083$ (Mvar)。老版一次手册第 476 页式(9-2)、新版系统手册第 319 页式(10-39)。

4．D【解答过程】依据 GB 19964—2012 第 8.3 条、图 2、表 2、表 3 可知：A 项：依第 8.3 条，正确；B 项：依表 2，正确；C 项：依表 3，正确；D 项：依图 2，至少 1.5s，错误。

5．C【解答过程】（1）依题意，550kV、220kV 系统均并列，35kV 分列运行，短路总阻抗通过化简电路求出。（2）由新版变电手册第 52 页表 3-2，设 $S_j=100$MVA，$U_j=37$kV，$I_j=1.56$。（3）阻抗归算，由该手册第 61 页表 3-9、第 53 页表 3-3 的公式可得变压器阻抗标幺值

$$x_{*T1} = \frac{11.8 + 49.47 - 34.52}{2 \times 100} \times \frac{100}{750} = 0.0178$$

$$x_{*T2} = \frac{11.8 - 49.47 + 34.52}{2 \times 100} \times \frac{100}{750} = -0.0021$$

$$x_{*T3} = \frac{-11.8 + 49.47 + 34.52}{2 \times 100} \times \frac{100}{750} = 0.048127$$

短路总阻抗化简过程如图所示。(4) 短路电流有效值 $I_d = \frac{1}{\sum X_*} \times I_j = \frac{1.56}{0.05337} = 29.23\,(kA)$；

$S_d = \sqrt{3} U_j I_d = \sqrt{3} \times 37 \times 29.23 = 1873.23\,(kVA)$；$\frac{Q_c}{S_d} = \frac{2 \times 30}{1873.23} < 5\% \Rightarrow$ 不考虑助增。计算结果和 B、C 选项都比较接近，$\sqrt{3} \times 30.09 \times 35 = 1824.11$；$\sqrt{3} \times 28.465 \times 37 = 1824.2$，短路容量应该是短路电流和平均电压乘积的 $\sqrt{3}$ 倍，所以选 C。老版一次手册第 120~122 页。

6. A 【解答过程】(1) 据题意，按无限大系统，不考虑周期分量的衰减，用短路电流周期分量起始有效值 I'' 代替短路后 0.1s 周期分量有效值。(2) 由新版一次手册第 128 页左上内容可得

$$\frac{Q_c}{S_d} = \frac{2 \times 60}{1700} = 0.07 < 10\% \Rightarrow 不考虑助增 \quad I_d = \frac{S_d}{\sqrt{3} U_i} = \frac{1700}{\sqrt{3} \times 37} = 26.53\,(kA)$$

老版一次手册第 159 页 4-11 节。

7. C 【解答过程】由 GB 1094.1—2013 第 3.4.7 条可知，该变压器各侧额定电流为

高压侧 $I_e = \frac{750 \times 1000}{\sqrt{3} \times 525} = 825\,(A)$；中压侧 $I_e = \frac{750 \times 1000}{\sqrt{3} \times 230} = 1883\,(A)$

低压侧 $I_e = \frac{3 \times 66.7 \times 1000}{\sqrt{3} \times 35} = 3301\,(A)$

8. B 【解答过程】由 GB 50227—2017 第 4.1.2-3 条可知，每个串联段的电容器并联总容量不应超过 3900kvar，即 $N \leq 3900/500 = 7.8$，取 7 台。则最大组合容量 $Q_c = 500 \times 7 \times 2 \times 3 \times 2 = 42000$ (kvar)。

9. B 【解答过程】由 GB 50227—2017 第 5.1.3 条、第 5.8.2 条可得 $I \geq 1.3 \times \frac{60000}{\sqrt{3} \times 35} = 1287\,(A)$。

10. A 【解答过程】由 DL/T 5352—2018 表 5.1.2-1、第 5.1 条条文说明及附录 A 图 A.0.1 或表 A.0.1 可得，海拔 3000m 处各安全净距分别为：$A_1 = 2180$mm；$A_2 = (2180/1800) \times 2000 = 2422.2$(mm)；$B_1 = 2180 + 750 = 2930$(mm)；$C = 2180 + 2300 + 200 = 4680$(mm)；只有 A 选项符合要求。

11. C 【解答过程】由新版一次手册第 407 页式（10-7）、式（10-10）可得

$$U_{A2(k)} = I_{kC1} X_{A2C1} = 36 \times 10^3 \times 1.8 \times 10^{-4} = 6.48\,(V/m); \quad U_{jo} = \frac{145}{\sqrt{t}} = \frac{145}{\sqrt{0.5}} = 205\,(V);$$

$l_{j2} = \frac{2 \times 205}{6.48} = 63.27$ (m)。老版一次手册第 573~574 页式（10-3）及式（10-6）。

12. A 【解答过程】已知 $h = 35$m，$h_x = 15$m，$D = 60$m，由 GB/T 50064—2014 第 5.2.1 条可得 $P = \frac{5.5}{\sqrt{h}} = \frac{5.5}{\sqrt{35}} = 0.93$；因 $h_x < 0.5h = 17.5$m，由 GB/T 50064—2014 式（5.2.1-3）可得

r_x=(1.5×35−2×15)×0.93=20.93（m），h_a=h−h_x=35−15=20（m），$\dfrac{D}{h_a P}=\dfrac{60}{20\times 0.93}=3.23$，$\dfrac{h_x}{h}=\dfrac{15}{35}=0.43$，查图 5.2.2-2（a）曲线，得 $\dfrac{b_x}{h_a P}=0.8$，b_x=20×0.93×0.8=14.88（m）。校验：b_x<r_x，故 b_x 取 14.88m，所以选 A。

13. C【解答过程】由新版一次手册第 384 页式（9-84）、式（9-86）、式（9-88）可得：导线自重 q_1=2.69kgf/m；导线冰重 q_2=0.00283$b(b+d)$=0.00283×5×(5+38)=0.60845（kgf/m）；导线自重及冰重 q_3=q_1+q_2=2.69+0.60845=3.29845（kgf/m）；导线覆冰时风压 q_5=0.075V_f^2(d+2b)×10^{-3}=0.075×10²×(38+2×5)×10^{-3}=0.36（kgf/m）；导线覆冰时合成荷载 $q_7=\sqrt{q_3^2+q_5^2}=\sqrt{3.29845^2+0.36^2}$=3.318（kgf/m），所以选 C 老版一次手册第 386 页式（8-59）、式（8-60）和式（8-62）。

14. D【解答过程】由图可知该题中 A1 为保护发电机用避雷器，依题意，发电机出口最高工作电压 U_{max}=19×1.05=19.95（kV）；(1) 由 DL/T 620—1997 第 5.3.4 条和表 3 可得 U_e=1.25$U_{m,g}$=1.25×19.95=24.94（kV）。(2) A2 为保护主变压器低压侧传递过电压用避雷器，按照不接地系统考虑，由 GB/T 620—1997 表 3 可得 U_e=1.38U_m=1.38×20=27.6(kV)。

15. C【解答过程】由新版一次手册第 65 页式（3-1）可得 $I_C=\sqrt{3}U_e\omega C\times 10^{-3}$，又根据 DL/T 5153—2014 附录 C 式（C.0.2-1）可得：$R_N=\dfrac{U_e}{\sqrt{3}I_R}=\dfrac{U_e}{\sqrt{3}\times 1.1 I_C}=\dfrac{U_e}{\sqrt{3}\times 1.1\times\sqrt{3}U_e\omega C}$
$=\dfrac{10^6}{3\times 1.1\times 314\times 1.46}=661(\Omega)$。老版一次手册第 80 页式（3-1）。本题按老版规范所出，不除 1.1 可精确得到答案 C。

16. C【解答过程】依题意，变压器回路不具备分流作用不算回路数，3 回进线，N–1 工况，有效分流回路按 2 回计算。220kV 系统双母按总有效回路 2 回出线查表。双母线接线可能存在一段检修另一段带全部负荷运行的情况，所以应按离主变压器较远的 I 母避雷器校验安装距离。由图可知，2 号、0 号变压器距 I 母避雷器距离相同，即 175m。1 号主变压器距 I 母线避雷器的距离为：2 个母线间隔+175m=2×13+175=201（m）。由 GB/T 50064—2014 第 5.4.13-6.1)款及表 5.4.13-1 可得避雷器距变压器最大安装距离为 195m。因为 201m 大于 195m，所以 1 号主变压器距 I 母避雷器的安装距离超标，需要加装避雷器。

17. B【解答过程】依题意，避雷针在 L 上移动最远距离 S_{max} 受其保护半径 r_x 限制，最小距离 S_{min} 受空中距离限制。(1) 求 S_{max}。已知 h=35m，按保护 O 点计算 h_x=15m。由 GB/T 50064—2014 第 5.2.1 条得 $P=\dfrac{5.5}{\sqrt{h}}=\dfrac{5.5}{\sqrt{35}}=0.93$。因 h_x<0.5h=17.5m，由 GB/T 50064—2014 式（5.2.1-3）可得 r_x=(1.5×35−2×15)×0.93=20.9(m)；由勾股定理可知避雷针到 O 点的水平距离为 $\sqrt{20.9^2-18^2}$=10.62(m)，至边导线的水平距离为 S_{max}=10.62−4=6.62(m)。(2) 求 S_{min}。依题意，被保护物引线高度为 14m，即 h_j=14，由 GB/T 50064—2014 第 5.4.11-1 条及式（5.4.11-1）可得 S_a≥0.2R_i+0.1h_j=0.2×15+0.1×14=4.4(m)，综上所述 4.4m≤S≤6.62m。

18. A【解答过程】由 GB 50065—2011 附录 A 中第 A.0.2 条可得

$$R_\mathrm{n} = \frac{\rho}{2\pi L}\left(\ln\frac{L^2}{hd} + A\right) = \frac{150}{2\pi \times (2\times 12)}\left[\ln\frac{(2\times 12)^2}{2\times 0.1/2} + 0.89\right] = 9.5~(\Omega)$$

19．B【解答过程】由 GB 50065—2011 式（4.2.2-3）可得，接地装置的接触电位差最大为 U_t=50+0.05 $\rho_\mathrm{S} C_\mathrm{S}$=50+0.05×1000×0.95=97.5(V)。

20．C【解答过程】由 GB/T 620—1997 第 10.3.2-b）款可知，$u_\mathrm{s.s.s} \geqslant K_6 U_\mathrm{p.1}$，无风偏时取 K_6=1.18，所以 $u_\mathrm{s.s.s} \geqslant$ 1.18×618=729.24(kV)，海拔修正系数为 1.13，修正后 $u'_\mathrm{s.s.s}$ = 1.13×729.24 = 824 (kV)。由题意可知，$u_\mathrm{s.s.s}$=317d，所以 $d = \dfrac{824}{317} = 2.6$ (m)。

21．D【解答过程】由 GB/T 620—1997 第 10.3.3-b）款可知，$u_\mathrm{s.p.s} \geqslant K_9 U_\mathrm{p.1}$，范围Ⅱ取 K_9=1.9，所以 $u_\mathrm{s.p.s} \geqslant$1.9×618=1174.2（kV），海拔修正系数为 1.13，修正后 $u'_\mathrm{s.p.s}$ = 1.13×1174.2 = 1326.846 (kV)。由题意可知，$u_\mathrm{s.p.s}$=442d，所以 $d=\dfrac{1326.846}{442} = 3$ (m)。

22．A【解答过程】由 GB/T 50064—2014 第 6.3.3-3 条可知，雷电冲击电压波要求的相间最小空气间隙可取相应对地间隙的 1.1 倍。所以雷电冲击电压波要求的对地最小间隙为 2.55×1.1=2.8(m)。

23．A【解答过程】由 DL/T 5352—2018 图 5.1.2-3 可知，题设所求 X 值为 C 值。由 DL/T 5352—2018 表 5.1.2-1 可得，海拔 1000m 及以下地区 A_1=2.5m，C=5m。依题意，高海拔修正后，A_1=2.7m，所以海拔修正后 C'=5+(2.7-2.5)=5.2(m)。

24．C【解答过程】由 DL/T 5352—2018 图 5.1.2-3 可知，题设所求 Y 值为 B_1 值。由 DL/T 5352—2018 表 5.1.2-1 可得，海拔 1000m 及以下地区 A_1=2.5m，B_1=3.25m；依题意，高海拔修正后，A_1=2.7m。所以海拔修正后 B'_1=3.25+(2.7-2.5)=3.45(m)。

25．C【解答过程】依题意，所求为无励磁变压器回路，由新版《电力工程设计手册 变电站设计》第 76 页表 4-3 可知该回路电流校正系数为 1.05；由 DL/T 5222—2005 附录 E 图 E.6 可得 J=0.46A/mm²。又根据该规范式（E.1-1）可得 $S = \dfrac{I_\mathrm{max}}{J} = 1.05 \times \dfrac{360\times 1000}{\sqrt{3}\times 330 \times 0.46}$ =1437.7 (mm²)，再根据该规范 7.1.6 条规定，应按相邻下挡选择。老版一次手册第 232 页表 6-3。

26．C【解答过程】由 DL/T 5153—2014 第 4.1 条可得 $S_\mathrm{e} = S_\mathrm{A} + S_\mathrm{B} - S_\text{重复} = 969.45 + 822.45 - 674.46 = 1117.4$(kVA)。

27．B【解答过程】由 DL/T 5153—2014 第 4.2.2 条及第 4.2.5 条可得备用变压器容量为 $S_\mathrm{e} = (1+10\%)S_\mathrm{max}=1.1\times 969.45=1066.395$(kVA)，取 1250kVA。

28．C【解答过程】由 DL/T 5153—2014 附录 N 式（N.2.2）可得，电缆长度超过 100m 时，单相短路电流为 $I_\mathrm{d}^{(1)} = I_\mathrm{d100}^{(1)} \times \dfrac{100}{L} = 2300 \times \dfrac{100}{150} = 1533.33$ (A)；根据 DL/T 5153—2014 附录 P 表 P.0.3 可得，断路器过电流脱扣器整定值为 $I_\mathrm{dz} = KI_\mathrm{Q} = 1.35\times 7\times 110=1039.5$（A）；又由该规范式（P.0.3），可得电动机单相短路时保护灵敏系数为 $K_\mathrm{lm} = \dfrac{I_\mathrm{d}^{(1)}}{I_\mathrm{dz}} = \dfrac{1533.33}{1039.5} = 1.475$。

29．B【解答过程】由《电力工程设计手册 火力发电厂电气一次设计》第 221 页式（7-2）

可知应满足：额定热效应≥实际热效应（2401kA²·s）。又由 DL/T 866—2015 第 3.2.7-1 条可知，6kV 系统 TA 额定短路持续时间为 1s，故排除 D 选项。其余三选项 80²×1>63²×1>2401>45²×1，取 63kA，1s 较为合适。

30．C【解答过程】根据 GB/T 17468—2019 第 6.1 条 a）款和 b）款可知，变压器并列运行条件是钟时序列要严格相等，电压和电压比要相同，允许偏差也相同，尽量满足电压比在允许偏差范围内。依题意可知，1 号厂用变压器较 5 号厂用变压器多转 1 点，则化水变压器 A 需要较化水变压器 B 少转 1 点才行，即化水变压器 B 为 0 点。又 380V 应引出中性点，C 选项 Yyn0 符合要求。

31．D【解答过程】由新版线路手册第 303 页表 5-13、表 5-14 可得

$$\gamma_1 = 9.81\frac{p_1}{A} = 9.81 \times \frac{1.511}{451.55} = 0.0328\ [\text{N}/(\text{m}\cdot\text{mm}^2)]\ ;\quad \sigma_0 = \frac{26.87 \times 10^3}{451.55} = 59.51\ (\text{N}/\text{mm}^2)$$

$$\tan\beta = \frac{h}{l} = \frac{110.8 - 25.1}{800} = 0.107125\ ;\quad l_{OB} = \frac{l}{2} - \frac{\sigma_0}{\gamma}\tan\beta = \frac{800}{2} - \frac{59.51}{0.0328} \times 0.107125 = 206\ (\text{m})$$

老版线路手册第 180 页表 3-3-1。

32．B【解答过程】由新版线路手册第 304 页表 5-14 可得

$$f_x = \frac{\gamma x'(l-x')}{2\sigma_0} = \frac{\frac{1.511 \times 9.81}{S} \times 500 \times (800-500)}{2 \times \frac{26.87 \times 10^3}{S}} = \frac{1.511 \times 9.81 \times 500 \times (800-500)}{2 \times 26.87 \times 10^3} = 41.37\ (\text{m})$$

33．B【解答过程】根据题意，如下图所示（单位为 m）。

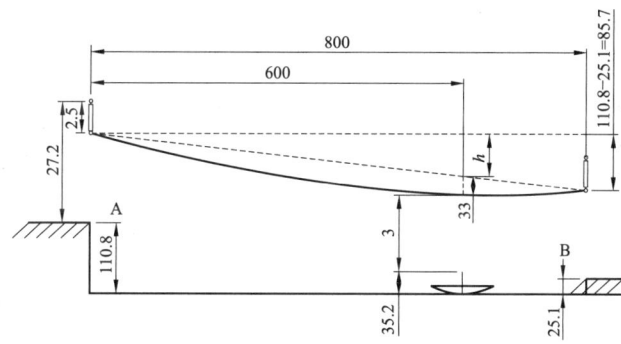

A 和 B 处直线杆塔的呼称高度 h 根据几何关系有

$$h = (33+3+35.2) + (110.8-25.1) \times \frac{600}{800} + 2.5 - 110.8 = 27.175\ (\text{m})$$

34．A【解答过程】由新版线路手册第 765 页式（14-10）可得

$$\theta_A = \arctan\left(\frac{\gamma_c L_{xvc}}{\sigma_c}\right) = \arctan\left(\frac{\frac{1.511 \times 9.8}{A} \times 600}{\frac{26.87 \times 1000}{A}}\right) = 18.3°$$

本题考查导线悬垂角度的计算，为拓展思路，另两种解答方式如下：新版线路手册第 305 页表 5-14（老版线路手册第 181 页表 3-3-1）可得

解法1　　$\theta_A = \arctan\left(\dfrac{\gamma L}{2\sigma_0} + \dfrac{h}{L}\right) = \arctan\left(\dfrac{\dfrac{1.511\times 9.8}{A}\times 800}{2\times \dfrac{26.87\times 1000}{A}} + \dfrac{110.8-25.1}{800}\right) = 18.14°$

解法2　　$\theta_A = \arctan\left(\text{sh}\dfrac{\gamma L_{OA}}{\sigma_0}\right) = \arctan\left(\text{sh}\dfrac{\dfrac{1.511\times 9.8}{A}\times 600}{\dfrac{26.87\times 1000}{A}}\right) = 18.6°$

老版线路手册第605页式（8-2-10）。

35．C【解答过程】由老版线路手册第125页式（2-7-9）可知 $h_c = h - \dfrac{2}{3}f = 80 - \dfrac{2}{3}\times 48 = 48$ (m)。

36．C【解答过程】由新版线路手册第303页表5-13可得

$$\gamma_3 = \dfrac{g_3}{A} = \dfrac{g_1+g_2}{A} = \dfrac{9.8p_1 + 9.8\times 0.9\pi\delta(\delta+d)\times 10^{-3}}{A}$$

$$= \dfrac{9.8\times 1.3075 + 9.8\times 0.9\pi\times 10\times(10+26.82)\times 10^{-3}}{425.24} = 0.0541\ [\text{N}/(\text{m}\cdot\text{mm}^2)]$$

老版线路手册第179页表3-2-3。

37．B【解答过程】由新版线路手册第304页表5-14可得，最高气温时：

$\gamma = \gamma_1 = \dfrac{9.8p_1}{A} = \dfrac{9.8\times 1.3075}{425.24} = 0.0301\ [\text{N}/(\text{m}\cdot\text{mm}^2)]$；$\tan\beta = \dfrac{h}{l}$

$l_1 = \dfrac{l}{2} + \dfrac{\sigma_0}{\gamma}\tan\beta = \dfrac{300}{2} + \dfrac{50}{0.0301}\times\dfrac{30}{300} = 316.1$ (m)；$l_2 = \dfrac{l}{2} - \dfrac{\sigma_0}{\gamma}\tan\beta = \dfrac{250}{2} - \dfrac{50}{0.0301}\times\dfrac{10}{250} = 58.6$ (m)

老版线路手册第180页表3-3-1。

38．A【解答过程】依题意，双分裂导线，由《电力工程设计手册　架空输电线路设计》第469页式（8-17）可得 $G = L_V qn + G_1 + G_2 = 400\times 9.8\times 1.3075\times 2 + 54\times 9.8 + 0 = 10780$ (N)。老版线路手册第327页式（6-2-5）。

39．B【解答过程】由新版线路手册第765页式（14-10）得

$$\theta_1 = \arctan\dfrac{\gamma_c l_{1vc}}{\sigma_c} = \arctan\dfrac{\dfrac{1307.50\times 9.8\times 10^{-3}}{425.24}\times 316.1}{50} = 10.78°$$

$$\theta_2 = \arctan\dfrac{\gamma_c l_{2vc}}{\sigma_c} = \arctan\dfrac{\dfrac{1307.50\times 9.8\times 10^{-3}}{425.24}\times 58.6}{50} = 2.02°$$

$$\theta = \dfrac{1}{2}(\theta_1+\theta_2) = \dfrac{1}{2}\times(10.78°+2.02°) = 6.40°$$

老版线路手册第605页式（8-2-10）。

40．D【解答过程】由新版线路手册第304页表5-14，依题意所求值为 y_{OB}，利用上题计算结果 $l_{OB}=316.1$m，可得 $y_{OB} = \dfrac{\gamma l_{OB}^2}{2\sigma_0} = \dfrac{0.0301\times 316.1^2}{2\times 50} = 30.1$ (m)。

2016年注册电气工程师专业知识试题

（上午卷）及答案

一、单项选择题（共40题，每题1分。每题的备选项中只有1个最符合题意）

1. 在进行电力系统短路电流计算时，发电机和变压器的中性点若经过阻抗接地，须将阻抗增加多少倍后方能并入零序网络？ （ ）
    (A) $\sqrt{3}$ 倍
    (B) 3 倍
    (C) 2 倍
    (D) $\sqrt{3}/2$ 倍

2. 对某220kV变电站的接地装置（铜质）作热稳定校验时，若220kV系统切除接地故障的继电保护装置配置有2套速动主保护，动作时间0.01s，近接地后备保护动作时间0.3s，断路器失灵保护动作时间0.8s，断路器动作时间0.06s，流过接地线的短路电流稳定值为10kA，则按热稳定要求钢质接地线的最小截面不应小于下列哪项数值？（$c=70$） （ ）
    (A) $88mm^2$
    (B) $118mm^2$
    (C) $134mm^2$
    (D) $155mm^2$

3. 以下对单机容量为300MW的发电机组所配直流系统的布置的要求中，下列哪项表述是不正确的？ （ ）
    (A) 机组蓄电池应设专用的蓄电池室，应按机组分列设置
    (B) 机组直流配电柜宜布置在专用直流配电间内，直流配电间宜按单元机组设置
    (C) 蓄电池与大地之间应有绝缘措施
    (D) 全厂公用的2组蓄电池宜布置在一个房间内

4. 变电站中，标称电压110V的直流系统，从直流屏至用电侧末端允许的最大压降为多少？ （ ）
    (A) 1.65V
    (B) 3.3V
    (C) 5.5V
    (D) 7.15V

5. 某变电站选用了400kVA，35/0.4kV无载调压站用变压器，其低压侧进线回路持续工作电流应为多少？ （ ）
    (A) 606A
    (B) 577A
    (C) 693A
    (D) 66A

6. 水电厂设计中，关于低压厂用电系统短路电流计算的表述，下列哪一条是错误的？ （ ）

(A) 应计及电阻

(B) 采用一级电压供电的低压厂用电变压器的高压侧系统阻抗可忽略不计

(C) 在计算主配电屏及重要分配电屏母线短路电流时,应在第一周期内计及异步电动机的反馈电流

(D) 计算0.4kV系统三相短路电流时,回路电压按400V,计算单相短路电流时,回路电压按220V

7. 在发电厂、变电站中,厂(站)低压用电回路在发生短路故障时,重要供电回路中的各级保护电器应有选择性地动作。当低压保护电器采用熔断器且短路电流(周期分量有效值)为4kA时,下列熔件的上下级配合哪组是错误的? ( )

(A) RTo 30/100A 与 RTo 80/100A

(B) RTo 40/100A 与 RTo 100/100A

(C) RTo 60/100A 与 RTo 150/200A

(D) RTo 120/200A 与 RTo 200/200A

8. 火力发电厂和变电站照明网络的接地宜采用下列哪种系统类型? ( )

(A) TN-C-S 系统　　　　　　　(B) TN-C 系统

(C) TN-S 系统　　　　　　　　(D) TT 系统

9. 电力系统在下列哪个条件下才能保证运行的稳定性,维持电网频率、电压的正常水平?
( )

(A) 应有足够的静态稳定储备和有功、无功备用容量,应有合理的电网结构

(B) 应有足够的动态稳定储备和无功补偿容量,电网结构应合理

(C) 应有足够的储备容量,主网线路应装设两套快速保护

(D) 电网结构应可靠,潮流分布应合理

10. 照明设计中使用电感镇流器的高强气体放电灯应装设补偿电容器,补偿后的功率因数不应低于下列哪项? ( )

(A) 0.75　　　　　　　　　　　(B) 0.8

(C) 0.85　　　　　　　　　　　(D) 0.9

11. 某220kV变电站内的消防水泵房与油浸式电容器室相邻,两建筑物为砖混结构,屋檐为非燃烧材料,相邻面两墙体上均未开小窗,则这两建筑物之间的最小距离不得小于下列哪个数值? ( )

(A) 5m　　　　　　　　　　　　(B) 7.5m

(C) 10m　　　　　　　　　　　 (D) 12m

12. 在中性点有效接地方式的系统中,采用自耦变压器时,其中性点应如何接地?
( )

(A)不接地 (B)直接接地
(C)经避雷器接地 (D)经放电间隙接地

13. 一般情况下，装设在超高压线路上的并联电抗器，其作用是下列哪一条？（ ）
(A)限制雷电冲击过电压 (B)限制操作过电压
(C)节省投资 (D)限制母线的短路电流

14. 下列哪项措施对限制三相对称短路电流是无效的？（ ）
(A)将并列运行的变压器改为分列运行
(B)提高变压器的短路阻抗
(C)在变压器中性点加小电抗
(D)在母线分段处加装电抗器

15. 使用在中性点直接接地系统中的高压断路器其首相开断系统应取下列何值？（ ）
(A)1.2 (B)1.3
(C)1.4 (D)1.5

16. 在变电站设计中，校验导体（不包括电缆）的热稳定一般采用下列哪个时间？（ ）
(A)主保护动作时间
(B)主保护动作时间加相应断路器的开断时间
(C)后备保护动作时间
(D)后备保护动作时间加相应断路器的开断时间

17. 在电力电缆工程设计中，10kV 电缆在以下哪一种情况下可采用直埋敷设？（ ）
(A)地下单根电缆与市政公路交叉且不允许经常破路的地段
(B)地下电缆与铁路交叉地段
(C)同一通路少于 6 根电缆，且不经常性开挖的地段
(D)有杂散电流腐蚀的土壤地段

18. 水电厂开关站主母线采用管型母线设计时，为消除由于温度变化引起的危险应力，当采用滑动支持式铝管母线，一般每隔多少米需安装一个伸缩接头？（ ）
(A)20～30 (B)30～40
(C)40～50 (D)50～60

19. 某 110kV 配电装置，其母线和母线隔离开关为高位布置，断路器、互感器等设备布置在母线下方，断路器单列布置，这种布置为下列哪种型式？（ ）
(A)半高型 (B)普通中型
(C)分相中型 (D)高型

20. 下列变电站屋内配电装置的建筑要求，哪一项不符合设计技术规程？（   ）
（A）配电装置室的门应为向外开防火门，相邻配电室之间加有门时，应能向两个方向开启
（B）配电装置室可开固定窗采光，但应采取防止雨、雪、小动物、风沙等进入的措施
（C）配电装置室内有楼层时，其楼面应有防渗水措施
（D）配电装置室的顶棚和内墙应作耐火处理，耐火等级不应小于三级

21. 屋外配电装置架构设计时，对于导线跨中有引下线的构架，从下列哪个电压等级及以上，应考虑导线上人，并分别验算单相作业和三相作业的受力状态？（   ）
（A）66kV
（B）110kV
（C）220kV
（D）330kV

22. 某 10kV 变电站，10kV 母线上接有一台变压器，3 回架空出线，出线侧均装设有避雷器，请问母线上是否需要装设避雷器，若需要装设，避雷器距变压器的距离不宜大于多少？（   ）
（A）需要装设避雷器，且避雷器距变压器的电气距离不宜大于 20m
（B）需要装设避雷器，且避雷器距变压器的电气距离不宜大于 25m
（C）需要装设避雷器，且避雷器距变压器的电气距离不宜大于 30m
（D）不需要装设避雷器，出线侧避雷器可以保护母线设备及变压器

23. 电力系统中的工频过电压一般由线路空载，接地故障和甩负荷等引起，在 330kV 及以上系统中采取下列哪一项措施可限制工频过电压？（   ）
（A）在线路上装设避雷器以限制工频过电压
（B）在线路架构上设置避雷针以限制工频过电压
（C）在线路上装设并联电抗器以限制工频过电压
（D）在线路并联电抗器的中性点与大地之间串接一接地电抗器以限制工频过电压

24. 发电厂人工接地装置的导体，应符合热稳定与均压的要求外，下面列出的按机械强度要求的导体的最小尺寸中，哪项是不符合要求的？（   ）
（A）地下埋设的圆钢直径 8mm
（B）地下埋设的扁钢截面 48mm^2
（C）地下埋设的角钢厚度 4mm
（D）地下埋设的钢管管壁厚度 3.5mm

25. 下列关于高压线路重合闸的表述中，哪项是正确的？（   ）
（A）自动重合闸装置动作后应能自动复归
（B）只要线路保护动作跳闸，自动重合闸就应动作
（C）母线保护动作线路断路器跳闸，自动重合闸就应动作
（D）重合闸动作与否，与断路器的状态无关

26. 变电站、发电厂中的电压互感器二次侧自动开关的选择，下列哪项原则是正确的？
( )
(A) 瞬时脱扣器的动作电流按电压互感器回路的最大短路电流选择
(B) 瞬时脱扣器的动作电流按大于电压互感器回路的最大负荷电流选择
(C) 当电压互感器运行电压为 95%额定电压时自动开关应瞬时动作
(D) 瞬时脱扣器断开短路电流的时间不大于 30ms

27. 某发电厂 300MW 机组的电能计量装置，其电压互感器的二次回路允许电压降百分数不大于下列哪项数值？
( )
(A) 1%～3%　　　　　　　　(B) 0.2%
(C) 0.45%　　　　　　　　　(D) 0.5%

28. 若发电厂 600MW 机组发电机励磁电压为 560V，下列哪种设计方案是合理的？
( )
(A) 将励磁电压测量的变送器放在辅助继电器上
(B) 将励磁回路绝缘监测装置放在就地仪表盘上
(C) 将转子一点接地保护装置放在就地励磁系统灭磁柜上
(D) 将转子一点接地保护装置放在发变组保护柜上

29. 在 110kV 电力系统中，对于容量小于 63MVA 的变压器，由外部相间短路引起的变压器过流，应装设相应的保护装置。保护装置动作后，应带时限动作于跳闸，且应符合相关规定，以下哪条不符合规范要求？
( )
(A) 过电流保护宜用于降压变压器
(B) 复合电压启动的过电流保护宜用于升压变压器、系统联络变压器和过电流不符合灵敏性要求的降压变压器
(C) 低电压闭锁的过电流保护宜用于升压变压器、系统联络变压器和过电流不符合灵敏性要求的降压变压器
(D) 过电流保护宜用于升压变压器、系统联络变压器

30. 对于电力设备和线路短路故障的保护应有主保护和后备保护，必要时可增设辅助保护。请问下列描述中哪条是指后备保护的远后备保护方式？
( )
(A) 当主保护或断路器拒动时，由相邻电力设备或线路的保护实现后备
(B) 当主保护拒动时，由该电力设备或线路的另一套保护实现后备的保护
(C) 当电力设备或线路断路器拒动时，由断路器失灵保护来实现后备保护
(D) 补充主保护和后备保护的性能或当主保护和后备保护退出运行而增设的简单保护

31. 照明线路的导线截面应按计算电流进行选择，某一单相照明回路有 2 只 200W 的卤钨灯和 2 只 150W 的高强气体放电灯，下列哪个计算电流值是正确的？
( )
(A) 3.45A　　　　　　　　　(B) 3.82A

(C) 4.24A　　　　　　　　　　(D) 3.29A

32. 电力系统在运行安全稳定计算分析时，下列哪种情况可不作长过程的动态稳定分析？　　　　　　　　　　　　　　　　　　　　　　　　　　　　（　　）
(A) 系统中有大容量水轮发电机和汽轮发电机经较弱联系并列运行
(B) 大型火电厂某一条500kV送电线路出口发生三相短路，线路保护动作于断路器跳闸
(C) 有大功率周期性冲击负荷
(D) 电网经弱联系线路并列运行

33. 以下对于爆炸性粉尘环境中粉尘分级的表述正确的是？（　　）
(A) 焦炭粉尘为可燃性导电粉尘，粉尘分为ⅢC级
(B) 煤粉尘为可燃性非导电粉尘，粉尘分为ⅢB级
(C) 硫黄粉尘为可燃性非导电粉尘，粉尘分为ⅢA级
(D) 人造纤维为可燃性飞絮，粉尘分为ⅢB级

34. 在电力设施抗震设计地震作用计算时，下列哪一项是可不计算的？（　　）
(A) 体系总重力　　　　　　　　(B) 地震作用与短路电动力的组合
(C) 端子拉力　　　　　　　　　(D) 0.25倍设计风载

35. 电力系统调峰应优先安排下列哪一类站点？（　　）
(A) 火力发电厂　　　　　　　　(B) 抽水蓄能电站
(C) 风力发电场　　　　　　　　(D) 光伏发电站

36. 对于大、中型地面光伏发电站的发电系统不宜采用下列哪项设计？（　　）
(A) 多级汇流　　　　　　　　　(B) 就地升压
(C) 集中逆变　　　　　　　　　(D) 集中并网系统

37. 某线路铁塔采用两串单联玻璃绝缘子串，绝缘子和金具最小机械破坏强度均为70kN，该塔在最大使用荷载工况下最大允许的荷载为多少？（不计绝缘子串的风压和重量）。（　　）
(A) 56.0kN　　　　　　　　　　(B) 75.2kN
(C) 91.3kN　　　　　　　　　　(D) 51.9kN

38. 某500kV输电线路，设计基本风速27m/s，覆冰10mm，导线采用4×JL/GIA-500/45，导线直径30mm，单位重量16.53N/m，覆冰重量11.09N/m，导线最大使用张力48378N，平均运行张力30236N，计算档距为500m时导线悬挂点间的最大允许高差是多少？提示：代表档距大于300mm导线时最大使用张力为覆冰工况控制。（　　）
(A) 121.6m　　　　　　　　　　(B) 153.2m
(C) 165.6m　　　　　　　　　　(D) 195.8m

39. 某500kV线路导线采用4分裂630/45钢芯铝绞线,其单位重量为2.06kg/m,在设计杆塔时,计算得出大风工况($t=5℃$,$v=27m/s$,$b=0mm$)下导线的风偏角为38°。请问,跳线的风偏角为多少度? ( )
（A）38° （B）43°
（C）52° （D）58°

40. 关于高压送电线路的无线电干扰,下列哪项表述是错误的? ( )
（A）无线电干扰（RI）随着海拔的增加而增加
（B）无线电干扰（RI）随着远离线路而衰减
（C）雨天无线电干扰（RI）较晴天的增加量随着频率的增加有增大的趋势
（D）随着距边导线横向距离的增加,无线电干扰（RI）比可听噪声衰减快

二、多项选择题（共30题,每题2分。每题的备选项中有2个或2个以上符合题意。错选、少选、多选均不得分）

41. 某地区电网计划新建一座220kV变电站,安装3台180MVA、220/110/10kV主变压器,变压器高、中、低压侧的容量分别为额定容量的100%、100%、30%,下列哪些措施可限制变电站10kV母线侧短路电流? ( )
（A）将主变压器低压侧容量改为50%
（B）提高变压器阻抗值
（C）变压器220kV、110kV侧中性点不接地
（D）10kV母线分段运行

42. 变电站设计中,在选择站用变压器容量作负荷统计时,应计算的负荷是 ( )
（A）连续运行设备的负荷 （B）经常短时运行设备的负荷
（C）不经常短时运行设备的负荷 （D）不经常断续运行设备的负荷

43. 电缆夹层中的灭火介质应采用下列哪几种? ( )
（A）水喷雾 （B）细水雾
（C）气体 （D）泡沫

44. 某变电站中,主变压器的220kV套管侧的引线采用LGJ-300钢芯铝绞线,布置在户内,该引线必须对下列哪几项条件进行校验? ( )
（A）环境温度 （B）污秽
（C）电晕 （D）动稳定

45. 下列关于电压互感器开口三角绕组引出端的接地方式中,哪几项是不正确的? ( )
（A）引出端之一一点接地 （B）两个引出端分别接地
（C）接地引线经空气开关接地 （D）两个引出端经熔断器接地

46．在变电站中，下列哪些措施属于电气节能措施？　　　　　　　　　　　（　　）
（A）站内变压器采用单位损耗低的铁芯材料
（B）110kV 主变压器采用强迫油循环风冷冷却方式
（C）高压并联电抗器取消冷却油泵
（D）220kV 主变压器采用自冷冷却方式

47．下列低压配电系统接地表述中，哪些是正确的？　　　　　　　　　　（　　）
（A）对用电设备采用单独的 PE 和 N 的多电源 TN-C-S 系统，应在变压器中性点或发电机星型点直接接地
（B）TT 系统中，装置的外露可导电部分应与电源系统中性点接至同一接地极上
（C）IT 系统可经足够高的阻抗接地
（D）建筑物处的低压系统电源中性点，电气装置外露导电部分的保护接地、保护等电位联结的接地极等，可与建筑物的雷电保护接地共用同一接地装置

48．线路设计中，下列关于盘型绝缘子机械强度的安全系数表述，哪些是不正确的？
　　　　　　　　　　　　　　　　　　　　　　　　　　　　　　　　　（　　）
（A）在断线时盘型绝缘子机械强度的安全系数不应小于 1.5
（B）在断线时盘型绝缘子机械强度的安全系数不应小于 1.8
（C）在断联时盘型绝缘子机械强度的安全系数不应小于 1.5
（D）在断联时盘型绝缘子机械强度的安全系数不应小于 1.8

49．某变电站的接地网均压带采用等间距布置，接地网的外缘各角闭合，并做成圆弧形，如均压带间距为 20m，圆弧半径可为下列哪些数值？　　　　　　（　　）
（A）20m　　　　　　　　　　　　　（B）15m
（C）10m　　　　　　　　　　　　　（D）8m

50．下列关于水电厂厂用变压器的型式选择表述中，哪几条是正确的？　　（　　）
（A）当厂用变压器与离相封闭母线分支连接时，宜采用单相干式变压器
（B）当厂用变压器布置在户外时，宜采用油浸式变压器
（C）选择厂用变压器的接线组别时，厂用电电源间相位宜一致
（D）低压厂用变压器宜选用 Yyn0 联结组别的三相变压器

51．某 330kV 变电站具有三种电压，在下列哪些条件下，宜采用有三个电压等级的三绕组变压器或自耦变压器？　　　　　　　　　　　　　　　　　　　　（　　）
（A）通过主变压器各侧绕组的功率达到该变压器额定容量的 18%
（B）系统有穿越功率
（C）第三绕组需要装设无功补偿设备
（D）需要中压侧线端调压

52. 在变电站敞开式配电装置的设计中，下列哪些原则是正确的？　　（　　）
（A）110～220kV 配电装置母线避雷器和电压互感器宜合用一组隔离开关
（B）330kV 及以上进出线装设的避雷器不装设隔离开关
（C）330kV 及以上进出线装设的电压互感器不装设隔离开关
（D）330kV 及以上母线电压互感器应装设隔离开关

53. 对 300MW 及以上的汽轮发电机宜采用程序跳闸方式的保护是下列哪几种？（　　）
（A）发电机励磁回路一点接地保护　　（B）发电机高频率保护
（C）发电机逆功率保护　　　　　　　（D）发电机过电压保护

54. 下列关于消防联动控制的表述中，哪几项是正确的？　　（　　）
（A）消防联动控制器应能按规定的控制逻辑向各相关的受控设备发出联动控制信号，并接受相关设备的联动反馈信号
（B）消防水泵、防烟和排烟风机的控制设备，除应采用联动控制方式外，还应在消防控制室设置手动直接控制装置
（C）启动电流较大的消防设备宜分时启动
（D）需要火灾自动报警系统联动控制的消防设备，其联动触发信号应采用两个独立的报警触发装置报警信号的"或"逻辑组合

55. 对于变电站高压配电装置的雷电侵入波过电压保护，下列哪些表述是正确的？（　　）
（A）多雷区 66～220kV 敞开式变电站，线路断路器的线路侧宜安装一组 MOA
（B）多雷区电压范围Ⅱ变电站的 66～220kV 侧，线路断路器的线路侧宜安装一组 MOA
（C）全线架设地线的 66～220kV 变电站，当进线的断路器经常断路运行，同时线路侧又带电时，宜在靠近断路器处安装一组 MOA
（D）未沿全线架设地线的 35～110kV 线路，在雷季，变电站 35～110kV 进线的断路器经常断路运行，同时线路侧又带电，宜在靠近断路器处安装一组 MOA

56. 铝钢截面比不小于 4.29 的钢芯铝绞线，在下列哪些条件下需要采取防振措施？（　　）
（A）挡距不超过 500m 的开阔地区，平均运行张力的上限小于拉断力的 16%
（B）挡距不超过 600m 的开阔地区，平均运行张力的上限小于拉断力的 16%
（C）挡距不超过 500m 的非开阔地区，平均运行张力的上限小于拉断力的 18%
（D）挡距不超过 600m 的非开阔地区，平均运行张力的上限小于拉断力的 18%

57. 发电厂、变电站中，在均衡充电运行的情况下，直流母线电压应满足下列哪些要求？
　　（　　）
（A）对专供动力负荷的直流系统，应不高于直流系统标称电压的 112.5%
（B）对专供控制负荷的直流系统，应不高于直流系统标称电压的 110%
（C）对控制和动力合用的直流系统，应不高于直流系统标称电压的 110%
（D）对控制和动力合用的直流系统，应不高于直流系统标称电压的 112.5%

58. 在火力发电厂中,当动力中心(PC)和电动机控制中心(MCC)采用暗备用供电方式时,应符合下列哪些规定? （   ）
(A) 低压厂用变压器,动力中心和电动机控制中心宜成对设置,建立双路电源通道
(B) 2台低压厂用变压器间互为备用时,宜采用自动切换
(C) 成对的电动机控制中心,由对应的动力中心单电源供电
(D) 成对的电动机分别由对应的动力中心和电动机控制中心供电

59. 电力工程中,按冷却方式划分变压器的类型,下列哪几种是正确的? （   ）
(A) 自冷变压器,强迫油循环自冷变压器
(B) 风冷变压器,强迫油循环风冷变压器
(C) 水冷变压器,强迫油循环水冷变压器
(D) 强迫导向油循环风冷变压器,强迫导向油循环水冷变压器

60. 在变电站的750kV户外配电装置中,最小安全净距 D 值是指哪项? （   ）
(A) 不同时停电检修的两平行回路之间水平距离
(B) 带电导体到围墙顶部
(C) 无遮拦裸导体至建筑物、构筑物顶部之间
(D) 带电导体至建筑物边缘

61. 在220kV无人值班变电站的照明种类一般可分为下列哪几项? （   ）
(A) 正常照明 (B) 应急照明
(C) 警卫照明 (D) 障碍照明

62. 对于大、中型光伏发电站的逆变器应具备下列哪些功能? （   ）
(A) 有功功率连续可调 (B) 无功功率连续可调
(C) 频率连续可调 (D) 低电压穿越

63. 在电网频率发生异常时,下列哪些条件满足光伏电站运行要求? （   ）
(A) 30MW光伏电站,当48Hz≤f<49.5Hz,可以连续运行11min
(B) 50MW光伏电站,当48Hz≤f<49.5Hz,可以连续运行9min
(C) 20MW光伏电站,当f≥50.5Hz,0.2s内停止向电网送电,且不允许停运状态的光伏发电站并网
(D) 5MW光伏电站,当49.5Hz≤f≤50.2Hz时,可根据光伏电站逆变器运行允许的频率而定

64. 发电厂、变电站中,220V和110V直流电源系统不应采用下列哪几种接地方式? （   ）
(A) 直接接地 (B) 不接地
(C) 经小电阻接地 (D) 经高阻接地

65. 发电厂、变电站中，正常照明网络的供电方式应符合下列哪些规定？（　　）
(A) 单机容量为 200MW 以下机组，低压厂用电中性点为直接接地系统时，主厂房的正常照明由动力和照明网络共用的低压厂用变压器供电
(B) 单机容量为 200MW 及以上机组，低压厂用电中性点为非直接接地系统时，主厂房的正常照明由高压系统引接的集中照明变压器供电
(C) 辅助车间的正常照明宜采用与动力系统共用变压器供电
(D) 变电站正常照明宜采用动力与照明分开的变压器供电

66. 电力工程中，当 500kV 导体选用管形导体时，为了消除管形导体的端部效应，可采用下列哪些措施？（　　）
(A) 适当延长导体端部
(B) 管形导体内部加装阻尼线
(C) 端部加装消振器
(D) 端部加装屏蔽电极

67. 在高土壤电阻率地区，发电厂、变电站可采取下列哪些降低接地电阻的措施？（　　）
(A) 当在发电厂、变电站 3km 以内有较低电阻率的土壤时，可敷设引外接地极
(B) 当地下较深处的土壤电阻率较低时，可采用井式或深钻式接地极
(C) 填充电阻率较低的物质或降阻剂
(D) 敷设水下接地网

68. 对于爆炸性危险环境的电气设计，以下哪些做法是正确的？（　　）
(A) 在爆炸性环境中，低压电力电缆中性线的额定电压应与相线电压相等
(B) 在 1 区内的电力电缆可采用截面 $1.5mm^2$ 的铜芯电缆
(C) 在 1 区内的控制电缆可采用截面 $2.5mm^2$ 的铜芯电缆
(D) 在爆炸性环境中，引向 380V 鼠笼型感应电动机支线的长期允许载流量不应小于断路器长延时过电流脱扣器整定电流的 1.25 倍

69. 在发电厂、变电站设计中，下列过电压限制措施表述哪些是正确的？（　　）
(A) 工频过电压可通过加装线路并联电抗器措施限制
(B) 谐振过电压应采用氧化锌避雷器限制
(C) 合闸过电压主要采用装设断路器合闸电阻和氧化锌避雷器限制
(D) 切除空载变压器产生的过电压可采用氧化锌避雷器限制

70. 在海拔不超过 1000m 地区，500kV 线路的导线分裂数及导线型号为以下哪些项时可不验算电晕？（　　）
(A) 2×JL/GIA 630/45
(B) 3×JL/GIA 400/50
(C) 4×JL/GIA 300/40
(D) 1×JL/GIA 630/45

答 案

一、单项选择题

1. B

依据：新版变电手册第 62 页表 3-10。或老版一次手册第 142 页表 4-17。当发电机或变压器中性点经阻抗接地时，应将该阻抗的 3 倍阻抗接入零序网络。

2. C

依据：《交流电气装置的接地设计规范》(GB 50065—2011) 附录 E 得 $t_e = t_m + t_f + t_o = 0.01 + 0.8 + 0.06 = 0.87(s)$

$$s_g \geq \frac{I_g}{C}\sqrt{t_e} = \frac{10\times 10^3}{70}\times\sqrt{0.87} = 133.2 \text{ (mm}^2)$$

3. D

依据：《电力工程直流电源系统设计技术规程》(DL/T 5044—2014) 第 7.1.1 条、第 7.1.6 条、第 7.3.2 条。D 项应为"宜布置在不同房间内"。

4. D

依据：《电力工程直流电源系统设计技术规程》(DL/T 5044—2014) 附录表 E.2.2 中因未说明是按分层辐射供电，所以一般按集中辐射供电，最大压降为 6.5%U_n=6.5%×110=7.15（V）。

5. A

新版变电手册第 76 页表 4-3 或老版一次手册第 232 页表 6-3 得 $I_g = 1.05\dfrac{S_e}{\sqrt{3}U_e} = 1.05\times\dfrac{400}{\sqrt{3}\times 0.4} = 606(A)$。

6. C

依据：《水力发电厂厂用电设计规程》(NB/T 35044—2014) 第 4.2.1 条。其中 C 项应计及 20kW 以上异步电动机的反馈电流。

7. D

依据：《火力发电厂厂用电设计技术规定》(DL/T 5153—2014) 第 6.5.5 条及附录 P.0.1、表 P.0.1。D 项应为 RTo-120/200A 与 RTo-250/200A。查表的方法：短路电流作为纵坐标，横坐标查熔件额定电流，连线两端的额定电流就是上下级配合的数值。

8. A

依据：《发电厂和变电站照明设计技术规定》(DL/T 5390—2014) 第 8.9.2 条。

9. A

依据：《电力系统安全稳定导则》(DL/T 755—2001) 第 2.1.1 条、第 2.1.2 条。

10. C

依据：《发电厂和变电站照明设计技术规定》(DL/T 5390—2014) 第 10.0.3 条。

11. B

依据：《火力发电厂与变电站设计防火规范》(DL/T 50229—2006) 表 11.1.1 可知消防水

泵房为戊二级，由表 11.1.4 可知消防水泵房与油浸式电容器室之间的防火距离为 10m，由注 2 可知本题该距离可以缩短 25%，即 7.5m。

12．B

依据：新版一次手册第 43 页二或新版变电手册第 25 页第 2-3 节二（1）。或老版一次手册第 70 页第 2-7 节二（1）"自耦变中性点直接接地或经小电抗接地"。

13．B

依据：新版变电手册 P190 第 6-5 节一、(1)。或老版一次手册 P532 第 9-6 节一、(1)。

14．C

依据：新版一次手册第 123 页表 4-15，第 124 页式 4-40 或新版变电手册第 62 页表 3-10，第 64 页式（3-35）。或老版一次手册第 142 页表 4-17，第 144 页式（4-42）中可知，中性点小电抗是零序网络中的阻抗。三相短路时，短路阻抗中只包含正序阻抗，故中性点小电抗对三相短路无作用。

15．B

依据：《导体和电器选择设计技术规定》（DL/T 5222—2021）第 7.2.2 条。

16．B

依据：《导体和电器选择设计技术规定》（DL/T 5222—2021）第 3.0.15 条。

17．C

依据：《电力工程电缆设计规程》（GB 50217—2018）第 5.2.2-1 条、第 5.2.2-3 条、第 5.2.3-1 条可知 A 与 B 项应穿管，D 项不得直埋。

18．B

依据：《导体和电器选择设计技术规定》（DL/T 5222—2021）第 5.3.9 条。

19．A

依据：新版一次手册第 425 页第 10-4 节第（二）部分半高型布置的特点就是母线抬高，断路器和互感器在母线下面。或老版一次手册第 607 页第 10-3 节第（二）部分半高型布置的特点就是母线及隔离开关抬高，断路器和互感器在母线下面。

20．D

依据：《高压配电装置设计技术规程》（DL/T 5352—2018）第 6.1.5 条～第 6.1.8 条。其中 D 项应为"耐火等级不应低于二级"。A 项在 2018 版规范中改为："应为乙级防火门，上述房间中间隔墙上的门可为不燃烧材料制作的门。"

21．B

依据：《高压配电装置设计技术规程》（DL/T 5352—2018）第 6.2.3 条。

22．B

依据：《交流电气装置的过电压保护和绝缘配合设计规范》（GB/T 50064—2014）第 5.4.13-12 条表 5.4.13-2 中可知"10kV 配电装置应在每条母线和出线上装设避雷器，且 3 回出线时避雷器距变压器的电气距离不宜大于 25m"。

23．C

依据：《交流电气装置的过电压保护和绝缘配合设计规范》（GB/T 50064—2014）第 4.1.3-3 条。

24．A

依据：《交流电气装置的接地设计规范》（GB 50065—2011）第4.3.4条、表4.3.4-1及注1、2。但本题出得不是很完善，D选项未注明是"埋于土壤"（3.5mm）还是"埋于室内混凝土地坪"（2.5mm）。而依据老版一次手册第925页表16-18则全部符合要求，当规范与手册有冲突时，应按规范答题。按本题的意图选A可能比较符合出题者的意思。

25．A

依据：《火力发电厂、变电所二次接线设计技术规程》（DL/T 5136—2012）第6.3.1条。B项重合闸应按保护的启动方式来进行启动，比如单相重合闸方式，相间距离保护动作后应闭锁重合闸，而不是启动重合闸；C项应闭锁重合闸；D项重合闸有断路器位置不对应启动，当断路器处于不正常状态，如液压气压低至一定值时应闭锁重合闸。

26．B

依据：《火力发电厂、变电所二次接线设计技术规程》（DL/T 5136—2012）第7.2.9。C项应为90%；D项为20ms。

27．B

依据：《电力装置的电测量仪表装置设计规范》（GB/T 50063—2008）第4.1.2条可知本电厂为Ⅰ类电能计量装置，由《火力发电厂、变电所站二次接线设计技术规程》（DL/T 5136—2012）第7.5.6条可知答案为B。

28．C

依据：规范出处没找到，根据现场经验判断。

29．D

依据：《电力装置继电保护和自动装置设计规范》（GB/T 50062—2008）第4.0.5条。

30．A

依据：《继电保护和安全自动装置技术规程》（GB/T 14285—2006）第4.1.1.2条、第4.1.1.3条。BC项是近后备；D项是辅助保护。GB/T 14285—2023已更改相关内容。

31．D

依据：《发电厂和变电站照明设计技术规定》（DL/T 5390—2014）第8.6.2条。此条忽略了气体放电灯回路的附件损耗系数0.2。

卤钨灯回路：$I_{js1}=\dfrac{2\times200}{220}=1.82$（A）

气体放电灯回路：$I_{js2}=\dfrac{2\times150}{220\times0.85}=1.60$（A）

线路计算电流：$I_{js}=\sqrt{(I_{js1}+0.85I_{js2})^2+(0.527J_{js2})^2}=3.29$（A）

32．B

依据：《电力系统安全稳定导则》（DL/T 755—2001）第4.5.2条。ACD均为应作长过程的动态稳定分析。

33．A

依据：《爆炸危险环境电力装置设计规范》（GB 50058—2014）第4.1.2条及附录E表E可知A是正确的。煤粉尘为导电粉尘ⅢC级，硫黄粉尘ⅢB级，人造纤维为ⅢA级。

34．B

依据：《电力设施抗震设计规范》（GB 50260—2013）第6.2.7条。

35．B

依据：《电力系统设计技术规程》（DL/T 5429—2009）第 5.3.2 条。抽水蓄能电站调节性能好。

36．C

依据：《光伏发电站设计规范》（GB 50797—2012）第 6.1.1 条。

37．D

依据：《架空输电线路电气设计规程》（DL/T 5582—2020）第 8.0.1 条、第 8.0.2 条。

绝缘子最大使用荷载：$T_1 = \dfrac{T_R}{K_1} = \dfrac{2 \times 70}{2.7} = 51.9$ (kN)。

金具最大使用荷载：$T_2 = \dfrac{T_R}{K_2} = \dfrac{2 \times 70}{2.5} = 56$ (kN)。

$T_1 < T_2$，因此取绝缘子最大使用荷载 51.9kN。

38．C

依据：新版线路手册第 765 页式（14-9）。或老版线路手册第 605 页式（8-2-9）。本题考查输电线路定位检查部分内容，对于山区线路，如果高差过大，应检查导线与地线的悬挂点应力和悬垂角是否超过允许值。本题在给定相应条件下计算允许高差，选择比载时应选择自重力和冰重力比载。手册上规定悬挂点比最低点应力高 10%，此处应按规范规定选择为 2.5/2.25 代入进行计算。

$$h = \text{sh}\left[\text{ch}^{-1}\left(\dfrac{\sigma_p}{\sigma_m}\right) - \dfrac{\gamma l}{2\sigma_m}\right]\dfrac{2\sigma_m}{\gamma}\text{sh}\dfrac{\gamma l}{2\sigma_m}$$

$$= \text{sh}\left[\text{ch}^{-1}\left(\dfrac{2.5}{2.25}\right) - \dfrac{(16.53+11.09) \times 500/A}{2 \times 48378/A}\right] \times \dfrac{2 \times 48378/A}{(16.53+11.09)/A}\text{sh}\dfrac{(16.53+11.09) \times 500/A}{2 \times 48378/A}$$

$$= 165.6 \text{ (m)}$$

39．C

依据：GB 50545—2010 表 10.1.18-1 注：对跳线计算，α 宜取 1.0。依题意，风速 27m，杆塔风偏计算用 α 为 0.61，此时风偏角为 38°，对于跳线 α 取 1.0，单位垂直荷载和单位水平荷载均不变，所以跳线的风偏角为 arctan（tan38/0.61）=52.02°，所以选 C。新版 DL/T 5582—2020 第 9.3 节已更改风荷载计算公式。DL/T 5582—2020 对风荷载计算已经更改。

40．C

依据：新版线路手册第 83 页第 2 点"频率修正"式（3-97）知 B 正确；由第 3 点"天气修正"可知 C 项应为减少；由第 85 页式 3-107 可知 A 正确、由第 97 页第三章第三部分第（一）条可知 D 正确。或老版线路手册第 38 页第 2 点"频率修正"式（2-3-4）知 B 正确；由第 3 点"天气修正"可知 C 项应为减少；由第 39 页第 2-3-13 条可知 A 正确、由第 50 页第二章第三部分第（一）条可知 D 正确。

二、多项选择题

41．BD

依据：新版变电手册第 52 页式（3-8）或老版一次手册第 120 页式（4-8），可知当变压器容量变大后，其阻抗会降低；本题 B、D 选项均使短路阻抗增加，短路电流减小。10kV 系统为不直接接地系统，故主变高压侧的中性点接地方式和 10kV 母线短路电流无关。

42．AB

依据：《220kV～1000kV 变电站站用电设计技术规定》（DL/T 5155—2016）第 4.1.1 条、第 4.1.2 条。

43．ABC

依据：《火力发电厂与变电站设计防火规范》（GB 50229—2006）第 7.1.8 条及表 7.1.8。

44．AD

依据：《导体和电器选择设计技术规定》（DL/T 5222—2005）第 7.1.1 条、第 7.1.2 条、第 7.1.7 条及表 7.1.7。屋内不校验 B；C 符合不校验电晕的条件。新版规范（DL/T 5222—2021）已修改相关内容。

45．BCD

依据：《火力发电厂、变电所站二次接线设计技术规程》（DL/T 5136—2012）第 5.4.18-4 条。应一点接地且接地引线上不应串接有断开可能的设备。

46．ACD

依据：《220kV～750kV 变电所设计技术规范》（DL/T 5218—2012）第 13.2 条。B 项应为自然油循环风冷。

47．CD

依据：《交流电气装置的接地设计规范》（GB 50065—2011）第 7.1.2-2-1）条、第 7.1.3 条、第 7.2.11 条、第 7.1.4 条。A 项"对用电设备采用单独的 PE 和 N 的多电源 TN-C-S 系统，不应在变压器中性点或发电机星形点直接对地连接"；B 项"TT 系统中，装置的外露可导电部分应接到在电气上独立于电源系统接地的接地极上"。

48．AD

依据：《架空输电线路电气设计规程》（DL/T 5582—2020）第 8.0.1 条。

49．ABC

依据：《交流电气装置的接地设计规范》（GB 50065—2011）第 4.3.2-1 条"圆弧的半径不宜小于均压带间距的 1/2"。

50．ABC

依据：《水力发电厂厂用电设计规程》（NB/T 35044—2014）第 5.3 条。D 项应为 Dyn11。

51．AC

依据：《220kV～750kV 变电所设计技术规范》（DL/T 5218—2012）第 5.2.4 条。

52．ABC

依据：《高压配电装置设计技术规程》（DL/T 5352—2018）第 2.1.5 条。D 项应为"330kV 及以上母线电压互感器不宜装设隔离开关"。

53．AB

依据：《继电保护和安全自动装置技术规程》（GB/T 14285—2023）第 5.2.1.11.3 条，A 正确；第 5.2.1.15.2 条，B 正确；第 5.2.1.14.1 条，C 错误；第 5.2.1.6.2 条，D 错误。

54．ABC

依据：《火灾自动报警系统设计规范》（GB 50116—2013）第 4.1.1 条、第 4.1.4 条、第 4.1.5 条、第 4.1.6 条。D 项应为"与"逻辑。

55．BC

依据：《交流电气装置的过电压保护和绝缘配合设计规范》（GB/T 50064—2014）第 5.4.13 条第 4、3、2 款。A 项应指明是"66～220kV 侧线路断路器的线路侧宜安装一组 MOA"；D 项"宜"应为"应"。

56．BD

依据：《架空输电线路电气设计规程》（DL/T 5582—2020）第 5.2.1 条。

57．ABC

依据：《电力工程直流电源系统设计技术规程》（DL/T 5044—2014）第 3.2.3 条。

58．ACD

依据：《火力发电厂厂用电设计技术规定》（DL/T 5153—2014）第 3.10.5-2 条。B 项为"应"。其中暗备用即为互为备用。

59．BD

依据：《电力变压器选用导则》（GB/T 17468—2008）第 4.10.1 条。A 项为强迫油循环风冷变压器；C 项为强迫导向油循环风冷变压器。

60．ABD

依据：《高压配电装置设计技术规程》（DL/T 5352—2018）附录表 5.1.2-2。

61．ABC

依据：《火力发电厂和变电站照明设计技术规定》（DL/T 5390—2014）第 2.1.10 条、第 2.1.11 条、第 2.1.14 条、第 2.1.15 条、第 3.2.1 条。障碍照明是安装在可能危及航行安全的建筑物或构筑物上的标志灯，所以无人值班变电站不需要装设。

62．ABD

依据：《光伏发电站设计规范》（GB 50797—2012）第 6.3.5 条。

63．AC

依据：《光伏发电站设计规范》（GB 50797—2012）第 6.2.3 条、第 9.2.4 条及表 9.2.4。AC 项为中型光伏电站，B 为大型，而 D 为小型光伏电站。A 项超过了 10min，正确，而 B 项小于 10min，错误；D 项应在 0.2s 以内停止向电网线路送电。

64．ACD

依据：《电力工程直流电源系统设计技术规程》（DL/T 5044—2014）第 3.5.6 条。应采用不接地方式。

65．ABC

依据：《火力发电厂和变电站照明设计技术规定》（DL/T 5390—2014）第 8.2.1 条第 1～4 款。D 项应为"共用"。

66．AD

依据：《导体和电器选择设计技术规定》（DL/T 5222—2021）第 5.3.7 条。

67．BCD

依据：《交流电气装置的接地设计规范》（GB/T 50065—2011）第 4.3.1-4 条。A 项应为"2km"以内。

68．AC

依据：《爆炸危险环境电力装置设计规范》（GB 50058—2014）第 5.4.1 条及表 5.4.1-1。B

项应为"2.5mm²"; C项规范规定最小截面积应为 1.0mm², 显然 2.5mm² 满足要求; D项应为"长期允许载流量不应小于电动机额定电流的 1.25 倍"。

69. ACD

依据:《交流电气装置的过电压保护和绝缘配合设计规范》(GB/T 50064—2014)第 4.1.3 条、第 4.2.1-5 条、第 4.2.5 条、第 4.1.5 条谐振过电压时间太久,不能用 MOA 来限制。注: A 和 C 同样适用范围 I。

70. BC

依据:《110kV～750kV 架空输电线路设计规范》(GB 50545—2010)第 5.0.2 条及新版线路手册第 792 页表 B-1 查得各钢芯铝绞线的外径如下: JL/GIA 630/45 为 33.8mm; JL/GIA 400/50 为 27.6mm; JL/GIA 300/40 为 23.9mm。或老版线路手册第 770～771 页表 11-2-1 查得各钢芯铝绞线的外径如下: JL/GIA 630/45 为 33.6mm; JL/GIA 400/50 为 27.63mm; JL/GIA 300/40 为 23.94mm。新版规范 DL/T 5582—2020 第 5.1.3-1 条已更改表格内容。

2016 年注册电气工程师专业知识试题

（下午卷）及答案

一、单项选择题（共 40 题，每题 1 分。每题的备选项中只有 1 个最符合题意）

1. 某 500kV 变电站高压侧配电装置采用一个半断路器接线，安装主变压器 4 台，以下表述正确的是哪项？　　　　　　　　　　　　　　　　　　　　　　　　　　（　　）

   （A）所有变压器必须进串
   （B）1 台变压器进串即可
   （C）其中 2 台进串，其他变压器可不进串，直接经断路器接母线
   （D）其中 3 台进串，另 1 台变压器不进串，直接经断路器接母线

2. 某地区规划建设一座容量为 100MW 的风电场，拟以 110kV 电压等级并入电网，关于电气主接线以下哪个方案最为合理经济？　　　　　　　　　　　　　　　　　（　　）

   （A）采用 2 台 50MVA 升压主变压器，110kV 采用单母线接线，以一回 110kV 线路并网
   （B）采用 1 台 100MVA 主变压器，110kV 采用单母线接线，以二回 110kV 线路并网
   （C）采用 2 台 50MVA 主变压器，110kV 采用桥形接线，以二回 110kV 线路并网
   （D）采用 1 台 100MVA 主变压器，110kV 采用线路变压器组接线，以一回 110kV 线路并网

3. 某变电站有两台 180MVA、220/110/10kV 主变压器，为限制 10kV 出线的短路电流，下列采取的措施中不正确的是　　　　　　　　　　　　　　　　　　　　（　　）

   （A）变压器并列运行　　　　　　（B）在变压器 10kV 回路装设电抗器
   （C）采用分裂变压器　　　　　　（D）在 10kV 出线上装设电抗器

4. 对 TP 类电流互感器，下列哪一级电流互感器对剩磁可以忽略不计？　　　（　　）

   （A）TPS 级电流互感器　　　　　（B）TPX 级电流互感器
   （C）TPY 级电流互感器　　　　　（D）TPZ 级电流互感器

5. 在变电站设计中，高压熔断路可以不校验以下哪个项目？　　　　　　　　（　　）

   （A）环境温度　　　　　　　　　（B）相对湿度
   （C）海拔　　　　　　　　　　　（D）地震烈度

6. 某 750kV 变电站，根据电力系统调度安全运行、监控需要装设调度自动化设备，以下哪项不属于调度自动化设备？　　　　　　　　　　　　　　　　　　　　　（　　）

（A）远动通信设备　　　　　　　　（B）同步相量测量装置
（C）电能量计量装置　　　　　　　（D）安全自动控制装置

7. 电力工程中，330kV 配电装置的软导体宜选用下列哪种？　　　　　　（　　）
（A）钢芯铝绞线　　　　　　　　　（B）空心扩径导线
（C）双分裂导线　　　　　　　　　（D）多分裂导线

8. 在发电厂或变电站的二次线设计中，下列哪种回路应合用一根控制电缆？（　　）
（A）交流断路器分相操作的各项弱电控制回路
（B）每组电压互感器二次绕组的相线和中线
（C）双重化保护的两套电流回路
（D）低电平信号与高电平信号回路

9. 某变电站的 500kV 户外配电装置中选用了 2×LGJQT-1400 双分裂软导线，其中一间隔的架空双分裂软导线跨距长 63m，临界接触区次挡距长 16m。此跨距中架空导线的间隔棒间距不可选：　　　　　　　　　　　　　　　　　　　　　　　　　　　　（　　）
（A）16m　　　　　　　　　　　　（B）20m
（C）25m　　　　　　　　　　　　（D）30m

10. 装置在海拔 2000m 的 220kV 配电装置，其带电部分至接地部分之间最小安全距离可取下列何值？　　　　　　　　　　　　　　　　　　　　　　　　　　　（　　）
（A）1800m　　　　　　　　　　（B）1900m
（C）2000m　　　　　　　　　　（D）2550m

11. 对于一台 1000kVA 室内油浸变压器的布置，若考虑就地检修，设计采用的最小允许尺寸中，下列哪一项是不正确的？　　　　　　　　　　　　　　　　　（　　）
（A）变压器与后壁间 600m
（B）变压器与侧壁间 1400m
（C）变压器与门间 1600m
（D）室内高度按吊芯所需的最小高度加 700m

12. 某 750kV 变电站中，一组户外布置的 750kV 油浸式主变压器与一组 35kV 集合式电容器之间无防火墙，其防火净距不应小于多少？　　　　　　　　　　　（　　）
（A）5m　　　　　　　　　　　　（B）8m
（C）10m　　　　　　　　　　　（D）12m

13. 对于光伏发电站的光伏组件采用点聚焦跟踪系统时，其跟踪精度不应低于多少？
（　　）
（A）±5°　　　　　　　　　　　　（B）±2°
（C）±1°　　　　　　　　　　　　（D）±0.5°

14. 流经某电厂 220kV 配电装置区接地装置的入地最大接地故障不对称短路电流为 10kA，避雷器工频分流系数 0.5，则要求该接地装置的保护接地电阻不大于下列哪项数值？ （　　）

(A) 0.1Ω　　　　　　　　　　　(B) 0.2Ω
(C) 0.4Ω　　　　　　　　　　　(D) 0.5Ω

15. 某 220kV 变电站中，阀控式铅酸蓄电池组的 10h 放电率电流为 50A，直流系统的经常负荷 30A，按照每组蓄电池配置一组高频开关电源模块的方式，请问最少应选用额定电流 10A 的单个模块数为下列哪项？ （　　）

(A) 8　　　　　　　　　　　　(B) 9
(C) 10　　　　　　　　　　　 (D) 13

16. 发电厂中，厂用电负荷按生产过程中的重要性可分为三类，请判断下列哪种情况的负荷为 II 类负荷？ （　　）

(A) 对允许短时停电，但停电时间过长，有可能影响设备正常使用寿命或影响正常生产的负荷
(B) 对短时停电可能影响人身安全，使生产停顿的负荷
(C) 对长时间停电不会直接影响生产的负荷
(D) 对短时停电可能影响设备安全，使发电量大量下降的负荷

17. 以下对发电厂直流系统的描述正确的是？ （　　）
(A) 容量为 500Ah 的固定型排气式铅酸蓄电池应采用单体 2V 的蓄电池
(B) 容量为 200Ah 组柜安装的阀控式密封铅酸蓄电池应采用单体 2V 的蓄电池
(C) 单机容量为 300MW 及以上的机组应设置 3 组蓄电池，其中 2 组对控制负荷供电，1 组对动力负荷供电
(D) 配置两组蓄电池的直流电源系统在正常运行中两段母线切换时不允许短时并列运行

18. 接地装置的防腐设计中，下列规定哪一条不符合要求？ （　　）
(A) 计及腐蚀影响后，接地装置的设计使用年限，应与地面工程的设计使用年限相当
(B) 接地装置的防腐蚀设计，宜按当地的腐蚀数据进行
(C) 在腐蚀严重地区，敷设在电缆沟中的接地线不应采用热镀锌
(D) 在腐蚀严重地区，接地线与接地极之间的焊接点，应涂防腐材料

19. 发电厂、变电站 220kV GIS 装置设 4 条钢接地线，未考虑腐蚀时，满足热稳定条件的最小接地线截面是下列哪项值？（单相接地短路电流 36kA，两相接地短路电流 16kA，三相短路电流 40kA，短路的等效持续时间 0.7s） （　　）

(A) 167.33mm²　　　　　　　　(B) 430.28mm²
(C) 191.24mm²　　　　　　　　(D) 150.6mm²

20. 电力工程中，下列哪项缩写的解释是错误的？ （　　）
    （A）AVR—自动励磁装置　　　　　　（B）ASS—自动同步系统
    （C）DEH—数字式电液调节器　　　　（D）SOE—事件顺序

21. 220kV 线路装设全线速动保护作为主保护，对于近端故障，其主保护的整组动作时间不大于下列哪项值？ （　　）
    （A）10ms　　　　　　　　　　　　　（B）20ms
    （C）30ms　　　　　　　　　　　　　（D）40ms

22. 一回 35kV 线路长度为 15km，装设有带方向电流保护，该保护的电流元件的最小灵敏系数不小于下列哪项值？ （　　）
    （A）1.3　　　　　　　　　　　　　　（B）1.4
    （C）1.5　　　　　　　　　　　　　　（D）2

23. 省级电力系统调度中心调度自动化系统调度端的技术要求中，遥测综合误差不大于额定值的多少？ （　　）
    （A）±0.5%　　　　　　　　　　　　　（B）±1%
    （C）±2%　　　　　　　　　　　　　　（D）±5%

24. 某 220kV 变电站的直流系统选用了两组 300Ah 阀控式密封铅酸蓄电池，有关蓄电池室的设计原则，以下哪一条是错误的？ （　　）
    （A）设专用蓄电池室，布置在 0m 层
    （B）蓄电池室内设有运行通道和检修通道，通道宽度不小于 1000mm
    （C）蓄电池室的门采用了非燃烧体的实体门，并向外开启
    （D）蓄电池室内温度宜为 5~40℃

25. 以下对直流系统的网络设计描述正确的是？ （　　）
    （A）发电厂系统保护应采用集中辐射供电方式
    （B）热工总电源柜宜采用分层辐射供电方式
    （C）对于要求双电源供电的负荷应设置两段母线，两段母线宜分别由不同蓄电池组供电，每段母线宜由来自同一蓄电池组间的 2 回直流电源供电，母线之间不宜设联络电器
    （D）公用系统直流分电柜每段母线应由不同蓄电池组的 2 回直流电源供电，宜采用并联切换方式

26. 以下对发电厂直流系统的描述不正确的是？ （　　）
    （A）正常运行时，所配两组蓄电池的直流网络可短时并联运行
    （B）正常运行时，直流母线电压应为直流电源系统标称电压的 105%
    （C）在事故放电末期蓄电池组出口端电压不应低于直流电源系统标称电压的 87.5%
    （D）核电厂核岛宜采用固定型排气式钢槽铅酸蓄电池，常规岛宜采用阀控式密封铅酸蓄电池

27. 某 220kV 变电站选用两台站用变压器，经统计，全所不经常短时的设备负荷为 110kW，动力负荷 300kW，电热负荷 100kW，照明负荷 60kW，请问每台站用变压器的容量计算值及容量选择宜选用下列哪组数据？　　　　　　　　　　　　　　（　　）

（A）计算值 207.5kVA，选 315kVA　　　（B）计算值 391kVA，选 400kVA
（C）计算值 415kVA，选 500kVA　　　　（D）计算值 525kVA，选 630kVA

28. 高压厂用变压器的电源侧应装设精度为下列哪项的有功电能表？　（　　）
（A）0.5 级　　　　　　　　　　　　　（B）1.0 级
（C）1.5 级　　　　　　　　　　　　　（D）2.0 级

29. 发电厂采用四回 500kV 线路并网，其中两回线路长度为 80km、另外两回线路长度为 100km，均采用 4×LGJ-400 导线（充电功率 1.1Mvar/km）。如在电厂端装高压并联电抗器对线路充电功率进行补偿，则高抗的容量宜选择为多少？　　　　　　　（　　）
（A）356Mvar　　　　　　　　　　　　（B）396Mvar
（C）200Mvar　　　　　　　　　　　　（D）180Mvar

30. 某 35kV 系统接地电容电流为 20A，采用消弧线圈接地方式，则所要求的变电站接地电阻不应大于多少？　　　　　　　　　　　　　　　　　　　　　　　　　（　　）
（A）4Ω　　　　　　　　　　　　　　（B）3.8Ω
（C）3.55Ω　　　　　　　　　　　　　（D）3Ω

31. 某 220kV 变电站地表层土壤电阻率为 100Ω·m，计算其跨步电位差允许值为（接地故障电流持续时间 0.5s，表层衰减系数为 0.96）多少？　　　　　　　　　　（　　）
（A）341V　　　　　　　　　　　　　（B）482V
（C）300V　　　　　　　　　　　　　（D）390V

32. 风电场 110kV 升压站，其 35kV 系统为中性点谐振接地方式，谐振接地采用装有自动跟踪补偿功能的消弧装置，已知接地电容电流为 60A，试求该装置消弧部分为下列哪项值？
　　　　　　　　　　　　　　　　　　　　　　　　　　　　　　　　　　　（　　）
（A）1636.8kVA　　　　　　　　　　　（B）5144.3kVA
（C）1894kVA　　　　　　　　　　　　（D）1333.7kVA

33. 快速瞬态过电压 VFTO 在下列哪种情况可能发生？　　　　　　　　　（　　）
（A）220kV 的 HGIS 变电站当操作线路侧的断路器时
（B）500kV 的 GIS 变电站当操作隔离开关开合管线时
（C）220kV 的 HGIS 变电站当发生不对称接地时
（D）500kV 的 GIS 变电站当发生线路断线时

34. 当变压器门型架构上安装避雷针时，下列哪一条件不符合规程的相关要求？（　　）

(A) 当土壤电阻率不大于 350Ω·m，经过经济方案比选及采取防止反击措施后
(B) 装在变压器门型架构上的避雷针应与接地网连接，并应沿不同方向引出 3~4 根放射性水平接地体，在每根水平接地体上离避雷针架构 3~5m 处应装设 1 根垂直接地体
(C) 6~35kV 变压器应在所有绕组出线上装设 MOA
(D) 高压侧电压 35kV 变电站，在变压器门型架构上装设避雷针时，变电站接地电阻不应超过 10Ω

35. 对于 2×600MW 火力发电厂厂内通信的设置，下列哪条设置原则是不正确的？（　　）
(A) 生产管理程控交换机容量为 480 线
(B) 生产调度程控交换机容量为 96 线
(C) 输煤扩音/呼叫系统设 30~50 话站
(D) 总配线架装设的保安单元为 400 个

36. 有一光伏电站，由 30 个 1MW 发电单元，经过逆变、升压、汇集线路后经 1 台主变升压至 110kV，通过一回 110kV 线路接入电网，光伏电站逆变器的功率因数在超前 0.95 和滞后 0.95 内连续可调，请问升压站主变压器容量应为下列哪项值？（　　）
(A) 28.5MVA　　　　　　　　　(B) 30MVA
(C) 32MVA　　　　　　　　　　(D) 40MVA

37. 下面哪项是特高压输电线路地线截面增大的主要因素？（　　）
(A) 为了控制地线的表面电场强度　　(B) 地线热稳定方面的要求
(C) 导地线机械强度配合的要求　　　(D) 防雷保护的要求

38. 中性点直接接地系统的三条架空送电线路，经计算，对邻近某条电信线路的噪声计电动势分别是 5.0mV、4.0mV、3.0mV；则该电信线路的综合噪声计电动势为多少？（　　）
(A) 5.0mV　　　　　　　　　　(B) 4.0mV
(C) 7.1mV　　　　　　　　　　(D) 12.0mV

39. 某 500kV 线路在确定塔头尺寸时，基本风速为 27m/s 时导线的自重比载为 $40×10^3$N/（m·mm^2），风荷比载为 $30×10^3$N/（m·mm^2）。计算杆塔荷载时的综合比载应为多少？（　　）
(A) $30×10^3$N/（m·mm^2）　　　(B) $40×10^3$N/（m·mm^2）
(C) $50×10^3$N/（m·mm^2）　　　(D) $60×10^3$N/（m·mm^2）

40. 某 500kV 输电线路直线塔，规划设计条件：水平档距 500m、垂直档距 650m、K_v=0.85；设计基本风速 27m/s、覆冰 10mm；导线采用 4×JL/GIA 630/45，导线直径 33.8mm、单位重量 20.39N/m。该塔定位结果为水平档距 480m，最大弧垂时垂直档距 396m，所在耐张段代表档距 450m，导线覆冰张力 55960N、平均运行张力 35730N、大风张力 45950N、最高气温张力 32590N。下列哪种处理方法是合适的？（　　）

(A) 可直接采用 (B) 不得采用
(C) 采取相应措施后采用 (D) 更换为耐张塔

二、多项选择题（共30题，每题2分。每题的备选项中有2个或2个以上符合题意。错选、少选、多选均不得分）

41. 根据抗震的重要性和特点，下列哪些电力设施属于重要电力设施？（　　）
(A) 220kV 枢纽变电站
(B) 单机容量为 200MW 及以上的火力发电厂
(C) 330kV 及以上换流站
(D) 不得中断的电力系统的通信设施

42. 下列爆炸性粉尘环境危险区域划分原则哪些是正确的？（　　）
(A) 装有良好除尘效果的除尘装置，当该除尘装置停车时，工艺机组能连锁停车的爆炸性粉尘环境可分划为非爆炸危险区域
(B) 爆炸性粉尘环境危险区域的划分是按照爆炸性粉尘的量、爆炸极限和通风条件确定
(C) 当空气中的可燃性粉尘云频繁地出现于爆炸性环境中的区域属于 20 区
(D) 为爆炸性粉尘环境服务的排风机室的危险区域比被排风区域的爆炸危险区域等级低一级

43. 关于光伏电站的设计原则，下列哪几条是错误的？（　　）
(A) 为提高光伏组件的效率，光伏方阵中，同一光伏组件串中光伏组件的电性能参数可以不同
(B) 一台就地升压变压器连接两台不自带隔离变压器的逆变器时，宜采用分裂变压器
(C) 独立光伏电站的安装容量，应根据站址安装条件和当地日照条件来确定
(D) 光伏发电系统中逆变器允许的最大直流输入功率应小于其对应的光伏方阵的实际最大直流输出功率

44. 在短路电流实用计算中，采用了下列哪几项计算条件？（　　）
(A) 考虑短路发生在短路电流最大值的瞬间
(B) 所有计算均忽略元件电阻
(C) 所有计算均不考虑磁路的饱和
(D) 不考虑自动调整励磁装置的作用

45. 切合 35kV 电容器组，其开关设备宜选用哪种类型？（　　）
(A) SF_6 断路器 (B) 少油断路器
(C) 真空断路器 (D) 负荷开关

46. 电力工程设计中选择 220kV 导体和电器设备时，下列哪几项必须校验动、热稳定？（　　）
(A) 敞开式隔离开关

(B) 断路器保护与隔离开关之间的软导线
(C) 用熔断路保护的电压互感器回路
(D) 电流互感器

47. 750kV 变电站中，750kV 采用 3/2 接线，对于线路串，线路主保护动作时间 20ms，后备保护动作时间 1.3s，断路器开断时间 80ms，下列表述正确的是 （　　）

(A) 断路器短路电流热效应计算时间可取为 1.38s
(B) 断路器短路电流热效应计算时间可取为 0.1s
(C) 回路导体短路电流热效应计算时间可取为 1.38s
(D) 回路导体短路电流热效应计算时间可取为 0.1s

48. 交流系统 220kV 单芯电缆金属层单点直接接地时，下列哪些情况下应沿电缆邻近设置平行回流线？ （　　）

(A) 线路较长
(B) 未设置保护层电压限制器
(C) 需要抑制电缆邻近弱电线路的电气干扰强度
(D) 系统短路时电缆金属护层产生的工频感应电压超过电缆护层绝缘耐受强度

49. 750kV 变电站中，主变压器三侧电压等级为 750kV、330kV、66kV，下列表述正确的是哪项？ （　　）

(A) 750kV 配电装置宜采用屋外敞开式中型布置配电装置
(B) 大气严重污秽时，66kV 配电装置可采用屋内式
(C) 抗震设防烈度 8 度时，750kV 配电装置可采用气体绝缘金属封闭组合电器
(D) 抗震设防烈度 8 度时，66kV 配电装置宜采用敞开支持式管型母线配电装置

50. 光伏发电系统中，同一个逆变器接入的光伏组件串宜一致的是下列哪几项？ （　　）

(A) 电流　　　　　　　　　　(B) 电压
(C) 方阵朝向　　　　　　　　(D) 安装倾角

51. 变电站中，并联电容器装置应装设抑制操作过电压的避雷器，避雷器的连接方式应符合下列哪些规定（按《并联电容器装置设计规范》有效版本）？ （　　）

(A) 避雷器的连接应采用相对地方式
(B) 避雷器接入位置应紧靠电容器组的电源侧
(C) 不得采用三台避雷器星型连接后经第四台避雷器接地的接地方式
(D) 避雷器并接在电容器两侧

52. 设计变电站的接地装置时，计算正方形接地网的最大跨步电位差系数需要考虑下列哪几项因素？ （　　）

(A) 接地极埋设深度　　　　　(B) 入地电流大小

(C) 接地网平行导体间隔　　　　　(D) 接地装置的接地电阻

53. 对发电厂、变电站的接地装置的规定，下列哪几条是符合要求的？（　　）
(A) 水平接地网应利用直接埋入地中或水中的自然接地极，发电厂、变电站的接地网除应利用自然接地极外，还应敷设人工接地极
(B) 对于 10kV 变电站、配电所，当采用建筑物基础作接地极且接地电阻满足规定值时，还应另设人工接地
(C) 校验不接地系统中电气装置连接导体在单相接地故障时的热稳定，敷设在地下的接地导体长时间温度不应高于 150℃
(D) 接地网均压带可采用等间距或不等间距布置

54. 下列是变电站中接地设计的几条原则，哪几条表述是正确的？（　　）
(A) 配电装置构架上的避雷针（含挂避雷线的构架）的集中接地装置应与主接地网连接，由连接点至主变压器接地点沿接地体的长度不应小于 15m
(B) 变电站的接地装置应与 110kV 及以上线路的避雷线相连，且有便于分开的连接点，当不允许避雷线直接和配电装置构架相连时，避雷线接地装置应在地下与变电站的接地装置相连，连接线埋在地中的长度不应小于 15m
(C) 独立避雷针（线）宜设独立接地装置，当有困难时，该接地装置可与主接地网连接，但避雷针与主接地网的地下连接点到 35kV 及以下设备与主接地网的地下连接点之间，沿接地体的长度不得小于 10m
(D) 当照明灯塔上装有避雷针时，照明灯电源线必须采用直接埋入地下带金属外皮的电缆或穿入金属管的导线，电缆外皮或金属管埋地长度在 10m 以上，才允许与 35kV 电压配电装置的接地网及低压配电装置相联

55. 发电厂、变电所中，下列哪些设备宜采用就地控制方式？（　　）
(A) 交流事故保安电源　　　　　　(B) 主厂房内低压厂用变压器
(C) 交流不停电电源　　　　　　　(D) 直流电源

56. 发电厂、变电站设计中，电流互感器的配置和设计原则，下列哪些是正确的？
（　　）
(A) 对于中性点直接接地系统，按三相配置
(B) 用于自动调整励磁装置时，应布置在发电机定子绕组的出线侧
(C) 当测量仪表与保护装置共用电流互感器同一个二次绕组时，仪表应接在保护装置之前
(D) 电流互感器的二次回路应有且只能有一个接地点，宜在配电装置处经端子接地

57. 发电厂、变电站设计中，电压互感器的配置和设计原则，下列哪些是正确的？（　　）
(A) 对于中性点直接接地系统，电压互感器剩余绕组额定电压应为 100/3V
(B) 暂态特性和电磁谐振应满足继电保护要求

（C）对于中性点直接接地系统，电压互感器星型接线的二次绕组应采用中性点一点接地方式，且中性点接地线中不应串接有可能断开的设备

（D）电压互感器开口三角绕组引出端之一应一点接地，接地引出线上不应串接有可能断开的设备

58．某地区计划建设一座发电厂，安装 2 台 600MW 燃煤机组，采用 4 回 220kV 线路并入同一电网，220kV 电气主接线为双母线接线，2 台机组以发电机变压器组的形式接入 220kV 配电装置，2 台主变压器高压侧中性点通过隔离开关可以选择性接地。以下对于该电厂各电气设备继电保护及自动装置配置正确的是：　　　　　　　　　　　　　　　　（　　）

（A）2 台发电机组均装设定时限过励磁保护，其高定值部分动作于解列灭磁或程序跳闸

（B）220kV 母线保护配置 2 套独立的、快速的差动保护

（C）220kV 线路装设无电压检定的三相自动重合闸

（D）2 台主变压器不装设零序过电流保护

59．火力发电厂 600MW 发变组接于 500kV 配电装置，对发电机定子绕组，变压器过电压应装设下列的哪几种保护？　　　　　　　　　　　　　　　　　　　　（　　）

（A）发电机过电压保护　　　　　　（B）发电机过励磁保护
（C）变压器过电压保护　　　　　　（D）变压器过励磁保护

60．下列哪几种故障属于电力系统安全稳定计算的Ⅱ类故障类型？　　　　　（　　）

（A）发电厂的送出线路发生三相短路故障
（B）单回线路发生单相永久接地故障重合不成功
（C）单回线路无故障三相断开不重合
（D）任一台发电机组跳闸

61．电力工程直流电源系统设计中需要考虑交流电源的事故停电时间，下列哪些工程的事故停电时间为 2h？　　　　　　　　　　　　　　　　　　　　　　　（　　）

（A）与电力系统连接的发电厂　　　（B）1000kV 变电站
（C）直流输电换流站　　　　　　　（D）有人值班变电站

62．500kV 变电所中有三组 500kV/220kV/35kV 主变压器，对该变电站中所用电源的设置原则，下列哪些是错误的？　　　　　　　　　　　　　　　　　　　　　　（　　）

（A）设置两台站用变压器，接于任两组主变压器的低压侧，正常运行时一台运行一台备用

（B）设置两台站用变压器，一台接于主变压器的低压侧，另一台作为专用备用变压器接于所外可靠电源

（C）设置三台站用变压器，分别接于三组主变压器的低压侧，其中一台所用变压器作为专用备用变压器

（D）设置三台站用变压器，其中两台接于两组主变压器的低压侧，另一台作为专用备用变压器接于所外可靠电源

63. 厂用电短路电流计算时，考虑以下哪几项条件？　　　　　　　　　　（　）
（A）应按可能发生最大短路电流的正常接线方式
（B）应考虑在切换过程中短时并列的运行方式
（C）应计及电动机的反馈电流
（D）应考虑高压厂用变压器短路阻抗在制造上的负误差

64. 变电所中，照明设计选择照明光源时，下列哪些场所可选用白炽灯？　（　）
（A）需要直流应急照明的场所　　　（B）需防止电磁波干扰的场所
（C）开关灯频繁的场所　　　　　　（D）照度高，照明时间长的场所

65. 在火力发电厂主厂房的楼梯上安装的疏散照明，可选择下列哪几种照明光源？（　）
（A）发光二极管　　　　　　　　　（B）荧光灯
（C）金属卤化物灯　　　　　　　　（D）高压汞灯

66. 在火力发电厂工程中，下列哪些厂内通信直流电源的设置原则是正确的？（　）
（A）应由通信专用直流电源系统提供，其额定电压为 DC 48V
（B）通信专用直流电源系统为不接地系统
（C）应设置两套独立的直流电源系统，每套均由一套高频开关电源、一组（或二组）蓄电池组成
（D）单组蓄电池组的放电时间 4～6h

67. 现有 330kV 和 750kV 输电线路工程，导线采用 GB/T 1179 中的钢芯铝绞线，下列哪些导线方案不需要验算电晕？　　　　　　　　　　　　　　　　　（　）
（A）330kV，2×20.4mm　　　　　（B）330kV，3×17.10mm
（C）750kV，4×38.40mm　　　　（D）750kV，6×26.8mm

68. 导线架设后的塑性伸长，应按制造厂提供的数据或通过试验确定，塑性伸长对弧垂的影响宜采用降温法补偿。当无资料时，下列哪几项数值是正确的？（　）
（A）铝钢截面比为 4.29～4.38，降温值为 10℃
（B）铝钢截面比为 4.29～4.38，降温值为 10～15℃
（C）铝钢截面比为 5.05～6.16，降温值为 15～20℃
（D）铝钢截面比为 7.71～7.91，降温值为 20～25℃

69. 设计规范对导线的线间距离做出了规定，下面哪些表述是正确的？（　）
（A）国内外使用的水平线间距离公式大都为经验公式
（B）我国采用的水平线间距离公式与国外公式比较，计算值偏小
（C）垂直线间距离主要是确定于覆冰脱落时的跳跃，与弧垂及冰厚有关
（D）上下导线间最小垂直线间距离是根据绝缘子串长度和工频电压的要求确定

70. 当电网中发生下述哪些故障时，采取相应措施后，应满足电力系统第二级安全稳定标准？（　　）

（A）向城区供电的 500kV 变电站中一台 750MVA 主变压器故障退出运行

（B）220kV 变电站中 110kV 母线三相短路故障

（C）某区域电网中一座±500kV 换流站双极闭锁

（D）某地区一座 4×300MW 电厂，采用 6 回 220kV 线路并网，当其中一回线路出口处发生三相短路故障时，继电保护装置拒动

答　案

一、单项选择题

1．C

依据：《220kV～750kV 变电所设计技术规范》（DL/T 5218—2012）第 5.1.2 条。

2．D

依据：由《风力发电场设计技术规范》（DL/T 5383—2007）第 6.3.2-3 条"可以选择和风电场发电量相等的主变压器"及《风电场接入电力系统技术规定》（GB/T 19963—2011）第 4 条"简化系统接线，可以采用一回线路接入电力系统"可知应为 D，而 A 的接线相对复杂。

3．A

依据：新版变电手册第 51 页或老版一次手册第 120 页"变电站采取的限流措施"。增加短路回路的阻抗值能限制短路电流，由选项中可知 A 项是减小了短路阻抗值，所以很明显，这个答案选项是错误的。

4．D

依据：《电流互感器和电压互感器选择及计算规程》（DL/T 866—2015）第 5.2.6 条条文说明最后一段第一句话"（3）TPZ 级电流互感器铁芯气息较大，剩磁几乎为零……"。

5．B

依据：《导体和电器选择设计技术规定》（DL/T 5222—2021）第 17.0.2 条。

6．D

依据：《220kV～750kV 变电所设计技术规范》（DL/T 5218—2012）第 6.2.1 条。

7．B

依据：《导体和电器选择设计技术规定》（DL/T 5222—2021）第 5.2.1 条。

8．B

依据：《电力工程电缆设计规范》（GB 50217—2018）第 3.7.4-3 条。

9．A

依据：《导体和电器选择设计技术规定》（DL/T 5222—2021）第 5.2.2 条，或者按新版一次手册第 380～382 页的内容。要避开临界值。

10．C

依据：《高压配电装置设计技术规程》（DL/T 5352—2018）第 5.1.2 条、表 5.1.2-1 及附录 A.0.1。查图 A.0.1 得 2000 海拔处 A_1 值为 2000mm。

11. C

依据：《高压配电装置设计技术规程》（DL/T 5352—2018）第5.4.5条及表5.4.5。当就地检修时，宽度可按变压器两侧加800mm，故变压器与门间不需要增加。

12. C

依据：《220kV～750kV变电站设计技术规程》（DL/T 5218—2012）第4.2.6条注7或《火力发电厂与变电站设计防火规范》（GB 50229—2006）第6.6.2条及条文说明。

13. D

依据：《光伏发电站设计规范》（GB 50797—2012）第6.7.5-4条。

14. B

依据：《交流电气装置的接地设计规范》（GB/T 50065—2011）第4.2.1条、式（4.2.1-1）及附录B可知 $R \leqslant \dfrac{2000}{I_G} = \dfrac{2000}{10 \times 10^3} = 0.2$ (Ω)，题干中告诉的已经是入地短路电流了。

15. C

依据：《电力工程直流系统设计技术规程》（DL/T 5044—2014）附录D.1.1得，$I_r = (1.0～1.25)I_{10} + I_{jc} = (50～62.5) + 30 = (80～92.5)$A，由附录D.2.1得 $n = n_1 + n_2 = \dfrac{I_r}{10} + n_2 = \dfrac{80～92.5}{10} + 2 = 10～12$（个），可知最少应选用10个模块。

16. A

依据：《火力发电厂厂用电设计技术规定》（DL/T 5153—2014）第3.1.3-2条。BD为Ⅰ类负荷；C为Ⅲ类负荷。

17. A

依据：《电力工程直流系统设计技术规程》（DL/T 5044—2014）第3.3.2条、第3.3.3-3条、第3.3.3-4条、第3.5.2-4条。B项组柜安装是"宜"，是推荐采用单体2V，不是强制，故描述不是很合适；C项"应设置3组"应为"宜设置3组"；D项是允许短时并列。

18. C

依据：《交流电气装置的接地设计规范》（GB/T 50065—2011）第4.3.6条。C项应热镀锌，而规程中提到铜材或铜覆材料在严重腐蚀地区采用是合理的，因为它的抗腐蚀能力比钢材强，但它却比钢材贵得多，所以也不是必需的，应经技术经济比较后采用。

19. D

依据：《交流电气装置的接地设计规范》（GB/T 50065—2011）第4.4.5条可知"4根连接线截面的热稳定校验电流，应按单相接地故障最大不对称短路电流有效值的35%取值"；依据第4.3.5条及附录E可得：$S_g \geqslant \dfrac{I_g}{C}\sqrt{t_e} = \dfrac{36 \times 10^3 \times 0.35}{70} \times \sqrt{0.7} = 150.6$ (mm²)。

20. A

依据：《火力发电厂、变电站二次接线设计技术规程》（DL/T 5136—2012）附录K中有描述，最具体的在《火力发电厂、变电站二次接线设计技术规程》（DL/T 5136—2001）第3.2条中有描述，但在新版中已经去掉了。AVR为自动电压调节器。

21. B

依据：《继电保护和安全自动装置技术规程》（GB/T 14285—2023）第 5.4.4.13-a）款。

22．C

依据：《继电保护和安全自动装置技术规程》（GB/T 14285—2006）附录 A 表 A.1。50km 以下不小于 1.5。GB/T 14285—2023 已删除老版规范附录 A 内容。

23．B

依据：《电力系统调度自动化设计技术规程》（DL/T 5003—2005）第 4.3.6-1 条。

24．D

依据：《电力工程直流系统设计技术规程》（DL/T 5044—2014）第 7.2.1 条、第 7.1.7 条、第 8.1.8 条、第 8.2.1 条。D 项温度应为"15～30℃"。但 B 项描述也不是很完善，规范中规定一侧装设时，通道宽度不小于 800mm，二侧装设时，通道宽度不小于 1000mm。

25．C

依据：《电力工程直流系统设计技术规程》（DL/T 5044—2014）第 3.6.3-1 条、第 3.6.2-3 条、第 3.6.5-2 条、第 3.6.5-3 条。A 项应为"宜采用集中辐射形"；B 项应为"应采用集中辐射形"；D 项应为"手动断电切换方式"。

26．D

依据：《电力工程直流系统设计技术规程》（DL/T 5044—2014）第 3.5.2-4 条、第 3.2.2 条、第 3.2.4 条、第 3.3.1 条。D 项应为"常规岛宜采用固定型排气式"。

27．C

依据：《220kV～1000kV 变电站站用电设计技术规定》（DL/T 5155—2016）第 4.1.2 条、第 4.2.1 条可知不经常短时负荷不计，$S \geqslant K_1P_1 + P_2 + P_3 = 0.85 \times 300 + 100 + 60 = 415$ (kVA)，选择容量 500kVA。

28．A

依据：《火力发电厂厂用电设计技术规定》（DL/T 5153—2014）第 9.2.2 条。

29．C

依据：线路总充电功率 $Q = (80+100) \times 2 \times 1.1 = 396$ (MVA)。

（1）《330kV～750kV 变电站无功补偿装置设计技术规定》（DL/T 5014—2010）第 5.0.7 条条文说明。330kV 及以上电压等级输电线路的充电功率应按照就地补偿的原则采用高、低压并联电抗器基本予以补偿。所以在电厂侧和变电站两侧分别按一半左右充电功率进行补偿。

（2）根据老版一次手册第 532～533 页及式（9-50）可知，高抗补偿度一般取 40%～80%，要避开 80%～100%的一相开断或两相开断的谐振区，

$Q = 396 \times (0.4 \sim 0.8) = 158.4 \sim 316.8$(MVA)，符合条件的只有 C 和 D。

（3）考虑高抗容量的序列通常是 120、150、180MVA。

（4）所以综合考虑选 D。

（5）330kV 及以上电压等级高压并联电抗器（包括中性点小电抗）的主要作用是限制工频过电压和降低潜供电流、恢复电压以及平衡超高压输电线路的充电功率。

30．C

依据：《交流电气装置的接地设计规范》（GB/T 50065—2011）第 4.2.1-2 条。$I_e = 1.35I_e =$

$1.35 \times 20 = 27 (\mathrm{A}), I_\mathrm{g} = 1.25 I_\mathrm{e} = 1.25 \times 27 = 33.75, R = \dfrac{120}{I_\mathrm{g}} = \dfrac{120}{33.75} = 3.56(\Omega)$。但此题出得不够严谨，没有明确消弧线圈是否自动跟踪，如果不是自动跟踪又没法计算，故本答案按自动跟踪计算。

31．A

依据：《交流电气装置的接地设计规范》（GB/T 50065—2011）第 4.2.2-1 条 $U_\mathrm{s} = \dfrac{174 + 0.7 \rho_\mathrm{s} c_\mathrm{s}}{\sqrt{t_\mathrm{s}}} = \dfrac{174 + 0.7 \times 100 \times 0.96}{\sqrt{0.5}} = 341$ (V)。

32．A

依据：《导体和电器选择设计技术规定》（DL/T 5222—2021）附录 B.1.1，得 $Q = K I_\mathrm{c} \dfrac{U_\mathrm{N}}{\sqrt{3}} = 1.35 \times 60 \times \dfrac{35}{\sqrt{3}} = 1636.8$ (kVA)。

33．B

依据：《交流电气装置的过电压保护和绝缘配合设计规范》（GB/T 50064—2014）第 4.3.1 条。

34．D

依据：《交流电气装置的过电压保护和绝缘配合设计规范》（GB/T 50064—2014）第 5.4.8 条第 2、3、4、5 款。其中 D 项应为 4Ω。

35．D

依据：《火力发电厂厂内通信设计技术规定》（DL/T 5041—2012）第 2.0.3 条、第 3.0.4 条、第 3.0.5 条、第 2.0.5 条。A 项 320+80×2=480 线正确。D 项总配线架容量一般不宜小于 1000 回，而保安单元至少按总配线架总容量的 50%配置，即 500 回，所以 D 错误。

36．C

依据：《光伏发电站设计规范》（GB 50797—2012）第 8.1.2 条及《油浸式电力变压器技术参数和要求》（GB/T 6451—2008）第 8 条表 11。30÷0.95 = 31.58 (MVA)，选 C 32MVA。

37．B

依据：《架空输电线路电气设计规程》（DL/T 5582—2020）第 5.1.14 条条文说明。B 和 C 项均为地线截面增大的因素，但考虑到题意中所指的"主要"，对于单选题，应选 B。注意：第 5.1.12 条只针对光纤复合架空地线。

38．C

依据：《输电线路对电信线路危险和干扰影响防护设计规程》（DL/T 5033—2006）第 6.2.1 条。$e = \sqrt{5^2 + 4^2 + 3^2} = 7.01$ (mV)。

39．C

依据：新版线路手册第 303 页表 5-13。或老版线路手册第 179 页表 3-2-3 无冰时综合比载：$\gamma = \sqrt{\gamma_1^2 + \gamma_4^2} = \sqrt{(40 \times 10^{-3})^2 + (30 \times 10^{-3})^2} = 50 \times 10^{-3} [\mathrm{N/(m \cdot mm^2)}]$。

40．C

依据：本题重点考查最小垂直挡距系数 K_v，该系数为垂直档距与水平档距比值。针对该塔定位处水平挡距 480m，最大弧垂时垂直挡距为 396m，根据题干条件 $l_{\mathrm{vmin}} = 480 \times 0.85 = 408$（m），大于396m，出现该情况，说明一侧垂直挡距为负值，造成垂直挡距减小，悬点受上拔力作用，将使横担承受向上的弯曲力矩，从而影响横担的机械强度和稳定；由于导线上拔，使得悬垂绝缘子串的风偏角增大，造成导线对杆塔的空气间隙不足，危及安全运行。

解决措施：①可通过调整杆位，杆高以使 L_v 为正值；②可悬挂重锤，以使悬点受下压力作用，重锤重力必须大于或等于上拔力。

因此本题可通过加重锤来平衡上拔力，继续使用该塔进行架设，没有必要更换为耐张塔。

二、多项选择题

41．ACD

依据：《电力设施抗震设计规范》（GB 50260—2013）第 1.0.6 条。其中 B 项应为 300MW。

42．ABC

依据：《爆炸危险环境电力装置设计规范》（GB 50058—2014）第 4.2.4-1 条、第 4.2.3 条、第 4.2.2-1 条、第 4.2.5 条。D 项"低一级"应为"相同"。

43．ACD

依据：《光伏发电站设计规范》（GB 50797—2012）第 6.4.2 条、第 8.2.1 条、第 6.1.6 条、第 6.1.4 条。其中 A 项应为"宜保持一致"；C 项"站址安装条件"应为"负荷所需电能"；D 项应为"应不小于"。

44．AC

依据：新版一次手册第 107 页或新版变电手册第 51 页。或老版一次手册第 119 页第 4-1 节第一部分第（4）、（6）、（7）、（9）条。

45．AC

依据：《并联电容器装置设计规范》（GB/T 50227—2008）第 5.3.1 条及条文说明。

46．AD

依据：新版一次手册第 219 页表 7-1 或新版变电手册第 75 页表 4-1。或老版一次手册第 231 页表 6-1。

注：软导线是柔性连接，不用检验动稳定。

47．AD

依据：《导体和电器选择设计技术规定》（DL/T 5222—2021）第 3.0.15 条。断路器按后备保护动作时间+断路器开断时间：1.3+0.08=1.38(s)；导体按有保护动作时间+断路器开断时间：0.02+0.08=0.1(s)。

48．CD

依据：《电力工程电缆设计规程》（GB 50217—2018）第 4.1.16 条。

49．ABC

依据：《220kV～750kV 变电所设计技术规范》（DL/T 5218—2012）第 5.3.4 条。D 项不宜采用。我国最高的地震设防烈度是 9 度，8 度应该算高烈度了。

50．BCD

依据：《光伏发电站设计规范》（GB 50797—2012）第 6.1.2 条。

51．ABC

依据：《并联电容器装置设计规范》（GB/T 50227—2008）第 4.2.8 条。

52．AC

依据：《交流电气装置的接地设计规范》（GB/T 50065—2011）附录 D 综合确定，题干要求确定的是系数，而不是求跨步电压差。

53．AD

依据：《交流电气装置的接地设计规范》（GB/T 50065—2011）第 4.3.1-1 条、第 4.3.2-4 条、第 4.3.5-2 条、第 4.3.2-2 条。其中 B 项应为"可不另设"；C 项应为"100℃"。

54．ABD

依据：《交流电气装置的接地设计规范》（GB/T 50065—2011）第 4.5.1 条可知 A 正确；第 4.3.1 条知 B 正确；《交流电气装置的过电压保护和绝缘配合设计规范》（GB/T 50064—2014）第 5.4.6 条知沿接地体的长度不得小于 15m，C 错误；第 5.4.10 条知 D 正确。

55．CD

依据：《火力发电厂、变电站二次接线设计技术规程》（DL/T 5136—2012）第 3.2.5-5 条，柴油发电机属于事故保安电源，但事故保安电源不一定全是柴油发电机，所以不选 A。

56．ABD

依据：《火力发电厂、变电站二次接线设计技术规程》（DL/T 5136—2012）第 5.4.2-4 条、第 5.4.2-6 条、第 5.4.5 条、第 5.4.9 条。C 项应仪表接在保护装置之后。

57．BCD

依据：《火力发电厂、变电站二次接线设计技术规程》（DL/T 5136—2012）第 5.4.11-4 条、第 5.4.11-5 条、第 5.4.18-1 条、第 5.4.18-4 条。其中 A 项应为"100V"。

58．AB

依据：《继电保护和安全自动装置技术规程》（GB/T 14285—2023），第 5.2.1.13.1-a）款，A 正确；第 5.5.1-a）款，B 正确；发电厂并网线路属于 220kV 双侧电源线路，第 7.4.1.10 条，C 错误；依题意主变高压侧可接地可不接地，220kV 属于中性点接地系统，第 5.3.4.1-a）款，D 错误。

59．BD

依据：《继电保护和安全自动装置技术规程》（GB/T 14285—2006）第 4.2.13 条、第 4.3.12 条。汽轮发电机装设了过励磁保护，可不再装设过电压保护。GB/T 14285—2023 第 5.2.1.13 条删除了本条内容。

60．BC

依据：《电力系统安全稳定控制技术导则》（DL/T 723—2000）附录 A2。AD 中Ⅰ类故障类型。

61．BC

依据：《电力工程直流系统设计技术规程》（DL/T 5044—2014）第 4.2.2 条。

62．ABC

依据：《220kV～1000kV 变电站站用电设计技术规定》（DL/T 5155—2016）第 3.1.2 条。

63．ACD

依据：《火力发电厂厂用电设计技术规定》（DL/T 5153—2014）第 6.1.3 条、第 6.1.4 条。B 项不考虑。

64．BC

依据:《火力发电厂和变电站照明设计技术规定》(DL/T 5390—2014)第4.0.3条。C项属于其他光源无法满足的特殊场所。

65．AB

依据:《火力发电厂和变电站照明设计技术规定》(DL/T 5390—2014)第4.0.4条及条文说明。

66．AC

依据:《火力发电厂厂内通信设计技术规定》(DL/T 5041—2012)第6.0.3条、第6.0.5条、第6.0.6条、第8.0.3条。其中B项为直流电源的"+",在电源设备侧和通信设备侧均应直接接地;D项应为"1h~3h"。

67．BCD

依据:《110kV~750kV架空输电线路设计规范》(GB 50545—2010)第5.0.2条及表5.0.2。新版规范DL/T 5582—2020第5.1.3-1条已更改内容。

68．CD

依据:《架空输电线路电气设计规程》(DL/T 5582—2020)第5.1.19条,AB为15℃。

69．AC

依据:《架空输电线路电气设计规程》(DL/T 5582—2020)第9.1.1条及条文说明。其中B项应为"偏大";D项应为"根据带电作业要求确定"。

70．BC

依据:《电力系统安全稳定导则》(DL/T 755—2001)第3.2.1-e条、第3.2.2-b条、第3.2.2-c条、第3.2.2-d条及老版一次手册第48页第2-2节。其中D项该电厂为双母单分段接线,且双回路分接于两段母线,故当一回线故障开关拒动时,双回线的另一回线不停电。

2016年注册电气工程师专业案例试题

（上午卷）及答案

【2016年上午题1~6】 某500kV户外敞开式变电站，海拔400m，年最高温度+40℃，年最低温度-25℃。1号主变压器容量为1000MVA，采用3×334MVA单相自耦变压器，容量比为334/334/100MVA，额定电压 $\dfrac{525}{\sqrt{3}}/\dfrac{223}{\sqrt{3}}\pm8\times1.25\%/36\mathrm{kV}$，接线组别Ia0i0，主变压器35kV侧采用三角形接线。

本变电站35kV为中性点不接地系统，主变压器35kV侧采用单母线单元制接线，无出线，仅安装无功补偿设备，不设总断路器。请根据以上条件计算、分析解答下列各题。

1. 若每相主变压器35kV连接用导线采用铝镁硅系（6063）管型母线，导线最高允许温度+70℃。按回路持续工作电流计算，该管型母线不宜低于下列哪项数值？（　　）
 （A）ϕ110/100
 （B）ϕ130/116
 （C）ϕ170/154
 （D）ϕ200/184

2. 该主变压器35kV侧规划安装2×60Mvar并联电抗器和3×60Mvar并联电容器，根据电力系统的需要，其中1组60Mvar并联电抗器也可调整为60Mvar并联电容器。请计算35kV母线长期工作电流为下列哪项值？（　　）
 （A）2177.4A
 （B）3860A
 （C）5146.7A
 （D）7324.1A

3. 若该主变压器35kV侧规划安装无功补偿设备，并联电抗器2×60Mvar、并联电容器3×60Mvar。35kV母线三相短路容量2500MVA。请计算并联无功补偿设备投入运行后，各种运行工况下35kV母线稳态电压的变化范围，以百分数表示应为下列哪项？（　　）
 （A）-4.8%~0
 （B）-4.8%~+2.4%
 （C）0~+7.2%
 （D）-4.8%~+7.2%

4. 如该变电站安装的电容器组为框架装配式电容器，中性点不接地的单星形接线，桥式差电流保护，由单台容量500kvar电容器串并联组成，每桥臂2串（2并+3并），如下图所示。电容器的最高运行电压为 $U_c=43/\sqrt{3}$ kV。请选择下面图中的金属台架1与金属台架2之间的支柱绝缘子电压为下列哪项？并说明理由。（　　）
 （A）3kV级
 （B）6kV级
 （C）10kV级
 （D）20kV级

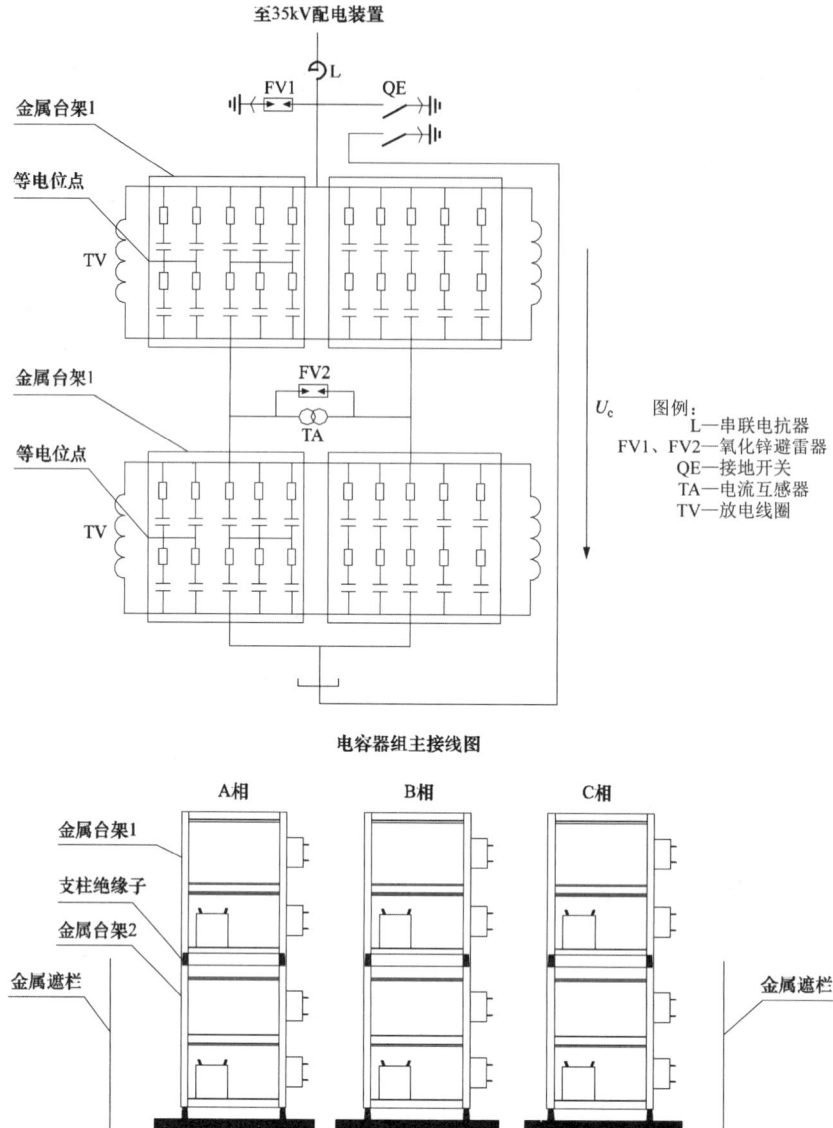

电容器组主接线图

电容器组断面图

5. 若该变电站中，整组35kV电容器户内安装于一间电容器室内，电台电容器容量500kvar，电容器组每相电容器10并4串，介质损耗角正切值（tanδ）为0.05%，串联电抗器额定端电压1300V，额定电流850A，损耗为0.03kW/kvar，与暖通专业进行通风量配合时，计算电容器室一组电容器的发热量应为下列哪项数值？　　　　　　　　　　　　（　　）

（A）30kW　　　　　　　　　　　（B）69.45kW
（C）99.45kW　　　　　　　　　　（D）129.45kW

6. 若变电站户内安装的电容器组为框架装配式电容器，请分析并说明下图中的L1、L2、L3三个尺寸哪一组数据是合理的？　　　　　　　　　　　　　　　　　　　　（　　）

（A）1.0m、0.4m、1.3m　　　　　（B）0.4m、1.1m、1.3m
（C）0.4m、1.3m、1.1m　　　　　（D）1.3m、0.4m、1.1m

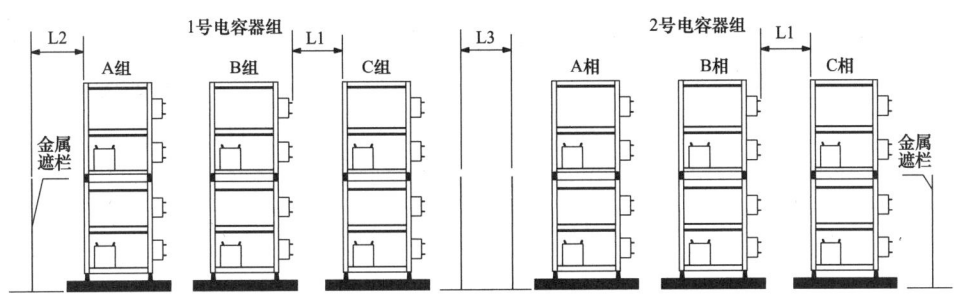

电容器组断面图

【2016 年上午题 7～10】　某 2×300MW 新建发电厂，出线电压等级为 500kV，二回出线，双母线接线，发电机与主变压器经单元接线接入 500kV 配电装置，500kV 母线短路电流周期分量起始有效值 I''=40kA，启动/备用电源引自附近 220kV 变电站，电厂内 220kV 母线短路电流周期分量起始有效值 I''=40kA，启动/备用变压器高压侧中性点经隔离开关接地，同时紧靠变压器中性点并联一台无间隙金属氧化物避雷器（MOA）。

发电机额定功率为 300MW，最大连续输出功率（TMCR）为 330MW，汽轮机阀门全开（VWO）工况下发电机出力为 345MW，额定电压 18kV，功率因数为 0.85。

发电机回路总的电容电流为 1.5A，高压厂用电电压为 6.3kV，高压厂用电计算负荷为 36690kVA；高压厂用变压器容量为 40/25-25MVA，启动/备用变压器容量为 40/25-25MVA。

请根据上述条件计算并分析下列各题（保留 2 位小数）。

7．计算并选择最经济合理的主变压器容量，为下列哪项数值？　　　　（　　）
（A）345MVA　　　　　　　　　（B）360MVA
（C）390MVA　　　　　　　　　（D）420MVA

8．若发电机中性点采用消弧线圈接地，并要求做过补偿时，消弧线圈的计算容量应为下列哪项数值？　　　　　　　　　　　　　　　　　　　　　　（　　）
（A）15.59kVA　　　　　　　　　（B）17.18kVA
（C）21.04kVA　　　　　　　　　（D）36.45kVA

9．若启动/备用变压器高压侧中性点雷电冲击全波耐受电压为 400kV，其中性点 MOA 标称放电电流下的最大残压取下列哪项数值最合适？并说明理由。　　　（　　）
（A）280kV　　　　　　　　　　（B）300kV
（C）340kV　　　　　　　　　　（D）380kV

10．若发电厂内 220kV 母线采用铝母线，正常工作温度为 60℃、短路时导体最高允许温度 200℃。若假定短路电流不衰减，短路持续时间为 2s，请计算并选择满足热稳定截面要求的最小规格为下列哪项数值？　　　　　　　　　　　　　　　　　（　　）

(A) 400mm²   (B) 600mm²
(C) 650mm²   (D) 680mm²

【2016 年上午题 11~16】 某地区新建两台 1000MW 级火力发电机组，发电机额定功率为 1070MW，额定电压为 27kV，额定功率因数为 0.9。通过容量为 1230MVA 的主变压器送至 500kV 升压站，主变压器阻抗为 18%，主变压器高压侧中性点直接接地。发电机长期允许的负序电流大于 0.06 倍发电机额定电流，故障时承受负序能力 $A=6$，发电机出口电流互感器变比为 30000/5A。请分析计算并解答下列各小题。

11. 对于该发电机在允许过程中由于不对称负荷、非全相运行或外部不对称短路所引起的负序电流，应配置下列哪种保护？并计算该保护的定时限部分整定值。（可靠系数取 1.2，返回系数取 0.9）   (　　)

(A) 定子绕组过负荷保护，0.339A   (B) 定子绕组过负荷保护，0.282A
(C) 励磁绕组过负荷保护，0.282A   (D) 发电机转子表层过负荷保护，0.339A

12. 该汽轮发电机组配置了逆功率保护，发电机效率为 98.79%，汽轮机在逆功率运行时的最小损耗为 2%发电机额定功率 P_{gn}，请问该保护主要保护哪个设备，其反向功率整定值取下列哪项是合适的（可靠系数取 0.5）？   (　　)

(A) 发电机，1.6% P_{gn} (B) 汽轮机，1.6% P_{gn}
(C) 发电机，2.0% P_{gn} (D) 汽轮机，2.0% P_{gn}

13. 若该发电机中性点采用经高阻接地方式，定子绕组接地故障采用基波零序电压保护作为 90%定子接地保护，零序电压取自发电机中性点，500kV 系统侧发生接地短路时产生的基波零序电动势为 0.6 倍系统额定相电压，主变压器高、低压绕组间的相耦合电容 C_{12} 为 8nF，发电机及机端外接元件每相对地总电容 C_g 为 0.7μF，基波零序过电压保护定值整定时需躲过高压侧接地短路时通过主变压器高、低压绕组间的相耦合电容传递到发电机侧的零序电压值，正常运行时实测中性点不平衡基波零序电压为 300V，请计算基波零序过电压保护整定值应设为下列哪项数值？（为了简化计算，计算中不考虑中性点接地电阻的影响，主变高压侧中性点按不接地考虑）   (　　)

(A) 300V   (B) 500V
(C) 700V   (D) 250V

14. 若机组高压厂用电压为 10kV，接于 10kV 母线的凝结水泵电机额定功率 1800kW，效率为 96%，额定功率因数为 0.83，堵转电流倍数为 6.5，该回路所配电流互感器变比为 200/1A，电动机机端三相短路电流为 31kA，当该电机绕组内及引出线上发生相间短路故障时，应配置何种保护作为其主保护最为合理，其保护装置整定值宜为以下哪项数值？（可靠系数取 2）   (　　)

(A) 电流速断保护，6.76A   (B) 差动保护，0.3A
(C) 电流速断保护，8.48A   (D) 差动保护，0.5A

15. 该机组某回路测量用电流互感器变比 100/5A,二次侧所接表计线圈的内阻为 0.12Ω,连接导线的电阻为 0.2Ω,该电流互感器的接线方式为三角形接线,该电流互感器的二次额定负载应为以下哪项数值最为合理?（接触电阻忽略不计）　　　　　　　　　（　　）

(A) 150VA　　　　　　　　　(B) 15VA
(C) 75VA　　　　　　　　　 (D) 10VA

16. 本机组采用发电机—变压器组接线方式,发电机的直轴瞬变电抗为 0.257,直轴超瞬变电抗为 0.177。请计算当主变压器高压侧发生短路时由发电机侧提供的最大短路电流的周期分量起始有效值最接近下列哪项数值?（发电机的正序与负序阻抗相同,采用运算曲线法计算）　　　　　　　　　　　　　　　　　　　　　　　　　　　　　（　　）

(A) 3.09kA　　　　　　　　(B) 3.61kA
(C) 2.92kVA　　　　　　　 (D) 3.86kA

【2016 年上午题 17~20】 某一接入电力系统的小型发电厂直流系统标称电压 220V,动力和控制共用。全厂设两组贫液吸附式的阀控式密封铅酸蓄电池,容量为 1600Ah,每组蓄电池 103 只,蓄电池总内阻为 0.016Ω,每组蓄电池负荷计算,事故放电初期（1min）冲击放电电流为 747.41A,经常负荷电流为 86.6A、1～30min 放电电流为 425.05A、30～60min 放电电流 190.95A、60～90min 放电电流 49.77A,两组蓄电池设三套充电装置,蓄电池放电终止电压为 1.87V。

请根据上述条件分析计算并解答下列各小题。

17. 蓄电池至直流屏的距离为 50m,采用铜芯动力电线,请计算该电缆允许的最小截面积最接近下列哪项数值?（假定缆芯温度为 20℃）　　　　　　　　　　　（　　）

(A) 133.82mm²　　　　　　(B) 625.11mm²
(C) 736mm²　　　　　　　 (D) 1240mm²

18. 每组蓄电池及其充电装置分别接入不同母线段,第三套充电装置在蓄电池核对性放电后专门为蓄电池补充充电用,该充电装置经切换电器可直接对两组蓄电池进行充电。请计算并选择第三套充电装置的额定电流至少应为下列哪项数值?　　　　　（　　）

(A) 88.2A　　　　　　　　(B) 200A
(C) 286.6A　　　　　　　 (D) 300A

19. 本工厂润滑油泵直流电动机为 10kW,额定电流为 55.3A。在启动电流为 6 倍条件下,启动时间才能满足润滑油压的要求。直流电动机铜芯电缆长 150m,截面积为 70mm²,给直流电动机供电的直流断路器的脱扣器有 B 型（4～7I_n）、C 型（7～15I_n）,额定极限短路分断能力 M 值为 10kA,H 值为 20kA,在满足电动机启动和电动机侧短路时的灵敏度情况下（不考虑断路器触头和蓄电池间连接导线的电阻,蓄电池组开路电压为直流系统标称电压）,请计算下列哪组断路器选择是正确和合适的?并说明理由。　　　　　　　　　　　（　　）

(A) 63A（B 型）额定极限短路分断能力 M
(B) 63A（B 型）额定极限短路分断能力 H

（C）63A（C型）额定极限短路分断能力 M

（D）63A（C型）额定极限短路分断能力 H

20．该工程主厂房外有两个辅控中心 a、b，直流电源以环网供电，各辅控中心距直流电源的距离如下图所示，断路器电磁操动机构合闸电流 3A，断路器合闸最低允许电压为 85%标称电压。请问断路器合闸电源回路铜芯电缆的最小截面积计算值宜选用下列哪项数值？（假定缆芯温度为 20℃） （　　）

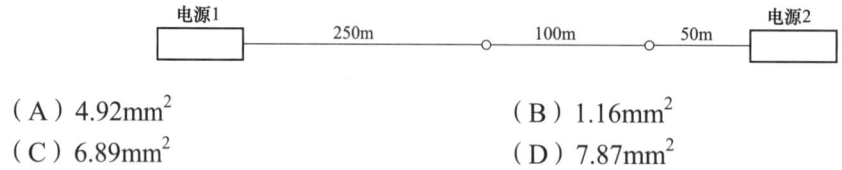

（A）4.92mm² （B）1.16mm²
（C）6.89mm² （D）7.87mm²

【2016年上午题 21~25】 220kV 架空输电线路工程，导线采用 2×400/35，导线自重荷载为 13.21N/m，风偏校核时最大风风荷载为 11.25N/m，安全系数为 2.5 时最大设计张力为 39.4kN，导线采用 I 型悬垂绝缘子串，串长 2.7m，地线串长 0.5m。

21．规划双回路垂直排列直线塔水平挡距 500m、垂直挡距 800m、最大挡距 900m、最大弧垂时导线张力为 20.3kN，双回路杆塔不同回路的不同相导线间的水平距离最小值为多少？ （　　）

（A）8.36m （B）8.86m
（C）9.50m （D）10.00m

22．直线塔所在耐张段在最高气温下导线最低点张力为 20.3kN，假设中心回转式悬垂线夹允许悬垂角为 23°，当一侧垂直挡距为 l_{1v}=600m，计算另一侧垂直挡距 l_{2v} 大于多少米时，超过悬垂线夹允许悬垂角？（用平抛物线公式计算） （　　）

（A）45m （B）321m
（C）706m （D）975m

23．假定采用 V 型串，V 串的夹角为 100°，当水平挡距为 500m 时，在最大风情况下要使子串不受压，计算最大风时最小垂直挡距为多少米？（不计绝缘子串影响，不计风压高度系数影响） （　　）

（A）357m （B）492m
（C）588m （D）603m

24．假设覆冰、无风工况下，该耐张段内导线的水平应力为 92.6N/mm²，比载为 55.7×10⁻³N/(m·mm²)，某挡的挡距为 400m，导线悬点高差为 115m。问在该工况下，该挡较高塔处导线的悬点应力为多少？（用平抛物线公式计算） （　　）

（A）90.4N/mm² （B）95.3N/mm²

(C) 100.3N/mm²   (D) 104.5N/mm²

25. 假设直线塔大风允许摇摆角为55°，水平挡距为300m，垂直挡距400m，最大风时导线张力为30kN，仅从塔头间隙考虑，该直线塔允许兼多少度转角？（不计绝缘子串影响，不计风压高度系数影响） （　　）

(A) 8°   (B) 6°
(C) 5°   (D) 4°

答 案

1. D【解答过程】(1) 依题可判断该35kV管形母线应按线电流进行导线选择，有载调压变压器，由新版变电手册第76页表4-3可得，该变压器回路工作电流为：$I_g = \sqrt{3} \times I_e = \sqrt{3} \times \frac{100}{36} \times 1000 = 4811.25 \, (\text{A})$；(2) 依题意海拔400m，年最高温度40℃，导体最高允许温度70℃，由《导体和电器选择设计技术规定》(DL/T 5222—2021) 表5.1.5，可得综合校正系数为0.81，则 $I = \frac{I_g}{0.81} = \frac{4811.25}{0.81} = 5939.8 \, (\text{A})$；(3) 依据《导体和电器选择设计技术规定》(DL/T 5222—2021) 第132页第5.1.5条条文说明表1，6063系列ϕ200/184管母70℃长期允许载流量为6674A，满足要求，所以选D。老版一次手册第232页表6-3。

2. C【解答过程】由DL/T 5014—2010第7.1.3条可得：(1) 按电容器组选择35kV母线长期工作电流 $I_g = 1.3 \times \frac{Q_e}{\sqrt{3}U_e} = 1.3 \times \frac{4 \times 60 \times 1000}{\sqrt{3} \times 35} = 5146.67 \, (\text{A})$；(2) 按电抗器组选择35kV母线长期工作电流 $I_g = 1.1 \times \frac{Q_e}{\sqrt{3}U_e} = 1.1 \times \frac{2 \times 60 \times 1000}{\sqrt{3} \times 35} = 2177.44 \, (\text{A})$，以上两者取大。

3. D【解答过程】由DL/T 5014—2010《330kV～750kV变电站无功补偿装置设计技术规定》附录式（C.1）可得：$\frac{\Delta U}{U_{ZM}} = \frac{Q_c}{S_d} = \frac{-2 \times 60 \sim 3 \times 60}{2500} = -4.8\% \sim 7.2\%$。

4. D【解答过程】由GB 50227—2017第8.2.5条及条文说明："并联电容器组的绝缘水平应与电网水平相配合，当电容器绝缘水平低于电网时，应将电容器安装在与电网绝缘水平相一致的绝缘框架上，绝缘台架的绝缘水平不得低于电网的绝缘水平"。电容器组每桥臂2串（2并+3并），故两金属架间绝缘子应选用 $43/(\sqrt{3} \times 2) = 12.42 \, (\text{kV})$，换算成线电压为21.5kV，即选用20kV设备，所以选D。

5. D【解答过程】由《电力工程设计手册 变电站设计》第183页式（6-19）可得，电容器散发热功率为：$P_c = \sum_{j=1}^{j} Q_{cbj} \tan\delta = 3 \times 10 \times 4 \times 500 \times 0.05\% = 30 \, (\text{kW})$。串联电抗器发热功率 $P_L = Q_{Lbe} \tan\delta = 3 \times 1300 \times 850 \times 10^{-3} \times 0.03 = 99.45 \, (\text{kW})$。总发热量 $P = P_c + P_L = 30 + 99.45 = 129.45$

(kW)。所以选 D。老版一次手册第 523 页式（9-48）。本考点属于冷僻考点，读者了解知道出处即可。

6. A【解答过程】由 GB 50227—2017 第 8.2.4 条：L_1 为相间检修通道，应不小于 1.0m；L_2 为电容器至围栏间距离，应不小于 35kV 屋内 B_2 值，即不小于 0.4m；L_3 为维护通道，不小于 1.2m，A 选项满足要求。所以选 A。

7. C【解答过程】由《大中型火力发电厂设计规范》（GB 50660—2011）第 16.1.5 条可得 $S \geqslant \dfrac{330}{0.85} = 388.24 \,(\text{MVA})$；取 390MVA，所以选 C。

8. C【解答过程】由 DL/T 5222—2021 附录 B.1.1，依题意，发电机采用过补偿，K 取 1.35，可得 $Q = 1.35 I_c \dfrac{U_e}{\sqrt{3}} = 1.35 \times 1.5 \times \dfrac{18}{\sqrt{3}} = 21.04 \,(\text{kVA})$。

9. B【解答过程】由 GB/T 50064—2014 式（6.4.4-1），依题意，MOA 紧靠变压器中性点，故取配合系数 1.25，可得 $U_{1.p} \leqslant \dfrac{u_{\text{e.l.i}}}{k_{16}} = \dfrac{400}{1.25} = 320 \,(\text{kV})$，B 选项小于 320kV 且最接近，所以选 B。

10. C【解答过程】依题意，热稳定时间 2s，较长，工程上可忽略非周期分量；由 DL/T 5222—2021 表 5.1.9，取 $C=91$；又由该规范式（7.1.8）可得 $S \geqslant \dfrac{\sqrt{Q}}{C} = \dfrac{\sqrt{40^2 \times 2}}{91} \times 1000 = 621.63 \,(\text{mm}^2)$ 所以选 C。DL/T 5222—2021 附录 A 式（A.6.2）是考虑各个时刻短路电流值并不相等的实际情况通过积分公式精确计算得出的，如果忽略短路过程中周期分量的衰减，认为其不变，则可直接使用 $Q = I^2 t$ 计算，本题则属于这种情况。精确计算也可考虑非周期分量，新版一次手册第 127 页表 4-19 时间取 0.1s（老版一次手册第 147 页表 4-21）。

11. D【解答过程】由 GB/T 14285—2006 第 4.2.9 条可知 100MW 及以上 A 值小于 10 的发电机，应装设由定时限和反时限两部分组成的转子表层过负荷保护。根据《电力工程设计手册 火力发电厂电气二次设计》第 380 页式（8-59）可得定时限部分的动作电流为：

$I_{2.\text{op}} = \dfrac{K_{\text{rel}} I_{2\infty*} I_{\text{GN}}}{K_r n_a}$，$K_{\text{rel}} = 1.2$，$K_r = 0.9$，$I_{2\infty*} = 6\% I_{\text{GN}} \Rightarrow = \dfrac{1.2 \times 0.06}{0.9 \times 30000/5} \times \dfrac{1070}{0.9 \times \sqrt{3} \times 27} \times 1000 = 0.339 \,(\text{A})$

老版二次手册第 29-7 节式（29-180）。

12. B【解答过程】由新版二次手册第 375 页左上内容可知，逆功率保护作为汽轮机突然停机的保护。逆功率运行对主机最主要的危害是汽轮机尾部长叶片的过热。长时间的逆功率运转，残留在汽轮机尾部的蒸汽与叶片摩擦，使叶片温度达到材料所不允许的程度。因此，逆功率保护主要保护汽轮机。由《大型发电机变压器继电保护整定计算导则》（DL/T 684—2012）第 4.8.3 条逆功率保护动作功率可知：$P_{\text{op}} = K_{\text{el}}(P_1 + P_2) = K_{\text{el}}[P_1 + (1-\eta)P_{\text{gn}}] = 0.5 \times [2\% P_{\text{gn}} + (1-98.7\%)P_{\text{gn}}] = 1.65\% P_{\text{gn}}$，所以选 B。老版二次手册第 675 页。

13. C【解答过程】由 DL/T 684—2012 第 4.3.1 条基波零序过电压保护的动作电压应按躲过正常运行时中性点单相电压互感器或机端三相电压互感器开口三角绕组的最大不平衡电压整定，即：$U_{\text{op}} = K_{\text{rel}} U_{\text{unb.max}} = 1.2 \times 300 = 360 \,(\text{V})$。根据新版一次手册第 742 页式（14-7），变压器高压侧发生不对称接地故障、断路器非全相或不同期动作而出现零序电压时，将通过电容耦合传递至低压侧。此时，低压侧传递过电压为 $U_2 = \dfrac{C_{12}}{C_{12}+3C_0}U_0 = \dfrac{8\times 10^{-3}}{8\times 10^{-3}+3\times 0.7}\times$ $\dfrac{0.6\times 500000}{\sqrt{3}} = 657.3$ (V)。式中，U_0 为高压侧出现的零序电压；C_{12} 为高低压绕组之间的电容；C_0 为低压侧相对地电容，基波零序过电压保护整定值应取上述两种情况中较大者，因此，整定值应大于 657.3V，所以选 C。老版一次手册第 872 页式（15-28）。

14．C【解答过程】由 DL/T 5153—2014 第 8.6.1-1 款可知本题中凝结水泵电机额定功率为 1800kW，不需要装设纵联差动保护，应装设电流速断保护，又由 DL/T 1502—2016 第 7.3 条式 115 可得：$I_{dz} = \dfrac{K_{rel}K_{st}I_e}{n_l} = \dfrac{1800}{0.96\times 0.83\times 1.732\times 10}\times 2\times 6.5/200 = 8.48$ (A) 灵敏系数校验：

$K_m = \dfrac{I^2_{d.min}}{I_{dz}} = \dfrac{\dfrac{\sqrt{3}}{2}\times 31000}{8.48\times 200} = 15.8 > 2$。

15．C【解答过程】由新版二次手册第 67 页表 2-13，计量表计用电流互感器三角形接线形式下阻抗换算系数为 3，据该手册第 67 页式（2-4），电流互感器的二次额定负载为：$Z_2 = 3\times 0.12 + 3\times 0.2 = 0.96$ (Ω)；根据式（20-4），电流互感器实际二次容量为 $S = I_2^2 Z_2 = 5^2\times 0.96 = 24$ (VA)；根据《电力装置的电测量仪表装置设计规范》（GB/T 50063—2017）第 7.1.7 条，电流互感器二次绕组中所接入的负荷，应保证在额定二次负荷的 25%~100%。因此，电流互感器额定二次负荷应该为 24~96VA，C 最合理，所以选 C。老版二次手册第 67 页表 20-16、第 66 页式（20-5）。

16．D【解答过程】（1）依题意，发电机主变压器高压侧短路，短路阻抗=发电机直轴超瞬变电抗+主变压器电抗。（2）设 S_j = 发电机容量 = $\dfrac{1070}{0.9}$ MVA；$U_j = 525$kV；$I_j = \dfrac{S_j}{\sqrt{3}U_j} = \dfrac{1070/0.9}{\sqrt{3}\times 525} = 1.31$ (kA)。（3）归算，新版一次手册第 108 页表 4-2 公式可得 $x_{js} = 0.177 + 0.18\times \dfrac{1070/0.9}{1230} = 0.351$。（4）查《电力工程设计手册 火力发电厂电气一次设计》第 116 页图 4-6 可得 t_0 时刻短路电流起始有效值 $I_* = 2.95$，则有名值为：$I = I_*I_j = 2.95\times 1.31 = 3.86$ (kA)。老版一次手册第 120 页表 4-1、121 页表 4-2、129 页图 4-6。

17．C【解答过程】由 DL/T 5044—2014 附录 A 第 A.3.6 条可得，蓄电池 1h 放电率电流 $I_{ca1} = 5.5I_{10} = 5.5\times \dfrac{1600}{10} = 880$ (A)，题设 1min 电流 747.41(A)，又由该规范附录 E 第 E.1.2 条及表 E.2-1 可知，以上两者取大，$I_{ca}=880$(A)；根据表 E.2-2 可知 $1.1V \leq \Delta U_p \leq 2.2V$；再根据式（E.1.1-2）可得：电缆截面 $S_{cacmin} = \dfrac{\rho\times 2LI_{ca}}{\Delta U_p} = \dfrac{0.0184\times 2\times 50\times 880}{220\times 1\%} = 736$ (mm²)。

18．B【解答过程】依题意可知，题设所求充电装置为专门均衡充电用，由 DL/T 5044—2014 附录 D 式（D.1.1-3）可得：$I_{rmax} = 1.25I_{10} = 1.25\times \dfrac{1600}{10} = 200$ (A)。

19．C【解答过程】（1）依据《电力工程直流系统设计技术规程》（DL/T 5044—2014）附录 A 式（A.3.2）$I_n \geq I_{nm} = 55.3A$ 取 $I_n = 63A$。（2）B 型断路器瞬时脱扣范围为 $4I_n \sim 7I_n$，C 型断路器瞬时脱扣范围为 $7I_n \sim 15I_n$，电动机起动电流 $I_{st} = 6I_n = 6 \times 55.3 = 331.8$（A）。若选择 B 型脱扣器，$4I_n = 4 \times 63 = 252(A) < 331.8A$，电动机起动时可能误动作，故应选 C 型脱扣器；$7I_n = 7 \times 63 = 441(A) > 331.8A$，电动机起动时断路器不会跳闸。（3）依据 DL/T 5044—2014 附录 A 式（A.4.2-4）及式（A.4.2-5），蓄电池内阻 $r = 0.016\Omega$。铜芯电缆电阻 $R = \dfrac{0.0184 \times 2 \times 150}{70} = 0.079(\Omega)$；短路电流 $I_d = \dfrac{220}{0.016 + 0.079} = 2315.8(A) = 2.3158\text{kA}$；由该规范式（A.4.2-1）及 117 页 A.4.2 条文说明可得，C 型断路器动作电流为：$I_{dz} = 15I_n = 15 \times 63 = 945$（A）；灵敏系数 $K_L = \dfrac{I_d}{I_{dz}} = \dfrac{2315}{945} = 2.45 > 1.05$，说明电动机侧短路时断路器可以瞬时跳闸，起到保护作用，并且短路电流 2.315 8kA＜10kA，故选择极限短路分断能力为 M 即可，所以选 C。

20．C【解答过程】由 DL/T 5044—2014 附录 E 第 E.1.2 条及表 E.2-1 可知 $I_{ca} = 3A$，又由该规范第 6.3.4-2 条，按差值计算压降可得：允许压降 $\Delta U\% = \dfrac{1.87 \times 103}{220} - 0.85 = 0.0255(V)$ 再由表 E.2-2 注 1，计算断路器合闸回路电压降应保证最远一台断路器可靠合闸。环形网络供电时，应按任一侧电源断开的最不利条件计算，取 $L = 350\text{m}$；根据附录 E 式（E.1.1-2）可得
$$S_{cacmin} = \dfrac{\rho \times 2LI_{ca}}{\Delta U_p} = \dfrac{0.018\ 4 \times 2 \times 350 \times 3}{0.025\ 5 \times 220} = 6.89\ (\text{mm}^2)。$$

21．B【解答过程】由 DL/T 5582—2020 第 9.1.1 条及新版线路手册第 304 页表 5-14 可得：
$$D = k_i L_k + \dfrac{U}{110} + 0.65\sqrt{f_c} = 0.4 \times 2.7 + \dfrac{220}{110} + 0.65\sqrt{\dfrac{\gamma l^2}{8\sigma}} = 0.4 \times 2.7 + \dfrac{220}{110} + 0.65\sqrt{\dfrac{\dfrac{13.21}{A} \times 900^2}{8 \times \dfrac{20300}{A}}}$$
$= 8.36\ (\text{m})$；又根据该规范第 9.1.3 条，不同相导线水平距离应增加 0.5m，可得 8.36+0.5＝8.86（m）。老版线路手册第 180 页表 3-3-1。

22．C【解答过程】由新版线路手册第 765 页式（14-10）可得计算 L_{1V} 侧悬垂角为：
$$\theta_1 = \arctan\left(\dfrac{\gamma_c l_{1v}}{\sigma_c}\right) = \arctan\left(\dfrac{\dfrac{13.21}{A} \times 600}{\dfrac{20300}{A}}\right) = 21.33°，则 \dfrac{\theta_1 + \theta_2}{2} = 23° \Rightarrow \theta_2 = 2 \times 23° - 21.33° =$$
$24.67°$；$24.672° = \arctan\left(\dfrac{\dfrac{13.21}{A} \times l_{2v}}{\dfrac{20300}{A}}\right)$；解得 $l_{2v} = 706\ (\text{m})$。该手册第 765 页式（14-10）中的垂直挡距是杆塔距一侧弧垂最低点的距离，即单侧挡距。老版线路手册第 605 页式（8-2-10）。

23．A【解答过程】新版线路手册第 434 页 V 形绝缘子串的组装形式和受力计算内容中，式（5-3-1）及表 5-3-1 可知，当导线最大风偏角等于 V 形绝缘子串夹角一半，子绝缘子串不受压，即 $\varphi = \alpha = 50° = \arctan\dfrac{P_H}{W_v} = \tan^{-1}\dfrac{l_H W_4}{l_v W_1} = \arctan\dfrac{500 \times 11.25}{l_v \times 13.21}$ 可得 $l_v = 357.3\text{m}$，所以选 A。

24．C【解答过程】由新版线路手册第 304 页表 5-14 可得，电线最低点到高塔侧悬挂点间水平距离为：$l_{OB} = \dfrac{l}{2} + \dfrac{\sigma_0}{\gamma}\tan\beta = \dfrac{400}{2} + \dfrac{92.6}{55.7\times 10^{-3}} \times \dfrac{115}{400} = 677.96\ (\text{m})$；悬挂点应力为

$$\sigma_B = \sigma_0 + \dfrac{\gamma^2 l_{OB}^2}{2\sigma_0} = 92.6 + \dfrac{(55.7\times 10^{-3})^2 \times 677.96^2}{2\times 92.6} = 100.299\ (\text{N}/\text{mm}^2)$$

25．A【解答过程】当直线杆兼作转角时，角度荷载产生的水平荷载应计入摇摆角计算中；由新版线路手册第 152 页式（3-245）、第 470 页式（8-21），依题意忽略绝缘子串的影响，可得：$\varphi = \arctan\left[\dfrac{Pl_H + P_1 + P_2}{G_I/2 + W_I l_v}\right] \Rightarrow \dfrac{Pl_H + 2T_\varphi \sin(\alpha/2)}{G_I/2 + W_I l_v} = \tan 55° \Rightarrow$

$\dfrac{300\times 11.25\times 2 + 2\times 30000\times 2\sin(\alpha/2)}{13.21\times 2\times 400} = 1.428$，可得 $\alpha = 8°$，所以选 A。老版线路手册第 103 页式（2-6-44）、第 328 页式（6-2-9）。

2016 年注册电气工程师专业案例试题

（下午卷）及答案

【2016 年下午题 1~4】 某大用户拟建一座 220kV 变电站，电压等级为 220/110/10kV，220kV 电源进线 2 回，负荷出线 4 回，双母线接线，正常运行方式为并列运行，主接线及间隔排列示意图如下图所示，110kV、10kV 均为单母线分段接线，正常运行方式为分列运行。主变压器容量为 2×150MVA，150/150/75MVA，$U_{K12}=14\%$，$U_{K13}=23\%$，$U_{K23}=7\%$，空载电流 $I_0=0.3\%$，两台主变压器正常运行时的负载率为 65%，220kV 出线所带最大负荷分别是 $L_1=150$MVA，$L_2=150$MVA，$L_3=100$MVA，$L_4=150$MVA，220kV 母线的最大三相短路电流为 30kA，最小三相短路电流为 18kA。请回答下列问题。

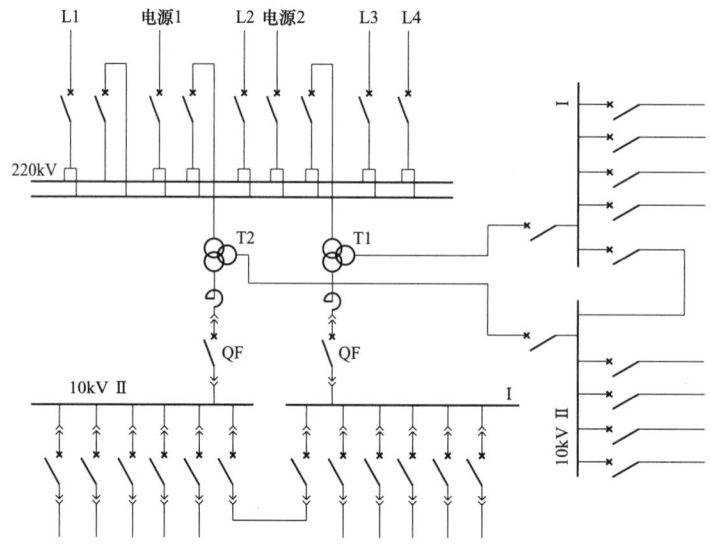

1. 在满足电力系统 N-1 故障原则下，该变电站 220kV 母线通流计算值最大应为下列哪些数值？ （ ）

 (A) 978A (B) 1562A
 (C) 1955A (D) 2231A

2. 若主变压器 10kV 侧最大负荷电流为 2500A，母线上最大三相短路电流为 32kA，为了将其限制到 15kA 以下，拟在主变压器 10kV 侧接入串联电抗器，下列电抗器参数中，哪组最为经济合理？ （ ）

 (A) $I_e=2000$A，$X_k\%=8$ (B) $I_e=2500$A，$X_k\%=5$
 (C) $I_e=2500$A，$X_k\%=10$ (D) $I_e=3500$A，$X_k\%=14$

3. 该站 220kV 为户外敞开式布置，请查找下图 220kV 主接线中的设备配置和接线有几处错误，并说明理由。（注：同一类的错误算一处。如所有出线没有配电流互感器，算一处错误） （　　）

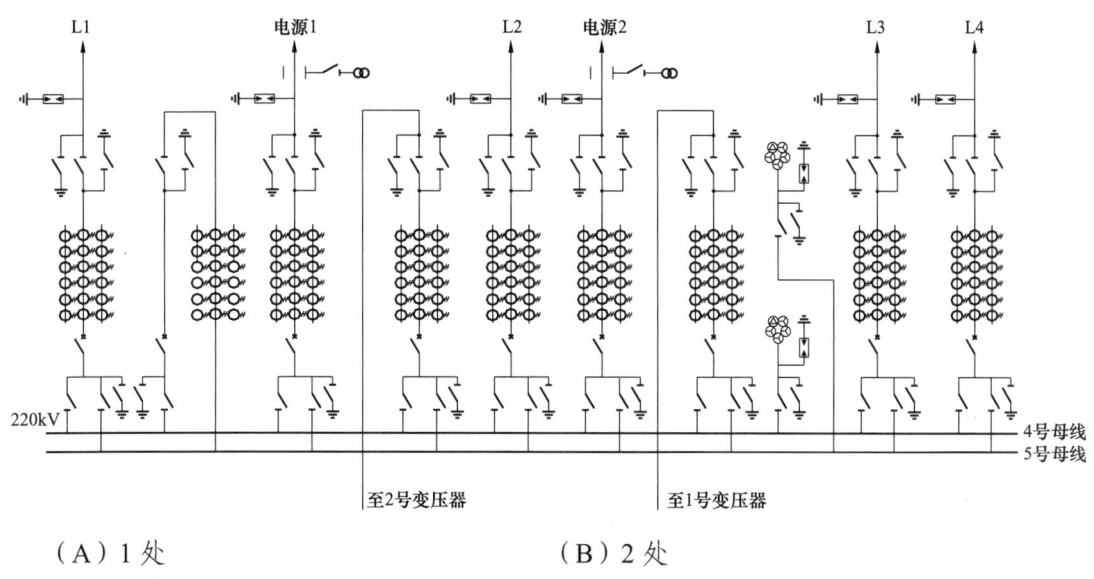

(A) 1 处
(B) 2 处
(C) 3 处
(D) 4 处

4. 该变电站的 220kV 母线配置有母线完全差动电流保护装置，请计算启动元件动作电流定值的灵敏系数。（可靠系数均取 1.5，不设中间继电器） （　　）

(A) 3.46
(B) 4.0
(C) 5.77
(D) 26.4

【2016 年下午题 5～9】某沿海区域电网内现有一座燃煤电厂，安装有 4 台 300MW 机组，另外规划建设 100MW 风电场和 40MW 光伏电站，分别通过一回 110kV 和一回 35kV 线路接入电网，系统接线如下图。燃煤机组 220kV 母线采用双母线接线，母线短路参数：I''=28.7kA，$I_∞$=25.2kA；k1 处发生三相短路时，线路 L1 侧提供的短路电流周期分量初始值，I_k=5.2kA。

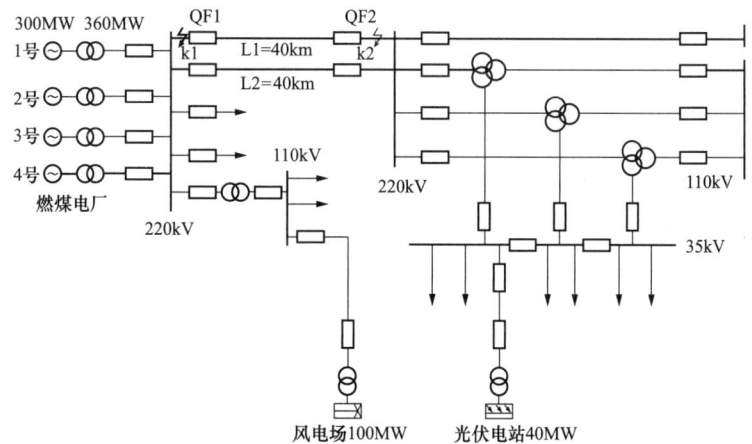

5. 当 k1 处发生三相短路时，请计算短路冲击电流应为下列哪项数值？ （　　）
   （A）75.08kA　　　　　　　　　（B）77.1kA
   （C）60.7kA　　　　　　　　　　（D）69.3kA

6. 若 220kV 线路 L1L2 均采用 2×LGJQ–400 导线，导线的电抗值为 0.3Ω/km（S_j=100MVA，U_j=230kV），当 k2 发生三相短路时，不计及线路电阻，计算通过断路器 QF2 的短路电流周期分量的起始有效值应为下列哪项数值？（假定忽略风电场机组，燃煤电厂 220kV 母线短路参数不变） （　　）
   （A）4.98kA　　　　　　　　　（B）5.2kA
   （C）7.45kA　　　　　　　　　（D）9.92kA

7. 当 k1 处发生三相短路且故障清除后，风电场功率应快速恢复，请确定风电场功率恢复变化率，至少不小于下列哪项数值时才能满足规程要求？ （　　）
   （A）15MW/s　　　　　　　　　（B）12MW/s
   （C）10MW/s　　　　　　　　　（D）8MW/s

8. 在光伏电站主变高压侧装设电流互感器，请确定测量用电流互感器一次额定电流应选择下列哪项数值？ （　　）
   （A）400A　　　　　　　　　　（B）600A
   （C）800A　　　　　　　　　　（D）1200A

9. 当电网发生单相接地短路故障时，请分析说明下列对风电场低电压穿越的表述中，哪种情况是满足规程要求的？ （　　）
   （A）风电场并网点 110kV 母线电压跌落至 85kV，1.5s 后风机从电网中切除
   （B）短路故障 1.8s 后，并网点母线电压恢复至 0.9p.u.，此时风机可以脱网运行
   （C）风电场并网点 110kV 母线相电压跌落至 35kV，风机连续运行 1.6s 后从电网中切除
   （D）风电场主变高压侧相电压跌落至 65kV，1.8s 后风机从电网中切除

【2016 年下午题 10～15】某风电场 220kV 升压站地处海拔 1000m 以下，设置一台主变压器，以变压器线路组接线一回出线至 220kV 系统，主变压器为双绕组有载调压电力变压器，容量为 125MVA，站内架空导线采用 LGJ–300/25，其计算截面积为 333.31mm²，220kV 配电装置为中型布置，采用普通敞开式设备，其变压器及 220kV 配电装置区平面布置图如下。主变压器进线跨（变压器门构至进线门构）长度 16.5m，变压器及配电装置区土壤电阻率 ρ=400Ω·m，35kV 配电室主变压器侧外墙为无门窗的实体防火墙。

10. 请在配电装置布置图中找出有几处设计错误？并说明理由。 （　　）
   （A）1 处　　　　　　　　　　　（B）2 处
   （C）3 处　　　　　　　　　　　（D）4 处

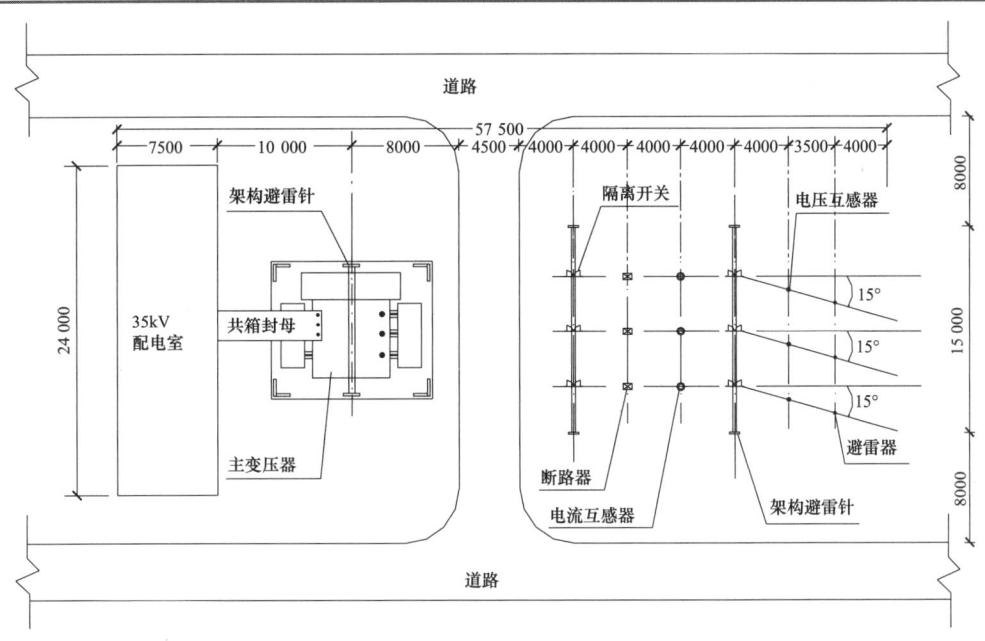

11. 该升压站主变压器的油重 50t，设备外廓长度 9m，设备外廓宽度 5m，卵石层的间隙率为 0.25，油的平均比重 0.9t/m³，贮油池中设备的基础面积为 17m²，问贮油池的最小深度应为下列哪项数值？　　　　　　　　　　　　　　　　　　　　　　　　　　　（　　）

(A) 0.58m
(B) 0.74m
(C) 0.99m
(D) 1.03m

12. 若主变压器风景线公开活动耐张绝缘子串采用 14 片 X-4.5，假如该跨正常状态最大弧垂发生在最大负载时，其弧垂为 2m，计算力矩为 6075.6N·m，导线应力为 9.114N/mm²，给定的参数如下：最高温度下，其计算力矩为 3572N·m，状态方程中 A 为 –1426.8N/mm²，C_m 为 42 844N³/mm⁶，求最高温度下（θ_m=70℃）的弧垂最接近下列哪项数值？（　　）

(A) 1.96m
(B) 2.176m
(C) 3.33m
(D) 3.7m

13. 主变压器进线跨导线拉力计算时，导线的计算拉断力为 83 410N，若该跨导线计算的应力（在弧垂最低点）见下表，求荷载长期作用时的安全系数为下列哪项数值？（　　）

状态	最低温度	最大荷载（有风有冰）	最大风速	带电检修
温度（℃）	–30	–5	–5	+30
应力（N/mm²）	5.784	9.114	8.329	14.57

(A) 27.45
(B) 30.5
(C) 17.1
(D) 43.3

14. 主变压器进线跨导线拉力计算时，导线计算的应力（在弧垂最低点）见下表，试计算荷载短期作用时悬式绝缘子 X-4.5 的安全系数为下列哪项数值？（悬式绝缘子 X-4.5 的 1h 机电试验荷载 45000N，悬式绝缘子 X-4.5 的破坏负荷 60000N）　　（　　）

状态	最低温度	最大荷载（有风有冰）	最大风速	带电检修
温度（℃）	−30	−5	−5	+30
应力（N/mm²）	5.784	9.114	8.329	14.57

（A）9.27　　　　　　　　　　　　（B）23.34
（C）16.21　　　　　　　　　　　　（D）14.81

15. 若该变电站地处海拔 2800m，b 级污秽（可按Ⅰ级考虑）地区，其主变压器门型架耐张绝缘子串 X-4.5 绝缘子片数应为下列哪项数值？　　　　　　　　　　（　　）
（A）15 片　　　　　　　　　　　（B）16 片
（C）17 片　　　　　　　　　　　（D）18 片

【2016 年下午题 16～21】　某 600MW 级燃煤发电机组，高压厂用电系统电压为 6kV，中性点不接地，其简化的厂用接线如下图所示，高压厂变 B1 无载调压，容量为 31.5MVA，阻抗值为 10.5%。高压备变 B0 有载调压，容量为 31.5MVA，阻抗值为 18%。正常运行工况下，6.3kV 工作段母线由 B1 供电，B0 热备用。D3、D4 为电动机，D3 额定参数为：P_3=5000kW，$\cos\varphi_3$=0.85，η_3=0.93，启动电流倍数 K_3=6 倍；D4 额定参数为：P_4=8000kW，$\cos\varphi_4$=0.88，η_4=0.96，启动电流倍数 K_4=5 倍。假定母线上的其他负荷不含高压电动机并简化为一条馈线 L1，容量为 S_g；L2 为备用馈线，充电运行。TA 为工作电源进线回路电流互感器，TA0～TA4 为零序电流互感器。请分析计算并解答下列各题。

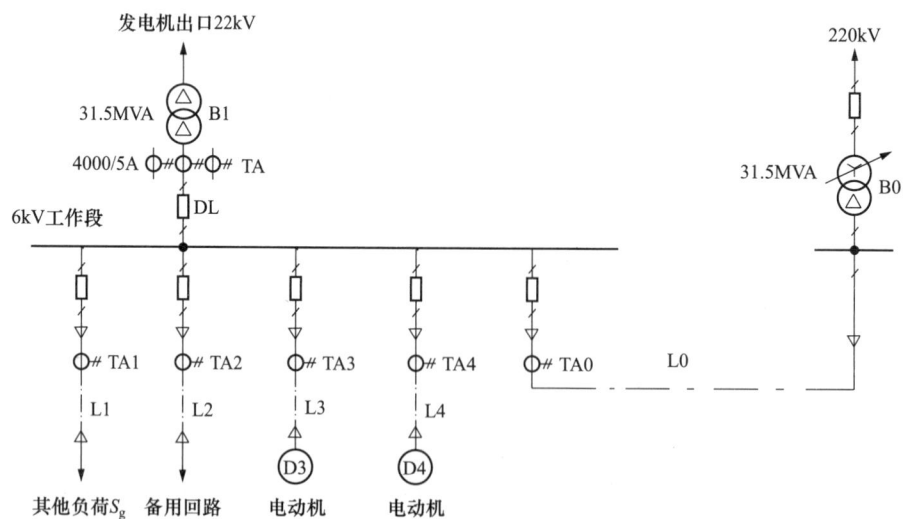

16. 若 6kV 均为三芯电缆，L0～L4 的总用缆量为 10km，其中 L0 为 3 根并联，每根长度为 0.5km；L3 为单根，长度 1km，当 B1 检修，6.3kV 工作段由 B0 供电时，电缆 L3 的正中间，即离电动机接线端子 500m 处电缆发生单相接地短路故障，请计算流过零序

电流互感器 TA0、TA3 一次侧电流，以及故障点的电容电流应为下列哪组数据？（已知 6kV 电缆每组对地电容值为 0.4μF/km，除电缆以外的电容忽略） （   ）

（A）2.056A，12.33A，13.02A　　　（B）11.64A，13.02A，13.70A
（C）2.056A，12.33A，13.70A　　　（D）13.70A，1.370A，1.370A

17. 已知零序电流互感器 TA0~TA4 的极性已经调整为一致，在正常运行工况下，当电缆 L3 的正中间发生单相接地故障时，请分析并确定下列零序电流互感器的电流方向表述中哪组是正确的？ （   ）

（A）TA1、TA3、TA4 方向一致，TA0 方向相反
（B）TA0、TA1、TA3、TA4 方向一致
（C）TA1、TA4 方向一致，TA0、TA3 方向相反
（D）TA1、TA4 方向一致，TA0、TA3 方向相反

18. 已知变压器 BTA 的有载分接开关电压分接头为 216±8×1.25%/6.3kV，额定铜耗为 180kW，最大计算负荷为 27 500kVA，负荷功率因数为 0.83，请计算 220kV 母线电压允许波动范围为下列哪组数值？ （   ）

（A）192~36kV　　　（B）195~238kV
（C）198~40kV　　　（D）202~242kV

19. 已知在正常运行工况下，6.3kV 母线已带负荷 21MVA，请计算 D4 启动时 6.3kV 工作段的母线电压百分数最接近下列哪项数值？ （   ）

（A）76%　　　（B）84%
（C）88%　　　（D）93%

20. 在正常运行工况下，已知 $S_g=P_g+jQ_g=$（12+j9）MVA，D3 在额定参数下运行，若备用回路 L2 接有一组 2Mvar 的电容器组，在启动 D4 的同时投入，请详细计算 D4 启动时 6.3kV 工作段的母线电压最接近下列哪项值？ （   ）

（A）83%　　　（B）85%
（C）86%　　　（D）88%

21. 已知最小运行方式下 6kV 工作段母线三相短路电流为 28kA，2MW 及以上的电动机回路均已装设完整的差动保护，低压厂用变压器最大单台容量为 2MVA，其低压电动机自启动引起的过电流倍数为 2.5，请计算高压厂变 B1 低压侧工作分支断路器的过流保护的电流整定值和灵敏系数最接近下列哪组数值？（可靠系数取 1.2） （   ）

（A）4.91A，3.52　　　（B）8.60A，3.52
（C）8.23A，4.25　　　（D）4.91A，6.17

【2016 年下午题 22~27】 一台 660MW 发电机以发变组单元接入 500kV 系统，发电机额定电压 20kV，额定功率因数 0.9，中性点经高阻接地，主变压器 500kV 侧中性点直接接地。

厂址海拔 0m，500kV 配电装置采用屋外敞开式布置，10min 设计风速为 15m/s，500kV 避雷器雷电冲击残压为 1050kV，操作冲击残压为 850kV，接地网接地电阻 0.2Ω，请根据题意回答下列问题。

22. 若厂内 500kV 升压站最大接地故障短路电流为 39kA，折算至 500kV 母线的厂内零序阻抗 0.03（标幺值），系统侧零序阻抗 0.02（标幺值），发生单相接地故障时故障切除时间为 1s，500kV 的等效时间常数 X/R 为 40，厂内、厂外发生接地故障时接地网的工频分流系数分别为 0.4 和 0.9，计算厂内单相接地时地电位升高应为下列哪项数值？（　　）

（A）2.81kV　　　　　　　　　　（B）2.98kV
（C）3.98kV　　　　　　　　　　（D）4.97kV

23. 计算 500kV 软导线对构架操作过电压所需最小相对地空气间隙应为下列哪项数值？（取 $U_{50\%}=785d^{0.34}$）（　　）

（A）2.55m　　　　　　　　　　（B）1.67m
（C）3.40m　　　　　　　　　　（D）1.97m

24. 该发电机不平衡负载连续运行限值 I_2/I_N 应不小于下列哪项数值？（　　）

（A）0.08　　　　　　　　　　（B）0.10
（C）0.079　　　　　　　　　（D）0.067

25. 若主变高压侧单相接地时低压侧传递过电压为 700V，主变压器高压侧单相接地保护动作时间为 10s，发电机单相接地保护电压定值为 500V，则发电机出口避雷器的额定电压最小计算值应为下列哪项数值？（　　）

（A）15.1kV　　　　　　　　　（B）21kV
（C）26kV　　　　　　　　　　（D）26.25kV

26. 发电机及主变压器过励磁能力分别见表 1 及表 2，发电机与变压器共用一套过励磁保护装置，请分析判断下列各曲线关系图中哪项是正确的？（图中曲线 G 代表发电机过励磁能力，T 代表变压器过励磁能力，L 代表励磁调节器 U/f 限制设定曲线，P 代表过励磁保护整定曲线）。（　　）

表1　　　　　　　　　　发电机过励磁允许能力

时间（s）	连续	180	150	120	60	30	10
励磁电压（%）	105	108	110	112	125	146	208

表2　　　　　　　　变压器工频电压升高时的过励磁运行持续时间

工频电压升高倍数	相—地	1.05	1.1	1.25	1.5	1.8
持续时间		连续	<20min	<20s	<1s	<0.1s

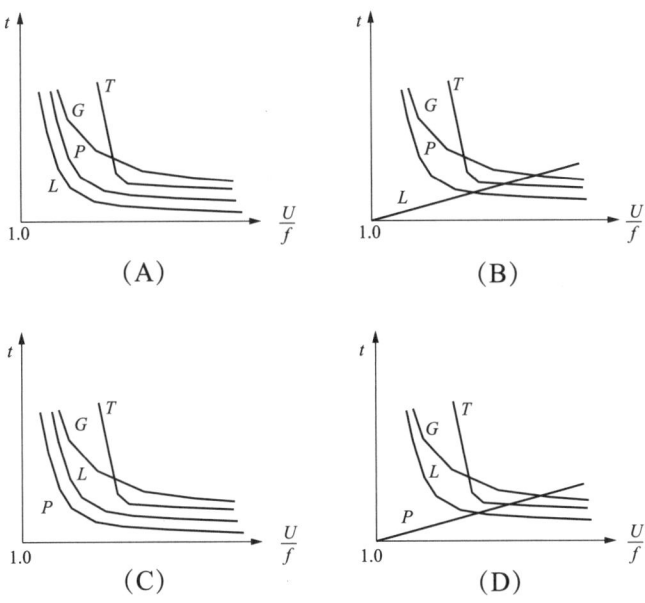

27. 若该工程建于海拔 1800m 处，电气设备外绝缘雷电冲击耐压（全波）1500kV，则避雷器选型正确的是（按 GB 50064 选择）   （   ）

（A）Y20W-400/1000　　　　　　　（B）Y20W-420/1000
（C）Y10W-420/850　　　　　　　　（D）Y20W-400/850

【2016 年下午题 28～30】　某 220kV 变电站，主接线示意图见下图，安装 220/110/10kV，180MVA（100%/100%/50%）主变压器两台，阻抗电压高–中 13%，高–低 23%，中低 8%；220kV 侧为双母线接线，线路 6 回，其中线路 L21、L22 分别连接 220kV 电源 S21、S22，另 4 回为负荷出线（每回带最大负荷 180MVA），每台主变压器的负载率为 65%。

110kV 侧为双母线接线，线路 10 回，其中 2 回线路 L11、L12 分别连接 110kV 系统电压 S11、S12，正常情况下为负荷出线，每回带最大负荷 20MVA、其他出线均只作为负荷出线，每回带最大负荷 20MVA，当 220kV 侧失电时，110kV 电源 S11、S12 通过线路 L11、L12 向 110kV 母线供电，此时，限制 110kV 负荷不大于除了 L11、L12 线路外其他各负荷线路最大总负荷的 40%，且线路 L11、L12 均具备带上述总负荷的 40%的能力。

10kV 为单母线接线，不带负荷出线。

已知系统基准容量 S_j=100MVA，220kV 电源 S21 最大运行方式下系统阻抗标幺值为 0.006，最小运行方式下系统阻抗标幺值为 0.0065；220kV 电源 S22 最大运行方式下系统阻抗标幺值为 0.007，最小运行方式下系统阻抗标幺值为 0.0075；L21 线路阻抗标幺值为 0.01，L22 线路阻抗标幺值 0.011。

已知 110kV 电源 S11 最大运行方式下系统阻抗标幺值为 0.03，最小运行方式下系统阻抗标幺值为 0.035；110kV 电源 S12 最大运行方式下系统阻抗标幺值为 0.02，最小运行方式下系统阻抗标幺值为 0.025；L11 线路阻抗标幺值为 0.011，L12 线路阻抗标幺值 0.017。

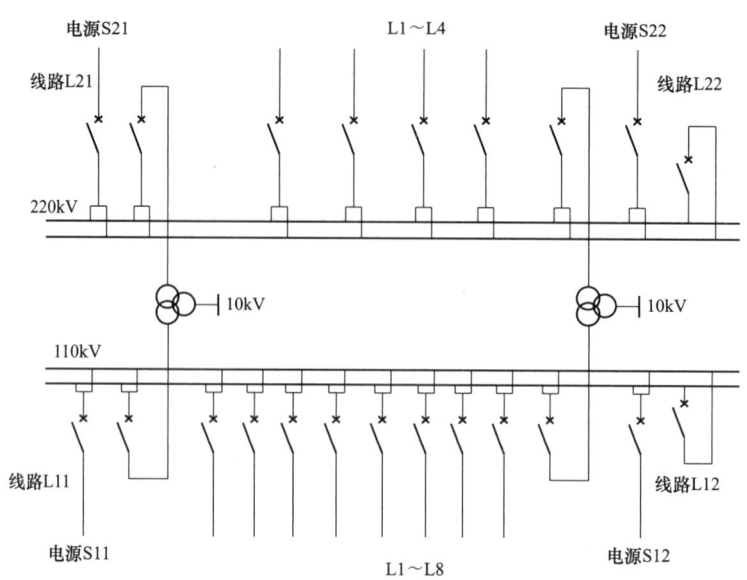

28. 已知 220kV 断路器失灵保护作为 220kV 电力设备和 220kV 线路的近后备保护，请计算 220kV 线路 L21 失灵保护电流判别元件的电流定值和灵敏系数最接近下列哪组数值？（可靠系数取 1.1，返回系数取 0.9）　　　　　　　　　　　　　　　　　　　　（　　）

（A）0.75kA，10.16　　　　　　（B）1.15kA，6.42
（C）11.45kA，1.3　　　　　　（D）3.06kA，2.49

29. 已知主变压器 110kV 侧电流互感器变比为 1200/1，请计算主变压器 110kV 侧用于主变压器差动保护的电流互感器的一次电流计算倍数最接近下列哪项数值？（可靠系数取 1.3）
　　　　　　　　　　　　　　　　　　　　　　　　　　　　　　　　　　（　　）

（A）6.18　　　　　　　　　　　（B）6.04
（C）6.76　　　　　　　　　　　（D）27.96

30. 已知 110kV 负荷出线后备保护为过流保护，保护动作时间为 1.5s，断路器全分闸时间取 0.08s，请计算并选择 110kV 负荷出线断路器的最大短路电流热效应计算值为：（　　）

（A）999.23kA^2·s　　　　　　（B）58.41kA^2·s
（C）1622.97 kA^2·s　　　　　（D）1052.53kA^2·s

【2016 年下午题 31～35】　750kV 架空送电线路，位于海拔 1000m 以下的山区，年平均雷暴日数为 40，线路全长 100km，导线采用六分裂 JL/GIA-500/45 钢芯铝绞线，子导线直径为 30mm，分裂间距为 400mm，线路的最高电压为 800kV，假定操作过电压倍数为 1.80p.u.。（按国标规范计算）

31. 假设线路的正序电抗为 0.36Ω/km，正序电纳为 6.0×10^{-6}S/km，计算线路的自然功率

P_n 应为下列哪项数值？ （   ）

(A) 2188.6MW (B) 2296.4MW
(C) 2612.8MW (D) 2778.6MW

32. 双回路段鼓型悬垂直线塔，设计极限档距为 900m，导线最大弧垂为 64m，导线悬垂绝缘子串长度为 8.8m（Ⅰ串），塔头尺寸设计时导线横担之间的最小垂直距离宜取下列哪项数值？ （   ）

(A) 11.66m (B) 12.50m
(C) 13.00m (D) 15.54m

33. 假如在强雷区地段，需安装线路防雷用避雷器降低线路雷击跳闸率，下列在杆塔上安装线路避雷器的方式哪种是正确的？ （   ）

(A) 单回线路宜在 3 相绝缘子串旁安装
(B) 单回线路可在两边相绝缘子串旁安装
(C) 同塔双回线路宜在两回线路绝缘子串旁安装
(D) 同塔双回线路可在两回线路的下相绝缘子串旁安装

34. 假定导线波阻抗为 250Ω，闪电通道波阻为 250Ω，绝缘子串负极性 50%闪络电压绝对值为 3600kV，雷电为负极性时，最小绕击耐雷水平值 I_{min} 应为下列哪项数值？ （   ）

(A) 37.1kA (B) 38.3kA
(C) 39.7kA (D) 43.2kA

35. 单回路段悬垂直线塔采用水平排列的酒杯塔，假定绝缘子串的闪络距离为 7.2m，计算绕击建弧率应为下列哪项数值？ （   ）

(A) 0.628 (B) 0.832
(C) 0.966 (D) 1.120

【2016 年下午题 36～40】 某 220kV 架空送电线路 MT（猫头）直线塔，采用双分裂 LGJ–400/35 导线，悬垂串长度为 3.2m，导线截面积 425.24mm²，导线直径为 26.82mm，单位重量 1307.50kg/km，导线平均高度处大风风速为 32m/s，大风时温度为 15℃，应力为 70N/mm²，最高气温（40℃）条件下导线最低点应力为 50N/mm²，L1 邻挡断线工况应力为 35N/mm²。图中 h_1=18m，L_1=300m，dh_1=30m，L_2=250m，dh_2=10m，l_1，l_2 为最高气温下的弧垂最低点至 MT 的距离，l_1=180m，l_2=50m。（提示 g=9.8，采用抛物线公式计算）

36. 计算该导线在大风工况下综合比载应为下列哪项数值？ （   ）

(A) 0.0301N/（m·mm²） (B) 0.0222N/（m·mm²）
(C) 0.0449N/（m·mm²） (D) 0.0333N/（m·mm²）

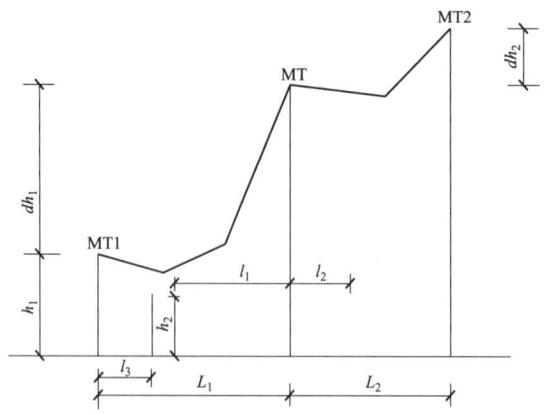

37. 为了确定 MT 塔头空气间隙，需要计算 MT 塔在大风工况下的摇摆角，问摇摆角应为下列哪项数值？（不考虑绝缘子串影响） （　　）

（A）52.90°　　　　　　　　　　（B）57.99°
（C）48.67°　　　　　　　　　　（D）56.35°

38. 假定该线路最大弧垂为 14m，该线路铁塔线间垂直距离至少为以下哪项数值？
　　　　　　　　　　　　　　　　　　　　　　　　　　　　　　　　（　　）
（A）5.71m　　　　　　　　　　 （B）5.5m
（C）4.28m　　　　　　　　　　 （D）4.58m

39. 距离 MT1 塔 50m 处有一高 10m 的 10kV 线路（D=50m，h_2=10m），则邻挡断线工况下，MT1-MT 挡导线与被跨的 10kV 线路间的垂直距离应为下列哪项数值？（　　）
（A）7.625m　　　　　　　　　　（B）9.24m
（C）6.23m　　　　　　　　　　 （D）8.43m

40. 为了现场定位，线路专业往往需要制作定位模板，以下关于定位模板的表述哪项是不正确的？请说明理由。 （　　）
（A）定位模板形状与导线最大弧垂时应力有关
（B）定位模板形状与导线最大弧垂时比载有关
（C）定位模板形状与档距有关
（D）定位模板可用于检测线路纵断面图

答　　案

---

1. C【解答过程】母线最大载流量运行方式：双母线并列运行，电源 1、电源 2 正常工作，电源 1、线路 L1、T2、L2，挂接 Ⅰ 母；电源 2、T1、L3、L4 挂接 Ⅱ 母；此时电源 1 故障，电源 2 满足 N-1 工况，通过母线带全部负荷，此时通过母线的最大载流量为

$$I=\frac{150\times3+100+150\times0.65\times2}{\sqrt{3}\times220}\times10^3=1955.12\,(\text{A})。$$

2．C【解答过程】依题意，最大负荷电流为 2500A，取 I_e=2.5kA。由《电力工程设计手册 变电站设计》第 52 页表 3-2、式（3-10）以及第 106 页式（4-21），可得

$$X_\text{k}=\left(\frac{1}{I''_\text{后}}-\frac{1}{I''_\text{前}}\right)\frac{I_\text{ek}U_\text{j}}{U_\text{ek}}\times100\%=\left(\frac{1}{15}-\frac{1}{32}\right)\times\frac{2.5\times10.5}{10}\times100\%=9.3\%，向上取整10\%，所以选C。$$

3．D【解答过程】(1) 由《电力工程设计手册 火力发电厂电气一次设计》第 45 页三、(1) 220kV 线路侧应装设 TV；(2) 由 DL/T 5218—2012，第 5.1.8 条安装在出线的电压互感器不应设隔离开关；(3) 由 DL/T 5352—2018，第 2.1.8 条每段母线应设接地开关或接地器；(4) 母联间隔 TA 安装位置错误，应安装在断路器与隔离开关之间。故有 4 处错误，所以选 D。老版一次手册第 71 页。

4．A【解答过程】依据：老版二次手册第 588 页式（28-75）～式（28-77）。(1) 保护动作定值：1）按躲过外部发生故障时的最大不平衡电流整定 $I_\text{dz1}=K_\text{k}I_\text{bp.max}=K_\text{K}\times0.1\times I_\text{d.max}=1.5\times0.1\times30000=4500\,(\text{A})$；2）按躲过二次回路断线故障整定 $I_\text{dz2}=1.5\frac{S}{\sqrt{3}U_\text{e}}=1.5\times\frac{150\times3+100+2\times150\times65\%}{\sqrt{3}\times220}=2992.5\,(\text{A})$；以上两者取大，$I_\text{dz}=4500\text{A}$。(2) 计算灵敏系数为：$K_\text{m}=\frac{I_\text{d.min}}{I_\text{DZ}}=\frac{\frac{\sqrt{3}}{2}\times18000}{4500}=3.46$。

5．A【解答过程】依题意，本题短路点为发电厂高压侧母线，由新版《电力工程设计手册 火力发电厂电气一次设计》第 121 页式（4-35）及第 122 页表 4-13 可得：可得冲击电流 $i_\text{ch}=\sqrt{2}\times1.85\times28.7=75.08\,(\text{kA})$。老版一次手册第 140 页式（4-32）及第 141 页表 4-15。

6．A【解答过程】(1) 依题意，把 k1 点至电源全部等效成一个系统，则短路阻抗=系统等效阻抗+线路阻抗；(2) 由新版一次手册第 108 页表 4-1，设 S_j=100MVA、U_j=230kV、I_j=0.251kA、X_j=529Ω；(3) 阻抗归算：由新版一次手册第 108 页相关公式可得：k1 点以上等效系统短路电流为 $I_\text{S1}=\frac{28.7-5.2\times2}{2}=9.15\Rightarrow X_\text{S1}=\frac{I_\text{j}}{I_\text{S1}}=\frac{0.251}{9.15}=0.02743$；总阻抗 $X_\Sigma=X_\text{S1}+X_\text{L1}=0.02743+\frac{0.3\times40}{529}=0.0501$；(4) 通过断路器 QF2 的短路电流为 $I_\text{d}=\frac{I_\text{j}}{\Sigma X_*}=\frac{0.251}{0.0501}=5(\text{kA})$。老版一次手册第 120、121 页相关公式。

7．C【解答过程】由 GB/T 19963—2011 第 9.3 条可得，100MW×10%/s=10（MW/s）。

8．C【解答过程】依题意，由《光伏发电站设计规范》（GB 50797—2012）第 9.2.2-4 条，取功率因数为 0.98，可得光伏电站主变压器高压侧额定电流为 $I_\text{e}=1.05\times\frac{P_\text{e}}{\sqrt{3}U_\text{e}\cos\theta}=1.05\times\frac{40}{\sqrt{3}\times35\times0.98}=0.707\,(\text{kA})$；又根据 DL/T 866—2015 第 4.2.2 条可得测量用电流互感器额定一次电流应接近但不低于二次回路正常最大负荷电流。所以选 C。

9. C【解答过程】由 GB/T 19963—2011 第 9.1 条、第 9.2 条及附图 1，可知：
（A）按题意故障为单相故障，根据 9.2 条考核电压未给并网点相电压，此表述不符要求；（B）未说明并网点相电压，又可脱网运行也不符规范要求；即使是三相故障，短路故障 1.8s，电压已恢复至 0.9p.u.，应在图 1 曲线之上为不脱网；(C)此情况相电压已降至 35/63.5=0.55p.u.（35/110=63.5kV 为额定相电压），1.6s 已在图 1 曲线之下，即属于风电机组可以从电网切除的范围内，此条表述符合要求；（D）此条表述不符要求：应说明并网点母线而非主变压器高压侧；即使描述为并网点，电压值为 1.02p.u.，1.8s 也在图 1 曲线之上，不应被切除。所以选 C。

10. C【解答过程】错误 1：由新版一次手册第 411 页，220kV 配电装置出线偏角不大于 10°。错误 2：根据 DL/T 5222—2005 条文说明 7.5.3，共箱封闭母线用于单机 200MW 发电机厂用电系统。错误 3：GB/T 50064—2014 第 5.4.8-2 条，当土壤电阻率大于 350Ω·m 时，在变压器门型构架上不允许装设避雷针，所以选 C。老版一次手册第 579 页。DL/T 522—2021 第 5.5 章已修改此条内容。

11. B【解答过程】由老版一次手册第 405 页式（10-5）可得，储油池面积 S_1=(9+2)×(5+2)=77（m²）储油池最小深度为：$h = \dfrac{0.2G}{0.25 \times 0.9(S_1 - S_2)} = \dfrac{0.2 \times 50}{0.25 \times 0.9 \times (77-17)} = 0.74$ (m)。老版一次手册第 572 页式（10-1），其中设备油重单位有误，应为吨（t）。

12. A【解答过程】依题意，已给出了软导线力学计算的求解应力值的要求，由新版一次手册第 387 页式（9-113）可得：$\sigma_m^2(\sigma_m - A) = C_m$，可用计算器试凑求解，试凑的 σ_m 初值取 $\sqrt{C_m / A} = \sqrt{42844/1426.8}$=5.48N/mm² 然后采用内插法代入试算，可得 σ_m=5.469N/mm²。又由该手册式（9-112）σ=H/S，得 $H_m = \sigma_m S$= 5.469×333.31=1822.87 (N)。再由该手册式（9-107）可得：$f = M/H_m$=3572/1822.87=1.959 (m)。老版一次手册第 388、389 页式（8-89）、式（8-88）、式（8-83）。

13. A【解答过程】带电检修不属于长期荷载，故选题设最大荷载工况应力 9.114N/mm²。由《电力工程设计手册 火力发电厂电气一次设计》第 387 页式（9-112）可得导线长期最大张力为：$H_m = \sigma S$=9.114×333.31=3037.39 (N)；故该导线长期作用荷载的安全系数为 $K = \dfrac{83\ 410}{3037.79} = 27.46$。所以选 A。老版一次手册第 389 页式（8-88）。

14. A【解答过程】由 DL/T 5222—2021 第 3.0.17 条，带电检修属于短时荷载；由《电力工程设计手册 火力发电厂电气一次设计》第 387 页式（9-112）可得带电检修绝缘子导线拉力 $F = \delta_s$=14.57×333.31=4856.33 (N)，悬式绝缘子安全系数 $k = \dfrac{45000}{4856.33} = 9.27$。老版一次手册第 389 页式（8-88）。

15. B【解答过程】由《导体和电器选择设计技术规程》（DL/T 5222—2005）表 21.0.11 可得，海拔 1000m 及以下地区 220kV 绝缘子应选 13 片。又由该规范式（21.0.12）可得，海拔 2800m 处绝缘子片数为 $N_H = N[1 + 01(H-1)] = 13 \times [1 + 0.1 \times (2.8-1)] = 15.34$ (片)，取 16 片 B。新版规范 DL/T 5222—2021 已删除此内容。

16. C【解答过程】由《电力工程设计手册 火力发电厂电气一次设计》第 65 页式（3-1）

可得：(1) TA0 的电流：$I_0 = \sqrt{3} \times 2\pi f \times 6.3 \times 10^{-3} \times C = 3.428 \times 3 \times 0.5 \times 0.4 = 2.0568$ (A)；(2) TA3 的电流：$I_3 = 3.428 \times (10-1) \times 0.4 = 12.34$ (A)；(3) 故障点电流：$I_c = 3.428 \times 10 \times 0.4 = 13.71$ (A)。老版一次手册第 80 页式（3-1）。

17. C【解答过程】由新版一次手册第 122 页，零序网络一节描述"零序电压施加于短路点，各支路均并联于该点"可知，零序电流由接地点流向电源。依题意，L3 为故障点，该点产生零序电压，零序电流由 L3 点流入系统。显然 TA3 电流方向流向母线，而 TA1、TA4 流出母线，两者相反。所以选 C。老版一次手册第 142 页。

18. B【解答过程】由《火力发电厂厂用电设计技术规程》（DL/T 5153—2014）附录 G 可得：

$$R_T = 1.1 \frac{P_t}{S_{2T}} = 1.1 \times \frac{180}{31500} = 0.006286; \quad X_T = 1.1 \frac{U_{d\%}}{100} \frac{S_{2T}}{S_T} = 1.1 \times \frac{18}{100} \times \frac{31500}{31500} = 0.198;$$

$$Z_\varphi = R_T \cos\varphi + X_T \sin\varphi = 0.006286 \times 0.83 + 0.198 \times 0.557763 = 0.116; \quad S = \frac{27500}{31500};$$

由 $U_m = U_0 - SZ_\varphi$；$U_0 = \frac{U_g U'_{2e}}{1 + n\frac{\delta_u\%}{100}}$；$U = U_* \cdot U_{le}$（$U_{le}$ 为高压侧额定电压）联合推出：

$$U_{gmin} = U_{le} \frac{(U_{*min} + S_{*max} Z_*) \times \left(1 - n\frac{\delta\%}{100}\right)}{U_{*2e}} = 216 \times \frac{\left(0.95 + \frac{27500}{31500} \times 0.116\right) \times \left(1 - 8 \times \frac{1.25}{100}\right)}{1.05} = 194.6 \text{(kV)}$$

$$U_{gmax} = U_{le} \frac{(U_{*max} + S_{*min} Z_*) \times \left(1 + n\frac{\delta\%}{100}\right)}{U_{*2e}} = 216 \times \frac{\left(1.05 + \frac{0}{31500} \times 0.116\right) \times \left(1 + 8 \times \frac{1.25}{100}\right)}{1.05} = 237.6 \text{(kV)}$$

19. B【解答过程】由 DL/T 5153—2014 附录 G 式（G.0.1-4）可得

$$X = X_T = 1.1 \frac{U_d\%}{100} \times \frac{S_{2T}}{S_T} = 1.1 \times \frac{10.5}{100} \times \frac{31500}{31500} = 0.1155；又由该规范附录 H 可得$$

$$S_1 = \frac{S_D}{S_T} = \frac{21000}{31500} = 0.6667; \quad S_{qz} = \frac{K_{qz} \Sigma P_e}{S_{2T} \eta_d \cos\varphi_d} = \frac{5 \times 8000}{31.5 \times 10^3 \times 0.96 \times 0.88} = 1.503$$

则 $S = S_1 + S_q = 0.6667 + 1.503 = 2.17$；再根据该规范式（H.0.1-1），依题意为无励磁变压器，$U_0 = 1.05$，可得启动时母线电压 $U_m = \frac{U_0}{1 + SX} = \frac{1.05}{1 + 2.17 \times 0.1155} = 0.84$。

20. B【解答过程】由 DL/T 5153—2014 附录 G 式（G.0.1-4）可得：

$$X = X_T = 1.1 \frac{U_d\%}{100} \times \frac{S_{2T}}{S_T} = 1.1 \times \frac{10.5}{100} \times \frac{31500}{31500} = 0.1155；各负荷标幺值计算如下：$$

D4 启动前已运行负荷：$S_1 = \dfrac{(12000 + j9000) + \left(\dfrac{5000/0.93}{0.85}\right)\angle\cos^{-1} 0.85}{31.5 \times 1000} = 0.676\angle 35.36$

D4 启动时投入负荷：$S_q = \dfrac{5 \times \left[-j2000 + \left(\dfrac{8000/0.96}{0.88}\right)\angle\cos^{-1} 0.88\right]}{31.5 \times 1000} = 1.38\angle 16.69$

启动合成负荷：$S_1 + S_q = 0.676\angle 35.36 + 1.38\angle 16.69 = 2.032\angle 22.8$

又由该规范附录 H 式（H.0.1-1），依题意为无励磁变压器，$U_0 = 1.05$，可得 $U_m = \dfrac{U_0}{1+(S_1+S_q)X} = \dfrac{1.05}{1+2.032\times 0.1155} = 0.85$。

21．B【解答过程】依据老版二次手册第 695 页第 29-8 节。（1）按躲过本段母线所接电动机最大起动电流之和整定，根据式（29-188）得

$$K_{zq} = \dfrac{1}{\dfrac{U_d\%}{100} + \dfrac{W_e}{K_{qd}W_{d\Sigma}}} = \dfrac{1}{0.105 + \dfrac{31.5}{6\times 6.325 + 5\times 9.47}} = 2.108;$$

电动机 D3 的容量 $W_{d3\Sigma} = \dfrac{5}{0.85\times 0.93} = 6.325\ (\text{MVA})$；

电动机 D4 的容量 $W_{d4\Sigma} = \dfrac{8}{0.88\times 0.96} = 9.47\ (\text{MVA})$；

$I_e = \dfrac{S}{\sqrt{3}U} = \dfrac{31.5}{\sqrt{3}\times 6.3} = 2.887\ (\text{kA})\qquad I_{dz1} = K_k K_{zq} I_e = 1.2\times 2.108\times 2.887 = 7.304\ (\text{kA})$

（2）按与本段母线最大电动机速断保护配合整定：根据《电力工程电气设计手册 电气二次部分》第 23-2 节表 23-5 可知，本题中电动机不需要装速断保护，因此不需要与速断保护配合。

（3）与接于本段母线的低压厂用变压器过电流保护配合整定。

$I'_{dz} = K_k K_{zq} I_e = 1.2\times 2.5\times \dfrac{2}{\sqrt{3}\times 6.3} = 0.55\ (\text{kA})\qquad \sum I_{fh} = \dfrac{S}{\sqrt{3}U} = \dfrac{31.5 - 2}{\sqrt{3}\times 6.3} = 2.7\ (\text{kA})$

$I_{dz2} = K_k(I'_{dz} + \sum I_{fh}) = 1.2\times (0.55 + 2.7) = 3.9\ (\text{kA})$

所以 $I_{dz} = 7.304\text{kA}$，折算到二次值为 $I'_{dz1} = \dfrac{7.304}{4000/5} = 9.13\ (\text{A})$。

灵敏系数为：$K_{1m} = \dfrac{I_{d\cdot min}}{I'_{dz}} = \dfrac{28000\div (4000/5)}{9.13}\times \dfrac{\sqrt{3}}{2} = 3.32$。此题是按老版二次手册所出，新版二次手册第 245 页对整定进行了修改。

22．B【解答过程】由 GB/T 50065—2011 附录式（B.0.1-1）可得厂内接地故障入地对称电流为：$I_{g内} = \left(39 - 39\times \dfrac{0.02}{0.02 + 0.03}\right)\times 0.4 = 9.36\ (\text{kA})$；由式（B.0.1-2）可得厂外接地故障入地对称电流为：$I_{g外} = 39\times \dfrac{0.02}{0.02 + 0.03}\times 0.9 = 14.04\ (\text{kA})$；依题意，故障切除时间为 1s，$X/R$ 为 40，由该规范表 B.0.3 可得 D_f 为 1.061 8。又由该规范式（B.0.1-3）可得入地不对称电流有效值为：$I_G = D_f I_g = 1.0618\times 14.04 = 14.908\ (\text{kA})$；再由该规范式（B.0.4）可得地电位升高值为：$V = I_G R = 14.908\times 0.2 = 2.98\ (\text{kV})$。

23．B【解答过程】依题意，设计风速为 15m/s，故计算相地间隙时应考虑风偏，由 GB/T 50064—2014 式（6.3.2-2），可得变电站相对地空气间隙计及风偏时操作放电电压为

$U_{s.s.s} \geqslant k_7 U_{s.p} = 1.1\times 850 = 935(\text{kV})$；由题设可得 $935 = 785 d^{0.34}$，所以 $d = \left(\dfrac{935}{785}\right)^{\frac{1}{0.34}} = 1.672(\text{m})$。

24．D【解答过程】由《隐极同步发电机技术要求》（GB/T 7064—2017）第 4.15.1 条及附录 C 表 C.2 可得 $\dfrac{I_2}{I_N}=0.08-\dfrac{S_N-350}{3\times10^4}=0.08-\dfrac{660/0.9-350}{3\times10^4}=0.067$。

25．C【解答过程】由 DL/T 684—2012 第 4.3.2 可知，动作电压若低于主变压器高压侧耦合到机端的零序电压，延时应与高压侧接地保护配合。依题意，发电机单相接地保护电压定值为 500V，小于主变压器高压侧的 700V，所以延时应与高压侧接地保护配合，即大于高压侧的动作时间 10s。由 GB/T 50064—2014 第 4.4.4 条，本题故障清除时间大于 10s，所以：$U_R \geq 1.3 U_{ge} = 1.3 \times 20 = 26$ (kV)。

26．A【解答过程】依题意，发电机和变压器共用一套过励磁保护，则过励磁特性曲线应该按发电机、变压器两台装置过励磁曲线的综合特性考虑，即总的过励磁曲线应该取两台装置过励磁曲线较低值。由《大型发电机变压器继电保护整定计算导则》（DL/T 684—2012）第 4.8.1 条可知，过励磁保护整定曲线 P 应该在发电机过励磁能力曲线 G 和变压器过励磁能力曲线 T 的下方，且不能有交叉，因此可以排除选项 D。励磁调节器是为了保证发电机输出电压稳定而增加的装置，励磁调节根据发电机励磁特性进行设计，应保证励磁调节器限制特性曲线 L 在过励磁保护整定曲线 P 下方，且不能有交叉，否则励磁调节器会失去意义。因此可以排除 B、C 选项。只有选项 A 比较合理，所以选 A。

27．B【解答过程】（1）由《交流电气装置的过电压保护和绝缘配合设计规范》（GB/T 50064—2014）式（6.4.4-3）可得：$u_{e.l.o} \geq k_{17} U_{lp} \Rightarrow U_{lp} \leq \dfrac{u_{e.l.o}}{k_{17}} = \dfrac{1500}{1.4} = 1071.43$ (kV)；（2）又由该规范表 4.4.3 可得：$U_R \geq 0.75 U_m = 0.75 \times 550 = 412.5$ (kV)，综上所述，B 选项符合题意。

28．D【解答过程】（1）计算起动电流按题意，线路 L21 最大负荷为：$I_{f.max} = \dfrac{S_{max}}{\sqrt{3}U} = \dfrac{180\times4+180\times2\times0.65}{\sqrt{3}\times220} = 2.504$ (kA)；依据 DL/T 559—2018 第 7.2.10.1 条可知，相电流判别元件定值，按线路末端金属性短路有足够灵敏度（大于 1.3），应尽可能大于最大负荷电流：$I_{dz} = K_k \dfrac{I_{f.max}}{K_f} = 1.1 \times \dfrac{2.504}{0.9} = 3.06$ (kA)；（2）校验灵敏度：由题意可知，当 220kV 失电时，110kV 电源 S11、S12 只向 110kV 母线供电，不向 220kV 母线供电，所以 220kV 断路器失灵保护最小短路电流只考虑电源 S22 最小运行方式通过 L22 向 L21 供电，电源 S21 退出。则线路 L21 末端短路，总阻抗为：$X_{\Sigma.max*} = X_{S22.max} + X_{L22} + X_{L21} = 0.0075 + 0.011 + 0.01 = 0.0285$

$I_{d.min} = \dfrac{\sqrt{3}}{2} \dfrac{1}{X_{\Sigma.max*}} I_j = \dfrac{\sqrt{3}}{2} \times \dfrac{1}{0.0285} \times \dfrac{100}{\sqrt{3}\times230} = 7.627$ (kA) $K_{lm} = \dfrac{I_{d.min}}{I_{dz}} = \dfrac{7.627}{3.06} = 2.49 > 1.3$，满足灵敏度要求。

29．C【解答过程】（1）按题意，主变压器高中压侧均有电源且不同时供电，由于中压侧电源系统阻抗远大于高压侧电源系统阻抗，因此最大短路电流运行方式为：两个 220kV 电源均投入运行，且两台主变压器只有一台运行时 110kV 母线三相短路。（2）由新版变电手册第 52 页表 3-2、第 61 页表 3-9、第 59 页式（3-20）可设 S_j=100MVA，U_j=115kV，I_j=0.502kA。变压器高中压侧阻抗：$X_{*T1-2} = \dfrac{13}{100} \times \dfrac{100}{180} = 0.072$ 总阻抗标幺值：$\sum X_* = (0.006+0.01)$ //

$(0.007+0.011)+X_{*T1-2}=\dfrac{0.016\times 0.018}{0.016+0.018}+0.072=0.0805$。（3）短路电流有效值为 $I''=\dfrac{I_j}{\Sigma X_*}=\dfrac{0.502}{0.0805}=6.236$ (kA)。（4）由新版二次手册第 104 页式（2-27）可得，主变压器 110kV 侧用于主变压器差动保护的电流互感器一次电流计算倍数为 $m_{js}=\dfrac{K_k I_{d.max}}{I_e}=\dfrac{1.3\times 6.236\times 1000}{1200}=6.756$，$K_k=1.3$。老版二次手册第 69 页第 20-5 节式（20-9）。

30．D【解答过程】（1）依题意，220kV 系统两个电源和 110kV 系统两个电源不会同时并列运行，110kV 母线短路，220kV 系统最大运行方式电源阻抗+主变压器阻抗将大于 110kV 系统最大运行方式电源阻抗，故运行方式按照 110kV 双电源运行，220kV 双电源退出，此为符合题意的最大短路电流工况。（2）由新版二次手册第 108 页表 4-1，设 $S_j=100$MVA，$U_j=115$kV，$I_j=0.502$kA。（3）阻抗归算，依题意可得
系统S11阻抗标幺值 $X_{*s11}=0.03$；系统S12阻抗标幺值 $X_{*s12}=0.02$
线路L11阻抗标幺值 $X_{*s11}=0.011$；线路L12阻抗标幺值 $X_{*s12}=0.017$
总阻抗标幺值 $\Sigma X_*=(0.03+0.011)/(0.02+0.017)=\dfrac{(0.03+0.011)\times(0.02+0.017)}{(0.03+0.011)+(0.02+0.017)}=0.01945$

（4）短路电流有效值为：$I''=\dfrac{I_j}{\Sigma X_*}=\dfrac{0.502}{0.01945}=25.81$ (kA)；（5）由 DL/T 5222—2021 第 3.0.15 条可得，短路电流热效应计算时间为 1.5+0.08=1.58(s)，由新版一次手册第 221 页式（7-2），断路器最大短路热效应为 $Q_d=I^2t=25.81^2\times 1.58=1052.53$ (kA²·s)，所以选 D。老版一次手册第 120 页表 4-1、第 233 页式（6-3）。

31．B【解答过程】由新版线路手册第 69 页式（3-55）及（3-56）可得：
$Z_n=\sqrt{\dfrac{X_1}{b_1}}=\sqrt{\dfrac{0.36}{6\times 10^{-6}}}=244.95$ (Ω)；$P_n=\dfrac{U^2}{Z_n}=\dfrac{750^2}{244.95}=2296.4$ (MW)；老版线路手册第 24 页式（2-1-41）及式（2-1-42）。

32．C【解答过程】据 DL/T 5582—2020 第 9.1.1 条可知 $D=k_iL_k+\dfrac{U}{110}+0.65\sqrt{f_c}=0.4\times 8.8+\dfrac{750}{110}+0.65\sqrt{64}=15.54$ (m)；导线垂直线间距离为：$D_z=75\%D=0.75\times 15.54=11.655$ (m)。又由该规范表 9.1.1-2 知，750kV 最小垂直线间距离为 12.5m。依题意，操作过电压倍数为 1.80p.u.，再由 GB/T 50064—2014 表 6.2.4-2，导线静止至横担的最小距离为 4.2m，则上下横担最小距离为 8.8+4.2=13(m)。以上三者取大。

33．B【解答过程】GB/T 50064—2014 第 5.3.5（3）款规定：线路避雷器在杆塔上的安装方式应符合下列要求：（1）110、220kV 单回线路宜在 3 相绝缘子串旁安装。（2）330kV～750kV 单回线路可在两边相绝缘子串旁安装。（3）同塔双回线路宜在一回路线路绝缘子串旁安装。结合题意，B 项正确。

34．B【解答过程】据 GB/T 50064—2014 附录 D.1.5-4 式（D.1.5-5），导线上工频额定电压瞬时幅值为 $U_{ph}=\dfrac{750}{\sqrt{3}}\times\sqrt{2}=612.3$ (kV)，则最小耐雷水平为 $I_{min}=\left(U_{-50\%}-\dfrac{2Z_0}{2Z_0+Z_C}U_{ph}\right)\dfrac{2Z_0+Z_C}{Z_0Z_C}$

$$= \left(3600 - \frac{2 \times 250}{2 \times 250 + 250} \times 612.3\right) \times \frac{2 \times 250 + 250}{250 \times 250} = 38.3 \text{ (kA)}。$$

35．B【解答过程】由《交流电气装置的过电压保护和绝缘配合设计规范》(GB/T 50064—2014) 附录 D 中 D.1.8 和 D.1.9 式（D.1.9-1）可得：$E = \frac{U_n}{\sqrt{3} l_i} = \frac{750}{\sqrt{3} \times 7.2} = 60.14 \text{ (kV/m)}$

$\eta = (4.5E^{0.75} - 14) \times 10^{-2} = (4.5 \times 60.14^{0.75} - 14) \times 10^{-2} = 0.832$。

36．C【解答过程】由新版线路手册第 295 页式（5-9）、表 5-8、表 5-10 可得 $\alpha=0.75$，$\mu_{sc}=1.1$；又由该规范第 303 页表 5-13 可得：

$$\gamma_1 = \frac{p_1 g}{A} = \frac{1.3075 \times 9.8}{425.24} = 0.0301 \text{ [N/(m·mm}^2\text{)]}$$

$$\gamma_4 = \frac{g_4}{A} = \frac{0.625 v^2 d \alpha \mu_{sc} \times 10^{-3}}{A} = \frac{0.625 \times 32^2 \times 26.82 \times 0.75 \times 1.1 \times 10^{-3}}{425.24} = 0.0333 \text{ [N/(m·mm}^2\text{)]}$$

$$\gamma_6 = \sqrt{\gamma_1^2 + \gamma_4^2} = \sqrt{0.0301^2 + 0.0333^2} = 0.0449 \text{ [N/(m·mm}^2\text{)]}。老版线路手册第 174～175 页表 3-1-14 和表 3-1-15。$$

37．A【解答过程】由新版线路手册第 152 页式（3-245）、第 307 页式（5-29）、第 303 页表 5-13，GB 50545—2010 中第 10.1.18 条内容及表格 10.1.18-2 及其条文说明，因题意忽略绝缘子串影响可得：

$$\varphi = \arctan\left(\frac{P_1/2 + P l_h}{G_1/2 + W_1 l_v}\right) = \arctan\frac{P l_h}{W_1 l_v} ; \quad \gamma = \frac{1307.5 \times 9.8}{425.24 \times 1000} = 0.0301$$

即最高温时：$l_h = \frac{L_1 + L_2}{2} = \frac{300 + 250}{2} = 275 \text{ (m)}; \quad l_v = l_1 + l_2 = 180 + 50 = 230 \text{ (m)}$

最高温时有：$l_v = l_h + \frac{\delta}{\gamma}\alpha$ 可得 $\alpha = -0.0271$

则最大风时：$l_v = l_h + \frac{\delta}{\gamma}\alpha = 275 + \frac{70}{0.0301} \times (-0.0271) = 212 \text{ (m)}$

$W_1 l_v = 1.3075 \times 9.8 \times 212 = 2716 \text{ (N)}$；由 GB 50545—2010 第 10.1.18 条条文说明公式可得：

$$a = 0.50 + \frac{60}{l_h} = 0.50 + \frac{60}{275} = 0.718$$

$P l_h = 0.625 a \mu_{sc} d v^2 \times 10^{-3} \times 275 = 0.625 \times 0.718 \times 1.1 \times 26.82 \times 32^2 \times 10^{-3} \times 275 = 3728 \text{ (N)}$

$\varphi = \arctan\frac{P l_h}{W_1 l_v} = \arctan\frac{2 \times 3728}{2 \times 2716} = 52.9°$。老版线路手册第 103 页式（2-6-44）、第 184 页式（3-3-12），第 179 页表 3-2-3。

38．B【解答过程】由 GB 50545—2010 第 8.0.1 条及第 8.0.2 条可得：

$D = k_1 L_k + \frac{U}{110} + 0.65\sqrt{f_c} = 0.4 \times 3.2 + \frac{220}{110} + 0.65\sqrt{14} = 5.712 \text{ (m)}$；导线间垂直距离为 $D_V = 0.75D = 0.75 \times 5.712 = 4.284 \text{ (m)}$。根据表 8.0.1-2 知 220kV 线路要求最小垂直距离为 5.5m，所以选 B。

39．A【解答过程】由新版《电力工程设计手册 架空输电线路设计》第 303 页表 5-13、第304页表5-14，及第770页式（14-20）可得跨越处弧垂为：$f_c = \dfrac{50 \times 250 \times \dfrac{1.3075 \times 9.8}{425.24}}{2 \times 35} =$ 5.38 (m) 与 10kV 线路垂直距离 $D = h_1 + dh_1 - \dfrac{30 \times 250}{300} - f_c - h_2 = 18 + 30 - 25 - 5.38 - 10 = 7.62$ (m)。老版线路手册第179页表3-2-3、第180页表3-3-1、第609页式（8-2-20）。

40．C【解答过程】由新版线路手册第761页式（14-1）可得可得：$f = Kl^2 + \dfrac{4}{3l^2}(Kl^2)^3$，其中 $K = \dfrac{\gamma_C}{8\delta_C}$。制作定位模板，需要确定最大弧垂的工况，因此与对应的应力和比载有关；若代表挡距。已知，则 $\dfrac{\gamma_C}{\delta_C}$ 为一个定值，根据连续挡导线力学计算原理可知，在连续挡各挡挡距无论挡距大小，模板形状都是相同的，与挡距无关，所以选C。老版线路手册第601页式（8-2-1）。

2017年注册电气工程师专业知识试题

(上午卷)及答案

一、单项选择题（共40题，每题1分，每题的四答案中只有一个是正确答案）

1. 在水电工程设计中，下列哪项表述是不正确的？　　　　　　　　　　　　（　　）
   - (A) 中央控制室应考虑事故状态下紧急停机操作，减少事故的蔓延和扩大
   - (B) 机械排水系统的水泵管道出水口高程低于下游洪水位时，必须在排水管道上装设止回阀
   - (C) 高压单芯电力电缆的金属护层和气体绝缘金属封闭开关设备（GIS），最大感应电压不宜大于100V，否则应采取防护措施
   - (D) 卫星接收站的工作接地、保护接地和防雷接地宜合用一个接地系统，当工作接地、保护接地与防雷接地分开时，应分设接地装置，两种接地装置的直线距离不宜小于10m，工作接地、保护接地的电阻值不宜大于4Ω，并应有2点与站房接地网连接

2. 关于爆炸性环境的电力装置设计，下列哪项表述是不正确的？　　　　　　（　　）
   - (A) 位于正常运行时可能出现爆炸性气体混合物的环境里，本质安全型的电气设备的防爆型式为"ie"
   - (B) 爆炸性环境的电动机除按国家现行有关标准的要求装设必要的保护之外，均应装设断相保护
   - (C) 除本质安全系统的电路外，位于含有一级释放源的粉尘处理设备的内部的爆炸性环境内，控制用铜芯电缆在电压为1000V以下的钢管配线时，最小截面积为2.5mm^{2}及以上
   - (D) 爆炸性环境中的TN系统应采用TN-S型

3. 避免电信线路遭受强电线路危险影响，架空电力线路的纵电势和对地电压不得超过规定的容许值，如果超过要采取经济有效的防护措施，下列措施中哪一项是无效的？（　　）
   - (A) 改变路径　　　　　　　　　　(B) 增加屏蔽
   - (C) 加强绝缘　　　　　　　　　　(D) 限制短路电流

4. 按电能质量标准要求对于基准短路容量为100MVA的10kV系统，注入公共连接点的7次谐波电流最大允许值为多少？　　　　　　　　　　　　　　　　　　（　　）
   - (A) 8.5A　　　　　　　　　　　　(B) 12A
   - (C) 15A　　　　　　　　　　　　(D) 17.5A

5. 火力发电厂与变电所中，建（构）筑物中电缆引至电气柜、盘或控制屏、台的开孔部位，电缆贯穿隔墙、楼板的孔洞应采用电缆防火封堵材料进行封堵，其防火封堵组件的耐火极限不应低于被贯穿物的耐火极限，且不应低于下列哪项数值？　　　　　　　（　　）
（A）1h
（B）45min
（C）30min
（D）15min

6. 发电厂输煤系统内的火灾探测器及相关连接件应为下列哪种类型？　　（　　）
（A）防水型
（B）防爆型
（C）金属层结构型
（D）防尘型

7. 关于500kV变电站一个半断路器接线的设计规定，下列哪项表述是不正确的？（　　）
（A）采用一个半断路器接线时，当变压器超过两台时，其中一台进串、其他变压器可不进串，直接经断路器接母线
（B）一个半断路器接线中，一般在主变压器和每组母线上，应根据继电保护、计量和自动装置的要求，在一相或三相上装设电压互感器
（C）在一个半断路器接线中，初期线路和变压器组成两个完整串时，各元件出口处宜装设隔离开关
（D）一个半断路器接线中母线避雷器和电压互感器不应装设隔离开关

8. 某城市新建一座110kV变电所，安装2台63MVA主变压器、2回110kV进线，110kV线路有穿越功率。该变电所高压侧最经济合理的主接线为哪项？　　（　　）
（A）线路变压器组接线
（B）外桥接线
（C）单母线接线
（D）内桥接线

9. 在估算两相短路电流时，当由无限大电源供电或短路点电气距离很远时，通常可按三相短路电流周期分量的有效值乘以系数来确定，此系数值应是多少？　　（　　）
（A）$\sqrt{3}/2$
（B）$1/\sqrt{3}$
（C）$1/3$
（D）1

10. 若光伏发电站安装容量60MWp，每2个1MWp光伏方阵+逆变器单元接1台就地升压变压器，逆变器输出电压为270V，则就地升压变压器技术参数宜选择下列哪组数值？
　　　　　　　　　　　　　　　　　　　　　　　　　　　　　　　　　　　　（　　）
（A）分裂绕组变压器：2000/1000-1000kVA，38.5±2×2.5%/0.27-0.27kV
（B）双绕组变压器：2000kVA，38.5±8×1.25%/0.27kV
（C）分裂绕组变压器：2000/1000-1000kVA，11±2×2.5%/0.27-0.27kV
（D）双绕组变压器：2000kVA，11±8×1.25%/0.27kV

11. 某220kV双绕组主变压器，其220kV中性点经过间隙和隔离开关接地，则主变压器中性点放电间隙零序电流互感器准确级和额定一次电流宜选哪项？　　（　　）

(A) 选准确级 TPY 级互感器，额定一次电流宜选 220kV 侧额定电流的 50%～100%

(B) 选准确级 P 级互感器，额定一次电流宜选 100A

(C) 选准确级 P 级互感器，额定一次电流宜选 220kV 侧额定电流的 50%～100%

(D) 选准确级 TPY 级互感器，额定一次电流选 100A

12. 在周围空气温度为 40℃不变时，下列哪种电器，其回路持续工作电流允许大于额定电流？ （　　）

(A) 断路器　　　　　　　　　(B) 隔离开关
(C) 负荷开关　　　　　　　　(D) 变压器

13. 在三相交流中性点不接地系统中，若要求单相接地后持续运行 8 小时以上，则该系统采用的电力电缆的相对地额定电压宜为哪项？ （　　）

(A) 100%工作相电压　　　　　(B) 100%工作线电压
(C) 133%工作相电压　　　　　(D) 173%工作线电压

14. 某工程 63000kVA 变压器，变比为 27±2×2.5%/6.3kV，低压侧拟采用硬导体引出，则该导体宜选用什么？ （　　）

(A) 矩形导体

(B) 槽形导体

(C) 单根大直径圆管形导体

(D) 多根小直径圆钢形导体组成的分裂结构

15. 下列所述是对电缆直埋敷设方式的一些要求，请判断哪一要求不符合规程规范？
（　　）

(A) 电缆应敷设在壕沟里，沿电缆全长的上、下紧邻侧辅以厚度为 100mm 的软土

(B) 沿电缆全长覆盖宽度伸出电缆两侧不小于 50mm 的保护板

(C) 非冻土地区电缆外皮至地下构筑物基础，不得小于 300mm

(D) 非冻土地区电缆外皮至地面深度，不得小于 500mm

16. 某光伏电站安装容量 132MWp，电站以 2 回 220kV 架空线路接入系统，升压站设 2 套 150MVA 主变压器和 1 套无功补偿装置，220kV 配电装置和无功补偿装置均采用屋外布置，则主变压器和无功补偿装置的间距不宜小于多少？ （　　）

(A) 5m　　　　　　　　　　　(B) 10m
(C) 15m　　　　　　　　　　　(D) 20m

17. 变电站中，配电装置的设计应满足正常运行、检修、短路和过电压时的安全要求，从下列哪级电压开始，配电装置内设备遮拦外的静电感应场强不宜超过 10kV/m（离地 1.5m 空间场强）？ （　　）

(A) 110kV 及以上　　　　　　(B) 220kV 及以上
(C) 330kV 及以上　　　　　　(D) 500kV 及以上

18. 配电装置的布置应结合接线方式，设备型式和电厂总体布置综合考虑，下述哪一项不符合规程的采用中型布置的要求？　　　　　　　　　　　　　　　　（　　）

（A）35～110kV 电压，双母线，软母线配双柱式隔离开关，屋外敞开式配电装置

（B）110kV 电压，双母线，管型母线配双柱式隔离开关，屋外敞开式配电装置

（C）35～110kV 电压，单母线，软母线配双柱式隔离开关，屋外敞开式配电装置

（D）220kV 电压，双母线，软母线配双柱式隔离开关，屋外敞开式配电装置

19．某电厂 2×660MW 机组通过 3 台单相主变压器组直接升压至 1000kV 配电装置，2 台机组以 1 回 1000kV 交流特高压线路接入系统，电厂海拔为 1600m，则主变压器在进行外绝缘耐受电压试验时，实际施加到主变压器外绝缘的雷电冲击耐受电压和操作冲击耐受电压应为下列哪组数据？　　　　　　　　　　　　　　　　　　　　　　　　　　（　　）

（A）2250kV，1800kV　　　　　　　（B）2421kV，1867kV

（C）2400kV，1800kV　　　　　　　（D）2582kV，1867kV

20．某 220kV 系统的操作过电压为 3.0p.u.，该电压值应为多少？　　　　（　　）

（A）756kV　　　　　　　　　　　　（B）436kV

（C）617kV　　　　　　　　　　　　（D）539kV

21．选择高压直流输电大地返回运行系统的接地极址时，至少应对多大范围内的地形地貌、地质结构、水文气象等自然条件进行调查？　　　　　　　　　　　（　　）

（A）3km　　　　　　　　　　　　　（B）5km

（C）10km　　　　　　　　　　　　 （D）50km

22．变电所中电气装置设施的某些可导电部分应接地，请指出消弧线圈的接地属于下列哪种接地方式？　　　　　　　　　　　　　　　　　　　　　　　　　（　　）

（A）系统接地　　　　　　　　　　　（B）保护接地

（C）雷电保护接地　　　　　　　　　（D）防静电接地

23．某电厂 500kV 升压站为一个半断路器接线，有两回出线，一回并联电抗器，发电机装有发电机断路器，启动/备用变压器电源由 500kV 升压站引接，下列在 NCS 监控或监测的设备范围符合规程的是哪项？　　　　　　　　　　　　　　　　（　　）

（A）在 NCS 监控的设备包括 500kV 母线设备、500kV 线路、启动/备用变压器、高压断路器等；在 NCS 监测的设备包括发电机变压器组高压侧断路器等

（B）在 NCS 监控的设备包括 500kV 母线设备、500kV 线路、500kV 旁路等；在 NCS 监测的设备包括启动/备用变压器高压断路器等

（C）在 NCS 监控的设备包括 500kV 母线设备、500kV 线路、500kV 并联电抗器等；在 NCS 监测的设备包括发电机变压器组高压侧断路器、启动/备用变压器高压断路器等

（D）在 NCS 监控的设备包括 500kV 母线设备、500kV 线路、500kV 并联电抗器、发电机变压器组高压侧断路器等；在 NCS 监测的设备包括启动/备用变压器高压断路器等

24. 对于220kV无人值班变电站设计原则，下列哪项表述是错误的？（　　）
(A) 监控系统网络交换机宜具备网络管理功能。支持端口和MAC地址的绑定
(B) 继电保护和自动装置宜具备远方控制功能，且必须保留必要的现场控制功能，远方控制优先级高于现场控制
(C) 变电站内有同期功能需求时，应由计算机监控系统完成
(D) 各种自动装置可在远方监控中心远方投、退

25. 对于750kV变电站，不需要和站内时钟同步系统进行对时的设备是什么？（　　）
(A) 750kV线路远方跳闸装置
(B) 主变压器气体继电器
(C) 电能计量装置
(D) 同步相量测量装置

26. 变电所的保护配置中，保护变压器的纵联差动保护一般加装差动速断元件，以防变压器内部故障时短路电流过大，引起电流互感器饱和、差动继电器拒动。对一台 110/10.5kV 6300kVA 变压器的差动保护速断元件的动作电流，一般取多少？（　　）
(A) 33A (B) 66A
(C) 99A (D) 264A

27. 某火力发电厂为2×300MW机组，其直流负荷分类正确的是哪项？（　　）
(A) 高压断路器电磁操动合闸机构、交流不间断电源装置属于控制负荷
(B) 长明灯、直流应急照明属于事故负荷
(C) 直流电机属于事故负荷
(D) 直流电动机启动、高压断路器跳闸属于冲击负荷

28. 某220kV变电所的直流系统标称电压为220V，采用控制负荷和动力负荷合并供电方式。拟选用GFD防酸式铅酸式蓄电池，单体浮充电压为2.2V，均衡充电电压为2.31V，下列数据是蓄电池个数和蓄电池放电终止电压的计算结果，请问哪一组数据是正确的？（　　）
(A) 蓄电池100只，放电终止电压1.87V
(B) 蓄电池100只，放电终止电压1.925V
(C) 蓄电池105只，放电终止电压1.78V
(D) 蓄电池105只，放电终止电压1.833V

29. 2×1000MW火电机组的某车间采用PC-MCC暗备用接线，通过两台1600kVA的干式变压器供电，变压器接线组别Dyn11，额定变比10.5/0.4kV，U_d=8%，变压器低压侧中性点通过2根40mm×4mm扁铁与接地网相连。有一台电动机由MCC供电，电缆选用VLV_{22} 13×50mm², 长度为60m，该MCC通过一根长度为150m的VLV_{22} 13×150mm²，电缆由PC供电，则在该电动机出线端子处发生单相金属性短路时其短路电流为多少？（不计开关柜母线阻抗，计算时将3×150mm²电缆折算到3×50mm²电缆）（　　）

(A) 608.8A (B) 619.7A
(C) 1238.2A (D) 1249.1A

30. 2×1000MW 火电机组每台机设一台高压厂用变压器，接线组别 Dyn1，额定变比 27/10.5-10.5kV，高压厂用变压器低压绕组中性点经电阻接地，若 10kV 系统单相接地电流按 200A 设计，则高压厂用变压器中性点接地电阻阻值应为多少？　　　　　　　（　　）

(A) 28.87Ω (B) 30.31Ω
(C) 50Ω (D) 52.5Ω

31. 某 2×300MW 直接空冷燃煤发电机组，每台机组空冷器配 36 台风机，在夏季时全部运行，每台机组设两台专用空冷工作变、一台空冷明备用变，36 台风机平均分配到两台空冷工作变供电。已知风机电动机的额定功率为 90kW，额定电压为 380V，采用变频装置一对一供电，变频装置集中布置，则专用空冷工作变压器额定容量应为多少？　　　　（　　）

(A) 1250kVA (B) 1600kVA
(C) 2000kVA (D) 2500kVA

32. 某单相照明线路上有 5 只 220V200W 的金属卤化物灯和 3 只 220V100W 的 LED 灯，则该线路的计算电流为多少？　　　　　　　　　　　　　　　　　　（　　）

(A) 7.22A (B) 5.35A
(C) 5.91A (D) 6.86A

33. 某火力发电厂烟囱高 155m，烟囱未刷标志漆，其障碍照明设置下列哪条是最合理的？　　　　　　　　　　　　　　　　　　　　　　　　　　　　　　（　　）

(A) 在 145m 高处装设高光强 A 型障碍灯，在 90m 处装设中光强 B 型障碍灯，在 45m 处装设高光强 A 型障碍灯
(B) 在 150m 高处装设高光强 A 型障碍灯，在 100m 处装设中光强 B 型障碍灯，在 50m 处装设高光强 A 型障碍灯
(C) 在 145m、90m、45m 处均装设高光强 A 型障碍灯
(D) 在 150m、100m、50m 处均装设高光强 B 型障碍灯

34. 双联及以上的多联绝缘子串应验算断一联后的机械强度，其断联情况下的安全系数不应小于以下哪项值？　　　　　　　　　　　　　　　　　　　　　　（　　）

(A) 1.5 (B) 2.0
(C) 1.8 (D) 2.7

35. 架空线路耐张塔直引跳线最小弧垂计算是为了校验以下哪个选项？　　（　　）
(A) 跳线与接地侧第一片绝缘子铁帽间距
(B) 跳线与塔身间距
(C) 跳线与拉线间距
(D) 跳线与下横担间距

36. 某 220kV 架空输电线路,输送容量 150MW,请计算当功率因数 0.95,标称电压时的正序电流值为下列哪项? ( )

(A) 414A (B) 360A
(C) 396A (D) 458A

37. 某线路采用常规酒杯塔,设边相导线-地回路的自电抗为 $j0.696\Omega/km$,中相导线-地回路的自电抗为 $j0.693\Omega/km$,导线间的互感电抗为 $j0.298\Omega/km$($Z_{ab}=Z_{bc}$)和 $j0.256\Omega/km$(Z_{ac}),问该线路的正序电抗为下哪项值? ( )

(A) $j0.302\Omega/km$ (B) $j0.411\Omega/km$
(C) $j0.695\Omega/km$ (D) $j0.835\Omega/km$

38. 在架空输电线路设计中,当 500kV 线路在最大计算弧垂情况下,非居民区导线与地面的最小距离由下列哪个因素确定? ( )

(A) 由地面场强 7kV/m 确定
(B) 由地面场强 10kV/m 确定
(C) 由操作间隙 2.7m 加裕度确定
(D) 由雷电间隙 3.3m 加裕度确定

39. 某企业电网,系统最大发电负荷为 2580MW,最大发电机组为 300MW,则该系统总备用容量和事故备用容量分别应为多少? ( )

(A) 516MW,258MW (B) 516MW,300MW
(C) 387MW,258MW (D) 387MW,129MW

40. 某地区一座 100MW 地面光伏电站,通过 1 回 110kV 线路并入电网,当并网点电压在 127kV<U_T<138kV 时(U_b 为 115kV),电站应持续运行时间和无功电压控制系统响应时间分别为多少? ( )

(A) ≤10s,≥10s (B) 10s,5s
(C) 5s,10s (D) ≥10s,≤10s

二、多项选择题(共 30 题,每题 2 分,每题的备选项中有两个或两个以上符合题意,错选、少选、多选均不得分)

41. 按规程规定,火力发电厂应设置交流安保电源的发电机组单机容量为多少? ( )

(A) 100MW (B) 150MW
(C) 200MW (D) 300MW

42. 下面是关于变电站节能要求的叙述,哪些是错误的? ( )

(A) 高压并联电抗器冷却方式宜采用自然油循环风冷或自冷
(B) 电气设备宜选用损耗低的节能设备
(C) 变电站建筑每个朝向的窗墙的面积比均不应大于 0.7,空调房间应尽量避免在北朝向

大面积采用外窗

(D) 严寒地区的变电站，宜采用空气调节系统进行冬季采暖

43．对于火灾自动报警系统，宜选择点型感烟火灾探测器的场所是什么？（　　）
（A）通信机房
（B）楼梯、走道、高度在12m以上的办公楼厅堂
（C）楼梯、电梯机房、车库、电缆夹层
（D）计算机房、档案库、办公室、列车载客车厢

44．在变电站的设计中，下列哪些表述是不正确的？（　　）
（A）变电站的电气主接线应根据变电站在电力系统中的地位、规划容量、负荷性质、系统潮流和短路水平、地区污秽等级、线路和变压器连接元件总数等因素确定
（B）330kV～750kV变电站中的220kV或110kV配电装置，可采用双母线接线；当为了限制220kV母线短路电流或满足系统解列运行的要求，可根据需要将母线分段
（C）220kV变电站中的220kV配电装置，当在系统中居重要地位、线路、变压器等连接元件总数为4回及以上时，宜采用双母线接线
（D）安装在500kV出线上的电压互感器应装设隔离开关

45．电力系统中，短路电流中非周期分量的比例，会影响下列哪几种电器的选择？（　　）
（A）变压器　　　　　　　　　　（B）断路器
（C）隔离开关　　　　　　　　　（D）电流互感器

46．某企业用110kV变电所的电气主接线配置如下：两回110kV电源进线，设有两台110kV/10kV主变压器，主变压器为双绕组变压器，110kV侧外桥接线，10kV侧为单母线分段接线。对限制10kV母线三相短路电流，下列哪些措施是正确的？（　　）
（A）选用10kV母线分段电抗器
（B）两台主变压器分列运行
（C）选用高阻抗变压器
（D）装设10kV线路电抗器

47．下列保护用电流互感器宜采用TPY级的是什么？（　　）
（A）600MW级发电机变压器组差动保护用电流互感器
（B）750kV系统母线保护用电流互感器
（C）断路器失灵保护用电流互感器
（D）330kV系统线路保护用电流互感器

48．750kV变电站设计中，下列高低压并联无功补偿装置的选择原则哪些是正确的？
（　　）
（A）750kV并联电抗器的容量和台数，应首先满足无功平衡的需要，并结合限制工频过

电压、限制潜供电流、防止自励磁、同期并列等方面的要求，进行技术经济论证

（B）750kV 并联电抗器可在站内设置一台备用相，也可在一个地区设置一台进行区域备用

（C）站内低压无功补偿装置的配置应根据无功分层分区平衡的需要，通过经济技术综合论证确定

（D）当系统有无功快速调整要求时，可配置静止补偿装置

49．某光伏发电站安装容量为 30MWp，发电母线电压为 10kV，发电母线采用单母线接线方式，通过 1 台主变压器接入 110kV 配电装置，电站以 1 回 110kV 线路接入系统。下列电站站用电系统设计原则正确的是哪项？　　　　　　　　　　　　　　　　（　　）

（A）站用电系统的电压采用 380V，采用直接接地方式
（B）站用电工作电源由 10kV 发电母线引接
（C）电站设置单独的照明检修低压变压器，照明网络由照明检修变压器供电
（D）站用电备用电源由就近变电站 10kV 配电装置引接

50．选择控制电缆时，下列哪些回路互相间不应合用同一根控制电缆？（　　）

（A）弱电信号、控制回路与强电信号、控制回路
（B）低电平信号与高电平信号回路
（C）交流断路器分相操作的各相弱电控制回路
（D）弱电回路的每一对往返导线

51．在光伏发电站设计中，下列布置设计原则正确的是哪项？（　　）

（A）大、中型地面光伏发电站的光伏方阵宜采用单元模块化的布置方式
（B）大、中型地面光伏发电站的逆变升压室宜结合光伏方阵单元模块化布置，逆变升压室宜布置在光伏方阵单元模块的中部，且靠近主要通道处
（C）光伏方阵场地内应设置接地网，接地电阻应小于 10Ω
（D）设置带油电气设备的建（构）筑物与靠近该建（构）物之间必须设置防火墙

52．对屋内 GIS 配电装置设计，其 GIS 配电装置室内应配备下列哪些装置？（　　）

（A）应配备 SF_6 气体净化回收装置
（B）在低位区应配备 SF_6 气体泄漏报警装置
（C）应配备事故排风装置
（D）只需配备 SF_6 气体净化回收装置和事故排风装置

53．在开断高压感应电动机时，因真空断路器的截流、三相同时开断和高频重复击穿等会产生过电压，工程中一般采取下列哪些措施来限制过电压？（　　）

（A）采用不击穿断路器
（B）在断路器与电动机之间加装金属化物避雷器
（C）限制操作方式
（D）在断路器与电动机之间加装 R-C 阻容吸收装置

54. 在过电压保护设计中，对于非强雷区发电厂，下列哪些设施应装设直击雷防护？（　　）

(A) 露天布置良好接地的 GIS 外壳
(B) 火力发电厂汽机房
(C) 发电厂输煤系统地面上转运站
(D) 户外敞开式布置的 220kV 配电装置

55. 某电厂 220kV 升压站为双母线接线，在升压站 NCS 的系统配置设计中，下列哪些要求是符合规程的？（　　）

(A) NCS 系统包括站控层设备、网络设备、间隔层设备、电源设备
(B) NCS 站控层设备配置两台主机、一台操作员站、一台工程师站、一台防误操作工作站，远动通信设备主机配置双套
(C) NCS 站控层设备配置两台主机与操作员站合用、一台工程师站、一台防误操作工作站，远动通信设备主机配置双套
(D) NCS 站控层设备配置两台主机、两台操作员站、一台工程师站、防误操作工作站与操作员工作站共用，远动通信设备主机配置双套

56. 在 220kV 无人值班变电站设计中，下列哪几项要求是符合规程的？（　　）
(A) 继电保护和自动装置宜具备远方控制功能
(B) 二次设备室空调可在远方监控中心进行控制
(C) 通信设备应布置在独立的通信机房内
(D) 高频收发信机可在远方监控中心启动

57. 电力工程的继电保护和安全自动装置应满足可靠性、选择性、灵敏性和速动性要求，下列表述哪几条是正确的？（　　）

(A) 可靠性是指保护装置该动作时应动作，不该动作时不动作
(B) 选择性是指首先由故障设备或线路本身的保护切断故障，当故障设备或线路本身的保护或断路器拒动时，才允许由相邻设备、线路的保护或断路器失灵保护切除故障
(C) 灵敏性是指在设备或线路的被保护范围内或范围外发生金属性短路时，保护装置具有必要的灵敏系数
(D) 速动性是指保护装置应尽快地切除短路故障，提高系统稳定性，减轻故障设备和线路的损坏程度

58. 电力系统扰动可分为大扰动与小扰动，下列情况属于大扰动的是哪项？（　　）
(A) 任何线路单相瞬间接地故障重合闸成功
(B) 任一台发电机跳闸或失磁
(C) 变压器有载调压分接头调整
(D) 直流输电线路双极故障

59. 某发电厂发电机组 2×660MW 机组，500kV 升压站为一个半断路器接线，该厂内直流系统的充电装置均选用高频开关电源模块。对于充电装置数量和接线方式，下列哪些要求符合设计规程？ （　　）

(A) 每台机组动力负荷蓄电池共配置 1 套充电装置，采用单母线接线，每台机组控制负荷蓄电池组共配置 2 套充电装置，采用两段单母线接线

(B) 升压站蓄电池组宜配置 2 套充电装置，采用两段单母线接线

(C) 每台机组动力负荷蓄电池共配置 1 套充电装置，采用单母线接线，每台机组控制负荷蓄电池组共配置 3 套充电装置，采用两段单母线接线，升压站蓄电池组宜配置 2 套充电装置，采用单母线接线

(D) 每台机组动力负荷蓄电池配置 1 套充电装置，采用单母线接线，每台机组控制负荷蓄电池组共配置 2 套充电装置，采用两段单母线接线，升压站蓄电池组宜配置 3 套充电装置，采用单母线接线

60. 某 220kV 变电所直流系统标称电压为 220V，控制负荷和动力负荷合并供电。问下列哪些要求是符合设计规程的？ （　　）

(A) 在均衡充电时，直流母线电压应不高于 247.5V

(B) 在均衡充电时，直流母线电压应不高于 242V

(C) 在事故放电时，蓄电池组出口端电压应不低于 187V

(D) 在事故放电时，蓄电池组出口端电压应不低于 192.5V

61. 对于 2×600MW 的燃煤火电机组，正常运行工况下，其厂用电系统电能质量不符合要求的是哪项？ （　　）

(A) 交流母线的电压波动范围宜在母线运行电压的 95%～105%之内

(B) 当由厂内交流电源供电时，交流母线的频率波动范围不宜超过 49.5～50.5Hz

(C) 交流母线的各次谐波电压含有率不宜大于 5%

(D) 6kV 厂用电系统电压总谐波畸变率不宜大于 4%

62. 对于火力发电厂，下列哪些电气设备应装设纵联差动保护？ （　　）

(A) 对 1000kW 及以上的柴油发电机

(B) 6.3MVA 及以上的高压厂用备用变压器

(C) 2000kW 及以上的电动机

(D) 6.3MVA 及以上的高压厂用工作变压器

63. 在水力发电厂厂用电设计中，关于柴油发电机组的设置，下列表述哪些是正确的？ （　　）

(A) 柴油发电机组应采用快速启动应急型，启动到安全供电时间不宜大于 30s

(B) 柴油发电机组应配置手动启动和快速自启动装置

(C) 柴油发电机宜采用高速及废气涡轮增压型，按允许加负荷的程序分批投入负荷。冷却方式宜采用封闭式循环水冷却

（D）由柴油发电机供电时，最大一台电动机启动时的总电流不宜超过柴油发电机额定电流的 1.5 倍，且应满足柴油发电机允许的冲击负荷要求

64．关于发电厂照明设计要求，下列表述错误的是哪项？　　　　　　　　　　（　　）
（A）锅炉本体检修用携带式作业灯的电压应为 12V
（B）应急照明网络中可装设插座
（C）照明线路 N 线可装设熔丝保护
（D）安全特低电压供电的隔离变压器二次侧应做保护接地

65．关于发电厂的厂内通信系统的设计，下列要求哪几项是正确的？　　　　（　　）
（A）发电厂厂内通信系统的直流电源应由专用通信直流电源系统提供且双重化配置
（B）通信专用直流电源额定电压为 48V，输出电压可调范围为 43～58V
（C）通信专用直流系统为不接地系统，直流馈电线应屏蔽，屏蔽层两端应接地
（D）通信专用直流系统容量应按其设计年限内所有通信设备的总负荷电流，蓄电池组放电时间确定

66．220kV 输电线路导线采用 2×JL/GIA 500/45，最大设计张力 47300N、导线自重 16.50N/m、覆冰冰荷载 11.10N/m、基准风风荷载 11.30N/m；某直线塔定位水平档距 400m、垂直档距 550m（不考虑计算工况对垂直档距的影响），风压高度变化系数 1.25。下列大风工况导线产生的荷载哪些是正确的？　　　　　　　　　　　　　　　　　　　　（　　）
（A）垂直荷载 18150N　　　　　　　（B）垂直荷载 30360N
（C）水平荷载 11300N　　　　　　　（D）水平荷载 9040N

67．对于金具强度的安全系数，下列表述哪些是正确的？　　　　　　　　　（　　）
（A）在断线时金具强度的安全系数不应小于 1.5
（B）在断线时金具强度的安全系数不应小于 1.8
（C）在断联时金具强度的安全系数不应小于 1.5
（D）在断联时金具强度的安全系数不应小于 1.8

68．在架空输电线路设计中，330kV 及以上线路的绝缘子串应考虑以下哪些措施？（　　）
（A）均压措施　　　　　　　　　　　（B）防电晕措施
（C）防振措施　　　　　　　　　　　（D）防舞措施

69．某光伏电站有 30 个 1MW 发电单元，经过逆变、升压、汇集线路后经 1 台主变压器升压至 35kV，通过一回 35kV 线路接入电网。当电网发生短路时，下列光伏电站的运行方式中，哪几种满足规程要求？　　　　　　　　　　　　　　　　　　　　（　　）
（A）并网点电压降至 10.5kV 时，光伏电站运行 0.7s 后可从电网中脱出
（B）并网点电压降至 14kV 时，光伏电站至少运行 1s
（C）并网点电压降至 0 时，光伏电站可脱网
（D）并网点电压降至 0.9 时，光伏电站至少运行 2s 可以切除

70. 在变电所设计中，下列哪些电气设施的金属部分应接地？　　　　（　　）
（A）变压器底座和外壳
（B）保护屏的金属屏体
（C）端子箱内的闸刀开关底座
（D）户外配电装置的钢筋混凝土架构

答　案

一、单项选择题（共40题，每题1分，每题的备选项中只有1个最符合题意）

1. C

依据：由《水力发电厂接地设计技术导则》（NB/T35050—2015）第9.3.4条、第9.1.3条可知C项高压单芯电缆的应为50V，而GIS的应为24V，由《水力发电厂机电设计规范》（DL/T 5186—2004）第6.2.3-1-6）条可知C表述正确。

2. A

依据：由《爆炸危险环境电力装置设计规范》（GB 50058—2014）第5.2.2-2条表5.2.2-2可知A项应为"ia"，由第5.3.3条可知B项正确，由第5.4.1-5条表5.4.1-2可知C项正确，由第5.5.1-1条可知D项正确。

3. C

依据：《输电线路对电信线路危险和干扰影响防护设计规程》（DL/T 5033—2006）第7.1.1条、第5.2.1条及式（5.2.1）。

4. C

依据：《电能质量公用电网谐波》（GB/T 14549—1993）表2。

5. A

依据：《火力发电厂与变电站设计防火规范》（GB 50229—2006）第6.7.2条。

6. A

依据：《火力发电厂与变电站设计防火规范》（GB 50229—2006）第7.12.9条。

7. A

依据：《220kV～750kV变电站设计技术规程》（DL/T 5218—2012）第5.1.2条、第5.1.12-2条、第5.1.8条。由第5.1.2条可知，A项应为两台进串。

8. B

依据：新版变电手册第23页。或老版一次手册第51页。线路有穿越功率时宜采用外桥接线。

9. A

依据：新版一次手册火力发电厂电气第124页表4-17。或老版一次手册第144页表4-19。

10. A

依据：《光伏发电站设计规范》（GB 50797—2012）第8.2.1条、第8.2.2-3条。由第8.2.1条可知，该变压器应为分裂变压器，由第8.2.2-3条可知电压宜采用35kV的电压等级。

11．B

依据：《电流互感器和电压互感器选择及计算规程》(DL/T 866—2015) 第 7.1.9 条、第 7.2.1 条、第 6.2.1-4 条。

12．D

依据：《导体和电器选择设计技术规定》(DL/T 5222—2021) 第 3.0.5 条、第 5.0.3 条。变压器、断路器、隔离开关、负荷开关等按各种可能运行方式下的持续工作电流选择。而变压器具有过负荷能力，其他几种均没有过负荷能力，故选 D。

13．B

依据：《电力工程电缆设计标准》(GB 50217—2018) 第 3.2.2 条，或依据《电力工程电缆设计规范》(GB 50217—2018) 第 3.3.2-2 条。100%工作线电压等于 173%工作相电压。

14．B

依据：老版一次手册第 632 页表 6-3，有 $I = 1.05 \times \dfrac{63000}{\sqrt{3} \times 6.3} = 6062$ (A)，依据《导体和电器选择设计技术规定》(DL/T 5222—2021) 第 5.2.3 条可知选 B。

15．D

依据：《电力工程电缆设计规范》(GB 50217—2018) 第 5.3.3-1 条、第 5.3.3-2 条、第 5.3.2-1 条。D 项应为 0.7m。

16．A

依据：《光伏发电站设计规范》(GB 50797—2012) 第 14.2.3 条。此题应注意，光伏电站的接线一般都比较简单，此题低压侧最多是单母分段，所以至少一台变压器与无功补偿设备是本回路的，因此不应选 10m。本回路的防火间距可以设的相对较小，是由于本回路故障时，所有设备都需要停役，所以间距设的小点对安全运行影响较小。

17．C

依据：《高压配电装置设计技术规程》(DL/T 5352—2018) 第 3.0.11 条。

18．B

依据：《高压配电装置设计技术规程》(DL/T 5352—2018) 第 5.3.2 条～第 5.3.5 条。本题四个选项均对，应灵活应对，建议按第 5.3.4 条选 B。

19．B

依据：由《绝缘配合 第 1 部分：定义原则和规则》(GB 311.1—2012) 表 3、表 4、第 3.3.2 条可知，1000m 以下主变压器外绝缘的雷电冲击耐受电压 ($q=1$) 和操作冲击耐受电压 ($q=0.43$ 由图 B.1 得) 分别为 2250kV 和 1800kV，经海拔校验后为

雷电冲击耐受电压为：$2250 \times K_a = 2250 \times e^{q\left(\frac{1600-1000}{8150}\right)} = 2250 \times e^{0.43\left(\frac{1600-1000}{8150}\right)} = 2322$ (kV)；

操作冲击耐受电压为：$1800 \times K_a = 1800 \times e^{q\left(\frac{1600-1000}{8150}\right)} = 1800 \times e^{0.43\left(\frac{1600-1000}{8150}\right)} = 1857$ (kV)。

20．C

依据：《交流电气装置的过电压保护和绝缘配合设计规范》(GB/T 50064—2014) 第 3.2.2 条。$3.0 \text{p.u.} = 3 \times \dfrac{\sqrt{2} \times U_m}{\sqrt{3}} = 3 \times \dfrac{\sqrt{2} \times 252}{\sqrt{3}} = 617$ (kV)。

21．C

依据：《高压直流输电大地返回系统设计技术规程》（DL/T 5224—2014）第 4.1.2 条。

22．A

依据：《交流电气装置的接地设计规范》（GB/T 50065—2011）第 2.0.2 条。

23．D

依据：《火力发电厂、变电站二次接线设计技术规程》（DL/T 5136—2012）第 3.2.7 条。或《发电厂电力网络计算机监控系统设计技术规程》（DL/T 5226—2013）第 3.0.1 条、第 3.0.3 条。发电机装有发电机断路器时，该断路器应能在 NCS 进行监控。

24．B

依据：《35kV～220kV 无人值班变电站设计技术规程》（DL/T 5103—2012）第 4.8.11 条、第 4.10.3 条、第 4.8.9 条。B 项应为现场控制优先级高于远方控制。

25．B

依据：《火力发电厂、变电站二次接线设计技术规程》（DL/T 5136—2012）第 6.8.6 条。

26．D

依据：老版二次手册第 628 页，差动速断元件的动作电流一般取额定电流的 8～15 倍，计算可得 264～496A，取 264A。$(8\sim15)\times\dfrac{6300}{\sqrt{3}\times110}=(8\sim15)\times33=264\sim495$ (A)。

27．D

依据：《电力工程直流电源系统设计技术规程》（DL/T 5044—2014）第 4.1.1 条及第 4.1.2 条。其中 A 属于动力负荷；B 中长明灯属于经常负荷；C 事故中需运行的直流电动机才属于事故负荷，而连续运行的直流电动机是经常负荷，故 C 也错。

28．D

依据：《电力工程直流电源系统设计技术规程》（DL/T 5044—2014）附录 C.1，式（C.1.1）及式（C.1.3）。$n=1.05\dfrac{U_n}{U_f}=1.05\times\dfrac{220}{2.2}=105$ (只)，$U_m\geqslant0.875\dfrac{U_n}{n}=0.875\times\dfrac{220}{105}=1.833$ (V)。

29．C

依据：《火力发电厂厂用电设计技术规程》（DL/T 5153—2014）附录 N.2.1、N.2.2 及式（N.2.1）、式（N.2.2）得 $I_d^{(1)}=I_{d(100)}^{(1)}\times\dfrac{100}{L}=1362\times\dfrac{100}{150\times\dfrac{50}{150}+60}=1238.2$ (A)，其中单相短路电流 1362A 由表 N.2.2-2 查得。

30．B

依据：《火力发电厂厂用电设计技术规程》（DL/T 5153—2014）附录式（C.0.2-1）。$R_N=\dfrac{U_e}{\sqrt{3}I_R}=\dfrac{10500}{\sqrt{3}\times200}=30.31$ (Ω)，请注意，这里的电压是母线额定电压，不是系统电压。

31．D

依据：《火力发电厂厂用电设计技术规程》（DL/T 5153—2014）附录 F.0.1 及第 4.2.2 条及第 4.2.4 条，$S=1.1\times1.25\times18\times90=2227$(A)，故选 D。

32．D

依据：《发电厂和变电站照明设计技术规定》（DL/T 5390—2014）第 8.5.1 条、第 8.6.2-2 条，

LED 回路：$I_{js1} = \dfrac{3 \times 100}{220 \times 0.9} = 1.515(\text{A})$，$\cos\varphi_1 = 0.9$，$\sin\varphi_1 = 0.436$

金属卤化物灯回路：$I_{js2} = \dfrac{5 \times 200}{220 \times 0.85} = 5.35(\text{A})$，$\cos\varphi_2 = 0.85$，$\sin\varphi_2 = 0.527$

线路计算电流：$I_{js} = \sqrt{(I_{js1}\cos\varphi_1 + I_{js2}\cos\varphi_2)^2 + (I_{js1}\sin\varphi + I_{js2}\sin\varphi_2)^2}$

$\qquad = \sqrt{(1.515 \times 0.9 + 5.35 \times 0.85)^2 + (1.515 \times 0.436 + 5.35 \times 0.527)^2}$

$\qquad = 6.86(\text{A})$

注：由第 2.1.36 条可知，金属卤化物灯即高强度气体灯，由第 2.1.40 条可知 LED 灯即发光二极管。同 2016 年上午题的第 31 题气体放电灯有附件损耗系数 0.2，如果计入这个 0.2，答案为 7.92A。

33．B

依据：《发电厂和变电站照明设计技术规定》（DL/T 5390—2014）第 5.4.3 条，当烟囱高度超过 150m 时，A 型障碍顶灯应装在离烟囱顶部以下 7.5m 范围内，L>155−7.5=147.5（m）；离顶灯 75～105m 处安装另一 A 型障碍灯，两 A 型障碍灯中间再设一 B 型障碍灯。故 B 正确。

34．A

依据：《架空输电线路电气设计规程》（DL/T 5582—2020）第 8.0.1 条。

35．A

依据：新版线路手册 P158 页中部。或老版线路手册第 109 页中部。弧垂太大是对塔身、拉线和下横担有影响，最小弧垂影响上部构件，所以选 A。

36．A

依据：$I = \dfrac{P}{\sqrt{3}U_e\cos\varphi} = \dfrac{15000}{\sqrt{3} \times 220 \times 0.95} = 414\ (\text{A})$

37．B

依据：老版线路手册 P153 页式（2-8-5）。新版线路手册第 207 页此部分内容已删除。线路正序阻抗等于负序阻抗

$Z_1 = \dfrac{1}{3}[Z_{aa} + Z_{bb} + Z_{cc} - (Z_{bc} + Z_{ca} + Z_{ab})] = \dfrac{1}{3}[0.696 + 0.693 + 0.696 - (0.298 + 0.298 + 0.256)]$

$\quad = 0.411\ (\Omega/\text{km})$

38．B

依据：《架空输电线路电气设计规程》（DL/T 5582—2020）第 267 页第 10.2.1 条条文说明。

39．B

依据：《电力系统设计技术规程》（DL/T 5429—2009）第 5.2.3 条。该电网为企业，故为小系统，总备用容量：$20\%P_{max} = 20\% \times 2580 = 516\ (\text{MW})$；事故备用容量：$10\%P_{max} = 10\% \times 2580 = 258(\text{MW})$且不小于最大一台单机容量，所以应选 300MW。

40．D

依据：《光伏发电站接入电力系统技术规定》（GB/T 19964—2012）第 9.1 条表 2 可知电站应持续运行时间不小于 10s，《光伏发电站无功补偿技术规范》（GB/T 29321—2012）第 9.2.4 条可知电站无功电压控制系统响应时间不超过 10s。

二、多项选择题（共30题，每题2分，每题的备选项中有两个或两个以上符合题意）

41．CD

依据：《大中型火力发电厂设计规范》（GB 50660—2011）第16.3.17条可知200MW及以上机组应设交流保安电源。

42．ACD

《220kV～750kV变电站设计技术规范》（DL/T 5218—2012）第13.2.1条、第13.2.2条、第13.3.4条、第13.4.2条。A项宜采用自冷，没有自然油循环风冷，C项应为避免在东西朝向，D项为不宜。

43．AD

依据：《火灾自动报警系统设计规范》（GB 50116—2013）第5.2.2条。B中办公楼厅堂无高度限制，C中无电缆夹层。

44．ACD

《220kV～750kV变电站设计技术规程》（DL/T 5218—2012）第5.1.1条、第5.1.2条、第5.1.5条、第5.1.6条、第5.1.8条。A中地区污秽等级和主接线方式无关，C项4回不包括变压器，D项为"不应"。

45．BD

依据：《导体和电器选择设计技术规程》（DL/T 5222—2021）第7.2.4条及条文说明。非周期分量影响电流互感器的饱和和断路器的直流分断能力。

46．BC

依据：《35kV～110kV变电站设计规程》（GB 50059—2011）第3.2.6条。注：采用母线分段电抗器也可以限制母线短路电流，但一般用于发电厂较多。本题属于"条文对照"考题，题设背景为变电站，应严格对照GB 50059—2011作答。该规范条文3.2.6的措施中并未列出母线分段电抗器，所以不选A。D选项装设10kV线路电抗器能够限制线路短路电流，不能限制母线短路电流。

47．ABD

依据：《电流互感器和电压互感器选择及计算规程》（DL/T 866—2015）第5.2.4条、第6.1.3条、第7.1.2条、第7.1.6条。第5.2.4条TPY电流互感器不宜用于断路器失灵保护。

48．CD

依据：新版变电手册第190页第6-5节第二部分或老版一次手册第532页第9-6节第二部分可知A错误，应优先考虑限制工频过电压的需要及《330kV～750kV变电站无功补偿装置设计技术规定》（DL/T 5014—2010）第5.0.6条可知C、D正确。

49．ABD

依据：《光伏发电站设计规范》（GB 50797—2012）第8.3.1条、第8.3.2条、第8.3.3-1条、第8.3.4-1条。

50．ABC

依据：《电力工程电缆设计规范》（GB 50217—2018）第3.7.4-3条。D项应属于同一根控制电缆。

51．ABD

依据:《光伏发电站设计规范》(GB 50797—2012)第7.2.1条、第7.2.4条、第8.8.4条、第14.1.6条可知,C项应为4Ω。

52．ABC

依据:《高压配电装置设计技术规程》(DL/T 5352—2018)第6.3.4条。

53．BD

依据:《交流电气装置的过电压保护和绝缘配合设计规范》(GB/T 50064—2014)第4.2.9条。

54．CD

依据:《交流电气装置的过电压保护和绝缘配合设计规范》(GB/T 50064—2014)第5.4.1-1条、第5.4.1-2条、第5.4.2-2条、第5.4.3条可知A、B可不设。

55．ACD

依据:《发电厂电力网络计算机监控系统设计技术规程》(DL/T 5226—2013)第4.2.1条~第4.2.5条。由第4.2.3条可知操作员站应设置两套,故B错。

56．ABD

《35kV～220kV无人值班变电站设计技术规程》(DL/T 5103—2012)第4.7.2条、第4.8.2条、第4.8.14条、第4.10.3条。其中C项不设独立的通信机房。

57．ABD

依据:《继电保护和安全自动装置技术规程》(GB/T 14285—2023)第5.1.1条。C项应为保护范围内发生故障时,保护装置具有必要的灵敏系数。

58．ABD

依据:《电力系统安全稳定控制技术导则》(GB/T 26399—2011)第4.1.1条。C项为小扰动。

59．AB

依据:《电力工程直流电源系统设计技术规程》(DL/T 5044—2014)第3.3.3-4条、第3.3.3-8条、第3.4.2条、第3.4.3条、第3.5.1条、第3.5.2条。C、D两项3或2套充电装置时均应采用两段单母线。

60．BD

依据:《电力工程直流电源系统设计技术规程》(DL/T 5044—2014)第3.2.3条、第3.2.4条。均衡充电时直流母线电压$U \leqslant 110\% \times 220 = 242$ (V);事故放电时蓄电池出口端电压$U \geqslant 0.875 \times 220 = 192.5$ (V)。

61．BC

依据:《火力发电厂厂用电技术规程》(DL/T 5153—2014)第3.3.1条。B项应为49～51Hz,C项应为3%。

62．CD

依据:《火力发电厂厂用电设计技术规定》(DL/T 5153—2014)第8.9.2-2条可知A应为"1000kV以上",而不是"及以上"。第8.4.4-1条可知B为10MW及以上应装,第8.4.2-1条可知D正确,第8.6.1-1可知C正确。

63．BCD

依据:《水力发电厂厂用电设计技术规程》(NB/T 35044—2014)第7.1.2条~第7.1.4条和第6.2.1-3条。A应为15s。

64．BCD

依据：《发电厂和变电站照明设计技术规定》（DL/T 5390—2014）第 8.1.3 条、第 8.4.7 条、第 8.9.4 条条文说明、第 8.8.1 条可知 B、C 均为不应，D 项二次侧不作保护接地，以免高压侧侵入到低压侧导致不安全。

65．AD

依据：《火力发电厂厂内通信设计技术规定》（DL/T 5041—2012）第 6.0.3 条、第 6.0.4 条、第 6.0.5 条、第 6.0.6 条、第 8.0.3 条。B 项中电压均应为负值，–48V，–43～–58V；C 项为直接接地系统。

66．AC

依据：老版线路手册第 179 页表 3-2-3。垂直荷载：2×16.5×550=18150(N)；水平荷载：$2 \times 11.3 \times 1.25 \times 400 = 11300$ (N)。

67．AC

依据：《架空输电线路电气设计规程》（DL/T 5582—2020）第 8.0.1 条。

68．AB

依据：《架空输电线路电气设计规程》（DL/T 5582—2020）第 8.0.7 条。

69．B

依据：《光伏发电站设计规范》（GB 50797—2012）第 6.2.3 条，本题属于中型光伏电站，依据该规范 9.2.4-2 及图 9.2.4 计算如下

（A）选项，光伏电站应至少运行 $t = \frac{55}{28} \times \frac{10.5}{35} + \frac{13}{56} = 0.82$ (s)，A 错；

（B）选项，光伏电站应至少运行 $t = \frac{55}{28} \times \frac{14}{35} + \frac{13}{56} = 1$ (s)，B 正确；

（C）应不脱网连续运行 0.15s，C 错；

（D）至少运行 2s，应连续运行，D 错。

选 B，本题属于多选题，但题目只有一个符合条件的选项，属于错题。

70．ABD

依据：《交流电气装置的接地设计规范》（GB/T 50065—2011）第 3.2.1-3 条、第 3.2.1-6 条、第 3.2.1-9 条、第 3.2.2-1 条可知 C 项可不接地。

2017年注册电气工程师专业知识试题

（下午卷）及答案

一、单项选择题（共40题，每题1分，每题的四答案中只有一个是正确答案）

1. 在高压电气装置保护接地设计中，下列哪个装置和设施的金属部分可不接地？（ ）
  （A）电流互感器的二次绕组
  （B）电缆的外皮
  （C）标称电压110V的蓄电池室内的支架
  （D）穿管的钢管

2. 变电所内，用于110kV有效接地系统的母线型无间隙金属氧化物避雷器的持续运行电压和额定电压应不低于下列哪组数据？（ ）
  （A）56.7kV，71.8kV
  （B）69.6kV，90.8kV
  （C）72.7kV，94.5kV
  （D）63.5kV，82.5kV

3. 某电厂50MW发电机，厂用工作电源由发电机出口引出，依次经隔离开关、断路器、电抗器供电给厂用负荷，请问该回路断路器宜按下列哪一条件校验？（ ）
  （A）校验断路器开断水平时应按电抗器后短路条件校验
  （B）校验开断短路能力应按0s短路电流校验
  （C）校验热稳定时计及电动机反馈电流
  （D）校验用的开断短路电流应计及电动机反馈电流

4. 某500kV配电装置采用一台半断路器接线，其中1串的两回出线各输送1000MVA功率，试问该串串中断路器和母线断路器的额定电流最小分别不得小于下列何值？（ ）
  （A）1250A，1250A
  （B）1250A，2500A
  （C）2500A，1250A
  （D）2500A，2500A

5. 对双母线接线中型布置220kV屋外配电装置，当母线与出线垂直交叉时，其母线与出线间的安全距离应按下列哪种情况校验？（ ）
  （A）应按不同相的带电部分之间距离（A_2值）校验
  （B）应按无遮拦裸导体至构筑物顶部之间距离（C值）校验
  （C）应按交叉的不同时停电检修的无遮拦带电部分之间距离（B_1值）校验
  （D）应按平行的不同时停电检修的无遮拦带电部分之间距离（D值）校验

6. 遥测功角 δ 或发电机端电压是为了下列哪一种目的？ （　　）
（A）提高输电线路的送电能力
（B）监视系统的稳定
（C）减少发电机定子的温升
（D）防止发电机定子电流增加，造成过负荷

7. 关于自动灭火系统的设置，以下表述哪个是正确的？ （　　）
（A）单台容量在 20MVA 及以上的厂矿企业油浸电力变压器应设置自动灭火系统，且宜采用水喷雾灭火系统
（B）单台容量在 40MVA 及以上的电厂油浸电力变压器应设置自动灭火系统，且宜采用水喷雾灭火系统
（C）单台容量在 100MVA 及以上的独立变电站油浸电力变压器应设置自动灭火系统，且宜采用水喷雾灭火系统
（D）充可燃油并设置在高层民用建筑内的高压电容器应设置自动灭火系统，且宜采用水喷雾灭火系统

8. 火力发电厂二次接线中有关电气设备的监控，下列哪条不符合规程要求？ （　　）
（A）当发电厂电气设备采用单元制 DCS 监控时，电力网络部分电气设备采用 NCS 监控
（B）当主接线为发电机—变压器—线路组等简单接线时，电力网络部分电气设备也可采用 DCS 监控
（C）当发电厂采用非单元制监控时，电气设备采用 ECMS 监控，电力网络部分电气设备采用 NCS 监控
（D）除简单接线方式外，发变组回路在高压配电装置的隔离开关宜在 NCS 远方监控

9. 对于火力发电厂 220kV 升压站的直流系统设计，其蓄电池的配置和各种工况运行电压的要求，下列表述正确的是： （　　）
（A）应装设 1 组蓄电池，正常运行情况下，直流母线电压为直流系统标称电压的 105%，均衡充电运行情况下，直流母线电压不应高于直流系统标称电压的 112.5%，事故放电末期，蓄电池出口端电压不应低于直流系统标称电压的 87.5%
（B）应装设 2 组蓄电池，正常运行情况下，直流母线电压为直流系统标称电压的 105%，均衡充电运行情况下，直流母线电压不应高于直流系统标称电压的 112.5%，事故放电末期，蓄电池出口端电压不应低于直流系统标称电压的 87.5%
（C）应装设 1 组蓄电池，正常运行情况下，直流母线电压为直流系统标称电压的 105%，均衡充电运行情况下，直流母线电压不应高于直流系统标称电压的 110%，事故放电末期，蓄电池出口端电压不应低于直流系统标称电压的 85%
（D）应装设 2 组蓄电池，正常运行情况下，直流母线电压为直流系统标称电压的 105%，均衡充电运行情况下，直流母线电压不应高于直流系统标称电压的 110%，事故放电末期，蓄电池出口端电压不应低于直流系统标称电压的 87.5%

10. 发电厂露天煤场照明灯具宜选择： ( )
(A) 配照灯 (B) 投光灯
(C) 块板灯 (D) 三防灯

11. 某变电所的 220kV GIS 配电装置的接地短路电流为 20kA，每相 GIS 基座有 4 条接地线与主接地网连接，对此 GIS 的接地线截面做热稳定校验电流应取下列何值（不考虑敷设的影响）： ( )
(A) 20kA (B) 14kA
(C) 7kA (D) 5kA

12. 某 220kV 配电装置，雷电过电压要求的相对地最小安全距离为 2m，请问，雷电过电压要求的相间最小安全距离为下列何值？ ( )
(A) 1.8m (B) 2m
(C) 2.2m (D) 2.4m

13. 某升压变压器容量为 180MVA，高压侧采用 LGJ 型导线接入 220kV 屋外配电装置，请按经济电流密度选择导线截面（经济电流密度 $J=1.18\text{A/mm}^2$）。 ( )
(A) 240mm² (B) 300mm²
(C) 400mm² (D) 500mm²

14. 在农村电网中，通常通过 220kV 变电所或 110kV 变电所向 35kV 负荷供电，以下系统中的哪组主变压器 35kV 系统不能并列运行？ ( )
(A) 220/110/35kV、150MVA 主变压器 Yyd 接线与 220/110/35kV、180MVA 主变压器 Yyd 接线
(B) 220/110/35kV、150MVA 主变压器 Yyd 接线与 110/35kV、63MVA 主变压器 Yd 接线
(C) 220/110/35kV、150MVA 主变压器 Yyd 接线与 110/110/35kV、63MVA 主变压器 Yyd 接线
(D) 220/35kV、180MVA 主变压器 Yd 接线与 220/110/35kV、180MVA 主变压器 Yyd 接线

15. 当环境温度高于+40℃时，开关柜内的电器应降容使用，母线在+40℃时的允许电流为 3000A 时，当环境温度升高到+50℃时，此时母线的允许电流为 ( )
(A) 2665A (B) 2683A
(C) 2702A (D) 2725A

16. 专供动力负荷的直流系统，在均衡充电运行和事故放电情况下，直流系统标称电压的波动范围应为 ( )
(A) 85%～110% (B) 85%～112.5%
(C) 87.55%～110% (D) 87.5%～112.5%

17. 保护用电压互感器二次回路允许压降在互感器负荷最大时不应大于额定电压的多少？（　　）
   (A) 2.5%　　　　　　　　　　　　(B) 3%
   (C) 5%　　　　　　　　　　　　　(D) 10%

18. 某火力发电厂电力网的电压为 220kV、110kV 两级，下列哪项断路器的操动机构选择是不正确的？（　　）
   (A) 当配电装置为敞开式，220kV 线路断路器选用分相操动机构
   (B) 当配电装置为 GIS，发变组接入 220kV 断路器选用三相联动操动机构
   (C) 当配电装置为敞开式，110kV 线路断路器选用分相操动机构
   (D) 当配电装置为 GIS，联络变压器 110kV 侧断路器选用三相联动操动机构

19. 关于水电厂消防供电设计，下列表述哪项不正确？（　　）
   (A) 消防用电设备应按Ⅰ类负荷供电设计
   (B) 消防用电设备应采用专用的供电回路，当发生火灾时仍应保证消防用电
   (C) 消防用电设备应采用双电源供电，电源自动切换装置装设于配电主盘
   (D) 应急照明可采用直流系统应急灯自带蓄电池作电源，其连续供电时间不应少于 30min

20. 光伏电站无功电压控制系统设计原则，以下哪条不符合规范要求？（　　）
   (A) 控制模式应包括恒电压控制、恒功率因数控制、恒无功功率控制等
   (B) 无功功率控制偏差的绝对值不超过给定值的 5%
   (C) 能够监控电站所有部件的运行状态，统一协调控制并网逆变器，无功补偿装置以及主变压器分接头
   (D) 无功电压控制响应时间不应超过 10s

21. 某变电所的 220kV GIS 配电装置的接地短路电流为 20kA，流经此 GIS 配电装置的某一接地线上的接地电流为 10kA，此 GIS 的接地线满足热稳定的最小截面不得小于下列何值？（C 取 70，短路的等效时间取 2s）（　　）
   (A) 404mm^2　　　　　　　　　　(B) 282.8mm^2
   (C) 202mm^2　　　　　　　　　　(D) 141.4mm^2

22. 电力系统中，下列哪种自耦变压器的传输容量不能得到充分利用？（　　）
   (A) 自耦变压器为升压变压器，送电方向主要是低压侧和中压侧向高压侧送电
   (B) 自耦变压器为联络变压器，高压、中压系统交换功率较大，低压侧不供任何负荷
   (C) 自耦变压器为降压变压器，送电方向主要是高压侧送中压侧，低压侧接厂用电系统启动备用电源
   (D) 自耦变压器为升压变压器，送电方向主要是低压侧向高压侧、中压侧送电

23. 某工程 35kV 手车式开关柜，手车长度为 1200，当其单列布置和双列面对面布置时，

其正面操作通道最小宽度分别应为多少？（单位为 mm） （　　）
   （A）2000，3000　　　　　　　　（B）2400，3300
   （C）2500，3000　　　　　　　　（D）3000，3500

24．某中性点经低电阻接地的 6kV 配电系统中，当接地保护动作不超过 1min 切除故障时，电缆缆芯与金属护套之间额定电压应为下列哪项值？ （　　）
   （A）3kV　　　　　　　　　　　（B）3.6kV
   （C）6kV　　　　　　　　　　　（D）10kV

25．有一台 50/25-25MVA 的无励磁调压高压厂用变压器，低压侧电压为 6kV，变压器半穿越电抗 U_d=16.5%，有一台 6500kW 的 6kV 电动机正常启动，此时 6kV 母线已带负荷 0.7（标幺值），请计算母线电压（标幺值）是下列哪项值？（设 K_q=6，η_d=0.95，$\cos\varphi_d$=0.8） （　　）
   （A）0.79　　　　　　　　　　　（B）0.82
   （C）0.84　　　　　　　　　　　（D）0.85

26．某电力工程 220V 直流系统，其蓄电池至直流主屏的允许压降为多少？ （　　）
   （A）4.4V　　　　　　　　　　　（B）3.3V
   （C）2.5V　　　　　　　　　　　（D）1.1V

27．某 220kV 变电站中设置有 2 台站用变压器，选用容量 315kVA 的干式变压器，共同布置于站用变压器室内，其防火净距不应小于多少？ （　　）
   （A）5m　　　　　　　　　　　　（B）8m
   （C）10m　　　　　　　　　　　（D）不考虑防火间距

28．在火力电厂的 220kV 升压站二次线设计中，下列哪条原则是不对的？ （　　）
（A）220kV 三相联动断路器是指有条件许可时首先应采用机械联动
（B）当 220kV 三相联动断路器操动机构的机械联动有困难时采用电气联动
（C）220kV 断路器分相操动机构应有非全相自动跳闸回路
（D）220kV 断路器液压操动机构宜设置压力降低至规定值时自动跳闸回路

29．2×1000MW 火电机组的某车间采用 PC MCC 暗备用接线，通过两台 630kVA 的无载调压干式变压器供电，变压器接线组别 Dyn11，额定变比 10.5/0.4kV，U_d=4%，在 PCA 上接有一台 185kW 的电动机，已知电动机的启动电流倍数为 7，额定效率为 0.96，额定功率因数为 0.85，则该变压器空载电动机启动时的母线电压是多少？ （　　）
   （A）342V　　　　　　　　　　　（B）359V
   （C）368V　　　　　　　　　　　（D）378V

30．直埋单芯电缆设置回流线时，需要考虑回流线的布置位置，尽可能使回流线距离三根电缆等距，这主要是考虑以下哪项因素？ （　　）

(A) 满足热稳定要求
(B) 降低线路阻抗
(C) 减小运行损耗
(D) 施工方便

31. 对变电站故障录波装置的设计要求，下列哪项表述不正确？（   ）
(A) 可控高压电抗器可配置专用的故障录波装置
(B) 故障录波装置的电流输入回路应接入电流互感器的保护级线圈，可与保护合用一个二次绕组，接在保护装置之前
(C) 故障录波装置应有模拟量启动、开关量启动及手动启动方式
(D) 故障录波装置的时间同步准确度应达到 1ms

32. 在中性点不接地的三相交流系统中，当一相发生接地时，未接地两相对地电压变化为相电压的多少？（   ）
(A) $\sqrt{3}$ 倍
(B) 1 倍
(C) $1/\sqrt{3}$ 倍
(D) 1/3 倍

33. 中性点不接地的高压厂用电系统，单相接地电流达到下列哪项值时，高压厂用电动机回路的单相接地保护应动作于跳闸？（   ）
(A) 5A
(B) 7A
(C) 10A
(D) 15A

34. 某 220kV 变电所的水平闭合接地网总面积 $S=100\times100m^2$，所区土壤电阻率 $100\Omega\cdot m$（按简易法复合式人工接地网计算），其水平接地网的接地电阻近似为下列哪项值？（不考虑季节因素）（   ）
(A) 30Ω
(B) 3Ω
(C) 0.5Ω
(D) 0.28Ω

35. 在下列低压厂用电系统短路电流计算的规定中，哪一条是正确的？（   ）
(A) 可不计及电阻
(B) 在 380V 动力中心母线发生短路时，可不计及异步电动机的反馈电流
(C) 在 380V 动力中心馈线发生短路时，可不计及异步电动机的反馈电流
(D) 变压器低压侧线电压取 380V

36. 对于火力发电厂防火设计，以下哪条不符合规程要求？（   ）
(A) 变压器贮油设施内应铺设卵石层，其厚度不应小于 250mm，卵石直径宜为 50～80mm
(B) 氢管道应有防静电的接地措施
(C) 每台油量均为 2500kg 的 110kV 屋外油浸式变压器之间的距离为 7m 时，可不设防火墙
(D) 电缆采用架空敷设时，每间隔 100m 应设置阻火措施

37. 某变电站 220kV 配电装置有 3 回进线，全线有地线，220kV 设备的雷电冲击耐受电压为 850kV，则母线避雷器至变压器的最大电气距离为多少？ （　　）

（A）170m　　　　　　　　　　　　（B）235m
（C）205m　　　　　　　　　　　　（D）195m

38. 在火力发电厂的二次线设计中，对于电压互感器，下列哪条设计原则是不正确的？ （　　）

（A）对中性点直接接地系统，电压互感器星形接线的二次绕组应采用中性点接地方式
（B）对中性点非直接接地系统，电压互感器星形接线的二次绕组宜采用中性点不接地方式
（C）电压互感器开口三角形绕组的引出端之一应一点接地
（D）关口计量表计专用电压互感器二次回路不应装设隔离开关辅助接点

39. 直流换流站中，自带蓄电池的应急灯放电时间应不低于多少？ （　　）

（A）30min　　　　　　　　　　　　（B）60min
（C）120min　　　　　　　　　　　（D）180min

40. 220kV 输电线路基准设计风速 29m/s 的丘陵地区，导线采用 2×JL/GIA-400/50，导线力学特性计算时覆冰 10mm 的风荷载为 0.40kg/m，直线塔水平挡距为 500m、10mm 覆冰时垂直挡距为 450m，计算覆冰工况下平均高度 15m 时导线产生的水平荷载是多少？（不计及间隔棒和防震锤，重力加速度 $g=9.8m/s^2$） （　　）

（A）4469N　　　　　　　　　　　（B）4704N
（C）5363N　　　　　　　　　　　（D）5657N

二、多项选择题（共 30 题，每题 2 分，每题的备选项中有两个或两个以上符合题意，错选、少选、多选均不得分）

41. 当不要求采用专门敷设的接地线接地时，电气设备的接地线可以利用其他设施，但不得使用下列哪些设施作接地线？ （　　）

（A）普通钢筋混凝土构件的钢筋
（B）煤气管道
（C）保温管的金属网
（D）电缆的铝外皮

42. 为消除 220kV 及以上配电装置中管形导体的端部效应，可采取下列哪几项措施？ （　　）

（A）端部绝缘子加大爬距
（B）适当延长导体端部
（C）在端部加装屏蔽电极
（D）将母线避雷器布置在靠近端部

43. 一般情况下变电所中的 220~500kV，需对下列哪些故障设远方跳闸保护？ （　　）
(A) 一个半断路器接线的断路器失灵保护动作
(B) 高压侧装设断路器的线路并联电抗器保护动作
(C) 线路过电压保护动作
(D) 变压器母线组的变压器保护动作

44. 关于水电厂厂用变压器的型式选择，下列哪几条是正确的？ （　　）
(A) 当厂用变压器与离相封闭母线分支连接时，宜采用单相式变压器
(B) 当厂用变压器的安装地点在厂房内时，宜采用干式变压器
(C) 选择厂用变压器的接线组别时，厂用电源间相位宜一致
(D) 低压厂用变压器宜选用 Yyn0 连接组别的三相变压器

45. 对于 220kV 无人值班变电站，下列设计原则正确的是哪项？ （　　）
(A) 终端变电站的 220kV 配电装置，当继电保护满足要求时，可采用线路分支接线
(B) 变电站的 66kV 配电装置，当出线回路数为 6 回以上时，宜采用双母线接线
(C) 接在变压器中性点上的避雷器，不应装设隔离开关
(D) 若采用自耦变压器，变压器第三绕组接有无功补偿装置时，应根据无功功率潮流，校核公用绕组的容量

46. 关于绝缘配合，以下表述正确的是哪项？ （　　）
(A) 110kV 系统操作过电压要求的空气间隙的绝缘强度，宜以最大操作过电压为基础，将绝缘强度作为随机变量加以确定
(B) 500kV 变电站操作过电压要求的空气间隙的绝缘强度，宜以避雷器操作冲击保护水平为基础，将绝缘强度作为随机变量加以确定
(C) 110kV 电气设备的内、外绝缘操作冲击绝缘水平，宜以最大操作过电压为基础，采用确定性法确定
(D) 500kV 电气设备的内、外绝缘操作冲击绝缘水平，宜以避雷器操作冲击保护水平为基础，采用确定性法确定

47. 以下关于点光源在水平面照度计算结果描述正确的是哪项？ （　　）
(A) 被照面的法线与入射光线夹角越大，照度越高
(B) 被照面的法线与入射光线夹角越小，照度越高
(C) 照度与点光源至被照面计算点距离的平方成反比
(D) 照度与点光源至被照面计算点距离成反比

48. 在计算高压交流输电线路耐雷水平时，不采用下列哪些电阻值？ （　　）
(A) 直流接地电阻值　　　　　　(B) 工频接地电阻值
(C) 冲击接地电阻值　　　　　　(D) 高频接地电阻值

49. 若送电线路导线采用钢芯铝绞线，下列哪些情况不需要采取防震措施？（　　）
(A) 4分裂导线，挡距400m，开阔地区，平均运行张力不大于拉断力的16%
(B) 4分裂导线，挡距500m，非开阔地区，平均运行张力不大于拉断力的18%
(C) 2分裂导线，挡距350m，平均运行张力不大于拉断力的22%
(D) 2分裂导线，挡距100m，平均运行张力不大于拉断力的18%

50. 在设计共箱封闭母线时，下列哪些部位应装设伸缩节？（　　）
(A) 共箱封闭母线超过20m长的直线段应装设伸缩节
(B) 共箱封闭母线不同基础的连接段应装设伸缩节
(C) 共箱封闭母线与设备连接处应装设伸缩节
(D) 共箱封闭母线长度超过30m时应装设伸缩节

51. 在发电厂变电所的导体和电器选择时，若采用"短路电流实用计算法"，可以忽略的电气参数是哪项？（　　）
(A) 发电机的负序电抗
(B) 输电线路的电容
(C) 所有元件的电阻（不考虑短路电流的衰减时间常数）
(D) 短路点的电弧电阻和变压器的励磁电流

52. 某降压变电所330kV配电装置采用一个半断路器接线。关于该接线方式下列哪些表述是正确的？（　　）
(A) 主变回路宜与负荷回路配成串
(B) 同名回路配置在不同串内
(C) 初期为个完整两串时，同名回路宜分别接入不同侧的母线，且进出线不宜装设隔离开关
(D) 第三台主变可不进串，直接经断路器接母线

53. 对于测量或计量用的电流互感器准确级采用0.1级、0.2级、0.5级、Ⅰ级和S类的电流互感器，下列哪些描述是准确的？（　　）
(A) S类电流互感器在二次负荷为额定负荷值的20%～100%之间，电流在额定电流25%～100%之间电流的比值差满足准确级的要求
(B) S类电流互感器在二次负荷为额定负荷值的25%～100%之间，电流在额定电流20%～120%之间电流的比值差满足准确级的要求
(C) 0.1级、0.2级、0.5级、Ⅰ级在二次负荷为额定负荷值的20%～100%之间，电流在额定电流25%～120%之间电流的比值差满足准确级的要求
(D) 0.1级、0.2级、0.5级、Ⅰ级在二次负荷为额定负荷值的25%～100%之间，电流在额定电流100%～120%之间电流的比值差满足准确级的要求

54. 在火力发电厂的二次线设计中，下列哪几条设计原则是正确的？（　　）

(A) 控制柜进线电源的电压等级不应超过 250V

(B) 电压 250V 以上的回路不宜进入控制和保护屏

(C) 静态励磁系统的额定励磁电压大于 250V 时，转子一点接地保护装置不应设在继电保护室的保护柜

(D) 当进入控制柜的交流三相电源系统中性点为高阻接地时，正常运行每相对地电压不超过 250V，可以不采取防护措施

55. 固定型悬垂线夹除必须具有一定的曲率半径外，还必须有足够的悬垂角，其作用是什么？ （　）

(A) 能有效地防止导线或地线在线夹内移动

(B) 能防止导线或地线的微风震动

(C) 避免发生导线或地线局部机械损伤引起断股或断线

(D) 保证导线或地线在线夹出口附近不受较大的弯曲应力

56. 架空线耐张塔直引跳线最大弧垂计算是为了校验以下哪些间距？ （　）

(A) 跳线与第一片绝缘子铁帽间距

(B) 跳线与塔身间距

(C) 跳线与拉线间距

(D) 跳线与下横担间距

57. 某 500kV 电力线路上接有电抗器及中性点接地电抗器，以防止铁磁谐振过电压的产生，此接地电抗器的选择需考虑下列哪些因数？ （　）

(A) 该 500kV 电力线路的充电功率

(B) 该 500kV 电力线路的相间电容

(C) 限制潜供电流的要求

(D) 并联电抗器中性点绝缘水平

58. 对裸导线和电器进行验算时，在采用下列哪些设备作为保护元件的情况下，其被保护的裸导体和电器应验算其动稳定？ （　）

(A) 有限流作用的框架断路器

(B) 塑壳断路器

(C) 有限流作用的熔断器

(D) 有限流作用的塑壳断路器

59. 110kV 配电装置中管型母线采用支持式安装时，下列哪些措施是正确的？ （　）

(A) 应采取防止端部效应的措施

(B) 应采取防止微风振动的措施

(C) 应采取防止母线热胀冷缩的措施

(D) 应采取防止母线发热的措施

60. 发电厂高压电动机的控制接线应满足下列哪些要求？ （   ）
（A）应有电源监视，并宜监视跳、合闸绕组回路的完整性
（B）应能指示断路器合闸与跳闸的位置状态，其断路器的跳、合闸线圈可用并联电阻来满足跳、合闸指示灯亮度的要求
（C）有防止断路器"跳跃"的电气闭锁装置，宜使用断路器机构内的防跳回路
（D）接线应简单可靠，使用电缆芯最少

61. 对于 220kV 无人值班变电站设计，下列描述正确的是哪项？ （   ）
（A）若 220kV 侧采用双母线接线，其线路侧隔离开关宜采用电动操动机构
（B）220kV 线路采用综合重合闸方式，相应断路器应选用分相操作的断路器
（C）母线避雷器和电压互感器回路的隔离开关应采用手动操动机构
（D）主变压器应选用自耦变压器

62. 高压直流输电采用电缆时，具有以下哪些优点？ （   ）
（A）输送有功功率不受距离限制
（B）无金属套电阻损耗
（C）直流电阻比交流电阻小
（D）不需要考虑空间电荷积聚

63. 在大型火力发电厂发电机采用静止励磁系统，下列哪些设计原则是正确的？ （   ）
（A）励磁系统的励磁变压器高压侧接于发电机出线端不设断路器或熔断器
（B）当励磁变压器高压侧接于高压厂用电源母线上时应设置起励电源
（C）励磁变压器的阻抗在满足强励的条件下尽可能小
（D）当励磁变压器接线组别为 Yd 接线时，一、二次侧绕组都不允许接地

64. 在电网方案设计中，对形成的方案要进行技术经济比较，还要进行常规的电气计算，主要的计算有下列哪几项？ （   ）
（A）潮流、调相调压和稳定计算
（B）短路电流计算
（C）低频振荡、次同步谐振计算
（D）工频过电压及潜供电流计算

65. 屋外配电装置架构的荷载条件，应符合下列哪些要求？ （   ）
（A）计算用气象条件应按当地的气象资料确定
（B）架构可根据实际受力条件分别按终端或中间架构设计
（C）架构荷载应考虑运行、安装、检修、覆冰情况时的各种组合
（D）架构荷载应考虑正常运行、安装、检修情况时的各种组合

66. 发电厂、变电所中，除电子负荷需要外，直流系统不应采用的接地方式是下列哪几种？ （   ）

(A) 直接接地 (B) 不接地
(C) 经小电阻接地 (D) 经高阻接地

67. 在水电工程设计中，下列哪些表述是正确的？（　　）
(A) 防静电接地装置的接地电阻不应大于 30Ω
(B) 抽水蓄能厂房应设置水淹厂房的专用厂房水位监测报警系统，可以手动或在认为有必要时转为自动，能紧急关闭所有可能向厂房进水的闸（阀）门设施
(C) 在中性点直接接地的低压电力网中，零线应在电源处接地
(D) 如果干式变压器没有设置在独立的房间内，其四周应设置防护围栏或防护等级不低于 IPIX 的防护外罩，并应考虑通风防潮措施

68. 对于 750kV 变电站设计，其站区规划及总平面布置原则，下列哪些原则是不正确的？（　　）
(A) 配电装置选型应采用占地少的配电装置型式
(B) 配电装置的布置位置应使各级电压配电装置与主变压器之间的连接长度最短
(C) 配电装置的布置位置应使通向变电站的架空线路在入口处的交叉和转角的数量最少
(D) 高压配电装置的设计，应根据工程特点、规模和发展规划，做到远近结合，以规划为主

69. 对于火力发电厂直流系统保护电器的配置要求，下列哪些表述是正确的？（　　）
(A) 蓄电池出口回路配置熔断器，蓄电池试验放电回路选用直流断路器，馈线回路选用直流断路器
(B) 充电装置直流侧出口按直流馈线选用直流断路器
(C) 蓄电池出口回路配置直流断路器，充电装置和蓄电池试验放电回路选用熔断器
(D) 直流柜至分电柜馈线断路器选用具有短路短延时特性的直流塑壳断路器

70. 海拔为 700~1000m 的某 750kV 线路，校验带电部分与杆塔构件最小间隙时，下列哪些项是不正确的？（　　）
(A) 工频电压工况下最小间隙为 1.9m
(B) 边相 I 串的操作过电压工况下最小间隙 3.8m
(C) 中相 V 串的操作过电压工况下最小间隙 4.6m
(D) 雷电过电压工况下最小间隙可根据绝缘子串放电电压的 0.8 配合

答　案

一、单项选择题（共 40 题，每题 1 分，每题的备选项中只有 1 个最符合题意）

1. C
依据：《交流电气装置的接地设计规范》（GB/T 50065—2011）第 3.2.1-15 条、第 3.2.2-4

条、第 3.2.1-10 条。ABD 项均应接地。

2．C

依据：《交流电气装置的过电压保护和绝缘配合设计规范》（GB/T 50064—2014）表 4.4.3。持续运行电压：$\frac{U_\mathrm{m}}{\sqrt{3}} = \frac{126}{\sqrt{3}} = 72.7$ (kV)；额定电压：$0.75U_\mathrm{m} = 0.75 \times 126 = 94.5$ (kV)。

3．A

依据：《导体和电器选择设计技术规定》（DL/T 5222—2021）第 3.0.8-2 条可知 A 正确；第 5.0.11 条 B 应按实际开断时间校验；《火力发电厂厂用电设计技术规程》（DL/T 5153—2014）第 6.1.4 条，电机反馈电流未流过电抗器高压侧断路器（被电抗器限制），故不考虑，因此 CD 错。

4．D

依据：新版一次手册第 36、220 页及表 7-3 新版变电手册第 19、76 页及表 4-3。或老版一次手册第 56 页及第 232 页表 6-3。根据一台半断路器接线的特点，考虑相邻两个回路均为电源或负荷时，如下图所示，则通过断路器的输送功率为 2000MVA，$I_\mathrm{e} = \frac{S_\mathrm{e}}{\sqrt{3}U_\mathrm{e}} = \frac{2000 \times 10^3}{\sqrt{3} \times 500} = 2309$ (A)，三台断路器额定电流均选为 2500A。

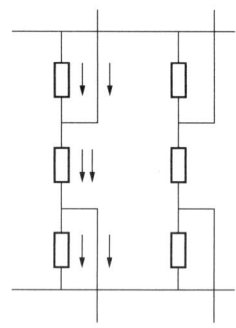

5．C

依据：《高压配电装置设计技术规程》（DL/T 5352—2018）表 5.1.2，可知 C 正确。

6．B

依据：新版系统手册第 228 页第十章第二节第二部分。或老版系统手册第十二章第二节第一部分。功角特性是静态稳定的判断依据。

7．D

依据：《建筑设计防火规范》（GB 50016—2014）第 8.3.8 条。A 项应为 40MVA，B 项应为 90MVA，C 项应为 125MVA。

8．B

依据：《火力发电厂、变电站二次接线设计技术规程》（DL 5136—2012）第 3.2.7 条。B 项电力网络部分电气可在单元机组监控系统控制。

9．D

依据：《电力工程直流电源系统设计技术规程》（DL/T 5044—2014）第 3.2.2 条、第 3.2.3-3 条、第 3.2.4 条、第 3.3.3-6 条。由第 3.3.3-6 条可知，该升压站应设动控合一的蓄电池组 2 组，故选 D。

10．B

依据：《发电厂和变电站照明设计技术规定》(DL/T 5390—2014) 第 5.3.3 条。

11．C

依据：《交流电气装置的接地设计规范》(GB/T 50065—2011) 第 4.4.5 条。该校验电流按单相接地故障最大不对称电流有效值的 35%，即 0.35×20=7(kA)。

12．C

依据：《交流电气装置的过电压保护和绝缘配合设计规范》(GB/T 50064—2014) 第 6.3.3-3 条。雷电过电压要求的相间最小距离是相对地的 1.1 倍。

13．C

依据：新版变电手册第 76 页表 4-3 及 P142 页，或老版一次手册第 232 页表 6-3 及第 376 页，《导体和电器选择设计技术规定》(DL/T 5222—2021) 第 5.1.6 条，选相邻下一挡。取 400。$I_g = 1.05 \times \dfrac{S_e}{\sqrt{3}U_e} = \dfrac{180 \times 10^3}{\sqrt{3} \times 220} = 496(A), S_j = \dfrac{I_g}{j} = \dfrac{496}{1.18} = 420.3 \, (\text{mm}^2)$。

14．C

依据：《电力变压器选用导则》(GB/T 17468—2008) 第 6.1 条。B 项容量比大于 2，不符合并列运行的条件，容量比太大，会影响变压器的运行出力，效率降低；而 C 项是时钟序列不同，会在两台并列运行的变压器之间产生很大的环流，严重时可能烧坏变压器。

15．B

依据：《导体和电器选择设计技术规定》(DL/T 5222—2021) 第 12.0.5 条。$I_t = I_{40} \times \sqrt{\dfrac{40}{t}} = 3000 \times \sqrt{\dfrac{40}{50}} = 2683(A)$。

16．D

依据：《电力工程直流电源系统设计技术规程》(DL/T 5044—2014) 第 3.2.3-2 条、第 3.2.4 条。

17．B

依据：《火力发电厂、变电站二次接线设计技术规程》(DL/T 5136—2012) 第 7.5.5 条。

18．C

依据：由《火力发电厂、变电站二次接线设计技术规程》(DL/T 5136—2012) 第 5.1.6 条可知 B 和 D 正确，同时依据《导体和电器选择设计技术规定》(DL/T 5222—2021) 第 7.2.6 条，110kV 线路不采用分相操动机构，因此 C 错。

19．C

依据：《水力发电厂厂用电设计规程》(NB/T 35044—2014) 第 3.7 条。C 项应为电源自动切换装置装设于最末一级配电装置处。

20．C

依据：《光伏发电站无功补偿技术规范》(GB/T 29321—2012) 第 9.1 条、第 9.2.3 条、第 9.2.4 条。其中 C 项应为升压变压器。

21．C

依据：《交流电气装置的接地设计规范》(GB/T 50065—2011) 附录 E 式 (E.0.1) 计算可

得 $S_\mathrm{g} \geqslant \dfrac{I_\mathrm{g}}{C}\sqrt{t} = \dfrac{10\times10^3}{70}\times\sqrt{2} = 202$ (mm²)。注：该题干中给出该接地线的短路电流已经是分流后的了，不必再按规范的规定分流。此题给的条件有待商榷。

22．A

依据：老版一次手册第 218 页第 5-2 节第四部分第 1 点可知自耦变采用升压型结构时，由于高中压绕组间阻抗大，由中压向高压侧送电交换功率时，漏磁增加，引起大量附加损耗，自耦变效率降低，其最大传输容量被限制到额定容量的 70%～80%。故选 A。新版一次手册此内容已删除。

23．B

依据：《高压配电装置设计技术规程》（DL/T 5352—2018）表 5.4.4 中可知单列布置时为 1200+1200=2400(mm)，双列布置时为 1200+1200+900=3300(mm)。

24．B

依据：《电力工程电缆设计规范》（GB 50217—2018）第 3.2.2-1 条，注意是相电压。$U_\mathrm{g} = \dfrac{U_\mathrm{e}}{\sqrt{3}} = \dfrac{6}{\sqrt{3}} = 3.5$ (kV)。

25．C

依据：《火力发电厂厂用电设计技术规定》（DL/T 5153—2014）附录 H。$X_\mathrm{T} = 1.1\times\dfrac{U_\mathrm{d}\%}{100}\dfrac{S_{2\mathrm{T}}}{S_\mathrm{T}} = 1.1\times0.165\times\dfrac{25}{50} = 0.09075$，$S_\mathrm{q} = \dfrac{k_\mathrm{q}P_\mathrm{e}}{S_{2\mathrm{T}}\eta\cos\varphi} = \dfrac{6\times6500}{25000\times0.95\times0.8} = 2.0526$，$S = S_1 + S_\mathrm{q} = 0.7 + 2.0526 = 2.7526$，$U_\mathrm{m} = \dfrac{U_0}{1+SX} = \dfrac{1.05}{1+2.7526\times0.09075} \approx 84\%$。

26．D

依据：《电力工程直流电源系统设计技术规程》（DL/T 5044—2014）第 6.3.3 条。(0.5%～1%)×220 = (1.1～2.2) V，故取 1.1V。

27．D

依据：《高压配电装置设计技术规程》（DL/T 5352—2018）第 5.4.6 条。全封闭型干式变之间不考虑防火间距，但要满足巡视维护的要求。

28．D

依据：《火力发电厂、变电站二次接线设计技术规程》（DL/T 5136—2012）第 5.1.10 条、第 5.1.11 条。D 选项应为"不宜采用"。

29．B

依据：《火力发电厂厂用电设计技术规定》（DL/T 5153—2014）附录 J。$X_\mathrm{T} = 1.1\times\dfrac{U_\mathrm{d}\%}{100} = 1.1\times0.04 = 0.044$，$S_\mathrm{q} = \dfrac{k_\mathrm{q}P_\mathrm{e}}{S_{2\mathrm{T}}\eta\cos\varphi} = \dfrac{7\times185}{630\times0.96\times0.85} = 2.519$，$S = S_1 + S_\mathrm{q} = 0 + 2.519 = 2.519$，$U_\mathrm{m} = \dfrac{U_0}{1+SX} = \dfrac{1.05}{1+2.519\times0.044} \approx 0.945$，有名值 $U_\mathrm{m} = 380\times0.945 = 359$ (V)。

30．C

依据：《电力工程电缆设计规范》（GB 50217—2018）第 4.1.17-2 条。

31．B

依据：《火力发电厂、变电站二次接线设计技术规程》（DL/T 5136—2012）第 6.7.4 条~第 6.7.6 条故障录波器与保护合用一个二次绕组时，接在保护装置之后。

32．A

依据：新版一次手册第 126 页图 4-11（e）；或《电力工程设计手册 变电站设计》第 66 页，图 3-6（e）可知单相接地时，未接地两相对地变化为相电压 $\sqrt{3}$ 倍，或老版一次手册第 146 页，由图 4-15（e）可知单相接地时，未接地两相对地变化为相电压 $\sqrt{3}$ 倍。

33．D

依据：《火力发电工厂用电设计规程》（DL/T 5153—2014）表 3.4.1。

34．C

依据：《交流电气装置的接地设计规范》（GB/T 50065—2011）附录 A 式（A.0.4-3）复合接地网 $R = 0.5 \dfrac{\rho}{\sqrt{S}} = 0.5 \times \dfrac{100}{\sqrt{100 \times 100}} = 0.5$（Ω）。

35．C

依据：《火力发电厂厂用电设计技术规定》（DL/T 5153—2014）第 6.3.3 条、第 6.3.4 条。A 项应计及，B 项在 380V 动力中心母线发生短路时，应计及直接接在配电屏上异步电动机的反馈电流，D 项应为 400V。

36．C

依据：《火力发电厂与变电站设计防火规范》（GB 50229—2006）第 6.6.2 条、第 6.6.3 条、第 6.6.8 条、第 6.7.4 条。

37．A

依据：《交流电气装置的过电压保护和绝缘配合设计规范》（GB/T 50064—2014）表 5.4.13-1。应该注意表格 220kV 电压等级括号内的才是雷电冲击耐受电压为 850kV 的间距。

38．B

依据：《火力发电厂、变电站二次接线设计技术规程》（DL/T 5136—2012）第 5.4.18 条、第 5.4.21 条。

39．C

依据：《发电厂和变电站照明设计技术规定》（DL/T 5390—2014）第 5.1.8-2 条。

40．B

依据：依题意覆冰厚度为 10mm，由《110kV～750kV 架空线输电线路设计规范》（GB 50545—2010）第 10.1.18 条可得覆冰增大系数 B 为 1.2，$W_x = 2 \times 0.4 \times 9.8 \times 1.2 \times 500 = 4704(N)$。说明：覆冰风速取 10m/s 是不需要进行风高换算的，单位风荷载不包含覆冰增大系数 B 值，所以根据单位荷载算导线荷载时应乘上 B 值。

二、多项选择题（共 30 题，每题 2 分，每题的备选项中有 2 个或 2 个以上符合题意）

41．BC

依据：《交流电气装置的接地设计规范》（GB/T 50065—2011）第 4.3.7-2 条。

42．BC

依据：《导体和电器选择设计技术规定》（DL/T 5222—2021）第 5.3.7 条。

43．AC

依据：《继电保护和安全自动装置技术规程》（GB/T 14285—2023）第 8.3.5.1-b）款，A 正确；8.3.5.1-d）款，B 错误；8.3.5.1-e）款，C 正确；8.3.5.1-f）款，D 错误；选 AC。B 项应为无断路器的，如果装有断路器，故障时跳开本侧断路器已经切除故障了，无需再发跳闸命令到对侧跳对侧断路器；D 项应为线路变压器组而不是变压器母线组，因为变压器母线组当变压器跳闸时，故障已经切除，而变压器线路组，当变压器故障时，对侧未跳闸故障仍然存在。

44．AC

依据：《水力发电工厂用电设计规程》（NB/T 35044—2014）第 5.3.1 条、第 5.3.2 条、第 5.3.4 条。B 项为"应"不是"宜"，D 应为 DYn11。

45．ACD

依据：《35kV～220kV 无人值班变电站设计规程》（DL/T 5103—2012）第 4.1.6 条、第 4.2.4 条及《220kV～750kV 变电站设计技术规程》（DL/T 5218—2012）第 5.1.6 条、第 5.1.7 条、第 5.1.8 条、第 5.2.3 条。B 为 6 回及以上时，可采用双母线或双母分段接线，故 B 错。

46．ABD

依据：《交流电气装置的过电压保护和绝缘配合设计规范》（GB/T 50064—2014）第 6.1.3-1 条、第 6.1.3-4 条、第 6.1.3-5 条。C 项 110kV 设备和 500kV 设备是一样的。

47．BC

依据：《发电厂和变电站照明设计技术规定》（DL/T 5390—2014）附录 B.0.2（式 B.0.2-1）。

48．ABD

依据：新版变电手册第 486～487 页。或老版线路手册第 127 页式（2-7-23）。

49．ABD

依据：《架空输电线路电气设计规程》（DL/T 5582—2020）第 5.2.1 条。C 需要护线条。

50．ABC

依据：《导体和电器选择设计技术规定》（DL/T 5222—2021）第 5.5.10 条。

51．BD

依据：《导体和电器选择设计技术规定》（DL/T 5222—2021）附录 A.1.2.4、附录 A.1.2.2、附录 A.1.2-1。C 项计算短路衰减时间常数和低压网络的短路电流时，元件的电阻都要计。在进行不对称短路电流计算时，发电机的负序电抗要计入。

52．ABD

依据：《220kV～750kV 变电站设计技术规程》（DL/T 5218—2012）第 5.1.2 条。C 项在《大中型火力发电厂设计规范》（GB 50660—2011）第 16.2.11-5 条中有描述，应装设隔离开关。

53．BD

依据：《电流互感器和电压互感器选择及计算规程》（DL/T 866—2015）第 4.3.1 条、表 4.3.1.1 及表 4.3.1.2。

54．AB

依据：《火力发电厂、变电站二次接线设计技术规程》（DL/T 5136—2012）第 1.0.6 条及条文说明。D 项，为了安全，最好经隔离变压器后再接入控制和保护屏。

55．CD

依据：老版线路手册第 292 页第 5-1 节三（四）相关内容。

56. BCD

依据：老版线路手册第 108 页第 5-6 节（三）1"直引跳线计算"相关内容。弧垂太大可能引起对塔身、拉线及下部构件间隙不足。

57. BCD

依据：《交流电气装置的过电压保护和绝缘配合设计规范》（GB/T 50064—2014）第 4.1.7-1 条。

58. ABD

依据：《导体和电器选择设计技术规定》（DL/T 5222—2021）第 3.0.12 条。有限流作用的熔断器不校验动稳定，题目要求需要校验动稳定的选项，严格对照条文，去除 C，其余三个均为断路器，不是熔断器，均需校验动稳定，所以选 ABD。

59. ABC

依据：《高压配电装置设计技术规程》（DL/T 5352—2018）第 5.3.9-2 条。

60. ACD

依据：《火力发电厂厂用电设计技术规定》（DL/T 5153—2014）第 9.1.4 条。B 项其断路器的跳、合闸线圈可用 RC 并联电容来满足跳、合闸指示灯亮度的。

61. AB

依据：《35kV～220kV 无人值班变电站设计规程》（DL/T 5103—2012）第 4.1.8 条可知 A 项描述正确，C"应"为宜，由第 4.2.2 条可知 B 正确，主变压器选用自耦变压器就有条件，又根据老版一次手册第 217 页第 5-2 节第三部分第 2 点第（3）条：220kV 及以上变电所中，宜优先选用自耦变压器，而不是"应"，故 D 描述错误。

62. ABC

依据：新版系统手册 P115，或老版系统手册第 210～211 页第七章第十一节内容。不管是架空线输电还是电缆输电直流输电都存在空间电荷积聚。

63. AB

依据：《火力发电厂、变电站二次接线设计技术规程》（DL/T 5136—2012）第 8.2.3-1 条、第 8.2.3-3 条、第 8.2.3-4 条。C 项应为阻抗在满足开断电流前提下尽可能小，D 项 Yd 接线时，二次绕组和中性点都不允许接地。

64. ABC

依据：老版系统手册第 150 页第七章第三节第二"方案检验"部分内容。新版系统手册第 130 页此内容已删除。

65. AD

依据：由《高压配电装置设计技术规程》（DL/T 5352—2018）第 6.2.1～6.2.3 条可知，B 项应为连续架构可根据实际受力条件分别按终端或中间架构设计，C 项不用考虑覆冰情况。

66. ACD

依据：《电力工程直流电源系统设计技术规程》（DL/T 5044—2014）第 3.5.6 条。220V 和 110V 直流电源系统应采用不接地系统。

67. ABC

依据：由《水电工程劳动安全与工业卫生设计规范》（NB 35074—2015）或 DL 5061—1996 第 4.1.5 条可知 B 正确；由第 4.2.4-3 条可知 A 正确，由第 4.3.2-3 可知 C 正确，由第 4.3.3 条可知 D 项应为 IP2X。

68．AD

依据：《220kV～750kV 变电站设计技术规程》(DL/T 5218—2012) 第 4.1.2 条、第 4.2.3 条、第 4.2.4 条。A 项为"宜"，D 项应为"以近为主"。

69．ABD

依据：《电力工程直流电源系统设计技术规程》(DL/T 5044—2014) 第 5.1.2 条、第 5.1.3 条。C 项直流断路器的下级不应使用熔断器。

70．BC

依据：《架空输电线路电气设计规程》(DL/T 5582—2020) 表 6.2.5。B 项为 4m，C 项为 4.8m。

2017年注册电气工程师专业案例试题

(上午卷) 及答案

【2017年上午题1~5】 某省规划建设新能源基地,包括四座风电场和两座地面太阳能光伏电站,其中风电场总发电容量 1000MW,均装设 2.5MW 风机;光伏电站总发电容量 350MW。风电场和光伏电站均接入 220kV 汇集站,由汇集站通过 2 回 220kV 线路接入就近 500kV 变电站的 220kV 母线,各电源发电同时率为 0.8。具体接线见右图。

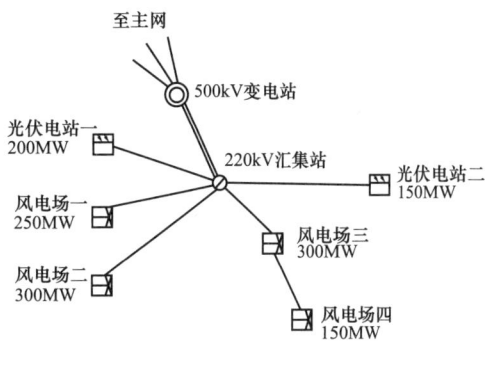

新能源接入电网示意图

1. 风电场二采用一机一变单元制接线,各机组经箱式变压器升压,均匀接至 12 回 35kV 集电线路、经 2 台主变压器升压接至本风电场 220kV 升压站。风电场等效满负荷小时数为 2045h,风机功率因数 -0.95~0.95 可调。集电线路若采用钢芯铝绞线,计算确定下列哪种规格是经济合理的?(经济电流密度参考《电力系统设计手册》中的数值) ( )

(A) $150mm^2$ (B) $185mm^2$
(C) $240mm^2$ (D) $300mm^2$

2. 220kV 汇集站主接线采用双母线接线,汇集站并网线路需装设电流互感器,该电流互感器一次额定电流应选择下列哪项数值? ( )

(A) 2000A   (B) 2500A
(C) 3000A   (D) 5000A

3. 当电网某 220kV 线路发生三相短路故障时,风电场一注入系统的动态无功电流,至少应为以下哪个数值才能满足规程要求? ( )

(A) 0A   (B) 90A
(C) 395A   (D) 689A

4. 风电场四 35kV 侧采用单母线分段接线,架空集电线路 6 回总长度 76km,请计算 35km 单相接地电容电流值,并确定当其中一回 35kV 集电线路发生单相接地故障时,下列方式哪种是正确的? ( )

(A) 7.18A,中性点不接地,允许继续运行一段时间(2h 以内)
(B) 7.18A,中性点不接地,小电流接地选线装置动作于故障线路断路器跳闸

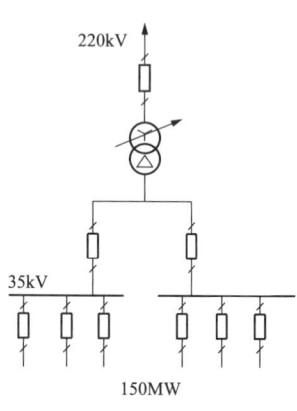

光伏电站二升压站电气主接线图

(C) 8.78A，中性点不接地，允许继续运行一段时间（2h 以内）

(D) 8.78A，中性点不接地，小电流接地选线装置动作于故障线路断路器跳闸

5. 光伏电站二主接线如右图所示，升压站主变压器短路电抗为 16%，35kV 集电线路单回长度 11km，电抗为 0.4Ω/km，220kV 线路长度约 8km，电抗 0.3Ω/km。则该光伏电站需要配置的容性无功补偿容量为 （　　）

(A) 38.59Mvar

(B) 38.08Mvar

(C) 31.85Mvar

(D) 31.34Mvar

【2017 年上午题 6~10】 某垃圾电厂建设 2 台 50MW 级发电机组，采用发电机–变压器组单元接线接入 110kV 配电装置，为了简化短路电流计算，110kV 配电装置三相短路电流水平为 40kA，高压厂用电系统电压为 6kV，每台机组设 2 段 6kV 母线，2 段 6kV 通过 1 台限流电抗器接至发电机机端，2 台机组设 1 台高压备用变压器。其简化的电气主接线如下图所示。

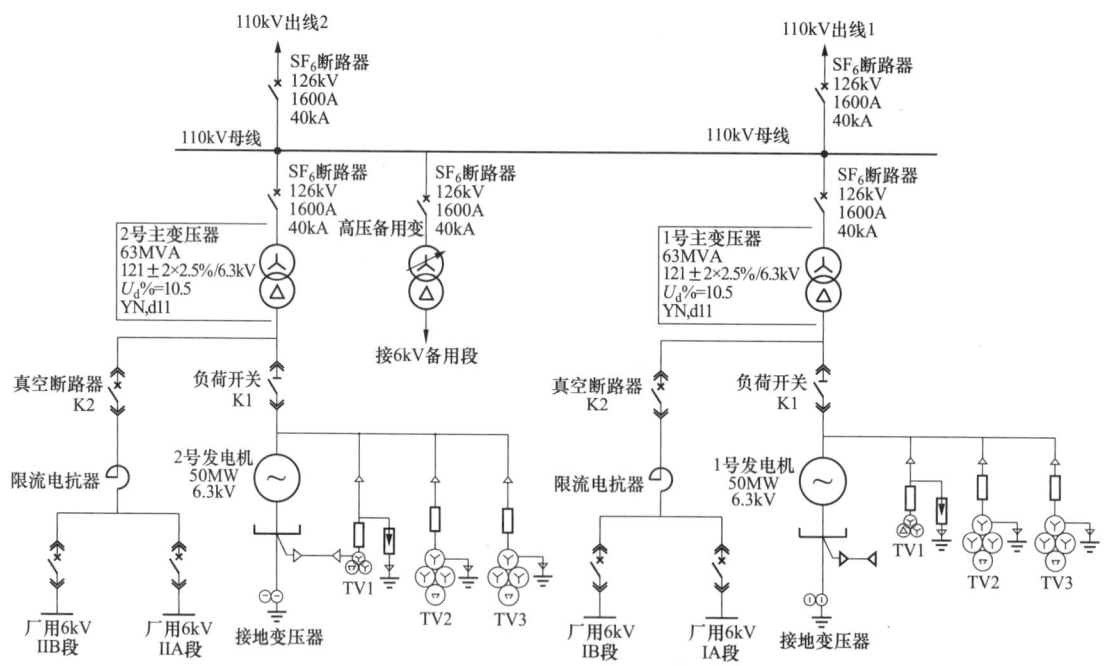

发电机主要参数：额定功率 P_e=50MW，额定功率因数 $\cos\varphi$=0.8，额定电压 U_e= 6.3kV，次暂态电抗 X_d''=17.33%。定子绕组每相对地电容 C_g= 0.22μF。

主变压器主要参数：额定容量 S_e=63MVA，电压比 121±2×2.5%/6.3kV，短路阻抗 U_d=10.5%，接线组别 YNd11，主变压器低压绕组每相对地电容 C_{T2}=4300pF；高压厂用电系统最大计算负荷 13960kVA。厂用负荷功率因数 $\cos\varphi$=0.8，高压厂用电系统三相总的对地电容

$C=3.15\mu F$。请分析计算并解答下列各小题。

6. 每台机组运行厂用电率 16.2%，若为了限制 6kV 高压厂用电系统短路电流水平为 $I_d''=31.5kA$。其中电动机反馈电流 $I_{dz}''=6.2kA$，则电抗器的额定电压、额定电流和电抗百分值为下列哪项？ （　　）

(A) 6.3kV，1500A，5%
(B) 6.3kV，1500A，4%
(C) 6.3kV，1000A，3%
(D) 6kV，1000A，3%

7. 若发电机中性点通过干式单相接地变压器接地，接地变压器二次侧接电阻，接地保护动作时间不大于 5min，忽略限流电抗器和发电机出线电容，则接地变压器额定电压比和额定容量为下列哪组数值？ （　　）

(A) $\frac{6.3}{\sqrt{3}}/0.22kV, 3.15kVA$
(B) $6.3/0.22kV$，4kVA
(C) $\frac{6.3}{\sqrt{3}}/0.22kV, 12.5kVA$
(D) $6.3/0.22kV$，20kVA

8. 若发电机出口设置负荷开关 K1，请确定负荷开关的额定电压、额定电流，峰值耐受电流为下列哪组数值？ （　　）

(A) 7.2kV、5000A、250kA（峰值）
(B) 6.3kV、5000A、160kA（峰值）
(C) 7.2kV、6300A、160kA（峰值）
(D) 6.3kV、6300A、100kA（峰值）

9. 发电机出口设 2 组电压互感器（TV2、TV3），电压互感器选用单相式，每组电压互感器均有 2 个主二次绕组和 1 个剩余绕组，主二次绕组连接成星形。请确定电压互感器的电压比应选择下列哪项数值？ （　　）

(A) $\frac{6.3}{\sqrt{3}}/\frac{0.1}{\sqrt{3}}/\frac{0.1}{\sqrt{3}}/\frac{0.1}{3}kV$
(B) $\frac{6.3}{\sqrt{3}}/\frac{0.1}{\sqrt{3}}/\frac{0.1}{\sqrt{3}}/\frac{0.1}{3}kV$
(C) $\frac{6.3}{\sqrt{3}}/\frac{0.1}{\sqrt{3}}/\frac{0.1}{\sqrt{3}}/0.1kV$
(D) $\frac{7.2}{\sqrt{3}}/\frac{0.1}{\sqrt{3}}/\frac{0.1}{\sqrt{3}}/\frac{0.1}{\sqrt{3}}kV$

10. 若发电机采用零序电压式匝间保护，发电机出口设置 1 组该保护专用电压互感器（TV1）一次绕组中性点与发电机中性点采用电缆直接连接，请确定下列电缆规格中哪项能满足此要求？ （　　）

(A) YJV–6 1×35mm²
(B) VV–1 1×35mm²
(C) YJV–3 1×120mm²
(D) VV–1 1×120mm²

【2017 年上午题 11～15】 某电厂位于海拔 2000m 处，计划建设 2 台额定功率为 350MW 的汽轮发电机组，汽轮机配置 30%的启动旁路，发电机采用机端自并励静止励磁系统，发电机经过主变压器升压接入 220kV 配电装置。主变压器额定变比为 242/20kV，主变压器中性点

设隔离开关，可以采用接地或不接地方式运行。发电机设出口断路器，设一台 40MVA 的高压厂用变压器，机组启动由主变压器通过厂高变倒送电源，两台机组相互为停机电源。不设启动/备用变压器。出线线路侧设电能计费关口表。主变压器高压侧、发电机出口、高压厂用变压器高压侧设电能考核计量表。

11. 若机组最大连续出力为 350MW，额定功率因数 0.85，若最大连续出力工况的设计厂用电率为 6.6%，则主变压器容量应不小于下列哪项数值？　　　　　　　　　　　　（　）

（A）372MVA　　　　　　　　　　（B）383MVA
（C）385MVA　　　　　　　　　　（D）389MVA

12. 主变压器中性点在不接地运行的工况时，中性点采用避雷器并联间隙保护。主变压器高压侧接地故障清除时间为 2s，假设该 220kV 系统 $X_0/X_1<2.5$，则考虑系统失地与不考虑系统失地避雷器的额定电压最低值应为下列哪组数值？　　　　　　　　　（　）

（A）201.6kV，84.7kV　　　　　　（B）145.5kV，84.7kV
（C）201.6kV，88.9kV　　　　　　（D）145.5kV，80.8kV

13. 若主变压器高压侧附近安装一组 Y10W-200/500 避雷器，根据避雷器保护水平确定的变压器外绝缘雷电冲击耐受试验电压，在海拔 0m 处最低应为下列哪项数值？（　）

（A）1086.4kV　　　　　　　　　　（B）894.7kV
（C）850kV　　　　　　　　　　　（D）700kV

14. 若厂内 220kV 配电装置最大接地故障短路电流为 30kA。折算至 220kV 母线的厂内零序阻抗 0.04、系统侧零序阻抗 0.02，发生单相接地故障时故障切除时间为 200ms，220kV 的等效时间常数 X/R 为 30。若采用扁钢作为接地极，计算确定扁钢接地极（不考虑引下线）的热稳定截面最小不宜小于下列哪项数值？　　　　　　　　　　　　　　　　　　　（　）

（A）143.7mm^2　　　　　　　　　（B）154.9mm^2
（C）174.3mm^2　　　　　　　　　（D）232.4mm^2

15. 请说明下列对于本工程电气设计有关问题表述哪项是正确的？　　　　（　）
（A）除了发电机机端 TV 外，主变压器低压侧还应设 TV，该 TV 仅用于发电机同期
（B）发电机出口断路器和磁场断路器跳闸后，励磁电流衰减与水轮发电机相比较慢
（C）发电机保护出口应设程序跳闸、解列、解列灭磁、全停
（D）主变压器或厂用高压变压器之一必须采用有载调压

【2017 年上午题 16~20】 某 220kV 变电站，直流系统标称电压为 220V，直流控制与动力负荷合并供电，直流系统设 2 组蓄电池，蓄电池选用阀控式密封铅酸蓄电池（贫液，单体 2V），不设端电池，请回答下列问题（计算结果保留 2 位小数）。已知直流负荷统计如下：

智能装置、智能组件装置容量	3kW
控制保护装置容量	3kW
高压断路器跳闸	13.2kW（仅在事故放电初期计及）
交流不间断电源装置容量	2×10kW（负荷平均分配在2组蓄电池上）
直流应急照明装置容量	2kW

16．若蓄电池组容量为 300Ah，充电装置满足蓄电池均衡充电且同时对直流负荷供电，请计算充电装置的额定电流计算值应为下列哪项数值？　　　　　　（　　）

（A）37.50A　　　　　　　　　　（B）56.59A
（C）64.77A　　　　　　　　　　（D）73.86A

17．若蓄电池的放电终止电压为 1.87V，采用简化计算法，按事故放电初期（1min）冲击条件选择，其蓄电池 10h 放电率计算容量应为下列哪项数值？　　　（　　）

（A）108.51Ah　　　　　　　　　（B）136.21Ah
（C）168.26Ah　　　　　　　　　（D）222.19Ah

18．直流系统采用分层辐射形供电，分电柜馈线选用直流断路器，断路器安装出口处短路电流为1.47kA，回路末端短路电流为450A，其下级断路器选用额定电流为 6A 的标准 B 型脱扣器微型断路器（其瞬时保护动作电流按脱扣器瞬时脱扣范围最大值考虑），该断路器安装处出口短路电流 230A，按下一级断路器出口短路，断路器脱扣器瞬时保护可靠不动作计算分电柜馈线断路器短路瞬时保护脱扣器的整定电流，上下级断路器电流比系数取 10，请计算该分电柜馈线断路器的短路瞬时保护脱扣器的整定值及灵敏系数为以下哪组数值？（　　）

（A）240A，1.88　　　　　　　　（B）240A，6.13
（C）420A，1.07　　　　　　　　（D）420A，3.50

19．蓄电池与直流柜之间采用铜导体 PVC 绝缘电缆连接，电缆截面为 $70mm^2$，蓄电池回路采用直流断路器保护，直流断路器出口处短路电流为 4600A，直流断路器短延时保护时间为 60ms，断路器全分断时间为 50ms，则蓄电池与直流柜间电缆达到极限温度的允许时间为下列哪项数值？　　　　　　　　　　　　　　　　　　　　　　　　（　　）

（A）0.11s　　　　　　　　　　　（B）2.17s
（C）3.06s　　　　　　　　　　　（D）4.75s

20．请说明下列对本变电站直流系统的描述哪项是正确的？　　　　　（　　）

（A）事故放电末期，蓄电池出口端电压不应小于187V，采用相控式充电装置时，宜配置2套充电装置
（B）事故放电末期，蓄电池出口端电压不应小于187V，高压断路器合闸回路电缆截面的选择应满足蓄电池浮充电运行时，保证最远一台断路器可靠合闸，其允许压降不大

于 33V

(C) 采用相控式充电装置时,宜配置 2 套充电装置。高压断路器合闸回路电缆截面的选择应满足蓄电池浮充电运行时,保证最远一台断路器可靠合闸,其允许压降不大于 33V

(D) 高压断路器合闸回路电缆截面的选择应满足蓄电池浮充电运行时,保证最远一台断路器可靠合闸,其允许压降不大于 33V。当蓄电池出口保护电器选用断路器时,应选择仅有过载保护和短延时保护脱扣器的断路器

【2017 年上午题 21~25】 某 500kV 架空送电线路,相导线采用 4×400/35 钢芯铝绞线,设计安全系数取 2.5,平均运行工况安全系数大于 4,相导线均采用阻尼间隔棒且不等距、不对称布置,导线的单位重量为 1.348kg/m,直径为 26.8mm。假定线路引起振动风速的上下限值为 5m/s 和 0.5m/s,一相导线的最高和最低气温张力分别为 82650N 和 112480N。

21. 请计算导线的最小振动波长为下列哪项数值? ( )
(A) 1.66m
(B) 2.57m
(C) 3.32m
(D) 4.45m

22. 请计算第一只防振锤的安装位置距线夹出口的距离应为下列哪项数值? ( )
(A) 0.77m
(B) 1.53m
(C) 1.75m
(D) 2.01m

23. 若电线振动的半波长为 5m,单峰最大振幅为 15mm,请计算此时的最大振动角应为下列哪项数值? ( )
(A) 22′
(B) 24′
(C) 32′
(D) 65′

24. 若地线为 GJ-100(直径:13mm)镀锌钢绞线,年平均应力为其破坏应力的 25%,且其中某挡挡距为 480m,则该挡每根导、地线所需的防振锤数一般分别为多少个? ( )
(A) 6、4
(B) 4、2
(C) 2、2
(D) 0、4

25. 在轻冰区的某挡挡距为 480m,该挡一相导线安装阻尼间隔棒的数量取下列哪项数值合适? ( )
(A) 8 个
(B) 6 个
(C) 3 个
(D) 0 个

答 案

1. C【解答过程】由新版《电力工程设计手册 电力系统规划设计》第88页式（6-3）及表6-4可得经济电流密度 $J=1.65\text{A/mm}^2$，$S = \dfrac{P}{\sqrt{3}JU_\text{e}\cos\varphi} = \dfrac{300\times10^3}{\sqrt{3}\times1.65\times35\times12\times0.95} = 263.1(\text{mm}^2)$，由 DL/T 5222—2005 第5.1.6条，按经济电流密度计算，电缆截面选取下一挡。老版系统手册第180页式（7-13）及表7-7。

2. C【解答过程】由 DL/T 866—2015 第3.2.2条：$I = \dfrac{P}{\sqrt{3}U_\text{e}\cos\varphi} = \dfrac{(1000+350)\times0.8}{\sqrt{3}\times220\times0.95} = 2.9834\text{ (kA)} = 2983.4\text{A}$，一次额定电流应该向上选。

3. D【解答过程】依据 GB/T 19963—2011 第9.4条可得：$I_\text{N} = \dfrac{250\times10^3}{\sqrt{3}\times220} = 656.08\text{ (A)}$，$I_\text{r} \geqslant 1.5(0.9-0.2)I_\text{N} = 1.5\times(0.9-0.2)\times656.08 = 688.8\text{ (A)}$。

4. D【解答过程】依据 GB/T 51096—2015 第7.13.7-1条：35kV 线路应全线架设地线，由新版一次手册第257页式（7-37）可得：$I_\text{c} = 3.3\times35\times76\times10^{-3} = 8.78\text{ (A)}$；依据 GB/T 50064—2014 第3.1.1-1条：单相接地故障电容电流不大于10A，可采用中性点不接地方式；依据 GB/T 51096—2015 第7.9.5-1条：小电流接地选线装置可动作于故障线路跳闸。所以选D。老版一次手册第261页式（6-33）。

5. A【解答过程】依据 GB/T 19964—2012 第6.2.4条及由新版系统手册第157页式（7-2）、式（7-3）可得：$Q = Q_{220} + Q_{35} + Q_\text{B} = \dfrac{150^2}{220^2}\times0.3\times8 + \dfrac{\left(\dfrac{150}{6}\right)^2}{35^2}\times0.4\times11\times6 + 0.16\times150 = 38.585\text{ (MVA)}$。

6. A【解答过程】（1）由 DL/T 5222—2021 第13.4.3条可得电抗器的回路最大工作电流为：$I_\text{g} = \dfrac{S_\text{e}}{\sqrt{3}U_\text{e}} = \dfrac{13960}{1.732\times6.3} = 1279.4\text{ (A)}$，故额定电流选1500A；（2）限流电抗器的额定电压应与发电机出线电压或主变低压侧额定电压相适应，即取6.3kV；（3）由新版《电力工程设计手册 火力发电厂电气一次设计》第四章相关公式可得：$X_\text{s} = \dfrac{0.502}{40} = 0.01255$；$X_\text{T} = \dfrac{10.5}{100}\times\dfrac{100}{63} = 0.167$；$X_\text{G} = \dfrac{17.33}{100}\times\dfrac{100}{50/0.8} = 0.277$；$X_\Sigma = X_\text{G}//(X_\text{T}+X_\text{s}) = \dfrac{(0.01255+0.167)\times0.277}{(0.01255+0.167)+0.277} = 0.1089$；再由该手册第253页式（7-18）可得

$$X_\text{k} \geqslant \left(\dfrac{I_\text{j}}{I''} - X_{*\text{j}}\right)\dfrac{I_\text{ek}}{U_\text{ek}}\dfrac{U_\text{j}}{I_\text{j}}\times100\% = \left(\dfrac{9.16}{31.5-6.2} - 0.1089\right)\times\dfrac{1500}{6.3}\times\dfrac{6.3}{9160}\times100\% = 4.15\%$$

老版一次手册第253页式（6-14）。

7. D【解答过程】由新版一次手册第65页式（3-1）可得：

$$C = \frac{3.15}{3} + 0.22 + 0.0043 = 1.2743(\mu F) \quad \Rightarrow \quad I_C = \sqrt{3} \times 6.3 \times 314 \times 1.2743 \times 10^{-3} = 4.37(A)$$

（1）依据 DL/T 5222—2005 第 18.2.5 条式（18.2.5-3）、第 18.3.1 条文说明表 18、第 18.3.4 条及条文说明可知：对于发电机中性点接地变压器，一次额定电压取发电机额定线电压 6.3kV，

（2）接地时保护跳闸，接地变容量取电阻容量，接地变过负荷系数取 1.6，则

$$S_N = UI_R\sqrt{3}\frac{1}{K} = \frac{6.3}{\sqrt{3}} \times 1.1 \times 4.37 \times \frac{1}{1.6} = 10.93(kVA)。老版一次手册第 80 页式（3-1）。$$

8．C【解答过程】（1）依据 DL/T 5222—2005 第 9.2.1 条，开关类电气设备额定电压为系统最高电压，即 7.2kV。额定电流大于运行中可能出现的任何负荷电流，即 $\frac{1.05 \times 50}{0.8 \times 6.3 \times \sqrt{3}} = 6.014(kA)$ 选 6300A。（2）计算负荷开关的峰值耐受电流（动稳定电流）：

1）选择第一个短路点为负荷开关与主变之间，通过负荷开关的短路电流由发电机提供据新版一次手册第 116 页图 4-6，已知 X_{js}=0.173 3 可得 I_*=6.27。由该手册式（4-21）可得发电机提供的短路电流 $I'' = 6.27 \times \frac{50}{0.8 \times 6.3 \times \sqrt{3}} = 35.9(kA)$ 依据 DL/T 5222—2005 第 F.4.1 条可得 i_{ch}=1.9 × $\sqrt{2}$ × 35.9=96.46(kA)。

2）选择第二个短路点为负荷开关与发电机之间，通过负荷开关的短路电流由系统和另外一台发电机提供。依据新版《电力工程设计手册 火力发电厂电气一次设计》第 116 页图 4-6、110kV 母线三相短路时，发变组计算电抗 $X_{js} = 0.173\,3 + \frac{10.5}{100} \times \frac{50}{0.8 \times 63} = 0.277$ 发电机提供的短路电流标幺值 I_*=3.9。一台发电机提供的短路电流有名值 $I'' = 3.9 \times \frac{50}{0.8 \times 115 \times \sqrt{3}} = 1.2(kA)$。系统提供的短路电流 $I''_S = 40 - 2 \times 1.2 = 37.6(kA)$。据新版一次手册第 108 页表 4-1、表 4-2 的相关公式，设 S_j=100MVA，U_j=115kV/6.3kV，I_j=0.502kA（115kV），9.16kA（6.3kV）；系统等效电抗标幺值 $X_{*S} = \frac{0.502}{37.6} = 0.0134$；发变组等效电抗标幺值 $I_{*fbz} = 0.227 \times \frac{100}{50/0.8} = 0.3632$；主变电抗标幺值 $X_{*b} = \frac{10.5}{100} \times \frac{100}{63} = 0.167$。计算每个电源的转移阻抗（电源点和短路点两点间的阻抗）电源一：系统转移阻抗 $X_{*1} = 0.3632 + 0.167 + \frac{0.3632 \times 0.167}{0.0134} = 5.057$ 电源二：发电机转移阻抗 $X_{*2} = 0.0134 + 0.167 + \frac{0.0134 \times 0.167}{0.3632} = 0.187$；$X_{*1}$ 折算为发电机容量为基准的计算电抗 $X_{1js} = 5.057 \times \frac{50}{0.8 \times 100} = 3.16 > 3$；可以按无穷大电源计算（可用阻抗标幺值倒数计算，不必查表），根据叠加定律，多电源系统短路，总短路电流等于各个电源单独作用下的短路电流之和。电源一 $I_1 = 9.16 \times \frac{1}{5.057} = 1.811(kA)$，电源二 $I_1 = 9.16 \times \frac{1}{0.187} = 48.98(kA)$ 总短路电流：$I = 1.811 + 48.98 = 50.791(kA)$；依据 DL/T 5222—2005 F.4.1，i_{ch}=1.8 × $\sqrt{2}$ × 50.791=129.29(kA)，与第一个短路点的计算结果比较取大值，取 129.29kA。选 160kA 满足条件。

9．B【解答过程】由 DL/T 866—2015 第 11.4.1 条、第 11.4.3 条，一次额定电压由所用系

统的标称电压决定，故选 $\frac{6.3}{\sqrt{3}}$kV；二次三相绕组额定电压取 $\frac{0.1}{\sqrt{3}}$kV；非有效接地系统开口绕组非有效接地系统额定电压取 $\frac{0.1}{3}$kV。

10．A【解答过程】依据 DL/T 5222—2005 第 18.3.4 条及条文说明，发电机中性点绝缘水平按线电压 6kV 选择。

11．B【解答过程】根据 GB 50660—2011 第 16.1.5 条和 DL/T 5153—2014 附录 A.0.1 $S_e \geq \frac{350}{0.85} - \frac{350}{0.8} \times 6.6\% = 382.9$ (MVA)。

12．D【解答过程】（1）依据 GB/T 50064—2014 第 3.1.1-1 条可知，220kV 系统 $X_0/X_1 <$ 2.5，该系统为有效接地系统，由第 4.4.3 条、表 4.4.3 可知：有失地 $U_R = \frac{252}{\sqrt{3}} = 145.49$ (kV)。

（2）又由新版一次手册第 903 页式（14-142），不考虑失地，MOA 额定电压即为系统发生单相接地时的零序电压，依题意 $K_x = 2.5 \Rightarrow U_R = \frac{252}{\sqrt{3}} \times \frac{K_x}{2+K_x} = \frac{252}{\sqrt{3}} \times \frac{2.5}{2+2.5} = 80.8$ (kV)。新版一次手册式（14-142）该处写错，多了震荡下 γ_0，老版一次手册出处为第 903 页式（附 15-32）。

13．B【解答过程】依据 GB/T 50064—2014 第 6.4.4 条及式（6.4.4-3）、第 A．0.2 条及式（A.0.2-1）、式（A.0.2-2）、第 A.0.3 条（得 $m=1$）$U_{e.1.o} \geq 1.4 \times 500 = 700$ (kV) 可得：
$U_{(P_0)} = e^{1 \times \frac{2000}{8150}} \times 700 = 894.7$ (kV)。

14．C【解答过程】依据 GB/T 50065—2011 第 4.3.5-3 条、表 B.0.3（查得 $D_f=1.2125$）、式（E.0.1）$S_g \geq 0.75 \times \frac{30000 \times 1.2125}{70} \times \sqrt{0.2} = 174.3$ (mm²)。

15．B【解答过程】A 选项：发电机出口装设断路器后，应当设置同期点，需要在主变压器低压侧装设 TV。根据 GB/T 14285—2008 第 4.3.5 条，因变压器可能单独带高压厂用变压器运行，其低压侧需要设置相间短路后备保护，电压量应取自该 TV。另外，该 TV 还应用于电压监视及高压厂用变压器计量等。所以，A 是错误的。B 选项：因汽轮发电机转子本体很强的阻尼作用，励磁电流的衰减与水轮发电机相比较慢。所以，B 是正确的。C 选项：根据 GB/T 14285—2008 第 4.2.2 条，发电机保护出口应动作于停机、解列灭磁、解列、减出力、缩小故障影响范围、程序跳闸、减励磁、励磁切换、厂用电源切换、分出口和信号，所以 C 是错误的。D 选项：根据 GB 50660—2011 第 16.3.5 条，当装设发电机断路器或负荷开关时，在满足机组启动和正常运行等不同工况下的高压厂用母线电压水平要求时，厂用分支线上连接的高压厂用工作变压器可不采用有载调压，因题目并未提供电压调整计算情况，主变压器或高压厂用变压器之一不一定采用有载调压，所以 D 是错误的。

16．B【解答过程】依据 DL/T 5044—2014 第 4.1.2 条及附录 D 式（D.1.1-5）可得
$I_{jc} = \frac{S_{jc}}{U} = \frac{(3 \times 0.8 + 3 \times 0.6) \times 1000}{220} = 19.09$ (A) $I_r = 1.0I_{10} \sim 1.25I_{10} + I_{jc} = 30 \sim 1.25 \times 30 + 19.09 = 49.09 \sim 56.59$ (A)。

17．A【解答过程】由 DL/T 5044—2014 表 4.2.5、表 4.2.6 可得

$$I_{cho} = \frac{S}{U} = \frac{3 \times 0.8 + 3 \times 0.6 + 13.2 \times 0.6 + 2 \times 1 + 10 \times 0.6}{220} \times 1000 = 91.45 \text{ (A)}$$；依据 DL/T 5044—2014，查表 C.3-3 可得 K_{cho}=1.180。由该规范表 4.2.5 及附录 C 式（C.2.3-1）可得 $C_{cho} = K_k \frac{I_{cho}}{K_{cho}} = 1.4 \times \frac{91.45}{1.18} = 108.51$ (Ah)。

18．D【解答过程】依据 DL/T 5044—2014 附录 A 的 A.4.2 条文说明可知，B 型断路器的瞬时保护动作电流 $I_{dz2}=(4\sim 7)I_n$，依据题意取 $I_{dz2}=7I_n=7\times 6=42$(A)。依据 DL/T 5044—2014 式（A.4.2-2），$I_{dz1} \geqslant K_{ib}I_{dz2} = 10 \times 42 = 420$ (A)>230A；$K_L = \frac{I_{dk}}{I_{dz1}} = \frac{1470}{420} = 3.5 > 1.05$。

19．C【解答过程】由 DL/T 5044—2014 附录 E 条文说明及 E.1.1 的计算公式可知 $\sqrt{t} = k \times \frac{S}{I_d} = 115 \times \frac{70}{4600} = 1.75$；铜导体绝缘 PVC≤300mm^2，取 k=115，所以 t=3.06s。

20．D【解答过程】依据 DL/T 5044—2014 第 3.2.4 条、第 3.4.3 条、第 6.3.4 条及附录 A、表 A.5-5 注 2 可知：第 3.2.4 条：事故放电末期，蓄电池出口端电压不应低于直流电源标称电压的 87.5%，即 220×0.875= 192.5(V)所以 A，B 答案错误。第 3.4.3-1 条：2 组蓄电池时，采用相控式充电装置时，宜配置 3 套充电装置，所以答案 C 错误。第 6.3.4 条：高压断路器合闸回路电缆截面的选择应满足蓄电池浮充电运行时，保证最远一台断路器可靠合闸，其允许电压降可取直流电源系统标称电压的 10%～15%，220× 0.15=33(V)。由附录 A 表 A.5-5 注 2 可知，当蓄电池出口保护电器选用断路器时应选择仅有过载保护和短延时保护脱扣器的断路器。

21．C【解答过程】由新版线路手册第 345 页式（5-101）可得：$\frac{\lambda}{2} = \frac{d}{400v}\sqrt{\frac{T}{m}}$，$\lambda = \frac{d}{200v}\sqrt{\frac{T}{m}} = \frac{26.8}{200 \times 5}\sqrt{\frac{82656 \div 4}{1.348}} = 3.318$ (m)。老版线路手册第 219 页（3-6-3）。

22．B【解答过程】由新版线路手册第 356 页式（5-112）及前题结果可得：$b_1 = \frac{1}{1+\mu} \frac{\lambda_m}{2}$；$\mu = \frac{v_m}{v_M}\sqrt{\frac{T_m}{T_M}} = \frac{0.5}{5} \times \sqrt{\frac{82650}{112480}} = 0.0857 \Rightarrow b_1 = \frac{1}{1+0.0857} \times \frac{3.32}{2} = 1.53$ (m)。老版线路手册第 230 页式（3-6-14）。

23．C【解答过程】由新版线路手册第 345 页式（5-103）可得：$a_M = 60\arctan\left(\frac{2\pi A}{\lambda}\right) = 60\arctan\left(\frac{2\times 3.14 \times 15}{10 \times 1000}\right) = 32.38'$。老版线路手册第 220 页式（3-6-5）。

24．D【解答过程】由新版线路手册第 354 页表 5-45、DL/T 5582—2020 第 5.2.1 条。

根据题意，查表知每根地线每挡需要 2+2=4 个防振锤；架空导线 4 分裂及以上导线采用阻尼间隔棒时，挡距在 500m 及以下可不采用其他防振措施。老版线路手册第 228 页表 3-6-9。

25．A【解答过程】根据《架空输电线路电气设计规程》（DL/T 5582—2020）第 5.2.1-2 款，4 分裂及以上导线采用阻尼间隔棒时，挡距在 500m 及以下可不采用其他防振措施。导线最大次挡距不宜大于 70m，端次挡距不宜大于 35m，参考新版线路手册第 444 页左下"三、安装距离"和工程实践。阻尼间隔棒宜不等间距，不对称布置，可得$1+\frac{480-2\times 35}{70} = 6.86$；$1+\frac{480-2\times 28}{70} = 7.06$。向上取整，可知该挡一相导线采用 8 个间隔棒合适。

2017年注册电气工程师专业案例试题

（下午卷）及答案

【2017年下午题1~4】 某电厂装有两台660MW火力发电机组，以发电机变压器组方式接入厂内500kV升压站，厂内500kV配电装置采用一个半断路器接线，发电机出口设发电机断路器，每台机组设一台高压厂用分裂变压器，其电源引自发电机断路器与主变低压侧之间，不设专用的高压厂用备用变压器，两台机组的高压厂用变压器低压侧母线相联络，互为事故停机电源。请分析计算并解答下列各小题。

1. 若高压厂用分裂变压器的变比为20/6.3-6.3kV，每侧分裂绕组的最大单相对地电容为2.2μF，若规定6kV系统中性点采用电阻接地方式，单相接地保护动作于信号，请问中性点接地电阻值应选择下列哪项数值？　　　　　　　　　　　　　　　　　　　　（　　）

　　（A）420Ω　　　　　　　　　　　　（B）850Ω
　　（C）900Ω　　　　　　　　　　　　（D）955Ω

2. 当发电机出口发生短路时，由系统侧提供的短路电流周期分量的起始有效值为135kA，系统侧提供的短路电流值大于发电机侧提供的短路电流值，主保护动作时间为10ms，发电机断路器的固有分闸时间为50ms，全分断时间为75ms，系统侧的时间常数 X/R 取50，发电机出口断路器的额定开断电流为160kA。请计算发电机出口断路器选择时的直流分断能力应不小于下列哪项数值？　　　　　　　　　　　　　　　　　　　　　　　　　　　　　　　　（　　）

　　（A）50%　　　　　　　　　　　　（B）58%
　　（C）69%　　　　　　　　　　　　（D）82%

3. 电厂的环境温度为40℃，海拔800m，主变压器至500kV升压站进线采用双分裂的扩径导线，请计算进行跨导线按实际计算的载流量且不需进行电晕校验允许的最小规格应为下列哪项数值？（升压主变压器容量为780MVA，双分裂导线的邻近效应系数取1.02）
　　　　　　　　　　　　　　　　　　　　　　　　　　　　　　　　　　　　（　　）

　　（A）2×LGJK-300　　　　　　　　 （B）2×LGKK-600
　　（C）2×LGKK-900　　　　　　　　 （D）2×LGKK-1400

4. 该电厂以两回500kV线路与系统相连，其中一回线路设置了高压并联电抗器，采用三个单相电抗器，中性点采用小电抗器接地，该并联电抗器的正序电抗值为2.52kΩ，线路的相间容抗值为15.5kΩ，为了加速潜供电弧的熄灭，从补偿相间电容的角度出发，请计算中性点小电抗器的电抗值为下列哪项最为合理？　　　　　　　　　　　　　　　　　　（　　）

　　（A）800Ω　　　　　　　　　　　　（B）900Ω

(C) 1000Ω (D) 1100Ω

【2017年下午题 5~8】 某风电场 220kV 配电装置地处海拔 1000m 以下，采用双母线接线，配电装置为屋外中型布置的敞开式设备，接地开关布置在 220kV 母线的两端，两组 220kV 主母线的断面布置情况如图所示，母线相间距 d=4m，两组母线平行布置，其间距 D=5m。

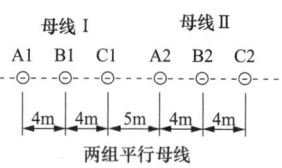

5. 假设母线Ⅱ的 A2 相相对于母线Ⅰ各相单位长度平均互感抗分别是 X_{A2C1}=2×10^{-4}Ω/m，X_{A2B1}=1.6×10^{-4}Ω/m，X_{A2A1}=1.4×10^{-4}Ω/m，当母线Ⅰ正常运行时，其三相工作电流为 1500A，求在母线Ⅱ的 A2 相的单位长度上感应的电压应为下列哪项数值？ ( )

(A) 0.3V/m (B) 0.195V/m
(C) 0.18V/m (D) 0.075V/m

6. 配电装置母线Ⅰ运行，母线Ⅱ停电检修，此时母线Ⅰ的 C1 相发生单相接地故障时，假设母线Ⅱ的 A2 相瞬时感应的电压为 4V/m，试计算此故障状况下两接地开关的间距应为下列哪项数值？升压站内继电保护时间参数如下：主保护动作时间 30ms，断路器失灵保护动作时间 150ms，断路器开断时间 55ms。 ( )

(A) 309m (B) 248m
(C) 160m (D) 149m

7. 主变压器进线跨两端是等高吊点，跨度 33m，导线采用 LGJ-300/70。在外过电压和风偏（v=10m/s）条件下校验架构导线相间距时，主变压器进线跨绝缘子串的弧垂应为下列哪项数值？计算条件为：无冰有风时导线单位荷重（v=10m/s），Q_6=1.415kgf/m；耐张绝缘子串采用 16×（XWP2-7），耐张绝缘子串水平投影长度为 2.75m，该跨计算用弧垂 f=2m，无冰有风时绝缘子串单位荷重（v=10m/s），Q_6=31.3kgf/m。 ( )

(A) 0.534m (B) 1.04m
(C) 1.124m (D) 1.656m

8. 假设配电装置绝缘子串某状态的弧垂 f_1''=1m，绝缘子串的风偏摇摆角=30°，导线的弧垂 f_2''=1m，导线的风偏摇摆角为 50°，导线采用 LGJ-300/70，导线的计算直径 25.2mm，试计算在最大工作电压和风偏（v=30m/s）条件下，主变压器进线跨的最小相间距离？ ( )

(A) 2191mm (B) 3157mm
(C) 3432mm (D) 3457mm

【2017年下午题 9~13】 某 2×350MW 火力发电厂，高压厂用电采用 6kV 一级电压，每台机组设一台分裂高厂变，两台机组设一台同容量的高压启动/备用变。每台机组设两段 6kV 工作母线，不设公用段。低压厂用电电压等级为 400/230V，采用中性点直接接地系统。

9. 高厂变额定容量 50/30-30MVA，额定电压 20/6.3-6.3kV，半穿越阻抗 17.5%，变压器阻抗制造误差±5%，两台机组四段 6kV 母线计及反馈的电动机额定功率之和分别为 19430kW、21780kW、18025kW、18980kW，归算到高厂变高压侧的系统阻抗（含厂内所有发电机组）标幺值为 0.035，基准容量 S_j=100MVA。若高压启动/备用变带厂用电运行时，6kV 短路电流水平低于高厂变带厂用电运行时的水平，K_{qD} 取 5.75，$\eta_D\cos\varphi_D$ 取 0.8，则设计用厂用电源短路电流周期分量的起始有效值和电动机反馈电流周期分量的起始有效值分别为下列哪组数值？　　　　　　　　　　　　　　　　　　　　　　　　　　　　（　　）

(A) 25.55kA，14.35kA　　　　　　(B) 24.94kA，15.06kA
(C) 23.80kA，15.06kA　　　　　　(D) 23.80kA，14.35kA

10. 假设该工程 6kV 母线三相短路时，厂用电源短路电流周期分量的起始有效值为：I_B''=24kA，电动机反馈电流周期分量的起始有效值为 I_D''=15kA，则 6kV 真空断路器额定短路开断电流和动稳定电流选用下列哪组数值最为经济合理？（　　）

(A) 25kA，63kA　　　　　　(B) 40kA，100kA
(C) 40kA，105kA　　　　　　(D) 50kA，125kA

11. 假设该工程 6kV 母线三相短路时，厂用电源短路电流周期分量的起始有效值为：I_B''=24kA，电动机反馈电流周期分量的起始有效值为 I_D''=15kA，6kV 断路器采用中速真空断路器，6kV 电缆全部采用交联聚乙烯铜芯电缆，若电缆的额定负荷电流与电缆的实际最大工作电流相同，则 6kV 电动机回路按短路热稳定条件计算所允许的三芯电缆最小截面应为下列哪项数值？（　　）

(A) 95mm²　　　　　　(B) 120mm²
(C) 150mm²　　　　　　(D) 185mm²

12. 请说明对于发电厂厂用电系统设计，下列哪项描述是正确的？　（　　）
(A) 对于 F-C 回路，由于高压熔断器具有限流作用，因此高压熔断器的额定开断电流不大于回路中最大预期短路电流周期分量有效值
(B) 2000kW 及以上的电动机应装设纵联差动保护，纵联差动保护的灵敏系数不宜低于 1.3
(C) 灰场设一台额定容量为 160kVA 的低压变，电源由厂内 6kV 工作段通过架空线引接为节省投资应优先采用 F-C 回路供电
(D) 厂内设一台电动消防泵，电动机额定功率为 200kW，可根据工程的具体情况选用 6kV 或 380V 电动机

13. 某车间采用 PC-MCC 供电方式暗备用接线，变压器为干式，额定容量为 2000kVA，阻抗电压为 6%，变压器中性点通过 2 根 40mm×4mm 扁钢接入地网，在 PC 上接有一台 45kW 的电动机，额定电压 380V，额定电流 90A，启动电流为 520A，该回路采用塑壳断路器供电，选用 YJLV22-1，3×70mm² 电缆，该回路不单独设立接地短路保护，拟由相间保护兼作接地短路保护，若保护可靠系数取 2，则该回路允许的电缆最大长度是：（　　）

(A) 96m　　　　　　(B) 104m

(C) 156m (D) 208m

【2017年下午题 14~17】 某一与电力系统相连的小型火力发电厂直流系统标称电压 220V，动力和控制负荷合并供电，设一组贫液吸附式的阀控式密封铅酸蓄电池，每组蓄电池 103 只，蓄电池放电终止电压为 1.87V，负荷统计经常负荷电流 49.77A，随机负荷电流 10A，蓄电池负荷计算，事故放电初期（1min）冲击放电电流为 511.04A、1~30min 放电电流为 361.21A，30~60min 放电电流为 118.79A。直流系统接线见下图。

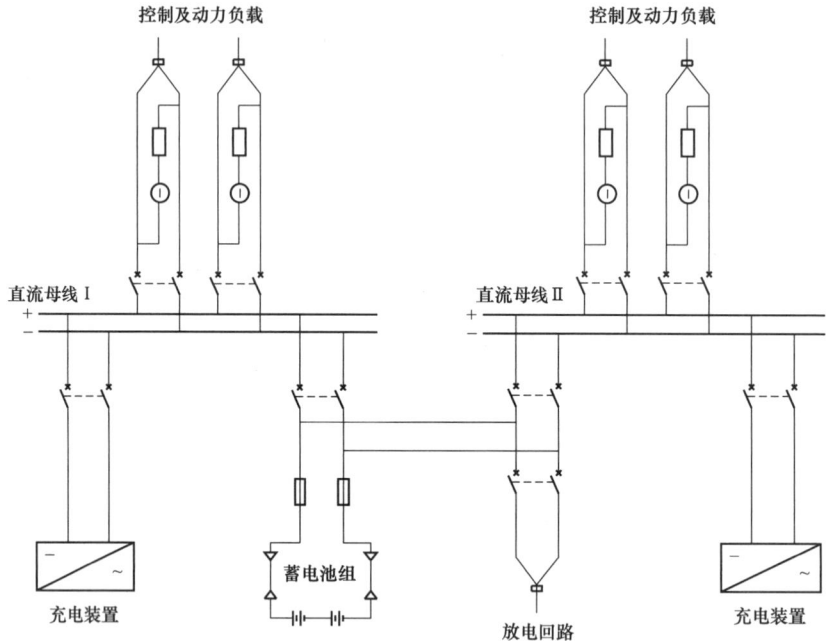

14. 按阶梯法计算蓄电池容量最接近下列哪项数值？ （   ）
(A) 673.07Ah (B) 680.94Ah
(C) 692.26Ah (D) 712.22Ah

15. 若该工程蓄电池容量为 800Ah，采用 20A 的高频开关电源模块，计算充电装置额定电流计算值及高频开关电源模块数量应为下列哪组数值？ （   ）
(A) 50.57A，4 个 (B) 100A，6 个
(C) 129.77A，9 个 (D) 149.77A，8 个

16. 若该工程蓄电池容量为 800Ah，蓄电池至直流柜的铜芯电缆长度为 20m，允许电压降为 1%，假定电缆的载流量都满足要求，则蓄电池至直流柜电缆规格和截面应选择下列哪项？
（   ）
(A) YJV-1，2×150 (B) YJV-1，2×185
(C) 2×（YJV-1，1×150） (D) 2×（YJV-1，1×185）

17. 若该工程蓄电池容量为 800Ah，蓄电池至直流柜的铜芯电缆长度为 20m，单只蓄电池的内阻 0.195mΩ，蓄电池之间的连接条电阻 0.0191mΩ，电缆芯的电阻 0.080mΩ/m，在直流柜上控制负荷馈线 2P 断路器可选规格有几种，M 型 I_{cs}=6kA、I_{cu}=20kA、L 型 I_{cs}=10kA，I_{cu}=10kA，H 型 I_{cs}=15kA、I_{cu}=20kA。下列直流柜母线上的计算短路电流值和控制馈线断路器的选型中，哪组是正确的？　　　　　　　　　　　　　　　　　（　　）

(A) 5.91kA，M 型　　　　　　　　(B) 8.71kA，L 型
(C) 9.30kA，L 型　　　　　　　　(D) 11.49kA，H 型

【2017 年下午题 18～21】　某 220kV 变电站，远离发电厂，安装两台 220/110/10kV、180MVA（容量百分比：100/100/50）主变压器，220kV 侧为双母线接线，线路 4 回，其中线路 L21、L22 分别连接 220kV 电源 S21、S22，另 2 回为负荷出线，110kV 侧为双母线接线，线路 8 回，均为负荷出线，20kV 侧为单母线分段接线，线路 10 回，均为负荷出线，220kV 及 110kV 侧并列运行，10kV 侧分列运行，220kV 及 110kV 系统为有效接地系统。220kV 电源 S21 最大运行方式下系统阻抗标幺值为 0.006，最小运行方式下系统阻抗标幺值为 0.0065，220kV 电源 S22 最大运行方式下系统阻抗标幺值为 0.007，最小运行方式下系统阻抗标幺值为 0.0075，L21 线路阻抗标幺值为 0.011，L22 线路阻抗标幺值为 0.012（系统基准容量 S_j=100MVA，不计周期分量的衰减）。

请解答以下问题（计算结果精确到小数点后 2 位）。

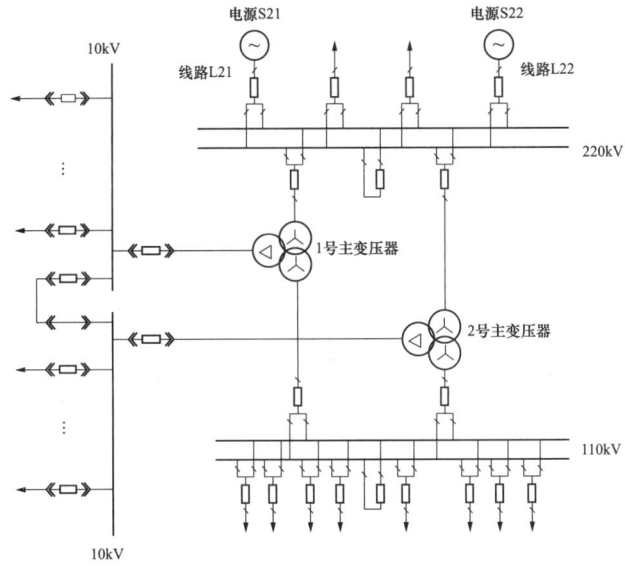

18. 220kV 配电装置主变进线回路选用一次侧变比可选电流互感器，变比为 2×600/5，计算一次绕组在串联方式时，该电流互感器动稳定电流倍数不应小于下列哪项数值？（　　）

(A) 41.96　　　　　　　　　　　(B) 44.29
(C) 46.75　　　　　　　　　　　(D) 83.93

19. 变电站 220kV 配置有两套速动主保护，近接地后备保护，断路器失灵保护，主

保护动作时间为 0.06s，接地距离Ⅱ段保护整定时间 0.5s，断路器失灵保护动作时间 0.52s，220kV 断路器开断时间 0.06s，220kV 配电装置取表层土壤电阻率为 100Ω·m，表层衰减系数为 0.95，计算其接地装置的跨步电位差最大不应超过下列哪项数值？ （   ）
（A）237.69V
（B）300.63V
（C）305.00V
（D）321.38V

20. 本变电站中有一回 110kV 出线，向一台终端变压器供电，出线间隔电流互感器变比 600/5，电压互感器变比 110/0.1。线路长度 15km，$X_1=0.31Ω/km$，终端变压器额定电压比 110/10.5kV，容量 31.5MVA，$U_{d\%}=13$。此出线配置距离保护，保护相间距离Ⅰ段按躲 110kV 终端变压器低压侧母线故障整定。计算此线路保护相间距离Ⅰ段二次阻抗整定值应为下列哪项数值？（可靠系数 K_k 取 0.85） （   ）
（A）3.95Ω
（B）4.29Ω
（C）4.52Ω
（D）41.40Ω

21. 请确定下列有关本站保护相关描述中，哪项是不正确的？并说明理由？ （   ）
（A）220kV 断路器采用分相操动机构，应尽量将三相不一致保护配置在保护装置中
（B）110kV 线路的后备保护宜采用远后备方式
（C）220kV 线路能够快速有选择性的切除线路故障的全线速动保护是线路的主保护
（D）220kV 线路配置两套对全线路内发生的各种类型故障均有完整保护功能的全线速动保护，可以互为近后备保护

【2017 年下午题 22～26】　某 500kV 变电站 2 号主变压器及其 35kV 侧电气主接线如下图所示，其中的虚线部分表示远期工程，请回答下列问题？

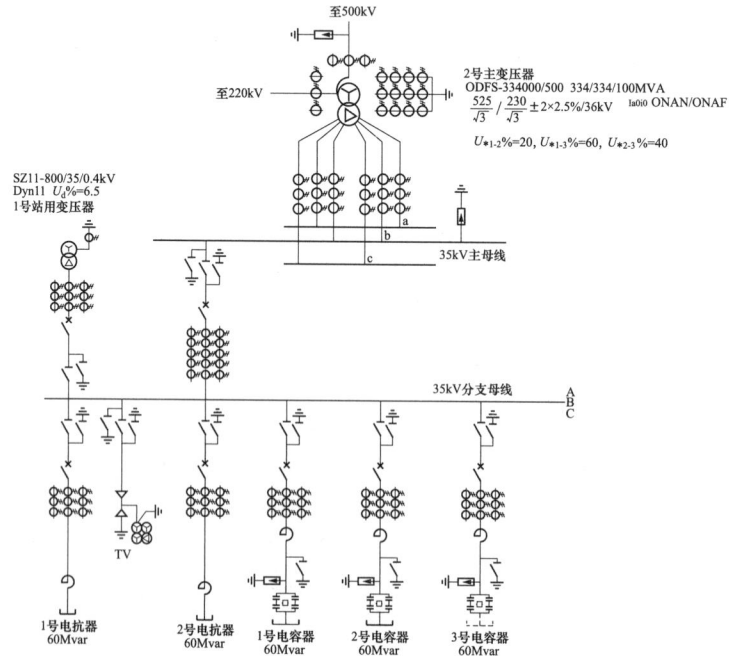

22. 变电站的电容器组接线如图所示，图中单只电容器容量为 500kvar。请判断图中有几处错误，并说明错误原因。 （ ）

(A) 1 (B) 2
(C) 3 (D) 4

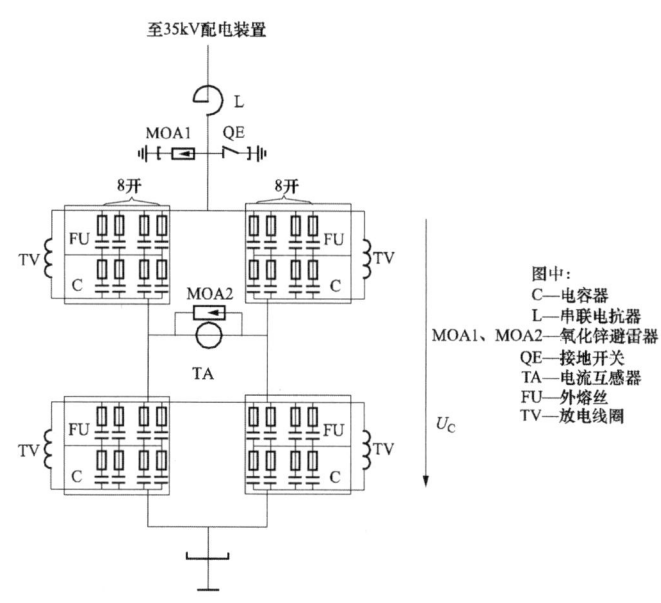

23. 请计算电气主接线图中 35kV 总断路器回路持续工作电流应为以下哪项数值？
（ ）

(A) 2191.3A (B) 3860A
(C) 3873.9A (D) 6051.3A

24. 若该变电站 35kV 电容器采用单星形桥差接线，每桥臂 7 并 4 串，单台电容器容量是 334kvar，电容器组额定相电压 24kV，电容器装置电抗率 12%，求串联电抗器的每相额定感抗和串联电抗器的三相额定容量应为下列哪组数值？ （ ）

(A) 7.4Ω，4494.1kVA (B) 7.4Ω，13482.2kVA
(C) 3.7Ω，2247.0kVA (D) 3.7Ω，6741.1kVA

25. 若电容器组的额定线电压为 38.1kV，采用单星形接线，系统每相等值感抗 ωL_0=0.05Ω，在任一组电容器组投入电网时（投入前母线上无电容器组接入）。满足合闸涌流限制在允许范围内，计算回路串联电抗器的电抗率最小值应为下列哪项数值？ （ ）

(A) 0.1% (B) 0.4%
(C) 1%   (D) 5%

26. 若主接线图中电容器回路的电流互感器变比 n_1=1500/1A，在任意一组电容器引出线处发生三相短路时，最小运行方式下的短路电流为 20kA，则下列主保护二次动作值哪项是正

确的？ ( )

(A) 5.8A (B) 6.7A
(C) 1.2A (D) 1801A

【2017年下午题 27～30】 某国外水电站安装的水轮发电机组，单机额定容量为120MW，发电机额定电压为13.8kV，cosφ=0.85，发电机、主变压器采用发变组单元接线，未装设发电机断路器，主变压器高压侧三相短路时流过发电机的最大短路电流为19.6kA，发电机中性点接线及TA配置如图所示。

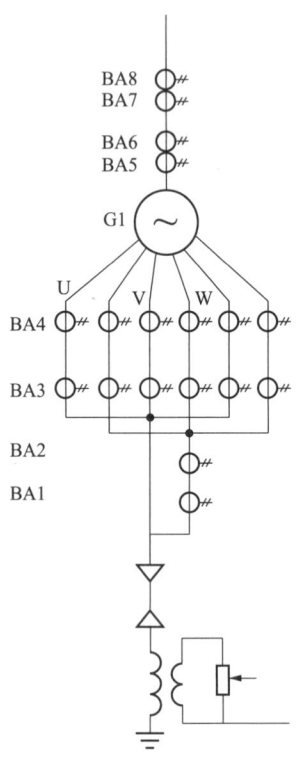

27. 如发电机出口TA BA8采用5P级TA，给定暂态系数K=10，互感器实际二次负荷不大于额定二次负荷，试计算确定发电机出口、中性点TA BA8、BA3的变比及发电机出口TA的准确限制系数最小值应为下列哪组数值？ ( )

(A) BA8和BA3变比分别为8000/1A、8000/1A，BA8的准确限制系数为20
(B) BA8和BA3变比分别为8000/1A、4000/1A，BA8的准确限制系数为20
(C) BA8和BA3变比分别为8000/1A、8000/1A，BA8的准确限制系数为30
(D) BA8和BA3变比分别为8000/1A、4000/1A，BA8的准确限制系数为30

28. 假定该电站并网电压为220kV，220kV线路保护用电流互感器选用5P30级，变比为500/1A，额定二次容量20VA，二次绕组电阻6Ω，给定暂态系数K=2，线路距离保护第一段末端短路电流15kA，保护装置安装处短路电流25kA，计算该电流互感器允许接入的实际最

大二次负载应为下列哪项数值？ （　　）

(A) 4.8Ω (B) 7Ω
(C) 9.6Ω (D) 20Ω

29. 如发电机出口选用 5P 级电流互感器，三相星型连接，假定数字继电器线圈电阻为 1Ω，连接导线截面积为 2.5mm²，铜导体导线长度为 200m，接触电阻为 0.1Ω，敷设不计及继电器线圈电抗和导线电感的影响，计算单相接地时电流互感器实际二次负荷应为下列哪项数值？ （　　）

(A) 1.4Ω (B) 2.5Ω
(C) 3.9Ω (D) 4.9Ω

30. 假设该水轮发电机额定励磁电压为 437V，则发电机总装后交接试验时的转子绕组试验电压应为下列哪项数值？ （　　）

(A) 3496V (B) 3899V
(C) 4370V (D) 4874V

【2017 年下午题 31~35】　某 500kV 架空输电线路工程，导线采用 4×JL/GIA-630/45，子导线直径 33.8mm，子导线截面积 674.0mm²，导线自重荷载为 20.39N/m，基本风速 36m/s，设计覆冰 10mm（同时温度-5℃，风速 10m/s），覆冰时导线冰荷载为 12.14N/m，风荷载 4.035N/m，基本风速时导线风荷载为 26.32N/m，导线最大设计张力为 56500N，计算时风压高度变化系数均取 1.25。（不考虑绝缘子串重量等附加荷载） （　　）

31. 某直线塔的水平挡距 l_h=600m，最大弧垂时垂直挡距 l_v=500m，所在耐张段的导线张力，覆冰工况为 56193N，大风工况为 47973N，年平均气温工况为 35732N，高温工况为 33077N，安装工况为 38068N，计算该塔大风工况时的垂直挡距应为下列哪项数值？ （　　）

(A) 455m (B) 494m
(C) 500m (D) 550m

32. 某直线塔的水平挡距 l_h=500m，覆冰工况垂直挡距 l_v=600m，所在耐张段的导线张力，覆冰工况为 55961N，大风工况为 48021N，平均工况为 35732N，安装工况为 43482N，杆塔计算时一相导线作用在该塔上的最大垂直荷载应为下列哪项数值？ （　　）

(A) 48936N (B) 78072N
(C) 111966N (D) 151226N

33. 某直线塔的水平挡距 l_h=600m，覆冰工况垂直挡距 l_v=600m，所在耐张段的导线张力，覆冰工况为 56000N，大风工况为 47800N，满足设计规程要求的单联绝缘子串连接金具强度等级应选择下列哪项数值？ （　　）

(A) 300kN (B) 210kN
(C) 160kN (D) 120kN

34. 导线水平张力无风、无冰、-5℃时为46000N，年平均气温条件下为36000N，导线耐张串采用双挂点双联型式，请问满足设计规范要求的连接金具强度等级应为下列哪项数值？

( )

（A）420kN　　　　　　　　　　（B）300kN
（C）250kN　　　　　　　　　　（D）210kN

35. 某塔定位结果是后侧挡距550m，前侧挡距350m，垂直挡距310m，在校验该塔电气间隙时，风压不均匀系数 α 应取下列哪项数值？

( )

（A）0.61　　　　　　　　　　（B）0.63
（C）0.65　　　　　　　　　　（D）0.75

【2017年下午题36～40】某500kV同塔双回架空输电线路工程，位于海拔500～1000m地区，基本风速为27m/s，覆冰厚度为10mm，杆塔拟采用塔身为方形截面的自立式鼓型塔（如图1所示）。相导线均采用4×LGJ-400/50，自重荷载为59.2N/m，直线塔上两回线路用悬垂绝缘子串分别悬挂于杆塔两侧，已知某悬垂直线塔（SZ2塔）规划的水平挡距为600m，垂直挡距为900m，且要求根据使用条件采用单联160kN或双联160kN单线夹绝缘子串（参数如表1所示），地线绝缘子串长度为500mm。（计算时不考虑导线的分裂间距，不计绝缘子串风压）

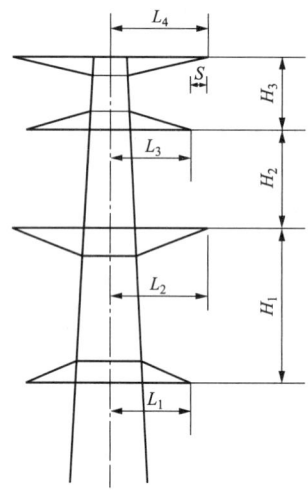

表1　绝缘子串参数

绝缘子串形式	绝缘子串长度(mm)	绝缘子串重量(N)
单联160kN	5500	1000
双联160kN	6000	1800

图1　塔头示意图

36. 设大风风偏时下相导线的风荷载为45N/m，该工况时SZ2塔的垂直挡距系数取0.7，若风偏后导线高度处计及准线、脚钉和裕度等因素后的塔身宽度 a 取6000mm，计算工作电压下要求的下相横担长度 L_1 应为下列哪项数值？（不考虑导线小弧垂及交叉跨越等特殊情况）

( )

（A）8.3m　　　　　　　　　　（B）8.6m
（C）8.9m　　　　　　　　　　（D）9.2m

37. 设大气过电压条件（15℃、无风、无冰）下的相导线张力为116800N，若要求的最小空气间隙（含裕度等）为 4300mm，此时 SZ2 塔的允许的单侧最大垂直挡距为 800m，且中相导线横担为方形横担，横担长度为 L_2、宽度为 4000mm，该条件下要求 SZ2 塔的上、中导线横担层间距 H_2 应为下列哪项数值？　　　　　　　　　　　　（　　）

(A) 11.9m   (B) 11.1m

(C) 10.6m   (D) 10.0m

38. 设线路地线采用铝包钢绞线，某塔的挡距使用范围为 300~1200m，为满足挡距中央导、地线之间距离 $S \geq 0.12L+1m$ 的要求，若控制挡距 l_C 为 1000m，该塔的地线支架高度 H_3 应取下列哪项数值？（导地线水平偏移取 0m，导线绝缘子串长度取 5500mm）（　　）

(A) 7.0m   (B) 2.5m

(C) 2.0m   (D) 1.5m

39. 设 SZ2 塔的最大使用挡距不超过 1000m，导线最大弧垂为 81m，按导线不同步摆动的条件要求的上相导线的横担长度 L_3 应为下列哪项数值？　　　（　　）

(A) 6.4m   (B) 6.7m

(C) 12.8m   (D) 13.3m

40. 该工程某耐张转角塔 SJ4 的允许转角为 40°~60°，建设时按角分线放置，且已知：在不计导地线水平偏移情况下，地线支架高度满足挡距中央导地线间距离的要求，该塔导、地线绝缘子串挂点间的水平距离 S 应取下列哪项数值？（计算时不计横担宽度）（　　）

(A) 1.50m   (B) 1.86m

(C) 2.02m   (D) 3.50m

答　案

1. A【解答过程】依据 DL/T 5153—2014 第 3.4.1 条、附录 C 式（C.0.2-1）或 DL/T 5222—2021 附录 B.2.1，可得 $R_N = \dfrac{U_e}{\sqrt{3}I_R} = \dfrac{U_e}{\sqrt{3} \times 1.1 \times \sqrt{3} U_e \omega C \times 10^{-3}} = \dfrac{1000}{3 \times 1.1 \times 314 \times 2.2 \times 10^{-3}} = 439\ (\Omega)$；为保证电阻电流大于等于 1.1 倍电容电流，电阻向下取 420Ω。

2. B【解答过程】依据老版一次手册式（4-28）得

$$i_{fzt} = i_{fz0}e^{-\frac{\omega t}{T_a}} = -\sqrt{2}I_e''e^{-\frac{\omega t}{T_a}} = -\sqrt{2} \times 135 \times e^{-\frac{314 \times (0.01+0.05)}{50}} = -131\ (kA);\quad d_c\% = \dfrac{131}{160\sqrt{2}} = 58\%$$

3. B【解答过程】（1）由新版一次手册第 220 页表 7-3、第 379 页式（9-79），DL/T 5222—2005 表 D.8、表 D.11（查得 K=0.83）

$$I_g = \sqrt{1.02} \times 1.05 \times \dfrac{780 \times 1000}{\sqrt{3} \times 500 \times 0.83 \times 2} = 575.4(A)\text{；4 个选项的允许载流量都满足要求。}$$

（2）依据 DL/T 5222—2005 表 7.1.7，500kV 电压可不进行电晕校验的最小导体型号为

2×LGKK-600 或 3×LGJ-500，按题意取 2×LGKK-600。老版一次手册第 232 页表 6-3、第 379 页式（8-55）。

4．A【解答过程】由新版一次手册第 192 页式（6-30）可得

$$X_n = \frac{X_{L1}^2}{X_L - 3X_{L1}} = \frac{2.52^2 \times 1000}{15.5 - 3 \times 2.52} = 8000(\Omega)$$ 。老版一次手册第 536 页式（9-53）。

5．D【解答过程】由新版一次手册第 407 页式（10-6）可得

$$U_{A2} = I\left(X_{A2C1} - \frac{1}{2}X_{A2A1} - \frac{1}{2}X_{A2B1}\right) = 1500 \times \left(2 - \frac{1.6}{2} - \frac{1.4}{2}\right) \times 10^{-4} = 0.075 \,(V/m)$$ 。老版一次手册第 574 页式（10-2）。

6．D【解答过程】由新版一次手册第 407 页式（10-10）及 GB/T 50065—2011 附录 E.0.3 有：$t = t_m + t_f + t_0 = 0.03 + 0.15 + 0.055 = 0.235(s)$ $U_{j0} = \frac{145}{\sqrt{t}} = \frac{145}{\sqrt{0.235}} = 299.112 \,(V)$；

可得 $l_{j2} = \frac{2U_{j0}}{U_{A2}} = \frac{2 \times 299.112}{4} = 149.5 \,(m)$。老版一次手册第 574 页式（10-6）。

7．C【解答过程】由新版一次手册第 413 页式（10-15）、式（10-17）、式（10-18）；

$$e = 2 \times \frac{33 - (33 - 2 \times 2.75)}{33 - 2 \times 2.75} + \frac{31.5}{1.415} \times \left[\frac{33 - (33 - 2 \times 2.75)}{33 - 2 \times 2.75}\right]^2 = 1.285 \quad f_1 = 2 \times \frac{1.285}{1 + 1.285} = 1.124 \,(m)$$；

老版一次手册第 700 页式（附 10-8）、式（附 10-10）、式（附 10-11）。

8．D【解答过程】由新版一次手册第 402 页表 10-3、第 412 页式（10-14）可得：
$D_2'' = A_2'' + 2(f_1'' \sin a_1'' + f_2 \sin a_2'') + d \cos a_2'' + 2r = 900 + 2 \times (1000 \times \sin 30° + 1000 \times \sin 50°) + 0 + 25.2 = 3457 \,(mm)$。老版一次手册第 568 页 10-2 及第 700 页式（附 10-7）。

9．B【解答过程】（1）依据 DL/T 5153—2014 附录 L：$X_T = \frac{(1-5\%)U_{d\%}}{100} \cdot \frac{S_j}{S_{egB}} = \frac{(1-5\%) \times 17.5}{100}$

$\times \frac{100}{50} = 0.3325$；$I_B'' = \frac{I_j}{X_X + X_T} = \frac{\frac{100}{\sqrt{3} \times 6.3}}{0.035 + 0.3325} = 24.94 \,(kA)$；（2）$I_D'' = K_{qgD} \frac{P_{egD}}{\sqrt{3}U_{egD}\eta_D \cos\varphi_D}$

$\times 10^{-3} = 5.75 \times \frac{21780}{\sqrt{3} \times 6 \times 0.8} \times 10^{-3} = 15.06 \,(kA)$。

10．C【解答过程】（1）依据 DL/T 5153—2014 附录 L：$I'' = I_B'' + I_D'' = 24 + 15 = 39 \,(kA)$；
（2）$i_{ch} = \sqrt{2}(K_{ch \cdot B}I_B'' + 1.1K_{ch \cdot D}I_D'') = \sqrt{2} \times (1.85 \times 24 + 1.1 \times 1.7 \times 15) = 102.46 \,(kA)$。

11．B【解答过程】由 DL/T 5153—2014 附录 L 式（L.0.1-3）、表 L.0.1-1 可得，中速断路器 $t=0.15s$、分列变压器 $T_B=0.06s$。$Q_t = 0.210(I_B'')^2 + 0.23I_B''I_D'' + 0.09(I_D'')^2 = 0.21 \times 24^2 + 0.23 \times 24 \times 15 + 0.09 \times 15^2 = 224.01 \,(kA^2 \cdot s)$；依据 GB 50217—2018 附录 A、E 可得：

$I_P = I_H$；$\theta_P = \theta_0 + (\theta_H - \theta_0)\left(\frac{I_P}{I_H}\right)^2 = \theta_H = 90$；$C = \frac{1}{\eta}\sqrt{\frac{Jq}{\alpha K \rho} \ln \frac{1 + \alpha(\theta_m - 20)}{1 + \alpha(\theta_P - 20)}}$

$$C = \frac{1}{0.93}\sqrt{\frac{1\times 3.4}{0.00393\times 1.006\times 0.0184\times 10^{-4}}\ln\frac{1+0.00393\times(250-20)}{1+0.00393\times(90-20)}} = 14702.2$$

$$S \geq \frac{\sqrt{Q}}{C}\times 10^3 = \frac{\sqrt{224.01}}{14702.2}\times 10^3 \times 10^2 = 101.12\ (\text{mm}^2)。$$

12. D【解答过程】依据 DL/T 5153—2014 第 5.2.1-1 条，可知 D 正确；由第 6.2.4-2 条可知，A 项应为"高压熔断器的额定开断电流应大于回路中最大预期短路电流周期分量有效值"；由第 8.1.1 条可知，B 项灵敏系数应为 1.5；由第 6.2.4-3 条可知，变压器架空线路各回路中，不应采用 F-C 回路。

13. B【解答过程】依据 DL/T 5153—2014 附录 P，表 P.0.3 及附录 N 表 N.2.2-2 断路器过电流脱扣器整定电流 $I_{dz} = K_k I_{qd} = 2\times 520 = 1040$ (A)；满足保护灵敏度 1.5 的最小单相短路电流 $I_{d\cdot\min} = 1040\times 1.5 = 1560$ (A)。查表 N.2.2-2，得电缆 100m 时的单相接地短路电流为 1630A，则依据式（N.2.2）可得 $I_d^{(1)} = I_{d(100)}^{(1)} \times \frac{100}{L} \Rightarrow L = 100\times \frac{I_{d(100)}^{(1)}}{I_d^{(1)}} = 100\times \frac{1630}{1560} = 104.5$ (m)。

14. B【解答过程】依据 DL/T 5044—2014 附录 C 式(C.2.3-7)～式(C.2.3-9)、式(C.2.3-11)，并且查表 C.3-3 可得：(1) 第一阶段计算容量 $C_{c1} = K_k \frac{I_1}{K_c} = 1.4\times \frac{511.04}{1.18} = 606.32$ (Ah)；

(2) 第二阶段计算容量 $C_{c2} \geq K_k\left[\frac{1}{K_{c1}}I_1 + \frac{1}{K_{c2}}(I_2 - I_1)\right] = 1.4\times\left(\frac{511.04}{0.755} + \frac{361.21-511.04}{0.764}\right) = 673.07$ (Ah)；

(3) 第三阶段计算容量 $C_{c3} \geq K_k\left[\frac{1}{K_{c1}}I_1 + \frac{1}{K_{c2}}(I_2 - I_1) + \frac{1}{K_{c3}}(I_3 - I_2)\right] = 1.4\times\left(\frac{511.04}{0.52} + \frac{361.21-511.04}{0.548} + \frac{118.79-361.21}{0.755}\right) = 543.58$ (Ah)；(4) 随机负荷计算容量：$C_r = \frac{I_r}{K_{cr}} = \frac{10}{1.27} = 7.87$ (Ah)；(5) 计算容量比较：$C_{c2}+C_r = 673.07+7.87 = 680.94$(Ah)大于 $C_1 = 606.32$Ah；大于 $C_{c3}+C_r = 543.58+7.87 = 551.45$(Ah)，选最大的 680.94Ah。

15. D【解答过程】由直流系统示意图可以看出，本小型电厂安装 1 组蓄电池，配了 2 套充电模块。充电模块分别对两段母线供电，充电时不可脱开母线。根据 DL/T 5044—2014 附录 D.1 第 D.1.1 条第 3 款，充电装置满足蓄电池均衡充电且同时对直流负荷供电，充电装置输出电流按下列公式计算对于铅酸蓄电池：$I_r = 1.0I_{10}\sim 1.25I_{10} + I_{jc} = 1.0\times \frac{800}{10}\sim 1.25\times \frac{800}{10} + 49.77 = 129.77\sim 149.77$ (A)。根据 DL/T 5044—2014 附录 D.2.2，该高频开关电源不需要配置附加模块，模块数 $n = \frac{I_r}{I_{me}} = \frac{129.77\sim 149.77}{20} \approx 6.5\sim 7.5$(个)，D 最合适。

16. D【解答过程】(1) 根据 DL/T 5044—2014 第 6.3.2 条蓄电池电缆的正极和负极不应共用一根电缆，由此可以排除选项 A、B。(2) 根据 DL/T 5044—2014 附录 E.1.1 及 E.2，I_{ca} 应该在 I_{ch0} 和 I_{ca1} 中选取大值，由题意：$I_{ca1} = 5.5I_{10} = 5.5\times \frac{800}{10} = 440$ (A)，$I_{ch0} = 511.04$A，

所以 $I_{ca}=511.04\text{A}$；可得 $S_{cac}=\dfrac{\rho\times 2LI_{ca}}{\Delta U_p}=\dfrac{0.0184\times 2\times 20\times 511.04}{0.01\times 220}=170.97\ (\text{mm}^2)$ 选大于且最接近的选项。

17．B【解答过程】根据 DL/T 5044—2014 附录 G 式（G.1.1-2），短路电流应按下式计算 $I_k=\dfrac{U_n}{n(r_b+r_1)+r_c}=\dfrac{220}{103\times(0.195+0.0191)+0.080\times 2\times 20}=8.712\ (\text{kA})$；断路器的额定极限短路分断能力 I_{cu} 必须不小于 I_k，即 I_{cu} 不小于 8.712kA，考虑经济性，选 L 型合适。

18．D【解答过程】由新版变电手册第 52 页表 3-2、第 76 页表 4-3、第 96 页式（4-14）、第 61 页表 3-7 可得：设 $S_3=100\text{MVA}$，$U_j=230$，$I_j=0.251$；依题意，该电流互感器为串联方式时 $I_n=600$ $I_k''=\left(\dfrac{1}{0.006+0.011}+\dfrac{1}{0.012+0.007}\right)\times\dfrac{0.251}{1}=27.975\ (\text{kA})$ $K_d\geqslant\dfrac{27.975\times 1.8\times\sqrt{2}}{\sqrt{2}\times 600}$

$=83.92$。老版一次手册第 248 页式（6-8）、第 120 页表 4-1、第 262 页表 6-3 及第 141 页表 4-15。

19．B【解答过程】依据 GB/T 50065—2011 式（E.0.3-1）、式（4.2.2-2）：
$U_S=\dfrac{174+0.7\times 100\times 0.95}{\sqrt{0.06+0.52+0.06}}=300.63\ (\text{V})$。

20．C【解答过程】依据老版一次手册第 4-2 节电路元件参数计算相关内容，110kV 线路阻抗一次值为 15×0.31=4.65(Ω)，终端变压器阻抗为 $X_d=\dfrac{U_{d\%}}{100}\times\dfrac{U_e^2}{S_e}=\dfrac{13}{100}\times\dfrac{110^2}{31.5}=49.9\ (\Omega)$，依据该手册第 576 页第 28-8 节中表 28-18，相间距离保护Ⅰ段按躲线路—变压器组变压器其他侧母线故障整定：$Z_{DZ1}\leqslant K_kZ_{L1}+K_{kB}Z_B=0.85\times 4.65+0.75\times 49.9=41.4\ (\Omega)$；线路保护相间距离Ⅰ段二次阻抗整定值为 $Z_{DZ}=\dfrac{Z_{DZ1}\times n_{TA}}{n_{TV}}=\dfrac{41.4\times 600/5}{110/0.1}=4.52\ (\Omega)$。此题是按照老版二次手册所出，今后的考试主要依据 DL/T 559—2018 第 7.2.4 节或 DL/T 584—2017 第 7.2.3 节计算。

21．A【解答过程】依据 GB/T 14285—2023 第 5.6.3.4 条：220~500kV 断路器三相不一致，应尽量采用断路器本体的三相不一致保护，而不再另外设置三相不一致保护；如断路器本身无三相不一致保护，则应为该断路器配置三相不一致保护。因此，选项 A 表述错误。第 5.1.2.2 条 110kV 线路的后备保护宜采用远后备方式。因此选项 B 表述正确。第 5.1.2.1 条能够快速有选择性地切除线路故障的全线速动保护以及不带时限的线路Ⅰ段保护都是线路的主保护。因此选项 C 表述正确。第 5.1.2.2 条及第 5.1.3.2 条加强主保护是指全线速动保护的双重化配置，同时，要求每一套全线速动保护的功能完整，对全线路内发生的各种类型故障，均能快速动作切除故障。因此选项 D 表述正确。

22．C【解答过程】（1）依据 GB 50227—2017 第 4.2.7 条及条文说明，宜在电源侧和中性点处设置检修接地开关；（2）第 4.1.2-3 条，一个串联段不应超过 3900kvar；题中一个串联段 500×8=4000（kvar），大于 3900kvar；（3）下面的两个桥臂之间应该没有连线，有了这根线中性点电流互感器的电流为原来的一半，共三处错误。

23．B【解答过程】依题意，投入三组电容器时流过 35kV 总断路器的电流最大，由 GB

50227—2017 第 5.8.2 条可得：$I_\mathrm{g} = \dfrac{1.3 \times 3 \times 60}{\sqrt{3} \times 35} \times 1000 = 3860\,(\mathrm{A})$。

24．D【解答过程】（1）由 GB 50227—2017 图 6.1.2-3、第 2.1.10 条、第 5.5.5 条可得

$X_\mathrm{c} = \dfrac{U^2}{S} = \dfrac{24^2 \times 1000}{\text{并联数} \times \text{串联数} \times \text{桥臂数} \times \text{单台容量}} = \dfrac{24^2 \times 1000}{7 \times 4 \times 2 \times 334} = 30.796(\Omega)$，电抗率 $K = \dfrac{X_L}{X_C} \Rightarrow$

$X_\mathrm{L} = KX_C = 12\% \times 30.796 = 3.7(\Omega)$；（2）电抗器与电容器串联可得：$\Rightarrow I_L = I_{\mathrm{CN}} = \dfrac{U_C}{X'_C} = \dfrac{24 \times 1000}{30.796}$

$= 779.3(\mathrm{kA})$；$Q_L = \text{相数} \times I_L^2 X_L = 3 \times 779.3^2 \times 3.7 \times 10^{-3} = 6741.1(\mathrm{kVA})$。

25．B【解答过程】DL/T 5014—2010 式（B.1）和第 7.5.3 条可知容器组的合闸涌流应控制在电容器组额定电流的 20 倍以内 $X_c = \dfrac{38.1^2}{60} = 24.19(\Omega)$；$I_{\mathrm{y.max}} = \sqrt{2} I_\mathrm{e}\left(1 + \sqrt{\dfrac{X_C}{X'_L}}\right) = \sqrt{2} I_\mathrm{e}$

$\left(1 + \sqrt{\dfrac{24.19}{0.05 + k \times 24.19}}\right) = 20 I_\mathrm{e} \Rightarrow k = 0.4\%$。

26．A【解答过程】依据《330kV～750kV 变电站无功补偿装置设计技术规定》（DL/T 5014—2010）第 9.5.2 条：对并联电容器组的过负荷及引线、套管、内部的短路故障，可装设电流保护及不平衡保护，保护分为限时速断和过流两段。限时速断保护动作值按最小运行方式下电容器组端部引线两相短路时灵敏系数为 2 整定，动作时限应大于电容器组充电涌流时间。灵敏系数 $K = \dfrac{\frac{\sqrt{3}}{2} \times 20 \times 1000}{I_{\mathrm{dz}} \times 1500} = 2$，则 $I_{\mathrm{dz}} = 5.8\mathrm{A}$。

27．D【解答过程】（1）依据 DL/T 866—2015 第 6.2.1 条和老版一次手册表 6-3 可得：BA8 一次电流为 $1.05 \times \dfrac{120 \times 1000}{0.85 \times \sqrt{3} \times 13.8} = 6202\,(\mathrm{A})$，BA3 一次电流为 $\dfrac{6202}{2} = 3101\,(\mathrm{A})$。依据 DL/T 866—2015 第 6.2.2 条，BA8 和 BA3 二次电流取 1A 或 5A，选项中只有 1A，因此选 1A。BA8 和 BA3 的变比分别选 8000/1A 和 4000/1A。（2）依据 DL/T 866—2015 第 2.1.7 条，第 2.1.8 条，第 2.1.9 条。（3）BA8 准确限值系数 $K_{\mathrm{alf}} = KK_{\mathrm{pcf}} = KI_{\mathrm{pcf}}/I_{\mathrm{pr}} = 10 \times 19.6 \times 1000/8000 = 24.5$，BA8 准确限值系数选 30。

28．B【解答过程】依据《电流互感器和电压互感器选择及计算规程》（DL/T 866—2015）第 10.2.3 条相关内容，式（10.2.3-1）、式（10.2.3-2）及式（10.2.3-3）。（1）依据题意，220kV 线路保护用电流互感器选用 5P30 级，变比为 500/1A，额定二次容量 20VA，二次绕组电阻 6Ω，给定暂态系数 $K=2$ 则 $K_{\mathrm{alf}} = 30$，$R_\mathrm{b} = 20$，$R_{\mathrm{ct}} = 6$，$K = 2$，$I_{\mathrm{sr}} = 1$。距离保护第一段末端短路电流为 15kA，则保护校验系数 $K_{\mathrm{pcf1}} = \dfrac{15}{0.5} = 30$。保护出口短路电流为 25kA，则保护校验系数 $K_{\mathrm{pcf2}} = \dfrac{25}{0.5} = 50$。（2）按距离保护第一段末端短路校验。依据式（10.2.3-1），按距离保护第一段末端短路校验，电流互感器额定二次极限电势 $E_{\mathrm{S1}} = K_{\mathrm{alf}}(R_{\mathrm{ct}} + R_\mathrm{b})I_{\mathrm{sr}} = 30 \times (6 + 20) \times 1 = 780\,(\mathrm{V})$；依据式（10.2.3-2），设电流互感器实际二次负荷为 R_{b1}，给定暂态系数 $K=2$，电流互感器等效二次感应电势 $E_\mathrm{S} = KK_{\mathrm{pcf1}}(R_{\mathrm{ct}} + R_{\mathrm{b1}})I_{\mathrm{sr}} = 2 \times 30 \times (6 + R_{\mathrm{b1}}) \times 1 = 360 + 60 R_{\mathrm{b1}}\,(\mathrm{V})$；依据

式（10.2.3-3），要求 $E_S \leq E_{S1}$，$360 + 60R_{b1} \leq 780$，$R_{b1} \leq 7\Omega$。（3）按保护出口短路校验。设本距离保护按出口短路选择电流互感器可保证保护可靠动作。依据式（10.2.3-2），电流互感器等效二次感应电势为 $E_S = K_{pcf2}(R_{ct} + R_{b1})I_{sr} = 50 \times (6 + R_{b1}) \times 1 = 300 + 50R_{b1}(V)$；依据式（10.2.3-3），要求，$E_S \leq E_{S1}$，$300 + 50R_{b1} \leq 780$，$R_{b1} \leq 9.6\Omega$。综合以上两种情况，该电流互感器允许接入的实际最大二次负载应为 7Ω。

29．C【解答过程】依据《电流互感器和电压互感器选择及计算规程》（DL/T 866—2015）第10.2.6节相关内容，依据式（10.2.6-2），计算连接导线的负荷为 $R_l = \dfrac{L}{rA} = \dfrac{200}{57 \times 2.5} = 1.4(\Omega)$。依据表 10.2.6，单相接地时，继电器阻抗换算系数 $K_{rc} = 1$，连接导线阻抗换算系数 $K_{lc} = 2$，依据式（10.2.6-1），保护用电流互感器二次负荷应按下式计算 $Z_b = \Sigma K_{rc}Z_r + K_{lc}R_l + R_c = 1 \times 1 + 2 \times 1.4 + 0.1 = 3.9(\Omega)$。

30．A【解答过程】依据《大中型水轮发电机基本技术条件》（SL 321—2005）第8.2.4条及表 5 可得：$U = 0.8 \times 10U_e = 0.8 \times 10 \times 437 = 3496\,(V) \geq 1200(V)$。

31．A【解答过程】由新版线路手册第 303 页表 5-13、第 311 页右下内容、第 307 页式（5-29）可得：$\dfrac{\gamma_7}{\delta_7} = \dfrac{g_7}{T_7} = \dfrac{\sqrt{(20.39+12.14)^2 + 4.035^2}}{56193} = 5.833 \times 10^{-4}$；$\dfrac{\gamma_1}{\delta_1} = \dfrac{g_1}{T_1} = \dfrac{20.39}{33077} = 6.164 \times 10^{-4}$；

$\dfrac{\gamma_7}{\delta_7} < \dfrac{\gamma_1}{\delta_1}$ 最大弧垂为最高温工况，故：$l_v = l_H + \dfrac{\delta_0}{\gamma_v}\alpha \Rightarrow \alpha = \dfrac{500 - 600}{\dfrac{33077/S}{20.39/S}} = -0.061\,64$；

大风工况垂直挡距：$l_v = l_H + \dfrac{\delta_0}{\gamma_v}\alpha = 600 + \dfrac{47973/S}{20.39/S} \times (-0.06164) = 454.98\,(m)$；

老版线路手册第 179 页表 3-2-3、第 188 页内容及第 184 页式（3-3-12）。

32．C【解答过程】由新版线路手册第 303 页表 5-13、第 307 页式（5-29）可得：覆冰工况垂直荷载：$4 \times (20.39+12.14) \times 600 = 78072\,(N)$

覆冰工况　　　$l_v = l_H + \dfrac{\delta_0}{\gamma_v}\alpha \Rightarrow \alpha = \dfrac{600 - 500}{\dfrac{55961/S}{(20.39+12.14)/S}} = 0.05813$

大风工况　　　$l_v = 500 + \dfrac{48021/S}{20.39/S} \times 0.05813 = 636.90\,(m)$

大风工况垂直荷载　　$4 \times 20.39 \times 636.90 = 51945\,(N)$

安装工况　　　$l_v = 500 + \dfrac{43482/S}{20.39/S} \times 0.05813 = 624\,(m)$

再由该手册第 472 页式（8-23），依题意不考虑附加荷载，可得安装工况垂直荷载：$2 \times 1.1 \times 4 \times 20.39 \times 624 = 111966(N)$。年平均气温及高温工况垂直档距较大风工况小，对应荷载均小于安装工况，不必考虑。由以上计算可知最大垂直荷载为安装工况时。老版线路手册第 179 页表 3-2-3、第 184 页式（3-3-12）、第 329 页式（6-2-11）。

33．A【解答过程】由新版线路手册第 303 页表 5-13，及《110kV～750kV 架空输电线路设计规范》（GB 50545—2010）第 6.0.3-1 条，最大使用荷载下，金具强度的安全系数不应小于 2.5。

大风工况综合荷载　　　$4 \times 600 \times \sqrt{20.39^2 + (1.25 \times 26.32)^2} = 92894.64$ (N)

覆冰工况综合荷载　　　$4 \times 600 \times \sqrt{(20.39 + 12.14)^2 + 4.035^2} = 78670.3$ (N)

金具强度 $2.5 \times 92894.64 = 232.236$ (kN)。选择 300kN 强度的金具。老版线路手册第 179 页表 3-2-3。

34．B【解答过程】依据《110kV～750kV 架空输电线路设计规范》（GB 50545—2010）第 15 页第 6.0.1 条小注（各工况相应气象条件），及第 6.0.3-1 条，最大使用荷载下，金具强度的安全系数不应小于 2.5；第 6.0.3-2 条，断线、断联、验算情况，金具强度的安全系数不应小于 1.5。依据题意金具强度的安全系数如下：最大使用荷载情况不应小于 2.5：$2.5 \times 4 \times 56500 \div 2 = 282.5$ (kN)。断联验算情况下不应小于 1.5：$1.5 \times 4 \times 46000 = 276$ (kN)。故应选择 300kN 强度等级。

35．B【解答过程】由新版线路手册第 307 页式（5-26）、依据《110kV～750kV 架空输电线路设计规范》（GB 50545—2010）第 10.1.18 条表 10.1.18-2，该塔水平档距 $l_H = \dfrac{l_1 + l_2}{2}$ $= \dfrac{550 + 350}{2} = 450$ (m)，查表 $\alpha = 0.63$。老版线路手册第 183 页式（3-3-9）。

36．B【解答过程】依题意：$l_H = 600$m，$l_v = 600 \times 0.7 = 420$m；由《电力工程设计手册　架空输电线路设计》第 152 页式（3-245）、DL/T 5582—2020 表 6.2.5，可知安全净距为 1.3m，$\psi = \arctan \dfrac{Pl_H}{G/2 + W_1 l_v}$ 单联绝缘子串时：$\psi = \arctan \dfrac{45 \times 600}{1000/2 + 420 \times 59.2} = 46.79°$；$L_1 = \dfrac{6}{2} +$ $1.3 + 5.5 \times \sin 46.79° = 8.31$(m)；双联绝缘子串时：$\psi = \arctan \dfrac{45 \times 600}{1800/2 + 420 \times 59.2} = 46.34°$；$L_1 = \dfrac{6}{2} + 1.3 + 6 \times \sin 46.34° = 8.64$(m)；两者同时满足。老版线路手册第 103 页表式（2-6-44）。

37．B【解答过程】由新版线路手册第 765 页式（14-10）可得单侧最大导线悬垂角 $\theta = \arctan \dfrac{\gamma l_v}{\delta} = \arctan \dfrac{59.2 \times 800}{116800} = 22.07°$，$S_1 = \dfrac{4.3}{\cos 22.07°} = 4.64$ (m)；$S_2 = 2\tan 22.07° = 0.81$ (m)。单联串时间距：H_2=单联串串长+S_1+S_2=5.5+0.81+4.64=10.95 (m)；双联串时间距：H_2=双联串串长+S_1+S_2=6+0.81+4.64=11.45 (m)。老版线路手册第 605 页式（8-2-10）。

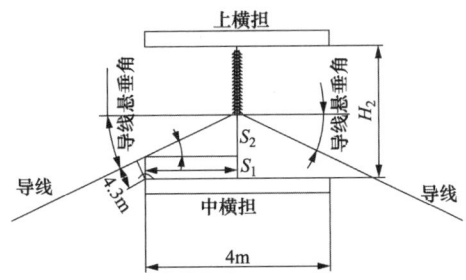

38．C【解答过程】由《电力工程设计手册　架空输电线路设计》第 310 页式（5-35），当不考虑导地线间的水平偏移时，导线和地线在杆塔上悬挂点间的垂直距离为：$h = l_c \times 0.006 + 1 = 1000 \times 0.006 + 1 = 7.0$ (m)；依据几何关系有：h+0.5=H_3+5.5 得 H_3=2.0 (m)。

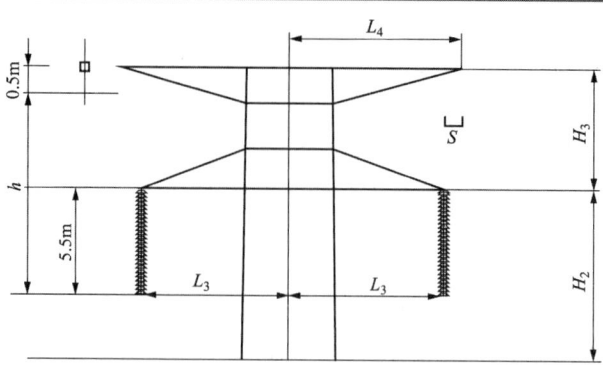

老版线路手册第 186 页式（3-3-18）。

39．B【解答过程】依据《110kV～750kV 架空输电线路设计规范》（GB 50545—2010）第 8.0.1 条导线水平线间距 $D=k_i l_k+\dfrac{U}{110}+0.65\sqrt{f_c}=0.4\times 6+\dfrac{500}{110}+0.65\sqrt{81}=12.8$ (m)，双回路杆塔考虑最不利因素应该加 0.5m。故 $L_3=$（12.8+0.5）/2=6.65 (m)。

40．C【解答过程】依据《110kV～750kV 架空输电线路设计规范》（GB 50545—2010）第 8.0.2 条。

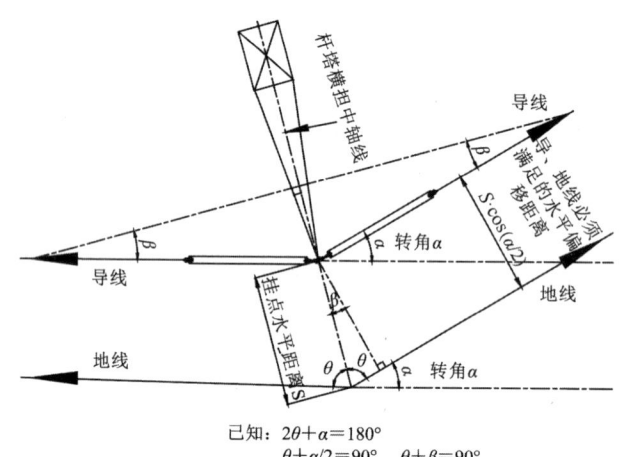

10mm 冰区，500kV 线路水平偏移为 1.75m

转角 $\alpha=40°$ 时：$S=\dfrac{1.75}{\cos\dfrac{40°}{2}}=1.86$ (m)

转角 $\alpha=60°$ 时：$S=\dfrac{1.75}{\cos\dfrac{60°}{2}}=2.02$ (m)

安全起见，以上两者取大。

2018年注册电气工程师专业知识试题

(上午卷)及答案

一、单项选择题(共40题,每题1分,每题的备选项中只有1个最符合题意)

1. 在高压配电装置的布置设计中,下列哪种情况应设置防止误入带电间隔的闭锁装置? ( )

(A) 屋内充油电气设备间隔
(B) 屋外敞开式配电装置接地开关间隔
(C) 屋内敞开式配电装置的母线分段处
(D) 屋内配电装置设备低式布置时

2. 下面对风力发电场机组和变电站电气接线的阐述,其中哪一项是错误的? ( )

(A) 风力发电机组与机组变电单元宜采用一台风力发电机组对应一组机组变电单元的单元接线方式
(B) 风电场变电站主变压器低压侧母线短路容量超出设备允许值时,应采取限制短路电流的措施
(C) 风电场机组变电单元的低压电气元件应能保护风力发电机组出口断路器到机组变电单元之间的短路故障
(D) 规模较大的风力发电场变电站与电网连接超过两回线路时,应采用单母线接线型式

3. 中性点直接接地的交流系统中,当接地保护动作不超过 1min 切除故障时,电力电缆导体与绝缘屏蔽层之间的额定电压选择,下列哪项符合规范要求? ( )

(A) 应不低于100%使用回路工作相电压选择
(B) 应不低于133%使用回路工作相电压选择
(C) 应不低于150%使用回路工作相电压选择
(D) 应不低于173%使用回路工作相电压选择

4. 某额定容量63MVA,额定电压比 110/15kV 升压变压器,其低压侧导体宜选用下列哪种截面型式? ( )

(A) 钢芯铝绞线　　　　　　　　(B) 圆管形铝导体
(C) 矩形铜导体　　　　　　　　(D) 槽形铝导体

5. 某电厂500kV屋外配电装置设置相间运输检修道路,则该道路宽度不宜小于下列哪项值? ( )

(A) 1000mm　　　　　　　　　(B) 3000mm

(C) 4000mm (D) 6000mm

6. 某35kV不接地系统，发生单相接地故障后不迅速切除故障，其跨步电位差的允许值为多少（表层土壤电阻率为2000Ω·m，表层衰减系数取0.83）？ （　　）
(A) 50V (B) 133V
(C) 269V (D) 382V

7. 在选择电流互感器时，对不同电压等级的短路持续时间，下列哪条不满足规程要求？ （　　）
(A) 550kV 为 2s (B) 252kV 为 2s
(C) 126kV 为 3s (D) 72.5kV 为 4s

8. 火力发电厂厂用电交流母线由厂内交流电源供电时，交流母线的频率波动范围不宜超过多少？ （　　）
(A) ±1% (B) ±1.5%
(C) ±2% (D) ±2.5%

9. 下列哪种光源不宜作为火力发电厂应急照明电源？ （　　）
(A) 荧光灯 (B) 发光二极管
(C) 金属卤化物灯 (D) 无极荧光灯

10. 某架空送电线路采用悬垂线夹 XGU-5A，破坏荷重为 70kN，其最大使用荷载不应超过以下哪个数值？ （　　）
(A) 26kN (B) 28kN
(C) 30kN (D) 35kN

11. 在下列变电站设计措施中，减少及防治对环境影响的是哪一项？ （　　）
(A) 六氟化硫高压开关室设置机械排风设施
(B) 生活污水应处理达标后复用或排放
(C) 微波防护设计满足 GB 10436
(D) 站内总事故油池应布置在远离居民侧

12. 下面是对光伏发电站电气接线及设备配置原则的叙述，其中哪一项是错误的？ （　　）
(A) 光伏发电站安装容量大于30MW 时，宜采用单母线或单母线分段接线
(B) 光伏发电站一台就地升压变压器连接两台不自带隔离变压器的逆变器时，宜选用分裂变压器
(C) 光伏发电站 35kV 母线上的电压互感器和避雷器不宜装设隔离开关
(D) 光伏发电站内各单元发电模块与光伏发电母线的连接方式，可采用辐射式连接方式或"T"接连接方式

13. 变压器回路熔断器的选择应符合：变压器突然投入时的励磁涌流通过熔断器产生的热效应可按变压器满载电流的倍数及持续时间计算。下列哪组数值是正确的？ （　　）
（A） 10～20，0.1s
（B） 10～20，0.01s
（C） 20～25，0.1s
（D） 20～25，0.01s

14. 下列是关于敞开式配电装置各回路相序排列顺序的要求，其中不正确的是哪项？ （　　）
（A） 一般按面对出线，从左到右的顺序，相序为 A，B，C
（B） 面对出线，从近到远的顺序，相序为 A，B，C
（C） 面对出线，从上到下的顺序，相序为 A，B，C
（D） 对于扩建工程应与原有配电工程相序一致

15. 对于发电厂、变电站避雷针的设置，下列哪项设计是正确的？ （　　）
（A） 土壤电阻率为 400Ω·m 地区的火力发电厂变压器门型构架上装设避雷针
（B） 土壤电阻率为 400Ω·m 地区的 110kV 配电装置构架上装设避雷针
（C） 土壤电阻率为 600Ω·m 地区的 66kV 配电装置出线架构连接线路避雷线
（D） 变压器门型构架上的避雷针不应与接地网连接

16. 某热电厂 50MW 级供热式机组，其集中控制的厂用电动机应依据其控制地点、操作设备、重要程度以及全厂总体控制规划和要求采用不同的控制方式。以下哪种方式是不符合规范要求的？ （　　）
（A） 分散控制系统（DCS）
（B） 可编程控器（PLC）
（C） 现场总线控制系统（FCS）
（D） 硬手操一对一控制

17. 在厂用电电源快切装置整定计算中，下列哪条内容是不合适的？ （　　）
（A） 并联切换时，并联跳闸延时定值可取 0.1～1.0s
（B） 同时切换合备用延时定值可取 20～50ms
（C） 快切频差定值的整定计算中 Δf 可取 1Hz
（D） 快切相角差的整定计算中 Δf_{re} 可取 1Hz

18. 对于火力发电厂的高压厂用变压器调压方式的选择，以下描述哪项是正确的？
（　　）
（A） 采用单元接线且不装设发电机出口断路器时，厂用分支上引接的高压厂用变压器不应采用有载调压
（B） 当装设发电机出口断路器时，厂用分支上引接的高压厂用变压器应采用有载调压
（C） 当电力系统对发电机有进相运行时，厂用分支上引接的高压厂用变压器应采用有载调压
（D） 采用单元接线且不装设发电机出口断路器时，厂用分支上引接的高压厂用变压器是否采用有载调压应计算确定

19. 在发电厂照明系统设置插座时，下列要求不正确的是哪项？ （   ）
（A）有酸、碱、盐腐蚀的场所不应装设插座
（B）应急照明网络中不应装设插座
（C）当照明配电箱插座回路采用空气断路器供电时应采用双极断路器
（D）由专门支路供电的插座回路，插座数量不宜超过 20 个

20. 已知空气间隙的雷电放电电压海拔修正系数为 1.45，海拔与以下哪个选项最接近？ （   ）
（A）2860m   （B）3028m
（C）4120m   （D）4350m

21. 在发电厂与变电站的屋外油浸式变压器布置设计中，单台油量超过下列哪项数值时应设置储油或挡油设施？ （   ）
（A）800kg   （B）1000kg
（C）1500kg   （D）2500kg

22. 在电力系统中，计算三相短路电流周期分量时，当供给电源为无穷大，下列哪一条规定是适用的？ （   ）
（A）不考虑短路电流的非周期分量   （B）不考虑短路电流的衰减
（C）不考虑电动机反馈电流   （D）不考虑短路电流周期分量的衰减

23. 一般电力设施中的电气设施，耐受设计基本地震加速度为 $0.20g$ 时，此值对应的抗震设防烈度为多少？ （   ）
（A）6 度   （B）7 度
（C）8 度   （D）9 度

24. 选择 500kV 屋外配电装置的导体和电气设备的最大风速，宜采用哪项？ （   ）
（A）离地 10m 高，10 年一遇 10min 平均最大风速
（B）离地 10m 高，20 年一遇 10min 平均最大风速
（C）离地 15m 高，30 年一遇 10min 平均最大风速
（D）离地 10m 高，50 年一遇 10min 平均最大风速

25. 下列关于 VFTO 的防护措施最有效的是哪项？ （   ）
（A）合理装设避雷针   （B）选用选相合闸断路器
（C）在隔离开关加装阻尼电阻   （D）装设线路并联电抗器

26. 火力发电厂有关高压电动机的控制接线，下列哪条不符合规程的要求？ （   ）
（A）对断路器的控制回路应有电源监视
（B）有防止断路器"跳跃"的电气闭锁装置，宜使用断路器机构内的防跳回路

(C) 接线应简单可靠，使用电缆芯最少

(D) 仅监视跳闸绕组回路的完整性

27. 某有人值班变电站采用 220V 直流系统，以下符合规程要求的选项是哪项？（   ）

(A) 蓄电池组选用一根 2×185mm² 电缆为引出线

(B) 蓄电池组与直流柜的连接电缆按蓄电池 1h 放电率电流进行选取长期允许载流量

(C) 蓄电池组至直流柜的连接电缆允许电压降只按事故放电初期（1min）冲击负荷放电电流选取

(D) 直流柜与分电柜之间的电缆电压降按标称电压 1.5%

28. 下列负荷中属于变电站站用 I 类负荷的是哪项？（   ）

(A) 直流充电装置 (B) 备品备件库行车

(C) 继电保护试验保护屏 (D) 强油风冷变压器的冷却装置

29. 下列并联电容器组设置的保护及投切装置中设置错误的是哪项？（   ）

(A) 内熔丝保护 (B) 过电流保护

(C) 过电压保护 (D) 自动重合闸

30. 某工程导线采用钢芯铝绞线，其计算拉断力为 105000N，导线的最大使用张力为 33250N，导线悬挂点的张力最大不能超过以下哪个数值？（   ）

(A) 46666.67N (B) 44333.33N

(C) 33250.00N (D) 29925.00N

31. 变电站内两座相邻建筑物，当较高一面的外墙为防火墙时，则两座建筑物门窗之间的净距不应小于下列哪项数值？（   ）

(A) 3m (B) 4m

(C) 5m (D) 6m

32. 短路电流实用计算法采用了假设条件和原则。以下哪条是错误的？（   ）

(A) 短路发生在短路电流最大值的瞬间

(B) 电力系统中所有电源都在额定负荷下运行，其中 60% 负荷接在高压母线上

(C) 用概率统计法制定短路电流运算曲线

(D) 元件的计算参数均取其额定值，不考虑参数的误差和调整范围

33. 某 10kV 开关柜的额定短路开断电流为 50kA，沿此开关柜整个长度延伸方向所设专用接地导体所承受的热稳定电流不得小于下列哪项值？（   ）

(A) 25kA (B) 35kA

(C) 43.3kA (D) 50kA

34. 发电厂的屋外配电装置周围围栏高度不低于下列哪个值？　　　　　　（　　）
   （A）1200mm　　　　　　　　　　　　（B）1500mm
   （C）1700mm　　　　　　　　　　　　（D）1900mm

35. 关于雷电保护接地和防静电接地，下列表述正确的是哪项？　　　　　（　　）
   （A）无独立避雷针保护的露天储氢罐应设置闭合环形接地装置，接地电阻不大于30Ω
   （B）两根净距为80mm的平行布置的易燃油管道，应每隔20m用金属线跨接
   （C）易燃油管道在始端、末端、分支处及每隔100m处设防静电接地
   （D）不能保持良好电气接触的易燃油管道法兰处的跨接线可采用直径为6mm的圆钢

36. 发电厂电气二次接线设计中，下列哪条不符合规程的要求？　　　　　（　　）
   （A）各安装单位主要保护的正电源应经过端子排
   （B）保护负电源应在屏内设备之间接成环形，环的两端应分别接至端子排
   （C）端子排连接的导线不应超过8mm^2
   （D）设计中将一个端子排的任一端接两根导线

37. 某火力发电厂选用阀控式密封铅酸蓄电池，容量为300Ah，符合规程要求的选项是哪项？　　　　　　　　　　　　　　　　　　　　　　　　　　　　（　　）
   （A）蓄电池组柜安装，布置于继电器室内
   （B）设置蓄电池室，室内的窗玻璃采用毛玻璃，阳光不应直射室内
   （C）蓄电池室内的照明灯具应为防爆型，布置在蓄电池架的上方，室内不应装设开关和插座
   （D）蓄电池室的门应向内开启，蓄电池室内应有良好的通风设施，通风电动机应为防爆式

38. 变电站站用电电能计量表配置正确的是哪项？　　　　　　　　　　　（　　）
   （A）站用工作变压器高压侧有功电能表精度为1.0级
   （B）站用工作变压器低压侧有功电能表精度为1.0级
   （C）站用外引备用变压器高压侧有功电能表精度为1.0级
   （D）站用外引备用变压器低压侧有功电能表精度为0.2S级

39. 在光伏发电站的设计和运行中，下列描述哪一项是错误的？　　　　　（　　）
   （A）光伏发电站的安装容量单位峰瓦（Wp），是指光伏组件或光伏方阵在标准测试条件下，最大功率点的输出功率的单位
   （B）在正常运行情况下，光伏发电站有功功率变化速率应不超过每分钟10%装机容量，允许出现因太阳能辐照度降低而引起的光伏发电站有功功率变化速率超出限值的情况
   （C）光伏发电系统直流侧的设计电压应高于光伏组件串在当地昼间极端气温下的最大开路电压，系统中所采用的设备和材料的最高允许电压应不低于该设计电压
   （D）光伏发电站并网点电压跌至0%时，光伏发电站应能不脱网连续运行0.15s

40. 某220kV线路采用2×JL/G1A－630/45钢芯铝绞线，导线计算拉断力为150500N，单位重量20.39N/m，设计气象条件为基本风速27m/s，覆冰厚度10mm。计算应用于山地的悬垂直线塔断导线时的纵向不平衡张力为多少？　　　　　　　　　　　　　　（　　）
（A）30108N　　　　　　　　　　（B）34314N
（C）85785N　　　　　　　　　　（D）90300N

二、多项选择题（共30题，每题2分。每题的备选项中有两个或两个以上符合题意，错选、少选、多选均不得分）

41. 下列对电气设备的安装设计中，哪些符合抗震设防烈度8度的要求？（　　）
（A）油浸变压器应固定在基础上　　（B）电容器引线宜采用软导线
（C）车间照明宜采用软线吊灯　　　（D）蓄电池安装应装设抗震架

42. 电缆持续允许载流量的环境温度，应按使用地区的气象温度多年平均值确定。如选取的环境温度为最热月的日最高温度平均值，下列哪些场所不合适？（　　）
（A）户外空气中　　　　　　　　　（B）户内电缆沟，无机械通风
（C）一般性厂房，室内，无机械通风　（D）隧道，无机械通风

43. 下列对屋外高压配电装置与冷却塔的距离要求叙述正确的有哪些？（　　）
（A）配电装置架构边距机力通风冷却塔零米外壁的距离，非严寒地区应不小于40m
（B）配电装置架构边距机力通风冷却塔零米外壁的距离，严寒地区应不小于50m
（C）配电装置布置在自然通风冷却塔冬季盛行风向的上风侧时，配电装置架构边距自然通风冷却塔零米外壁的距离应不小于25m
（D）配电装置布置在自然通风冷却塔冬季盛行风向的下风侧时，配电装置架构边距自然通风冷却塔零米外壁的距离应不小于40m

44. 某电厂330kV配电装置单相接地时其地电位升高为3kV，则其接地网及有关电气装置应符合哪些要求？（　　）
（A）保护接地接至厂区接地网的站用变压器的低压侧，应采用TN系统，且低压电气装置应采用保护等电位联结接地系统
（B）应采用扁铜（或铜绞线）与二次电缆屏蔽层并联敷设
（C）向厂外供电的厂用变压器400V绕组的短时交流耐受电压为3.5kV
（D）对外的非光纤通信设备加隔离变压器

45. 电力工程直流电源系统的设计中，对于直流断路器的选取，下列哪些要求是符合规程的？（　　）
（A）直流断路器的额定电压应大于或等于回路的最高工作电压
（B）直流断路器额定短路分断电流及短时耐受电流，应大于本系统的最大短路电流
（C）直流电动机回路直流断路器额定电流可按电动机的额定电流选择
（D）直流电源系统应急联络断路器额定电流应大于蓄电池出口熔断器额定电流的50%

46. 在设计发电厂和变电站照明时，下列要求正确的有哪些？　　　　　　(　　)
（A）照明主干线路上连接的照明配电箱数量不宜超过 6 个
（B）照明网络的接地电阻不应大于 10Ω
（C）由专门支路供电的插座回路，插座数量不宜超过 15 个
（D）对应急照明，照明灯具端电压的偏移不应高于额定电压的 105%，也不宜低于其额定电压的 90%

47. 对于架空线路的防雷设计，以下哪几项要求是正确的？　　　　　　(　　)
（A）750kV 线路应沿全线架设双地线
（B）500kV 双回路线路地线保护角应取 10°
（C）500kV 单回路线路地线保护角不宜大于 10°
（D）500kV 单回路线路宜选用单地线

48. 对于同一走廊内的两条 500kV 架空输电线路，最小水平距离应满足下列哪些规定？
　　　　　　　　　　　　　　　　　　　　　　　　　　　　　　　　(　　)
（A）在开阔地区，最小水平距离应不小于最高塔高
（B）在开阔地区，最小水平距离应不小于最高塔高加 3m
（C）在路径受限制地区，最小水平距离应不小于 13m
（D）在路径受限制地区，两线路铁塔交错排列时导线在最大风偏情况下应不小于 7m

49. 在发电厂厂用电系统设计中，下列哪几项措施能改善电气设备的谐波环境？(　　)
（A）空冷岛设专用变压器　　　　　　（B）采用低损耗变压器
（C）采用低阻抗变压器　　　　　　　（D）母线上加装滤波器

50. 关于电气设施的抗震设计，以下哪些表述不正确？　　　　　　　　(　　)
（A）单机容量为 135MW 的火力发电厂中的电气设施，当地震烈度为 7 度时，应进行抗震设计
（B）电气设备应依据地震烈度提高 1 度设防
（C）对位于高烈度区且不能满足抗震要求的电气设施，可采用隔震措施
（D）对于基频高于 33Hz 的刚性电气设施，可采用静力法进行抗震设计，设计内容至少应包括地震作用计算和抗震强度验算

51. 220kV 及以上变电站站用电接线方式应满足多种要求，下列哪些要求是正确的？
　　　　　　　　　　　　　　　　　　　　　　　　　　　　　　　　(　　)
（A）站用电低压系统采用三相四线制，系统的中性点直接接地，系统额定电压采用 380V/220V，动力和照明合用供电
（B）站用电低压系统采用三相三线制，系统中性点经高电阻接地，系统额定电压采用 380V 供动力负荷，设 380V/220V 照明变压器
（C）站用电母线采用按工作变压器划分的单母线，相邻两段工作母线间不设分段断路器
（D）当工作变压器退出时，备用变压器应能自动切换至失电的工作母线段继续供电

52. 发电厂电气二次接线设计中，下列哪些原则符合规程要求？（　　）
（A）发电机的励磁回路正常工作时应为不接地系统
（B）UPS 配电系统若采用单相供电，应采用接地系统
（C）电流互感器的二次回路宜有一个接地点
（D）电压互感器开口三角绕组的引出端之一应一点接地

53. 110kV 变电站，选取一组 220V 蓄电池组，充电装置和直流系统的接线可以采用下列哪几种方式？（　　）
（A）如采用相控式充电装置时，宜配置 2 套充电装置，采用单母线分段接线
（B）如采用高频开关电源模块型充电装置时，宜配置 1 套充电装置，采用单母线接线
（C）如采用相控式充电装置时，应配置 1 套充电装置，采用单母线接线
（D）如采用高频开关电源模块型充电装置时，可配置 2 套充电装置，采用单母线分段接线

54. 下列哪几组数据，满足光伏发电站低电压穿越要求？（　　）
（A）并网点电压跌至 0.1p.u.，光伏发电站能够不脱网连续运行 0.2s
（B）并网点电压跌至 0.2p.u.，光伏发电站能够不脱网连续运行 0.6s
（C）并网点电压跌至 0.5p.u.，光伏发电站能够不脱网连续运行 1.0s
（D）并网点电压跌至 0.9p.u.，光伏发电站能够不脱网连续运行

55. 关于架空线路的地线支架高度，下列哪些表述是正确的？（　　）
（A）满足雷击档距中央地线时的反击耐雷水平要求
（B）满足地线对边导线保护角的要求
（C）满足档距中央导、地线间距离的要求
（D）满足地线上拔对支架高度的要求

56. 架空输电线路导线发生舞动的原因有哪些？（　　）
（A）不对称覆冰　　　　　　（B）大截面导线
（C）风速大于 27m/s　　　　（D）风向与导线的夹角

57. 在光伏发电站的设计原则中，下列哪些论述是错误的？（　　）
（A）光伏发电站安装总容量小于 30MWp 时，母线电压宜采用 0.4kV 电压等级
（B）光伏发电站安装容量小于或等于 30MW 时，宜采用单母线接线
（C）经汇集形成光伏发电站群的大、中型光伏发电站，其站内汇集系统宜采用高电阻接地方式
（D）光伏发电站的 110kV 并网线路的电压互感器与耦合电容器应合用一组隔离开关

58. 导体与导体之间、导体与电器之间装设伸缩接头，其主要目的是为了什么？（　　）
（A）铜铝材质过渡　　　　　（B）防止接头温升
（C）防振　　　　　　　　　（D）防止不均匀沉降

59. 500kV线路控制合闸、单相重合闸过电压的主要措施有哪些？（　　）
（A）装设断路器合闸电阻
（B）采用选相合闸断路器
（C）利用线路保护装置中的过电压保护功能跳闸
（D）采用截流值低的断路器

60. 发电厂电气二次接线设计中，下列哪些要求是符合规程的？（　　）
（A）控制用屏蔽电缆的屏蔽层应在开关场和控制室内两端接地
（B）计算机监控系统的模拟信号回路，对于双层屏蔽电缆，内屏蔽应一端接地，外屏蔽应两端接地
（C）传送数字信号的保护与通信设备间的距离大于100m时，应采用光缆
（D）传送音频信号应采用屏蔽双绞线，其屏蔽层应在两端接地

61. 关于火力发电厂厂用电负荷的分类，以下哪些描述不正确？（　　）
（A）按其对人身安全和设备安全的重要性，可分为0类负荷和非0类负荷
（B）在机组运行、停机过程及停机后需连续供电的负荷为Ⅰ类负荷
（C）短时停电可能影响设备正常使用寿命，使生产停顿或发电量大量下降的负荷为0类负荷
（D）停电将直接影响到人身或重大设备安全的厂用电负荷，称为0类负荷

62. 高压电缆在电缆隧道（或其他构筑物）内敷设时，有关通道宽度的规定，以下哪些表述是错误的？（　　）
（A）电缆沟深度为1.6m，两侧设置支架，通道宽度需大于600mm
（B）电缆沟深度为0.8m，单侧设置支架，通道宽度需大于450mm
（C）电缆隧道两侧设置支架，通道需大于500mm
（D）无论何种电缆通道，通道宽度不能小于300mm

63. 对于送电线路设计，以下哪些措施是影响振动强度的因素？（　　）
（A）风输入给电线的功率　　　　（B）电线的振动自阻尼
（C）地形和地物　　　　　　　　（D）电线的疲劳极限

64. 验算导体和电器动稳定、热稳定以及电器开断电流所用的短路电流可依据下列哪几条原则确定？（　　）
（A）应按本工程的设计规划容量计算，并考虑电力系统的远景发展规划
（B）应按可能发生最大短路电流的接线方式，包括在切换过程中可能并列运行的接线方式
（C）在电气连接网络中应考虑具有反馈作用的异步电动机的影响和电容补偿装置放电电流的影响
（D）一般按三相短路电流验算

65. 对于移动式电气设备的电缆型式选择，下列哪几项正确？　　　　（　　）
(A) 钢丝铠装　　　　　　　　　(B) 橡皮保护层
(C) 屏蔽　　　　　　　　　　　(D) 铜芯

66. 电厂中下列哪些装置或设备应接地？　　　　　　　　　　　　（　　）
(A) 电力电缆镀锌钢管埋管　　　(B) 屋内配电装置的金属构架
(C) 电缆沟内的角钢支架　　　　(D) 110V 蓄电池室内的支架

67. 在 300MW 的发电机保护配置中的匝间保护，定子绕组星形接线。下列哪几项继电保护配置符合规程？　　　　　　　　　　　　　　　　　　　　　　（　　）
(A) 每相有并联分支且中性点有分支引出端应装设匝间保护可选用零序电流型横差保护
(B) 每相有并联分支且中性点有分支引出端应装设匝间保护可选用裂相横差保护
(C) 中性点仅有三个引出端子可装设专用匝间短路保护
(D) 每相有并联分支且中性点有分支引出端应装设匝间保护可选用不完全纵差保护

68. 对于变电站用交流不停电电源，下列哪些表述符合设计规范要求？　（　　）
(A) 由整流器、逆变器、自带直流蓄电池等组成的一种电源装置
(B) 750kV 变电站分散设置于各就地继电器小室内的交流不停电电源可与小室内的直流电源配合，以提供符合要求的不间断交流电源
(C) 变电站内交流不停电电源正常时采用交流输入电源，交流失电时快速切换至自带直流蓄电池供电
(D) 220kV 全户内变电站可按全部负载集中设置交流不停电电源装置

69. 送电线路耐张塔设计时，需确定跳线最小弧垂的允许弧垂，以下哪些选项是正确的？
　　　　　　　　　　　　　　　　　　　　　　　　　　　　　　　（　　）
(A) 满足导线各种工况下对横担的间隙要求
(B) 满足导线各种工况下对绝缘子串横担侧铁帽的间隙要求
(C) 选取两侧（或一侧）绝缘子串倾斜角较小者
(D) 不需要考虑跳线风偏影响

70. 设计规范对导线的线间距离做出了规定，下面哪些描述是正确的？　（　　）
(A) 国、内外使用的水平线间距离公式大都为经验公式
(B) 我国使用的水平线间距离公式与国外公式比较，计算值偏小
(C) 垂直线间距离主要是确定于覆冰脱落时的跳跃，与弧垂及冰厚有关的
(D) 上下导线间最小垂直线间距离是依据绝缘子串长度和工频电压的要求确定

答 案

一、单项选择题

1．D

依据：《高压配电装置设计技术规程》（DL/T 5352—2018）第 2.1.11 条。

2．D

依据：《风力发电场设计规范》（GB 51096—2015）第 7.1.1.1 条、第 7.1.1.3 条可知 A、C 正确，按第 7.1.2.6 条可知 B 正确，按第 7.1.2.4 条可知"可采用单母线分段或双母线接线型式"。

3．A

依据：《电力工程电缆设计规范》（GB 50217—2018）第 3.2.2 条。

4．C

依据：《导体和电器选择设计技术规定》（DL/T 5222—2021）第 5.3.2 条："20kV 及以下回路的正常工作电流在 4000A 及以下时，宜选用矩形导体"。由《电力工程电气设计手册 电气一次部分》第 232 页表 6-3，变压器回路计算工作电流 $1.05 \times \dfrac{63000}{15\sqrt{3}} = 2546(\mathrm{A})$。

5．B

依据：《高压配电装置设计技术规程》（DL/T 5352—2018）第 5.4.2 条。

6．D

依据：《交流电气装置的接地设计规范》（GB/T 50065—2011）式（4.2.2-4），$U_\mathrm{s} = 50 + 0.2 \times 2000 \times 0.83 = 382(\mathrm{V})$。

7．B

依据：《电流互感器和电压互感器选择及计算规程》（DL/T 866—2015）第 3.2.7.2 条。

8．C

依据：《火力发电厂厂用电设计技术规程》（DL/T 5153—2014）第 3.3.1.2 条"当由厂内交流电源供电时，交流母线的频率波动范围不宜超过 49～51Hz"。±1/50 等于±2%。

9．C

依据：《发电厂和变电站照明设计技术规定》（DL/T 5390—2014）第 4.0.4 条条文说明，"应急照明采用白炽灯、荧光灯、发光二极管、无极荧光灯，因在正常照明断电时可在几秒内达到标准流明值对于疏散标志灯还可采用发光二极管，采用高强度气体放电灯达不到上述要求。"高强度气体放电灯包括高压钠灯、汞灯、金属卤化物灯。

10．B

依据：《架空输电线路电气设计规程》（DL/T 5582—2020）第 8.0.15 条最大使用荷载安全系数为 2.5，由式（8.0.2）可得：$\dfrac{70}{2.5} = 28(\mathrm{kN})$。

11．B

依据：《35kV～110kV 变电站设计规范》（GB 50059—2011）第 6.0.5 条。

12. C

依据：由《光伏发电站设计规范》（GB 50797—2012）第 8.2.10 条可知，C 项应为"宜合用一组隔离开关"。依据第 8.2.3.2 条可知 A 正确，由第 8.2.1.2 条可知 B 正确，由第 8.2.5 条可知 D 正确。

13. D

依据：《导体和电器选择设计技术规定》（DL/T 5222—2021）第 17.0.10.2 条。

14. B

依据：由《高压配电装置设计技术规程》（DL/T 5352—2018）第 2.1.2 条可知，ACD 选项描述正确，B 项应为"从远到近"。

15. B

依据：《交流电气装置的过电压保护和绝缘配合设计规范》（GB/T 50064—2014），由第 5.4.8.1 条可知 A 项不得安装避雷针；由第 5.4.9.2 条、第 5.4.9.3 条可知 C 项线路避雷线应架设到线路终端杆塔，终端杆塔到配电装置的一挡线路保护可以采用独立避雷针，也可在线路终端杆塔上装设避雷针；由第 5.4.8.3 条可知 D 项应与接地网连接；由第 5.4.9.1 条可知 B 项正确。

16. D

依据：《火力发电厂厂用电设计技术规程》（DL/T 5153—2014）第 9.1.3.2 条，"集中控制的电动机宜采用分散控制系统（DCS）、可编程控器（PLC）或现场总线控制系统（FCS）"，可知 A、B、C 符合要求。

17. C

依据：《厂用电继电保护整定计算导则》（DL/T 1502—2016）第 10.3.3 a）条"工程经验，快切频差 Δf 可取 1.5Hz"。由第 10.3.1、10.3.2、10.3.3 b）条可知 A、B、D 正确。

18. A

依据：由《大中型火力发电厂设计规范》（GB 50660—2011）第 16.3.5-2 条可知，A 正确，D 错误；由第 16.3.5-3 条可知 B 可不采用有载调压，第 16.3.5-4 条可知当电压波动范围超出 ±10% 时，可采用有载调压。

19. D

依据：由《发电厂和变电站照明设计技术规定》（DL/T 5390—2014）第 8.6.3 条可知，D 插座数量不宜超过 15 个；由第 5.6.5.3 条可知 A 正确；由第 8.4.7 条可知 B 正确；由第 8.8.1 条可知 C 正确。

20. B

依据：《绝缘配合 第 1 部分：定义、原则和规则》（GB 311.1—2012）附录 B 式（B.2），$8150 \times \ln 1.45 = 3028$ (m)，此题计算出的海拔大于 2000m，而 GB/T 50064—2014 中式（A.0.2-2）适用于海拔 2000m 及以下，应该使用 GB 311.1 的相关公式。

21. B

依据：《高压配电装置设计技术规程》（DL/T 5352—2018）第 5.5.3 条。

22. D

依据：《导体和电器选择设计技术规定》（DL/T 5222—2021）第 A.2.2 条。

23．C

依据：《电力设施抗震设计规范》（GB 50260—2013）表 5.0.3-1。

24．D

依据：《高压配电装置设计技术规程》（DL/T 5352—2018）第 3.0.6 条。

25．C

依据：《交流电气装置的过电压保护和绝缘配合设计规范》（GB/T 50064—2014）第 4.3.1 条。

26．D

依据：由《火力发电厂厂用电设计技术规程》（DL/T 5153—2014）第 9.1.4.1 条可知，D 不符合规程要求。

27．B

依据：《电力工程直流电源系统设计技术规程》（DL/T 5044—2014）第 6.3.3.1 条、第 4.2.2.3 条，"有人值班的变电站，全站交流电源事故停电时间应按 1h 计算"，"蓄电池组与直流柜之间连接电缆长期允许载流量的计算电流应大于事故停电时间的蓄电池放电率电流"；由第 6.3.2 条可知 A 错误，蓄电池电缆正极和负极不应采用同一根电缆；由第 6.3.3.2 条可知 C 项应为取蓄电池放电率电流和事故放电初期（1min）冲击负荷放电电流中二者中的较大值；由表 E.2-2 可知 D 项电缆压降应为 3%U_n～5%U_n。

28．D

依据：《220kV～1000kV 变电站站用电设计技术规程》（DL/T 5155—2016）表 A，变压器强油风（水）冷却装置为Ⅰ类负荷。

29．D

依据：由《并联电容器装置设计规范》（GB 50227—2017）第 6.2.4 条、第 6.1.2 条可知 A 正确；由第 6.1.4 条可知 B 正确；由第 6.1.5 条可知 C 正确。

30．B

依据：《架空输电线路电气设计规程》（DL/T 5582—2020）第 5.1.16 条及其条文说明，悬挂点最大张力 105000×0.95÷2.25＝44333.33(N)。

注释：导线最低点张力的安全系数不应小于 2.5，对应最低点张力即最大使用张力为 105000×0.95÷2.5＝39900(N)，但此题给的最大使用张力为 33250N，对应安全系数为 105000×0.95÷33250＝3。此题要求"导线悬挂点的张力最大值"，而规范要求挂点张力的安全系数不应小于 2.25，为此求"导线悬挂点的张力最大值"时应使用导线的保证拉断力和最小安全系数 2.25 计算，故选 B。不能用题设的最低点张力转换挂点张力，33250×2.5÷2.25＝36944.44(N)，因为题设的最大使用张力对应的安全系数不是 2.5 而是 3，算出来的 36944.44N 不是挂点最大的允许张力。

如果概念不清，错误使用 33250×2.25÷2.5＝29925(N)，挂点张力比最低点张力还小，明显错误。

31．B

依据：《火力发电厂与变电站设计防火规范》（GB 50229—2019）表 11.1.5 注 2。

32．B

依据《导体和电器选择设计技术规定》（DL/T 5222—2021）附录 A.1 可知 A、B、C、D

均描述正确。

33．C

依据：《导体和电器选择设计技术规定》（DL/T 5222—2021）第12.0.6条"沿开关柜的整个长度延伸方向应设有专用的接地导体，专用接地导体所承受的动、热稳定电流应为额定短路开断电流的86.6%"，热稳定电流$50×0.866=43.3(kA)$。

34．B

依据：《高压配电装置设计技术规程》（DL/T 5352—2018）第5.4.7条。

35．B

依据：由《交流电气装置的接地设计规范》（GB/T 50065—2011）第4.5.2.3条可知B正确；由第4.5.1.3条可知A项应为10Ω；由第4.5.2.1条可知C项为每隔50m；由第4.5.2.4条可知D应为直径8mm。

36．C

依据：《火力发电厂、变电站二次接线设计技术规程》（DL/T 5136—2012）第7.4.8条C项"导线截面不宜超过$6mm^2$"；由第7.4.6.3条可知A、B正确；由第7.4.8条条文说明可知D正确。

37．B

依据：《电力工程直流电源系统设计技术规程》（DL/T 5044—2014）第8.1.2条可知B正确；由第7.2.1条可知A应设专用蓄电池室；由第8.1.4条可知C应布置在通道上方；由第8.1.8条可知D门应向外开启。

38．A

依据：《电力装置电测量仪表装置设计规范》（GB/T 50063—2017）表C.0.4-2可知，"电能计量装置装设在站用工作变压器和站用备用变压器高压侧"，以及《220kV～1000kV变电站站用电设计技术规程》（DL/T 5155—2016）第10.3.2条"每台站用变压器宜安装满足1.0级精度要求的有功电能表，站外电源应配置满足0.2S级电能计量精度要求的有功电能表。"得出A描述正确。

39．D

依据：《光伏发电站设计规范》（GB 50797—2012）第2.1.24条可知A描述正确，第6.1.3条可知C描述正确，由《光伏发电站接入电力系统技术规定》（GB/T 19964—2012）第4.2.2条可知B描述正确，由第8.1-a）款可知D描述正确。

40．B

依据：DL/T 5551—2018 第8.0.2条，纵向不平衡张力为$0.3×150500×2×0.95/2.5=34314(N)$。

二、多项选择题

41．ABD

依据：由《电力设施抗震设计规范》（GB 50260—2013）第6.7.4.1条、第6.7.7.3条、第6.7.7.1条可知，A、B、D项符合题意，由《发电厂和变电站照明设计技术规定》（DL/T 5390—2014）第5.5.5条可知C项"生产车间不宜采用软线吊灯"。

42．BD

依据：由《电力工程电缆设计规范》（GB 50217—2007）表 3.6.5 可知，B、D 项应为最热月的日最高温度平均值加 5℃。

43．ACD

依据：由《高压配电装置设计技术规程》（DL/T 5352—2006）第 6.0.1 条可知，A、C、D 描述正确，B 项应为"不小于 60m"。2018 版新规已作较大修改，无法作答。

44．ABD

依据：由《交流电气装置的接地设计规范》（GB/T 50065—2011）第 4.3.3 条可知，A、B、D 正确。其中第 4.3.3-4-1）条，"站用变压器向厂、站外低压电气装置供电时，其 0.4kV 绕组的短时（1min）交流耐受电压应比厂、站接地网地电位升高 40%"，可知 C 应该为 3×1.4=4.2（kV）。

45．AC

依据：由《电力工程直流电源系统设计技术规程》（DL/T 5044—2014）第 A.1.1 条可知 A 正确；由第 A.2.1 条 B 应为"应大于通过断路器的最大短路电流"；由第 6.5.2.2 条 3）可知 C 正确；由第 6.5.2.4 条 D 项为"不应大于"。

46．CD

依据：由《发电厂和变电站照明设计技术规定》（DL/T 5390—2014）第 8.4.1.3 条可知 A 为"不宜超过 5 个"；由第 8.9.5 条可知 B 为"不应大于 4Ω"；由第 8.6.3 条可知 C 正确；由第 8.1.2 条可知 D 正确。

47．AC

依据：《架空输电线路电气设计规程》（DL/T 5582—2020）第 7.2.2 条可知 A 正确，D 错误；由表 7.2.3 可知 B 错误，C 正确。所以选 AC。

48．ACD

依据：《架空输电线路电气设计规程》（DL/T 5582—2020）第 53 页，A、C、D 正确。

49．ACD

依据：由《火力发电厂厂用电设计技术规程》（DL/T 5153—2014）第 4.7.3 条条文说明"厂用电系统中集中设置的低压变频器系指空冷岛空冷风机用变频器、电除尘整流变压器等"可知 A 正确；由第 4.7.5 条可知 C 正确；由第 4.7.6 条可知 D 正确。

50．AB

依据：《电力设施抗震设计规范》（GB 50260—2013）第 6.1.1 条、第 1.0.6.1 条"重要电力设施中的电气设施，当抗震设防烈度为 7 度及以上时，应进行抗震设计"，"符合下列条款之一者为重要电力设施：1）单机容量为 300MW 及以上或规划容量为 800MW 及以上的火力发电厂"可知 A 描述不正确；由第 6.1.2 条可知 B 应"依据设防标准进行选择"，C 描述正确；由第 6.2.1.1 条可知 D 正确。

51．AC

依据：由《220kV～1000kV 变电站站用电设计技术规程》（DL/T 5155—2016）由第 3.5.2 条知 A 正确，B 错误；C 选项第 3.4.2 条条文说明不推荐母线间设分断断路器，故 C 正确；D 选项应为变压器失电时备自投动作，变压器正常退出运行备自投不应动作。

52．AD

依据：由《火力发电厂、变电站二次接线设计技术规程》（DL/T 5136—2012）第 8.1.12

条可知 A 正确；由第 10.2.15 条可知 B 为"UPS 配电系统可采用不接地方式，也可采用接地方式，由热工系统对电源要求确定"；由第 5.4.9 条可知 C 为"应有且只能有一个接地点"；由第 5.4.18.4 条可知 D 正确。

53．ABD

依据：《电力工程直流电源系统设计技术规程》（DL/T 5044—2014）第 3.4.2 条 C 为"宜配置 1 套充电装置，也可配置 2 套充电装置"；由第 3.5.1.1 条、第 3.5.1.2 条可知 A、B、D 正确。

54．AD

依据：《光伏发电站接入电力系统技术规定》（GB/T 19964—2012）图 2 可知 B 为 0.625s；C 为 1.21s；A、D 满足要求。

55．ABC

依据：新版线路手册第 178 页或老版线路手册第 129 页雷击档距中央地线时过电压及耐雷水平计算的相关内容可知 A 正确；由《110kV～750kV 架空输电线路设计规范》（GB 50545—2010）中保护角定义可知 B 正确；从杆塔基本结构与挡距中央导、地线距离的关系，可知 C 正确。

56．AB

依据：新版线路手册第 344 页，表 5-37。或老版线路手册第 219 页，表 3-6-1。

57．ACD

依据：《光伏发电站设计规范》（GB 50797—2012）第 8.2.2 条可知 A 为"宜采用 10kV～35kV 电压等级"；由第 8.2.3 条可知 B 正确；由第 8.2.7 条可知 C 为"宜采用经消弧线圈接地或小电阻接地的方式"；由第 8.2.10 条可知 D"不宜装设隔离开关"。

58．CD

依据：《导体和电器选择设计技术规定》（DL/T 5222—2021）第 5.3.9 条。

59．AB

依据：《交流电气装置的过电压保护和绝缘配合设计规范》（GB/T 50064—2014）第 4.2.1.5 条。

60．ABD

依据：由《火力发电厂、变电站二次接线设计技术规程》（DL/T 5136—2012）第 16.4.6 条可知 A、B 正确；由第 16.4.6 条可知 D 正确；由第 16.4.6 条可知 C 应为"大于 50m 时"。

61．BC

依据：由《火力发电厂厂用电设计技术规程》（DL/T 5153—2014）第 3.1.1 条可知 A、D 正确，C 错误；由第 3.1.3 条"Ⅰ类负荷：短时停电可能影响设备正常使用寿命，使生产停顿或发电量大量下降的负荷"可知 B 错误。

62．ACD

依据：《电力工程电缆设计规范》（GB 50217—2007）第 5.5.1 条及表注可知 B 正确；A 应为 700mm；C 项当沟深不同时，通道宽度不同，如沟深小于 600mm 时，通道需大于 300mm；D 浅沟内可不设置支架，勿需有通道。

63．ABC

依据：新版线路手册第 347 页 5 相关描述。或老版线路手册第 220～221 页相关描述。

64．ACD

依据：依据老版一次手册第 119 页二，A、C、D 正确。

65．BD

依据：由《电力工程电缆设计规范》（GB 50217—2007）第 3.1.2 条可知移动式电气设备应选用铜导体，故 D 正确；由第 3.5.5 条可知移动式电气设备应选用橡皮外护层，故 B 正确。

66．ABC

依据：由《交流电气装置的接地设计规范》（GB/T 50065—2011）第 3.2.1-8 条、第 3.2.1-9 条、第 3.2.1-10 条可知 A、B、C 正确；由第 3.2.2-4 条 D 可不接地。

67．ABCD

依据：由《继电保护和安全自动装置技术规程》（GB/T 14285—2006）第 4.2.5.1 条可知 A、B、D 正确；由第 4.2.5.2 条可知 C 正确。

68．BD

依据：由《220kV～1000kV 变电站站用电设计技术规程》（DL/T 5155—2016）第 3.6.1 条可知 A、C 项蓄电池应为站内而不是自带；由第 3.6.2 条"不停电电源装置宜按全部负载集中设置，也可按不同负载分区域分散设置"可知 B、D 正确。

69．ABC

依据：新版线路手册 158 页左侧。或老版线路手册第 109 页左侧。

70．AC

依据：《架空输电线路电气设计规程》（DL/T 5582—2020）第 8.0.1 条条文说明，该规范第 229 页第一段可知 A 正确；第 230 页最后一段，可知 B 错；第 231 页倒数第二段第一句可知 C 正确；第 232 页倒数第 3 段可知，D 应为"上下导线间最小垂直线间距离是依据带电作业的要求确定"，所以 D 错；选正确的，所以选 AC。

2018年注册电气工程师专业知识试题

(下午卷) 及答案

一、单项选择题（共 40 题，每题 1 分，每题的备选项中只有 1 个最符合题意）

1. 各种爆炸性气体混合物的最小点燃电流比是其最小点燃电流值与下列哪种气体的最小点燃电流值之比？ （ ）
   (A) 氧气
   (B) 氢气
   (C) 甲烷
   (D) 瓦斯

2. 下列关于变电站 6kV 配电装置雷电侵入波保护要求正确的是哪项？ （ ）
   (A) 6kV 架空进线均装设电站型避雷器
   (B) 架空进线全部在站区内，且受到其他建筑物屏蔽时，可只在母线上装设 MOA
   (C) 有电缆段的架空进线，MOA 接地端不应与电缆金属外皮相连
   (D) 雷季经常运行的进线回路数为 2 回且进线均无电缆段时，MOA 至 6kV 主变压器距离可采用 25m

3. 以下关于 220kV～750kV 电网继电保护装置运行整定的描述，哪项是错误的？（ ）
   (A) 当线路保护装置拒动时，一般情况只允许相邻上一级的线路保护越级动作，切除故障
   (B) 330、500、750kV 采用三相重合闸
   (C) 不宜在大型电厂向电网送电的主干线上接入分支线或支接变压器
   (D) 相间距离 I 段的定值，按可靠躲过本线路末端相间故障整定，一般为本线路阻抗的 0.8～0.85

4. 某单回输电线路，耐张绝缘子串采用 4 联绝缘子串，如单联绝缘子操作过电压闪络过电压闪络概率为 0.002，则该塔耐张绝缘子串操作过电压闪络概率以下哪个选项最接近？ （ ）
   (A) 0.0897
   (B) 0.0469
   (C) 0.0237
   (D) 0.0158

5. 在计算风力发电或光伏发电上网电量时，下列各因素中哪一项与发电量无关？ （ ）
   (A) 集电线路损耗
   (B) 水平面太阳能总辐照量
   (C) 切入风速
   (D) 标准空气密度

6. 某 220/35kV 变电站的 220kV 侧为中性点有效接地系统，则变压器高压侧配置的交流

无间隙氧化锌避雷器持续运行电压、额定电压为下列哪组数值？ （　　）

（A）116kV，146.2kV　　　　　　　　（B）116kV，189kV

（C）145.5kV，189kV　　　　　　　　（D）202kV，252kV

7. 检修电源的供电半径不宜大于下列哪项？ （　　）

（A）30m　　　　　　　　　　　　　（B）50m

（C）100m　　　　　　　　　　　　　（D）150m

8. 500kV 架空输电线路地线采用 JLB20A-150，防振锤防振档距为 600m 时，该挡地线需要安装多少个防振锤？ （　　）

（A）2　　　　　　　　　　　　　　（B）4

（C）6　　　　　　　　　　　　　　（D）8

9. 缆式线型感温火灾探测器的探测区域的长度，最长不宜超过下列哪项值？ （　　）

（A）20m　　　　　　　　　　　　　（B）60m

（C）100m　　　　　　　　　　　　　（D）150m

10. 配电变压器设置在建筑物外其低压应用 TN 系统时，低压线路在引入建筑物处，PE 或 PEN 应重复接地，其接地电阻不宜超过多少？ （　　）

（A）0.5Ω　　　　　　　　　　　　　（B）4Ω

（C）10Ω　　　　　　　　　　　　　（D）30Ω

11. 并联电容器组额定容量 60000kvar，额定电压 24kV，采用单星形双桥差接线，每臂 6 并 4 串。单台电容器至母线的连接线长期允许电流不宜小于多少？ （　　）

（A）120.3A　　　　　　　　　　　　（B）156.4A

（C）180.4A　　　　　　　　　　　　（D）240.6A

12. 在风力发电场的设计中，下面的描述中哪一条是错误的？ （　　）

（A）风力发电机组变电单元的高压电气元件应具有保护机组变电单元内部短路故障的功能

（B）风力发电场主变压器低压侧母线电压宜采用 35kV 电压等级

（C）当风力发电场变电站装有两台及以上主变压器时，主变压器低压侧母线宜采用单母线分段接线，每台主变压器对应一段母线

（D）风力发电场变电站主变压器低压侧系统，当不需要在单相接地故障条件下运行时，应采用消弧线圈接地方式，迅速切除故障

13. 定子绕组中性点不接地的发电机，当发电机出口侧 A 相接地时发电机中性点的电压为多少？ （　　）

（A）线电压　　　　　　　　　　　　（B）相电压

（C）1/3 相电压　　　　　　　　　　　（D）3/1 相电压

14. 某电厂照明检修电源采用 TN-S 系统，某检修箱三相电源进线采用交联聚乙烯绝缘铜导体电缆，电缆的相线 10mm²，则下列电缆选择哪种是正确的？ （ ）
  （A）YJV-1 5×10mm²　　　　　　　（B）YJV-1 3×10+2×6mm²
  （C）YJV-1 3×10+6mm²　　　　　　（D）YJV-1 3×10mm²

15. 在导线力学计算时，对年平均运行应力的限制主要是什么？ （ ）
  （A）导线防振的要求　　　　　　　（B）避免覆冰时导线损坏
  （C）避免高温时导线损坏　　　　　（D）减小导线弧垂

16. 若 220/35kV 变电站地处海拔 3800m，b 级污秽（可按 1 级考虑）地区，其主变压器 220kV 门型架耐张绝缘子串 XP-6 绝缘子片数应为下列哪项数值？ （ ）
  （A）15 片　　　　　　　　　　　　（B）16 片
  （C）17 片　　　　　　　　　　　　（D）18 片

17. 以下对于二次回路端子排的设计要求正确的是哪项？ （ ）
  （A）正、负电源之间的端子排应该排列在一起
  （B）电流互感器的二次侧可连接成星形或三角形，并不经过试验端子
  （C）强电与弱电回路的端子应分开布置。强、弱电端子之间应有明显的标志，应设隔离措施
  （D）屏内与屏外二次回路的连接，应经过端子排

18. 已知某悬垂直线塔的设计水平挡距为 480m、垂直挡距为 600m，条件允许时可带 1°转角使用，若大风时的导线水平风荷载为 16N/m，导线水平张力为 49140N，从杆塔荷载方面考虑，线路转角为 1°时该塔的允许水平档距为多少米？（不计地线的影响） （ ）
  （A）426m　　　　　　　　　　　　（B）480m
  （C）546m　　　　　　　　　　　　（D）600m

19. 在验算支持绝缘子的地震弯矩时，如绝缘子的破坏弯矩 2500N·m，则绝缘子允许的最大地震弯矩应不小于下列哪个数值？ （ ）
  （A）625N·m　　　　　　　　　　（B）1000N·m
  （C）1250N·m　　　　　　　　　 （D）1497N·m

20. 某电厂一自然通风水泵房内，设计应采用下列哪种环境温度条件来确定其电缆持续允许载流量？ （ ）
  （A）最热月的日最高水温平均值
  （B）最热月的日最高温度平均值
  （C）最热月的日最高温度平均值另加 5℃
  （D）自然通风设计温度

21. 某电厂 500kV 电气主接线为一个半断路器接线，其中一串为线路变压器串，依据规程这一串安装单位的划分为几个安装单位，分别是什么？ （　　）
　　（A）共 4 个安装单位，分别是母线、变压器、出线、断路器共 4 个安装单位
　　（B）共 4 个安装单位，分别是母线、变压器、出线、电压互感器共 4 个安装单位
　　（C）共 5 个安装单位，分别是断路器、变压器、出线、电压互感器、电流互感器共 5 个安装单位
　　（D）共 5 个安装单位，分别是变压器、出线、本串的 3 个断路器共 5 个安装单位

22. 双联及以上的多联绝缘子串应验算断一联后的机械强度，其断联情况下的安全系数不应小于以下哪项值？ （　　）
　　（A）1.5　　　　　　　　　　　　（B）2.0
　　（C）1.8　　　　　　　　　　　　（D）2.7

23. 某电厂高压厂用工作变压器为 16MVA，13.8/6.3kV，U_k＝10.5%。若其低压侧单芯电缆敷设采用扎带固定，其固定电缆用的扎带的机械强度不应小于下列哪项？（忽略系统电抗及电动机反馈，电缆直径 5cm，扎带间隔为 25cm） （　　）
　　（A）1513N　　　　　　　　　　　（B）2589N
　　（C）3026N　　　　　　　　　　　（D）3372N

24. 以下有关安全稳定控制系统的描述，哪项是错误的？ （　　）
　　（A）安全稳定控制系统是保证电网安全稳定运行的第二道防线
　　（B）地区或局部电网与主网解列后的频率问题由各自电网解决
　　（C）优先采用解列、其次是切机和切负荷措施
　　（D）220kV 及以上电网的稳控系统宜采取双重化配置

25. 220kV 线路在最大计算弧垂情况下，导线与地面的最小距离应为下列哪项数值？ （　　）
　　（A）居民区：7.5m　　　　　　　　（B）居民区：7.0m
　　（C）非居民区：7.5m　　　　　　　（D）非居民区：7.0m

26. 对配电装置最小安全净距的要求，下列表述不正确的是哪项？ （　　）
　　（A）单柱垂直开启式隔离开关在分闸状态下，动静触头间的最小电气距离不应小于配电装置的最小安全净距 A_2 值
　　（B）屋外配电装置电气设备外绝缘体最低部位距地小于 2500mm 时，应装设固定遮拦
　　（C）屋内配电装置电气设备外绝缘体最低部位距地小于 2300mm 时，应装设固定遮拦
　　（D）500kV 的 A_1 值，分裂软导线至接地部分之间可取 3500mm

27. 某工程采用强电控制，下列控制电缆的选择，哪一项是正确的？ （　　）
　　（A）双重化保护的电流回路、电压回路、直流电源回路可以合用一根多芯电缆

(B) 少量弱电信号和强电信号宜共用一根电缆

(C) 7芯及以上的芯线截面小于 4mm² 控制电缆必须留有必要的备用芯

(D) 控制电缆芯线截面为 2.5mm² 时，电缆芯数不宜超过 24 芯

28．某双分裂导线架空线路的一悬垂直线塔，导线悬点较前后塔均低 28m，前后侧的档距分别为 426m 和 488m，若大风工况下子导线的单位水平荷载为 13.64N/m、单位综合荷载为 21.10N/m、水平张力为 36515N，则此时该塔的导线垂直荷载为多少？　　　　　　（　　）

（A）7856N　　　　　　　　　　（B）3928N

（C）5725N　　　　　　　　　　（D）2863N

29．海拔 1000m 以下 750kV 屋外配电装置中，下图中的 L_1 不应小于下列哪项数值？
（　　）

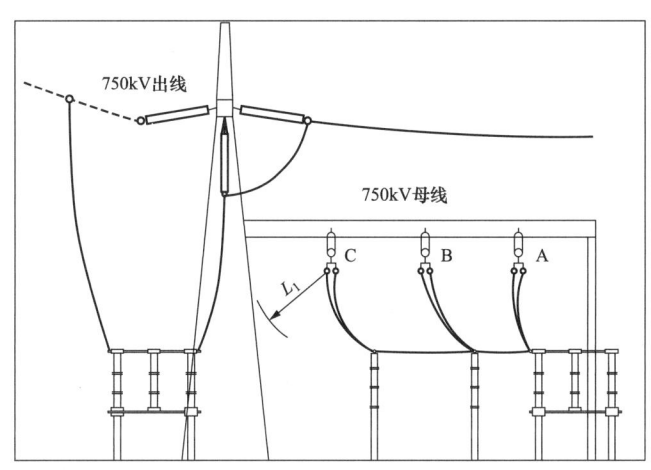

（A）5500mm　　　　　　　　　　（B）6250mm

（C）7200mm　　　　　　　　　　（D）7500mm

30．为控制发电厂厂用电系统的谐波，下列哪项措施不正确？　　　　　　（　　）

（A）给空冷岛空冷风机用变频器供电用低压厂用变压器，可通过合理选择接线组别的方式抵消高压母线上的谐波

（B）空冷岛空冷风机用变频器应设专用低压厂用变压器，空冷岛其他负荷宜就近由此变压器供电

（C）可通过加装滤波器的措施抑制谐波

（D）可通过降低变压器阻抗、提高系统短路容量的方式提高电气设备承受谐波影响的能力

31．按照操作过电压要求，500kV 输电线路绝缘子串正极性操作冲击电压 50%放电电压应符合下列哪项数值要求？　　　　　　（　　）

（A）570.2kV　　　　　　　　　　（B）698.5kV

（C）828.4kV　　　　　　　　　　（D）1140.5kV

32. 并联电容器组采用单星形接线,6 并 4 串。单台容量 500kvar,额定电压 6kV。并联电容器组的均压线导线的额定电流不应小于多少? (   )

（A）500A　　　　　　　　　　　　（B）650A
（C）780A　　　　　　　　　　　　（D）908A

33. 某发电厂的高压配电装置中,单支避雷针高度为 25m,被保护物高度为 12m,则被保护物高度水平面的保护半径为下列哪项数值? (   )

（A）6m　　　　　　　　　　　　　（B）13m
（C）13.5m　　　　　　　　　　　 （D）37.5m

34. 某电厂主变至 252kV GIS 采用 220kV 单芯交联聚乙烯绝缘电缆（无中间接头）,220kV 电缆金属护套和屏蔽层在 GIS 端直接接地,在正常满负载情况下,未采取防止人员任意接触金属护套或屏蔽层的安全措施时,220kV 电缆主变端的金属护套或屏蔽层上的正常感应电压,不应超过下列哪项值? (   )

（A）24V　　　　　　　　　　　　 （B）36V
（C）50V　　　　　　　　　　　　 （D）100V

35. 某电厂 220kV 配电装置最大接地故障电流为 35kA,252kV 断路器 3s 短时耐受电流为 50kA,断路器开断时间为 60ms,220kV 接地故障的等效持续时间为 0.5s,断路器底座采用 2 根相同截面镀锌扁钢接地,则每根接地扁钢规格不应小于下列哪种? (   )

（A）50×6　　　　　　　　　　　　（B）60×6
（C）50×8　　　　　　　　　　　　（D）60×8

36. 电力工程中,直流系统电池组数的确定,下列哪项原则符合规程的要求? (   )
（A）单机容量为 300MW 级机组的火力发电厂,每台机组应装设 3 组蓄电池,其中 2 组对控制负荷供电,1 组对动力负荷供电
（B）发电厂升压站设有电力网络计算机监控系统时,110kV 及以上的配电装置应独立设置 2 组控制负荷和动力负荷合并供电的蓄电池组
（C）220～750kV 变电站应装设 2 组蓄电池
（D）1000kV 变电站宜按直流负荷相对集中配置 1 套直流电源系统,每套直流电源系统装 2 组蓄电池

37. 并网运行的风电场,每次频率低于 49.5Hz 时,要求风电场具有至少运行多长时间的能力? (   )

（A）5min　　　　　　　　　　　　（B）10min
（C）30min　　　　　　　　　　　 （D）40min

38. 自带蓄电池的应急灯放电时间,下列要求不正确的是哪项? (   )
（A）风电场应按不低于 90min 计算

（B）火力发电厂应按不低于 60min 计算
（C）220kV 有人值守变电站应按不低于 60min 计算
（D）无人值守变电站应按不低于 120min 计算

39. 安装了并联电抗器/电容器组或调压式无功补偿装置的光伏发电站，在电网故障或异常情况下，引起光伏发电站并网点电压高于 1.2 倍标称电压时，无功补偿装置容性部分应退出运行的时限和感性部分应能至少持续运行的时间是下列哪一组数据？（　　）
（A）容性 0.1s、感性 3min
（B）容性 0.15s、感性 4min
（C）容性 0.2s、感性 5min
（D）容性 0.5s、感性 10min

40. 一架空线路某耐张段的档距分布为 315m、386m、432m、346m、444m、365m、435m、520m 和 428m，则该耐张段的代表档距为多少米？（　　）
（A）535m
（B）520m
（C）420m
（D）315m

二、多项选择题（共 30 题，每题 2 分，每题的备选项中有 2 个或 2 个以上符合题意）

41. 下列对专用蓄电池室要求的表述不正确的是哪些？（　　）
（A）蓄电池室内的照明灯具及通风电动机应为防爆型
（B）包含蓄电池的直流电源成套装置柜布置在继电器室时，不宜设置通风装置
（C）蓄电池室内不应设置采暖设施
（D）蓄电池室的地面照度标准值为 50lx

42. 屋外高压配电装置中，下列哪几种带电安全距离采用 B_1 值进行校验？（　　）
（A）设备运输时，设备外廓至无遮拦带电部分之间距离
（B）交叉的不同时停电检修的无遮拦带电部分之间距离
（C）平行的不同时停电检修的无遮拦带电部分之间距离
（D）栅状遮拦至绝缘体和带电部分之间距离

43. 下列对 220kV 线路保护的描述，哪几项正确？（　　）
（A）对于 220kV 线路保护，宜采用近后备保护方式
（B）220kV 线路能够快速有选择性地切除线路故障的带时限的线路 I 段保护是线路的主保护
（C）220kV 线路能够快速有选择性地切除线路故障的全线速动保护是线路的主保护
（D）采用远后备保护方式时，上一级线路或变压器的后备保护整定值，应保证当下一级线路末端故障或变压器对侧母线故障时有足够灵敏度

44. 下列对 2 台机组之间的 220V 直流电源系统应急联络回路设计，描述正确的是哪些？（　　）
（A）应急联络回路断路器额定电流不应大于蓄电池出口熔断器额定电流的 50%
（B）互联电缆电压降不宜大于 11V

（C）互联电缆长期允许载流量的计算电流可按负荷统计表中 1.0h 放电电流的 50%选取

（D）应急联络断路器应与直流系统母线进线断路器之间闭锁，不允许两个系统并联运行

45．采用串联间隙金属氧化物避雷器进行雷电过电压保护时，下列哪几项表述错误？
（　　）

（A）66kV 低电阻接地系统，其额定电压不低于 0.75U_m

（B）110kV 及 220kV 有效接地系统，其额定电压不低于 0.8U_m

（C）330～750kV 有效接地系统，其额定电压不低于 1.38U_m

（D）35kV 不接地系统，其额定电压不低于 1.38U_m

46．某 500kV 变电站规划建设 4 台主变压器，一期建设 1 台主变压器。其附近有一同塔 4 回路架空线路，上面 2 回 220kV 线路，下面 2 回 35kV 线路。靠近站区的道路一侧建设有 1 回 400V 线路供附近村庄用电。一期在主变压器低压侧引接 1 回工作电源。以下对该站站用电源的设置原则哪些是错误的？（　　）

（A）从 400V 线路 T 接 1 回电源作为本站站用电源的备用电源

（B）从 1 回 35kV 线路 T 接 1 回电源作为本站站用电源的备用电源

（C）从 1 回 35kV 线路以专线型式改接至本站，作为本期站用电源

（D）在站内设置柴油发电机组，作为本站站用电源的应急电源

47．在电缆敷设路径中，下列哪些部位需要采取阻火措施？（　　）

（A）电缆沟通向建筑物的入口处　　（B）电缆桥架每间距 100m 处

（C）电缆中间接头附近　　（D）电缆隧道的入口处

48．发电厂和变电站电气装置中，以下哪些部位应采用专门敷设的接地导体（线）接地？
（　　）

（A）发电机机座或外壳

（B）110kV 及以上钢筋混凝土构件支座上电气装置的金属外壳

（C）非可燃液体的测量和信号用低压电气装置

（D）直接接地的变压器中性点

49．变电站中设置了 5%、12%两种电抗率的电容器组，以下对投切顺序及后果的描述错误的是哪项？（　　）

（A）5%电抗率的电容器组先投后切会造成谐波放大

（B）12%电抗率的电容器组先投后切会造成谐波放大

（C）哪种电抗率的电容器组先投后切均会造成谐波放大

（D）哪种电抗率的电容器组先投后切均不会造成谐波放大

50．在光伏发电站的设计中，下列哪些论述是正确的？（　　）

（A）光伏发电站安装总容量小于或等于 1MWp 时，母线电压宜采用 0.4～10kV 电压等级

(B) 光伏发电站主变压器中性点避雷器不应装设隔离开关

(C) 光伏发电站内 10kV 或 35kV 系统中性点采用消弧线圈接地时，不应装设隔离开关

(D) 光伏发电站母线分段电抗器的额定电流应按其中一段母线上所连接的最大容量的电流值选择

51. 某 500kV 变电站用于主变压器的电流互感器，其接线及要求，下列哪几项正确？（   ）

(A) 保护用电流互感器的二次回路在配电装置端子箱和保护屏处分别接地

(B) 保护用电流互感器的接线顺序先接变压器保护、再接故障录波

(C) 测量仪表与保护共用一个电流互感器二次绕组时，可以先接保护、再接指示仪表、最后接计算机监控系统

(D) 500kV 电流互感器额定二次电流宜选用 1A，变压器差动保护的各侧电流互感器铁芯型式宜相同

52. 关于线路绕击率计算，与下列哪些因素有关？（   ）

(A) 地形
(B) 保护角
(C) 地线高度
(D) 杆塔接地电阻

53. 在进行导体和设备选择时，下列哪些情况除计算三相短路电流外，还应进行两相、两相接地、单相接地短路电流计算，并按最严重情况验算？（   ）

(A) 发电机出口
(B) 中性点直接接地系统
(C) 自耦变压器回路
(D) 不接地系统

54. 关于发电厂的主厂房、主控制室、变电站控制室和配电装置室的直击雷过电压保护，下列哪几项要求是正确的？（   ）

(A) 发电厂的主厂房、主控制室可不装设直击雷保护装置

(B) 强雷区的主厂房、主控制室、变电站控制室和配电装置室宜有直击雷保护

(C) 在主控制室、配电装置室和 35kV 及以下变电站的屋顶上装设直击雷保护装置时，应将屋顶金属部分接地

(D) 已在相邻建筑物保护范围内的主控制室、变电站控制室需加装直击雷保护装置

55. 在设计发电厂制氢站照明时，下列要求正确的有哪些？（   ）

(A) 使用的灯具应符合《爆炸危险环境电力装置设计规范》（GB 50058）中有关规定

(B) 照明配电箱不应装设在制氢间等有爆炸危险的场所而应将其装设在附近正常环境的场所，该照明配电箱的出线回路应装设双极开关

(C) 制氢间的照明线路应采用铜芯绝缘导线穿热镀锌钢管敷设

(D) 制氢间内不宜装设照明开关和插座

56. 当在屋内使用时，绝缘子及高压套管应按下列哪几项使用环境条件校验？（   ）

(A) 环境温度 (B) 海拔
(C) 相对湿度 (D) 最大风速

57. 采用断路器作为保护和操作电器的高压异步电动机，下列保护配置原则哪几条是正确的？ （　　）
(A) 2000kW 及以上的电动机，应装设纵联差动保护
(B) 装设磁通平衡相差动保护的电动机，若引线电缆不在保护范围内应加装电流速断保护
(C) 装设了纵联差动保护的电动机宜增设过电流保护作为纵联差动保护的后备
(D) 装设磁通平衡相差动保护的电动机，对引线电缆已装设电流速断保护，仍宜增设过电流保护

58. 轻冰区一般输电线路设计时，导线间的水平、垂直距离需满足规程要求，下列哪些表述是正确的？ （　　）
(A) 水平线间距离公式中的系数是考虑各地经验提出的
(B) 按推荐的水平线间距离公式控制，在一般情况下是安全的
(C) 垂直线间距离主要是考虑满足舞动的要求
(D) 垂直线间距离主要是考虑冰脱跳跃

59. 对于变电站开关柜的防护等级选择，要能防止物体接近带电部分。如只需阻挡手指，可不必选哪些项？ （　　）
(A) IP2X (B) IP3X
(C) IP4X (D) IP5X

60. 以下有关电力系统安全稳定的描述，有哪几项正确？ （　　）
(A) 静态稳定是指电力系统受到小干扰后，不发生非周期性失步，自动恢复到起始运行状态的能力
(B) 静态稳定的判断依据：为 $\frac{dP}{d\delta}<0$ 或 $\frac{dQ}{dU}>0$
(C) 动态稳定是指电力系统受到小的或大的干扰后，在自动调节和控制装置的作用下，保持长过程的运行稳定性的能力
(D) 稳定控制分为静态稳定控制、暂态稳定控制、过负荷控制

61. 对电气设施抗震设计，下列表述正确的有哪些？ （　　）
(A) 对单机容量为 300MW 的火力发电厂中的电气设施，当抗震设防烈度为 6 度及以上时，应进行抗震设计
(B) 当抗震设防烈度为 8 度及以上时，220kV 管型母线配电装置的管型母线宜采用悬挂式结构
(C) 当抗震设防烈度为 8 度及以上时，干式空心电抗器不宜采用三相垂直布置

(D) 当抗震设防烈度为 7 度及以上时，蓄电池安装应装设抗震架

62. 下列光伏发电站的运行原则哪些是错误的？　　　　　　　　　　（　　）
(A) 夜晚不发电时，站内的无功补偿装置可不参与电网调节
(B) 并网点电压高于 1.2 倍标称电压时，站内安装的并联电抗器应在 0.2s 内退出运行
(C) 站内无功补偿装置应配合站内其他无功电源按照低电压穿越无功支持的要求发出无功功率
(D) 站内安装的 SVG 装置响应时间应不大于 30ms

63. 关于油浸式变压器的防火措施，下列表述正确的有哪些？　　　　（　　）
(A) 当油浸式变压器设置总事故储油池时，总事故储油池的容量宜按最大一个油箱容量的 100%确定
(B) 220kV 屋外油浸式变压器之间的最小防火间距为 10m
(C) 油浸式变压器之间的防火墙的高度应高于变压器油枕，长度应大于变压器储油池两侧各 1000mm
(D) 油浸式变压器之间防火墙的耐火极限不宜小于 0.9h

64. 送电线路的防雷设计需要开展耐雷水平计算。下列表述正确的有哪些？　（　　）
(A) 线路的耐雷水平是雷击线路绝缘不发生闪络的最大雷电流幅值
(B) 雷击塔顶的耐雷水平与绝缘的 50%雷电冲击波放电电压有关
(C) 雷击线路附近大地时，地线会使线路感应过电压降低
(D) 计算雷击塔顶的耐雷水平不需要考虑塔头间隙影响

65. 关于发电厂和变电站雷电保护的接地要求，下列哪几项正确？　　（　　）
(A) 高压配电装置构架上避雷针的接地引下线应与接地网连接，并应在连接处加装集中接地装置
(B) 避雷器的接地导体（线）应与接地网连接，并应在连接处加装集中接地装置
(C) 无独立避雷针或避雷线保护的露天储油罐周围应设置环形接地装置，接地电阻不应超过 30Ω，油罐接地点不应少于 2 处
(D) 主厂房装设避雷针时，应采取加强分流，设备的接地点远离避雷针接地引下线的入地点，避雷针引下线远离电气装置等防止反击的措施

66. 关于电线的微风振动，下列表述哪些是正确的？　　　　　　　　（　　）
(A) 电线微风振动的波形有驻波、拍频波、行波等
(B) 一有微风存在，电线就发生振动
(C) 电线的单位重量越大，振动频率越低
(D) 电线的张力越大，振动频率越低

67. 下列发电厂电力网络计算机监控系统配置符合规程的有哪些？　　（　　）

(A) 电力网络计算机监控系统应采用直流或 UPS 电源供电，间隔层设备采用双回 UPS 供电
(B) NCS 主机采用 NTP 对时，间隔层智能测控单元宜采用 IRIG-B 对时
(C) NCS 不设置计算机系统专用接地网
(D) NCS 交、直流电源的输出端配置电涌保护器

68．对于火力发电厂备用电源的设置原则，以下哪几项正确？　　　　　　　（　）
(A) 停电直接影响到重要设备安全的负荷，应设置备用电源
(B) 停电将使发电量大量下降的负荷，宜设置备用电源
(C) 对于接有 I 类负荷的低压动力中心的厂用母线，宜设置备用电源
(D) 对于接有 I 类负荷的高压厂用母线，应设置备用电源

69．在风电场的设计和运行中，下列表述哪些是错误的？　　　　　　　　　（　）
(A) 风电场有功功率在总额定出力的 20% 以上时，场内所有运行机组应能够实现有功功率的连续平滑调节，并能够参与系统有功功率控制
(B) 风电场安装的风电机组应满足功率因数在超前 0.98 到滞后 0.98 的范围内动态可调
(C) 风力发电机组应具备顺桨保护、消防保护、锁定保护、外挂保护
(D) 220kV 及以上风力发电场送出线路宜配置一套全线速动保护和一套独立的后备保护

70．对于 110～750kV 架空输电线路的导、地线选择，下列哪些表述是不正确的？（　）
(A) 导线的设计安全系数不应小于 2.5
(B) 地线的设计安全系数不应小于 2.5
(C) 地线的设计安全系数不应小于导线的安全系数
(D) 稀有风或稀有冰气象条件时，最大张力不应超过其导、地线拉断力的 70%

答　案

一、单项选择题

1．C
依据：《爆炸危险环境电力装置设计规范》（GB 50058—2014）第 3.4.1 条注 2。

2．B
依据：由《交流电气装置的过电压保护和绝缘配合设计规范》（GB/T 50064—2014）第 5.4.13-12-1）条可知，A 架空线上应装设配电型 MOA；由第 5.4.13-12-2）条可知 B 正确；由第 5.4.13-12-3）条可知 C 为"其接地端应与电缆金属外皮相连"；由表 5.4.13-2 可知，D 应为 20m。

3．B
依据：由《220kV～750kV 电网继电保护装置运行整定规程》（DL/T 559—2007）第 5.7.7

条可知 A 正确；由第 5.10.3 条可知 B 为"330kV、500kV、750kV 及并联回路数不大于 3 回的 220kV 线路，采用单相重合闸方式"；由第 6.1.3 条可知 C 正确；由表 4 可知 D 正确。

4. B

依据：《交流电气装置的过电压保护和绝缘配合设计规范》（GB/T 50064—2014）附录 C 及式（C.2.5），杆塔：$P = 1 - (1 - 0.002)^{24} = 0.0469$。

5. D

依据：由《风力发电场设计规范》（GB 51096—2015）第 3.3.1 条式（3.3.1）可知发电量与 C 有关；由《光伏发电站设计规范》（GB 50797—2012），第 6.6.2 条式（6.6.2）可知发电量与 A、B 有关。

6. C

依据：《交流电气装置的过电压保护和绝缘配合设计规范》（GB/T 50064—2014）第 4.4.3 条表 4.4.3。

$U_m / \sqrt{3} = 252 / \sqrt{3} = 145.5 \, (\text{kV})$，$0.75 U_m = 252 \times 0.75 = 189 (\text{kV})$。

7. B

依据：《220kV～1000kV 变电站站用电设计技术规程》（DL/T 5155—2016）第 8.0.1 条。

8. D

依据：由《110kV～750kV 架空输电线路设计规范》（GB 50545—2010）第 7.0.13 条可知，500kV 架空线应采用双地线，又由老版线路手册表 3-6-9 可知档距 600m，每端每挡防振锤数量为 2 或者 3，所以该挡地线防振锤至少 $2 \times 2 \times 2 = 8$ 个。

9. C

依据：《火灾自动报警系统设计规范》（GB 50116—2013）第 3.3.2-2 条。

10. C

依据：《交流电气装置的接地设计规范》（GB/T 50065—2011）第 7.2.2 条。

11. C

依据：《并联电容器装置设计规范》（GB 50227—2017）第 5.8.1 条，单星形双桥差接线，单台电容器额定电流为 $\dfrac{60000}{\sqrt{3} \times 24 \times 2 \times 6} = 120.28 \, (\text{A})$，连接线长期允许电流 $1.5 \times 120.28 = 180.4 (\text{A})$。

12. D

依据：由《风力发电场设计规范》（GB 51096—2015）第 7.1.1-2 条可知 A 描述正确；由第 7.1.3-2 条可知 B 正确；由第 7.1.2-5 条可知 C 正确；由第 7.1.4-2 条可知 D 可采用电阻接地方式。

13. B

依据：对于中性点不接地系统，当 A 相接地时，中线点电压上升为相电压，B、C 相对地电压上升为线电压。

14. A

依据：由《电力工程电缆设计规范》（GB 50217—2018）第 3.6.10 条、表 3.6.10 可知当 $S \leqslant 16$ 时，保护地线应与相线截面相同。D 选项只有三芯，不符合要求。

15. A

依据：《架空输电线路电气设计规程》（DL/T 5582—2020）表 5.2.1。

16．C

依据：《导体和电器选择设计技术规定》（DL/T 5222—2005）第 21.0.11 条、表 21.0.11、第 21.0.12 条式（21.0.12），海拔为 1000m 及以下时，片数为 13，包含 2 片零值绝缘子，零值绝缘子不需要海拔修正，$N_H = 11 \times [1 + 0.1 \times (3.8 - 1)] = 14.08$，总算数 14.08+2=16.08（片），取 17 片。新版规范 DL/T 5222—2021 第 21 章已经修改相关内容。

17．D

依据：《火力发电厂、变电站二次接线设计技术规程》（DL/T 5136—2012）第 7.4.7 条"正负电源之间以及经常带电的正电源与合闸或跳闸回路之间的端子排应以一个空端子分开"，故 A 描述错误；由第 7.4.6-4 条可知 B 为应该经过试验端子；由第 7.4.11 条 C 为"宜"，不是"应"；由第 7.4.6-1 条知 D 正确。

18．A

依据：新版线路手册第 470 页，（二）电线的角度荷载，式（8-21），并根据直线塔不转角和转角时，其横向荷载相等列式。或老版线路手册第 328 页，（二）电线的角度荷载，式（6-2-9），并根据直线塔不转角和转角时，其横向荷载相等

$$L_{H1}P_1 = L_{H2}P_2 + (T_1 + T_2)\sin\frac{\alpha}{2} = L_{H2}P_2 + 2T\sin\frac{\alpha}{2}$$

$$480 \times 16 = L_{H2} \times 16 + 2 \times 49140 \times \sin\left(\frac{1}{2}\right)^\circ, \quad L_{H2} = 426 \text{ (m)}$$

19．D

依据：《导体和电器选择设计技术规定》（DL/T 5222—2021）第 3.0.17 条，地震条件下适用荷载短期作用取系数 1.67，则绝缘子允许的最大地震弯矩 $\frac{2500}{1.67} = 1497(\text{N} \cdot \text{m})$。

20．B

依据：《电力工程电缆设计规范》（GB 50217—2018）第 3.6.5 条及表 3.6.5，适用一般性厂房，室内无机械通风的情况，应采用"最热月的日最高温度平均值"。

21．D

依据：《火力发电厂、变电站二次接线设计技术规程》（DL/T 5136—2012）第 5.1.7 条，当为线路变压器串时，变压器、出线、每台断路器各为一个安装单位。

22．A

依据：《架空输电线路电气设计规程》（DL/T 5582—2020）第 8.0.1 条。

23．C

依据：《电力工程电缆设计规范》（GB 50217—2018）第 6.1.10 条及式（6.1.10-1）可得

$$S_j = 16MVA, I_j = I_{e2} = \frac{16}{\sqrt{3} \times 6.3} = 1.466(\text{kA}); \quad I'' = \frac{I_j}{x} = \frac{1.466}{0.105 \times 0.925} = 15.094(\text{kA})$$

$$i_{ch} = 1.8 \times \sqrt{2} \times 15.094 = 38.42(\text{kA}); \quad F \geq \frac{2.05 i_{ch}^2 LK}{D} \times 10^{-7} = \frac{2.05 \times 38.42^2 \times 25 \times 2}{5} \times 10^{-7} = 3026.95(\text{N})$$

24．C

依据：由《电力系统安全稳定控制技术导则》（GB/T 26399—2011）第 4.2.2-C 条可知 A 正确；由第 9.2.4-g 条可知 B 正确；由第 4.3.1 条可知 C 应为"稳定控制措施应优先采用切机、直流调制，必要时可采用切负荷、解列局部电网"；由第 11.2.7 条可知 D 正确。

25．A

依据：《架空输电线路电气设计规程》（DL/T 5582—2020）第 10.2.1 条表 10.2.1-1。

26．A

依据：由《高压配电装置设计技术规程》（DL/T 5352—2018）第 4.3.3 条 A 应为 B_1 值；由第 5.1.5 条可知 B、C 正确；由表 5.1.2-1 注 3 可知 D 正确。

27．D

依据：《电力工程电缆设计规范》（GB 50217—2007）第 3.7.4.3-1 条可知 A、B 不应合用一根控制电缆；由第 3.7.4-1 条可知 D 正确；由《火力发电厂、变电站二次接线设计技术规程》（DL/T 5136—2012）第 7.5.11 条可知 C 应为较长控制电缆才必须留有必要的备用芯。

28．C

依据：新版线路手册第 307 页式（5-29）。或老版线路手册第 184 页式（3-3-12）

$$l_v = \frac{l_1+l_2}{2} + \frac{\alpha_0}{\gamma_v}\left(\frac{h_1}{l_1}+\frac{h_2}{l_2}\right) = \frac{426+488}{2} + \frac{36515/s}{\sqrt{21.10^2-13.64^2}/s}\left(\frac{-28}{426}+\frac{-28}{488}\right) = 177.77\ (m)$$

$$W_v = 2\times 177.77 \times \sqrt{21.10^2-13.64^2} = 5723.6(N)$$

29．A

依据：《高压配电装置设计技术规程》（DL/T 5352—2006）附录 E 及表 E.1。

30．B

依据：由《火力发电厂厂用电设计技术规定》（DL/T 5153—2014）第 4.7.3 条及条文说明可知，其他负荷不应由此专用变压器供电，故 B 错误；由第 4.7.4 条可知 A 正确，选项如改为奇次谐波则更为精确；由第 4.7.6 条可知 C 正确；由第 4.7.5 条可知 D 正确。

31．D

依据：《交流电气装置的过电压保护和绝缘配合设计规范》（GB/T 50064—2014）第 6.2.1-2 条，式（6.2.1）

$$U_{l.i.s} \geq k_l U_s = 1.27 \times 2.0 \times 550 \times \frac{\sqrt{2}}{\sqrt{3}} = 1140.6(kV)$$

32．B

依据：《并联电容器装置设计规范》（GB 50227—2017）第 5.8.2 条。
$$I = 1.3 \times 6 \times (500/6) = 650(A)$$

33．C

依据：《交流电气装置的过电压保护和绝缘配合设计规范》（GB/T 50064—2014）第 5.2.1-2 条、式（5.2.1-13）。

$$r_x = (1.5h - 2h_x)P = (1.5\times 25 - 2\times 12)\times 1 = 13.5(m)$$

34．C

依据：《电力工程电缆设计规范》（GB 50217—2018）第 4.1.11-1 条。

35．B

依据：《交流电气装置的接地设计规范》(GB/T 50065—2011) 附录 E、式 (E.0.1)

$$S_{\mathrm{g}} \geq \frac{I_{\mathrm{G}}}{C}\sqrt{t_{\mathrm{e}}} = \frac{35000}{70}\sqrt{0.5} = 353.56(\mathrm{mm}^2)$$

选 B 较为经济。

36. C

依据：《电力工程直流电源系统设计技术规程》(DL/T 5044—2014) 第 3.3.3-3 条可知，A "应"改为"宜"；第 3.3.3-6 条可知 B 应为 "220kV 及以上"；第 3.3.3-8 条可知 C 正确；第 3.3.3-9 条可知 D 应为 2 套。

37. C

依据：《风电场接入电力系统技术规定》(GB/T 19963—2011) 表 3。GB/T 19963.1—2021 表 4 将 49.5 更改为 48.5。

38. A

依据：由《火力发电厂和变电站照明设计技术规定》(DL/T 5390—2014) 第 5.1.8 条可知，A 应为 "不低于 120min"。

39. C

依据：《光伏发电站无功补偿技术规范》(GB/T 29321—2012) 第 7.2.3 条。

40. C

依据：新版线路手册第 306 页式 (5-21)。或老版《电力工程高压送电线路设计手册》(第二版) 第 182 页式 (3-3-4)。

$$l_{\mathrm{cr}} = \sqrt{\frac{315^3 + 386^3 + 432^3 + 346^3 + 444^3 + 365^3 + 435^3 + 520^3 + 428^3}{315 + 386 + 432 + 346 + 444 + 365 + 435 + 520 + 428}} = 420\ (\mathrm{m})$$

二、多项选择题

41. BCD

依据：由《电力工程直流电源系统设计技术规程》(DL/T 5044—2014) 第 8.1.7 条可知 A 描述正确，C 蓄电池室可能设置采暖设施；由第 7.1.2 条可知 B 应"室内应保持良好通风"；由《火力发电厂和变电站照明设计技术规定》(DL/T 5390—2014) 第 6.0.1 条及表 6.0.1-1 可知 D 为 100 lx。

42. ABD

依据：《高压配电装置设计技术规程》(DL/T 5352—2018) 第 5.1.2 条及表 5.1.2-1。

43. ACD

依据：由《继电保护和安全自动装置技术规程》(GB/T 14285—2006) 第 4.5.2.2 条可知 A 正确；由第 4.6.2-c 条可知 B 应为"不带时限的线路 I 段保护"，C 选项正确；由《220kV～750kV 电网继电保护装置运行整定规程》(DL/T 559—2018) 第 5.4.6 条可知 D 正确。

44. ABC

依据：由《电力工程直流电源系统设计技术规程》(DL/T 5044—2014) 第 6.5.2-4 条可知 A 正确；由第 6.3.8 条可知 220×5%=11 (V)，故 B 和 C 正确；由第 3.5.2-4 条允许短时并联可知，D 错误。

45. ACD

依据：《导体和电器选择设计技术规定》（DL/T 5222—2005）第 20.1.6-1）条可知 B 描述正确；由第 20.1.6-2）条可知 A 和 D 均不低于 U_m；对于 330kV～750kV 电压等级在 DL/T 5222—2005 规范相应条文中未提及。而 220kV 及以下起决定作用的是雷电冲击下的残压，330～750kV 除了雷电冲击残压，还要考虑操作冲击下的残压，所以其额定电压必然不同。再者对于有串联间隙氧化物避雷器，其额定电压是当间隙击穿后才加到避雷器上，它与无间隙的不同，也不能简单的套用无间隙氧化物避雷器的相关规定。老版一次手册及《交流电气装置的过电压保护和绝缘配合设计规范》（GB/T 50064—2014）中均未提及串联间隙氧化物避雷器，事实上，这个串联间隙氧化物避雷器只存在过很短的时间，现在基本已经被淘汰了。新版规范 DL/T 5222—2021 第 20 章已删除此条内容。

46．AB

依据：由《220kV～1000kV 变电所所用电设计技术规程》（DL/T 5155—2016）第 3.1.2 条，"当初期只有一台主变压器时，除从其引接一回电源外，还应从站外引接一回可靠的电源"可知 A 错，B 错（其中 T 接不可靠），C 正确；由第 3.1.6 条、第 3.1.8 条可知 D 正确。

47．ABC

依据：由《火力发电厂与变电站设计防火规范》（GB 50229—2006）第 11.3.1 条可知 A、C 正确；由第 6.7.4 条可知电缆桥架属于架空敷设，故 B 正确。

48．ABD

依据：由《交流电气装置的接地设计规范》（GB/T 50065—2011）第 4.3.7.1-1 条可知 A 正确，由第 4.3.7.1-2 条可知 B 正确，由第 4.3.7.1-4 条可知 D 正确。由第 4.3.7.2-2 条可知 C 可利用永久性金属管道接地。

49．BCD

依据：《并联电容器装置设计规范》（GB/T 50227—2017）第 6.2.3 条及条文说明，12%的电容器组应先投后切，5%的电容器组应后投先切。

50．ABD

依据：由《光伏发电站设计规范》（GB 50797—2012）第 8.2.2 条可知 A 正确；由第 8.2.10 条可知 B 正确；由第 8.2.8 条可知 C 应装设隔离开关；由第 8.2.4 条可知 D 正确。

51．BCD

依据：由《火力发电厂、变电站二次接线设计技术规程》（DL/T 5136—2012）第 5.4.9 条可知，A 应为有且只能有一个接地点，宜在配电装置处经端子排接地；由第 6.7.5 条可知 B 正确；由第 5.4.5 条、第 5.4.6 条可知 C 正确；由第 5.4.3 条、第 5.4.10 条可知 D 正确。

52．ABC

依据：新版线路手册第 173 页式(3-278)、式(3-279)。或老版线路手册第 125 页式(2-7-11)、式（2-7-12）。

53．ABC

依据：《导体和电器选择设计技术规定》（DL/T 5222—2021）第 3.0.11 条及条文说明。

54．ABC

依据：由《交流电气装置的过电压保护和绝缘配合设计规范》（GB/T 50064—2014）第 5.4.2-1 条、第 5.4.2-2 条、第 5.4.2-4 条可知 A、B、C 正确；由第 5.4.2-6 条可知 D 可不装设直击雷保护装置。

55．ABD

依据：由《火力发电厂和变电站照明设计技术规定》（DL/T 5390—2014）第 5.1.1-7 条、第 8.8.2 条、第 5.6.2-3 条可知 A、B、D 正确；由第 8.7.2 条可知 C 应穿厚壁钢管敷设。

56．ABC

依据：《导体和电器选择设计技术规定》（DL/T 5222—2021）第 21.0.2 条条文说明，屋内不必校验风速。

57．ABCD

依据：《火力发电厂厂用电设计技术规定》（DL/T 5153—2014）第 8.6.1-1 条～第 8.6.1-3 条。过电流保护作为后备保护都必须安装，它和装设电流速断保护与否无关。

58．ABD

依据：《架空输电线路电气设计规程》（DL/T 5582—2020）第 9.1.1 条及条文说明。

59．BCD

依据：《导体和电器选择设计技术规定》（DL/T 5222—2005）第 13.0.4 条及条文说明表 9，IP2X 能防止手指触及壳内带电部分。新版规范 DL/T 5222—2021 第 12 章已删除原规范表 9。

60．AC

依据：由《电力系统安全稳定导则》（DL 755—2001）第 4.3.1 条、第 4.5.1 条可知 A、C 正确；由第 4.3.4 条可知 B 应为 $\frac{dP}{d\delta}>0$ 或 $\frac{dQ}{dU}<0$；由《电力系统安全稳定控制技术导则》（GB/T 26399—2011）第 3.2.2 条可知 D 应为"稳定控制分为暂态稳定控制、动态稳定控制、电压稳定控制、频率稳定控制、过负荷控制"。

61．BCD

依据：《电力设施抗震设计规范》（GB 50260—2013）第 1.0.6 条、第 6.1.1 条，单机容量为 300MW 及以上的火力发电厂属于重要电力设施，当抗震设防烈度为 7 度及以上时，应进行抗震设计，故 A 错；由第 6.5.2 条、第 6.5.4 条、第 6.7.7 条可知 B、C、D 正确。

62．AB

依据：由《光伏发电站无功补偿技术规范》（GB/T 29321—2012）第 7.2.2 条可知，A 应为"光伏发电站处于非发电时段，光伏发电站安装的无功补偿装置也应按照电力系统调度机构的指令运行"；由第 7.2.3 条可知 B 项电抗器应能至少持续运行 5min；由第 7.2.5 条、第 5.2.2 条可知 C、D 正确。

63．ABC

依据：由《高压配电装置设计技术规程》（DL/T 5352—2018）第 5.5.4 条、第 5.5.6 条、第 5.5.7 条可知 A、B、C 正确，D 项应为 3h。

64．ABC

依据：新版线路手册第 177 页 2."雷击塔顶时耐雷水平的计算"可知 A 正确，D 应考虑塔头间隙影响；由第 177 页式（3-307），可知 B 正确；由第 175 页式（3-286）可知 C 正确。或老版线路手册第 127 页第二章第七节第 2 部分"雷击塔顶时耐雷水平的计算"可知 A 正确，D 应考虑塔头间隙影响；由第 127 页式（2-7-23）可知 B 正确；由第 126 页式（2-7-16）可知 C 正确。

65．ABD

依据：由《交流电气装置的过电压保护和绝缘配合设计规范》(GB/T 50064—2014) 第 5.4.7-4 条、第 5.4.13-6 条、第 5.4.2-3 条可知 A、B、D 正确；由第 5.4.4-2 条可知 C 为不应超过 10Ω。

66．AC

依据：新版线路手册第 345 页左下方，A 正确；由式（5-100），$f_c = \dfrac{n}{2L}\sqrt{\dfrac{T}{m}}$，C 正确，D 应为张力越大，振动频率越高；由第 345 页左侧可知 B 应为"受到稳定的横向风均匀作用时"。

或老版线路手册第 219 页可知 A 正确；由式（3-6-2），$f_c = \dfrac{n}{2L}\sqrt{\dfrac{T}{m}}$，C 正确，D 应为张力越大，振动频率越高；由第 219 页左侧可知 B 应为"受到稳定的横向风均匀作用时"。

67．BC

依据：由《发电厂电力网络计算机监控系统设计技术规程》(DL/T 5226—2013) 第 5.8.1 条、第 8.3.2 条可知 B、C 正确；由第 8.1.1 条、第 8.1.2 条可知 A 为间隔层宜采用双回直流电源供电；由第 8.2.2 条可知 D 应为输入端宜配置电涌保护器。

68．BC

依据：《大中型火力发电厂设计规范》(GB 50660—2011) 第 16.3.9.1 条可知，A 为必须设置自动投入的备用电源；由第 16.3.9.2 条可知 B 正确；由《火力发电厂厂用电设计技术规程》(DL/T 5153—2014) 第 3.7.2 条可知 C 正确 D 为"宜"而不是"应"。

69．BD

依据：由《风电场接入电力系统技术规定》(GB/T 19963—2011) 第 5.1.3 条、第 6.2.8 条可知 A、C 正确；由第 7.1.1 条可知 B 应为 0.95；由《风力发电场设计规范》(GB 51096—2015) 第 5.3.1.2 条可知 D 为"宜配置两套完整、独立的全线速动主保护"。

70．ABD

依据：由《110kV～750kV 架空输电线路设计规范》(GB 50545—2010) 第 5.0.7 条可知，A、B 未指出是在弧垂最低点，故描述不正确，C 正确；由第 5.0.9 条可知 D 应为"弧垂最低点的最大张力不应超过其导地线拉断力的 70%悬挂点的最大张力，不应超过导地线拉断力的 77%"，故 D 描述不正确。

新版规范《架空输电线路电气设计规程》(DL/T 5582—2020) 第 5.1.17 条对稀有大风和稀有覆冰的最大受力百分数进行了修改。

2018 年注册电气工程师专业案例试题

（上午卷）及答案

【2018 年上午题 1~5】某城市电网拟建一座 220kV 无人值班重要变电站（远离发电厂），电压等级为 220/110/35kV，主变压器为 2×240MVA。220kV 电缆出线 4 回，110kV 电缆出线 10 回，35kV 电缆出线 16 回。请分析计算并解答下列各小题。

1. 该无人值班变电站各侧的主接线方式，采用下列哪一组接线是符合规程要求的？并论述选择的理由。（   ）

（A）220kV 侧双母线接线，110kV 侧双母线接线，35kV 侧双母线分段接线
（B）220kV 侧单母线分段接线，110kV 侧双母线接线，35kV 侧单母线分段接线
（C）220kV 侧扩大桥接线，110kV 侧双母线分段接线，35kV 侧单母线接线
（D）220kV 侧双母线接线，110kV 侧双母线接线，35kV 侧单母线分段接线

2. 由该站 220kV 出线转供的另一变电站，设两台主变压器，有一级负荷 100MW，二级负荷 110MW，无三级负荷，请计算选择该变电站单台主变压器容量为下列哪项数值时比较经济合理？（主变压器过负荷能力按 30%考虑）（   ）

（A）120MVA   （B）150MVA
（C）180MVA   （D）240MVA

3. 若主变压器 35kV 侧保护用电流互感器变比为 4000/1A，35kV 母线最大三相短路电流周期分量有效值为 26kA，请校验该电流互感器动稳定电流倍数应大于等于下列哪项数值？（   ）

（A）6.5   （B）11.7
（C）12.4   （D）16.5

4. 经评估，该变电站投运后，该区域 35kV 供电网的单相接地电流为 600A，本站 35kV 中性点拟选用低电阻接地方式，考虑到电网发展和市政地下管线的统一布局规划，拟选用单相接地电流为 1200A 的电阻器，请计算电阻器的计算值是多少？（   ）

（A）16.8Ω   （B）29.2Ω
（C）33.7Ω   （D）50.5Ω

5. 该变电站 35kV 电容器组，采用单台容量为 500kvar 的电容器，双星接线，每相由 1 个串联段组成，每台主变压器装设下列哪组容量的电容器组不满足规程要求？（   ）

(A) 2×24000kvar (B) 3×18000kvar
(C) 4×12000kvar (D) 4×9000kvar

【2018年上午题6~9】 某电厂装有 2×300MW 发电机组，经主变压器升压至 220kV 接入系统，发电机额定功率为 300MW，额定电压为 20kV，额定功率因数为 0.85，次暂态电抗为 18%，暂态电抗为 20%，发电机中性点经高电阻接地，接地保护动作于跳闸时间为 2s，该电厂建于海拔 3000m 处，请分析计算并解答下列各小题。

6. 计算确定装设于发电机出口的金属氧化锌避雷器的额定电压和持续运行电压不应低于下列哪项数值？并说明理由。 （ ）

(A) 20kV，11.6kV (B) 21kV，16.8kV
(C) 25kV，11.6kV (D) 26kV，20.8kV

7. 该厂主变压器额定容量 370MVA，变比 230/20kV，U_d=14%，由系统提供的短路阻抗（标幺值）为 0.00767（基准容量 S_j=100MVA），请计算 220kV 母线处发生三相短路时的冲击电流值最接近下列哪项数值？ （ ）

(A) 85.6kA (B) 93.6kA
(C) 101.6kA (D) 104.3kA

8. 220kV 配电装置采用户外敞开式管型母线布置，远景母线最大功率为 1000MVA，若环境空气温度为 35℃，选择以下哪种规格铝镁系（LDRE）管母满足要求？ （ ）

(A) ϕ110/100 (B) ϕ120/110
(C) ϕ130/116 (D) ϕ150/136

9. 该电厂绝缘配合要求的变压器外绝缘的雷电耐受电压为 950kV，工频耐受电压为 395kV，计算其出厂试验电压应选择下列哪组数值？（按指数公式修正） （ ）

(A) 雷电冲击耐受电压 950kV，工频耐受电压 395kV
(B) 雷电冲击耐受电压 1050kV，工频耐受电压 460kV
(C) 雷电冲击耐受电压 1214kV，工频耐受电压 505kV
(D) 雷电冲击耐受电压 1372kV，工频耐受电压 571kV

【2018年上午题10~13】 某电厂的 750kV 配电装置采用屋外敞开式布置。750kV 设备的短路电流水平为 63kA（3s），800kV 断路器 2s 短时耐受电流为 63kA，断路器开断时间为 60ms，750kV 配电装置最大接地故障（单相接地故障）电流为 50kA，其中电厂发电机组提供的接地故障电流为 15kA，系统提供的接地故障电流为 35kA。

假定 750kV 配电装置区域接地网敷设在均匀土壤中，土壤电阻率为 150Ω·m，750kV 配电装置区域地面铺 0.15m 厚的砾石，砾石土壤电阻率为 5000Ω·m，请分析计算并解答下列各小题。

10. 750kV 配电装置区域接地网是以水平接地极为主边缘闭合的复合接地网，接地网总面积为 54000m², 请简易计算 750kV 配电装置区域接地网的接地电阻为下列哪项数值？ （   ）

(A) 4Ω (B) 0.5Ω
(C) 0.32Ω (D) 0.04Ω

11. 假定 750kV 配电装置的接地故障电流持续时间为 1s, 则 750kV 配电装置内的接触电位差和跨步电位差允许值（可考虑误差在 5%以内）应为下列哪组数值？ （   ）

(A) 199.5V, 279V (B) 245V, 830V
(C) 837V, 2904V (D) 1024V, 3674V

12. 假定电厂 750kV 架空送电线路，厂内接地故障避雷线的分流系数 k_{f1} 为 0.65, 厂外接地故障避雷线的分流系数 k_{f2} 为 0.54, 不计故障电流的直流分量的影响，则经 750kV 配电装置接地网的入地电流为下列哪项数值？ （   ）

(A) 6.9kA (B) 12.25kA
(C) 22.05kA (D) 63kA

13. 若 750kV 最大接地故障短路电流为 50kA, 电厂接地网导体采用镀锌扁钢, 两套速动主保护动作时间为 100ms, 后备保护动作时间为 1s, 断路器失灵保护动作时间为 0.3s, 则 750kV 配电装置主接地网不考虑腐蚀的导体截面不宜小于下列哪项数值？ （   ）

(A) 363mm² (B) 484mm²
(C) 551mm² (D) 757mm²

【2018年上午题 14~18】 某火力发电厂机组直流系统。蓄电池拟选用阀控式密封铅酸蓄电池（贫液、单体 2V), 浮充电压为 2.23V。本工程直流动力负荷如下表。

序号	名　称	数　量	容量（kW）
1	直流长明灯	1	1
2	直流应急照明	1	1.5
3	汽机直流事故润滑油泵	1	30
4	发电机空侧密封直流油泵	1	15
5	主厂房不停电电源（静态）	1	80（η 为 1）
6	小机直流事故润滑油泵	2	11

直流电动机启动电流按 2 倍电动机额定电流计算。

14. 该电厂设专用动力直流电源，请计算蓄电池的个数、事故末期终止放电电压应为下列哪组数值？ （   ）

(A) 51 只, 1.83V (B) 52 只, 1.85V
(C) 104 只, 1.80V (D) 104 只, 1.85V

15. 请计算该电厂直流动力负荷事故放电初期 1min 的放电电流是下列哪项数值？

（　　）

（A）497.73A 　　　　　　　　　（B）615.91A
（C）802.27A 　　　　　　　　　（D）838.64A

16. 假设动力用蓄电池组选用 1200Ah，每组蓄电池直流充电器选用一套高频开关电源，蓄电池均衡充电时考虑供正常负荷，并且均衡充电系数均选最大值，充电模块选用 20A。请计算充电装置所选模块数量及该回路电流表的测量范围，应为下列哪组数值？　　（　　）

（A）7 个，0～150A 　　　　　　（B）9 个，0～200A
（C）10 个，0～200A 　　　　　　（D）10 个，0～300A

17. 本工程动力用蓄电池组选用 1200Ah，直流事故停电时间按 1h 考虑，如果直流馈电屏中汽机直流事故润滑油泵、主厂房不停电电源、发电机空侧密封直流油泵回路的直流开关额定电流分别选 125A、300A、63A，请计算蓄电池组出口回路熔断器的额定电流及两台机组动力直流系统之间应急联络断路器的额定电流，下列哪组数值是合适的？（其中应急联络断路器的额定电流按与蓄电池出口熔断器配合进行选择）　　　　　　　　　　　　（　　）

（A）630A，300A 　　　　　　　（B）630A，350A
（C）800A，400A 　　　　　　　（D）800A，500A

18. 汽机直流事故润滑油泵距离直流屏电缆长度为 150m，并通过电缆桥架敷设，汽机直流事故润滑油泵额定电流按 136A 考虑（已知：铜电阻系数 $\rho=0.0184\Omega\cdot mm^2/m$，铝电阻系数 $\rho=0.031\Omega\cdot mm^2/m$），则下列汽机直流事故润滑油泵电缆选择哪一项是正确的？　（　　）

（A）NH-YJV-0.6/1kV，$2\times150mm^2$ 　　（B）YJV-0.6/1kV，$2\times150mm^2$
（C）YJLV-0.6/1kV，$2\times240mm^2$ 　　　（D）NH-YJV-0.6/1kV，$2\times120mm^2$

【2018 年上午题 19～20】　某电网拟建一座 220kV 变电站，主变压器容量 $2\times240MVA$，电压等级为 220/110/10kV。10kV 母线三相短路电流为 20kA，在 10kV 母线上安装数组单星形接线的电容器组，电抗率选 5% 和 12% 两种。请回答以下问题：

19. 假设该变电站某组 10kV 电容器单组容量为 8Mvar，拟抑制 3 次及以上谐波，请计算串联电抗器的单相额定容量和电抗率应选择下列哪项数值？　　　　　　　　（　　）

（A）133kvar，5% 　　　　　　　（B）400kvar，5%
（C）320kvar，12% 　　　　　　 （D）960kvar，12%

20. 请计算当电网背景谐波为 3 次谐波时，能发生谐振的电容组容量和电抗率是下列哪组数值？

（　　）

（A）−3.2Mvar，12% 　　　　　　（B）1.2Mvar，5%
（C）12.8Mvar，5% 　　　　　　 （D）22.2Mvar，5%

【2018 年上午题 21~25】 某单回路 220kV 架空送电线路，采用 2 分裂 LGJ—400/35 导线，导线的基本参数如下表：

导线型号	拉断力（N）	外径（mm）	截面积（mm²）	单重（kg/m）	弹性系数（N/mm²）	线膨胀系数（1/℃）
LGJ-400/35	98707.5	26.82	425.24	1.349	65000	20.5×10⁻⁴

注 拉断力为试验保证拉断力。

该线路的主要气象条件为：最高温度 40℃，最低温度-20℃，年平均气温 15℃，基本风速 27m/s（同时气温-5℃），最大覆冰厚度 10mm（同时气温-5℃，同时风速 10m/s），（重力加速度取 10m/s²）。

21．若该线路导线的最大使用张力为39483N，请计算导线的最大悬点张力大于下列哪项数值时，需要放松导线？ （ ）

（A）39483N   （B）43431N
（C）43870N   （D）69095N

22．在塔头设计时，经常要考虑导线Δf（导线在塔头处的弧垂）及其风偏角，如果在计算导线对杆塔的荷载时，得出大风（27m/s）条件下 $\gamma_4 = 26.45 \times 10^{-3} \text{N}/(\text{m}\cdot\text{mm}^2)$，那么，大风条件下导线的风偏角应为下列哪项数值？ （ ）

（A）34.14°   （B）36.88°
（C）39.82°   （D）42.00°

23．施工图设计中，某基直线塔水平档距 600m，导线悬挂点高差系数为-0.1，悬垂绝缘子串重 1500N，操作过电压工况的导线张力为 24600N，风压为 4N/m，绝缘子串风压 200N，计算操作过电压工况下导线悬垂绝缘子串风偏角最接近下列哪项数值？ （ ）

（A）12.64°   （B）20.51°
（C）22.18°   （D）25.44°

24．设年平均气温条件下的比载为 $31.7 \times 10^{-3} \text{N}/(\text{m}\cdot\text{mm}^2)$，水平应力为 $50\text{N}/(\text{m}\cdot\text{mm}^2)$ 且某挡的挡距为 500m，悬点高差为 50m，问该挡的导线长度为下列哪项值？（按平抛公式计算） （ ）

（A）502.09m   （B）504.60m
（C）507.13m   （D）512.52m

25．某线路两耐张转角塔 Ga、Gb 挡距为 300m，处于平地，Ga 呼称高为 24m，Gb 呼称高为 24m，计算风偏时导线最大风荷载 11.25m/s，此时导线张力为 31000N，距 Ga 塔 70m 处有一建筑物，请计算导线在最大风偏情况下距建筑物的净空距离为下列哪项数值？（采用平抛物线公式） （ ）

（A）8.76m （B）10.56m
（C）12.31m （D）14.89m

答　案

1. D【解答过程】依据 DL/T 5103—2012 第 4.1.2 条、DL/T 5218—2012 第 5.1.6 条、第 5.1.7 条可得，重要变电站 220kV 电缆出线 4 回，采用双母线接线；110kV 电缆出线 10 回，采用双母线接线；5kV 电缆出线 16 回，采用 35kV 侧单母线分段接线。

2. C【解答过程】由 DL/T 5218—2012 第 5.2.1 条得：（1）一台主变压器停运时，另一台供全部负荷 70%：$S_e \geqslant 0.7 \times (100+110) = 147 (MVA)$。（2）计及过负荷能力时，满足全部一二级负荷：$S_e \geqslant \dfrac{100+110}{1.3} = 161.5 (MVA)$。综合以上要求，取最大者 161.5MVA，选 C。

3. B【解答过程】依据 DL/T 866—2015 第 3.2.8 条式（3.2.8-2）、DL/T 5222—2021 附录第 A.4 可得：$k_d \geqslant \dfrac{i_{ch} \times 1000}{\sqrt{2} \times I_{pr}} = \dfrac{\sqrt{2} \times 1.8 \times 26 \times 1000}{\sqrt{2} \times 4000} = 11.7$。

4. A【解答过程】依据：DL/T 5222—2021 附录 B.2.2 可得
$$R = \dfrac{U_N}{\sqrt{3} I_d} = \dfrac{35000}{\sqrt{3} \times 1200} = 16.8 (\Omega)$$

5. A【解答过程】依据 GB 50227—2017 第 4.1.2 条，电容器并联总容量不应超过 3900kvar。A 选项 $S = \dfrac{24000}{3 \times 2} = 4000(kvar) > 3900kvar$；B 选项 $S = \dfrac{18000}{3 \times 2} = 3000(kvar) < 3900kvar$；C 选项 $S = \dfrac{12000}{3 \times 2} = 2000(kvar) < 3900kvar$；D 选项 $S = \dfrac{9000}{3 \times 2} = 1500(kvar) < 3900kvar$。

6. B【解答过程】依据 GB 50064—2014 第 4.4.4 条，$t=2s<10s$。相对地额定电压：$U_R \geqslant 1.05 U_e = 1.05 \times 20 = 21(kV)$；持续运行电压：$U_c \geqslant 0.8 U_R = 0.8 \times 21 = 16.8(kV)$。

7. C【解答过程】（1）依题意，220kV 母线短路电流为：两台发电机提供的短路电流+系统提供的短路电流；（2）由新版一次手册第 108 页表 4-2 公式及第 116 页左下角规定可得：$X_{*1} = 0.18 + \dfrac{14}{100} \times \dfrac{300/0.85}{370} = 0.3135$；$X_* = \dfrac{0.3135}{2} = 0.1568 < 3$ 应按有限大系统计算；（3）用 0.03135 查该手册第 116 页图 4-6 可得 $I_*'' = 3.45 \times 2 = 6.9$，结合表 4-1 有：$I'' = 6.9 \times \dfrac{300/0.85}{\sqrt{3} \times 230} + \dfrac{0.251}{0.00767} = 38.84(kA)$；（4）DL/T 5222—2005 附录 F.4.1 式（F.4.1-1）、表 F.4.1 可知 k_{ch} 取 1.85；$i_{ch} = \sqrt{2} k_{ch} I'' = \sqrt{2} \times 1.85 \times 38.84 = 101.62(kA)$。老版一次手册第 121 页表 4-2、第 129 页右上规定内容及图 4-6。

8. D【解答过程】由新版一次手册第 220 页表 7-3，第 337 页式（9-25）可得：

$I_n \geq \dfrac{1000 \times 1000}{\sqrt{3} \times 220} = 2624$ (A)；查 DL/T 5222—2005 附录 D，表 D.2 及表 D.11 得综合校正系数 $k=0.76$；$I'_n \geq \dfrac{I_n}{k} = \dfrac{2624}{0.76} = 3453$ (A)；查该规范表 D.2，$\phi 150/136$ 相应的载流量为 3720A 符合题意，所以选 D。老版一次手册第 232 页表 6-3、第 333 页式（8-1）。

9. C【解答过程】依据 GB 311.1—2012 附录 B 式（B.3）取 $q=1$，$k_a = e^{q \times \frac{H-1000}{8150}} = e^{1 \times \frac{3000-1000}{8150}} = 1.278$；雷电冲击耐受电压 $U_{e.l.o} = 950 \times 1.278 = 1214.1$ (kV)，工频耐受电压 $U_{o.\sim.o} = 395 \times 1.278 = 504.8$ (kV)。

10. C【解答过程】依据 GB/T 50065—2011 第 A.0.4-3 条可得：$R \approx \dfrac{0.5\rho}{\sqrt{S}} = \dfrac{0.5 \times 150}{\sqrt{54000}} = 0.32 (\Omega)$。

11. C【解答过程】依据 GB/T 50065—2011 式（C.0.2）可得

$C_s = 1 - \dfrac{0.09 \times \left(1 - \dfrac{\rho}{\rho_s}\right)}{2h_s + 0.09} = 1 - \dfrac{0.09 \times \left(1 - \dfrac{150}{5000}\right)}{2 \times 0.15 + 0.09} = 0.78$ 依据该规范第 4.2.2 条式（4.2.2-1）、式（4.2.2-2）可得 $U_t = \dfrac{174 + 0.17 \times \rho C_s}{\sqrt{t_s}} = \dfrac{174 + 0.17 \times 5000 \times 0.78}{\sqrt{1}} = 837(V)$，$U_s = \dfrac{174 + 0.7 \times \rho C_s}{\sqrt{t_s}} = \dfrac{174 + 0.7 \times 5000 \times 0.78}{\sqrt{1}} = 2904(V)$。

12. B【解答过程】依据 GB/T 50065—2011 附录 B.0.1 式（B.0.1-1）、式（B.0.1-2）

厂内：$I_g = (I_{max} - I_n) \times k_{f1} = (50-15) \times (1-0.65) = 12.25 (kA)$；

厂外：$I_g = I_n \times k_{f2} = 15 \times (1-0.54) = 6.9 (kA)$，取最大值 12.25kA。

13. A【解答过程】依据 GB/T 50065—2011 中 E.0.3 式（E.0.3-1）可得：$t_e = 0.1 + 0.3 + 0.06 = 0.46(s)$；依据 4.3.5、附录第 E.0.1 条式（E.0.1）及第 E.0.2 条，扁钢 $C=70$ $S_g \geq 0.75 \times \dfrac{I_F}{C}\sqrt{t_e} = 0.75 \times \dfrac{50 \times 1000}{70} \times \sqrt{0.46} = 363 (mm^2)$。

14. D【解答过程】依据 DL/T 5014—2014 附录第 C.1.1 条式（C.1.1）、第 C.1.3 条式（C.1.3）$n = 1.05 \times \dfrac{U_n}{U_f} = \dfrac{1.05 \times 220}{2.23} = 103.6$（个），取 104 个 $U_m \geq 0.875 \times \dfrac{U_n}{n} = 0.875 \times \dfrac{220}{104} = 1.85$ (V)。

15. C【解答过程】依据 DL/T 5044—2014 第 4.2.5 条、第 4.2.6 条（长明灯和事故照明的负荷系数均为1，不停电电源的负荷系数为0.5）。

$I = \dfrac{S}{U} = \dfrac{1 \times 1 + 1.5 \times 1 + 30 \times 2 + 15 \times 2 + 80 \times 0.5 + 2 \times 11 \times 2}{220} \times 1000 = 802.27$ (A)。

16. C【解答过程】依据 DL/T 5044—2014 第 4.1.2 条可知经常负荷为直流长明灯，$I_{jc} = \dfrac{1000}{220} = 4.55$ (A)；依据附录第 D.1.1 条式（D.1.1-5），$I_r = 1.25 I_{10} + I_{jc} = 1.25 \times \dfrac{1200}{10} + 4.55 = 154.55$ (A)；依据第 D.2.1 条式（D.2.1-1）、第 D.2.1-2、D.2.1-4 条 $n_1 = \dfrac{154.55}{20} = 7.7$，取 8，则

$n_2=2$，$n=n_1+n_2=10$；由表 D.1.3 及注，电流表范围取 0～200A。

17. C【解答过程】(1) 蓄电池出口熔断器：依据 DL/T 5044—2014 附录 A.3.6 式（A.3.6-1）、式（A.3.6-2）可得：$I_n \geqslant I_1 = 5.5 \times I_{10} = 5.5 \times \dfrac{1200}{10} = 660\,(\text{A})$；$I_n > kI_{n\max} = 2 \times 300 = 600\,(\text{A})$。两者同时满足，取 800A。(2) 应急联络断路器：依据第 6.5.2-4 条可得 $I_n \leqslant 50\% \times 800 = 400\,(\text{A})$，且大于最大负荷 300A。

18. A【解答过程】依据 DL/T 5044—2014 第 6.3.1 条可知应选用耐火电缆，排除 B 和 C，选项 A 和 D 均为铜电缆。由第 6.3.7 条，附录 E.1.1 式（E.1.1-2），表 E.2-1，表 E.2-2
$$S = \dfrac{\rho \times 2L \times I_{ca}}{\Delta U_p} = \dfrac{0.0184 \times 2 \times 150 \times 136 \times 2}{0.05 \times 220} = 136.5\,(\text{mm}^2)，\text{A 选项满足要求。}$$

19. C【解答过程】(1) 由 GB 50227—2017 第 5.5.2 条可知 $k=12\%$ 时 3 次谐波被抑制；
(2) 电抗器和电容器串联联接，电流相等，电压和阻抗成正比，所以容量比等于阻抗比，
可得 $\dfrac{Q_{L\text{单相}}}{Q_{C\text{单相}}} = \dfrac{X_L}{X_C} = K \Rightarrow Q_{L\text{单相}} = Q_{C\text{单相}} K = \dfrac{8}{3} \times 0.12 = 0.32\,(\text{Mvar}) = 320\,(\text{kvar})$，所以选 C。

20. D【解答过程】依据 GB 50227—2017 第 5.5.2 条可知，$K=12\%$ 时，3 次谐波被抑制，不会谐振，依据第 3.0.3 条可知当 $K=5\%$，由式（3.0.3）得电容组 3 次谐波谐振容量
$$Q_{cx} = S_d \left(\dfrac{1}{n^2} - K \right) = \sqrt{3} \times 20 \times 10.5 \times \left(\dfrac{1}{3^2} - 0.05 \right) = 22.2\,(\text{Mvar})。$$

21. C【解答过程】依据 GB 50545—2010 第 5.0.7 条、第 5.0.8 条式（5.0.8）可得
$\dfrac{98707.5}{2.25} = 43870\,(\text{N})$。

22. A【解答过程】由新版线路手册第 156 页左上内容及 GB 50545—2010 第 10.1.18 条及表 10.1.18-1 可得
$$\theta = \arctan\left(\dfrac{\gamma_4}{\gamma_1}\right) = \arctan\left(\dfrac{26.45 \times 10^{-3} \times \dfrac{0.61}{0.75}}{\dfrac{1.349 \times 10}{425.24}}\right) = 34.14°。$$

23. C【解答过程】由新版线路手册第 152 页式（3-245）可得
$$\varphi = \arctan\left(\dfrac{\dfrac{P_1}{2} + Pl_h}{\dfrac{G_1}{2} + Wl_h + \alpha T}\right) = \arctan\left(\dfrac{\dfrac{200}{2} + 2 \times 4 \times 600}{\dfrac{1500}{2} + 2 \times 10 \times 1.349 \times 600 - 0.1 \times 2 \times 24\,600}\right) = 22.18°$$
老版线路手册第 103 页式（2-6-44）。

24. B【解答过程】由《电力工程设计手册 架空输电线路设计》第 304 页表 5-14 可得挡内导线长度为：$L = l + \dfrac{h^2}{2l} + \dfrac{\gamma^2 l^3}{24\sigma_0^2} = 500 + \dfrac{50^2}{2 \times 500} + \dfrac{(31.7 \times 10^{-3})^2 \times 500^3}{24 \times 50^2} = 504.60\,(\text{m})$。老版线路手册第 180 页表 3-3-1。

25. C【解答过程】由新版线路手册第 304 页表 5-14 可得挡距中离一端 70m 处风偏面上

的斜弧垂为 $f_{70} = \dfrac{\sqrt{13.49^2 + 11.25^2} \times 70 \times 230}{425.24 \times 2 \times 31000 / 425.24} = 4.56(\text{m})$；又由该手册第 156 页左上侧公式可得风偏面的风偏角为：$\varphi = \arctan\left(\dfrac{\gamma_4}{\gamma_1}\right) = \arctan\left(\dfrac{11.25/A}{13.49/A}\right) = 39.83°$ 挡内 70m 处，导线风偏后的位置 A 点的水平、垂直坐标 $y = 24 - 4.56\cos39.83° - 9 = 11.5(\text{m})$、$x = (13 - 5.7) - 4.56\sin39.83° = 4.38(\text{m})$；A 点与建筑物顶点之间的距离 $S = \sqrt{11.5^2 + 4.38^2} = 12.31(\text{m})$。老版线路手册第 179 页表 3-3-1、第 106 页倒数第四行公式。

2018年注册电气工程师专业案例试题

（下午卷）及答案

【2018年下午题1~3】　某城区电网220kV变电站现有3台主变，220kV户外母线采用φ100/90铝锰合金管形母线。依据电网发展和周边负荷增长情况，该站将进行增容改造，具体情况如下表，请分析计算并解答下列各小题。

主要设备	现　状	增容改造后
主变容量	3×120MVA	3×180MVA
220kV侧	4回出线，双母线接线	6回出线，双母线接线
110kV侧	8回出线，双母线接线	10回出线，双母线接线
35kV侧	9回出线，单母线分段接线	12回出线，单母线分段接线

1. 该变电站原有四回220kV出线L1~L4，其中L1出线为放射型负荷线路，L2、L3、L4线为联络线路，其断路器开断能力均为40kA。增容改造后，该站220kV母线三相短路容量为16530MVA，L2、L3、L4出线系统侧短路容量分别为2190MVA、1360MVA、395MVA。核算改造需要更换几台断路器（U_j=230kV）？　　　　　　（　　）

（A）1台　　　　　　　　　　　　（B）2台
（C）3台　　　　　　　　　　　　（D）4台

2. 站址区域最大风速为25m/s，内过电压风速为15m/s，三相短路电流峰值为58.5kA。母线结构尺寸：跨距为12m，支持金具长0.5m，相间距离3m，每跨设一个伸缩接头，隔离开关静触头加金具重17kg，装于母线跨距中央。导体技术特性：自重为4.08kg/m，导体截面系数为33.8cm³。请计算发生短路时该母线所承受的最大应力并复核现有母线是否满足要求？
　　　　　　　　　　　　　　　　　　　　　　　　　　　　　　　　　　（　　）

（A）3639N/cm²　母线满足要求　　　（B）7067.5N/cm²　母线满足要求
（C）7724.85N/cm²　母线满足要求　　（D）9706.7N/cm²　母线不满足要求

3. 增容改造后，该站110kV母线接有两台50MW分布式燃机，均采用发电机变压器线路组接入，线路长度均为5km，发电机X_d''=14.5%，$\cos\varphi$=0.8，主变压器采用65MVA，110/10.5kV变压器，U_d=14%，并网线路电抗值为0.4Ω/km，当110kV母线发生三相短路时，由燃气电厂提供的零秒三相短路电流周期分量有效值最接近下列哪项数值？　　（　　）

（A）1.08kA　　　　　　　　　　　（B）2.16kA
（C）3.9kA　　　　　　　　　　　　（D）23.7kA

【2018年下午题4~7】 某电厂的海拔为1300m，厂内220kV配电装置的电气主接线为双母线接线，220kV配电装置采用屋外敞开式布置，220kV设备的短路电流水平为50kA，其主变压器进线部分断面见下图。厂内220kV配电装置的最小安全净距：A_1值为1850mm，A_2值为2060mm。请分析计算并解答下列各小题。

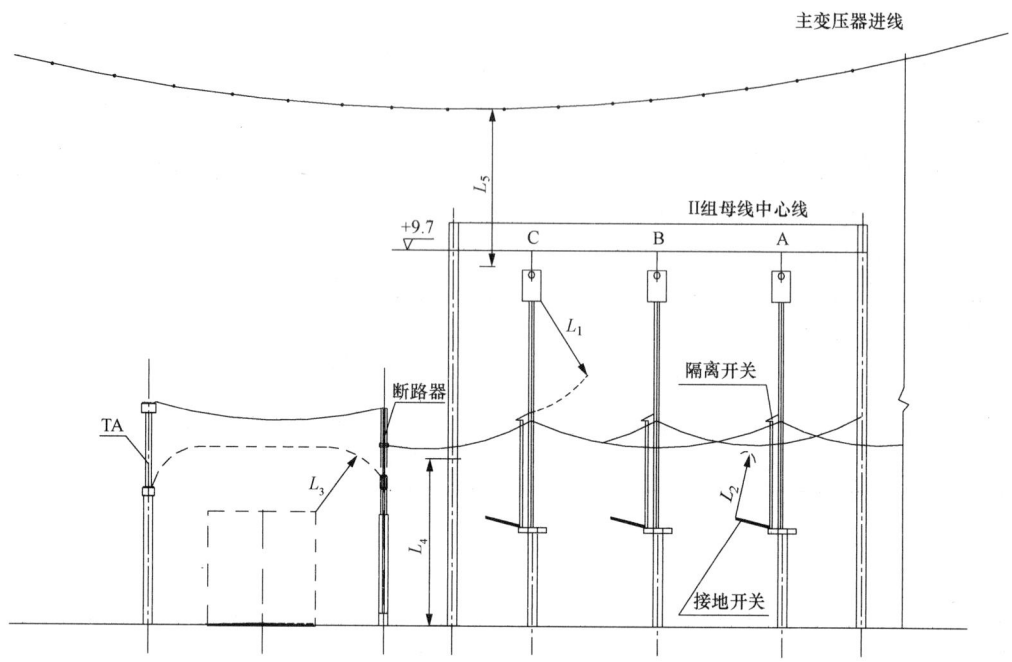

4. 判断下列关于上图中最小安全距离的表述中哪项是错误的？并说明理由。（　　）

（A）带电导体至接地开关之间的最小安全净距 L_2 应不小于1850mm

（B）设备运输时，其外廓至断路器带电部分之间的最小安全距离 L_3 应不小于2600mm

（C）断路器与隔离开关连接导线至地面之间的最小安全距离 L_4 应不小于4300mm

（D）主变进线与Ⅱ组母线之间的最小安全距离 L_5 应不小于2600mm

5. 220kV配电装置共7个间隔，每个间隔宽度15m，假定220kV母线最大三相短路电流45kA，短路电流持续时间为0.5s，母线最大工作电流为2500A，Ⅱ母三相对Ⅰ母C相单位长度的平均互感抗为 $1.07×10^{-4}Ω/m$，请计算母线接地开关至母线端部距离不应大于下列哪项数值？（　　）

（A）35m (B）42.6m
（C）44.9m (D）46.7m

6. 假定220kV配电装置最大短路电流周期分量有效值为50kA，短路电流持续时间为0.5s，发生短路前导体的工作温度为80℃，不考虑周期分量的衰减，请以周期分量引起的热效应计算配电装置中铝绞线的热稳定截面应为下列哪项数值？（　　）

（A）383mm² （B）406mm²
（C）426mm² （D）1043mm²

7. 电厂主变压器额定容量为 370MVA，主变压器额定电压比 242±2×2.5%/20kV，机组最大年运行小时数为 5000h，220kV 配电装置主母线最大工作电流为 2500A，电厂铝绞线载流量修正系数取 0.9。依据《电力工程电气设计手册》（电气一次部分）选择，主变压器进线、220kV 配电装置主母线宜选择下列哪组导线？　　　　　　　　　（　）

（A）2×LGJ-240，2×LGJ-800　　　　　（B）2×LGJ-400，2×LGJ-800
（C）2×LGJ-400，2×LGJ-1200　　　　（D）LGJK-800，2×LGJK-800

【2018 年下午题 8～10】　某电厂装有 2×1000MW 纯凝火力发电机组，以发电机变压器组方式接入厂内 500kV 升压站，每台机组设一台高压厂用无励磁调压分裂变压器，容量 80/47-47MVA，变比 27/10.5-10.5kV，半穿越阻抗设计值为 18%，其电源引自发电机出口与主变低压侧之间，设 10kVA、B 两段厂用母线。请分析计算并解答下列各小题。

8. 若该电厂建设地点海拔 2000m，环境最高温度 30℃，厂内所用电动机的额定温升 90K，则电动机的实际使用容量 P_s 与其额定功率 P_e 的关系为：　　　　　（　）

（A）$P_s=0.8P_e$　　　　　　　　　（B）$P_s=0.9P_e$
（C）$P_s=P_e$　　　　　　　　　　（D）$P_s=1.1P_e$

9. 高压厂用分列变压器的单侧短路损耗为 350kW，10kVA 段最大计算负荷为 43625kVA，最小计算负荷为 25877kVA，功率因数均按 0.8 考虑，请问 10kVA 段母线正常运行时的电压波动范围是多少？（高压厂用变压器引接处的电压波动范围为±2.5%，变压器处于 0 分接位置）
　　　　　　　　　　　　　　　　　　　　　　　　　　　　　　　　　　（　）

（A）90.4%～98.3%　　　　　　　　（B）91.1%～98.7%
（C）95.3%～103.8%　　　　　　　 （D）95.9～104.2%

10. 发电机高压厂用变压器分支引线的短路容量为 12705MVA，10kVA 及 B 段母线计及反馈的电动机额定功率分别为 35540kW 和 27940kW，电动机平均的反馈电流倍数为 6，请计算当 10kV 母线发生三相短路时，最大的短路电流周期分量的起始有效值接近下列哪项数值？
　　　　　　　　　　　　　　　　　　　　　　　　　　　　　　　　　　（　）

（A）36.9kA　　　　　　　　　　　（B）37.57kA
（C）39kA　　　　　　　　　　　　（D）40.86kA

【2018 年下午题 11～14】　某燃煤发电厂机组电气主接线采用单元制接线，发电机出线经主变压器升压接入 110kV 及 220kV 系统，单元机组厂高变支接于主变低压侧与发电机出口断路器之间，发电机中性点经消弧线圈接地，发电机参数为 P_e=125MW，U_e=13.8kV，I_e=6153A，$\cos\varphi_e$=0.85。主变为三绕组油浸式有载调压变压器，额定容量为 150MVA，YNynd 接线，厂用高压变压器额定容量为 16MVA，额定电压为 13.8/6.3kV，计算负荷为 12MVA，高压厂用启动/备用变压器接于 110 kV 母线，其额定容量及低压侧额定电压与厂用高压变压器相同。

11. 现对热力系统进行了通流改造，汽机额定出力由原来的 125MW 提高到 135MW。若发电机、电气设备及厂用负荷不变，问当汽机达到改造后的额定出力时，主变压器运行的连续输出容量最大能接近下列哪项数值（不考虑机械系统负载能力）？（　　）

（A）135MVA
（B）138MVA
（C）147MVA
（D）159MVA

12. 若对电气系统设备更新，将原国产发电机出口少油断路器更换为进口 SF_6 断路器。由于 SF_6 断路器的两侧增加了对地电容器，故需要对消弧线圈进行核算。已知：SF_6 断路器两侧的电容器分别为 120nF 和 80nF，原有消弧线圈补偿容量为 35kVA，其补偿系数为 0.8。若忽略断路器本体的对地电容且脱谐度降低 5%（绝对值），请计算并确定消弧线圈容量应变更为下列哪项数值？（　　）

（A）44.57kVA
（B）47.35kVA
（C）51.15kVA
（D）51.58kVA

13. 高压厂用变压器 13.8kV 侧采用安装于母线桥内的矩形铜母线引接，三相导体水平布置于同一平面，绝缘子间跨距 800mm，相间距 600mm，若厂用分支三相短路电流起始有效值为 80kA，则三相短路的电动力为（假定振动系数=1）（　　）

（A）1472N
（B）5974N
（C）10072N
（D）10621N

14. 高压厂用启动/备用变压器布置于 110kV 配电装置，其 6.3kV 侧采用交联聚乙烯铜芯电缆数根并联引出，通过 A 排外综合管架无间距并排敷设于一独立的无盖板梯架，请计算确定下列电缆的截面和根数组合中，选哪组合适？（环境温度 40℃）？（　　）

（A）8 根 3×120mm²
（B）6 根 3×150mm²
（C）5 根 3×185mm²
（D）4 根 3×240mm²

【2018 年下午题 15～19】　一台 300MW 水氢氢冷却汽轮发电机经过发电机断路器、主变压器接入 330kV 系统，发电机额定电压 20kV，发电机额定功率因数 0.85，发电机中性点经高阻接地。主变压器参数为 370MVA，345/20kV，U_d=14%（负误差不考虑），主变压器 330kV 侧中性点直接接地。请依据题意回答下列问题。

15. 若主变压器参数为 I_0=0.1%，P_0=213kW，P_k=1010kW，当发电机以额定功率、额定功率因数（滞相）运行时，包含了高压厂用变压器自身损耗的厂用负荷为 23900kVA，功率因数 0.87。计算主变压器高压侧测量的功率因数应为下列哪项数值？（不考虑电压变化，忽略发电机出线及厂用分支等回路导体损耗）（　　）

（A）0.850
（B）0.900
（C）0.903
（D）0.916

16. 若330kV系统单相接地时经接地网入地的故障对称电流为12kA，330kV的等效时间常数 X/R 为30，主保护动作时间为100ms，后备保护动作时间为0.95s，断路器开断时间为50ms，失灵保护动作时间为0.6s，计算扁钢接地体的最小截面计算值应为下列哪项数值： （ ）

(A) 148.46mm² (B) 157.6mm²
(C) 171.43mm² (D) 179.43mm²

17. 若该工程建于海拔1900m处，电气设备外绝缘雷电冲击耐压（全波）1000kV，计算确定避雷器参数应选择下列哪种型号？（按 GB 50064 选择） （ ）

(A) Y20W-260/600 (B) Y10W-280/714
(C) Y20W-280/560 (D) Y10W-280/560

18. 发电机装设了转子负序过负荷保护，保护装置返回系数 0.95，计算定时限过负荷保护的一次电流定值应为下列哪项数值？ （ ）

(A) 875.17A (B) 1029.6A
(C) 1093.96A (D) 1287.97A

19. 若330kV 母线短路电流为40kA（不含本机组提供的短路电流），系统时间常数按45ms考虑，主变压器时间常数为120ms，故障发生至发电机断路器断开的时间按60ms考虑，计算发电机断路器开断的主变侧短路电流其非周期分量应为下列哪项数值？ （ ）

(A) 25.6kA (B) 54.2kA
(C) 58.91kA (D) 65.41kA

【2018年下午题20~23】 某火力发电厂350MW发电机组为采用发变组单元接线。励磁变额定容量为3500kVA，励磁变变比20/0.82kV，接线组别 Yd11，励磁变短路阻抗为7.45%，励磁变压器高压侧 TA 变比为 200/5A，低压侧 TA 变比为 3000/5A。发电机的部分参数见下表，主接线如下图，请解答下列问题。

发 电 机 参 数 表

名　称	单　位	数　值	备　注
额定容量	MVA	412	
额定功率	MW	350	
功率因数		0.85	
额定电压	kV	20	定子电压
TA 变比	—	15 000/5A	
X_d''	%	17.51	
负序电抗饱和值 X_2	%	21.37	

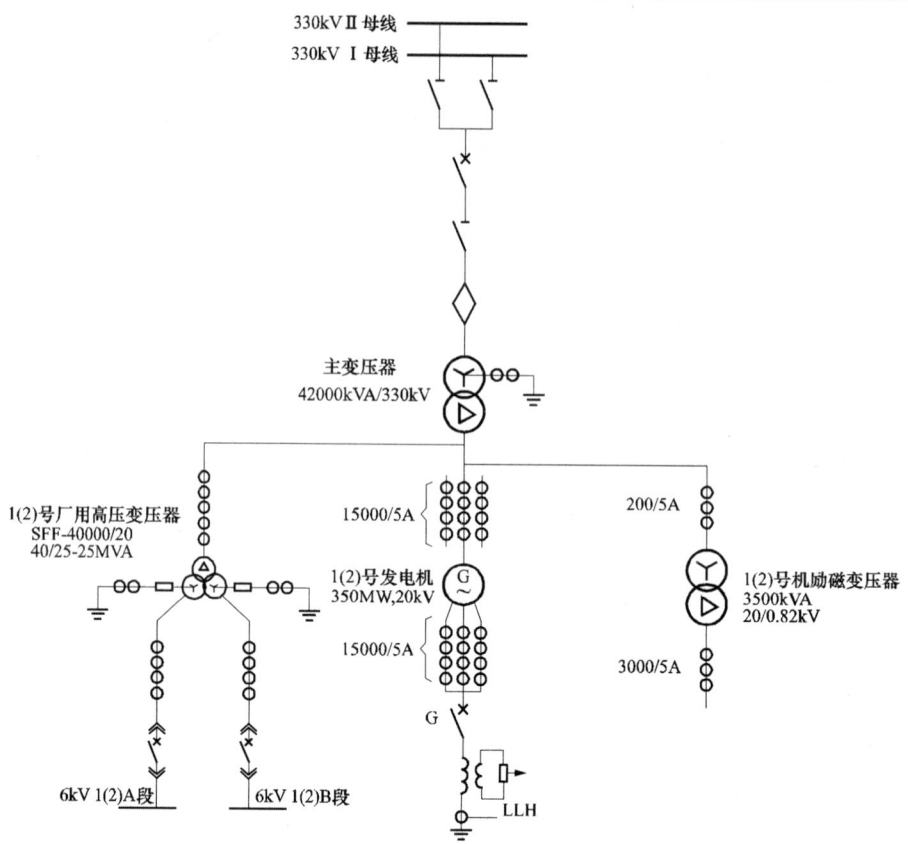

20. 发电机测量信号通过变送器接入 DCS，发电机测量 TA 为三相星形接线，每相电流互感器接 5 只变送器，安装在变送器屏上。每只变送器交流电流回路负载为 1VA，发电机 TA 至变送器屏的长度为 150m，电缆采用 4mm² 铜芯电缆，铜电阻系数 $p=0.0184\Omega \cdot mm^2/m$，总接触电阻按 0.1Ω 考虑。请分别计算测量 TA 的实际负载值，保证测量精度条件下测量 TA 的最大允许额定二次负载值。（   ）

（A）0.99Ω，3.96VA
（B）0.99Ω，99VA
（C）1.68Ω，168VA
（D）5.79Ω，23.16VA

21. 高压厂用工作变压器采用分裂变压器，容量为 40/25-25MW，该变压器高压侧电源由发电机母线 T 接，发电机出口及该变压器高压侧均不配置断路器，低压侧经过分支断路器给两段厂用负荷供电，变压器采用数字式保护装置。请判断下列关于高压厂用工作变压器的保护配置及动作出口的描述中哪项是正确的？并说明依据和理由。（   ）

（A）除非电量保护外，保护双重化配置。配置速断保护动作于发电机变压器组总出口继电器及高压侧过电流保护带时限动作于发电机变压器组总出口继电器。厂用高压变压器 6kV 侧断路器配置过电流保护及过电流限时速断均动作于跳本分支断路器

（B）除非电量保护外，保护双重化配置。配置纵联差动保护动作于发电机变压器组总出口继电器，配置高压侧过电流保护带时限动作于发电机变压器组总出口继电器。厂用高压变压器 6kV 侧断路器配置过电流保护及过电流限时速断均动作于跳本侧分支

断路器

(C) 主保护和后备保护分别配置。配置高压侧过电流保护带时限动作于发电机变压器组总出口继电器。厂用高压变压器 6kV 侧断路器配置过电流保护动作于跳本分支断路器

(D) 主保护和后备保护分别配置。配置纵联差动保护动作于发电机变压器组总出口继电器。配置高压侧过电流保护带时限动作于发电机变压器组总出口继电器。厂用高压变压器 6kV 侧断路器配置过电流保护及过电流限时速断动作于发电机变压器组总出口继电器

22. 判断下列关于高压厂用工作变压器高低压侧电量测量的配置中，哪项最合适？并说明依据和理由。（符号说明如下：I 为单相电流；I_A、I_B、I_C 为 A、B、C 相电流；P 为单向三相有功功率；Q 为单向三相无功功率；W 为单向三相有功电能；W_Q 为单向三相无功电能；U 为线电压） （ ）

(A) 高压侧：计算机控制系统配置 I 及 P、W；低压侧：计算机控制系统及开关柜均配置 I

(B) 高压侧：计算机控制系统配置 I_A、I_B、I_C 及 P、W；低压侧：计算机控制系统配置 I

(C) 高压侧：计算机控制系统配置 I_A、I_B、I_C 及 P、Q、W、W_Q；低压侧：计算机控制系统及开关柜均配置 I

(D) 高压侧：计算机控制系统配置 I 及 P、W、W_Q；低压侧：计算机控制系统及开关柜均配置 I

23. 已知最大运行方式下励磁变压器高压侧短路电流为 120.28kA。请计算励磁变压器速断保护的二次整定值应为下列哪项数值：（整定计算可靠系数 K_{rel} 取 1.3） （ ）

(A) 2.90A （B) 2.94A
(C) 43.58A （D) 44.08A

【2018 年下午题 24～27】某 500kV 变电站一期建设一台主变压器，主变压器及其 35kV 侧电气主接线如下图所示。其中的虚线部分表示远期工程。请回答下列问题。

24. 请判断本变电站 35kV 并联电容器装置设计下列哪项是正确的，哪项是错误的，并说明理由。 （ ）

①站内电容器安装容量，应依据所在电网无功规划和国家现行标准中有关规定经计算后确定。
②并联电容器的分组容量按各种容量组合运行时，必须避开谐振容量。
③站内一期工程电容器安装容量取为 334×20%=66.8MVA。
④并联电容器装置安装在主要负荷侧。

(A) ①正确，②③④错误
(B) ①②正确，③④错误
(C) ①②③正确，④错误
(D) ①②③④正确

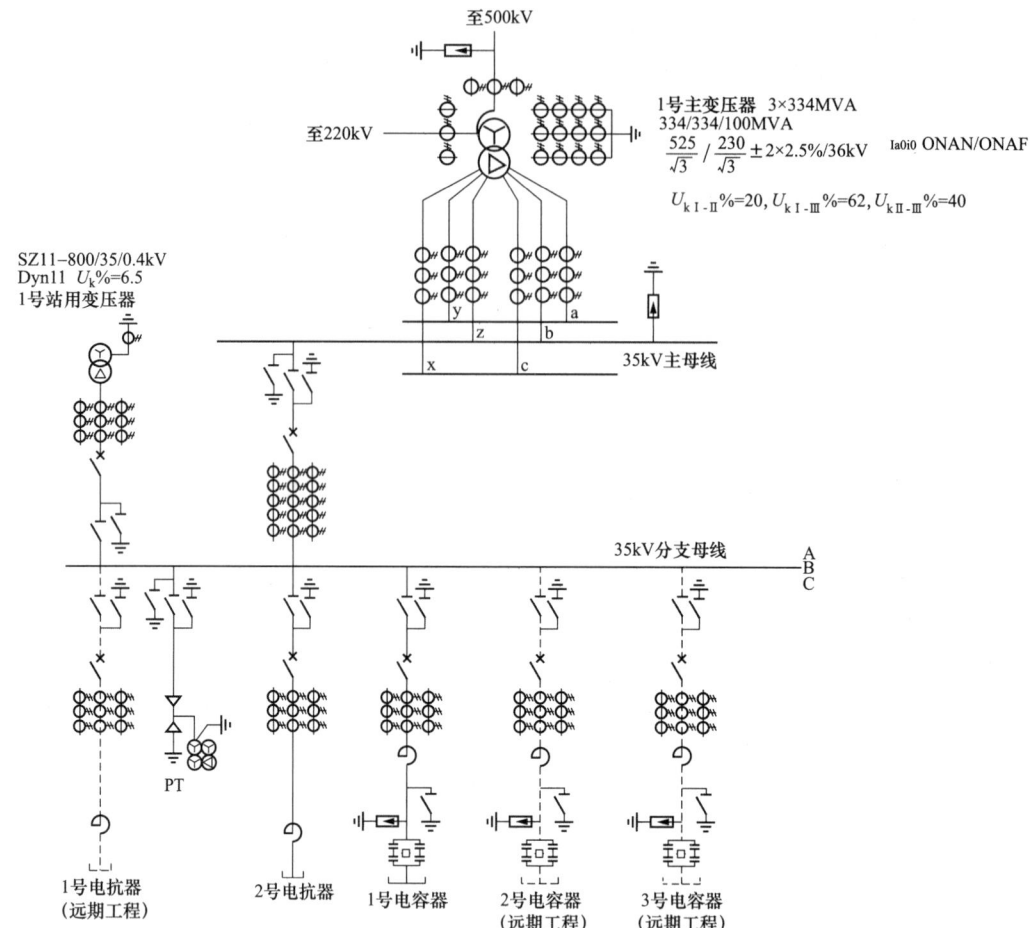

25. 若该变电站 35 kV 母线正常运行时电压波动范围为-3%～7%，最高为 10%；电容器组采用单星型双桥差接线。每桥臂 5 并 4 串；电容器装置电抗率 12%，求并联电容器额定电压的计算值和正常运行时电容器输出容量的变化范围应为下列哪项数值？（以额定容量的百分数表示）。 （　　）

（A）6.03kV，94.1%～110.3%　　　（B）6.03kV，94.1%～114.5%

（C）6.14kV，94.1%～114.5%　　　（D）6.31kV，94.1%～121%

26. 若该变电站 35kV 电容器组采用单星型双桥差接线，每桥臂 5 并 4 串。单台电容器容量 500kVar，电容器组额定相电压 22kV，电容器装置电抗率 5%，求串联电抗器的额定电流及其允许过电流应为下列哪项数值？ （　　）

（A）956.9A，1435.4A　　　（B）956.9A，1244.0A

（C）909.1A，1363.7A　　　（D）909.1A，1181.8A

27. 若该站 35kV 电容器组采用单星型单桥差接线，内熔丝保护，每桥臂 7 并 4 串，单台电容器容量 500kvar，额定电压 5.5kV，电容器回路电流互感器变比 $n=5/1A$，电容器击穿元件

百分数 B 对应的过电压如下表。请计算桥式差电流保护二次动作值应为下列哪项数据？（灵敏系数取 1.5） （   ）

电容器击穿元件百分数 B	10%	20%	25%	30%	40%	50%
健全电容器电压升高	$1.05U_{ce}$	$1.07U_{ce}$	$1.1U_{ce}$	$1.15U_{ce}$	$1.2U_{ce}$	$1.3U_{ce}$

（A）5.06A　　　　　　　　　　（B）6.65A
（C）8.41A　　　　　　　　　　（D）33.27A

【2018 年下午题 28～30】 某 2×350MW 火力发电厂，每台机组各设一台照明变压器，为本机组汽机房、锅炉房和属于本机组的主厂房公用部分提供正常照明电源，电压为 380/220V，两台机组设一台检修变兼作照明备用变压器，请依据题意回答下列问题。

28. 其中一台机组照明变的供电范围包括：①汽机房：48 套 400W 的金属卤化物灯，160 套 175W 的金属卤化物灯，150 套 2×36W 的荧光灯，30 套 32W 的荧光灯；②锅炉房及锅炉本体：360 套 175W 的金属卤化物灯、20 套 32W 的荧光灯；③集控楼：150 套 2×36W 的荧光灯，40 套 4×18W 的荧光灯；④煤仓间：36 套 250W 的金属卤化物灯；⑤主厂房 A 列外变压器房：8 套 400W 的金属卤化物灯；⑥插座负荷：40kW，其中锅炉本体、煤仓间照明负荷同时系数按锅炉取值。假设所有灯具的功率中未包含镇流器及其他附件损耗，插座回路只考虑功率因数取 0.85，计算确定该机组照明变压器容量选择下列哪项最合理？ （   ）

（A）160kVA　　　　　　　　　（B）200kVA
（C）250kVA　　　　　　　　　（D）315kVA

29. 该电厂内汽机房运转层长 130.6m，跨度 28m，运转层标高为 12.6m，正常照明采用单灯功率为 400W 的金属卤化物灯，吸顶安装在汽机房运转层屋架下，灯具安装高度 27m，照明灯具依据每年擦洗 2 次考虑，在计入照度维护系数的前提下，如汽机房运转层地面照度要达到 200 lx（不考虑应急照明），依据照明功率密度值现行值的要求，计算装设灯具数量至少应为下列哪项数值？ （   ）

（A）53 盏　　　　　　　　　　（B）64 盏
（C）75 盏　　　　　　　　　　（D）92 盏

30. 场内有一电缆隧道，照明电源采用 AC 24V，其中一个回路共安装 6 只 60W 的灯具，照明导线采用 BV-0.5 型 10mm² 的单芯电线，假设该回路的功率因素为 1，且负荷均匀分布，则在允许的压降范围内，该回路的最大长度应为下列哪项数值？ （   ）

（A）11.53m　　　　　　　　　（B）19.44m
（C）23.06m　　　　　　　　　（D）38.88m

【2018 年下午题 31～35】 某 500kV 架空输电线路工程，最高运行电压 550kV，导线采用 4×JL/G1A-500/45，子导线直径 30.0mm，导线自重荷载为 16.529N/m，基本风速 27m/s，设计

覆冰 10mm。请回答下列问题。

31. 依据以下情况，计算确定导线悬垂串片数应为下列哪项数值？　　　　　　（　　）

（1）所经地区海拔为 1000m，等值盐密为 0.10mg/cm²，统一爬电比距（最高运行相电压）要求按 4.0cm/kV 设计。

（2）假定绝缘子的公称爬电距离为 450mm、结构高度为 146mm，在等值盐密为 0.10mg/cm² 时的爬电距离有效系数取 0.95。

(A) 25 片　　　　　　　　　　　　(B) 27 片
(C) 29 片　　　　　　　　　　　　(D) 30 片

32. 依据以下情况，计算确定导线悬垂绝缘子串片数应为下列哪项数值？　　（　　）

（1）线路所经地区海拔为 3000m，污秽等级为 C 级、统一爬电比距（最高运行相电压）要求按 4.5cm/kV 设计。

（2）假定绝缘子的公称爬电距离为 550mm、爬电距离有效系数为 0.90、特征指数 m_1 取 0.40。

(A) 28 片　　　　　　　　　　　　(B) 30 片
(C) 32 片　　　　　　　　　　　　(D) 34 片

33. 依据以下情况，计算导线悬垂串采用复合绝缘子所要求的最小爬电距离应为下列哪项数值？　　　　　　　　　　　　　　　　　　　　　　　　　　　　　　　　（　　）

（1）海拔 500m；

（2）D 级污秽区，统一爬电比距（最高运行相电压）要求按 5.0cm/kV 设计；

（3）假定盘型绝缘子爬电距离有效系数为 1.0。

(A) 1083cm　　　　　　　　　　　(B) 1191cm
(C) 1280cm　　　　　　　　　　　(D) 1400cm

34. 依据以下情况，计算确定导线悬垂串绝缘子片数应为下列哪项数值？　　（　　）

（1）某跨越塔全高 100m，海拔 600m；

（2）假定统一爬电比距（最高运行相电压）要求按 4.0cm/kV 设计；

（3）假定绝缘子的公称爬电距离为 480mm、结构高度 170mm、爬电距离有效系数为 1.0、特征指数 m_1 取 0.40。

(A) 25 片　　　　　　　　　　　　(B) 26 片
(C) 27 片　　　　　　　　　　　　(D) 28 片

35. 位于 3000m 海拔时输电线路带电部分与杆塔构件工频电压最小空气间隙应为下列哪项数值？（提示：工频间隙放电电压 $U_{50\%}=kd$，d 为间隙）　　　　　　（　　）

(A) 1.30m　　　　　　　　　　　　(B) 1.66m
(C) 1.78m　　　　　　　　　　　　(D) 1.90m

【2018年下午题 36~40】 500kV架空输电线路工程，导线采用4×JL/G1A-500/35，导线自重荷载为16.18N/m，基本风速27m/s，设计覆冰10mm（同时温度−5℃，风速10m/s），10mm覆冰时，导线冰荷载11.12N/m，风荷载3.76N/m；导线最大设计张力为45300N，大风工况导线张力为36000N，最高气温工况导线张力为25900N。某耐张段定位结果如下表，请解答下列问题（提示：以下计算均按平抛物线考虑，且不考虑绝缘子串的影响）。

塔 号	塔 型	档 距	挂点高差
1	JG1		
		500	20
2	ZM2		
		600	50
3	ZM4		
		1000	150
4	JG2		

注 挂点高差大号侧高为"+"，反之为"−"。

36. 计算确定2号ZM2塔最高气温工况下的垂直档距应为下列哪项数值？ （ ）
(A) 481m (B) 550m
(C) 664m (D) 747m

37. 计算2号ZM2塔覆冰工况下导线产生的垂直荷载应为下列哪项数值？ （ ）
(A) 45508N (B) 52208N
(C) 60060N (D) 82408N

38. 假定该耐张段导线耐张绝缘子串采用同一串型，且按双联双挂点型式设计，计算导线耐张段中挂点金具的强度等级应为下列哪项数值？ （ ）
(A) 300kN (B) 240kN
(C) 210kN (D) 160kN

39. 假定3号ZM4塔导线采用单联悬垂玻璃绝缘子串，计算悬垂串中连接金具的强度等级应为下列哪项数值？ （ ）
(A) 420kN (B) 300kN
(C) 210kN (D) 160kN

40. 已知导线的最大风荷载为13.72N/m，计算2号ZM2塔导线悬垂Ⅰ串最大风偏角应为下列哪项数值？ （ ）
(A) 29.5° (B) 35.6°
(C) 45.8° (D) 53.9°

答　案

1. B【解答过程】依据 DL/T 5222—2005 第 5.0.4 条可知改造后，流经各断路器的最大短路电流如下：

（1）$I_{k1\max} = \dfrac{16530}{\sqrt{3} \times 230} = 41.5(\text{kA}) > 40\text{kA}$，L1 断路器需更换。

（2）$I_{k2\max} = \dfrac{S_{k2\max}}{\sqrt{3}U} = \dfrac{16530 - 2190}{\sqrt{3} \times 230} = 36(\text{kA}) < 40\text{kA}$，L2 断路器不需更换。

（3）$I_{k3\max} = \dfrac{S_{k3\max}}{\sqrt{3}U} = \dfrac{16530 - 1350}{\sqrt{3} \times 230} = 38(\text{kA}) < 40\text{kA}$，L3 断路器不需更换。

（4）$I_{k4\max} = \dfrac{S_{k4\max}}{\sqrt{3}U} = \dfrac{16530 - 395}{\sqrt{3} \times 230} = 40.5(\text{kA}) > 40\text{kA}$，L4 断路器需更换。

综上所述，需要更换 2 台断路器，所以选 B。

2. C【解答过程】由新版变电手册第 130 页表 5-19 及注可得：

母线自重产生的垂直弯矩：$M_{\text{CZ}} = 0.125 \times 4.08 \times 9.8 \times (12 - 0.5)^2 = 660.98\,(\text{N}\cdot\text{m})$

集中负荷产生的垂直弯矩：$M_{\text{Cf}} = 0.25 \times 17 \times 9.8 \times (12 - 0.5) = 478.98\,(\text{N}\cdot\text{m})$

短路电动力：$f_d = 1.76 \times \dfrac{58.5^2}{300} \times 0.58 = 11.645\,(\text{kg/m})$

短路电动力产生的水平弯矩：$M_{\text{sd}} = 0.125 \times 11.645 \times 11.5^2 \times 9.8 = 1886.53\,(\text{N}\cdot\text{m})$

内过电压情况下风速产生的风压：$f_v = 1 \times 1.2 \times 0.1 \times \dfrac{15^2}{16} = 1.69\,(\text{kg/m})$

内过电压情况下风速产生的水平弯矩：$M_f = 0.125 \times 1.69 \times 11.5^2 \times 9.8 = 273.79\,(\text{N}\cdot\text{m})$

又由该手册第 130 页式（5-48）、式（5-49）可得短路状态时母线所承受的最大弯矩及应力为：

$M_d = \sqrt{(273.79 + 1886.53)^2 + (660.98 + 478.98)^2} = 2442.64\,(\text{N}\cdot\text{m})$

查第 123 页表 5-10 得铝锰合金的最大使用应力为 10000N/cm^2。

$\sigma = 100 \times \dfrac{2442.64}{33.8} = 7226.75(\text{N}/\text{cm}^2) < 10000\,(\text{N}/\text{cm}^2)$。老版一次手册第 345 页表 8-19、第 344 页式（8-41）、式（8-42）、第 338 页表 8-10。新版变电手册第 123 页表 5-10；新版一次手册第 344 页表 9-15 中，3 开头为铝-锰合金、6 开头为铝-镁-硅合金。

3. B【解答过程】（1）依题意，110kV 母线短路阻抗=发电机直轴超瞬变电抗+主变压器电抗+线路电抗；（2）新版一次手册第 108 页表 4-2 公式可得设 $S_j = \dfrac{P}{\cos\varphi} = \dfrac{50}{0.8} = 62.5\,(\text{MVA})$；总阻抗为 $X_{\text{js}} = 14.5\% + 14\% \times \dfrac{62.5}{65} + 0.4 \times 5 \times \dfrac{62.5}{115^2} = 0.289 < 3$；（3）查该手册第

116 页图 4-6 可得：$I''=2\times 3.68\times \dfrac{62.5}{\sqrt{3}\times 115}=2.3\,(\text{kA})$，最接近 B，所以选 B。老版一次手册第 121 页表 4-2、第 129 页图 4-6。

4．C【解答过程】依据 DL/T 5352—2018 第 5.1.2 条及条文说明：

A 选项：L_2 为 A_1 值，不小于 1850mm，正确；

B 选项：L_3 为 B_1 值，不小于 1850+750=2600mm，正确；

C 选项：L_4 为 C 值，不小于 1850+2500=4350mm，错误；

D 选项：L_5 为 B_1 值，不小于 1850+750=2600mm，正确。

5．B【解答过程】由新版一次手册第 407 页式（10-7）、式（10-9）、式（10-10）、式（10-11）可得（1）按正常运行长期电磁感应电压计算：

$U_{A2}=I_e\times X_{A2C1}=2500\times 1.07\times 10^{-4}=0.2675\,(\text{V})$；$l_{j1}=\dfrac{12}{U_{A2}}=\dfrac{12}{0.2675}=44.86\,(\text{m})$

（2）按短路时瞬时电磁感应电压计算：

$U_{A2(k1)}=I''\times X_{A2C1}=45000\times 1.07\times 10^{-4}=4.815\,(\text{V/m})$；$U_{j0}=\dfrac{145}{\sqrt{t}}=\dfrac{145}{\sqrt{0.5}}=205.06\,(\text{V})$

$l_{j2}=\dfrac{U_{j0}}{U_{A2(k1)}}=\dfrac{205.06}{4.815}=42.59\,(\text{m})$，二者取小者。老版一次手册第 574 式（10-3）、式（10-5）、式（10-6）、式（10-7）。

6．C【解答过程】依题意，不考虑非周期分量，由 DL/T 5222—2005 第 7.1.8 条，查表 7.1.8，得 $C=83$，可得 $S\geqslant\dfrac{\sqrt{Q_d}}{C}=\dfrac{\sqrt{50^2\times 0.5}}{83}\times 10^3=426\,(\text{mm}^2)$。新版规范由 DL/T 5222—2021 第 5.1.9 条，表 5.1.9，改为 $C=85$，结果为 $S\geqslant\dfrac{\sqrt{Q}}{C}=\dfrac{\sqrt{50^2\times 0.5}}{85}\times 1000=415.9\,(\text{mm}^2)$。

7．B【解答过程】由新版一次手册第 220 页表 7-3，主变压器进线持续工作电流 $I_g\geqslant 1.05\dfrac{S}{\sqrt{3}U_e}=\dfrac{1.05\times 370\times 1000}{\sqrt{3}\times 242}=926.9\,(\text{A})$；由老版《电力工程电气设计手册 电气一次部分》第 377 页图 8-30 查得 $j=1.08\text{A/mm}^2$；$S_j=\dfrac{I_g}{j}=\dfrac{926.9}{1.08}=858\,(\text{mm}^2)$ 按经济电流密度选取截面 800mm²，主母线工作电流修正值 $I'_g\geqslant\dfrac{2500}{0.9}=2777.8\,(\text{A})$。依据老版一次手册第 412 页附表 8-4，2×LGJ-800 满足载流量要求，查附表 8-5 可知 2×LGJK-800 不满足载流量要求。

8．C【解答过程】依据 DL/T 5153—2014 第 5.2.4 条：$\dfrac{h-1000}{100}\Delta Q-(40-\theta)\leqslant 0$

$\dfrac{2000-1000}{100}\times 1\%\times 90-(40-30)=-1\leqslant 0$，电动机的额定功率不变，应选 C。

9．C【解答过程】依据 DL/T 5153—2014 附录 G 可得：

$R_T=1.1\times\dfrac{P_t}{S_{2T}}=1.1\times\dfrac{350}{47000}=0.0082$；$X_T=1.1\times\dfrac{U_d\%}{100}\dfrac{S_{2T}}{S_T}=1.1\times\dfrac{18}{100}\times\dfrac{47000}{80000}=0.1163$

$Z_\varphi=R_T\cos\varphi+X_T\sin\varphi=0.0082\times 0.8+0.1163\times 0.6=0.0763$

由 $U_m = U_0 - SZ_\varphi$ 可得：$U_{mg\min} = U_{0g\min} - S_{\max}Z_\varphi = 1.024 - \dfrac{43625}{47000} \times 0.0763 = 0.953$

$U_{mg\max} = U_{0g\max} - S_{\min}Z_\varphi = 1.08 - \dfrac{25877}{47000} \times 0.0763 = 1.038$。

10．D【解答过程】依据 DL/T 5153—2014 第 L.0.1 条

$$I''_B = \dfrac{I_j}{X_x + X_T} = \dfrac{\dfrac{100}{\sqrt{3} \times 10.5}}{\dfrac{100}{12705} + \dfrac{(1-7.5\%) \times 18}{100} \times \dfrac{100}{80}} = 25.46 \text{ (kA)}$$

$$I''_D = K_{qD} \dfrac{PeD}{\sqrt{3}U_{eD}\eta_D\cos\varphi_D} \times 10^{-3} = \dfrac{6 \times 35540}{\sqrt{3} \times 10 \times 0.8 \times 1000} = 15.39 \text{ (kA)}$$

$I'' = I''_B + I''_D = 15.39 + 25.46 = 40.85$ (kA)。

11．D【解答过程】依据 GB 50660—2011 第 16.1.5 条可知厂用负荷能够全部被启备变替代，主变压器最大连续输出容量：$S = \dfrac{P}{\cos\varphi} = \dfrac{135}{0.85} = 159$ (MVA)。

12．B【解答过程】（1）更换前：依据 DL/T 5222—2021 附录 B.1.1 式（B.1.1）、新版一次手册第 65 页式（3-1）可得 $Q' = kI'_C \dfrac{U_N}{\sqrt{3}}$；$I'_C = \dfrac{35 \times \sqrt{3}}{0.8 \times 13.8} = 5.491$ (kA)；（2）更换后：依据 DL/T 5222—2021 附录 B 第 B.1.3 条可得

$V = (1-k') - 0.05 = 1 - 0.8 - 0.05 = 0.15$

$I_C = I'_C + \sqrt{3}U_e\omega C \times 10^{-3} = 5.491 + \sqrt{3} \times 13.8 \times 314 \times (0.12+0.08) \times 10^{-3} = 6.99$ (A)

$Q = kI_C \dfrac{U_N}{\sqrt{3}} = (1-0.15) \times 6.99 \times \dfrac{13.8}{\sqrt{3}} = 47.34$ (kvar)。老版一次手册第 80 页式（3-1）。

13．D【解答过程】由新版变电手册第 61 页表 3-7、第 60 页式（3-27）、第 123 页式（5-16）可得三相短路的电动力为：$F = 17.248 \dfrac{l}{\alpha} i_{ch}^2 \beta \times 10^{-2} = 17.248 \times \dfrac{800}{600} \times (\sqrt{2} \times 1.9 \times 80)^2$

$\times 1 \times 10^{-2} = 10626.6$(N)。老版一次手册第 141 页表 4-15、第 140 页式（4-32）第 338 页式（8-8）。

14．B【解答过程】观察各选项，都是铜芯电缆，环境温度一样，故这两个系数可以先考虑统一计算，并排敷设系数和无遮阳系数四个选项各不相同，分别计算然后比较，可以适当降低计算量，如下：

（1）依据 GB 50217—2018，表 D.0.1 温度系数为 1；表 C.0.2 注 1，铜铝转换系数为 1.29；由新版一次手册第 220 页表 7-3 可得

$$I_g = \dfrac{1.05 \times 16 \times 1000}{\sqrt{3} \times 6.3 \times 1 \times 1.29} = 1193.5\text{(A)}$$

（2）各选项电缆允许载流量查表 C.0.2；并排敷设系数查表 D.0.5，A 选项 8 根超过了最大并排根数 6，按最大根数 6 根系数 0.8 考虑，查表 D.0.7 可得：

（A）8 根 3×120mm² 无遮阳时的载流量：246×8×0.8×0.92=1448.448（A）>1193.5A

（B）6 根 3×150mm² 无遮阳时的载流量：277×6×0.8×0.91=1209.936（A）>1193.5A

（C）5 根 3×185mm² 无遮阳时的载流量：323×5×0.81×0.9=1177.335（A）<1193.5A

（D）4 根 $3\times240mm^2$ 无遮阳时的载流量：$378\times4\times0.82\times0.88=1091.0592$（A）<1193.5A

选大于且最接近的，所以选 B。老版手册出处为：《电力工程电气设计手册 电气一次部分》第 232 页表 6-3。

15. C【解答过程】由新版系统手册第 218 页式（9-9）[老版系统手册第 320 页式（10-43）、式（10-44）]可得变压器损耗：

变压器输入功率：$(300/0.85)\angle \cos^{-1}0.85 - 23.9\angle \cos^{-1}0.87 = 329.06\angle 31.951$；变压器负载率 $\beta^2 = \left(\frac{S_g}{S_n}\right)^2 = \left(\frac{329.06}{370}\right)^2 = 0.79$；电压都采用额定电压，所以电压比为1；变压器台数 $n=1$，可得：变压器有功损耗 $\Delta P_T = \frac{S^2}{nS_e^2} \times \frac{U_e^2}{U^2}\Delta P_K + n\Delta P_0 \frac{U^2}{U_e^2} = \beta^2 \Delta P_K + \Delta P_0 = 0.79\times1.01+0.213=1.011$ MW

变压器无功损耗 $\Delta Q_T = j\left[\frac{U_K(\%)S^2}{100nS_e}\times\frac{U^2}{U_e^2} + nI_0(\%)S_e\frac{U^2}{U_e^2}\right] = j\left[\frac{U_K(\%)}{100}\beta^2 + I_0(\%)\right]\times S_e =$

$j\left[\frac{14}{100}\times0.79 + \frac{0.1}{100}\right]\times 370 = j41.292$ Mvar；依题意可得：$S_{出} = S_{发电机} - S_{厂用电} - S_{变压器损耗}$；$S_{出} = \frac{300}{0.85}\angle\cos^{-1}0.85 - 23.9\angle\cos^{-1}0.87 - [1.011+j41.292] = 308.2879\angle 25.5259$；$\cos 25.5259° = 0.90239$。所以选 C。

16. B【解答过程】依据 GB/T 50065—2011 式（E.0.3-1）可得 $t = 0.1+0.6+0.05=0.75$（s）由表 B.0.3 得 $D_f=1.0618$；由 B.0.1-3 可得 $I_G = D_f I_g$；由式（E.0.1）和第 4.3.5-3 条可得 $S \geq \frac{I_G}{C}\sqrt{t} = \frac{12000\times1.0618}{70}\times\sqrt{0.75} = 157.6$ (mm^2)。

17. B【解答过程】(1) 依据 GB/T 50064—2014 第 4.4.3 条及表 4.4.3，额定电压为 $U_R \geq 0.75U_m$，即 $U_R \geq 0.75\times363=272.25$ (kV)。(2) 依据第 6.3.1 条文说明，对于 750kV、550kV 雷电冲击保护水平取标称雷电流 20kA，而对于 330kV 取标称雷电流 10kA，可以排除 A、C 选项。(3) 依据第 6.4.4-2-1 条式（6.4.4-3）可得 $U_{e.l.0} \geq k_{17}U_{L.P}$，$U_{L.P} \leq \frac{U_{e.l.0}}{k_{17}} = \frac{1000}{1.4} = 714.29$ (kV)。

18. B【解答过程】依据《旋转电机 定额和性能》（GB 755—2019）可知，水氢氢机组是直接冷却方式，发电机额定功率为300MW，额定功率因数0.85，即容量为300/0.85=352.94（MVA）>350MVA。依据 DL/T 684—2012 附录 E.2 表 E1 可知 $I_{2\infty} = 0.08 - \frac{S_{gn}-350}{3\times10^4} = 0.079902$，再依据 DL/T 684—2012 第 4.5.3 条式（42）可得 $I_{2op} = \frac{K_{rel}I_{2\infty}I_{gn}}{K_r} = \frac{1.2\times0.08\times300\times10^3}{0.95\times\sqrt{3}\times0.85\times20} = 1029.2$ (A)。

19. B【解答过程】依据 DL/T 5222—2021 附录 A.3.1 可得

系统阻抗标幺值：$X_{*S} = \frac{100}{\sqrt{3}\times345\times40} = 0.00418$，$R_{*S} = \frac{0.00418}{314\times45} = 2.961\times10^{-7}$；

主变阻抗标幺值：$X_{*T} = \frac{14\%\times100}{370} = 0.0378$，$R_{*T} = \frac{0.0378}{314\times120} = 1.0032\times10^{-6}$；

系统加主变等效时间常数 $T_s = \frac{0.0378+0.00418}{314\times(2.961+10.032)\times10^{-7}} = 103$ (ms)；发电机断路器开断的主

变压器侧短路电流非周期分量 $i_{fzt} = \sqrt{2} \times \dfrac{100/(\sqrt{3}\times 20)}{0.0378+0.00418} \times e^{-\frac{60}{103}} = 54.2\,(kA)$。

20．B【解答过程】依据 DL/T 866—2015 第 10.1 节可得：变送器电流线圈阻抗 $Z_m = 1/(5^2) = 0.04\,(\Omega)$；连接导线的电阻 $Z_1 = 0.0184 \times 150/4 = 0.69\,(\Omega)$；依据表 10.1.2，三相星形接线时，测量用电流互感器阻抗换算系数均为 1；依据式（10.1.1）可得：$Z_b = \Sigma K_{mc} Z_m + K_{lc} Z_1 + R_c = 5 \times 1 \times 0.04 + 1 \times 0.69 + 0.1 = 0.99\,(\Omega)$；依据表 4.4.1，测量用电流互感器二次负荷值应该为 25%～100% 额定负荷；电流互感器实际二次负荷值为 $0.99 \times 5^2 = 24.75(VA)$；则电流互感器额定负荷可取范围为（24.75/100%）～（24.75/25%）=24.75～99(VA)则保证测量精度条件下测量 TA 的最大允许额定二次负载值为 99VA。

21．B【解答过程】（1）依据 DL/T 5153—2014 第 8.4.1 条，当单机容量为 100MW 级及以上机组的高压厂用工作变压器装设数字式保护时，除非电量保护外，保护应双重化配置。当断路器具有两组跳闸线圈时，两套保护宜分别动作于断路器的一组跳闸线圈。因此选项 C 和 D 错误。（2）依据第 8.4.2-2 条，容量在 6.3MVA 以下的变压器应装设电流速断保护，保护瞬时动作于变压器各侧断路器跳闸。本题中变压器容量为 40/25-25MW，依据第 8.4.2-1 条，应装设纵差保护。依据第 8.4.2-4 条，在 3kV、6kV、10kV 母线断路器上宜装设过电流限时速断保护，保护动作于本分支断路器跳闸。当 1 台变压器供电给 2 个母线段时，还应在各分支上分别装设过电流保护，保护带时限动作于本分支断路器。（3）综上所述，以上选项只有 B 正确。

22．A【解答过程】依据 GB/T 50063—2017 表 C.0.2-3：（1）高压厂用工作变压器高压侧计算机控制系统配置 I、P 及 W。当高压厂用工作变压器高压侧电压为 110kV 及以上时应测三相电流。本题中，高压厂用工作变压器高压侧电压为 20kV，只需要测量单相电流。因此 B、C 选项错误。（2）高压启动备用变压器高压侧计算机控制系统需要测 W_Q，本题中为厂用工作变压器，不需要测 W_Q，因此 D 选项错误。低压侧：计算机控制系统及开关柜均配置 I。

23．C【解答过程】依据 DL/T 1502—2016 第 5.2.1 条，电流速断保护动作电流应按以下方法计算并取最大值。

（1）按躲过变压器低压侧出口三相短路时流过保护的最大短路电流整定

设 $S_j = 100\,MVA$，$U_j = 20\,kV$，$X_{*d} = \dfrac{U_d\%}{100} \times \dfrac{S_j}{S_e} = \dfrac{7.45}{100} \times \dfrac{100}{3.5} = 2.1286$，$X_{*s} = \dfrac{S_j}{S_d''} = \dfrac{100}{1.732 \times 20 \times 120.28} = 0.024$，则低压侧出口三相短路时流过高压侧保护的最大短路电流为：

$$I_{k.max}^{(3)} = I_j \dfrac{U_*}{X_*} = \dfrac{100}{1.732 \times 20} \times \dfrac{1}{0.024 + 2.1286} = 1.341\,(kA)$$

$I_{op} = K_{rel} I_{k.max}^{(3)} / n_a = 1.3 \times 1.341/40 = 0.04358\,(kA) = 43.58\,(A)$。

（2）按躲过变压器励磁涌流整定，可取 7～12 倍变压器二次额定电流

$I_e = \dfrac{3.5}{1.732 \times 20 \times 40} = 0.00253\,(kA) = 2.53\,(A)$

$I_{op} = (7\sim 12)I_e = (7\sim 12) \times 2.53 = 17.71\sim 30.36\,(A)$，以上两者取最大值，为 43.58A，因此选 C。

24．C【解答过程】（1）依据 GB 50277—2017 第 3.0.2 条，所以①正确。（2）依据 GB 50277—2017 第 3.0.3 条文规定为"应避开谐振容量"及"本规范用词说明"中，"必须"和"应"是严格程度不同的用词，应区别对待。但案例注重工程实际应用，在工程上，必须、应

和一定都是同样对待,所以②正确。(3)电容器组容量取主变压器容量的 10%~30%,500kV 主变压器可以取 20%,电容器组容量为 3×334×20%=200(Mvar),但是一期只上 1 组电容器(共 3 组),所以一期为 200/3=66.8(Mvar)。虽然无功容量的单位常识应该是 Mvar,但 MVA 也不能说错。所以③正确。(4)500kV 主变压器的主负荷侧为 220kV,但是电容器组装在 35kV 侧,所以④错误。

25. B【解答过程】由 GB 50227—2017 第 5.2.2 条文说明及式(2)可得 $U_{CN} = \dfrac{U_{sN}}{\sqrt{3}S \times (1-K)} =$

$\dfrac{1.05 \times 35}{\sqrt{3} \times 4 \times (1-12\%)} = 6.03(\text{kV})$,依据题意电容器变动范围为(97%~107%),电容器输出容量

的变化范围为 $\dfrac{Q}{Q_{CN}} = \dfrac{U^2 \omega C}{U_{CN}^2 \omega C} = (97\% \sim 107\%)^2 = 94.1\% \sim 114.5\%$。

26. D【解答过程】依据 GB 50227—2017 第 5.5.5 条 $I_e = \dfrac{Q}{\sqrt{3}U_e} = \dfrac{3 \times 5 \times 4 \times 2 \times 500}{\sqrt{3} \times 22 \times \sqrt{3}} = 909.1(\text{A})$

依据第 5.8.2 条,允许过电流为 1.3×909.1=1181.8(A)。

27. B【解答过程】(1)DL/T 584—2017 第 7.2.18.3 条继电保护原则为健全电容器过电压不超过 1.1 倍,故选电容器击穿元件百分数为 25%。(2)电容器击穿元件百分数为 25%假设都在一个串联段内,如下图所示,因为是内熔丝保护,元件击穿后元件被隔离(开路)。桥差不平衡电流

$I_0 = \dfrac{I_1 - I_2}{2} = \dfrac{1}{2}U_{\perp}(C_{A1} - C_{A2})$ (1)

$C_{\text{单}} = \dfrac{Q}{U_e^2 \omega} = \dfrac{500}{5.5^2 \times 314.16} = 52.6\,(\mu\text{F})$; $C_{A1} = \dfrac{C_{\text{单}} \times 7}{2} = 184.15\,(\mu\text{F})$;

$C_{A2} = \dfrac{(C_{\text{单}} \times 7)^2 \times (1-25\%)}{(C_{\text{单}} \times 7) \times (1-25\%) + (C_{\text{单}} \times 7)} = 157.8\,(\mu\text{F})$ $U_{\perp} = 5.5 \times 2 \times 1.1 = 12.1\,(\text{kV})$

代入式(1)得 $I_0 = \dfrac{1}{2} \times 12.1 \times 314.16 \times \dfrac{184.15 - 157.8}{1000} = 50\,(\text{A})$,$I_{ZD} = \dfrac{I_0}{N_i k_{11}} = \dfrac{50}{5 \times 1.5} = 6.66\,(\text{A})$。

28. C【解答过程】依据 DL/T 5390—2014 第 8.5.1 条、第 8.5.2 条(由表 8.5.2 及题意查得本题所有位置的金属卤化物灯同时系数为 0.8,由第 8.5.1 条可知该题所有灯具镇流器及其他附件损耗系数均为 0.2)金属卤化物灯容量

$S_1 = \dfrac{0.8 \times (1+0.2) \times (48 \times 400 + 160 \times 175 + 360 \times 175 + 36 \times 250 + 8 \times 400)}{0.85 \times 1000} = 138.24\,(\text{kVA})$

荧光灯容量 $S_2 = \dfrac{0.8 \times (1+0.2) \times (150 \times 2 \times 36 + 30 \times 32 + 20 \times 32 + 150 \times 2 \times 36 + 40 \times 4 \times 18)}{0.9 \times 1000} =$

27.82 (kVA)

插座容量 $S_3 = \dfrac{40}{0.85} = 47.06\,(\text{kVA})$;变压器容量 $S_t \geq 138.24 + 27.82 + 47.06 = 213.12\,(\text{kVA})$。

29. A【解答过程】依据 DL/T 5390—2014 附录 B 及其条文说明的算例,第 5.1.4 条、第 7.0.4 条、第 10.0.8 条、第 10.0.10 条、第 B.0.1 条: $RI = \dfrac{LW}{h_{re}(L+W)} = \dfrac{130.6 \times 28}{(27-12.6) \times (130.6+28)} = 1.60$

$$N = \frac{LPDK_{RI}A}{P} = \frac{LPDK_{RI}LW}{P} = \frac{7 \times 0.82 \times 130.6 \times 28}{400} = 52.5(盏)，取53盏$$

$$E_c = \frac{\phi NCUK}{A} = \frac{35000 \times 53 \times 0.55 \times 0.7}{130.6 \times 28} = 195.3 \text{ (lx)}; \frac{200 - 193.5}{200} \times 100\% < 10\%$$

30．D【解答过程】依据 DL/T 5390—2014 第 8.5.1 条、第 8.1.2 条、第 8.6.2-2-3 款，可得

$$\Delta U\% = \Sigma M / CS = \Sigma P_{js}L / CS \Rightarrow L = \frac{\Delta U\% CS}{\Sigma P_{js}} = \frac{10 \times 0.14 \times 10}{6 \times 60 / 1000} = 38.89(\text{m})$$

31．D【解答过程】依据《架空输电线路电气设计规程》（DL/T 5582—2020）第 6.2.2 条及式（6.1.3-2）可得

$$n \geq \frac{\lambda U}{K_e L_{01}} = \frac{4 \times 550 / \sqrt{3}}{0.95 \times 45} = 29.7 \text{ (片)}，取 n = 30 \text{ 片}；\quad n = \frac{155 \times 25}{146} = 26.5 \text{ (片)}，取 n = 27 \text{ 片。}$$

以上两者取大，$n = 30$ 片。

32．C【解答过程】依据 DL/T 5582—2020 式（6.1.3-2）及第 6.1.5 条，可得

$$n_1 \geq \frac{\lambda U}{K_e L_{01}} = \frac{4.5 \times 550 / \sqrt{3}}{0.9 \times 55} = 28.9 \text{ (片)}，取 n_1 = 29 \text{ 片}。$$

$$n = n_1 \mathrm{e}^{0.121\,5 m_1 \frac{H-1000}{1000}} = 29 \times \mathrm{e}^{0.121\,5 \times 0.4 \times \frac{3000-1000}{1000}} = 31.96 \text{ (片)}，取 n = 32 \text{ 片}。$$

33．D【解答过程】由 GB 50545—2010 第 7.0.7 条可得：$L_1 \geq \frac{3}{4} \times 5 \times \frac{550}{\sqrt{3}} = 1190.78 \text{ (cm)}$；

$L_2 \geq 2.8 \times 500 = 1400 \text{ (cm)}$；以上两者取大，$L = L_2 = 1400 \text{ (cm)}$。DL/T 5582—2020 第 6.2.4-2 款可得。

34．D【解答过程】由 DL/T 5582—2020 式（6.1.3-2）得

$$n_1 \geq \frac{\lambda U}{K_e L_{01}} = \frac{4 \times 550 / \sqrt{3}}{1 \times 48} = 26.5 \text{ (片)}，取 27 \text{ 片}；又由该规范第 6.2.2 条、第 6.2.3 条及表 7.0.2$$

得 $n_2 = \dfrac{155 \times 25 + \dfrac{100 - 40}{10} \times 146}{170} = 27.9 \text{ (片)}$，取 28 片。以上两者取大，取 28 片。

35．B【解答过程】由 GB 50545—2010 第 7.0.9 条表 7.0.9-1 可得 500kV 海拔 1000m 工频电压间隙为 1.3m；又由 GB 311.1 式（B3）可得：$U'_{50\%} = U_{50\%} \times \mathrm{e}^{1 \times \frac{3000-1000}{8150}} = 1.278 U_{50\%}$；依题意可得 $d' = 1.278d = 1.278 \times 1.3 = 1.66 \text{(m)}$。

36．A【解答过程】新版线路手册第 307 页式（5-27）、式（5-29）

可得水平档距：$l_h = \dfrac{l_1 + l_2}{2} = \dfrac{500 + 600}{2} = 550 \text{(m)}$；$\alpha = \dfrac{h_1}{l_1} + \dfrac{h_2}{l_2} = \dfrac{20}{500} - \dfrac{50}{600} = -0.043\,3$；最高气温时垂直档距：$l_v = l_h + \dfrac{\sigma_0}{\gamma_v} \alpha = 550 + \dfrac{25900}{16.18} \times (-0.0433) = 480.7 \text{(m)}$。老版线路手册第 183 页式（3-3-9）。

37．B【解答过程】由新版线路手册第 307 页式（5-26）、式（5-29）可得

水平档距 $l_h = \dfrac{l_1+l_2}{2} = \dfrac{500+600}{2} = 550(\text{m})$；$\alpha = \dfrac{h_1}{l_1} + \dfrac{h_2}{l_2} = \dfrac{20}{500} - \dfrac{50}{600} = -0.0433$

导线覆冰时的垂直档距 $l_v = l_h + \dfrac{\sigma_0}{\gamma_v}\alpha = 550 + \dfrac{45300}{11.12+16.18} \times (-0.0433) = 478.2(\text{m})$

据题意忽略绝缘子串的影响，覆冰工况下导线产生的垂直荷载为：

$P_3 = l_v(g_1+g_2) \times 4 = 478.2 \times (11.12+16.18) \times 4 = 52219.4(\text{N})$。老版线路手册第183、184页。

38．A【解答过程】由 DL/T 5582—2020 第 8.0.1～第 8.0.2 条可得最大强度为 $\dfrac{2.5 \times 4 \times 45300}{2} \times 10^{-3} = 226.5(\text{kN})$。又由该规范第 8.0.4 条可得，挂点金具应向上增大一级，故取 300kN。因题设未给断联工况应力，故不校验断联工况。

39．C【解答过程】由新版线路手册第307页式（5-26）、式（5-29）可得

水平档距 $\alpha = \dfrac{h_1}{l_1} + \dfrac{h_2}{l_2} = \dfrac{50}{600} - \dfrac{150}{1000} = -0.0667$；$l_h = \dfrac{l_1+l_2}{2} = \dfrac{600+1000}{2} = 800(\text{m})$。

导线覆冰时的垂直档距 $l_v = l_h + \dfrac{\sigma_0}{\gamma_v}\alpha = 800 + \dfrac{45300}{11.12+16.18} \times (-0.0667) = 689.32(\text{m})$，又由该手册第 303 页表 5-13 可得垂直荷载 $P_3 = ng_3l_v = 4 \times (11.12+16.18) \times 689.32 = 75273.96(\text{N})$；水平荷载 $P_5 = ng_5l_h = 4 \times 3.76 \times 800 = 12032(\text{N})$。依据 GB 50545—2010 第 6.0.3 条，金具最大使用荷载 $P_7 = \sqrt{P_5^2 + P_3^2} \times 2.5 = \sqrt{12032^2 + 75273.96^2} \times 2.5 = 190.6(\text{N})$；选大于 190.6（N）且最接近的强度等级，所以选 C。老版线路手册第 183 页式（3-3-9）、184 页式（3-3-12）、第 179 页表 3-2-3。

40．C【解答过程】由新版线路手册第307页式（5-26）、式（5-29）可得

水平档距 $l_h = \dfrac{l_1+l_2}{2} = \dfrac{500+600}{2} = 550(\text{m})$；$\alpha = \dfrac{h_1}{l_1} + \dfrac{h_2}{l_2} = \dfrac{20}{500} - \dfrac{50}{600} = -0.0433$。

垂直档距 $l_v = l_h + \dfrac{\sigma_0}{\gamma_v}\alpha = 550 + \dfrac{36000}{16.18} \times (-0.0433) = 453.6(\text{m})$；又由该手册第 152 页式（3-245）可得最大风偏角 $\phi = \arctan\left(\dfrac{Pl_h}{Wl_v}\right) = \arctan\left(\dfrac{13.72 \times 4 \times 550}{16.18 \times 4 \times 453.6}\right) = 45.8°$。老版线路手册第 183 页式（3-3-9）、第 184 页式（3-3-12）、第 103 页式（2-6-44）。

2019年注册电气工程师专业知识试题

（上午卷）及答案

一、单项选择题（共40题，每题1分，每题的备选项中只有1个最符合题意）

1. 未采取均压措施或对地面进行特殊处理的道路与避雷针及其接地装置的距离不宜小于多少？　　　　　　　　　　　　　　　　　　　　　　　　　　　　　　　　　　　　　　（　　）
   （A）1.5m
   （B）2m
   （C）3m
   （D）4m

2. 机组容量为135MW的火力发电厂，所配三绕组主变压器变比为242/121/13.5kV，额定容量为159MVA，请问该变压器每个绕组的通过功率至少为下列哪项数值？　　　　　（　　）
   （A）24MVA
   （B）48MVA
   （C）53MVA
   （D）79.5MVA

3. 某中性点采用消弧线圈的10kV三相系统中，当一相发生接地故障时，未接地两相对地电压变化值为下列哪项数值？　　　　　　　　　　　　　　　　　　　　　　　　　（　　）
   （A）10kV
   （B）5774V
   （C）3334V
   （D）1925V

4. 低压并联电抗器中性点绝缘水平应按下列哪项设计？　　　　　　　　　　　　　　（　　）
   （A）线端全绝缘水平
   （B）线端半绝缘水平
   （C）线端半绝缘并提高一级绝缘电压水平
   （D）线端全绝缘并提高一级绝缘电压水平

5. 抗震设防烈度为几度及以上时，海上升压变电站还应计算竖向地震作用？　　　　（　　）
   （A）6度
   （B）7度
   （C）8度
   （D）9度

6. 某10kV配电装置采用低电阻接地方式，10kV配电系统单相接地电流为1000A，则其保护接地的接地电阻不应大于下列哪项数值？　　　　　　　　　　　　　　　　　　　（　　）
   （A）2Ω
   （B）4Ω
   （C）5.8Ω
   （D）30Ω

7. 下列关于电流互感器的型式选择，不符合规范要求的是哪项？ （   ）
(A) 330～1000kV 系统线路保护用电流互感器宜采用 TPY 级互感器
(B) 断路器失灵保护用电流互感器宜采用 P 级互感器
(C) 高压电抗器保护用电流互感器宜采用 TPY 级互感器
(D) 500～1000kV 系统母线保护宜采用 TPY 级互感器

8. 关于火电厂和变电站的柴油发电机组选择，下列那些论述不符合规范要求？ （   ）
(A) 柴油机的启动方式宜采用电启动
(B) 柴油机的冷却方式应采用封闭式循环水冷却
(C) 发电机宜采用快速反应的励磁系统
(D) 发电机宜采用三角形接线

9. 干式空心低压并联电抗器的噪声水平不应超过多少？ （   ）
(A) 60dB   (B) 62dB
(C) 65dB   (D) 75dB

10. 输电线路跨越三级弱电线路（不包括光缆和埋地电缆）时，输电线路与弱电线路的交叉角应符合什么要求？ （   ）
(A) ≥45°   (B) ≥30°
(C) ≥15°   (D) 不限制

11. 对于 10kV 公共电网系统，若其最小短路容量为 300MVA，则用户注入其与公共电网连接处的 5 次谐波电流最大允许值为多少？ （   ）
(A) 20A   (B) 34A
(C) 43A   (D) 60A

12. 电压互感器二次回路的设计，以下论述不正确的是哪项？ （   ）
(A) 电压互感器的一次侧隔离开关断开后，其二次回路应有防止电压反馈的措施
(B) 电压互感器二次侧互为备用的回路应切换开关控制
(C) 中性点非直接接地系统的母线电压互感器应设有抗铁磁谐振设施
(D) 中性点直接接地系统的母线电压互感器应设有绝缘监察信号装置

13. 在 500kV 变电站中，下列哪项短路情况需考虑并联电容器组对短路电流的助增作用？ （   ）
(A) 短路点在出线电抗器的线路侧
(B) 短路点在主变压器高压侧
(C) 短路点在站用变压器高压侧
(D) 母线两相短路

14. 某660MW火力发电机组，输煤系统的双回路供电电缆采用电缆通道，以下对电缆的选项哪项是符合规程要求且经济的？ （　　）
    （A）输煤系统两路电源电缆通道中未设置防火分隔，其中仅一路电源电缆采用耐火电缆
    （B）输煤系统两路电源电缆通道中未设置防火分隔，且均采用耐火电缆
    （C）输煤系统两路电源电缆均采用非阻燃电缆
    （D）输煤系统两路电源电缆设置防火分隔，一路电源电缆采用非阻燃电缆，另一路电缆采用耐火电缆

15. 330kV系统的相对地统计操作过电压不宜大于多少？ （　　）
    （A）296.35kV　　　　　　　　　（B）461.08kV
    （C）651.97kV　　　　　　　　　（D）1026.6kV

16. 某电厂燃油架空管道每20m接地1次，每个接地点设置集中接地装置，则该接地装置的接地阻值不应超过下列哪项数值？ （　　）
    （A）4Ω　　　　　　　　　　　　（B）10Ω
    （C）30Ω　　　　　　　　　　　（D）40Ω

17. 关于电压互感器二次绕组的接地，下列叙述不正确的是哪项？ （　　）
    （A）对中性点直接接地系统，电压互感器星形接线的二次绕组宜采用中性点经自动开关一点接地方式
    （B）对中性点非直接接地系统，电压互感器星形接线的二次绕组宜采用中性点一点接地方式
    （C）几组电压互感器二次绕组之间无电路联系时，每组电压互感器的二次绕组可在不同的继电器室或配电装置内分别接地
    （D）已在控制室或继电器室一点接地的电压互感器二次绕组，宜在配电装置内将二次绕组中性点经放电间隙或氧化锌阀片接地

18. 对海上风电场的220kV海上升压变电站，其应急照明供电的持续时间不应小于下列哪项数值？ （　　）
    （A）1h　　　　　　　　　　　　（B）2h
    （C）18h　　　　　　　　　　　（D）24h

19. 某架空送电线路采用单联悬垂绝缘子串，绝缘子型号为XWP2-160，其最大使用荷载不应超过下列哪项数值？ （　　）
    （A）80.0kN　　　　　　　　　　（B）64.0kN
    （C）59.3kN　　　　　　　　　　（D）50.0kN

20. 若铜芯铝绞线的铝钢比为10，其单一弹性系数分别为：钢 181000N/mm²，铝 65000N/mm²，假定铝线和钢的伸长相同，不考虑扭绞等其他因素的影响，这种绞线的弹性系数E的计算值为下列哪项数值？ （　　）

(A) 181000N/mm²   (B) 170455N/mm²
(C) 75545N/mm²   (D) 65000N/mm²

21. 在发电厂与变电站中，总油量超过下列哪项数值的室内油浸式变压器应设单独的变压器室？ （　　）

(A) 80kg   (B) 100kg
(C) 150kg   (D) 200kg

22. 水电厂的装机容量不小于以下哪个值时，应对电气主线路进行可靠性评价？ （　　）

(A) 500MW   (B) 750MW
(C) 1000MW   (D) 1250MW

23. 发电机断路器三相不同期分闸、合闸时间应分别不大于下列哪项数值？ （　　）

(A) 5ms，5ms   (B) 5ms，10ms
(C) 10ms，5ms   (D) 10ms，10ms

24. 某发电厂的环境条件如下：极端最高温度39.7℃，年最高温度38.5℃，最热月平均温度30℃，年平均温度11.9℃，最热月最高温度26℃，则在选择电厂220kV屋外敞开式布置配电装置中的SF_6断路器和架空导线时，其最高环境温度分别不低于下列哪项数值？ （　　）

(A) 39.3℃，38.5℃   (B) 38.5℃，38.5℃
(C) 38.5℃，30℃   (D) 30℃，26℃

25. 发电厂独立避雷针与5000m³以上氢气贮藏呼吸阀的水平距离不应小于下列哪项数值？ （　　）

(A) 3m   (B) 5m
(C) 6m   (D) 8m

26. 用于腐蚀较重地区水平敷设的人工接地极，下列哪种材料不合适？ （　　）

(A) $\phi 8$的铜棒
(B) 截面积为40×5mm²的铜覆扁钢
(C) 截面积为25×4mm²的铜排
(D) 截面积为100mm²，单股直径为1.5mm的铜绞线

27. 已知某电厂主厂房10kV母线接有断路器20台，在计算机组220V直流系统统计事故初期（1min）负荷时，下列原则正确的是哪项？ （　　）

(A) 备用电源开关自控有2台，负荷系数为1
(B) 低频减载保护跳闸4台，负荷系数为1
(C) 直流润滑油泵1台，负荷系数为1
(D) 热控DCS交流电源18A，负荷系数为0.6

28. 下列不属于电力平衡中的备用容量的是哪项？ （ ）
    (A) 负荷备用容量　　　　　　　　(B) 受控备用容量
    (C) 检修备用容量　　　　　　　　(D) 事故备用容量

29. 高压电缆确定绝缘厚度时，导体与金属屏蔽间的额定电压是一个重要参数。220kV 电缆选型时，该额定电压不应低于下列哪项数值？ （ ）
    (A) 127kV　　　　　　　　　　　(B) 169kV
    (C) 220kV　　　　　　　　　　　(D) 231kV

30. 若高山区某直线杆塔的前后侧档距均为 400m，悬点高差分别为 40m，-50m（计算塔高时为正，反之为负），所在直线段的导线应力和垂直比载分别为 48(N/mm²)、30.3×10⁻³ N/(m·mm²)，该项的垂直档距为下列哪项数值？ （ ）
    (A) 360m　　　　　　　　　　　　(B) 400m
    (C) 450m　　　　　　　　　　　　(D) 760m

31. 某区域电网规划建设一座±800kV 直流换流站，该站与 500kV 变电站一同设置，以下哪种方案最为合理经济？ （ ）
    (A) 一回电源线来自站内 500kV 降压变压器，另外一回电源线来自站外
    (B) 一回电源线来自站外 110kV 系统，另外二回电源线来自本站降压变压器下的两台站用变压器
    (C) 一回电源线来自站内 500kV 降压变压器，另外两回线路引自站外
    (D) 一回电源线来自站外 110kV 系统，另外二回电源线分别引自降压变压器和站用变压器

32. 当公共电网电压处于正常范围内时，风电场应当能控制风电场并网点电压在标称电压的哪个范围内？ （ ）
    (A) 85%～115%　　　　　　　　　(B) 90%～110%
    (C) 95%～105%　　　　　　　　　(D) 97%～107%

33. 当系统中性点采用低电阻接地的方式时，接地电阻的额定电压应不低于： （ ）
    (A) 系统额定相电压　　　　　　　(B) 系统额定线电压
    (C) 1.05 倍的系统额定相电压　　　(D) 1.05 倍的系统额定线电压

34. 500kV 屋外配电装置的安全净距 C 值，由下列哪种因素确定？ （ ）
    (A) 由 A_1+2300+200mm 确定　　(B) 由地面静电感应场强水平确定
    (C) 由导体电晕确定　　　　　　　(D) 由无线电干扰水平确定

35. 某 35kV 系统采用中性点谐振接地方式，对于其配置的自动跟踪补偿消弧线圈装置，下列概述正确的是哪项？ （ ）

(A) 应确保正常运行时中性点的长时间电压位移不超过 2kV
(B) 系统接地故障剩余电流不应大于 7A
(C) 当消弧部分接在 YNyn 接线变压器（零序磁通经铁芯闭路）中性点时，消弧线圈容量不应超过变压器三相总容量的 20%
(D) 消弧部分可接在 ZNyn 接线变压器中性点上

36．有关电测量装置及电流、电压互感器的准确度最低要求，下列叙述哪项是正确的？
(　　)
(A) 电测量装置的准确度为 1.0，电流互感器准确度为 1.0 级
(B) 电测量装置的准确度为 1.0，需经中间互感器连线，中间互感器准确度为 0.5
(C) 电测量装置的准确度为 0.5，电流互感器准确度为 0.5 级
(D) 采用综合保护的测量部分准确度为 1.0

37．在正常工作情况下，下列关于火力发电厂厂用电电能质量的要求哪项是不正确的？
(　　)
(A) 10kV 交流母线的电压波动范围宜在母线标称电压的 95%～105%
(B) 当由厂内交流电源供电时，10kV 交流母线的频率为 49.5～50.5Hz
(C) 10kV 交流母线的各次谐波电压含有率不宜大于 3%
(D) 10kV 厂用电系统电压总谐波畸变率不宜大于 4%

38．有关电力系统调峰原则，下列概述错误的是哪项？
(　　)
(A) 火电厂调峰，应优先安排经济性好，有调节能力的机组调峰
(B) 对远距离的水电站，应论证其担任系统调峰容量的经济性
(C) 系统调峰应针对不同的系统调峰方案进行论证
(D) 系统调峰容量应满足设计年不同季节系统调峰的需要

39．500kV 线路海拔不超过 1000m 时，满足工频电压要求的绝缘子片数是 28 片，当海拔 3000m 处，需选择多少片？（特征系数取 0.65）
(　　)
(A) 25 片 (B) 29 片
(C) 30 片 (D) 33 片

40．直流架空输电线路的导线选择要满足载流量及机械强度等方面的要求，还要对电晕特性参数等方面进行校验，下列叙述正确的是哪项？
(　　)
(A) 非居民区地面最大合成场强不宜超过 40kV/m
(B) 负极性导线的可听噪声大于正极性导线的可听噪声
(C) 下雨时的无线电干扰大于晴天时的无线电干扰
(D) 下雨时的可听噪声小于晴天时的可听噪声

二、多项选择题（共 30 题，每题 2 分，每题的备选项中有两个或两个以上符合的答案，错选、少选、多选均不得分）

41. 爆炸性粉尘环境的电力设施应符合下列哪些规定？ （　　）
(A) 宜将正常运行时发生火花的电气设备，布置在爆炸危险性较小或没有爆炸危险的环境内
(B) 在满足工艺生产及安全的前提下，不限制防爆电气设备的数量
(C) 应尽量减少插座的数量
(D) 不宜采用携带式电气设备

42. 机组容量为 600MW 的火力发电厂，其发电机应具备一定的非正常运行及特殊运行能力，包含下列哪几种？ （　　）
(A) 进相和调峰
(B) 短暂失步和失磁异步
(C) 次同步谐振和非同期并列
(D) 不平衡负荷和单相重合闸

43. 某火力发电厂，电缆通道受空间限制，下列对于电缆敷设的要求正确的是 （　　）
(A) 同一层支架上电缆排列控制和信号电缆可紧靠或多层叠置
(B) 同一通道同一侧的多层支架，支架层数受通道空间限制时，35kV 电压及以下的相邻电压级电力电缆也不应排列于同一层支架
(C) 明敷电力电缆与热力管道交叉，并且之间无隔板保护时的允许最小净距为 500mm
(D) 在电缆沟中可以布置有保温层的热力管道

44. 在电力工程设计中，下列哪个部位必须接地？ （　　）
(A) 封闭母线的外壳
(B) 电容器的金属围栏
(C) 蓄电池室内 220V 蓄电池支架
(D) 380V 厂用电进线屏上的电流表金属外壳

45. 在高压配电装置 3/2 断路器接线系统中，当线路检修相应出线刀闸拉开，开关合上后需投入短引线保护，以下描述哪些是正确的？ （　　）
(A) 短引线保护动作电流躲正常运行时的负荷电流，可靠系数不小于 2
(B) 短引线保护动作电流躲正常运行时的不平衡电流，可靠系数不小于 2
(C) 金属性短路按灵敏度不小于 2 考虑
(D) 金属性短路按灵敏度不小于 3 考虑

46. 对于一般线路金具强度的安全系数，下列表述正确的是哪几项？ （　　）
(A) 在断线时金具强度的安全系数不应小于 1.5
(B) 在断线时金具强度的安全系数不应小于 1.8
(C) 在断联时金具强度的安全系数不应小于 1.5
(D) 在断联时金具强度的安全系数不应小于 1.8

47. 下列关于架空线路地线的表述正确的有哪几项？ （　　）
（A）500kV 及以上线路应架设双地线
（B）220kV 线路不应架设单地线
（C）重覆冰线路地线保护角可适当加大
（D）雷电活动轻微地区的 110kV 线路可不架设地线

48. 在覆冰区段的输电线路，采用镀锌钢绞线时与导线配合的地线最小截面应大于无冰区段的地线，主要是考虑了下列哪些因素？ （　　）
（A）因覆冰地线的弧垂增大，档距中央导、地线配合的要求
（B）加大地线截面及加强地线支架强度可以提高线路的抗冰能力
（C）从导、地线的过载能力方面考虑
（D）从地线的热稳定方面考虑

49. 电厂内的噪声应首先按国家规定的产品噪声标准从声源上进行控制，对声源上无法根治的生产噪声可采用有效的噪声控制措施，下列措施哪些是正确的？ （　　）
（A）对外排汽阀装设消声器　　　　（B）设备架设隔声罩
（C）管道增加保湿材料　　　　　　（D）建筑物内敷吸声材料

50. 在水力发电厂电气主接线设计时，以下哪几项必须装设发电机出口断路器？
（　　）
（A）扩大单元回路
（B）发变单元回路
（C）三绕组变压器或自耦变压器回路
（D）抽水蓄能电厂采用发电机电压侧同期与换相或接有启动变压器的回路

51. 在 500kV 屋外敞开式高压配电装置设计中，关于隔离开关的设置原则下列表述哪些是正确的？ （　　）
（A）母线避雷器和电压互感器宜合用一组隔离开关
（B）母线电压互感器不宜装设隔离开关
（C）进出线电压互感器不应装设隔离开关
（D）母线避雷器不应装设隔离开关

52. 火力发电厂电力网络计算机监控系统（NCS），下列对于 NCS 系统的要求错误的是哪几项？ （　　）
（A）NCS 主机可采用串行品对时或 NTP，SNTP 对时
（B）NCS 间隔层智能测控单元宜采用 IRIG-B 对时
（C）主时钟应按主备方式配置，两台主时钟至少有 1 台无线授时基准信号取自 GPS 卫星导航系统
（D）用时钟扩展对时，从时钟设置一路有线授时基准信号，一路无线授时信号

53. 发电厂一房间长 15m，宽 9m，灯具安装高度为 4.5m，工作面高度为 1m，灯具的间距值符合要求的是哪几项？ （   ）
   （A）4m   （B）5m
   （C）6m   （D）7m

54. 110kV 电缆在隧道或电缆沟内敷设时常采用支架支持，支架的允许跨距宜符合下列哪些规定？ （   ）
   （A）水平敷设时，1500mm   （B）水平敷设时，3000mm
   （C）垂直敷设时，1500mm   （D）垂直敷设时，3000mm

55. 《110kV～750kV 架空输电线路设计规范》中给出了选用《圆线同心绞架空导线》（GB/T 1179）中的钢芯铝绞线时，可不验算导线最小外径，海拔不超过 1000m 地区导线外径确定主要取决于以下哪些条件？ （   ）
   （A）输电线路边相导线投影外 20m 处，离地 2m 高度处，频率 0.5MHz 时的无线电干扰（海拔不超过 1000m）不超过允许值
   （B）输电线路边相导线的投影外 20m 处，湿导线条件下的可听噪声（海拔不超过 1000m）不超过 55dB
   （C）导线表面电场强度 E 不宜大于全面电晕电场强度 E_0 的 80%～85%
   （D）年平均电晕损失不宜大于线路电阻有功损失的 20%

56. 电线微风振动发生的事故较多，危害也很大，因此，对许用动弯应变有一定限制，下列说法错误的是哪几项？ （   ）
   （A）许用动弯应变与电线的材质有关
   （B）许用动弯应变与电线的振动幅值有关
   （C）许用动弯应变与采用的防振方案有关
   （D）电线的动弯应变与电线的直径无关

57. 下列哪些场所宜选用 C 类阻燃电缆？ （   ）
   （A）地下变电站电缆夹层   （B）燃机电厂的天然气调压站
   （C）125MW 燃煤电厂的主厂房   （D）300MW 燃煤电厂的运煤系统

58. 发电厂机组采用单元接线时，厂用分支的短路电流通常比较大，若厂用分支线或高压厂用母线的短路电流，下列正确的措施是哪几项？ （   ）
   （A）采用厂用分支电抗器   （B）工作厂用变压器采用分裂变压器
   （C）发电机出口采用 GCB   （D）厂用负荷采用 F+C 回路

59. 对于额定功率 300MW 的发电机，其发电机内部发生单相接地故障电流为 2A，要求此故障状况时不瞬时停机，应采用下列哪种接地方式？ （   ）
   （A）发电机中性点采用不接地   （B）厂用变压器中性点采用谐振接地

(C) 发电机中性点采用谐振接地　　　(D) 发电机中性点采用电阻接地

60. 关于电测量用电压互感器二次回路允许电压降，下列描述错误的是哪几项？（　　）
(A) Ⅰ类电能计量装置二次专用测量回路电压降不应大于额定二次电压的 0.1%
(B) 频率显示仪表二次测量回路的电压降不应大于额定二次电压的 1.0%
(C) 电压显示仪表二次测量回路的电压降不应大于额定二次电压的 3.0%
(D) 综合测控装置二次测量回路的电压降不应大于额定二次电压的 3.0%

61. 下列关于干式低压并联电抗器的布置安装设计中，表述正确的有哪几项？（　　）
(A) 低式布置时，其围栏可选用玻璃钢围栏
(B) 干式并联电抗器的基础内钢筋在满足防磁空间距离要求后可接成闭合环形
(C) 其各组件的零部件宜采用非导磁的不锈钢螺栓连接
(D) 其板型引接线宜立放布置

62. 架空线路绝缘子串在雷电冲击闪络后，建弧率与下列哪些选项有关？（　　）
(A) 额定电压　　　　　　　　　　(B) 绝缘子串闪络距离
(C) 绝缘子串爬电距离　　　　　　(D) 架空线对地高度

63. 架空输电线路控制导线允许载流量的最高允许温度是由下列哪几个条件确定？
（　　）
(A) 导线经长期运行后的强度损失　(B) 连接金具的发热
(C) 导线热稳定　　　　　　　　　(D) 对地距离和交叉跨越距离

64. 对于特高压直流换流站交流滤波器的接线，下列概述正确的是：（　　）
(A) 交流滤波器宜采用大组的方式接入换流器单元所连接的交流母线
(B) 交流滤波器的高压电容器前应设接地开关
(C) 交流滤波器接线主要应满足直流系统和交流滤波器投切的要求
(D) 交流滤波器应与无功补偿并联电容器统一设计

65. 在选择保护电压互感器的熔断器时，应考虑下列哪些条件？（　　）
(A) 额定电压　　　　　　　　　　(B) 开断电流
(C) 动稳定　　　　　　　　　　　(D) 热稳定

66. 关于电流互感器的二次回路的接地设计要求，下列表述正确的是哪几项？（　　）
(A) 电流互感器的二次回路应在高压配电装置处和继电器室分别接地
(B) 500kV 配电装置采用 3/2 断路器接线，当有电路直接联系的回路时，其电流互感器二次回路应在和电流处一点接地
(C) 高压厂用电开关柜中，各馈线回路的电流互感器二次回路宜在高压开关柜中经端子排接地

（D）当有电路直接联系回路时，350MW 机组主变压器差动保护的电流互感器二次回路宜在继电器室接地

67. 在 300MW 机组的大型火力发电厂中，对厂用电的自动切换装置设计原则描述哪些是正确的： （ ）
（A）对高压厂用电正常切换宜采用带同步检定的厂用电源快速切换装置
（B）对低压厂用电源正常切换宜采用手动并联切换
（C）对低压厂用电源设有专用备用变压器的事故切换时宜采用备用电源自动投入装置
（D）对低压厂用电源为两电源"手握手"方式，事故切换宜采用带厂用母线等保护闭锁的电源快速切换装置

68. 输电路线设计用年平均气温应按下列哪些规定数值？ （ ）
（A）当地区年平均气温在 3～17℃，宜取年平均气温实际值
（B）当地区年平均气温在 3～17℃，宜取与年平均气温值邻近的 5 的倍数值
（C）当地区年平均气温小于 3℃，或大于 17℃，分别按年平均气温减少 3℃和 5℃后取值
（D）当地区年平均气温小于 3℃，或大于 17℃时，分别按年平均气温减少 3℃和 5℃后，取与此数邻近的 5 的倍数值

69. 送电线路设计在校验塔头间隙时，下列选项错误的是哪几项？ （ ）
（A）带电作业工况时，安全间隙由雷电过电压确定
（B）操作过电压工况时，最小间隙可不考虑海拔影响
（C）雷电过电压工况，最小间隙应计入海拔影响
（D）带电作业工况，风速按 15m/s 考虑

70. 下列哪些设计要求，属于现行的防舞动措施？ （ ）
（A）提高导线使用张力，以减小舞动几率
（B）避开易形成舞动的覆冰区域与线路走向
（C）提高线路系统抵抗舞动的能力
（D）采取各种防舞动装置与措施，抑制舞动的发生

答　　案

一、单项选择题

1. C

依据：《交流电气装置的过电压保护和绝缘配合设计规范》(GB/T 50064—2014) 第 5.4.6-4 款，独立避雷针不应设在人经常通行的地方，避雷针及其接地装置与道路或出入口的距离不

宜小于 3m，否则应采取均压措施或铺设砾石或沥青地面。

2．A

依据：《大中型火力发电厂设计规范》（GB 50660—2011）第 16.1.6-1 款，125MW 级机组的主变压器宜采用三绕组变压器，每个绕组的通过功率应达到该变压器额定容量的 15%，159×0.15=23.8（MVA）。

3．A

10kV 为线电压，单相接地故障时，非故障相对地电压升高至 1.732 倍。即非故障相对地电压为 10kV，本题不严谨，题目问的是"变化值"，变化值应该是升高的部分，而不是最终升高到的电压 10kV，但仅算升高的部分 10-10/1.732=4.23（kV），没有答案。

4．A

依据：《导体和电器选择设计技术规定》（DL/T 5222—2021）第 13.3.2 条，低压并联电抗器中性点应为线路全绝缘水平。

5．C

依据：《风电场工程 110kV～220kV 海上升压变电站设计规范》（NB/T 31115—2017）第 7.4.6 条，6 度以上进行水平地震作用计算，8 度以上还应计算竖向地震作用。

6．B

依据：《交流电气装置的接地设计规范》（GB/T 50065—2011）第 4.2.1 条和第 6.1.2 条，可得

$$R \leqslant \frac{2000}{1000} = 2(\Omega)$$

7．C

依据：《电流互感器和电压互感器选择及计算规程》（DL/T 866—2015）第 7.1.2 条，A 正确；依据第 7.1.7 条，B 正确；依据第 7.1.6 条，D 正确；依据第 7.1.8 条，C 错误，应为 P 级。

8．D

依据：《火力发电厂厂用电设计技术规程》（DL/T 5153—2014）附录第 D.0.1 条，发电机接线应采用星形连接，中性点应能引出。三角形接法无法向 220V 负荷供电。

9．A

依据：《35kV～220kV 变电站无功补偿装置设计技术规定》（DL/T 5242—2010）第 7.3.6 条，干式空心并联电抗器的噪声水平不应超过 60dB。

10．D

依据：《架空输电线路电气设计规程》（DL/T 5582—2020）第 10.1.4 条，输电线路与三级弱电线路的交叉角不受限制。

11．D

依据：《电能质量 公用电网谐波》（GB/T 14549—1993）表 2，由注入公共连接点的谐波电流允许值可知，标准电压为 10kV 时，基准短路容量为 100MVA，当为 5 次谐波时，谐波电流允许值为 20A。由附录 B 式（B1），可得

$$I_\mathrm{b} = \frac{S_\mathrm{b1}}{S_\mathrm{b2}} I_\mathrm{hp} \ \text{知} \ I_\mathrm{b} = \frac{300}{100} \times 20 = 60 \ (\mathrm{A})$$

12．D

依据：《火力发电厂、变电站二次接线设计技术规程》（DL/T 5136—2012）第 5.4.16 条，

A 正确；依据第 5.4.20 条，B、C 正确，D 错误，应为中性点非直接接地系；第 5.4.20 条规定，中性点非直接接地系统的母线电压互感器应设有绝缘监察信号装置及抗铁磁谐振措施。

13．C

依据：《导体和电器选择设计技术规定》（DL/T 5222—2021）附录第 A.7.1 条。

14．A

依据：《大中型火力发电厂设计规范》（GB 50660—2011）第 16.9.5 条，同一电缆通道中，全厂公用的重要负荷回路的电缆应采取：①耐火分隔，或分别敷设在两个互相独立的电缆通道中；②当未相互隔离时，其中一个回路应实施耐火防护或选用具有耐火性的电缆。

15．C

依据：《交流电气装置的过电压保护和绝缘配合设计规范》（GB/T 50064—2014）第 3.2.2-2 款，操作过电压基准电压（标幺值为 1.0）应为 $\sqrt{2}U_m/\sqrt{3}$；依据第 4.2.1-4 条，330kV 系统相对地统计过电压不宜大于 2.2（标幺值），即 $2.2 \times \dfrac{\sqrt{2} \times 363}{\sqrt{3}} = 652.05 \text{(kV)}$。

16．C

依据：《交流电气装置的过电压保护和绝缘配合设计规范》（GB/T 50064—2014）第 5.4.4.2 条，架空管道每隔 20～25m 应接地一次，电阻不超 30Ω。

17．A

依据：《火力发电厂、变电站二次接线设计技术规程》（DL/T 5136—2012），A 选项第 5.4.18-1 款，A 错误；B 选项第 5.4.18-2 款，B 正确；C 选项第 5.4.18-5 条，C 正确；D 选项第 5.4.18-6 款，D 正确，选错误选项，所以选 A。

18．C

依据：《风电场工程 110kV～220kV 海上升压变电站设计规范》（NB/T 31115—2017）第 5.5.1-2 条，应急照明供电的持续时间不应小于 18h。

19．C

依据：《架空输电线路电气设计规程》（DL/T 5582—2020）第 8.0.1 条，可得绝缘子最大使用荷载安全系数为 2.7 为，由式 8.0.2 可得 160/2.7=59.3(kN)。

20．C

依据：新版线路手册第 177 页式（5-12）。或老版线路手册第 177 页式（3-2-2），

$E = \dfrac{181000 + 10 \times 65000}{1 + 10} = 75545 \text{(N/mm}^2\text{)}$。

21．B

依据：《高压配电装置设计规范》（DL/T 5352—2018）第 5.5.2 条，屋内单台电气设备的油量在 100kg 以上时，应设置挡油设施或储油设施。

22．B

依据：《水力发电厂机电设计规范》（DL/T 5186—2004）第 5.2.1 条，装机容量 750MW 及以上的水电厂还应对电气主接线可靠性进行评估。

23．B

依据：《导体和电器选择设计技术规定》（DL/T 5222—2005）第 9.3.3 条，发电机断路器

三相不同期合闸时间应不大于10ms，不同期分闸时间应不大于5ms。DL/T 5222—2021版第7.3.3条对此规定已更改。

24．C

依据：《导体和电器选择设计技术规定》（DL/T 5222—2021）第4.0.3条，题设为敞开式布置，按"户外"条件确定温度，所以选C。

25．B

依据：《交流电气装置的过电压保护和绝缘配合设计规范》（GB/T 50064—2014）第5.4.4.1条，5000m^3以上贮罐与呼吸阀的水平距离不小于5m，针高出呼吸阀不应小于5m。

26．D

依据：《交流电气装置的接地设计规范》（GB/T 50065—2011）表4.3.4-2小注1，D选项应为1.7mm。

27．C

依据：《电力工程直流电源系统设计技术规程》（DL/T 5044—2014）表4.2.6，C选项应为0.9，D选项为0.6，其他选项并未提及。

28．B

依据：《电力系统设计技术规程》（DL/T 5429—2009）第5.2.3条，系统总备用容量可按系统最大发电负荷的15%～20%考虑，低值适用于大系统，高值适用于小系统，并满足下列要求：①负荷备用为2%～5%；②事故备用为8%～10%，但不小于系统一台最大的单机容量；③检修备用应按有关规程要求及系统情况确定，初步计算时取值不应低于5%。

29．A

依据：《电力工程电缆设计标准》（GB 50217—2018）第3.2.2条，中性点直接接地或低阻接地，接地保护动作不超过1min切除故障，不低于100%使用回路工作相电压，$220/\sqrt{3} = 127$(kV)。

30．A

依据：新版线路手册第307页式（5-29）。或老版线路手册第183页式（3-3-12），

$$l_v = \frac{l_1+l_2}{2} + \frac{\sigma_0}{\gamma_v}\left(\pm\frac{h_1}{l_1} \pm \frac{h_2}{l_2}\right) = \frac{400+400}{2} + \frac{48}{30.3\times10^{-3}}\left(\frac{40}{400} - \frac{50}{400}\right) = 360(m)。$$

31．B

依据：《换流站站用电设计技术规定》（DL/T 5460—2012）第3.1.2条。

32．D

依据：《风电场接入电力系统技术规定》（GB/T 19963.1—2021）第8.2条。该题是按照GB 19963—2011所出，后续更新的2021版根据电压等级进行了区分，所以题设并没有给出具体的电压等级。

33．C

依据：《导体和电器选择设计技术规定》（DL/T 5222—2021）附录B式（B.2.1-1），得$U_R \geqslant 1.05\dfrac{U_N}{\sqrt{3}}$。

34．B

依据：《高压配电装置设计规范》（DL/T 5352—2018）表5.1.2-1注3-②，500kV配电装

置C值由地面静电感应的场强水平确定。

35．D

依据：《交流电气装置的过电压保护和绝缘配合设计规范》(GB/T 50064—2014)第3.1.6-2条，A错误，正常运行时自动跟踪补偿消弧装置应确保中性点的长时间电压位移不超过系统标称相电压的15%，35×0.15/1.7321=3.03(kV)；依据第3.1.6-3条，B错误，系统接地故障残余电流不应大于10A；依据第3.1.6-6条第1)款，C错误，D正确。

36．C

依据：《电力装置的电测量仪表装置设计规范》(GB/T 50063—2017)表3.1.4，A错误，电流互感器准确度应为0.5级；B错误，中间互感器准确度为0.2级；C正确。依据第3.1.2条，D错误，当设有计算机监控系统、综合保护及测控装置时，可不再装设相应的常用电测量仪表。

37．B

依据：《火力发电厂厂用电设计技术规程》(DL/T 5153—2014)第3.3.1条，A、C、D正确；B选项的正确表述应为：当由厂内交流电源供电时，交流母线的频率波动范围为49～51Hz。

38．A

依据：《电力系统设计技术规程》(DL/T 5429—2009)第5.3.2条，A错误，应优先安排经济性差的；B正确。依据第5.3.1条，C、D正确。

39．D

依据：《架空输电线路电气设计规程》(DL/T 5582—2020)第6.1.5条进行海拔校正即可，$N=28\times e^{0.1215\times0.65\times(3000-1000)/1000}=32.79$（片），取33片。

40．D

依据：《高压直流架空送电线路技术导则》(DL/T 436—2005)第11.1.2条，A正确。依据第9-a)款，B错误，直流线路可听噪声主要来源于正极性导线，所以，负极性导线可听噪声要小于正极性导线。依据第8-a)款，C错误，下雨时直流线路可听噪声比晴天有所降低。依据第9-a)款，D正确。

二、多项选择题

41．CD

依据《爆炸危险环境电力装置设计规范》(GB 50058—2014)第5.1.1-1款，A选项前半部应为"应"，选项为"宜"，A错误；依据第5.1.1-2条，B错误，应减少防爆电气设备的数量；依据第5.1.1-6款，C正确；依据第5.1.1-4款，D正确。

42．AB

依据：B依据《大中型火力发电厂设计规范》(GB 50660—2011)第16.1.2-3款。

43．AC

依据：《电力工程电缆设计标准》(GB 50217—2018)第5.1.4-1款，A正确；依据第5.1.7条，C正确；依据第5.1.3-2款，B错误，可排列同一层支架；依据第5.1.9款，D错误，应该为"不得布置"。

44．AB

依据：《交流电气装置的接地设计规范》(GB/T 50065—2011)第3.2.2条及第3.2.1条。

45．BC

依据：《220kV～750kV 电网继电保护装置运行整定规程》（DL/T 559—2007）第 7.2.12 条。

46．AC

依据：《架空输电线路电气设计规程》（DL/T 5582—2020）第 8.0.1 条，断线、断联、验算情况不应小于 1.5。

47．ACD

依据：GB 50545—2010。其中：依据第 7.0.13-3 款，A 对；依据第 7.0.13-2 款，B 错，年平均雷暴日数不超过 15d 的地区或运行经验证明雷电活动轻微的地区可架设单地线，山区宜架设双地线；依据第 7.0.14-4 款，C 对；依据第 7.0.13-1 款，D 对。新规范《架空输电线路电气设计规程》（DL/T 5582—2020）第 7.2.1～7.2.3 条已更改相关内容。

48．BC

依据：（GB 50545—2010）第 5.0.12 条条文说明。《架空输电线路电气设计规程》（DL/T 5582—2020）第 5.1.14 条内容已更改。

49．ABD

依据：《大中型火力发电厂设计规范》（GB 50660—2011）第 21.5.2 条条文说明。

50．ACD

依据：《水力发电厂机电设计规范》（DL/T 5186—2004）第 5.2.4 条，以下各回路在发电机出口处必须装设断路器：①扩大单元回路；②联合单元回路；③三绕组变压器或自耦变压器回路；④抽水蓄能电厂采用发电机电压侧同期与换相或接有启动变压器的回路。

51．BCD

依据：《高压配电装置设计规范》（DL/T 5352—2018）第 2.1.5 条，A 选项是 110kV~220kV 系统配置，题目是 500kV，A 错误，选正确的，所以选 BCD。

52．CD

依据：《发电厂电力网络计算机监控系统设计技术规程》（DL/T 5226—2013）第 5.8.1 条，A、B 正确。依据第 5.8.3 条，C 错误，应为北斗卫星系统；D 错误，应为两路有线授时基准信号。

53．AB

依据：《发电厂和变电站照明设计技术规定》（DL/T 5390—2014）第 5.1.4 条。

由式（5.1.4），$RI = \dfrac{LW}{h_{re}(L+W)}$，可知室形指数 $RI = \dfrac{15 \times 9}{(4.5-1) \times (15+9)} = 1.6$，查表 5.1.4 可知，灯具最大允许距高比 L/H=0.8～1.5，H=3.5，得 L=2.8～5.25，选 A、B。

54．AD

依据：《电力工程电缆设计标准》（GB 50217—2018）表 6.1.2。

55．CD

依据：《架空输电线路电气设计规程》（DL/T 5582—2020）第 5.1.3 条条文说明。

56．BD

依据：选项 A 依据新版线路手册第 348 页右中（三）以上段落内容，动弯应力与导线刚度相关，属于导线的物理特性，题目要求选错的，故选 BD。老版线路手册第 223 页，左上（三）以上段落内容。

57．ABD

依据：GB 50229—2006 的第 11.3.3、10.7.2、6.7.1 条，ABD 正确；GB 50229—2019 的第 11.4.7 条、第 10.6.3-1 条、第 6.8.1 条，其中第 11.4.7 条已对 A 选项进行了更改，本题考试当时使用的是 GB 50229—2006，所以选 ABD，今后按最新版规范作答。

58．AB

依据：老版一次手册第 120 页内容。

59．BC

依据：《交流电气装置的过电压保护和绝缘配合设计规范》（GB/T 50064—2014）第 3.1.3-3 款，故障电流为 2A，大于表 3.1.3 中最高允许值 1A，所以应采用中性点谐振接地，消弧装置可装在厂用变压器上或发电机中性点上。

60．AB

依据：《电流互感器和电压互感器选择及计算规程》（DL/T 866—2015）第 12.2.1 条～第 12.2.2 条。

61．ACD

依据：《35kV～220kV 变电站无功补偿装置设计技术规定》（DL/T 5242—2010）第 8.3.3 条，A 正确；依据第 8.3.2 条，B 错误，应为"第 3.2 条的要求"；依据第 8.3.5 条，C、D 正确。

62．AB

依据：《交流电气装置的过电压保护和绝缘配合设计规范》（GB/T 50064—2014）附录 D 式（D.1.8）、式（D.1.9-1）、式（D.1.9-2）。雷电放电通道主要走干弧距离，接近绝缘子的高度；工频电压放电通道主要走沿面距离（爬电距离）。此题为多选题，最少选两个选项，为此需要在 B 与 C 中选一个，B 更合适。

63．AB

依据：《架空输电线路电气设计规程》（DL/T 5582—2020）第 5.1.8 条。

64．ABD

依据：《±800kV 直流换流站设计规范》（GB/T 50789—2012）第 5.1.4-2 条，知 A 正确；依据第 5.1.4-3 条，B 正确；依据第 5.1.4-1 条，C 错误，该选项描述"主要"二字与原规范不符；依据第 4.2.7 条，D 正确。

65．AB

依据：《导体和电器选择设计技术规定》（DL/T 5222—2021）第 17.0.8 条，只需按额定电压和开断电流选择。

66．BC

依据：《火力发电厂、变电站二次接线设计技术规程》（DL/T 5136—2012）第 5.4.9 条；和电流处一般在端子排，不在继电器室，所以选 C，不选 D。

67．ABC

依据：《火力发电厂厂用电设计技术规程》（DL/T 5153—2014）第 9.3.1 条，A 正确，高压厂用电正常切换，200MW 及以上机组宜采用带同步检定的厂用电源快速切换装置；依据第 9.3.2-1 条，B 正确；依据第 9.3.2-2 1）条，C 正确，当采用明备用动力中心供电方式时，工作电源故障被错误地断开时，备用电源应自动投入，专用备用为明备用，而手拉手为暗备用；依据第 9.3.2-2 2）条，D 错误，当采用暗备用动力中心供电方式时，应采用"确认动力中心母线系统无永久性故障后手动切换"的方式。

68．BD

依据：《架空输电线路电气设计规程》（DL/T 5582—2020）第 4.0.12 条。

69．ABD

依据：《110kV～750kV 架空输电线路设计规范》（GB 50545—2010）第 7.0.10 条文说明，A 错误，在决定带电作业间隙时，考虑到带电作业人员的安全，操作过电压的幅值按 U_{max} 考虑；依据第 7.0.12 条文说明，B 错误，海拔每增高 100m，操作过电压和运行电压的间隙应比表 7.0.9 所列数值增大 1%；依据第 7.0.9 条文说明，C 正确；依据第 4.0.14 条，D 错误，带电作业工况风速 10m/s。DL/T 5582—2020 第 6 章已修改部分内容。

70．BCD

依据：《架空输电线路电气设计规程》（DL/T 5582—2020）第 5.3.1 条条文说明，可采取的措施：①避开易于形成舞动的覆冰区域与线路走向；②提高线路系统抵抗舞动的能力；③采取各种防舞装置与措施。

2019年注册电气工程师专业知识试题

（下午卷）及答案

一、单项选择题

1. 在发电厂中，当用于锅炉本体及金属容器检修时，携带式作业灯的电压是下列哪项值？（　　）

（A）12V
（B）24V
（C）36V
（D）48V

2. 火力发电厂与变电站中，下列哪项照明节能措施是错误的？（　　）
（A）户外照明和道路照明可采用发光二极管灯
（B）户外照明宜采用分区、分组集中手动控制方式
（C）当天然光照度水平升到场地照度标准的80%时，光控开关关灯
（D）高强度气体放电灯功率因数不应低于0.85

3. 在发电厂的下列场所或部位，宜选择缆式线型感温探测器的是哪项？（　　）
（A）计算机房
（B）发电机出线小室
（C）皮带输送装置
（D）柴油储罐

4. 某电网计划建设一座容量为8000MW、±800kV直流升压站，采用每极两个12极换流器单元串联接线方式，额定电流为5000A，请问该直流输电工程最小直流和降压运行电压宜为下列哪组数值？（　　）
（A）＜1000A，±（560～640）kV
（B）＜800A，560～640kV
（C）＜500A，±（560～640）kV
（D）＜500A，560kV

5. 某一特高压直流换流站无功补偿设备采用并联电容器，下列并联电容组分组容量配置不满足规范要求的是？（　　）
（A）任一组无功设备的投切，不应改变直流控制模式或直流输送功率，不应引起换相失败，不应引起邻近的同步电机自励磁
（B）并联电容器的容量宜按直流系统的长期运行电压计算
（C）单组电容器投切引起的稳态交流母线电压变化率应在系统可以承受的范围内，且不应导致换流变压器有载调压开关动作
（D）并联电容器的容量应与交流滤波器统一考虑

6. 隐极同步发电机满足下列哪项条件并网后，不需要检查或修理？　　　（　　）
(A) 相位差±8°，电压差≤3%，频率差±0.05Hz
(B) 相位差±10°，电压差≤5%，频率差±0.06Hz
(C) 相位差±8°，电压差≤5%，频率差±0.08Hz
(D) 相位差±10°，电压差≤3%，频率差±0.1Hz

7. 水轮发电机定子绕组接成正常工作接线时，在空载额定电压和额定转速时，线电压波形的总谐波畸变因数（THD）不应超过下列哪项值？　　　（　　）
(A) 3%
(B) 5%
(C) 8%
(D) 10%

8. 在电力系统短路电流计算中，当供电电源至短路点的电气距离为下列哪项时，可不考虑短路电流周期分量的衰减？　　　（　　）
(A) 计算电抗 $X_{js}>0.5$ 时（$S_j=1000MVA$）
(B) 计算电抗 $X_{js}>3\Omega$ 时
(C) 计算电抗 $X_{js}>3.0$ 时
(D) 当系统电抗为无穷大时

9. 某变电站 500/220/35kV 自耦变压器，35kV 侧接有电容器，500kV 侧电压波动较小，220kV 侧电压变化较大，则其有载调压绕组位置选择的调压方式宜为？　　　（　　）
(A) 中性点侧调压
(B) 220kV 侧线端调压
(C) 500kV 侧线端调压
(D) 串联绕组末端调压

10. 发电机断路器的首相开断系数可取？　　　（　　）
(A) 1.3
(B) 1.414
(C) 1.5
(D) 1.732

11. 某 300MW 机组火电工程，下列选项不符合电力电缆导体材料规程要求的是？（　　）
(A) 保安电源系统采用耐火电缆，导体采用铜导体
(B) 380V 汽机工作段 PC 中小电流回路可采用铝合金电缆
(C) 高压厂用电 6kV 电缆应采用铝合金导体电缆
(D) 发电机采用无刷励磁，励磁柜至主励磁机的励磁电缆采用铜导体

12. 一台 30MW 小型发电机组，发电机额定电压为 10.5kV，单元接线，设发电机断路器，厂用工作电源经电抗器供电，选择主电抗器参数时，下面哪项原则符合规程要求？（　　）
(A) 正常工作时，电抗器的电压损失不得大于母线额定电压 5%
(B) 电抗器电抗百分值选择应将短路电流限制到 20kA 以内
(C) 电抗器电源应接在发电机断路器的发电机侧
(D) 电抗器电源侧设置无法断开短路电流的断路器时，断路器可采用不满足动稳定要求的断路器，并设置电抗器瞬时跳闸保护以切除电抗器电源侧故障。

13. 某电厂 500kV 配电装置为 3/2 断路器接线，采用户外敞开式中型布置，按照断路器布置方式，按有关规程宜采用下列哪一组布置？ （ ）
（A）三列式，双列式，平环式　　（B）三列式，单列式，平列式
（C）单列式，双列式　　　　　　（D）三列式，双列式

14. 海上升压站 GIS 室适宜的灭火系统为哪个？ （ ）
（A）细水雾灭火系统　　　　　　（B）泡沫灭火系统
（C）消防水炮系统　　　　　　　（D）水喷雾灭火系统

15. 在屋外高压配电装置中，支持式管型母线在设计中应考虑消除微风振动的措施，下列那种措施是合适的？ （ ）
（A）加装动力单环阻尼消谐器　　（B）管母支撑处加装阻尼线
（C）改变支持方式　　　　　　　（D）增加伸缩节

16. 500kV 变电站的雷电安全运行年不宜低于哪项？ （ ）
（A）100a　　　　　　　　　　　（B）300a
（C）600a　　　　　　　　　　　（D）800a

17. 以下对于多雷区的定义，正确的是哪项？ （ ）
（A）平均年雷暴日数超过 15d 但不超过 90d 的地区
（B）地面落雷密度超过 2.78 次/(km^2·a)但不超过 7.98 次/(km^2·a)的地区
（C）平均年雷暴日数值超过 90d 的地区
（D）地面落雷密度超过 7.98 次/(km^2·a)的地区

18. 以下哪项措施，不利于降低变压器的传递过电压？ （ ）
（A）发电机中性点消弧线圈采用欠补偿方式
（B）变压器低压侧加装对地电容
（C）高压侧采用熔断器
（D）高压侧断路器三相同期动作

19. 某电厂 220kV GIS 最大接地故障电流为 40kA，220kV 接地故障的等效持续时间为 0.64s，220kV 接地故障的地下 GIS 区域专用接地网与电厂全厂接地网采用 4 根相同截面镀锌扁钢，不考虑腐蚀时每根接地扁钢不应小于下列哪种规格？ （ ）
（A）25×4mm^2　　　　　　　　（B）40×4mm^2
（C）60×6mm^2　　　　　　　　（D）60×8mm^2

20. 电流互感器二次接线的接地属于下列哪种接地？ （ ）
（A）系统接地　　　　　　　　　（B）保护接地
（C）雷电保护接地　　　　　　　（D）防静电接地

21. 有关集中接地装置的描述，下列不合适的选项是哪项？（   ）
（A）设置集中接地装置的目的是加强对雷电流的散流作用，降低对地电位
（B）站区土壤为陶土时，可敷设 3~5 根垂直接地接地极
（C）站区土壤为砂质黏土时，可敷设 3~5 根放射形水平接地极
（D）站区土壤为砾石时，可敷设 3~5 根放射形水平接地极

22. 某火力发电厂两台 300MW 机组经 220kV 升压站接入系统，220kV 升压站采用双母线接线，启动/备用变压器电源由 220kV 升压站引接，以下哪一回路不需要测量三相电流？
（   ）
（A）启动/备用变压器 220kV 侧　　（B）发电机励磁变压器的高压侧
（C）主厂房照明变压器　　　　　　（D）220kV 升压站母线联络断路器

23. 电能计量装置的接线方式应根据系统中性点接线方式选择，下面不正确的表述是？
（   ）
（A）中性点有效接地系统的电能计量装置应采用三相四线的接线方式
（B）中性点不接地系统的电能计量装置宜采用三相三线的接线方式
（C）经电阻接地的非有效接地系统的电能计量装置宜采用三相四线的接线方式
（D）经消弧线圈接地的非有效接地系统的电能计量装置宜采用三相三线的接线方式

24. 试判断下列哪种断路器回路可不测量有功功率？（   ）
（A）旁路断路器　　　　　　　　　（B）母联（兼旁路）断路器
（C）内桥断路器　　　　　　　　　（D）外桥断路器

25. 25MW 汽轮发电机定子绕组采用星型接线，下列哪项是正确的？（   ）
（A）每相绕组有并联分支，且中性点有分支引出端，装设零序电流型横差保护
（B）每相绕组有并联分支，且中性点有分支引出端，装设零序裂相横差保护
（C）每相绕组有并联分支，且中性点只有三个引出端，不装匝间保护
（D）每相绕组有并联分支，且中性点只有三个引出端，也可装设专用的匝间保护

26. 25MW 汽轮发电机，发电机额定电压为 6.3kV，发电机中性点消弧线圈接地，发电机出口接有高压厂用电分支，6.3kV 系统电容电流 7A，下列哪项发电机定子绕组接地保护配置原则是不正确的？（   ）
（A）应装设有选择性的接地保护装置，在机端设零序电流互感器和电流继电器
（B）因为有消弧线圈过补偿作用，可以继续运行仅发信号
（C）装设保护区不小于 90%的定子接地保护
（D）当消弧线圈退出运行或其他原因导致故障电流大于允许值时，动作于停机

27. 25MW 汽轮发电机，发电机采用自并励方式，下列不符合保护规程的是哪项？（   ）
（A）自并励发电机的励磁变压器宜采用差动保护作为主保护

（B）自并励发电机的励磁变压器宜采用电流速断保护作为主保护

（C）自并励发电机的励磁变压器宜采用过电流保护作为后备保护

（D）对自并励发电机，宜采用带电流保持的低电压过流保护

28. 关于应计量有功电能的回路描述，下列错误的选项是哪项？　　　　　　（　　）

（A）直流换流站的换流变压器直流侧　　（B）同步发电机的定子回路

（C）1200V 及以上的线路　　（D）双绕组主变压器的一侧

29. 关于电力系统的暂态稳定的描述，下列正确的选项是哪项？　　　　　　（　　）

（A）电力系统受到小干扰后，不发生非周期性失步，自动恢复到初始运行状态的能力

（B）电力系统受到小的或大的干扰后，系统电压能够保持或恢复到允许的范围内，不发生电压崩溃的能力

（C）电力系统受到小的或大的干扰后，在自动调节和控制装置的作用下，保持长过程的运行稳定性的能力

（D）电力系统在运行中承受故障扰动的能力

30. 下列哪类保护在继电保护整定计算时可靠系数小于 1？　　　　　　　　（　　）

（A）线路零序电流保护　　（B）并联电容器电流速断保护

（C）主变低压侧过流保护　　（D）线路相间距离保护

31. 某电厂 2 台机组，每台设一组 220V 和二组 110V 蓄电池，2 台机组 220V 直流母线相连，每台机组 110V 直流母线相连，下列不正确的设计原则是？　　（　　）

（A）220V 电源系统应急联络断路器额定电流不应大于蓄电池出口熔断器额定电流的 50%

（B）220V 电源系统的母线分段断路器的额定电流按两段母线各自所接负荷的最大值选择

（C）110V 电源系统的母线分段隔离开关的额定电流按全部负荷的 60% 选择

（D）110V 电源系统的母线分段断路器额定电流需满足不应大于蓄电池出口熔断器额定电流的 50% 和按全部负荷的 60% 选择

32. 某小型垃圾焚烧发电厂，厂内设一组 220V 蓄电池，其通信直流电源由 DC/DC 变换装置获得。下列哪项 DC/DC 电源系统配置原则是不正确的？　　　　（　　）

（A）220V 直流电源系统是不接地的，DC/DC 变换后直流 48V 正极在电源侧是接地的

（B）DC/DC 变换装置总输出电流不宜小于馈线回路中最大直流断路器额定电流的 4 倍

（C）宜加装储能电容，消除杂音电压的影响

（D）馈线断路器宜选用瞬时脱扣范围为 $(4\sim7)I_n$

33. 下列哪项不是水力发电厂设置厂用电保安电源的条件？　　　　　　　　（　　）

（A）具备电力系统黑启动功能的水电厂

（B）重要泄洪设施无法以手动方式开启阀门泄洪的水电厂

（C）水淹厂房时危及人身安全的水电厂

（D）水淹厂房时危及设备安全的水电厂

34．对海上风电场的 220kV 海上升压变电站，其通信电源设置应满足？ （　　）
（A）通信电源应采用高频开关式稳压稳流电源系统，配置 1 组蓄电池，蓄电池容量应按照事故停电时间 2～3h 设计
（B）通信电源应采用高频开关式稳压稳流电源系统，配置 1 组蓄电池，配置蓄电池容量应按照事故停电时间 4h 设计
（C）通信电源应采用高频开关式稳压稳流电源系统，配置 2 组蓄电池，配置蓄电池容量应按照事故停电时 2～3h 设计
（D）通信电源应采用高频开关式稳压稳流电源系统，配置 2 组蓄电池，配置蓄电池容量应按照事故停电时间 4h 设计

35．发电厂照明网络的接地电阻最大允许值为多少？ （　　）
（A）1Ω　　　　　　　　　　　　（B）4Ω
（C）10Ω　　　　　　　　　　　　（D）30Ω

36．以下负荷曲线特性指标，不属于年负荷曲线特性指标的是什么？ （　　）
（A）年最大负荷利用小时数　　　　（B）负荷静态下降系数
（C）日负荷率　　　　　　　　　　（D）季不均衡系数

37．并联电容器装置的单台电容器内部故障不宜采用什么保护？ （　　）
（A）内熔丝加继电保护　　　　　　（B）外熔丝加继电保护
（C）无熔丝仅有继电保护　　　　　（D）内熔丝加外熔丝

38．电容器组中，用于限制合闸涌流的串联电抗器的电抗率宜取多少？ （　　）
（A）1%　　　　　　　　　　　　（B）4.5%
（C）6%　　　　　　　　　　　　（D）12%

39．一般线路双联及以上的多联绝缘子串应验算断一联后的机械强度的安全系数，不应小于下列哪项数值？ （　　）
（A）1.5　　　　　　　　　　　　（B）1.8
（C）2.0　　　　　　　　　　　　（D）2.7

40．交流架空输电线路的导线选择要满足载流量及机械强度等方面的要求，还要对电晕等方面进行校验，下列叙述正确的是哪项？ （　　）
（A）子导线直径越大，其电晕临界电场强度越大
（B）导线表面的最大电场强度不宜大于全面电晕临界场强的 80%～85%
（C）送电线路的可听噪声主要产生在好天气下
（D）在同等条件下，有地线架空线路的地面最大电场强度比无地线时大

二、多项选择题（共 30 题，每题 2 分。每题的备选项中有两个或两个以上符合题意，错选、少选、多选均不得分）

41．对于容量为 8000MW 的 ±800kV 直流换流站电气主接线设计，下列叙述正确的是：
（　　）
（A）换流站每极宜采用两个 12 脉动换流器单元串联的接线方式
（B）无功补偿设备宜分成若干个小组，且分组中应至少有一小组是备用
（C）平波电抗器串接在每极直流极母线上，或分置串接在每极直流极母线和中性母线上
（D）当双极中的任一极运行时，大地返回方式与金属回线方式之间的转换不应中断直流功率输送，且输送功率宜保持在 8000MW

42．若接入电力系统的火电机组容量较小，与电力系统不匹配时，可采用下列哪种接线方式？
（　　）
（A）可将两台发电机与一台双绕组变压器作联合单元接线
（B）可将两台发电机与一台分裂绕组变压器做扩大单元接线
（C）可将两台发电机双绕组变压器组共用一台高压侧断路器作联合单元接线
（D）可将两台发电机双绕组变压器组共用一台高压侧断路器作扩大单元接线

43．下列关于海上风电场无功补偿的设置，叙述正确的是哪几项？
（　　）
（A）应充分发挥风电机组发出或吸收无功的能力
（B）根据送出线路的电压等级与长度，结合风电场无功补偿及工频过电压需求，宜安装高压并联电容器组或动态无功补偿装置
（C）海上风电场的无功补偿装置，宜设置在陆上
（D）海上风电场无功平衡应首先利用风电机组自身的无功调节能力，然后再配置动态无功补偿装置

44．在短路电流实用计算中，下列哪几项计算不能忽略元件的电阻值？
（　　）
（A）主网提供的短路电流周期分时起始有效值
（B）发电机提供的 t s 短路电流非周期分量（t 不等于零）
（C）发电机提供的 t s 短路电流周期分量有效值（t 不等于零）
（D）低压网络的短路电源周期分量起始有效值

45．当海上风电场设置 220kV 海上升压变电站时，以下要求正确的是哪几项？（　　）
（A）建设规模为 300MW 的海上升压变电站，主变压器至少设置 2 台
（B）对 250MW 的海上升压变电站，设 2 台 125MVA 的主变压器
（C）主变压器布置采用本体户内布置、散热器户外布置的方式
（D）为限制雷电侵入波过电压，海上升压变电站装置的电缆进出线和母线均应配置避雷器

46．电压互感器剩余绕组的额定电压选择，下列选项正确的是哪几项？　　（　　）

(A) 500kV 系统选择 $100/\sqrt{3}$ V
(B) 500kV 系统选择 100V
(C) 20kV 不接地系统选择 $100/\sqrt{3}$ V
(D) 20kV 不接地系统选择 100/3V

47. 关于气体绝缘金属封闭开关选择的叙述，下列选项正确的是哪几项？（ ）
(A) 其中的电压互感器应选择电容式电压互感器
(B) SF_6 避雷器应做成单独的气隔
(C) 断路器灭弧室宜采用单压式
(D) 快速接地开关的导电杆应与外壳良好连接

48. 对于导体和电器选择，下列选项正确的是哪几项？（ ）
(A) 屋外裸导体环境温度宜按最热月平均最高温度进行选择
(B) 屋内裸导体环境温度无资料时，可取最热月平均最高温度加 5℃
(C) 计算导体日照附加温升时，日照强度取 $0.1W/cm^2$，风速取 0.5m/s
(D) 对于湿度较高的场所，选择导体和电器的相对湿度，应采用比当地湿度最高月份的平均相对湿度高 10%

49. 某电厂 220kV 高压配电装置采用屋外敞开式中型布置，对于其架构的荷载，下列选项正确的是哪几项？（ ）
(A) 架构设计应考虑正常运行、安装、检修时的各种荷载组合
(B) 独立架构应按终端架构设计
(C) 安装紧线时，应考虑导线单相作业集中荷载 1500N
(D) 安装时，应考虑安装引起的附加垂直荷载和横梁上人的 2000N 集中荷载

50. 下列关于海上风电场交流海底电缆载流量叙述，正确的有哪几项？（ ）
(A) 海底电缆载流量不应小于最大工作电流，最大工作电流应按照相应回路最大送电功率计算
(B) 海底电缆载流量应按实际路由分段计算，每一段的载流量都应满足送电容量的要求
(C) 海底电缆登陆段，宜取得实测的土壤热阻系数，并考虑土壤温度修正
(D) 海上风电场最大出力时环境温度不一定达到最高，故可不同时考虑恶劣的气象环境条件和最大送电容量两种工况

51. 下列关于气体绝缘金属封闭开关设备（GIS）配电装置的接地开关的叙述，正确的是哪几项？（ ）
(A) GIS 配电装置接地开关的配置须满足运行检修的要求
(B) 与 GIS 配电装置连接并需单独检修的电气设备应配置接地开关
(C) GIS 配电装置的母线和出线均应配置接地开关
(D) 出线回路的母线侧接地开关宜采用具有关合动稳定电流能力的快速接地开关

52. 下列哪项过电压可采用避雷器保护？ (   )
（A）无故障甩负荷过电压
（B）不接地系统中的电磁式电压互感器铁磁谐振过电压
（C）线路重合闸过电压
（D）空载长线工频过电压

53. 对于550kV电力系统，下列哪些措施可以限制其工频过电压？ (   )
（A）减少变压器中性点的接地点
（B）输电线路采用良导体地线
（C）在三相并联电抗器的次级专门装设三角接线的绕组
（D）线路上串联电容补偿装置

54. 关于电压互感器的二次绕组的接地设计，下列合适的是哪几项？ (   )
（A）500kV配电装置的电压互感器星形接线的二次绕组应采用中性点一点接地方式
（B）某电厂发电机出口设置了3组电压互感器，每组均由3台单相电压互感器组成，电压互感器二次绕组采用B相一点接地
（C）某电厂 500kV 配电装置的电压互感器的二次绕组均在继电器室内一点接地，在500kV配电装置内电压互感器的二次绕组中性点经氧化锌阀片接地
（D）电压互感器开口三角绕组的引出端之一应一点接地

55. 应计及季节变化影响，四季中均应满足要求的是哪几项？ (   )
（A）发电厂、变电站的接地电阻　　　（B）接地网的接触电位差
（C）接地网的跨步电位差　　　　　　（D）避雷针的接地电阻

56. 某220kV无人值守变电站，对于监控系统的设计，下列正确的是哪几项？ (   )
（A）该站计算机监控系统的控制操作对象应不包括站用电进线及分散400V断路器
（B）该站计算机监控系统站控层与间隔层应采用直接连接方式，宜采用双以太网结构
（C）站控层的运动通信设备应配置两台，主机兼操作员站控冗余配置
（D）变电站计算机监控系统宜具备顺序控制功能，并能配合远方监控执行远方顺序控制功能

57. 在水力发电厂高压厂用电回路中，下列哪些位置应装设电能计量？ (   )
（A）高压厂用变压器低压侧　　　　　（B）高压厂用馈线
（C）高压母线联络　　　　　　　　　（D）柴油发电机电源进线

58. 对火力发电厂6kV高压电动机的串联接地保护设计原则，下列说法正确的是哪几项？
(   )
（A）当单相接地电流大于5A时，应装设单相接地保护
（B）当单相接地电流为10A以上时，保护动作于跳闸
（C）当单相接地电流为10A以下时，厂用电系统为高阻接地的电动机保护动作于跳闸

(D) 当单相接地电流为 10A 及以下时，厂用电系统为不接地的电动机保护动作于信号

59．在电力工程设计中，下列哪几种情况需装设瓦斯保护？ （　　）
(A) 0.8MVA 及以上的油浸式变压器
(B) 0.4MVA 及以上的车间内油浸式变压器
(C) 高压电抗器中性点油浸式接地小电抗
(D) 并联电容组的 0.12MVA 油浸式串联电抗器

60．每组蓄电池设置蓄电池自动巡检装置，其功能宜包含下列哪几条？ （　　）
(A) 宜监测全部单体蓄电池电压
(B) 宜监测蓄电池组及蓄电池室的温度
(C) 有条件时可增设在线测量每个蓄电池的内阻值
(D) 将监测信息上传至直流电源系统微机监控装置

61．关于直流柜的技术要求，下列合适的是哪几项？ （　　）
(A) 宜采用加强型结构，以满足塑壳断路器的重量
(B) 柜内采用断路器的直流馈线经端子排出线
(C) 柜内母线宜采用阻燃绝缘铜母线
(D) 柜内母线及其相应回路应能满足直流母线出口短路时短时耐受电流

62．关于低压电器的选择，下列叙述正确的是哪几项？ （　　）
(A) 用熔件额定电流为 100A 及以下的熔断器保护的电器和导体可不校验热稳定
(B) 用限流熔断器保护的电器和导体可不校验热稳定
(C) 当断路器满足额定短路分断能力且另装设有继电保护时，可不校验其动、热稳定
(D) 保护式磁力起动器可不校验其动、热稳定

63．关于高压厂用电系统电压校验，下列叙述合适的是哪几项？ （　　）
(A) 当高压电动机的功率（kW）为电源容量（kVA）的 20%以上时，应验算电动机机正常起动时的电压水平
(B) 当成组电动机失压自起动时，高压厂用母线电压不应低于额定电压的 60%
(C) 当容易起动的高压电动机起动时，电动机的端电压不应低于额定电压的 70%
(D) 当最大容量电动机正常起动时，高压厂用母线电压不应低于额定电压的 80%

64．当 220kV 海上升压变电站有直升机起降要求时，应按照直升机通信要求设置哪几项？
（　　）
(A) 一套甚高频调频（VHF-FM）无线电系统
(B) 一套甚高频调幅（VHF-AM）无线电系统
(C) 一台全向中波无线电导航信标发射机（NDB）
(D) 一套气象站

65. 以下有关风电场接入电力系统的相关描述，正确的是哪几项？　　　（　）
(A) 风电场并网点是指风电场送出线路与公共电网的联络点
(B) 风电场并网点电压跌至 20%标称电压时，风电场内的风机机组应能保证不脱网运行 625ms
(C) 风电场并网点电压跌至 0 时，风电场内的风机机组应能保护不脱网运行 150ms
(D) 总装机容量在百万千瓦级规模及以上的风电场群，当电力系统发生三相短路故障引起电压跌落时，每个风电场在低电压穿越过程中应具有动态无功支撑能力，当风电场并网点电压处于标称电压的 20%～90%区间内时，风电场应能够通过注入无功电流支撑电压恢复

66. 在超高压远距离输电系统中，在某种运行方式与补偿度（串联电容补偿）下，有可能发生次同步谐振，以下控制次同步谐振相关措施正确的是哪几项？　　　（　）
(A) 在发电机侧装设动态稳定器　　　　(B) 在线路上并联高压电抗器
(C) 在发电机和电网之间串接一个电抗器　(D) 设静态阻塞滤波器

67. 下列有关并联电容器装置叙述错误的是哪几项？　　　（　）
(A) 屋外大容量并联电容器装置之间，宜设置消防通道
(B) 屋内并联电容器装置之间，宜设置防火隔墙
(C) 有可燃介质的电容器室应为丙类生产建筑，其建筑物耐火等级为二级
(D) 并联电容器室与连接布置的配电装置之间应设置防火墙，防火墙上 1m 以内的范围，不得开门窗及空调

68. 220kV 高压电缆在电缆隧道中明敷时，需设置固定夹具装置，下列选项正确的是哪几项？　　　（　）
(A) 蛇形转换成直线敷设的过渡部位采取刚性固定
(B) 在电缆中间接头部分，可不考虑设置刚性固定
(C) 电缆蛇形节距部位应设置刚性固定
(D) 在斜坡高位时，电缆设置刚性固定

69. 架空输电线路算导线允许载流量时，下列叙述不正确的有哪几项？　　　（　）
(A) 控制导线的允许载流量的主要依据是导线的最高允许温度
(B) 导线的允许载流量要满足单相接地短路电流的要求
(C) 验算时环境气温宜取最高气温
(D) 验算时环境气温宜取最热月平均最高气温

70. 对于高压直流架空输电一般线路，验算导线载流量时，下列做法正确的是哪几项？
　　　（　）
(A) 通过导线的直流电流取 $N-1$ 的电流
(B) 通过导线的直流电流取整流阀在冷却设备投运时可允许的最大过负荷电流

（C）太阳辐射功率密度取 0.1W/cm², 相应风速取 0.5m/s
（D）太阳辐射功率密度取 0.1W/cm², 相应风速进取 0.5 倍基本风速

答　案

1．A

依据：《发电厂和变电站照明设计技术规定》（DL/T 5390—2014）第 8.1.3-2 条，供锅炉本体、金属容器检修用携带式作业灯电压应为 12V。

2．C

依据：《发电厂和变电站照明设计技术规定》（DL/T 5390—2014）第 4.0.7 条、第 10.0.4-1 款，A 正确；依据第 10.0.4-2 款，B 正确；依据第 10.0.4.3-1）款，C 错误；依据第 10.0.3 条，D 正确。

3．C

依据：《火灾自动报警系统设计规范》（GB 50116—2013）第 5.2.2 条，A 错误，应为点型烟感火灾探测器；依据第 5.3.3-3 条，C 正确；依据第 5.3.4 条，D 错误，应为线型光纤感温火灾探测器。

4．C

依据：《±800kV 直流换流站设计规范》（GB/T 50789—2012）第 4.2.4 条，降压运行的电压值宜为额定电压的 70%~80%。

5．B

依据：《±800kV 直流换流站设计规范》（GB/T 50789—2012）第 4.2.7-4 2）款，A 正确；依据第 4.2.7-5 款，B 错误，"直流"应为"交流"；依据第 4.2.7-4 1）款，C 正确；依据第 4.2.7-2 款，D 正确。

6．B

依据：《隐极同步发电机技术要求》（GB/T 7064—2017）第 4.17 条表 1，相位差±10°；电压差 0~5%；频率差，50Hz 时为±0.067，60Hz 时为±0.08。

7．B

依据：《水轮发电机基本技术条件》（GB/T 7894—2009）第 5.8 条，线电压波形的全谐波畸变因数应不超 5%。

8．C

依据：老版《电力工程电气设计手册　电气一次部分》第 129 页，当供电电源为无穷大或计算电抗（以供电电源为基准）$X_{js} \geq 3$ 时，不考虑短路电流周期分量的衰减。

9．B

依据：《电力变压器选用导则》（GB/T 17468—2008）第 4.5.2（e）条，自耦变压器采用公共绕组中性点侧调压者，应验算第三绕组电压波动不致超出允许值。在调压范围大、第三绕组电压不允许波动范围大时，推荐采用中压侧线端调压。

10．C

依据：《导体和电器选择设计技术规定》（DL/T 5222—2021)第 7.3.8 条，发电机断路器首

相开断系数和幅值系数可取 1.5。

11. C

依据：《电力工程电缆设计标准》(GB 50217—2018) 第 3.1.1-3 条，A 正确；第 3.1.1 条、第 3.1.2 条，B、D 正确；第 3.1.2 条，电压等级 1kV 以上的电缆不宜选用铝合金导体，所以 C 错误。

12. A

依据：《导体和电器选择设计技术规定》(DL/T 5222—2021) 第 13.4.5 条，A 正确，电抗器的电压损失不得大于母线额定电压的 5%；依据第 14.4.2-1 条，B 错误，电抗器电抗百分值选择应将短路电流限制到要求值。依据《火力发电厂厂用电设计技术规程》(DL/T 5153—2014) 第 3.6.5 条，C 错误，高压厂用电抗器宜装设在断路器之后；依据第 3.6.3 条，D 错误。

13. B

依据：《高压配电装置设计规范》(DL/T 5352—2018) 第 5.3.6 条，对于 220～750kV 电压等级 3/2 断路器接线方式，当采用软母线或管型母线配双柱式、三柱式、双柱伸缩式或单柱式隔离开关时，屋外敞开式配电装置应采用中型布置，断路器宜采用三列式、单列式或"品"字形布置。

14. A

依据：《风电场工程 110kV～220kV 海上升压变电站设计规范》(NB/T 31115—2017) 第 9.2.5 条及表 9.2.5，GIS 室适宜的灭火系统有细水雾灭火系统或气体灭火系统。

15. A

依据：《导体和电器选择设计技术规定》(DL/T 5222—2021) 第 5.3.5 条。

16. D

依据：《交流电气装置的过电压保护和绝缘配合设计规范》(GB/T 50064—2014) 表 5.4.12，500kV 系统安全运行年为 800 年。

17. B

依据：《交流电气装置的过电压保护和绝缘配合设计规范》(GB/T 50064—2014) 第 2.0.8 条，多雷区指平均年雷暴日数超过 40d 但不超过 90d 或地面落雷密度超过 2.78 次/(km²·a) 但不超过 7.98 次/(km²·a) 的地区。

18. C

依据：老版一次手册第 872 页，三、(二)、3 内容，由式 (15-28) $U_2 = U_0 \dfrac{C_{12}}{C_{12} + 3C_0}$ 知，C_0 增大，U_2 减小，可知 B 正确。避免产生零序过电压是防止变压器传递过电压的根本措施，这就要求尽量使断路器三相同期动作、避免在高压侧采用熔断器设备等，可知 D 可以限制，C 不可以。

19. B

依据：《交流电气装置的接地设计规范》(GB/T 50065—2011) 第 4.4.5 条，连接线截面的热稳定校验应符合本规范第 4.3.5 条的要求，4 根连接线截面的热稳定校验电流，应按单相接地故障时最大不对称电流有效值的 35% 计算；第 4.3.5 条，接地导体(线)的最大允许温度和接地导体(线)截面的热稳定校验，应符合本规范附录 E 的规定。

附录 E 式（E.0.1）$S_\mathrm{g} \geq \dfrac{I_\mathrm{g}}{C}\sqrt{t_\mathrm{e}}$，由以上条件可知，$S_\mathrm{g} \geq \dfrac{0.35 \times 40 \times 10^3}{70} \times \sqrt{0.64} \geq 160(\mathrm{mm}^2)$。

20．B

依据：《交流电气装置的接地设计规范》（GB/T 50065—2011）第 3.2.1-15 条，附属于高压电气装置的互感器的二次绕组应接地。

21．D

依据：《交流电气装置的接地设计规范》（GB/T 50065—2011）第 2.0.11 条，为加强对雷电流的散流作用，降低对地电位而敷设的附加接地装置，敷设 3～5 根垂直接地极。在土壤电阻率较高的地区，则敷设 3～5 根放射形水平接地极，砾石不是土壤。

22．B

依据：《电力装置的电测量仪表装置设计规范》（GB/T 50063—2017），A 选项依据附表 C.0.4-2；C 选项依据第 3.2.2-4 条；D 选项依据附表 C.0.5，以上各回路均需测量三相电流；B 选项依据附表 C.0.4-1 可知，该回路不需要测量三相电流，故选 B。

23．D

依据：《电力装置的电测量仪表装置设计规范》（GB/T 50063—2017）第 4.1.7 条，D 选项应采用三相四线的接线方式。

24．C

依据：《电力装置的电测量仪表装置设计规范》（GB/T 50063—2017）第 C.0.5 条。

25．A

依据：《继电保护和安全自动装置技术规程》（GB/T 14285—2006）第 4.2.5.1 条，对定子绕组为星形接线、每相有并联分支且中性点侧有分支引出端的发电机，应装设零序电流型横差保护或裂相横差保护、不完全纵差保护。

26．B

依据：《继电保护和安全自动装置技术规程》（GB/T 14285—2006）第 4.2.4.1 条、第 4.2.4.2 条，系统电容电流 7A 大于接地电流允许值 4A，所以应装设有选择性的接地保护装置。GB/T 14285—2006 第 4.2.4.3 条，对 100MW 以下发电机应装设保护区不小于 90%的定子接地保护。B 选项应为带时限动作于信号。

27．A

依据：《继电保护和安全自动装置技术规程》（GB/T 14285—2006）第 4.2.23 条，自并励发电机的励磁变压器宜采用电流速断保护作为主保护，可知 A 错误，B、C 均正确；依据第 4.2.6.4 条，自并励（无串联变压器）发电机宜采用带电流记忆（保持）的低压过电流保护，可知 D 正确。

28．A

依据：《电力装置的电测量仪表装置设计规范》（GB/T 50063—2017）第 4.2.1-9 条，A 错误，直流换流站的换流变压器交流侧；依据第 4.2.1-1 条，B 正确；依据第 4.2.1-3 条，C 正确；依据第 4.2.1-2 条，D 正确。

29．C

依据：《电力系统安全稳定导则》（DL/T 755—2001）第 4.3.1 条，A 为静态稳定。

由第 4.6.1 条、第 A.2.4 条，电压稳定是指电力系统受到小的或大的干扰后，系统电压能够保持或恢复到允许的范围内，不发生电压崩溃的能力，B 错误。

由第 4.5.1 条及附录 A.2.3，动态稳定是指电力系统受到小的或大的干扰后，在自动调节和控制装置的作用下，保持长过程的运行稳定性的能力，C 正确。

依据附录 A.1，安全性指电力系统在运行中承受故障扰动（例如突然失去电力系统的元件，或短路故障等）的能力，D 错误。

30．D

依据：《3kV～110kV 电网 2008 继电保护装置运行整定规程》（DL/T 584—2017）表 1、表 7，A、B 选项错误，$K_k>1.0$，取值均大于 1。依据第 7.2.11.9 条，C 选项错误，$K_k>1.0$；依据第 7.2.14.1 条 g）中式（17）$I_{op}=\dfrac{K_k}{K_f}I_{L\max}K_k$，可靠系数取 1.2～1.3。依据表 3，D 选项正确，$K_k<1.0$，取值均小于 1。

31．B

依据：《电力工程直流电源系统设计技术规程》（DL/T 5044—2014）第 6.5.2-4 条，A 正确，直流电源系统应急联络断路器额定电流不应大于蓄电池出口熔断器额定电流的 50%。依据第 6.5.2-4 条文说明，B 错误，2 台机组 220V 直流电源系统之间的是应急联络断路器，应该按不大于蓄电池出口熔断器额定电流的 50%选择；依据第 6.7.2-3 条，C 正确，直流母线分段开关可按全部负荷的 60%选择；依据第 6.7.2-3 条，D 正确，同台机组的两组蓄电池的连接属于分段断路器，按全部负荷的 60%选择。

32．C

依据：《电力工程直流电源系统设计技术规程》（DL/T 5044—2014）第 6.11.2-1 条、第 6.11.2-2 条，"加装储能电容"是为增强 DC/DC 电源输出冲击电流的能力，保证馈线开关的速断保护能够可靠动作，C 错误。

33．A

依据：《水力发电厂厂用电设计规程》（NB/T 35044—2014），A 选项错误，不符合第 3.1.5 条规定，当水电厂需要厂用电保安电源和黑启动电源时，则宜兼用，此时电源容量应按保安负荷与黑启动负荷二者的最大值选取，但不考虑黑启动的负荷与保安负荷同时出现。依据第 3.1.3-1 条，B 正确，重要泄洪设施无法以手动方式开启闸门泄洪的水电厂，而本题是手动开启；依据第 3.1.3-2 条，C、D 正确，水淹厂房危及人身和设备安全的水电厂。

34．D

依据：《风电场工程 110kV～220kV 海上升压变电站设计规范》（NB/T 31115—2017）第 6.5.5 条，蓄电池容量应按照事故停电时间 4h 设计。

35．B

依据：《发电厂和变电站照明设计技术规定》（DL/T 5390—2014）第 8.9.5 条，照明网络的接地电阻不应大于 4Ω。

36．C

依据：老版系统手册第 30 页，年负荷曲线特性指标包括：①月不均衡系数；②季布均衡系数；③负荷静态下降系数；④负荷年平均增长率；⑤年最大负荷利用小时数；⑥年最大负荷利用率。

37．D

依据:《并联电容器装置设计规范》(GB 50227—2017)第6.1.1条条文说明,并联电容器装置的单台电容器内部故障保护,通常有内熔丝加继电保护、外熔断器加继电保护和无熔丝仅有继电保护三种方式。

38. A

依据:《并联电容器装置设计规范》(GB 50227—2017)第5.5.2-1款,仅用于限制涌流时,电抗率宜取0.1%~1%。

39. A

依据:《架空输电线路电气设计规程》(DL/T 5582—2020)第8.0.1条。

40. B

依据:老版线路手册第30页内容及式(2-2-1)可知,A错误。新版线路手册第95页C坏天气才对。第75页式(3-81),A错,第69页D错,B正确。

二、多项选择题

41. AC

依据:《±800kV直流换流站设计规范》(GB/T 50789—2012)第5.1.2-3条,A正确;依据第5.2.2条,B错误,正确叙述为"宜集中布置或分区集中布置";依据第5.1.3.3条,C错误,正确叙述为"或分置于母线和中性点上"。依据第5.1.3.3-6条及其条文说明,一极检修或故障不影响另一极的运行,单极运行功率是双极总功率的一半,应为4000MW,所以D错误。

42. BC

依据:《大中型火力发电厂设计规范》(GB 50660—2010)第16.2.3条。

43. ACD

依据:《风电场工程110kV~220kV海上升压变电站设计规范》(NB/T 31115—2017)第5.1.5-1条,A正确;依据第5.1.5-2条,B错误,宜安装高压并联电容器组和动态无功补偿装置;依据第5.1.5-3条,C正确;依据第5.1.5条文说明,D正确。

44. BCD

依据:老版一次手册第119页,除计算短路电流衰减时间常数和低压网络的短路电流外,元件电阻都忽略不计。C选项,发电机属于有限大系统,其t秒短路电流值是衰减的,衰减常数和电阻值有关,所以C正确。

45. ACD

依据:《风电场工程110kV~220kV海上升压变电站设计规范》(NB/T 31115—2017)第5.1.3条,A正确;依据第5.1.3条、第5.2.2-2条,B错误,海上升压变电站内设置2台及以上主变压器时,单台主变压器容量宜考虑冗余,当一台主变压器故障退出运行时,剩余的主变压器可送出风电场60%及以上的容量,可得0.6×250×2=300 (MW),所以每台主变压器应为150MW;依据第5.2.2-3条,C正确;依据第5.3.2-2条,D正确。

46. BD

依据:《火力发电厂、变电站二次接线设计技术规程》(DL/T 5136—2012)第5.4.11-4条,用于中性点直接接地系统的电压互感器,其剩余绕组额定电压应为100V;用于中性点非直接接地系统的电压互感器,其剩余绕组额定电压应为100/3V。

47. BC

依据：《导体和电器选择设计技术规定》（DL/T 5222—2021）第 11.0.5-4 款，A 错误、B 正确；第 11.0.5 条条文说明，C 正确；第 11.0.5-3 款最后一句，D 错误。选正确的，所以选 BC。

48．ABC

依据：《导体和电器选择设计技术规定》（DL/T 5222—2021）表 4.0.3，A、B 均正确；依据第 4.0.4 条，C 正确；依据第 4.0.7 条，D 错误。

49．ABD

依据：《高压配电装置设计规范》（DL/T 5352—2018）第 6.2.3 条，A 正确，C 错误、D 正确。由第 6.2.2 条，B 正确。

50．BD

依据：《海上风电场交流海底电缆选型敷设技术导则》（NB/T 31117—2017）第 4.2.3-1 条，A 错误，最大工作电流应按照相应回路最大送电容量计算，并考虑补偿后的功率因素；依据第 4.2.3-3 条，B 正确；第 4.2.3-5 款，C 不完整；依据第 4.2.3-6 条文说明，D 正确。

51．ABC

依据：《高压配电装置设计规范》（DL/T 5352—2018）第 2.2.1 条，A、B、C 正确；D 错误，应该是出线回路的线路侧。

52．AC

依据：《交流电气装置的过电压保护和绝缘配合设计规范》（GB/T 50064—2014）第 4.2.3 条，A 正确；依据第 4.1.11-4 款，B 错误；依据第 4.2.1-5 条，C 正确；依据第 4.2.6 条，D 错误。

53．BCD

依据：老版一次手册第 867 页工频过电压的限制措施内容，严格按手册描述，D 也正确。

54．ACD

依据：《火力发电厂、变电站二次接线设计技术规程》（DL/T 5136—2012）第 5.4.18 条。

55．ABC

依据：《交流电气装置的接地设计规范》（GB/T 50065—2011）第 3.1.3 条，设计接地装置时，应计及土壤干燥或降雨和冻结等季节变化的影响，接地电阻、接触电位差和跨步电位差在四季中均应符合本规范要求；但雷电保护接地的接地电阻，可只采用在雷季中土壤干燥状态下的最大值。

56．BD

依据：《35kV～220kV 无人值班变电站设计规程》（DL/T 5103—2012）第 4.8.2 条，A 错误，"不包含"应改为"需包含"；依据第 4.8.4 条，B 正确；依据第 4.8.6 条，C 错误；依据第 4.8.7 条，D 正确。

57．BD

依据：《电力装置的电测量仪表装置设计规范》（GB/T 50063—2017）表 C.0.3-3，A 选项应为高压厂用变压器高压侧；C 选项应该为"不装"，B、D 正确。

58．AC

依据：《继电保护和安全自动装置技术规程》（GB/T 14285—2006）第 4.13.3 条，对单相接地，当接地电流大于 5A 时，应装设单相接地保护。单相接地电流为 10A 及以上时，保护动作于跳闸；单相接地电流为 10A 以下时，保护可动作于跳闸，也可动作于信号。D 选项，规范没有"及"字。

59．ABC

依据：《继电保护和安全自动装置技术规程》（GB/T 14285—2006）第 4.3.2 条，0.4MVA 及以上车间内油浸式变压器和 0.8MVA 及以上浸式变压器，均应装设瓦斯保护。

60．ACD

依据：《电力工程直流电源系统设计技术规程》（DL/T 5044—2014）第 5.2.6 条及条文说明，B 选项规范没有"蓄电池室"。

61．CD

依据：《电力工程直流电源系统设计技术规程》（DL/T 5044—2014）第 6.9.1 条文说明，A 错误，考虑到直流柜内有笨重部件和大型直流系统中电动力的影响，柜体应采用加强型结构；依据第 6.9.4 条，B 错误，应为微型断路器；依据第 6.9.5 条、第 6.9.6 条，C、D 均正确。

62．BD

依据：《220kV～1000kV 变电站站用电设计技术规程》（DL/T 5155—2016）第 6.3.3 条。

63．ACD

依据：《火力发电厂厂用电设计技术规程》（DL/T 5153—2014）第 4.5.3 条，A 正确；依据表 4.6.1，B 错误，应不低于额定电压的 65%～70%；依据第 4.5.1 条、第 4.5.2 条，C、D 均正确。

64．BD

依据：《风电场工程 110kV～220kV 海上升压变电站设计规范》（NB/T 31115—2017）第 6.5.4 条，有直升机起降要求的海上升压变电站，应根据直升机通信要求配置 1 套甚高频调幅（VHF-AM）无线电系统、一台全向中波无线电导航信标发射机（NDB）和 1 套气象站。

65．BD

依据：《风电场接入电力系统技术规定》（GB/T 19663—2011）第 3.2 条、第 3.3 条，A 错误，并网点是风电场升压站高压侧母线或节点与风电场送出线路的联络点；依据第 9.1-a 款，B 正确；依据图 1，C 错误，从风电场低电压穿越要求可以看出，要求风电机组不脱网连续运行的最低电压为 20% 的标称电压；依据第 9.4 条，D 正确。

66．CD

依据：老版系统手册第 373～374 页，抑制次同步谐振措施内容。

67．ABD

依据：《并联电容器装置设计规范》（GB 50227—2017）第 9.1.2-1 条，A、B 均错误，前提是属于不同主变压器；依据第 9.1.4 条，C 正确，建筑物的耐火等级不应低于二级；依据第 9.1.1 条，D 错误，正确叙述为"当并联电容器室与其他建筑物连接布置时，相互之间应设置防火墙，防火墙上及两侧 2m 以内的范围，不得开门窗及孔洞"。

68．AD

依据：《电力工程电缆设计标准》（GB 50217—2018）第 6.1.4-3 条，A 正确，C 错误，电缆蛇形敷设的每一节距部位宜采取挠性固定；依据第 6.1.4-1 条，B 错误，在终端、接头或转弯处紧邻部位的电缆上，应设置不少于 1 处的刚性固定；依据第 6.1.4-2 条，D 正确。

69．BC

依据:《架空输电线路电气设计规程》(DL/T 5582—2020)第5.1.8条条文说明,A正确,由该条小注可知D正确,C错误;由DL/T 5429—2009第6.5.5-2条,B错误。

70. BC

依据:《高压直流架空送电线路技术导则》(DL/T 436—2005)第5.1.3.5-a款,A错误、B正确;依据第5.1.3.5-c款,C正确、D错误。

2019年注册电气工程师专业案例试题

（上午卷）及答案

【2019年上午题1~6】 某垃圾焚烧电厂汽轮发电机组，发电机额定容量 P_{eg}= 20000kW，额定电压 U_{eg}=6.3kV，额定功率因数 $\cos\varphi_e$=0.8，超瞬变电抗 X_d=18%。电气主接线为发电机变压器组单元接线，发电机装设出口断路器GCB，发电机中性点经消弧线圈接地。高压厂用电源从主变压器低压侧引接，经限流电抗器接入6.3kV厂用母线。主变压器额定容量 S_n=25000kVA，短路电抗 U_k=12.5%，主变压器高压侧接入110kV配电装置。统一用10km长的110kV线路连接至附近变电站，电气主接线如下图。请分析并计算解答下列各小题。

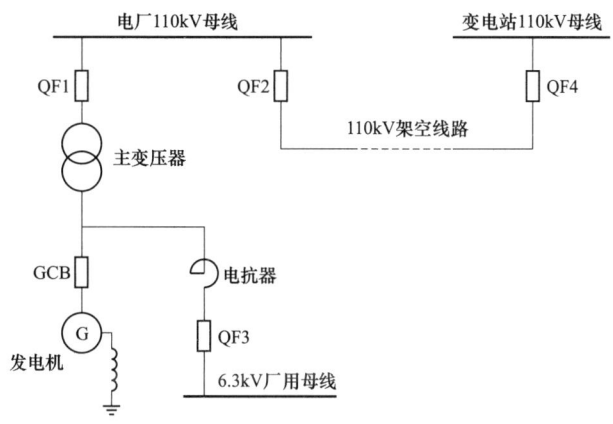

1. 若高压厂用电源由备用电源供电，即 QF3 断开时，发电机在额定工况下运行，请计算此时主变压器的无功消耗占发电机发出的无功功率的百分比为下列哪项值？（请忽略电阻和励磁电抗） （　　）

（A）12.5%　　　　　　　　（B）18%
（C）20.8%　　　　　　　　（D）60%

2. 已知 110kV 线路电抗为 0.4Ω/km，发电机变压器组在额定工况下运行，求机组通过110kV 线路提供给变电站110kV 母线的短路电流周期分量起始有效值最接近下列哪项？
（　　）

（A）0.43kA　　　　　　　　（B）0.86kA
（C）1.63kA　　　　　　　　（D）3.61kA

3. 已知发电机变压器组未接入时，电厂110kV 母线短路电流周期分量的有效值为16kA，且不随时间衰减。当发电机变压器组接入后，求电厂厂用分支（限流电抗器的主变压器侧）三相短路后 t=100ms 时刻的短路电流周期分量有效值最接近下列哪项？（按短路电流实用计

算法计算，忽略厂用电动机反馈电流） （　　）

(A) 1.62kA　　　　　　　　　　(B) 13.3kA

(C) 28.02kA　　　　　　　　　　(D) 30.5kA

4. 已知发电机回路衰减时间常数 $T_a=100$（X/R 值），若需满足主变压器低压侧三相金属性短路后 60ms 时刻，发电机侧短路电流能被 GCB 开断，问 GCB 应具备的短路电流非周期分量开断能力至少为下列哪项值？ （　　）

(A) 11.0kA　　　　　　　　　　(B) 16.09kA

(C) 18.8kA　　　　　　　　　　(D) 25.2kA

5. 为了抑制 6kV 厂用系统的谐波，6.3kV 母线的短路容量应大于 200MVA。假定限流电抗器的主变压器侧短路电流周期分量起始有效值为 80kA，若电抗器额定电流为 800A，厂用分支断路器的额定开断电流为 31.5kA，计算确定满足上述要求的电抗器的电抗百分值应为下列哪项？（忽略电动机的反馈电流） （　　）

(A) 1.5%　　　　　　　　　　　(B) 3%

(C) 4.5%　　　　　　　　　　　(D) 6%

6. 已知 GCB 两端并联的对地电容器之和为每相 150nF，假定消弧线圈的电感为 1.5H，过补偿方式，用于发电机中性点接地。若过补偿系数为 1.2，问本单元机组 6kV 系统，GCB 并联电容器提供的单相接地电容电流以外，其余部分的单相接地电容电流为下列何值？

（　　）

(A) 0.5A　　　　　　　　　　　(B) 2.5A

(C) 5.9A　　　　　　　　　　　(D) 6.4A

【2019 年上午题 7～11】　某电厂的海拔为 1350m，厂内 330kV 配电装置的电气主接线为双母线接线，330kV 配电装置采用屋外敞开式中型布置，主母线和主变压器进线均采用双分裂铝钢扩径空芯导线（导线分裂间距 400mm），330kV 设备的短路电流水平为 50kA（2s），厂内 330kV 配电装置的最小安全净距 A_1 值为 2650mm，A_2 值为 2950mm。请分析计算并解答下列各小题。（厂内 330kV 配电装置间隔断面示意图见下图）

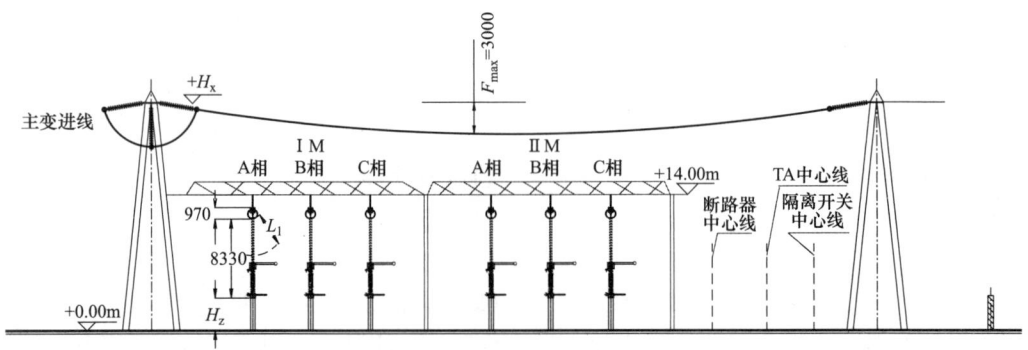

7. 请判断图中所示安全距离"L_1"应不得小于下列哪项值？并说明理由。（ ）
   （A）2650mm
   （B）2950mm
   （C）3250mm
   （D）3400mm

8. 母线隔离开关启用 GW22B-363/2500 型垂直伸缩式隔离开关，其底座下沿与静触头（静触头可调范围为 500～1500mm）中心线的距离为 8330mm。A 相静触头中心线与 A 相母线中心线的距离确定为 970mm。主母线挂线点高度为 14m，A 相母线最大弧垂为 2000mm，若不计导线半径，则隔离开关支架高度为下列哪项值？（ ）
   （A）2500mm
   （B）2700mm
   （C）3170mm
   （D）3670mm

9. 330kV 配电装置的主变压器间隔中，主变压器进线跨过主母线，主变压器进线最大弧垂为 3000mm，主母线挂线点高度为 14m，若假定主母线弧垂为 1800mm，不计导线半径，不考虑带电检修，请计算主变压器进线架构高度不应小于下列哪项值？（ ）
   （A）15.6m
   （B）18.6m
   （C）19.6m
   （D）20.4m

10. 根据电厂的环境气象条件，计算得主变压器进线（包括绝缘子串）在不同风速条件下的风偏：雷电过电压时风偏 600mm，内过电压时风偏 900mm，最高工作电时风偏 1450mm。假定主变压器进线无偏角，跳线风偏相同，不计导线半径和风偏角对导线分裂间距的影响，且不考虑海拔修正，请计算主变压器线门型架构的宽度宜为下列哪项值）？（架构柱直径为 500mm）（ ）
   （A）10.6m
   （B）11.2m
   （C）17.2m
   （D）17.7m

11. 330kV 配电装置出线回路的 330kV 母线隔离开关额定电流为 2500A，该母线隔离开关切断母线环流的能力是，当开合电压为 300V 时开合次数 100 次，其开断母线环流的电流应至少为下列哪项值？（按规程规定计算）（ ）
   （A）0.5A
   （B）2A
   （C）2000A
   （D）2500A

【2019 年上午题 12～15】 某发电厂采用 220kV 接入系统，其汽机房 A 列防雷布置图如下图所示，1 号、2 号避雷针的高度为 40m，3 号、4 号、5 号避雷针的高度为 30m，被保护物高度为 15m，请分析并解答下列各小题。（避雷针的位置坐标如图所示）

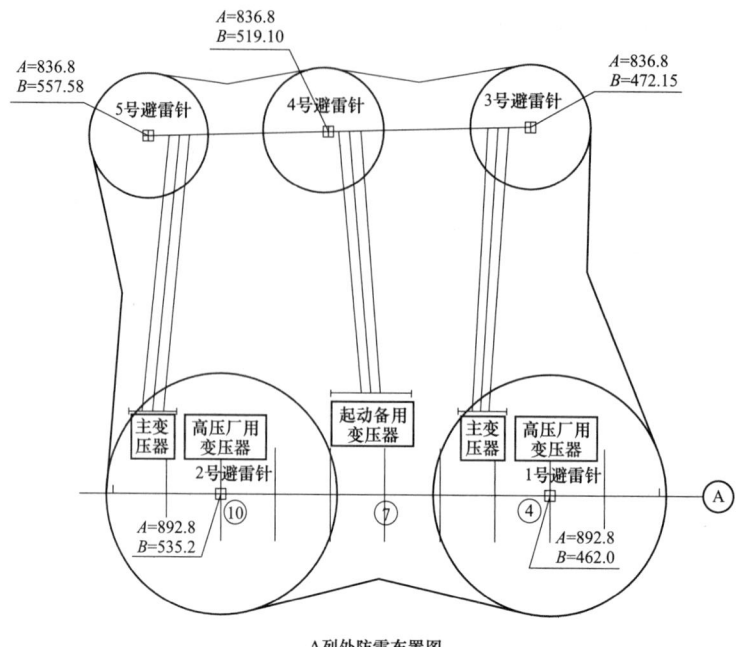

A列外防雷布置图

12. 计算1号避雷针在被保护物高度水平面上的保护半径为下列哪项值？　　（　　）
（A）21.75m
（B）26.1m
（C）30m
（D）52.2m

13. 计算2号、5号避雷针两针间的保护范围在最低点高度 h_0 为下列哪项值？　　（　　）
（A）8.47m
（B）4.4m
（C）21.53m
（D）30m

14. 该电厂的220kV出线回路在开断空载架空长线路时，宜采用哪种措施限制其操作过电压，其过电压不宜大于下列哪项值？　　（　　）
（A）采用重击穿概率极低的断路器，617kV
（B）采用重击穿概率极低的断路器，436kV
（C）采用截流数值较低的断路器，617kV
（D）采用截流数值较低的断路器，436kV

15. 该电厂220kV变压器高压绕组中性点经接地电抗器接地，接地电抗器的电抗值与主变压器的零序电抗值之比为0.25，主变压器中性点外绝缘的雷电冲击耐受电压为185kV，在中性点处装设无间隙氧化锌避雷器保护，按外绝缘配合可选择下列哪种避雷器型号？　　（　　）
（A）Y1.5W-38/132
（B）Y1.5W-38/148
（C）Y1.5W-89/286
（D）Y1.5W-146/320

【2019年上午题 16～20】 某220kV无人值班变电站设置一套直流系统，标准电压为220V，控制与动力负荷合并供电。直流系统设2组蓄电池，蓄电池选用阀控式密封铅酸（贫

液，单体 2V），每组蓄电池容量为 400Ah。充电装置满足蓄电池均衡充电且同时对直流系统供电，均衡充电电流取最大值，已知经常负荷、事故负荷统计如下表所示。

序号	名　称	容量（kW）	备　注
1	智能装置、智能组件	3.5	
2	控制、保护、继电器	3.0	
3	交流不间断电流	2×15	负荷平均分配在 2 组蓄电池上，$\eta=1$
4	直流应急照明	2.1	
5	DC/DC 变换装置	2.2	$\eta=1$

请分析计算并解答下列各小题。

16．请计算充电装置的额定电流计算值应为下列哪项？（计算结果保留 2 位小数）（　　）
（A）50.00A　　　　　　　　　　（B）70.91 A
（C）78.91 A　　　　　　　　　　（D）88.46 A

17．若变电站利用高额开关电源型充电装置，采用一组电池配置一套充电装置方案，单个模块额定电流 10A。若经常负荷电流 I_{jc}=20A，计算全站充电模块数量应为下列哪个值？
（　　）
（A）9 块　　　　　　　　　　　（B）14 块
（C）16 块　　　　　　　　　　　（D）18 块

18．若变电站 220kV 侧为双母线接线，出线间隔 6 回，主变压器间隔 2 回，220kV 配电装置已达终极规模。220kV 断路器均采用分相机构，每台每相跳闸电流为 2A，事故初期高压断路器跳闸按保护动作跳开 220kV 母线上所有断路器考虑，不考虑高压断路器自投。取蓄电池的放电终止电压为 1.85V，采用简化计算法，求满足事故放电初期（1min）冲击放电电流的蓄电池 10h 放电率计算容量 C_{cho} 应为下列哪项值？（计算结果保留 2 位小数）（　　）
（A）100.44Ah　　　　　　　　　（B）101.80Ah
（C）126.18Ah　　　　　　　　　（D）146.63Ah

19．若直流馈线网络采用集中辐射型供电方式。上级直流断路器采用标准型 C 型脱扣器，安装出口处短路电流为 2500A，回路末端短路电流为 1270A；其下级直断路器采用额定电流为 6A 的标准型 B 型脱扣器。上级断路器要其下级断路器回路压降 $\Delta U_{p2}=4\%U_r$。请查表选择此上级断路器额定电流并计算其灵敏系数。（脱扣电流按瞬时脱扣范围最大值选取，计算结果保留 2 位小数）（　　）
（A）40 A，2.12　　　　　　　　（B）40 A，4.17
（C）63 A，1.34　　　　　　　　（D）63 A，2.65

20．若直流馈线网络采用分层辐射形式供电方式，变电站设直流分电柜。经计算直流分电柜至终端回路的电压降为 4.4V，直流柜至直流分电柜电缆长度为 90m，允许电压降计算电压流为 80A，回路长期工作电流为 40A。按回路压降计算，直流柜至直流分电柜的电缆线面选择为下列哪项最为经济？（采用铜芯电缆）（　　）

（A）16mm²　　　　　　　　　　　（B）25mm²
（C）35mm²　　　　　　　　　　　（D）50mm²

【2019 年上午题 21～25】 某 220kV 架空输电线路工程导线采用 2×JLIGIA-630/45，子导线直径为 33.8mm，自重荷载为 20.39N/m，安全系数 2.5 时最大设计张力为 57kN，基本风速 33m/s，设计覆冰 10mm（同时温度−5℃，风速 10m/s）。10mm 覆冰时，子导线冰荷载为 12.14N/m；风荷载为 4.04N/m，子导线最大风时风荷载为 22.11N/m。请分析计算并解答下列各小题。

21．导线悬垂绝缘子串中固定式悬垂线夹的握力应不小于下列哪项值？（　　）

（A）34.2kN　　　　　　　　　　（B）36.0kN
（C）57.0kN　　　　　　　　　　（D）60.0kN

22．某基塔定位后的水平挡距为 500m，垂直挡距为 400m，导线悬垂线夹的机械强度应不小于下列哪项值？（不考虑气象条件变化对垂直挡距的影响，以及风压高度比系数的影响）（　　）

（A）32.92kN　　　　　　　　　　（B）34.35kN
（C）68.69kN　　　　　　　　　　（D）137.38kN

23．导线双联耐张绝缘子金具串中压缩型耐张线夹的握力应不小于下列哪项值？（　　）

（A）142.5kN　　　　　　　　　　（B）135.4kN
（C）71.25kN　　　　　　　　　　（D）67.7kN

24．某悬垂直线塔使用于山区，该塔设计时导线的纵向不平衡张力应取多少？（　　）

（A）22.8kN　　　　　　　　　　（B）28.5kN
（C）34.2kN　　　　　　　　　　（D）79.8kN

25．假设某挡的档距为 700m（一般档距），两端直线塔的悬垂绝缘子串（I 串）长度均为 2.5m，地线串长度为 0.5m，地线串挂点比导线串挂点高 2.5m，地线与边导线间的水平偏移为 1.0m。若导线为水平排列，在 15℃无风时档距中央导线的弧垂为 35m，请计算该档距满足档距中央导地线距离要求时的地线弧垂不应大于下列哪项值？（　　）

（A）28.15m　　　　　　　　　　（B）30.15m
（C）30.65m　　　　　　　　　　（D）32.65m

答　案

1. C【解答过程】C 由新版系统手册第 157 页式（7-2）可得：发电机容量 $S=\dfrac{20000}{0.8}=25000\,(\text{kVA})$；发电机所发无功 $Q_G=25000\times\sin(\arccos 0.8)=25000\times 0.6=15000\,(\text{kVA})$；依题意，主变压器容量 $S_T=25000\text{kVA}$；$I_m=I_e$ 忽略电阻和励磁电抗，可得变压器损耗无功为：$\Delta Q_T=\dfrac{I_0\%}{100}S_N+\dfrac{U_k\%}{100}S_N(\dfrac{S}{S_N})^2=0+\dfrac{12.5}{100}\times 25000\times 1^2=3125(\text{kVA})$，则变压器损耗无功占发电机发出无功百分数为 $\dfrac{\Delta Q_T}{Q_G}\times 100\%=\dfrac{3125}{15000}\times 100\%=20.83\%$。也可由老版一次手册第 476 页式（9-2）。

2. A【解答过程】(1) 确定系统运行方式。短路点总阻抗=发电机阻抗+主变压器阻抗+线路阻抗；(2) 设定基准值。以发电机容量为基准，设 $S_j=\dfrac{20}{0.8}=25\,(\text{MVA})$；$U_j=6.3\text{kV}$；$Z_{j(110)}=\dfrac{115^2}{25}=529$；$I_{j(110)}=\dfrac{25}{\sqrt{3}\times 115}=0.126\,(\text{kA})$；(3) 阻抗折算，由新版《电力工程设计手册 火力发电厂电气一次设计》第 108 页表 4-2 的公式可得：发电机阻抗 $x_G=\dfrac{18}{100}=0.18$；变压器阻抗 $x_t=\dfrac{12.5}{100}\times\dfrac{25}{25}=0.125$；线路阻抗 $x_l=\dfrac{0.4\times 10}{529}=0.0076$，则总阻抗 $\sum x=0.18+0.125+0.0076=0.313$ 因总阻抗小于 3，由新版一次手册第 116 页左下侧规定可知，应按有限大系统计算短路电流，查该页图 4-6 可得 $I_*=3.42$，则 $I=3.42\times 0.126=0.43(\text{kA})$，所以选 A。计算方法的选取。虽然短路点在变电站 110kV 母线，但总电抗小于 3，应按有限大系统计算，如果按无限大系统计算，则 $I=\dfrac{0.502}{0.4\times 10/132+12.5/25+18/25}=0.402\,(\text{kA})$，并不能精确得到答案。老版一次手册第 121 页表 4-2、第 129 页右上规定内容及图 4-6。

3. C【解答过程】(1) 确定系统运行方式。短路点总短路电流=系统短路电流（不衰减）+发电机短路电流（衰减）。(2) 计算各侧短路电流。发电机出口短路时，发电机提供的短路电流使用查图法。依题意，发电机阻抗为 0.18，查新版一次手册第 116 页图 4-6 可得短路电流 100ms 时刻值为 $4.71\times\dfrac{25}{\sqrt{3}\times 6.3}=10.791\,(\text{kA})$。依题意，110kV 侧系统短路电流为 16kA 不衰减，由该手册第 108 页表 4-1、表 4-2，可得发电机出口 6.3kV 侧短路时系统提供的短路电流为 $\dfrac{9.16}{0.502/16+12.5/25}=17.238\,(\text{kA})$；(3) 总短路电流为 $10.791+17.238=28.029\,(\text{kA})$。老版一次手册第 121 页表 4-2、第 129 页右上规定内容及图 4-6。

4. B【解答过程】依题意，发电机出口短路时发电机提供的短路电流周期分量起始值为 $6\times\dfrac{25}{\sqrt{3}\times 6.3}=13.746\,(\text{kA})$；由《电力工程设计手册 火力发电厂电气一次设计》第 20 页式(4-31)

可得，60ms 时刻非周期分量为 $i_{fz(0.06)} = \sqrt{2} \times 13.746 \times e^{-\frac{314 \times 0.06}{100}} = 16.1\,(kA)$ 老版一次手册第 139 页式（4-28）。

5. B【解答过程】（1）由 DL/T 5222—2005 第 14.1.1 条条文说明可知，电抗器额定电压取 6kV；（2）由新版《电力工程设计手册 火力发电厂电气一次设计》第 253 页式（7-18）可得 $x_k\% \geq \left(\frac{1}{31.5} - \frac{1}{80}\right) \times \frac{0.8 \times 6.3}{6} \times 100\% = 1.62\%$；（3）依题意，为了限制谐波，母线短路容量应大于 200MVA，可得 $x_k\% \leq \left(\frac{1}{\frac{200}{\sqrt{3} \times 6.3}} - \frac{1}{80}\right) \times \frac{0.8 \times 6.3}{6} \times 100\% = 3.53\%$，同时满足。老版一次手册出处为第 253 页式（6-14）。

6. C【解答过程】（1）依题意，消弧线圈电感为 1.5H，过补偿系数为 1.2，所以补偿前系统总电容电流为 $\Sigma I_C = \frac{6.3 \times 1000}{314 \times 1.5 \times \sqrt{3} \times 1.2} = 6.44\,(A)$；（2）由新版《电力工程设计手册 火力发电厂电气一次设计》第 65 页式（3-1）可得，GCB 两端并联对地电容提供的电容电流为：$I_C = \sqrt{3} \times 6.3 \times 314 \times 150 \times 10^{-3} \times 10^{-3} = 0.514\,(A)$；（3）则除去并联电容后的电容电流为 6.44-0.514=5.926(A)。老版一次手册第 80 页式（3-1）。

7. D【解答过程】依据《高压配电装置设计规范》（DL/T 5352—2018）第 5.1.2 条、表 5.1.2-1、图 5.1.2-3 及条文说明可知，图中 L_1 为 B_1 值，故 $L_1=A_1+750=2650+750=3400$（mm）。

8. B【解答过程】由新版一次手册第 416 页式（10-52）可得隔离开关支架高度为：$H_m \geq H_Z + H_g + f_m + r + \Delta h$ 可得 $14\,000 \geq H_Z + 8330 + 2000 + 0 + 970$；$\Rightarrow H_Z \leq 1400 - 8330 - 2000 - 970 = 2700\,(mm)$。老版一次手册第 703 页式（附 10-45）。

9. B【解答过程】（1）由《高压配电装置设计规范》（DL/T 5352—2018）第 5.1.2 条条文说明可得，$B_1=2.65+0.75=3.4$（m）。（2）由新版一次手册第 417 页式 10-58，依题意忽略导线半径，主变压器进线门型架高度为 $H_{c1} \geq H_m - f_{m3} + B_1 + f_{c3} + r + r_1$; $H_{c1} \geq 14 - 1.8 + 3.4 + 3 + 0 = 18.6\,(m)$。老版一次手册第 704 页式（附 10-51）。

10. D【解答过程】由新版一次手册第 402 页表 10-3、第 412 页式（10-12）～式（10-14）、第 414 页式（10-41）～式（10-43）、第 415 页式（10-50）可得边相导线最大距离 D_1 为

相地距 D_1 取 max $\begin{cases} \text{雷电}D_1 = 2400 + 600 + \frac{500}{2} + \frac{400}{2} = 3450\,(mm) \\ \text{操作}D_1 = 2500 + 900 + \frac{500}{2} + \frac{400}{2} = 3850\,(mm) \\ \text{工频}D_1 = 1100 + 1450 + \frac{500}{2} + \frac{400}{2} = 3000\,(mm) \end{cases}$ 取 3850mm

相间距 D_2 取 max $\begin{cases} \text{雷电}D_1 = 2600 + 2 \times 600 + 400 = 4200\,(mm) \\ \text{操作}D_1 = 2800 + 2 \times 900 + 400 = 5000\,(mm) \\ \text{工频}D_1 = 1700 + 2 \times 1450 + 400 = 5000\,(mm) \end{cases}$ 取 5000mm

门型架宽度 $S = 2 \times (3850 + 5000) = 17700\,(mm)$。老版一次手册第 568 页表 10-2、第 699 页

式（附 10-5）～式（附 10-7）、第 702 页式（附 10-34）～式（附 10-36）、第 703 页式（附 10-43）。

11．C【解答过程】由《导体和电器选择设计技术规定》（DL/T 5222—2005）第 11.0.9 条条文说明可得，开断电流为 $0.8I_n=0.8×2500=2000$（A）。本题是按照老版 DL/T 5222—2005 所出，新版 DL/T 5222—2021 第 9.0.9、第 9.0.10 条已更改。

12．B【解答过程】已知 $h=40m$，$h_x=15m$，求 r_x。由 GB/T 50064—2014 第 5.2.1-1 条及式（5.2.1-2）可得：$P=\dfrac{5.5}{\sqrt{40}}=0.87$，$r_x=(1.5×40-2×15)×0.87=26.1$（m）。

13．C【解答过程】已知 $h_2=40m$，$h_5=30m$，求 h_o。由《交流电气装置的过电压保护和绝缘配合设计规范》（GB/T 50064—2014）第 5.2.6 条及式（5.2.2）可得
$D=\sqrt{(892.8-836.8)^2+(535.2-557.58)^2}=60.31$（m）；因低针高 30m，大于高针 40m 的一半高度，由新版《电力工程电气设计手册 电气一次部分》第 850 页式（15-12）可得
$D'=60.31-(40-30)×\dfrac{5.5}{\sqrt{40}}=51.615$（m）；$h_o=30-\dfrac{51.615}{7×1}=22.63$（m）。$P$ 值都取 1 可精确得到选项 C 数值，但此种算法不符合规范。

14．A【解答过程】由《交流电气装置的过电压保护和绝缘配合设计规范》（GB/T 50064—2014）第 4.2.6 条和第 3.2.2-2 款可得，过电压不宜大于 3.0（标幺值），即
$3×\sqrt{2}×\dfrac{252}{\sqrt{3}}=617.27$（kV）。

15．A【解答过程】（1）由《交流电气装置的过电压保护和绝缘配合设计规范》（GB/T 50064—2014）表 4.4.3 可得：$U_R=0.35×\dfrac{3×0.25}{1+3×0.25}×252=37.8$（kV）。（2）依题意，中性点外绝缘雷电耐压，再由该规范式（6.4.4-3）可得 $U_{1p} \leq \dfrac{185}{1.4}=132$（kV）。老版一次手册第 903 页式（15-32）。

16．C【解答过程】依题意，该直流系统经常负荷为"智能装置、智能组件""控制、保护、继电器"和"DC/DC 变换装置"三项，由 DL/T 5044—2014 表 4.2.5、表 4.2.6 可得经常负荷电流为 $I=\dfrac{3.5×0.8+3.0×0.6+2.2×0.8}{220}×1000=28.91$（A）；再由 DL/T 5044—2014 式（D.1.1-5），可得充电装置电流为 $I_r=1.25×\dfrac{400}{10}+28.9=78.91$（A）。

17．D【解答过程】依题意，由《电力工程直流电源系统设计技术规程》（DL/T 5044—2014）式（D.1.1-5）可得充电装置电流为 $I_r=1.25×\dfrac{400}{10}+20=70$（A）；由该规范式（D.2.1-2）、式（D.2.1-4）、式（D.2.1-1）可得，基本模块数量 $n_1=70/10=7$，附加模块数量 $n_2=2$，总模块数量为 $n=n_1+n_2=9$，该站配置两组蓄电池，则全站模块总数量为 $9×2=18$（个）。

18．C【解答过程】依题意，高压断路器跳闸电流为 $(6+2+1)×3×2=54$（A）。
由《电力工程直流电源系统设计技术规程》（DL/T 5044—2014）表 4.2.5、表 4.2.6，可得事故初期 1min 负荷放电电流为
$I=\dfrac{3.5×0.8+3.0×0.6+15×0.6+2.1×1+2.2×0.8}{220}×1000=79.36$（A）；

$I_{cho} = 79.36 + 54 \times 0.6 = 111.76 \text{(A)}$；依题意，放电终止电压 1.85V，又由该规范表 C.3-3 可得 $K_{cho}=1.24$；由式（C.2.3-1），可得 $C_{cho} = 1.4 \times \dfrac{111.76}{1.24} = 126.18 \text{(Ah)}$，选 C。

19．B【解答过程】（1）依题意知，下级断路器额定电流为 6A，上下级回路压降为 4%U_n，系统标称电压为 220kV；由《电力工程直流电源系统设计技术规程》（DL/T 5044—2014）表 A.5-1，可得上级断路器额定电流为 40A；（2）又由该规范 A.4.2 条文说明可知，标准 C 型脱扣器瞬时脱扣范围的最大值为 15I_n，则 I_{DZ}=15×40=600（A），根据式（A.4.2-5），灵敏系数 $K_L = \dfrac{2500}{600} = 4.17$。

20．C【解答过程】由《电力工程直流电源系统设计技术规程》（DL/T 5044—2014）第 6.3.6-3 条可得，直流柜与直流终端断路器之间允许总压降不大于标称电压的 6.5%。其中，直流分电柜至终端回路的电压降为 4.4/220=2%，因此直流柜至直流分电柜的电缆压降最大为 6.5%-2%=4.5%。依题意，又由该规范式（E.1.1-2），I_{ca} 取 80A，可得 $S = \dfrac{0.0184 \times 2 \times 90 \times 80}{4.5\% \times 220} = 26.76 \text{(mm}^2)$，选大于且最接近的选项。

21．B【解答过程】依题意，630/45 导线铝钢截面比为 630/45=14，由《电力工程设计手册 架空输电线路设计》第 177 页表 7-2，可知导线悬垂绝缘子串中固定式悬垂线夹握力不应小于导线计算拉断力的 24%，可得子导线计算拉断力 $T=57 \times \dfrac{2.5}{0.95}=150 \text{(kN)}$，线夹最小握力为 150×24%=36（kN）。老版线路手册第 292 页表 5-2-2。

22．B【解答过程】悬垂线夹最大荷载计算：大风工况下为 $\sqrt{(22.11 \times 500)^2 + (20.39 \times 400)^2} = 13.738 \text{(kN)}$；覆冰工况下为 $\sqrt{(4.04 \times 500)^2 + [(20.39 + 12.14) \times 400]^2} = 13.168 \text{(kN)}$；取二者中较大值，即 13.738（kN）。由《架空输电线路电气设计规程》（DL/T 5582—2020）第 8.0.1 条可得，导线悬垂线夹机械强度为 13.738×2.5=34.345（kN）。

23．A【解答过程】由新版线路手册第 177 页、第 426 页表 7-3 可知，导线压缩型耐张线夹的握力不应小于导线计算拉断力的 95%，可得计算拉断力为 57×2.5/95%=150（kN），最小握力为 150×95%=142.5(kN)。老版线路手册第 294 页。

24．C【解答过程】依题意，由《架空输电线路电气设计规程》（DL/T 5582—2020）第 8.0.2 条，山区地带，一根导线的纵向不平衡张力取导线最大使用张力的 30%，可得纵向不平衡张力为 57×2×30%=34.2（kN）。

25．B【解答过程】依题意，一般挡距，由《架空输电线路电气设计规程》（DL/T 5582—2020）第 7.2.6 条可得导地线线间距离（斜线距离）$S \geq 0.012L+1=0.012 \times 700+1=9.4 \text{(m)}$。依题意，地线与边导线间的水平偏移为 1.0m，根据勾股定理可得，导地线垂直距离 $H \leq \sqrt{9.4^2 - 1^2} = 9.35 \text{(m)}$，由导地线几何关系可得：$H$=悬挂点高差-地线绝缘子串长-地线弧垂+导线绝缘子串长+导线弧垂=9.35(m)；地线弧垂=2.5-0.5+2.5+35-9.35=30.15(m)。

2019年注册电气工程师专业案例试题

（下午卷）及答案

【2019年下午题1~3】 某600MW汽轮发电机组，发电机额定电压为20kV，额定功率因数为0.9，主变压器为720MVA、550-2×2.5%/20kV、Yd11接线三相变压器，高压厂用变压器电源从主变压器低压侧母线支接，发电机回路单相对地电容电流为5A，发电机中性点经单相变压器二次侧电阻接地，单相变压器的二次侧电压为220V。

1. 根据上述已知条件，发电机中性点变压器二次侧接地电阻阻值应为下列哪项？（按DL/T 5222—2005《导体和电气选择设计技术规定》计算） （ ）

(A) 0.44Ω (B) 0.762Ω
(C) 0.838Ω (D) 1.32Ω

2. 若发电机回路发生b、c相两相短路，短路点在主变压器低压侧和高压厂用变压器电源交接点之间的主要低压侧封闭母线上，主变压器侧提供的短路电流周期分量为100kA，则主变压器高压侧A、B、C三相绕组中短路电流周期分量分别为多少？ （ ）

(A) 0kA、3.6kA、3.6kA (B) 0kA、2.1kA、2.1kA
(C) 2.1kA、2.1kA、4.2kA (D) 3.64kA、2.1kA、3.64kA

3. 当500kV线路发生三相短路时，发变组侧提供的短路电流为3kA。500kV系统侧提供的短路电流为36kA，保护动作时间40ms，断路器分断时间为50ms。发电机出口保护用电流互感器采用TPY级，依据该工况计算电流互感器的暂态面积系数和误差（一次时间常数按0.2s，二次时间常数按2s）。 （ ）

(A) 19.2、3.06% (B) 23.2、3.69%
(C) 25.1、3.99% (D) 25.1、3.53%

【2019年下午题4~6】 某西部山区有一座水力发电厂，安装有3台320MW的水轮发电机组，发电机—变压器接线组合为单元接线，主变压器为三相双绕组无载调压变压器，容量为360MVA。变比为550-2×2.5%/18kV，短路阻抗 U_k 为14%，接线组别为YNd11，总损耗为820kW（75℃）。因水库调度优化，电厂出力将增加，需要对该电厂进行增容改造，改造后需要的变压器容量为420MVA，其调压方式、短路阻抗、导线电流密度和铁芯磁密保持不变。请分析计算并解答下列各题。

4. 若增容改造后的变压器型式为单相双绕组变压器，即每台（组）主变压器为三台单相变压器组，选用额定冷却容量为 150kW 的冷却器，每台冷却器主要负荷为 2 台同时运行的 1.6kW 油泵，则每台（组）主变压器冷却器计算负荷约为多少？（参照《电力变压器选用导则》《水电站机电设计手册》及相关标准计算） （　　）

（A）38.4kW （B）28.8kW
（C）23.2kW （D）12.8kW

5. 电厂需要引接一回 220kV 出线与地区电网连接，采用的变压器型式为三相自耦变压器，变比为 550kV/230±8×1.25%/1.8kV，采用中性点调压方式。当高压侧为 530kV 时，要求中压侧仍维持 230kV，则调压后中压侧实际电压最接近 230kV 的分接头位置为下列哪项？ （　　）

（A）230+5×1.25% （B）230+6×1.25%
（C）230−5×1.25% （D）230−6×1.25%

6. 增容改造后电厂需要引接一回 220kV 出线与地区电网连接，采用的变压器型式为三相自耦变压器，假定变比为 525kV/230±4×1.25%/1.8kV，采用中性点调压方式，若自耦变中性点接地遭到损坏断开，中压侧出线发生单相短路时，考虑所有分接情况时自耦变压器中性点对地电压升高最高值约可达到下列哪项值？（忽略线路阻抗，正常运行时保持中压侧电压约为230kV）

（　　）

（A）230kV （B）236kV
（C）242kV （D）247kV

【2019 年下午题 7~9】某小型热电厂建设两机三炉，其中一台 35MW 的发电机经 45MVA 主变压器接至 110kV 母线。发电机出口设发电机断路器，此机组设 6kVA 段，B 段向其中两台炉的厂用负荷供电。两 6kV 段经一台电抗器接至主变压器低压侧，6kA 厂用 A 段计算容量为 10 512kVA，B 段计算容量为 5570kVA，发电机、变压器、电抗器均装设差动保护，主变压器差动和电抗器差动保护电流互感器装设在电抗器电源侧断路器的电抗器侧，已知发电机主保护动作时间为 30ms，主变压器主保护动作时间 35ms，电抗器主保护动作时间为 35ms，电抗器后备保护动作 1.2s，电抗器主保护若经发电机、变压器保护出口需增加动作时间 10ms，断路器全分断时间 50ms，本机组的电气接线示意图、短路电流计算结果表如下。（按 GB/T 15544.1—2013 计算）

短路点编号	基准电压 U_j (kV)	基准电压 I_j (kA)	短路类型	分支线名称	短路电流（kA）		
					I'_k	I_k（0.07）	I_k（0.1）
1	6.3	9.165	三相短路	系统	38.961	38.961	38.961
				电抗器	6.899	5.856	5.200
				汽轮发电机	37.281	26.370	24.465
2	6.3	9.165	三相短路	系统	17.728	17.686	17.683
				电动机反馈电流	9.838	7.157	5.828

注　表中符号 I'_k 为对称短路电流初始值，I_k 为对称开断电流。

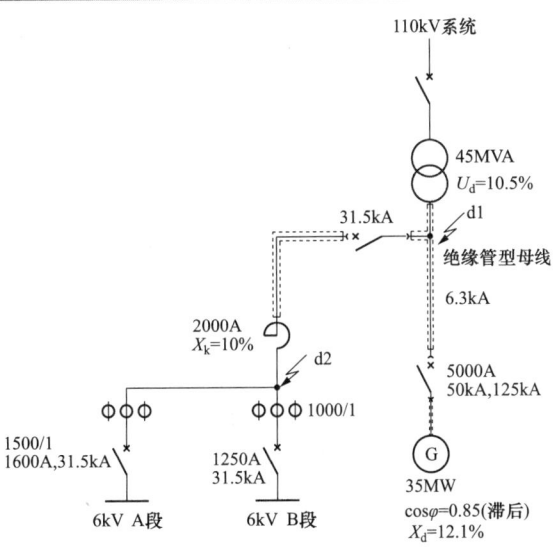

电气接线示意图

7. 根据给出的短路电流计算结果表，发电机出口断路器的额定短路开断电流交流分量应依据下列哪个值选取？（短路电流简化计算可用算术和方式） （ ）

(A) 30.293kA (B) 27.281kA
(C) 44.162kA (D) 44.819kA

8. 为校验 6kV 电抗器电源侧断路器与主变压器低压侧厂用电分支回路连接的管型线的动、热稳定，计算此处短路电流峰值和热效应分别为多少？（短路电流峰值计算系数 k 取 1.9，非周期分量的热效应系数 m 取 0.83，交流分量的热效应系数 n 取 0.97，按 GB/T 15544.1—3013 计算） （ ）

(A) 204.86kA、889.36kA^2·S (B) 204.86kA、994.08kA^2·S
(C) 223.40kA、1057.96kA^2·S (D) 223.40kA、14 932.08kA^2·S

9. 已知 6kV 厂用 A 段上最大一台电动机额定功率为 1800kW，额定电流为 200A，堵转电流数值为 6.5，计算电抗器负荷侧分支限时速断保护与此电动机启动配合的保护鉴定值和灵敏系数是下列哪组数值？（假设主题干中短路电流值为最小运行方式下的数值） （ ）

(A) 保护鉴定值 1.04A，灵敏系数 9.54
(B) 保护鉴定值 1.65A，灵敏系数 6.2
(C) 保护鉴定值 2.48A，灵敏系数 6.41
(D) 保护鉴定值 2.48A，灵敏系数 7.41

【2019年下午题10～13】某燃煤电厂2台350MW机组分别经双绕组变压器接入厂内220kV屋外配电装置，220kV 配电装置采用双母线接线，普通中型布置。主母线采用支撑式管母水平布置，主母线和进出线相间距均为4m，出线2回。

10. 若电厂海拔为1500m，大气压力为85000Pa，母线采用单根ϕ150/136铝镁硅系（6063）管型母线，则雨天该母线的电晕临界电压为多少？ （   ）

（A）834.2kV （B）847.3kV
（C）943.9kV （D）996.8kV

11. 若220kV母线采用单根ϕ150/136铝镁硅系（6063）管型母线，母线支柱绝缘子间距15m，支撑托架长3m，当220kV母线三相短路电流周期分量起始有效能为40.7kA，β取0.58时，检验母线支柱绝缘子动稳定的短路电动力为多少？ （   ）

（A）994.28N （B）1242.85N
（C）3402.91N （D）4253.64N

12. 该电厂220kV母线发生三相短路时的短路电流周期分量起始有效值为40.7kA，其中系统提供的电流为33kA，每台机组提供的电流为3.85kA。其中一台机组通过220kA铜芯交联电缆接入厂内220kV配电装置，若该回路主保护动作时间为20ms，后备保护动作时间为2s，断路器开断时间为50ms，电缆导体的交流电阻与直流电阻之比值为1.01，不考虑短路电流非周期分量的影响以及周期分量的衰减，则该回路电缆的最小热稳定截面积是多少？ （   ）

（A）69.08mm^2 （B）7.30mm^2
（C）373.85mm^2 （D）412.91mm^2

13. 若一台机组采用220kV电缆经电缆沟敷设接入厂内220kV母线，电缆型号YJLW03=1200mm^2，三相电缆水平等间距敷设，相邻电缆之间的净距为35cm，电缆外径为115.6mm，电缆金属套的外径为100mm，电缆长度为200m，电缆采用一端互联接地，一端经护层接地保护器接地，当电缆中流过电流为1000A时，电缆金属套的正常感应电动势是多少？ （   ）

（A）A、C相28.02V，B相22.63V （B）A、C相29.78V，B相24.45V
（C）A、C相31.49V，B相26.22V （D）A、C相33.26V，B相28.04V

【2019年下午题14~16】 某660MW汽轮发电机组，发电机额定电压20kV，采用发电机—变压器—线路组接线，经主变压器升压后以一回220kV线路送出，主变压器中性点经隔离开关接地，中性点设并联的避雷器和放电间隙，请解答下列各题。

14. 该机组接入的220kV系统为有效接地系统，其零序电抗与正序电抗之比为2.5，220kV送出线路相间电容与相对地电容之比为1.2，当变压器中性点隔离开关打开运行时220kV线路发生单相接地，此时变压器高压侧中性点的稳态与暂态过电压分别是多少？（变压器绕组的振荡系数取1.5） （   ）

（A）77.37kV 146.01kV （B）77.37kV 292.02kV
（C）80.83kV 152.04kV （D）80.83kV 304.08kV

15. 若该电站位于海拔 1800m 处，其使用的 220kV 断路器在位于海拔 500m 处的制造厂通过雷电冲击试验，假定其试验电压为 1000kV，则依据该试验电压，确定站址处 220kV 避雷器与断路器的电气距离不大于多少？　　　　　　　　　　　　　　　　　　（　　）

(A) 121.5m　　　　　　　　　　　　(B) 125m
(C) 168.75m　　　　　　　　　　　 (D) 195m

16. 若电站位于海拔 1500m 处，避雷器操作冲击保护水平为 420kV，预期相对地 20% 统计操作过电压为 2.5（标幺值），依据 GB 311 采用确定性法计算，若电气设备在海拔 0m 处，其相对地外绝缘缓波前过电压的要求耐受电压应为多少？　　　　　　　　　　　　（　　）

(A) 478.5kV　　　　　　　　　　　 (B) 529.2kV
(C) 563.7kV　　　　　　　　　　　 (D) 598.9kV

【2019 年下午题 17~20】 某 2×660MW 燃煤电厂的水源地分别由两台机组的 6kV 高压厂用电系统 A 段（以下简称厂用 6kV 段）双电源供电。水源地设置一段 6kV 配电装置（以下简称水源地 6kV 段）。水源地 6kV 段向水源地 6kV 电动机（设置变频器）和低压配电变压器供电、厂用 6kV 段至水源地 6kV 段的每回电源均采用电缆 YJV-63×185 供电，每回电缆长度为 2km，机组 6kV 开关柜的短时耐受电流选择为 40kA，耐受为 4s，高压厂用变压器二次绕组中性点通过低电阻接地，高压厂用变压器参数如下：

（1）额定容量：50/25-25MVA。
（2）电压比：22×2×2.5%/6.3-6.3kV。
（3）半穿越阻抗 17%。
（4）中性点接地电阻：18.18Ω。

水源地设置独立的接地网，水源地主接地网是围绕取水泵房外敷设一个矩形 20m×60m 的水平接地极的环形接地网，水平接地极埋深 0.8m，水源地土壤电阻率为 150Ω·m。分析计算并解答下列各小题。

17. 假定水源地主接地网的水平接地极采用 50×6mm 镀锌扁。计算水源地接地网的接地电阻为下列哪项值？　　　　　　　　　　　　　　　　　　　　　　　　　　　　（　　）

(A) 4Ω　　　　　　　　　　　　　 (B) 2.25Ω
(C) 0.5Ω　　　　　　　　　　　　　(D) 0.04Ω

18. 按《交流电气装置的接地设计规范》（GB/T 50065—2011），若不考虑电源电缆影响，则水源地接地网的接地电阻不应大于下列哪项值？　　　　　　　　　　　　　（　　）

(A) 10Ω　　　　　　　　　　　　　(B) 4Ω
(C) 0.6Ω　　　　　　　　　　　　　(D) 0.5Ω

19. 假定 6kV 配电装置的接地故障电流持续时间为 1s，当水源地不采取地面处理措施时，则其接触电位差和跨步电位差允许值（可考虑误差在 5% 以内）为下列哪组数值？（　　）

(A) 199.5V，279V　　　　　　　　　(B) 99.8V，139.5V

(C) 57.5V，80V (D) 50V，50V

20．水源地主接地网导体采用镀锌扁钢，镀锌扁钢腐蚀速率取 0.05mm/年，接地网设计寿命 30 年。若不考虑电缆电阻对短路电流的影响，也不计电动机反馈电流，取 6kV 厂用电系统的两相接地短路故障时间为 1s，则水源地主接地网的导体截面按 6kV 系统两相接地短路电流选择时，不宜小于下列哪项值？（若扁钢厚度取 6mm） （　　）

(A) 168.5mm² (B) 194.3mm²
(C) 270.6mm² (D) 334.4mm²

【2019 年下午题 21~23】　某工程 2 台 660MW 汽轮发电机组，电厂启动/备用电源由厂外 110kV 变电站引接，电气接线如下图所示，启动备用变压器采用分裂绕组变压器，变压器变比为 110±8×1.25%/10.5-10.5kV，容量为 60/37.5-37.5MVA；变压器低压绕组中性点采用低电阻接地，高压侧保护用电流互感器参数为 400/1A，5P20，低压侧分支保护用电流互感器参数为 3000/1A，5P20。请根据上述已知条件解答下列问题。

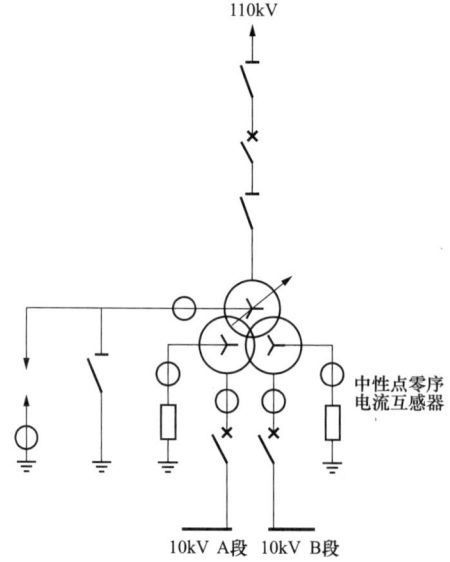

21．已知 10kV 母线最大运行方式下三相短路电流为 36.02kA，最小运行方式下三相短路电流为 33.95kA。其中电动机反馈电流为 10.72kA。若启动备用变压器高压侧复合电压闭锁过电流保护的二次整定值为 2A，该电流元件对应的灵敏系数是下列哪项值？ （　　）

(A) 2.4 (B) 2.61
(C) 2.77 (D) 3.51

22．已知启动备用变压器低压侧中性点电流互感器变比为 100/5A，电流互感器至保护屏电缆长度为 100m，采用 4mm² 截面铜芯电缆，铜电导系数取 57m/(Ω·mm²)，其中接触电阻取 0.1Ω，保护装置交流电流负载为 1VA，请计算电流互感器的实际二次负荷是下列哪项值？
（　　）

(A) 14.48VA (B) 22.95VA
(C) 25.45VA (D) 49.45VA

23. 发电厂通过计算机监控系统对电气设备进行监控，并且启动备用变压器高压侧为关口计算点，对于启动备用变压器，下列测量表计的配置哪一项是符合规程要求的？（ ）
 (A) 计算机监控系统：【高压侧：三相电流，有功功率，无功功率；低压侧：备用分支B相电流】；高压侧电能计算表：【单表】；10kV开关柜：【各备用分支上配B相电流表】
 (B) 计算机监控系统：【高压侧：B相电流，有功功率，无功功率；低压侧：备用分支B相电流】；高压侧电能计算表：【配主、副电能表】；10kV开关柜：【各备用分支上配B相电流表】
 (C) 计算机监控系统：【高压侧：三相电流，有功功率；低压侧：备用分支B相电流】；高压侧电能计算表：【单表】；10kV开关柜：【各备用分支上配B相电流表】
 (D) 计算机监控系统：【高压侧：B相电流，有功功率；低压侧：备用分支B相电流】；高压侧电能计算表：【配主、副电能表】；10kV开关柜：【各备用分支上配B相电流表】

【2019年下午题24~27】 某220kV变电站，电压等级为220/110/10kV，每台主变压器配置数台并联电容器组：各分组采用单星接线，经断路器直接接入10kV母线：每相串联段数为1段并联台数8台，拟毗邻建设一座500kV变电站，电压等级为500/220/35kV，每台主变压器配置数组35kV并联电容器组及35kV并联电抗器，各回路经断路器直接接入母线，35kV母线短路容量为1964MVA。请回答以下问题。

24. 已知220kV变电站某电容器组的串联电抗器电抗率为12%，请计算单台电容器的额定电压计算值最接近以下哪项值？（ ）
 (A) 6.06kV (B) 6.38kV
 (C) 6.89kV (D) 7.23kV

25. 若220kV变电站电容器内部故障采用开口三角电压保护；单台电容器内部小元件先并联后串联且无熔丝；电容器设专用熔断器，电容器组的额定相电压为6.35kV，抽取二次电压的放电线圈一、二次电压比6.35/0.1kV，灵敏系数K_{lm}=1.5，K=2。依据给出条件计算开口三角电压二次整定值为下列哪项值？（ ）
 (A) 1.73V (B) 18.18V
 (C) 27.27V (D) 31.49V

26. 已知500kV变电站安装35kV电容器4组，每组电容器组采用双星形接线，每臂电容器采用先并后串接线方式，由2个串联段串联组成，每个串联段由若干台单台电容器并联（不采用切断均压线的分隔措施）。若单台电容器的容量为417kvar，请计算每组电容器的最大容量计算值为下列哪项值？（ ）

（A）22.52Mvar　　　　　　　　　　（B）25.02Mvar
（C）40.00Mvar　　　　　　　　　　（D）45.04Mvar

27．若500kV变电站安装35kV电容器4组，各组容量为40Mvar，均串12%电抗器，串联电抗器及每相电感 $L=16.5\text{mH}$，请计算最后一组电容都投入时的合闸涌流最接近下列哪项值？[电源产生的涌流忽略不计，采用《330kV～750kV变电站无功补偿装置设计技术规定》（DL/T 5014—2010）计算公式]。　　　　　　　　　　　　　　　　　　　　　　（　　）

（A）1.70kA　　　　　　　　　　　（B）2.27kA
（C）2.94kA　　　　　　　　　　　（D）5.38kA

【2019年下午题28～30】 某燃煤电厂设有正常照明和应急照明，照明网络电压均为380/220V，请解答下列问题。

28．有一锅炉检修用携带式作业灯，功率为60W，功率因数为1，采用单根双芯铜电缆供电，若电缆长度为65m，则电缆允许最小截面应选择下列哪项？　　　（　　）

（A）4mm²　　　　　　　　　　　（B）6mm²
（C）16mm²　　　　　　　　　　　（D）25mm²

29．该电厂有一配电室，长15m，宽6m，在配电室内3m高均布了3排2×36W荧光灯为其提供照明，每排装设6套灯具，其中5套为正常照明，1套为应急照明，正常照明由专用照明变供电，应急照明由保安段供电，应急照明平常点亮。已知每套荧光灯的光通量为3250lx，利用系数为0.7，照度均匀度 U_0 为0.6，则所有灯具正常工作时配电室地面的最小照度为多少？　　　　　　　　　　　　　　　　　　　　　　　　　　　　　　　　　（　　）

（A）182lx　　　　　　　　　　　（B）218.4lx
（C）303.33lx　　　　　　　　　　（D）364lx

30．每台机组设一台干式照明变压器，照明变压器参数为：$S_e=400\text{kVA}$，$6.3\pm2\times2.5\%/0.4\text{kV}$，$U_d=4\%$，Dyn11，变压器额定负载短路损耗 $P_d=3.99\text{kW}$，当在该变压器低压侧出口发生三相短路时，其三相短路电流周期分量的起始值是多少？　　　　　　　　　　　　（　　）

（A）14.00kA　　　　　　　　　　（B）14.43kA
（C）14.74kA　　　　　　　　　　（D）15.19kA

【2019年下午题31～35】 某220kV架空输电线路工程，采用2×JL/GIA-500/45导线，导线外径为30mm，自重荷载为16.53N/m；子导线最大设计张力为45300N（提示覆冰比重0.9g/cm³、$g=9.80\text{m/s}^2$）。

31. 假定单联悬垂玻璃绝缘子串连接金具及绝缘子破坏强度为 100kN、悬垂线夹破坏强度为 45kN，无冰区。某直线塔排位水平档距为 550m，大风工况的风荷载 25.0N/m；计算在最大使用荷载控制时，采用该悬垂绝缘子串的大风工况允许垂直档距为多少？　　　（　　）

（A）703m　　　　　　　　　　（B）750m
（C）802m　　　　　　　　　　（D）879m

32. 假定某直线塔采用悬垂 I 型绝缘子串时的最大风偏角为 60°，计算采用悬垂 V 型串时两肢绝缘子串之间的夹角不宜小于多少？　　　（　　）

（A）60°　　　　　　　　　　（B）80°
（C）90°　　　　　　　　　　（D）100°

33. 假定某基直线塔前、后侧挡距分别为 450m、550m，且与相邻塔导线挂点高程相同，计算覆冰 10mm 时的导线垂直荷载为多少？　　　（　　）

（A）27.61kN　　　　　　　　　（B）30.37kN
（C）33.13kN　　　　　　　　　（D）36.44kN

34. 某直线塔位于 30m/s，5mm 覆冰地区，水平挡距为 850m，假定 30m/s 大风时垂直挡距为 650m、风荷载为 21.5N/m；5mm 覆冰时垂直挡距为 630m，覆冰时冰荷载为 4.85N/m，风荷载为 3.85N/m。导线采用单联悬垂玻璃绝缘子串，请选择垂悬串中连接金具的强度等级。
　　　（　　）

（A）70kN　　　　　　　　　　（B）100kN
（C）120kN　　　　　　　　　（D）160kN

35. 已知某挡挡距为 600m，高差为 200m，假定最高气温时导线最低点的张力为 28 000N，计算该挡最高气温时最大弧垂为多少？（提示：采用斜抛物线公式计算）　　　（　　）

（A）23.70m　　　　　　　　　（B）25.25m
（C）26.57m　　　　　　　　　（D）28.00m

【2019 年下午题 36～40】某 500kV 架空输电线路工程，导线采用 $4 \times LGJ$-500/45 钢芯铝绞线，按导线长期允许最高温度 70℃ 设计，给出的主要气象条件及导线参数如下表所示。（提示，计算时采用平抛物线公式）

直径 d	mm	30.00
截面 s	mm^2	531.37
自重比载 g_1	10^{-3}N/(m·mm^2)	30.28
计算拉断力	N	119500

续表

平均气温 $\begin{bmatrix} T=15℃ \\ v=0\text{m/s} \\ b=0\text{mm} \end{bmatrix}$	导线应力	N/mm²	50.98
最低气温 $\begin{bmatrix} T=-20℃ \\ v=0\text{m/s} \\ b=0\text{mm} \end{bmatrix}$	导线应力	N/mm²	56.18
最高气温 $\begin{bmatrix} T=40℃ \\ v=0\text{m/s} \\ b=0\text{mm} \end{bmatrix}$	导线应力	N/mm²	47.98
设计覆冰 $\begin{bmatrix} T=-5℃ \\ v=10\text{m/s} \\ b=10\text{mm} \end{bmatrix}$	冰重力比载	10⁻³N/（m·mm²）	20.86
	覆冰风荷比载	10⁻³N/（m·mm²）	6.92
	导线应力	N/mm²	85.40
基本风速（风偏） $\begin{bmatrix} T=-5℃ \\ v=30\text{m/s} \\ b=0\text{mm} \end{bmatrix}$	无冰风荷比载	10⁻³N/（m·mm²）	20.88
	导线应力	N/mm²	63.82

36．设计覆冰是综合比载为多少？　　　　　　　　　　　　　　　　　　　　（　　）
（A）51.61×10⁻³N/（m·mm²）　　　　　（B）51.14×10⁻³N/（m·mm²）
（C）45.37×10⁻³N/（m·mm²）　　　　　（D）31.16×10⁻³N/（m·mm²）

37．年平均气温条件下，计算得知某直线塔塔前后两侧的导线悬点应力分别为56N/mm²和54N/mm²，则该塔上每根子导线的垂直荷重为多少？（　　）
（A）58451N　　　　　　　　　　　（B）45872N
（C）32765N　　　　　　　　　　　（D）21786N

38．若某直线塔的水平档距为420m，最大弧垂时的垂直档距为273m，采用合成绝缘子串，在基本风速（风偏）时，该塔的绝缘子串摇摆角为多少？（绝缘子串垂直按500N，风荷载按300N）（　　）
（A）46.5°　　　　　　　　　　　　（B）48.3°
（C）52.0°　　　　　　　　　　　　（D）56.3°

39．基本风速（风偏）条件下，导线的风偏角为多少？（　　）
（A）22.2°　　　　　　　　　　　　（B）34.6°
（C）40.5°　　　　　　　　　　　　（D）43.2°

40．挡距大于500m时，拟采用防振锤进行导线防振。若导线采用固定型单悬垂线夹且导线在悬垂线夹内的接触长度为300mm，当振动的最小半波长和最大半波长分别为1.558m

和 20.226m 时，悬垂直线塔处第一个防振锤距线夹中心的安装距离为多少？（　　）

(A) 1.45m　　　　　　　　　(B) 1.60m

(C) 1.75m　　　　　　　　　(D) 1.98m

答　案

1. B【解答过程】由 DL/T 5222—2005 附录 B 式（B.2.1-5）取 $I_R=1.1I_C$，可得

$$R_{N2}=\frac{20}{1.1\times\sqrt{3}\times 5}\times\left(\frac{0.22}{20/\sqrt{3}}\right)^2\times 1000=0.7621(\Omega)$$。DL/T 5222—2021 附录 B 式（B.2.1-5）即可。

2. C【解答过程】依据老版二次手册第 622 页表 29-6，依题意，主变压器为 Yd11 接线方式，三角形侧短路，属于表中编号 4 的情况，因该表是补偿主变压器高-低压侧的电流差，在忽略变比的情况下，通过系数补偿后使得高低压侧电流相等，可得在忽略变比影响情况下 $I_\Delta=I_Y k \Rightarrow \frac{I_\Delta}{k}=I_Y$。本题变比 $\frac{550}{20}=27.5$，三角形侧短路电流 100kA，折算至星形侧为 $\frac{100}{27.5}=3.64$ (kA)。则考虑变比后可得 $I_{YA}=I_{YB}=\frac{I_\Delta}{k}=\frac{3.64}{\sqrt{3}}=2.01$ (kA)，$I_{YC}=\frac{I_\Delta}{k}=\frac{3.64}{\frac{\sqrt{3}}{2}}=4.2$ (kA)。

3. B【解答过程】由 DL/T 866—2015 式（10.3.1-6）可得 $K_{td}=\frac{314\times 0.2\times 2}{0.2-2}\times\left(e^{-\frac{0.05+0.04}{0.2}}-e^{-\frac{0.05+0.04}{2}}\right)+1=23.22$；又由 DL/T 866—2015 式（10.3.3-3）可得 $\hat{\varepsilon}=\frac{23.22}{314\times 2}=0.3697$。

4. B【解答过程】《电力变压器选用导则》（GB/T 17468—2019）第 4.12.1-d）条：75000kVA 及以上的水电厂升压变压器一般采用强迫油循环水冷。又由《水电站机电设计手册》第 205 页，水冷却器台数的计算方法与风冷却器的相同。根据式（5-10）、式（9-3）、表 9-8，可得 $N\geq\frac{1.15\times 变压器75℃时总损耗}{选用的冷却器额定容量}+1$（备用）；因备用下参与负荷统计，可得 $N=\frac{1.15\times 820}{150}\times 420/360=7.33$，应取 9，每相分配（3+1）台工作+备用冷却器。再由《水电站机电设计手册》第 377 页，负载率取 0.75，可得 $P=K_f K_v K_t \Sigma P=0.75\times 1.05\times 1.0\times 9\times 2\times 1.6/0.8=28.35$ (kW)。

5. A【解答过程】由新版一次手册第 207 页例 6-1，可得：$\frac{W_1+\Delta W}{W_2+\Delta W}=\frac{530}{230}$；$\frac{550+\Delta W}{230+\Delta W}=\frac{530}{230}$；$\Delta W=15.33$；$n=\frac{\Delta W}{W_2\times 1.25\%}=\frac{15.33}{230\times 1.25\%}=5.33$ 所以选 A。本题要求"最接近的分接头位置"，所以 n 为 5，对应 A 选项。老版一次手册第 219 页例 1。

6. C【解答过程】依题意，考虑所有分接情况，由新版《电力工程设计手册　火力发电

厂电气一次设计》第 208 页式（6-19）$U_{OA} = \frac{U_1}{\sqrt{3}} \cdot \frac{U_2}{U_1 - U_2}$ 可知，U_{oa} 最大，则 $U_1 - U_2$ 应最小，题意 U_2 固定为 230V，则 U_1 对应挡位是"$-4 \times 1.25\%$ 档电压"，依题意，中压测保持 230kV，由该手册第 207 页算例 6-1 可得"$-4 \times 1.25\%$ 挡"时高压侧电压为：因变压器额定电压比为 525/230，假设 $W1 = 525$ 匝；$W1 = 230$ 匝在"$-4 \times 1.25\%$ 挡"时，增加 $230 \times 4 \times 1.25 = 11.5$ 匝，可得 $\frac{U_1}{230} = \frac{525 + 11.5}{230 + 11.5} \Rightarrow U_1 = 510.95$ kV 再由该手册第 208 页式 6-19 可得：$U_{Oa} = \frac{U_1}{\sqrt{3}} \times \frac{U_2}{U_1 - U_2} = \frac{511}{\sqrt{3}} \times \frac{230}{511 - 230} = 241.48$ (kV) 老版一次手册第 219 页算例 1、第 222 页式（5-9）。

7. D【解答过程】由《导体和电器选择设计技术规定》（DL/T 5222—2005）第 9.3.6 条可知，发电机出口断路器开断电流应选用系统短路电流和发电机短路电流中的较大者，短路时刻应按最严重情况考虑，即最快分闸时间对应的短路电流。依题意，分断时间取 0.05+0.03=0.08 (s)，结合题设表格，取 0.07s 时刻，短路开断电流 I=38.961+5.856=44.817（kA），所以选 D。本题的短路时间取 0.08s，表格中没有该时刻数据，要向更严重的 0.07s 靠，选取相应短路电流，因为以前没考过该类型题目，部分考生想通过题设条件算出 0.08s 时刻的值，显然是无法解答的。

8. A【解答过程】依题意，短路电流峰值计算系数 k 取 1.9，非周期分量热效系数 m 取 0.83，交流分量热效应系数 n 取 0.97。由《三相交流系统短路电流计算 第 1 部分：电流计算》（GB/T 15544.1—2013）式（54）、式（102），短路电流取厂用分支回路"系统电流+发电机电流"与"电抗器反馈电流"中较大者，由《导体和电器选择设计技术规定》（DL/T 5222—2005），对导体时间取主保护，可得 $i_p = 1.9 \times \sqrt{2} \times (38.961 + 37.281) = 204.86$ (kA)。热效应为 $(38.961 + 37.281)^2 \times (0.83 + 0.97) \times (0.035 + 0.05) = 889.36$ (kA$^2 \cdot$s)。

9. B【解答过程】（1）整定值：由《厂用电继电保护整定计算导则》（DL/T 1502—2016）第 4.2 条式（22），结合题意，电抗器负荷侧分支限时速断保护按躲过本分支母线上最大容量电动机启动电流整定，可得 $I_{op} = \frac{1.2 \times [963.38 + (6.5 - 1) \times 200]}{1500} = 1.65$ (A)；其中，6kV 厂用 A 段计算容量为 10 512kVA，则一次额定电流为 $I_E = \frac{10512}{6.3 \times \sqrt{3}} = 963.35$ (A)；（2）灵敏度：依题意电抗器低压侧短路流过开关的最大电流为系统短路电流 17.728kA，又由该规范式（25），可得灵敏系数 $I_{op} = \frac{17.728 / 1500 \times \sqrt{3} / 2}{1.65} = 6.2$

10. B【解答过程】由《导体和电器选择设计技术规定》（DL/T 5222—2021）第 5.1.7 条可得 $\delta = \frac{2.895 \times 85000}{273 + (25 - 0.005 \times 1500)} \times 10^{-3} = 0.847$；非分裂导线 K_0 取 1；n 取 1；$r_d = r_0 = \frac{150}{2} \times \frac{1}{10} = 7.5$ $U_0 = 84 \times 0.9 \times 0.85 \times 0.96 \times 0.847^{\frac{2}{3}} \times \frac{1 \times 7.5}{1} \times \left(1 + \frac{0.301}{\sqrt{7.5 \times 0.847}}\right) \times \lg \frac{1.26 \times 4 \times 100}{7.5} = 847.26$ (kV)。

11. D【解答过程】新版一次手册第 387 页式（9-112）、第 122 页表 4-13 可得：$F = 17.248 \times \frac{15 \times 100}{4 \times 100} \times (\sqrt{2} \times 1.85 \times 40.7)^2 \times 0.58 \times 10^{-2} = 4253.64$ (N)。老版一次手册第 389 页式

(8-88)、第 141 页表 4-15。

12. C【解答过程】由 GB 50217—2018 第 3.6.8 第 5 款及附录 E 及附录 A 可得

$$C=1\times\sqrt{\frac{3.4}{0.00393\times1.01\times0.01724\times10^{-4}}\times\ln\frac{1+0.0393\times(250-20)}{1+0.0393\times(90-20)}}\times10^{-2}=141.13$$

$$S\geqslant\frac{\sqrt{(33+3.85)^2\times(2+0.05)}}{141.13}\times1000=373.85\,(\text{mm}^2)。$$

13．D【解答过程】依题意一回三相水平等间距敷设，由 GB 50217—2018 附录 F 式 (F.0.1)及表 F.0.2 可得 $a=(2\times314\times\ln 2)\times10^{-4}=0.04353\,(\Omega/\text{km})$。$X_s=\left(2\times314\times\ln\frac{35+11.56}{10/2}\right)\times10^{-4}=0.14\,(\Omega/\text{km})$；$Y=0.14+0.04353=0.1835\,(\Omega/\text{km})$ $E_{s0(A相或C相)}=\frac{1000}{2}\times\sqrt{3\times0.1835^2+(0.14-0.04353)^2}=166.08\,(\text{V/km})$ $E_{s0(B相)}=1000\times0.14=140\,(\text{V/km})$；$E_{s(A相或C相)}=166.08\times0.2=33.26\,(\text{V})$ $E_{s(B相)}=140\times0.2=28\,(\text{V})$；所以选 D。

14．D【解答过程】依题意，本题属于发电厂升压变电站，按终端变电站考虑，由新版一次手册第 801 页式（14-142）得：稳态电压的 $K_x=2.5\Rightarrow U_{bo}=\frac{2.5}{2+2.5}\times\frac{252}{\sqrt{3}}=80.83\,(\text{kV})$；暂态电压的 $K_c=\frac{1.2}{1.2+1}=0.545\Rightarrow U_{bo}=2\times1.5\times\frac{1+2\times0.545}{3}\times\frac{252}{\sqrt{3}}=304.08\,(\text{kV})$。老版一次手册第 903 页式（15-31）。

15．A【解答过程】依题意，由《交流电气装置的过电压保护和绝缘配合设计规范》(GB/T 50064—2014) 附录 A 式（A.0.2-1）可得该站海拔 1800m 处的绝缘为 $\frac{1000}{e^{\frac{1800-500}{8150}}}=852.56\,(\text{kV})$。

由该标准的表 5-4-13-1，设备绝缘 852.56kV 没有达到表格中的 950kV，应按较低的绝缘水平 850kV 来配置避雷器距离，这样距离近更安全。依题意，单元接线按一回进线考虑，所以避雷器安装距离为 90×1.35=121.5(m)。

16．C【解答过程】依题意，操作过电压为 2.5（标幺值），由《交流电气装置的过电压保护和绝缘配合设计规范》（GB/T 50064—2014）第 3.2.2-2 款可得操作过电压为 $2.5\times\sqrt{2}\times\frac{252}{\sqrt{3}}=514.39\,(\text{kV})$，又由 GB/T 311.2—2013 第 5.3.3.1 条可得 $\frac{420}{514.39}=0.8165\Rightarrow K_{cd}=1.08$，$u=420\times1.08=454\,(\text{kV})$。再由《绝缘配合 第 2 部分：使用导则》(GB/T 311.1—2012) 附录 B 式（B.2）及图 B.1 可得 $454\times e^{0.92\times\frac{1500}{8150}}=536.8\,(\text{kV})$，再由 GB/T 311.2—2013 第 6.3.5 条，外绝缘安全因数取 1.05 可得 $536.8\times1.05=563.64\,(\text{kV})$。

17．B【解答过程】依题意，由《交流电气装置的接地设计规范》(GB/T 50065—2011) 附录 A 式（A.0.2）可得 $R_h=\frac{150}{2\times\pi\times(60+20)\times2}\left\{\ln\frac{[(60+20)\times2]^2}{0.8\times\frac{50}{2}\times10^{-3}}+1\right\}=2.247\,(\Omega)$。

18．B【解答过程】依题意，中性点电流为：$I_d = \frac{6.3 \times 1000}{\sqrt{3} \times 18.18} = 200$ (A) 由该标准的第 6.1.2 条，用式（4.2.1-1）可得 $R \leqslant \frac{2000}{200} = 10$ (Ω)，且不大于 4Ω。

19．A【解答过程】由《交流电气装置的接地设计规范》（GB/T 50065—2011）附录 C.0.2 可知，题述土壤电阻率不分层，所以 $C_s = 1$。又由该标准的式（4.2.2-1）和式（4.2.2-2）可得

$$U_t = \frac{174 + 0.17 \times 150 \times 1}{\sqrt{1}} = 199.5 \text{ (V)}; \quad U_s = \frac{174 + 0.7 \times 150 \times 1}{\sqrt{1}} = 279 \text{ (V)}$$

20．A【解答过程】依题意，不考虑电缆和电动机反馈电流影响，忽略电缆电阻，则短路电流计算电抗应考虑发电机系统电抗+厂用变电抗+电缆线路电抗，其中电缆电抗由新版一次手册第 109 页表 4-3 取 $X=0.08$Ω/km，题中未给发电机系统电抗，且规范中无法查出，故忽略发电机系统的电抗；由（DL/T 5153—2014）附录 L、GB/T 50065—2011 第 4.3.5-3 款及附录 E 式（E.0.1）可得

$$X_L = X \frac{S_j}{U_j^2} = 0.08 \times 2 \times \frac{100}{6.3^2} = 0.40, \quad X_T = \frac{(1-7.5\%)U_d\%}{100} \cdot \frac{S_j}{S_T} = \frac{(1-7.5\%) \times 17}{100} \cdot \frac{100}{50} = 0.31。$$

$$I'' = \frac{I_j}{X_L + X_T} = \frac{9.16}{0.40 + 0.31} = 12.9 \text{(kA)}, \quad \text{两相短路电流} \ I^{(1.1)} = \frac{\sqrt{3}}{2} \times 12.9 = 11.17 \text{(kA)}。$$

考虑腐蚀，第 30 年剩余截面 $S_G \geqslant \frac{I_G}{C}\sqrt{t_e} \times 0.75 = \frac{11.17 \times 1000}{70} \times \sqrt{1} \times 0.75 = 119.68 \text{(mm}^2\text{)}$。

扁钢截面同时考虑长度和宽度虑腐蚀，第 0 年埋入时的长度 $L - 0.05 \times 30 = \frac{119.68}{6 - 0.05 \times 30}$

$\Rightarrow L = \frac{119.68}{6 - 0.05 \times 30} + 0.05 \times 30 = 28.1 \text{(mm)}$；可得第 0 年埋入扁钢截面 $S = 28.1 \times 6 = 168.6 \text{(mm}^2\text{)}$。

老版一次手册第 121 页表 4-3。

21．A【解答过程】由《厂用电继电保护整定计算导则》（DL/T 1502—2016）式（49），变压器高压侧复合电压闭锁过电流保护电流元件灵敏系数校验，即

$$K_{sen} = \frac{I_{k.min}^{(2)}}{n_a I_{op}} = \frac{0.866 \times (33.95 - 10.72) \times 10.5}{0.4 \times 2 \times 110} = 2.4$$

22．C【解答过程】由《电流互感器和电压互感器选择和计算规程》（DL/T 866—2015），由于中性点电流互感器为单相，根据表 10.2.6，连接导线阻抗换算系数为 $K_{LC}=2$。根据式（10.2.6-2），连接导线电阻 $R_l = \frac{100}{57 \times 4} = 0.439$(Ω)。根据式（10.2.6-1），CT 二次负荷为 $Z_b = K_{LC} \times R_l + R_C = 2 \times 0.439 + 0.1 = 0.978$ (Ω)；CT 的实际二次负荷为 $5^2 \times 0.978 + 1 = 25.45$ (VA)。

23．B【解答过程】由《电力装置电测量仪表装置设计规程》（GB/T 50063—2017）表 C.0.2-3，高压启动/备用变压器高压侧应测量电流（可测单相）、有功功率、无功功率，由于 C、D 选项无无功功率，故 C、D 错误。低压侧备用分支侧单相电流。变压器高压侧为关口计算点，应配置主、副电能表。

24．C【解答过程】依题意，电抗率 12%，串联段数为 1，由《并联电容器装置设计规范》

（GB 50227—2017）第 5.2.2 条条文说明可得 $U_{CN} = \dfrac{1.05 \times 10}{\sqrt{3} \times 1} \times \dfrac{1}{1-0.12} = 6.89\,(\text{kV})$。

25．B【解答过程】依据《3kV～110kV 电网继电保护装置运行整定规程》(DL/T 584—2017) 第 7.2.18.9 条表 7 并联补偿电容器保护整定公式表：(1) 计算开口三角电压一次值 $U_{CH}(\text{一次值}) = \dfrac{3KU_{NX}}{3N(M-K)+2K} = \dfrac{3 \times 2 \times 6.35}{3 \times 1 \times (8-2) + 2 \times 2} = 1.732\,(\text{kV})$；式中，$K$ 为故障切除的同一串联段中的电容器台数，题中为 2 台；U_{NX} 为电容器组额定相电压，题中为 6.35kV；M 为每相各串联段并联电容器台数，题中为 8 台；N 为电容器组的串联段数，题中为 1 段。(2) 计算开口三角电压二次值：$U_{CH}(\text{二次值}) = \dfrac{U_{CH}(\text{一次值})}{\text{放电线圈变比}} = \dfrac{1.732 \times 1000}{\dfrac{6.35}{0.1}} = 27.276\,(\text{V})$。(3) 计算开口三角电压整定值：$U_{DZ} = \dfrac{U_{CH}(\text{二次值})}{K_{LM}} = \dfrac{27.276}{1.5} = 18.19\,(\text{V})$。

26．D【解答过程】由《并联电容器装置设计规范》(GB 50227—2017) 第 4.1.2 条可知，电容器并联总容量不超过 3900kvar，可得每个串联段最大并联电容器台数 $M = \dfrac{3900}{417} = 9.35$，取整，$M=9$。所以每组电容器的最大容量为 417（单台容量）×9（串联段并联数）×2（串联段）×2（臂）×3（相）=45 036(kvar)≈45.04(Mvar)。

27．A【解答过程】由《330kV～750kV 变电站无功补偿装置设计技术规定》(DL/T 5014—2010) 附录 B 式（B.5）可得 $I_{y.\max} = \dfrac{m-1}{m}\sqrt{\dfrac{2000Q_{cd}}{3\omega L}} = \dfrac{4-1}{4} \times \sqrt{\dfrac{2000 \times 40000}{3 \times 314 \times 16500}} = 1.7\,(\text{kA})$。

28．C【解答过程】由《发电厂和变电站照明设计技术规定》(DL/T 5390—2014) 第 8.1.3 条得 $U_{exg}=12\text{V}$。由新版一次手册第 935 页式（17-26）、936 页式（17-33），采用 16mm² 试算，可得 $I_{js} = \dfrac{60}{12} = 5\,(\text{A})$，$\Delta U\% = \dfrac{2}{12} \times (1.288 \times 1) \times \Sigma(5 \times 65) \times 10^{-3} = 6.98\%$；由 DL/T 5390—2014 第 8.1.2 条可知，压降不超 10%合格。老版一次手册第 1052 页式(18-20)、第 1054 页式(18-26)、第 1059 页表 18-34。

29．B【解答过程】由《发电厂和变电站照明设计技术规定》(DL/T 5390—2014) 第 6.0.4 条条文说明可知，正常工作照度应计及平时常亮的应急照明。依据第 6.0.4 条和第 2.1.20 条，最小照度应乘照度均匀度；根据表 7.0.4 取维护系数为 0.8。由该规范附录 B 式（B.0.1）可得 $E_c = \dfrac{3250 \times 6 \times 3 \times 0.7 \times 0.6 \times 0.8}{15 \times 6} = 218.4\,(\text{lx})$。

30．B【解答过程】由新版一次手册第 132 页式（4-64）可得：$R_b = \dfrac{P_d U_e^2}{S_e^2} \times 10^3 = \dfrac{3990 \times 0.4^2}{400^2} \times 10^3 = 3.99\,(\text{M}\Omega)$；$U_b\% = \dfrac{P_d}{10 S_e} = \dfrac{3990}{10 \times 400} = 0.9975$；$U_X\% = \sqrt{(U_d\%)^2 - (U_b\%)^2} = \sqrt{4^2 - 0.9975^2} = 3.87$；$I''_B = \dfrac{U_e}{\sqrt{3} \times \sqrt{R_b^2 + X_b^2}} = \dfrac{400}{\sqrt{3} \times \sqrt{3.99^2 + 15.48^2}} = 14.447\,(\text{kA})$。老版一次手册第 151 页式（4-60）。

31．A【解答过程】依题意，单联绝缘子连接金具 100kN 承受两根子导线荷载，悬垂线夹 45kN 承受一根子导线荷载，比较两个金具的破坏强度：100/2=50＞45，所以选择强度较低的悬垂线夹 45kN 计算。由《架空输电线路电气设计规程》（DL/T 5582—2020）第 8.0.1 条可得，悬垂串最大使用荷载=45/2.5=18(kN)。

假设大风工况下允许垂直档距为 L_V，则：$\sqrt{(25.0\times 550)^2+(16.53\times L_V)^2}\leqslant 18\times 1000 \Rightarrow L_V\leqslant 703$ (m)。

32．D【解答过程】由《架空输电线路电气设计规程》（DL/T 5582—2020）第 8.0.5 条，悬垂 V 型串两肢之间的夹角的一半可比导线最大风偏角小 5°～10°。夹角不宜小于 2×(60-10)=100(°)。

33．A【解答过程】依题意，该直线塔与相邻塔导线挂点高程相同，高差为 0，可得垂直档距=水平档距=$\dfrac{450+550}{2}=500$(m)；由新版线路手册第 303 页表 5-13 可得，冰重单位荷载和覆冰垂直单位荷载分别为 $g_2=\dfrac{9.8\times 0.9\times 3.14\times 10\times(10+30)}{1000}=11.08$(N/m)，$g_3=16.53+11.08=27.61$(N/m)；可得导线垂直荷载为：27.61×500×2=27.61（kN）。老版线路手册第 179 页表 3-2-3。

34．C【解答过程】大风工况综合单位荷载为 $\sqrt{(16.53\times 0.65)^2+(21.5\times 0.85)^2}=21.2$(kN)，覆冰工况综合单位荷载为 $\sqrt{[(16.53+4.85)\times 0.63]^2+(3.85\times 0.85)^2}=13.86$(kN)，取较大者 21.2kN。由《架空输电线路电气设计规程》（DL/T 5582—2020）第 8.0.1 条，金具最大使用荷载安全系数为 2.5，可得连接金具强度不小于 2.5×2×21.2=106(kN)，应选择 120kN 的强度等级。

35．D【解答过程】由新版线路手册第 303 页表 5-13 可得最高气温时导线的比载 $\gamma_1=\dfrac{16.53}{S}$；$\cos\beta=\cos\left[\arctan\left(\dfrac{200}{600}\right)\right]=0.95$；又由该手册第 304 页表 5-14 可得最高气温时最大弧垂：$f_m=\dfrac{\gamma l^2}{8\sigma_0\cos\beta}=\dfrac{\dfrac{16.53}{S}\times 600^2}{8\times\dfrac{28000}{S}\times 0.95}=27.96$(m)；老版线路手册第 179 页表 3-2-3、表 3-3-1。

36．A【解答过程】由新版线路手册第 303 页表 5-13 可得 $\gamma_3=\dfrac{30.28+20.86}{1000}=51.14\times 10^{-3}$[N/(m·mm²)]，$\gamma_7=\sqrt{(51.14\times 10^{-3})^2+(6.92\times 10^{-3})^2}=51.61\times 10^{-3}$[N/(m·mm²)]。老版线路手册第 179 页表 3-2-3。

37．D【解答过程】依题意，年平均气温导线应力为 50.98N/mm²（水平方向），可得子导线的垂直应力=$\sqrt{56^2-50.98^2}+\sqrt{54^2-50.98^2}=41$(N/mm²)；子导线的垂直荷载为=41×531.37=21786（N）。

38．C【解答过程】由新版线路手册第 311 页，进行最大弧垂判别 $\dfrac{\gamma_1}{\sigma_1}=\dfrac{30.28}{47.98}\geqslant\dfrac{\gamma_7}{\sigma_7}=$

$\dfrac{30.28+20.86}{85.4}$；最高气温下弧垂最大，又由该手册第 307 页式（5-29）可得 $l_v = l_H + \dfrac{\sigma_0}{\gamma_v}\alpha$，其中，$L_H$ 与 α 在杆塔定位后便确定，不随气象条件变化而变化。大风工况与最高气温工况垂直荷载相等，则 $l_{v大风} = \dfrac{63.82}{47.98} \times (273-420) + 420 = 224\,(\text{m})$；再由该手册第 152 页式（3-245），可得绝缘子串的风偏角为

$$\varphi = \arctan\left(\dfrac{\dfrac{P_1}{2}+Pl_H}{\dfrac{G_1}{2}+W_1 l_v}\right) = \arctan\dfrac{\dfrac{300}{2}+4\times\dfrac{20.88}{1000}\times 531.37 \times 420}{\dfrac{500}{2}+4\times\dfrac{30.28}{1000}\times 531.37 \times 224} = 52.0\,(°)$$

。老版线路手册第 188 页、第 184 页式（3-3-12）、第 103 页式（2-6-44）。

39．B【解答过程】由新版线路手册第 152 页式（3-245）可得，大风工况导线风偏角为：

$$\eta = \arctan\dfrac{\gamma_4}{\gamma_1} = \arctan\dfrac{20.88}{30.28} = 34.6\,(°)。$$

40．B【解答过程】由新版线路手册第 356 页式（5-112）可得，第一个防振锤距线夹中心的安装距离为 $b_1 = \dfrac{\dfrac{\lambda_m}{2}\times\dfrac{\lambda_M}{2}}{\dfrac{\lambda_m}{2}+\dfrac{\lambda_M}{2}} + \dfrac{0.3}{2} = \dfrac{1.558\times 20.226}{1.558+20.227} + \dfrac{0.3}{2} = 1.6(\text{m})$。

老版线路手册第 230 页式（3-6-14）。

2020年注册电气工程师专业知识试题

（上午卷）及答案

一、单项选择题

1. 在电气防护设计中，下列哪项措施不符合规程要求？ （　　）
   （A）独立避雷针距道路宜大于3m
   （B）不同电压的电气设备应使用不同的接地装置
   （C）隔离开关闭锁回路不能用重动继电器
   （D）防静电接地的接地电阻不超过30Ω

2. 规划建设一项±800kV特高压直流输电工程，额定输送容量为8000MW。按照设计规范要求，该直流输电系统允许的最小直流电流不宜大于下列哪项数值？ （　　）
   （A）250A　　　　　　　　　　　（B）500A
   （C）800A　　　　　　　　　　　（D）1000A

3. 某一装机容量为1200MW的风电场，通过220kV线路与电力系统连接。当电力系统发生三相短路故障引起电压跌落时，风电场并网点电压处于下列哪个区间时，风电场应能够注入无功电流支撑电压恢复？ （　　）
   （A）22～209kV　　　　　　　　（B）33～209kV
   （C）44～198kV　　　　　　　　（D）66～209kV

4. 某火电厂220kV配电装置采用气体绝缘金属封闭开关设备，下列哪一条不符合规程要求？ （　　）
   （A）气体绝缘金属封闭开关设备所配置电压互感器宜采用电容式电压互感器
   （B）在出线端安装的避雷器宜采用敞开式避雷器
   （C）如分期建设时宜在将来的扩建接口处设隔离开关和隔离气室，以便将来不停电扩建
   （D）长母线应分成几个隔室，以利于维修和气体管理

5. 当系统最高电压有效值为U_m时，相对地的工频过电压和操作过电压基准电压（1.0p.u.）分别为多少？ （　　）
   （A）$U_m/\sqrt{3}$和$U_m/\sqrt{3}$　　　　　　（B）$U_m/\sqrt{3}$和U_m
   （C）$U_m/\sqrt{3}$和$\sqrt{2}U_m/\sqrt{3}$　　　　（D）U_m和$\sqrt{2}U_m$

6. 在中性点经消弧线圈接地系统中，校验屋外安装避雷器支架下引的设备接地线在单相

接地故障时的热稳定,该接地线长时间温度不应该高于多少?　　　　　　　　　　（　　）
(A) 70℃
(B) 80℃
(C) 100℃
(D) 150℃

7. 某火力发电厂 10kV 厂用电源系统三相短路电流为 39kA,中速磨煤电动机额定电流为 70A,保护最大动作一次电流为 735A,电流互感器选用 100/1A,下列哪组电流互感器准确限值最合适?　　　　　　　　　　　　　　　　　　　　　　　　　　　　　　　（　　）
(A) 10P40
(B) 10P30
(C) 10P20
(D) 10P10

8. 如果 500kV 变电站高压侧电源电压波动,当引起的站用电母线电压偏差超过下列何值时,应采用有载调压站用变压器?　　　　　　　　　　　　　　　　　　　　　　（　　）
(A) ±5%
(B) ±7%
(C) ±10%
(D) ±15%

9. 电力系统电源方案设计时需要进行电力电量平衡,下列描述中不正确的是哪项?
　　　　　　　　　　　　　　　　　　　　　　　　　　　　　　　　　　　　（　　）
(A) 调节性能好和紧靠负荷中心的水电站,可担负较大的事故备用容量
(B) 系统总备用容量可按系统最大发电负荷的 15%～20%考虑,低值适用于小系统,高值适用于大系统
(C) 事故备用为 8%～10%,但不应小于系统一台最大的单相容量
(D) 水电比重较大的系统一般应选择平水年、枯水年两种水文进行平衡,电力平衡按枯水年编制,电量平衡按平水年编制

10. 500kV 线路在海拔不超过 1000m 地区,导线分裂数导线型号为下列哪组时,可不校验电晕?　　　　　　　　　　　　　　　　　　　　　　　　　　　　　　　　　（　　）
(A) 2×JL/G1A-500/45
(B) 3×JL/G1A-300/40
(C) 4×JL/G1A-300/40
(D) 1×JL/G1A-500/45

11. 对于燃机厂用电系统,因接有变频启动装置,而需要抑制谐波,下列哪项措施无效?
　　　　　　　　　　　　　　　　　　　　　　　　　　　　　　　　　　　　（　　）
(A) 在变频器电源侧母线上装设滤波器装置
(B) 在变频器电源侧母线上串接隔离变压器
(C) 降低高压厂用变压器的阻抗
(D) 装设发电机出口断路器

12. 对于±800kV 特高压换流站(额定容量 8000MW)的直流开关场接线,下列哪条不满足要求?　　　　　　　　　　　　　　　　　　　　　　　　　　　　　　　　（　　）
(A) 故障或换流单元的切除和检修不应影响健全极或换流器单元的功率输送

(B) 应满足双极、单极大地返回、单极金属回线等基本运行方式
(C) 当双极中的任一极运行时，大地返回方式与金属回路方式的转换不应中断直流功率输送且保持直流输送功率为 8000MW
(D) 当换流站内任一极或任一换流器单元检修时，应能对其进行隔离和接地

13. 采用短路电流实用计算，在电源容量相同时，下列关于计算电抗 X_{js} 的描述正确的是？　　　　　　　　　　　　　　　　　　　　　　　（　　）
(A) X_{js} 越大，短路点电流周期分量随时间的衰减程度越大
(B) X_{js} 越大，短路点至电源的电气距离越近
(C) X_{js} 越小，短路电流周期分量的标幺值在某一时刻的值最大
(D) X_{js} 越小，电源的相对容量越大

14. 某 220kV 变电站控制电缆的选择，下列哪项符合规程要求？（　　）
(A) 控制、信号电缆，芯线截面积为 4mm² 的电缆芯数不宜超过 14 芯
(B) 控制电缆的额定电压不得低于所接回路的工作电压，宜选用 450/750V
(C) 交流电流和电流电压回路电缆可以合用同一根控制电缆
(D) 强电控制回路截面积不应小于 2.5mm²

15. 在 110kV 和 220kV 系统中工频过电压不应大于下列哪项数值？（　　）
(A) 1.1p.u.　　　　　　　　　　(B) 1.3p.u.
(C) 1.4p.u.　　　　　　　　　　(D) $\sqrt{3}$ p.u

16. 若发电厂采用单元控制方式，对于应在单元控制系统控制的电气设备和元件，下列描述中哪项不正确？　　　　　　　　　　　　　　　　　　（　　）
(A) 发电机及励磁系统
(B) 发电机变压器组
(C) 高压厂用工作变压器、高压厂用电源线。
(D) 220kV 双母线接线的出线线路设备

17. 有关电力系统解列的描述，下列哪项是不正确的？　　　　　（　　）
(A) 超高压电网失步后应尽快解列
(B) 对于 220kV 电网解列时刻宜选 1~3 个振荡周期
(C) 为协调配合，低一级电压等级电网可比高一级电压等级电网减少一个振荡周期
(D) 同一联络线的解列装置的双重化配置，既可装两套装置装设在该线路的同一侧，也可在线路的两侧各装一套

18. 关于 500kV 变电站内低压电器的组合方式，下列哪项说法是正确的？（　　）
(A) 供电回路应装设具有短路保护和过负荷保护功能的电器，对不经常操作的回路保护电器应兼做操作电器

(B）用熔断器和接触器组成的三相电动机回路，不应装设带有断相保护的热继电器，或采用带触点的熔断器作为断相保护

(C）对于站内消防回路的重要回路宜适当增大导体截面，且应配置短路保护和过负荷保护，动作于回路跳闸

(D）远方控制的电动机应有就地控制和解除远方控制的措施

19．对于高压直流输电工程，下列描述哪项是错误的？　　　　　　　　　　（　）

(A）高压滤波器在滤波的同时也提供工频无功电力

(B）换流站的电容分组容量的约束条件之一是，投切最大分组时静态电压波动不超过±2.5%

(C）在不额外增加无功补偿容量的前提下，直流输电系统任一极都应具备降低直流运行电压的能力，降压运行的电压宜为额定电压的70%～80%

(D）直流输电系统的过负荷能力应包括：连续过负荷能力，短时过负荷能力、暂态过负荷能力

20．某220kV交联聚乙烯绝缘铜芯电缆短路时，电缆导体的最高允许温度为下列哪项？　　　　　　　　　　（　）

(A）70℃　　　　　　　　　　(B）90℃
(C）160℃　　　　　　　　　　(D）250℃

21．屋外油浸式变压器之间的防火墙，其耐火极限不宜小于下列哪项数值？　（　）

(A）2h　　　　　　　　　　(B）2.5h
(C）3h　　　　　　　　　　(D）3.5h

22．某220kV变电站中，110kV配电装置8回出线，则110kV配电装置的电气主接线宜采用下列哪种接线方式？　　　　　　　　　　（　）

(A）单母　　　　　　　　　　(B）单母分段
(C）双母　　　　　　　　　　(D）一个半断路器接线

23．某主变进线采用耐热铝合金钢芯铝绞线，当其工作温度为120℃时，其热稳定系数为多少？　　　　　　　　　　（　）

(A）57.87　　　　　　　　　　(B）66.33
(C）75.24　　　　　　　　　　(D）83.15

24．水力发电厂600kW柴油发电机组发电机端和墙面净距不宜小于下列哪项数值？　　　　　　　　　　（　）

(A）2000mm　　　　　　　　　　(B）1800mm
(C）1500mm　　　　　　　　　　(D）700mm

25. 对于变电站接地系统设计，下列哪项描述不正确？（ ）
（A）220kV 架空出线的接地线应与变电站的接地网直接相连
（B）对于 10kV 变电站，当采用建筑物的基础作为接地极，且接地电阻满足规定时，可不另设人工接地
（C）在冻土地区可通过将接地网敷设在房屋融化盘内降低接地电阻
（D）变电站处于高土壤电阻率地区，在其 3000m 以内有较低电阻率土壤时，可通过敷设外引接地极降低电厂接地网的接地电阻

26. 某 220kV 变电站，下列对于电站监控系统的同期功能描述正确的是？（ ）
（A）计算机监控系统宜具有同期功能
（B）同期功能宜在间隔层完成
（C）不同断路器的同期指令可相互闭锁，一次也可允许多个断路器同期合闸
（D）同期功能能进行状态自检和设定，同期成功与失败均应有信息输出

27. 某 50MW 火力发电厂机组具备黑启动能力，在 220V 直流系统负荷计算时，事故放电计算时间持续为 1.5h 的负荷应计入下列哪项负荷？（ ）
（A）汽机控制系统（DEH）　　　（B）发电机空侧密封油泵
（C）直流润滑油泵　　　　　　　（D）高压断路器自投

28. 使用电感镇流器的气体放电灯具内应设置电容补偿，荧光灯功率因数不应低于多少？
（ ）
（A）0.80　　　　　　　　　　　（B）0.85
（C）0.90　　　　　　　　　　　（D）0.95

29. 若无功补偿装置所在的母线存在 3 次及 5 次谐波，当需要投入一组无功补偿设备以使母线电压升高时，应投入下列哪项？（ ）
（A）一组低压并联电抗器　　　　（B）一组 1%电抗率的电容器
（C）一组 6%电抗率的电容器　　 （D）一组 12%电抗率的电容器

30. 某线路架空线共有 21 个绝缘子，绝缘水平相等，在操作冲击电压波下的闪络概率为 0.1，则全线闪络概率为下列哪项？（ ）
（A）0.12　　　　　　　　　　　（B）0.53
（C）0.89　　　　　　　　　　　（D）0.99

31. 若在发电厂装设电气火灾探测器，下列各项设备中，不正确的是？（ ）
（A）在 110kV 电缆头上装设光纤测温探测器
（B）在发电机出线小室装设红外测温探测器
（C）在 PC 的馈线端装设剩余电流测温探测器
（D）在低压厂变的电源侧装设剩余电流测温探测器

32. 电力系统故障期间没有脱网的光伏发电站，其有功功率在故障清除后应快速恢复，自故障清除时刻开始，电站恢复正常发电状态的功率变化率应不低于多少？　　（　　）
（A）25%额定功率/s　　　　　　　（B）30%额定功率/s
（C）35%额定功率/s　　　　　　　（D）40%额定功率/s

33. 220kV 屋外配电装置采用支持式管型母线，支柱绝缘子高 2300mm，母线为ϕ200/184mm 铝镁管型母线。母线中心线高出支柱绝缘子顶部210mm。当母线发生三相短路时，单位长度母线短路电动力为 68N/m，则校验支柱绝缘子机械强度时，其单位长度短路电动力为多少？　　（　　）
（A）62.3N/m　　　　　　　　　　（B）68N/m
（C）74.2N/m　　　　　　　　　　（D）77.2N/m

34. 户外油浸式变压器之间设置防火墙，按照电力设备典型消防规程的要求，防火墙与变压器散热器外轮廓的距离不应小于下列哪项数值？　　（　　）
（A）0.5m　　　　　　　　　　　　（B）0.8m
（C）1.0m　　　　　　　　　　　　（D）1.5m

35. 对于变电站电气装置接地导体的连接，下列描述错误的是？　　（　　）
（A）采用铜覆钢材料接地导体可采用搭接焊接，其搭接长度不应小于直径的 6 倍
（B）采用铜覆钢材料接地导体时应采用放热焊接
（C）铜接地导体与电气装置的连接可采用螺栓连接
（D）铜接地导体与电气装置的连接可采用焊接

36. 在电流互感器中，没有一次绕组但有一次绝缘的是什么？　　（　　）
（A）套管式电流互感器　　　　　　（B）母线式电流互感器
（C）电缆式电流互感器　　　　　　（D）分裂铁芯电流互感器

37. 某发电厂设一组 220V 阀控铅酸蓄电池，容量为1200Ah。其相应的直流柜内元件的短路水平应为多少？　　（　　）
（A）10kA　　　　　　　　　　　　（B）20kA
（C）25kA　　　　　　　　　　　　（D）30kA

38. 某厂区道路照明采用 LED 光源，其中一回采用 10mm² 铜芯电缆供电且灯具等间距布置，采用单相 220V 供电。假设该线路功率因素为 1。当该线路末端照明灯具端电压为 210V 时，其总负荷力矩为　　（　　）
（A）531.8kW·m　　　　　　　　　（B）480.6kW·m
（C）410.5kW·m　　　　　　　　　（D）316.4kW·m

39. 某地区一座 100MW 风力发电场，升压站拟采用一台 110kV/35kV 主变压器（Yd 接

线），以一回 110kV 线路接入公共电网 220kV 变电站的 110kV 母线。对于中性点接地方式下列哪条不满足技术要求？　　　　　　　　　　　　　　　　　　　　　　（　　）

（A）主变压器高压侧中性点采用直接接地方式

（B）35kV 系统可采用低电阻方式，迅速切除故障

（C）主变压器低压侧接地电阻可接在低压绕组的中性点上

（D）在主变压器低压侧装设专用接地变压器

40. 对于钢芯铝绞线，假定铝和钢的伸长相同。不考虑扭绞等其他因素对应力大小的影响时，绞线的综合弹性系数 E 与下列哪项无关？　　　　　　　　　　　　　　（　　）

（A）铝、钢单丝的弹性系数　　　　　（B）铝、钢截面的比值

（C）电线的扭绞角度　　　　　　　　（D）铝、钢的单丝膨胀系数

二、多项选择题（共 30 题，每题 2 分，每题的备选项中有两个或两个以上符合的答案，错选、少选、多选均不得分）

41. 在风力发电场设计中，为了保护环境，下列哪几项描述是正确的？　（　　）

（A）风力发电场的选址应避开生态保护区

（B）场内升压站布置宜远离居民侧

（C）风力发电场的废水不应排放

（D）风力发电场的布置应考虑降低噪声影响

42. 采用等效电压源法进行短路电流计算时，应以下面哪些条件为基础？（　　）

（A）不考虑故障时电弧电阻

（B）不考虑变压器励磁电流

（C）变压器阻抗取自分接开关处于主分接头位置的阻抗

（D）电网结构不随短路持续时间改变

43. 某电厂 110kV 屋外配电装置采用双母线接线。通过 2 回架空线接入系统，架空线采用同塔双回铁塔，架空线长 20km，全线地线。关于电厂 110kV 系统中 MOA 至电气设备间最大电气距离哪项正确？　　　　　　　　　　　　　　　　　　　　　　（　　）

（A）MOA 至变压器最大电气距离为 125m

（B）MOA 至变压器最大电气距离为 170m

（C）MOA 至断路器最大电气距离为 168m

（D）MOA 至电压互感器最大电气距离为 230m

44. 下列哪些设施可利用作为接地网的自然接地极？　　　　　　　　　（　　）

（A）基坑防护用长 10m 的锚杆

（B）屋外高压滤波器组的金属围栏

（C）发电厂内地下绿化管网的钢管

（D）埋于地下的电缆金属护管

45．3/2断路器接线，当线路或变压器检修相应出线开关拉开，开关合环运行时，投入过电流原理的短引线保护，下列不正确的是？　　　　　　　　　　　　　　　　（　　）
（A）短引线短路保护动作电流躲过正常运行时的负荷电流，可靠系数不小于2
（B）短引线短路保护动作电流躲过正常运行时的不平衡电流，可靠系数不小于2
（C）保护灵敏系数按母线最小故障类型校验，灵敏系数不小于1.5
（D）保护灵敏系数按母线最小故障类型校验，灵敏系数不小于2

46．某发电厂设有柴油发电机组作为交流保安电源，主厂房应急照明电源从保安段引接，则主厂房应急照明宜采用下列哪些光源？　　　　　　　　　　　　　　　　（　　）
（A）金属卤化物灯　　　　　　　　（B）发光二极管
（C）高压钠灯　　　　　　　　　　（D）无极荧光灯

47．在架空输电线路设计中，安装工况风速应采用10m/s，覆冰厚度采用无冰，同时气温应按下列哪些规定？　　　　　　　　　　　　　　　　　　　　　　　　　　（　　）
（A）最低气温为-40℃的地区，宜采用-15℃
（B）最低气温为-20℃的地区，宜采用-12℃
（C）最低气温为-10℃的地区，宜采用-6℃
（D）最低气温为-5℃的地区，宜采用0℃

48．架空护线条的作用有下列哪些？　　　　　　　　　　　　　　　　　　　（　　）
（A）增加线夹出口附近的导线刚度
（B）分担导线张力
（C）改善导线在悬垂线夹中的应力集中现象
（D）可完全替代防振锤防振

49．对于容量为8000MW的±800kV直流换流站电气主接线，下列描述正确的是？
　　　　　　　　　　　　　　　　　　　　　　　　　　　　　　　　　　　　（　　）
（A）控流站每极宜采用两个12脉动控流器单元串联的接线方式
（B）无功补偿设备宜分成多个小组，且分组中至少有一小组是备用
（C）平波电抗器可串接在每极直流极母线上或分置串接在每极直流极母线和中性线上
（D）当双极中的任一极运行时，大地返回方式与金属回线方式之间的转换不应中断直流功率输送且输送功率宜保持在4000MW

50．当海上风电场设置220kV海上升压变电站时，下列要求正确的是？　　　（　　）
（A）海上升压变电站的工作接地，保护接地、防雷接地应共用一个接地装置
（B）应急负荷，重要用户的设备应采用双回路供电
（C）应急配电装置可与站用电低压工作段布置在一个舱室内
（D）海上升压站的控制室、继保室和通信室宜合并设置

51. 下列关于变压器侵入波防护的叙述，哪些正确？（   ）
（A）自耦变压器高压侧侵入时，若中压侧 MOA 先于高压侧 MOA 动作，则中压侧 MOA 额定电压应低于高压侧 MOA 额定电压
（B）与架空线路相连的三绕组变压器的第三开路绕组应装设 MOA
（C）高压侧无架空线的发电厂高压厂用工作变分裂绕组不需装设感应电压防护避雷器
（D）自耦变压器的两个自耦绕组出线上可不装设 MOA

52. 某台 300MW 火力发电机组，发电机采用自并励励磁方式，以发电机-变压器组单元接入 220kV 升压站。220kV 配电装置为双母线，下列哪些回路应测量交流电流？（   ）
（A）发电机的定子回路电流
（B）主变压器高压侧电流
（C）220kV 母线联络断路器回路电流
（D）发电机转子回路电流

53. 在直流系统设计中，对于充电装置的选择和设置要求，下列哪几项是正确的？
（   ）
（A）充电装置电源输入宜为三相 50Hz
（B）充电装置额定输出电流应满足浮充电和均充电要求
（C）蓄电池试验放电回路宜采用熔断器保护
（D）充电装置屏的背间距不得小于 800mm

54. 下列有关光伏电站接入电力系统的相关描述，正确的有？（   ）
（A）对于有升压站的光伏发电站，并网点是升压站高压侧母线或节点
（B）对于接入 220kV 及以上电压等级的光伏发电站应配置相角测量系统
（C）光伏发电站并网点电压跌至 0 时，光伏发电站应能不脱网连续运行 150ms
（D）当公共电网电压处于正常范围时，通过 110（66）kV 接入电网的光伏发电站应能控制并网点电压在标称电压的 100%～110%范围内

55. 固定型悬垂线夹除必须具有一定的曲率半径外，还必须有足够的悬垂角，其作用是什么？（   ）
（A）能阻止导线或地线在线夹内移动
（B）能防止导线或地线的微风振动
（C）避免发生导线或地线局部机械损伤引起断股或断线
（D）保持导线或地线在线夹出口附近不受较大的弯曲应力

56. 110kV 架空输电线路与特殊管道平行、交叉时，下列哪些规定是正确的？（   ）
（A）邻档断线情况下应进行校验
（B）交叉点不应设在管道的检查井（孔）处
（C）导线或地线大跨越挡内允许有接头
（D）管道应接地

57. 在 330kV 屋外敞开式高压配电装置中关于隔离开关的设置，下列描述正确的是？ （　　）
(A) 出线 PT 不应装设隔离开关
(B) 母线 PT 不宜装设隔离开关
(C) 母线并联电抗器回路不应装设断路器和隔离开关
(D) 母线 MOA 不应装设隔离开关

58. 下列对高压隔离开关的选择，哪几项是符合规程要求？ （　　）
(A) 隔离开关的选择应考虑分合小电流、旁路电流和母线环流
(B) 110kV 及以下隔离开关的操动机构宜选用手动操动机构
(C) 隔离开关的接地开关应根据其安装处的短路电流进行动热稳定校验
(D) 隔离开关未规定承受持续过电流的能力，当回路中有可能出现经常性断续过电流情况的，应与制造厂协商

59. 下列关于电网中性点接地情况与电网 X_0/X_1 关系的描述，哪些是正确的？ （　　）
(A) X_0/X_1 值在 $-\infty$ 以内附近时，电网为消弧线圈接地，欠补偿
(B) X_0/X_1 值在 $-\infty$ 以内附近时，电网为消弧线圈接地，过补偿
(C) X_0/X_1 值在 $3.5 \sim +\infty$ 时，中性点直接接地的变压器占电网总容量的 1/3
(D) X_0/X_1 值在 $2.5 \sim +3.5$ 时，中性点直接接地的变压器占电网总容量的 $1/2 \sim 1/3$，且接地的变压器有三角绕组

60. 假设电测量变送器额定二次负荷为 2.5VA，序号为①②③④⑤的 5 只仪表，负荷分别为 0.05VA、0.1VA、0.5VA、1.2VA、1.6VA，如不考虑连接导线接触电阻的影响，则下列哪几项仪表组合可串联接入该变送器输出回路？ （　　）
(A) ②③④　　　　　　　　　　(B) ①②
(C) ②④　　　　　　　　　　　(D) ③⑤

61. 关于水力发电厂低压厂用电系统电缆选型的要求，下列哪几项是正确的？ （　　）
(A) 电力电缆宜采用铜芯交联聚乙烯绝缘阻燃型电缆
(B) 对接有产生高次谐波负荷的电源回路，应采用中性线和相导体相同截面积的电力电缆
(C) 对装设剩余电流动作保护器的三相回路应采用三相四芯电力电缆
(D) 场外敷设的低压电力电缆宜采用钢带（丝）内铠装

62. 电容器回路选用的负荷开关应满足下列哪些性能？ （　　）
(A) 开合容性电流的能力应满足国标中 C2 级断路器要求
(B) 应能开合电容器组的关合涌流和工频短路电流，以及高频涌流的联合作用
(C) 合、分时触头弹跳不应大于限定值
(D) 应具备频繁操作的性能

63. 某架空输电线路，最高气温为40℃，导线采用钢芯铝绞线并按经济电流密度选择导线截面，导线的允许温度按70℃设计，若将允许温度提高到80℃，在校验对地安全距离时，下列哪项取值是不合适的？ （　　）

（A）导线的运行温度取80℃　　　　（B）导线的运行温度取70℃
（C）导线的运行温度取50℃　　　　（D）导线的运行温度取40℃

64. 在电力系统事故或紧急情况下，下列关于光伏发电站运行的规定中哪些描述是正确的？ （　　）

（A）在电力系统事故或特殊运行方式下，按照电网调度机构的要求增加光伏发电站有功功率
（B）在电力系统频率高于50.2Hz。按照电网调度机构指令降低光伏发电站有功功率，严重情况下切除整个光伏发电站
（C）若光伏发电站的运行危及电力系统安全稳定，电网调度机构按相关规定暂时将光伏发电站切除
（D）事故处理完毕，电力系统恢复正常运行后，光伏发电站可随时并网运行

65. 屋外配电装置采用软导线时，带电部分至接地部分之间以及不同相带电部分之间的最小电气距离，应该按下列哪几项条件校核？ （　　）

（A）外部过电压和风偏　　　　（B）内部过电压和风偏
（C）外部过电压、短路摇摆　　　　（D）最大工作电压、短路摇摆和风偏

66. 接地系统按功能可分为 （　　）
（A）系统接地　　　　（B）谐振接地
（C）雷电保护接地　　　　（D）防静电接地

67. 对于发电厂3～10kV高压厂用电系统，当中性点为低电阻接地方式，接地电流为200A时，对于零序电流互感器选择和安装正确的是哪项？ （　　）

（A）中性点零序电流互感器一次电流为80A
（B）中性点零序电流互感器一次电流为100A
（C）中性点零序电流互感器布置在电阻器和地之间
（D）中性点零序电流互感器布置在中性点和电阻器之间

68. 在发电厂厂用电系统中，对下列哪几项的电动机需进行正常起动时的电压水平校验？ （　　）

（A）电动机的功率（kW）为电源容量（kVA）的15%
（B）电动机的功率（kW）为电源容量（kVA）的30%
（C）2000kW的6/10kV电动机
（D）2500kW的6/10kV电动机

69. 某地区规划建设一座 100MW 光伏电站，拟通过一回 110kV 线路接入电网，下列关于光伏电站设备配置的描述中哪些不满足技术要求？　　　　　　　　　　（　　）

（A）配置的光伏发电功率预测系统具有 0～36h 的短期光伏发电功率预测以及 15min～2h 的超短期光伏发电功率预测功能

（B）配置的感性无功容量能够补偿光伏电站自身的容性充电无功功率及光伏电站送出线路的全部充电功率之和

（C）当公共电网电压处于正常范围内时，光伏电站能够控制其并网点电压在标称电压 97%～107%范围内

（D）光伏电站主变压器可选择无励磁调压变压器

70. 4 分裂导线产生次挡距震荡主要有下列哪些原因？　　　　　　　　　　　（　　）

（A）分裂间距太小　　　　　　　　　（B）导线直径太大
（C）分裂间距与导线直径的比值太小　　（D）次挡距太长

答　案

一、单项选择题

1. B。依据：DL 5053—2012 第 6.5.2-2-2）条可知"应使用一个总的接地装置"，所以 B 错。

2. B。依据：GB/T 50789—2012 第 4.2.3 条可知，$I_{\min}=\dfrac{8000\times 10^3}{800\times 2}\times 10\%=500(A)$ 选 B。直流输电分为单极（正极或负极）系统和双极（正、负两极）系统，单极直流输电系统运行的可靠性和灵活性不如双极系统好，因此目前主要采用的是双极直流输电系统。±800kV 的意思是+800kV 和-800kV 两极同时供电（均指对地电压），两极之间的电压是 2×800=1600(kV)。

3. C。依据：依据：GB/T 19963.1—2021 第 9.2.1 条可得(0.2～0.9)×220=44kV～198kV。

4. A。依据：由 DL/T 5222—2021 第 11.0.5-4 款，A 错；第 11.0.5-4 款条文说明第一段倒数第二句（该规范第 200 页），B 对；第 11.0.5-5 款，C 对；第 11.0.8 条第二段，D 对。

5. C。依据：GB/T 50064—2014 第 3.2.2 条可知选 C 正确。工频过电压主要在稳态下研究过电压，所以用有效值；操作过电压的暂态过程对其过电压影响很大，所以很大一部分操作过电压都是在暂态情况下研究的，暂态用瞬时峰值。

6. D。依据：GB/T 50065—2011 第 4.3.5-2 条。接地引下线属于地上部分，所以按地上部分作答，选 150℃。

7. C。依据：DL/T 866—2015 第 8.2.5 条可得，$K_{\text{alf}} \geq 735\times 2/100=14.7$，取 20，C 正确。本题如果不注意该条的坑点，直接用 39kA 进行计算，会得到错误答案 40 倍而错选 A。

8. A。依据：DL/T 5155—2016 第 5.0.6 条，A 对。

9. B。依据：DL/T 5429—2009 第 5.2.3～5.2.4 条，B 错。

10. C。依据：GB 50545—2010 表 5.0.2 及新版线路手册第 793 页表 B-1 可知 300/40 直径为 23.9mm，不满足要求所以选 C。新版 DL/T 5582—2020 第 5.1.3 条已更改要求。

11．D。依据：DL/T 5153—2014 第 4.7.4~4.7.6 条可知 D 错。

12．C。依据：GB/T 50789—2014 第 5.1.3-3 条可知 C 错，该条的内容是"不宜降低直流输送功率"，而选项是"不应"。

13．C。依据：新版一次手册第 116 页"四、无限大电源攻击的短路电流周期分量"一节内容可知，C 正确，其余均错误。C 选项描述的潜在意思是"周期分量会衰减"，所以在某一时刻值最大，这负荷发电机近端短路的特点，发电机容量相对较小所以 D 错误。

14．B。依据：DL/T 5136—2012 第 7.5.9 条、第 7.5.14 条、第 7.5.2 条、第 7.5.10 条可知 B 正确。

15．B。依据：GB/T 50064—2014 第 4.1.1-3 条可知 B 对。

16．D。依据：DL/T 5136—2012 第 3.2.5-3 条可知 D 错。

17．C。依据：GB/T 26399—2011 第 7.1.2.4-b 条可知 C 错误。

18．D。依据：DL/T 5155—2016 第 6.3.10-1、4、6、7 条可知 D 对。

19．B。依据：GB/T 50789—2012 第 4.2.4 条、第 4.2.2 条、第 4.2.7 条可知 B 错误。

20．D。依据：GB 50217—2018 附录 A，表 A 可知 D 正确。

21．C。依据：DL/T 5352—2018 第 5.5.7 条可知 C 正确。

22．C。依据：DL/T 5218—2017 第 5.1.7 条可知 C 正确。

23．B。依据：DL/T 5222—2021 式（5.1.9）可得 $\sqrt{222\times10^6\times\ln\left(\dfrac{245+200}{245+120}\right)\times10^{-4}}=66.33$。

24．B。依据：NB/T 35044—2014 表 9.3.3。

25．D。依据：GB/T 50065—2011 第 4.3.1-3 款、第 4.3.1-3-4 款、第 4.3.2-4 款。

26．B。依据：DL/T 5149—2011 第 6.5.1~6.5.4 条。

27．A。依据：依题意本题具备"黑启动"能力，属于孤立发电厂。由 DL/T 5044—2014 表 4.2.5 可知，孤立发电厂控制负荷持续时间 2h，DEH 属于汽机控制负荷，在 1.5h 负荷统计时，该负荷还在运行。

28．C。依据：DL/T 5390—2014 第 10.0.3 条。

29．D。依据：GB 50227—2017 第 5.5.2-2 条。12%电抗率电抗能抑制 3 次及以上谐波，5%电抗率电抗能抑制 5 次及以上谐波，需要同时抑制 3 次和 5 次谐波，需要投入 12%电抗器。

30．C。依据：GB/T 50064—2014 式（C.2.5）可得 $1-(1-0.1)^{21}=0.89$。

31．C。依据：GB 50116—2013 第 9.2.1 条、第 9.3.1 条、第 9.3.3 条可知，C 应在低压配电系统首端或在低一级配电柜线端装设剩余电流测温探测器。

32．B。依据：GB/T 19964—2012 第 8.3 条。

33．C。依据：DL/T 5222—2021 第 21.0.4 条及其条文说明式（24）和式（25）可得 $68\times\dfrac{2300+210}{2300}=74.2$ (N/m)，其中"母线中心线高出支柱绝缘子顶部 210mm"就是 $h/2+b$。

34．C。依据：DL/T 5027—2015 第 10.3.6-2 条。

35．A。依据：GB/T 50065—2011 第 4.3.7-6 条 1）、4）款。

36．B。依据：DL/T 866—2015 第 2.1.3 条。

37．B。依据：DL/T 5044—2014 第 6.9.6-2 款。

38．A。依据：DL/T 5390—2014 式（8.6.2-11）、表 8.6.2-1。

39．C。依据：GB 51096—2015 第 7.1.4 条，本题主变压器低压侧为三角形连接，没有中性点，所以 C 错误。

40．D。依据：新版线路手册第 302 页式（5-12）或老版线路手册第 177 页式（3-2-2）。

二、多项选择题

41．BD。依据：GB 51096—2015 第 11.2.4 条、第 11.2.2 条、第 11.2.3 条可知 BD 正确，其中 A 选项规范为"宜"，C 选项规范为"处理达标后排放"。

42．ACD。依据：GB 15544.1—2013 第 2.2 条。

43．AC。依据：GB/T 50064—2014 第 5.4.13-6 条及表 5.4.13-1。同塔双回线路可能同时落雷，导致两条线路可能同时失去分流作用，所以应按一回考虑查表，否则会误选 BD。

44．ACD。依据：GB/T 50065—2011 第 4.3.7-2 条，A 选项虽然属于建设期间临时敷设，但建成后仍然保留所以可以做自然接地极。

45．AD。依据：DL/T 559—2018 第 7.2.12 条，选不正确的，所以选 AD。

46．BD。依据：DL/T 5390—2014 第 4.0.4 条及其条文说明应选 BD，AC 启动慢不适合。

47．AD。依据：《架空输电线路电气设计规程》（DL/T 5582—2020）第 3.0.16 条。

48．ABC。依据：新版线路手册第 353 页"四"相关内容，或老版线路手册第 227 页相同内容。

49．AC。依据：GB/T 50789—2012 第 5.1.2-3 条、第 4.2.7-3 条、第 5.1.3-4 条、第 5.1.3-3-6 条，B 选项"分组中至少有"差一个"应"字；C 选项"中性线"虽然差一个"母"字，但多选题最少选两个选项，结合 BD 选项综合考虑，选 AC；

50．ABD。依据：NB/T 31115—2017 第 5.3.3 条、第 5.4.4 条、第 5.8.6 条、第 6.7.2 条。

51．BC。依据：老版一次手册第 855 页。新版一次手册第 773 页内容稍做修改。

52．ABC。依据：GB/T 50063—2017 第 3.2.1 条及附录 C 表 C.0.2-1。

53．AB。依据：DL/T 5044—2014，A 选项第 6.2.1-5 条；B 选项第 6.2.2 条；C 选项第 5.1.2-2 条；D 选项 DL/T 5136—2012 附录 A 表 A 注 2，选正确的，所以选 AB。

54．ABC。依据：GB/T 19964—2012，A 选项第 3.3 条；B 选项第 12.4.6 条；C 选项第 8.1 条；D 选项第 7.2.1 条，D 错，所以选 ABC。

55．CD。依据：新版线路手册第 425 页内容或老版线路手册第 292 页内容。

56．ABD。依据：由 DL/T 5582—2020 表 10.2.5-3，A 对；表 10.2.5-2 备注，BD 对。

57．ABD。依据：DL/T 5352—2018 第 2.1.5 条、第 2.1.6 条。

58．ACD。依据：DL/T 5222—2005，第 11.0.9 条，A 对；第 11.0.11 条及其条文说明，应为 220kV 及以下，B 错；第 11.0.8 条，C 对；第 11.0.5 条，D 对。选正确的选项，所以选 ACD。在 DL/T 5222—2021 中，第 9.0.13 条条文说明去掉了电压等级内容，第 9.0.8 条对 C 选项的描述进行了更改。

59．AD。依据：新版一次手册第 740 页表 14-7 或老版一次手册第 865 页表 15-8。

60．CD。依据：GB/T 50063—2017 第 6.0.5 条，A 选项超过三个仪表所以不正确，B 选项不足 0.25。

61．ABD。依据：NB/T 35044—2014 第 8.2.15 条，A 选项-1 款；B 选项-4 款，虽然规范

条文是"电源进线回路",考题选项是"负荷的电源回路",从字面意思理解两者是同一意思,所以 B 正确;C 选项-3 款,应为"五芯",选项错误;D 选项-5 款,选正确的所以选 ABD。

62．ACD。依据:GB/T 50227—2017 第 5.3.1 条。

63．ABD。依据:DL/T 5582—2020 第 10.1.1-1 款括号内的内容可知,虽然按大于 50℃来计算出的弧垂更大更安全,但本题问的是"不合适的",同时本题是一道多选题,所以除了规范要求的 50℃,其余选项都"不合适"。

64．BC。依据:GB/T 19964—2012 第 4.3 条。

65．ABD。依据:DL/T 5352—2018 表 5.1.3-2 及第 5.1.3 条。

66．ACD。依据:GB/T 50065—2011 第 3.1.1 条。

67．BCD。依据:DL/T 866—2015 第 8.2.1-3 条、第 8.2.6-4 条。第 8.2.1-3 条明确"宜按大于 40%",所以要大于 80A,所以 B 正确。

68．BD。依据:DL/T 5153—2014 第 4.5.3 条可知 B 选项超过 20%所以需要校验;C 选项为规范原文;D 选项存在逻辑问题,规范规定的是 2000kW 及以下电动机可不必校验,但不意味着 2000kW 以上的电动机一定要校验,其是否校验应根据供电变压器容量计算确定,但多选题最少选两个选项,所以 D 也认为需要校验,所以选 BD。

69．ABD。依据:GB/T 19964—2012 第 5.1 条、第 6.2.3 条、第 7.2.1 条、第 7.3 条。

70．ACD。依据:新版线路手册第 344 页表 5-37;或老版线路手册第 219 页表 3-6-1。在该表中,主要原因一览描述"子导线较近",防护措施一览描述"增大子导线间距",所以 A 也正确。

2020年注册电气工程师专业知识试题

（下午卷）及答案

一、单项选择题

1. 配电装置室内任一点到房间疏散门的直线距离不应大于下列哪项数值？　　　（　　）
   （A）7m
   （B）10m
   （C）15m
   （D）20m

2. 傍晚在户外GIS地面照度降低至下列哪项值时，必须开灯？　　　（　　）
   （A）25lx
   （B）20lx
   （C）15lx
   （D）10lx

3. 某建筑面积为160m²的专用锂电池室，下列哪项消防措施符合规程要求？　　　（　　）
   （A）设置消火栓
   （B）设置水喷雾装置
   （C）设置干粉灭火器和消防沙箱
   （D）设置气体灭火系统

4. 对于特高压直流换流站平波电抗器的设置，下列哪项叙述是错误的？　　　（　　）
   （A）需考虑设备的制造能力运输条件
   （B）需考虑换流站的过电压水平
   （C）必须串接在每项每极直流母线上
   （D）分置串接在每极直流母线上和中性母线上。

5. 某海上风电场装机容量400MW（功率因数为1），其海上升压站主变压器数量和容量分别为下列哪组较合适？　　　（　　）
   （A）1台、400MVA
   （B）2台、200MVA
   （C）2台、240MVA
   （D）3台、200MVA

6. 某热电厂设置2套6F级燃气联合循环机组，每套联合循环机组的燃机发电机额定功率80MW，汽轮发电机额定功率40MW，每套联合循环机组的两台发电机与一台三绕组变压器做扩大单元连接，关于发电机断路器（以下简称GCB）设置，下列哪项叙述是正确的？
   　　　（　　）
   （A）燃机发电机和汽轮发电机出口均不设GCB
   （B）燃机发电机出口设GCB，汽轮发电机出口不设GCB
   （C）燃机发电机出口不设GCB，汽轮发电机出口设GCB

（D）燃机发电机和汽轮发电机出口均设 GCB

7. 当短路点电气距离很远时，可按三相短路电流乘以系数来估算两相短路电流，这个系数是下列哪项值？ （　　）

（A）3　　　　　　　　　　　　（B）$\sqrt{3}/2$
（C）1/3　　　　　　　　　　　（D）1/2

8. 采取下列哪项措施不利于限制电力系统的短路电流？ （　　）

（A）采用直流输电
（B）提高系统的电压等级
（C）采用带第三绕组三角形接线的变压器
（D）增大系统的零序阻抗

9. 当共箱封闭母线额定电流大于下列哪项值时宜采用铝外壳？ （　　）

（A）2000A　　　　　　　　　　（B）2500A
（C）3000A　　　　　　　　　　（D）3150A

10. 对于限流电抗器的选择，下列哪一项符合规程要求？ （　　）

（A）变电站母线回路的限流电抗器的额定电流应满足用户的一级负荷和二级负荷的要求
（B）限流电抗器的额定电流按主变压器或馈线回路的额定工作电流选取
（C）发电厂母线分段回路的限流电抗器，应根据母线上事故切断最大一台发电机时，可能通过电抗器的电流选择，一般取该台发电机额定电流的 40%～80%
（D）限流电抗器的电抗百分值的选取应将短路电流限制到要求值

11. 配电装置中电气设备的网状遮栏高度不应小于下列哪项值？ （　　）

（A）1200mm　　　　　　　　　（B）1500mm
（C）1700mm　　　　　　　　　（D）2500mm

12. 1000kV 出线 B、C 相避雷器均压环间最小安全净距为下列哪项值？ （　　）

（A）7500mm　　　　　　　　　（B）9200mm
（C）10100mm　　　　　　　　（D）11300mm

13. 当抗震设防烈度为几度及以上时，安装在屋外高架平台上的电气设备应进行抗震设计？ （　　）

（A）6 度　　　　　　　　　　　（B）7 度
（C）8 度　　　　　　　　　　　（D）9 度

14. 水电工程中，500kV 架空出线跨越门机运行区段时，门机上层通道的静电感应场强不应超过多少？ （　　）

(A) 10kV/m (B) 15kV/m
(C) 20kV/m (D) 25kV/m

15. 两支避雷针高度分别为 30m 和 45m，间距为 60m，计算两只避雷针中间 12m 高水平面上保护范围的一侧最小宽度为下列哪项值？ （ ）
    (A) 12.1m (B) 14.4m
    (C) 16.2m (D) 33m

16. 110kV 线路防止反击要求的大跨越档导线与地线间的距离不得小于下列哪项值？
    （ ）
    (A) 6.0m (B) 7.0m
    (C) 7.5m (D) 8.5m

17. 两根平行避雷线，高 20m，水平间距 14m，两线中间保护范围最低点的高度为下列哪项值？ （ ）
    (A) 10m (B) 14m
    (C) 16.5m (D) 20m

18. 容量为 4000kW 的旋转电机，其进线段上的 MOA 接地端，应与电缆金属外皮和地线连在一起，接地电阻不应大于下列哪项数值？ （ ）
    (A) 1Ω (B) 3Ω
    (C) 4Ω (D) 10Ω

19. 对于不接地系统中电气装置接地导体的设计，下列哪项叙述是正确的？ （ ）
    (A) 可不校验其热稳定最小截面
    (B) 敷设在地上的接地导体长时间温度不应高于 100℃
    (C) 敷设在地上的接地导体长时间温度不应高于 150℃
    (D) 敷设在地上的接地导体长时间温度不应高于 250℃

20. 当利用埋于地下的排水钢管作为自然接地极时，与水平接地网的连接，下列哪项叙述符合规程要求？ （ ）
    (A) 应采用不少于 2 根导线在不同地点与水平接地网连接
    (B) 应采用不少于 4 根导线在不同地点与水平接地网连接
    (C) 应采用不少于 2 根导线在站区中心地带一点与水平接地网可靠焊接
    (D) 应采用不少于 4 根导线在站区中心地带一点与水平接地网可靠焊接

21. 某 330kV 变电站所在区域方圆 5km 均为高土壤电阻率地区，站区地下 80~200m 范围内土壤电阻率为 60~100Ωm，下列降低接地电阻的措施中哪项不宜采用？ （ ）
    (A) 敷设引外接地极 (B) 井式接地极

（C）深钻式接地极　　　　　　　　（D）爆破式接地技术

22．有关发电机、变压器、电动机纵差保护应满足的灵敏系数，下列哪项是正确的？（　　）
（A）1.3～1.5　　　　　　　　　　（B）1.5
（C）2.0　　　　　　　　　　　　　（D）2.5

23．对于发电厂（站）有功功率测量的叙述，下列哪项是不恰当的？（　　）
（A）内桥断路器和外桥断路器回路，应测量有功功率
（B）双绕组变压器的一侧和自耦变压器的3侧应测量有功功率
（C）双绕组厂（站）用变压器的高压侧或三绕组厂（站）用变压器的三侧，应测量有功功率
（D）抽水蓄能机组和具有调相运行工况的水轮发电机，应测量双向有功功率

24．假设某同步发电机额定励磁电流为990A，其励磁系统在2倍额定励磁电流条件下可持续运行时间不小于10s，当装设在发电机励磁屏上的转子电流表采用指针式直流仪表时，其量程上限宜采取下列何值？（　　）
（A）1000A　　　　　　　　　　　（B）1200A
（C）1500A　　　　　　　　　　　（D）2000A

25．对于发电厂3～10kV高压厂用电系统，当中性点为低电阻接地方式，接地电流为200A时，对于馈线的零序电流互感器的变比选择，下列哪项数值按照规程规定是基本满足要求的？
（　　）
（A）50/1A　　　　　　　　　　　（B）75/1A
（C）100/1A　　　　　　　　　　 （D）200/1A

26．某调度自动化系统主站系统兼控制中心系统功能，厂站端无需向主站端传送的信息是下列哪项？（　　）
（A）测控装置切换至就地位置
（B）智能变电站户内柜的温度及湿度
（C）通信网关机告警
（D）换流站直流功率的调整速率

27．下列哪类保护在继电保护整定计算时，可靠系数取值大于1？（　　）
（A）线路相间距离保护
（B）发电机全阻抗特性整定的误上电保护中的过电流元件整定
（C）发电机的逆功率保护动作功率整定
（D）发电机纵向零序过电压保护

28．关于直流电源系统中熔断器和断路器的设置，下列哪项原则是不正确的？（　　）

(A)应保证具有可靠性、选择性、灵敏性、速动性
(B)熔断器和断路器配合时,断路器额定电流至少是熔断器的2倍
(C)当上下级断路器电气距离较近而难以配合时,上级断路器应选用短路短延时脱扣器
(D)直流电动机回路断路器额定电流应不小于电动机额定电流

29. 某大型火电厂配置一台1200kW柴油发电机组,试判断下列关于柴油发电机装设保护的要求,哪项是错误的? ( )
(A)应设置电流速断保护作为主保护,保护动作于发电机出口断路器跳闸
(B)应设置过电流保护作为后备保护
(C)过电流保护装置宜装设在发电机中性点的分相引出线上
(D)当发电机供给2个分段时,每个分支回路应分别装设过电流保护

30. 在厂用电交流负荷分类中,防止危及人身安全的负荷应为下列哪项负荷? ( )
(A) 0Ⅰ类   (B) 0Ⅱ类
(C) 0Ⅲ类   (D) Ⅰ类

31. 关于厂用电电能质量和谐波抑制,下列哪项叙述是不正确的? ( )
(A)在正常情况下交流母线的各次谐波电压含有量不宜大于3%
(B)在正常情况下380V厂用电系统电压总谐波畸变率不宜大于5%
(C)在空冷岛接有集中变频器的低压厂用变压器宜合理选择接线组别,以有效抵消低压厂用母线上奇次电流谐波
(D)集中设置的低压变频器由专用低压厂用变压器供电,且只接变频器负荷,非变频器类负荷由其他低压厂用变压器供电

32. 采用F-C作为保护及操作电器的低压变压器保护,下列哪项叙述是不正确的? ( )
(A) 630kVA油浸式变压器的电流速断保护,由熔断器按熔断特性曲线实现
(B) 630kVA油浸式变压器的重瓦斯保护,由熔断器按熔断特性曲线实现
(C) 630kVA干式变压器电流速断保护,由熔断器按熔断特性曲线实现
(D) 630kVA干式变压器的温度保护,跳闸由高压侧真空接触器和低压侧断路器实现

33. 一办公室长6m,宽3.6m,高3.6m,在房间顶部安装嵌入式荧光灯,在办公室有一办公桌,桌面高0.8m,当计算办公桌面的照度时,其室形指数为下列哪项值? ( )
(A) 0.625   (C) 0.672
(B) 0.727   (D) 0.804

34. 某单回500kV架空输电线路,相导线4分裂钢芯铝绞线、三相水平布置,线间距离12m时,其正序电抗为0.273Ω/km 若相导线不变,线间距离值不变,将该线路的三相线改为垂直布置,此时正序电抗为下列哪项值? ( )
(A) 0.258Ω/km   (B) 0.273Ω/km

(C) 0.285Ω/km (D) 0.296Ω/km

35. 某单回 500kV 架空输电线路，相导线 4 分裂钢芯铝绞线、三相水平布置，线间距离 12m 时，其正序电钠为 $4.080×10^{-6}$S/km，若相导线不变，线间距离值不变，将该线路的三相线改为垂直布置，此时正序电钠为下列哪项值？ （　　）
(A) $3.127×10^{-6}$S/km (B) $3.506×10^{-6}$S/km
(C) $4.080×10^{-6}$S/km (D) $4.313×10^{-6}$S/km

36. 规划设计 220kV 同塔双回悬垂直线塔时，假定悬垂 I 串长 3.0m，要求最大档距 800m，对应导线最大弧垂 49m。计算不同回路不同相导线间最小水平线间距离？ （　　）
(A) 5.75m (B) 6.55m
(C) 7.75m (D) 8.25m

37. 500kV 线路在最大计算弧垂情况下，非居民区导线与地面的最小距离由下列哪个因素确定？ （　　）
(A) 由最大场强 7kV/m 确定 (B) 由最大场强 10kV/m 确定
(C) 由操作间隙 2.7m 加裕度确定 (D) 由雷电间隙 3.3m 加裕度确定

38. 下列有关电力系统设计描述哪项是错误的？ （　　）
(A) 主干电网在事故后经调整的运行方式下应具有规定的静态储备，并满足再次发生单一元件故障后的暂态稳定和其他元件不超过规定事故过负荷能力的要求
(B) 系统间有多回联络线时，交流一回线或直流单极故障，应保持稳定运行并不损失负荷
(C) 相邻分区之间下级电压电网联络线应解列运行，并保持互为备用
(D) 电网输电容量必须满足各种正常和事故运行方式的输电需求，小电站因水文变化引起的出力变化属于非正常运行方式

39. 大容量电容器组选用具有内熔丝单台容量为 500kvar 的电容器，下列哪项不宜作为该电容器回路的配套设备？ （　　）
(A) 断路器、隔离开关及接地开关
(B) 操作过电压保护用避雷器
(C) 放电线圈
(D) 单台电容器保护用额定电流 60A 的外熔断器

40. 某地区电网现有一座 50MW 光伏电站，通过一回 35kV 线路并入某个 220kV 变电站 35kV 线路，对于该光伏电站无功补偿装置，下列哪项叙述不满足规程要求？ （　　）
(A) 光伏电站动态无功响应时间不应大于 30ms
(B) 光伏电站功率因数应能在超前 0.95 和滞后 0.95 范围内连续调节
(C) 光伏电站配置的无功电压控制系统响应时间不应超过 10s
(D) 该光伏电站的无功电源包括并网逆变器和无功补偿装置（SVG）

二、多项选择题（共 30 题，每题 2 分，每题的备选项中有两个或两个以上符合的答案，错选、少选、多选均不得分）

41．下列爆炸性危险环境的电气设计哪些符合规定？　　　　　　　　　（　　）
（A）电动机均应装设断相保护
（B）当主控室为正压室时，可布置在爆炸环境 21 区内
（C）在爆炸性环境 1 区内应采用铜芯电缆
（D）架空电力线路不得跨越爆炸性气体环境

42．关于电缆整改，下列哪些防火措施是符合标准的？　　　　　　　　（　　）
（A）严禁油管路穿越电缆隧道
（B）穿防火墙的电缆孔洞封堵材料的耐火极限不应低于 1.00h
（C）200MW 燃煤电厂的主厂房应采用 C 类阻燃电缆
（D）靠近带油设备的电缆沟盖板应密封

43．特高压直流换流站中交流滤波器应根据下列哪些因素确定？　　　　（　　）
（A）直流线路等效干扰电流
（B）换流站产生的谐波
（C）交流系统的背景谐波
（D）谐波干扰指标

44．某电厂建设 2 台 660MW 燃煤机组，采用发电机变压器组单元接线接至厂内 500kV 配电装置，500kV 配电装置采用 550kV GIS，电厂通过 2 回 500kV 架空线路接入附近变电站，线路长 10km，电网对电厂主接线没有特殊要求，500kV 配电装置不再扩建，电厂宜简化接线形式，关于电厂 500kV 配电装置的电气主接线，可采用下列哪些接线形式？（　　）
（A）发电机-变压器-线路组　　　　（B）桥形
（C）3/2　　　　　　　　　　　　　（D）四角

45．风力发电厂运行适应性应符合下列哪些规定？　　　　　　　　　　（　　）
（A）风力发电厂并网点电压在标称电压的 0.9～1.1 倍额定电压范围（含边界值）内时，风电发电机组应能正常运行
（B）风力发电厂并网点电压在标称电压的 0.8～0.9 倍额定电压范围（含 0.8 倍）内时，风电发电机组不脱网运行 30min
（C）电力系统频率在 49.5～50.2Hz 范围（含边界值）内时，风力发电机组应能正常运行
（D）电力系统频率在 48～49.5Hz 范围（含 48Hz）内时，风力发电机组不脱网运行 60min

46．下列叙述哪些是正确的？　　　　　　　　　　　　　　　　　　　（　　）
（A）当离相封闭母线通过短路电流时，其外壳的感应电压不应超过 50V
（B）对 35kV 及以上并联电容器装置，宜选用 SF_6 断路器或负荷开关

（C）发电机断路器三相不同期合闸时间应不大于 10ms，不同期分闸时间应不大于 5ms
（D）校验支柱绝缘子机械强度时，应将作用在母线截面重心上的母线短路电动力换算到绝缘子重心上

47. 对于交流单芯电力电缆金属接地的方式，下列描述哪几项是符合标准要求的？（   ）
（A）交流单芯电力电缆金属套上应至少在一端接地
（B）线路不长，且能满足标准中的要求时，应采取中央部位单点直接接地
（C）线路较长，单点直接接地方式无法满足标准的要求时，水下电缆 35kV 及以下电缆或输送容量较小的 35kV 以上电缆，可采取在线路两端直接接地
（D）110kV 及以下单芯电缆金属套单点直接接地，且有增强护层绝缘保护需要时，可在线路未接地的终端设置护层电压限制器

48. 下列关于变压器布置的叙述，哪些是正确的？（   ）
（A）66kV 及以下室外油浸变压器最小间距 5m
（B）室内布置的无外壳干式变压器的距离不小于 800mm
（C）总油量超过 100kg 的室内油浸式变压器应布置在单独的变压器间内
（D）总事故油池容量宜按接入的油量最大一台设备的全部油量确定

49. 当抗震设防烈度为 8 度及以上时，下列电气设施的布置要求哪些是正确的？（   ）
（A）220kV 配电装置宜采用半高型布置
（B）干式空心电抗器采用三相水平布置
（C）110kV 管型母线采用悬挂式结构
（D）110kV 电容器平台采用悬挂式结构

50. 对于 500kV 3/2 断路器接线的屋外敞开式配电装置，断路器宜采用下列哪几种布置方式？（   ）
（A）单列   （B）双列
（C）三列   （D）"品"字形

51. 关于发电厂直击雷保护装置，下列哪几项是正确的？（   ）
（A）屋外配电装置应设直击雷保护
（B）火力发电厂的烟囱冷却塔应设直击雷保护
（C）屋外 GIS 的外壳应设直击雷保护
（D）输煤系统的地面转运站，输煤栈桥等应设直击雷保护

52. 对于发电厂接地系统的设计，下列叙述错误的是？（   ）
（A）发电厂的接地网除应利用自然接地极外，还应敷设人工接地极。敷设的人工接地极需校验其热稳定截面，当利用自然接地极时可不再进行热稳定校验
（B）当接触电位差和跨步电位差满足要求时，可不再对接地网接地电阻值提具体要求

（C）集控楼内安装的220V动力蓄电池组的支架可不接地

（D）屋内外配电装置的钢筋混凝土架构应接地

53. 现需设计一新建220kV变电站，在开始设计接地网时，设计人员应掌握下列哪些内容？　　　　　　　　　　　　　　　　　　　　　　　　　　　　（　　）

（A）工程地点的地形地貌

（B）工程地点的气候特点

（C）实测或收集站址土壤电阻率分布资料，土壤的种类和分层状况，站址处较大范围土壤的不均匀程度

（D）土壤的腐蚀性能数据

54. 根据规程要求，下列对高压断路器控制回路的要求，哪些是正确的？　（　　）

（A）应有电源监视，并宜监视跳、合闸绕组回路的完整性

（B）合闸或跳闸完成后应使命令脉冲自动解除，应能指示断路器合闸与跳闸位置状态；自动合闸或跳闸时应能发出报警信号

（C）有防止对"跳跃"的电气闭锁装置；宜使用操作箱内的防跳回路

（D）分相操作的断路器机构应有非全相自动跳闸回路，并能够发出断路器非全相信号

55. 在下列哪些发电设施的主控制室（或中央控制室），监视并记录的电气系数，应至少包括主要母线的频率及电压、全厂总有功功率、全厂总无功功率？　　　（　　）

（A）在总装机容量为300MW火力发电厂的主控室

（B）在总装机容量为50MW水力发电厂的中央控室

（C）在大型风力发电站的主控制室

（D）在大型光伏发电站的主控制室

56. 对于发电厂3～10kV高压厂用电系统，馈线回路零序电流互感器采用与小电流接地故障检测装置配套使用的互感器时，适用于下列哪些厂用电系统中性点接地方式？（　　）

（A）经消弧线圈接地　　　　　　（B）经低电阻接地

（C）不接地　　　　　　　　　　（D）经高电阻接地

57. 下列有关继电保护整定描述错误的是？　　　　　　　　　　　　　　（　　）

（A）220～750kV线路重合闸整定时间是指从装置感知断路器断开（无流）到断路器主断口重新合上的时间

（B）配合是指两维平面上（横坐标保护范围，纵坐标保护时间），整定定值曲线与配合定值曲线不相交，其间的空隙是配合系数

（C）对于220～750kV电网的母线，母线差动是其主保护。由于采用近后备保护方式，无需再设其他后备保护

（D）继电保护整定时，短路电流计算值可不计暂态电流非周期分量

58. 关于直流电缆的技术要求，下列哪几条是符合设计规程要求的？　　　　　　（　）
（A）不得采用多芯电缆
（B）直流电动机正常运行时其回路电缆压降不宜大于标称电压 3%
（C）供 DCS 系统的直流回路应选用屏蔽电缆
（D）直流电源系统明敷电缆应选用铜芯电缆

59. 对于 500kV 变电站当站用电电气装置的防护采用安装剩余电流动作保护器时，下列哪几项描述是正确的？　　　　　　（　）
（A）保护单相回路和设备，应选用二极保护电器
（B）保护三相三线回路和设备，可选用三极保护电器
（C）保护三相四线制回路时，应选用三极保护电器，严禁将保护接地中性导体接入开关电器
（D）三相五线制系统回路中，应选用三极保护电器

60. 下列哪些措施可抑制谐波？　　　　　　（　）
（A）对高压变频器选用高—高型
（B）加大低压厂用变压器容量，降低变压器阻抗，提高系统的短路容量
（C）在空冷岛接有集中变频器的低压厂用变压器合理选择接线组别
（D）对变频器设备的电缆敷设路径、屏蔽措施、接地设计采取措施降低高次谐波带来的空间电磁干扰

61. 对发电厂照明，下列哪些要求是正确的？　　　　　　（　）
（A）照明变压宜采用 Dy11 接线
（B）制氢站电解间照明线路采用铜芯绝缘导线穿阻燃塑料管敷设
（C）为爆炸危险场所提供照明电源配电箱出线回路应采用双极开关
（D）厂区道路照明每个照明灯具应单独安装就地短路保护

62. 下列有关电力系统电压和无功电力的相关描述，正确的有哪些？　　　　　　（　）
（A）对进、出线以电缆为主的 220kV 变电站，可根据电缆长度配置相应的感性无功补偿设备
（B）10kV 及以下配电线路上可配置高压并联电容器，当线路最小负荷时，不应向变电站倒送无功
（C）新装调相机应具有长期吸收 80%～90% 额定容量无功电力的能力
（D）当运行电压低于 90% 系统标称电压时，应闭锁有载调压变压器的分接开关调整

63. 下列哪些情况宜选用一体化集合式电容器装置？　　　　　　（　）
（A）电容器单组容量较大的 500kV 及以上电压等级变电站
（B）特大城市中心城区的变电站
（C）8 度地震烈度的变电站
（D）拉萨地区的变电站

64. 某地区规划建设风电基地，风电装机容量 2000MW，拟通过一回 500kV 线路并入电网（并网点电压为 525kV），当电网发生故障时，该风电场群低电压穿越能力下列哪几项不满足技术要求？ （　　）

（A）当电网发生两相短路故障，风电场 500kV 并网点电压跌至 105kV 时，风电机组应能保证不脱网连续运行 625ms

（B）当电网发生单相短路故障，风电场 500kV 并网点电压跌至 210kV 时，风电机组应能保证不脱网连续运行 1s

（C）当电网发生三相短路故障，风电场 500kV 并网点电压跌至 315kV 时，风电机组应能保证不脱网连续运行 1.2s

（D）当电网发生故障时，风电场 500kV 并网点电压跌落后 2s 内恢复至 490kV，风电机组应保证不脱网连续运行

65. 330kV 及以上线路的导线绝缘子串应考虑下列哪些措施？ （　　）
（A）均压
（B）防电晕
（C）防振
（D）防舞

66. 高压电缆考虑设置回流线时，下列哪些正确？ （　　）
（A）回流线可用于抑制短路时，电缆金属护套工频感应电压
（B）回流线可用于抑制电缆对邻近弱电线路电气干扰
（C）回流线截面选择时满足电缆最大稳态电流时的热稳定要求
（D）回流线截面选择时满足电缆最大暂态电流时的热稳定要求

67. 计算高压单芯电缆载流量时，下列哪些正确？ （　　）
（A）交叉互联接地单芯电缆三段不等长时，需考虑金属护套损耗的影响
（B）有通风设计的电缆隧道，环境温度应按通风设计温度另加 5℃
（C）无需考虑防火涂料、包带对载流量的影响
（D）排管中不同孔位的电缆需计入互热因素的影响

68. 一般架空输电线路验算导线允许载流量时，关于导线允许温度的取值，下列哪几项是不正确的？ （　　）
（A）钢芯铝绞线宜采用 70℃，必要时采用 80℃
（B）钢芯铝合金绞线宜采用 80℃
（C）钢芯铝包钢绞线可采用 80℃
（D）铝包钢绞线可采用 90℃

69. 某架空线路、地线型号 GJ-80，选用悬垂线夹时，下列哪些要求是不正确的？ （　　）
（A）最大使用荷载情况时安全系数不应小于 2.5
（B）最大使用荷载情况时安全系数不应小于 2.7
（C）线夹握力不应小于地线计算拉断力的 18%

（D）线夹握力不应小于地线计算拉断力的24%

70. 关于架空线路绝缘子污闪电压的结论，下列哪些叙述是正确的？　　　　　　（　　）
（A）绝缘子污闪电压提高倍数低于泄漏比距提高倍数
（B）绝缘子污闪电压提高倍数高于泄漏比距提高倍数
（C）绝缘子形状对污闪电压没有影响
（D）相同爬电距离、相同结构高度情况下，复合绝缘子污闪电压高于瓷绝缘子

答　案

一、单项选择题

1. C

依据：DL/T 5352—2018 第6.1.1条。

2. D

依据：DL/T 5390—2014 表6.0.1-3、第10.0.4-3-2）条可知，下降至80%～50%照度标准值时开灯，20×0.5=10(lx)，因此选D。

3. C

依据：DL 5027—2015 第10.6.2-2）条。

4. C

依据：GB/T 50789—2012 第5.1.3-4条，条文描述是"可串接"，不是"必须串接"，所以C错误。

5. C

依据：NB/T 31115—2017 第5.2.2-2可得，变压器容量为400×0.6=240(MVA)。

6. D

依据：GB 50049—2011 第17.2.2条可知D选项正确。两台发电机共用一台主变压器，为了保证运行中可靠分断且不影响另一机组，所以每台机组出口必须设GCB。

7. B

依据：新版一次手册第124页公式，老版一次手册出处为第144页。

8. C

依据：新版一次手册第119页"三、限流措施"内容。

9. B

依据：DL/T 5222—2021 第5.5.5条。

10. D

依据：DL/T 5222—2021 第13.4.3-3款，A错误；第13.4.3-1款，B错误；第13.4.5-1款，D正确。选正确的，所以选D。电抗器不具备过负荷能力，所以其额定电流应按可能出现的最大可能工作电流选取，而不是按回路额定工作电流选取。

11. C

依据：DL/T 5352—2018 第 5.4.9 条，选 C。注意网状遮栏和栅状遮栏高度要求不一样。

12．C

依据：DL/T 5352—2018 表 5.1.2-2。

13．B

依据：由 GB 50260—2013 第 6.1.1-3 条可知 B 正确，注意该条分三种情况：重要电力设施、一般电力设施和屋内二层屋外高架平台，做题时一定要认真核对题目限制条件才能正确作答。

14．B

依据：NB 35074—2015 第 5.5.3 条。

15．C

依据：由 GB/T 50064—2014 式(5.2.1-2)可得，$r_{30} = (45-30) \times \dfrac{5.5}{\sqrt{45}} = 12.3$ (m)，$D = 60-12.3 = 47.7$ (m)，又由该规范图 5.2.2-2 可得 $\dfrac{D}{h_aP_{30}} = \dfrac{47.7}{(30-12) \times 1} = 2.65 \Rightarrow \dfrac{b_x}{h_aP_{30}} = 0.9 \Rightarrow b_x = 0.9 \times (30-12) \times 1 = 16.2$ (m)，C 正确。

16．C

依据：老版线路手册第 127 页表 2-7-5、第 119 页式（2-6-63）。

17．C。依据：GB/T 50064—2014 第 5.2.1 条可知 $P=1$，又由该规范式(5.2.5-1)可得 $h_o = 20 - \dfrac{14}{4 \times 1} = 16.5$ (m)。

18．B

依据：GB/T 50064—2014 图 5.6.5，选 B。

19．C

依据：GB/T 50065—2011 第 4.3.5-2 条，注意地上和地下温度的区别，地上散热条件好，所以允许温度较地下稍高。

20．A

依据：GB/T 50065—2011 第 4.3.1-2 条。不同地点各一个连接点可实现 $N-1$，提高可靠性。

21．A

依据：GB/T 50065—2011 第 4.3.1-4 条及其条文说明。题目描述中在 2km 以内有较低土壤电阻率地区，首选引外接地极符合规范要求。

22．B

依据：GB/T 14285—2006 附录 A 表 A.1。

23．A

依据：GB/T 50063—2017 第 3.4.1 条。有穿越功率的一般采用外桥接线，所以外桥断路器才测量有功功率，内桥接线不测量。

24．D

依据：GB/T 50063—2017 第 3.1.5 条。指针式仪表额定电流显示在其三分之二处主要是为了显示精度的同时具备一定的过负荷显示裕量，但已确定的过负荷电流应能正常显示，第 3.1.5 条条文此处描述为"宜选用过负荷仪表"即为此意，所以本题应选 D。

25．C

依据：DL/T 866—2015 第 8.2.1-3 条，$200 \times 0.4 = 80$(A)，向上选取 100(A)。

26．B

依据：DL/T 5003—2017，A 选项第 B.10.1-3 条；B 选项第 B.1.1-1-8)条，可知应为"户外"，B 错误；C 选项第 B.10.3-2 条；D 选项第 B.1.2-6-3)条，选错误的，所以选 B。

27．D

依据：DL/T 684—2012 式（81）、式（86）及 DL/T 559—2018 表 3 可知 D 正确，该题前三个选项均为欠量保护，欠量保护的可靠系数均小于 1。

28．B

依据：DL/T 5044—2014 第 5.1.3 条可知，B 选项描述刚好与规范相反。

29．A

依据：《火力发电厂厂用电设计规程》（DL/T 5153—2014）第 8.9.2-2 条可知应装设纵差动保护，所以 A 选项错误。厂用电系统中 1000kW 柴油发电机、2000kW 级电动机、6300VA 级高厂变、1 万及高备变应装设纵差动保护。

30．C

依据：《火力发电厂厂用电设计规程》（DL/T 5153—2014）第 3.1.2-3 条有"或者为了防止危及人身安全等原因"。

31．C

依据：《火力发电厂厂用电设计规程》（DL/T 5153—2014）第 3.3.1 条、第 4.7.3 条可知，C 选项规范描述应为"抵消高压厂用母线"，所以 C 错误。

32．B

依据：《火力发电厂厂用电设计规程》（DL/T 5153—2014）第 8.5.2 条-1 款，A、C 正确；-2 款，B 选项容量不对，错误；第 8.5.1-8 条，温度保护应跳闸，D 正确。选错误的选项，选 B。

33．D

依据：DL/T 5390—2014 式（5.1.4）可得 $RI = \dfrac{6 \times 3.6}{(3.6-0.8) \times (6+3.6)} = 0.804$。

34．B

依据：新版线路手册第 60 页式（3-16）、式（3-17），或老版线路手册第 16 页式（2-1-2）、式（2-1-3），可得 B 正确。

35．C

依据：新版线路手册第 65 页式（3-46），或老版线路手册第 16 页式（2-1-3）、第 21 页式（2-1-32）。

36．D

依据：《架空输电线路电气设计规程》（DL/T 5582—2020）第 9.1.1 条、第 9.1.3 条可得 $D = 0.4 \times 3 + \dfrac{220}{110} + 0.65 \times \sqrt{49} + 0.5 = 8.25$ (m)，所以选 D。本题坑点为"不同回路不同相导线间"，按照该规范第 9.1.3 条应增加 0.5m。

37．B

依据：《架空输电线路电气设计规程》（DL/T 5582—2020）第 10.2.1 条条文说明（该规范第 151 页）相关内容可知 B 正确。

38. D

依据：由 DL/T 5429—2009 第 6.2.8-1 款可知 D 错误，A 选项对应第 6.2.5-5 款、B 选项对应第 6.2.4-3 款、C 选项对应第 6.2.7-3 款。

39. D

依据：GB 50227—2017 第 4.2.1 条、第 6.1.1 条条文说明可知，已经装设了内熔丝的电容器不必再装设外熔丝，所以 D 错。

40. B

依据：GB/T 29321—2012，A 选项依据第 5.2.2 条、B 选项依据第 6.1.2 条、C 选项依据第 9.2.4 条、D 选项依据第 5.1.1 条 B 选项错误，应为"并网逆变器功率因数"。

二、多项选择题

41. ACD

依据：GB 50058—2014，A 选项第 5.3.3 条、B 选项第 5.3.5 条、C 选项第 5.4.1 条、D 选项第 5.4.3-8 条。

42. AD

依据：GB 50229—2019，A 选项第 6.8.11 条；B 选项第 6.8.4 条，防火极限应为 3h，B 错误；C 选项第 6.8.1 条，应为 300MW，C 错误；D 选项第 9.8.9 条，选正确选项所以选 AD。

43. BCD

依据：GB/T 50789—2012 第 4.2.9-2 条。

44. ABD

依据：GB 50060—2011 第 16.2.2 条及条文说明。

45. AC

依据：GB 51096—2015 第 5.2.2-6 条。

46. BC

依据：DL/T 5222—2005，A 选项依据第 7.4.5 条、C 选项依据第 9.3.3 条、D 选项依据第 21.0.5 条、B 选项依据 GB 50227—2017 第 5.3.1 条。D 选项条文内容为"换算到绝缘子顶部"。

47. AC

依据：GB 50217—2018，A 选项依据第 4.1.11 条、B 选项依据第 4.1.12-1 款、C 选项依据第 4.1.12-2 款、D 选项依据第 4.1.13-2 款。严格意义讲 B 选项是不符合规范的，规范条文表达的意思是"应接地，接地点可在一端也可在中央"，选项描述的是"应在中央接地"，没有选择性，相当于必须在中央接地，所以是错误的。D 选项应为 35kV。

48. CD

依据：DL/T 5352—2018，A 选项依据表 5.5.6、B 选项依据第 5.4.6 条、C 选项依据第 5.5.1 条、D 选项依据第 5.5.4 条。

49. BCD

依据：GB 50260—2013 第 6.5.2-1 款、第 6.5.4 条、第 6.5.2-2 款、第 6.5.3 条，BCD 正确。高型和垂直布置不利于抗震。

50. ACD

依据：DL/T 5352—2018 第 5.3.6 条。

51．ABD

依据：GB/T 50064—2014 第5.4.1条、第5.4.3条。GIS外壳可泄放雷电流不必单独装设直击雷防护装置。

52．AB

依据：GB/T 50065—2011 第4.3.1条、第3.2.2-4条、第3.2.1-9条可知CD正确，AB错误。

53．ACD

依据：GB/T 50065—2011 第4.1.1条可知ACD正确，接地系统为隐蔽工程，气候条件对其影响不大。

54．ABD

依据：DL/T 5136—2012 第5.1.2条、第5.1.11条，C选项应为"宜使用断路器机构内的防跳装置"，相对操作箱而言，断路器机构内的防跳装置可靠性更高。

55．BCD

依据：GB/T 50063—2017，A选项第3.7.1条，规范没写无功功率，所以A错误，B选项第3.7.2条；C、D选项第3.7.4条，选正确的，所以选BCD。

56．ACD

依据：由DL/T 866—2015 第8.1.6条可知，ACD对。

57．AC

依据：DL 559—2018 第3.2条、第3.1条、第5.2.3条、第7.1.2条。D选项规范第7.1.2-h)款描述可不考虑非周期分量，所以该选项正确，本题选错误选项所以选AC。

58．CD

依据：DL/T 5044—2014 第6.3.2条，A为"不得采用"，用词错误。第6.3.7条，电动机回路压降不大于5%，该选项错误。第6.3.1条，DCS属于控制回路，应使用屏蔽电缆，该选项正确。

59．ABC

依据：DL/T 5155—2016 第9.0.3条可知，D相应为"四极"保护电器，其余ABC均正确。

60．BCD

依据：DL/T 5153—2014 第4.7.2条、第4.7.4条、第4.7.5条、第4.7.7条可知，BCD正确。

61．ACD

依据：DL/T 5390—2014，A选项依据第8.2.5条、B选项依据第8.7.2条，应为厚壁钢管，选项塑料管错误，C选项依据第8.8.2条、D选项依据第5.5.6条，选正确的，所以选ACD。

62．ABD

依据：DL/T 1773—2017 第6.2.4条、第6.5.3条、第7.5条、第10.5条，其中C选项应为70%～80%。

63．BC

依据：GB 50227—2017 第5.2.1-2款可知，BC选项正确，"特大城市中心"暗指占地面积受限。

64．BC

依据：GB/T 19963—2011 第9.1条及图1可得BC错误。

65．AB

依据：DL/T 5582—2020 第 8.0.7 条。

66．ABD

依据：GB 50217—2018 第 4.1.16 条、第 4.1.17-1 款可知 ABD 对。

67．AD

解：GB 50217—2018 第 3.6.3-2 款、表 3.6.5、第 3.6.3-5 款、第 3.6.3-3 款，C 选项描述过于绝对，不完全符合规范要求。

68．BD

依据：DL/T 5582—2020 第 5.1.8 条可知，不正确的是 BD 选项。

69．BCD

依据：DL/T 5582—2020 第 8.0.1 条，线夹属于金具，应按金具选择安全系数；《电力工程设计手册　架空输电线路设计》第 424 页表 7-2 或《电力工程高压送电线路设计手册》（第二版）第 292 页表 5-2-2。GJ-80 中的"GJ"代表钢绞线，对应表格数据为 14%，所以 CD 均错。

70．AD

依据：新版线路手册第 125 页右侧栏第（2）内容，或老版线路手册第 79 页右侧一栏第（2）内容。

2020 年注册电气工程师专业案例试题

（上午卷）及答案

【2020 年上午题 1~4】 某电厂建设 2×350MW 燃煤汽轮机发电机组，每台机组采用发电机变压器（即主变压器）组单元接线，通过主变压器升压接至厂内 220kV 配电装置，220kV 配电装置的电气主接线为双母线接线，220kV 配电装置采用屋外敞开式中型布置，电厂通过两回 220kV 架空线路接至附近某一变电站。发电机额定功率 P_e=350MW、额定电压 U_n=20kV。

请分析计算并解答以下各小题。

1. 发电机中性点采用高电阻接地，接地故障清除时间大于 10s，发电机出口设置金属氧化物避雷器（以下简称 MOA），根据相关规程，计算确定该避雷器的持续运行电压和额定电压宜取下列哪组数值？ （ ）

    (A) 20kV，25kV
    (B) 20.8kV，26kV
    (C) 24kV，26kV
    (D) 24kV，30kV

2. 若电厂海拔为 0m，发电机定子绕组冲击试验电压值（峰值）取交流工频试验电压峰值，发电机采用高电阻接地，发电机出口 MOA 靠近发电机布置，根据相关规程，发电机与避雷器绝缘配合采用确定性法，计算该避雷器的标称放电电流和残压宜取以下哪组数值？ （ ）

    (A) 2.5kA，41.4kV
    (B) 2.5kA，46.4kV
    (C) 5kA，41.4kV
    (D) 5kA，46.4kV

3. 电厂 220kV 配电装置的两组母线均设置标准特性的 MOA，主变压器额定容量 420MVA，额定电压 242kV，主变压器采用标准绝缘水平，主变压器至 220kV 配电装置均采用架空导线。电厂每回 220kV 线路均能送出 2 台机组的输出功率，当主变压器至 MOA 间的电气距离最大不大于下列哪个值时，主变压器高压侧可不装设 MOA？并说明理由。（ ）

    (A) 90m
    (B) 125m
    (C) 140m
    (D) 195m

4. 某电厂海拔为 2500m，主变压器高压侧装设 MOA，其残压为 520kV，请计算确定主变压器标准额定雷电冲击耐受电压宜取下列哪项数值？ （ ）

    (A) 750kV
    (B) 850kV
    (C) 950kV
    (D) 1050kV

【2020年上午题 5~7】 某水电站直流系统电压为 220V，直流控制负荷与动力负荷合并供电。直流系统负荷由 2 组阀控铅酸蓄电池（胶体）、3 套高频开关单元模块充电装置供电，不设端电池。单体蓄电池的额定电压为 2V，事故末期放电终止电压为 1.87V。电站设有柴油发电机组作为保安电源，交流不停电电源 UPS 从直流系统取电。请分析计算并解答下列小题。

5. 假设直流负荷统计如下表，事故持续放电时间为 2h，请按阶梯计算法，计算每组蓄电池容量应为下列哪项数值？ （　　）

直 流 负 荷 统 计 表

序 号	负荷名称	负荷容量（kW）	备 注
1	控制和保护负荷	12.5	
2	监控系统负荷	2	
3	励磁控制负荷	1	
4	高压断路器跳闸	14.3	
5	高压断路器自投	0.55	电磁操动合闸机构
6	直流应急照明	15	
7	交流不间断电源（UPS）	2×10	从直流系统取电

（A）600Ah　　　　　　　　（B）700Ah
（C）800Ah　　　　　　　　（D）900Ah

6. 假设每组蓄电池容量为900Ah，直流经常负荷为90A，充电装置适用额定电流25A 的高频开关充电模块，请计算充电模块数量宜取下列哪项？ （　　）
（A）7　　　　　　　　　　（B）8
（C）9　　　　　　　　　　（D）10

7. 假设直流系统负荷采用分层辐射形供电，直流柜至直流系统分电柜电缆长度为80m，计算电流为160A；直流分电柜至直流终端负荷断路器 A 的电缆长度为32m，计算电流为10A，已选电缆截面积为 4mm^2；直流分电柜至直流终端负荷断路器 B 电缆长度为28m，计算电流为10A，已选电缆截面积为 2.5mm^2。请计算直流柜至直流分电柜电缆最小计算截面积最接近下列哪项数值？（所用电缆均为铜芯，取铜电阻率 $\rho=0.0175\Omega \cdot mm^2/m$） （　　）
（A）38.9mm^2　　　　　　（B）40.7mm^2
（C）43.1mm^2　　　　　　（D）67.9mm^2

【2020年上午题 8~10】 某电厂采用 220kV 出线，220kV 配电装置设置以水平接地极为主的接地网，土壤电阻率为 100Ω·m。请分析计算并解答下列各小题。

8. 该电厂 6kV 系统采用中性点不接地方式，6kV 配电室内表层土壤电阻率为 1500Ω·m，表层衰减系数为 0.9，接地故障电流持续时间为 0.2s，计算由 6kV 系统决定的接地装置跨步电位差最大允许值不超过下列哪项数值？ （　　）

（A）117.5V　　　　　　　　　　（B）320V
（C）902V　　　　　　　　　　　（D）2502V

9. 厂内 220kV 系统是最大运行方式下发生单相接地短路故障时的对称电流有效值为 35kA，流经厂内变压器中性点电流为 8kA，厂内发生接地故障时分流系数 S_{f1} 为 0.4，厂外发生接地故障时分流系数 S_{f2} 为 0.8，接地故障电流持续时间为 0.5s，假定 X/R 为 40，计算该厂接地网的接地电阻应不大于以下哪个值，才能满足地电位升不超 2kV？　　　（　　）

（A）0.17Ω　　　　　　　　　　（B）0.25Ω
（C）0.28Ω　　　　　　　　　　（D）0.31Ω

10. 若接地网为方形等间距布置，水平接地网导体的总长度为 10000m，接地网的周边长度为 1000m，只在接地网中少数分散布置了部分垂直接地极、垂直接地极的总长度为 50m，如果发生接地故障时的入地电流为 15kA，请计算接地网的接触电位差应为下列哪项数值？（按规程计算，校正系数 K_m=1.2，K_i=1）　　　　　　　　　　　　　　　　　（　　）

（A）163V　　　　　　　　　　（B）179V
（C）229V　　　　　　　　　　（D）239V

【2020 年上午题 11～13】　某火力发电厂设有两台 600MW 汽轮发电机组，均采用发电机变压器组接入厂内 220kV 配电装置。厂用电源由发电机出口引接，高压厂用变压器采用分裂变压器。厂内设高压起动备用变压器，其电源由厂内 220kV 引接。

发电机的额定出力为 600MW，额定电压为 20kV，额定功率因数 0.9，次暂态电抗 X''_d 为 20%，负序电抗 X_2 为 21.8%，主变压器容量 670MVA，阻抗电压为 14%。

220kV 系统为无限大电源，若取基准容量为 100MVA，最大运行方式下系统正序阻抗标幺值 $X_{1\Sigma}$=0.0063，最小运行方式下系统正序阻抗标幺值 $X_{1\Sigma}$=0.007，系统负序阻抗标幺值 $X_{2\Sigma}$=0.0063，系统零序阻抗 $X_{0\Sigma}$=0.0056。请分析计算并解答下列各题。（短路电流计算采用实用计算法）

11. 请分别计算 220kV 母线在下列各种短路故障时由系统侧提供的短路故障电流，确定下列哪种短路故障时由系统侧提供的短路电流最大？　　　　　　　　　　　　（　　）

（A）三相短路故障　　　　　　　（B）两相短路故障
（C）单相短路故障　　　　　　　（D）两相接地短路故障

12. 若高压厂用分裂变压器的容量为 50/28-28MVA，变比 20/6.3-6.3kV，半穿越电抗 16%、全穿越电抗 12%（以高压绕组容量为基准，制造误差±5%）。假定发电机出口短路时系统侧提供的三相交流短路容量为 3681MVA，发电机提供三相交流短路容量为 3621MVA，接于每段 6kV 母线的电负荷额定总功率 30000kW，每段参加反馈的 6kV 电动机的额定功率为 25000kW，电动机平均反馈电流倍数为 6，请计算 6kV 母线三相短路电流周期分量起始有效值应为下列哪项？　　　　　　　　　　　　　　　　　　　　　　　　　　　　　　　（　　）

（A）37.85kA　　　　　　　　　（B）46.87kA
（C）48.1kA　　　　　　　　　　（D）50.48kA

13. 若 220kV 启动备用变压器出线所配保护动作时间为 0.5s，断路器操动机构固有动作时间为 0.04s，全分闸时间为 0.07s。请问 220kV 启动备用变压器回路所配断路器的最大三相短路电流热效应计算值最接近以下哪项数值？（不考虑发电机提供短路电流交流分量的衰减）
( )

(A) 904kA²·s　　　　　　　　(B) 1303kA²·s
(C) 1446kA²·s　　　　　　　　(D) 1704kA²·s

【2020 年上午题 14～16】国内某燃煤电厂安装一台 135MW 汽轮发电机组，机组额定参数为 P=135MW，U=13.8kV，$\cos\varphi$=0.85，发电机中性点采用不接地方式。该机组通过一台 220kV 双绕组主变压器，接入厂内 220kV 母线，厂用电源引自发电机至主变压器低压侧母线支接，当该发电机出口厂用分支回路发生三相短路时（基准电压为 13.8kV），短路电流周期分量起始有效值为 97.24kA，其中本机组提供为 51.28kA。请分析计算并解答下列各小题。

14. 发电机出口至主变压器低压侧采用槽型铝母线连接，发电机出口短路主保护动作时间为 60ms，后备保护动作时间 1.2s，断路器开断时间为 50ms。若主保护不存在死区且不考虑三相短路电流周期分量的衰减，当槽型母线工作温度按 80℃考虑时，该槽型母线需要的最小热稳定截面积为下列哪项数值？（精确到小数点后一位）
( )

(A) 204.9mm²　　　　　　　　(B) 344.0mm²
(C) 388.6mm²　　　　　　　　(D) 652.3mm²

15. 发电机至低压侧出线采用双槽型铝母线，母线规格为 2×200×90×12，三相线水平布置且位于同一平面，相间距为 90cm。若导体[][][]布置，每相导体间隔 40cm，设间隔垫（视为实连），间隔垫采用螺栓固定，固定槽型母线的支柱绝缘子间距为 120cm，绝缘子安装位置位于两个间隔垫的中间。不考虑振动影响，当槽型母线上发生三相对称短路时，计算该槽型母线所承受的相间应力为下列哪项数值？
( )

(A) 106.93N/cm²　　　　　　　(B) 384.49N/cm²
(C) 563.39N/cm²　　　　　　　(D) 2025.83N/cm²

16. 发电机至主变压器低压侧出线采用双槽型铝母线规格为 2×200×90×12，三相线水平布置且位于同一平面，相间距为 90cm。若固定槽型母线的支柱绝缘子选用 ZD-20F 型，采用等间距布置，支柱绝缘子的抗弯破坏负荷 P_{xv}=20000N，当在发电机出口发生三相短路时，该支柱绝缘子的最大允许跨距应为下列哪些数值？
( )

(A) 149.8cm　　　　　　　　　(B) 222.9cm
(C) 323.2cm　　　　　　　　　(D) 371.5cm

【2020 年上午题 17～20】某海上风电场安装 75 台单机容量为 4MW 的风力发电机组，总装机容量 300MW 风电场配套建设 35kV 场内集电线路，220kV 海上升压站和 220kV 送出海缆，220kV 电缆选用交联聚乙烯绝缘电缆，从 220kV 海上升压站经为海底、滩涂、海陆缆转接井转为陆缆，请分析计算并解答下列各题。

17. 若选用截面为 3×400+2×36C 的 220kV 海底电缆，在进入 GIS 进线套管前进行分相，海底电缆外径为 240mm，其无绕包三相分体外径为 100mm，则满足要求的 J 型管最小内径应为下列哪些数值？ （ ）

（A）180mm　　　　　　　　　　　（B）200mm
（C）360mm　　　　　　　　　　　（D）480mm

18. 220kV 海缆直埋段设计路径为 46600m（含海床及滩涂段，滩涂段直埋视为同海床段），海缆从海上升压站 J 型管入口引上至升压站内长度为 80m，海缆登陆点至陆缆连接点长度为 20m，弯曲限制器长度为 20m，忽略终端接头制作长度，则单根海缆供货长度最短应为下列哪些数值？ （ ）

（A）46720m　　　　　　　　　　　（B）47632m
（C）47998m　　　　　　　　　　　（D）48122m

19. 在风电场升压变压器选型时，按风电场全场可能同时满发考虑，风电场海上升压站最经济的变压器台数和容量应为下列哪项？ （ ）

（A）1 台 320MVA　　　　　　　　　（B）2 台 200MVA
（C）3 台 90MVA　　　　　　　　　（D）3 台 120MVA

20. 220kV 海上升压站设计使用年限为 50 年，升压站海域平均海平面高度为 0.26m，50 年一遇高潮位高程为 3.42m，100 年一遇高潮位高程为 5.56m，底层甲板结构高度为 2.0m，50 年一遇最大波高为 0.45m，100 年一遇最大波高为 0.6m，则海上升压站底层甲板上表面高程最低为多少？ （ ）

（A）7.22m　　　　　　　　　　　（B）7.48m
（C）9.46m　　　　　　　　　　　（D）9.72m

【2020 年上午题 21~25】　某单回路 220kV 架空送电线路，海拔为 120m，采用单导线 JL/G1A-400/50，该线路气象条件如下。（$g=9.81\text{m/s}^2$）

工况	气温（℃）	风速（m/s）	冰厚（mm）
最高气温	40	0	0
最低气温	−20	0	0
年平均	15	0	0
覆冰厚度	−5	10	10
基本风速	−5	27	0

导线参数如下表。

型号	单位质量（kg/m）	直径 d（mm）	截面 S（mm²）	额定拉断力 T_k（N）	线性膨胀数 a（1/℃）	弱性指量 E（N/mm²）
JL/G1A-400/50	1.511	27.63	451.55	123000	19.3×10⁻⁶	69000

21. 有一Π型等径独立水泥杆，横担水平布置，导线挂点距水泥杆净距为2.5m（已考虑爬梯、金具等的裕度），假定悬垂单串长度为2.80m，请计算确定最大风摇摆角应为下列哪项数值？　　　　　　　　　　　　　　　　　　　　　　　　　　　　　（　　）

(A) 63.23°　　　　　　　　　　　(B) 45.86°
(C) 44.14°　　　　　　　　　　　(D) 38.5°

22. 已知最低气温和最大覆冰是两个有效控制条件，存在有效临界档距，请计算该临界档距应为下列哪项数值？［最大覆冰时比载为0.056N/（m·mm²）］　　　（　　）

(A) 190.2m　　　　　　　　　　　(B) 200.2m
(C) 118.9m　　　　　　　　　　　(D) 126.5m

23. 若导线在最大风速时应力为85N/mm²，最高气温时应力为55N/mm²，某直线塔的水平档距为430m，最高气温时的垂直档距为320m，计算最大风速时的垂直档距应为下列哪项数值？　　　　　　　　　　　　　　　　　　　　　　　　　　　　　（　　）

(A) 600m　　　　　　　　　　　(B) 260m
(C) 359m　　　　　　　　　　　(D) 380m

24. 某塔定位结果是后侧档距500m，前侧档距300m，垂直档距310m，在校验该塔电气间隙时，风压不均匀系数 α 取值应为下列哪项？　　　　　　　　　　　　　（　　）

(A) 0.61　　　　　　　　　　　(B) 0.63
(C) 0.65　　　　　　　　　　　(D) 0.75

25. 假设有一档的档距 L=1050m，导线悬点高差 h=155m，最高气温时，导线最低点应为 σ=55N/mm²，请采用平抛物线公式计算档内高塔侧导线最高气温时悬垂角应为下列哪项数值？　　　　　　　　　　　　　　　　　　　　　　　　　　　　　　　（　　）

(A) 8.40°　　　　　　　　　　　(B) 9.41°
(C) 17.40°　　　　　　　　　　(D) 24.75°

答　　案

---

1. B【解答过程】依题意，已知故障切除时间大于10s，由GB/T 50064—2014 第4.4.4条可得：持续电压 $U \geqslant 0.8 U_R = 0.8 \times 26 = 20.8(kV)$；额定电压 $U_R \geqslant 1.3 U_e = 1.3 \times 20 = 26(kV)$。

2. D【解答过程】由 GB/T 7064—2017 第4.9.3条及表C.1可得：试验电压为 $2 \times 20 + 1 = 41(kV)$，峰值为 $\sqrt{2} \times 41 = 57.98(kV)$；依题意，MOA紧靠设备，又由GB/T 50064—2014 第6.4.4-1条及表C.1可得：额定电压 $u_{e.l.i} \geqslant 1.25 U_{l.p} \Rightarrow U_{l.p} \leqslant \dfrac{57.98}{1.25} = 46.38(kV)$；再由新版一次手册第779页表14-23可知：避雷器标称放电电流宜取5kA。

3. B【解答过程】依题意"电厂每回220kV线路均能送出2台机组的输出功率"，表明

220kV 线路具备 $N–1$ 功能，应按过电压较严重的一回线路单独运行计算；由 GB/T 50064—2014 表 5.4.13-1 及其注 2 可得 MOA 距主变的最大电气距离为 125m。

4．D【解答过程】由 GB/T 50064—2014 第 6.4.4 条式 6.4.4-3 可得：$u_{\text{e.l.o}} \geqslant 1.4 U_{\text{l.p}} \Rightarrow U_{\text{l.p}}$
$\leqslant 1.4 \times 520 = 728(\text{kV})$ 又由该规范附录 A 第 A.0.2 条可得 $U = 728 \times e^{\frac{2500}{8150}} = 989.35(\text{kV})$

5．B【解答过程】由 DL/T 5044—2014 表 4.2.5 及表 4.2.6，4.2.1-2（1）控制负荷统计
控制和保护负荷为经常负荷，负荷系数为 0.6　　$I=12.5\times1000\times0.6/220=34.1(\text{A})$
监控系统负荷为经常负荷，负荷系数为 0.8　　$I=2\times1000\times0.8/220=7.27(\text{A})$
励磁控制负荷为经常负荷，负荷系数为 0.6　　$I=1\times1000\times0.6/220=2.73(\text{A})$
高压断路器跳闸为初期 1min 冲击负荷，负荷系数为 0.6　　$I=14.3\times1000\times0.6/220=39(\text{A})$；
（2）动力负荷统计：由 DL/T 5044—2014 第 4.2.1-2 款可知，动力负荷应平均分配，发电厂直流应急照明应全部统计：高压断路器自投电磁操动机构为动力初期 1min 冲击负荷，负荷系数为 1；$I=0.55\times1000\times1/220\times0.5=1.25\ (\text{A})$；直流应急照明为事故负荷，持续时间为 2h，负荷系数为 1；$I=15\times1000\times1/220=68.2(\text{A})$；交流不间断电源（UPS）为事故负荷，持续时间为 2h，负荷系数为 0.5；$I=1\times10\times1000\times0.5/220=22.73(\text{A})$；（3）蓄电池容量计算：初期 1min：$I1=34.1+7.27+2.73+39+1.25+22.73+68.2=175.28(\text{A})$；30min：$I2=34.1+7.27+2.73+22.73+68.2=135(\text{A})$；60min、90min、120min 电流均等于 30min 电流 135(A)；又由该规范附录 C.2.3 及表 C.3-5，因电流只有两个阶梯，故按两个阶段计算，可得 $C_{C1} = K_K \dfrac{I_1}{K_C} = 1.4 \times \dfrac{175.28}{0.94} = 261.1(\text{Ah})$；

$C_{C2} = K_K \left(\dfrac{I_1}{K_{C2}} + \dfrac{I_2 - I_1}{K_{C2}} \right) = 1.4 \times \left(\dfrac{175.28}{0.29} + \dfrac{135 - 175.28}{0.292} \right) = 653.1(\text{Ah})$；选大于且最接近选项。

6．B【解答过程】由 DL/T 5044—2014 附录 D.1.1 可得 $I_r = (1 \sim 1.25)I_{10} + I_{JC} = (1 \sim 1.25) \times 90 + 90 = 180 \sim 202.5$，又由该规范 D.2.1-2 可知：$n=(180–202.5)/25=7.2–8.1$，充电模块数量宜取 8。

7．C【解答过程】由 DL/T 5044—2014 第 6.3.6-3 条可得直流分电柜至负荷终端断路器 A 的压降为 $U=0.0175\times32\times2\times10/4=2.8\text{V}$；直流分电柜至负荷终端断路器 B 的压降为 $U=0.0175\times28\times2\times10/2.5=3.92\text{V}$；两者同时满足，应按压降大的断路器 B 计算，总压降不大于标称电压的 6.5%；则直流柜与分电柜压降为：6.5%×220-3.92=10.38V；又由该规范 E.1.1-2 可得：$S = \dfrac{\rho \times 2LI}{\Delta U} = \dfrac{0.0175 \times 2 \times 80 \times 160}{10.38} = 43.16(\text{mm}^2)$。

8．B【解答过程】由 GB/T 50065—2011 第 4.2.2-2 款，式（4.2.2-4）可得 $U_s=50+0.2\times1500\times0.9=320(\text{V})$

9．A【解答过程】由 GB/T 50065—2011 附录 B 可得

$\begin{cases} 厂内短路 I_g = (35-8)\times0.4=10.8(\text{kA}) \\ 厂外短路 I_g = 8\times0.8=6.4(\text{kA}) \end{cases}$ 两者取大为10.8kA

结合题意已知参数，又由该规范附录 B 表 B.0.3，可得 $D_f=1.1201$；可得最大入地不对称短路电流 $I_G=1.1201\times10.8=12.097$（kA）；再由该规范式（4.2.1-1）可得 $R \leqslant \dfrac{2000}{12.097\times1000}=0.16533(\Omega)$。

10．B【解答过程】由 GB/T 50065—2011 附录 D 式（D.0.3-11）可得 $L_M = 10000 + 50 =$

10050(m)；又由该规范附录 D 式（D.0.3-1）可得网孔电压 $U_\mathrm{M} = \dfrac{100 \times 15000 \times 1.2 \times 1.0}{10050} = 179.10(\mathrm{V})$。

11．C【解答过程】依题意，由新版一次手册第 108 页表 4-1、第 124 页表 4-17 公式可得：

三相短路 $Id_3 = \dfrac{1}{0.0063} \times 0.251 = 39.84(\mathrm{kA})$

单相短路 $Id_1 = \dfrac{3}{0.0063 + 0.0063 + 0.0056} \times 0.251 = 41.37(\mathrm{kA})$

两相短路 $Id_2 = \dfrac{\sqrt{3}}{0.0063 + 0.0063} \times 0.251 = 34.5(\mathrm{kA})$

两相接地短路 $Id_{22} = \dfrac{\sqrt{3}\sqrt{1 - \dfrac{0.0063 \times 0.0056}{(0.0063+0.0056)^2}}}{0.0063 + \dfrac{0.0063 \times 0.0056}{0.0063 + 0.0056}} \times 0.251 = 40.66(\mathrm{kA})$

可知单相短路电流最大，所以选 C。老版一次手册出处为第 120 页表 4-1、第 144 页表 4-19。

12．B【解答过程】（1）依题意，6kV 厂用电母线侧短路，短路电流为：系统+发电机+6kV 电动机反馈；（2）由 DL/T 50064—2014 附录 L，设：$S_\mathrm{j}=100\mathrm{MVA}$、$U_\mathrm{j}=6.3\mathrm{kV}$、$I_\mathrm{j}=9.16(\mathrm{kA})$；（3）阻抗归算：由新版一次手册第 108 页表 4-2 及相关公式：系统阻抗标幺值 $x_{*\mathrm{S}} = \dfrac{S_\mathrm{j}}{S_\mathrm{d}} = \dfrac{100}{3681+3621} = 0.0137$；变压器阻抗标幺值 $X_{*\mathrm{T}} = \dfrac{16}{100} \times (1-5\%) \times \dfrac{100}{50} = 0.304$；（4）6kV 母线短路电流周期分量起始有效值为 $I_B'' = \dfrac{I_\mathrm{j}}{\Sigma X_*} = \dfrac{9.16}{0.0137 + 0.304} = 28.83(\mathrm{kA})$；6kV 母线电动机反馈电流为 $I_D'' = 6 \times \dfrac{25}{\sqrt{3} \times 6 \times 0.8} = 18.04(\mathrm{kA})$，总短路电流为：28.83+18.04=46.87(kA)，所以选 B。老版一次手册第 120 页表 4-1 及后续相关公式。

13．D【解答过程】（1）依题意，220kV 配电系统短路，短路电流为：系统+两台发电机；（2）各部分短路电流计算：（一）计算发电机提供的短路电流（a）设：$S_\mathrm{j}=600/0.9(\mathrm{MVA})$、$U_\mathrm{j}=230\mathrm{kV}$、$I_\mathrm{j} = \dfrac{600/0.9}{\sqrt{3} \times 230} = 1.673(\mathrm{kA})$；（b）阻抗归算：依题意，发电机次暂态阻抗标幺值：20%；变压器阻抗标幺值 $X_{*\mathrm{T}} = \dfrac{14}{100} \times \dfrac{600/0.9}{670} = 0.139$；220kV 系统短路发电机至短路点阻抗标幺值为：0.2+0.139=0.339；（c）由新版一次手册第 116 页图 4-6 可得 220kV 系统短路发电机提供的短路电流周期分量起始有效值标幺值为 3.21，两台发电机提供的短路电流有效值为 2×3.21×1.673=10.74（kA）；（二）计算系统提供的短路电流：（a）由该手册第 108 页表 4-1 设 $S_\mathrm{j}=100\mathrm{MVA}$、$U_\mathrm{j}=230\mathrm{kV}$、$I_\mathrm{j}=0.25\mathrm{kA}$；（b）阻抗归算：依题意系统最大运行方式正序阻抗标幺值为 0.0063；（c）220kV 系统短路系统提供的短路电流周期分量起始有效值标幺值为：0.25/0.0063=39.68(kA)；（3）220kV 系统短路总短路电流为：10.74+39.68=50.42（kA）；（4）由 DL/T 5222—2021 第 3.0.15 条，该手册第 127 页相关公式，考虑非周期分量，可得：短路电流热效应为：$Q = 50.42^2 \times (0.07+0.5) + 50.42^2 \times 0.1 = 50.42^2 \times (0.07+0.5+0.1) = 1703.25(\mathrm{kA}^2 \cdot \mathrm{s})$，所以选 D。老版一次手册第 120 页表 4-1、第 129 页图 4-6、第 147 页

相关公式。

14. B【解答过程】由 DL/T 5222—2021 第 3.0.15-1 条、第 5.1.9 条、附录 A.6.1～A.6.3 知 $S \geq \dfrac{\sqrt{Q_d}}{C} = \dfrac{\sqrt{Q_z + Q_f}}{C} = \dfrac{\sqrt{51.28^2 \times (0.06 + 0.05 + 0.2)}}{85} = 343.99(\text{m}^2)$。

15. A【解答过程】由新版变电手册第 123 页式（5-17）、第 126 页表 5-13 可得：
$\sigma_{x-x} = 17.248 \times 10^{-3} \dfrac{l^2}{aw_{yn}} i_{ch}^2 \beta = 17.248 \times 10^{-3} \dfrac{120^2}{90 \times 490}(1.9 \times \sqrt{2} \times 51.28)^2 \times 1 = 106.93 \text{N/cm}^2$，
老版一次手册第 341 页相关内容及式（8-9）、表 8-13。

16. B【解答过程】由新版一次手册第 255 页式（7-31）、表 7-49、表 7-50 可得：
$l_p \leq \dfrac{p/K_f}{1.76 \times 10^{-1} \times i_{ch}^2 / a} = \dfrac{20000 \times 0.6/1.45}{1.76 \times 10^{-1} \times (1.9 \times \sqrt{2} \times 51.28)^2 / 90} = 222.9(\text{cm})$ 老版一次手册第 255 页式（6-27）、第 256 页表 6-40、表 6-41。

17. C【解答过程】由 NB/T 31117—2017 第 5.2.7 条，保护管的内径宜大于 1.5 倍的电缆直径。所以保护管的最小内径为 240×1.5=360(mm)。

18. B【解答过程】由 NB/T 31117—2017 第 5.5.4-3 条可得：电缆供货长度最短应为 46600（1+2%）+80+20=47632(m)。

19. B【解答过程】由 NB/T 31115—2017 第 5.1.3 条、第 5.2.2-2 款可得：选两台主变，每台主变容量为 300×0.6=180(MVA)。

20. C【解答过程】由 NB/T 31115—2017 第 4.0.12 条可得：底层甲板上表面高程 T =5.56+2/3×0.6+1.5+2=9.46(m)。

21. C【解答过程】由 DL/T 5582—2020 第 6.2.5 条可知，220kV 工频电压间隙为 0.55(m) 依题意，在绝缘子最大风偏时，间隙应满足改值，则：$2.5 - \sin\alpha \times 2.8 = 0.55 \Rightarrow \alpha = 44.14°$

22. A【解答过程】由新版线路手册第 303 页表 5-14 可得：最低气温导线比载 γ_1= 0.0328N/m.mm²；又由该手册第 310 页式（5-37），两个控制条件下的导线允许应力相等可得：
临界档距 $\dfrac{123000 \times 0.95}{2.5 \times 451.55} \times \sqrt{\dfrac{24 \times 19.3 \times 10^{-6} \times (-20+5)}{0.0328^2 - 0.056^2}} = 190.2(\text{m})$，老版线路手册第 179 表 3-2-3、第 187 式（3-3-20）。

23. B【解答过程】由新版线路手册第 307 页式（5-29）可得：最高气温时的
$\alpha = (l_v - l_H)\dfrac{\gamma_v}{\sigma_0} = (320 - 430) \times \dfrac{9.81 \times 1.511/451.55}{55} = -0.06565$；最大风速垂直档距为
$l_{v大风} = 430 + \dfrac{85}{9.81 \times 1.511/451.55} \times (-0.06565) = 260(\text{m})$。

24. C【解答过程】由 GB 50545—2010 表 10.1.18-2 可知：该塔的水平档距为 400m，α 取 0.65。新版 DL/T 5582—2020 第 9.3 节已经更改了风荷载计算。

25. D【解答过程】由新版线路手册第 303 页表 5-13、第 305 页表 5-14 可得：最高气温的比载：γ_1=9.81×1.511/451.55=32.8×10⁻³（N/m/mm²）。
高塔侧导线悬垂角 $\theta = \text{tg}^{-1}\left(\dfrac{32.8 \times 10^{-3} \times 1050}{2 \times 55} + \dfrac{155}{1050}\right) = 24.74°$。老版线路手册第 179 页表 3-2-3、第 180 页表 3-3-1。

2020 年注册电气工程师专业案例试题

（下午卷）及答案

【2020 年下午题 1~4】 某受端区域电网有一座 500kV 变电站，其现有规模及远景规划见下表，主变采用第三绕组自耦变，第三绕组电压 35kV，除主变回路外 220kV 侧无其他电源接入，站内已配置并联电抗器，补偿线路充电功率，投运后，为在事故情况下给该区特高压直流换流站提供动态无功/电压支持，拟加装 2 台调相机，采用调相机变压器单元接至站内 500kV 母线。加装调相机后 500kV 母线起始三相短路电流周期分量有效值为 43kA，调相机短路电流不考虑非周期分量和励磁因素。

	现状	本期
主变压器	4×1000MVA 自投	2×1000MVA 自投
500kV 出线	8 回	4 回
220kV 出线	16 回	10 回
500kV 主接线	3/2	3/2
220kV 主接线	双母双分段	双母
调相机		2×300MVA；U_k=9.73%；U_n=20kV
调相变压器		2×360MVA；U_k=14%

1. 若 500kV 变电站的调相机年运行时间为 8300h/台，请按电力系统设计手册估算全站调相机年空载损耗至少不小于多少？　　　　　　　　　　　　　　　　　（　　）

（A）24900MW·h　　　　　　　　（B）19920MW·h
（C）9960MW·h　　　　　　　　　（D）7470MW·h

2. 当变电站 500kV 母线发生三相短路时，请计算电网侧提供的起始三相短路电流周期分量有效值应为下列哪个数值？　　　　　　　　　　　　　　　　　　　（　　）

（A）41.46kA　　　　　　　　　　（B）39.92kA
（C）36.22kA　　　　　　　　　　（D）43kA

3. 该变电站 220kV 出线均采用 2×LGJ-400 导线，单回线最大输送功率为 600MVA，220kV 母线最大穿越功率 1500MVA，则 220kV 母联断路器额定电流宜取？（　　）

（A）1500A　　　　　　　　　　　（B）2500A
（C）3150A　　　　　　　　　　　（D）4000A

4. 该变电站 500kV 线路均采用 4×LGJ-630 导线（充电功率 1.18MVA/km），现有 4 回线路总长度为390km，500kV 母线装设了 120Mvar 并联电抗器为补偿充电功率，则站内的 35kV 侧需配置电抗器容量应为下列哪些数值？　　　　　　　　　　　　　　　　　（　　）

（A）8×60Mvar 　　　　　　　　　　（B）4×60Mvar
（C）2×60Mvar 　　　　　　　　　　（D）1×60Mvar

【2020年下午题 5～8】　某热电厂安装有 3 台 50MW 级汽轮发电机组，配有 4 台燃煤锅炉。3 台发电机组均通过双绕组变压器（即主变压器）升压至 110kV，采用发电机—变压器组单元接线，发电机设 SF_6 出口断路器，厂内设 110kV 配电装置，电厂以 2 回 110kV 线路接入电网，其中 1 号、2 号厂用电源接于 1 号机组的主变压器低压侧和发电机断路器之间，3 号、4 号厂用电源分别接于 2 号、3 号机组的主变压器低压侧与发电机断路器之间，每台炉的厂用分支回路设 1 台限流电抗器（即厂用电抗器）。全厂设置 1 台高压备用变压器（简称高备变），高备变的容量为 12.5MVA，由厂内 110kV 配电装置引接。

发电机技术参数：发电机功率 50MW，U_e=6.3kV，$\cos\varphi$=0.8（滞后），f=50Hz，直轴超瞬态电抗（饱和度）X_d''=12%，电枢短路时间常数 T_n=0.31s，每相定子绕组对地 0.14μF。（短路电流按实用计算法）

5. 根据技术协议，汽轮发电机组额定出力 46.5MW，最大连续输出力 50.3MW，发电机最大连续功率与汽轮机最大连续输出匹配，假定每台厂用电抗器的计算负荷均为 10.5MVA，按有关标准要求，计算确定主变压器的计算容量和额定容量应取多少？　　　　　　（　　）

（A）41.8MVA，50MVA 　　　　　　（B）46.6MVA，50MVA
（C）58.1MVA，63MVA 　　　　　　（D）62.8MVA，63MVA

6. 按照短路电流实用计算法，假定主变压器高压侧为无限大电源，当发电机出口短路时系统及其他机组通过主变压器提供三相对称短路电流周期分量起始有效值 54.9kA，主变压器回路 X/R=65，一台电抗器所带厂用电系统电动机初始反馈电流为 3.2kA，若发电机断路器分闸时反馈交流电流衰减为初始值的 0.8 倍，厂用分支回路 X/R=15，发电机断路器最小分闸时间 50ms，主保护时间 10ms，则发电机断路器开断系统源、发电机源对应的最大对称短路开断电流计算值、最大直流分量百分数计算值分别为下列哪组？　　　　　　　　　　　　　　　　　　　　（　　）

（A）41.2kA，103%　　　　　　　　（B）57.46kA，72.6%
（C）60.02kA，70.6%　　　　　　　（D）60.02kA，103%

7. 若发电机中性点采用消弧线圈接地，单相 SF_6 断路器的主变压器侧和发电机侧均安装 50nF 电容，发电机与主变压器之间采用离相封闭母线连接，离相封闭母线的每相电容 10nF，不计主变压器电容，每台电抗器连接的 6.3kV 厂用电系统的每相电容值为 0.75μF，请计算 2 号机组发电机中性点消弧线圈的补偿容量宜为多少？　　　　　　　　　　　　（　　）

（A）1.5kVA　　　　　　　　　　　（B）2.5kVA
（C）15.2kVA　　　　　　　　　　　（D）16.8kVA

8. 当发电机出口短路时，系统及其他机组通过主变压器提供的三相对称短路电流 54.9kA，厂用电抗器 U_e 为 6kV，I_e 为 1500A，正常时单台厂用电抗器的最大工作电负荷为 10.5MVA，厂用电抗器供电的所有电动机和参加成组自启动的电动机总功率为 8210kW,其中最大 1 台电动机额定功率 2800kW,为了将 6kV 厂用电系统短路电流水平限制在 31.5kA,且电动机成组启动时 6kV 母线电压不低于 70%,则 2 号机组所接厂用电抗器的电抗值应选下列哪项?

( )

（A）3.17%　　　　　　　　　　（B）5%
（C）13%　　　　　　　　　　　（D）18.25%

【2020 年下午题 9~12】　某发电厂建设于海拔 1700m 处,以 220kV 电压等级接入电网,其 220kV 采用双母线接线,升压变电站 II 母用局部断面及主变压器进线间隔断面如下图所示,请分析并解答下列各小题。

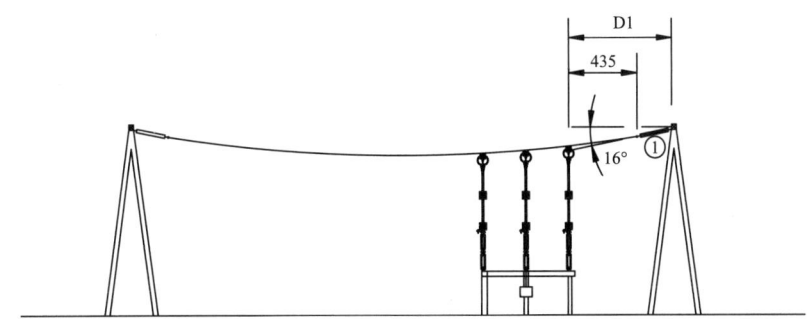

图 1　II 母线局部断面图

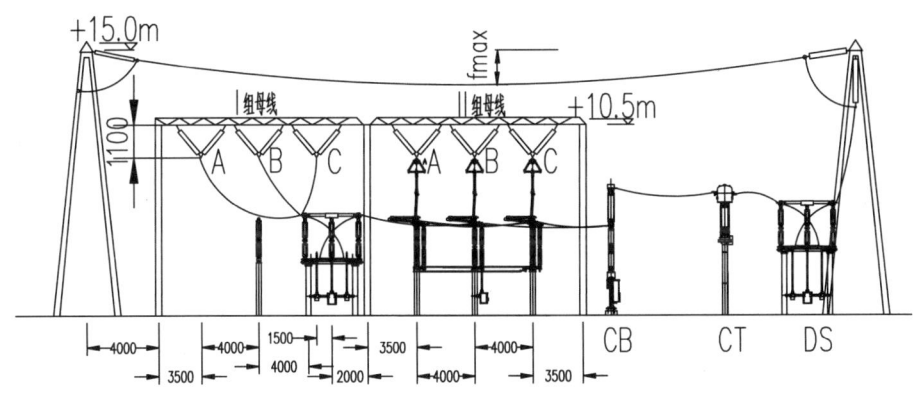

图 2　主变压器进线断面图

9. 图 1 中若污秽等级为III级,绝缘子串 1 采用 XEP-100 绝缘子组成,单片绝缘子公称高度 160mm,公称爬电距离 450mm,绝缘子数量按爬电比距选择后即可满足大气过电压及操作过电压耐压,绝缘子串两端连接金具包括挂环、挂板等总长度按 460mm 考虑,则图中隔离开关静触头中心线距架构边缘 D_1 最小值为下面哪项?

( )

（A）3185mm　　　　　　　　　（B）3783mm
（C）3492mm　　　　　　　　　（D）3615mm

10. 若进线构架高度由母线进线不同时停电检修工况确定,母线进线导线均按 LGJ-500/35 考虑,进线构架边相导线下方母线弧垂为 900mm,则图 2 中弧垂计算最大允许 f_{max} 应为下列

哪项？ ( )

(A) 1750mm (B) 2000mm
(C) 2680mm (D) 2790mm

11. 若220kV母线长度为170m，母线三相短路电流为38kA，单相电流为35kA，母线保护动作设计为80ms，断路器全分闸时间为40ms，计算Ⅱ母两组母线接地开关的最大距离应为下列哪项数值？ ( )

(A) 121m (B) 132m
(C) 161m (D) 577m

12. 发电机参数为350MW，20kV $\cos\varphi=0.85$，$X''_d=15\%$，$X'_d=15\%$，主变压器参数为420MVA，230+2×2.5%/20kV，$X_d=14\%$。若变压器高压侧装设了阻抗保护，计算正方向阻抗和反向阻抗整定值分别是？ ( )

(A) 12.34Ω，0.49Ω (B) 25.8Ω，1.03Ω
(C) 34.83Ω，1.74Ω (D) 51.84Ω，2.07Ω

【2020年下午题13~15】某水力发电厂地处山区峡谷地带，海拔300m，装设有两台18MW水轮发电机组，升压变电站为110kV户外敞开式布置，升压变电站内设备1、2号独立避雷针和3号架构避雷针，其布置如下图（尺寸单位为mm），110kV配电装置母线采用管母，管母型号为LF-21Y-70/64。请回答下列问题。

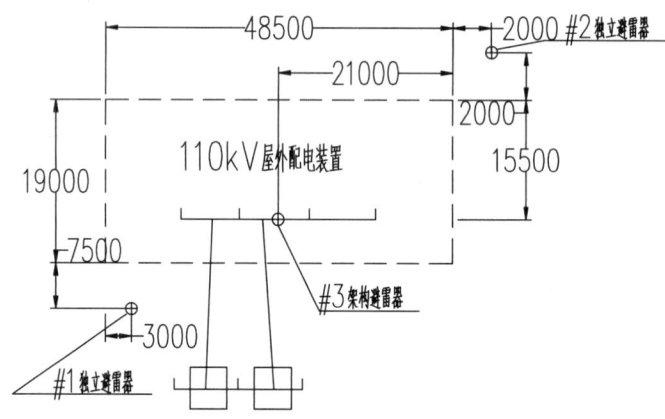

13. 若不计3号构架避雷针的影响，1、2号独立避雷针高度均为36m，则1号避雷针和2号避雷针在 $h=11\text{m}$ 水平面上最小保护宽度 b_x 为多少？ ( )

(A) 15.8m (B) 16.9m
(C) 21.1m (D) 22.5m

14. 若不计1号独立避雷针影响，升压变电站2号独立避雷针高度为36m，3号构架避雷针高25m，则2号和3号避雷针联合保护上部边缘最低点图弧弓高为多少？ ( )

(A) 2.69m (B) 2.93m

（C）3.76m （D）4.1m

15．110kV 管母短路时电网侧提供的短路电流 5kA，电厂侧提供的短路电流为 1.5kA，冲击参数取 1.85，管型母线自重 q_1=1.723kg/m，连接跨数为 2，跨距 L=8.0m，支持金具长 0.5m，相间距为 1.5m，母线 E=7.1×10^{-5}（kg/cm^2），惯性矩 J=35.5cm；β 值按管型母线二阶自振频率为 3Hz 计算，则短路时单位长度母线所受电动力应为下列哪项？（ ）

（A）9.21N/m （B）15.62N/m
（C）16.27N/m （D）19.3N/m

【2020 年下午题 16～19】 某供热电站安装 2 台 50MW 机组，低压公用厂用电系统采用中性点直接接地方式，设 1 台容量为 1250kVA 的低压公用干式变压器为低压公用段 380V 母线供电，变压器变比为 10.5±2×2.5%/0.4kV，阻抗电压 6%，采用明备用方式。

16．假设低压公用段母线所接负荷如下表，采用换算系数法计算公用变压器计算负荷为下列哪项数值？（ ）

编号	负荷类别	电动机或馈线（kW）	台数或馈线回路数	运行方式
1	低压电动机	200	1	经常、连续
2	低压电动机	150	2	经常、连续（同时运行）
3	低压电动机	150	1	经常、短时
4	低压电动机	30	1	不经常、连续（机组运行时）
5	低压电动机	150	1	不经常、短时
6	低压电动机	50	2	经常、连续（同时运行）
7	低压电动机	150	1	经常、断续
8	电子设备	80	2	经常、连续（互为备用）
9	加热器	60	1	经常、连续

（A）636kVA （B）756kVA
（C）856kVA （D）1070kVA

17．假设低压公用段母线上参与反馈的电动机容量为变压器容量的 60%，变压器高压侧按无穷大系统考虑，不考虑变压器阻抗负误差，且不考虑每相电阻的影响，则该段母线三相短路电流周期分量起始有效值最接近下列哪项数值？（ ）

（A）6.67kA （B）28.57kA
（C）35.24kA （D）36.74kA

18．假设低压公用段母线上接有一台容量为 250kW 的电动机，其启动电流为电动机额定电流的 7 倍，假定电动机额定效率和额定功率因数的乘积为 0.8，如电动机启动时站母线上已

带有 700kVA 负荷，试计算电动机启动时该母线电压标幺值最接近下面哪个值？（　　）

（A）0.8　　　　　　　　　　　　　（B）0.91
（C）0.93　　　　　　　　　　　　　（D）0.95

19. 当发电机出口厂用分支发生三相短路时，发电机侧提供的短路电流周期分量起始有效值为 21kA，系统及其他机组提供的短路电流周期分量起始有效值为 31kA，短路电流持续时间为 0.5s，且不考虑短路电流周期分量的衰减，选择厂用分支电流互感器额定短热稳定电流和持续时间时，下列哪组合理？（　　）

（A）31.5kA，1s　　　　　　　　　（B）40kA，1s
（C）50kA，1s　　　　　　　　　　（D）63kA，1s

【2020 年下午题 20~22】 某 660MW 火力发电厂 10kV 厂用电系统中性点为低电阻接地系统，在 10kV 厂用配电装置 F-C 回路中有中速磨煤机，电动机参数：功率 750kW，功率因数 0.78，效率 93.6%，额定电流 59.6A，起动时间 8s。其 F-C 回路参数：熔断器熔件额定电流 200A，真空接触器额定电流 400A，额定分断能力 4kA，TA 变比 75/1A。请解答下问题。

20. 磨煤机电动机的电流速断保护低定值，下列哪一组正确？（　　）

（A）5.165A　　　　　　　　　　　（B）6.198A
（C）7.152A　　　　　　　　　　　（D）8.344A

21. 若 TV 二次侧额定电压 100V，磨煤电动机的低电压保护整定计算和动作时间，下列哪一组正确？（　　）

（A）45V，0.5s　　　　　　　　　　（B）48V，9s
（C）68V，0.5s　　　　　　　　　　（D）70V，9s

22. 当磨煤机采用 F-C 回路供电，保护装置电流速断动作为跳接触器，则保护装置用于接触器的大电流闭锁定值应取下列数值？（　　）

（A）26.67A　　　　　　　　　　　（B）38.01A
（C）44.44A　　　　　　　　　　　（D）53.33A

【2020 年下午题 23~27】 某 220kV 变电站，安装两台 180MVA 主变压器，联结组别为 YNyn0d11，主变压器变比为 230±8×1.25%/121/10.5kV。220kV 侧 110kV 侧均为双母线接线，10kV 侧为单母线分段接线，线路 10 回。站内采用铜芯电缆，r 取 57m/Ωmm^2。请解答以下问题（计算结果精确到小数点后 2 位）

23. 主变压器电流互感器采用 5P 组，变比分别 600/1A（高）、1250/1A（中）、6000/1A（低）二次侧均为 Y 接线。主变压器主保护采用带比率制动特性的纵差保护，采用《大型发电机变压器继电保护整定计算导则》（DL 684—2012）第一种整定法按有名值方式进行整定（有名值以高压侧为基准），可靠系数取 1.5，则主变压器纵差保护最小动作电流整定值应为下列

哪个选项？ ( )

(A) 0.19A (B) 0.24A
(C) 0.30A (D) 0.33A

24. 本变电站中有一回 110kV 出线间隔，TA 变比 600/1A，TV 变比 110/0.1kV。线路长度 18km，X_1=0.4Ω/km。终端变压器变比为 110/10.5，容量 50MVA，U_d=17%。此出线配置有距离保护，相间Ⅱ段按躲开 110kV 终端变压器低压侧母线故障整定（K_{kt} 取 0.7，K_k 取 0.8，助增系数 K 取 1）。请计算此线路保护相间距离Ⅱ段阻抗保护二次整定值应为下列哪项数值？ ( )

(A) 3.14Ω (B) 18.85Ω
(C) 29.12Ω (D) 34.56Ω

25. 该站某 10kV 出线设有结算用计量点，电压互感器二次绕组为三相 Y 型，电压互感器变比 $\frac{10}{\sqrt{3}}/\frac{0.1}{\sqrt{3}}$，每相负荷 40VA，电压互感器到电能表电缆长度为 100m。请计算该电缆最小截面积应为下列哪项数值？ ( )

(A) 0.70mm² (B) 4.21mm²
(C) 10.53mm² (D) 18.24mm²

26. 110kV 出线设置电能计量装置，其三台 TA 二次绕组与电能表间采用六线连接，电缆长 200m，截面积 4mm²，表计负荷 0.4Ω/相，采用铜芯电缆，接触电阻取 0.1Ω，则电流互感器二次负荷计算值应为下列哪项？ ( )

(A) 1.28Ω (B) 1.78Ω
(C) 2.25Ω (D) 2.65Ω

27. 某变电站 220kV 某出线间隔 TA 采用备品，TA 的保护绕组为 P 级，参数如下：变比为 1250/1，K_{alf}=35，R_c=7Ω，R_b=20Ω。线路配置双套微机距离保护，距离一段短路电流为 37.5kA，互感器实际二次负荷为 R'_b=8Ω，暂态系数 K=2。按距离保护第一段末端短路校验，TA 实际需要的等效极限电动势应为下列哪些项值？ ( )

(A) 900V (B) 945V
(C) 1620V (D) 1890V

【2020 年下午题 28～30】 某 110kV 变电站，安装 2 台 50MVA、110/10kV 主变压器，U_d=17%，空载电流 I_0=0.4%，110kV 侧单母线分段接线，两回电缆进线；10kV 为单母分段接线，线路 20 回，均为负荷出线。无功补偿装置设在主变压器低压侧，请回答以下问题。

28. 正常运行方式下，装设补偿装置后的主变压器低压侧最大负荷电流为 0.8 倍的低压侧额定电流，计算每台主变压器所需补偿的最大容性无功量应为下列哪项数值？ ( )

(A) 5.44Mvar (B) 5.64Mvar

（C）8.70Mvar (D) 8.90Mvar

29. 若主变低压侧设置一组 6012kvar 电容器组，单台电容器额定相电压 $11/\sqrt{3}$ kV 断路器与电容器组之间采用电缆连接，在空气中敷设，环境温度为 40℃，并行敷设系数为 1，计算该电缆截面积选择下列哪种最为经济合理？　　　　　　　　　　　　　　（　　）

（A）ZR-YJV-3×120mm² 　　　　　　　（B）ZR-YJV-3×150mm²
（C）ZR-YJV-3×185mm² 　　　　　　　（D）ZR-YJV-3×240mm²

30. 变电站 10kV 侧设有一组 6Mvar 补偿电容器组，额定电压 $11/\sqrt{3}$ kV。内部故障采用开口三角形电压保护，放电线圈额定电压变比 6.35/0.1kV。单台电容器容量 200kvar，额定电压 6.35kV，单台电容器内部小元件先并后串且无熔丝，电容器设专用熔断器，灵敏系数取 1.5，允许过电压系数为 1.15，计算开口三角电压二次整定值应为下列哪项数值？　　　（　　）

（A）29.31V 　　　　　　　　　　　　（B）30.77V
（C）46.15V 　　　　　　　　　　　　（D）53.29V

【2020 年下午题 31～35】 500kV 输电线路，地形为山地，设计基本风速为 30m/s，覆冰 10mm。采用 4×LGJ-400/50 导线，导线直径 27.63mm，截面积 451.55mm²，最大设计张力 46 892N，导线悬垂绝缘子串长度为 5.0m。某耐张段定位结果如下表。请解答如下问题。（提示：按平抛物线计算，不考虑导线分裂间距影响。高差：前进方向高为正）

杆塔号	塔型	呼高（m）	塔位高程（m）	档距（m）	导线挂点高差（m）
1	JG1	25	200		12
				450	
2	ZB1	27	215		27
				500	
3	ZB2	29	240		21
				600	
4	ZB2	30	260		30
				450	
5	ZB3	30	290		60
				800	
6	JG2	25	350		

已知条件：

设计工程	最低气温	平均气温	最大风速	覆冰工况	最高气温	断联
比载[N/(m·mm²)]	0.03282	0.03282	0.048343	0.05648	0.03282	0.03282
应力（N/mm²）	65.2154	61.8647	90.7319	103.8468	58.9459	64.5067

31. 假设导线平均高度为 20m，计算 3 号塔 ZB2 的一相导线产生的最大水平荷载应为下

列哪项数值?

(A) 33850N
(B) 38466N
(C) 42313N
(D) 45234N

32. 计算 4 号塔 ZB2 的定位时垂直档距应为下列哪项数值?

(A) 468m
(B) 525m
(C) 610m
(D) 708m

33. 6 号塔 JG2 导线采用双联耐张绝缘子串,选择联中连接金具强度等级应为下列哪项数值?

(A) 160kN
(B) 210kN
(C) 240kN
(D) 300kN

34. 假定按照该耐张定位结果设计 ZB2 型直线塔,计算导线的最小水平线间距离应为下列哪项数值?

(A) 9.17m
(B) 9.8m
(C) 10.56m
(D) 11.5m

35. 500kV 线路在距离 5 号塔右侧方向 120m 处跨越一条 220kV 线路,跨越点处 220kV 线路地线高程为 290m。计算跨越点 500kV 线路导线距 220kV 线路地线的最小垂直距离应为下列哪项数值?

(A) 6.5m
(B) 8.5m
(C) 11.3m
(D) 13.8m

【2020 年下午题 36~40】 某 500kV 架空输电线路,最高运行电压 550kV,线路所经地区海拔小于 1000m。基本风速 30m/s,设计覆冰 0mm,年平均气温 15℃,年平均雷暴日 40d。相导线采用 4×JL/G1A-500/45,子导线直径 30.0mm,导线自重荷载为 16.529N/m。导线悬垂串采用 I 型绝缘子串。请解答如下问题。

36. 按以下给定情况,计算确定直线塔导线悬垂串绝缘子片数应选下列哪项数值?SPS(现场污秽度)按 C 级、统一爬电比距(最高运行相电压)按 34.7mm/kV 设计。

假定绝缘子的公称爬电距离为 455mm,结构高为 170mm,爬电距离有效系数 0.94。直线塔全高按 85m 考虑。

(A) 25 片
(B) 26 片
(C) 27 片
(D) 28 片

37. 某段线路位于重污秽区,按以下假定情况,计算确定直线塔导线悬垂盘式绝缘子串片数应选下列哪项数值?

按现行设计规范,采用复合绝缘子串时,某爬电距离需要 14700mm。盘式绝缘子的公称爬电距离为620mm，结构高度为155mm，爬电距离有效系数0.935。

（A）25 片　　　　　　　　　　　　（B）26 片
（C）32 片　　　　　　　　　　　　（D）34 片

38．假如线路位于内陆田野、丛林等一般农业耕作区，采用酒杯型直线塔，导线平均高度为20m，按操作过电压情况检验间隙时，相应的风速应取下列哪些数值？　（　　）

（A）10m/s　　　　　　　　　　　　（B）15m/s
（C）17m/s　　　　　　　　　　　　（D）19m/s

39．按以下给定情况计算，当负极性雷电绕击耐雷水平 I_{min} 为 18.4kA（最大值）时导线绝缘子串需要采用多少片绝缘子（结构高度为155mm）？　（　　）

绝缘子串负相性雷电冲击 50%闪电电压绝对值 $U_{-50\%}$=531L。导线波阻抗取 400Ω，闪电通道波阻抗取 600Ω，计算范围内波阻抗不发生变化。雷电闪络路径均为沿绝缘子串闪络（即线路的耐雷水平由绝缘子串长度确定）。

（A）25 片　　　　　　　　　　　　（B）28 片
（C）30 片　　　　　　　　　　　　（D）38 片

40．某单回线路直线塔导线采用悬垂盘式绝缘子串，若每串采用28 片绝缘子（高度为155mm）时线路的绕击跳闸率计算值为 0.1200 次/（100km·a），那么根据以下的假设条件，若每串采用 32 片绝缘子（高度为155mm），其他条件不变时，计算线路的绕击跳闸率应为下列哪项数值？提示：$N=N_L\eta(gP_1+P_sf)$　（　　）

（1）计算范围内，雷击时的闪络路径均为沿绝缘子串闪络（绝缘子串决定线路的绕击闪络率）；

（2）绝缘子串的放电路径取绝缘子的结构高度之和；

（3）计算范围内，每增加 1 片绝缘子（高度155m），绕击闪络率减少 28 片绝缘子时闪络率的 1/28。

（A）0.0732 次/（100km·a）　　　　（B）0.0915 次/（100km·a）
（C）0.1029 次/（100km·a）　　　　（D）0.1278 次/（100km·a）

答　案

1．B【解答过程】由老版系统手册第 322 页式 10-53 及其参数说明可得调相机空载损耗为 $0.4\Delta P_e T_{max}$=0.4×1%×2×300×8300=19920(MW·h)。新版系统手册已删除调相机电能损耗计算；

2．B【解答过程】（1）依题意，500kV 母线短路，电网侧提供的短路电流等于总短路电流减去 2 台调相机提供的短路电流；（2）设：$S_j = 300\text{MVA}$、$U_j = 525\text{kV}$、$I_j = \dfrac{300}{\sqrt{3}\times 525} =$

0.33(kA)；（3）阻抗归算：调相机阻抗 $X_{*G} = 9.73\% = 0.0973$；变压器阻抗标幺值 $X_{*T} = \frac{14}{100} \times \frac{300}{360} = 0.117$；（4）系统提供短路电流为：$I = 43 - \frac{2 \times 0.33}{0.0953 + 0.117} = 39.89(kA)$。

3．C【解答过程】由新版一次手册第 220 页表 7-3 可知，母线联络回路按"1 个最大电源元件的计算电流"选择，依题意，1 个最大元件为变压器回路，可得：$I = \frac{1000}{\sqrt{3} \times 220} = 2624.32(kA)$，所以选 C。老版一次手册第 232 页表 6-3。

4．C【解答过程】由新版系统手册第 162 页式（7-9）可得：总无功补偿容量 $Q_1 = \frac{1}{2} \times q_c B = \frac{1}{2} \times 1.18 \times 390 \times 0.9 = 207.9(Mvar)$，35kV 侧需要装设的无功补偿容量 $Q_{35} = 207.9 - 120 = 87.9(Mvar)$，选最接近且大于 87.9Mvar。老版系统手册第 234 页式（8-3）。

5．D【解答过程】依题意，本题高备变容量 12.5MVA 大于厂用电抗器计算负荷 10.5MVA，可完全替代厂用电容量，由 GB 50660—2011 第 16.1.5 条可得：$S \geq \frac{50.3}{0.8} = 62.875(MVA)$。

6．D【解答过程】（1）计算断路器分断系统侧和发电机侧各侧短路电流取大值：依题意可得，断路器分闸时刻为 0.05+0.01=0.06s，所以应计算短路后 0.06s 时刻的短路电流；（一）0.06s 时刻分断系统侧短路电流为：54.9+3.2×2×0.8=60.02(kA)；（二）0.06s 时刻分断发电机侧短路电流为：设 $S_j = \frac{50}{0.8} = 62.5(MVA)$、$U_j = 6.3(kV)$、$I_j = \frac{50/0.8}{\sqrt{3} \times 6.3} = 5.728(kA)$ 由新版一次手册第 117 页表 4-7 可得：$I_{*0.06} = 7.186 \Rightarrow I_{0.06} = 7.186 \times 5.728 = 41.16(kA)$；所以发电机断路器开断系统源、发电机源的最大对称短路开断电流计算值为 60.02(kA)。（2）计算 0.06s 时刻，断路器分断直流分量百分数：（一）系统侧开断百分数：由新版一次手册第 120 页式（4-31）可得：$I_{fz0.06} = \sqrt{2} \times (54.9 \times e^{-\frac{314 \times 0.06}{65}} + 2 \times 3.2 \times e^{-\frac{314 \times 0.06}{15}}) = \sqrt{2} \times 42.9(kA)$；开断系统侧直流分量百分数为 $\frac{\sqrt{2} \times 42.9}{\sqrt{2} \times 60.2} = 71.3\%$；（二）发电机侧开断百分数：由新版一次手册第 117 页表 4-7 可得：$I_{*0} = 8.963 \Rightarrow I_0 = 8.963 \times 5.728 = 51.34(kA)$，$I_{fz0.06} = \sqrt{2} \times 51.34 \times e^{-\frac{0.06}{0.31}} = \sqrt{2} \times 42.31(kA)$；开断发电机侧直流分量百分数为 $\frac{\sqrt{2} \times 42.31}{\sqrt{2} \times 41.16} = 102.8\%$，以上两者取大 103%，所以选 D。老版一次手册出处为第 135 页表 4-7、第 139 页式（4-28）。

7．D【解答过程】由新版一次手册第 65 页式（3-1）可得 $I_c = \sqrt{3} \times 6.3 \times 314 \times (0.05 \times 2 + 0.01 + 0.75 + 0.14) \times 10^{-3} = 3.426(A)$；又由 DL/T 5222—2021 式(B.1.1)可得 $Q = 1.35 \times 3.426 \times \frac{6.3}{\sqrt{3}} = 16.8(kVA)$。老版一次手册第 80 页式（3-1）。

8．B【解答过程】（1）由新版一次手册第 117 页表（4-7）可得发电机提供的短路电流 $I_{*0} = 8.963 \Rightarrow I'' = 8.963 \times 5.728 = 51.34(kA)$，又由该手册第 253 页式（7-18）可推导得出 $X_k\% \geq \left(\frac{1}{31.5} - \frac{1}{54.9 + 51.34}\right) \times 1.5 \times \frac{6.3}{6} = 3.518\%$。（2）又由 DL/T 5153—2014 附录 J 可得

$\dfrac{U_o}{1+SX} \geqslant 0.7 \Rightarrow X \leqslant \dfrac{1}{S}\left(\dfrac{U_o}{0.7}-1\right)$,则 $X \leqslant \dfrac{1}{\dfrac{5\times 8.21}{\sqrt{3}\times 6\times 1.5\times 0.8}}\times \left(\dfrac{1}{0.7}-1\right)=13\%$,两者同时满足,所以选 B。

9. C【解答过程】由 DL/T 5222—2005 附录 C 表 C.2,取 λ=2.5;又由该规范 21.0.9 条的条文说明式(13)得 $n=\dfrac{2.5\times 252}{45}=14(片)$,再由式(21.0.12)得 $N_H=14\times[1+0.1\times(1.7-1)]$ =14.98;依图可知该绝缘子串为耐张串,由第 21.0.9-3 款得 n=14.98+2=16.98,取 17 片;依图几何关系可得: $D_1=435+(17\times 160+460)\times \cos(16°)=3491.8(mm)$。新版 DL/T 5222—2021 中已经删除了爬电比距表格。

10. C【解答过程】由新版一次手册第 1006 页表 F-4,绞线外径即等于导线直径,取 30mm;由 DL/T 5352—2018 表 5.1.2-1 附录 A 表 A.0.1 可得: $A_1^{1700}=1.94m$,可得 $B_1^{1700}=1940+750=2690(m)$; $H_M-h_m-f_{max}+f_x-2r=B_1^{1700} \Rightarrow f_{max}=H_M-h_m+f_x-2r-B_1^{1700}$; $f_{max}=(15-10.5+0.9-2.69-0.03)\times 1000=2680(mm)$。老版一次手册第 412 页附表 8-4。新版手册表 F-4 外径为 30.1mm,因该题考试年份是依据老版一次手册,故按参数 30mm 计算。

11. B【答案及解答】依题意,由题设图可知 D=4m, D_1=1.5+2+3.5=7(m),如下图所示。

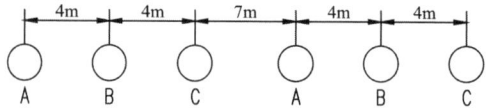

由新版一次手册第 407 页式式(10-6)、式(10-7)可得

$X_{A2C1}=0.628\times 10^{-4}\left(\ln\dfrac{2l}{D_1}-1\right)=0.628\times 10^{-4}\left(\ln\dfrac{2\times 170}{7}-1\right)=1.81\times 10^{-4}(\Omega/m)$

$X_{A2A1}=0.628\times 10^{-4}\left(\ln\dfrac{2l}{D_1+2D}-1\right)=0.628\times 10^{-4}\left(\ln\dfrac{2\times 170}{15}-1\right)=1.33\times 10^{-4}(\Omega/m)$

$X_{A2B1}=0.628\times 10^{-4}\left(\ln\dfrac{2l}{D_1+D}-1\right)=0.628\times 10^{-4}\left(\ln\dfrac{2\times 170}{11}-1\right)=1.53\times 10^{-4}(\Omega/m)$

三相短路最大感应电压:

$U_{A2}=I(X_{A2C1}-\dfrac{1}{2}X_{A2A1}-\dfrac{1}{2}X_{A2B1})=38\times 10^3\times (1.81-\dfrac{1.33}{2}-\dfrac{1.53}{2})\times 10^{-4}=1.44(V/m)$

单相短路最大感应电压: $U_{A2(k1)}=I_{kC1}X_{A2C1}=35\times 10^3\times 1.81\times 10^{-4}=6.335(V/m)$

以上两者取大为 6.335(V/m),又由该手册式(10-10)可得:

$U_{j0}=\dfrac{145}{\sqrt{t}}=\dfrac{145}{\sqrt{0.08+0.04}}=418.58(V/m)$, $L_{j2}=\dfrac{2U_{j0}}{U_{A2(k)}}=\dfrac{2\times 418.58}{6.34}=132(m)$。老版一次手册第 574 页式(10-2)、式(10-3)及式(10-6)。

12. A【解答过程】依题意,变压器电抗为 $Xd=\dfrac{Ud\%}{100}\times \dfrac{U^2}{S_e}=0.14\times 230^2/420=17.63\Omega$

由 DL/T 684—2012 第 5.5.4.2-b)条可得，阻抗保护作为本侧系统后备保护时，阻抗保护方向指向变压器，通过反方向阻抗作为本侧后备，由该规范式（123）得：$ZFop1=0.7\times17.63=12.34(\Omega)$，反方向阻抗整定原则为：按正方向阻抗的 3%～5%整定，再由该规范式（124）得 $ZBop1=(3\%\sim5\%)ZFop1=0.37\sim0.61(\Omega)$，取中间值为 0.49Ω。

13．B【解答过程】由 GB/T 50064—2014 第 5.2.1-2 条可得 $h_a = h - h_x = 36 - 11 = 25(\text{m})$

1 号的 2 号针间距 $D = \sqrt{(48.5+2-3)^2 + (19+7.5+2)^2} = 55.4(\text{m})$；$\dfrac{D}{h_a P} = \dfrac{55.4}{25 \times \dfrac{5.5}{\sqrt{36}}} = 2.42$，

$\dfrac{h_x}{h} = \dfrac{11}{36} = 0.3$，又由该规范图 5.2.2-2，查 0.3 曲线可得；$\dfrac{b_x}{h_a P} = 0.97 \Rightarrow b_x = 0.97 \times 25 \times \dfrac{5.5}{\sqrt{36}} = 22.4(\text{m})$。依题意本题属于峡谷地带，再由该规范第 5.2.7 条可得 $b_{x峡谷} = 22.4 \times 0.75 = 16.9(\text{m})$。

14．C【解答过程】依题意 $D = \sqrt{(21+2)^2 + (15.5+2)^2} = 28.901(\text{m})$；由 GB/T 50064—2014

第 5.2.1-2 条可得 $h_{25} = (36-25) \times \dfrac{5.5}{\sqrt{36}} = 10.083(\text{m})$；则 $D' = 28.901 - 10.083 = 18.818(\text{m})$；又由该

规范第 5.2.7 条式（5.2.7-2）可得 $f = \dfrac{D'}{5P} = \dfrac{18.818}{5 \times 1} = 3.7636(\text{m})$。

15．B【解答过程】依题意，由新版一次手册第 122 页表 4-13 可得，冲击系数为 1.85，则：$i_{ch} = \sqrt{2} \times (5+1.5) \times 1.85 = 17(\text{kA})$；又由该手册第 353 页表 9-25 可得，一阶自振频率与二阶自振频率转换系数为 1.563，可得一阶自振频率为：3/1.563=1.92Hz；再由该手册第 350 页表 9-21，取 $\beta=0.47$，第 352 页左下角算例公式可得单位长度母线所受电动力为：$f_d = 1.76 \times \dfrac{17^2}{150} \times 0.47 = 1.594(\text{kg/m}) = 1.594 \times 9.8 = 15.62(\text{N/m})$。老版一次手册第 141 页表 4-15、第 344 页表 8-16、第 346 页算例、第 352 页表 8-20。

16．B【解答过程】由 DL/T 5153—2014 附录 F 得 $S = \Sigma(KP) = (200 \times 1 + 150 \times 2 + 150 \times 1 \times 0.5 + 30 \times 1 + 50 \times 2 + 150 \times 0.5) \times 0.8 + 80 \times 0.9 + 60 \times 1 = 756(\text{kVA})$。

17．D【解答过程】由 DL/T 5153—2014 附录 M 得

$$X_\Sigma = \dfrac{10 \times U_x\% U_e^2}{S_e} \times 10^3 = \dfrac{10 \times 6 \times 0.4^2}{1250} \times 10^3 = 7.68 \text{ (m}\Omega)$$

$$I'' = I''_B + I''_D = \dfrac{U}{\sqrt{3} \cdot \sqrt{R_\Sigma^2 + X_\Sigma^2}} + 3.7 \times 10^{-3} I_{eB} = \dfrac{400}{\sqrt{3} \times 7.68} + 3.7 \times 10^{-3} \times \dfrac{1250}{\sqrt{3} \times 0.4} = 36.75 \text{ (kA)}$$

低压公用段母线上参与反馈的电动机容量为变压器容量的 60%，变压器高压侧按无穷大系统考虑，不考虑变压器阻抗负误差，这些条件就是规范上的假设条件。

18．B【答案及解答】根据 DL/T5153—2014 附录 H 得

$$S_{qz} = \dfrac{K_{qz} \Sigma P_e}{S_{2T} \eta_d \cos\varphi_d}; \quad S = S_1 + S_{qz} = \dfrac{700}{1250} + \dfrac{7 \times 250}{1250 \times 0.8} = 2.31; \quad X = 1.1 \dfrac{U_d\%}{100} \cdot \dfrac{S_{2T}}{S_{1T}} = 1.1 \times \dfrac{6}{100} \times 1 = 0.066$$

$$U_m = \dfrac{U_0}{1 + SX} = \dfrac{1.05}{1 + 2.31 \times 0.066} = 0.911$$

19．C【解答过程】由 DL/T 866—2015 第 3.2.7 条可得 $Q = I^2 \times t$，即

$$I = \sqrt{\frac{Q}{t}} = \sqrt{\frac{(21+31)^2 \times (0.5+0.2)}{1}} = 43.51(\text{kA})$$

20．B【解答过程】由 DL/T 1502—2016 第 7.3-b）条，电流速断保护低定值整定按下列原则：(1) 根据式 116，按躲过电动机自启动电流整定 $I_{\text{op1}} = K_{\text{rel}}K_{\text{ast}}I_{\text{e}} = 1.3 \times 5 \times 59.6 = 387.4(\text{A})$

（2）根据式 117，躲过区外出口短路最大电动机反馈电流 $I_{\text{op1}} = K_{\text{rel}}K_{\text{fb}}I_{\text{e}} = 1.3 \times 6 \times 59.6 = 464.88\text{A}$，取最大值，为 464.8A，折合二次电流 464.8/75=6.198A。

21．B【解答过程】由 DL/T 5153—2014 附录 B 表 B，可知磨煤机为 I 类电动机；又由 DL/T 1502—2016 第 7.9 条表 2，高压电动机低电压保护整定值为（45%～50%）额定电压，取 45～50V，动作时间为 9～10s，所以选 B。

22．B【解答过程】由 DL/T 1502—2016 第 7.3-e）款可知，用于接触器的大电流闭锁定值按式（119）计算 $I_{\text{art}} = I_{\text{brk}}/(K_{\text{rel}}n_{\text{a}}) = \frac{4000}{(1.3\sim1.5)\times 75} = 35.5\sim41(\text{A})$，取中间值为 38A。

23．A【解答过程】由 DL/T 684—2012 第 5.1.4.3 条，式（96）可得

$$I_{\text{op.min}} = K_{\text{rel}}(K_{\text{er}}+\Delta U+\Delta m)I_{\text{e}} = \frac{1.5\times(0.02+10\%+0.05)}{600}\times\frac{180000}{\sqrt{3}\times 230} = 0.192(\text{A})$$

24．B【解答过程】由 DL/T 584—2017 表 3 可得：线路阻抗=18×0.4=7.2(Ω)，变压器阻抗 $Z_{\text{T}} = \frac{U_{\text{d}}\%}{100}\times\frac{U^2}{S_{\text{e}}} = 0.17\times\frac{110^2}{50} = 41.14(\Omega)$

$Z_{\text{op.II}} = K_{\text{K}}Z_{\text{I}} + K_{\text{KT}}K_{\text{Z}}Z'_{\text{T}} = 0.8\times 7.2 + 0.7\times 1\times 41.14 = 34.558(\Omega)$

相间距离 II 段阻抗保护二次整定值 $Z_{\text{op II}}\circ.2 = Z_{\text{op II}}\frac{n_{\text{CT}}}{n_{\text{PT}}} = 34.558\times\frac{600}{1100} = 18.85(\Omega)$。

25．C【解答过程】由 GB/T 50063—2017 第 8.2.3-2 条可得：电能计量装置的二次回路电压降不应大于额定二次电压的 0.2%；$S \geq \frac{\rho \times LI}{\Delta U} = \frac{0.0175\times 100\times 40/U}{0.2\%\times U} = \frac{0.0175\times 100\times 40}{0.2\%\times (100/\sqrt{3})^2} = 10.5(\text{mm}^2)$。

26．C【解答过程】由 DL/T 866—2015 第 10.1.1 条可得：连接导线的阻抗 Z_1=0.0175×200/4=0.875(Ω)；根据式 10.1.1 及表 10.1.2 可得 Z=1×0.4+2×0.875+0.1=2.25(Ω)。

27．A【解答过程】由 DL/T 866—2015 式（10.2.3-2）可得：$K_{\text{pcf}} = 37.5/1.25 = 30$；$E'_{\text{a1}} = KK_{\text{pcf}}I_{\text{sr}}(R_{\text{ct}}+R'_{\text{b}}) = 2\times 30\times 1\times(7+8) = 900(\text{V})$。

28．B【解答过程】由《电力工程设计手册 电力系统规划设计》第 157 页式（7-2）可得：$\Delta Q_{\text{T}} = \frac{I_0\%}{100}S_{\text{N}} + \frac{U_k\%}{100}S_{\text{N}}(\frac{S}{S_{\text{N}}})^2 = \frac{0.4}{100}\times 50 + \frac{17}{100}\times 50\times 0.8^2 = 5.64$（Mvar）。老版一次手册第 476 页式（9-2）。

29．C【解答过程】①计算电容器组额定电流：$I = \frac{6012}{3\times 11/\sqrt{3}} = 315.5(\text{A})$；②由 GB 50227—2017 第 5.8.2 条 I_g=1.3×315.5=410.15(A)；③由 GB 50217—2018 表 C.0.3，铜芯电缆载流量为 324×1.29=417.96(A)>410.15A，所以选 C。

30. B【解答过程】①确定不平衡保护方式：开口\差压\桥差\中性点不平衡；本题为开口三角电压保护；②确定单台保护方式：外熔断器\内熔丝\无内外熔丝；本题为外熔断器保护；③计算切除的台数\元件数\击穿串联段百分比，（K 值\$\beta$ 值）；由 DL 584—2017 表 7 可得：$K = \dfrac{3NM(K_V - 1)}{K_V(3N - 2)} = \dfrac{3 \times 1 \times 10 \times (1.15 - 1)}{1.15 \times (3 \times 1 - 2)} = 3.91$，取4台；④把第 3 步计算的 K 值或者 β 值代入不平衡电压或者不平衡电流保护计算公式，得 U_{CH}（一次）$= \dfrac{3KU_{EX}}{3N(M - K) + 2K} = \dfrac{3 \times 4 \times 6.35}{3 \times 1 \times (10 - 4) + 2 \times 4} = 2.931$（kV）；⑤把第 4 步计算的一次不平衡电压或者电流除以变比，得 U_{CH}（二次）$= \dfrac{U_{CH}（一次）}{变比} = \dfrac{2.931 \times 1000}{6.35 / 0.1} = 46.16$（V）；⑥二次值除以灵敏度系数，得出整定值为 $U_{DZ} = \dfrac{U_{CH}（二次）}{变比} = \dfrac{46.16}{1.5} = 30.77$（V）。

31. C【解答过程】由 GB 50545—2010 式（10.1.18-1）和表 10.1.18-1、表 10.1.22 可得：风压高度变化系数取 1.25、风压不均匀系数取 0.75、风荷载调整系数取 1.2，则 $W_X = \alpha W_0 \mu_z \mu_{sc} \beta_c d L_P B \sin^2\theta = 0.75 \times 30^2/1600 \times 1.25 \times 1.1 \times 1.2 \times 27.63 \times$（500+600）/2×4=42313（N）新版 DL/T 5582—2020 第 9.3 节已经更改风荷载计算。

32. A【解答过程】由新版线路手册第 311 页右下最大弧垂内容，第 307 页式（5-26）、式（5-29）可得 $\dfrac{\gamma_7}{\delta_7} = \dfrac{0.05648}{103.8468} < \dfrac{0.03282}{58.9459} = \dfrac{\gamma_1}{\delta_1} \Rightarrow$ 最大弧垂工况为最高气温，故

$$l_v = l_H + \dfrac{\sigma_0}{\gamma_v}\alpha = \dfrac{600 + 450}{2} + \dfrac{58.9459}{0.03282} \times \left(\dfrac{21}{600} - \dfrac{30}{450}\right) = 468(\text{m})$$

老版线路手册第 184 页的式（3-3-12），第 188 页最大弧垂内容。

33. C【解答过程】由 DL/T 5582—2020 第 8.0.3 条可得：最大使用荷载=46892×4/1000=187.6（kN）；金具强度≥2.5×187.6/2=234.5(kN)，强度等级取 240kN；断联的荷载=64.5067×451.55×4/1000=116.5(kN)；金具强度≥1.5×116.5≥174.75(kN)，强度等级取 210kN；两者同时满足取 240kN。

34. B【解答过程】依题意，定位结果 ZB2 型塔最大档距为 3#塔 600m；由新版线路手册第 311 页最大弧垂判别法可得：$\dfrac{\gamma_7}{\sigma_7} = \dfrac{0.05648}{103.8468} < \dfrac{0.03282}{58.9459} = \dfrac{\gamma_1}{\sigma_1}$ 最大弧垂发生在最高气温工况，又由该手册第 304 页表 5-14 可得：最大弧垂 $f_m = \dfrac{\gamma l^2}{8\sigma_0} = \dfrac{0.03282 \times 600^2}{8 \times 58.9459} = 25(\text{m})$，再由 DL/T 5582—2020 式（9.1.1-1）可得水平线间距离 $D = 0.4 \times 5 + \dfrac{500}{110} + 0.65 \times \sqrt{25} = 9.8(\text{m})$。老版线路手册第 188 页最大弧垂判别法、第 180 页表 3-3-1。

35. C【解答过程】由新版线路手册第 304 页表 5-14 可得 5#塔导线挂点与 220kV 地线的高差为 30−5=25（m），因 $\dfrac{\gamma_7}{\sigma_7} = \dfrac{0.05648}{103.8468} < \dfrac{0.03282}{58.9459} = \dfrac{\gamma_1}{\sigma_1} \Rightarrow f_m = \dfrac{0.03282 \times 800^2}{8 \times 58.9459} = 44.5(\text{m})$；

跨越点处的弧垂 $f_{60} = \frac{4 \times 120}{800} \times (1 - \frac{120}{800}) \times 44.5 = 22.7$(m)；跨越点处 500kV 线路导线距 220kV 线路地线的最小垂直距离为：25−(22.7−60×120/800)=11.3(m),老版线路手册第 180 页表 3-3-1。

36．C【解答过程】（1）按工频电压选择。由 DL/T 5582—2020 式（6.1.3-2）可得 $n_1 = \frac{34.7 \times 550}{\sqrt{3} \times 0.94 \times 45.5} = 25.76$(片)，取 26 片；（2）按雷电操作过电压选择，由第 6.2.2～6.2.3 条可得 500kV、155m 高度绝缘子取 25 片，塔高增加相应绝缘子片数，可得 $n_2 = \frac{155 \times 25 + \frac{85-40}{10} \times 146}{170} = 26.66$(片)，取27片。以上两者取大，取 27 片，所以选 C。

37．D【解答过程】依题意，复合绝缘子要求的爬电距离为14700mm，由 DL/T 5582—2020 第 6.2.4-2 款可得：则盘型绝缘子要求的最小爬电距离为 $14700 \times \frac{4}{3} = 19600$(mm)；所以盘型绝缘子要求的最少片数为 $n \geq \frac{19600}{620 \times 0.935} = 33.8$(片)，取 34 片。

38．C【解答过程】依题意，导线均高 20m，由 GB 50545—2010 表 10.1.22 可得：平均高度处的风速应为 $30 \times \sqrt{1.25} = 33.54$(m/s)；又由该规范第 4.0.13 条可得：33.54/2=16.7(m/s)，取 17(m/s)。

新版 DL/T 5582—2020 表 9.3.1-2 已经更改数值。

39．C【解答过程】依据 GB/T 50064—2014 附录 D 式（D.1.5-5），依题意 "18.4kA（最大值）"，所以该公式括号内应取"+"号，可得：$U_{-50\%} = \frac{Z_0 Z_c}{2Z_0 + Z_c} I_{min} - \frac{2Z_0}{2Z_0 + Z_c} U_{ph} = \frac{600 \times 400}{2 \times 600 + 400}$

$\times 18.4 - \frac{2 \times 600}{2 \times 600 + 400} \times \frac{\sqrt{2} \times 500}{\sqrt{3}} = 2453.81$(kV)；由题设公式可得绝缘子片数为：$\frac{2453.81}{531} \times 1000 \times \frac{1}{155} = 29.81$(片)；取 30 片。

40．B【解答过程】由 GB/T 50064—2014 的式（D.1.9-1），28 片绝缘子时：

$E = \frac{500}{\sqrt{3} \times 28 \times 155/1000} = 66.5$(kV/m)；建弧率 $\eta = (4.5 \times 66.5^{0.75} - 14) \times 10^{-2} = 0.9$。

32 片绝缘子时：$E = \frac{500}{\sqrt{3} \times 32 \times 155/1000} = 58.2$(kV/m)；建弧率 $\eta = (4.5 \times 58.2^{0.75} - 14) \times 10^{-2} = 0.8$

依题意年平均雷暴日数 40d 的地区，地闪密度取 2.78 次/（km²·a），28 片绝缘子时，雷击跳闸率 = 0.12 次/（100km·a），又由该规范式（D.1.7）可得 28 片绝缘子时：

$N = N_L \eta P_{sf} \Rightarrow P_{sf} = \frac{N}{N_L \eta} = \frac{0.12}{N_L \times 0.9}$（次/100km·a）；则 32 片绝缘子时：

$N = N_L \eta P_{sf} = N_L \times 0.8 \times \frac{0.12}{N_L \times 0.9} \times (1 - 4/28) = 0.091429$（次/100km·a）

2021年注册电气工程师专业知识试题

（上午卷）及答案

一、单项选择题（共40题，每题1分，每题的备选项中只有1个最符合题意）

1. 在电气设计标准中，下列哪项为强制性条文？　　　　　　　　　　　　（　　）
   （A）防静电接地电阻应在30Ω以下
   （B）当备用电源，采用暗备用的方式时，备用电源应手动投入
   （C）200MW级及以上的机组应设置交流保安电源
   （D）主场房内照明/检修系统的中性点应采用直接接地方式

2. 当普通导体接触面处有搪锡的可靠覆盖层时，正常最高工作温度为以下哪项值？
   　　　　　　　　　　　　　　　　　　　　　　　　　　　　　　　　（　　）
   （A）70℃　　　　　　　　　　　　（B）80℃
   （C）85℃　　　　　　　　　　　　（D）90℃

3. 发电厂内的架空输氢管道的接地，以下哪种叙述是正确的？　　　　　　（　　）
   （A）每隔20m接地1次，接地电阻不应超过10Ω
   （B）每隔25m接地1次，接地电阻不应超过10Ω
   （C）每隔25m接地1次，接地电阻不应超过30Ω
   （D）每隔50m接地1次，接地电阻不应超过30Ω

4. 光伏发电站站用电工作变压器容量选择时，下列哪项符合规范要求？　　（　　）
   （A）不宜小于计算负荷的0.8倍　　　（B）容量应与计算负荷相同
   （C）不宜小于计算负荷的1.1倍　　　（D）不宜小于计算负荷的1.2倍

5. 通过耕地的输电线路，可采用水平敷设的接地装置，接地埋设深度下列哪项表述是正确的？　　　　　　　　　　　　　　　　　　　　　　　　　　　　　　（　　）
   （A）埋设深度0.5m　　　　　　　　（B）埋设深度0.6m
   （C）埋设深度0.7m　　　　　　　　（D）埋设在耕作深度以下

6. 火力发电厂厂用电系统正常工况下，6kV厂用电系统电压总谐波畸变率不宜大于下列哪个数值？　　　　　　　　　　　　　　　　　　　　　　　　　　　（　　）
   （A）3%　　　　　　　　　　　　　（B）4%
   （C）5%　　　　　　　　　　　　　（D）6%

7. 关于校验导体和电器的动、热稳定，以及电器开断电流所用的短路电流，下列哪项叙述是正确的？（　　）

（A）按系统最大运行方式下母线的最大短路电流

（B）系统容量应按具体工程的工程投产时的规划容量计算

（C）按系统正常运行运行方式下母线的最大短路电流

（D）按系统最大运行方式下可能流经被校验导体和电器的最大短路电流

8. 电压互感器的二次回路及保护配置，下列哪项叙述是不正确的？（　　）

（A）在自动励磁装置中已设有失电闭锁强励，这时提供电压信号的电压互感器出口设置自动开关

（B）电压互感器回路接成开口三角的剩余绕组出口不设置自动开关

（C）在高压厂用电不接地系统中，为防止铁磁谐振，可在电磁式电压互感器开口三角的剩余绕组中串接电阻或消谐装置

（D）星型接线的电压互感器主二次绕组在中性点有效接地系统中应采用中性点一点接地。在中性点非有效接地系统中应采用 B 相一点接地

9. 火力发电厂主厂房 A 排外油浸变压器设置总事故油池，其设计容量宜按下列哪项进行？（　　）

（A）最大一个油箱容量的 20%

（B）最大一个油箱容量的 60%

（C）最大一个油箱容量的 80%

（D）最大一个油箱容量的 100%

10. 在水电站中，如果干式变压器没有布置在独立的房间内，其四周应设置保护围栏或防护等级不低于多少的防护外罩，并应考虑通风防潮措施？（　　）

（A）IP2X　　　　　　　　　　　　（B）IP3X

（C）IP4X　　　　　　　　　　　　（D）P56

11. 以下有关二次回路控制系统设计的要求，哪条是错误的？（　　）

（A）设有综合重合闸或单相重合闸功能的线路断路器，应选用分相操动机构

（B）保护双重化配置的设备，220kV 及以上断路器应配置两组跳闸线圈

（C）对断路器及远方控制的隔离开关宜在就地设远方/就地切换开关

（D）三相操作的断路器应有非全相的自动跳闸回路

12. 某架空输电线路，采用四分裂 JL/G1A-400/50 导线，导线截面 452mm^2，额定拉断力 116.85kN，假定覆冰工况下导线最低点最大应力为 103.41N/mm^2，比载为 0.0562N/(m·mm^2)，请计算挡距为 730m 时。导线悬挂点最大允许高差为多少？（　　）

（A）120m　　　　　　　　　　　　（B）150m

（C）180m　　　　　　　　　　　　（D）200m

13. 在火灾自动报警系统设计中，下列哪项布线设计是错误的？　　　　（　　）
（A）系统中的传输导线、控制线、供电线均应采用铜芯绝缘导线
（B）穿管敷设的铜芯绝缘导线，其线芯截面不得小于 0.7mm²
（C）矿物绝缘类不燃性电缆可直接明敷
（D）同一保护管内只允许穿同一电压等级的线缆

14. 某发电厂 220kV 配电装置采用敞开式布置，其 4 回架空进线，其中 2 回采用同塔双回架设，则 MOA 至主变压器（采用标准绝缘）间允许的最大电气距离为　　　（　　）
（A）170m　　　　　　　　　　（B）190m
（C）235m　　　　　　　　　　（D）265m

15. 发电厂厂用电系统高低压配电装置的布置，以下哪条是不正确的？　　（　　）
（A）10kV 配电装置室长度大于 6m，应有两个出口
（B）380V 配电装置两个出口间的距离超过 15m 时，还应增加出口
（C）安装在汽机房的 MCC 柜的外壳防护等级不宜低于 IP23 级
（D）消防水管不应穿越厂用配电装置室

16. 风力发电厂机组单元变压器形式宜选用下列哪项？　　　　　　　　（　　）
（A）自冷，低损耗，有载调压变压器
（B）风冷，低损耗，有载调压变压器
（C）自冷，低损耗，无载调压变压器
（D）强油风冷、低损耗，无载调压变压器

17. 某生物发电厂安装一台 12MW 机组，发电机额定电压为 10.5kV，发电机中性点采用不接地方式，则发电机出口避雷器额定电压不应小于下列哪项值？　　（　　）
（A）11.03kV　　　　　　　　　（B）13.13kV
（C）13.65kV　　　　　　　　　（D）14.49kV

18. 电容器室长 8.5m，宽 4.5m，安装有一组 75kV，15Mvar 的电容器。以下对该电容器室的描述正确的是　　　　　　　　　　　　　　　　　　　　　（　　）
（A）应设置一个可向内开启的门
（B）应设置一个可向外开启的门
（C）应设置两个可向内开启的门
（D）应设置两个可向外开启的门

19. 海上升压变电站中压系统的接地方式应采用下列哪项？　　　　　（　　）
（A）不接地　　　　　　　　　（B）经消弧线圈接地
（C）接地变压器加电阻接地　　（D）直接接地

20. 对屋外配电装置中围栏设置的要求，下列哪项叙述是正确的？（　　）
（A）配电装置中电气设备的栅状遮拦高度不应小于 1200mm
（B）配电装置中电气设备的网状遮拦高度不应小于 1500mm
（C）配电装置中电气设备的栅状遮拦高度不应小于 1500mm
（D）配电装置中电气设备的栅状遮栏栏杆至地面的净距不应大于 300mm

21. 关于线路纵联保护跳闸元件应满足的灵敏系数，下列哪一项是正确的？（　　）
（A）1.3　　　　　　　　　　（B）1.4
（C）1.5　　　　　　　　　　（D）2.0

22. 变压器主变各侧电压 220/110/35kV，35kV 侧中性点采用消弧线圈接地方式，当接于 35kV 母线上的框架式安装并联电容器组发生汇流线对地短路时，以下描述正确的是（　　）
（A）此时应发出信号
（B）此时应发出信号并切除本回路断路器
（C）此时应发出信号并切除总回路断路器
（D）可连续运行，不需切除断路器及发出信号

23. 110kV 和 220kV 海底电缆应选用下列哪种绝缘材料？（　　）
（A）聚乙烯　　　　　　　　（B）交联聚乙烯
（C）氟塑料　　　　　　　　（D）乙丙橡胶

24. 500kV 系统的线路断路器的线路侧工频过电压不宜超过下列哪项值？（　　）
（A）1.3p.u.　　　　　　　　（B）1.4p.u.
（C）$\sqrt{3}$ p.u.　　　　　　　　（D）$1.1\sqrt{3}$ p.u.

25. 某 500kV 变电站，220kW 以下电动机由 380V 站用电系统供电，假设某电动机容量为 55kW，电动机额定效率与额定功率因数的乘积为 0.8，起动电流倍数为 7 倍，断路器动作时间为 10ms，则该电动机回路的断路器流过电流脱扣器最小整定电流计算值与下列哪项最接近？（　　）
（A）987 A　　　　　　　　（B）1170A
（C）1243A　　　　　　　　（D）1462A

26. 高土壤电阻率地区，提高线路雷击塔顶时的耐雷水平，有效措施是以下哪个选项？（　　）
（A）地线直接接地
（B）减少导线绝缘子串的绝缘子片数
（C）降低杆塔接地电阻
（D）减少对边相导线的保护角

27. 某100MW火电机组，其中一段6kV高压厂用电母线上，计及反馈的电动机额定功率之和为9000kW，则该段母线三相短路时，6kV电动机反馈电流周期分量的起始值为下列哪个数值？ （ ）
   (A) 5.41kA (B) 5.15kA
   (C) 4.92kA (D) 4.51kA

28. 关于架空线路地线与变电站接地系统的连接方式。下列哪项不正确？ （ ）
   (A) 220kV及以上架空线路的地线应与变电站的水平接地网直接相连，并不应设置可能断开的连接点
   (B) 110kV及以上架空线路的地线应与变电站的水平接地网直接相连，并应设置可能断开的连接点
   (C) 在土壤电阻率为1000Ω·m的地区，35kV架空地线的地线不得直接与变电站配电装置构架相连
   (D) 架空线路地线的接地装置应在地下与变电站水平接地网相连接，且连接线埋在地中长度不应小于15m

29. 某塔采用两串单联玻璃绝缘子串，绝缘子和金具最小机械破坏强度均为70kN，该塔最大允许荷载为下列哪个数值？（不计绝缘子串的风压和重量） （ ）
   (A) 56kN (B) 75.2kN
   (C) 91.3kN (D) 51.9kN

30. 若工作电流为1000A，则回路中铜导体间无镀层接头接触面的电流密度不宜超过下列哪项值？ （ ）
   (A) 0.12 (B) 0.226
   (C) 0.31 (D) 0.76

31. 下列对电缆防火封堵的要求，哪一项不正确？ （ ）
   (A) 电缆构筑物中电缆引至电气柜、盘或控制屏、台的开孔部位应实施防火封堵
   (B) 电缆贯穿隔墙、楼板的孔洞处应实施防火封堵
   (C) 电气竖井中宜每隔7m或建筑物楼层设置防火封堵地
   (D) 防火封堵组件的耐火极限不应低于贯穿部位构件（如建筑物墙、楼梯等）的耐火极限，且不应低于2h

32. 城市全地下变电站的主变压器宜布置在变电站厂房的哪一层？ （ ）
   (A) 与外部运输通道直接相连的层
   (B) 除电缆夹层外的最底层
   (C) 最底层
   (D) 根据实际情况布置，没有特别要求

33. 格栅式或直管型荧光灯灯具的效率不应低于下列哪个数值？ （ ）
（A）55% （B）60%
（C）65% （D）70%

34. 关于电力系统安全稳定标准及措施。以下哪项措施不正确？ （ ）
（A）正常方式下，电力系统按功角判据计算的静态储备系数应满足15%～20%
（B）同杆并架双回线的异名两相发生单相接地故障重合不成功，双回线三相同时跳开应能保持系统稳定运行，必要时采取切机和切负荷，直流系统紧急功率控制、抽水蓄能电站切泵等稳定控制措施
（C）任一回交流系统间联络线故障或无故障断开不重合，应能保持电力系统稳定运行和电网的正常供电
（D）N-1原则是指正常方式下的电气系统任一元件（如发电机、交流线路、母线、变压器、直流单极线路、直流换流器等）无故障或因故障断开，电力应能保持电力系统稳定运行和电网的正常供电，其他元件不过负荷，电压、频率均为允许范围内

35. 某500kV变电站气体绝缘金属封闭开关设备区域采用专用接地网，如专用接地网与变电站总接地网的连接线采用最小根数，每根连接线截面的热稳定校验电流按单相接地故障最大不对称电流有效值的百分比取值，则以下哪项数值是正确的？ （ ）
（A）2根，50% （B）2根，70%
（C）4根，35% （D）4根，50%

36. 对有人值班变电站，下列哪类设备或原件可不纳入计算机监控系统控制范围？ （ ）
（A）消防水泵 （B）无功补偿设备
（C）站用电系统馈线断路器 （D）并联电抗器

37. 若某个投光灯轴线光强7500cd，则该投光灯的最小允许要求高度为 （ ）
（A）4m （B）4.5m
（C）5m （D）5.5m

38. 关于直流系统中的熔断器和断路器的位置，下列哪项原则是不正确的？ （ ）
（A）应保证具有可靠性、选择性、灵敏性、速动性
（B）熔断器和断路器配合时，熔断器上一级不应使用断路器
（C）当上下级断路器电气距离较近而难以配合时，上级断路器应选用短路延时脱扣
（D）当直流电动机采用限制启动电流措施时，其回路断路器额定电流应不小于电动机启动电流的0.3倍

39. 自耦变压器各侧装设的零序差动保护电流互感器，其一次额定电流一般按下列哪项选取？ （ ）

（A）高压侧额定电流　　　　　　　（B）中压侧额定电流
（C）低压侧额定电流　　　　　　　（D）高压侧额定电流的 1/3

40．以下有关电力系统电压和无功电力的相关描述，不正确的是哪项？（　　）
（A）同步发电机或同步调相机应带自动调节励磁运行，具备无功功率调节能力
（B）发电机的励磁系统应具备自动调差环节和合理的调差系数
（C）直接接入 330kV 及以上电网处于送端的发电机功率因数（进相）可选择 0.9
（D）光伏发电站安装的并网逆变器应满足额定有功出力下功率因数在超前 0.95 到滞后 0.95 的范围内可动态可调

二、多项选择题（共 30 题，每题 2 分，每题的备选项中有两个或两个以上符合的答案，错选、少选、多选均不得分）

41．对于低压系统无故障条件下的电击防护，可采用下列哪几项直接接触防护措施。（　　）
（A）裸带电体设置遮拦或外护物
（B）带电部位全部用绝缘层覆盖
（C）装设额定剩余动作电流不超过 30mA 的剩余电流动作保护器
（D）裸带电体布置在离地面 2.5m 及以上的高处

42．海上升压变电站的主要电气设备的防护等级和防腐蚀等级要求，下列哪项是正确的？（　　）
（A）户外主要电气设备的防护等级不应小于 IP65，防腐等级不应小于 C5-M
（B）户外主要电气设备的防护等级不应小于 IP56，防腐等级不应小于 C5-M
（C）户内主要电气设备的防护等级不应小于 IP4X，防腐等级不应小于 C5-I
（D）户内主要电气设备的防护等级不应小于 IP4X，防腐等级不应小于 C4

43．下列关于中性点消弧线圈选择原则的表述正确的是？（　　）
（A）具有直配线的发电机中性点的消弧线圈应采用过补偿方式
（B）用单元连线的发电机中性点应采用过补偿方式
（C）正常情况下经消弧线圈接地的发电机中性点长时间位移电压不应超过额定相电压的 20%
（D）正常情况下经消弧线圈接地的发电机中性点长时间位移电压不应超过额定相电压的 15%

44．城市全地下变电站的电缆夹层设置应符合下列哪项规定？（　　）
（A）电缆夹层的高度设置应满足电缆施工和运行的转弯半径要求
（B）电缆夹层的高度不应小于 2m
（C）大截面电缆与 GIS 的连接可采用 GIS 电缆终端伸缩下伸到电缆夹层的横置方式
（D）大截面电缆与 GIS 的连接可采用 GIS 电缆终端伸缩下伸到电缆夹层的竖置方式

45. 构架或房顶上安装避雷针，下列哪项叙述是符合规范要求的？（　）
（A）110kV及以上的屋外配电装置可将避雷针安装在配电装置的构架上
（B）35kV及以下高压配电装置构架或房顶不宜装避雷针
（C）当火电厂土壤电阻率大于350Ω·m时，在主变压器门型构架上不得装设避雷针
（D）装在屋外配电装置构架上的避雷针与接地网连接可不设集中接地装置

46. 关于对发电厂和变电站电气装置中，接地导体（线）连接的要求，下列哪几项不正确？（　）
（A）钢接地导体（线）使用搭接焊接方式时，其搭接长度应为扁钢宽度的2倍或圆钢直径的6倍
（B）接地导体（线）与管道等伸长接地极的连接处应采用螺栓连接
（C）采用铜或铜覆钢材的接地导体（线）应采用放热焊接方式连接
（D）电器装置每个接地部分的接地导体（线）都应与接地母线两连接，局部可以在一个接地导体（线）接几个需要接地的部分

47. 在下列哪些发电厂（站）的主控制室，应监视并记录主要母线的电压、频率及全场总和有功功率、全场总和无功功率？（　）
（A）总装机容量200MW的火力发电厂
（B）总装机容量500MW的光伏电站
（C）总装机容量20MW的风力发电厂
（D）承担当地电网调峰的水电厂

48. 下列哪几类保护定值，在继电保护整定计算时，尽可能躲过任一元件电流二次回路断线时由负荷电流引起的最大差流（　）
（A）分相电流差动保护的差流高定值
（B）比率制动原理的母线差动保护差电流启动元件定值
（C）比率制动原理的短引线保护差电流
（D）相间距离Ⅰ段定值

49. 在50MW级及以上的新建供热式机组电厂，高压厂用电系统中性点接地方式可以是以下哪几种，（　）
（A）不接地　　　　　　　　　（B）经低电阻接地
（C）直接接地　　　　　　　　（D）经高电阻接地

50. 对750kV并联电抗器进行故障录波，所记录的开关量至少应包括，（　）
（A）并联电抗器保护动作信号
（B）并联电抗器保护装置工作电源开关合位、分位信号
（C）本回路断路器、隔离开关合位、分位信号
（D）故障录波器启动信号

51. 计算某钢芯铝绞线的综合膨胀系数时，需考虑以下哪些因素？（   ）
（A）钢丝的弹性系数
（B）铅线的单位重量
（C）钢铝截面比
（D）钢丝的膨胀系数

52. 关于发电厂厂用电系统电动机回路以下哪几条是符合规程要求的？（   ）
（A）正常工作情况下交流母线电压波动范围宜在母线标称电压的 95%～105%之间
（B）最大容量的电动机正常起动时，厂用母线电压不应低于额定电压的 80%
（C）容易启动的电动机启动时，电动机的端电压不应低于额定电压的 70%的
（D）对于起吊设备，应按不经常运行工作制的启动条件验算，在电源电缆上允许的最大电压损失为 15%

53. 关于电缆敷设，下列哪些防火措施是符合标准的？（   ）
（A）靠近油浸电抗器的电缆盖板密封
（B）综合管架上与蒸汽管道平行敷设的动力电缆，两者间距离应大于 0.5m
（C）600MW 燃煤电厂的燃油泵房应采用耐火电缆
（D）严禁天然气管道穿越电缆沟

54. 某电厂建设 2 台 50MW 燃煤供热机组，发电机额定电压为 6.3kV，采用发电机变压器组单元接线接至厂内 110kV 配电装置，发电机单相接地故障电流为 5.2A，则发电机的中性点接地方式应选择下列哪几种？（   ）
（A）发电机的中性点采用不接地
（B）发电机的中性点经消弧线圈接地
（C）发电机的中性点经高电阻的电阻接地
（D）发电机的中性点经低电阻的电阻接地

55. 某火力发电厂装机容量为 2×600MW，采用发电机变压器组接入 500kV 系统，在计算其三相短路电流的冲击电流时，对于不同短路点的冲击系数 K_{ch} 下列哪些是正确的？（   ）
（A）发电机端 1.9
（B）发电机高压侧母线 1.85
（C）远离发电厂的地点 1.8
（D）高压厂用母线 1.9

56. 屋外导体和电器设备选择的最大风速的规定以下哪些是正确的？（   ）
（A）330kV 可采用离地 10m 高，30 年一遇 10min 平均最大风速
（B）500kV 可采用离地 10m 高，50 年一遇 10min 平均最大风速
（C）750kV 可采用离地 10m 高，100 年一遇 10min 平均最大风速
（D）1000kV 伏可采用离地 10m 高，100 年一遇 10min 平均最大风速

57. 以下哪些场所不宜采用直埋的方式敷设电缆？（   ）
（A）同一道路少于 6 根的 35kV 及以下电力电缆，在厂区通往远距离辅助设施或城郊等不宜经常开挖的地段

（B）厂区内地下管网比较多的地段
（C）可能有熔化金属、高温液体溢出的场所
（D）待开发有较频繁开挖的地方

58. 220kV屋外敞开式中型配电装置设计中，可采用的隔离开关型号有以下哪几种？（   ）
（A）GW4　　　　　　　　　　　　（B）GW5
（C）GW6　　　　　　　　　　　　（D）GW7

59. 发电厂应设直击雷保护装置的设施包括　　　　　　　　　　　　　　（   ）
（A）多雷区的主厂房　　　　　　　　（B）燃油泵房
（C）氢气储存室　　　　　　　　　　（D）露天布置的GIS外壳

60. 进行接地导体热稳定校验时，接地导体允许温度选择，以下哪些叙述是正确的？
　　　　　　　　　　　　　　　　　　　　　　　　　　　　　　　　　（   ）
（A）有效接地系统的铜导体采用放热焊接时最大允许温度应根据土壤腐蚀的严重程度经验分别取90℃、80℃和70℃
（B）低电阻接地系统的钢接地体最大允许温度取400℃
（C）高电阻接地系统敷设在地下的接地导体长时间不应高于150℃
（D）高电阻接地系统敷设在地上的接地导体长时间不应高于150℃

61. 对于汽轮发电机静止励磁系统，下列哪几条不符合设计规范的要求？（   ）
（A）励磁变压器宜接在发电机的出线端，应设起励电源
（B）励磁变压器宜接在高压厂用电源母线上，不设起励电源
（C）电压源可控整流器励磁系统的励磁变压器可不接入发变组差动保护范围内
（D）起励电源容量应满足发电机空载实验时130%额定机端电压的要求

62. 关于二次回路的设计要求，下列哪些描述是正确的？（   ）
（A）电流互感器的二次回路不宜进行切换，当需要切换时，应采取防止开路的措施
（B）发电厂及变电所，应采用铜芯的控制电缆和绝缘导线，在绝缘可能受到油浸蚀的地方，应采用耐油绝缘导线
（C）对双重化保护的电流回路、电压回路、直流电流回路、双跳闸绕组的控制回路等，两套系统不应合用一根多芯电缆
（D）保护和控制设备仅交流电流、电压及信号引入回路应采用屏蔽电缆

63. 关于直流电缆的技术要求，下列说法正确的是？（   ）
（A）蓄电池引出不得采用阻燃电缆，应采用耐火电缆
（B）直流电动机启动时其回路电缆压降不宜大于标称电压的5%
（C）接ECMS系统的直流电缆应采用屏蔽电缆
（D）接UPS系统的直流电缆应选用铜芯

64．以下水力发电厂低压厂用电系统电缆选型，正确的是 （   ）
（A）电力电缆宜采用铜芯交联聚乙烯绝缘阻燃型电缆
（B）装设剩余电流动作保护器的单相回路应采用二芯电缆或电线
（C）对以气体放电灯为主要负荷的照明回路，应采用中性线与相导体相同截面积的电力电缆
（D）厂外敷设的低压电力电缆宜采用钢带（丝）内铠装

65．下列关于火力发电厂厂用备用、启动/备用电源设置的说法正确的是？ （   ）
（A）对接有Ⅱ类负荷的高压和低压动力中心的厂用母线，应设置备用电源
（B）当低压厂用变压器成对设置时，互为备用的负荷应分别由2台变压器供电，2台变压器之间应装设自动投入装置
（C）单机容量200MW级的机组，每2台机组可合用1台低压厂用备用变压器
（D）低压厂用备用变压器不宜与需要由其自动投入的低压厂用工作变压器接在同一高压母线上

66．下列关于电力系统性能的描述，正确的有哪几项？ （   ）
（A）可靠性：电力系统在长时间内供给用户合乎质量标准和所需数量的电能能力。电力系统可靠性通常包括安全性和稳定性两个方面
（B）充裕性：电力系统在稳态条件下并且系统元件的负载不超出其定额，母线电压和系统频率维持在允许范围内，考虑系统元件计划和非计划停运情况下，供给用户所需电能的能力
（C）完整性：发输配电系统保持互联运行的能力
（D）电力系统稳定可分为功角稳定，电压稳定和频率稳定

67．架空输电线路的设计气象条件中，基本风速应符合下列哪项规定？ （   ）
（A）110kV～330kV架空输电线路的基本风速不宜低于23.5m/s
（B）500kV～750kV架空输电线路的基本风速不宜低于27m/s
（C）110kV～330kV架空输电线路的基本风速不宜低于27m/s
（D）500kV～750kV架空输电线路的基本风速不宜低于30m/s

68．某电缆线路采用户外电缆终端，选择时需要考虑多种使用因素，以下哪项是必须考虑的？ （   ）
（A）海拔高度　　　　　　　　　（B）环境污秽等级
（C）终端防火/引线拉力　　　　　（D）经济电流密度

69．某500kV架空线路，在确定塔头间隙时，以下哪种说法正确？ （   ）
（A）杆塔高度增加，操作过电压间隙应当相应增加
（B）杆塔高度增加，雷电过电压间隙应当相应增加
（C）海拔高度增加，雷电过电压间隙应当相应增加

（D）污秽度增加，操作过电压间隙应当相应增加

70．输电线路经过哪些区域时，宜采取跨越设计？　　　　　　　　　　　　（　　）
　　（A）林区　　　　　　　　　　　　　（B）非居民区
　　（C）弱电线路　　　　　　　　　　　（D）水田

答　　案

一、单项选择题

1．C

依据：A、NB 35074—2015 第 4.2.4-3 条，水电要求；B、DL/T 5153—2014，第 9.3.2-2 条的 2）；C、GB 50660—2011，第 16.3.7 条，加黑强条；D、DL/T 5390—2014，8.2.1，8.4.1，8.9 可见照明系统可以不采用直接接地。

2．C

依据：DL/T 5222—2021 第 5.1.4 条。

3．C

依据：GB 50065—2011 第 4.5.1-3 条，架空管道每隔 20～25m 应接地 1 次，接地电阻不应超过 30Ω。

4．C

依据：GB 50797—2012 第 8.3.5-1 条。

5．D

依据：《架空输电线路电气设计规程》（DL/T 5582—2020）第 4.0.7 条。

6．B

依据：DL/T 5153—2014 第 3.3.1-3 款。

7．D

依据：DL/T 5222—2021 第 3.0.6 条。

8．D

依据：DL/T 5136—2012 第 5.4.18-1 款、第 5.4.18-2 款、第 5.4.18-4 款，V-V 接线宜 B 相一点接地，D 错，B 对。DL/T 866—2012 第 11.6.3-1 款及第 11.6.3-3 款，DL/T 5136—2012 第 5.4.20 条，C 对；DL/T 5136—2012 第 7.2.6-1 款，A 正确。

9．D

依据：GB 50229—2019 第 6.7.8 条。

10．A

依据：NB/T 35044—2014 第 9.1.2-1 款，第 9.2.4 条。

11．D

依据：DL/T 5136—2012 第 5.1.5 条，B 对；第 5.1.6 条，A 对；第 5.1.11 条，应为分相操作的断路器，D 错；第 5.1.14 条，C 对。

12．D

依据：老版线路手册第 184 页式（3-3-15）[或新版线路手册第 308 页式（5-32）]，由 DL/T 5582—2020 第 5.1.15 可知，挂点受力不应大于最低点受力的 2.5/2.25 倍，将式（5-32）中的 1.1 更改为 2.5/2.25 可得 [说明：如使用原公式（1.1）会误选 C]

$$C_0 = \frac{0.0562 \times 730}{2 \times \frac{116.85 \times 1000}{2.5 \times 452}} = 0.19837, \quad \mu = \frac{103.41}{116.85 \times \frac{1000}{2.5 \times 452}} = 1$$

$$\frac{h}{l} = \frac{\sinh(0.19837/1)}{0.19837/1} \times \sinh\left[\cosh^{-1}(2.5/2.25/1) - 0.19837/1\right] = 0.27381$$

$$h = 0.27381 \times 730 = 199.8813 \text{(mm)}$$

本题也可根据 DL/T 5582—2020 第 5.1.15 及挂点受力公式计算。

13．B

依据：GB 50116—2013 第 11.1.1 条，A 对；第 11.1.2 条和表 11.1.2，穿管敷设的铜芯绝缘导线，线芯最小截面为 1mm^2，B 错；第 11.2.3 条，C 对；第 11.2.5 条，D 对。

14．C

依据：GB 50064—2014 表 5.4.13-1，同塔双回按 1 回计算，回路数取 3，查 220kV 括号外值 235m。

15．A

依据：DL/T 5153—2014 第 7.2.8 条，B 对；第 7.3.2 条，应为大于 7m，A 错；第 7.2.12 条，C 对；第 7.3.7 条，D 对。

16．C

依据：GB 51096—2015 第 7.2.2 条及第 7.2.3-3 款，C 正确。

17．C

依据：GB 50064—2014 第 4.4.4 条发动机中性点不接地，故障清除时间大于 10s，按 1.3 倍的发电机额定电压算为 13.65kV。

18．D

依据：GB 50227—2017 第 9.1.5 条，长度超过 7m 设 2 个门，门应向外开启。

19．C

依据：NB/T 31115—2017 第 5.1.4 条。

20．A

依据：GB 5352—2018 第 5.4.8 条，A 对 CD 错；5.4.9，B 错。

21．D

依据：GB/T 14285—2006 附录 A 表 A.1。

22．A

依据：DL/T 5242—2010 第 9.5.7 条。

23．B

依据：NB/T 31117—2017 第 3.0.5 条。

24．B

依据：GB/T 50064—2014 第 4.1.3-2 条。

25. C

依据：DL/T 5155—2016 附录 E 的表 E.0.3，断路器时间小于 0.02s，可靠系数取 1.7，可得 1.7×7×55/0.38/0.8/1.732=1243（A）。

26. C

依据：线路手册 P134～P136，降低杆塔接地电阻是提高线路耐雷水平防止反击的有效措施。

27. A

依据：DL/T 5153—2014 附录 L，$5 \times \dfrac{9}{\sqrt{3} \times 6 \times 0.8} = 5.41(kA)$。

28. A

依据：GB 50065—2011 第 4.3.1-3 款，变电站的接地网，应与 110kV 及以上架空线路的地线直接相连，并应有便于分开的连接点。所以 A 错误 B 正确。6kV～66kV 架空线路的地线不得直接和发电厂和变电站配电装置架构相连。C 正确。变电站接地网应在地下与架空线路地线的接地装置相连，连接线埋在地中的长度不应小于 15m。D 正确。要求选择不正确的，选 A。

29. D

依据：GB 50545—2010 第 6.0.1 条、第 6.0.3 条，F=70×2/2.7=51.85kN。新版 DL/T 5582—2020 第 4.0.7 条已经更改要求。

30. B

依据：DL/T 5222—2021 表 5.1.10，可得 I=0.31−1.05×（1000−200）×10^{-4}=0.226（A/mm^2）。

31. D

依据：GB 50217—2018 第 7.0.2-1 款，AB 对；第 7.0.2-5 款，C 对；第 7.0.3-4 款，应为 1h，D 错。

32. B

依据：DL/T 5216—2017 第 4.2.2 条，B 对。

33. C

依据：DL/T 5390—2014 表 5.1.2-1。

34. D

依据：《电力系统安全稳定导则》（GB 38755—2019），第 4.1.1 条，A 正确；第 4.2.3-c）款，B 对；第 4.2.2-g）款，C 对；第 2.3 条，D 选项多了"母线"，D 错，选错误的，所以选 D。

35. C

依据：GB/T 50065—2011 第 4.4.5 条。

36. C

依据：DL/T 5136—2012 第 3.3.2 条。

37. C

依据：DL/T 5390—2014 第 9.0.4 条，可得 $H \geq \sqrt{7500/300} = 5(m)$。

38. D

依据：DL/T 5044—2014 第 5.1.2-3 款，B 对；第 5.1.3-2 条，C 对；第 6.5.2-2 条及条文说明，D 错，第 5.1.4 条 A 正确。

39．B

依据：DL/T 866—2015 第 7.2.1-7 款。

40．C

依据：《电力系统电压和无功电力技术导则》（DL/T 1773—2017），第 4.5 条，A 选项对照原文，多了"具备无功功率调节能力"，但意思对，A 对；第 7.1 条，B 对；第 7.2-a)条，C 选项多了"进相"二字，C 错；《光伏发电站接入电力系统技术规定》（GB/T 19964—2024）第 5.1.1 条，D 对。选错误的，故选 C。

二、多项选择题

41．ABD

依据：GB 50054—2011 第 5.1.2 条，A 对；第 5.1.1 条，B 对；第 5.1.12 条，条文专门说明剩余电流动作保护器不能单独作为直接接触防护措施，C 错；第 5.1.11-1 款，垂直距离 2.5m，D 对。本题题设问哪几项可作为直接接触的防护措施，并不是问一定要采用哪项措施，故 A 也是一种直接接触防护措施，算对。

42．BD

依据：NB/T 31115—2017 第 5.2.5 条，BD 对。

43．A

依据：DL/T 5222—2021 第 18.1.5 条，A 对、B 错；第 18.1.6 条，电网 15%、发电机 10%，C、D 均错。（说明：本题多选，但只有一个正确，属于题目问题）

44．AC

依据：DL/T 5216—2017 第 4.2.4 条，AC 对、BD 错。

45．ABC

依据：GB/T 50064—2014 第 5.4.7-1）款，A 对；第 5.4.7-3）款，B 对；第 5.4.7-4）款，应装集中接地装置，D 错；第 5.4.8 条，第 5.4.7-1）款，C 对。

46．BD

依据：GB/T 50065—2011 第 4.3.7-6 款，第 4.3.7-1）款 A、C 对；第 4.3.7-3）款，条文规定应采用螺栓连接，B 错；第 4.3.7-5）款，电气装置每个接地部分应以单独的接地导体（线）与接地母线相连接，严禁在一个接地导体（线）中串接几个需要接地的部分。D 错。选错误的，故选 BD。

47．BCD

依据：GB/T 50063—2017 第 3.7.2 条，D 对，第 3.7.4 条，BC 对；第 3.7.1 条，300MW 及以上，A 错。

48．BC

依据：DL/T 584—2017 第 7.2.4 条，DL/T 559—2018 第 7.2.6.4 条，分相电流差动保护的差流高定值，躲过线路稳态电容电流，A 错；第 7.2.9.1 条，BC 对；第 7.2.4.3 条，相间距离 Ⅰ段定值，按躲过本线路末端相间故障整定，D 错。

49．ABD

依据：DL/T 5153—2014 第 3.4.1 条，火力发电厂高压厂用电系统中性点接地方式可采用不接地、高阻接地、低阻接地。ABD 对。

50. ACD

依据：《继电保护和安全自动装置技术规程》（GB/T 14285—2006）第 5.8.3.5 条，ACD 对。新版规范 GB/T 14285—2023 已更改。

51. ACD

依据：老版线路手册 P177 式（3-2-3），ACD 对。

52. ABC

依据：DL/T 5153—2014 第 3.3.1 条，A 对；第 4.5.1 条，B 对；第 4.5.2 条，C 对；第 6.5.7-2 条，D 错误。

53. AD

依据：GB 50217—2018 第 5.5.7 条，A 对；第 5.1.7 条，应为交叉敷设，B 错；第 7.0.7-3 条，C 错误，扩大了原文描述的适用范围，另根据 GB 50660—2011 第 16.9.4 条，知应选择 C 类阻燃电缆；第 5.1.9 条，D 对。

54. BC

依据：GB 50064—2014 第 3.1.3 条，及一次手册 70～71 页相关描述，BC 对。

55. ABC

依据：DL/T 5222—2021 表 A.4.1，ABC 对；DL/T 5153—2014，附录 L，表 L.0.1-1，D 错误。

56. ABD

依据：DL/T 5352—2018 第 3.0.6 条，ABD 对。

57. BCD

依据：GB 50217—2018 第 5.2.2 条，A 对，BCD 错。

58. ACD

依据：老版一次手册 P242 表 6-22，ACD 对。

59. BC

依据：GB/T 50064—2014 第 5.4.1-5 款，A 错；第 5.4.1-3 款，B 正确；第 5.4.1-4 款，C 对；第 5.4.3 条，D 错。

60. BD

依据 GB/T 50065—2011 第 4.3.5-2 款，C 错 D 对；第 4.3.5-1 款附录 E，E.0.2，B 对 A 错。

61. BD

依据：DL/T 5136—2012 第 8.2.3-1 款，A 正确 B 错误；第 8.2.3-7 款，C 正确；第 8.2.3-2 款及第 8.2.3-5 款，D 错误。为励磁变压器容量，不是起励电源容量。选错误的，选 BD。

62. ABC

依据：DL/T 5136—2012 第 5.4.8 条，A 正确；第 7.5.10 条，C 正确；GB 14285—2006 第 6.1.4 条，B 正确；第 6.1.9 条，应为直流电源和交流电流、电压及信号引入回路，D 错误。

63. BCD

依据：DL/T 5044—2014，表 E.2-2，及表 E.2.1，B 正确；GB 50217—2018，第 3.7.6-4 条，C 正确；DL/T 5136—2012，第 7.5.17 条，UPS 系统电缆应选用耐火电缆，又依据 GB 50217—2018，第 3.1.1-3 条，耐火电缆应选用铜导体，D 正确。

64. ACD

依据：NB/T 35044—2014 第 8.2.15-1 条，A 正确；第 8.2.15-3 条，应为三芯电缆，B 错误；第 8.2.15-4 条，C 正确；第 8.2.15-5 条，D 正确。

65. CD

依据：DL/T 5153—2014 第 3.7.2 条，A 错误；第 3.7.11 条，B 错误；第 3.7.10-2 条，C 正确；第 3.7.7 条，D 正确。

66. BC

依据 GB/T 26399—2011 第 3.1.1 条，可靠性包括充裕性和安全性，A 错误；第 3.1.2 条，B 正确；第 3.1.5 条，C 正确；第 3.1.4 条，电力系统稳定划分为静态稳定、暂态稳定、小扰动动态稳定、长过程动态稳定、电压及频率稳定，D 错误。如果按照 GB 38755—2019 附录 A 及附录 D，选项是对的，本题按照 GB/T 26399—2011 能最大程度贴切题目，所以建议按照 GB/T 26399 解答此题，D 算错。

67. AB

依据：GB 50545—2010 第 4.0.4 条，知 AB 正确，CD 错误。新版 DL/T 5582—2020 第 4.0.7 条已经更改要求。

68. AB

依据：GB 50217—2018 第 4.1.3 条，知 AB 正确；4.1.4 条，C 选项多了"防火"，C 错。

69. BC

依据：DL/T 5582—2020 第 6.2.2 条及条文说明，B 正确，A 错误。表 6.2.5 注 4，C 正确。线路手册第 93 页，操作污闪与工频污闪的关系相关描述可知，设计时操作污闪可不作为选择绝缘子片数的条件，D 错误。

70. AD

依据：《110kV～750kV 架空输电线路设计技术规程》（GB 50545—2010）第 14.0.6 条可知，AD 正确。DL/T 5582—2020 已删除该章。

2021年注册电气工程师专业知识试题

（下午卷）及答案

一、单项选择题（共40题，每题1分，每题的备选项中有一个符合的答案，错选不得分）

1. 若建筑物内电气装置采用保护总等电位联结系统，则金属送风管与总接地网线之间连接的导体为下列哪一项？ （   ）
   （A）接地导体
   （B）保护导体
   （C）辅助联结导体
   （D）保护联结导体

2. 某垃圾电厂设置1台35MW汽轮发电机组，采用发电机变压器单元接线，接入35kV系统，设置发电机断路器（以下简称GCB），厂用电源由GCB和主变低压侧之间引接，则发电机额定电压宜采用下列哪项值？ （   ）
   （A）3.15kV
   （B）6.3kV
   （C）10kV
   （D）13.8kV

3. 对于安装在环境空气温度为50℃的35kV开关，其外绝缘在干燥状态下的相对地额定短时工频试验电压取下列哪项的值？ （   ）
   （A）95kV
   （B）98kV
   （C）118kV
   （D）185kV

4. 1000kV屋外配电装置电气设备最大风速宜选择 （   ）
   （A）离地面10m高，30年一遇，10min平均最大风速
   （B）离地面10m高，50年一遇，10min平均最大风速
   （C）离地面10m高，100年一遇，10min平均最大风速
   （D）离地面10m高，100年一遇，15min平均最大风速

5. 进行绝缘配合时，下列哪项描述是正确的？ （   ）
   （A）对220kV系统相间操作过电压最小应为相对地过电压的根号2倍
   （B）雷电冲击电压的波形应取波前时间1.2μs，波长时间50μs
   （C）操作冲击电压的波形应取波前时间200μs，波长时间250μs
   （D）电气设备内、外绝缘雷击冲击绝缘水平，宜以最大操作过电压为基础，采用确定性法确定

6. 假设某220kV枢纽变电站的土壤具有较高腐蚀性，则下列关于接地网防腐蚀设计叙述哪项不正确　　　　　　　　　　　　　　　　　　　　　　　　　　（　　）

（A）计及腐蚀影响后，接地装置的设计使用年限应与地面工程的设计使用年限一致

（B）接地网不应采用热镀锌钢材

（C）接地装置的防腐蚀设计，宜按当地的腐蚀数据进行

（D）通过技术经济比较后，可采用铜材、覆铜钢材

7. 某2×300MW火力发电机组，每台机组配置一台厂用高压变压器，两台机组配置一台启动备用变压器，每台发电机经主变压器升压到220kV，通过2回220kV线路接入系统，220kV升压站为双母线接线，启动/备用变压器电源由220kV升压站引接，下列该电厂向调度传送的遥测量中，哪一项不符合标准要求？　　　　　　　　　　　　　　　　　　（　　）

（A）发电机有功功率，无功功率　　　（B）启动备用变压器有功功率，无功功率

（C）厂用高压变压器有功功率，无功功率　（D）220kV线路电压

8. 某220kV阀控铅酸蓄电池，其容量为1600Ah，蓄电池内阻和其连接线电阻总和为11.3mΩ，其相应的直流柜内元件至少能达到的短路水平为下列哪项数值？　（　　）

（A）10kA　　　　　　　　　　　　（B）20kA

（C）25kA　　　　　　　　　　　　（D）30kA

9. 当作业面照度为500lx时，则该作业面邻近周围照度值不宜低于下列哪个数值？（　　）

（A）200lx　　　　　　　　　　　　（B）300lx

（C）400lx　　　　　　　　　　　　（D）500lx

10. 在架空送电线路设计中，操作过电压工况的气温可采用年平均气温、风速和覆冰按照从以下哪种方面取值？　　　　　　　　　　　　　　　　　　　　　　（　　）

（A）风速取宜取基本风速折算到导线平均高度处的50%，但不宜低于15m/s，且应无冰

（B）风速取宜取基本风速折算到导线平均高度处的取值，且应无冰

（C）风速取宜取基本风速折算到导线平均高度处的50%，但不宜低于10m/s，且应无冰

（D）基本风速的50%，但不宜低于10m/s，且应无冰

11. 下列对电机型式的选择，哪项属于节能措施？　　　　　　　　　　　　（　　）

（A）燃机启动采用变频电机　　　　　（B）汽机润滑油泵采用直流电机

（C）锅炉引风机采用双电双速电机　　（D）输煤皮带采用绕线式电机

12. 设某380V动力中心由一台低压变供电，变压器参数为：S_e=1000kVA，6.3/0.4kV，U_d=6%，若该动力中心计及反馈的异步电动机，总功率为750kW，则该动力中心三相短路电流周期分量起始值为下列哪个数值？　　　　　　　　　　　　　　　　（　　）

（A）26.44kA　　　　　　　　　　　（B）27.78kA

（C）32.34kA　　　　　　　　　　　（D）33.68kA

13. 以下哪个容量的阀控密封铅酸蓄电池应设专用蓄电池室？　　　　　　　　（　　）
（A）100Ah　　　　　　　　　　　　（B）200Ah
（C）250Ah　　　　　　　　　　　　（D）300Ah

14. 以下列接地装置的设计要求中，哪项叙述不符合规范？　　　　　　　　（　　）
（A）当接触电位差和跨步电位差满足要求时，可不再校验接地电阻值
（B）雷电保护接地的接地电阻，可只采用雷季中的最大值
（C）标称电压220V及以下蓄电池室的支架可不接地
（D）安装在配电装置上的电测量仪表的外壳可不接地

15. 以下有关变电站防火设计标准，哪一条是不正确的？　　　　　　　　　（　　）
（A）油量为2500kg及以上的屋外油浸变压器或高压电抗器与油量为600kg以上的带油设备之间的防火间距不应小于5m
（B）总油量超过100kg的屋内油浸变压器，应设置单独变压器室
（C）消防用电设备采用双电源或双回路供电时，应在最末一级配电箱处自动切换
（D）变电站中的消防水泵、自动灭火系统、与消防有关的电动阀门及交流控制负荷均为一类负荷供电

16. 在空冷岛采用大量低压变频电动机时，以下哪条不是降低谐波危害的措施？（　　）
（A）低压变频器应由专门的低压厂用变压器供电，非变频类负荷宜由其他低压厂用变压器供电
（B）给低压变频器供电的配电装置采用双电磁屏蔽隔离远离其他常规供电的配电装置
（C）加大专用低压厂用变压器的容量，降低变压器阻抗，提高系统短路容量
（D）多台专用低压厂用变压器常宜合理选用不同的接线组别，以有效抵消高压厂用母线上的奇次谐波电流

17. 电容器组额定电压22kV，单星型接线，每相电容器单元7并4串，请计算单只电容器应能承受长期工频电压最接近下列哪项数值？　　　　　　　　　　（　　）
（A）5.5kV　　　　　　　　　　　　（B）6kV
（C）24kV　　　　　　　　　　　　（D）42kV

18. 假定风向与导线垂直时的导线风荷载为16000N，计算风向与导线夹角为60°时，垂直于导线方向的风荷载为下列哪个数值？　　　　　　　　　　　　（　　）
（A）8000N　　　　　　　　　　　　（B）9000N
（C）10000N　　　　　　　　　　　（D）12000N

19. 有火灾危险环境中的明敷低压配电导线，应选用下列哪种型号？　　　　（　　）
（A）BX　　　　　　　　　　　　　（B）BVV
（C）BBX　　　　　　　　　　　　（D）BXF

20. 某支路三相短路电流周期分量的起始有效值为20kA,该支路则 $R_\Sigma/X_\Sigma=0.04$,则100ms时该支路三相短路的非周期分量值为($f=50Hz$)下列哪项数值？　　　　　　　（　）
(A) 5.69kA　　　　　　　　　　(B) 6.45kA
(C) 7.36kA　　　　　　　　　　(D) 8.05kA

21. 屋外裸导体选择选用的环境温度哪一项是正确的？　　　　　　　（　）
(A) 最热月平均最高温度（最热月每日最高温度的月平均值，取最高年数值）
(B) 年最高温度（多年的最高温度值）
(C) 最热月平均最高温度（最热月每日最高温度的月平均值，取最高平均值）
(D) 年最高温度（多年的平均值）

22. 对线路操作过电压绝缘设计起控制作用的空载线路合闸及单相重合闸过电压设计时，500kV系统的空载线路合闸及单相重合闸产生的相对地统计过电压不宜大于下列哪项数值？
　　　　　　　　　　　　　　　　　　　　　　　　　　　　　　　（　）
(A) 1.8 p.u.　　　　　　　　　　(B) 2.0 p.u.
(C) 2.2 p.u.　　　　　　　　　　(D) 3.0 p.u.

23. 关于发电厂同步系统的闭锁措施，下列哪项不正确？　　　　　　（　）
(A) 进行手动调压时，应切除自动准同步装置的调压回路
(B) 各同步装置之间应闭锁，最多仅允许两套同步装置进入工作
(C) 自动准同步装置仅当同步时才使用投入
(D) 自动准同步装置应有投入、退出及试验功能

24. 关于500kV变电站站用电供电方式，下列哪项不符合规范要求？　（　）
(A) 站用电负荷宜由站用电屏直配供电
(B) 对于重要负荷应采用分别接在两段母线上的双回路供电方式
(C) 当站用变压器容量大于400kVA时，小于80kVA的负荷宜采用集中供电就地分供
(D) 检修电源网络宜采用按功能区域划分的单回路分支供电方式

25. 某直线塔采用单线夹，线夹中心回转式，允许悬垂角 $\theta_d=23°$，该塔前侧导线的悬垂角 $\theta_1=25.5°$，后侧导线悬垂角 $\theta_2=19.5°$，下列判断哪项正确？　　　　（　）
(A) $\theta_1=25.5>23°$超过线夹的允许悬垂角不满足要求
(B) $\theta_2=19.5°<23°$未超过线夹的允许悬垂角满足要求
(C) 无法判断
(D) $(\theta_1+\theta_2)/2=22.5<23°$，未超过线夹的允许悬垂角满足要求

26. 某光伏发电站安装容量50MWp，该光伏发电站发电母线电压与电气主接线宜为下列哪组？　　　　　　　　　　　　　　　　　　　　　　　　　　　　　　　（　）
(A) 6kV，单母线接线　　　　　　(B) 10kV，单母线分段

(C) 35kV，单母线分段　　　　　　(D) 220kV，双母线接线

27. 中性点非有效接地系统电压互感器剩余绕组的额定二次电压应选择下列哪个数值
（　　）
(A) 100V　　　　　　　　　　　(B) $100/\sqrt{3}$ V
(C) 100/3V　　　　　　　　　　 (D) 50V

28. 发电厂控制室的电气报警信号分为事故信号和预告信号。下列何种表达是正确的？
（　　）
(A) 油浸变压器轻瓦斯保护动作信号是事故信号
(B) 发电机定时限过负荷保护动作信号是事故信号
(C) 在高压厂用电中性点不接地系统中，单相接地故障信号是预告信号
(D) 变压器有载调压开关的重瓦斯保护动作信号是预告信号

29. 有关发电厂接入系统，以下描述不正确的是哪项？（　　）
(A) 发电厂接入系统的电压不宜超过两种
(B) 对于大型输电线路通道，送端电厂之间及同一方向输电的几组输电回路之间连接与否，应进行认证，在技术经济指标相差不大的情况下，应优先推荐连接的方案
(C) 对于利用小时数较低的水电站、风电场等电厂送出，应尽量减少出线回路数，确定出线回路数时不考虑送出线的"N-1"方式
(D) 对核电厂送出线路出口应满足发生三相短路不重合时保持稳定运行和电厂正常送电

30. 某220kV山区架空输电线路工程，地线平均高度32m，地线挂点高度40m，保护角10°，按经验法估算绕击率为以下哪个选项？（　　）
(A) 0.2%　　　　　　　　　　　(B) 0.24%
(C) 0.28%　　　　　　　　　　 (D) 0.45%

31. 海上升压变电站内设置2台及以上主变压器时，当一台主变压器故障退出运行时，剩余主变压器至少可送出风电场多少容量？（　　）
(A) 55　　　　　　　　　　　　(B) 60%
(C) 65%　　　　　　　　　　　 (D) 70%

32. 在海拔1000m的高度对安装在海拔高度为1600m的220kV变压器做雷击全波冲击耐压试验，其中性点采用直接接地比采用不接地方式时变压器中性点的雷电全波冲击耐压，可降低多少？（　　）
(A) 115kV　　　　　　　　　　 (B) 140kV
(C) 215 kV　　　　　　　　　　(D) 231kV

33. 对本单元机组直流分电柜接线，下列哪项要求要符合设计规程？（　　）

（A）应设置两段母线
（B）每段母线宜由来自同一电池组的两回直流电源供电
（C）每段母线宜由来自不同电池组的两回直流电源供电
（D）母线之间可采用手动断电切换方式

34. 当配电装置的屋顶采用避雷带保护时，以下哪项避雷带及接地引入线的设计满足规范要求？　　　　　　　　　　　　　　　　　　　　　　　　　　　　（　　）
（A）该避雷带的网格为 5m，每隔 8m 应设接地引下线
（B）该避雷带的网格为 10m，每隔 12m 应设接地引下线
（C）该避雷带的网格为 20m，每隔 18m 应设接地引下线
（D）该避雷带的网格为 20m，每隔 25m 应设接地引下线

35. 架空线路的输电能力与电力系统运行经济性、稳定性有很大关系。以下描述不正确的是哪项，　　　　　　　　　　　　　　　　　　　　　　　　　　　　　（　　）
（A）线路的自然输送容量与线路额定电压的平方成正比，与线路波阻抗成反比
（B）当线路传输自然功率时，为无无功功率损失传输特征
（C）当输送功率大于自然功率时，线路电压从始端往末端提高
（D）远距离输电线路的传输能力主要取决于发电机并列运行的稳定性以及为提高稳定性所采取的措施

36. 对于输电线路的无线电干扰，下列哪项叙述是正确的？　　　　　　　（　　）
（A）交流输电线路晴天的无线电干扰水平比雨天大
（B）直流输电线路晴天的无线电干扰水平比雨天大
（C）双极直流线路，夏季是一年中无线电干扰水平最高的最低的季节
（D）负极性下的无线电干扰水平比正极性的高

37. 当断路器的两端为互不联系的电源时，断路器同极断口间公称爬电比距与对地公称爬电比距之比，以下哪一项准确　　　　　　　　　　　　　　　　　　（　　）
（A）1.05　　　　　　　　　　　　　　（B）1.1
（C）1.2　　　　　　　　　　　　　　　（D）1.35

38. 风电场海上升压变电站中，开关柜设备的柜后通道不宜小于多少？　　（　　）
（A）400mm　　　　　　　　　　　　（B）500mm
（C）600mm　　　　　　　　　　　　（D）800mm

39. 手动控制方式平台的布置，下列哪条不符合设计规程的要求？　　　　（　　）
（A）测量仪表与模拟接线相对应，ABC 相按纵向排列
（B）当光字牌设在控制屏的中间，要求上部取齐
（C）牌上仪表最低位置不宜小于 1.5m

（D）采用灯光监视时，红绿灯分别布置在控制开关的右上侧及左上侧

40．某 500kV 变电站配置了一组 500kV 并联电抗器，对于该并联电抗器的保护。下列哪些描述是正确的？ （   ）
（A）可装设过电流保护
（B）保护应双重化配置
（C）可不装设过负荷保护
（D）应装设相间短路保护

二、多项选择题（共 30 题，每题 2 分，每题的备选项中有两个或两个以上符合的答案，错选、少选、多选均不得分）

41．在光伏发电站设计中，下列哪几条是符合规范的？ （   ）
（A）光伏发电站的选址不应破坏原有水系
（B）站内逆变器的噪声可采用隔声、消声、吸声等控制措施
（C）光伏发电站的污水不应排放
（D）可以在风力发电场内建设光伏发电站

42．在大型火力发电厂的高压配电装置中，关于高压并联电抗器回路的断路器设置，下列哪些叙述是正确的？ （   ）
（A）500kV 线路并联电抗器回路应装设断路器
（B）500kV 母线并联电抗器回路应装设断路器
（C）750kV 线路并联电抗器回路不宜装设断路器
（D）750kV 母线并联电抗器回路不宜装设断路器

43．下列关于高压断路器分，合闸时间选择的叙述正确的是？ （   ）
（A）220kV 系统，当电力系统稳定要求快速切除障碍时，应选用分闸时间不大于 0.04s 的断路器
（B）220kV 系统，当电力系统稳定要求快速切除障碍时，应选用分闸时间不大于 0.08s 的断路器
（C）系统故障切除前短时给发电机接入加载电阻的断路器合闸时间不大于 0.04～0.06s
（D）系统故障切除前短时给发电机接入加载电阻的断路器合闸时间不大于 0.08s

44．对于风电场海上升压变电站主要电气设备，下列布置要求正确的是 （   ）
（A）主要电气设备宜采用户内布置,主变压器、无功补偿的散热部件应采用户外布置
（B）主变压器事故油的集油装置应设置在主变下层区域
（C）开关柜设备的柜前通道不宜小于 400mm
（D）应急配电装置应设置在单独的舱室内

45．关于独立避雷针的接地装置，下列哪些要求是符合规范的？ （   ）

（A）避雷针应设独立的接地装置
（B）在非高土壤电阻率地区接地装置的接地电阻不宜超过 10Ω
（C）该接地装置可与主接地网连接，避雷针与主接地网的地下连接点至 35kV 及以下设备与主接地网的地下连接点之间，沿线地段的长度不得小于 15m
（D）不采取措施时，避雷针及接地装置与道路或出入口的距离不宜小于 3m

46．下列关于低压电气装置保护导体的叙述，哪些是正确的？　　　　　　（　　）
（A）PE 对机械伤害、化学或电化学损伤、电动力和热动力等，应具有适当的防护性能
（B）金属水管，柔性金属部件可作为 PE 或保护连接导体
（C）PEN 应被可能遭受的最高电压加以绝缘
（D）从装置的任意点起，N 和 P 分别采用单独的导体时，不允许该 N 再连接到装置的任何其他的接地部分

47．对于下列电力装置，哪些回路应计量无功电能？　　　　　　（　　）
（A）自耦变压器的 3 侧
（B）10kV 线路
（C）高压厂用工作变压器高压侧
（D）直流换流站的换流变压器交流侧

48．某调度自动化系统不兼控制中心系统功能，厂站端无需向主站端传送的数据是
　　　　　　　　　　　　　　　　　　　　　　　　　　　　　　　　（　　）
（A）直流系统接地
（B）变压器油温
（C）通信网关告警
（D）智能变电站户外柜的温度

49．单机容量为 50～125MW 的机组，其高压厂用电源设置应遵循以下哪几项原则？
　　　　　　　　　　　　　　　　　　　　　　　　　　　　　　　　（　　）
（A）每台机组宜采用 1 台双绕组变压器
（B）当发电机与厂用电电压一致时，可不设高压厂用工作变压器，或设电抗器限制高压厂用母线的短路电流
（C）当厂用分支上装设断路器时，可采用能够满足动稳定要求的断路器，再采取大电流闭锁措施保证其允许在开断短路电流范围内切除短路故障
（D）在厂用分支上装设限流电抗器后，断路器宜装设在电抗器前，应按电抗器后的短路电流水平校验分断能力和动稳定

50．经断路器接入 35kV 母线的电容器装置应铺设下列哪些配套设施？　　（　　）
（A）负荷开关　　　　　　　　　　　（B）串联电抗器
（C）操作过电压保护用避雷器　　　　（D）接地开关

51. 关于提高电力系统稳定的二次系统措施。下列哪几项符合规范要求？（   ）
   （A）架空线路自动重合闸
   （B）快速减火电机组原动力出力
   （C）水轮发电机快速励磁
   （D）切除发电机组

52. 当某股钢芯绞线温度处于拐点温度以上时，计算导线应力应考虑以下哪些选项？（   ）
   （A）股钢芯的弹性系数
   （B）铝线的弹性系数
   （C）铝线截面积
   （D）股钢芯的（膨胀）系数

53. 在某架空送电线路设计中，下列哪些情况下需要校验电线的不平衡张力？（   ）
   （A）设计冰厚较大
   （B）设计风速较大
   （C）挡距高差变化不大
   （D）电线悬挂点的高差悬殊

54. 海上升压变电站的主要电气设备选择应遵循下列哪些原则？（   ）
   （A）能够在无人值守的情况下可靠运行
   （B）能够适应海上升压变电站的运行环境
   （C）能够满足海上升压变电站的水下运行要求
   （D）能够适应海上升压变电站在运输、安装及运行期的倾斜、摇晃及振动

55. 在计算短路电流时，下列哪些原件的正序和负序阻抗是相同的？（   ）
   （A）发电机　　　　　　　　（B）变压器
   （C）电抗器　　　　　　　　（D）架空线路

56. 对于发电机离相封闭母线的设计，下列说法正确的是（   ）
   （A）当母线流过短路电流时，外壳的感应电压不超过24V
   （B）当母线流过短路电流时，外壳的感应电压不超过36V
   （C）在日环境温度变化较大时宜采用微正压充气
   （D）在湿度较大的场所宜采用微正压充气

57. 1kV及以下电源中性点直接接地时，下列单相回路的电缆芯数选择哪些是正确的？（   ）
   （A）保护导体与受电设备的外露可导电部位连接接地时，TN-C系统应选用三芯电缆
   （B）TT系统，受电设备外露可导电部位的保护接地与电源系统中性点接地各自独立

时，应选用两芯电缆
(C) TN 系统受电设备外露，可导电部位可靠连接至分布在全厂，站内公用接地网时，固定安装的电气设备宜选用两芯电缆
(D) TN-S 系统，保护导体与中性导体各自独立时，当采用单根电缆时，宜选用三芯电缆

58．海拔一千米处的屋外配电装置最小安全净距下列哪几项可取 2550mm？ （   ）
(A) 220kV 配电装置的交叉不同时停电检修的无遮拦带电部分之间
(B) 330kV 配电装置的交叉不同时停电检修的无遮拦带电部分之间
(C) 220kV 配电装置的栅状遮拦至绝缘体和带电部分之间
(D) 330kV 配电装置的网状遮拦至带电部分之间

59．发电厂采取雷电过电压保护措施时，下列做法正确的是？ （   ）
(A) 若独立避雷针与主接地网的地下连接点至 35kV 及以下设备与主接地网的地下连接点之间的接地极的长度大于 15m，则独立避雷针接地装置可与主接地网连接
(B) 对 220kV 屋外配电装置，当土壤电阻率不大于 1000Ω·m 时可将避雷针装在配电装置的构架上
(C) 当土壤电阻率大于 350Ω·m 时，在采取相应的防止反击措施后，可在变压器门型架构上装设避雷针、避雷线
(D) 35kV 和 66kV 配电装置，当土壤电阻率大于 500Ω·m 时，可将线路的避雷线引接到出线门型架构上，并装设集中接地装置

60．为了防止接地网的高电位引向厂外，应采取的措施是 （   ）
(A) 采用扁铜与二次电缆的屏蔽层并联敷设
(B) 向厂外供电线路采用架空线，其电源中性点不在厂内接地
(C) 向厂外供电的低压变压器，其 0.4kV 绕组的短时交流耐受电压应比厂内接地网电位升高 40%
(D) 通向厂、站外的管道采用绝缘段

61．对电气控制、继电器屏的端子排，下列哪几条是符合规范要求的？ （   ）
(A) 端子排应由阻燃材料构成
(B) 每个安装单位的端子排各回路的排列顺序自上而下。控制回路排在开关量信号前
(C) 同一屏上的各安装单位之间的转接回路，可不经过端子排
(D) 安装在屏上每侧的端子排距地不宜低于 350mm

62．下列哪些因素影响架空输电线路导线电晕损失？ （   ）
(A) 空气密度   (B) 相对温度
(C) 环境温度   (D) 降温，降雪

63．根据规程要求，下列关于自动重合闸的叙述，哪些项是正确的？ （   ）

（A）3 kV 及以上的架空线路及电缆线路，在具有断路器的条件下，如用电设备允许且无备用电源自动投入时，应装设自动重合闸装置

（B）自动重合闸动作后，应能经整定时间后自动复归

（C）自动重合闸装置应能有接收外来闭锁信号的功能

（D）在任何情况下，自动重合闸装置的动作次数应符合预先的规定

64．在直流系统设计中，对充电装置的选择和设置要求，下列说法正确的是　　（　　）

（A）充电装置的高频电源模块开关的功率因数不应小于 0.9

（B）充电装置的额定输出电流应满足浮充电和均充电要求

（C）充电装置的直流回路宜采用熔断器保护

（D）充电装置屏的背面间距不得小于 1000mm

65．某一 220kV 同塔双回架空线路，能有效降低同塔双回雷击跳闸率的措施是下列哪一项？　　（　　）

（A）增加一回路的绝缘水平

（B）避雷线对杆塔绝缘

（C）在一回路上增加绝缘子并联间隙

（D）适当增加杆塔高度

66．关于火力发电厂低压厂用电配电装置的布置，下列哪些符合规范要求？　　（　　）

（A）厂用配电装置的长度大于 6m 时，其柜（屏）后应设置 2 个通向本室或其他房间的出口

（B）单排抽屉式配电屏前通道不小于 1600mm

（C）厂用电配电装置的排列应具有规律性和对应性，并减少电缆交叉

（D）跨越屏前通道裸导电部分的高度不应低于 2.5m，当低于 2.5m 时应加遮护，遮护后的护网高度不应低于 2m

67．输电线路的基本风速、设计冰厚重现期应取下列哪些数值？　　（　　）

（A）750kV、500kV 输电线路应取 50 年

（B）110kV～330kV 输电线路应取 30 年

（C）110kV～750kV 输电线路大跨越应取 50 年

（D）110kV～750kV 输电线路大跨越应取 30 年

68．直管形荧光灯应配用下列那些类型的镇流器？　　（　　）

（A）电子镇流器

（B）普通电感镇流器

（C）节能型电感镇流器

（D）恒功率镇流器

69. 有关电力系统第一级安全稳定标准，下列说法正确的是 （ ）
（A）第一级安全稳定标准：保持电力系统稳定运行和电网的正常供电
（B）第一级安全稳定标准是指正常运行方式下的电力系统受到第一类扰动后，保护、开关及重合闸正确动作，应能保持稳定运行，必要时允许采取切机、切负荷、直流调制和串补强补等稳定控制措施
（C）任意一段母线故障属于第一级安全稳定标准对应的故障类别
（D）单回线路故障或无故障三相断开属于第一级安全稳定标准对应的故障类别

70. 选择电缆绝缘类型时，下列哪些选项不正确？ （ ）
（A）应符合防火场所的要求
（B）直流输电电缆不可选用交联聚乙烯绝缘
（C）有较高柔软性要求的场所，不应选用橡皮绝缘电缆
（D）高温场所宜选用普通聚氯乙烯电缆

答　案

一、单项选择题

1. D

依据：GB 50054—2011 第 5.2.4 条及第 3.2.15 条。

2. B

依据：GB 50049—2011 第 17.2.1-2 条。

3. B

依据：GB/T 50064—2014 表 6.4.6-1，35kV 开关柜的相对地标准工频耐受电压为 95kV；由 DL/T 5222—2021 第 4.0.2 条可知，电器设备的标准额定温度为 40℃，又由该规范第 4.0.11 条可得：$95 \times [1 + 0.0033 \times (50 - 40)] = 98.135(kV)$，故选 B。

4. C

依据：DL/T 5352—2018 第 3.0.6 条。

5. B

依据：GB/T 50064—2014 第 6.1.3-2 款，A 错误，应为 1.3～1.4 倍。第 6.1.5-2 款，B 正确。第 6.1.5-1 款，C 错误，应为波前 250μs，波尾 2500μs。第 6.1.4-2 款，D 错误，宜以避雷器冲击保护水平为基础。

6. B

依据：GB/T 50065—2011 第 4.3.6-1 款 A 正确。第 4.3.6-2 款，C 正确。第 4.3.6-4 款，D 正确。第 4.3.6-3 款，接地网可采用钢材，但应采用热镀锌。B 错误，选 B。

7. D

依据：DL/T 5003—2017 附录 B.1.3-1，ABC 正确，D 错误。

8. B

依据：DL/T 5044—2014 第 6.9.6 条及附录 G，$I_{bk}=\dfrac{220}{11.3\times1000}=19.47(kA)$。

9. B

依据：DL/T 5390—2014 查表 9.0.9 得 300lx。

10. A

依据：《架空输电线路电气设计规程》（DL/T 5582—2020）第 4.0.18 条。

11. C

依据：老版一次手册 P285 电动机型式选择及 DL/T 5153—2014 第 5.1.3 条。燃机启动时电机采用变频启动主要目的并非节能。

12. B

依据 DL/T 5153—2014 附录 M，第 M.0.1 条可知，总短路电流由变压器提供的短路电流 I_B'' 和电动机反馈电流 I_D'' 组成，但题目没给 R_Σ，无法用式（M.0.1-2）计算 I_B''，如果忽略 R_Σ 则不能准确对上答案；可由表 M.0.1 查出变压器提供的短路电流为 21.1kA，但电动机反馈电流，表格数据及公式 M.0.1-3 计算的前提是参加反馈的异步电动机总容量为 60%变压器容量，而本题给的反馈容量是 75%，可以按等比例放大求电动机反馈电流，所以总短路电流为：

$$I_B''=21.1+3.7\times\dfrac{0.75}{0.6}\times\dfrac{1}{\sqrt{3}\times0.4}=27.78(kA)$$

13. D

依据：DL/T 5044—2014 第 7.2.1 条。

14. A

依据：GB/T 50065—2011 第 3.1.3 条并未明确说明可不校验接地电阻，A 错，B 对；第 3.2.2-4 款，C 对；第 3.2.2-2 款，D 正确。

15. D

依据：GB 50229—2019 第 11.1.9 条，A 对；第 11.3.2 条，B 对；第 11.7.1-3 款，C 对；第 11.7.1-1 款，户外站按Ⅱ类供电，D 错。

16. D

依据：DL/T 5153—2014 第 4.7.3 条，A 对；第 4.7.7 条，B 对；第 4.7.5 条，C 对；第 4.7.4 条，D 错。

17. B

依据：单台电容器额定电压为 22/4=5.5(kV)，依据 DL/T 5242—2010 第 7.2.2-2 款，应能承受 1.1 倍额定电压，为 5.5×1.1=6.05(kV)，所以选 B。

18. D

依据：DL/T 5582—2020 式（9.3.1-1）得 16000×(sin60°)²=12000（N）。

19. C

依据：DL/T 5027—2015 表 10.7.8。

20. D

依据：一次手册 P139 式（4-27）和式（4-28）得

$T_a=25$，则 $-\sqrt{2}I''e^{-\omega t/T_a}=-\sqrt{2}\times20\times e^{-314\times0.1\times0.04}=8.055(kA)$ 选 D。

21．C

依据：DL/T 5352—2018 查表 3.0.3 和小注。

22．B

依据：GB/T 50064—2014 第 4.2.1-4 款。

23．B

依据：DL/T 5136—2012 第 9.0.4-3）款，A 对；第 9.0.4-2）款，只允许一套，B 错；第 9.0.4-4）款，C 对；第 9.0.4-5）款，D 对。

24．C

依据：DL/T 5155—2016 第 3.3.1 条，AB 对；第 3.3.2 条，当站用变压器容量大于 400kVA 时，大于 50kVA 的站用负荷宜由站用配电屏直接供电；小容量负荷宜集中供电就地分供，C 错；第 3.3.7 条，D 对。

25．D

依据：老版线路手册 P605，关于导线悬垂角的内容。$\theta = (\theta_1+\theta_2)/2=22.5<23°$。

26．C

依据：GB 50797—2012 第 8.2.2-3 款及第 8.2.3-2 款，C 正确。

27．C

依据：DL/T 5136—2012 第 5.4.11-4 款，C 正确。

28．C

依据：首先由 DL/T 5136—2012 第 2.0.11 条及第 2.0.12 条，区分预告信号和事故信号。预告信号设备运行异常信号；事故信号为事故跳闸信号。再由 GB/T 14285—2006 第 4.3.2 条轻瓦斯并未跳闸应为预告信号；重瓦斯跳闸为事故信号，AD 错；由第 4.2.8.1 条，定时限过负荷保护带时限动作于信号，B 错误；由 DL/T 5153—2014 第 8.2.2-1-1）款，知 C 正确。

29．B

依据：《电力系统设计技术规程》（DL/T 5429—2009）第 6.3.2-1 款，A 正确；第 6.3.4-2 款，应优先推荐不连接方案，B 错误；第 6.3.3-3 款，C 正确；第 6.3.3-4 款，D 正确。

30．B

依据：NB/T 31115—2017 第 5.2.2-2 款。

31．B

依据：NB/T 31115—2017 第 5.2.2-2 款。

32．D

依据：GB 311.1—2012 表 6，知 220kV 变压器中性点直接接地与不接地的中性点雷电全波耐压分别为 185kV 及 400kV。又根据式（B.3），$K_a = e^{q(\frac{H-1000}{8150})}$，综上，$(400-185) \times K_a = 231(kV)$，选 D。

33．B

依据：DL/T 5044—2014 第 3.6.5-2 款，少了双电源供电的负荷的前提条件，A 错误；第 3.6.5-1 款，B 正确，C 错误；第 3.6.5-2 款及第 3.6.5-3 款，知 D 错误。

34．B

依据：GB/T 50064—2014 第 5.4.2-4 款，知 B 正确。

35．C

依据：老版线路手册式（2-1-42），A 正确；P24 "六，线路产生的无功和消耗的无功相互抵消"，B 对；当输送功率大于自然功率时，送端电压高于受端，所以 C 错误。

36．B

依据：《高压直流架空送电线路技术导则》（DLT 436—2021）第 8.1 条可知，直流线路无线电干扰雨天小且主要来源于正极，所以 ACD 均错，B 正确，所以选 B。

37．C

依据：DL/T 5222—2021 第 7.2.12-3 款，可知 C 正确。

38．C

依据：NB/T 31115—2017 第 5.8.5 条，可选 C。

39．B

依据：DL/T 5136—2012 第 4.5.2-3 款，光字牌宜设在屏的上方，要求上部取齐；也可设在中间，要求下部取齐；B 错误；第 4.5.2-2 款，A 正确；第 4.5.2-5 款，C 正确；第 4.5.2-7 款，D 正确。

40．D

依据 GB/T 14285—2006 第 4.12.3.4 条，应装设过电流，A 错；第 4.12.3.2 条，除非电量保护外，B 错；第 4.12.4 条，电源电压升高引起电抗器过负荷时，应装设过负荷保护，C 错；第 4.12.1-a 款，应装相间短路，D 对。

二、多项选择题

41．ABD

依据：GB 50797—2012 第 4.0.10 条。A 正确；第 12.2.3 条，B 正确；第 12.2.1 条，污水采用集中处理或达标排放。C 错误；第 4.0.12 条，D 正确。

42．BC

依据：DL/T 5352—2018 第 2.1.6 条，330kV 及以上线路并联电抗回路不宜装断路器，母线并电抗回路应装；AD 错误，BC 正确。

43．AC

依据：DL/T 5222—2021 第 7.2.6 条，A 正确，B 错误；第 7.2.9 条，C 正确，D 错误。

44．ABD

依据：NB/T 31115—2017 第 5.8.2 条，A 正确；第 5.8.3 条，B 正确；第 5.8.5 条，柜前通道不宜小于柜深+400mm，C 错误；第 5.8.6 条，D 正确。

45．BCD

依据：GB/T 50064—2014 第 5.4.6 -1～5.4.6 -4 款 A 错误；原文为"宜"设置；BCD 正确。

46．ACD

依据：GB/T 50065—2011 第 8.2.3-1 款，A 正确；第 8.2.2-3 款，不应作为，而不是可，B 错误；第 8.2.4-2 款，C 正确；第 8.2.4-3 款，D 正确。

47．ABD

依据：GB/T 50063—2017 第 4.2.2 条，ABD 正确。

48．AC

依据：DL/T 5003—2017 第 5.1.2 条条文说明"当调度端调度自动化主站系统不兼控制中心系统功能时，厂站端自动化数据按照本标准 B.1、B.2、B.4、B.5、B.6、B.7 进行采集"；A 选项为 B.10.1-2；B 选项为 B.1.1-1-7)；C 选项为 B.10.3-2；D 选项为 B.1.1-1-8)，AC 的 B.10 无需传送，选无需传送的，选 AC。

49．ABC

依据：DL/T 5153—2014 第 3.6.2-1 款，AB 正确；第 3.6.3 条，C 正确；第 3.6.5 条，应为可按电抗器后的短路电流水平校验分断能力和动稳定，D 错误。

50．BCD

依据：GB 50227—2017 第 4.2.1 条，A 选项原文为断路器或负荷开关，并非仅有负荷开关这一种选择，A 错误，BCD 正确。

51．BCD

依据：DL/T 5147—2001 第 4.7 条，BCD 对。

52．ABD

依据：老版线路手册第 177 页式（3-2-3），ABD 对。

53．ABD

依据：老版线路手册第 202～203 页不平衡张力相关描述，ABD 正确；应为高差悬殊考虑不平衡张力，C 错误。

54．ABD

依据：NB/T 31115—2017，第 5.2.1 条知 ABD 正确。

55．BCD

依据：老版一次手册 P141 负序网络相关内容，不旋转的静止电力机械元件，知 BCD 正确。

56．ACD

依据：DL/T 5222—2021 第 5.4.5 条，A 正确 B 错误；第 5.4.8 条最后一句可知 CD 正确。选正确的，所以选 ACD。

57．BCD

依据：GB 50217—2018 第 3.5.2-1 款，TN-C 系统应选用 2 芯，A 错误；第 3.5.2-2 款，B 正确；第 3.5.2-3 款，C 正确；第 3.5.2-1 款及第 3.5.2-2 款，D 正确。

58．AC

依据：DL/T 5352—2018 表 5.1.2-1，220kV，B1 值。

59．AB

依据：GB/T 50064—2014 第 5.4.6-3 款，A 正确；第 5.4.7-1 款，B 正确；第 5.4.8-2 款，应为不大于，C 错误；第 5.4.9-2 款，应为不大于 500Ω.m，D 错误。

60．BCD

依据：GB/T 50065—2011 第 4.3.3-4 款，并不是防止接地网的高电位引向厂外的措施，A 错误；第 4.3.3-4,1)款，知 BCD 正确。

61．AD

依据：DL/T 5136—2012 第 7.4.1 条，A 正确；第 7.4.4 条，控制回路按控制对象原则分组，B 错误；第 7.4.6-1 款，应经过端子排，C 选项错误；第 7.4.2 条，D 选项正确。

62．AD

依据：老版线路手册第 30 页，（二）大气条件的影响。

63．BCD

依据：《继电保护和安全自动装置技术规程》（GB/T 14285—2006）第 5.2.1 条，应为电缆与架空混合线路。电缆线路一般退出重合闸。A 错误；第 5.2.2 条，BCD 正确。新版 GB/T 14285—2023 中已更改。

64．ABD

依据：DL/T 5044—2014 第 6.2.1-8 款，A 正确；第 6.2.2 条，B 正确；第 5.1.2-2 款，宜采用直流断路器，D 正确。

65．AC

依据：GB/T 50064—2014 第 5.3.4 条，AC 正确。

66．ABC

依据：DL/T 5153—2014 第 7.2.8 条，A 正确；表 7.2.9-2，B 正确；第 7.2.1 条，C 正确；第 7.2.7-2 款，遮护后的护网高度不应低于 2.2m，D 错误。

67．AB

依据：《架空输电线路电气设计规程》（DL/T 5582—2020）第 4.0.2 条可知，AB 正确，CD 错误。

68．AC

依据：DL/T 5390—2014 第 5.1.9-2 款，知 AC 正确。

69．AD

依据：GB/T 26399—2011 第 4.1.1 条、第 4.1.2 条，AD 正确，BC 错误。

70．BCD

依据：GB 50217—2018 第 3.3.1-3 款，A 正确；第 3.3.2-4 款，应为不宜选用普通交联聚乙烯绝缘类型，B 错误；第 3.3.3 条，为应选用橡皮绝缘电缆，C 错误；第 3.3.5 条，为不宜，D 错误。

2021年注册电气工程师专业案例试题

（上午卷）及答案

【2021年上午题1~3】 某发电厂建设6×390MW燃煤发电机组，以3条500kV长距离输电线路接入他省电网，6台机组连续建设，均通过双绕组变压器（简称"主变"）升压至500kV，采用发电机-变压器组单元接线，发电机出口设SF_6发电机断路器，厂内设500kV配电装置，不设起动/备用变压器，全厂设1台高压停机变压器（简称"停机变"），停机变电源由当地220kV变电站引接。

发电机主要技术参数如下：
（1）发电机组额定功率：350MW
（2）发电机最大连续输出功率：374MW
（3）额定电压：20kV
（4）额定功率因数：0.85（滞后）
（5）相数：3
（6）直轴超瞬态电抗（饱和值）X''_d：17.5%
（7）定子绕组每相对地电容：0.24μF

SF_6发电机断路器主要技术参数：
（1）额定电压：20kV
（2）额定电流：133300A
（3）每相发电机断路器的主变侧和发电机侧分别设置100nF和50nF电容

1. 电厂500kV配电装置的电气主接线宜采用下列那种接线方式？并说明依据。（　　）
   （A）单母线分段接线　　　　　　（B）双母线接线
   （C）双母线带旁路接线　　　　　（D）4/3断路器接线

2. 发电机中性点经单相接地变压器（二次侧电阻）接地，假定离相封闭母线、主变和高厂变的每相对地电容之和为140nF，接地变压器的过负荷系数为1.6，接地变压器二次侧电压（U_2）取220V，采用《电力工程电气设计手册》（电气一次部分）的方法，则接地变压器的额定一次电压、额定容量和二次侧电阻的电阻值分别为下列哪项？（　　）
   （A）11.5kV，24.3kVA，0.72Ω　　（B）20kV，42kVA，0.24Ω
   （C）11.5kV，45.8kVA，0.66Ω　　（D）20kV，19.1kVA，0.92Ω

3. 由于500kV线路较长，中间设置开关站，电厂至开关站的500kV架空线路距离为

280km、500kV 线路充电功率取 1.18Mvar/km，为了限制工频过电压，每回 500kV 线路的电厂侧与开关站侧均设置 1 组中性点不设电抗器的高压并联电抗器，若按补偿度不低于 70%考虑，电厂选用单相电抗器，则该单相电抗器的额定容量宜为下列那个数值？　　　（　　）

　　（A）40Mvar　　　　　　　　　　（B）50Mvar
　　（C）80Mvar　　　　　　　　　　（D）120Mvar

【2021 年上午题 4~7】 某 300MW 级火电厂，主厂房采用控制负荷和动力负荷合并供电的直流电源系统，每台机组装设两组 220V GFM2 免维护铅酸蓄电池，两组高频开关电源充电装置，直流系统接线方式采用单母线接线，直流负荷统计见表 1。

表1　直流负荷统计表

负荷名称	装置容量/kW	负荷名称	装置容量/kW
直流长明灯	1.5	电气控制保护	15
应急照明	5	小机事故直流油泵	11
汽机直流事故润滑油泵	45	汽机控制系统（DEH）	5
发电机空侧密封油泵	10	高压配电装置跳闸	4
发电机氢侧密封油泵	4	厂用低电压跳闸	15
主厂房不停电电源（静态）	80	厂用电源恢复时高压厂用断路器合闸	3

请分析计算并解答下列各小题：
4．计算经常负荷电流最接近下列哪项值？　　　　　　　　　　　　　（　　）
　　（A）54.4A　　　　　　　　　　（B）61.36A
　　（C）70.45A　　　　　　　　　　（D）75A

5．若蓄电池组出口短路电流为 22kA，直流母线上的短路电流为 18kA，蓄电池组端子到直流母线连接电缆的长度为 50m。请计算该铜芯电缆的计算截面最接近下列哪项值？
　　　　　　　　　　　　　　　　　　　　　　　　　　　　　　　　（　　）
　　（A）70.5mm²　　　　　　　　　　（B）141mm²
　　（C）388mm²　　　　　　　　　　（D）776mm²

6．已知汽机直流事故润滑油泵电动机至直流屏的聚氯乙烯无铠装绝缘铜芯电缆长度为 80m，请计算并选择该电缆截面宜为下列哪种规格？（假定直流马达启动电流倍数为 2 倍，铜的电阻系数为 0.0184Ω·mm²/m，采用空气中敷设，电缆敷设系数为1）　　（　　）
　　（A）50mm²　　　　　　　　　　（B）70mm²
　　（C）95mm²　　　　　　　　　　（D）120mm²

7．若系统为集中辐射形，自直流屏引出一路馈线至保护屏，作为电气保护电源使用。保护屏负荷总额定容量为 8kW，单回路最大负荷为 1.2kW。直流屏上的馈线开关的额定电流是

保护屏上的馈线开关的额定电流的 6 倍,问直流屏上的馈线开关额定电流至少为下列哪个值? ( )

(A) 20A (B) 40A
(C) 60A (D) 80A

【2021 年上午题 8～10】 某 220kV 户外敞开式变电站,220kV 配电装置采用双母线接线,设两台主变压器,连接于站内,220/10kV 母线,容量为 240/240/72MVA,变比为 220/115/10.5kV,阻抗电压(以高压绕组容量为基准)为 $U_{1 \text{II}}\%=14$,$U_{1 \text{III}}\%=35$,$U_{\text{II III}}\%=20$,连接组别 YNyn0d11,220kV 出线 2 回,母线的最大穿越功率为 900MVA,110kV 母线出线为负荷线。

220kV 系统为无穷大系统,取 $S_j=100\text{MVA}$,$U_j=230\text{kV}$,最大运行方式下的系统正序阻抗标幺值为 $X_1^*=0.0065$,负序阻抗标幺值 $X_2^*=0.0065$,零序阻抗标幺值 $X_0^*=0.0058$,请分析计算并解答下列各小题。

8. 请计算主变压器高、中、低压侧绕组等值阻抗标幺值为下列哪组数值? ( )
(A) 0.145, -0.005, 0.205 (B) 0.145, 0.205, -0.005
(C) 0.0604, 0.0854, -0.00208 (D) 0.0604, -0.00208, 0.0854

9. 请问应依据下列哪组数值选择 220kV 母联断路器的额定电流及馈线断路器的短路开断电流? ( )
(A) 661A,40.1kA (B) 2362A,40.1kA
(C) 2362A,38.6kA (D) 661A,38.6kA

10. 该变电站通过一回 15km 的 110kV 架空线路为某企业供电,如线路电抗为 0.4Ω/km,请问该企业 110kV 侧断路器的动稳定电流应依据以下哪项数值选择?(仅考虑三相短路) ( )
(A) 6.22A (B) 11.64A
(C) 15.84A (D) 27.39A

【2021 年上午题 11～13】 某 220kV 户内变电站,安装两台主变,220kV 侧为双母线接线,4 回出线;110kV 侧为双母线接线,线路 8 回,均为负荷出线;10kV 侧为单母线分段接线,线路 10 回,均为负荷出线。

主变压器变比为 230±×1.25%/115/10.5kV,容量为 180/180/180MVA,连接组别为 YNyn0d11。站内采用铜芯电缆,γ 取 57m/(Ω·mm²)。请解答以下问题。(计算结果精确到小数点后 2 位)

11. 主变三侧电流互感器采用 5P 级,变比分别为 600/1A(高压侧),1250/1A(中压侧),10000/1A(低压侧),二次侧均为 Y 接线。以主变高压侧作为基准值,请计算主变差动保护低压侧平衡系数。 ( )

(A) 0.44 (B) 0.76
(C) 1.04 (D) 1.32

12. 本变电站一回 110kV 出线间隔，电流互感器变比为 600/1A，电压互感器变比为 110/0.1kV。线路长度为 18km，X_l=0.4Ω/km。终端变压器变比为 110/10.5kV、容量为 50MVA、U_d=17%。此出线配置距离保护，相间距离Ⅱ段按躲过 110kV 终端变压器低压侧母线故障整定（K_{KT} 取 0.7，K_K 取 0.8，助增系数取 1）。请计算此线路保护（取小数点后两位）（　　）

(A) 3.14Ω (B) 18.85Ω
(C) 29.12Ω (D) 34.56Ω

13. 110kV 出线配置相间及接地距离保护，电流互感器采用三相星形接线，二次每相允许负荷 2Ω，保护装置采样原件取三相线电流，保护装置每相负荷 0.5Ω，电流互感器至保护之间的电缆长度 210m，不计接触电阻，此电流回路电缆最小截面计算值是多少？（　　）

(A) 2.46mm^2 (B) 3.25mm^2
(C) 4.91mm^2 (D) 7.37mm^2

【2021 年上午题 14～16】 国内某电厂安装有两台热电联产汽轮发电机组，接线示意图如下图所示，两台机组参数相同，主变高低压侧单相对地电容分别为 3000pF、8000pF、110kV 系统侧（不含本电厂机组）的正序阻抗为 0.0412，零序阻抗为 0.0698，S_j=100MVA。主变及备变均为三相四柱式。

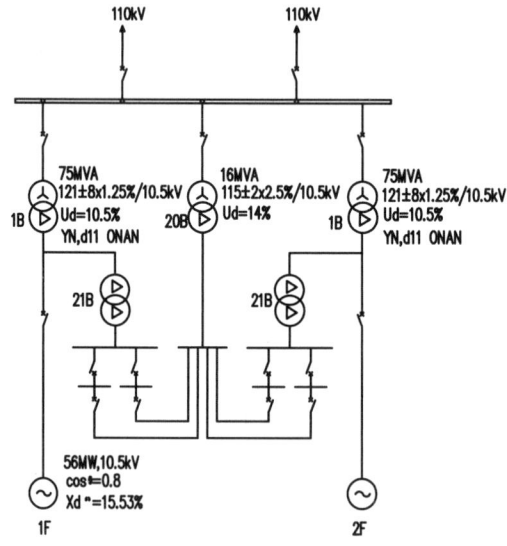

14. 若高厂变高低压侧单相对地电容分别为 7500pF、18000pF，发电机出口连接导体的单相对地电容为 900pF，则当发电机出口单相接地故障时的接地电容电流为：（　　）

(A) 1.57A (B) 1.94A
(C) 2.00A (D) 2.06A

15．若发电机回路的单相对地电容电流为 10A，两台发电机中性点均采用经消弧线圈接地，当采用欠补偿方式、脱谐度为 30%、阻尼率为 4%时，消弧线圈的补偿容量以及发电机中性点位移电压分别为下列哪个值？　　　　　　　　　　　　　　　　　　　　（　　）

(A) 42.44kVA，0.16kV　　　　　　　(B) 42.44kVA，0.28kV
(C) 73.50kVA，0.16kV　　　　　　　(D) 81.84kVA，0.28kV

16．若高备变（20B）和一台主变高压侧中性点直接接地运行，另一台主变高压侧中性点不接地运行，当110kV 系统发生单相接地故障时，主变高压侧中性点的稳态电压为下列哪个值？　　　　　　　　　　　　　　　　　　　　　　　　　　　　　　　　（　　）

(A) $0.33U_{xg}$　　　　　　　　　　(B) $0.37U_{xg}$
(C) $0.40U_{xg}$　　　　　　　　　　(D) $0.46U_{xg}$

【2021 年上午题 17～20】　某 400MW 海上风电场装设 60 台 6.7MW 风力发电机组（简称风电机组），风电机组通过机组单元变压器（简称单元变）升压至 35kV，然后通过 16 回 35kV 海底电缆集电线路接入 220kV 海上升压站，海上升压站设置 2 台低压分裂绕组变压器（简称主变），海上升压站通过 2 回均为 25km 的 220kV 三芯海底电缆接入陆上集控中心，再通过 2 回 20km 的 220kV 架空线路并入电网。风电机组功率因数（单元变输入功率因数）范围满足 0.95（超前）–0.95（滞后）。

请分析件计算并解答下列各小题。

17．正常运行时，每台主变压器分别连接 30 台风电机组，根据厂家资料，主变主要技术参数如下：
　(1) 额定容量：240/120-120MVA
　(2) 额定电压比：230±8×1.25%/35-35kV
　(3) 短路阻抗：全穿越 14%，半穿越 26%
　(4) 空载电流：0.3%
　(5) 连接组别：YN,d11-d11
　假设不计单元变和 35kV 海底电缆集电线路的无功损耗，请计算海上风电场满负荷时主变的最大感性无功损耗为下列哪个数值？　　　　　　　　　　　　　　　　　　（　　）

(A) 52.2Mvar　　　　　　　　　　(B) 53.6Mvar
(C) 68.4Mvar　　　　　　　　　　(D) 98.4Mvar

18．35kV 集电线路采用了 $3\times400mm^2$、$3\times240mm^2$、$3\times120mm^2$ 和 $3\times70mm^2$ 四种规格的 35kV 海底电缆，35kV 电缆的主要技术参数如下表：

电缆截面	空气中载流量	单相对地电容	长度
$3\times400mm^2$	488A	0.217μF/km	65km
$3\times240mm^2$	397A	0.181μF/km	20km

电缆截面	空气中载流量	单相对地电容	长度
3×120mm²	281A	0.146μF/km	24km
3×70mm²	211A	0.124μF/km	58km

220kV 海底电缆主要技术参数如下：
（1）型式：3 芯铜导体交联聚氯乙酸绝缘海底光电复合电缆；
（2）额定电压比：127/220kV；
（3）导体截面：500mm²；
（4）单相对地电容：0.124μF/km。
220kV 架空线路充电功率取 0.19Mvar/km。

假定不考虑风电机组功率因数调节的影响，当海上风电场配置感性无功补偿装置时，感性无功补偿装置的容量为下列哪个数值？　　　　　　　　　　　　　　　　　　（　　）

（A）94.2Mvar　　　　　　　　　　　（B）98.0Mvar
（C）105.1Mvar　　　　　　　　　　　（D）108.9Mvar

19. 假定包括接入电网的 220kV 架空线路所需补偿无功功率，风电厂全部充电功率为 125Mvar，满载时全部感性无功损耗为 100Mvar，空载时全部感性无功损耗为 5Mvar，集控中心 2 回 220kV 线路均设置 1 套容量 35Mvar 高压并联电抗器（简称高抗）和 2 套 35kV 动态无功补偿装置（SVG）通过 1 台变压器接至集控中心 220kV 母线，不计该变压器无功损耗，不考虑风电机组功率因数的调节影响，则每套 SVG 的容量宜取下列哪个数值？　　（　　）

（A）±25Mvar　　　　　　　　　　　（B）±35Mvar
（C）±50Mvar　　　　　　　　　　　（D）±62.5Mvar

20. 若风电场陆上集控中心设置了 35kV，20Mvar 的固定电容器及动态无功补偿装置，若 35kV 电缆稳定最小截面为 120mm²，敷设系数取 1，则固定电容器回路用于连接分相布置电抗器的 35kV 电缆宜选用下列哪个规格？（电缆规格单位：mm²，载流量单位：A）35kV 交联聚氯乙烯电缆空气中敷设载流量如下表。　　　　　　　　　　　　　　（　　）

规格	3×95	3×120	3×150	3×185	3×240	3×300
载流量	262	295	328	366	416	460
规格	1×95	1×120	1×150	1×185	1×240	1×300
载流量	288	324	360	402	457	506

（A）YJV-35 3×120　　　　　　　　　（B）3×（YJV-35 1×150）
（C）YJV-35 3×300　　　　　　　　　（D）3×（YJV-35 1×240）

【2021 年上午题 21~25】某变电工程选用 220kV 单芯电缆，单相敷设长度为 3km，采用隧道方式敷设，电缆选用交联聚氯乙烯铜芯电缆，其金属护套采用交叉互联接地方式，正

常工作最大电流为450A，电缆所在区域系统单相短路电流周期分量为40kA，短路持续时间1s，短路前电缆导体温度按70℃考虑，电缆采用水平布置，间距300mm，布置方式见下图。电缆外径为115mm，导体交直流电阻比按1.02，金属护套平均外径为100mm。

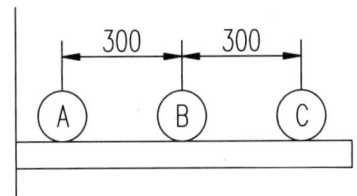

21．该工程电缆选择了蛇形敷设方式，主要考虑了一下哪个选项？　　　（　　）
（A）减小电缆轴向应力　　　　　　（B）减小施工难度
（C）增加电缆载流量　　　　　　　（D）降低对周边弱电线路的电磁影响

22．该电缆在隧道中采用支架支撑，电缆在支架上用夹具固定，夹具抗张强度不超过30000N，按单相短路电流计算电缆支架间距最大应为以下哪个选项？（安全系数按3考虑）
　　　　　　　　　　　　　　　　　　　　　　　　　　　　　　　（　　）
（A）1.06m　　　　　　　　　　　（B）1.41m
（C）4.22m　　　　　　　　　　　（D）4.85m

23．本工程条件下，按短路条件计算得到电缆导体截面应不小于280mm^2，如因系统条件发生变化，该线路单相短路电流周期分量有效值为50kA，短路电流持续时间1.5s，按此条件计算电缆导体截面不应小于以下哪个选项？（忽略短路电流衰减且不计非周期分量。）
　　　　　　　　　　　　　　　　　　　　　　　　　　　　　　　（　　）
（A）350mm^2　　　　　　　　　　（B）402mm^2
（C）429mm^2　　　　　　　　　　（D）489mm^2

24．该工程某段电缆长650m，该段电缆金属护套一端直接接地，另一端非直接接地，则该电缆A相金属护套正常工况下最大感应电势值为以下哪个选项？（提示：工作频率50Hz，仅考虑单回路情况）　　　　　　　　　　　　　　　　　　　　　　　　（　　）
（A）28.74V　　　　　　　　　　　（B）32.9V
（C）38.3V　　　　　　　　　　　（D）40.8V

25．根据厂家提供样本，本项目中某回线路采用电缆载流量为534A（环境温度为40℃），该线路独立敷设于一个电缆隧道内，隧道实际环境温度为30℃，则该环境温度下载流量可估算为以下哪个选项？（提示：忽略绝缘介质及金属护套损耗影响）　　　　　（　　）
（A）445A　　　　　　　　　　　　（B）487A
（C）585A　　　　　　　　　　　　（D）640A

答 案

1. D【解答过程】由 GB/T 50660—2010 第 16.2.11-2 款可知,4/3 断路器接线符合要求,所以选 D。

2. B【解答过程】(1)由老版一次手册第 265 页第（三）部分内容可知,接地变压器的一次电压取发电机的额定电压,故本题接地变压电压取 20kV;(2)又由该手册第 265 页式(6-47)可得:$R \leq \dfrac{1}{N^2 \times 3\omega(C_{0f} + C_2)} \times 10^6 = \dfrac{1}{(20/0.22)^2 \times 3 \times 314 \times (0.24 + 0.1 + 0.05 + 0.14)} \times 10^6$

$= 0.242(\Omega)$;(3)再由该手册式(6-49)可得:$S \leq \dfrac{U^2}{3 \times R} = \dfrac{220^2}{3 \times 0.24} \times 10^{-3} = 67.22(\text{kVA})$,因变压器有 1.6 倍过负荷能力,因此取额定容量为 67.22/1.6=42.01(kVA),所以选 B。

3. A【解答过程】由新版变电手册第 191 页式（6-29）可得:

单相高抗容量 $= \dfrac{1}{\text{相数}} \times \dfrac{1}{\text{双端各补一半}} \times \text{补偿度} \times \text{单位充电功率} \times \text{线路总长度} = \dfrac{1}{3} \times \dfrac{1}{2} \times 0.7 \times 1.18 \times 280 = 38.55(\text{Mvar})$;老版一次手册第 533 页式（9-50）。

4. B【解答过程】由 DL/T 5044—2014 第 4.1.2 节可知,经常负荷包括直流长明灯、电气控制保护、汽机控制系统（DEH）三项内容;由表 4.2.6 可得:直流长明灯负荷系数为 1,电气控制保护和汽机控制系统负荷系数为 0.6;则经常负荷电流为:$I_{jc} = \dfrac{1.5 \times 1 + 15 \times 0.6 + 5 \times 0.6}{220} \times 1000 = 61.36(\text{A})$。

5. D【答案及解答】由 DL/T 5044—2014 附录 G 可得:蓄电池引出端子短路:$I_{bk} = \dfrac{U_a}{n(r_b + r_1)} = 22000A \Rightarrow n(r_b + r_1) = 0.01(\Omega)$;母线上短路:$I_k = \dfrac{U_a}{n(r_b + r_1) + r_c} = 18000(\text{A})$

$\Rightarrow n(r_b + r_1) + r_c = 0.01222(\Omega)$,$r_c = 0.00222\Omega = \rho\dfrac{2L}{S} \Rightarrow S = 0.01724 \times \dfrac{2 \times 50}{0.00222} = 776.6(\text{mm}^2)$。

6. D【解答过程】由 DL/T 5044—2014 附录 E 表 E.2-1,直流电动机回路计算电流为:$I_{ca} = K\dfrac{S}{U} = 2 \times \dfrac{45000}{220} = 409.1(\text{A})$;又由该规范表 E.2-2 直流电动机回路允许压降为:$\Delta U_p = 5\% U_n = 220 \times 0.05 = 11(\text{V})$,可得电缆截面为:$S_{ca} = \dfrac{\rho 2L \times I_{ca}}{\Delta U_p} = \dfrac{0.0184 \times 2 \times 80 \times 409.1}{11} = 109.5(\text{A})$,向上取最接近的选项,所以选 D。

7. B【解答过程】由《电力工程直流电源系统设计技术规程》（DL/T 5044—2014）附录 A.3.4,保护屏馈线最大断路器额定电流为:$I_n \geq \dfrac{1200}{220} = 5.45(\text{A})$（1200 为单回路实际最大负荷,无需乘负荷系数）;保护屏馈线最大断路器额定电流选 6A,直流屏上的馈线开关的额定电流是保护屏上的馈线开关的额定电流的 6 倍,因此直流屏上的馈线开关的额定电流选 36A,所以选 B。

8．D【解答过程】由老版一次手册第四章相关内容可得：$x_1 = \frac{1}{2} \times (x_{1-2} + x_{1-3} - x_{2-3}) \times \frac{S_j}{S_T}$

$x_1 = \frac{1}{2} \times (0.14 + 0.35 - 0.2) \times \frac{100}{240} = 0.0604$；$x_2 = \frac{1}{2} \times (+0.14 - 0.35 + 0.2) \times \frac{100}{240} = -0.00208$；

$x_3 = \frac{1}{2} \times (-0.14 + 0.35 + 0.2) \times \frac{100}{240} = 0.085$

9．B【解答过程】由老版一次手册第231页式（6-2）可得：额定电流$I_e \geq I_g = \frac{900 \times 10^3}{\sqrt{3} \times 220} = 2362(A)$ 又由老版一次手册第120页表4-1，第144页表4-19及相关公式可得：三相短路电流 $I_d^3 = \frac{0.251}{0.0065} = 38.62(kA)$；单相短路电流 $I_d^1 = 3 \times \frac{0.251}{0.0065 + 0.0065 + 0.0058} = 40.05(kA)$ 以上短路电流两者取大，所以选B。老版一次手册第232页表6-3、第120页表4-1，第144页表4-19及相关公式。

10．C【解答过程】(1) 依题意，短路电流最大的运行方式为110kV侧并列运行，短路阻抗为=系统阻抗+变压器阻抗+110kV线路阻抗。(2) 由新版变电手册第52页表3-2，设$S_j = 100MVA$，$U_j = 115kV$，$X_j = 132$，$I_j = 0.502$。(3) 阻抗归算，由该手册第61页表3-9公式可得：系统正序阻抗=0.0065。

变压器阻抗(按两台并联计算)=$\frac{1}{2} \times 0.14 \times \frac{100}{240} = 0.029$；线路阻抗=$\frac{0.4 \times 15}{132} = 0.045$。(4) 短路电流有效值为：$I'' = \frac{1 \times 0.502}{0.0065 + 0.029 + 0.045} = 6.236(kA)$。(5) 冲击电流为：$i_{ch} = 6.236 \times 1.8 \times \sqrt{2} = 15.87(kA)$。老版一次手册第120页表4-1、121页表4-2。

11．B【解答过程】由《大型发电机变压器继电保护整定计算导则》（DL/T 684—2012）第5.1.4节表2，$I_{eh} = \frac{S}{\sqrt{3}U_h n_h} = \frac{180000}{\sqrt{3} \times 230 \times 600} = 0.753$，$I_{el} = \frac{S}{\sqrt{3}U_l n_l} = \frac{180000}{\sqrt{3} \times 10.5 \times 10000} = 0.99$

低压侧平衡系数：$K_1 = \frac{K_h I_{eh}}{I_{el}} = \frac{1 \times 0.753}{0.99} = 0.76$。

12．B【解答过程】由DL/T 584—2017表3可得：线路阻抗 $18 \times 0.4 = 7.2(\Omega)$ 变压器阻抗 $Z_T = \frac{U_d\%}{100} \times \frac{U^2}{S_e} = 0.17 \times \frac{110^2}{50} = 41.14(\Omega)$

$Z_{op.II} = K_K Z_I + K_{KT} K_Z Z_T' = 0.8 \times 7.2 + 0.7 \times 1 \times 41.14 = 34.558(\Omega)$

相间距离Ⅱ段阻抗保护二次整定值为：$Z_{op\,II2} = Z_{op\,II} \frac{n_{CT}}{n_{PT}} = 34.558 \times \frac{600}{1100} = 18.85(\Omega)$。

13．C【解答过程】由《电流互感器和电压互感器选择及计算规程》（DL/T 866—2015）第10.2.6条及表10.2.6 电流互感器采用三相星形接线，使用二次负载最大的单相短路进行计算，即

$K_{rc} = 1$，$K_{lc} = 2$，二次回路电阻为：$Z_b = \Sigma K_{rc} Z_r + K_{lc} R_1 + R_C = 1 \times 0.5 + 2 \times \frac{210}{57 \times A} \leq 2\Omega$；

$$A \geqslant \frac{420}{57 \times 1.5} = 4.91(\text{mm}^2)\text{。}$$

14．B【解答过程】由老版一次手册第 258 页式（7-41）可得：发电机定子电容

$$C_{of} = \frac{2.5KS_{ef}\omega}{\sqrt{3}(1+0.08U_{ef})} \times 10^{-9}(\text{F}) = \frac{2.5 \times 0.0187 \times \frac{56}{0.8} \times 2 \times \pi \times f}{\sqrt{3} \times (1+0.08 \times 10.5)} \times 10^{-3} = 0.3226(\mu\text{F}) \text{ 又由该手册第}$$

65 页式（3-1），依题意可得：$I_C = \sqrt{3} \times 10.5 \times 2\pi f \times (0.008 + 0.0075 + 0.0009 + 0.3226) \times 10^{-3} =$ 1.937(A)。老版一次手册第 262 页式（6-37），其中的 C_{Ol} 应为 C_{Of}；第 80 页式（3-1）。

15．A【解答过程】由 DL/T 5222—2021 附录 B 式（B.1.1）、式（B.1.3-1），依题意欠补偿方式，可得：

脱谐度 $v = \frac{I_C - I_L}{I_C} = \frac{10 - I_L}{10} = 0.3 \Rightarrow I_L = 7(\text{A})$；$Q = I_L U_L = 7 \times \frac{10.5}{\sqrt{3}} = 42.44(\text{kVA})$

$$U_0 = \frac{U_{bd}}{\sqrt{d^2 + v^2}} \frac{0.008 \times 10.5/\sqrt{3}}{\sqrt{0.04^2 + 0.3^2}} = 0.16(\text{kV})\text{。}$$

16．C【解答过程】由新版一次手册第 801 页式（14-143）、式（14-144）可得：发电机变压器组正序电抗：

$$X_{1发} = \frac{15.33 \times 0.8}{56} = 0.219 \quad X_{1变} = \frac{10.5}{75} = 0.14\text{；由于主变是三相四柱变压器，因此中性点接地的}$$

主变零序电抗等于正序电抗：

$$X_{0主变} = X_{1变} = \frac{10.5}{75} = 0.14 \quad X_{0起备变} = X_{1起备变} = \frac{14}{16} = 0.875\text{；系统正序电抗：}$$

$$X_{1系统} = X_{1发变} // X_{2发变} // X_{系统} = \frac{1}{\frac{1}{0.219+0.14} + \frac{1}{0.219+0.14} + \frac{1}{0.0412}} = 0.0335$$

系统零序电抗：$X_{0系统} = X_{0主变} // X_{0起备} // X_{0系统} = \dfrac{1}{\dfrac{1}{0.14} + \dfrac{1}{0.875} + \dfrac{1}{0.0698}} = 0.0442$；主变高压

侧中性点稳态电压为：$K_x = \dfrac{x_0}{x_1} = \dfrac{0.0442}{0.0335} = 1.32 \Rightarrow U_{b0} = \dfrac{K_x}{2+K_x}U_{gx} = \dfrac{1.32}{2+1.32}U_{gx} = 0.398U_{gx}$

老版一次手册第 903 页式（附 15-32）。

17．B【解答过程】由老版一次手册第 476 页式（9-2）可得：

补偿侧最大负荷电流 $I_m = \dfrac{15 \times 6.7 \times 10^3}{\sqrt{3} \times 35 \times 0.95} = 1745.07(\text{A})$

补偿侧绕组额定电流 $I_e = \dfrac{120 \times 10^3}{\sqrt{3} \times 35} = 1979.49(\text{A})$

$$Q_{cB.m} = \left(\frac{14}{100} \times \frac{1745.07^2}{1979.49^2} + \frac{0.3}{100}\right) \times 240 \times 2 = 53.66(\text{Mvar})$$

18．D【解答过程】由《风电场接入电力系统技术规定》（GB/T 19963—2021）第 7.2.2 条可得：（1）35kV 电缆，取全部线路充电功率 $Q_{35电缆} = \omega CU^2 = 314 \times (0.217 \times 65 + 0.181 \times 20 + 0.146 \times 24 + 0.124 \times 58) \times 35^2 \times 10^{-6} = 10.93(\text{Mvar})$。（2）220kV 电缆，取全部线路充电功率：

$Q_{220电缆} = \omega C U^2 = 314 \times 0.124 \times 25 \times 2 \times 220^2 \times 10^{-6} = 94.23(\text{Mvar})$。（3）220kV 架空线路，取送出线路充电功率的一半：$Q_{220架空线路} = q_c \times L = 0.19 \times 20 = 3.8(\text{Mvar})$，故总感性无功补偿容量=系统容性无功总损耗（充电功率）=10.93+94.23+3.8=108.96(Mvar)。

19．A【解答过程】依题意，全系共 2 套线路高压并联电抗器，2 套 SVG，同时未明确线路高压并联电抗器是否装设断路器，按惯例线路高抗不装设断路器，按运行中不进行投切考虑；由《风电场接入电力系统技术规定》（GB/T 19963—2021）第 7.2.2 条可得：（1）计算容性无功补偿容量=系统最大净感性无功损耗：满载时系统净感性无功损耗为：100+2×35–125=45(Mvar)，每台 SVG 补偿容性无功 45/2=22.5(Mvar)。（2）计算感性无功补偿容量=系统最大净充电功率：空载时系统净充电功率为：5+2×35-125=-50(Mvar)，每台 SVG 补偿感性无功 50/2=25(Mvar)。所以每组 SVG 容量±25Mvar 满足要求。

20．D【解答过程】（1）依题意电抗器分相布置，单相供电回路应选单相电缆；（2）敷设系数为 1，由（GB 50227—2017）第 5.8.2 条可得：$I_{xu} \geq I_g = 1.3 \times \dfrac{20 \times 10^3}{\sqrt{3} \times 35} = 428.9(\text{A})$，结合题意表格，选项 D 满足要求。

21．A【解答过程】由 GB 50217—2017 第 2.0.12 条知：选 A。

22．B【解答过程】由 GB 50217—2017 第 6.1.10 条可得：$F = 30000 \geq \dfrac{2.05 i^2 L k}{D} \times 10^{-7} =$
$\dfrac{2.05 \times (1.8 \times \sqrt{2} \times 40 \times 10^3)^2 \times L \times 3}{0.3} \times 10^{-7} \Rightarrow L \leq \dfrac{0.3 \times 30000}{2.05 \times (1.8 \times \sqrt{2} \times 40 \times 10^3)^2 \times 3 \times 10^{-7}} = 1.41(\text{m})$

23．C【解答过程】依题意明确了电缆导体的交直流电阻比，本题可认为热稳定系数 C 值不随截面变化而变化。由 GB50217-2017 附录 E 式（E.1.1-1）、式（E.1.3-2）得
$S \geq \dfrac{\sqrt{Q}}{C}, Q = I^2 t \Rightarrow S_2 = \dfrac{\sqrt{I_2^2 t_2}}{\sqrt{I_1^2 t_1}} \times S_1 = \dfrac{\sqrt{50^2 \times 1.5}}{\sqrt{40^2 \times 1}} \times 280 = 429(\text{mm}^2)$

24．D【解答过程】由 GB 50217—2017 附录 F 可得
$X_s = 2\omega \ln \dfrac{S}{r} \times 10^{-4} = 2 \times 314 \times \ln \dfrac{0.3}{0.05} \times 10^{-4} = 0.1125(\Omega / \text{km})$
$a = 2\omega \ln 2 \times 10^{-4} = 2 \times 314 \times \ln 2 \times 10^{-4} = 0.0435(\Omega / \text{km})$
$Y = X_x + a = 0.1125 + 0.0435 = 0.156$
$E_{so} = \dfrac{1}{2} \sqrt{3Y^2 + (X_s - a)^2} = \dfrac{450}{2} \times \sqrt{3 \times 0.156^2 + (0.1125 - 0.0435)^2} = 62.75(\text{V}/\text{km})$
$E_s = L E_{so} = 0.65 \times 62.75 = 40.8(\text{V})$

25．C【解答过程】由 GB 50217—2017 附录 A 可知大题干交联聚氯乙烯电缆最高持续运行温度为 90℃，又由该规范附录 D.0.2 可得：$K = \sqrt{\dfrac{\theta_m - \theta_2}{\theta_m - \theta_1}} = \sqrt{\dfrac{90 - 30}{90 - 40}} = 1.095$；
$I_{xu} = 1.095 \times 534 = 585(\text{A})$，本题也可查 GB 50217—2017 附录附录表 D.0.1，修正系数为 1.09。

2021年注册电气工程师专业案例试题

（下午卷）及答案

【2021年下午题1~3】 某地区计划建设一座抽水蓄能电站，拟装设6台300MW的可逆式水泵水轮机-发电电动机组，主接线采用发电电动机-主变单元接线。全站设2套静止变频启动装置（SFC）用于电动工况下启动机组，每套静止变频启动装置（SFC）支接于两台主变低压侧。

发电电动机参数：发电工况额定功率300MW，额定功率因数0.9；电动工况额定功率325MW，额定功率因数0.98；额定电压为18kV。

静止变频启动装置的启动输入变压器额定容量28MVA，启动输出变压器额定容量25MVA。

为更好地利用清洁能源该抽水蓄能电站在建设期结合当地公共电网建设一座交流侧容量为5MVA的光伏电站作为施工用电。

请分析计算并解答下列各小题：

1. 若抽水蓄能电站每台机组的励磁变压器均采用单相变压器，每组容量为3×1000kVA；在每台发电机出口各引接1台三相高压厂用电变压器，高压厂用电变压器容量为6300kVA，并另设外来电源作为厂用备用电源，不考虑主变短时过载，且6台主变容量取一致，则主变压器额定容量至少应为下列哪个值？　　　　　　　　　　　　　　　　　　　　（　　）

（A）331MVA　　　　　　　　　（B）369MVA
（C）371MVA　　　　　　　　　（D）394MVA

2. 该抽水蓄能电站采用2回500kV架空线路送出，导线采用四分裂导线，线路长度分别为80km和120km，在该电站500kV母线安装高压并联电抗器，补偿度为60%，则高压并联电抗器容量为：　　　　　　　　　　　　　　　　　　　　　　　　　　　（　　）

（A）84.96MVA　　　　　　　　（B）123.6MVA
（C）141.6MVA　　　　　　　　（D）236MVA

3. 5MVA的光伏电站以10kV电压全容量与公共电网变电站链接，变电站有1台50MVA的主变，变比为35kV/10kV，10kV母线短路容量为120MVA，允许光伏电站注入接入变电站10kV母线的五次谐波电流限制为：　　　　　　　　　　　　　　　　　　　　　（　　）

（A）2.94A　　　　　　　　　　（B）3.52A
（C）20A　　　　　　　　　　　（D）24A

【2021年下午题4~6】 某发电厂两台机组均以发电机-变压器组单元接线接入厂内220kV屋外敞开式配电装置，220kV采用双母线接线，设两回出线，厂址海拔高度1800m，周边为山区。请分析计算并解答下列各小题。

4. 发电机变压器出线局部断面见下图，带电安全净距校验标注时，a和b的最小值应为下列哪个选项？ （　　）

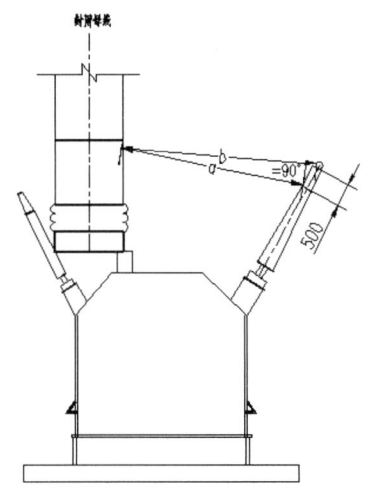

(A) 1729mm，1800mm　　　　(B) 1895mm，1960mm
(C) 1960mm，1960mm　　　　(D) 2107mm，2166mm

5. 若220kV配电装置发电机进线间隔采用快速断路器，两相短路的暂态正序短路电流有效值为15kA铜芯铝绞线相间距为4m，最大弧垂为1.75m、单位重量为2.06kg/m，用综合速断短路法确定的进线间隔短路时的钢芯铝绞线摇摆角为下列哪个值？（提示：求电动力与重量比值时不再进线单位换算） （　　）
(A) 9.5°　　　　(B) 20.5°
(C) 28.0°　　　(D) 30.0°

6. 若220kV母线三相短路电流为36kA，其中单台发电机提供的短路电流为5kA，发电机进线间隔导体长度为100m，两台发电机进线间隔相间布置、导体布置断面见下图，则当一台机组进线间隔三相短路时作用在另一台停电检修机组进线导体的最大电磁感应电压为下列哪个值？ （　　）

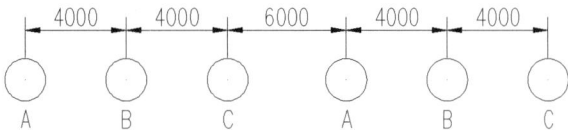

（A）1.11V/m （B）1.38V/m
（C）1.60V/m （D）4.87V/m

【2021年下午题7~9】某水力发电厂主变压器110kV侧门架与开关站进线门架挂线点等高，门架中心间距为12m，采用单根LGJ-400/35导线连接，耐张绝缘子串型号为单串8×XP-7（串中包含QP-7，Z-10，Ws-7）。

水电站气象条件如下：

最高温度+40℃，最低温度-20℃，最大覆冰厚度15mm，最大风速35m/s，安装检修时风速10m/s，覆冰时风速10m/s。

导线参数如下：

导线计算直径26.82mm，计算截面425.24mm²，导线自重1.349kg/m，温度线膨胀系数=20.5×10⁻⁶（1/℃）弹性模量 E=65000(N/mm²)

请分析计算并解答下列各小题：

7. 单串绝缘子串连接金具总长按190mm计，忽略导线弧度，该导线在覆冰状态下所承受的风压力为下列哪个值？ （ ）

（A）19.28N （B）38.77N
（C）44.44N （D）474.97N

8. 计算导线在覆冰时，有冰有风状态下的合成单位荷载为下列哪个值？ （ ）

（A）13.87N/m （B）23.69N/m
（C）30.90N/m （D）32.03N/m

9. 计算绝缘子串在覆冰时，有冰有风状态下合成绝缘子串的合成荷重为下列哪个值？
（ ）

（A）48.96N （B）88.32N
（C）446.98N （D）479.43N

【2021年下午题10~12】有一座燃煤热电厂，装机为4台440t/h超高压煤粉锅炉和3台40MW汽轮发电机组，4台锅炉正常3台运行1台备用，全厂热力系统采用母管制，3台40MW机组均采用发电机-变压器单元接线的方式接入厂内110kV母线。发电机出口电压为10.5kV，高压厂用工作电源采用限流电抗器从主变低压侧引接。

请析计算并解答下列各小题：

10. 该热电厂高压厂用电系统设置厂用电抗器的数量最合理的是下列哪项？分析并说明理由？ （ ）

（A）2台 （B）3台
（C）4台 （D）8台

11. 本工程最大一台高压厂用电动机为电动给水泵电动机，额定功率为3800kW，采用直接启动方式，电动机额定效率为97%，额定功率因数为0.89，启动电流倍数为6.5，假设电抗器额定电流为1000A，所带的厂用电母线段计算负荷合计为12800kVA，请按照满足该电动机正常启动的要求选择电抗器的百分电抗值 X_k 上限最接近下列哪个数值？（　　）

（A）10%　　　　　　　　　　（B）11%
（C）12%　　　　　　　　　　（D）15%

12. 本工程设置互为备用的两台水工变压器，采用干式变压器，容量为1250kVA，短路阻抗 U_d=6%，水工PC为附近的生活污水处理站MCC供电，供电回路电缆规格YJLV-1 3×70+1×35mm²，长度56m。MCC为附近一排水泵电动机供电，供电回路电缆规格YJV-1 3×10mm²，长度20m。请计算电动机接线端子处三相短路电流最接近下列哪个数值？（　　）

（A）1800A　　　　　　　　　（B）2200A
（C）3000A　　　　　　　　　（D）5300A

【2021年下午题13~15】 新建一台600MW火力发电机组，发电机额定功率为600MW，出口额定电压为20kV，额定功率因数为0.9，两台机组均采用发电机—变压器线路组的方式接入500kV系统，主变压器的容量为670MVA，短路阻抗为14%，送出500kV线路长度为290km，线路的充电功率为1.18Mvar/km。发电机的直轴同步电抗为215%，直轴瞬变电抗为26.5%，直轴超瞬变电抗为20.5%，主变压器高压侧采用金属封闭气体绝缘开关设备（GIS）。

请分析计算并解答下列各小题。

13. 请判断当机组带空载线路运行时，通过计算，判断是否会产生发电机自励磁？如产生自励磁，当采用高压并联电抗器限制自励磁产生的过电压时，其容量应选择以下哪个值？
（　　）

（A）否　　　　　　　　　　　（B）是，120MVA
（C）是，70MVA　　　　　　　（D）是，50MVA

14. GIS与架空线路连接处设置避雷器保护，该避雷器的雷电冲击电流残压为1006kV，操作冲击电流残压为858kV，陡波冲击电流残压为1157kV。若该GIS考虑与VFTO的绝缘配合，请问其对地绝缘的耐压水平及断路器同极断口间内绝缘的相对地雷电冲击耐受电压最小值应大于下列哪组值？（　　）

（A）1330kV，1257+315kV　　（B）987kV，1257+315kV
（C）1330kV，1257kV　　　　（D）987kV，1257kV

15. 500kV GIS设区域专用接地网，表层混凝土的电阻率近似值为250Ω·m，厚度为300mm，下层土壤的电阻率值为50Ω·m。主保护动作时间为20ms，断路器失灵保护动作时间为250ms，断路器开断时间为60ms。请问该接地网设计时的最大接触电位差应为下列哪项

值？（假定 GIS 设备金属因感应产生的最大电压差为 20V，接触电位差允许值的计算误差控制在 5%以内） （ ）

(A) 642.7V (B) 376.5V
(C) 368.5V (D) 306.0V

【2021 年下午题 16～18】 某发电厂的 500kV 户外敞开式开关站采用水平接地极为主边缘闭合的复合接地网，接地网采用等间距矩形布置，尺寸为 300mm×200m，网孔间距为 5m，敷设在 0.8m 深的均匀土壤中，土壤电阻率为 200Ω·m。假设不考虑站区场地高差，试回答以下问题。

16. 假设接地网最大入地电流为 25kA，如不计垂直接地极的长度，则该接地网的最大跨步电位差最接近以下何值？ （ ）

(A) 600V (B) 700V
(C) 800V (D) 900V

17. 假定高压配电装置采用两支独立避雷针进行直击雷防护，避雷针高分别为 47m、40m，为保证两针间保护范围上部边缘最低点高度不小于 24m，则两针之间的距离不应大于以下何值？ （ ）

(A) 75m (B) 103m
(C) 113m (D) 131m

18. 假定开关站内发生接地故障时的最大接地故障电流为 45kA，双套速动保护动作时间为 90ms，后备保护动作时间为 800ms，断路器失灵保护动作时间为 500ms，断路器开断时间为 50ms。接地导体采用镀锌钢材，则开关站主接地网接地导体的最小截面计算值最接近下列哪项（不考虑腐蚀裕量）？ （ ）

(A) 225mm² (B) 386mm²
(C) 468mm² (D) 514mm²

【2021 年下午题 19～21】 某变电站直流电源系统标称电压为 110V，事故持续放电时间为 2h，直流控制负荷与动力负荷合并供电。直流系统设 2 组阀控式铅酸蓄电池（胶体）。每组蓄电池配置一组高频开关电源模块型充电装置，不设端电池。单体蓄电池浮充电压为 2.24V，均充电压为 2.33V，事故末期放电终止电压为 1.83V。

请分析计算并解答下列各小题：

19. 每组蓄电池个数因为下列何值？ （ ）

(A) 50 个 (B) 51 个
(C) 52 个 (D) 53 个

20. 直流负荷统计见下表。

直 流 负 荷 统 计 表

序号	负荷名称	负荷容量（kW）	备 注
1	控制和保护负荷	10	
2	监控系统负荷	3	
3	高压断路器跳闸	9	
4	高压断路器自投	0.5	电磁操动合闸机构
5	直流应急照明	5	
6	交流不间断电源（UPS）	2×7.5	从直流系统取电

请按阶梯法计算并确定每组蓄电池容量宜选以下何值？　　　　　　（　　）

（A）500Ah　　　　　　　　　　（B）600Ah
（C）700Ah　　　　　　　　　　（D）800Ah

21. 假设蓄电池容量为 500Ah，直流负荷采用分层辐射形供电，终端控制负荷计算电流为 6.5A、保护负荷计算电流为 4A，信号负荷计算电流为 2A，若终端断路器选用标准型断路器，且最大分支额定电流为 4A，并假定至终端负荷间连接电缆的总电阻为 0.16Ω，则分电柜出线断路器宜选用下列哪种？　　　　　　　　　　　　　　　　　　　　　　（　　）

（A）额定电流为 25A 的直流断路器
（B）额定电流为 32A 的直流断路器
（C）额定电流为 40A 的直流断路器，带三段式保护分电柜出线断路器
（D）额定电流为 50A 的直流断路器，带三段式保护

【2021 年下午题 22～24】某 220kV 变电站，远离发电厂，安装 220/110/10kV、180kV 主变两台。220kV 侧为双母线接线，线路 L1、L2 为电源进线，另 2 回为负荷出线。110kV、10kV 侧为单母线分段接线，出线若干回，均为负荷出线。正常运行方式下，L1、L2 分别运行不同母线，220kV 侧并列运行，110kV、10kV 侧分裂运行。

220kV 及 110kV 系统为有效接地系统。

电源 S1 最大运行方式下系统阻抗标幺值为 0.002，最小运行方式下系统阻抗标幺值为 0.006；电源 S2 最大允许方式系统阻抗标幺值为 0.003、最小运行方式下系统阻抗标幺值为 0.008；L1、L2 线路阻抗标幺值为 0.01。（系统基准容量为 S_j=100MVA，不计周期分量的衰减，简图如下。）

请分析计算并解答以下问题：

22. 若 220kV 母线差动保护，其差电流启动元件的整定值（一次值）为 3.5kA，计算此启动元件的灵敏系数应为下列哪项数值？　　　　　　　　　　　　　　　　（　　）

（A）7.33　　　　　　　　　　　（B）3.98
（C）3.45　　　　　　　　　　　（D）2.0

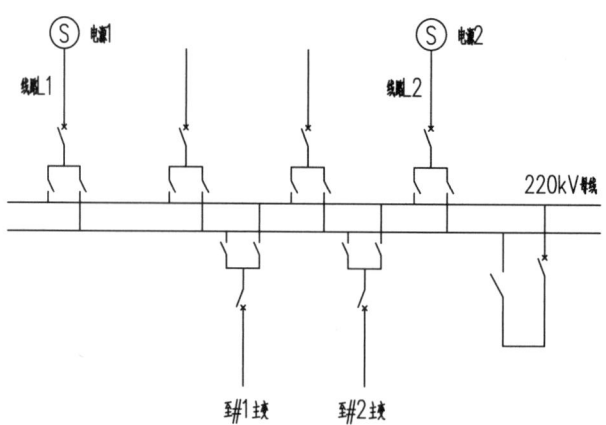

23．该站某 110kV 出线设置贸易结算用计量点，电压互感器二次绕组为三相星型接线，电压互感器二次额定线电压为 100V，每相负荷为 40VA。电压互感器到电能表电缆长度为 100m。铜导体取 $\gamma=57\text{m}/(\Omega\cdot\text{mm})^2$，请计算该电缆最小截面计算值。　　（　　）

（A）0.70mm^2　　　　　　　　（B）4.21mm^2

（C）10.53mm^2　　　　　　　（D）18.24mm^2

24．10kV 直馈线经较长电缆带低压变压器运行。此 10kV 电缆首端、电缆第一中间接头处、电缆末端的三相短路电流分别为 16kA、15.8kA、14.6kA。10kV 速断保护动作时间为 0.04s，10kV 过流保护动作时间为 0.5s，断路器开断时间 0.1s。请计算电缆的短路电流热效应 Q 值。（不计非周期分量）　　（　　）

（A）$153.60\text{A}^2\text{s}$　　　　　　　（B）$149.78\text{A}^2\text{s}$

（C）$127.90\text{A}^2\text{s}$　　　　　　　（D）$34.95\text{A}^2\text{s}$

【2021 年下午题 25～27】某 300MW 火力发电机组，已知 10kV 系统短路电流 40kA，采用低电阻接地。汽机低压厂用变接线如下图：变压器额定容量为 2000kVA，变比 10.5/0.4kV，短路阻抗 10%，变压器励磁涌流为 12 倍额定电流。

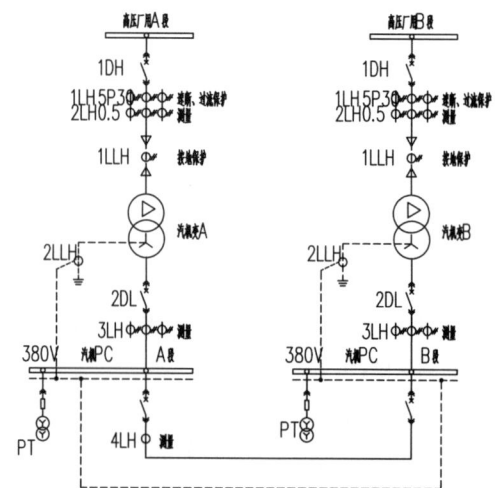

请分析计算并解答下列各小题。

25. 变压器高压侧保护采用电流速断及过电流保护，高压侧电流互感器变比 200/1A。请计算变压器电流速断保护的二次整定值。　　　　　　　　　　　　　　（　　）

　　（A）5.35A　　　　　　　　　　　　　（B）6.96A
　　（C）1392.04A　　　　　　　　　　　（D）1429.67A

26. 已知变压器保护装置安装在 10kV 开关柜内，变压器本体距离 10kV 开关柜的电缆长度为 200m，选用铜芯电缆，γ 取 $57m/\Omega \cdot mm^2$，电缆截面积选用 $4mm^2$，保护装置电流回路额定负载是 1Ω，接触电阻取 0.05Ω。当变压器低压侧中性点零序电流互感器二次额定电流选用 1A 及 5A 时，请问实际二次负载下列哪一项是正确的？　　　　　　　　（　　）

　　（A）1.927VA、24.18VA　　　　　　（B）2.745VA、44.85VA
　　（C）2.8VA、46.1VA　　　　　　　　（D）2.8VA、70VA

27. 已知本厂 10kV 段接有额定功率为 630kW 电动机。额定功率因数为 0.87，额定效率为 95%，电动机额定电压为 10kV，启动电流倍数为 7，电动机保护用电流互感器变比为 100/5A。电动机电流速断保护具有高低定值判据。求电动机电流速断保护的高定值和低定值二次整定值是多少？　　　　　　　　　　　　　　　　　　　　　　　　（　　）

　　（A）高定值 19.8A，低定值 14.3A
　　（B）高定值 19.8A，低定值 17.16A
　　（C）高定值 21.95A，低定值 16.31A
　　（D）高定值 23.1A，低定值 17.16A

【2021 年下午题 28~30】某 300MW 级火电厂，正常照明网络电压为 380/220V，交流应急照明网络电压为 380/220V，直流应急照明网络电压为 220V，主厂房照明采用混合照明方式。环境温度为 35℃。请分析计算并解答下列各小题。

28. 主厂房有一回照明干线连接了两个照明配电箱，提供某区域一般正常照明及插座供电。A 照明箱共 16 回出线，其中 6 路出线每路接有 6 盏 100W 的钠灯；3 路出线每路接有 24 盏 28W 的荧光灯；3 路出线为单相插座回路；还有 3 路备用。B 照明箱共 12 路出线，其中 6 路出线每路接有 6 盏 80W 的无极灯；3 路出线每路接有 24 盏 28W 的荧光灯；2 路出线为单相插座回路；还有 1 路备用。请计算该照明干线的计算负荷最接近下列哪项值？（插座回路按每路 1kW 计算）　　　　　　　　　　　　　　　　　　　　　　　　　（　　）

　　（A）11.35kW　　　　　　　　　　　（B）14.46kW
　　（C）16.35kW　　　　　　　　　　　（D）17.61kW

29. 已知某处装有高压钠灯 24 盏，每盏 100W，无极灯 36 盏，每盏 80W。由一回三相四线照明分支线路供电。请计算该照明线路的计算电流最接近下列哪项值？（　　）

　　（A）9.142A　　　　　　　　　　　　（B）10.01A

(C) 10.97A (D) 18.95A

30. 若材料库为 12×25m，安装有 10 只壁灯提供工作照明。当平均照度为 200lx 时，请计算光源的光通量最接近下列何值？（利用系数取 0.5） （　　）
(A) 15400lm (B) 17100lm
(C) 20000lm (D) 21400lm

【2021 年下午题 31～35】某 500kV 架空输电线路，最高运行电压 550kV，线路所经地区最高海拔高度小于 1000m。基本风速 30m/s，设计覆冰 10mm，年平均气温为 15℃，年平均雷暴日为 40d。相导线采用 4×JL/G1A-500/45，子导线直径 30.0mm，导线悬垂串采用Ⅰ型绝缘子串。

请分析计算并解答下列各小题。

31. 给定以下条件：
（1）SPS（现场污秽度）按 c 级，统一爬电比距（最高运行相电压）按 37.2mm/kV 设计；
（2）假定绝缘子的公称爬电距离为 480mm、结构高度为 170mm、爬电距离有效系数 0.95．
（3）直线塔全高按 100m 考虑。
按以上给定条件，计算确定某直线跨越塔导线悬垂串应采用绝缘子片数为下列哪个值？
 （　　）
(A) 25 片 (B) 26 片
(C) 27 片 (D) 28 片

32. 假定线路位于华东平原地区，线路落雷次数为 1.25 次/(km·a)。要求雷击铁塔时耐雷水平为 175kA。请按线路设计手册计算，满足反击跳闸率小于 0.20 次/(100km·a) 的绝缘子串的闪络距离为下列哪个值？ （　　）
(A) 3.90m (B) 4.20m
(C) 4.62m (D) 5.20m

33. 某段线路位于重污秽区，假定如下条件：
（1）按现行设计规范，当采用复合绝缘子时，其爬电距离最小需要 15000mm。
（2）已知盘式绝缘子的公称爬电距离为 635mm、结构高度为 155mm、爬电距离有效系数取 0.90。
按以上假定情况计算，直线塔导线悬垂串采用盘式绝缘子片数应为下列哪个值？（　　）
(A) 25 片 (B) 27 片
(C) 32 片 (D) 35 片

34. 某直线塔在最大风偏时，导线悬垂绝缘子串的带电部分与铁塔构建之间的最小距离为 1.95m，若考虑 0.3m 的设计裕度，计算此条件下该直线塔适用的最高海拔高度为下列哪个值？
（注：超高压工频电压放电电压与空气间隙呈线性关系，按海拔 1000m 时 500kV 输电线

路带电部分与杆塔构建的最小空气间隙进行计算。） （　　）

(A) 1800m　　　　　　　　　　　　(B) 2900m
(C) 3600m　　　　　　　　　　　　(D) 4300m

35. 假定该线路按同塔双回线路设计，已知在海拔 1000m 以下地区，直线塔导线悬垂绝缘子串按平衡高绝缘配置，采用结构高度为 4820mm、最小电弧距离为 4480mm 的复合绝缘子，试确定雷电过电压要求的最小空气间隙为下列哪个值？ （　　）

提示：绝缘子串雷电冲击放电电压：$U_{50\%}=530 \times L+35$
　　　空气间隙雷电冲击放电电压：$U_{50\%}=552 \times S$

(A) 3.30m　　　　　　　　　　　　(B) 3.71m
(C) 3.99m　　　　　　　　　　　　(D) 4.36m

【2021 年下午题 36~40】500kV 架空输电线路工程，导线采用 4×JL/G1A-400/35 钢芯铝绞线，导线长期允许最高温度 70℃，地线采用 GJ-100 镀锌钢绞线。给出的主要气象条件及导线参数如表 1。

表 1　主要气象条件及导、地线参数

项　目		单位	导线	地线
外径 d		mm	26.82	13.0
截面 s		mm²	425.24	100.88
自重力比载 g_1		10^{-3}N/(m·mm²)	31.1	78.0
计算拉断力		N	103900	118530
年平均气温 $\begin{bmatrix} T=15℃ \\ v=0\text{m/s} \\ b=0\text{mm} \end{bmatrix}$	导线应力	N/mm²	53.5	182.5
最低气温 $\begin{bmatrix} T=-20℃ \\ v=0\text{m/s} \\ b=0\text{mm} \end{bmatrix}$	导线应力	N/mm²	60.5	202.7
最高气温 $\begin{bmatrix} T=40℃ \\ v=0\text{m/s} \\ b=0\text{mm} \end{bmatrix}$	导线应力	N/mm²	49.7	170.6
设计覆冰 $\begin{bmatrix} T=-5℃ \\ v=10\text{m/s} \\ b=10\text{mm} \end{bmatrix}$	冰重力比载	10^{-3}N/(m·mm²)	24.0	
	覆冰风荷比载	10^{-3}N/(m·mm²)	8.1	
	导线应力	N/mm²	92.8	
基本风速（风偏）$\begin{bmatrix} T=-5℃ \\ v=30\text{m/s} \\ b=0\text{mm} \end{bmatrix}$	无冰风荷比载	10^{-3}N/(m·mm²)	23.3	
	导线应力	N/mm²	69.1	

（提示：计算时采用平抛线公式。）

请分析计算并解答下列各小题：

36. 按给定条件，基本风速（风偏）时的综合荷载为下列哪个值？ （ ）
   （A） 35.6×10^{-3} N/（m·mm²）　　　（B） 38.9×10^{-3} N/（m·mm²）
   （C） 45.3×10^{-3} N/（m·mm²）　　　（D） 54.4×10^{-3} N/（m·mm²）

37. 设耐张段内某直线档（两端为直线塔）的档距为650m，导线悬挂点高差为70m，最高气温条件下，该档导线的弧垂最低点至最大弧垂点间的水平距离为下列哪个值？ （ ）
   （A） 497m　　　　　　　　　　　　　（B） 478m
   （C） 172m　　　　　　　　　　　　　（D） 153m

38. 年平均气温条件下，若两直线塔间的档距为500m，且该档的导线长度为505.0m，并假定：
   （1）该档前后两侧杆塔的塔型相同；
   （2）两杆塔的导线悬垂绝缘子串和地线金具串分别相同，且不考虑绝缘子串、金具串的偏斜。

   按以上假设条件计算，该档的地线长度为下列哪个值？ （ ）
   （A） 506.1m　　　　　　　　　　　　（B） 505.0m
   （C） 504.2m　　　　　　　　　　　　（D） 503.5m

39. 最高气温条件下，计算得知某直线塔前后两侧的导线悬挂点应力分别为 56N/mm² 和 54N/mm²，该塔上导线的悬垂角分别为下列哪个数值？ （ ）
   （A） 25.3°，21.5°　　　　　　　　　　（B） 27.4°，23.0°
   （C） 42.0°，38.6°　　　　　　　　　　（D） 48.4°，47.3°

40. 假定：计算杆塔为直线塔，水平档距为800m，子导线的垂直荷重为15000N；前后两侧杆塔与计算杆塔的塔型相同；前后两侧杆塔与杆塔的导线绝缘子串和地线金具串分别相同，且不考虑绝缘子、金具串的偏斜。

   按以上假定条件，请计算最低气温条件下，杆塔的单根地线的垂直荷重为下列哪个值？
   （ ）
   （A） 7211N　　　　　　　　　　　　（B） 8045N
   （C） 8923N　　　　　　　　　　　　（D） 9808N

答　案

1. B【解答过程】由水电站一次手册第195页，《抽水蓄能电站设计导则》（DL/T 5208—2005）第10.3.2-1条可得电动机工况计算为

$$S_T \geqslant S_M + S_{SFC变压器} + S_{厂用变压器} + S_{励磁变压器} = \frac{325}{0.98} + 28 + 3 \times 1 + 6.3 = 368.9(\text{MVA})$$

发电工况校核：$S_T \geq S_G = \dfrac{300}{0.9} = 333.3(\text{MVA})$，所以选 B。

2．C【解答过程】由新版系统手册第 158 页表 7-1 可得 500kV 架空线路充电功率为 1.18Mvar/km。又由新版变电手册第 191 页式（6-29）可得：

高压并联电抗器容量 $Q_l = K_l Q_c = 0.6 \times 1.18 \times (80+120) = 141.6(\text{Mvar})$。老版系统手册第 229 页表 8-6，老版一次手册第 533 页公式（9-50）。

3．B【解答过程】由 GB/T 14549—93 第 5.1 条表 2 可知接入变电站允许总注入电流为：$\dfrac{120}{100} \times 20 = 24(\text{A})$，又由该规范附录式 C6 可得光伏电站允许注入谐波电流为：

$\dfrac{120}{100} \times 20 \times (\dfrac{5}{50})^{\dfrac{1}{1.2}} = 3.52(\text{A})$

4．C【解答过程】依题意，图中 a，b 值均为 A1 值，由 DL/T 5352—2018 续表 A.0.1 可得，海拔 1800m 220J 系统，A1 值为 1960mm，所以选 C。

5．C【解答过程】依题意两相短路正序分量为 15kA，总短路电流为正序与负序的矢和，$15 \times \sqrt{3} = 25.98(\text{kA})$，由老版一次手册第 550 页式（10-65）可得：

$P = \dfrac{2.04 I''^2_{(2)} 10^{-1}}{d} = \dfrac{2.04 \times 25.98^2 \times 10^{-1}}{4} = 34.42(\text{N}/\text{m})$，$\dfrac{P}{q} = \dfrac{34.42}{2.06} = 16.71$

$t = t_c + 0.05 = 0.06 + 0.05 = 0.11(\text{s})$，$\dfrac{\sqrt{f}}{t} = \dfrac{\sqrt{1.7}}{0.11} = 11.85$，又由该手册图 10-88 可得摇摆约为 28°，所以选 C。老版一次手册第 708 页式（附 10-55）、附图 10-19。

6．A【解答过程】依题意，母线总短路电流为 35kA，其中包含两台机组提供的短路电流，所求工况为一台机组检修，流过另一台机组出口导体的短路电流，应为 36-2×5=26 与 5 取大，故取 26，由新版一次手册第 407 页式（10-6）可得

$X_{A2C1} = 0.628 \times 10^{-4} \left(\ln \dfrac{2l}{D_1} - 1 \right) = 0.628 \times 10^{-4} \left(\ln \dfrac{2 \times 100}{6} - 1 \right) = 1.574 \times 10^{-4}(\Omega/\text{m})$

$X_{A2A1} = 0.628 \times 10^{-4} \left(\ln \dfrac{2l}{D_1 + 2D} - 1 \right) = 0.628 \times 10^{-4} \left(\ln \dfrac{2 \times 100}{6 + 2 \times 4} - 1 \right) = 1.042 \times 10^{-4}(\Omega/\text{m})$

$X_{A2B1} = 0.628 \times 10^{-4} \left(\ln \dfrac{2l}{D_1 + D} - 1 \right) = 0.628 \times 10^{-4} \left(\ln \dfrac{2 \times 100}{6 + 4} - 1 \right) = 1.253 \times 10^{-4}(\Omega/\text{m})$

$U_{A2} = I \left(X_{A2C1} - \dfrac{1}{2} X_{A2A1} - \dfrac{1}{2} X_{A2B1} \right) = (36 - 2 \times 5) \times 10^3 \times \left(1.574 - \dfrac{1.042}{2} - \dfrac{1.253}{2} \right) \times 10^{-4}$

$= 1.1089(\text{V}/\text{m})$

老版一次手册第 574 页式（10-2）。

7．B【解答过程】依题意，由老版一次手册式（8-62）、附表 8-8 可得：单位长度压：$q_5 = 9.8 \times 0.075 v_f^2 (d + 2b) \times 10^{-3} = 9.8 \times 0.075 \times 10^2 \times (26.82 + 2 \times 15) \times 10^{-3} = 4.176(\text{N}/\text{m})$ 总风压：$F = q_5 l = 4.176 \times (12 - 0.146 \times 8 \times 2 - 0.19 \times 2) = 38.77\text{N}$，题设"忽略导线弧度"，暗指可以用直连线计算导线长度。

8．C【解答过程】由老版一次手册式（8-59）、式（8-60）、式（8-62）、式（8-64）

$q_3 = q_1 + q_2 = 9.8 \times 1.349 + 9.8 \times 0.00283 \times 15 \times (26.82 + 15) = 30.618(\text{N/m})$

$q_5 = 9.8 \times 0.075 v_f^2 (d + 2b) \times 10^{-3} = 9.8 \times 0.075 \times 10^2 \times (26.82 + 2 \times 15) \times 10^{-3} = 4.176(\text{N/m})$

$q_7 = \sqrt{q_3^2 + q_5^2} = \sqrt{30.618^2 + 4.176^2} = 30.90(\text{N/m})$

9．D【解答过程】由老版一次手册式（8-67）～式（8-69）、式（8-71）、式（8-72）、表 8-35、表 8-36、附表 8-8 可得：

$Q_{1i} = nq_i + q_0 = 8 \times 9.8 \times 4 + 9.8 \times (0.27 + 0.87 + 0.97) = 334.278(\text{N})$

$Q_{2i} = nq_i' + q_0' = 8 \times 9.8 \times 1.7 + 9.8 \times 1.2 = 145.04(\text{N})$

$Q_{5i} = 9.8 \times 0.0375 K_{fj} (nA_i + A_0) v_f^2 = 9.8 \times 0.0375 \times 1.1 \times (8 \times 0.029 + 0.0142) \times 10^2$
$= 9.953(\text{N})$

$Q_{7i} = \sqrt{(Q_{1i} + Q_{2i})^2 + Q_{5i}^2} = \sqrt{(334.278 + 145.04)^2 + 9.953^2} = 479.42(\text{N})$

10．B【解答过程】由 GB 50049—2011 第 17.3.4 条、第 17.3.11 条：本题锅炉容量 440t/h，机炉不对应，应按炉分段，总共 4 台锅炉分 8 段，从最经济考虑，应在电源侧，即每台发电机主变低压侧各配置 1 台电抗器，3 台机组总共 3 台电抗器，所以选 B。

11．B【解答过程】由 DL/T 5153—2014 附录 H 及第 4.5 条可得

$S_q = \dfrac{K_q P_e}{S_{2T} \eta_d \cos\varphi_d} = \dfrac{6.5 \times 3800}{\sqrt{3} \times 10 \times 1000 \times 97\% \times 0.89} = 1.65$，又由该规范附录 F，给水泵换算系数为

1，则 $S_1 = \dfrac{12800 - \dfrac{3800}{1}}{\sqrt{3} \times 10 \times 1000} = 0.52$；$S = S_1 + S_q = 0.52 + 1.65 = 2.17$

$U_m = \dfrac{U_0}{1 + SX} \geqslant 80\%$；则 $X \leqslant \left(\dfrac{U_0}{U_m} - 1\right) / S = \left(\dfrac{1}{0.8} - 1\right) / 2.17 = 0.115 = 11.5\%$

12．C【解答过程】由 DL/T 5153—2014 附录 N、GB 50217—2018 附录 E.1 可得：

$L_c = L_1 + L_2 \dfrac{S_1 \rho_2}{S_2 \rho_1} = 56 + 20 \times \dfrac{70 \times 0.01724 \times 10^{-4}}{10 \times 0.02826 \times 10^{-4}} = 141.4(\text{m})$，查图 N.1.5-4 可得 $I_d^{(3)} \approx 3000\text{A}$。

13．C【解答过程】由 GB/T 50064—2014 式（4.1.6）可得：$X_d^* = X_s^* + X_T^* \cdot \dfrac{P/\cos\theta}{S_T} =$

$2.15 + 0.14 \times \dfrac{600/0.9}{670} = 2.29$；$Q_c X_d^* = 1.18 \times 290 \times 2.29 = 783.64(\text{MVA})$，$W_N = 600/0.9 =$

$666.67(\text{MVA})$，即 $Q_c X_d^* > W_N$。

由此可知会发生自励磁。为限制自励磁产生的过电压，高压并联电抗器容量至少应为：

$Q_{kb} > lq_c - \dfrac{W_N}{X_d^*} = 1.18 \times 290 - \dfrac{600/0.9}{2.29} = 51.08(\text{MVA})$。

14．A【解答过程】（1）由 GB/T 50064—2014 式（6.4.3-3）可得：GIS 对地绝缘的耐压水平 $u_{GIS.1.i} \geqslant k_{14} U_{tw.p} = 1.15 \times 1157 = 1330.55(\text{kV})$。（2）又由该规范式（6.4.4-1）及式（6.4.4-2）可得：断路器同极断口间内绝缘的相对地雷电冲击耐受电压 $u_{e.1.c.i} \geqslant u_{e.1.i} + k_m \sqrt{2} U_m / \sqrt{3} =$
$k_{16} U_{1.p} + k_m \sqrt{2} U_m / \sqrt{3} = 1.25 \times 1006 + 0.7 \times \sqrt{2} \times 550 / \sqrt{3} = 1257.5 + 314.4 \text{kV}$。

15. C【解答过程】由 GB/T 50065—2011 第 4.2.2-1 条、第 4.4.3 条、附录 C 式（C.0.2）及附录 E.0.3-1 可得

$$C_S = 1 - \frac{0.09 \times (1 - \frac{\rho}{\rho_s})}{2h_s + 0.09} = 1 - \frac{0.09 \times (1 - \frac{50}{250})}{2 \times 0.3 + 0.09} = 0.88；$$

$$U'_{\max} = \frac{174 + 0.17\rho_s C_s}{\sqrt{t_s}} = \frac{174 + 0.17 \times 250 \times 0.9}{\sqrt{0.02 + 0.25 + 0.06}} = 369(V)，$$

$$U_t > \sqrt{U_{t\max}^2 + (U'_{to\max})^2} = \sqrt{369^2 - 20^2} = 368.5(V)，所以选 C。$$

16. B【答案及解答】由 GB/T 50065—2011 附录 D.0.3 式（D.0.3–13）得 $U_S = \frac{\rho I_G K_S K_i}{L_S}$，

依题意 $\rho = 200\Omega \cdot m$，$I_G = 25kA$

依题意等间距，根据几何性质可得接地极长度 $L_c = 300 \times \left(\frac{200}{5} + 1\right) + 200 \times \left(\frac{300}{5} + 1\right) = 24500(m)$

由第 $D.0.3-1-6$ 款，采用简化计算，可得 $n = \sqrt{n_1 n_2} = \sqrt{\left(\frac{300}{5} + 1\right)\left(\frac{200}{5} + 1\right)} = 50$

$$K_S = \frac{1}{\pi}\left(\frac{1}{2h} + \frac{1}{D+h} + \frac{1-0.5^{n-2}}{D}\right) = \frac{1}{3.14} \times \left(\frac{1}{2 \times 0.8} + \frac{1}{5+0.8} + \frac{1-0.5^{50-2}}{5}\right) = 0.318$$

$K_i = 0.644 + 0.148n = 0.644 + 0.148 \times 50 = 8.044$

依题意 $L_R = 0$，$L_S = 0.75L_c + 0.85L_R = 0.75 \times 24500 + 0 = 18375(m)$，

$$U_S = \frac{\rho I_G K_S K_i}{L_S} = \frac{200 \times 25 \times 10^3 \times 0.318 \times 8.044}{18375} = 696.05(V)$$

17. B【解答过程】由 GB/T 50064—2014 第 5.2.1 条、第 5.2.6 条可得：高针在低针 40m 高度上的保护半径：$r_x = (h - h_x)P_{高} = (47 - 40) \times 5.5/\sqrt{47} = 5.62(m)$；联合保护范围弓高

$f = 40 - 24 = 16(m) = \frac{D'}{7P_{低针}} \Rightarrow D' = \frac{16 \times 7 \times 5.5}{\sqrt{40}} = 97.4(m)$；则总距离 $D = 5.62 + 97.40 = 103.02(m)$。

18. B【解答过程】由 GB/T 50065—2011 第 4.3.5-3 款及附录 E 及 4.3.5-3 款可得

$$S_g \geq 0.75 \times \frac{I_g}{C}\sqrt{t_s} = 0.75 \times \frac{45 \times 10^3}{70} \times \sqrt{0.09 + 0.5 + 0.05} = 386(mm^2)$$

19. C【解答过程】由 DL/T 5044—2014 第 6.1.1-1 款及附录 D 可知按满足浮充电电压计算蓄电池数量：$n = 1.05\frac{U_n}{U_f} = 1.05 \times \frac{110}{2.24} = 51.5625(个)$，取 52 个。

20. D【解答过程】由 DL/T 5044—2014 表 4.2.5 及表 4.2.6，4.2.1-2（1）负荷统计：
控制和保护负荷：$I = 10 \times 1000 \times 0.6/110 = 54.55(A)$，经常负荷，持续时间 120min
监控系统负荷：$I = 3 \times 1000 \times 0.8/110 = 21.82(A)$，经常负荷，持续时间 120min
高压断路器跳闸：$I = 9 \times 1000 \times 0.6/110 = 49.09(A)$，事故负荷，持续时间 1min
高压断路器自投：$I = 0.5 \times 1000 \times 1/110 \times 0.5 = 2.27(A)$，事故负荷，持续时间 1min
直流应急照明：$I = 5 \times 1000 \times 1/110 = 45.45(A)$，事故负荷，持续时间 120min
交流不间断电源：$I = 7.5 \times 1000 \times 0.6/110 = 40.91(A)$，事故负荷，持续时间 120min

（2）蓄电池容量计算：根据负荷持续时间分析，只有1min和120min两个阶梯，因此按2个阶段计算：

初期1min，I_1=49.09+2.27+54.55+21.82+45.45+40.91=214.09(A)

1～120min I_2=214.09-49.09-2.27=162.73 (A)

又根据该规范表 C.3-5，K_c=1.06，K_{119}=0.313，K_{120}=0.31，由附录 C.2.3 可得：第一阶梯计算容量 $C_{c1}=K_k\dfrac{I_1}{K_c}=1.4\times\dfrac{214.09}{1.06}=282.76(Ah)$；第二阶梯计算容量 $C_{c2}=K_k\left(\dfrac{I_1}{K_{c1}}+\dfrac{I_2-I_1}{K_{c2}}\right)=1.4\times\left(\dfrac{214.09}{0.31}-\dfrac{214.09-162.73}{0.313}\right)=737.13(Ah)$ 选大于且最接近选项，所以选 D。

21．B【解答过程】由 DL/T 5044—2014 附录 A 第 A.3.4 条可知控制、保护、监控回路断路器额定电流为：$I_n \geq K_c(I_{cc}+I_{cp}+I_{ca})=0.8\times(6.5+4+2)=10(A)$；分电柜出线至终端负荷间连接电缆压降百分比 $U=IR=\dfrac{10\times0.16}{110}\times100=1.45\%$；又由该规范表 A.5-2 可知，分电柜出线断路器与下级断路器电流比为 8，选 32(A)。

22．C【解答过程】由《220kV～750kV 电网继电保护装置运行整定规程》（DLT 559—2018）第 7.2.9 条，本题中，正常运行方式下，220kV 侧并列运行，L1、L2 分别运行不同母线，因此当母联断路器断开后，故障母线故障电流小，启动元件灵敏度低，故按母联断开工况整定。母联断开时，最小故障电流，取电源最小运行方式，由于电源 S1 最小运行方式下系统阻抗标幺值小于 S2 最小运行方式下系统阻抗标幺值，L1、L2 线路阻抗标幺值相同，因此 S2 最小运行方式下母线故障电流最小，计算如下：$X_\Sigma=0.008+0.01=0.018$，$I_j=\dfrac{S_j}{\sqrt{3}U_j}=\dfrac{100}{\sqrt{3}\times230}=0.251$；最小故障电流 $I_{k\min}=\dfrac{\sqrt{3}}{2}\cdot\dfrac{I_j}{X_\Sigma}=\dfrac{\sqrt{3}}{2}\times\dfrac{0.251}{0.018}=12(kA)$；依题意动作电流为 3.5kA，可得灵敏系数 $K_{lm}=\dfrac{I_{k\min}}{I_{zd}}=\dfrac{12}{3.5}=3.43$。

23．C【解答过程】由《电力装置电测量仪表装置设计规范》（GB/T 50063—2017）第 8.2.3 条：电能计量装置的二次回路电压降不应大于额定二次电压的 0.2%；每相允许电压降为 57.7×0.2%=0.1154（V）；每相电流为 40/57.7=0.6932（A）；电缆每相允许阻抗为 0.1154/0.6932=0.1665（Ω），可得 S=100/(57×0.1665)=10.53(mm)^2，所以选 C。

24．D【解答过程】依据 GB 50217—2018 第 3.6.8 条可知有中间接头时，短路点应取第一个接头处的短路电流，带低压变压器的直馈线短路电流持续时间应取：主保护时间+断路器开断时间；又由该规范附录 E，式 E.1.3-1 可得：$Q=I^2t=15.8^2\times(0.04+0.1)=34.95(kA^2s)$。

25．B【解答过程】设：S_J=100MW、U_J=10.5kV、I_J=5.5kA；变压器阻抗标值 $X_{ed}=\dfrac{U_dS_j}{100\times S_e}=\dfrac{0.1\times100}{2}=5$；系统阻抗 $X_{s*}=\dfrac{I_j}{I''}=\dfrac{5.5}{40}=0.1375$；由 DL/T 1502—2016 第 5.2.1 节相关内容及式(52)可知：(1)按躲过变压器低压侧出口三相短路故障电流整定 $I_{op}=K_{rel}I^3_{k.\max}/n_a=1.3\times\dfrac{5.5\times1000}{5+0.1375}/200=6.96A$；(2)按躲过变压器励磁涌流整定 $I_{op}=12I_e/n_a=12\times\dfrac{2000}{\sqrt{3}\times10.5}/200=6.6A$；以上两者取最大值，取 6.96A，所以选 B。

26. D【解答过程】根据《电流互感器和电压互感器选择及计算规程》(DL/T 866—2015) 第 10.2.6 条可得：变压器低压侧中性点零序电流互感器采用单相接线方式，因此 $K_{lc}=2$，$K_{rc}=1$ 可得 $Z_b = \sum K_{rc}Z_r + K_{lc}R_l + R_c = 1 \times 1 + 2 \times \dfrac{200}{57 \times 4} + 0.05 = 2.8(\Omega)$。（1）零序电流互感器二次额定电流选用 1A 时：实际二次负载 $S=1\times1\times2.8=2.8(VA)$；（2）零序电流互感器二次额定电流选用 5A 时：实际二次负载 $S=5\times5\times2.8=70(VA)$。

27. D【解答过程】由《厂用电继电保护整定计算导则》(DL/T 1502—2016) 第 7.3 节相关内容可得：（1）高定值：根据式（115），动作电流高定值按躲过电动机最大启动电流整定

$$I_{oph} = K_{rel}K_{st}I_e = 1.5 \times 7 \times \dfrac{630}{\sqrt{3}\times 10 \times 0.87 \times 0.95}/20 = 23.1(A)$$

（2）低定值：根据式（116），动作电流低定值按躲过电动机自启动电流整定

$$I_{opl} = K_{rel}K_{ast}I_e = 1.3 \times 5 \times \dfrac{630}{\sqrt{3}\times 10 \times 0.87 \times 0.95}/20 = 14.3(A)$$

动作电流低定值按躲过区外出口短路故障最大电动机反馈电流整定

$$I_{opl} = K_{rel}K_{ast}I_e = 1.3 \times 6 \times \dfrac{630}{\sqrt{3}\times 10 \times 0.87 \times 0.95}/20 = 17.16(A)$$ 两者取大值 17.16A。

28. C【解答过程】由 DL/T 5390—2014 第 8.5.1-2 条、表 8.5.1 $P_{js} = \Sigma\left[K_x P_z(1+a) + P_s\right] = [0.9 \times (6\times6\times100 + 3\times24\times28)\times10^{-3}\times(1+0.2)+3] + [0.9\times(6\times6\times80+3\times24\times28)\times10^{-3}\times(1+0.2)+2] = 16.35(kW)$

29. C【解答过程】由 DL/T 5390—2014 第 2.1.36 条、式（8.6.2-5）、式（8.6.2-6）

$$I_{js} = \sqrt{\left(I_{js1}\cos\Phi_1 + I_{js2}\cos\Phi_2\right)^2 + \left(I_{js1}\sin\Phi_1 + I_{js2}\sin\Phi_2\right)^2}$$

$$= \sqrt{\left(\dfrac{24\times100}{\sqrt{3}\times380\times0.85}\times0.85 + \dfrac{36\times80}{\sqrt{3}\times380\times0.9}\times0.9\right)^2 + \left(\dfrac{24\times100}{\sqrt{3}\times380\times0.85}\times0.527 + \dfrac{36\times80}{\sqrt{3}\times380\times0.9}\times0.436\right)^2}$$

$=9.14(A)$

又由该规范第 8.5.1 条公式说明可知，气体放电灯损耗系数 $a=0.2$ 可得

$I_{js} = 9.14\times(1+0.2) = 9.14\times1.2 = 10.97(A)$。

30. B【解答过程】由 DL/T 5390—2014 表 7.0.4、附录 B.0.1 可得

光通量 $\Phi = \dfrac{E_c \times A}{N \times CU \times K} = \dfrac{200\times 12\times 25}{10\times 0.5\times 0.7} = 17143(lm)$

31. D【解答过程】由 GB 50545—2010 表 7.0.2，第 7.0.3 条、式（7.0.5）可得：

（1）爬电比距法：$n \geq \dfrac{\lambda U}{K_e L_{01}} = \dfrac{37.2\times\dfrac{550}{\sqrt{3}}}{480\times 0.95} = 25.9(片)$。（2）按操作过电压选择：

$n \geq \dfrac{155\times 25}{170} = 22.8(片)$。（3）按雷过电压选择：塔高 100m，在表 7.0.2 的基础上增加 6 片 146mm 绝缘子，$n = \dfrac{155\times 25 + 146\times 6}{170} = 27.9(片)$；以上三者取大，应选 28 片，所以选 D。

32. B【解答过程】由 GB/T 50064—2014 附录 D，式（D.1.1-1）、式（D.1.7）、式（D.1.8）、

式（D.1.9-1）可得：$P(I_0 \geq i_0) = 10^{-\frac{i_0}{88}} = 10^{-\frac{175}{88}} = 0.0103$；$N = N_L \eta(gP_1 + P_{sf}) \Rightarrow$

$0.2 = 1.25 \times 100 \times \eta \left(\frac{1}{6} \times 0.0103 + 0\right) \Rightarrow \eta = 0.932$；$\eta = (4.5E^{0.75} - 14) \times 10^{-2} \Rightarrow$

$0.932 = (4.5E^{0.75} - 14) \times 10^{-2} \Rightarrow E = 68.545$；$E = \frac{U_n}{\sqrt{3} l_i} \Rightarrow l_i = \frac{U_n}{\sqrt{3} E} \Rightarrow \frac{500}{\sqrt{3} \times 68.545} = 4.21 \text{(m)}$。

33．D【解答过程】由 GB 50545—2010 第 7.0.7 条可得：$28 \times 500 = 14000 \text{(mm)}$；

$\frac{15000}{3/4} = 15000 \times \frac{4}{3} = 20000 \text{(mm)}$；盘式绝缘子爬电距离应为以上两者取大，故取 20000；

则盘式绝缘子最少片数为 $n \geq \frac{20000}{635 \times 0.9} = 34.996$（片）。新版 DL/T 5582—2020 第 6.2.4.2 条已对爬电比距数值进行了修改。

34．B【解答过程】依题意超高压工频电压放电电压与空气间隙呈线性关，可得 $U_{50\%-H} = k \times (1.95 - 0.3)$，$U_{50\%-1000} = k \times 1.3$；由 GB/T 50064—2014 附录 A 可得设备安装位置海拔间隙放电电压在海拔 1000m 处的计算值为 $U_{50\%-H} = e^{m(\Delta H/8150)} U_{50\%-1000} \Rightarrow \frac{U_{50\%-H}}{U_{50\%-1000}} = $

$e^{m(\Delta H/8150)} = \frac{1.95 - 0.3}{1.3}$，取 $m=1$，$\Delta H = \ln\left(\frac{1.95 - 0.3}{1.3}\right) \times 8150 = 1943.05 \Rightarrow H = 1000 + 1943.05 =$

2943.05(m)；适用最高海拔在各选项中选取小于且最接近计算值的 B 选项，所以选 B。

35．B【解答过程】由 GB/T 50064—2014 第 6.2.2-4 条 DL/T 5582—2020 第 6.2.5 条条文说明式（5）可得：$U_{50\%} = 530L + 35 = 530 \times 4.48 + 35 = 2409.4 \text{(kV)}$；$U'_{50\%} = 0.85 U_{50\%} =$

$0.85 \times 2409.4 = 2047.99 \text{(kV)}$；$S = \frac{U'_{50\%}}{552} = \frac{2047.99}{552} = 3.71 \text{(m)}$。

36．B【解答过程】由新版线路手册第 303 页表 5-13 可得 $\gamma_6 = \sqrt{\gamma_1^2 + \gamma_4^2} = \sqrt{31.1^2 + 23.3^2} \times$

$10^{-3} = 38.9 \times 10^{-3} \text{N}/(\text{m} \cdot \text{mm}^2)$。老版线路手册第 179 页表 3-2-3。

37．C【解答过程】由新版线路手册第 304 页表 5-14 可得

$L_{ob} = \frac{l}{2} + \frac{\sigma_0}{\gamma} \text{tg}\beta = \frac{650}{2} + \frac{49.7}{31.1 \times 10^{-3}} \times \frac{70}{650} = 497 \text{(m)}$；$x = L_{ob} - \frac{l}{2} = 497 - \frac{650}{2} = 172 \text{(m)}$。

老版线路手册第 180 页表 3-3-1。

38．C【解答过程】由新版线路手册第 304 页表 5-14 可得

$L = l + \frac{h^2}{2l} + \frac{\gamma^2 l^3}{24\sigma_0^2} \Rightarrow 505 = 500 + \frac{h^2}{2 \times 500} + \frac{(31.1 \times 10^{-3})^2 \times 500^3}{24 \times 53.5^2} \Rightarrow h = 56.92 \text{(m)}$；

$L_{地} = l + \frac{h^2}{2l} + \frac{\gamma_{地}^2 l^3}{24\sigma_{地}^2} = 500 + \frac{56.92^2}{2 \times 500} + \frac{(78 \times 10^{-3})^2 \times 500^3}{24 \times 182.5^2} = 504.19 \text{(m)}$。老版线路手册第 180 页表 3-3-1。

39．B【解答过程】由新版线路手册第 305 页表 5-13 悬垂角公式可得 $\theta_a = \cos^{-1}\frac{\sigma_0}{\sigma_a} =$

$\cos^{-1}\frac{49.7}{56} = 27.4°$；$\theta_b = \cos^{-1}\frac{\sigma_0}{\sigma_b} = \cos^{-1}\frac{49.7}{54} = 23.0°$。老版线路手册第 181 页表 3-3-1。

40. D【解答过程】由新版线路手册第 307 页式（5-29）可得：$G_V = l_v g_1 = \left(l_H + \dfrac{\sigma_0}{\gamma_v} \alpha \right) g_1$

$\Rightarrow 15000 = \left(800 + \dfrac{60.5}{31.1 \times 10^{-3}} \alpha \right) \times 31.1 \times 10^{-3} \times 425.24 \Rightarrow \alpha = 0.1718$ 对地线而言 $l_v = l_H +$

$\dfrac{\sigma_d}{\lambda_d} \alpha = 800 + \dfrac{202.7}{78 \times 10^{-3}} \times 0.1718 = 1246.46 \text{(m)}$；$G_d = l_v g_d = 1246.46 \times 100.88 \times 78 \times 10^{-3}$

$= 9807.94 \text{(N)}$。老版线路手册第 184 页式（3-3-12）。

2022年注册电气工程师专业知识试题

（上午卷）及答案

一、单项选择题（共40题，每题1分，每题的备选项中只有1个最符合题意）

1. 在电气设计标准中，下列哪项为强制性条文？ （ ）
   （A）防静电接地电阻应在30Ω以下
   （B）停电将直接影响到重要设备安全的负荷，必须设置自动接入的备用电源
   （C）100MW级及以上的机组应设置交流保安电源
   （D）主厂房内照明/检修系统的中性点应采用直接接地方式

2. 关于大型水电机组，下列说法不符合规范要求的是 （ ）
   （A）发电机/发电电动机中性点接地方式宜采用高电阻接地方式
   （B）抽水蓄能电厂用发电机电压侧同期与换相或接有启动变压器的回路时，发电机出口必须装设断路器
   （C）联合单元回路在发电机出口处必须装设断路器
   （D）开停机频繁的调峰水电站，当采用发单机-变压器单元接线时，发电机出口宜装设断路器

3. 某支路三相短路电流周期分量的起始有效值为45kA，$X_\Sigma/R_\Sigma = 40$，$f = 60$Hz，不计周期分量衰减时，则该支路三相短路电流的冲击电流为 （ ）
   （A）114.6kA　　　　　　　　　（B）117.7kA
   （C）121.6kA　　　　　　　　　（D）122.5kA

4. 电器以正常使用环境条件规定，下列正确的选项是 （ ）
   （A）最热月平均温度不超过40℃，海拔不超过1000m
   （B）月平均温度不超过40℃，海拔不超过1000m
   （C）月平均温度不超过40℃，海拔不超过2000m
   （D）周围空气温度不超过40℃，海拔不超过1000m

5. 在进行屋内裸导体选择计算时，如该处无通风设计温度资料，则环境温度采取下列的方式是 （ ）
   （A）最热月平均最高温度　　　　（B）最热月平均最高温度加5℃
   （C）年最高温度　　　　　　　　（D）年最高温度加5℃

6. 为防止变电站内接地网的高电位引向站外造成危害,下列采取的措施错误的是 （　　）
（A）站用变压器向站外低压电气装置供电的,其 0.4kV 绕组的短时 1min 交流耐受电压应比站内接地网电位升高 30%
（B）向站外供电用低压架空线路,某电源中性点不在站内接地在站外适当地方接地
（C）对外的非光纤通信设备加隔离变压器
（D）通信站外的管道采用绝缘段

7. 关于电力系统安全稳定描述错误的是 （　　）
（A）电力稳定可分为功角稳定、频率稳定、电压稳定 3 类
（B）小扰动功角稳定又可分为静态功角稳定、小扰动动态功角稳定
（C）大扰动功角稳定又可分为暂态功角稳定、及第一、第二扰动稳定
（D）N–1 原则是指正常方式下的电力系统任一元件（如发电机、交流线路、变压器、直流单杆线路、直流换流器等）无故障或因故障断开,电力系统应保持稳定运行和电网正常供电,其他元件不过负荷,电压和频率均在允许范围内

8. 发电厂多灰潮湿场所,照明配电箱的外壳防护等级应为 （　　）
（A）IP40　　　　　　　　　　　　（B）IP42
（C）IP54　　　　　　　　　　　　（D）IP5x

9. 关于光伏发电系统汇流箱的选择,下列说法正确的是 （　　）
（A）直流汇流箱的输入回路应配置直流熔断器或直流 QF
（B）直流汇流箱的输出回路宜配置直流熔断器
（C）直流汇流箱的输入回路应配置交流熔断器
（D）直流汇流箱的输出回路宜配置交流 QF 或负荷开关

10. 某 220kV 架空输电线路工程,按当地工程条件计算,采用爬电比距法计算到该线路悬垂绝缘子串数量 13.8 片,如其他条件不变,采用同样绝缘子的 500kV 架空线路悬垂绝缘子串数量至少为 （　　）
（A）26 片　　　　　　　　　　　　（B）32 片
（C）28 片　　　　　　　　　　　　（D）34 片

11. 火力发电厂厂用电系统正常工作情况下,6kV 厂用电源母线电压波动范围不宜大于 （　　）
（A）90%～110%　　　　　　　　　（B）95%～105%
（C）49～51Hz　　　　　　　　　　（D）49.5～50.5Hz

12. 600MW 级发电机组中性点应采用下列的接地方式是 （　　）
（A）不接地　　　　　　　　　　　（B）经小电阻接地
（C）经高电阻或消弧线圈接地　　　（D）直接接地

13．额定功率 1000MW 的同步发电机，额定励磁电压为 510V，励磁绕组出厂交流工频耐压试验值（有效值）应为 （   ）

（A）1500V　　　　　　　　　　　（B）2020V

（C）5020V　　　　　　　　　　　（D）5100V

14．500kV 交流海底电缆线路选用电缆类型，下列正确的是 （   ）

（A）宜选用交联聚乙烯或聚氯乙烯挤塑绝缘类型

（B）可选用不滴流浸渍纸绝缘

（C）选用橡皮绝缘等电缆

（D）可选用自容式充油电缆或交联聚乙烯绝缘电缆

15．在山地设有 2 支 25m 高的等高独立避雷针，两针距离为 50m，则两针间保护范围上部边缘最低点高度为 （   ）

（A）17.9m　　　　　　　　　　　（B）15m

（C）12.5m　　　　　　　　　　　（D）11.25m

16．关于风力发电厂机组和机组单元的过电压保护及接地，下列说法正确的是 （   ）

（A）风力发电机组接地网的工频接地电阻不应大于 10Ω，当接地电阻不满足要求时，应采用降低接地电阻的措施

（B）风机塔筒与环形人工接地网应至少有 3 条接地干线相连

（C）机组变电单元与接地网的连接点距离风力发电机组塔筒与接地网的连接点沿接地体的长度不应小于 15m

（D）机组变电单元的避雷器可装设在变压器的高压侧或低压侧

17．对于直流电源系统的电压，下列描述正确的是 （   ）

（A）直流母线运行电压范围为系统标称电压的 110%～87.5%

（B）专供动力负荷的直流电源系统，其电压上限不应高于标称电压的 112.5%

（C）蓄电池回路允许电压降应为系统标称电压的 0.5%

（D）在浮充电时，蓄电池组出口端电压应为系统标称电压的 110%

18．在供电系统设计中，下列不符合规范要求的是 （   ）

（A）正常电源与应急电源之间，应采取防止并列运行的措施

（B）同时供电的 2 回及以上供配电线路中，当有一回路中断供电时其余线路应能满足全部负荷

（C）备用电源负荷严禁接入应急供电系统

（D）在用户内部较近的变电所之间，宜设置低压联络线

19．220kV 架空线路转角塔采用双联型绝缘子耐张串，导线采用双分裂导线最大使用张力为 35000N，断联工况时导线张力为 28000N，假定耐张串挂点处张力增加 10%，则绝缘子

机械强度应不小于下列 ( )
(A) 52500N (B) 92400N
(C) 103950N (D) 12000N

20. 某工程导线的最大使用张力为 39900N，导线在弧垂最低点的设计安全系数为 2.5，导线悬挂点的张力最大不能超过下列的数值是 ( )
(A) 46667N (B) 44333N
(C) 30850N (D) 29925N

21. 下列发电厂电气消防安全要求，不符合规程的是 ( )
(A) 电缆隧道出入口的防火门耐火极限不宜低于 72min
(B) 铅酸蓄电池应使用防爆型排风机
(C) 高层建筑的电力变压器宜设置在高层建筑内的专用房间内
(D) 干式变压器可不设置固定自动灭火系统

22. 风电场应配置风电功率预测系统，系统要具有 0～72h 短期风电功率预测以超短期风电系统预测功能的时间为 ( )
(A) 1～15min (B) 1min～1h
(C) 15min～2h (D) 15min～4h

23. 220kV 断路器的首相开断系数应取下列数值是 ( )
(A) 1.2 (B) 1.3
(C) 1.5 (D) 1.7

24. 屋内配电装置室内任一点到房间疏散门的直线距离不应大于下列的数值是 ( )
(A) 7m. (B) 10m
(C) 15m (D) 30m

25. 峡谷地区的发电厂和变电站防直击雷保护宜采用 ( )
(A) 建筑物上的避雷针 (B) 独立避雷针
(C) 避雷线 (D) 避雷针和避雷线

26. 发电机容量 600MW 机组的高压厂用电源事故切换，当断路器具有快速合闸功能，下列描述正确的是 ( )
(A) 宜采用快速串联断电切换方式
(B) 不宜采用快速串联断电切换方式
(C) 采用备用电源接入故障母线时，应采用加速保护动作的跳闸方式
(D) 当高压厂用母线有两个备用电源时，可采用一套备用电源自动接入装置

27. 某 600MW 汽轮发电机组，其 EH 抗燃油泵的供电类别下列正确的是 ( )

(A) OI 类 (B) OIII 类
(C) I 类 (D) II 类

28. 在电力系统设计中，下列不符合规程要求的是 （　）
(A) 风电场送出可不考虑送出线路的 N+1 方式
(B) 大型输电通道设计时，尽量避免电源或送端系统之间的直接联络和输电回路落点过于集中
(C) 若大型电厂处于电网结构比较紧密的负荷中心，出线为两级电压时，发电厂不应装设构成电磁环网的联络变压器
(D) 系统之间的交流联络线不宜构成弱联系的大环网

29. 在计算绝缘子机械强度时，断联工况对应下列的气象条件是 （　）
(A) 无风无冰 –5℃ (B) 无风有冰 –5℃
(C) 有风有冰 –5℃ (D) 无风无冰 10℃

30. 某陆地 500kV 架空输电线路，设计基本风速 29m/s，导线平均高度取 20m，该线路的操作过电压风速是 （　）
(A) 10 (B) 14.5
(C) 15 (D) 16.2

31. 某光伏电站集电线路采用 35kV 电缆敷设，升压后以 220kV 电压等级接入系统，周边 35kV 不接地系统，升压主变压器低压侧中性点接地方式正确的是 （　）
(A) 经小电抗接地 (B) 经电阻接地
(C) 不接地 (D) 经消弧线圈接地

32. 某装机容量为 4×300MW 的抽水蓄能电站，在选择发电电动机的启动方式时，下列方式正确的是 （　）
(A) 宜采用全压异步启动方式
(B) 宜采用降压异步启动方式
(C) 宜采用变频启动方式，全厂装设 1 套变频启动装置
(D) 宜采用变频启动方式，每台装设 1 套变频启动装置，全厂共装设 4 套

33. 三相高压并联电抗器宜选用的型式是 （　）
(A) 三相三柱式 (B) 三相四柱式
(C) 三相五柱式 (D) 三相六柱式

34. 在故障条件下，GIS 配电装置外壳和支架上感应电压不应大于 （　）
(A) 24V (B) 36V
(C) 100V (D) 150V

35. 500kV 系统中，线路断路器的线路侧工频过电压不宜超过下列的数值是　　（　　）
（A）500kV　　　　　　　　　　（B）444kV
（C）420kV　　　　　　　　　　（D）412kV

36. 某高压计量用户属于Ⅲ类电能计量装置，某电度表的电压回路采用截面为 4mm² 的电缆，该用户扩充后升为Ⅱ类电能计量装置，架设电度表电压回路的电缆形式，材质及敷设条件不变，仅电缆长度减少了 10%，若二次回路仅考虑电缆压降，则电缆截面应选用　　（　　）
（A）4　　　　　　　　　　　　（B）6
（C）8　　　　　　　　　　　　（D）10

37. 下列关于并网型光伏发电场站用工作电源和备用电源引接法，错误的是　　（　　）
（A）当光伏发电站有发电母线时，工作电源宜从发电母线引接供给自用负荷
（B）当光伏发电站只有一段发电母线时，备用电源宜由外部电网引接电源
（C）光伏发电站工作母线与备用母线间宜设置备用电源自动切换装置
（D）光伏发电站站用工作电源容量应大于计算负荷

38. 电容器组的额定电压为 40kV，单星形接线，每相电容器 7 并 4 串。单台电容器 500kvar。关于单台电容器至母线的连接线的选择宜采用下列　　（　　）
（A）载流量不小于 113A 的铜排
（B）载流量不小于 113A 的带绝缘护套的铜绞线
（C）载流量不小于 130A 的铜排
（D）载流量不小于 130A 的带绝缘护套的铜绞线

39. 高压电缆在隧道、电缆层等处敷设，需考虑固定措施，下列正确的是　　（　　）
（A）交流单芯电力电缆可采用经防腐处理的扁钢制夹具进行固定
（B）交流单芯电力电缆固定部件的机械强度应考虑运行条件荷载要求，一条不需考虑短路条件
（C）110kV 电缆垂直敷设时，在上下端均应考虑设置固定
（D）三芯电缆可考虑采用铁丝固定

40. 500kV 输电线路导线采用 4 分裂 500/45 钢芯铝绞线，其单位重量为 1.688kg/m，年平均气温（15℃）时的导线水平张力为 30000N，单侧垂直档距 400m。该侧耐张绝缘子串的重量为 800kg 时，其倾斜角为（g=9.80665°）　　（　　）
（A）12.44°　　　　　　　　　　（B）14.22°
（C）15.96°　　　　　　　　　　（D）18.18°

二、多项选择题（共 30 题，每题 2 分，每题的备选项中有两个或两个以上符合的答案，错选、少选、多选均不得分）

41. 电气设备的布置应满足带电设备的电气防护距离要求，并应采取的措施有　　（　　）

（A）限制通行　　　　　　　　　（B）防止雷击
（C）隔离防护和防止误操作　　　　（D）安全接地

42．采用实用计算法计算厂用电系统短路电流时，下列说法正确的是　　（　　）
（A）高压厂用电短路阻抗可以采用其试验实测数据
（B）计算高压厂用电系统短路冲击电流时，对分裂绕组变压器，其峰值系数取值为 1.8
（C）对专用的照明箱，其三相短路电流周期分量起始值可只考虑 I_B''
（D）在计算 380V 动力中心三相短路电流周期分量起始值 I_B'' 时，应取 U=380V

43．抗震设防烈度为 8 度及以上地区的 220kV 配电装置，可选用一下布置型式的有
　　　　　　　　　　　　　　　　　　　　　　　　　　　　　　　　　（　　）
（A）屋外软母线单框架高型　　　　（B）屋外支持型管母分相中型
（C）屋外悬吊型管母分相中型　　　（D）屋外 GIS 配电装置

44．对于低压系统的接地型式，下列描述正确的是：
（A）TN 系统在电源处应有一点直接接地
（B）IT 系统在电源处应有一点直接接地
（C）IT 系统在电源处应与地隔离，或某一点通过阻抗接地
（D）TN-S 系统中装置的外露可导电部分应经 PE 接到电源接地点

45．根据规程要求，3kV~10kV 中性点非有效接地电力网的线路，对相间短路保护，正确的是　　　　　　　　　　　　　　　　　　　　　　　　　　　　　　　（　　）
（A）保护应采用近后备方式
（B）保护应采用远后备方式
（C）如线路短路使发电厂厂用母线或重要用户母线电压低于额定电压 60%以及线路导线截面过小，不允许带时限切除短路时，应快速切除故障
（D）保护应双重化配置

46．发电厂和变电站照明应满足以下要求　　　　　　　　　　　　　　　（　　）
（A）照明主干线路上连接的照明配电箱数量不宜超过 5 个
（B）每一照明单分支回路的电流不宜超过 25A，所接光源数或发光二极管灯具数不宜超过 25 个
（C）应急照明网络中不宜装设插座
（D）正常照明主干线宜采用 TN 系统

47．架空送电线路需要使用多种金具，下列属于保护金具的选项有　　　　（　　）
（A）重锤　　　　　　　　　　　　（B）间隔棒
（C）耐张线夹　　　　　　　　　　（D）护线条

48. 轻冰区一般输电线路设计时，导线间的水平、垂直距离需满足规程要求，下列说法正确的是？ （　　）
（A）水平线间距离与绝缘子长度有关
（B）水平线间距离与电压等级、导线弧垂有关
（C）垂直线间距离与导线覆冰厚度无关
（D）垂直线间距离主要是考虑脱冰跳跃

49. 对于海上风电场，下列说法不符合规程要求的有 （　　）
（A）海上升压站中压系统的接地方式宜采用接地变压器加电阻接地
（B）海上升压站主变高压侧宜采用线路变压器组接线或单母线接线
（C）海上升压站内设置 2 台及以上主变时，任 1 台主变故障退出运行时，剩余的主变可送出风电场 70%及以上容量
（D）海上风电场的无功补偿装置宜设置在陆上

50. 下列关于同步调相机额定工况的描述，正确的是 （　　）
（A）额定视在功率是当电机过励时，在额定电压下的最大无功输出
（B）额定视在功率是当电机过励时，在额定电压下的最大无功输出及电网溃入到调相机的少量有功功率
（C）额定功率因数 0，主要反映电网补偿的最大无功功率
（D）额定功率因数 0，主要反映电网补偿的最大无功功率和损耗

51. 关于大型水轮发电机组的发电机风洞进人门，下列要求正确的是 （　　）
（A）发电机风洞应设进人门
（B）为保证机组运行安全，发电机风洞进人门不得超过 1 个
（C）风洞进人门应向风洞外开，并应采取密闭防火及防噪声措施
（D）风洞进人门应可双向开启，并应采取密闭防火及防噪声措施

52. 关于发电厂和变电站接地网的防腐设计，下列说法正确的有 （　　）
（A）接地网在变电站的设计使用年限内要做到免维护
（B）接地网可采用热镀锌钢材，接地导体与接地极或接地极之间的焊接点，应涂防腐材料
（C）对腐蚀较严重地区的 500kV 枢纽变电站接地网须采用铜材或铜覆钢材
（D）接地装置的防腐设计，宜按当地的腐蚀数据进行

53. 某地区电网调度自动化系统主站系统安全防护功能，下列措施错误的是 （　　）
（A）调度端生产控制大区和管理信息大区应分别部署网络安全审计系统
（B）严禁调度自动化系统与其他系统跨区互联，在同一安全区内纵向互联时宜通过防火墙进行逻辑隔离
（C）调度端生产控制大区和管理信息大区应分别部署运维安全审计系统

（D）对于具备调度数据网双接入网条件的厂站端系统，每个接入网的横向安全防护设备可单套布置

54. 关于电力系统，下列说法正确的是　　　　　　　　　　　　　　　（　　）
（A）同步转矩不足，导致周期性失稳
（B）阻尼转矩不足，导致振荡失稳
（C）330kV 及以上电压等级的变电站均为枢纽变电站
（D）短路比是表征直流输电所连接的交流系统强弱的指标

55. 架空输电线路耐张绝缘子串用耐张线夹选择时，下列选项错误的是（　　）
（A）螺栓型耐张线夹的握力应不小于导线（或地线）计算拉力的 95%
（B）压缩型耐张线夹压接后接续处的载流量应不小于导体的 100%
（C）螺栓型耐张线夹应用于导线时除承受导线拉力外还是导电体
（D）架空导线可选用压缩型、螺栓型耐张线夹

56. 架空线路的防舞动装置有　　　　　　　　　　　　　　　　　　　（　　）
（A）集中防振锤　　　　　　　　（B）双摆防舞器
（C）失谐摆　　　　　　　　　　（D）预绞丝护线条

57. 关于风力发电场变电站电气主接线的设计规定，下列描述正确的是（　　）
（A）电气主接线宜采用单母线接线或线路-变压器组接线
（B）规模较大的风力发电场变电站与电网联接超过两回线路时，应采用双母线接线
（C）风力发电场变电站装有两台及以上主变压器时，主变低压侧母线应采用单母线接线，每台主变对应一段母线
（D）风力发电场主变压器低压侧母线低压宜采用 35kV 电压等级

58. 变电站自耦变压器有载调压的方式主要有　　　　　　　　　　　　（　　）
（A）公共绕组中性点调压　　　　（B）串联绕组末端调压
（C）中压测线端调压　　　　　　（D）高压侧线端调压

59. 发电厂采取雷电过电压保护措施时，下列说法错误的是　　　　　　（　　）
（A）独立避雷针与主接地网的地下连接点至 35kV 及以下设备等主接地网时地下连接点之间沿接地体长度大于 15m，则独立避雷针接地装置可与主接地网连接
（B）对 220kV 屋外配电装置，当土壤电阻率不大于 1000Ω·m 时，可将避雷针装置配电装置的架构上
（C）在采取相应的防止反击措施后，可在变压器门型架构上装设避雷针、避雷线
（D）35kV 和 66kV 配电装置，可将线路的避雷线引接到出线门型架构上，并装设集中接地装置

60. 对发电厂 200MW 及以上机组的 UPS 的接线和配置，下列符合规程要求的有（   ）
（A）UPS 宜由一路交流主电源、一路交流旁路电源和一路直流电源供电
（B）交流主电源由厂用工作母线引接
（C）当 DCS 需要 2 路电源时，也可配置 2 台 UPS
（D）UPS 旁路开关的切换时间不应大于 5ms，UPS 满负荷供电时间不应小于 0.5h

61. 在直流系统设计中，关于充电装置的选择和设置要求，下列正确的选项有（   ）
（A）高频开关充电装置的纹波系数不应大于 0.5%
（B）当 1 组蓄电池配置两套充电装置时，高频开关电源不宜设备用模块
（C）充电装置直流输出电流调节范围 90%～120%额定值
（D）充电装置屏的背面间距不得小于 1000mm

62. 经断路器接入 500kV 变电站 35kV 母线的电容器组额定相电压 24kV，电容器组中配置的放电线圈，应能使电容器组的剩余电压满足下列要求的有（   ）
（A）手动投切电容器组时，应在 10min 内自电容器组额定电压峰值降至 50V 以下
（B）手动投切电容器组时，应在 5s 内自电容器组额定电压峰值降至 50V 以下
（C）采用 AVC 电压无功自动投切时，应在 5s 内自电容器组额定电压峰值降至 50V 以下
（D）采用 AVC 电压无功自动投切时，应在 5s 内自电容器组额定电压峰值降至 2.4V 以下

63. 某电缆隧道中敷设电缆，其中关于电缆支架间距的规定下列正确的选项有（   ）
（A）35kV 三芯电缆支架层间距应大于 250mm
（B）220kV 电缆敷设槽盒中，电缆支架层间距应大于 300mm
（C）110kV 电缆支架层间距应不小于 300mm
（D）500kV 电缆最下层支架层距离地面垂直距离不宜小于 100mm

64. 按规程，水力发电厂允许全厂只采用一组扩大单元接线应满足下列的条件是（   ）
（A）水库有足够库容，能避免大量弃水
（B）具有防水设施，不影响下游正常用水（包括下游梯级水电厂用水）
（C）有外来的厂用电备用电源
（D）全厂仅由 1 回出线接入电力系统

65. 水下敷设时，电缆护层选择应符合下列规定的有（   ）
（A）电缆应具有挤塑外护层
（B）在沟渠、不通航小河等不需铠装层承受拉力的电缆可选用钢带铠装
（C）在江河、湖海中敷设的电缆，选用的钢丝铠装型式应满足受力条件；当敷设条件有机械损伤等防护要求时，可选用符合防护、耐蚀性增强要求的外护层
（D）海底电缆宜采用耐腐蚀性好的镀锌钢丝、不锈钢丝或铜铠装，不宜采用铝铠装

66. 在电力系统运行中，下列出现于设备绝缘上的暂时过电压有（   ）

(A) 工频过电压 　　　　　　　　(B) 操作过电压
(C) 雷电过电压 　　　　　　　　(D) 谐振过电压

67. 当水力发电厂的发电机、变压器采用下列哪些组合方式时某主变高压侧应测量有功功率、无功功率和频率　　　　　　　　　　　　　　　　　　　　　　(　　)
(A) 扩大单元机组 　　　　　　　(B) 发电机—变压器—线路组
(C) 发电机—双绕组变压器组 　　(D) 发电机—三绕组变压器组

68. 下列关于 10kV/6kV 熔断器级真空接触器应用的说法正确的有　　　(　　)
(A) 熔断器宜兼做保护电器与隔离电器
(B) 真空接触器应能承受和关合限流熔断器的切断电流
(C) 当单只熔断器不能满足分段容量的要求时，推荐采用多只限流熔断器并联使用
(D) 10kV 熔断器不能在 6kV 系统中使用

69. 光伏发电系统中、同一个逆变器接入的光伏组件串需保持一致的是　　(　　)
(A) 电压 　　　　　　　　　　　(B) 朝向
(C) 安装倾角 　　　　　　　　　(D) 安装高度

70. 发电机出口电压互感器的熔断器的选择，其中不符合设计规定的是　(　　)
(A) 熔断器应能承受允许过负荷及励磁涌流的影响
(B) 熔断器在电压互感器频繁投入时不应损伤熔断器
(C) 保护电压互感器的熔断器，只需按额定电压和开断电流选择，电压互感器高压侧熔断器的额定电流与发电机的定子接地保护相配合，以免电压互感器二次侧故障引起发电机定子接地保护误动作
(D) 熔断器的断流容量应分别按上下限值校验，开断电流应以短路全电流校验

答　　案

一、单项选择题

1. B
依据：GB 50660—2011 第 16.3.9-1 条，加黑强条。
2. C
依据：DL/T 5186—2004 第 5.2.4 条、第 5.3.6 条。
3. D
依据：老版一次手册第 140 页式（4-32），时间 t 取第一个半波，即 1/2 个周期；依题意，$T_a=40$，新版一次手册第 121 页式（4-43），新版变电手册第 60 页式（3-26），即

$$i_{ch} = \sqrt{2}(1+e^{-\frac{2\pi f \times \frac{1}{2f}}{40}}) \times 45 = \sqrt{2}(1+e^{-\frac{\pi}{40}}) \times 45 = 122.47 \text{(kA)}$$

4．D

依据：DL/T 5222—2021 第 4.0.2 条及其条文说明。注：该题是依据老版规范 DL/T 5222—2005 第 5.0.3 条所出，2021 版对应的第 4.0.2 款删除了海拔的描述。

5．B

依据：DL/T 5222—2021 表 4.0.3。

6．A

依据：GB/T 50065—2011 第 4.3.3-4-1 款。

7．C

依据：《电力系统安全稳定导则》（GB 38755—2019）附录 A 图 A.1 可知，AB 对，C 错；第 2.3 条，D 对。

8．C

依据：DL/T 5390—2014 第 8.8.3 条。

9．A

依据：NB/T 10128—2019 第 3.2.3-2 款、第 3.2.3-3 款。

10．B

依据：DL/T 5582—2020 式（6.1.3-2）可知，环境条件不变，绝缘子参数不变，绝缘子片数和电压成正比，故得：500/220×13.8=31.36（片），取 32 片。

11．B

依据：DL/T 5153—2014 第 3.3.1-1 款。

12．C

依据：GB 50660—2011 第 16.2.8 条。

13．C

依据：GB/T 7409.3—2007 第 5.23-a)款，则 U=510×2+4000=5020(V)。

14．D

依据：GB 50217—2018 第 3.3.2-3 款。

15．B

依据：GB/T 50064—2014 式（5.2.7-1），则 $h_o = h - \dfrac{D}{5P} = 25 - \dfrac{50}{5} = 15(\mathrm{m})$。

16．C

依据：GB 51096—2015 第 7.10.4-2 款。

17．B

依据：DL/T 5044—2014 第 3.2.3-2 款。

18．B

依据：GB 50052—2009 第 4.0.5 条。

19．C

依据：DL/T 5582—2020 第 8.0.1 条。

最大使用荷载：T_1=35000×1.1×2×2.7÷2=103950（N）。

断联工况：T_2=28000×1.1×2×1.5÷1=92400（N）。

20．B

依据：DL/T 5582—2020 第 8.0.2 条，$T=39900×2.5/2.25=44333$（N）。

21．C

依据：DL 5027—2015 第 10.3.8 条。

22．D

依据：GB/T 19963—2011 第 6.1 条。

23．B

依据：DL/T 5222—2021 第 7.2.2 条。

24．C

依据：DL/T 5352—2018 第 6.1.1 条。

25．C

依据：GB/T 50064—2014 第 5.4.2-5 款。

26．A

依据：DL/T 5153—2014 第 9.3.1-2-1)款。

27．C

依据：DL/T 5153—2014 附录 B 表 B 四-1.4。

28．C

依据：DL/T 5429—2009 第 6.3.5-1 条。

29．A

依据：DL/T 5582—2020 第 4.0.2 条注。

30．D

依据：DL/T 5582—2020 第 4.0.18 条，可得 $v = 50\% \times 29 \times \sqrt{1.25} = 16.21 (\text{m/s})$。

31．B

依据：NB/T 10128—2019 第 4.8.1 条。

32．C

依据：DL/T 5186—2004 第 5.2.6-2 条。

33．C

依据：DL/T 5222—2021 第 13.2.3 条。

34．C

依据：DL/T 5352—2018 第 2.2.4 条。

35．B

依据：GB/T 50064—2014 第 4.1.3-2 条。

36．D

依据：DL/T 866—2015 第 12.2.1-2、3 条和老版二次手册 103 页式（20-45），计算为 9mm^2，则 $k / 4=0.5\%; 0.9k / S = 0.2\% \Rightarrow S = 4 \times 0.5\% \times 0.9 / 0.2\% = 9 (\text{mm}^2)$。

37．D

依据：GB 50797—2012 第 8.3.3-1 条、第 8.3.4-1 款、第 8.3.4-4 款、第 8.3.5-1 款。

38．D

依据：GB 50227—2017 第 5.8.1 条，$\dfrac{500}{(40/\sqrt{3})/4}\times 1.5 = 129.9\text{(A)}$。

39．C

依据：GB 50217—2018 第 6.1.3-2 条、第 6.1.4 条可知选 C。

40．B

依据：老版线路手册 108 页式（2-6-49），则

$$\theta = \tan^{-1}\left(\dfrac{0.5\times 800\times 9.80665 + 4\times 1.688\times 400\times 9.80665}{4\times 30000}\right) = 14.2197°$$

二、多项选择题

41．BCD

依据：DL/T 5218—2012 第 12.2.4 条。

42．AC

依据：DL/T 5153—2014 附录 L、M，式 L.0.1-6 可知 A 对、表 L.0.1-1 可知 B 错，M.0.1 条可知 D 错；老版一次手册 150 页右下一般原则中的（3）可知 C 对。

43．CD

依据：GB 50260—2013 第 6.5.2-1～6.5.2-2 款，可知 A、B 错误。

44．AC

依据：GB/T 50065—2011 第 7.1.2-1 款、第 7.1.4 条，可知 A、C 对，BD 错。

45．BC

依据：GB/T 14285—2006 第 4.4.1.2 条、第 4.4.1.3 条。

46．AD

依据：DL/T 5390—2014 第 8.4.1-1 款及第 8.4.1-3 款，AD 对；第 8.4.5 条，B 错；第 8.4.7 条，C 错。

47．ABD

依据：老版线路手册 P291 表 5-2-1 的"保护金具"。

48．ABD

依据：DL/T 5582—2020 式（9.1.1-1）及第 231 页倒数第二段第一句话，该条的条文说明。

49．AC

依据：NB/T 31115—2017 第 5.1.2 条，B 对；第 5.1.4 条，A 错；第 5.1.5-3 款，D 对；第 5.2.2-2 款，C 错。

50．BD

依据：GB/T 7064—2017 第 4.2.2 条，B、D 对。

51．AC

依据：DL/T 5186—2004 第 7.2.8 条。

52．ABD

依据：GB/T 50065—2011 第 4.3.6 条及其条文说明。

53．BD

依据：DL/T 5002—2021 第 4.6.3 条，B 错；第 4.6.1-7 款，D 错。

54．BD

依据：GB 38755—2019 第 2.2.1 条注，A 错；B 对；第 2.7 条注，C 错；第 2.5 条注 1，D 对。

55．ABC

依据：老版线路手册第 293～294 页的"四、耐张线夹的选用"。

56．ABC

依据：DL/T 5582—2020 第 156 页及第 5.3.1 条条文说明，ABC 对。

57．AD

依据：GB 51096—2015 第 7.1.2-4～7.1.2-5 款，A 对 BC 错；第 7.1.3-2 款，D 对。

58．ABC

依据：新版一次手册第 226 页 "3 调压绕组的位置选择"，ABC 对。

59．CD

依据：GB/T 50064—2014 第 5.4.6-3 款，A 对；第 5.4.7-1 款，B 对；第 5.4.8-2 款，C 缺少经过方案比较计算后确实有经济效益，才可以"采取相应防止反击措施后装在门型加上"，所以 C 错；第 5.4.9-2 款，缺少电阻率限制条件，D 错。

60．AD

依据 GB 50060—2011 第 16.4.9 条，C 错；第 16.4.11 条，D 对；第 16.4.12 条，A 对 B 错。

61．ABD

依据：DL/T 5044—2014 表 6.2-1，A 对；第 6.2.3-2 款，B 对；表 6.2.5，C 错；DL/T 5136—2012 附录 A 表 A 注 2，D 对。

62．AD

依据：DL/T 5014—2010 条 7.8.2 条。

63．CD

依据：GB 50217—2018 表 5.5.2，AB 错 C 对；第 5.5.3-2 款，D 对。

64．ABC

依据：DL/T 5186—2004 第 5.2.3 条，ABC 对。

65．BCD

依据：GB 50217—2018 第 3.4.8 条。

66．AD

依据 GB/T 50064—2014 第 3.2.1-2 款。

67．AB

依据：GB/T 50063—2017 表 C.0.3-1。

68．ABD

依据：DL/T 5153—2014 第 6.2.4-1 款，C 错 D 对；第 6.2.4-4 款，B 对。

69．ABC

依据：GB 50797—2012 第 6.1.2 条。

70．ABD

依据：DL/T 5222—2021 第 17.0.10-2 款是指变压器回路，不是题目所要求的发电机回路，所以 A 错；第 17.0.8～17.0.9 条，C 对。选错的，故选 ABD。

2022年注册电气工程师专业知识试题

（下午卷）及答案

一、单项选择题（共40题，每题1分，每题的备选项中有一个符合的答案，错选不得分）

1. 下列关于危险环境电气设计要求，不符合规范的是　　　　　　　　　　　（　　）
（A）在爆炸危险区域不同方向，接地干线不少于两处与接地体连接
（B）在爆炸危险环境内，安装在已接地的金属结构上的设备仍应进行接地
（C）在爆炸危险环境内，设备的接地装置与防雷电感应的接地装置应分开设置
（D）在爆炸危险环境中的低压电源，TN系统应采用TN-S型

2. 水轮发电机的额定电压为20kV时采用埋置检温计法测量的定子铁芯的最高允许温升限值应按下列哪项数值进行修正？　　　　　　　　　　　　　　　　　（　　）
（A）降低20K　　　　　　　　　　　（B）降低8K
（C）上升8K　　　　　　　　　　　　（D）上升20K

3. 中性点非直接接地的10kV系统中，断路器首相开断系数应选的数值是　　（　　）
（A）1.1　　　　　　　　　　　　　　（B）1.3
（C）1.5　　　　　　　　　　　　　　（D）1.8

4. 220kV系统工频过电压幅值不应大于　　　　　　　　　　　　　　　　　（　　）
（A）189.14kV　　　　　　　　　　　（B）203.69kV
（C）252kV　　　　　　　　　　　　　（D）277.2kV

5. 发电厂和变电站接地网除应利用自然接地极外应整改以水平接地极为主的人工接地网，下列描述错误的是　　　　　　　　　　　　　　　　　　　　　　　　（　　）
（A）接地网均压带可采用等间距布置或不等间距布置
（B）35kV及以上变电站接地网边缘经常有人出入的走道处，应敷设沥青路面，或在地下装设2条与接地网相连的均压带
（C）接地网埋设深度不宜小于0.8m
（D）水平接地极采用扁钢的，最小截面应大于50mm^2

6. 某220kV变电站二次电缆，下列描述正确的是　　　　　　　　　　　　　（　　）
（A）双重屏蔽电缆，内屏蔽宜一点接地

（B）计算机监控系统，开关信号电缆可选用双绞线芯总屏蔽

（C）微机型继电保护直流电缆可不含金属屏蔽

（D）必要时，可使用电缆内的备用芯代替屏蔽层接地

7. 变电站最大负荷 440MW，且用电量 8448MWh，日负荷 $\gamma = 0.8$，日最小负荷率 $\beta = 0.58$，下列腰荷负荷值正确的是 （　　）

（A）92.4MW　　　　　　　　　　（B）96.8MW

（C）347.6MW　　　　　　　　　（D）352MW

8. 海拔 200m 的 500kV 线路采用结构高度为 155mm 的瓷绝缘子片，为满足操作及雷电过电压要求的悬垂绝缘子串片数不少于 （　　）

（A）25 片　　　　　　　　　　　（B）26 片

（C）27 片　　　　　　　　　　　（D）28 片

9. 下列发电厂或变电站照明设计方案中，哪些属于节能措施的是 （　　）

（A）应急灯蓄电池放电时间按不低于 1h 计算

（B）在露天油罐区设置投光灯照明

（C）户外天然光照度降低至 60% 场地标准时，光控开关自动开灯

（D）照明配电分支线其铜导体截面不应小于 2.5mm^2

10. 中性点直接接地 380V 厂用电系统经电缆线路发生短路，当电缆长度与截面积（mm^2）的比值满足哪种条件时，其非周期分量可略去不计？ （　　）

（A）小于 0.4　　　　　　　　　　（B）大于 0.4

（C）小于 0.5　　　　　　　　　　（D）大于 0.5

11. 选择导体和电器时所用的最大风速，下列正确的是 （　　）

（A）可取离地面 10m 高、50 年一遇的 10min 平均最大风速

（B）500kV 电器应采用离地面 10m 高、50 年一遇的 10min 平均最大风速

（C）最大风速超过 30m/s 的地区，可在屋外配电装置的布置中采取措施

（D）可取离地面 10m 高、30 年一遇的 10min 平均最大风速

12. 110kV 系统、35kV 系统（中性点低电阻接地）和 10kV 系统（中性点不接地）的最高工作电压分别为 126kV、40.5kV、12kV，其工频过电压水平不应超过下列的值是 （　　）

（A）164kV、40.5kV、13.2kV　　　（B）126kV、40.5kV、12kV

（C）95kV、40.5kV、13.2kV　　　　（D）95kV、23.38kV、6.62kV

13. 下列在发电厂和变电站应装设专用故障录波装置的地方，描述不正确的是 （　　）

（A）容量 100MW 及以上的发电厂机组

（B）发电厂 35kV 及以上升压站

(C) 110kV 重要变电站
(D) 单机容量 100MW 及以上的发电厂的启/备电源

14. 某 220V 厂用铅酸蓄电池，其容量为 2000Ah，蓄电池内阻和其连接条电阻总和为 7.8mΩ，其相应的直流柜内元件的短路水平不应低于 （　　）
(A) 10kA　　　　　　　　　　　(B) 20kA
(C) 30kA　　　　　　　　　　　(D) 40kA

15. 下列哪种情况的 220kV 变电站 35kV 并联电容器装置宜采用户外布置型式的是
（　　）
(A) 污秽等级 C 级的偏远农村地区的 220kV 变电站
(B) 位于内蒙古最低温度零下 43℃的草场区域的 220kV 变电站
(C) 距离海边 2km 湿热地区的 220kV 变电站
(D) 位于风沙严重地区的 220kV 变电站

16. 220kV 输电线路导线直径 27.63mm，单位质量为 1.511kg/m，位于最高温 40℃、基准风速 30m/s 地区，若高温时的张力为 26000N，大风时的张力为 40000N，定位某塔的水平档距为 400m，高温时垂直档距为 450m，该塔在大风工况时的垂直档距是多少？（　　）
(A) 508m　　　　　　　　　　　(B) 477m
(C) 450m　　　　　　　　　　　(D) 400m

17. 在火灾自动报警系统设计中，下列布线设计错误的是 （　　）
(A) 系统中的传输导线、控制线、供电线均应采用铜芯绝缘导线或铜芯电缆
(B) 供电线路和传输线路设置在室外时，应有明细标识
(C) 矿物绝缘类不燃性电缆可直接明敷
(D) 同一线槽内允许穿不同电压等级的线缆，但应有隔板分隔

18. 220kV 断路器的额定开断电流为 50kA，额定短时耐受电流及持续时间为 50kA/3s，断路器开断时间为 50ms，其主保护动作时间为 40ms，后备保护动作时间为 1.2s，则校验 220kV 设备热稳定计算时间为 （　　）
(A) 0.09s　　　　　　　　　　　(B) 1.25s
(C) 2s　　　　　　　　　　　　(D) 3s

19. 配电装置中电气设备的网状遮拦高度不应小于下列的数值是 （　　）
(A) 1200mm　　　　　　　　　　(B) 1500mm
(C) 1700m　　　　　　　　　　 (D) 2500mm

20. 在 500kV 系统进行空载线路合闸和重合闸操作过程中产生操作过电压，其相对地操作过电压不宜超过下列的数值是 （　　）

(A) 1175kV　　　　　　　　　　　(B) 1050kV
(C) 898kV　　　　　　　　　　　 (D) 500kV

21. 当电压互感器二次侧选用自动开关时，则自动开关瞬时脱扣器断开短路电流的时间不应大于的数值是（　　）

(A) 20ms　　　　　　　　　　　 (B) 30ms
(C) 40ms　　　　　　　　　　　 (D) 50ms

22. 柴油发电机过电流保护电流监测宜设在下列的位置是（　　）

(A) 发电机出口三相引线外　　　　(B) 发电机中性点分相引出线处
(C) 发电机绕组内　　　　　　　　(D) 保安PC发电机进行标内

23. 下列并联电容器保护中，需考虑电容器投入过渡过程的影响，动作时限应大于电容器组充电涌流时间的保护为（　　）

(A) 限时电流速断保护　　　　　　(B) 过电流保护
(C) 中性点电流平衡保护　　　　　(D) 桥式差电流保护

24. 某 220kV 山地直线塔，位于 10mm 冰区，采用双分裂导线，覆冰时导线应力为 $82.37N/mm^2$，设计最大使用应力为 $84.82N/mm^2$，导线截面积 $674mm^2$，每相导线断线张力的数值为（　　）

(A) 27759N　　　　　　　　　　　(B) 28584N
(C) 33310N　　　　　　　　　　　(D) 34301N

25. 对于地下变电站，下列不符合规程要求的是（　　）

(A) 在满足电网规划、可靠性等要求下，宜减少电压等级
(B) 当220kV 出线回路数为 4 回时，可采用单母线分段接线
(C) 对于110kV 地下站，当 110kV 进出线路 6 回及以上时，宜采用双母线或单母线单元接线
(D) 220kV 地下站的 10kV 配电装置应采用单母线分段环形接线

26. 对于隐极同步发电机，当发电机转子承受的过电流倍数为 1.4 倍时，其允许的耐受时间为（　　）

(A) 27s　　　　　　　　　　　　 (B) 30s
(C) 35s　　　　　　　　　　　　 (D) 60s

27. 某火力发电厂 600MW 发电机组设有两台高压厂用油浸式变压器，屋外并列布置，因两台变压器之间的防火间距布满足最小间距要求，故须设置防火墙，防火墙的高度应高于下列的选项是（　　）

(A) 变压器本体　　　　　　　　　(B) 变压器油枕

(C) 变压器带油部分 （D）变压器高压侧出线套管

28. 中性点不接地时，10kV 配电装置向 380V 电气负荷供电时，单相接地故障电流为 6.5kA，其保护接地的接地电阻应不小于下列的数值是 （　　）
(A) 2Ω
(B) 4Ω
(C) 7.7Ω
(D) 18.5Ω

29. 下列关于调度自动化系统中的安全系防护内容，正确的选项是 （　　）
(A) 调度自动化系统应按照"安全分区、网络专用、横向隔离、纵向认证"的总体要求，并结合系统的实际情况，重点强化边界防护，同时加强内部物理、网络、主机、应用和数据安全，加强安全管理制度、机构、人员安全、系统建设、系统运维管理，建立系统纵深防御体系，提高系统整体安全防护能力
(B) 生产控制大区划分为控制区（安全区Ⅰ）和非控制区（安全区Ⅲ）
(C) 在生产控制大区与管理信息大区之间从分区设置经国家指定部门检测认证的电力专用的纵向加密装置
(D) 生产控制大区和管理信息大区主机操作系统应当进行安全加固

30. 某 500kV 枢纽变电站，下列关于站用电供电方式和接线说法错误的是 （　　）
(A) 站用电源宜采用一级降压方式
(B) 三相四线系统（TN-C）中严禁在 PEN 线中接入开关电器
(C) 站用电源应从不同主变低压侧分别引接 2 回容量相同，可互为备用的工作电源，不需要从站外引接备用电源
(D) 站用电低压母线采用按工作变压器划分的单母线接线，相邻的一段工作母线同时供电分列运行，两段母线不应装设自动投入装置。

31. 某偏远地区移动通信基站由于无法以电网取得电源，配置了一套光伏发电系统为基站设备供电。该基站所在地逐月太阳辐照数据如下表，光伏方阵采用固定式布置，本过程光伏方阵最佳倾角时下列符合要求的选项是：

月份	1	2	3	4	5	6	7	8	9	10	11	12	全年
太阳总辐射/（MJ/m^2）	465	512	595	654	687	634	646	663	572	508	444	429	6809

(A) 使光伏方阵的倾斜面上受到的全年辐射照量最大
(B) 使光伏方阵在冬季倾面上受到到较大的辐射照量
(C) 使光伏方阵在夏季倾面上受到到较大的辐射照量
(D) 使光伏方阵在 12 月份倾面上受到到较大的辐射照量

32. 若某 500kV 线路位于 27m/s（基准高度为 10m）风区，导线的自重比载为 32.33×

10^{-3}N/(m·mm)^2，设计杆塔时的风偏计算用大风风荷载为 $26.52×10^{-3}$N/(m·mm)^2，计算耐张塔跳线的风偏角数值是（不考虑跳线串及跳线与导线平均高度的差别） （ ）

(A) 20.23° (B) 32.28°
(C) 39.36° (D) 53.37°

33. 某 220kV 变电站中，220kV 配电装置有 8 回出线回路和 4 回变压器回路，则 220kV 配电装置的电气主接线宜采用下列接线方式的是 （ ）

(A) 双母线接线 (B) 双母线单分段接线
(C) 双母线双分段接线 (D) 一个半断路器接线

34. 110kV 有效接地系统中，中性点不接地的变压器中性点避雷器的标称放电电流宜选择下列的数值是 （ ）

(A) 1kA (B) 1.5kA
(C) 2.5kA (D) 5kA

35. 关于就地检修的室内油浸变压器，确定室内高度应考虑的因素是 （ ）

(A) 变压器外廓高度
(B) 变压器吊芯所需的最小高度
(C) 变压器外廓高度再加 800mm
(D) 变压器吊芯所需的最小高度再加 700mm

36. 关于变电站配电装置架构上的避雷针的接地，下列说法正确的是 （ ）

(A) 引下线应与主接地网相连，并应在连接处加装集中接地装置
(B) 引下线不应与主接地网相连
(C) 与主接地网连接处可加装集中接地装置
(D) 引下线应与接地网的连接点与变压器接地导体与接地网连接点之间连接导体长度不应小于 15m

37. 下列关于发电机变压器组主保护配置，描述正确的是 （ ）

(A) 对 50MW 及以上发电机变压器组，应装设双重主保护
(B) 对 100MW 及以上发电机变压器组，宜分别装设主保护和后备保护
(C) 对 300MW 及以上发电机变压器组，宜装设双重主保护
(D) 对 100MW 及以上发电机变压器组，应装设双重主保护，每一套主保护宜具有发电机纵联差动保护和变压器纵联差动保护功能

38. 发电厂照明线路穿管敷设时，包括绝缘层的导线截面积总和不应超过管子内截面积的百分比是 （ ）

(A) 30% (B) 40%
(C) 50% (D) 60%

39. 某架空送电线路采用单联悬垂盘形瓷绝缘子串，绝缘子型号 XWP2-120，其最大使用荷载不应超过下列的数值是　　　　　　　　　　　　　　　　　　　　（　　）
   （A）60kN　　　　　　　　　　　　（B）48kN
   （C）44.4kN　　　　　　　　　　　 （D）30kN

40. 当送电线路对通信线路的感应影响超过允许标准时，应根据不同性质的影响和不同类型的通信线路采用相应的防护措施，在送电线路方面可采取的措施为　　（　　）
   （A）装设大容量放电器　　　　　　（B）限制单相接地短路电流值
   （C）装设防护滤波器　　　　　　　（D）增设增音站

二、多项选择题（共 30 题，每题 2 分，每题的备选项中有两个或两个以上符合的答案，错选、少选、多选均不得分）

41. 在风力发电场设计中，下列符合规范的是　　　　　　　　　　　　　　（　　）
   （A）总平面布置设计应尽量降低风力发电场的噪声影响
   （B）变电站向变压器的漏油和油污水不得随意排放
   （C）风力发电场内的废水、污水不应排放
   （D）可以在风力发电场内建设光伏发电站

42. 采用实用计算法计算 2×600MW 汽轮发电机组三相短路电流非周期分量时，对于不同短路点等效时间常数 T_a 的推荐值，下列正确的有　　　　　　　　　（　　）
   （A）发电机端，80　　　　　　　　（B）高压侧母线，40
   （C）远离发电厂的短路点，15　　　（D）主变低压侧，40

43. 水力发电厂中布置在坝体内的主变压器室，应符合下列规定的有　　　　（　　）
   （A）应为一级耐火等级，并应设有独立的事故通风系统
   （B）应按防爆要求设计
   （C）防火隔墙应封闭到顶，门采用甲级防火门或防火卷帘
   （D）主变压器室门不应直接开向主厂房

44. 下列发电厂和变电站的直流网络采用辐射供电方式的是　　　　　　　　（　　）
   （A）110kV 变电站　　　　　　　　（B）220kV 及以上变电站
   （C）300MW 及以上发电厂　　　　 （D）600MW 发电厂

45. 下列关于厂用电系统单相接地保护说法正确的有　　　　　　　　　　　（　　）
   （A）10kV 不接地系统馈线需配置接地故障检测装置，动作于信号
   （B）10kV 低电阻接地系统单相接地保护应第一时限动作于信号，第二时限动作于跳闸
   （C）中性点直接接地的低压厂用电系统，单相接地应采用母线电压互感器的开口取的零序电压实现

（D）当零序 TA 接入开关柜内微机保护装置时，同一回路两只电流互感器二次绕组采用并联方式

46．在电网正常运行方式下，并网光伏发电站与电网电压调节的方式有 （ ）
（A）调节光伏发电站并网逆变器的无功功率
（B）调节无功补偿装置的无功功率
（C）调节光伏发电站升压变的变比
（D）调节光伏发电站升压变的有功功率

47．在变电站设计中，下列防火措施符合标准的有 （ ）
（A）任一防火分区的火灾危险性类别应按该分区火灾危险性较大的部分确定
（B）油量为 2500kg 及以上的屋外油浸变压器之间应设置防火墙
（C）油浸换流站的电压等级应按直流侧的电压确定
（D）建筑面积超过 250m² 的电缆夹层其疏散门不宜少于 2 个

48．离相封闭母线与设备连接的应符合下列的条件有 （ ）
（A）当导体额定电流不大于 3000A，可采用普通的碳素钢紧固件
（B）离相封闭母线外壳和设备之间应隔振
（C）离相封闭母线外壳和设备之间不应绝缘
（D）应在各段母线最低处设置排水阀

49．在绝缘配合时，下列描述正确的是 （ ）
（A）电气设备内绝缘相对地操作冲击耐压要求值大于其外绝缘相对地操作冲击耐压的要求值
（B）电气设备内绝缘雷电耐压要求值不大于其外绝缘雷电冲击耐压的要求值
（C）电气设备内绝缘短时工频耐压有效值与其外绝缘短时工频耐受电压有效值相同
（D）对同极断口间内绝缘相对地操作冲击耐压要求值与其外绝缘相对地操作冲击耐压要求值相同

50．安装容量为 35MWp 的地面光伏发电站直接接入 35kV 电压等级的公共电网时，下列说法不符合规范要求的有 （ ）
（A）光伏发电站功率因数应在超前 0.98～滞后 0.98 范围内连续可调
（B）光伏发电站接入电网后，其引起的电网连接点处谐波电压（相电压）总畸变率不应超过电网标称电压的 4%
（C）光伏发电站并网运行时，向电网馈送的直流分量不应超过其交流额定值的 0.5%
（D）当电网频率 f 在 49.5Hz≤f≤50.5Hz 范围内时，光伏发电站应连续运行

51．关于某 220kV 变电站站用低压电器选择，下列描述正确的是 （ ）
（A）站内消防水泵回路供电，宜适当增大导体截面，并配置短路保护和过负荷保护切断

线路

（B）站用变压器低压总断路器宜带延时动作，以保证馈线断路器先动作
（C）当采用抽屉式配电屏进行低压配电时，应设有电气和机械联锁
（D）保护电气的动作电流应躲过回路的最大工作电流，保护动作灵敏度应按本站最小短路电流校验

52．电缆支架设计时应考虑电缆支架的强度，下列选项正确的是　　　　　　（　　）
（A）电缆支架荷载应考虑电缆及附件重力
（B）考虑机械化施工时，电缆支架应计入纵向拉力、横向推力和滑轮重量影响等
（C）支架考虑短暂上人时，需考虑800N附加集中荷载
（D）户外敷设电缆时，应计入可能出现的覆冰附加荷载

53．对于系统中性点接地方式，下列说法不符合规程要求的是　　　　　　　（　　）
（A）对于有效接地系统，要求系统的零序电抗应小于3倍的正序电抗
（B）220kV系统中变压器的中性点可采用直接接地或不接地方式
（C）35kV系统当单相接地故障容性电流大于10A，应采用中性点谐振接地方式
（D）自动跟踪补偿消弧装置消弧部分的容量应根据变电站本期出线规模确定

54．下列关于消弧线圈的说法，正确的是　　　　　　　　　　　　　　　　（　　）
（A）具有直配线的发电机中性点的消弧线圈应采用欠补偿方式
（B）采用单元连接的发电机中性点的消弧线圈宜采用欠补偿方式
（C）未设专用接地变的系统，消弧线圈可接于零序磁通经铁芯闭路的YNyn接线变压器的中性点上
（D）无中性点引出的变压器，消弧线圈应接入专用的接地变压器

55．在开关高压感应电动机时，因真空断路器的截流，三相同时开断和高频重复击穿等会产生过电压，工程中限制过电压的措施有　　　　　　　　　　　　　　（　　）
（A）采用不击穿的断路器
（B）在断路器与母线之间装设金属氧化物避雷器
（C）限制操作方式
（D）在断路器和母线之间装设能耗极低的R-C阻容吸收装置

56．关于220kV~500kV母线保护的配置，下列说法正确的是　　　　　　　　（　　）
（A）对一个半断路器接线，每组母线应装设两套母线保护
（B）对双母线、双母线分段等接线，为防止母线保护因检修退出失去保护，母线发生故障会危及系统稳定和使事故扩大，宜装设两套母线保护
（C）对双母线接线，为防止母线保护因检修退出失去保护，母线发生故障会危及系统稳定和使事故扩大，可装设两套母线保护

(D）重要发电厂或 220kV 以上重要变电站，需要快速切除母线上故障时，应装设专用的母线保护

57．火电厂应急照明光源宜采用 （   ）
（A）荧光灯　　　　　　　　　　　　（B）无极荧光灯
（C）金属卤化物灯　　　　　　　　　（D）发光二极管

58．下列一般不作为线路确定档距中央导线水平相间距的控制条件的是 （   ）
（A）工频电压工况　　　　　　　　　（B）安装工况
（C）带电作业工况　　　　　　　　　（D）断线工况

59．关于发电机出口设置发电机断路器（GCB），下列叙述正确的是 （   ）
（A）若两台发电机与 1 台分裂绕组变压器（主变）做扩大单元连接，应在发电机与主变低压侧之间装设发电机断路器或负荷开关
（B）若两台发电机与 2 台分裂绕组变压器（主变）做扩大单元连接，不宜在发电机与主变低压侧之间装设发电机断路器
（C）燃煤电厂 300MW 机组发电机与双绕组变压器为单元接线时，发电机与主变之间不宜装设发电机断路器
（D）100MW 级燃煤机组，发电机与主变之间应装设发电机断路器

60．3～35kV 三相供电回路的电缆芯数的选择，下列正确的是 （   ）
（A）应选择单芯电缆
（B）工作电流较大的回路或电流敷设于水下时，可选用单芯电缆
（C）应选用 4 芯电缆
（D）除满足条件选用单芯电缆外，应选用 3 芯电缆，3 芯电缆可选用普通统分型,可选用 3 根单芯电缆绞合构造型

61．下列关于高压交流电力电缆金属护套的接地描述，正确的是 （   ）
（A）三芯电缆应在线路两终端直接接地
（B）长期于水下单芯电缆，可在线路两终端直接接地
（C）在正常负荷情况下，单芯电缆任一非接地处金属护套的正常感应电压不大于 100V，可不采取防止人员任意接触的安全措施
（D）三芯电缆线路有中间接头时，接头处也应直接接地

62．某站继电保护整定计算值应可靠躲过区外故障不平衡电流，需满足上述要求的选项是 （   ）
（A）分相电流保护差动保护的零序启动元件
（B）母线差动电流保护差电流起动元件
（C）主变微机保护最小动作电流

（D）主变微机保护比率制动原理差动保护动作电流

63. 关于母线电压允许偏差值，下列描述符合规程要求的是　　　　　　　　（　　）
（A）330kV 及以上母线正常运行方式时，电压允许偏差为系统标称电压的 0~10%
（B）220kV 变电站的 35kV~110kV 母线正常运行方式时，电压允许偏差为系统标称电压的 –3%~7%
（C）当公共电网电压处于正常范围内时，通过 110（66）kV 及以上电压等级接入公共电网的风电场应能控制并网点电压在标称电压的 97%~107% 范围内
（D）发电厂 220kV 母线非正常运行方式时电压允许偏差为系统标称电压的 –5%~10%

64. 关于架空线路的耐张段长度，下列描述错误的是　　　　　　　　　　（　　）
（A）10mm 冰区的 500kV 线路，耐张段长度不宜大于 5km
（B）10mm 冰区的 110kV 线路，耐张段长度不宜大于 10km
（C）耐张段长度较长时应采用耐张塔作为防串倒措施
（D）运行条件较差的地段，应适当缩短耐张段的长度

65. 对于通过 220kV 光伏发电汇集系统升压至 500kV 电压等级接入电网的光伏发电站，务工容量配置宜满足，下列正确的选项是　　　　　　　　　　　　　　（　　）
（A）容性无功容量能够补偿光伏发电站满发时汇集线路、主变压器的感性无功及光伏发电站送出线路的一半感性无功之和
（B）容性无功容量能够补偿光伏发电站满发时汇集线路、主变压器的感性无功及光伏发电站送出线路的全部感性无功之和
（C）感性无功容量能够补偿光伏发电站自身的容性充电无功功率及光伏发电站送出线路的一半充电无功功率之和
（D）感性无功容量能够补偿光伏发电站自身的容性充电无功功率及光伏发电站送出线路的全部充电无功功率之和

66. 变电所 110kV 及以上电压等级的配电装置中关于隔离开关的装设规定，下面描述错误的是　　　　　　　　　　　　　　　　　　　　　　　　　　　　（　　）
（A）220kV 敞开式配电装置的母线电压互感器回路不应装设隔离开关
（B）330kV 敞开式配电装置的母线电压互感器回路不宜装设隔离开关
（C）500kV 敞开式配电装置的母线并联电抗器回路不宜装设隔离开关
（D）500kV GIS 配电装置的母线避雷器回路不应装设隔离开关

67. 关于水力发电厂降低接地电阻的措施，下列描述错误的是　　　　　　（　　）
（A）水下接地网宜设置在水库蓄水及引水系统最低水位以下区域
（B）为有效减低接地电阻，水下接地网宜布置在水流湍急处
（C）接地装置应充分利用大地迎水面钢筋网，各种闸门的金属结构等接地体

（D）如采用深井接地，宜延伸至地下水位以下地层中电阻率较低处，深井的水平间距不宜大于埋设深度

68. 关于直流电缆的技术要求，下列符合设计规程要求的是　　　　　　　　　　（　　）
（A）蓄电池组与直流柜之间连接电缆压降的计算电流应取事故放电初期（1min）放电电流
（B）两台机组之间直流应急联络电缆电压降计算所采用的计算电流按负荷统计表中一小时放电电流选取
（C）供 ECMS 系统的直流回路应采用屏蔽电缆
（D）供 CPS 系统的直流回路电缆的导体材质应选用铜

69. 35kV 户外油浸式并联电容器安全围栏内的地面可以采用下列的处理方式有（　　）。
（A）混凝土基础
（B）广场砖地面，高于周围地坪 100mm
（C）100mm 厚碎石层，并不高于周围地坪
（D）150mm 厚鹅卵石层，不高于周围地坪

70. 输电线路档距中央导线和地线的最小距离，应按雷击当局中央地线时不致使两者的间隙击穿来确定。其最小安全距离与下列因素有关的是：　　　　　　　　　　（　　）
（A）雷击电流陡度
（B）档距长度
（C）相导线绝缘子串长度
（D）导线和地线间的耦合系数

答　案

一、单项选择题

1. C

依据：GB 50058—2014 第 5.5.4 条。

2. B

依据：GB/T 7894—2009 第 6.2.1.3-a）款。

3. C

依据：DL/T 5222—2021 第 7.2.2 条。

4. A

依据：GB/T 50064—2014 第 4.1.1-3 款，则 $1.3 \times 252 \div 1.732 = 189.14(kV)$。

5. D

依据：GB/T 50065—2011 第 4.3.2-2 款，A 对；第 4.3.2-3 款，B 对；第 4.3.2-1 款，C 对；表 4.3.4-1，D 错。

6. A

依据：GB 50217—2018 第 3.7.6-3 款，C 错；第 3.7.8-3 款，A 对，第 3.7.8-5 款，D 错；第 3.7.7-3 -1）款，B 错。

7．C

依据：老版系统手册 P27 "日负荷曲线特性指标"，在最小负荷和平均负荷之间的部分称为腰荷。$\gamma = 0.8 = P_p/440$，$P_p = 352(\text{MW})$；$\beta = 0.58 = P_{\min}/440$，$P_{\min} = 255.2(\text{MW})$。

8．A

依据：《架空输电线路电气设计规程》（DL/T 5582—2020）第 8.0.1 条。

9．C

依据：DL/T 5390—2014 第 10.0.4-3-2)款。

10．D

依据：DL/T 5153—2014 第 6.3.5 条。

11．D

依据：DL/T 5222—2005 第 6.0.4 条。

12．C

依据 GB/T 50064—2014 第 4.1.1-1～4.1.1-3 款。

1.1×1.732×12/1.732=13.2（kV）；1.732×40.5/1.732=40.5（kV）；1.3×126/1.732=94.57（kV）。

13．B

依据：DL/T 5136—2012 第 6.7.1 条。

14．C

依据：DL/T 5044—2014 第 G.1.1 条，得 I_k=220/7.8=28.21（kA）。

15．A

依据：GB 50227—2017 第 8.1.2 条。

16．B

依据：老版线路手册 184 页式（3-3-12），则 L_v=400+(450–400)×40000/26000=477（m）。

17．B

依据：GB 50116—2013 第 11.1.3 条。

18．B

依据：DL/T 5222—2021 第 3.0.15-2 款，1.2s+50ms=1.25（s）。

19．C

依据：DL/T 5352—2018 第 5.4.9 条。

20．C

依据：GB/T 50064—2014 第 4.2.1-4 款，2.0×550/1.732×1.414=898（kV）。

21．A

依据：DL/T 5136—2012 第 7.2.9-2-3）款，A 对。

22．B

依据：DL/T 5153—2014 第 8.9.2-3 款，B 对。

23．A

依据：GB 50227—2017 第 6.1.3 条。

24．D

依据：《架空输电线路荷载规范》（DL/T 5551—2018），30%×2×84.82×674=34301（N），D 对。

25．D

依据：DL/T 5216—2017 第 4.1.6 条，D 错。

26．C

依据：GB/T 7064—2017 第 4.14.2 条式（3），$t = 33.75/(1.4^2-1)=35.15$（s）。

27．B

依据：GB 50229—2019 第 6.7.4 条，B 对。

28．B

依据：GB 50065—2011 式（6.1.1）及第 6.1.1 条，R≤120/6500=0.0185Ω，且 R≤4Ω，B 对。

29．A

依据：DL/T 5003—2017 第 4.6.2 条，A 对。

30．C

依据：DL/T 5155—2016 第 3.1.2 条，C 错。

31．D

依据：GB 50797—2012 第 6.4.3-2 条，D 对。

32．D

依据：GB 50545—2010 表 10.1.18-1，老版线路手册 P106 右下角公式及 P109 左栏中部内容"跳线风偏角 η 仍同……"，风偏角 η=tg^{-1}[(26.52÷0.61×1)/32.33]=56.36°，D 对。《架空输电线路电气设计规程》（DL/T 5582—2020）对风荷载计算已经更改。

33．B

依据：DL/T 5218—2012 第 5.1.6 条，B 对。

34．B

依据：DL/T 5222—2021 表 20.1.7。

35．D

依据：DL/T 5352—2018 第 5.4.5 条，D 对。

36．A

依据：GB 50065—2011 第 4.5.1-1 款，A 对。

37．D

依据：GB/T 14285—2006 第 4.2.21 条，D 对。

38．B

依据：DL/T 5390—2014 第 8.7.3 条，B 对。

39．C

依据：《架空输电线路电气设计规程》（DL/T 5582—2020）第 8.0.1 条及式（8.0.2）得，120/2.7=44.4（kN），C 对。

40．B

依据 DL/T 5033—2006 第 7.1.1-1-4）款，B 对。

二、多项选择题

41．ABD

依据：GB 51096—2015 第 11.2.1-3 款，A 对；第 11.2.2-1 款，B 对，第 11.2.2-2 款，C 错；GB 50797—2012 第 4.0.12 条，D 对。

42．ABC

依据：老版一次手册 140 页表 4-13，ABC 对。

43．ACD

依据：DL/T 5186—2004 第 7.4.6 条，ACD 对。

44．BCD

依据：DL/T 5136—2012 第 10.1.3 条。

45．AD

依据：DL/T 5153—2014 第 8.2.2-1-3）款，A 对；第 8.2.2-2-1）款，B 错；第 8.2.2-3-2 款，C 错；第 8.2.4 条，D 对。

46．ABC

依据：GB/T 29321—2012 第 8.4.1 条。

47．AD

依据：GB 50229—2019 表 11.1.2，A 对；表 11.1.8，不满足间距的才设置防火墙，B 错；表 11.1.7 注，C 错；表 11.2.5，D 对。

48．ABD

依据：DL/T 5222—2021 第 5.4.10 条，ABD 对。

49．ABC

依据：GB/T 50064—2014，式（6.4.3-1）及式（6.4.3-4），A 对；式（6.4.4-1）及式（6.4.4-3），B 对；式（6.4.1-1）及式（6.4.1-2），C 对；式（6.4.3-2）及式（6.4.3-5），D 错。

50．BD

依据：GB/T 19964—2012 第 6.2.2 条，A 对；GB/T 14549—93 表 1，应为 3%，B 错；GB 50797—2012 第 9.2.3-6 款，C 对，第 9.2.4-1-2 款，D 错。

51．BC

依据：DL/T 5155—2016 第 6.3.10-6 款，A 错；第 6.3.10-2 款，B 对；第 6.3.2 条，C 对；第 6.3.6 条，D 错。

52．ABD

依据：GB 50217—2018 第 6.2.4 条，A 对；第 6.2.4-2 款，B 对；第 6.2.4-1 款，C 错；第 6.2.4-3 条，D 对。

53．ACD

依据 GB/T 50064—2014 第 3.1.1-1 款，"不应大于"即小于等于，A 错；第 3.1.1-2 款，B 对；第 3.1.3-1 款，C 错；第 3.1.6-4 款，D 错。

54．BD

依据：DL/T 5222—2021 第 18.1.5 条，A 错、B 对；第 18.1.7-2 款，C 错；第 18.1.7-5 款，D 对。选对的，故选 BD。

55．BD

依据：GB/T 50064—2014 第 4.2.9 条，BD 对。

56．AB

依据：GB/T 14285—2006 第 4.8.1-a）款，A 对；第 4.8.1-b）款，B 对。

57．ABD

依据：DL/T 5390—2014 第 4.0.4 条及其条文说明，ABD 对。

58．BCD

依据：老版线路手册第 114 页"（一）导线相间最小距离的确定"，A 对，BCD 错。

59．AC

依据：GB 50660—2011 第 16.2.3 条，A 对；第 16.2.5 条，C 对。

60．BD

依据 GB 50217—2018 第 3.5.3-1 款，B 对；第 3.5.3-2 款，D 对。

61．ABD

依据：GB 50217—2018 第 4.1.10 条，A、D 对；第 4.1.12-2 款，B 对。

62．BD

依据：DL/T 559—2018 第 7.2.6.1 条，A 错；第 7.2.9.1 条，B 对；DL/T 684—2012 第 5.1.4.3-a）款，D 对。

63．BCD

依据：DL/T 1773—2017 第 5.2.1 条，A 错；第 5.2.3 条，B 对；第 5.2.5 条，C 对；第 5.2.2 条，D 对。

64．AC

依据：DL/T 5582—2020 第 4.0.8 条可知，10mm 覆冰属于轻冰区，由第 3.0.9 条可知，A 错，B 对；又由第 3.0.9 条条文说明可知，C 错，D 对。

65．BD

依据：GB/T 19964—2012 第 6.2.4 条，B、D 对。

66．ACD

依据：DL/T 5352—2018 第 2.1.5 条，A 错；第 2.1.6 条，C 错；第 2.2.2 条，D 错。

67．BD

依据：DL/T 5186—2004 第 5.7.8-3 款，A 对，B 错；第 5.7.8-5 款，D 错；第 5.7.7-1 款，C 对。

68．CD

依据：DL/T 5044—2014 第 6.3.1 条，C 对；第 6.3.3-2 款，A 错；第 6.3.8 条，B 错；GB 50217—2018，第 3.7.1 条，D 对。

69．CD

依据：GB 50227—2017 第 8.1.7-1 款，B 错，CD 对；不能全部硬化，A 错。

70．ABD

依据：老版线路手册 118 页右下"（二）导线和地线间最小距离的确定"。

2022 年注册电气工程师专业案例试题

（上午卷）及答案

【2022 年上午题 1~4】某发电厂 2 台 330MW 机组分别经升压变压器与 220kV 系统相连，220kV 配电装置有 2 回进线，2 回出线，采用外桥接线。发电机额定功率 330MW，额定功率因数 0.85，最大连续输出功率 340MW、功率因数 0.85，发电机出口电压 20kV，采用离相封闭母线与主变压器相连，高压厂用变压器由发电机出口引接，每台机组设 1 台分裂高压厂用变压器，两台机组设 1 台同容量的高压厂用启动/备用变压器。请分析计算并解答以下各题。

1. 假设定子线圈的单相对地电容为 0.18μF，离相封闭母线、主变压器低压线圈及高厂变压线圈单相接地电容电流为 0.07A，发电机中性点采用消弧线圈接地方式，计算消弧线圈的补偿容量为下列哪项数值？（过补偿系数取 1.35，欠补偿系数取 0.8） （ ）
   （A）18.75kVA 　　　　　　　　（B）23.44kVA
   （C）31.65kVA 　　　　　　　　（D）32.48kVA

2. 若升压站 220kV 两回出线分别接至系统两个不同的变电站，系统的穿越功率为 200MVA，高压厂变容量为 40MVA，请计算桥回路持续工作电流为下列哪项数值？（母线运行电压为 220kV） （ ）
   （A）945A 　　　　　　　　　　（B）1050A
   （C）1451A 　　　　　　　　　（D）1575A

3. 220kV 主变压器中性点采用通过隔离开关直接接地，隔离开关打开时通过间隙并联避雷器接地，该避雷器的持续运行电压和额定电压应为下列哪项数值？ （ ）
   （A）67kV　　84kV 　　　　　（B）101kV　　128kV
   （C）116kV　　146kV 　　　　（D）145kV　　189kV

4. 若主变压器额定容量为 390MVA，阻抗电压为 14%，空载励磁电流为 0.8%，厂用电及电厂变自身在发电机额定工况运行时消耗的总无功为 13Mvar，消耗的总有功为 20MW，请问当发电机在额定工况运行时主变高压侧送出的无功容量为下列哪项值？ （ ）
   （A）133Mvar 　　　　　　　　（B）140Mvar
   （C）153Mvar 　　　　　　　　（D）266Mvar

【2022年上午题5~7】有一地面集中并网光伏发电站，选用的光伏组件技术参数如表1，选用的组串式逆变器最大直流输入电压为1500V，MPPT电压范围500~1500V。请分析计算并解答下列各题。

表1 单晶硅双面太阳电池组件技术参数表

技术参数	单位	参数
峰值功率	Wp	540
开路电压(V_{oc})	V	49.50
短路电流(I_{se})	A	13.85
工作电压(V_{pm})	V	41.65
工作电流(I_{pm})	A	12.97
工作电压温度系数	%/K	−0.350
开路电压温度系数	%/K	−0.284
短路电流温度系数	%/K	0.050
功率误差范围	W	0~+5
组件效率	%	21.1
功率衰减率	%	首年2.0%，之后每至0.45%
尺寸	mm	2256×1133×3
重量	kg	32.3

5. 若本光伏发电站所在场址的极端最高温度为40℃，极端最低温度−5℃，光伏组件工作条件下的极限高温为65℃，工作条件下的极端低温为0℃，光伏组件的组件串联数选取哪项数值最为合适？ （ ）

(A) 14 (B) 27
(C) 28 (D) 33

6. 若本光伏发电站安装光伏组件总数量为37440块，发电站通过一回35kV线路接入附近电网变电站，对于本光伏发电站下列哪项说法是错误的？ （ ）

(A) 光伏逆变器应具有低电压穿越功能
(B) 光伏电站电能质量数据不远传，就地储存一年以上数据供电网企业必要时调用
(C) 计算机监控系统采用网络方式与电网对时
(D) 光伏发电站不设置防孤岛保护

7. 若本光伏发电站安装光伏逆变器总额定功率为100MW，通过一回110kV线路接入电网。发电站及送出线路的无功功率统计如下表。请计算本光伏发电站配置的集中无功补偿装置容量调节范围至少为下列哪项数值？ （ ）

无 功 功 率 统 计 表

项　　目	容量（Mvar）	项　　目	容量（Mvar）
满发时汇集线路感性无功	30	光伏发电站站内充电无功	40
满发时主变压器感性无功	10	110kV 送出线路充电无功	24
满发时 110kV 送出线路感性无功	30		

（A）容性无功 22Mvar，感性无功 18Mvar
（B）容性无功 39Mvar，感性无功 33Mvar
（C）容性无功 55Mvar，感性无功 52Mvar
（D）容性无功 70Mvar，感性无功 64Mvar

【2022 年上午题 8~11】 某发电厂位于海拔 1000m 以下，安装 1 台 35MW 汽轮发电机组，该机组接线图如下图所示。

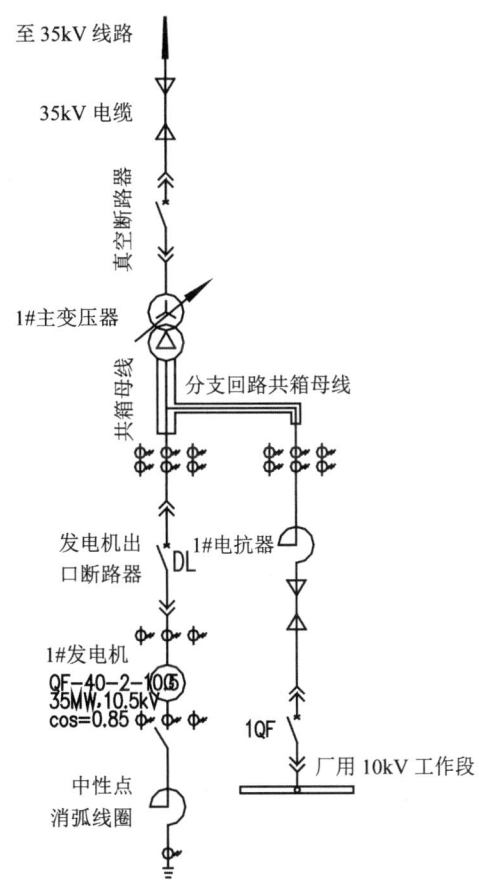

图中发电机出口电压为 10.5kV，发电机经主变压器升压至 35kV，接入电网。采用线路变压器组接线。发电机额定功率 35MW，额定功率因数 0.85，机组最大连续输出功率为 38.2MW，

请分析并回答下列问题。

8. 若 35kV 主变高压侧短路时系统侧所提供三相短路电流周期分量为 20kA，主变容量为 44MVA，接线组别 Ynd11，主变电抗 U_d=10.5%，计算发电机出口三相短路时系统侧提供的短路电流周期分量为下列哪组数值？　　　　　　　　　　　　　　　　　　　　（　　）

　　（A）4.92kA　　　　　　　　　　　　　（B）17.35kA
　　（C）23.01kA　　　　　　　　　　　　　（D）30.05kA

9. 假设图中发电机通过封闭母线接入主变压器，按《导体和电器选择设计技术规定》DL/T 5222—2005 中经济电流密度选择，不考虑扣除厂用电负荷，封闭母线发电机回路导体最接近下列哪个选项？（最大负荷利用小时数 T=5500h）　　　　　　　　（　　）

　　（A）2200mm^2　　　　　　　　　　　　（B）2400mm^2
　　（C）2700mm^2　　　　　　　　　　　　（D）3000mm^2

10. 若发电厂厂用电抗器前短路电流周期分量起始值为 50kA，接入电抗器后高压厂用段母线总短路电流周期分量起始值为 30kA，高压厂用段母线短路的电动机反馈电流为 5kA，电抗器至高压厂用段采用电缆连接，主保护动作时间为 50ms，后备保护动作时间为 2s，断路器开断时间为 100ms，假定不考虑周期分量有效值的衰减且不计非周期分量，电缆热稳定系数取 C=150，计算并选择满足热稳定的电缆截面为下列哪项数值？　　　　　　　（　　）

　　（A）241.52mm^2　　　　　　　　　　　（B）282.84mm^2
　　（C）289.82mm^2　　　　　　　　　　　（D）471.40mm^2

11. 已知发电机出口三相短路时发电机提供的短路电流周期分量起始有效值为 11.84kA，系统提供的短路电流周期分量起始有效值为 12.43kA。发电机 $X/R = 70$，系统侧 $X/R = 25$。不计周期分量衰减，根据以上 X/R 值计算发电机出线端短路时，发电机提供的冲击电流 i_{ch} 为下列哪项数值？　　　　　　　　　　　　　　　　　　　　　　　　　　　　　　　　（　　）

　　（A）30.1kA　　　　　　　　　　　　　　（B）31.81kA
　　（C）32.75kA　　　　　　　　　　　　　　（D）33.08kA

【2022 年上午题 12-16】某安装 2×1000MW 机组的大型发电厂，直流动力负荷采用 220V，控制负荷采用 110V 供电，每台机组设一组 220V 蓄电池、2 组 110V 蓄电池，500kV 升压站设二组 110V 蓄电池。110V 直流系统为两电三充单母线接线，220V 直流系统为两电两充单母线接线，蓄电池均采用阀控式密封铅酸蓄电池。请分析计算并解答下列各题。

12. 本工程 500kV 升压站为双母线接线的 GIS，2 回出线、3 回进线、1 回母联和 2 回母线设备。各类直流负荷：500kV 断路器每组合闸线圈电流为 12A，每组跳闸线圈电流为 15A，两套 UPS 装置冗余配置每套 10kW，GIS 每个间隔控制、保护负荷为 20A（按 8 回考虑），网络继电器室屏柜 60 面每面负荷为 2A。对应直流负荷统计中经常电流、事故放电 1min 电流、随机负荷电流，下列哪组负荷统计数值是正确的？　　　　　　　　　　　　　　（　　）

(A) 144A、243.45A、0A (B) 168A、312.9A、12A
(C) 168A、321.45A、12A (D) 224A、321.45A、0A

13. 若 500kV 升压站的直流系统两组蓄电池出口回路熔断器为 630A，每组蓄电池所连接负荷电流为 400A。选择连接两组母线的联络开关设备的参数，下列哪项数值是合适的？
（　　）

(A) 隔离开关额定电流 200A (B) 断路器额定电流 250A
(C) 熔断器额定电流 400A (D) 断路器额定电流 400A

14. 若 500kV 升压站每组蓄电池容量为 600Ah，经常电流为 150A，充电模块为 30A，为了简化计算三个充电装置规格参数选择一致。直流系统每套充电装置的高频开关电源模块数至少选几个？
（　　）

(A) 5 (B) 7
(C) 9 (D) 10

15. 在本工程的主厂房部分的直流系统，若机组 220V 蓄电池为 3000Ah，蓄电池至直流屏距离为 30m，按事故停电时间的蓄电池放电率电流选择的电缆截面计算值设为 700mm^2，按事故初期（1min）冲击放电电流 2200A，选择的电缆截面计算值设为 1480mm^2，汽机直流润滑油泵电动机为 36kW，效率为 0.86，计算启动电流倍数取 4.6 倍，直流屏至电动机总长度为 200m。请按事故初期从蓄电池组至电动机的电缆电压降不大于 6%条件，计算从直流屏至电动机的电缆最小截面最接近下列哪项值？
（　　）

(A) 254.25mm^2 (B) 362.88mm^2
(C) 556.41mm^2 (D) 584.79mm^2

16. 若本工程的直流密封油泵电动机为 17kW，额定电流为 90A，启动电流倍数为 7，启动时间为 5s，假设电动机回路断路器短路分断能力和保护灵敏度都符合要求，且启动电流在启动过程中不变，根据下列脱扣器动作特性曲线，选取断路器的最小规格为哪项数值？
（　　）

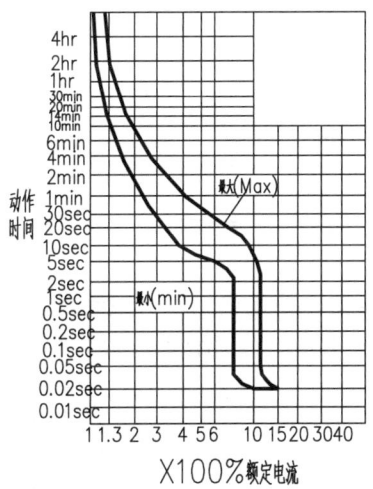

（A）80A　　　　　　　　　（B）100A
（C）125A　　　　　　　　　（D）160A

【2022年上午题17-20】 某220kV变电站，与无限大电源系统连接并远离发电厂，主接线图如下。S1等值电抗标幺值$X_Ⅰ$=0.01，S2等值电抗标幺值$X_Ⅱ$=0.015（基准容量S_j=100MVA，基准电压U_j=230kV、63kV）。变电站安装两台220/63kV、180MVA主变。主变短路电压百分数值为U_k(%)=14，220kV侧为双母线接线，进线1与出线1固定运行于一段母线，进线2与出线2固定运行于另一段母线；母线并列运行为最大方式，分列运行为最小方式。63kV侧为单母线分段接线，母线分列运行。主变高压侧保护用电流互感器变比600～1250/1A，电流互感器满闸接线（S1-S3）站内采用铜芯电缆，γ = 57m/($\Omega \cdot$ mm)^2。请分析计算并解答以下各题。（计算结果精确到小数点后2位）

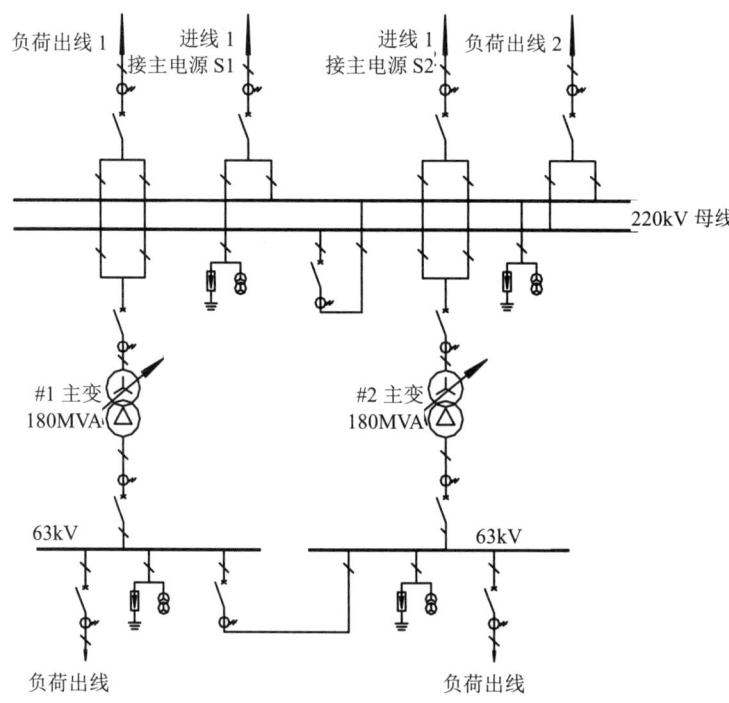

17. 主变高压侧后备保护为复合电压闭锁的过电流保护，可靠系数取上限值，返回系数取0.85，电流继电器动作电流整定二次值为下列哪项数值？　　　　　　（　　）
（A）0.49A　　　　　　　　（B）0.58A
（C）1.00A　　　　　　　　（D）1.20A

18. 若主变高压侧复合电压闭锁的过电流保护电流定值对应的一次值为1.1kA，按小方式主变低压测短路校核电流元件灵敏度，该灵敏系数为下列哪项数值？　（　　）
（A）2.13　　　　　　　　　（B）2.25
（C）2.46　　　　　　　　　（D）4.65

19. 若 63kV 出线测量电流二次回路如下图。W1a、W1c、W2a、W2c 装置负荷均为 0.5Ω/相，电流互感器至测量装置之间的铜芯电缆长度为 150m，截面 2.5mm²，接触电阻取 0.1Ω。电流互感器二次负荷不小于下列哪项数值？   （   ）

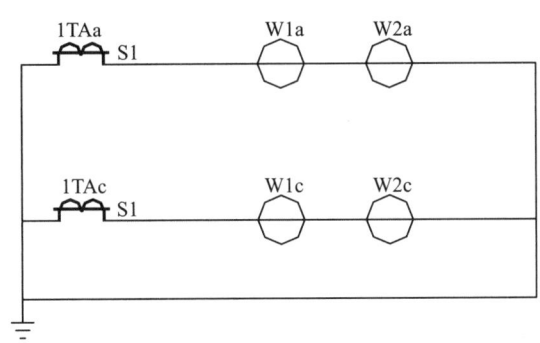

（A）3.66Ω　　　　　　　　　　　　（B）2.92Ω
（C）2.88Ω　　　　　　　　　　　　（D）2.15Ω

20. 220kV 负荷出线 1 带一终端变电站运行。终端变电站高压侧为单母线接线，变电站中、低压侧均无电源接入。两站之间线路长度 18km，$X_1=0.4Ω/km$。负荷出线 1 配置线路纵差保护，保护配置不带速饱和变流器。本站线路保护用电流互感器变比为 1250/1A，此间隔电流互感器保护校验用一次电流计算倍数 m_{js} 是下列哪项数值？（阻抗计算过程精确到小数点后 5 位）   （   ）

（A）33.46　　　　　　　　　　　　（B）26.01
（C）20.48　　　　　　　　　　　　（D）15.36

【2022 年上午题 21-25】某 500kV 交流单回输电线路悬垂直线杆塔（如图 1 所示），导线采用 4 分裂钢芯铝绞线，地线采用铝包钢绞线，导地线参数如表 1 所示，各工况导线应力如表 2 所示。该杆塔规划设计条件为：代表档距 400m，水平档距 400m。导线悬垂绝缘子串采用双联 I 型 210kN 复合绝缘子，导线悬垂绝缘子串长为 5.7m，绝缘子串总重量为 200kg，绝缘子串风压为 2kN，地线悬垂串长为 0.7m，地线支架高度 M 为 5.5m，最大弧垂工况为最高气温条件。请分析计算并解答以下各题。

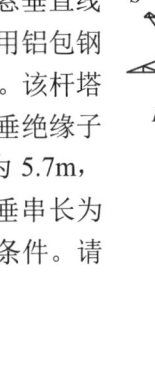

表 1　导 地 线 参 数

类别	截面积（mm²）	外径（mm）	重量（kg/km）
导线	672.81	33.9	2078.4
地线	148.07	15.75	773.2

表 2 导线应力表（代表档距=400m）

工况	气温（℃）	风速（m/s）	冰厚（mm）	应力（N/mm²）
最低气温	−20	0	0	62.01
设计风速	−5	27	0	74.37
年平均气温	15	0	0	53.02
设计覆冰	−5	10	10	84.07
最高气温	40	0	0	48.31

21．按照线路最高运行电压550kV，导线水平线间距离D=10m，导线平均对地高度H=14m，采用图解法求边相、中相导线表面最大电场强度分别为多少？　　　　　　　　　　（　　）

（A）1.36MV/m、1.48MV/m　　　　　（B）1.48MV/m、1.36MV/m
（C）1.59MV/m、1.72MV/m　　　　　（D）2.02MV/m、2.16MV/m

22．已知相邻两悬垂直线塔之间挡距为800m，求相导线水平线间间距D至少为下列哪项数值？　　　　　　　　　　　　　　　　　　　　　　　　　　　　　　（　　）

（A）10.0m　　　　　　　　　　　　（B）9.1m
（C）11.4m　　　　　　　　　　　　（D）14.8m

23．已知相导线间水平距离D=11m，若要满足防雷要求，两根地线之间的水平距离N应至少为下列哪项数值？（不考虑导线分裂间距）　　　　　　　　　　　　　（　　）

（A）22.0m　　　　　　　　　　　　（B）20.1m
（C）18.3m　　　　　　　　　　　　（D）16.4m

24．已知杆塔上导地线水平偏移s=2m，挡距为1000m，若按导地线间的距离满足防雷要求，求地线在相应条件下的最小应力为下列哪项数值？　　　　　　　　　（　　）

（A）53.0N/mm²　　　　　　　　　　（B）92.7N/mm²
（C）99.9N/mm²　　　　　　　　　　（D）109.6N/mm²

25．已知最大弧垂情况下垂直挡距与水平挡距比值为0.75，导线平均高为20m。求设计杆塔时大风条件下绝缘子串风偏角是下列哪项数值？　　　　　　　　　　　（　　）

（A）51.5°　　　　　　　　　　　　（B）49.2°
（C）45.9°　　　　　　　　　　　　（D）40.5°

答　案

1．A【解答过程】由老版一次手册80页，式（3-1），可得
定子线圈电容电流 $I_{c1} = \sqrt{3} \times 20 \times 3.14 \times 2 \times 50 \times 0.18 \times 10^{-3} = 1.958$（A）
总电容电流 $I_c = 1.958 + 0.07 = 2.028$（A）

该机组没有直配线，属于单元机组，由 DL/T 5222—2005 第 18.1.5 可知采用补偿，系数依题意取 0.8，再由该规范附录 B.1.1，可得：$Q = 0.8 \times 2.028 \times 20 / \sqrt{3} = 18.73 (\text{kVA})$，选 A。

2．D【解答过程】由老版一次手册 P232，表 6-3，桥回路持续工作电流取最大元件负荷电流及系统穿越功率。依题意，高厂变负荷可完全被启动/备用变压器替代，则发电机最大负荷可全部送出到主变高压侧。

$$I_{js} = \frac{340}{\sqrt{3} \times 220 \times 0.85} + \frac{200}{\sqrt{3} \times 220} = 1.5746(\text{kA})。$$

3．C【解答过程】由 GB 50064—2014 表 4.4.3，依题意，中性点经隔离开关接地，属于有失地，则中性点避雷器持续运行电压和额定电压计算如下：

$U_c = 0.46 \times 252 = 116(\text{kV})$

$U_e = 0.58 \times 252 = 146(\text{kV})$

选 C。

4．B【解答过程】变压器负载率 $\beta = \frac{I_g}{I_n} = \frac{S_g}{S_n}$；$S_g = \frac{330}{0.85} \angle \cos^{-1} 0.85 - 20 - 13j = 364.3875 \angle 31.707$；$\beta = \frac{364.6875}{390} = 0.934$；由老版《电力一次手册》第 476 页式（9-2），则变压器消耗无功功率为 $Q_{CB,m} = \left(\frac{U_d\% I_m^2}{100 I_e^2} + \frac{I_0\%}{100}\right) S_e = \left(\frac{14}{100} \times 0.934^2 + \frac{0.8}{100}\right) \times 390 = 50.75(\text{Mvar})$；发电机发出无功 $Q_f = 330 \times \tan(\cos^{-1} 0.85) = 204.52(\text{Mvar})$；则高压侧送出的无功容量 $Q = 204.52 - 13 - 50.75 = 140.77(\text{Mvar})$

5．C【解答过程】由 GB 50797—2012 第 6.4.2 条、式（6.4.2-1）及其条文说明可知地面集中并网光伏发电站组件串联数计算直接选用式（6.4.2-1）计算，则

$$N \leq \frac{U_{dc\,max}}{U_{oc} \times [1 + (t - 25) \times K_v]} = \frac{1500}{49.5 \times [1 + (0 - 25) \times -0.00284]} = 28.29$$

选 C。

6．B【解答过程】本站总装机 37440×540=20.22(MW)。

由 GB 50797—2012 第 6.2.3 条，本站属于中型光伏电站。依据第 9.2.4-2 款，A 对；依据第 9.2.3-1 款，B 错；依据第 8.7.8 条，C 对；依据第 9.3.4 条，D 对。

7．C【解答过程】由 GB/T 19964—2014 第 6.2.3 条，得：容性无功容量为 30+10+30×0.5=55（Mvar）；感性无功容量为 40+24×0.5=52（Mvar）。

8．B【解答过程】由老版一次手册 120 页式（4-2）~式（4-8）及表 4-1、表 4-2，得 35kV 侧系统阻抗 $X_x^* = \frac{I_{j35}}{I_{35}''} = \frac{1.56}{20} = 0.078$

变压器阻抗 $X_T^* = \frac{U_d\%}{100} \times \frac{S_j}{S_e} = \frac{10.5\%}{100} \times \frac{100}{44} = 0.239$

则发电机出口短路时，系统侧提供的短路电流 $I_x'' = \frac{I_{j10}}{X_\Sigma} = \frac{5.5}{0.078 + 0.239} = 17.37(\text{kA})$。

9．C【解答过程】由 DL/T 5222—2005 附录 E，图 E.6 曲线 3，$T=5500$ 时，经济电流密

度 $j = 0.9\text{A/mm}^2$。由该规范式（E.1-1），经济电流密度功率取发电机正常运行最大功率，为发电机额定功率，则

$$S = \frac{I_{\max}}{j} = \frac{35 \times 1000}{\sqrt{3} \times 10.5 \times 0.85 \times 0.9} = 2515.69(\text{mm}^2)$$

再由该规范第 7.1.6 条，无合适规格导体时，向下一挡选取，选 B。本题是按照老版规范 DL/T 5222—2005 所出。新版规范 DL/T 5222—2021 第 5.1.6 条条文说明对应的经济电流密度已经修改。

10．A【解答过程】依题意，高压厂用段母线总短路电流周期分量起始值为 30kA，其中电动机反馈电流为 5kA，则电抗器至高压厂用段的电缆上可能流过的短路电流为 $I_{k1} = 30 - 5 = 25(\text{kA})$，依题意不考虑周期分量有效值的衰减且不计非周期分量，由 GB 50217—2018 第 3.6.8-5 款，短路电流热效应时间应取后备保护时间+开断时间。由 GB 50217—2018 式（E.1.3-2），短路电流热效应为

$$Q = I^2 t = (30 - 5)^2 \times (2.0 + 0.1) = 1312.5(\text{kA}^2\text{s})$$

再由该规范附录 E 式（E.1.1-1），可得 $S \geq \dfrac{\sqrt{Q}}{C} = \dfrac{\sqrt{1312.5}}{150} = 241.52(\text{mm}^2)$

11．C【解答过程】由老版一次手册第 141 页表 4-15 可得

发电机短路电流冲击系数 $K_{ch} = 1 + e^{-\frac{0.01\omega}{T_a}} = 1 + e^{-\frac{0.01 \times 314}{70}} = 1.956$

则发电机提供的冲击电流 $I_{ch} = \sqrt{2} K_{ch} I'' = \sqrt{2} \times 1.956 \times 11.84 = 32.75(\text{kA})$

选 C。

12．C【解答过程】由 DL/T 5044—2014 第 4.1.1~4.1.2 条和第 4.2.1~4.2.6 条，得

经常电流：$I_{jc} = 8 \times 20 \times 0.6 + 60 \times 2 \times 0.6 = 168(\text{A})$

1min 电流：由 DL/T 5136—2012 第 5.1.5 条，220kV 以上断路器应配置两组跳闸线圈。同时，事故时母线切除 2 回出线、3 回进线、1 回母联共 6 个回路，不切除母线设备；UPS 两套冗余配置按一套计算，题设 500kV 升压站直流系统采用 110V，则

$I_{1\min} = 8 \times 20 \times 0.6 + 60 \times 2 \times 0.6 + 15 \times 2 \times 6 \times 0.6 + 10 \times 10^3 \times 0.5 / 110 = 321.45(\text{A})$

随机电流：由 DL/T 5044—2014 第 4.2.4 条，只计算合闸电流最大的一台，即 12A。

13．B【解答过程】由 DL/T 5044—2014 第 3.3.3-6 款，知该升压站直流系统应为动力控制合并供电。再由该规范第 6.5.2-4 款及其条文说明，动力控制合并供电的直流系统联络开关应选用直流断路器，额定电流不大于蓄电池出口熔断器电流的 50%。即 $I_e \leq 630/2 = 315(\text{A})$。综上所述选 B。

14．B【解答过程】由 DL/T 5044—2014 的附录 D 式（D.1.1-5），得

$$I_r = 1.0 I_{10} \sim 1.25 I_{10} + I_{jc} = 1.0 \sim 1.25 \times 60 + 150 = 210 \sim 225(\text{A})$$

由第 D.2.1-5 条两组蓄电池 3 个充电装置适用式（D.2.1-5），则

$$n = \frac{I_r}{I_{me}} = \frac{210 \sim 225}{30} = 7 \sim 7.5$$

依题意选最小，取 7 个。

15．C【解答过程】由 DL/T 5044—2014 式（E.1.1-2），可得事故时蓄电池出口至直流屏压降为

$$\Delta U_{p1} = \frac{0.0184 \times 2 \times 30 \times 2200}{1480} = 1.641(\text{V})$$

则按题设条件,配电屏至电动机允许压降

$$\Delta U_{p2} = \Delta U_p - \Delta U_{p1} = 220 \times 0.06 - 1.641 = 11.559(\text{V})$$

又由该规范表 E.2-1 可知,电动机取启动电流,可得

该段电缆截面 $S_{cac} = \dfrac{0.0184 \times 2 \times 200 \times \dfrac{36000 \times 4.6}{220 \times 0.86}}{11.559} = 557.31(\text{mm}^2)$

选 C。

16. C【解答过程】由 DL/T 5044—2014 的第 6.5.2-2 款及附录 A 第 A.4.2 条,电动机启动时,断路器应可靠不动作,按题设曲线,断路器 5 秒脱扣对应电流倍数约为 5.8 倍,则

$$I_n \geq \frac{90 \times 7}{5.8} = 108.62(\text{A})，选 C。$$

17. B【解答过程】满匝接线时 TA 变比为 1250/1,由 DL 684—2012 第 5.5.1 条的式 (114),得

$$I_{op} = \frac{K_{rel}}{K_r} I_e / n_{TA} = \frac{1.3}{0.85} \times \frac{180}{\sqrt{3} \times 220} / 1250 = 0.58 \text{A}，选 B。$$

18. C【解答过程】过电流保护计算灵敏度,用最小运行方式,主变低压侧两相短路时流过高压侧的电流,该电流为:低压侧三相短路 $\times \sqrt{3}/2 \times 2/\sqrt{3}$(Yd 接线低压侧两相短路时流过高压侧最大相电流系数)等于最小运行方式下低压侧三相短路流过高压侧的电流;由老版一次手册第 120 页式(4-1)~式(4-10)及表 4-1、表 4-2 可得

最小方式时,电源 2 供电,电源 2 系统阻抗标幺值为 0.015

变压器阻抗标幺值 $X_{*T} = \dfrac{14\%}{100} \times \dfrac{100}{180} = 0.07778$

灵敏度 $K_{rel} = \dfrac{0.251}{0.015 + 0.07778} \times \dfrac{1}{1.1} = 2.46$,选 C。

19. B【解答过程】由 DL/T 866—2015 表 10.1.2 两相星形接线,零线回路无负荷阻抗时,接线系数 $K_{lc} = \sqrt{3}$, $K_{mc} = 1$

又由该规范式(10.1.1),得

$$Z_b = \sum K_{mc} Z_m + K_{lc} Z_l + R_c = 1 \times 0.5 \times 2 + \sqrt{3} \times \frac{150}{57 \times 2.5} + 0.1 = 2.29\Omega，选 B。$$

20. C【解答过程】由老版一次手册第 120 页式(4-1)~式(4-10)及表 4-1、表 4-2 可得最大方式时系统阻抗标幺值为 $X_{*x} = X_{*1} // X_{*2} = 0.01 // 0.015 = 0.00600$

线路阻抗标幺值 $X_{*l} = X \dfrac{S_j}{U_j^2} = 18 \times 0.4 \times \dfrac{100}{230^2} = 0.01361$

出线 1 末端故障总阻抗标幺值 $X_* = X_{*x} + X_{*l} = 0.00600 + 0.01361 = 0.01961$

此时流过 TA 的短路电流 $I'' = \dfrac{0.251}{0.01961} = 1280(\text{kA})$

又由老版二次手册第 70 页，式（20-15），依题意不带速饱和变流器时可靠系数取 2，可得：一次电流倍数 $m_{js} = \dfrac{2 \times 12.80 \times 10^3}{1250} = 20.48$

21．A【解答过程】由老版线路手册第 27 页，例 2-1 及图 2-1-11～图 2-1-13，得
则边相导线表面最大电场强度 $E_{Am} = F_V F_{PS} F_H F_A = 1 \times 1 \times 1 \times 1.36 = 1.36 (\text{MV/m})$
中相导线表面最大电场强度 $E_{Bm} = F_V F_{PS} F_H F_B = 1 \times 1 \times 1 \times 1.48 = 1.48 (\text{MV/m})$
选 A

22．C【解答过程】由老版线路手册第 179 页表 3-2-3，得
导线自重比载 $\gamma_1 = 9.8 \times 2.0784 / 672.81 = 0.0303 [\text{N/(m} \cdot \text{mm})^2]$
导线冰重比载 $\gamma_2 = 9.8 \times 0.9 \times 3.14 \times 5 \times (5 + 33.9) \times 10^{-3} / 672.81 = 0.0080 [\text{N/(m} \cdot \text{mm}^2)]$
导线自重加冰重比载 $\gamma_3 = \gamma_1 + \gamma_2 = 0.0303 + 0.0080 = 0.0383 [\text{N/(m} \cdot \text{mm})^2]$
导线覆冰时风比载
$\gamma_5 = 0.625 \times 10^2 \times (33.9 + 2 \times 5) \times 1 \times 1.2 \times 10^{-3} / 672.81 = 0.0050 [\text{N/(m} \cdot \text{mm})^2]$
导线覆冰时综合比载 $\gamma_7 = \sqrt{\gamma_3^2 + \gamma_5^2} = \sqrt{0.0383^2 + 0.0050^2} = 0.0386 (\text{N/m} \cdot \text{mm}^2)$
又由该手册第 188 页，最大弧垂判别法可得
$\dfrac{\gamma_1}{\sigma_1} = \dfrac{0.0303}{48.31} = 6.27 \times 10^{-4}, \dfrac{\gamma_7}{\sigma_7} = \dfrac{0.0386}{84.07} = 4.59 \times 10^{-4}, \dfrac{\gamma_1}{\sigma_1} > \dfrac{\gamma_7}{\sigma_7}$
最大弧垂发生于最高温时。
再由该手册第 179 页表 3-3-1，此时弧垂为 $f_m = \dfrac{0.0303 \times 800^2}{8 \times 48.31} = 50.12 (\text{m})$
由 DL/T 5582—2020 式（9.1.1-1），导线线间距离 $D = 0.4 \times 5.7 + \dfrac{500}{110} + 0.65 \times \sqrt{50.12} = 11.43 (\text{m})$，选 C。

23．C【解答过程】由 DL/T 5582—2020 表 7.2.3，500kV 单回路线路地线保护角不宜大于 10°。地线挂点高度较导线挂点高度高 5.5−0.7+5.7=10.5(m)。则地线间距 $N = 11 \times 2 − 10.5 \times 2 \times \tan 10° = 18.30 (\text{m})$，选 C。

24．B【解答过程】由 DL/T 5582—2020 式（7.2.6），档距中央导地线净空距离
$S \geq 0.012L + 1 = 0.012 \times 1000 + 1 = 13 (\text{m})$
则导地线垂直距离 $D = \sqrt{13^2 − 2^2} = 12.85$（m）
依据 DL/T 5582—2020 第 4.0.17 条，雷电过电压时工况为气温 15°C，无风无冰。
由老版线路手册第 179 页表 3-3-1，此时导线弧垂 $f_m = \dfrac{0.0303 \times 1000^2}{8 \times 53.02} = 71.44 (\text{m})$
允许的地线弧垂 $f_d = 71.44 + 5.5 + 5.7 − 0.7 − 12.85 = 69.09 (\text{m})$
由老版线路手册第 179 页表 3-3-1，此时地线最小应力
$\sigma_d = \dfrac{\gamma_d l^2}{8 f_d} = \dfrac{\dfrac{0.7732 \times 9.8}{148.07} \times 1000^2}{8 \times 69.09} = 92.59 (\text{m})$，选 B。

25．C【解答过程】
依据老版线路手册第 103 页式（2-6-44）计算风偏角 [新版线路手册第 152 页式（3-245）]

一、判断工况，计算大风工况垂直挡距，由老版线路手册第 179 页表 3-2-3，得

导线自重比载 $\gamma_1 = 9.8 \times 2.0784 / 672.81 = 0.0303[\text{N}/(\text{m} \cdot \text{mm})^2]$

导线冰重比载 $\gamma_2 = 9.8 \times 0.9 \times 3.14 \times 5 \times (5 + 33.9) \times 10^{-3} / 672.81 = 0.0080(\text{N} \cdot \text{mm}^2)$

导线自重加冰重比载 $\gamma_3 = \gamma_1 + \gamma_2 = 0.0303 + 0.0080 = 0.0383[\text{N}/(\text{m} \cdot \text{mm})^2]$

导线覆冰时风比载

$\gamma_5 = 0.625 \times 10^2 \times (33.9 + 2 \times 5) \times 1 \times 1.2 \times 10^{-3} / 672.81 = 0.0050[\text{N}/(\text{m} \cdot \text{mm}^2)]$

导线覆冰时综合比载 $\gamma_7 = \sqrt{\gamma_3^2 + \gamma_5^2} = \sqrt{0.0383^2 + 0.0050^2} = 0.0386[\text{N}/(\text{m} \cdot \text{mm}^2)]$

又由该规范第 188 页最大弧垂判别法，即

$$\frac{\gamma_1}{\sigma_1} = \frac{0.0303}{48.31} = 6.27 \times 10^{-4}, \frac{\gamma_7}{\sigma_7} = \frac{0.0386}{84.07} = 4.59 \times 10^{-4}, \frac{\gamma_1}{\sigma_1} > \frac{\gamma_7}{\sigma_7}$$

可知最大弧垂发生于最高温时，依题意最大弧垂工况垂直档距与水平档距比值为 0.75，可得：最高气温垂直档距 $L_{\text{高温}} = 400 \times 0.75 = 300(\text{m})$

再由该手册第 183 页式（3-3-11），推导可得大风工况垂直档距为

$$L_{\text{大风}} = \frac{\sigma_{\text{大风}}}{\gamma_{\text{大风}}} \times \frac{\gamma_{\text{高温}}}{\sigma_{\text{高温}}} \times (L_{\text{高温}} - L_H) + L_H = \frac{74.37}{48.31} \times (300 - 400) + 400 = 246.06(\text{m})$$

二、计算导线风荷载

题设未说明线路所属区域，按默认山地，使用最新考纲规范 DL/T 5582—2020 第 9.3 节，计算如下：

（1）阵风系数 β_C：风偏用荷载，B 区，一般线路，均高 20m，风速 27m/s，查 DL/T 5582—2020 第 248 页附录表 90，取 β_c=0.991。

（2）档减系数 α_L：风偏用荷载，B 区，档距 400m，均高 20m，查 DL/T 5582—2020 第 245 页附录表 88，取 α_L=0.715。

（3）风压高度系数 μ_Z：查 5582 第 40 页表 9.3.1-1，B 区 20m，取 μ_z=1.23。

（4）体型系数 μ_{sc}：题设直径 d=33.9mm，由该公式参数说明，体型系数 μ_{sc}=1.0。

（5）覆冰系数 $B1$：最大风工况无覆冰，由该公式参数说明，取 B_1=1.0;

再由该规范式（9.3.1-1），最大风荷载功角 θ 取 90°，可得

$$W_x = (\beta_c \cdot \alpha_L \cdot \mu_z) \cdot (\mu_{sc} \cdot B_1) \cdot (d \cdot L_p) \cdot W_0 \cdot \sin^2\theta \times 10^3$$

$$= (0.991 \times 0.715 \times 1.23) \times (1 \times 1) \times (4 \times 33.9 \times 10^{-3} \times 400) \times \frac{27^2}{1600} \times 1 \times 10^3 = 21538.33(\text{N})$$

三、计算导线垂直荷载

$W_v = 2.0784 \times 9.8 \times 4 \times 246.06 = 20047.32(\text{N})$

四、计算绝缘子悬垂角

再由老版线路手册第 103 页式（2-6-44）[新版线路手册第 152 页式（3-245）]可得

$$\varphi = \tan^{-1}\left(\frac{\frac{2000}{2} + 21538.33}{\frac{200 \times 9.8}{2} + 20047.32}\right) = 46.99°，选 C。$$

2022 年注册电气工程师专业案例试题

（下午卷）及答案

【2022 年下午题 1~3】某 220kV 变电站，与无限大电流系统连接并远离发电厂。计算简图如下，变电站安装两台电压比 220/110/10kV、额定容量 180MVA 的三绕组主变，220kV 侧及 110kV 侧均为双母线接线，母线并列运行；10kV 侧为单母线分段接线，分列运行。110kV 及 10kV 出线均为负荷线路。请分析计算并解答下列各题。（计算结果精确到小数点后 2 位）

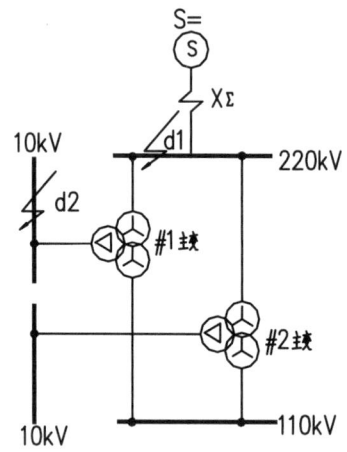

1. 若取基准容量 S_j=100MVA，正序等值电抗标幺值 $X_{*j}=0.0051$，零序等值电抗电抗标幺值 $X_{*零}=0.0098$，正序等值电抗与负序等值电抗相等，计算 d1 点短路单相接地短路电流周期分量有名值应为以下哪项数值？　　　　　　　　　　　　　　　　（　　）

  (A) 49.22kA　　　　　　　　　　(B) 37.65kA
  (C) 21.74kA　　　　　　　　　　(D) 12.55kA

2. 若取基准容量 S_j=100MVA，220kV 系统正序等值电抗标幺值 $X_{*j}=0.0051$，主变短路电压百分值高-中为 $U_{K1-2}(\%)=14$，中-低为 $U_{K2-3}(\%)=38$，高-低为 $U_{K1-3}(\%)=54$，计算 d2 点短路三相短路电流周期分量有效值应为以下哪项数值？　　　　　　　　　　　　（　　）

  (A) 14.36kA　　　　　　　　　　(B) 8.02kA
  (C) 21.12kA　　　　　　　　　　(D) 24.80kA

3. 若主变低压侧三相短路电流为 25kA，拟在主变低压侧与 10kV 母线之间增设限流电抗器，将短路电流限制在 16kA 以下。正常通过的工作电流为 2900A，优先选择电抗器电压损失小的设备，确定满足上述要求的电抗器百分电抗及额定电流应为下列哪项数值？　（　　）

(A) 6% 3000A (B) 8% 2500A
(C) 8% 3000A (D) 10% 4000A

【2022年下午题4~6】 某电厂现有 2 台 350MW 燃煤机组，以发电机-变压器组接入厂内 220kV 母线，220kV 配电装置采用屋外敞开式布置，为双母线接线，220kV 母线采用单根铝镁硅系 6063-Φ170/154 管型导体支持式固定。该电厂考虑远景发展规划后，220kV 母线三相短路电流周期分量起始值为 47kA，单相接地短路电流周期分量起始值为 48.5kA。请分析计算并解答下列各题。

4. 若 220kV 母线每两跨设一个伸缩接头，母线支柱绝缘子间距 13m，支撑托架长 1.2m，相间距 3m，当管型母线震动系数 β 取 0.58 时，母线所承受的因三相短路电动力产生的水平弯矩为： ( )

(A) 8775.84N·m (B) 9344.94N·m
(C) 10651.51N·m (D) 11342.25N·m

5. 若该电厂 220kV 母线短路主保护动作时间为 40ms，后备保护动作时间为 1.5s，相应断路器全分闸时间为 60ms。若主保护不存在死区且不考虑短路电流周期分量衰减，则 220kV 配电装置母线所需要的最小热稳定截面为： ( )

(A) 748.32mm (B) 261.32mm
(C) 247.91mm (D) 240.25mm

6. 220kV 配电装置采用支持式管母，双母线水平等高布置，母线支撑跨距为 13m，跨中不可再增设支撑点及设备安装点，母线总长度为 160m（含备用间隔，母线两端伸出母线支柱绝缘子长度相同），相间距 3m，两母线 B 相间距 10.2m，若 220kV 母线正常工作电流为 3200A，切除短路故障时间为 0.125s。考虑接地刀闸的安装条件，按单相接地短路校验，每组 220kV 母线至少要安装接地刀闸的组数为下列哪项数值？ ( )

(A) 1 (B) 2
(C) 3 (D) 4

【2022年下午题7~10】 某山区大型水力发电厂，其装设 9 台额定功率为 700MW 的水轮发电机组，发电机额定功率因数为 0.9，额定电压为 20kV，额定转速为 107.1r/min，定子、转子的冷却方式均为空气冷却，发电机-变压器组采用一机一变单元接线，电厂通过 4 回 500kV 线路接入电力系统，水电厂进厂交通公路及沿线桥涵按公路 1 级，汽-40 设计，挂-250 校核，请分析计算并解答下列各题。

7. 根据系统要求，发电机需在功率因数为 1 时连续发出额定容量的出力，同时为满足水轮机的稳定运行要求，水轮发电机组按 10% 设置了最大容量，发电机主升压变压器选择下列哪组是最合理的？（500kV 级 300MVA 单相变压器的参考总重量 200t，900MVA 三相变压器的参考总重量 500t） ( )

(A）单相变压器组 3×260MVA　　　　（B）单相变压器组 3×286MVA
(C）整体三相变压器 778MVA　　　　（D）整体三相变压器 856MVA

8. 前期在进行厂房布置设计时，需初步估算水轮发电机组的尺寸，发电机的定子铁心内径作为水轮发电机的基础尺寸将被首先估算。请按《水电站机电设计手册 电气一次》计算该水力发电厂装设的水轮发电机的定子铁芯内径为下列哪项数值？（其中模具计算系数 K_1=8.5，计算公式中功率单位"MVA"应为"kVA"）　　　　　　　　　　　　　　　（　）

(A）952.6cm　　　　　　　　　　　（B）978.0cm
(C）1602.1cm　　　　　　　　　　　（D）1644.9cm

9. 该水轮发电机中性点经单相变压器接地，变压器一、二次之间的变比为 105、发电机定子绕组每相对地电容值 C_f=1.76μF，发电机引出线回路（含主变低压侧）每相对地电容值按发电机定子绕组每相对地电容值的 20%估算，请计算接地电阻电阻值为下列哪项数值？　（　）

(A）0.0415Ω　　　　　　　　　　　（B）0.0718Ω
(C）1244Ω　　　　　　　　　　　　（D）457.1Ω

10. 该水电厂厂用电采用机组自用电和公用电分别供电方式。单台水轮发电机组自用电的最大同时负荷额定总功率为 $P_{单}$=784.77kW，全厂内外（含厂房及坝区）除机组自用电外的最大同时负荷额定总功率为 $P_{公}$=14674.05kW，其中检修排水泵负荷为：P_{jx}=2400kW，主厂房桥式起重机（以下简称"桥机"）负荷为 $P_{桥}$=112kW。全部机组运行时，主厂房桥机、机组检修水泵不运行；八台机组运行，一台机组检修时，主厂房桥机及机组检修水泵工作。请按这两种工况计算全厂厂用电最大负荷为下列哪项数值？　　　　　　　　　　　（　）

(A）9961.20kVA　　　　　　　　　（B）14732.61kVA
(C）16070.42kVA　　　　　　　　　（D）16666.85kVA

【2022 年下午题 11~14】有一个小型热电厂，装机为一台 7.5MW 的发电机，额定电压为 10.5kV，设发电机电压母线，经一台 10MVA，38.5/10.5kV 的变压器与电力系统相连。接线图如下，请分析计算并解答下列各题。

11. 本发电厂在发电机停运时，锅炉还需继续工作，此工况下厂用电最大运行负荷为 5736kVA，功率因数 0.8，主变高压侧的电压波动范围为 34.23～37.69kV，分接开关的级电压为 2.5%，主变压器的 Ud%为 7.5，铜损为 140kW。在 35kV 系统电压最低的不利情况下保证厂用电正常运行，主变压器分接头的位置应该放在哪一档？　　　　　　　　　　　　　　　（　）

(A）–3　　　　　　　　　　　　　（B）–2

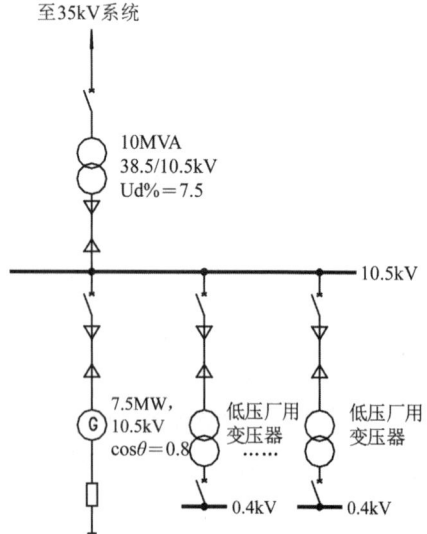

（C）–1　　　　　　　　　　　　　　（D）0

12．根据电气主接线图，已知厂用电系统 10kV 电缆 3×70mm²，长度 0.7km，发电机、主变回路各采用 4 根 3×150mm² 电缆并联，发电机回路单相电缆长度 0.1km，主变回路单根电缆长度 0.2km，10kV 电缆每相对地电容值：3×70mm² 电缆为 0.22μF/km，3×150mm² 电缆为 0.28μF/km，发电机定子绕组接地电容电流为 0.46A，主变低压绕组接地电容电流为 0.20A，低压 400V 厂用电系统接地电容电流为 1.05A。求 10kV 系统的单相接地电容电流为下列哪项数值？　　　　　　　　　　　　　　　　　　　　　　　　　　　　（　　）

（A）1.95A　　　　　　　　　　　　（B）2.48A
（C）3.53A　　　　　　　　　　　　（D）4.58A

13．若本工程发电机有电缆直配线，发电机电压系统的总单相接地电容电流为 8.4A，为满足发生单相接地故障时继续运行的要求，拟在发电机中性点装设消弧线圈接地。当脱谐度为 ±10% 电缆阻尼率为 4%，下列哪项消弧线圈的补偿容量计算值和中性点位移电压 U_0 参数是合适的。　　　　　　　　　　　　　　　　　　　　　　　　　　　　　（　　）

（A）53.47kVA　0.16kV　　　　　　　（B）53.47kVA　0.45kV
（C）68.75kVA　0.16kV　　　　　　　（D）68.75kVA　0.45kV

14．本工程的断路器保护采用本体脱扣器。本体没有防跳回路，需用继电器构成断路器的防跳回路。采用电流启动电压保持的原理。控制回路电压为直流 220V，断路器的合闸线圈功率为 120W，跳闸线圈功率为 250W。防跳继电器额的规格有额定电压 12V、24V、48V、110V、220V，额定电流 0.25A、0.5A、1A、2A、3A、4A。经过计算下列哪个防跳继电器的规格选择是合适的？　　　　　　　　　　　　　　　　　　　　　　　　　（　　）

（A）110V　0.5A　　　　　　　　　　（B）110V　1A
（C）220V　0.25A　　　　　　　　　 （D）220V　0.5A

【2022 年下午题 15～18】　某 500kV 变电站规划建设 4 台主变，一期建设 2 台主变。主变压器容量为 1000MVA，采用 3×334MVA 单相自耦变压器：

额定容量：334/334/100MVA

额定电压：$525/\sqrt{3}/220/\sqrt{3} \pm 1.25\%/35\text{kV}$

接线组别：YN,a0,d11

35kV 侧不出线，仅带无功设备运行，运行方式：500kV 侧、220kV 侧并列运行，35kV 侧分裂运行。请分析计算并解答下列各题。

15．本工程每组主变拟配置 180Mvar 带有 6% 或 12% 串抗的并联电容器，35kV 母线本期短路电流为 27.5kA，远景短路电流为 34kA。请计算并判断是否需考虑电容器对短路电流的组增作用？　　　　　　　　　　　　　　　　　　　　　　　　　　　　　　　　（　　）

（A）电容器配置 6% 或 12% 串抗率时，均不需考虑助增

（B）电容器配置6%串抗率时需考虑助增，配置12%串抗率时不需考虑助增

（C）电容器配置6%串抗率时不需考虑助增，配置12%串抗率时需考虑助增

（D）电容器配置6%或12%串抗率时，均需考虑助增

16. 假设本工程每组主变35kV侧需配置180Mvar并联电抗器，主变35kV侧母线系统短路阻抗标么值0.05（S_j=100MVA）。采用等容量分组方式。请根据《330kV~750kV变电站无功补偿装置设计技术规定》（DL/T 5014—2010），在尽量减少分组数的前提下，计算确定最合理的分组方式（不考虑谐波放大）。假设电抗器投入前的母线电压为额定电压。（　　）

（A）2×90Mvar　　　　　　　　（B）3×60Mvar

（C）4×45Mvar　　　　　　　　（D）6×30Mvar

17. 本工程每组主变35kV侧配置3组60Mvar并联电容器（调谐度A=6%）。主变35kV侧母线短路容量为2400MVA。假设存在3次背景谐波且为谐波电压源。请计算校验是否有发生基波及3次谐波串联谐振的可能性？（　　）

（A）无发生基波及3次谐波串联谐振的可能性

（B）有发生基波串联谐振的可能性，无发生3次谐波串联谐振的可能性

（C）无发生基波串联谐振的可能性，有发生3次谐波串联谐振的可能性

（D）有发生基波及3次谐波串联谐振的可能性

18. 本工程35kV侧额定电压35kV。电压互感器变比为$\frac{35}{\sqrt{3}}/\frac{0.1}{\sqrt{3}}$kV，#1主变运行时投入了2组35kV并联电容器装置。由于系统上的某种原因导致#1主变突然失电，5min后又恢复供电，请解释说明电容器装置是否动作跳闸，此时保护二次定值一般整定为多少？（按相电压计算）（　　）

（A）2组电容器均不跳闸，随主变一起恢复送电

（B）仅1组电容器跳闸，另一组随主变一起恢复送电，定值为46.2V

（C）2组电容器均跳闸，定值为34.6V

（D）2组电容器均跳闸，定值为28.9V

【2022年下午题19~22】某电厂发电机组通过主变接入220kV系统。其220kV配电装置采用双母线接线，且采用屋外敞开式中型布置，主母线和主变进线均采用双分裂导线。220kV设备的短路电流水平为50kA（2s），请分析计算并解答下列各题。

19. 该电厂的海拔为1850m，220kV配电装置的主变进线间隔的断面图如下图所示，勤工判断下图中所示的安全距离"L1"和"L2"应分别不得小于下列哪项数值，并说明理由。（　　）

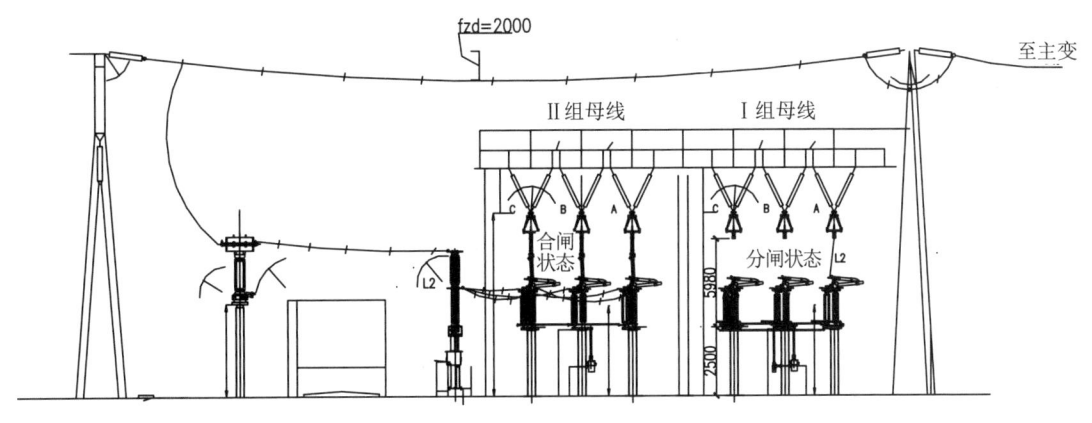

（A）1980mm　2200mm　　　　（B）2200mm　1800mm
（C）2550mm　1800mm　　　　（D）2730mm　2200mm

20．该电厂的海拔为 1850m，220kV 配电装置母线高度为 10.5m，母线隔离开关支架高度为 2.5m，母线隔离开关本体（接线端子距支架顶）高度为 2.8m。要满足在不同气象条件下的各种状态下，母线引下线与邻相母线之间的净距不小于 A2 值，试计算确定母线隔离开关端子以下的引下线弧垂 fm（下图中所示）不应大于下列哪项数值？　　　　　　　　　　　（　　）

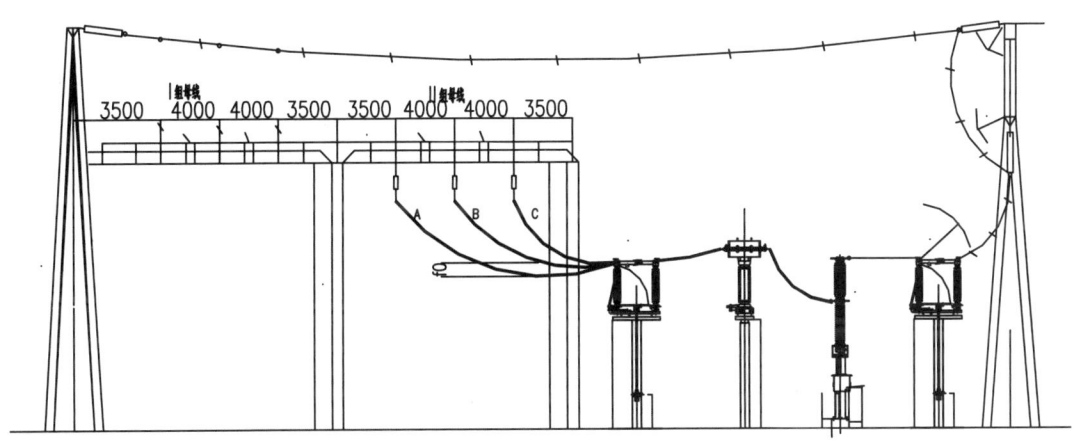

（A）600mm　　　　　　　　（B）820mm
（C）1000mm　　　　　　　 （D）2000mm

21．若该电厂海拔为 1000m 以下，设备绝缘为标准绝缘，220kV 配电装置的主变间隔有一跨跳线，详见下图。

假定条件：最大设计风速为 30m/s，导线悬挂点至梁底 b 为 20cm，所有风速时绝缘子串悬挂点至绝缘子串端部耐张线夹的垂直距离 f 均为 65cm，最大设计风速时跳线单位长度所受的风压为 2.906kgf/m，跳线单位长度自重为 3.712kg/m。请按上述假定条件计算跳线摇摆弧垂的推荐值为下列哪项值？　　　　　　　　　　　　　　　　　　　　　　　（　　）

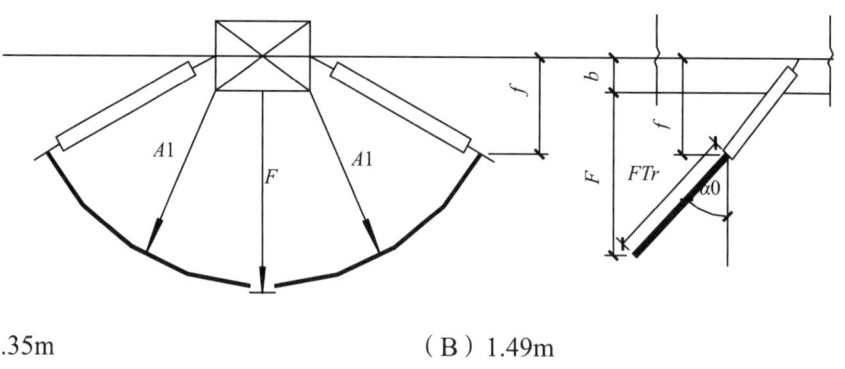

(A) 1.35m (B) 1.49m
(C) 1.62m (D) 1.80m

22. 220kV 配电装置主母线采用 2×LGJ-800 架空双分裂导线，LGJ-800 导线自重 2.69kgf/m，直径 38.4mm。为计算主母线的拉力，需计算导线各种状态下的单位荷重。如覆冰时设计风速为 10m/s、覆冰厚度 5mm。若不计分裂导线间隔棒，请计算导线覆冰时自重、冰重与风压的合成荷重应为下列哪项数值？（ ）

(A) 6.65N/m (B) 32.63N/m
(C) 65.15N/m (D) 71.87N/m

【2022 年下午题 23～26】某 220kV 半户内变电站，220kV、110kV 采用有效接地系统，10kV 采用不接地系统，接地故障持续时间 0.4s，均匀土壤，土壤电阻率 500Ω·m，按等间距布置接地网，接地网长、宽均为 100m，网孔间距 10m，如下图所示，站内设有四根等高独立避雷针对全站进行直击雷过电压保护，请分析计算并解答下列各题：

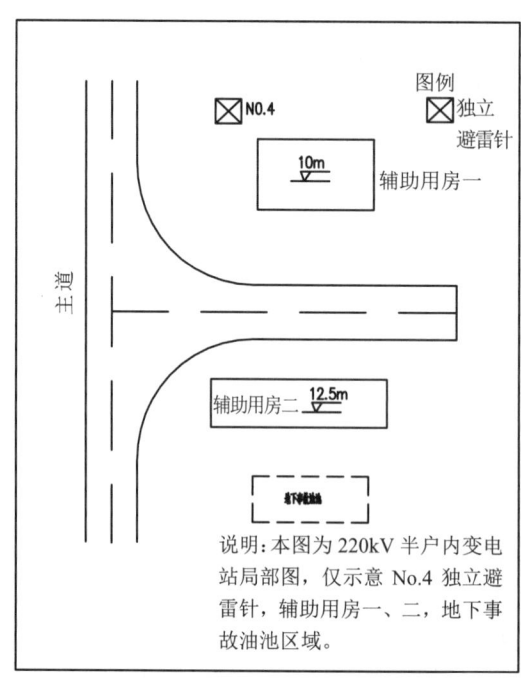

23. 若该变电站 No.4 独立避雷针高度为 25m，距离辅助用房一（被保护高度 10m）最远点 10m，距离辅助用房二（被保护高度 12.5m）最远点 15m，请计算 No.4 避雷针的保护范围，并判定对两辅助用房实现直击雷过电压保护的下列哪个叙述正确？ （　　）

（A）对于辅助用房一、二均不能实现直击雷保护

（B）对于辅助用房一不能实现直击雷保护、对于辅助用房二能实现直击雷保护

（C）对于辅助用房二不能实现直击雷保护、对于辅助用房一能实现直击雷保护

（D）对于辅助用房一、二均能实现直击雷保护

24. 假设本站初始设计时，网孔电压几何校正系数 K_m=1.2，接地体有效埋设长度 3000m，经接地网入地电流见下表。请估计接地网不规则校正系数 K_i，计算接地网初始设计时的网孔电压为下列哪项数值？ （　　）

	系统最大运行方式下经接地网入地电流	
	对称电流	不对称电流
两相接地短路	10kA	12kA
单相短路	9kA	11kA

（A）5448V 　　　　　　　　　　（B）4994V

（C）4540V 　　　　　　　　　　（D）4086V

25. 假设本站初始设计时，2.5m 长的垂直接地极共 200 根，跨步电位差几何校正系数 K_s=0.22，接地网不规则校正系数 K_i=3.2。计算用经接地网入地最大接地电流 10kA。请计算初始设计时的接地网有效埋设长度和最大跨步电位差分别为下列哪项数值？ （　　）

（A）1500m　2346.7V 　　　　　（B）1650m　2133.3V

（C）1925m　1828.6V 　　　　　（D）2075m　1696.4V

26. 若本站 220kV 配电装置内发生接地故障时的最大接地故障对称电流有效值为 40kA，流经主变中性点的电流为 20kA，站内、外发生接地故障时的分流系数分别为 0.5、0.4，典型衰减系数 D_f 取值采用 X/R=30 时的值。本站接地网的工频接地电阻为 0.5Ω，请计算在系统接地故障电流入地时，变电站接地网的最大接地电位升高值为下列哪项数值？ （　　）

（A）4kV 　　　　　　　　　　（B）4.45kV

（C）5kV 　　　　　　　　　　（D）5.57kV

【2022 年下午题 27～30】 某 100MW 光伏发电工程，通过线变组接线接入 110kV 系统，主变压器容量为 100MVA，额定变比 115±8×1.25%/35kV，U_d=10.5%。35kV 每回集电线路连接光伏容量为 25MW。35kV 母线最大三相短路电流为 23kA。请分析计算并解答下列各题。

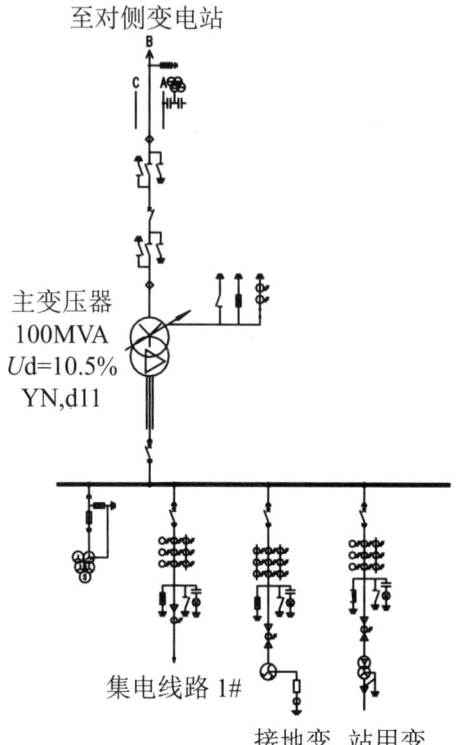

27. 已知35kV系统通过接地变压器采用低电阻接地。接地电阻值为101Ω，接地电流200A。35kV系统接地时电容电流为70A。最长一条集电线路电容电流为20A。接地电容电流最小的一个回路电容电流为10A。线路金属性接地时接地电流按200A考虑。经过过渡电阻接地时接地电流按155A考虑。零序电流互感器变比为200/1A。不考虑与下级零序电流保护配合。计算最长一条线路的零序电流Ⅱ段保护定值和灵敏系数分别为下列哪项数值？（　　）

（A）0.15A　5.17
（B）0.375A　2.07
（C）0.45A　2.22
（D）0.525A　1.90

28. 已知35kV集电线路电流互感器采用三相星型接线，变比为600/5A。集电线路保护采用综合保护装置。安装在开关柜上，保护用电流互感器接综合保护装置后再接故障录波装置。电流互感器至故障录波器装置屏电缆长度为100m，电缆采用截面为4mm²的铜芯电缆，铜电导系数取57m/(Ω·mm²)。其中接触电阻共计0.1Ω。保护装置及故障录波装置交流电流负载均为1VA，请计算三相短路时电流互感器的实际二次负荷为下列哪项数值？（　　）

（A）12.98VA
（B）14.48VA
（C）15.48VA
（D）63.48VA

29. 35kV母线电压互感器采用三相星型接线，二次侧线电压为100V，其中所接计量电能表每相负载为2VA。由母线电压互感器柜到计量电能表屏和测量表计屏电缆长度为250m，控制电缆采用铜芯电缆，铜电导系数取57m/(Ω·mm²)，请问电能表电压回路所选电缆截面的计算值及所选电缆截面分别为下列哪项数值？（　　）

（A）计算值为 0.76mm²，选 2.5mm² 截面电缆
（B）计算值为 0.76mm²，选 4mm² 截面电缆
（C）计算值为 1.01mm²，选 2.5mm² 截面电缆
（D）计算值为 1.01mm²，选 4mm² 截面电缆

30．本工程 35kV 系统为低电阻接地系统，接地变压器通过断路器接在 35kV 母线上，请分析下列哪项关于保护的描述是正确的，并说明理由。（　　）
（A）低电阻接地系统必须且是只能有一个中性点接地，当接地变压器或中性点电阻失去时，供电变压器可短时间运行
（B）接地变压器中性点上装设零序电流保护，作为接地变压器和母线单相接地故障的主保护和系统各元件的总后备保护
（C）接地变压器零序电流保护的跳闸的方式：零序电流保护动作跳接地变压器断路器
（D）接地变压器电源侧装设三相式的电流速断、过电流保护、过电压保护、单相接地保护

【2022 年下午题 31~35】500kV 架空输电线路，位于平原地区，设计基本风速 30m/s、覆冰厚度 10mm，导线采用 4×JL1/G1A-500/45，最高运行电压为 550kV，年平均雷暴日数为 40d。导线悬垂绝缘子串长度为 5.0m。请分析计算并解答下列各题。

31．求运行电压下风偏后线路导线对杆塔空气间隙的工频 50%放电电压的要求值？（　　）
（A）461.3kV　　　　　　　　　（B）500.0kV
（C）507.5kV　　　　　　　　　（D）550.0kV

32．已知某悬垂直线塔全高为 40m，地线在塔上的悬挂点高度为 39m，假定雷击次数为 75 次/(100km·a)，悬垂绝缘子串的放电距离为 4.5m，绕击耐雷水平为 24kA。若按此塔估算的雷电绕击跳闸率为 0.015 次/(100km·a)，求地线的保护角为下列哪项数值？（　　）
（A）5.28°　　　　　　　　　　（B）7.28°
（C）10.00°　　　　　　　　　（D）12.25°

33．在 d 级污秽区，悬垂绝缘子串采用复合绝缘子，假定其特征指数取 0.42，当公称爬电距离较海拔高度 1000m 时的取值增加了 8%，计算该复合绝缘子适用的海拔高度为下列哪项数值？（　　）
（A）1400m　　　　　　　　　（B）1800m
（C）2500m　　　　　　　　　（D）3000m

34．已知某耐张转角塔全高为 70m，位于海拔高度小于 1000m 的 d 级污秽区，导线耐张绝缘子串采用盘型绝缘子，盘型绝缘子的公称爬电距离为 550mm，结构高度为 155mm，爬电距离的有效系数为 0.90，绝缘配置要求统一爬电比距不小于 40mm/kV 考虑，求导线耐张绝缘子串每联所需要的片数？（　　）
（A）25 片　　　　　　　　　　（B）26 片

(C) 27 片   (D) 28 片

35. 已知导线悬垂绝缘子串负极性 50%闪络电压绝对值为 2400kV，闪电通道波阻抗为 400Ω，导线波阻抗为 250Ω，求在雷电为负极性时的绕击耐雷水平为下列哪项数值？

    (A) 21.6kA   (B) 23.8kA

    (C) 25.2kA   (D) 28.8kA

【2022 年下午题 36~40】 某 500kV 架空输电线路工程，位于山地，导线采用 4 分裂钢芯铝绞线，直径为 33.8mm、截面为 674mm²，单重为 2.0792kg/m，设计安全系数 2.5。直线塔悬垂串采用单联 I 串，串长 6.0m，不同工况下弧垂最低点的导线应力见下表。（重力加速度取 9.80665m/s²）请分析计算并解答下列各题。

气象条件	平均气温	最高气温	覆冰	基本风速
温度（℃）	10	40	-5	-5
风速（m/s）	0	0	10	30
覆冰（mm）	0	0	10	0
应力（N/mm²）	53.01	47.45	82.37	68.37

注 代表档距为 400m。

36. 假设导线平均高度取 20m，设计杆塔计算大风工况风偏时，求导线单位风荷载是下列哪项数值？ （ ）

    (A) 12.76N/m   (B) 15.31N/m

    (C) 15.93N/m   (D) 19.58N/m

37. 某直线塔起吊导线时采用双倍起吊方式，假设悬垂绝缘子串重 60kg，安装工况下的垂直档距为 600m。则该塔作用在滑车悬挂点的安装垂直荷载应为下列哪项数值？（不考虑防震锤、间隔棒的重量） （ ）

    (A) 58477N   (B) 85715N

    (C) 108954N   (D) 112954N

38. 某耐张塔两侧代表档距均为 400m，转角度数为 60°，导线与横担垂线之间的夹角分别为 20°和 40°。求大风工况下每相导线的不平衡张力是下列哪项数值？ （ ）

    (A) 0kN   (B) 8kN

    (C) 32kN   (D) 35kN

39. 已知导线覆冰时的自重力加冰重力荷载 g_3 为 32.53N/m，覆冰时的综合荷载 g_7 为 32.78N/m，大风工况时的综合荷载 g_4 为 28.27N/m。若两基直线塔之间的挡距为 500m，挂线点高差为 180m，求高塔侧导线的最大悬点应力是下列哪项数值？（采用斜抛物线公式）

                                                                    （ ）

(A) 92.72N/mm² （B）91.82N/mm²
(C) 91.43N/mm² （D）90.61N/mm²

40. 假定单回路段采用酒杯塔，边相导线与中相导线水平距离为 13m，两基直线塔之间的档距为 550m，呼高均为 45m，该档内有一独立电线杆，高度为 20m，偏离 500kV 线路中心线 30m。若大风工况下，电线杆处的 500kV 线路导线弧垂为 16m，导线及悬垂串的风偏角均为 38°，求大风工况下边相导线对电线杆顶的净空距离为下列哪项数值？（忽略导线分裂间距） （ ）

(A) 7.66m （B）8.41m
(C) 9.59m （D）14.31m

答　案

1. B【解答过程】由老版一次手册第 120 页表 4-1 式（4-6），第 143 页式（4-38）和式（4-42），设基准电流为 0.251kA，则 $I'' = \dfrac{3 \times 0.251}{0.0051 + 0.0051 + 0.0098} = 37.65(\text{kA})$，选 B。

2. C【解答过程】由老版一次手册第 120 页表 4-1、表 4-2、表 4-4，式（4-6），变压器三侧短路电压百分比

$$U_{高} = \frac{1}{2} \times (14 + 54 - 38) = 15\%$$

$$U_{中} = \frac{1}{2} \times (14 + 38 - 54) = -1\%$$

$$U_{低} = \frac{1}{2} \times (38 + 54 - 14) = 39\%$$

以 100MVA 为基准容量的变压器三侧阻抗标幺值为

$$X_{高} = \frac{15}{100} \times \frac{100}{180} = 0.0833$$

$$X_{中} = \frac{-1}{100} \times \frac{100}{180} = -0.0056$$

$$X_{低} = \frac{39}{100} \times \frac{100}{180} = 0.2167$$

化简得总阻抗标幺值 $X^* = 0.2604$，则短路电流 $I'' = \dfrac{5.5}{0.2604} = 21.12(\text{kA})$。

3. D【解答过程】由 DL/T 5222—2005 第 14.2.1 条，可知电抗器额定电流应大于 2900A，由老版一次手册第 253 页式（6-15），可得

$$X_k \geqslant \left(\frac{1}{16} - \frac{1}{25}\right) \times 3 \times \frac{10.5}{10} = 7.09\%$$

又由该手册第 253 页式（6-16）可得 C、D 两个选项的电压损失为

$8\% \times \dfrac{2900}{3000}\sin\varphi = 7.73\%\sin\varphi > 7.25\%\sin\varphi = 10\% \times \dfrac{2900}{4000}$,依题意选电压损失小的选 D。

4. A【解答过程】由老版一次手册第 141 页表 4-15,三相短路冲击电流为

$$I_{ch} = 1.85 \times \sqrt{2} \times 47 = 122.97 \,(\text{kA})$$

又由该手册第 346 页算例可得

$$f_d = 1.76 \times \dfrac{122.97^2}{300} \times 0.58 = 51.45 \,(\text{kg/m})$$

$$M_{sd} = 0.125 \times 51.45 \times (13 - 1.2)^2 \times 9.8 = 8775.8 \,(\text{N}\cdot\text{m})$$

选 A。

5. C【解答过程】由 DL/T 5222—2021,附录 A 第 A.6 节及第 3.0.15 条可知,无死区的导体热效应时间按主保护+全分断时间校验,则周期分量热效应 $Q_z = 48.5^2 \times (0.04 + 0.06) = 235.23\,(\text{kA}^2\text{s})$。又由该规范表 A.6.3,此处属于发电厂升压站高压侧母线,非周期分量等效时间为 0.08s,则 $Q_f = 48.5^2 \times 0.08 = 188.18\,(\text{kA}^2\text{s})$。由式(A.6.1)可得 $Q = Q_z + Q_f = 235.23 + 188.18 = 423.41\,(\text{kA}^2\text{s})$,又由该规范第 5.1.4 条可知,屋外敞开式导体工作温度按 80℃ 设计,由式(5.1.8)可得

$$C = \sqrt{K \ln\dfrac{\tau + t_2}{\tau + t_1} \times 10^{-4}} = \sqrt{222 \times 10^6 \times \ln\dfrac{245 + 200}{245 + 80} \times 10^{-4}} \approx 83$$

$$S \geq \dfrac{\sqrt{Q}}{C} = \dfrac{\sqrt{423.41\,\text{kA}^2\text{s}}}{83} = 247.91\,(\text{mm}^2),\ 选\ \text{C}。$$

6. C【解答过程】由老版一次手册第 574 页,式(10-2)~式(10-7)。

一、按正常运行计算

Ⅰ 母三相对 Ⅱ 母 A_2 相的平均互感抗为

$$X_{A_2 C_1} = 0.628 \times 10^{-4} \times \left(\ln\dfrac{2 \times 160}{4.2} - 1\right) = 2.093 \times 10^{-4}\,(\Omega/\text{m})$$

$$X_{A_2 A_1} = 0.628 \times 10^{-4} \times \left(\ln\dfrac{2 \times 160}{10.2} - 1\right) = 1.536 \times 10^{-4}\,(\Omega/\text{m})$$

$$X_{A_2 B_1} = 0.628 \times 10^{-4} \times \left(\ln\dfrac{2 \times 160}{7.2} - 1\right) = 1.754 \times 10^{-4}\,(\Omega/\text{m})$$

则正常运行时,Ⅱ 母 A_2 相感应电压为

$$U_{A_2} = I(X_{A_2 C_1} - \dfrac{1}{2}X_{A_2 A_1} - \dfrac{1}{2}X_{A_2 B_1}) = 3200 \times (2.093 - 0.768 - 0.877) \times 10^{-4} = 0.1434\,(\text{V/m})$$

正常运行时接地刀闸之间距离及接地刀闸距离母线端部距离为

$$l_{j1} = \dfrac{24}{0.1434} = 167.36\,(\text{m})$$

$$l'_{j1} = \dfrac{12}{0.1434} = 83.68\,(\text{m})$$

二、按单相短路计算

故障时,按最不利的 Ⅰ 母 C 相单相接地考虑,此时 Ⅱ 母 A_2 相感应电压为

$$U_{A_2(K_1)} = I_{KC1} X_{A_2C_1} = 48500 \times 2.093 \times 10^{-4} = 10.15 (\text{V/m})$$

$$U_{jO} = \frac{145}{\sqrt{0.125}} = 410.12 (\text{V})$$

则单相接地故障时接地刀闸之间距离及接地刀闸距离母线端部距离为

$$l_{j2} = \frac{2 \times 410.12}{10.15} = 80.82 (\text{m})$$

$$l'_{j2} = \frac{410.15}{10.15} = 40.41 (\text{m})$$

三、考虑间隔情况

依题意，母线总长度 160m，支持绝缘子跨距 13m，160/12=12.31 条，可算出一共 12 个支持绝缘子，剩余长度每端伸出 2m；地刀不采用隔离刀闸兼做地刀情况，因此地刀不占用母线间隔，只能布置在支持绝缘子位置，也就是地刀间距为绝缘子跨距 13m 的整数倍。

考虑同时满足以上三种情况，端头地刀如果采用 3 跨，加端头 2m 为 13×3+2=41(m)，超过最小端距 40.41m，因此端头地刀采用 2 跨，端距为 13×2+2=28(m)，地刀间距采用小于 80.82m 且最接近的 13 倍数，为 78m，可列方程

$n \geq (160 - 28 \times 2) / 78 + 1 = 2.33$，取 3m，选 C。

母线地刀布置如下图所示。

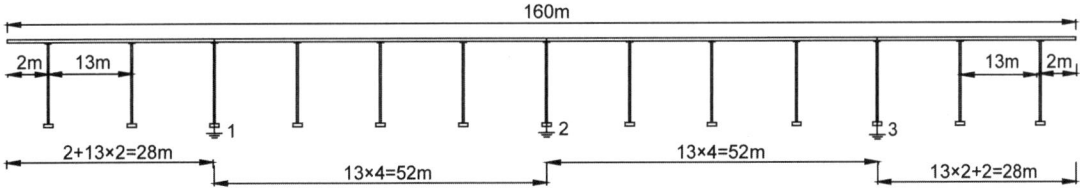

7. B【解答过程】发电机最大输出容量 $S_{\max} = \frac{700 \times 1.1}{0.9} = 855.56 (\text{kVA})$，因此变压器三相容量 $S_T \geq S_{\max} = 855.56 (\text{kVA})$。

由水电站一次手册第 198 页，应优先选用三相变压器，但因三相变压器重量 500t，超过道路设计标准 250t，无法运输，因此采用三个单相变压器。单相变压器每台容量 $S_单 = S_T / 3 = 286 (\text{kVA})$，选 B。

8. D【解答过程】由水电站一次手册第 178 页式（4-42）、式（4-44），得

极对数 $P = 3000/107.1 = 28$ 对，则 $2P = 56$ 对，则

$$\tau = K_1 \sqrt[4]{\frac{S_n}{2p}} = 8.5 \times \sqrt[4]{\frac{700000 / 0.9}{56}} = 92.28$$

$$D_i = \frac{2p\tau}{\pi} = \frac{56 \times 92.28}{3.14} = 1645.75 (\text{mm})$$

选 D。

9. A【解答过程】由老版一次手册第 80 页式（3-1）得

$I_c = \sqrt{3} \times 20 \times 2 \times 3.14 \times 50 \times 1.2 \times 1.76 \times 10^{-3} = 22.97(\text{A})$

依据 DL/T 5222—2021 式（B.2.1-5）可得

$R = \dfrac{U_N}{KI_C\sqrt{3}n_\phi^2} \times 10^3 = \dfrac{20 \times 1000}{1.1 \times 22.97 \times \sqrt{3} \times 105^2} = 0.0415(\Omega)$

选 A。

10. C【解答过程】由 DL/T 5184—2004 第 5.6.8 条可知本水力发电厂为大型水力发电厂。由 NB/T 35044—2014 附录 C，第 C.1.1 条及表 C.1.1 可得

9 台发电机组工作时

$S_{js} = K_Z \Sigma P_Z + K_g \Sigma P_g = 0.76 \times 9 \times 784.77 + 0.76 \times (14674.05 - 2400 - 112) = 14610.98(\text{kVA})$

8 台发电机组工作时

$S_{js} = K_Z \Sigma P_Z + K_g \Sigma P_g = 0.76 \times 8 \times 784.77 + 0.76 \times 14674.05 = 15923.68(\text{kVA})$

取最接近的 C 选项。

11. A【解答过程】由老版一次手册第 271 页式（7-19）～式（7-21），得

$Z_\phi = R_{B*}\cos\phi + X_{B*}\sin\phi = 1.1 \times \dfrac{140}{10000} \times 0.8 + 1.1 \times 0.075 \times 0.6 = 0.06182$

$n = \left(\dfrac{U_{g*}U_{2e*}}{U_{m*} + S_*Z_\phi} - 1\right) \times \dfrac{100}{\delta_g\%} = \left(\dfrac{\dfrac{34.23}{38.5} \times \dfrac{10.5}{10}}{0.95 + \dfrac{5736}{10000} \times 0.06182} - 1\right) \times \dfrac{100}{2.5\%} = -2.11$

因此需要处于-3 挡位。

12. C【解答过程】由老版一次手册第 80 页式（3-1），10kV 电缆电容电流为

$C = 4 \times (0.1 + 0.2) \times 0.28 + 0.7 \times 0.22 = 0.49(\mu\text{F})$，取 $0.5\mu\text{F}$

$I_{cl} = \sqrt{3} \times 10.5 \times 2 \times 3.14 \times 50 \times 0.5 \times 10^{-3} = 2.86(\text{A})$

则 10kV 系统总的单相接地电容电流为：$I_C = 2.86 + 0.46 + 0.2 = 3.52(\text{A})$

所以选 C。

13. D【解答过程】由 DL/T 5222—2021 第 18.1.5 条，式（B.1.1）、式（B.1.3-1），有直馈线的发电机采用过补偿，补偿容量为 $Q = KI_C\dfrac{U_N}{\sqrt{3}} = 1.35 \times 8.4 \times \dfrac{10}{\sqrt{3}} = 68.75(\text{kVA})$。

中性点位移电压 $U_0 = \dfrac{U_{bd}}{\sqrt{d^2 + v^2}} = \dfrac{0.008 \times 10.5}{\sqrt{0.04^2 + 0.1^2}} = 0.45(\text{kV})$。

选 D。

14. D【解答过程】由老版二次手册第 97 页防跳继电器选择相关内容可知，

额定电压按直流系统额定电压 220V 选择。

额定电流与跳闸线圈动作电流配合，灵敏度不小于 1.5。

则 $I \leq \dfrac{250}{220 \times 1.5} = 0.76(\text{A})$，选择 0.5A 档，综上选 D。

15. B【解答过程】由老版一次手册第 159 页关于电容器对短路电流助增影响的说明可知，

以远景短路电流为基准，35kV 短路容量为

$$S_d = \sqrt{3} \times 37 \times 34 = 2178.92(\text{MVA})$$

使用 6%电抗器时，$Q_c / S_d = 180 / \sqrt{3} \times 37 \times 34 = 8.26\% \geqslant 5\%$，需要考虑助增。

使用 12%电抗器时，$Q_c / S_d = 180 / \sqrt{3} \times 37 \times 34 = 8.26\% \leqslant 10\%$，不需要考虑助增。

综上所述选 B。

16．C【解答过程】由 DL/T 5014—2010 第 5.0.8 条和附录 C 式（C.1）可知，每组投切时电压波动不超过 2.5%，则

$$\Delta U = 0.025 \times 35 \geqslant 35 \times \frac{Q_c}{S_d} = 35 \times \frac{Q_c}{100 / 0.05}, 得 Q_c \leqslant 50(\text{MVA})$$

题干要求尽可能减少组数且不考虑谐振，则应选 C。

17．C【解答过程】由 GB 50227—2017 可得

对于基波：$2400 \times (\frac{1}{1^2} - 6\%) = 2256(\text{MVA})$

对于 3 次谐波：$2400 \times (\frac{1}{3^2} - 6\%) = 122.667(\text{MVA})$

3 组 60Mvar 各种投入容量为 60MVA、120MVA、180MVA，其中 120MVA 接近 122.667MVA。

因此不存在基波串联谐振的可能，存在 3 次谐波串联谐振的可能。选 C。

18．D【解答过程】由 DL/T 5014—2010 第 9.5.5 条可知，电压降低，失压保护动作带时限切除母线全部电容器组，又由该规范附录 D 的式（D.24）可知，系数取 0.5。

则 $U \leqslant 0.5 \times 100 / \sqrt{3} = 28.9V$。

综上选 D。也可参考 DL/T 584—2017 第 33 页表 7 规定为（0.2～0.5）U，但注明 U 为线电压。

19．D【解答过程】由 DL/T 5352—2018 第 4.3.3 条可知，L1 为垂直开启式隔离开关，分闸状态下动静触头间的最小电气距离不小于 B_1 值。

又由该规范附录 A 及表 5.1.2-1 可得，1850m 处 A_1 值修正为 1980mm，则 B_1 值为 1980+750=2730(mm)。L_2 为断路器和隔离开关断口两侧的引线之间的距离，应按 A_2 值校验：A2=1980/1800×2000=2200(mm)。综上所述选 D。

20．B【解答过程】由 DL/T 5352—2018，附录 A 及表 5.1.2-1 可知，裸导线至地面为 C 值；1850m 处 A1 值修正为 1980mm，则 $C = 1980+2500 = 4480(\text{mm})$，弧垂 $f = 2500+2800-4480 = 820$（mm），所以选 B。

21．C【解答过程】由老版一次手册第 701 页式（附 10-20）～式（附 10-24）及依据 DL/T 5352—2018 中表 5.1.2-1，跳线在无风时的垂直弧垂 f'_T 不应小于 A_1 值，即 180cm。

$$\alpha_0 = \beta \text{tg}^{-1} \frac{0.1 q_4}{q_1} = 0.64 \times \text{tg} \frac{0.1 \times 2.906 \times 9.8}{3.712} = 24°$$

$$f_{TY} = \frac{f'_T + b - f_j}{\cos \alpha_0} = \frac{180 + 20 - 65}{\cos 24°} = 147.78 \text{cm}$$

则由式（附 10-24）跳线摇摆弧垂推荐值 $f'_{TY} = 1.1 f_{TY} = 1.1 \times 147.78 \text{cm} = 162.5(\text{cm})$

故选 C。

22．C【解答过程】由老版一次手册第 386 页式（8-59）～式（8-64）可得

单位垂直荷载（自重+冰重）：

$q_1 = 2.69(\text{kgf/m})$

$q_2 = 0.00283 \times 5 \times (38.4 + 5) = 0.614(\text{kgf/m})$

$q_3 = q_1 + q_2 = 3.304(\text{kgf/m})$

单位风荷载 $q_5 = 0.075 \times 10^2 \times (38.4 + 2 \times 5) = 0.363(\text{kgf/m})$

合成荷重 $q_7 = \sqrt{q_3^2 + q_5^2} = \sqrt{3.304^2 + 0.363^2} = 3.324(\text{kgf/m})$

双分裂导线，总荷重为 $q = 2q_7 = 6.648(\text{kgf/m})$

单位换算：$6.648\text{kgf/m} = 6.648 \times 9.8 = 65.15(\text{N/m})$

选 C。

23．C【解答过程】

由 GB 50064—2014 第 5.2.1 条及式（5.2.1-2）、式（5.2.1-3）

$h_{x1} = 10\text{m}$，小于 0.5h，$r_x=(1.5 \times 25 - 2 \times 10) \times 1 = 17.5$（m）＞10m，辅助用房一满足。

$h_{x2} = 12.5\text{m}$，等于 0.5h，$r_x=(25-12.5) \times 1 = 12.5$（m）＜15m，辅助用房二不满足。

综上所述选 C。

24．A【解答过程】由 GB 50065—2011 附录 D 第 D.0.3.1-6)款的文字说明，可得

$n = \sqrt{n_1 n_2} = \sqrt{11 \times 11} = 11$（此处注意不要引用 n 的精算公式，否则违背小题干"估计"的要求）由式（D.0.3-10）得 $K_i = 0.644 + 0.148 \times 11 = 2.27$。

由式（D.0.3-1）得 $U_m = \dfrac{\rho I_G K_m K_i}{L_m} = \dfrac{500 \times 12000 \times 1.2 \times 2.27}{3000} = 5448(\text{V})$，选 A。

25．D【解答过程】由 GB 50065—2011 附录 D 中 D.0.3 式（D.0.3-14）可得

$L_s = 0.75 L_C + 0.85 L_R = 0.75 \times (11 \times 100 + 11 \times 100) + 0.85 \times 200 \times 2.5 = 2075$（m）

由式（D.0.3-13）可得：$U_m = \dfrac{\rho I_G K_s K_i}{L_s} = \dfrac{500 \times 10000 \times 0.22 \times 3.2}{2075} = 1696.39(\text{V})$，选 D。

26．D【解答过程】由 GB 50065—2011 附录 B 表 B.0.3 中取 $D_f = 1.113$，则

场内接地时，经地网入地的对称电流 $I_g = (I_{\max} - I_n) S_{f1} = (40 - 20) \times 0.5 = 10(\text{kA})$。

场外接地时，经地网入地的对称电流 $I_g = I_n S_{f2} = 20 \times 0.4 = 8(\text{kA})$

因此应以场内接地时的情况来计算最大地电位升高。

由式（B.0.1），此时经地网入地的不对称电流 $I_G = I_g D_f = 10 \times 1.113 = 11.13(\text{kA})$

由式（B.0.4），此时地电位升高 $U = I_G R = 11.13 \times 0.5 = 5.57(\text{kV})$，选 D。

27．A【解答过程】35kV 系统单回线路接地最大电容电流为 $I_c=20\text{A}$。

根据 DL/T 584—2017 第 7.2.13 条表 6，动作电流为区外短路时流过本线路的电容电流，该电流就是线路本身的电容电流，采用最长一条线路电容电流计算可得

$I_{\text{op2}} = K'_K I_C = 1.5 \times 20 / (200/1) = 0.15(\text{A})$

灵敏度为

$$K_{\text{sen}} = \frac{I_{\text{Dmin}}^{(1)}}{I_{\text{op2}}} = \frac{155}{0.15 \times 200/1} = 5.17$$

综上选 A。

【考点说明】灵敏度计算时，DL/T 584—2017 的第 7.2.13 条表 6 为什么不用 155−20 =135(A) 计算，而 DL/T 1503—2016 式（104）、式（103）却要减去本线路电容电流？过渡电阻是接地的时候并没有完全的金属性接地，而是接地点是一个等效的电阻，通过该电阻形成的单相接地，此时由于该电阻的存在，相对金属性接地的不对称度要小（比如题设的金属性接地 200A，过渡电阻接地 155A），所以此时非故障相对地电压也不会升高到线电压，对应的电容电流也达不到 20A，而是稍微要小一点；其次 155A 是总电流，故障线路 TA 检测的电流应该是总电流减去本线路的电容电流 20A，如果是不接地系统的金属性接地，那就是总电容电流直接减去本线路电容电流，类似 DL/T 1503—2016 中式（104）、式（103），但如果接地点是电阻，电容电流和电阻电流是矢量和，155A 和 20A 也应该是矢量差，基于以上两个因素，155A 应该减去一个比 20A 小的电容电流，而且还是矢量差，和 155A 本身差别不大，所以本题在计算灵敏度的时候不减本段线路的电容电流问题也不大，这也就是 DL/T 584—2017 表 6 的灵敏度公式直接用的"系统最小单相接地故障电流"。

本题的关键是在校验灵敏度的时候，要用最小接地故障电流 155A，而不是金属性接地的 200A。

28．C【解答过程】由老版二次手册第 67～68 页，由表 18 知三相星型接线在三相短路时接线系数均为 1，由该手册式（20-7）保护装置和故障录波器阻抗 $Z_j = \frac{P}{I^2} = \frac{1}{5^2} = 0.04(\Omega)$

二次电缆阻抗 $Z_{lx} = \frac{100}{57 \times 4} = 0.4386(\Omega)$

又由式（20-6）可得总阻抗 $Z_Z = 1 \times (2 \times 0.04) + 1 \times 0.4386 + 1 \times 0.1 = 0.6186(\Omega)$

总负载 $P = I^2 Z_Z = 5^2 \times 0.6186 = 15.46 \text{VA}$，选 C。

29．B【解答过程】由 GB 50063—2017 第 8.2.3 条可知计量二次电压回路压降不大于 0.2%。
由老版二次手册式（20-45）可得

$$S = \frac{1}{\Delta U} \sqrt{3} K_{lx.zk} \frac{P}{U_{x-x}} \frac{L}{\gamma} = \frac{1}{0.2\% \times 100} \sqrt{3} \times 1 \times \frac{2}{100} \frac{250}{57} = 0.76 \, (\text{mm}^2)$$

又由 GB 50063—2017 第 8.2.5 条，知计量二次电压回路截面不小于 4mm²。
综上所述选 B。

30．B【解答过程】由 DL/T 584—2017 可得：由第 17.2.13.5 条，A 错误；由第 17.2.13.7 条，B 正确；由第 17.2.13.9 条，C 错误；由第 17.2.13.7 条，D 错误。
综上所述选 B。

31．C【解答过程】由 GB 50064—2014 式（6.2.2-1），得

$$U_{1,\sim} = 1.13 \times \sqrt{2} \times \frac{550}{\sqrt{3}} = 507.39(\Omega)，所以选 C。$$

32．B【解答过程】由 GB 50064—2014 附录 D 式（D.1.7）可得设绕击率 $P_\theta = g_2$；雷电流超过杆塔绕击耐雷水平 I_2 概率为 P_2；则绕击闪络率 $P_{sf} = g_2 p_2$，

只考虑绕击情况的绕击跳闸率 $N_2 = N_g \eta(P_{sf}) = N_g \eta(g_2 P_2) \Rightarrow g_2 = \dfrac{N_2}{N_g \eta P_2}$。

由式（D.1.9-1）得 $E = U_n / (\sqrt{3} l_i) = 500 / (\sqrt{3} \times 4.5) = 64.15(\text{kV/m})$。

由式（D.1.8）得 $\eta = (4.5 E^{0.75} - 14) \times 10^{-2} = (4.5 \times 64.15^{0.75} - 14) \times 10^{-2} = 0.88$。

由式（D.1.1-1）得 $P_2 = 10^{-\frac{i_0}{88}} = 10^{-\frac{24}{88}} = 0.534$。

已知绕击跳闸率 N_2=0.015 次/（100km·a）；雷击次数 N_g=75 次/（100km·a），

则 $P_\theta = g_2 = \dfrac{N_2}{N_g \eta P_2} = \dfrac{0.015}{75 \times 0.88 \times 0.534} = 0.0004256$

已知为平原地区，塔高39m，由老版线路手册第125页式（2-7-11），可得

$\lg P_\theta = \dfrac{\theta \sqrt{h}}{86} - 3.9 \Rightarrow \theta = \dfrac{(\lg P_\theta + 3.9) \times 86}{\sqrt{h}} = \dfrac{(\lg 0.0004256 + 3.9) \times 86}{\sqrt{39}} = 7.28°$，选 B。

33．C【解答过程】解法一：依据考时适用规范《110~750kV 架空输电线路设计技术规程》（GB 50545—2010）解答：

由 GB 50545—2010 第 7.0.8 条，依题意 $n_H = 1.08n$，则

$1.08 = e^{0.1215 \times 0.42 \times (H-1000)/1000}$

可得：$\ln 1.08 = \dfrac{0.1215 \times 0.42 \times (H-1000)}{1000} \Rightarrow H = \dfrac{\ln 1.08 \times 1000}{0.1215 \times 0.42} + 1000 = 2508(\text{m})$

向下选择适合的选项，所以选 C。

解法二：依据最新考纲规范《架空输电线路电气设计规程》（DL/T 5582—2020）解答：

由 DL/T 5582—2020 第 6.1.5 条：

$\ln 1.08 = \dfrac{0.42 \times (H-1000)}{8150} \Rightarrow H = \dfrac{\ln 1.08 \times 8150}{0.42} + 1000 = 2493.41(\text{m})$

34．D【解答过程】由 DL/T 5582—2020，可将

工频电压：第 6.1.3-2 条，工频爬电比距法需要片数 $n \geq \dfrac{\lambda U}{K_e L_{o1}} = \dfrac{40 \times \dfrac{550}{\sqrt{3}}}{0.9 \times 550} = 25.66(\text{片})$。

操作过电压：第 6.2.2 条条文说明，操作需要片数 $n = 25 + 2 = 27(\text{片})$。

雷电过电压：第 6.2.3-1 条，雷电需要片数 $n = 25 + \dfrac{70-40}{10} \times \dfrac{146}{155} = 27.82(\text{片})$。

综上所述取最大值 28 片。

35．A【解答过程】由 GB 50064—2014 第 D.1.5-5 款可得

$I_{\min} = (2400 - \dfrac{2 \times 400}{2 \times 400 + 250} \times \dfrac{550 \times \sqrt{2}}{\sqrt{3}}) \times \dfrac{2 \times 400 + 250}{400 \times 250} = 21.6(\text{kA})$

选 A。

36．C【解答过程】依据 DL/T 5582—2020 第 9.3 节，计算如下：

（1）阵风系数 β_C：风偏用荷载，B 区，一般线路，均高 20m，风速 30m/s，查该规范第 248 页附录表 90，取 β_C=0.956。

（2）档减系数 α_L：风偏用荷载，B 区，档距 400m，均高 20m，查该规范第 245 页附录表

88，取 α_L=0.715。

（3）风压高度系数 μ_Z：查该规范第 40 页表 9.3.1-1，B 区 20m，取 μ_Z=1.23。

（4）体型系数 μ_{sc}：题设直径 d=33.8mm，由公式参数说明，体型系数取 μ_{sc}=1.0。

（5）覆冰系数 B_1：由公式参数说明，最大风工况无覆冰，取 B_1=1.0。

再由该规范式（9.3.1-1），最大风荷载功角取 θ=90°，可得：

$$W_x = (\beta_c \cdot \alpha_L \cdot \mu_z) \cdot (\mu_{sc} \cdot B_1) \cdot (d \cdot L_p) \cdot W_0 \cdot \sin^2\theta \times 10^3$$

$$= (0.956 \times 0.715 \times 1.23) \times (1 \times 1) \times (33.8 \times 10^{-3} \times 1) \times \frac{30^2}{1600} \times 1 \times 10^3 = 15.985 (\text{N/m})$$

37．D【解答过程】由老版线路手册第 329 页，式（6-2-11）及表 6-2-8 可得

$\Sigma G = 2 \times 1.1 \times G + G_a = 2 \times 1.1 \times (600 \times 2.0792 \times 9.80665 \times 4 + 60 \times 9.80665) + 4000 = 112954(\text{N})$

38．C【解答过程】由老版线路手册第 182 页代表档距定义，因代表档距相同，则导线张力相同。即 $T_1 = T_2$，又由该手册第 327 页式（6-2-6）可得

$\Delta T = T_1 \cos\alpha_1 - T_2 \cos\alpha_2 = 68.37 \times 674 \times 4 \times (\cos 20° - \cos 40°) = 32007.8(\text{N})$，选 C。

39．A【解答过程】老版线路手册第 179 页表 3-2-3，得

$\gamma = g_7 / A = 32.78 / 674 = 0.0486 \text{N}/(\text{m}\cdot\text{mm}^2)$

高差角 $\beta = \tan^{-1}(180/500) = 19.80°$

又由该手册第 180 页表 3-3-1，得

$$l_{OB} = \frac{l}{2} + \frac{\sigma_0}{\gamma}\sin\beta = \frac{500}{2} + \frac{82.37}{0.0486}\sin 19.80° = 824(\text{m})$$

$$l_{OB} = \frac{l}{2} + \frac{\sigma_0}{\gamma}\sin\beta = \frac{500}{2} + \frac{82.37}{0.0486}\sin 19.80° = 824(\text{m})$$

$$\sigma_B = \sqrt{\sigma_0^2 + \frac{\gamma^2 l_{OB}^2}{\cos^2\beta}} = \sqrt{82.37^2 + \frac{0.0486^2 \times 824^2}{\cos^2 19.8°}} = 92.72(\text{N/mm}^2)$$

选 A。

40．B【解答过程】图解如下，单位为 m，所以选 B。

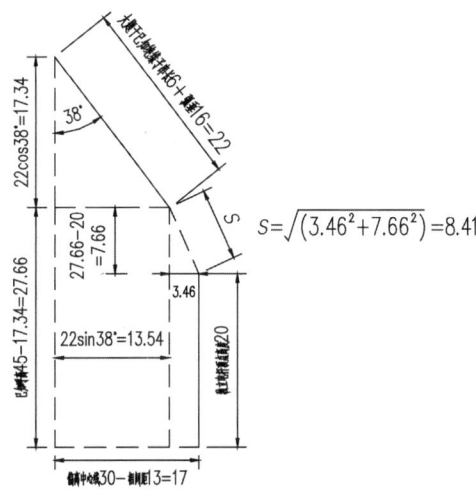

2022年注册电气工程师专业补考案例试题

(上午卷)及答案

【2022年补考上午题1~4】已知某发电厂2台300MW机组经两台升压变压器与220kV系统相连,220kV配电装置为双母线接线,有2回主变进线,2回220kV出线,1回启/备变进线。每台机组设有一台高压厂用工作变压器,两台机组设一台高压厂用启动/备用变压器。主接线如下图所示,请分析计算并解答下列问题。

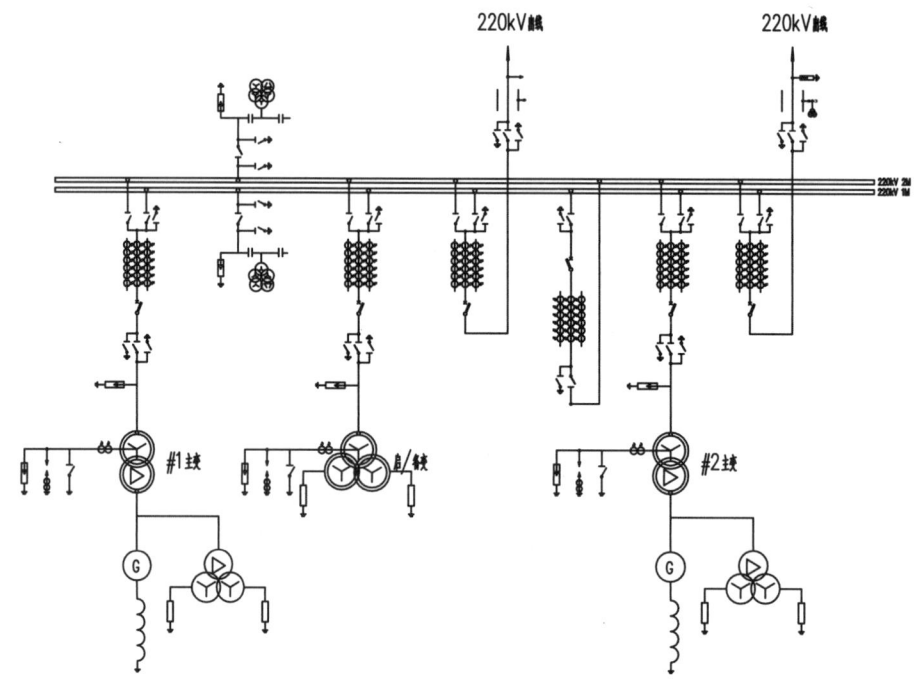

1. 图中300MW汽轮发电机回路额定电压为20kV,发电机中性点经消弧线圈接地,已知发电机回路每相对地电容为0.5μF,图中消弧线圈的补偿容量应选用下列哪项数值?(过补偿系数取1.35,欠补偿系数取0.7)   (   )

(A) 43.97kVA   (B) 50.57kA
(C) 84.80kVA   (D) 97.52kA

2. 图中当220kV母线发生三相短路时,短路电流周期分量起始有效值为35kA,短路持续时间为2s,220kV选用SF_6断路器,其3s热稳定电流为40kA,此时,在不考虑周期分量衰减的情况下,该断路器需承受的热效应为下列哪项数值?   (   )

(A) $1470kA^2 \cdot s$ (B) $2572.5kA^2 \cdot s$

(C) 3675kA^2·s （D）3920kA^2·s

3. 已知升压站 220kV 两回出线分别接至系统两个不同的变电站，其系统的穿越功率为 250MVA，假设主变压器容量选用 340MVA，额定电压为 242kV，系统最大运行方式时，当 1 回线路故障，另一回线路的计算工作电流为下列哪项数值？（不考虑发电机降出力运行）

（　　）

（A）1448.15A　　　　　　　　（B）1703.42A
（C）2001.64A　　　　　　　　（D）2299.86A

4. 图中 220kV 主变进线跨的架空导线采用钢芯铝绞线，请按经济电流密度选择进线跨导线应为下列哪种规格？（升压主变压器容量为 340MVA，额定电压为 236kV，最大负荷利用小时数 T=5000h）

（　　）

（A）2×630mm^2　　　　　　　（B）2×800mm^2
（C）2×900mm^2　　　　　　　（D）2×1000mm^2

【2022 年补考上午题 5~7】 某区域火电厂，海拔高度为 200m，原有 2 台 300MW 纯凝机组，以 220kV 电压接入电力系统。现为了满足供热要求，需扩建 2 台背压机组，机组有停机不停炉运行方式。其发电机额定容量为 57MW，机端额定电压为 10.5kV，额定功率因数为 0.8，超瞬变电抗 $X''\%=13$。扩建机组拟接入电厂原有 220kV 配电装置。请分析计算并解答下列问题。

5. 在下列接线方案中，哪种接线技术经济合理、较为适合扩建的供热机组？请分析并说明依据。

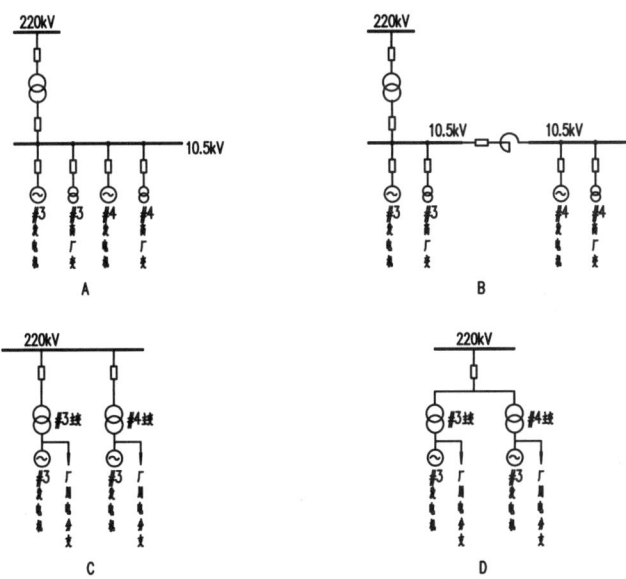

6. 请计算本期扩建发电机机端发生三相金属性短路 60ms 时，发电机提供的三相

短路电流的周期分量有效值为下列哪项数值？ （ ）

（A）21.5kA　　　　　　　　　　（B）26.6kA
（C）30.1kA　　　　　　　　　　（D）37.4kA

7. 若非周期分量衰减时间常数为 70，请计算本期扩建发电机机端发生三相金属性短路后 60ms 时，发电机提供的三相短路电流非周期分量的绝对值为下列哪项数值？ （ ）

（A）24.8kA　　　　　　　　　　（B）32.2kA
（C）35.1kA　　　　　　　　　　（D）49.4kA

8. 若本期扩建发电机引出线回路采用矩形铝母线连接，请按载流量选择导体宜为下列哪组规格？请计算并说明。（导体规格单位 mm，出线小室环境温度为 35℃） （ ）

（A）100×6.3 四条竖放　　　　　（B）80×10 四条竖放
（C）125×6.3 四条竖放　　　　　（D）125×10 三条竖放

【2022 年补考上午题 9~12】 某火力发电厂新建两台 600MW 燃煤发电机组，发电机额定功率 600MW，出口额定电压 20kV，额定功率因数 0.9，两台机组均采用发电机-变压器线路组的方式接入 500kV 系统，主变压器额定容量 670MVA，短路阻抗 14%，送出 500kV 线路长度为 290km，采用四分裂导线，线路的充电功率为 1.18Mvar/km。发电机的直轴同步电抗 215%，直轴瞬变电抗 26.5%，直轴超瞬变电抗 20.5%。主变压器高压侧采用金属封闭气体绝缘开关设备（GIS）。请分析计算并解答下列问题。

9. 请判断当机组带空载线路运行时，是否会产生发电机自励磁？如产生自励磁，当应采用高压并联电抗器限制自励磁产生时，其容量应选择为下列哪项数值？ （ ）

（A）否　　　　　　　　　　　　（B）是，50Mvar
（C）是，70Mvar　　　　　　　　（D）是，120Mvar

10. 该汽轮发电机组配置了定子绕组接地保护，故障时的保护动作时间为 5s，请问发电机出口避雷器的额定电压及持续运行电压宜为下列哪项数值？ （ ）

（A）14kV，10kV　　　　　　　　（B）22kV，18kV
（C）26kV，12kV　　　　　　　　（D）26kV，21kV

11. GIS 与架空线连接处设置避雷器保护，该避雷器的雷电冲击电流残压 1006kV，操作冲击电流残压为 858kV，陡波冲击电流残压为 1157kV。请问该 GIS 雷电冲击耐压要求值（相对地绝缘与 VFTO 的绝缘配合）和断路器同极断口间内绝缘的相对地雷电冲击耐压分别应大于以下哪项数值？ （ ）

（A）987kV，1257kV　　　　　　（B）987kV，1257+315kV
（C）1330kV，1257kV　　　　　　（D）1330kV，1257+315kV

12. 500kV GIS 设区域专用接地网，表层混凝土的电阻率近似值为 250Ω·m，厚度为

300mm，下层土壤的电阻率值为 50Ω·m。主保护动作时间为 20ms，断路器失灵保护动作时间为 250ms，断路器开断时间为 60ms。请问该接地网设计时的最大接触电位差应为以下哪项数值？（假定 GIS 设备金属因感应产生的最大电压差为 20V，接触电位差允许值得计算误差控制在 5%以内）（　　）

（A）368V　　　　　　　　　　（B）377V

（C）406V　　　　　　　　　　（D）643V

【2022 年补考上午题 13~17】某 2×300MW 火电厂，每台机组装设 3 组蓄电池，蓄电池选用阀控式密封铅酸蓄电池（贫液2V）。单体蓄电池浮充电压选取浮充电压范围内的最小值。其中 2 组 110V 蓄电池为控制负荷供电，1 组 220V 蓄电池为动力负荷供电，电缆均采用铜芯电缆，铜电阻系数 $\rho=0.0184Ω·mm^2/m$。每台机组直流负荷如下：

负荷名称	容量(kW)
发变组断路器控制、保护	2
厂用 6kV 断路器控制、保护	10
厂用 380V 断路器控制、保护	6
电气 ECMS 监控系统	5
UPS	60($\eta=91\%$)
热控控制负荷	11
热控动力总电源	66
直流长明灯	1
直流应急照明	3
汽机直流事故润滑油泵(启动电流倍数按 2 倍)	30
6kV 厂用低电压跳闸	7
400V 厂用低电压跳闸	3
厂用电源恢复对高压厂用断路器合闸	1
变压器冷却器控制电源(由继电器分立元件组成)	2

请分析计算并解答下列问题。

13. 请计算控制用蓄电池组电池个数及事故放电末期蓄电池单体终止电压为下列哪组数值？（终止电压计算保留 2 位小数）（　　）

（A）51 个，1.87V　　　　　　（B）52 个，1.85V

（C）103 个，1.87V　　　　　　（D）104 个，1.85V

14. 请按阶梯计算法计算控制用 110V 蓄电池组第一阶段和第二阶段计算容量，为下列哪组数值？（蓄电池放电终止电压取 1.85V）（　　）

（A）283.29Ah，354.89Ah　　　（B）293.55Ah，371.20Ah

（C）293.55Ah，387.13Ah　　　（D）303.81Ah，371.62Ah

15. 220V 直流主配电柜至 UPS 主机柜连接电缆的长度为 30m，按最小允许压降校核该电缆的截面，应至少大于下列哪项数值？　　　　　　　　　　　　　　　　　(　　)

（A）21.06mm²　　　　　　　　　　（B）23.14mm²
（C）45.62mm²　　　　　　　　　　（D）50.13mm²

16. 如动力蓄电池组容量为 1000Ah。蓄电池个数为 103 只，单只电池内阻为 0.17mΩ，电池间连接条电阻忽略不计。蓄电池至直流屏电缆长度为 30m，每极均选用 3×(1×150mm²)电缆。求直流主屏母线上短路电流为下列哪项数值？　　　　　　　　　　　　　(　　)

（A）5.51kA　　　　　　　　　　　（B）8.85kA
（C）11.02kA　　　　　　　　　　　（D）11.74kA

17. 如动力蓄电池组容量为 1000Ah，其中 UPS 回路断路器开关额定电流为 350A，热控动力总电源回路断路器额定电流为 315A。请计算并选择蓄电池出口断路器额定电流及选择蓄电池组电流测量范围。　　　　　　　　　　　　　　　　　　　　　　　　　(　　)

（A）630A，±600A　　　　　　　　（B）630A，±800A
（C）800A，±600A　　　　　　　　（D）800A，±800A

【2022 年补考上午题 18～20】某风电场 220kV 升压站位于海拔 1800m 高原，风电场安装了 50 台风力发电机组，每台发电机组最大瞬时功率 2200kW，额定功率 2000kW。功率因数范围：容性 0.95～感性 0.95。升压站配置一台主变压器，主变低压侧电压为 35kV，连接 6 回集电线路。请分析计算并解答下列问题。

18. 请计算该风电场机组变电单元变压器的配置容量。　　　　　　　　　　　　(　　)

（A）2.15MVA　　　　　　　　　　（B）2.35MVA
（C）100MVA　　　　　　　　　　（D）105MVA

19. 主变压器在安装地点的耐压需满足较高额定耐受电压。风电场升压站主变压器制造厂位于海拔 1000m 以下，主变压器出厂前进行电气外缘试验时，实际施加到主变高压套管相间的雷电冲击试验电压应为下列哪项数值？　　　　　　　　　　　　　　　　(　　)

（A）850kV　　　　　　　　　　　（B）950kV
（C）1045kV　　　　　　　　　　　（D）1155kV

20. 假设该风电场的集电线路都是架空线路（均设避雷线），其中单回路和同塔双回路各为 30km，试计算全部集电线路的最大电容电流应为下列哪项数值？（按电力工程电气设计手册第六章的相关公式计算）　　　　　　　　　　　　　　　　　　　　(　　)

（A）9A　　　　　　　　　　　　　（B）7.97A
（C）7.37A　　　　　　　　　　　　（D）6.93A

【2022 年补考上午题 21～25】某 500kV 单回架空输电线路位于我国的一般雷电地区，

采用常规酒杯型直线杆塔。设杆塔呼高为 36m，地线挂点高为 43m，三相导线采用 IVI 型绝缘子串，已知用污耐压法需选用 28 片 160kN 盘式绝缘子（结构高度 155mm、有效爬距 450mm），串长为 5.5m，地线绝缘子金具串长为 0.5m；两边相导线间的水平距离为 23m，中相导线较边相导线高约为 2m；相导线采用 4 分裂、直径为 30mm 的钢芯铝绞线，分裂间距为 500mm，正方形布置。双地线采用直径为 12mm 的镀锌钢绞线，边相导线的平均高度为 20m，地线的平均高度为 30m。请分析计算并解答下列问题。（　　）

21. 相分裂导线半径取 354mm，每相的平均电抗值 X_1 为下列哪项数值？（不计导线间的垂直高度差别） （　　）

(A) 0.265Ω/km　　　　　　　　(B) 0.2342Ω/km
(C) 0.225Ω/km　　　　　　　　(D) 0.216Ω/km

22. 若该塔地线间距为 19.5m，计算杆塔上地线对边导线的保护角为下列哪项数值？（不计相导线分裂间距） （　　）

(A) 7.97°　　　　　　　　　　(B) 8.30°
(C) 8.82°　　　　　　　　　　(D) 9.36°

23. 若求得某悬垂直线塔的控制挡距（不考虑导地线水平偏移）为 1300m，并按此确定了地线应力，在满足挡距中央导、地线之间距离的条件下，请问该塔的地线支架高度为下列哪项数值？ （　　）

(A) 4.3m　　　　　　　　　　(B) 3.8m
(C) 3.3m　　　　　　　　　　(D) 3.0m

24. 该工程某段线路由于地形因素，使得挡距很大，基本在 1000m 左右，该段线路的耐雷水平为 125kA，请计算该段线路分别按 900m、1100m 挡距考虑时，在 15℃、无风条件下，档距中央导、地线间的最小距离应分别取下列哪项数值？ （　　）

(A) 11.8m，12.5m　　　　　　(B) 18m，14.2m
(C) 12.5m，12.5m　　　　　　(D) 12.5m，14.2m

25. 若某处采用悬垂直线塔型，全高为 60m，应采用多少片 300kN（结构高度 195mm、有效爬距 550mm）的绝缘子？ （　　）

(A) 27 片　　　　　　　　　　(B) 24 片
(C) 23 片　　　　　　　　　　(D) 22 片

答　案

---

1. A【解答过程】由老版一次手册第 262 式（6-38）可得

$$I_C = \sqrt{3}\omega CU \times 10^{-3} = \sqrt{3} \times 314 \times 0.5 \times 20 \times 10^{-3} = 5.44(A)。$$

又由 DL/T 5222—2021 第 18.1.5 条,单元接线宜采用欠补偿,再由该规范附录 B,式(B.1.1)可得补偿容量 $Q = KI_C \dfrac{U_N}{\sqrt{3}} = 0.7 \times 5.44 \times \dfrac{20}{\sqrt{3}} = 43.97(\text{kVA})$,选 A。

2. B【解答过程】依据 DL/T 5222—2021 附录 A 式（A.6.1）~式（A.6.3）及表 A.6.3,可得非周期分量等效时间为 0.1s,则 $Q = I''^2(t+T) = 35^2 \times (2+0.1) = 2572.5(\text{kA}^2 \cdot \text{s})$,选 B。

3. B【解答过程】系统 1 回线路故障时,系统的穿越功率不再存在,发电厂 2 台机组的电能全部通过剩余的 1 回出线送至系统,故 $I = \dfrac{2 \times 1.05 \times 340}{\sqrt{3} \times 242} \times 1000 = 1703.42(\text{A})$,选 B。

坑点：如果对运行方式不熟悉,误将干扰条件穿越功率计入,会错选 D。

4. C【解答过程】由老版一次手册第 232 页表 6-3,主变的持续工作电流为 $I_g = 1.05 \times \dfrac{340 \times 1000}{\sqrt{3} \times 236} = 873.36(\text{A})$；又由 DL/T 5222—2005 附录 E 的图 E6 中曲线 6,查得经济电流密度 $j \approx 0.45\text{A}/\text{mm}^2$,由该规范式（E.1.1）, $S = \dfrac{I_g}{j} = \dfrac{873.39}{0.45} = 1940.87(\text{mm}^2)$,由第 7.1.6 条,无合适规格导体时,按计算截面的相邻下一档选取,故取 2×900mm²,选 C。注：新版规范 DL/T 5222—2021 第 143 页,第 5.1.6 条文说明的经济电流密度曲线已经更改。

5. B【解答过程】根据题干要求,主接线要满足停机不停炉运行方式,排除 CD 选项。依据 GB 50049—2011 第 17.2.4-1 条,每段母线上的发电机容量大于 24MW 时,需在发电机母线分段上安装限流电抗器来限制短路电流,因此选 B。

6. B【解答过程】由老版一次手册第 129 页图 4-6, $X_{js}=0.13$, $t=0.06\text{s}$ 时, $I_* \approx 6.7$；由第 131 页式（4-21）,发电机提供的短路电流为

$$I'' = I_* \times \dfrac{P_G}{\sqrt{3} \times U_e \times \cos\phi} = 6.7 \times \dfrac{57}{\sqrt{3} \times 10.5 \times 0.8} = 26.25(\text{kA})$$

7. C【解答过程】依据老版一次手册第 129 页图 4-6, $X_{js}=0.13$, $t=0$ 时, $I_* \approx 8.25$。由第 131 页式（4-21）,发电机 0s 提供的短路电流周期分量为

$$I'' = I_* \times \dfrac{P_G}{\sqrt{3} \times U_e \times \cos\phi} = 8.25 \times \dfrac{57}{\sqrt{3} \times 10.5 \times 0.8} = 32.32(\text{kA})$$

由第 139 页式（4-28）可得 $I_{fzt} = -\sqrt{2}I''e^{-\dfrac{\omega t}{T_a}} = -\sqrt{2} \times 32.32 \times e^{-\dfrac{314 \times 0.06}{70}} = 34.92(\text{kA})$,选 C。

8. C【解答过程】依据老版一次手册第 232 页表 6-3,发电机回路的持续工作电流为：$I_g = 1.05 \times \dfrac{57/0.8}{\sqrt{3} \times 10.5} \times 1000 = 4113.62(\text{A})$；又由 DL/T 5222—2021 表 5.1.5 可知,屋内 35℃时,修正系数为 0.88,则 $I_{xu} = I_g/0.88 = 4674.71(\text{A})$；又由该规范第 411 页续表 8 可知 125×6.3 导体四条竖放载流量 4700A,满足要求,选 C。

9. C【解答过程】由 GB/T 50064—2014 式（4.1.6）可得

$$X_d^* = X_S^* + X_T^* * \dfrac{p/\cos\theta}{S_T} = 2.15 + 0.14 \times \dfrac{600/0.9}{670} = 2.29$$

$Q_c X_d^* = 1.18 \times 290 \times 2.29 = 783.64$；$W_N = 600/0.9 = 666.67$

$Q_c X_d^* > W_N$，因此会发生自励磁。为限制自励磁产生的过电压，高压并联电抗器容量至少应为 $Q_{kb} > lq_c - \dfrac{W_N}{X_d^*} = 1.18 \times 290 - \dfrac{600/0.9}{2.29} = 51.08(\text{MVA})$；综上所述，选 C。

10．B【解答过程】依据 GB/T 50064—2014 第 4.4.4 条，本发电机系统故障清除时间为 5s，小于 10s，因此 MOA 额定电压不应低于旋转电机额定电压的 1.05 倍，即 $U_R \geqslant 1.05 \times 20 = 21(\text{kV})$，持续运行电压不宜低于旋转电机额定电压的 80%，$U_C \geqslant 0.8 \times 20 = 16(\text{kV})$，综上所述，选 B。

11．D【解答过程】根据 GB/T 50064—2014 式（6.4.3-2），GIS 雷电冲击耐压要求值为

$U_{\text{GIS.1.i}} \geqslant k_{14} U_{\text{tw.p}} = 1.15 \times 1157 = 1330.55(\text{kV})$

依题意，GIS 与架空线连接处设置避雷器保护，此 MOA 属于紧靠 GIS 设备，由第 6.4.4-1 条及 6.4.4-2 条，断路器同极断口间内绝缘的相对地雷电冲击耐压为

$u_{\text{e.1.c.i}} \geqslant u_{\text{e.1.i}} + k_m \sqrt{2} U_m / \sqrt{3} = 1.25 \times 1006 + 0.7 \times \sqrt{2} \times 550/\sqrt{3} = 1257 + 315(\text{kV})$，选 D。

12．A【解答过程】依据 GB/T 50065—2011 附录 C 式（C.0.2），表层衰减系数为

$C_S = 1 - \dfrac{0.09 \times \left(1 - \dfrac{50}{250}\right)}{2 \times 0.3 + 0.09} = 0.896$；由式（4.2.2-1），接触电位差允许值为

$U_t = \dfrac{174 + 0.17 \times 250 \times 0.896}{\sqrt{0.02 + 0.25 + 0.06}} = 369.2(\text{V})$

由式（4.4.3）可得 $U_t > \sqrt{U_{\text{tmax}}^2 + (U'_{\text{tmax}})^2}$，即 $369.2 > \sqrt{U_{\text{tmax}}^2 + (20)^2}$，解得 $U_{\text{tmax}} < 368.6(\text{V})$，选 A。

13．D【解答过程】由 DL/T 5044—2014 第 6.1.2-2 款结合题意"浮充电压范围内的最小值"，取 $U_f = 2.23\text{V}$；由式（C.1.1）得，电池个数 $n = 1.05 \times \dfrac{110}{2.23} = 51.79$（个），取 $n = 52$ 个，该题小题干"计算控制用蓄电池组电池个数"，大题干每台机组设 2 组控制用蓄电池组，所以"控制用蓄电池个数"取 $52 \times 2 = 104$（个）；再由该规范式（C.1.3），事故放电末期蓄电池单体终止电压 $U_m = 0.875 \times 110/52 = 1.85(\text{V})$，选 D。

14．B【解答过程】
列表计算第一阶段和第二阶段 110V 蓄电池组放电电流

序号	负荷名称	容量（kW）	负荷系数	计算电流	1min	1~30min
1	发变组控制、保护	2	0.6	10.91	10.91	10.91
2	厂用 6kV 断路器控制、保护	10	0.6	54.55	54.55	54.55
3	厂用 380V 断路器控制、保护	6	0.6	32.73	32.73	32.73
4	电气 ECMS 监控系统	5	0.8	36.36	36.36	36.36
5	热控制负荷	11	0.6	60	60	60
6	6kV 厂用低电压跳闸	7	0.6	38.18	38.18	
7	400V 厂用低电压跳闸	3	0.6	16.36	16.36	

续表

序号	负荷名称	容量（kW）	负荷系数	计算电流	1min	1~30min
8	变压器冷却器控制电源（由继电器分立元件组成）	2	0.6	10.91	10.91	10.91
9	合计				260	205.46

依据 DL/T 5044—2014 附录 C 中式（C.2.3-7）及式（C.2.3-8），可得

第一阶段计算容量 $C_{c1} = K_k \dfrac{I_1}{K_c} = 1.4 \times \dfrac{260}{1.24} = 293.55 (\text{Ah})$

第二阶段计算容量

$$C_{c1} = K_k \left[\dfrac{1}{K_{c1}} I_1 + \dfrac{1}{K_{c2}} (I_2 - I_1) \right] = 1.4 \times \left[\dfrac{1}{0.78} \times 260 + \dfrac{1}{0.8} \times (205.46 - 260) \right] = 371.22 (\text{Ah})$$

所以选 B。注释：本题目小题干要求计算的是蓄电池组第一阶段和第二阶段计算容量，并非要求计算蓄电池的计算容量，因此不考虑随机负荷的问题，如果考虑了随机负荷，会误选 C。

15．B【解答过程】依据 DL/T 5044—2014 附录 E 的表 E.2-1 可得

$$I_{ca1} = I_{ca2} = I_{Un} / \eta = \dfrac{60 / 0.22}{0.91} = 299.70 (\text{A})$$

依题意，"至少应大于"，即选最小截面，应采用最大允许压降，由该规范表 E.2-2，交流不间断电源回路压降取 6.5%Un，依据式（E.1.1-2）可得

$$S_{cac} = \dfrac{\rho \cdot 2L I_{ca}}{\Delta U_p} = \dfrac{0.0184 \times 2 \times 30 \times 299.70}{0.065 \times 220} = 23.138 (\text{mm}^2)，选 B。$$

16．C【解答过程】电缆电阻 $r_c = 2 \times 30 \times 0.0184 / (3 \times 150) \times 1000 = 2.45 (\text{m}\Omega)$

依据 DL/T 5044—2014 附录 G 式（G.1.1-2），$I_k = \dfrac{220}{103 \times 0.17 + 2.45} = 11.02 (\text{kA})$，选 C。

17．D【解答过程】依据 DL/T 5044—2014 附录 A 式（A.3.6-1）及式（A.3.6-2），可得
$I_n \geq I_1 = 5.5 \times 100 = 550 (\text{A})$，且 $I_n \geq K_{c4} I_{n.max} = 2 \times 350 = 700 (\text{A})$，故额定电流选取 800A。
依据附录 F 表 F.1，1000Ah 蓄电池组电流测量范围为 ±800A，选 D。

18．A【解答过程】依据 GB 51096—2015 第 7.2.3-1 条，风电场单元变压器应按风电机组的额定视在功率选取 $S_B = S_G = \dfrac{2000}{0.95} = 2105.26 (\text{kVA})$，选 A。

19．A【解答过程】依据 GB/T 50064—2014 表 6.4.6-1，220kV 主变压器应满足的额定耐受电压为 950kV。又由该规范附录 A 式（A.0.2-1）及式（A.0.2-2），可得

$$U(P_H) = k_a U(P_0) = e^{1 \times (1800-1000)/8150} \times 950 = 1045 (\text{kV})，选 C。$$

【注释】依题意本题额定耐受电压为查表 6.4.6-1 所得的 1000m 以下通用值，其值已包含 1000m 的裕度，因此采用相对修正。

20．A【解答过程】依据 GB 51096—2015 第 7.13.7 条，风电场内 35kV 集电线路应全线架设地线。

依据老版一次手册第 261 页式（6-33），单回路部分 $I_{C1} = 3.3 \times 35 \times 30 \times 10^{-3} = 3.465 (\text{A})$

双回路部分 $I_{C2} = 1.6 \times 3.3 \times 35 \times 30 \times 10^{-3} = 5.544(\text{A})$

则总的电容电流 $I_C = 3.465 + 5.544 = 9.009(\text{A})$，选 A。

21．A【解答过程】依据老版线路手册第 16 页式（2-1-1），该钢芯铝绞线有效半径 $r_e = 0.81 \times 0.015 = 0.01215(\text{m})$

依据分裂导线有效半径计算公式，$R_e = 1.091 \times (0.01215 \times 0.5^3)^{\frac{1}{4}} = 0.2154(\text{m})$

依据式（2-1-3），几何均距 $d_m = \sqrt[3]{23 \times (\sqrt{11.5^2 + 2^2})^2} = 14.63(\text{m})$

依据式（2-1-6），正序电抗 $X_1 = 0.0029 \times 50 \times \lg \dfrac{14.63}{0.2154} = 0.2656(\Omega/\text{km})$，选 A。

22．B【解答过程】在塔头位置，地线与导线的水平距离为 $(23 - 19.5)/2 = 1.75(\text{m})$

地线与导线的垂直距离为 $43 - 36 + 5.5 - 0.5 = 12(\text{m})$，则保护角 $\theta = \arctan\dfrac{1.75}{12} = 8.30°$。

23．B【解答过程】依据老版线路手册第 186 页式（3-3-18），$l_c = \dfrac{h-1}{0.006}$，

则 $h = 0.006 \times 1300 + 1 = 8.8(\text{m})$，则地线支架高度为 $8.8 - 5.5 + 0.5 = 3.8(\text{m})$，选 B。

24．A【解答过程】

（1）按 900m 考虑：依题意，本线路属于 500kV 线路，依据 DL/T 5582—2020 式（7.2.6）可得，900m 挡导地线间距离 $S_{900} \geq 0.012 \times 900 + 1 = 11.8(\text{m})$

（2）按 1100m 考虑：又由该规范第 2.1.5 条条文说明可知，1000m 以上挡距属于大跨越档。由该规范 7.2.8 条可知，应取式 7.2.6 和式 7.2.8 两者计算结果中较小值：

由式（7.2.6）1100m 挡导地线间距离 $S_{900} \geq 0.012 \times 1100 + 1 = 14.2(\text{m})$

由式（7.2.8）避免反击要求的距离为：$S_I \geq 0.1 \times 125 = 12.5(\text{m})$，两者取小 12.5m，选 A。

25．C【解答过程】根据已知用污耐压法需选用 28 片有效爬距 450mm 的绝缘子，由 DL/T 5582—2020 式（6.1.3-1），由于题设已知不足，假设单片绝缘子污耐受电压和爬电比距成正比，可得污闪法需要的 550mm 绝缘子片数 $n = 450 \times 28 / 550 = 22.91$ 片。又由该规范第 6.2.2 条，雷电过电压需要的片数 $n = \dfrac{155 \times 25 + \dfrac{60 - 40}{10} \times 146}{195} = 21.37$ 片，两者取大，取 23 片。

2022 年注册电气工程师专业补考案例试题

（下午卷）及答案

【2022 年补考下午题 1~3】某风电场安装了 100 台风力发电机组，每台发电机组额定功功率 2000kW，发电机可在功率因数容性 0.95~感性 0.95 范围内可靠运行。该风电场升压站地处海拔 3200m 地区，一回 220kV 架空线路将风机所发电能送入 40km 外的电力系统，220kV 侧为单母线接线，配置了两台主变压器，主变压器低压侧各自连接 60 回集电线路（即各自连接着 50 台风机）。

请分析计算解答下列问题。

1. 220kV 配电装置采用 GIS，该设备布置在屋外，三相套管在同一高度，套管端接板宽 100mm，请校核 GIS 出线套管之间（套管中心线）最小净距（水平间距）为下列哪项数值？
（　　）
（A）2200mm　　　　　　　　　（B）2299.6mm
（C）2400mm　　　　　　　　　（D）2544mm

2. 220kV 配电装置出线间隔的电流互感器，至少要使用几个次级绕组才能满足二次设计要求，并说明各绕组的用途。（设计条件：①220kV 全线保护按双套考虑；②专用故障记录装置需要单独的电流互感器二次绕组；③220kV 出线侧为电量关口计量点　　　　（　　）
（A）5 绕组　　　　　　　　　　（B）6 绕组
（C）7 绕组　　　　　　　　　　（D）8 绕组

3. 该升压站 220kV 两台主变压器高压侧并列运行,低压则分裂运行，主变压器为双绕组有载调压自冷式，短路阻抗 14%，空载电流为 0.5%，假设主变额定容量是 110MVA、在不考虑电压变化的情况下，取电压 $U \approx U_e$。试求该风电场满容额定出力时($\cos\phi = 1.0$)，该升压站的主变压器所消耗的无功功率为下列哪项数值？　　　　　　　　　　　　　　　　　　（　　）
（A）30.8Mvar　　　　　　　　　（B）26.55 Mvar
（C）15.95Mvar　　　　　　　　（D）8.8Mvar

4. 假设升压站 220kV 侧单相接地故障对称电流为 6kA，流过中性点电流为 1kA，站内、外分流系数分别为 0.5 和 0.9，延时 0.1s，衰减系数 1.3，求接地电阻允许值为多少？（　　）
（A）2Ω　　　　　　　　　　　　（B）1.7Ω
（C）0.8Ω　　　　　　　　　　　（D）0.615Ω

5. 假设该升压站公共连接点的最小短路容量是 3340MVA，公共连接点的供电设备容量是 2000MVA，该风电场的协议容量是 200MVA，试求该风电场升压站注入公共连接点的 7 次谐波电流允许值为下列哪项数值？ （　　）

（A）1.136A　　　　　　　　（B）2.9A
（C）6.8A　　　　　　　　　（D）11.356A

【2022 年补考下午题 6~10】某 2×300MW 火力发电厂，以 220kV 电压等级接入电力系统，高压厂用电系统采用 6kV 供电，电气接线示意图如下图所示。高压厂用工作变压器从升压变低压侧引接，选用分裂变压器，额定容量 40/25-25MVA，电压比 20±2×2.5%/6.3-6.3kV，半穿越电抗 16.8%，分裂系数 K_f=3.5。全厂设起备变压器 1 台，额定容量同高压厂用工作变压器。请分析计算并解答下列问题。

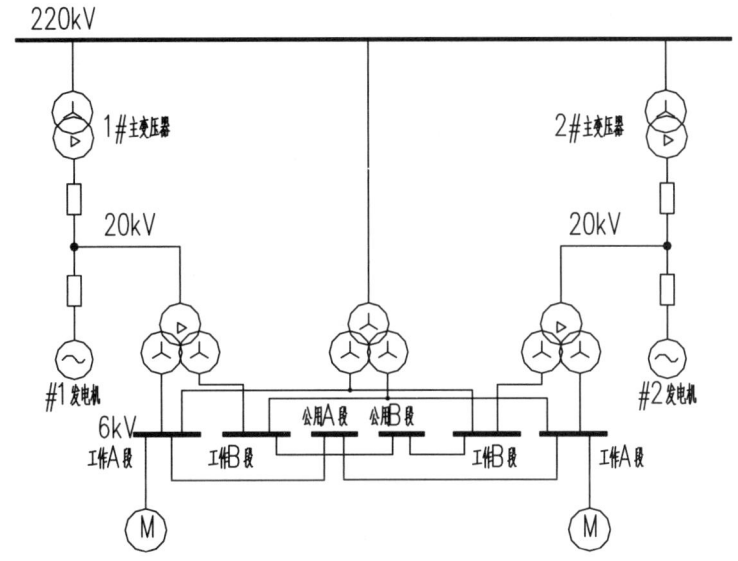

6. 已知 6kV 厂用工作段母线最大一台引风机电动机额定功率 3000kW，引风机起动前厂用母线已带负荷 S1 为 12000kVA。请计算引风机起动时的母线电压标幺值为下列哪项数值？（所有电动机起动电流倍数为 6，额定效率为 0.96，功率因数为 0.86） （　　）

（A）0.865　　　　　　　　（B）0.908
（C）0.913　　　　　　　　（D）0.951

7. 已知高压厂用工作变压器高压侧系统按无穷大系统考虑，6kV 厂用工作 A 段母线上最大一台高压电动机额定功率 3000kW，额定功率因数 0.83，额定效率为 96%，电动机额定电压为 6kV，启动电流倍数为 8。请计算高压电动机电流速断保护一次动作电流和灵敏系数分别为下列哪项数值？（可靠系数 Kk 取 1.6） （　　）

（A）动作电流 kA，灵敏系数
（B）动作电流 4.64kA，灵敏系数 4.07

（C）动作电流 kA，灵敏系数

（D）动作电流 kA，灵敏系数

8. 已知每台机组 6kV 高压厂用电系统电缆电容为 2μF。请计算确定 6kV 厂用电中性点接地方式及动作方式宜为下列哪项？（　　）

（A）不接地，动作于跳闸　　　　　　（B）高电阻接地，动作于信号

（C）低电阻接地，动作于跳闸　　　　（D）低电阻接地，动作于信号

9. 假设该工程高压厂用工作变压器高压侧系统按无穷大系统考虑，已知 6kV 厂用工作段母线所带电动机总功率 18000kW，最大一台引风机电动机额定功率 3000kW，设电流速断保护，主保护动作时间为 70ms，断路器全分闸时间 80ms。请按短路热稳定条件计算引风机回路供电电缆最小截面应为下列哪项数值？（电缆热稳定 C 值取 106，电动机平均反馈电流倍数取 6.0）（　　）

（A）113mm²　　　　　　　　　　　（B）128.7mm²

（C）120mm²　　　　　　　　　　　（D）150mm²

【2022 年补考下午题 11～15】 某水电站接地网由坝区接地网，引水发电系统接地网，地面 500kV 开关站接地网等组成。500kV 配电装置的继电保护配套有 2 套速动主保护，主保护动作时间 30ms，断路器失灵保护动作时间 0.32S，断路器开断时间 50ms，第一级后备保护动作时间 0.95s。请分析并解答下列问题。

11. 坝区水域面积约为 12500m²，水深约为 20m，河水电阻率为 46Ω·m，河床电阻率 460Ω·m，敷设水下接地网面积约为 7500m² 请计算坝区水下接地网电阻为下列哪项数值？
（　　）

（A）0.266Ω　　　　　　　　　　　（B）0.403Ω

（C）0.46Ω　　　　　　　　　　　　（D）0.2656Ω

12. 进水口处设置独立避雷针保护露天的启闭机设备，独立避雷针接地装置由水平接地体连接 3 根垂直接地极组成，垂直接地极之间的距离为 6m，水平接地极的工频接地电阻为 15Ω，每根垂直接地极（长度为 3m）的工频接地电阻为 40Ω，单根接地体的冲击系数均取 0.4，请计算接地装置的冲击接地电阻为下列哪项数值？（　　）

（A）2.824Ω　　　　　　　　　　　（B）3.529Ω

（C）4.034Ω　　　　　　　　　　　（D）10.084Ω

13. 500kV 开关站区域在接地网的四周设置直径为 25mm 的垂直铸铜铜棒接地极，垂直接地极的剖面图如下图，开关站区域电阻率为 300Ω·m，填入的降阻剂电阻率为 5Ω·m，请计算接地极的接地电阻为下列哪个数值？（　　）

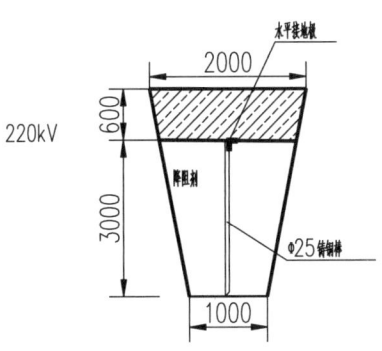

(A) 1.638Ω (B) 29.679Ω
(C) 40.548Ω (D) 98.259Ω

14. 若 500kV 开关站区域最大接地故障对称短路电流有效值为 30.5kA，X/R 为 30，主接地网采用镀锌扁钢，镀锌扁钢两侧总腐蚀速率取 0.04mm/年，接地网设计寿命 50 年，则接地网的接地极（镀锌扁钢厚度取 6mm）截面最小应为下列哪个数值。（ ）

(A) 322.014mm² (B) 357.054mm²
(C) 472.074mm² (D) 525.066mm²

15. 若发电机励磁系统采用自并励三相全控桥整流，额定励磁电流 1676A，强励倍数为 2 倍；发电机励磁绕组过负荷保护设在励磁变高压侧，励磁变变比为 15.75/0.75kV，励磁变高压侧电流互感器变比为 200/5A。试计算发电机励磁绕组交流侧定时限过负荷保护动作电流值与下列哪一数值最接近？（返回系数 K_r=0.95）（ ）

(A) 1.8A (B) 2.2A
(C) 4.7A (D) 5.8A

【2022 年补考下午题 16～20】 某 220kV 变电站拟选用两台同容量的站用变压器，已知站用负荷分布见下表，请分析计算并解答下列问题。

序号	名称	额定容量（kW）
1	变压器强油风冷装置	30
2	变压器有载调压装置	5
3	配电装置动力电源	80
4	检修电源	50
5	充电装置	50
6	UPS 电源	15
7	通风机、事故通风机	20
8	通信电源	30
9	监控系统	40
10	变压器水喷雾装置	100
11	雨水泵	30
12	配装置加热	40

续表

序号	名称	额定容量（kW）
13	空调	40
14	户外照明	30
15	户内照明	30

16. 请通过计算选择站用变容量，负荷统计及变压器容量为下列哪个数值？（　　）

（A）349kVA 选 400kVA　　　　　　（B）370kVA 选 400kVA

（C）480kVA 选 500kVA　　　　　　（D）522kVA 选 630kVA

17. 假如该变电站选用的所用变压器型号为 SCB10-500/35，35±2×2.5%/0.4kV。已知折算到 400V 低压侧每相回路的总电阻为 8mΩ，每相回路总电抗为 24mΩ，请计算 380V 低压母线上的三相短路冲击电流值。（　　）

（A）9.13kA　　　　　　　　　　　（B）12.4kA

（C）17.5kA　　　　　　　　　　　（D）30.4kA

18. 该变电站从站用电低压屏到继电器室设有一条专用照明电缆，继电器室屋顶灯带共 13 排，A、B 两相 220V 电源各供 4 排灯带用电，C 相共 5 排灯带，每排灯带由 15 只 40W 的荧光灯（带有电感镇流元件和补偿电容）组成，请计算照明回路的持续工作电流为下列哪个数值？（　　）

（A）15.8A　　　　　　　　　　　（B）18.2A

（C）　32.8A　　　　　　　　　　（D）47.4A

19. 该变电站单台雨水泵回路采用 RTO 型熔断器，雨水泵额定电流为 6A，自启动电流倍数为 5，请计算该回路熔断器熔件的额定电流最小值为下列哪个数值？（　　）

（A）2.4A　　　　　　　　　　　　（B）10A

（C）12A　　　　　　　　　　　　（D）30A

20. 该变电站低压配电屏室的平、断面图，下列哪一张图示尺寸是符合要求的？（配电屏采用抽屉式）并请说明理由。

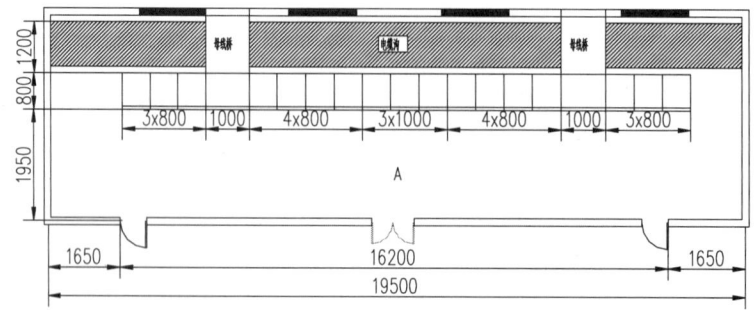

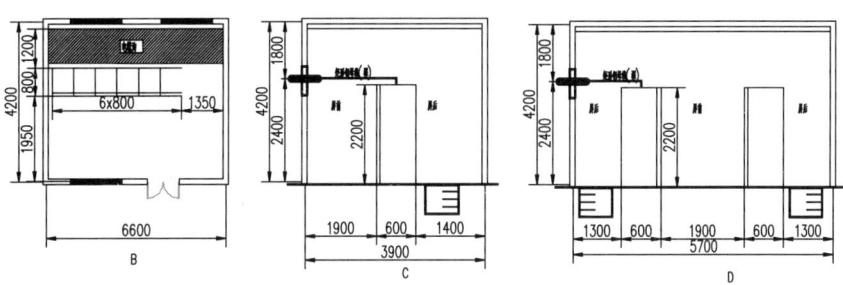

【2022年补考下午题 21～25】 在某110kV系统中接有一座110kV变电站，接线示意图如下，已知四台变压器均为负荷变，正常运行时110kV分段断路器分闸运行，当任一主电源失电时110kV分段断路器自动投入运行。线路L3转供负荷为80000kVA。最大运行方式下主电源S1侧三相短路电流为23kA，S2侧为18kA；最小运行方式下主电源S1三相短路电流为21kA，S2侧为16kA。基准容量取100MVA。线路L1阻抗标幺值为0.04，线路L2阻抗标幺值为0.018，线路L3阻抗标幺值为0.014。请分析计算并解答下列问题。

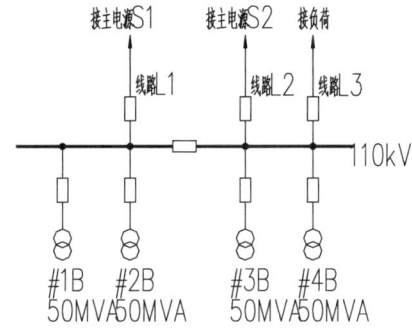

21. 线路L2为早期建设，装设了高频纵联相差保护作为主保护，保护对称启动元件按躲过本线路最大负荷电流整定，请计算对称启动元件高定值一次电流值。（低定值可靠系数1.2，高定值计算可靠系数取2.5，返回系数取0.85） （　　）

(A) 1482A　　　　　　　　　　(B) 3334.5A
(C) 3705A　　　　　　　　　　(D) 5187A

22. 假设线路L2为纵联保护，跳闸元件一次电流定值为4000A，请计算跳闸元件的灵敏系数。 （　　）

(A) 1.73　　　　　　　　　　(B) 2.2
(C) 3.46　　　　　　　　　　(D) 4.5

23. 已知线路L1采用电流保护作为线路相间故障后备保护，请问校验该后备保护灵敏度采用的短路电流应为下列哪项数值？请给出计算过程。 （　　）

(A) 5.58kA　　　　　　　　　　(B) 5.72kA
(C) 6.44kA　　　　　　　　　　(D) 6.79kA

24. 若线路 L3 的主保护为电流速断保护，请计算该保护动作值（一次电流值）应不大于下列哪个数值，灵敏系数取 1.5 （ ）

(A) 3.72kA (B) 4.3kA
(C) 4.6kA (D) 5.58kA

25. 假设 4 号主变低压侧接入一小电源，关于该主变相间短路后备保护配置及动作方式，下列哪种说法是正确的，为什么？ （ ）

(A) 装于高压侧，保护带二段时限，分别断开 110kV 分段断路器和主变各侧断路器
(B) 装于两侧，低压侧保护动作于断开 10kV 母线分段断路器，高压侧保护作用于断开主变两侧断路器
(C) 两侧均装设带方向的保护和不带方向的保护，方向指向各侧母线，不带方向的保护断开主变两侧断路器
(D) 装于高压侧，高压侧设方向保护，方向指向变压器并断开主变两侧断路器

【2022 年补考下午题 26～30】某电网计划新建一座 500kV 变电站，本期及远景建设规模如下表，请分析计算并解答下列问题

	远景建设规模	本期建设规模
主变压器	4×1000MVA	2×1000MVA
500kV 出线	8 回	4 回
	线路长度：Σ480km	线路长度：Σ270km
220kV 出线	16 回	10 回
500kV 主接线	3/2 接线	3/2 接线
220kV 主接线	双母线双分段接线	双母线接线

26. 若新建 500kV 线路均采用 4×LGJ-630 导线（充电功率 1.18Mvar/km），该变电站远景及本期工程的 35kV 电抗器无功补偿容量下列哪个选项更合理 （ ）

(A) 566Mvar、319Mvar (B) 5×60Mvar、2×60Mvar
(C) 283Mvar、159Mvar (D) 4×60Mvar、2×60Mvar

27. 该变电站 35kV 母线三相短路电流为 18.5kA，当母线电压为 37.5kV 时，投入一组 60Mvar 电抗器，可引起的母线电压降低值为下列哪个值？ （ ）

(A) 1.748kV (B) 1.898kV
(C) 2.28kV (D) 3.29kV

28. 若该变电站按每台主变配置 3 组电容器、2 组电抗器（均为 60Mvar），35kV 侧总断路器，请问该断路器额定电流不应小于下列哪个数值？ （ ）

(A) 2500A (B) 3000A
(C) 4000A (D) 6300A

29. 该变电站 220kV 出线均采用 2×LGJ-630 导线，一回线路最大输送功率为 800MVA，220kV 母线最大穿越功率为 1500MVA，则 220kV 母联断路器额定电流应不小于下列哪个值？（　　）

（A）2500A （B）3000A
（C）4000A （D）5000A

30. 若 35kV 侧仅配置并联电容器组，电容器组采用框架式电容器，中性点不接地的单星形接线，由单台容量 500kvar 电容器串并联组成，每桥臂 2 串，桥式差电流保护。若电容器组串联电抗器的电抗率为 12%，请计算单台电容器的额定电压为下列哪个数值？（　　）

（A）10.61kV （B）12.06kV
（C）22.23kV （D）35kV

【2022 年补考下午题 31~35】某 500kV 架空输电线路工程，最高运行电压 550kV。导线采用 4×JL/GLA-500/45，子导线直径 30.0mm，导线自重荷载为 16.53N/m。基本风速 33m/s，设计覆冰 5mm，请分析计算并解答下列问题。

31. 根据以下情况，计算确定应采用多少片下述 210kN 绝缘子组成悬垂单串？
（1）所经地区海拔为 500m、等值盐密为 0.06mg/cm^2、统一爬电比距 3.46cm/kV 设计。
（2）假定采用的 210kN 绝缘子的公称爬电距离为 550mm、结构高度为 170mm，在等值盐密为 0.06mg/cm^2 时的爬电距离有效系数取 0.8。

（A）40 片 （B）28 片
（C）25 片 （D）23 片

32. 如线路所经地区海拔为 3000m，统一爬电比距按 3.8cm/kV 考虑，采用某种 210kN 绝缘子，其公称爬电距离为 550mm、结构高度为 170mm，假设爬电距离有效系数为 0.85、特征指数 m_1 为 0.38。应采用多少片该 210kN 绝缘子组成悬垂单串？（　　）

（A）25 片 （B）28 片
（C）29 片 （D）30 片

33. 在海拔为 500m 的 d 级污秽区，若采用盘型绝缘子，要求标称电压下的爬电比距不小于 3.2cm/kV，计算采用复合绝缘子时所要求的最小爬电距离是多少？（　　）

（A）1200cm （B）1400cm
（C）1500cm （D）1600cm

34. 若线路位于海拔为 500m 的轻污秽地区，要求标称电压下的爬电比距不小于 2.0cm/kV，计划采用 300kN 的盘型绝缘子，设其公称爬电距离为 560mm，结构高度为 195mm，爬电距离有效系数为 0.95。计算每联应采用多少片绝缘子组成导线耐张串？（　　）

（A）21 片 （B）22 片

（C）23 片 　　　　　　　　　　　　（D）25 片

35．某 500kV 输电线路，1000m 海拔时操作过电压间隙采用 3.0m，若该线路在 3000m 海拔时，试确定带电部分与杆塔构件操作过电压要求的最小空气间隙。（假定长度为 D 米间隙的操作冲击 50%放电电压符合 $U_{50\%} = \dfrac{4400}{1+\dfrac{8}{D}}$，计算中海拔修正因子取 0.7） （　　）

（A）3.88m 　　　　　　　　　　　（B）3.83m
（C）3.72m 　　　　　　　　　　　（D）3.56m

【2022 年补考下午题 36～40】某单回线路 500kV 架空送电线路，采用 4 分裂 L/G1A-400/35 导线。导线的基本参数如下表：

导线型号	计算拉断力（N）	外径（mm）	截面积（mm²）	单重（kg/m）	弹性系数（N/mm²）	线膨胀系数（1/℃）
JL/G1A-400/35	105264	26.82	425.24	1.349	65000	20.5×10⁻⁶

该线路的主要气象调节为：最高温度 40℃，最低温度-20℃，年平均气温 15℃，基本风速 27m/s（同时气温-5℃），设计覆冰厚度 10mm（同时气温-5℃，同时风速 10m/s）。导线最大使用张力 40000N，该线路需要设计一个转角度数为 30°的耐张转角塔。情分析计算并解答下列问题。

36．计算耐张转角塔在事故断线工况下的一相导线产生的纵向荷载是多少？ （　　）
（A）28000N 　　　　　　　　　　（B）108184N
（C）112000N 　　　　　　　　　（D）154548N

37．计算耐张转角塔在设计覆冰时单侧一相导线张力产生的水平荷载是多少？（代表挡距为 400m） （　　）
（A）154548N 　　　　　　　　　（B）56765N
（C）41411N 　　　　　　　　　　（D）10352N

38．计算耐张转角塔在不均匀覆冰工况下一相导线产生的纵向荷载是多少？ （　　）
（A）46364N 　　　　　　　　　　（B）48000N
（C）108184N 　　　　　　　　　（D）112000N

39．请计算垂直档距为 500m 时，不均匀覆冰时导线的垂直荷载是多少？（g=9.8m/s²） （　　）
（A）41740N 　　　　　　　　　　（B）46840N
（C）49267N 　　　　　　　　　　（D）52300N

40．该线路有一悬垂塔位于丘陵地区，水平档距为 400m，导线平均线高 33m，请计算该直线塔的最大风时的水平风荷载是多少？ （　　）

（A）23636N   （B）25968N
（C）28362N   （D）30941N

答　案

1. D【解答过程】由 DL/T 5352—2018 表 5.1.2-1，第 A.0.1 条，可得

$$A'_2 = A_2 \times \frac{A'_1}{A_1} = 2000 \times \frac{2220}{1800} = 2467(\text{mm})，套管中心间距 2467+100=2567（\text{mm}）$$

2. C【解答过程】由 DL/T 866—2015 第 7.2.8-2 条，绕组数为：4 组 5P+1 组故障录波+1 组 0.5 级+1 组 0.2s 级=7 组。

3. B【解答过程】由老版系统手册第 320 页式（10-44），高压侧并列运行，低压解列运行，按分裂运行考虑，$\Delta Q_T = 2 \times \frac{14}{100} \times \frac{(50 \times 2)^2}{110} + 2 \times 0.5\% \times 110 = 26.55(\text{Mvar})$

4. D【解答过程】由 GB/T 50065—2011，附录 B 及式（4.2.1-1）可得：站内短路 $I_g = (6-1) \times 0.5 = 2.5(\text{kA})$；站外短路 $I_g = 1 \times 0.9 = 0.9(\text{kA})$，两者取大为 2.5kA；

依题意衰减系数取 $D_f = 1.3$，$I_G = 1.3 \times 2.5 = 3.25(\text{kA})$；$R \leqslant \frac{2000}{3.25 \times 1000} = 0.615(\Omega)$。

5. B【解答过程】由 GB/T 14549—93 表 2，结合新版系统手册第 283 页，220kV 可参照 110kV 执行，基准容量取 $S = 2000$（MVA）（注：考纲规范 GB/T 14549—93 表 2 注对该点的描述不是太清晰），7 次谐波电流允许值为 6.8A，可得全部用户 $I_h = \frac{3340}{2000} \times 6.8 = 11.356(\text{A})$；又由该规范式（B1），查表 C2，$h=7$ 时，$\alpha = 1.4$；由式（C6）可

得风电场允许注入的 7 次谐波电流为 $I_h = 11.356 \times \left(\frac{200}{2000}\right)^{\frac{1}{1.4}} = 2.1925(\text{A})$，选 B。

6. B【解答过程】由 DL/T 5153—2014 附录 H，高厂变变比可知为无载调压，则

$$X = 1.1 \times \frac{16.8}{100} \times \frac{25}{40} = 0.1155; S = S_1 + S_g = \frac{12}{25} + \frac{6 \times 3}{25 \times 0.96 \times 0.86} = 1.3521$$

$$U_m = \frac{1.05}{1+SX} = \frac{1.05}{1+1.3521 \times 0.1155} = 0.9082$$

7. B【解答过程】由 DL/T 1502—2016 第 7.3 条，式（115）、式（118）可得

$$I_{\text{op.h}} = K_{\text{rel}} K_{\text{st}} I_e = 1.6 \times 8 \times \frac{3000}{\sqrt{3} \times 6 \times 0.83 \times 0.96} = 4637.35(\text{A})$$

$$X_T = \frac{16.8}{100} \times \frac{100}{40} = 0.42; I^2 = \frac{\frac{100}{6.3 \times \sqrt{3}} \times 0.866}{0.42} = 18.89(\text{kA})$$

$$K_{\text{sen}} = \frac{18.89 \times 1000}{4637.35} = 4.07$$

8．C【解答过程】由老版一次手册第 80 页式（3-1）可得

$$I_{\text{c电缆}} = \sqrt{3} \times 6.3 \times 314 \times 2 \times 10^{-3} = 6.85(\text{A})\ ；\ I_{\text{c总}} = 1.25 \times 6.85 = 8.5625(\text{A})$$

由 DL/T 5153—2014 表 3.4.1 可知，选 C。

9．B【解答过程】由 DL/T 5153—2014 附录 L.0.1 及表 L.0.1-3 可得

$$X_{\text{T}} = \frac{(1-7.5\%) \times 16.8}{100} \times \frac{100}{40} = 0.3885；\ X_{\text{s}} = 0$$

$$I''_{\text{B}} = \frac{9.16}{0.3885} = 23.5779(\text{kA})\ ；\ I''_{\text{D}} = 6 \times \frac{18000-3000}{\sqrt{3} \times 6 \times 0.8} \times 10^{-3} = 10.8253(\text{kA})$$

又由 GB 50217—2018 附录 E 表 E.1.3 可得：$t = 70+80 = 150(\text{ms})=0.15(\text{s})$

$$Q_{\text{t}} = 0.21 \times 23.5779^2 + 0.23 \times 23.5779 \times 10.8253 + 0.09 \times 10.8253^2 = 185.99(\text{A}^2 \cdot \text{s})$$

$$S \geqslant \frac{\sqrt{185.99}}{106} \times 1000 = 128.659(\text{mm}^2)$$

11．C【解答过程】由老版一次手册第 915～916 页图 16～17、式（16-23）可得 $\frac{\rho_{\text{s}}}{\rho_0} = \frac{46}{460}$

1∶10，查图的 $K_{\text{s}} = 0.4$，$R_{\text{w}} = 0.4 \times \frac{46}{40} = 0.46(\Omega)$，所以选 C。

12．C【解答过程】由 GB/T 50065—2011，第 5.1.7 条式（5.1.7）水平接地极接地电阻 $R_{\text{i}} = 0.4 \times 15 = 6\Omega = R_{\text{hi}}$，每根垂直接地极冲击接地电阻 $R_{\text{i}} = 0.4 \times 40 = 16\Omega = R_{\text{vi}}$。

由附录 F 表 F.0.4 得 $\frac{D}{l} = \frac{6}{3} = 2$（较小值用于 $\frac{D}{l} = 2$），$\eta_{\text{i}} = 0.7$（冲击利用系数 η_i），由第 5.1.9 条式（5.1.9），得 $R_{\text{i}} = \frac{\dfrac{R_{\text{vi}}}{n} R_{\text{hi}}}{\dfrac{R_{\text{vi}}}{n} + R_{\text{hi}}} \eta_{\text{i}} = \dfrac{\dfrac{16}{3} \times 6}{\dfrac{16}{3} + 6} \times 0.7 = 4.0336(\Omega)$，选 C。

13．C【解答过程】由老版一次手册第 917 页式（16-25）人工接地极，

$$R_{\text{k}} = \frac{\rho_{\text{y}}}{2\pi l_{\text{p}}} \ln \frac{4l_{\text{p}}}{d_1} + \frac{\rho_{\text{z}}}{2\pi l_{\text{p}}} \ln \frac{l_{\text{p}}}{d} = \frac{300}{2\pi \times 3} \times \ln \frac{4 \times 3}{1} + \frac{5}{2\pi \times 3} \times \ln \frac{1}{0.025} = 40.527(\Omega)$$

14．B【解答过程】由 GB/T 50065—2011 附录 E 式（E.0.1），得

$t_{\text{e}} = t_{\text{m}} + t_{\text{f}} + t_{\text{o}} = 0.03 + 0.32 + 0.05 = 0.4(\text{s})$；$\dfrac{X}{R} = 30$ 查表 B.0.3 可得 $D_{\text{f}} = 1.113$，即

$$S_{\text{g}} \geqslant \frac{30.5 \times 1.113 \times 1000}{70} \times \sqrt{0.4} = 306.71(\text{mm}^2)，$$

再由该规范第 4.3.5-3 款，接地网水平接地极 $75\% \times 306.71 = 230\text{mm}^2$，设扁钢为 $a \times b$，即 $a \times 6 = S$，则

$S' = (a - 50 \times 0.04) \times (6 - 50 \times 0.04) > 230 \text{mm}^2 \Rightarrow (a-2) \times 4 > 230 \text{mm}^2 \Rightarrow a > 59.5 \text{mm}$

$S = 59.5 \times 6 = 357(\text{mm}^2)$

15. A【解答过程】由 DL/T 684—2012 第 4.5.2 条式（37）定时限过负荷保护，保护设在高压侧：$I_\sim = 0.816 I_{\text{fdN}}$，$I_{\text{OP}} = \dfrac{K_{\text{rel}} I_{\text{GN}}}{K_r n_a} = \dfrac{1.05 \times 0.816 \times 1676}{0.95 \times \dfrac{200}{5} \times \dfrac{15.75}{0.75}} = 1.8(\text{A})$

16. B【解答过程】由 DL/T 5155—2016 第 4 章，不经常短时及断续运行负荷不予计算。参考该规范附录 A 可知：有载调压属于断续，不计；水喷雾属于不经常、短时，不计；检修电源属于不经常、短时，不计；雨水泵属于不经常、短时，不计。空调按电热负荷由式（4.2.1）计算，得

$S \geq 0.85 \times (30 + 80 + 50 + 15 + 20 + 30 + 40) + 40 + 40 + 30 + 30 = 365.25(\text{kVA}) \approx 370 \text{kVA}$，严格意义上来说经常断续应该不算，但本题算上更接近 B 选项的 370。

17. C【解答过程】由 DL/T 5155—2016 式（C.0.1）及式（C.0.2）可得

$I'' = \dfrac{400}{\sqrt{3} \times \sqrt{8^2 + 24^2}} = 9.13(\text{kA})$，$K_{\text{ch}} = 1 + e^{-\dfrac{0.01 \times 314}{24/8}} = 1.35$，$i_{\text{ch}} = \sqrt{2} \times 1.35 \times 9.13 = 17.45(\text{kA})$

注：该题是变电站，根据规范 DL/T 5155—2016 站用电是不考虑反馈的。注意和火力发电厂的站用电考虑电动机反馈相区别。

18. B【解答过程】$P_m = 5 \times 15 \times 40 = 3000$（W）$= 3$kW，$\Delta P(\%) = 20$，$\cos\phi = 0.9$（按最大相计算），由 DL/T 5155—2016 表 0.0.4 式（0.0.4）得

$I_g = \dfrac{3 \times 3 \times (1 + 20\%)}{\sqrt{3} \times 0.38 \times 0.9} = 18.2(\text{A})$

19. C【解答过程】RTO 型熔断器，$a_1 = 2.5$，单台电动机启动，由 DL/T 5155—2016 表 E0.4 可得 $I_e \geq \dfrac{5 \times 6}{2.5} = 12(\text{A})$，选 C。

20. A【解答过程】排除法，由 DL/T 5155—2016（抽屉柜）；B、D 不满足表 7.3.1，C、D 不满足该规范第 7.3.5 条文说明，所以选 A。

21. D【解答过程】由二次手册第 586 页内容及式（28-62）及式（28-64），则

$I_{fh.\max} = \dfrac{(4 \times 50 + 80) \times 1000}{\sqrt{3} \times 110} = 1469.62(\text{A})$；$I_{\text{DZ}}(1I_x) = \dfrac{K_k I_{fh.\max}}{K_B} = \dfrac{1.2 \times 1469.62}{0.85} = 2074.76(\text{A})$；

$I_{\text{DZ}}(2I_x) = K_k I_{\text{DZ}}(1I_x) = 2.5 \times 2074.76 = 5186.89(\text{A})$

22. B【解答过程】线路 L2

$X_s = \dfrac{0.502}{16} = 0.031375$；$K_L = \dfrac{I_{\min}}{I} = \dfrac{0.866 \times \dfrac{0.502}{0.031375 + 0.018}}{4} = 2.2$，选 B。

23. A【解答过程】线路 L1，后备保护的最小短路电流为

$$I_{\min}=0.866\times\frac{0.502}{0.0239+0.04+0.014}=5.58(\text{kA})$$

24．A【解答过程】线路 L3，主保护

S1 供电时
$$I_{\min}=\frac{0.502\times0.866}{0.0239+0.04+0.014}=5.58(\text{kA})$$

S2 供电时
$$I_{\min}=\frac{0.502\times0.866}{0.0314+0.018+0.014}=6.87(\text{kA})$$

$$I_{\text{op}}\leqslant\frac{5.58}{1.5}=3.72(\text{kA})$$

25．C【解答过程】由 DL/T 584—2017 第 7.2.14.4 条，GB/T 14285—2023 第 5.3.3.3-b）款，选 C。

26．B【解答过程】远景及本期的无功补偿容量为

远景：480×1.18=566.4（Mvar）；本期：270×1.18=318.6（Mvar）。按本站补偿一半，则远景：283Mvar，本期：159Mvar。考虑工程实际 5×60Mvar＞283Mvar；3×60Mvar＞159Mvar，选 B。

27．B【解答过程】由 DL/T 5014—2010 式（C.1）得 $\Delta u=37.5\times\dfrac{60}{\sqrt{3}\times37\times18.5}=1.898(\text{kV})$

28．C【解答过程】由 DL/T 5014—2010 第 7.1.3 条得 $I=1.3\times\dfrac{60}{\sqrt{3}\times35}\times1000\times3=3860(\text{A})$，选 C。

29．B【解答过程】母联最大电源元件，由老版一次手册第 232 页表 6.3，为主变进线，则 $I_{\text{g}}=1.05\times\dfrac{1000}{\sqrt{3}\times220}=2.756(\text{kA})$

30．B【解答过程】由 GB 50227—2017 第 5.2.2 条条文说明式（2），2 串 12%电抗率为
$$U_{\text{CN}}=\frac{1.05U_{\text{SN}}}{\sqrt{3}S(1-K)}=\frac{1.05\times35}{\sqrt{3}\times2\times(1-12\%)}=12.06(\text{kV})$$

31．C【解答过程】由 DL/T 5582—2020 式（6.1.3-2）可得 $n\geqslant\dfrac{3.46\times550/\sqrt{3}}{0.8\times550/10}=24.97(\text{片})$，

又由该规范第 6.2.2 条可得操作雷电时 $n\geqslant155\times25/170=22.79(\text{片})$。两者取大为 25 片，选 C。

32．C【解答过程】由 DL/T 5582—2020 式（6.1.3-2）可得工频：$n\geqslant\dfrac{3.8\times550/\sqrt{3}}{0.85\times550/10}=25.81(\text{片})$

又由该规范第 6.2.2 条，操作、雷电：$n\geqslant155\times25/170=22.79(\text{片})$。两者取大，再由该规范第 6.1.5 条，海拔修正：$25.81\times e^{0.38\times\frac{3000-1000}{8150}}=28.33(\text{片})$，取 29 片，选 C。

33．B【解答过程】由 GB 50545—2010 第 7.0.5 条及第 7.0.7 条可得

D 级为重污秽区为 $\dfrac{3}{4}\times3.2\times500=1200\text{cm}$ 且不应小于 $2.8\times500=1400\text{cm}$，选 B。

注：新版规范 DL/T 5582—2020 第 6.2.4-2 款，更改了最小爬电比距要求值。

34．B【解答过程】由 DL/T 5582—2020 式（6.1.3-2）可得工频 $n \geq \dfrac{2 \times 500}{0.95 \times 56} = 18.8$(片)，又由该规范第 6.2.2 条可得

操作：$n \geq 25 \times 155/195 + 2 = 21.87$(片)。两者取大，取 22 片，选 B。

35．B【解答过程】由 DL/T 5582—2020 第 6.1.6 条可得操作过电压 $m = 0.7$，即

$$K_a = e^{0.7 \times \frac{3000-1000}{8150}} = 1.1874 = \frac{4400/(1+8/D)}{4400/(1+8/3)}) = \frac{1+8/3}{1+8/D} \Rightarrow D = 3.83(\text{m})，故选 B。$$

36．B【解答过程】由 DL/T 5551—2018 第 8.0.2 条可得 $70\% \times 4 \times 40000 = 112000(\text{N})$；又由老版线路手册第 327 页式（6-2-7）即 $T_1 - T_2 = 112000\text{N}$；$\Delta T = 112000 \times \cos(30/2) = 108184(\text{N})$，故选 B。

37．C【解答过程】由老版线路手册第 328 页式（16-2-9）（单侧一相导线即求 p_1）可得 $P_1 = 4 \times 40000 \times \sin 15° = 41411(\text{N})$，选 C。

38．A【解答过程】由 DL/T 5551—2018 第 8.0.2 条及线路手册第 327 页式（6-2-7）可得 $\Delta T = 30\% \times 4 \times 40000 \times \cos 15° = 46364\text{N}$，选 A。

39．A【解答过程】由 GB 50545—2010 第 10.1.8 条及线路手册第 179 页表 3-2-3，得

$g_1 = 9.8 \times 1.349 = 13.22(\text{N/m})$；$g_2 = 9.8 \times 0.9\pi \times 10 \times (10+26.82) \times 10^{-3} = 10.20(\text{N/m})$

$G_v = 4 \times (13.22 + 75\% \times 10.20) \times 500 = 41740(\text{N})$，选 A。

40．C【解答过程】使用最新考纲规范 DL/T 5551—2018 第 6.1 节，计算如下：

（1）阵风系数 β_C：由式（6.1.1-3）取 B 区 $I_{10}=0.14$，$\alpha=0.15$，均高 33m。

$$I_z = I_{10} \cdot \left(\frac{z}{10}\right)^{-\alpha} = 0.14 \times \left(\frac{33}{10}\right)^{-0.15} = 0.117$$

由式（6.1.1-2）：取 $\gamma_c=0.9$，$g=2.5$：

$$\beta_c = \gamma_c(1+2g \cdot I_z) = 0.9 \times (1+2 \times 2.5 \times 0.117) = 1.427$$

（2）挡减系数 α_L：由式（6.1.1-5）取积分长度 $L_x=50\text{m}$，依题意水平档距 L_P 为 400m，则

$$\delta_L = \frac{\sqrt{12L_X L_p^3 + 54L_X - 36L_x^3 L_P - 72L_x^4 e^{-\frac{L_P}{L_X}} + 18L_x^4 e^{-\frac{2L_P}{L_X}}}}{3L_p^2}$$

$$= \frac{\sqrt{12 \times 50 \times 400^3 + 54 \times 50 - 36 \times 50^3 \times 400 - 72 \times 50^4 \times e^{-\frac{400}{50}} + 18 \times 50^4 \times e^{-\frac{2 \times 400}{50}}}}{3 \times 400^2}$$

$= 0.40$

由式（6.1.1-4）取 $g=2.5$；500kV 交流 $\varepsilon=0.8$，$I_Z=0.117$，$\delta_L=0.360$，则

$$\alpha_L = \frac{1+2g \cdot \varepsilon \cdot I_z \cdot \delta_L}{1+5I_z} = \frac{1+2 \times 2.5 \times 0.8 \times 0.117 \times 0.4}{1+5 \times 0.117} = 0.749$$

（3）风压高度系数 μ_Z：B 区，均高 33m，由 DL/T 5551—2018 第 76 页式（19）可得

$$\mu_z^B = 1 \times \left(\frac{Z}{10}\right)^{0.3} = \left(\frac{33}{10}\right)^{0.3} = 1.43。$$

（4）体型系数 μ_{sc}：题设直径 d=26.82mm，μ_{sc} 取 1.0。
（5）覆冰系数 B_1：最大风工况无覆冰，B_1 取 1.0。

再由该规范式（6.1.1-1），依题意最大风速为 27m/s，水平档距 400m，4 分裂导线，可得

$$W_x = 4 \times (\beta_c \cdot \alpha_L \cdot \mu_z) \cdot (\mu_{sc} \cdot B_1) \cdot (d \cdot L_p) \cdot W_0 \cdot \sin^2\theta \times 10^3$$

$$= 4 \times (1.427 \times 0.749 \times 1.43) \times (1 \times 1) \times (26.82 \times 10^{-3} \times 400) \times \frac{27^2}{1600} \times 10^3 = 29883.27(\text{N})$$

说明：本题采用老规范 GB 50545—2010 所出，按该规范解答结果为 283629N，选 C。

2023年注册电气工程师专业知识试题

（上午卷）及答案

一、单项选择题（共40题，每题1分，每题的备选项中只有1个最符合题意）

1. 在220kV及以下屋内高压配电装置的布置设计中，下列哪种情况应设置防止误入带电间隔的闭锁装置？　　　　　　　　　　　　　　　　　　　　（　　）

（A）充油电气设备间隔
（B）敞开式配电装置接地刀闸间隔
（C）配电装置设备低式布置时
（D）敞开式配电装置的母线分段处

2. 在正常工作情况下，火力发电厂交流母线的各次谐波电压含有率不宜大于下列哪项数值？　　　　　　　　　　　　　　　　　　　　　　　　　　　（　　）

（A）1.5%　　　　　　　　　　　　（B）3%
（C）4%　　　　　　　　　　　　　（D）5%

3. 选用导体的长期允许电流不应小于该回路的以下哪项电流？　　　（　　）

（A）额定电流　　　　　　　　　　（B）持续工作电流
（C）最大工作电流　　　　　　　　（D）平均工作电流

4. 作为抗干扰措施，在装设继电保护和自动装置的屏柜下，应设截面积不小于列哪项数值的接地铜排？　　　　　　　　　　　　　　　　　　　　　（　　）

（A）4mm²　　　　　　　　　　　　（B）50mm²
（C）100mm²　　　　　　　　　　　（D）200mm²

5. 直流系统直流断路器的选择，下列描述哪项是错误的？　　　　　（　　）
（A）额定电压应大于或等于回路的最高工作电压
（B）额定电流应大于回路的最大工作电流
（C）断流能力应满足直流电源系统蓄电池出口最大预期短路电流的要求
（D）当采用短路短延时保护时，直流断路器额定短时耐受电流应大于装设地点最大短路电流

6. 当公共电网电压处于正常范围内时，对于接入220kV系统的风电场并网点的电压应控

制在标称电压的哪项数值范围内? （   ）

（A） 95%～105% （B） 97%～103%
（C） 97%～107% （D） 100%～110%

7. 对于架空线路耐张线夹的要求，下列描述哪项是正确的? （   ）

（A）耐张线夹破坏荷载应不小于导线计算拉力值的 90%
（B）压缩型耐张线夹握力应不小于导线计算拉力值的 95%
（C）导线耐张线夹接续处电阻应不大于同样长度导线电阻的 95%
（D）导线耐张线夹接续处载流量应不小于导线的 95%

8. 某 750kV 线路工程铁塔，雷季中无雨水时所测得的土壤电阻率为 1500Ω·m，若接地采用水平接地极，埋深 0.8m，则计算雷电保护接地装置所采用的土壤电阻率可取下列哪项数值? （   ）

（A） 1500Ω·m （B） 1600Ω·m
（C） 1800Ω·m （D） 2100Ω·m

9. 在下列城市变电站设计措施中，哪项是可减少对环境影响的? （   ）

（A）六氟化硫高压开关室设置机械排风设施
（B）生活污水处理达标后排入城市污水系统
（C）微波防护设计满足 GB 10436 标准
（D）站内总事故油池应布置在远离居民侧

10. 采用单母线或双母线接线的配电装置、当采用气体绝缘金属封闭开关设备时，对旁路设施设置，下列描述哪项是正确的? （   ）

（A）可设置旁路设施 （B）可不设置旁路设施
（C）不宜设置旁路设施 （D）不应设置旁路设施

11. 某变电站 110kV 配电装置采用支持式管型母线，母线直径为 100mm，该母线在无冰无风状态下的挠度不宜大于下列哪项数值? （   ）

（A） 2.5～5.0cm （B） 5.0～10.0m
（C） 10.0～20.0cm （D） 30.0mm

12. 以下关于电测量仪表用电压互感器二次回路电缆截面选择，下列哪项描述是错误的? （   ）

（A） I 类电能计量装置二次回路电压降不应大于额定二次电压的 0.2%
（B） II 类电能计量装置二次回路电压降不应大于额定二次电压的 0.25%
（C）频率表测量回路电缆的电压降不应大于额定二次电压的 3.0%
（D）电压表测量回路电缆的电压降不应大于额定二次电压的 3.0%

13．500kV 变电站中工作站用变采用有载调压变，额定容量 800kVA，低压侧额定电压 0.38kV，有载分接开关调压范围±(4×2.5%)，调压范围内站用变压器容量不变，请计算站用变压器低压侧回路工作电流为下列哪项数值？　　　　　　　　　　　　　（　　）

(A) 1105.0A　　　　　　　　　　　(B) 1276.2A
(C) 1350.5A　　　　　　　　　　　(D) 1418.1A

14．某220kV变电站中10kV采用消弧线圈接地，10kV母线上的一组并联电容器A相发生一点接地，关于保护动作的叙述，下列描述哪项是正确的？　　　　　　　　（　　）

(A) 应发出信号
(B) 限时速度保护动作切除故障电容器组
(C) 过电流保护动作切除故障电容器组
(D) 零序电流保护动作带时限切除故障电容器组

15．架空线路计算架线弧时，一般可采用降温补偿法，其原因下列哪项是正确的？
　　　　　　　　　　　　　　　　　　　　　　　　　　　　　　　　　　（　　）
(A) 补偿放线后导地线各股绞合更紧密的影响
(B) 气温变化预留裕度
(C) 减小紧线的施工难度
(D) 补偿导地线塑性伸长的影响

16．某220kV线路采用LG-400/35钢芯铝绞线，导线直径为26.82mm，若导线表面系数为0.82，大气压为101.325kPa下，环境温度为20℃时，导线临界电场强度最大值是下列哪项数值？　　　　　　　　　　　　　　　　　　　　　　　　　　　　　（　　）

(A) 2.94MV/m　　　　　　　　　　(B) 3.13MV/m
(C) 3.45MV/m　　　　　　　　　　(D) 4.52MV/m

17．若在发电厂装设电气火灾探测器，下列各项设置中哪项是错误的？　　（　　）
(A) 在110kV电缆头上装设光栅光纤侧温探测器
(B) 在发电机出线小室装设红外侧温控测器
(C) 在低压厂变的负荷侧装设接触式测温探测器
(D) 在低压厂变的电源侧装设剩余电流探测器

18．当多支路向短路点供给短路电流时，关于短路电流热效应计算。下列哪项描述是正确的？　　　　　　　　　　　　　　　　　　　　　　　　　　　　　　（　　）
(A) 先计算各支路的短路电流周期分量热效应和非周期分量热数应,采用迭加法则，计算总的热效应
(B) 采用各支路的短路电流周期分量之和计算周期分量热效应，采用各支路电流非周期分量分别计算热效应，采用迭加法则，计算总的热效应
(C) 分别计算各支路的短路电流周期分量之和、非周期分量之和，然后采用和电流分别

计算短路电流周期分量热效应和非周期分量热效应，计算总的热效应
（D）采用各支路的短路电流非周期分量之和计算非周期分量热效应；采用各支路电流周期分量分别计算热效应，采用迭加法则，计算总的热效应

19. 发电厂低压厂用变压器采用室内布置，其搬运门的尺寸至少为下列哪项？（　　）
（A）宽度为变压器的宽度加 300mm，高度为变压器的高度加 300mm
（B）宽度为变压器的宽度加 300mm，高度为变压器的高度加 400mm
（C）宽度为变压器的宽度加 400mm，高度为变压器的高度加 300mm
（D）宽度为变压器的宽度加 400mm，高度为变压器的高度加 400mm

20. 某 220V 变电站设置了监控系统，下列描述哪项是错误的？（　　）
（A）变电站操作与控制可分为四级，设备就地控制、间隔层控制、站控层控制、调控中心控制
（B）设备的操作与控制应优先采用站内主控或调控中心控制方式，间隔层控制和设备就地控制作为后备操作或检修操作手段
（C）各种控制级别间应相互闭锁，同一时刻只允许一级控制
（D）在母联、分段断路器间隔设置独立的同期装置

21. 关于低压变频器的供电，下列哪项设计要求是不合理的？（　　）
（A）选择集中接有变频器的低压厂用变压器容量时，变频器的计算负荷统计采用的换算系数应取 1.25
（B）集中设置的低压变频器应由专用的低压厂用变压器供电，非变频器类负荷宜由其他低压厂用变压器供电
（C）可以合理选择专用低压厂用变压器的接线组别，以有效抵消高压厂用母线上的奇次电流谐波
（D）加大低压变压器容量，降低变压器阻抗，提高系统的短路容量，降低谐波分量所占比重

22. 光伏发电站接入电力系统无功及电压的有关描述，下列描述哪项是错误的？（　　）
（A）光伏发电站的无功电源包括光伏并网逆变器及光伏发电站无功补偿装置
（B）对于 110(66)kV 及以上电压等级并网的光伏发电站，其配置的感性无功容量能够补偿光伏发电站站内全部充电无功功率及光伏发电送出线路的一半充电无功功率之和
（C）汇集升压至 500kV（或 750kV）电压等级接入电网的光伏发电群中的光伏发电站，其配置的感性无功容量能够补偿光伏发电站自身的容性充电无功功率及光伏发电站送出线路的一半充无功功率之和
（D）当公共电网电压处于正常范围内时，通过 110(66)kV 及以上电压等级接入公共电网的风电场和光伏发电站应能控制并网点电压在标称电压的 97%～107%范围内

23. 关于架空线路金具的规定，下列描述哪项是错误的？（　　）

(A)地线绝缘时宜使用双联绝缘子串
(B)220kV～1000kV 交流线路的绝缘子串和金具应考虑均压和防电晕
(C)V 型串采用复合绝缘子时端部可采用环-环连接的方式
(D)与横担连接的第一个金具强度应高于串内其他金具强度

24．已知位于平原、丘陵地区的 500kV 架空输电线路导线平均高度为 20m，铁塔水平档距为 500m 时的档距相关性积分因子 $\delta_k = 0.36$，求在铁塔荷载计算中导线风荷载的档距折减系数 α_k 是下列哪项数值？ （　　）
(A)0.715　　　　　　　　　　　　(B)0.725
(C)0.735　　　　　　　　　　　　(D)0.745

25．某 500kV 变电站规划安装 4 台主变压器，500kV 规划出线 8 回，一期安装 2 台主变压器，2 回 500kV 出线。下列哪种主接线方案最为经济合理？ （　　）
(A)500kV 主接线远景采用双母线双分段接线，一期 2 变 2 线采用双母线接线
(B)500kV 主接线采用 3/2 接线，远景 2 变 8 线组成 5 个完整串，另有 2 台主变压器直接经断路器接母线，一期 2 变 2 线组成 2 个完整串，线路侧不加装隔离开关
(C)500kV 主接线采用 3/2 接线，远景 2 变 8 线组成 5 个完整串，另有 2 台主变压器直接经断路器接母线；一期 2 变 2 线组成 2 个完整串，线路侧加装隔离开关
(D)500kV 主接线采用 3/2 接线，远景 4 变 8 线组成 6 个完整串，一期 2 变 2 线组成 2 个完整串

26．在选择高压断路器时，下列描述哪项是正确的？ （　　）
(A)首相开断系数应取 1.5
(B)当短路电流的直流分量不超过断路器额定短路开断电流的 30% 时，额定开断电流仅由交流分量来表征
(C)550kV 断路器的额定短时耐受电流持续时间为 1.5s
(D)地震强度高或高寒地区可选用罐式断路器

27．下列哪项措施可降低开断高压电动机过电压陡度？ （　　）
(A)装设避雷器　　　　　　　　　(B)避雷器旁并联电容器
(C)避雷器前串联电容器　　　　　(D)避雷器旁并联电抗器

28．电力系统安全自动装置在满足控制要求的重要下，选择的切机顺序为下列哪项？
 （　　）
(A)风电机组、水电机组、火电机组
(B)水电机组、风电机组、火电机组
(C)光伏电站、风电机组、水电机组
(D)火电机组、水电机组、风电机组

29. 燃煤火力发电厂的主控制室、集中控制室主环内的应急照明照度为正常照明照度值的比例是下列哪项数值？　　　　　　　　　　　　　　　　　　　　　（　　）

（A）10%～15%　　　　　　　　　（B）30%

（C）50%　　　　　　　　　　　　（D）100%

30. 某海上风电场安装60台6.75MW风力发电机组，关于海上升压变电站主变压器的描述，下列描述哪项是错误的？　　　　　　　　　　　　　　　　　　（　　）

（A）海上升压变电站设置2台主变压器

（B）海上升压变电站主变压器额定容量为200MVA

（C）主变压器本体宜与散热器分离布置，变压器本体户内布置，散热器户外布置

（D）主变压器宜采用空气自然冷却方式

31. 确定电缆线路的设计分段长度时，下列哪项不属于应考虑的因素？（　　）

（A）电缆制造能力　　　　　　　　（B）线路电压降

（C）电缆护层感应电压允许值　　　（D）施工及运输条件

32. 山区线路在选择路径和定位时，下列哪项应注意事项是不符合规程要求的？（　　）

（A）应注意控制使用挡距

（B）应注意控制相应的高差

（C）避免出现杆塔两侧大小悬殊的档距

（D）耐张段长度应尽量增长

33. 电厂建设 2×350MW 燃煤供热机组，采用发电机与双绕组变压器单元接线方式接入厂内 220kV 配电装置，关于发电机出口装设开关设备的描述，下列描述哪项是满足规程要求的？　　　　　　　　　　　　　　　　　　　　　　　　　　　　　（　　）

（A）在发电机与变压器之间可装设发电机断路器

（B）在发电机与变压器之间宜装设隔离开关

（C）在发电机与变压器之间不宜装设发电机断路器或负荷开关

（D）在发电机与变压器之间宜装设负荷开关

34. SF_6 气体绝缘母线外壳要求高度密封性，整套装置的年泄漏率应不大于下列哪项数值？　　　　　　　　　　　　　　　　　　　　　　　　　　　　　　　（　　）

（A）0.1%　　　　　　　　　　　　（B）0.2%

（C）0.5%　　　　　　　　　　　　（D）1.0%

35. 某水平接地极采用镀锌圆钢，埋设在均匀土壤中，圆钢直径为12mm，总长度为200m，埋设深度为0.8m，土壤电阻率为300Ω·m，水平接地极形状为人，试计算该水平接地极的接地电阻为下列哪项数值？　　　　　　　　　　　　　　　　　　　　　　　　（　　）

（A）3.09Ω　　　　　　　　　　　（B）3.64Ω

(C) 3.81Ω (D) 4.51Ω

36．600MW 火力发电厂机组，220V 动力专用直流电源系统，采用阀控式密封铅酸蓄电池组，下列描述哪项是不符合规程要求的？ （　）
（A）应设有专用的蓄电池室
（B）蓄电池组宜放置在主厂房 BC 框架的 7m 层
（C）蓄电池可根据电解液的型式采用卧式或立式安装
（D）当采用多层叠防且安装在楼板上时，楼板强度应满足荷重要求

37．对于陆上风电场的功率预测系统，下列描述哪项是错误的？ （　）
（A）A 应具备 0～240h 中期风电功率预测功能
（B）应具备 0～72h 短期风电功率预测功能
（C）应具备 15min～4h 超短期风电功率预测功能
（D）预测时间分辨率应不低于 10～20min

38．某风电场 220kV 海上升压站内设置 2 台主变压器，每台主变压器的容量可按风电场容量的多少选择？ （　）
（A）50%及以上 (B) 60%及以上
（C）80%及以上 (D) 100%

39．关于输电线路绝缘配合，下列哪项描述是错误的？ （　）
（A）220kV 系统计算用相对地最大操作过电压标幺值为 3.0p.u
（B）输电线路操作冲击绝缘水平，宜以避雷器操作冲击保护水平为基础，采用确定法确定
（C）对于 500kV 系统，操作过电压的波前时间宜按工程条件预测的结果选取
（D）输电线路的空气间隙应能承受一定幅值和时间的暂时过电压

40．直流输电线路在海拔不超过 1000m 时，距正极性导线对地投影外 20m 处，晴天时由电晕产生的可听噪声(L50)限值应符合下列哪项规定？
（A）不应超过 40dB(A) (B) 不应超过 45B(A)
（C）不应超过 50dB(A) (D) 不应超过 55dB(A)

二、多项选择题（共 30 题，每题 2 分，每题的备选项中有两个或两个以上符合的答案，错选、少选、多选均不得分）

41．下列爆炸性危险环境的电气设计哪些符合规程要求？ （　）
（A）电动机均应装设断相保护
（B）所有电气设备均应装设过载保护
（C）在爆炸性环境 1 区内应采用铜芯电缆
（D）架空电力线路不得跨越爆炸性气体环境

42. 在常用相同距离、按雨天考虑且海拔不超过1000m，对于500kV裸导体采用以下哪些数值不需要验算电晕的最小外径？ （　　）
（A）2×27.46mm
（B）2×43.32mm
（C）3×31.18mm
（D）4×37.84mm

43. 某35kV配电装置，系统采用装设自动跟踪补偿消弧装置的中性点谐振接地方式，其自动跟踪补偿消弧装置的装设地点应符合哪些要求？ （　　）
（A）系统在任何运行方式下，断开一、二回线路时，应保证不失去补偿
（B）系统在任何运行方式下，断开任意多的线路时，应保证不失去补偿
（C）多套自动跟踪补偿消弧装置应集中安装在系统中的同一位置
（D）多套自动跟踪补偿消弧装置不宜集中安装在系统中的同一位置

44. 电力系统安全稳定计算中有关故障切除时间，下列描述哪些是错误的？ （　　）
（A）500kV线路故障，故障切除时间：近故障端0.09s，远故障端0.1s
（B）220kV线路故障，故障切除时间：近故障端0.11s，远故障端0.12s
（C）500/220/66kV主变故障，高压侧故障切除时间0.10s
（D）220/66kV主变故障，高压侧故障切除时间0.12s

45. 并联电容器组中串联电抗器的电抗值允许偏差，下列要求哪些是错误的？ （　　）
（A）在额定电流下电抗值的允许误差为额定值的±2%
（B）铁芯电抗器在1.3倍额定电流下的电抗值应不低于额定值
（C）铁芯电抗器在1.8倍额定电流下的电抗值应不低于额定值的95%
（D）电抗器每相电抗值的偏差应不超过三相平均值的0~5%

46. 海底电缆导体截面选择应考虑下列哪些因素？ （　　）
（A）额定载流量下的导体温度
（B）线路电压降
（C）敷设施工、运行、维修过程中导体的电气负荷
（D）满足电场强度要求的最小导体截面

47. 某建筑面积为160m² 的专用锂电池室，下列措施哪些不符合消防规程的规定？ （　　）
（A）设置消火栓
（B）设置水喷雾装置
（C）设置干粉灭火器和消防沙箱
（D）设置气体灭火系统

48. 户外高压配电装置的导体和电器选择所用的最大风速，下列描述哪些是不符合规程要求的？ （　　）
（A）220kV的高压断路器，采用离地高10m，30年一遇的10min平均最大风速

（B）330kV 的高压隔离开关，采用离地高 10m，50 年一遇的 10min 平均最大风速
（C）500kV 的架空导线、采用离地高 10m，50 年一遇的 10min 平均最大风速
（D）750kV 的电流互感器，采用离地高 10m，100 年一遇的 10min 平均最大风速

49．下列哪些需计及直流分量的数值及其衰减特性的影响？　　　（　）
（A）接地故障对称电流有效值
（B）接地故障不对称电流有效值
（C）接地网最大入地电流
（D）接地网入地对称电流

50．对于直流电源系统的网格设计，下列概述哪些是正确的？　　（　）
（A）大机组厂用电 10kV 高压开关柜的直流控制电源，由配电装置的直流分电柜分层辐射供电
（B）热控总电源柜由直流柜集中辐射供电
（C）发电厂机组保护柜、测控柜、快切柜、同步柜等采用由直流柜集中辐射供电
（D）直流电动机由直流分电柜供电

51．某风力发电场变电站主变压器电压比 330/35kV，关于中性点接地方式，下列描述哪些是符合规程的？　　（　）
（A）主变压器低压侧系统中性点采用不接地方式
（B）主变压器低压侧系统中性点采用低电阻接地方式
（C）主变压器高压侧中性点采用直接接地
（D）主要压器高压侧中性点采用最小电抗接地

52．确定绝缘地线放电间隙的型式和间隙距离，应考虑下列哪些因素？　　（　）
（A）线路正常运行时地线上的感应电压
（B）地线的截面与型式
（C）间隙动作后续流熄弧
（D）继电保护的动作条件

53．试问下列哪几种降压变压器应选用有载调压方式？　　（　）
（A）220/110/35kV　　　　　　　　（B）220/110/10kV
（C）110/35kV　　　　　　　　　　（D）35/10kV

54．发电电动机电压回路和启动回路的导体和设备选择计算时，若短路电流太大，导致设备选择困难，可采取下列哪些措施？　　（　）
（A）在发电电动机电压主回路设置限流电抗器
（B）在发电电动机启动回路设置限流电抗器
（C）增加发电电动机直轴超瞬态电抗值

（D）采用"无拖动并网"方式

55. 对发电厂的计算机监控系统，下列哪些采样属于交流采样？（　　）
（A）电流互感器二次侧输出的 1A 或 5A
（B）电压互感器二次侧输出的 100V
（C）直流回路分流器输出的 0～75mA
（D）变送器输出的 4～20mA 和 0～5V

56. 火力发电厂低压厂用电系统采用明备用动力中心和电动机控制中心供电方式时，下列哪些负荷供电方式是正确的？（　　）
（A）空气预热器工作电源从动力中心引接
（B）无粉仓的给煤机从电动机控制中心供电
（C）45kW 污水泵从动力中心供电
（D）高厂变冷却风机从电动机控制中心供电

57. 下列有关聚光光伏系统的描述，哪些符合规程要求？（　　）
（A）线聚焦聚光宜采用单轴跟踪系统，点聚焦聚光宜采用双轴跟踪系统
（B）采用水平单轴跟踪系统的线聚焦聚光光伏系统宜安装在低纬度且直射光分量较大的地区
（C）采用倾斜单轴跟踪系统的线聚焦聚光光伏系统宜安装在中、高纬度且直射光分量较大的地区
（D）点聚焦聚光光伏系统宜安装在直射光分量较小的地区

58. 关于架空输电线路的电磁环境限值规定，下列说法哪些是正确的？（　　）
（A）交流线路距边相导线水平投影外 20m 处，雨天条件下的可听噪声不应超过 45dB(A)
（B）直流线路距正极性导线水平投影外 20m 处，晴天时由电晕产生的可听噪声(L50)不应超过 45dB(A)，线路海拔高度大于 1000m 且经过人烟稀少地区时，由电晕产生的可听噪声(L50)应控制在 50dB(A)以下
（C）一般非居民区直流线路晴天时地面合成场强限值为 30kV/m
（D）一般非居民区直流线路晴天时离子流密度限值为 80nA/m²

59. 发电机中性点可采用的接地方式包括下列哪些方式？（　　）
（A）不接地　　　　　　　　　　（B）经消弧线圈接地
（C）低电阻接地　　　　　　　　（D）高电阻接地

60. 地处东南地区海拔 750m 处的某山区风电场 10kV 集电线路采用电缆进行直埋敷设时，应符合下列哪些规定？（　　）
（A）电缆应敷设在壕沟内
（B）电缆外皮至地面深度不得小于 0.5m

（C）电缆距平行的道路边不得小于1m（特殊情况除外）
（D）在电缆有机械损伤危险时，电缆护层应具有钢丝铠装

61．电测量装置的准确度要求，下列描述哪些符合规程要求？（   ）
（A）计算机监控系统交流采样，准确度0.5级，频率测量误差不大于0.1Hz
（B）常用电测量仪表数字式仪表，准确度0.5级
（C）综合保护测控装置中的测量部分，准确度1.0级
（D）常用电测量仪表记录型仪表，应满足测量对象的准确度要求

62．下列哪些场所应急照明蓄电池放电时间不小于2h？（   ）
（A）1000kV 有人值班变电站
（B）500kV 无人值班变电站
（C）换流站
（D）火力发电厂

63．交流架空线路在海拔不超过1000m地区，下列哪些导线分裂根数与外径选项是正确的？（   ）
（A）220kV 单导线，导线外径21.6mm
（B）330kV 双分裂导线，导线外径21.6mm
（C）500kV 双分裂导线，导线外径33.8mm
（D）750kV 六分裂导线，导线外径25.5mm

64．防串倒的加强型悬重型杆塔，应按下列哪些工况计算杆塔荷载？（   ）
（A）基本风速、无冰、未断线
（B）设计覆冰、相应风速及气温、未断线
（C）对单回路杆塔，同一档内，单导线段任意两相导线，地线未断
（D）按所有导线、地线同时同侧有断线张力（分裂导线有纵向不平和张力）计算

65．抽水蓄能电站机组启动方式的选程，下其描述哪些是正确的？（   ）
（A）电站装机台数为8台时，应选用两套变频启动装置（SFC）互为备用，并以背靠背同步启动作为第二备用启动方式
（B）电站装机台数为5台时，应选用两套变频启动装置（SFC）互为备用
（C）电站装机台数为4台时，宜选用一套变频启动值置（SFC），并以背靠背同步启动作为备用启动方式
（D）当单机容量较小，在电网允许的情况下，可以选择异步自动方式

66．关于污秽地区高压配电装置及其电气设备的布置和选型，下列描述哪些是错误的？（   ）
（A）配电装置的位置在潮湿季节应处于污染源的上风向

(B) 位于 c 级污秽地区的 110kV 配电装置应采用屋内配电装置或 GIS 配电装置
(C) 位于 d 级污秽地区的屋内配电装置中电气设备外绝缘应符合现行国家标准 GB/T 26218.1、GB/T 26218.2 以及 GB/T 26218.3 的规定
(D) 位于 e 级污秽地区的 330kV 配电装置宜采用 GIS 配电装置

67. 关于发电机组保护出口，下列描述哪些是错误的？（　　）
(A) 停机一断开发电机断路器、灭磁，对汽轮发电机，还要关闭主汽门；对水轮发电机还要关闭导水翼
(B) 解列灭磁一断开发电机断路器、灭磁
(C) 解列一断开发电机断路器，汽轮机甩负荷
(D) 程序跳闸一对汽轮发电机首先关闭主汽门，联跳发电机断路器并灭磁；对水轮发电机，首先将导水翼关到空载位置，再跳开发电机断路器并灭磁

68. 关于电力系统电压调整及无功电源事故备用容量，下列描述哪些不符合规程要求？（　　）
(A) 220kV 及以下电网电压的调整，宜实行逆调压方式
(B) 当发电厂、变电站的母线电压超出允许偏差范围时，应首先调整有载调压变压器的分接开关位置
(C) 当运行电压低于 90% 系统标准电压时，应闭锁有载调压变压器的分接开关调整
(D) 电力系统无功电源的事故备用容量，应主要储备于运行的发电机、调相机和无功补偿设备中

69. 架空线路绝缘子串与铁塔横担连接的第一个金具应确足下列哪些选项的要求？（　　）
(A) 应转动灵活　　　　　　　　(B) 应采用挂板
(C) 应受力合理　　　　　　　　(D) 强度可与其他金具相同

70. 在海拔不超过 1000m 的地区，500kV 交流架空输电线路经过集中林区时，应符合下列哪些规定？（　　）
(A) 导线与树木之间的最小垂直距离为 7.0m
(B) 在最大计算风偏情况下，导线与树木之间的最小净空距离为 7.0m
(C) 按照树木自然生长高度的 3 倍砍伐
(D) 考虑导线静止时，按照雷电过电压间隙 3.3m 校核树木倾倒过程对导线的距离

答 案

一、单项选择题

1. C

依据:《高压配电装置设计规范》(DL/T 5352—2018) 第 2.1.11 条。

2. B

依据:《火力发电厂厂用电设计规程》(DL/T 5153—2014) 第 3.3.1-3 款。

3. B

依据:《导体和电器选择设计技术规定》(DL/T 5222—2021) 第 3.0.5 条。

4. C

依据:《火力发电厂、变电站二次接线设计技术规程》(DL/T 5136—2012) 第 16.2.6 条,接地铜排截面是 100mm²。

5. C

依据:《电力工程直流电源系统设计技术规程》(DL/T 5044—2014)。第 6.5.2-1 款,A 正确;第 6.5.2-2 款,B 正确;第 6.5.2-3 款,应满足"安装地点直流电源系统最大预期短路电流的要求",C 错误;第 6.5.2-5 款,D 正确。

6. C

依据:《风电场接入电力系统技术规定 第 1 部分:陆上风电》(GB/T 19963.1—2021) 第 8.2 条,220kV 及以上电压是 97%~107%,所以选 C。

7. B

依据:老版线路手册第 294 页左下内容,B 选项符合描述,正确,选 B;新版线路手册第 426 页,电阻的描述和老版线路手册稍有差别;DL/T 5582—2020 第 8.0.8 条只描述了握力,没描述电阻,其额定拉断力指的就是老版线路手册的计算拉断力,该值都是没有乘 0.95 的标准值。

8. D

依据《交流电气装置的接地设计规范》(GB/T 50065—2011) 表 5.1.6,(1.25~1.45)×1500=1875~2175,所以选 D。

9. B

依据:《35kV~220kV 城市地下变电站设计规定》(DL/T 5216—2017) 第 10.6.3 条,A 符合规范要求;第 10.6.2 条,B 选项符合规范要求,C、D 也符合规范要求,但"减少对环境影响"的只有 B 选项,所以选 B。

10. B

依据:老版一次手册第 49 页右上内容,当采用 SF_6 断路器时,可不设置旁路母线。

11. B

依据《导体和电器选择设计技术规定》(DL/T 5222—2021) 第 5.3.6 条,50%~100%直径=50~100mm=5~10cm,选 B。

12. B

依据：《电流互感器和电压互感器选择及计算规程》（DL/T 866—2015）第 12.2.1 条。

13．C

依据：《220kV~1000kV 变电站站用电设计技术规程》（DL/T 5155—2016）附录 D，实际最低分解为–4×2.5%=–0.1，额定电压为 $0.9U_e$。

$$I = \frac{S}{\sqrt{3}U} = \frac{800}{\sqrt{3} \times 0.38 \times 0.9} = 1350.5(\text{A})$$

14．A

依据：《交流电气装置的过电压保护和绝缘配合设计规范》（GB/T 50064—2014）第 3.1.3-1 款，采用消弧线圈接地，故障时可以运行，所以选 A。

15．D

依据：《架空输电线路电气设计规程》（DL/T 5582—2020）第 5.1.19 条，补偿导地线的塑性伸长。

16．B

依据：老版线路手册第 30 页，满足气压和环境温度条件，按式（2-2-2）可得

$$E_{m0} = 3.03 \times 0.82 \times \left(1 + \frac{0.3}{\sqrt{2.682/2}}\right) = 3.128(\text{MV/m})$$。注意半径单位要用 cm，不能直接用题目给的 26.82mm，否则会没有答案。

17．A

依据：《火灾自动报警系统设计规范》（GB 50116—2013）第 9.3.1 条，A 错误，应采用测温式；第 9.3.3 条，B 选项发电机出线小室电压等级超过 1000V，采用红外测温符合要求，B 正确；第 9.3.2 条，C 选项采用接触式正确；第 9.2.1 条，在电源侧装设剩余电流探测器正确。

18．C

依据：老版一次手册第 147 页右上内容可知。

19．C

依据：《火力发电厂厂用电设计规程》（DL/T 5153—2014）第 7.1.6 条，所以选 C。

20．D

依据：《变电站监控系统设计规程》（DL/T 5149—2020）第 4.3.2 条，A、B、C 正确；第 4.3.4 条，应在监控系统设置同期装置给各个需要同期的断路器提供同期操作，所以 D 错误。

21．D

依据：《火力发电厂厂用电设计规程》（DL/T 5153—2014）第 4.2.6 条，A 正确；第 4.7.3 条，B 正确；第 4.7.4 条，C 正确；第 4.7.5 条，D 的前提是"在技术经济合理时"，所以 D 错误。

22．C

依据：《光伏发电站接入电力系统技术规定》（GB/T 19964—2012）第 6.1.1 条，A 正确；第 6.2.3-b）款，B 正确；第 6.2.4-b）款，C 错误，应为送出线路的全部充电无功功率；第 7.2.1 条，D 正确。

23．B

依据：《架空输电线路电气设计规程》（DL/T 5582—2020）第 8.0.9 条，A 正确；第 8.0.7

条，B 错误，应为 330kV～1000kV；第 8.0.6 条，C 正确；第 8.0.4 条，D 正确。

24．B

依据：《架空输电线路荷载规范》（DL/T 5551—2018）第 6.1.1 条可得

$$I_Z = 0.14 \times \left(\frac{20}{10}\right)^{-0.15} = 0.126 \quad \alpha_L = \frac{1 + 2 \times 2.5 \times 0.8 \times 0.126 \times 0.36}{1 + 5 \times 0.126} = 0.725$$

25．C

依据：《220kV～750kV 变电站设计技术规程》（DL/T 5218—2012）第 5.1.2 条可知，4 台主变压器，只需两台进串；第 5.1.8 条可知，同时当初期只有两串时，为了让出线检修时不开环，出线侧宜装隔离开关，所以 C 正确。

26．D

依据：《导体和电器选择设计技术规定》（DL/T 5222—2021）第 7.2.2 条，A 错误；第 7.2.4 条，B 错误；第 7.2.3 条，C 错误；第 7.2.17 条，D 正确。

27．A

依据：《交流电气装置的过电压保护和绝缘配合设计规范》（GB/T 50064—2014）第 4.2.9 条，A 正确。

28．B

依据：《电力系统安全自动装置设计规范》（GB/T 50703—2011）第 4.1.1 条。

29．B

依据：《火力发电厂、变电站二次接线设计技术规程》（DL/T 5136—2014）第 6.0.4 条，B 正确。

30．B

依据：《风电场工程 110kV～220kV 海上升压变电站设计规范》（NB/T 31115—2017）第 5.1.3 条，A 符合要求；第 5.2.2-2 款，主变容量为 60×6.75×0.6=243MVA，所以 B 错误；第 5.2.2-3 款，D 正确。

31．B

依据：《城市电力电缆线路设计技术规定》（DL/T 5221—2016）第 4.1.5 条，B 不是考虑因素，所以选 B。

32．D

依据：《架空输电线路电气设计规程》（DL/T 5582—2020）第 3.0.9 和第 3.0.10 条，D 错误。

33．C

依据：《大中型火力发电厂设计规范》（GB 50660—2011）第 16.2.5、第 16.2.6 条，350MW 机组按 300MW 级机组适用第 16.2.5 条，所以 C 正确。

34．A

依据：《导体和电器选择设计技术规定》（DL/T 5222—2021）第 5.8.10 条，题目问的是"整套装置……"所以选 A。

35．B

依据：《交流电气装置的接地设计规范》（GB/T 50065—2011）的附录，选 B，注意直径 12mm 应转换成 0.012m，计算如下：

A.0.2 $R_h = \dfrac{\rho}{2\pi L}\left(\ln\dfrac{L^2}{hd}+A\right)=\dfrac{300}{2\pi\times 200}\left(\ln\dfrac{200^2}{0.8\times 0.012}+0\right)=3.6389(\Omega)$

36．B

依据：《电力工程直流电源系统设计技术规程》（DL/T 5044—2014）第 7.2.1 条，A 正确；B 选项应该是 0m 层，B 错误；第 7.2.2 条，C 正确；第 8.2.2 条，D 正确。

37．D

依据：《风电场接入电力系统技术规定 第 1 部分：陆上风电》（GB/T 19963.1—2021）第 6.1 条可知，D 错误。

38．B

依据：《风电场工程 110kV～220kV 海上升压变电站设计规范》（NB/T 31115—2017）第 5.2.2-2 款，一共两台主变压器，一台停运剩余一台，所以 B 正确。

39．B

依据：《交流电气装置的过电压保护和绝缘配合设计规范》（GB/T 50064—2014）第 6.1.3 条，A 正确；B 选项没说明线路属于哪个系统，所以 B 错误；第 6.1.5-2）款，C 正确；第 6.1.2-2 款，D 正确。

40．B

依据：《架空输电线路电气设计规程》（DL/T 5582—2020）第 5.1.5-2 款可知。

二、多项选择题

41．ACD

依据：《爆炸危险环境电力装置设计规范》（GB 50058—2014）第 5.3.3 条，A 选项正确；B 选项"均应"错误；第 5.4.1-3 款，C 正确；第 5.4.3-8 款，D 正确。

42．BC

依据：《导体和电器选择设计技术规定》（DL/T 5222—2021）表 5.1.8，该题属于 500kV 导体，所以查表 500kV 一栏左侧一列，B、C 符合要求。严谨地讲，如果题设 500kV 裸导体采用了 4×37.84mm，那也确实不用校验电晕，但该题明显属于对标规范题目，所以严格按照表格，选 B、C。

43．AD

依据：《交流电气装置的过电压保护和绝缘配合设计规范》（GB/T 50064—2014）第 3.1.6-5-1）款，A 正确，B 错误；第 3.1.6-5-2）款，C 错误，D 正确；选符合要求的，所以选 AD。

44．BC

依据：《电力系统技术导则》（GB/T 38969—2020）第 12.1 条可知，A 正确；B，220kV 近端远端均不大于 0.12s，B 错误；C 选项变压器按对应电压等级近端故障，500kV 应取 0.09s，C 错误；D 选项正确；本题选错误的，所以选 BC。

45．AD

依据：《35kV～220kV 变电站无功补偿装置设计技术规定》（DL/T 5242—2010）第 7.4.3-1 款，A 错误；第 7.4.3-3 款，B 正确，C 的下降值不超 5%，即为不低于额定值的 95%，C 正确；

第 7.4.3-4 款，D 错误；本题选错误的，所以选 AD。

46．ABD

依据：《海上风电场交流海底电缆选型敷设技术导则》（NB/T 31117—2017）第 4.2.1 条，C 选项应为"机械负荷"。

47．ABD

依据：《电力设备典型消防规程》（DL 5027—2015）第 10.6.2-2 款，C 正确；本题选不符合的，所以选 ABD。

48．BD

依据：《导体和电器选择设计技术规定》（DL/T 5222—2021）第 4.0.5 条，220kV 采用 330kV 及以下导体和电器要求，A 正确，B 错误，C 正确，D 选项为 1000kV 的要求，错误。选不符合的，所以选 BD。

49．BC

依据：《交流电气装置的接地设计规范》（GB/T 50065—2011）附录 B 描述，不对称电流是计及直流分量的，从该段描述也可得知，"最大入地电流 I_G" 就是计及直流分量后的不对称电流有效值，本题选需要计及的所以 BC。

50．ABC

依据：《电力工程直流电源系统设计技术规程》（DL/T 5044—2014）第 3.6.4 条条文说明，A 正确；第 3.6.2 条，B 正确；第 3.6.3 条，C 正确；第 3.6.2 条，D 错误。所以选 ABC。

51．BCD

依据：《风电场工程电气设计规范》（NB/T 31026—2012）第 4.9.2 条和第 4.9.3 条，选符合规范要求的 BCD。

52．AC

依据：《架空输电线路电气设计规程》（DL/T 5582—2020）第 7.4.6 条条文说明可知，AC 正确。

53．BD

依据：《电力系统电压和无功电力技术导则》（DL/T 1773—2017）第 8.5 条可知，题设低压侧为 10kV 的降压变压器属于"直接向 10kV 配电网供电的降压变压器"，所以选 BD。

54．BCD

依据：《抽水蓄能电站设计规范》（NB/T 10072—2018）第 8.3.3-1 款，"发电电动机"应首选"抽水蓄能电站设计规范"。

55．AB

依据：《火力发电厂、变电站二次接线设计技术规程》（DL/T 5136—2015）第 5.3.2 条，D 选项属于直流采样。

56．AD

依据：题设"明备用……"《火力发电厂厂用电设计规程》（DL/T 5153—2014）第 3.10.5-1 款；依据该规范第 64 页表 B 第 1.1 行，"空气预热器"属于Ⅰ类负荷，由动力中心供电，A 正确；依据该规范第 65 页表 B 第 6.1 行，"无粉仓的给煤机"属于Ⅰ类负荷，宜从动力中心引接，B 错误；依据该规范第 83 页表 B 第 11 行，"污水泵"属于Ⅱ类负荷，小于 75kW 宜由电动机控制中心供电，C 错误；依据该规范第 76 页表 B 第 11 行"高厂变冷却风机"属于Ⅱ

类负荷，宜由电动机控制中心供电，D 正确。选正确的，所以选 AD。

57．BC

依据：《光伏发电站设计规范》（GB 50797—2012）第 6.9.2 条可知，点聚焦聚光"应"采用，A 选项是"宜"，所以 A 错；第 6.9.3-1 款，B 正确；第 6.9.3-2 款，C 正确；第 6.9.3-3 款，D 错误。选符合要求的，所以选 BC。

58．BC

依据：《架空输电线路电气设计规程》（DL/T 5582—2020）第 5.1.5-1 款 A 应为 55，A 错误；第 5.1.5-2 款 B 正确；表 5.1.6，C 正确；D 应为 100，D 错误。选正确的，所以选 BC。

59．ABD

依据：《大中型火力发电厂设计规范》（GB 50660—2011）第 16.2.8 条可知，ABD 正确。

60．AC

依据：《电力工程电缆设计标准》（GB 50217—2018）第 5.3.2-1 款，A 正确；第 5.3.3-2 款，B 错误；表 5.3.5 倒数第 4 行，C 正确；第 3.4.3 条，规范要求是"应具有加强层或钢带铠装"，D 选项缺少了"加强层"，所以 D 错误。选正确的，所以选 AC。

61．BD

依据：《电力装置的电测量仪表装置设计规范》（GB/T 50063—2017）表 3.1.3。A 选项频率测量无偿应为 0.01Hz；C 选项准确度应为 0.5 级。

62．ABC

依据：《发电厂和变电站照明设计技术规定》（DL/T 5390—2014）第 5.1.8-2 款。

63．AB

依据：《架空输电线路电气设计规程》（DL/T 5582—2020）表 5.1.3-1。本题使用的是交流导线最小外径和分裂根数的表格，题意并没有说明是最小外径，实际外径大于表格值也是合理的，比如 D 选项，处于选择题严格对表格选择，所以推荐选 AB。

64．AD

依据：《架空输电线路荷载规范》（DL/T 5551—2018）第 4.2.12-1 款，A 正确；第 4.2.12-2 款，缺少"设计冰厚"，B 错误；单回路杆塔总共 3 相导线，按第 4.2.14-1 款可知，C 错误；第 4.2.14-4 款，D 正确。本题是"防串倒的加强型悬重型杆塔"，既要满足 4.2.12 所有杆塔都要求的内容，还要满足 4.2.14 条前三款及第 4 款的要求，综合度较高有一定难度。

65．CD

依据：《抽水蓄能电站设计规范》（NB/T 10072—2018）第 8.2.1 条，A 错误，B 错误，C 正确，D 正确。选正确的，所以选 CD。

66．BD

依据：《高压配电装置设计规范》（DL/T 5352—2018）第 3.0.2 条，位于污染源上风向符合规范要求，A 正确；第 5.2.4 条，B 选项"应"不符合规范，B 错误；第 3.0.1 条，C 正确；第 5.2.5 条，规范有其他限制条件，并且是"可采用"，D 选项是"宜"，D 错误。选错误的，所以选 BD。

67．BD

依据：GB/T 14285 第 4.2.2 条；B 选项缺少"汽轮机甩负荷"；D 选项缺少"待逆功率继电器动作后"。

68．BD

依据：《电力系统电压和无功电力技术导则》(DL/T 1773—2017) 第 10.2 条，A 正确；第 10.3 条，B 错误；第 10.5 条，C 正确；第 4.4 条，D 选项的无功补偿应为"动态无功补偿"才正确，所以 D 错误。选错误的，所以选 BD。

69．AC

依据：《架空输电线路电气设计规程》(DL/T 5582—2020) 第 8.0.4 条，AC 正确，D 错误，B 选项"应"字错误。选符合规范的，所以选 AC。

70．AB

依据：《架空输电线路电气设计规程》(DL/T 5582—2020) 表 10.2.4-1，A 正确；表 10.2.4-2，B 正确；第 10.2.4-3 款，CD 错误。选符合要求的，所以选 AB。

2023年注册电气工程师专业知识试题

（下午卷）及答案

一、单项选择题（共40题，每题1分，每题的备选项中有一个符合的答案，错选不得分）

1. 供一般检修用携带式作业灯的灯头供电电压，不宜低于下列哪项数值？（　　）
（A）10.8V
（B）11.4V
（C）21.6V
（D）22.8V

2. 校验导体和电器动稳定、热稳定以及电器开断电流所用的短路电流，应按哪种情况下可能流经被校验导体和电器的最大短路电流？（　　）
（A）系统正常运行方式下
（B）系统最小运行方式下
（C）系统最大运行方式下
（D）系统切换过程中

3. 某发电厂主厂房A列外变压器区域布置有1台主变压器（油量42t）。1台高压厂变（油量12t）和1台高压启备变（油量18t），该变压器区域设置一个总事故储油池，其容量宜按下列哪项的油量确定？（　　）
（A）33.6t
（B）42t
（C）57.6t
（D）72t

4. 对用于测量的电压互感器的二次回路，下列描述哪项是错误的？（　　）
（A）计算机监控系统中的测量部分，二次回路电压降不应大于稳定电压的3%
（B）I、II类电缆计量装置的二次回路电压降不应大于额定电压的0.2%
（C）二次回路电缆截面计量回路不应小于4mm^2，其他测量回路不应小于2.5mm^2
（D）贸易结算用电能计量装置的电压互感器二次回路可装设快速自动空气开关

5. 对装有阀控式密封铅酸蓄电池组的专用蓄电池室，下列条件哪项是错误的？（　　）
（A）蓄电池室走廊墙面不宜开设通风百叶窗或玻璃采光窗
（B）蓄电池室内温度为15～30℃
（C）蓄电池室内的照明灯具应为防爆型
（D）蓄电池室内的地面应有约0.5%的排水坡度

6. 系统互联有利于货源优化配置,试问下列描述哪项不符合规程要求? （　　）
(A) 互联的电力系统在任一侧失去大电源时,联络线不应超过事故过负荷能力
(B) 采用直流输电联网时,并联交流通道应能承担直流闭锁后的转移功率
(C) 在联络线因故障断开后,应保持各自系统的安全稳定运行
(D) 电力系统互联应采用直流联网方式

7. 直流接地极馈电元件材料选择,下列描述哪项不符合规程要求? （　　）
(A) 对海岸电极,馈电元件宜采用高硅铬铁
(B) 在腐蚀寿命大于 40×10^4 A·h 或土壤的 pH 值小于 3 的情况下,馈电元件材料宜采用高硅铁或石墨
(C) 阳极运行寿命大于 40×10^4 A·h 的接地极,馈电元件不宜采用碳钢材料
(D) 当选用高硅铬铁作馈电元件时,其成品应带有引流电缆

8. 大跨越塔位处的土壤电阻率为 900Ω·m,在雷季干燥时：则其不连地线的工程接地电阻不应超过下列哪项数值? （　　）
(A) 25Ω (B) 20Ω
(C) 15Ω (D) 10Ω

9. 傍晚,在露天油库地面照度降低至下列哪项数值时必须开灯? （　　）
(A) 25lx (B) 20lx
(C) 15lx (D) 10lx

10. 变压器的分接头宜按下列哪项原则设置? （　　）
(A) 在网络电压变化最小的绕组上
(B) 在星形联接绕组上,而不是在三角形联结的绕组上
(C) 在低压绕组上,而不是在高压绕组、中压绕组或中性点绕组上
(D) 在负荷变化最小的绕组上

11. 220kV 屋内配电装置出线回路避雷器的外绝缘体最低部位距地小于下列哪项数值时应装设固定遮栏? （　　）
(A) 1500mm (B) 1700mm
(C) 2300mm (D) 2500mm

12. 下列哪些设备不布置在发电厂网络电器室里? （　　）
(A) 计算机监控测控柜
(B) 继电保护屏、安全自动装置屏
(C) 计算机操作员站
(D) 故障录波器屏、远动屏、电能量计费屏

13. 采用分层复式供电方式时直流电源系统电缆截面的选择，下列描述哪项是错误的？
（　　）

（A）根据直流柜与直流分电柜之间的距离确定电缆允许的电压降，宜取直流电源系统标称电压的 3%～5%，其回路计算电流应按分电柜最大负荷电流选择

（B）当直流分电柜布置在负荷中心时，与直流终端断路器之间的允许电压压降取直流电源系统标称电压的 1%～1.5%

（C）根据直流分电柜布置地点，可适当调整直流分电柜与直流柜、直流终端断路器之间的允许电压降，但应保证直流柜与直流终端断路器之间允许总电压降不大于标称电压的 6.5%

（D）直流柜与直流负荷之间的电缆允许电压降应按蓄电池组出口端最低计算电压和负荷本身允许最低运行电压之差选取，宜取直流电源系统标称电压的 3%～6.5%

14. 下列电容器保护中哪种保护仅适用于油浸集合式并联电容器保护，且可作用于回路跳闸？
（　　）

（A）限时速断保护　　　　　　（B）过电流保护
（C）压力释放保护　　　　　　（D）油温保护

15. 某常规架空送电线路采用单联悬垂复合绝缘子串，最大使用荷载约 48kN，按最大使用荷载选择绝缘子强度时应选下列哪项数值？
（　　）

（A）70kN　　　　　　　　　　（B）100kN
（C）120kN　　　　　　　　　 （D）160kN

16. 某线路工程位于 10mm 冰区，下列关于导线与地线的配合，哪项是错误的？（　　）

（A）220kV 导线采用 1×LGJ-300/40，地线采用镀锌钢绞线最小标称截面 70mm^2
（B）220kV 导线采用 2×LG1-400/35，地线采用镀锌钢绞线最小标称截面 80mm^2
（C）500kV 导线采用 4×LGJ-400/35，地线采用镀锌钢绞线最小标称截面 100mm^2
（D）500kV 导线采用 6×LGJ-240/30，地线采用镀锌钢绞线最小标称截面 100mm^2

17. 在发电厂与变电所的屋外油浸变压器布置设计中，单台油量及相应的挡油设施容积下列哪项是符合规程要求的？
（　　）

（A）1250kg，15%　　　　　　（B）1500kg，20%
（C）2000kg，25%　　　　　　（D）2500kg，30%

18. 关于高转速大容量的抽水蓄能机组，其临界转速与飞逸转速的关系，下列描述哪项是正确的？
（　　）

（A）机组转动部分的第一阶临界转速不宜小于最大飞逸转速的 120%
（B）机组转动部分的第一阶临界转速不宜小于最大飞逸转速的 125%
（C）机组转动部分的最大飞逸转速不宜小于第一阶临界转速的 120%
（D）机组转动部分的最大飞逸转速不宜小于第一阶临界转速的 125%

19. 某风电场工程 220kV 海上升压变电站，主变压器、气体绝缘金属封闭开关设备的主要维护通道不宜小于下列哪项数值？　　　　　　　　　　　　　　　　（　　）
   （A）1000mm　　　　　　　　　　　（B）2000mm
   （C）2500mm　　　　　　　　　　　（D）3000mm

20. 下列对发电机失步保护描述哪项是错误的？　　　　　　　　　　　　　　（　　）
   （A）在短路故障情况下，保护不应调动作
   （B）系统同步振荡情况下，保护不应调动作
   （C）电压回路断线情况下，保护不应调动作
   （D）保护动作于信号，同时还动作于解列，保证断路器断开时的电流不超过断路器允许开断电流

21. 下列哪种设备不宜用作保护电器？　　　　　　　　　　　　　　　　　　（　　）
   （A）塑壳断路器　　　　　　　　　　（B）熔断器
   （C）空气断路器　　　　　　　　　　（D）PC 级 ATS

22. 某变电站并联电容器组串接串联电抗器，下列描述哪项是正确的？　　　　（　　）
   （A）用于抑制谐波时，当接入电网处背景谐波为 5 次及以上时，串联电抗器电抗率宜取 12%
   （B）用于抑制谐波时，当接入电网处背景谐波为 3 次及以上时，串联电抗器电抗率宜取 5%
   （C）变电站中有两种电抗率 5%和 12%的并联电容器装置时，其中 12%的装置应具有先投后切的功能
   （D）串联电抗器的过负荷载能力应满足 1.1 倍额定电流下连续运行

23. 某一股架空线路采用双联双挂点悬垂绝缘子串。其单联连接金具的强度为 210kN，则该金具串断联时的荷载不应超过下列哪项数值？　　　　　　　　　　　（　　）
   （A）84kN　　　　　　　　　　　　　（B）117kN
   （C）210kN　　　　　　　　　　　　（D）140kN

24. 某 220kV 平丘直线塔，位于 10mm 冰区，采用四分裂导线，设计安全系数 2.5，覆冰时应力为 $37N/mm^2$，最大使用应力为 $84.82N/mm^2$，导线截面积 $674mm^2$，在杆塔荷载计算时，每相导线产生的纵向不平衡张力是下列哪项数值？　　　　　　　　（　　）
   （A）37759N　　　　　　　　　　　　（B）44414N
   （C）45735N　　　　　　　　　　　　（D）57169N

25. 对大中型燃煤发电机组，下列描述哪项是错误的？　　　　　　　　　　　（　　）
   （A）当两台发电机与一台双绕组变压器作扩大单元连接时，在发电机与主变压器之间应装设发电机断路器或负荷开关

（B）当 135MW 发电机与三绕组变压器为单元连接时，在发电机与变压器之间宜装设发电机断路器或负荷开关

（C）当 350MW 发电机与双绕组变压器为单元连接时，在发电机与变压器之间不宜装设发电机断路器或负荷开关

（D）当 600MW 发电机与双绕组变压器为单元连接时，在发电机与变压器之间不应装设发电机断路器或负荷开关

26. 380V 中性点直接接地系统中，配电干线若采用单芯铜电缆作保护接地中性导体，导体截面不应小于下列哪项数值？　　　　　　　　　　　　　　　　　　　　　（　　）

（A）2.5mm²　　　　　　　　　　　　（B）4mm²
（C）10mm²　　　　　　　　　　　　 （D）16mm²

27. 独立避雷针不应设在人经常通行的地方，避雷针及其接地装置与道路或出入口的距离不宜小于下列哪项数值？　　　　　　　　　　　　　　　　　　　　　　（　　）

（A）1m　　　　　　　　　　　　　　（B）3m
（C）5m　　　　　　　　　　　　　　（D）8m

28. 有关电力系统承受大扰动能力的安全稳定标准，下列描述哪项是错误的？（　　）

（A）为保证电力系统安全性，电力系统承受大扰动能力的安全稳定标准分为三级
（B）第一级标准，不采取稳定控制措施，保持系统稳定运行和电网的正常供电
（C）第二级标准，保持稳定运行，但允许损失部分负荷
（D）第三级安全稳定标准涉及的情况难以全部枚举，且故障设防的代价大，对各个故障应逐一采取稳定控制措施

29. 采用熔断器串真空接触器作为保护及操作电器的高压厂用异步电动机，下列哪种保护应通过熔断器来动作？　　　　　　　　　　　　　　　　　　　　　　（　　）

（A）电流速断保护　　　　　　　　　（B）过电流保护
（C）断相保护　　　　　　　　　　　（D）低电压保护

30. 发电站光伏方阵内就地升压变压器型式宜选用下列哪项？　　　　　　　（　　）

（A）自冷、低损耗、有载调压、双绕组变压器
（B）风冷、低损耗、有载调压、分裂变压器
（C）自冷、低损耗、无载调压、双绕组或分裂变压器
（D）强迫风冷、低损耗、无载调压、双绕组或分裂变压器

31. 关于电缆敷设，下列描述哪项是正确的？　　　　　　　　　　　　　　（　　）

（A）电缆采用保护管敷设时，保护管顶部土壤覆盖深度不宜小于 1.0m
（B）电缆采用电缆沟敷设时，电缆沟均应设置支架和施工隧道
（C）66kV 及以上的单芯电缆在隧道内敷设，应作蛇形敷设设计

（D）电缆采用电缆隧道敷设时，电缆隧道纵向坡度不应超过 10°

32．某输电线路相导线采用 4 分裂钢芯铝绞线，导线直径为 32mm，假定导线表面系数为 0.90，计算在气压 $p = 101.235 \times 10^3$ Pa、环境温度 $t = 20℃$ 时导线的电晕临界电场强度最大值是下列哪项数值？ （ ）

（A）30.7kV/cm （B）31.8kV/cm
（C）33.7kV/cm （D）34.8kV/cm

33．计算对称短路视在功率初始值所采用的电压为下列哪项？ （ ）
（A）最大电压 （B）平均电压
（C）标称电压 （D）额定电压

34．当离相封闭母线通过短路电流时，其外壳的感应电压应不超过下列哪项数值？
 （ ）
（A）12V （B）24V
（C）36V （D）50V

35．主厂房上装设避雷针时应采取的措施，下列描述哪项是错误的？ （ ）
（A）设备的接地点远离避雷针接地引下线的入地点
（B）避雷针接地引下线远离电气装置
（C）避雷针接地引下线远离主接地网，并在入地处加装集中接地装置
（D）加强分流

36．下列哪项可不具备电力系统自动电压控制（AVC）功能？ （ ）
（A）单机容量 200MW 及以上的火电机组、燃气机组、核电机组
（B）单机容量 50MW 及以上的水电机组
（C）通过 110kV 及以上电压等级线路与电力系统相连的风电场
（D）通过 35kV 及以上电压等级线路与电力系统相连的光伏电站

37．2×600MW 机组的生产管理程控交换机的容量，下列哪项是符合规程要求的 （ ）
（A）320 线 （B）400 线
（C）600 线 （D）1000 线

38．某装机容量 1200kW 的独立光伏电站为小岛居民供电，已知小岛最大负载 300kW 年用电量 1.314×10^6 kW·h，最长无日照时间为 3 天，如若储能交流回路的损耗率为 0.8，放电深度为 0.8，储能电池放电率的修正值为 1.05，为满足向小岛持续稳定供电，需要配置的储能容量为下列哪项数值（保留整数）？ （ ）
（A）738kW·h （B）1477kW·h
（C）17719kW·h （D）35438kW·h

39. 关于架空输电线路绝缘配合，下列描述哪项是正确的？　　　　　　　　　　（　　）
（A）确定操作过电压要求的线路绝缘子串正极性操作冲击电压 50%放电电压时，操作过电压统计配合系数取 1.27
（B）500kV 线路风偏后导线对杆塔空气间隙的正极性雷电冲击电压 50%放电电压可选为现场污秽度等级 a 级下绝缘子串相应电压的 0.8 倍
（C）操作过电压下风偏计算用风速可取基本风速的 0.5 倍，但不宜低于 15m/s
（D）500kV 线路操作过电压闪络率不宜高于 0.03 次/年

40. 某 500kV 单回线路相导线采用 4 分裂钢芯铝绞线，假定在湿导线条件下，距边相导线投影外 20m 处，三相导线产生的声压 p = 0.0068Pa，计算可听噪声预计值为下列哪项数值？
　　　　　　　　　　　　　　　　　　　　　　　　　　　　　　　　　　　　　（　　）
（A）50.6dB(A)　　　　　　　　　　　（B）52.3dB(A)
（C）53.7dB(A)　　　　　　　　　　　（D）55.0dB(A)

二、多项选择题（共 30 题，每题 2 分，每题的备选项中有两个或两个以上符合题意、错选、少选、多选均不得分）

41. 在风力发电场设计中，为了保护环境，下列措施哪些是正确的？　　　　　（　　）
（A）风力发电场的选址宜避开生态保护区
（B）场内升压站主变压器及高压配电装置宜布置在远离居民侧
（C）风力发电场的废水不应排放
（D）风力发电场的布置宜考虑对候鸟的影响

42. 为了消除屋外管型导体的微风援动，当计算风速小于 6m/s 时，可采取下列哪些措施？
　　　　　　　　　　　　　　　　　　　　　　　　　　　　　　　　　　　　　（　　）
（A）采用长托架　　　　　　　　　　　（B）加长导体长度
（C）加装动力消振器　　　　　　　　　（D）在管内加装阻尼线

43. 某电厂发电机中性点采用自动跟踪补偿消弧线圈接地装置，发电机无直配线。下列描述哪些是正确的？　　　　　　　　　　　　　　　　　　　　　　　　　　　　（　　）
（A）消弧线圈应采用过补偿方式
（B）消弧线圈脱谐度不宜超过 ±10%
（C）发电机回路的电容电流应计及发电机、变压器和连接导体的电容电流，当回路装有发电机断路器或电容器时，应计及这部分电容电流
（D）消弧线圈容量宜接近计算值

44. 直流系统中蓄电池组高频开关电源的模块配置和数量，下列描述哪是错误的？
　　　　　　　　　　　　　　　　　　　　　　　　　　　　　　　　　　　　　（　　）
（A）每组蓄电池配置一组高频开关电源时备用（附加）模块的数量为 2
（B）一组蓄电池配置两组高频开关电源或两组蓄电池配置三组高频开关电源时备用（附

加）模块的数量为 1
（C）每组蓄电池配置一组高频开关电源时各用（附加）模块的数量为 1 或 2
（D）一组蓄电池配置两组高频开关电源或两组蓄电池配置三组高频开关电源备用（附加）模块的数量为 2

45．有关无功补偿与电压控制，下列描述哪些是正确的？ （　　）
（A）对于新能源场站并网点的无功功率和电压调节能力不能满足相关标准要求的，应加装动态无功补偿装置
（B）550kV（330kV)及以上电压等级,如在正常及检修（送变电单一元件）运行方式下发生故障或任一处无故障三相跳闸时，需采取措施限制母线侧及线路侧的工频过电压在最高运行电压的 1.3 倍及 1.4 倍额定值以下，应装设低压并联电抗器
（C）500kV 电压等级输电线网的充电功率应按就地补偿的原则采用低压并联电抗器予以补偿
（D）330kV～750kV 线路并联电抗器回路不宜装设断路器，可根据线路并联电抗器的运行方式确定是否装隔离开关

46．关于接地极架空线路，下列描述哪些是正确的？ （　　）
（A）靠近接地极约 5km 以内的杆塔，基础对地、杆塔对基础应绝缘
（B）接地极架空线路绝缘子串两端应加装招弧角
（C）接地极架空线路带电部分与杆塔构件的间隙，在大风条件下不应小于 0.1m
（D）接地极架空线路具有电压高、电流小的技术特点

47．在 500kV 屋外敞开式高压配电装置中，关于隔离开关设置。下列描述哪些是正确的？
（　　）
（A）出线电压互感器不应装设隔离开关
（B）母线电压互感器不宜装设隔离开关
（C）母线并联电抗器回路不应装设断路器和隔离开关
（D）母线避雷器不应装设隔离开关

48．交流单芯电力电缆金属护层的接地要求，下列描述哪些是正确的？ （　　）
（A）金属套上应至少在一端直接接地，在任一非直接接地端未采取能有效防止人员任意接触金属套的安全措施时，金属护套上任一点非直接接地端的正常感应电势不得大于 50V
（B）线路不长，金属护层上任一点非接地的正常感应电压满足要求时，应采取在线路一端或两端直接接地
（C）交流 220kV 单芯电缆金属套单点接地时，在需要抑制电缆对邻近弱电线路的电气干扰强度时，应沿电缆附近设置平行回流线
（D）220kV 线路较长，单点直接接地不能满足感应电压要求时，应采取线路两端直接接地

49. 关于发电厂和变电站雷电保护的接地，下列描述哪些是正确的？　　　　　　（　　）
（A）发电厂配电装置构架上避雷针的接地引下线应与接地网连接，并应在其附近加装集中接地装置
（B）变电站避雷针的接地引下线与接地网的连接点至变压器接地导体与接地网连接点之间沿接地板的长度，不应小于 25m
（C）发电厂内架空管道每隔 20~25m 应接地 1 次，接地电阻不应超过 30Ω
（D）发电厂内无独立避雷针保护的露天储罐的接地电阻不应超过 30Ω

50. 下列哪些情况可以只设置 2 回站用电源？　　　　　　（　　）
（A）220kV 变电站初期只有一台主变压器时
（B）330kV 变电站初期只有一台主变压器时
（C）1000kV 变电站初期只有一台主变压器时
（D）1000kV 开关站

51. 并网光伏电站在电网电压异常时的响应，下列描述哪些是正确的？　　　　　　（　　）
（A）并网点电压跌至 0 时，光伏电站应能不脱网连续运行 0.15s
（B）并网点电压跌至 0.2 倍电网标称电压时，中型光伏电站应能不脱网连续运行 0.625s
（C）并网点电压跌至 0.3 倍电网标称电压时，大型光伏电站在不复网连续运行 1s 后可以从电网切出
（D）并网点电压升高至 1.32 倍电网标称电压时，光伏电站的运行状态由光伏电站性能确定

52. 线路工程塔头设计时，下列描述哪些是正确的？　　　　　　（　　）
（A）大跨越线路设计时，导线和地线不均匀脱冰时，导线间和导线与地线间的电气间隙校验应按静态接近距离不小于操作过电压的间隙值
（B）大跨越线路设计时，导线和地线不均匀脱冰时，导线间和导线与地线间动态接近距离不小于工频（工作）电压的间隙值
（C）线路经过易舞动区时，导线间的电气间隙校验应按静态接近距离不小于工频（工作）电压的间隙值
（D）线路经过易舞动区时，导线与地线间的电气间隙校验应按动态接近距离不小于工频（工作）电压的间隙值

53. 1000MW 火力发电机组与主变压器之间装设发电机断路器，下列方案哪些是正确的？
　　　　　　（　　）
（A）主变压器和高压厂用工作变压器宜采用无载调压方式
（B）主变压器和高压厂用工作变压器宜采用有载调压方式
（C）主变压器或高压厂用工作变压器宜采用有载调压方式
（D）当机组接入系统的母线电压波动范围经计算机组正常运行和启停高压厂用母线电压水平满足要求时，主变压器或高压厂用工作变压器也可采用无励磁调压方式

54．在校验除电缆以外的导体热稳定时，短路电缆热效应计算时间可能采用下列哪些项？
（　　）

（A）主保护动作时间
（B）主保护动作时间加断路器开断时间
（C）后备保护动作时间
（D）后备保护动作时间加断路器开断时间

55．关于电流互感器和电压互感器交流路电缆选择的要求，下列叙述哪些是正确的？
（　　）

（A）电流互感器二次回路电缆芯截面选择应根据额定二次负载计算确定，且对计量回路电缆芯截面不应小于 4mm^2
（B）电压互感器二次回路电缆芯截面选择应根据二次回路允许电压降计算确定，且对计量回电缆芯截面不应小于 15mm^2
（C）电子式电流互感器采用数字量常出时应采用屏蔽电缆
（D）电子式电压互感器采用模拟量装出时应采用屏蔽电缆

56．低压厂用电系统的短路电流计算应考虑下列哪些因素？（　　）
（A）计及电阻
（B）低压厂用变压器高压侧的电压在短路时可以认为不变
（C）在动力中心的馈线回路短路时应计及异步电动机的反馈电流
（D）当电缆线路发生路时的短路电流非周期分量 [电缆长度(m)与截面积（mm^2）的比值小于 0.5 时]

57．架空线路计算导线载流量时，关于环境参数取值，下列描述哪些是错误的？（　　）
（A）环境温度可以采用年平均气温
（B）环境温度可采用最热月平均气温
（C）大跨越线路风速取 0.5m/s
（D）太阳辐射功率密度采用 1000W/cm^2

58．关于 500kV 架空输电线路地面场强的说法，下列描述哪些是正确的？（　　）
（A）导线对地距离增加，地面最大电场强度降低
（B）地线对地面电场强度影响可忽略不计
（C）水平相间距离增大，地面电场强度增大
（D）相导线分裂根数增多，地面电场强度减小

59．抽水蓄能电站机组的同步点和换相装置的设置位置选择，下列描述哪些是错误的？
（　　）

（A）发电电动机出口装设断路器时，机组的同步点和换相装置均宜设置在发电电动机电压侧

（B）发电电动机出口装设断路器时，机组的同步点宜设置在发电电动机电压侧，换相装置宜设置在升高电压侧

（C）发电电动机出口不设断路器，升高电压侧电压等级为 220kV 且高压配电装置采用 GIS 时，同步点和换相装置可设置在升高电压侧

（D）发电电动机出口不设断路器，升高电压侧电压等级为 500V 且高压配电装置采用 GIS 时，同步点和换相装置可设置在升高电压侧

60. 对高压配电装置各回路相序排列，下列描述哪些是正确的？　　　　　　　（　　）

（A）面对出线从左到右，相序为 A、B、C

（B）面对出线从远到近，相序为 A、B、C

（C）面对出线从上到下，相序为 A、B、C

（D）面对出线从近到远，相序为 A、B、C

61. 电力装置的电测量，下列描述哪些是错误的？　　　　　　　　　　　　　（　　）

（A）电测量装置可采用直接式仪表测量、一次仪表测量或二次仪表测量

（B）光伏电站光伏方阵应测量逆变器直流侧的电压、电流、有功功率

（C）当不同类型的电测量仪表共用电流互感器的一个二次绕阻时，宜先接计算机监控系统，再接指示和积算式仪表

（D）500kV 变电站，每台站用变压器宜安装满足 0.5S 级精度要求的有功电能表；主变电源应配置 0.2S 级电能计量精度要求的有功电能表

62. 对于发电厂照明变压器的备用方式，下列方案哪些是正确的？　　　　　　（　　）

（A）采用两台正常照明变压器互为备用方式

（B）采用检修变压器兼作照明备用变压器

（C）采用低压厂用工作变压器兼作照明备用变压器

（D）采用低压厂用备用变压器兼作照明备用变压器

63. 交流紧凑型线路导线选型时，每相子导线分裂组数最小值，下列描述哪些是正确的？

　　　　　　　　　　　　　　　　　　　　　　　　　　　　　　　　　　（　　）

（A）220kV 紧凑型线路最少采用 2 分裂导线

（B）330kV 紧凑型线路最少采用 4 分裂导线

（C）500kV 紧凑型线路最少采用 4 分裂导线

（D）500kV 紧凑型线路最少采用 6 分裂导线

64. 导线风荷载与下列哪些因素有关？　　　　　　　　　　　　　　　　　　（　　）

（A）环境温度　　　　　　　　　　　　（B）基本风速

（C）导线离地面高度　　　　　　　　　（D）风向

65. 等效电压源法计算中，关于计算短路电流的基础假设条件，下列描述哪些是符合标

准和规程要求的? （　　）
（A）所有电源的电动势相位角相同
（B）短路类型不会随短路的持续时间而变化
（C）电网结构不随短路持续时间变化
（D）除了零序系统外,忽略所有线路电容、并联导纳、非旋转型负荷

66．下列哪些方式可限制线路故障清除过电压? （　　）
（A）线路终端装设避雷器
（B）线路中部装设避雷器
（C）线路终端装设并联电抗器
（D）断路器装设分闸电阻

67．调度自动化系统的调度细部分的系统功能,有关自动发电控制AGC的描述下列哪些是正确的? （　　）
（A）宜选择容量较大、水库调节性能好的水电站、单机容量在200MW及以上,热工自动化水平高、调节性能好的火电机组和20MW及以上风电场参加调节;燃气机组、抽水蓄能机组均应参加调节,单机容量在100MW以下的火电机组视条件和系统需要也可参加调节
（B）AGC应支持多区域多目标控制,支持水、火电机组单机控制方式、全厂控制方式以及多个电厂集中控制方式,支持梯级水电厂多厂控制方式;支持以风电场、光伏电站等新能源场站为控制对象
（C）参与AGC调整的电厂（或机组）应具备的条件为,火电机组可调容量宜为额定容量的50%以上,每分钟增减负荷在额定容量的3%以上,水电机组宜为额定容量的80%以上,每分钟增减负荷在额定容量的60%以上
（D）AGC的主要控制目标按控制方式不同可分为:维持系统频率与额定值的偏差在允许范围内;维持区域联络线净交换功率及交换电能量与计划值的偏差在允许范围内

68．对于电力系统有功功率备用容量,下列描述哪些是正确的? （　　）
（A）备用容量包括负荷备用、事故备用、检修备用
（B）负荷备用容量为最大发电负荷的3%～5%
（C）事故备用容量为最大发电负荷的10%左右,但不小于系统一台最大机组或馈入最大容量直流的单极容量
（D）风电、太阳能发电等新能源装机较多的地区,需额外设置一定的负荷备用容量

69．在短路电流实用计算中,下列哪些计算不能忽略元件的电阻值? （　　）
（A）高压电网提供的短路电流周期分量起始有效值
（B）发电机提供的 t_s 短路电流非周期分量（$t\neq0$）
（C）发电机提供的 t_s 短路电流周期分量有效值（$t\neq0$）
（D）低压网络的短路电流周期分量起始有效值

70. 在短路电流实用计算中，下列哪些计算不能忽略元件的电阻值? （   ）

（A）高压电网提供的短路电流周期分量起始有效值

（B）发电机提供的 t_s 短路电流非周期分量（t 不等于 0）

（C）发电机提供的 t_s 短路电流周期分量有效值（t 不等于 0）

（D）低压网络的短路电流周期分量起始有效值

答　　案

一、单项选择题

1. C

依据:《发电厂和变电站照明设计技术规定》（DL/T 5390—2014）第 8.1.3-1 款和第 8.1.2-3 款，24×0.9=21.6V，选 C。便携式作业灯，电压为 24V，适用第 8.1.2-3 款。不能错用 0.95，否则会错选 D。

2. C

依据:《导体和电器选择设计技术规定》（DL/T 5222—2021）第 3.0.6 条。

3. B

依据:《高压配电装置设计规范》（DL/T 5352—2018）第 5.5.4 条，选 B。也可依据《火力发电厂与变电站设计防火规范》（GB 50229—2019）第 6.7.8 条。

4. D

依据：GB/T 50063—2017；A、B 选项第 8.2.3 条；C 选项第 8.2.5 条；D 选项第 8.2.4 条，应分电压等级。

5. D

依据:《电力工程直流电源系统设计技术规程》（DL/T 5044—2014）第 8.1.6 条，A 正确；第 8.2.1 条，B 正确；第 8.1.4 条，C 正确；第 8.3.5 条，不属于阀控式密封铅酸蓄电池组的专用蓄电池室的要求，所以 D 错误。

6. D

依据:《电力系统安全稳定导则》（GB 38755—2019）第 3.2.5.3 条，A 正确；第 3.2.5.7 条，B 正确；第 3.2.5.4 条，C 正确；第 3.2.5.1 条，D 错误。

7. A

依据:《高压直流输电大地返回系统设计技术规程》（DL/T 5224—2014）第 7.0.6 条，规范为"应采用"，A 选项是"宜采用"，A 错；第 7.0.5 条，B 正确；第 7.0.4 条，C 正确；第 7.0.7 条，D 正确。

8. D

依据:《架空输电线路电气设计规程》（DL/T 5582—2020）表 7.4.2，D 正确。

9. C

依据:《发电厂和变电站照明设计技术规定》（DL/T 5390—2014）表 6.0.1-3，露天油库照度标准值 30lx，第 10.0.4-3-2）款，30×(0.8～0.5)=24～15lx，题设必须开灯，选最低值 15lx，所以选 C。

10．B

依据：《导体和电器选择设计技术规定》（DL/T 5222—2021）第 6.0.15-3 款，A 错误；第 6.0.15-2 款，B 正确；第 6.0.15-1 款，C 错误；D 规范没描述，错误；选正确的，所以选 B

11．C

依据：《高压配电装置设计规范》（DL/T 5352—2018）第 5.1.5 条，屋内是 2300mm。

12．C

依据：DL/T 5136—2012 第 4.3.2 条，其中不包括操作员站，该站应在一个单独的房间内。

13．D

依据：《电力工程直流电源系统设计技术规程》（DLT 5044—2014）第 6.3.6-1 款，A 正确；第 6.3.6-2 款，B 正确；第 6.3.6-3 款，C 正确；第 6.3.5-2 款是属于集中辐射供电方式的情况，本题是分层辐射式供电，所以 D 错误。

14．C

依据：《35kV～220kV 变电站无功补偿装置设计技术规定》（DL/T 5242—2010）第 9.5.9 条。

15．D

依据：《架空输电线路电气设计规程》（DL/T 5582—2020）表 8.0.1，该表下方小注内容，说明棒型绝缘子包括复合绝缘子，根据该规范中式（8.0.2），3×48=144kN，所以选 D。

16．A

依据：《架空输电线路电气设计规程》（DL/T 5582—2020）表 5.1.14，覆冰地区，220kV 地线最小截面 80mm^2；500kV 地线最小截面 100mm^2；A 错，所以选 A。

17．B

依据：《高压配电装置设计规范》（DL/T 5352—2018）第 5.5.3 条，四个选项单台油量都大于 1000kg，均需设置挡油设施，只有 B 选项的 20%是正确的，所以选 B。

18．B

依据：《抽水蓄能电站设计规范》（NB/T 10072—2018）第 8.3.1-5 款，B 正确。当转轴运行在临界转速附近，会发生共振，振动加大，影响机组安全。当转速过大，会产生过大的离心力，会使转轴超速保护的飞轮飞出，起跳超速保护动作停机。所以正常工作运行时，转轴的转速不会超过飞逸转速，临界转速大于飞逸转速并且还有一定裕量，是为了保证转轴任何情况都不会落入共振区，此时可认为该转轴是"刚性"的。

19．A

依据：《风电场工程 110kV～220kV 海上升压变电站设计规范》（NB/T 31115—2017）第 5.8.5 条，A 正确，所以选 A。

20．D

依据：GB/T 14285—2006，第 4.2.16 条，通常只动作于信号，所以 D 错。

21．D

低压双电源切换开关 ATS 分为 PC 级和 CB 级，PC 级具备接通正常和故障电流，但不能分段短路电流；CB 级可以分断短路电流，所以选 D。

22．C

依据：《并联电容器装置设计规范》（GB 50227—2017）第 5.5.2 条，AB 均错；第 6.2.3 条，C 选项 12%电抗器应最先投入打底，保证后续不管怎样投电容器都不会谐振，同时确保其他电容器撤出，最后 12%电抗器才切掉，C 正确；第 5.5.5 条和第 5.8.2 条可知，D 选项应该为 1.3 倍，D 错误。

23．D

依据：《架空输电线路电气设计规程》（DL/T 5582—2020）表 8.0.1，一般线路金具断联工况安全系数为 1.5，由该规范中式（8.0.2）可计算金具允许的最大荷载：210/1.5=140kN，所以选 D。

24．C

依据：《架空输电线路荷载规范》（DL/T 5551—2018）表 8.0.2-1 可知，平丘直线塔（悬垂塔），四分裂导线（双分裂以上导线），纵向不平衡张力是最大使用张力的 20%，每相是 4 根子导线，所以题目所求的每相导线纵向不平衡张力为 4×84.82×20%×674=45734.9(N)，所以选 C。

25．D

依据：《大中型火力发电厂设计规范》（GB 50660—2011）第 16.2.3 条，A 正确；第 16.2.4 条，B 正确；C 选项 350MW 级发电机按 300MW 级发电机依据的规范条文，第 16.2.5 条，C 正确；第 16.2.6 条，D 错误；选错误的，所以选 D。

26．C

依据：《电力工程电缆设计标准》（GB 50217—2018）第 3.6.10-1-1）款，题设铜芯电缆，不应小于 10mm^2，所以选 C。

27．B

依据：《交流电气装置的过电压保护和绝缘配合设计规范》（GB/T 50064—2014）第 5.4.6-4 款。

28．D

依据：《电力系统安全稳定导则》（GB 38755—2019）第 4.2.1 条，A 正确；第 4.2.2 条，B 正确；第 4.2.1 条，C 正确；第 4.2.4 条最后一段，D 错误。选错误的，所以选 D。

29．A

依据：《火力发电厂厂用电设计规程》（DL/T 5153—2014）第 8.6.2 条条文说明。

30．C

依据：《光伏发电站设计规范》（GB 50797—2012）第 8.1.3-5 款，应选用无励磁调压变压器，AB 均错；第 8.1.3-1 款、第 8.1.3-4 款，C 正确，D 错误。选正确的，所以选 C。

31．C

依据：《城市电力电缆线路设计技术规定》（DL/T 5221—2016）第 4.4.1-3 款，A 错误；第 4.6.2 条，B 错误；第 4.5.5 条，C 正确；第 4.5.10 条，D 错误。选正确的，所以选 C。

32．C

依据：老版线路手册第 30 页式（2-2-2）可得（注意半径单位为 cm）

$$E_{mo} = 3.03m\left(1+\frac{0.3}{\sqrt{r}}\right) = 3.03 \times 0.9 \times \left(1+\frac{0.3}{\sqrt{3.2/2}}\right) = 3.37(\text{MV/m}) = \frac{3.37 \times 1000\text{kV}}{100\text{cm}} = 33.7(\text{kV/cm})。$$

所以选 C。

33．B

依据：老版《电力工程电气设计手册 电气一次部分》第 120 页表 4-1 可知，基准电压为系统平均电压。

34．B

依据：《导体和电器选择设计技术规定》（DL/T 5222—2021）第 5.4.5 条。

35．C

依据：《交流电气装置的过电压保护和绝缘配合设计规范》（GB/T 50064—2014）第 5.4.2-3 款，"……应采取加强分流、设备的接地点远离避雷针接地引下线的入地点、避雷针接地引下线远离电气设备的防止反击措施……"一共 3 项措施，分别对应题设选项 D、A、B，C 不能贴切条文，所以选 C。

36．D

依据：DL/T 5003—2017 第 4.2.5-5 款，D 选型应为 110kV 电压等级。

37．C

依据：《火力发电厂厂内通信设计技术规定》（DL/T 5041—2012）第 2.0.3 条可得 320+80×2=480 线，选 C。

38．C

依据：《光伏发电站设计规范》（GB 50797—2012）第 6.5.2 条，得

$C_c = DFP_0 / (UK_a) = 3 \times 24 \times 1.05 \times 1.314 \times 10^6 / (365 \times 24) / (0.8 \times 0.8) = 17718.75 (\text{kWh})$ 选 C。

39．A

依据：《交流电气装置的过电压保护和绝缘配合设计规范》（GB/T 50064—2014）第 6.2.1-2 款，A 正确；第 6.2.2-4 款，B 应为 750kV，B 错误；第 6.2.2-3 款可知，C 选项缺少"……折算到平均高度处……"，C 错误；第 6.1.3-3 款，500kV 闪络率为 0.04 次/年，D 错误。

40．A

依据：老版线路手册第 50 页，式（2-4-5）可得

$P_{(\text{dB})} = 20\lg[p/(2 \times 10^{-5})] = 20 \times \lg[0.0068/(2 \times 10^{-5})] = 50.63 \text{dB(A)}$

二、多项选择题

41．ABD

依据：《风力发电场设计规范》（GB 51096—2015）第 11.2.4 条，规范原文"……宜考虑对候鸟的影响，避开生态保护区……"，A 选项的"宜避开生态保护区"符合条文推导含义，A 正确；第 11.2.3-3 款，B 正确；第 11.2.2-2 款，符合条件的废水可以排放，所以 C 错误；第 11.2.4 条，D 正确。选正确的，所以选 ABD。

42．ACD

依据：《导体和电器选择设计技术规定》（DL/T 5222—2021）第 5.3.5 条。

43．CD

依据：《导体和电器选择设计技术规定》（DL/T 5222—2021）第 18.1.5 条，题设"无直配线"，适用规范"对于采用单元制……宜采用欠补偿方式"，A 选项是"应"，A 错误；第 18.1.6

条，脱谐度不宜超过±30%，B错误；附录第B.1.2-3款，C正确；第18.1.4条，D正确。选正确的，所以选CD。

44．ABD

依据：《电力工程直流电源系统设计技术规程》（DL/T 5044—2014）第6.2.3-1款，A错误；第6.2.3-2款，B错误；第6.2.3-1款，C正确；第6.2.3-2款，D错误。选错误的，所以选ABD。

45．AD

依据：《电力系统技术导则》（GB/T 38969—2020）第10.1.5条，A正确；第10.2.1条，B选项应该为"高压并联电抗器"，B错误；第10.1.6条，并不一定全部由低压并联电抗器补偿，C错误；《220kV～750kV变电站设计技术规程》（DL/T 5218—2012）第5.1.10条，D正确。选正确的，所以选AD。

46．BCD

依据：《高压直流输电大地返回系统设计技术规程》（DL/T 5224—2014）第10.2.11条，应为2km，A错误；第10.2.4条，B正确；第10.2.7条，C正确；第10.1.1条，D正确。选正确的，所以选BCD。

47．ABD

依据：《高压配电装置设计规范》（DL/T 5352—2018）第2.1.5条，A、B正确；第2.1.6条，C错误；第2.1.5条，330kV及以上电压等级配电装置进、出线和母线上装设的避雷器及进、出线电压互感器不应装设隔离开关，D正确。选正确的，所以选ABD。

48．AC

依据：《电力工程电缆设计标准》（GB 50217—2018）第4.1.11-1款，A正确；4.1.12-1款，条文规定：应采取在线路一端或中央部位"单点"直接接地，B选项缺少单点二字，算错误；第4.1.16-2款，C正确；第4.1.12-2款，条文规定：或输送容量较小的35kV以上电缆，可采取在线路两端直接接地，D选项220kV虽然在35kV以上，但没有"输送容量较小"的条件，且D选项是"应采取"，规范是"可采取"，所以D错误。选正确的，所以选AC。

49．AC

依据：《交流电气装置的过电压保护和绝缘配合设计规范》（GB/T 50064—2014）第5.4.7-1款，A正确；第5.4.7-5款，B错误，应该为15m；第5.4.4-2款，C正确；D应该为10Ω，D错误。选正确的，所以选AC。

50．ABD

依据：《220kV～1000kV变电站站用电设计技术规程》（DL/T 5155—2016）第3.1.2条，应设两回，所以A、B正确；第3.1.3条，只有一台从主变引接一回，还应从站外引接两回，一共3会，C错误。第3.1.4条，D正确。选正确的，所以选ABD。

51．AB

依据：《光伏发电站设计规范》（GB 50797—2012）图9.2.4可知，A、B正确；根据图计算，$s = (0.3 - 0.2) \times \dfrac{2 - 0.625}{0.9 - 0.2} + 0.625 = 0.82(s)$，0.3倍标称电压运行0.82s后可以退出运行，所以C错误；由表9.2.4-2可知，D错误。选正确的，所以选AB。

52．ABD

依据：《架空输电线路电气设计规程》（DL/T 5582—2020）第 9.2.3 条，AB 正确；第 9.2.4 条，应该为"动态接近距离"，所以 C 错误；D 正确。选正确的，所以选 ABD。

53．CD

依据：《大中型火力发电厂设计规范》（GB 50660—2011）第 16.2.6 条，A 选项应为"有载"，A 错误、B 选项应该为"或"，B 错误，C 正确；D 正确。选正确的，所以选 CD。

54．BD

依据：《导体和电器选择设计技术规定》（DL/T 5222—2021）第 3.0.15 条，B 正确；C 选项，规范条文只说了有死区时，应按后备保护时间，这里只是强调保护取后备保护，但断路器动作时间也应算上，所以 C 错误，D 正确。

55．AD

依据：《电力装置的电测量仪表装置设计规范》（GBT 50063—2017）第 8.1.5 条，A 正确，B 错误；第 8.1.8 条，数字量应选用光纤，C 错，模拟量应使用屏蔽电缆，D 正确。

56．ABD

依据：《火力发电厂厂用电设计规程》（DL/T 5153—2014）第 6.3.3 条，AB 正确，C 错误。第 6.3.5 条，非周期分量不可略去，D 正确。选正确的，所以选 ABD。

57．ABCD

依据：《架空输电线路电气设计规程》（DL/T 5582—2020）第 5.1.8-3 款下方"注："内容，可知 ABCD 均错，其中 B 项应为"最热月平均最高温度"。

58．CD

依据：老版线路手册第 55、56 页相关内容，对地距离越大地面场强开始降低较多，继续增大导线对地距离，地面场强强度降低不多，所以 A 错误；按 B 选项描述，该手册未明确说明，B 错误；水平间距增大，地面场强增大，C 正确；导线分裂根数增加，电容增大，地面场强越大，D 正确。选正确的，所以选 CD。

59．BD

依据：《抽水蓄能电站设计规范》（NB/T 10072—2018）第 8.1.6 条，A 选项正确；B 错误；C 正确；D 选项 500kV 大于 220kV，不符合规范"220kV 及以下"规定，所以 D 错误；选错误的所以选 BD。

60．ABC

依据：《高压配电装置设计规范》（DL/T 5352—2018）第 2.1.2 条，ABC 正确，D 错误。选正确的所以选 ABC。

61．CD

依据：《电力装置的电测量仪表装置设计规范》（GB/T 50063—2017）第 3.1.2 条，A 正确；表 C.0.11 倒数第 3 行，B 正确；第 8.1.1 条，C 错误；第 4.1.2 条条文说明表 1，站用电属于Ⅳ类，有功电能表应使用 1 级，D 错误。

62．AB

依据：《发电厂和变电站照明设计技术规定》（DL/T 5390—2014）第 8.2.3 条，AB 正确；C 选项条文没有说明工作变可兼做照明变，C 错误；D 选项应为直接接地系统，低压厂用备用变才能兼做照明变，所以 D 错误。选正确的，所以选 AB。

63. BD

依据:《架空输电线路电气设计规程》(DL/T 5582—2020) 表 5.1.9，BD 正确。

64. BCD

依据:《架空输电线路荷载规范》(DL/T 5551—2018) 第 6.1.1 条的公式可知，与环境温度无关，与基本风速，离地高度和风向都相关，所以选 BCD。

65. BCD

依据:《三相交流系统短路电流计算 第 1 部分：电流计算》(GB/T 15544.1—2013) 第 2.2-a)款，B 正确；第 2.2-b)款，C 正确；第 2.2-e)款，D 正确。对于 A 选项，虽然老版第 119 页"基本假定"内容，"所有电源的电动势相位角相同"，但手册使用的是"实用计算法"，本题用的是"等效电压源法"，规范并没有说明 A 选项内容，同时结合该规范第 2.3.1 条，A 错误。选正确的，所以选 BCD。

66. BD

依据:《交流电气装置的过电压保护和绝缘配合设计规范》(GB/T 50064—2014) 第 4.2.2-3 款，AC 错误，BD 正确。选正确的，所以选 BD。

67. BD

依据:《电力系统调度自动化设计规程》(DL/T 5003—2017) 第 4.2.5-4 款，A 选项应该为"200MW 以下的火电机组"，A 错误；C 选项的"……3%以上"和"……60%以上"错误。

68. ACD

依据:《电力系统技术导则》(GB/T 38969—2020) 第 5.3.1 条，A 正确；第 5.3.2 条，B 错误；5.3.4 条，C 正确；第 5.3.3 条，D 选项虽然没有规范条文的"需结合新能源出力……"，但意思是符合规范的，所以 D 正确。选正确的，所以选 ACD。

69. BCD

依据：老版一次手册第 119 页左侧"一、基本规定"第（9）条，非周期分量计算需要用到衰减时间常数，所以 B 需要考虑；发电机提供的短路电流周期分量也要考虑衰减，所以 C 正确；D 需要考虑电阻；选需要考虑的，所以选 BCD。

70. BCD

依据：老版一次手册第 119 页左侧"一、基本规定"第（9）条，非周期分量计算需要用到衰减时间常数，所以 B 需要考虑；发电机提供的短路电流周期分量也要考虑衰减，所以 C 正确；D 需要考虑电阻；选需要考虑的，所以选 BCD。

2023 年注册电气工程师专业案例试题

（上午卷）及答案

【2023 年上午题 1~5】 某光伏电站规划安装容量 250MWp 级，通过 1 回 110kV 线路接入系统。升压站 110kV 侧系统提供的三相短路容量 5000MVA，本期建设光伏发电安装容量 125MWp 级，选择 540Wp 单晶硅光伏组件和 500kW 逆变器，容配比为 1.3。单晶硅光伏组件和逆变器相关主要技术参数分别见表 1 和表 2，请分析计算并解答下列各小题。

表 1 单晶硅光伏组件主要技术参数表

技术参数	单位	参数
峰值功率	Wp	540
开路电压（U_{oc}）	V	49.6
短路电流（I_{sc}）	A	13.86
工作电压（U_{pm}）	V	41.64
工作电流（I_{pm}）	A	12.97
工作电压温度系数	%K	−0.35
开路电压温度系数	%K	−0.275
短路电流温度系数	%/K	0.045
工作条件下的极限低温	℃	5
工作条件下的极限高温	℃	65

表 2 逆变器主要技术参数表

技术参数	单位	参数
额定功率	kW	500
最大输出功率	kW	550
最大输入直流电压	V	1000
最低启动电压	V	540
最小输入电压	V	520
MPPT 电压范围	V	520~850V
交流额定输出电压	V	400
交流输出频率	Hz	50

1. 该光伏电站场址年平均气温、极端最低气温和极端最高气温分别为 16℃、−15℃和 40℃，若每个光伏组件串安装于 1 个固定可调式支架上，呈 2 行 n 列排布，则每个支架光伏组件安装容量宜为下列哪项数值？　　　　　　　　　　　　　　　　　　　　（　　）

（A）8.1kW　　　　　　　　　　　　（B）8.64kW
（C）9.72kW　　　　　　　　　　　（D）10.26kW

2. 该光伏电站的海拔为 3000m，每个光伏组件串的串联数量选择为 19。按每个逆变器划分为 1 个光伏方阵，根据技术协议，海拔高于 1000m 每升高 100m 逆变器功率下降 0.36%，则 1 个光伏方阵安装容量为下列哪项数值？   （   ）

（A）461.7kW   （B）595.08kW
（C）618.2kW   （D）650kW

3. 若光伏电站的海拔为 1000m 以下，每个光伏发电单元包括 1 台就地升压变压器和 4 台逆变器，逆变器已采取限制并联环流措施，从经济性角度考虑，请分析计算就地升压变压器的型式和额定容量宜为下列哪项数值？   （   ）

（A）双绕组变压器、2000kVA
（B）双绕组变压器、2200kVA
（C）双分裂变压器、2000/1000－1000kVA
（D）双分裂变压器、2500/1250－1250kVA

4. 若光伏电站的海拔为 1000m 以下，本期安装 239400 个光伏组件、12600 个并联组串及 200 个逆变器、构成 50 个光伏发电单元，就地升压变压器变比为 37/0.4kV，通过 35kV 集电线路接入升压站 35kV 配电装置，35kV 配电装置采用常规真空断路器开关柜，接入系统审查意见要求主变压器采用双绕组变压器，主变压器变比为 121/35kV，结合光伏发电站规划安装容量连续扩建，假定逆变器交流侧短路电流与直流侧光伏短路电流数值一致，忽略光伏发电母线其他回路对短路电流的影响，请分析计算本期升压站主变压器容量和阻抗宜分别为下列哪组数值更经济合理？   （   ）

（A）100MVA、10.5%   （B）125MVA、10.5%
（C）200MVA、12%   （D）250MVA、12%

5. 本期光伏电站设置 20 台就地升压变，每台升压变压器连接 10 台逆变器、光伏发电母线电压采用 35kV；接入系统 110kV 架空线路长度 20km，110kV 线路电感 0.4mH/km、电容 0.016μF/km；就地升压变压器额定容量 5000kVA、短路阻抗 7%、空载电流 0.6%，35kV 电缆集电线路总感性无功损耗 0.65Mvar、总容性充电功率 1.240Mvar、主变压器感性无功损耗 15Mvar。光伏电站满负荷输出功率按逆变器额定容量考虑，请计算光伏发电无功补偿装置的容量范围为下列哪项数值？   （   ）

（A）－13.98～0Mvar   （B）－16.05～0.608Mvar
（C）－24.29～1.848Mvar   （D）－25.33～2.456Mvar

【2023 年上午题 6～9】压缩空气储能电站的运行模式是储能工况下从电网受电驱动空气压缩机运行，发电工况下空气透平驱动发电机发电送至电网，储能工况和发电工况不同时运行。某压缩空气储能电站配置三台同步电动机驱动的空气压缩机和一台空气透平同步发电机。该储能电站电气主接线简图如下图所示。

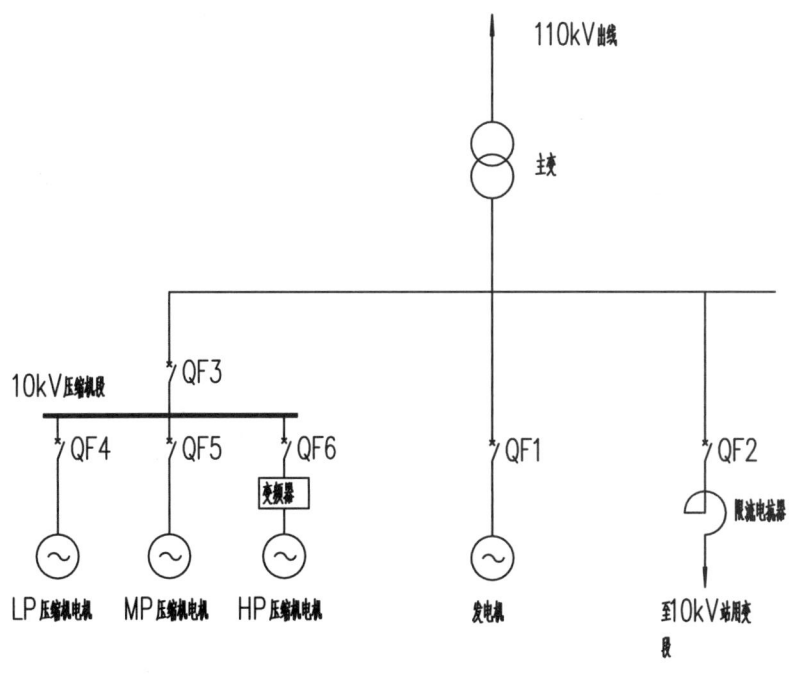

主要设备参数如下表：

设 备 名 称	参　　数
发电机	60MW，$\cos\Phi=0.8$，10.5kV，$X_d''=16\%$
LP 压缩机电机	30MW，$\cos\Phi=0.9$，10kV，$X_d''=25\%$
MP 压缩机电机	30MW，$\cos\Phi=0.9$，10kV，$X_d''=25\%$
HP 压缩机电机	10MW，$\cos\Phi=0.9$，10kV，$X_d''=20\%$
主变	80MVA，$115\pm8\times1.25\%/10.5$kV，$U_d=18\%$

短路电流计算采用实用计算方法，计算时空气透平发电机和同步电动机的短路电流特性均视同为汽轮发电机，不考虑变频器驱动的电动机提供短路电流和10kV站用段提供电动机反馈电流。请分析计算并解答下列各小题。

6．假设主变低压侧短路时系统侧提供三相短路电流周期分量有效值为 24kA，且不随时间衰减，取断路器实际开断时间为 0.1s，则断路器 QF5 的额定短路开断电流的交流分量有效值不应小于下列哪项数值？　　　　　　　　　　　　　　　　　　　　　　　　（　　）

（A）25kA　　　　　　　　　　　　（B）31.5kA
（C）40kA　　　　　　　　　　　　（D）50kA

7．假设主变低压侧短路时系统提供的短路电流为 25kA，10kV 压缩机段提供的短路电流为 20kA，发电机提供的短路电流为 30kA，电抗器的参数为 $I_{ek}=1000$A，$X_k=4\%$，在选择断路器 QF2 的分断能力时，最小按下列哪项短路电流值进行验算？　　（　　）

（A）17.7kA　　　　　　　　　　　（B）39.3kA

（C）54.9kA　　　　　　　　　　　（D）55kA

8. 假设主变低压侧短路电流为50kA，10kV站用电源由主变低压侧通过站用电抗器引接，将10kV站用段短路电流限制在30kA，站用电抗器通过LMY-125×10的铝母线从主变低压侧母线引接，引接处至隔离开关前隔板的水平段分支母线采用三相同平面单根平放安装，相间中心距为0.8m，绝缘子等间距布置。若支柱绝缘子选用ZL-10/8，高度170mm，抗弯破坏负荷为8kN，母线固定金具厚度12mm，请计算按支柱绝缘子的机械强度确定的绝缘子最大间距为下列哪项数值？（按照《电力工程电气设计手册　电气一次部分》的方法，绝缘子受力折算系数取题中给定条件下的计算值）　　　　　　　　　　　　　　　　（　　）

（A）1.10m　　　　　　　　　　　（B）1.21m
（C）1.83m　　　　　　　　　　　（D）3.22m

9. 假设发电机出口三相短路时发电机提供的短路电流起始周期分量有效值为30kA，系统侧提供的短路电流起始周期分量有效值为25kA，发电机侧X/R为80，系统侧X/R为25。若断路器QF1额定短路开断电流为50kA，开断时间为0.07s，则该断路器的额定开断电流直流分量百分数至少应选择下列哪项数值　　　　　　　　　　　　　　　　　（　　）

（A）30%　　　　　　　　　　　（B）50%
（C）70%　　　　　　　　　　　（D）80%

【2023年上午题10~12】某西南地区火力发电厂220kV升压站，海拔高度1400m，设有2回主变压器进线、1回高压启备变进线以及3回220kV线路出线，双母线接线，设母联断路器；220kV升压站采用户外分相中型布置，主母线采用支持式管形母线，管母相间距离3m，架空进出线间隔宽度14m，不预留备用间隔，其中主变压器进线间隔断面图见图1，请分析计算并解答下到各小题。

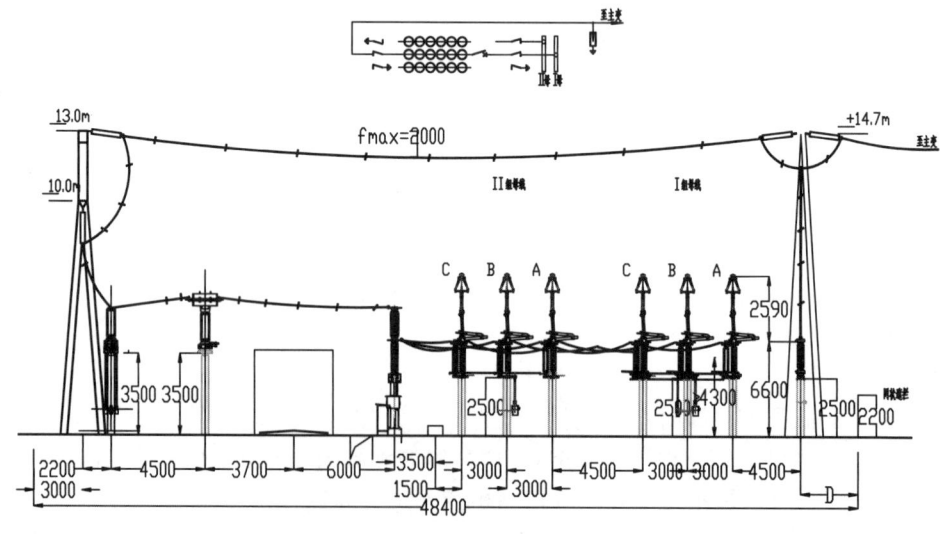

图1　220kV升压站主变压器进线间隔断面图（单位：mm）

10. 图 1 中主变进线回路导线采用单根 LGJQT-1400（单位质量 q=4.962kg/m），相间距离为 4250mm，最大弧垂为 2000mm，若此处发生三相短路时短路电流有效值为 40kA，速断保护等值时间 t 为 0.157s，请通过综合速断短路法计算导线摇摆的最大位移 b 值最接近下列哪项数值？　　　　　　　　　　　　　　　　　　　　　　　　（　　）

（A）0.32m　　　　　　　　　　　　（B）0.43m
（C）0.64m　　　　　　　　　　　　（D）0.86m

11. 图 1 主变压器进线间隔断面图中，若进线避雷器的外径为 320mm，网状遮拦厚度为 100mm，靠近主变侧的网状遮拦中心线与进线避雷器中心线之间的水平距离 D（见图 1 尺寸标注中的"D"）的最小值宜为下列哪项数值？　　　　　　　　　　　　（　　）

（A）1900mm　　　　　　　　　　　（B）1980mm
（C）2190mm　　　　　　　　　　　（D）2400mm

12. 该电厂 220kV 升压器某时段运行状态如下：①仅 1 回主变进线和 1 回 220kV 线路出线回路投运，且上述回路分别布置于升压站的最左端间隔和最右侧间隔；②220kV 升压站主母线Ⅰ母投运，Ⅱ母处于停电检修状态；③主变 220kV 侧工作电流 1100A。在以上运行状态下，该时段主母线Ⅱ母上产生的长期工作电磁感应电压最大值最接近下列哪项数值？
　　　　　　　　　　　　　　　　　　　　　　　　　　　　　　　　　　（　　）

（A）0.0243V/m　　　　　　　　　　（B）0.0319V/m
（C）0.0469V/m　　　　　　　　　　（D）0.1916V/m

【2023 年上午题 13~16】某风力发电场场址海拔高度为 1000m，安装 6.25MW 风力发电机组 100 台，设两个 220kV 汇集升压站，每个升压站各接入 50 台风机，220kV 升压站出线接入 500kV 总变电站的 220kV 侧，500kV 变电站设 450MVA、525kV/230kV 自耦变两组，220kV 汇集升压站设 35kV 母线，风力发电机组以 35kV 集电线路接入 35kV 母线，请分析计算并解答下列各小题。（除特别说明外均按 GB/T 50064 及设计手册解答）

13. 假定变电站 500kV 避雷器 0.5kA 操作冲击残压为 700kV、3kA 操作冲击残压为 780kV，在 0.5~3kA 间伏安特性满足线性关系；若站址距避雷器 60km 处的操作过电压为 2.3p.u.，不考虑其他避雷器分流，长时放电电流视在持续时间取 2ms，则据此校验的避雷器方波长时通流容量幅值最小可取下列哪项数值？（线路阻抗取 260Ω）　　　　　　　（　　）

（A）250A　　　　　　　　　　　　　（B）330A
（C）400A　　　　　　　　　　　　　（D）600A

14. 若自耦变围栏内 500kV 及 220kV 侧均设有避雷器，变压器 220kV 侧雷电冲击耐受电压为 850kV，500kV 避雷器型号为 Y20W-444/1066，据此条件选择自耦变 220kV 侧避雷器，符合要求且与计算值最接近的是下列哪项数值？　　　　　　　　　　　　　　（　　）

（A）Y10W-190/606　　　　　　　　　（B）Y10W-195/606
（C）Y10W-190/680　　　　　　　　　（D）Y10W-195/680

15. 若厂内有一支独立避雷针，在其同一方向分别有两个被保护物，其水平距离及高度关系如下图，则避雷针相对于其所在地平面高度最低可取下列哪项数值？（ ）

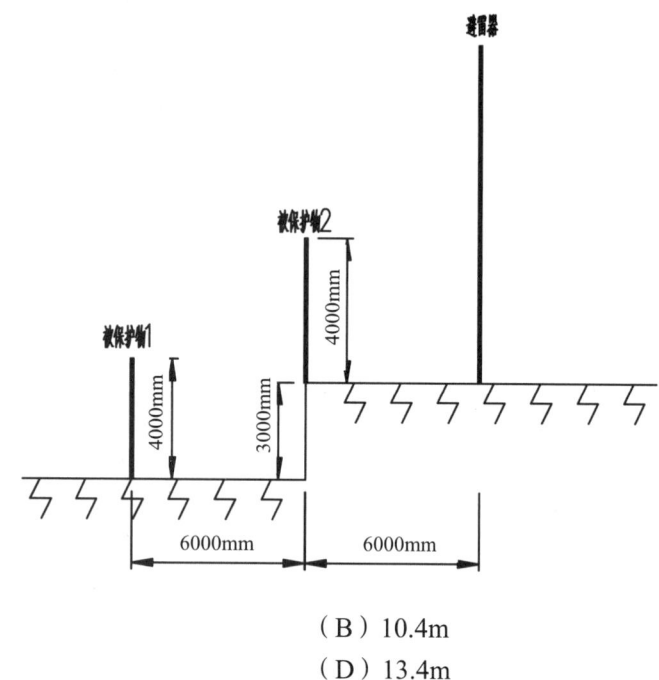

（A）10m
（B）10.4m
（C）13m
（D）13.4m

16. 某电站安装在海拔 2000m 处、220kV 避雷器操作冲击水平为 454kV，预期相对地 2% 统计操作过电压为 2.7p.u.，依据 GB 311 采用确定性法计算电气设备海拔 1000m 处相对地外绝缘缓波过电压的要求耐受电压，为下列哪项数值？（ ）

（A）512.6kV
（B）536.3kV
（C）573.8kV
（D）618.9kV

【2023 年上午题 17～20】某 220kV 变电站与无限大电源系统连接并远离发电厂，电气接线图如下所示，SI 系统归算到 220kV 母线的等值电抗标幺值 X_1=0.01，S2 系统归算到 220kV 母线的等值电抗标幺值 X_{22}=0.014。（基准容量 S_j-100MVA，基准电压 U_j=230kV），变电站安装两台 220kV/110kV/10kV、180MVA 主变，正常运行时高、中压侧并列运行，低压侧分列运行。中低压侧线路均为负荷出线。220kV 侧配置母线差动保护，差电流启动元件定值按可靠躲过区外故障最大不平衡电流整定，接入母差保护的电流互感器变比均为 2500/1。二次电缆采用铜芯电缆，γ 取 57m/Ω·mm²。请分析计算并解答下列各小题。

17. 请计算 220kV 母差保护差电流启动元件定值是下列哪项数值？（可靠系数取 1.5）（ ）

（A）1.51A
（B）2.26A
（C）3.87A
（D）5.65A

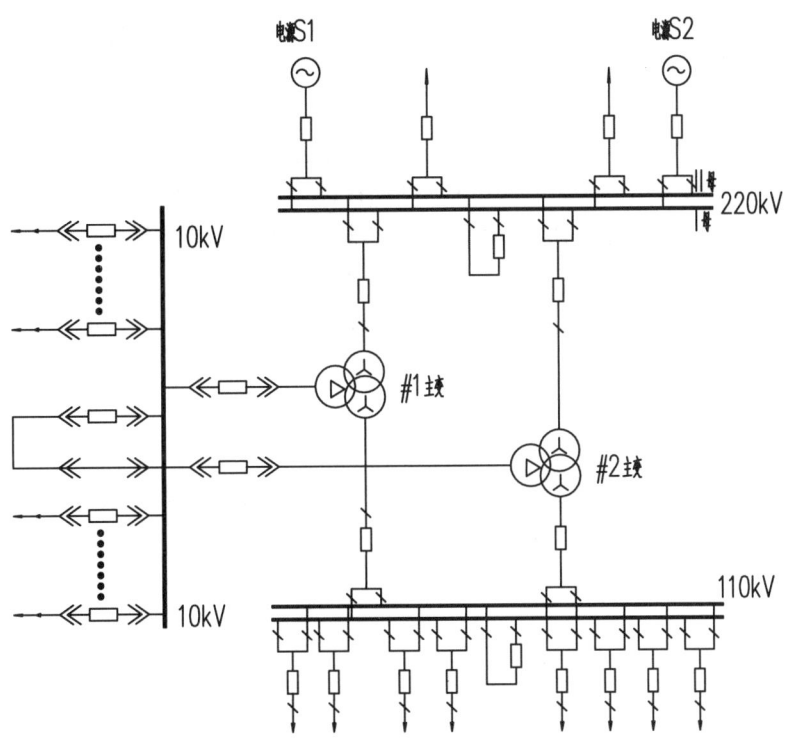

18. 若 220kV 母差保护差电流启动元件定值为 3.15A(二次值)，该元件灵敏系数计算值是下列哪项数值？　　　　　　　　　　　　　　　　　　　　　　　　　　（　　）

(A) 1.50　　　　　　　　　　　　(B) 1.97
(C) 2.76　　　　　　　　　　　　(D) 4.73

19. 主变间隙零序电流保护用电流互感器准确级 5P30，电流互感器至保护装置之间的电缆长度为 180m，截面积 2.5mm^2。保护装置电流线圈电阻 0.5Ω。接触电阻共取 0.1Ω，该间隙电流互感器二次实际负荷计算值是下列哪项数值？　　　　　　　　　　　　（　　）

(A) 1.86Ω　　　　　　　　　　　(B) 2.53Ω
(C) 3.13Ω　　　　　　　　　　　(D) 3.63Ω

20. 10kV 线路保护电流互感器变比为 1200/1，电压互感器变比为 $\frac{110}{\sqrt{3}}/\frac{0.1}{\sqrt{3}}$，本线路长度 16km，$X_1=0.31$Ω/km，线路间隔配置距离保护，相间距离 Ⅱ 段阻抗值按本线路末端故障有足够灵敏系数整定，请问该保护定值二次值是下列哪项数值？　　　　　　　　　　（　　）

(A) 3.97Ω　　　　　　　　　　　(B) 6.45Ω
(C) 7.04Ω　　　　　　　　　　　(D) 8.12Ω

【2023 年上午题 21～25】某 500kV 双回架空输电线路，位于丘陵地区，最高运行线电

压为550kV，设计基本风速为30m/s，履冰厚度为10mm，导线采用4×JL/G1A-630/45钢芯铝绞线，直径为33.8mm、截面为674mm²、单重为2.0792kg/m。请分析计算并解答下列各小题。

21．某直线塔水平档距为400m，下相导线平均高度取20m，挡距相关性积分因子δL取0.4、风向与导线方向夹角为90°、用于杆塔结构设计时，下相导线大风工况的风荷载是下列哪项数值？［依据《架空输电线路荷载规范》（DL/T 5551—2018 计算）］　　（　　）

（A）10.1kN　　　　　　　　　　　（B）24.3 kN
（C）25.6kN　　　　　　　　　　　（D）40.5kN

22．已知某耐张转角塔全高为90m，位于海提高度2000m的e级污秽区，导线耐张绝缘子串采用盘型绝缘子，盘型绝缘子的公称爬电距离为600mm，结构高度为195mm、爬电距离的有效系数为0.94，绝缘配置要求统一爬电比距不小于55mm/kV。若绝缘子的特征指数为0.38，求导线耐张绝缘子串每联所需要的片数是下列哪项数值？　（　　）

（A）24 片　　　　　　　　　　　（B）27 片
（C）31 片　　　　　　　　　　　（D）33 片

23．若该线路位于海拔高度小于1000ms的e级污秽区，采用盘型绝缘子时绝缘配置要求统一爬电比距不小于55mm/kV。若采用相间复合绝缘间隔棒进行防舞，求相间复合绝缘间隔棒的爬电距离是下列哪项数值？（依据《架空输电线路电气设计规程》DL/T 5582—2020 计算）
　　　　　　　　　　　　　　　　　　　　　　　　　　　　　　　（　　）

（A）14000mm　　　　　　　　　　（B）14290mm
（C）22688mm　　　　　　　　　　（D）24750mm

24．某该线路海拔高度2000m，悬垂直线塔采用V型绝缘子串，操作过电压倍数取2.0p.u.，求导线对杆塔空气间隙的正极性操作冲击50%放电电压的要求值是多少？（海拔修正因子m=0.6）
　　　　　　　　　　　　　　　　　　　　　　　　　　　　　　　（　　）

（A）1141kV　　　　　　　　　　　（B）1145kV
（C）1228kV　　　　　　　　　　　（D）1322kV

25．某直线塔全高100m，海拔高度为1000m以下，导线悬重串采用155mm结构高度盘型绝缘子，绝缘子串片数由雷电过电压控制，求雷电过电压要求的最小空气间隙是下列哪项数值？（提示：绝缘子串雷电冲击放电电压：$U_{50\%}=530 \times L+35$，空气间隙雷电冲击放电电压：$U_{50\%}=552 \times S$）
　　　　　　　　　　　　　　　　　　　　　　　　　　　　　　　（　　）

（A）3.30m　　　　　　　　　　　（B）3.63m
（C）3.98m　　　　　　　　　　　（D）4.68m

答　案

1. C【解答过程】依据 GB 50797—2012 第 6.4.2 条，得

$$N \leqslant \frac{U_{\text{dcmax}}}{U_{\text{oc}} \times [1+(t-25) \times K_{\text{v}}]} = \frac{1000}{49.6 \times [1+(5-25) \times -0.275\%]} = 19.11，取 19。$$

由于布置方式为 2 行 N 列，则 1 行最多布置 19/2=9.5 台，取 9 台，2 行共计 18 台。

则容量 $S = 0.54 \times 18 = 9.72(\text{kW})$，

$$N \leqslant \frac{U_{\text{mpptmax}}}{U_{\text{pm}} \times [1+(t'-25) \times K_{\text{v}}']} = \frac{850}{41.64 \times [1+(5-25) \times -0.35\%]} = 19.08$$

【考点说明】本题按 MPPT 算出的范围和按最大开路电压算出的最大值接近都是 19，本题题设说明一个串联段分两排布置在一个支架上，为了让两排所接组件数相等，不至于某一段出现空位，因此串联总数必须是 2 的倍数，这是本题最大的坑点，和工程实际结合非常紧密，这也要求读者在备考时要注意工程实际经验的积累和学习。光伏电站基本结构图如下图所示。

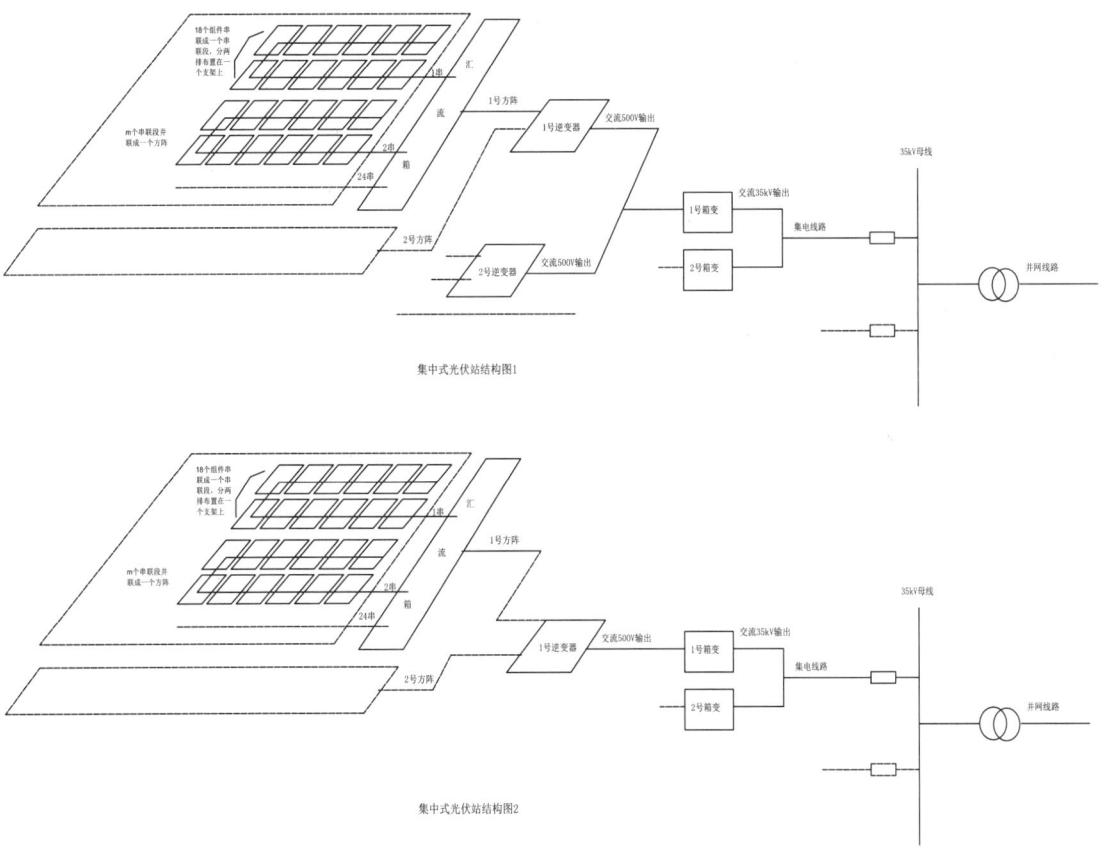

集中式光伏站结构图1

集中式光伏站结构图2

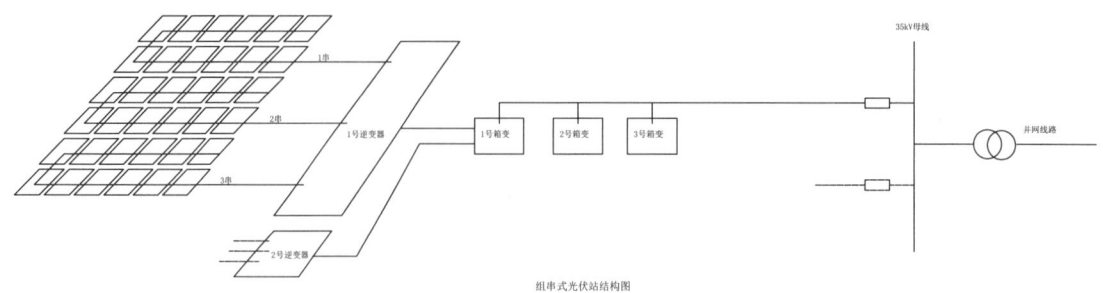

组串式光伏站结构图

2．B【解答过程】依题意，依据 NB/T 10128—2019，第 2.0.5 条容配比定义，及 GB 50797—2012 第 6.1.4 条可得：

一个光伏阵列容量 $S_Z = 19 \times 0.540 = 10.26 (\text{kWp})$

逆变器修正后容量 $S_{逆} = 500 \times \left(1 - \dfrac{3000-1000}{100} \times 0.36\%\right) = 464 (\text{kW})$

则一个方阵的阵列数 $N \leqslant \dfrac{S_{逆} \times 容配比}{S_Z} = \dfrac{464 \times 1.3}{10.26} = 58.79$ 组，取 58 组。

方阵容量 $S_F = 58 \times 10.26 = 595.08 (\text{kWp})$

【考点说明】本题的难点在于"容配比"的出处，找到即可轻松作答；同时光伏方阵的总容量必须是单块组件的整数倍，不能用 464×1.3 计算，同时 58.79 是最大值，必须向下取整。

3．A【解答过程】依据 NB/T 10128—2019 第 3.2.4 条第 4 款、第 5 款及其条文说明，变压器容量 $S \geqslant 4 \times 550 / 1.1 = 2000 (\text{kVA})$，题设已采取限制并联环流措施，变压器型式可选双绕组变压器。【坑点】1.1 的配合系数，逆变器用最大功率，否则错选 B。

4．A【解答过程】依据 NB/T 10128—2019 第 4.3.1 条条文说明，主变容量应与逆变器输出总容量相匹配：$S = 200 \times 500 \times 10^{-3} = 100 (\text{MVA})$；由 GB/T 6451—2015 第 7.1.1 条表 15 可得，短路阻抗为 10.5%。

5．C【解答过程】一、电容性补偿容量计算：依据 GB 50797—2012 第 9.2.2 条第 5 款可知：$S_C = $ 站内集电线路电感损耗+就地箱变电感损耗+主变电感损耗+送出线路一般电感损耗；依据老版一次手册第 476 页式（9-2），负载电流 I_g 按满载可得就地升压变电感损耗：

$$Q_t = \left[\dfrac{U_k(\%)I_g^2}{100 I_e^2} + I_0(\%)\right] S_e \times 20 = (0.07 + 0.006) \times 5 \times 20 = 7.6 (\text{Mvar})$$

依据老版系统手册第 319 页式（10-39）可得送出线路感性无功消耗的一半为

$$Q_L = \dfrac{1}{2} \times 3I^2 X = \dfrac{1}{2} \times 3I^2 \omega L = \dfrac{1}{2} \times 3 \times \left(\dfrac{20 \times 10 \times 0.5}{\sqrt{3} \times 110}\right)^2 \times (20 \times 0.4 \times 2 \times 3.14 \times 50 / 1000) = 1.038 (\text{Mvar})$$

依题意，集电线路电感损耗 0.65Mvar，主变电感损耗 15Mvar，则需要的容性补偿容量为 $15 + 0.65 + 7.6 + 1.038 = 24.288 (\text{Mvar})$。

二、电感性补偿容量计算：依据 GB 50797—2012 第 9.2.2 条第 5 款可知，电感性补偿容量为站内全部充电功率+并网线路一半充电功率；站内全部充电功率为：集电线路 1.24Mvar；并网线路一半充电功率为

$$Q_{\mathrm{C}} = \frac{1}{2}U^2\omega C = \frac{1}{2} \times 110^2 \times 2 \times 3.14 \times 50 \times 0.016 \times 20 \times 10^{-6} = 0.608(\mathrm{Mvar})$$

则需要的感性补偿容量为 $1.24 + 0.608 = 1.848(\mathrm{Mvar})$

【说明】一般情况补偿容量电感部分为负值，电容部分为正值，该题正好相反，读者在应答时应注意灵活掌握。

6. B【解答过程】依题意，储能工况和发电工况不同时运行，即 QF5 合闸时 QF1 断开；QF5 合闸时 MP 压缩电机出口短路流过 QF5 的短路电流最大为：系统短路电流+LP 反馈电流；LP 电机阻抗百分数 25%，依据老版一次手册第 129 页图 4-6 可知 0.1s 短路电流标幺值为 3.6，则 LP 电机反馈电流值为：$I''_{\mathrm{g}} = 3.6 \times \frac{30/0.9}{\sqrt{3} \times 10} = 6.93(\mathrm{kA})$，流过 QFS 的总短路电流 $I''_{\mathrm{D}} = I''_{\mathrm{S}} + I''_{\mathrm{g}} = 24 + 6.93 = 30.93(\mathrm{kA})$。

【考点说明】本题关键在工况分析，如果加上发电机的反馈电流，会误选 D。

7. A【解答过程】依题意发电工况和储能工况不同时运行，选短路电流大的发电工况，总短路电流为 25kA+30kA＞25kA+20kA，取 25kA+30kA；结合 DL/T 5222—2021 第 3.0.8-2 条，按发电工况下限流电抗器后的短路电流对 QF2 进行校验。

解法一：由老版《电力一次手册》第 120 页 4-2 节相关公式、第 121 页表 4-2，（新版一次手册第 108 页，新变电一次第 52 页）有

发电工况下，电抗器前电抗标幺值为 $X''_{\mathrm{S}*} = \frac{5.5}{25+30} = 0.1$

电抗器电抗标幺值 $X_{*\mathrm{k}} = \frac{X_{\mathrm{k}}\%}{100} \times \frac{U_{\mathrm{e}}}{\sqrt{3}I_{\mathrm{e}}} \times \frac{S_{\mathrm{j}}}{U_{\mathrm{j}}^2} = \frac{4\%}{100} \times \frac{10}{\sqrt{3} \times 1} \times \frac{100}{10.5^2} = 0.21$

则电抗器后短路电流为 $I'' = \frac{I_{\mathrm{j}}}{X_*} = \frac{5.5}{0.1+0.21} = 17.742(\mathrm{kA})$

解法二：依据老版一次手册第 253 页（新版一次手册第 253 页，新版变电手册第 106 页）式（6-15）变形公式，则 $x_k\% \geqslant \left(\frac{1}{I_{\text{后}}} - \frac{1}{I_{\text{前}}}\right)\frac{U_{\mathrm{j}}}{U_{\mathrm{e}}}I_{\mathrm{e(kA)}} \Rightarrow \frac{4}{100} \geqslant \left(\frac{1}{I_{\text{后}}} - \frac{1}{25+30}\right) \times \frac{10.5}{10} \times 1$

利用计算器解方程可得 $I_{\text{后}} = 17.769$（kA）

【考点说明】本题的关键点在用电抗器后短路校验，该考点虽然未直接考过，但这是短路电流计算的常规坑点，读者在学习过程中应注重基础要求的广泛学习和记忆，以应对未来出题范围越来越广的趋势，习题讨论课就是通过直播互动和不断训练来提高学员对基础要点的记忆和熟练程度。按电抗器前计算短路电流会错选 C。

8. A【解答过程】由 DL/T 5222—2021 第 3.0.8-2 条，应按限流电抗器前的短路电流对绝缘子受力进行校验，短路电流取 50kA。

依据老版一次手册第 255～257 页，则

由表 6-41 可得绝缘子受力折算系数 $K_{\mathrm{f}} = \frac{H'}{H} = \frac{170 + 12 + 10/2}{170} = 1.1$

由式（6-27）可得短路时绝缘子允许承受电动力 $P \leqslant 0.6P_{\mathrm{xu}} = 0.6 \times 8 = 4.8(\mathrm{kN})$

由表 6-40 可得最大可承受短路电动力 $f = \frac{P}{K_{\mathrm{f}}} = \frac{4.8}{1.1} = 4.364\mathrm{kN}$

则实际短路电动力应小于最大可承受短路电动力，即 $F = 1.76 \times 10^{-1} \times \dfrac{i_{ch}^2 l_p}{a} \leqslant f = 4364(\text{N})$，

此短路点属于发电机端，由老版一次手册第 141 页表 4-15，短路电流冲击系数取 2.69，

整理得 $l_p \leqslant \dfrac{f \times a}{1.76 \times 10^{-1} \times i_{ch}^2} = \dfrac{4364 \times 0.8}{1.76 \times 10^{-1} \times (2.69 \times 50)^2} = 1.097(\text{m})$

9．B【解答过程】依据老版一次手册第 139 页式（4-28）可得发电机侧提供的短路电流非周期分量 $I''_{fz.g} = -\sqrt{2} I'' e^{-\frac{\omega t}{T_a}} = -\sqrt{2} \times 30 \times e^{-\frac{314 \times 0.07}{80}} = 32.23(\text{kA})$，系统侧提供的短路电流非周期分量 $I''_{fz.s} = -\sqrt{2} I'' e^{-\frac{\omega t}{T_a}} = -\sqrt{2} \times 25 \times e^{-\frac{314 \times 0.07}{25}} = 14.68(\text{kA})$，则通过断路器 QF1 的最大直流分量为发电机侧提供，依据 DL/T 5222—2021 第 7.2.4 条及其条文说明，直流分量百分数应为 $\dfrac{32.23}{\sqrt{2} \times 50} = 45.59\%$。

【考点说明】本题计算本身不难，同时短路电流瞬时值计算公式也是必背公式之一，考场上基本 2min 可以解出此题，唯一的难点是计算值 45.59%，没有对上任何一个选项。这时，在考场上可能认为自己做错了而反复校对浪费了宝贵的时间，因此对于题目选项如果给出标准参数而非计算值时，应注意甄别。

10．D【解答过程】由老版一次手册第 708 页附录 10-3，式（附 10-55）、附图 10-19 可知 $P = \dfrac{1.53 I''^2 \times 10^{-1}}{d} = \dfrac{1.53 \times 40^2 \times 10^{-1}}{4.25} = 57.6(\text{N/m})$，$\dfrac{\sqrt{f}}{t} = \dfrac{\sqrt{2}}{0.157} = 9.01$，$\dfrac{p}{q} = \dfrac{57.6}{4.962} = 11.61$，查附图 10-19 可得 $\dfrac{b}{f} = 0.43$，则 $b = 0.86\text{m}$。

【考点说明】本题的关键在查图时具有一定的主观性，但本题查图值为最终答案除 2，因此可以直接根据选项确定查图值，这样效率更高。

11．C【解答过程】依据 DL/T 5352—2018 表 5.1.2-1，附录 A 表 A.0.1 可知题干所求净距应按 B2 值校验；查该规范表 5.1.2-1 可得海拔 1000m、$A_1 = 1800\text{mm}$，又有该规范表 A.0.1 可知海拔 1400m、$A'_1 = 1880\text{mm}$；又由该规范表 5.1.2-1 备注，可得 $B_2 = A'_1 + 70 + 30 = 1880 + 70 + 30 = 1980(\text{mm})$；则网状遮栏与避雷器的中心距 $D = 1980 + 100/2 + 320/2 = 2190(\text{mm})$。

【考点说明】本题属于配电装置常规考点，坑点在于题目问的是中性线之间的距离，要加上避雷器半径的一半和网状遮拦厚度的一半，否则会错选 B；中性线距离也是常规坑点需要注意掌握。

12．C【解答过程】由老版一次手册第 48 页图 2-3、第 574 页式（10-2）可得，其感应电压

$$= I \times 0.628 \times 10^{-4} \times \ln\left[\dfrac{(D_1+D)^{\frac{1}{2}} \times (D_1+2D)^{\frac{1}{2}}}{D_1}\right] = 1100 \times 0.628 \times 10^{-4} \times \ln\left[\dfrac{(4.5+3)^{\frac{1}{2}} \times (4.5+2\times 3)^{\frac{1}{2}}}{4.5}\right]$$

$= 0.0469(\text{v/m})$

【考点说明】推导过程如下：

$$X_{A2C1} = 0.628 \times 10^{-4} \left(\ln \frac{2l}{D_1} - 1 \right); \quad X_{A2B1} = 0.628 \times 10^{-4} \left(\ln \frac{2l}{D_1 + D} - 1 \right)$$

$$X_{A2A1} = 0.628 \times 10^{-4} \left(\ln \frac{2l}{D_1 + 2D} - 1 \right)$$

$$U_{A2} = I \left(X_{A2C1} - \frac{1}{2} X_{A2A1} - \frac{1}{2} X_{A2B1} \right)$$

$$= I \times \left[0.628 \times 10^{-4} \left(\ln \frac{2l}{D_1} - 1 \right) - \frac{1}{2} 0.628 \times 10^{-4} \left(\ln \frac{2l}{D_1 + D} - 1 \right) - \frac{1}{2} 0.628 \times 10^{-4} \left(\ln \frac{2l}{D_1 + 2D} - 1 \right) \right]$$

$$= I \times 0.628 \times 10^{-4} \times \left[\left(\ln \frac{2l}{D_1} - 1 \right) - \frac{1}{2} \left(\ln \frac{2l}{D_1 + D} - 1 \right) - \frac{1}{2} \left(\ln \frac{2l}{D_1 + 2D} - 1 \right) \right]$$

$$= I \times 0.628 \times 10^{-4} \times \left(\ln \frac{2l}{D_1} - \frac{1}{2} \ln \frac{2l}{D_1 + D} - \frac{1}{2} \ln \frac{2l}{D_1 + 2D} \right)$$

$$= I \times 0.628 \times 10^{-4} \times \left[\ln \frac{2l}{D_1} - \ln \left(\frac{2l}{D_1 + D} \right)^{\frac{1}{2}} - \ln \left(\frac{2l}{D_1 + 2D} \right)^{\frac{1}{2}} \right]$$

$$= I \times 0.628 \times 10^{-4} \times \ln \left[\frac{2l}{D_1} \times \frac{1}{\left(\frac{2l}{D_1 + D} \right)^{\frac{1}{2}}} \times \frac{1}{\left(\frac{2l}{D_1 + 2D} \right)^{\frac{1}{2}}} \right]$$

$$= I \times 0.628 \times 10^{-4} \times \ln \left[\frac{(D_1 + D)^{\frac{1}{2}} \times (D_1 + 2D)^{\frac{1}{2}}}{D_1} \right]$$

$$= 1100 \times 0.628 \times 10^{-4} \times \ln \left[\frac{(4.5 + 3)^{\frac{1}{2}} \times (4.5 + 2 \times 3)^{\frac{1}{2}}}{4.5} \right]$$

$$= 0.0469 (\text{v/m})$$

通过以上推导过程可知，已知单位感抗求母线单位感应电压与母线长度无关。

13．A【解答过程】

依题意，"避雷器 0.5kA 操作冲击残压为 700kV、3kA 操作冲击残压为 780kV，在 0.5～3kA 间伏安特性满足线性关系"结合避雷器特性，设避雷器特性方程 $U_{bc} = aI_{bf} + b$；

$$\left. \begin{array}{l} 700 = 0.5a + b \\ 780 = 30a + b \end{array} \right\} \Rightarrow U_{bc} = 32I_{bc} + 684$$

由老版一次手册第 878 页式（15-44）、GB/T 50064—2014 第 3.2.2 条可得

$$I_{\mathrm{bc}} = \frac{U_{\mathrm{c}} - U_{\mathrm{bc}}}{Z} = \frac{U_{\mathrm{c}} - (32I_{\mathrm{bc}} + 684)}{Z} = \frac{2.3 \times \dfrac{550 \times \sqrt{2}}{\sqrt{3}} - (32I_{\mathrm{bc}} + 684)}{260} \Rightarrow I_{\mathrm{bc}} = 1.1952(\mathrm{kA})，又由该$$

手册第 878 页式（15-45），可得 $t = \dfrac{2 \times 60}{0.3} = 400(\mu\mathrm{s})$；依题意持续时间取 2ms=2000μm，有

$I_{\mathrm{bc}实际} t_{实际} \leqslant I_{\mathrm{bf}额定} t_{额定} \Rightarrow 1.1952 \times 400 \leqslant I_{\mathrm{bf}} \times 2000 \Rightarrow I_{\mathrm{bf}} = 239.04(\mathrm{A})$。

14．D【解答过程】由老版一次手册第 879 页式（15-50）可得 220kV 侧避雷器额定电压

$U_{\mathrm{zbe}} \geqslant \dfrac{U_{\mathrm{gbe}}}{N} = \dfrac{444}{525/230} = 194.51(\mathrm{kV})$，又由 DL/T 50064 第 6.4.4 条，220kV 侧避雷器雷电残压

$U_{\mathrm{l.p}} \leqslant u_{\mathrm{e.l.i}}/k_{16} = 850/1.25 = 680(\mathrm{kV})$。

【考点说明】本题是属于自耦变压器专用避雷器，属于"紧靠设备"，要使用 1.25 的配合系数，否则会错选 B。

15．B【解答过程】由 GB/T 50064—2014 第 5.2.1 条；先假设针高小于 30m，则 $P=1$，假设被保护物 1 高度小于 0.5 倍针高，则

$r_{\mathrm{x}} = (1.5h - 2h_{\mathrm{x}})P \Rightarrow h = \dfrac{r_{\mathrm{x}}/P + 2h_{\mathrm{x}}}{1.5} = \dfrac{12/1 + 2 \times 4}{1.5} = 13.33(\mathrm{m})$，满足假设条件，减去避雷针

安装面比被保护物 1 安装面高的 3m，则避雷针高度应大于 10.33m。

假设被保护物 2 高度小于 0.5 倍针高，则

$r_{\mathrm{x}} = (1.5h - 2h_{\mathrm{x}})P \Rightarrow h = \dfrac{r_{\mathrm{x}}/P + 2h_{\mathrm{x}}}{1.5} = \dfrac{6/1 + 2 \times 4}{1.5} = 9.33(\mathrm{m})$，满足假设条件。

16．C【解答过程】由 GB/T 50064 第 3.2.2-2 条、GB/T 311.2—2013 第 5.3.3.1 条

操作过电压 $U_{\mathrm{c2}} = 2.7 P.U. = 2.7 \times \dfrac{\sqrt{2} \times 252}{\sqrt{3}} = 555.48(\mathrm{kV})$

$\dfrac{U_{\mathrm{ps}}}{U_{\mathrm{c2}}} = \dfrac{454}{555.48} = 0.817$，由 GB/T 311.2—2013 第 5.3.3.1 条图 6 可知，$K_{\mathrm{cd}} \approx 1.075$，

$U_{\mathrm{cw}} = K_{\mathrm{cd}} U_{\mathrm{ps}} = 1.075 \times 454 = 488.05(\mathrm{kV})$。由 GB/T 50064—2014 附录 A 式（A.0.2），图 A.0.3 及 GB/T 311.2—2013 第 6.3.5 条可得

$U = U_{\mathrm{cw}} \times k_{\mathrm{a}} \times k_{\mathrm{s}} = 488.05 \times \mathrm{e}^{0.92 \times [(2000-1000)/8150]} \times 1.05 = 573.69(\mathrm{kV})$

【考点说明】本题的坑点在于要进行海拔修正 1000m。习题讨论课的标准计算步骤，首先判断出该题属于"公式体系"，之后便水到渠成顺利避坑出答案。

17．C【解答过程】依题意："差电流启动元件定值按可靠躲过区外故障最大不平衡电流整定"；由老版一次手册第 129 页 4-4 节母差保护区外最大短路电流：

$I_{\mathrm{DLmax}} = 0.251/0.01 + 0.251/0.014 = 43.03(\mathrm{kA})$

由 DL/T 559—2018 第 7.2.9.1 条可得

$I_{\mathrm{DZ}} \geqslant K_{\mathrm{k}}(F_{\mathrm{i}}' + F_{\mathrm{i}}'')I_{\mathrm{DLmax}} = 1.5 \times (0.1 + 0.05) \times 43.03/(2500/1) \times 1000 = 3.87(\mathrm{A})$

【考点说明】本题的坑点是差动定值要用最大短路电流，即按两个系统并列计算，否则会错选 B。

18．B【解答过程】由老版一次手册第 144 页表 4-19 可得，最小短路电流为电源 S2，单回供电时，母线发生两相短路，此时 $I_{\text{DLmin}(2)} = \dfrac{0.251}{0.014} \times 0.866 = 15.53(\text{kA})$，又由 DL/T 559—2007 第 7.2.9.1 条可得 $K_{\text{sen}} = \dfrac{15.53 \times 1000/(2500/1)}{3.15} = 1.97$。

【考点说明】灵敏度要用最小短路电流校验，错用如下算式并列的短路电流计算灵敏度，会错选 D。$I_{\text{DLmin}(2)} = \dfrac{0.251}{(0.014 \times 0.01)/(0.014 + 0.01)} \times 0.866 = 37.26(\text{kA})$

19．C【解答过程】由 DL/T 866—2015 第 10.2.6 条，得

导线电阻 $R_1 = \dfrac{L}{\gamma A} = \dfrac{180}{57 \times 2.5} = 1.263(\Omega)$

$Z_b = \sum K_{rc} Z_r + K_{lc} R_1 + R_c = 1 \times 0.5 + 2 \times 1.263 + 0.1 = 3.126(\Omega)$

【考点说明】零序 CT 的接线形式都是单相接法，这是本题的题眼。读者在备考过程中必须对该考点不同类型的 CT 常规接法烂熟于心才能从容应对考试，培训正课会有 CT 二次负荷专题，给学员讲解原理和巧记公式，这样不用翻规范也能从容作答。

20．D【解答过程】由 DL/T 584—2017 第 7.2.3.6 条可知 20km 以下线路灵敏度取 1.5，又由该规范表 3 可得 $Z_{DZ2} = K_{LM} Z_1 = 1.5 \times 16 \times 0.31 \times \dfrac{1200/1}{\dfrac{110}{\sqrt{3}}/\dfrac{0.1}{\sqrt{3}}} = 8.12(\Omega)$。

【考点说明】错用 1.3 灵敏度会误选 C。

21．D【解答过程】由 DL/T 5551—2018 表 6.1.1-1 注 1 可知题设山地为 B 区；由该规范第 6.1 节相关公式可得：

（1）B 区，均高 20m，查该规范第 73 页附录表 5，β_c 取 1.468；

（2）由该规范表 6.1.1-2 可知题设 500kV 线路 ε_c 取 0.8

　　B 区，ε_c=0.8，档距 400m，均高 20m，查该规范第 74 页续表 6，α_L 取 0.737；

（3）查表 6.1.1-1，B 区 30m，μ_z 取 1.39；

（4）题设直径 d=33.8mm，体型系数 μ_{sc} 取 1.0；

（5）最大风工况无覆冰，$B1$ 取 1.0；

再由该规范式（6.1.1-1），最大风荷载攻角 θ 取 90°，可得：

$W_X = \beta_C \cdot \alpha_L \cdot W_0 \cdot \mu_Z \cdot \mu_{SC} \cdot d \cdot L_P \cdot B_1 \cdot \sin^2\theta$

$= 1.468 \times 0.737 \times \dfrac{30^2}{1600} \times 1.23 \times 1 \times (0.0338 \times 4) \times 400 \times 1 \times 1 = 40.5(\text{kN})$

【考点说明】参数 α_L 也可以用 5551—2018 式（6.1.1-4）计算

$I_Z = I_{10} \cdot \left(\dfrac{z}{10}\right)^{-\alpha} = 0.14 \cdot \left(\dfrac{20}{10}\right)^{-0.15} = 0.1262$

$\alpha_L = \dfrac{1 + 2g \cdot \varepsilon_c \cdot I_Z \cdot \delta_L}{1 + 5 I_Z} = \dfrac{1 + 2 \times 2.5 \times 0.8 \times 0.1262 \times 0.4}{1 + 5 \cdot 0.1262} = 0.7369$

22．D【解答过程】由 DL/T 5582—2020 第 6.1.3 条、第 6.1.5 条、第 6.2.2 条、第 6.2.3

条可得:

(1) 按工频过电压选择:

$$n \geq \frac{\lambda U_{\text{ph-e}}}{K_e L_{01}} = \frac{55 \times 550/\sqrt{3}}{0.94 \times 600} = 30.97(\text{片})$$

2000m 时 $n_H = ne^{m_1(H-1000)/8150} = 30.97 \times e^{0.38 \times (2000-1000)/8150} = 32.45(\text{片})$,取 33 片。

(2) 按操作过电压选择:

$$n \geq \frac{155 \times 25}{195} = 19.87(\text{片})$$

2000m 时 $n_H = ne^{m_1(H-1000)/8150} = 19.87 \times e^{0.38 \times (2000-1000)/8150} = 20.82(\text{片})$。按第 6.2.2 条,耐张绝缘子加 2 片后,取 23 片。

(3) 按操雷电过电压选择:

$$n \geq \frac{155 \times 25 + 146 \times \dfrac{90-40}{10}}{195} = 23.62(\text{片}),$$

2000m 时 $n_H = ne^{m_1(H-1000)/8150} = 23.62 \times e^{0.38 \times (2000-1000)/8150} = 24.75(\text{片})$,取 25 片。

综上所述,三者取大,应取 33 片,因此选 D。

23. D 【解答过程】由 DL/T 5582—2020 第 6.2.4 条可得

盘形绝缘子相地爬电比距要求值 $L_P \geq 55 \times \dfrac{550}{\sqrt{3}} = 17465.4(\text{mm})$

复合绝缘子相地爬电比距要求值 $L_F \geq L_P \times \dfrac{3}{4} = 17465.4 \times \dfrac{3}{4} = 13099.0(\text{mm})$,同时 $L_F \geq 45 \times \dfrac{550}{\sqrt{3}} = 14289.4(\text{mm})$,两者取大,应取 14289.4mm。

复合绝缘子相间爬电比距要求值 $L_{F2} \geq L_F \times \sqrt{3} = 14289.4 \times \sqrt{3} = 24749.6$(mm)

24. D 【解答过程】由 GB/T 50064—2014 第 6.2.2 条、第 6.2.3 条可得

$$u_{l.s.s} \geq k_3 U_s = 1.27 \times 2.0 \times \frac{550 \times \sqrt{2}}{\sqrt{3}} = 1140.65(\text{kV})$$

$1140.65 \times e^{-0.6 \times 2000/8150} = 1321.6(\text{kV})$

【考点说明】不海拔修正会错选 A。

25. C 【解答过程】由 DL/T 5582—2020 第 6.2.2 条、第 6.2.3 条可得

$$n \geq \frac{155 \times 25 + 146 \times \dfrac{100-40}{10}}{155} = 30.65(\text{片}),\text{取 31 片}。$$

依题意,$U_{50\%} = 530 \times 31 \times 155/1000 + 35 = 2581.65(\text{kV})$

又由 GB/T 50064—2014 第 6.2.2-4 条,风偏间隙系数取 0.85,结合题意有

$S = 2581.65 \times 0.85/552 = 3.98(\text{m})$

2023年注册电气工程师专业案例试题

（下午卷）及答案

【2023年下午题1~3】 系统A通过2回220kV线路向某园区电网供电，年送电量12.5亿kWh。线路受端正常最大送电电力250MW、功率因数0.95。园区最大负荷450MW，负荷功率因数0.93，最大负荷利用小时数6000h，园区内有2台125MW燃煤机组，额定功率因数0.85，220kV变电站1座，3台180MVA变压器，电压等级220kV/110kV/10kV，请分析计算并解答下列各小题。

1. 如若园区线路全部采用架空出线，假定忽略架空出线的充电功率，电网最大自然无功负荷系数按1.15考虑，试问园区电网需要的无功设备补偿度 W_B 近似为下列哪项数值？ （　　）

 （A）-0.07   （B）0.62
 （C）0.79   （D）0.81

2. 已知园区日最小负荷率 β 为0.7、发电机最小技术出力为额定容量的0.4，系统A按园区负荷曲线送电。假若新能源全天向园区供电电力保持不变，试问在园区最大负荷日两台机组运行时，为保证全天不出现新能源弃电现象，向园区提供的新能源电力最大值为下列哪项数值？ （　　）

 （A）40MW   （B）50MW
 （C）150MW   （D）215MW

3. 为降低煤炭消费，园区电网拟接入100MW风电机组，已知风电机组年利用小时数2300h，试问在系统A送电量不变的情况下，风电接入后燃煤机组的年发电利用小时为下列哪项数值？ （　　）

 （A）3100h   （B）3700h
 （C）4880h   （D）5080h

【2023年下午题4~6】 某220kV变电站现有2台150MVA变压器，阻抗电压12%，电压比220kV/35kV，接线组别YNd11；220kV主接线采用双母接线，并列运行；35kV主接线采用单母线分段接线，分段运行；35kV出线均为辐射形负荷线路，35kV每段母线最大三相短路电流18kA，最小三相短路电流10kA。基准容量取100MVA，请分析计算并解答下列各题。

4. 已知变电站220kV母线系统零序等值电抗是正序电抗的2.8倍，试求变电站220kV母线最大方式下两相接地短路电流是下列哪项数值？ （　　）

（A）4.8kA （B）32.4kA
（C）33.6kA （D）37.3kA

5. 某热电厂 2 台机组分别经双绕组变压器以发电机变压器单元接至厂内 35kV 配电装置，35kV 主接线采用单母线分段接线，合环运行。并通过 2 回 35kV 电缆线路接至该 220kV 变电站 35kV 两段母线。已知每组发电机变压器单元提供到电厂 35kV 母线的三相短路电流为 1.33kA，单回并网线路电抗标幺值为 0.05，试问电厂接入后变电站 35kV 母线最大三相短路电流为下列哪项数值？ （　　）

（A）19.28kA （B）20.45kA
（C）20.55kA （D）27.69kA

6. 规划中可按照输电线路的极限传输角作为稳定性判据，近似估算线路的输电能力，现有 2 台 80MW 水电机组拟通过 1 回波阻抗为 380Ω、长度 280km 的 220kV 线路接入该 220kV 变电站。如若线路相位常数取 6°/100km、极限传输角按 25°考虑，下列哪项数值近似为该线路的输电能力？ （　　）

（A）186MW （B）229MW
（C）234MW （D）513MW

【2023 年下午题 7~9】某火力发电厂拟建 2×350MW 燃煤供热机组，采用发电机-变压器组单元接线，接入厂内 220kV 升压站，每台机组设一台 45/27-27MVA 的无载调压分裂高厂变，由发电机出口引接，高压厂用电采用 6kV 一级电压，每台机组 2 段 6kV 母线。两台机设一台有载调压高压/启动备用变，采用与高厂变同容量分裂变，电源由厂内 220kV 配电装置母线引接，正常运行时启动/备用变不带负荷。

高厂变额定电压为 20±2×2.5%/6.3～6.3kV，阻抗电压：16.5%（以高压侧容量为基准的半穿越电抗），接线阻别，Dynl-ynl。高压启动/备用变额定电压为 230±8×1.25%/6.3～6.3kV，阻抗电压：21%（以高压侧容量为基准的半穿越阻抗），接线组别，YNyn0-yn0.(+d)。请分析计算并解答下列各小题。

7. 若发电机出口电压较稳定，高厂变铜耗 P_t=175kW，6kV 四段母线的计算负荷分别为：S_{IA}=26362kVA，S_{IB}=26581kVA，S_{IIA}=26586kVA，S_{IIB}=26721kVA。四段母线最小负荷均按照 60%考虑，计算高厂变在-1 分接头带厂用电运行时，四段 6kV 厂用母线的最低电压和最高电压标幺值分别为下列哪项数值？ （　　）

（A）0.9297、1.0097 （B）0.9285、1.0084
（C）0.9534、1.0346 （D）0.9797、1.0622

8. 若 6kVⅠA 段母线计算负荷 S_{IA}=26800kVA（采用换算系数法），该段母线所接最大一台电动机额定功率为 3600kW，启动电流倍数为 6，额定效率为 0.95，额定功率因数为 0.87，换算系数为 0.85，当高厂变带 6kVⅠA 母线运行，最大一台电动机正常启动时母线电压的标幺值为下列哪项数值？ （　　）

（A）0.8653　　　　　　　　　　（B）0.8742
（C）0.8757　　　　　　　　　　（D）0.9158

9. 假设该机组采用湿法脱硫、中速磨直吹系统，6kVⅠB段母线上所接Ⅰ类电动机的额定功率之和为16230kW。#1 高厂变带 6kVⅠA、ⅠB 段厂用电运行，某阶段其中ⅠB 段母线上除所接的 1 台凝结水泵（额定功率 1400kW）、1 台磨煤机（额定功率 500kW）、1 台脱硫吸收塔浆液循环泵（额定功率 800kW）、输煤系统高压电动机（额定功率之和为 970kW）停运外其他高压电动机均正常运行。当#1 高厂变失电成功快速切换到高压启动/备用变时，6kVⅠB 线母线只考虑Ⅰ类负荷自启动时电动机成组自启动电压标幺值为下列哪项数值？（　　）

（A）0.8728　　　　　　　　　　（B）0.8970
（C）0.9038　　　　　　　　　　（D）0.9155

【2023 年下午题 10~12】某电厂规划建设 4×660MW 燃煤汽轮发电机组，先期建设两台，每台机组均通过发电机-变压器组接入厂内 500kV 屋外配电装置。500kV 配电装置采用 3/2 断路器接线方式，2 回出线送出，主变进线采用 2×LGKK-900 导线，分裂间距 400mm，请分析计算并解答下列各小题。

10. 若发电厂海拔高度为 2000m，环境温度为 40℃，则主变进线导线长期允许载流量为下列哪项数值？（　　）

（A）2312A　　　　　　　　　　（B）2359A
（C）2419A　　　　　　　　　　（D）2429A

11. 若主变进线挂点高度为 28m，相间距为 8m，忽略其他间隔导线影响，则 B 相导线的最大表面场强（取平均场强的 1.05 倍）计算值为下列哪项数值？（　　）

（A）7.70kV/cm　　　　　　　　（B）8.47kV/cm
（C）14.24kV/cm　　　　　　　（D）15.67kV/cm

12. 若主变进线次挡距为 10m，当发生三相短路次导线处于临界接触状态时，每根次导线因变形所产生的附加张力为下列哪项数值？（　　）

（A）36101N　　　　　　　　　（B）48767N
（C）72202N　　　　　　　　　（D）97534N

【2023 年下午题 13~16】某新能源汇集站设置 500kV 配电装置、主变压器、220kV 配电装置和无功补偿装置，本期建设 1 台主变压器（以下简称#1 主变）。#1 主变采用 3 台单相自耦变压器组，单相变压器额定容量为 334MVA/334MVA/100MVA；额定电压为 $\frac{525}{\sqrt{3}}/\frac{230}{\sqrt{3}}\pm8\times1.25\%/35\text{kV}$，接线组别为 I_{aoio}。主变 35kV 侧装置设 3 组 60Mvar 并联电容器组，35kV 侧三相短路电流 I'=30.5kA，冲击电流 i_{ch}=78.5kA。汇集站环境条件：海拔 600m、年平均气温 15℃、最热月平均最高气温 30℃、年最高气温 40℃、年最低气温 −25℃，最大风

速 30m/s，请分析计算并解答下列各小题。

13. 若汇集站 220kV 配电装置采用屋外敞开式布置，现场污秽度（SPS）按 d 级。确定参考统一爬电比距（RUSCD）为 43.3mm/kV。选择绝缘子的公称爬电距离 480mm，结构高度 170mm，爬电距离有效系数 0.95，假定按操作过电压和雷电过电压选择绝缘子片数量较按工频电压的少，试计算 220kV 主母线耐张绝缘子串的悬式绝缘子片数量应为下列哪项数值？（　　）

（A）14　　　　　　　　　　　　（B）15
（C）16　　　　　　　　　　　　（D）24

14. 若主变 35kV 侧采用单母线接线，包括 1 个主变 35kV 进线和 3 个电容器组馈线，共 4 个进、出线间隔，35kV 断路器开断时间为 60ms，主保护动作时间取 20ms，汇流主母线采用铝镁硅系（6063）管型母线，导体最高允许温度 80℃。仅考虑电容器组负载，该管形母线不宜小于下列哪个规格？（　　）

（A）Φ100/90　　　　　　　　　（B）Φ130/116
（C）Φ150/136　　　　　　　　（D）Φ200/184

15. 若 35kV 管形母线采用支持绝缘子安装，母线相间距为 1.5m，母线最大跨距为 11.5m，支持金具长 0.9m，集中荷重 10kgf，安装于母线跨距中央。假定题干中短路冲击电流值已包含电容器组的助增作用。假定管母特性参数：温度线性膨胀系数 23.8×10^{-6} 1/℃、弹性模数 $E=7\times10^4$ N/mm²、惯性矩 $I=1339$ cm⁴、截面系数 $W=158$ cm³、导体截面 $S=4072$ mm²、导体自重 $q_1=106.94$ N/m²、管母外径 $D=170$ mm、最大允许应力 17000N/cm²，请计算短路状态下管形母线所受的最大弯矩和应力分别为下列哪项数值？（　　）

（A）5772N·m、3653N/cm²　　　　（B）6394N·m、4047N/cm²
（C）7537N·m、4770N/cm²　　　　（D）16139N·m、10214N/cm²

16. 假定题干中短路电流值仅为系统提供值，电容器组中串联电抗率为 5%，电容器组衰减时间常数 $T_c=0.05$s，站用变由 35kV 系统供电，请计算选择电容器回路中 35kV 隔离开关的额定电流，峰值耐受电流分别不宜小于下列哪个数值？（　　）

（A）1000A、80kA　　　　　　　（B）1000A、100kA
（C）1600A、80kA　　　　　　　（D）1600A、100kA

【2023 年下午题 17～19】某水电站接地网由坝区接地网、引水发电系统接地网、地面 500kV 开关站接地网等组成，请分析计算并解答下列各小题？

17. 坝区水域面积约为 122500m²，水深约为 10m，河水电阻率为 38Ω·m，河床电阻率为 1900Ω·m，敷设由 50m×5m 镀锌接地扁钢构成的水下接地网面积约为 40000m²，接地网网孔大小约为 20m×20m，计算坝区水平接地网电阻为下列哪项数值？（　　）

（A）0.11Ω　　　　　　　　　　　（B）0.86Ω

(C) 1.14Ω   (D) 5.46Ω

18. 为有效降低接地电阻，经对土壤电阻率的实际测量，发现在电站进水口附近的山体中，覆盖层的土壤电阻率为5000Ω·m，5m厚的覆盖层以下的岩石经水长期浸渍，土壤电阻率为100Ω·m，故在此位置附近设置单个总深度为80m的接地深井，深井采用 Φ80 厚壁钢管，两层土壤深埋接地体的影响系数取1。接地体与钻孔间采用土壤电阻率约为100Ω·m 的回填土致密回填，共设置接地深井3个，间距约为100m，接地深井导体互联，接地深井相互影响系数按0.85考虑，接地电阻计算时忽略水平连接导体，请计算这3个接地深井的总接地电阻为下列哪项数值？　　　　　　　　　　　　　　　　　　　　　　　　　　　　　（　　）

(A) 0.558Ω   (B) 0.624Ω
(C) 0.657Ω   (D) 0.773Ω

19. 500kV 开关站的接地网面积为 200m×50m，均压带不等间距布置，接地网采用 TJ-185 铜绞线（外径 15.5mm），网孔数为 20×5 个（长方向×宽方向），埋深为 0.8m。开关站的地电位升为 5000V，请计算接地网的最大接触电位差为下列哪项数值？（　　）

(A) 186V   (B) 191.5V
(C) 377.73V   (D) 529V

【2023 年下午题 20～23】 某水电站采用控制负荷和动力负荷合并供电的直流电源系统，事故停电时间 1h，直流系统标称电压 220V，采用 2 组阀控式密封铅酸蓄电池，配置 3 套高频开关电源充电装置，直流母线为 2 段单母线接线，每组蓄电池容量 1000Ah，蓄电池个数 103 只，选用单位 2V、终止电压 1.87V 的贫液电池、直流负荷统计计算结果为：经常负荷电流 50.9A，随机负荷电流 12A，事故放电初期（1min）冲击放电电流 756.4A，1～30min 放电电流 458.2A、30～60min 放电电流 271.6A，请分析计算并解答下列各小题。

20. 如蓄电池均衡充电输出电流计算系数采用最大值，则以下关于充电装置高频开关电源模块配置的说法，下列哪项符合规程要求？（　　）
(A) 配置额定电流 20A 的电源模块 10 个
(B) 配置额定电流 25A 的电源模块 9 个
(C) 配置额定电流 30A 的电源模块 6 个
(D) 配置额定电流 50A 的电源模块 5 个

21. 蓄电池随机负荷计算容量和事故放电初期冲击负荷计算容量最接近下列哪项数值？（　　）
(A) 8.96Ah，854Ah   (B) 9.45Ah，897.42Ah
(C) 12.54Ah，854Ah   (D) 13.23Ah，897.42Ah

22. 假设计算选择的蓄电池计算容量由阶梯计算法第三阶段确定，则蓄电池计算容量为下列哪项数值？（　　）

(A) 906.87Ah (B) 928.63Ah
(C) 938.08Ah (D) 941.86Ah

23. 假设每只蓄电池电阻（含连接条）为 0.15mΩ，蓄电池组到直流柜距离 20m，采用 3 根 1×150mm² 电缆并联连接，直流柜向分电柜供电回路的断路器选用额定电流 250A 的塑壳断路器，直流柜到分电柜距离 50m，采用 1 根 1×150mm² 电缆连接，150mm² 电缆电阻每米为 0.124mΩ，由分电柜供电的某回路采用额定电流 16A 的微型断路器，计算分电柜内该微型断路器出口短路电流值最接近下列哪项数值？ (   )

(A) 5.18kA (B) 6.11kA
(C) 7.38kA (D) 9.66kA

【2023 年下午题 24~26】某抽水蓄能电站装机 4 台，发电电动机与主变压器的组合方式采用联合单元接线、发电机额定容量为 300MW，额定电压 18kV，额定功率因数 0.9，纵轴次暂态电抗 x″d=0.18/0.21（饱和值/非饱和值）；发电机工况与电动机工况视在功率相等，即 $S_{GN} = S_{MN}$，主变额定容量 360MVA，额定电压（525±2×2.5%）/18kV（无励磁调压），接线组别 YN,d11，短路阻抗 14%，发电电动机电压侧保护用 TA 变比为 15000/1、PT 变比 $\frac{18}{\sqrt{3}} / \frac{0.1}{\sqrt{3}}$ kV，请分析计算并解答以下问题。

24. 假设发电电动机定子绕组对称过负荷的反时限过电流保护动作特性与定子绕组允许过电流曲线相同，制造厂给出的发电电动机热容量常数 K_{tc}=145s，散热系数 K_{sr}=1.02，计算定子过负荷保护按反时限保护特性动作时的最小延时 t_{min} 与下列哪项数值最接近？ (   )

(A) 0.42s (B) 1.26s
(C) 4.86s (D) 6.71s

25. 假设最小运行方式下以发电机容量为基准的系统联系电抗标幺值 $X_{s.min}$=0.16，发电机误上电保护装在机端，计算误上电保护过流元件动作值和全阻机元件电阻动作值（按全阻抗特性整定），与下列哪项数值最接近？ (   )

(A) 0.71A、0.184Ω (B) 0.71A、0.216Ω
(C) 0.76A、0.184Ω (D) 0.76A、0.216Ω

26. 假设主变压器采用通过软件实现电流相位和幅值补偿的微机型保护装置。高、低压侧保护用 TA 变比分别为 15000/1A，1500/1A，TA 二次侧均为 Y 形接线。请计算主变高、低压侧平衡系数最接近下列哪组数值？

(A) k_h=1，k_l=0.594 (B) k_h=1，k_l=0.37
(C) k_h=l，k_l=0.343 (D) k_h=1，k_l=0.326

【2023 年下午题 27~30】某地区新建一座 500kV 变电站，主变 500kV、220kV 侧与系统相连，35kV 侧装无功补偿装置、远期规模为 500kV 出线 4 回、220kV 出线 14 回、主变 4 台 750MVA，主要采用单相自耦高阻抗无励磁调压变压器，额定容量 250MVA/250MVA/

66.7MVA，电压比（525/230±2×2.5%）/35kV，连接组别 YNa0d11，其中 35kV 采用单元制单母线接线。请分析计算并解答下列各小题。

27. 本期 500kV 出线 2 回、220kV 出线 7 回，建设 2 台 750MVA 主变、高中绕阻短路阻抗 $U_{d_{1-2}}\%=14$，正常运行时每台主变的无功损耗为 53MVA。为了补偿本期 500kV 线路充电功率，本站需配置感性无功补容量为 380Mvar，为了限制工频过电压和潜供电流，远期 500kV 母线拟安装 2 组 150MVA 高压电抗器，本期安装 1 组 150MVA 高压电抗器，兼顾远期需要和控制本期投资，本期 35kV 配置的电抗器数量和容量宜为下列哪组合适？ （　　）

（A）2 组 30Mvar　　　　　　　　（B）4 组 60Mvar
（C）5 组 30Mvar　　　　　　　　（D）6 组 660Mvar

28. 35kV 母线三相短路容量为 1700MVA，为不接地系统，每组母线各接有 4 组 60Mvar 电容器组，电容器组投入前母线电压为 35kV，请计算 1 组电容器投入运行后母线升高电压为下列哪项数值？ （　　）

（A）1.24kV　　　　　　　　　　（B）1.31kV
（C）4.94kV　　　　　　　　　　（D）5.22kV

29. 35kV 母线为不接地系统，若最大三相短路容量为 2000MVA，每组母线各接有 4 组 60Mvar 电容器组，为避免产生 3 次及以上谐波谐振，4 组电容器组的串联电抗器的电抗率宜为下列哪组数值？ （　　）

（A）3 组 5%　　1 组 12%　　　（B）4 组 5%
（C）3 组 12%　　1 组 5%　　　（D）2 组 12%　　2 组 5%

30. 若成套电容器组采用串并接方式，先并后串，申联段数为 2、电抗率分别为 12%和 5%时，请计算选择单个电容器的额定电压为下列哪项数值？（电容器可供选择的部分额定电压：$6.3/\sqrt{3}$kV、$6.6/\sqrt{3}$kV、$7.2/\sqrt{3}$kV、$10.5/\sqrt{3}$kV、$11/\sqrt{3}$kV、$12/\sqrt{3}$kV、5.5kV、6kV、10.5kV、11kV、12kV、22kV、24kV）。 （　　）

（A）12kV　　11kV　　　　　　（B）12.06kV　　11.17kV
（C）24kV　　22kV　　　　　　（D）24.12kV　　22.34kV

【2023 年下午题 31~35】 某 500kV 交流单回输电线路悬垂酒杯型直线杆塔，导线采用 4 分裂钢芯铝绞线，分裂间距 450mm。地线采用铝包钢绞线，导地线参数如下表所示，请分析计算并解答下列各小题。

类　别	截面积（mm²）	外径（mm）	重量（kg/km）
导　线	531.68	30	1688
地　线	148.07	15.75	773.2

31. 已知最高气温 40℃，最热月平均温度为 35℃，导线允许温度为 80℃；垂直于导线的风速取 0.5m/s，太阳辐射功率密度取 0.1W/cm²，导线表面的幅射散热系数取 0.9，导线表面

的吸热系数取 0.9、交流电阻为 0.07405Ω/km。计算时不计及温度对电阻的影响，请计算导线允许载流量是下列要项数值？ （　　）

（A）919A　　　　　　　　　　　（B）861A

（C）670A　　　　　　　　　　　（C）848A

32．已知正序电纳为 4.1×10^{-6}S/km，线电压取 525kV，请计算分裂导线圆周表面最大电场强度有效值为下列哪项数值？ （　　）

（A）0.78MV/m　　　　　　　　　（B）1.19MV/m

（C）1.35MV/m　　　　　　　　　（D）1.92MV/m

33．已知导线水平间距离为 12m，导线对地高度为 12m，边相、中相导线表面最大电场强度分别为 1.32MV/m、1.45MV/m，求距离边导线投影外 20m 地面处，频率为 0.5MHz 的无线电干扰值为下列哪项数值？ （　　）

（A）28.5dB(μV/m)　　　　　　　（B）30.8dB(μV/m)

（C）32.0dB(μV/m)　　　　　　　（D）33.0dB(μV/m)

34．已知电晕损失计算用气候条件如下表所示。

大气条件	好天	雪天	雨天	雾凇天	降雨量
各种天气的数量	（年小时数）				（mm）
	7350	60	1250	100	1350

平均电流密度为 0.9A/mm^2，雾凇修正系数为 0.12，请计算考虑导线的工作电流发热影响后的好天气计算小时数为下列哪项数值？ （　　）

（A）7719h　　　　　　　　　　　（B）7786h

（C）8001h　　　　　　　　　　　（D）8831h

35．已知大地电阻率为 1500Ω·m，导线交流电阻为 0.0609Ω/km，不考虑电阻温度系数，请计算导线-地回路的自阻抗为下列哪项数值？ （　　）

（A）0.11+j0.71Ω/km　　　　　　（B）0.06+j0.79Ω/km

（C）0.11+j0.75Ω/km　　　　　　（D）0.11+j0.79Ω/km

【2023 年下午题 36～40】某 500kV 架空输电线路，设计基本风速 27m/s、覆冰厚度 10mm，采用 4×JL/G1A-630/45 导线，导线参数见表 1，地形为山地，重力加速度 $g=9.80665$m/s^2（注：要求按斜抛物线方式进行电线力学特性计算），请分析计算并解答下列各小题。

表 1　导线参数

导线型号	JL/G1A-630/45	
计算截面	666.55	mm^2
外径	33.6	mm
单位长度重量	2.06	kg/m

已知某代表挡距下的比载和水平应力如下表。

设计工况	最低气温	平均气温	最大风速	覆冰工况	最高气温
综合[N/(m·mm)²]	0.03031	0.03031	0.03957	0.04870	0.03031
应力（N/mm²）	74.14	62.59	80.62	95.14	56.24

（注：要求按斜抛线公式进行电线力学特性计算）请分析计算并解答下列各小题。

36．假定某悬垂直线塔定位为水平挡距为500m，最大风速的垂直挡距为400m，导线平均高度为30m。已知水平档距为500m时的档距相关性积分因子 $\delta L = 0.36$，不计导线悬垂绝缘子串的影响，请计算该塔导线悬垂绝缘子串的最大风偏角为下列哪项数值？[注：要求按《架空输电线路电气设计规程》（DL/T 5582—2020）计算] （　　）

（A）32.8°
（B）37.6°
（C）41.8°
（D）44.5°

37．已知两个悬垂直线塔之间定位时的档距为600m，导线悬挂点间的高差为60m，请计算定位时弧垂最低点至导线低悬挂点的水平距离为下列哪项数值？ （　　）

（A）115.4m
（B）225.6m
（C）300.0m
（D）484.6m

38．已知两个悬垂直线塔之间定位后的档距为1000m，导线悬挂点间的高差为0m，请计算导线悬挂点的最大应力为下列哪项数值？ （　　）

（A）58.2N/mm²
（B）75.7N/mm²
（C）98.2N/mm²
（D）104.7N/mm²

39．已知两个悬垂直线塔之间定位后的档距为500m，导线悬挂点间的高差为200m，请计算该档导线悬挂点的最大悬垂角为下列哪项数值？ （　　）

（A）27.0°
（B）27.6°
（C）28.3°
（D）28.6°

40．已知A、B两个悬垂直线塔之间定位后的档距为350m、A塔导线悬挂点比B塔导线悬挂点低50m。在距离A塔200m处跨越一条单地线35kV线路，跨越点处35kV线路地线最高气温工况的高程比A塔导线悬挂点高10m，跨越交叉角为90°。请计算跨越点处500kV线路导线距35kV线路地线的最小垂直距离为下列哪项数值？（计算中不考虑相间距和分裂间距的影响） （　　）

（A）6.0m
（B）8.5m
（C）9.6m
（D）10.4m

答 案

1. C【解答过程】依题意，忽略线路充电功率，由 DL/T 1773—2017 第 6.7 条、第 6.8 条、第 6.9 条可得

$$Q_D = KP_D = 1.15 \times 450 = 517.5 (\text{Mvar})$$

$$tg\theta = \frac{Q}{P} \Rightarrow Q_G = tg[\cos^{-1}(0.85)] \times 2 \times 125 = 154.9 (\text{Mvar})$$

$$Q_R = tg[\cos^{-1}(0.95)] \times 250 = 82.17 (\text{Mvar})$$

$$Q_C = 1.15Q_D - Q_G - Q_R - Q_L = 1.15 \times 517.5 - 154.94 - 82.17 = 358.02 (\text{Mvar})$$

$$W_B = \frac{Q_C}{P_D} = \frac{358.02}{450} = 0.796$$

【考点说明】无功补偿度是以"某一个区域"为标的进行计算，本题是计算园区无功补偿度，那么系统 A 对于园区来说就是"主网或相邻电网"，本题把大题干描述的电网结构搞清楚是关键。

2. A【解答过程】依题意，要算出"新能源全天持续最大供电量"，运行工况为：园区全天最小负荷减去除新能源外其余最小供电量；由老版系统手册第 27 页式（2-9）可得

园区日最小负荷 $P_{\min} = \beta P_{\max} = 0.7 \times 450 = 315 (\text{MW})$

发电机组最小出力 $P_{G\min} = 2 \times 0.4 \times 125 = 100 (\text{MW})$

依题意，线路送电功率曲线与园区负荷曲线一致，则

线路最小输入功率 $P_{L\min} = 0.7 \times 250 = 175 (\text{MW})$

新能源全天最大持续供电量 $P_{新} = 315 - 100 - 175 = 40 (\text{MW})$

因此不弃电的前提下，新能源最大输入功率为 40MW，选 A。

【考点说明】本题的逻辑本身不难，就是根据输入和输出相等算出新能源最大出力，但难就难在这个具有迷惑性的"新能源最大出力"，根据题目解读，该值应该是"全天持续不变的最大出力"，了解到这一层，结合"日最小负荷率"的定义是日最小负荷和日最大负荷的比值，很容易就知道应该用日最小负荷工况算出"新能源持续最大供电量"为 40MW，错用日最大负荷计算：450-125-175=150MW，会错选 C。

3. C【解答过程】由老版系统手册第 31 页式（2-15）可得

$$T = \frac{A_F}{P_{n \cdot \max}} = \frac{450 \times 6000 - 1250000 - 100 \times 2300}{2 \times 125} = 4880 (\text{h})$$

【考点说明】年负荷利用小时数就是设备在额定功率情况下连续运行多少小时能发出年发电量。

4．C【解答过程】

理解一解法：

依题意，如果认为题设"220kV 母线系统零序等值电抗是正序电抗的 2.8 倍"代表的是短路点的总零序阻抗，计算如下

由老版一次手册第 120～121 页第 4-2 节内容可得

220kV 母线处系统正负序阻抗 $X_{*S(1)} = X_{*S(2)} = \dfrac{1.56}{18} - 0.08 = 0.0067$

220kV 母线处系统总零序阻抗 $X_{*S(0)} = 2.8 \times 0.0067 = 0.0188$

由老版一次手册第 144 页式（4-40）、式（4-41）、式（4-42）、表 4-19 可得（新版一次手册第 125 页，新版变电手册第 64 页）

$$I_{d(1,1)} = \sqrt{3} \times \sqrt{1 - \dfrac{X_{2\Sigma} X_{0\Sigma}}{(X_{2\Sigma} + X_{0\Sigma})^2}} \times \dfrac{I_j}{X_{1\Sigma} + \dfrac{X_{2\Sigma} X_{0\Sigma}}{X_{2\Sigma} + X_{0\Sigma}}}$$

$$= \sqrt{3} \times \sqrt{1 - \dfrac{0.0067 \times 0.0188}{(0.0067 + 0.0188)^2}} \times \dfrac{0.251}{0.0067 + \dfrac{0.0067 \times 0.0188}{0.0067 + 0.0188}} = 33.54 \text{(kA)}$$

理解二解法：

认为"220kV 母线系统零序等值电抗是正序电抗的 2.8 倍"只是系统零序阻抗，要并联两台变压器零序才是总零序阻抗，计算如下

变压器阻抗 $X_{*T} = \dfrac{12\%}{100} \times \dfrac{100}{150} = 0.08$

由老版一次手册第 142 页表 4-17，变压器零序阻抗 $X_{*T(0)} = X_{*T(1)} = 0.08$

短路点的总零序阻抗为 220kV 母线零序阻抗与 2 台变压器零序阻抗并联

$X_{*(0)} = X_{*S(0)} // X_{*T(0)} // X_{*T(0)} = 0.0188 // 0.08 // 0.08 = 0.0128$

$$I_{d(1,1)} = \sqrt{3} \times \sqrt{1 - \dfrac{X_{2\Sigma} X_{0\Sigma}}{(X_{2\Sigma} + X_{0\Sigma})^2}} \times \dfrac{I_j}{X_{1\Sigma} + \dfrac{X_{2\Sigma} X_{0\Sigma}}{X_{2\Sigma} + X_{0\Sigma}}}$$

$$= \sqrt{3} \times \sqrt{1 - \dfrac{0.0067 \times 0.0128}{(0.0067 + 0.0128)^2}} \times \dfrac{0.251}{0.0067 + \dfrac{0.0067 \times 0.0128}{0.0067 + 0.0128}} = 34.47 \text{(kA)}$$

【考点说明】

1．本题的关键是零序阻抗是系统与两台变压器并联，不能只算系统零序阻抗，繁琐易错，临考不建议解答此题。

2．如果按理解一做法，计算根号内分母遗漏平方，则会错选 C。

5．D【解答过程】由老版一次手册第 120～121 页第 4-2 节内容可得

变压器阻抗 $X_{*T} = \dfrac{12\%}{100} \times \dfrac{100}{150} = 0.08$

220kV 系统正负序阻抗 $X_{*S(1)} = X_{*S(2)} = \dfrac{1.56}{18} - 0.08 = 0.0067$

采用叠加定律，分别计算发电厂和系统单独作用时对短路点提供的电流再求和，等值电路图如下：

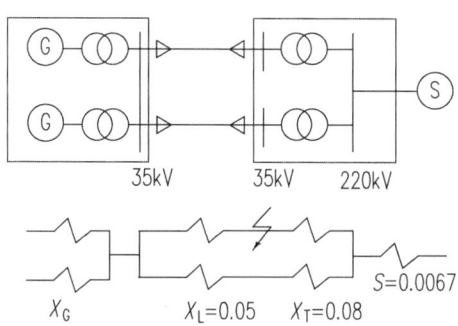

发电厂 35kV 母线向变电站 35kV 母线提供的短路电流有

$$I_{KG} = \dfrac{1.56}{\dfrac{1.56}{1.33 \times 2} + 0.05 / (0.05 + 0.08 \times 2)} = 2.489 \text{(kA)}$$

系统向变电站 35kV 母线提供的短路电流

$$I_{KS} = \dfrac{1.56}{0.0067 + 0.08 / (0.08 + 0.05 \times 2)} = 25.127 \text{(kA)}$$

则变电站 35kV 母线总短路电流

$$I_K = I_{KS} + I_{KG} = 25.127 + 2.489 = 27.616 \text{(kA)}$$

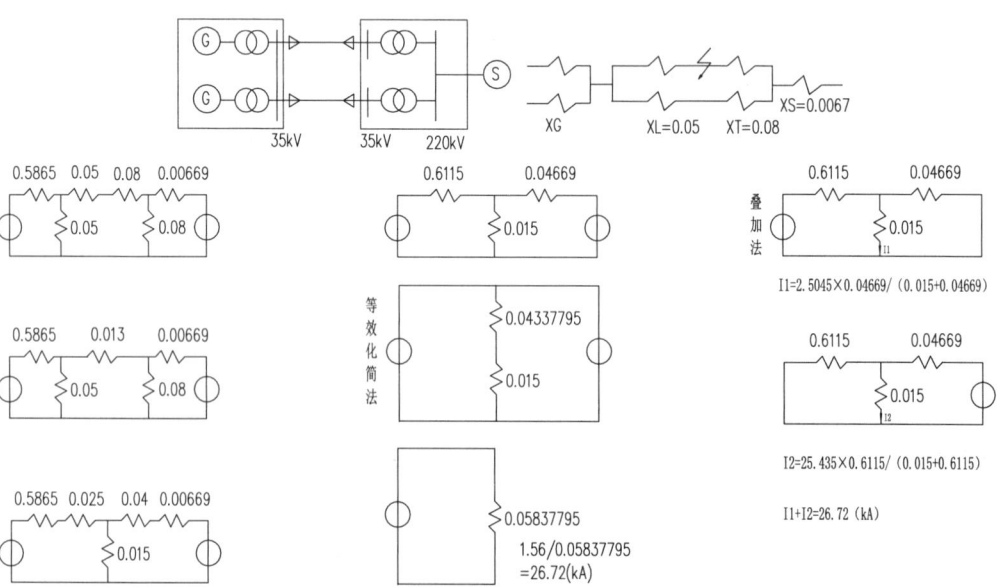

本题也可使用网孔电流法计算如下：

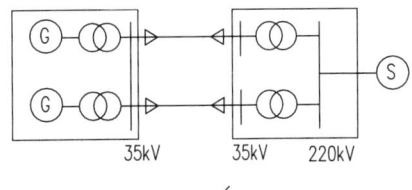

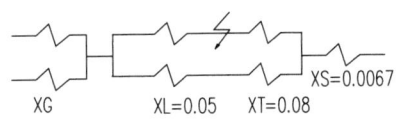

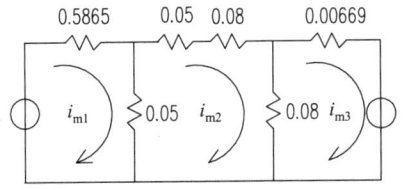

$(0.5865+0.05)i_{m1}-0.05i_{m2}-0=1$
$-0.05i_{m1}+(0.05+0.05+0.08+0.08)i_{m2}-0.08i_{m3}=0$
$-0-0.08i_{m2}+(0.08+0.00669)i_{m3}=-1$

解方程可得：
$i_{m1}=1.2072; i_{m2}=-4.632; i_{m3}=-15.81$

由电路图可得：
$I_*=(i_{m1}-i_{m2})+(i_{m2}-i_{m3})=i_{m1}-i_{m3}$
$=1.2072+15.81=15.7263=17.0172$

有名值为：
$I=1.56\times17.0172=26.55(kA)$

6. A【解答过程】由老版系统手册第 184 页式（7-15）、式（7-16）可得

线路自然输送容量 $P_\lambda=\dfrac{U_e^2}{Z_\lambda}=\dfrac{220^2}{380}=127.37(MW)$

传输能力 $P=P_\lambda\dfrac{\sin\delta_y}{\sin\lambda}=127.37\times\dfrac{\sin25°}{\sin(6°\times280/100)}=186.24(MW)$

7. D【解答过程】由 DL/T 5153—2014 附录 G 可得

变压器电阻 $R_T=1.1\dfrac{P_t}{S_{2T}^2}=1.1\times\dfrac{175}{27000}=0.0071$

变压器电抗 $X_T=1.1\dfrac{U_d\%}{100}\dfrac{S_{2T}}{S_T}=1.1\times\dfrac{16.5\%}{100}\times\dfrac{27}{45}=0.1089$

$Z_\phi=R_T\cos\phi+X_T\sin\phi=0.0071\times0.8+0.1089\times0.6=0.071$

依题意"发电机出口电压较稳定"，又由该规范式（G.0.1-1）参数 U_0 说明可知，U_0 最低电压取 1.024，最高电压取 1.08，则

变压器最高空载电压 $U_{0\max}=\dfrac{1.08}{1-1\times2.5\%}=1.1077$

变压器最低空载电压 $U_{0\max}=\dfrac{1.024}{1-1\times2.5\%}=1.0503$

母线最高电压 $U_{\max}=U_{0\max}-S_{\min}Z_\phi=1.1077-\dfrac{26362\times60\%}{27000}\times0.071=1.0661$

母线最低电压 $U_{\min}=U_{0\min}-S_{\max}Z_\phi=1.0503-\dfrac{26721}{27000}\times0.071=0.9800$

综上选 D。

【考点说明】本题的"四段 6kV 厂用母线的最低电压和最高电压"，是四段中的最高电压，和四段中的最低电压，因此应使用四段中的最大负荷和四段中的最小负荷计算。

8. B【解答过程】由 DL/T 5153—2014 附录 H 中式（H.0.1-1）～式（H.0.1-3）及附录 G 中式（G.0.1-4）可得

变压器电抗 $X_T = 1.1 \dfrac{U_d\%}{100} \dfrac{S_{2T}}{S_T} = 1.1 \times \dfrac{16.5\%}{100} \times \dfrac{27}{45} = 0.1089$

启动容量标幺值 $S_q = \dfrac{K_q P_e}{S_{2T} \eta_d \cos\varphi_d} = \dfrac{6 \times 3600}{27000 \times 0.95 \times 0.87} = 0.9679$

启动前已带负荷标幺值 $S_1 = \dfrac{26800 - 3600 \times 0.85}{27000} = 0.8793$

合成负载标幺值 $S = S_1 + S_q = 0.8793 + 0.9679 = 1.8472$

启动时母线电压 $U_m = \dfrac{U_0}{1+SX} = \dfrac{1.05}{1+1.8472 \times 0.1089} = 0.8742$

【考点说明】本题的母线计算负荷中已经包含了启动这台电动机的"计算负荷值"，因此已运行负荷需要母线计算负荷减去启动电动机的计算负荷值，为额定功率乘换算系数。如果直接减去启动电动机额定功率，会错选 C。本题选项之所以留四位小数，就是为了精心设计这个坑点。

9. C【解答过程】由 DL/T 5153—2014 附录 J 中式（J.0.1-1）～式（J.0.1-3）及附录 G 中式（G.0.1-4）可得

启动/备用变压器电抗 $X_T = 1.1 \dfrac{U_d\%}{100} \dfrac{S_{2T}}{S_T} = 1.1 \times \dfrac{21\%}{100} \times \dfrac{27}{45} = 0.1386$

依题意，又由该规范附录 B 中表 B，第 71 页第 6.1 节，凝结水泵为 I 类；依题意"中速磨直吹系统""直吹"可判断为无煤粉仓。由该规范第 65 页第 5.1 节，磨煤机为 I 类；由第 67 页第 11.3 节，浆液循环泵为 I 类；由第 76 页第六部分可知输煤系统负荷基本为 II 类；依题意只考虑 I 类负荷自启动，则

成组自启动功率总和 $\sum P_e = 16230 - 1400 - 500 - 800 = 13530(\text{kW})$

启动容量标幺值 $S_{qz} = \dfrac{K_{qz} \sum P_e}{S_{2T} \eta_d \cos\varphi_d} = \dfrac{2.5 \times 13530}{27000 \times 0.8} = 1.5660$

$S_1 = 0$，故 $S = S_{qz}$ 成组自启动时母线电压 $U_m = \dfrac{U_0}{1+SX} = \dfrac{1.1}{1+1.5660 \times 0.1386} = 0.9038$

【考点说明】本题的关键是判断哪些是 I 类负荷，如果一条一条从 GL/T 5153—2014 附录查表，则该题需要耗费很多时间，如果对火电厂工艺流程有一定掌握，则该题很快即可解答，因此读者在备考注电时，要注意对工程基础知识的学习和掌握。

10. A【解答过程】由 DL/T 5222—2021 表 5.1.5，设备海拔 2000m，40℃，屋外软导线环境修正系数为 0.79，该规范第 139 页表 7 条，题设屋外设备，按 80℃查表载流量 1493，修正后载流量 $I_{g1} = 1493 \times 0.79 = 1179.47(\text{A})$，

依据老版一次手册第 379 页式（8-55）、式（8-56）、式（8-57）可得（新版一次手册第 379 页）

$$Z = 4\pi\lambda\frac{s}{(\rho+1)} = 4\times\pi\times 3.7\times 10^{-4}\times\frac{991.23}{0.8+1} = 2.56$$

$$B = \left\{1-\left[1+\left(1+\frac{1}{4}Z^2\right)^{-\frac{1}{4}}+\frac{10}{20+Z^2}\right]\times\frac{Z^2\times d_0}{(16+Z^2)d}\right\}^{-\frac{1}{2}}$$

$$= \left\{1-\left[1+\left(1+\frac{1}{4}\times 2.56^2\right)^{-\frac{1}{4}}+\frac{10}{20+2.56^2}\right]\times\frac{2.56^2\times 4.9}{(16+2.56^2)\times 40}\right\}^{-\frac{1}{2}} = 1.04$$

$$I = nI_{xu}\frac{1}{\sqrt{B}} = 2\times 1179.47\times\frac{1}{\sqrt{1.04}} = 2313.13(\text{A})$$

【考点说明】本题忽略邻近效应会错选 B。在计算 B 值,查表取截面 S 时,应采用总截面,而不能只用铝截面,因计算较复杂,一旦取错会浪费很长时间,因此类似题目在考场上无把握时可以先不做此题。

11. D【解答过程】由 DL/T 5222—2021 第 5.1.5 条条文说明表 7 可知 2×LGKK-900 导线,单根直径 49mm,分裂间距 400mm,由老版一次手册第 378 页表 8-28 可得

$$r_d = \sqrt{r_0 d} = \sqrt{\frac{4.9}{2}\times 40} = 9.899$$

又由该手册第 379 页式(8-53)、式(8-54)可得

$$C = 1.07C_{pj} = 1.07\times\frac{0.024}{\lg\frac{1.26D}{r_d}} = 1.07\times\frac{0.024}{\lg\frac{1.26\times 800}{9.899}} = 0.0128$$

$$E = \frac{18CU_m k}{nr_0\sqrt{3}} = \frac{18\times 0.0128\times 550\times 1.05}{2\times 4.9/2\times\sqrt{3}} = 15.68(\text{kV/m})$$

【考点说明】公式中的 D 值为相间距;本题公式稍微复杂,同时长度的单位是 cm(1cm=10mm),需要注意单位换算,否则极易出错。

12. B【解答过程】依题意,由老版一次手册第 381 页图 8-32 图(b)及 382 页算例可知,临界状态 $b=2r_d$(导线直径);由 DL/T 5222—2021 第 5.1.5 条条文说明表 7 可得,2×LGKK-900 导线直径为 49mm,则:$f = \dfrac{d-2r_d}{2} = \dfrac{0.4-0.049}{2} = 0.1755(\text{m})$

$$\widehat{l}_{AB} = l_0 + \frac{8}{3}\frac{f^2}{l_0} = 10 + \frac{8}{3}\times\frac{0.1755^2}{10} = 10.008213$$

$$\varepsilon = \frac{\widehat{l}_{AB}-l_{AB}}{l_{AB}} = \frac{10.008-10}{10} = 0.0008213$$

由 DL/T 5222—2021 第 5.1.5 条条文说明表 7 可知 2×LGKK-900 导线弹性系数 E=59900N/mm²,总截面积 S=991.23mm² 时则 $F = ES\varepsilon = 59900\times 991.23\times 0.0008213 = 48764.4(\text{N})$。

【考点说明】本题注意判断临界状态的距离:两根导线刚好贴在一起的中心距;同时注意单位换算即可很方便地做出此题。

13．C【解答过程】依题意"假定按操作过电压和雷电过电压选择绝缘子片数量较按工频电压的少"，只用爬电比距发计算即可。由 DL/T 5222—2021 第 21.0.8 条条文说明式（27）可得

$$n \geq \frac{\lambda U_m}{K_e L_e} = \frac{43.3 \times 252/\sqrt{3}}{0.95 \times 480} = 13.82(片)，取 14 片。$$

又由该规范第 21.08 条，220kV 耐张串取 2 片零值绝缘子，则 $n = 14+2 = 16$(片)。

【考点说明】本题已知的是"统一爬电比距"，对应电压为相电压，如果用线电压不加零值绝缘子会误选 D。

14．C【解答过程】由 GB 50227—2021 第 5.8.2 条可得

$$I_g = 1.3 \times \frac{60 \times 3 \times 10^3}{\sqrt{3} \times 35} = 3859.999(A)$$

由 DL/T 5222—2021 表 4.0.3、表 5.1.5，可知校验系数 $k=0.94$，则

$$I_{xu} \geq \frac{I_g}{k} = \frac{3859.999}{0.94} = 4106.38(A)$$

依据第 5.1.5 条说明表 1 可知 C 选项 $\phi 150/136$ 管母满足要求，热稳定截面校验：再由该规范 5.1.9 条及表 5.1.9 可得

$$S \geq \frac{\sqrt{Q_c}}{C} = \frac{\sqrt{30.5^2 \times (0.06 + 0.02 + 0.05)}}{85} \times 1000 = 129.4(mm^2)$$

C 选项符合要求，所以选 C。

【考点说明】本题的关键是电容器回路的修正系数 1.3，读者备考期间必须对该类修正系数全部熟记于心，考试的时候才能从容应对；题目给了断路器时间，所以必须进行热稳定截面校验。

15．B【解答过程】由老版一次手册第 346 页算例可得

$$f_d = 1.76 \times \frac{i_{ch}^2}{a} \beta = 1.76 \times \frac{78.5^2}{150} \times 0.58 = 41.936(kg/m)$$

$$M_{sd} = 0.125 \times f_d \times l_{js}^2 \times 9.8 = 0.125 \times 41.936 \times (11.5-0.9)^2 \times 9.8 = 5772.11(N \cdot m)$$

$$f_v' = d_v k_v D \frac{v^2}{16} = 1 \times 1.2 \times 0.17 \times \frac{15^2}{16} = 2.869(kg/m)$$

$$M_{sf}' = 0.125 f_v' l_{js}^2 \times 9.8 = 0.125 \times 2.869 \times (11.5-0.9)^2 \times 9.8 = 394.89(N \cdot m)$$

$$M_{cz} = 0.125 g_l l_{js}^2 \times 9.8 = 0.125 \times 106.94 \times 10.6^2 = 1501.94(N \cdot m)$$

$$M_{cj} = 0.188 P l_{is} \times 9.8 = 0.188 \times 10 \times 10.6 \times 9.8 = 195.29(N \cdot m)$$

$$M_d = \sqrt{(M_{sd} + M_{sf}')^2 + (M_{cz} + M_{cj})^2}$$
$$= \sqrt{(5772.11 + 394.89)^2 + (1501.97 + 195.29)^2} = 6396.29(N \cdot m)$$

$$\sigma_d = 100 \frac{M_d}{w} = 100 \times \frac{6396.29}{158} = 4048.29(N/cm^3)$$

【考点说明】本题力学计算类似线路的力学计算，算法本身不难，但计算量很大，极容易出错，临考时建议不做此类题目。

16．D【解答过程】由 GB 50227—2017 第 5.8.2 条可得

$$I_g = 1.3 \times \frac{60 \times 10^3}{\sqrt{3} \times 35} = 1286.7(\text{A})，额定电流取 1600A$$

依据老版一次手册第 159 页第 4-11 节可得

$$\frac{Q_c}{S_d} = \frac{3 \times 60}{\sqrt{3} \times 37 \times 30.5} = 9.21\% > 7\%，应考虑助增。$$

由第 161 页图 4-23，可得 $k_{ch} = 1.039$；题目已知 35kV 冲击电流 $i_{ch,s}$=78.5kA。
由该手册第 160 页式（4-74）可得：$i_{ch} = k_{ch} \times i_{ch,s} = 1.039 \times 78.5 = 81.56$（kA）
【考点说明】老版一次手册图 4-21 和图 4-22 是计算 t 秒有效值的系数，图 4-23 和图 4-24 是计算冲击电流的系数，注意区分。

17．C【解答过程】由 NB/T 35050—2015 附录 A 式（A.0.3）可得

$$R = k_s \frac{\rho_s}{40}; \qquad \rho_2/\rho_1 = 1900/38 = 50; \qquad \sqrt{S} = \sqrt{4000} = 200$$

查该规范图 A.0.3-4 可得 k_s=0.9+(1.5-0.9)/2=1.2，所以 $R = 1.2 \times \frac{38}{40} = 1.14(\Omega)$

【考点说明】本题参数较多，作答时保持思路清晰，按部就班即可轻松解决。

18．D【解答过程】由 NB/T 35050—2015 附录 A.0.4-1、A.0.4-3；因为深度 $l = 80 > 5$，所以

$$\rho_a = \frac{\rho_1 \rho_2}{\frac{H}{l} \times (\rho_2 - \rho_1) + \rho_1} = \frac{5000 \times 100}{\frac{5}{80} \times (100 - 5000) + 5000} = 106.5(\Omega \cdot \text{m})$$

依题意；两层土壤影响系数 C=1，Φ80 厚钢管直径 d=0.08m，可得

$$R = \frac{\rho_a}{2\pi l}\left(\ln\frac{4l}{d} + c\right) = \frac{106.5}{2\pi \times 80} \times \left(\ln\frac{4 \times 80}{0.08} + 1\right) = 1.97(\Omega)$$

依题意相互影响系数为 0.85，参考该规范式（6.2.3）可得：

三个深井 $R_3 = \frac{R}{3} \times \frac{1}{0.85} = 0.773(\Omega)$

【考点说明】本题计算单个接地深井的接地电阻时不难，在计算总电阻时，接地深井相互影响系数是乘还是除容易选错。相互影响系数是对接地效果的削弱，也就是该系数会增大接地电阻值，故在计算电阻值时应除以该系数。本题若错乘 0.85，结果为 0.558，会误选 A。不考虑相互影响系数 0.85 会错选 C。

19．C【解答过程】由《水力发电厂接地设计技术导则》（NB/T 35050—2015）式（7.3.4-6）及其后续参数公式可得

$$K_j = k_{jh} k_{jn} k_{jd} k_{js} k_{jm} k_{jL}$$

$$k_{jh} = 0.257 - 0.095\sqrt[5]{h} = 0.257 - 0.095\sqrt[5]{0.8} = 0.1661$$

$$k_{jn} = 0.021 + 0.217\sqrt{n_2/n_1} - 0.132 n_2/n_1 = 0.0993$$

$$n_1 = 20 + 1 = 21; \quad n_2 = 5 + 1 = 6$$

$$k_{jd} = 0.401 + 0.658/\sqrt[6]{d} = 0.401 + 0.658/\sqrt[6]{0.0155} = 1.7188$$

$$k_{js} = 0.054 + 0.410\sqrt[8]{S} = 0.054 + 0.410 \times \sqrt[8]{200 \times 50} = 1.3505$$

$$k_{jm} = 2.837 + 240.021/\sqrt[3]{m^2} = 2.837 + 240.021/\sqrt[3]{(20 \times 5)^2} = 13.9778$$

$$k_{jL} = 0.168 + 0.002L_2/L_1 = 0.168 + 0.002 \times 50/200 = 0.1685$$

$$K_j = k_{jh}k_{jn}k_{jd}k_{js}k_{jm}k_{jL} = 0.1661 \times 0.0993 \times 1.7188 \times 1.3505 \times 13.9778 \times 0.1685 = 0.0902$$

依题意，$E_w = 5000\text{V}$，又由该规范式（7.3.3）可得

$$E_{jm} = K_j E_w = 0.0902 \times 5000 = 451\text{V}$$

无合适选项。

【考点说明】

1．本题计算过程复杂、计算量非常大，小数点有效位数保留不同，计算结果相差很大，同时本题最终计算结果和选项不一致。

2．本题采用考纲范围内的 NB/T 35050—2015 和 GB/T 50065—2011 均无法得出与选项一致的结果。

3．在接触电位差计算章节，NB/T 35050—2015 和已过期规范 DL/T 621—1997 的公式同源，但两本规范中参数不一致，若按 DL/T 621—1997 计算，则

$$k_{jd} = 0.401 + 0.522/\sqrt[6]{d} = 0.401 + 0.522/\sqrt[6]{0.0155} = 1.4554$$

$$k_j = 0.1662 \times 0.0993 \times 1.4554 \times 1.3505 \times 13.9778 \times 0.1685 = 0.076$$

$$E_{jm} = K_j E_w = 0.076 \times 5000 = 380\text{V}$$，接近选项 C。

20．C【解答过程】由 DL/T 5044—2014 第 D.2.1-2 条及第 D.1.1-3 条，可得

$$I_r = 1.25 I_{10} + I_{jc} = 1.25 \times \frac{1000}{10} + 50.9 = 175.9(\text{A})$$

$$n_{20} = \frac{175.9}{20} = 8.795，取9个；\quad n_{25} = \frac{175.9}{25} = 7.036，取7个；$$

$$n_{30} = \frac{175.9}{30} = 5.86，取6个；\quad n_{50} = \frac{175.9}{50} = 3.518，取4个。$$

C 符合计算结果，所以选 C。

【考点说明】注意规范中对充电模块总数量的控制，DL/T 5044—2014 第 6.2.3-3 条"…模块数量宜控制在 3～8 个"。

21．B【解答过程】由 DL/T 5044—2014 附录 C 第 C.2.3 条，式（C.2.3-7）、式（C.2.3-11），K_k 取 1.4；由表 C.3-3 可知 k_{cr} 取 5s 值为 1.27，k_{c1} 取 1min 值为 1.18。

$$C_r \geq \frac{I_r}{k_{cr}} = \frac{12}{1.27} = 9.45(\text{Ah});\quad C_{c1} \geq K_k \frac{I_1}{k_{c1}} = 1.4 \times \frac{756.4}{1.18} = 897.42(\text{Ah})$$

22．C【解答过程】由 DL/T 5044—2014 附录 C 第 C.2.3 条式（C.2.3-9）、表 C.3-3，K_k 取 1.4，可得：

$$C_{c3} \geq K_k[\frac{1}{k_{c1}}I_1 + \frac{1}{k_{c2}}(I_2 - I_1) + \frac{1}{k_{c3}}(I_3 - I_2)]$$

$$= 1.4 \times [\frac{1}{0.52} \times 756.4 + \frac{1}{0.548} \times (458.2 - 756.4) + \frac{1}{0.755} \times (271.6 - 458.2)]$$

$$= 928.63 \text{Ah}$$

由式（C.2.3-11）有，$C_2 = \frac{12}{1.27} = 9.45(\text{Ah})$

$$C = C_3 + C_2 = 928.63 + 9.45 = 938.08(\text{Ah})$$

【考点说明】本题"……由阶梯计算法第三阶段确定"指的是 $C_{c1} \sim C_{cn}$ 各阶段中 C3 是控制阶段（或最大阶段），在此阶段上加随机负荷为总容量，如果不加随机负荷会错选 B。

23．A【解答过程】依题意，由 DL/T 5044—2014 附录 A 表 A.6-1 可得：250A 的塑壳断路器单极内阻为 0.3mΩ；16A 的微型断路器查表 63（微型断路器），单极电阻为 6.2mΩ；又由该规范附录 G 式（G.1.1-2）可得

$$I_k = \frac{U_m}{n(r_b + r_1) + r_c}$$

$$= \frac{220}{103 \times 0.15 + 0.124 \times 20 \times 2/3 + 0.124 \times 50 \times 2 + 0.3 \times 2 + 6.2 \times 2}$$

$$= 5.176(\text{kA})$$

【考点说明】本题计算时应注意断路器的内阻，而断路器内阻需要查表获取，读者需要熟悉这些数据的出处；同时断路器内阻和电缆电阻一样，都需考虑返程，电阻要在单极基础上乘 2。断路器单极电阻不乘 2 会误选 B。

24．C【解答过程】由 DL/T 684—2012 第 4.5.1 条式（38）及式（39）可知 I^* 计算应以发电机次暂态电抗饱和值计算，则

$$t = \frac{K_{tc}}{I_*^2 - k_{sr}^2} = \frac{145}{(\frac{1}{0.18})^2 - 1.02^2} = 4.86(\text{s})$$

【考点说明】注意大题干中的纵轴次暂态电抗 $X_d'' = 0.18/0.21$（饱和值/非饱和值），根据规范 DL/T 684—2012 该保护的要求，此处应采用饱和值 0.18，若错用非饱和值 0.21 会误选 D。

25．A【解答过程】
一、求过流元件动作值：
由 DL/T 684—2012 第 4.8.6 条式（86），发电机电抗取非饱和值

$$x_t = 0.14 \times \frac{300/0.9}{360} = 0.1296;$$

$$I_{GN} = \frac{300}{\sqrt{3} \times 18 \times 0.9} \times 1000 = 10691.67(\text{A})$$

$$I_{op} = 0.5 \times \frac{10691.67}{(0.16 + 0.21 + 0.1296) \times \frac{15000}{1}} = 0.71(\text{A})$$

二、求全阻抗元件电阻动作值：

由该规范式（87）可知 $K_{rel}=0.8$，由式（88）可得

$$R_{op} = 0.85 \times \frac{0.8 \times 18 \times 1000 \times (15000/1)}{\sqrt{3} \times 0.3 \times 10691.67 \times (18/0.1)} = 183.6(\Omega)$$

【考点说明】

1. 本小题和上一小题有相同的坑点：即大题干中的纵轴次暂态电抗 X''_d = 0.18/0.21（饱和值/非饱和值），此处应采用非饱和值 0.21，若错用饱和值 0.18 会误选 C。计算变压器电抗时，一定要注意折算成以发电机容量为基准的电抗标幺值。

2. 考试时一定要注意题意，本题要求的是全阻抗元件电阻值，不是全阻抗元件的动作圆半径 Z_{op}，否则会误选 B。

26．C【解答过程】由 DL/T 684—2012 第 5.1.4.1 条表 2 可得

$$I_{eh} = \frac{S_N}{\sqrt{3}U_{Nh}} / \frac{I_{h1n}}{I_{h2n}} = \frac{360}{\sqrt{3} \times 525} / \frac{1500}{1} = 0.2639(A)$$

$$I_{eL} = \frac{S_N}{\sqrt{3}U_{Nh}} / \frac{I_{l1n}}{I_{l2n}} = \frac{360}{\sqrt{3} \times 18} / \frac{1500}{1} = 0.7968(A)$$

$$K_1 = \frac{k_h I_{eh}}{I_{el}} = \frac{1 \times 0.2639}{0.7698} = 0.3428$$

【考点说明】

1. 变压器差动，需要在二次侧对变压器两侧的电流相减算出差流，但变压器高压侧和低压侧电流本身存在差异，主要有以下方面：①变压器变比导致的高低压侧电流绝对值不相等；②高压侧 CT 和低压侧 CT 如果变比不一样，二次侧电流也不相等；③变压器联结组别导致同一个电流从高压侧变换到低压侧后，相位角可能会偏转，如果是 Yd 接线的，高压侧电流和低压侧电流还会有跟三倍的幅值差。本题题设的"……通过软件实现电流相位和幅值补偿……"意思是第③点由保护装置自己的算法解决，只需事先录入变压器的联结组别即可。同样规范 DL/T 684—2012 也是这样的，其表 2 的平衡系数也只考虑了第①点和第②点，因此直接照着规范代公式即可。本题之所以有第一句假设的情况，是出于题目严谨性考虑的，因为有些保护的平衡系数，其幅值根号三是算在平衡系数里的，这里只是给读者介绍了题目背景，不必深究，考试直接依据规范解答便可。

2. 平衡系数的意义就是在二次侧作差前先进行标幺化，标幺化后直接相减便是差流，因此规范 DL/T 684—2012 表 2 的一次侧和二次侧额定电流计算公式中的 S_N 要带同一个容量，一般都默认带变压器高压侧容量。

27．B【解答过程】由 DL/T 5014—2010 第 5.0.2 条、第 5.0.3 条及其条文说明可得

$Q_{35} = 380 - 150 = 230(Mvar)$；因此选 B。

【考点说明】本题的"正常运行时每台主变的无功损耗为 53MVA"，是变压器带负荷时候的损耗，而计算电抗器补偿，要用最大充电功率工况——空载工况进行计算，因此本题不能减 53MVA，否则会错选 C。

28．A【解答过程】由 GB 50227—2017 第 5.2.2 条及其条文说明式（1）可得

$$\Delta U = U_{so} \frac{Q}{S_d} = 35 \times \frac{60}{1700} = 1.24(\text{kV})$$；因此选 A。

29．C【解答过程】由 GB 50227—2017 第 3.0.3 条式（3.0.3）可得：

安装 5%电抗率，5 次谐波不会谐振，3 次谐波谐振容量：$Q_{cx} = 2000 \times \left(\frac{1}{3^2} - 5\%\right) = 122.2(\text{Mvar})$；

安装 12%电抗率电抗，3 次谐波、5 次谐波均不会谐振；综上，只有 C 选项没有出现两组 5%电抗器，所以选 C。

【考点说明】单纯从容量组合来看，避免出现 5%电抗率的电容器组容量组合接近 122.2，四个选项中 C 是唯一具备条件的，从这个角度，选 C；但 A 选项，先投入 12%电抗率电容器一组后，此时投入 2 组 5%电抗率电容器，容量虽然接近 122.2Mvar，但因有 12%电抗率电容器的存在，3 次、5 次谐波均不会出现谐振，所以 A 更经济。选 A 唯一的缺点是 12%电容器组不能出问题，没有冗余，但 D 选项具备冗余。从经济性来看，选 A 更合适。

30．A【解答过程】由 GB 50227—2017 第 5.2.2 条文说明式（2）可得：

12%电抗率时，$U_{cN} = \frac{1.05 \times 35}{\sqrt{3} \times 2 \times (1 - 12\%)} = 12.06(\text{kV})$

5%电抗率时，$U_{cN} = \frac{1.05 \times 35}{\sqrt{3} \times 2 \times (1 - 5\%)} = 11.17(\text{kV})$

由 5.2.2 条条文说明可知，就近选择，因此选 A。

【考点说明】本题的坑点是，计算出结果后，要就近选标准电压值，而不能直接用计算值或向上取大，否则会错选 B 或 C。类似的坑点还有变压器、断路器的计算容量和标准容量。

31．A【解答过程】由 DL/T 5582—2020 附录 G 可得：

$W_R = \pi D E \sigma[(\theta + \theta_\alpha + 273)^4 + (\theta_\alpha + 273)^4]$
$= 3.14 \times 30 \times 10^{-3} \times 0.9 \times 5.67 \times 10^{-8} \times [(45 + 35 + 273)^4 - (35 + 273)^4]$
$= 31.381(\text{W/m})$

$W_F = 0.57 \pi \lambda_f \theta R_e^{0.485}$
$= 0.57 \times 3.14 \times \left[2.42 \times 10^{-2} + 7 \times (35 + \frac{45}{2}) \times 10^{-5} \times 45 \times \left(\frac{0.5 \times 30 \times 10^{-3}}{1.32 \times 10^{-5} + 9.6 \times (35 + \frac{45}{2}) \times 10^{-8}}\right)^{0.485}\right]$
$= 58.209(\text{W/m})$

$I = \sqrt{\frac{WR + WF - WS}{R't}} = \sqrt{\frac{31.381 + 58.209 - 27}{0.07405 \times 10^{-3}}} = 919.37(\text{A})$

32．C【解答过程】由老版线路手册第 21 页式（2-1-32）、第 24 页式（2-1-45）、式（2-1-47）可得：

$b_{c1} = \omega C_1 \Rightarrow C_1 = \frac{b_{c1}}{\omega} = \frac{4.1 \times 10^{-6}}{314} = 1.306 \times 10^{-8}(\text{F/km})$

$\overline{E} = 0.001039 \times \frac{1.306 \times 10^{-8} \times 10^9 \times 525}{4 \times \frac{3}{2}} = 1.187(\text{MV/m})$

$$E = \bar{E} \times \left[1 + 2(n-1)\frac{r}{s}\sin\frac{\pi}{n}\right] = 1.187 \times \left[1 + 2 \times 3 \times \frac{3/2}{45} \times \sin\frac{\pi}{4}\right]$$
$$= 1.355 \text{(MV/m)}$$

33．D【解答过程】 由 DL/T 5582—2020 附录 D、及第 D.0.1-1～D.0.1-3 条可得

$$L_t = \sqrt{x_t^2 + h_t^2} \qquad E_t = 3.5 g_{\max t} + 12 r_t - 33 \lg \frac{L_t}{20} - 30$$

$$L_1 = \sqrt{20^2 + 12^2} = 23.32 \text{(m)}$$

$$E_1 = 3.5 \times \frac{1.32 \times 10^3}{100} + 12 \times \frac{3}{2} - 33\lg\frac{23.32}{20} - 30 = 32.00 (\mu\text{V/m})$$

$$L_2 = \sqrt{(20+12)^2 + 12^2} = 34.18 \text{(m)}$$

$$E_1 = 3.5 \times \frac{1.45 \times 10^3}{100} + 12 \times \frac{3}{2} - 33\lg\frac{34.18}{20} - 30 = 31.07 (\mu\text{V/m})$$

$$E = \frac{E_1 + E_2}{2} + 1.5 = 33.04 (\mu\text{V/m})$$

34．A【解答过程】 由老版线路手册第 32 页式（2-2-4）、式（2-2-5）可得：

$$J_1 = 0.2 j^2 r = 0.2 \times 0.9^2 \times \frac{3}{2} = 0.243 \text{(mm/h)}$$

$$k_2 = 1 - \frac{J_1}{J_{av}} = 1 - \frac{0.243}{1350/1250} = 0.775$$

$$t_1 = t_1' + (1-k_1) t_4' + (1-k_2) t_3' = 7350 + (1-0.12) \times 100 + (1-0.775) \times 1250 = 7719.25 \text{(h)}$$

35．B【解答过程】 由老版线路手册第 152 页式（2-8-1）、式（2-8-3）可得：

$$D_0 = 660 \sqrt{\frac{\rho}{f}} = 660 \sqrt{\frac{1500}{50}} = 3614.97 \text{(m)}$$

$$Z_{nn} = \left(R + 0.05 + j0.145 \lg \frac{D_o}{r_e}\right) = \frac{0.0609}{4} + 0.05 + j0.145 \times \lg \frac{3614.97}{0.81 \times \frac{0.03}{2}}$$

$$= 0.06 + j0.7937 (\Omega/\text{km})$$

【考点说明】 该题是 4 分裂导线，电阻需要除 4，否则会误选 D；本题公式中电抗的 Re 应该代 4 分裂导线的等效 Re，需要单独计算，但用 Re 计算结果不能与选项数据对应。

36．C【解答过程】 一、水平荷载计算：

由 DL/T 5582—2020 表 9.3.1-1 注 1 可知题设山地为 B 区；题设求风偏角属于风偏荷载

由该规范式（9.3.1-1）～式（9.3.1-6），表 9.3.1-1、表 9.3.1-2 可得：

（1）阵风系数 β_c：风偏荷载，B 区，一般线路，均高 30m，风速 27m/s，查 DL/T 5582—2020 第 248 页附录表 90，β_c 取 0.963；

（2）挡减系数 α_L：风偏荷载，B 区，水平档距 500m，均高 30m，查 DL/T 5582—2020 第 245 页附录表 88，α_L 取 0.705；

（3）风压高度系数 μ_Z：查 5582 第 40 页表 9.3.1-1，B 区 30m，μ_z 取 1.39；

（4）体型系数 μ_{sc}：题设直径 d=33.6mm，由公式参数说明，体型系数 μ_{sc} 取 1.0；

（5）覆冰系数 B_1：最大风工况无覆冰，由公式参数说明，B_1 取 1.0；

再由该规范式（9.3.1-1），最大风荷载功角 θ 取 $90°$，可得：

$$W_x = 4 \times (\beta_c \cdot \alpha_L \cdot \mu_z) \cdot (\mu_{sc} \cdot B_1) \cdot (d \cdot L_p) \cdot W_0 \cdot \sin^2\theta$$

$$= 4 \times (0.963 \times 0.705 \times 1.39) \times (1 \times 1) \times (33.6 \times 10^{-3} \times 500) \times \frac{27^2}{1600} = 28.894 \text{(kN)}$$

二、垂直荷载：
依据老版线路手册第 327 页式（6-2-5），题设忽略绝缘子，大风工况垂直档距 400；
相导线垂直荷载为： $G = 4 \times 2.06 \times 9.80665 \times 400 \times 10^{-3} = 32.323 \text{(kN)}$

三、风偏角计算：
依据老版线路手册第 103 页式（2-6-44），依题意不计绝缘子串影响，可得风偏角为：

$$\varphi = \arctan^{-1}\left(\frac{PL_H}{WL_W}\right) = \arctan\left(\frac{28.894}{32.323}\right) = 41.79°，所以选 C$$

37．A【解答过程】依题意，计算工况为定位工况，应使用最大弧垂计算；由老版线路手册第 188 页可得：

$\frac{\gamma_1}{\sigma_1} = \frac{0.03031}{56.24} = 0.00054 > \frac{\gamma_7}{\sigma_7} = \frac{0.04870}{95.14} = 0.000513$，因此最大弧垂出现在最高气温时，由老版线路手册第 179 页表 3-3-1 可得

$$L_{OA} = \frac{l}{2} - \frac{\sigma_0}{\gamma}\tan\beta = \frac{600}{2} - \frac{56.24}{0.03031} \times 0.1 = 114.45 \text{(m)}，因此选 A。$$

【考点说明】本题是定位工况，一定要判断找出最大弧垂工况才能计算。

38．C【解答过程】定位后计算挂点应力，应使用最大应力工况，根据题意判断，最大应力工况为覆冰工况；依题意，挡距为 1000m，高差为 0，则弧垂最低点在挡距中央，最低点至挂点距离为 500m，由老版线路手册第 180 页表 3-3-1 可得

$$\sigma_A = \frac{\sqrt{(95.14 \times A)^2 + (0.04870 \times A \times 500)^2}}{A} = \sqrt{(95.14)^2 + (0.04870 \times 500)^2} = 98.21 \text{(N/mm}^2\text{)}$$

所以选 C。

【考点说明】本题是计算"定位后"的"最大应力"，应该使用最大应力工况，不能使用最大弧垂的最高气温工况，否则会错选 A。

39．D【解答过程】由老版线路手册第 181 页表 3-3-1 页可得：

$$\theta_B = \arctan\left[\frac{0.03031 \times 500}{2 \times 56.24 \times \cos\left(\arctan\frac{200}{500}\right)} + \frac{200}{500}\right] = 28.6°$$

40．D【解答过程】如下图所示：

相似三角形高度 $L1$：$\frac{L_1}{50} = \frac{350-200}{350} \Rightarrow L_1 = \frac{(350-200) \times 50}{350} = 21.43 \text{(m)}$

由老版线路手册第 180 页表 3-3-1 可得：

跨越点弧垂 L2：$f'_{200} = \dfrac{\gamma x'(l-x')}{2\sigma_0 \cos\beta} = \dfrac{0.03031 \times 200 \times (350-200)}{2 \times 56.24 \times \cos\left(\arctan\dfrac{50}{350}\right)} = 8.166(\text{m})$

待求净空高度 $S = 50 - L_1 - L_2 - 10 = 50 - 21.43 - 8.166 - 10 = 10.404(\text{m})$

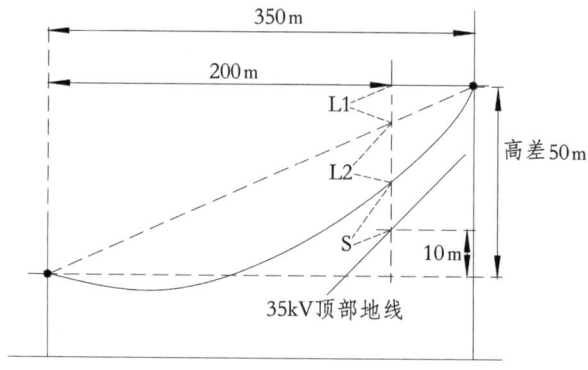

2024年注册电气工程师专业知识试题

（上午卷）及答案

一、单项选择题（共40题，每题1分，每题的备选项中只有1个最符合题意）

1. 氢气站爆炸危险环境中，可燃性气体爆炸性混合物的级别和引燃温度组别为下列哪个选项？　　　　　　　　　　　　　　　　　　　　　　　　　　　　（　　）
   （A）ⅡB　T1　　　　　　　　　　（B）ⅡB　T2
   （C）ⅡC　T1　　　　　　　　　　（D）ⅡC　T2

2. 抽水蓄能电站厂用电工作电源引接应该置在下列哪个部位？　　　　（　　）
   （A）发电和电动机与发电机断路器之间
   （B）发电断路器与换相隔离开关之间
   （C）换相隔离开关与主变压器低压侧之间
   （D）主变压器高压侧

3. 某导体的工作电流为3000A，该铜导体无镀层接头接触面积的电流密度，下列描述哪项是正确的？　　　　　　　　　　　　　　　　　　　　　　　　（　　）
   （A）不应小于 0.24A/mm^2　　　　（B）不应小于 0.12A/mm^2
   （C）不应超过 0.12A/mm^2　　　　（D）不应超过 0.07 A/mm^2

4. 某500kV变电站水平接地网需采用引外接地装置，该接地装置与水平接地网的连接应满足下列哪种做法？　　　　　　　　　　　　　　　　　　　　　　（　　）
   （A）应采用不少于4根导线在同一地点与水平接地网相连接
   （B）应采用不少于4根导线在不同地点与水平接地网相连接
   （C）应采用不少于2根导线在同一地点与水平接地网相连接
   （D）应采用不少于2根导线在不同地点与水平接地网相连接

5. 直流系统设计中，下列哪项不是规程、规范推荐的做法？　　　　　（　　）
   （A）110V直流电源系统采用不接地方式
   （B）2套蓄电池配置，配置2套相控式充电装置
   （C）配置铅酸蓄电池组，直流系统中未设置降压装置
   （D）蓄电池出口回路采用熔断器作为保护电器

6. 200kV及以下电网的无功电源要总容量，应大于电网最大自然天功负荷，一般按最大

自然无功负荷的多少倍计算？ （ ）

(A) 1.05 (B) 1.1
(C) 1.15 (D) 1.2

7. 某220kV架空线路与直流工程接地极较近（小于5km），下列描述哪项是正确的？
（ ）
(A) 线路重新选线 (B) 核算地线载流量，必要的加大地线截面
(C) 增加绝缘子片数 (D) 采用地线绝缘方式

8. 某750kV线路工程，雷季中雨水时所测得的土壤电阻等为1000Ω·m，若接地采用2.5m垂直接地极，埋深0.8m，则计算雷电保护接地装置所采用的土壤电阻率应取下列哪项数值？ （ ）

(A) 1000Ω·m (B) 1300Ω·m
(C) 1500Ω·m (D) 1600Ω·m

9. 住宅小区配电变压器低压侧奇次谐波电压含有率限值为下列哪项数值？ （ ）
(A) 2.0% (B) 3.2%
(C) 4.0% (D) 5.0%

10. 对导体和电器进行动热稳定校验的下列描述哪项是错误的？ （ ）
(A) 用熔断器保护的电压互感器回路可不验算动热稳定
(B) 仅用熔断器保护的导体和电器可不验算动热稳定
(C) 使用具有限流作用熔断器保护的电器可不验算动热稳定
(D) 使用具有限流作用熔断器保护的导体可不验算动热稳定

11. 某750kV变电站设备间连接导体采用铝镁硅系(6063) Φ150/136管型母线，请问该管母终端球的最小半径为下列哪项数值？ （ ）

(A) 150mm (B) 216mm
(C) 115mm (D) 230mm

12. 某220kV变电站二次电缆，下列描述哪项是正确的？ （ ）
(A) 双重屏蔽电缆内屏蔽宜一点接地
(B) 计算机监控系统开关量信号电缆YI选用对绞线芯总屏蔽
(C) 微机型继电保护的直流电源电缆可不含金属屏蔽
(D) 必要时，可使用电缆内的备用芯代替屏蔽层接地

13. 某新建热电厂建设规模为3台燃煤锅炉（单台容量500t/h）和2套汽轮发电机组（单台发电机容量60MW，高压厂用电系统采用600kV一级电压，其高压厂用电母线的设置数量不应少于下列哪个选项？ （ ）

（A）2段 (B）3段
（C）4段 (D）6段

14. 某220kV变电站35kV母线上配置了三组20Mvar的并联电容器组，母线三相短路容量为1500MVA，两组电容器组同时投入后，母线的电压升高值最接近下列哪项数值？
（　　）

（A）0.47kV (B）0.93kV
（C）1.40kV (D）1.87kV

15. 核算电缆载流量时，需要考虑电缆辐射位置的环境温度，下列描述哪项是正确的？
（　　）

（A）无通风隧道敷设时，选取隧道埋设处当地的最热月的平均地温
（B）水下辐射时，选取最热月的日最高水温值
（C）无通风隧道敷设时选取通风设计温度加5℃
（D）保护管敷设时，选取埋设深处当地的最热月的平均地温

16. 某110kV单回路无地线线路导线采用单根JL/G1A-300/40钢芯铝绞线，直径为23.9mm，三相导线呈正三角形排列，线间距6.5m，则本线路的正序电纳应为下列哪项数值？
（　　）

（A）2.68×10^{-6} s/km (B）2.77×10^{-6} s/km
（C）3.11×10^{-6} s/km (D）4.37×10^{-6} s/km

17. 配电装置室房间内任一点到房间疏散门的直线距离不应大于多少米？（　　）
（A）7m (B）10m
（C）15m (D）30m

18. 某变电站10kV侧短路电流计算结果如表所示，在选择并校验10kV电器时应选用下列哪种短路形式？
（　　）

短路型式	三相短路	两相短路	两相接地短路	单相接地短路
I''(kA)	21.38	21.03	21.69	20.98

（A）三相短路 (B）两相短路
（C）两相接地短路 (D）单相接地短路

19. 某330kV变电站有三种电压，分别为330kV、110kV、35kV，330kV跨线与35kV母线交叉时，其带电体之间的最小电气距离应按下列哪项条件确定？（　　）
（A）按330kV的A_2值确定 (B）按35kV的A_2值确定
（C）按330kV的B值确定 (D）按35kV的D值确定

20. 关于电压互感器二次绕组接地方式的说法，下列描述哪项是错误的？（　　）
（A）对于中性点有效接地系统，星形接线电压互感器的二次绕组应采用中性点一点接地
（B）V形接地线电压互感器的二次绕组采用B相一点接地
（C）已在控制室或继电器室一点接地的电压互感器的二次绕组宜在开关场或配电装置处将二次绕组中性点经自动开关或熔断器接地
（D）几组电压互感器二次绕组之间有电路联系时，其二次回路集中在继电器室内一点接地

21. 高压厂用电系统中，当应保护装置动作时间与断路器固有分闸的时间之和大于多少时，可不考虑短路电流非周期分量对断路器分断能力的影响？（　　）
（A）0.11s　　　　　　　　　　（B）0.12s
（C）0.24s　　　　　　　　　　（D）0.15s

22. 某户外35kV并联电容器组针对电容器外壳直接接地，宜配置哪种保护？（　　）
（A）过负荷保护　　　　　　　（B）限时速断保护
（C）过电流保护　　　　　　　（D）接地保护

23. 某110kV电单芯电缆外径为125mm，三相电缆采用品字形布置与同一电缆支架，每层支架布置一回电缆，电缆支架层间最小净距应为下列哪项数值？（　　）
（A）115mm　　　　　　　　　（B）165mm
（C）300mm　　　　　　　　　（D）395mm

24. 输电线路对临近电信线路可能产生危险影响，不需要考虑的故障状态为下列哪个选项？（　　）
（A）三相对称中性点直接接地系统的输电线路一相接地短路
（B）三相对称中性点不直接接地系统的输电线路两相在不同地点同时接地短路
（C）三相对称中性点不直接接地系统的输电线路一相接地短路
（D）三相对称中性点直接接地系统的输电线路两相在不同地点同时接地短路

25. 某电厂现有两台12MW供热机组，从低端电压10kV向周边负荷供电，并以35kV电压等级接入系统，10kV主接线采用单母线分段接线，为满足供热增长要求，电厂扩建第3台12MW机组，10kV主接线完善为单母线三分段接线，根据计算，扩建后电厂10kV母线短路电流超过现有开断设备允许值，试问为控制10kV短路电流，电场应优先采用下列哪种措施？（　　）
（A）在母线分段回路中安装电抗器　　（B）在第3台发电机回路中安装电抗器
（C）在主变压器回路安装电抗器　　　（D）在直配线上安装电抗器

26. 500kV电气设备的户外晴天无线电干扰电压不宜大于下列哪项数值？（　　）
（A）100μV　　　　　　　　　（B）200μV

（C）200μV （D）1000μV

27．关于高压架空线路的雷电过电压保护，一般不宜全线架设避雷器线路的是 A：35V 线路下列哪项？ （ ）

（A）35kV 线路 （B）110kV 线路
（C）220kV 线路 （D）500kV 线路

28．关于电力系统全自动装置的主要控制措施，下列描述哪项是正确的？ （ ）
（A）在满足控制要求前提下，切机应按火电机组、风电机组、水电机组的顺序选择控制对象
（B）核电机组原则上不作为控制对象，但在切除其他机组无法满足要求，系统稳定要求且保证核反应堆安全的前提下，可切除核电机组
（C）切负荷装置可切除变电站低压供电线路实现切负荷，在选择被切除的负荷时，应综合考虑被切负荷的重要程度和完整性
（D）切除并联电抗器或投入并联电抗器用于限制电压过高；投入并联电抗器或切除并联电抗器用以防止电压降低

29．某水力发电厂的重要厂房灯具安装高度为 20m，选用下列哪种灯具较为适宜？
（ ）
（A）广照配光灯具 （B）余弦配光灯具
（C）直射配光灯具 （D）深照配光灯具

30．关于风电场工程机组单元回路设置，下列描述哪项与规程、规范是一致的？
（ ）
（A）机组变电单元采用预装箱式，变电站应采用干式变压器
（B）机组变电单元变压器高压侧应采用断路器
（C）机组变电单元变压器低压侧应设置断路器
（D）机组变电单元变压器低压侧采用负荷开关—熔断器设备组合

31．已知某 750kV 交流线路系统最高电压有效值为 800kV，相对地统计操作过电压为 1.8p.u.则操作过电压要求的绝缘子串正极性操作冲击电压 50%放电电压应为下列哪项数值？
（ ）
（A）1056kV （B）1293kV
（C）1493kV （D）2586kV

32．直流输电线路的地线表面最大场强不应大于下列哪项数值？ （ ）
（A）14k/cm （B）16k/cm
（C）18k/cm （D）20k/cm

33. 某热电厂发电机组额定出力为 60MW，额定电压为 4.5kV，设置一台高压厂用变压器支接与发电机出口。当发电机内部发生单相接地故障，不要求瞬时切机时，该发电机电压系统的中性点接地方式不能采用下列哪种方式？ （ ）
（A）发电机中性点不接地　　　　（B）发电机中性点高阻接地
（C）发电机中性点消弧线圈接地　　（D）高压厂用变压器中性点经消弧线圈接地

34. 下列关于变电站站用柴油发电机机组选型的描述哪项是错误的？ （ ）
（A）柴油发电机组应采用快速自启动的应急型，失电后第一次自启动恢复供电的时间可取 15s～20s
（B）机组应具有时刻准备自启动投入工作并能最多连续自启动三次的性能
（C）柴油机的冷切方式应采用闭式循环水冷却
（D）发电机的接线可采用角形接地

35. 750kV 空载线路合闸和重合闸产生的相对地统计，操作过电压不宜超过下列哪项数值？ （ ）
（A）1.5p.u.　　　　　　　　　（B）1.8p.u.
（C）2.0p.u.　　　　　　　　　（D）2.2p.u.

36. 关于断路器失灵保护下列描述哪项是错误的？ （ ）
（A）500kV 输电线路后备保护采用近后备方式，装设一套断路器失灵保护
（B）一台半接线的断路器失灵保护应装设闭锁元件
（C）变压器断路器失灵保护判别元件采用零序电流或负序电流元件
（D）对变压器断路器失灵保护，为防止闭锁元件灵敏度不足应采取相应措施

37. 下列哪项不是电力系统中的主要谐波源？ （ ）
（A）电力变压器　　　　　　　　（B）光伏逆变器
（C）白炽灯　　　　　　　　　　（D）电力机车

38. 海上风电场无功补偿的设置原则下列描述哪项是错误的？ （ ）
（A）海上风电场的无功补偿装置宜设置在陆上
（B）海上风电场的无功平衡应首先利用风电机组自身的无功调节能力
（C）根据送出线路的电压等级与长度，结合风电场无功补偿及工频过电压的需要宜安装高压并联电抗器组和动态无功补偿装置
（D）动态无功补偿装置的响应时间应不大于 30ms

39. ±660kV 直流线路挡距 500m 时，挡距中央导线与地线之间的距离在 15℃、无风、无冰工况下，不应小于下列哪项数值？ （ ）
（A）7.0m　　　　　　　　　　（B）7.5m
（C）8.5m　　　　　　　　　　（D）10m

40．500kV 及以上交流架空输电线路临近民房时，房屋所在位置离地面 1.5m 处的未畸变电场不得超过下列哪项数值？　　　　　　　　　　　　　　　　　　（　　）
　　（A）4kV/m　　　　　　　　　　（B）7kV/m
　　（C）10kV/m　　　　　　　　　　（D）12kV/m

二、多项选择题（共 30 题，每题 2 分，每题的备选项中有两个或两个以上符合的答案，错选、少选、多选均不得分）

41．电气二次接线设计下列哪些做法是正确的？　　　　　　　　　　　　　（　　）
　　（A）对隔离开关防误操作闭锁回路采用断路器的辅助触点
　　（B）配电装置防误操作电源与短引线保护装置共用一回控制电源
　　（C）两套短引线保护共用一回控制电源
　　（D）分相操作的断路器机构设非全相自动跳闸回路

42．下列关于变压器并联运行条件的描述哪些是正确的？　　　　　　　　　（　　）
　　（A）联结组标号不一致不允许并联运行
　　（B）电压和电压比要相同，允许偏差也要相同（容量满足电压比在允许偏差范围内），调压范围与母线电压也要相同
　　（C）频率相同
　　（D）容量比在 0.5～2 之间

43．关于 220kV 配电装置导体设计，下列描述哪些是正确的？　　　　　　（　　）
　　（A）普通导体的正常工作温度不宜超过 70℃
　　（B）当普通导体接触处有镀锡的可靠覆盖层时，正常最高工作温度可提高到 80℃
　　（C）在计及太阳辐射照度影响时，钢芯铝线及管型导体正常最高工作温度可按不超过 80℃考虑
　　（D）验算短路热稳定时，硬铝及铝锰合金导体的最高允许工作温度可取 200℃

44．关于专用蓄电池室的要求、下列概述哪些是不符合规程、规范的？　　　（　　）
　　（A）蓄电池室内应采用非燃型建筑材料、吊天棚
　　（B）蓄电池内的照明等采用防爆型
　　（C）蓄电池室的门尺寸采用 700mm×1960mm
　　（D）蓄电池室的窗玻璃采用毛玻璃

45．下列哪些情况应开展次同步振荡或超同步振荡计算分析？　　　　　　　（　　）
　　（A）汽轮发电机组送出工程及近区存在串联补偿装置或直流整流站
　　（B）新能源场站集中接入短路比较高的电力系统
　　（C）新能源场站近区存在串联补偿装置或直流整流站
　　（D）其他存在次同步振荡或超同步振荡风险的情况

46. 某新能源电站采用 330kV 架空线路送出，输送容量为 550MW，功率因数 0.95，拟选导线的参数和允许载流量见下表，则满足要求的导线方案是下列哪些选项？　　（　　）

导线型号	导线截面积（mm²）	导线直径（mm）	允许载流量（A）
JL/G1A —300/400	339	23.9	560
JL/G1A— 400/50	452	27.6	666
JNRHL1/G1A— 400/50	452	27.6	1408
JL/G1A —630/45	673	33.8	870

（A）2×JL/G1A —300/400　　　　　　（B）2×JL/G1A—400/50
（C）1×JNRHL1/G1A—400/50　　　　（D）1×JL/G1A—630/45

47. 户外油浸式变压器之间设置防火墙时应符合下列哪些要求？　　（　　）
（A）防火墙的高度应高于变压器储油柜
（B）防火墙的长度不应小于变压器外廓尺寸 1m
（C）防火墙与变压器散热器外廓距离不应小于 1m
（D）防火墙应达到一级耐火等级

48. 某电厂建设两台 350MW 级燃煤供热机组，发电机最大连续输出功率为 374MW，功率因数 0.85（滞后），采用发电机—主变压器单元接线，发电厂以 2 回 220kV 线路接入系统，2 台机组设 1 台与高压厂用变压器同容量的启动/备用变压器，关于主变压器的技术要求，下列概述哪项满足规程、规范的要求？　　（　　）
（A）主变压器采用双绕组三相变压器
（B）主变压器额定容量为 420MVA
（C）主变压器选用无励磁调压方式
（D）主变压器接线组别为 YN，d11

49. 变电站的雷电过电压和它的发生概率取决于下列哪些选项？　　（　　）
（A）与变电站相连的架空线路的雷电性能
（B）变电站布置、尺寸、特别是进出线数
（C）变电站接地网的材质
（D）（雷击瞬间）运行电压的瞬时值

50. 某电厂新建两台 350MW 燃煤发电机组经主变升压后以 22kV 接入电网，若每台机组设置 2 组控制和动力负荷合并供电的蓄电池，下列关于直流负荷统计的叙述哪些是正确的？
　　（　　）
（A）对于机组直流应急照明负荷，每组可按全部负荷统计
（B）事故停电时间内，恢复供电的高压断路器合闸电流应按断路器合闸电流最大的一台统计，且计入事故初期（1min）的冲击负荷
（C）厂用交流电源事故停电时间应按 1h 计算
（D）发电机氢密封直流油泵的事故放电时间应按 3h 计算

51. 下列描述哪项是符合规范规程的要求？ （ ）
（A）抗震设防烈度为 6 度，10kV 电容补偿装置的电容器平台不宜采用悬挂式结构
（B）抗震设防烈度为 7 度，35kV 电容补偿装置的电容器平台不宜采用悬挂式结构
（C）抗震设防烈度为 8 度，66kV 电容补偿装置的电容器平台宜采用悬挂式结构
（D）抗震设防烈度为 9 度，110kV 电容补偿装置的电容器平台宜采用悬挂式结构

52. 关于输电线路防舞动的规定，下列描述哪些是正确的？ （ ）
（A）舞动地区的输电线路，舞动情况下，相地电气间隙值不应小于工频电压下要求的空气间隙
（B）易舞动地区的输电线路，舞动校验工况为风速 10m，冰厚 5mm，气温 −5℃
（C）易舞动地区的输电线路宜增大挡距、降低杆塔高度
（D）防舞装置可选择线夹回转式间隔棒、双摆防舞器、偏心重锤等

53. 下列哪些情况应选用有载调压变压器？ （ ）
（A）直接向 10kV 配电网供电的降压变压器
（B）燃煤电站 500kV 升压变压器
（C）500/220kV 联络变压器
（D）电能质量要求高于标准的用户受电变压器

54. 软导线的分裂间距可按下列哪些选项设置？ （ ）
（A）220kV 的双分裂导线间距可取 100～200mm
（B）330kV 的双分裂导线间距可取 200～400mm
（C）500kV 的双分裂导线间距可取 400～500mm
（D）1000kV 的分裂导线间距宜取 600mm

55. 关于 220kV 海上升压接地设计，下列描述哪些是正确的？ （ ）
（A）应按照大电流接地系统方式进行接地设计
（B）工作接地、保护接地和防雷接地应分开设置接地装置
（C）二次系统设备接地应采用等电位多点接地方式
（D）接地环线和设备接地线宜采用钢棒或钢绞线，并应与设备和钢结构可靠连接

56. 某电厂新建 2 台 660MW 燃煤发电机组，关于其厂用负荷的连接及供电方式，下列描述哪些是错误的？ （ ）
（A）暗备用的两台低压厂用变压器之间，应采用手动切换
（B）若每台机组设置 3 台电动抬水泵，其中 2 台分别接在机组高压工作 A 段和 B 段的母线，第 3 台可接在机组高压工作 A 段或 B 段母线
（C）机炉热工配电盘可由两路分别引自不同动力中心的电源供电
（D）给粉电动机的调速控制器电源应接于相应的给粉配电柜母线上

57. 架空线路采用悬重V型串设计时，下列描述哪些是正确的？（   ）
（A）采用V型串一般为减小走廊宽度
（B）两肢夹角的一半可比最大风偏角小5°～10°
（C）采用复合绝缘子时顺线路方向应采用固定措施
（D）采用复合绝缘子时端部应采用防脱落设计

58. 关于架空输电线路杆塔设计时的导地线水平偏移，下列描述哪些是正确的？
（   ）
（A）导地线水平偏移的主要目的是为了方便施工
（B）杆塔设计时均应考虑地线水平偏移
（C）设计冰厚10mm的220kV交流线路上下层相邻导线间水平偏移可取1m
（D）设计冰厚10mm的±500kV直流线路地线与相邻导线间水平偏移可取2m

59. 某燃煤电厂建设2台660MW机组，电厂以500kV电压等级接入电网，两台发电机组均采用发电机—变压器—线路组接入附近变电站，对于该发电厂的主接线下列做法哪些是不符合规程、规范的要求？（   ）
（A）发电机出口不装设断路器，高压厂用工作变压器接入发电机出口，采用有载调压变压器
（B）发电机出口装设断路器，高压厂用工作变压器接入主变低压侧，采用有载调压变压器
（C）主变高压侧串接两台断路器，高压厂用工作变压器由其间支接，采用有载调压变压器
（D）发电机中性点采用不接地方式

60. 关于交流单相电力电缆金属护层的接地要求，下列哪些描述是错误的？（   ）
（A）未采取能有效防止人员任意接触金属套安全措施时，金属护套上任一点非直接接地处的正常感应电势不得大于300V
（B）线路不长，金属护层上任一点非接地的正常感应电压满足要求时，应采取在线路两端直接接地
（C）交流110kV单芯电缆，在需要抑制电缆时邻近弱电线路的电气干扰强度时，应沿电缆邻近设置平行回流线
（D）交流220kV单芯电缆，在系统短路时电缆金属套产生的工频感应电压超过电缆护层绝缘耐受强度或护层电压限制器的工频耐压时，应沿电缆邻近设置平行回流线

61. 某火力发电厂的厂用电二次接线回路，下列哪些是正确的？（   ）
（A）厂用高压变压器采用自然油循环冷却方式，通风控制回路宜由交流电源供电
（B）高压厂用工作电源与启动/备用电源之前宜设带同步闭锁的手动切换装置
（C）发电机容量为100MW 厂用备用电源应采用同步鉴定的快速自动投入方式
（D）当厂用母线速动保护动作或工作分支断路器限时速断或过电流保护动作跳开工作电

源断路器时，宜启动备用电源自动投入装置

62．发电厂和变电站照明灯具的布置，下列描述哪些是正确的？　　　（　　）
（A）室内照明灯具布置应限制直接眩光和反射眩光
（B）屋外配电装置的照明不宜采用集中与分散相结合的布置方式
（C）厂前区入干道路照明灯具可采用双列布置
（D）布置照明灯具时，灯杆到路边的距离为 1.5～2m

63．单芯电缆采用金属层一端直接接地方式时，下列哪些情况应沿电缆设置回流线？
　　　　　　　　　　　　　　　　　　　　　　　　　　　　　　（　　）
（A）电缆截面不满足最大暂态电流作用下的热稳定要
（B）电缆线路与架空线路相连
（C）系统短路时电缆金属层产生的工频感应电压超过电缆护层绝缘耐受强度
（D）需控制电缆对临近弱电线路的电气干扰强度

64．架空输电线路导地线采用降温法补偿塑性伸长对弧度的影响，下列描述哪些是正确的？　　　　　　　　　　　　　　　　　　　　　　　　　　（　　）
（A）铜芯铝绞线铝钢截面比为 7.8 时，降温值取 20～25℃
（B）铜芯铝绞线铝钢截面比为 5.5 时，降温值取 15～20℃
（C）铜芯铝绞线铝钢截面比为 4.3 时，降温值取 10℃
（D）采用镀锌钢绞线时，降温值取 15℃

65．在短路电流实用计算中，采用的假设条件和原则包括了下列哪些选项？（　　）
（A）所有电源的电动势相位角相同
（B）所有同步和异步电动机均为理想电动机
（C）所有电气元件的磁路均处于饱和
（D）所有元件的电阻均忽略不计

66．关于配电装置型式选择的做法，下列描述哪些是正确的？　　　　（　　）
（A）抗震设防烈度为 6 度地区的 1000kV 配电装置宜用 GIS
（B）抗震设防烈度为 8 度地区的 110kV 配电装置不宜采用悬吊式母线
（C）抗震设防烈度为 8 度地区的 220kV 配电装置宜采用 GIS
（D）海拔高度 4000m 的 330kV 配电装置可采用 GIS

67．某 220kV 主变压器装设数字式保护、下列描述哪些不符合规程、规范的要求？
　　　　　　　　　　　　　　　　　　　　　　　　　　　　　　（　　）
（A）主变压器电量保护采用双重化保护配置
（B）变压器配置一套非电量保护、并与主变压器电量保护合用跳闸出口回路
（C）主变压器双重化的两套保护装置分别动作于变压器高压侧断路器的两组跳闸线圈

（D）主变压器重瓦斯保护启动失灵保护

68．发电厂宜装设局部照明的工作场所有哪些？　　　　　　　　　（　　）
（A）煤取样点　　　　　　　　　　　　（B）除氧器压力表
（C）汽轮发电机本体罩内　　　　　　　（D）高压成套配电柜内

69．关于输电线路的雷电过电压保护，下列描述哪些是正确的？　　（　　）
（A）110kV 线路可沿全线架设地线
（B）220kV 同塔双回线路保护角取 5°
（C）500kV 单回线路保护角取 15°
（D）变电站进线段杆塔工频接地电阻不高于 10Ω

70．500kV 交流架空输电线路换位宜符合下列哪些规定？　　　　　（　　）
（A）长度超过 100km 的输电线路宜换位
（B）采用单回路紧凑型架设应考虑换位
（C）换位循环长度不宜大于 200km
（D）对于 π 接线路应校核不平衡度，必要时设置换位

答　案

一、单项选择题

1．C

依据：《爆炸危险环境电力装置设计规范》（GB 50058—2014）第 3.4.1 条及第 3.4.2 条附录 C 表 C 第 151 行。

2．C

依据：《抽水蓄能电站设计规范》（NB/T 10072—2018）第 8.4.1-2 条。

3．C

依据：《导体和电器选择设计技术规程》（DL/T 5222—2021）第 5.1.10 条，表 5.1.10。

4．D

依据：《交流电气装置的接地设计规范》GB/T 50065—2011）第 4.3.1-2 条。

5．B

依据：《电力工程直流电源系统设计技术规程》（DL/T 5044—2014）第 3.5.6 条，A 正确；第 3.4.3-1 条，宜 3 套，B 错误；第 3.5.4 条，C 正确；第 5.1.2-1 条，D 正确。

6．C

依据：《电力系统电压和无功电力技术导则》（DL/T 1773—2017）第 6.6 条。

7．D

依据：DL/T 5582—2020 第 7.4.4 条文说明。

8．B

依据：《交流电气装置的接地设计规范》（GB/T 50065—2011）第 5.1.6 条及表 5.1.6。

$\rho=1000\times（1.15\sim1.3）=1150\sim1300\Omega\cdot m$

9．D

依据：《火力发电厂厂用电设计技术规定》（DL/T 5153—2014）第 3.3.1-3 条。

10．B

依据：《导体和电器选择设计技术规程》（DL/T 5222—2021）第 3.0.12 条，"仅用熔断器保护的导体和电器可不验算热稳定"，意思就是动稳定需要验算。

11．D

依据：老版一次手册 P354 式（8-48）

$$r_{min}=\frac{800}{\sqrt{3}\times20}=23.09\times10=230.9mm$$

12．A

依据：《电力工程电缆设计标准》（GB 50217—2018）第 3.7.8-3 条，A 正确；第 3.7.7-3-1）条，B 错；第 3.7.6-3 条，C 错；第 3.7.8-5 条，D 错。

13．D

依据：《小型火力发电厂设计规范》（GB 50049—2011）第 17.3.11 条，题设单台容量 500t/h＞410t/h，则 3×2=6 段。

14．C

依据：《并联电容器装置设计规范》（GB 50227—2017）第 5.2.2 条条文说明式（1）

$$\Delta U=35\times\frac{3\times20}{1500}=1.4kV$$

15．D

依据：《城市电力电缆线路设计技术规定》（DL/T 5221—2016）第 5.3.3 条表 5.3.3-2。

16．B

依据：老板线路手册第 21 页式（2-1-32）即

$$d_m=\sqrt[3]{6.5\times6.5\times6.5}=6.5(m)；\quad b_{c1}=\frac{7.58\times10^{-6}}{\lg\frac{6.5}{\frac{23.9}{2}\times10^{-3}}}=2.77\times10^{-6}(s/km)$$

17．C

依据：《高压配电装置设计规范》（DL/T 5352—2018）第 6.1.1 条。

18．C

依据：《导体和电器选择设计技术规程》（DL/T 5222—2021）第 3.0.6 条，选择最大短路电流。

19．C

依据：《高压配电装置设计规范》（DL/T 5352—2018）第 5.1.6 条，表 5.1.2-1。

20．C

依据：《火力发电厂、变电站二次接线设计技术规程》（DL/T 5136—2012）第 5.4.18 条第 1 款 A 正确；第 3 款 B 正确，第 6 款 C 错"经放电间隙或氧化锌阀片接地"，第 5 款 D 对。

21. D

依据：《火力发电厂厂用电设计技术规定》（DL/T 5153—2014）第 6.1.7 条。

22. D

依据：《并联电容器装置设计规范》（GB 50227—2017）第 6.1.8 条。

23. C

依据：《电力工程电缆设计标准》（GB 50217—2018）第 5.2.2 条表 5.2.2。

24. D

依据：《输电线路对电信线路危险和干扰影响防护设计规程》（DL/T 5033—2006）第 3.0.1 条。

25. A

依据：老版一次手册 120 页左上内容。

26. D

依据：《导体和电器选择设计技术规程》（DL/T 5222—2021）第 4.0.15 条。

27. A

依据：《交流电气装置的过电压保护和绝缘配合设计规范》（GB/T 50064—2014）第 5.3.1-2 条。

28. B

依据：《电力系统安全自动装置设计规范》（GB/T 50703—2011）第 4.1.1 条 A 错；第 4.1.2 条 B 正确；第 4.2.2 条 C 错误；第 4.3.2 条 D 错误。

29. D

依据：《水力发电厂照明设计规范》（NB/T 35008—2013）第 7.1.3 条。

30. C

依据 NB/T 31026—2012，4.3.1～4.3.3。

31. C

依据：《交流电气装置的过电压保护和绝缘配合设计规范》（GB/T 50064—2014）第 3.2.2-2 条式 6.3.1-1，即

$$U_{s.i.s} = 1.27 \times 1.8 \times \frac{\sqrt{2} \times 800}{\sqrt{3}} = 1493.2(\text{kV})$$

32. C

依据：《架空输电线路电气设计规程》（DL/T 5582—2020）第 5.1.11 条。

33. B

依据：《交流电气装置的过电压保护和绝缘配合设计规范》（GB/T 50064—2014）第 3.1.3-3 条。

34. D

依据：《220kV～1000kV 变电站站用电设计技术规程》（DL/T 5155—2016）第 6.5.1 条。

35. B

依据：交流电气装置的过电压保护和绝缘配合设计规范》（GB/T 50064—2014）第 4.2.1-4

条。

36．B

依据：《继电保护和安全自动装置技术规程》（GB/T 14285—2006）第 4.9.1-a）条 A 对；第 4.9.4.1 条 B 错；第 4.9.2.2 条 C 对；第 4.9.4.5 条 D 对。

37．C

依据老版系统手册 P449，电力系统主要谐波源相关描述。

38．D

依据：《风电场工程 110kV～220kV 海上升压变电站设计规范》（NB/T 31115—2017）第 5.1.5 及条文说明。

39．B

依据：《架空输电线路电气设计规程》（DL/T 5582—2020）第 7.3.3 条，$S \geqslant 0.012 \times 500 + 1.5 = 7.5\text{m}$。

40．A

依据：《架空输电线路电气设计规程》（DL/T 5582—2020）第 10.2.3 条。

二、多项选择题（共 30 题，每题 2 分，每题的备选项中有两个或两个以上符合的答案，错选、少选、多选均不得分）

41．AD

依据：依据 DL/T 5136—2012 的第 5.1.5 条、第 5.1.9 条、第 5.1.11 条。

42．BC

依据：《电力变压器选用导则》（GB/T 17468—2019）第 6.1 条。

43．ACD

依据：《导体和电器选择设计技术规程》（DL/T 5222—2021）第 5.1.4 条，AC 对，B 错；第 5.1.9 条 D 对。

44．BD

依据：《电力工程直流电源系统设计技术规程》（DL/T 5044—2014）第 8.1.3 条，A 错；第 8.1.4 条 B 对；第 8.1.8 条 C 错；第 8.1.2 条 D 对。

45．ACD

依据 GB 38755—2019 第 5.9 条。

46．AB

依据：$I_{js} = \dfrac{550}{\sqrt{3} \times 0.95 \times 330} = 1013(\text{A})$。D 选项载流量不足，C 选项不满足 DL/T 5582—2020 第 5.1.3 条之电晕要求相关规定，故选 AB。

47．ACD

依据《电力设备典型消防规程》（DL 5027—2015）第 10.3.6 条。

48．ACD

依据：《大中型火力发电厂设计规范》GB 50660—2011 第 16.1.4 条，A 对；第 16.1.5 条，$S \geqslant \dfrac{374}{0.85} - 0 = 440(\text{MW})$；第 16.2.6 条，C 对。

49．ABD

依据：GB/T 50064—2014 第 5.4 节及附录 D.2.2 相关表述。

50．CD

依据：《电力工程直流电源系统设计技术规程》（DL/T 5044—2014）第 4.2.1-2 条 A 错；第 4.2.4 条，表 4.2.5，B 错；第 4.2.2-1 条 C 对；表 4.2.5 序号 5，D 对。

51．ABD

依据：《电力设施抗震设计规范》（GB 50260—2013）第 6.1.1-2 条、第 6.5.3 条的要求，A、B、D 对，C 错。

52．AD

依据：DL/T 5582—2020 第 H.0.1 条、第 H.0.3 条。

53．ACD

依据：DL/T 5222—2020 第 6.0.1 条。

54．ABD

依据：《导体和电器选择设计技术规程》（DL/T 5222—2021）第 5.2.2 条。

55．AD

依据：《风电场工程 110kV～220kV 海上升压变电站设计规范》（NB/T 31115—2017）第 5.3.3 条。

56．BCD

依据：DL/T 5153—2014 的第 3.10.1-4 款，第 3.10.5-2 款，第 3.10.9-4 款，第 3.10.10-2 款。

57．ABD

依据：《架空输电线路电气设计规程》（DL/T 5582—2020）第 8.0.5 条及条文说明，A、B 对；第 8.0.6 条 C 错、D 对；

58．CD

依据：《架空输电线路电气设计规程》（DL/T 5582—2020）表 9.2.1-1，C 对；表 9.2.1-2，D 错（1.75m）。

59．AB

依据：《大中型火力发电厂设计规范》（GB 50660—2011）第 16.2.6 条，AB 对，C 错；第 16.2.8 条，D 错。

60．CD

依据：《电力工程电缆设计标准》（GB 50217—2018）第 4.1.11 条，A 错，"不得大于 50V"；第 4.1.12 条，B 错，"一端或中央部位单点直接接地"；第 4.1.16 条，C、D 对。

61．AD

依据：依据 DL/T 5352—2014 的第 9.3.1 条。

62．AC

依据：《发电厂和变电站照明设计技术规定》（DL/T 5390—2014）第 5.2.2-3 条，A 对；第 5.3.1 条，B 错；第 5.3.5 条，C 对；第 5.3.6 条，D 错。

63．CD

依据：《电力工程电缆设计标准》（GB 50217—2018）第 4.1.16 条。

64．AB

依据：《架空输电线路电气设计规程》（DL/T 5582—2020）第 5.1.19 条表 5.1.19，AB 对；C 应为 15℃，错；D 应为 10℃，错。

65．AB

依据：老版一次手册第 119 页第 4-1 节内容，AB 对，CD 错。《导体和电器选择设计技术规程》（DL/T 5222—2021）附录 A 第 A.1 条内容。

66．ACD

依据：《高压配电装置设计规范》（DL/T 5352—2018）第 5.2.6 条，A 对；第 5.2.7 条，B 错，C 对；第 5.2.5 条，D 对。

67．AC

依据：《继电保护和安全自动装置技术规程》（GB/T 14285—2006）第 5.3.1.2 条，A 对；第 5.3.1.3 条，B 错，C 对；第 5.3.7.4 条，D 错。

68．CD

依据：《发电厂和变电站照明设计技术规定》（DL/T 5390—2014）第 3.1.2 条表 3.1.2，CD 正确；第 3.1.3 条 AB 错。

69．AD

依据：《架空输电线路电气设计规程》（DL/T 5582—2020）第 7.2.1 条，A 错；表 7.2.3，BC 错；

70．ACD

依据：《架空输电线路电气设计规程》（DL/T 5582—2020）第 9.5.1 条，ACD 对，B 错。

2024 年注册电气工程师专业知识试题

（下午卷）及答案

一、单项选择题（共 40 题，每题 1 分，每题的备选项中只有 1 个最符合题意）

1. 关于爆炸区域 22 区的明敷电缆最小允许截面，下列描述哪项是正确的？　（　）
   （A）电力电缆 2.5mm² 铜芯　　　　（B）电力电缆 4mm² 铜芯
   （C）电力电缆 16mm² 铜芯　　　　（D）控制电缆 2.5mm² 铜芯

2. 在估算两相短路电流时，当由无限大电源供电或短路点电气距离很远时，通常可按三相短路电流周期分量的有效值乘以系数来确定，此系数是下列哪项数值？　（　）
   （A）$\sqrt{3}/2$　　　　　　　　　（B）$1/\sqrt{3}$
   （C）1/3　　　　　　　　　　　　（D）1

3. 关于配电装置通道布置的说法，下列描述哪项满足规程、规范的要求？　（　）
   （A）屋外配电装置主要环形通道应满足消防要求，通道净宽度不宜小于 4.5m
   （B）500kV 配电装置设置向间运输道路时，其道路宽度不应小于 3m
   （C）35kV 户内开关柜，柜后通道不宜小于 1m
   （D）室内无外壳干式变压器，其外廓至墙壁净距不宜小于 650mm

4. 计算接地网电位升高时，应按下列哪种电流设计？　（　）
   （A）经接地网入地最大接地故障对称电流有效值
   （B）经接地网入地最大接地故障不对称电流有效值
   （C）接地网最小入地电流
   （D）接地网最大入地对称电流

5. 某电厂 1# 机组专供控制负荷的 1kV 直流电源系统，设有 2 组阀控式铅酸蓄电池，蓄电池出口断路器额定电流为 500A，若该系统两段直流母线之间装设应急联络断路器，其额定电流不应大于下列哪项数值？　（　）
   （A）500A　　　　　　　　　　　（B）400A
   （C）300A　　　　　　　　　　　（D）250A

6. 对 330kV 及以上电压等级变电站容性无功补偿容量的要求，下列描述哪项是正确的？　（　）
   （A）可按照主变压器容量的 5%～10%配置

（B）可按照主变压器容量的10%～20%配置
（C）可按照主变压器容量的15%～20%配置
（D）可按照主变压器容量的20%～30%配置

7．无冰区架空输电线路断线工况气象条件选择时，下列描述哪项是正确的？（　　）
（A）有风、无冰、-5℃　　　　　　　（B）无风、无冰、-5℃
（C）有风、无冰、5℃　　　　　　　　（D）无风、无冰、5℃。

8．某750kV架空输电线路的。所在地区土壤电阻率为3000Ω•m，关于接地装置下列描述哪项是错误的？（　　）
（A）放射性接地极每根的最大长度为100m
（B）工频接地电阻最大值为50Ω
（C）放射性接地极可采用长短结合的方式
（D）接地极埋深不宜小于0.3m

9．汽轮发电机组带厂用电小岛运行时，交流厂用母线的频率波动宜在下列哪项范围内？（　　）
（A）49～51Hz　　　　　　　　　　　（B）49.7～50.3Hz
（C）49.5～50.5Hz　　　　　　　　　 （D）49.8～50.2Hz

10．选择电器用到的最大风速，下列描述哪项是正确的？（　　）
（A）220kV电器宜用离地面10m高，30年一遇，10min平均最大风速
（B）330kV电器宜用离地面15m高，50年一遇，10min平均最大风速
（C）500kV电器宜用离地面10m高，70年一遇，10min平均最大风速
（D）1000kV电器宜用离地面15m高，100年一遇，10min平均最大风速

11．某变电站安装两台100MVA的主变压器，每台变压器的油重为44.5t，油的密度为890kg/m³，每台主变压器挡油设施和总事故油池的容积最小分别为下列哪项数值？（　　）
（A）10m³　50m³　　　　　　　　　　（B）10m³　100m³
（C）20m³　50m³　　　　　　　　　　（D）20m³　100m³

12．有人值班的变电站主控制室和继电器室分开布置，关于主控室室内布置二次设备的说法，下列描述哪项是错误的？（　　）
（A）布置计算机监控系统操作员站布置　（B）布置微机五防工作站
（C）布置图像监视系统监视器　　　　　（D）布置电气保护屏

13．某电厂380/220保安段母线所接的最大一台电动机为给水泵润滑油泵，额定功率37kW，若保安段母线由柴油发电机供电，给水泵润滑油泵起动的母线电压以保持不低于下列哪项数值为宜？（　　）

（A）额定电压的 80%　　　　　　　（B）额定电压的 75%
（C）额定电压的 70%　　　　　　　（D）额定电压的 60%

14. 某工程用并联电容器组单台电容器额定电流为 10A，其保护用外熔断器熔丝的额定电流可以取下列哪项数值？　　　　　　　　　　　　　　　　　　　　（　）
（A）11A　　　　　　　　　　　　（B）13A
（C）14A　　　　　　　　　　　　（D）16A

15. 某架空送电线路地线采用铝包钢绞线 JLB20A-150。关于地线悬垂线夹握力，下列描述哪项是正确的？　　　　　　　　　　　　　　　　　　　　　　　　（　）
（A）线夹握力不应小于地线计算拉断力的 14%
（B）线夹握力不应小于地线计算拉断力的 24%
（C）线夹握力不应小于地线计算拉断率的 25%
（D）线夹握力不应小于地线计算拉断率的 28%

16. 架空输电线路的地线选择中，下列描述错误的是？　　　　　　　　　　（　）
（A）地线应按照电晕起晕条件进行校验
（B）光纤复合架空地线结构，选型应考虑耐雷击性能
（C）地线应满足电器和机械使用条件要求，应选用镀锌钢绞线
（D）大跨越地线宜采用铝包钢绞线

17. 燃煤电厂防火墙上的电缆孔洞，应采用耐火极限为多少小时的电缆防火封堵材料或防火封堵组件进行封堵？　　　　　　　　　　　　　　　　　　　　　（　）
（A）1h　　　　　　　　　　　　（B）2h
（C）3h　　　　　　　　　　　　（D）5h

18. 某工程建设 2 台 1000MW 燃煤超超临界机组，其发电机出口装设发电机出口断路器（GCB），选择发电机断路器（GCB）时，关于短路耐受电流及其持续时间，下列描述哪项符合规程、规范要求？　　　　　　　　　　　　　　　　　　　　　　　　（　）
（A）发电机断路器额定短时耐受电流等于短路开断电流交流分量的有效值，其持续时间额定值为 4s
（B）发电机断路器额定短时耐受电流等于短路电流全电流最大有效值，其持续时间额定值为 3s
（C）发电机断路器额定短时耐受电流等于额定短路开断电流交流分量有效值，其持续时间额定值为 2s
（D）发电机断路器额定短时耐受电流等于额定短路开断电流交流分量有效值，其持续时间额定值为 1s

19. 某 20kV 不接地系统，为保护电气设备在母线上配置了 MOA 避雷器，避雷器的额定

电压宜选择下列哪项数值？ （　　）

（A）24kV   （B）26.4kV

（C）30kV   （D）34kV

20．关于电力系统安全自动装置稳定计算中的故障切除时间的说法，下列描述哪项满足规程规范的要求？ （　　）

（A）500kV 线路故障，近故障端 0.09s，远故障端 0.1s

（B）220kV 线路故障近故障端和远故障端均为 0.1s

（C）500kV 母线故障宜采用相同电压等级线路远端故障切除时间

（D）220kV 母线故障宜采用相同电压等级线路远端故障切除时间

21．发电厂某辅助车间投光灯的轴线光强为 6000cd，满足规程、规范要求的最低安装高度是下列哪项数值？ （　　）

（A）3.5m   （B）4m

（C）4.5m   （D）5m

22．建设由三台主变压器的变电站内低压侧装设无功补偿装置，下列描述哪项是正确的？ （　　）

（A）3 台 110kV 主变压器的无功补偿装置之间宜装设备自投装置实现相互切换

（B）3 台 220kV 主变压器的无功补偿装置之间不宜装设相互切换的设施

（C）3 台 330kV 主变压器的无功补偿装置之间宜并联运行以相互支持无功

（D）3 台 750kV 主变压器的无功补偿装置之间在短路电流允许的条件下可并联运行

23．220kV 电缆外护套雷击冲击耐受电压不应低于下列哪项数值？ （　　）

（A）1550kV   （B）1050kV

（C）47.5kV   （D）37.5kV

24．交流架空输电线路经过易舞动区，导线与地线间的动态接近距离应不小于下列哪项值？ （　　）

（A）工频电压相间间隙值   （B）工频电压间隙值

（C）操作过电压间隙值   （D）雷电过电压间隙值

25．某电厂规划安装 4 台 1000MW 机组，一期 2 台，500kV 出线两回。电厂一期电气主接线采用下列哪种方式满足规程、规范要求且最为经济？ （　　）

（A）发电机—变压器—线路组接线   （B）3/2 接线

（C）四角接线   （D）双母线接线

26．关于电力电缆绝缘和护层类型的选择，下列描述哪项是正确的？ （　　）

（A）放射线作用场所应按绝缘类型要求选用交联聚乙烯或乙丙橡皮绝缘等耐射线辐照强

度的电缆

（B）年最低温度在-15℃以下应按低温条件和绝缘类型要求，选用聚氯乙烯、耐寒橡皮绝缘电缆

（C）在人员密集场所应选用交联聚乙烯、聚氯乙烯绝缘或乙丙橡皮等低烟外护层电缆

（D）海底电缆宜采用耐腐蚀性的镀锌钢丝不锈钢丝或铝护套作为径向防水护层

27. 某 220kV 变电站采用有效接地系统，下列关于接地和均压的描述哪项满足规程规范要求？ （   ）

（A）架空线路的地线不得直接和变电站配电装置构架相连

（B）变电站接地网应在地下与架空地线接地装置连接，连接线埋在地中的长度不应小于 20m

（C）当 220kV 配电装置采用气体绝缘金属封闭开关设备时，开关设备区域专用接地网与变电站总接地网的连接线不应少于 4 根

（D）接地网地电位升高不得超过 2000V

28. 发电机保护中裂相横差保护主要反映的是下列哪种类型故障？ （   ）

（A）发电机定子接地故障　　　　　（B）发电机转子一点短路
（C）发电机定子匝间短路　　　　　（D）发电机励磁系统故障

29. 某火力发电厂的烟囱顶端高度为 210m 的其顶部的障碍灯安装高度不宜取下列哪项数值？ （   ）

（A）202m　　　　　　　　　　　（B）204m
（C）206m　　　　　　　　　　　（D）208m

30. 某风电场升压变电站设置 2 台主变压器，以一回 220kV 出线接入系统，关于其 220kV 配电装置电器主接线，下列描述哪项满足规程、规范的要求？ （   ）

（A）桥型接线　　　　　　　　　　（B）单母线接线
（C）双母线接线　　　　　　　　　（D）三角形接线

31. 已知某 500kV 线路最高运行电压为 550kV，位于 d 级污区，统一爬电比距要求不小于 50.4mm/kV，悬垂串采用 210kV 绝缘子，单片爬电距离为 550mm，爬电距离有效系数为 0.9。使用爬电比距法计算工频电压下的最少绝缘子片数应为下列哪项数值？ （   ）

（A）34 片　　　　　　　　　　　（B）33 片
（C）32 片　　　　　　　　　　　（D）31 片

32. 位于丘陵地形的 500kV 交流架空输电线路，基本风速而为 27m/s，导线耐张绝缘子串采用水平布置的三联串，挂点高度为 30m，假定单联绝缘子串承受的风压面积计算值为 $1.25m^2$，计算导线耐张绝缘子串最大风速时风荷载的标准值为下列哪项数值？ （   ）

（A）1022N　　　　　　　　　　　（B）1187N

(C) 1686N (D) 1583N

33．某热电厂建设 3 台 50MW 燃煤机组，电厂以 220kV 电压等级接入电网，220kV 系统中性点直接接地，220kV 升压站采用屋外敞开式配电装置，该发电厂下列哪个部位应装设隔离开关？ （ ）
(A) 220kV 出线的电压互感器   (B) 220kV 出线的避雷器
(C) 主变压器高压侧中性点   (D) 避雷器主变压器高压侧中性点

34．在下列哪种电压等级条件下，配电装置可选用固体绝缘母线？ （ ）
(A) 66kV   (B) 110kV
(C) 35kV   (D) 220kV

35．某 500kV 架空线路铁塔基础土壤电阻率为 1500Ω·m，该铁塔的工频接地电阻和人工接地极埋设深度分别宜满足下列哪项数据？ （ ）
(A) 不宜超过 15Ω，不宜小于 0.5m   (B) 不宜超过 20Ω，不宜小于 0.6m
(C) 不宜超过 20Ω，不宜小于 0.5m   (D) 不宜超过 25Ω，不宜小于 0.6m

36．阀控式密封铅酸蓄电池采用钢架组合结构安装，多层叠放，其整体高度不宜超过下列哪项数据？ （ ）
(A) 1200mm   (B) 1500mm
(C) 1700mm   (D) 2200mm

37．下列关于电力系统功角稳定的说法，下列描述哪项是正确的？ （ ）
(A) 静态功角稳定是指电力系统受到小扰动后，不发生功角非周期性湿布，自动恢复到起始运行状态的能力
(B) 暂态功角稳定是指电力系统受到大扰动后，各同步发电机保持同步运行并恢复原来稳定运行的能力
(C) 小扰动动态功角稳定是指电力系统受到小扰动后不发生散性振荡或持续振荡保持功角稳定的能力
(D) 大扰动动态功角稳定是指电力系统受到大扰动后，保持长过程功角稳定的能力

38．对于两个换流站共用接地极，设计接地极的入地电流应考虑事故情况下的复合电流。分析该共用接地极对周边电力系统的影响时，入地电流的计算取值应满足下列哪项要求？ （ ）
(A) 两个换流站的额定电流之和的最大值
(B) 两个换流站的额定电流之中的最大值
(C) 单个换流站的长期最大负荷电流
(D) 一个换流站最大额定电流和另一个换流站不平衡电流之和

39. 关于一般输电线路地线对导线的保护角，下列哪个选项满足规程、规范的要求？ （ ）

（A）220kV 山区单回线路杆塔上地线对导线的保护角不宜大于 10°
（B）1000kV 平丘单回线路杆塔上地线对导线的保护角不宜大于 8°
（C）±800kV 山区单回线路杆塔上地线对导线的保护角不宜大于 8°
（D）±1000kV 山区单回线路杆塔上地线对导线的保护角不宜大于 −12°

40. 220kV 架空输电线路跨越公路时，下列哪项满足规程、规范的要求？ （ ）
（A）导线至路面的最小垂直距离为 8.0m
（B）邻档断线情况下，导线至路面的最小垂直距离为 6.0m
（C）杆塔外缘至路基边缘的距离为 5.0m
（D）杆塔外缘至路基边缘的距离为 5.0m，开阔地区为最高(杆)塔高

二、多项选择题（共 30 题，每题 2 分，每题的备选项中有两个或两个以上符合的答案，错选、少选、多选均不得分）

41. 风电场电能质量指标包含下列哪些选择？ （ ）
（A）电压闪变
（B）低电压穿越能力
（C）电压不平衡度
（D）故障时动态无功支撑电流

42. 某电厂建设 2 套 9F 级燃气—热气联合循环发电机组。发电机通过主变压器升压，接入厂内 252kV SF_6 气体绝缘封闭开关设备(以下简称 GIS)，252kV GIS 短路电流水平为 50kA，关于 252kV GIS 技术规范，下列描述哪些是正确的？ （ ）
（A）出线回路的线路侧接地开关应采用快速接地开关
（B）电压互感器选用电磁式
（C）外壳的厚度应耐受短路电流不小于 50kA、0.1s
（D）电压互感器和母线避雷器不应装设隔离开关

43. 依据规程要求，通过技术经济比较后，下列哪些变电站的接地网可采用铜（覆钢）材或其他防腐措施？ （ ）
（A）腐蚀较重地区的 330kV 变电站
（B）腐蚀较重地区的 110kV 变电站
（C）腐蚀较重地区的 66kV 城市变电站
（D）腐蚀较重地区的 66kV 紧凑型变电站

44. 关于发电厂和变电站直流电源系统中保护电器的选择，下列描述哪些是正确的？ （ ）
（A）蓄电池出口回路宜选用熔断器，且熔断器应带有报警触点
（B）分电柜直流馈线断路器，宜选用具有瞬时保护和反时限过流保护的直流微型断路器
（C）直流断路器上一级装设熔断器时，熔断器额定电流应不小于直流断路器额定电流的 2 倍
（D）直流断路器应带有报警触点

45．并联电容器和低压并联电抗器组的分组容量应满足下列哪些要求？　　　（　　）
（A）各组装置在不同组合方式下投切时不得引起高次谐振和有危害的谐波放大
（B）投切一组电容器引起所在母线的电压变动值，不宜超过其额定电压的1.5%
（C）投切一组电抗器引起所在母线的电压。变动值不宜超过其额定电压的2.5%
（D）应与断路器投切电容器的能力相当

46．关于输电线路绝缘配合下列描述，哪些是正确的？　　　　　　　　（　　）
（A）绝缘子片数选择应首选校核绝缘子串是否满足操作过电压和雷电过电压要求
（B）计算工频（工作）电压下的绝缘子片数可采用爬电比距法，也可采用无耐压法
（C）使用复合绝缘子时，复合绝缘子有效长度需满足雷电过电压和操作过电压的要求
（D）使用110kV及以上输电线路复合绝缘子两端都应加均压环

47．关于大中型水力发电厂的电气主接线设计，下列描述哪些是正确的？　（　　）
（A）装机容量为500MW及以上的水力发电厂，应对电气主接线进行可靠评估计算
（B）发电机与主变压器最大组合容量不应大于所在系统的事故备用容量
（C）全场不宜采用只设一台主变压器的扩大单元接线
（D）发电电动机出口处应装设断路器

48．关于导体的正常最高工作温度，下列描述哪些是正确的？　　　　　（　　）
（A）普通导体不宜超过70℃
（B）计及太阳照度影响，钢芯铝绞线可按不超过80℃考虑
（C）计及太阳照度影响，管形导体可按不超过85℃考虑
（D）当普通导体接触面有镀锌的可靠覆盖层时，可按不超过90℃考虑

49．某110kV变电站直流电源系统标称电压DC110V，关于断路器控制回路，下列描述哪些是正确的？　　　　　　　　　　　　　　　　　　　　　　　　　（　　）
（A）断路器控制回路应满足分相操作机构的要求
（B）断路器控制回路应具有跳、合闸出口自行保持的功能
（C）若跳闸线圈额定电流为2A，则跳闸继电器电流自保持线圈的额定电流不宜大于1.4A
（D）合闸继电器电流自保持线圈的电压降不应大于5.5V

50．某大型燃煤电厂厂用电系统采用6kV和380V两级电压，6kV系统中性点采用经低电阻接地方式，380V系统中性点采用直接接地方式。关于该电厂厂用电继电保护装置的配置原则下列描述哪些是正确的？　　　　　　　　　　　　　　　　　　（　　）
（A）高压厂用电源回路的单相接地保护，宜由接于高压厂变低压侧绕组中性点的电阻取得零序电流来实现
（B）低压厂用电线上的馈线回路，可用相间短路兼做单相接地保护
（C）当1台高压厂用变给6kV A段和B段母线时，应在各分支上分别装装设过电流保护，保护带时限动于本分支断路器跳闸

（D）采用熔断器串真空接触器回路供电的低压厂变回路，过流保护带时限动作与本回路真空接触器分断

51. 某变电站的低压侧装设 30kV 并联电容器和 35kV 并联电抗器，无功补偿总回路装设总断路器以开断短路及负荷电流。下列对无功补偿装置的接线描述哪些是正确的？（   ）

（A）分支回路装设断路器开断短路及负荷电流
（B）分支回路装设负荷开关开断短路及负荷电流
（C）分支回路装设断路器开断负荷电流
（D）分支回路装设负荷开关开断短路电流

52. 架空输电线路选择路径时，下列描述哪些是正确的？（   ）

（A）路径选择应避开重冰区、易舞动区及影响安全运行的其他区域
（B）在走廊拥挤地段宜采用同杆塔架设
（C）输电线路与铁路、高速公路交叉时，应采用独立耐张段
（D）耐张段较长的轻冰区，每隔 7～8 基设置一基纵向强度较大的加强型直线塔

53. 下列哪些情况可不考虑并联电容器组对短路电流的影响？（   ）

（A）短路点在电抗器后　　　　　（B）短路点在并联电容器前
（C）短路点在主变压器的高压侧　（D）短路点在出线电抗器前

54. 下列关于电气设施抗震设计，下列描述哪些是正确的？（   ）

（A）一般电力设施中的电气设施，当抗震设防烈度为 7 度及以上时应进行抗震设计
（B）安装在室内二层及以上的电气设施，当抗震设防烈度为 7 度及以上时应进行抗震设计
（C）当抗震设防烈度为 8 度及以上时，220kV 配电装置不宜采用高型、半高型和双层屋内配电装置
（D）当抗震设防烈度为 8 度及以上时，220kV 电容补偿装置的电容器平台宜采用支撑式结构

55. 关于变电站电压互感器二次回路保护配电的说法，下列描述哪些是正确的？（   ）

（A）用于电能计量装置的电压互感器二次回路不应装设专用自动空开
（B）电压互感器二次测中性点引出线，不应装设保护设备
（C）电压互感器二次侧自动开关瞬时脱扣器断开短路电流的时间不应大于 20ms
（D）电压互感器二次侧自动开关瞬时脱扣器的动作电流，应按大于二次回路最大负荷电流来整定

56. 关于火力发电厂常用电动机的选择，下列描述哪些是正确的？（   ）

（A）厂用交流电动机宜采用鼠笼式

（B）当工艺系统对辅机要求变频调速时应选用变频调速电动机
（C）在高压、热带、户外等特殊环境中应选用专用电机
（D）电动机额定电压的确定应综合考虑高厂变容量、阻抗、短路水平等，在电压分界点的电动机宜与高厂变低压侧电压选择一致

57．关于光伏发电站的火灾报警系统的设备，下列描述哪些是正确的？　　　（　　）
（A）大型或无人值守光伏发电站应设置火灾自动报警系统
（B）大、中型光伏发电工程宜设置火灾自动报警系统
（C）逆变器室、控制室、配电装置室、二次盘室、无功补偿设备室宜设置火灾自动报警系统探测器
（D）蓄电池室、电缆竖井、主变压器等处应设置火灾自动报警系统探测器

58．影响架空输电线路直线杆塔垂直挡距的主要因素为下列哪些选项？　　　（　　）
（A）高差　　　　　　　　　　　（B）电线张力
（C）电线分裂数　　　　　　　　（D）挡距

59．高压开关柜应具有的五防措施包括下列哪些选项？　　　（　　）
（A）防止带负荷误启、误合断路器　　（B）防止带负荷误分、误合隔离开关
（C）防止带电合接地开关　　　　　　（D）防止误入带电间隔

60．关于绝缘配合的说法，下列描述哪的是正确的？　　　（　　）
（A）110～220kV 系统，相间操作过电压可按相对地过电压的 1.3～1.4 倍
（B）66kV 变电站操作过电压要求的空气风量的绝缘强度，宜以避雷器操作冲击保护水平为基础，将绝缘强度作为随机变量加以确定
（C）电气设备内、外绝缘操作冲击绝缘水平，宜以避雷器操作冲击保护水平为基础，采用统计法确定
（D）电气设备内、外绝缘雷电冲击绝缘水平，宜以避雷器雷电冲击保护水平为基础，采用确定性法确定

61．对 3～110kV 继电保护允许适当牺牲部分选择性的说法，下列描述哪些是正确的？
（　　）
（A）对串联供电线路，如果按逐级配合的原则导致电源侧保护它动作时间过长时，可将容量较大的某些中间变电站版 T 接变电站或不配合点处理，以减少配合的级数，缩短动作时间
（B）双回线内部保护的配合，可按双回线主保护（例如纵联保护）动作或双回线中一回线故障时两侧零序电流（或相电流速断）保护纵续动作的条件考虑，确有困难时，允许双回线中一回线故障时，两回线的主保护可有不配合的情况
（C）构成环网运行的线路中，允许设置整定的不配合点
（D）接入供电变压器的终端线路，无论是一台或多台变压器并列运行（包括多处 T 接供

电交压器或供电线路），都允许线路侧的速动段保护按躲开变示器其他母线故障整定。需要时，线路速动段保护可经一短时动作。

62．关于发电厂和变电站照明，下列描述哪些是正确的？　　　　　　　　（　　）
（A）电缆隧道照明电压宜采用 24V，当电缆隧道照明电压采用 220V 电压时，应有防止触电的安全措施，并应敷设专用接地线
（B）照明开关的安装高度应为 13m
（C）照明主干线路上连接的照明配电箱数量不宜超过 6 个
（D）插座回路宜与照明回路分开，每回路额定电流不宜小于 16A，且应设置剩余电流保护装置

63．架空线路工程选择地线悬垂线夹时，下列描述哪些是正确的？　　　　（　　）
（A）当地线产生不平衡张力时，允许地线在悬垂线夹内滑动
（B）当悬垂线夹两侧悬垂角不等时，线夹允许在一定范围内转动
（C）选择悬垂线夹型号时，主要考虑线夹在各种工况下的最大垂直荷载
（D）选择悬垂线夹型号时，需要考虑地线及外部缠铝包带厚度或护线条直径

64．山区架空输电线路，关于导线悬挂点应力，下列描述哪些是正确的？（　　）
（A）悬挂点允许应力一定，挡距越大，允许导线两侧悬挂点高差越大
（B）悬挂点允许应力一定，导线两侧悬挂点高差越大、允许挡距越小
（C）其他条件不变时，导线两侧悬挂点高差增加、高侧悬挂点应力增加
（D）其他条件不变时，导线张力降低，高侧悬挂点应力降低

65．下列关于 500kV 敞开布置变电站中隔离开关的设置，下列描述哪些是正确的？
　　　　　　　　　　　　　　　　　　　　　　　　　　　　　　　　（　　）
（A）双母线或单母线接线中，母线避雷器和电压互感器应合用一组隔离开关
（B）一个半断路器接线中，母线避雷器和电压互感器宜合用一组隔离开关
（C）安装在变压器中性点上的避雷器，不应装设隔离开关
（D）在一个半断路器接线中，初期线路和变压器组成两个完整串时，各元件出口处宜装设隔离开关

66．独立避雷针的接地装置应符合下列哪些要求？　　　　　　　　　　（　　）
（A）独立避雷针宜设独立的接地装置
（B）在非高土壤电阻率地区，接地电阻不宜超过 5Ω
（C）该接地装置可与主接地网连接，避雷针与主接地网的地下连接点至 35kV 及以下，设备与主接地网的地下连接点之间沿接地极的长度不得小于 10m
（D）独立避雷针不应设在人经常通行的地方，避雷针及其接地装置与道路或出入口的距离不宜小于 3m，否则应采取均压措施或铺设砾石或沥青地面

67. 下列哪些选项属于电力系统承受大扰动能力第二级安全稳定标准的事故扰动类型？(   )
（A）故障时继电保护误动 （B）直流双极线路短路故障
（C）任一发电机跳闸或失磁 （D）任一段母线故障

68. 关于电力需求预测的说法，下列描述哪些是正确的？(   )
（A）电力需求预测应以国民经济和社会发展规划为基础
（B）电力需求预测应采用多种方法进行预测，并相互校核
（C）电力需求现状不影响电力需求预测结果
（D）电力需求预测是预测未来的需电量和电力负荷

69. 关于隧道中敷设电缆线路，下列描述哪些是正确的？(   )
（A）电缆支架两侧布置的非开挖式电缆隧道，通道净空不小于 0.8m
（B）采用垂直蛇形敷设的电缆，应在每个蛇形半节能部位用来具把电缆固定于支架上
（C）电缆中间接头两侧应用固定夹具进行刚性固定
（D）220kV 单芯电缆应按电缆的热伸缩量作蛇形敷设

70. 关于一般线路的基本风速最小值，下列哪些规定是正确的？(   )
（A）220kV 架空输电线路为 22.0m/s
（B）330kV 架空输电线路为 23.5m/s
（C）500kV 架空输电线路为 25.0m/s
（D）750kV 架空输电线路为 27.0m/s

答　　案

一、单项选择题

1. C
依据：D《爆炸危险环境电力装置设计规范》（GB 50058—2014）第 5.4.1 条表 5.4.1-1，C 错。

2. A
依据：新版一次手册第 144 页第五节内容（右上）。

3. C
依据：《高压配电装置设计规范》（DL/T 5352—2018）第 5.4.1-4 款，A 选项不应小于 4m，错；第 5.4.2 条，是"不宜"而不是"不应"，B 错；第 5.4.4 条表 5.4.4 注 4，C 对；第 5.4.6 条，"不应小于 600mm"，D 错。

4. B
依据：《交流电气装置的接地设计规范》（GB/T 50065—2011）附录 B 式（B.0.4）。

5. D

依据：《电力工程直流电源系统设计技术规程》（DL/T 5044—2014）第 6.5.2-4 条，500×50%=250(A)。

6. B

依据：《330kV～750kV 变电站无功补偿装置设计技术规定》（DL/T 5014—2010）第 5.0.4 条。

7. D

依据：《架空输电线路电气设计规程》（DL/T 5582—2020）第 4.0.24 条，四个选项都是"无冰"，选 D，覆冰才是选 B。

8. B

依据：《交流电气装置的接地设计规范》（GB/T 50065—2011）第 5.1.5-6 表 5.1.1，A 对；第 5.1.5-4 条，CD 对，B 错，接地电阻不受限制。

9. A

依据：《火力发电厂厂用电设计技术规定》（DL/T 5153—2014）第 3.3.1-2 条，"带厂用电小岛运行"说明有厂内交流电源供电，所以是 49～51Hz。

10. A

依据：《导体和电器选择设计技术规程》（DL/T 5222—2021）第 4.0.5 条。

11. A

依据：《高压配电装置设计规范》（DL/T 5352—2018）第 5.5.2 条、第 5.5.3 条每台主变挡油设施最小容积 $V=44.5\times10^3 \div 890\times20\%=10(m^3)$；第 5.5.4 条，总事故油池的最小容积 $V=44.5\times10^3 \div 890=50(m^3)$。

12. D

依据：《火力发电厂、变电站二次接线设计技术规程》（DL/T 5136—2012）第 4.2.3 条。

13. A

依据：《火力发电厂厂用电设计技术规定》（DL/T 5153—2014）第 4.5.1 条。

14. B

依据：《330kV～750kV 变电站无功补偿装置设计技术规定》（DL/T 5014—2010）第 7.1.3-1 条，10×1.3=13A。

15. A

依据：新版线路手册第 292 页表 5-2-2。

16. C

依据：《架空输电线路电气设计规程》（DL/T 5582—2020）第 5.1.11 条，A 对；第 5.1.12 条，B 对；第 5.1.10 条，"可选用镀锌钢绞线或复合型绞线"，C 错；第 5.1.13 条，D 对。

17. C

依据：《火力发电厂与变电站设计防火标准》（GB 50229—2019）第 11.4.4 条。

18. C

依据：《导体和电器选择设计技术规程》（DL/T 5222—2021）第 7.3.10 条。

19. D

依据：《交流电气装置的过电压保护和绝缘配合设计规范》（GB/T 50064—2014）表 4.4.3，

$U \geqslant 1.38 \times 24 = 33.12 (kV)$。

20．A

依据：《电力系统安全自动装置设计规范》（GB/T 50703—2011）第 3.5.1 条表 3.5.1。

21．C

依据：《发电厂和变电站照明设计技术规定》（DL/T 5390—2014）第 9.0.4 条式（9.0.5），即 $H \geqslant \sqrt{\dfrac{6000}{300}} = 4.47 \approx 4.5 (m)$。

22．B

依据：《35kV～220kV 变电站无功补偿装置设计技术规定》（DL/T 5242—2010）第 6.1.5 条，A 错，B 对；《330kV～750kV 变电站无功补偿装置设计技术规定》（DL/T 5014—2010）第 6.1.7 条，CD 错。

23．B

依据：新版一次手册 P986，表 17-48。

24．B

依据：《架空输电线路电气设计规程》（DL/T 5582—2020）附录 H 第 H.0.1-1 条。

25．A

依据：《大中型火力发电厂设计规范》（GB 50660—2011）第 16.2.12 条。

26．B

依据：《电力工程电缆设计标准》（GB 50217—2018）第 3.4.6 条，A 错；第 3.4.1-5 条，B 对；第 3.4.1-3 条，C 错；第 3.4.8-3 条，D 错。

27．C

依据：《交流电气装置的接地设计规范》（GB/T 50065—2011）第 4.3.1-3 条，A 错；B 错"不应小于 15m"；第 4.4.5 条，C 对；第 4.2.1-1-2)条，D 错，"可提高至 5kV"。

28．C

依据：《继电保护和安全自动装置技术规程》（GB/T 14285—2006）第 4.2.5-1 条。

29．A

依据：《发电厂和变电站照明设计技术规定》（DL/T 5390—2014）第 5.4.3-2 条，210–7.5=202.5m，要不小于 202.5m。

30．B

依据：《风电场工程 110kV～220kV 海上升压变电站设计规范》（NB/T 31115—2017）第 5.1.2 条。

31．B

依据：《架空输电线路电气设计规程》（DL/T 5582—2020）第 6.1.3 条式（6.1.3-2）

$n \geqslant \dfrac{50.4 \times 550}{\sqrt{3} \times 0.9 \times 550} = 32.33$ 取 33 片

32．D

依据：DL/T 5551—2018，式（6.3.1）。$W_I = 1 \times 2 \times \dfrac{27^2}{1600} \times 1.39 \times 1 \times 1.25 = 1.583 kN$。

33．C

依据：老版一次手册 P71，隔离开关的配置相关内容。

34．C

依据：《导体和电器选择设计技术规程》（DL/T 5222—2021）第 5.6.3 条。

35．C

依据：《交流电气装置的接地设计规范》（GB/T 50065—2011）第 5.1.3 条表 5.1.3，不宜超过 25Ω；第 5.1.5-3 条，接地极不宜小于 0.5m。

36．C

依据：《电力工程直流电源系统设计技术规程》（DL/T 5044—2014）第 7.2.3 条。

37．A

依据：《电力系统安全稳定导则》（GB 38755—2019）第 2.2.1.1 条，A 对；第 2.2.1.2 条，B 错；第 2.2.1.3.1 条，C 错；第 2.2.1.3.2 条，D 错。

38．D

依据：《高压直流输电大地返回系统设计技术规程》（DL/T 5224—2014）第 3.1.3 条，D 对；A 是计算跨步电位差和电缆截面时取入地电流的方法，故错。

39．A

依据：DL/T 5582—2020 第 7.2.3 条和第 7.3.1 条。

40．A

依据：《架空输电线路电气设计规程》（DL/T 5582—2020）第 10.2.5 条表 10.2.5-1，A 对；B 临档断线无数值要求；C、D 错，为 8m。

二、多项选择题（共 30 题，每题 2 分，每题的备选项中有两个或两个以上符合的答案，错选、少选、多选均不得分）

41．AC

依据：《风电场接入电力系统技术规定 第 1 部分：陆上风电》（GB/T 19963.1—2021）第 11 条。

42．AC

依据：《导体和电器选择设计技术规程》（DL/T 5222—2021）第 11.0.5-3 款，A 对；《高压配电装置设计规范》（DL/T 5352—2018）第 2.2.1 条是"不宜"，第 11.0.5-4 款，B 对；第 11.0.9 条，C 对；第 11.0.5-4 条，D 错，"宜设"。

43．AB

依据：《交流电气装置的接地设计规范》（GB/T 50065—2011）第 4.3.6-4 条，CD 选项非"腐蚀严重地区"。

44．ABC

依据：《电力工程直流电源系统设计技术规程》（DL/T 5044—2014）第 5.1.2-1 条，A 对；第 5.1.2-5 条，B 对；第 5.1.3-1 条，C 对；第 6.5.2-2-4）条，D 错，"宜"不是"应"。

45．ACD

依据：《330kV～750kV 变电站无功补偿装置设计技术规定》（DL/T 5014—2010）第 5.0.8 条。

46．BC

依据：《架空输电线路电气设计规程》（DL/T 5582—2020）第 6.1.1 条，A 错，还有"工频（工作）电压"；第 6.1.3 条，B 对；第 6.1.4 条，C 对；第 6.2.4-3 条，D 错，"220kV 及以上"不是"110kV 及以上"。

47．BC

依据：《水力发电厂机电设计规范》（NB/T 10878—2021）第 4.2.3 条，A 错，是"750MW 及以上"；第 4.2.4 条，B 对；第 4.2.5 条，C 对；第 4.2.6 条，D 错，是"宜"，不是"应"。

48．AB

依据：《导体和电器选择设计技术规程》（DL/T 5222—2021）第 5.1.4 条，A、B 对，C、D 错。

49．BD

依据：《火力发电厂、变电站二次接线设计技术规程》（DL/T 5136—2012）第 5.1.6 条和第 7.1.4 条。

50．BC

依据：DL/T 5153—2014 的第 8.2.2 条、第 8.2.3 条、第 8.4.2-4 款、第 8.5.2 条。

51．AC

依据：DL/T 5014—2010 的第 6.1.5 条和第 6.2.1 条。

52．BCD

依据：《架空输电线路电气设计规程》（DL/T 5582—2020）第 3.0.5 条，A 错，"宜"不是"应"；第 3.0.8 条，B 对；第 3.0.9 条，C 对；第 3.0.9 条条文说明，D 对。

53．AC

依据：《导体和电器选择设计技术规程》（DL/T 5222—2021）附录 A 第 A.7.1 条。

54．BC

依据：《电力设施抗震设计规范》（GB 50260—2013）第 6.1.1-2 条，A 错；第 6.1.1-3 款，B 对；第 6.5.2-1 款，C 对；第 6.5.3 条，D 错，"宜采用悬挂式结构"。

55．BCD

依据：DL/T 5136—2012 的第 7.2.6 条和第 7.2.9 条。

56．AC

依据：《火力发电厂厂用电设计技术规定》（DL/T 5153—2014）第 5.1.2 条，A 对；第 5.1.4 条，B 错；第 5.1.6 条，C 对；第 5.2.1 条，D 错。

57．BD

依据：《光伏发电工程电气设计规范》（NB/T 10128—2019）第 5.9.1 条，B 对，A 错；第 5.9.2 条，C 错，"应"，不是"宜"；D 对。

58．ABD

依据：老版线路手册第 183 页式（3-3-12）。

59．BCD

依据：DL/T 5222—2021 的第 12.0.10 条。

60．AD

依据：《交流电气装置的过电压保护和绝缘配合设计规范》（GB/T 50064—2014）第 6.1.3-2 款，A 对；第 6.1.3-1 款，B 错，是"最大操作电压"，不是"避雷器操作冲击保护水平"范围Ⅱ才是；第 6.1.3-5 条，C 错，"采用确定性法，外绝缘也可采用统计法"；第 6.1.4-2 条，D 对。

61．BCD

依据：《3kV～110kV 电网继电保护装置运行整定规程》（DL/T 584—2017）第 5.3.2-b) 款，A 错；第 5.3.2-c) 款，B 对；第 5.3.2-e) 款，C 对；第 5.3.2-a) 款，D 对。

62．ABD

依据：《发电厂和变电站照明设计技术规定》（DL/T 5390—2014）第 8.1.3-3 条、第 8.1.4 条，A 对；第 5.6.4 条，B 对；第 8.4.1-3 条，C 错；第 8.4.8 条，D 对。

63．BCD

依据：老版线路手册 P292，悬垂线夹的选择相关内容。

64．BCD

依据：老版线路手册 P180，表 3-3-1，悬挂点应力公式。

65．ACD

依据：DL/T 5218—2012，第 5.1.8 条。

66．AD

依据：《交流电气装置的过电压保护和绝缘配合设计规范》（GB/T 50064—2014）第 5.4.6 条。

67．BD

依据：《电力系统安全稳定导则》（GB 38755—2019）第 4.2.3 条。

68．AB

依据：《电力系统设计技术规程》（DL/T 5429—2009）第 4.0.2 条，A 对；第 4.0.3 条，B 对；第 4.0.1 条 CD 错。

69．ABC

依据：《电力工程电缆设计标准》（GB 50217—2018）第 5.6.1 条表 5.6.1，A 对；《城市电力电缆线路设计技术规定》（DL/T 5221—2016）第 4.5.6-2 条，B 对；第 4.5.8 条，C 对；第 4.5.5 条，D 错，"隧道内 66kV 及以上的单芯电缆"，前置两个条件"隧道内"和"66kV 及以上"。

70．AC

依据：《架空输电线路荷载规范》（DL/T 5551—2018）第 3.0.7 条表 3.0.7。

2024年注册电气工程师专业案例试题

（上午卷）及答案

【2024年上午题 1~5】 某工业园区热电厂安装 4 台燃煤发电机组，发电机额定功率 50MW，额定电压 6.3kV。额定功率因数 0.8，最大连续出力 55MW（运行在额定功率因数），电厂通过两回 220kV 线路接入电力系统，220kV 升压站采用双母线接线。电厂设置备用变压器，电源引接自 220kV 升压站母线。

请分析并解答下列各小题。

1. 在技术合理的前提下，该热电厂发电机部分电气主接线选择下列哪个方案较为经济？并说明理由。（ ）

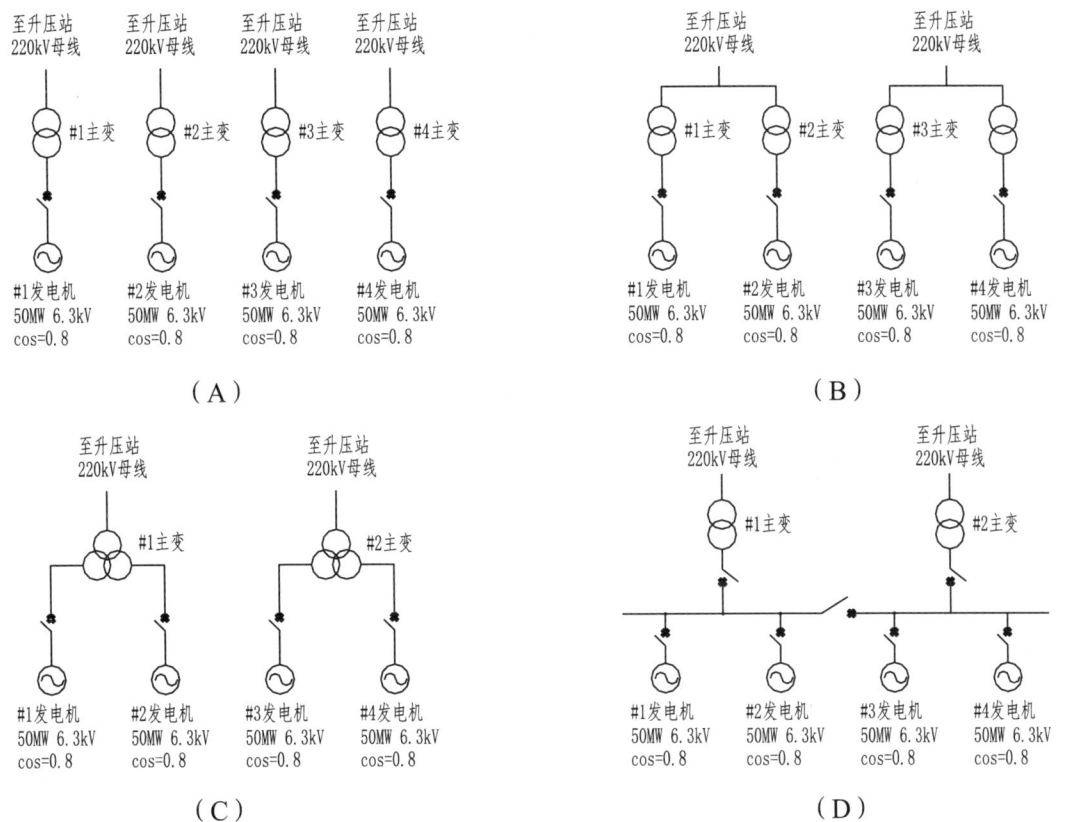

2. 若发电机组采用发电机-变压器单元接线，发电机出口装设断路器，每台机组设一台高压厂用工作电抗器从主变低压侧引接电源，全厂四台机组设置一台高压备用变压器，每台

机组的高压厂用计算负荷时 9MVA，请问主变压器容量应不小于下列哪项数值？（ ）

（A）55MVA （B）57.5MVA
（C）63MVA （D）68.75MVA

3. 假设发电机定子绕组每相对地电容为 0.25μF，主变压器低压侧绕组每相对地电容为 13.5nF，发电机出口绝缘管型母线的每相对地电容为 850pF/m，母线单相长度为 20m，高压厂用工作电源采用厂用电抗器从主变低压侧引接，高压厂用电系统（含厂用电抗器）总的单相接地故障电容电流为 2.5A，当发电机内部发生单相接地故障不要求瞬时切机，请计算确定发电机中性点接地方式宜选择下列哪种方案？（ ）

（A）中性点不接地 （B）中性点经高阻接地
（C）中性点经低电阻接地 （D）中性点经消弧线圈接地

4. 若本工程发电机电压系统的单相接地故障电容电流为 7.6A，为满足发生单相接地故障时继续运行的要求，拟在发电机中性点装设自动跟踪补偿装置，当脱谐度为 20%，自动跟踪补偿装置的消弧线圈的补偿容量宜选用下列哪项数值？（ ）

（A）22.11kVA （B）27.64kVA
（C）33.17kVA （D）37.31kVA

5. 本期工程高压备用变压器采用有载调压变压器，额定容量为 16000kVA，二次额定电压为 6.3kV，阻抗电压百分数 $U_d\%$=10.5，铜耗 P_{cu}=66kW，若 220kV 母线电压波动范围为 206kV～248kV，变压器所带最大负荷为 15500kVA，最小负荷为 0kVA，选用的有载调压开关正负分接挡数相同，请计算高压备用变压器高压侧额定电压宜采用下列哪项数值？（ ）

（A）220kV （B）227kV
（C）230kV （D）236kV

【2024 年上午题 6～8】某风力发电项目终期规模总装机容量 300MW，本期装机容量为 150MW，安装 30 台单机容量为 5MW 的风电机组，风机与配套箱变按一机一变配置。该风电场所处区域海拔约为 300m，户外设备运行环境温度为 35℃。

请分析计算并解答下列各小题。

6. 若本项目最终以一回 220kV 架空线接入系统，送出线路平均功率因数为 0.95，风电场站用电率为 4%，请根据《电力工程电气设计手册 电气一次部分》，按回路持续工作电流选择合适的架空导线截面应为下列哪项数值？（ ）

（A）LGJ-150 （B）LGJ-300
（C）LGJ-500 （D）LGJ-630

7. 若本项目最终拟一回 220kV 架空线接入电力系统。本期风电机组经一台主变压器升压至 220kV。表中为风电场本期工程各元件的无功功率参数。请选择本期配套建设的动态无功补偿装置容量至少为下列哪项数值？（ ）

	充电无功功率（kvar）	变压器空载感性无功功率损耗（kvar）	本期满发感性无功功率损耗（kvar）
220kV 送出线路	2186		1802（不含充电）
场内 35kV 集电线路	7229		1430.9（不含充电）
220kV 升压变（单台）		630	21630
35kV 箱变（单台）		24.75	409.75

（A）±14Mvar　　　　　　　　（B）±17Mvar
（C）±28Mvar　　　　　　　　（D）±38Mvar

8．根据系统要求，风电场单相接地故障应快速切除，升压站 35kV 侧母线采用经 Z 型接线接地变接低电阻接地方式，场内 35kV 集电线路采用电缆直埋方式。直埋电缆总长度约为 150km，箱变及其他设备的电容电流按电缆线路的 13%考虑，请计算接地变的容量应多大合理？（变压器过负荷系数按 10.5）　　　　　　　　　　　　　　　　　（　　）

（A）800kVA　　　　　　　　（B）1600kVA
（C）2400kVA　　　　　　　　（D）16000kVA

【2024 年上午题 9～12】某水电站直流系统标称电压为 220V，直流控制与动力负荷合并供电，直流系统设 2 组蓄电池，每组 103 只，配置 3 组高频开关充电装置。蓄电池选用阀控式密封铅酸蓄电池（胶体）。蓄电池容量为 1200Ah。电站经常性负荷电流为 101.13A，1min 事故负荷电流为 410.22A，1～60min 事故负荷电流为 369.31A，随机负荷电流为 55A。

请分析并解答下列各小题。

9．充电时，充电装置脱开直流母线对一组蓄电池进行均衡充电，该充电装置的额定电流宜选择下列哪项数值？（计算结果保留两位小数）　　　　　　　　　　　　（　　）

（A）102.33A　　　　　　　　（B）150.00A
（C）221.13A　　　　　　　　（D）251.13A

10．若充电装置电流为 145A，单个充电模块的额定电流为 30A，该直流系统每套充电装置配置的充电模块数量宜为下列哪项数值？　　　　　　　　　　　　　　　（　　）

（A）4　　　　　　　　　　　（B）5
（C）6　　　　　　　　　　　（D）7

11．蓄电池拟配置一套试验放电装置，该装置额定电流选择下列哪项数值更经济合理？
　　　　　　　　　　　　　　　　　　　　　　　　　　　　　　　　　　　（　　）

（A）100A　　　　　　　　　（B）150A
（C）300A　　　　　　　　　（D）420A

12．如果蓄电池容量采用简化计算，下列哪项数值满足事故放电初期（1min）冲击放电电流计算容量？　　　　　　　　　　　　　　　　　　　　　　　　　　　　（　　）

(A) 487Ah (B) 550Ah
(C) 574Ah (D) 611Ah

【2024年上午题 13~16】某水电站发电机变压器采用单元接线，发电机出口装设断路器，发电机额定容量 320MW，额定电压 18kV，额定功率因数 0.9，假定直轴次暂态及暂态同步电抗饱和值 $X'_d = X''_d = 0.165$；主变压器额定容量 360MVA，额定电压 525±2×2.5%/18kV（无励磁调压），接线组别 Ynd11，短路阻抗 14%。发电机侧电流互感器变比 15000/1A，主变高压侧电流互感器变比 600/1A。

请分析计算并解答下列各小题。

13. 发电机侧电气测量用电流互感器采用三相星型接线方式，电流互感器端子到电气测量仪表盘柜采用截面 $4mm^2$ 铜芯电缆连接，长度 160m。电气测量仪表的单相负荷 0.5VA，回路接触电阻 0.1Ω。则电流互感器二次负荷计算值最接近以下哪项数值？{铜电导系数 $\gamma = 57[m/(\Omega \cdot mm^2)]$} （　　）

(A) 0.80Ω (B) 1.3Ω
(C) 2.0Ω (D) 3.9Ω

14. 如发电机装设复合电压过电流保护，则其过电流元件灵敏系数计算值与下列哪项数值最接近（可靠系数 $K_{rel}=1.3$、返回系数 $K_r=0.95$）？ （　　）

(A) 1.3 (B) 2.1
(C) 2.7 (D) 3.8

15. 假设发电机采用比率制动式完全纵差动保护，其制动特性斜率 S 按区外短路故障最大穿越性短路电流作用下可靠不误动条件整定。如发电机差动保护选用 TPY 型电流互感器，则差动回路最大不平衡电流计算值与下列哪项数值最接近？（按相关规程计算） （　　）

(A) 0.23A (B) 0.29A
(C) 0.32A (D) 0.55A

16. 假设主变采用带比率制动特性的纵差动保护，主变高、低压侧差动保护用电流互感器均为 TPY 型，初设时按 DL/T 684 中第一种整定方法进行整定计算，则以高压侧二次电流为基准的纵差保护最小动作电流有名值计算结果，与下列哪项数值最接近？（可靠系数取 1.5，计算结果取小数点后两位） （　　）

(A) 0.08A (B) 0.12A
(C) 0.16A (D) 0.18A

【2024年上午题 17~20】某 500kV 变电站远离发电厂建设，前期已经装设 2 组主变，单相变压器额定容量为 250/250/80MVA，额定电压比为 $\frac{525}{\sqrt{3}} / \frac{230}{\sqrt{3}} \pm 2 \times 2.5\% / 36kV$，接线组别为 I_{a0i0}，现拟对前期已经装设的 2 组主变实施增容改造并在#1 主变低压侧扩建 1 套直流融冰

装置。

更换主变单相额定容量 334/334/100MVA，额定电压比和阻抗电压百分数均与前期变压器保持一致。

变电站环境条件：海拔高度 700m，年平均气温 20℃，最热月平均最高气温+35℃。年最高气温+40℃、年最低气温−15℃，最大风速 34m/s。

请分析计算并解答下列各小题。

17. 主变增容后，该变电站 220kV 单回路线最大输送功率为 800MVA，220kV 最大送出功率为 1500MVA，220kV 母线短路水平为 46.5kA，母联回路电流互感器的额定一次电流和动稳定倍数的计算值为下列哪项数值？　　　　　　　　　　　　　　　　　　（　　）

（A）2500A，33.49　　　　　　　　（B）3000A，27.91
（C）3000A，29.46　　　　　　　　（D）4000A，20.93

18. 本工程在#1 主变的 35kV 侧扩建 2 个融冰变间隔，分别通过铜芯电缆与 2 台融冰换流变压器连接，若融冰换流变压器回路主保护动作时间为 20ms，后备保护动作时间 300ms，断路器开断时间为 50ms，铜芯电缆热稳定常数 C=141，35kV 母线短路水平为 40kA，请计算电缆回路的最小热稳定截面为下列哪项数值？　　　　　　　　　　　　　（　　）

（A）63.4mm^2　　　　　　　　　　（B）75.1mm^2
（C）167.8mm^2　　　　　　　　　（D）172.5mm^2

19. 本站 220kV 母线采用支撑式管型母线，母线间隔距离为 3.5m，支柱绝缘子间跨距为 13m、管母外径 200mm，支柱绝缘子高度 2300mm，管母支撑金具高度为 260mm（金具底部至管母中心的距离）。若 220kV 母线短路冲击电流取 125kA。请计算短路状态下绝缘子所承受的最大短路电动力为下列哪项数值？　　　　　　　　　　　　　　　　　　（　　）

（A）5126N　　　　　　　　　　　　（B）5806N
（C）6462N　　　　　　　　　　　　（D）6715N

20. 本工程融冰设置有 2 台 65/65MVA，65±2×2.5%/9.5kV 融冰换流变压器，融冰系统具有 1.2 倍连续过负荷能力，每台融冰换流变压器每相均通过 2 根聚乙烯单芯铜电缆接入 35kV 配电装置，每台融冰换流变压器的两回电缆采用水平等距同相序直线敷设，敷设电缆中心距为电缆外径，电缆外径为 72mm，电缆金属套外径为 60mm，电缆长度 180m。当电缆采用一端接地时，在最大持续工作条件下，B 相电缆金属套的感应电压为下列哪项数值？（　　）

（A）7.56V　　　　　　　　　　　　（B）8.89V
（C）12.74V　　　　　　　　　　　（D）17.78V

【2024 年上午题 21～25】某 500kV 交流单回输电线路位于丘陵地区，最高工作电压为 550kV，设计基本风速为 27m/s，设计覆冰厚度为 10mm，直线塔采用悬垂酒杯型杆塔，耐张塔采用干字形杆塔，导线采用 4 分裂钢芯铝绞线，分裂间距 450mm，地线采用铝包钢绞线，导地线参数如表 1 所示，某代表挡距下导线应力如表 2 所示。

表 1　导地线参数

类别	截面积（mm²）	外径（mm）	重量（kg/km）
导线	672.81	33.8	2078.4
地线	148.07	15.75	473.2

表 2　导线应力表

工况	应力（N/mm²）	工况	应力（N/mm²）
最低气温	47.09	最大覆冰	84.82
最大风速	54.57	最高气温	40.64
年平均气温	43.54		

请分析计算并解答下列各小题。

21．已知该直线塔采用单联 300kN 绝缘子串，绝缘子串雷电冲击放电电压为 310kV，雷电为负极性，闪电通道波阻抗为 1000Ω，导线波阻抗为 400Ω，则该杆塔绕击耐雷水平为下列哪项数值？　　　　　　　　　　　　　　　　　　　　　　　　　　（　　）

（A）16.4kA　　　　　　　　　　　（B）15.6kA
（C）20.9kA　　　　　　　　　　　（D）21.5kA

22．已知某基杆塔土壤电阻率为 1000Ω·m，接地装置采用 φ12 镀锌圆钢方框加水平接地射线的型式，如下图所示。该杆塔接地装置的工频接地电阻应为下列哪项数值？（　　）

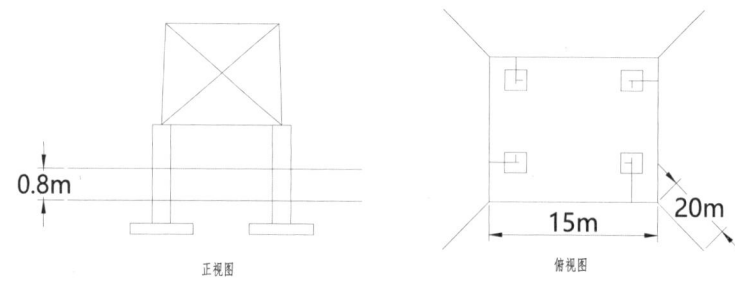

（A）16.5Ω　　　　　　　　　　　（B）18.5Ω
（C）17.3Ω　　　　　　　　　　　（D）9.3Ω

23．若已知导线平均高度 30m，水平挡距为 500m，导地线整风系数 β_c 取 0.963，挡距折减系数 α_L 取 0.723，设计大风工况下垂直挡距与水平挡距比值为 0.65，绝缘子串风压为 2kN，绝缘子串重量为 250kg，设计某直线塔头时，大风工况下绝缘子串风偏角应为下列哪项数值？
提示：重力加速度 g 取 9.80665m/s²　　　　　　　　　　　（　　）

（A）39°　　　　　　　　　　　　（B）45.8°
（C）48°　　　　　　　　　　　　（D）60.9°

24．已知耐张绝缘子串总重量为 650kg，某耐张塔年平均气温工况下单侧垂直档距为 −100m，请问年平均气温工况下该侧耐张绝缘子串倾斜角应为下列哪项数值？　　（　　）

（A）−2.4°　　　　　　　　　　　　（B）2.3°

（C）5.5°　　　　　　　　　　　　　（D）10.1°

25．已知导线水平间距离为 11m，导线对地高度为 13m，边相，中相导线表面电位梯度分别为 1.21MV/m，1.32MV/m，求距边相导线对地投影外 20m，对地 2m 高度处的可听噪声为下列哪项数值？　　（　　）

（A）43.3dB(A)　　　　　　　　　　（B）42.6dB(A)

（C）63.7dB(A)　　　　　　　　　　（D）36.3dB(A)

答　　案

1．C【解答过程】依据：《小型火力发电厂设计规范》（GB 50049—2011）第 17.2.2 条，可采用分裂变作扩大单元接线，也可采用联合单元，但联合单元的断路器要装在变压器高压侧，结合本题四个选项，C 的扩大单元接线最合理，所以选 C。

2．D【解答过程】依据：《小型火力发电厂设计规范》（GB 50049—2011）第 17.1.2 条，主变容量应大于等于发电机最大连续输出容量减去不可被替代的厂用电负荷；本题小题干明确，配有备用变压器，第 17.3.7 条，备用变压器的容量大于等于最大一台厂用分支电抗器的容量，说明该备用变压器能够完全替代电抗器所带的厂用负荷，所以本题"没有不可替代的厂用电负荷"

$$S = S_G - 0 = \frac{55}{0.8} = 68.75(\text{MVA})$$

3．A【解答过程】

（1）计算电容电流

依据：老版一次手册第 80 页式（3-1）可得发电机出口系统电容电流为

$$I_C = \sqrt{3}U_e \omega C \times 10^{-3}$$
$$= \sqrt{3} \times 6.3 \times 314 \times (0.25 + 13.5 \times 10^{-3} + 850 \times 20 \times 10^{-6}) \times 10^{-3}$$
$$= 0.96(\text{A})$$

总电容电流为 $I_{C总} = 2.5 + 0.96 = 3.46(\text{A})$

（2）判断接地方式

由《交流电气装置的过电压保护和绝缘配合设计规范》（GBT 50064—2014）第 3.1.3-3 款表 3.1.3 可知，本题 3.46A 小于表格对应允许电流 4A，发电机可采用中性点不接地方式，所以选 A

4．A【解答过程】依题意，本题给了脱谐度 20%，由《导体和电器选择设计技术规定》（DL/T 5222—2021）附录 B 式（B.1.3-2）可知，脱谐度为正，则说明系统为欠补偿；由该规

范附录 B 式（B.1.1）可知，欠补偿补偿系数由脱谐度确定，则消弧线圈容量为

$$k=1-v; Q=KI_C \frac{U_N}{\sqrt{3}}=(1-0.2)\times 7.6 \times \frac{6.3}{\sqrt{3}}=22.11(\text{kVA})$$

5．B【解答过程】

（1）计算阻抗标幺值

依据《火力发电厂厂用电设计规程》（DL/T 5153—2014）附录 G，式（G.0.1-2）参数说明，功率因数 $\cos\theta=0.8$，对应 $\cos\theta=0.6$，可得

$$Z_{\varphi *}=R_t\cos\varphi+X_T\sin\varphi=1.1\times\left(\frac{66}{16000}\times 0.8+\frac{10.5}{100}\times 0.6\right)=0.073$$

依题意，变压器低压侧额定电压 6.3，厂用高压母线标称电压为 6kV，将式（G.0.1-5）代入式（G.0.1-1）可得

$$U_{\text{厂用母线电压标幺值}}=\frac{\dfrac{U_{\text{高压侧额定电压}}\times \dfrac{6.3}{6}}{1+n\dfrac{\delta_u\%}{100}}}-SZ$$

根据第 G.0.2 条文可知，有载调压变压器最高调节范围为 1.1，最低为 0.9。

（2）计算最高电压

由第 G.0.1 条文，220kV 电压最高，对应低压侧空载，变压器最大调节能力 1.1，母线电压不应超过最大允许值 1.05，可得

$$1.05\geqslant\frac{\dfrac{U_{\text{高压侧最高运行电压}}\times\dfrac{6.3}{6}}{U_{\text{高压侧额定电压}}}}{0.9}-0$$

可得 $1.05\geqslant\dfrac{\dfrac{248}{U_{\text{高压侧额定电压}}}\times\dfrac{6.3}{6}}{1.1}-0 \Rightarrow U_{\text{高压侧额定电压}}\geqslant 225.45(\text{kV})$

（3）计算最低电压

220kV 电压最低，对应低压侧满载，变压器最小调节能力 0.9，母线电压不应低于最低允许值 0.95 可得

$$0.95\leqslant\frac{\dfrac{U_{\text{高压侧最低运行电压}}\times\dfrac{6.3}{6}}{U_{\text{高压侧额定电压}}}}{0.9}-\frac{S_{\max}}{S_{2e}}\times 0.073$$

可得 $0.95\leqslant\dfrac{\dfrac{206}{U_{\text{高压侧额定电压}}}\times\dfrac{6.3}{6}}{0.9}-\dfrac{15500}{16000}\times 0.073 \Rightarrow U_{\text{高压侧额定电压}}\leqslant 235.45(\text{kV})$

B、C 均满足。

（4）电压校验

B 选项：最高值：$\dfrac{\dfrac{248}{227}\times\dfrac{6.3}{6}}{1.1}-0=1.043$　最低值：$\dfrac{\dfrac{206}{227}\times\dfrac{6.3}{6}}{0.9}-\dfrac{15500}{16000}\times 0.073=0.988$

C 选项：最高值：$\dfrac{\dfrac{248}{230}\times\dfrac{6.3}{6}}{1.1}-0=1.029$　　最低值：$\dfrac{\dfrac{206}{230}\times\dfrac{6.3}{6}}{0.9}-\dfrac{15500}{16000}\times 0.073=0.974$

B 选项 6kV 母线整体运行电压较高，经济性好，所以选 B

6．C【解答过程】由《风电场工程电气设计规范》（NB/T 31026—2022）第 5.8.3-1 条可知，至少两条场用电源，本题 1 回并网线路，还有另一路独立的电源供给厂用电，所以功率不减厂用电量。

由老版一次手册第 376 页式右侧回路持续工作电流选择公式可得

$$I_e \geqslant \dfrac{300}{\sqrt{3}\times 220\times 0.95}\times 1000 = 828.73(\mathrm{A})$$

又由该手册第 336 页表 8-6 可得：

环境温度 35℃，海拔 300m，户外软导线修正系数为 0.89，所以 I=828.73/0.89=931.16（A），用该值查该手册第 412 页附表 8-4 可知，500/35 的导线满足要求，所以选 C。

7．C【解答过程】依题意，本题属于直接并入系统的风电场，依据：《风电场接入电力系统技术规定　第 1 部分：陆上风电》（GB 19963.1—2021）第 7.2.2 条可知，场内全补，并网线路补一半，可得

（1）计算容性补偿容量，计算工况：满载

$$\begin{aligned}Q_{C容性}&=\dfrac{1}{2}Q_{C220\mathrm{kV}线路}+Q_{C35\mathrm{kV}线路}+Q_{C主变}+Q_{C箱变}-\dfrac{1}{2}Q_{L220\mathrm{kV}线路充电}-Q_{L35\mathrm{kV}线路充电}\\&=\dfrac{1}{2}\times 1802+1430.9+21630+30\times 409.75-\dfrac{1}{2}\times 2186-7229\\&=27932.4(\mathrm{kVA})=27.9324(\mathrm{MVA})\end{aligned}$$

（2）计算感性补偿容量，计算工况：空载

$$\begin{aligned}Q_{L感性}&=\dfrac{1}{2}Q_{L220\mathrm{kV}线路充电}+Q_{L35\mathrm{kV}线路充电}-Q_{C主变损耗}-Q_{C箱变损耗}\\&=\dfrac{1}{2}\times 2186+7229-630-24.75\times 30\\&=6949.5(\mathrm{kVA})=6.9495(\mathrm{MVA})\end{aligned}$$

以上两者取大，为 27.9324MVA，所以选 C

8．B【解答过程】由老版一次手册第 262 页式（6-34）可得电容电流为

$I_C=0.1U_eL=0.1\times 35\times 150=525$（A）；考虑其他设备电容电流为 1.13×525=593.25（A）。

依题意，本题属于母线接地变，低电阻接地系统属于跳闸系统，参考由《导体和电器选择设计技术规定》（DL/T 5222—2021）第 113 页第二行，附录 B 描述，低电阻电流为电容电流的 1~2 倍，则 IR=1~2×593.25=593.25~1186.5（A）。

又由该规范第 113 页，附录 B 式（B.2.2-4）可得接地变容量为

$$S_{SN}\geqslant \dfrac{P_R}{K_b}=\dfrac{35/\sqrt{3}\times(593.28\sim 1186.5)}{10.5}=1141.8\sim 2283.42(\mathrm{kVA})$$

9．B【解答过程】依题意，充电装置脱开直流母线均充，由《电力工程直流电源系统设计技术规程》（DLT 5044—2014）附录 D 式（D.1.1-3）可得

$I_r=(1.0\sim1.25)I_{10}=1\times1200/10+1.25\times1200/10=120\sim150$（A）

10．B【解答过程】 依题意，两组蓄电池配 3 套充电装置，由《电力工程直流电源系统设计技术规程》（DLT 5044—2014）附录 D 式（D.2.1-5）可得

$n=145/30=4.83$ 个，取 5 个，所以选 B。

11．B【解答过程】由《电力工程直流电源系统设计技术规程》（DL/T 5044—2014）第 6.4.1-1 款可得

试验放电装置额定电流为$(1.10\sim1.30)I_{10}=(1.10\sim1.30)\times1200/10=132\sim156$（A）

12．D【解答过程】由《电力工程直流电源系统设计技术规程》（DLT 5044—2014）第 3.2.4 条可知，事故末期放电终止电压为系统标称电压的 87.5%，题设每组蓄电池 103 只，则每只蓄电池事故放电终止电压为 $220\times87.5\%/103=1.87$（V），由该规范附第 61 页录 C 表 C.3-5 可知，1min 换算系数为 0.94，由该规范第 54 页式（C.2.3-1）可得

$$C_{cho}=K_k\frac{I_{cho}}{K_{cho}}=1.4\times\frac{410.22}{0.94}=610.97(Ah)$$

13．B【解答过程】由《电流互感器和电压互感器选择及计算规程》（DL/T 866—2015）表 10.1.2 可知，三相星型接线 $K_{mc}=1$；$K_{lc}=1$；

由式（10.2.6-2）可得 $R_l=\frac{L}{\gamma A}=\frac{160}{57\times4}=0.702(\Omega)$

由式（10.1.1）可得 $Z_b=\sum K_{mc}Z_m+K_{lc}Z_l+R_c=1\times0.5+1\times0.702_l+0.1=1.302(\Omega)$

14．B【解答过程】由《大型发电机变压器继电保护整定计算导则》（DL/T 684—2012）第 8 页第 4.2.1 可得

（1）保护定值 $I_{op}=\frac{K_{rel}I_{GN}}{K_r n_a}=\frac{1.3\times320\times1000/(\sqrt{3}\times18\times0.9)}{0.95\times15000/1}=1.04$

（2）计算发电机主变高压侧两相短路电流

以发电机容量为基准的变压器阻抗为：$X_{T*}=\frac{14}{100}\times\frac{320/0.9}{360}=0.1383$

发电机阻抗（以发电机容量为基准）为：$X_{G*}=0.165$

最小运行方式主变高压侧两相短路电流为：$I_*^2=\frac{\sqrt{3}}{2}\times\frac{320/(\sqrt{3}\times18\times0.9)}{0.1383+0.165}=32.56(kA)$

（3）按发电机主变高压侧两相短路计算灵敏度为：$K_{sen}=\frac{32.56\times1000/(15000/1)}{1.04}=2.09$

15．C【解答过程】由《大型发电机变压器继电保护整定计算导则》（DL/T 684—2012）第 4 页第 4.1.1.3 条，式（4）参数说明取 $K_{er}=0.1$；取 $\Delta m=0.02$，由式（7）可得最大不平衡电流为

$$I_{unb,\max}=(K_{ap}K_{cc}K_{er}+\Delta m)\frac{I_{k.\max}^{(3)}}{n_a}$$

$$=(1\times0.5\times0.1+0.02)\times\frac{320\times1000/(\sqrt{3}\times18\times0.9)}{0.165\times15000/1}=0.3225$$

16．B【解答过程】由《大型发电机变压器继电保护整定计算导则》（DL/T 684—2012）第 31 页第 5.1.4.3 条，式（96）可得

$$I_{op,\min} = K_{rel}(K_{er} + \Delta U + \Delta m)I_e$$
$$= 1.3 \sim 1.5 \times (0.01 \times 2 + 2 \times 2.5/100 + 0.05) \times \frac{360 \times 1000}{\sqrt{3} \times 525 \times 600/1} = 0.11 \sim 0.126(A)$$

17．B【解答过程】（1）依据老版一次手册第 232 页表 6-3 可知，母联回路持续工作电流采用 1 个最大元件的计算电流，参考 DL/T 5218—2012 第 5.2.1 条，考虑主变 N–1 工况，一台变压器带剩余全部负荷，所以最大元件取主变 220kV 侧线路，功率为 3×334；又由该表格，无载变压器回路工作电流修正系数为 1.05，可得

$$I = 1.05 \times \frac{3 \times 334 \times 1000}{\sqrt{3} \times 230} = 2641(A)$$

由《电流互感器和电压互感器选择及计算规程》(DL/T 866—2015)第 4.2.2 条，CT 一次额定电流取最大持续电流，结合选项，取 3000A。

（2）依据老版一次手册第 141 页表 4-15，远离发电厂短路电流冲击系数取 1.80，由 DL/T 866—2015 式（3.2.8-2）可得

$$K_d = \frac{i_{ch}}{\sqrt{2} \times I_{pr}} \times 10^3 = \frac{\sqrt{2} \times 1.8 \times 46.5}{\sqrt{2} \times 3000} \times 10^3 = 27.9$$

18．B【解答过程】依题意，融冰间隔属于末端低压变压器，依据《电力工程电缆设计标准》（GB 50217—2018）第 3.6.8-5 款可知，保护时间取主保护时间。

又由该规范附录 E 式（E.1.1-1）及式（E.1.3-2）可得

$$S \geqslant \frac{\sqrt{Q}}{C} = \frac{\sqrt{40^2 \times (0.02 + 0.05)}}{141} \times 1000 = 75.01(\text{mm}^2)$$

19．C【解答过程】 由老版一次手册第 344 页右上方表格下一段文字，β 取 0.58，338 页式（8-8）可得

$$F = 17.248 \frac{l}{a} i_{ch}^2 \beta \times 10^{-2}$$
$$= 17.248 \times \frac{13 \times 100}{3.5 \times 100} \times 125^2 \times 0.58 \times 10^{-2}$$
$$= 5805.8(\text{N})$$

由《导体和电器选择设计技术规定》（DL/T 5222—2021）第 246 页第 21.0.4 条条文说明式（24），由力矩相等原则列等式，可得

$$F'H' = FH \Rightarrow 5805.8 \times (2300 + 260) = F \times 2300$$
$$F = \frac{5805.8 \times (2300 + 260)}{2300} = 6462.1(\text{N})$$

20．B【解答过程】 由《电力工程电缆设计标准》（GB 50217—2018）附录 F，双回路，同相序直线敷设，B 相感应电压为

$$X_s = (2\omega \ln \frac{S}{r}) \times 10^{-4} = (2 \times 314 \times \ln \frac{72}{60/2}) \times 10^{-4} = 0.055(\Omega/\text{m})$$
$$a = (2\omega \ln 2) \times 10^{-4} = (2 \times 314 \times \ln 2) \times 10^{-4} = 0.0435(\Omega/\text{m})$$

$$E_{so} = I(X_S + \frac{a}{2}) = 1.2 \times \frac{65}{\sqrt{3} \times 35} \times (0.055 + \frac{0.0435}{2}) = 0.09875(\text{V/m})$$

依题意"每相均通过 2 根聚乙烯单芯铜电缆接入",每根电缆通过一半的单相电流;"当电缆采用一端接地时",离接地点最远的位置为电缆全厂,长度 L 取 180m,可得

$$E_s = LE_{so} = 180 \times 0.09875 \times \frac{1}{2} = 8.89(\text{V})$$

21. A【解答过程】依据《交流电气装置的过电压保护和绝缘配合设计规范》(GB/T 50064—2014)附录 D 式(D.1.5-5),闪电通道波阻抗 Z_0=1000Ω;导线波阻抗 Z_c=400Ω;可得

$$= \left(3106 - \frac{2 \times 1000}{2 \times 1000 + 400} \times \sqrt{2} \times \frac{550}{\sqrt{3}}\right) \times \frac{2 \times 1000 + 400}{1000 \times 400}$$
$$= 16.4(\text{kA})$$

22. B【解答过程】 由《交流电气装置的接地设计规范》(GB 50065—2011)附录 F,表 F.0.1,由题设图可知,h=0.8m,l_1=20;l_2=15,接地电阻计算值为

$$A_t = 1.76; L = 4(l_1 + l_2) = 4 \times (20 + 15) = 140$$

$$R = \frac{\rho}{2\pi L}(\ln\frac{L^2}{hd} + A_t)$$
$$= \frac{1000}{2 \times 3.14 \times 140} \times (\ln\frac{140^2}{0.8 \times 0.012} + 1.76)$$
$$= 18.53(\Omega)$$

23. C【解答过程】依题意,丘陵地区为 B 区,由《架空输电线路电气设计规程》(DL/T 5582—2020)表 9.3.1-1 可得,风压高度系数 μ_z=1.39;由第 9.3.1 节公式可得

$$W_X = 0.963 \times 0.723 \times 1.39 \times 1 \times 1 \times (4 \times 500 \times 0.0338) \times \frac{27^2}{1600} = 29.8(\text{kN})$$

依题意,垂直挡距 L_v=500×0.65=325(m),导线单位重量 2078.4kg/km=2.0784 kg/m;
由老版线路手册第 103 页式(2-6-44)可得

$$\varphi = \arctan\left(\frac{2000/2 + 29.8 \times 1000}{250 \times 9.80665/2 + 325 \times 4 \times 2.0784 \times 9.80665}\right) = 48°$$

24. A【解答过程】年平均气温工况张力 $T = 4 \times 43.54 \times 672.81 = 117176.6(\text{N})$
由老版线路手册第 108 页,式(2-6-49)可得

$$\theta = \arctan\left(\frac{650 \times 9.80665 \times 0.5 + 4 \times 2.0784 \times 9.80665 \times (-100)}{117176.6}\right) = -2.43°$$

25. D 【解答过程】依题意,中相电位梯度 1.21MV/m=12.1kV/cm;中相电位梯度 1.32MV/m=13.2kV/cm,由《架空输电线路电气设计规程》(DL/T 5582—2020)附录 E,可得

$$PWL(A) = -164.6 + 120\lg 12.1 + 55\lg(0.58 \times 4^{0.48} \times 33.8) = 52.308[\text{db}(A)]$$

$$R_A = \sqrt{20^2 + 11^2} = 22.825(\text{m});$$

$$\lg^{-1}\left(\frac{PWL(A) - 11.4\lg R_A - 5.8}{10}\right) = \lg^{-1}\left(\frac{52.308 - 11.4 \times \lg 22.825 - 5.8}{10}\right) = 1265.35$$

$$PWL(B) = -164.6 + 120\lg 13.2 + 55\lg(0.58 \times 4^{0.48} \times 33.8) = 56.842[db(A)]$$

$$R_B = \sqrt{31^2 + 11^2} = 32.894(m)$$

$$\lg^{-1}\left(\frac{56.842 - 11.4 \times \lg 32.894 - 5.8}{10}\right) = 2369.67$$

$$PWL(C) = PWL(A) = 52.308[db(A)]$$

$$R_C = \sqrt{42^2 + 11^2} = 43.417(m)$$

$$\lg^{-1}\left(\frac{52.308 - 11.4 \times \lg 43.417 - 5.8}{10}\right) = 607.95$$

$$SLA = 10\lg(1265.35 + 2369.67 + 607.95) = 36.2767[db(A)]$$

2024年注册电气工程师专业案例试题

（下午卷）及答案

【2024年下午题1~4】某风电场装机容量250MW，风机年等效满负荷小时数2900，功率因数在−0.95～+0.95动态可调，风机就地升压至35kV后经汇集线路汇集至风电场升压站，经1回50km的220kV架空线路接入变电站，线路电抗标幺值为0.0007751/km，S_j=100MVA，U_j=230kV。

请分析计算并解答下列各小题。

1. 若风电场220kV并网点三相短路电流为2.5kA，请问风电场的短路比为下列哪项数值？ （　　）

（A）3.78　　　　　　　　　　　　（B）3.98
（C）4.19　　　　　　　　　　　　（D）6.49

2. 若风电场220kV并网点短路时，风电场提供的三相短路电流为2.5kA、220kV系统等值正序电抗标幺值为0.0502，请问风电场送出线路中间点发生三相短路时的短路电流为下列哪项数值？ （　　）

（A）5.7kA　　　　　　　　　　　（B）8.1kA
（C）10.2kA　　　　　　　　　　（D）40.8kA

3. 若风电场230kV母线系统提供的三相短路电流为10kA，单相短路电流6.2kA，请问风电场220kV侧系统零序等值电抗标幺值为下列哪项数值？ （　　）

（A）0.010　　　　　　　　　　　（B）0.025
（C）0.071　　　　　　　　　　　（D）0.075

4. 若风电场弃电率为20%，将1台100MW抽水蓄能机组接入风电场后，可将风电场弃电量降为0，已知抽水蓄能机组循环效率为0.75，其抽水电量全部为风电场弃电量。忽略风电场损耗及风电场与抽水蓄能电站间的线路损耗，请问风电场并网点年送出电量为下列哪项数值？ （　　）

（A）543750MW·h　　　　　　　（B）688750MW·h
（C）725000MW·h　　　　　　　（D）833750MW·h

【2024年下午题5~8】某新建的330kV变电站，海拔为3000m，变电站的330kV配电装置的电气主接线为一个半断路器接线，330kV母线采用φ250/230悬吊管型母线。

请分析计算并解答下列各小题。

5．请分析计算本变电站 330kV 配电装置的安全净距中，下列哪项是错误的？（ ）
（A）A_1 为 3450mm （B）A_2 为 3750mm
（C）D 为 5450mm （D）C 为 5950mm

6．若 330kV 进出线构架及最上层构架导线均带电，考虑进出线构架上人检修耐张线夹时工况，间隔断面图如下图所示，进出线构架高度 H_m 为 24m，上人检修耐张线夹时的弧垂 f_m 取 1m，最上层构架的导线弧垂 f_{cm} 取 1.4m，上层导线外径为 50mm，最上层构架高度 H_c 不应小于下列哪项数值？（ ）

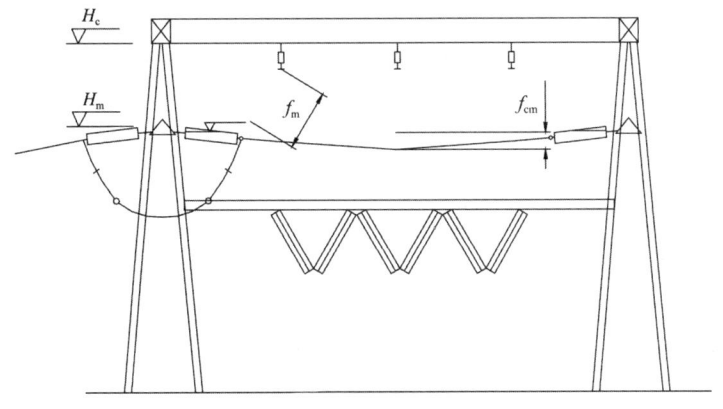

（A）25400mm （B）25800mm
（C）27925mm （D）29625mm

7．330kV 进出线架构高度由母线不同时停电检修工况确定，间隔断面图如下图所示，进出线导线外径为 50mm，其中进出线构架高度 H_m 为 24m，母线构架对地高度 H 为 20m，悬吊管母线均压环在跨线正下方，且均压环外沿对母线构架底部垂直距离为 3.4m，管母线中心对地距离为 16.1m，则间隔断面图示意图中进出线跨线弧垂计算最大允许 f_{max} 应为下列哪项？（ ）

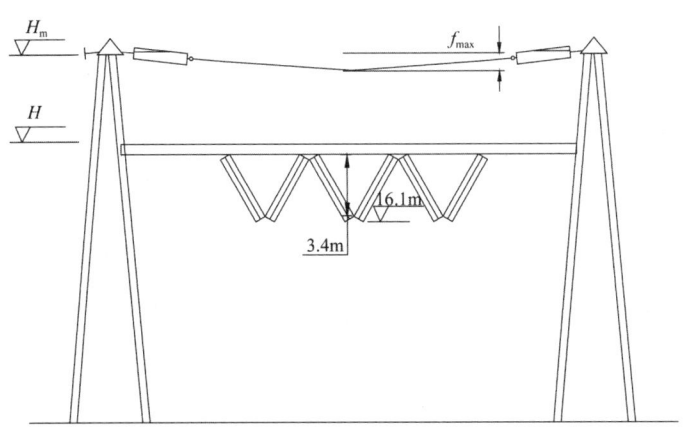

（A）3175mm　　　　　　　　　　（B）3550mm
（C）3675mm　　　　　　　　　　（D）4150mm

8. 330kV 配电装置出现构架高度 H_m 为 24m，绝缘子串在不同条件下的弧垂和风偏摇摆角，出现导线在不同条件下的弧垂和风偏摇摆角如下表，导线的计算直径取 38.4mm，导线分裂间距 d 取 0.4m，A2 值在不同条件下的海拔修正系数均为 1.2。

请计算出现的最小相间距离宜为下列哪项数值？　　　　　　　　（　　）

项　目	外过电压	内过电压	最大工作电压
绝缘子串弧垂	0.723m	0.718m	0.679m
绝缘子串风偏摇摆角	4.369°	6.279°	16.994°
导线弧垂	0.477m	0.482m	0.521m
导线摇摆角	12.603°	17.846°	41.806°

（A）3.468m　　　　　　　　　　（B）3.867m
（C）4.232m　　　　　　　　　　（D）4.785m

【2024 年下午题 9~11】 某工程建设 2×1000MW 燃煤机组，采用发电机—主变压器组单元接线接入 500kV 配电装置。发电机出口设置发电机断路器（GCB）。高压厂用变压器（以下简称高厂变）由主变压器与 GCB 之间引接，并设置 1 台事故停机变压器，发电机出口额定电压为 27kV，高厂变高压侧三相短路容量为 1223MVA。

请分析计算并解答下列各小题。

9. 假定该工程高压厂用电系统采用 10kV 一级电压，每台机组设置 1 台低压分裂绕组高厂变，高厂变额定容量为 85/50-50MVA、电压比 27±2×2.5%/10.5-10.5kV、以高压侧容量为基准的半穿越阻抗 19%，10kV 高压厂用母线 A 段、B 段直接供电的电动机额定功率之和分别为 33200kW、30600kW，电动机平均的反馈电流倍数为 6，不计高厂变短路阻抗误差和分裂绕组间的影响，则高压开关柜峰值耐受电流应不小于下列哪项数值？（　　）

（A）75.2kA　　　　　　　　　　（B）95.3kA
（C）100kA　　　　　　　　　　（D）125kA

10. 本工程#1 机组汽机房 0m 设置一个正常照明配电箱，照面配电箱电流进线为三相五线，并共有 15 个单相分支回路（回路编号 F1~F15），其中 F1、F4、F7、F10 和 F13 接与 A 相，F2、F5、F8、F11 和 F14 接于 B 相；F3、F6、F9、F12 和 F15 接于 C 相。F1~F15 分支回路分别接有 LED 灯数量如下表。LED 灯装置功率均为 50W，LED 等损耗系数为 0.2，则照面配电箱进线电源的工作电流为下列哪项数值？（　　）

F1	F2	F3	F4	F5	F6	F7	F8	F9	F10	F11	F12	F13	F14	F15
9	15	25	22	16	12	13	14	15	9	8	10	8	16	18

（A）17.7A　　　　　　　　　　（B）19.1A
（C）21.9A　　　　　　　　　　（D）63.6A

11. 本工程汽机房运转层标高为 17.0m，汽机房 AB 列跨度为 32.0m，两台机组汽机房总长度为 195.5m，汽机房屋顶标高为 38.0m，运转层照明灯具安装在屋顶桁架上，灯具安装标高 35.2m，灯具采用 LED，LED 安装功率为 250W，每个灯具光通量为 27350lm。灯具按每年擦洗 2 次考虑，灯具利用系数为 0.55，根据照明功率密度值现行值的要求，请计算汽机房运转层装设灯具数量宜不小于下列哪项数值？（不考虑功率密度的照度修正）？ （ ）

（A）76　　　　　　　　　　　　　（B）136
（C）144　　　　　　　　　　　　　（D）175

【2024 年下午题 12～15】某 500kV 变电站位于海拔 1000m 处，有 2 台自耦变压器，额定电压 500/220/35kV。主变压器 500kV、220kV 侧均为架空出线，220kV 采用双母线接线，220kV 共 4 回架空出线，其中两回同塔架设。

请分析计算并解答下列各小题（计算保留两位小数）。

12. 500kV 主变中性点经小电抗接地，小电抗与主变的零序电抗之比为 0.2，主变高压侧和高压侧中性点装有无间隙金属氧化物避雷器，请计算确定避雷器的额定电压值为下列哪组数值？ （ ）

（A）317.5kV、55kV　　　　　　　（B）317.5kV、72.2kV
（C）412.5kV、72.2kV　　　　　　（D）412.5kV、192.5kV

13. 变电站主变压器 220kV 侧雷电冲击全波耐受电压为 850kV，确定站址处 220kV 避雷器与断路器的电气距离不大于下列哪项数值？ （ ）

（A）170m　　　　　　　　　　　　（B）190m
（C）229.5m　　　　　　　　　　　（D）256.5m

14. 500kV 出线侧连接处设置避雷器保护，该避雷器的雷电冲击电流残压为 1050kV，操作冲击电流残压为 907kV，陡波冲击电流残压为 1238kV，断路器同极断口耐受电压折扣系数取 1，隔离开关同极断口耐受电压折扣系数取 0.7，请问 500kV 断路器同极断口间内绝缘的操作耐受电压及出线侧隔离开关同极断口间外绝缘的雷电冲击耐受电压最小值应为下列哪组数值？ （ ）

（A）1043kV、1470kV　　　　　　（B）1050+450kV、1550+450kV
（C）1043+450kV、1470+315kV　　（D）1043+450kV、1550+315kV

15. 若该变电站地处山地，站内装有两肢构架避雷针并处于同一水平面，高度分别为 28m 和 50m，两针之间距离为 50m，请计算两针之间的保护范围上部边缘最低点高度应为下列哪项数值？ （ ）

（A）18m　　　　　　　　　　　　　（B）19.55m
（C）21.42m　　　　　　　　　　　（D）23.3m

【2024 年下午题 16～19】某 220kV 变电站，220kV、110kV 采用有效接地系统，接地故

障持续时间为 0.3s，10kV 采用消弧线圈接地系统。

请分析计算并解答下列各小题。

16. 本站某户外 SF_6 封闭组合电器（GIS）配电装置附近设置 20m 高避雷针，GIS 本体最高点高度 10.5m，GIS 出线套管经钢芯铝绞线与避雷器连接，GIS 出线套管与避雷器顶部高度均为 8m，请问计算该配电装置的直击雷保护范围时，避雷针的保护半径为下列哪项数值？
（　　）

(A) 14m (B) 12m
(C) 9.5m (D) 9m

17. 若该变电站 10kV 配电装置室内表层土壤电阻率为 5000Ω·m，表层厚度为 0.5m，下层土壤电阻率为 250Ω·m，请计算 10kV 配电装置室接触电位差和跨步电位差允许值为下列哪组数值（误差在 5%以内）？
（　　）

(A) 1746V、6197V (B) 390V、612V
(C) 280V、970V (D) 11.5V、96V

18. 本变电站采用 220kV 三相共箱式 SF_6 全封闭组合电器（GIS）。若系统最大运行方式下 220kV 三相同一地点接地短路交流电流 38kA，单相短路交流电流 32kA，站内发生接地故障时流经变压器中性点的电流 20kA，站内分流系数均为 0.5，衰减系数 D_f 取 1.15，请分析、计算确定校验 220kV GIS 设备接地引下线用热稳定电流及计算地点位升用接地故障电流的值最接近下列哪组数值？
（　　）

(A) 38kA、11.5kA (B) 43.7kA、36.8kA
(C) 36.8kA、11.5kA (D) 36.8kA、36.8kA

19. 假设本站初始设计时，采用复合式接地网，接地网长、宽均为 110m，均匀土壤电阻率 120Ω·m，经变电站接地网入地的最大接地故障堆成电流有效值 7kA，系统的 X/R=40，请计算系统接地故障时变电站接地网的地点位升高是下列哪项数值？并判断是否需做措施。
（　　）

(A) 3.85kV、不需要采取扁铜（或铜绞线）与二次电缆屏蔽层并联敷设，通向站外的管道采用绝缘段等均压、等电位、隔离等的措施

(B) 3.85kV、需验算接触电位差和跨步电位差满足要求，需采取扁钢（或铜绞线）与二次电缆屏蔽层并联敷设，通向站外的管道采用绝缘段等均压、等电位、隔离等的措施

(C) 4.59kV、需验算接触电位差和跨步电位差满足要求，不需采取扁钢（或铜绞线）与二次电缆屏蔽层并联敷设，通向站外的管道采用绝缘段等均压、等电位、隔离等的措施

(D) 4.59kV、需验算接触电位差和跨步电位差满足要求，需采取扁钢（或铜绞线）与二次电缆屏蔽层并联敷设，通向站外的管道采用绝缘段等均压、等电位、隔离等的措施

【2024年下午题20～23】某火力发电厂装机一台50MW发电机组，以110kV接入系统，直流电流系统标称电压220V，配置1组动力和控制负荷合用的阀控密封铅酸蓄电池，直流事故放电时间为1h。直流电缆均选用铜芯电缆，铜导体电阻系数$\rho=0.0184\Omega \cdot mm^2/m$。

请分析计算并解答下列各小题。

20．已知直流负荷如下表：

序 号	负 荷 名 称	负荷功率（kW）
1	热工控制负荷	7
2	热工动力负荷	8
3	发变组控制、保护	5
4	厂用开关柜保护、控制	6
5	110kV断路器跳闸	3
6	恢复供电110kV断路器合闸	0.5
7	计算机监控控制系统	4
8	UPS	80
9	直流应急照明	0.5
10	直流长明灯	1
11	直流润滑油泵	10

计算经常负荷电流，下列哪项数值是正确的？　　　　　　　　　　　　　　（　　）
(A) 64.55A　　　　　　　　　　　　(B) 68.18A
(C) 90.00A　　　　　　　　　　　　(D) 109.09A

21．假设蓄电池组容量为1200Ah，蓄电池出口配置断路器，已知直流母线馈线直流断路器额定电流分别是20A、32A、63A、80A、100A、250A规格，假设经常负荷电流为93A，配合系数取大值，蓄电池出口的断路器额定电流选择最合理的是下列哪项数值？　（　　）
(A) 100A　　　　　　　　　　　　(B) 315A
(C) 700A　　　　　　　　　　　　(D) 800A

22．假设蓄电池组容量为1200Ah，配1组高频开关装置，选用（4+1）×40A充电模块。下列关于蓄电池电流测量范围及充电装置电流测量范围的描述哪项是正确的？（　　）
(A) 蓄电池电流测量范围为±660A、充电装置电流测量范围为0～200A
(B) 蓄电池电流测量范围为±660A、充电装置电流测量范围为0～300A
(C) 蓄电池电流测量范围为±800A、充电装置电流测量范围为0～200A
(D) 蓄电池电流测量范围为±800A、充电装置电流测量范围为0～300A

23．假设直流润滑油泵容量为20kW。直流屏到油泵启动柜电缆长度为50m，油泵启动柜到直流润滑油泵电缆长度为15m，电缆载流量见下表。不考虑电缆的敷设系数及启动柜设备的电压降。计算并选取电缆允许截面积，下列哪项选择合理？（　　）

铜芯电缆截面积 (mm²)	电缆载流量 (A)	铜芯电缆截面积 (mm²)	电缆载流量 (A)
16	90	120	314
25	118	150	360
35	150	185	410
50	182	240	483
70	228	300	552
95	273		

（A）选 25mm² 截面电缆　　　　　　（B）选 35mm² 截面电缆
（C）选 50mm² 截面电缆　　　　　　（D）选 240mm² 截面电缆

【2024 年下午题 24～26】某 500kV 变电站，经 4 回 500kV 架空线路（单回长度 40km）及 2 回 500kV 电缆线路（单回长度 10km）接入系统。

每台主变配置数组 35kV 并联电容器组及数组 35kV 并联电抗器，各回路经断路器直接接入 35kV 母线。

220kV 母线短路容量为 2000MVA，35kV 短路容量为 1800MVA。

并联电容器组均采用单星形接线，串联电抗器电抗率为 5%或 112%。

请分析计算并解答下列各小题。

24. 500kV 架空线路的单位充电功率为 1.18Mvar/km，500kV 电缆线路的单位充电功率为 18.2Mvar/km，补偿系数取 0.95。计算本变电站补偿高压侧线路充电功率所需电抗器容量是下列哪项数值？　　　　　　　　　　　　　　　　　　　　　　　（　　）

（A）229.2Mvar　　　　　　　（B）262.6Mvar
（C）276.4Mvar　　　　　　　（D）552.8Mvar

25. 并联电容器组由单台电容器串并联组成，每相 6 并 4 串，串接电抗器的电抗率为 12%，设备选择时，单台电容器的额定电压计算值是下列哪项数值？　　　（　　）

（A）4.02kV　　　　　　　　（B）6.03kV
（C）7.2kV　　　　　　　　（D）10.44kV

26. 经技术变电站需补偿容性无功 180Mvar，电网背景谐波为 3 次及以上谐波。有关变电站无功补偿装置。通过分析或技术下列描述哪项是正确的？　　　　　（　　）

（A）可补偿 3 组并联电容器，每组容量 60Mvar，1 组串 5%电抗器、3 组串 12%电抗器
（B）可补偿 4 组并联电容器，每组容量 45Mvar，均串 5%电抗器
（C）可补偿 4 组并联电容器，每组容量 45Mvar，3 组串 5%电抗器、1 组串 12%电抗器
（D）可补偿 2 组并联电容器，每组容量 60Mvar

【2024年下午题27~30】某220kV变电站建设有2台180MVA主变压器，三侧电压220/110/10kV。220kV电气主接线采用双母线接线，固定方式运行。10kV采用单母线分段接线，每段母线分别接有不同的一、二、三段负荷和3组并联电容器、10kV配电装置采用金属封闭开关柜。每相电容器采用单星型接线，框架组合式安装。单台电容器额定容量334kvar、额定电压$\frac{5.5}{\sqrt{3}}$kV，每相4并2串。110kV侧无电源，辐射状供电。

请分析计算并解答下列各小题。

27．依据设计规范，请计算选择单台电容器与母线之间连接线、并联电容器或成套装置的汇流母线截面的长期允许电流量接近下列哪组数值？　　　　　　　　　　（　　）
　　（A）106A、421A　　　　　　　　（B）145A、547A
　　（C）158A、547A　　　　　　　　（D）158A、640A

28．本变电站的10kV并联电容器组户内布置，回路中的串联电抗器采用干式铁芯电抗器，电抗率1%，串联电抗器可接于本回路断路器和电容器之间（简称中接法）。也可接于电容器中性点侧（简称后接法）、10kV开关柜短时耐受电流25kA/4s，峰值耐受电流63kA，请计算中接法、后接法串抗的峰值耐受电流分别为下列哪组数值？　　　　　　（　　）
　　（A）25kA、547A　　　　　　　　（B）25kA、4.2kA
　　（C）63kA、8.4kA　　　　　　　　（D）63kA、6.3kA

29．若10kV电容器组回路串联有6%电抗器、10kV母线电压互感器变比$\frac{10}{\sqrt{3}}/\frac{0.1}{\sqrt{3}}$kV，请问10kV母线电压达到11.2kV时，并联电容器过电压保护是否动作，并请计算过电压保护二次整定值是下列哪项数值？（按继电保护装置运行整定规程计算）　　（　　）
　　（A）动作，定值为65.7V　　　　　（B）动作，定值为110V
　　（C）不动作，定值为114V　　　　（D）不动作，定值为121V

30．若本变电站10kV侧母线短路电流为24kA，电容器组经电缆（阻抗忽略不计）接入10kA开关柜。在引接电缆末端与电容器组连接处发生A、B相间金属性短路。假定可靠系数取下限，请判断此时哪一种保护动作，并计算保护一次定值为下列哪项数值？　　（　　）
　　（A）限时电流速断保护，整定值为1641A
　　（B）限时电流速断保护，定值为1262.2A
　　（C）过电流保护，定值为820.4A
　　（D）过电流保护，定值为631.1A

【2024年下午题31~35】某500kV单回交流架空输电线路，最高运行电压为550kV，导线采用4×JL/G1A/45钢芯铝绞线，每根子导线重量为16.554N/m，总截面532mm²，其中铝截面489mm²，铜截面43mm²。线路悬垂串采用U160BP/155D盘型绝缘子，其结构高度155mm，

爬电距离 450mm，有效系数 Ke 为 0.95，特征指数为 0.38。

请分析计算并解答下列各小题

31．敷设线路的正序电抗为 0.255Ω/km，正序电纳为 $4.36×10^{-6}$ S/km，功率因数为 0.95，则线路输送自然功率时的电流密度应为下列哪项数值？　　　　　　　　　　　（　　）

（A）0.59A/mm^2　　　　　　　　　　（B）0.61 A/mm^2

（C）0.64 A/mm^2　　　　　　　　　　（C）0.71 A/mm^2

32．已知统一爬电比距为 36mm/kV，当线路所经地区海拔为 3000m 时，计算 U160BP/155D 绝缘子悬垂串的最少片数应为下列哪项数值？　　　　　　　　　　　　　　　（　　）

（A）27 片　　　　　　　　　　　　　（B）28 片

（C）30 片　　　　　　　　　　　　　（D）31 片

33．由于环境变化，该线路所在污区由 c 级调整为 d 级，新配置的 U160BP/155D 绝缘子片数不少于 37 片，若该线路采用复合绝缘子，假设其爬电距离有效系数为 1，则其爬电距离最小值应为下列哪项数值？　　　　　　　　　　　　　　　　　　　　　　　（　　）

（A）11863mm　　　　　　　　　　　（B）14288mm

（C）14289mm　　　　　　　　　　　（D）15818mm

34．已知某铁塔所在位置海拔 2000m，铁塔全高 80m，处于多雷区，为了满足线路的防雷性能要求，该塔配置的绝缘子串绝缘长度为 4.96m，则该塔雷电过电压要求的最小间隙应为下列哪项数值？（提示：绝缘子雷电冲击放电电压 $U_{50\%}=530d+35$；空气间隙雷电冲击放电电压 $U'_{50\%}=555D$）？　　　　　　　　　　　　　　　　　　　　　　　　　　（　　）

（A）3.73m　　　　　　　　　　　　　（B）3.85m

（C）4.08m　　　　　　　　　　　　　（D）4.80m

35．某直线塔采用双联 U160BP/155D 绝缘子 Ⅰ 型串，覆冰工况下子导线冰荷载为 11.091N/m，风荷载为 3.75N/m，不考虑绝缘子串自身的荷载，当水平挡距为 900m 时，计算该绝缘子串覆冰工况允许的最大垂直挡距为下列哪项数值？　　　　　　　　　（　　）

（A）713m　　　　　　　　　　　　　（B）957m

（C）1065m　　　　　　　　　　　　　（D）2654m

【2024 年下午题 36～40】某 220kV 单回架空线路工程，设计基本风速为 27m/s，覆冰厚度为 10mm，导线采用 2×JL/G1A-630/45 钢芯铝绞线，直径为 33.8mm，截面为 674mm^2，单重为 2.0792kg/m。直线塔型 ZB2，采用单联 Ⅰ 串，丘陵地区，水平挡距为 400mm^2，垂直挡距为 550m，导线平均高度为 15m。（重力加速度取 9.80665m/s^2）

请分析计算并解答下列各小题。

36. 计算大风工况张力时的导线风荷载折减系数 γ_c 为下列哪项数值？　　　（　　）
　　（A）0.52　　　　　　　　　　　　（B）0.67
　　（C）0.71　　　　　　　　　　　　（D）0.90

37. 已知 T1、T2 两基直线塔之间的档距为 400m，挂线点等高，平均气温时，挡距中央导线弧垂为 10m，若此时将 T1 塔悬垂线夹松开后导线向挡内偏移 0.5m，求挡距中央弧垂为下列哪项数值？（采用平抛物线公式，不考虑悬垂串偏移）　　　（　　）
　　（A）8.66m　　　　　　　　　　　　（B）10.50m
　　（C）12.25m　　　　　　　　　　　（D）13.25m

38. 已知 T1、T2 两基直线塔之间的档距为 400m，T3 塔挂线点较 T4 塔高 120m，已知最高气温工况下导线应力为 $48N/mm^2$，假设 T3 塔塔身宽度为 5m，求导线在 T3 塔塔身出口处与导线悬挂点的垂直距离为下列哪项数值？（采用斜抛物线公式）　　　（　　）
　　（A）0.33m　　　　　　　　　　　　（B）0.42m
　　（C）1.08m　　　　　　　　　　　　（D）2.15m

39. 某工程定位完成后 T5、T6 之间的档距均为 400m，T6 塔导线悬垂串摇摆角已达临界值。已知大风工况下导线使用应力为 $72N/mm^2$，单片重锤重量为 15kg，若 T7 塔因故需加高 3m，为保证 T6 塔摇摆角不超使用条件，至少需加装的重锤片数为下列哪项数值？（计算中不计导线风压高度系数的变化，不计及重锤的风压，采用平抛物线计算公式）　　　（　　）
　　（A）3　　　　　　　　　　　　　　（B）5
　　（C）8　　　　　　　　　　　　　　（D）10

40. 若导线阵风系数及挡距折减系数取 1，求雷电过电压工况下导线风偏时的每相单位风荷载为下列哪项数值？　　　（　　）
　　（A）4.23N/m　　　　　　　　　　　（B）4.77N/m
　　（C）9.51N/m　　　　　　　　　　　（D）10.74N/m

答　　案

1. B【解答过程】由《风电场接入电力系统技术规定 第 1 部分：陆上风电》（GB 19963.1—2021）第 3.20 条可知，短路比即短路容量/设备容量

$$\frac{2.5 \times \sqrt{3} \times 230}{250} = 3.98$$

2. B【解答过程】题设"风电场 220kV 并网点短路时……220kV 系统等值正序电抗标幺值为 0.0502"，并网点为风电场高压母线，该母线短路时，系统侧（包含并网线路）的等值电抗为 0.0502；当并网线路中间短路，短路电流计算如下：

依题意，设 S_j=100MVA，U_j=230kV，由老版一次手册第 120 页表 4-1，可知 S_j 和 U_j 均为表格值，则 I_j=0.251，由该手册第 129 页式（4-20）第三组公式可知 $X_* = \dfrac{I_j}{I_d} = \dfrac{0.251}{2.5}$

短路电流计算如下：

风电场侧提供的短路电流：$I''_风 = \dfrac{0.251}{\dfrac{0.251}{2.5} + 0.0007751 \times 25} = 2.096(kA)$

系统侧提供的短路电流：$I''_系 = \dfrac{0.251}{0.0502 - 0.0007751 \times 25} = 8.143(kA)$

由老版系统手册第 341 页短路电流的计算目的可知：计算送出线路中间点三相短路电流，是为确定送电线路对附近通信线电磁危险的影响提供计算资料。故只需计算流经线路的最大短路电流，所以选 B

3．C【解答过程】依据老版一次手册 P143，式（4-38）～式（4-42）。

正序阻抗及负序阻抗 $X_\Delta^{(3)} = X_{1\Sigma} = X_{2\Sigma} = \dfrac{0.251}{10} = 0.0251$

单相接地合成阻抗

$X_* = X_{1\Sigma} + X_{2\Sigma} + X_{0\Sigma} = 0.0251 + 0.0251 + X_{0\Sigma} = \dfrac{0.251 \times 3}{6.2} = 0.1215$

则零序阻抗 $X_{0\Sigma} = 0.1215 - 0.0251 - 0.0251 = 0.0713$

4．B【解答过程】依大题干题意，风电场装机容量 250MW，风机年等效满负荷小时数为 2900h。

理论一年满发 250×2900；小题干弃电率为 20%，由抽水蓄能电站弥补，但要消耗 20%电量的 1～0.75，所以实际总送出电量为

$250 \times 2900 - 250 \times 2900 \times 20\% \times (1 - 0.75)$
$= 250 \times 2900 \times [1 - 0.2 \times (1 - 0.75)]$
$= 688750(kVA)$

5．B【解答过程】依据《高压配电装置设计规范》（DL/T 5352—2018）附录 A 表 A.0.1 可知，3000m 海拔的 $A1$=3450mm，由该规范表 5.1.2-1 中的公式可知，D=3450+2000=5450，C=3450+2500=5950，再由附录 A 图 A 下方小注内容，可得 A2=3450/2500×2800=3864(mm)。

6．D【解答过程】由老版一次手册第 704 页式（附 10-50）。

依据《高压配电装置设计规范》（DL/T 5352—2018）表 5.1.2-1 交叉的不同时停电检修的带电部分应按 B1 值校验。

由该规范附录 A 表 A.0.1 可得 3000m 时 $A1$=3450mm，则 $B1$=3450+750=4200(mm)

则最上层构架高度 $h \geq 24000 - 1000 + 1000 + 4200 + 1400 + 50/2 = 29625$ (mm)

7．A【解答过程】依据《高压配电装置设计规范》（DL/T 5352—2018）表 5.1.2-1，交叉的不同时停电检修的带电部分应按 $B1$ 值校验。

又有该规范附录 A 表 A.0.1 可知，3000m 时 $A1$=3450mm，则 $B1$=3450+750=4200(mm)

由题设图可知均压环外沿对地高度为 20 − 3.4 = 16.6 (m)

则跨线弧垂 $f \leq 24000 - 16600 - 4200 - 50/2 = 3175$ (mm)

8．C【解答过程】依据老版一次手册第 699 页，式（附 10-5）计算，由《高压配电装置设计规范》（DL/T 5352—2018）表 5.1.3-1 不同相的带电部分应按 $A2$ 值校验：

一、外过电压下最小相间距离

$A2 = 2600 \times 1.2 = 3120 \text{(mm)}$

$D_\text{外} = 3120 + 2 \times 723 \times \sin(4.369) + 2 \times 471 \times \sin(12.603) + 400 \times \cos(12.603) + 38.4$
$= 3864 \text{(mm)}$

二、内过电压下最小相间距离

$A2 = 2600 \times 1.2 = 3360 \text{(mm)}$

$D_\text{内} = 3360 + 2 \times 710 \times \sin(6.279) + 2 \times 492 \times \sin(17.846) + 400 \times \cos(17.846) + 38.4$
$= 4236 \text{(mm)}$

三、最大工频过电压下最小相间距离

$A2 = 1700 \times 1.2 = 2040 \text{(mm)}$

$D_\text{工} = 2040 + 2 \times 679 \times \sin(16.944) + 2 \times 521 \times \sin(41.806) + 400 \times \cos(41.806) + 38.4$
$= 3466 \text{(mm)}$

9．C【解答过程】设 $S_j = 100 \text{MVA}$，可得

发电机系统侧电抗 $X_X = \dfrac{100}{12230} = 0.008177$

依题意不考虑高厂变阻抗误差，则

分裂绕组变压器阻抗 $X_T = \dfrac{19\%}{100} \times \dfrac{100}{85} = 0.2235$

依据《火力发电厂厂用电设计规程》(DL/T 5153—2014)附录 L，式(L.0.1-1)~式(L.0.1-8)，则

$$I_B'' = \dfrac{5.5}{0.008177 + 0.2235} = 23.74 \text{(kA)}$$

取电动机负荷较大一侧母线的电动机容量，则 $I_D'' = 6 \times \dfrac{33200}{\sqrt{3} \times 10 \times 0.8} = 14.38 \text{(kA)}$

由该规范表 L.0.1，分裂绕组变压器，峰值系数取 1.85，由式（L.0.1-8）下方参数说明，电动机反馈峰值系数取 1.7，可得

$i_{ch} = \sqrt{2} \times (1.85 \times 23.74 + 1.1 \times 1.7 \times 14.38) = 100.14 \text{(kA)}$

10．C【解答过程】依题意可得：

A 相所接灯具容量为 $(9 + 22 + 13 + 9 + 8) \times 50 = 3050 \text{(W)}$

B 相所接灯具容量为 $(15 + 16 + 14 + 8 + 16) \times 50 = 3450 \text{(W)}$

C 相所接灯具容量为 $(25 + 12 + 15 + 10 + 18) \times 50 = 4000 \text{(W)}$

其中最大一相为 4000W，由《发电厂和变电站照明设计技术规定》（DL/T 5390—2014）式（8.5.1-3）；依题意本题属于"汽机房"，由表 8.5.1 可知主厂房正常照明系数为 0.9；依题意，LED 灯取 $a=0.2$；

则计算负荷 $P_{js} = 0.9 \times 3 \times 4000 \times (1 + 0.2) = 12960 \text{(W)}$

又由该规范式（8.6.2-5），LED 灯属于发光二极管，功率因数取 0.9，可得

计算电流 $I_{js} = \dfrac{12960}{\sqrt{3} \times 380 \times 0.9} = 21.88(A)$

11．C【解答过程】依据《发电厂和变电站照明设计技术规定》（DL/T 5390—2014）附录 B 式（B.0.1）计算

依题意，汽机房每年擦洗两次，由表 7.0.4 可得维护系数取 0.7，由表 10.0.8，运转层标准照度取 200lx，由式（B.0.1）可得

$$200 = \dfrac{23750 \times N \times 0.55 \times 0.7}{195.5 \times 32}, \text{则 } N \geqslant 136.83$$

由该规范式（5.1.4）可得

$$\text{同时室形系数 } RI = \dfrac{195.5 \times 32}{(35.2 - 17) \times (195.5 + 32)} = 1.51$$

由该规范表 10.0.10 可知 $RI=1.51$ 时，室形系数修正值为 0.82。

又由该规范表 10.0.8 可知，汽机运转层现行照明密度为 $7W/m^2$，题设 LED 安装功率 250W

则 $N \leqslant \dfrac{195.5 \times 32 \times 7 \times 0.82}{250} = 143.64$

12．C【解答过程】依据《交流电气装置的过电压保护和绝缘配合设计规范》（GB/T 50064—2014）表 4.4.3，可知 $k = 3 \times 0.2 / (1 + 3 \times 0.2) = 0.375$

高压侧避雷器额定电压为 $0.75 \times 550 = 412.5(kV)$

高压侧中性点避雷器额定电压为 $0.35 \times 0.375 \times 550 = 72.2(kV)$

13．C【解答过程】依据《交流电气装置的过电压保护和绝缘配合设计规范》（GB/T 50064—2014）第 5.4.13-5 条第 3）款可知，同塔双回算一回，所以本题 220kV 出线回路数应记为 3 条；

由表 5.4.13-1 及其注 2 可知距离主变最大距离应取 170m，距离其他设备增大 35%，为 $170 \times 1.35 = 229.5(m)$。

14．C【解答过程】依据《交流电气装置的过电压保护和绝缘配合设计规范》（GB/T 50064—2014），式（6.4.3-1）、式（6.4.3-2）、式（6.4.4-3）和式（6.4.4-4）可得

$u_{e.s.i} \geqslant 1.15 \times 907 = 1043.05(kV)$，$u_{e.s.c.i} \geqslant 1043.05 + 1 \times \dfrac{\sqrt{2} \times 550}{\sqrt{3}} = 1043 + 450(kV)$

$u_{e.l.o} \geqslant 1.4 \times 1050 = 1470(kV)$，$u_{e.l.c.o} \geqslant 1470 + 0.7 \times \dfrac{\sqrt{2} \times 550}{\sqrt{3}} = 1470 + 315(kV)$

15．C【解答过程】依据《交流电气装置的过电压保护和绝缘配合设计规范》（GB/T 50064—2014）第 5.2.1 条可得，50m 高针高度影响系数 $P = \dfrac{5.5}{\sqrt{50}} = 0.78$

则其在 28m 高度的保护半径 $r_x = (50 - 28) \times 0.78 = 17.16(m)$

本题为山地，由第 5.2.7-2 款可得

$h_o = 28 - \dfrac{50 - 17.16}{5 \times 1} = 21.43(m)$

所以选 C

16．A【解答过程】依据《交流电气装置的过电压保护和绝缘配合设计规范》（GB/T 50064—2014）第 5.4.3 条可知，露天 GIS 可不用避雷针保护，本题避雷针保护点应取出线套管高度 8m；

又由该规范第 5.2.1 条可得
$$r_x = (1.5 \times 20 - 2 \times 8) \times 1 = 14(\text{m})$$

17．C【解答过程】依据《交流电气装置的接地设计规范》（GB 50065—2011）附录 C 式（C.0.2）可得

表层衰减系数 $C_S = 1 - \dfrac{0.09 \times \left(1 - \dfrac{250}{5000}\right)}{2 \times 0.5 + 0.09} = 0.92$

依题意，本题 10kV 采用消弧线圈接地系统，又由该规范式（4.2.2-3）、式（4.4.2-4）可得

允许接触电压 $U_t = 50 + 0.05 \times 5000 \times 0.92 = 280(\text{V})$

允许跨步电压 $U_s = 50 + 0.2 \times 5000 \times 0.92 = 970(\text{V})$

18．C【解答过程】

一、热稳定电流

依据《交流电气装置的接地设计规范》(GB 50065—2011)附录 B 式(B.0.1-1)、式(B.0.1-2)，则

站内接地时经接地网入地的对称电流为 $I_g = (I_{\max} - I_n)S_{f1} = (32 - 20) \times 0.5 = 6(\text{kA})$

站外接地时经接地网入地的对称电流为 $I_g = I_n S_{f2} = 20 \times 0.5 = 10(\text{kA})$

因此取站外接地，此时经接地网入地的不对称电流 $I_G = 10 \times 1.15 = 11.5(\text{kA})$

二、地电位升高用故障电流

本题属于三相同体设备，由该规范附录 E 表 E.0.2-1，可知采用的短路电流为
$$I_F = I_{\max} D_f = 32 \times 1.15 = 36.8(\text{kA})$$

19．D【解答过程】依据《交流电气装置的接地设计规范》（GB 50065—2011），依题意，$X/R=40$，由该规范表 B.0.3 可得衰减系数 D_f 为 1.1919；

由该规范附录 B，第 B.0.1-3 款可得入地不对称电流 $I_G = 7 \times 1.1919 = 8.34(\text{kA})$

又由该规范附录 A 式（A.0.4-3）可得接地网电阻 $R \approx 0.5 \times \dfrac{120}{\sqrt{110 \times 110}} = 0.55\,(\Omega)$

再由该规范附录 B，式（B.0.4）可得地电位升高 $V = 8.34 \times 0.55 = 4.59(\text{kV}) > 2\text{kV}$

依据该规范第 4.2.1 条、第 4.3.3 条规定应采取相应措施。

20．B【解答过程】依据《电力工程直流电源系统设计技术规程》（DL/T 5044—2014），依题意本题只配置一组蓄电池，所以计算经常负荷时，动力和控制负荷均在筛选范围内；

由表 4.2.5 可知，经常负荷电流为"热工控制负荷""发变组控制、保护""厂用开关柜保护、控制""计算机监控控制系统"和"直流长明灯"。

结合表 4.2.6 的负荷系数，可得

经常负荷计算电流 $I_{jc} = \dfrac{(7+5+6)\times 0.6 + 4\times 0.8 + 1}{0.22} = 68.18(A)$

21．D【解答过程】依据《电力工程直流电源系统设计技术规程》（DL/T 5044—2014），附录 A 式（A.3.6-1）及式（A.3.6-2）可得

$I_n \geqslant 5.5\times 120 = 660(A)$ 且 $I_n \geqslant 3\times 250 = 750(A)$，取 800A。

22．C【解答过程】依据《电力工程直流电源系统设计技术规程》（DL/T 5044—2014），由附录 F 表 F.1，本题蓄电池组容量为 1200Ah，则蓄电池出口电流表测量范围为 ±800A。

由附录 D.2 可知，题设 4+1,1 为备用模块，额定电流为 4×40=160（A），由附录 D 表 D.1.3 可知充电装置额定电流为 160(A)时，电流表测量范围为 0～200A。

23．C【解答过程】依据《电力工程直流电源系统设计技术规程》（DL/T 5044—2014）附录 E 表 E.2-1 及表 E.2-2，C 合理。

一、允许载流量选截面
由式（E.1.1-1）可得

$I_{pc} \geqslant I_{ca1} = \dfrac{20}{0.22} = 90.9(A)$，结合题目表格，按载流量选应大于 25mm²。

二、压降选截面
由表 E.2-1 可得计算电流为

$$I_{ca} = \max(I_{ca1}, I_{ca2}) = \max(90.9, 90.9\times 2) = 181.8(A)$$

由表 E.2-2 可知，电动机回路最大允许压降为 5%=0.05
由式（E.1.1-2）可得

$$S_{cac} = \dfrac{0.0184\times 2\times (50+15)\times 181.8}{0.05\times 220} = 39.53(\text{mm}^2)$$

以上两者取大，所以选 C。

24．B【解答过程】依据老版系统手册第 234 页式（8-3）可得

$$Q_{kb} = \dfrac{1}{2}\times 0.95\times (4\times 40\times 1.18 + 2\times 10\times 18.2) = 262.58(\text{Mvar})$$

25．B【解答过程】依据《并联电容器装置设计规范》（GB 50227—2017）第 5.2.2 条文说明式（2）可得

$$U_{CN} = 1.05\times \dfrac{35}{\sqrt{3}\times 4\times (1-12\%)} = 6.03(\text{kV})$$

26．C【解答过程】
一、按不发生谐振条件计算：
依据《并联电容器装置设计规范》（GB 50227—2017）第 5.5.2-2 款可知，抑制 3 次谐波，应装设 12%电抗器，此时 3 次谐波受到抑制不会发生谐振，由该规范第 3.0.3 条，装设 12% 电抗器，验算 5 次谐波发生谐振的容量为：

三次谐波产生谐振的电容器容量 $Q_{CX} = 1800\times \left(\dfrac{1}{3^2} - 0.05\right) = 110(\text{Mvar})$

单组容量及各种组合投入容量，应尽量避开 110Mvar；

二、按单组电容器投入电压波动不超标计算：

依据老版系统手册第 244 页式（8-4），该式的参数说明要求，550kV 变电站 S_d 取中压侧短路容量

所以满足单组投切电压波动不大于 2.5% 的容量 $Q \leqslant 2.5\% \times 2000 = 50(\text{Mvar})$

综上，单组容量不超过 50，组合容量避开 110，必须装 12% 电抗器抑制 3 次谐波。

27．C【解答过程】依据《并联电容器装置设计规范》（GB 50227—2017）第 5.8.1 条可得

单台电容器与母线之间连接线允许电流 $I_{xu.c} \geqslant 1.5 \times \dfrac{334}{5.5/\sqrt{3}} = 157.77(\text{A})$

由该规范第 5.8.2 条可得：

汇流母线截面的长期允许电流 $I_{xu.l} \geqslant 1.3 \times \dfrac{334 \times 4 \times 3 \times 2}{2 \times 5.5 \times \sqrt{3}} = 546.97(\text{A})$

28．C【解答过程】依据《并联电容器装置设计规范》（GB 50227—2017）第 4.2.3 条及其条文说明、第 5.5.3 条、附录 A 式（A.0.1-1）～式（A.0.1-3）。

中接法电抗器应能承受峰值短路电流，即 63kA。

后接法应能承受合闸涌流，$I_{xu} \geqslant 20 \times \dfrac{334 \times 4 \times 3 \times 2}{\sqrt{3} \times 11} = 8.4(\text{kA})$

29．C【解答过程】依据《3kV～110kV 电网 2008 继电保护装置运行整定规程》（DL 584—2017）第 7.2.18.3 条可得电容器组额定电压 $U_N = 2 \times \sqrt{3} \times \dfrac{5.5}{\sqrt{3}} \times (1-0.06) = 10.34(\text{kV})$

则整定值 $U_D = \dfrac{1.1 \times U_N}{n} = \dfrac{1.1 \times U_N}{\dfrac{10/\sqrt{3}}{0.1/\sqrt{3}}} = 113.74(\text{V})$

运行电压为 11.2kV 时，二次电压 $U_2 = \dfrac{11.2}{\dfrac{10/\sqrt{3}}{0.1/\sqrt{3}}} = 112(\text{V}) < 113.74\text{V}$，不动作。

30．B【解答过程】依据《3kV～110kV 电网 2008 继电保护装置运行整定规程》（DL 584—2017）第 7.2.18.1 条可得限时电流速断保护整定值 $I_D = 3 \times \dfrac{334 \times 4 \times 3 \times 2}{2 \times \sqrt{3} \times \sqrt{3} \times \dfrac{5.5}{\sqrt{3}}} = 1262.23(\text{A})$

灵敏度校验 $K_{sen} = \dfrac{24000}{1262.22} = 19.01 > 2$，满足要求。

31．C【解答过程】依据老版线路手册第 24 页式（2-1-41）、式（2-1-42）可得

波阻抗 $Z_c = \sqrt{\dfrac{0.255}{4.36 \times 10^{-6}}} = 241.84(\Omega)$

自然功率 $P_n = \dfrac{500^2}{241.84} = 1033.74(\text{MW})$

整条线路各个点功率因素并不一样，取电流最大位置，用题设的平均功率因数 0.95，可得

$$I = \frac{1033.74}{\sqrt{3} \times 500 \times 0.95} = 1256.5(\text{A})$$

电流密度 $J = \dfrac{1256.5}{4 \times 489} = 0.64(\text{A}/\text{mm}^2)$

32．C【解答过程】依据《架空输电线路电气设计规程》（DL/T 5582—2020）。

一、按爬电比距选择

由式(6.1.3-2)可得 $n_1 \geqslant \dfrac{36 \times \dfrac{550}{\sqrt{3}}}{0.95 \times 450} = 26.74$

二、按雷电过电压选择

由表 6.2.2 可得，采用题设绝缘子高度为 155m 的绝缘子片数为 25 片。

以上两者取大，取 26.74 片。

三、海拔修正

依题意，特征指数为 0.38 由第 6.1.5 条可得

$n = 26.74 \times e^{0.38 \times (3000-1000)/8150} = 29.35$（片），取 30 片。

33．C【解答过程】依据《架空输电线路电气设计规程》（DL/T 5582—2020）第 6.2.4-2 款可得

$L_{复合}k_{复合} \geqslant \dfrac{3}{4} \times L_{盘型}k_{盘型} \Rightarrow L_{复合} \geqslant \dfrac{3}{4} \times \dfrac{L_{盘型}k_{盘型}}{k_{复合}} = \dfrac{3}{4} \times \dfrac{37 \times 450 \times 0.95}{1} = 11863.125(\text{mm})$

同时满足 $L_{复合} \geqslant 45 \times \dfrac{550}{\sqrt{3}} = 14289.42(\text{mm})$

34．C【解答过程】依题意，所求"雷电要求的最小间隙"，该间隙为雷电时的风偏间隙。

依据：《交流电气装置的过电压保护和绝缘配合设计规范》（GB/T 50064—2014）第 6.2.2-4 款可知，雷电要求最小间隙为绝缘子串相应电压的 0.85 倍，由题设公式可得

$U_{绝缘子50\%} = 530d + 35 = 530 \times 4.96 + 35 = 2663.8$

$U'_{间隙50\%} = 0.85 \times U_{绝缘子50\%} = 0.85 \times 2663.8 = 2264.23$

$U'_{间隙50\%} = 555D \Rightarrow D = \dfrac{2264.23}{555} = 4.08(\text{m})$

35．C【解答过程】依据《架空输电线路电气设计规程》（DL/T 5582—2020）第 8.0.1 条，可知盘型绝缘子最大使用荷载工况时，安全系数为 2.7，4 分裂导线两联绝缘子，每联承受 2 根子导线，可得

绝缘子最大使用荷载 $2 \times 160/2.7 = 118.52(\text{kN})$，则

$118520 \geqslant 4 \times \sqrt{(3.75 \times 900)^2 + [(16.554 + 11.091) \times L_V]^2}$

解得 $L_V = 1065\text{m}$，所以选 C。

36．C【解答过程】依据《架空输电线路电气设计规程》（DL/T 5582—2020）表 9.3.1-2 可得

$$\gamma_c = -\dfrac{1}{5.97 + e^{(33.2 - 1.2 \times 27)}} + 0.83 = 0.71$$

37．D【解答过程】依据老版线路手册第 180 页，表 3-3-1，设 $x = \dfrac{\gamma_{前}}{\sigma_{前}}$，$y = \dfrac{\gamma_{后}}{\sigma_{后}}$

则滑移前 $f_{前} = \dfrac{\gamma_{前} l^2}{8\sigma_{前}} = \dfrac{xl^2}{8} = \dfrac{x \times 400^2}{8} = 10\text{m}$，解得 $x = 5 \times 10^{-4}$ m

滑移前挡内线长

$$L = l + \dfrac{h^2}{2l} + \dfrac{\gamma_{前}^2 l^3}{24\sigma_{前}^2} = l + \dfrac{h^2}{2l} + \dfrac{x^2 l^3}{24} = 400 + 0 + \dfrac{(5\times 10^{-4})^2 \times 400^3}{24} = 400.6667\text{(m)}$$

滑移后档内线长

$$L = 400.6667 + 0.5 = 401.1667\text{m} = l + \dfrac{h^2}{2l} + \dfrac{y^2 l^3}{24} = 400 + \dfrac{y^2 400^3}{24}$$

解得 $y = 6.614 \times 10^{-4}$，则滑移后弧垂 $f_{后} = \dfrac{\gamma_{后} l^2}{8\sigma_{后}} = \dfrac{yl^2}{8} = \dfrac{6.614\times 10^{-4}\times 400^2}{8} = 13.23\text{(m)}$

38．C【解答过程】依据老版线路手册第 181 页，表 3-2-3、表 3-3-1 可得

最高温时导线比载 $\lambda = \lambda_1 = \dfrac{9.80665 \times 2.0792}{674} = 0.0303[\text{N}/(\text{m}\cdot\text{mm}^2)]$

T3 塔处导线悬垂角 $\theta_{T3} = \arctan\left[\dfrac{0.0303 \times 400}{2 \times 48 \times \cos\left(\tan^{-1}\dfrac{120}{400}\right)} + \dfrac{120}{400}\right] = 23.36°$

则 T3 塔塔身出口处与导线悬挂点的垂直距离为 $S = \dfrac{5}{2} \times \tan 23.36° = 1.08\text{(m)}$

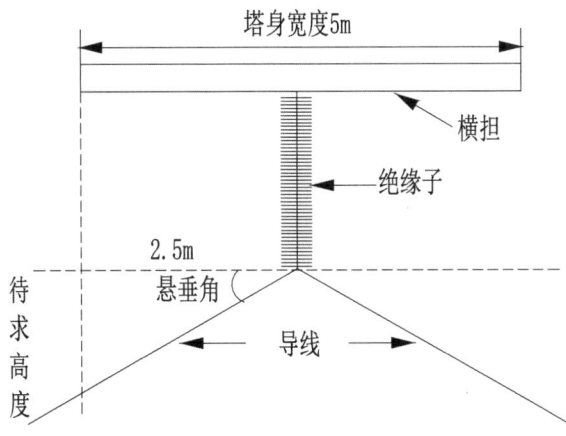

39．B【解答过程】依据老版线路手册第 179 页表 3-2-3 可得

导线自重荷载 $g_1 = 9.80665 \times 2.0792 = 20.39(\text{N}/\text{m})$

依题意 T5、T6 塔挡距为 400m，T7 塔比 T6 塔高 3m，由老版线路手册第 184 页式（3-3-12）及垂直挡距定义：垂直挡距=杆塔两侧最低点水平距离之和可得升高后 T6 塔垂直挡距为

$$l'_V = \dfrac{400 + 400}{2} - \dfrac{72}{0.0303} \times \dfrac{3}{400} = 382.18\text{(m)}$$

再由该手册第 103 页，绝缘子风偏角（摇摆角）式（2-6-44），依题意，T7 塔升高前 T6

塔摇摆角已达临界值（最大允许值），T7升高后风偏角不能大于该值，可得

$$T7升高前风偏角\varphi_{前} \geqslant \varphi_{后} \Rightarrow tg\varphi_{前} \geqslant tg\varphi_{后} \Rightarrow \left(\frac{\frac{P_1}{2}_{前} + pl_{H前}}{\frac{G_1}{2}_{前} + W_1 l_{V前}}\right) \geqslant \left(\frac{\frac{P_1}{2}_{后} + pl_{H后}}{\frac{G_1}{2}_{后} + W_1 l_{V后} + G}\right)$$

因T7塔升高前后水平荷载不变，可得

$$\frac{1}{\frac{G_1}{2}_{前} + W_1 l_{V前}} \geqslant \frac{1}{\frac{G_1}{2}_{后} + W_1 l_{V后} + G} \Rightarrow$$

$$G \geqslant W_1 l_{V前} - W_1 l_{V后} = W_1 (l_{V前} - l_{V后})$$
$$= 20.39 \times (400 - 382.18)$$
$$= 363.35(N)$$

双分裂导线，$G_2 \geqslant 363.35 \times 2 = 726.7(N)$

个数 $N = \dfrac{726.7}{15 \times 9.80665} = 4.94$，取 5 个。

40．A【解答过程】依据《架空输电线路电气设计规程》（DL/T 5582—2020）第 4.0.17 条可得

基本风速 27m/s，折算到导线平均高度时风速 $27 \times 1.13 = 30.51(m/s) < 35m/s$

所以雷电过电压风速应取 10m/s，不进行风高折算。

由该规范第 9.3.1 条，题设 β_C 和 α_L 均取 1，双分裂导线，则每相单位荷载为

$$W_X = 1 \times 1 \times \frac{10^2}{1600} \times 1 \times 1 \times 33.8 \times 2 = 4.23(N/m)$$